캠벨 생명과학 10판

6~8 단원

CAMPBELL Biology

TENTH EDITION

저 자 Neil A. Campbell
Jane B. Reece
Lisa A. Urry
Michael L. Cain
Steven A. Wasserman
Peter V. Minorsky
Robert B. Jackson

대표역자 **전 상 학**

(주)바이오사이언스출판
BIOSCIENCE

이 도서의 국립중앙도서관 출판예정도서목록(CIP)은 서지정보유통지원
시스템 홈페이지(http://seoji.nl.go.kr)와 국가자료공동목록시스템
(http://www.nl.go.kr/kolisnet)에서 이용하실 수 있습니다.
(CIP제어번호 : CIP2016019610)

캠벨 생명과학 10판

초판 인쇄: 2016년 8월 20일 2쇄 인쇄: 2017년 2월 20일 3쇄 인쇄: 2017년 8월 21일
초판 발행: 2016년 8월 30일 2쇄 발행: 2017년 3월 2일 3쇄 발행: 2017년 8월 30일

저 자: Campbell · Reece · Urry · Cain · Wasserman · Minorsky · Jackson
역 자: 전상학 · 고영규 · 권혁빈 · 김기중 · 김성하 · 김은수 · 김재근 · 김재범 · 김철근
나종길 · 신기순 · 신만균 · 신정섭 · 원용진 · 유정칠 · 윤성명 · 이명민
이명석 · 이상돈 · 이일하 · 이준규 · 이준호 · 이창호 · 이태호 · 이 항
장수철 · 정민걸 · 조은희 · 한인섭 · 홍성회 · 황혜진

발행인: 문정구
발행처: (주)바이오사이언스출판
본 사: 14040 경기도 안양시 동안구 전파로 107(호계동)
서울 사무소: 06569 서울특별시 서초구 도구로 115, 1층
전 화: (02)581-4057~8
팩 스: (02)581-4059
이메일: inquiry@biosciencepub.com
홈페이지: http://www.biobooks.co.kr
ISBN: 978-89-6824-058-4 93470

등록번호: 제22-3079호

값 60,000원

(주)바이오사이언스출판

차례 개요

UNIT 6 식물: 구조 및 기능 783

35 식물의 구조와 생장 786

36 관다발식물의 수송 812

37 식물의 영양 833

38 속씨식물의 생식 849

42 동물의 소화계 948

43 동물의 기체 수송 시스템 971

44 동물의 배설계 1003

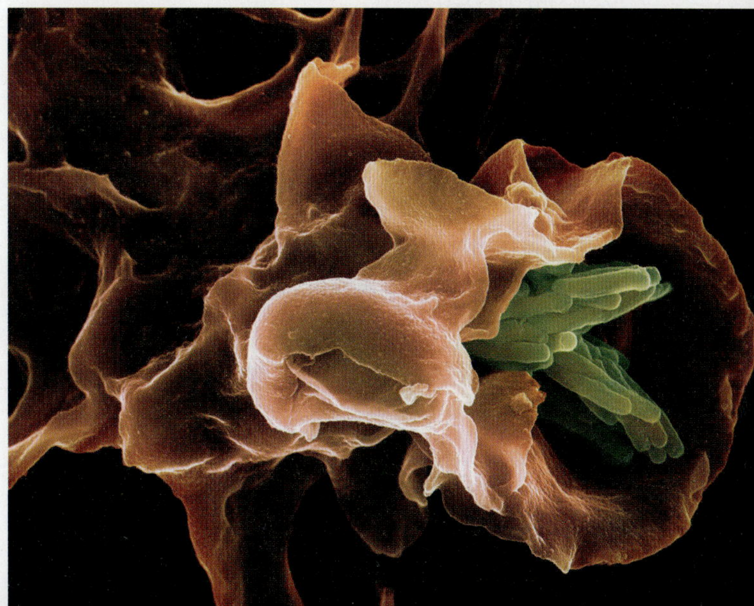

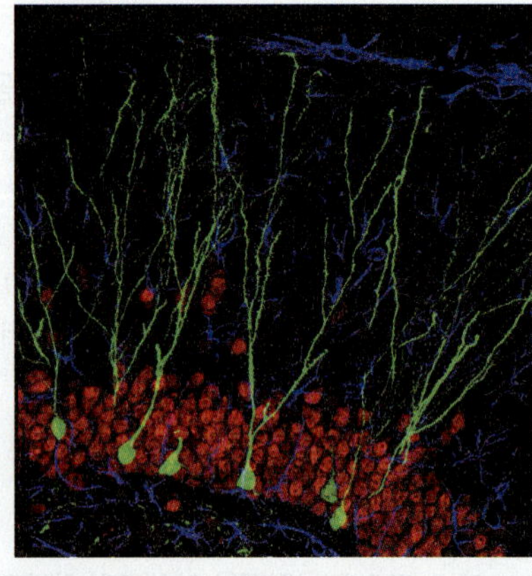

생태학 1173

51 생태학의 개요 1176

52 행동생태학 1203

53 개체군 및 생활사 특징 1228

54 생물다양성과 군집 1252

식물: 구조 및 기능

헤레라 에스트레아야 (Luis Herrera-Estrella) 박사와의 인터뷰

헤레라 에스트레아야는 유전공학을 이용하여 멕시코와 다른 개발도상국의 가난한 농부들의 삶을 개선시키기 위해 노력하는 리더 중의 한 사람이다. 그는 1978년 멕시코시티의 National Polytechnic Institute(NPI)에서 생화학공학 전공으로 졸업하였다. 1980년에 NPI의 고등연구센터(현재 그가 이 연구소의 소장을 맡고 있다)에서 석사 학위를 받았고, 1984년에는 벨기에 겐트대학교에서 박사학위를 받았다. 그는 대학원 재학 중 식물세포에 세균 유전자를 성공적으로 전이시키고 이를 발현시킨 첫 번째 논문을 발표했다. 그는 또한 작물의 유전자 전달시스템에서 가장 중요한 두 가지 방법인 선별마커를 개발하고 식물시스템의 보고유전자를 처음으로 사용한 선구자이다. 최근 그는 인산염이 결핍된 산성토양에 대해 식물이 내성을 갖도록 하게 하는 연구에 집중하고 있다. 헤레라 박사의 영예로운 경력 가운데 대표적인 것으로는 하워드 휴즈 생화학연구소 연구원, 멕시코 과학아카데미 회원, 미국국립과학원 외국인 준회원 및 국제 식물분자생물학회의 전임 회장 등이 있다.

어떻게 과학에 흥미를 갖게 됐습니까?

제가 과학에 관심을 갖게 된 것은 어릴 적에 독서를 비롯해 과학과 공학에 관한 TV 프로그램을 시청한 데에 있습니다. 어렸을 때는 발명가가 되고 싶었지만 멕시코의 가난한 중산층 가정에서 자랐고, 과학자나 교수와의 접촉이 없었기 때문에 과학이나 실험이 무엇인지 몰랐습니다. 고등학교를 졸업했을 때 핵물리학자가 되고 싶었지만 멕시코에서는 핵물리학이 전망이 없다고 해서 생화학공학을 공부하게 되었습니다. 제게 영향을 준 선생님이 한 분 있었는데 미생물학자였던 그 선생님은 제게 분자생물학을 가르쳐 주셨습니다. 저는 거기에 매료되었고 박사학위를 취득하기로 결정했습니다.

어떻게 식물 분자생물학에 관심을 가지게 됐습니까?

저는 분자생물학을 어떻게 이용할 수 있을지에 대해 고민했습니다. 멕시코에서는 농업이 중요하기 때문에 비록 식물학에 대한 경험이 전혀 없었지만 식물 분자생물학을 공부하기로 결정했습니다! 제가 이 결정을 했을 때는 마침 유전공학에서 많이 사용되는 플라스미드를 개발한 과학자 중 한 분이셨던 볼리바르(Francisco Bolivar)가 멕시코로 바로 귀국하셨을 때였습니다. 저는 그분에게 박사과정에 들어가기 전에 함께 일을 할 수 있는지 알아보았는데, 그분은 아주 친절하게 저를 받아주셨습니다. 그분 연구실에서 일하던 중, 벨기에서 온 과학자 몬터규(Marc van Montagu)의 세미나가 있었습니다. *Agrobacterium*이 식물의 유전자 변형에 이용 될 수 있는 가능성에 관한 세미나였는데, 듣는 순간 "저것이 나의 미래다!"라고 생각했습니다.

*Agrobacterium tumefaciens*는 암종을 일으키는 병원성 세균인데, 어떻게 유용한 도구로 바뀔 수 있나요?

*Agrobacterium*은 자신의 이익을 위해 유전자를 숙주식물의 염색체에 전달하고 세포의 물질대사를 바꿈으로써 질병을 발생하게 합니다. 제가 벨기에로 갔을 때에 식물 분자생물학자인 잠브리스키(Patricia Zambryski)는 이미 종양을 유도하는 *Agrobacterium* 플라스미드의 식물 염색체내 삽입 메커니즘을 연구하고 있었습니다. 그녀는 종양을 만들거나 숙주의 물질대사를 바꾸지는 못하지만 여전히 DNA를 전이시킬 수 있는—무장해제된 Ti 플라스미드—변형 플라스미드를 만들고 있었습니다. 그러나 세포가 변형되었는지를 식별할 수 있는 방법이 없었는데, 변형된 세포에서 선별될 만한 특징이 없었기 때문이었습니다. 저는 식물세포가 외래 유전자를 표현할 수 있는 방법에 대한 연구를 시작했습니다. 그때는 과학자들이 *Agrobacterium*에 의해 숙주로 옮겨진 두 개 유전자의 염기서열을 확인한 때였기 때문에 저는 이들 유전자의 프로모터와 터미네이터 염기서열이 우리가 선택한 어떤 유전자를 발현하는 데 사용될 수 있다고 생각했습니다. 우리는 단백질합성 억제제인 카나마이신에 저항성을 갖는 유전자를 택하여 (왜냐하면 우리가 그 유전자를 선택할 수 있기 때문에) Ti 플라스미드에 삽입시켰습니다. 그 다음 식물세포를 이 플라스미드로 형질전환시켜 카나마이신에 저항성인 형질전환 식물체를 얻었습니다! 다음 의문은 유전자 변형이 어떻게 작은 세포 덩어리에서 완전한 식물로 재생하는 세포의 능력에 영향을 미치는가 하는 것이었습니다. 이들 세포를 조직배양액에 넣고 작은 식물체가 움터 나오는 것을 보는 일은 흥분되는 일이었습니다. 마지막으로 형질전환 유전자도 다른 유전자들처럼 멘델법칙에 따라 유전된다고 결론을 내렸습니다!

박사님의 최근 연구는 농업에 어떻게 기여하고 있습니까?

열대 지방의 농부들이 직면하는 주요 문제 중 하나는 산성화된 토양입니다. 문제는 열대 토양에 많은 알루미늄이 산성 조건에서 용해되는데, 알루미늄이온은 식물에게 상당히 독이 된다는 사실입니다. 우리는 식물을 유전적으로 변형시켜 뿌리에서 더 많은 유기산을 분비시킬 수 있게 되었는데, 유기음이온은 알루미늄이온과 결합함으로써 독성을 줄입니다.

우리는 또한 필수 식물영양소인 인 결핍에 반응해서 식물이 어떻게 구조를 변경하는지에 대해 흥미를 갖게 되었습니다. 인의 가용성은 자연계와 농업 생태계에서 식물 생산성을 제한하는 가장 중요한 요인 가운데 하나입니다. 우리는 인이 적은 조건에서는 곁뿌리와 뿌리털이 더욱 많아지고 길어지는 현상을 발견했습니다. 무엇이 이런 변화들을 조절할까요? 여러분은 이런 변화를 동물들에서는 보지 못할 것입니다. 환경변화 때문에 사람한테 팔이나 다리가 더 생기지는 않습니다.

기초 연구 결과를 밭의 농작물로 바꾸는 데에는 어떤 단계가 있으며, 왜 사람들은 유전자재조합 작물을 반대합니까?

실험실에서 만들어진 유전자재조합 식물이 상업적인 제품으로 되기까지는, 실험실과 온실뿐 아니라 밭에 이르기까지 폭넓은 실험이 이루어져야만 하는 긴 과정입니다. 유전자재조합 작물이 다른 환경에서도 일관되게 유지되어야 하고, 수확량이나 품질에 아무런 부정적인 영향이 없다는 것을 증명해야만 합니다. 그런 다음 사람이 먹어도 이 작물에 새로 도입된 단백질이 독성이나 앨러지반응을 일으키지 않는다는 것이 확인되어야 합니다. 안타깝게도 이런 절차를 밟는 데에는 1,000만에서 5,000만 달러의 비용이 소요됩니다. 근래에 유전자재조합 식물을 상용화할 수 있는 것은 큰 다국적 기업들만이 가능합니다.

다국적 기업들이 유전자재조합 식물의 상용화를 독점하고 있기 때문에, 이러한 기업들이 식량 생산을 통제하는 것을 반대하는 사람들이 격한 반응을 보이고 있습니다. 그 밖의 다른 문제들도 제기되고 있는데, 예를 들면 GMO(유전자변형생물체)들이 환경이나 인간의 건강을 해칠 수 있다는 것입니다. 그러나 실제로는 대부분의 최근에 나온 제품들은 인간과 동물의 건강에 완전히 무해하고 또한 전통적인 농작물에 비해 환경에도 나쁜 영향을 끼치지 않습니다. GMO에 대한 반대는 대부분의 사람들이 넉넉하게 식량을 구입할 돈이 있고 유전자재조합 작물이 필요하지 않은 유럽에서 처음 시작됐습니다. 양질의 식량을 더 많이 생산할 수 있는 기술이 시급하게 필요한 나라들에서는 이러한 문제가 같을 수 없습니다. 저는 재조합기술이 세계의 기아 문제를 해결할 수 있는 기적이라고 생각하지는 않지만, 농업의 생산성을 높이기 위한 매우 중요한 도구가 될 것이라고 생각합니다.

멕시코의 GMO를 둘러싼 논쟁에 대해서 알려 주십시오.

제가 1986년에 멕시코로 돌아왔을 때에는 몇 가지 유전자재조합 식물의 생산 시도가 진행되고 있었습니다. 그때엔 극히 일부 사람들만이 재조합 식물이 무엇인지 알고 있었기 때문에 큰 반대는 없었습니다. 정부의 관리들은 유전공학의 가능성에 대해 들었고 이런 신기술을 도입하게 된 것에 고무되어 있었습니다. 그렇지만 다국적 기업 반대론자들과 일부 생태학자들이 저항하기 시작하면서 정부관리들이 흔들리게 되었습니다. 정부는 만약 과학자들이 동의할 수 없다면 조심하는 차원의 착오가 있는 것이 낫기 때문에 멕시코에서는 유전자재조합 작물의 경작을 공식적으로 금지하는 결정을 내렸습니다. 그러나 농부들은 기술을 필요로 했기 때문에, 유전자변형작물 특히 옥수수의 종자를 멕시코로 밀수입해서 불법적으로 심었습니다. 이들이 무엇을, 어디에, 얼마나 심었는지 모른다는 것이 문제입니다. 우리는 GMO가 실제로 환경에 나쁜 영향을 미치고, 토착 옥수수 품종들의 유전체를 변경시키는지를 평가할 수 있는 유일한 방법은 모든 생물학적 안전성 측정이 이루어지는 작은 규모의 통제된 실험을 실시하는 것이라고 주장했습니다. 결국, 정부는 이에 동의하고 경작금지 결정을 취소하게 되었습니다.

옥수수는 장거리에서도 타가수정이 매우 쉽게 일어나기 때문에 재조합 옥수수의 유전자가 멕시코 토착품종으로 전이되는 것을 피하기란 불가능합니다. 이것이 문제가 됩니까? 개인적으로는 이에 동의하지 않습니다. 식물들은 특히 옥수수는 유전체의 한 장소에서 다른 장소로 이동하는 도약유전자로 가득 차 있습니다. 그렇기에 옥수수 유전체는 이미 "뒤죽박죽"입니다. 다른 한 유전자를 삽입하는 것은 도약유전자가 인핸서를 움직이거나 유전체에서 한 개의 완전한 유전자를 한 곳에서 다른 곳으로 옮기는 것과 별 차이가 없습니다. 물론 우리는 유전자가

> "옥수수를 개량하려고 하는 우리의 시도는 고대 아메리카의 농부들이 이루었던 것에 비해서 대단히 적은 일입니다."

▶ 헤레라 에스트레야(오른쪽)와 미노스키(왼쪽), 리스

환경을 비롯해 인간과 동물에 어떠한 문제를 일으키지 않는다는 것을 확인하기 위해서 각각의 재조합 계통을 분석해야만 합니다.

유전공학은 어떻게 개발도상국의 가난한 농민 복지를 향상시킬 수 있습니까?

유전공학으로부터 가장 많은 혜택을 얻는 사람들은 극빈한 농부들입니다. 예를 들면, 멕시코의 옥수수 평균 생산량은 에이커당 2.5톤이지만 제가 살고 있는 멕시코 중부지역의 옥수수 생산량은 에이커당 약 8~10톤에 달합니다. 이것은 많은 지역이 에이커당 고작 1톤을 생산하고 있다는 것을 의미합니다. 만약 재조합 DNA 기술을 이용하여 이 가난한 농민들의 소득을 에이커당 3톤으로 증가시킬 수 있다면, 이들의 소득이 3배로 늘어날 것입니다. 물론, 대형 종자회사들은 큰 규모의 농장에 맞춰 종자를 생산하지만 한편으로는 빈농에게 적합한 작물 품종개발을 위한 프로그램을 통해 이들을 도우려고 합니다. 대기업에 의해 운용되고 있다는 이유만으로 유전자재조합 작물의 이용을 반대하는 사람들 때문에 가난한 농부들에게 필요한 품종을 만들어 내기 위해 노력하는 개발도상국의 과학자들을 더 어렵게 하고 있습니다.

박사님은 식물을 개량함으로써 위대한 멕시코 전통을 이어가고 있습니다. 어떻게 농부들이 10,000년 전에 옥수수를 만들었습니까?

먼저 우리가 옥수수를 개량하려고 했던 것은 고대 아메리카 원주민들이 이뤄낸 것에 비해 단순하다고 말할 수 있습니다. 옥수수는 테오신트(teosinte)라는 야생식물에서 유래되었습니다. 두 식물은 꽤 비슷하게 생겼기 때문에 테오신트의 잎과 옥수수의 잎을 구별하는 것은 매우 어렵습니다. 정말로 놀라운 차이점은 생식기관에 있습니다. 테오신트는 종자가 성숙하면, "뻥!"하고 땅에 떨어집니다. 이들 작은 종자들을 줍는 것이 힘들었기 때문에 고대의 농부들은 종자가 부착되어 있는 옥수수를 선택하게 되었습니다. 또한 테오신트 종자가 아주 딱딱한 종피를 갖고 있어 요리하기 어려워 농부들을 더 얇은 종피를 갖는 종자를 선택했습니다. 또한 테오신트는 종자가 1열밖에 없었지만 점차 2열, 4열과 8열의 종자로 이루어진 것을 선택했습니다. 지금 우리가 유전공학적으로 하고 있는 일들은 고대 옥수수의 정착작업에 비한다면 정말 아무것도 아닙니다.

박사님은 식물, 곰팡이 및 세균에 대한 연구를 발표하셨는데, 무엇이 이런 폭넓은 지적 그물을 던지게 하였습니까?

인생에 대한 관심, 제 주변의 자연과 세계에 대한 호기심이 저를 이끌었습니다. 저는 경력의 시작시기에 어떤 한 가지 질문, 주제, 모델시스템에 파묻혀서 같은 것을 연구하다가 죽는 사람들과는 포부를 나누지 않습니다. 완전히 다른 분야로 전환해야 된다고 해도 저는 언제나 새로운 방법과 현상을 탐구하는 것을 열망합니다. 최근 저는 멕시코가 원산지인 식물종의 유전체 염기서열을 조사하고 있습니다. 그러나 솔직히 앞으로 4년 안에 무엇을 하고 있을지 모르겠습니다.

35

식물의 구조와 생장

핵심 개념

35.1 식물은 기관, 조직, 세포로 이루어진 계층적인 체제를 갖는다

35.2 다른 종류의 분열조직들이 1기, 2기 생장을 위해 세포들을 만들어낸다

35.3 1기 생장은 뿌리와 어린싹을 신장시킨다

35.4 목본식물의 2기생장은 줄기와 뿌리를 두껍게 한다

35.5 식물체는 생장, 형태형성, 세포분화에 의해 만들어진다

▲ **그림 35.1** 컴퓨터 예술인가?

식물은 컴퓨터인가?

그림 35.1의 물체는 어떤 예술적 재능이 있는 컴퓨터 천재의 창조물이 아니라 로마네스코(romanesco)의 머리부분으로서, 브로콜리와 가까운 식용채소의 하나이다. 이 부위의 매혹적인 아름다움은 작은 꽃눈들이 전체 식물의 축소판으로 닮아 있다는 사실에 기인하는 것 같다. (수학자들은 이러한 반복적인 양상을 프랙탈이라고 부른다). 로마네스코는 컴퓨터에 의해 만들어진 것처럼 보이는데, 그 이유는 생장패턴을 이루는 명령이 반복적 순서로 이루어지기 때문이다. 대부분의 식물에서처럼 줄기 끝의 생장점은 잎, 눈, 줄기의 패턴을 계속해서 만들어낸다. 이러한 반복적인 발생패턴들은 유전적으로 결정되어 있고 자연선택을 잘 받는다. 예를 들면, 잎과 잎 사이의 마디사이가 짧아지는 돌연변이는 더 덥수룩한 모양을 만든다. 만약 식물의 이러한 변화된 구조가 빛과 같은 자원을 받아들이는 능력을 개선시키거나, 더 많은 자손을 남기게 된다면 이러한 형질은 후손세대에 있어서 더욱 자주 발현되게 되고 진화가 일어나게 된다.

로마네스코는 특이하게도 기본 모체에 단단하게 붙어 있다. 대부분의 식물은 개개의 형태에 있어서는 너무도 다양한데, 그 이유는 식물이 동물에 비해서 훨씬 지역의 환경조건에 의해 영향을 많이 받기 때문이다. 예를 들면 모든 사자들은 4개의 다리를 갖고 그 크기도 서로 비슷하지만, 참나무는 그 가지의 수와 모양이 다양하다. 식물은 생장을 변화시킴으로써 그곳의 환경으로부터 오는 도전과 기회에 반응한다. (반면, 동물은 이동에 의해 반응한다.) 예를 들면, 식물이 한 쪽으로 빛이 비쳐지면 몸체는 비대칭이 된다. 빛이 비쳐지는 쪽의 가지는 음지쪽보다 훨씬 빨리 자라는데 이러한 구조적 변화는 광합성에서는 이득이 훨씬 많다. 적응력이 큰 식물의 발생을 인식한다는 것은 식물이 환경과 어떻게 상호작용하는지를 이해하는 데에 꼭 필요하다.

29장과 30장은 비관다발식물과 관다발식물의 진화를 다루고 있다. 6단원은 관다발식물 특히 속씨식물을 중심으로 기술하였는데, 그 이유는 이 식물군이 육상생태계의 1차생산자로서 역할을 할 뿐만 아니라 농업에서의 비중이 크기 때문이다. 이 장에서는 관다발식물의 구조, 생장, 발생을 탐색하고, 꽃식물(현화식물)의 주요한 두 개 그룹인 쌍떡잎식물과 외떡잎식물 사이의 핵심적인 차이점을 기술하였다(그림 30.16).

개념 35.1

식물은 기관, 조직, 세포로 이루어진 계층적인 체제를 갖는다

식물은 대부분의 동물과 마찬가지로 기관, 조직, 세포로 구성되어 있다. **기관(organ)**은 함께 특정한 기능을 수행하는 여러 종류의 조직들로 구성되는데, **조직(tissue)**은 하나 또는 두 가지 이상 유형의 세포들이 모여서 특별한 기능을 하는 세포집단이다. 식물의 기관, 조직, 세포의 체제를 알아보기 위해 그중 가장 쉽게 관찰할 수 있는 기관을 먼저 살펴보고자 한다. 식물구조가 어떤 단계로 이루어지고 있는지를 알기 위해서는 모든 단계의 체제에서 어떻게 자연선택이 식물의 형태를 만들게 되었는지를 살펴야 한다. 영양생장—잎, 줄기, 뿌리의 생산—은 식물의 일생 가운데 한 단계에 지나지 않는다. 대부분의 식물들은 생식과 관련한 생장에 들어간다. 속씨식물에서의 생식생장은 꽃의 생산과 관련된다. 이 장의 후반부에 영양지 형성에서 생식지 형성으로 전환되는 과도기에 대해 논의할 것이다.

기본적인 식물의 세 가지 기관 : 뿌리, 줄기, 잎

대부분 관다발식물의 기본구조는 땅속과 땅 위라는 완전히 다른 두 환경에서 서식하면서 물질을 얻어야 하는 육상생물체의 역사를 잘 반영하고 있다. 식물은 땅속으로부터 물과 무기질을, 땅위로부터는 이산화탄소를 흡수해야 한다. 식물은 이렇게 필요한 물질을 따로따로 얻어야 하므로 3개의 기본적인 기관인 뿌리, 줄기, 잎이 발달하게 되었다. 식물은 크게 **뿌리계(root system)**와 **어린싹계(shoot system)**로 구분되며 어린싹계는 다시 줄기와 잎으로 나뉜다(그림 35.2). 일부 예외가 있기는 해도 기본적으로 속씨식물과 대부분의 관다발식물은 생존을 위해서 이 두 구조를 모

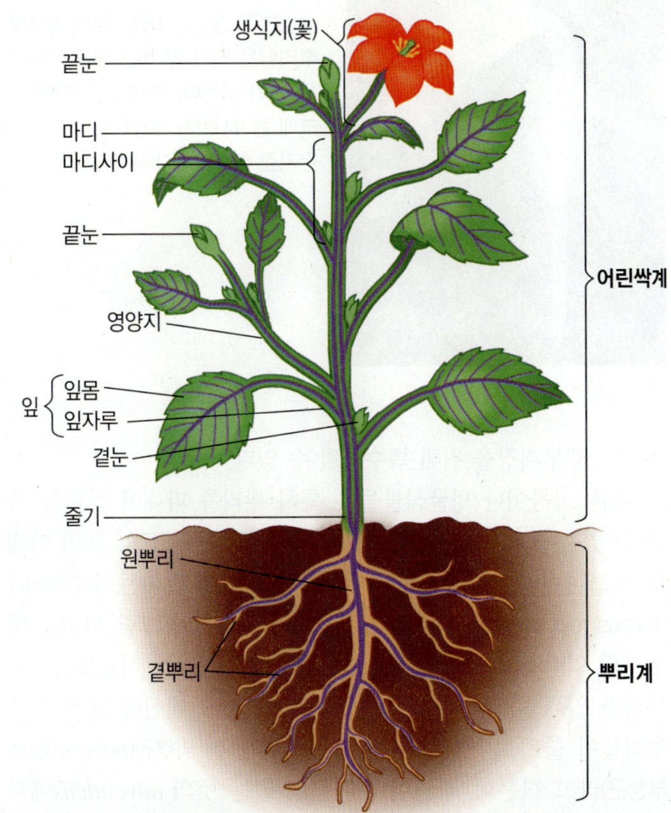

▲ **그림 35.2 꽃식물의 개요.** 식물체는 뿌리계와 어린싹계로 나뉘며 두 계의 사이는 관다발조직(보라색 선)으로 연결된다. 이 식물은 전형적인 쌍떡잎식물을 나타낸다.

두 갖는다. 뿌리는 거의 광합성을 하지 못하기 때문에 어린싹계로부터 광합성 생산물인 당분이나 다른 탄수화물을 공급받지 못하면 죽게 되며, 어린싹계 역시 뿌리가 토양에서 흡수한 물과 무기질을 공급받지 않고는 살아갈 수 없다.

뿌리

뿌리(root)는 관다발식물을 토양 등에 고착시키는 기관으로서 물과 무기질을 흡수하고 때때로 탄수화물과 다른 저장물을 저장한다. 1차뿌리(primary root)는 배에서 유래하는 뿌리로서 발아하는 종자로부터 나온다. 1차뿌리로부터 곧 **곁뿌리(lateral roots)**가 나오는데(그림 35.2), 식물체를 고착시키고 토양으로부터 물과 무기질 같은 자원을 획득하는 뿌리계의 능력을 급격히 향상시킨다. 많은 가지를 갖는 키큰 식물들은 보통 **원뿌리계**(taproot system)를 갖는다. 이들은 한 개의 중심되는 뿌리인 **원뿌리(tap root)**로 이루어지는데, 원뿌리는 보통 1차뿌리로부터 발달하며 식물이 흔들리는 것을 막는 역할을 한다. 원뿌리계에서 흡수의 역할은 대부분 곁뿌리에 국한된다. 원뿌리는 비록 에너지를 많이 소비해서 형성되지만 식물체의 키를 크게 자라게 함으로써, 빛을 잘 받거나 꽃가루와 종자를 퍼뜨리는데 장점을 갖도록 한다. 원

◀ **그림 35.3 어린 무의 뿌리털** 뿌리털은 뿌리 끝 바로 위쪽에서 수천 개가 나온다. 뿌리털은 표면적을 크게 증가시켜서 토양으로 부터 물과 무기질 흡수를 증대시킨다.

뿌리는 양분저장을 위해 특수화될 수 있다.

작은 식물이나 덩굴식물들은 특히 뿌리를 파내어 식물을 죽일 수 있는 초식동물에 민감하다. 그런 식물들은 토양 표면 아래로 가느다란 뿌리들이 퍼져 매트처럼 두껍게 깔리는 수염뿌리계(fibrous root system)에 의해 효과적으로 고착된다(그림 30.16). 대부분의 외떡잎식물이 포함되는 수염뿌리계를 갖는 식물들은 1차 뿌리가 일찍 죽고 원뿌리가 형성되지 않는다. 대신에 많은 작은 뿌리들이 줄기로부터 나온다. 그런 뿌리들은 막뿌리(adventitious, 부정근)라고 하는데, 라틴어의 '관련이 없는' 뜻의 *adventicus*에서 기원하였다. 이 단어는 한 식물 기관이 비정상적인 기원에서 자라나는 것을 설명하는 말로, 예를 들면 줄기나 잎에서 뿌리가 나오는 것을 일컫는다. 각각의 뿌리들이 자신의 곁뿌리를 형성하고, 이 곁뿌리들은 또 다시 자신의 곁뿌리들을 만든다. 이런 뿌리의 매트가 표토를 붙들게 되기 때문에 두터운 수염뿌리계를 갖는 벼과식물은 토양침식을 방지하는데 특히 좋다.

대부분의 식물에서는 신장하는 뿌리끝 가까운 곳의 수많은 뿌리털에서 물과 무기질이 흡수된다. **뿌리털(root hairs)**은 가늘고 뿌리 표피세포가 손가락처럼 늘어져 나온 것으로서 뿌리의 표면적을 크게 증가시킨다**(그림 35.3)**. 대부분 육상식물의 뿌리계는 식물체의 무기질 흡수를 증대시키는 토양곰팡이와의 공생체인 균근체(mycorrhizal association)를 형성한다(그림 31.15). 많은 식물의 뿌리는 특별한 기능을 위해 적응된다**(그림 35.4)**.

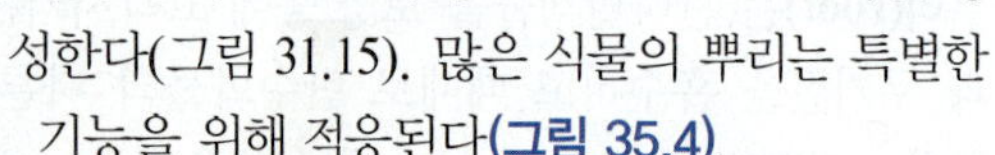

◀ **버팀뿌리.** 열대지역에서는 습한 조건 때문에 키가 큰 나무들의 뿌리가 놀랄만큼 얕다. 베네주엘라의 *Gyranthera caribensis*처럼 버팀목 같은 기근은 나무의 몸통을 구조적으로 지탱한다.

▼ **그림 35.4 뿌리의 적응**

▲ **지지근.** 옥수수의 기근은 지지근으로서 키가 크고 윗부분이 무거운 식물체를 지지하는 데에서 이름을 얻게 되었다. 성숙한 옥수수의 뿌리는 지하이건 지상이던지 간에 모두 부정근이다.

▲ **저장근.** 비트처럼 많은 식물들은 양분과 물을 뿌리에 저장한다.

▲ **호흡근.** 맹그로브처럼 조수차가 있는 소택지에 서식하는 식물들은 수면 위로 기근을 내밀게 함으로써 진흙뻘 속의 부족한 산소를 보상한다.

▶ **숙주식물을 "감는" 기근.** 무화과나무의 씨가 키 큰 나무의 틈새를 따라서 발아한다. 캄보디아의 이 사원에서처럼 기근은 숙주나무와 물체들을 감싸며 땅을 향해 자란다.

줄기

줄기(stem)는 잎과 눈을 갖고 있는 식물기관이다. 그 주된 기능은 잎에서의 광합성을 최대한 늘리기 위해 어린싹을 신장시키고 방향을 잡는다. 줄기의 또 다른 기능은 생식구조를 갖추어서 꽃가루와 과실을 퍼뜨리기 쉽게 하는 것이다. 녹색의 줄기는 제한된 양의 광합성을 하기도 한다. 각각의 줄기는 잎의 부착부위인 **마디(node)**와 이들의 사이 부분인 **마디사이(internode)**가 교대로 이어진다(그림 35.2). 어린싹에서 대부분의 생장이 이루어지는 곳은 생장점 또는 **끝눈(apical bud)** 가까운 곳이다. 끝눈은 어린싹에 있는 유일한 유형의 눈이 아니다. 각 잎이 줄기와 만나는 겨드랑이 부위인 엽액(axil)에는 **곁눈(axillary bud)**이 있다. 이것은 흔히 가지(branch)라고 부르는 곁가지(lateral shoot)로서 경우에 따라서는 가시나 꽃으로 발달할 수 있다.

일부의 식물들은 양분저장이나 무성생식에서 다른 기능을 갖기도 한다. 기능이 변형된 줄기들에는 지하줄기, 기는줄기, 덩이줄기, 비늘줄기 등이 있는데 이들은 가끔씩 뿌리로 오해되기도 한다(그림 35.5).

◀ **지하줄기.** 붓꽃의 아랫부분은 지하줄기의 예이다. 땅 밑에서 수평적으로 자라는 줄기이며 이곳의 곁눈에서 수직으로 지상줄기가 나온다.

▶ **기는줄기.** 딸기처럼 땅 위를 기는 줄기를 말하는데 줄기의 마디에서 작은 식물을 만들어 무성적인 생식이 이루어진다.

◀ **덩이줄기.** 덩이줄기는 이 감자들처럼 양분을 저장하기 위해 특수화된 기는줄기나 지하줄기의 끝이 확대된 것이다. 감자의 "눈"은 마디를 나타내는 곁눈들의 집단으로 이루어져 있다.

▲ 그림 35.5 **변형된 줄기**

잎

잎(leaf)은 대부분의 관다발식물에서 가장 중요한 광합성기관이다. 빛을 포획하고 대기와 기체교환을 하는 이외에 열을 방출하며, 초식동물과 병원체로부터 자신을 보호하는 일을 한다. 이런 기능들은 생리적, 해부학적, 또는 형태학적인 필요성에 있어서 충돌이 있을 수 있다. 예를 들면 빽빽하게 나 있는 털들은 곤충을 막는 데는 도움이 될 수 있지만 잎 표면 가까이의 공기를 붙들어 둠으로써 기체교환이 잘 안되어 광합성을 감소시킬 수 있다. 이러한 상충되는 요구들과 이들 사이의 균형 때문에 잎들의 형태는 다양하다. 잎은 보통 넓어진 **잎몸**(엽신, **blade**)과 줄기의 마디에 잎을 부착시키는 **잎자루**(엽병, **petiole**)로 구성된다(그림 35.2). 벼과식물들과 대부분의 외떡잎식물은 잎자루가 없는 대신 잎자루의 아랫부분이 줄기를 감싸고 있다.

외떡잎식물과 쌍떡잎식물은 잎의 관다발조직인 **잎맥(vein)**의 배열이 다르다. 대부분의 외떡잎식물은 잎의 장축과 평행한 잎맥을 갖는다(그림 30.16).

식물분류학자들은 주로 꽃의 형태를 이용해 속씨식물 종의 동정과 분류를 하지만, 잎의 형태와 잎의 배열, 잎맥 등을 사용하기도 한다. 그림 35.6은 잎의 두 가지 다른 형태인 홑잎과 겹잎을 나타내고 있다. 겹잎은 강한 바람에도 별로 찢어지지 않고 견딜 수 있으며, 작은 소엽에 침투한 병원체를 잎 전체에 퍼뜨리지 않고 한 잎으로만 제한할 수 있다.

잎의 형태적 특징은 흔히 환경 영향에 의해 바뀐 유전자 프로그램의 산물이다. 과학적 분석 기술의 연습에 있는 자료들을 가지고 붉은 단풍나무의 잎 모양을 결정하는 데 있어서 환경과 유

▼ 그림 35.6 **홑잎과 겹잎**

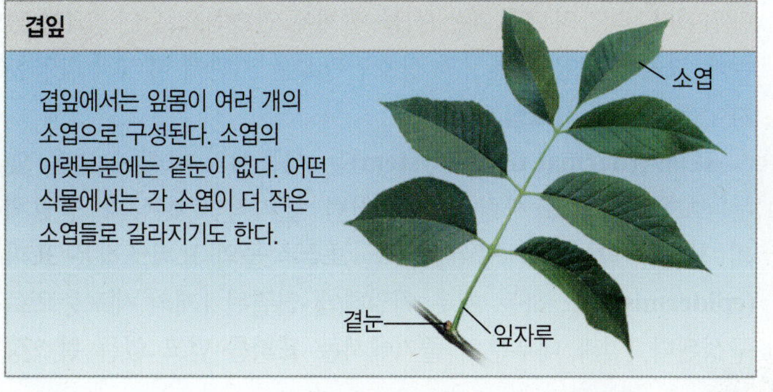

▶ **덩굴손.** 완두처럼 지지를 위해 갖는 덩굴손은 변형된 잎이다. 덩굴손은 코일을 만들어 식물체를 지지체로 가까이 끌어당긴다. 덩굴손은 전형적으로 변형된 잎이지만 포도의 경우엔 덩굴손이 변형된 줄기이다.

◀ **가시.** 선인장의 가시는 실제 잎이며 광합성은 녹색의 줄기에서 이루어진다.

◀ **저장잎.** 비늘줄기는 이 절단된 양파에서처럼 땅속의 작은 줄기와 양분을 저장하는 변형된 잎을 갖는다.

저장잎
줄기

◀ **생식잎.** 칼란코에(*Kalanchoë*) 같은 일부 다육식물의 잎은 작은 식물체를 형성한다. 이들이 잎에서 떨어지면 뿌리를 내리고 각각 새로운 개체가 된다.

▲ **그림 35.7 변형된 잎**

전학의 역할을 탐색해 보기 바란다. 대부분의 잎들은 광합성을 하기 위해 특수화되었지만 어떤 식물종은 지지, 보호, 저장, 생식과 같은 다른 기능을 갖도록 발달된 잎을 갖기도 한다(**그림 35.7**).

표피계, 관다발계, 기본조직계

식물의 중요기관인 뿌리, 줄기, 잎은 모두 표피조직, 관다발조직, 기본조직으로 이루어져 있다. **조직계(tissue system)**는 1개 이상의 조직으로 구성되어 있으며, 기관들을 연결하는 식물의 기능적 단위이다. 각각의 조직계는 식물 전체에 연속적으로 연결되어 있는데 그들의 고유한 특성과 상호연관성은 기관에 따라서 다양한 차이를 나타낸다(**그림 35.8**).

표피계(dermal tissue system)는 식물체의 바깥 표면을 덮는 보호조직으로 사람의 피부처럼 물리적인 손상과 병원체의 침입을 막는 1차 방어선이다. 초본식물의 표피조직은 **표피(epidermis)**라고 하는 매우 치밀하게 연결된 1개의 세포층으로 구성된다. 잎과 대부분의 줄기에서는 표피를 덮고 있는 왁스성

과학적 분석 기술의 연습

막대그래프를 이용한 데이터 해석

유전적 vs 환경적: 왜 북부지역의 단풍나무 잎은 남부지역의 단풍나무 잎보다 거치(teeth)가 많을까? 모든 단풍나무 잎들이 다 같은 것은 아니다. 단풍나무 잎의 가장자리를 따라 있는 거치는 북부지역의 잎과 남부지역의 잎이 서로 다르다. (여기 사진에서는 중간 정도의 외형을 나타낸다). 이러한 형태적 차이는 북부지역과 남부지역 단풍나무(*Acer rubrum*)의 유전적 차이에 기인할까, 아니면 평균온도 같은 환경적 차이가 유전자 발현에 영향을 미쳤기 때문일까?

실험 방법 단풍나무의 씨를 4개의 위도가 다른 지역인 온타리오(캐나다), 펜실베니아, 사우스 캐롤라이나, 플로리다로부터 수집하였다. 이들 씨앗을 북부 지역인 로드 아일랜드와 남부 지역인 플로리다에서 키웠다. 몇 년 후에 두 지역의 4가지 단풍나무의 잎들을 각각 수확하였는데, 단일거치를 갖는 면적과 거치의 수가 평균상태인 것이 밝혀졌다.

실험 데이터

씨앗 채취장소	단일거치 평균면적 (cm^2)		잎면적당 거치의 수	
	로드 아일랜드 수확	플로리다 수확	로드 아일랜드 수확	플로리다 수확
온타리오 (43.32 °N)	0.017	0.017	3.9	3.2
펜실베니아 (42.12 °N)	0.020	0.014	3.0	3.5
사우스 캐롤라이나 (33.45 °N)	0.024	0.028	2.3	1.9
플로리다 (30.65 °N)	0.027	0.047	2.1	0.9

데이터 해석

1. 거치의 길이와 수에 대한 막대그래프를 작성하라(막대그래프 정보에 대해서는 부록 F 참조). 북부와 남부지역 단풍나무 잎의 거치의 수와 길이의 일반적 경향은 무엇인가?
2. 이상의 데이터에 근거해서 단풍나무 잎의 거치가 유전형질에 의해서 거의 결정되는지 아니면 한 개 유전자형(표현형의 가소성)이 환경변화에 반응해서 생기는 것인지, 또는 두 가지 모두인지를 추정하라.
3. 연대가 밝혀진 잎 화석의 거치를 가지고 고기상학자는 해당지역의 과거 온도를 추정한다. 만약 사우스 캐롤라이나에서 채취된 1만 년 된 단풍나무 잎화석이 1 cm^2 당 4.2개의 거치를 갖는다면 오늘날과 비교해서 사우스캐롤라이나의 온도가 어떻다고 할 수 있는가? 그 이유를 설명하라.

참고문헌 D. L. Royer et al., Phenotypic plasticity of leaf shape along a temperature gradient in *Acer rubrum*, *PLoS ONE* 4(10): e7653 (2009).

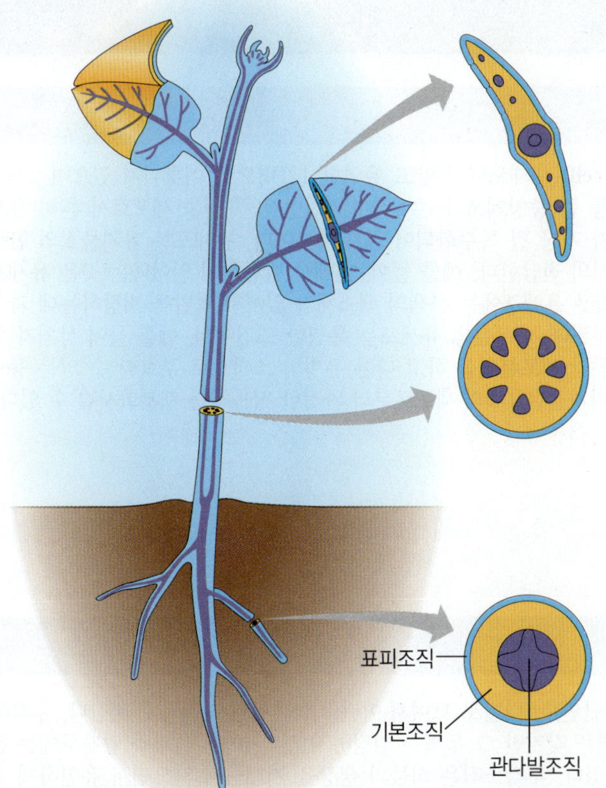

▲ **그림 35.8 세 가지 조직계.** 표피계(청색)는 식물체 전체를 덮고 있다. 관다발조직계(보라색) 역시 식물체 전체에 연결되어 있지만 기관마다 각각 다르게 배열되어 있다. 식물 대부분의 대사기능을 수행하는 기본조직계(노란색)는 각 기관에서 다른 두 조직계 사이를 채우고 있다.

의 **큐티클(cuticle)**이 물의 유실을 막는다. 목본식물의 오래된 줄기와 뿌리에서는 표피가 **주피(periderm)**라고 하는 보호조직으로 대체된다. 또한 표피는 수분 유실과 질병을 막는 역할 이외에도 각 기관에서 매우 특수한 기능을 수행한다. 뿌리에서는 토양에서 흡수한 물과 무기질이 표피를 통해 흡수된다. 어린싹에서는 공변세포라고 하는 특수화된 표피세포가 기체교환에 참여한다. 털은 어린싹에서 발견되는 매우 특수화된 표피세포이다. 어떤 사막식물에서는 털이 물의 유실을 막고 과도한 빛을 반사한다. 어떤 털들은 곤충의 이동을 방해하는 형태를 이루고 있으며, 끈끈한 용액이나 독성물질을 분비하는 분비모를 통해서 곤충들에 대항한다(그림 35.9).

관다발조직계(vascular tissue system)의 주된 기능은 물질이동을 쉽게 하고 식물체를 기계적으로 지지하는 것이다. 관다발조직의 두 가지 유형은 물관부와 체관부이다. **물관부(xylem)**는 물과 용해된 무기물질을 뿌리로부터 어린싹계까지 수송한다. **체관부(phloem)**는 잎에서 합성된 당분과 같은 유기양분을 이를 필요로 하는 기관인 뿌리, 열매 등으로 운반한다. 줄기와 뿌리의 관다발 조직은 종합적으로 **중심주(stele)**라고 불리는데, 그리스어의 "기둥"이라는 말에서 온 것이다. 중심주의 배열은 생물종이나 기

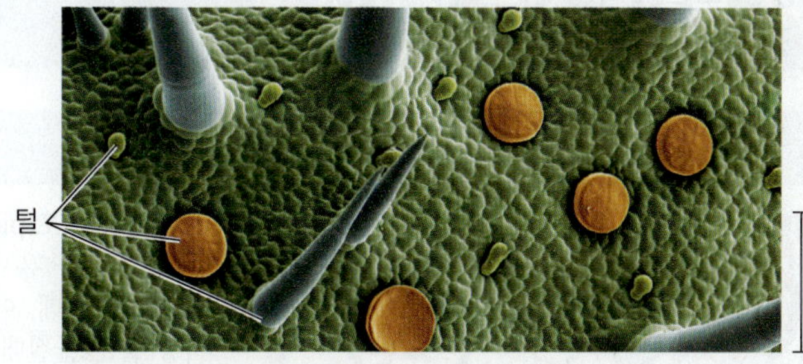

▲ **그림 35.9 잎 표면에 있는 털의 다양성.** 3가지 유형의 털이 마조람(*Origanum majorana*)의 잎에서 관찰된다. 창모양의 털은 기는 곤충의 이동을 제한하며 다른 두 종류의 털은 방어작용에 쓰이는 오일과 화학물질을 분비한다.

관에 따라 다양하게 나타난다. 예를 들어, 속씨식물의 뿌리에서는 중심주가 대부분 중앙에 위치하는 단단한 **관다발기둥**(vascular cylinder)을 이루지만, 줄기와 잎에서는 물관부와 체관부의 섬유로 이루어진 **관다발**(vascular bundle)로 분산되어 나타난다(그림 35.8). 물관부와 체관부는 다양한 세포들로 이루어지는데, 특히 물질운반을 위해서 고도로 특수화된 세포들을 갖는다.

표피계와 관다발조직계를 제외한 또 다른 조직계를 **기본조직계(ground tissue system)**라 한다. 관다발조직 안쪽의 기본조직을 **수(pith)**라 하며 바깥쪽 기본조직을 **피층(cortex)**이라 한다. 기본조직계는 단지 기관을 채울 뿐만 아니라 특수화된 다양한 종류의 세포들이 있어서 저장, 광합성, 지지작용 및 단거리 수송과 같은 기능들을 수행한다.

식물 세포의 일반적 유형

다른 다세포생물처럼 식물도 발생하는 단계에서 세포가 구조와 기능이 특수화되는 **세포분화**(differentiation)를 겪는다. 세포분화시 세포질의 소기관들과 세포벽이 함께 변화된다. 다음 페이지의 **그림 35.10**은 식물세포들의 주요한 유형에 대해 초점을 맞추고 있다. 특정한 기능을 가능하게 하는 구조적 적응에 주목하라. 식물세포의 기본 구조에 대해 다시 살펴보고 싶으면 7장을 참고하라(그림 7.8, 7.28).

개념 확인 문제 35.1

1. 관다발조직계는 어떻게 잎과 뿌리의 기능을 통합하여 식물체의 생장과 발생이 이루어지게 하는가?
2. WHAT IF? 만약 사람이 광독립영양체들처럼 빛을 이용해 양분을 직접 만들 수 있다면, 우리의 해부학적 구조는 어떻게 달라졌을까?
3. MAKE CONNECTIONS 중앙액포와 세포벽 섬유소가 어떻게 식물 생장에 기여하는지 설명하라.

정답은 부록 A 참조

▼ 그림 35.10

탐구 분화된 식물 세포의 예

유세포

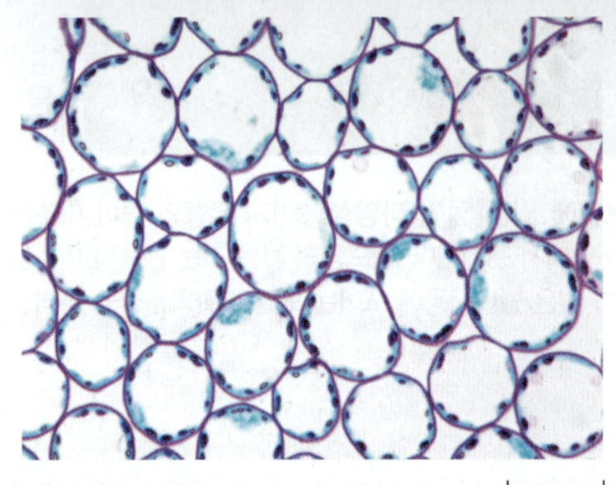

유세포, 쥐똥나무(*Ligustrum*) 잎 (LM 사진)

성숙한 **유세포(parenchyma cell)**는 세포벽이 얇고 유연한 1차벽으로 이루어져 있으며 2차벽이 없다. 성숙한 유세포에는 보통 큰 중앙액포가 존재한다. "전형적인" 식물 세포로서 흔히 유세포가 묘사되는데, 이는 유세포가 가장 덜 특수화되어 있기 때문이다. 유세포는 유기물질의 합성과 저장 같은 물질대사 기능을 거의 전담한다. 예를 들어, 잎에서 광합성이 일어나는 곳은 유세포의 엽록체이며, 줄기와 뿌리의 일부 유세포에는 무색의 색소체가 있어서 녹말을 저장하는데 과실의 과육 역시 주로 유세포로 구성된다. 대부분의 유세포는 특별한 조건에서, 예를 들어 상처가 생겨서 이를 회복하고 재생하는 동안 세포분열을 하고 다른 유형의 조직으로 분화할 수 있는 능력이 있다. 이런 특성을 이용해 과학자들은 1개의 세포로부터 완전한 식물체를 재분화시킬 수 있다.

후각세포

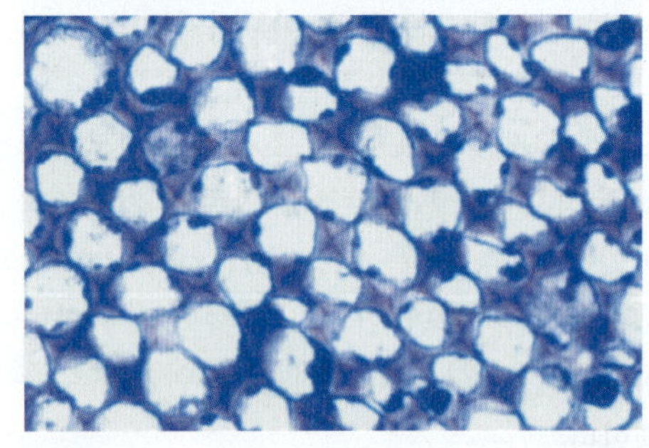

후각세포
(해바라기 줄기, LM 사진)

후각세포(collenchyma cell, 횡단면)는 다발로 모여서 어린싹계의 어린 부분을 지지한다. 후각세포는 유세포에 비해 두꺼운 1차벽을 갖지만 그 두께는 일정하지 않다. 어린 줄기와 잎자루에는 흔히 표피 밑에 후각세포의 다발이 있다. 후각조직은 식물의 생장을 저해하지 않으면서 유연하게 지지한다. 후각세포는 살아 있고 유연하며, 이들이 지지하는 줄기, 잎과 함께 신장할 수 있다.

후벽세포

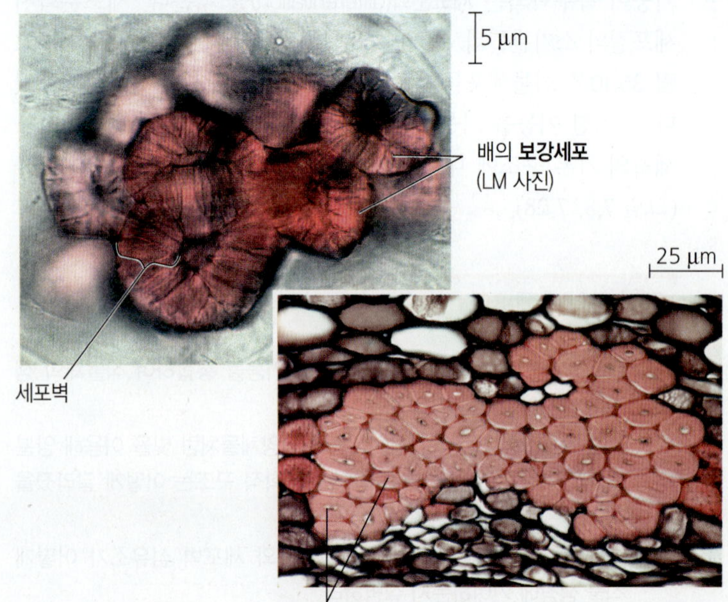

섬유세포 (회나무의 횡단면, LM 사진)

식물 지지작용의 한 요소인 **후벽세포(sclerenchyma cell)**는 리그닌으로 이루어진 두꺼운 2차벽이 있어서 후각세포보다 더 단단하다. 후벽세포는 세포신장이 멈춘 다음에 생긴 2차벽으로서 두꺼우며 많은 양의 **리그닌(lignin)**을 지니고 있는데, 이들 리그닌은 목재 건조중량의 1/4 이상을 차지하는 잘 소화되지 않는 단단한 중합체이다. 리그닌은 모든 관다발식물에 나타나지만 이끼식물에는 없다. 후각세포와는 달리 성숙한 후벽세포는 신장할 수 없기 때문에 길이 생장이 정지된 식물 부위에서 나타난다. 후벽세포는 지지기능을 위해 매우 특수화되어 기능적으로 성숙한 세포들은 대부분 죽어 있고, 원형질이 사라지기 전에 2차벽이 완성된다. 단단한 세포벽은 "골격"으로 남아서 식물체를 지지하는데 어떤 경우에는 수백 년 동안 이를 수행한다.

후벽세포의 두 유형인 **보강세포(sclereids)**와 **섬유(fibers)**는 지지 및 강화 기능으로 완전히 특수화되어 있다. 보강세포는 섬유보다 세포의 길이가 짧고, 목질화된 2차벽을 지니며 형태가 불규칙한데 견과류의 껍질, 종피, 배의 과육에 있는 석세포 등에서 나타난다. 섬유는 보통 다발 형태로서 가늘고 길며 끝이 뾰족하다. 대마의 섬유는 밧줄로, 아마의 섬유는 아마포와 같은 섬유제품을 만드는 데 사용된다.

물관부의 물 운반세포

물을 운반하는 세포인 **헛물관(tracheid)**과 **물관요소(vessel element)**는 관모양의 신장된 세포로서 기능적으로 완성된 상태에서는 죽어 있다. 모든 관다발식물의 물관부에는 헛물관이 나타난다. 대부분의 속씨식물과 일부 겉씨식물, 양치식물에는 헛물관뿐만 아니라 물관요소가 있다. 헛물관과 물관요소의 원형질은 점차 없어지지만 두꺼운 세포벽은 그대로 남아서 물이 흐를 수 있는 관이 형성된다. 헛물관과 물관요소의 2차벽 중에는 종종 1차벽으로만 구성된 얇은 부위인 벽공(pit)이 있다. 물은 벽공을 통해 이웃 세포로 이동할 수 있다.

헛물관은 가늘고 길며 끝이 뾰족하다. 물은 주로 두꺼운 2차벽을 통과할 필요가 없는 벽공을 통해 한 세포에서 다른 세포로 이동한다.

물관요소는 보통 헛물관에 비해서 폭이 넓고 길이가 짧으며 끝이 뭉뚝하다. 물관요소들은 끝과 끝이 맞닿아서 **물관(vessel)**이라고 하는 긴 관을 형성하는데, 어떤 경우에는 육안으로 보인다. 물관요소 끝 부분의 벽에는 구멍이 뚫려 있어서 물이 자유롭게 흐를 수 있다.

헛물관과 물관요소의 2차벽은 리그닌으로 인해 단단하기 때문에 물 수송에서 생기는 장력으로 인한 붕괴를 막을 뿐만 아니라 지지하는 역할을 한다.

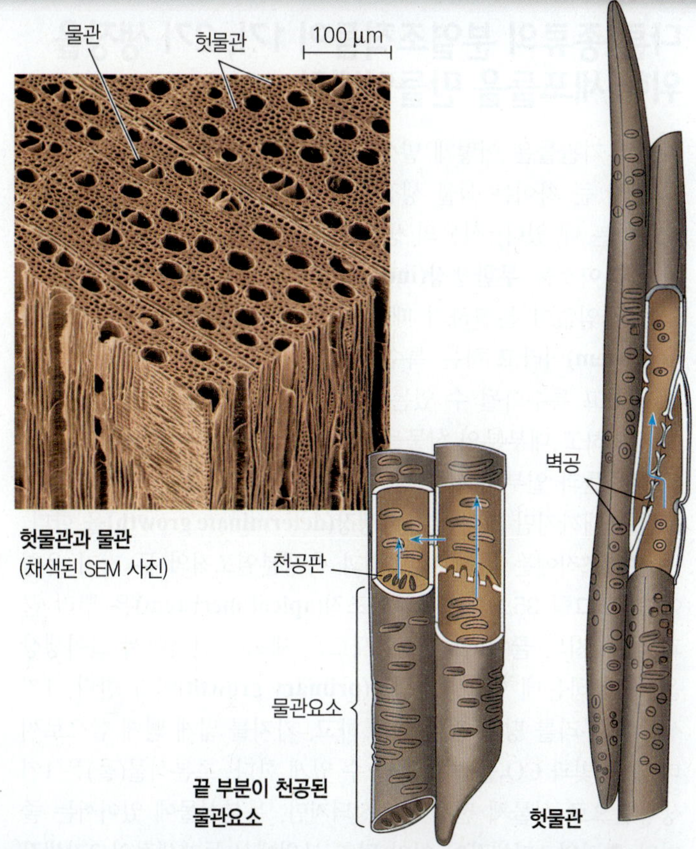

헛물관과 물관
(채색된 SEM 사진)

체관부의 당분 운반세포

물관부의 물 운반세포와 달리 체관부의 당분 운반세포는 기능적으로 완성된 상태에서도 살아 있다. 비종자 관다발식물과 겉씨식물에서는 당분과 그 밖의 유기물질이 **체세포(sieve cell)**라고 하는 가늘고 긴 세포에 의해서 운반되지만 속씨식물에서는 이 물질들이 **체관요소(sieve-tube member)**로 이루어진 체관에 의해서 운반된다.

체관요소는 비록 살아 있는 세포지만 핵과 리보솜, 액포와 같은 소기관을 갖고 있지 않은데, 이러한 세포성분의 감소는 양분의 세포 통과를 보다 쉽게 한다. 체관요소의 끝에는 **체판(sieve plate)**이 있고 작은 구멍들이 있어 용액이 흐를 수 있다. 각 체관요소 옆에는 **동반세포(companion cell)**라고 하는, 운반세포가 아닌 세포가 있으며 원형질연락사라고 하는 수많은 통로에 의해 체관요소에 연결되어 있다. 동반세포의 핵과 리보솜은 자신의 세포기능뿐 아니라 체관요소의 세포기능을 담당한다. 어떤 식물에서는 잎의 동반세포가 당분을 체관요소로 옮겨주어 체관요소를 통해 양분을 다른 부분으로 옮길 수 있게 한다.

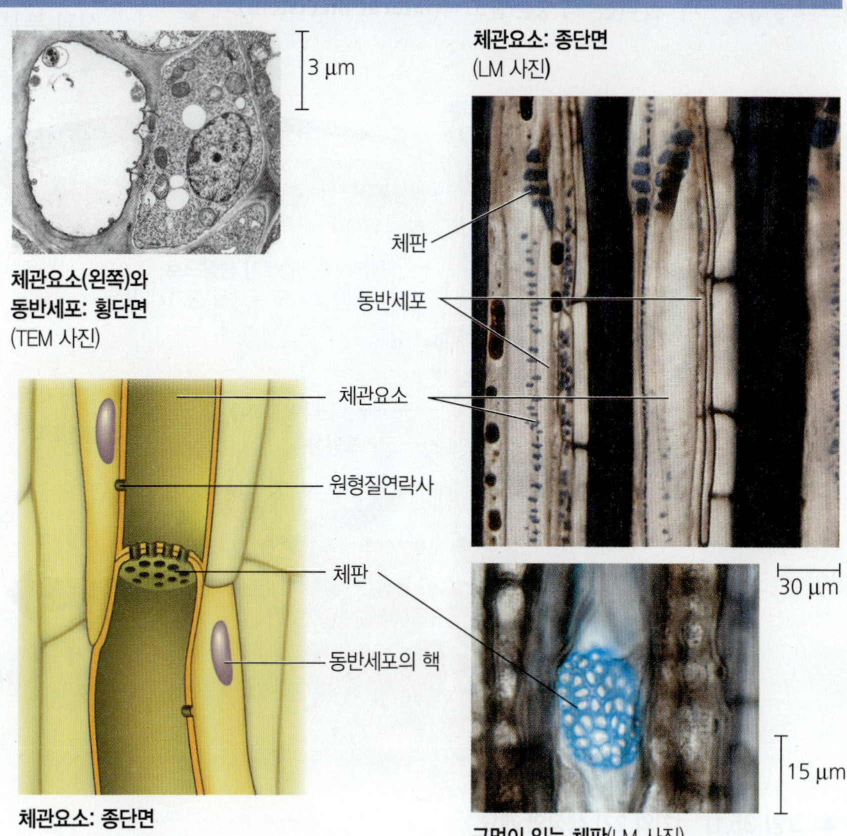

체관요소(왼쪽)와 동반세포: 횡단면
(TEM 사진)

체관요소: 종단면

체관요소: 종단면
(LM 사진)

구멍이 있는 체판(LM 사진)

개념 35.2

다른 종류의 분열조직들이 1기, 2기 생장을 위해 세포들을 만들어낸다

식물의 기관들은 어떻게 발생할까? 식물과 대부분 동물들 사이의 가장 큰 차이는 식물 생장이 배 발생기나 유년기에 국한되지 않는다는 데 있다. 식물의 생장은 전 생애에 걸쳐 끊임없이 일어나는데 이것을 **무한생장(indeterminate growth)**이라 한다. 식물은 끊임없이 분열하기 때문에 계속해서 생장한다. **분열조직(meristem)**이라고 하는 특수화되지 않은 조직은 여건이 허락하면 커지고 특수화될 수 있는 새로운 세포들을 만든다. 휴면기간을 제외하고 대부분의 식물들은 계속해서 자란다. 반대로 대부분의 동물들과 일부의 식물 기관, 즉 잎, 가시, 꽃등은 일정 크기에 도달할 때까지만 자라는 **유한생장(determinate growth)**을 한다.

분열조직에는 정단분열조직과 측생분열조직의 두 가지 유형이 있다(그림 35.11). **정단분열조직(apical meristem)**은 뿌리 끝과 새 가지의 끝에 위치하며 새로운 세포를 만들어서 길이생장을 하게 하는데 이를 **1기생장(primary growth)**이라 한다. 1기 생장은 뿌리를 땅속 깊이 뻗게 하고, 가지를 넓게 뻗게 함으로써 더 많은 빛과 CO_2를 받아들일 수 있게 한다. 초본식물(풀)은 1기 생장만으로 식물체 전체가 형성되지만, 목본식물에 있어서는 줄기와 뿌리의 1기생장이 이미 멈춘 부위에서 둘레생장인 2기생장이 있게 된다. **2기생장(secondary growth)**은 관다발형성층과 코르크형성층이라 불리는 **측생분열조직(lateral meristem)**의 활동에 의해 이루어진다. 이 분열하는 세포들이 이루는 원기둥은 뿌리와 줄기의 길이에 따라 뻗어 있다. **관다발형성층(vascular cambium)**은 2기물관부와 2기체관부라고 일컫는 관다발조직의 세포층을 증가시키고, **코르크형성층(cork cambium)**은 표피를 더 두껍고 단단한 주피로 대체한다.

분열조직의 세포들은 계속 분열해서 새로운 세포를 추가적으로 만들어내는데 이렇게 만들어진 세포 중에는 분열조직에 남아서 분열을 계속하는 세포도 있지만 일부는 분화하여 다른 조직과 기관에 속하기도 한다. 새로운 세포의 근원으로서 분열조직에 남는 세포를 **시원세포**(initials)라고 한다. 그러나 끊임없이 분열하고 기능적으로 특수화하지 않은 상태로 남아 있는 동물의 **줄기세포**(stem cells)와 비슷하기 때문에 줄기세포라고도 부른다. 분열조직으로부터 유래된 새로운 세포를 **유도체**(derivatives)라고 하는데 이들은 발달 중인 조직에서 세포들이 특수화될 때까지 계속적으로 분열한다.

1기생장과 2기생장 사이의 관계는 낙엽성 수목의 겨울가지에서 명확하게 나타난다. 줄기의 끝에는 휴면상태의 끝눈이 있는데, 이들을 비늘잎이 둘러싸서 보호하고 있다(그림 35.12). 봄이 되면 끝눈의 비늘잎이 떨어지고 마디와 마디사이를 갖는 새로운 가지의 1기생장이 시작된다. 각각의 생장구간에는 잎이 떨어져서 남긴 흔적에 의해 마디가 표시된다. 각각의 엽흔 바로 위에 곁눈 또는 곁눈에 의해 형성된 가지가 있다. 가지의 조금 아래쪽에는 전년 겨울 동안 끝눈의 비늘잎이 남긴 엽흔이 있다. 매 성장기간에 1기생장으로 어린싹이 늘어나고, 2기생장으로는 지난해에 형성된 부분을 비후시킨다.

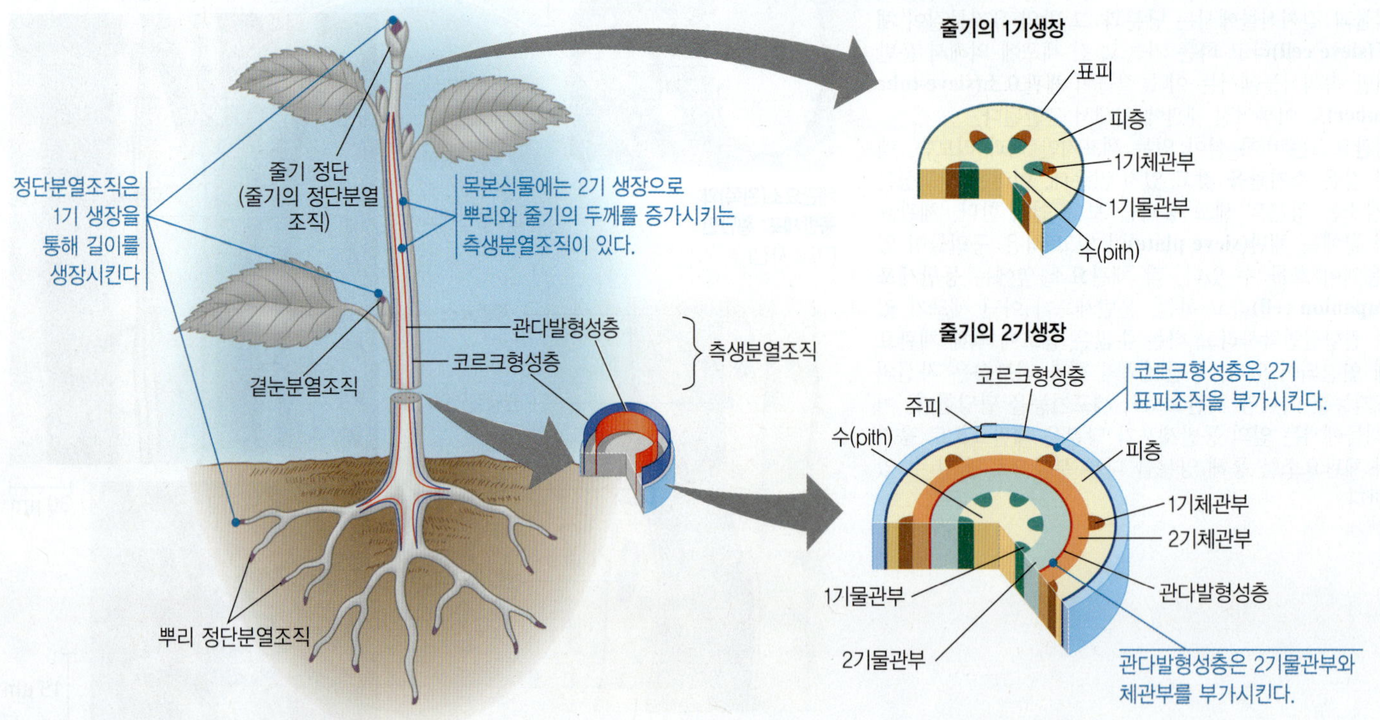

▲ 그림 35.11 1기와 2기 생장의 개요

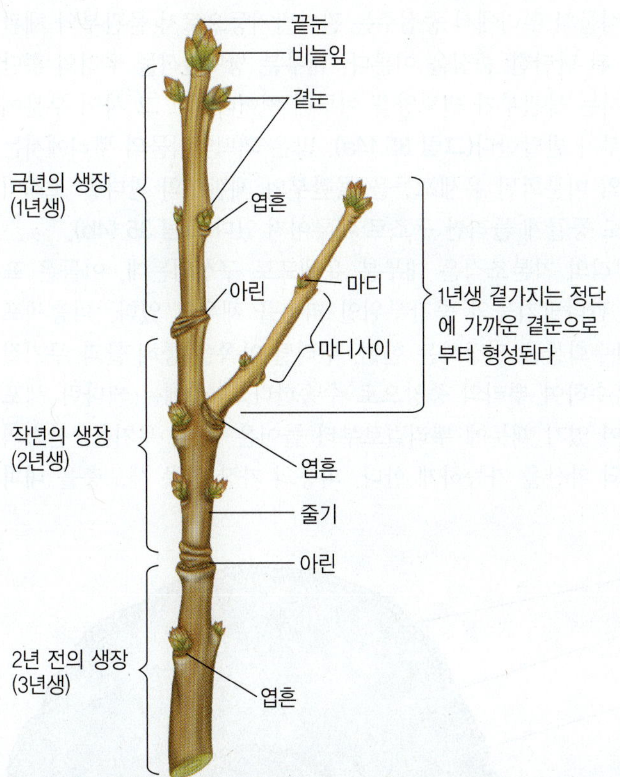

▲ **그림 35.12 3년생 겨울가지**

비록 식물은 일생 동안 생장하지만 결국 죽게 된다. 꽃식물은 생장 연한에 따라서 1년생 식물, 2년생 식물, 다년생 식물로 구분한다. 1년생 식물(annuals)은 씨로부터 발아해서 꽃이 피고 다시 씨를 맺고 죽게 되는 기간이 1년 이하인 식물을 말한다. 대부분의 야생화와 곡류, 콩과류와 같은 중요한 식량작물이 이에 속한다. 2년생 식물(biennials)은 보통 2년 동안 사는 식물로서 첫 번째 봄과 여름에 영양생장을 하고 추운 겨울을 거쳐 두 번째 봄 또는 여름에 꽃이 피고 결실하는 식물을 말한다. 사탕무와 당근은 보통 일년 후에 수확하지만 2년생 식물에 해당된다. 다년생 식물(perennials)은 여러해살이로 나무, 관목 및 일부 풀 종류가 포함된다. 북미 초원의 목초식물은 마지막 빙하기 말기에 발아해서 약 1,000년 동안 살아온 것으로 생각된다.

개념 확인 문제 35.2

1. 1기생장과 2기생장이 같은 식물에서 동시에 일어날 수 있을까?
2. 뿌리와 줄기는 무한적으로 자라지만 잎은 유한적이다. 어떻게 이런 것들이 식물에 있어서는 유익한가?
3. WHAT IF? 어떤 정원사가 한 시즌이 지난 당근을 뽑았더니 아주 작다는 것을 알게 되었다고 상상해보자. 정원사는 당근이 2년생이라고 알기에 땅속의 남은 당근들이 다음 해에 크게 자랄 것으로 생각하면서 뽑지 않고 둔다면 이것이 좋은 생각일까? 설명하라.

정답은 부록 A 참조

개념 35.3

1기생장은 뿌리와 어린싹을 신장시킨다

이미 배웠던 바와 같이 1기생장은 정단분열조직에 의해 형성된 길이생장이다. 보통 초본식물은 식물체 전체가 1기생장으로 이루어지지만, 목본식물에서는 아직 목질화되지 않은 어린 부위에서만 1기생장이 나타난다. 정단분열조직에서 유래된 세포로부터 뿌리와 어린싹의 신장이 일어나지만 뿌리와 어린싹의 1기생장에는 여러 면에서 차이가 있다.

뿌리의 1기생장

뿌리 끝은 **뿌리골무(root cap)**라는 조직에 의해 둘러싸여 있는데, 이것은 뿌리가 거친 토양을 밀어낼 때 연약한 정단분열조직을 보호한다. 뿌리골무는 다당류인 점액을 분비함으로써 뿌리 끝 주변 토양을 매끄럽게 하는 작용을 한다. 생장은 바로 뿌리 끝의 뒷부분에서 이루어진다. 1기생장은 3개의 구역에서 이루어지는데 이들은 뿌리 끝에서부터 뚜렷한 경계 없이 분열대, 신장대, 성숙대 순으로 이루어진다(그림 35.13).

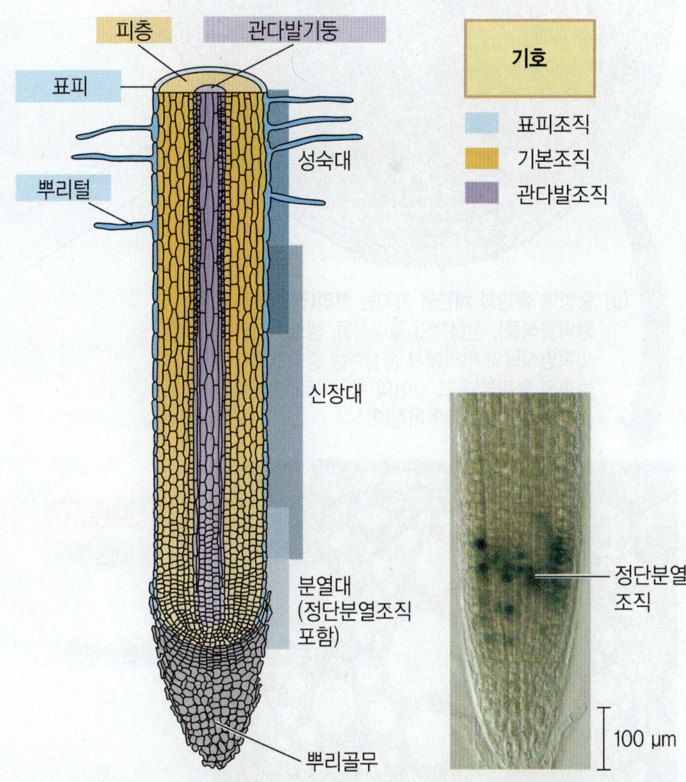

▲ **그림 35.13 뿌리의 1기생장.** 이 모식도는 전형적인 쌍떡잎식물 뿌리 끝의 해부학적 특징을 나타내고 있다. 정단분열조직은 뿌리의 모든 세포들을 생산한다. 대부분 뿌리의 길이생장은 신장대에서 일어난다. 세포분열에서 중요한 역할을 하는 단백질인 사이클린을 염색함으로써 정단분열조직의 유사분열 중인 세포들을 사진에서 보여주고 있다(LM 사진).

분열대(zone of cell division)는 뿌리의 정단분열조직과 그 유도체로 이루어지는데 이 부위에서 뿌리골무의 세포들을 포함해 새로운 뿌리세포가 만들어진다. 전형적으로 뿌리 끝으로부터 수 mm 떨어진 곳이 **신장대**(zone of elongation)인데 신장대에서는 뿌리세포들이 보통 원래 길이의 10배 이상 길어진다. 이곳에서의 세포신장은 토양 쪽으로 뿌리 끝을 밀어내는 역할을 한다. 뿌리의 정단분열조직은 신장대의 더 어린 말단 쪽에 새로운 세포들을 계속해서 첨가한다. 뿌리세포의 길이생장이 끝나기 전에 대부분의 세포들은 구조와 기능에 있어 특수화가 일어난다. **분화대**(zone of differentiation) 또는 성숙대(zone of maturation)에서는 세포들의 분화가 완전하게 이루어져 뚜렷한 세포의 유형을 갖게 된다.

뿌리의 1기생장으로 표피, 기본조직, 관다발조직이 형성된다. 속씨식물의 뿌리에서 중심주는 관다발기둥으로서 물관부와 체관부로 된 단단한 중심을 이룬다. 대부분 쌍떡잎식물 뿌리의 횡단면에서는 물관부가 별모양을 이루며 뻗어나가고 그 사이 부분에 체관부가 발달한다(**그림 35.14a**). 많은 외떡잎식물의 뿌리에서는 중앙의 미분화된 유세포들을 물관부와 체관부의 관다발 조직이 교대로 둥글게 둘러싼 구조로 이루어져 있다(**그림 35.14b**).

뿌리의 기본조직은 대부분 유세포로 구성되는데, 이들은 표피와 관다발기둥의 중간부위인 피층을 채우고 있다. 피층세포는 탄수화물을 저장하는 한편, 뿌리털 안쪽을 통해 물과 무기질을 흡수하여 뿌리의 중앙으로 수송한다. 피층에는 커다란 세포간극이 있기 때문에 뿌리털로부터 들어온 물과, 무기물, 산소의 세포외 확산을 가능하게 한다. 피층의 가장 안쪽 세포층을 **내피**

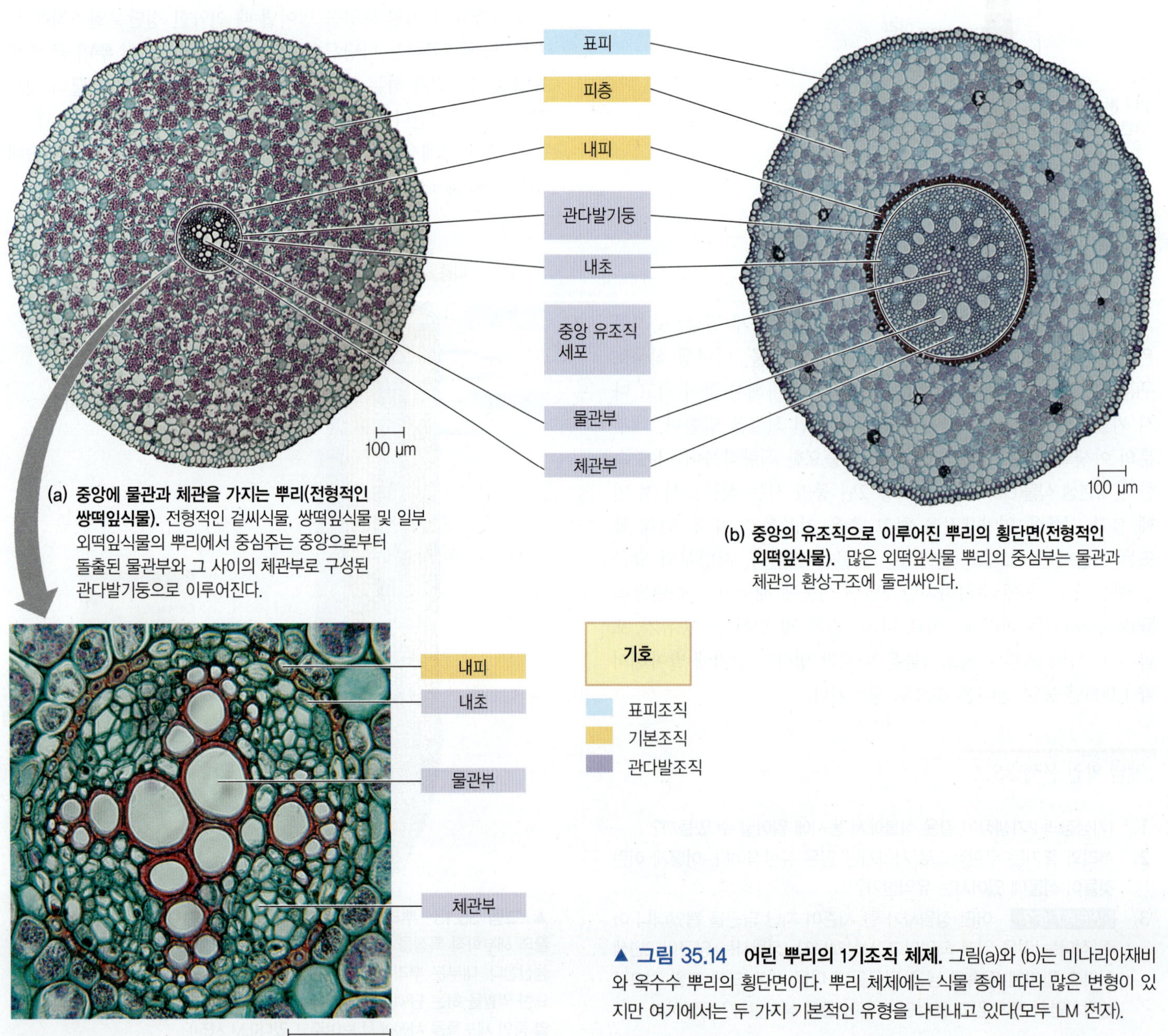

(a) **중앙에 물관과 체관을 가지는 뿌리(전형적인 쌍떡잎식물).** 전형적인 겉씨식물, 쌍떡잎식물 및 일부 외떡잎식물의 뿌리에서 중심주는 중앙으로부터 돌출된 물관부와 그 사이의 체관부로 구성된 관다발기둥으로 이루어진다.

(b) **중앙의 유조직으로 이루어진 뿌리의 횡단면(전형적인 외떡잎식물).** 많은 외떡잎식물 뿌리의 중심부는 물관과 체관의 환상구조에 둘러싸인다.

▲ **그림 35.14 어린 뿌리의 1기조직 체제.** 그림(a)와 (b)는 미나리아재비와 옥수수 뿌리의 횡단면이다. 뿌리 체제에는 식물 종에 따라 많은 변형이 있지만 여기에서는 두 가지 기본적인 유형을 나타내고 있다(모두 LM 전자).

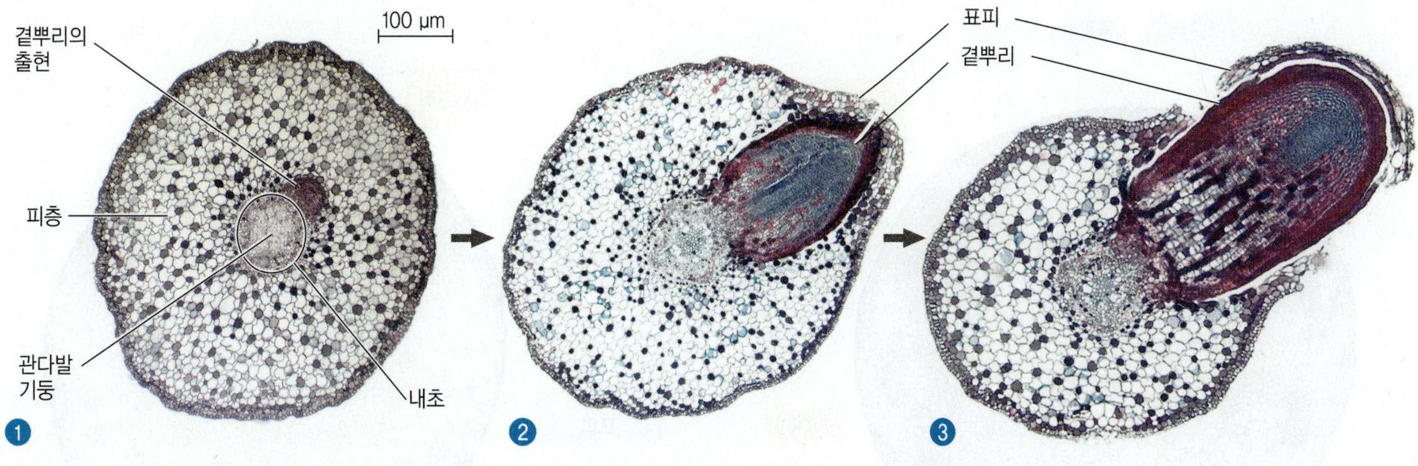

▲ **그림 35.15 곁뿌리의 형성.** 곁뿌리는 뿌리 중심주의 가장 바깥에 위치한 내초로부터 발생하여 피층과 표피를 뚫고 생장한다. 여기 연속된 사진에서 원래의 뿌리는 횡단면을, 곁뿌리는 종단면을 보여준다.

(endodermis)라고 하는데 한 개층의 세포 두께로서 관다발기둥의 바깥 경계를 이룬다. 내피는 토양으로부터 관다발기둥까지의 물질이동을 조절하는 선택적 장벽이다(그림 36.8).

관다발기둥의 가장 바깥층이면서 내피의 바로 안쪽에 위치한 **내초(pericycle)**로부터 곁뿌리가 발생한다(그림 35.14). 새로 나오는 곁뿌리는 피층과 표피를 파괴적으로 밀어낸다(그림 35.15).

어린싹의 1기생장

어린싹의 정단분열조직은 어린싹 끝부분에 있는 분열 중인 돔형의 세포집단을 말한다(그림 35.16). 잎은 정단분열조직의 가장자리에서 소뿔처럼 뻗어 나온 **잎원기(left primordium)**로부터 발달한다. 싹 안의 어린 잎들은 마디사이가 매우 짧기 때문에 함께

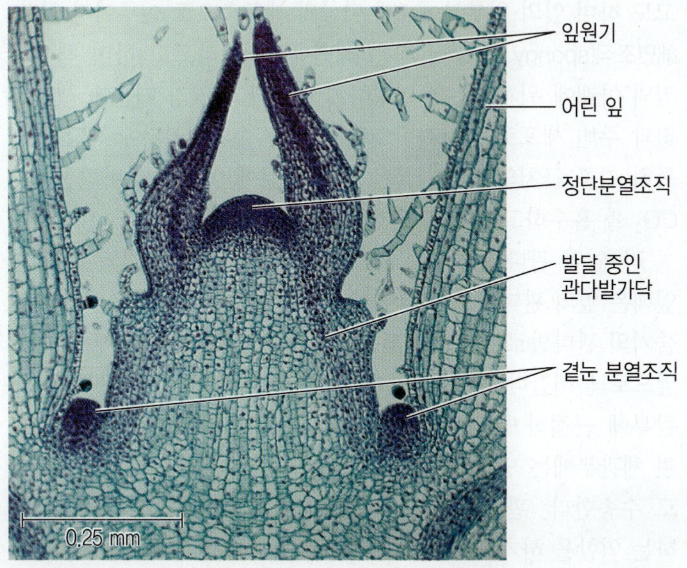

▲ **그림 35.16 어린싹의 정단.** 잎원기는 정단분열조직이 있는 부분의 측면부위에서 발생한다. 이 사진은 콜레우스 줄기 끝부분의 종단면이다(LM 사진).

밀집되어 있다. 어린싹의 신장은 어린싹 끝의 마디사이 세포들의 신장에 의해 일어난다.

1기생장의 한 부분인 가지뻗기는 곁눈의 활성으로부터 이루어지는데, 곁눈은 각각의 정단분열조직을 갖는다. 식물호르몬에 의한 화학적 소통 때문에 곁눈은 활성이 있는 끝눈 가까이에 있을수록 억제되는데, 이러한 현상을 **정아우성(apical dominance,** 정단우성)이라고 한다. (정아우성에 의한 특정한 호르몬 변화에 대해서는 39장에서 다루고 있다.) 만약 어떤 동물이 어린싹의 끝을 먹거나 또는 그늘이 져서 어린싹의 한쪽 면으로만 빛이 집중되면 정아우성은 방해를 받는다. 결과적으로 곁눈은 휴면이 깨어져서 생장하기 시작한다. 곁눈이 휴면에서 깨어나면 결국에는 곁가지를 만들게 되는데 여기에 자신의 끝눈, 잎과 곁눈을 갖는다. 정원사들이 화초들의 가지를 잘라주면 식물의 끝눈 수가 줄어들게 되는데, 이로 인해 가지들이 신장하면서 식물은 더 무성하게 된다.

일부 외떡잎식물에 있어서는 분열조직의 활동이 줄기와 잎의 기부에서 일어난다. 이 구역을 절간분열조직(intercalary meristem)이라 부르며 이 분열조직의 활동에 의해서 손상받은 잎은 빨리 다시 자라게 되는데 이것으로 잔디를 깎아도 곧 자라는 것에 대한 설명이 가능하다. 절간분열조직에 의해 잎을 빠르게 생장시키는 능력 때문에 초식동물로부터 받은 잎의 상처는 매우 효과적으로 회복된다.

줄기의 조직구조

표피는 연속된 표피계의 한 부분으로서 줄기를 감싸고 있다. 관다발 안에 있는 관다발조직은 줄기의 길이를 따라 배열되어 있다. 뿌리 속의 깊은 관다발조직으로부터 유래되는 곁뿌리(그림 35.15)와는 달리 곁가지는 줄기의 표면에 위치한 기존의 곁눈으로부터 발생한다(그림 35.16). 줄기의 관다발들은 토양표면 가까운 위치에 있는 뿌리-줄기 전환부위에서 뿌리의 관다발기둥으로

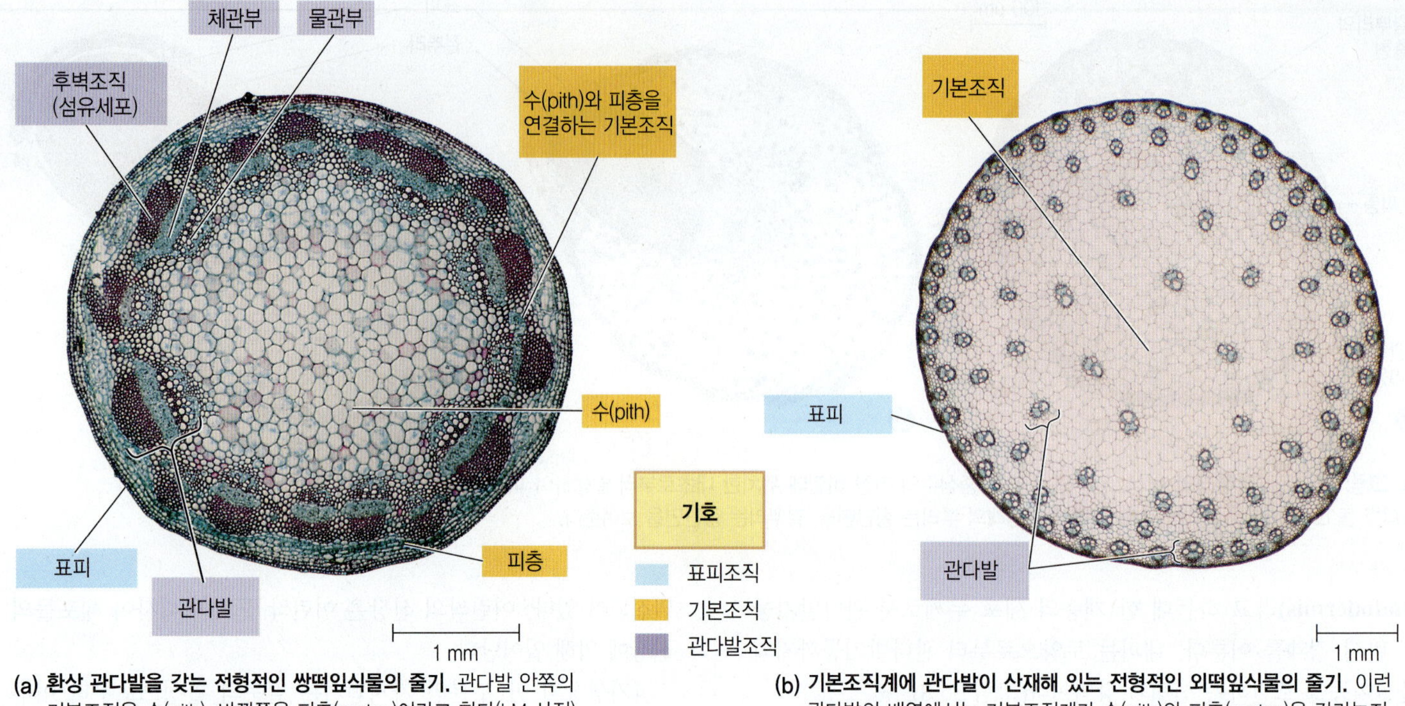

(a) **환상 관다발을 갖는 전형적인 쌍떡잎식물의 줄기.** 관다발 안쪽의 기본조직을 수(pith), 바깥쪽을 피층(cortex)이라고 한다(LM 사진).

(b) **기본조직계에 관다발이 산재해 있는 전형적인 외떡잎식물의 줄기.** 이런 관다발의 배열에서는 기본조직계가 수(pith)와 피층(cortex)을 갈라놓지 않는다(LM 사진).

▲ **그림 35.17 어린 줄기에서 1기조직의 체제**

? 외떡잎식물의 기본조직을 설명할 때에 수와 피층이라는 용어를 사용하지 않는 이유는 무엇인가?

합쳐진다.

겉씨식물과 대부분의 쌍떡잎식물에서 관다발조직은 관다발들이 환형으로 배열된 형태를 하고 있다(**그림 35.17a**). 각 관다발 내의 물관부는 수(pith)와 맞닿고 있으며, 체관부는 피층과 맞닿고 있다. 대부분의 외떡잎식물의 줄기에서는 관다발이 환상을 이루지 않고 기본조직 사이에 흩어져 있다(**그림 35.17b**). 외떡잎식물과 쌍떡잎식물에서 기본조직은 주로 유조직으로 구성되어 있지만 후각조직이 표피 바로 밑에 위치하면서 많은 줄기들을 강화시키는 역할을 한다. 후벽세포 중에 특히 관다발 내부의 섬유세포 역시 더 이상 신장되지 않는 줄기에서 해당 부분을 지지해준다.

잎의 조직 체제

그림 35.18은 전체적인 잎의 구조를 나타내고 있다. 표피는 **기공**(*stoma*, 복수는 **stomata**)이라고 하는 구멍에 의해 뚫려 있는데, 기공은 잎 내부에 있는 광합성 세포와 주변 공기 사이에 CO_2 와 O_2 교환이 일어나도록 한다. 기공은 광합성을 위한 CO_2 흡수 조절 이외에도 물의 증발을 위한 주요한 통로이기도 하다. 기공이란 용어는 단순히 기공개구부만을 지칭하기도 하지만, 개구부의 양옆에서 기공의 개폐를 조절하는 2개의 **공변세포(guard cell)**를 모두 포함한 기공복합체를 지칭하기도 한다. 기공에 대해서는 36장에서 자세히 설명하고자 한다.

엽육(mesophyll, 그리스어 *mesos*, 중간과 *phyll*, 잎)이라고 하는 잎의 기본조직은 상표피와 하표피 사이에 끼워져 있다. 엽육은 광합성을 위해 특수화된 유세포로 이루어져 있는데 대부분 쌍떡잎식물의 잎은 책상조직과 해면조직이라는 두 개의 뚜렷한 층으로 나뉜다. **책상조직**(palisade mesophyll)은 책상유조직이라고도 하며 잎의 윗부분에 1개 이상의 세포층으로 이루어져 있다. **해면조직**(spongy mesophyll)은 해면유조직이라고도 하며 책상조직의 아래에 위치하는데 엉성하게 배열하고 있기 때문에 책상조직과 주변 세포로 이산화탄소와 산소를 순환시키기에 적당하다. 특히 기공 근처의 기공간극은 크기 때문에 이곳에서 바깥공기의 CO_2 를 흡수하고 O_2를 방출한다.

각 잎의 관다발조직은 줄기의 관다발조직과 연결되어 있다. 잎맥은 잎의 관다발로서 엽육 속으로 계속해서 갈라져 들어간다. 줄기의 관다발로부터 연결되는 엽적(left trace)은 잎자루를 통해 잎으로 들어간다. 이 연결망에 의해 광합성 조직이 물관부 및 체관부에 근접하게 되어 물관부로부터는 물과 무기질을 얻는 한편 체관부에는 당분과 유기물질을 실어서 식물체의 다른 부분으로 수송한다. 관다발구조는 동물의 골격처럼 잎의 형태를 유지하는 역할을 하기도 한다. 각 잎맥을 둘러싸서 보호하는 **관다발초**(bundle sheath)는 보통 유세포로 구성된 하나 이상의 세포층으로 되어 있고, 관다발조직과 엽육 사이의 물질이동을 조절한다. 관다발초 세포는 특히 C_4 광합성을 하는 식물의 잎에서 뚜렷하게

▼ **그림 35.18** 잎의 해부

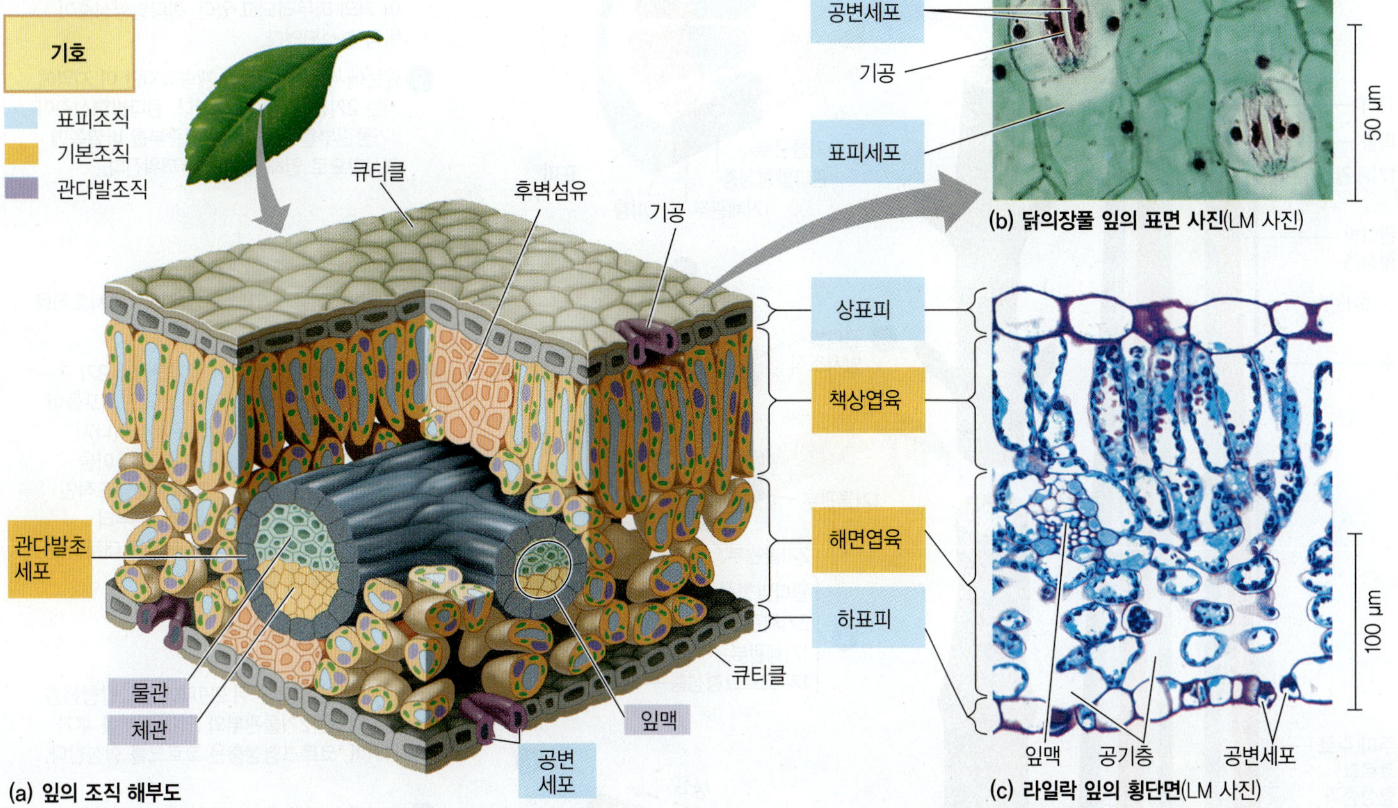

기호
표피조직
기본조직
관다발조직

큐티클
후벽섬유
기공
관다발초 세포
물관
체관
큐티클
잎맥
공변 세포

(a) 잎의 조직 해부도

공변세포
기공
표피세포
50 μm

(b) 닭의장풀 잎의 표면 사진(LM 사진)

상표피
책상엽육
해면엽육
하표피
100 μm
잎맥
공기층
공변세포

(c) 라일락 잎의 횡단면(LM 사진)

나타난다(11장).

개념 확인 문제 35.3

1. 뿌리와 어린싹의 1기생장을 비교해 보라.
2. WHAT IF? 만약 어떤 식물의 잎이 수직으로 달린다면 엽육이 해면조직과 책상조직으로 구분되었을까? 설명하라.
3. MAKE CONNECTIONS 어떻게 뿌리털과 융털돌기가 유사구조일까? (그림 7.8과 개념 22.2에 있는 유사성 토론을 참조)

정답은 부록 A 참조

개념 35.4

목본식물의 2기생장은 줄기와 뿌리를 두껍게 한다

많은 육상식물들은 측생분열조직에 의해 형성되는 비대생장인 2기생장을 보인다. 2기생장의 출현으로 인해 새로운 식물들이 거대한 숲의 나무들로부터 목본성 덩굴식물에 이르기까지 다양해졌다. 모든 겉씨식물과 많은 쌍떡잎식물들은 2기생장을 하지만, 외떡잎식물에는 흔치않다. 2기생장은 목본식물의 줄기와 뿌리에서 일어나지만 잎에서는 거의 일어나지 않는다. 2기생장은 관다발형성층과 코르크형성층에 의해 생산된 조직들로 구성된다. 관다발형성층은 2기물관부와 2기체관부를 부가시키는데 이로 인해 관다발에서의 이동과 어린싹의 지지를 증가시킨다. 코르크형성층은 곤충, 세균, 곰팡이의 침입과 수분 손실을 막는 코르크세포를 형성하는데 이들 세포는 왁스로 침적되어 있다.

1기생장과 2기생장은 식물체의 각 다른 부위에서 동시에 일어난다. 식물체의 어린 부위에서는 1기생장에 의해 잎이 많아지고 줄기와 뿌리의 길이가 늘어나지만, 1기생장이 정지된 오래된 부위에서는 2기생장에 의해 줄기와 뿌리가 두껍게 된다. 이 과정은 어린싹과 뿌리에서 거의 비슷하게 생긴다. 다음 페이지의 **그림 35.19**는 목본 줄기의 생장을 개략적으로 보여주고 있다.

관다발형성층과 2기 관다발조직

관다발형성층은 분열세포로 이루어진 원통형 구조로서 종종 한 개 세포층으로 구성되는데, 2기 관다발조직의 생산을 전체적으로 맡는다. 전형적인 목본 줄기에서는 관다발형성층이 수와 1기물관부의 바깥에 위치하고, 1기체관부와 피층의 안쪽에 위치한다. 전형적인 목본 뿌리에서는 관다발형성층이 1기물관부의 바깥에, 1기체관부와 내초의 안쪽에 위치한다.

횡단면에서는 관다발형성층이 고리 모양의 분열조직 세포들로 나타난다(그림 35.19). 이들 시원세포가 분열하면서 관다발형성층 자신의 둘레도 증가하지만 안쪽으로는 2기물관부, 바깥쪽

(a) 2년생 줄기의 1기와 2기 생장

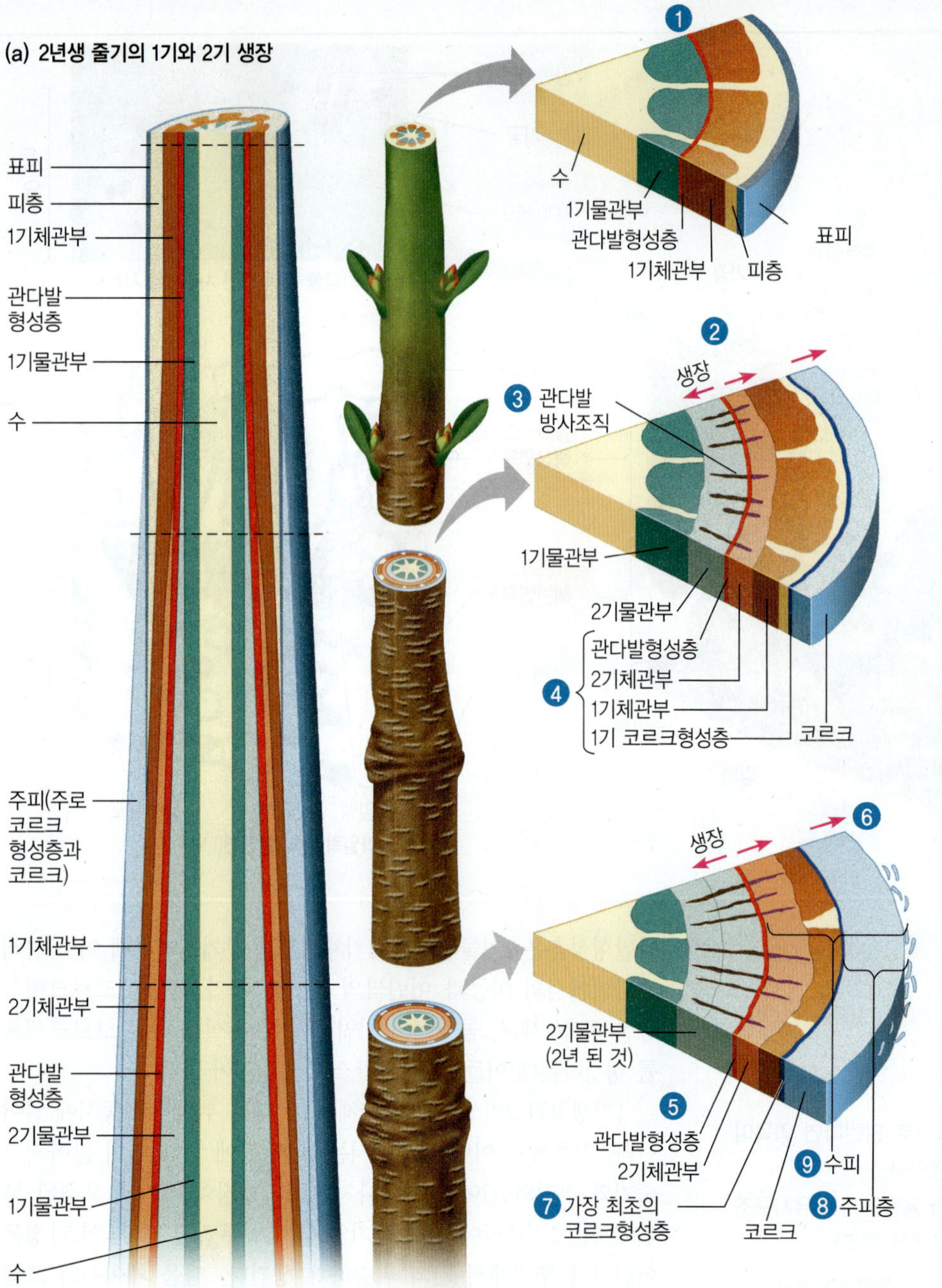

표피
피층
1기체관부
관다발 형성층
1기물관부
수
주피(주로 코르크 형성층과 코르크)
1기체관부
2기체관부
관다발 형성층
2기물관부
1기물관부
수

수
1기물관부
관다발형성층
1기체관부
피층
표피

관다발 방사조직
생장
1기물관부
2기물관부
관다발형성층
2기체관부
1기체관부
1기 코르크형성층
코르크

생장
2기물관부 (2년 된 것)
관다발형성층
2기체관부
가장 최초의 코르크형성층
코르크
수피
주피층

1 정단분열조직의 활동에 의해 형성된 1기생장이 거의 마무리되고 있다. 관다발형성층이 방금 형성되었다.

2 끝눈에서는 1기생장이 계속되지만 이 지역에서는 2기생장만이 일어난다. 관다발형성층이 2기물관부를 안쪽에 2기체관부를 바깥쪽에 형성함으로 인해 줄기가 두꺼워진다.

3 관다발형성층의 일부 시원세포는 방사조직을 만든다.

4 관다발형성층의 직경이 증가하면서 2기체관부와 형성층의 바깥쪽 조직은 세포들이 더 이상 분열하지 않기 때문에 늘어나지 않는다. 결과적으로 표피를 포함한 이들 조직은 파열된다. 두 번째 측생분열조직인 코르크형성층은 피층의 유세포로부터 발달한다. 코르크형성층은 표피를 대체하는 코르크 세포를 형성한다.

5 2기생장이 일어난 뒤 2년째에 관다발형성층은 더 많은 2기물관부와 2기체관부를 부가시키며, 코르크형성층은 코르크를 형성한다.

6 줄기의 직경이 증가하면서 코르크형성층의 바깥쪽에 있는 조직은 파열되고 줄기로부터 떨어져 나간다.

7 많은 경우에 코르크형성층은 피층의 깊은 세포층에서 재형성된다. 원래의 피층세포가 아무것도 남아 있지 않을 때에 코르크형성층은 2기 체관부의 유세포로부터 발달한다.

8 각각의 코르크형성층과 조직은 주피를 형성한다.

9 수피는 관다발형성층 바깥쪽의 모든 조직으로 구성된다.

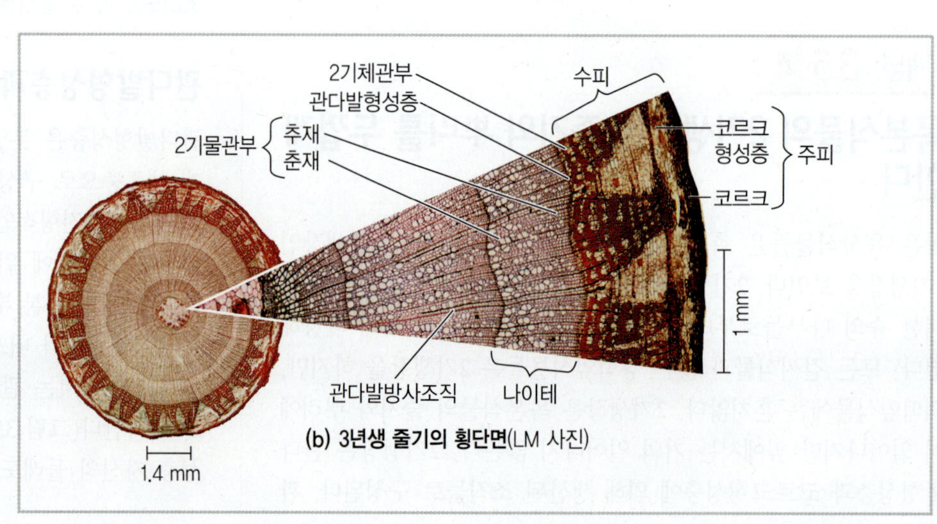

(b) 3년생 줄기의 횡단면(LM 사진)

▲ **그림 35.19 줄기의 1기, 2기 생장.** 줄기의 나이가 다른 연속 조직절편을 관찰함으로써 2기 생장 과정을 추적할 수 있다.

? 관다발형성층은 어떻게 일부조직들을 파괴시키는가?

으로는 2기체관부가 늘어난다(**그림 35.20**). 각 고리는 원래 있던 고리보다 크므로 뿌리와 줄기의 직경도 증가한다.

관다발형성층에 의해 형성된 시원세포의 일부는 신장하고 이들의 장축이 줄기와 뿌리의 축과 평행한 방향으로 배열한다. 이들 시원세포는 헛물관과 물관요소, 물관부 섬유를 비롯하여 체관요소, 동반세포, 유세포와 체관부섬유 등 긴 세포들을 만들어 낸다. 이들 세포는 양끝이 뾰족하고 줄기 및 뿌리의 축과 평행하게 배열한다. 다른 시원세포(ray initial)들은 보다 짧고 줄기 및 뿌리의 축과 직각으로 배열하며 유조직으로 이루어진 관다발방사조직을 생성한다. **관다발방사조직**(vascular rays)은 2기물관부와 2기체관부 사이에서 물과 양분이 이동하는 통로가 되는데 녹말이나 다른 유기양분을 저장하기도 한다(그림 35.19b). 대부분의 겉씨식물에서는 헛물관만이 물을 수송하는 세포이지만, 대부분의 속씨식물은 물관요소를 함께 갖는다. 2기물관부 세포의 세포벽은 심하게 목질화되어서 단단하고 강하게 된다.

온대지역에서는 봄에 생장한 목재를 춘재(early wood)라 하는데 얇은 세포벽을 가지며 지름이 크다(그림 35.19b). 이 구조는 잎으로의 물 수송을 최대로 운반할 수 있다. 생장기 후반부에 형성된 목재는 추재(latewood)라 하며, 이들은 춘재처럼 많은 물을 수송하지는 않지만 두꺼운 세포벽을 이용해 보다 강한 지지작용을 한다. 세포의 크기가 큰 새로운 춘재와 지난 해에 형성되었던 작은 세포로 이루어진 추재 사이에는 명확한 경계가 생기게 되므로 대부분 나무의 줄기나 뿌리의 단면에는 둥근 **나이테**(growth ring)가 나타난다. 따라서 과학자들은 나무의 나이를 나이테의 수를 셈으로써 측정한다. **수목연대학**(dendrochronology)은 나무의 나이테의 양상을 분석하는 과학이다. 나이테의 두께는 다양한데 이는 생장시기의 생장에 따라 좌우된다. 나무는 따뜻하고 습한 해에 잘 자라지만 건조하고 추운 해에는 잘 자라지 못한다. 두꺼운 테는 따뜻한 해를 뜻하지만 얇은 테는 춥고 건조한 해를 뜻하기 때문에 과학자들은 기후변화의 연구에 나이테의 양상을 이용할 수 있다(**그림 35.21**).

교목이나 관목이 나이가 들면서 오래된 2기물관부의 층은 더

▼ 그림 35.21 탐구

수목연대학을 이용한 기후 연구

적용 나무의 나이테를 분석하는 수목연대학은 기후의 변화를 연구하는데 매우 유용하다. 대부분의 과학자들은 화석연료의 연소와 이산화탄소 및 온실가스의 배출로 인해 최근의 지구온난화가 이루어졌다고 생각하지만, 일부 소수의 학자들은 이것이 자연적인 변화라고 생각한다. 기후패턴의 연구에는 과거와 현재의 온도 비교가 필요하지만 기기로 측정한 기후기록은 지난 2세기 동안의 것만 있기 때문에 일부 지역에만 적용한다. 라옹-도허티 기상대의 야코비(G. C. Jacoby)와 다리고(Rosanne D'Arrigo)는 1500년대 중반까지로 추정되는 몽고산 침엽수의 나이테를 조사함으로써 몽고에 비슷한 온난기가 있었는지를 밝히려고 하였다.

방법 연구자들은 살아 있는 나무와 죽은 나무에서 나이테의 패턴을 분석할 수 있다. 이들은 오래된 건물에 사용되었던 목재를 같은 시기에 살았던 다른 시료와 맞춰보며 연구하기도 한다. 연필 직경의 각 핵심적인 시료들을 수피로부터 줄기의 중심에 이르기까지 채취해서 건조시킨 후 나이테가 잘 보이도록 처리한다. 연구자들은 몽고산 침엽수로부터 얻은 많은 시료를 비교, 정렬하고 평균치를 냄으로써 연대기를 작성하였는데 이런 방법에 의해 나무는 환경변화의 연대기를 작성하는 데 이용된다.

결과 이 그래프는 1550년부터 1993년까지 몽고산 침엽수의 나이테-넓이 지수에 관한 기록을 요약한 것이다. 높은 지수는 넓은 나이테와 따뜻한 온도를 나타낸다.

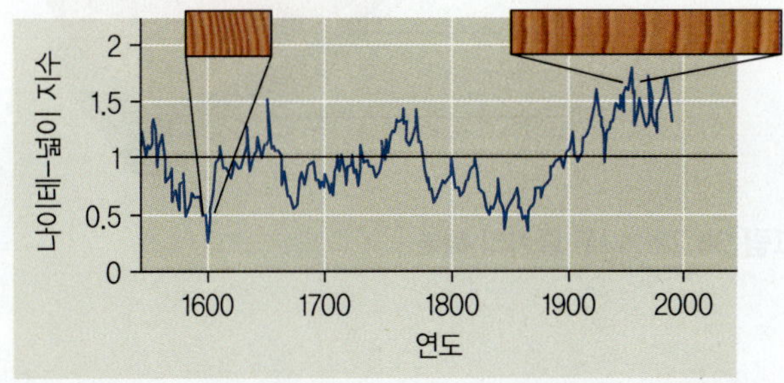

참고문헌 Figure adapted from "Mongolian Tree Rings and 20th-Century Warming" by Gordon C. Jacoby, et al., from *Science*, August 9, 1996, Volume 273(5276): 771–773. Reprinted with permission from AAAS.

INTERPRET THE DATA 이 그래프는 1550~1993년 사이의 환경 변화에 대해 무엇을 알려주는가?

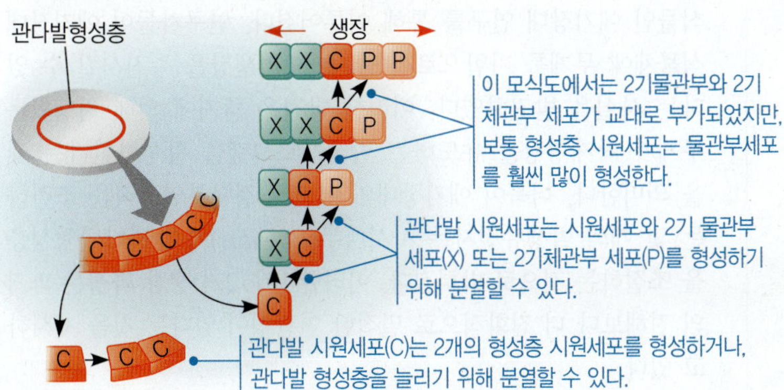

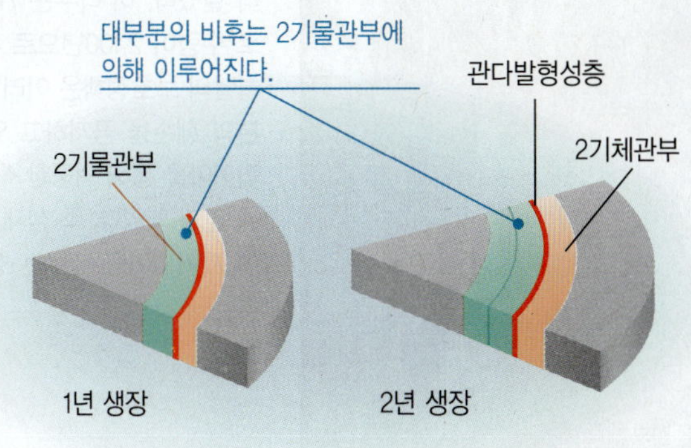

▲ 그림 35.20 관다발형성층에 의해 형성된 2기생장

이상 물과 무기질(물관액)을 운반하지 않는다. 이들 층을 심재(heartwood)라 하는데, 이들은 줄기와 뿌리의 중심에 위치한다(그림 35.22). 그렇지만 바깥층에 위치한 변재(sapwood)는 물관액을 계속해서 운반한다. 이런 이유로 큰 나무의 줄기는 속이 비어있어도 살아 있을 수 있다(그림 35.23). 새로운 2기물관부의 각 층은 큰 바깥둘레를 갖기 때문에 2기생장은 물관부로 하여금 매년 더 많은 수액을 잎으로 옮길 수 있게 한다. 심재는 보통 변재에 비해 색깔을 띠는데 그 이유는 수지나 다른 화합물로 세포공간을 막아 곰팡이나 나무를 파먹는 곤충들로부터 보호하기 위해서이다.

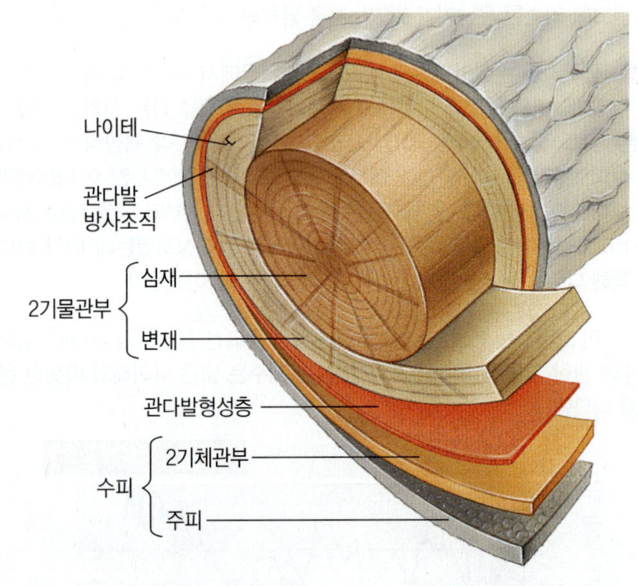

▲ 그림 35.22 **나무 줄기의 해부**

◀ 그림 35.23 **이 나무는 살았을까 아니면 죽었을까?** 캘리포니아의 요세미티 국립공원에 있는 와워나 세콰이어 터널은 1881년 관광명소로서 만들어졌다. 이 거대한 세콰이어(*Sequoiadendron giganteum*)는 혹독한 겨울에 쓰러지기까지 88년을 더 살았다. 이 나무는 71.3 m의 높이로 수령이 2,100년으로 추정된다. 오늘날의 보호정책은 이러한 중요한 표본의 훼손을 금지하고 있지만 이 세쿼이아를 통해 귀중한 식물학적 교훈을 얻게 되었다: 즉 심재의 많은 부분이 제거되어도 나무는 생존할 수 있다.

관다발형성층에서 가까운 가장 어린 2기체관부만이 당분을 운반한다. 줄기나 뿌리의 두께가 두꺼워지면서 오래된 2기체관부는 벗겨지기 때문에 2기물관부처럼 넓게 축적되지는 않는다.

코르크형성층과 주피형성

2기생장의 초기에 표피는 바깥쪽으로 밀려서 벗겨지고 말라버려 줄기나 뿌리로부터 탈락된다. 표피는 줄기의 바깥쪽 피층에 위치하거나, 뿌리의 내초 바깥에 위치한 첫 번째 코르크형성층에 의해 만들어진 2개의 조직에 의해 대체된다(그림 35.19a). 코르크형성층은 코르크형성층 바깥쪽에 **코르크세포**를 축적한다. 코르크세포가 성숙하면 왁스 물질인 **수베린(suberin)**을 세포벽에 축적하고 죽는다. 코르크조직은 줄기와 뿌리에서 수분이 유실되는 것을 막고 물리적 상해나 병원성 미생물의 침입을 막는 역할을 한다.

만약 이런 왁스성 주피에 의해 둘러싸여 있다면 살아 있는 목본성 기관의 내부 조직들은 어떻게 산소를 흡수하고 호흡할 수 있을까? 주피에는 **피목(lenticel)**이라는 작고 튀어나온 부분이 점점이 존재하는데, 이 부분에서는 코르크세포들 사이의 공간이 더 많아서 목본성 줄기나 뿌리 안의 살아 있는 세포들이 바깥공기와 기체 교환을 할 수 있다. 피목은 종종 그림 35.19a에서 보는 바와 같이 틈새처럼 나타난다.

종종 줄기나 뿌리의 비후로 인해 첫 번째 코르크형성층은 찢어져 세포분열 능력을 잃어버리고 코르크세포로 분화한다. 주피의 안쪽에 새로운 코르크형성층이 생겨서 새로운 주피층을 형성한다. 이런 과정이 계속해 일어나며 바깥쪽의 오래된 주피는 떨어지기 때문에 오래된 나무의 수피에서는 갈라지고 벗겨진 주피가 쉽게 확인된다. 많은 사람들은 수피가 목본성 줄기나 뿌리의 유일한 보호조직이라고 생각한다. 실제로 **수피(bark)**는 관다발형성층의 바깥쪽 모든 조직을 일컫는데, 안쪽으로부터 2기체관부, 새로 형성된 주피 그리고 모든 오래된 주피들을 포함한 조직으로 구성된다(그림 35.22).

2기생장의 진화

진화 놀랍게도 몇 가지 2기생장의 진화에 관한 통찰이 초본식물인 애기장대 연구를 통해 이루어졌다. 연구자들이 애기장대 식물체에 무게를 가함으로써 줄기에 2기생장을 촉진시킬 수 있다는 사실을 발견하였다. 이러한 발견은 줄기에 의해 지탱되는 무게가 목재형성을 유도하는 발생프로그램을 활성화한다는 것을 의미한다. 더욱이 애기장대의 어린싹 정단분열조직을 조절하는 몇 개의 발생유전자는 사시나무(*Populus*)에서 관다발형성층을 조절하는 것으로 밝혀졌다. 이러한 1기, 2기 생장 과정은 과거의 견해보다 더 진화적으로 밀접한 연관성이 있다는 것을 제시하고 있다.

개념 확인 문제 35.4

1. 나무의 땅 위 2 m 지점에 표식을 한다. 만약 나무의 키가 10 m인데 매년 1 m씩 자란다고 하면 10년 뒤엔 이 표식이 얼마나 더 올라갈 것인가?
2. 기공과 피목은 모두 CO_2와 O_2 교환에 관여한다. 왜 기공은 폐쇄능력이 있지만 피목은 그렇지 않은가?
3. 열대지방의 나무에는 뚜렷한 나이테가 존재할까?
4. WHAT IF? 만약 수피를 완전히 벗긴다면(환상박피) 나무는 천천히 죽겠는가(몇 주 내)? 아니면 빨리 죽겠는가(며칠 내)?

정답은 부록 A 참조

개념 35.5

식물체는 생장, 형태형성, 세포분화에 의해 만들어진다

세포들이 조직, 기관과 생명체를 형성하는 연속적 변화를 **발생(development)**이라고 한다. 발생은 부모로부터 물려받은 유전정보에 따라 이루어지지만 외부환경으로부터도 영향을 받는다. 어떤 유전자형은 다른 환경에 처하면 표현형이 달라질 수 있다. 예를 들면 수생식물인 수련(*Cabomba caroliniana*)은 어린싹 정단분열조직이 물에 잠기는지 여부에 따라서 두 가지 전혀 다른 잎을 갖는다(**그림 35.24**). 이런 국부적인 환경변화에 따라 형태가 달라지는 능력을 **발생학적 가소성(developmental plasticity)**이라 한다. 수련과 같은 가소성의 극단적인 예가 동물보다는 식물에서 훨씬 많은데, 환경이 나쁘면 이동에 의해 악조건을 벗어나는 동물과는 달리 식물은 이런 능력에 의해서만 상황을 극복할 수 있기 때문이다.

생장, 형태형성과 세포분화는 다세포생물체의 발생에 관여하는 3가지 중복되는 과정이다. **생장(growth)**이란 몸체가 되돌릴 수 없게 커지는 것이다. **형태형성(morphogenesis**; 그리스어 *morph*는 모양, *genesis*는 창조)은 조직, 기관, 또는 생명체의 형태를 만들고 세포유형의 위치를 결정하는 과정이다. **세포분화(cell differentiation)**는 동일한 유전자를 가진 세포들이 서로 다르게 되어 가는 과정이다. 우리는 이들 3가지 과정을 차례차례 조사하려고 하는데, 먼저 현대분자생물학 기술을 애기장대와 같은 모델생물체에 적용한 것이 식물발생 연구에 얼마나 혁명적이었는지에 대해 논의할 것이다.

식물연구에 있어서 혁명적인 모델생물체

생물학의 다른 분과들처럼 분자생물학 기술과 애기장대와 같은 모델생물체에 대한 관심은 지난 20년간 있었던 폭발적인 연구의 촉매역할를 하였다. 십자화과의 작은 잡초 식물인 애기장대(*Arabidopsis thaliana*)는 원래 농업적인 가치가 없었지만 여러

▲ **그림 35.24 수생식물인 수련(*Cabomba caroliniana*)의 발생학적 가소성.** 수련의 수중 잎은 물의 흐름으로부터 잎이 찢겨지는 것을 막기 위해 깃털 모양을 이룬다. 이와 반대로 수면 위의 잎은 몸체를 띄우는 부엽이다. 두 가지 유형의 잎들은 모두 유전적으로 동일한 세포들로 이루어지지만, 이들의 다른 환경은 잎이 발생하는 동안 다른 유전자들이 발현되거나 안되는 결과를 낳게 한다.

가지 이유로 식물 유전학자와 분자생물학자들이 선호하는 식물이 되었다. 애기장대는 아주 작기 때문에 연구실내 수 평방미터에서 수천 개의 식물체를 키울 수 있다. 또한 세대가 짧아서 씨로부터 성숙한 식물체가 되어 더 많은 씨를 만드는데도 6주밖에 걸리지 않는다. 애기장대의 이런 빠른 성숙 때문에 생물학자들은 비교적 단시간내 유전자 교잡실험을 수행할 수 있다. 애기장대는 한 식물체가 5,000개 이상의 씨를 생산하고 유전자 분석에 유용한 또 다른 장점을 갖고 있다.

이들 기초적인 특성을 넘어서 이 식물의 유전체는 분자유전학적 방법에 의한 분석에 아주 적합하다. 약 27,000개 단백질을 암호화하는 유전자를 지닌 애기장대는 식물에서 가장 작은 유전체를 갖는 식물체이다. 더욱이 이 식물은 5쌍의 염색체를 갖기 때문에 유전학자들이 특정 유전자의 위치를 알아내기가 아주 용이하다. 애기장대는 작은 유전체 크기를 가지고 있어서 6년 동안 전세계적인 노력에 의해 식물체 전체 유전체의 염기서열이 밝혀진 최초 식물이 되었다.

분자식물학자들이 애기장대에 관심을 갖게 된 또 다른 이유는 식물 세포가 외부 DNA를 가지도록 하는 형질전환이 쉽다는 것이다. 애기장대 세포의 형질전환은 유전자가 어떻게 기능하는지를 밝히고 다른 유전자와의 상호관계를 연구하는 데 있어 유용하다, 생물학자들은 보통 유전적으로 변형시킨 *Agrobacterium tumefaciens* 세균을 삽입함으로써 식물 세포를 형질전환시킨다(**그림 35.25**). 애기장대 연구자들은 이런 기술을 변형시켜 돌연

변이를 갖는 식물체를 만들기도 한다. 유전자 변이효과를 연구함으로써 유전자의 정상적 기능에 대한 중요한 정보를 얻을 수 있다. *Agrobacterium*이 형질전환될 DNA의 유전체에 무작위적으로 들어가기 때문에 어떤 유전자의 기능이 상실되는데 이를 "녹아웃(knock-out) 돌연변이체"라 한다.

애기장대의 모든 유전자 기능을 규명하기 위한 대규모 과제가 이런 기술을 이용하여 진행되고 있다. 연구자들은 각 유전자의 기능을 알아내고 모든 생화학적 과정을 추적함으로써 식물발생에 대한 청사진을 완성하려는 목표를 갖고 있다. 아마도 언젠가는 식물발생 전체 과정 중에 각 부위에서 어떤 유전자가 발현되는지를 보기 위한 컴퓨터상의 가상식물을 만들 수 있는 날이 올 것이다.

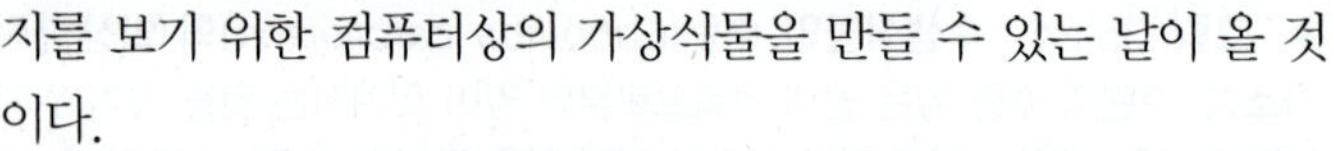

애기장대와 같은 모델생물체에 대한 기초연구는 식물구조에 관계된 복잡한 유전적 경로인식과 같은 식물과학의 발전 속도를 가속시키고 있다. 여러분이 계속해서 읽어가면서 모델생물체가 얼마나 강력하고 현대의 모든 식물학 연구를 풍부하게 했는지를 이해하면, 감사하게 될 것이다.

생장: 세포분열과 세포팽창

세포분열은 세포 수를 증가시켜 생장 가능성을 높이지만, 실제로 식물 무게의 증가를 가져오는 것은 세포팽창이다. 세포분열 과정은 12장에서 보다 자세히 기술되어 있으며(그림 12.10), 세포신장에 대해서는 39장에서 언급되어 있다(그림 39.7). 여기서는 이런 과정들이 식물의 형태를 이루는 데 어떻게 관여하는지에 대해 보다 상세히 알아보고자 한다.

세포분열면과 분열의 대칭성

세포질분열 시에 식물 세포를 2개로 나누는 새로운 세포벽은 세포판으로부터 형성된다(그림 12.10). 세포분열의 분열면은 간기 후반부에 결정되는데, 보통 양친세포의 체적을 반으로 나누는 가장 빠른 방법이다. 이러한 공간적 방향결정의 첫 번째 신호는 세포골격의 재배열이다. 세포질내 미세소관은 전기 전미세소관속(preprophase band)이라는 다발구조로 집중된다(**그림 35.26**). 이 밴드는 중기 전에 사라지지만 앞으로 나타날 세포분열판을 예고한다.

세포분열판은 식물기관의 형태적 기초를 제공하는 것으로 생각되어 왔지만, *tangled-1*이라고 하는 옥수수의 돌연변이체는 학자들로 하여금 이러한 견해에 의문을 갖게 했다. 야생형 옥수수에서 잎의 세포들은 양친세포의 주축에 대해 상대적으로 횡단 또는 종단으로 분열한다. 횡분열은 잎의 신장과 연계되어 있고 잎의

▼ 그림 35.25 연구 방법

형질전환식물의 생산을 위한 Ti 플라스미드 이용

적용 내충성, 제초제내성, 숙성지연, 고영양성과 같이 유용한 형질을 나타내는 유전자들은 Ti 플라스미드를 운반체로 이용해 어떤 식물의 종이나 품종으로부터 다른 종으로 옮길 수 있다.

방법

1. Ti 플라스미드를 *Agrobacterium tumefaciens* 세균으로부터 분리한다. 숙주 세포의 유전체에 삽입될 플라스미드 조각을 T DNA라고 한다.
2. 목표하는 외래유전자를 T DNA의 중간에 삽입한다.
3. 재조합 플라스미드를 배양된 식물 세포 안으로 도입한다. 또는 플라스미드를 *Agrobacterium*으로 돌려 보낸 다음, 감수성 식물의 잎에 현탁액을 처리하여 세균을 감염시킨다. 플라스미드가 일단 식물 세포에 들어가면 플라스미드의 T DNA가 세포의 염색체 DNA로 삽입된다.

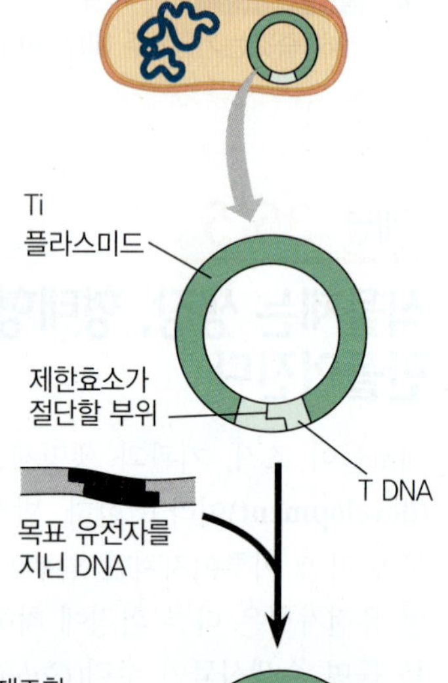

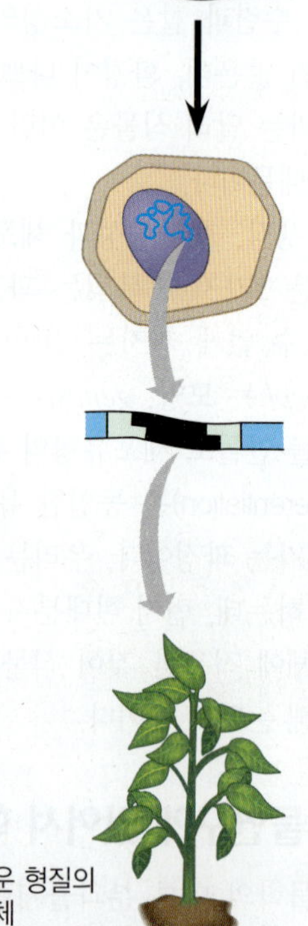

결과 목표하는 유전자를 지닌 형질전환 세포들은 새로운 형질을 나타내는 완전한 식물체로 재생된다.

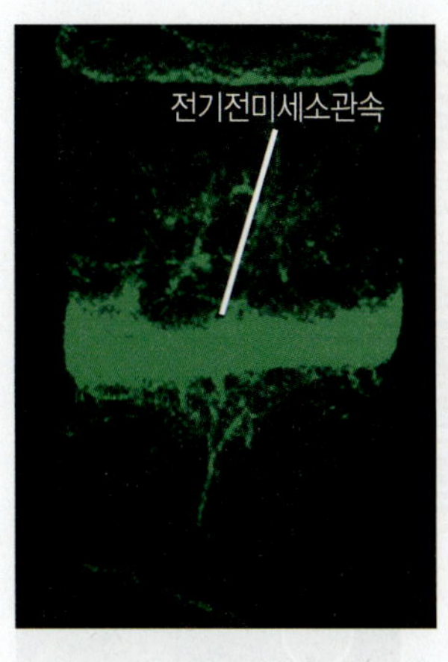

◀ **그림 35.26 전기 전미세소관속과 세포분열판.** 전기 전미세소관속의 위치는 세포분열판을 예측한다. 이 LM 사진에서는 미세소관–연합단백질에 결합된 전기전미세소관속이 녹색형광단백질로 염색되어 있다.

종분열은 잎이 팽창되는 것과 관련되어 있다. *tangled-1* 잎에서는 횡분열이 정상이지만 대부분의 종분열은 비정상적으로 이루어져서 세포들이 꾸부러진다(**그림 35.27**). 그러나 비정상적인 세포분열이 잎의 형태에는 영향을 미치지 않는다. 돌연변이체의 잎은 야생형의 잎보다 훨씬 천천히 자라지만 전체적인 형태는 정상적이다. 이러한 것은 잎의 형태가 세포분열의 정확한 공간적 조절에 의하는 것이 아니라는 사실을 의미한다. 덧붙여 최근의 증거는 애기장대의 어린싹 정단의 모양이 세포분열면에 의한 것이 아니라 세포증식과 생장에 연관된 "밀치기"로부터 생기는 미세소관 의존성의 기계적 스트레스에 달려 있다고 한다.

식물발생에 영향을 미치는 세포분열의 중요한 특징은 **대칭성**(symmetry)—딸세포들 사이의 세포질 분포—이다. 모든 식물세포가 유사분열기에 균등분열을 하지는 않는다. 체세포분열 동안 염색체는 딸세포에 균등하게 나뉜다고 할지라도 세포질은 불균등하게 나누어질 수도 있다. **비대칭 세포분열**(asymmetrical cell division)이란 한 딸세포가 다른 세포에 비해 세포질을 더 많이 받는 것을 말한다. 식물 세포에서는 이런 일이 매우 자주 일어나는데 보통 발생에서 중요한 일이 일어날 것임을 나타낸다. 예를 들면, 공변세포의 형성은 비대칭 세포분열과 세포분열면 변경의 두 가지가 관여함으로써 이루어진다. 하나의 표피세포가 비대칭적으로 분열하면 큰 세포는 특수화되지 않은 채 표피세포로 남고 작은 세포는 공변모세포가 된다. 이 작은 공변모세포가 첫 번째 세포분열면과 직각 방향으로 다시 분열함으로써 공변세포가 형성된다(**그림 35.28**). 그러므로 비대칭 세포분열은 다른 운명을 갖는, 즉 다른 유형의 세포로 성장하는 세포를 생산한다.

또한 비대칭 세포분열은 생물체의 양쪽 극단에 구조적, 화학적 차이점을 갖는 **극성(polarity)** 현상을 만들어낸다. 식물은 전형적으로 뿌리 끝과 줄기 끝으로 이루어진 주축을 갖는다. 이 같은 극성은 형태적인 차이에서 가장 분명히 드러나지만 옥신호르몬이 한쪽 방향으로만 이동하는 것이나 막뿌리(부정근), 막눈(부정아)의 경우와 같은 생리적인 특성에 있어서도 명확하게 나타난다. 막뿌리는 줄기를 잘랐을 때 뿌리쪽 끝에서 생긴 뿌리를 말하며, 막눈이란 뿌리를 자른 후 줄기쪽 끝부분으로부터 생긴 어린 줄기를 말한다.

식물 접합자의 첫 번째 세포분열은 보통 불균등하며, 줄기와 뿌리로 되는 식물체의 극성화가 시작된다. 일단 이러한 극성이 유도되면 실험적으로 되돌리기가 무척 어렵다. 그렇기 때문에 주축 극성이 적절하게 확립되는 것은 식물의 형태형성에 있어서 대단히 중요한 단계이다. 애기장대의 *gnom*(독일어 유래의 왜소증 또는 기형성 생물) 돌연변이체는 극성 확립에 문제가 있다. 접합자의 첫 번째 세포분열이 비정상적으로 균등하게 이루어지므로, 이렇게 생긴 공모양의 식물체는 뿌리와 잎이 모두 없다(**그림 35.29**).

야생형 옥수수 잎의 표피세포

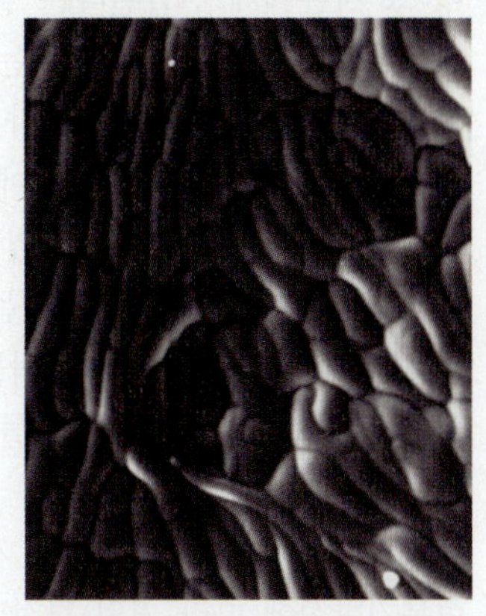

tangled-1 옥수수 돌연변이 잎의 표피세포

▲ **그림 35.27 옥수수 야생형과 돌연변이체의 세포분열 양상.** 옥수수 야생형(왼쪽)과 *tangled-1* 돌연변이체(오른쪽)의 표피세포를 비교해 보라(SEM 사진). 매우 무질서한 표피세포를 갖는 *tangled-1* 돌연변이체도 정상적으로 보이는 잎을 생산한다.

세포팽창의 방향

세포팽창이 어떻게 식물의 형태를 이루게 하는지를 살펴보기 전

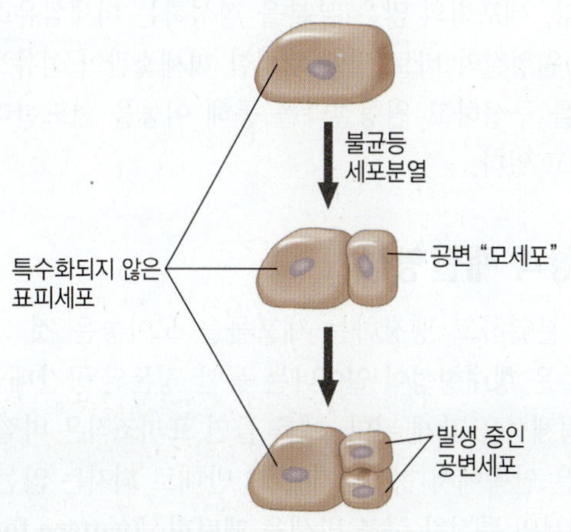

▲ **그림 35.28 불균등 세포분열과 기공발생.** 기공의 경계를 이루는 세포인 공변세포가 발생하기에 앞서 불균등분열이 일어난다(그림 35.18 참조).

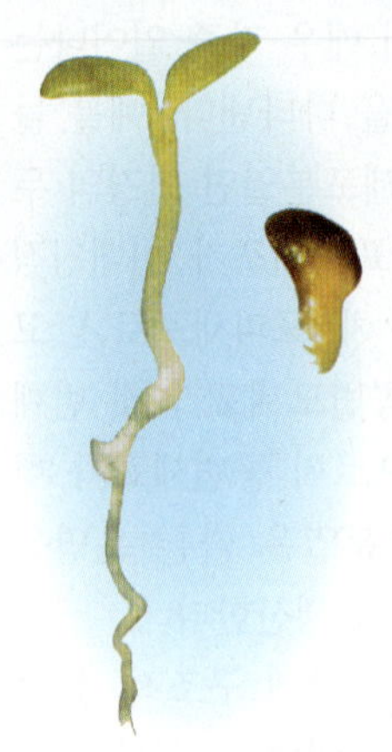

◀ **그림 35.29 주축 극성의 확립.** 정상적인 애기장대(왼쪽)의 어린 식물은 줄기와 뿌리의 말단을 갖는다. *gnom* 돌연변이체(오른쪽)는 접합자의 첫 번째 분열이 비대칭적으로 이루어지지 않기 때문에 식물체는 공모양이 되고 잎과 뿌리가 없다. *gnom* 돌연변이체의 결함은 극성 방향으로의 옥신 호르몬의 운반능력 상실로 검증된다.

에 식물과 동물 사이에 세포팽창의 차이를 알아보는 것이 필요하다. 동물 세포는 보통 단백질이 많은 세포질을 합성함으로써 생장하며 이것은 물질대사적으로 볼 때에 값비싼 공정에 해당한다. 생장하는 식물 세포도 세포질에 단백질을 함유한 새로운 물질을 더하지만 세포팽창의 약 90%는 물의 흡수에 의해 이루어진다. 흡수한 대부분의 물은 세포가 자라는 동안 여러 작은 소포들이 합쳐서 생긴 커다란 중앙액포에 저장된다. 식물은 물의 흡수로 인해 적은 양의 세포질을 멀리 보낼 수 있기 때문에 빠르고 경제적으로 자랄 수 있다. 예를 들어, 대나무의 줄기는 1주일에 약 2 m 이상 자라기도 한다. 줄기와 뿌리의 빠른 신장은 빛과 토양에 보다 많은 접촉을 가능케 하는데 이것은 운동성이 없는 식물에게 있어서 중요한 적응현상의 하나이다.

식물 세포는 모든 방향에 있어 골고루 팽창하지 않는데 가장 큰 팽창은 보통 식물체의 주축을 따라서 일어난다. 예를 들어, 뿌리 끝 가까이의 세포들은 원래 길이의 약 20배 가까이 신장하지만 상대적으로 폭은 거의 늘어나지 않는다. 세포벽의 가장 안쪽에 있는 미세섬유소의 쌓이는 방향이 이와 같은 차별적인 생장을 일으킨다. 미세섬유소는 잘 늘어나지 못하기 때문에 세포의 팽창은 주로 그림 35.30과 같이 미세섬유소의 배열과 직각 방향으로 이루어진다. 세포벽의 많은 부분을 형성하는 미세섬유소를 만들어 낼 때, 원형질막 바로 밑에 위치한 미세소관이 섬유소 합성효소복합체를 구성하고 원형질막을 통해 이동을 선도한다는 가설이 제기되고 있다.

형태형성과 패턴형성

식물체는 분열하고 팽창하는 세포들을 모아놓은 것 그 이상이다. 세포들은 형태형성이 일어나는 동안 정돈된 공간배열에 있어서 다른 정체성을 갖게 된다. 예를 들면 표피조직은 바깥쪽에, 관다발조직은 안쪽에서 형성되지만 그 반대로 되지는 않는다. 특정한 부위에서의 특정한 구조 발생을 **패턴형성(pattern formation)**이라 한다.

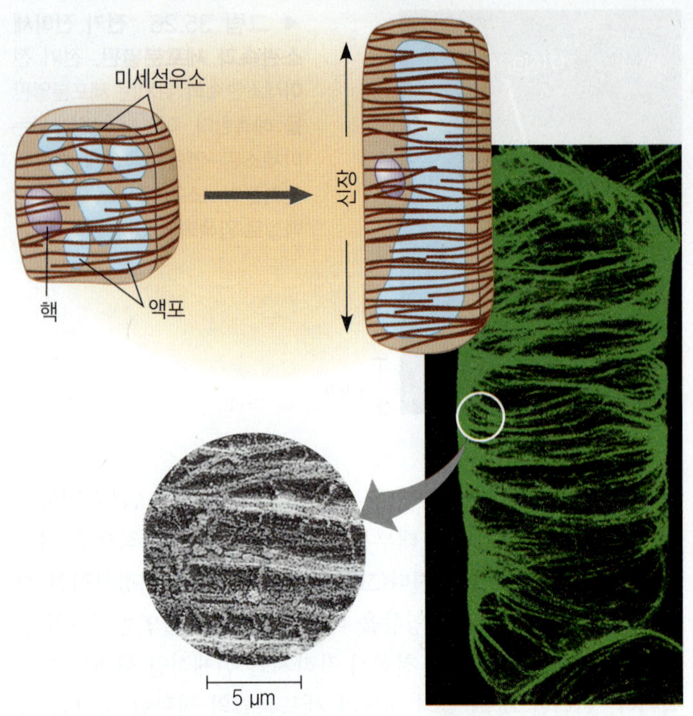

▲ **그림 35.30 세포팽창의 방향.** 생장 중인 식물 세포는 물을 흡수함으로써 팽창한다. 생장 중인 세포에서 효소는 세포벽의 교차결합을 약하게 함으로써 삼투압에 의해 액포로 물이 흡수될 때 세포가 팽창할 수 있게 하는 동시에 더 많은 미세섬유소가 만들어진다. 세포생장은 주로 세포벽의 미세섬유소의 방향에 대해 직각인 방향으로 이루어진다. 미세섬유소는 다른 다당류의 기질에 매몰되어 있는데 이들은 SEM 사진에서 교차결합되어 나타난다.

패턴형성이 일어나는 동안 식물 세포의 운명이 결정되는데 있어서는 두 가지 유형의 가설이 제안되고 있다. 혈통기반설(lineage-based mechanisms)은 세포의 운명이 발생초기에 결정되고 이것이 그 자손에게 전달된다는 설이다. 이 견해에 의하면 분열조직의 세포가 분열하고 팽창하는 방향에 따라서 세포분화의 기본적인 양상이 결정된다고 한다. 이와 반대되는 가설인 위치기반설(position-based mechanisms)에 의하면, 최근 생겨난 기관에서의 마지막 세포 위치에 따라서 앞으로 형성될 세포의 종류가 결정된다고 한다. 이 견해를 지지하는, 레이저를 이용해 이웃하는 세포들을 파괴시킨 실험에서는 식물 세포의 운명이 세포발생 후기에 확립되고, 그 이웃하는 세포들로부터의 신호에 대부분 의존된다고 하였다.

이에 반해서, 동물에서의 세포 운명은 전사요소가 관여하는 혈통기반설에 따라 거의 결정된다. 이런 전사요소들을 암호화하는 호메오 유전자(*Hox*)는 초파리의 다리, 안테나 같은 구조들의 적절한 수와 위치를 결정하는데 있어서 대단히 중요하다(그림 18.19). 흥미롭게도, 옥수수는 *KNOTTED-1*이라는 호메오 유전자와 비슷한 유전자를 갖는데, 동물에서와는 달리 식물기관에서

▲ **그림 35.31 잎의 형성과 *Hox*형 유전자의 과다발현.** *KNOTTED-1*은 잎과 소엽의 형성에 관여하는 호메오유전자이다. 토마토에서 이 유전자의 과다발현으로 정상 잎(왼쪽)에 비해 극단적인 초겹잎이 형성되었다(오른쪽).

는 수와 위치에 영향을 미치지 않는다. 앞으로 살펴보게 되겠지만, 식물에서는 *MADS-box* 단백질들이 그 역할을 한다. 그렇지만 *KNOTTED-1*은 겹잎의 생산을 포함해 잎의 형태와 발생에 중요하다. 만약 *KNOTTED-1* 유전자가 토마토에서 과잉 발현되면 원래 겹잎이었던 잎이 "초겹잎"으로 된다(**그림 35.31**).

유전자발현과 세포분화의 조절

발생 중인 생명체의 세포들은 모두 같은 유전체를 갖고 있지만 각기 다른 단백질 합성을 통해 다양한 구조와 기능을 갖는다. 만약 뿌리나 잎으로부터 분리된 성숙한 세포가 조직배양을 통해 탈분화되어 식물체의 다양한 세포유형으로 발달한다면, 이 세포는 어떤 종류의 식물 세포로도 될 수 있는 모든 유전자를 가지고 있어야만 한다(그림 19.15). 이는 세포의 분화가 대부분 유전자 발현의 조절, 즉 특정 단백질을 만들어내는 전사와 번역 조절에 의존함을 의미한다.

세포분화에 관여하는 특정 유전자를 활성화하거나 억제시키는 것은 주로 세포 사이의 소통에 따른다는 증거들이 제기되고 있다. 세포들은 그들이 어떻게 특수화되어야 하는지에 대한 정보를 주변 세포들로부터 받는다. 예를 들면, 애기장대의 뿌리 표피에는 2개의 세포 유형이 있는데 하나는 뿌리털세포이고 다른 하나는 털이 없는 표피세포이다. 세포의 운명은 표피세포의 위치에 달려 있다. 미성숙한 표피세포가 그 아래에 2개의 피층세포와 접촉하고 있는 경우엔 뿌리털로 분화하지만, 표피세포가 1개의 피층세포와 접촉하고 있다면 이 세포는 털이 없는 표피세포로 분화하게 된다. 뿌리털이 적당하게 분포하는데에는 *GLABRA-2*라고 하는 호메오유전자(라틴어 *glaber* 유래, 벗겨진)의 차별적인 발현이 필요하다(**그림 35.32**). 과학자들은 이를 입증하기 위해 *GLABRA-2* 유전자에 보고유전자(reporter gene)를 연결하여 *GLABRA-2*를 발현하는 모든 뿌리세포가 특정한 처리에 의해 열

▲ **그림 35.32 호메오유전자에 의한 뿌리털 분화의 조절(LM 사진)**

WHAT IF? 만약 *GLABRA-2*가 돌연변이에 의해서 기능장애를 일으키게 되었다면 뿌리는 어떻게 될까?

은 파란색을 띠게 하였다. *GLABRA-2* 유전자는 정상일 때 뿌리털을 형성하지 않는 표피세포에서만 발현된다.

발생의 전환: 발생단계 변화

다세포생물체는 일반적으로 여러 발생학적 단계를 거친다. 마치 사람의 유아기, 유년기, 청년기, 성인기처럼 비생식단계와 생식단계의 경계에 사춘기가 있는 것과 같다. 식물도 마찬가지로 단계별로 발생하여 유년기 단계를 거쳐 성숙한 영양단계 후 생식단계에 들어간다. 동물에서는 애벌레가 성충으로 변하는 것처럼 발생단계의 변화가 생물체 전체에서 일어난다. 식물에서는 이와 매우 달라서 정단분열조직 안에서만 이런 변화가 일어난다. 줄기의 정단분열조직에서 이루어지는 이러한 형태적 변화를 **발생단계변화(phase change)**라고 한다. 식물이 유년기에서 성체기로 넘어가는 과도기의 가장 큰 변화는 잎의 크기와 형태에서 나타난다(**그림 35.33**). 정단분열조직이 한번 어린 마디와 마디사이를 만들어 놓으면 정단분열조직이 성체기로 전환된 후까지도 이런 상태가 유지된다. 그러므로 정단분열조직이 이미 수 년 동안 성숙한 마디들을 만들어왔다 하더라도 어린 마디의 곁눈에서 나온 가지에 발생하는 새로운 잎들은 모두 유년기 잎들일 것이다.

성숙한 식물은 환경조건이 주어지면 개화를 유도한다. 생물학자들은 다음 절의 주제인 꽃 발생의 유전적 조절을 설명하는데 있어서 큰 진전을 이루었다.

▲ **그림 35.33 코아아카시나무 어린싹계의 발생단계변화.** 하와이 원산의 이 나무는 겹잎의 작은 유년기 잎과 낫 모양의 성체기 잎을 갖는다. 이런 두 가지 잎은 각 줄기의 정단분열조직의 발생단계 변화를 나타낸다. 한 정단분열조직의 유년기 영양단계에서는 각각의 마디에서 겹잎이 발생하지만 성숙기의 영양단계에서는 낫 모양의 잎이 발생한다. 일단 마디가 형성되면 유년기이든지 성체기이든지 간에 발생단계는 고정된다. 즉 겹잎은 낫 모양의 잎으로 성숙되지 않는다.

개화의 유전적 조절

꽃 형성은 영양생장에서 생식생장으로의 발생단계 변화를 수반한다. 이런 전환을 촉발하는 것은 낮 길이 등의 환경요인과 호르몬 등 내부요인의 복합적인 작용이다. (39장에서 개화의 조절에 대해 배울 것이다) 무한적인 영양생장과 달리 생식생장은 유한적인데 정단분열조직에 의한 꽃 형성이 그 줄기의 1기생장을 멈추게 하는 것이다. 영양생장으로부터 개화로의 전환은 꽃의 **분열조직 인식유전자(meristem identity gene)**가 작동하기 시작함으로써 이루어진다. 이들 유전자의 단백질산물은 무한적인 영양분열조직으로부터 유한적인 꽃 분열조직으로의 전환에 필요한 유전자를 조절하는 전사인자가 된다.

1개의 정단분열조직이 개화되도록 유도되면 각 잎원기는 그 상대적 위치에 따라서 수술, 암술, 꽃받침, 꽃잎과 같은 특정한 유형의 꽃의 기관이 된다. (꽃의 기본구조를 살펴보기 위해서는 그림 30.8 참조). 꽃의 기관은 4개의 동심원상 또는 나선상으로 발달한다. 꽃받침은 가장 바깥쪽인 네 번째, 꽃잎은 세 번째, 수술은 두 번째, 암술은 첫 번째인 가장 안쪽선상에 위치한다. 식물학자들은 개화양상을 조절하는 몇 가지 **기관인식유전자(organ identity gene)**를 밝혀냈다. 기관인식유전자는 식물의 호메오유전자로 부르기도 하며 전사인자들을 암호화한다. 위치정보는 어느 기관인식유전자가 특정 꽃기관 원기에서 발현될지를 결정하는데, 그 결과 잎원기는 꽃잎이나 수술 같은 꽃의 특정한 기관으로 발달한다. 기관결정 유전자의 돌연변이로 수술이 자라야 할 위치에 꽃잎이 자라는 비정상적인 꽃이 발생할 수 있다(그림 35.34).

식물학자들은 비정상적인 꽃을 지닌 돌연변이체를 수집하여 연구하였다. 이들은 세 가지 종류의 기관결정 유전자들을 동정하고 클로닝하였으며 어떻게 이들 유전자가 활동하는지를 규명하고 있다. 꽃의 형성에 대한 **ABC 가설(ABC hypothesis)**은 그림 35.35a와 같이 이들 유전자가 어떻게 네 가지 유형의 꽃기관으로 발달하는지를 나타내고 있다. ABC 가설에서는 각 종류의 기관인식유전자가 꽃분열조직의 특정한 2개의 선상에서 스위치가 켜진다고 한다. *A* 유전자는 바깥쪽 2개의 선상(꽃받침과 꽃잎)에서 스위치가 켜지며, *B* 유전자는 가운데의 2개의 선상(꽃잎, 수술)에서, 그리고 *C* 유전자는 안쪽 2개의 선상(수술, 암술)에서 스위치가 켜진다. 꽃받침은 *A* 유전자만 활성화된 꽃분열조직으로부터 발달하며, 꽃잎은 *A*와 *B* 유전자가 활성화된 분열조직에서, 수술은 *B*와 *C* 유전자가 활성화된 분열조직에서, 암술은 *C* 유전자만 활성화된 분열조직에서 발달한다. ABC 가설로, *A*, *B* 또는 *C* 유전자의 활동이 없는 돌연변이에 대해 설명할 수 있게 되었다.

▲ **정상적인 애기장대의 꽃.** 애기장대는 정상적으로 4개의 꽃기관을 갖는다. 꽃받침(Se), 꽃잎(Pe), 수술(St), 암술(Ca).

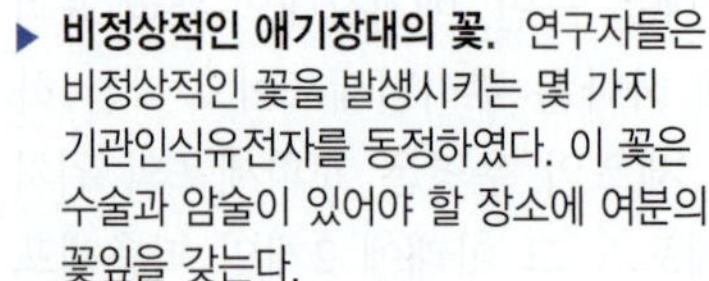

▶ **비정상적인 애기장대의 꽃.** 연구자들은 비정상적인 꽃을 발생시키는 몇 가지 기관인식유전자를 동정하였다. 이 꽃은 수술과 암술이 있어야 할 장소에 여분의 꽃잎을 갖는다.

▲ **그림 35.34 꽃 발생에서의 기관인식유전자와 패턴형성**

MAKE CONNECTIONS 개념 18.4를 복습하고, 잘못된 장소에 기관을 만드는 호메오유전자 돌연변이의 다른 예를 들어보라.

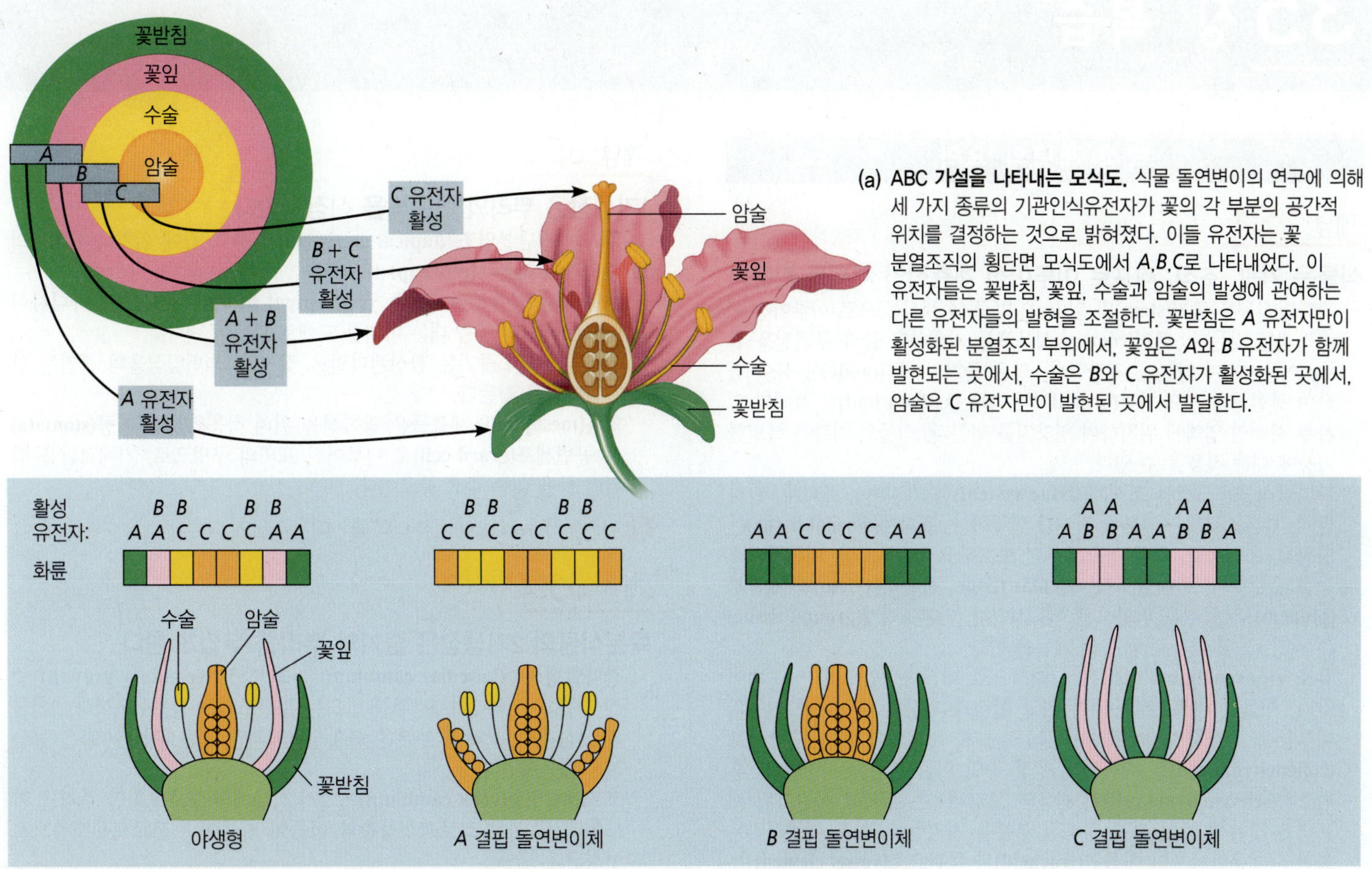

(a) **ABC 가설을 나타내는 모식도.** 식물 돌연변이의 연구에 의해 세 가지 종류의 기관인식유전자가 꽃의 각 부분의 공간적 위치를 결정하는 것으로 밝혀졌다. 이들 유전자는 꽃 분열조직의 횡단면 모식도에서 *A*,*B*,*C*로 나타내었다. 이 유전자들은 꽃받침, 꽃잎, 수술과 암술의 발생에 관여하는 다른 유전자들의 발현을 조절한다. 꽃받침은 *A* 유전자만이 활성화된 분열조직 부위에서, 꽃잎은 *A*와 *B* 유전자가 함께 발현되는 곳에서, 수술은 *B*와 *C* 유전자가 활성화된 곳에서, 암술은 *C* 유전자만이 발현된 곳에서 발달한다.

(b) **기관인식 돌연변이 꽃의 측면그림.** 부분적으로 (a)에서 보여 주었던 모델과, *A* 유전자와 *C* 유전자의 활동이 없는 곳에서는 다른 활동이 네 가지 꽃기관으로 확산된다는 법칙을 이용해서, *A*, *B*, *C* 인식유전자가 결여된 돌연변이 표현형에 대한 설명이 가능하다.

▲ **그림 35.35** **꽃 발생에서 기관인식유전자의 기능을 설명하는 ABC 가설**

WHAT IF? 만약 *A* 유전자와 *B* 유전자가 불활성화된다면 꽃은 어떻게 될까?

*A*와 *C* 유전자는 서로를 억제하는데, 만약 *A* 또는 *C* 유전자의 어느 하나가 결여되었을 때에는 다른 유전자가 이를 대체한다. **그림 35.35b**는 세 종류의 기관인식유전자 중 어느 하나가 결여된 돌연변이체의 개화 양상을 보여주고, 모형이 어떻게 꽃의 표현형을 설명하는지를 나타내고 있다. 식물학자들은 이러한 가설을 만들고 실험함으로써 식물발생의 유전적 기초를 추적해가고 있다.

식물을 해부하여 각 부분을 조사할 때에는 식물체 전체가 하나의 통합된 생물체로 기능한다는 것을 생각해야 한다. 식물의 구조들은 독립영양체의 육상에서의 적응을 대부분 나타내고 있다.

개념 확인 문제 35.5

1. 한 식물체 내 두 개의 세포는 같은 유전체를 가지고 있음에도 불구하고 어떻게 크게 다른 구조들을 갖고 있을까?
2. 동물발생과 식물발생 사이에 3가지 다른 점은 무엇인가?
3. **WHAT IF?** 어떤 종에서는 꽃받침이 꽃잎처럼 보이는데, 이런 경우 이들을 모두 "화피"라고 한다. 화피의 기원에 관해 가설적으로 설명할 수 있는 발전된 ABC 가설을 제시해보라.

정답은 부록 A 참조

35장 복습

핵심 개념의 요약

개념 35.1

식물은 기관, 조직, 세포로 이루어진 계층적인 체제를 갖는다

- 관다발식물은 **줄기(stem)**와 **잎(leaf)** 및 꽃(속씨식물)으로 이루어진 어린싹계를 갖는다. **뿌리(root)**는 식물체를 지탱하고 물과 무기질을 흡수, 이동시키며 양분을 저장한다. 잎은 줄기의 **마디(node)**에 붙어 있으며 광합성의 주요 **기관(organ)**이다. **곁눈(axillary bud)**은 줄기와 잎자루 사이인 엽액에 위치하며 영양지를 만든다. 식물의 기관은 특별한 기능에 대해 적응할 수 있다.
- 관다발식물은 3개의 **조직계(tissue system)**를 가지며—표피계, 관다발계, 기본조직계—식물체 전체를 연결한다. **표피계(dermal tissue)**는 병원체, 초식동물, 가뭄 등으로부터 보호하고 물, 무기질, 이산화탄소 등을 흡수한다. **관다발조직[vascular tissue; 물관부(xylem)**와 **체관부(phloem)]**은 물질을 먼곳으로 이동시킨다. **기본조직계(ground tissue)**는 저장, 물질대사, 재생 등의 기능을 한다.
- **유조직(parenchyma cell)**은 상대적으로 미분화되었으며, 세포벽이 얇다. 이들은 세포분열능력이 있고 합성과 저장의 물질대사 기능의 대부분을 수행한다. 세포벽이 불균일하게 비후되어 있는 **후각세포(collenchyma cell)**는 식물체의 생장 중인 어린 부위를 지지한다. **후벽조직(sclerenchyma cell)**인 섬유와 보강세포는 두껍고 목질화된 세포벽을 갖는데 이미 자란 성숙된 부분을 지지한다. 물을 이동시키는 물관부의 운반세포인 **헛물관(tracheid)**과 **물관요소(vessel element)**는 두꺼운 세포벽을 지니며 기능적으로 성숙하면 세포는 죽는다. **체관요소(sieve-tube element)**는 살아 있는, 매우 변형된 세포로서 내부의 세포소기관들을 거의 가지지 않는다; 체관부를 통해 당분을 이동시킨다.

개념 35.2

다른 종류의 분열조직들이 1기, 2기 생장을 위해 세포들을 만들어낸다

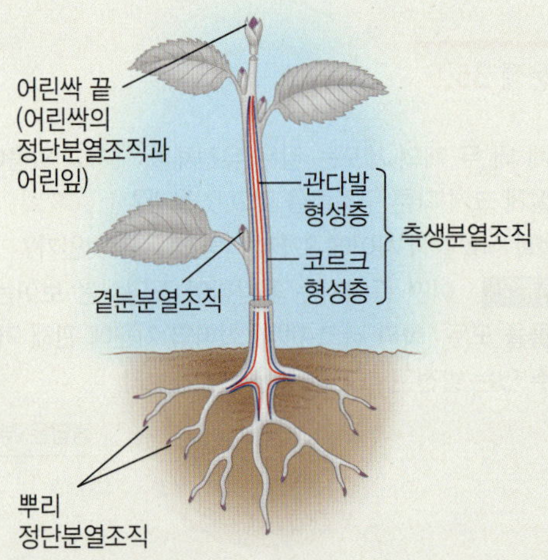

? 1기 생장과 2기생장의 다른 점은 무엇인가?

개념 35.3

1기생장은 뿌리와 어린싹을 신장시킨다

- 뿌리의 **정단분열조직(apical meristem)**은 뿌리 끝에 위치하며 뿌리의 주축과 **뿌리골무(root cap)** 세포들을 만든다.
- 어린싹의 정단분열조직은 **끝눈(apical bud)**에 위치하며 **마디사이(internode)**와 잎을 내는 마디를 교대로 만들어 낸다.
- 쌍떡잎식물의 줄기는 환상관다발을 갖지만, 외떡잎식물의 줄기는 산재관다발을 갖는다.
- **엽육(mesophyll)** 세포들은 광합성을 위해 적응되었다. **기공(stomata)**은 **공변세포(grard cell)**로 이루어진 표피의 구멍으로, 기체교환을 하지만 물을 잃는 주요 통로이다.

? 가지뻗기(branching)는 뿌리와 줄기에서 어떻게 다른가?

개념 35.4

목본식물의 2기생장은 줄기와 뿌리를 두껍게 한다

- **관다발형성층(vascular cambium)**은 **2기생장(secondary growth)** 중에 2기물관부와 2기체관부를 만드는 분열조직성 원통구조이다. 2기물관부(심재)의 오래된 부분은 불활성화되지만 어린 부분(변재)은 물을 계속 이동시킨다.
- **코르크형성층(cork cambium)**은 2기 식물체의 보호조직인 주피를 만드는데, 주피는 코르크형성층과 이들이 만들어낸 코르크세포층으로 구성된다.

? 식물은 2기생장이 생김으로 해서 어떤 장점들을 얻게 되었는가?

개념 35.5

식물체는 생장, 형태형성, 세포분화에 의해 만들어진다

- 세포분열과 세포팽창은 생장(growth)의 일차적인 결정요소이다. 미세소관으로 이루어진 전기전미세소관속은 분열 중인 세포에서 세포판이 형성될 장소를 결정한다. 또한 미세소관의 방향은 세포벽의 미세섬유소 방향을 조절함으로써 세포의 신장 방향에 영향을 미친다
- 생물체의 형태와 체제를 발생시키는 형태형성(morphogenesis)은 주변 세포들로부터 오는 위치정보에 반응하는 세포들에 의해 좌우된다.
- 차별적인 유전자의 활성화로부터 일어나는 세포분화(cell differentiation)는 동일 유전체를 갖는 식물체내 세포들을 다른 기능을 갖는 세포들로 만들 수 있다. 식물세포의 분화는 주로 발생 중인 세포의 위치에 의해 결정된다.
- 발생 중인 어린잎이 성숙한 잎으로 발생하는 것처럼 내부 또는 환경적 신호가 식물의 발생단계를 전환시키는 스위치 역할을 하는데, 이러한 형태적 변화를 **발생단계변화(phase change)**라고 한다.
- 발생 중인 꽃의 **기관인식유전자(organ identity gene)**에 관한 연구는 **패턴형성(pattern formation)** 연구의 모델시스템을 제공한다. **ABC 가설(ABC hypothesis)**은 3종류의 기관인식유전자가 어떻게 꽃받침, 꽃잎, 수술, 암술의 형성을 조절하는지를 알려준다.

생각해보자

수준 1: 지식/이해

1. 식물체의 대부분 생장은 어떤 결과 때문인가?
   a. 세포분화 b. 형태형성
   c. 세포분열 d. 세포신장
2. 뿌리 피층의 가장 안쪽은?
   a. 핵 b. 내초
   c. 내피 d. 수
3. 심재와 변재는 무엇으로 구성되는가?
   a. 수피 b. 주피
   c. 2기물관부 d. 2기 체관부
4. 유년기에서 성체기로 넘어가는 때에 정단분열조직의 발생단계변화는 무엇으로 나타나는가?
   a. 생산된 잎의 형태적 변화
   b. 2기생장의 시작
   c. 곁뿌리의 형성
   d. 꽃의 분열조직 인식유전자의 활성화

수준 2: 응용/분석

5. 어떤 꽃에서 유전자 *A*와 *C*, 유전자 *B*가 꽃의 4개 선상에서 모두 발현되었다고 상상해보자. ABC 가설에 근거한다면 선상의 바깥부터 어떤 구조들이 될 것인가?
   a. 심피–꽃잎–꽃잎–심피
   b. 꽃잎–심피–심피–꽃받침
   c. 꽃받침–심피–심피–꽃받침
   d. 꽃받침–꽃받침–심피–심피
6. 아래의 어느 것이 직접 또는 간접으로 분열조직의 활동으로부터 생기는가?
   a. 2기물관부 b. 잎
   c. 표피조직 d. 위의 모두
7. 아래의 어느 것이 뿌리 목본부의 횡단면에서 관찰되지 않는가?
   a. 후벽세포 b. 유세포
   c. 체관요소 d. 뿌리털
8. **DRAW IT** 목본성 쌍떡잎식물의 횡단면에 나이테, 추재, 춘재, 물관요소의 명칭을 기입하고, 수에서 피층 방향으로 화살표를 표시하라.

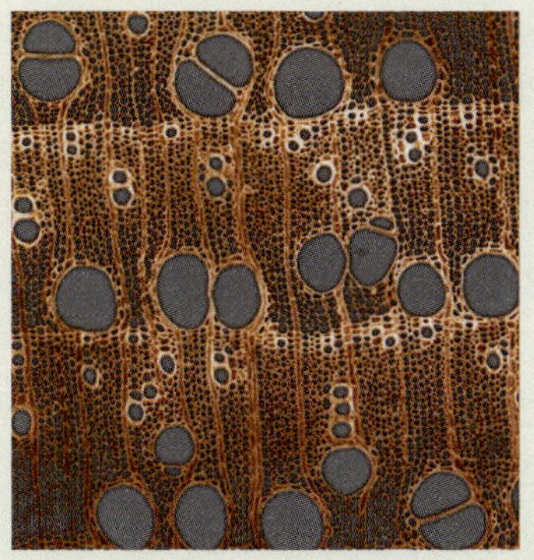

수준 3: 종합/평가

9. **진화적 관점**
   진화생물학자들은 생명의 진화에서 흔히 일어나는 것을 설명하기 위해 선택적 진화란 용어를 사용한다: 다리나 기관이 특정한 상황에서 진화하지만 시간이 지나서 새로운 기능을 갖는 경우(개념 23.4). 식물기관에서는 선택적 진화의 예로 어떤 것이 있는가?
10. **과학적 탐구**
   초원은 많은 초식동물들이 없어지면 전형적으로, 풀이 잘 자라지 않는 대신 잎이 넓은 초본성 쌍떡잎식물이나 관목, 교목들이 차지한다. 외떡잎식물과 쌍떡잎식물의 구조와 생장 습성에 대한 당신의 지식을 바탕으로 왜 그런지 의견을 말하라.
11. **과학, 기술, 사회**
   기아와 영양실조는 많은 빈곤국들에 있어서 시급한 과제이다. 아직까지 부유한 국가들의 식물학자들은 그들 연구의 대부분을 애기장대 연구에 초점을 맞추고 있다. 어떤 사람들은 식물학자들이 세계의 기아문제에 정말 관심이 있다면 카사바와 바나나 연구를 해야 한다고 주장하는데, 그것은 이 작물들이 많은 빈곤국들에 있어서는 가장 중요한 작물이기 때문이다. 만약 당신이 애기장대 연구자라면 이 논쟁에 대해 어떻게 반응할 것인가?
12. **글쓰기: 지식의 체계화**
   리그닌의 진화가 어떻게 관다발식물의 구조와 기능에 영향을 미쳤는지 짧은 글(100~150자)로 설명하라.
13. **종합적으로 생각해보기**

이 LM 사진은 드문 형태를 갖는 속씨식물 기관의 횡단면 사진이다. 이 기관은 줄기인가, 잎인가, 아니면 뿌리인가? 그 이유를 설명하라.

정답은 부록 A 참조

36

관다발식물의 수송

핵심 개념

36.1 자양분 공급을 위한 적응은 관다발식물 진화의 핵심 과정이다

36.2 단거리와 장거리에서의 물질 수송은 서로 다른 기작으로 이루어진다

36.3 물과 무기질이 증산작용으로 물관을 통해 뿌리에서 지상부까지 수송된다

36.4 증산율은 기공에 의해 조절된다

36.5 당은 체관을 통해 공급원으로부터 수용원으로 수송된다

36.6 심플라스트는 매우 역동적이다

▲ **그림 36.1** 왜 사시나무포플러의 잎은 진동을 하는가?

전체적으로 지속적인 떨림

어느 맑은 날 사시나무포플러(*Populus tremuloides*) 숲 속을 걷다 보면 황홀하게 펼쳐진 햇살을 맞이하게 될 것이다(**그림 36.1**). 거의 바람이 없는 날에도 생기는 나뭇잎의 떨림 때문에 밝은 햇살은 숲의 땅 위에 변화무쌍한 햇살의 조각들로 이루어진 얼룩무늬를 만들어 낸다. 나뭇잎의 이런 작은 떨림이 어떻게 일어나는지 생각해 보는 것은 그리 어렵지 않다. 납작한 잎자루로 인해 잎이 수평으로만 움직일 수 있다. 왜 포플러 나무가 이런 특이한 현상을 갖도록 진화하였는지 좀 더 궁금해진다.

어떻게 포플러 나뭇잎에 진동이 일어나는지 설명하려는 많은 가설들이 있었다. 이들 중, 잎사귀 바로 위의 표면에 CO_2가 적은 것을 바꾸어 주려고 한다든가, 초식동물이나 곤충들이 잎을 먹는 것을 방해한다든가 하는 가설은 실험으로 증명되지는 못하였다. 가장 유력한 가설은 잎의 떨림으로 인해 더 많은 햇빛이 나무의 더 아래쪽 잎에게까지 전달되게 하여 나무 전체의 광합성 양을 증가시킨다는 것이다. 이런 잎의 떨림 작용에 의해 제공되는 일시적인 햇살 방향의 변화가 없다면 아래에 있는 잎들은 충분한 광합성을 하기에는 부족한 그늘 속에 머물러 있게 된다.

이번 장에서 우리는 이런 포플러 나무에서의 평평한 잎줄기 배열 같이, 식물이 물이나 무기염류, 이산화탄소, 그리고 빛을 좀 더 효율적으로 얻기 위한 다양한 적응들에 대해 알아볼 것이다. 그러나 이런 자원을 얻는 것은 이야기의 시작에 불과하다. 자원은 필요한 곳으로 수송되어야 한다. 그래서 우리는 이번 장에서 물, 무기염류, 그리고 당이 식물 전체에 어떻게 수송되는지도 알아보려고 한다.

개념 36.1

자양분 공급을 위한 적응은 관다발식물 진화의 핵심 과정이다

진화 육지식물은 전형적으로 두 개의 세계, 즉 지상부가 태양빛과 CO_2를 얻는 지표 위의 세계와, 물과 무기질을 얻는 지표 아래의 세계에서 서식한다. 이런 공급원으로부터 자양분을 얻는 적응 과정이 없었다면 식물은 육지에 자리 잡지 못하였을 것이다.

육지식물의 조상인 조류(algae)는 물, 무기질, 그리고 CO_2를 그들이 살고 있는 물에서 직접 얻었다. 이와 같은 물질의 공급원과 가까이 있었기 때문에 조류의 모든 세포에서 수송은 비교적 쉽게 이루어졌다. 가장 초기의 육지식물은 그들이 살고 있는 얕은 담수 위로 광합성 지상부를 자라게 한 비관다발식물이었다. 잎이 없었던 이런 지상부는 왁스성 큐티클과 적은 수의 기공만을 가지고 있었기 때문에 과다한 수분 손실은 피하면서도 광합성을 위해 어느 정도의 CO_2와 O_2 기체교환은 가능했다. 초기 육지식물의 고정 및 흡수 기능은 줄기의 기부나 헛뿌리에 의해 이루어진 것으로 생각된다(그림 29.6).

육지식물이 진화하고 수가 늘어남에 따라 빛과 물, 그리고 영양분에 대한 경쟁이 심해졌다. 넓고 평평한 부속기관을 가진 키 큰 식물은 빛을 흡수하는 데 더 유리하였다. 그러나 이런 표면적의 증가는 많은 증발이 일어나게 함으로 물이 더 필요하게 한다. 또 지상부가 클수록 더 단단한 안착부가 필요하다. 이런 필요 때문에 다세포의 여러 갈래 뿌리가 생겨나게 되었다. 반면에 지상부의 높이가 커짐에 따라 광합성이 일어나는 지상부의 위쪽과 광합성을 하지 않는 땅 아래의 부위가 더 멀어졌기 때문에 물, 무기질, 그리고 광합성 산물의 장거리 수송을 더 효율적으로 할 수 있는 식물이 자연선택되었다.

물관과 체관으로 이루어진 관다발조직의 진화로 장거리 수송을 할 수 있는 광범위한 뿌리와 지상부를 가진 시스템의 발달이 가능하게 되었다(그림 35.10). **물관(xylem)**은 뿌리에서부터 지상부로 물과 무기질을 수송한다. **체관(phloem)**은 광합성 산물을 만든 곳이나 저장된 곳에서부터 필요한 곳으로 수송한다. **그림 36.2**는 관다발식물에서 자양분의 공급과 수송의 개괄적인 모습을 보여주고 있다.

식물의 성공 여부는 일반적으로 광합성에 달려 있기 때문에 진화에 의해 태양에서 빛을, 공기에서 CO_2를 효율적으로 얻기 위한 구조적 적응이 나타났다. 예를 들면 대부분의 잎이 표면적이

▼ **그림 36.2 관다발식물에서 자양분 얻기와 수송의 개요**

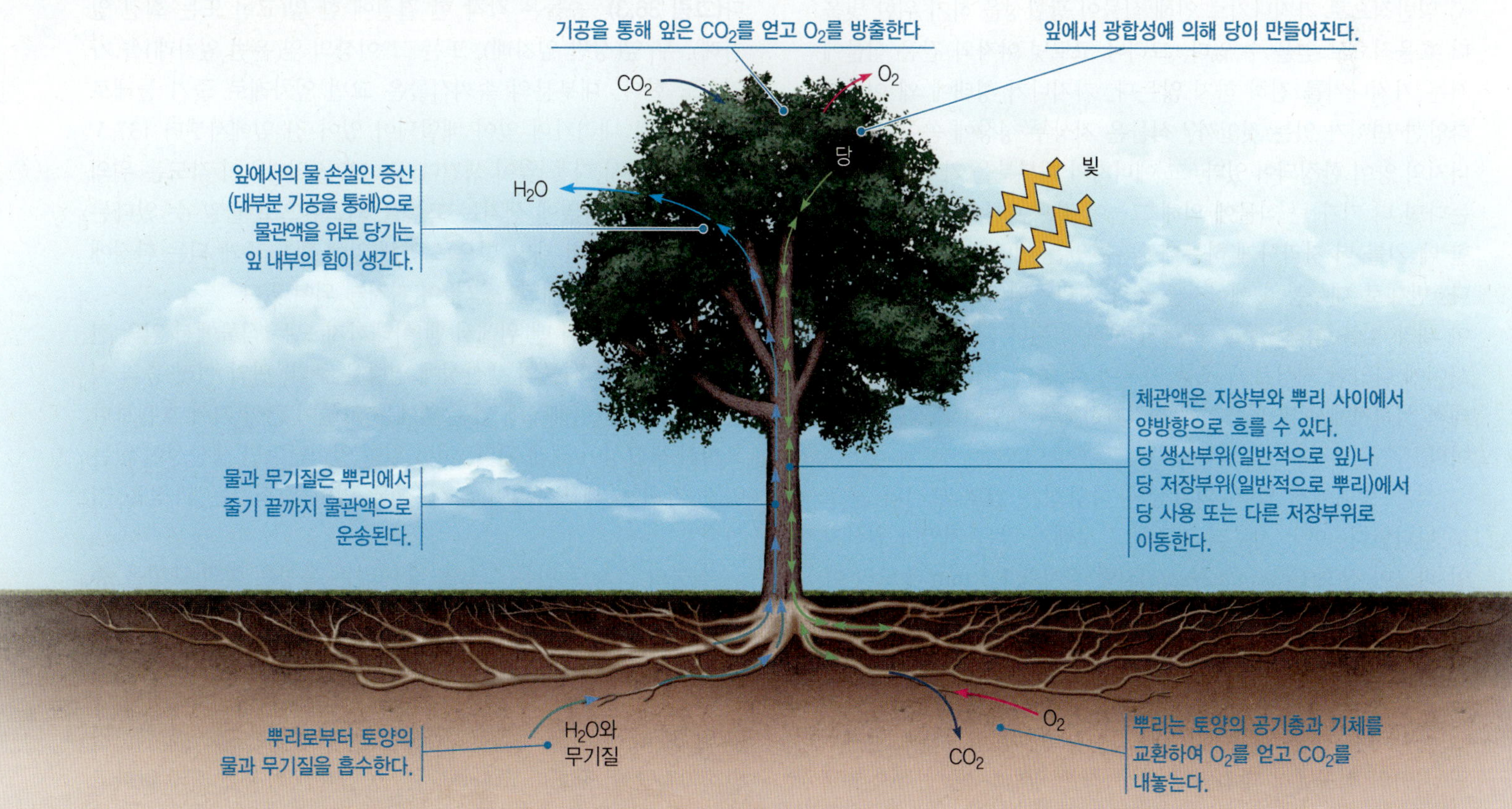

넓은 것은 빛을 잘 받기 위한 것이고 기공을 여는 것은 CO_2를 광합성 조직으로 확산되게 하기 위한 것이다. 그러나 기공을 여는 것은 식물로부터 물이 증발하게 하기도 한다. 결과적으로 식물의 적응은 특히 물이 부족한 환경에서 광합성 작용을 늘리는 것과 물의 손실을 최소화하는 것 사이의 타협으로 나타난다. 이번 장의 후반에서는 식물이 어떻게 기공의 개폐를 조절하여 CO_2는 더 많이 얻지만 물의 손실은 최소화하는지 다룰 것이다. 여기서는 지상부와 뿌리의 기본구조가 어떻게 식물이 물, 무기염류, 그리고 태양 빛을 얻는 것을 도울 수 있는지 알아보려고 한다.

지상부의 구조와 빛의 포획

식물에서 우리가 볼 수 있는 많은 다양성들은 지상부를 이루는 두 가지 요소인 줄기와 잎의 가지나기 형태, 위상, 모양, 그리고 방향성의 차이로 나타난다. 전형적인 지상부의 구조는 광합성을 위한 빛의 포획을 잘 할 수 있도록 되어 있다.

줄기는 잎을 지탱하는 구조이며 물과 자양분의 수송을 위한 도관의 역할을 한다. 줄기의 길이와 가지치기 형태는 빛의 포획에 영향을 주는 두 가지 구조적 특징이다. 키가 크게 자라난 식물은 주변 식물로부터 생기는 그늘을 피할 수 있다. 대부분의 키가 큰 식물은 잎과의 수송을 늘리고 물리적으로는 식물을 더 잘 지지하기 위하여 굵은 줄기가 있어야 한다. 덩굴식물은 예외적으로 줄기를 지탱하기 위해 다른 대상(일반적으로 다른 식물)에 의존한다. 나무 같은 경우는 2차 성장을 통하여 줄기가 더 굵어진다(그림 35.11).

일반적으로 가지나기로 인해 식물이 광합성을 하기 위한 빛을 더 효율적으로 얻을 수 있다. 그러나 코코넛 야자와 같은 식물에서는 가지나기를 전혀 하지 않는다. 가지나기 형태에 왜 이렇게 다양한 변이가 있는 것일까? 식물은 지상부 성장에 쏟아부을 에너지의 양이 한정되어 있다. 그 에너지의 대부분을 가지나기에 쏟는다면 더 키가 큰 식물에 의해 그늘이 질 수 있는 위험성이 증가할 때 키를 더 자라나게 하는데 쓸 수 있는 에너지가 적어지게 된다. 반대로 대부분의 에너지를 키가 자라는데 써 버린다면 식물이 태양 빛을 최적으로 수확하지 못하게 된다. 자연선택은 종들 사이에 다양한 지상부 구조를 만들어 각 종이 자리 잡고 있는 생태적 서식지에서 빛의 포획에 최적화하도록 세밀한 조정을 한 것이다.

식물 형태에서 많은 외관상의 다양성은 잎의 크기와 구조로 나타난다. 미국 서부의 건조하고 모래가 많은 지역이 원산지인 피그미 잡초(*Crassula erecta*)처럼 길이가 1.3 mm 정도의 아주 작은 잎에서부터 아프리카의 열대우림이 원산지인 야자수(*Raphia regalis*)의 20 m나 되는 잎도 있다. 이런 종들은 이용할 수 있는 물의 양과 잎의 크기 사이에 관찰되는 일반적 상관관계의 극단적인 예를 보여준다. 가장 큰 잎들은 일반적으로 열대우림 지역의 식물에서 발견되고 가장 작은 잎들은 물이 부족하고

▲ **그림 36.3 노르웨이 가문비나무의 새로 만들어진 잎차례.** 지상부 끝 위에서 찍은 전자현미경 사진은 잎의 출현 형태를 보여주고 있다. 잎이 가장 어린 것부터 1번으로 번호가 매겨져 있다. (어떤 번호의 잎은 확대한 사진에서는 보이지 않는다.)

? 잎 번호 29번에서 28번으로 옮겨가며 새로 나타나는 순서에 따라 잎을 손가락으로 짚어 보라. 어떤 잎차례 형식인가?

증발로 인한 물 손실이 더 문제가 되는 건조하고 매우 추운 지역의 식물 종에서 찾을 수 있다.

잎차례(phyllotaxy)로 알려진 줄기에서의 잎 배열은 빛을 포획하는 데 대단히 중요한 공간적 구조이다. 잎차례는 지상부의 정단분열조직에 의해 결정되며(그림 35.16) 각 종마다 특이적이다(**그림 36.3**). 종들은 각각 한 결절에 한 잎(교번 또는 회전 잎차례), 두 잎(상반 잎차례), 또는 그 이상의 잎(윤번 잎차례)을 가지기도 한다. 대부분의 속씨식물은 교번 잎차례로 줄기 둘레로 나선형으로 내려가며 잎이 배열되어 있어 전 잎에서부터 137.5° 정도 떨어져서 다음 잎이 생긴다. 왜 137.5°일까? 이 각도는 위의 잎 때문에 아래 잎에 생기는 그늘을 최소한으로 줄일 수 있다는 가설이 있다. 강한 태양 빛으로 인해 잎에 해를 주게 되는 환경에서는 반대로 잎의 배열은 그늘이 커지게 되어 있다.

군집 사회 속의 맨 위에서 맨 아래까지 모든 식물에서 잎의 전체 표면적은 각 식물의 생산성에 영향을 준다. 만약 여러 층의 식물군이 있다면 아래쪽에 있는 잎에는 그늘이 많이 져서 호흡보다 오히려 광합성이 적게 된다. 이런 일이 일어난다면 생산성이 없는 잎과 가지는 세포사멸이 와서 결국 잎이 떨궈지는 과정을 겪는다.

식물이 스스로 만든 그늘을 줄이려는 특성은 빛의 포획을 증가시킨다. 이런 관점에서 유용한 측정값으로는 하나의 식물 또는 작물 모두의 전체 잎 위 표면적을 식물이나 작물이 자라는 땅의 표면적으로 나눈 비율 값인 **잎면적 지표(leaf area index)**가 있다(**그림 36.4**). 잎면적 지표가 7까지는 많은 성장한 작물에서는 일반적이지만 이 값보다 크다는 것은 농업적인 가치가 거의 없다고

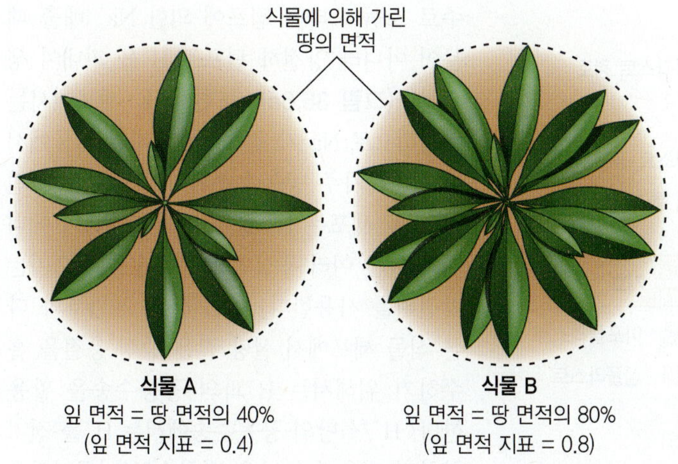

▲ **그림 36.4** **잎 면적 지표.** 위 그림에서 보여준 두 식물에서와 같이 한 식물의 잎 면적 지표는 식물이 차지하고 있는 땅의 면적에서 잎의 위 표면 전체 면적 비율을 말한다. 여러 층의 잎을 가지면 잎 면적 지표는 쉽게 1이 넘는다.

? 잎 면적 지표의 값이 더 크면 항상 광합성 양을 증가시키는가? 그 이유를 설명하라.

볼 수 있다. 잎을 더 많이 만들면 아래 잎들에게 그늘이 더 생기게 하여 스스로-자르기에 도달하게 된다.

빛의 포획에 영향을 주는 또 다른 요인은 잎의 방향이다. 어떤 식물은 잎이 수평으로 있지만 잔디 같은 풀은 잎이 수직으로 서 있다. 빛이 부족한 상황에서는 수평의 잎이 수직의 잎보다 훨씬 더 효율적으로 빛을 받을 수 있다. 그러나 초원이나 다른 태양 빛이 많은 곳에서는 수평 방향이라면 위에 잎들은 지나치게 강한 빛을 받아 잎에 손상을 입어 광합성은 줄어들게 될 것이다. 그러나 식물의 잎이 거의 수직이라면 광선이 잎의 표면과 평행이라서 빛을 너무 많이 받는 잎은 없고 빛이 아래의 잎까지 더 깊이 뚫고 내려갈 수 있을 것이다.

뿌리구조와 물과 무기질 얻기

이산화탄소와 태양 빛이 지상부에 의해 이용되는 자양분 원천인 것처럼 뿌리계에 의해 얻어지는 자양분의 원천은 토양이다. 식물은 토양에 부분적으로 있는 영양분을 얻기 위해 뿌리의 구조나 생리 작용을 빠르게 적응시킬 수 있다. 예를 들면 많은 식물에서 뿌리는 낮은 농도의 질산염 토양 부위에 반응해서는 가지나기를 하는 대신 그런 부위를 관통하며 똑바로 뻗어 나간다. 반대로 질산염 농도가 높은 토양을 만나면 뿌리는 대부분 그곳에서 활발하게 가지나기를 할 것이다. 또한 뿌리 세포는 고농도 질산염 토양에 반응하여 질산염 수송과 흡수에 필요한 단백질을 더 많이 합성한다. 그래서 식물은 질산염을 얻기 위해 식물체의 부위를 더 늘리기도 하지만 세포들은 더 효율적으로 질산염을 흡수하기도 한다.

식물의 뿌리계 안에서의 경쟁을 줄이면 한정된 영양분의 효과적인 흡수가 증가한다. 버팔로 풀(*Buchloe dactyloides*)의 기는 줄기에서 떼어 낸 소개체는 연결되어 있던 같은 식물의 소개체들과 같이 있을 때는 수도 적고 크기도 짧은 반면, 다른 버팔로 식물로부터 떼낸 소개체들과 함께 있으면 뿌리가 더 발달한다. 연구자들은 자기와 남을 구분하는 이런 능력의 배경이 되는 기전을 밝히기 위해 노력하고 있다.

식물의 뿌리와 균류 사이의 상호관계인 **균근(mycorrhizae)**의 진화는 식물이 육지 상륙에 성공하는 데 결정적인 역할을 하였다. 균사는 많은 식물의 뿌리계에게 물과 무기질, 특히 인산을 흡수하기 위한 거대한 표면적을 간접적으로 제공한다. 식물 영양에서의 균근의 역할은 37장에서 더 자세하게 다룰 것이다.

일단 자양분이 얻어지면 그것이 필요한 식물의 다른 부위로 수송되어야 한다. 다음에는 물과 무기질, 당분과 같은 자양분이 식물에서 수송되는 과정을 알아보고자 한다.

개념 확인 문제 36.1

1. 관다발식물에게는 왜 장거리 수송이 중요한가?
2. 어떤 구조적 특징이 '스스로 만든 그늘'에 영향을 주는가?
3. 어떤 식물들은 잠식해 오는 옆의 식물 잎에서 반사되는 증가된 빛을 탐지할 수 있다. 이런 빛의 탐지가 줄기를 길어지게 하고 잎을 세우며 옆 가지나기를 줄인다. 그 식물은 어떻게 이런 반응으로 경쟁을 도울 수 있는가?
4. WHAT IF? 당신이 식물의 줄기 끝을 잘라낸다면 식물의 가지나기나 잎 표면적 지수에 미치는 단기적 영향은 무엇인가?
5. MAKE CONNECTIONS 균사는 어떻게 영양분을 흡수하기 위한 표면적을 넓히는지 설명하여라(개념 31.1 참조).

정답은 부록 A 참조

개념 36.2

단거리와 장거리에서의 물질 수송은 서로 다른 기작으로 이루어진다

식물 속에서 이동하는 물질이 다양하고 그런 물질의 수송되어야만 하는 거리나 장벽의 규모가 크다는 것을 생각한다면 식물이 여러 가지 수송 과정을 사용한다는 것을 그리 놀라운 일이 아니다. 그러나 이런 과정을 알아보기 전에 우리는 먼저 식물의 두 가지 기본 수송 경로, 즉 아포플라스트와 심플라스트를 살펴볼 것이다.

아포플라스트와 심플라스트: 수송 연속체

식물조직에는 아포플라스트와 심플라스트라고 하는 두 주요 부위가 있다. **아포플라스트(apoplast)**는 살아 있는 세포 원형질막 바깥 모든 부위로 이루어지며 세포벽, 세포외공간, 그리고 헛물

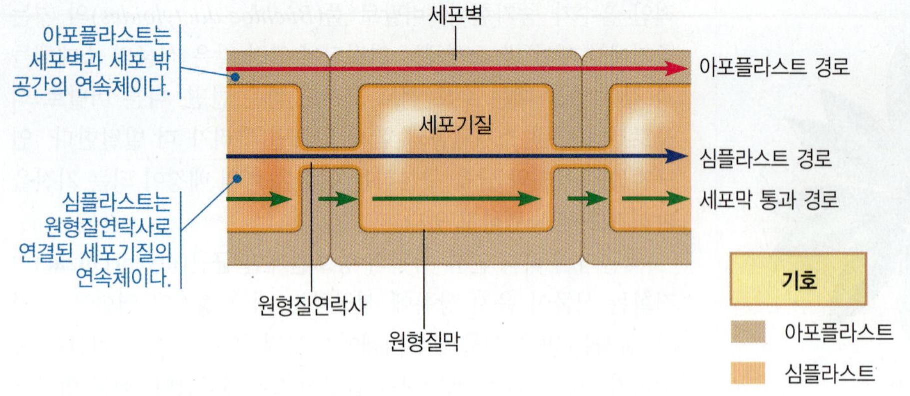

▲ **그림 36.5 단거리 수송을 위한 세포의 구획과 경로.** 어떤 물질은 하나 이상의 수송 경로를 사용할 수 있다.

관과, 물관 같은 죽은 세포의 내부까지 포함한다(그림 35.10). **심플라스트(symplast)**는 식물의 모든 살아 있는 세포의 전체 세포질과 세포 사이를 잇는 세포질 통로인 원형질연락사로 이루어진다.

식물 세포의 구획된 구조는 아포플라스트, 심플라스트, 세포막 통과 경로 등 세 가지 경로를 제공하여 식물조직이나 기관 내에서의 수송이 이루어지게 한다(**그림 36.5**). 아포플라스트 경로(apoplastic route)에서는 물과 용질(물에 녹은 화학물질)이 세포벽과 세포외 공간의 연속체를 따라 이동한다. 심플라스트 경로(symplastic route)에서는 물과 용질이 식물조직 내의 세포질 연속체를 따라 이동한다. 이 경로는 물질이 처음 식물체에 들어 왔을 때 한 번의 세포막 통과만 필요하다. 세포 내에 들어간 후 물질은 원형질연락사를 통해 세포 사이의 이동을 한다. 세포막 통과 경로(transmembrane route)는 물과 용질이 세포 밖으로 나와서, 세포벽을 가로지르고, 이웃세포로 들어가는 방식을 반복하며 이동하는 것이다. 세포막 통과 경로에서는 물과 용질이 세포 밖으로 나오고 다음 세포로 다시 들어갈 때마다 세포막을 통과하는 일이 반복적으로 요구된다. 이와 같은 세 가지 경로는 서로 독립적으로 일어나는 것이 아니라서 어떤 물질의 수송은 하나 이상의 경로를 사용할 것이다.

원형질막을 통과하는 용질의 단거리 수송

다른 생물체처럼 식물에서도 세포 안과 밖으로 물질을 단거리 수송할 때 원형질막의 선택적 투과성을 이용하여 조절한다(8장). 능동수송과 수동수송 둘 다 식물에서 일어나며, 세포막에는 다른 세포에서도 동일한 기능을 하는 일반적인 펌프나 수송 단백질(통로 단백질, 운송 단백질, 공동수송체)을 갖고 있다. 이 절에서는 원형질막을 가로지르는 용질의 수송에 있어서 동물과는 다른 식물의 몇 가지 방법들에 대해 초점을 맞출 것이다.

동물 세포와는 다르게 식물 세포에서는 소듐이온(Na^+)보다는 수소이온(H^+)이 기본적인 수송 과정에서 더 중요하게 작용한다. 예를 들면, 식물 세포에서 막전위(막 사이에 생기는 전압)은 주로 소듐-포타슘 펌프에 의한 Na^+ 배출 때문이 아니라 양전하 펌프로 H^+을 퍼내어 생성한다(**그림 36.6a**). 또한 동물 세포에서는 전형적으로 Na^+가 공동수송되지만 식물에서는 H^+가 자주 공동수송된다. 공동수송하면서 식물 세포는 H^+ 농도 기울기에서의 에너지나 다른 여러 용질의 능동수송을 일으키는 막전위를 사용한다. 예를 들면 체관부와 다른 식물 세포에서 설탕 같은 중성 용질을 흡수하기 위해서는 H^+과의 공동수송을 활용한다. H^+/설탕의 공동수송에서는 H^+를 전기화학적 기울기가 낮은 방향으로 이동시킴으로써 설탕을 높은 농도 쪽으로 이동시킨다(**그림 36.6b**). 또한 H^+와의 공동수송은 뿌리 세포에 의한 질산염(NO_3^-)의 흡수처럼 이온의 이동도 촉진한다(**그림 36.6c**).

식물 세포의 막은 단지 특정 이온만 통과시키는 이온 통로도 가지고 있다(**그림 36.6d**). 동물 세포처럼 대부분의 식물 이온 통로도 문이 있어서 화학물질, 압력, 전압 같은 자극에 반응하여 열고 닫는다. 이번 장의 후반에는 공변세포에서 어떻게 K^+ 이온 통로가 기공을 열고 닫게 하는지 설명할 것이다. 식물 이온 통로는 또한 동물의 활동전위(48장)와 유사한 전기 신호를 만드는 데도 관여한다. 그러나 이런 신호는 동물 세포에 의해 사용되는 Na^+ 이온통로보다는 1,000배나 느릴 뿐 아니라 Ca^{2+}-활성화 양이온 통로를 사용한다.

원형질막을 통과하는 물의 단거리 수송

세포에서 물의 순흡수와 순손실은 막을 가로지르는 자유 물분자들(용질이나 표면에 붙어 있지 않는 물)의 확산이라는 **삼투(osmosis)**에 의해 일어난다(그림 8.12). 물이 흐르는 이동 방향을 정하는 물리적 성질을 **수분 포텐셜(water potential)**이라 부르며 용질의 농도와 물리적 압력에 의한 효과의 측정값이다. 이런 자유 물은 장벽이 없다면 수분 포텐셜이 높은 곳에서 낮은 곳으로 움직인다. 수분 포텐셜에서 포텐셜이란 단어는 물이 가진 잠재적 에너지, 즉 수분 포텐셜이 높은 곳에서 낮은 곳으로 물이 움직이면서 발생하는 물이 할 수 있는 일의 능력이다. 예를 들면 식물 세포나 종자를 수분 포텐셜이 더 높은 용액 속에 담근다면 물이 세포나 종자 안으로 들어가 그들을 부풀릴 것이다. 그렇게 팽창된 세포나 종자는 힘을 갖게 되어 콘크리트 바닥을 깰 수도 있고 배의 틈새에 들어가 있던 종자는 물에 젖게 되면 선체를 파손하여 가라앉게도 할 수 있다. 팽창된 종자에서 생기는 그런 강력한 힘 때문에 어떤 방법으로 종자가 물을 흡수하는지 생각해 보는 것은 흥미로운 일이다. 여러분은 이 문제를 온도의 효과를 실험해 보는 다음 쪽의 **과학적 분석 기술의 연습**에서 탐구해 볼 수 있다.

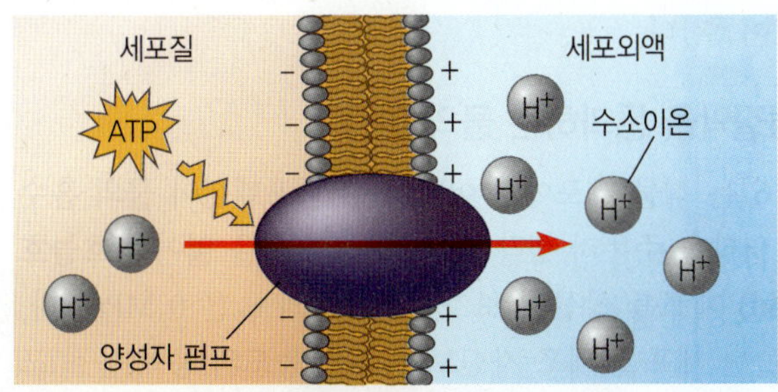

(a) H^+와 막전위. 식물세포의 원형질막은 H^+를 세포 밖으로 퍼내기 위한 ATP-의존적 양성자 펌프를 사용한다. 이런 펌프에 의해 막전위의 변화와 막을 사이에 둔 pH 기울기가 생긴다. 이런 두 가지 잠재성 에너지로 용질의 수송이 이루어진다.

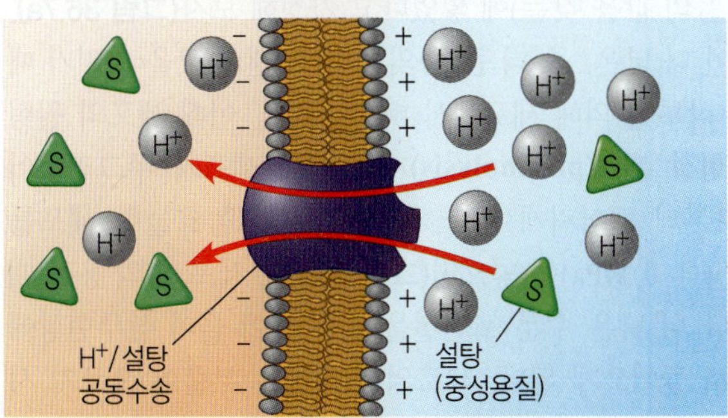

(b) H^+와 중성 용질의 공동수송. 당과 같은 중성 용질은 H^+이온과 공동수송으로 식물 세포 속에 들어 올 수가 있다. 예를 들면 H^+/설탕 공동수송 단백질 분자는 설탕을 식물 전체로 수송하기 위해 체관에 넣을 때 주요 역할을 담당한다.

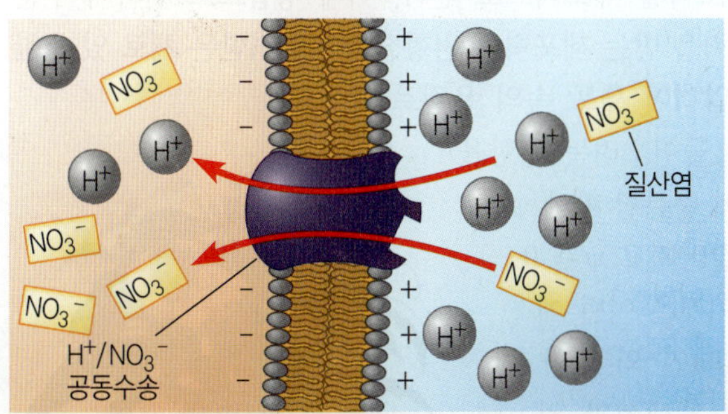

(c) H^+와 이온의 공동수송. H^+를 포함한 공동수송 기작은 또한 세포 안과 밖으로 이온의 수송을 조절하는 역할을 한다. 예를 들면 뿌리 세포의 원형질막에서 H^+/NO_3^- 공동수송 분자는 뿌리에 의한 NO_3^-의 흡수에 중요하다.

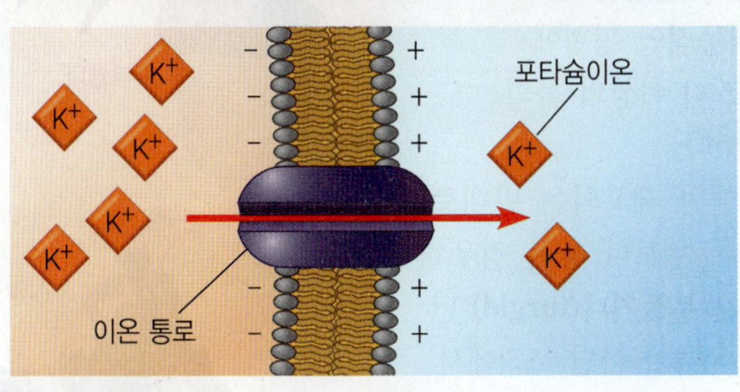

(d) 이온 통로. 식물의 이온 통로는 전압이나 막의 신장, 그리고 화학적 요인에 의해 열리거나 닫힌다. 이온 통로가 열렸을 때는 특정 이온이 막을 건너 확산되도록 한다. 예를 들면 K^+ 이온 통로는 기공이 닫혔을 때 공변세포로부터 K^+가 방출되게 한다.

▲ **그림 36.6 식물의 세포 원형질막을 통과하는 용질의 수송**

? 위에서 보는 것처럼 식물 세포는 4종류의 원형질막 수송 단백질을 가지고 있으며 수송 단백질 각각에 대한 특이적 저해제를 가지고 있다고 가정하라. 그리고 각 저해제가 세포의 막전위에 어떤 영향을 주는지 예측하여 보아라.

수분 포텐셜은 그리스어로 프사이(ψ)라고 줄여서 쓴다. 식물학자들은 **메가파스칼(megapascals)**이라고 부르는 압력의 단위(약자로 MPa)로 ψ를 측정한다. 표준 조건(해수면, 실온)에서 공기에 노출된 통 속에 들어 있는 순수 물의 ψ를 0 MPa으로 정의하였다. 1 Mpa는 해수면에서 거의 10 대기압과 같다. 삼투로 들어온 물 때문에 살아 있는 식물 세포의 내부 압력은 거의 0.5 MPa로, 공기로 채워진 자동차 타이어 내부 기압의 약 2배가 된다.

어떻게 용질과 압력이 수분 포텐셜에 영향을 줄 수 있을까

용질의 농도나 물리적 압력은 모두 수분 포텐셜에 영향을 주며 다음의 **수분 포텐셜 방정식**(water potential equation)으로 나타낼 수 있다.

$$\psi = \psi_S + \psi_P$$

여기서 ψ는 수분 포텐셜, ψ_S는 용질 포텐셜(삼투 포텐셜), 그리고 ψ_P는 압력 포텐셜이다. 용액의 **용질 포텐셜(solute potential, ψ_S)**은 녹아 있는 용질 분자수에 비례한다. 용질이 삼투현상의 방향에 영향을 주기 때문에 용질 포텐셜은 **삼투 포텐셜**(osmotic potential)이라고도 부른다. 식물에서 용질이란 일반적으로 무기질 이온과 설탕을 말한다. 순수한 물의 ψ_S는 0이라고 정의할 수 있다. 용질이 순수한 물에 첨가되면 물과 결합하게 된다. 그래서 자유 물분자의 수가 적어짐으로써 물이 이동하거나 일하려는 능력도 감소한다. 이런 방식으로 용질의 농도가 높아지면 반대로 수분 포텐셜을 낮추게 되므로, 용액의 ψ_S는 항상 음의 값이 된다. 예를 들면, 0.1*M* 설탕 용액은 −0.23 MPa의 ψ_S를 갖는다. 용질의 농도가 증가할수록 ψ_S는 더 높은 음수 값이 된다.

압력 포텐셜(pressure potential, ψ_P)은 용액의 물리적 압력을 말한다. ψ_S와는 다르게 ψ_P는 대기압에 대해 음의 값과 양의 값이 모두 가능하다. 예를 들면, 주사기로 빨아 올린 용액은 음의 압력이고 주사기를 눌러 나올 때는 양의 압력이다. 살아 있는 세포 속의 물은 삼투압에 의한 물의 흡수 때문에 세포 속의 물의 압력 포텐셜은 거의 양의 압력을 갖는다. 특히 **원형질체(protoplast;** 원형질막을 포함하는 세포의 살아 있는 부위)는 세포벽을 밀게 되어 **팽압(turgor pressure)**이 생긴다. 타이어 속에 들어 있는 공기처럼 이런 내부 압력의 미는 효과는 식물조직의 단단함을 유지하고 세포 신장을 위한 추진력으로 작용하기 때문에 식물의 기능에 매우 중요하다. 반대로 죽은 목질부 세포의 공간 속에 있는 물은 −2 MPa보다 작아서 대부분 음압 포텐셜 상태이다.

수분 포텐셜 방정식을 적용하여 공부할 때는 다음의 중요한 사항을 기억해 두어야 한다. 물은 수분 포텐셜이 높은 곳에서 낮

과학적 분석 기술의 연습

온도 계수의 계산과 해석

종자에 처음 물이 흡수될 때 온도의 영향을 받을 것인가? 이 질문에 대한 답을 알아보기 위해서는 여러 온도의 물에 종자를 담그고 각 온도에서 물의 흡수율을 측정하면 된다. 데이터를 사용하여 온도를 10℃ 올릴 때마다 생리적 반응의 효율이 증가하는 요인인 온도계수, Q_{10}을 계산할 수 있다.

$$Q_{10} = \left(\frac{k_2}{k_1}\right)^{\frac{10}{t_2 - t_1}}$$

여기서 t_2는 높은 온도이고 t_1은 낮은 온도, k_2는 t_2에서 반응 효율이며 k_1는 t_1에서 반응 효율이다. ($t_2 - t_1$ = 10일 때 계산은 단순해진다.)

Q_{10} 값이 조사 대상의 생리 반응을 추정하는 데 사용될 수도 있다. 규모가 큰 단백질 형태 변형을 포함하는 화학(대사) 반응은 상당히 온도 의존적이며 2 또는 3에 근접한 Q_{10}의 값을 갖는다. 반대로 모두는 아니지만 많은 경우 물리적 변수는 온도와 무관하여 1에 근접한 Q_{10} 값을 갖는다. 예를 들면, 물의 점성의 변화에서 Q_{10}은 1.2~1.3 정도이다. 이 연습문제에서 무(*Raphanus sativum*) 종자로부터 얻어진 데이터를 가지고 종자에 의한 물의 초기 흡수가 물리적인 반응인지 화학적인 반응인지 알 수 있는 Q_{10} 값을 계산해 보아라.

실험 방법 무 종자를 무게를 재고 네 가지 온도의 물에 담근다. 약 30분 후 종자를 꺼내 물을 닦아내고 다시 무게를 잰다. 각 샘플에서 물의 흡수로 인해 무게가 얼마나 증가하였는지 계산해 본다.

실험 데이터

온도	30분 후 물 흡수로 인한 무게의 증가 %
5℃	18.5
15℃	26.0
25℃	31.0
35℃	36.2

데이터 해석

1. 데이터에 의하면 무 종자에 의해 초기에 흡수된 물이 온도에 따라 달라졌는가? 온도와 물의 흡수와는 어떤 상관 관계를 보이는가?
2. (a) 35℃와 25℃의 데이터를 사용하여 무 종자에 의해 흡수된 물의 Q_{10} 값을 계산하여라. 25℃와 15℃, 15℃와 5℃에서도 같은 계산을 반복하여 보자. (b) Q_{10}의 평균값은 무엇인가? (c) 당신의 결과는 종자에서 물의 흡수가 주로 물리적 또는 화학(대사)적인 반응에 의한다는 것을 보여주고 있는가? (d) 물의 점성도 변화에 대한 Q_{10} 값이 1.2~1.3이라면 종자에서 물의 흡수가 약간 온도 의존적이라는 것이 물의 점성이 약간 온도 의존적이라는 것을 반영하는 것이라고 볼 수 있는가?
3. 온도 외에 무 종자의 부풀어 오르기가 물리적 반응인지 화학적 반응인지 알아보기 위해 바꿀 수 있는 변인에는 어떤 것이 있는가?
4. 식물 생장의 Q_{10} 값이 1 또는 3에 근접할 수 있다고 생각하는가? 그 이유는 무엇인가?

참고문헌 J. D. Murphy and D. L. Noland, Temperature effects on seed imbibition and leakage mediated by viscosity and membranes, *Plant Physiology* 69:428–431 (1982).

은 곳으로 이동한다.

식물 원형질막을 통과하는 물의 이동

이제 살아 있는 식물 세포에서 어떻게 수분 포텐셜이 물의 흡수와 손실에 영향을 주는지 생각해 보자. 먼저 물을 잃어서 **흐늘흐늘한(flaccid)** 세포를 상상해 보자. 이 세포의 ψ_P은 0 MPa이다. 이 흐늘흐늘한 세포를 세포 자신보다 높은 농도의 용액(용질 포텐셜이 더 음의 값을 갖는)에 넣었다고 가정해 보자**(그림 36.7a)**. 외부 용액이 더 낮은, 즉 더 큰 음의 수분 포텐셜 값을 가지기 때문에 물은 삼투에 의해 세포에서 빠져나온다. 이때 세포의 원형질체는 **원형질 분리(plasmolysis)**가 일어나 세포가 쭈그러들어 세포벽으로부터 떨어지게 된다. 만약 같은 흐늘흐늘한 세포를 순수한 물(ψ = 0 MPa)에 넣으면**(그림 36.7b)**, 세포 속의 용질 때문에 물보다 더 낮은 수분 포텐셜을 갖게 되어 물이 삼투현상에 의해 세포로 들어오게 된다. 세포의 내용물은 부풀어 오르기 시작하고 세포막을 세포벽으로 민다. 이때 팽압으로 인하여 부분적으로 탄력을 받는 세포벽은 원형질체가 압력받은 채로 있게 한다. 이런 압력이 세포 속의 용질로 인해 물이 들어오려는 경향을 상쇄하기에 충분할 때에 ψ_S와 ψ_P가 같아지고 ψ가 0이 된다. 이것은 이번 예에서 0 MPa인 외부 환경의 수분 포텐셜과 일치한다. 역동적인 평형에 도달되었고 더 이상의 물의 순이동은 없다.

부풀다

흐늘흐늘한 세포와는 반대로 용질 농도가 주위보다 높은 경우 견고한 세포는 **부풀거나(turgid)** 단단하다. 목본류가 아닌 조직에서는 이런 단단한 세포가 서로 밀고 있어 그 조직 전체가 견고하게 된다. 팽팽함을 잃는 효과를 **시드는 현상(wilting)**에서 볼 수 있는데 물을 잃어버린 세포 때문에 잎과 줄기가 쳐지게 된다.

시들다

아쿠아포린: 물의 확산을 도움

수분 포텐셜의 차이는 막을 통과하는 물의 이동 방향을 결정하지만 물분자는 실제로 어떻게 막을 이동할 수 있을까? 막지질 이중층의 가운데가 소수성이기는 하지만 물분자는 충분히 작기 때문에 막을 통과하여 이동할 수 있다. 그러나 생체막을 통과하는 물의 이동은 너무 빨라서 단순 확산만으로 설명할 수 없다. **아쿠**

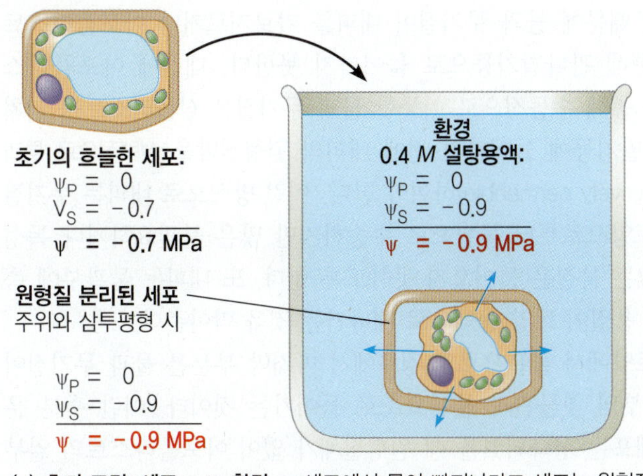

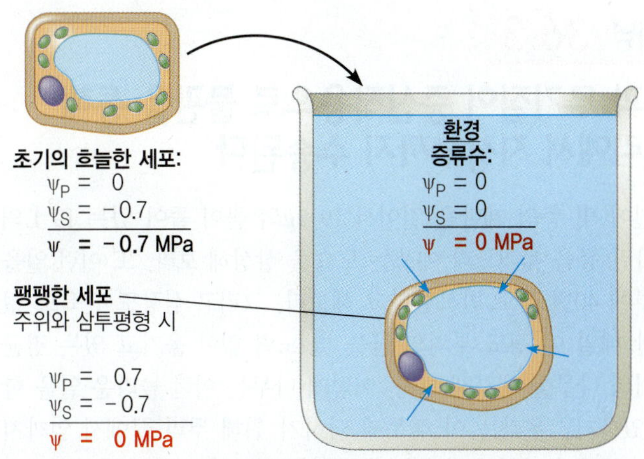

(a) **초기 조건: 세포 ψ > 환경 ψ.** 세포에서 물이 빠져나가고 세포는 원형질 분리가 일어난다. 완전히 원형질 분리가 일어난 후에는 세포와 주위 환경의 수분 포텐셜이 같아진다.

(b) **초기 조건: 세포 ψ < 환경 ψ.** 삼투현상에 의해 결국 물이 흡수되어 세포가 팽팽해진다. 이렇게 물이 들어오려는 경향이 탄력적인 세포벽의 반사 압력으로 사라질 때 세포와 주위 환경의 수분 포텐셜은 같아지게 된다. (세포 부피의 변화는 그림에서 과장되어 표현되었다.)

▲ **그림 36.7 식물 세포에서의 물 관계.** 이 실험에서 처음에는 흐늘흐늘한 세포(세포의 원형질체는 세포벽에 접촉하지만 팽압은 없다.)를 두 가지 다른 환경 속에 넣었다. 파란 화살표는 초기에 물의 순이동 방향을 표시한다.

아포린(aquaporin)이라는 수송 단백질이 식물 세포 원형질막을 통과하려는 물의 이동을 돕는다. 열고 닫을 수 있는 능력이 있는 아쿠아포린 통로는 삼투압 현상으로 막을 가로질러 물이 이동하는 속도에 영향을 준다. 투과 능력은 세포내 칼슘이온의 증가나 세포질 pH의 감소에 의해 줄어든다.

장거리 수송: 부피 유동의 역할

확산은 전형적으로, 세포수준에서 발견되는 공간들 사이의 이동에 효율적인 수송 기전이다. 그러나 확산은 식물 내의 장거리 수송에서 작동하기에는 너무 느리다. 세포의 한쪽 끝에서 다른 쪽 끝으로의 확산은 몇 초밖에 걸리지 않지만 거대한 미국 삼나무의 뿌리에서부터 나무 꼭대기까지의 확산은 수백 년이 걸릴 것이다. 대신에 장거리 수송은 압력 기울기에 반응하는 액체의 움직임인 **부피 유동(bulk flow)**을 통해 일어난다. 물질의 부피 유동은 항상 고압력에서 저압력으로 일어난다. 삼투압과는 다르게 부피 유동은 용질의 농도와는 무관하다.

장거리 부피 유동은 물관부의 헛물관과 물관요소 그리고 체관부의 체관 요소 안에서 일어난다. 이런 통로 세포의 구조가 부피 유동을 가능하게 한다. 다 자란 헛물관과 물관요소는 죽은 세포라서 세포질이 없으며 체관 요소의 세포질에는 거의 세포내 소기관이 남아 있지 않다(그림 35.10). 하수구가 부분적으로 막힌 것을 경험해 본 사람이라면 흐르는 액체의 부피는 관의 안쪽 지름에 따라 다르다는 것을 알고 있다. 하수 오물은 하수관의 유효 지름을 감소시킨다. 이와 같은 경험은 부피 유동을 위해 특화된 식물의 구조가 그 역할에 왜 적당한지 이해할 수 있게 해 준다. 부엌에 막힌 하수관을 뚫는 것처럼 식물의 하수도 공사로 세포질을 없애거나 줄이는 것은 물관부나 체관부를 통한 부피 유동이 효율적으로 일어나게 돕는다. 또한 물관요소 끝의 구멍 난 벽과 체관요소들 사이를 연결하는 구멍이 많은 체관 판에 의해서도 부피 유동이 증가한다.

확산, 능동 수송, 그리고 부피 유동은 식물 전체에서 자양분을 수송하기 위해 조화롭게 작용한다. 예를 들어, 압력의 차이에 의한 부피 유동으로 체관부에서 설탕의 장거리 수송이 이루어지지만 이런 압력의 차이를 유지할 수 있는 것은 세포 수준의 기작으로서 설탕의 능동수송 덕분이다. 다음에서는 우리는 좀 더 자세히 뿌리에서 줄기로의 물과 무기염류의 수송, 증산작용의 조절, 그리고 설탕의 수송에 대해 살펴볼 것이다.

개념 확인 문제 36.2

1. 증류수에 잠겨 있는 식물 세포가 ψ_S가 −0.7 MPa, ψ가 0 MPa라면 세포의 ψ_P는 얼마인가? 같은 세포를 ψ가 −0.4 MPa인 용액이 든 비커에 넣었다면 평형 상태에서 세포의 ψ_P는 얼마가 될 것인가?
2. 아쿠아포린 통로의 수가 감소하면 새로운 삼투 조건에 적응하는 식물 세포의 능력에 어떤 영향을 줄 수 있을까?
3. 물관요소와 헛물관이 다 자란 식물에서도 살아 있다면 물의 장거리 수송은 어떤 영향을 받을 것인가? 설명하라.
4. WHAT IF? 순수한 물에 식물 원형질체를 넣으면 어떤 일이 생기겠는가? 설명하라.

정답은 부록 A 참조

개념 36.3

물과 무기질이 증산작용으로 물관을 통해 뿌리에서 지상부까지 수송된다

당신이 몇 층의 계단을 걸어서 19 kg의 물이 들어 있는 19 L의 커다란 통을 옮기느라 애쓰는 모습을 상상해 보라. 또 이런 일을 하루에 40번 정도 반복한다고 해보라. 그리고 심장도 근육도 없지만 매일 이 정도 부피의 물을 별 노력 없이 옮기고 있는 평균 크기의 나무를 생각해 보자. 어떻게 나무는 이런 놀라운 일을 할 수 있을까? 우리는 이 질문에 답하기 위해 뿌리 끝에서 잎까지 가는 물과 무기질의 여행을 한 발짝씩 따라가 보려고 한다.

뿌리 세포에 의한 물과 무기질의 흡수

살아 있는 모든 식물 세포는 세포막을 통하여 영양분을 흡수하지만 대부분의 물과 무기질의 흡수가 뿌리 끝 근처의 세포에서 일어나기 때문에 이들 세포가 특히 중요하다. 이곳의 표피세포는 물에 대해 투과성을 갖고 있으며 많은 세포들이 뿌리에 의한 물의 흡수에 주요 역할을 하는 변형된 세포 형태인 뿌리털로 분화되었다(그림 35.3). 뿌리털은 물분자나 토양 입자와 단단히 결합되지 않은 무기질 이온으로 이루어진 토양 용액을 흡수한다. 토양 용액은 표피세포의 친수성 벽 안으로 끌어 들여져서 세포벽이나 세포외 공간을 따라 자유롭게 통과하여 뿌리의 피층까지 흘러간다. 이런 흐름이 피층의 세포가 토양 용액에 더 많이 노출되게 하며 결과적으로 표피 자체의 표면보다 훨씬 더 큰 세포막 표면적을 갖게 한다. 토양 용액이 일반적으로 저농도이긴 하지만 능동수송을 통해 뿌리가 토양보다 몇백 배 더 높은 농도로 포타슘 이온 같은 필수 이온이 축적되게 해준다.

물관으로 물과 무기질의 수송

토양에서 뿌리 피층으로 들어온 물과 무기질은 관다발기둥 또는 중심주의 물관에 들어와야 다른 식물 부위로 수송될 수 있다. 뿌리 피층에서 가장 안쪽 세포층인 **내피(endodermis)**는 뿌리 피층에서 관다발기둥으로 무기질의 선택적 통과를 결정하는 마지막 관문 역할을 한다(그림 36.8). 내피에 도달했을 때 이미 심플라스트에 있던 무기질은 내피세포의 원형질연락사를 통해 계속 관다발기둥 안으로 들어가게 된다. 이런 무기질은 이미 내피나 피층의 심플라스트에 들어가기 위해 통과해야 하는 원형질막에 의해 걸러진 것이다.

아포플라스트를 통해 내피에 도달한 무기질은 관다발기둥에 들어가는 길을 막고 있는 막다른 곳을 만나게 된다. 각 내피세포의 횡단벽과 방사벽에 있는 장벽은 **카스파리안선(Casparian strip)**이라 부르며 물과 물에 녹은 무기질로 이루어진 불투과성 왁스물질인 수베린으로 만들어진 띠이다(그림 36.8). 카스파리안선 때문에 물과 무기질이 내피를 가로지르거나 아포플라스트를 통해 관다발기둥으로 들어가지 못한다. 대신에 아포플라스트를 통해 수동적으로 이동한 물과 무기질은 심플라스트를 거쳐 관다발기둥에 들어가기 전에 내피의 원형질막을 선택적으로 투과(selectively permeable)하여야 한다. 이런 방식으로 내피는 무기질을 토양으로부터 물관으로 수송하지만 많은 불필요하거나 독성이 있는 물질은 들어오지 못하도록 한다. 또 내피는 물관부에 축적된 용질이 토양 용액으로 새나가는 것을 막아준다.

토양에서 물관으로의 경로에서 마지막 부분은 물과 무기질이 물관부의 헛물관과 물관요소로 들어가는 것이다. 이런 수분 운반 세포는 성숙되었을 때 원형질체가 없어 아포플라스트의 일부라고 할 수 있다. 관다발기둥 내부의 살아 있는 세포와 함께 내피세포는 원형질체로부터 무기질을 자신의 세포벽 안에 내놓는다. 이런 심플라스트에서 아포플라스트로 용질을 전달하는 것에는 확산과 능동수송이 모두 관여하며 물과 무기질이 헛물관과 물관에 자유롭게 들어가 그곳에서 부피 유동에 의해 지상부로 이동한다.

물관을 통한 부피 유동 수송

토양의 물과 무기질은 뿌리의 표피세포를 통해 식물체에 들어와 뿌리 피층을 통과하여 관다발기둥으로 들어간다. 그곳에서 **물관액(xylem sap)**, 즉 물관부의 물과 녹아 있는 용질은 부피 유동에 의해 각 잎에 퍼져 있는 잎맥까지 장거리 수송된다. 이미 언급한 것 같이 부피 유동은 확산이나 능동수송보다 훨씬 빠르다. 물관액 수송의 최고 속도는 넓은 물관요소를 가진 나무에서 시속 15~45 m까지 가능하다. 줄기와 잎들은 물과 무기질의 공급을 위해 이런 빠른 수송 시스템에 의존한다.

물관액을 수송하는 과정은 식물은 잎과 공기에 노출된 다른 부위에서 물을 증발시키는 **증산작용(transpiration)**으로 상당한 양의 물을 손실을 포함한다. 예를 들어 옥수수 식물 한 개체가 경작기 동안 60 L의 물을 증발시킨다고 하자. 보통 1헥타르에 60,000개의 옥수수를 기른다고 하면 경작기 동안 거의 400만 L의 물이 증발할 것이다. 증발된 물이 뿌리로부터 다시 보충되지 않는다면 잎은 시들고 식물은 결국 죽게 된다.

물관액은 가장 키 큰 나무에서는 120 m 이상 올라가기도 한다. 물관액은 뿌리가 위로 밀어 올리는 것일까, 아니면 잎이 위로 당기는 것일까? 이 두 가지 가능한 기전의 상대적인 공헌도를 알아보자.

물관액의 밀어 올림: 뿌리압

증산작용이 거의 없는 밤에도 뿌리세포는 관다발기둥의 물관부로 무기이온을 계속 능동적으로 펌프질한다. 그 동안 내피의 카스파리안선은 피층이나 토양으로 이온이 새어 나가지 못하게 막고 있다. 결과적으로 축적된 무기질은 관다발기둥 내부의 수분

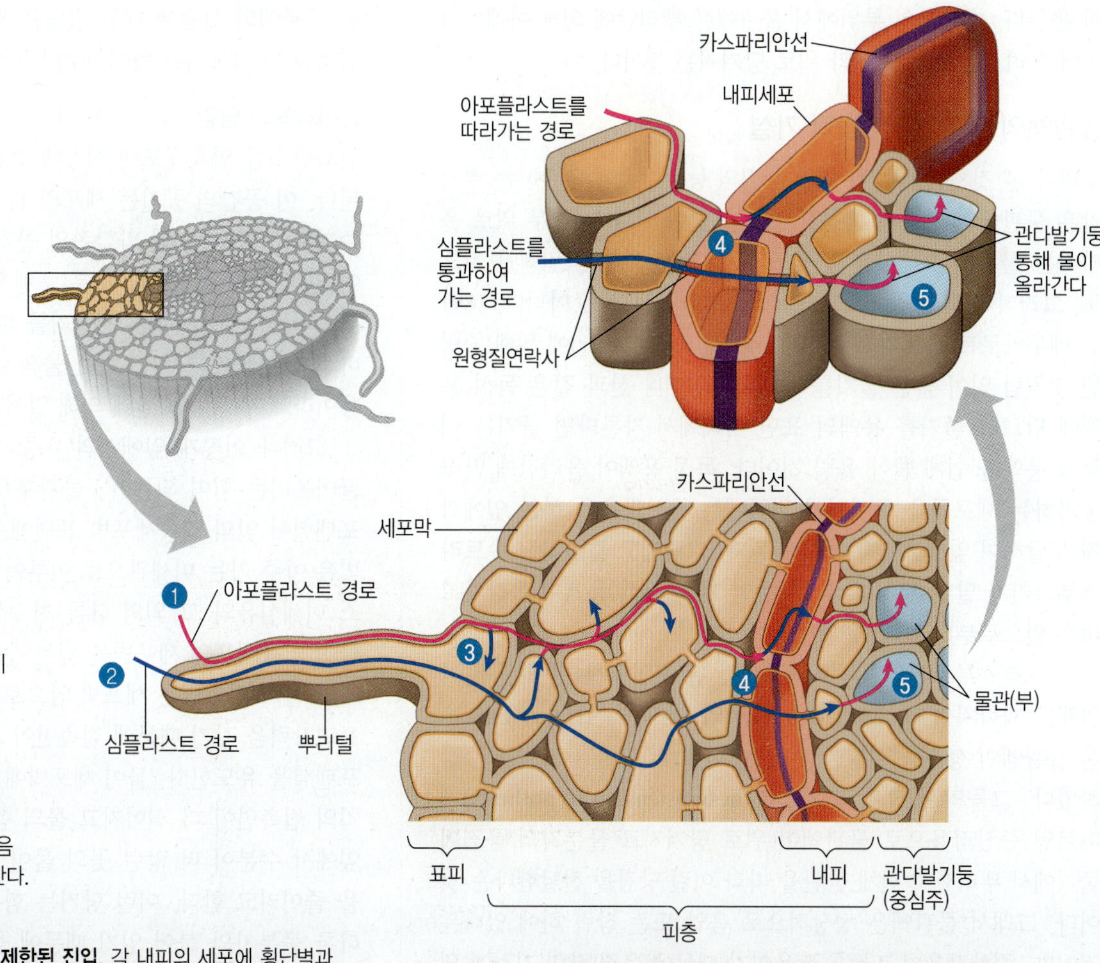

1 아포플라스트 경로. 뿌리털의 친수성 세포벽에 의해 흡수된 토양액은 아포플라스트에 도달하게 된다. 그때, 물과 무기질이 세포벽 기질과 세포외 공간을 따라 피층으로 확산되어 갈 수 있다.

2 심플라스트 경로. 뿌리털의 세포막을 가로질러 물과 무기질이 심플라스트에 들어간다.

3 막 통과 경로. 토양액이 아포플라스트를 따라 이동하면서 일정 무기질과 물은 표피와 피층세포 안으로 옮겨지고 그 다음 심플라스트를 통해 안으로 들어간다.

4 내피: 관다발기둥(중심주)으로의 제한된 진입. 각 내피의 세포에 횡단벽과 방사상벽 내부에는 물과 물에 녹은 무기질의 통과를 막는 왁스성분의 벨트 같은 카스파리안선이 있다. 이미 심플라스트에 들어가 있었거나 아니면 내피세포의 세포막을 가로질러 그 길에 들어간 무기질만이 카스파리안선을 우회하여 관다발기둥(중심주) 안으로 들어갈 수 있다.

5 물관에서의 수송. 관다발기둥 안에서 내피세포와 살아있는 세포는 그들의 세포벽(아포플라스트) 안에 물과 무기질을 내려놓는다. 이 물과 무기질은 물관에 의해 부피 유동으로 지상계 쪽으로 수송된다.

▲ 그림 36.8 뿌리에서 물관까지 물과 무기질의 수송

? 카스파리안선이 어떻게 내피세포의 세포막을 물과 무기질이 통과하도록 해주는가?

포텐셜을 낮춘다. 뿌리 피층으로부터 물이 흘러들어와 물관액을 밀어 올리는 **뿌리압(root pressure)**을 만들어 낸다. 때때로 뿌리압은 증발된 것보다 더 많은 물이 잎에 들어가도록 하여 아침에 어떤 식물 잎의 끝이나 가장자리에서 물방울이 맺혀 있는 것을 볼 수 있는 **일액현상(guttation)**이 생기게 한다(그림 36.9). 일액현상에 의해 생긴 물방울은 대기 중의 수분이 응축된 이슬과는 혼동해서는 안 된다.

대부분의 식물에서 뿌리압은 기껏해야 물을 몇 미터 정도만 올려줄 수 있어 물관액 상승 힘의 주된 원인은 아니다. 생성된 양압은 너무 약해 특히 키가 큰 식물에서 물관 속에 들어 있는 물의 중력도 이기지 못한다. 많은 식물들은 뿌리압을 아예 만들지조차 못하거나 성장기의 일부 기간에만 만든다. 일액현상을 보이는 식물에서조차 뿌리압은 해가 뜨고 나면 증산작용의 속도를 따라가

▲ 그림 36.9 **일액현상.** 뿌리압으로 인해 딸기 잎에서 과잉의 물이 나오게 한다.

지 못한다. 대부분의 부위에서 물관액은 뿌리압에 의해 아래에서 밀어 올려지는 것이 아니라 위로 당겨지는 것이다.

물관액의 당김: 응집-장력 가설

우리가 본 것처럼 식물에 의한 용질의 능동수송에 의존하는 뿌리압은 물관액의 상승을 책임질 주된 요인이 아니다. 나무 위로 올라가는 물관액의 대부분은 세포의 대사작용과는 독립적인 것으로, 그러기 위해서 꼭 세포가 살아있어야 하는 것은 아니다. 1891년 에두아르트 슈트라스부르거(Eduard Strasburger)에 의해 증명된 것처럼 잎이 붙은 줄기를 구리황산염이나 산과 같은 독성 용액에 담그고 줄기를 용액의 표면 아래에서 자른다면 줄기는 이 독성 용액을 쉽게 빨아 올릴 것이다. 독성 용액이 올라감에 따라 통과하는 세포들을 죽이면서 결국에는 증산작용을 하는 잎에까지 도달하여 잎세포까지 죽이게 된다. 그럼에도 불구하고 슈트라스부르거가 말한 것처럼 몇 주 동안 계속 독성 용액이 올라가고 죽은 잎으로부터 물의 증발이 일어난다.

슈트라스부르거의 발견이 있고 몇 년 후인 1894년에는 두 아일랜드 과학자인 존 졸리(John Joly)와 헨리 딕슨(Henry Dixon)은 물관액의 상승을 설명할 수 있는 한발 더 나아간 가설을 주장하였다. 그들의 **응집-장력 가설(cohesion-tension hypothesis)**에 따르면 증산작용으로 물관액이 위로 당겨지고 물분자의 응집이 줄기에서 뿌리까지 전체 물관을 따라 이런 당김을 전달한다는 것이다. 그래서 물관액은 정상적으로 음압 또는 장력 하에 있다는 것이다. 증산작용이 "당김" 작용이기 때문에 응집-장력 기전에 의한 물관액의 상승에 대한 설명은 뿌리가 아니라 증산에 의한 당김의 힘이 시작되는 잎에서부터 시작되어야 한다.

증산작용의 당김 잎의 표면에 있는 기공들은 광합성에 필요한 이산화탄소를 엽육세포에 제공해 주는 내부 공기층의 미로와 연결된다. 이 공간의 공기는 세포의 습기찬 벽과 접촉하기 때문에 수증기로 포화된다. 잎 바깥쪽의 공기는 하루 중 대부분 더 건조하여 잎의 안쪽 공기보다 수분 포텐셜이 낮다. 그래서 잎의 공기층 수증기는 수분 포텐셜 기울기를 따라 확산되어 기공을 통해 잎 바깥으로 빠져나간다. 이런 물의 손실은 확산과 우리가 증산작용이라고 부르는 증발에 의해 일어난다.

그러나 어떻게 잎에서의 수증기 손실이 식물 꼭대기로 물을 끌어올리는 힘이 되는가? 물관부를 거쳐 물을 이동시키는 음압 포텐셜이 잎의 엽육세포벽 표면에서 발달한다(**그림 36.10**). 세포벽은 아주 가는 미세관으로 이루어진 그물망이다. 물은 셀룰로오스 미세섬유와 그 외의 다른 친수성 세포벽 성분에 달라붙는다. 물이 엽육세포의 세포벽을 덮는 수막으로부터 증발함에 따라 공기와 물의 접촉면은 세포벽 안으로 더 물러나게 된다. 물은 높은 표면장력을 갖기 때문에 접촉면이 휘어짐은 장력 또는 물의 음압 포텐셜을 유도한다. 물이 세포벽에서부터 증발함에 따라 물과 공기의 접촉면이 더 휘어지고 물의 음압은 높아진다. 그 다음에는 잎에서 수분이 더 많던 곳의 물이 이쪽으로 당겨지게 되며 장력을 줄이려고 한다. 이런 당기는 힘은 각 물분자가 수소결합으로 다른 물분자와 붙어 있기 때문에 물관부로 전달된다. 그래서 증

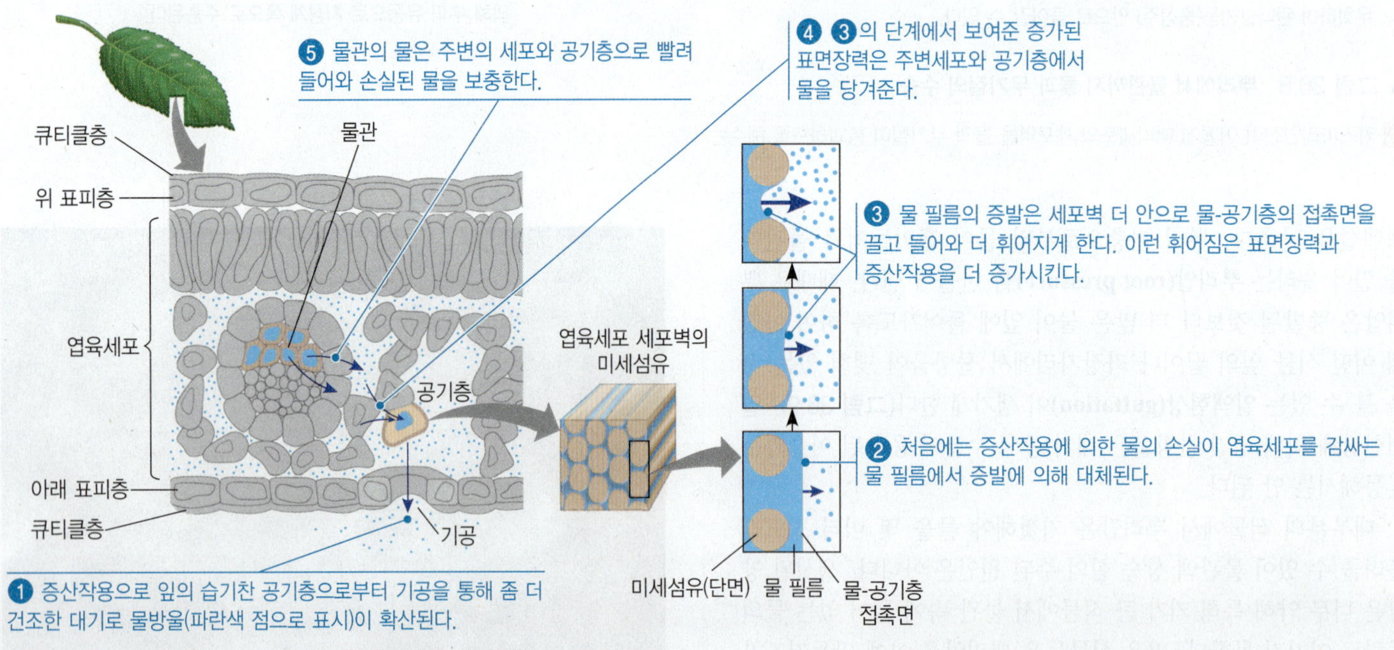

▲ **그림 36.10 증산작용에 의한 당기는 힘 발생.** 잎에서 물-공기의 접촉면에 생기는 음압(장력)은 물관에서 물을 끌어내는 증산작용에 의한 당김의 근원이 된다.

산작용에 의한 당김은 3장에서 논의하였던 물의 특별한 성질, 즉 부착성, 응집력, 표면장력과 관련이 있는 것이다.

음압 포텐셜(장력)이 수분 포텐셜을 낮추기 때문에 증산작용에서 음압(장력)의 역할은 수분 포텐셜 방정식과 일치한다. 물은 수분 포텐셜이 높은 곳에서 낮은 곳으로 이동하기 때문에 공기-물의 접촉면에서 증가하는 음압은 물관세포의 물이 엽육세포로 당겨지고, 그곳에서 공기층으로 물을 잃고 기공을 통해 확산되어 나가게 한다. 이런 방식으로 잎의 음성 수분 포텐셜이 증산작용의 당김에서 "당기는 힘"을 제공하는 것이다. 물관액의 증산작용에 의한 당김은 잎에서 어린 뿌리까지 심지어는 토양액까지 전체에 걸쳐 전달된다**(그림 36.11)**.

물관액의 상승에서 부착과 응집 부착과 응집은 부피 유동에 의한 물의 수송을 도와준다. 부착은 물분자와 다른 극성 물질 사이에 끌어당기는 힘이다. 물과 셀룰로오스는 둘 다 극성 물질이기 때문에 물관 세포벽에서 물분자와 셀룰로오스 분자 사이에 강한 끌어당김이 있다. 응집은 동일한 분자끼리 당기는 힘이다. 물은 각 물분자가 다른 물분자와 잠재적으로 만드는 수소결합에 의해 특별히 강한 응집력을 갖는다. 물관에서 물의 응집력은 같은 직경의 쇠줄과 거의 동일한 장력을 갖는다. 물의 응집 때문에 물분자가 떨어지지 않고 위에서부터 물관액을 통채로 당기는 것이 가능하다. 잎의 물관부에 있는 물분자는 주변의 물분자를 세게 끌어당기고 그런 당김이 분자에서 분자로 연결되어 물관부의 아래 물 전체에 작용한다. 그러는 동안 물분자가 수소결합에 의해 물관세포의 친수성 벽에 강하게 부착하여 아래로 가려는 중력의 힘을 상쇄시킨다.

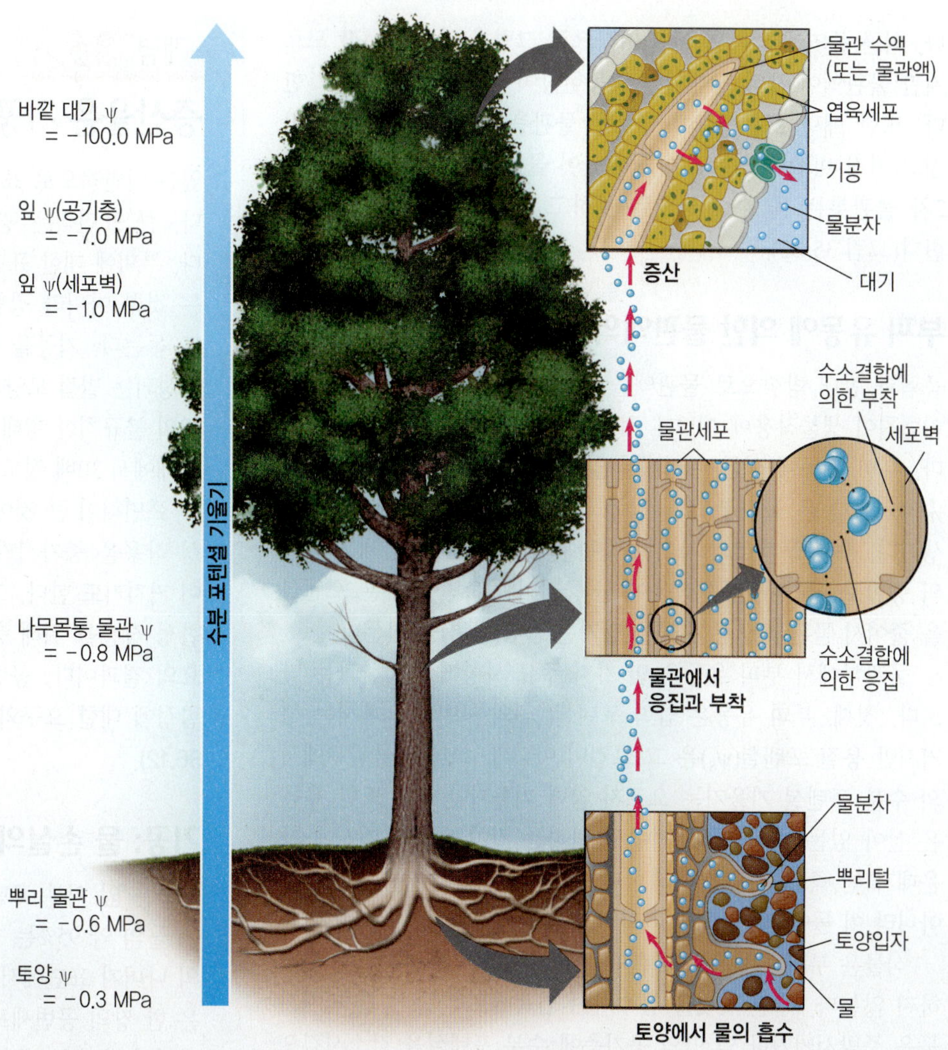

▲ **그림 36.11 물관액의 상승.** 수소결합은 잎에서부터 토양까지 연결되는 끊어지지 않은 물분자의 연쇄를 형성한다. 물관액의 상승 운반을 주도하는 힘은 수분 포텐셜(ψ)의 기울기이다. 장거리 부피 유동에서 ψ의 기울기는 주로 압력 포텐셜(ψ_p)이다. 증산작용으로 인해 물관의 잎 끝에서 ψ_p가 뿌리 끝의 ψ_p보다 낮아지게 된다. 잎에서의 ψ값은 "스냅샷(금방 변함)"이다. 낮 동안 이런 ψ 값이 달라질 수는 있지만 ψ 기울기의 방향은 동일하게 유지된다.

물관액을 위로 당기는 힘은 탄력 있는 관 같은 물관요소와 헛물관 안에서 장력을 발생시킨다. 양압이 탄력 있는 관을 부풀게 하지만 반대로 장력은 관의 벽을 안으로 끌어당길 것이다. 따뜻한 날에는 나무 지름이 줄어든다. 증산작용의 당기는 힘이 물관요소와 헛물관에 장력을 가할 때 마치 철사링이 진공청소기 호스의 모양을 유지시키는 것만큼 두꺼운 두 번째 벽이 물관이 붕괴되는 것을 막아준다. 증산작용의 당김에 의한 장력은 물이 토양으로부터 수동적으로 흘러 뿌리 피층을 지나 관다발기둥으로 들어갈 수 있는 정도로 뿌리 물관의 수분 포텐셜을 낮추어 준다.

증산작용의 당김은 끊김이 없는 물분자의 연쇄를 통해서만 뿌리까지 내려갈 수 있다. 그러나 수증기 주머니가 형성되는 공동현상 때문에 그 연쇄가 끊어지기도 한다. 이 현상은 헛물관보다는 넓은 물관요소에서 더 자주 일어나며 가뭄 스트레스를 받거나 겨울에 물관액이 얼 때 생길 수 있다. 공동현상에 의해 생기는 공기 방울은 커져서 물관 속 수로를 끊는다. 빠른 속도로 공기 방울이 커지면 소리가 나서 감도가 좋은 청진기를 나무 줄기의 표면에 대면 그 소리를 들을 수 있다.

공동현상에 의한 물관액 수송의 방해는 항상 영구적인 것이 아니다. 물분자의 연쇄는 근처의 헛물관 또는 물관요소 사이의 구멍을 통해 공기 방울을 우회할 수 있다(그림 35.10). 더욱이 작은 식물에서는 뿌리압이 끊어진 물관요소에 물을 보충할 수도 있다. 최근 증거에 의하면 어떤 기작으로 그렇게 되는지는 잘 모르지만 물관액이 음압 상태이면 공동현상이 고쳐지기도 한다고 한다. 또한 매년 2차 생장이 새로운 물관층을 더하게 된다. 가장 젊고 가장 바깥에 있는 2차 물관만이 물을 수송한다. 더 오래된 2차 물관부는 물 수송 역할은 못하고 나무를 지탱하는 역할을 한다(그림 35.22).

부피 유동에 의한 물관액의 상승: 요약

중력과 반대 방향으로 물관액을 수송하는 응집-장력 기작은 물리법칙이 생물작용에 어떻게 적용되는지 보여주는 좋은 예가 된다. 부피 유동에 의한 뿌리에서 잎까지의 물의 장거리 수송에서 수액의 이동은 물관부 조직 양쪽 끝의 수분 포텐셜 차이에 의해 생긴다. 수분 포텐셜의 차이는 물관부의 잎 끝에서 잎 세포의 물의 증발로 생긴다. 증산작용이 물-공기의 접촉면에 수분 포텐셜을 줄여서 물관부를 통해 물을 당기는 음압(장력)을 만든다.

물관부에서 부피 유동은 몇 가지 주요 사항에서 확산과는 다르다. 첫째, 부피 유동은 압력 포텐셜(ψ_P)의 차이에 의해서는 생기지만 용질 포텐셜(ψ_S)은 그 요인이 아니다. 그래서 물관부에서의 수분 포텐셜 기울기는 오로지 압력 기울기만이다. 또한 유동은 살아 있는 세포의 세포막을 통과하는 것이 아니라 대신에 가운데가 빈 죽은 세포를 통과한다. 더욱이 단지 물이나 용질만이 아니라 이 둘이 함께, 그리고 확산보다 훨씬 많은 양이 이동한다.

식물은 부피 유동으로 물관액을 끌어올리는 데 에너지를 소비하지 않는다. 대신 햇빛을 흡수하여 엽육세포의 습기 찬 벽에서 물을 증발시키거나 잎 안의 공기층에 수분 포텐셜을 감소시킴으로써 대부분의 증산작용이 일어나게 한다. 그래서 물관액 상승의 동력은 광합성 과정처럼 결국 태양에너지라 할 수 있다.

개념 확인 문제 36.3

1. 물관세포가 어떻게 장거리 수송을 돕는가?
2. 원예가들은 *Zinnia* 꽃을 아침에 자르면 작은 물방울이 잘려진 밑동에 맺히게 된다는 것을 발견하였다. 그러나 정오경에 자르면 물방울을 볼 수 없다. 그 이유를 설명하라.
3. 한 과학자가 증산작용을 하는 식물의 뿌리에 수용성 광합성 저해제를 주었는데 광합성 작용이 줄지 않았다. 왜 그런가?
4. WHAT IF? 정상적인 아쿠아포린이 결손된 애기장대 돌연변이가 야생종보다 세 배나 큰 뿌리 질량을 가지고 있다. 그 이유를 설명하라.
5. MAKE CONNECTIONS 카스파리안선과 밀착연접은 어떤 면에서 서로 비슷한가(그림 7.30)?

정답은 부록 A 참조

개념 36.4

증산율은 기공에 의해 조절된다

잎은 일반적으로 표면적이 크고 부피에 대한 표면적의 비율도 높다. 큰 표면적은 광합성 작용에 필요한 빛의 흡수를 증가시킨다. 부피에 대한 표면적의 비율이 큰 것은 광합성 동안 CO_2를 얻는 것뿐 아니라 광합성의 부산물로 생기는 산소를 방출하는 것도 돕는다. 기공을 통해 확산된 CO_2는 푹신한 엽육세포에 의해 형성되는 벌집 모양의 공기층으로 들어간다(그림 35.18). 이들 세포의 불규칙한 형태 때문에 잎의 내부 표면적은 외부 표면적보다 10배에서 30배 정도까지 더 크다.

표면적이 큰 것이나 부피에 대한 표면적 비율이 큰 것은 광합성 작용을 증가시키기는 하여도 동시에 기공을 통한 물의 손실이 커지기도 한다. 그래서 식물에 많은 양의 물이 필요한 것은 광합성 작용을 위해 충분한 CO_2와 O_2 교환하기 위한 지상계의 필요의 결과이다. 공변세포는 기공을 열고 닫음으로써 식물의 광합성에 대한 요구와 물 보존 요구 사이의 균형을 유지한다(그림 36.12).

기공: 물 손실의 주요 통로

기공은 잎 외부 표면적의 1~2%밖에 안 되지만 식물이 잃어버리는 물의 약 95%는 기공을 통해서 빠져나간다. 왁스 큐티클은 잎의 나머지 표면에서는 물의 손실이 일어나지 않게 한다. 각 기공은 한 쌍의 공변세포에 의해 둘러싸여 있다. 공변세포는 두 세포 사이의 간격을 넓히거나 줄이는 형태 변형으로 기공의 지름을 조절한다. 같은 환경 조건에서 잎의 물 손실량은 주로 기공의 수와 평균 크기에 따라 결정된다.

잎 하나에 2만 개/cm^2 정도인 기공의 밀도는 유전적 요인과 환경적 요인에 의해 조절을 받는다. 예를 들면, 자연선택에 의한 진화의 결과로 사막식물은 습지식물보다 기공의 밀도가 더 낮도

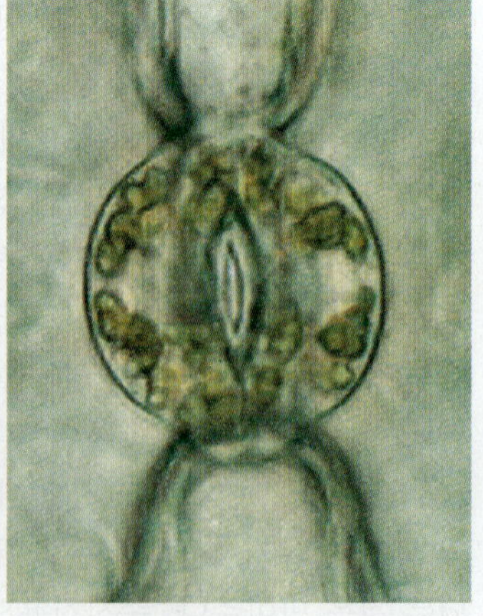

▲ 그림 36.12 열린 기공(왼쪽)과 닫힌 기공(오른쪽)

록 유전적으로 정해져 있다. 그러나 기공의 밀도는 여러 식물에서 발생 과정에 따라 유동적이다. 식물의 발생 동안 강한 빛에 노출되고 이산화탄소량이 적으면 여러 식물종에서 기공의 밀도를 증가시키는 경향이 있다. 과학자들은 잎의 화석에서 기공의 밀도를 측정하여 과거의 대기 중 이산화탄소량에 대해 추정할 수 있었다. 최근 영국의 조사에 의하면 유사한 조사가 있었던 1927년 이후에 많은 삼림 수목의 기공이 감소하였다고 한다. 이런 관찰 결과는 대기 중 이산화탄소량이 20세기 후반에 엄청나게 증가하였다는 다른 연구 결과와 일치한다.

기공 개폐의 기작

공변세포는 삼투현상으로 주변 세포에서 물을 빨아들일 때 더 부풀게 된다. 대부분의 속씨식물에서 공변세포의 세포벽은 두께가 일정하지 않으며 공변세포가 부풀었을 때 바깥쪽으로 휘어지도록 셀룰로오스 미세섬유가 배열되어 있다(**그림 36.13a**). 이렇게 바깥쪽으로 휘는 것이 공변세포 사이의 구멍을 크게 만든다. 공변세포가 물을 잃고 흐물흐물해지면 휨이 줄어들고 기공은 닫히게 된다.

공변세포의 팽압 변화는 주로 공변세포가 가역적으로 K^+를 흡수하거나 배출함으로써 생긴다. 공변세포가 주변 표피세포로부터 K^+를 능동적으로 축적할 때 기공이 열린다(**그림 36.13b**). K^+가 공변세포의 원형질막을 통과하는 것과 양성자 펌프에 의한 막전위의 생성은 함께 일어난다(그림 36.6a). 기공이 열리는 것과 공변세포 바깥으로 양성자를 능동수송하는 것도 연관이 있다. 결과적으로 생성된 전압(막전위)은 특이적 막 통로를 통해 K^+이 세포 안으로 들어가게 한다. K^+를 흡수하는 것은 수분 포텐셜이 공변세포 내에서 더 큰 음의 값이 되게 하여 세포는 삼투현상에 의해 물이 더 들어오는 만큼 부풀어 오른다. 대부분의 K^+과 물은 액포에 저장되므로, 액포막도 공변세포의 변화를 조정하는 역할을 하게 된다. 기공 닫기는 공변세포에서 주변세포로 K^+가 빠져나가서 삼투현상으로 인한 물의 손실이 유도되어 생긴다. 아쿠아포린도 삼투에 의한 공변세포의 부풀기와 쭈그러들기의 조절을 돕는다.

기공 개폐의 자극

일반적으로 기공은 낮에는 열리고 밤에는 주로 닫혀서 식물이 광합성 작용을 할 수 없을 때는 물의 손실을 막아준다. 새벽에 기공이 열리는 데는 최소한 세 개의 시작신호가 있는데 빛, CO_2 고갈, 그리고 공변세포 안의 "생체시계"이다.

빛은 공변세포를 자극하여 K^+를 축적하게 하여 부풀게 한다. 공변세포의 세포막에 있는 청색광 수용체가 빛을 받으면 이런 반응이 시작된다. 이런 수용체의 활성화는 공변세포의 원형질막에 있는 양성자 펌프 활성을 자극하여 K^+이 흡수되게 한다.

세포가 팽팽함/기공이 열림

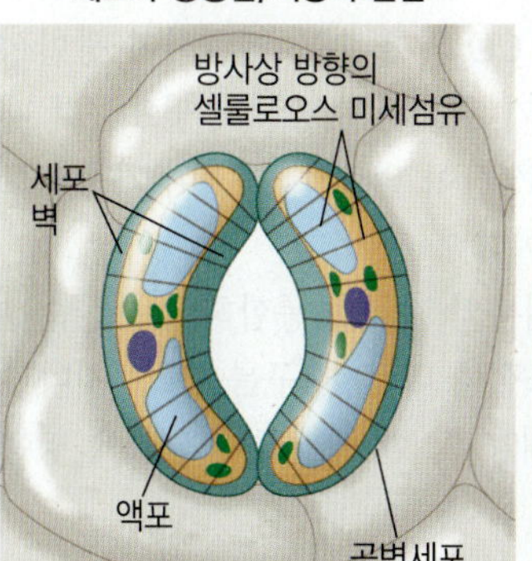

세포가 흐늘흐늘/기공이 닫힘

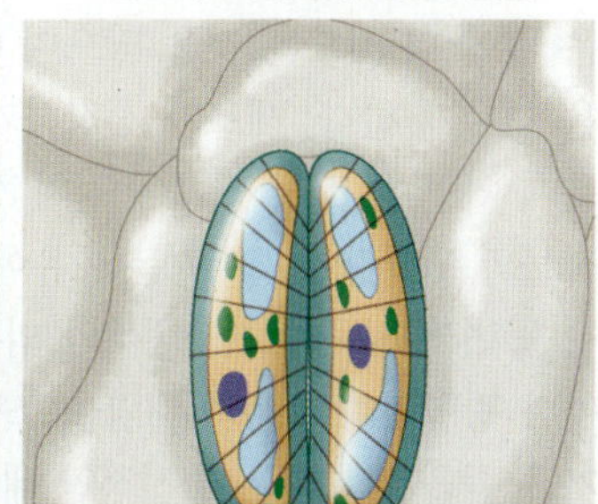

(a) **공변세포 모양의 변화와 기공의 개폐(겉모습).** 전형적인 속씨식물의 공변세포에는 팽팽한 모습(기공이 열림)과 흐늘흐늘한 모습(기공이 닫힘)이 있다. 세포벽 셀룰로오스 미세섬유의 방사상 배열 방향은 기공세포에서 팽압이 증가함에 따라 세포가 넓이보다는 길이가 더 늘어나게 해 준다. 2개의 공변세포는 끝이 서로 붙어서 길이가 증가하면 휘게 되는 것이다.

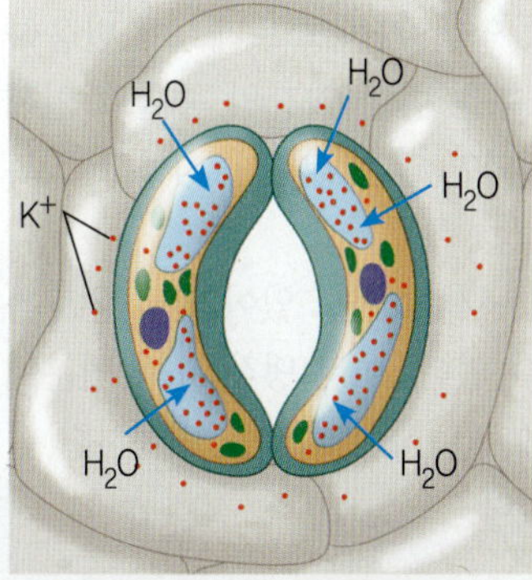

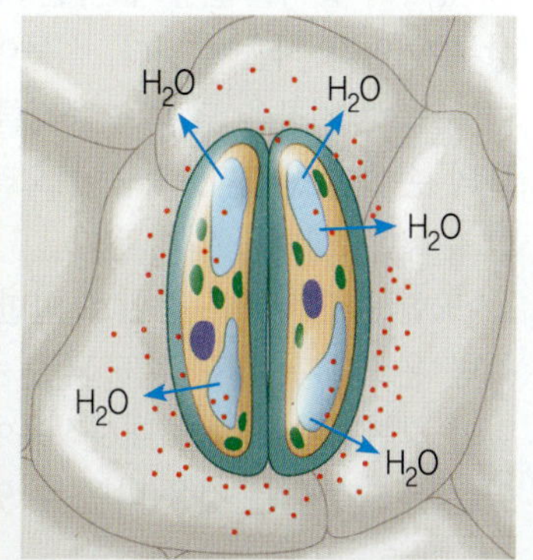

(b) **기공의 개폐에서 포타슘이온(K^+)의 역할.** 세포막과 액포막을 가로지르는 K^+(여기서 빨간색 점으로 표시함)의 이동은 공변세포의 팽압을 변화시킨다. 말산이나 염소 이온 같은 음이온(그림에는 없음)의 흡수도 공변세포가 부풀어 오르게 하는 데 역할을 한다.

▲ **그림 36.13 기공 개폐의 기작**

또 광합성의 결과로 잎의 공기층에 CO_2가 고갈되는 것에 반응하여 기공이 열린다. 낮 동안에는 CO_2 농도가 감소함에 따라 충분한 물이 잎에 공급된다면 점진적으로 기공을 연다.

공변세포 안의 "생체시계"인 세 번째 신호는 일주기 리듬에 따라 기공이 개폐를 계속되게 한다. 이 리듬은 식물이 어두운 곳에 있을 때만 일어난다. 모든 진핵생물은 주기적 생체현상을 제어하는 내부 생체시계를 갖고 있다. 대략 24시간의 간격을 갖는 주기를 **일주기성 리듬(circadian rhythms)**이라고 한다(39장에서 좀 더 배우게 될 것이다).

가뭄이나 고온, 그리고 바람 같은 환경 스트레스도 낮 동안에 기공이 닫혀 있게 할 수 있다. 식물이 물 부족을 겪게 되면 공변세포가 팽압을 잃고 기공을 닫는다. 더욱이 뿌리와 잎에서 물 결핍에 반응하여 생성되는 **앱시스산(abscisic acid, ABA)**이라는 호르몬은 공변세포가 기공을 닫도록 하는 신호가 된다. 이런 반응은 잎이 더 시드는 것을 막으며 CO_2의 흡수를 제한하여 광합성을 늦추게 한다. 세포가 신장하기 위해서는 팽압이 필요하기 때문에 이럴 때 식물 전체에 걸쳐 성장이 멈춘다. 이것이 가뭄으로 작물의 수확량이 떨어지는 이유이다.

공변세포는 다양한 내부와 외부의 자극을 통합하여 순간순간마다 광합성과 호흡의 대립을 조절해 나간다. 구름 한 점 지나가거나 숲을 관통하는 일시적인 태양 빛 한 줄기도 증산율에 영향을 줄 수 있다.

시들기와 잎의 온도에 대한 증산작용의 효과

맑고 따뜻하며 건조하고 바람이 부는 날은 이런 환경적 요인으로 인해 증발이 늘어나므로 대부분의 기공이 열린 채로 있는 동안 증산작용이 가장 많이 일어난다. 증산작용이 충분한 양의 물을 잎까지 끌어올릴 수 없다면 세포가 팽압을 잃게 됨에 따라 지상부가 약간 시들게 된다. 식물이 약한 가뭄 스트레스에 반응하여 급속히 기공을 닫아도 큐티클층을 통한 약간의 증발로 인해 물의 손실이 생긴다. 가뭄이 오래되면 잎은 심하게 시들고 회복할 수 없는 상처를 입게 된다.

또한 증산작용은 증발로 인한 냉각 효과도 있어 잎의 온도를 주변 온도보다 10℃ 정도 낮출 수 있다. 이런 냉각 효과 덕분에 잎이 광합성이나 다른 대사작용에 관여하는 효소를 변성시킬 수 있는 온도가 되는 것을 막을 수 있다.

증발에 의한 물의 손실을 줄이는 적응

가용할 수 있는 물의 양은 식물의 생산성과 직결된다. 그 주된 이유는 물이 기질로 광합성에 직접 연관되어서라기보다는 가용할 수 있는 자유 물이 식물에게 기공을 열어 좀 더 CO_2를 받아들일 수 있게 해주기 때문이다. 물의 손실을 줄이는 문제는 사막의 식물에게 더 절박하다. 황무지 환경에 적응한 식물을 **건생식물(xerophytes**; 그리스어로 *xero*는 '건조'란 의미)이라고 한다.

많은 사막종의 식물들은 얼마 안 되는 우기 동안 짧은 생주기를 마침으로써 마르는 것을 피할 수 있다. 사막에서는 비가 거의 오지 않기 때문에 일단 비가 오면 식생이 변하여 일년살이 식물의 잠자고 있던 씨가 발아를 하고 꽃을 피워서 건기가 다시 오기 전에 생주기를 완성한다.

다른 어떤 건생식물은 특이한 생리적 또는 형태적 적응을 하여 거친 사막의 조건에서도 견뎌낼 수 있다. 많은 건생식물들은 장기간의 건기 동안 사용할 물을 저장하기 때문에 줄기가 두툼하다. 선인장은 과다한 물의 손실을 막기 위해 잎을 최소화하여 광합성은 주로 줄기에서 일어난다. 황무지에서 흔히 발견되는 또 다른 적응은 많은 돌나물(Crassulaceae)과와 유사 식물과에서 발견된 광합성의 특별한 형태인 CAM(crassulacean acid metabolism)이 있다(그림 11.21). CAM 식물의 잎은 밤 동안에 CO_2를 얻기 때문에 증발 스트레스가 가장 심한 낮 동안에는 기공을 닫은 채로 있다. 또 하나의 건생식물의 적응 예는 **그림 36.14**에 나와 있다.

개념 확인 문제 36.4

1. 기공의 개폐를 조절하는 자극은 무엇인가?
2. 병원성 곰팡이인 *Fusicoccum amygdali*는 식물 세포막의 양성자 펌프를 활성화시켜 무절제한 물의 손실이 생기게 하는 독성물질인 푸지코신(fusicoccin)을 분비한다. 어떻게 양성자 펌프의 활성화가 식물을 심각하게 시들게 하는지 말해 보아라.
3. WHAT IF? 잘려진 꽃을 사면 원예사가 왜 줄기를 물 아래에서 자르고, 잘려진 끝에 습기가 있는 채로 화병으로 옮기라고 하는지 그 이유는 무엇일까?
4. MAKE CONNECTIONS 잎에서의 물의 증발이 잎의 온도를 왜 낮출 수 있는지 설명하여 보자(개념 3.2).

정답은 부록 A 참조

개념 36.5

당은 체관을 통해 공급원으로부터 수용원으로 수송된다

여러분은 어떻게 물과 무기질이 뿌리세포에서 흡수되어 내피를 통해 수송되고 물관부의 물관요소와 헛물관으로 방출되어 증산작용에 의한 부피 유동에 의해 식물 꼭대기까지 옮겨지는지 읽었을 것이다. 그러나 증산작용만으로는 식물의 모든 장거리 수송이 필요한 곳을 충족시키지는 못한다. 토양에서 뿌리 그리고 잎으로의 물과 무기질이 이동하는 방향은, 주로 성숙한 잎에서 식물의 아래쪽, 즉 에너지와 성장을 위해 상당량의 당이 필요한 뿌리 끝 같은 곳으로 당을 수송하는 방향과는 반대이다. **운반(translocation)**이라고도 알려진 광합성 산물의 수송은 또 다른 조직인 체관부에서 담당한다.

당 공급원에서 당 수용원으로 이동

속씨식물에서 체관요소는 운반을 위한 수로의 기능을 하도록 특화된 세포다. 이들은 끝과 끝이 이어져 배열되어 있어 긴 체관을 형성한다(그림 35.10). 이런 세포 사이에는 체관을 따라 체관액이 흐를 수 있게 하는 구조로 된 체판이 있다.

체관액(phloem sap)은 헛물관과 물관요소에 의해 수송되는 물관액과는 완전히 다른, 체관을 통해 흐르는 수용액이다. 지금까지 체관액의 가장 주요 용질은 당으로 대부분의 식물종에서 이당류인 설탕이다. 설탕 농도는 무게로 보면 30% 정도나 되어 체관액은 시럽처럼 걸쭉하다. 체관액에는 그 밖에도 무기질과 아미

▶ 오코틸로(*Fouquieria splendens*)라는 식물은 미국 남서부와 멕시코 북부에서 흔하게 발견된다. 이 식물은 일 년 중 대부분 잎이 없이 지내면서 지나친 물의 손실을 피한다(오른쪽 그림). 그러나 큰 비가 온 직후 작은 잎을 만든다(아래 그림). 다시 땅이 마르면 잎은 재빠르게 시들고 죽어 버린다.

▼ 작은 그림에 있는 서양협죽도는 매우 건조한 기후에서 일반적으로 발견할 수 있다. 잎은 두꺼운 큐티클층과 여러 겹의 표피조직을 가지고 있어 물의 손실을 막아 준다. 기공은 무덥고 건조한 바람으로부터 기공을 보호받을 수 있도록 '토굴'이라 부르는 후미진 곳에 숨겨져 있어 증산율을 줄이도록 적응되었다. 모상체("털")도 공기의 흐름을 방해하여 증산작용을 최소화하는 것을 도와 후미진 곳의 공간이 주변 대기보다 높은 습도를 유지할 수 있게 한다.

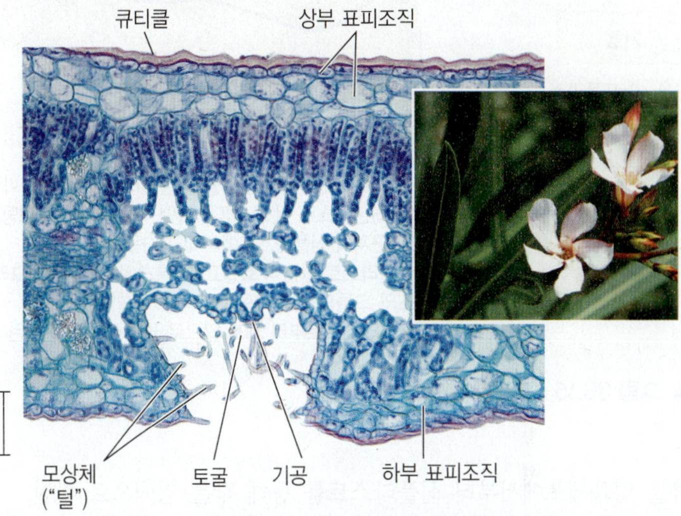

▶ 아프리카 원산지인 바오밥 나무(*Adansonia digitata*)는 세네갈의 반디아 보존지역 근처에서 자라는 것을 볼 수 있다. 크고 즙이 많은 몸통은 70% 이상이 물이고 폭신한 섬유성의 껍질은 불에 잘 견디며 짧은 우기 동안에도 물을 충분히 저장할 수 있게 한다. 반짝거리는 껍질은 빛과 열을 반사하여 바오밥 나무가 시원한 상태를 유지할 수 있게 한다. 또한 코끼리 같은 초식동물이 잎에 다가오는 것을 막을 수 있다. 건기에는 잎이 떨어져서 가뭄 스트레스를 피할 수 있다.

▲ **그림 36.14 건생식물의 적응 몇 가지**

노산, 그리고 호르몬도 들어 있다.

물관액이 뿌리에서 잎으로 향한 한 방향으로 수송되는 것과는 다르게 체관액의 이동 방향은 당을 생산하는 곳에서 사용 또는 저장하는 곳으로 이동한다(그림 36.2). **당 공급원(sugar source)**은 광합성 또는 녹말 분해작용으로 당의 순생산이 일어나는 식물의 기관이다. **당 수용원(sugar sink)**은 결과적으로 당이 소모되거나 저장되는 기관이다. 성장하고 있는 뿌리, 눈, 줄기, 열매는 당의 수용원이다. 자라고 있는 잎도 당의 수용원이지만 다 성장한 잎은 충분한 빛을 받으면 당 공급원이 된다. 덩이줄기나 알뿌리 같은 저장기관은 계절에 따라 당의 공급원도 당의 수용원도 될 수 있다. 이들은 여름에 탄수화물을 저장할 때는 당의 수용원이다. 봄에 동면에서 깨어난 후에는 당의 공급원으로 녹말을 당으로 쪼개어 식물의 자라나고 있는 지상부로 옮긴다.

당의 수용원은 일반적으로 가장 가까운 공급원에서 당을 받는다. 가지 맨 위의 잎은 생장하고 있는 줄기 생장점에 당을 보내는 반면 아래쪽에 있는 잎은 당을 뿌리로 보낸다. 자라고 있는 열매는 그 주변의 당 공급원을 독점한다. 각 체관에서 수송의 방향은 그 체관에 연결된 공급원과 수용원의 위치에 따라 정해진다. 그래서 이웃하는 관들이라 하여도 다른 장소에서 시작되고 다른 곳에서 끝난다면 서로 반대 방향으로 체관액을 수송할 수도 있다.

당은 수용원까지 가기 위해 먼저 체관요소 속으로 옮겨져 실려야 한다. 어떤 식물종에서는 당이 엽육세포에서부터 원형질연락사를 통과하며 심플라스트를 거쳐 체관요소로 간다. 그러나 또 다른 종에서는 심플라스트와 아포플라스트 경로 둘 다로 이동할 수 있다. 예를 들어, 옥수수 잎에서 설탕은 광합성 작용을

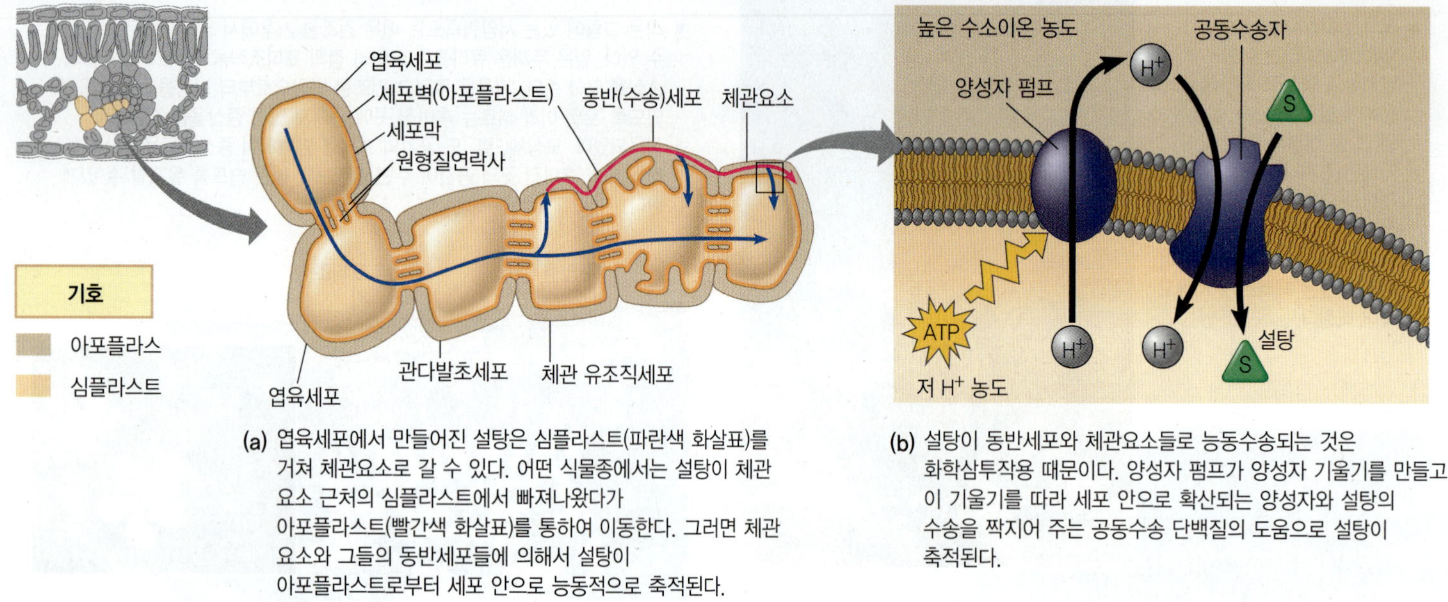

(a) 엽육세포에서 만들어진 설탕은 심플라스트(파란색 화살표)를 거쳐 체관요소로 갈 수 있다. 어떤 식물종에서는 설탕이 체관요소 근처의 심플라스트에서 빠져나왔다가 아포플라스트(빨간색 화살표)를 통하여 이동한다. 그러면 체관요소와 그들의 동반세포들에 의해서 설탕이 아포플라스트로부터 세포 안으로 능동적으로 축적된다.

(b) 설탕이 동반세포와 체관요소들로 능동수송되는 것은 화학삼투작용 때문이다. 양성자 펌프가 양성자 기울기를 만들고 이 기울기를 따라 세포 안으로 확산되는 양성자와 설탕의 수송을 짝지어 주는 공동수송 단백질의 도움으로 설탕이 축적된다.

▲ 그림 36.15 **체관에 설탕을 실어 놓음**

하는 엽육세포에서부터 심플라스트를 통해 작은 엽맥으로 확산된다. 그때 많은 설탕이 아포플라스트로 들어가 직접 또는 동반세포를 거쳐 근처의 체관요소에 축적된다(그림 36.15a). 어떤 식물에서는 동반세포가 세포벽이 안으로 돌출된 부분이 많아 아포플라스트와 심플라스트 사이의 용질 이동을 증가시킨다.

많은 식물에서 엽육세포보다 체관요소나 동반세포의 설탕 농도가 더 높기 때문에 체관으로 설탕이 이동하려면 능동수송이 필요하다. 양성자 펌프의 활동과 H^+/설탕의 공동수송에 의해 엽육세포에서 체관요소나 동반세포까지 설탕이 이동할 수 있다.(그림 36.15b).

설탕은 체관부의 끝 수용원에 내려진다. 이 과정은 식물의 종이나 기관에 따라 다양하다. 그러나 수용원에 운반된 당은 수용원 세포의 성장이나 대사작용 동안 쓰이거나 녹말과 같은 물에 녹지 않는 다당류로 전환되기 때문에 수용원에서 자유 당 농도는 항상 체관보다 더 낮다. 이와 같은 당 농도기울기의 결과로 당분자는 체관에서 수용원으로 확산되고 삼투현상에 의해 물이 그 뒤를 따른다.

양압에 의한 부피 유동: 속씨식물에서 운반의 기작

체관액은 공급원에서 수용원으로 시간당 1 m 정도의 속도로 흐르는데 이 속도는 확산이나 세포질 유동보다 훨씬 빠르다. 연구자들은 체관액이 압력 흐름(pressure flow)으로 알려진 양압에 의해 생긴 부피 유동으로 속씨식물의 체관요소를 통과하여 이동한다고 결론지었다(그림 36.16). 공급원에는 압력이 생기고 수용원에는 압력이 줄어들어 공급원에서 수용원으로 액이 흐르게 되는 것이다.

압류설은 왜 체관액이 언제나 공급원에서 수용원으로 흐르는지를 설명해준다. 또한 여러 실험들이 속씨식물에서 압류(압력의 흐름)가 운반의 기작임을 잘 보여주고 있다(그림 36.17). 그러나 전자현미경 연구에 의하면 꽃이 피지 않는 관다발식물에서 체관

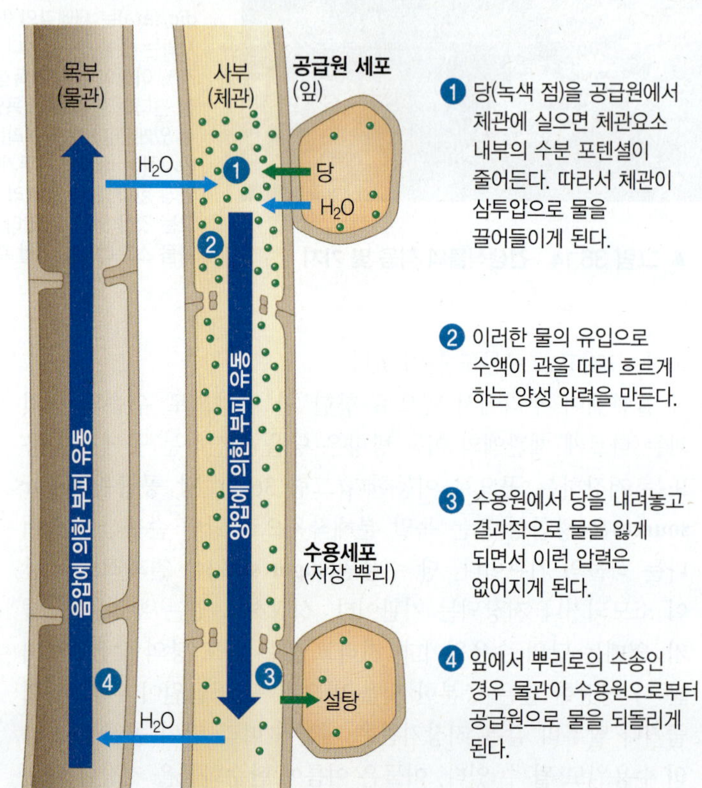

▲ 그림 36.16 **체관에서 양압(압력 흐름)에 의한 부피유동**

▼ 그림 36.17 **탐구**

수용원보다 공급원 근처의 체관액에는 당이 더 많은가?

실험 압류설에 따르면 공급원 근처의 체관액은 수용원 근처의 체관액보다 당의 양이 더 많아야만 한다고 예상할 수 있다. 이런 가설을 증명하기 위하여 연구자들은 체관액을 먹고 사는 진딧물을 이용하였다. 진딧물은 체관요소를 뚫는 침이라고 부르기도 하는 바늘 같은 부분을 가지고 있다. 체관요소의 압력은 체관액을 침 안으로 밀어 넣을 수 있기 때문에 연구자들이 진딧물에서 분리한 침을 여러 시간 동안 수액을 유출시키는 수도꼭지로 사용할 수 있었다. 연구자들은 공급원과 수용원 사이의 여러 지점에서 침으로부터 수액을 받아 당의 농도를 분석하였다.

진딧물 먹이 섭취

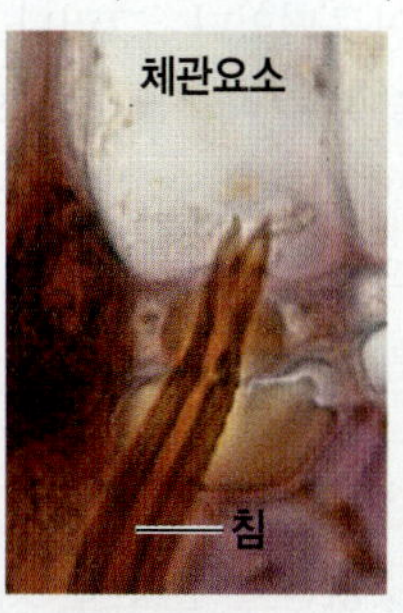

체관요소에 박힌 진딧물의 침

수액을 방출하는 분리된 침

결과 침이 당의 공급원 가까이에 있을수록 당의 농도가 더 높다.

결론 이런 실험 결과는 당 농도가 당 공급원에 가까울수록 더 높다는 압류설을 뒷받침한다.

참고문헌 S. Rogers and A. J. Peel, Some evidence for the existence of tugor pressure in the sieve tubes of willow (*Salix*), *Planta* 126, no. 3:259–267 (1975).

WHAT IF? 침밭기곤충(*Clasirptora* sp.)은 강한 근육을 사용하여 자기의 장을 통해 물관액을 펌프질하는 물관액 섭식자이다. 당신은 침밭기곤충에서 잘라낸 침으로 물관액을 분리할 수 있는가?

세포 사이의 구멍이 너무 작거나 막혀 있어서 압력의 흐름이 생길 수 없을 것 같다고 한다.

수용원은 당을 내리는 데 필요한 에너지나 능력에 따라 다양하다. 때로는 공급원에 의해 지원될 수 있는 것보다 더 많은 수용원이 있다. 그런 경우 식물은 자기솎음(self-thinning)이라 부르는 현상으로 꽃, 씨, 또는 열매를 없애 버린다. 수용원을 없애는 것은 농업적인 측면에서도 유용하다. 예를 들어, 큰 사과는 작은 것보다 가격이 비싸게 팔리게 때문에 과수원 주인은 꽃이나 작은 열매를 따버려서 사과나무에서 수는 적지만 더 큰 사과가 열리게 한다.

개념 확인 문제 36.5

1. 장거리로 체관액을 이동시키는 힘과 물관액을 이동시키는 힘의 공통점과 상이점은 무엇인가?
2. 식물의 기관에서 당 공급원인 기관, 당 수용원인 기관, 그리고 둘 다 일 수 있는 기관을 구분해 보라. 그 이유를 설명하라.
3. 왜 물관은 죽은 세포를 이용하여 물과 무기질을 수송하고 체관은 살아 있는 세포를 활용하는가?
4. **WHAT IF?** 일본에서 사과를 기르는 농부가 가끔 성장시절이 지난 후 없애기로 된 사과나무의 아래쪽 둘레를 따라 나선 모양으로 베어서 흠을 낸다. 그러면 사과가 더 달아진다고 한다. 왜 그런가?

정답은 부록 A 참조

개념 36.6

심플라스트는 매우 역동적이다

우리는 관을 통한 용액의 흐름처럼 대부분의 물리적인 용어로 식물에서의 수송에 대하여 설명하였지만 사실 식물의 수송은 발생과정에 따라 변화하는 역동적이고 세밀하게 조율된 작용이다. 예를 들어, 잎은 당의 수용원으로 시작하지만 대부분의 생애 동안 당의 공급원으로 지낸다. 또한 환경의 변화는 식물 수송 작용에서 놀라운 반응들을 일으킨다. 물 스트레스는 물과 무기질의 전체 수송을 관장하는 세포막 수송 단백질을 크게 변형시키는 신호전달 기작을 활성화한다. 심플라스트는 살아 있는 조직이므로 식물 수송 과정에서 역동적인 변화를 감당할 수 있다. 우리는 여기서 원형질연락사, 화학적 신호, 그리고 전기적 신호의 변화 같은 또 다른 종류의 변화의 예를 보게 될 것이다.

원형질연락사의 수와 구멍 크기에서의 변화

생물학자들은 전에는 전자현미경 관찰로 정지된 이미지로만 보았기 때문에 원형질연락사를 변화하지 않는 다공구조로 생각하였다. 그러나 최근 연구로 원형질연락사는 매우 역동적인 구조라는 것을 알게 되었다. 그들은 팽압이나, 세포질 칼슘량, 또는 세포질 pH의 변화에 따라 매우 빠르게 열리거나 닫힐 수 있다. 그들은 세포질분열 과정에서 형성되지만 훨씬 나중에 형성될 수도 있다. 더욱이 분화 동안에 기능을 잃어버리는 것도 흔한 일이다. 예를 들면 잎이 수용원에서 공급원으로 성숙되어감에 따라 잎의 원형질연락사는 닫히거나 제거되어 체관에서 당이 내려오는 것을 멈추게 한다.

식물생리학자와 병리학자의 초기 연구에서는 원형질연락사의 구멍 크기에 대하여 서로 다른 결론에 도달하였었다. 생리학자들이 다양한 크기의 형광탐침을 세포에 삽입하고 그 분자들이 옆의 세포로 이동하는 것을 관찰하였었다. 이들의 관찰 결과에 의하면 구멍의 크기는 약 2.5 nm로 단백질과 같은 거대분자가 통과하기

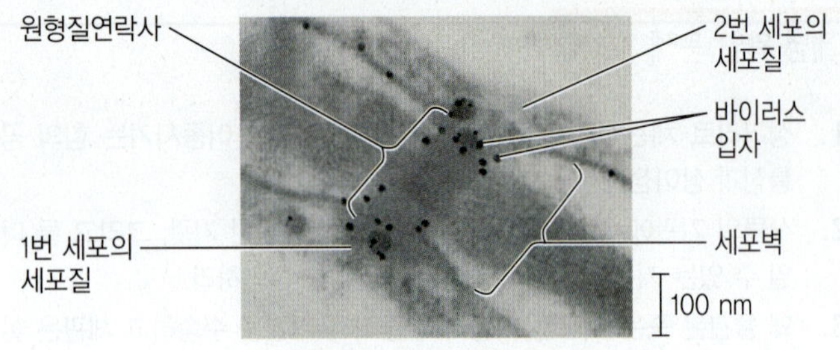

▲ **그림 36.18** **무 잎세포를 연결하는 원형질연락사를 통하여 세포 사이로 이동하는 바이러스 입자**

에는 너무 작다는 결론에 도달하였다. 반대로 병리학자들은 전자현미경으로 지름이 10 nm 이상 되는 바이러스가 통과하는 증거를 보여주었다(그림 36.18).

결과적으로는 식물 바이러스는 원형질연락사를 부풀리는 바이러스 수송 단백질(viral movement proteins)을 생산하여 바이러스 RNA가 세포 사이를 통과하게 한다는 것을 알게 되었다. 좀 더 최근 연구에서는 식물 세포 스스로가 소통 연락망의 일부로서 원형질연락사를 조절한다는 증거가 있었다. 바이러스는 세포의 원형질연락사 조절 기능을 흉내 내면서 연락망을 파괴한다.

세포질의 높은 상호 연결성은 심플라스트성 영역(symplastic domains)이라고 알려진 특정 집단의 세포나 조직에서만 존재한다. 단백질이나 RNA 같은 정보 분자는 각 심플라스트성 영역 안에서 세포 사이의 발생을 조종한다. 심플라스트 소통이 방해받는다면 식물의 발생이 심각하게 영향을 받을 수 있다.

체관: 정보의 거대고속도로

당의 수송에 더하여 체관은 거대분자와 바이러스의 체계적인 수송을 담당하는 "거대고속도로"이기도 하다. 이런 수송은 총체적(몸 전체에 걸친)이라서 식물의 기관계 또는 기관의 대부분 또는 전부에 영향을 끼치는 것이다. 체관을 통해 옮겨지는 거대분자에는 원형질연락사를 통해 체관요소로 들어가는 단백질이나 여러 형태의 RNA가 포함된다. 원형질연락사는 흔히 동물 세포의 간극연접과 비슷하다고 생각하지만 단백질과 RNA를 수송하는 능력은 독특하다.

체관을 통한 총체적 소통은 전체 식물의 기능 통합을 돕는다. 고전적인 예의 하나로 잎에서 영양 분열조직으로 개화 신호가 전달되는 것을 들 수 있다. 체관을 통한 화학적 신호의 전달이 감염되지 않은 조직에 방어유전자를 활성화시키는 지역적 감염에 대한 방어 기작이 또 다른 예가 된다.

체관에서 전기 신호전달

체관을 통한 빠른 장거리 전기 신호전달은 심플라스트의 또 다른 역동적 특징이다. 전기 신호전달은 미모사(*Mimosa pudica*)와 비너스 파리잡이통(*Dionaea muscipula*) 같은 빠른 잎 동작을 하는 식물에서 주로 연구되었다. 그러나 다른 종에서의 그 역할은 명확하지 않다. 몇몇 연구에서는 식물의 한 부분에 자극을 주면 체관에서의 전기 신호전달을 일으켜 다른 부분에서 유전자 발현, 호흡, 광합성, 체관의 당 내리기, 또는 호르몬 양 등에서 변화를 일으킬 수 있다고 발표하였다. 그래서 체관은 넓게 분포한 기관 사이에 전기적 소통을 전할 수 있는 신경과 유사한 기능을 할 수 있다.

물질과 정보의 조화로운 수송은 식물의 생존에 매우 중요하다. 식물은 일생 동안 여러 자원들을 획득할 수 있다. 궁극적으로 자원의 성공적인 획득이나 최적의 분배는 성공적으로 경쟁할 수 있는지를 결정하는 가장 중요한 요인이 된다.

개념 확인 문제 36.6

1. 원형질연락사는 간극연접과 어떻게 다른가?
2. 동물에서 신경 같은 신호는 식물 유사체의 신호전달보다 수천 배 빠르다. 그런 차이에 대한 이유는 무엇인가?
3. **WHAT IF?** 식물이 바이러스 이동 단백질에 반응하지 않도록 유전자 조작되었다고 가정해 보자. 이것이 감염이 퍼져나가는 것을 막는 좋은 방법이라고 할 수 있는가? 그 이유를 설명하라.

정답은 부록 A 참조

36장 복습

핵심 개념의 요약

개념 36.1

자양분 공급을 위한 적응은 관다발식물 진화의 핵심 과정이다

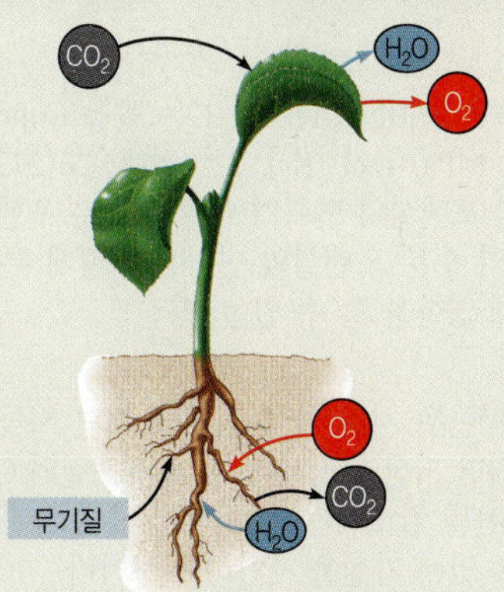

- 잎은 원래 태양광과 CO_2를 얻는 기능을 한다. 줄기는 잎을 지지하는 구조물이나 물과 영양분의 장거리 운송 통로의 기능을 한다. 뿌리는 물과 무기류를 얻기 위해 토양을 파들어 가고 전체 식물을 지지하는 역할을 한다.
- 자연선택으로 식물종이 자연적으로 존재하던 생태 서식지에서 자원 획득을 최적화하기 위한 구조가 만들어졌다.

? 물관과 체관의 진화는 관다발 식물이 성공적으로 육상식물이 되는데 어떤 공헌을 하였는가?

개념 36.2

단거리와 장거리에서의 물질 수송은 서로 다른 기작으로 이루어진다

- 원형질막의 선택적 투과는 세포 안과 밖으로 물질의 이동을 조절한다. 능동수송과 수동수송 기작은 둘 다 식물에서 일어난다.
- 식물 조직은 **아포플라스트**(세포의 원형질막 바깥쪽의 모든 것)와 **심플라스트**(세포질과 연결된 원형질연락사)라는 두 주요 부분이 있다.
- 물의 이동 방향은 **수분 포텐셜**, 즉 용질의 농도와 물리적 압력을 조합한 양적 단위에 의존한다. 식물 세포가 삼투압으로 물을 흡수하는 것과 그 결과 생기는 내부 압력으로 식물 세포가 **부풀게 된다**.
- 장거리 수송은 압력의 기울기에 반응하는 액체의 이동인 **부피 유동**으로 생긴다. 부피 유동은 **물관부**의 헛물관과 물관요소 그리고 **체관부**의 체관요소 안에서 일어난다.

? 물관액은 일반적으로 식물에서 당겨지는가 아니면 밀어 올려지는가?

개념 36.3

물과 무기질이 증산작용으로 물관을 통해 뿌리에서 지상부까지 수송된다

- 물과 무기질은 토양으로부터 뿌리의 표피세포를 통해 들어와서 뿌리의 피층을 가로질러 선택적 투과성을 가진 **내피**의 세포에 의해 관다발기둥 안으로 들어간다. **물관액**은 부피 유동을 통해 관다발기둥으로부터 잎 전체에 펴져 있는 잎맥까지 장거리 수송된다.
- **응집-장력 가설**에 의하면 물관액의 이동은 잎세포에서 수분의 증발로 인해 물관의 끝에서 생긴 수분포텐셜의 차이 때문에 일어난다고 한다. 증발은 물과-공기가 만나는 곳의 수분 포텐셜을 낮춤으로써 물관 전체에 걸쳐 물을 잡아당기는 음압을 만들어 낸다.

? 물관액이 이동하는데 물분자가 수소결합을 할 수 있는 것이 왜 중요한가?

개념 36.4

증산율은 기공에 의해 조절된다

- **증산작용**은 식물에서 증발하는 물의 손실을 말한다. 증산작용에 의해 손실된 물이 뿌리로부터 흡수된 물로 채워지지 않을 때 **시들기 현상**이 일어난다. 식물은 기공의 개폐로 물 부족에 반응한다. 가뭄이 길어지면 식물은 회복이 불가능한 손상을 입는다.
- 기공은 식물에서 물의 손실을 위한 주요 통로다. 기공을 둘러싼 공변세포가 K^+를 얻으면 기공이 열린다. 기공의 개폐는 빛과 CO_2, 가뭄호르몬 **앱시스산**, 그리고 **일주기 리듬**에 의해 조절된다.
- **건생식물**은 건조한 환경에 적응한 식물이다. 잎의 수가 감소된 것과 CAM 광합성 작용은 건조한 환경에 적응하는 사례가 된다.

? 왜 기공은 필요한가?

개념 36.5

당은 체관을 통해 공급원으로부터 수용원으로 수송된다

- 저장 기관은 절기에 따라 공급원이 되기도 하지만 성숙한 잎은 주요 **당 공급원**이다. 뿌리, 줄기, 열매 같은 자라고 있는 기관은 주요 **당 수용원**이다. 체액 이동의 방향은 언제나 당 공급원에서부터 수용원으로 간다.
- 체관이 채워지는 것은 설탕의 능동수송에 의존한다. 설탕은 H^+와 동반 수송되어 양성자 펌프로 생성된 기울기를 따라 확산된다. 공급원에서 당을 싣는 것이나 수용원에서 내려 놓음으로 인하여 체관요소를 통과하는 액의 흐름이 계속되기 위한 압력의 차이를 유지한다.

? 체관의 수송을 왜 능동수송이라 하는가?

개념 36.6

심플라스트는 매우 역동적이다

- 원형질연락사는 투과성이나 수적인 변화가 있을 수 있다. 이것이 부풀어 오르면 단백질, RNA, 또는 다른 거대분자를 장거리로 심플라스트 수송할 수 있는 통로를 제공한다. 또한 체관은 전체 식물의 기능을 총괄하는 것을 돕는 신경과 유사한 전기 신호를 일으킨다.

? 어떤 기전으로 심플라스트 소통이 조절되는가?

생각해보자

수준 I: 지식/이해

1. 다음 중 뿌리에서 물과 무기물의 흡수를 증가시킨 적응에 해당하는 것은?
   a. 균근
   b. 원형질연락사를 통한 펌프작용
   c. 관다발기둥에 의한 능동적인 흡수
   d. 표피세포의 율동적인 수축

2. 다음 중에 심플라스트에 해당하는 것은?
   a. 관다발기둥의 내부　　b. 체관의 내부
   c. 엽육세포의 세포벽　　d. 세포 외부의 공간

3. 공급원에서 수용원으로 체관액의 이동은?
   a. 체관요소의 아포플라스트를 통해 일어난다.
   b. 궁극적으로는 양성자 펌프의 작용에 의존한다.
   c. 장력이나 음압 포텐셜에 의존한다.
   d. 주로 확산의 결과이다.

수준 2: 응용/분석

4. 잎이 시들었을 때 광합성 작용이 멈추는 이유는?
   a. 시든 잎에서는 엽록소가 파괴되었으므로
   b. 잎에 축적된 이산화탄소가 효소를 억제하므로
   c. 기공이 닫혀서 이산화탄소가 잎 안으로 들어오지 못하므로
   d. 광합성 작용 중 물을 나누는 광분해작용이 물이 부족한 곳에서는 일어날 수 없기 때문에

5. 다음 중 식물 세포에 의한 물 흡수를 증가시키는 것은?
   a. 주변 용액의 ψ 감소
   b. 주변 용액에 생기는 양압
   c. 세포로부터 용질의 손실
   d. 세포질의 ψ의 증가

6. ψ_S가 −0.65 MPa인 식물 세포가 뚜껑이 없는 용기에서 ψ_S이 −0.30 MPa을 가진 용액에 담겨져 있을 때 부피를 계속 유지하고 있다면 이 세포는?
   a. ψ_P가 +0.65 MPa　　b. ψ가 −0.65 MPa
   c. ψ_P가 +0.35 MPa　　d. ψ_P가 0 MPa

7. 세포막에 거의 아쿠아포린 단백질을 가지고 있지 않은 세포와 비교하여 많이 가진 세포는?
   a. 삼투현상 속도가 더 빠르다.
   b. 수분 포텐셜이 더 낮다.
   c. 수분 포텐셜이 더 높다.
   d. 능동수송으로 물이 축적된다.

8. 다음 중 증산작용을 증가시키는 경향이 있는 것은?
   a. 가시 잎　　b. 함몰된 기공
   c. 두꺼운 큐티클층　　d. 높은 밀도의 기공

수준 3: 종합/평가

9. **진화적 관점**
   켈프라는 거대 갈색 조류는 25 m까지 자란다. 켈프는 바다 바닥에 박혀 있는 흡착기와 표면에 떠 있어 빛을 포획할 수 있는 넓은 잎과 이들을 연결하는 긴 줄기대 같은 것으로 이루어진다(그림 28.12). 줄기대에 특화된 세포는 관다발이 없지만 당을 수송할 수 있다. 왜 켈프에서 이런 체관요소와 유사한 구조가 진화하였는지 그 이유를 생각하여 보아라.

10. **과학적 탐구**
   INTERPRET THE DATA 미네소타의 한 정원사는 보도에 바로 인접한 식물이 보도에서 떨어져 있는 것보다 더 발육이 늦다는 것을 깨닫게 되었다. 보도 근처의 토양이 겨울에 보도에 뿌린 소금으로 오염되었다고 가정하여 그 정원사는 토양을 조사하였다. 보도 근처의 토양은 떨어져 있는 곳의 토양보다 50 m*M*의 NaCl을 더 가진 것을 제외하면 다른 점이 없었다. NaCl이 완전히 이온화된다고 가정하고 용질 포텐셜 방정식을 사용하여 이것이 20℃에서 토양의 용질 포텐셜을 얼마나 낮출 수 있는지 계산하여 보아라.

$$\psi_S = -iCRT$$

   이때 i는 이온화 상수(NaCl은 2), C는 몰농도(mol/L), R은 압력 상수[0.00831 L · MPa/(mol · K)], T는 절대온도(273+℃)이다.
   토양의 용질 포텐셜의 변화가 어떻게 수분 포텐셜에 영향을 줄 수 있는가? 토양의 수분 포텐셜의 변화는 어떻게 뿌리 안과 밖으로 물이 이동하는 데 영향을 줄 수 있는가?

11. **과학적 탐구**
   목화는 뿌리가 한두 시간 물에 잠기게 되면 시들어 버린다. 식물이 물에 잠기게 되면 저산소 상태가 되고 세포질의 Ca^{2+} 농도를 증가시키며 세포내 pH를 감소시킨다. 어떻게 물에 잠긴 식물이 시들게 되는지 설명할 수 있는 가설을 제안하여 보아라.

12. **글쓰기: 지식의 체계화**
   자연선택은 식물이 살고 있는 생태 서식지에서 좀 더 효율적으로 광합성 작용을 할 수 있게 구조를 변화시켰다. 현재 지상부의 구조가 어떻게 광합성을 증진시킬 수 있었는지 100~150자 내외의 짧은 글로 설명하여 보아라.

13. **종합적으로 생각해보기**

   당신이 숲의 토양액 속에 있는 물분자라고 상상해 보자. 어떤 경로, 어떤 힘이 당신을 나무에 있는 잎까지 옮겨 주었는지 100~150자 내외의 짧은 글로 설명하여 보아라.

정답은 부록 A 참조.

37

식물의 영양

핵심 개념

37.1 토양은 살아 있는 복잡한 생태계를 지닌다
37.2 식물의 생활사를 완성하기 위해서는 화학 원소들이 필요하다
37.3 식물의 영양은 종종 다른 생물체와 상호관계를 갖는다

▲ 그림 37.1 이 식물은 뿌리가 있는가?

타래송곳 모양의 육식식물

그림 37.1에서처럼 습지에서 자라는 풀인 *Genlisea*의 뿌리 모양의 투명한 부속물은 심하게 변형된 땅속 잎이다. 이들은 작은 토양생물인 세균, 조류, 원생동물, 선충과 요각류 등을 잡아서 소화시키도록 적응되었다. 그렇지만 어떻게 이들 포충엽들이 이 일을 할까? 얇은 종이 띠를 말아서 빨대 만드는 것을 상상해 보라. 이것이 바로 이 타래송곳 모양의 관형 잎들이 만들어지는 기본 기작이다. 포충엽의 길이를 따라 좁은 나선형의 틈이 있다. 여기에 구부러진 털들이 있어서 작은 미생물들이 들어갈 수는 있지만 빠져나갈 수는 없게 되어 있다. 먹잇감이 일단 여기에 들어오면 위쪽의 작은 공간으로 움직일 수밖에 없는데 그곳에는 이들을 죽일 소화샘들이 덮여 있다. 먹잇감이 뒤돌아갈 수밖에 없는 이유는 이들을 한 방향으로만 이동하게 만드는 또 다른 구부러진 털들이 있기 때문이다(왼쪽 사진 참조). *Genlisea*의 육식 습성은 늪지대의 척박한 토양으로부터 부족한 양분을 보충하기 위해 먹잇감으로부터 무기물을 얻는 놀라운 적응의 하나이다.

36장에서 설명한 것처럼 식물은 대기와 토양으로부터 양분을 얻는다. 식물은 햇빛을 에너지원으로 해서 이산화탄소를 당분으로 환원시키는 광합성 과정을 통해 유기양분을 합성한다. 또한 육상식물은 물과 다양한 무기물을 뿌리를 통해 토양으로부터 흡

수한다. 이 장에서는 토양의 물리적 특성과 토성을 좌우하는 요인에 대해서 다루고, 무기양분이 식물의 기능에 왜 필수적인가에 대해 알아본다. 끝으로 다른 생물체와의 상호관계 속에서 일어나는 몇 가지 영양적 적응에 대해 조사해 본다.

개념 37.1

토양은 살아 있는 복잡한 생태계를 지닌다

토양의 상층은 식물이 필요로 하는 대부분의 물과 무기물을 흡수하는 곳으로서 상호작용을 하는 여러 종류의 생물체와 물리적 환경이 함께 공존한다. 이런 복잡한 생태계는 수 세기를 통해 형성되었지만 인간이 잘못 관리하면 단 몇 년 이내에도 파괴될 수 있다. 토양이 왜 보존되어야 하고, 왜 특정한 식물이 그곳에 자라야만 하는지를 이해하기 위해서는 먼저 토양의 물리적 특성인 토성과 토양의 조성에 대해 알아야 한다.

토성

토성(soil texture)은 토양의 입자크기에 의해 결정되는데, 토양입자는 굵은 모래(0.02~2 mm 직경)로부터 미사(0.002~0.02 mm), 현미경크기의 점토입자(0.002 mm 이하)에 이르기까지 다양하다. 이러한 토양입자는 궁극적으로 암석의 풍화작용으로부터 형성된다. 바위 틈새로 들어간 물이 얼게 되면 암석을 기계적으로 깨뜨리며 물에 용해된 산이 암석을 화학적으로 깨뜨린다. 만약 생물체가 암석으로 침투하게 되면 화학적, 기계적으로 암석 붕괴를 가속시킨다. 예를 들면 식물의 뿌리는 산을 분비하여 암석을 분해하지만, 뿌리가 생장하면서 암석의 균열을 일으킴으로써 기계적으로 부순다. 풍화작용으로 생긴 무기질 입자는 죽은 생물체의 잔존물과 그 외 유기물질의 혼합물인 **부식질(humus)**과 함께 **표토(topsoil)**를 형성한다. 끊어진 길이나 깊은 구덩이가 있는 곳에서는 표토와 다른 **토양층(soil horizons)**으로 이루어진 단층의 수직구조가 잘 보인다(**그림 37.2**). A단층이라고 알려진 표토는 수 mm 또는 수 m의 깊이로 이루어진다. 우리는 표토의 특성에 관심이 있는데, 그 이유는 표토층이 식물생장에 가장 중요하기 때문이다.

식물은 표토의 토양입자 사이의 공극을 채우고 있는 토양액(물과 용해된 무기질)으로부터 양분을 얻는다. 공극은 또한 공기주머니가 되기도 한다. 폭우가 온 뒤 토양의 큰 간극에서는 물이 빠지지만 작은 공극에서는 점토와 다른 토양입자의 표면이 음이온으로 하전되어 물을 끌어당기기 때문에 물이 빠지지 않고 유지된다. 표토의 토성은 입자들의 크기에 따라 달라지는데 입자들은 왕모래로부터 미세한 점토로 분류된다.

가장 비옥한 토양은 **양토(loams)**로서 모래와 중간 크기의 미사, 점토가 같은 양만큼 들어 있다. 양토는 미세한 입자들이 많기 때문에 입자의 표면에 달라붙는 물과 무기질이 유지될 수 있는 공간이 충분히 제공되는 한편, 모래입자들 사이에 큰 공극이 있어서 식물뿌리로 산소의 확산을 가능하게 한다. 사질토는 보통 식물생장에 필요한 물을 충분히 지니지 못하는 반면, 점토는 너무 많은 물을 지니는 경향이 있다. 만약 토양의 물 빠짐이 좋지 않으면 토양의 공극에 물이 차기 때문에 뿌리는 산소가 부족해 질식하게 된다. 가장 비옥한 표토는 절반 정도의 물과 공기를 공극에 채우고 있어서 공기순환, 배수, 저수능력이 균형을 맞춘 것이다. 토양의 물리적 특성은 이끼, 퇴비, 배설물, 모래와 같이 토양에 필요한 것들을 섞어줌으로써 조정될 수 있다.

▲ 그림 37.2 토양층

표토의 구성

토양은 무기질 및 유기질 성분으로 이루어지며 유기질 성분은 토양에 서식하는 많은 생물체들을 포함한다.

무기질 성분

토양입자의 표면 하전에 따라 많은 양분과의 결합능력이 결정된다. 양으로 하전된 이온(양이온)인 포타슘(K^+), 칼슘(Ca^{2+}), 마그네슘(Mg^{2+}) 등은 토양입자 표면에 가깝게 결합되어 있기 때문에 토양을 통한 여과작용에 의해서도 잘 빠져나가지 않는다. 식물의 뿌리는 토양입자로부터 무기질 양이온을 직접 흡수하지 못한다. 이들은 **양이온 교환(cation exchange)**을 통해 토양액 속에서 이용된다. 무기질 양이온은 토양에서 다른 양이온 특히 H^+으로 치환되어 토양액으로 들어가 뿌리털에 의해 흡수된다(**그림 37.3**). 보통 토양에 점토와 유기물질이 많을수록 양이온 교환 능력은 커

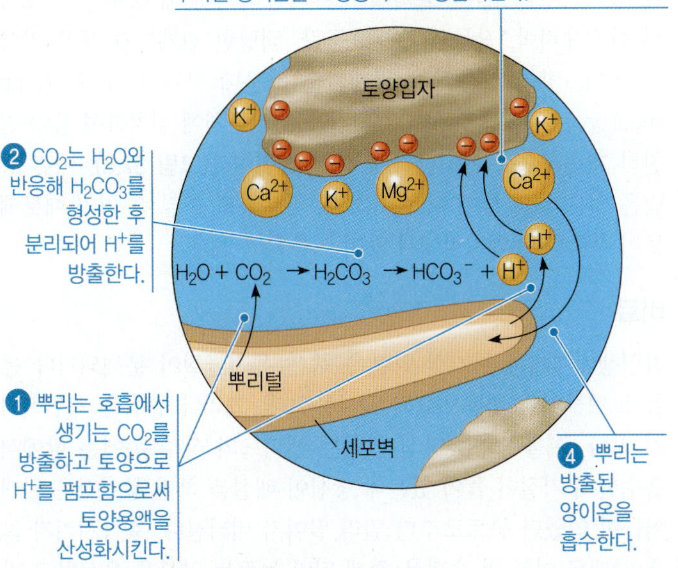

▲ **그림 37.3 토양에서의 양이온 교환**

? 폭우로 인해 토양에서 쉽게 유실되는 것은 양이온인가, 음이온인가? 설명하라.

진다. 점토의 함량이 중요한데 그 이유는 이들 입자가 부피에 대한 표면적의 비가 크기 때문이다. 아질산이온(NO_3^-), 인산이온($H_2PO_4^-$), 황산이온(SO_4^{2-}) 같은 음이온은 음으로 하전된 토양입자와 결합하지 않는다. 이들은 가장 기름진 토양에서 특징적으로 나타나며 용출에 의해 쉽게 유실된다.

유기질 성분

부식질은 표토의 중요한 유기질 성분으로서 죽은 생물체, 배설물, 낙엽, 그 외에 세균과 곰팡이에 의해 형성된 유기물질로 구성되어 있다. 부식질은 점토가 서로 뭉치는 것을 막고, 부숴지기 쉬운 토양을 만들어서 물을 유지하면서도 뿌리에 적절히 공기가 스며들 수 있게 함으로써 뿌리가 숨쉴 수 있게 한다. 부식질은 토양의 양이온 교환 능력을 증대시키고, 미생물이 유기질을 분해함에 따라 점차 토양으로 되돌려지는 무기질 양분의 저장고 역할을 한다.

표토에 서식하는 생물체의 수와 다양성은 가히 놀랄 만하다. 한 찻숟가락만큼의 표토에는 약 50억 마리의 세균이 있고 이들은 다양한 곰팡이, 조류(algae), 원생생물, 곤충, 지렁이, 선충, 식물의 뿌리와 함께 서식한다. 이 모든 생물체의 활동은 토양의 물리화학적 특성에 영향을 미친다. 예를 들면 지렁이는 유기질을 소비하고 유기질에서 자라는 세균과 곰팡이로부터 양분을 얻는다. 더욱이, 지렁이는 토양의 깊은 곳까지 유기질을 옮겨준다. 또한 땅속을 파고들면서 토양입자를 뒤엎어 공기를 넣어주며 물을 보존한다. 식물의 뿌리도 토성과 토양의 구성에 영향을 미치는데 예를 들면, 토양과 결합함으로써 토양침식을 막고, 유기산을 방출함으로써 토양산도를 낮게 한다.

토양보존과 지속성 농업

고대의 농부들은 몇 년이 지나면 토지의 소출이 줄어든다는 사실을 알게 되었다. 경작하지 않았던 곳으로 옮겨가도 몇 년이 지나면 똑같은 양상이 나타난다는 것을 관찰하였다. 토양이란 농한기에 시비를 하면 같은 장소에서도 다시 경작할 수 있는 재생자원이라는 사실을 결국 깨닫게 되었다. 이런 정착성 농업은 생활의 새로운 방법을 촉진하였다. 사람들은 처음으로 영구적인 거주지를 만들고 마을을 형성하였다. 그들은 새로운 수확기가 될 때까지 필요한 양식을 저장하였고, 이러한 잉여 양식으로 인해 초기 사회에서 비농업 직업의 전문화가 이루어지게 되었다.

불행하게도 1930년대 미국 대평원의 남서부 지역을 강타했던 생태적 재앙인 '미국 모래사발'의 경우처럼 토양을 잘 사용하지 못함으로써 생긴 문제가 인류역사를 통해 되풀이되어 왔다. 이 지역의 계속된 모래폭풍은 대규모의 가뭄과 수 세기에 걸친 불합리한 농경기술에 기인한 것이었다. 농업이 시작되기 전까지의 대평원은 거듭된 가뭄과 호우에도 불구하고 강인한 풀로 덮여 있어서 토양을 보존하고 있었다. 그러나 1800년대 후반과 1900년대 초반에 들어서 이 지역에 많은 사람들이 정착해 밀을 경작하고 가축을 기르기 시작하면서부터 바람에 의한 토양침식이 일어나기 시작하였다. 수년간에 걸친 가뭄은 문제를 더 악화시켰다. 1930년대에 거대한 양의 옥토가 모래폭풍에 날아가 수백만 정보의 농토가 쓸모없게 되었다(**그림 37.4**). 최악의 모래폭풍 가운데 하나는 동쪽의 시카고를 덮쳐 흙이 눈처럼 떨어졌고, 심지어 모래바람이 대서양 연안까지 도달하였다. 모래사발 지역의 수십만 명이 그들의 집과 농토를 버렸는데, 이러한 내용은 존 스타인벡의 불후의 명작인 '분노의 포도(*The Grapes of Wrath*)'에 나타나 있다.

토양의 잘못된 운용이 오늘날까지도 큰 문제로 계속되고 있

▲ **그림 37.4 1930년대에 있었던 미국 모래사발 지역에서의 거대한 모래폭풍**

▲ **그림 37.5** **낙수관개.** 이스라엘에 있는 어린 바나나 식물체들이 물을 천천히 뿌리에 공급하는 낙수관개의 혜택을 입고 있다.

다. 세계 농토의 30% 이상이 열악한 토양환경인 화학물질 오염, 무기질 결핍, 산성화, 염분도와 배수불량 등으로 인해 생산성이 감소되고 있다. 세계 인구가 계속 늘어나면서 식량증가에 대한 필요성이 커지고 있다. 토질이 작물생산량을 좌우하는 중요한 요소이기 때문에 토양자원을 신중하게 관리하는 것은 결코 지나친 것이 아니다.

지금부터는 농부들이 우량한 작물 생산을 위해 어떻게 관개를 하고 토양을 바꾸었는지를 논의한다. 그 목표는 보존의식, 친환경, 유용성 등의 다양한 개념이 포함된 농업 방법인 **지속가능 농업(sustainable agriculture)**이다. 또한 토양 분해에 관련한 문제점과 해결책을 아울러 살펴보고자 한다.

관개

물은 식물 생장을 제한하는 가장 중요한 요소이기 때문에 관개만큼 작물생산을 증가시키는 기술은 아마 없을 것이다. 그렇지만 관개는 엄청난 수자원을 낭비하게 한다. 세계적으로 약 75%의 수자원이 농업에 이용된다. 미국 남서부 지역의 많은 강들이 관개를 위해 물줄기를 바꿈으로써 말라가고 있다. 관개용 물의 일차적인 근원은 강이나 호수와 같은 표면수가 아니라 대수층(aquifer)이라고 하는 지하수 저장소이다. 세계의 일부 지역은 대수층의 물 유출량이 유입량을 초과한다. 이러한 결과로 천천히 또는 갑작스러운 지각 침강현상인 지반침하(land subsidence)가 생긴다. 지반침하는 배수 양상을 바꿔 건축물에 손상을 입히며, 지하 샘물의 유실을 촉진하고, 홍수의 위험을 증가시킨다.

특히 지하수를 이용한 관개는 토양의 염분화(salinization)를 초래할 수 있는데, 이것은 토양에 염을 추가시켜 작물을 경작할 수 없게 만드는 것이다. 관개수에 용해된 염분은 물이 증발하면서 토양에 축적되기 때문에 토양의 수분포텐셜은 더욱 낮아진다. 이것은 토양으로부터 뿌리로의 수분포텐셜 기울기를 떨어뜨리기 때문에 뿌리의 수분흡수는 줄어든다(36장).

밭을 물로 채우는 관개방법은 과도한 물을 증발시키기 때문에 낭비적이다. 물을 효과적으로 사용하기 위해 농부들은 토양의 함수유지력, 작물의 수분요구량, 적당한 관개기술 등을 알아야 한다. 많이 사용하는 관개기술 가운데 하나인 낙수관개(drip irrigation)는 구멍뚫린 플라스틱관을 뿌리근처에 설치하여 물이 천천히 계속적으로 흘러나가게 하는 방법이다(**그림 37.5**). 이런 방법은 적은 양의 물이 필요로 하고, 염분화도 줄일 수 있기 때문에 물이 부족한 농업지역에서 많이 이용되고 있다.

비료

자연생태계에서 무기질 양분은 죽은 유기물질이 분해되거나 동물 노폐물이 배설됨으로써 재사용된다. 그러나 농업은 자연적이지 않다. 예를 들어, 당신이 먹는 샐러드의 상추 속에는 밭에서 흡수한 무기질이 들어 있는데 당신이 배설을 하면 무기질은 원래 이들이 있었던 농토로부터 멀리 떨어져 버려진다. 회복시키지 않은 상태로 여러 번 수확을 하게 되면 농토는 양분을 유실하고 만다. 양분 유실은 세계적인 토양붕괴의 가장 큰 원인 가운데 하나이다. 농부들은 **시비(fertilization)**를 함으로써 토양의 양분이 유실되지 않도록 해야 한다.

오늘날 선진국의 농부들은 광산으로부터 채취된 무기질이 포함된 상업적인 비료를 사용한다. 이런 비료에는 보통 질소(N), 인(P), 포타슘(K)이 풍부하게 들어 있는데 이것들은 유실된 토양에서 가장 흔하게 결핍된다. 당신은 비료에 N-P-K 비율로 표시된 이들 무기질의 함량을 나타내는 세 자릿수의 코드를 본 적이 있을 것이다. 예를 들어 "15-10-5"라고 표시된 비료는 15% 질소, 10% 인, 5% 포타슘을 나타낸다.

거름, 어분, 퇴비와 같은 것은 생물학적 기원을 갖고 분해 중인 유기물질을 지니기 때문에 유기질 비료라고 한다. 그렇지만 식물이 유기질을 이용하려면 그 전에 뿌리가 흡수할 수 있는 무기질로 분해되어야만 한다. 유기질 비료든 화학비료든 무기질은 식물체가 이용하게 되는 같은 형태지만, 유기질 비료가 무기질을 서서히 방출하는데 비해 화학비료는 한꺼번에 방출하고 토양에서 오랫동안 유지되지 않는다. 뿌리에 흡수되지 않는 여분의 무기질은 강우나 관개에 의해 토양으로부터 유실되어 소모된다. 설상가상으로 무기질이 호수에 흘러 들어가면 조류를 폭발적으로 증식시킴으로써 물속 산소량을 줄여 어류의 개체군을 급감시킬 수 있다.

토양 산도(pH)의 조정

토양산도는 양이온 교환과 무기질의 화학 형태에 관여하기 때문에 무기질의 이용성에 영향을 미치는 또 다른 요인이다. 만약 어떤 무기질이 점토입자에 너무 단단히 결합되어 있거나 식물이 흡수할 수 없는 화학형태를 가지고 있다면 그 이용성은 토양의 pH에 좌우된다. 대부분의 식물은 높은 농도의 H^+이 토양입자의 양으로 하전된 무기질을 대체함으로써 이들을 식물이 잘 흡수할 수 있게 하기 때문에 약산성의 토양을 선호한다. 최적의 작물생장을 위해 토양 pH를 조정하는 것은 위험할 수 있다. 그 이유는 H^+의 교환이 한 가지 이상의 무기질을 이용할 수 있게 하지만 한편으로는 또 다른 무기질을 이용할 수 없게 하기 때문이다. 예를 들면 pH 8에서 식물은 칼슘을 흡수할 수 있지만 철은 거의 대부분을 이용하지 못한다. 토양 pH는 작물의 무기질 필요량과 맞추어져야만 한다. 만약 토양이 너무 산성이라면 탄산석회나 수산석회를 뿌려서 이를 조정할 수 있다.

토양 pH가 5 이하로 낮아지면 독성의 알루미늄이온(Al^{3+})이 더욱 용해되어 뿌리에 흡수되는데, 이것은 뿌리생장을 방해하고 식물의 양분으로 꼭 필요한 칼슘의 흡수를 저지한다. 어떤 식물들은 유기 음이온을 분비해 Al^{3+}과 결합하도록 함으로써 독성을 줄여 이런 상황에 대처하기도 한다. 그러나 낮은 토양산도와 Al^{3+}의 독성은 연속된 문제를 야기하는데, 특히 열대지역의 인구가 증가하고 식량 생산 압박이 큰 곳에서는 더욱 심각하다.

토양침식의 조절

모래사발 지역에서 극적으로 발생했던 사건처럼 물과 바람에 의한 침식은 상당량의 표토를 옮길 수 있다. 토양의 양분은 바람과 개울에 의해 멀리 옮겨질 수 있기 때문에 침식은 토양붕괴의 주요한 원인이다. 테라스 경작이나 등고선 형태의 경작같이 바람을 차단하는 식재열을 갖도록 농작물을 심게 되면 표토의 유실을 막을 수 있다(그림 37.6). 알팔파와 밀은 옥수수처럼 넓은 식재열을 갖는 식물에 비해 표토를 잘 덮기 때문에 토양보존에 있어 유리하다.

침식은 또한 **무경농업(no-till agriculture)**이라 불리는 경작방법에 의해서도 줄일 수 있다. 전통적인 경작에서는 전체 농토를 갈아 엎어 잡초를 제거하는 장점을 얻지만, 토양을 붙들고 있는 뿌리 그물망을 망가뜨려 표토의 유실과 침식을 촉진하기도 한다. 무경농업에서는 특수한 쟁기를 이용해 파종과 시비를 위한 좁은 이랑을 만들기 때문에 토양에 최소한의 교란만을 주며, 비료도 적은 양만 필요하게 된다.

식물환경복원

어떤 지역은 토양이나 지하수가 중금속 또는 유기물로 오염되어 농업을 할 수 없는 곳이 있다. 토양의 회복은 오염된 토양의 제거와 같은 무생물적인 기술에 의해 주로 이루어져 왔는데, 이런 방법은 비용이 많이 들고 자연 경관을 해치는 단점이 있다. 그러나 **식물환경복원(phytoremediation)**은 생물학적이며 자연보존적인 기술로서, 오염물질을 식물에 축적시킴으로써 저렴한 비용으로 토양을 회복시키는 방법이다. 예를 들면 말냉이(*Thlaspi caerulescens*)는 일반 식물의 300배 이상의 농도로 아연을 축적시킬 수 있기 때문에 이런 식물을 이용하여 제련소, 광산 또는 핵

▲ 그림 37.6 **등고선 경작지.** 이 작물들은 구릉을 도는 식재열을 갖도록 식재되었다. 등고선 경작은 큰 비가 온 뒤에도 물과 표토의 유실을 줄여주는 데 도움을 준다.

실험에 의해 오염된 지역을 정화하는 데에 사용할 수 있다. 식물환경복원은 원핵생물이나 원생생물과 같은 다양한 생물체를 사용해 오염된 지역을 정화시키는 생물환경복원의 한 유형이다(27, 55장).

지금까지 지속 가능한 농업을 위한 토양보존의 중요성에 대해 논의했다. 무기양분은 토양의 비옥도에 큰 영향을 미치는데, 어떤 무기질이 가장 중요할까, 그리고 왜 식물은 이들을 필요로 할까? 다음 절에서 이런 주제들을 다루고자 한다.

개념 확인 문제 37.1

1. "좋은 것이 지나치게 많음" 이란 말을 관개와 시비에 어떻게 적용시킬 수 있을지 설명하라.
2. 어떤 사람들은 깎은 잔디를 버리기 좋게 모아 놓는다. 이런 일은 식물의 영양적 측면에서 어떤 단점을 갖고 있는가?
3. WHAT IF? 점토를 양토에 첨가하면 양이온 교환과 수분 유지력에 어떻게 영향을 미치는지 설명하라.
4. MAKE CONNECTIONS 물의 특성이 토양 형성에 기여하는 3가지 경우를 적어보라. 개념 3.2를 참조.

정답은 부록 A 참조

개념 37.2

식물의 생활사를 완성하기 위해서는 화학원소들이 필요하다

물, 공기와 토양 무기질은 모두가 식물 생장에 기여한다. 식물의 수분함유량을 건조 전과 건조 후의 무게를 비교함으로써 측정할 수 있다. 전형적으로 식물 생중량의 80~90%는 물이다. 남은 건조중량의 96% 정도는 광합성에 의해 생긴 섬유소와 녹말과 같은 탄수화물이다. 그렇기 때문에 탄소화물의 구성원—탄소, 산소, 수소—은 식물 건조잔존물에서 가장 많은 양을 차지한다. 토양의 무기물질은 비록 식물생장에 필수적이라 할지라도 식물 건조중량의 4%밖에 되지 않는다.

필수원소

식물의 무기물에는 약 50가지 이상의 화학원소가 있는데 식물체에 단순히 존재하는 원소들과 필수적으로 존재하는 원소들을 구분하는 것이 필요하다. 식물이 한 생활사를 마치고 다른 세대를 남기는 데 필요한 화학원소를 **필수원소(essential element)**라고 한다. 어떤 화학원소가 필수원소인지를 알기 위해서는 무기성분의 배양액을 사용하는 **수경재배(hydroponic culture)**를 한다(**그림 37.7**). 이러한 연구를 통하여 모든 식물에 필요한 17개의 필수원소가 밝혀지게 되었다(**표 37.1**). 수경재배는 몇 가지 온실작물을 키우는 작은 규모에서 사용된다.

이들 필수원소 가운데 식물이 상대적으로 많은 양을 필요로 하는 9개를 **다량원소(macronutrient)**라 하는데 이중 6개는 식물의 구조를 형성하는 유기화합물의 중요한 성분인 탄소, 산소, 수소, 질소, 인, 황이 있고 그 밖에 포타슘, 칼슘과 마그네슘이 있다. 모든 무기질 가운데 질소는 식물의 생장과 작물생산에 가장 크게 기여한다. 식물에서는 단백질, 핵산, 엽록소와 다른 중요한 유기분자의 구성성분으로 질소가 필요하다.

남은 필수원소를 **미량원소(micronutrient)**라 하는데 염소, 철, 마그네슘, 붕소, 아연, 구리, 니켈, 몰리브덴 등이 포함된다. 어떤 경우에는 소듐이 9번째 미량원소가 될 때도 있다: C_4 또는 CAM 광합성경로(11장)를 하는 식물에서는 2가지 유형의 탄소고정을 갖는데 CO_2 수용체인 포스포에놀피루브산을 생산하기 위해서는 소듐이 필요하다.

식물의 미량원소는 주로 효소작용의 보조인자나 비단백질인 자로서 역할을 한다(6장). 예를 들면 철은 사이토크롬의 금속성분으로서 엽록체와 미토콘드리아의 전자전달계 단백질을 구성한다. 미량원소는 보통 촉매작용을 하기 때문에 식물체는 매우 소량만을 필요로 한다. 예를 들어 몰리브덴은 식물의 건중량에서 수소원자 6,000만 개당 1개의 원자 비율로 존재한다. 그렇지만 몰리브덴이나 그 외의 다른 미량원소가 결핍되면 식물은 죽거나 약해진다.

▼ 그림 37.7 **연구 방법**

수경재배

적용 수경재배에서는 식물이 토양이 없는 무기질 용액에서 자란다. 어떤 이들은 식물에 필요한 필수원소를 알아보기 위해 수경재배를 이용한다.

기술 식물의 뿌리를 공기가 포함된 무기질 조성의 용액에 담근다. 물에 공기를 넣어서 뿌리의 세포호흡에 필요한 산소를 공급한다. (주의: 플라스크는 조류의 생장을 막기 위해 보통 불투명하게 한다.) 포타슘과 같은 특별한 무기질은 필수적인지 알아보기 위해 뺄 수도 있다.

대조군: 모든 무기질이 포함된 용액 **실험군:** 포타슘이 결핍된 용액

결과 만약 첨가하지 않은 무기질이 필수원소라면 잘 자라지 않거나 잎이 탈색되는 무기질 결핍증상이 나타난다. 정의상으로는, 식물이 그 생활사를 마칠 수가 없다. 결핍 원소가 다르면 증상도 달라질 수 있는데, 이것은 토양에서의 무기질 결핍증을 진단하는 데 도움이 될 수 있다.

무기질 결핍증상

무기질 결핍증상은 부분적으로는 그 영양소의 기능에 따라 나타난다. 예를 들면 엽록소의 구성성분인 마그네슘의 결핍은 잎의 **황화현상(chlorosis)**을 유발한다. 그러나 무기질 결핍과 그 증상의 관계가 직접적이지 않는 경우도 있다. 예를 들면 철분 결핍은 철분이 엽록소의 구성성분이 아님에도 불구하고 잎의 황화현상을 나타내는데, 그 이유는 철이온이 엽록소 합성단계에서 필요하기 때문이다.

무기질 결핍증상은 양분의 역할에 따라서 나타나기도 하지만 식물체내 무기질의 이동성에 의존하기도 한다. 만약 양분이 쉽게 이동한다면 결핍증상이 성숙된 기관에서 먼저 나타나게 된다. 그 이유는 생장 중인 어린 기관이 양분을 끌어당기는 힘이 더 강하기 때문이다. 예를 들어 마그네슘은 비교적 이동성이 좋아서 먼저 어린 잎으로 이동한다. 따라서 만약 마그네슘이 결핍되면 성숙되고 오래된 잎에서 황화현상이 먼저 나타난다. 체관부의 당의 이동 기작과 같이 무기질은 당과 함께 생장 중인 조직으로 이동된다(그림 36.16). 반대로 이동성이 작은 무기질이 결핍된 경우엔 어린 조직이 먼저 영향을 받는다. 성숙한 조직은 이미 적당한 양을 보유하고 있으므로 무기질 공급이 부족한 기간을 견뎌낼 수 있다. 예를 들면 철분은 식물체 내에서 쉽게 이동하지 않는데 철분이 결핍되면 성숙한 잎에서 어떤 증상이 나타나기 전에 어린 잎에서 먼저 황화현상이 나타난다. 예를 들면, 어린 유식물에서는 무기질 결핍증이 거의 나타나지 않는데, 그 이유는 무기질 요구량이 씨 안에 저장된 양분으로부터 방출되는 무기질로 거의 충족되기 때문이다.

식물체에서 질소, 인, 포타슘은 가장 흔하게 결핍된다. 미량원소의 결핍현상은 흔하지 않고 토양조성에 따라 발생하기 때문에 지역적으로 국한되어 나타난다. 무기질 결핍증상은 종(species) 사이에 다양하게 나타나지만 식물생리학자나 농부들은 무기질 결핍증상을 잘 구분한다(**과학적 분석 기술의 연습**). 결핍증상을 확인하는 방법은 식물과 토양의 무기질 함량을 직접 분석하는 것이다. 결핍증상 치료에 요구되는 미량원소의 양은 보통 매우 소

표 37.1 식물의 필수원소

원소 (식물의 흡수형태)	건중량 %	주요 기능	결핍시 초기 증상
다량원소			
탄소 (CO_2)	45%	식물 유기화합물의 주요 성분	생장부진
산소 (CO_2)	45%	식물 유기화합물의 주요 성분	생장부진
수소 (H_2O)	6%	식물 유기화합물의 주요 성분	마름현상, 생장부진
질소 (NO_3^-, NH_4^+)	1.5%	핵산, 단백질, 엽록소의 성분	성숙한 잎끝의 백화형상
포타슘 (K^+)	1.0%	많은 효소의 보조인자; 수분평형을 유지하는 주요 용질; 기공의 작동	성숙한 잎의 반점현상과 잎 가장자리의 마름현상
칼슘 (Ca^{2+})	0.5%	중엽과 세포벽의 중요 성분; 막기능 유지; 신호전달	어린 잎의 주름현상, 끝눈의 죽음 (산성 또는 사질토에서 흔하다)
마그네슘 (Mg^{2+})	0.2%	엽록소의 성분; 많은 효소의 보조인자	성숙한 잎의 엽맥사이의 백화현상 (산성 또는 사질토에서 흔하다)
인 ($H_2PO_4^-$, HPO_4^{2-})	0.2%	핵산, 인지질, ATP의 성분	외견상 건강하지만 발달지연; 가는 줄기; 자주빛 엽맥; 꽃과 열매의 부진
황 (SO_4^{2-})	0.1%	단백질의 성분	어린 잎의 일반적인 백화현상 (사질토 또는 매우 습한 토양에서 흔하다)
미량원소			
염소 (Cl^-)	0.01%	광합성(물분해), 수분평형 기능	마름현상;뭉툭한 뿌리; 잎의 반점현상(드물게)
철 (Fe^{3+}, Fe^{2+})	0.01%	호흡; 광합성; 엽록소 합성; N_2 고정	어린 잎에서 엽맥사이의 백화현상 (염기성 토양에서 흔하다)
망간 (Mn^{2+})	0.005%	아미노산 형성의 활성화; 일부 효소의 활성화, 광합성의 물 분해과정에 필요	어린 잎에서 엽맥사이의 백화현상 (부엽토가 풍부한 염기성 토양에서 흔하다)
붕소 ($H_2BO_3^-$)	0.002%	엽록소 합성의 보조인자; 세포벽 기능에서의 역할; 꽃가루관 생장	분열조직의 죽음; 두껍고, 딱딱하고, 탈색된 잎 (어떤 토양에서나 발생, 미량원소 결핍에서 가장 흔하다)
아연 (Zn^{2+})	0.002%	엽록소 형성에서 역할; 일부 효소의 보조효소; DNA 전사에 필요	마디사이의 길이 감소; 잎의 주름현상 (일부 지역에서 흔하다)
구리 (Cu^+, Cu^{2+})	0.001%	산화환원효소와 리그닌 생합성 효소의 성분	잎의 끝이 마르는 옅은 녹색의 어린 잎; 과도한 잔뿌리와 성장이 저해된 뿌리(일부 지역에서 흔하다)
니켈 (Ni^{2+})	0.001%	질소대사	모든 잎에서의 백화현상; 잎 끝의 죽음 (산성 또는 사질토에서 흔하다)
몰리브덴 (MoO_4^{2-})	0.0001%	질소대사	뿌리와 어린싹 끝의 죽음; 성숙한 잎의 백화현상 (일부 지역의 산성토양에서 흔하다)

MAKE CONNECTIONS 왜 CO_2는 O_2에 비해서 식물 건중량의 산소 근원의 대부분을 차지하는지 설명하라(개념 11.1).

량이다. 예를 들면 과수나무에 아연 결핍증이 있을 때에는 몇 개의 아연 못을 나무의 수간에 박으면 된다. 미량원소는 식물체 내에서 적정량을 유지하는 것이 중요한데, 만약 과잉되면 오히려 식물체에 해를 미치게 된다. 예를 들어 질소가 과다하면 토마토에서는 좋은 열매를 맺는 대신 지나친 덩굴생장이 일어난다.

유전적 변화에 의한 식물영양의 개선

식물영양을 알아보면서, 우리는 식물이 필요로 하는 토양이 되도록 어떻게 농부들이 관개, 시비와 그외의 방법을 동원하는지 살펴보았다. 반대의 접근법은 유전공학에 의해 식물들을 개량함으로써 토양에 잘 맞도록 하는 것이다. 여기서는 어떻게 유전공학이 식물영양과 비료사용을 개선시키는지에 대한 몇 가지 예를 조명하고자 한다.

알루미늄 독성에 대한 저항성

산성토양의 알루미늄은 뿌리에 손상을 주고 작물생산량을 줄인다. 알루미늄 저항성의 주요 기작은 뿌리에 의한 유기산(말산과

과학적 분석 기술의 연습

관찰하기

어떤 무기질 결핍이 이 식물에서 나타나고 있는가? 식물을 재배하는 사람들은 가끔씩 잎의 변화, 이를테면 백화현상(황변), 일부 잎의 고사, 탈색, 반점이 생기거나 시드는 것, 그리고 잎의 크기와 질감의 변화를 검사함으로써 작물의 결핍증을 진단한다. 식물의 잎을 관찰하고, 본문과 표 37.1의 증상에 대해 얻은 지식을 가지고 무기질 결핍을 진단해 보도록 하라.

데이터 이런 조사에 대한 자료는 무기질 결핍이 있는 아래 오렌지나무 잎의 사진으로 부터 얻어졌다.

데이터 해석

1. 어린 잎은 성숙한 잎에 비해 어떻게 다르게 나타나는가?
2. 이 사진에서는 무엇이 가장 뚜렷한 무기질 결핍증인가? 이러한 증상을 일으키는 세 개의 영양소를 열거하라. 증상의 위치에 근거할 때 세 개중에서 어떤 영양소가 가장 영향을 미치고, 왜 그런가? 그 위치는 다른 두 개의 영양소에 대해 무엇을 제시하는가?
3. 만약 실험들이 부식질이 적은 토양에서 나타났다면 이런 결핍 원인에 대해 당신의 가설은 어떻게 영향을 받게될 것인가?

시트르산과 같은)의 분비이다. 이 유기산들은 알루미늄이온과 결합하여 토양의 알루미늄 농도를 낮춘다. 과학자들은 세균을 통해서 시트르산 합성유전자를 식물유전체에 도입함으로써 담배와 파파야를 바꾸었다. 결과적으로 과도하게 생산된 시트르산은 이들 두 작물의 알루미늄 저항성을 증대시켰다.

스마트 식물

농업연구자들은 비료사용을 줄이면서 농작물 수확량을 유지하는 방법을 개발하고 있다. 이를 위한 새로운 방법으로는 유전공학적으로 개발된 스마트 식물을 사용하는 방안이 있다. 이 식물은 해를 받기 전에 양분결핍이 임박했다는 정보를 미리 재배자에게 알려준다. 어떤 스마트 식물은 식물조직에 인의 함량이 낮아지기 시작하

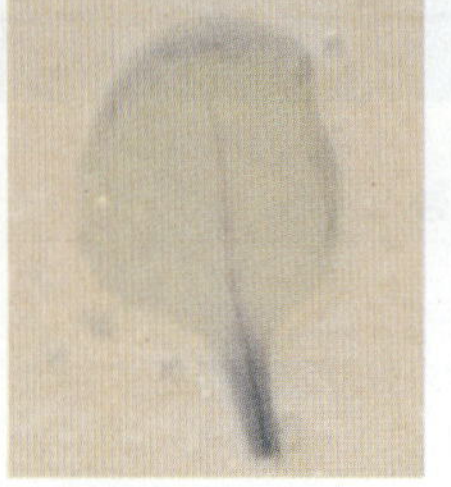
인 결핍 없음

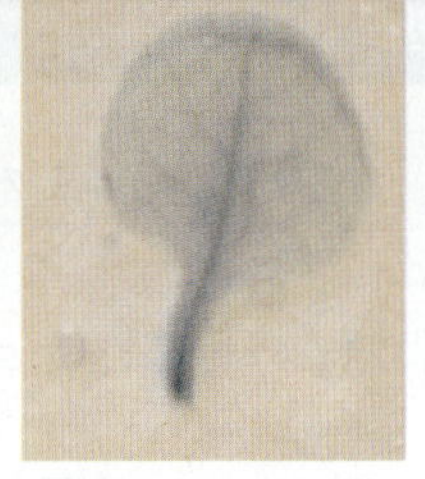
인 결핍 시작

잘 나타난 인 결핍 증상

▲ **그림 37.8 "스마트" 식물의 결핍증 경고.** 일부 식물은 영양이 결핍되어 위험에 빠지거나 회복불능의 손상이 일어나기 전에 이에 대한 신호를 보낼 수 있도록 유전학적으로 변화되어 왔다. 예를들면, 연구식물인 애기장대는 실험 처리 후에 긴급한 인산염 결핍에 대한 반응을 청색의 색깔로 나타낸다.

면 RNA 중합효소와 쉽게 결합하는 프로모터를 가지고 있다. 이 프로모터는 잎의 세포에 청색의 색소를 생산하는 "보고" 유전자와 연계되어 있기 때문에**(그림 37.8)**, 스마트 식물의 잎에 청색의 색깔이 나타 나면 농부는 인산 비료를 시비할 때라는 것을 알게 된다.

식물생장을 활발하게 하기 위해서는 토양에 대해 배워야 하고, 적당한 무기질 공급, 충분한 공기, 높은 수분유지력, 낮은 염분도, 중성에 가까운 pH를 갖는 토양이 갖춰져야 한다는 것을 알아야 한다. 또한 토양이 무기질과 다른 화학물질들이 독성을 나타내는 농도가 되지 말아야 한다. 그러나 이들 토양의 물리화학적 특성도 부분적이기 때문에 우리는 반드시 토양의 생물요소도 염두에 두어야만 한다.

개념 확인 문제 37.2

1. 일부 필수원소들이 그 외 다른 것들보다 더 중요한가? 설명하라.
2. **WHAT IF?** 만약 어떤 한 원소가 식물의 생장률을 높인다고 했을 때 그것을 필수원소라고 정의할 수 있을까?
3. **MAKE CONNECTIONS** 그림 10.17의 발효에 대한 정보를 근거로 수경재배한 식물이 산소공급이 충분치 않다면 왜 현저하게 생육이 느려지는지 설명해 보라.

정답은 부록 A 참조

개념 37.3

식물의 영양은 종종 다른 생물체와 상호관계를 갖는다

여기에서 우리는 식물을 토양 자원의 착취자로서 조명하였다. 그러나 식물과 토양은 두 가지 상호관계를 갖는다. 죽은 식물은 토양 미생물에게 필요한 많은 에너지를 공급한다. 반면 뿌리에서 분비되는 분비물은 뿌리 가까운 환경 속의 다양한 미생물을 지원한다. 여기에서 우리는 뿌리와 세균 또는 곰팡이 사이의 상호관계

인 공생(mutualism), 편리공생에 대해서 초점을 맞추려고 한다. 다음에는 다른 식물들이나, 간혹 동물들과의 비공생적 관계를 형성하는 특이한 식물들 몇 가지에 대해서도 살펴볼 것이다.

세균과 식물의 영양

공생세균은 식물의 영양에도 역할을 한다. **근권세균(rhizobacteria)**은 **근권(rhizosphere)**, 특히 식물의 뿌리 가까운 토양에서 서식한다. **내생생물(endophytes)**은 비병원성 세균(또는 곰팡이)으로서 식물체의 세포들 사이에 사는데 식물 세포와 긴밀한 연합체를 만들거나 형태를 변화시키지는 않는다. 내생생물들이나 근권세균은 모두 식물 세포로부터 분비되는 당, 아미노산과 유기산 같은 양분에 의지한다. 근권의 경우에 식물 광합성생산량의 20% 가량을 이 작은 생태계의 생물체들이 소비한다. 내생생물이나 근권세균들은 다양한 기작에 의해 식물생장을 증진시킨다. 그들 중 일부는 식물생장을 자극하는 화학물질을 생산하거나, 질병으로부터 뿌리를 보호하는 항생물질을 생산한다. 또한 어떤 세균들은 독성금속을 흡수하거나 뿌리에 더 유용한 양분을 만들기도 한다. 식물생장을 촉진하는 근권세균들을 종자에 접종함으로써 작물생산을 늘리고, 비료와 농약사용을 줄일 수 있다. 내생생물들이 차지한 세포간극, 식물뿌리계와 연합되어 있는 근권은 모두 독특하고 복잡한 뿌리 분비물과 미생물 생산물질들이 혼합되어 들어 있는데 이런 것은 주변의 토양과 다르다. 최근의 메타유전체 연구에서 내생성 세균군집과 근권의 세균군집은 같지 않다는 것이 밝혀졌다(**그림 37.9**). 뿌리 안팎의 세균을 더 잘 이해함으로써 많은 농업적 이익을 얻을 수 있다.

▼ 그림 37.9 탐구

뿌리의 안쪽과 바깥에 세균군집의 구성은 얼마나 다양할까?

실험 뿌리의 안쪽과 바로 바깥쪽에서 발견되는 세균군집은 식물생장을 증진시키는 것으로 알려져 있다. 이들 세균군집이 주는 이점을 증대시키기 위한 방안을 마련하기 위해서는 이들이 얼마나 복잡한지, 또 이들의 구성에 미치는 요인이 무엇인지 알아낼 필요가 있다. 이들 세균군집을 연구하는데 있어서 내재된 한 가지 문제는 한 줌의 흙 속에 10,000종류 이상의 기록된 모든 세균종보다도 많은 세균이 들어 있다는 것이다. 각각의 종을 간단히 배양할 수 없고 또 이들을 동정하기 위해 분류 검색표를 이용할 수도 없기 때문에 분자적인 접근이 필요하다.

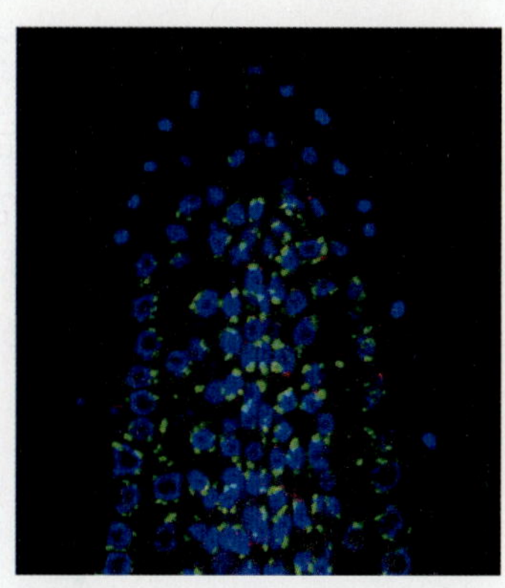

▲ 뿌리 표면의 세균(녹색) (형광 LM 사진)

제프리 댄글과 그의 연구팀은 메타유전체학(개념 20.1 참조) 기술을 이용하여 다양한 표본에서 세균의 종수를 추정하였다. 그들이 연구한 세균군집의 표본들은 장소(뿌리속, 근권, 또는 근권 밖), 토양의 종류(점토 또는 사질토), 뿌리계의 발생단계(성숙한 또는 어린 단계)에 따라서 달랐다. 16S 리보솜 RNA 소단위를 암호화하는 DNA를 증폭시키기 위하여 각 표본들로부터 DNA를 분리하여 중합효소 연쇄반응(PCR)을 실시하였다. 각 표본들은 수천 개의 DNA 염기서열 변이를 나타내었다. 연구자들은 "분류학적 단위" 또는 "종"이라 할 수 있는 97% 이상의 동일한 염기서열을 한 묶음으로 만들었다. (종이란 단어를 따옴표 안에 둔 이유는 97% 이상 동일한 유전자를 갖는 두 개의 생물체는 어떤 종의 정의에서도 명시된 것이 아니기 때문이다.) 각 군집 내에서 "종"의 유형이 확립되어 있기 때문에 연구자들은 각 군집 내에서 흔한 세균 "종"의 퍼센트를 보여주는 계통수를 만들었다.

결과 이 계통수는 세균군집의 관계를 점점 자세하게 세분하고 있다. 이 도표의 이해를 돕기 위해 두 개의 예가 설명란에 나와 있다.

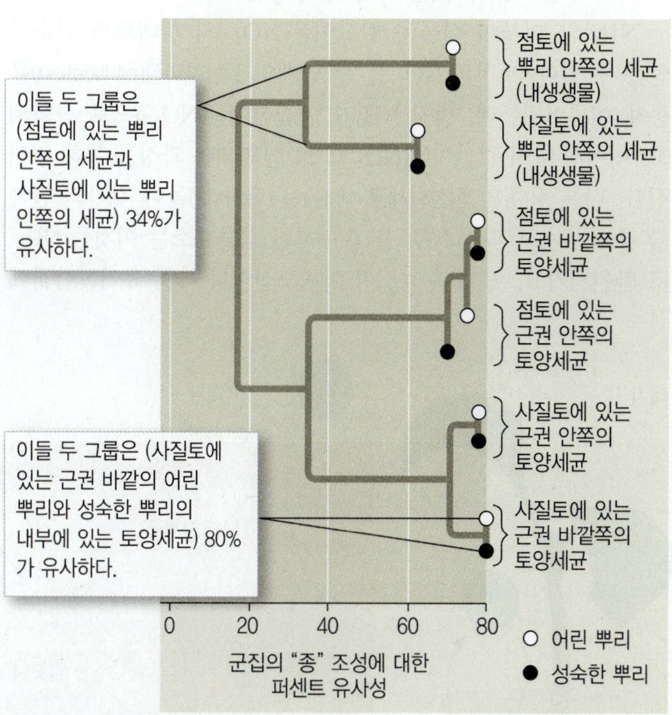

결론 세균군집의 "종" 구성은 뿌리의 안쪽과 바깥쪽, 그리고 토양의 유형에 따라서 매우 다양하다.

INTERPRET THE DATA **(a)** 세 개의 군집 위치 가운데 어느 것이 다른 두 개의 것과 가장 유사하지 않은가? **(b)** 세균군집의 "종" 구성에 가장 영향을 주는 것이 무엇인지 세 개의 변수(군집의 위치, 뿌리의 발생단계, 토양의 유형)를 순위 매겨보라.

참고문헌 D.S. Lundberg et al., Defining the core *Arabidopsis thaliana* root microbiome, *Nature* 488:86 – 94 (2012).

질소 순환에서의 세균

식물은 질소 이용을 돕는 몇 종류의 세균과 상호공생관계를 갖는다. 지구상의 관점에서 볼 때 단백질과 핵산의 구성물질인 질소만큼 식물생장을 제한하는 무기질은 없다. 여기서는 직접 식물에 의한 질소고정 과정에 초점을 맞추고자 한다. 다른 토양 무기질과는 달리 암모늄이온(NH_4^+)이나 질산이온(NO_3^-)은 암석의 붕괴로부터 생기지 않는다. 비록 적은 양의 NO_3^-이 번개에 의해 만들어져 비를 통해 토양에 옮겨지지만 대부분 토양의 질소는 세균의 활동으로 얻어진다(**그림 37.10**).

그림 55.14에서도 논의되겠지만 **질소 순환(nitrogen cycle)**은 자연에서의 질소와 질소화합물의 전환을 설명하는 것이다. 식물이나 동물이 죽거나, 동물이 노폐물을 배설할 때에 질소의 초기 형태는 유기물이다. 분해자들은 유기질소를 암모니아화 과정을 통해 암모늄이온(NH_4^+)으로 전환한다. 토양 NH_4^+의 다른 근원은 질소고정세균(nitrogen-fixing bacteria)으로 기체상태의 질소(N_2)를 암모니아(NH_3)로 전환하는데, NH_3는 토양수의 H^+를 받아들여 식물이 흡수할 수 있는 NH_4^+를 형성한다.

NH_4^+와 더불어 식물은 질산이온(NO_3^-)의 형태로도 질소를 얻을 수 있다. 토양의 NO_3^-는 두 단계의 질산화과정(nitrification)을 통해 이루어지는데, 먼저 NH_3가 아질산이온(NO_2^-)으로 산화되고, 이어서 다시 질산이온(NO_3^-)으로 산화되는 과정을 통해 얻어진다. 다른 유형의 질산화세균(nitrifying bacteria)들이 각각의 단계를 중개한다. 뿌리가 NO_3^-을 흡수하면 식물효소는 이것을 NH_4^+로 환원시키고, 또 다른 효소가 아미노산이나 다른 유기화합물에 이것을 결합시킨다. 대부분의 식물종은 NO_3^- 또는 뿌리에서 합성된 유기화합물의 형태로 물관부를 이용해 질소를 뿌리에서 어린싹으로 보낸다. 토양 속의 질소는 특히 무산소 조건의 토양에서는 탈질화세균이 NO_3^-를 N_2로 전환시켜 대기로 확산된다.

질소고정세균: 자세히 살펴보기

대기의 79%가 질소로 구성되어 있음에도 불구하고, 질소분자는 두 개의 질소원자가 삼중결합으로 단단하게 결합되어 있기 때문에 식물은 질소기체를 이용할 수 없다. 대기의 질소를 식물이 이용하기 위해서는 반드시 **질소고정(nitrogen fixation)**이라는 과정에 의해 NH_3로 환원되어야 한다. 모든 질소고정생물은 세균이다. 어떤 질소고정세균은 토양에서 홀로 서식하지만, 다른 일부는 내생생물로 살아가기도 한다(그림 37.10). *Rhizobium* 속에 의한 N_2 고정의 특별한 경우로, 세균은 콩과식물(완두, 강낭콩, 알팔파, 땅콩 등)의 뿌리와 밀접한 연합체를 구성하여 뿌리구조를 크게 변경시키는데, 이에 대해서 간단히 설명될 것이다.

질소고정과정을 통해 N_2가 NH_3로 전환되는 과정을 다음과 같이 요약할 수 있다:

$$N_2 + 8\,e^- + 8\,H^+ + 16\,ATP \rightarrow 2\,NH_3 + H_2 + 16\,ADP + 16\,Ⓟ_i$$

이 반응은 효소복합체인 질소고정효소(nitrogenase)에 의해 이루어진다. 질소고정은 세균이 암모니아 두 분자를 합성하면서 16개의 ATP 분자를 필요로 하기 때문에 질소고정세균은 썩고 있는 유기물질, 뿌리 분비물, 또는 (*Rhizobium* 세균의 경우) 뿌리

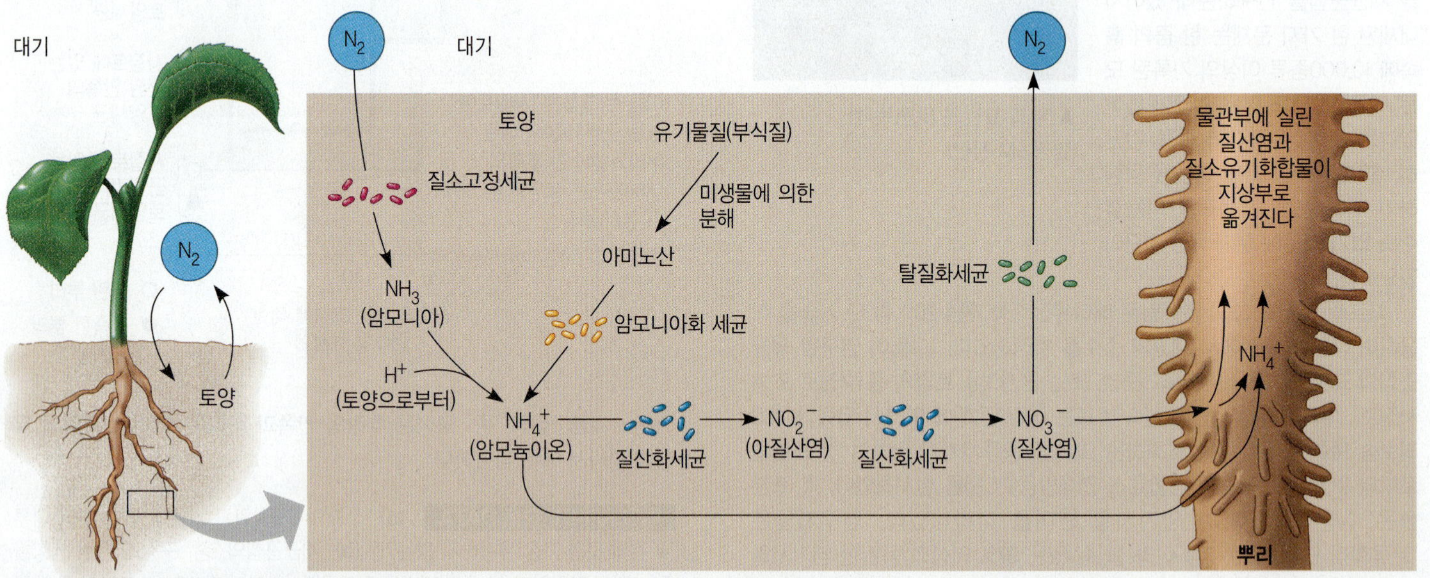

▲ **그림 37.10 식물의 질소영양에서 토양세균의 역할.** 암모니아는 2가지 유형의 토양세균에 의해 식물에 이용되는데, 즉 대기 중의 N_2를 고정하는 질소고정세균과, 유기물질을 분해하는 암모니아화 세균이다. 식물은 토양으로부터 암모니아를 일부 흡수하기도 하지만 질산화세균에 의해 암모니아로부터 생산되는 질산염을 주로 흡수한다. 식물은 질소를 유기화합물에 결합시키기 전에 질산염을 암모니아로 다시 환원시킨다. 뿌리의 물관부는 식물종에 따라 다르지만 질소를 질산염, 아미노산과 다양한 유기화합물의 형태로 지상부로 보낸다.

의 관다발조직으로부터 탄수화물을 충분히 공급받아야 한다.

Rhizobium 세균과 콩과식물 뿌리의 특별한 공생관계는 뿌리의 구조를 놀랍도록 변화시킨다. 콩과식물의 뿌리를 따라서 형성되는 **뿌리혹(nodules)**은 *Rhizobium*의 침입을 받은 식물 세포로 구성된다(**그림 37.11**). 뿌리혹 안에서 *Rhizobium*은 뿌리세포의 소낭 내에서 **박테로이드(bacteroids)**라는 형태로 존재한다. 콩과식물-*Rhizobium* 공생은 현대의 상업적 비료보다 훨씬 유용한 질소를 생산하며, 이러한 공생관계는 농부들에게 어떤 경비도 부담시키지 않으면서 농작물에 적당한 양의 질소를 제때에 공급할 수 있게 한다.

광합성을 하지 않는 살아 있는 세포 내에 자리한 박테로이드의 위치는 질소고정에 알맞다. 뿌리혹의 목질화된 바깥층은 기체의 출입을 제한한다. 어떤 뿌리혹은 레그헤모글로빈(leghemoglobin)이라고 하는 철 함유의 단백질 때문에 붉은색을 띠는데(사람 적혈구의 헤모글로빈과 비슷한) 산소와 가역적으로 결합한다. 이 단백질은 산소농도를 낮게 유지하는 역할을 하며, 세균이 질소고정에 필요한 ATP를 꾸준히 생산하도록 산소공급을 조절한다.

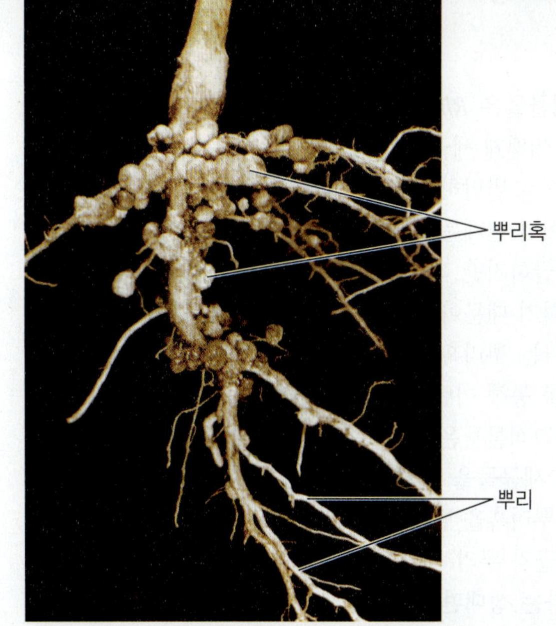

▲ **그림 37.11 완두의 뿌리.** 완두뿌리의 뿌리혹 안에는 *Rhizobium* 세균이 들어 있다. 세균은 질소를 고정하고 식물이 공급한 광합성 산물을 갖는다.

? 콩과식물과 *Rhizobium* 세균 사이의 공생관계는 어떠한가?

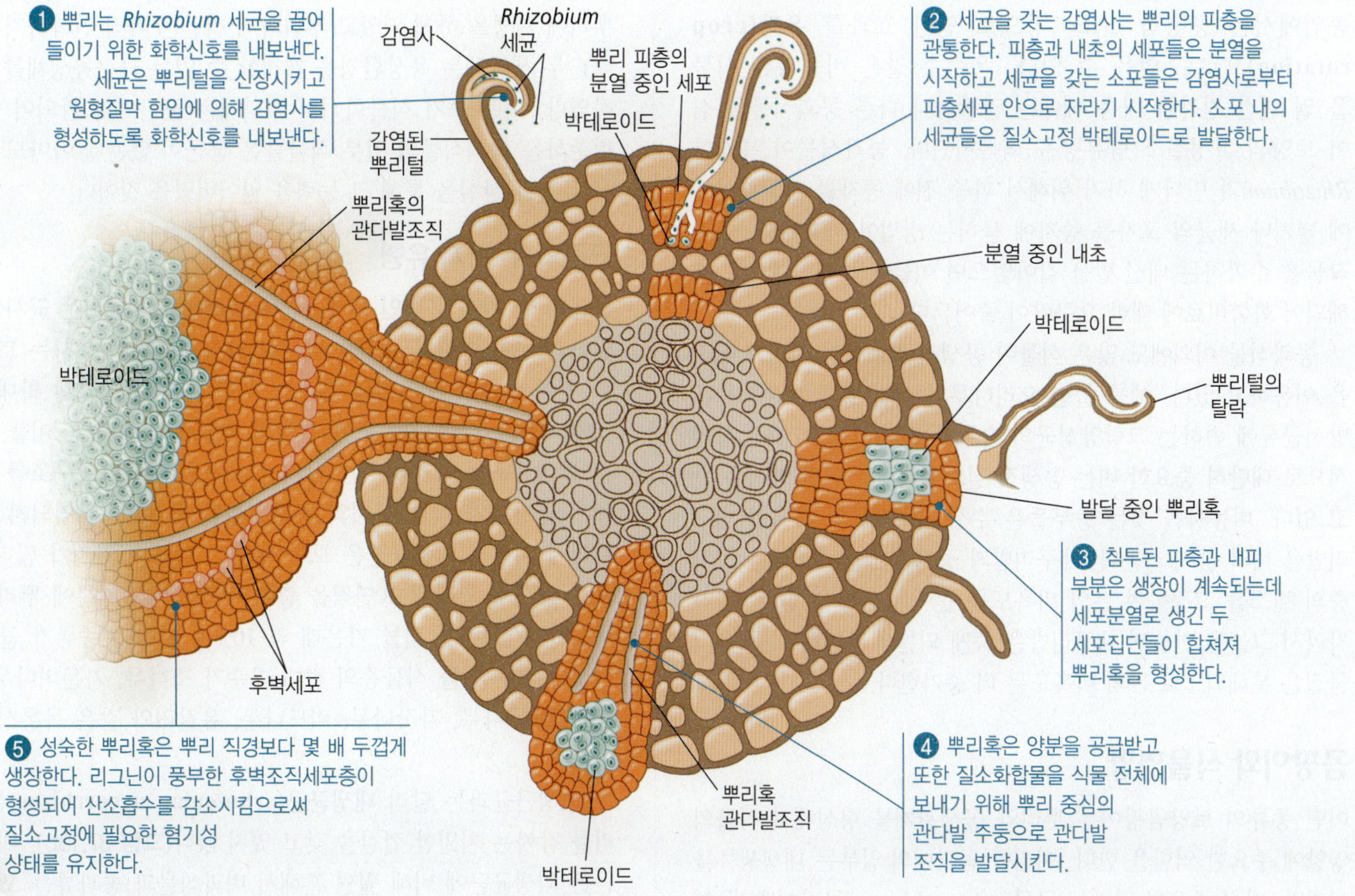

1 뿌리는 *Rhizobium* 세균을 끌어들이기 위한 화학신호를 내보낸다. 세균은 뿌리털을 신장시키고 원형질막 함입에 의해 감염사를 형성하도록 화학신호를 내보낸다.

2 세균을 갖는 감염사는 뿌리의 피층을 관통한다. 피층과 내초의 세포들은 분열을 시작하고 세균을 갖는 소포들은 감염사로부터 피층세포 안으로 자라기 시작한다. 소포 내의 세균들은 질소고정 박테로이드로 발달한다.

3 침투된 피층과 내피 부분은 생장이 계속되는데 세포분열로 생긴 두 세포집단들이 합쳐져 뿌리혹을 형성한다.

4 뿌리혹은 양분을 공급받고 또한 질소화합물을 식물 전체에 보내기 위해 뿌리 중심의 관다발 주둥으로 관다발 조직을 발달시킨다.

5 성숙한 뿌리혹은 뿌리 직경보다 몇 배 두껍게 생장한다. 리그닌이 풍부한 후벽조직세포층이 형성되어 산소흡수를 감소시킴으로써 질소고정에 필요한 혐기성 상태를 유지한다.

감염사
Rhizobium 세균
감염된 뿌리털
뿌리 피층의 분열 중인 세포
박테로이드
뿌리혹의 관다발조직
분열 중인 내초
박테로이드
뿌리털의 탈락
발달 중인 뿌리혹
후벽세포
뿌리혹 관다발조직
박테로이드

▲ **그림 37.12 강낭콩 뿌리혹의 발달**

? 어떤 식물의 조직계가 뿌리혹 형성에 의해 변형을 일으키는가?

각 콩과식물들은 *Rhizobium*의 특별한 계통과 관련이 있다. 그림 37.12는 어떻게 세균이 "감염사"라고 하는 것을 통해 침투한 다음 뿌리혹으로 발달하는지를 기술하고 있다. 콩과식물과 질소고정세균 사이의 관계는 상호공생적인데, 왜냐하면 세균은 고정된 질소를 공급하지만 식물은 세균에게 탄수화물과 다른 유기화합물을 공급하기 때문이다. 공생적 질소고정에 의해 생산된 대부분의 암모니아는 뿌리혹에서 아미노산을 만드는 데 사용되고 이들은 물관부를 통해 어린싹으로 옮겨진다.

어떻게 콩과식물들은 토양 속의 많은 세균들 가운데 특정한 *Rhizobium*의 세균들을 인식할까? 또한 특정한 *Rhizobium*을 만나면 어떻게 뿌리혹을 발생시킬까? 이 두 개의 질문은 연구자들로 하여금 세균과 뿌리 사이의 화학적 대화를 밝혀내도록 이끌었다. 각 동반자는 상대편으로부터 오는 화학적 신호에 대해 뿌리혹 형성에 관여하는 특정 유전자를 발현함으로써 상대방에게 반응한다. 뿌리혹 형성에 관한 분자생물학적 지식을 이해함으로써 연구자들은 *Rhizobium*을 유도해 정상적으로 질소고정 공생관계를 갖지 못하는 작물에서 뿌리혹을 형성할 수 있기를 희망하고 있다.

질소고정과 농업

농업에서는 공생적 질소고정으로 인한 효과를 **윤작(crop rotation)**으로도 얻을 수 있다. 옥수수 같은 비콩과류 식물을 일 년간 경작한 다음 해에는 알팔파나 다른 콩과식물을 심어 토양의 고정질소 함유량을 회복시킨다. 콩과식물이 특정한 *Rhizobium*과 만나게 하기 위해서 파종 전에 종자를 세균배양액에 넣거나 세균의 포자를 종자에 묻히는 방법이 사용된다. 콩과작물을 수확하는 대신 밭을 갈아엎으면 이들이 녹색거름으로 분해되어 화학비료에 대한 요구량이 줄어든다.

콩과식물 이외에도 많은 식물이 공생적 질소고정 이외의 이점을 이용하고 있다. 예를 들면 오리나무와 어떤 열대 초본식물은 방선균류에 속하는 그람양성균의 숙주가 된다(그림 27.16). 상업적으로 대단히 중요한 벼는 공생적 질소고정으로 인한 혜택을 받고 있다. 벼농사를 짓는 농부들은 수생 양치식물의 하나인 개구리밥을 벼와 함께 키운다. 개구리밥과 공생관계인 남조류는 공기 중의 질소를 고정하여 논의 비옥도를 높이는 역할을 한다. 벼가 자라서 그늘을 만들면 개구리밥은 죽게 되는데 자연히 이들 유기물질은 분해되므로 논의 비옥도는 더 증가한다.

곰팡이와 식물영양

어떤 종류의 토양곰팡이는 뿌리와 공생관계를 형성해서 식물의 영양에 주요한 역할을 한다. 이러한 곰팡이의 일부는 내생생물들이지만, 가장 중요한 관계는 **균근(mycorrhizae**, "곰팡이뿌리")이라고 하는 곰팡이와 뿌리의 공생관계로 이루어진 연합체이다(그림 31.14). 곰팡이는 숙주식물로부터 계속해서 당을 공급받는 대신 수분흡수의 표면적을 증대하고 토양으로부터 인산 등의 무기질을 선택적으로 흡수하여 식물에게 공급한다. 균근의 곰팡이는 뿌리의 생장과 분지를 촉진하는 생장인자를 분비하며, 토양의 병원성 세균과 곰팡이로부터 식물을 보호하는 항생물질을 분비한다.

균근과 식물진화

진화 균근은 특별한 것이 아니기 때문에 대부분의 식물종에서 형성될 수 있다. 사실 식물-곰팡이 공생은 식물이 육상을 점령하는 데 있어서 꼭 필요했던 적응의 하나였을 것으로 짐작된다(29장). 4억~5억 년 전 녹조류로부터 진화한 초기의 식물은 육상에 진출하였을 때에 척박한 환경에 직면했다. 비록 토양에는 무기질 양분이 포함되었지만 유기물질은 없었다. 그렇기 때문에 아마도 비는 많은 수용성 무기양분을 유출시켰을 것이다. 그러나 황무지는 경쟁이 별로 없었고 빛과 이산화탄소를 쉽게 얻을 수 있었기 때문에 기회의 장소가 되었다. 초기의 육상식물뿐 아니라 초기의 육상 곰팡이는 모두 물속의 원생생물체로부터 진화했기 때문에 육상환경을 개척할 준비는 잘 되어 있지 못했다. 초기 식물은 토양으로부터 양분을 뽑아내는 능력이 없었고, 반면 곰팡이는 탄수화물을 생산할 수 없었다. 대신에 곰팡이는 식물의 헛뿌리에 기생을 하게 되었고(뿌리와 뿌리털은 아직 진화하지 않았다), 두 생물체는 육상환경을 개척할 수 있는 균근공생체를 형성하였다. 어떤 초기 식물화석의 뿌리에는 균근이 포함되어 있다. 현존하는 속씨식물의 일부 식물들은 균근이 없는데 아마도 이들은 유전자 상실을 통해 그 능력을 잃어버렸을 것이다.

균근의 두 가지 유형

균근의 한 가지 유형인 **외생균근(ectomycorrhizae)**은 균사의 치밀한 껍질이 뿌리의 표면을 덮는다(31장), 곰팡이 균사는 토양으로 뻗어서 물과 무기질의 흡수를 위한 표면적을 크게 확대한다(그림 37.13a). 균사는 또한 뿌리의 피층으로 자란다. 이들 균사는 뿌리세포를 관통하지는 않지만 세포외부에 망상구조를 형성해서 곰팡이와 식물 사이의 양분교환을 돕는다. 감염되지 않은 뿌리에 비해서 외생균근은 보통 두껍고 짧으며 가지가 많다. 이들은 균사가 확장된 표면적을 충분히 제공하기 때문에 뿌리털을 형성하지 않는다. 식물 가운데 약 10%에 달하는 종류가 균근을 형성하는데, 이들 식물종의 절대 다수가 소나무, 가문비나무, 참나무, 호두나무, 자작나무, 버드나무, 유칼리와 같은 목본성식물이다.

외생균균과는 달리 **내생균근(arbuscular mycorrhizae)**은 뿌리를 감싸는 치밀한 껍질을 갖고 있지 않다(그림 37.13b). 내생균근은 외생균근에 비해 훨씬 흔해서 벼과식물과 콩과류를 포함한 85% 이상의 식물에서 발견된다.

육안으로 보면 내생균근은 뿌리털이 있는 보통의 뿌리처럼 보이지만, 현미경을 통해서 보면 식물의 영양에 있어서 대단히 중

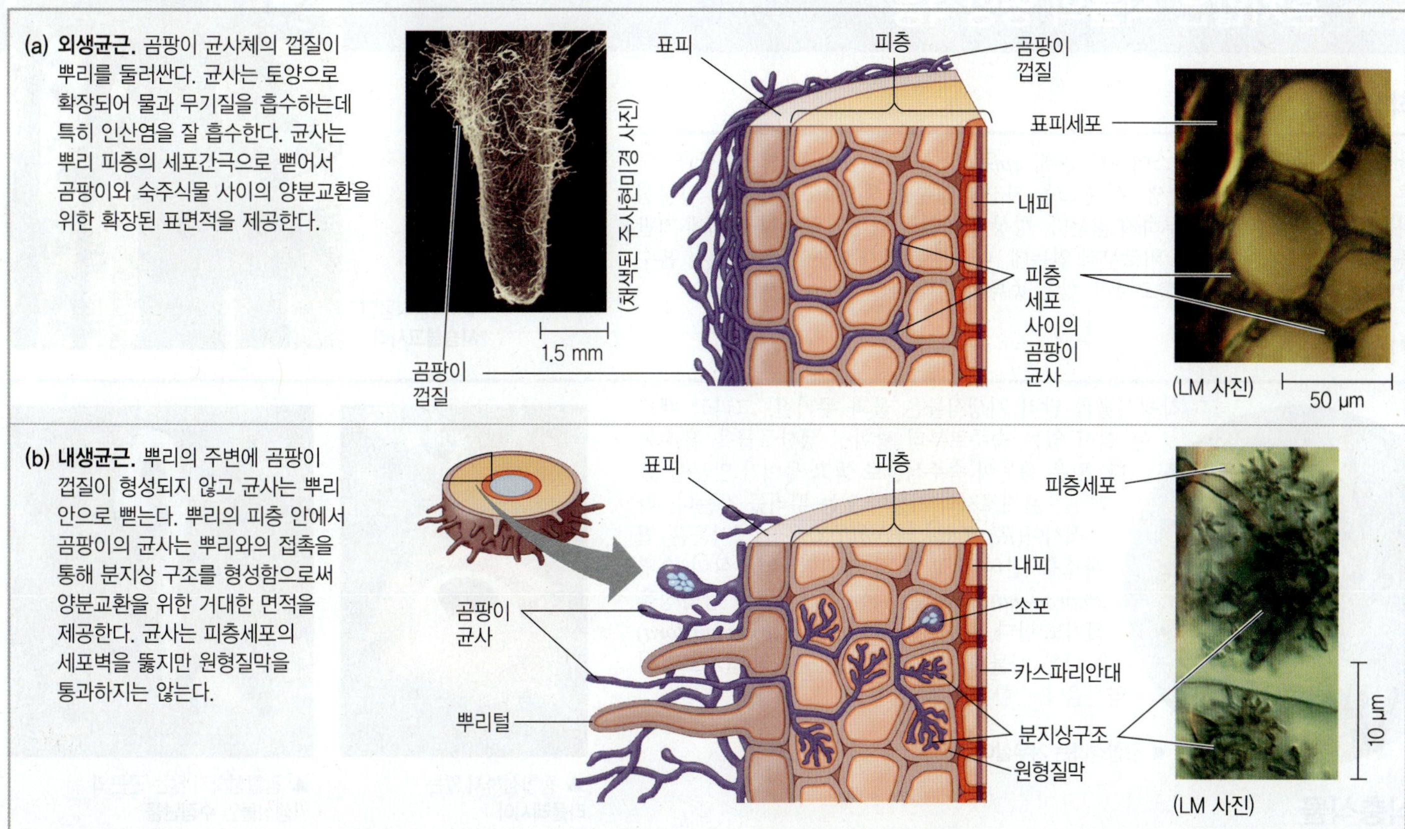

▲ 그림 37.13 균근

요한 공생관계가 있음을 알게 된다. 균사연합체는 뿌리로 뻗어나간 미세한 곰팡이 균사가 접촉을 시작해서 그 표면을 따라 자라면서 시작된다. 균사는 표피세포 사이를 침투하여 뿌리의 피층으로 들어간다. 균사는 또한 뿌리 피층세포 세포벽에 작은 부분을 소화시키지만, 원형질막을 뚫고 세포질 안으로는 들어가지 않는다. 대신 뿌리세포의 막이 함입되어 형성된 관 안으로 자란다. 이런 행동은 마치 손가락으로 풍선을 부드럽게 살짝 찌르는 것과 같은데 손가락이 곰팡이 균사와 같다면 풍선의 껍질은 뿌리세포의 막과 같다. 이런 방법으로 균사가 침투하면 일부는 작은 가지란 뜻의 분지상 구조(arbuscules; "little trees")를 이루는데, 이들은 곰팡이와 식물 사이에 양분의 전달이 일어나는 중요한 부위이다. 균사 내에는 곰팡이의 먹이를 저장할 수 있는 난형의 소낭이 형성되기도 한다.

농업에 있어서 균근의 중요성

뿌리는 적당한 종류의 곰팡이에 노출되어야만 균근으로 전환될 수 있다. 대부분의 자연적인 생태계에서 이들 곰팡이는 토양에 존재하며 유식물은 균근을 발달시킨다. 그렇지만 어떤 환경에 있는 종자를 채취하여 다른 토양에 심는다면 그 식물과 짝을 이루는 균근의 부재로 인해 식물은 인 결핍증과 같은 영양결핍증을 보일 것이다. 간혹 종자를 균근 곰팡이 포자와 함께 처리하면 균근을 형성해 유식물을 돕기 때문에 작물생산을 증진시킨다.

균근 연합체는 또한 생태적 관계를 이해하는 데 있어 중요하다. 내생균근 곰팡이들은 숙주 특이성이 거의 없다; 어느 한 가지 곰팡이가 여러 식물들과 균근연합체 연결망을 형성하기도 한다. 식물군집 내에서의 균근 연결망은 다른 종보다 어느 한 식물종에 더 많은 유익을 준다. 균근이 식물군집의 구조에 어떠한 영향을 미치는지를 보여주는 다른 예가 외래 식물종의 연구에서 나왔다. 미국 동부지역의 삼림을 침입하여 다른 식물들을 덮어버렸던 유럽종인 마늘겨자(*Alliaria petiolata*)는 자신의 균근을 형성하지 않지만 내생균근의 생장을 방해함으로써 다른 식물의 생육을 저해하였다.

착생식물, 기생식물과 식충식물

대부분의 식물은 토양 곰팡이나 세균, 또는 두 가지 모두와 공생관계를 갖는다. 착생식물, 기생식물, 그리고 식충식물을 포함해서 다른 생명체를 착취하는 드문 적응을 이룬 식물체들도 있다(그림 37.14). 최근의 연구는 이러한 행동이 정상이라고 제안했다. 호주 퀸스랜드 대학교의 샤냐라트(Chanyarat Paungfoo-Lonhienne)와 그녀의 연구팀은 애기장대와 토마토가 세균과 효모균을 뿌리로 받아들여 소화시키는 증거를 제시하였다. 이런 개척적인 연구는 식물의 육식성이 *Genlisea*(그림 37.1) 같은 이상한 식물에서만 있는 적응 형태가 아니라 많은 식물종들도 종속영양에 제한적으로 참여하고 있다는 것을 시사하고 있다.

▼ 그림 37.14

탐구 흔치않은 식물의 영양적응

착생식물

착생식물(**epiphytes**; 그리스어에서 유래, *epi*는 위, *phyton*은 식물을 의미함)은 다른 식물 위에서 자란다. 착생식물은 그들 자신의 양분을 생산하고 모으지만 양분섭취를 위해 숙주안으로 침투하지 않는다. 항상 살아있는 나무의 동체나 가지에 기반을 두면서, 물과 무기물을 비로부터 얻는데, 대부분 뿌리가 아닌 잎을 통해서 흡수한다. 이러한 예로서 사슴뿔고사리, 많은 종류의 난과 바닐라 등이 있다.

▶ 착생식물인 **사슴뿔고사리**

기생식물

착생식물과 달리 기생식물은 물과 무기질, 그리고 때로는 살아 있는 숙주로부터 광합성 생산물들을 흡수한다. 많은 종들이 숙주식물로 뚫고 들어가 양분을 흡수하는 흡기로서의 기능이 있는 뿌리를 갖는다. 라플레시아(*Rafflesia amoldii*) 같은 기생식물은 엽록소를 전혀 갖고 있지 않지만, 겨우살이(속명 *Phoradendron*) 같은 다른 기생식물은 광합성을 하기도 한다. 또한, 수정난풀(*Monotropa uniflora*)은 다른 식물과 연합되어 있는 균근의 균사로부터 양분을 흡수한다.

◀ 광합성하는 **겨우살이**

▲ 광합성하지 않는 **라플레시아**

▲ 광합성하지 않는 균근의 기생식물인 **수정난풀**

식충식물

식충식물은 광합성을 하지만 곤충이나 다른 작은 동물을 잡아서 무기물을 보충한다. 식충식물은 질소와 무기물이 부족한 척박한 토양이나 산성의 습지에 서식한다. 벌레잡이통풀(*Nepenthes*) 또는 병자초(*Sarracenia*)는 먹잇감이 미끄러져 떨어질 수 있도록 깔때기 모양의 구조를 갖는다. 먹이는 효소에 의해 소화되어 흡수된다. 끈끈이주걱은 독특하게 변형된 잎의 촉수와 같은 분비모로부터 끈적끈적한 용액을 분비한다. 자루가 있는 분비모는 곤충을 끌어들이기 위해 달콤한 점액을 분비한다. 크게 변형된 잎을 갖는 파리지옥(*Dionaea muscipula*)은 먹잇감이 2개의 감각모를 접촉하면 잎을 빠르게 닫는다. 작은 동물은 탈출할 수 있지만 큰 동물은 잎의 가장자리에 있는 뾰족한 돌기구조에 의해 붙잡히게 된다. 먹잇감에 의해 진동이 생기면 잎은 더욱 조여지고 소화효소가 분비된다.

▲ 끈끈이주걱

◀ 벌레잡이풀

◀ 파리지옥

개념 확인 문제 37.3

1. 왜 근권에 대한 연구가 식물의 영양을 이해하는 데 있어 결정적인가?
2. 토양세균과 균근이 식물영양에 어떻게 공헌하는가?
3. MAKE CONNECTIONS 영양 방식에 대해 광합성과 종속영양성을 모두 이용하는 전략을 설명하는 일반적인 용어는 무엇인가(29장 참조)? 이런 전략을 사용하는 잘 알려진 원생생물의 예로는 어떤 것이 있는가?
4. WHAT IF? 땅콩농사를 짓는 농부가 오랜 우기가 끝난 후 오래된 잎들이 노란색으로 변하는 것을 발견한다. 왜 그런지 이유를 제시하라.

정답은 부록 A 참조

37장 복습

핵심 개념의 요약

개념 37.1

토양은 살아 있는 복잡한 생태계를 지닌다

- 토양에는 암석으로부터 유래된 다양한 크기의 토양입자가 발견된다. 토양입자의 크기는 토양의 물, 산소, 무기물의 가용성에 영향을 미친다.
- 토양의 조성은 무기질 성분 및 유기질 성분으로 이루어진다. **표토(topsoil)**는 세균, 곰팡이, 원생동물, 동물과 식물의 뿌리로 이루어진 복잡한 생태계이다.
- 어떤 농업은 토양의 무기질 성분을 탈취하고, 수분을 고갈시키며, 침식을 촉진할 수 있다. 토양보존의 목적은 이러한 손실을 최소화하는 것이다.

? 어떻게 토양이 복잡한 생태계인가?

개념 37.2

식물의 생활사를 완성하기 위해서는 화학원소들이 필요하다

- **다량원소(macronutrient)**는 식물체가 상대적으로 많은 양을 필요로 하는 원소를 말하며 탄소, 산소, 수소, 질소, 그 외 유기화합물의 구성 성분을 포함한다. **미량원소(micronutrient)**란 식물이 매우 소량을 필요로 하는 원소를 말하며 효소의 보조인자처럼 촉매기능을 갖는다.
- 이동성이 큰 양분이 결핍되면 보통 어린 기관보다는 성숙된 기관에서 먼저 증상이 나타난다. 그러나 이동성이 작은 양분이 결핍되면 이와 반대가 된다. 다량원소의 결핍은 흔하게 일어나는데, 특히 질소, 인산, 포타슘의 결핍은 매우 흔하다.
- 유전공학자들은 토양을 식물에 맞추려하기보다는 식물을 토양에 맞추려고 한다.

? 식물이 생장하는데 토양이 필요한가? 설명하라.

개념 37.3

식물의 영양은 종종 다른 생물체와 상호관계를 갖는다

- **근권세균(rhizobacteria)**은 뿌리와 연계된, 미생물이 풍부한 생태계인 **근권(rhizosphere)**으로부터 에너지를 얻는다. 식물의 분비는 지하권이 필요로 하는 에너지를 제공한다. 일부 근권세균들은 항생물질을 생산하지만 어떤 세균들은 식물이 잘 이용할 수 있는 양분을 만들기도 한다. 대부분의 세균들은 독립적으로 살아가지만 일부는 식물체 안에 살기도 한다. 식물은 엄청나게 필요한 질소를 세균의 **유기물(humus)** 분해와 질소기체의 고정으로부터 얻는다.

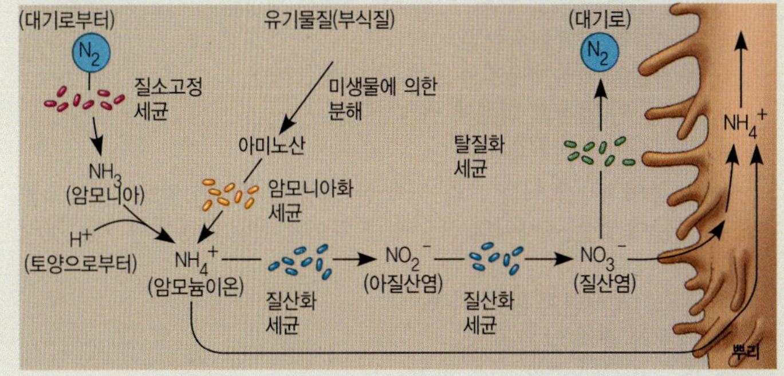

질소고정세균은 대기 중의 N_2를 식물이 유기질을 합성하는 데 필요한 질소원으로 흡수할 수 있도록 질소성 무기질로 전환한다. 식물과 질소고정세균과의 가장 효율적인 공생관계는 콩과식물의 뿌리에서 자라는 *Rhizobium*에 의해 형성된 뿌리혹에서 이루어진다. 이들 세균은 식물로부터 당을 얻고 식물에 고정된 질소를 공급한다. 농업에서는 토양의 질소를 회복시키기 위해 콩과작물을 윤작시킨다.

- **균근(mycrrhizae)**은 곰팡이와 식물의 상호공생 연합체이다. 외생균근과 내생균근의 균사체는 물과 무기물을 흡수하여 숙주인 식물에게 공급한다.
- **착생식물(epiphyte)**은 다른 식물의 표면에서 자라지만 물과 무기질은 비로부터 얻는다. 그러나 기생식물은 양분을 숙주식물로부터 얻는다. 식충식물은 동물을 분해시켜 얻음으로써 부족한 무기질 양분을 보충한다.

? 모든 식물은 에너지를 광합성으로부터 직접 얻는가? 설명하라.

생각해보자

수준 1: 지식/이해

1. 작물에서 가장 흔하게 결핍되는 무기질 양분은 무엇인가?
   a. 탄소　　b. 질소
   c. 인　　d. 포타슘
2. 미량원소는 매우 적은 양이 필요하다. 왜냐하면
   a. 대부분이 식물체 내에서 움직이기 때문에.
   b. 대부분이 효소의 보조인자로서 일하기 때문에.
   c. 대부분 종자에서 충분한 양이 공급되기 때문에.
   d. 식물의 생장과 건강에 작은 역할만을 하기 때문에.

3. 균근은 주로 식물의 영양을 증진하는데
   a. 곰팡이의 균사를 통해 물과 무기질을 흡수함으로써
   b. 엽록체가 없는 뿌리세포에 당을 공급함으로써
   c. 대기의 질소를 암모니아로 전환시킴으로써
   d. 뿌리로 하여금 이웃하는 식물에 기생시킴으로써
4. 기생식물은
   a. 식물을 공격하는 곰팡이다.
   b. 뿌리와 상호연합체를 구성하는 곰팡이다.
   c. 광합성을 하지 않는 기생식물이다.
   d. 다른 식물체 위에 자라는 식물이다.
5. 집중적인 관개와 관련된 문제점들 가운데 해당되지 않는 것은?
   a. 토양의 염류화 b. 과잉시비
   c. 지반침하 d. 대수층 고갈

수준 2: 응용/분석

6. 무기질 결핍은 어린 잎보다 성숙된 잎에서 영향을 미치는데, 만약
   a. 무기질이 미량원소라면.
   b. 무기질이 식물체내에서 매우 잘 이동한다면.
   c. 무기질이 엽록소 합성에 필요하다면.
   d. 무기질이 다량원소라면.
7. 같은 종의 두 개 식물 그룹—즉 한 그룹은 균근이 있고 다른 그룹은 균근이 없는—사이의 건강에 큰 차이는 어떤 환경에서 오는 것일까?
   a. 질소고정세균이 많은 환경
   b. 배수가 좋지 않은 토양
   c. 더운 여름과 추운 겨울 환경
   d. 상대적으로 무기질 양분이 결핍된 토양
8. 두 그룹의 토마토가 토양에 유기물이 있는 경우와, 유기물이 없는 대조군으로서 실험실 환경에서 길러졌다. 유기물이 없는 곳에서 키운 토마토의 잎은 유기물이 풍부한 토양에서 자란 토마토의 잎에 비해 상대적으로 노란색을 나타내었다. 가장 좋은 설명은
   a. 건강한 식물은 엽록소 생산을 위한 에너지를 위해 유기물의 분해 중인 잎 속의 양분을 사용하였다.
   b. 유기물이 토양을 더욱 느슨하게 해서 물이 쉽게 뿌리로 침투하였다.
   c. 유기물은 엽록소 합성에 필요한 마그네슘과 철과 같은 무기질을 포함하였다.
   d. 유기물의 분해되는 잎들에서 발생한 열로 인해 더 빠른 생장과 엽록소 합성이 생겼다.
9. 콩과식물과 공생관계의 *Rhizobium*은 아마도 이렇게 의존할 것이다.
   a. 각 콩과식물이 곰팡이와 화학적 대화를 가짐으로써
   b. 각 *Rhizobium*이 특정한 숙주하고만 반응하는 질화효소를 가짐으로써
   c. 콩과식물에 특정한 *Rhizobium*이 있는 토양에서만 발견되는 콩과식물처럼
   d. *Rhizobium*과 콩과식물의 화학적 신호와 신호 수용체 사이의 특별한 인식처럼

10. **DRAW IT** 양이온 교환에 대한 그림을 뿌리털, 음이온을 갖는 토양입자, 무기질 양이온을 대신하는 수소이온 등을 이용하여 간단히 그려라.

수준 3: 종합/평가

11. **진화적 관점**
    그림 37.10의 그림에서 식물이 없다고 상상해보라. 식물이 육상에서 진화하기 전에는 토양세균이 어떻게 질소 순환을 유지할 수 있었을지에 대해 한 문단으로 기술하라.
12. **과학적 탐구**
    산성비는 비정상적으로 높은 수소이온(H^+) 농도를 갖는다. 산성비의 영향 가운데 하나는 칼슘(Ca^{2+}), 포타슘(K^+), 마그네슘(Mg^{2+}) 같은 토양의 양분을 유실시키는 것이다. 산성비가 어떻게 토양으로부터 이들 양분을 제거하는지에 대해 가설을 제기해 보라. 당신의 가설을 어떻게 입증할 것인가?
13. **과학, 기술, 사회**
    여러 나라에서는 관개로 인해 대수층이 고갈되어서 지반이 침하되고 수확이 감소되기 때문에 우물을 점점 깊이 파야 할 필요성이 커지고 있다. 요즘 많은 경우에 지하수 고갈이 대수층의 자연 회복율을 훨씬 뛰어넘고 있다. 이런 추세에 대한 가능한 결과를 논의하시오. 이런 문제를 완화시키기 위해서는 사회와 과학이 무엇을 해야 할까?
14. **글쓰기: 상호작용**
    식물이 자라는 토양에는 모든 생태계의 생물체들이 바글거린다. 식물이 세균, 곰팡이 및 동물들과의 상리공생적 관계가 어떻게 식물의 영양을 증진시키는지를 예를 들어 짧게 기술하라(100~150자).
15. **종합적으로 생각해보기**

토양에 발자국을 남기는 것은 하찮은 일처럼 보인다. 발자국이 어떻게 토양의 성질에 영향을 주고, 이러한 변화가 토양 생물체와 돋아나는 어린 식물체에는 어떻게 영향을 주는지에 대해 짧게 기술하라(100~150자).

정답은 부록 A 참조.

38

속씨식물의 생식

핵심 개념

38.1 꽃, 중복수정, 열매는 속씨식물 생활사의 독특한 특징이다

38.2 현화식물은 유성생식, 무성생식, 또는 둘 다로 생식한다

38.3 인간은 육종와 유전공학으로 작물을 개량한다

▲ **그림 38.1 말벌은 왜 이 꽃과 짝짓기를 하려고 하는가?**

사기꾼 꽃

말벌(*Eucera longicornis*) 수컷은 자주 지중해 난초인 *Ophrys scolpax*의 꽃과 교미를 하려고 시도한다(**그림 38.1**). 그러는 동안 꽃가루 주머니가 곤충 몸에 달라붙는다. 결과적으로 실망한 말벌은 날아가 잘못된 열애의 대상인 다른 *Ophrys*에게 가서 꽃가루 주머니를 내려놓게 된다. *Ophrys* 꽃은 말벌에게 꽃꿀 같은 아무런 보상도 해주지 않고 단지 성적인 실망만 안겨준다. 그러면 왜 말벌은 그렇게도 이런 난초에 매혹되는가? 전형적인 답은 난초의 가장 큰 꽃잎과 그 주변의 모양이 암컷 말벌을 비슷하게 닮았다는 것이다. 그러나 이런 시각적인 유혹은 사기의 일부분이다. *Ophrys*는 성적 대상인 암컷 말벌이 풍기는 것과 유사한 냄새를 가진 화학물질을 방출한다.

이런 난초와 난초의 꽃가루 전달자인 말벌은 속씨식물(현화식물)이 공간적으로 멀리 떨어져 있는 같은 종과 생식을 가능하게 하는 놀라운 방법의 한 가지 예를 보여주고 있다. 그러나 교배만이 식물의 유일한 생식 방식은 아니다. 많은 종들은 무성으로 생식하며 부모와 유전적으로 동일한 자손을 만든다.

난초와 말벌의 예에서 특이한 면은 곤충이 꽃과 상호작용으로 이익을 얻지 못한다는 것이다. 사실 난초와 교미하려고 노력한 시간이나 에너지 낭비로 볼 때, 말벌은 아마도 완전한 성공을 이룬 것 같지는 않다. 좀 더 전형적인 경우, 식물은 성적 보상보다는 고에너지의 꽃꿀이나 꽃가루 같은 보상을 제공하며 동물 꽃가루 전달자를 유혹한다. 그래서 식물과 꽃가루 전달자 모두 이익을 얻는다. 다른 생물체와 상호호혜적인 관계를 갖는 것은 식물계에서는 아주 일반적이다. 사실 최근 진화 과정에서 몇몇 현화식물은 단지 종자만 날라다 주는 것이 아니라 식물에게 물과 무기질 영양소를 제공해 주고 공격해 오는 경쟁자나 병원균, 포식자로부터 적극적으로 보호해 주는 동물과 상호호혜적인 관계를 형성하고 있다. 이런 호혜에 대한 보상으로 동물은 식물의 씨나 열매의 일부를 먹을 수 있게 된다. 이런 상호 호혜적 공생 관계에서 식물은 작물이고 동물은 인간이 된다.

10,000년 이상 전에 식물이 작물화된 이래로 식물 육종가는 인위적 수정으로 수백 종 속씨식물의 형질을 유전적으로 조작하여 현재 우리가 기르고 있는 작물로 형질변환시켰다. 유전공학은 지금 식물을 변형시킬 수 있는 방법의 다양성과 속도를 크게 향상시켰다.

29장과 30장에서 우리는 진화적 관점으로 육상식물의 조상인 조류에서부터 그 자손까지 추적하며 식물의 생식에 대해 알아보았다. 여기서는 현화식물이 대부분의 육지생태계와 농업에서 가장 중요한 식물군이기 때문에 현화식물의 생식에 대해 자세하게 공부해 보고자 한다. 먼저 속씨식물의 유성생식과 무성생식에 대해 공부한 후에 우리는 작물의 유전적 변형에서 인간의 역할과 함께 현대 식물 생명공학을 둘러싼 논쟁들에 대하여도 살펴볼 것이다.

개념 38.1

꽃, 중복수정, 열매는 속씨식물 생활사의 독특한 특징이다

모든 식물의 생활사는 포자체(포자 생성 식물)와 배우체(생식세포 생성 식물)를 교대로 만들어 가는 세대 교번이 특징이다. 속씨식물에서 포자체가 우리가 보는 식물이다. 즉 가장 크고, 눈에 잘 띄며, 가장 오래 존재한다. 속씨식물 생활사의 가장 중요 형질은 세 개의 "F"(*f*lowers 꽃, double *f*ertilization 중복수정, *f*ruits 열매)로 기억할 수 있다.

꽃의 구조와 역할

속씨식물 포자체의 생식지(reproductive shoot)인 꽃은 전형적으로 4개 형태의 꽃기관, 즉 **심피(carpel)**, **수술(stamens)**, **꽃잎(petals)**, **꽃받침(sepals)**으로 이루어져 있다(그림 38.2). 앞에서 본 것처럼 이런 기관들은 집중적 윤생의 형태를 갖고 있다. 심피가 첫 번째(가장 안쪽), 수술이 두 번째, 꽃잎이 세 번째, 그리고 꽃받침이 네 번째 윤생을 형성한다. 이 4가지 모두가 **화탁(receptacle)**이라는 줄기의 일부에 붙어 있다. 영양지와는 다르게 꽃은 유한지다. 즉 이 꽃 기관들은 꽃과 열매가 형성된 후에는 성장을 멈춘다.

심피와 수술은 생식을 위한 기관이지만 꽃잎과 꽃받침은 아니다. 심피는 **암술대(style)**라는 길고 가는 목과 그 밑에 있는 **씨방(ovary)**을 갖고 있다. 암술대의 맨 위에는 꽃가루를 포획할 수 있는 끈적끈적한 구조물인 **암술머리(stigma)**가 있다. 씨방 속에 있는 한두 개의 **밑씨(ovule)**는 수정되면 종자가 된다. 밑씨의 수는 종에 따라 다르다. 그림 38.2의 꽃은 하나의 심피를 갖고 있지만 여러 개의 심피들을 갖는 식물종도 많다. 대부분의 식물종에서는 2개 이상의 심피가 하나의 구조물로 합쳐져 2개 이상의 방을 가진 씨방이 되며 각 방에는 1개 이상의 밑씨가 들어 있다. **암술(pistil)**이란 용어는 때때로 하나의 심피나 두 개 이상의 합쳐진 심피들을 지칭하기도 한다. 수술은 수술대(filament)라고 부르는 대와 **꽃밥(anther)**이라 부르는 말단 구조물로 이루어진다. 꽃밥에는 소포자낭(꽃가루 주머니)이라는 방이 있어 그곳에서 꽃가루(화분)가 생산된다. 꽃잎은 전형적으로 꽃받침보다 더 화려한 색깔이어서 꽃들이 곤충이나 동물 같은 꽃가루 전달자를 불러들이는 데 유용하다. 꽃받침은 아직 벌어지지 않은 꽃봉오리를 싸서 보호하며 다른 꽃 기관보다 더 잎과 비슷하다.

완전 꽃(complete flowers)이란 네 가지 기본적인 꽃 기관을 다 가진 것이다(그림 38.2). 어떤 종은 **불완전 꽃(incomplete flowers)**, 즉 꽃받침, 꽃잎, 수술 또는 심피가 없는 꽃이 핀다. 어떤 불완전 꽃은 제대로 기능을 하는 수술과 심피가 모두 없어 불임이고 또 다른 꽃은 수술과 암술 중 하나만 없어 단성(unisexual)이기도 하다. 또한 꽃은 크기, 모양, 색, 향기, 그리고 꽃 기관의 배열, 개화기 등에서 다양하다. 어떤 종은 낱 꽃인 반면, 어떤 종은 **화서(inflorescences**, 꽃차례)라고 부르는 화려한 꽃 모둠을 보인다. 예를 들어, 해바라기 중앙의 둥근 부위는 수백 개의 작은

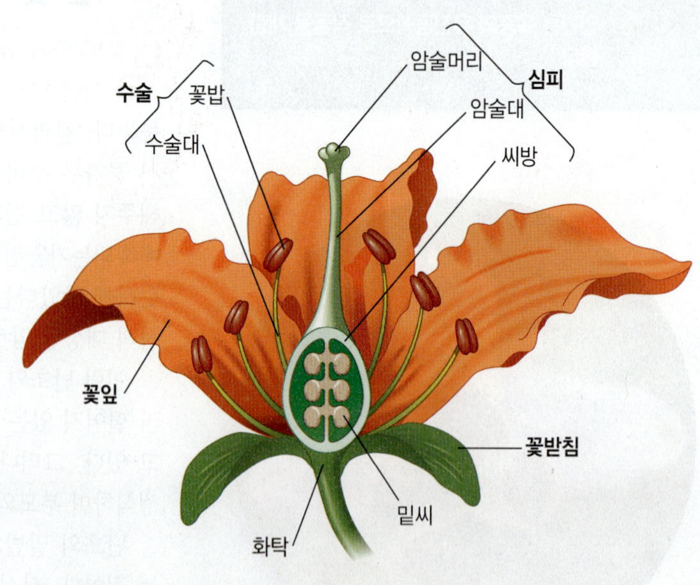

▲ 그림 38.2 이상적인 꽃의 구조

▼ 그림 38.3

탐구 꽃 진화에서의 경향

진화 다윈은 현화식물의 기원에 대해 "지독스러운 비밀"이라고 묘사하였다. 그는 화석 기록에서 현화식물의 비교적 갑작스러운 출현과 빠른 다양화에 대해 의문을 가졌다. 지금의 과학자들은 종자식물이 1억 4천만 년 전에 생겼다고 추정한다. 그들의 다양성은 주로 꽃가루 전달자와의 관계를 좀 더 특이적으로 만들려는 선택적 압력을 통해 진행되었다. 그러나 예를 들면 전달자가 멸종되는 경우같이 꽃의 과도한 특성화와 연관된 부정적 결과도 있을 수 있었다. 또한 같은 종의 다른 식물체에 꽃가루는 전달하지도 않으면서 꽃이 제공하는 꽃물이나 꽃의 일부를 받아먹으려는 "강도" 같은 존재를 막으려는 부정적인 선택적 압력도 있다. 이런 다양하고 때로는 부정적이기도 한 선택적 압력에도 불구하고 4가지 일반적인 경향을 꽃의 진화에서 발견할 수 있다. 즉 좌우대칭형, 꽃 기관의 개수 줄이기, 꽃 기관 합치기, 그리고 화탁 안에 밑씨를 두는 것이다.

좌우대칭형

사향아욱(*Malva moschata*)의 꽃은 방사상 대칭을 보인다. 즉 중심축을 통과하는 어떤 선을 그어도 꽃은 똑같이 생긴 두 부분으로 나누어진다. 반대로 "Bramley" 서양란(*Disa watsonii*)은 좌우상칭형 대칭을 보인다. 즉 단지 하나의 선만이 꽃을 정확히 반쪽으로 나눌 수 있다. 좌우대칭형의 꽃들은 벌 같은 곤충이 꽃에 접근할 때 방향을 정해주어, 그 곤충이 꽃꿀을 찾을 수 있도록 하고 곤충과 꽃 사이에 꽃가루 전달이 더 잘 이루어지도록 한다.

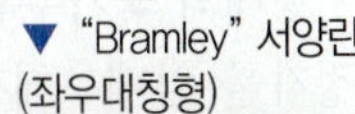
▼ "Bramley" 서양란 (좌우대칭형)

▲ 사향아욱(방사대칭형)

꽃 기관 합치기

베들레헴의 별(*Ornithogalum arabicum*)의 꽃잎은 합쳐져 있지 않지만, 삼색메꽃속 잡초인 *Calystegia septium*의 꽃잎은 함께 합쳐져 있다. 흔히 꽃 기관이 합쳐지면 꽃에 찾아드는 동물 꽃가루 전달자의 특이성이 높아진다. 예를 들면 꽃잎이 합쳐져 만들어진 긴 "꽃관"은 꽃꿀에 도달할 수 있는 동물만 꽃가루 전달자가 될 수 있다.

▲ 베들레헴의 별

▼ 메꽃 화살

꽃 기관의 개수 줄이기

혈근초(*Sanguinaria canadensis*)의 꽃은 여러 장의 꽃잎과 수술을 가지는데, 그 정확한 숫자는 꽃들마다 다르다. 반대로 연령초(*Trillium flexipes*)의 꽃은 더 적은 수의 꽃 기관을 가지면서 그 수가 고정되어 있다. 비록 더 많은 수의 꽃 기관을 가지면 꽃가루 전달자를 잘 유혹할 수 있지만 꽃꿀이나 꽃가루만을 노리는 "강도" 같은 원하지 않는 방문자를 부추기기도 한다.

▼ 연령초

▲ 혈근초

화탁 안에 위치한 밑씨

돌식물(*Lithops* sp.)의 꽃에는 밑씨가 화탁 위에 자리한다. 반대로 일본 마르멜로(*Chaenomeles japonica*)의 밑씨는 화탁 속에 파묻혀 있어서 종자가 발생하는 동안 더 잘 보호받을 수 있고 그 후에는 동물에 의해 잘 분산될 수 있다.

▼ 일본 마르멜로 (세로 단면)

▲ 돌식물 (세로 단면)

꽃으로 이루어진 화서이며 주변의 노란색의 꽃잎같이 보이는 것은 사실 불임인 꽃이다(그림 40.22). 대부분 꽃의 다양성은 특정 꽃가루 전달자에 대한 적응을 나타난다. 그림 38.3은 진화해 온 꽃 기관 변이의 예를 보여주고 있다.

속씨식물의 일생주기: 개요

그림 38.4는 배우체의 발생, 수분, 중복수정, 종자 발생을 포함한 속씨식물의 일생주기를 보여주고 있다.

배우체의 발생

종자식물의 진화 과정 동안에 배우체는 크기가 작아지며 영양소를 포자체에 전적으로 의존하게 되었다(그림 30.2). 속씨식물의 배우체는 모든 식물에서 가장 작게 줄어들어 겨우 몇 개의 세포로만 이루어져 있다. 즉 현미경으로나 관찰이 가능하고 보호 조직에 의해 숨겨져 있다.

암배우체(배낭)의 발생 암술이 발달함에 따라 하나 이상의 밑씨가 아래가 부풀어 오른 씨방 깊숙한 곳에 형성된다. 암배우체는 **배낭(embryo sac)**이라고도 알려져 있으며 각 씨방 안에서 발생한다. ❶ 배낭의 형성 과정이 대포자낭(megasporangium)이라 부르는 각 밑씨 내부의 조직에서 일어난다. 두 층의 **주피**(integument)(종피로 발달하는 보호성 포자체 조직층)는 **주공**(micropyle)이라는 틈을 제외하고 각 대포자낭 주변을 싸고 있다. 각 밑씨의 대포자낭에서 한 세포, 즉 **대포자모세포**(megasporocyte 또는 megaspore mother cell)가 커져서 감수분열을 겪고 4개의 반수체 **대포자(megaspore)**를 만들 때 암배우체의 발생이 시작된다. 단지 하나의 대포자만 생존하고 다른 세포들은 퇴화된다.

생존한 대포자의 핵은 세포질분열 없이 세 번의 세포분열을 하여 8개의 핵을 갖는 하나의 거대한 세포가 된다. 이 다핵체는 막으로 나뉘어 배낭이 된다. 핵의 운명은 주공 근처에서 생성된 옥신 호르몬 농도기울기에 따라 결정된다. 배낭의 주공 끝에서는 조세포라 부르는 두 개의 세포가 난세포의 옆에 있으면서 배낭으로 꽃가루관을 유인하고 안내하는 역할을 한다. 배낭의 다른 쪽 끝에는 기능을 알 수 없는 3개의 반족세포가 있다. 다른 두 핵인 극핵(polar nuclues)은 분리된 세포로 나누어지지 않고 대신에 배낭의 커다란 중심세포 세포질을 공유하게 된다. 그래서 성숙된 배낭은 7개의 세포 안에 들어 있는 8개의 핵을 갖게 된다. 결국 종자가 될 밑씨는 이제 대포자낭(결국은 죽게됨)과 2개의 주변 주피로 싸인 배낭으로 이루어진다.

꽃가루에서 수배우체 발생 ❷ 수술이 만들어질 때 각 꽃밥은 꽃가루 주머니로 알려진 4개의 소포자낭으로 발달한다. 소포자낭(꽃가루 주머니) 안에는 **소포자모세포**(microsporocyte)라고 하는 많은 이배체 세포가 있다. ❸ 각 소포자모세포는 감수분열을 통해 4개의 반수체 **소포자(microspores)**를 형성하게 되고 각각이 결국은 반수체 수배우체가 될 수 있다. 하나의 소포자는 체세포분열을 거쳐 단지 2개의 세포, 즉 **생식세포**(generative cell)와 **관세포**(tube cell)로 이루어진 반수체 수배우체를 만든다. 이들 두 세포와 포자벽은 함께 **꽃가루(pollen grain)**를 이룬다. 소포자와 꽃밥 둘 모두에 의해 생산되는 물질로 이루어진 포자벽은 종 특이적인, 정교한 무늬를 보인다. 수배우체가 성숙되는 동안 생식세포는 수배우체의 성숙 과정 동안, 생식세포는 관세포로 들어가 그 일부가 된다: 이제 관세포는 안에 완전히 독립된 세포를 하나 가지게 된다.

수분

소포자낭이 깨져 열리면서 방출된 꽃가루가 암술머리의 표면에 옮겨지는 것을 **수분(pollination)**이라고 한다. 여기서 우리는 수분 이후에 어떻게 꽃가루가 정자를 배달하는지에 초점을 맞출 것이다. 그 다음 꽃가루가 꽃밥에서 암술머리로 옮겨질 수 있는 여러 방법에 대해서 알아볼 것이다.

수분이 일어날 때 꽃가루는 전형적으로 관세포와 생식세포만으로 이루어진다. 꽃가루는 습기를 흡수하고 길게 세포가 돌출하는 형태의 **꽃가루관(pollen tube**, 화분관)을 만들며 발아를 하여 정자를 암배우체까지 날라다 준다. 꽃가루관은 한 시간에 1 cm 이상의 속도로 매우 빠르게 자라난다. 꽃가루관이 암술대를 따라 자라감에 따라 생식세포의 핵은 체세포분열을 하여 2개의 정자를 만들고 이들은 꽃가루관 세포 안에 남아 있는다. 조세포에 의해 만들어진 화학적 유인물질에 반응하여 꽃가루관의 끝은 주공까지 자라면서 2개의 정자를 이끌어 간다. 꽃가루관이 도착하면 두 조세포 중 하나가 죽는데, 그럼으로써 배낭으로 들어가는 통로를 제공한다. 꽃가루관핵과 두 개의 정자는 이제 꽃가루관에서 암배우체 근처로 방출된다(❹).

중복수정

두 개의 정자가 암배우체에 도달한 후에 배우자끼리 합쳐지는 것을 **수정(fertilization)**이라고 한다. 한 개의 정자는 난자(알세포)와 수정되어 접합자를 이룬다. 또 하나의 정자는 2개의 극핵과 합쳐져 암배우체의 커다란 중심세포의 가운데서 삼배체($3n$) 핵을 형성한다. 이 거대세포가 종자의 양분 저장조직인 **배젖(endosperm)**이 된다. ❺ 두 개의 정자세포가 암배우체의 서로 다른 핵과 합쳐지는 것을 **중복수정(double fertilization)**이라고 한다. 중복수정은 난자의 수정이 일어난 밑씨 안에서만 배젖이 발생을 하게 하여 속씨식물이 수정되지 않은 밑씨에서 영양소를 낭비하는 것을 막는다. 중복수정이 될 즈음에는 꽃가루관핵, 다른 조세포, 그리고 반족세포는 없어진다.

종자의 발생

❻ 중복수정 이후에 각 밑씨는 종자로 발생한다. 그때 씨방은 종자를 품고 있는 열매로 발생하며 바람이나 동물에 의해 종자가 퍼지는 것을 돕는다. 종자는 그 접합자로부터 포자체 배아가 발

생함에 따라, 다양한 정도의 단백질, 지방, 그리고 녹말을 저장한다. 따라서 종자들은 주요 양분을 독차지하는 장소가 된다. 초기에는 배젖이 탄수화물과 다른 영양소를 저장하지만 나중에는 종에 따라서 배의 부풀어 오른 떡잎(종자 잎)이 이런 역할을 대신한다. 종자가 발아할 때 ❼ 배는 새로운 포자체로 발달을 한다. 성숙한 포자체는 자신의 꽃과 열매를 만든다.

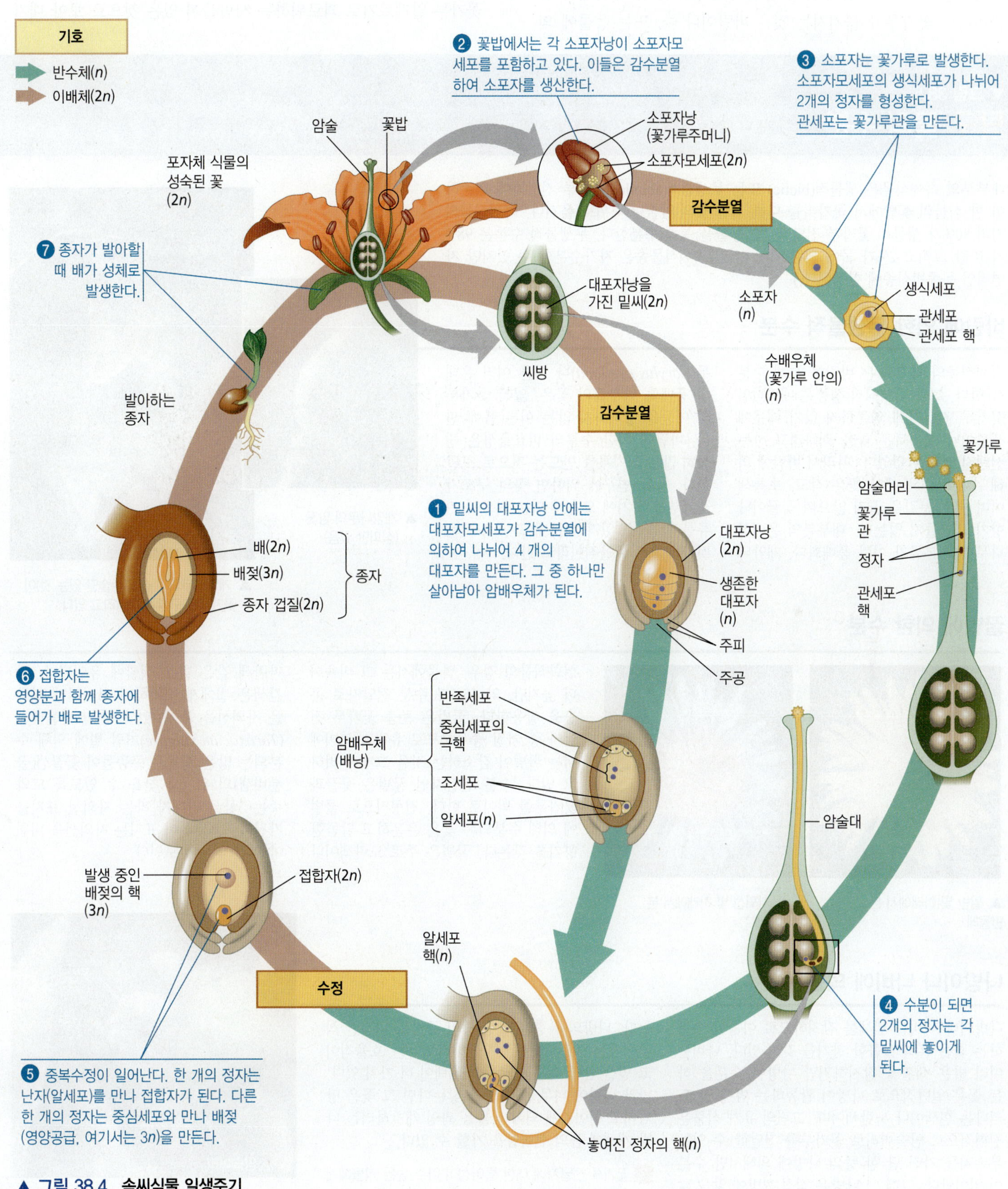

▲ **그림 38.4 속씨식물 일생주기**

수분의 방법

이제까지 우리는 속씨식물의 일반적인 일생주기를 살펴보았고 다음에는 수분의 방법에 대하여 알아보려고 한다. 꽃밥에서 암술머리로 꽃가루가 옮겨지는 것은 바람이나 물, 또는 동물에 의해 이루어진다(그림 38.5). 초본류나 여러 나무 종처럼 바람에 의해 수분이 되는 식물에서는 대량의 작은 꽃가루를 날려 보냄으로써 바람에 의한 무작위적인 분산을 한다. 한 해 중 어떤 시기에는 꽃가루 알레르기로 괴로워하는 사람들이 있는 것으로 보아 대기

▼ 그림 38.5

탐구 꽃의 수분

대부분의 속씨식물은 생물적(biotic) 또는 무생물적(abiotic) 꽃가루 전달자에 의존하여 한 식물의 꽃밥에서 꽃가루를 다른 식물 꽃의 암술머리 위로 옮긴다. 속씨식물의 거의 80%가 생물적 꽃가루 전달자, 즉 동물을 통해 수분한다. 무생물적 수분은 98%가 바람 그리고 2%가 물에 의존한다. (어떤 속씨식물종은 자가수분할 수 있지만 자연적인 동종번식종에 한정된다.)

바람에 의한 무생물적 수분

속씨식물의 약 20%는 바람을 통해 수분을 한다. 그들의 생식적 성공은 매력적인 꽃가루 전달자에 의존하지 않기 때문에 색깔이나 향기로운 꽃을 택하려고 하는 선택적 압력은 없었다. 따라서 바람에 의해 수분되는 종에서 꽃은 작고, 초록색이며 별로 눈길을 끌지 않으며 꽃꿀이나 향기도 만들지 않는다. 대부분의 온대성 나무나 초본류가 이런 풍매화다. 개암나무(*Corylus avellana*)나 다른 여러 온대성 풍매화 나무들의 꽃은, 잎이 꽃가루의 이동을 방해하지 않는 이른 봄에 핀다. 바람에 의한 수분의 비효율성은 굉장히 많은 꽃가루를 만드는 것으로 보완한다. 풍동 연구에 의하면 꽃의 구조가 꽃가루를 잡기에 도움이 되는 회오리 기류를 만들 수 있기 때문에 그냥 보이는 것 이상으로 효율적이라고 한다.

▲ 개암나무의 암꽃 (심피만 있음)

▲ 개암나무의 수술꽃(수술만 있는 것)이 꽃가루를 구름처럼 날리고 있다.

꿀벌에 의한 수분

▲ 일반 빛 아래에서 본 민들레

▲ 자외선 빛 아래에서 본 민들레

현화식물의 경우, 작물에서는 그 비율이 더 높지만, 약 65%가 수분 전달자로 곤충을 활용한다. 꿀벌은 곤충 꽃가루 전달자 중 가장 중요하므로 유럽과 북미에서는 꿀벌이 감소하는 것을 크게 우려하고 있다. 수분 전달자인 꿀벌은 꽃꿀과 꽃가루를 먹이로 한다. 전형적으로 꿀벌에 의해 수분되는 꽃은 은은하고 달콤한 향기를 갖는다. 꿀벌은 주로 노란색이나 파란색 같은 밝은 색깔에 유인된다. 빨간색은 벌에게 밋밋하게 보이지만 이들은 자외선을 볼 수 있다. 흔한 민들레들(*Taraxacum vulgare*)처럼 벌에 의해 수분되는 많은 꽃들은 곤충들이 꽃꿀샘(꿀분비샘)의 위치를 찾을 수 있도록 도와주는 "꽃꿀 안내자"라는 자외선 표지를 가진다. 그러나 이 표지는 자외선을 비춰야 인간의 눈에 보인다.

나방이나 나비에 의한 수분

나방이나 나비는 냄새를 감지하므로 이들이 수분하는 꽃은 흔히 달콤한 향기를 갖고 있다. 나비는 여러 밝은 색깔을 감지하지만 나방이 수분을 하는 꽃은 일반적으로 나방이 활동하는 밤에 잘 드러나는 흰색이나 노란색이다. 그림의 유카 식물은 전형적으로 암술머리로 꽃가루를 전달할 수 있는 부속지를 가진 단 한 종의 나방에 의해서만 수분이 일어난다. 그때 이 나방은 직접 씨방에 알을 낳는다. 나방의 유충은 발생 중인 종자를 먹지만 식물에게는 이런 비용을 지불하기보다는 효율적이고 믿을 만한 수분 전달자의 혜택이 더 가치 있다. 만약 나방이 너무 많은 알을 낳는다면 그 꽃은 망가지고 떨어지게 되어 식물을 과잉 개발하려는 나방 개체에 음의 선택압을 가할 수 있다.

? 꽃가루 전달자에 대한 특이성이 아주 높은 식물에게는 어떤 이득이나 위험이 있을까?

▲ 유카 꽃 위의 나방

에는 꽃가루가 많이 있다는 것을 알 수 있다. 어떤 바다 식물은 물로 꽃가루를 전파한다. 그러나 대부분의 속씨식물은 곤충, 새, 아니면 다른 동물들에 의하여 한 꽃에서 다른 꽃으로 직접 꽃가루를 전파한다.

박쥐에 의한 수분

나방에 의해 수분되는 꽃처럼 박쥐에 의해 수분되는 꽃도 밝은 색에 향기가 있어 야행성 꽃가루 전달자를 유인한다. 그리 수가 많지는 않지만 미국 남서부와 멕시코의 긴코박쥐(*Leptonycteris curasoae yerbabuenae*)는 용설란이나 선인장의 꽃꿀과 꽃가루를 먹는다. 먹이를 먹는 동안 박쥐는 식물에서 식물로 꽃가루를 옮겨준다. 긴코박쥐는 미국 연방에서 지정한 멸종위기종이다.

▲ 밤에 선인장 꽃에서 먹이를 먹는 긴코박쥐

파리에 의한 수분

▲ 썩은 고기 꽃 위의 파리

파리에 의해 수분되는 많은 꽃들은 썩은 고기 냄새를 풍기는 붉은 색의 살덩이 같다. 썩은 고기 꽃(*Stapelia* 종)을 찾는 검정파리는 그 꽃을 썩은 시체로 오인하여 그 위에 알을 낳는다. 이런 과정에서 검정파리는 꽃가루에 뒤범벅이 되어 다른 꽃으로 꽃가루를 옮겨준다. 알이 깨어나면 유충은 실제로 먹을 수 있는 썩은 고기가 있는게 아니므로 곧 죽게 된다.

새에 의한 수분

매발톱꽃같이, 새에 의해 수분되는 꽃은 일반적으로 크고 밝은 빨강이나 노란색이지만 향기는 거의 없다. 새는 흔히 발달된 후각기관을 갖고 있지 않아 향기 생산을 선호하는 선택적 압력을 주지 않는다. 그러나 이런 꽃들은 수분을 돕는 새의 고에너지 요구를 충족시키는 꽃꿀이라 부르는 많은 양의 설탕 용액을 만들어 내야 한다. 많은 꽃의 아래 부위에 위치한 꽃꿀 분비소에서 만들어진 꽃꿀의 주된 역할은 꽃가루 전달자에게 보상하는 것이다. 그런 꽃들은 자주 새의 구부러진 부리에 맞게 꽃잎이 합쳐져서 굴곡을 만든다.

▶ 꽃의 꽃꿀을 마시는 벌새

진화 많은 현화식물 종들이 특이적인 꽃가루 전달자와 함께 진화되었다. 상호작용하는 두 종이 서로에 의해 발생하는 선택에 반응하며 같이 진화하는 것을 **공진화(coevolution)**라고 한다. 꽃과 꽃가루 전달자 사이의 상리공생을 증진하는 약간의 구조적인 변형을 갖게 된 각 식물체와 곤충에게 자연선택이 이루어진다. 예를 들면, 어떤 식물종들은 꽃잎이 합쳐지고 꿀샘을 깊숙히 안전하게 숨긴 길고 관 같은 구조를 갖고 있다. 다윈은 이런 경우를 보며 꽃과 곤충 사이의 진화의 경주가 꽃 관의 길이와 빨대같이 생긴 곤충의 입의 길이 사이에 나타난 것이라고 추측하였다. 곤충이 꽃가루를 묻히지 않고도 긴 혀로 꽃의 꿀을 마실 수 있는 경우를 상상해 보라. 그러면 다른 식물체와의 수정이 불가능해져서 진화의 혜택을 받을 수 없다. 자연선택이란 그래서 더 긴 꽃 관을 가진 식물을 선호하는 것이다. 동시에 혀가 짧아서 긴 꽃 관을 가진 식물의 꽃 꿀을 먹을 수 없다면 혀가 긴 다른 곤충보다 자연선택에서 불리한 것이다. 결과적으로 꽃의 모양이나 크기는 흔히 그들 꽃가루 전달자의 꽃가루를 묻힐 수 있는 부위와 긴밀한 조화를 보여준다. 사실, 마다가스카르에서 자라는 식물의 긴 꽃 관을 보며 다윈은 28 cm 정도의 긴 주둥이를 가진 나방의 존재를 예견하기도 하였다. 다윈이 사망한 후 20년이 지나서 그런 나방이 발견되었다(그림 38.6).

▲ **그림 38.6 꽃과 곤충 꽃가루 전달자의 공동 진화.** 마다가스카르의 서양란(*Angraecum sequipedale*)의 긴 관은 자신의 꽃가루 전달자인 매나방(*Xanthopan morganii praedicta*)의 길이 28 cm 주둥이와 공동 진화하였다. 이 나방의 존재를 예측한 다윈을 기리는 의미에서 이런 이름이 붙여졌다.

종자에서 꽃 피는 식물까지: 자세히 살펴보기

어떻게 수분과 수정 이후에 종자가 꽃피는 식물로 발생하는지 살펴보자. 이 과정은 배젖의 발생, 배의 발생, 종자의 휴면, 종자의 발아, 종자의 발생, 꽃피기를 포함한다.

배젖의 발생

배젖의 발생은 일반적으로 배의 발생에 앞서서 일어난다. 중복수정 후 밑씨 중심 세포의 삼배체 핵은 분열하여 유액물질을 갖는 다핵성 "슈퍼세포"를 형성한다. 세포질분열로 핵들 사이에 막을 형성하며 세포질을 나눌 때 배젖이라는 이 액상 덩어리는 다세포가 된다. 결국 이들 "벌거벗은" 세포가 세포벽을 형성하고 배젖이 단단해지게 된다. 코코넛 "유액"은 액상 배젖의 예이고 코코넛 "과육"은 단단한 배젖의 예이다. 팝콘의 하얀 거품 같은 부위도 또한 배젖이다.

많은 진정쌍떡잎식물처럼 곡류나 대부분의 외떡잎식물에서는 발아 후 유식물에 의해 사용될 수 있는 영양소를 배젖이 저장하고 있다. 다른 진정쌍떡잎식물에서는 종자의 발생이 완전히 끝나기 전에 배젖에 저장된 영양소가 떡잎으로 옮겨지므로 성숙한 종자는 배젖이 없다.

배의 발생

접합자의 첫 번째 체세포분열로 수정된 난자가 나뉘어 바닥세포와 끝세포가 된다**(그림 38.7)**. 끝세포가 결국 대부분의 배를 이루게 된다. 바닥세포는 분열을 계속하여 배자루(suspensor)라고 부르는 세포의 띠를 만드는데 그것은 배를 그 부모에게 붙어 있도록 한다. 배자루는 부모식물로부터 또는 어떤 식물에서는 배젖으로부터 배에게 영양소를 옮기는 것을 돕는다. 배자루는 길어지면서 배를 양분 저장조직과 보호조직 안으로 점점 더 깊이 밀어 넣는다. 그러는 동안 끝세포는 여러 번 분열을 겪고 배자루에 붙어 있는 둥근 모양의 전배(초기배)를 형성한다. 떡잎은 전배 위에서 돌기처럼 형성되기 시작한다. 두 개의 떡잎을 갖는 진정쌍떡잎식물은 이 시기에 하트 모양을 하고 있다. 외떡잎식물에서는 단지 하나의 떡잎만이 발생한다.

미성숙 떡잎이 나타난 직후부터 배는 길어진다. 배의 지상부(어린싹계) 끝은 두 떡잎 사이에 자리한다. 배자루가 붙어 있는 배축의 다른 쪽 끝에서는 뿌리 끝(root apex)이 형성된다. 종자가 발아를 한 후 식물의 남은 일생 동안에 지상부와 뿌리 끝의 정단 분열조직은 1차 성장을 계속하게 된다(그림 35.11).

성숙한 종자의 구조

종자성숙의 마지막 단계 동안 종자에 포함된 물의 양이 전체 무게의 5~15%가 될 때까지 탈수작용이 일어난다. 영양소 공급처(떡잎, 배젖, 또는 둘 다)로 둘러싸인 배는 **휴면(dormancy)**에 들어가 성장도 멈추고 대사작용도 거의 멈춘다. 배와 배의 영양소

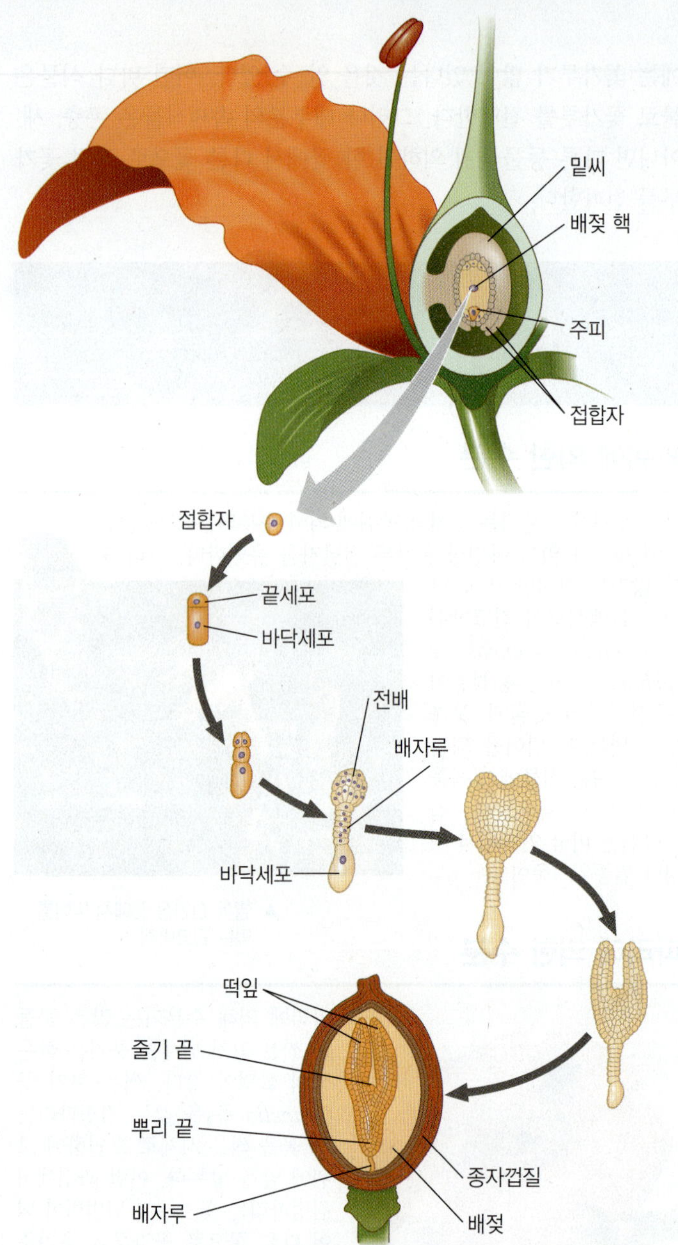

▲ **그림 38.7 진정쌍떡잎식물 배의 발생.** 밑씨가 성숙한 종자가 되고 주피가 단단하고 두꺼워져서 종자껍질을 형성하게 되면 접합자는 흔적 기관을 갖는 배식물이 된다.

공급처는 밑씨의 주피로부터 형성되는 보호를 위한 딱딱한 **종자껍질(seed coat)**에 둘러싸인다. 어떤 종에서의 휴면은 배 자체보다는 완전한 종자껍질의 존재 때문에 생긴다.

흔한 정원완두의 종자를 쪼개어 열어 보면 진정쌍떡잎식물의 한 형태에 대하여 좀 더 세밀하게 관찰할 수 있다. 이 단계에서 배는 배축이라는 길쭉한 구조가 다육질의 떡잎에 붙어 있는 상태로 이루어져 있다**(그림 38.8a)**. 떡잎이 붙어 있는 지점 아래의 배축을 **하배축(hypocotyl**; 그리스어로 *hypo*는 '아래'라는 의미)이라고 부르기도 한다. 하배축은 **배뿌리(radicle)**, 또는 배근에서 끝난다. 떡잎이 붙어 있는 곳보다 위이며 한 쌍의 작은 첫째 잎보다 아래 배축 부분을 **상배축(*epicotyl*;** 그리스어로 *epi*는 '위'라는

의미)이라고 한다. 상배축, 어린 잎, 지상부 분열정단점을 모아서 어린싹(plumule)이라고 부른다.

정원완두는 종자가 발생할 때 떡잎은 배젖으로부터 탄수화물을 흡수하였기 때문에 종자가 발아하기 전에는 떡잎이 녹말로 채워져 있다. 그러나 피마자콩(*Ricinus communis*) 같은 진정쌍떡잎식물의 경우에는 종자가 배젖 속에 영양소를 계속 갖고 있어 떡잎이 매우 얇다(그림 38.8b). 종자가 발아할 때 떡잎이 배젖으로부터 영양소를 흡수하여 배의 나머지 부분에 전달한다.

외떡잎식물의 배는 단지 하나의 떡잎만 가진다(그림 38.8c). 옥수수나 밀을 포함하는 벼과의 식물들은 배반(scutellum; 라틴어로 *scutella*는 작은 방패로 모양 때문에 사용)이라고 부르는 특별한 형태의 떡잎을 갖고 있다. 넓은 표면적을 갖는 배반은 배젖에 눌려 있으며, 발아하는 동안 배젖으로부터 양분을 흡수한다. 벼과식물 종자의 배는 두 개의 보호성 껍질을 가지는데, 즉 어린 싹을 덮는 **자엽초(coleoptile)**와 어린 뿌리를 덮는 **근초(coleorhiza)** 안에 담겨 있다. 두 가지 구조 모두 발아 후 토양을 뚫는 것을 돕는다.

종자의 무게는 1 μg도 안 되는 서양란부터 20 kg이나 되는 코코드 메르 야자까지 있다. 서양란의 종자는 거의 영양소를 갖고 있지 않아 발아 전에 뿌리곰팡이와 공생관계를 맺어야 한다. 배젖이 많은 커다란 야자수 열매는 영양소가 부족한 해변에서의 초기 생장을 위해 적응된 것이다.

종자의 휴면: 힘든 시기에 대한 적응

종자의 휴면 상태를 벗어나기 위해 필요한 환경 조건은 식물의 종에 따라 다르다. 어떤 식물의 종자는 적당한 환경에만 놓이면 바로 발아를 한다. 그러나 어떤 종들은 적당한 곳에 놓여 있음에도 불구하고 휴면을 깨는 환경 개시 신호가 올 때까지 휴면에서 벗어나지 않는다.

종자의 휴면을 깨는 독특한 신호의 요구는 유식물에게 가장 유리한 시간과 장소에서 발아가 일어나게 하는 기회를 늘려 준다. 예를 들어, 많은 사막식물의 종자는 충분한 소나기가 내린 후에만 발아한다. 보슬비 정도가 온 후 발아한다면 곧 땅이 유식물을 지탱하기에는 너무 건조하게 된다. 자연화재가 잘 일어나는 곳의 많은 종자들은 휴면기를 벗어나기 위해 높은 열과 연기가 필요하다. 그래서 산불로 경쟁적인 식물들이 없어진 후에 그 유식물이 가장 많아지게 된다. 겨울이 긴 곳에서는 종자가 추위에 오랫동안 노출되어야 발아한다. 여름이나 가을에 심은 종자는 다음 봄까지 발아되지 않아야 그 다음 겨울이 오기 전까지 오랜 기간의 성장기를 가질 수 있다. 상추와 같이 어떤 작은 씨들은 발아를 위해 빛이 필요하기 때문에 땅 표면을 유식물이 뚫고 나올 수 있도록 얕게 심어져야만 발아한다. 또 어떤 종자는 동물의 소화기관을 통과하면서 효소에 의해 종자껍질이 약해져야만 하며 배설된 변에서 발아하기 전까지 상당한 거리를 이동하게 된다.

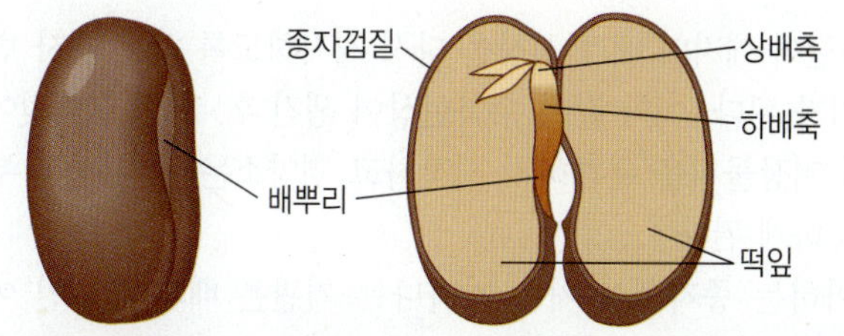

(a) 두툼한 떡잎을 가진 진정쌍떡잎식물인 보통 완두. 두툼한 떡잎은 종자가 발아하기 전에 배젖으로부터 흡수된 양분을 저장하고 있다.

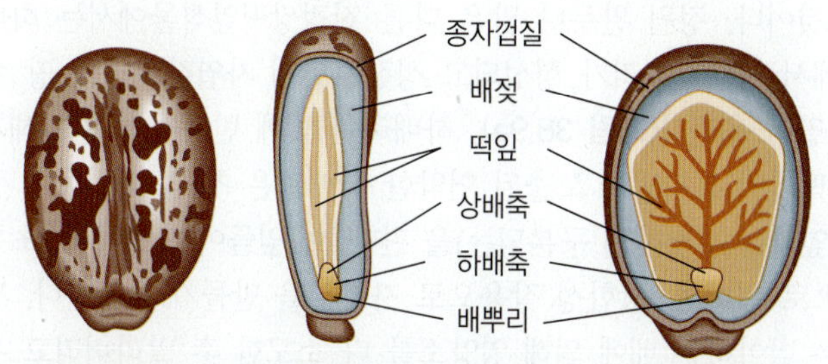

(b) 얇은 떡잎을 가진 진정쌍떡잎식물인 피마자 콩. 좁고 막으로 이루어진 떡잎(가장자리 보기와 평면 보기)은 종자가 발아할 때 배젖으로부터 양분을 흡수한다.

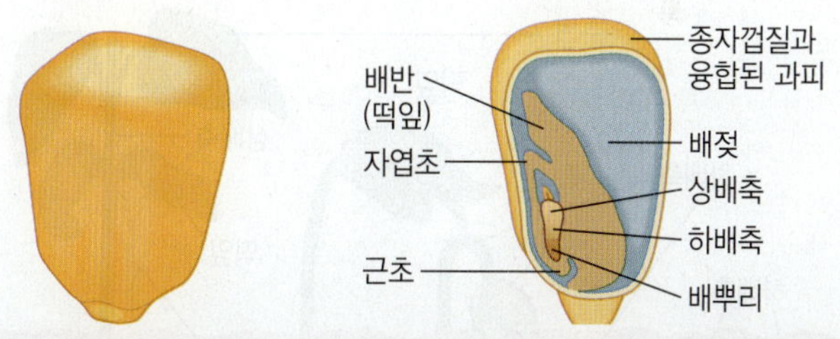

(c) 외떡잎식물인 옥수수. 모든 외떡잎식물처럼 옥수수는 단 하나의 떡잎을 가지고 있다. 옥수수나 다른 벼과식물은 배반이라고 부르는 커다란 떡잎을 갖고 있다. 미성숙한 줄기는 자엽초라고 부르는 조직에 싸여 있고 근초는 어린뿌리를 덮고 있다.

▲ **그림 38.8 종자의 구조**

MAKE CONNECTIONS 떡잎의 수 외에 외떡잎식물과 쌍떡잎식물의 구조에서 다른 점은 어떤 것이 있는가?

휴면 종자가 살아서 발아 능력을 유지할 수 있는 기간은 식물 종과 환경 조건에 따라서 며칠에서 몇십 일 또는 그 이상이 되기도 한다. 탄소 측정으로 가장 오래된 종자가 발아하여 되살아난 식물이 된 경우는 이스라엘의 헤롯 궁전 발굴에서 얻은 2000년 된 야자수 종자다. 대부분의 종자는 발아의 조건이 갖추어질 때까지 1~2년 정도는 충분히 기다릴 수 있다. 그래서 토양이라는 것은 수 년 동안 축적된 발아하지 않은 종자의 은행이라고 할 수 있다. 이것이 화재 같은 환경적인 재해 후에도 곧바로 식생이 다시 나타나는 이유이다.

종자의 발아와 유식물의 발생

발아는 마른 종자의 낮은 수분 포텐셜 때문에 물을 흡수하는 **팽윤(imbibition)**에 의해 일어난다. 팽윤된 물은 종자가 팽창하고 종자껍질이 깨지며 배가 성장을 다시 시작하도록 하는 대사 변화의 계기가 된다. 이와 같은 수화현상이 생긴 후, 효소가 배젖이나 떡잎의 저장물질을 분해하기 시작하고 영양소는 배의 성장 부위로 이동하게 된다.

발아하는 종자에서 처음 자라나는 기관은 배의 뿌리인 어린뿌리이다. 뿌리계의 발달은 어린싹을 토양에 안착시키고 세포 팽창에 필요한 물을 공급해준다. 물을 미리 준비해야 하는 것은 그 다음 단계, 즉 어린싹의 끝이 마른 토양 표면을 뚫고 나오기 위한 것이다. 정원 완두나 많은 다른 진정쌍떡잎식물에서는 하배축에서 자엽갈고리가 형성되고 성장하면서 자엽갈고리를 땅 위로 밀어 올린다**(그림 38.9a)**. 하배축이 빛에 반응하여 단단해져서 떡잎이 분리되고 노출된 연약한 상배축은 첫 잎(떡잎이나 종자 잎과는 뚜렷하게 구분되는)을 편다. 이 잎들이 팽창하여, 초록색으로 변하며, 광합성 작용으로 자양분을 만들기 시작한다. 떡잎은 발아하는 배에 의해 영양소를 다 소모한 후 말라버리고 유식물에서 떨어지게 된다.

옥수수나 다른 초본류 같은 외떡잎식물은 발아를 할 때 땅을 뚫고 나오기 위해서 다른 방법을 사용한다**(그림 38.9b)**. 자엽초는 땅을 통과하여 공기 속으로 머리를 민다. 그때 어린싹 끝이 자엽초에 의해 제공되는 굴을 통과하여 똑바로 자라나 결국 자엽초 끝을 깨고 나간다.

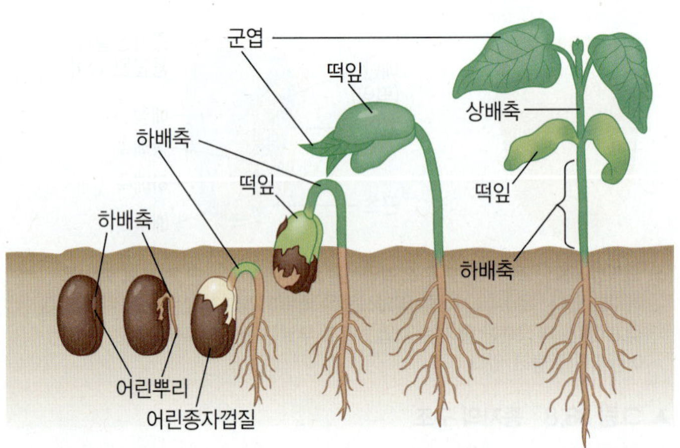

(a) **일반 정원 완두.** 완두는 하배축에서 자엽갈고리가 펴지면서 토양으로부터 떡잎을 잡아당기게 된다.

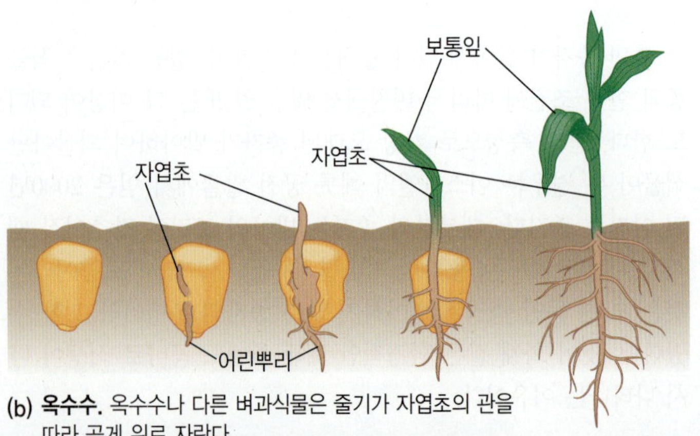

(b) **옥수수.** 옥수수나 다른 벼과식물은 줄기가 자엽초의 관을 따라 곧게 위로 자란다.

▲ **그림 38.9 종자 발아의 두 가지 전형적인 형태**

? 콩과 옥수수의 유식물은 토양을 뚫고 밀어 올릴 때 어떻게 지상계(어린싹계)를 보호하는가?

일단 종자가 발아하여 광합성을 시작하면 식물 영양소 공급원의 대부분은 영양 생장을 위해 쓰인다. 1차, 2차 생장을 포함한 영양 생장은 생장점 세포의 활성에서 시작된다(개념 35.2). 이 시기 동안 일반적으로 최상의 전략은 생식 시기(개화기) 전에 가능한 많이 광합성과 성장을 하는 것이다. 영양 생장은 발아와 개화기라고 하는 성숙된 생식 시기의 초기 사이에 생장하는 기간을 말한다.

개화기

식물의 꽃은 전형적으로 일 년 중 특정 시기에 갑자기 동시에 피어난다. 그런 동시성은 유성생식의 주요 장점이라고 할 수 있는 다른 개체와의 교배 가능성을 증가시킨다. 꽃의 형성은 지상부 정단분열조직에서 영양 생장으로부터 생식 생장 방식으로 바뀌는 발생 과정을 포함하고 있다. **꽃분열조직**(floral meristem)으로의 전환은 환경적 요인(낮의 길이 같은)이나 내부 신호(39장)의 조합에 의해 개시된다. 일단 개화기로 전환되면 꽃분열조직으로부터 각 기관의 출현 순서에 따라 꽃받침, 꽃잎, 수술, 심피가 발생한다(그림 35.35).

열매의 형성과 역할

종자는 발아하고 성체로 발생하기 전에 먼저 적당한 토양에 자리 잡아야 한다. 열매가 이 과정에서 중요한 역할을 한다. **열매(fruit)**는 꽃의 성숙한 씨방이다. 밑씨에서 종자가 발생하는 동안 꽃은 열매로 발생한다**(그림 38.10)**. 열매는 내부의 종자를 보호하고 성숙했을 때 바람이나 동물에 의해 종자가 퍼지는 것을 돕는다. 씨방이 열매로 그 형태를 변환시키도록 유도하는 호르몬의 변화가 수정에 의해서 시작된다. 만약 꽃에 수분이 일어나지 않았다면 일반적으로 열매가 생기지 않고 꽃은 시들어 떨어지게 된다.

열매가 발생하는 동안 씨방벽은 열매의 두꺼워진 벽인 과피

▲ **그림 38.10 꽃에서 열매로의 전환** 미국억새풀 같은 식물에서는 꽃이 수정이 된 후에 수술과 꽃잎이 떨어지고, 암술머리와 암술대는 시든다. 발생 중인 종자를 감싸고 있는 밑씨의 벽은 부풀어서 열매를 형성한다. 발생 중인 종자와 열매는 당과 다른 탄수화물의 주된 저장소다.

(a) **단과.** 단과는 한 꽃의 단일 심피 또는 몇 개가 합쳐진 심피들로부터 발생한다(예: 완두, 레몬, 땅콩).

(b) **집합과.** 집합과는 하나의 꽃에 있는 여러 개의 분리된 심피들로부터 발생한다(예: 산딸기, 블랙베리, 딸기).

(c) **복합과.** 복합과는 화서를 이루고 있는 서로 다른 꽃들의 심피들로부터 발생한다(예: 파인애플, 무화과).

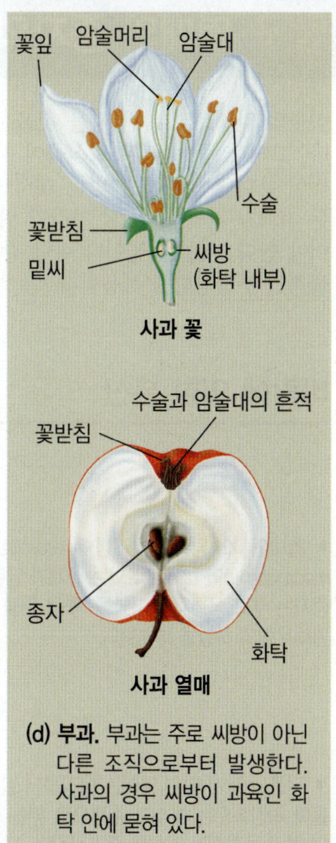

(d) **부과.** 부과는 주로 씨방이 아닌 다른 조직으로부터 발생한다. 사과의 경우 씨방이 과육인 화탁 안에 묻혀 있다.

▲ **그림 38.11** **열매의 발생과 근원**

(pericarp)가 된다. 대두 같은 식물에서 열매는 씨방이 자람에 따라 씨방벽이 완전히 말라버리지만 포도 같은 식물에서는 과육으로 남아 있다. 복숭아 같은 식물에서는 씨방의 내부 일부가 석화(씨 부위)가 되고 나머지는 과육으로 남아 있는다.

열매는 발생 기원에 따라 몇 가지 형태로 분류한다. 대부분의 열매는 하나 또는 여러 개의 합쳐진 심피로부터 생기며 **단과(simple fruit)**라고 부른다(그림 38.11a). **집합과(aggregate fruit)**는 하나 이상의 분리된 심피들을 갖는 하나의 꽃에서 생기며, 각 심피가 하나의 작은 열매가 된다(그림 38.11b). 이런 "작은 과일"은 라스베리처럼 함께 하나의 화탁에 모인다. **복합과(multiple fruit)**는 꽃들이 조밀하게 모여 집단을 이룬 화서로부터 생긴다. 여러 개의 씨방벽이 두꺼워지기 시작할 때, 씨방들이 합쳐져서 파인애플처럼 하나의 열매로 통합된다(그림 38.11c).

어떤 속씨식물에서는 다른 꽃 부위가 우리가 일반적으로 부르는 열매가 된다. **부과(accessory fruits)**라고 부르는 열매가 거기에 속한다. 사과 꽃에서 씨방은 화탁 안에 파묻혀 있고, 단과의 과육 부위는 주로 비대해진 화탁에서 생기며 사과 속만 씨방에서 생긴 것이다(그림 38.11d). 또 다른 예는 딸기로서, 하나의 종자를 가진 조그만 열매들이 부풀어오른 화탁에 부분적으로 박혀서 달려 있는 집합과이다.

열매는 일반적으로 종자가 발생을 완성할 때와 같은 시기에 익게 된다. 대두의 꼬투리 같은 건과가 익는 과정은 열매 조직의 노화와 건조화를 포함하지만 과육이 있는 열매에서의 익는 과정은 좀 더 정교하다. 복잡한 호르몬의 상호작용으로 종자를 퍼트리는 것을 돕는 동물을 유인할 수 있는 맛있는 과일을 생산하게 한다. 열매의 "과육 부위"는 세포벽의 성분을 분해하는 효소 때문에 더 부드러워진다. 또한 일반적으로 열매의 색깔은 초록색에서 붉은색이나 오렌지 또는 노란색으로 바뀐다. 열매는 유기산 또는 녹말이 당으로 전환됨에 따라 더 달아져서 잘 익은 과일의 당도는 20%에 이르게 된다. 그림 38.12는 종자와 열매를 퍼트리는 몇 가지 기작을 좀 더 자세히 보여준다.

여러분은 여기서 꽃, 열매, 중복수정 같은 속씨식물에서의 유성생식의 특징, 즉 꽃, 중복수정, 열매에 대하여 배웠다. 다음에서는 무성생식을 배우게 될 것이다.

개념 확인 문제 38.1

1. 수정과 수분을 구분하여 설명하라.
2. 종자의 휴면은 어떤 이익이 있는가?
3. WHAT IF? 꽃이 짧은 암술대를 가졌다면 꽃가루관은 배낭에 더 쉽게 도달할 것이다. 왜 대부분의 현화식물에서 그렇게 긴 암술대로 진화되었는지 이유를 말해 보자.
4. MAKE CONNECTIONS 동물의 생활사는 식물의 배우체와 유사한 구조를 갖는가? 여러분의 답을 설명해 보라(그림 13.6).

정답은 부록 A 참조

▼ 그림 38.12

탐구 열매와 종자의 분산

식물의 일생은 기름진 땅을 찾을 수 있느냐에 따라 달라진다. 그러나 종자는 부모 식물이 서 있는 곳 아래에 떨어져 싹이 튼다면 영양소를 얻는 데서 성공적으로 경쟁할 수 있는 기회가 거의 없다. 잘 자라기 위해서 종자는 넓게 분산되어야 한다. 식물은 물이나 바람 같은 무생물적인 방법과 생물적인 분산방법을 사용한다.

물에 의한 분산

▶ 어떤 물에 뜨는 종자나 열매는 바다에서 몇 달에서 몇 년까지 살아남을 수 있다. 코코넛 종자의 배와 하얀 과육 "고기"(배젖)는 두껍고 물에 뜨는 섬유성 겉껍질로 둘러싸인 딱딱한 내과피 안에 있다.

바람에 의한 분산

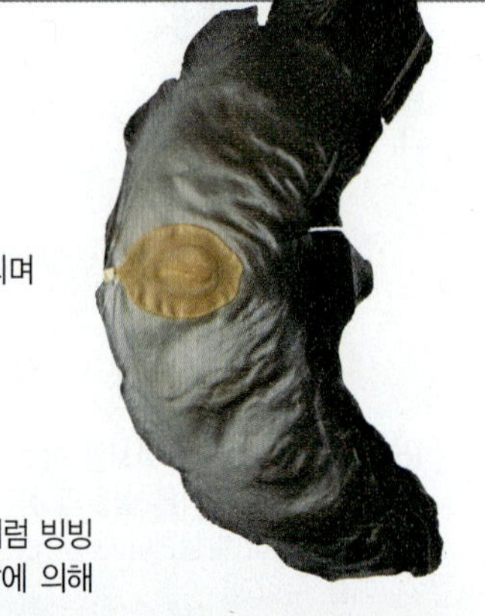

▶ 열대아시아 덩굴성 호리병박(*Alsomitra macrocarpa*)의 12 cm나 되는 날개가 달린 종자는 부모 식물체를 떠났을 때 큰 원을 그리며 열대우림의 하늘을 비행한다.

▼ 단풍의 날개 달린 열매는 헬리콥터 날개처럼 빙빙 돌아 하강속도는 늦추고 수평으로 부는 바람에 의해 더 멀리 옮겨지는 기회를 증가시킨다.

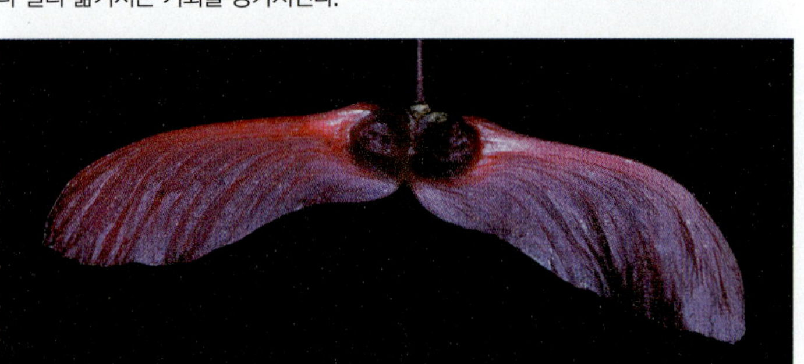

민들레 열매

▲ 어떤 종자나 열매는 잔털이 뒤엉켜 흔히 부풀린 덩어리로 만들어진 우산형의 "낙하산"을 갖고 있다. 이런 민들레의 종자(사실 종자가 하나인 열매)는 아주 가벼운 바람이 불어도 멀리 날아갈 수 있다.

▶ 굴러다니는 회전초는 땅에서 부서져서 땅 위를 이리저리 굴러다니며 종자를 퍼트린다.

동물에 의한 분산

◀ 바늘덩굴(*Tribulus terrestris*) 열매의 날카롭고 못 같은 가시는 자전거 바퀴에 구멍을 내거나 인간을 포함한 동물에게 상처를 준다. 이 종자의 가시가 통증을 주면 뽑아서 버리므로 종자가 멀리 퍼질 수 있다.

◀ 다람쥐 같은 동물들은 땅속의 은닉처에 종자나 열매를 몰래 숨겨 놓는다. 그 동물이 죽거나 은닉처를 잊어버린다면 묻혀 있던 종자는 발아하기에 좋은 장소에 남겨지게 되는 것이다.

▶ 먹을 수 있는 열매 속의 종자는 여기 사진의 검은곰 변처럼 동물의 배설물로 분산된다. 이런 분산법으로 부모 식물에서 멀리 떨어진 곳으로 옮겨질 수 있다.

▶ 지방산, 아미노산, 설탕 등이 많은 먹이부분을 가진 종자는 개미를 화학적으로 유혹한다. 개미는 땅속의 집으로 종자를 운반하여 먹이 부분(여기서는 더 옅은 색깔 부분)을 잘라서 애벌레를 먹인다. 종자의 크기, 다루기 힘든 형태, 딱딱한 껍질 등의 이유로 나머지 부분은 개미집에 남겨져 그곳에서 싹이 튼다.

개념 38.2

현화식물은 유성생식, 무성생식, 또는 둘 다로 생식한다

우리 손가락을 조각내어 그 조각들이 우리의 정확한 복사본으로 발생하는 것을 상상해 보라. 이런 일이 실제 일어난다면 그것은 난자와 정자의 결합 없이도 단일 부모로부터 자손이 생기는 **무성생식(asexual reproduction)**의 예가 될 것이다. 무성생식의 결과 유전적으로 동일한 개체인 클론(clone)이 생긴다. 무성생식은 다른 식물은 물론 속씨식물에서도 흔하며 어떤 종에서는 주된 생식 방법이기도 하다.

무성생식의 기작

식물에서 무성생식은 전형적으로 끝없이 성장능력이 늘어나는 것이다. 미분화 상태로 분열하고 있는 세포 조직인 분열조직에 의해 식물의 생장은 지속되거나 재생될 수 있다(개념 35.2). 더구나 식물 전체의 유조직세포는 분열하고 분화되어서 더 특수한 유형의 세포가 될 수 있어 식물의 잃어버린 부분을 재생할 수가 있다. 식물에서 떼어낸 영양조직 조각으로 전체 자손 개체로 발생시킬 수 있다. 예를 들어, 감자눈(영양아)을 가진 감자의 조각 하나가 감자 식물체 전체를 만들 수 있다. 부모 식물의 일부분을 떼어 내어 전체 식물체로 발생시키는 이와 같은 **분절증식(fragmentation)**이 무성생식의 가장 일반적인 방법 중 하나이다. 칼랑코에(*Kalanchoë*) 잎에서 생긴 막뿌리는 분절증식의 특이한 형태의 예이다(그림 35.7). 또 다른 경우로는, 사시나무포플러의 단일 부모 뿌리계로부터 독립된 지상부가 될 수 있는 막눈을 만들 수 있다(그림 38.13). 미국 유타주에 있는 사시나무포플러 숲은 유전적으로 동일한 47,000개의 줄기가 각각의 나무가 된 것으로 보인다. 뿌리계가 연결된 것을 잘라서 각각을 분리된 나무로 만들 수 있지만 각 나무는 동일한 유전체를 갖는 클론이 된다.

무성생식 중 완전히 다른 기작 하나는 민들레 등과 같은 식물에서 진화되었다. 이런 식물은 때로 수분이나 수정 없이 씨를 만든다. 이런 무성생식에 의한 종자의 생산은 정자와 난자가 생산된 적도, 합쳐진 적도 없기 때문에 **무수정생식(apomixis**; '섞이지 않음'을 의미하는 그리스어에서 유래)이라고 부른다. 대신에 밑씨 안의 이배체 세포가 배가 되고, 그 밑씨가 종자로 성숙하여 민들레에서는 바람에 날리는 열매의 모습으로 종자가 퍼져 나간다. 그래서 이런 식물들은 무성생식으로 자신의 클론을 만들기는 하여도 일반적으로는 유성생식에서처럼 종자 분산의 장점을 이용한다. 잡종 식물을 만드는 데 무수정생식을 도입하는 것은 잡종 식물의 유용한 유전체가 그대로 자손에게 넘겨질 수 있기 때문에 식물 육종가들에게 관심을 끌고 있다.

▲ 그림 38.13 **사시나무포플러의 무성생식.** 여기 보는 것처럼 사시나무포플러 숲은 실제로 무성생식으로 번식한 수천 그루의 나무로 이루어져 있다. 한 작은 숲은 한 부모의 뿌리계에서 나왔다. 다른 부모로부터 생성된 각 작은 숲 사이의 유전적 차이가 가을 단풍과 낙엽의 발생시기를 다르게 한다는 것을 주목하라.

무성생식과 유성생식의 장점과 단점

진화 무성생식의 장점 하나는 꽃가루 전달자가 필요 없다는 것이다. 같은 종의 식물이 멀리 떨어져 있어서 같은 꽃가루 전달자에 의해 꽃가루가 전달될 가능성이 별로 없는 상황에서는 무성생식이 유용할 것이다. 또 무성생식은 식물이 온전히 자신의 유전적 유산을 모두 자손에게 넘겨줄 수 있다. 반대로 식물이 유성생식을 한다면 대립유전자의 단지 반만 자손에게 준다. 식물이 어떤 환경에 아주 잘 적응되었다면 무성생식이 장점이 될 수 있다. 한 왕성한 식물이 잠재적으로 그 식물의 클론을 만들 수 있고, 환경 조건이 계속 안정된 상태라면 이 자손 식물들도 부모 식물들이 번성하였던 같은 환경 조건에서는 유전적으로 잘 적응할 것이다.

일반적으로 무성생식에 의해 만들어진 자손들은 유성생식으로 생긴 것보다 더 강하다. 자손 식물체는 일반적으로 부모 식물의 다 자란 영양조직에서 만들므로, 식물에서 무성생식을 **영양생식(vegetative reproduction)**이라고 하기도 한다. 반대로 종자의 발아는 식물의 일생에서 위험한 시기라고 할 수 있다. 단단한 종자에서 나온 연약한 유식물은 포식자, 해충, 바람 등의 위험요소에 노출될 수 있다. 바람 속에서는 단지 소수의 유식물만 살아남아 부모 식물이 된다. 아주 많은 종자를 생산하는 것은 각 개체의 생존에 대한 어려움을 보상하고 자연선택으로 선별될 충분한 수의 유전적 변종을 제공하게 된다. 그러나 꽃을 피우거나 열매를 맺는 것에 소모되는 자양분의 관점에서 보면 이것은 매우 비용이 많이 드는 생식작용이라고 할 수 있다.

유성생식은 자손과 그 군집에서 변이를 만들기 때문에 생존과 성공적인 생식에 영향을 미치는 진화하는 질병원이나 변동이 심한 상태인 불안정한 환경에서는 유성생식이 장점이 될 수 있다. 반대로 무성생식으로 생겨난 식물은 유전적 동일성으로 인해 새로운 질병 같은 환경 변화의 재난이 생긴 지역에서는 멸종될 위험성이 크다. 더욱이 종자(거의 항상 유성생식으로 만들어지는)는 자손이 좀 더 먼 거리로 퍼져나가는 것을 돕고 있다. 마지막으로 종자의 휴면으로 환경 조건이 더 좋아지게 될 때까지 생장이

과학적 분석 기술의 연습

데이터 해석을 위해 양성 또는 음성 상관관계를 이용하기

원숭이 꽃 식물종들은 유성생식과 무성생식에 대한 에너지 할당량이 서로 다른가? 일생 동안 식물들은 오로지 한정된 양의 자원들과 에너지를 획득하며, 그것은 유지, 생장, 방어, 그리고 생식 등 식물 개체의 요구를 가장 잘 충족시킬 수 있도록 할당해야 한다. 연구자들은 다섯 종의 원숭이꽃(*Mimulus* 속)이 그들의 자원을 유성생식과 무성생식에 어떻게 사용하는지를 조사하였다.

실험 방법 각 5종의 식물을 열린 공간에 놓인 각각의 화분에서 기른 후 연구자는 꽃꿀의 양과 농도, 한 꽃에서의 종자의 수, 넓은 꼬리 벌새(*Selasphorus platycercus*, 그림 속의 새)의 방문 횟수 등의 평균값을 측정하였다. 온실 생장 종들을 사용하여, 연구자들은 각 종들에서 지상계 무게 1 g당 뿌리 내린 분지의 평균수를 결정하였다.

실험 데이터

종이름	꽃꿀의 부피 (μL)	꽃꿀의 농도 (% 설탕무게/전체 무게)	종자의 수/꽃	벌새 방문 횟수/꽃	뿌리 내린 분지의 수/지상부 무게(g)
M. rupestris	4.93	16.6	2.2	0.22	0.673
M. eastwoodiae	4.94	19.8	25	0.74	0.488
M. nelson	20.25	17.1	102.5	1.08	0.139
M. verbenaceus	38.96	16.9	155.1	1.26	0.091
M. cardinalis	50.00	19.9	283.7	1.75	0.069

데이터 해석

1. 상관관계는 두 변인 사이의 관계를 설명하는 방법이다. 양성 상관관계는 한 변인이 증가하고 있을 때 다른 변인도 증가하는 것이다. 음성 상관관계란 한 변인이 증가하고 있을 때 다른 변인은 감소하는 것이다. 두 변인 사이에 관계가 없을 수도 있다. 연구자는 두 변인이 어떤 관계인지 알았다면 한 변인에 대해 알고 있는 것을 근거로 다른 변인의 변화를 예측할 수 있다. (a) 이 식물에서 꽃꿀의 생산 부피와 양성 상관관계를 가지고 있는 변인은 무엇인가? (b) 음성 상관관계를 갖는 변인(들)은? (c) 뚜렷한 상관관계를 보이지 않는 것은 무엇인가?
2. (a) 어떤 종이 주로 무성생식을 하는 것으로 생각되는가? 그 이유는 무엇인가? (b) 어떤 종이 주로 유성생식을 하는 것으로 생각되는가? 그 이유는 무엇인가?
3. (a) 어떤 종이 모든 종을 감염시킬 수 있는 병원체에 반응하여 더 잘 살아갈 수 있는가? (b) 병원체가 벌새의 수가 줄어들게 한다면 어떤 종이 더 잘 살아갈 수 있는가?

참고문헌 S. Sutherland and R.K. Vickery, Jr. Trade-offs between sexual and asexual reproduction in the genus *Mimulus*. *Oecologia* 76:330–335 (1988).

유보될 수 있다. **과학적 분석 기술의 연습**에서 여러분은 원숭이꽃의 식물종이 주로 무성생식을 하는지 아니면 유성생식을 하는지 데이터를 이용하여 결정할 수 있을 것이다.

유전적으로 서로 다른 두 식물 사이에서의 유성생식이 가장 유전적으로 다양한 자손들을 생산하기는 하지만, 정원 완두 같은 어떤 식물은 주로 자가수분을 한다. "자가"라고 부르는 이런 과정은 모든 밑씨가 종자로 확실하게 발생하도록 하기 때문에 작물에서 유용할 수 있다. 그러나 많은 속씨식물에서는 꽃이 스스로 수정되는 것을 어렵게 하거나 불가능하게 하는 기작들이 진화되었고 우리는 다음에서 그 내용을 다루려고 한다.

자가수분을 막는 기작들

자가수분을 막는 다양한 기작들은 정자와 난자가 확실하게 다른 부모로부터 오게 함으로써 유전적 다양성에 기여한다. **암수딴몸(dioecious)**인 종의 경우 식물은 각 개체가 심피가 없는 수꽃이거나 수술이 없는 암꽃을 갖기 때문에 자가수분을 할 수 없다 **(그림 38.14a)**. 완전한 기능을 하는 수술과 심피를 모두 가진 꽃을 피우는 식물에서도 꽃 기관이 서로 다른 시기에 성숙하게 하거나 동물 꽃가루 전달자가 꽃밥의 꽃가루를 같은 꽃 암술머리에 옮겨줄 수 없는 구조적 특징을 가져 자가수분을 막기도 한다 **(그림 38.14b)**. 그러나 현화식물에서 가장 일반적인 자가수분 방어 기작은 **자가불화합성(self-incompatibility)**, 즉 식물이 자신 또는 근연종의 꽃가루를 거부하는 능력이다. 만약 꽃가루가 같은 식물의 암술머리에 놓이더라도 생화학적인 방어 기작이 꽃가루가 발생을 완성하여 난자와 수정되는 것을 막게 된다. 이런 식물 반응은 생명체가 "자기" 세포를 "남"의 세포와 구분하는 능력에 달려 있다는 점에서 동물의 면역반응과 유사하다. 주요 차이점은 동물 면역 체계는 병원체에 대한 방어나 이식된 장기를 거부할 때에 남을 거부한다는 것이다(47장). 반대로 식물의 자가불화합성은 자신을 거부하는 것이다.

연구자들은 자가불화합성의 분자적인 기작을 파헤쳐왔다. "자신"의 꽃가루를 인지한다는 것은 *S*-유전자라고 부르는 자가불화합성 유전자에 근거한다. 식물집단의 유전자 풀에는 몇십 개의 *S*-유전자의 대립유전자가 존재한다. 꽃가루가 내려앉은 암술

(a) *Sagittaria latifolia* 같은 종들은 수꽃(왼쪽)만을 또는 암꽃(오른쪽)만을 갖는 암수딴몸 식물이다.

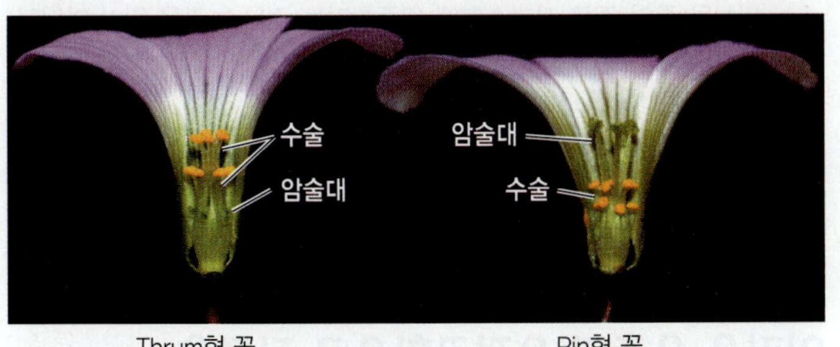

Thrum형 꽃　　　　Pin형 꽃

(b) 고산 애기괭이밥(*Oxalis alpina*) 같은 종은 각각의 개체에서 2가지 다른 형태의 꽃을 피운다. 즉 "thrum"형은 짧은 암술대와 긴 수술을 가지며 "pin"형은 긴 암술대와 짧은 수술을 갖는다. 꽃꿀을 찾는 곤충은 "thrum"형 꽃가루를 "pin"형 암술머리에 옮기거나 또는 그 반대로, 서로 다른 형태의 꽃에서 꽃가루를 얻는다.

▲ 그림 38.14 자가수분을 막는 몇 가지 꽃의 적응

머리의 대립유전자와 일치하는 대립유전자를 가진 경우에는 꽃가루관이 발아하지 않거나 암술머리를 통하여 씨방까지 꽃가루관이 자라지 못하기도 한다. 자가불화합성에는 배우체 자가불화합성과 포자체 자가불화합성이라는 두 종류가 있다.

배우체 자가불화합성에서는 꽃가루 유전체의 *S*-대립유전자가 수정의 억제를 좌우한다. 예를 들어, S_1S_2 부모 포자체에서 S_1 꽃가루는 S_1S_2 꽃의 난자와는 수정할 수 없지만 S_2S_3 꽃하고는 수정할 수 있다. S_2 꽃가루는 어느 꽃하고도 수정하지 못한다. 어떤 식물에서 이런 종류의 자기 인식은 꽃가루관 안의 RNA를 효소로 분해하려는 작용이 관여한다. RNA를 가수분해하는 효소는 암술대에서 만들어져 꽃가루관으로 들어간다. 꽃가루관이 "자신"의 타입이면 이들 효소가 꽃가루관 RNA를 분해한다.

포자체 자가불화합성에서는 부모 포자체 조직의 *S*-대립유전자 산물에 의해 수정이 방해된다. 예를 들어, 꽃가루 벽에 붙어있는 S_1S_2 부모 조직 때문에 S_1S_2 부모 포자체의 S_1이나 S_2 꽃가루가 S_1S_2 꽃이나 S_2S_3 꽃의 난자와 수정하지 못한다. 포자체 자가불화합성은 꽃가루관의 발아를 방해하는 암술머리 표피세포의 신호전달경로를 포함한다.

자가불화합성 연구는 농업적으로 활용할 수 있다. 식물 육종가들은 가장 좋은 형질만을 조합하고 지나친 자가교배의 결과로 건강하지 못하게 되는 것을 막기 위하여 유전적으로 서로 다른 종끼리 교배를 시킨다. 두 종 내에서 자가수분을 막기 위하여 육종가들은 노동력을 많이 들여 종자를 생산하는 부모 식물의 수술을 제거하거나(멘델이 한 것처럼) 불임 수컷 식물이 있다면 그것을 사용하기도 한다. 만약 자가불화합성이 유전공학적인 방법으로 작물화된 식물 변종으로 도입될 수 있다면 작물 종자의 상업적 교배에 대한 이런 한계는 극복될 수 있을 것이다.

전분화능, 영양 번식, 그리고 조직 배양

다세포 생명체에서 분열할 수 있고 원 생물에서 무성생식으로 클론을 만들 수 있는 세포는 어느 세포나 **전분화능(totipotent)**을 가진다고 말할 수 있다. 전분화능은 많은 식물에서 폭넓게 발견되고 분열조직과 일반적으로 연관이 있다. 그러나 어떤 식물에서는 세포가 역분화되어 분열능을 갖기도 한다. 작물이나 관상 식물을 개량하려는 목적을 가지고 사람들은 여러 가지 속씨식물의 무성생식 방법을 개발하였다. 이런 방법 중 대부분의 방법들은 식물의 막뿌리나 막눈을 형성하는 능력을 활용한다.

영양 번식과 접목

영양 생식은 많은 식물에서 자연적으로 일어나지만 자주 인위적으로 촉진하거나 유도시키는 것을 **영양 번식(vegetative propagation)**이라고 부른다. 대부분의 집에서 키우는 식물이나 목본성 관상식물, 그리고 과수나무는 꺾꽂이(cutting, 삽목)라고 부르는 식물 조각으로부터 무성생식으로 만들어진다. 어떤 경우에는 꺾꽂이를 위해 지상부를 절단한다. 지상부의 절단 부위에서 **캘러스(callus)**라고 부르는, 왕성한 분열을 하고 미분화 상태로 전분화능을 가진 세포 덩어리가 형성되고 거기서 막뿌리가 발생한다. 지상부 조각이 마디를 가지고 있다면 막뿌리는 캘러스 형성 단계 없이도 만들어질 수 있다. 아프리카 바이올렛을 포함한 몇 식물들은 줄기보다는 잎으로부터 번식할 수 있다. 다른 식물에서는 감자의 덩이줄기 같은 특화된 저장줄기로부터 꺾꽂이가 행하여진다. 서양배나 붉은 사과 종은 무성생식으로 지난 150년 동안 번식된 예이다.

꺾꽂이에서 변형된 영양생식법으로 한 식물의 가는 가지나 눈을 가까운 종 또는 다른 변종 식물체에 접목(grafting)하는 방법이 있다. 접목으로 다른 종 또는 변종에서 가장 좋은 형질을 하나의 식물체에 모을 수 있다. 뿌리계를 제공하는 식물은 **대목(stock)**이라 하고 대목 위에 접목되는 가지를 **접수(scion)**라고 한다. 예를 들어, 우수한 와인 포도를 생산하는 포도나무 종의 접수를 하급의 포도 열매를 맺지만 특정 토양병원균에 더 잘 견디는 변종의 뿌리 대목 위에 접목시킨다. 접수의 유전자가 열매의 질을 결정한다. 접목하는 동안 처음에는 캘러스가 대목과 접수를 붙인 곳에서 형성되고 그 다음 분화가 일어나 접목된 개체의 기능적인 일체화가 완성된다.

시험관내 클로닝과 관련 기술

식물학자들은 연구나 농업용으로 식물의 클론을 만들기 위하여 시험관내(*in vitro*) 방법을 도입하였다. 부모 식물체에서 절단한 조직의 작은 조각을 영양소와 호르몬이 들어 있는 인공배지에 배양하여 완전한 식물체로 만드는 것이 가능하다. 조직이나 세포는 식물체의 어느 부위에서나 올 수 있지만 생장은 부위, 종, 인공배지 등에 따라 다를 수 있다. 어떤 배지에서는 배양된 세포가 분열하여 미분화로 전분화능을 가진 세포로 된 캘러스를 형성한다**(그림 38.15a)**. 배양배지에서 호르몬과 영양소의 농도를 적절하게 조작하면 캘러스에서 완전히 분화된 세포로 이루어진 지상부와 뿌리를 만들 수 있다**(그림 38.15b,c)**. 원한다면 시험관 식물은 토양으로 옮겨도 성장이 계속된다. 캘러스를 나누어 기르면 하나의 식물체로부터 수천 개의 복사본 식물체가 만들어진다.

식물조직 배양은 영양 번식을 시키는 변종에서 약한 병원성을 가진 바이러스를 제거하는 데 중요하다. 약한 바이러스의 존재 여부가 명확한 것은 아니지만 감염으로 인해 생산량이나 질이 눈에 띄게 줄어들 수도 있다. 예를 들면 딸기는 60종 이상의 바이러스에 감염될 수 있어 이런 감염 때문에 일반적으로 해마다 식물체를 교체해 주어야 한다. 그러나 식물체에서 바이러스의 분포가 골고루 이루어지는 것이 아니며 정단분열조직은 때때로 바이러스가 없기도 하다. 그래서 정단분열조직을 잘라서 바이러스 없는 상태로 조직배양을 할 수가 있다.

식물조직 배양은 또한 유전공학에 도움을 준다. 외부의 유전자를 식물체에 이식시키는 기술 대부분은 식물조직의 작은 조각이나 하나의 세포만 필요하다. 시험관 배양으로 외래 DNA가 들어간 하나의 식물 세포로부터 유전자 변형(GM) 식물을 재생산할 수 있다. 유전공학의 기술은 19장에서 더 자세하게 설명하였다. 다음으로는 농업에서 GM 식물을 기르는 것을 둘러싼 전망이나 도전에 관하여 자세히 알아볼 것이다.

▲ **그림 38.15 마늘의 클로닝. (a)** 마늘 한 쪽에서 나온 뿌리로부터 미분화된 세포 덩어리인 캘러스 배양을 만든다. **(b, c)** 몇 가지 다른 기간 동안 키운 배양에서 보는 것처럼 캘러스에서 식물체로 분화하는 것은 인공배지의 영양소나 호르몬의 농도에 의존한다.

개념 확인 문제 38.2

1. 현화식물이 자가수분을 피할 수 있는 3가지 방법은 무엇인가?
2. 세계에서 가장 인기 있는 과일인 씨 없는 바나나가 두 종류의 곰팡이 전염병과의 전쟁에서 지고 있는 중이다. 그런 전염병이 무성으로 번식된 작물에 더 위험한 이유는 무엇인가?
3. 자연에서의 생식 "전략"으로 자가수분은 명백하게 불리한 것 같으며 "진화적으로 마지막 단계"라고 불러왔다. 그래서 약 20% 정도의 속씨식물 종이 주로 자가수분에 의존한다는 것은 놀라운 일이 아니다. 자가수분이 왜 장점이 있으나 진화의 마지막 단계에 있다고 말하는 이유를 설명해 보아라.

정답은 부록 A 참조

개념 38.3

인간은 육종과 유전공학으로 작물을 개량한다

인간은 농업이 시작된 이래로 식물의 생식과 유전자 조성에 개입해 왔다. 예를 들면 옥수수는 인간 덕분에 생존하고 있다. 옥수수가 자연에서 그냥 놓인다면 종자를 퍼트리지 못하기 때문에 곧 멸종될 것이다. 옥수수 낱알은 중심축("옥수수대")에 영구적으로 붙어 있을 뿐 아니라 거칠고 겹겹이로 된 엽초("옥수수 껍데기")에 의해 영구적으로 보호도 되고 있다**(그림 38.16)**. 이런 특징은 자연선택이 아니라 인간에 의한 인위선택으로 생긴 것이다. (인위선택의 기본 개념은 21장을 참조). 구석기시대의 인간은 10,000년쯤 전 식물 교배에 바탕이 되는 과학적인 원리에 대한 이해도

▲ **그림 38.16 옥수수: 인위선택의 산물.** 현대의 옥수수(아래)는 테오신테(teosinte, 위)에서 나왔다. 테오신테의 낱알은 작고, 또한 각 줄에서 껍질을 제거해야 낱알을 얻을 수 있다. 그리고 종자가 다 자라면 느슨하여져 쉽게 흩어지므로 과거의 농부들은 아마 추수하기가 어려웠을 것이다. 신석기 시대의 농부는 더 큰 옥수수대와 낱알뿐 아니라 종자가 옥수수대에 끝까지 붙어 있으며 전체 대가 단단한 잎사귀로 싸인 특징을 가진 옥수수 종자를 선택하였다.

없이 비교적 짧은 기간 동안에 우리의 농산물 종 대부분을 작물화하였다. 그러나 유전적 변형은 인간에 의한 인위선택으로 작물 변화를 시도하기 오래 전에 이미 시작되었다. 예를 들어, 지금 많은 식품에 쓰이는 밀은 초본류의 서로 다른 종 사이에서 자연적으로 발생한 교배의 산물이다. 식물에서 그런 교배는 흔하며 육종가들이 인위선택과 작물의 개량을 위해 유전적 변이를 도입하는 데 활용되었다.

식물의 육종

식물 육종에서 유용한 형질을 인식하는 기술은 중요하다. 육종가가 그들의 경작지를 주의 깊게 살펴보고 멀리 다녀보면서 작물 변종 또는 유용한 형질을 가진 야생 유사 종을 찾는다. 때때로 이런 형질은 돌연변이에 의해 자생적으로 생기지만 이런 돌연변이의 자연적 발생 속도는 너무 느리고 신빙성이 없어서 육종가가 연구하고 싶은 모든 돌연변이를 만들어 내지 못한다. 그래서 육종가는 많은 수의 종자나 유식물에 X선이나 방사선, 화학물질 등을 처리하여 돌연변이 만들기를 가속화한다.

야생종에서 유용한 형질을 찾으면 그 종을 작물화한 변종과 교배시킨다. 일반적으로 야생종의 유용 형질이 유전된 자손에게는 농업적인 측면에서 별로 쓸모없는 여러 형질, 즉 크기가 작은 열매나 적은 생산량 같은 형질도 함께 유전되었다. 유용한 형질을 발현하는 자손을 다시 작물 종과 교배하여 그 자손에게 또 원하는 형질이 있는지 조사한다. 원하는 야생 형질을 가진 자손이 다른 농업적인 측면에서도 원래의 작물 종 부모와 비슷할 때까지 이런 과정을 계속한다.

대부분의 육종가는 같은 종의 식물 내에서만 교배하는 반면, 어떤 육종가들은 같은 속이지만 서로 먼 두 종 사이에 잡종교배를 시도한다. 그런 교배로 생긴 잡종 종자는 종종 발생 도중 발육부전을 겪게 된다. 이런 경우 흔히 배는 발생을 시작하지만 배젖은 그러지 못한다. 잡종 배는 때로 밑씨에서 칼로 열고 꺼내어 시험관 내에서 배양하기도 한다.

식물 생명공학과 유전공학

식물 생명공학은 두 가지 의미를 가지고 있다. 일반적인 의미로서는, 인간에게 유용한 산물을 만들기 위해 식물(혹은 식물에서 얻는 물질들) 이용 분야에서의 혁신을 말하며 역사 시대 이전부터 시작된 인간의 노력이다. 좀 더 특이적 의미로는 생명공학은 농업과 산업에서 유전자 변환 생물체의 활용을 말한다. 정말로 지난 20년 동안에 유전공학은 너무 강력한 힘을 갖게 되어 언론에서는 유전공학(genetic engineering)이 생명공학(biotechnology)이란 용어와 동의어가 되었다.

전통적인 식물 육종가와 다르게 유전공학 기술을 사용하는 현대 식물 생명공학자는 가까운 종이나 같은 속의 식물 사이에 유전자를 옮기는 데에 있어 제한을 받지 않는다. 예를 들어, 벼와 백합 사이에서는, 많은 중간 종들과 그들의 공통조상 식물이 멸종되었기 때문에 백합의 유용 유전자를 벼에 넣기 위해 전통적인 육종 기술을 사용할 수는 없다. 이론적으로는 육종가가 중간 종을 가졌다면 수 세기를 걸친 개발 과정을 통해 전통적인 교배와 육종 방법으로 백합의 유전자를 벼에 도입할 수 있었을 것이다. 그러나 유전공학 기술은 더 빨리, 더 특이적으로, 그리고 중간 종이 없이도 그런 유전자 전이가 가능하게 해준다. 다른 종에서 온 유전자를 발현시키기 위해 제작된 생물체를 표현할 때 **형질전환(transgenic)**이란 용어를 사용한다. (유전공학에 사용된 기술에 대한 토의는 19장을 참조)

이번 장의 나머지 부분에서 우리는 유전자변형 작물의 사용을 둘러싼 예견이나 쟁점을 살펴볼 것이다. 식물 생명공학의 옹호자들은 작물의 유전공학이 세계의 기아나 화석연료 의존을 포함한 21세기의 가장 심각한 문제들을 해결하는 열쇠라고 믿는다.

세계의 기아와 영양실조 줄이기

현재 약 800만 인구가 영양실조를 겪고, 매일 4만 명이 영양실조로 죽고 있으며, 죽는 사람의 반이 어린이다. 기아의 원인에 대해서는 많은 이견들이 있다. 어떤 사람은 식량 부족은 분배의 불평등에서 오며 심각한 빈민층은 식량을 살 수가 없다고 주장한다. 또 다른 의견은 식량의 부족이 세계 인구가 지나치게 증가하여 인구가 지구의 수용 한계치를 넘어 버렸기 때문이라고 한다(53장). 영양실조가 사회적 원인 때문이든 인구학적 원인 때문이든 간에 식량을 증산하는 것이 인류의 목표이다. 땅과 물은 식량 생산에 있어서 가장 제한된 공급원이기 때문에 최선의 방책은 이미 존재하는 땅에서 생산량을 늘리는 것이다. 특히 얼마 많지 않은 야생의 땅이 꼭 보존되어야 한다면 경작이 가능한 "여분"의 땅은 정말로 거의 남지 않았다. 인구증가가 계속된다고 가정하면 세계의 모든 농부들은 2030년에는 지구상의 인구를 먹여 살리기 위해 곡물 수확량을 헥타르당 40% 이상 증가시켜야 한다. 식물 생명공학은 그만큼의 작물 생산량 증가가 가능하도록 도울 것이다.

형질전환 작물의 상업적 적용은 농업 역사상 가장 극적으로 빠르게 받아들여진 기술의 예가 되고 있다. 이런 작물로는 면화, 옥수수, 감자 등에 바실러스균(*Bacillus thuringiensis*)의 유전자를 도입한 형질전환 변종이나 잡종이 있다. 이렇게 작물에 "도입"된 유전자는 해충에 독성을 갖는 단백질(*Bt* 독성물질)을 발현한다(그림 38.17). 이런 식물 변종을 이용하면 작물에 뿌리는 화학 살충제의 양을 상당히 줄일 수 있다. 작물에서 이용된 *Bt* 독성물질은 식물에서 만들어질 때에는 독성이 없는 전구물질이었다가 곤충의 내장과 같은 알칼리 상태에서 활성화되면 독성을 나타내게 된다. 포유류는 위가 심한 산성 상태이므로 인간이나 가축이 섭취하여도 독성 전구물질이 변성되어 해가 없게 된다.

또한 제초제에 저항성을 가진 면화, 옥수수, 대두, 사탕수수,

▲ **그림 38.17** ***Bt*** **옥수수와 일반 옥수수.** 시범재배에서, 일반 옥수수(왼쪽)는 곤충과 곰팡이의 피해가 심하였지만 *Bt* 옥수수(오른쪽)는 거의 피해가 없었다.

밀 등의 형질전환 작물 개발에도 커다란 진전이 있었다. 이런 식물의 재배는 농부가 토양을 쇠퇴시킬 수도 있는 제초제의 과다 사용 대신 형질전환 작물에는 해가 없는 제초제를 가지고 잡초를 제거할 수 있게 함으로써 생산원가를 줄일 수 있다. 연구자들은 또한 질병에 대해 내성을 증가시킨 식물을 만들고 있다. 한 예를 들면, 고리무늬병 바이러스에 내성을 갖는 형질전환 파파야를 만들어 하와이에 도입함으로써 하와이 파파야 산업을 살리고 있다.

식물 영양소의 질도 또한 개선되고 있다. 예를 들면, 비타민 A가 결핍되어 해마다 25만명~50만명의 어린이들이 실명을 하고 있다. 또한 실명을 하는 아이들의 반 이상이 일년 안에 죽음을 맞게 된다. 이런 재해에 대응하기 위해 유전공학자들이 "황금쌀" 즉, 비타민 A의 전구물질인 베타카로틴을 많이 포함하는 쌀을 생산할 수 있는 유전자가 보충된 형질전환 변종을 만들었다. 황금쌀은 필리핀에서 거의 상업적 생산의 단계에 있다. 또 하나의 유전공학에 의해 개량하려는 표적 식물은 우리 지구에서 가장 가난한 8억 명 사람들의 주요 작물인 카사바다(**그림 38.18**).

▶ **그림 38.18 유전자 전이 카사바(*Manihot esculenta*)로 세계의 기아와 싸운다.** 이런 녹말 뿌리 작물은 8억의 세계 기아 인구의 주된 식량이지만 균형 잡힌 먹을거리는 아니다. 더욱이 시안화물을 내는 화학물질을 제거하는 과정을 거쳐야 한다. 그러나 매우 많은 양의 철분과 베타카로틴(비타민 A의 전구물질)을 갖는 유전자 전이 카사바 식물이 개발되었다. 연구자들은 또한 원래보다 두 배나 큰 뿌리를 가지며 시안화물도 거의 없는 카사바도 만들었다.

MAKE CONNECTIONS 왕관혹병을 일으키는 아그로박테리아를 사용한 유전형질 전환은 새로운 유전자를 카사바 세포에 도입하는 좋은 방법이다. 개념요약 19.4를 보고 유전공학에서 이런 병원균의 사용이 유전자 전이 식물에서는 왜 왕관혹병을 일으키지 않는지 설명하라.

화석연료 의존도 줄이기

비싸지 않던 화석연료 특히 석유의 세계 매장량은 급속도로 줄어들고 있다. 더욱이 대부분의 기상학자들에 의하면 석유나 석탄 같은 화석연료를 너무 많이 사용한 결과 온실가스인 CO_2의 방출이 지구온난화의 원인이 된다고 한다. 21세기에 세계는 경제적이고도 오염이 없는 방법으로 어떻게 에너지 요구를 충족시킬 수 있을까? 어떤 지역에서는 풍력이나 태양열이 경제적으로 효용 가치가 있지만 그런 대체에너지가 지구의 에너지 요구를 온전히 충족시킬 수는 없을 것이다. 많은 과학자들은 가까운 미래에 생물체에서 얻어지는 연료인 **생물연료(biofuel)**가 세계의 에너지 수요의 상당 부분을 채울 수 있을 것이라고 예견한다. **생물자원(biomass)**이란 특정 서식처에서 살고 있는 생명체 집단의 전체 유기물을 말한다. 식물 자원으로부터 얻어진 생물연료를 사용하면 CO_2의 순방출량을 줄일 수 있다. 화석연료를 태우는 것은 대기 CO_2 농도를 증가시키는 반면 생물연료 작물은 생물연료가 탈 때 방출되는 CO_2를 광합성에서 재흡수하는 탄소 중립적인 회로를 형성한다.

과학자들은 야생 식물로부터 생물연료 작물을 만들기 위해 다른 작물이 살기 어려운 척박한 땅에서도 잘 자라는 스위치글래스(*Panicum virgatum*)나 포플러(*Populus trichocarpa*) 같은 생장 속도가 빠른 식물을 작물화하는 데 노력을 기울이고 있다. 과학자들이 식물의 생물자원을 직접 태우는 것을 구상하는 것은 아니다. 대신에 세포벽을 이루는 중합체인 셀룰로오스와 헤미셀룰로오스는 지구상의 가장 풍부한 유기물로서 효소작용을 통해 설탕으로 분해될 수 있다. 그 다음 이 설탕을 알코올로 발효하고 증류하면 생물연료가 만들어진다. 현재로는 셀룰로오스 생물자원을 알코올로 변환시키는 데 필요한 효소와 전처리 과정의 비용은 매우 비싸다. 그래서 연구자들은 식물의 탄수화물 양이나 전체 생체량을 증가시키는 노력과 더불어 유전적 조작으로 리그닌의 함량을 줄이는 것같이 세포벽 특성을 바꾸어 생물연료의 생산원가를 줄이려는 시도를 하고 있다.

식물 생명공학에서의 논쟁

농업에서의 유전자변형 생물체(GMO)에 관한 많은 논쟁들이 정치적, 사회적, 경제적, 또는 윤리적 관점이기 때문에 이 책의 범주에 벗어난다. 그러나 우리는 유전자변형 작물에 대한 생물학적인 염려는 생각해 보아야 한다. 생물학자, 특히 생태학자들은 GMO가 환경에 노출되어 생기는 생각치 못한 위험에 대해 우려한다. 주요 논쟁거리는 GMO가 환경이나 인간의 건강에 어느 정도 해를 줄 것인가라는 것이다. 농업생명공학이 좀 더 천천히 진행되기를(또는 중단되기를) 원하는 사람들은 이런 "실험"이 갖는 멈추지 못하는 속성을 걱정한다. 약물 실험에서는 예견하지 못했던 해로운 결과가 생겼다면 그 시도는 중단될 수 있다. 그러나 새로운 생명체의 경우는 일단 생물권에 도입되면 그것을 멈추게 할 수가 없는 것이다. 여기서 우리는 GMO 반대론자들이 제기하는 몇 가지 논점들에 대해 살펴보려고 한다. 이들 중에는 인간의 건강이나 비표적 생물들에게 미치는 해로운 영향들(확인 된 것은 아니다)이나 전달 유전자의 탈출 등이 포함된다.

인간의 건강에 관한 문제

많은 GMO 반대자들은 유전공학으로 인해 일부 사람에게 알레르기 반응을 일으키는 알레르기 유발원이 GMO에서 식용으로 사용되는 다른 식물에게 우연히 옮겨질 수 있다는 것을 염려한다. 그러나 생명공학자들은 이미 대두나 기타 작물에서 알레르기 유발 단백질 유전자를 제거하려는 노력을 기울이고 있다. 아직까지 사람이 먹을 수 있도록 특별하게 고안한 GM 식물이 인간의 건강에 해로운 효과를 보인 증거는 없다. 사실 어떤 GM 식품은 일반 식품보다 잠재적으로는 건강에 더 좋다. 예를 들어, *Bt* 옥수수(*Bt* 독소를 가진 형질변형 종)에서는 발암성이고 기형아를 낳게 하는 곰팡이 독소가 일반 옥수수보다 90%나 적게 들어 있다. 푸모니신(fumonisin)이라 부르는 이 독소는 콘프레이크부터 맥주까지 일부 옥수수 가공식품에서 허용치 이상으로 발견되는 분해가 매우 어려운 물질이다. 푸모니신은 해충에 상처받은 옥수수에 감염되는 곰팡이류(*Fusarium*)에 의해 만들어진다. 일반적으로 GM이 아닌 옥수수보다 *Bt* 옥수수가 해충의 피해를 덜 받기 때문에 푸모니신이 적다.

인간의 건강에 미치는 GMO의 또 하나의 평가로는 *Bt* 작물이 도입되기 전에는 일반적으로 과다한 화학적 살충제에 노출되어 있었던 농부들의 건강에 관하여 고려해야 한다는 것이다. 예를 들면 인도에서 *Bt* 면화가 넓은 지역으로 보급되면서 살충제의 사용이 41%나 줄었고 농부를 포함한 심각한 농약 오염 환자들의 수가 80%나 감소하였다는 것이다.

표적이 아닌 생물체에 미칠 수 있는 효과

많은 생태학자들은 GM 작물을 기를 경우 표적이 아닌 다른 생물체에게 의외의 영향을 줄지 모른다고 염려한다. 한 연구에서는 실험실에서 유전자 변형 *Bt* 옥수수의 꽃가루로 뒤덮인 밀크위드 잎사귀(제왕나비 애벌레가 좋아하는 먹이)를 제왕나비의 애벌레가 먹은 후 문제가 생기거나 심지어는 죽기까지 하였다고 발표하였다. 그러나 이 연구는 그 이후에 신빙성이 없는 것으로 판명되어 과학의 자정적 특성에 좋은 예가 되었다. 원래의 연구자들이 실험실에서 밀크위드 잎 위에 수컷 옥수수의 꽃을 흔들었을 때, 수술대와 열려진 꽃가루 주머니, 그리고 꽃의 다른 부분도 함께 잎 위로 떨어졌다. 그 후 연구자들은 고농도의 *Bt* 독성물질을 갖고 있는 것이 꽃가루가 아니라 꽃의 다른 부위라는 것을 발견하였다. 꽃가루와는 다르게 꽃의 이 부위가 자연적인 밭의 조건에서는 바람에 의해 주변의 밀크위드 식물에 옮겨지지 않는다. 고농도의 *Bt* 독성물질을 함유한 꽃가루를 만드는 *Bt* 옥수수 종은 단 하나였으며 판매되고 있는 전체 *Bt* 옥수수 생산의 단지 2%(지금은 판매 중지됨)에 불과하다.

제왕나비 애벌레에 미치는 *Bt* 꽃가루의 부정적인 효과에 대한 염려를 할 때 우리는 또한 *Bt* 옥수수 경작의 기존 방법, 즉 일반 옥수수에 화학살충제를 뿌리는 방법에 의한 부작용도 따져 보아야 한다. 최근의 연구에서 이렇게 살충제를 분무하는 것이 *Bt* 옥수수를 기르는 것보다 주변의 제왕나비 군집에 훨씬 더 심각한 해를 끼친다는 것을 보여주었다. 제왕나비 애벌레에 대한 *Bt* 옥수수의 부작용이 별거 아니기는 하지만 반대론자들은 모든 GM 작물의 정확한 현장실험이 필요하다는 것과 안전성을 높이기 위해 특정 조직에서만 해당 유전자를 발현시키는 것이 중요하다는 것을 강조하였다.

유전자 탈출 문제에 대한 접근

GM 작물에 대하여 제기하는 가장 심각한 문제는 아마도 작물과 잡초의 교배로 인하여 전이 유전자가 유전자 변형 작물에서 탈출하여 잡초로 옮겨질 수 있다는 것이다. 그 두려움이란 제초제 저항성을 갖게 된 작물과 야생 근연종 사이에 자생적인 교배로 야생에서 다른 잡초보다 선택적인 장점을 가지며 경작지에서 제어하기 훨씬 어려운 "슈퍼잡초"가 생겨날지도 모른다는 것이다. 어떤 작물들은 잡초인 근연종과 교배가 이루어져 작물에서 잡초로 유전자 이동이 일어날 수 있다. GMO 옹호자는 전이 유전자가 이동할 가능성은 작물과 잡초의 교배능력과, 전이유전자가 잡초의 전체 적합성에 얼마나 영향을 줄 것인가에 달려 있다는 점을 지적하였다. 예를 들어, 유용한 작물의 형질인 난쟁이 표현형은 야생에서 자라는 잡초에게는 단점이 된다. 또 다른 경우로는 교배가 가능한 잡초 근연종이 근처에 서식하지 않는 경우도 있다. 예를 들어, 대두는 미국 내에서 야생형 근연종이 없다. 그러나 카놀라, 수수와 같이 쉽게 잡초와 교배할 수 있는 작물도 많이 있어 잔디풀에서는 이런 유전자 이동이 실제 일어나기도 하였다. 오리건주에서는 2003년에 폭풍으로 인해 실험 재배지에 있던 제초제 글리포세이트에 저항성 유전자로 형질전환되었던 겨이삭(*Agrostis stolonifera*) 변종에서 유전자 탈출 현상이 일어났다. 탈출된 것을 없애려는 노력에도 불구하고 3년 후에 근방에서 발견된 겨이삭의 62%가 글리포세이트에 저항성을 보였다. 지금까지 이런 사건의 생태학적인 충격은 미약하였지만 미래에 전이유전자의 탈출은 그렇지 않을 수도 있을 것이다.

도입된 유전자가 전이되는 것을 막으려는 많은 다양한 전략들이 시도되었다. 예를 들어, 형질전환 작물을 수컷 불임으로 만든다면 이 식물은 근처 일반 식물의 꽃가루로 수정되어 종자와 열매는 만들 수 있지만 자신은 정상적인 꽃가루를 만들지는 못한다. 두 번째 방법은 유전자 조작된 무수정생식을 형질전환 작물에 포함시키는 것이다. 종자가 무수정생식으로 만들어지면, 배와 배젖은 수정 없이도 발생한다. 이런 형질을 형질전환 작물에 넣는 것은 식물이 종자와 열매 생산에는 문제가 없이 수컷 불임을 만들 수 있으므로 꽃가루를 통한 형질전환 유전자 탈출 가능성을 최소화할 수 있다. 세 번째 전략은 형질전환 유전자를 작물의 엽록체 DNA에 넣는 것이다. 많은 식물에서 엽록체 DNA는 엄격하게 모계로만 유전되어 엽록체의 유전자는 꽃가루에 의해 전이될 수 없다(모계 유전에 대해서는 15장을 참조). 네 번째 전략은 정상적인 꽃 발생은 하지만 꽃이 벌어지지 않게 유전자 조작을 하는 것이다. 결과적으로 자가수분만이 일어나고 꽃가루가 꽃에서 나가지는 못하게 된다. 이런 해결책은 꽃 설계에서의 수정이 필요하다. 이런 결과를 위해 조작할 수 있는 몇몇 꽃 유전자가 알려졌다.

농업에서 GMO에 대한 계속되는 논쟁은 이 책 주제 중 하나인 과학과 기술의 사회와의 관련성을 보여주는 예이다. 기술적인 진보는 거의 항상 의도하지 않은 결과의 위험을 내포하고 있다. 식물 생명공학에서 위험성 제로는 거의 얻기 어렵다. 각각의 경우에 따라 과학자와 대중은 형질전환 산물에 의해 가능한 이익과 사회가 짊어져야 할 위험을 함께 고려해야만 한다. 가장 좋은 시나리오는 이런 토론과 결정이 역행성 두려움이나 맹목적인 추종보다는 건전한 과학적인 정보와 시험을 근거로 이루어져야 한다는 것이다.

개념 확인 문제 38.3

1. 전통적인 식물 육종과 유전공학을 비교하라.
2. *Bt* 옥수수가 일반 옥수수보다 푸모니신이 적은 이유는?
3. **WHAT IF?** 몇몇 종에서는 엽록체 유전자는 정자로만 유전된다. 이것이 형질전환 유전자의 전이를 막는 노력에 어떤 영향을 끼칠 것인가?

정답은 부록 A 참조

38장 복습

핵심 개념의 요약

개념 38.1

꽃, 중복수정, 열매는 속씨식물 생활사의 독특한 특징이다

- 속씨식물의 생식은 다세포 이배체의 포자체 세대와 다세포 반수체 배우체의 세대 사이의 세대교번을 포함한다. 포자체에 의해 생겨난 꽃은 유성생식에서 그 역할을 한다.
- 4개의 꽃 기관은 꽃받침, 꽃잎, 수술, 심피이다. **꽃받침**은 꽃봉오리를 보호한다. **꽃잎**은 꽃가루 전달자를 끌어들인다. **수술**은 반수체 **소포자**가 수배우체를 포함하는 꽃가루로 발생하는 **꽃밥**을 갖는다. **심피**는 부풀어 오른 기본체 안에 밑씨(미성숙한 종자)를 갖고 있다. 밑씨 안에서 대포자로부터 **배낭**(암배우체)이 발생한다.
- 수정으로 진행되는 **수분**이란 암술머리 위에 꽃가루를 올려놓는 것이다. 수분 후에는 꽃가루관은 암배우체에 2개의 정자를 내려놓는다. 2개의 정자가 필요한 **중복수정**은, 정자 하나가 난자와 수정하여 접합자 그리고 궁극적으로는 배를 만들고 다른 하나의 정자는 극핵과 결합하여 양분을 저장하는 배젖이 되는 과정을 말한다.
- **종자껍질**은 **배젖**이나 **떡잎**에 저장된 양분과 배를 함께 감싸고 있다. **종자 휴면**은 유식물 생존 조건이 적당할 때만 종자가 발아하게 한다. 휴면을 깨기 위해서는 흔히 온도나 빛의 변화 같은 환경적인 시작 신호가 필요하다.
- **열매**는 싸여 있는 종자를 보호하고 바람에 의한 분산이나 종자를 분산시켜주는 동물을 유인하는 데 도움이 된다.

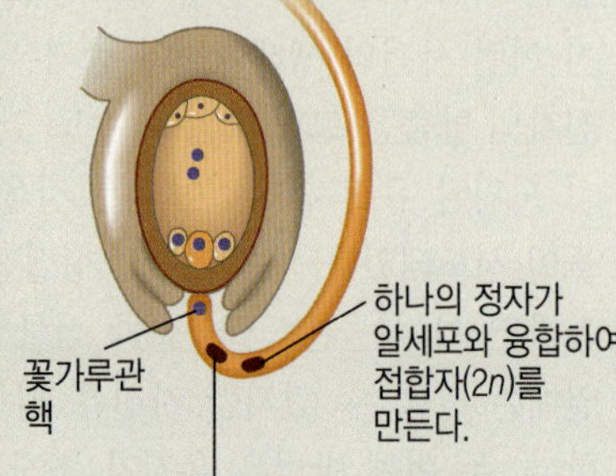

? 꽃이 열매로 바뀔 때 꽃의 4 기관에는 어떤 변화가 일어나는가?

개념 38.2

현화식물은 유성생식, 무성생식, 또는 둘 다로 생식한다

- **영양생식**으로도 알려진 **무성생식**으로 식물은 빠르게 성공적으로 번식할 수 있다. 진화적 적응이 가능하게 하는 대부분의 유전자 변이가 유성생식으로 생긴다.
- 식물들은 각기 다른 개체에 암꽃과 수꽃을 갖거나, 한 꽃 안에서 심피와 수술이 서로 다른 시기에 만들어지거나, 아니면 암꽃에 있는 유전자와 동일한 대립인자를 갖는 꽃가루관을 거부하는 **자가불화합성 반응** 등과 같은 기작으로 자가수분을 피할 수 있게 진화되었다.
- 유전적으로 조작된 단일 세포로부터 복제되어서 성체의 식물로 발생하는 것이 가능하다.

? 무성생식의 장점과 단점은 무엇인가?

개념 38.3

인간은 육종과 유전공학으로 작물을 개량한다

- 식물의 다른 변종끼리 또는 종간의 교배는 자연에서는 흔한 일로서 고대로부터 현대까지 육종가들은 작물에 새로운 유전자를 도입하기 위하여 교배 방법을 사용해왔다. 식물 육종가는 두 식물을 성공적으로 교배하여 원하는 형질을 갖는 자손을 선택한다.
- 유전공학으로 아무런 관계가 없는 개체로부터 유전자를 얻어 다른 식물에 넣는다. 유전자변형(GM) 식물은 세계 식량을 질적 또는 양적으로 증가시킬 수 있는 잠재력을 가지며 생물연료로서도 점점 더 중요해진다.
- 두 가지 중요한 GM 작물 중 하나는 더 많은 비타민 A를 제공하는 황금쌀과 해충 저항성을 갖는 *Bt* 옥수수이다.

- GM 작물이 환경에 노출될 때 생길 수 있는 어떤 알지 못하는 위험에 대한 우려도 있지만 유전자 전이된 작물의 잠재적 효용성을 생각해 볼 필요가 있다.

? 유전공학이 어떻게 식품이나 농업 생산량을 개선하였는지 3가지 예를 찾아보아라.

생각해보자

수준 1: 지식/이해

1. 열매란?
   a. 성숙한 씨방이다.
   b. 성숙한 밑씨다.
   c. 종자와 종자의 주피다.
   d. 늘어난 배주머니다.
2. 중복수정의 의미는?
   a. 꽃이 열매와 종자를 만들기 위해 두 번 수정되어야만 한다.
   b. 모든 난자는 2개의 정자를 받아들여야만 배가 만들어진다.
   c. 하나의 정자는 난자와 수정되어야 하고 다른 하나는 극핵과 수정되어야만 한다.
   d. 모든 정자는 핵이 2개다.
3. "황금쌀"은?
   a. 여러 가지 제초제에 저항성이 있어 벼를 기르는 논에서 제초제를 쓸 때 유용하다.
   b. 비타민 A를 증가시키는 전이 유전자를 갖고 있다.
   c. 해충에 피해를 줄일 수 있는 독성물질을 만드는 세균 유전자를 갖고 있다.
   d. 작물의 생산량을 증가시키는 더 크고 황금색인 낟알을 생산한다.
4. 접목에 관한 설명으로 옳은 것은?
   a. 대목과 접수는 서로 다른 종에서 온 조각을 말한다.
   b. 대목과 접수는 서로 아무 관계가 없는 종에서 와야만 한다.
   c. 대목은 접목에서 뿌리계를 만든다.
   d. 접목은 새로운 종을 만든다.

수준 2: 응용/분석

5. 암수딴몸인 어떤 종은 수컷식물로 XY 유전자형을 암컷식물로 XX형을 갖는다. 중복수정 후 배와 배젖의 핵의 유전자형은 무엇인가?
   a. 배 XY/배젖 XXX 또는 배 XX/배젖 XXY
   b. 배 XX/배젖 XX 또는 배 XY/배젖 XY
   c. 배 XX/배젖 XXX 또는 배 XY/배젖 XYY
   d. 배 XX/배젖 XXX 또는 배 XY/배젖 XXY
6. 초록색 꽃잎을 가진 작은 꽃에 가장 가능한 꽃가루 전달자는?
   a. 벌
   b. 박쥐
   c. 새
   d. 바람
7. 딸기에 있는 까만 점은 사실 단일 꽃에서 분리된 심피로부터 형성된 실제 열매들이다. 딸기에서 과육의 맛있는 부분은 화탁에서 왔다. 그러므로 딸기는?
   a. 여러 종자를 갖는 단과다.
   b. 복합과와 부과다.
   c. 단과와 집합과다.
   d. 집합과와 부과다.
8. 꽃의 각 부분을 그리고 이름을 쓰시오.

수준 3: 종합/평가

9. **진화적 관점**
유성생식의 관점에서 보면 완전 자가수분이 가능한 식물, 완전 자가불화합성인 식물, 그리고 부분 자가불화합성의 "혼합된 전략"을 사용하는 식물종으로 나누어진다. 이런 생식의 전략은 진화적인 잠재력에서의 의미가 서로 다르다. 예를 들어 자가수분하는 식물종과 비교했을 때 자가불화합성 종들은 초기 식물 집단으로서 또는 군집 병목 지역에서 살아남은 집단으로서(23장) 어떻게 살아가겠는가?
10. **과학적 탐구**
GM 식품에는 외부의 유전자가 도입되어 정상적인 세포 기능을 파괴하기 때문에 예상하지 못한 잠재적인 해로운 물질이 나타날지도 모른다는 비판이 제기되었다. 정상적인 상황에서는 아주 적은 양이었던 독성 중간물질이 GM에서는 상당량 늘어날 수도 있고 새로운 물질이 나타날 수도 있다. 또한 정상세포의 기능 파괴는 정상적인 대사작용을 유지하는 데 필요한 물질의 손실을 일으킬 수도 있다. 만약 당신이 국가의 과학 자문 책임자라고 한다면 이런 비판에 어떻게 대응할 것인가?
11. **과학, 기술, 사회**
인간은 수 세기 동안 뚜렷하게 개체의 유전체를 변형시키는 선택적 교배나 잡종 교배 과정을 통해 식물이나 동물의 변종을 만들어내는 유전자 조작에 관여해 왔다. 당신은 한두 개의 유전자만 도입하거나 변형시키는 현대의 유전공학이 왜 그렇게 많은 사회의 반대에 부딪친다고 생각하는가? 어떤 형태의 유전공학이 더 우려가 되는가? 그 이유를 설명해 보아라.
12. **글쓰기: 지식의 체계화**
짧은 글(100~150 단어)로 한 종의 식물 꽃이 같은 종의 다른 꽃과 생식작용을 할 수 있는 능력이 어떻게 꽃기관들의 분리와 조직화에서 나타나는 창발성이 되는지 설명해 보라.
13. **종합적으로 생각해보기**

(a) 어떤 것이 꽃가루인가? (b) 어떻게 형성되었는가? (c) 그것의 기능은 무엇이며 어떻게 그 기능을 감당하는가? (d) 진화적으로 보면 왜 꽃가루는 종자식물이 우점종이 되는데 중요한 단계였다는 것인가?

정답은 부록 A 참조

39

식물의 신호와 행동

핵심 개념

39.1 신호전달경로는 신호의 인지를 반응으로 연결시켜 준다

39.2 식물호르몬은 식물의 생장과 발달, 그리고 자극에 대한 반응을 조절한다

39.3 빛에 대한 반응은 식물의 생존에 매우 중요하다

39.4 식물은 빛 외에도 다양한 자극에 대해서 반응한다

39.5 식물은 병원균과 포식자의 공격에 대항한다

▲ 그림 39.1 흡혈식물?

자극과 고착생활

사냥꾼은 천천히, 관목이 우거진 곳을 통해, 먹이가 발견될 수 있는 최적의 장소인 응달을 향해 살금살금 다가간다. 단 일주일간의 식량만을 가지고 사냥을 시작했다. 빠른 시일 내에 먹을 것을 찾지 못하면 죽게 된다. 마침내, 그럴듯한 냄새를 맡고 냄새가 나는 쪽으로 방향을 튼다. 손이 닿을 만한 곳에 이르면, 사냥감을 올가미로 챈다. 이제 훨씬 더 먹잇감의 냄새를 잘 맡을 수 있다. 이 사냥꾼은 새로운 목표물을 향해 경로를 설정하고, 올가미를 씌우고, 영양이 풍부한 희생물에 빨대를 꽂아 양분을 뽑아낸다.

이 사냥꾼은 새삼(*Cuscuta*)이라고 불리는 광합성을 하지 못하는, 기생성 현화식물이다. 발아 후에 새삼 유묘는, 배발생 과정 동안 저장된 양분을 에너지로 이용하여 숙주식물을 찾는다(그림 39.1). 약 일주일 내에 숙주식물을 찾지 못하면, 이 유모는 죽게 된다. 새삼은 왼쪽 아래 사진에서 보이는 것처럼, 숙주를 둘러 감싸는 덩굴손을 뻗어 공격한다. 한 시간 이내에 숙주를 이용하거나 계속 움직여 나간다. 그 숙주에 머물게 되면, 흡기라는 섭식기관을 이용해 숙주의 체관에 빨대를 꽂는다. 숙주가 얼마나 영양이 풍부하냐에 따라 새삼은 코일을 더 만들거나 덜 만들거나 한다.

새삼이 희생물의 위치를 어떻게 파악하나? 생물학자들은 새삼이 응달(줄기를 찾기

쉬운 장소?)을 향해 자란다는 것을 알고 있었지만, 희생물과는 단순히 부딪치는 것으로 생각해왔다. 그러나 새로운 연구를 통해 잠재적인 숙주식물에 의해서 분비되는 화학물질이 새삼을 유인하여 새삼이 그쪽 방향으로 경로를 재빨리 설정하게 한다는 것이 밝혀졌다.

새삼의 행동이 특별나기는 하지만, 광합성식물 역시 가용 태양광과 양분이 풍부한 토양을 이용하기 위해 주변환경을 인지한다. 이러한 행동에는 신호전달경로가 관련되어 있으며, 이 신호전달경로는 우리가 주변 환경과 상호작용하는 경로와 그리 다르지 않다. 신호 감지와 신호 전달 수준에서 우리의 세포는 식물 세포와 크게 다르지 않다—유사점이 차이점보다 훨씬 크다. 그러나 동물로서 우리의 환경자극에 대한 반응은 식물의 반응과는 일반적으로 상당히 다르다. 동물은 일반적으로 움직임으로써 반응한다; 식물은 생장과 발달을 변화시킴으로써 반응한다.

식물은 성공적으로 경쟁하기 위해서, 계절의 변화 등 시간의 변화에 역시 적응해야 한다. 또한 다양한 종류의 생명체들과 상호작용한다. 이러한 모든 물리적 화학적 상호작용에는 복잡한 신호전달경로가 관여한다. 이 장에서, 우리는 식물의 생장과 발달을 조절하는 내생화학물질(호르몬)과, 식물이 주변 환경을 어떻게 인지하고 반응하는지에 대해 이해하는 것에 집중할 것이다.

개념 39.1

신호전달경로는 신호의 인지를 반응으로 연결시켜 준다

새삼 식물은 주변 환경으로부터 오는 특정 신호를 인지하여 생존과 번식에 유리한 방향으로 반응하며, 이런 면에서는 새삼만 특이하다고 볼 수도 없다. 또 다른 평범한 예로, 부엌의 찬장 구석에 방치되어 있는 감자를 생각해보자. 감자는 특수화된 지하줄기로 덩이줄기(tuber)라 불리며 보통 방치된 감자는 "눈"(곁눈)이라는 곳에 싹이 나와 있다. 그러나 이 싹은 식물의 일반적인 새싹과는 닮지 않았다. 녹색의 넓은 잎과 튼튼한 줄기가 아니라 이 식물들은 매우 창백한 줄기를 갖고, 잎은 펼쳐져 있지 않으며 뿌리는 제대로 뻗어 있지 않다(그림 39.2a). 이처럼 암상태에서 생장할 때 보이는 형태적 적응을 총칭하여 **황화현상(etiolation)**이라고 한다. 자연 상태의 어린 감자가 땅속에서 싹을 틔울 때 항상 암 상태라는 것을 생각하면 이러한 적응을 이해할 수 있다. 땅속에서 잎이 넓게 펼쳐진다면 줄기가 토양을 뚫고 나오기가 어려울 것이다. 또한 잎이 넓게 펼쳐져 있지 않고 땅속에 있으므로 증산작용을 통한 수분의 손실이 거의 없기 때문에 수분의 보충을 위한 뿌리의 발달은 그다지 필요치 않다. 광합성에 필요한 빛이 없으므로 초록색의 엽록소를 만드는 데 에너지를 쓴다면 이 또한 낭비일 것이다. 대신 암 상태에서 자라는 감자는 대부분의 에너지를 줄기의 신장을 위해 사용한다. 이렇게 함으로써 덩이줄기

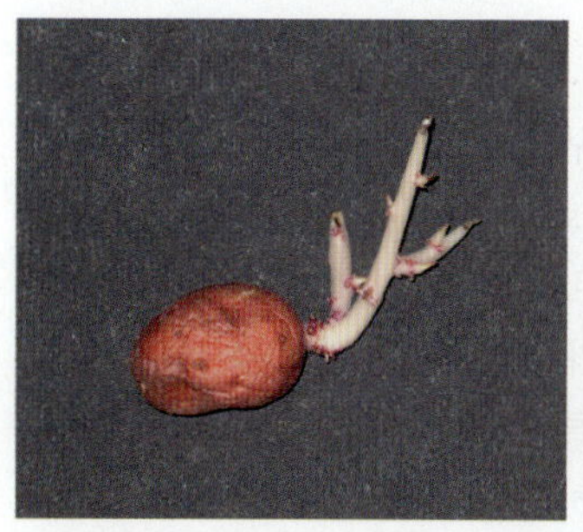

(a) 빛을 비추기 전. 암소에서 자란 감자는 줄기가 토양을 뚫고 나오기 쉬운 형태를 가져 줄기는 길고 약하며 잎은 펼쳐져 있지 않다. 줄기에서의 수분손실이 거의 없으므로 수분흡수의 필요성이 적어 뿌리는 짧다.

(b) 일주일간 자연광을 비춘 후. 감자는 일반적인 식물의 모습을 띠게 되어 잎이 녹색이며 넓고, 줄기는 짧고 굵으며 뿌리는 길다. 이러한 형태적 변화는 피토크롬이라는 색소가 빛을 인지함으로써 시작된다.

▲ **그림 39.2 암소에서 자란 감자의 빛에 의한 탈황화(녹화) 반응**

의 양분이 고갈되기 전에 줄기가 지표면을 뚫고 나오게 한다. 황화반응은 어떻게 식물의 형태와 생리가 외부의 자극과 내부 신호 사이의 복잡한 상호작용을 통해서 변화하는 환경에 항상적으로 조화를 이루는지를 보여주는 예이다.

어린 싹이 태양빛을 받게 되면 식물은 **탈황화(de-etiolation)**, 다른 말로 녹화(greening)라고도 하는 변화를 겪게 된다. 줄기 신장률은 감소하고 잎이 펼쳐지며 뿌리가 자라고 어린싹에서는 엽록소가 합성되어 일반적인 식물을 닮아간다(그림 39.2b). 이 탈황화의 예를 통해 식물세포가 받은 신호(여기에서는 빛)를 어떻게 전달하여 반응(녹화)을 유도하는가를 보도록 하자. 이와 함께 돌연변이체를 이용한 연구가 어떻게 세포의 신호전달 과정 전체, 즉 인지와 전달, 반응 과정에서 여러 분자들이 하는 역할을 밝히는 데 기여했는지에 관해서도 배울 것이다(그림 39.3).

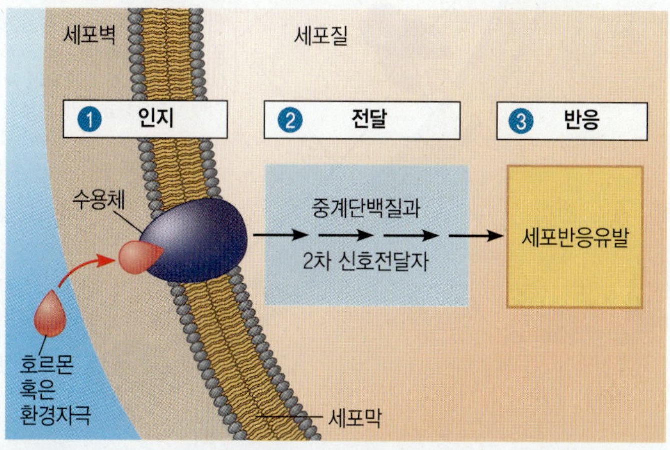

▲ **그림 39.3 신호전달경로의 일반적인 모델.** 앞의 9장에서 이야기한 바와 같이 호르몬 등의 신호가 특정 수용체에 결합하여 일련의 중계물질 활성화와 2차 신호전달자 합성을 유도한다. 신호가 전달되어 결국 세포의 반응을 유발한다. 이 그림에서 수용체는 표적세포의 표면에 표시되어 있으나 호르몬이 세포 안으로 들어갈 수 있는 경우에는 수용체가 세포 안에 존재하기도 한다.

인지

신호는 특정한 자극에 의해서 구조가 변화하는 수용체 단백질에 의해서 처음 인지된다. 탈황화에 관련된 수용체는 **피토크롬**(phytochrome)이라는 광수용체로서 이 장의 후반부에서 자세히 다루도록 하겠다. 세포막에 존재하는 다른 여러 수용체들과는 달리 탈황화에 관여하는 피토크롬은 세포질에 존재한다. 과학자들은 탈황화에 피토크롬이 필요하다는 것을 감자와 매우 유연관계가 깊은 토마토를 재료로 하여 증명하였다. *Aurea* 돌연변이 토마토는 정상보다 낮은 수준의 피토크롬을 가지고 있으며 빛을 비추었을 때 야생형의 경우보다 녹화가 덜 일어난다. (*Aurea*라는 이름은 바로 황금색을 의미하는 라틴어에서 온 것이다. 엽록소가 없으면 카로티노이드라는 노란색의 식물색소가 보다 뚜렷이 보이게 된다.) 과학자들은 다른 식물의 피토크롬을 *aurea* 잎세포에 주입한 후 빛을 비추었을 때 정상적인 탈황화가 일어남을 보임으로써 피토크롬이 탈황화 과정에서 빛을 인지하는 기능을 수행하고 있음을 보여주었다.

전달

수용체는 매우 약한 환경신호나 화학신호에도 민감하다. 탈황화 반응 중 일부는 매우 낮은 수준의 빛에 의해서도, 특정 경우에는 몇 초 동안의 달빛 정도에 해당하는 약한 수준의 빛에 의해서도 유도될 수 있다. 이렇게 매우 약한 신호의 전달에 관여하는 것이 바로 **2차 신호전달자(second messenger)**로서, 이는 세포 내의 작은 분자나 이온이며, 수용체로부터 온 신호를 증폭해 반응을 유발하는 단백질에 전달한다(그림 39.4). 9장에서 이미 여러 종류의 2차 신호전달자에 대해서 논한 바 있다(그림 9.12, 9.14). 여기에서는 탈황화 과정에서 두 종류의 2차 신호전달자, 칼슘이온(Ca^{2+})과 고리형 GMP(cGMP)의 역할에 관해서 알아보도록 하겠다.

세포질내 Ca^{2+} 농도의 변화는 피토크롬 신호전달 과정에서 중요한 역할을 한다. 세포질내 Ca^{2+} 농도는 보통 약 10^{-7} M로 매우 낮다. 활성화된 피토크롬은 Ca^{2+} 통로를 열어 세포질내 Ca^{2+} 농도를 일시적으로 약 100배 정도 증가시킨다. 빛에 대한 반응으로 피토크롬은 구조적으로 변화되어 2차 신호전달자인 고리형 GMP를 합성하는 효소인 구아닐사이클라제(guanylyl cyclase;

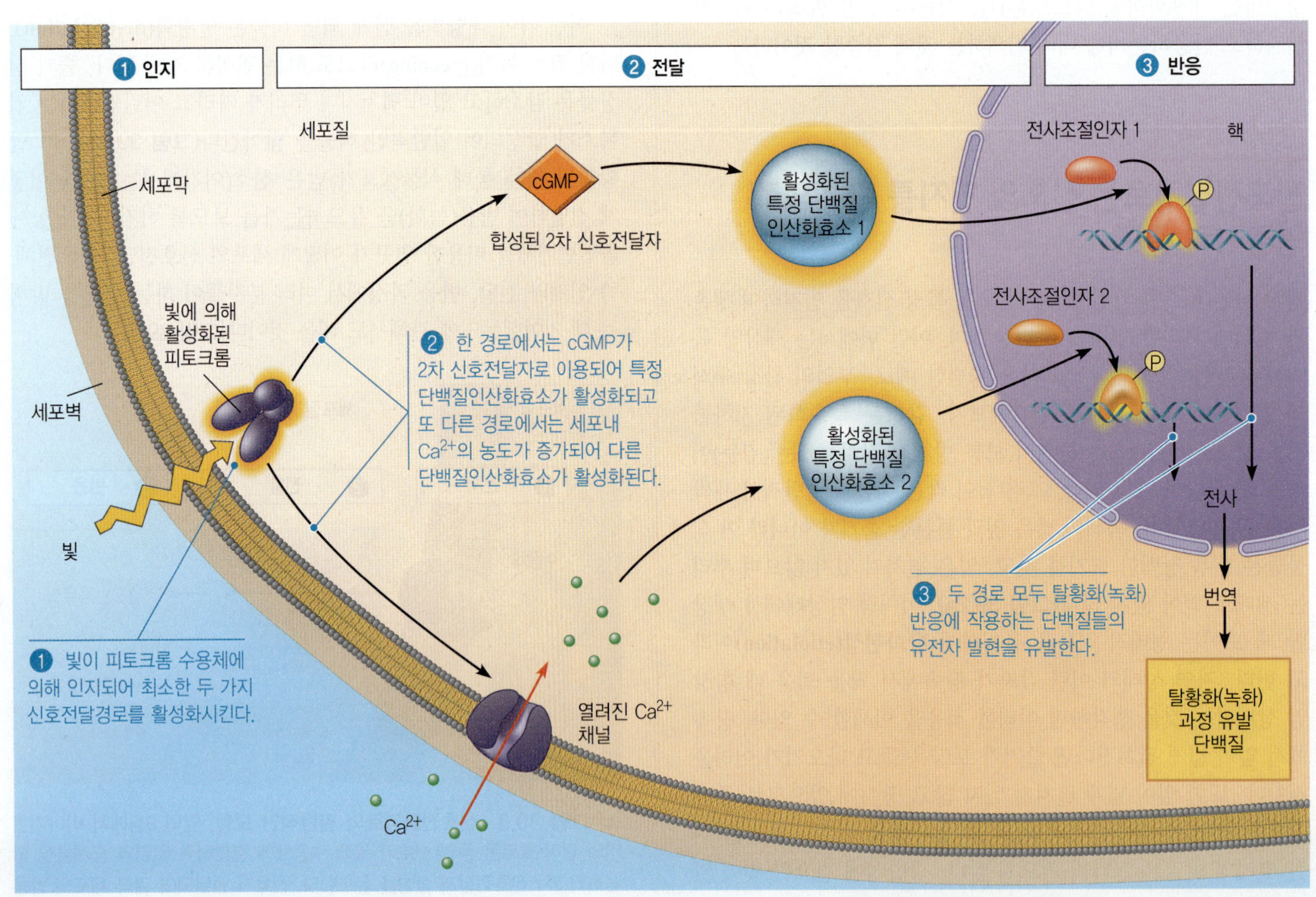

▲ **그림 39.4 식물에서 신호전달의 예: 탈황화(녹화) 과정에서 피토크롬의 역할**

MAKE CONNECTIONS 그림 9.17의 어떤 것이 탈황화 과정 동안의 피토크롬 의존적 신호전달경로를 가장 잘 묘사하는가? 설명하라.

구아닐산고리화효소)를 활성화시킨다. 완벽한 탈황화반응에는 Ca^{2+}와 cGMP가 둘 다 반드시 필요하다. 예를 들어, *aurea* 토마토 돌연변이체 잎세포에 cGMP만을 주입하면 단지 부분적으로 탈황화반응이 유도될 뿐이다.

반응

신호전달 과정은 궁극적으로 하나 이상의 세포내 활동을 조절하게 된다. 대부분의 경우 자극에 대한 이러한 반응은 특정 효소들의 활성증가와 관련되어 있다. 신호전달경로가 효소를 활성화시키는 방법에는 번역후 수식화와 전사조절이라는 두 가지 기작이 있다. 번역후 수식화 과정은 이미 존재하고 있던 효소를 활성화시키며, 전사조절은 특정 효소를 암호화하고 있는 유전자의 mRNA 합성을 증가 혹은 감소시킨다.

단백질의 번역후 수식화

대부분의 신호전달경로에서 이미 존재하고 있던 단백질은 특정 아미노산의 인산화를 통해 수식화되어 단백질의 소수성 정도와 활성이 변화된다. cGMP와 Ca^{2+}을 포함한 여러 2차 신호전달자는 단백질인산화효소(protein kinase)들을 직접 활성화시킨다. 종종 하나의 단백질인산화효소는 제2의 단백질인산화효소를 인산화시키며 이 인산화효소는 제3의 단백질인산화효소를 인산화시키고 제4, 5의 단백질인산화효소들이 인산화된다(그림 9.10). 이러한 인산화효소들의 연쇄적 조절은 결국 전사인자들의 인산화를 통해 최초의 자극을 유전자 발현 수준에서의 반응으로 연결시킨다. 다음 쪽에서 볼 수 있듯이, 다양한 신호전달경로는 결국 특정 유전자들의 발현을 유도하거나 억제함으로써 새로운 단백질의 합성을 조절한다.

신호전달경로는 처음 주어졌던 자극이 없어지면 중지된다. 예를 들어, 감자를 다시 찬장 속에 집어넣는다면 어떻게 될지 상상해 보라. 특정 단백질에서 인산기를 제거할 수 있는 단백질탈인산화효소가 이러한 신호전달의 중지에 중요한 역할을 한다. 따라서 모든 순간 세포의 활동은 이러한 단백질인산화효소와 단백질탈인산화효소(protein phosphatase) 활성의 균형에 의해서 조절된다고 할 수 있다.

전사조절

18장에서 논의했듯이 **특정 전사인자**(specific transcription factor)라는 단백질들은 특정 DNA 부위에 결합하여 그 유전자의 전사를 조절한다(그림 18.10). 피토크롬에 의한 탈황화의 경우 여러 전사인자들이 적절한 광 조건에 대한 반응으로 인산화됨으로써 활성화된다. 이러한 전사인자들의 활성화에는 cGMP나 Ca^{2+} 등이 관여한다.

특정 신호가 생물체의 발생을 조절하는 것은 특정 유전자의 전사를 증가시키는 촉진제 혹은 감소시키는 억제제 혹은 두 가지 특성을 모두 띠고 있는 전사조절인자를 통해서이다. 예를 들어, 어떤 애기장대 돌연변이체는 암 상태에서 생장할 때에도 색이 희다는 것 외에는 잎이 펼쳐져 있으며 짧고 튼튼한 줄기를 갖는 등 빛을 주고 키운 형태를 갖는다. 이들이 녹색을 띠지 않는 것은 엽록소 생성의 마지막 단계에 빛이 필요하기 때문이다. 이러한 돌연변이체들은 빛에 의해 활성화되는 유전자들의 발현을 억제하는 전사인자에 이상이 생긴 것이다. 이러한 전사인자들이 돌연변이로 제거되면 정상적인 경우에 억제되고 있던 경로가 활성화된다. 따라서 옅은색을 띠는 것만 제외하면 빛에서 자란 것처럼 보이게 되는 것이다.

탈황화("녹화") 단백질

탈황화 과정 동안 어떤 종류의 단백질들이 새롭게 만들어지거나 인산화를 통해 활성화되는가? 많은 것들이 광합성에 직접적으로 관여하는 효소들이며 또한 엽록소 합성에 필요한 전구물질을 제공해주는 데 관여하는 효소들이다. 이밖에 식물의 생장을 조절하는 호르몬의 수준에 영향을 미치는 단백질들도 있다. 예를 들어, 줄기의 신장을 촉진하는 두 식물호르몬, 옥신과 브라시노스테로이드의 수준은 피토크롬 활성화에 따라 감소한다. 이러한 감소로 인해 탈황화 과정에서 줄기신장률이 감소하는 것이다.

지금까지 탈황화 과정의 근저에 있는 생화학적 변화들이 얼마나 복잡한가를 보여주기 위해 감자의 탈황화반응과 관련된 신호전달을 자세히 설명하였다. 모든 식물호르몬과 모든 외부자극들은 상당히 복잡한 하나 이상의 신호전달경로를 유발한다. 토마토 *aurea* 돌연변이체의 경우처럼 돌연변이체 연구와 분자생물학적 방법의 통합은 과학자들이 이러한 다양한 신호전달경로들을 규명하는 데 큰 도움이 되고 있다. 그러나 분자생물학은 식물에 관한 오랫동안의 생리학 및 생화학적 연구의 바탕 위에서 발전할 수 있었던 것이다. 다음에서 볼 수 있듯이 생물학자들은 고전적인 관찰과 실험을 통해서 화학신호물질인 호르몬이 바로 식물의 생장과 발달의 내부 조절인자라는 사실을 인지하기 시작했다.

개념 확인 문제 39.1

1. 암 조건과 광 조건에서 키운 식물은 형태적으로 어떻게 다른가? 어린 식물이 경쟁에서 이기는 데 황화현상이 어떤 도움을 주는지 설명하라.
2. 시클로헥시마이드는 단백질 합성을 억제한다. 시클로헥시마이드를 처리하면 탈황화가 어떤 영향을 받을 것인지 생각해보라.
3. **WHAT IF?** 성기능 장애 치료제 비아그라는 cGMP를 분해하는 효소의 활성을 억제한다. 토마토 잎 세포들이 유사한 효소를 가지고 있다면 비아그라를 토마토 *aurea* 돌연변이체에 처리할 경우 정상적인 탈황화가 일어날 것이라고 예측할 수 있는가?

(정답은 부록 A 참조)

개념 39.2

식물호르몬은 식물의 생장과 발달, 그리고 자극에 대한 반응을 조절한다

호르몬(hormone)은 개체의 한 부분에서 매우 소량 합성되고 다른 부위로 이동하여 그곳에서 특정 수용체와 결합하여 표적세포나 조직에서 반응을 유발하는 물질이다. 동물에서 호르몬은 일반적으로 순환계를 통해 이동하며 이것은 호르몬이라는 용어의 정의에 포함된다. 현대 식물학자들은 동물을 대상으로 하는 연구에서 유래된 호르몬 개념이 식물의 생리현상을 설명하기에는 너무 제한이 많다고 주장한다. 예를 들어, 식물에는 호르몬 같은 신호물질을 운반할 혈액이나 순환계가 없다. 게다가 식물호르몬으로 간주되는 몇 가지 신호물질은 국부적으로만 작용한다. 또한 포도당(glucose) 등의 식물 신호물질은 일반 호르몬보다 수십만 배나 높은 농도로 존재한다. 그럼에도 불구하고 이러한 물질들은 일반 호르몬과 유사하게 식물체 내에서 이동하여 신호전달 경로를 활성화시킴으로써 식물의 반응을 유발한다. 따라서 대부분의 식물학자들은 식물체에서 특정 생리작용을 조절하는 천연의 혹은 인조 유기화합물을 보다 넓은 의미를 갖는 용어인 **식물생장조절물질(plant growth regulator)**로 표현한다. 현재 **식물호르몬**과 **식물생장조절물질**이라는 용어는 비슷한 비중으로 사용되고 있으나 이 책에서는 **식물호르몬**이라는 용어를 사용하고 식물호르몬은 매우 낮은 농도에서 활성을 나타낸다는 기준을 그대로 사용하겠다.

식물호르몬은 매우 낮은 농도로 합성되지만 소량의 호르몬이 식물의 생장과 발달에 커다란 영향을 끼친다. 식물의 생장과 발달의 모든 면은 일정 정도 호르몬에 의해 조절된다. 각 호르몬은 작용하는 위치와 호르몬의 농도, 식물의 발달 단계에 따라 다양한 효과를 나타낸다. 반대로 여러 호르몬이 하나의 과정에 영향을 끼칠 수 있다. 식물호르몬에 대한 반응은 일반적으로 관련

표 39.1 식물호르몬에 대한 개요

호르몬	합성 혹은 분포하는 곳	주요 기능
옥신(IAA)	줄기정단분열조직과 어린 잎에서 주로 합성된다. 뿌리에서 필요한 옥신의 대부분을 줄기에서 만들어지는 옥신에 의존하지만 뿌리분열조직에서도 합성은 된다. 발달 중인 종자와 열매에서 많은 양의 옥신이 발견되지만 이곳에서 합성된 것인지 아니면 모계조직에서 이동된 것인지는 확실치 않다.	줄기의 신장을 촉진(낮은 농도에서); 곁뿌리와 부정근 형성 촉진; 열매의 발달을 조절; 정단우성을 유도; 굴광성과 굴중성에 관여; 물관형성을 촉진; 잎의 탈리를 지연
사이토키닌	여러 곳에서 조금씩 합성이 되긴 하지만 주로 뿌리에서 합성되어 다른 기관으로 이동한다.	뿌리와 줄기에서 세포분열을 조절; 정단우성을 조절하고 곁눈의 생장을 촉진; 양분의 수용조직으로의 이동을 촉진; 발아 촉진; 잎의 노화를 지연
지베렐린(GA)	정아와 뿌리의 분열조직, 어린 잎, 발달 중인 종자에서 주로 합성된다.	줄기 신장, 꽃가루 발달, 꽃가루관 생장, 열매의 생장, 종자의 발달과 발아를 촉진; 성결정과 유식물기에서 성체기로의 전이에 관여
앱시스산(ABA)	거의 모든 식물세포들이 앱시스산을 합성할 수 있는 능력을 가지고 있으며 모든 주요 기관과 살아 있는 조직에서 발견된다. 체관과 물관을 통해 이동되는 것으로 생각된다.	생장억제; 수분 부족시 기공 닫음; 종자의 휴면을 유도하고 미성숙 발아를 억제; 잎의 노화를 촉진; 건조에 대한 저항성(dessication tolerance)을 증진
에틸렌	기체상태의 호르몬으로서 식물의 거의 모든 부분에서 합성될 수 있다. 노화와 잎의 탈리, 일부 과일의 성숙시 고농도로 합성된다. 상처와 스트레스에 의해서도 합성이 촉진된다.	여러 종류 과일의 성숙과 잎의 탈리, 유식물에서 삼중반응(줄기신장의 억제와 비후생장 촉진, 수평으로 생장)을 촉진; 노화 속도의 촉진; 뿌리와 뿌리털 형성 촉진; 파인애플과의 식물에서 개화 촉진
브라시노스테로이드	식물의 모든 조직에서 발견되며 기관에 따라 특정 형태의 중간물질이 주를 이룬다. 식물체에서 합성된 브라시노스테로이드는 합성된 장소 근처에서 작용한다.	줄기에서 세포의 신장과 분열을 촉진; 저농도에서 뿌리생장 촉진; 고농도에서 뿌리생장 억제; 물관형성 촉진과 체관형성 억제; 종자의 발아와 꽃가루관 신장 촉진
자스몬산	지방산인 리놀렌산에서 유래된 분자들로 이루어진 그룹이다. 식물의 여러 부분에서 합성되어 체관을 통해 다른 부분으로 이동한다.	과일의 성숙과 꽃의 발달, 꽃가루 생산, 덩굴손 휘감기, 뿌리 생장, 종자의 발아와 꿀의 분비 등 다양한 기능을 조절; 또한, 초식동물과 병원체 침입에 반응하여 생산됨.
스트리고락톤	카로티노이드에서 유래한 호르몬으로서 세포외부신호로 작용하며, 낮은 농도의 인산 조건이나 줄기로부터의 많은 옥신흐름에 반응하여 뿌리에서 합성된다.	종자의 발아를 촉진하며, 정단우성을 조절하고, 또한 균근 곰팡이를 식물 뿌리로 유인함.

된 호르몬들의 양과 상대적인 농도에 좌우된다. 보통, 생장과 발달을 조절하는 것은 호르몬들이 독립적으로 작용하기보다는 여러 호르몬들의 상호작용을 통해서이다. 이러한 호르몬 간의 상호작용은 다음의 호르몬 기능에 대한 개관에서 분명히 드러날 것이다.

식물호르몬 개론

표 39.1은 주요 식물호르몬인 옥신과 사이토키닌, 지베렐린, 앱시스산, 에틸렌, 브라시노스테로이드, 자스몬산, 스트리고락톤과 작용을 보여주고 있다.

옥신

식물에서 화학신호 전달자라는 개념은 줄기가 어떻게 빛에 반응하는가라는 일련의 오래된 실험들에서 나왔다. 창문가에 놓인 식물의 줄기는 빛을 향해 자란다. 이 식물을 돌려 놓으면 식물은 생장 방향을 바꾸어 잎들은 다시 창문 쪽을 향하게 된다. 자극에 대해서 양의 방향이나 음의 방향으로 전체 식물의 기관 등이 굽게 되는 생장반응을 **굴성(tropism**; 그리스어의 구부러짐을 의미하는 *tropos*에서 유래)이라고 한다. 줄기가 빛을 향해 자라는 것을 **양성 굴광성(phototropism)**이라고 하고 빛에서 멀어지는 방향으로 자라는 것을 음성 굴광성이라고 한다.

식물이 빽빽한 자연 생태계에서 굴광성은 어린 식물이 태양빛을 향해 자라서 광합성을 할 수 있게 유도하고 있다. 이것은 줄기 양쪽 세포들의 성장의 차이, 즉 어두운 쪽의 세포들이 빛이 비치는 쪽 세포들보다 빠르게 신장함으로써 나타나는 반응이다.

다윈(Charles Darwin)과 그의 아들(Francis Darwin)은 1800년대 말엽에 굴광성에 관한 최초의 실험들을 수행하였다(그림 39.5). 그들은 곡류의 유식물들은 자엽초의 정단 부위가 존재하는 경우에만 빛을 향해 휘어지는 것을 관찰하였다. 즉, 정단 부위가 제거되면 자엽초는 휘지 않았으며 불투명한 물질로 정단 부위를 감싸는 경우에도 빛을 향해 휘는 현상은 관찰되지 않았다. 투명한 물질로 정단 부위를 감싸는 경우나 불투명한 물질로 자엽초 정단 아랫부분을 감싸는 경우에는 빛을 향해 휘어지는 현상에 이상이 생기지 않았다. 따라서 이들은 빛을 인지하는 부위는 바로 자엽초의 정단부라고 결론지었다. 그러나 자엽초가 구부러지게 하는 차별적 생장 반응은 자엽초 끝의 조금 아래쪽에서 발생한다. 이를 바탕으로, 다윈은 어떤 신호가 자엽초 정단부에서 아래쪽의 신장부위로 이동한다고 생각했다. 몇십 년이 지난 후 덴마크의 보이센-옌센(Peter Boysen-Jensen)은 이 신호물질이라는 것이 이동할 수 있는 화학물질임을 실험을 통해 보여주었다. 그는 정단부와 나머지 아랫부분을 분리하고 이 사이에 젤라틴 조각을 넣어 세포 간의 접촉은 없애되, 물질의 이동은 일어날 수 있게 하였다. 이 경우 빛에 대해 정상적으로 반응하여 빛을 향해 자라나는 것을 볼 수 있었다. 그러나 젤라틴 조각 대신 광물 조각 등

▼ 그림 39.5 탐구

자엽초의 어느 부분이 빛을 인지하고 신호가 어떻게 전달되는가?

실험 1880년에 다윈(Charles Darwin)과 그의 아들(Francis Darwin)은 자엽초의 어느 부분이 빛을 인지하는지를 알아내기 위한 실험을 고안하였다. 1913년에는 보이센-옌센(Peter Boysen-Jensen)이 굴광성 신호가 어떻게 전달되는지를 알아보기 위한 실험을 수행하였다.

결과

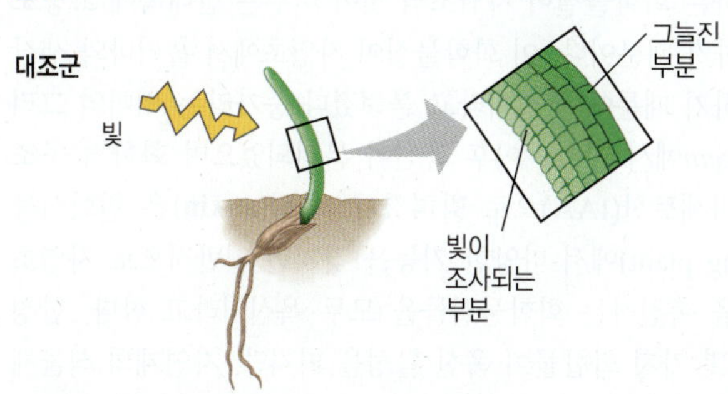

다윈 부자: 정단 부위에 빛이 조사되었을 경우에만 굴광성이 나타남

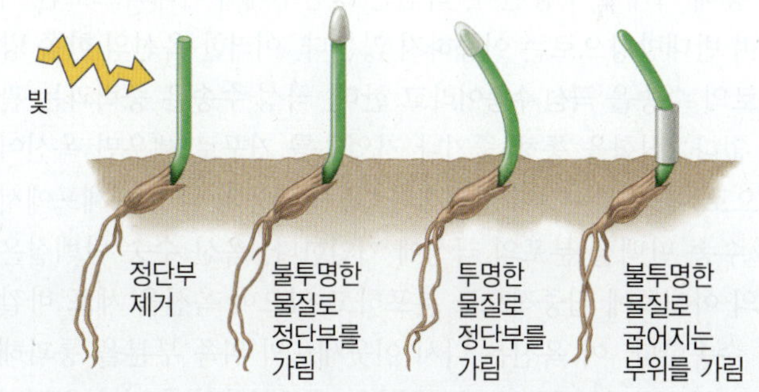

보이센-옌센: 물질을 통과시킬 수 있는 조각에 의해 정단 부위가 분리되었을 경우에는 굴광성이 일어나지만 물질을 통과시키지 않는 조각으로 분리된 경우 굴광성이 나타나지 않음

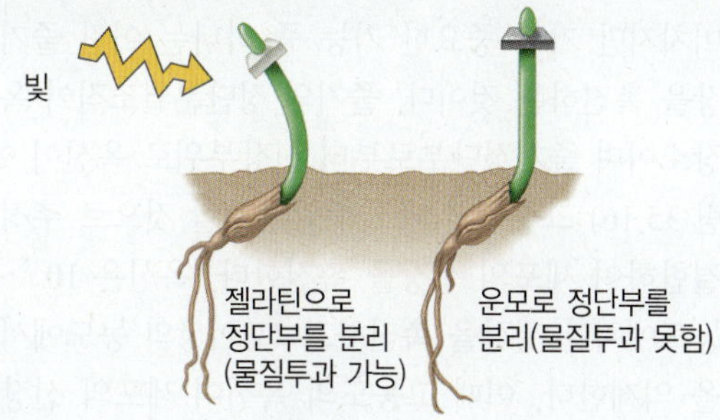

결론 다윈의 실험으로 자엽초의 정단 부위에서만 빛을 인지하며 빛에 의해 식물이 굽는 현상은 빛을 인지하는 곳과 떨어진 곳에서 일어난다는 것을 알 수 있었다. 보이센-옌센의 결과로 굴광성의 신호는 빛에 의해 활성화되는 움직일 수 있는 화학물질임을 알 수 있었다.

참고문헌 C. R. Darwin, The power of movement in plants, John Murray, London (1880). P. Boysen-Jensen, Concerning the performance of phototropic stimuli on the Avena coleoptile, *Berichte der Deutschen Botanischen Gesellschaft* (*Reports of the German Botanical Society*) 31:559–566 (1913).

WHAT IF? 어떤 색의 빛이 굴광성 반응을 유발하는가를 실험적으로 어떻게 알아낼 수 있을까?

물질이 통과할 수 없는 조각을 사이에 넣어 정단 부위와 나머지 부분을 분리하면 굴광성이 나타나지 않았다.

이어진 연구를 통해 자엽초 정단부에서 분비된 화학물질을, 확산을 이용해 한천조각에 모을 수 있음을 알게 되었다. 이 화학물질을 함유하고 있는 작은 한천 조각을 정단 부위가 제거된 자엽초위 중앙에서 한쪽으로 치우치게 올려놓으면, 굴광성과 같이 휘어지면서 생장한다. 자엽초가 빛을 향해 굽어지는 것은 생장을 촉진하는 화학물질이 자엽초의 빛이 비추는 반대쪽에 고농도로 존재하기 때문이다. 이 화학물질이 자엽초에서 흘러나와 생장을 촉진하기 때문에 옥신이라고 불려졌다(증가라는 의미의 그리스어 *auxein*에서 기원). 이후 옥신이 분리되었으며 화학적 구조는 인돌아세트산(IAA)으로 밝혀졌다. **옥신(auxin)**은 현화식물(flowering plant)에서 다양한 기능을 갖지만 일반적으로 자엽초의 신장을 촉진하는 화학물질들을 모두 옥신이라고 한다. 합성 옥신 등 몇 가지 화합물이 옥신 활성을 띠지만, 자연계의 식물체 내에서 발견되는 주 옥신은 IAA이다.

옥신은 주로 줄기 정단부에서 생성되어 1 cm/hr의 속도로 세포를 통해 아래로 수송된다. 옥신은 정단부에서 아래쪽으로만 이동하며 반대방향으로는 이동하지 않는다. 이러한 옥신의 한쪽 방향으로의 수송을 **극성 수송**이라고 한다. 극성 수송은 중력과는 관련이 없다; 실험을 통해 줄기나 자엽초를 거꾸로 세우면 옥신이 위쪽으로 이동하는 것이 밝혀졌다. 옥신 이동의 극성은 세포에서 옥신 수송 단백질 분포의 극성에 기인한다. 옥신 수송 단백질은 세포의 아래쪽에 집중적으로 분포하고 있으며 옥신을 세포 바깥으로 수송한다. 이 옥신은 다시 이웃세포의 위쪽 부분을 통과해 안으로 들어간다(그림 39.6). 옥신은 세포신장의 촉진과 곁뿌리 형성 등 다양한 효과를 보여준다.

세포신장에 있어서 옥신의 역할 옥신이 식물발달의 여러 측면에 영향을 미치지만 가장 중요한 기능 중 하나는 어린 줄기에서 세포의 신장을 촉진하는 것이다. 줄기의 정단분열조직이 옥신의 주요 합성장소이며 줄기정단부로부터 신장부위로 옥신이 이동하게 되고(그림 35.16) 그곳에서 세포막에 존재할 것으로 추정되는 수용체에 결합하여 세포의 신장을 촉진한다. 옥신은 10^{-8}~10^{-4} *M* 사이의 농도에서만 생장을 촉진하고 그 이상의 농도에서는 세포의 신장을 억제한다. 이때 고농도의 옥신이 세포의 신장을 억제하는 것으로 알려진 에틸렌의 합성을 유도하는 것으로 생각된다. 이러한 상호작용은 에틸렌에 대해 논의할 때 다시 보도록 하자.

산성생장설(acid growth hypothesis)이라는 모형에 따르면 옥신에 의한 세포신장에 양성자 펌프가 중요한 역할을 하고 있다. 신장이 일어나는 부위에서 옥신은 세포막의 양성자 펌프를 자극하고 이 양성자 펌프가 H^+를 퍼내면 세포막을 사이에 둔 전압(막전위, membrane potential)이 증가하게 되고 수 분 내에 세포벽의 산도가 낮아진다(그림 39.7). 세포벽의 산성화로 인해 **익스팬신(expansin)**이라는 효소가 활성화되는데 이 효소는 세포벽을 구성하고 있는 셀룰로오스 미세섬유와 다른 여러 구성요소들 사이의 수소결합을 끊어서 세포벽의 섬유들이 느슨해지게 한다. 막전위의 증가로 인해 세포 내로 흡수되는 이온이 증가하고 결국 삼투압에 의해 물이 세포 내로 유입하게 되어 팽압이 증가한다. 팽압의 증가와 세포벽 소성의 증가로 인해 세포가 신장할 수 있게 된다.

옥신은 재빨리 유전자 발현을 변화시켜 신장 부위에 있는 세포에서 수 분 내에 새로운 단백질이 만들어지게 하기도 한다. 이러한 단백질 중 일부는 수명이 짧은 전사조절인자들로서 여러 유전자들의 발현을 억제하거나 유도할 수 있다. 이러한 초기 반응 이후 지속적인 생장을 위해 세포는 보다 많은 세포질과 세포벽 물질 등을 만들어야 한다. 이러한 지속적인 생장반응 역시 옥신에 의해 유도된다.

▼ 그림 39.6 **탐구**

무엇으로 인해 옥신이 줄기의 정단 부위에서 아래쪽으로 극성 이동을 하는가?

실험 어떻게 옥신이 한쪽 방향으로 수송되는가를 연구하기 위해 과학자들은 옥신 수송단백질이 어디에 위치하는지를 알기 위한 실험을 고안하였다. 녹황색의 형광을 내는 물질로 옥신 수송단백질에 대한 항체를 표지하였고 이 항체를 종단면으로 얇게 자른 애기장대 줄기에 처리하였다.

결과 왼쪽의 현미경 사진은 옥신 수송단백질이 줄기의 모든 조직에서 존재하는 것이 아니라 물관유조직에만 존재하고 있음을 보여주고 있다. 오른쪽 현미경 사진은 고배율 사진으로 옥신 수송단백질이 주로 세포의 아래쪽 면에 위치하고 있음을 보여준다.

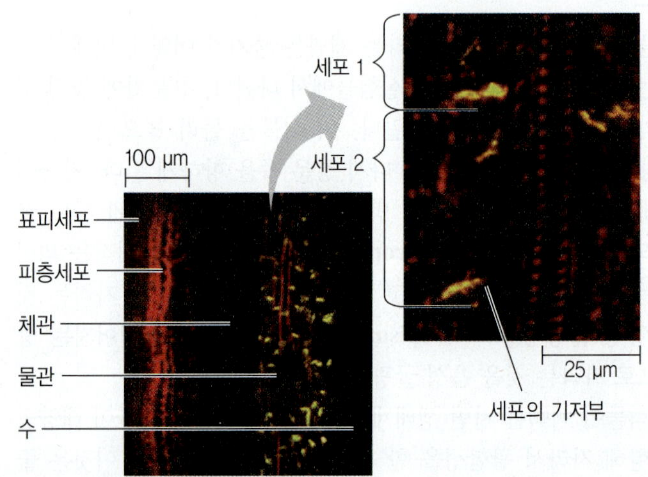

결론 이상의 결과는 옥신 수송단백질이 세포의 아래쪽 면에 주로 존재하기 때문에 옥신의 극성수송이 일어난다는 가설을 뒷받침해준다.

참고문헌 L. Gälweiler et al., Regulation of polar auxin transport by AtPIN1 in Arabidopsis vascular tissue, *Science* 282:2226–2230 (1998).

WHAT IF? 옥신 수송단백질이 세포의 양쪽 끝에 똑같이 분포한다면 옥신의 극성수송이 일어날 것인가? 설명해 보라.

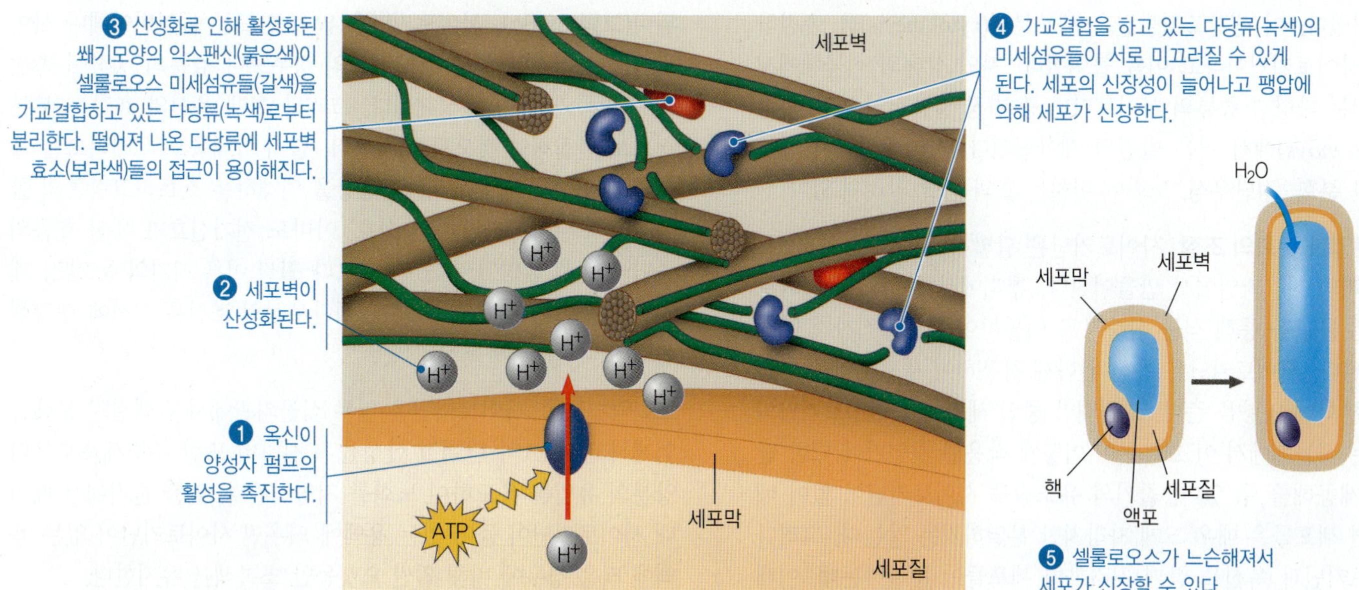

▲ **그림 39.7 옥신에 의한 세포의 신장: 산성생장설**

식물발달에 있어서 옥신의 역할 옥신의 극성수송은 발달 중인 식물의 구조, 혹은 패턴형성을 조절하는 핵심요소이다. 옥신은 줄기 정단부에서 합성되어 개별 가지의 발달과 크기, 환경 등에 관한 종합적인 정보를 운반한다. 이러한 정보의 수송에 의해 식물의 가지 형성 패턴이 조절된다. 예를 들어, 특정 가지로부터 옥신의 흐름이 적어진다는 것은 그 가지의 생산성이 충분치 않으며 다른 곳에 새로운 가지가 필요하다는 것을 의미한다. 따라서 가지 바로 아래에 있는 곁눈이 휴면상태에서 깨어나 자라기 시작한다.

옥신 수송은 줄기에서 잎의 배열 형태를 결정하는 엽서(phyllotaxy, 잎차례) 결정에도 중요한 역할을 한다(그림 36.3). 현재의 모델에 따르면 줄기에서의 옥신 극성 수송으로 인해 옥신 농도가 국부적으로 높은 곳이 생겨나고 이곳에서 잎원기가 형성됨으로써 자연상태에서는 다양한 엽서가 발견된다.

잎의 가장자리로부터의 옥신 극성 수송은 잎맥의 패턴을 결정한다. 옥신 극성 수송 억제제를 처리하면 잎에서 잎자루까지 연속되어 있는 엽맥이 생겨나지 않으며, 주 잎맥이 넓고 엉성하게 편성되고, 2차 잎맥의 숫자가 증가되며, 또한 잎의 가장자리 근처에 불규칙하게 생긴 관다발 세포가 띠 모양으로 뭉쳐 있는 것이 관찰된다.

목질 조직을 만드는 관다발 형성층의 활성 또한 옥신 극성 수송에 의해 조절된다. 식물이 생장시기가 끝나고 휴면상태로 들어가기 시작할 때 옥신수송능과 옥신수송체 유전자의 발현이 감소한다.

식물생장에 미치는 옥신의 효과는 우리에게 친숙한 포자체에만 국한되지 않는다. 최근의 결과에 의하면 속씨식물에서 매우 작은 암배우체들의 구조 역시 옥신 농도 구배에 의해 조절된다.

실생활에서 옥신의 이용 자연에서 발견되거나 혹은 합성된 옥신은 모두 상업적으로 다양하게 응용될 수 있다. 예를 들어, 천연 옥신인 인돌부틸산(IBA)은 꺾꽂이에 의한 식물의 영양번식에 이용된다. 떼어낸 잎이나 줄기에 IBA를 함유하는 가루를 뿌리면 잘린 부위 근처에서 부정근이 형성된다.

2,4-D(2,4-dichlorophenoxyacteic acid) 등의 일부 합성옥신들은 제초제로 널리 사용된다. 옥수수나 잔디 같은 외떡잎식물은 합성옥신을 재빨리 불활성화시킬 수 있으나 진정쌍떡잎식물은 이러한 능력을 가지고 있지 않아 호르몬의 과다로 죽게 된다. 곡물을 키우는 밭이나 잔디에 2,4-D를 처리하면 진정쌍떡잎식물인(넓은 잎을 가진) 잡초들을 제거할 수 있다.

발달 중인 종자에서 합성되는 옥신은 열매의 생장을 촉진한다. 온실에서 키우는 토마토식물은 종자를 잘 맺지 못하고 따라서 토마토 열매가 제대로 발달하지 못하는 경우가 종종 있다. 그러나 합성 옥신을 온실에서 키우는 토마토 덩굴에 뿌려주면 열매의 발달이 유도되며 상업적으로 가치가 있는 온실재배 토마토 과일을 얻을 수 있다.

사이토키닌

조직배양에서 식물세포의 생장과 발달을 유도하는 물질을 찾고자 하는 노력으로 **사이토키닌(cytokinin)**이 발견되었다. 1940년대 과학자들은 커다란 코코넛 씨의 액상 배유인 코코넛유를 식물세포 배양배지에 첨가하여 식물 배의 생장을 촉진시켰다. 이후 또 다른 과학자들은 분해된 DNA를 처리하여 배양 담배세포의 분열을 유도할 수 있었다. 두 실험에서 모두 공통적으로 존재하는 유효성분은 핵산의 성분 중 하나인 아데닌이 변형된 형태의 물질이었다. 이 생장조절물질은 세포분열(cytokinesis)을 촉진하므로 사이토키닌이라고 이름 붙여졌다. 자연 상태의 식물체에서 발견되는 다양한 종류의 사이토키닌 중 가장 일반적인 것은 옥수수(*Zea mays*)에서 처음 발견된 제아틴이다. 사이토키닌이 세포분열과 분화, 정단우성, 노화에 미치는 효과는 잘 알려져 있다.

세포분열과 분화의 조절 사이토키닌은 활발히 생장하는 조직, 특히 뿌리와 배, 과일에서 만들어진다. 뿌리에서 합성되는 사이토키닌은 물관을 통해 식물 상층부로 이동하여 표적조직까지 다다르게 된다. 사이토키닌은 옥신과 함께 작용하여 세포분열을 촉진하고 분화에 영향을 준다. 조직배양 중인 세포에서 사이토키닌의 효과는 식물체에서 이 호르몬이 어떻게 작용할 것인가에 대한 단서를 제공해줄 수 있다. 줄기의 유조직을 사이토키닌이 없이 배양하면 세포들은 매우 크게 자라지만 분열하지는 않는다. 그러나 사이토키닌과 옥신을 함께 처리하면 세포들이 분열하는데, 이때 사이토키닌 단독으로는 효과를 나타내지 않는다. 사이토키닌과 옥신의 상대적인 비율이 세포의 분화를 조절한다. 즉, 두 호르몬의 농도가 특정 비율로 유지되면 세포덩어리는 계속해서 성장하지만 캘러스(callus)라는 분화되지 않은 세포 덩어리로 남게 된다(그림 38.15). 사이토키닌의 수준이 증가하면 캘러스에서 줄기가 발달하고, 옥신의 농도가 높아지면 뿌리가 형성된다.

정단우성의 조절 사이토키닌과 옥신 그리고 새로 발견된 식물호르몬인 스트리고락톤들이 함께 식물의 끝눈(apical bud)이 곁눈(axillary bud)의 발달을 억제하는 정단우성(apical dominance)을 조절한다**(그림 39.8a)**. 최근까지 호르몬의 정단우성 조절 기작을 설명하는 모형으로 직접억제가설(direct inhibition hypothesis)이 가장 넓게 받아들여지고 있었다. 이 가설에 따르면 옥신과 사이토키닌이 상반된 작용을 통해 곁눈의 생장을 조절한다. 옥신은 정단 부위에서 아래로 이동하여 곁눈의 생장을 직접 억제함으로써 줄기 주축의 길이생장을 유도한다. 반면 뿌리에서 줄기로 이동해온 사이토키닌은 곁눈의 생장을 촉진하는 신호로 작용하여 옥신에 대한 반작용을 한다. 따라서 옥신과 사이토키닌의 비율을 곁눈의 생장을 조절하는 중요한 요인으로 생각하고 있다.

여러 현상들이 이 모형과 잘 일치한다. 옥신의 주 공급원인 정단부가 제거되면 생장이 억제되고 있던 곁눈이 생장하기 시작하면서 식물은 관목과 같이 무성해진다**(그림 39.8b)**. 또한 정단부를 제거한 곳에 옥신을 처리하면 이러한 곁눈의 생장이 억제된다**(그림 39.8c)**. 사이토키닌을 많이 만드는 돌연변이체나 사이토키닌이 처리된 식물체는 정상의 경우보다 곁눈의 생장이 촉진되어 관목과 같이 무성해진다. 그러나 현재 옥신의 효과는 부분적으로 간접적인 것으로 생각된다. 줄기 아래쪽으로 내려오는 옥신의 극성 흐름에 의해 눈의 생장을 억제하는 스트리고락톤의 합성이 유도된다. 또한 다른 신호, 아마도 전기신호가 옥신 흐름의 중단에 의해 설명될 수 있는 것보다 훨씬 이른 시기의 눈 생장 개시를 일으키는 것으로 보인다. 정단우성의 조절은 이전에 생각했던 것보다 훨씬 더 복잡하다.

노화억제작용 사이토키닌은 일부 식물기관에서 단백질의 분해를 억제하고 RNA와 단백질 합성을 촉진하며 또한 주변세포로부터 양분의 유입을 유도하여 노화를 지연시킨다. 잎을 줄기에서 떼어내 사이토키닌이 들어 있는 용액에 띄우면 사이토키닌이 없는 용액에 띄운 경우에 비해 훨씬 오랫동안 초록색을 유지한다.

(a) **끝눈이 붙어 있는 상태**(사진에는 나타나 있지 않다)

(b) **끝눈 제거**

(c) **옥신을 정단 부위가 제거된 줄기에 처리**

▲ **그림 39.8 정단우성.** (a) 끝눈으로부터의 옥신에 의해 영향을 받는 것으로 추정되는 곁눈의 생장억제로 인해 줄기의 주축이 주로 자란다. (b) 동일 식물에서 끝눈을 제거하면 곁가지들이 자라게 된다. (c) 옥신을 함유한 젤라틴 조각을 잘린 줄기 위에 붙이면 곁가지의 생장이 억제된다.

지베렐린

1900년대 초 아시아의 농부들은 그들의 논에서 일부 벼들이 키가 크고 허약해서 성숙되어 꽃이 피기도 전에 쓰러지는 것을 보았다. 1926년, 지베렐라(*Gibberella*)속에 속하는 곰팡이가 이 키다리병을 유발한다는 것이 밝혀졌다. 1930년대까지 일본 과학자들은 이 곰팡이가 특정 화학물질을 분비하여 벼 줄기의 길이신장을 유발하였음을 알게 되었고 그 물질을 **지베렐린(gibberellin)**이라고 명명하였다. 1950년대에 과학자들은 식물 역시 지베렐린을 합성할 수 있음을 알았고 그 후부터 지금까지 자연계의 식물체에서 100가지 이상의 지베렐린이 발견되었다. 물론 각각의 식물체가 이만큼 여러 종류의 지베렐린을 모두 갖고 있는 것은 아니다. 키다리병에 걸린 유묘는 너무 높은 농도의 지베렐린으로 고통받고 있는 것으로 보인다. 지베렐린은 줄기신장과 과일의 성숙, 종자의 발아 등 다양한 효과를 나타낸다.

줄기의 신장 지베렐린은 주로 어린 뿌리와 어린 잎에서 합성된다. 지베렐린은 세포의 신장과 분열을 증가시킴으로써 잎과 줄기의 생장을 촉진하는 것으로 잘 알려져 있다. 한 가설에 따르면 지베렐린이 세포신장을 유발하는 것은 세포벽을 느슨하게 하는 효소들을 자극해서 익스팬신 단백질이 세포벽 안쪽으로 유입되기 쉽게 해줌으로써 일어난다. 따라서 지베렐린은 결국 옥신과 함께 작용하여 세포신장을 촉진한다.

줄기신장을 촉진하는 지베렐린의 효과는 난쟁이 표현형을 보이는 식물에 처리할 때 명확히 관찰될 수 있다. 예를 들어, 멘델이 실험에 이용하였던 키가 작은 완두(14장)에 지베렐린을 첨가하면 정상적인 키를 갖는다. 정상적인 키의 식물에 지베렐린을 처리하면 보통은 효과를 보이지 않는다. 물론 이 식물은 이미 적정 수준의 호르몬을 가지고 있기 때문일 것이다. 지베렐린에 의한 줄기 신장의 가장 극적인 효과는 꽃자루의 급격한 생장인 추대(bolting)이다**(그림 39.9a)**.

과일의 생장 여러 식물체에서 과일이 열리기 위해서는 옥신과 지베렐린이 반드시 필요하다. 지베렐린의 가장 대표적인 상업적 이용은 톰슨의 씨없는 포도에서 볼 수 있다**(그림 39.9b)**. 지베렐린은 포도알 하나하나를 크게 해서 상업적 가치를 높여준다. 지베렐린을 처리하면 포도송이의 마디사이가 길어져서 각 포도알이 차지할 수 있는 공간이 늘어난다. 이렇게 공간이 늘어나면 포도알 사이사이로 공기의 흐름이 좋아지게 되고 포도알을 단단하게 해주어 곰팡이나 여타 미생물들이 쉽게 침투하지 못하게 된다.

발아 씨 속에 있는 배아에 지베렐린이 많이 존재한다. 물에 적시면 배아에서 지베렐린이 분비되고 이것은 휴면 상태의 씨가 발아하게 하는 신호로 작용한다. 발아하기 위해서 빛이나 저온처리 등의 특정 환경이 필요한 일부 씨들도 지베렐린을 처리하면 발아한다. 지베렐린은 α-아밀레이스 같은 분해효소의 합성을 촉진하여 저장된 양분을 분해, 이동시킴으로써 곡류 유식물의 생장을 도와준다**(그림 39.10)**.

(a) 일부의 식물은 왼쪽에 보이는 애기장대처럼 절간이 매우 짧아 땅에 붙어 자라는 로제트 형태로 발달한다. 식물이 생식생장기로 넘어갈 때 지베렐린이 갑자기 증가하고 추대를 유도한다: 절간은 재빨리 신장하고 줄기의 끝부분에서 발달하는 꽃눈이 위로 들어올려진다(오른쪽).

(b) 왼쪽의 톰슨 씨없는 포도는 지베렐린을 처리하지 않은 대조군이고 오른쪽 포도송이는 과일 발달 중에 지베렐린을 처리한 줄기에서 자라고 있는 것이다.

◀ **그림 39.9 줄기의 신장과 과일 생장에 있어서 지베렐린의 효과**

앱시스산

1960년대 낙엽수에서 눈의 휴면과 잎의 탈락이 일어나기 직전에 일어나는 화학물질들의 변화에 관해 연구하던 연구팀과, 목화 송이의 탈락에 선행해서 일어나는 화학적 변화를 연구하던 팀이 동일한 화합물 **앱시스산(abscisic acid, ABA)**을 분리하였다. 그러나 ABA는 현재 눈의 휴면이나 잎의 탈락에 1차적인 역할을 하

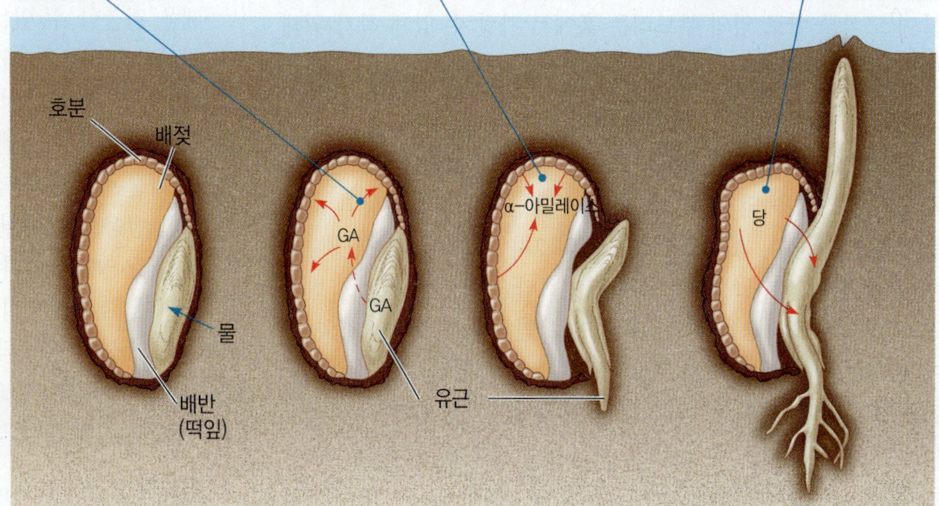

▲ **그림 39.10 보리 등 곡물 종자 발아 시 지베렐린에 의한 양분의 이동**

지는 않고 다른 중요한 기능을 하고 있는 것으로 생각되고 있다. 우리가 지금까지 이야기하였던 옥신이나 사이토키닌, 지베렐린, 브라시노스테로이드 등의 생장촉진호르몬과는 달리 ABA는 생장을 더디게 한다. ABA는 종종 생장호르몬 작용에 반작용을 나타내며, 최종적으로 나타나는 생리적 변화는 ABA와 그 외 하나 이상의 생장호르몬들과의 상대적인 농도비율에 의해서 결정된다. ABA의 중요한 두 가지 기능인 종자의 휴면과 내건성에 관해 알아보자.

종자의 휴면 휴면은 어린 식물의 생존에 적절한 빛과 온도, 습도 등의 환경 하에서만 종자가 발아할 수 있게 해준다(38장). 무엇이 가을에 뿌려진 종자가 곧바로 발아하여 결국 추운 겨울 날씨 때문에 죽는 것을 막아주는가? 무슨 기작이 이 종자가 봄에 발아하게 해주는가? 또한 어둡고 습기가 있는 과일 속에서 종자의 발아를 억제하는 것은 무엇인가? 바로 ABA이다. 종자의 성숙 과정에서 ABA 수준은 약 100배 정도 증가한다. 성숙 중인 종자에서 고농도의 ABA는 발아를 억제하고 성숙 시 동반되는 탈수 과정에 견딜 수 있도록 도와주는 특정 단백질들의 합성을 유도한다.

휴면 중인 다양한 종류의 종자들은 ABA가 제거되거나 불활성화되면 발아한다. 사막에서 자라는 일부 식물의 종자는 폭우가 내려 종자에 있는 ABA를 씻어내야만 휴면을 깨고 발아할 수 있다. 그 외 일부 식물에서는 빛이나 저온처리 등이 ABA를 불활성화시키기도 한다. 많은 경우, ABA와 지베렐린의 비율이 종자가 발아할 것인지 휴면을 유지할 것인지를 결정하며 발아가 시작되려는 종자에 ABA를 처리하면 휴면 상태로 되돌릴 수도 있다. ABA가 불활성화되거나 양이 적어지면 발아가 빨리되기도 한다 **(그림 39.11)**. 예를 들어, 옥수수 중에 옥수수가 껍질에 싸여 식물에 달려 있는 상태에서 옥수수 종자가 발아하는 돌연변이체가 있는데 이 식물의 경우 ABA가 특정 유전자들의 발현을 유도할 때 필요로 하는 특정 전사인자를 가지고 있지 않다. 붉은 맹그로브 종자의 조기발아는 ABA의 수준이 낮아서 일어나는 것으로 유식물이 모식물 바로 옆의 부드러운 흙에서 자랄 수 있게 하기 위해 나타난 적응양태이다.

내건성 ABA는 식물이 가뭄에 견딜 수 있게 해주는 1차적인 내부신호이다. 식물이 수분부족으로 시들게 되면 ABA가 잎에서 축적되어 기공을 닫게 함으로써 증산을 줄이고 더 이상의 수분 손실을 막아준다. ABA는 칼슘 등의 2차 신호전달자에 영향을 주어 공변세포의 세포막에 존재하는 포타슘 통로를 열고 공변세포는 급격히 포타슘을 잃게 된다. 이로 인해 삼투압의 감소와 그에 따른 물의 손실이 초래되고 공변세포의 팽압이 감소함으로써 기공의 구멍이 닫힌다(그림 36.13). 어떤 경우에는 수분이 부족할 때 줄기가 감지하기 전에 먼저 뿌리가 감지하여 뿌리에서 ABA가 잎으로 이동하여 경고를 하기도 한다. 쉽게 시드는 여러 돌연변이체들의 경우 대개는 ABA 합성에 문제가 있다.

◀ 붉은 맹그로브(*Rhisophora mangle*) 씨는 ABA를 매우 적게 합성하며 씨가 나무에 달려 있는 상태에서 발아한다. 이러한 조기발아는 적응양태이다. 씨가 나무에서 떨어지면 창같이 생긴 유식물의 뿌리가 맹그로브가 자라는 부드러운 진흙 속에 깊게 박힌다.

▲ 돌연변이 옥수수의 조기발아는 ABA 활성화에 필요한 특정 전사인자가 없어서 나타나는 현상이다.

▲ 그림 39.11 야생 맹그로브와 옥수수 돌연변이체 종자의 조기발아

에틸렌

길가의 가로등에 석탄가스가 이용되었던 1800년대에 가스관에서의 가스누출로 인해 가로등 근처의 나무에서는 잎들이 일찍 떨어지는 것이 알려져 있었다. 1901년에 **에틸렌(ethylene)** 가스가 석탄가스에서 주된 작용을 한 성분임이 밝혀졌다. 이후 쉽게 에틸렌을 검출할 수 있는 기체크로마토그래피라 불리는 기술이 개발되어서야 비로소 에틸렌이 식물호르몬이라는 주장이 받아들여졌다. 이후 기체크로마토그래피를 통해 쉽게 양을 측정할 수 있게 되고 난 이후 에틸렌이 식물호르몬이라는 주장이 받아들여졌다.

식물은 가뭄과 침수, 기계적인 자극, 상처, 감염 등의 자극에 대한 반응으로 에틸렌을 합성한다. 또한 과일이 성숙할 때나 예정세포사 때 합성되며 고농도의 옥신 처리에 의해서도 합성이 유도된다. 뿌리신장의 억제 등 앞에서 언급된 많은 효과는 옥신에 의해 합성이 유도되는 에틸렌에 의한 것이기도 하다. 여기서는 에틸렌의 4가지 주요 기능, 즉 기계적 자극에 대한 반응과 예정세포사, 잎의 탈리, 과일 성숙에 대해서 이야기하겠다.

기계적 자극에 대한 삼중반응 토양 속에서 위쪽으로 뚫고 올라오려는 완두 유식물이 돌과 마주쳤다고 해보자. 유식물이 장애가 되는 돌 쪽으로 자라게 될 때 매우 약한 줄기 끝 정단 부위는 자극을 받게 되고 이로 인해 유식물이 에틸렌을 합성하게 된다. 이 호르몬은 **삼중반응(triple response)**이라는 유식물 생장 변화를 유발하여 줄기가 돌과 같은 장애물을 피해가게 한다. 이 반응은 세 가지로 줄기신장 속도의 감소와 줄기를 강하게 해주는 줄기의 비후화, 그리고 줄기가 옆으로 자라게끔 해주는 줄기의 휘어짐 현상이다. 줄기가 계속 자라면서 정단 부위는 때때로 위쪽을 건드린다. 이때 딱딱한 물체를 감지하면 또 다시 에틸렌이 합성되고 줄기는 계속 옆으로 자란다. 그러나 정단 부위가 위쪽을 건드렸을 때 딱딱한 물체가 없는 경우 에틸렌 합성은 감소하고 장애물이 없어진 줄기는 정상적인 위쪽 방향으로의 생장을 다시 재개한다. 줄기를 수평으로 자라게 하는 것은 물리적인 자극 자체가 아니라 에틸렌이다. 즉, 물리적인 자극이 없는 정상적인 유식물에 에틸렌을 처리하면 삼중반응을 보인다(그림 39.12).

삼중반응에 이상이 생긴 애기장대 돌연변이체에 관한 연구는 어떻게 생물학자들이 신호전달경로를 파헤치는지를 잘 보여준다. 과학자들은 여러 *ein*(ethylene-insensitive) 돌연변이체들을 분리하였으며 이 돌연변이체는 에틸렌에 반응을 보이지 않아 에틸렌을 처리하여도 삼중반응을 보이지 않는다(그림 39.13a). 이 중 일부는 에틸렌 수용체를 가지고 있지 않기 때문에 에틸렌에 대해 반응하지 않는다. 이와는 반대로 식물이 토양 속이 아니라 전혀 물리적인 자극이 없는 공기 중에 노출되어 있어도 삼중반응을 보이는 돌연변이체들도 있다. 이러한 돌연변이체들 중 일부는 에틸렌 합성의 조절에 이상이 생겨 정상인 경우보다 20배나 많은 에틸렌을 합성한다. 에틸렌을 많이 합성하는 돌연변이체(ethylene-overproducing, *eto*)들은 에틸렌 합성 억제제를 처리함으로써 정상적인 표현형을 갖게 되돌릴 수 있다. 그러나 *ctr*(constitutive triple-response) 돌연변이체는 대기 중에서 삼중반응을 보이며 에틸렌 합성 억제제에 반응하지 않는다(그림 39.13b). (Constitutive gene은 개체의 모든 세포에서 항상적으로 발현되는 유전자를 일컫는다.) *ctr* 돌연변이체에서는 에틸렌 신호전달에 이상이 생겨 에틸렌이 없는 경우에도 신호가 전달되고 있다.

▲ 그림 39.12 **에틸렌에 의해 유도되는 삼중반응.** 기체 상태의 식물호르몬인 에틸렌에 대한 반응으로 암소에서 자라는 완두 유식물이 삼중반응—줄기신장의 둔화와 줄기의 비후화, 줄기의 수평생장—을 보인다. 에틸렌 농도가 증가함에 따라 반응의 정도도 커진다.

(a) *ein* **돌연변이체.** 에틸렌에 반응하지 않는(ethylene-insensitive, *ein*) 돌연변이체는 에틸렌이 있어도 삼중반응을 보이지 않는다.

(b) *ctr* **돌연변이체.** 항상적으로 삼중반응을 보이는(constitutive triple response, *ctr*) 돌연변이체들은 에틸렌이 없는 조건에서도 삼중반응을 보인다.

▲ 그림 39.13 **몇 가지 애기장대 돌연변이체의 에틸렌 삼중반응**

ctr 돌연변이체는 단백질인산화효소를 암호화하고 있는 유전자에 이상이 생긴 것이다. 이 유전자의 돌연변이에 의해 에틸렌 반응이 활성화되는 것으로 보아 이 유전자의 정상적인 기능은 에틸렌 신호전달을 억제하는 것임을 짐작할 수 있다. 따라서 에틸렌이 수용체에 결합하면 인산화효소의 활성이 억제되고 이 음성 조절자의 불활성화로 인해 삼중반응에 필요한 단백질들이 합성된다.

노화 가을에 낙엽이 지는 것이나 1년생 식물이 꽃을 피운 후 죽는 것을 생각해 보자. 혹은 물관 분화에서 세포내용물이 분해되고 빈 관만 남는 마지막 단계를 생각해 보자. 이러한 현상들은 특정세포나 기관, 혹은 전체 식물의 예정사인 **노화(senescence)**와 관련되어 있다. 유전적으로 특정 시기에 죽게 되어 있는 세포와 기관, 식물체는 세포 내의 물질대사를 중지하고 단순히 죽기만을 기다리는 것이 아니다. 대신, 분자수준에서는 아폽토시스(apoptosis, 세포자살)라는 예정세포사 과정은 세포의 일생에서 매우 바쁜 시기로 새로운 유전자들의 발현이 필요하다. 아폽토시스 과정에서 새롭게 합성된 효소들은 엽록소와 DNA, RNA, 단백질, 막지질 등 여러 화학물질들을 분해하고 그 분해산물들은 대개 회수되어 재활용된다. 노화과정 중 세포의 아폽토시스 시에는 거의 항상 에틸렌 합성이 급격히 증가한다.

잎의 탈리(Leaf Abscission) 나무에서 떨어지는 낙엽은 뿌리가 물을 제대로 흡수할 수 없는 계절에 나무가 마르지 않도록 도와준다. 낙엽이 지기 전에 죽어가는 잎에서 여러 가지 물질들이 수집되어 줄기의 유조직에 저장되고 이 양분은 다음 해에 발달하는 잎에서 재사용된다. 단풍은 가을에 새로 만들어지는 빨간 색소와 이미 존재하고 있던 노란색 카로티노이드의 조화로 나타난다. 노란색의 카로티노이드는 짙은 녹색을 띠는 엽록소 때문에 겉으로 보이지 않았으나(11장) 가을에 엽록소의 파괴로 인해 보이게 된다.

가을에 낙엽이 질 때, 잎은 잎자루의 아래 부위에서 발달하는 탈리층에서 줄기로부터 떨어진다**(그림 39.14)**. 이 층에 있는 작은 유조직세포들의 세포벽은 매우 얇고 관다발조직을 둘러싸는 섬유세포가 없다. 탈리층은 효소들이 세포벽의 다당류들을 분해하면서 더욱 약해진다. 결국 잎의 무게와 바람으로 인해 탈리층에서 세포간 분리가 일어난다. 잎이 떨어지기 전에 벌써 줄기 쪽의 탈리층에서 코르크층이 형성되어 병원균이 식물체에 침입하는 것을 방지한다.

에틸렌과 옥신의 상대적인 농도의 변화가 잎의 탈리를 조절한다. 잎이 오래되면 합성되는 옥신의 양은 감소하여 탈리층 세포들의 에틸렌에 대한 민감도가 증가한다. 탈리층에서 에틸렌의 효과가 증가하면서 세포들은 셀룰로오스 등의 식물세포벽 구성물질을 분해하는 효소들을 합성한다.

▲ **그림 39.14 단풍나무 잎의 탈리.** 탈리는 에틸렌과 옥신의 상대적 농도의 변화에 의해서 조절된다. 위 그림에서 탈리층은 잎자루(petiole)의 기저 부위에 위아래로 연결된 띠로 보인다. 잎이 떨어진 후 코르크 보호층은 잎자국(leaf scar)이 되어 병원균이 식물에 침투하는 것을 막아준다(LM 사진).

과일의 성숙 덜 익은 과일은 시큼하고 딱딱하며 녹색을 띰으로써 발달 중인 종자를 포식자로부터 보호한다. 그러나 과일이 익은 후에는 종자를 퍼뜨리기 위해 동물들을 유인(attract)한다(그림 30.10, 30.11). 과일의 성숙은 에틸렌합성의 갑작스런 증가에 의해 유도된다. 세포벽 성분의 분해로 인해 과일이 연질화되고 녹말과 산이 당으로 전환되어 과일이 단맛을 갖게 된다. 또한 새로운 향기와 새로운 색깔도 동물에게 '익은 과일'임을 알려주어 그들로 하여금 과일을 먹고 씨를 퍼뜨리게 한다.

과일성숙 과정에서는 순환적인 반응이 일어난다. 에틸렌이 과일의 성숙을 유발하고 성숙의 과정을 통해 에틸렌이 더 많이 만들어진다. 결과적으로 에틸렌 합성이 갑자기 엄청나게 증가하게 되는 것이다. 에틸렌은 기체이기 때문에 이 성숙의 신호는 여러 과일에 한꺼번에 전달될 수 있다. 실제로 나쁜 사과가 하나 있으면 그 일대의 사과 전부를 못쓰게 할 수도 있다. 완전히 성숙하지 않은 녹색의 과일을 시장에서 사서 봉지에 담아 에틸렌이 퍼지지 않고 축적되게 함으로써 빠르게 성숙되도록 할 수 있다. 이러한 성질을 상업적으로 이용하여 많은 종류의 과일들을 에틸렌 수준이 높은 거대한 저장고에 보관하여 성숙시키기도 한다. 다른 경우로는 자연적으로 발생하는 에틸렌에 의해 유도되는 성숙을 지연시키기 위한 방법도 이용되고 있다. 예를 들어, 사과는 이산화탄소를 불어넣은 통에 보관되는데 이때 이산화탄소의 순환으로 에틸렌 축적이 방해받고 또한 새로운 에틸렌 합성이 억제된다. 가을에 따서 이렇게 보관된 사과는 다음 해 여름에도 과일가게에서 팔릴 수 있다.

과일의 수확 후 보관 등에 있어서 에틸렌이 중요하므로 에틸렌 신호전달 과정을 유전공학적으로 조절하는 것이 상업적 측면에서 매우 중요하다. 예를 들어, 분자생물학자들은 에틸렌 합성에 필요한 특정 유전자의 전사를 억제함으로써 성숙을 원하는 대로 조절할 수 있는 토마토를 만들어 냈다. 이 토마토는 녹색일 때 수확하고 보관 중에도 계속 녹색이며 에틸렌을 처리해 주는 경우에만 성숙이 일어난다. 이러한 방법을 잘 이용한다면 현재 미국에서 생산되는 과일과 채소의 반이 썩어서 못쓰게 되는 문제를 해결할 수 있을 것이다.

최근에 발견된 식물호르몬

옥신과 지베렐린, 사이토키닌, 앱시스산, 에틸렌은 일반적으로, 대표적인 5개의 식물호르몬으로 간주된다. 그러나 보다 최근에 발견된 호르몬들로 인해 중요한 식물생장조절물질의 목록이 늘어났다.

브라시노스테로이드(brassinosteroid)는 동물에서 발견되는 콜레스테롤이나 성호르몬과 화학적으로 유사하다. 이 호르몬은 10^{-12} M 정도의 매우 낮은 농도에서 줄기나 유식물의 세포 신장과 분열을 유도한다. 또한 잎이 떨어지는 것을 지연시켜 주며 물관의 발달을 촉진한다. 이러한 효과는 옥신의 효과와 유사해 식물생리학자들은 오랫동안 브라시노스테로이드가 옥신의 일종이라고 생각했었다.

식물호르몬으로서의 브라시노스테로이드의 발견은 암소에서 키워도 빛을 주고 키운 식물과 유사한 형태를 띠는 애기장대 돌연변이체에 관한 연구에서 비롯되었다. 과학자들은 포유류에서 스테로이드 합성에 관여하는 효소와 유사한 효소를 암호화하고 있는 유전자가 돌연변이에 의해 영향을 받고 있음을 알아냈으며 이 돌연변이체에 브라시노스테로이드를 처리하면 정상적인 형태를 띠는 것을 보여주었다.

자스몬산(JA)과 메틸자스몬산(MeJA)을 포함하는 **자스몬산(jasmonates)**은 지방산 유도 분자이며, 식물의 방어작용(개념 39.5)과 여기서 설명되듯이, 식물의 발달에 모두 중요한 역할을 한다. 화학자들이 먼저, 자스민(*Jasminum grandiflorum*) 꽃의 매혹적인 향기를 만들어내는 주요 성분으로서 MeJA를 분리하였다. 자스몬산이 상처입은 식물에서 합성되고 초식동물이나 병원균에 대한 식물의 방어를 조절하는 데 중요한 역할을 한다는 것이 알려지면서 자스몬산에 대한 관심이 폭발적으로 증가하였다. 자스몬산을 식물에 처리하여 효과를 보는 연구뿐 아니라 자스몬산 신호전달 돌연변이체에 대한 연구에서, 자스몬산과 그 유도체들이 꿀의 분비와 과일 성숙, 꽃가루 생성, 개화시기, 종자의 발아, 뿌리의 생장, 괴경 형성, 균근 공생, 덩굴손 감기 등의 매우 다양한 생리 과정을 조절한다는 것이 명확해졌다. 식물의 여러 생리 과정을 조절하는데 있어서, 자스몬산은 피토크롬과, GA와 IAA, 에틸렌을 포함한 다양한 호르몬들과의 상호작용(cross-talk)에 관여한다.

스트리고락톤(strigolactone)은 물관을 통해 이동하는 화학물질로서, 종자의 발아를 촉진하고 부정근 형성을 억제하며, 균근 연합 형성을 도와주며, (앞에서 이미 이야기했듯이) 정단우성을 조절한다. 최근 스트리고락톤의 발견은 *Striga* 식물에 관한 연구에서 비롯되었다. 이 식물은 뿌리가 없는 기생식물로서 다른 식물의 뿌리에 침투해서 그들의 필수 양분을 자신이 이용하고 그 식물을 제대로 생장하지 못하게 한다. (루마니아의 전설에 따르면 스트리가는 흡혈귀 같은 생명체로서 25년 정도에 한 번씩만 피를 빨아먹으며 수천 년을 산다.) 마녀풀이라고도 알려져 있는 스트리가는 아프리카의 식량생산의 가장 큰 장애물로서 곡물재배 지역의 약 2/3 정도에 영향을 미친다. 하나의 스트리가 식물은 적절한 숙주식물이 자라기 시작할 때까지 여러 해 동안 휴면상태로 남아 있을 수 있는 수만 개의 작은 씨앗을 만들어낸다. 따라서 여러 해 동안 곡물이 아닌 작물을 키워도 스트리가를 완전히 없앨 수는 없다. 숙주식물 뿌리에서 분비되는 스트리고락톤은 스트리가 씨의 발아를 촉진하는 화학신호로서 처음 발견되었다.

개념 확인 문제 39.2

1. 푸시코신(fusicoccin)은 곰팡이에서 나오는 독성물질로 식물세포의 원형질막에 있는 H^+ 펌프를 자극하여 활성화시킨다. 그렇다면 이 물질은 분리된 줄기조각의 생장에 어떠한 영향을 미칠 것으로 생각되는가?
2. WHAT IF? • *ctr*과 *ein* 이중 돌연변이 식물체에서 삼중반응 표현형이 어떻게 나타날까? 설명해 보자.
3. MAKE CONNECTIONS 과일성숙 시의 에틸렌 합성이 예가 되는 되먹임 과정은 어떤 것인가? 설명하라. (그림 1.11 참조)

정답은 부록 A 참조

개념 39.3

빛에 대한 반응은 식물의 생존에 매우 중요하다

빛은 식물체에게 매우 중요한 환경요인이다. 빛은 광합성을 위해 필요할 뿐만 아니라 식물의 생장과 발달에 있어서, 종합적으로 **광형태형성(photomorphogenesis)**이라고 알려진 많은 주요 과정을 유도한다. 또한 빛으로 인해 식물은 하루와 계절의 시간적 추이를 측정할 수 있다.

식물은 빛의 존재 유무만을 인지하는 것이 아니라 방향과 강도, 파장(색)도 인지할 수 있다. 광합성(그림 11.10b)에서처럼, **작용스펙트럼(action spectrum)**이라고 불리는 그래프는 특정반응을 유발하는 데 있어서 다양한 파장의 빛이 나타내는 상대적인 효과를 보여준다. 빛에 의존하는 어떠한 반응에 관한 연구에서도 작용스펙트럼은 매우 유용하다. 다양한 식물반응의 작용스펙트럼들을 비교함으로써 어떤 반응들이 동일한 광수용체(색소)에 의해서 매개되는지를 결정할 수 있다. 또한 특정 반응의 작용스펙트럼과 특정 색소의 흡수스펙트럼을 비교하여 양상이 매우 유사하면 이 반응을 매개하는 광수용체는 바로 이 색소라는 것을 알 수 있다. 작용스펙트럼들은 식물의 광형태형성의 조절에 적색광과 청색광이 가장 중요함을 보여준다. 따라서 과학자들은 두 종류의 광수용체를 제안하게 되었으며 이는 **청색광 광수용체(blue-light photoreceptor)**와 적색광을 주로 흡수하는 광수용체인 **피토크롬(phytochrome)**이다.

청색광 광수용체

청색광은 식물에서 굴광성과 기공개폐(그림 36.12) 등 다양한 반응을 유발한다. 유식물이 땅을 뚫고 빛에 노출되면 나타나는 하배축 신장률의 감소도 청색광에 의한 반응이다. 청색광 광수용체의 생화학적인 특성은 매우 파악하기 어려워 1970년대에 식물학자들은 이를 "크립토크롬"이라고 부르기 시작했다(그리스어로 *kryptos*는 '숨겨진'이라는 뜻이며 *chrom*은 '색소'라는 뜻이다).

1990년대에 들어와서 과학자들은 애기장대의 여러 돌연변이체들을 분석하면서 최소한 3가지의 상이한 색소들이 청색광을 흡수할 수 있다는 것을 알게 되었다. 분자수준에서 DNA 복구 효소와 유사한 **크립토크롬**(cryptochrome)은, 예를 들어 어린 식물이 땅 밖으로 처음 나올 때 일어나는 현상인 청색광에 의해 유도되는 줄기신장 억제에 관여한다. **포토트로핀**(phototropin)은 단백질인산화효소로서 청색광 유도 기공 열림과, 빛에 대한 반응으로 나타나는 엽록체의 운동, 다윈이 연구했던 굴광성 반응(**그림 39.15**)에 관여한다.

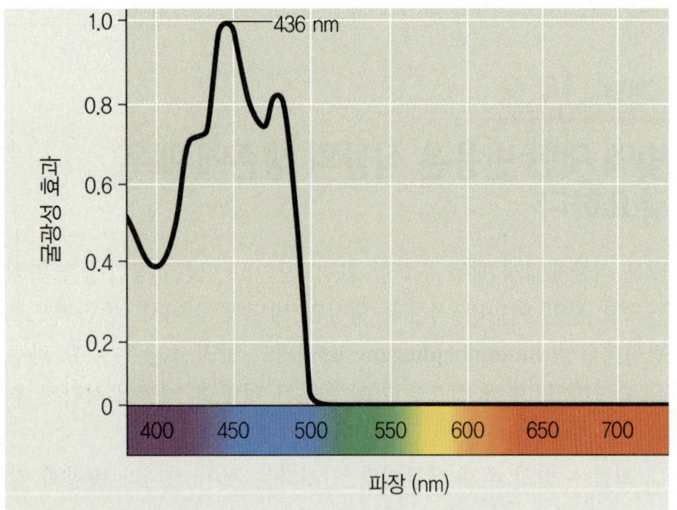

(a) 이 작용스펙트럼은 500 nm 아래 파장의 빛(청색과 자색광)만이 식물을 휘게 만든다는 것을 보여준다.

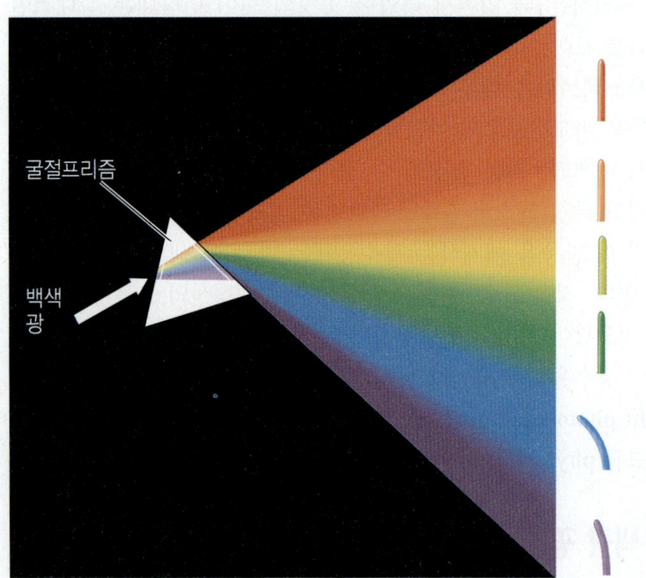

(b) 그림에 보이는 것처럼 자엽초가 다양한 파장의 빛에 노출되었을 때, 보라색 빛에 의해 빛을 향해 약간 휘어졌으며, 청색광에 의해서 가장 크게 휘어졌다. 다른 파장의 빛들은 자엽초를 휘게 하지 못했다.

▲ **그림 39.15 옥수수 자엽초에서 청색광에 의해 유도되는 굴광성에 대한 작용스펙트럼.** 빛을 향해 자라는 굴광성은 청색광과 자색광, 특히 청색광에 민감한 광수용체인 포토트로핀에 의해 조절된다.

광수용체로서의 피토크롬

이 장의 앞부분에서 식물에서의 신호전달 과정을 소개할 때, 탈황화 과정에서의 피토크롬이라는 식물색소의 역할에 관해 이야기한 바 있다. 피토크롬은 빛에 대한 식물의 여러 가지 반응을 조절한다. 두 가지 예로 종자의 발아와 음지회피에 대해 보도록 하자.

피토크롬과 종자의 발아

종자의 발아에 관한 연구를 통해 피토크롬이 발견되었다. 상추씨 같이 작은 씨들은 저장되어 있는 양분이 적기 때문에 환경 조건, 특히 빛 조건이 최적에 가까울 때만 발아하도록 되어 있다. 이러한 종자들은 종종 빛 조건이 충족될 때까지 몇 년 동안을 휴면 상태로 남아 있기도 한다. 예를 들어, 빛을 가리고 있던 나무가 죽거나 땅이 갈리면 종자의 발아를 위한 빛 조건이 좋아지게 되는 것이다.

1930년대에 학자들이 빛에 의해 유도되는 상추씨의 발아 과정에 대한 작용스펙트럼을 조사하였다. 물에 불린 씨들에 몇 분 동안 다양한 파장의 단색광을 비추고 다시 암소에 보관하였다. 이틀 후 각 파장의 빛에 의해서 발아된 종자의 개수를 세었다. 그들은 660 nm 파장의 적색광을 비춘 경우 상추씨의 발아율이 가장 좋았으며 가시광선 영역 바로 밖의 근적외선(730 nm)을 비춘 경우는 반대로 빛을 처리하지 않은 경우보다도 발아율이 낮았다(**그림 39.16**). 상추씨에 잠시 적색광을 비춘 후 다시 잠깐 동안 근적외선 파장의 빛을 비추면, 혹은 반대로 잠시 근적외선을 비추고 다시 잠시 적색광을 비추면 어떻게 될 것인가? 마지막에 비춘 빛에 의해서 씨의 반응이 결정된다. 즉, 적색광과 근적외선의 효과는 가역적이다.

적색광과 근적외선의 반대되는 효과를 매개하는 광수용체가 바로 피토크롬이다. 현재까지 애기장대에서는 5개의 피토크롬이 발견되었으며 이들은 약간 다른 폴리펩타이드를 가지고 있다. 대부분의 피토크롬에서 광흡수 부분은 광가역적으로 조사되는 빛의 색에 따라 두 가지의 형태로 상호 전환된다. 적색광 흡수 형태(P_r)의 피토크롬은 적색광(R)을 잘 흡수하고 근적외선 흡수 형태(P_{fr})로 전환된다; P_{fr} 형태의 피토크롬은 근적외선(FR)을 흡수하여 P_r 형태로 전환된다(**그림 39.17**). $P_r \leftrightarrow P_{fr}$ 상호전환은 식물의 빛에 의해 유도되는 다양한 반응들을 조절하는 스위치로서 작용한다. 식물의 발달 과정에서 P_{fr}은 빛에 대한 다양한 반응들을 유발한다. 예를 들어, 적색광을 받은 상추씨의 P_r은 P_{fr}로 전환되어 발아에 필요한 여러 세포내 반응들을 자극한다. 적색광을 받은 씨가 다시 근적외선을 받으면 P_{fr}은 P_r로 전환되어 발아를 억제하게 되는 것이다.

자연 상태에서 빛에 의해 유도되는 발아는 피토크롬 전환기작으로 어떻게 설명할 수 있을까? 식물은 P_r 형태로 피토크롬을 합성하고 씨가 암 상태에 놓여 있으면 이 색소는 거의 P_r 형태로 존재한다(그림 39.17). 그러나 씨에 태양빛이 조사되면 피토크롬은

▼ 그림 39.16 탐구

적색광과 근적외선의 조사순서가 어떻게 종자의 발아에 영향을 미치는가?

실험 1930년대에 미국 농무부 과학자들은 빛이 종자의 발아에 미치는 영향을 알아보기 위하여 상추씨에 적색광 혹은 근적외선을 조사하였다. 빛을 비춘 후 씨들을 암소에 넣고 발아율을 조사하여 빛을 전혀 비추지 않은 대조군과 비교하였다.

결과 각 사진 아래의 막대는 적색광 처리와 근적외선 처리, 암 처리의 순서를 나타내고 있다. 적색광을 마지막에 조사한(왼쪽) 경우 종자들의 발아율이 매우 크게 증가하였다. 마지막에 근적외선을 조사한 경우 종자의 발아가 억제되었다.

결론 적색광은 발아를 촉진하며 근적외선은 억제한다. 마지막에 조사된 빛이 발아를 결정하며 적색광과 근적외선의 효과는 가역적이다.

참고문헌 H. Borthwick et al., A reversible photoreaction controlling seed germination, *Proceedings of the National Academy of Sciences, USA* 38:662–666 (1952).

WHAT IF? 피토크롬은 근적외선보다 적색광에 더 빠르게 반응한다. 씨에 적색광과 근적외선을 비춘 후 암 처리 대신 백색광을 비추면 그 결과가 다르게 나타날 것인가?

적색광을 포함한 태양빛의 모든 파장의 빛을 받게 되고 많은 P_r 형태의 피토크롬이 P_{fr} 형태로 전환된다. P_{fr} 형태의 피토크롬이 나타나는 것이 바로 식물이 태양빛을 인지하는 하나의 방법이다. 즉, 씨가 처음으로 적절한 태양빛에 노출되면 P_{fr}이 생겨 발아가 유도된다.

피토크롬과 음지회피반응

피토크롬 시스템은 또한 식물에게 빛의 질(quality)에 관한 정보

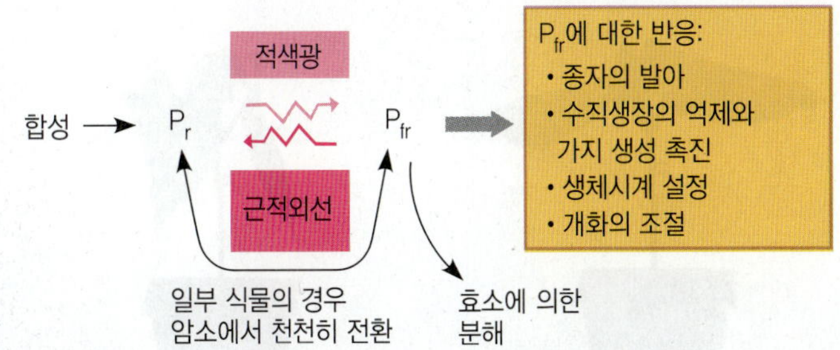

▲ 그림 39.17 피토크롬: 분자 스위치 기작. 적색광의 흡수로 푸른색을 띠는 P_r 형태가 청녹색을 띠는 P_{fr} 형태로 전환되며 근적외선은 이 전환을 반전시킨다. 대부분의 경우에 P_{fr} 형태의 색소가 식물의 생리적인 반응 및 발달 과정의 반응을 유발한다.

를 제공해 준다. 태양빛은 적색광과 근적외선 모두를 가지고 있다. 따라서 낮시간 동안 $P_r \rightleftarrows P_{fr}$ 상호전환은 평형에 이르게 되고 이때 두 형태 피토크롬 양의 비율은 적색광과 근적외선의 상대적 비율을 의미한다. 이러한 정보로 식물은 빛의 질 변화에 대하여 반응한다. 상대적으로 강한 빛을 필요로 하는 나무에서 보이는 "음지회피반응"을 예로 들 수 있다. 숲에서 다른 나무들이 이 나무를 가려 빛을 제대로 받지 못하게 되면 위쪽의 나무들에 의해 근적외선보다는 적색광이 많이 흡수되기 때문에 이 나무에서는 P_r 형태의 피토크롬이 상대적으로 많아진다. 이것은 빛을 가리고 있는 나무들의 잎에서 엽록소가 적색광은 흡수하고 근적외선은 흡수하지 않고 통과시키기 때문이다. 적색광과 근적외선의 비율 변화는 나무가 자신이 가지고 있는 양분을 위쪽으로 길게 자라는 곳에 이용하게끔 하는 신호로 작용한다. 반면 다른 나무에 의해 빛이 가려지지 않은 채로 직접 태양빛을 받으면 P_{fr} 형태의 피토크롬이 많아져 위쪽으로 자라는 생장은 억제되고 곁가지가 많이 생겨 옆쪽으로 퍼지게 된다.

피토크롬은 식물의 빛 인지를 돕는 것 외에도 식물이 하루하루의 흐름과 계절의 변화를 인지하는 것을 도와준다. 이러한 과정에서 피토크롬의 역할을 이해하기 위해 먼저 생체시계에 대해서 알아볼 필요가 있다.

생체시계와 일주기성 리듬

증산작용이나 특정 효소들의 합성 등 식물체 내에서 일어나는 많은 작용들은 하루 동안 주기적으로 변한다. 이러한 주기적 변화의 일부는 밤낮의 24시간 주기에 따른 빛의 수준과 온도, 상대습도의 변화에 대한 반응이다. 식물을 빛과 온도를 완벽하게 조절할 수 있는 생육장치에서 키움으로써 이러한 외부요인들을 조절할 수 있다. 그러나 이러한 요인들이 변하지 않는 인위적인 조건 하에서도 기공의 개폐와 광합성 관련 효소들의 합성 등 식물체 내의 많은 생리작용들은 24시간의 주기를 가지고 계속적으로 변한다. 예를 들어 많은 콩과식물들의 잎은 저녁에는 아래로 처지고 아침에는 위로 들려진다(**그림 39.18**). 콩과식물은 24시간의 주

정오

오후 10시

▲ **그림 39.18 콩과식물(*Phaseolus vulgaris*)의 수면운동.** 잎의 운동기관인 엽침의 바깥쪽과 안쪽에 있는 세포들의 팽압이 서로 상반되게 변화함으로써 이 움직임이 유발된다.

기가 없는 항상적인 광조건이나 암조건 하에서도 이러한 "수면운동(sleep movement)"을 계속하며 이는 잎이 단지 태양의 뜨고 지는 것에 대해 반응하는 것은 아니라는 것을 의미한다. 약 24시간 주기를 갖고 반복되며 다른 외부요인들에 의해 직접적으로 그 주기가 조절되지 않는 것을 **일주기성 리듬(circadian rhythm)**이라 하며 모든 진핵세포에서 공통적으로 발견된다. 라틴어의 *circa*는 '대략'이라는 뜻이며 *dies*는 하루를 의미한다.

최근의 연구결과에 의하면 일주기성 시계는 지구 자기장이나 우주선과 같은 다소 미미하면서도 상당히 광범위하게 퍼져 있는 외부환경의 주기적 변화에 대한 매일 매일의 반응이라기보다는 내부적인 조절자에 의한 것이다. 식물과 동물 등의 생명체를 광산의 갱도 깊은 곳에 놓거나 지구 주변을 도는 인공위성에 넣어서 이러한 미미한 지구물리적 주기성을 변화시켜도 일주기성 리듬은 계속된다. 하지만 일주기성 시계는 주변 환경으로부터 매일 주어지는 신호에 의해서 정확하게 24시간에 맞추어진다.

생명체가 항상적으로 변화가 없는 환경에 놓이게 되면 일주기성 리듬은 24시간 주기(한 주기는 한 번 순환에 걸리는 시간)로부터 다소 벗어난다. 이렇게 말 그대로 자유롭게 스스로 작동하는 주기는 반응에 따라서 대략 21시간에서 27시간의 주기를 갖는다. 예를 들어, 콩과식물을 지속적인 암소에 두면 수면운동은 26시간의 주기를 갖게 된다. 자유롭게 스스로 작동하는 주기가 정확히 24시간의 주기와 달라졌다는 것이 생체시계가 오작동하고 있음을 의미하는 것은 아니다. 시계는 계속 정확하게 작동하고 있으나 단지 외부세계와 동조되지 못했을 따름이다. 일주기성 리듬을 관장하는 기작을 이해하기 위해서는, 먼저 시계와 시계가 조절하는 주기적인 과정들을 구분할 수 있어야 한다. 예를 들어, 그림 39.18에서 보이는 콩과식물의 잎은 시계의 바늘에 해당하며 시계 본질 자체는 아니다. 잎을 몇 시간 동안 잡고 있다 놓으면 잎은 그 날의 그 시간에 해당하는 위치로 재빨리 돌아갈 것이다. 즉, 생체리듬은 방해할 수 있으나 그 와중에도 생체시계는 계속 작동한다.

일주기성리듬을 관장하는 분자기작에서 가장 중요한 것은 특정 유전자군의 전사가 주기적으로 촉진되거나 억제되는 것이다(진동). 수학적 모형에 의하면 24시간 주기는 몇 개의 중요한 시계 유전자 전사가 관련된 음성되먹임 회로에 기인한다. 일부의 시계유전자는 발현된 후 일정 시간이 지나면 자기 자신의 전사를 억제하는 전사조절인자를 암호화하기도 한다. 시간차를 두고 나타나는 이러한 음성되먹임은 진동을 만들어내기에 충분하다.

최근 과학자들은 새로운 방법을 써서 시계에 이상이 생긴 애기장대 돌연변이체들을 분리하였다. 식물에서 가장 대표적인 일주기성 리듬은 광합성 관련 특정 단백질들의 합성에서 나타난다. 과학자들은 이러한 광합성 관련 유전자들의 전사들이 일주기성 리듬을 띠게 조절하는 프로모터를 찾아냈다. 시계에 이상이 생긴 돌연변이체를 찾기 위해, 반딧불의 발광에 관계하는 루시퍼라아제라는 효소의 유전자를 이 프로모터에 붙여 애기장대에서 생체시계가 이 프로모터를 활성화시키면 루시퍼라아제의 합성이 활성화되도록 하였다. 이제 식물체는 일주기에 따라서 빛을 내기 시작하였다. 정상인 경우보다 느리게 혹은 빠르게 빛을 내는 식물체를 선별함으로써 시계에 이상이 생긴 돌연변이체를 선별할 수 있었다. 이들 중 일부에서는 돌연변이가 광수용체에 결합하는 단백질에 영향을 주기도 한다. 이러한 돌연변이는 빛에 의존하여 생체시계를 맞추어 가는 과정에 이상이 생긴 것으로 추정된다.

빛이 생체시계에 미치는 영향

우리가 이미 논의하였듯이 콩과식물 잎 운동의 일주기는 제한되지 않은 상태에서는 26시간이다. 이 식물을 새벽에 암소로 옮겨 72시간 동안 놓아두어 보자. 잎은 둘째날 해가 뜨고 나서 2시간이 지나서야 위쪽으로 들려질 것이고 3일째는 4시간이 지나서야 위쪽으로 들려질 것이다. 외부 환경으로부터의 영향을 차단하였을 때 식물은 점차 외부세계와의 동시성을 잃어버리게 된다. 이러한 것은 우리가 비행기를 타고 다른 시간대의 장소로 갔을 때도 일어난다. 목적지에 도착해서 벽에 걸려 있는 시계를 보면 우리 내부의 생체시계와는 다른 시간을 나타내고 있다. 아마 모든 생명체는 시차증으로 고생하는 것 같다.

생체시계를 매일매일 정확하게 24시간 주기로 맞추어 주는 것이 바로 빛이다. 피토크롬과 청색광 광수용체들, 모두 식물에서 일주기성 리듬을 조절할 수 있다. 그러나 피토크롬이 어떻게 이를 조절하는지가 좀 더 정확히 알려져 있다. 바로 $P_r \leftrightarrow P_{fr}$ 전환을 통해 세포내 여러 반응들을 시작하고 중지함으로써 조절한다.

그림 39.17에서 보았던 광가역적 시스템을 생각해 보자. 암소에서는 피토크롬의 비율이 점차 P_r 형태가 많은 쪽으로 기울게 된다. 색소는 P_r 형태로 합성되고 효소들은 P_{fr}을 P_r보다 쉽게 분해한다. 일부 식물종에서는 태양이 질 때 존재하던 P_{fr}이 천천히 P_r로 전환된다. 밤에는 P_r이 P_{fr}로 다시 전환될 방법이 없다. 그러나 빛을 비추면 P_{fr}은 P_r로부터 재빨리 전환되어 급격히 다시 증가한

다. 매일 아침에 이러한 P_{fr}의 증가는 생체시계를 맞추어 준다. 이에 따라 콩과식물의 잎은 태양이 뜨고 16시간이 지나서 가장 낮은 위치로 떨어져 있게 되는 것이다.

자연 상태에서 피토크롬과 생체시계의 상호작용으로 인해 식물은 밤과 낮의 길이를 알 수 있다. 그러나 적도지방을 제외한 곳에서 밤과 낮의 상대적인 길이는 1년 중에 계속 바뀐다. 식물은 변화하는 계절에 맞추어 자기 자신의 반응들을 조절하는 데 이러한 변화를 이용한다.

광주기성과 계절에 대한 반응

식물이 수분을 도와주는 곤충이 없을 때에 꽃을 피우거나 낙엽수가 한겨울에 잎을 만든다고 상상해 보라. 계절마다 일어나는 일들은 식물들의 생활사에 매우 중요하다. 일반적으로 종자의 발아와 개화, 눈의 휴면의 시작과 종료는 모두 연중 특정 시기에 일어나는 것이다. 식물이 1년 중 특정 시기를 인지하기 위해서 가장 자주 사용하는 외부 자극은 밤과 낮의 상대적인 길이인 광주기, 24시간 동안에 개체가 빛에 노출되는 시간이다. 개화 등 광주기에 대한 생리적 반응을 **광주기성(photoperiodism)**이라고 한다.

광주기성과 개화조절

식물이 어떻게 계절을 인지하는지에 대한 힌트는 돌연변이 변종 담배인 매릴랜드 맘모스(Maryland Mammoth)에서 나왔다. 키가 매우 큰 이 식물은 여름에 꽃을 피우지 않고 온실에서 12월이 되어야 비로소 꽃을 피운다. 과학자들은 온도와 습도, 무기양분 등을 변화시켜 개화시기를 앞당기고자 노력한 결과 겨울과 같이 낮의 길이를 줄이면 이 변종의 개화를 유도할 수 있음을 발견하였다. 실험을 통해서 광주기가 14시간보다 짧아지면 꽃이 피는 것을 알았다. 이 변종은, 매릴랜드의 위도에서는 여름에 낮의 길이가 너무 길어 꽃을 피우지 못한 것이다.

과학자들은 낮의 길이가 특정 길이보다 짧아야 개화가 되는 이 식물을 **단일식물(short-day plant)**이라고 불렀다. 국화와 포인세티아, 일부 대두 변종들이 단일식물에 속해 일반적으로 늦은 여름이나, 가을 혹은 겨울에 꽃을 피운다. 광주기가 특정 시간보다 길어야 꽃을 피우는 식물도 있다. 이런 **장일식물(long-day plant)**은 일반적으로 늦은 봄이나 여름에 꽃을 피운다. 예를 들어, 시금치는 낮의 길이가 14시간 이상이 되어야 꽃을 피우며 무와 상추, 붓꽃, 그 외 많은 곡물류들 역시 장일식물이다. 토마토와, 벼, 민들레 같은 **중일식물(day-neutral plant)**은 광주기에 의해 영향을 받지 않고, 광주기와 상관없이 특정 생장단계가 되어야 꽃을 피우는 식물이다.

밤 길이의 임계점 1940년대에 과학자들은 개화나 그 외 광주기에 대한 반응들이 실제로는 낮의 길이가 아니라 밤의 길이에 의해서 영향을 받는다는 것을 알아냈다. 많은 과학자들은 낮의 길이가 16시간 이하가 되어야(밤의 길이가 최소한 8시간은 되어야) 꽃을 피우는 단일식물인 도꼬마리(*Xanthium strumarium*)를 가지고 실험하였다. 광주기에서 낮의 기간 중 잠깐 동안 암 처리를 하여도 개화에는 영향을 미치지 않았지만 밤의 기간 중 단 몇 분 동안의 희미한 빛을 비추어도 도꼬마리는 꽃을 피우지 않았고 이후 다른 단일식물에서도 마찬가지임이 밝혀졌다(그림 39.19a). 실제로 도꼬마리는 낮의 길이에는 전혀 반응하지 않고 꽃을 피우기 위해서는 최소한 8시간의 계속적인 암 처리(continuous darkeness)를 필요로 한다. 단일식물이란 실제로는 장야식물(long-night plant)이라고 불려야 하지만 단일식물이라는 용어가 식물생리학 분야에서 너무 확고하게 자리잡고 있다. 똑같이, 장일식물 역시 실제로는 단야식물(short-night plant)이다. 장일식물에 정상적으로는 개화를 유도하지 않는 시간 동안의 암 처리를 하면서 암 처리 중간에 몇 분 동안의 빛을 비추면 개화가 유도된다(그림 39.19b). 우리가 장일과 단일을 구분할 때 단지 절대적인 밤의 길이에 따르는 것이 아니라 개화를 위한 임계 밤 길이가 최대시간으로 설정되면 장일식물, 최소시간으로 설정되면 단일식물이 된다는 것을 명심하자. 두 가지 경우 모두 밤 길이의 임계점은 각 식물종에 따라 다양하다.

적색광은 광주기에서 암 처리를 끊어주는 데 가장 효과적인 빛이다. 작용스펙트럼과 광가역성에 관한 실험을 통해 개화조절에 있어서 피토크롬이 적색광을 받는 색소임을 알 수 있다(그림 39.20). 예를 들어, 암 처리 중 적색광을 잠시 처리하고 다시 근

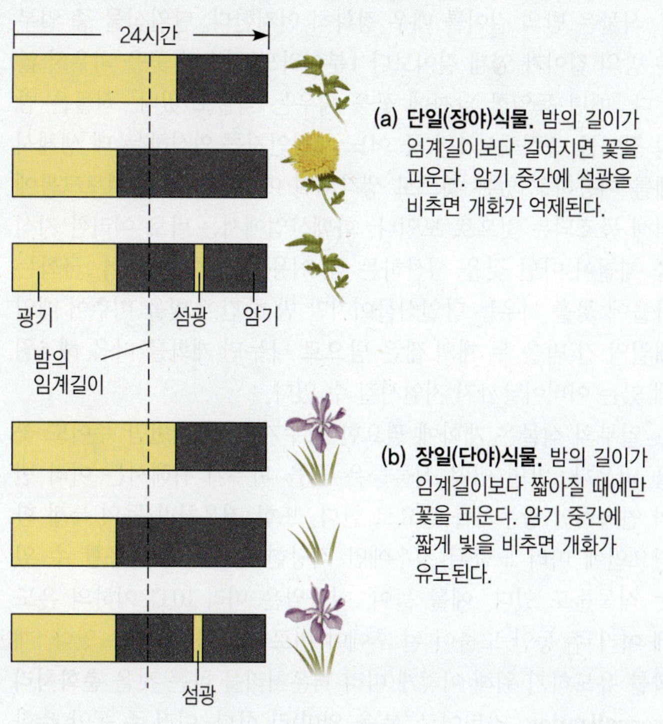

▲ 그림 39.19 **광주기에 의한 개화조절**

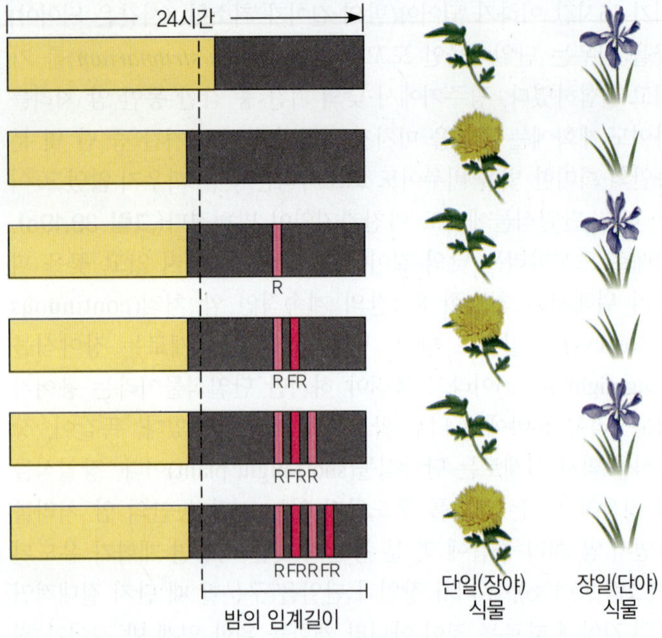

▲ **그림 39.20 광주기에 대한 반응에 있어서 적색광과 근적외선의 가역적인 효과.** 적색 섬광(R)은 밤의 길이를 짧게 해주고 이후의 근적외선 섬광(FR)은 적색섬광의 효과를 없애준다.

? 전파장의 빛을 한 번 비추어주면 각 식물은 어떠한 영향을 받을 것인가?

적외선을 처리하면 식물은 암처리가 중간에 중단된 적이 없었던 것으로 인지한다. 피토크롬에 의해 매개되는 종자발아 과정과 같이, 적색광과 근적외선의 광가역성이 발생한다.

식물은 밤의 길이를 매우 정확히 인지한다. 단일식물 중 일부는 밤의 길이가 임계 길이보다 1분이라도 짧으면 꽃을 피우지 않는다. 매년 동일한 날짜에 꽃을 피우는 식물도 있다. 식물은 밤의 길이를 측정해서 1년 중 어느 계절인지를 인식하는 데 생체시계를 이용하고 있는 것으로 생각되며 이 생체시계는 피토크롬에 의해 동조되는 것으로 보인다. 화훼산업에서는 바로 이러한 지식을 제철이 아닌 꽃을 생산하는 데 이용한다. 예를 들어, 국화는 가을에 꽃을 피우는 단일식물이지만 밤 중간에 빛을 비추어 매일 매일의 긴 밤을 두 개의 짧은 밤으로 나누면 개화를 다음 해 5월에 있는 어버이날까지 지연시킬 수 있다.

일부의 식물은 개화에 필요한 광주기를 단 한번만 주어도 꽃을 피운다. 반면 어떤 식물들은 꽃을 피우기 위해서는 여러 번의 연속적인 광주기를 필요로 한다. 또한 저온처리 등의 특정 환경요인에 미리 노출된 경우에만 적당한 광주기에 반응할 수 있는 식물들도 있다. 예를 들어, 겨울밀은 미리 10。C 이하의 온도에 여러 주 동안 노출이 된 후에야 비로소 꽃을 피울 수 있다. 개화를 유도하기 위해 이렇게 미리 저온처리를 하는 것을 **춘화처리(vernalization**, 라틴어로 '봄'을 의미)라 한다. 여러 주 동안 춘화처리된 겨울밀의 경우 장일 조건, 즉 단야 조건의 광주기를 조성해 주면 개화가 유도된다.

개화호르몬?

꽃이 정단분열조직이나 곁눈분열조직에서 형성되지만 광주기의 변화를 인지하여 꽃발달을 유도하는 신호물질을 만들어 내는 곳은 바로 잎이다. 많은 단일식물이나 장일식물에서 개화를 유도하는 데는 단지 하나의 잎만을 적당한 광주기에 노출시키는 것으로도 충분하다. 단 하나의 잎만을 남겨두고 모든 잎을 제거해도 적당한 광주기가 인지되어 꽃을 피우게 한다. 모든 잎을 제거하면 식물은 더 이상 광주기에 반응하지 못한다.

식물의 접목을 이용한 몇몇의 오래된 실험으로 개화자극은 개화가 유도된 식물에서 유도되지 않은 식물로 접목된 가지 부분을 통해 이동할 수 있음이 밝혀졌다. 뿐만 아니라 잎에서 개화를 자극하는 신호를 보내도록 하는 광주기 조건은 단일식물과 장일식물에서 다르지만 그 신호 자체는 동일할 것으로 추정된다(그림 39.21). **화성소(florigen)**라고 불리는 개화신호물질은 70년 이상의 노력에도 화학적으로 밝혀지지는 않았으며 그 이유는 아마 식물학자들이 작은 호르몬 같은 물질에만 집중했기 때문일 수 있다. 그러나 mRNA나 단백질 같이 커다란 거대분자들은 원형질연락사를 통해 심플라스트 경로를 따라 이동하여 식물의 발달을 조절할 수 있다. *FLOWERING LOCUS T*(*FT*) 유전자는 개화유도 조건 동안 잎에 있는 세포에서 발현이 유도되고, 만들어진 FT 단백질은 심플라스트 경로를 통해 줄기 정단분열조직으로 이동하여, 눈 분열조직이 영양생장기에서 개화 단계로 전환되는 것을

▲ **그림 39.21 개화호르몬에 대한 실험적 증거.** 식물을 단일조건에서 키웠을 때, 단일식물은 꽃을 피우고 장일식물은 꽃을 피우지 않는다. 그러나 두 식물을 접목시킨 후 단일조건에서 키우면 모두 꽃을 피운다. 이것은 개화를 유도하는 물질(화성소)이 접목된 부위를 지나 이동하여 단일식물과 장일식물 모두에서 개화를 유도한다는 것을 보여준다.

WHAT IF? 접목된 식물 양쪽에서 개화가 모두 억제되었다면 어떤 결론을 내리겠는가?

유도한다.

개념 확인 문제 39.3

1. 들판에서 키운 대두식물의 잎에서 특정 효소의 활성이 정오에 가장 높고 자정에 가장 낮다면 이 효소의 활성이 일주기 조절을 받고 있다고 할 수 있는가?
2. WHAT IF? 생육장치 안에서 식물을 하루 중 10시간 동안 빛을 처리하고 14시간 동안은 암처리하였을 때 꽃을 피웠다. 이 식물은 단일식물인가? 왜 그렇게 생각하는지 설명하라.
3. MAKE CONNECTIONS 식물은 청색광 수용체와 적색광을 흡수하는 피토크롬을 이용하여 주변 환경의 빛의 종류를 감지할 수 있다. 그림 11.10을 보고 식물이 빛의 색에 이토록 민감한지 그 이유를 들어보라.

정답은 부록 A 참조

개념 39.4

식물은 빛 외에도 다양한 자극에 대해서 반응한다

식물은 이동할 수는 없지만, 다양한 환경여건에 대해서 발달 및 생리적 기작을 통해서 적응하게끔 자연선택을 통해서 진화해 왔다. 빛은 식물에 있어서 매우 중요하기 때문에 이 장에서 지금까지 식물이 어떻게 이 하나의 외부자극을 인지하고 반응하는가에 관해 이야기하였다. 이곳에서는 식물이 보통 마주치는 다른 여러 외부 자극들에 대한 반응에 대해서 알아보겠다.

중력

식물은 광합성 무기영양생물이므로 빛을 향해서 자라는 기작이 있다는 것은 그리 놀라운 이야기는 아니다. 그런데 씨가 발아한 후 생긴 어린 유식물이 땅속에서 전혀 태양빛이 없음에도 불구하고 위쪽으로 자라는 이유는 무엇인가? 또한 어떤 환경요인에 의해서 뿌리가 아래쪽으로 자라는가? 답은 중력 때문이다.

식물을 옆으로 놓으면 생장 방향이 바뀌어 줄기는 위쪽으로 굽고 뿌리는 아래쪽으로 휘어진다. 중력에 대한 반응, 즉 **굴중성(gravitropism)**에 있어서 뿌리는 양성굴중성(그림 39.22a)을 보이며 줄기는 음성굴중성을 보인다. 굴중성은 씨가 발아하자마자 작용하기 시작해서 씨가 처음에 땅에 떨어졌을 때 어떤 방향성을 가지고 놓여 있다 하더라도 뿌리가 토양 쪽으로 자라게 하고 줄기가 태양빛을 향하도록 해준다.

식물은 **평형석(statolith)**이라는 밀도가 높은 녹말덩어리를 가지고 있는 특수화된 색소체가 세포의 중력 방향 쪽으로 가라앉는 것을 통해 중력을 인지하는 것으로 생각된다(그림 39.22b). 뿌리에서 평형석은 뿌리골무의 특정 세포들에만 존재한다. 하나

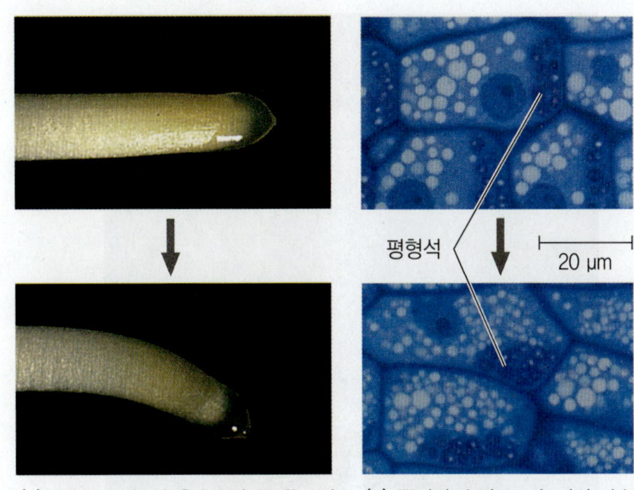

(a) 수평으로 놓인 옥수수의 뿌리는 여러 시간에 걸쳐 뿌리 끝이 수직으로 놓일 때까지 중력 방향으로 굽게 될 것이다(광학현미경 사진).

(b) 뿌리가 수평으로 놓이면, 수분 내로 평형석이 뿌리골무세포의 아랫면으로 떨어져 쌓이게 된다. 평형석 가설에 의하면 이렇게 평형석이 쌓이는 것이 바로 중력감지 기작으로서 옥신의 재분포를 유발하여 뿌리의 양쪽에 있는 세포들의 신장률이 달라진다는 것이다(광학현미경 사진).

▲ 그림 39.22 뿌리의 양성굴중성: 평형석 가설

의 가설에 따르면 평형석이 이 세포들의 아래쪽에 모이면 칼슘의 재분포가 일어나고 이것은 다시 뿌리에서 옥신의 측면이동을 유발한다. 칼슘과 옥신은 뿌리의 양측면 중 아래쪽 신장 부위에 축적된다. 고농도의 옥신은 세포 신장을 억제함으로써 뿌리 아래쪽면에 있는 세포들의 성장을 억제한다. 따라서 위쪽 세포들의 신장이 상대적으로 빨라지고 뿌리는 아래쪽으로 똑바로 자란다.

그러나 평형석 하강이 굴중성 반응에 필요하지 않을지도 모른다. 예를 들어, 평형석이 없는 애기장대나 담배 돌연변이체들의 경우 그 반응이 느리기는 하지만 여전히 중력에 반응할 수 있다. 뿌리가 중력을 감지하는 데 한 세포 전체가 관여할 수도 있다. 즉, 뿌리세포의 위쪽 면에서 원형질체와 세포벽을 연결하는 단백질은 세포에 대한 중력에 의해 기계적으로 끌어당겨지고 아래쪽면에 존재하는 단백질은 눌려지는 차이를 통해 식물이 중력의 방향을 인지할 수도 있다는 것이다. 녹말립 외의 밀도가 높은 기관들이 중력에 의해 아래로 끌어당겨질 때 세포골격계를 비틀어지게 함으로써 중력을 인지하는 데 기여할 수 있을 것이다. 평형석이 없는 경우에도 중력반응이 천천히 일어난다는 결과를 볼 때 평형석은 밀도가 높기 때문에 식물의 중력 인지 능력을 강화시켜 준다고 생각할 수 있다.

기계적인 자극

바람이 심한 환경에서 자라는 나무는 바람이 적은 곳에서 자라는 나무에 비해 일반적으로 키가 작고 뚱뚱하다. 이러한 형태의

▲ 그림 39.23 **애기장대를 건드리면 유전자 발현이 달라진다.** 왼쪽의 식물은 하루에 두 번씩 문질러 주었고 오른쪽의 문질러주지 않은 식물에 비해 훨씬 키가 작다.

장점은 식물이 강한 바람에 대항해서 토양에 잘 지탱하고 있을 수 있다는 것이다. **접촉형태형성(thigmomorphogenesis**, 그리스어로 *thigma*는 '접촉'을 의미한다)은 기계적인 자극의 결과로 유발되는 형태적인 변화를 의미한다. 식물은 기계적인 자극에 매우 민감해서 심지어는 잎의 길이를 자로 재는 정도도 향후 생장에 영향을 준다. 어린 식물의 줄기를 하루에 두세 번씩 문지르면 식물은 정상의 경우보다 작은 식물이 된다(그림 39.23).

일부 식물에서는 진화 과정 동안 접촉에 대한 특별한 반응을 가지게 되었다. 기계적인 자극에 대한 민감한 반응은 이들 식물의 생존을 위한 하나의 전략이다. 대부분의 포도나 그 외 기어오르는 성향을 갖는 식물들은 덩굴손을 가지고 있어 지탱할 수 있는 물체를 재빨리 감싸 잡을 수 있다(그림 35.7). 이러한 기관은 일반적으로 어떤 물체에 닿을 때까지 곧게 자라다가 닿게 되면 덩굴손 양쪽에 존재하는 세포들의 생장에 차이가 생겨 동그랗게 말리는 반응이 유발된다. 이렇게 접촉에 대한 반응으로 나타나는 생장의 변화를 **굴촉성(thigmotropism)**이라고 하며 이것으로 인해 포도나무가 어떠한 지지대라도 이용하여 기어올라 숲속에서 다른 식물에 의해 빛이 가려지는 것을 피해 위쪽으로 올라와 빛을 받을 수 있다.

또 다른 접촉에 대한 반응은 일부 식물에서 볼 수 있는 잎의 빠른 움직임이다. 예를 들어, 미모사(*Mimosa pudica*)의 겹잎은 기계적인 자극을 받으면 접힌다(그림 39.24). 이 반응은 1~2초 내에 일어나며 소엽의 연결 부위에 존재하는 운동기관인 엽침에 존재하는 세포들 중 위쪽에 존재하는 세포들이 팽압을 잃어 초래된다. 운동세포들은 자극을 받으면 포타슘을 잃게 되고 따라서 삼투압에 의해 물이 빠져나가 순식간에 흐늘흐늘해진다. 자극을 받은 후 약 10분이 지나면 이 세포들은 정상적인 팽압을 회복하여 자극을 받지 않은 상태의 잎 모양으로 되돌아간다. 이러한 민감한 식물의 반응은 왜 일어나는지 궁금증을 유발한다. 아마도, 혹은 초식동물이 잎을 건드렸을 때 잎을 접고 표면적을 줄임으로써, 초식동물에게 잎이 덜 무성해 보이고, 먹음직스럽지 않게 보일지도 모른다.

재빠른 잎의 움직임에서 매우 특기할 만한 것은 자극의 전달이다. 이러한 자극에 민감한 식물에서 하나의 소엽만을 건드리면 먼저 그 소엽이 반응하고 곧 주변 소엽들이 차례로 반응하여 결국 하나의 겹잎내 모든 소엽이 접히게 된다. 자극을 처음 받았던 곳에서 만들어진 신호는 1 cm/sec의 속도로 전달된다. 이때 잎에 전극을 꽂으면 동일한 속도로 이동하는 전기적인 자극을 검출할 수 있다. 이 자극을 **활동전위(action potential)**라 하며 식물의 활동전위는 그 속도가 수천 배 느리기는 하지만 동물의 신경자극과 유사하다. 여러 조류(algae)와 식물에서 발견되는 활동전위는 식물체 내부에서의 정보교환 수단으로 광범위하게 이용되고 있을 것이다. 또 다른 예는 식충식물(*Dionaea muscipula*)에서 볼 수 있다. 활동전위가 덫의 감각 털로부터 덫을 닫는 세포로 전달된다(그림 37.14). 미모사의 경우 잎을 뜨거운 바늘로 건드리는 등의 강한 자극을 주게 되면 그 겹잎 하나만 반응하는 것이 아니라 식물체 전체의 잎이 반응하여 접히게 된다. 그러나 이러한 반응은 상처를 입은 잎에서 나오는 화학신호가 식물의 여러 다른 부위로 전달되어 일어나는 것이다.

(a) 자극을 주기 전(소엽들이 펼쳐져 있다.)

(b) 자극을 받은 후(소엽들이 접혀 있다.)

▲ 그림 39.24 **미모사(*Mimosa pudica*)에서 빠른 팽압의 변화**

여러 가지 환경 자극

환경의 특정 요인들이 심각하게 변화되어 식물의 생존이나 생장, 생식 등에 상당한 악영향을 미칠 수 있다. 침수나 가뭄, 혹은 극단적인 온도 등의 환경충격은 농업에 있어서 작물생산에 끔찍한 충격을 가져올 수 있다. 자연의 생태계에서 환경충격을 견뎌낼 수 없는 식물은 죽거나 다른 식물들과의 경쟁에서 지게 되어 결국 그 지역에서 사라진다. 따라서 환경충격은 식물이 지리적으로 어디에 분포할 것인가를 결정하는 데 역시 중요하다. 여기서 식물이 맞닥뜨릴 수 있는 몇몇 일반적인 **비생물적(abiotic)** 스트레스에 대해 생각해 보자. 그리고 이 장의 마지막 부분에서 초식동물이나 병원균 등 일반적인 **생물적(biotic)** 스트레스에 대한 식물의 방어반응에 대해서 보도록 하자.

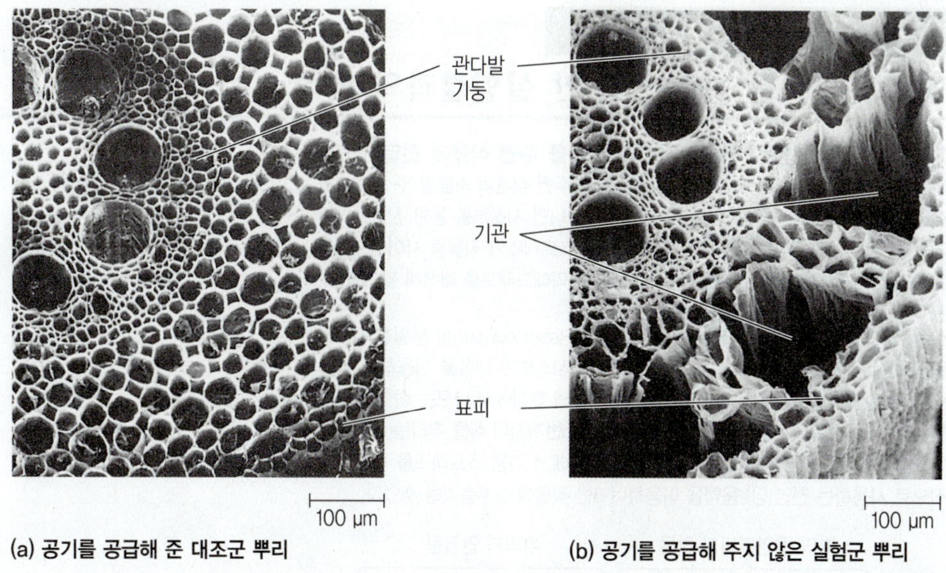

(a) 공기를 공급해 준 대조군 뿌리
(b) 공기를 공급해 주지 않은 실험군 뿌리

▲ **그림 39.25 침수와 산소부족에 대한 옥수수뿌리의 발달반응.** **(a)** 공기를 불어넣어 주며 수경재배한 대조군 식물의 뿌리 횡단면. **(b)** 공기를 불어넣어 주지 않고 수경재배한 식물의 뿌리 횡단면. 에틸렌에 의해 유도되는 아폽토시스(예정세포사)가 기관을 형성하였다(SEM 사진).

가뭄

밝고 따뜻하며 건조한 날에 식물은 토양으로부터 얻는 수분보다 증산작용으로 잃게 되는 수분이 많아짐으로 인해 수분부족으로 고통스러워할 수도 있다. 물론 심각한 수분부족은 식물을 죽일 수도 있지만, 식물은 극단적이지 않은 수분부족에 대처할 수 있는 조절기작을 가지고 있다. 많은 식물들은 수분이 부족하면 증산율을 낮추어 식물체 내의 수분을 보존한다. 잎에서의 수분부족은 기공을 닫게 하여, 증산작용의 속도를 상당히 지연시킨다(그림 36.13). 수분부족은 잎에서 앱시스산의 합성과 분비를 촉진시키며 이 호르몬은 공변세포의 막에 작용하여 기공이 계속 닫혀 있게 해준다. 잎은 이외에도 여러 다른 방식으로 수분부족에 대해서 반응한다. 예를 들어, 여러 곡물류나 식물의 잎들은 수분이 부족하여 시들게 되면 돌돌 말려서 건조한 공기와 바람에 노출되는 잎 표면적을 줄여 증산작용을 줄인다. 오코틸로(그림 36.14) 등의 식물에서는 가문 계절에 대한 반응으로 낙엽이 지는 것을 볼 수 있다. 이러한 모든 반응들은 식물이 물을 보존하는 것을 도와주기는 하지만 광합성 과정을 억제하는 좋지 않은 결과를 수반한다. 이것이 바로 가뭄에 의해 작물의 생산성이 감소되는 이유 중 하나이다. 식물은 시들고 있는 주변 식물로부터 나오는 화학신호의 형태를 조기경보체계로 이용하여 앞으로 닥칠 가뭄 스트레스에 보다 즉각적이고 강력하게 반응하도록 한다(**과학적 분석 기술의 연습**).

침수

물이 너무 많아도 식물에게는 문제가 된다. 집안에 있는 화초에 물을 너무 많이 주면 뿌리에서의 세포호흡에 필요한 산소가 토양을 통해 제공될 수 없어 호흡이 곤란해질 수 있다. 일부 식물들은 매우 습한 환경에 구조적으로 적응해 있다. 예를 들어, 맹그로브라고 불리는 나무는 해안 습지에 서식하는데, 뿌리는 물에 잠겨 있지만 공기뿌리(aerial root; 기근)와 연결되어 있어 산소를 제공받을 수 있다(그림 35.4). 그러나 물이 많은 환경에 적응되지 않은 식물은 습기가 너무 많은 토양에서 산소의 부족을 어떻게 견뎌낼까? 산소의 부족으로 에틸렌의 합성이 촉진되면, 에틸렌은 뿌리 피층의 일부세포들로 하여금 아폽토시스 과정을 거치게 한다. 이 세포들이 파괴되어 기관(air tube)이 형성되고 이 기관은 잠수함의 환기장치처럼 작용하여 물에 잠겨 있는 뿌리에 산소를 제공한다(**그림 39.25**).

염류 스트레스

토양에 염화나트륨이나 다른 염들이 과량으로 존재하면 식물은 다음의 두 가지 이유에서 위협받는다. 첫째, 염류로 인해 토양의 수분 포텐셜이 감소하여 토양에 수분이 많다 할지라도 식물이 수분부족현상을 겪게 된다. 토양의 수분 포텐셜이 낮아질수록 토양과 뿌리 사이의 수분 포텐셜 차이가 줄어들고 따라서 식물의 수분흡수가 줄어든다(36장). 염류 토양의 또 다른 문제는 소듐이나 몇몇의 이온들은 농도가 일정 정도 이상이 되면 식물에 해가 된다는 것이다. 많은 식물들이 토양의 염분이 적당할 때에는, 고농도에서도 식물에 해가 되지 않는 용질을 합성하여 견뎌낸다. 즉, 이러한 유기물들로 인해 식물은 토양에 존재하는 해로운 염류들을 받아들이지 않고도 세포의 수분 포텐셜을 토양의 수분 포텐셜보다 낮게 유지한다. 그러나 대부분의 식물들은 염류 스트레스

과학적 분석 기술의 연습

막대그래프를 바탕으로 한 실험결과의 해석

가뭄스트레스를 받은 식물은 자신의 상태를 주변 식물에 전달하는가? 과학자들은 식물이 가뭄에 의한 스트레스에 대해 주변 식물과 소통할 수 있는지를 알고 싶었으며, 한다면 지상부 신호를 이용하는지, 아니면 지하부를 통한 신호를 이용하는지를 알고 싶었다. 이번 연습에서 가뭄에 의한 스트레스가 식물들 사이에 전달되는지를 조사하기 위해 기공이 열리는 너비와 관련된 막대그래프를 해석해 볼 것이다.

실험 방법 11개의 화분에 심어진 완두콩 식물(*Pisum sativum*)을 동일한 간격을 두고 일렬로 세웠다. 6번에서 11번까지 식물의 뿌리 시스템은 대롱을 이용하여 바로 옆의 식물과 연결하여 토양을 옮기지 않고도 한 식물의 뿌리에서 나오는 화학물질이 옆 식물의 뿌리로 전달될 수 있도록 하였다. 1번부터 6번까지의 식물 뿌리는 서로 연결되지 않았다. 고농도의 만니톨(mannitol, 관다발 식물에서 가뭄 스트레스를 대신해서 일반적으로 사용하는 천연 당) 용액을 이용하여 6번 식물에 삼투충격을 주었다.

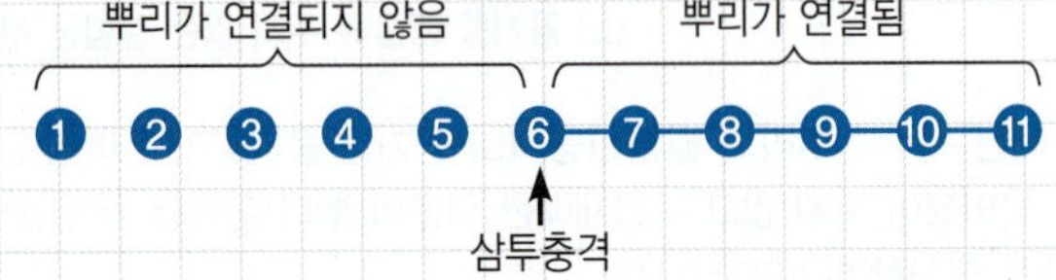

▶ 완두콩 식물 (*Pisum sativum*)

6번 식물에 삼투충격을 주고 15분이 지난 후 모든 식물의 잎에서 기공이 열린 정도를 측정하였다. 6번 식물에 만니톨 대신에 물을 처리한 대조군 실험도 수행하였다.

실험 데이터

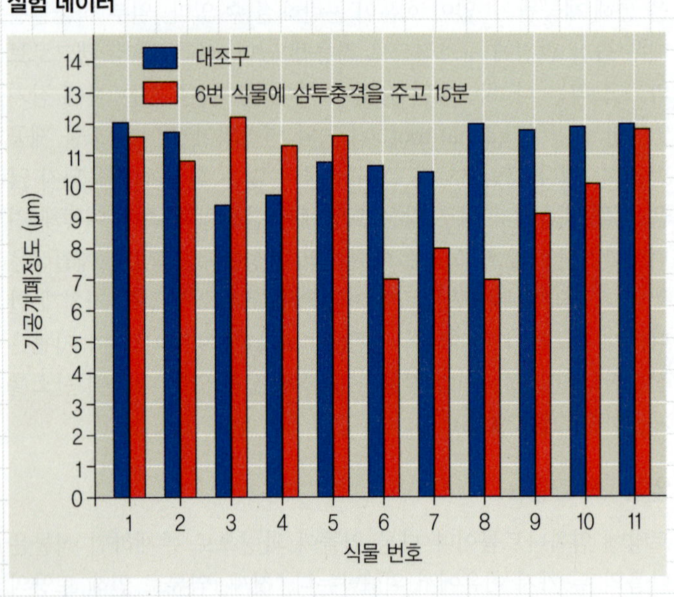

데이터 해석

1. 6~8번 식물과, 9번과 10번 식물의 기공이 열린 정도는, 실험의 다른 식물의 기공의 열린 정도와 비교해서 어떠한가? 이것은 6~8번 식물과, 9번 식물, 10번 식물의 상태에 대해 무엇을 알려주는가?(그래프를 읽는 것에 관한 정보는 부록 F 참조).
2. 이 결과는 식물이 가뭄 스트레스 상태를 주변 식물에 알릴 수 있다는 생각을 지지하는가? 그렇다면, 이 결과는 의사소통이 줄기를 이용하는지, 아니면 뿌리를 통해서 행해지는지, 어느 것을 의미하는가? 두 질문에 대한 답을 실험 결과로부터 얻은 근거를 들어 설명하라.
3. 화학물질이 한 식물에서 다른 식물로 토양을 통해서 이동하지 않았다는 것을 확실히 하는 것이 왜 필요한가?
4. 실험이 15분이 아니라 1시간 동안 진행하였을 때, 그 결과는 대체적으로 유사하였으나, 9~11번 식물의 기공 열린 정도가 6~8번 식물의 열린 정도와 비슷했다는 차이를 보였다. 그 이유를 제안해 보라.
5. 대조군 실험에서 6번 식물에 만니톨 대신 물을 처리한 이유는 무엇인가? 대조군 실험의 결과가 의미하는 것은 무엇인가?

참고문헌 O. Falik et al., Rumor has it ...: Relay communication of stress cues in plants, *PLoS ONE* 6(11):e23625 (2011).

에 오랫동안 견뎌내지는 못한다. 예외적으로 일부 내염성 식물은 염류샘 같은 기관을 가지고 있어 내성을 띠기도 한다. 염류샘을 통해 잎은 표피 바깥으로 염분을 배출한다.

고온 스트레스

너무 높은 온도는 세포 내의 효소 등을 변성시켜 식물에 해를 끼치고, 심지어 식물을 죽일 수 있다. 증산작용은 기화냉각을 통해 잎의 온도를 낮추어 준다. 예를 들어, 따뜻한 날에 잎의 온도는 주변 대기의 온도보다 3~10℃ 정도 낮다. 물론 덥고 건조한 날씨는 많은 식물에서 수분부족을 유발하게 되고 이것에 대한 반응으로 기공을 닫고 수분을 보존하고자 한다. 그러나 이 경우 증발열에 의한 냉각 효과는 희생하게 된다. 이러한 딜레마로 인해 대부분의 식물은 매우 덥고 건조한 날씨에 희생을 치르게 되는 것이다.

대부분의 식물은 고온 스트레스를 받아도 생존할 수 있는 대비책을 가지고 있다. 특정 온도 이상이 되면 식물세포는 **열충격 단백질(heat-shock protein)**을 많이 만들어 낸다. 온대지방에 서식하는 대부분의 식물의 경우 40℃ 이상에서 이러한 반응이 일어난다. 과학자들은 이를 동물과 미생물에서도 발견하였다. 열충격단백질 중 일부는 샤페론(chaperone) 단백질로서 고온 스트레스를 받지 않은 세포에서 다른 단백질들의 구조형성을 도와 적절한 기능을 나타내는 모양을 갖게 해준다(5장). 열충격단백질의 일반적인 기능은 여러 효소나 다른 단백질들과 결합하여 열에 의해 변성되는 것을 막아주는 것으로 생각된다.

저온 스트레스

주변온도가 떨어질 때 식물이 마주치게 되는 한 가지 문제는 세포막 유동성의 변화이다. 막의 온도가 특정 온도보다 낮아지면 지질이 고형화되어 막은 유동성을 잃게 된다. 이렇게 되면 막을 통한 용질의 수송에 변화가 생기고 막단백질의 기능에 나쁜 영향을 미친다. 식물은 저온 스트레스에 반응하여 세포막 지질의 구성을 변화시킨다. 예를 들어, 막지질에서 불포화지방산의 비중을 높이고 이 불포화지방산은 저온에서 막이 보다 유동성을 띨 수 있게끔 해주는 구조를 가지고 있다. 막을 구성하고 있는 분자의 변화는 몇 시간 혹은 며칠이 걸리기 때문에 자연에서 계절이 바뀌면서 나타나는 점차적인 온도 변화보다 갑작스런 온도 변화가 식물에 매우 치명적이다.

저온 스트레스 중 동결은 보다 극심한 경우이다. 어는점 이하의 온도에서 대부분 식물의 세포벽과 세포간극에는 얼음이 언다. 일반적으로 세포질은 세포벽 환경보다 많은 용질을 함유하고 있고 용질은 어는점을 내려주는 역할을 하므로 동일한 온도에서 쉽게 얼지 않는다. 세포벽에서는 얼음이 얼어 액상의 수분이 감소하게 되고 이는 수분 포텐셜을 감소시켜 세포 안의 수분이 밖으로 빠져나오게 한다. 결과적으로 세포질의 염류이온 농도가 증가하게 되고 이는 세포에 해로우며 결국 세포가 죽을 수 있다. 동결로 인해 세포가 생존하느냐 아니냐는 대부분 세포가 수분부족에 잘 견딜 수 있느냐 없느냐에 달려 있다. 겨울이 매우 추운 지역에 서식하는 식물은 동결스트레스에 견딜 수 있는 특별한 적응기작을 가지고 있다. 예를 들어, 동결스트레스에 내성을 갖는 많은 식물들은 겨울이 오기 전에 당과 같은 특정 용질의 세포내 농도를 증가시켜 세포외부가 얼게 되어 발생하는 세포의 수분손실을 줄일 수 있다. 세포막 지질의 불포화 정도 역시 증가하여 적절한 수준의 막유동성을 유지한다.

진화 일부의 척추동물과 곰팡이, 세균, 많은 식물종 등, 여러 생명체는 얼음결정이 생겨 자신의 성장이 방해되는 것을 억제하는 특수한 단백질을 가지고 있어 생명체가 동결피해에서 벗어날 수 있게 해준다. 1950년대에 북극의 어류에서 최초로 보고된 **동결방지 단백질**은 생명체가 0℃ 이하의 온도에서도 생존할 수 있게 해준다. 동결방지 단백질은 작은 얼음결정에 결합하여 얼음이 자라는 것을 억제하거나, 혹은 식물에서의 경우, 얼음이 결정화하는 것을 방지한다. 5개의 주요 동결방지 단백질 종류는 아미노산서열에 있어서 커다란 차이를 보임에도 불구하고 유사한 3차 구조를 가지고 있어, 수렴진화의 가능성을 시사한다. 놀랍게도 겨울호밀에서 발견된 동결방지 단백질은 이 장의 마지막에서 다룰 항균단백질인 PR 단백질과 유사하지만 곰팡이 병원균에 반응해서가 아니라 저온과 더 짧아진 낮 길이에 반응하여 발현된다. 최근 유전적으로 재조합된 동결방지 단백질 유전자를 곡물류의 유전체에 삽입하여 동결저항성을 높여주려는 시도가 진행되고 있다.

개념 확인 문제 39.4

1. 열화상(thermal images)은 생명체가 발산하는 열을 사진으로 찍은 것이다. 과학자들은 ABA를 과다생산하는 돌연변이 식물체를 선별하고자 이 열화상을 이용하였다. 정상적인 조건에서 이런 돌연변이체들은 정상인 야생형 식물체보다 왜 더 높은 온도를 띠는지 설명하라.
2. 온실에서 일하는 근로자는 통로 근처에 놓여 있는 화분의 국화가 벤치의 중간에 놓여 있는 국화보다 종종 키가 작다는 것을 알았다. 원예농업에서 일반적으로 부딪치는 문제인 이러한 "가장자리 효과(edge effect)"에 대해 설명하라.
3. **WHAT IF?** 뿌리에서 뿌리골무가 제거되면 그 뿌리는 여전히 중력에 반응할 것인가에 대해 설명하라.

정답은 부록 A 참조

개념 **39.5**

식물은 병원균과 포식자의 공격에 대항한다

자연선택을 통해 식물은 군집에서 다른 종들과의 다양한 상호작용을 발달시켜왔다. 이러한 다른 종들과의 상호작용 중 일부는, 예를 들어 식물과 균근 곰팡이의 관계(그림 37.13)와 혹은 식물과 수분을 도와주는 동물과의 관계(그림 38.5)처럼, 상호 도움이 되는 관계이다. 그러나 대부분, 식물과 다른 생명체들과의 상호작용은 식물에 도움이 되지 않는다. 식물은 1차 생산자로서 먹이사슬의 가장 아래에 있으며 다양한 초식동물(herbivores)의 공격을 받게 되어 있다. 또한 식물은 식물의 조직에 해를 끼치거나 심지어는 식물을 죽일 수 있는 다양한 병원성 바이러스와 세균, 곰팡이 등에 감염되기 쉽다. 식물은 이러한 위협에 대항할 수 있는 방어체계를 가지고 있어 초식동물을 쫓아내거나 병원균의 감염을 막거나 혹은 이미 침입한 병원균과 싸울 수 있다.

병원균에 대한 방어

감염에 대한 식물의 첫 번째 방어선은 식물체의 표피와 주피가 제공하는 물리적 장벽이다(그림 35.19). 그러나 이 방어선은 뚫리지 않는 것은 아니다. 예를 들어, 초식동물에 의한 잎에서의 기계적인 상처로 인해 병원균이 침투할 수 있는 통로가 열리게 된다. 식물조직이 상처받지 않은 상태에서도 바이러스와 세균, 곰팡이 포자, 균사가 기공과 같은 표피조직의 자연적인 구멍을 통해 침투할 수 있다. 일단 물리적 방어선이 무너지면, 식물의 다음 방어선으로는 두 종류의 면역반응이 있다.

식물의 면역반응

병원균이 숙주식물에 침투하게 되면 식물은 두 단계 면역반응 중 첫 번째 방어선을 구축하고, 이것이 결국 화학적 공격을 감행하여 병원균을 격리하고 감염된 부위에서 확산되는 것을 방지한다. PAMP-유도 면역이라 불리는, 이 제1선의 면역반응은 식물이, 특정 병원체에 특이적인 분자 서열인 **병원체 관련 분자 패턴(pathogen-associated molecular patterns, PAMPs;** 전에는 식물면역활성제라 불렸다)을 인지할 수 있느냐에 달려 있다. 세균의 편모에서 발견되는 주 단백질인 플라젤린(flagellin)이 PAMP의 한 예이다. 일부 병원성 변이종을 포함한 많은 토양 세균들이 빗물로 인해 식물의 지상부에 튈 수 있다. 이러한 세균들이 식물에 침투하면, 플라젤린의 특정 아미노산 서열이 Toll-like 수용체에 의해서 인지된다. 이런 종류의 수용체는 무척추동물과 척추동물에서도 발견되며, 선천성 면역 시스템에서 중요한 역할을 한다(개념 47.1). 선천성 면역 시스템은 진화적으로 초기에 나타난 것으로 식물과 곰팡이, 곤충, 그 외 원시적인 다세포 생물에서 중요한 면역 시스템이다. 척추동물과 달리 식물은 적응 면역 시스템을 가지고 있지 않다: 식물은 항체를 만들지 않고, T 세포 반응을 보이지도 않고, 병원체를 발견하고 공격하는 움직이는 세포를 가지고 있지 않다.

식물에서 PAMP 인지는 일련의 연쇄 신호 반응을 유도하여, 파이토알렉신(phytoalexin)이라 불리는, 작용 범위가 넓은 항미생물 화학물질의 합성을 유도한다. 또한, PAMP-유도 면역 과정에서, 식물은 병원체가 더 이상 침투하는 것을 막기 위해 세포벽을 두껍게 만든다. 유사하면서도 보다 강력한 방어 작용이 2차 식물 면역 시스템으로 시작되고, 다음 부분에서 설명될 것이다.

진화 진화과정 동안 식물과 미생물은 마치 군비경쟁을 하듯이 살아왔다. 식물이 인지하는 것을 피할 수 있는 병원체의 출현으로, PAMP-유도 면역이 무력화 될 수 있다. 이러한 병원체의 승리의 결정적인 요인은, 숙주의 선천성 면역 시스템을 굴복시킬 수 있는 병원체-유래 단백질인 **작동자(effectors)**를 식물세포에 직접 주입하는 능력이다. 예를 들어, 일부 세균성 병원체는 식물세포에 작동자를 주입하여, 식물이 플라젤린을 인지하는 것을 방해한다. 결과적으로, 이 작동자가 PAMP-매개 면역을 억제하여 병원체가 숙주의 물질대사 과정을 병원체에 유리하도록 전환시킬 수 있게 된다.

병원체 작동자에 의한 PAMP-유도 면역의 억제는 제2선의 식물의 면역 방어 시스템의 진화를 불러왔다. 수천의 작동자가 있기 때문에, 이런 종류의 식물면역 시스템은 일반적으로 식물 유전체 내에 수백 개의 질병 저항 유전자(*R*)로 이루어진다. 각각의 R 단백질은 특정 작동자에 의해서 활성화되어, 작동자-유도 면역(effector-triggered immunity)라고 불리는 일련의 강력한 방어 반응을 이끌어 낸다. 이러한 두 번째 종류의 면역 방어는, 과민반응(hypersensitive response)이라고 불리는 국부적인 방어반응과 전신성획득저항(systemic acquired resistance)이라고 불리는 전반적인 방어를 포함한 일군의 방어반응을 활성화시킨다. 병원체에 대한 국부반응과 전신성반응에는 광범위한 유전 프로그램의 재조정과 세포내 물질 등의 여러 자원 이용에 변화가 필요하다. 따라서 식물은 병원체 침투를 감지한 이후에야 이러한 방어를 활성화시킨다.

과민반응

과민반응(hypersensitive response)은 감염된 부위 근처에서 국부적으로 세포와 조직이 죽는 것을 말한다. 일부 경우에는 과민반응은 병원체의 확산을 막아주지만, 또 다른 경우에는 단지 전체적인 방어반응의 결과물이기도 하다. **그림 39.26**에서 지적되었듯이, 과민반응은 작동자-유도 면역의 일부로서 시작된다. 과민반응은 병원체의 세포벽을 분해할 수 있는 효소를 암호화하는 유전자를 포함하여 식물 전체 유전자의 10% 이상의 전사를 활성화시키는 등의 복잡한 방어반응의 일부분이다. 또한 작동자-유도 면역은 병원체가 식물의 다른 부위로 퍼지는 것을 막는 반응으로 리그닌 형성과 식물세포벽 내 분자들 사이의 가교 형성을 촉진한다. 과민반응의 결과로 생긴 병반을 사진의 잎에서 관찰할 수 있다(그림 39.26). 잎은 보이는 것처럼 병에 걸려 있어도 생존할 수 있으며 잎의 반응으로 인해 식물체의 다른 부분이 보호된다.

전신성획득저항

과민반응은 지역적이고 특이적인 방어작용이다. 그러나 앞에서 지적했던 바와 같이 병원균의 침투는 전체 식물에 감염에 관한 경보를 울리는 신호물질을 만들게 하기도 한다. 이러한 **전신성획득저항(systemic acquired resistance)**은 여러 방어유전자의 발현을 식물체 전체에서 유도하는 비특이적 반응으로, 다양한 병원균에 대해 며칠 동안 저항성을 보이도록 한다. 감염 부위에서 이동하여 전신성획득저항을 유도하는 신호물질로 가장 유력한 후보로 메틸살리실산(methylsalicylic acid)이 알려져 있다. 메틸살리실산은 감염 부위 근처에서 합성되어 물관을 따라 식물 전체로 이동해가며 감염 부위와 떨어진 곳에서 **살리실산(salicylic acid)**으로 전환된다. 살리실산은 신호전달경로를 활성화시켜 또 다른 감염에 재빠르게 반응할 수 있는 방어 체계를 갖추게 한다(그림 39.27).

1840년대 아일랜드 감자 기근의 원인이었던 감자잎마름병(개념 28.6)과 같은 식물전염병은 인간 사회에 믿을 수 없을 정도의 고통을 안길 수 있다. 밤마름병(개념 31.5)과 갑작스런 떡갈나무의 죽음(개념 54.5) 같은 다른 질병은 군집의 구조를 크게 바꾸

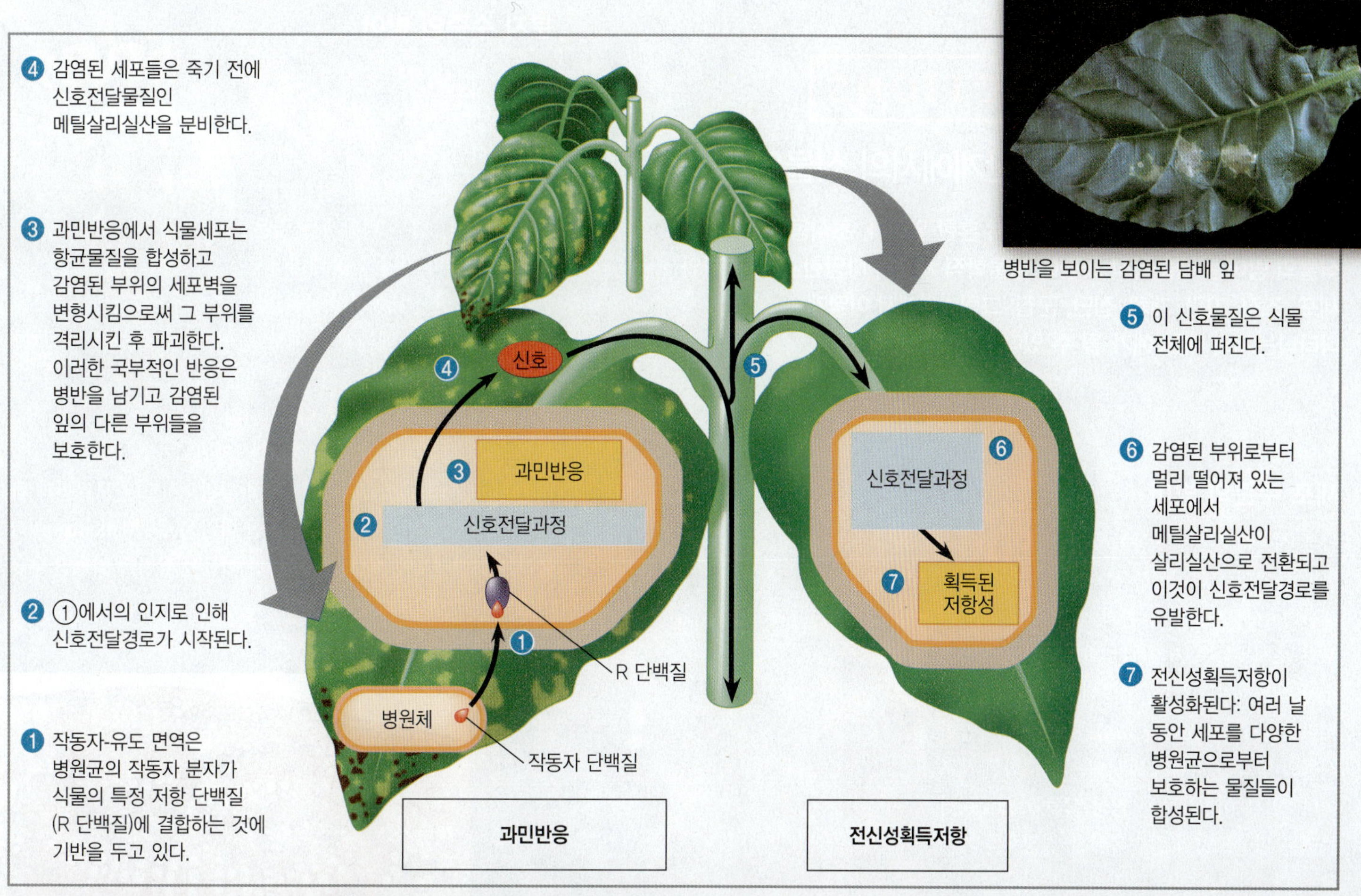

▲ **그림 39.26 병원성체에 대한 방어반응.** 식물은 종종 과민반응을 유발하여 감염이 전신으로 퍼지는 것을 방지한다. 이 반응은 감염 부위를 둘러싸는 "반지 모양 괴사"를 형성하는 병반을 유발함으로써 병원균을 격리시킬 수 있게 해준다.

어 놓을 수 있다. 종종 식물 전염병은 무의식적으로 세계 여기저기로 수송되는 목재나 식물에 의해서 퍼질 수 있다. 국제적인 교역이 증가함에 따라 이러한 전염병은 점점 더 일상적으로 나타날 것이다. 이러한 사태에 대비하기 위해서 식물학자들은 곡물류의 유연야생종의 종자를 모아서 특별한 저장소에 보관하고 있다. 과학자들은 길들여 재배되지 않은 유연종들이 다음에 나타날지도 모르는 식물의 전염병을 억제할 수 있는 유전자를 가지고 있기를 바라고 있다.

초식동물에 대한 방어

동물이 식물을 먹는 **초식성(herbivory)**은, 어떤 생태계에서든지, 식물이 마주치는 스트레스이다. 초식동물에 의한 기계적인 피해로 인해 식물의 크기가 작아져 양분을 얻는 능력에 방해를 받는다. 또한 자신의 에너지의 일부를 초식동물에 대해 저항하는데에 사용해서 생장이 저해될 수도 있다. 그뿐 아니라, 바이러스나, 세균, 곰팡이 등이 침투할 수 있는 구멍을 만든다. 식물은 가시나 트라이콤 같은 물리적인 방어(그림 35.9)와, 동물이 싫어하는 맛을 내거나 동물에게 해로운 물질을 화합물을 생산하는 것과 같은 화학적 방어를 포함하여, 생물학적 체계의 모든 수준(**그림 39.27**)에 걸친 방법을 통해 과다한 초식을 억제한다.

개념 확인 문제 39.5

1. 일반적인 살충제를 야생의 식물에 뿌리면 어떤 문제들이 생길 수 있는가?
2. 잎을 갉아먹는 곤충은 식물에 기계적인 상해를 입히며 광합성을 할 수 있는 잎의 면적을 줄인다. 더구나 이러한 곤충은 식물이 병원균의 공격에 매우 취약하게 만든다. 왜 그런지 설명하라.
3. 여러 곰팡이성 병원균은 식물세포에서 여러 물질들이 쉽게 빠져나오게 하여, 즉 여러 영양물질이 세포간극으로 나오게 함으로써 양분을 흡수한다. 곰팡이가 숙주식물을 죽여 영양물질이 모두 빠져나온다면 곰팡이에게 유리할까?
4. WHAT IF? 과학자들은 바람이 불지 않는 지역의 식물보다 바람이 부는 지역에서 자라는 식물은 곤충에 의해서 쉽게 잎이 떨어진다는 것을 알았다. 이러한 관찰을 설명할 수 있는 가설을 세워라.

(정답은 부록 A 참조)

▼ 그림 39.27

MAKE CONNECTIONS

초식동물에 대한 여러 단계에서의 식물의 방어

동물이 식물을 먹는 초식은 자연에서 흔한 일이다. 초식동물에 대한 식물의 방어는 생물학적 과정이 생물학적 체계의 다양한 수준(분자와 세포, 조직, 기관, 개체, 집단, 군집; 그림 1.3)에서 어떻게 나타나는지에 대한 예가 될 수 있다.

분자 수준의 방어

분자수준에서 식물은 공격자를 저지하는 화학화합물을 만들어 낸다. 이러한 화합물은 일반적으로 터핀계 물질과 페놀계 물질, 알칼로이드 물질이다. 일부 터핀계 물질은 곤충 호르몬의 작용을 흉내내어 곤충이 미성숙한 상태에서 허물을 벗게 만들어 죽게 한다. 페놀계의 예로 탄닌을 들 수 있으며, 이것은 좋지 않은 맛을 내고 단백질의 소화를 방해한다. 탄닌의 합성은 종종 공격당한 후에 촉진된다. 양귀비(*Papaver somniferum*)는 마약성 알칼로이드인 모르핀과 헤로인, 코데인을 만들어 낸다. 이러한 마약은 유관(laticifers)이라 불리는 분비세포에 저장되어 있다가 식물이 상처를 입으면 우유 빛깔의 유액(아편)으로 분비된다.

양귀비 열매

세포 수준의 방어

일부 식물세포는 초식동물을 쫓아내기 위해 특수화되어 있다. 잎과 줄기의 트라이콤들은 식물을 갉아먹는 곤충의 접근을 방해한다. 식물세포의 유관과, 일반적으로는 액포가 초식동물을 저지하는 화학물질의 저장소로서 작용하기도 한다. 이형세포(idioblast)들은 토란(*Colocasia esculenta*)을 포함한 다양한 식물의 잎과 줄기에서 발현되는 특수화된 세포이다. 일부 이형세포는 **침상결정체**(raphide)라 불리는 바늘모양의 칼슘옥살산 결정체를 가지고 있다. 이것은 혀나 구강의 부드러운 조직을 찌르고 단백질분해효소 등 식물에서 만들어진 자극성 물질이 동물세포에 쉽게 들어가서 일시적으로 입술이나, 입, 목구멍을 붓게 만들 수 있다. 이 결정은 자극제 운반체로서 작용하여 자극제가 초식동물의 조직에 더 깊게 스며들 수 있게 해 준다. 자극제는 요리를 통해 분해된다.

토란 식물의 침상결정체

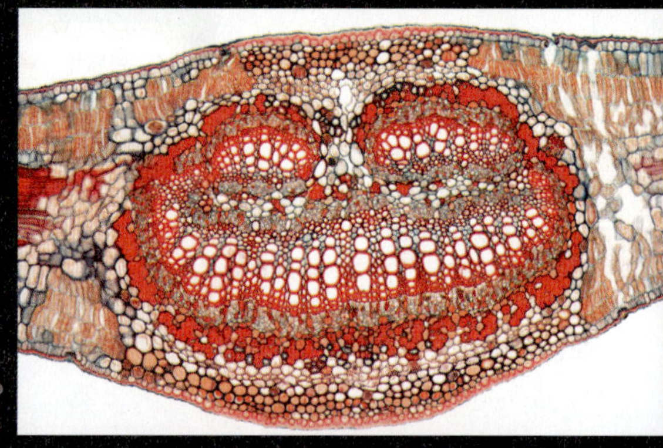

조직 수준의 방어

일부 잎은 두껍고 경화된 후막조직이 과도하게 생장하여 초식동물이 씹기에 어렵게 만들어 이들을 저지한다. 올리브(*Olea europaea*) 잎의 중앙 잎맥을 따라 만든 단면에서 두꺼운 세포벽을 가지고 있는 밝은 적색세포가 딱딱한 후벽 섬유이다.

기관 수준의 방어

식물 기관의 모양이 초식동물에게 고통을 주거나 혹은 식물이 먹음직스럽지 않게 보이게 함으로써, 초식동물을 저지하는 경우도 있다. 바늘(변형된 잎)과 가시(변형된 줄기)는 초식동물에 대해 기계적인 방어작용을 한다. 일부 선인장의 바늘에 있는 강모는 제거하려면 살점을 뜯어내는 무시무시한 작은 털을 가지고 있다. 스노우플레이크 식물(*Trevesia palmata*)의 잎은 일부분이 먹히다 만 것처럼 생겨서, 다른 초식동물들에게 덜 먹음직스럽게 보이는 것 같다. 또 다른 일부 식물은 그들의 잎에 곤충의 알이 있는 것처럼 보이게 해서 다른 곤충이 거기에 알을 낳지 않도록 한다. 예를 들어, 시계꽃 속에 속하는 일부 종의 잎에 있는 분비샘은 헬리코니우스 나비의 밝은 노란색의 알과 매우 비슷하게 생겼다.

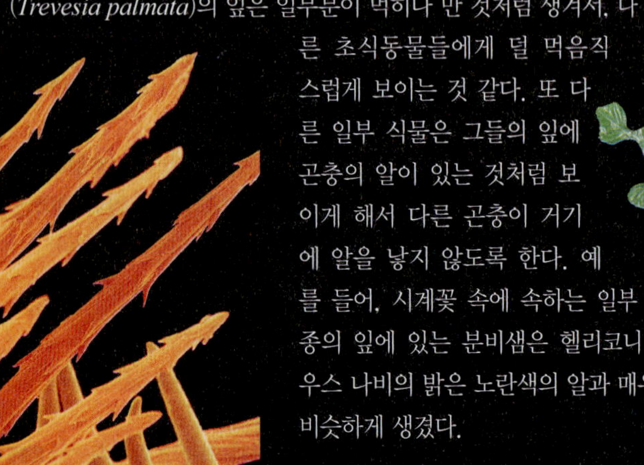

선인장 바늘의 강모

스노우플레이크 식물의 잎

시계꽃 식물 잎의 알 모방

개체 수준의 방어

초식동물에 의한 기계적인 피해는 식물의 전체적인 생리현상을 커다랗게 바꿔 이후의 공격을 저지한다. 예를 들어, *Nicotiana attenuata*라 불리는 야생 담배종은 초식동물에 의해 피해를 입으면 개화시간을 바꾼다. 보통 밤에 꽃을 피우고 화학물질, 벤질 아세톤을 분비하여 수분매개자로 박각시나방을 유인한다. 식물에게는 불행하게도, 나방은 가끔 수분과정에서 담배의 잎에 알을 낳는데, 애벌레가 바로 초식동물이다. 식물이 애벌레에 의해 너무 많이 갉아 먹히면, 화학물질의 합성을 중단하고, 대신 나방이 사라지는 새벽에 꽃을 피운다. 그러면 이제 벌새가 수분을 매개한다. 잎을 먹는 애벌레의 입에서 나오는 물질이 개화시간을 극적으로 변화시킨다는 것이 연구를 통해 밝혀졌다.

야생 담배 식물을 수분시키는 벌새

집단 수준의 방어

일부 종에서, 집단 수준에서의 통합된 행동이 초식동물에 대항한 방어에 도움이 된다. 어떤 식물은 공격으로 받는 고통을 주변에 있는 같은 종의 식물에 경고를 주는 분자를 분비하여 알린다. 예를 들어, 진드기가 득실득실한 리마콩(*Phaseolus lunatus*)은 진드기가 없는 리마콩 식물에게 공격받고 있다는 소식을 전달하는 복합적인 화학물질을 분비한다. 이것에 반응하여, 주변에 있는 리마콩은 생화학적인 변화를 시작하여 공격에 덜 영향받게 준비한다. 또 다른 종류의 집단 수준에서의 방어는 일부 종에서 나타나는 동시열매맺기(masting)라는 현상으로, 집단이 오랜 기간의 휴식기를 가진 후에 동시에 엄청난 양의 종자를 맺는다. 환경적인 조건과 상관없이, 내재 시계가 꽃을 피울 시간이라는 신호를 집단 내의 모든 식물에 보낸다. 예를 들어, 대나무 집단은 수십 년 동안 영양생장을 하다가, 갑자기 어느 순간에 하나의 무리가 되어 꽃을 피우고, 종자를 맺고 죽는다. 헥타르당 80,000 kg이나 되는 대나무 씨를 만들어 내며, 이는 주로 설치류인 그 부근의 초식동물이 먹어치울 수 있는 양보다 훨씬 많다. 그 결과, 일부 씨가 초식동물에 의한 피해를 벗어나 발아하고 생장하게 된다.

꽃을 피우고 있는 대나무

군집 수준의 방어

일부 식물종은 초식동물에 대항하기 위해서 포식자 동물을 유인한다. 예를 들어, 기생말벌은 식물 잎을 갉아먹는 쐐기벌레 안에 알을 찔러 넣는다. 쐐기벌레 안에 주입된 알이 부화하면 유충이 유기물로 이루어진 저장고라고 표현할 수 있는 이 쐐기벌레를 몸 안쪽에서부터 밖으로 갉아먹는다. 그리고 애벌레는 성체 말벌이 되기 전에 숙주 표면에 고치를 형성한다. 식물이 이 드라마에서 중요한 역할을 한다. 쐐기벌레에 의해 상처를 입은 잎에서 휘발성물질이 발산되어 기생말벌을 유인한 것이다. 이러한 반응은 쐐기벌레가 잎을 갉아먹어서 생기는 물리적 상처와 쐐기벌레의 타액 속에 들어 있는 특정 물질이 짝을 이루어 함께 유도된 것이다.

숙주 쐐기벌레 표면의 기생말벌 고치

고치에서 나오는 성체 말벌

MAKE CONNECTIONS 초식동물에 대한 식물의 적응처럼, 다른 생물학적 과정들도 생물학적 체계의 다양한 수준이 관여할 수 있다(그림 1.3). 광합성을 위한 특수화된 적응을 예로 들어, 분자(개념 11.4)와, 조직(개념 36.4), 개체(개념 36.1) 수준에서의 변형을 논하라.

39장 복습

핵심 개념의 요약

개념 39.1

신호전달경로는 신호의 인지를 반응으로 연결시켜 준다

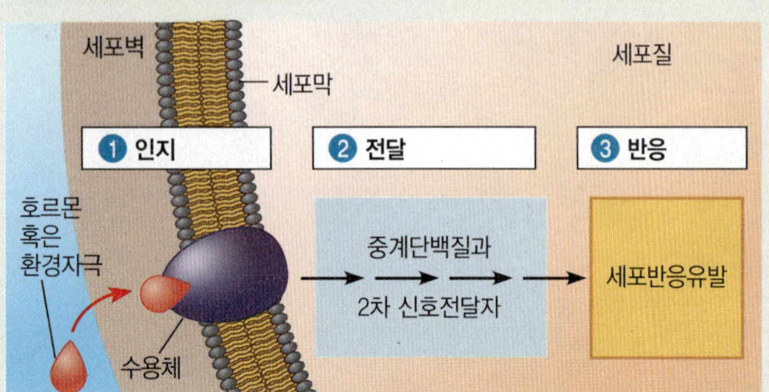

? 신호전달경로에서 특정 효소의 활성을 증가시키는 일반적인 방법 두 가지는 무엇인가?

개념 39.2

식물호르몬은 식물의 생장과 발달, 그리고 자극에 대한 반응을 조절한다

- 호르몬은 세포의 분열과 신장, 분화에 영향을 미쳐 식물의 생장과 발달을 조절한다. 일부 호르몬은 환경자극에 대한 식물의 반응을 조절하기도 한다.

식물 호르몬	주요 반응
옥신	세포신장 촉진; 가지형성과 기관의 굴성을 조절
사이토키닌	식물세포분열 촉진; 후기 눈의 생장을 촉진; 기관의 사멸을 지연
지베렐린	줄기 신장을 촉진; 종자의 휴면중단과 저장된 양분의 이용을 도움
앱시스산	가뭄에 대한 반응으로 기공의 닫힘을 도움; 종자의 휴면을 유도
에틸렌	과일 성숙과 삼중반응을 유도
브라시노스테로이드	동물의 성호르몬과 화학적으로 유사; 세포 신장과 분열을 유도
자스몬산	초식곤충에 대한 식물의 방어를 매개; 다양한 생리적 과정을 조절
스트리고락톤	정단우성과 종자 발아, 균근과의 공생관계를 조절

? "상한 사과 하나가 같은 상자의 모든 사과를 상하게 한다"라는 오래된 격언에는 맞는 사실이 있는가? 설명하라.

개념 39.3

빛에 대한 반응은 식물의 생존에 매우 중요하다

- **청색광 광수용체(blue-light photoreceptor)**들이 하배축의 신장과 기공개폐, 굴광성을 조절한다.
- **피토크롬(phytochrome)**은 켜고 끄는 분자스위치처럼 작용하고, 음지회피반응과 많은 종류의 종자의 발아를 조절한다. 적색광은 피토크롬을 켜주고, 근적외선은 꺼준다.

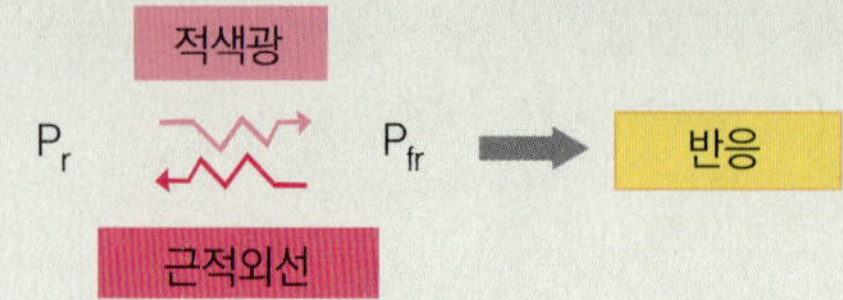

- 피토크롬의 전환은 낮과 밤의 상대적인 길이(광주기)와 이에 따른 연중 시기에 대한 정보를 제공하기도 한다. 광주기성은 여러 식물 종에서 개화시기를 조절한다. **단일식물(short-day plants)**이 꽃을 피우기 위해서는 특정 임계길이보다 긴 밤의 길이가 필요하다. **장일식물(long-day plants)**의 경우 꽃을 피우기 위해서 특정 임계길이보다 짧은 밤의 길이가 필요하다.
- 식물 행동에서 보여지는 여러 일주기성 리듬은 내재하고 있는 생체시계에 의해서 조절받는다. 환경과 상관없이 스스로 작동하는 일주기는 약 24시간 길이이나, 피토크롬에 대한 새벽과 땅거미 효과에 의해 정확히 24시간에 맞추어진다.

? 식물 생리학자들이 개화를 유발하는 움직이는 분자(화성소)가 존재할 것이라고 제안하는 이유는 무엇인가?

개념 39.4

식물은 빛 외에도 다양한 자극에 대해서 반응한다

- 중력에 대한 반응으로 기관이 굽는 것을 **굴중성(gravitropism)**이라 한다. 뿌리는 양성굴중성을 보이고 줄기는 음성굴중성을 보인다. 전분으로 채워져 있는 색소체인 **평형석(statoliths)**으로 인해 식물이 중력을 감지할 수 있다.
- **굴촉성(thigmotropism)**은 접촉에 대한 생장반응이다. 신속한 잎의 반응은 활동전위라는 전기자극의 전달에 기인한다.
- 식물은 가뭄과 홍수, 고염분, 극한 온도 등의 여러 환경스트레스에 민감하다.

환경 자극	주요 반응
가뭄	ABA합성 촉진, 기공을 닫음으로써 수분 손실 감소
홍수	산소가 부족한 상황에서 뿌리가 생존하는 것을 도와주는 기관의 형성
염분	고농도에서도 해를 끼치지 않는 용질을 생산함으로써 삼투현상에 의한 수분 손실을 피함.
고온	열충격 단백질을 합성하여 고온에서 단백질의 변성을 줄여줌.
저온	막 유동성을 조절; 삼투현상에 의한 수분 손실 회피; 항동결 단백질 합성

? 가뭄스트레스에 순응된 식물은 종종 동결스트레스에 대해서도 역시 잘 견딜 수 있다. 왜 그런지 이유를 들어보라.

개념 39.5

식물은 병원균과 포식자의 공격에 대항한다

- **과민반응(hypersensitive response)**은 감염된 부위를 격리시키고, 이 부위에서 병원체와 세포들을 파괴한다. **전신성획득저항(systemic acquired resistance)**은 감염부위에서 멀리 떨어진 기관에서의 일반적인 방어반응이다.

- 가시나 트라이콤 등에 의한 물리적 방어에 더해, 식물은 초식동물을 잡아먹는 동물을 유인하는 유인물질뿐 아니라 고약한 맛이나 독성물질을 생산한다.

? 곤충이 어떻게 식물을 병원균에 더 잘 감염되게 할 수 있는가?

생각해보자

수준 1: 지식/이해

1. 식물이 가뭄에 반응하는 것을 도와주는 호르몬은
   a. 옥신이다.　　b. 앱시스산이다.
   c. 사이토키닌이다.　　d. 에틸렌이다.

2. 옥신이 세포 신장을 촉진하는 방법이 아닌 것은?
   a. 용질의 흡수를 촉진
   b. 유전자 발현 촉진
   c. 산성을 이용해 세포벽 단백질의 변성 유도
   d. 세포벽을 느슨하게 만듦.

3. 찰스 다윈과 프란시스 다윈은 다음을 발견하였다.
   a. 옥신이 굴광성 생장에 관여한다.
   b. 줄기의 굴광성에 적색광이 가장 효율적이다.
   c. 빛이 옥신을 분해한다.
   d. 빛은 자엽초 정단부에서 인지된다.

4. 식물은 과도한 열스트레스에 어떻게 반응할까?
   a. 기화냉각을 증가시킬 수 있도록 잎의 방향을 바꾼다.
   b. 환기를 위해 기관(air tube)를 만든다.
   c. 열충격 단백질을 합성해서 식물의 단백질이 변성되는 것을 방지한다.
   d. 세포막에 불포화지방산의 비율을 증가시켜 막의 유동성을 낮춘다.

수준 2: 응용/분석

5. 장일식물에서 다음의 어떤 빛 조건일 경우 정상보다 일찍 개화신호 분자를 분비할 것인가?
   a. 암기 중 근적외선 섬광 조사
   b. 암기 중에 적색 섬광 조사
   c. 암기 중에 근적외선 섬광을 조사 후 적색 섬광 조사
   d. 광기 중에 근적외선 섬광 조사

6. 특정 장일식물의 임계 밤길이가 9시간이라면 다음의 어떤 24시간 주기가 개화를 억제할 것인가?
   a. 16시간 광기/8시간 암기
   b. 14시간 광기/10시간 암기
   c. 4시간 광기/8시간 암기/4시간 광기/8시간 암기
   d. 8시간 광기/8시간 암기/섬광/8시간 암기

7. 정상적인 굴중성 반응을 보이지만 색소체에 녹말을 저장하지 못하는 돌연변이체로 인해 굴중성에 있어서 __________의 역할을 다시 생각할 필요가 생겼다.
   a. 옥신　　b. 칼슘
   c. 평형석　　d. 불균등 생장

8. DRAW IT 각각의 조건에 따라 어린 식물이 어떻게 반응하는지 식물의 모양을 곧게 혹은 삼중반응을 보이는 형태로 그려서 나타내 보자.

	대조구	에틸렌 처리	에틸렌 합성 억제제
야생형			
에틸렌에 대해 반응하지 않는 *ein* 돌연변이체			
에틸렌을 과다합성하는 *ein* 돌연변이체			
항상적으로 삼중반응을 보이는 *ctr* 돌연변이체			

수준 3: 종합/평가

9. **진화적 관점**
   일반적으로, 빛에 의해 영향을 받는 발아는 커다란 씨에 비해 작은 씨에서 주로 볼 수 있다. 왜 그런지 이유를 들어보자.

10. **과학적 탐구**
    식물학자들은 열대 지역의 특정 관목이 쐐기벌레의 공격을 받을 때 보이는 특이한 양상을 발견하였다. 쐐기벌레는 한 잎을 먹고 그 주변에 있는 몇 개의 잎을 건너뛰고 조금 떨어져 있는 잎을 공격하는 것이었다. 단순히 잎을 떼어내는 것으로는 쐐기벌레가 주변 잎을 먹는 것을 막을 수 없었다. 식물학자들은 상해를 입은 잎에서 화학물질을 분비하여 주변 잎에 신호를 전달한다고 생각하게 되었다. 과학자들은 이러한 가설을 어떻게 실험하여 입증할 수 있었을까?

11. **과학, 기술, 사회**
    식물의 조절시스템에 대한 우리의 지식이 농업이나 원예에 어떻게 이용되는지를 설명하라.

12. **글쓰기: 상호작용**
    빛을 많이 받기 위해 식물이 줄기의 생장을 조절하는 데 있어서 피토크롬의 역할을 요약하여 짧은 작문(100~150단어)을 해 보라.

13. **종합적으로 생각해보기**

그림의 뮬사슴은 관목의 줄기 정단부를 뜯어먹고 있다. 이것이 식물의 생리와 생화학, 구조, 건강에 어떤 변화를 유발하는지와 이러한 변화를 유발하는 데 관여하는 호르몬이 무엇인지를 설명하라.

정답은 부록 A 참조.

UNIT 7

동물: 구조 및 기능

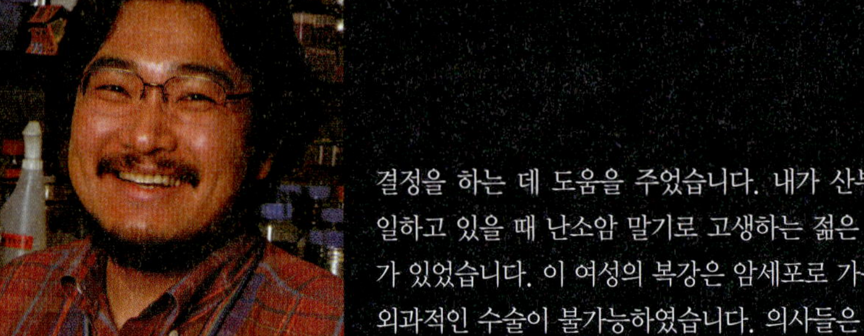

야나기사와 (Masashi Yanagisawa) 박사와의 인터뷰

야나기사와 박사는 대학원생 신분으로 엔도텔린(endothelin)을 발견하여 유명하게 되었다. 엔도텔린은 국소 조절자로 현재까지 가장 강력한 혈관수축물질로 알려져 있다. 후에 그는 오렉신(orexin)을 발견하였는데 이 물질은 음식 섭취와 불면을 조절한다. 야나기사와는 일본의 쓰쿠바(Tsukuba)대학에서 의학박사 학위와 이학박사 학위를 받았다. 1996년 이래 야나기사와 박사는 미국 달라스에 있는 텍사스 남서의대(Texas Southwestern Medical Center)의 교수이자 하워드 휴즈(Howard Hughes) 의학 재단연구자로서 연구를 수행하고 있으며, 기초 생물의학 분야의 석좌교수이다. 그는 또한 일본 쓰쿠바 대학의 행동분자 유전학 센터의 소장이다. 많은 상을 수상하였으며, 미국 국립과학 학술원 회원이다.

박사님은 어떻게 의학 분야의 과학자가 되었습니까?

나는 어렸을 때부터 과학자가 되고 싶었습니다. 일본에서는 대학에 가기 전에 원하는 것을 결정해야 하는데 이것은 일종의 유럽형 시스템이라고 볼 수 있습니다. 6년제의 의과대학에 들어가기로 결심한 것은 아버지가 나에게 말씀하였던 것에 영향을 받았기 때문이었습니다. 1970년대 후반으로 기억되는데 아버지께서는 생물학은 다가올 미래에 매우 흥미로운 분야가 될 것이며, 내가 생물학을 하고 싶다면 의과대학에 가는 것이 잘못된 선택은 아니라고 하셨습니다. 나는 아버지를 믿었기 때문에 의과대학에 가기로 결심하였습니다.

그때까지 기초 생물학은 나에게는 정말 흥미롭지 못하였는데 일본에서 생물학은 인문학도들을 위한 과목이라는 편견이 있었기 때문이었습니다. 그리고 고등학교의 생물학은 대부분 전통적인 분류학이었고 주로 암기하는 것이었습니다. 하지만 의대에서는 첨단 생물학을 접할 수 있었고, 그것이 매우 흥미롭다는 것을 알게 되었으며, 비공식적인 연구생으로 연구를 수행하면서 기초 연구가 정말 흥미로운 것이라는 확신을 갖게 되었습니다. 임상 의학은 나를 또 흥분하게 만들었으며, 환자가 극적으로 회복하는 것을 보는 것은 정말 감동적이었습니다.

의대를 졸업한 후에 무엇을 해야 할지를 결정하는 것이 내겐 가장 어려운 문제였습니다. 임상 훈련을 계속 받아야 할지 아니면 기초 연구로 뛰어들어야 할지 정말 고민스러웠죠. 의대 후반기에 내가 경험하였던 것이 결정을 하는 데 도움을 주었습니다. 내가 산부인과에서 일하고 있을 때 난소암 말기로 고생하는 젊은 여성 환자가 있었습니다. 이 여성의 복강은 암세포로 가득 찼으며 외과적인 수술이 불가능하였습니다. 의사들은 얼마나 강력하게 화학 요법을 이용해야 할지를 논의하고 있었습니다. 그 당시의 일본에서는 대부분의 말기암 환자들에게 상황을 알려주지 않았습니다. 환자들은 자신의 상황에 대해서 알지 못하였으며 따라서 확실히 어떤 선택을 해야 할지 몰랐습니다. 이후에 나는 교환 프로그램으로 오스트리아에 갈 기회가 있었는데, 거기에서 외과수술과 암연구를 하게 되었습니다. 이들의 철학은 환자중심이었고 당시의 나는 큰 감동을 받았습니다. 내가 좀 더 저돌적인 사람이었다면 일본에서 임상 수행을 변화시키고자 노력했을 수도 있었을 테지만 저는 그처럼 하지 않았습니다. 나는 임상 수련을 하지 않기로 하였으며, 대신에 약리학 분야에서 박사학위를 하기로 하였습니다.

박사님은 왜 약리학을 선택하였습니까?

실제로 약리학 자체를 선택한 것은 중요한 일이 아니었습니다. 나는 일본 전체를 고려한 여러 프로그램을 생각하고 있었는데, 결국에는 쓰쿠바대학약리학부의 마사키(Tomoh Maski) 교수의 지도 아래 연구하고 싶었습니다. 나를 매료시킨 것은 실험실을 운영하는 그의 열린 스타일이었습니다. 그의 실험실에서는 상당 부분 독립적인 연구자가 될 수 있었습니다. 나의 첫 연구 프로젝트는 마사키 교수가 오랫동안 해왔던 분야로 근수축 단백질의 생화학적 연구였습니다. 나의 목표는 근단백질 마이오신의 다단위 폴리펩타이드를 암호화하고 있는 유전자를 클로닝하는 것이었습니다. 나는 거의 한 해 동안 다른 기관으로 보내져 DNA 클로닝 및 다른 분자생물학 기술을 배웠습니다.

나는 마이오신 프로젝트를 마치고, 좀 더 의학적으로 관련된 것을 하고자 하였습니다. 그래서 흥미로운 주제를 찾기 시작했습니다. 많은 연구자들이 혈관 내벽에서 만들어지는 것으로 혈관벽이 이완하도록 하는 새롭게 발견된 인자에 대하여 이야기하고 있었습니다. 이것은 정말 굉장한 이슈였습니다. 나는 과학적인 문헌을 검색하기 위해서 도서관으로 갔습니다. 당시에는 인터넷이 발달하지 않았기 때문에 일일이 논문의 페이지를 넘기면서 검색을 하였는데 정말 많은 시간를 소비했습니다. 나는 혈관 내피세포(endothelium)를 배양할 때 배양액 속으로 분비되는 신비스러운 혈관 수축인자를 기술하고 있는 초록을 발견하였습니다. 이 결과는 매우 흥미로워 보였고, 저자는 더 이상 이 인자를 발견하고자 하지 않았기 때문에 나에게는 근사한 연구 주제가 될 것으로 생각하였습니다. 나는 이 연구를 수행할 수 있을 것으로 생각하였습니다. 왜냐하면 나의 실험실과 주변의 실험실에는 이 과제를 수행하는 데 필요한 모든 기술과 사람들이 있었기 때문입니다.

마사키 교수는 자신의 분야가 아닌 이 과제를 수행하도록 지원해 주었으며, 6개월의 기간을 제공해 주었습니다. 놀랍게도 2~3개월 만에 21개의 아미노산으로 되어 있는 단백질 인자를 발견하였습니다. 이 단백질의 아미노산 순서를 밝혔을 때 그때까지 알려지지 않은 새로운 물질임을 알 수 있었습니다. 이 단백질을 쥐에 주사하였을 때 혈관이 수축하면서 혈압이 올라갔습니다. 우리는 이 단백질을 엔도텔린이라고 불렀으며, 이것은 혈관내벽 바로 밖에 있는 근육세포에 작용하는 국소 조절자로 작용하였습니다. 엔도텔린은 표적세포의 표면에 있는 수용체에 붙어 근육 수축을 유도하는 신호전달회로를 자극합니다. 나는 박사후 연구원으로 있으면서 엔도텔린 수용체에 대한 유전자를 발견하였는데 이것은 G 단백질 결합 수용체(GPCR)였습니다.

[세포신호전달에 대해서는 9장을 참고하라.]

박사님의 연구로부터 나온 명성이 박사님의 경력에 어떤 영향을 주었습니까?

엔도텔린 발견으로 많은 관심이 나에게 쏠렸습니다. 나는 세계에서 생물학의 중심에 서 있다고 생각하는 미국에 머물고 싶었으며, 연구자로서 좀 더 독립적이고 싶었습니다. 불행하게도 일본에서는 실험실을 독자적으로 움직이는 지도자가 되기 위해서는 정교수가 되어야 하고 그러기 위해서 적어도 37세가 되어야 했습니다. 당시에 나는 27살이었는데 10년을 기다리는 것은 너무 길었습니다. 현재의 학과는 나에게 많은 지원을 해주었기 때문에 이곳에 오기로 쉽게 결정하였습니다.

이곳에 온 이래 무엇에 관해서 연구하고 있습니까?

나는 엔도텔린이 어떻게 기능을 하는지에 관해서 알고 싶었기 때문에 엔도텔린 시스템에 포함된 성분들이 없는 생쥐들을 "유전자 적중(knock-out)" 방법으로 만들었습니다. 이것을 통해 우리들은 놀랄 만한 결과를 얻었습니다. 엔도텔린은 혈관계에 대한 것 이상으로 영향을 주었습니다. 이 단백질은 배아발생의 단계에서 중요한 역할을 하였습니다. 이 단백질은 신경관세포로부터 분화된 세포로부터 만들어지며, 장과 여러 다른 기관들의 정상 발생에 필요합니다. 성인에서는 엔도텔린 및 수용체에 대한 유전자는 많은 장소에서 발현되며 혈관 이외의 지역에서 다양한 기능을 수행하는 것으로 생각됩니다.

오렉신(orexin)의 발견을 가져왔던 신호없는 수용체 프로젝트에 대해서 이야기해 봅시다. 왜 박사님의 연구는 역약리학 ("reverse" pharmacology)이라고 부릅니까?

과거에 과학자들은 보통 호르몬과 같은 세포 간의 신호전달물질의 발견으로부터 수용체를 발견하고 그리고 표적세포로의 반응을 유도하는 회로로 연구를 옮겨 갔습니다. 예를 들면, 인슐린은 혈당을 낮추어 주는 호르몬으로 여러 해 전에 발견되었으며, 인슐린 수용체 및 회로가 발견된 것은 그 후였습니다. 그러나 인간 유전체의 염기서열 분석이 완성됨으로써 반대의 접근법이 가능해졌습니다. 지금은 직접적으로 수용체에 대한 유전자를 발견할 수 있는데 특히 염기서열이 유사한 GPCR에 대한 유전자를 찾는 것이 그렇습니다. 사람 유전체에는 1,000개 이상의 GPCR 유전자가 있는데 이 중 많은 것들은 감각신경 수용체 특히 후각 수용체를 암호화하고 있었으며, 아마도 400개 정도는 신체의 내부에서 감각하는 수용체를 암호화하고 있습니다. 그리고 100개 이상의 수용체에 대하여 리간드가 아직 발견되지 않았습니다. 이처럼 리간드가 없는 수용체를"고아(orphan)" 수용체라고 합니다.

우리가 흥미를 가졌던 리간드를 암호화하고 있는 유전자들은 신경펩타이드라는 단백질로 종종 신경에서 만들어지는데 정말 발견하기 어려운 것들입니다. 우리들은 엔도텔린처럼 GPCR에 붙는 새로운 신경펩타이드를 찾기로 하였습니다. 펩타이드 리간드에 대한 고아수용체를 스크린하기 위한 전략을 발전시켰는데 초보자가 갖는 행운을 얻었습니다. 우리가 시험했던 첫

> "오렉신이 없으면 식욕이 없어져 살이 빠질 것이란 실험 가설을 세웠지요. 그러나 이 가설은 잘못되었습니다."

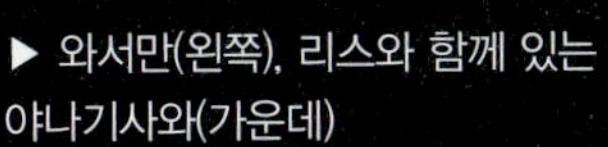
▶ 와서만(왼쪽), 리스와 함께 있는 야나기사와(가운데)

수용체 중의 하나에 대한 리간드로 오렉신을 발견하게 되었던 것이지요.

체내에서 오렉신이 무슨 기능을 하는지 어떻게 알게 되었습니까?

첫 번째 실마리는 오렉신 유전자와 수용체 유전자가 뇌에서만 발현되고, 오렉신이 측면 시상하부에 있는 뉴런에 의해서 생산된다는 것이었습니다. 뇌의 이러한 부분은 식욕과 관련되어 있어 이 물질에 대하여 정말 큰 흥미를 느끼게 되었습니다. 다음 실험으로 오렉신을 쥐의 뇌에 주사하였는데 이 쥐는 대조군 생쥐보다 훨씬 많이 먹었습니다. 곧바로 생쥐의 음식을 제거하면 좀 더 많은 오렉신 mRNA가 측면 시상하부에서 만들어지는 것을 발견하였습니다. 이를 정리하면 동물들이 배가 고프면 오렉신 뉴런으로 신호를 보내고, 좀 더 많은 오렉신이 만들어지며 동물들은 좀 더 많은 것을 먹게 된다는 것입니다. 오렉신이라는 이름은 그리스의 "식욕(appetite)"이라는 단어에서 따 왔습니다.

다음으로 다른 사람들이 하는 것처럼 오렉신 유전자와 오렉신 수용체에 대한 유전자 적중 돌연변이 생쥐를 만들었습니다. 오렉신이 없으면 식욕이 없어져 살이 빠질 것이란 실험 가설을 세웠지요. 그러나 이 가설은 잘못되었습니다. 오렉신 없는 쥐는 살이 더 쪘습니다. 후에 알게 된 것은 오렉신이 없는 생쥐는 식욕이 감소되었지만 대사 속도가 떨어짐으로써 결국 전체적으로는 살이 쪘다는 것이었습니다.

이때가 동물생리학자로서의 나의 특성이 작용하던 때였습니다. 오렉신 시스템은 우리가 알고 있었던 작은 역할보다는 더 중요한 일을 할 것으로 생각하였습니다. 그래서 나는 낮에 쥐를 관찰하는 것이 잘못된것일 수도 있다고 생각하였습니다. 보통 생리학적인 연구는 우리의 편의대로 낮에 이루어지는데 쥐는 야행성이라 생쥐의 행동을 낮에 관찰하여 결론은 내는 것은 마치 밤에 누군가의 집에 몰래 들어가 관찰한 후 사람들이 게으르고 잠이 많은 동물이라고 결론을 내리는 것과 같다고 할 수 있습니다. 그래서 밤에 쥐가 먹는 행동을 관찰하기 위하여 야간 촬영 카메라를 설치하였습니다. 우리는 놀라운 현상을 발견하였습니다. 생쥐는 주위를 달리다가 갑자기 옆으로 넘어졌으며, 1~2분 동안 움직이지 못하다가 갑자기 일어나서 마치 아무것도 일어나지 않은 것처럼 행동을 하는 것이었습니다.

이러한 이상한 행동과 그 뒤의 실험을 통해 우리들은 생쥐가 간질병 증상인 기면 발작이라는 수면 이상 증세를 보이는 것을 알게 되었는데 지금까지 이 증상은 의문으로 남아 있었습니다. 기면 발작을 가지고 있는 사람은 정상적인 24시간 수면/각성 주기를 가지고 있지만 깨어 있는 시간이 조각처럼 나누어져 있고, 갑자기 부적절하게 REM 수면에 빠져듭니다. 저는 이렇게 농담을 하곤 합니다. 내가 어두운 불빛 속에서 재미없는 세미나를 한다면 청중 중에 어떤 사람들은 꾸벅꾸벅 졸지만 이것을 이상하다고 생각하지는 않습니다. 하지만 내가 이야기를 하다가 졸게 된다면 굉장히 이상할 것이라고요. 약물 치료가 없으면 기면 발작증을 보이는 사람에게 이러한 일이 벌어집니다. 근본적으로 문제가 되는 것은 수면 상태의 변화를 조절하는 것입니다. 기면 발작증을 가지고 있는 사람들은 오렉신을 분비하는 뉴런이 없다는 것이 밝혀졌습니다. 이러한 뉴런들이 사춘기 때 사라지는데 아마도 자가면역에 의해 사라진 것이 아닌가 생각됩니다. 이들의 오렉신 유전자들은 정상적입니다.

식욕의 조절과 수면 조절 사이에는 어떤 연결 고리가 있을까요?

동물들이 배가 고프면 더 활동하게 된다는 것은 잘 알려져 있지요. 이것은 중요한 생리적인 적응입니다. 동물들은 배가 고플 때 밖으로 나가서 음식을 찾는 반면에 자신을 위험으로부터 보호하게 됩니다. 실험실에서 생쥐에게 음식을 주지 않으면 더 깨어 있게 되고 활동적이 됩니다. 그러나 오렉신 없는 동물들은 그렇게 하지 않기 때문에 오렉신은 음식을 먹는 것과 수면 사이를 조절하는 뇌의 역할 사이의 중요한 연결 고리라고 생각됩니다.

생물학자가 되고자 하는 학생들에게 어떤 조언을 해 주시겠습니까?

나는 항상 훌륭한 과학적 궁금증을 발견하는 것이 이것을 푸는 것보다 어렵다고 말해왔습니다. 의문은 중요시해야 하고, 실행할 수 있는 것이여야 합니다. 학생들에게 말해주고 싶은 다른 것은 다음과 같은 것입니다: 여러분이 듣는 모든 수업에서 적어도 하나의 의미있는 질문을 하라는 것입니다. 질문을 하나라도 하지 못한다면 여러분은 그 수업을 매우 진지하게 듣지 않고 있다는 것입니다. 이것은 지식만 습득하는 것과는 매우 다른 공부 형태입니다. 과학자가 되기 위해서는 여러분은 모든 것에 대해서 의문을 가져야 합니다.

40

동물의 몸

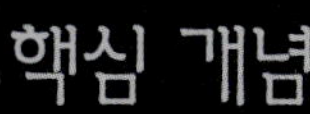

40.1 동물의 형태와 기능은 모든 조직화 수준에서 서로 관련되어 있다

40.2 되먹임 조절 고리는 많은 동물의 내부환경을 유지하게 한다

40.3 열조절을 위한 항상성 과정은 형태, 기능, 행동을 포함한다

40.4 에너지 요구는 동물의 크기, 활동, 환경과 관련되어 있다

▲ **그림 40.1** 이 청소섭식자들의 긴 다리는 타는 듯한 사막에서의 생존에 어떤 도움을 주는가?

다양한 형태, 공통적 과제

그림 40.1의 사막개미(속명 *Cataglyphis*)는 사하라사막의 대낮 열기에 쓰러진 곤충을 게걸스럽게 먹는 청소부이다. 햇빛에 구워진 모래표면의 온도가 모든 동물의 한계 온도를 훨씬 넘는 60℃ 이상에서도 개미는 먹이인 시체를 모으고 있다. 사막개미는 이러한 조건에서 어떻게 생존할까? 해답을 찾기 위해서 개미의 생물학적 형태인 **해부학(anatomy)**을 상세히 들여다보아야 한다.

연구자들은 사막개미가 매우 불균형적으로 긴 막대기 같은 다리를 가지고 있다는 것을 알았다. 이러한 다리 덕분에 개미의 몸은 모래표면에서 4 mm 위에 떠 있게 되어 몸의 온도는 모래표면보다 6도나 낮게 된다. 사막개미는 긴 다리를 이용하여 초당 1 m의 속도로 달릴 수 있는데 이 속도는 절지동물이 가지고 있는 최고속도에 가깝다. 빠른 달리기로 개미는 둥지에 나와서 햇빛에 노출되는 시간을 최소화한다. 따라서 긴 다리는 사막개미가 먹이경쟁과 포획의 위험성이 가장 낮은 대낮의 열기 속에도 활동적이게 한다.

히드라, 매, 또는 인간과 같은 많은 다른 동물과 같이 살아가는 동안 개미는 공통적이며 기본적인 도전에 직면하고 있다. 모든 동물들은 산소와 먹이를 얻어야 하고 감염과 싸워야 하며 자손을 번식시켜야만 한다. 이와 같이 동물들이 여러 기본적인 요구를 공유하고 있음에도 불구하고 많은 종들은 구조, 복잡성, 조직화, 외관에서 왜 이렇게 다양한가? 그 대답은 자연선택과 적응이다. 자연선택은 상대적 적합성을 증대시키는 한, 집단 안에서 나타나는 변이를 선호하기 때문이다(23장). 생존을 위한 도전에 대한 해답은 환경과 종에 따라서 다양하지만 사막개미의 긴 다리에서 보여준 대로 그 해답은 형태와 기능의 밀접한 관련성을 보여준다.

형태와 기능은 서로 관련되어 있기 때문에 해부학은 **생리학(physiology)**, 즉 생물학적 기능에 대한 실마리를 제공해 준다. 이 장에서는 동물 몸체의 조직화 수준은 물론 몸체 각 부분의 활동을 조정하기 위한 시스템을 이해하기 위해서 동물의 형태와 기능을 연관지어 공부할 것이다. 다음에 동물들이 어떻게 그들의 내부환경을 조절하는지를 설명하기 위해서 체온조절의 예를 사용할 것이다. 최종적으로 해부학과 생리학이 어떻게 동물과 환경과의 상호작용은 물론 동물의 에너지 사용 관리와 관련되는지를 공부할 것이다.

개념 40.1

동물의 형태와 기능은 모든 조직화 수준에서 서로 관련되어 있다

동물의 크기와 형태는 동물들이 환경과 상호작용하는 방법에 매우 중요하게 영향을 미치는 기본적인 요소들이다. 동물의 크기와 형태는 몸체설계("body plan" 또는 " design"; 체제)로서 언급되곤 하는데 몸체설계라는 언어가 의식적인 창작의 산물이라는 것을 의미하지는 않는다. 동물의 몸체설계는 수백만 년 동안 이루어진 진화의 산물인 유전체에 프로그램된 발달 양상의 결과로 나타난 것이다.

동물의 크기와 형태의 진화

진화 다양한 몸체설계는 진화 과정 동안 일어나지만 이러한 변이들은 어떤 범위 안에서 작동한다. 힘, 확산, 운동, 열교환을 지배하는 물리적 법칙은 동물 형태의 범위를 제한한다.

물리적 법칙이 진화를 어떻게 제한하는지에 대한 한 예로서 물의 특정한 성질이 매우 빠르게 헤엄치는 수중동물들의 가능한 형태를 어떻게 제한하는가를 고찰해 보자. 물의 밀도는 공기의 밀도보다 수천 배 크기 때문에 물은 공기에 비해서 점도가 더 크다. 따라서 헤엄치는 생명체는 달리거나 나는 생명체에 비해서 몸표면의 돌출부(융기) 때문에 생기는 저항이 더 크다. 참치를 비롯한 여러 방사형 지느러미 어류들은 시속 80 km로 유영할 수 있다. 상어, 펭귄, 돌고래 또한 빠르게 헤엄치는 생명체이다. 그림 40.2의 예에서 명확하게 나타난 대로 이러한 동물들은 모두 똑같은 유선형(streamlined body contour), 즉 양쪽 끝이 점점 더 가늘어지는 방추형(fusiform)의 몸체형태를 가지고 있다. 이와 같이 빠르게 움직이는 척추동물에서 발견되는 유사한 형태는 수렴진화(convergent evolution)의 한 예이다(21장). 다양한 생명체가 빠르게 이동할 때 물의 저항과 같은 환경적 과제에 직면하는 경우 자연선택은 유사한 적응을 만들기 때문에 수렴이 일어난다.

▲ **그림 40.2 빠르게 수영하는 동물에서의 진화적 수렴**

물리적 법칙은 동물의 최대크기에 관한 몸체설계에 영향을 준다. 몸체가 커질수록 적절한 지지를 위해서는 골격이 더 두꺼워져야(그리고 커져야) 할 필요가 있다. 이러한 제한은 포유동물의 내골격은 물론 곤충과 절지동물의 외골격에 영향을 준다. 몸체의 크기가 커질수록, 이동에 필요한 근육들은 총 체질량에서 그 이전보다 더 많은 부분을 차지해야 한다. 어떤 경우에는 이동성이 제한된다. 다리 근육에서의 체질량 비율과 다리근육이 생성하는 효과적인 힘을 고찰함으로써 과학자들은 몸체설계의 다양한 범위 안에서 최대 주행속도를 측정할 수 있다. 이러한 계산을 통해서 6 m의 키를 가진 공룡인 티라노사우루스 렉스(*Tyrannosaurus rex*)는 가장 빠른 인간만큼 시속 30 km로 달릴 수 있다.

환경과의 교환

동물들은 환경과 영양물질, 노폐물, 기체를 교환할 필요가 있고 이러한 필요는 몸체설계에 제한을 준다. 교환은 수용액에 녹아 있는 물질들이 세포의 세포막을 통해 수송될 때 일어난다. 그림 40.3a의 아메바와 같은 단세포 생명체는 모든 필요한 교환을 수행하기 위해서 환경과 접촉하는 충분한 막 표면적을 가지고 있다. 대조적으로 동물들은 많은 세포들로 구성되어 있고 각각의 세포들은 교환이 일어나는 원형질막을 가지고 있다. 영양물질, 노폐물, 기체의 교환율은 막의 표면적에 비례한다. 반면에 생명을 유지하기 위해서 교환되어야 하는 물질의 양은 세포부피에 비례한다. 따라서 다세포 조직화는 동물 몸체의 안쪽 또는 바깥쪽에서 모든 세포들이 적당한 수용성 환경을 만났을 때만 작동한다.

단순한 내부 조직화를 가진 많은 동물들은 모든 세포들과 외부환경 사이에서 직접적인 교환을 할 수 있게 하는 몸체설계를 가진다. 예를 들면, 주머니와 비슷한 몸체설계를 가지는 연못에 사는 히드라의 경우 그 체벽(body wall)은 겨우 두 층의 세포만을 가진다(그림 40.3b). 위수강(gastrovascular cavity; 소화계와 순환계를 포함하는 구멍)은 바깥으로 열려 있고 세포들의 외부층은 물론 내부층도 연못물에 잠겨 있다. 주변 매질에 대해서 최대한 노출하기 위해서 필요한 공통

▼ 그림 40.3 환경과의 접촉

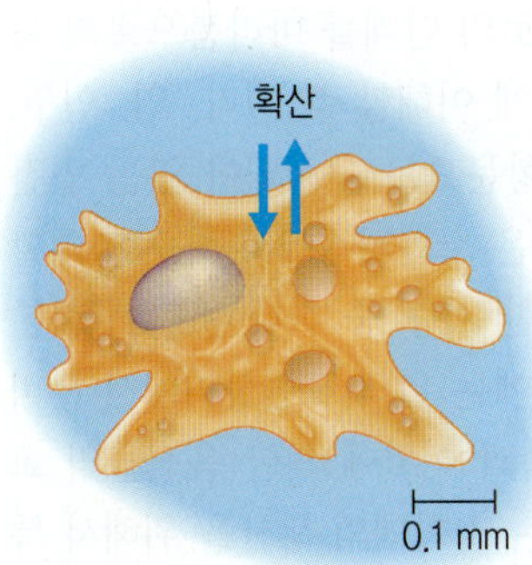

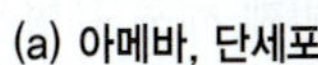

(a) 아메바, 단세포

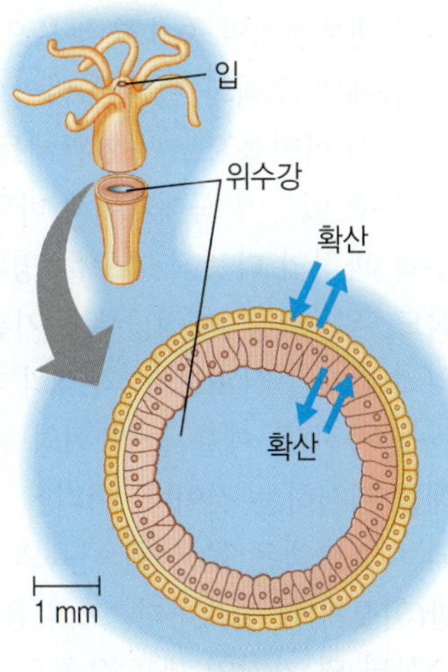

(b) 히드라, 두 겹의 세포층

적인 몸체설계는 편평한 몸체 모양이다. 예를 들어 길이가 수 미터에 달하는 기생충인 편충을 살펴보자(그림 33.12). 편충의 얇고 편평한 모양은 대부분의 편충세포들을 특수한 환경, 즉 영양 공급원인 숙주의 소화관액에 잠겨 있게 한다.

대부분 동물들의 몸체는 히드라나 편충에 비해서 훨씬 더 복잡한 내부 조직화를 가지고 있는 빽빽한 세포 덩어리로 구성되어 있다. 이러한 몸체설계에서 세포 수의 증가는 전체 부피에 대한 바깥 표면적을 감소시킨다. 극단적인 비교로서 고래의 경우 부피에 대한 표면 비율은 물벼룩에 비해서 수십만 배 작다. 그런데도 고래의 모든 세포들은 액체에 잠겨 있어야 하고 산소, 영양물질, 기타 자원들을 공급받을 수 있어야 한다. 이것은 어떻게 성취될 수 있는가?

고래를 비롯한 대부분의 동물에서 내부표면과 환경 사이의 충분한 교환을 할 수 있게 하는 진화적 적응은 엄청나게 접혀지거나 가지를 치고 있는 특수화된 표면이다(그림 40.4). 대부분의 경우에 이러한 교환표면은 몸체 내부에 있는데, 이는 연약한 조직을 마찰 또는 탈수로부터 보호하고 몸체 윤곽을 간결하게 만들게 한다. 인간의 경우, 소화계, 호흡계, 순환계는 몸체 안에 있는 교환표면에 의하여 만들어지는데, 이러한 교환표면적은 피부의 표면적에 비해서 25배 더 크다.

내부 체액은 교환표면을 체세포들과 연결시킨다. 세포들 사이의 공간은 액체로 채워져 있고 이것을 **세포사이액(interstitial fluid)**이라고 한다("stand between; 사이에 서 있다"는 뜻의 라틴어로부터 왔음). 복잡한 몸체설계는 또한 혈액과 같은 순환계액을 포함한다. 세포사이액과 순환계액 사이의 교환은 몸 전체에

▶ **그림 40.4 동물의 복잡한 내부 교환 표면.** 이 그림은 동물 몸체와 환경 사이의 화학적 교환에 대한 개관을 보여준다. 대부분의 동물들은 화학물질들을 환경과 교환하기 위하여 특수화된 표면을 가진다. 이러한 교환 표면은 대체적으로 내부에 있으나 몸의 표면에 있는 구멍(예를 들면, 입)을 통하여 환경과 연결된다. 교환 표면은 미세하게 가지를 치고 있거나 주름이 잡혀 있어서 매우 큰 표면적을 가진다. 소화계, 호흡계, 배설계 모두 그러한 교환 표면을 가진다. 몸체 전체에 걸쳐서 존재하는 이러한 표면들을 가로지르는 화학물질들은 순환계를 통해서 운반된다.

? 어떤 의미에서 소화관의 교환표면들은 내부와 외부를 가지는가?

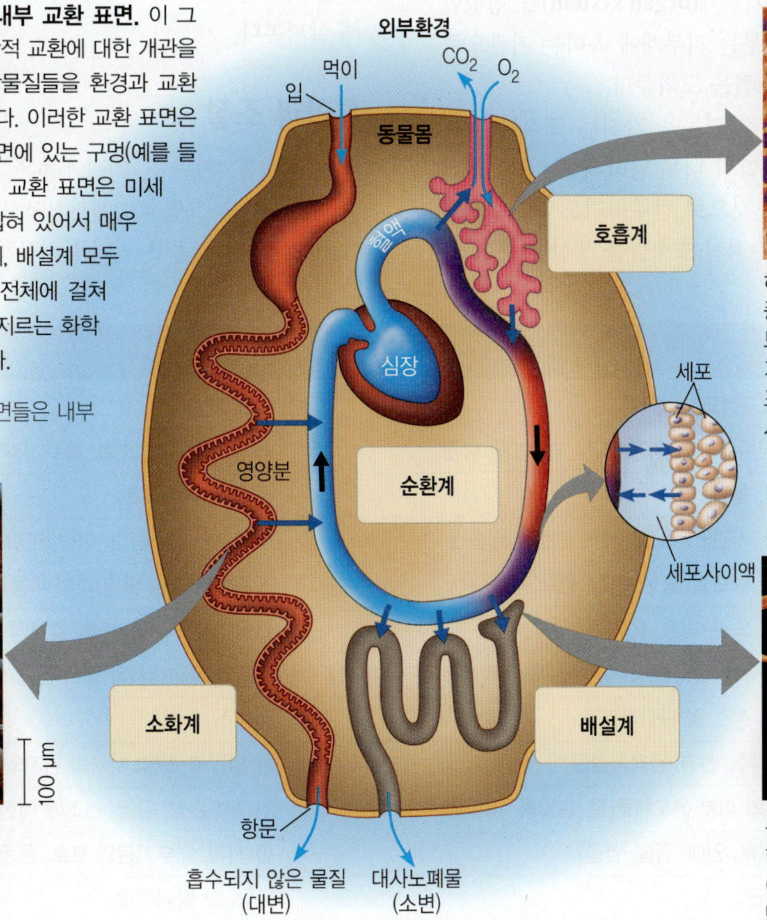

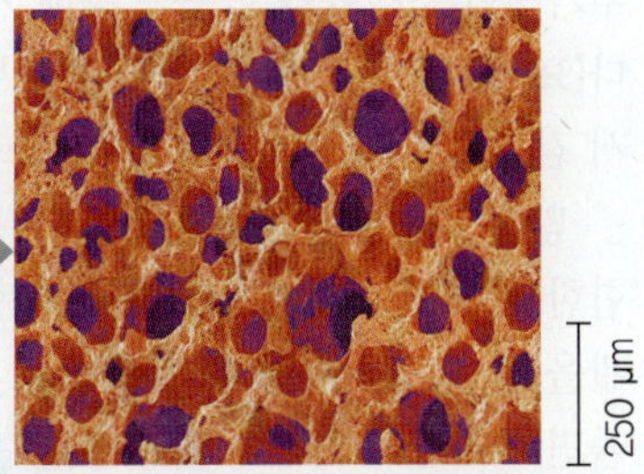

외부환경 / 먹이 / 입 / CO_2 / O_2 / 동물몸 / 호흡계 / 혈액 / 심장 / 세포 / 영양분 / 순환계 / 세포사이액 / 소화계 / 배설계 / 항문 / 흡수되지 않은 물질 (대변) / 대사노폐물 (소변) / 250 μm / 100 μm / 50 μm

허파의 현미경적 관찰은 허파가 풍선과 같기보다는 스펀지와 같음을 보여준다. 이러한 구조는 환경과의 가스교환을 위해서 팽창되고 축축한 표면을 가지고 있다(주사전자현미경 사진).

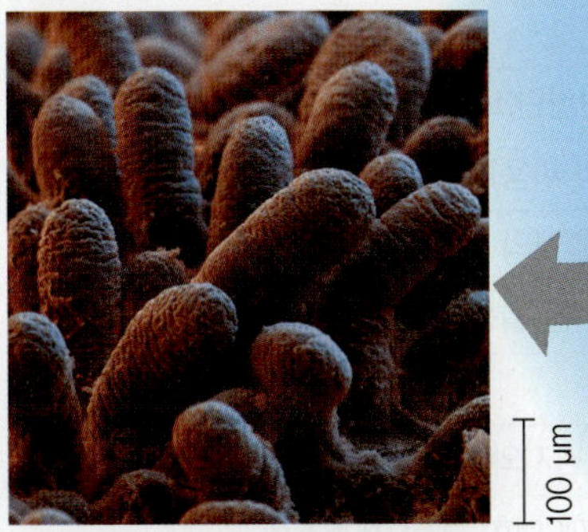

소장은 영양물질의 흡수를 위해서 표면적을 늘리는 손가락 같은 돌출들을 가지고 있다(주사전자현미경 사진).

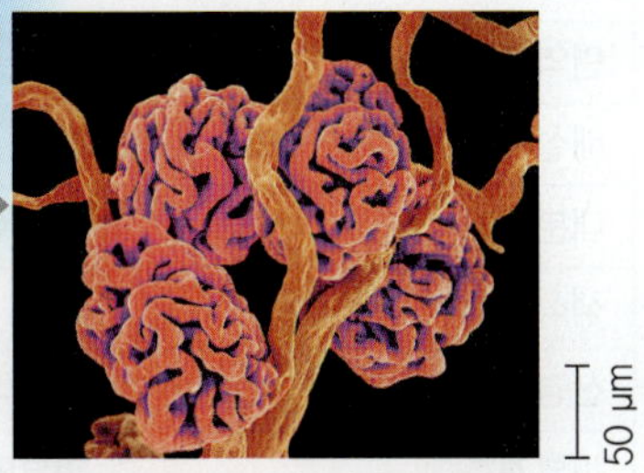

신장 안쪽에서 혈액은 길고 협소한 혈관의 표면을 관통하여 여과된다. 이 혈관들은 공과 같은 구조로 빽빽히 채워진다(주사전자현미경 사진).

걸쳐서 세포들이 영양물질을 얻고 노폐물을 제거할 수 있도록 한다(그림 40.4).

환경과의 교환을 더 어렵게 함에도 불구하고 복잡한 몸체설계는 두드러진 이득을 가진다. 예를 들어, 외골격은 포식자로부터 보호를, 감각기관은 동물의 주변에 대한 상세한 정보를 제공한다. 내부 소화계는 저장된 에너지의 방출을 조절하면서 음식을 점차적으로 분해시킬 수 있게 한다. 게다가 특수한 여과계(filtration system)는 동물의 체세포를 잠기게 하는 내부체액의 구성성분을 조정할 수 있게 한다. 이러한 방법으로 변화가 심한 외부환경에서 살아가는 동안에도 동물은 비교적 안정적인 내부환경을 유지할 수 있다. 복잡한 몸체설계는 외부환경이 대단히 다양한 육지에서 살아가는 동물들에게 특히 유리하다.

몸체설계의 단계적 조직화

창발적 특성을 통하여 세포들은 동물의 몸체를 형성한다. 창발적 특성들이 구조적이며 기능적인 조직화의 단계적 수준을 통하여 나타남을 1장에서 설명하였다. 세포들은 유사한 모양과 공통적인 기능을 가지는 세포들의 집단인 **조직(tissue)**을 만든다. 다양한 조직들은 **기관(organ)**이라고 하는 기능적 단위들로 좀 더 조직화된다. (해면과 같은 가장 단순한 동물들은 기관, 심지어 진정한 조직을 가지고 있지 않다.) 함께 작용하는 기관들의 집단은 추가적인 조직화와 협동을 통해 **기관계(organ system)**를 형성한다(표 40.1). 따라서 예를 들면 피부는 피부계에 속하는 기관으로서 감염으로부터 보호하고 체온조절을 도와준다.

많은 기관들은 뚜렷한 생리학적 기능을 가지는 조직들을 포함한다. 어떤 경우에는 기관의 역할이 너무 달라서 우리는 그 기관을 둘 이상의 기관계에 속하는 것으로 간주하기도 한다. 예를 들면 이자는 소화계의 기능에 필수적인 효소들을 생산할 뿐만 아니라 내분비계의 중요한 부분으로서 혈당량을 조절한다.

몸체의 조직화 단계를 바닥에서 꼭대기로(세포들에서 기관계들까지) 바라봄으로써 기관계들에서 나타나는 창발적 특성을 이해할 수 있듯이 꼭대기에서 바닥으로의 단계를 바라봄으로써 특수화 과정의 다층적 기초를 명확하게 이해할 수 있다. 입, 인두, 식도, 위, 소장, 대장, 부속 기관, 항문으로 구성되어 있는 인간의 소화계를 살펴보자. 각각의 기관은 소화과정에서 특수한 역할들을 가진다. 예를 들면 위의 중요한 기능 중 하나는 단백질 분해를 개시하는 것이다. 이러한 과정에는 위의 표면상피에서 분비되는 소화액은 물론 위 근육의 수축과 이완에 의한 음식물의 교반(휘젓기)이 필요하다. 그 다음에는, 소화액의 생산을 위해서 특수화된 몇 가지의 세포 유형들이 필요하다: 첫 번째 세포 유형은 단백질분해효소를, 두 번째 세포유형은 농축된 염산을, 세 번째 세포 유형은 위벽을 보호하기 위한 점액을 생성한다.

동물들의 특수하고 복잡한 기관계는 한정된 세포와 조직의 유형들로부터 형성된다. 예를 들면, 허파와 혈관은 각각 독특한 기능을 가지지만 동일한 기본적 유형을 가지는 조직들에 의해서 이루어져 있기 때문에 많은 성질들을 공유하고 있다.

동물조직들은 네 가지 조직 유형들, 즉 상피, 결합, 근육, 신경으로 구성된다. 다음 세 쪽에 있는 그림 40.5는 각 조직 유형들의 구조와 기능을 설명한다. 이 장의 후반부에서는 여기에 기술된 조직들이 각 기관계의 기능에 어떻게 기여하고 있는지에 대해 살펴본다.

통합과 조절

많은 조직들, 기관들, 기관계들은 서로 연결되어 작동하여야 한다. 예를 들면, 그림 40.2에서처럼 긴 잠수를 하는 점박이바다표범(harbor seal)이 뒷지느러미를 사용하여 앞으로 유영하는 동안에는,

표 40.1 포유동물 기관계

기관계	주요 구성요소	주요 기능
소화계	입, 인두, 식도, 위장, 소장, 간, 이자, 항문	음식가공(섭취, 소화, 흡수, 제거)
순환계	심장, 혈관, 혈액	물질의 내부 배분
호흡계	허파, 기관(trachea), 폐에 관련된 호흡관	기체교환(산소흡입; 이산화탄소 방출)
면역계와 림프계	골수, 림프절, 흉선, 비장, 림프관	신체방어(감염 및 암과의 싸움)
배설계	신장, 요관, 방광, 요도	물질대사 노폐물 배출; 혈액의 삼투 평형조절
내분비계	뇌하수체, 갑상샘, 이자, 부신 및 여러 호르몬 분비샘들	소화와 물질대사와 같은 몸 활동의 통합적 조절
생식계	난소, 정소 및 관련기관들	생식
신경계	뇌, 척수, 신경, 감각기관들	몸 활동의 조정; 자극의 감지와 자극에 대한 반응 생성
피부계	피부와 피부 유도체들(털, 손발톱, 피부샘)	기계적 손상, 감염, 건조에 대한 보호; 체온조절
골격계	골격(뼈, 인대, 힘줄, 연골)	몸 지지, 내부기관의 보호, 운동
근육계	골격근	운동, 그 밖의 이동

▼ 그림 40.5

탐구 동물조직들의 구조와 기능

상피조직

층을 이루는 **상피조직(epithelial tissue)** 또는 **상피**(복수는 **epithelia**이고 단수는 *epithelium*임)는 몸체의 바깥을 덮고 있고 몸체 안의 기관과 내강(cavity)을 둘러싸고 있다. 상피조직 세포들은 빽빽하게 쌓여 있고 종종 밀착연접(tight junction)을 가지고 있기 때문에 상피조직은 기계적 손상, 병원체, 체액손실에 대한 장벽으로 작용한다. 상피조직은 또한 환경과의 능동적인 경계면으로 작용한다. 예를 들면, 비강통로(nasal passage)를 둘러싸는 상피세포는 후각에 중요하다. 다양한 세포 모양과 배열들은 독특한 기능과 연관되어 있음을 주목하라.

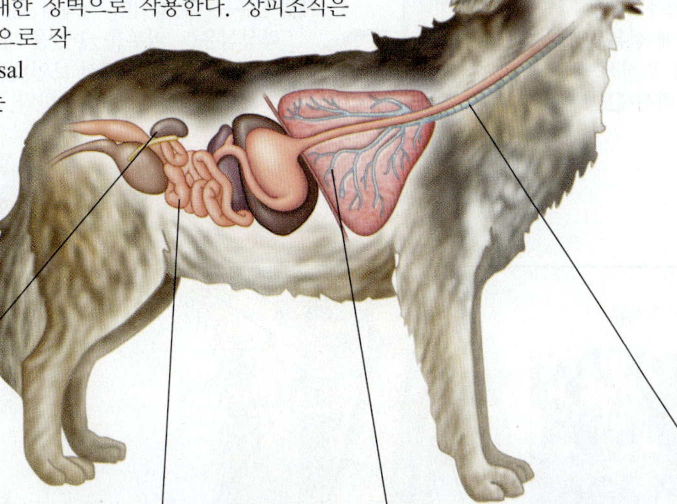

다층편평상피(stratified squamous epithelium)

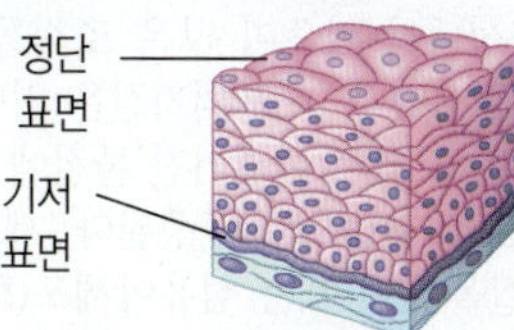

다층편평상피는 다층이며 빠르게 재생된다. 기저막 부근에서 세포분열에 의하여 빠르게 형성된 새로운 세포들은(아래 참조) 바깥쪽으로 밀려나기 때문에 계속 벗겨지는 세포들을 보충한다. 이러한 유형의 상피조직은 주로 바깥 피부와 입, 항문, 질 등의 내벽과 같이 잘 마모되는 표면에서 발견된다.

입방상피(cuboidal epithelium)

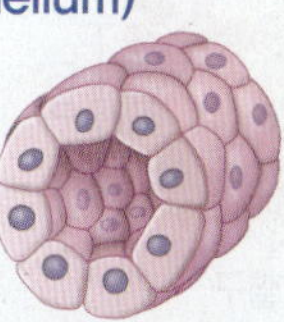

입방상피는 분비를 위해서 특수화된 정육면체의 주사위형 세포들로 구성되어 있고 신장 세관, 갑상샘, 침샘 등 많은 샘들의 상피조직에서 볼 수 있다.

단층원주상피(simple columnar epithelium)

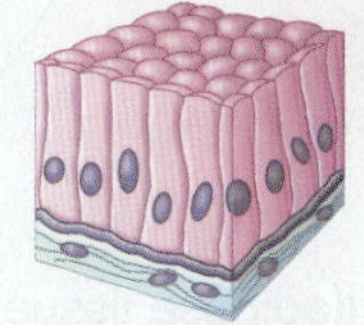

단층원주상피의 큰 벽돌 모양의 세포들은 분비 또는 능동적 흡수가 중요한 곳에서 종종 발견된다. 예를 들면 단층원주상피는 소장의 내강을 둘러싸고 있으면서 소화액을 분비하고 영양물질을 흡수한다.

단층편평상피(simple squamous epithelium)

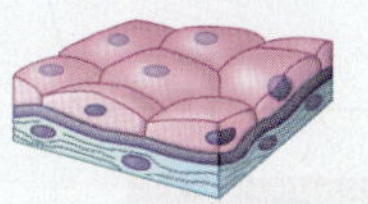

단층편평상피를 형성하는 한 층의 판과 같은 세포들은 확산에 의한 물질교환에 작용한다. 얇고 누출성이 있는 이러한 유형의 상피조직은 영양물질과 기체의 확산이 중요한 혈관과 폐의 공기 주머니 벽을 감싸고 있다.

거짓다층섬모원주상피(pseudostratified columnar epithelium)

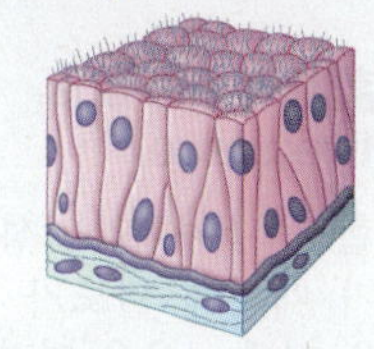

거짓다층섬모원주상피는 다양한 높이를 가지는 한 층의 세포들로 구성된다. 많은 척추동물에서 섬모를 가지는 거짓다층섬모원주상피세포들은 호흡관 안쪽을 둘러싸는 점막을 형성한다. 물결치는 섬모는 표면을 따라서 점액층을 이동시킨다.

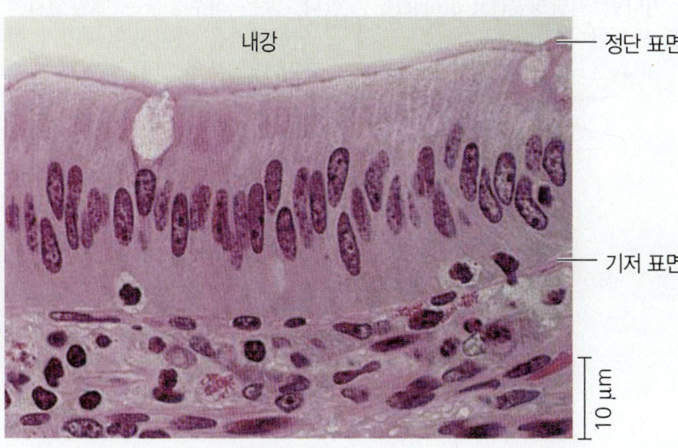

상피조직의 극성

모든 상피조직들은 극성을 가지는데, 이는 그들이 두 가지 다른 면들을 지니고 있다는 것을 의미한다. 정단(apical) 표면은 내강(lumen 또는 cavity)이나 기관의 바깥으로 향해져 있어 액체나 공기에 노출되어 있다. 특수화된 돌기들이 표면을 덮고 있다. 예를 들면, 소장을 둘러싸는 상피세포들의 정단면은 미세융모(microvilli)로 덮여 있는데, 이 미세융모는 영양물질의 흡수를 촉진하기 위해서 표면적을 증가시키는 돌출부이다. 개별 상피조직들의 또 다른 면은 기저 표면(basal surface)이다.

다음 쪽에 계속

▼ 그림 40.5 (계속)

탐구 동물조직들의 구조와 기능

결합조직

결합조직(connective tissue)은 세포외기질(extracellular matrix)에 듬성듬성 흩어져 있는 적은 숫자의 세포들로 구성되어 있으며 많은 조직들과 기관들을 제자리에 고정시킨다. 세포외기질은 일반적으로 액체, 반고체 또는 고체로 이루어진 물질에 잠겨 있는 섬유망(a web of fibers)으로 구성된다. 세포외기질 안에 섬유단백질을 분비하는 **섬유아세포(fibroblast)**와 포식작용으로 외부 입자와 세포 부스러기를 먹는 **대식세포(macrophage)**가 있다.

세 종류의 결합조직 섬유들이 있는데, **콜라젠성섬유**(collagenous fiber)는 힘과 유연성(flexibility)을 제공하며 **세망섬유**(reticular fiber)는 결합조직을 인접한 조직과 연결시키고 **탄력성섬유**(elastic fiber)는 조직에 탄력을 준다. 손등의 피부를 잡아당겼을 때 콜라젠성섬유와 세망섬유는 이 조직이 뼈에서 떨어져 나가지 않도록 하는 반면, 탄력성섬유는 피부를 놓았을 때 피부를 원래의 모양으로 되돌리게 한다. 아래에서 보인대로 다양한 섬유들이 결합조직의 주요 유형을 형성하게 한다.

성긴결합조직(loose connective tissue)

포유동물에서 가장 널리 존재하는 결합조직으로서 **성긴결합조직**은 상피조직을 바로 밑의 조직과 결합시키고 기관들을 제자리에 고정시킨다. 성긴결합조직은 세 종류의 섬유들의 느슨한 짜임 때문에 그 이름을 얻었다. 이것은 피부는 물론 몸체 전반에 걸쳐 발견된다.

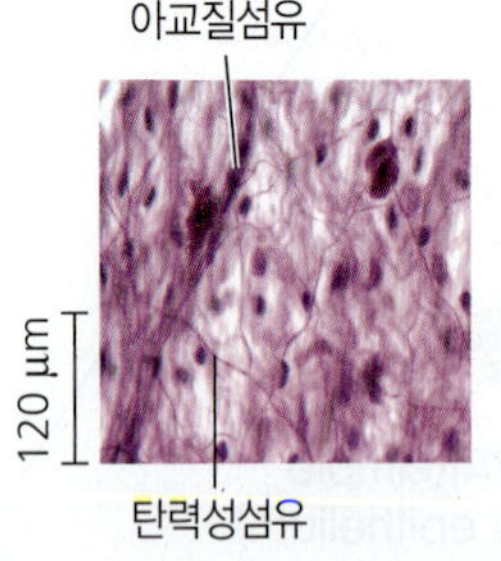

섬유성결합조직(fibrous connective tissue)

섬유성결합조직은 콜라젠성섬유가 많기 때문에 밀도가 높다. 이것은 뼈에 근육을 연결시키는 **힘줄(tendon)**과, 관절에서 뼈와 뼈를 연결시키는 **인대(ligament)**에서 발견된다.

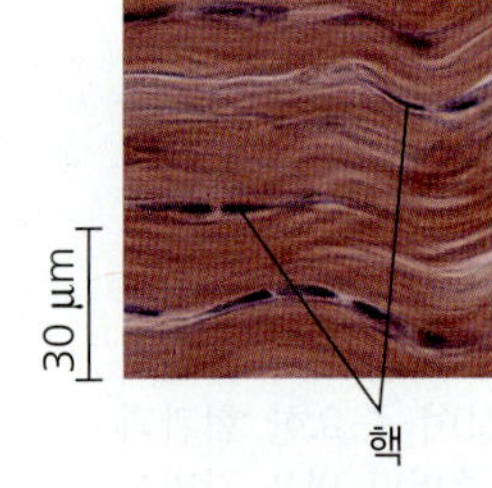

뼈(bone)

척추동물의 몸을 지탱하는 골격은 대부분 광물화된 결합조직인 **뼈**로 이루어져 있다. **조골세포**(osteoblast)는 뼈를 생성하는 세포로서 콜라젠 기질을 축적한다. 칼슘, 마그네슘, 인산 이온들은 결합하여 기질 안에서 경화된 광물(mineral)이 된다. 포유동물에서 딱딱한 뼈의 현미경적 구조는 골단위(osteon)라고 하는 반복적인 단위들로 구성되어 있다. 각각의 골단위들은 광물화된 기질로 구성된 여러 겹의 동심원층을 가지고 있는데, 이 기질층들은 뼈에서 작용하는 혈관과 신경이 지나가는 중심관(central canal)을 둘러싸고 있다.

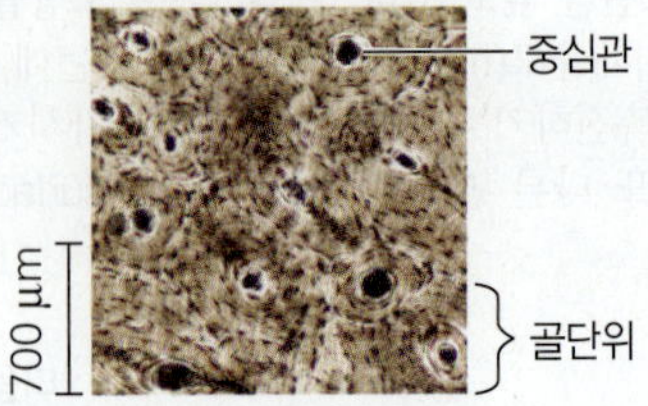

혈액(blood)

혈액은 혈장이라고 하는 세포외기질인데 혈장은 물, 소금, 용해된 단백질로 구성되어 있다. 혈장에 떠다니는 것은 적혈구, 백혈구, 혈소판이다. 적혈구는 산소를 운반하고 백혈구는 방어에 기능하며 혈소판은 혈액응고를 돕는다.

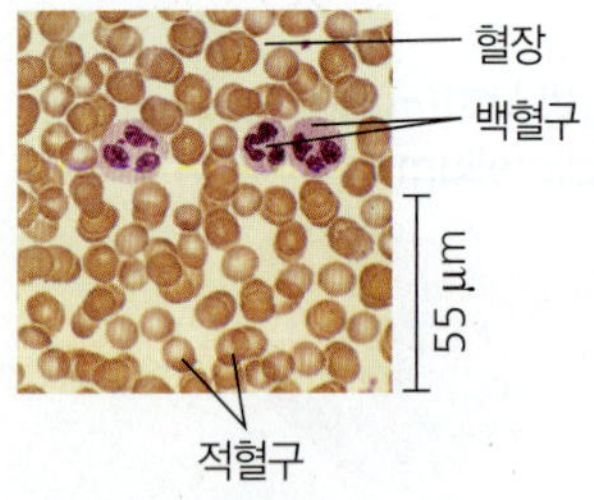

지방조직(adipose tissue)

지방조직은 성긴결합조직의 특수화된 형태로서 기질 전체에 걸쳐서 분포해 있는 지방세포들에 지방을 저장하는 조직이다. 지방조직은 단열효과를 가지고 있고 연료로서 지방분자를 저장한다. 지방세포들은 지방이 저장되면 부풀고 연료로 소모되면 쭈그러드는, 커다란 지방방울(fat droplet)들을 포함한다.

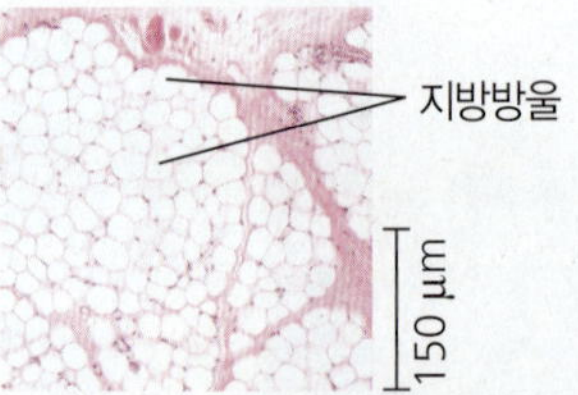

연골(cartilage)

연골은 콘드로이틴황산염(chondroitin sulfate)이라는 단백질-탄수화물 복합체로 구성된, 고무와 같은 기질에 잠겨 있는 콜라젠성섬유이다. **연골세포**(chondrocyte)라는 세포는 콘드로이틴황산염과 콜라젠을 분비하는데 이 물질들은 연골을 강하면서도 유연성을 가지도록 한다. 많은 척추동물은 배발생기에는 연골골격을 가지지만 배아가 성숙되면 대부분의 연골은 뼈로 대체된다. 연골은 척추골 사이의 추간판(disk)이나 일부 뼈들 끝에 덮개와 같은 형태로 남아 있다.

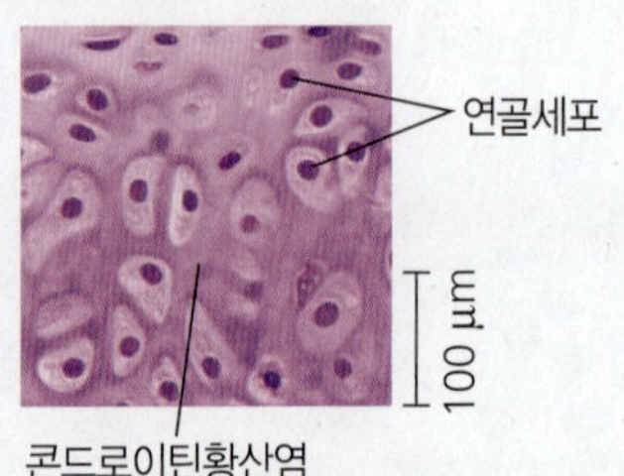

근육조직

모든 유형의 몸체운동에 관련하는 조직은 **근육조직(musecle tissue)**이다. 모든 근육세포들은 근육수축을 하도록 하는 액틴과 마이오신 단백질들로 구성된 섬유들로 이루어져 있다. 척추동물에는 세 종류의 근육, 즉 골격근, 심장근, 평활근이 있다.

골격근 또는 **가로무늬근**(striated muscle)은 힘줄에 의하여 뼈에 부착되는데 몸의 수의적(의식적) 운동을 일으킨다. 골격근은 근원섬유(muscle fiber)라고 하는 다발로 구성되어 있다. 발생 동안 골격근섬유 또는 골격근세포는 많은 세포의 융합에 의해서 형성되기 때문에 각각의 세포에 여러 개의 핵을 가지고 있다. 근섬유를 따라서 나타나는 수축성 단위의 배열, 즉 근절(sarcomere) 때문에 이 세포들은 줄무늬를 가진다. 성체동물에서 근육의 발달은 세포의 숫자를 증가시키는 것이 아니라 이미 존재하고 있는 세포를 크게 하는 것이다.

평활근은 줄무늬가 없어서 그 이름을 갖게 되었는데, 소화관, 방광, 동맥 및 여러 내부기관들의 벽에서 발견된다. 이 세포들은 방추형 모양을 지니고 있다. 골격근을 조절하는 신경과는 다른 신경에 의하여 조절되면서 평활근은 위장운동과 동맥의 수축과 같은 불수의적 몸체 활동에 관여한다.

심장근(cardiac muscle)

심장근은 심장의 수축성 벽을 형성한다. 심장근은 골격근과 비슷한 줄무늬와 수축 성질을 가지고 있다. 그러나 골격근과 달리 심장근은 세포사이원반(intercalated disk)을 통하여 서로 연결되어 있다. 이 원반을 통해 세포 사이의 신호가 전달되어 심장수축이 동시에 일어난다.

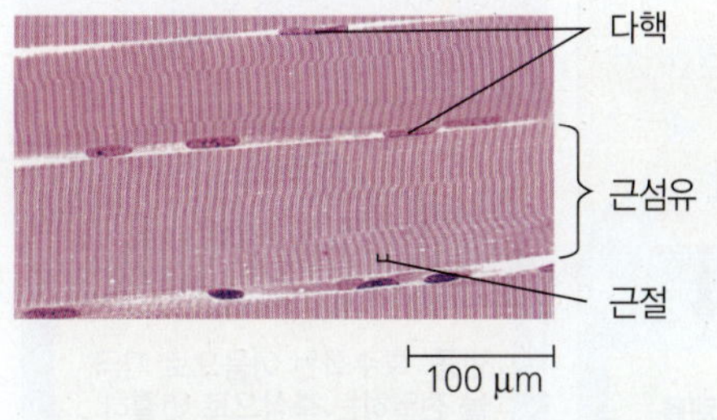

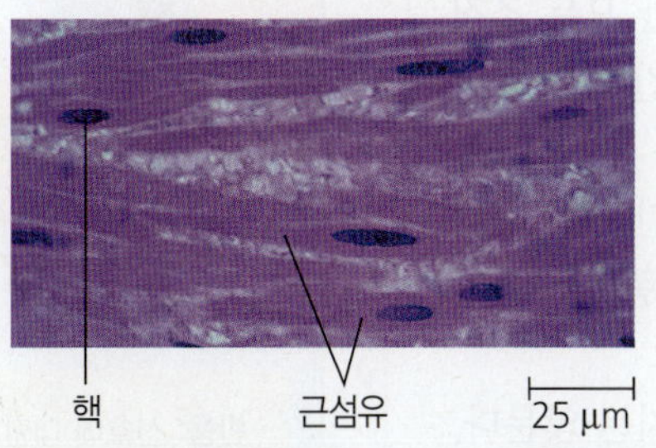

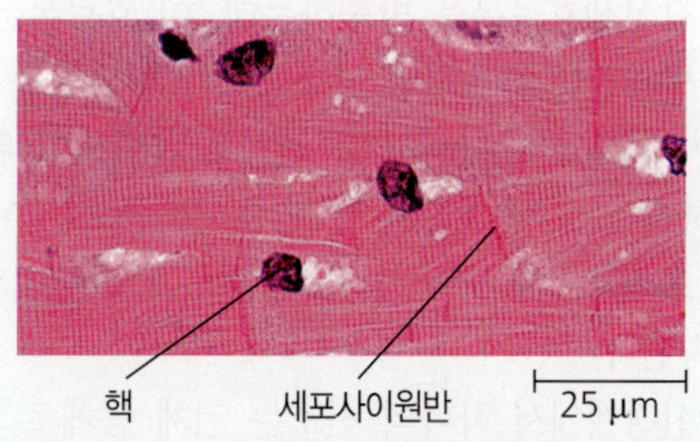

신경조직

신경조직(nervous tissue)은 정보의 수용, 처리, 전달에 작용한다. 신경조직은 신경자극을 전달하는 **뉴런(neuron)** 또는 신경세포와 **아교세포(glial cell 또는 glia)**라고 하는 지지세포들로 구성되어 있다. 많은 동물들에서 신경조직들이 집중되어 정보처리중추인 뇌가 형성된다.

뉴런(neuron)

뉴런은 신경계의 기본 단위이다. 세포체와 수상돌기라는 여러 개의 돌출부들을 통해서 뉴런은 다른 뉴런으로부터 신경자극을 받는다. 뉴런은 축삭(axon)이라고 하는 돌출부를 통해 다른 뉴런으로 자극을 전달한다. 종종 여러 개의 축삭들이 모여 신경(nerve)을 형성한다.

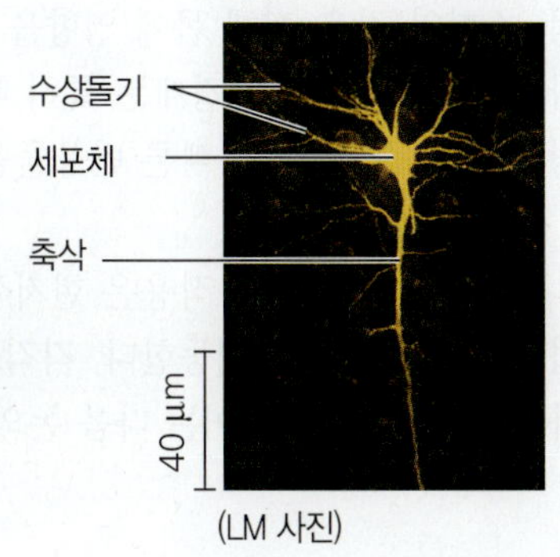

(LM 사진)

아교세포(glial cell)

다양한 유형의 아교세포는 뉴런의 영양공급, 절연, 보충을 돕고 어떤 경우에는 뉴런작용을 조정한다.

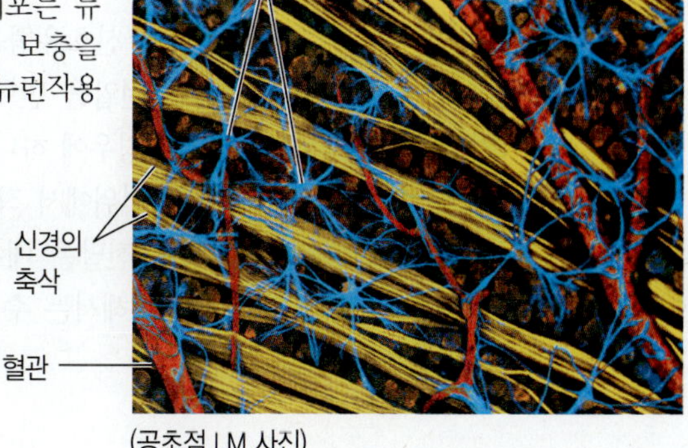

(공초점 LM 사진)

심장박동률이 낮아지고 허파는 쪼그라들고 체온이 내려간다. 이처럼, 동물의 몸체를 통한 통합적 활동은 몸체의 여러 장소 간의 소통(communication)을 필요로 한다. 소통을 위해서 어떤 신호들이 사용될까? 그 신호들은 어떻게 몸체 안에서 이동할까? 이러한 질문에 대한 두 종류의 대답이 있으며, 이들은 자극에 대한 반응을 조절하고 통합하는 두 가지 주요한 시스템이다(그림 40.6).

내분비계(endocrine system)의 내분비세포들에서 혈액으로 분비되는 신호분자들은 몸체 곳곳에 다다른다. **신경계(nervous system)**의 뉴런들은 몸체의 특정한 장소 사이에서 신경자극이라는 신호를 전달한다. 신호가 몸체의 전체 길이만큼 가든, 단지 몇 개의 세포들 길이만큼만 가든지 상관없이 각각의 시스템에서 사용된 경로의 유형은 동일하다.

내분비계에 의해서 몸 구석구석으로 퍼지는 신호분자들을 **호르몬(hormone)**이라고 한다. 다양한 호르몬들은 그들의 독특한 효과를 일으키며 특별한 호르몬에 대한 수용체들을 가지는 세포들만이 반응한다(그림 40.6a). 어떤 세포들이 어떤 호르몬에 대한 수용체들을 가지는가에 따라서 그 호르몬은 몸체 안의 한 장소 또는 여러 장소에서 효과를 나타낸다. 예를 들면 갑상샘의 몇몇 세포들만이 갑상샘자극호르몬(thyroid-stimulating hormone, TSH)에 대한 수용체를 가진다. TSH가 결합하면 갑상샘 세포들은 갑상샘호르몬을 방출하는데, 이 호르몬은 인접한 모든 조직의 세포들에 작용하여 산소소모와 열생성을 증가시킨다. 호르몬들이 혈류로 분비되어 몸 전체로 운반되기 위해서는 몇 초가 필요하다. 그러나 호르몬은 몇 초, 몇 분 심지어 몇 시간 동안 혈류와 표적조직에 남아 있기 때문에 호르몬 효과는 종종 오랫동안 지속된다.

신경계에서 하나의 신호는 전체 몸체로 전달되지는 않는다. 대신에 신경흥분(nerve impulse)은 축삭으로 구성되어 있는 하나의 소통 전용선을 따라서 특정한 표적세포로 이동한다(그림 40.6b). 네 가지 유형의 세포, 즉 다른 뉴런들, 근육세포들, 내분비세포들, 외분비세포들은 신경흥분을 받을 수 있다. 내분비계와는 달리 신경계는 신호가 취하는 경로(pathway)에 의해서 정보를 전달한다. 예를 들면, 어떤 사람은 다양한 음계를 구별할 수 있는데 이는 각 음계의 진동수가 귀에서 뇌로 연결시키는 다양한 뉴런을 활성화시키기 때문이다.

신경계에서의 소통은 한 가지 이상의 신호유형을 포함한다. 신경흥분은 축삭을 따라서 이동하는데, 전압을 변화시키면서 때때로 장거리까지 이동한다. 그러나 많은 경우에 하나의 뉴런에서 다른 뉴런으로의 정보전달은 매우 짧은 범위에서 작동하는 화학적 신호를 포함하기도 한다. 전체적으로 전달은 매우 빠르게 일어나는데, 신경충격이 표적에 도달하기 위해서는 수 밀리초만 필요하며, 단지 수 밀리초 동안만 지속된다.

▼ 그림 40.6 **내분비계와 신경계에서의 신호전달**

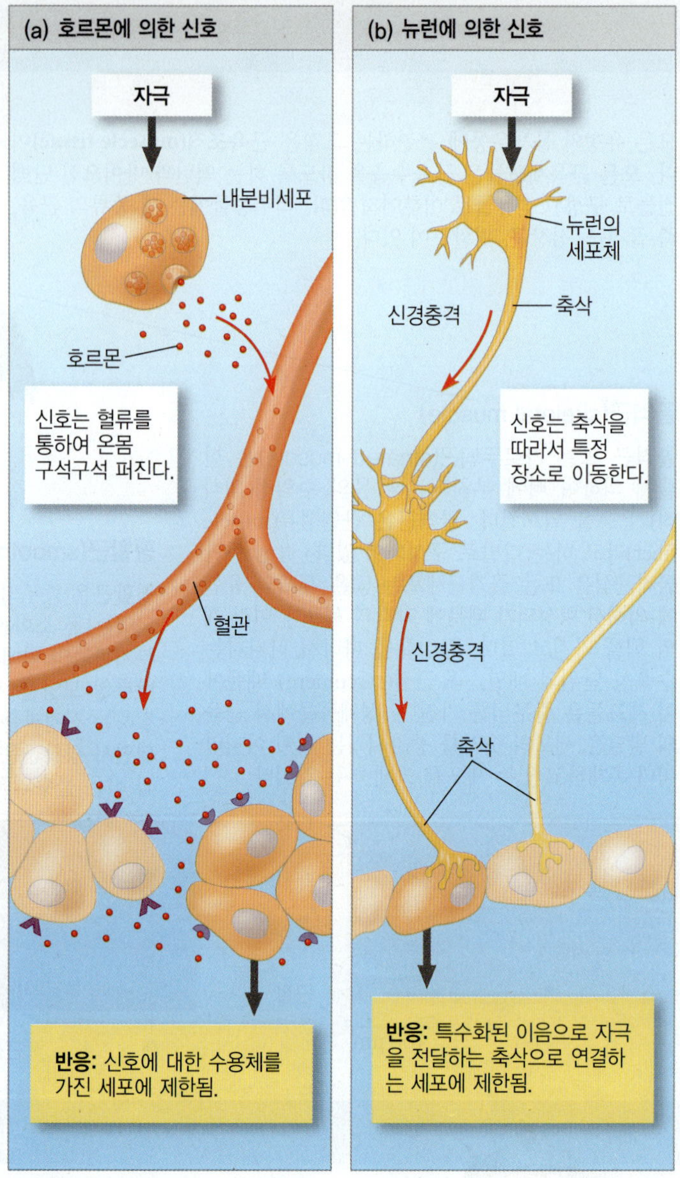

몸체 안에서 두 가지 중요한 소통 시스템들은 신호유형, 전달, 속도, 지속기간에 있어서 서로 다르기 때문에 그들은 서로 다른 기능들을 맡고 있다. 내분비계는 성장과 발달, 생식, 물질대사 과정, 소화와 같은 전체 몸에 영향을 미치는 점진적인 변화들을 통합하는 데 알맞다. 신경계는 특히 빠른 이동이나 행동과 같은 환경에 대한 즉각적이고 빠른 반응들을 지시하는 데 매우 적합하다.

내분비계와 신경계의 작용은 현저하게 다르지만 두 계는 서로 밀접한 조정을 통해서 협동한다. 각각은 안정적인 내부환경을 유지하는 데 공헌하는데, 이는 다음 논의의 주요한 주제이다.

개념 확인 문제 40.1

1. 모든 유형의 상피조직들은 어떤 성질들을 공유하고 있는가?
2. 그림 40.4에서 가장 이상적인 동물을 생각해 보자. 산소가 외부환경에서 몸세포의 세포질로 수송될 때 산소는 어떤 자리에서 원형질막을 통과하여야 하는가?
3. WHAT IF? 여러분이 낭떠러지에 서 있고 갑자기 미끄러진다고 생각해 보자. 여러분은 떨어지지 않기 위해서 가까스로 몸의 균형을 잡을 것이다. 심장이 빠르게 뛸 때 근육에 있는 확장된(넓어진) 혈관으로 혈액이 물밀듯이 흐르고 혈당량의 급작스런 상승과 같은 에너지 분출을 여러분은 느낄 것이다. 이러한 "싸움 또는 도망(fight-or-flight)" 반응은 왜 신경계와 내분비계를 필요로 하는가?

정답은 부록 A 참조

개념 40.2

되먹임 조절 고리는 많은 동물의 내부환경을 유지하게 한다

많은 기관계들은 동물의 내부환경을 조절하는 데 중요한 역할을 한다. 뜨거운 물로 샤워를 하거나 이제 막 끓인 커피 한 잔을 마실 때마다 여러분의 체온이 올라간다고 상상해 보자. 환경적 변동에 직면해서 동물들은 조절 또는 순응으로 내부환경을 관리한다.

조절과 순응

어떤 동물이 환경적 변동에 대해서 내부변화를 조절하기 위해서 내부 조절 기작을 사용한다면 그 동물을 특정한 환경변수에 대한 **조절자(regulator)**라고 한다. 그림 40.7의 수달(river otter)은 헤엄치고 있는 물의 온도와는 독립적으로 자신의 체온을 일정하게 유지하기 때문에 이 수달은 온도에 대한 조절자이다. 대조적으로 어떤 동물이 어떤 변수의 외부적 변화에 따라 내부상태를 변화시킨다면 그 동물을 특정한 환경변수에 대한 **순응자(conformer)**라고 한다. 예를 들면, 그림 40.7의 큰입농어(largemouth bass)는 그것이 서식하는 호수의 온도에 순응한다. 물이 따뜻해지거나 차거워지면 농어의 몸체도 그러해진다. 어떤 동물들은 보다 일정한 환경에 순응한다. 예를 들면, 리비니아(*Libinia*)속의 거미게(spider crab)를 비롯한 많은 해양 무척추동물들에 있어서 그들의 내부용질 농도(염분)는 비교적 안정한 해수환경의 용질 농도에 순응한다.

조절(regulating)과 순응(conforming)은 연속선상에서 극단을 나타낸다. 한 동물이 어떤 환경에 대해 일부 내부조건들은 조절을 하면서도, 다른 내부조건들은 그에 순응하도록 할 수도 있다. 예를 들면, 농어는 주변 물의 온도에 대해서는 순응하지만 혈액과 세포사이용액의 용질농도는 조절한다. 44장에서 이러한 조절의 기전을 좀 더 상세하게 배울 것이다.

항상성

수달의 일정한 체온과 담수농어의 일정한 용질 농도는 내부균형의 유지 또는 "일정한 상태(steady state)"를 의미하는 **항상성(homeostasis)**의 예이다. 외부환경이 심하게 변화하더라도 항상성에 도달하기 위해서 동물들은 비교적 일정한 내부환경을 유지하여야 한다.

많은 동물들이 물리적, 화학적 성질의 어떤 범위 안에서 항상성을 가진다. 예를 들면, 인간의 경우 체온은 일정하게 약 37°C로 유지되고 혈액과 세포사이용액의 pH는 7.4±0.1로 유지된다. 인체는 혈액 속 포도당의 농도(혈당량)를 조절하여 혈액 100 mL당 약 70~110 mg 범위의 포도당 농도를 유지시킨다.

▶ **그림 40.7 수생 온도 조절자와 수생 온도 순응자에서 체온과 환경온도 사이의 관계.** 광범위한 범위의 환경온도에도 불구하고 안정적인 체온을 유지하기 위해서 수달(river otter)은 체온을 조절한다. 대조적으로 큰입농어(largemouth bass)는 그것의 내부환경을 물 온도에 순응하도록 한다.

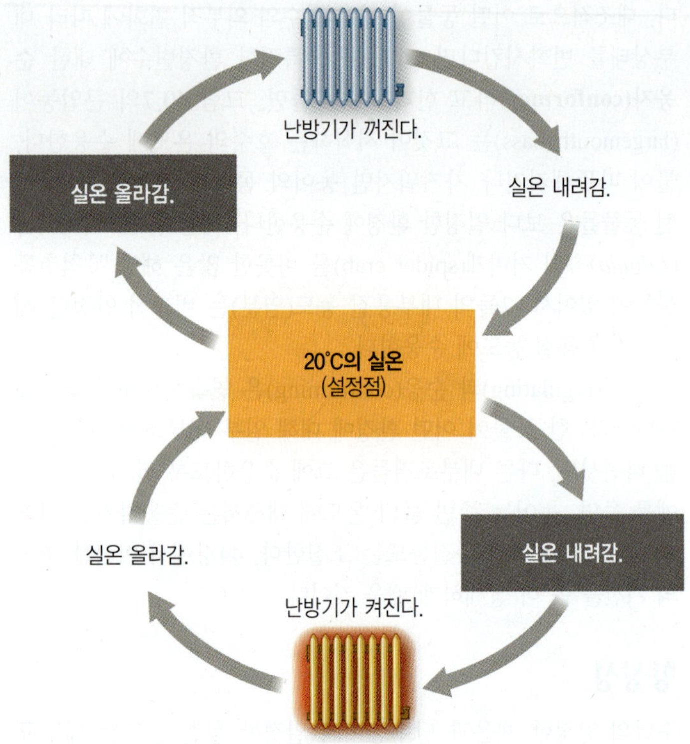

▲ **그림 40.8 음성되먹임의 무생물 사례: 실내 온도조절.** 실내온도를 조절하는 것은 온도 변화를 탐지해서 그 변화를 되돌리는 기작을 활성화시키는 자동 온도조절장치에 달려 있다.

WHAT IF? 이 그림에 최소한 한 개의 자극, 반응, 센서/조절 센터를 표시하라. 이 시스템에 에어컨을 다는 것은 항상성에 어떻게 공헌하는가?

항상성 기작

동물에서의 항상성을 살펴보기에 앞서 무생물의 예로서 실내온도의 조절을 들어보자(그림 40.8). 실내온도를 정상활동을 위한 쾌적한 온도인 20°C로 유지해 보자. 조절장치인 자동온도조절장치(thermostat)를 20°C에 맞추어 놓고 자동온도조절장치의 온도계가 온도를 측정하도록 해 놓자. 실내온도가 설정온도 20°C 아래로 떨어진다면 자동온도조절장치는 방열기, 난로 등의 난방기를 켜도록 반응할 것이다. 일단 실내온도가 20°C에 도달하면 온도조절장치는 난방기를 끌 것이다. 실내온도가 다시 20°C 아래로 떨어지면 자동온도조절장치는 또 다시 열순환을 활성화시킬 것이다.

집안의 난방 시스템과 같이 동물은 체온이나 용질 농도와 같은 변수를 특정한 값 또는 **설정값(set point)** 근처에서 유지하여 항상성을 달성한다. 설정값 위아래로의 이러한 변수의 변동은 수용체(receptor) 또는 **센서**(감각기, **sensor**)에 의해서 탐지되는 **자극(stimulus)**으로 작동한다. 감각기로부터 신호를 받아서 **중앙통제소**(조절중추, control center)는 변수를 설정값으로 되돌리게 하는 생리적 활동인 **반응(response)**을 시작하게 하는 출력을 생성한다. 집안의 난방 시스템의 예에서 보듯이 설정값 아래로의 온도 하강은 자극으로 작용하고, 자동온도조절장치는 센서(감각기)와 중앙통제소(조절중추)로 기능하며, 난방기는 반응을 생성한다.

항상성에서의 되먹임 고리

그림 40.8에서 보여준 조절회로와 같이 동물에서 항상성은 대체적으로 자극을 감소시키거나 방해하는 조절 기전인 **음성되먹임(negatvie feedback)**에 의존한다. 예를 들면, 여러분이 격렬하게 운동을 하면 열이 생성되어 체온이 올라간다. 여러분의 신경계는 이러한 체온상승을 탐지해서 땀을 흘리게 한다. 땀을 흘리면 피부로부터 수분의 증발이 일어나서 여러분의 몸은 차가워지고 체온은 설정값으로 되돌아간다.

항상성은 일종의 역동적인 평형 상태로서 내부환경을 변화시키게 하는 외부인자들과 그러한 변화에 반하여 일어나는 내부조절 기작 사이의 상호작용이다. 난방기를 켜자마자 바로 집안이 따뜻해지지 않는 것과 같이 자극에 대한 생리학적 반응은 즉각적이지 않다. 결과적으로, 항상성은 내부 환경의 변화를 감소시키는 것이지 변화를 없애는 것은 아니다. 만약 하나의 변수가 하나의 설정값 대신에 **정상적인 범위**(normal range)—위아래의 제한—를 가지고 있다면 추가적인 변동이 일어난다. 이것은 실내온도가 19°C 아래로 떨어질 때 열을 생성하기 시작하고 21°C에 다다르면 열생산을 중단하는 난방 시스템과 동일하다. 설정값이 있든 정상적 범위가 있든 상관없이 항상성은 변동을 감소시키는 적응에 의해서 촉진된다. 변동을 감소시키는 기전은 온도의 경우 단열이고, pH의 경우 생리학적 완충액과 같은 것이다.

음성되먹임과는 달리 **양성되먹임(positive feedback)**은 자극을 감소시키는 대신에 증폭시키는 조절 기전(그림 1.11)이다. 동물에서 양성되먹임 고리는 항상성에 있어서 주요한 역할을 가지지 않지만 일을 완성시키기 위한 과정을 구동시킨다. 예를 들어, 출산하는 동안 아기의 머리가 자궁 입구를 압박하면 자궁 입구의 수용체를 활성화시켜 자궁수축을 자극한다. 이러한 수축은 자궁 입구에 대한 더 큰 압박을 촉발하여 수축을 고조시키며 아기가 태어날 때까지 이 수축은 더 큰 압박을 지속시킨다. 이러한 방법으로 양성되먹임은 출산과정이 이루어지도록 한다.

항상성의 변경

다양한 환경에 대해서 항상성을 위한 설정값과 정상범위는 변화할 수 있다. 사실 내부환경에서의 **조절되는 변화**(regulated change)는 정상적인 몸체의 기능에 필수적이다. 어떤 조절되는 변화들은 특정 시기와 관련되어 있는데 사춘기 동안 일어나는 호르몬 균형에 있어서 급격한 변동은 그 예이다. 여성의 월경주기에 관련된 호르몬 수준에서의 변화를 비롯하여 여러 가지의 조절되는 변화들은 주기적이다(그림 45.14).

모든 동물과 식물에서 물질대사의 어떤 주기적 변동은 대략적으로 24시간마다 일어나는 생리적 변화인 **일주기성 리듬(circadian rhythm)**을 반영한다. 예를 들면 체온은 매일 24시간

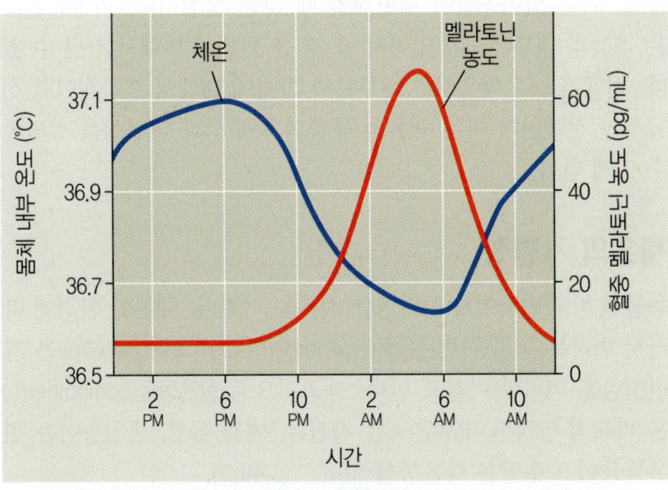

(a) **몸체 내부 온도와 혈중 멜라토닌 농도의 변화.** 연구자들은 일정한 온도와 낮은 광도를 가진 격리된 방에서 쉬고 있지만 깨어 있는 지원자들로부터 이 두 변화를 측정하였다(멜라토닌은 수면/각성 주기에 관련된 호르몬이다).

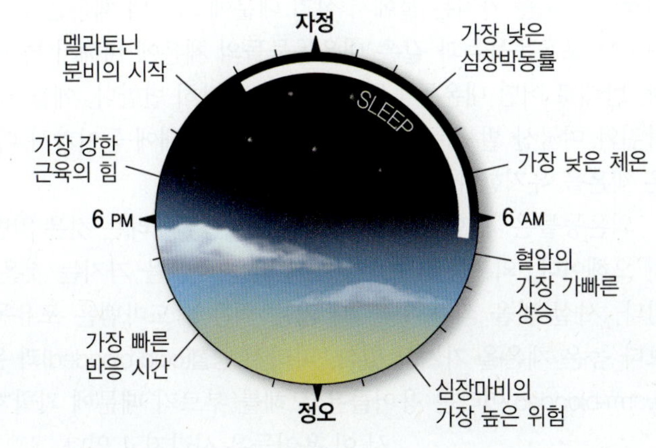

(b) **인간의 일주 시계.** 물질대사 활성은 일주 시계에 반응하여 일주기성 리듬을 갖는다. 아침에 일찍 일어나서 정오에 점심을 먹으며 밤에 잠자는 전형적인 개인들에서처럼, 물질대사에서 이러한 주기적인 변화들은 하루 24시간을 거쳐 발생한다.

▲ **그림 40.9 인간의 일주기성 리듬**

동안 0.6℃ 정도의 주기적 상승과 하강을 보인다. 인간 활동, 체온, 조도(빛 세기)의 변동이 최소화되었을 때에도 놀랍게도 생물학적 시계는 이러한 리듬을 유지시킨다(**그림 40.9a**). 생물학적 시계가 환경의 밤낮주기에 맞춰진다고는 하지만 어떤 일주기성 리듬은 몸체 안에 내재해 있다(**그림 40.9b**). 예를 들면 멜라토닌 호르몬은 밤에 분비되고 겨울의 더 긴 밤 동안 더 많이 분비된다. 외부자극은 생물학적 시계를 재설정할 수 있으나 그 효과는 즉각적이지 않다. 비행기 여행은 시차에 의한 피로를 유발하는데, 이 피로는 일주기성 리듬과 여행한 지역의 시간적 환경의 불일치 때문에 생기며 이 피로는 생물학적 시계가 완전히 재설정될 때까지 유지된다.

▲ **그림 40.10 히말라야에서 산악인의 순응.** 산꼭대기에 오를 때 고산병의 위험성을 감소시키기 위해 산악인은 산중턱에 캠프를 차려서 순화되도록 한다. 산중턱에서 시간을 보내면 낮은 산소농도에도 불구하고 순환계와 호흡계가 더 많은 산소를 포집할 수 있게 된다.

항상성의 정상적 범위가 변화하는 한 가지 방법은 어떤 동물이 외부환경의 변화에 적응하는 과정인 **순화(acclimatization)**를 통하여 일어난다. 예를 들면, 사슴을 비롯한 포유동물들이 해수면에서 고지대로 이동할 때 며칠에 걸쳐서 일어나는 변화들은 고지대에서의 활동을 도와준다. 공기의 낮은 산소농도는 동물들이 더 빠르고 깊게 숨 쉬도록 촉진시킨다. 이것은 날숨을 통해서 보다 많은 CO_2를 잃게 해서 혈액의 pH를 설정점 이상으로 올리게 한다. 동물이 순화됨에 따라 따라서 신장 기능의 변화는 보다 알칼리성의 오줌을 배출하도록 하여 혈액의 pH를 정상으로 되돌린다. 인간을 포함한 동물들은 갑작스런 고도 변화에 순화할 수 있다(**그림 40.10**). 동물의 일생 동안 일어나는 일시적인 변화인 순화를, 수세대를 걸친 자연선택에 의해서 일어나는 집단 내의 변화 과정인 적응과 혼동하지 말아야 한다.

개념 확인 문제 40.2

1. **MAKE CONNECTIONS** 효소에 의해서 촉매되는 생합성 과정은 되먹임 억제를 보여준다(그림 6.21). 이러한 유형의 음성되먹임은 열조절에 있어서 음성되먹임과 어떻게 다른가?
2. 여러분은 열조절장치를 집 안의 어디에 둘 것인지를 결정할 때, 어떤 요소들을 고려하겠는가? 이러한 요소들은 많은 항상성 조절 감각기들이 인간 뇌에 위치해 있는 것과 어떻게 연결되는가?
3. **MAKE CONNECTIONS** 동물과 마찬가지로 남세균(시아노박테리아)도 일주기성 리듬을 갖고 있다. 생물학적 시계를 유지시키는 유전자를 분석하여 과학자들은 인간과 남세균의 24시간 일주기성 리듬이 수렴진화를 반영한다고 결론지었다(개념 22.2). 어떤 증거가 이 결론을 지지하는가? 설명하라.

정답은 부록 A 참조

개념 40.3

열조절을 위한 항성성 과정은 형태, 기능, 행동을 포함한다

이 절에서 동물의 형태와 기능이 내부환경을 어떻게 조절하는지, 특히 체온을 조절하기 위해서 어떻게 함께 작용하는지에 대한 예를 볼 것이다. 항상성 유지에 관련된 다른 과정들은 이 장의 후반부에서 보게 될 것이다.

체온조절(thermoregulation)은 동물이 내부온도를 정상 범위 안에서 유지하는 과정이다. 정상범위를 벗어난 체온은 효소반응의 효율성을 떨어뜨리고, 세포막의 유동성에 변화를 주며, 온도에 민감한 생화학적 과정에 영향을 주어 치명적인 결과를 이끈다.

외온동물과 내온동물

조류, 인간, 포유동물들은 주로 **내온성(endothermic)**인데 이는 그들이 물질대사에 의하여 생성된 열에 의해서 체온을 유지한다는 것을 의미한다. 몇 종류의 파충류, 어류, 많은 종의 곤충 역시 내온동물들이다. 대조적으로 양서류, 파충류, 뱀, 거북이, 많은 어류, 많은 무척추동물은 주로 **외온성(ectothermic)**인데 이는 열을 외부 원천으로부터 얻는다는 것을 의미한다. 그러나 내온성과 외온성은 서로 배타적이지 않다. 예를 들면 조류는 주로 내온성이지만 외온성인 파충류가 그러하듯이 추운 날씨에 햇볕을 쬐어 스스로를 따뜻하게 한다.

내온동물들은 환경온도의 매우 큰 변화에도 불구하고 안정적인 체온을 유지할 수 있다. 추운 환경에서 내온동물들은 몸을 주변보다 더 따뜻하게 지속적으로 유지하기에 충분한 열을 생성한다(그림 40.11a). 내온성 척추동물들은 더운 환경에서 몸을 냉각시키는 기작을 가지고 있어서 대부분의 외온동물들이 견딜 수 없는 열부하에서도 살아갈 수 있다.

외온동물들은 비록 체온조절을 위해서 충분한 열을 생성하지는 않지만 그늘을 찾거나 햇볕을 쬐는 것과 같은 행동적 수단으로 체온을 조절한다(그림 40.11b). 외온동물의 열원천은 대체적으로 환경에서 오기 때문에 그들은 일반적으로 동일한 크기의 내온동물들보다 더 적은 먹이를 소모하는데, 이는 먹이공급이 제한적일 때 갖는 장점이다. 외온동물들은 그들의 내부온도에 있어서 좀 더 큰 변동에 대해서 견딜 수 있다. 전체적으로 외온성은 대부분의 환경에 대해서 효과적이고 성공적인 전략인데 이는 외온성 동물의 풍부성과 다양성을 설명할 수 있게 한다.

(a) 바다코끼리, 내온동물

(b) 도마뱀, 외온동물

▲ **그림 40.11 열의 내부 또는 외부 원천에 의한 열조절.** 내온동물들은 그들의 내부 물질대사로 열을 얻는다. 반면에 외온동물들은 그들의 외부 환경으로부터 얻는 열에 의존한다.

체온의 가변성

동물들은 가변적이거나 일정한 체온을 가진다. 체온이 환경에 따라서 변하는 동물을 **변온동물**(poikilotherm 그리스어 *poikilos*는 가변적임을 의미함)이라고 한다. 대조적으로 **항온동물**(homeotherm)은 비교적 안정한 내부온도를 가진다. 예를 들면, 큰입농어는 변온동물이고 수달은 항온동물이다(그림 40.7).

외온동물과 내온동물을 설명할 때 모든 외온동물은 변온동물이고 모든 내온동물은 항온동물인 것처럼 보인다. 실제로 열의 원천과 체온의 안정성 사이에는 어떤 고정된 관계를 가지고 있지 않다. 예를 들면, 많은 외온성 해양어류들과 무척추동물들은 안정적인 온도를 가지는 물에서 살기 때문에 그들의 체온은 인간을 비롯한 포유동물들과 같은 내온동물들의 체온에 비해서 덜 변한다. 반대로 어떤 내온동물들의 체온은 상당히 변한다. 예를 들면, 박쥐와 미국산 벌새는 주기적으로 비활성 상태에 들어가서 더 낮은 체온을 유지한다.

외온동물은 "냉혈"이고 내온동물은 "온혈"이라는 것은 일반적인 오해이다. 외온동물들이 반드시 낮은 체온을 가지는 것은 아니다. 사실 빛을 쬐고 있을 때 많은 외온성 도마뱀은 포유동물보다 높은 체온을 가지고 있다. 따라서 **냉혈**(cold-blooded)과 **온혈**(warm-blooded)이라는 용어들은 오해를 부르기 때문에 과학계에서 이 용어들은 사라지고 있다.

열손실과 획득의 균형

체온조절은 동물이 환경과의 열교환을 조절하는 능력에 의존한다. 물체와 마찬가지로 생명체는 네 가지 물리적 과정, 즉 복사(radiation), 증발(evaporation), 전도(conduction), 대류(convection)를 통해 열을 교환한다(그림 40.12). 열은 항상 높은 온도의 물체에서 낮은 온도의 물체로 이동한다는 것을 기억하라.

체온조절의 핵심은 열획득률과 열손실률을 같도록 하는 것이다. 동물들은 전체적으로 열교환을 감소시키거나 특정한 방향으로 열교환을 유도하는 기작으로 체온조절을 한다. 포유동물들에서 몇 가지 이러한 기작들에는 몸의 바깥을 덮고 있는 피부, 머리카락, 손톱(어떤 종에서는 발톱과 말굽)을 포함하고 있는 **피부계(integumentary system)**가 관여한다.

▲ **그림 40.12 생명체와 환경 사이의 열교환**

? 뜨거운 날 여러분이 선풍기를 틀 때 어떤 유형들의 열교환이 일어나는가?

단열

포유동물과 조류에서 하나의 주요한 체온조절 적응은 동물과 환경 사이의 열 흐름을 감소시키는 단열이다. 단열의 원천들은 머리카락, 깃털, 그리고 지방조직에 의해서 형성된 지방층이다.

전체적으로 열교환을 감소시키기 위해서 단열을 사용하는 많은 동물들은 또한 체온조절을 도와주는 단열층을 조정하기도 한다. 예를 들면, 대부분의 육상포유동물들과 조류들은 그들의 털이나 깃털을 세움으로써 추위에 반응한다. 이러한 행동은 좀 더 두꺼운 공기층을 붙잡아 두어 털이나 깃털 층의 단열효과를 증가시킨다. 깃털이나 털의 단열능력을 감소시키는 물을 제거시키기 위해서 새들이 털 다듬기 과정 중에 깃털에 기름기를 묻히는 것처럼, 어떤 동물들도 유사한 지성 물질들을 분비한다. 깃털이나 털이 없는 인간에게서 단열은 주로 지방에 의존한다. 인간에서 볼 수 있는 "소름(goose bump)"은 털이 많았던 인간조상에게서 물려받은 털 세우기의 흔적이다.

고래나 바다코끼리들과 같은 해양포유동물들에 있어서 단열은 체온조절에 특히 중요하다. 이러한 동물들은 체온보다 온도가 낮은 물에서 유영하며, 많은 종들은 거의 빙점에 가까운 극지방의 해양에서 1년 중 일부 시기를 보낸다. 물로의 열전달은 공기로의 열전달에 비해서 50~100배 정도 빠르기 때문에 체온조절에 있어서의 문제는 악화된다. 해양포유류는 피부 바로 아래에 해수유(지방의 일종, blubber)라는 매우 두꺼운 층의 단열성 지방을 가지고 있다. 해수유가 제공하는 단열은 매우 효과적이어서 유사한 크기의 육상포유동물보다 더 많은 음식 에너지 없이도 해양포유동물은 체온을 36~38°C로 유지한다.

순환계 적응

순환계는 몸의 안과 바깥 사이의 열 흐름에 주요한 길목을 제공한다. 체표면 근처로 흐르는 혈류의 양을 조절하거나 몸의 핵심부 내에 열을 가두려고 하는 적응들은 열조절에서 중요한 역할을 한다.

환경온도의 변화에 반응하여 많은 동물들은 몸체 안쪽과 피부 사이를 흐르는 혈액량(따라서 열)을 변경시킨다. 혈관벽 근육을 이완시키는 신경신호는 **혈관이완**(vasodilation)을 유도하는데, 혈관이완은 표면의 혈관을 확장시키는 것이다. 결과적으로 혈관의 지름이 증가하여 피부로의 혈액 흐름이 증가한다. 내온동물에서 혈관이완은 대체적으로 피부를 따뜻하게 하여 복사, 전도, 대류에 의하여 체열이 차가운 환경으로 전달되는 것을 증가시킨다(그림 40.12). 반대 과정인 **혈관수축**(vasoconstriction)은 표면의 혈관지름을 감소시켜 혈류와 열 전달을 감소시킨다.

내온동물들처럼, 어떤 외온동물들은 혈류를 조절하여 열교환을 제어한다. 예를 들면, 갈라파고스섬에 살고 있는 바다이구아나(marine iguana)가 차가운 바닷물에서 유영할 때는 표면으로 흐르는 혈관에서 혈관 수축이 발생한다. 이러한 과정은 보다 많은 혈액을 이구아나 몸체의 내부로 돌림으로써 체열을 보존하게 한다.

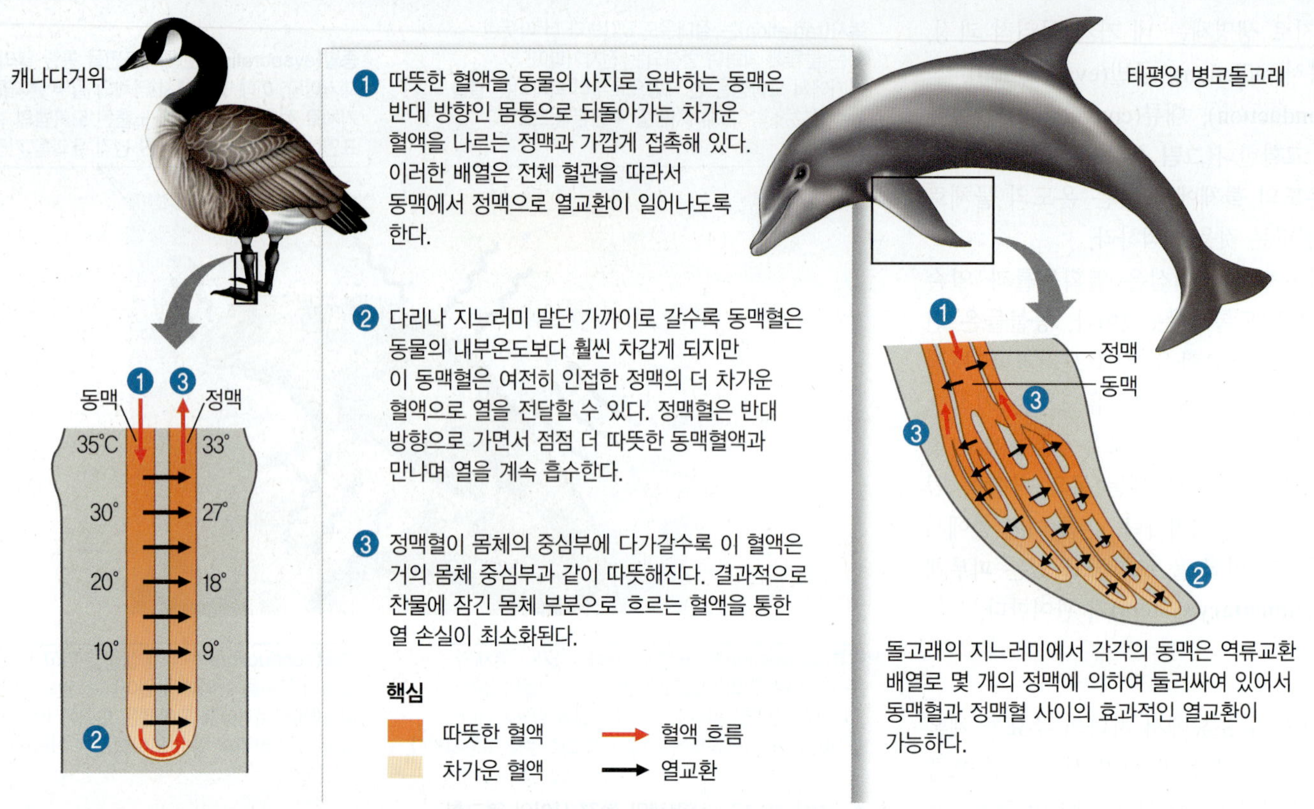

▲ **그림 40.13 역류열교환기.** 역류열교환기는 몸체의 중심부에 열을 잡아두어 차가운 물에 있거나 얼음이나 눈에 직접 접촉되었을 때 말단(사지)으로 빠져나가는 열손실을 감소시킨다. 몸체 중심부로부터 나오는 동맥혈(arterial blood)의 열이 환경으로 방출되는 것이 아니라, 몸체 중심부로 되돌아가는 정맥혈(venous blood)로 직접 전달되는 것이 이 구조의 핵심이다.

많은 조류들과 포유동물들은 신체의 열 손실을 줄이기 위해 서로 반대 방향으로 흐르는 액체들 사이의 열(또는 용질) 교환인 **역류교환(countercurrent exchange)**에 의존한다. 역류열교환기(countercurrent heat exchanger)에서 동맥과 정맥은 서로 인접해 있다(**그림 40.13**). 따뜻한 혈액이 동맥을 통하여 몸체 중심부로부터 흐를 때 그것은 말단(손발)으로부터 정맥 안으로 되돌아가는 좀 더 차가운 혈액으로 열을 전달한다. 혈액은 반대 방향으로 동맥과 정맥을 통하여 흐르기 때문에 열전달은 교환기의 전체 길이에 걸쳐서 일어나서 열교환율을 최대화한다.

어떤 상어, 조류, 곤충들 또한 열교환기를 이용한다. 대부분의 상어와 어류들은 온도 순응자이긴 하지만 역류교환기는 일부 몸집이 크고 강력하게 유영하는 생물들인 대백상어, 참다랭이, 황새치 등에서 발견된다. 헤엄을 칠 때 사용하는 큰 근육들을 그 동물들의 체표 조직들보다 몇 도 더 따뜻하게 유지하는 적응을 통해 이 동물들은 힘차고 지속적인 활동을 할 수 있는 특징을 갖는다. 비슷하게 많은 내온성곤충들(호박벌, 꿀벌, 어떤 나방)도 비행근육이 위치해 있는 그들의 가슴에서 고온을 유지시키도록 역류교환기를 가진다.

증발을 통한 열 상실에 의한 냉각

많은 포유동물들과 조류들은 체온조절을 통한 데우기는 물론 냉각을 요구하는 장소에 살고 있다. 만약 환경온도가 체온보다 높다면 동물들은 물질대사로부터는 물론 환경으로부터도 열을 얻는데 이때 증발은 체온이 빠르게 올라가지 않도록 하는 유일한 방법이다. 육상동물은 피부와 호흡표면으로부터 증발에 의해서 물을 잃는다. 물은 증발할 때 상당한 열을 흡수한다(3장). 이 열은 체표면으로부터 수증기로 제거된다.

어떤 동물들은 증발의 냉각효과를 크게 증가시킬 수 있는 적응을 가진다. 땀과 목욕은 피부를 축축하게 한다. 많은 육상동물들은 신경계에 의해서 조절되는 땀샘을 가지고 있다. 헐떡거림(panting)은 조류들와 많은 포유동물들에서 중요하다. 어떤 조류들은 입 바닥에 풍부한 혈관으로 구성된 주머니를 가지고 있는데 이 주머니를 떨어 증발을 증가시킨다. 예를 들어, 비둘기는 물이 충분히 있는 한 이러한 적응을 사용하여 60°C나 되는 높은 공기 온도에서도 증발냉각을 강화시켜 체온을 40°C 가까이 유지한다.

행동적 반응

내온동물과 외온동물 모두 환경변화에 대한 행동적 반응을 통하여 체온을 조절한다. 많은 외온동물은 비교적 단순한 행동으로 매우 일정한 체온을 유지할 수 있다. 추울 때에는 그들 스스로를 열이 있는 쪽으로 향하게 하고 그들 몸 표면의 일부분을 그 쪽으로 펼치면서 따뜻한 곳을 찾는다(그림 40.11b). 더울 때에는 목욕을 하거나 서늘한 지역으로 이동하거나 열이 있는 곳의 반대방향으로 앉아서 태양열 흡수를 최소화한다. 예를 들면 잠자리의 곧추 선 "첨탑" 자세는 햇볕에 노출되는 몸의 표면적을 최소화시키는 적응이다(그림 40.14).

▲ **그림 40.14 잠자리의 체온조절 행동.** 이 잠자리의 "첨탑" 자세는 태양에 노출된 표면적을 최소화하기 위한 적응이다. 이 자세는 복사에 의한 열 획득을 감소시킨다.

꿀벌은 사회행동에 의존하는 체온조절 기작을 사용한다. 추운 날씨에 그들은 열 생산을 증가시키고 무리를 이루어 열을 보존할 수 있다. 개체들은 무리의 차가운 가장자리와 따뜻한 중앙 사이를 이동하며 열을 순환시키고 배분한다. 추운 날씨가 오래 지속되면 무리를 이루고 있을 때조차도 꿀벌은 온도를 유지하기 위해서 상당한 에너지를 지출한다. (이것은 둥지에 많은 양의 에너지를 꿀의 형태로 저장해두어야 하는 이유이다.) 뜨거운 날씨에 꿀벌은 또한 물을 둥지로 나르거나 날개로 바람을 일으켜 증발과 대류를 촉진시킴으로써 벌집을 냉각시킨다. 따라서 꿀벌 집단은 단일 생명체에서 관찰되는 많은 체온조절 기작들을 사용한다.

물질대사열 생산의 조정

내온동물은 일반적으로 환경보다 상당히 더 따뜻한 체온을 유지하기 때문에 그들은 꾸준히 일어나는 열손실을 보상해야 한다. 내온동물은 변화하는 열손실률에 맞춰 열생산을 변화시킬 수 있다. **열생산**(thermogenesis)은 움직이거나 떠는 것과 같은 근육활동으로 증가된다. 예를 들어, 20 g의 몸무게를 가지는 박새(chickadee)는 열생산에 필요한 많은 에너지를 제공할 수 있는 충분한 음식이 있는 한, 영하 40℃의 외부온도에서도 체온을 거의 40℃ 가까이 유지하며 활동한다.

가장 작은 내온성 동물들—꿀벌이나 나방과 같이 날아다니는 곤충—도 열생산을 조절할 수 있다. 체온을 올리는 그들의 능력은 강력한 비행근육에 의존하는데, 이 비행근육이 수축하면 많은 양의 열이 생성된다. 많은 내온성 곤충들은 이륙하기 전에 떨림을 이용해 몸을 덥힌다. 비행근육을 동시에 수축시키기 때문에 아주 작은 날개짓만으로도 상당한 열을 생산한다. 화학반응들, 즉 세포호흡은 덥혀진 비행모터를 가속화하여 곤충들은 차가운 공기에서도 날 수 있다(그림 40.15).

일부 포유동물들에서 어떤 특정 호르몬은 미토콘드리아에서 물질대사 활성을 증가시키고 ATP 대신에 열을 생산하도록 한다. **비떨림열생성**(nonshivering thermogenesis)이라고 하는 이 과정은 몸 전체에서 일어나지만 어떤 포유동물은 빠른 열생산을 위해서 특수화된 **갈색지방**(brown fat)이라는 조직을 목 안쪽과 어깨 사이에 가진다. (백색지방보다 더 많은 미토콘드리아가 있어서 갈색지방은 특유의 색을 띤다.) 갈색지방은 동면하고 있는 성체동물에서뿐만 아니라 많은 포유동물의 유아에서 발견된다. 인간의 유아에서 몸무게의 약 5%가 갈색지방이다. 갈색지방은 최근에 인간 어른에서도 발견되었는데 이 갈색지방의 양은 실외 온도가 낮을수록 더 많이 발견되었다. 떨림과 비떨림 열생성을 통해 포유동물들과 조류들은 따뜻한 환경에서보다 추운 환경에서 물질대사열을 5~10배 정도 더 생성할 수 있다.

몇 종류의 커다란 파충류들은 특이한 환경

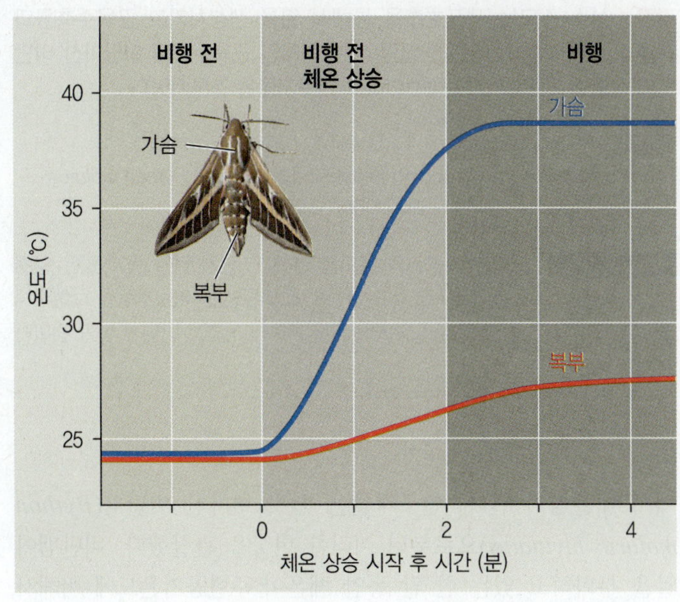

▲ **그림 40.15 박각시나방의 비행 전 체온 상승.** 박각시나방(hawkmoth, *Manduca sexta*)은 비행 전 체온상승을 위해서 가슴비행근육의 떨림 기작을 사용하는 많은 곤충종들 중 하나이다. 체온상승은 비행근육이 충분한 힘을 생성하게 하여 이 동물이 이륙할 수 있게 한다. 일단 이륙하면 비행근육의 활동은 가슴온도를 높게 유지시킨다.

▼ 그림 40.16 탐구

버마산 비단뱀이 알을 품을 때 어떻게 열을 생성하는가?

실험 뉴욕의 브롱크스 동물원에서 다울링(Herdon Dowling)과 동료들은 암컷 버마산 비단뱀이 똬리를 틀면서 알을 품을 때 체온을 올리고 똬리의 빈번한 근육수축이 일어남을 관찰하였다. 근육수축에 의해서 체온이 올라가는지를 알기 위해서 연구자들은 비단뱀과 알들을 배양실에 넣었다. 그들은 배양실의 온도를 변화시켰고 비단뱀의 근육수축 횟수, 산소 흡수율, 세포호흡률을 측정하였다.

결과 배양실의 온도가 떨어질 때 비단뱀의 산소 소모는 증가하였다. 비단뱀의 산소 소모 역시 근육수축률에 따라서 변화하였다.

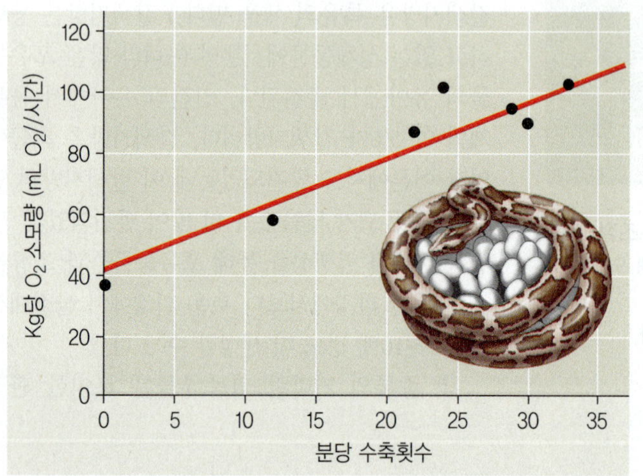

결론 산소 소모는 세포호흡을 통해서 열을 생성시키고 근육수축률과 1차적으로 비례하기 때문에 떨림의 한 형태인 근육수축이 미얀마산 비단뱀의 상승한 체온에 대한 원천이라고 연구자들은 결론지었다.

참고문헌 V. H. Hutchison, H. G. Dowling, and A. Vinegar, Thermoregulation in a brooding female Indian python, *Python molurus bivittatus, Science* 151:694–696 (1966).

WHAT IF? 여러분이 공기의 온도를 변화시키면서 알을 품지 않은 암컷 비단뱀의 산소 소모를 측정하였다고 가정하자. 비단뱀은 떠는 행동을 보여주지 않았다. 그렇다면 그 뱀의 산소 소모는 환경온도에 따라서 어떻게 변할 것이라고 생각하는가?

에서 내온성이 된다. 연구자들은 암컷 버마산 비단뱀(*Python molurus bivittatus*)으로부터 이러한 현상을 관찰했다. 비단뱀이 알을 부화하고 있는 한 달 동안 체온이 주변공기온도에 비해서 6℃ 더 높은 사실을 발견하였다. 어디로부터 열이 오는가? 후속 연구는 포유동물과 조류와 마찬가지로 비단뱀 역시 떨림을 통해서 체온을 상승시킨다는 것을 보여주었다**(그림 40.16)**. 이러한 발견은 파충류들에서 체온조절에 대한 새로운 개념은 물론 여전히 논란 중에 있지만 중생대의 어떤 특정 공룡집단들이 내온성이라는 생각을 이끌어 냈다(34장).

체온조절에서의 순화

순화(acclimatization)는 많은 동물종들의 체온조절에 공헌을 한다. 조류들과 포유동물들의 경우 계절적 온도변화에 대한 순화는 단열의 정도를 조정함으로써(예를 들면, 겨울에는 두꺼운 털이 자라게 하고 여름에는 이 털이 빠지게 함으로써) 이루어진다. 이러한 변화는 내온동물이 1년 내내 일정한 체온을 유지하게 한다.

외온동물에서 순응은 때때로 세포수준에서의 조정을 포함하고 있다. 세포는 같은 기능을 가지지만 서로 다른 최적온도를 가지는 효소변이체(variants of enzyme)들을 생산할 수도 있다. 생체막 또한 그들이 포함하고 있는 포화지질과 불포화지질의 비율을 변화시키는데 이러한 변화는 다양한 온도에서 막의 유동성을 유지하도록 한다(그림 8.5). 빙점 이하의 체온을 가지는 어떤 외온동물들은 그들 세포에서 얼음의 형성을 방해하는 “부동(antifreeze)” 화합물을 생산하여 스스로를 보호한다. 물의 온도가 −2℃ 정도로 차가운(보호되지 않은 체액의 빙결점인 −1℃ 보다 낮은) 북극과 남극의 바다에서도 어떤 어류들은 이러한 화합물 덕택에 생존할 수 있다.

생리학적 온도조절장치와 발열(fever)

인간과 여러 포유동물에서 체온조절은 되먹임 기작에 의하여 촉진되는 하나의 복잡계이다. 체온조절을 제어하는 감각기들은 **시상하부(hypothalamus)**라고 하는 뇌부분에 집중되어 있다. 시상하부에서 한 무리의 신경세포들은 온도조절장치(thermostat)로 작동하는데, 이 온도조절장치 열손실이나 획득을 촉진시키는 기작을 활성화시켜 정상범위를 벗어난 체온에 반응한다**(그림 40.17)**.

온도가 상승하면 고온수용체(warm receptor)가 시상하부 체온조절장치로 신호를 보내고, 온도가 하강하면 저온수용체(cold receptor)가 신호를 보낸다. (똑같은 혈관이 시상하부와 귀로 제공되기 때문에 귀의 온도 측정은 시상하부의 온도조절장치에 의해서 탐지된 온도를 나타낸다.) 정상범위 아래의 체온에서 온도조절장치는 열손실 기작을 억제시키고 혈관수축과 털의 곤두세움과 같은 열보존 기작을 활성화시키는 동시에 열생성 기작(떨림과 비떨림 열생성)을 자극한다. 상승된 체온에 반응하여 온도조절장치는 열보존 기작을 중단하고 혈관이완, 땀흘림, 헐떡거림 등으로 몸을 냉각시킨다.

세균나 바이러스 감염 시 포유동물들과 조류들은 열을 발생시켜 체온을 상승시킨다. 발열(fever)은 생물학적 온도조절장치에서의 설정값 상승을 반영한다는 사실이 다양한 실험들을 통해서 알려져 왔다. 예를 들면, 감염된 동물에서 시상하부의 온도를 인위적으로 올리면 몸의 다른 부분에서 발열 정도가 줄어든다.

내온동물들만 발열증상을 나타내지만 파충류들도 하나의 관련된 반응을 보인다. 어떤 세균에 감염되었을 때 사막이구아나

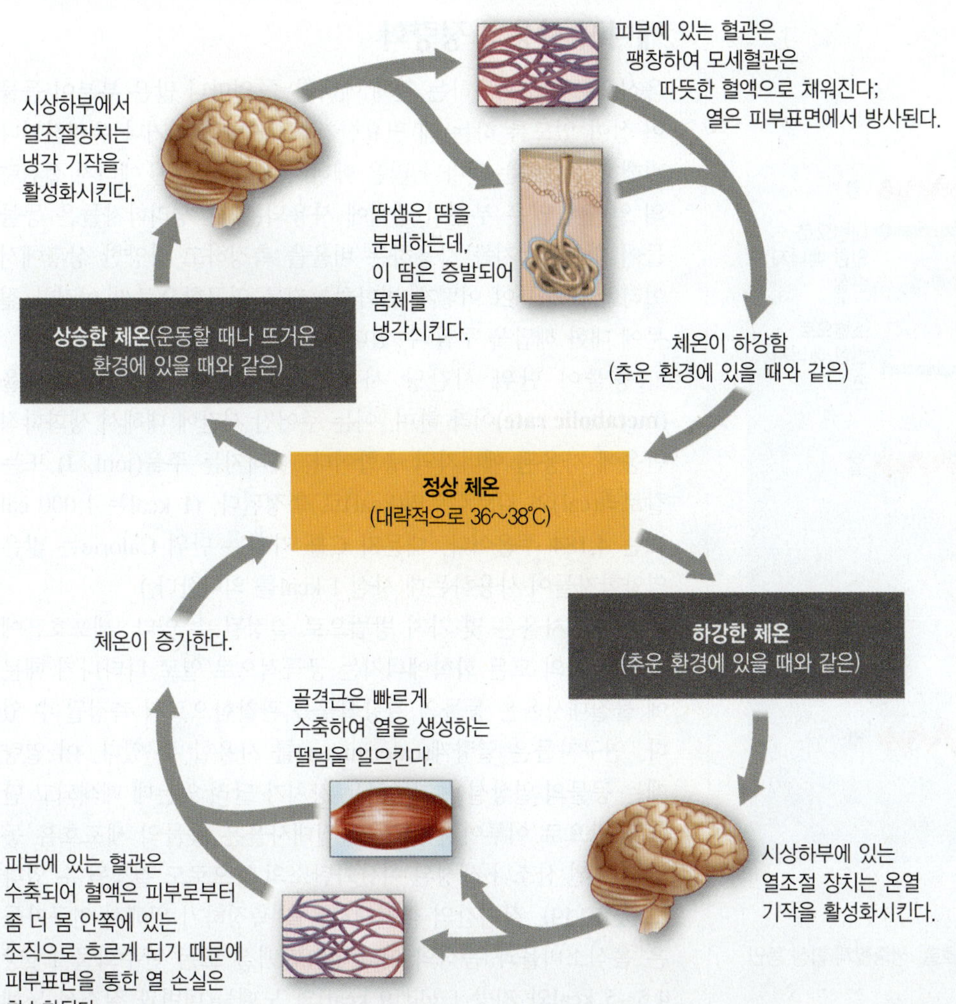

◀ **그림 40.17 인체의 체온조절에 있어서 열조절장치로서의 시상하부의 기능**

WHAT IF? 뜨거운 날 열심히 운동을 한 후 아이스박스에 어떤 음료수도 없다고 가정하자. 절망한 나머지 머리를 아이스박스의 냉수에 집어넣으면 냉수는 얼마나 빨리 여러분의 체온을 정상으로 되돌리겠는가?

(*Dipsosaurus dorsalis*)는 더 따뜻한 환경을 찾아서 약 2~4℃ 정도로 상승된 체온을 유지한다. 어류, 양서류, 심지어 바퀴벌레에서 나타난 유사한 관찰들은 감염에 대한 이러한 반응이 많은 동물종들의 공통적인 모습이라는 것을 보여준다.

체온조절에 대해 심도 있게 살펴보았으니, 이제 동물들이 에너지를 할당하고, 사용하며, 보존하는 여러 가지 방법들을 고려해보는 것으로 동물의 구조와 기능에 대해 소개를 마치려고 한다.

개념 확인 문제 40.3

1. 같은 온도라면 움직이는 공기가 멈춰 있는 공기보다 더 차갑게 느껴지는 경우인 "바람냉각(wind chill)"은 어떤 유형의 열교환에 포함되는가?
2. 꽃들은 햇볕을 흡수하는 양이 다양하다. 이러한 사실이 추운 아침에 꿀을 찾는 벌새에서 왜 중요한가?
3. **WHAT IF?** 떨림은 왜 발열과 비슷한가?

정답은 부록 A 참조

개념 40.4

에너지 요구는 동물의 크기, 활동, 환경과 관련되어 있다

1장에서 소개한 대로 생물학의 일관된 주제 중 하나는 생명체는 에너지 이동과 전환을 요구한다는 것이다. 다른 생명체와 마찬가지로 동물들은 성장, 복구, 활동, 생식을 위해서 화학에너지를 사용한다. 한 동물에서의 에너지 흐름과 전환에 대한 연구인 **생물에너지학(bioenergetics)**은 궁극적으로 동물의 행동, 성장, 생식과 관련되어 있고 동물이 얼마나 많은 음식을 필요로 하는지를 결정한다.

에너지 할당과 사용

생물들은 그들이 화학에너지를 어떻게 획득하는지에 따라서 분류될 수 있다. 식물과 같은 독립영양생물체(autotrophs)들은 에너지가 풍부한 유기분자들을 만들기 위해서 빛에너지를 사용하고 최종적으로 이러한 유기분자들을 연료로 사용한다. 포유동물

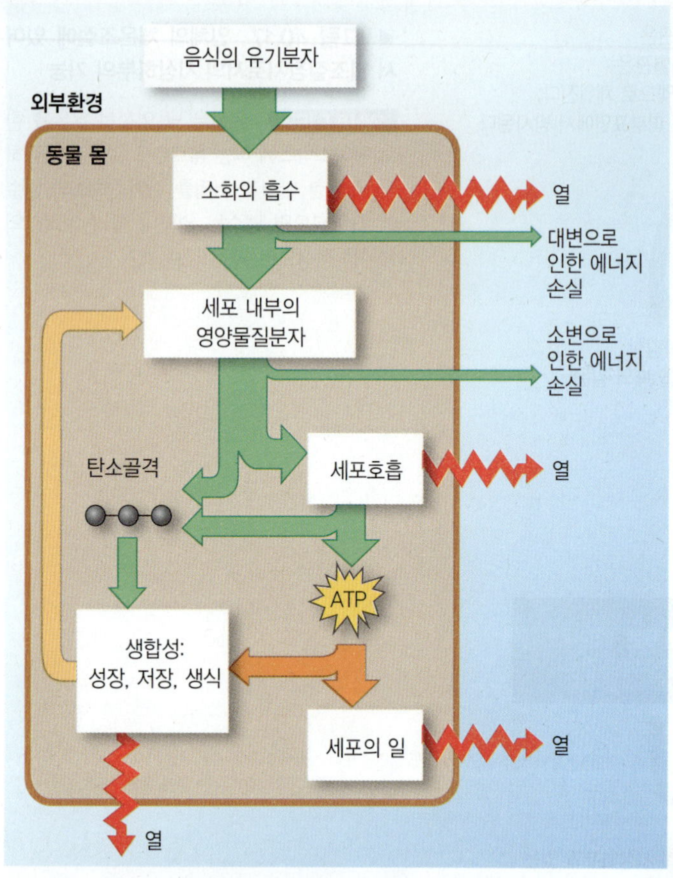

▲ 그림 40.18 **동물의 생물에너지학: 개요**

MAKE CONNECTIONS 영양물질의 흡수, 세포호흡, 생중합체 합성 동안 열이 생성되는 이유를 에너지 짝물림으로 설명하라.

들과 같은 종속영양생명체(heterotrophs)들은 먹이로부터 그들의 화학에너지를 획득하는데 음식은 다른 생명체들에 의해서 합성된 유기분자들을 포함한다.

동물들은 그들이 물질대사와 활동을 위한 연료제공을 위해서 먹는 음식에서 수확된 화학에너지를 사용한다. 효소에 의한 가수분해로 음식은 소화되며(그림 5.2b), 영양물질들은 체세포들에 의해서 흡수된다 (그림 40.18). 대부분의 영양물질분자들은 ATP 생성에 사용된다. 세포호흡과 발효에 의해서 생성된 ATP는 세포의 일을 추진하여 세포, 기관, 기관계가 많은 기능을 수행하도록 함으로써 동물이 살아 있게 한다. ATP 형태의 에너지는 또한 생합성에 사용되는데 생합성은 몸의 성장과 복구, 지방과 같은 저장물질의 합성, 배우자의 생산에 필요하다. ATP의 생산과 사용은 열을 방출하기 때문에 결과적으로 동물은 지속적으로 환경에 열을 내놓는다.

에너지 사용의 정량화

음식으로부터 획득하는 전체 에너지 중 얼마나 많은 부분이 동물이 살아 있도록 하는 데 필요한가? 걷거나 달리거나 유영하거나 비행하는 데에는 얼마나 많은 에너지가 필요한가? 에너지 섭취량의 얼마나 많은 부분이 생식에 사용되는가? 생리학자들은 동물들이 화학에너지를 사용하는 비율을 측정하고 다양한 상황에서 이러한 사용률이 어떻게 변화하는지를 연구함으로써 이러한 질문에 대한 해답을 구할 수 있다.

동물이 단위 시간당 사용하는 에너지량을 **물질대사율 (metabolic rate)**이라 하며, 이는 주어진 시간에 대해서 생화학적 반응에 사용된 에너지의 총합이다. 에너지는 주울(joul, J) 또는 칼로리(cal)와 킬로칼로리(kcal)로 측정된다. (1 kcal는 1,000 cal 또는 4,184 주울이다. 대문자 C를 가지는 단위 Calorie는 많은 영양학자들이 사용하는데 사실 1 kcal를 의미한다.)

물질대사율은 몇 가지 방법으로 결정될 수 있다. 세포호흡에 사용된 거의 모든 화학에너지는 궁극적으로 열로 나타나기 때문에 물질대사율은 동물의 열상실률을 관찰함으로써 측정될 수 있다. 연구자들은 열량계(calorimeter)를 사용할 수 있다. 이 열량계는 동물의 열상실을 기록하는 장치가 달려 있는데 폐쇄되고 단열된 방으로 이루어져 있다. 물질대사율은 동물의 세포호흡 동안 소모된 산소나 생성된 이산화탄소의 양으로도 결정될 수 있다 (그림 40.19). 장기간의 물질대사율을 측정하기 위해서 연구자들은 음식소비율과 음식의 에너지량(단백질 또는 탄수화물 1 g당 4.5~5 kcal와 지방 1 g당 9 kcal)과 노폐물(대변과 질소성 노폐물)로 잃어버린 화학에너지를 기록한다.

최소 물질대사율과 체온조절

동물들은 세포 유지, 호흡, 심장박동과 같은 기본적 기능들을 위해서 최소대사율을 유지하여야 한다. 연구자들은 내온동물들과

▲ 그림 40.19 **유영하고 있는 상어에서 산소 소모율의 측정.** 어린 귀상어가 있는 탱크의 순환하는 물에서 산소량의 감소를 한 연구자가 주시하고 있다.

외온동물들에 대한 최소대사율을 서로 다르게 측정한다. 쉬고 있고 비어 있는 위장을 가지고 있으며 스트레스를 받지 않는 상태에서 성장하지 않는 내온동물의 물질대사율을 **기초대사율(basal metabolic rate, BMR)**이라고 한다. BMR은 열의 생성이나 방출이 최소가 되는 범위, 즉 쾌적한 온도범위 안에서 측정된다. 외온동물들의 최소대사율은 특정한 온도에서 결정되는데 이는 환경온도의 변화가 체온과 물질대사율을 변화시키기 때문이다. 특정한 온도에서 쉬고 있고 음식을 먹지 않고 있으며 스트레스를 받지 않은 외온동물에서 물질대사율을 **표준대사율(standard metabolic rate, SMR)**이라고 한다.

최소대사율의 비교는 외온성과 내온성이 서로 다른 에너지 비용을 가짐을 보여준다. 인간의 BMR은 성인 남자의 경우 하루 1,600~1,800 kcal이고 성인 여자의 경우 하루 1,300~1,500 kcal이다. 이러한 BMR은 75와트 전구에서 소모되는 에너지와 같다. 대조적으로 SMR은 미국산 악어의 경우 20℃에서 하루 약 60 kcal이다. 이것은 비교적 같은 크기의 인간에 의하여 사용되는 에너지의 1/20만을 나타내는데, 외온성이 내온성에 비해서 에너지 요구가 적다는 것을 보여준다.

물질대사율에 미치는 영향

동물이 내온성이건 외온성이건 상관없이 동물의 물질대사율은 많은 요인들에 의해서 영향을 받는다. 나이, 성, 크기, 활동, 온도, 영양이 그 핵심적인 요인이다. 여기에서 크기와 활동의 효과를 살펴볼 것이다.

크기와 물질대사

보다 큰 동물들은 보다 무거운 몸무게 갖고 있어서 보다 많은 화학에너지를 요구한다. 그림 40.20a의 다양한 포유동물들에서 보여준 대로 전체적인 대사율과 체중의 관계는 넓은 범위의 크기나 형태에 걸쳐 일정하다. 세균에서 청색고래까지보다 다양한 생명체들에 대해서 물질대사율은 대략적으로 몸무게의 3/4제곱($m^{3/4}$)에 비례한다. 과학자들은 내온성은 물론 외온성에 적용되는 이러한 관계에 대한 기초가 무엇인지 조사 중이다.

물질대사율과 크기의 관계는 체세포와 조직에 의한 에너지 소모에 중대한 영향을 미친다. 그림 40.20b에서 보듯이 몸무게 1 g을 유지하기 위해서 취하는 에너지는 몸크기에 반비례한다. 예를 들면, 코끼리는 생쥐에 비해서 보다 많은 칼로리를 사용하고 있지만 생쥐는 코끼리에 비해서 그램당 약 20배 이상의 에너지를 요구한다. 좀 더 작은 동물들의 좀 더 높은 그램당 물질대사율 요구는 좀 더 큰 산소운반율을 요구한다. 그램당 높은 물질대사율과 관련하여 좀 더 작은 동물은 좀 더 큰 호흡률, 혈액량(크기에 비해서), 심장박동수를 가진다. 따라서 좀 더 작은 동물은 몸무게당 더 많은 음식을 먹어야만 한다.

몸크기와 연관된 생체에너지학적 고찰들은 손실과 이득 (trade-offs) 한 가지를 얻고 다른 한 가지를 잃는)이 몸체계획의 진화에 어떻게 영향을 주는지에 대한 하나의 명확한 예를 제공한다. 몸크기가 작아질수록 조직의 그램당 에너지 비용은 증가한다. 몸크기가 증가할수록 조직의 그램당 에너지 비용은 감소하지만 교환, 지지, 이동을 위해서는 전보다 더 많은 부분의 신체조직이 필요하다.

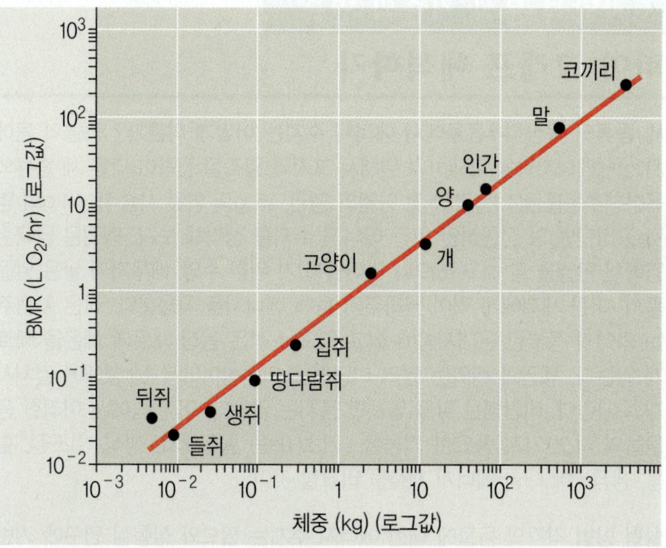

(a) 다양한 포유동물들에서 기초대사율(BMR)과 몸 크기의 상관관계. 쥐(shrew)에서 코끼리까지 몸집의 크기는 100만 배 증가한다.

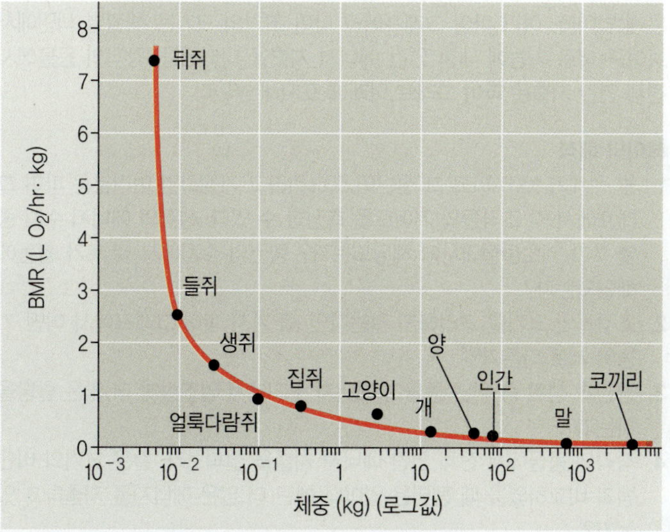

(b) (a)에서와 같은 포유동물에서 체중 1 kg당 BMR과 몸집 크기의 상관관계.

▲ **그림 40.20 물질대사율과 몸집 크기의 상관관계**

INTERPRET THE DATA (a) 그래프로부터 한 관찰자는 100마리의 땅다람쥐는 1마리의 개와 같은 기초대사율을 가진다고 생각하였다. 그러나 두 번째 관찰자는 그 결론에 동의하지 않았다. 누가 옳은가?

활동과 물질대사율

내온동물과 외온동물에서 활동은 물질대사율에 커다란 영향을

과학적 분석 기술의 연습

파이 그래프 해석하기

세 종류의 육상척추동물에서 에너지 수지는 어떻게 다른가? 동물의 몸에서 생체에너지학을 이해하기 위해서 크기와 열조절 전략이 다른 세 종류의 육상척추동물들(4 kg의 수컷 아델리 펭귄, 25 g의 암컷 사슴쥐, 4 kg의 암컷 공비단뱀)의 전형적인 연간 에너지 수지를 생각해 보자. 펭귄은 남극환경에서 단열을 잘 하고 있으나 먹이를 잡기 위한 수영, 배우자가 낳은 알을 품기, 어린 새끼에게 먹이 날라주기 등에 에너지를 사용한다. 작은 사슴쥐는 먹이가 풍부한 온대지방에 살고 있으나 작은 몸집 때문에 체온을 빠르게 잃는다. 펭귄과 쥐와는 달리 비단뱀은 외온성이어서 전 생애에 걸쳐서 계속 자란다. 비단뱀은 알을 낳지만 품지는 않는다. 이 연습에서 이러한 동물들의 다섯 가지 중요한 기능들—기초(표준) 물질대사, 생식, 열조절, 활동, 생장—에 대한 에너지 지출을 비교할 것이다.

실험 방법 각각의 동물에 대한 에너지 수지는 필드와 실험실 연구에 기반하여 계산되었다.

실험 데이터 파이 그래프는 여러 변수들의 상대적 차이를 비교하는 데 좋은 방법이다. 여기 파이 그래프에서 파이 조각의 크기는 색깔별 색인에서 보여준 대로 기능에 대한 연간 에너지 지출을 나타낸다. 각각의 동물에서 전체 연간 지출은 파이 그래프 아래에 표시해 놓았다.

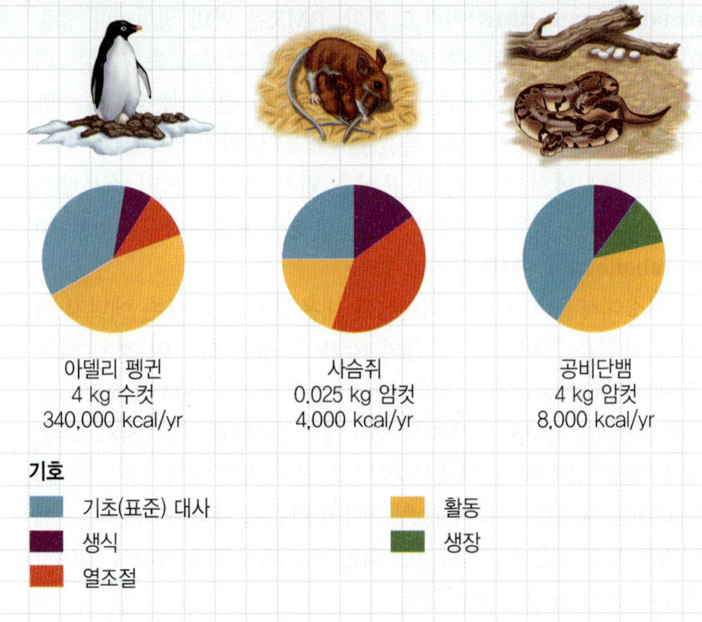

데이터 해석

1. 원 전체가 100%이고 그 절반이 50%이라고 가정하면 여러분은 파이 그래프에서 각 조각들의 기여도를 측정할 수 있다. 생쥐의 에너지 수지 중 몇 %가 기초물질대사에 해당되는가? 펭귄의 수지에서 몇 %가 활동에 해당되는가?
2. 조각들의 크기를 고려하지 않는다면 세 가지 파이 그래프에서 어떤 기능이 서로 다른가?
3. 펭귄과 생쥐 중 어떤 동물이 에너지 수지에서 열조절에 더 많은 할당을 하는가?
4. 각각의 동물에서 전체 연간 에너지 지출을 살펴보라. 같은 크기의 비단뱀과 비교하였을 때 펭귄은 얼마나 매년 더 많은 에너지를 지출하고 있는가?
5. 어떤 동물이 매년 열조절에 가장 많은 킬로칼로리를 소모하는가?
6. 일 년 동안이 아니라 단지 몇 개월 동안만 펭귄에서 에너지 할당을 조사한다면 파이 그래프에서 가장 중요한 부분이 생장이라는 것을 발견할 것이다. 일 년 동안 성체 펭귄이 자라지 않는다고 가정한다면 이러한 발견으로부터 당신은 무엇을 예상하는가?

참고문헌 M. A. Chappell et al., Energetics of foraging in breeding Adélie penguins, *Ecology* 74:2450–2461 (1993); M. A. Chappell et al., Voluntary running in deer mice: speed, distance, energy costs, and temperature effects, *Journal of Experimental Biology* 207:3839–3854 (2004); T. M. Ellis and M. A. Chappell, Metabolism, temperature relations, maternal behavior, and reproductive energetics in the ball python (*Python regius*), *Journal of Comparative Physiology B* 157:393–402 (1987).

미친다. 책상에서 조용히 독서를 하는 사람이나 날개를 활짝 편 곤충조차도 BMR 또는 SMR 이상의 에너지를 소모한다. 최대대사율(최대 ATP 사용률)은 무거운 짐을 들거나 달리거나 수영하는 것과 같은 매우 격렬한 활동 동안 일어난다. 일반적으로 동물들이 유지할 수 있는 최대대사율은 활동 기간에 반비례한다.

대부분의 육상동물들에서 하루 평균 에너지 소모율은 BMR(내온동물의 경우) 또는 SMR(외온동물의 경우)의 2~4배이다. 대부분의 선진국에 살고 있는 인간은 하루 평균 에너지 소모율이 낮아서 BMR의 1.5배에 불과한데, 이것은 비교적 움직이지 않는 정적인 생활을 하고 있다는 뜻이다.

동물의 에너지 수지에서 각각의 조각들은 환경, 행동, 크기, 열조절을 포함하는 여러 요인들에 의존한다. **과학적 분석 기술의 연습**에서 여러분은 세 종류의 육상척추동물의 연간 에너지 수지에 대한 데이터를 해석하게 될 것이다.

휴면과 에너지 보존

항상성에 대한 많은 적응들에도 불구하고 열, 에너지, 물질수지의 균형을 맞추기 위한 동물들의 능력에 심각하게 도전하는 환경을 맞게 될 수 있다. 예를 들어, 1년 또는 하루 중 어떤 시기 동안에 환경의 온도가 극도로 올라가거나 내려갈 수도 있고 이용 가능한 음식이 사라질 수도 있다. 어렵고 위험한 조건을 피하는 동안 동물이 에너지를 절약할 수 있게 하는 적응이 **휴면(torpor)**인데, 휴면은 활동과 물질대사가 감소된 생리적 상태이다.

많은 작은 포유동물들과 조류들은 먹이섭취 양상에 대한 적응으로써 일중휴면(daily torpor)에 들어간다. 예를 들어, 어떤 박쥐들은 밤에 섭식하고 낮에 휴면에 들어간다. 박새와 벌새는 낮 동안 섭식하고 추운 밤에 종종 휴면에 들어간다. 밤에 박새의 체온은 10°C까지, 벌새의 체온은 25°C까지 떨어진다. 일중휴면을 나타내는 모든 내온동물들은 비교적 몸집이 작다. 활동할 때 그들은 높은 물질대사율을 가지고 있어서 높은 에너지 소모율을 보여준다.

▲ **동면 중인 겨울잠쥐**
(Muscardinus avellanarius)

동면(hibernation)은 겨울철 동안 추위와 음식부족에 대해 적응하는 긴 기간의 휴면이다. 어떤 척추동물이 동면에 들어갈 때 그들의 체온은 떨어지는데, 실제로 체온조절장치가 꺼지게 된다. 체온 저하는 극적이다. 동면하는 어떤 포유동물의 체온은 1~2℃까지 떨어지고 북극땅다람쥐(Artic ground squirrel, *Spermophilus parryii*)의 경우 매우 차가운(빙결되지 않는) 상태에서 0℃ 아래로 떨어지기도 한다. 동면하는 동물들은 아마도 2주에 한 번씩 그들의 체온을 올려서 다시 동면에 들어가기 전에 매우 짧게 활성화되는 각성(arousal)을 경험한다.

동면 동안 에너지 절약은 매우 크다. 동면 동안의 물질대사율은 동물의 체온이 36~38℃를 유지할 때에 비해서 20배 낮다. 결과적으로 땅다람쥐와 같은 동면동물들은 몸의 조직에 저장된 제한적인 에너지나 땅굴 속에 숨겨 놓은 음식만으로도 겨울철에 생존할 수 있다. 유사하게 **하면(estivation)** 혹은 여름 휴면 동안 낮은 물질대사와 비활동성은 동물이 오랜 기간의 고온과 부족한 물 공급에도 생존할 수 있게 한다.

휴면하는 동물의 일주기성 리듬에 어떤 일이 발생하는가? 과거에 어떤 연구자들은 동면하는 동물에서 매일의 생물학적 리듬을 관찰하였다고 보고하였다. 그러나 어떤 경우에 이 동물들은 아마도 휴면상태에 있었고 그들은 "깊은" 동면에 빠지기보다는 매우 쉽게 각성되었다. 최근 프랑스의 연구팀들은 리듬 그것 자체보다 생물학적 시계 장치를 조사하면서 다양한 방법으로 이 질문에 해답을 찾고자 했다(**그림 40.21**). 유럽 햄스터로 그들은 시계의 분자적 구성요소가 동면 동안 진동을 멈춘다는 것을 발견하였다. 이러한 발견은 최소한 이 종에서 동면 동안 일주 시계의 작동이 멈춘다는 것을 의미한다.

조직 유형에서 항상성까지 공부하면서 이 장은 전체 동물에 초점을 두었다. 우리는 기관들과 기관계들을 구성하는 공통적인 조직 유형들을 조사하였다. 동물이 환경과 어떻게 물질을 교환하는지 크기와 활동이 어떻게 물질대사율에 영향을 미치는지에 대해서 공부하였다. 우리는 단원의 나머지에서 이러한 특수화된 기관들과 기관계들이 어떻게 동물들로 하여금 생명의 기본적인 도전들에 직면하는지를 보게 될 것이다. 6단원에서 식물이 어떻게 공통적인 도전에 직면하는지를 조사했다. 다음 두 쪽의 **그림 40.22**는 동식물의 진화적 적응에 있어서 기본적 유사성과 차이점을 강조하고 있다. 따라서 이 그림은 6단원의 복습이고 7단원을 위한 소개이며 가장 중요하게도 수많은 형태의 생명체들을 통일시키는 연결의 그림이다.

▼ **그림 40.21** **탐구**

동면 동안 일주 시계에 어떤 일이 일어났는가?

실험 24시간 생물학적 시계가 동면 동안 계속 작동하는지 알기 위해서 스타스버그 소재 루이 파스퇴르대학의 피빗(Páurl Pévet)과 동료들은 유럽 햄스터(*Cricetus cricetus*)에서 일주 시계의 분자적 구성성분들을 연구하였다. 이 연구자들은 계속적인 어둠 상태에서의 정상적 활동(적정온도)과 동면 동안 두 개의 시계 유전자들인 *Per2*와 *Bmal1*의 RNA 양을 조사하였다. RNA 시료는 일주기성 리듬을 조절하는 포유동물의 뇌에서 발견되는 한 쌍의 구조인 시교차상핵(suprachiasmatic nuclei, SCN)으로부터 얻었다.

결과

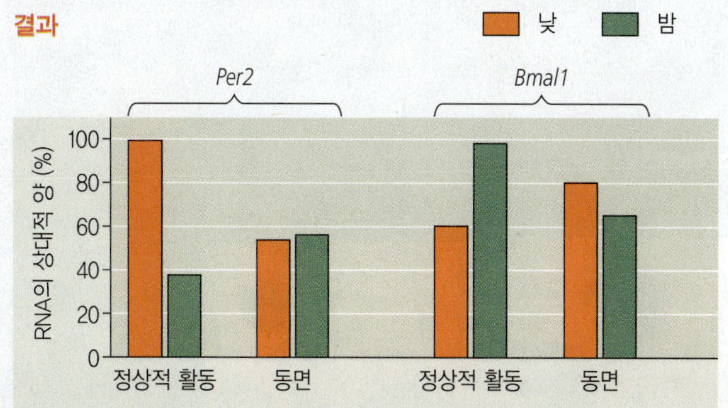

결론 동면은 햄스터 시계 유전자의 RNA 양에 있어서 일주기성 변이를 방해하였다. 이후의 실험은 이러한 방해는 동면 동안의 단순한 어두운 환경 때문이 아니라는 것을 보여주었다. 동면하지 않는 동물에서는 어두운 낮시간에나 밝은 낮시간에도 RNA 수준이 동일했기 때문이다. 연구자들은 동면하는 유럽 햄스터에서, 아마도 다른 종류의 동면 동물에서도 마찬가지로, 생물학적 시계가 작동하는 것을 멈춘다고 결론지었다.

참고문헌 F.G. Revel et al., The circadian clock stops ticking during deep hibernation in the European hamster, *Proceedings of the National Academy of Sciences USA* 104:13816–13820 (2007).

WHAT IF? 당신이 새로운 햄스터 유전자를 동정했고 이 유전자의 RNA양이 동면 동안 일정하였다는 것을 발견했다고 하자. 적정온도(euthermia) 동안 이 유전자의 RNA 양이 밤낮으로 어떻게 변화할 것인지 설명해 보라.

개념 확인 문제 40.4

1. 만약 같은 무게를 가지는 쥐와 작은 도마뱀(각각 쉬고 있을 때)이 동일한 환경조건의 호흡측정기에 놓여 있다면 어떤 동물이 더 높은 속도로 산소를 소모하는가? 이를 설명하라.
3. 집고양이와 동물원의 아프리카 사자 중에서 어떤 동물이 몸무게에 비해서 매일 더 많은 음식을 섭취해야 하는가?
3. **WHAT IF?** 밤 동안 공기온도가 떨어지고 있을 때 동물원의 동물들이 편안하게 쉬고 있다고 가정해 보자. 만약 온도변화가 물질대사율을 떨어뜨릴 정도로 충분하다면 악어와 사자에서 어떤 변화가 일어날 것으로 기대하는가?

정답은 부록 A 참조

▼ 그림 40.22

MAKE CONNECTIONS

동식물에서 삶의 도전과 해결:

다세포 생명체들은 공통적인 도전에 직면한다. 동식물에서 진화해 온 해결책들을 비교하면 두 계통 모두에서 통일성과 다양성이 드러날 것이다.

영양방식

모든 생명체는 환경에서 에너지와 탄소를 얻어서 생장하고 생존하고 생식한다. 식물은 독립영양체로서, 광합성으로 에너지를 얻고 무기물로부터 탄소를 얻는다. 반면에 동물은 종속영양체로서 음식에서 에너지와 탄소를 얻는다. 동식물에서 진화적 적응은 이러한 서로 다른 영양방식을 잘 지원해준다. 잎의 넓은 표면적(왼쪽)은 광합성을 위한 빛의 포획을 강화시킨다. 삵쾡이는 은밀성, 민첩성, 날카로운 발톱을 이용하여 사냥한다(오른쪽).

개념 36.1과 42.1을 보라.

진화적 반응

모든 생명체는 환경의 조건에 적절하게 반응한다. 특수화된 기관은 환경으로부터 오는 신호를 감지한다. 예를 들면 해바라기의 꽃부분(왼쪽)과 곤충의 눈(오른쪽)은 빛을 감지하는 광수용체를 가지고 있다. 환경에서 오는 신호는 특수한 수용체 단백질을 활성화시켜 신호전달경로를 시작하게 하는데 신호전달경로는 화학적, 전기적 소통에 의해서 통합되는 세포반응을 시작하게 한다.

개념 39.1과 50.1을 보라.

생장과 조절

동식물의 생장과 발달은 호르몬에 의해서 조절된다. 식물에서 호르몬은 국부적 지역 또는 전체 몸에서 작용한다. 호르몬들은 성장 패턴이나 개화, 열매의 발달 및 다른 여러 가지를 조절한다(왼쪽). 동물에서, 호르몬들은 몸 전체를 순환하다 특정 조직에 작용함으로써 항상성 과정과 탈피(아래) 같은 발생적 사건을 조절한다.

개념 39.2와 41.3을 보라.

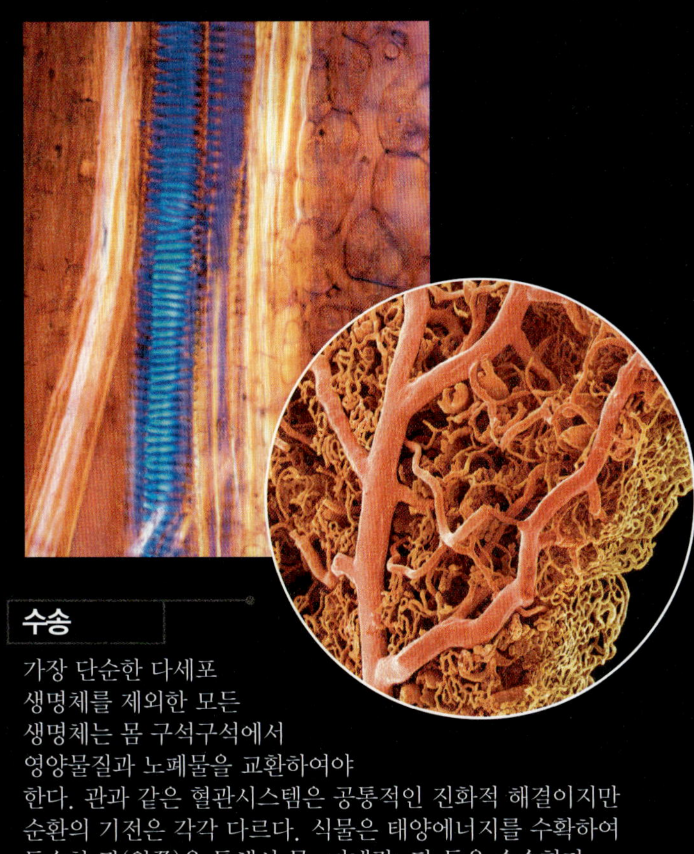

수송

가장 단순한 다세포 생명체를 제외한 모든 생명체는 몸 구석구석에서 영양물질과 노폐물을 교환하여야 한다. 관과 같은 혈관시스템은 공통적인 진화적 해결이지만 순환의 기전은 각각 다르다. 식물은 태양에너지를 수확하여 특수한 관(왼쪽)을 통해서 물, 미네랄, 당 등을 수송한다. 동물에서 펌프(심장)는 혈관을 통해서 순환하는 액체를 이동시킨다(오른쪽). 개념 35.1과 43.3을 보라.

생식

성적 생식에서 특수화된 조직과 구조는 배우자를 생산하고 교환한다. 빠른 생장과 발달을 촉진시키는 영양 저장물이 그 자식들에게 제공된다. 예를 들면 씨앗(왼쪽)은 어린 새싹에 에너지를 제공하는 음식 비축물을 가지고 있고 젖은 어린 포유동물의 새끼를 위한 자양물을 제공한다.

개념 38.1과 45.5를 보라.

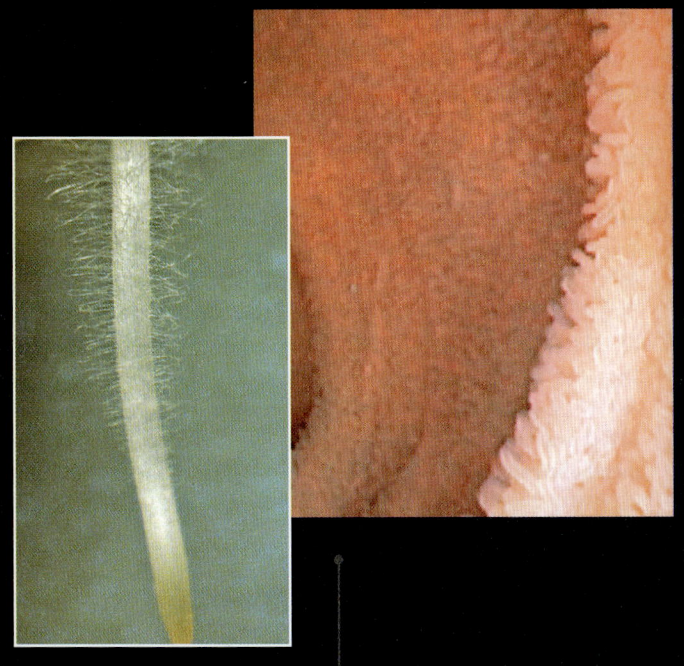

흡수

생명체는 영양물질을 흡수할 필요가 있다. 식물의 뿌리털(왼쪽)과 척추동물의 소장 내벽을 덮고 있는 융모(돌출부분, 오른쪽)는 흡수를 위한 표면적을 증가시킨다.

개념 36.3과 42.3을 보라.

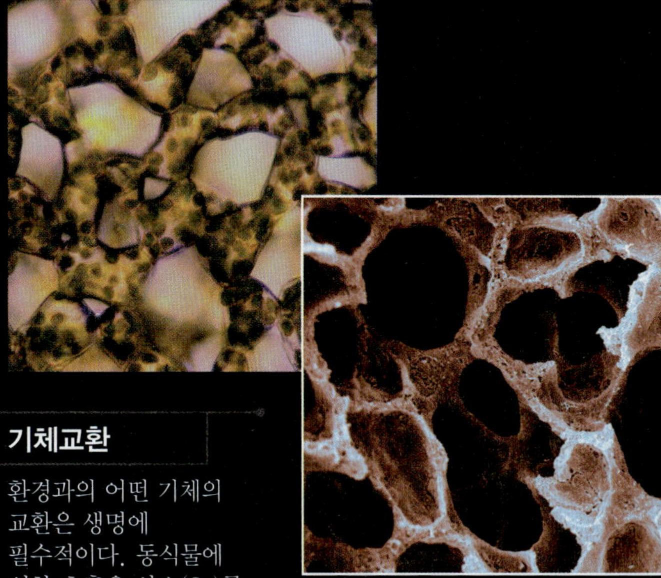

기체교환

환경과의 어떤 기체의 교환은 생명에 필수적이다. 동식물에 의한 호흡은 산소(O_2)를 취하고 이산화탄소(CO_2)를 방출하는 것이다. 광합성에서 그 교환은 반대방향으로, CO_2 흡수와 O_2 방출이다. 동식물에서 표면은 주름이 많이 잡히게 되어 기체교환을 위한 표면적이 늘어난다. 그 예는 잎의 스펀지성 엽육(왼쪽)과 허파의 폐포(오른쪽)에서 볼 수 있다.

개념 35.3과 43.5를 보라.

MAKE CONNECTIONS 동식물이 덥거나 추운 환경의 도전에 반응할 수 있는 적응을 비교하라. 35, 41, 43장을 보라.

40장 복습

핵심 개념의 요약

개념 40.1

동물의 형태와 기능은 모든 조직화 수준에서 서로 관련되어 있다

- 물리법칙은 동물 크기와 모양의 진화에 제한을 준다. 이러한 제한 때문에 공통적인 환경적 도전에 직면한 다양한 종들에서 비슷하지만 서로 독립적인 수렴진화가 일어난다.
- 다세포 동물에서 각각의 세포들은 액체 환경에 있어야 한다. 단순한 두 층의 주머니나 편평한 모양은 주변매질에 대한 노출을 최대화한다. 보다 복잡한 몸체설계(body plan)는 물질을 교환하기 위해서 특수화된, 주름이 많이 잡혀 있는 내부표면을 가진다.
- 동물몸체의 단계적 조직화에 있어서 공통구조와 기능을 가지는 한 무리의 세포들은 **조직(tissue)**을 이룬다. 다양한 조직들은 **기관(organ)**들을 이루고, 이 기관들은 모여서 **기관계(organ system)**들을 구성한다. 동물조직들은 뚜렷한 기능을 가지는 네 가지 주요 그룹으로 나뉜다. **상피조직(epithelial tissue)**들은 몸체의 외부와 내부 표면에서 환경과 능동적 접촉면을 형성한다. **결합조직(connective tissue)**들은 다른 조직들을 결합시키고 지지해 준다. **근육조직(muscle tissue)**은 수축하여 몸체 부분을 이동시킨다. **신경조직(nervous tissue)**은 몸 전체로 신경신호를 보낸다.
- 내분비계와 신경계는 몸체 안에서 다양한 장소들 사이를 소통시키는 두 가지 수단으로서 작용한다. 내분비계는 **호르몬(hormone)**이라고 하는 신호물질들을 혈류를 통해 널리 퍼뜨리지만 단지 특정한 세포들만이 각각의 호르몬에 대해서 반응적이다. 신경계는 특수한 장소에 정보를 전달하기 위해서 전기신호와 화학신호를 포함하는 전문화된 세포회로들을 사용한다.

? 몸집이 큰 동물의 경우, 환경과의 교환을 위해 몸집이 둥글게 되는 것은 어떤 어려움 때문인가?

개념 40.2

되먹임 조절 고리는 많은 동물의 내부환경을 유지하게 한다

- 환경적 변동에 직면해서 동물들은 어떤 내부 변수들을 조절하는 반면, 다른 내부 변수들을 외부변화에 따라서 순응하도록 한다. **항상성(homeostasis)**은 내부변화와 외부변화에 상관없이 꾸준한 상태의 유지이다.
- 대체적으로 항상성 기전은 **반응(response)**이 **자극(stimulus)**을 감소시키는 **음성되먹임(negative feedback)**에 기초한다. 대조적으로 **양성되먹임(positive feedback)**은 반응에 대한 자극의 증폭을 포함하고 때때로 임신에서 출산으로의 전이와 같은 상태변화를 일으킨다.

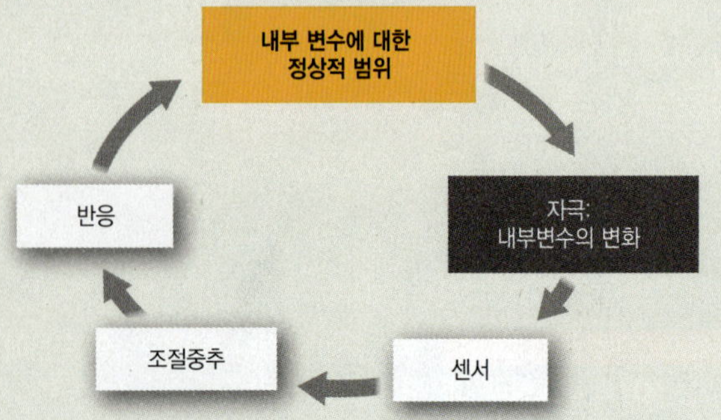

- 내부환경의 조절된 변화는 정상 기능에 필수적이다. **일주기성 리듬(circadian rhythm)**은 낮밤 주기에 맞춰진 물질대사와 행동에 있어서 하루 동안의 변동이다. 다른 환경적 변화는 꾸준한 상태에서 임시적 변화인 **순화(acclimatization)**를 시작하게 한다.

? 항상성을 일정한 내부환경으로서 정의하는 것이 정확한가?

개념 40.3

열조절을 위한 항상성 과정은 형태, 기능, 행동을 포함한다

- 동물은 **체온조절(thermoregulation)** 과정을 통해 허용된 범위 안에서 내부온도를 유지한다. **내온동물(endotherm)**들은 주로 물질대사에 의하여 생성된 열에 의하여 따뜻해진다. **외온동물(ectotherm)**들은 환경적 원천으로부터 대부분의 열을 얻는다. 내온성은 보다 많은 에너지를 요구한다. **변온동물**(poikilotherm)의 경우 체온은 환경 온도에 따라서 다양하고 **항온동물**(homeotherm)의 경우에 체온은 일정하다.
- 체온조절은 열손실과 획득의 균형을 이루게 하는 생리적, 행동학적 조정을 포함하는데, 이 조정은 **방사(radiation)**, **증발(evaporation)**, **대류(convection)**, **전도(conduction)**를 통해서 일어난다. 단열, 땀내기, 목욕은 증발을 증가시켜 몸을 냉각시킨다. 내온성과 외온성은 혈관확장이나 혈관수축, 행동적 반응으로 그들 환경과의 열교환율을 조정한다.
- 환경온도의 변화에 반응하여 많은 포유동물들과 조류들은 몸체의 단열정도를 조정한다. 온도의 변동에 순응하기 위해서 외온동물들은 세포 수준에서 다양한 변화를 경험한다.
- **뇌하수체(hypothalamus)**는 포유동물의 체온조절에 있어서 열조절장치로서 작용한다. 발열은 이러한 열조절장치가 감염에 반응하여 좀 더 높은 온도 설정치로 재설정되었음을 의미한다.

? 인체가 열조절을 하고 있다고 가정했을 때 여러분의 피부는 왜 몸체 내부보다 더 차가운가를 설명하라.

개념 40.4

에너지 요구는 동물의 크기, 활동, 환경과 관련되어 있다

- 동물들은 음식으로부터 화학에너지를 얻고 단기간 동안의 사용을 위해서 그 에너지를 ATP로 저장한다. 단위시간 동안 동물이 사용하는 전체 에너지량은 한 동물의 **물질대사율(metabolic rate)**로서 정의된다. 물질대사율은 외온동물에 비해서 내온동물에서 일반적으로 더 높다.
- 유사한 조건에서 같은 크기의 동물들에 대해 내온동물들의 **기초대사율(basal metabolic rate)**은 외온동물들의 **표준대사율(standard metabolic rate)**보다 지속적으로 높다. 유사한 동물들에서 그램당 최소 물질대사율은 몸집 크기에 반비례한다. 동물은 기초(또는 표준)물질대사율, 활동, 항상성(온도조절 등), 생장, 생식에 에너지를 할당한다.
- 감소된 활동과 물질대사의 상태인 **휴면(torpor)**은 극단적인 환경에서 에너지를 보존하게 한다. 동물은 잠자는 시기(일중휴면), 겨울(**동면, hibernation**)이나 여름(하면) 동안 휴면에 들어간다.

? 대부분의 동면동물들은 몸체가 작다. 그림 40.19를 보면서 이러한 관찰에 대한 이유를 설명하라.

생각해보자

수준 1: 지식/이해

1. 세포의 바깥에 위치해 있는 물질들로 주로 구성되어 있는 몸체의 조직은?
   a. 상피조직　　b. 결합조직
   c. 근육조직　　d. 신경조직
2. 다음 중 어떤 것이 동물과 환경 사이의 열교환율을 증가시키는가?
   a. 깃털 또는 털　　b. 혈관수축
   c. 몸표면에 바람불기　　d. 역류열 교환
3. 인간, 코끼리, 펭귄, 생쥐, 뱀에 대한 에너지 수지를 생각해 보자. _____은(는) 가장 높은 연간 에너지 수지를 가지고 있고 _____은(는) 단위무게당 가장 높은 에너지 지출을 가지고 있다.
   a. 코끼리; 생쥐　　b. 코끼리; 인간
   c. 생쥐; 뱀　　d. 펭귄; 생쥐

수준 2: 응용/분석

4. 같은 모양을 가진 좀 더 작은 세포에 비해서 좀 더 큰 세포는 _____을 가진다.
   a. 더 적은 표면적
   b. 부피당 더 작은 표면적
   c. 같은 표면적 대 부피의 비율
   d. 좀 더 작은 세포질 대 핵의 비율
5. 만약 ____ 하다면 동물에서 에너지와 물질의 입력은 출력을 초과한다.
   a. 만약 동물이 높은 물질대사율 때문에 보다 많은 에너지를 필요로 하는 내온성이라면
   b. 먹이를 활동적으로 찾는다면
   c. 생장하고 있어서 몸무게가 늘어나고 있다면
   d. 결코 없다; 항상성으로 에너지와 물질의 예산에서 균형이 이루어지기 때문에
6. 당신은, 크지만 안정적인 체온을 유지하고 있는 거대 열대 파충류를 연구하고 있다. 이 동물이 내온성인지 외온성인지 당신은 어떻게 알 수 있는가?
   a. 높고 안정적인 체온으로 이 동물이 내온성이라는 것을 안다.
   b. 실험실에서 이 파충류를 다양한 온도에 노출시킨 후 파충류의 물질대사율과 체온이 주변온도에 따라서 변화함을 관찰한다. 이 결과로 이것이 외온성임을 안다.
   c. 당신은 파충류의 환경이 높고 안정적인 온도라는 것을 안다. 파충류의 체온이 환경온도와 같기 때문에 파충류가 외온성이라고 결론지을 수 있다.
   d. 물질대사율을 측정하였을 때 이 파충류의 물질대사율이 온대의 숲에 살고 있는 다른 친척종에 비해서 높기 때문에 이 파충류는 내온성이고 다른 친척종은 외온성이다.
7. 다음 중 어떤 동물이 에너지 수지에서 항상성 조절에 가장 많은 %를 할당하는가?
   a. 바다해파리(무척추동물)
   b. 온대 숲에 살고 있는 뱀
   c. 사막의 곤충
   d. 사막의 새
8. **DRAW IT** 언덕진 경사를 꽤 일정한 속도로 달리는 자동차에 필요한 조절 고리에 대한 모델을 그려라. 운전사나 순항 속도 조정장치를 조절센터라고 가정하면서 감각기, 입력, 또는 반응을 나타내는 표시를 그려라.

수준 3: 종합/평가

9. **진화적 관점**
   1847년 독일 생물학자 베르크만(Christian Bergmann)은 고위도에 살고 있는 포유동물과 조류는 저위도에 살고 있는 유사한 종들에 비해서 평균적으로 몸집이 더 크다는 것을 발견하였다. 이러한 관찰에 대한 진화적 가설을 제시하라.
10. **과학적 탐구**
   동부천막쐐기벌레(eastern tent caterpillar, *Malacosoma americanum*)는 서양벚나무에 자신들이 지은 비단둥지 또는 천막에서 적당한 숫자로 무리지어 산다. 그들은 하루 동안 영하로부터 매우 높은 온도까지 변동하는 이른 봄철에 활동하는 첫 번째 곤충 중 하나이다. 하루 내내 그 군집을 관찰하면 여러분은 무리행동에서 깜짝 놀랄 만한 차이를 발견하게 될 것이다. 이른 아침에 검은색의 쐐기벌레는 천막의 동쪽 면에서 매우 조밀하게 뭉쳐 있다. 오후에 이 무리는 텐트의 아래 표면에서 발견되고 각각의 쐐기벌레는 몇 개의 다리로 개별적으로 천막에 매달려 있다. 이러한 행동을 설명하는 가설을 제안하라. 여러분의 가설을 어떻게 시험할 수 있는가?
11. **과학, 기술, 사회**
   의학 연구자들은 다양한 인간조직에 대한 인공대체물의 가능성을 조사하고 있다. 그 예들은 인공혈액으로 작용할 수 있는 액체와 심각한 화상의 희생자를 위한 인공피부로 작용하는 직물이다. 어떤 상황에서 인공혈액과 인공피부가 유용할 수 있는가? 몸에서 효과적으로 작용하기 위해서 이러한 대체물이 어떤 성질을 가지고 있어야 하는가? 실제 조직이 왜 더 잘 작동하는가? 실제 조직이 더 잘 작동한다면 왜 실제 조직을 사용하지 않는가? 유용하게 쓰일 다른 인공조직을 생각해 볼 수 있는가? 인공조직을 개발하고 적용하는 데 있어서 여러분은 어떤 문제를 고려해야 하는가?
12. **글쓰기: 에너지와 물질**
   에너지 전달과 변형에 초점을 두면서 동면의 장단점에 대한 짧은 글(약 100~250 단어)을 작성하라.
13. **종합적으로 생각해보기**

짧은 꼬리원숭이들이 일본 설원지대의 온천에서 반신욕을 하고 있다. 형태, 기능, 행동 중 어떤 방법이 이 동물의 항상성에 기여하고 있는가?

정답은 부록 A 참조

41

동물의 화학적 신호

핵심 개념

41.1 호르몬과 여러 화학적 신호들은 표적세포의 수용체에 결합하여 특이적 세포반응을 일으킨다

41.2 되먹임 조절과 신경계와의 공동작용은 내분비계의 일반적인 특징이다

41.3 내분비샘은 다양한 자극에 반응하여 항상성, 발생과 행동 조절을 돕는다

▲ **그림 41.1** 코끼리물범의 수컷과 암컷의 생김새를 서로 다르게 만드는 신호는 무엇일까?

▼ **수컷 코끼리물범**

신체의 장거리 조절자

우리는 종종 그 생김새로 동물들의 종을 구별하지만 사실 많은 종들에서 수컷과 암컷의 생김새는 매우 다르다. **그림 41.1**의 코끼리물범(*Mirounga angustirostris*)이 전형적인 예이다. 수컷은 암컷보다 훨씬 큰데, 이름이 유래하게 만든 길쭉하고 두드러진 코는 수컷만 가지고 있다. 게다가 수컷은 암컷보다 영역 다툼이 잦고 공격적이다. Y 염색체에 있는 성 결정 유전자는 코끼리물범 배아가 수컷의 코끼리물범으로 자라게 한다. 그렇다면 어떻게 이 유전자는 수컷의 크기, 모습 그리고 행동 특징들을 만드는 것일까? 이 질문에 대한 답과 생물학적 과정에 대한 다른 많은 질문들은, 자극시킨다는 뜻의 그리스어 *horman*에서 유래한 **호르몬(hormone)**이라는 신호분자와 관련이 있다.

동물에서 호르몬은 세포외액으로 분비된 뒤 혈액이나 림프를 통하여 몸 전체를 돌아다니면서 조절 메시지를 전달한다. 코끼리물범의 경우 사춘기 시절에 특정 호르몬의 분비가 증가하며 이로 인해 성적으로 성숙해지고 수컷과 암컷을 구별 짓는 다른 신체적 변화도 일어난다. 그러나 호르몬은 성별과 생식 이외에도 많은 영향을 끼친다. 예를 들어 물범과 사람 그리고 다른 포유동물들은 스트레스를 받거나, 탈수 현상이 오거나, 혈당이 낮아지면 호르몬이 신체의 균형을 맞추기 위해 생물학적 반응들을 조절한다.

각각의 호르몬은 신체 내에 특이적인 수용체와 결합한다. 호르몬은 순환계를 통해 체내 모든 세포에 도달할 수 있지만 표적세포만이 특이 수용체를 가지고 있어 호르몬과 반응할 수 있다. 호르몬은 **표적세포**(target cell)의 특이 수용체와 결합하여 물질대사의 변화와 같은 특별한 반응을 일으키지만 특이 수용체를 가지고 있지 않은 세포에는 영향을 미치지 않는다.

호르몬에 의한 화학적 신호전달은 **내분비계(endocrine system)** 기능 중 하나로, 동물의 신체를 조절하고 신호를 전달하는 기본적인 두 개의 시스템 중 하나이다. 또 다른 신호전달 및 조절 시스템은 **신경계(nervous system)**로, 신경세포(neurons)라는 특별한 세포가 그물처럼 연결되어 있어서 경로를 따라 신호를 전달한다. 이러한 신호들은 신경세포, 근육세포 그리고 내분비세포를 포함한 다른 세포들을 조절한다. 신경세포에 의한 신호는 호르몬의 분비를 조절할 수 있기 때문에 신경계와 내분비계는 종종 기능적으로 중첩된다.

이번 장에서, 우리는 동물에 존재하는 다양한 화학적 신호전달에 대하여 먼저 공부할 것이다. 그 다음 어떻게 호르몬이 표적세포를 조절하는지, 호르몬의 분비가 어떻게 조절되는지, 그리고 호르몬이 어떠한 방식으로 항상성을 유지하는지에 대하여 알아볼 것이다. 또한 내분비계와 신경계의 활성이 어떤 기전으로 통합되는지에 대해서도 살펴보고 호르몬이 생장과 발생을 조절하는데 어떠한 역할을 하는지 알아볼 것이다.

개념 41.1

호르몬과 여러 화학적 신호들은 표적세포의 수용체에 결합하여 특이적 세포반응을 일으킨다

우리는 동물세포에서 화학적 신호를 통해 의사소통하는 다양한 방법에 대해 살펴봄으로써 내분비계에 대해 이해할 수 있다.

세포내 신호전달

분비 신호를 통한 동물 세포 사이의 신호전달은 크게 두 가지 기준에 의해 나뉘는데, 신호를 분비하는 세포의 종류와 그 신호가 표적세포에 도달하기 위해 사용하는 경로로 나뉜다. 그림 41.2는 이러한 기준으로 구별되는 세포전달 과정 5가지 유형에 대해 보여주고 있다. 이 유형들을 차례대로 살펴보자.

내분비 신호전달

내분비 신호전달(endocrine signaling)과정(그림 41.2a)에서 호르몬은 내분비세포에 의해 세포외액으로 분비되고 혈액을 타고 흐르다가 표적세포에 도달한다. 내분비 신호전달의 기능 중 하나는 항상성을 유지하는 것이다. 호르몬은 혈압과 혈액량, 에너지 대사, 에너지 할당과 체내의 무기질 농도를 조절한다. 또한 내분비 신호전달은 환경자극에 대한 반응을 매개하고 생장과 발생을

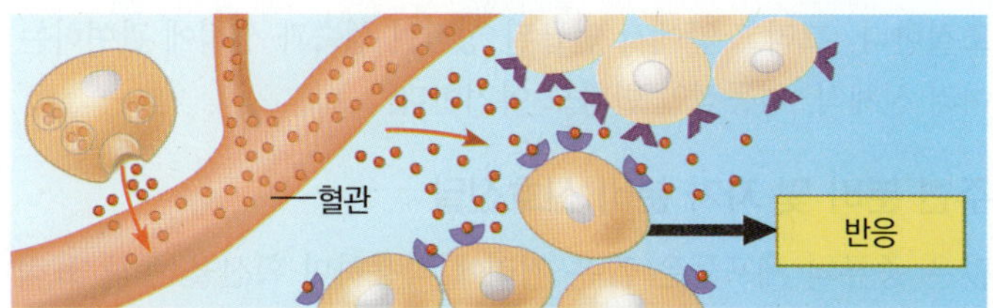

(a) **내분비 신호전달**에서 분비된 분자는 혈액으로 확산되어 들어가서 몸 안 어디엔가 존재하는 표적세포에서 반응을 일으킨다.

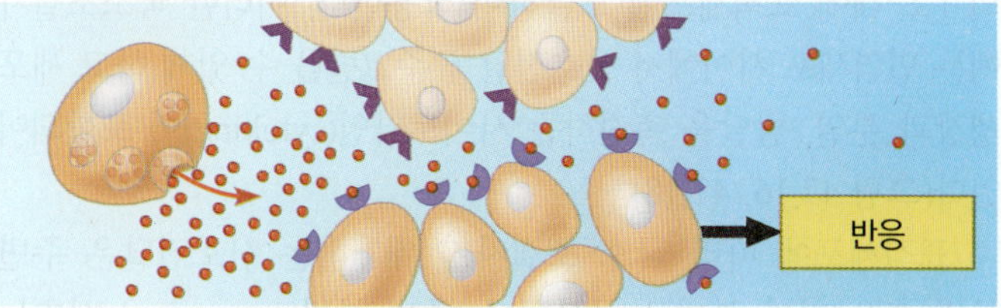

(b) **주변 분비 신호전달**에서 분비된 분자는 주위로 확산되어 주위에 있는 세포에 반응을 일으킨다.

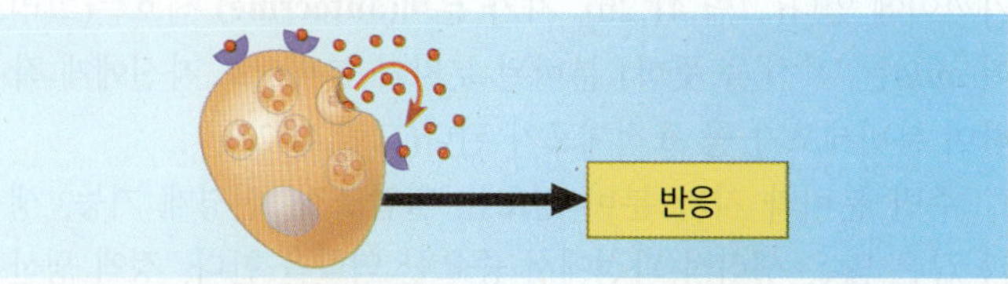

(c) **자가 분비 신호전달**에서 분비된 분자는 주위로 확산되어 분비한 세포에 반응을 일으킨다.

(d) **시냅스의 신호전달**에서 신경전달물질은 시냅스를 건너서 확산되어 표적조직(신경, 근육 또는 샘)의 세포에서 반응을 일으킨다.

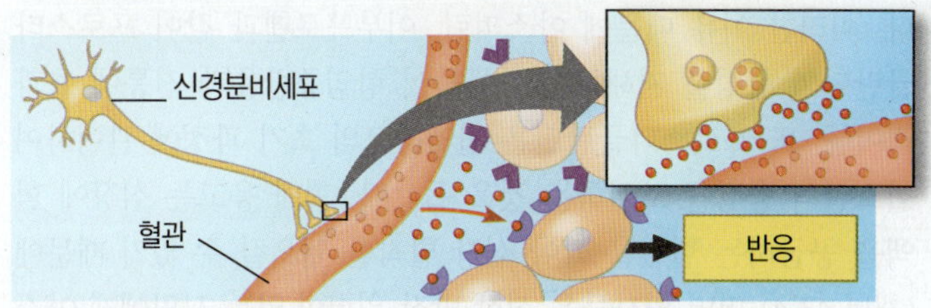

(e) **신경내분비 신호전달**에서 신경호르몬은 혈액으로 확산해 나가서 몸 안 어디엔가 존재하는 표적세포에서 반응을 일으킨다.

▲ 그림 41.2 **분비된 화학적 신호에 의한 세포간의 신호전달.** 각 유형의 신호전달에서, 분비된 분자(•)는 표적세포에서 발현하는 특정 수용체 단백질(◡)에 붙는다. 수용체는 때때로 세포 안에도 존재하지만 간단하게 표현하기 위해 이 그림에서 모든 수용체는 세포 표면에 그렸다.

조절한다. 그리고 앞에서 언급된 성적인 성숙과 생식에 관여하는 여러 신체적, 행동적인 변화도 야기한다.

주변 분비 및 자가 분비 신호전달

많은 종류의 세포들은 짧은 거리에 작용하며 확산을 통해 표적세포에 도달하는 분자인 **국소 조절자(local regulator)**를 생산하고 분비한다. 국소 조절자는 일단 분비되면 수 초에서 100만분의 1초 내에 표적세포에 도달하여 작용한다. 이러한 국소조절자에는 면역세포 사이에서 신호전달을 주고받을 수 있게 하고 세포 생장과 분열, 발달을 촉진하는 사이토카인(cytokine)이 포함되어 있다(그림 47.16, 47.18).

표적세포에 따라 국소 조절자가 매개하는 신호전달은 주변 분비 혹은 자가 분비로 구분된다. **주변 분비(paracrine)** 신호는(그리스어 *para*는 '한 쪽을 향해'의 뜻) 표적세포가 분비세포의 가까이에 있다(그림 41.2b). **자가 분비(autocrine)** 신호는(그리스어 *auto*는 '자신'을 뜻함) 분비된 분자가 분비세포 자신에게 작용하여 분비세포가 곧 표적세포가 된다(그림 41.2c).

주변 분비와 자가 분비 신호는 혈압조절, 신경계 기능, 생식과 같은 많은 생리적 과정에서 중요한 역할을 한다. 정액 생산에 관여하는 전립샘(prostate gland) 분비물에서 발견되어 **프로스타글란딘(prostaglandin)**이라 명명된 물질 또한 여러 신호전달을 매개하는 국소조절자이다. 정액 속 프로스타글란딘은 여성 자궁벽의 평활근을 자극하여 자궁 수축을 유도함으로써 정자가 난자에 도달하는 것을 돕는다. 또 분만 시 프로스타글란딘은 태반에서 분비되어 자궁 근육을 더 수축시켜 분만 과정을 돕는다(그림 45.18).

또한 프로스타글란딘은 상처가 생겼을 때 염증반응을 유도하고 고통에 대한 느낌을 증대시키는 등 면역계에서도 역할을 한다. 이러한 이유 때문에 아스피린, 이부프로펜과 같이 프로스타글란딘의 합성을 저해하는 약물들이 항염증반응과 진통에 효과적이다. 또 프로스타글란딘은 혈액응고의 초기 과정에 관여하여 혈소판의 응집을 조절하는 것을 돕는다. 혈액 응고는 심장에 혈액을 공급하는 혈관을 막아 심장 발작을 일으킬 수 있기 때문에(개념 43.4) 몇몇 의사들은 심장 발작 위험이 있는 사람에게 아스피린을 규칙적으로 복용하는 것을 추천한다.

시냅스 신호와 신경내분비 신호

분비된 분자들은 신경세포에 의한 두 가지 신호전달에 필수적이다. 시냅스 신호(synaptic signaling)에서 신경세포는 다른 신경세포나 근육세포 같은 표적세포에 시냅스라는 독특한 접합부를 형성한다. 시냅스에서 신경세포는 **신경전달물질(neurotransmitter)**이라는 분자를 분비한다. 이들은 매우 짧은 거리를 확산해 나가서 표적세포상의 수용체에 결합한다(그림 41.2d). 신경전달물질은 감각, 기억, 인지, 운동에 중심적인 역할을 한다(48~50장에서 자세히 공부해보자).

▲ **그림 41.3 페로몬에 의한 신호전달.** 아시아군대개미(*Leptogenys distinguenda*)는 번데기와 유충을 새로운 곳으로 옮길 때 아래더듬이를 이용하여 페로몬으로 표지된 길을 따라간다.

신경내분비 신호(neuroendocrine signaling)에서, 특성화된 뉴런인 신경분비세포(neurosecretory cell)는 **신경호르몬(neurohormone)**을 분비하는데 이는 신경세포의 말단에서 혈류로 확산해간다(그림 41.2e). 신경호르몬의 한 가지 예는 항이뇨호르몬으로 신장의 기능과 체내의 수분을 조절하는 데 필수적인 역할을 한다(개념 44.5). 여러 가지 신경호르몬은 내분비계 신호전달 조절에 많은 역할을 하며 이 장 후반부에서 더 살펴볼 것이다.

페로몬에 의한 신호전달

모든 분비성 신호전달분자가 체내에서만 작용하는 것은 아니다. 특정 동물종들은 때때로 동종끼리 대화할 때 체외 환경으로 **페로몬(pheromone)**이라는 화학물질을 분비하기도 한다. 예를 들어, 행군개미가 새로운 먹이를 발견했을 때, 행군개미는 소굴까지 돌아가는 길을 페로몬으로 표지해둔다. 개미는 또한 새로운 곳으로 집단 이동할 때도 페로몬을 사용한다**(그림 41.3)**.

페로몬은 영역을 표시할 때나 포식자가 있음을 알릴 때, 또는 짝짓기 상대를 유혹할 때 등 다양하게 사용된다. 산누에나방과의 일종인 *Antheraea polyphemus*가 그 예인데, 이 나방의 암컷은 성 페로몬을 방출함으로써 4.5 km나 떨어져 있는 수컷을 유혹할 수 있다. 52장에서 동물행동에 관한 주제를 배우며 페로몬의 기능에 대하여 더 자세히 알아볼 것이다.

국소 조절자와 호르몬의 화학적 종류

세포 간 신호전달분자는 크기와 화학적 성질이 매우 다양하다. 국소 조절자와 호르몬의 가장 일반적인 몇몇 종류들을 살펴보자.

국소 조절자의 종류

첫 번째는 프로스타글란딘과 같은 지방산에서 변형된 형태의 국소 조절자이다. 다른 종류로는 사이토카인과 생장인자와 같은 폴리펩타이드 형태나 기체형태가 있다.

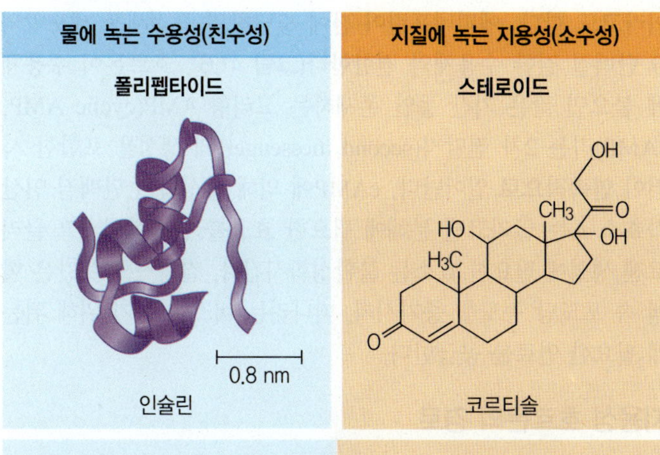

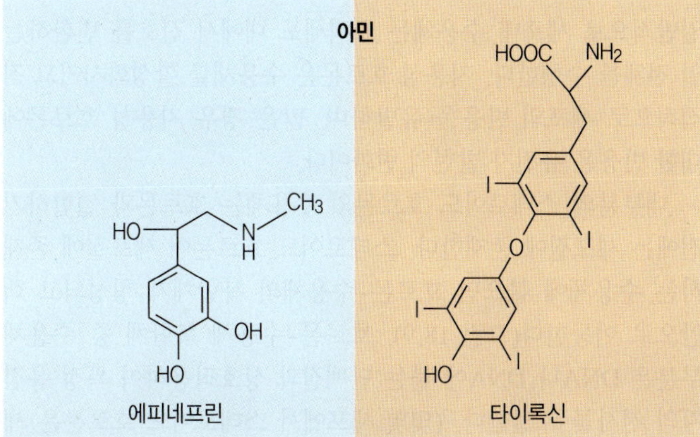

▲ **그림 41.4 호르몬들은 각각 형태와 용해도가 다르다.**

MAKE CONNECTIONS 세포는 타이로신 아미노산으로부터 에피네프린을 합성한다(그림 5.14). 위 그림을 보고 타이로신의 α탄소에 해당하는 위치를 화살표로 표시해 보아라.

기체인 **산화질소(nitric oxide, NO)**는 국소 조절자이며 신경전달물질의 기능을 한다. 혈중 산소 농도가 떨어질 때 혈관 벽의 내피세포는 산화질소를 생산하여 내보낸다. 산화질소는 주변의 평활근 세포를 이완시키는 효소를 활성화시키고 그 결과 혈관이 확장되어 조직으로 피가 잘 흐르게 된다.

또한 남성의 경우에, 산화질소는 음경으로 가는 혈류량을 증가시켜 발기가 되게 함으로써 남성의 성기능이 가능하도록 한다. 비아그라(Viagra, 시트르산 실데나필)는 발기부전인 남성에게 처방되는 약으로 산화질소 반응 경로를 오래 활성화시켜 발기 상태를 지속시킨다.

호르몬의 화학적 종류

호르몬은 폴리펩타이드, 스테로이드, 아민 등 3가지 화학적 종류가 있다(**그림 41.4**). 예를 들어 폴리펩타이드 호르몬인 인슐린의 활성화 상태는 두 개의 폴리펩타이드 사슬로 구성되어 있다. 코르티솔과 같은 스테로이드 호르몬은 결합된 탄소 고리를 지닌 지방질이다. 코르티솔과 같은 스테로이드 호르몬은 네 개의 탄소 고리가 결합된 구조를 가진 지방성분이 주성분이며 모든 스테로이드 호르몬은 스테로이드인 콜레스테롤에서 유도된다(그림 5.12). 에피네프린과 타이록신은 타이로신이나 트립토판과 같은 하나의 아미노산에서 유래하는 아민호르몬이다.

그림 41.4를 보면 호르몬은 물과 지질에 대한 용해도가 다양하다. 폴리펩타이드와 대부분의 아민 호르몬들은 수용성이고, 반면에 스테로이드 호르몬과 타이록신과 같은 많은 비극성(소수성) 호르몬은 지용성이다.

▼ **그림 41.5 호르몬의 종류에 따라 수용체의 위치도 다양하다.**

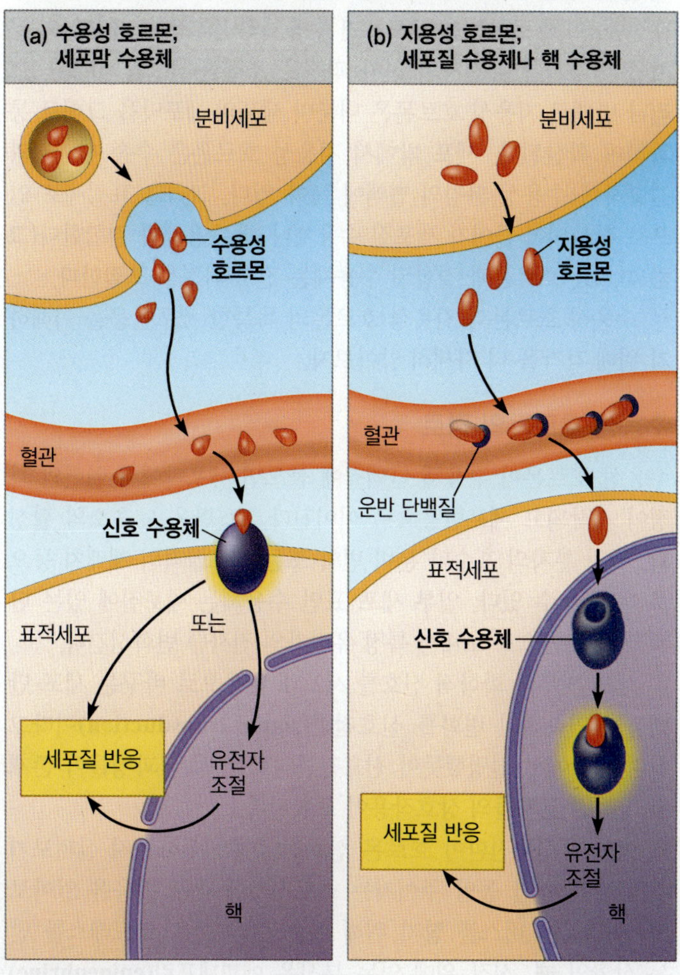

WHAT IF? 여러분이 특정 호르몬에 의한 세포의 반응에 대해 공부하고 있고 세포에 전사를 막는 화학물질을 처리하였는데도 계속해서 호르몬에 반응하는 것을 관찰했다고 하자. 이 호르몬과 수용체에 대해 어떻게 추측할 수 있는가?

세포의 반응경로

수용성 신호전달분자들과 지용성 신호전달 분자들의 반응 경로 사이에 몇몇 차이점들이 존재한다. 이것에 대해 주목하고 그 중에 내분비 신호전달에 관해서 논의해보자.

세포의 호르몬 반응경로의 한 가지 차이점은 표적세포의 수용체 단백질의 위치이다. 수용성 호르몬은 세포외배출작용을 통해 분비되어 혈류를 통해 자유롭게 돌아다닌다. 그러나 지질에는 녹지 않기 때문에 표적세포의 세포막을 투과하여 확산하지 못한다. 대신에, 이 호르몬들은 세포표면 수용체와 결합하여 세포질의 분자를 바꾸거나 유전자의 전사 과정을 조절한다(그림 41.5a). 그러나 반대로 지용성 호르몬은 내분비 세포의 세포막을 그대로 통과하여 확산된다. 세포 밖에서 지용성 호르몬은 수송 단백질과 결합하여 수용성 환경의 혈액에 녹아 있다. 그리고 표적세포 안으로 확산되어 들어가 세포질 수용체나 핵 수용체와 결합한다(그림 41.5b). 호르몬과 결합된 수용체는 전사 과정을 조절한다.

수용성 호르몬과 지용성 호르몬의 독특한 세포반응을 이해하기 위해 각각을 더 자세히 알아보자.

수용성 호르몬의 경로

수용성 호르몬이 수용체 단백질에 붙으면 세포막에서 일련의 과정이 시작되고 세포반응으로 이어진다. 그 반응은 효소의 활성화, 특정 분자의 흡수나 분비 변화 또는 세포골격의 재배치 등으로 나타날 수 있다. 일부 세포 표면 수용체는 세포질에 있는 단백질을 핵 안으로 보내서 특정 유전자의 전사를 변화시킨다.

세포 외부의 화학적 신호를 세포내 반응으로 바꾸는 세포 단백질의 연속적인 변화를 **신호전환(signal transduction)**이라고 한다. 9장에서 설명했듯이 신호전환경로는 많은 과정들이 존재하고 특정 분자들의 상호작용이 포함된다.

어떻게 신호전환이 호르몬 신호전달에 기여하는지 살펴보기 위해 짧은 기간 동안 주어지는 스트레스에 대한 반응을 알아보자. 여러분이 버스를 잡기 위해 뛰는 것과 같은 스트레스를 받는 상황일 때, 신장 위에 있는 부신은 **에피네프린(epinephrine)**이라는 호르몬을 분비한다. 이 호르몬은 아드레날린(adrenaline)이라고도 한다. 에피네프린이 간에 도달하면 표적세포 세포막의 G 단백질 결합 수용체와 결합한다(그림 41.6). 호르몬이 수용체에 붙으면 짧은 기간 동안 존재하는 고리형 AMP(cyclic AMP, cAMP)라는 2차 전달자(second messenger)의 생성을 포함한 사건이 연속적으로 일어난다. cAMP에 의해 활성화된 단백질 인산화효소 A는 글리코젠 분해에 필요한 효소를 활성화시키고 글리코젠 생성에 필요한 효소는 불활성화시킨다. 결과적으로 간은 혈액 속 포도당 농도를 증가시켜, 떠나려는 버스를 잡기 위해 뛰는데 필요한 연료를 공급한다.

지용성 호르몬의 경로

일반적으로 세포내 수용체는 표적세포 내에서 신호를 변환하는 일 전체를 수행한다. 지용성 호르몬은 수용체를 활성화시키고 직접적으로 세포의 반응을 유발하며, 많은 경우 지용성 호르몬에 대한 반응은 유전자 발현의 변화이다.

대부분의 스테로이드 호르몬의 수용체는 호르몬과 결합하기 전에는 세포질에 존재한다. 스테로이드 호르몬이 세포질에 존재하는 수용체에 붙으면 호르몬-수용체의 복합체가 형성되고 핵 안으로 이동한다(그림 18.9). 호르몬-수용체 복합체 중 수용체 부분은 DNA나 DNA에 붙는 단백질과 상호작용하여 특정 유전자의 전사를 조절한다. (몇몇 세포에서 스테로이드 호르몬은 세포 표면에 위치한 다른 수용체 단백질 종류와 상호작용하여 추가적인 반응을 일으킨다.)

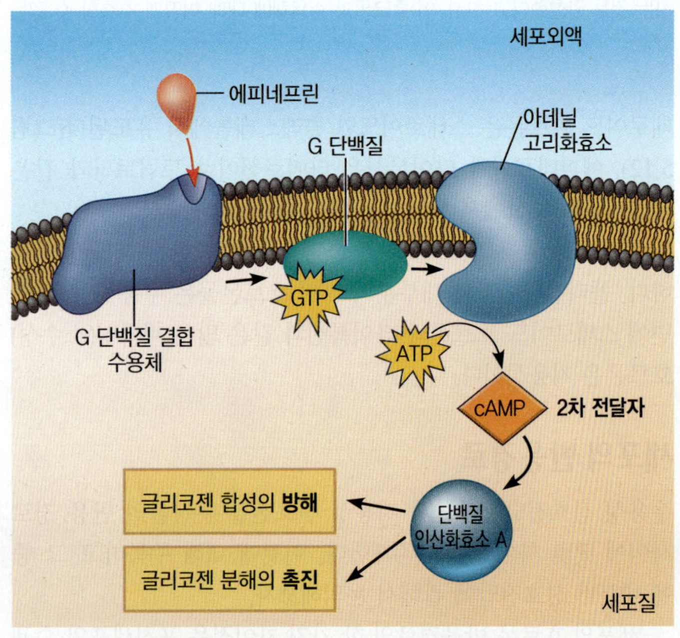

▲ 그림 41.6 세포막의 호르몬 수용체에 의해 신호전환이 촉발된다.

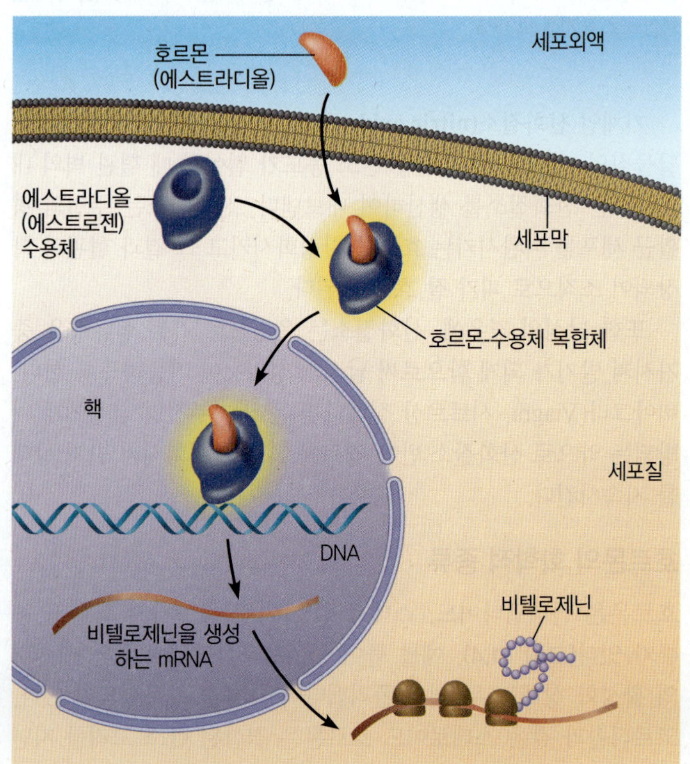

▲ 그림 41.7 스테로이드 호르몬은 직접적으로 유전자 발현을 조절한다.

가장 잘 알려진 스테로이드 호르몬 수용체 중 하나는 에스트로젠과 결합하는 수용체이다. 에스트로젠은 척추동물 암컷의 생식기능에 필요한 호르몬이다. 예를 들어 에스트라디올은 암컷 새와 개구리의 간 세포의 특정한 세포질 수용체와 결합한다. 에스트라디올이 자신의 표적 수용체에 결합하면 비텔로제닌 단백질을 발현하는 유전자의 전사를 증가시킨다(**그림 41.7**). 이 mRNA가 번역되면 비텔로제닌이 분비되고 혈액을 타고 운반되어 생식계에서 난황 형성에 작용한다.

스테로이드 호르몬이 아닌 타이록신, 비타민 D 그리고 다른 지용성 호르몬은 핵 안에 위치한 수용체를 가지고 있다. 이러한 수용체들은 혈액에서부터 세포막과 핵막을 모두 뚫고 확산되어 온 호르몬 분자와 결합한다. 한번 호르몬과 붙고 나면 수용체는 DNA의 특정 염기서열에 결합하여 유전자의 전사를 증가시킨다.

호르몬의 복합적인 효과

많은 호르몬이 몸에서 한 가지 종류 이상의 반응을 유도한다. 에피네프린을 예로 들어보자. 우리는 앞서 이 호르몬이 간에서 글리코젠 분해를 촉진한다고 배웠다. 그러나 에피네프린은 주요 골격근으로의 혈류를 증가시키며, 동시에 소화관으로의 혈류를 감소시킨다. 이러한 다양한 반응들은 응급상황에서 빠르게 몸이 반응하도록 도와준다.

에피네프린과 같은 호르몬은 어떻게 이러한 다양한 반응을 일으킬까? 표적세포의 수용체가 다르거나 신호전달물질이 다양하다면 한 호르몬은 다양한 반응을 일으킬 수 있다. 에피네프린의 표적세포를 살펴보자.

- 간세포의 에피네프린 수용체는 세포막에 존재하는 β-유형 수용체이다. 이 수용체는 단백질 인산화효소 A를 활성화시켜 글리코젠의 대사를 조절하고 혈액으로 포도당을 방출시킨다(**그림 41.8a**). (이 신호전환 과정은 그림 41.6에 설명되어 있다.)
- 골격근으로 가는 혈관을 감싸고 있는 평활근 세포에서는, 같은 에피네프린 수용체에 의해 활성화된 같은 종류의 인산화효소가 근육 특이적인 효소를 억제한다. 결과적으로 평활근이 이완되고 혈관확장이 이뤄져, 골격근으로의 혈류가 증가한다(**그림 41.8b**).
- 장으로 가는 혈관을 감싸고 있는 평활근 세포에서는 에피네프린이 α-유형 수용체와 결합한다(**그림 41.8c**). 이 수용체는 단백질 인산화효소 A를 활성화시키기보다는 다른 G 단백질과 다른 효소가 작동하는 신호전환경로를 유도한다. 그 결과 평활근 수축, 혈관수축이 발생하고 장으로 가는 혈류가 감소한다.

지용성 호르몬 또한 다른 표적세포에서 다른 반응을 일으킨다. 예를 들어 에스트라디올은 새의 간이 난황 단백질인 비텔로제닌을 생성하도록 촉진하는 동시에 알의 흰자를 형성하는 단백질을 형성하도록 생식계를 자극하기도 한다.

내분비 조직과 기관

어떤 내분비 세포는 다른 기관계에 속하는 기관에서 발견된다. 예를 들어, 위는 가스트린(gastrin)이라는 호르몬을 분비시켜 소화 과정을 돕는 독자적인 내분비 세포들을 포함하고 있다. 또한 내분비 세포는 **내분비샘(endocrine gland)**이라 불리는 관이 없는 기관(예를 들어 목에 있는 갑상샘, 부갑상샘과 남성의 고환, 여성의 난소)에 모여 있다. 사람의 내분비샘이 **그림 41.9**에 그려져 있다. 이 내분비샘과 그곳에서 만들어지는 호르몬에 관한 개요는 앞으로 이 장을 공부하는 데 유용할 것이다.

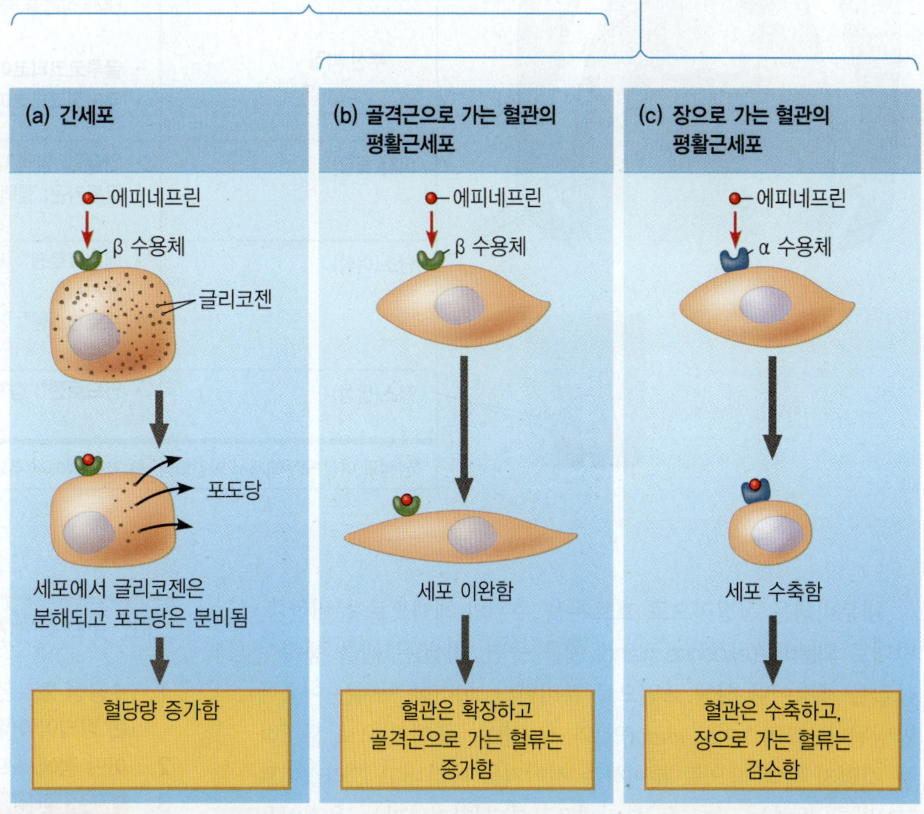

▲ **그림 41.8 한 가지 호르몬의 서로 다른 효과.** 대표적인 "싸움-도망" 호르몬인 에피네프린은 서로 다른 표적세포에서 각각 다른 반응을 보인다. 같은 수용체를 가지고 있는 표적세포라도 다른 신호전달경로나 효과 단백질을 가지고 있으면 다른 반응을 낼 수 있다; (a)와 (b)를 비교하라. 호르몬에 대해 다른 수용체를 가지고 있으면 표적세포의 반응은 다를 수 있다; (b)와 (c)를 비교하라.

▶ **그림 41.19 인간의 내분비샘과 호르몬.** 이 그림은 인간의 주요한 내분비샘들의 위치와 1차적인 기능을 나타내고 있다. 내분비 조직과 세포들은 흉선, 심장, 간, 위, 신장, 그리고 소장에 위치한다.

내분비샘	호르몬
송과샘	• **멜라토닌:** 생체주기 조절에 관여함.
시상하부	• **뇌하수체 후엽으로부터 호르몬 방출(옥시토신과 바소프레신)** • **방출호르몬 및 억제호르몬:** 뇌하수체 전엽을 조절
뇌하수체	
뇌하수체 전엽	• **여포자극 호르몬(FSH)과 황체형성 호르몬(LH):** 난소와 정소를 자극함 • **갑상샘 자극 호르몬(TSH):** 갑상샘을 자극함 • **부신피질 자극 호르몬(ACTH):** 부신피질을 자극함 • **프로락틴:** 젖샘 세포를 자극함 • **생장호르몬(GH):** 생장과 물질대사 기능을 촉진함
뇌하수체 후엽	• **옥시토신:** 자궁과 젖샘 내 평활근 수축을 유도함 • **바소프레신[항이뇨호르몬(ADH)라고도 함]:** 신장에서 수분 유지를 촉진함; 사회적 행동과 유대감 형성에 영향을 줌
갑상샘	• **갑상샘 호르몬(T_3와 T_4):** 물질대사의 과정을 자극하고 유지함 • **칼시토닌:** 혈액 내 칼슘 농도를 낮춤
부갑상샘(갑상샘 뒤)	• **부갑상샘 호르몬(PTH):** 혈액 내 칼슘 농도를 높임
부신(신장 위)	
부신 수질	• **에피네프린과 노르에피네프린:** 혈액 내 포도당 농도를 높임; 대사 작용을 증가시킴; 특정 혈관을 수축시킴
부신 피질	• **글루코코티코이드:** 혈액 내 포도당 농도를 높임 • **무기질코티코이드:** 신장에서 Na^+의 보유와 K^+의 배출을 촉진함
이자(췌장)	• **인슐린:** 혈액 내 포도당 농도를 낮춤 • **글루카곤:** 혈액 내 포도당 농도를 높임
난소(여성)	• **에스트로젠*:** 자궁 내막의 생장을 촉진; 여성의 2차성징을 발달시키고 유지시킴 • **프로제스틴*:** 자궁 내막의 생장을 촉진함
정소(남성)	• **안드로젠*:** 정자 형성을 도움; 남성의 2차성징을 발달시키고 유지시킴

*남성과 여성 모두에게서 발견되나, 한 가지 성에서 주요 역할을 함

내분비샘은 직접적으로 호르몬을 주위의 체액으로 분비한다. 반대로 외분비샘(exocrine gland; 예를 들면, 침샘)은 관을 통하여 물질을 체강이나 신체 표면으로 분비한다. 이러한 차이는 이름에 반영된다: 그리스어로 *endo*(안)와 *exo*(밖)는 체액 안으로 분비하는 것인지 체액 밖으로 분비하는 것인지를 나타내고 그리스어로 "분비"를 뜻하는 *crine*은 분비세포로부터 퍼져나가는 움직임을 반영한다. 췌장의 경우 내분비와 외분비 조직이 같은 샘에 존재한다. 관 없는 조직은 호르몬을 분비하고 관이 있는 조직은 효소와 탄산수소염을 분비한다.

개념 확인 문제 41.1

1. 수용성 호르몬과 지용성 호르몬은 표적세포에서 반응을 이끌어 내는 방법이 어떻게 다른가?
2. 어떤 점에서 프로스타글란딘의 활성이 페로몬과 비슷한가?
3. MAKE CONNECTIONS 식물 호르몬인 옥신이 정단우성에 작용하는 것과 싸움-도망 반응에서 에피네프린이 근육으로 가는 혈류에 작용하는 것은 어떤 점에서 유사한가(개념 39.2 참조)?

정답은 부록 A 참조

개념 41.2

되먹임 조절과 신경계와의 공동작용은 내분비계의 일반적인 특징이다

지금까지 우리는 호르몬의 구조, 인식, 반응 및 세포간 신호전달에 대해 공부했다. 이제부터 우리는 호르몬의 분비를 조절하는 경로가 어떻게 구성되어 있는지에 대해 알아보기로 한다.

간단한 호르몬 경로

호르몬 분비 조절의 예로써, 간단한 내분비, 간단한 신경내분비 경로의 두 가지 유형에 대해 살펴보겠다. 간단한 내분비경로(simple endocrine pathway)에서 내분비 세포는 내부의 혹은 환경의 자극에 따라 특정 호르몬을 분비한다(**그림 41.10**). 호르몬은 혈류를 따라 돌아다니다가 표적세포에 도달하여 특이적 수용체와 상호 작용한다. 표적세포에서 신호전달은 생리적 반응을 유발한다.

간단한 신경내분비경로의 예로서, 소장의 첫 부분인 십이지장에서의 pH의 조절과정을 생각해보자. 위의 소화액은 매우 강한 산성이며 추가적인 소화가 일어나기 전에 반드시 중화되어야 한다. 위에 있던 물질이 십이지장으로 들어가면서, 그들의 낮은 pH는 세크레틴(secretin) 호르몬을 세포외액으로 분비시키기 위해 십이지장 내벽에 있는 내분비세포를 자극한다(그림 41.10). 거기서부터 세크레틴은 혈중으로 확산한다. 순환하는 세크레틴은 췌장의 표적세포에 도달하고, 십이지장으로 가는 관으로 중탄산염이 분비되게 한다. 이러한 반응—중탄산염의 분비—은 십이지장에서 pH를 높이며 위산을 중화한다.

신경분비경로는 부가적인 과정을 포함하고 하나 이상의 세포들이 관여한다. 간단한 신경내분비경로(simple neuroendocrine pathway)에서 자극은 감각뉴런에서 받게 되고 이것은 신경분비세포를 자극한다(**그림 41.11**). 신경분비세포는 혈관으로 확산돼 표적세포에 다다르는 신경호르몬을 분비한다.

간단한 신경내분비경로의 예로서, 포유류의 양육 과정에서 나타나는 젖 분비 조절을 고려할 수 있다. 유아의 물리적인 자극은 감각뉴런을 자극하고, 이것은 시상하부에 다다르는 신호를 발생시킨다. 시상하부로부터 오는 전기적 자극은 뇌하수체 후엽에서

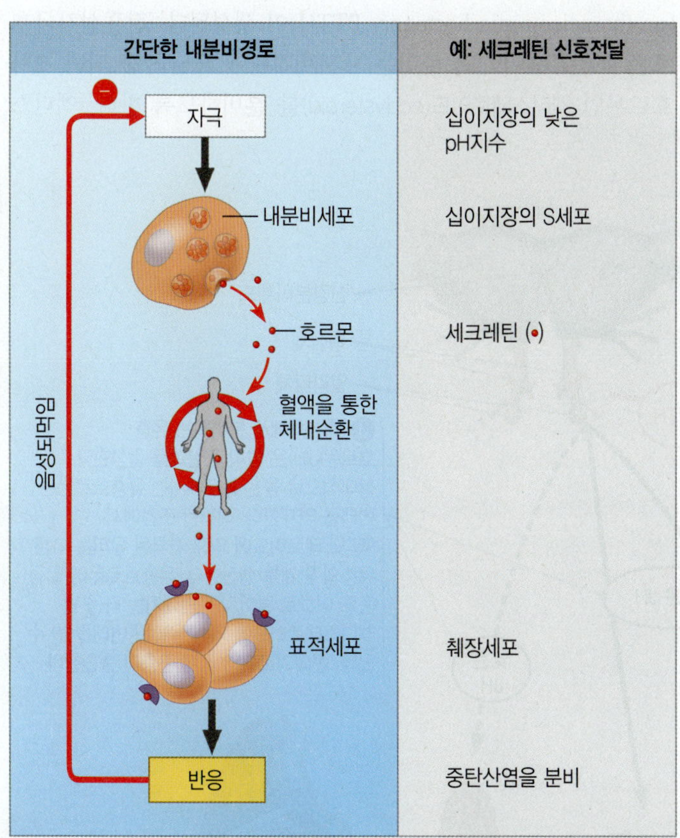

▲ **그림 41.10 간단한 내분비경로.** 체내 또는 외부의 변화—자극—는 내분비 세포가 호르몬을 분비하게 한다. 혈류를 타고 표적세포에 도달하면 호르몬은 수용체에 붙어서 특정한 반응을 보이는 신호전달을 유발한다. 세크레틴 신호전달은 간단한 내분비경로의 예이다. 세크레틴에 대한 반응(중탄산염 분비)은 자극(낮은 pH)을 줄이는 음성되먹임이기 때문에 자기-제한적이다.

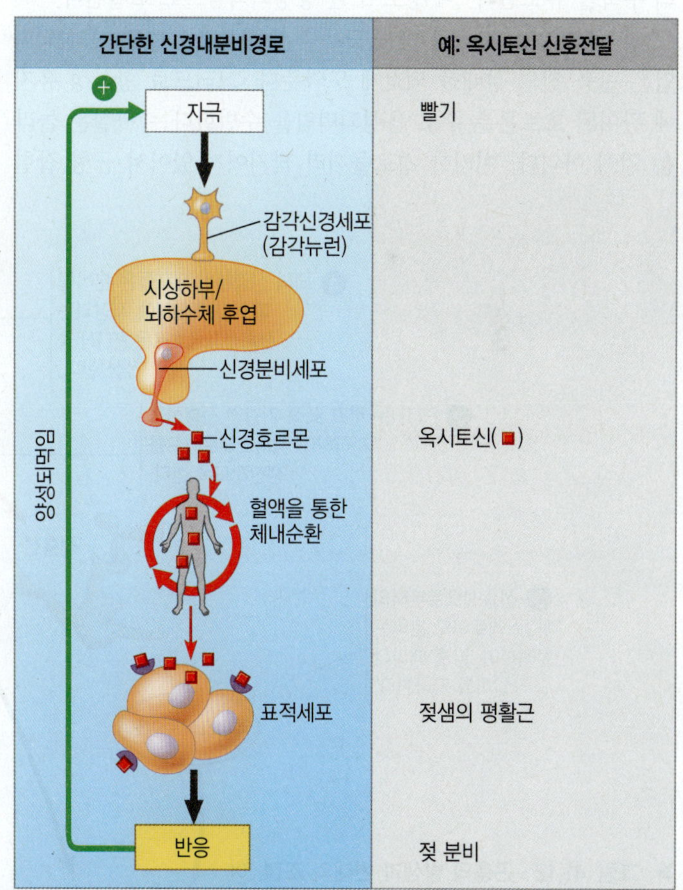

▲ **그림 41.11 간단한 신경호르몬 경로.** 이 예에서 자극은 시상하부가 뇌하수체 후엽에 신경자극을 보내고 그 결과 신경호르몬이 분비된다. 표적세포에 도달하게 되면 이 신경호르몬은 수용체에 붙어서 특정 반응을 일으킨다. 옥시토신의 경로에서 반응은 자극을 증가시켜서 양성되먹임 고리를 형성하여 신호를 증폭시킨다.

신경호르몬인 **옥시토신(oxytocin)**의 분비를 야기한다. 순환하는 옥시토신에 의해 젖샘에서는 젖을 분비한다.

되먹임 조절

반응을 처음의 자극과 연결시키는 되먹임작용은 조절경로의 특징이다. 종종, 조절은 처음의 자극을 줄이는 고리인 **음성되먹임(negative feedback)**을 수반한다. 예를 들어 세크레틴에 반응하여 분비되는 중탄산염은 소장의 pH를 높여 자극을 없애며 세크레틴의 분비를 멈춘다(그림 41.10). 호르몬의 신호전달을 감소시킴으로써 음성되먹임 조절은 과도한 활성을 막는다.

음성되먹임이 자극을 상쇄시키는 반면, **양성되먹임(positive feedback)**은 자극을 강화시켜, 반응을 더욱 촉진시킨다. 예를 들어, 그림 41.11에 나타난 옥시토신 경로를 보면, 순환하는 옥시토신에 반응하여, 젖샘은 젖을 분비한다. 옥시토신에 반응하여 분비된 젖은 더 많은 물리적 자극을 유도하고 더욱 촉진시킨다. 유아에 의한 물리적 자극이 사라질 때까지 활성화된 경로는 계속된다. 포유류가 출산을 할 때, 옥시토신은 자궁 근육에 있는 표적세포의 수축을 유도한다. 이 경로 또한 양성되먹임으로 조절된다.

양성되먹임이 자극과 반응 모두를 증폭시키는 반면, 음성되먹임은 반응 전의 상태를 되찾게 도와준다. 그러므로 항상성 유지에 관여된 호르몬은 주로 음성되먹임을 수반한다는 사실은 놀라운 일이 아니다. 이러한 경로들끼리 짝지어져 있어서 균형 잡힌 조절이 가능하다. 예를 들어, 혈중 포도당 농도의 조절은 인슐린과 글루카곤의 길항작용에 의존한다(그림 42.21).

내분비계와 신경계의 공동작용

다양한 범주의 동물에서, 뇌에 있는 내분비기관은 내분비계의 기능과 신경계의 기능이 공동으로 작용한다. 우리는 무척추동물과 척추동물에서 일어나는 그러한 통합의 기본적인 원리에 대해서 살펴볼 것이다.

무척추동물

나방의 발생 조절은 무척추동물에서 신경내분비가 어떻게 공동작용을 하는지 보여준다. 어스렝이나방(*Hyalophora cecropia*)의 다채로운 색의 애벌레와 같이, 나방의 유충은 단계적으로 자란다. 유충의 외골격은 늘어날 수 없으므로, 반드시 주기적인 탈피를 통해 이전 외골격을 버리고 새로운 것을 만들어야 한다. 탈피를 조절하는 내분비경로는 유충의 뇌로부터 나온다**(그림 41.12)**. 신경분비세포에서 폴리펩타이드 신경호르몬인 전흉선자극호르몬(prothoracicotropic hormone, PTTH)이 생성된다. 전흉선자극호르몬이 전흉선이라고 불리는 내분비기관에 도달하게 되면, 2차 호르몬인 엑디스테로이드(ecdysteroid)를 분비하도록 한다. 엑디스

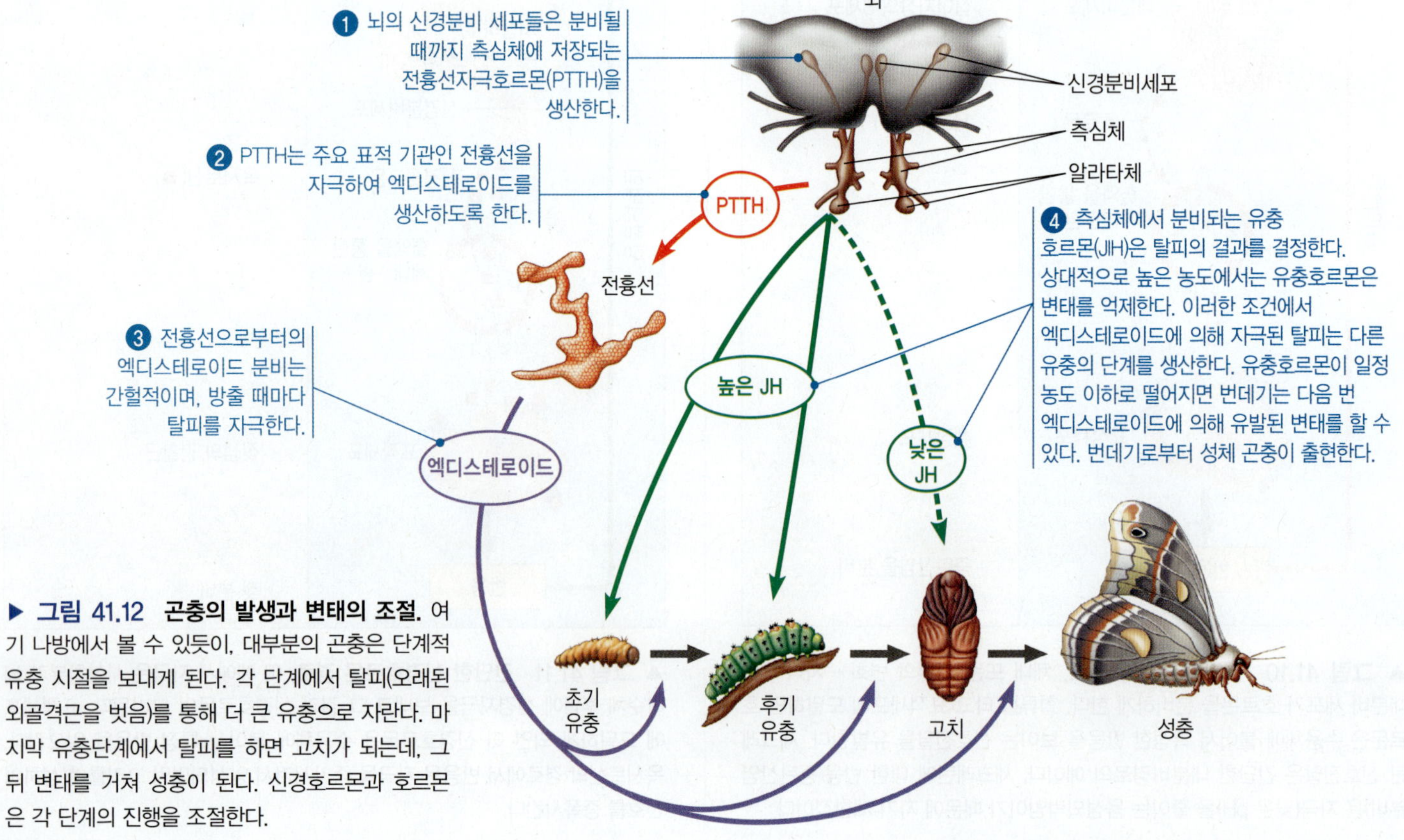

▶ **그림 41.12 곤충의 발생과 변태의 조절.** 여기 나방에서 볼 수 있듯이, 대부분의 곤충은 단계적 유충 시절을 보내게 된다. 각 단계에서 탈피(오래된 외골격근을 벗음)를 통해 더 큰 유충으로 자란다. 마지막 유충단계에서 탈피를 하면 고치가 되는데, 그 뒤 변태를 거쳐 성충이 된다. 신경호르몬과 호르몬은 각 단계의 진행을 조절한다.

테로이드의 분비는 연속적인 탈피를 일으킨다.

또한 엑디스테로이드는 변태라고 불리는 놀라운 형태 변화를 조절하기도 한다. 유충의 안에는 눈, 날개, 뇌, 그리고 다른 기관이 될 수 있는 조직들이 모여 있다. 유충이 통통해지면, 기어다니던 유충은 정적인 상태의 번데기가 되고, 조직들은 발달을 시작한다. 많은 유충의 조직들은 예정세포사 과정을 거치며 발생 과정을 완료한다. 최종적인 결과로 기어다니는 애벌레에서 자유롭게 나는 나방으로의 형태변환이 일어난다.

엑디스테로이드가 탈피 또는 변태를 야기할 수 있다는 점을 고려해 볼 때, 과연 무엇이 이 과정이 진행되도록 조절을 할까? 그 답은 뇌와 내분비샘 쌍에 의해 분비되는 유충호르몬(juvenile hormone, JH)이라는 다른 신호에 있다. 유충호르몬은 엑디스테로이드의 활성을 조절한다. 유충호르몬의 농도가 높게 유지되는 동안 엑디스테로이드는 탈피(따라서 "청소년기" 유충 상태를 유지한다)를 자극한다. 유충호르몬의 농도가 감소하면, 엑디스테로이드는 번데기의 형성을 유도하고 그 과정에 변태가 일어나게 된다.

벌레에서 신경계와 내분비계의 공동작용에 대한 이해는 농업 분야의 해충 관리에 큰 발전을 이끌었다. 예를 들어, 해충을 조절하기 위해 개발된 한 화학약품은 엑디스테로이드의 수용체에 결합하는 물질로써 유충의 미성숙 탈피를 유도하여 죽게 만든다.

척추동물

척추동물에서 내분비신호 과정의 공동작용은 **시상하부(hypothalamus)**라고 불리는 뇌의 한 영역에 매우 의존하고 있다 **(그림 41.13)**. 시상하부는 우리 몸에 두루 분포하는 신경으로부터 정보를 받고 그에 반응하여 환경조건에 알맞은 내분비신호를 보낸다. 예를 들어, 많은 척추동물에서 뇌는 계절적인 변화에 대한 감각정보를 시상하부로 전달한다. 그러면 시상하부는 번식 등에 필요한 생식호르몬의 분비경로를 활성화한다.

시상하부에서 나온 신호는 시상하부의 아래쪽에 위치한 **뇌하수체(pituitary gland)**로 전달된다(그림 41.13). 크기와 모양이 대략 리마 콩과 비슷한 뇌하수체는 실질적으로 서로 다른 기능을 수행하는 두 개의 분비샘인 후방과 전방의 부분(엽)으로 분리되어 있다. **뇌하수체 후엽(posterior pituitary)**은 시상하부의 연장이다. 시상하부에 위치한 특정 신경분비세포의 축삭돌기가 뇌하수체 후엽에 다다르고, 시상하부에서 만들어진 신경호르몬이 분비된다. 반면에 **뇌하수체 전엽(anterior pituitary)**은 시상하부에서 분비된 호르몬에 반응하여 호르몬을 합성하고 분비하는 내분비샘이다.

뇌하수체 후엽호르몬

시상하부의 신경분비세포는 항이뇨호르몬과 옥시토신 두 가지 호르몬을 만든다. 이들은 시상하부에서 생성되어 신경분비세포의 축삭돌기를 따라 뇌하수체 후엽에 도달한 후에 시상하부로부터 전달되는 신경 자극에 반응하여 필요할 때 분비되기 위해 저장된다**(그림 41.14)**.

항이뇨호르몬(antidiuretic hormone, ADH)은 바소프레신(vasopressin)이라고도 하며 신장 기능을 조절한다. 항이뇨호르몬의 분비는 신장에서 수분보유를 증가시켜, 혈중 용질의 농도를

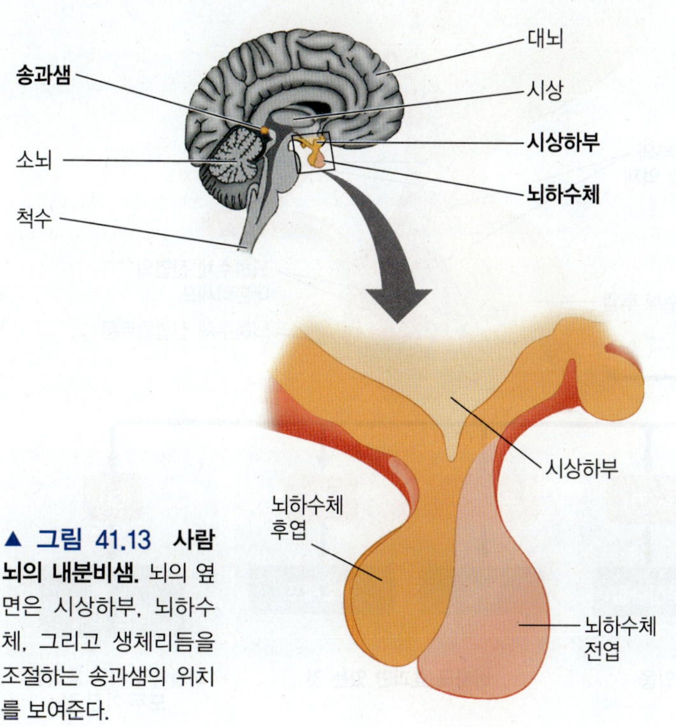

▲ **그림 41.13 사람 뇌의 내분비샘.** 뇌의 옆면은 시상하부, 뇌하수체, 그리고 생체리듬을 조절하는 송과샘의 위치를 보여준다.

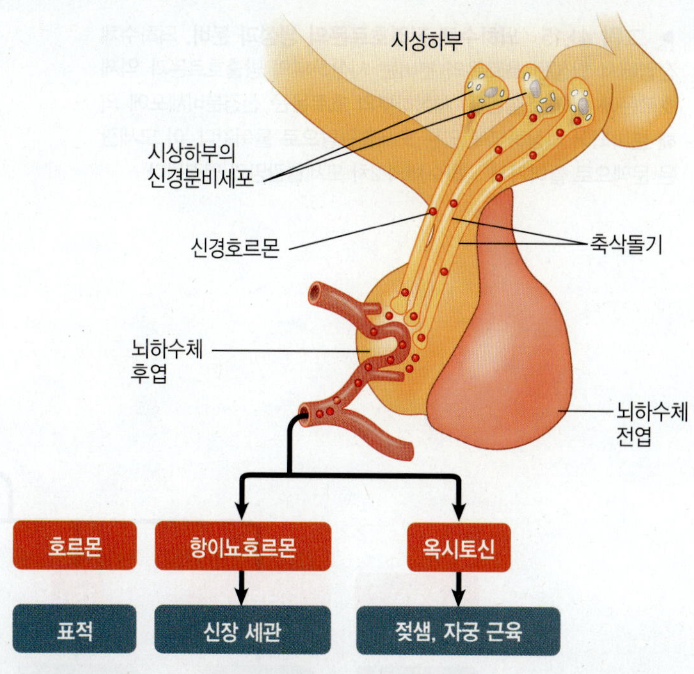

▲ **그림 41.14 뇌하수체 후엽호르몬의 생성과 분비.** 뇌하수체 후엽은 시상하부가 연장된 것이다. 시상하부의 특정 신경분비세포는 항이뇨호르몬(ADH)과 옥시토신을 생성하여 뇌하수체 후엽으로 전달하고 저장한다. 뇌에서 신경신호가 전달되면 이들 신경호르몬의 분비를 촉진한다.

정상적으로 유지하는 것을 돕는다(삼투압조절; 개념 44.5). 항이뇨호르몬은 또한 사회적 행동을 조절하는 데에도 중요한 역할을 한다(개념 52.4).

옥시토신은 번식과 연관된 여러 가지 기능을 한다. 우리가 지금껏 봐왔듯이, 암컷 포유류의 옥시토신은 젖샘에서 젖의 분비를 조절하고 출산 중 자궁 수축을 조절한다. 게다가, 옥시토신은 뇌에서도 작용을 하는데, 뇌에서 모성애, 짝짓기, 그리고 성적인 행동들에 영향을 미친다.

뇌하수체 전엽호르몬

뇌하수체 전엽으로부터 분비된 호르몬들은 체내에서 대사조절, 삼투압조절, 그리고 번식 과정과 같은 다양한 과정들을 조절한다. **그림 41.15**에서 묘사된 것처럼, 많은 뇌하수체 전엽호르몬들은 다른 내분비샘 또는 다른 조직의 활성을 조절한다.

시상하부에서 분비되는 호르몬들은 모든 뇌하수체 전엽호르몬의 분비를 조절한다. 각각의 시상하부 호르몬은 **방출호르몬**(releasing hormone)이거나 **억제호르몬**(inhibiting hormone)인데 이들은 뇌하수체에서 분비되는 하나 또는 그 이상의 특정 호르몬들의 분비를 촉진하거나 억제하는 데에서 이름이 붙여졌다. 예를 들어, 젖 분비 방출 호르몬(prolactin-releasing homone)은 뇌하수체 전엽에서 젖 생산을 자극하는 활성을 지닌 프로락틴의 분비를 자극하는 시상하부 호르몬이다. 모든 뇌하수체 전엽호르몬은 적어도 하나의 분비호르몬에 의해서 조절된다. **프로락틴(prolactin)**과 같은 몇몇 호르몬들은 방출호르몬과 억제호르몬을 모두 갖는다.

시상하부의 방출호르몬과 억제호르몬은 시상하부 밑의 모세혈관 근처에서 분비된다. 모세혈관은 뇌하수체 전엽에서 제2차 모세혈관망으로 나누어지는 문맥이라고 불리는 짧은 혈관으로 이어진다. 따라서 방출호르몬과 억제호르몬들은 그들이 조절하는 샘에 직접적으로 접근을 한다.

시상하부에서 분비되는 호르몬들, 뇌하수체 전엽, 그리고 표적 내분비샘은 종종 **호르몬의 단계적인 반응경로**(hormone cascade pathway)로 조직된다. 뇌로 가는 신호들은 시상하부를 자극해 뇌하수체 전엽호르몬들의 분비를 자극하거나 억제하는 호르몬의 분비를 자극한다. 뇌하수체 전엽호르몬은 차례로 다른 내분비기관에 작동하며 특정한 표적기관에서 영향력을 발휘하는 다른 호르몬들의 분비를 자극한다.

호르몬의 단계적인 반응경로는 신호들을 시상하부로부터 다른 내분비샘으로 다시 보낸다. 이러한 이유로, 이 경로에 있는 뇌하수체 전엽호르몬들은 구부림 또는 돌아감이라는 뜻을 가진 그리스어(tropic)로부터 유래한 **자극 호르몬(tropic hormone)** 또는 **자극제**(tropin, 트로핀)라고 불린다. 예를 들어, 뇌하수체 전엽에서 분비되는 FSH와 LH 호르몬은 시상하부로부터 생식샘(정소 또는 난소)으로 신호를 보내기 때문에 생식샘자극호르몬(gonadotropin)이라고 불린다. 자극호르몬과 호르몬의 단계적 반응에 대해서 알기 위해서, 갑상샘의 기능과 조절에 대해 알아보자.

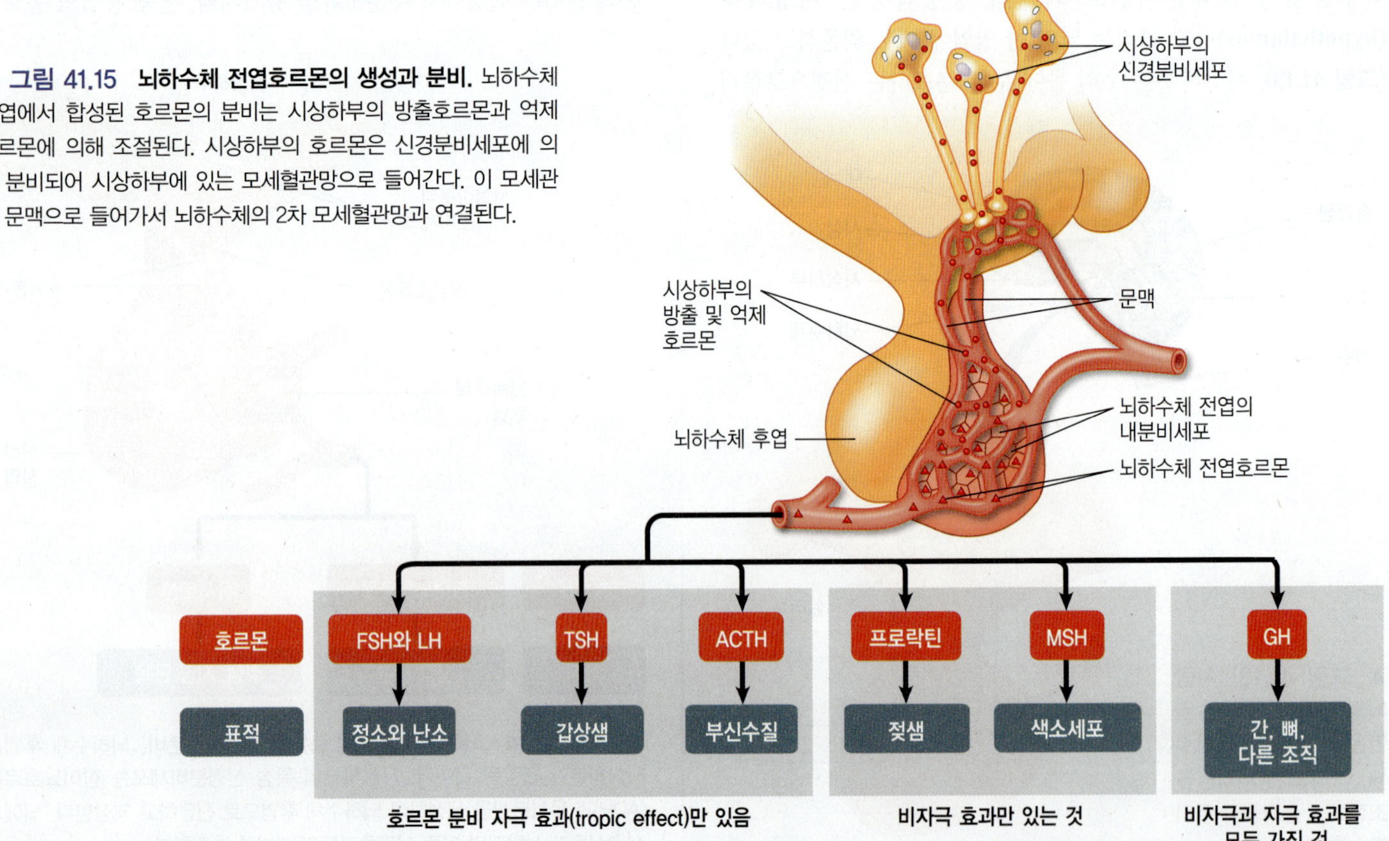

▶ **그림 41.15 뇌하수체 전엽호르몬의 생성과 분비.** 뇌하수체 전엽에서 합성된 호르몬의 분비는 시상하부의 방출호르몬과 억제호르몬에 의해 조절된다. 시상하부의 호르몬은 신경분비세포에 의해 분비되어 시상하부에 있는 모세혈관망으로 들어간다. 이 모세관은 문맥으로 들어가서 뇌하수체의 2차 모세혈관망과 연결된다.

갑상샘 조절: 호르몬의 단계적인 반응경로

인간과 다른 포유동물에서 **갑상샘호르몬(thyroid hormone)**은 생물학적 에너지(bioenergetics)를 조절한다. 즉, 정상 혈압, 심장박동, 근육 탄력을 유지하며 소화와 생식을 조절한다. 만약 혈중 갑상샘호르몬의 농도가 떨어지면, 시상하부는 호르몬의 단계적 반응경로를 시작함으로써 이에 반응한다(**그림 41.16**). 시상하부는 갑상샘자극호르몬방출호르몬(TRH)를 분비하여, 뇌하수체 전엽으로부터 자극호르몬인 갑상샘자극호르몬(thyroid-stimulating hormone) 또는 줄여서 타이로트로핀(tyrotropin)이 분비되도록 한다. TSH는 목 쪽에 존재하는 기관으로 기도의 복부 쪽에 위치한 두 개의 엽으로 구성된 기관(windpipe)인 **갑상샘(thyroid gland)**에 작용하여 갑상샘호르몬을 분비하도록 한다. 갑상샘호르몬이 축적될수록, 대사율은 증가하는 동시에 과도한 활성을 막기 위한 음성되먹임도 역시 시작된다.

갑상샘 기능과 조절의 이상

갑상샘호르몬의 생산과 조절의 교란은 심각한 이상을 야기한다. 갑상샘호르몬의 분비가 너무 적게 나타나는 갑상샘 기능 저하증은 체중증가, 무기력증, 그리고 추위에 잘 견디지 못하는 현상들을 야기한다. 반면, 갑상샘호르몬을 과다하게 분비하는 갑상샘 기능 항진증의 경우 높은 체온, 다한증, 체중감소, 흥분, 고혈압 등을 야기한다.

인간에서 갑상샘 기능 항진증의 전형적 형태로는 그레이브스병이 있다. 눈 뒤쪽에 액체가 축척되어 유발되는 안구돌출이 전형적인 증상이다. 이 면역질환에서 우리 몸은 갑상샘자극호르몬 수용체에 붙어서 수용체를 활성화시키는 항체를 생성하고, 갑상샘호르몬의 지속적인 생성을 촉진한다.

몇몇 갑상샘 질환은 갑상샘호르몬의 비정상적인 화학적 구성으로 발생한다. 갑상샘호르몬이라는 용어는 타이로신이라는 아미노산에서 유래한 두 개의 매우 비슷한 호르몬 쌍에서 유래되었다. 삼요오드티로닌(triiodothyronine, T_3)은 세 개의 아이오딘(요오드) 원자를 가지고 있으며 타이록신(thyroxine, T_4)은 네 개의 아이오딘 원자를 가지고 있다(그림 41.4). 갑상샘호르몬의 생산은 아이오딘을 필요로 하기 때문에, 아이오딘은 식단에 반드시 필요한 성분이다.

아이오딘은 해산물이나 아이오딘 처리가 된 소금을 섭취하여 쉽게 얻을 수 있지만, 전 세계적으로 많은 사람이 식단에 아이오딘량이 부족하여 고통을 겪고 있으며, 따라서 적절한 양의 갑상샘호르몬을 합성할 수 없다. 혈중 갑상샘호르몬 농도가 낮은 경우 시상하부나 뇌하수체 전엽의 음성되먹임이 제대로 작동하지 않으며(그림 41.16), 결과적으로 뇌하수체는 계속해서 갑상샘자극호르몬을 분비한다. 갑상샘자극호르몬 농도가 증가된 경우, 갑상샘의 크기가 커지고 목이 붓는 갑상샘종이 생기게 된다.

정상적인 갑상샘의 기능은 정상적인 발달 과정에도 필수적이

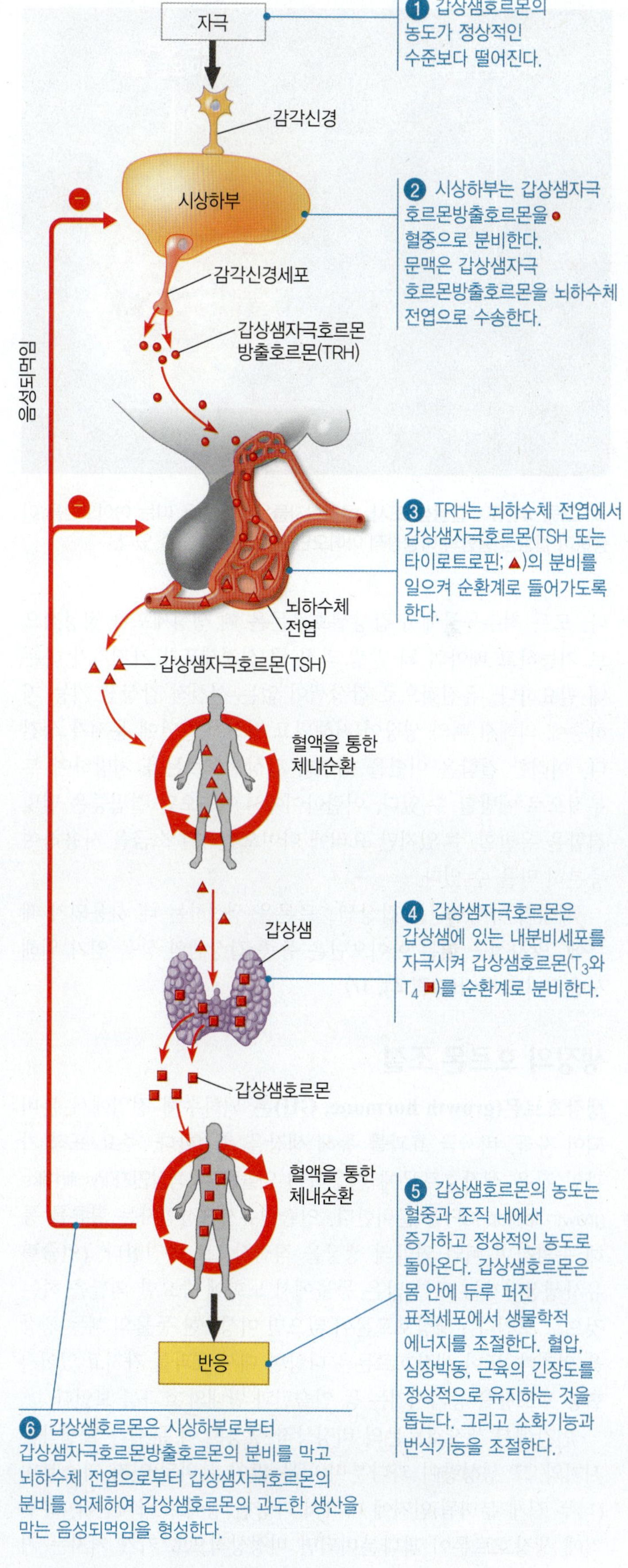

▲ **그림 41.16 갑상샘호르몬의 분비 조절: 호르몬의 단계적인 반응경로**

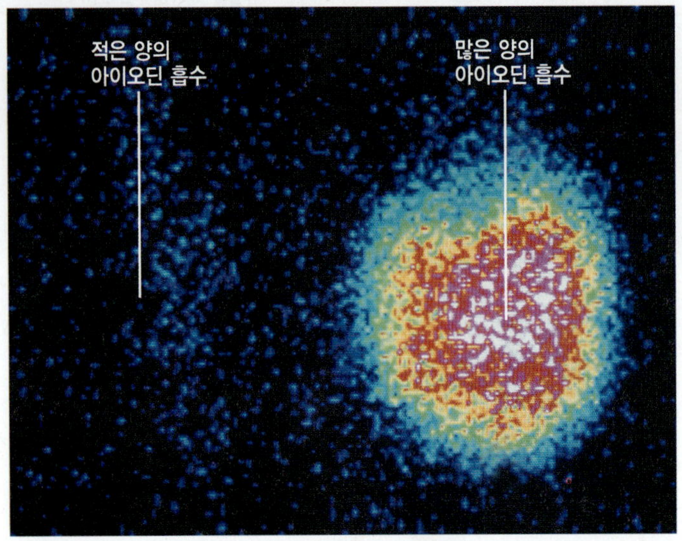

▲ **그림 41.17 갑상샘 조사.** 물리학자들은 방사선을 띠는 아이오딘을 이용하여 갑상샘 결함의 비정상적 아이오딘 흡수를 관찰할 수 있다.

다. 모든 척추동물에서 갑상샘호르몬은 뼈 생성세포가 정상적으로 기능하고 배아의 뇌 발생 과정 중 신경세포가 가지치기 하는데 필요하다. 유전적으로 갑상샘이 없는 선천적 갑상샘 기능 저하증에 의해서 뼈의 생장이 저해되고 정신적 발달에 문제가 생긴다. 이러한 결함은 어렸을 때부터 갑상샘호르몬을 처방하여 부분적으로 예방할 수 있다. 어린아이에서 아이오딘 결핍증은 몇몇 결함을 유발할 수 있지만 요리에 아이오딘화된 소금을 사용하여 충분히 막을 수 있다.

체내의 아이오딘은 갑상샘호르몬을 생성하는 데 사용되기 때문에, 방사성을 띠는 아이오딘은 종종 갑상샘의 상을 얻기 위해 사용되기도 한다(**그림 41. 17**).

생장의 호르몬 조절

생장호르몬(growth hormone, GH)은 뇌하수체 전엽에서 분비되어 자극, 비자극 효과를 통해 생장을 촉진한다. 주요 표적 기관인 간은 생장호르몬에 반응하여 인슐린유사생장인자(insulin-like growth factor, IGF)를 분비한다. 인슐린유사생장인자는 혈류를 통해 순환하며 뼈와 연골의 생장을 직접적으로 촉진한다. (인슐린유사생장인자는 또한 많은 동물에서 노화에 중요한 역할을 하는 것으로 보인다.) 생장호르몬이 없으면 미성숙한 동물의 뼈는 생장을 멈춘다. 또한 생장호르몬은 다양한 대사 효과를 가지고 있어서 혈중 포도당을 증가시키는 등 인슐린과 반대의 효과를 보인다.

인간에서 생장호르몬의 비정상적 생성은 이 문제가 발생하는 시기와 그 생성량이 과다분비(너무 많이 분비됨)인지 과소분비(너무 적게 분비됨)인지에 따라서 다양한 장애로 나타난다. 유년기에 생장호르몬이 과다분비되면 비정상적으로 키가 커지는 거인증이 나타날 수 있다. 이 장애를 가진 사람들의 경우 몸의 각 부분의 비율은 상대적으로 정상이다(**그림 41.18**). 어른이 되어 생

▲ **그림 41.18 생장호르몬의 과다생성** 역사상 가장 큰 남성으로 기록된 Robert Wadlow는 22세에 2.7 m의 신장을 가졌다. 이는 뇌하수체에서 생장호르몬의 과다 분비가 일어났기 때문이다.

장호르몬이 지나치게 많이 분비되면 말단비대증(acromegaly, "맨 끝"을 의미하는 그리스어 *acros*와 "큼"을 의미하는 그리스어 *mega*에서 유래)이라고 불리는 상태가 되는데 이것은 늦게까지 호르몬에 반응하는 얼굴, 손, 발과 같은 몇몇 조직에서 뼈의 생장을 촉진한다.

청소년기에 생장호르몬이 지나치게 적게 분비되면 긴 뼈의 생장이 저하되어 뇌하수체 난쟁이증이 유발될 수 있다. 이 장애를 가진 사람들의 경우 몸의 각 부분의 비율은 상대적으로 정상이나, 일반적으로 1.2 m 정도밖에 자라지 못한다. 만약 사춘기 이

개념 확인 문제 41.2

1. 포유동물의 내분비샘을 조절하는 옥시토신과 프로락틴의 역할은 무엇인가?
2. 연합된 두 개의 뇌하수체 분비샘은 기능적으로 어떻게 다른가?
3. **WHAT IF?** 특정한 내분비경로에 결함이 있는 사람들은 일반적으로 시상하부나 뇌하수체보다는 최종 분비샘에 결함이 있는데 그 이유를 설명하라.
4. **WHAT IF?** 갑상샘호르몬이 과다 생성된다고 진단이 이루어진 두 환자에 대한 진찰에서, 한 명은 TSH 수치가 올라가 있고 나머지 한 명은 그렇지 않았다. 한 환자에 대한 진단이 잘못되었다고 볼 수 있는가? 설명하여라.

정답은 부록 A 참조

전에 진단을 받았다면 뇌하수체 난쟁이증은 인간 생장호르몬으로 치료될 수 있다. 1980년대 중반에 이르러서 유전공학자들은 사람의 생장호르몬이 암호화된 DNA를 세균에 삽입하여 생장호르몬을 생성할 수 있게 되었다(개념 19.4). 유전공학적으로 만들어진 생장호르몬을 이용한 치료는 현재 뇌하수체 난쟁이증을 가진 어린이들에게 일반적으로 사용되고 있다.

개념 41.3

내분비샘은 다양한 자극에 반응하여 항상성, 발생과 행동 조절을 돕는다

앞으로 내분비 신호전달이 어떻게 동물의 항상성, 발생, 그리고 행동을 조절하는지 다룰 것이다. 간단한 호르몬 경로의 다른 예로 순환계에서의 칼슘 농도 조절에 대해 살펴보자.

부갑상샘호르몬과 비타민 D: 혈중 칼슘 조절

칼슘이온(Ca^{2+})은 모든 세포의 정상적인 기능에 필수적이기 때문에 혈중 칼슘 농도의 항상성 조절은 매우 중요하다. 만약 혈중 칼슘 농도가 낮다면 골격근육은 경련성 수축을 하면서 근육 강직성 경련 상태를 보인다. 만약 혈중 칼슘 농도가 많이 높아지면 조직에 인산칼슘의 침전이 생겨서 여러 기관들에 손상이 발생한다.

포유류에서 **부갑상샘(parathyroid gland)**은 갑상샘의 뒤쪽에 4개의 작은 구조로 박혀 있으며(그림 41.9) 혈중 칼슘의 조절에 중요한 역할을 한다. 혈중 칼슘이 정상 수치인 10 mg/100 mL보다 아래로 떨어지게 되면 부갑상샘은 **부갑상샘호르몬(parathyroid hormone, PTH)**을 분비한다.

부갑상샘호르몬은 뼈와 신장에서 직접적으로, 장에서는 간접적으로 작용하여 혈중 Ca^{2+} 농도를 높인다(그림 41.19). 뼈에서 부갑상샘호르몬은 용골세포가 광물화된 뼈의 기질을 분해하여 혈액으로 Ca^{2+}을 방출하도록 유도한다. 신장에서는 직접적으로 신장세뇨관을 통해 Ca^{2+}의 재흡수를 일으킨다. 부갑상샘호르몬은 또한 신장에서 비타민 D(vitamin D)를 활성이 있는 호르몬 형태로 전환하는 간접적인 효과를 가진다. 스테로이드에서 유도된 분자인 비타민 D는 음식을 통해 혹은 피부에서 불활성 형태로 합성됨으로써 얻어진다. 비타민 D의 활성화 과정은 부갑상샘호르몬에 의해 간에서 시작되어 신장에서 완성된다. 활성 형태의 비타민 D는 소장에 직접적으로 작용하여 음식으로부터 Ca^{2+}을 흡수하게 하고 따라서 부갑상샘호르몬의 효과는 증가하게 된다. 혈중 Ca^{2+}이 증가하면 음성되먹임이 작동하여 부갑상샘에서 더 이상 부갑상샘호르몬이 분비되지 못하도록 막는다(그림 41.19에는 나와 있지 않음).

갑상샘 역시 칼슘 항상성에 기여한다. 혈중 Ca^{2+}이 표준 수위보다 높아지면 갑상샘은 **칼시토닌(calcitonin)**을 분비하여 뼈가 Ca^{2+}을 방출하는 것을 막고 신장에서 Ca^{2+}의 배출을 증가시킨다. 어류, 설치류를 포함한 다른 동물들에서도 칼시토닌은 칼슘 항상성에 중요한 물질이다. 그러나 사람은 어린 시절 대규모로 뼈가 생장하는 동안에만 필요한 것으로 보인다.

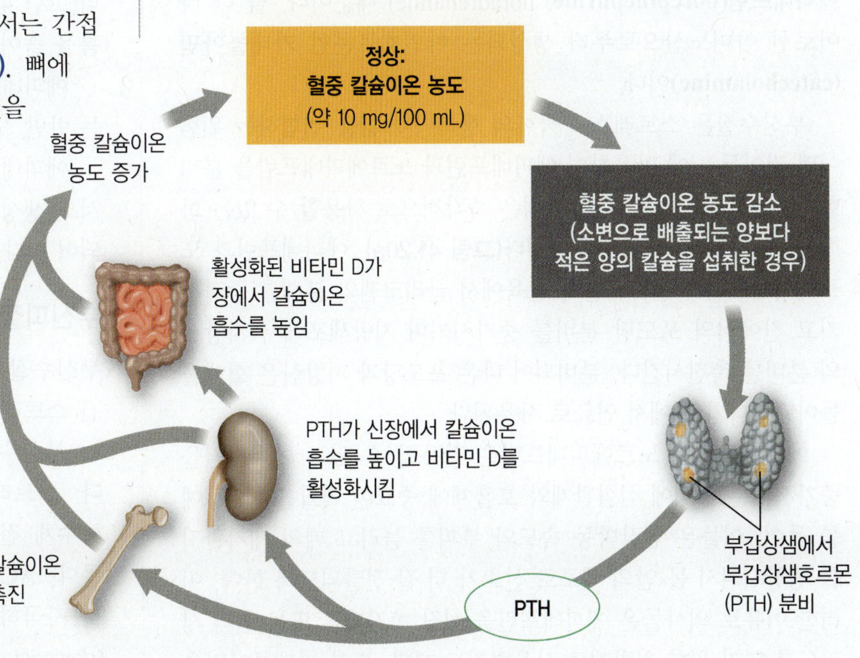

▲ 그림 41.19 **포유류의 혈중 칼슘농도를 조절하는 부갑상샘호르몬의 역할**

부신호르몬: 스트레스에 대한 반응

척추동물의 **부신(adrenal gland)**은 신장의 위에 붙어 있다. 포유류에서 각 부신은 구성하는 세포의 종류와 기능, 발생 기원이 다른 두 개의 분비샘으로 구성되어 있다. 바깥쪽 부분은 **부신피질(adrenal cortex, 부신겉질)**을 구성하며 가운데 부분은 **부신수질(adrenal medulla, 부신속질)**이 된다. 부신피질은 내분비세포로 이루어져 있지만 부신수질은 배아 발생 과정에서 신경조직으로부터 발달된 분비세포로 구성되어 있다. 따라서 뇌하수체처럼 각각의 부신은 내분비와 신경분비샘이 혼합된 형태이다.

부신수질에서 분비되는 카테콜아민

밤에 숲 속을 걷다가 근처에서 으르렁거리는 소리를 들었다고 가정해 보자. "곰?"하며 당신은 놀랄 것이다. 심장은 빠르게 뛰고 호흡이 가빠지며 근육은 긴장되고 생각이 빨라지게 된다. 위험을 자각하고 빠르게 반응하는 것이 "싸움-도망" 반응을 이룬다. 이러한 생리적인 변화가 잘 연결되어 나타나는 것은 부신수질의 두 호르몬인 에피네프린(아드레날린으로도 알려져 있음)과 **노르**

▼ 그림 41.20 스트레스와 부신

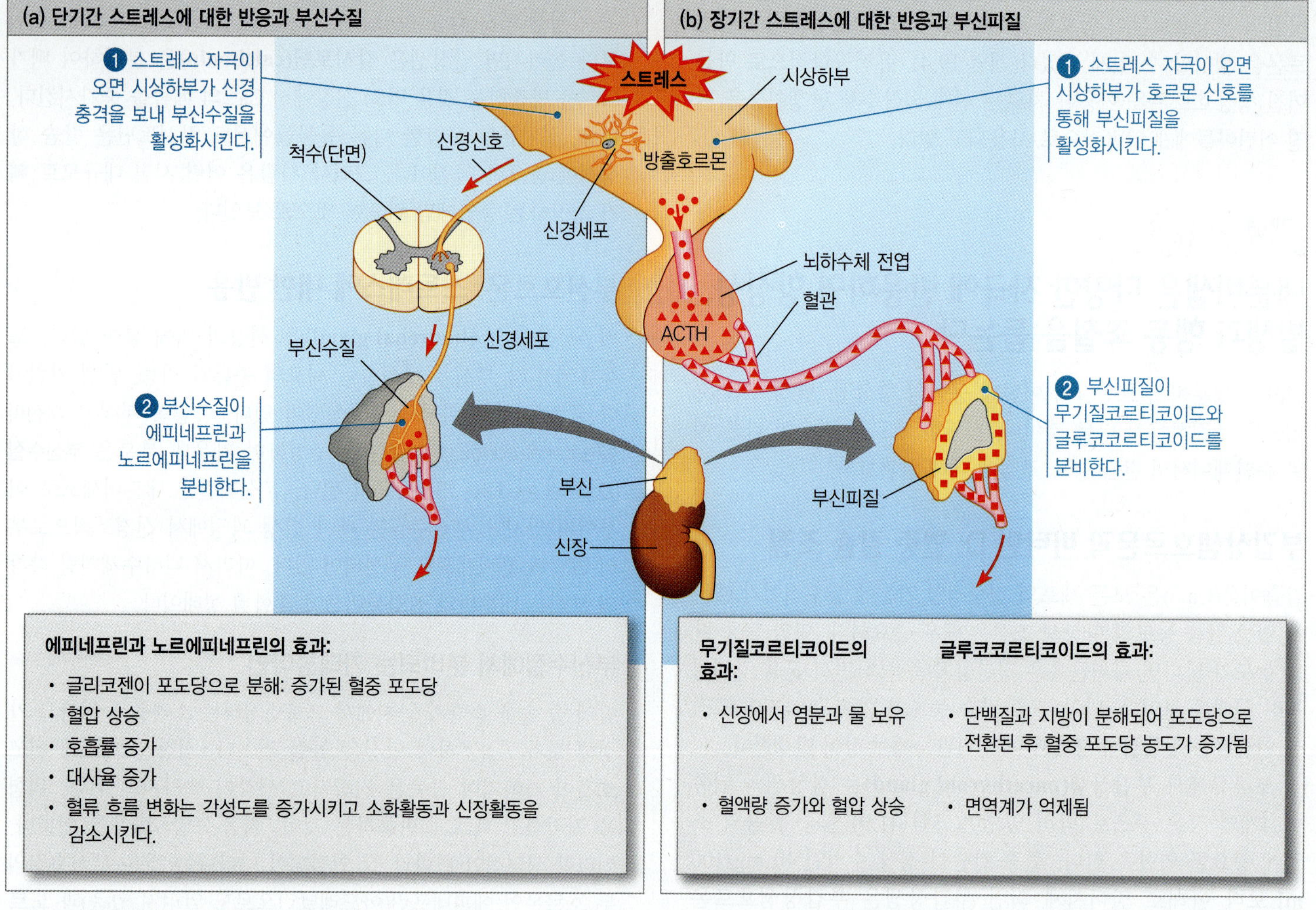

에피네프린(**norepinephrine**, noradrenaline) 때문이다. 둘 다 타이로신 아미노산으로부터 생성되는 아민호르몬인 **카테콜아민(catecholamine)**이다.

부신수질은 스트레스—극한의 행복이나 삶을 위협하는 위험 어떤 것이든—에 반응하여 에피네프린과 노르에피네프린을 분비한다. 이 호르몬들의 주요 활성은 즉각적으로 사용할 수 있는 화학에너지량을 증가시키는 것이다(**그림 41.20a**). 에피네프린과 노르에피네프린은 둘 다 간과 근육에서 글리코젠의 분해를 증가시키고 간에서의 포도당 분비를 증가시키며 지방세포에서 지방산의 분비를 촉진시킨다. 분비되어 나온 포도당과 지방산은 혈액을 돌아다니다가 몸에서 연료로 사용된다.

에피네프린과 노르에피네프린은 활용할 수 있는 에너지원을 증가시키는 동시에 심혈관계와 호흡계에 중요한 역할을 한다. 예를 들어, 이들은 심장박동 속도와 부피를 늘리고 폐의 세기관지를 팽창시켜서 몸 안의 세포로 산소가 더 잘 전달되도록 한다. 이러한 이유로 의사들은 에피네프린을 심장 촉진제로 또는 천식 시 기도를 열기 위한 처방제로 사용하기도 한다. 또한 카테콜아민은 혈류를 바꿔서 어떤 혈관은 수축시키고 또 다른 혈관은 이완시킨다(그림 41.8). 결론적으로 피부, 소화기관, 신장에서의 피의 흐름을 줄이고 심장, 뇌, 골격근으로의 혈류를 증가시킨다.

에피네프린은 일반적으로 심장과 대사율에 더 강한 영향을 미치는 반면, 노르에피네프린의 주요 역할은 혈압을 조절하는 것이다.

에피네프린과 노르에피네프린은 부신수질뿐 아니라 신경계에서도 생성된다. 신경전달물질로서의 이들의 기능은 48장에 소개되어 있다.

부신피질에서 분비되는 스테로이드호르몬

부신수질이 짧은 스트레스 자극에 반응하는 반면, 부신피질은 긴 스트레스 자극에 반응한다(**그림 41.20b**). 신경신호에 반응하는 부신수질과는 대조적으로 부신피질은 내분비신호에 반응한다. 스트레스성 자극은 시상하부가 방출호르몬을 분비하여 뇌하수체 전엽에서 부신피질자극호르몬(ACTH)을 분비하도록 만든다. ACTH가 혈류를 통해 부신피질에 도달하면 내분비세포를 자극하여 스테로이드호르몬의 한 종류인 **코르티코스테로이드(corticosteroid)**를 합성하고 분비하도록 한다. 사람에서 만들어지는 두 가지 코르티코스테로이드는 글루코코르티코이드와 무기질

과학적 분석 기술의 연습

대조 실험 설계하기

예상되는 수면 시간에 야간 ACTH 분비가 어떻게 연관되어 있을까? 사람의 경우 수면의 마지막 단계에서 깨어 있을 때와 같은 양으로 ACTH의 분비량이 증가한다. ACTH는 스트레스성 자극에 반응하여 분비되기 때문에 수면 상태에서 깨어나는 과정도 일종의 스트레스성 자극에 대한 반응이라고 가설을 세울 수 있다. 만일 그렇다면, 개인별로 특정한 기상 시각이 ACTH 분비 시각에 영향을 줄 것이다. 어떻게 이러한 가설을 검증할 수 있을 것인가? 이번 탐구에서는 가설을 검증하기 위한 대조 실험 설계를 다뤄 볼 것이다.

실험 방법 20대 중반의 15명의 건강한 지원자에 대해 3일 밤에 걸쳐 연구하였다. 각각의 피험자에 대해 오전 6시 또는 오전 9시에 깨어날 것이라고 일러주었다. 피험자는 자정에 취침하도록 했으며 "짧은" 수면 그룹과 "긴" 수면 그룹을 정해진 시각(각각 오전 6시, 오전 9시)에 깨우도록 했다. "기습 기상" 그룹은 오전 9시에 기상할 것으로 알려준 후 실제로는 오전 6시에 일어나도록 했다. 정해진 시각에 혈액의 ACTH를 측정하였으며, 기상 후 ACTH의 농도변화를 측정하기 위해 기상 직후와 기상 후 30분에서의 농도 차이(기상 후 변화량)를 비교하였다.

실험 데이터

실험군 (수면 그룹)	알려준 기상 시각	실제 기상 시각	평균 혈중 ACTH 농도(pg/mL)		
			오전 1시	오전 6시	기상 후 변화량
짧은 수면 그룹	오전 6시	오전 6시	9.9	37.3	10.6
긴 수면 그룹	오전 9시	오전 9시	8.1	26.5	12.2
기습 기상 그룹	오전 9시	오전 6시	8.0	25.5	22.1

데이터 해석

1. 실험 설계에서 "기습 기상" 그룹의 역할을 설명하여라.
2. 각 피험자는 다른 실험군에서 3일 밤 동안 실험 수행되었다. 실험군의 순서는 제각기 달랐으며 5명씩 묶어서 각 실험군에 배정되었다. 어떤 요인이 이 실험에서 통제 변인으로 적용되었는가?
3. "짧은 수면" 그룹의 피험자들의 기상 시 평균 ACTH 농도는 얼마인가? 실험 결과의 마지막 두 열의 값을 이용하여 기상 후 30분이 지났을 때의 평균 ACTH 농도를 계산하라. 오전 1시에서 오전 6시 사이의 변화율보다 기상 후 30분 동안의 ACTH 변화율은 더 높은가 낮은가?
4. 기습 기상 그룹에서, 1시와 6시 사이의 ACTH 수준 변화는 긴 수면 집단이나 짧은 수면 집단의 것과 비교할 때 어떠한가? 이 결과는 검사된 가설을 지지하는가? 설명하라.
5. 마지막 두 열의 실험 결과 값을 이용하여 "기습 기상"그룹에서의 기상 후 30분이 지났을 때의 평균 ACTH 농도를 계산하고 문제 3번의 답변과 비교하라. 비교 결과 깨어난 직후의 개인의 생리학적 반응을 어떻게 제안할 수 있을 것인가?
6. 추가 연구를 진행한다면 어떤 통제변인들이 추가되어야 할 것인가?

참고문헌 J. Born, et al., Timing the end of nocturnal sleep, *Nature* 397:29–30 (1999).

코르티코이드이다.

이름에서도 알 수 있듯이 코르티솔과 같은 **글루코코르티코이드(glucocorticoid)**는 포도당 대사에 주로 관여한다(그림 41.4). 췌장에서 만들어지는 글루카곤에 의한 에너지 이동 효과를 극대화시키는 동시에, 글루코코르티코이드는 단백질과 같이 탄수화물이 아닌 에너지원에서 포도당 생성을 촉진하여 더 많은 포도당이 에너지원으로 사용될 수 있도록 한다. 글루코코르티코이드는 또한 골격근에 작용하여 근육의 단백질을 분해한다. 이렇게 생겨난 아미노산은 간과 신장으로 수송되어 포도당으로 바뀌고 혈중으로 분비된다. 간에 저장된 글리코젠으로부터 동원할 수 있는 것보다 더 많은 양의 포도당이 필요할 때, 근육 단백질로부터 생성된 포도당이 그 필요량을 충족시킨다.

정상적으로 존재하는 것보다 더 많은 양의 글루코코르티코이드가 몸에 들어가면 면역계의 특정 구성요소를 억제한다. 항염증효과 때문에 글루코코르티코이드는 관절염과 같은 염증 질병의 치료에 사용된다. 그러나 오랫동안 사용하면 글루코코르티코이드가 대사에 미치는 영향을 반영하듯 심각한 부작용이 일어난다. 이러한 이유로 만성염증 상황에 아스피린이나 이부프로펜과 같은 비스테로이드 항염증약(nonsteroidal anti-inflammatory drugs, NSAIDs)을 더 많이 사용한다.

무기질 대사를 조절하는 효과 때문에 이름지어진 **무기질코르티코이드(mineralocorticoid)**는 주로 염과 수분 균형을 유지하는 역할을 한다. 예를 들어 무기질코르티코이드인 알도스테론(aldosterone)은 혈액 내 이온과 수분 항상성을 조절한다(그림 44.21). 또한 알도스테론은 심각한 스트레스에 대한 신체반응을 조절한다.

글루코코르티코이드와 무기질코르티코이드는 스트레스에 대한 반응뿐만 아니라 대사의 항상성 조절에도 관여한다. **과학적 분석 기술 연습**에서 사람이 잠에서 깨어날 때 ACTH의 변화를 관찰하는 실험을 볼 수 있다.

생식소 성호르몬

성호르몬은 생장, 발생, 생식주기, 그리고 성행동을 조절한다. 이러한 호르몬들은 부신에서 소량 분비되지만 주로 남성의 정소와 여성의 난소에서 분비된다. 생식소는 주로 안드로젠, 에스트로젠, 프로제스틴의 3가지 종류의 스테로이드호르몬을 생산하고 분비한다. 세 종류 모두 남성과 여성에서 발견되지만 그 비율은 매우 다르다.

정소는 주로 **안드로젠(androgen)**을 생성하며 그 중 주된 것은 **테스토스테론(testosterone)**이다. 사람의 경우, 테스토스테론은 태어나기 전부터 남성의 생식기 구조의 발생을 촉진시킨다(**그림 41.21**). 안드로젠은 사람의 사춘기 때에 다시 중요한 역할을 하게 되어 남성의 2차적인 성징을 유도한다. 사춘기 때, 고농도의 안드로젠은 근육과 뼈 무게의 증가, 남성적인 털, 낮은 목소리

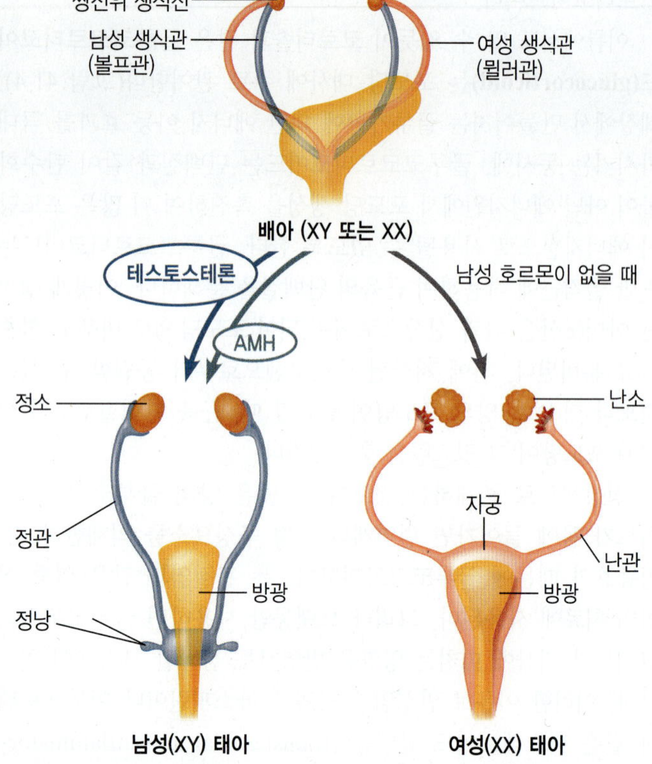

▲ **그림 41.21 성호르몬은 인간발생에서 내부생식기관의 형성을 조절한다.** 인간 남성 배아에서, 쌍전위 생식선은 테스토스테론과 AMH를 분비하는 정소가 된다. AMH는 여성의 생식관이 퇴화하도록 하지만, 테스토스테론은 정관과 정낭을 직접적으로 형성한다. 이런 정소 호르몬들이 없을 때, 남성의 생식관은 퇴화하며 난관, 자궁, 질을 포함한 여성의 생식기 구조를 형성하게 된다.

등을 유발한다. 테스토스테론과 관련된 스테로이드호르몬은 근육을 만드는 능력 때문에 운동선수들로 하여금 이들을 보조제로 섭취하도록 유혹해왔다. 동화 작용을 담당하는 스테로이드호르몬은 근육량을 증가시키지만 심각한 여드름의 발생이나 간 손상을 유발할 수 있다. 게다가 동화 스테로이드호르몬은 테스토스테론에 음성되먹임 효과를 가지고 있어서 정자의 숫자나 고환의 크기를 감소시킨다.

가장 중요한 **에스트라디올(estradiol)** 등을 포함하는 **에스트로젠(estrogen)**은 여성의 생식계 유지와 2차 성징 발달에 관여한다. 포유류의 경우, **프로제스테론(progesterone)**을 포함하는 **프로제스틴(progestin)**은 주로 배아의 생장과 발생을 지탱하는 자궁을 만들고 유지하는 데에 기능한다.

에스트로젠과 기타 생식소 호르몬들은 단계적인 호르몬 반응 경로의 구성요소이다. 이 호르몬들의 생성은 뇌하수체 전엽에서 나오는 두 생식샘자극호르몬(여포자극호르몬과 황체호르몬)에 의해 조절된다(그림 41.15). 생식소 호르몬의 분비는 시상하부에서 분비되는 생식샘자극호르몬방출호르몬(gonadotropin releasing hormone, GnRH)에 의해 조절된다. 45장에서는 생식샘의 스테로이드 분비를 조절하는 되먹임 관계에 대해 살펴볼 것이다.

내분비계 교란물질

1938년과 1971년 사이, 임신 합병증의 위험을 가진 몇몇 임산부들이 디에틸스틸베스트롤(diethylstilbestrol, DES)이라 불리는 에스트로젠 합성물을 처방받았다. 1971년까지 DES가 태아의 생식계 발달에 영향을 준다는 사실이 알려지지 않았다. 하지만 DES를 처방받은 어머니에게서 태어난 여자아이는 질암과 자궁암, 생식기관의 구조 이상, 유산(자연유산) 등을 포함하는 몇몇 생식계 이상이 더 잘 발생한다는 증거가 모아지게 되었다. DES는 현재 정상적인 호르몬 경로를 방해하는 외부 물질인, **내분비계 교란물질**(endocrine disruptor)로 밝혀졌다.

최근, 몇몇의 과학자들은 외부물질이 내분비계 교란물질로 작용할 수 있다고 가정을 해왔다. 예를 들어 흔히 쓰이는 비스페놀 A(bisphenol A)는 정상적인 생식과 발생을 방해한다는 보고도 있다. 게다가 콩과 다른 식용식물에 있는 에스트로젠과 비슷한 물질이 유방암의 발생률을 낮춘다고 제안되었다. 하지만 간에서 소화계를 통해 들어오는 이러한 물질의 성질을 바꾸기 때문에, 해로운지 유익한지는 그 효과를 구분하기가 매우 어렵다.

호르몬과 생체리듬

빛이나 계절과 연관된 기능을 조절하는 **멜라토닌(melatonin)**에 대해 알아보자. 멜라토닌은 포유류의 뇌 중심부 가까이에 존재하는 작은 내분비 조직인 **송과샘(pineal gland)**에서 만들어진다(그림 41.13).

멜라토닌은 많은 척추동물에서 피부색에 영향을 주기도 하지만, 주요 기능은 생식과 관련된 생체리듬에 관한 것이다. 멜라토닌은 밤에 분비되고, 분비되는 양은 밤의 길이와 관련이 있다. 예를 들어, 겨울에는 낮이 짧고 밤이 길기 때문에 멜라토닌이 더 많이 분비된다. 밤에 분비량이 증가된 멜라토닌이 숙면을 취하는데 도움을 준다는 보고도 있다.

송과샘에서 멜라토닌이 분비되는 것은 시상하부의 시교차상핵(suprachiasmatic nuclei, SCN)이라 불리는 신경 그룹에 의해 조절받는다. 시교차상핵은 생체 시계의 역할을 하며 눈의 망막에 존재하는 특화된 시신경세포로부터 자극을 전달받는다. 시교차상핵이 24시간 낮/밤 주기 동안 멜라토닌 생성을 조절하지만, 멜라토닌 또한 시교차상핵의 활성에 영향을 준다. 우리는 시교차상핵 기능에 대한 실험을 분석하는 49장에서 생체주기에 대해 더 살펴볼 것이다.

호르몬 기능의 진화

진화 이 장에서 소개된 많은 호르몬들은 동물의 여러 종에 걸쳐 발견된다. 진화 과정 동안 특정 호르몬의 기능은 종 사이에서 갈라지게 된다. 예를 들어 많은 진화적 계통수에서 대사 기능 조절에 역할을 하는 갑상샘호르몬(타이록신)이 있다. 개구리에서 갑상샘호르몬은 특별히 고유한 기능을 하는데 올챙이에서 성체가 되는 변태 과정 동안 올챙이 꼬리를 없애는 특이한 역할을 한다(**그림 41.22**).

다른 많은 척추동물 호르몬에서도 다양한 기능이 진화되어 왔다. 뇌하수체 전엽에서 생산되는 프로락틴은 특별히 넓은 활성 범위를 나타낸다. 포유동물에서 프로락틴은 젖샘의 생장과 젖생산을 자극하고, 조류에서는 지방대사와 생식을 조절하는 반면, 양서류에서는 변태를 지연시키고, 담수어류에서는 염분과 물의 균형을 조절한다. 이런 다양한 역할은 프로락틴이 척추동물군의 진화 동안 다양해진 기능을 갖게 된 조상 호르몬이라는 사실을 암시한다.

색소세포자극호르몬(melanocyte-stimulating hormone, MSH)은 다른 진화적 계통수에서 다른 역할을 하는 뇌하수체 전엽호르몬이다. 양서류, 어류, 파충류에서 MSH는 색소세포(melanocyte)라 불리는 피부세포에서 색소의 분포를 조절함으로써 피부 색깔을 조절한다. 포유류에서 MSH는 색깔 조절에 더해 허기짐과 대사에서도 역할을 한다.

포유류의 뇌에서 진화된 특별한 MSH의 역할은 의학적으로 중요하다. 말기 암환자, 에이즈환자, 결핵환자, 몇몇 노화질환자들은 매우 파괴적인 악액질(cachexia)로 고통받고 있다. 체중감소, 근수축, 식욕감퇴 등의 특징을 보이는 악액질은 치료법이 거의 없다. 하지만 뇌의 MSH 수용체를 활성화시키자 지방대사를 촉진하고 식욕을 현저히 떨어뜨리며 악액질에도 영향을 주었다는 사실이 밝혀졌다. 이러한 사실로 과학자들은 MSH 수용체의 활성이 악액질을 야기한다고 가정하였다. 이를 증명하기 위해 암조직을 발생시켜 악액질을 야기하는 돌연변이 생쥐를 연구하였다. 뇌 MSH 수용체 억제제를 생쥐에 처리하자 암은 발생되었지만, 악액질은 생기지 않음을 관찰하였다. 이 약이 악액질을 치료하기 위해 인간에 사용될지는 활발히 연구되어야 할 부분이다.

▲ 올챙이

▲ 다 자란 개구리

◀ **그림 41.22 개구리의 변태에서 호르몬의 특별한 역할.** 타이록신호르몬은 올챙이가 개구리로 발달하는 과정에서 꼬리의 흡수에 중요한 역할을 한다.

개념 확인 문제 41.3

1. 만일 어떤 호르몬 경로가 특정 자극에 대해 일시적인 반응을 보인다면, 자극 기간을 줄이는 것은 음성되먹임의 필요성에 어떤 영향을 미치겠는가?
2. 시상하부에 있는 코르티코이드 수용체의 숫자 감소가 혈중 코르티코이드 농도에 어떤 영향을 줄 것인가?
3. **WHAT IF?** 여러분이 염증반응이 생긴 관절에 코르티솔(글루코코르티코이드)을 처방받았다고 하자. 글루코코르티코이드의 활성 중 어떤 면을 이용한 것인가? 만약 글루코코르티코이드 알약 역시 염증을 치료하는 데 효과적이라면 왜 아직도 약을 국소적으로 도입하는 것을 더 선호하는가?

정답은 부록 A 참조

41장 복습

핵심 개념의 요약

개념 41.1

호르몬과 여러 화학적 신호들은 표적세포의 수용체에 결합하여 특이적 세포반응을 일으킨다

- 동물 세포에 존재하는 세포간 신호전달의 형태는 분비세포의 종류와 신호가 표적세포로 전달되는 경로에 따라 다르다. **호르몬(hormone)**은 **내분비(endocrine)**세포나 관이 없는 분비샘에서 세포외액으로 분비되어 혈류를 타고 표적세포에 도달한다. **주변 분비(paracrine)** 신호전달을 통해 주변 세포에 작용하고 **자가 분비(autocrine)** 신호전달을 통해 분비하는 세포 자신에게 영향을 미친다. **신경전달물질(neurotransmitter)** 또한 부분적으로 작용하지만 어떤 신경세포는 **신경호르몬(neurohormone)**을 분비하여 온몸에서 작용할 수 있도록 한다. **페로몬(pheromone)**이라고 불리는 신호전달물질은 주변에 분비되어 같은 종의 동물들 사이에서 의사소통에 쓰인다.
- 주변 분비, 그리고 자가 분비 신호전달을 수행하는 **국소 조절자(local regulator)**에는 사이토카인과 생장인자(단백질/펩타이드), **프로스타글란딘(prostaglandin**; 변형된 지방산) 그리고 **산화질소(nitric oxide)**가 있다.
- 폴리펩타이드, 스테로이드, 그리고 아민은 동물 호르몬의 대부분을 구성한다. 특성이 수용성인지, 지용성인지에 따라, 다른 반응 경로를 활성화시킨다.

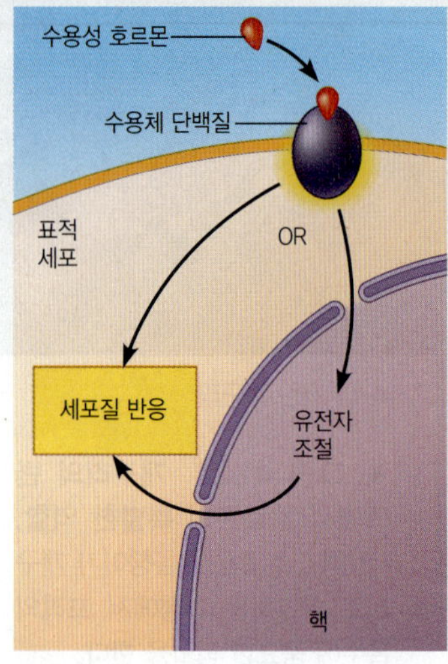

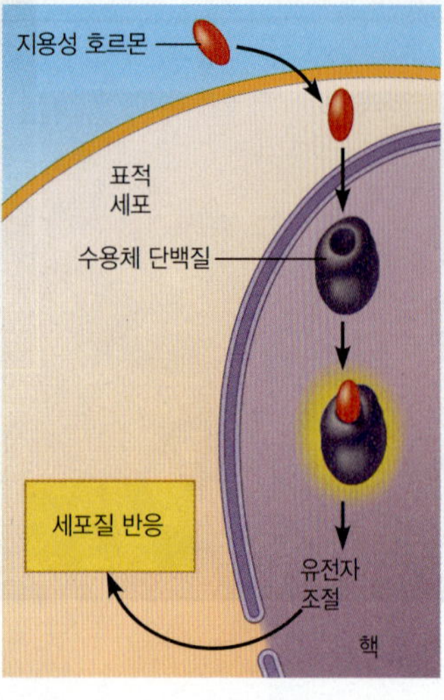

? 수용성 호르몬을 표적세포의 세포질에 직접 주입할 경우 일어날 반응을 예측해 보아라.

개념 41.2

되먹임 조절과 신경계와의 공동작용은 내분비계의 일반적인 특징이다

- 호르몬 경로는 자극의 효과를 약화시키는 **음성되먹임(negative feedback)**과 자극의 효과를 증폭시키는 **양성되먹임(positive feedback)**에 의해 조절받는다.
- 곤충에서, 탈피와 발생 과정은 세 가지 호르몬에 의해 조절된다: 전흉선자극호르몬(PTTH); PTTH에 의해 분비가 자극되는 엑디손(ecdysteroid), 그리고 유충호르몬. 신경계와 내분비계에서 전달된 신호와 다른 영향을 받은 호르몬 활성의 조화는 발생단계의 변화를 야기하고 성체로 변화시킨다.
- 척추동물에서, **시상하부(hypothalamus)**의 신경분비세포들은 **뇌하수체 후엽(posterior pituitary)**에서 분비되어 비내분비 조직에 직접 작용하는 두 개의 호르몬을 만들어낸다. **옥시토신(oxytocin)**은 자궁수축을 유발하며 젖샘에서 모유분비를 촉진한다. **항이뇨호르몬(ADH)**은 신장에서 수분재흡수를 높이는 역할을 한다.
- 시상하부의 다른 세포들은 **뇌하수체 전엽(anterior pituitary)**으로 전달되는 호르몬을 생성하며, 이 호르몬들은 특정 호르몬의 분비를 자극하거나 억제하는 역할을 한다.
- 종종 뇌하수체 전엽호르몬은 단계적 신호전달의 역할을 한다. 예를 들면, 갑상샘자극호르몬(TSH)의 분비는 갑상샘자극호르몬방출호르몬(TRH)에 의해 조절된다. TSH는 **갑상샘(thyroid gland)**에서 아이오딘과 결합된 **갑상샘호르몬(thyroid hormone**, T_3, T_4)의 분비를 유도한다. 갑상샘호르몬은 대사와 발생, 성숙에 관여한다.
- 대부분의 뇌하수체 전엽호르몬은 **자극호르몬(tropic hormone)**으로, 다른 내분비 조직이나 샘의 호르몬 분비를 조절한다. 뇌하수체 전엽의 자극호르몬으로는 갑상샘자극호르몬(TSH), 여포자극호르몬(folliclestimulating hormone, FSH), 황체형성호르몬(luteinizing hormone, LH), 그리고 부신피질자극호르몬(adrenocorticotropic hormone, ACTH)이 있다. **생장호르몬(growth hormone**, GH)은 자극, 비자극 호르몬으로서의 기능을 모두 가지고 있다. 생장호르몬은 생장을 직접적으로 유도하고, 다양한 대사에 영향을 주며, 다른 조직에서 생장인자를 생성하는 것을 유도한다.

? 시상하부와 뇌하수체에 비의존적으로 조절받는 주된 내분비 기관에는 어떤 것들이 있는가?

개념 41.3

내분비샘은 다양한 자극에 반응하여 항상성, 발생과 행동 조절을 돕는다

- **부갑상샘(parathyroid glands)**에서 분비되는 **부갑상샘호르몬(parathyroid hormone**, PTH)은 뼈가 혈중으로 Ca^{2+}를 방출하게 하고 신장에서 Ca^{2+}를 재흡수하도록 자극한다. 또한 부갑상샘호르몬은 신장에 작용해서 비타민 D를 활성화시키도록 하여 소장에서 음식의 Ca^{2+}의 흡수를 촉진시킨다. 갑상샘에서 분비되는 **칼시토닌(calcitonin)**은 뼈와 신장에 있어 부갑상샘호르몬과 반대 효과를 가진다. 칼시토닌은 몇몇 척추동물의 성체에서 칼슘 항상성에 중요하나 사람에서는 그렇지 않다.
- 부신피질의 신경분비세포는 스트레스에 반응하여 **에피네프린(epinephrine)**과 **노르에피네프린(norepinephrine)**을 분비한다. 이들 호르몬은 다양한 '싸움-도망' 반응을 매개한다. 부신피질은 코르티솔과 같은 **글루코코르티코이드(glucocorticoid)**를 분비하여 포도당 대사와 면역계에 영향을 미친다. 또한 주로 알도스테론인 **무기질코르티코이드(mineralocorticoid)**를 분비하여 염과 물의 균형을 조절한다.
- 성호르몬은 생장, 발생, 생식 그리고 성적행위를 조절한다. 부신피질에서는 적은 양의 성호르몬을 분비하며, 생식선(정소와 난소)이 성호르몬분비의 주된 근원이다. 세 종류의 성호르몬—**안드로젠(androgen)**, **에스트로젠(estrogen)**, **프로제스틴(progestin)**—은 남성과 여성 모두에서 생성되지만 그 비율은 다르다.
- 뇌 안쪽에 위치하는 **송과샘(pineal gland)**은 생식과 수면과 관련된 생체리듬에 역할을 하는 멜라토닌을 분비한다. **멜라토닌(melatonin)** 분비는 시교차상핵(SCN)에 의해 조절받는데 이곳은 뇌에서 생체 시계로 작용하는 부분이다.
- 호르몬은 진화단계를 거치면서 종 사이에서 다른 역할을 갖게 되었다. **프로락틴(prolactin)**은 포유류에서 젖 생산을 유도하지만 다른 척추동물에서는 다른 다양한 역할을 한다. **색소세포자극호르몬(melanocyte-stimulating hormone**, MSH)은 포유류에서 지방 대사에 영향을 주지만, 다른 척추동물에서는 피부 색소분포에 영향을 준다.

? 항이뇨호르몬과 에피네프린은 혈관으로 분비될 때는 호르몬으로, 뉴런 사이 시냅스에 분비될 때는 신경전달물질로 기능한다. 이 두 호르몬을 분비하는 내분비샘의 유사한 점은 무엇인가?

생각해보자

수준 1: 지식/이해

1. 다음 중 잘못된 문장은?
   a. 호르몬은 화학적 전달자로 순환계를 통해 표적세포로 이동한다.
   b. 호르몬은 길항작용을 통해 항상성을 유지한다.
   c. 같은 화학물질의 호르몬은 같은 기능을 한다.
   d. 호르몬은 되먹임 작용을 통해 조절된다.
2. 시상하부는
   a. 뇌하수체의 모든 호르몬을 합성한다.
   b. 뇌하수체의 오직 한 면의 기능에만 영향을 준다.
   c. 억제호르몬만 생성한다.
   d. 생식과 체온을 조절한다.
3. 생장인자는 국소 조절자이며
   a. 뇌하수체 전엽에서 생성된다.
   b. 지방산에서 변형되었으며 뼈와 연골의 성장을 자극한다.
   c. 암세포의 표면에서 발견되며 비정상적인 세포분열을 유도한다.
   d. 세포표면 수용체에 결합하여 표적세포의 생장과 발달을 유도한다.

4. 다음 중 호르몬과 기능이 잘못 짝지어진 것은?
   a. 옥시토신 – 출산시 자궁수축을 유도한다.
   b. 티록신 – 대사작용을 억제한다.
   c. 부신피질자극호르몬 – 부신피질에서 글루코코티코이드의 분비를 촉진한다.
   d. 멜라토닌 – 바이오리듬과 계절성 생식에 영향을 미친다.

수준 2: 응용/분석

5. 스테로이드와 펩타이드 호르몬은 일반적으로 다음의 공통점을 갖는다.
   a. 세포막에 대한 용해성
   b. 혈류이동의 필요성
   c. 수용체의 위치
   d. 세포내 신호전환에 대한 의존성

6. 다음 중 아이오딘레벨이 정상인 갑상샘 기능 저하증 환자에 대한 설명으로 적절한 것은?
   a. T_4 대비 많은 양의 T_3 생산
   b. TSH의 분비 저하
   c. MSH의 분비 저하
   d. 칼시토닌 분비 저하

7. 곤충호르몬인 엑디스테로이드와 PTTH의 관계는 다음의 하나의 예이다.
   a. 내분비계와 신경계의 상호작용
   b. 양성되먹임 회로를 통한 항상성
   c. 길항작용 호르몬에 의한 항상성
   d. 호르몬 수용체에 대한 경쟁적 억제

8. 포유류의 젖샘에서 우유생성은 프로락틴과 프로락틴-방출 호르몬에 의해 조절된다. 샘, 조직, 호르몬, 호르몬의 이동경로, 그리고 효과를 이용해 경로를 그려라.

수준 3: 종합/평가

9. **진화적 관점**
   모든 스테로이드호르몬과 갑상샘호르몬에 대한 세포내 수용체들은 단백질의 한 종류에 속한다고 할 수 있을 정도로 비슷한 구조를 지니고 있다. 어떻게 이들 수용체를 암호화하는 유전자가 진화되어 왔는지 가설을 제안하라. (**힌트:** 그림 21.13) DNA 서열 정보를 이용했을 때 가설을 어떻게 시험해 볼 수 있는가?

10. **과학적 탐구**
    만성적으로 글루코코르티코이드의 농도가 높은 쿠싱 증후군은 비만, 근약화, 우울증을 유발할 수 있다. 뇌하수체나 부신의 과도한 활성이 그 원인이 될 수 있다. 환자에서 어떤 기관이 비정상적인 활성을 가지는지 알아보기 위해서 의사들은 ACTH의 분비를 저해하는 덱사메타손이라는 합성된 글루코코르티코이드를 사용한다. 아래 그래프에서 보았을 때, 환자 X에서 어떤 기관이 비정상적인가?

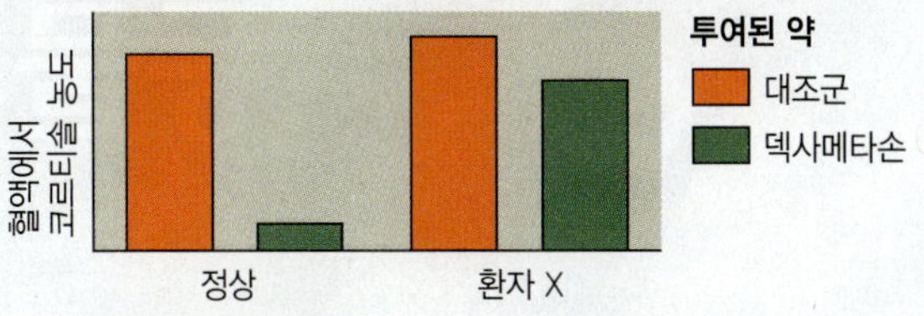

11. **글쓰기: 지식의 체계화**
    100~150자 정도의 짧은 글로, 환경 변화에 대한 동물의 반응에 호르몬이 어떤 역할을 하는지 예를 들어 논하라.

12. **종합적으로 생각해보기**

개구리에 MSH를 주입하면, 색소과립 분포의 빠른 변화로 인해 몇 분 안으로 피부색이 변한다. 알고 있는 신경분비신호를 이용해 개구리가 어떻게 MSH를 이용해 주변 환경에 맞게 색을 변화시켰는지 설명해 보아라.

정답은 부록 A 참조

42

동물의 소화계

핵심 개념

42.1 동물은 음식을 통해 화학적 에너지, 유기물, 그리고 필수 영양소를 반드시 공급받아야 한다

42.2 음식 처리의 주요 단계는 섭취, 소화, 흡수, 배설이다

42.3 포유동물에서 각 소화기관은 음식 소화 과정에 특성화되어 있다

42.4 척추동물 소화계의 진화적 적응은 음식물과 밀접한 연관이 있다

42.5 되먹임 회로는 소화, 에너지 저장, 식욕을 조절한다

▲ **그림 42.1** 어떻게 게가 수달이 털을 만드는 것을 도와주는가?

음식에 대한 요구

그림 42.1에서 보는 것처럼 수달의 저녁식사 시간이 되었다(물론 게의 입장에서 보면 전혀 다르겠지만 말이다). 게의 근육과 여러 기관들은 조각으로 씹힐 것이며, 수달의 소화계에서 산과 효소들을 통해 분해되고, 결과적으로 작은 분자로 수달의 몸에 흡수될 것이다. 이러한 과정은 음식의 섭취, 분해, 흡수를 포함하는 동물의 **영양(nutrition)**이라는 개념이다.

바다수달은 주로 물고기, 게, 성게, 전복 등을 주식으로 하지만, 모든 동물은 죽어 있거나 살아 있는 다른 생물을 통째로 먹거나 일부분을 먹는다. 식물과는 달리, 동물은 음식으로부터 에너지와 유기물을 얻으며 이는 새로운 분자, 세포, 조직을 만드는 데 이용된다. 이러한 공통된 욕구에도 불구하고 동물들은 다양한 음식을 섭취한다. **초식동물(herbivore)**은 소, 달팽이, 애벌레와 같이 주로 식물이나 조류를 먹으며, 수달, 매, 그리고 거미와 같은 **육식동물(carnivore)**은 다른 동물을 먹는다. 쥐와 같은 **잡식동물(omnivore**; 라틴어로 모든 것을 뜻하는 *omni*에서 비롯된)은 사실 모든 것을 먹는 것이 아니라, 일반적으로 식물과 조류뿐만 아니라 동물도 섭취한다. 우리와 같은 사람은 전형적인 잡식성 동물이며 바퀴벌레와 까마귀도 여기에 속한다.

초식동물, 육식동물, 잡식동물이라는 용어는 동물들이 주로 먹는 음식의 구분한 말이다. 그러나 대부분의 동물은 자신들이 먹는 일상적인 음식을 얻을 수 없을 경우 그 음식의 범주를 벗어난 음식도 먹는 기회적 포식자라는 것을 생각해야 한다. 예를 들면, 사슴의 경우 초식동물이지만 때때로 곤충이나 벌레, 새의 알 등과 같은 작은 동물을 풀이나 다른 식물과 함께 먹을 수 있다. 미생물은 모든 동물의 음식에 "첨가"되어 있어 절대로 피할 수 없는 음식이다.

동물은 먹어야만 한다. 하지만 생존과 번식을 위해서는 음식의 소비와 저장 그리고 사용의 균형이 유지되어야만 한다. 예를 들어 수달은 매일 자신의 몸무게의 25%를 섭취하여 높은 대사율을 유지한다. 너무 적은 양, 너무 많은 양의 음식, 혹은 잘못된 음식 섭취는 동물의 건강을 해칠 수 있다. 이번 장에서는 동물의 영양소에 대하여 공부하고 음식을 얻고 소화시키기 위한 다양한 적응 방법, 그리고 에너지 흡수와 사용을 조절하는 방법에 대해 공부할 것이다.

개념 42.1

동물은 음식을 통해 화학적 에너지, 유기물, 그리고 필수영양소를 반드시 공급받아야 한다

전체적으로 적절한 식단은 반드시 3가지 영양적 요구를 만족시켜야 한다. 세포활동을 위한 화학적 에너지, 거대분자 합성을 위한 유기분자 단위체와 필수적 영양소가 이에 해당한다.

세포, 조직, 기관 그리고 전체 동물 개체의 에너지는 음식에 있는 화학에너지원으로부터 나온다. 이 에너지는 ATP로 변환된 후에 DNA 복제와 세포분열에 사용된다. 계속적인 ATP의 요구에 대응하기 위해서 동물은 세포호흡과 에너지 저장에 사용되는 탄수화물, 단백질, 그리고 지방과 같은 영양분을 섭취, 소화시켜야 한다.

동물이 먹는 음식은 ATP 생산을 위한 에너지 공급원을 제공하는 것뿐 아니라 생합성에 필요한 모든 원료들을 공급한다. 또한 성장과 유지 그리고 번식에 필요한 복잡한 분자들을 만들기 위해 두 종류의 유기 전구체(탄소골격)를 음식에서 얻어야 한다. 설탕과 같은 유기탄소와 유기질소 공급원(보통 단백질의 소화에서 나오는 아미노산)이 주어지면 동물은 매우 다양한 유기분자를 만든다.

필수영양소

세포 안에서 일어나는 많은 과정은 동물 내에서 합성되지 않는 물질을 필요로 하는데 일차 유기물이나 무기질과 같은 이러한 물질을 **필수영양소(essential nutrient)**라고 한다. 동물의 식이로 섭취된 필수영양소는 필수아미노산과 필수지방산, 비타민, 그리고 무기질을 포함한다. 필수 영양소는 효소의 기질, 보조효소, 그리고 생합성 과정에서의 보조인자와 같이 세포 내에서 중요한 기능을 갖는다(**그림 42.2**). 특정 영양소에 대한 필요성은 종마다 다르다. 예를 들어, 아스코르브산(비타민 C)은 기니피그뿐 아니라 인간과 다른 영장류에게는 필수영양소이지만, 다른 동물에게는 필수영양소가 아니다.

필수아미노산

동물은 20개의 아미노산으로 단백질을 만든다(그림 5.14). 대부분의 동물종들은 그들의 식사에 황과 유기 질소를 포함하고 있다면, 이 아미노산들의 절반 정도를 합성할 수 있는 효소들을 가지고 있는 것이다. 필수아미노산은 이미 만들어진 형태로 음식물을 통해서만 섭취되어야 하기 때문에 **필수아미노산(essential amino acid)**이라고 불린다. 성인을 포함한 대부분의 동물에 있어서 8개의 아미노산은 음식으로 섭취되어야 한다. 이들 아미노산은 이소류신, 류신, 라이신, 메싸이오닌, 페닐알라닌, 트레오닌, 트립토판, 그리고 발린이다(아홉 번째인 히스티딘은 유아에게 필수적이다).

쇠고기, 달걀, 치즈와 같은 동물성 식품에 존재하는 단백질은 "완전" 하다고 한다. 이는 모든 필수아미노산을 적절한 비율로 공급한다는 것을 의미한다. 반면 대부분의 식물성 단백질은 불완전한데 그 이유는 하나 또는 그 이상의 필수아미

비타민
(코엔자임)
비타민 B_3
무기질
(보조인자)
철
NADH
Gly Ile Leu Phe Phe Tyr Glu
필수아미노산
(폴리펩타이드의 단량체)
지방산 불포화효소
리놀레산
필수지방산
(효소의 기질)
감마-리놀레산
인지질
(세포막 구성성분)
프로스타글란딘
(세포 신호전달에 이용)

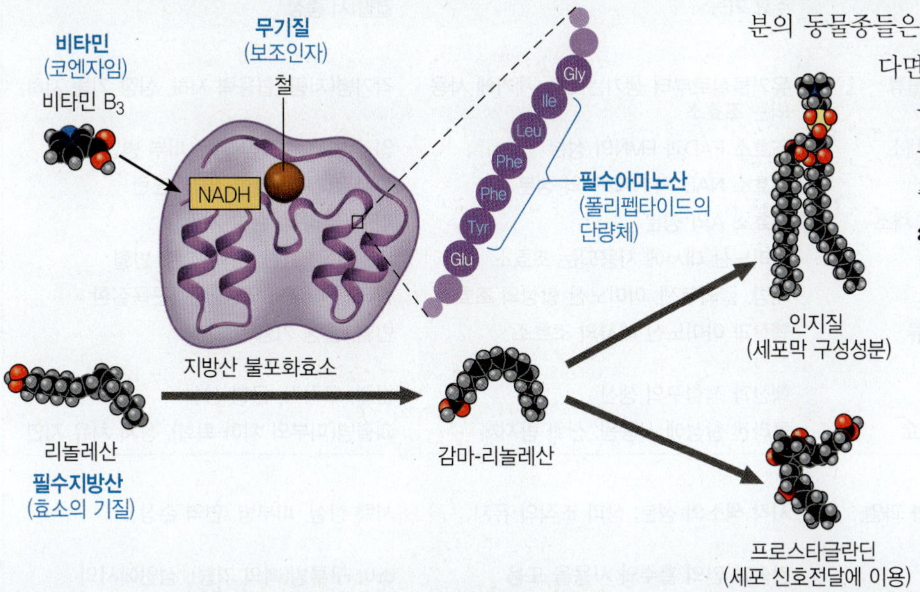

▲ **그림 42.2** **필수영양소의 역할.** 지방산 불포화효소에 의해 리놀레산이 감마-리놀레산으로 바뀌는데, 이는 인지질과 프로스타글란딘의 전구체이다. 이 생합성 반응은 파란색으로 표시된 네 가지 필수영양소를 필요로 한다. 지방산 불포화효소의 일부 아미노산 서열처럼 동물에 존재하는 거의 모든 효소와 단백질들은 몇 가지 필수아미노산들을 포함하고 있음에 유의하라.

노산이 부족하기 때문이다. 예를 들어 옥수수의 경우 리신과 트립토판을 가지고 있지 않고 콩에는 메싸이오닌이 빠져 있다. 그러나 채식주의자들은 다양한 종류의 식물 단백질을 섭취함으로써 이 모든 필수아미노산들을 쉽게 얻을 수 있다.

필수지방산

동물은 막 인지질, 신호물질, 그리고 저장 지방과 같은 여러 세포 내 구성성분을 합성하기 위해 지방산을 필요로 한다. 비록 동물은 여러 지방산을 합성할 수 있지만, 특정 지방산에서 발견되는 이중결합을 형성하는 효소가 결여되어 있다. 대신에 이러한 물질은 음식을 통해서 섭취해야만 하며 이러한 것들이 **필수지방산(essential fatty acid)**이다. 포유류에서는 리놀레산이 여기에 해당한다(그림 42.2). 사람 그리고 다른 동물들의 음식에 포함된 씨앗, 곡물, 채소들은 충분한 양의 필수지방산을 제공하기 때문에 이러한 종류의 영양소 결핍은 드물다.

비타민

비타민 C를 발견한 센트죄르지(Albert Szent-Györgyi)는 "비타민은 당신이 먹지 않는다면 당신을 질병에 걸리게 할 물질" 이라 말했다. **비타민(vitamin)**은 다양한 기능을 하는 유기분자로 아주 적은 양만으로도 충분하다. 비타민 B_2의 경우 몸속에서 세포호흡과 같은 많은 대사과정에서 사용되는 조효소인 FAD로 변환된다(그림 10.12). 지금까지 13개의 비타민이 사람에게 필요하다고 밝혀졌다. 비타민 종류에 따라서 0.01~100 mg 정도의 아주 적은 양으로도 하루 요구량을 충족시킬 수 있다.

비타민은 수용성 비타민과 지용성 비타민으로 분류된다(**표 42.1**). 주로 보조효소로 작용하는 비타민 B와 결합조직 생성에 필요한 비타민 C는 수용성이다. 지용성 비타민 중에는 눈의 시각 색소에 섞여 있는 비타민 A와 칼슘 흡수와 뼈 형성을 돕는 비타민 D가 있다. 비타민 D는 햇볕을 쬐었을 때 피부에서 합성되기 때문에 비타민 D의 하루 요구량은 사람마다 다양하다.

불균형적인 식사를 하는 사람에게 하루권장량의 비타민을 섭취하도록 하는 것은 합리적이다. 다량의 비타민이 건강에 어떠한 이점을 주는지 혹은 안전한지는 아직 명확하지 않다. 잉여 수용성 비타민의 대부분은 소변으로 배출되기 때문에 수용성 비타민의 과용은 대개 해롭지 않다. 하지만 지용성 비타민의 경우 체내 지방에 축적되기 때문에 과용은 해로울 수 있다.

무기질

무기질(mineral)은 철, 황과 같은 무기영양소로 하루에 1 mg 미만에서 2,500 mg 정도의 적은 양을 필요로 하며(**표 42.2**) 필요한 무기질은 비타민과 마찬가지로 동물의 종마다 다르다. 어떤 물질들은 단백질 구조 형성에 필요하다. 예를 들어, 철은 효소뿐 아니라 산소를 운반하는 헤모글로빈에도 존재한다(그림 42.2). 반면 소듐과 포타슘, 염소는 신경 기능에 중요한 역할을 하며 세포와 체액의 삼투압을 유지하는 기능에도 중요하다. 척추동물은 물질

표 42.1 인간에게 필요한 비타민

비타민	주요 섭취원	주요 기능	결핍 시 증상
수용성 비타민			
B_1(티아민)	돼지고기, 콩류, 땅콩, 모든 곡물류	유기물질로부터 생기는 CO_2 제거에 사용되는 조효소	각기병(저림, 협응력 저하, 심장 기능 저하)
B_2(리보플라빈)	유제품, 고기, 곡류에 풍부함, 채소	조효소 FAD과 FMN의 성분	입 주변의 갈라짐 같은 피부 병변
B_3(니아신)	견과류, 고기, 곡류	조효소 NAD^+와 $NADP^+$의 성분	피부 및 위장 병변, 망상, 혼란
B_5(판토텐산)	고기, 유제품, 모든 곡류, 과일, 채소	조효소 A의 성분	피로, 무감각, 손발 저림
B_6(피리독신)	고기, 채소, 모든 곡류	아미노산 대사에 사용되는 조효소	과민반응, 경련, 근육 경련, 빈혈
B_7(비오틴)	콩류, 다른 채소, 고기	지방, 글리코젠, 아미노산 합성의 조효소	갈라진 피부의 염증, 신경근육질환
B_9(엽산)	녹색 채소, 오렌지, 견과류, 콩류, 모든 곡류	핵산과 아미노산 대사의 조효소	빈혈, 출생 기형
B_{12}(코발라민)	고기, 달걀, 유제품	핵산과 적혈구의 생산	빈혈, 무감각, 균형 상실
C(아스코르브산)	감귤류의 과일, 브로콜리, 토마토	콜라겐 합성에 사용됨; 산화 방지제	괴혈병(피부와 치아 퇴화), 상처 치유 지연
지용성 비타민			
A(레티놀)	진한 녹색과 오렌지색의 채소와 과일, 유제품	시각 색소의 성분; 상피 조직의 유지	시력 상실, 피부병, 면역 손상
D	유제품, 달걀 난황	칼슘과 인의 흡수와 사용을 도움	소아 구루병(뼈의 기형), 성인에서의 뼈 약화
E(토코페롤)	채소 기름, 견과류, 씨앗	산화 방지제; 세포막의 손상을 막는 데 도와줌	신경계 퇴화
K(필로퀴논)	녹색 채소, 차(대장균에 의해 만들어지기도 함)	혈액 응고에 중요	혈액 응고 이상

대사율을 조절하는 갑상샘호르몬을 만드는 데 아이오딘(요오드)이 필요하다. 또한 척추동물은 세포막과 뼈 형성 및 유지를 위해 비교적 많은 양의 칼슘과 인이 필요하다.

많은 양의 특정 무기질을 섭취한 경우 항상성이 깨져 유해한 부작용이 생길 수 있다. 예를 들어 필요 이상의 소금(염화나트륨)은 그 자체가 유해하진 않지만 고혈압을 일으킬 수 있다. 이는 특히 미국에서 심각한 문제로 작용하는데, 전형적인 미국사람들은 필요량의 20배나 많은 소금을 먹는다. 짜게 느껴지지 않는 경우일지라도 미리 만들어져 포장된 음식에는 다량의 소금이 포함되어 있다.

식이 결함

필수영양소가 부족하거나, 지속적으로 신체에서 필요한 것보다 적은 화학적 에너지를 공급하는 식단은 영양실조(malnutrition), 즉 충분한 영양소 섭취 실패를 야기한다. 이 두 가지 식이 결함에서 오는 영양실조는 건강과 생존 그리고 전 세계 어린이 25%에 부정적 영향을 초래한다.

영양실조

영양실조의 잠재적 효과는 기형, 질병, 심지어 죽음까지 포함한다. 예를 들어, 소, 사슴, 그리고 다른 초식동물들은 인이 부족한 토양에서 자란 식물을 뜯어 먹을 경우, 뼈가 쉽게 부러진다. 어떤 환경에서 몇몇 목초동물은 모자란 영양소를 염이나 혹은 무기질이 농축된 형태로 소비함으로써 얻기도 한다(그림 42.3). 비슷하게, 어떤 새들은 달팽이 껍질을 먹기도 하고, 거북이들은 돌을 소화시키기도 한다.

다른 동물처럼, 사람도 때때로 영양실조에 걸린다. 필수아미노산이 충분히 들어 있지 않은 식이는 사람에게서 가장 흔한 영양실조의 종류인 단백질 결핍증을 초래한다. 어린아이가 모유를 먹다가 쌀과 같은 단백질이 상대적으로 적은 음식으로 식이를 전환하면서 단백질 결핍증이 나타날 수 있다. 이런 아이들은 유아기에 살아남더라도 신체적 그리고 정신적 발달이 지체될 수 있다.

쌀만 먹고 생활하는 사람들은 종종 눈이 멀거나 심지어 죽을 수도 있는 비타민 A 결핍에 시달릴 수 있다. 이 문제를 극복하기 위해서 과학자들은 당근에 많이 포함된 오렌지색을 띠는 베타 카로틴을 합

▲ **그림 42.3 부족한 필수영양소의 획득.** 초식동물인 어린 샤모아(*Rupicapra rupicapra*)는 알프스에 살며, 암석 표면의 소금이나 무기질을 핥는다. 이러한 행동은 서식처에 소금, 칼슘, 인과 아연 등의 필수영양소가 부족한 곳에서 볼 수 있는 현상이다.

표 42.2 인간에게 필요한 무기물

	무기질	주요 섭취원	주요 기능	결핍 시 증상
하루에 200 mg 이상 필요함	칼슘(Ca)	유제품, 짙은 녹색 채소, 콩류	뼈와 치아 형성, 혈액 응고, 신경과 근육 기능	성장 지연, 뼈 양의 감소
	인(P)	유제품, 고기, 곡류	뼈와 치아 형성, 산-염기 균형, 뉴클레오타이드 합성	허약, 뼈로부터 무기물 유실, 칼슘 유실
	황(S)	여러 가지 단백질들	아미노산의 성분	생장 지연, 피로감, 부어오름
	포타슘(K)	고기, 유제품, 많은 과일과 채소, 곡류	산-염기 균형, 수분 균형, 신경 기능	근육 허약, 마비, 메스꺼움, 심부전
	염소(Cl)	식용 소금	산-염기 균형, 위액의 형성, 신경 기능, 삼투압균형	근육 경련, 식욕 저하
	소듐(Na)	식용 소금	산-염기 균형, 수분 균형, 신경 기능	근육 경련, 식욕 저하
	마그네슘(Mg)	모든 곡류, 녹색 잎의 채소	보조인자; ATP 생물에너지학	신경계 교란
	철(Fe)	고기, 달걀, 콩류, 모든 곡류, 녹색 잎의 채소	헤모글로빈과 에너지 대사에서 전자 전달	철분 결핍성 빈혈, 허약, 면역약화
	플루오르(F)	마시는 물, 차, 해산물	치아(그리고 뼈)의 구조 유지	높은 빈도의 충치
	아이오딘(I)	해산물, 이온화된 소금	갑상샘호르몬의 성분	갑상샘종(갑상샘이 커진 것)

* 소량으로 필요한 다른 무기질로는 크롬(Cr), 코발트(Co) 구리(Cu), 망간(Mn), 몰리브덴(Mo), 셀렌(Se), 아연(Zn) 등이 있다. 이 모든 무기질과 표에 있는 무기질은 과다 섭취할 경우 유해하다.

성하는 벼 종자인 "황금 쌀(Golden Rice)"을 만들어 냈다. 베타카로틴은 체내에서 비타민 A로 변환된다(개념 38.3).

영양부족 상태

화학적 에너지를 만들기 위해 저장된 지방과 탄수화물을 이용하는데 **영양부족 상태**(undernutrition)에서는 에너지 공급원으로 단백질을 분해하기 시작하며 근육의 크기가 줄어들고 뇌에서 단백질 부족현상이 일어난다. 만약에 에너지 섭취가 에너지 소비보다 적은 상태가 지속된다면 동물은 결국 죽을 것이다. 심각한 영양부족 상태의 동물은 생존한다 하더라도 손상의 일부가 회복되지 않을 수 있다.

영양부족은 일반적으로 가뭄이나 전쟁 또는 심각한 식품 공급 부족을 일으키는 특이 상황에서 흔히 볼 수 있다. 에이즈 유행으로 시골, 도시 공동체 모두가 병든 사하라 사막 이남의 아프리카에서는 약 2억 명의 어린이와 성인이 충분한 양의 음식을 섭취할 수 없다.

때로는 잘 먹는 사람들에게서도 식이 장애의 결과로 영양부족 상태가 나타날 수 있다. 예를 들어, 강박적인 단식으로 나타나는 신경성 거식증이 있다. 이는 보통 여성에게서 많이 일어난다.

영양소 요구의 평가

과학자들에게 있어서 인간을 위한 이상적인 식이를 정하는 것은 중요하지만 어려운 문제이다. 연구 목적으로 인간을 이용하는 것에는 많은 어려움이 따른다. 실험동물과는 달리, 사람은 유전적으로 다양하다. 또한 그들은 과학자들이 실험실 환경에서 대조군을 이용하는 안정되고 일정한 환경과는 달리 더 다양한 곳에서 산다. 윤리적인 문제도 부차적인 장벽으로 작용한다. 예를 들어, 어린이의 성장과 발달에 해를 줄 수도 있는 방식으로 영양 요구를 조사하는 것은 용인할 수 없는 일이다.

인간의 영양에 관한 많은 통찰은 인간의 건강과 질병을 집단 수준에서 연구하는 **역학연구**(epidemiology)에서 비롯되었다. 예를 들어, 연구자들은 엽산 비타민의 식이 섭취가 태아 출생에 치명적인 신경관 결함을 상당히 줄인다는 것을 발견하였다. 1970년대에 이런 결함은 낮은 사회경제적 위치에 있는 여성에게서 태어난 아이에게 더 많이 발생한다는 것을 발견하였다. 신경관 결함은 발생 중인 뇌와 척수가 닫히지 않아서 생긴다(개념 46.2). 리처드 스미델스(Richard Smithells)는 이 여성들의 영양실조가 신경관 결함을 유발한다고 생각하였다. **그림 42.4**에서 설명되어 있듯이, 그는 비타민 공급이 신경관 결함의 위험을 많이 낮춘다는 것을 알아냈다. 다른 연구에서, 그는 엽산(B_9)이 신경관 결함의 핵심 특정 비타민이라는 증거를 얻게 되었으며 이는 다른 연구자들에 의해서도 확인이 되었다. 이 근거를 바탕으로 1998년에 미국 식약청은 엽산을 빵, 시리얼, 다른 식품을 만드는 데 사용되는 곡물에 넣도록 하였다. 뒤이어 신경관 결함의 빈도를 줄이는 이 프로그램의 효율성에 대해서 연구가 진행되었다. 미세 수술과 정교한 진단 이미지가 헤드라인을 장식하는 이 최첨단 시대에도 단순히 엽산을 공급하는 것만으로도 인간 건강에 지대한 공헌을 할 수도 있다.

▼ 그림 42.4 **탐구**

식이가 선천성 장애의 발생빈도에 영향을 줄 수 있을까?

실험 리즈대학교의 스미델스는 신경관 결함의 위험요소에 비타민 공급이 어떠한 영향을 미치는지 연구하였다. 신경관 결함이 있는 아이를 낳은 여성을 두 집단으로 나누었다. 실험군으로 임신 준비 기간부터 종합비타민을 일주일에 적어도 네 번 먹게 하였다. 그리고 대조군은 비타민을 먹지 않았으며 이 중에는 비타민을 거부한 사람과 벌써 임신한 여성도 포함 되었다. 임신 중에 신경관 결함이 생긴 수를 기록하였다.

결과

집단	유아와 태아의 수	신경관 결함이 생긴 유아와 태아
비타민 공급 (실험군)	141	1
비타민 공급하지 않음 (대조군)	204	12

결론 이 연구는 비타민 공급이 적어도 초산 중에 생기는 신경관 결함을 예방할 수 있다는 것을 증명해 준다. 후속 연구들은 엽산만 제공해도 동등한 보호 효과가 있음을 입증했다.

참고문헌 R. W. Smithells et al., Possible prevention of neural tube defects by periconceptional vitamin supplementation, *Lancet* 315:339–340 (1980).

탐구활동 탐구에서 제시된 원 논문을 읽고 분석하라: 과학 논문 해석하기.

INTERPRET THE DATA 미국에서 엽산 보충이 시행된 후에 신경관 결함 빈도가 신생아 5,000명 중 한 명으로 줄었다. 관찰된 빈도수가 스미델스 실험군에서는 왜 훨씬 더 높은지 두 가지 이유를 들어 설명해 보라.

WHAT IF? 엽산 공급이 초산 중의 신경관 결함을 예방하는지를 알기 위해 연이은 연구들이 계획되었다. 필요한 피험자 수를 결정하기 위해서, 연구자는 어떤 형태의 부가적인 정보가 더 필요하겠는가?

개념 확인 문제 42.1

1. 동물의 단백질을 만드는 데 있어서 20개의 아미노산 모두가 필요하다. 그런데 왜 이 모든 아미노산이 필수아미노산이 아닌가?
2. **MAKE CONNECTIONS** 개념 6.4에 있는 대사 반응에서의 효소에 대한 내용을 복습하라. 왜 비타민이 탄수화물보다 훨씬 적은 양이 필요한지 설명하라.
3. **WHAT IF?** 만약에 동물원에 있는 동물이 영양실조 증상을 보인다면 연구원들은 어떠한 영양소가 부족한지를 어떻게 알아낼 수 있을까?

정답은 부록 A 참조

개념 42.2

음식 처리의 주요 단계는 섭취, 소화, 흡수, 배설이다

여기서는 영양분 필요성에서 벗어나 어떻게 동물이 음식을 소화시키는지 공부할 것이다. 음식물 처리 과정은 네 가지 단계로 나뉠 수 있다: 섭취, 소화, 흡수, 배설이 그것이다(그림 42.5).

첫 번째 단계인 **섭취(ingestion)**는 먹는 행위이다. 음식물 원천의 다양성으로 볼 때, 음식물로부터 자원을 뽑아내는 전략이 동물의 종에 따라 매우 다르다는 것은 놀라운 일이 아니다. 다음 장에 있는 그림 42.6은 동물에서 진화해 온 주된 섭식 기작들을 나열해 분류한 것이다. 이번 장에서 우리는 공통된 음식의 처리 과정에 초점을 맞출 것이며 간간이 특정 식이 혹은 환경에 적응하는 것에 대해서 다룰 것이다.

음식 처리 과정 중 두 번째 단계인 **소화(digestion)**는 몸이 흡수할 수 있을 정도의 작은 분자로 음식물을 잘게 부수는 과정이다. 보통 저작(chewing)과 같은 기계적 소화가 화학적 소화보다 먼저 일어난다. 기계적 소화는 음식을 잘게 부숴서 화학 반응을 위한 표면적을 높인다. 동물은 음식 속에 있는 단백질, 탄수화물, 핵산, 지방, 인지질을 그대로 사용하지 못하기 때문에 소화 과정이 필수적이다. 그 이유는 대다수 음식들이 직접 막을 통과하지 못할 뿐만 아니라 동물 세포 안으로도 들어가지 못하기 때문이다. 게다가 음식 속에 있는 고분자들은 동물의 특정 기관에서나 기능에 있어서 동일하게 필요하진 않다. 그러나 동물들은 음식 속의 거대분자를 그들의 구성요소로 쪼개 이러한 작은 분자들을 필요에 따라 거대분자로 만든다. 예를 들어, 초파리와 사람은 식이가 매우 달라도, 둘 다 음식 속의 단백질을 똑같은 20개의 아미노산으로 바꿀 수 있다. 분해된 아미노산들은 종에 따라 특정한 단백질을 다시 만드는 데 사용된다.

▲ 그림 42.5 음식 처리의 네 가지 단계

세포는 단량체를 결합시켜 고분자를 만든다. 세포는 새로 공유결합을 형성할 때마다 거기서 물분자 하나씩을 빼내며 단량체를 고분자로 연결한다. 화학적 소화는 물을 첨가하여 이 반응이 역으로 일어나게 함으로써 결합을 끊는다(그림 5.2). 이 분해 과정을 **효소가수분해**(enzymatic hydrolysis) 과정이라고 한다. 다양한 가수분해효소들이 음식물에서 발견되는 각각의 고분자의 소화를 촉진한다. 다당류와 이당류는 단당류로 분해된다. 단백질은 아미노산으로, 핵산은 뉴클레오타이드로 분해된다. 또한 효소가수분해 과정은 지방과 인지질에서 지방산과 다른 성분을 만들어낸다. 그림 42.5의 고릴라와 같은 많은 동물들에서 일부 물질들의 소화는 소화계에 서식하는 세균들에 의해 수행된다.

음식 처리 과정의 마지막 두 단계는 소화가 끝난 후 일어난다. 세 번째 단계인 **흡수(absorption)**는 동물 세포가 소화기관으로부터 아미노산과 당과 같은 작은 분자를 흡수하는 과정이다. 마지막으로 **배설(elimination)** 과정이 있는데, 이는 소화되지 않은 물질이 소화 구획 밖으로 나가는 과정이다.

소화 구획

음식 처리 과정의 개요에서 우리는 소화효소가 우리 몸을 이루는 것과 같은 생물학적 물질(단백질, 지방, 탄수화물)을 가수분해한다고 설명하였다. 하지만 어떻게 동물은 자신들의 세포와 조직을 소화시키지 않고 음식에 한해서만 소화 과정이 일어나게 할 수 있을까? 진화적인 적응 과정에서 보면 동물은 자가 소화를 막기 위해서 특정한 세포내 혹은 세포외 구역에서만 음식의 소화 과정을 수행한다.

세포내 소화

세포소기관의 일종인 식포는 가장 간단한 소화 구획으로서 그 내부에 세포 자체의 세포질을 소화시키지 않고 음식을 부수는 가수분해효소가 들어 있다. 이 소화는 세포 내에서 일어나며 세포내 소화(intracellular digestion)라고 불리고 세포가 식세포작용이나 음세포작용(그림 8.19)을 통하여 음식을 삼킨 후에 생긴다. 새로 생긴 식포는 가수분해효소를 포함하고 있는 세포소기관인 리소좀과 합쳐진다. 이것은 음식을 효소와 섞고 보호막으로 싸인 기관 내에서 안전하게 소화가 일어나도록 해준다. 해면동물은 음식을 세포내 소화를 통해 소화시키는 흔치 않은 동물이다(그림 33.4).

▼ 그림 42.6

탐구 동물의 네 가지 주요 섭식 기작들

여과섭식자

수생동물의 많은 종들이 액체 속의 **부유물을 먹는 동물**(여과물섭식자, **filter feeder**)이다. 이들은 물에서 작은 물질들을 거를 수 있다. 혹등고래가 이에 해당된다. 고래의 위턱에 붙어 있는 빗처럼 생긴 것은 고래수염이라고 불리는 것으로, 엄청난 양의 물과 가끔은 진흙까지 걸러 작은 무척추동물들과 물고기들을 먹게 해준다. 물의 여과 섭식은 액체 속의 부유물을 먹는 유형 중 하나로, 주변에 떠다니는 음식물을 붙잡는 기전이다.

기질을 먹는 동물

기질을 먹는 동물(기질섭식자, **substrate feeder**)은 그들의 양분공급원의 안이나 위에 붙어사는 동물로, 음식 섭취와 함께 지나간 흔적이 남는다. 나방의 유충인 쐐기벌레는 떡갈나뭇잎의 부드러운 잎을 통과하며 영양분을 섭취하고, 지나간 자리에 배설물로 어두운 자국을 남긴다. 기질을 먹는 다른 동물에는 동물의 몸속에 굴을 파는 구더기(파리의 유충)가 있다.

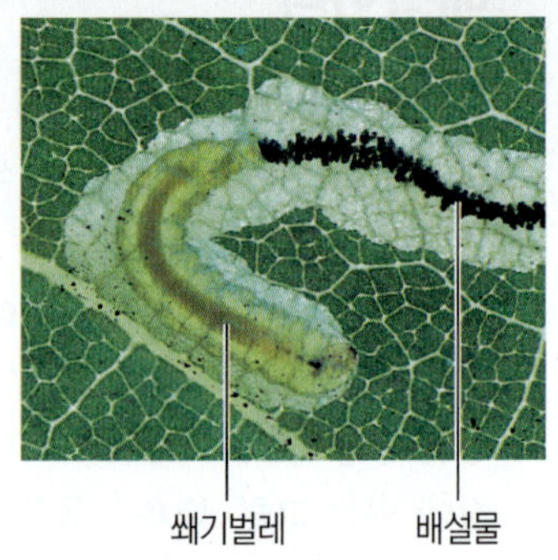

체액을 먹는 동물

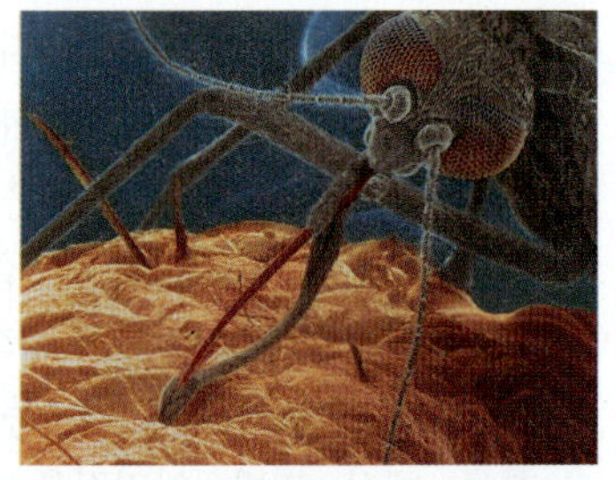

체액을 먹는 동물(액체성섭식자, **fluid feeder**)은 살아 있는 숙주로부터 영양분이 풍부한 체액을 빨아들인다. 이 모기는 속이 비고 바늘처럼 생긴 구기부분을 이용하여 사람의 피부에 구멍을 뚫고 혈액을 모기의 소화기에 가득 채운다(채색된 주사전자현미경 사진). 비슷하게 진디도 체액을 먹는 동물로서 식물의 체관부 체액을 빨아먹는다. 이렇게 숙주에게 해로운 기생적인 체액을 먹는 동물과는 반대로 어떠한 체액을 먹는 동물은 숙주에게 이롭다. 예를 들어, 벌새와 꿀벌은 과즙을 빨아먹는 반면 꽃들 사이에서 화분을 옮겨주기도 한다.

덩어리섭식자

사람을 포함해 대부분의 동물들은 상대적으로 큰 음식 조각을 먹는 **덩어리섭식자(bulk feeder)**이다. 이들은 먹이를 죽이고 고기와 식물을 조각낼 수 있도록 촉수, 집게발, 발톱, 독이 묻어 있는 이와 턱을 가지는 쪽으로 진화되었다. 아래의 놀라운 장면은 비단뱀이 가젤을 잡고 죽여 먹기 시작하는 것을 보여준다. 뱀은 음식물을 작은 조작으로 씹을 수 없어서 아무리 먹이가 뱀의 지름보다 클지라도 그것을 통째로 삼켜야 한다. 이는 아래턱이 신축성 있는 인대로 두개골에 달려 있어서 입과 인후가 굉장히 넓게 열리기 때문에 가능한 일이다. 먹이를 삼키는 데 한 시간 이상 시간을 보낸 후, 비단뱀은 조용한 곳에서 먹이를 소화시키는데 2주 혹은 더 많은 시간을 보낼 것이다.

세포외 소화

대다수 동물의 경우 일부분의 가수분해는 세포 밖에서 음식물 분해가 일어나는 세포외 소화(extracellular digestion)를 통해 일어난다. 세포외 소화는 동물의 외부와 연속적으로 연결된 구획 내에서 일어난다. 소화가 일어날 수 있는 세포외 공간을 가지는 것은 동물이 식세포작용으로 섭취하여 세포 내에서 소화시키는 것보다 훨씬 더 큰 음식을 먹을 수 있게 해주었다.

비교적 간단한 신체구조를 가진 많은 동물들이 한 곳만 열린 소화강을 가진다(**그림 42.7**). **위수강(gastrovascular cavity)**이라고 부르기도 하는 이 주머니는 소화와 몸 전체로의 영양분 분배 기능 모두를 수행한다. 자포동물인 히드라는 어떻게 위수강이 그 일을 하는지 보여주는 좋은 예이다. 히드라는 촉수를 이용하여 먹이를 잡고 음식이 입을 통과하여 위수강으로 들어가게 하는 육식동물이다. 위수강 벽을 둘러싸는 위수강 상피의 특수화된 분비샘 세포는 먹이의 부드러운 조직을 작은 조각으로 자르는 소화효소를 분비한다. 다른 위수강 상피세포는 이 음식 조각을 삼킨다. 해면동물처럼 실제 고분자의 가수분해는 대부분 세포 내에서 일어난다. 히드라가 음식을 소화시킨 후 소화되지 않고 위수강에 남아 있는 작은 갑각류의 외골격과 같은 물질들은 입의 역할을 수행하는 유일한 구멍을 통하여 배출된다. 많은 편형동물 또한 하나의 입구를 가진 위수강을 가진다(그림 33.10).

자포동물이나 편형동물과 달리 대부분의 동물은 입과 항문 2개의 분리된 입구 사이에 뻗어 있는 소화관을 가진다(**그림 42.8**). 이러한 관은 완전 소화관(complete digestive tract)이나 **소화관(alimentary canal)**이라고 부르기도 한다. 음식은 이 관을 통하여 한 방향으로만 이동하므로 관은 단계적인 방식으로 소화와 흡수를 수행하는 특성화된 부분으로 구성된다. 완전 소화관을 갖는 동물은 먼저 먹은 음식이 완전히 소화되기 전에 다른 음식을 먹을 수 있으며 이것은 위수강을 가진 동물에서는 불가능하거나 비효율적일 것이다. 다음 부분에서 우리는 포유류 소화관의 구성에 대해서 알아볼 것이다.

▲ **그림 42.7 히드라의 소화.** 소화는 위수강에서 시작되고 작은 음식물 조각들이 위상피세포로 삼켜진 후 세포 내에서 소화가 완료된다.

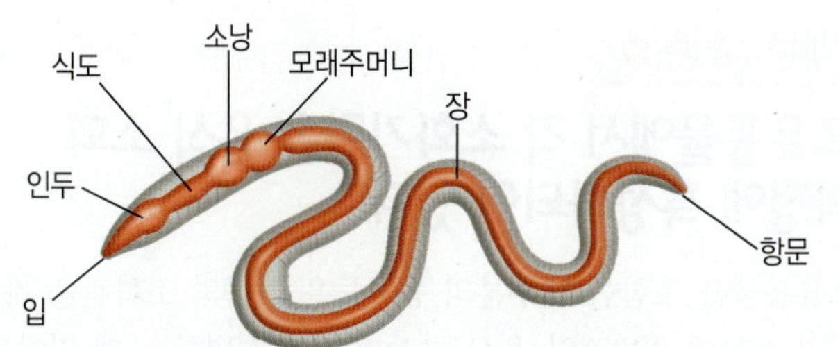

(a) **지렁이.** 지렁이의 소화관은 근육이 잘 발달된 인두를 포함하고 있어서 입으로 들어온 음식을 잘 빨아들인다. 음식물은 식도를 지나 소장에 저장되고 적셔진다. 근육이 잘 발달된 모래주머니는 약간의 모래와 자갈을 함유하고 있어 음식물을 부순다. 그 이상의 소화와 흡수는 장에서 일어난다.

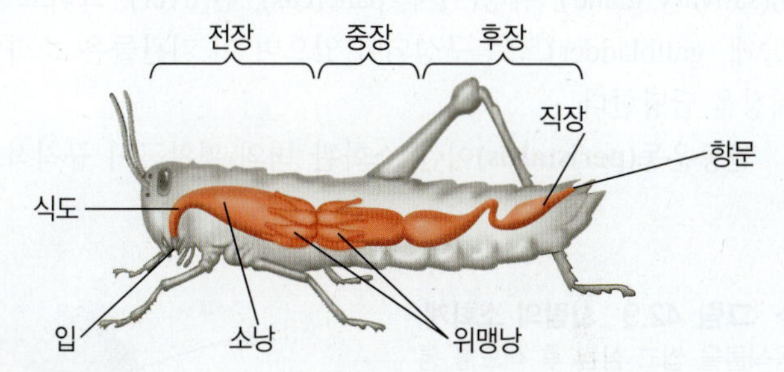

(b) **메뚜기.** 메뚜기는 세 부분으로 구성된 몇 개의 소화 방을 가지고 있다: 식도와 소낭이 있는 전장; 중장; 후장. 음식물은 소낭에서 적셔지고 저장되지만 대부분의 소화는 중장에서 일어난다. 위맹낭이라 불리는 주머니들이 중장의 시작점부터 뻗어나와 있으며 소화와 흡수 기능을 한다.

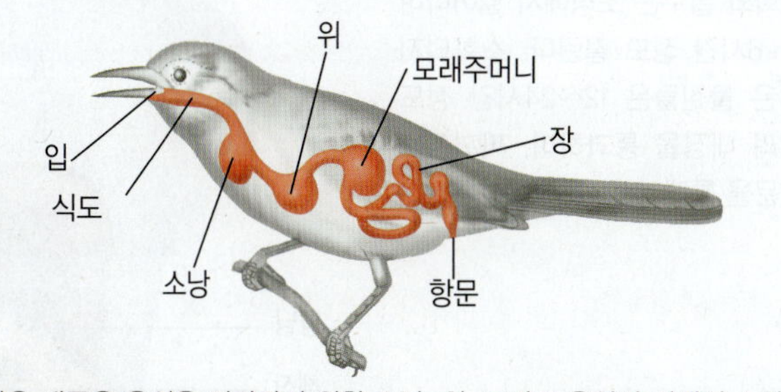

(c) **새.** 많은 새들은 음식을 저장하기 위한 소낭, 위, 그리고 음식의 기계적 소화를 담당하는 모래주머니를 가지고 있다. 화학적 소화와 영양분 흡수는 장에서 일어난다.

▲ **그림 42.8 소화관.** 이 예들은 여러 동물들에서 단계적으로 이루어지는 소화, 저장, 그리고 흡수를 담당하는 구성분들의 구조와 모양이 다양함을 보여주고 있다.

개념 확인 문제 42.2

1. 위수강과 소화관의 주요 해부학적 차이점은 무엇인가?
2. 최근에 들어간 음식으로부터 생긴 영양분은 음식 처리의 흡수단계를 거치기 전에는 실제로 몸 "안"에 있는 것이 아니다. 왜 그런가?
3. **WHAT IF?** 넓게 생각해서, 동물 체내에서의 소화와 자동차에서 가솔린의 분해 사이에서 어떤 유사점을 찾을 수 있는가? (자동차 정비에 대해서 알고 있을 필요는 없다.)

정답은 부록 A 참조

개념 42.3

포유동물에서 각 소화기관은 음식 소화 과정에 특성화되어 있다

포유동물을 포함한 대부분의 동물들은 하나의 소화관을 가지고 있기 때문에 일반적인 음식 처리 원리를 설명하는 데 있어서 포유류의 소화계를 예로 들 수 있다. 포유류의 소화계는 소화관과 다양한 부속샘으로 구성되어 있다. 부속샘은 관을 통해 소화액을 분비한다(그림 42.9). 포유류 소화기관의 부속분비기관은 침샘(salivary gland), 췌장(이자, pancreas), 간(liver), 그리고 담낭(쓸개, gallbladder)으로 구성되어 있으며 이 기관들은 소화즙의 저장을 담당한다.

연동운동(peristalsis)이란 소화관 벽의 평활근이 규칙적으로 수축하여 만들어 낸 파동으로 관을 따라 음식을 미는 작용이다. 소화관의 특성화된 구역 사이의 몇몇의 접합점에서 근육층은 **괄약근(sphincter)**이라고 불리는 고리 모양판으로 변형된다. 괄약근은 주머니 입구를 졸라매는 끈처럼 소화관을 막아서 소화관의 각 구역 사이의 물질 이동을 조절한다.

지금부터 사람의 소화기관을 모델로 하여 소화관을 통해 각각의 단계에서 음식이 소화되는 현상을 보다 정밀하게 관찰할 것이다.

구강, 인두, 식도

섭취와 초기 단계의 소화는 모두 입, 즉 **구강(oral cavity)**에서 일어난다. 다양한 형태의 치아가 음식을 자르고 분쇄하고 갈아서 쉽게 삼킬 수 있도록 하는 기계적 소화가 음식의 표면적을 늘린다. 또한 **침샘(salivary gland)**에서 관을 통해 구강으로 침이 분비된다. 침의 분비는 음식이 구강에 들어올 때 신경을 자극하여 일어나는 자동적인 반사 반응이다. 먹는 것과 시간, 냄새, 또는 다른 자극 간의 연관성이 학습되면 음식이 입에 들어오기도 전에 침이 분비되기도 한다.

침은 구강을 보호해 줄 뿐만 아니라 화학적 소화를 시작한다. 침은 **아밀레이스(amylase)**를 포함하는데 이것은 녹말(식물의 포도당 중합체)과 글리코젠(동물의 포도당 중합체)을 작은 다당류와 이당류인 말토오스로 가수분해하는 효소이다. 침의 보호효과는 상당 부분이 **점액(mucus)**에 의한 것인데, 이것은 물, 염, 그리고 뮤신(mucins)이라고 불리는 미끈거리는 당단백질(탄수화물-

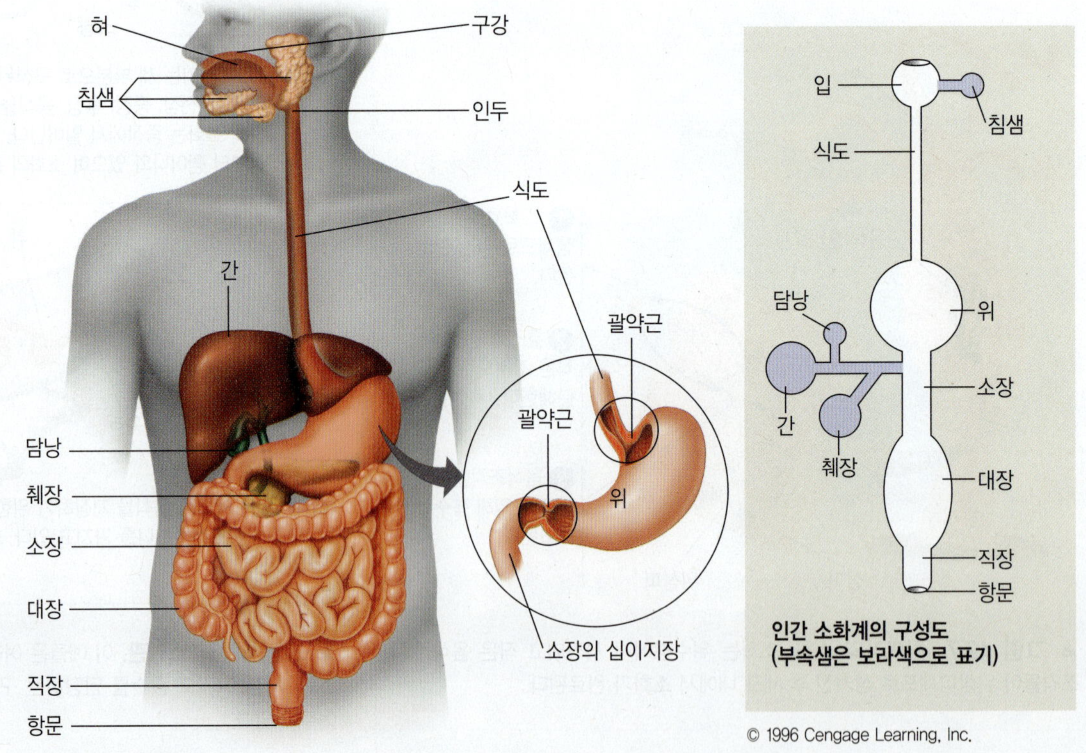

▶ **그림 42.9 사람의 소화계.** 음식물을 씹고 삼킨 후 식도를 통과하고 위에 도달하는 데 5~10초밖에 걸리지 않는다. 위에 도달한 음식물은 2~6시간 정도 머무르면서 부분적으로 소화된다. 최종적인 소화와 흡수는 소장에서 일어나며 5~6시간 정도 걸린다. 소화되지 않은 물질들은 12~24시간 정도 걸려 대장을 통과하며, 찌꺼기는 항문을 통해서 배설된다.

단백질 복합체)들이 섞인 끈적한 혼합물이다. 뮤신은 또한 음식을 매끄럽게 하여 쉽게 삼킬 수 있게 해준다. 침은 완충액을 포함하여 입안의 산을 중성화하여 치아가 썩는 것을 막으며, 침 안의 항세균물질(라이소자임 같은 것 그림 5.16)은 음식을 통해 들어오는 세균을 죽인다.

도어맨이 문을 지키고 사람들이 건물 안으로 들어오는 것을 돕는 것처럼 혀는 음식물을 평가하고 다음 과정이 일어날 수 있도록 하여 소화 과정을 돕는다. 음식이 구강으로 들어오면, 혀는 음식이 다음 단계로 넘어가야 하는지를 구별하는 기능을 가진다(미각에 대해서 더 알고 싶다면 50장을 참조). 혀는 음식 맛을 보고 씹는 동안 음식을 잘 조절하여 둥근 모양의 **덩어리(bolus)**를 만든다. 음식을 삼킬 때 혀는 덩어리를 구강 뒤로 밀고 인두로 집어넣는다.

우리가 목구멍이라고 부르는 부분은 **인두(pharynx)**로서 식도와 기관을 열어주는 부분이다(그림 42.10). 기관은 폐로 뻗어 있는(그림 42.23) 반면, **식도(esophagus)**는 위와 연결되어 있다. 음식이 식도로 들어가면, 평활근의 연동 수축으로 덩어리가 위로 움직이게 된다.

음식물을 삼킬 때 기도가 막히지 않도록 주의해야 한다. 음식물이 기도로 들어가면 폐로의 공기 흐름이 막히게 되는데 만약 격렬한 기침이나 횡격막의 강제적 들림(하임리히 요법 등)에 의해 그 물질이 제거되지 않으면 치명적일 수 있다.

위에서의 소화

위(stomach)는 복강의 윗부분, 횡격막 바로 아래에 자리 잡고 있는데, 주로 음식을 저장하고 단백질의 소화가 시작된다. 위는 아코디언 같은 주름과 매우 유연한 벽을 가지고 있기 때문에 약 2 L 정도의 물과 음식이 들어갈 수 있도록 늘어날 수 있다. 위는 **위액(gastric juice)**이라고 하는 소화액을 분비하고 위벽 평활근의 운동을 통해 소화액을 섞는다. 음식물과 소화액의 혼합물을 **유미즙(chyme)**이라고 부른다.

위에서의 화학적 소화

위액의 두 가지 구성 요소가 화학적 소화작용을 일으킨다. 그 중 하나가 염산(HCl)으로, 이는 고기나 식물에서 세포를 서로 붙들어 주는 세포외기질을 파괴한다. 염산의 농도가 굉장히 높은 위액의 pH는 약 2이며 이는 쇠못을 녹일 수도 있을 정도이다(세균을 죽일 수도 있다). 이렇게 낮은 pH는 음식에 있는 단백질을 변성시킴으로써 음식물의 펩타이드 결합을 노출시킨다. 이렇게 노출된 음식물의 결합은 위액의 두 번째 구성요소에 의해 공격당한다. 두 번째 구성요소는 단백질을 소화시키는 효소인 **단백질가수분해효소(protease)**의 한 종류로 **펩신(pepsin)**이라고 불린다. 펩신은 강산성에서 잘 작용하는 드문 효소 중 하나이다. 펩신은 특정 아미노산에 인접한 펩타이드 결합을 끊음으로써 단백질을 좀 더 작은 폴리펩타이드로 부순다. 각각의 아미노산을 대상으로 한 더 많은 소화는 소장에서 이루어진다.

무엇이 위벽세포가 펩신에 의해 파괴되는 것을 막는가? 정답은 위액의 원료가 위의 내강으로 분비되기 전에는 비활성화된 형태로 존재하기 때문이다.

위액의 구성요소들은 위의 위샘에 있는 두 종류의 세포에서 생성된다. **부세포**(parietal cell)는 수소이온과 염화이온을 분비하고 이는 염산(HCl)을 형성한다. ATP 펌프를 이용하여 부세포는 수소이온을 내강으로 계속 보내게 된다. 동시에 염화이온은 특정한 막통로를 통해 확산된다. 결과적으로 내강에서 수소이온과 염화이온이 결합하여 염산이 형성된다(그림 42.11). 그 동안 **주세포**(chief cell)는 펩신을 **펩시노겐(pepsinogen)**이라고 불리는 활성화되지 않는 상태로 내강을 통하여 분비한다. HCl은 펩시노겐의 작은 부분을 잘라 활성 펩신으로 전환시킨다. 이러한 과정을 거쳐서 HCl과 펩신 모두 위샘세포 내부가 아닌 위 내강에서 형성된다.

염산이 일부 펩시노겐을 펩신으로 바꾸면 펩신 스스로 나머지 펩시노겐을 활성화하는 것을 돕는다. HCl처럼 펩신 또한 펩시노겐을 잘라 효소의 활성부위를 노출시킬 수 있다. 이는 더 많은 펩신을 만들고, 따라서 펩시노겐이 더 활성화되며, 더 많은 활성화

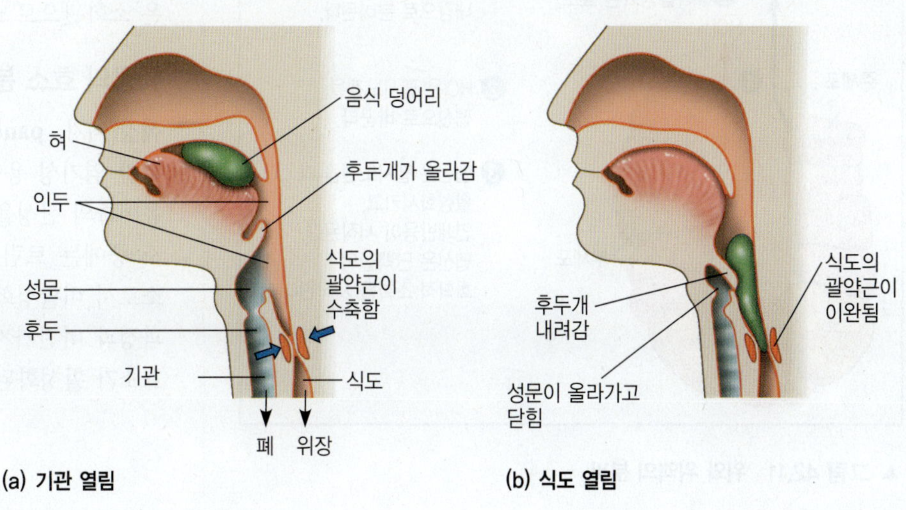

▶ **그림 42.10 사람의 기도와 소화관.** 사람의 인두는 기관과 식도로 연결되어 있다. (a) 대부분 수축된 괄약근이 식도를 닫고 있는 반면 기관은 열려 있다. (b) 음식 덩어리가 인두에 도착하면, 구개반사가 일어난다. 기관의 위쪽인 후두가 움직이고 후두개가 내려가면 음식이 기관으로 들어가지 못한다. 동시에, 식도 괄약근이 이완되어 덩어리가 식도로 지나가게 된다. 기관이 다시 열리게 되면 식도의 연동 수축으로 덩어리가 위장으로 움직인다.

된 효소가 생겨난다. 이런 일련의 과정은 초기의 미약한 입력 효과를 증폭시키는 양성되먹임의 한 예이다(개념 40.2).

어떻게 HCl과 펩신은 위벽을 손상시키지 않을까? 한 가지는, 위샘에서 분비되는 점액이 자가 소화로부터 보호한다는 것이다(그림 42.11). 게다가 상피세포는 왕성한 세포분열이 일어나 3일마다 상처받은 위벽세포를 완전히 교체할 수 있을 정도의 충분한 세포를 만들어 낸다. 이러한 방어 기작에도 불구하고 위벽에 위궤양이 발생할 수 있다. 정신적 스트레스로 인해 위산이 과다 분비되어 위궤양이 생기는 것으로 여겨졌다. 하지만 오스트레일리아의 마샬(Barry Marshall)과 워렌(Rovin Warren)은 산에 저항성을 가지는 헬리코박터 파일로리균의 감염이 위궤양을 일으킨다는 것을 밝혀냈다. 그들은 또한 항생제로 위궤양을 치료할 수 있다는 것도 알아냈다. 이 발견들로 그들은 2005년 노벨상을 수상하였다.

위의 운동성

위액으로 인한 화학적 소화는 위의 움직임과 함께 이루어진다. 연속적인 근육의 수축과 이완은 매 20초마다 위의 내용물을 섞는다. 섞임과 효소의 작용으로 인하여 갓 삼켜진 음식은 위에서 유미즙(chyme)이라고 알려진 산성을 띠며 영양분이 많은 죽으로 변한다. 대부분의 시간 동안 위의 양끝은 닫혀 있다(그림 42.9). 식도와 위가 연결된 부분의 괄약근은 보통 음식 덩어리가 도착한 경우에만 이완된다. 때때로 위로부터 식도 끝부분으로 유미즙이 역류하기도 하는데, 이로 인해 "가슴앓이"가 일어나기도 한다.

연동 수축은 전형적으로 위의 내용물을 비워 소장으로 보내는데, 보통 식사 후 2~6시간이 걸린다. 위와 소장이 연결되는 부분에는 괄약근이 있어 유미즙이 장으로 한 번에 조금씩 이동하도록 조절한다.

소장에서의 소화

비록 일부 영양분의 화학적 소화는 구강이나 위에서 일어나지만, 음식에서 비롯된 고분자들은 대부분 **소장(small intestine)**에서 효소들에 의해 분해된다**(그림 42.12)**. 사람의 경우 소장(작은창자)은 길이가 6미터가 넘으며 소화관 중 가장 길이가 긴 부분이다. 소장이라는 이름은 대장과 비교해 볼 때 지름이 작다는 것을 의미한다. 소장의 앞 25 cm 정도는 **십이지장**(샘창자, **duodenum**)이라고 불린다. 위로부터 온 산성 유미즙은 여기서 췌장, 간, 쓸개, 소장 자신의 분비세포에서 나온 소화액과 섞인다. 개념 42.5에서 보겠지만 위와 십이지장에서 분비되는 호르몬은 소화관으로 소화효소를 분비하는 것을 조절한다.

췌장의 효소 분비

췌장(이자, **pancreas**)은 다양한 가수분해효소와 중탄산염이 풍부한 염기성 용액을 만든다(그림 42.12). 중탄산염은 위에서 온 유미즙의 산성을 중화시키는 완충용액으로 작용한다. 췌장의 효소 중에는 트립신과 키모트립신이 있으며 이들은 단백질분해효소로서 비활성화 상태로 십이지장으로 분비된다. 펩신의 활성화 과정과 마찬가지로 십이지장내 공간에 안전하게 도착하면 이들 효소가 활성화된다.

위

상피세포

위의 안쪽 표면. 위벽의 안쪽 표면은 극도로 접혀 있고 관모양의 위샘 도입부인 구멍들이 점점이 분포한다.

위샘. 위샘은 어떠한 위액의 성분물질을 분비하느냐에 따라 세 가지 유형으로 나누어진다: 점액세포, 주세포, 부세포

점액세포는 위 안쪽에 있는 세포들을 매끄럽게 하고 보호해 주는 점액을 분비한다.

주세포는 소화효소 펩신의 불활성화 형태인 펩시노겐을 분비한다.

부세포는 염산의 구성성분을 생성한다.

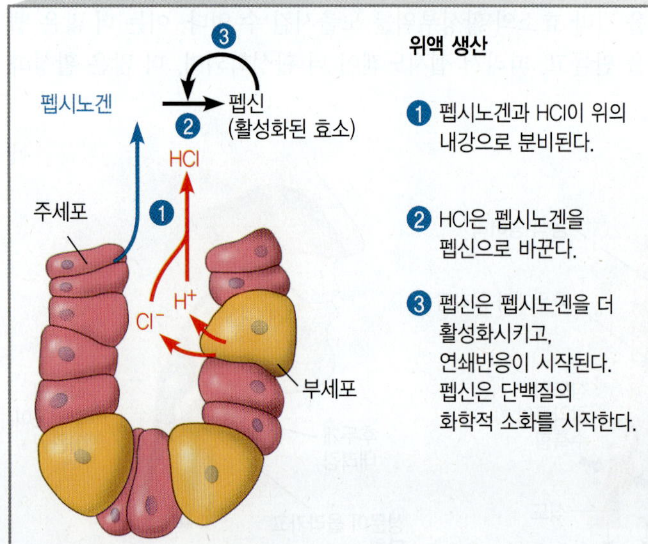

▲ **그림 42.11 위와 위액의 분비**

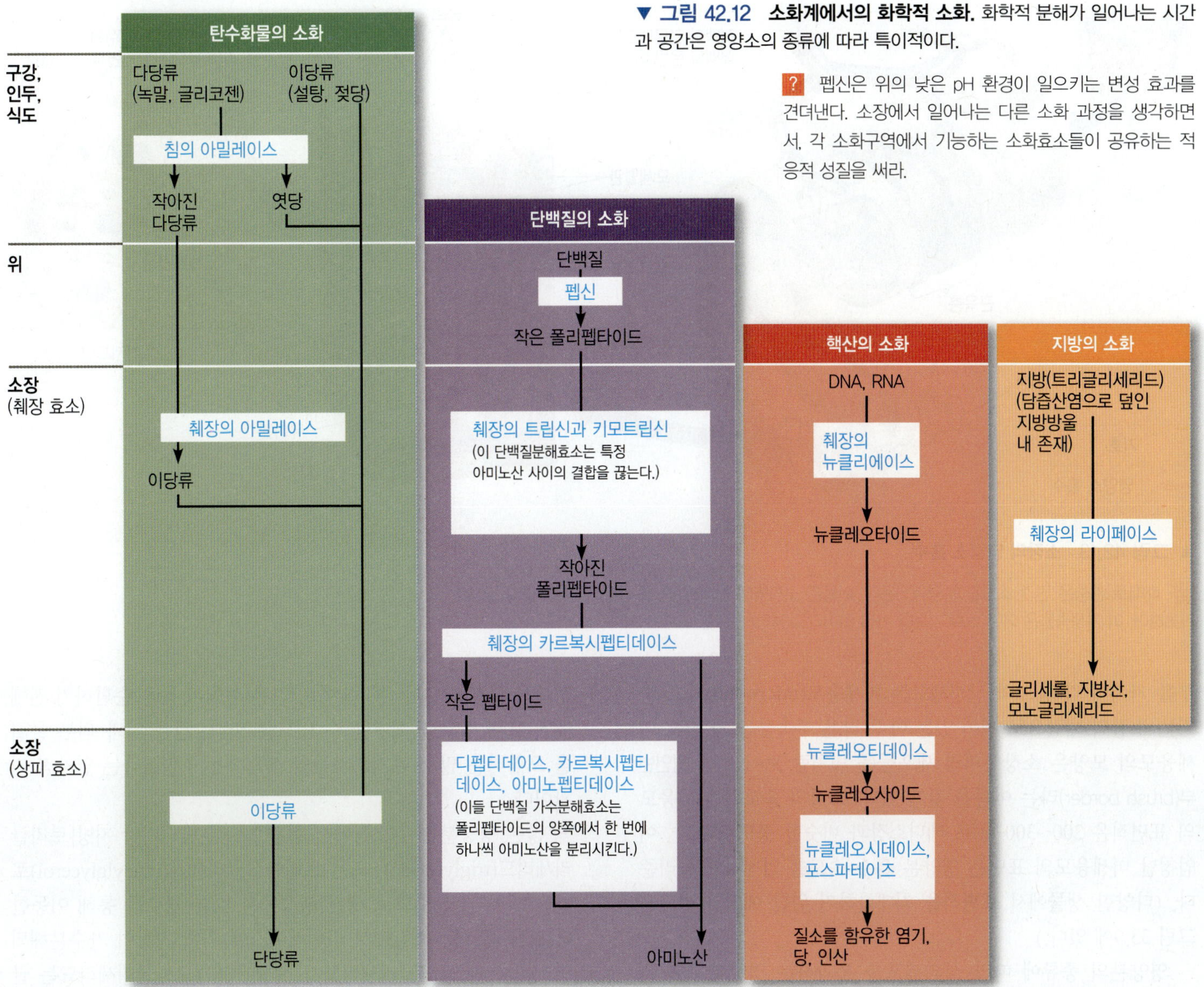

▼ **그림 42.12 소화계에서의 화학적 소화.** 화학적 분해가 일어나는 시간과 공간은 영양소의 종류에 따라 특이적이다.

? 펩신은 위의 낮은 pH 환경이 일으키는 변성 효과를 견뎌낸다. 소장에서 일어나는 다른 소화 과정을 생각하면서, 각 소화구역에서 기능하는 소화효소들이 공유하는 적응적 성질을 써라.

간에서의 담즙 생성

지방과 그 밖의 지질의 분해는 소장에서 시작되며 **간(liver)**에서 만들어지는 **담즙(bile)**의 도움을 받는다. 담즙은 용제(윤활제)로 작용하여 지방의 소화와 흡수를 도와주는 담즙염을 포함한다. 담즙은 **담낭(gallbladder)**에 저장, 농축된다.

담즙의 생산은 간의 또다른 필수 기능, 즉 더 이상 기능하지 못하는 적혈구를 파괴하는 것과 연계되어 있다. 간은 적혈구 파괴의 부산물 중 몇몇 색소를 담즙에 포함시킨다. 이 담즙 색소는 대변으로 체내를 빠져나간다. 몇몇 간이나 혈액 관련 질병에서 담즙 색소가 피부에 쌓이게 되면 피부가 노래지는 황달이 나타난다.

소장의 효소작용

십이지장의 상피 외벽은 다양한 소화효소의 공급원이다(그림 42.12). 이러한 소화효소 중 몇 개는 십이지장으로 분비되지만 다른 소화효소는 상피세포의 표면에 붙어 있다.

효소의 소화는 연동운동에 의해 유미즙과 소화액 혼합물이 소장을 따라 움직여 가면서 종결된다. 이 과정 중 대부분의 소화는 유미즙이 십이지장에 있는 초기에 끝난다. 소장의 나머지 부분은 공장(빈창자, jejunum)과 회장(돌창자, ileum)이라고 불리며, 아래에서 설명하는 것처럼 영양소 흡수에 중요한 곳이다.

소장에서의 영양분 흡수

체내로 들어가기 위해 내강 속의 영양분은 소화관의 외벽에서 흡수되어야 한다. 그림 42.13에서 보는 것처럼, 이러한 영양소의 흡수는 상당히 많이 접혀 있는 소장의 표면에서 일어난다. 외벽의 거대한 원형 주름은 **융모(villi)**라고 불리는 손가락 모양의 돌출

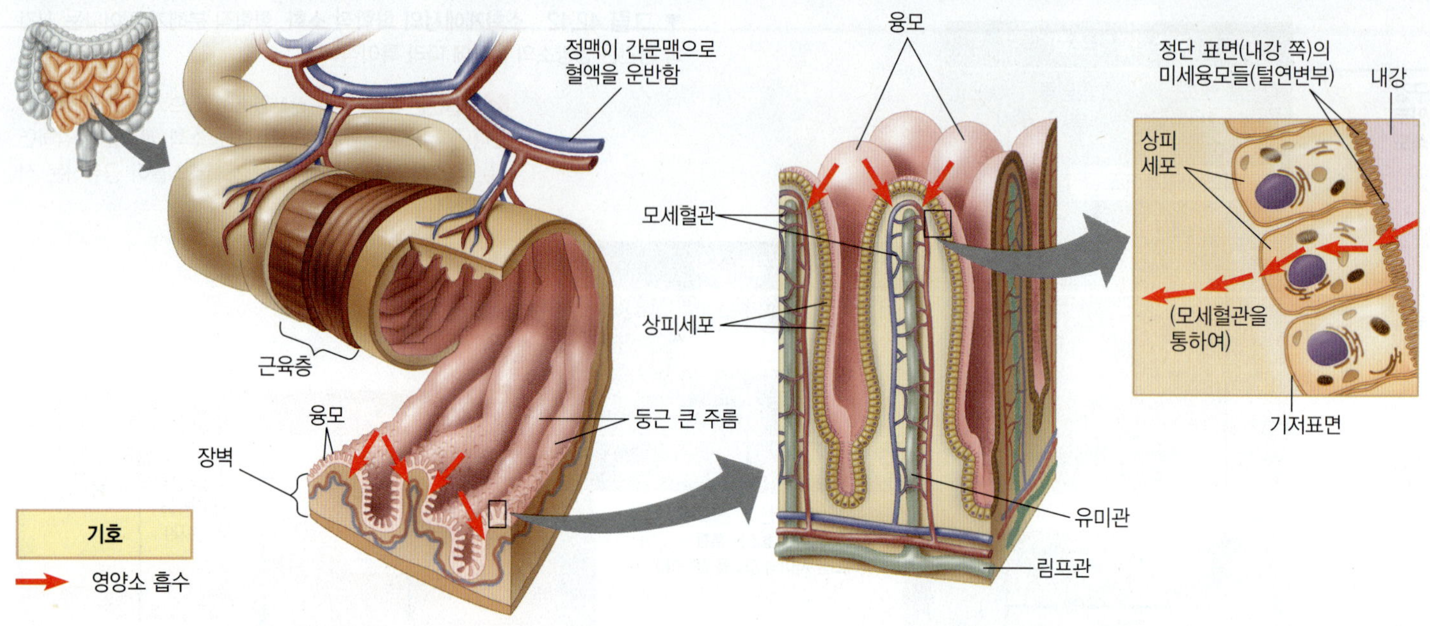

▲ **그림 42.13 소장의 영양소 흡수**

? 때때로 촌충은 인간 소화관에 감염되는데, 이들은 소장벽에 붙어 있다. 소화관이 구획화되어 있다는 것에 기초하여, 이 기생충들은 어떤 소화 기능을 가질 것이라고 생각하는가?

부를 가지며 각 융모의 상피세포는 **미세융모(microvilli)**라고 불리는 소장의 내강으로 뻗어 있는 아주 작은 부속물을 가진다. 미세융모의 모양은 소장상피의 세포들을 빗처럼 보이게 해 **털연변부**(brush border)라는 이름을 갖게 했다. 소장의 융모와 미세융모의 표면적은 200~300 m^2로 테니스장과 비슷할 정도로 넓다. 이 엄청난 미세융모의 표면은 영양분 흡수 속도를 엄청나게 늘려준다. (다양한 생물에서 표면적을 최대화하기 위한 예시와 설명은 그림 33.9에 있다.)

영양분의 종류에 따라 상피세포를 통과하는 영양분 수송은 수동적이거나 능동적이다(8장). 예를 들어, 과당은 농도 차이를 줄이는 촉진확산으로 소장의 내강에서부터 상피세포로 이동한다. 과당은 상피세포의 밑 부분에서 빠져나와 모세혈관으로 흡수된다. 아미노산과 작은 펩타이드, 비타민, 그리고 포도당과 다양한 작은 당들을 포함하는 다른 영양분들은 상피세포막에 의해 농도기울기를 거슬러 이동된다. 소장은 이런 능동수송을 이용하여 촉진확산으로 흡수할 수 있는 양보다 훨씬 더 많은 영양분을 흡수한다.

영양분이 풍부한 혈액을 융모에서 먼 곳으로 수송하는 모세혈관과 정맥은 간으로 바로 연결된 혈관인 **간문맥(hepatic portal vein)**으로 모인다. 간에서 나온 혈액은 심장으로 이동하고 심장은 이를 곧 다른 조직과 기관으로 운반한다. 이러한 과정은 두 가지 중요한 기능을 수행한다. 첫 번째로, 간이 영양분을 체내 곳곳으로 재분배할 수 있도록 한다. 간은 많은 유기분자를 서로 전환할 수 있는 다양한 대사 기능을 가지고 있기 때문에 간을 빠져나온 혈액은 간문맥을 통해 들어간 혈액과 매우 다른 영양소 성분을 가지고 있다. 두 번째로, 간은 혈액이 몸을 순환하기 전에 먼저 유해 성분을 제거할 수 있도록 한다. 간은 약과 외부 물질을 포함하는 많은 유기분자들의 해독작용이 일어나는 일차적 기관이다.

많은 영양분들이 소장에서 혈관으로 운반되지만 지방[트리글리세리드(triglyceride), 또는 트리아실글리세롤(triacylglycerol)로 알려져 있다]의 소화로 생긴 생성물은 다른 경로를 통해 이동한다(그림 42.14). 소장에서 라이페이스에 의해 지방이 가수분해되면 지방산과 모노글리세리드가 생성된다. (모노글리세리드는 글리세롤이 하나의 지방산과 결합한 것이다.) 이들 생성물은 상피에서 흡수된 후 트리글리세리드로 다시 합쳐진다. 이 지방은 인지질, 콜레스테롤, 단백질로 포장된 **킬로미크론(chylomicron)**이라고 불리는 둥글고 수용성인 입자를 형성한다. 수용성인 킬로미크론은 혈액에 녹으며 순환계를 따라 운반된다.

혈액으로 가기 전에 킬로미크론은 소장의 상피세포에서 융모 중앙에 있는 **유미관(lacteal)**으로 운반된다(그림 42.13, 42.14). 유미관은 척추동물 림프계의 일부분으로, 림프라고 불리는 맑은 액체로 채워진 관이다. 킬로미크론을 포함한 림프는 림프계에서 배출되어, 심장으로 혈액을 되돌려 보내는 큰 정맥으로 들어간다.

영양소의 흡수뿐 아니라 소장은 물과 이온을 흡수하는 중요한 역할을 한다. 우리는 매일 2 L의 물을 마시며 소화액의 형태로 7 L의 물을 분비한다. 장에서는 0.1 L의 물만이 재흡수되지만, 이 중 대부분은 소장에서 일어난다. 소장에는 물을 능동수송하는 기작은 존재하지 않는다. 대신 소듐이나 다른 이온이 소장 내

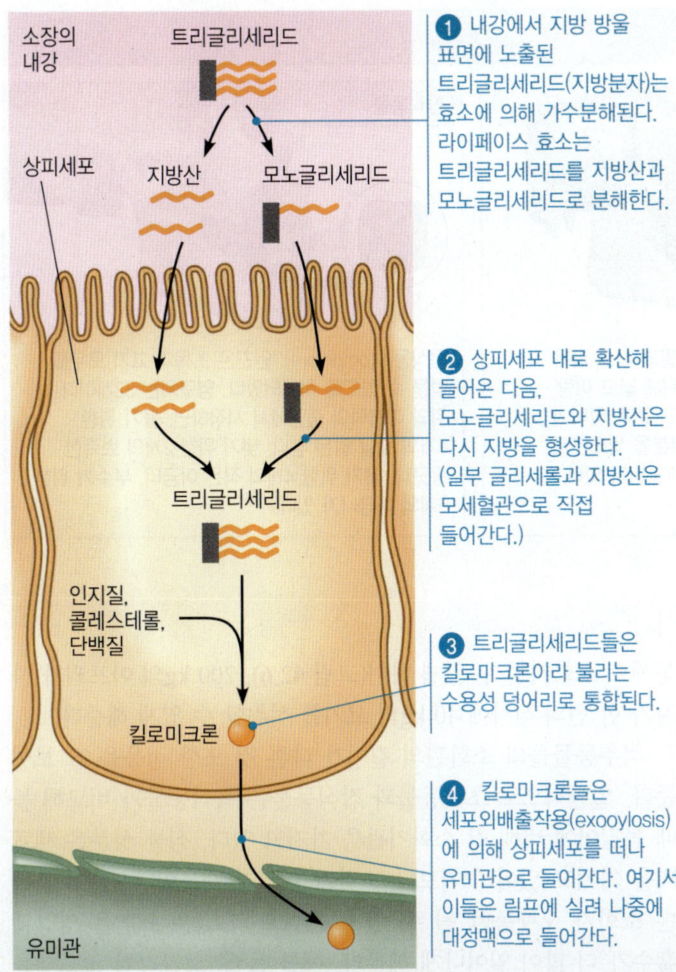

▲ **그림 42.14 지방의 흡수.** 지방은 물에 녹지 않기 때문에 지방을 소화하고 흡수하기 위해선 변형이 필요하다. 담즙산염은 큰 지방 방울을 쪼개 장 내강의 방울 크기를 작게 유지, 표면의 지방을 더 많이 노출시켜 가수분해되도록 한다. 가수분해되어 분비된 지방산과 모노글리세리드는 상피세포로 확산된다. 지방은 상피세포에서 다시 재조립되어서 수용성인 킬로미크론에 포함되고 순환계로 흡수된다.

강으로 배출되면 물은 삼투에 의해 재흡수된다.

대장에서의 영양소 처리 과정

소화관의 맨 끝부분인 **대장(large intestine)**은 결장, 맹장, 직장으로 이루어져 있다. 대장은 T자 형태의 접합부에서 소장과 연결되고 이 부분의 괄약근은 음식의 이동을 조절한다(**그림 42.15**). T자의 한 팔을 이루고 길이가 1.5 m나 되는 **결장(colon)**은 직장과 항문으로 이어진다. 또 다른 팔은 **맹장(cecum)**으로 이루어져 있다. 맹장은 들어온 물질들 중 동물들이 먹은 식물성 물질의 발효가 일어나는 장소이다. 많은 다른 포유류와 비교해 볼 때, 인간은 비교적 작은 맹장을 가지고 있다. **충수(appendix)**는 맹장 중 손가락 모양으로 튀어나온 부분으로 면역반응에 일부 관여한다.

결장은 소장에서부터 시작된 물의 흡수를 완료한다. 흡수되지 않고 남은 것들은 소화계의 노폐물인 **대변(feces)**이며, 이는 결장을 따라 연동운동을 통해 움직이면서 점점 단단해진다. 이 운동은 느리게 일어나며 대장의 처음부터 끝까지 이동하는 데에는 약 12~24시간 정도 걸린다. 만약 결장 벽이 바이러스나 세균 감염으로 자극을 받으면 물이 정상보다 재흡수가 덜 되며 그 결과 설사를 일으킨다. 상반되는 문제인 변비는 연동운동이 너무 느리게 대변을 이동시킬 때 일어난다. 물이 과도하게 재흡수되면서 대변이 단단해진다.

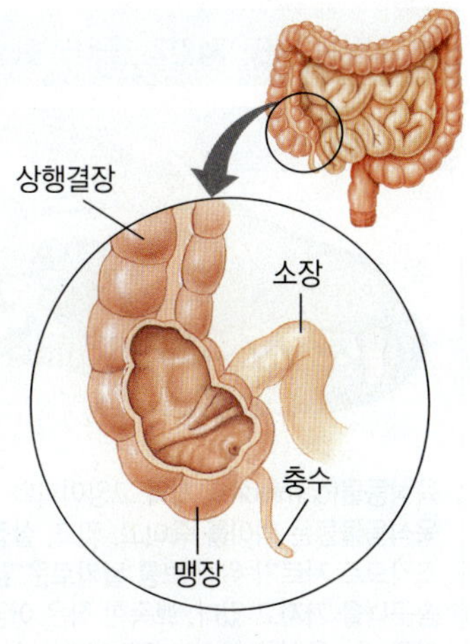

▲ **그림 42.15 소장과 대장의 접합**

대변 속 소화되지 않은 물질 중엔 셀룰로오스 섬유가 있다. 이 섬유는 사람에게 칼로리(에너지)를 제공해주지는 않으나, 음식이 소화관을 따라 이동하는 것을 도와준다.

대장 안에는 여러 종류의 무해한 세균이 살고 있는데, 그 양은 물을 제외한 대변 무게의 1/3을 차지한다. 장내 세균은 흡수되지 않은 유기물질을 이용해 살아간다. 물질대사 부산물로 많은 결장 세균은 메탄과 황화수소를 포함하는 기체를 만들며, 이들은 독한 냄새를 가지고 있다. 이러한 가스들은 항문을 통해 배출된다.

결장의 끝부분을 **직장**(곧창자, **rectum**)이라 부르기도 하는데 이 부분은 배설물이 배설될 때까지 저장되는 곳이다. 결장과 항문 사이에는 2개의 괄약근이 있는데 하나는 불수의근이고 다른 하나는 수의근이다. 매일 한 번 또는 여러 번 결장에서 강력한 수축이 일어나 대변을 보고 싶은 욕구를 느끼게 한다. 위가 음식물로 채워지면 결장을 수축하게 하는 반사작용을 유발하여 식사 후 대변을 보도록 유도한다.

우리는 음식이 소화관의 한쪽 입구(입)에서 다른 입구(항문)로 지나가는 것을 보았다. 다음으로 다른 동물들이 가지고 있는 소화작용의 적응 현상을 살펴보자.

개념 확인 문제 42.3

1. 왜 프릴로섹(Prilosec) 같은 양성자펌프 억제제는 위산 역류를 완화시킬까?
2. 필요한 영양소와 먹는 행동을 고려해볼 때, 왜 아밀레이스가 다른 소화효소와는 달리 입에서 분비되는지에 대한 진화적인 이유를 제시하라.
3. **WHAT IF?** 만약에 위액과 잘게 부순 음식물을 시험관에서 같이 섞으면 소화는 얼마나 이루어질까?

정답은 부록 A 참조

▼ 그림 42.16 치열과 음식

육식동물

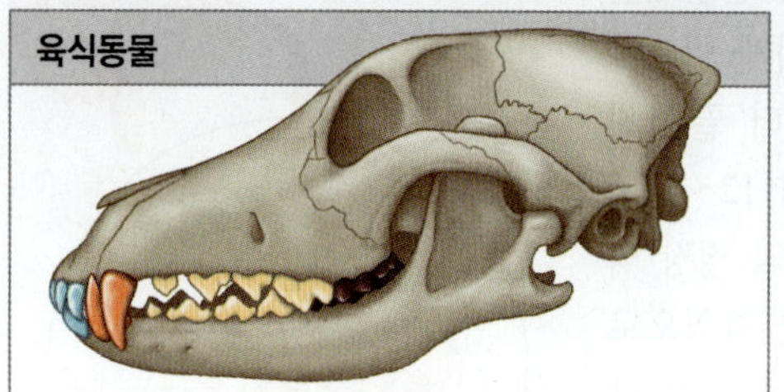

육식동물(carnivore). 개와 고양이과와 같은 육식동물들은 먹이를 죽이고, 찢고, 살집을 조각으로 자르기 위해 보통 날카로운 앞니와 송곳니를 가지고 있다. 뾰족한 작은 어금니와 어금니는 음식을 부수고 절단한다.

초식동물

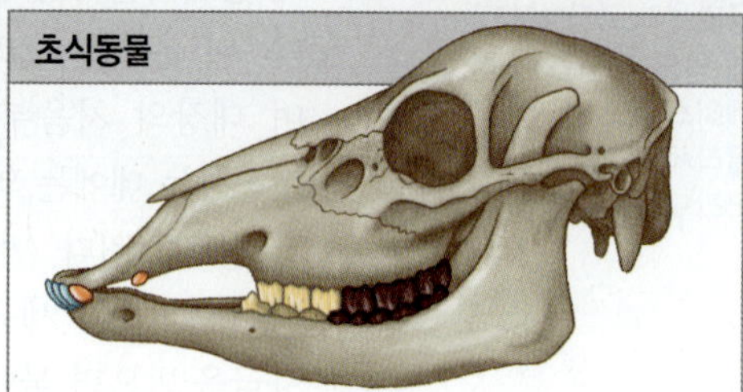

초식동물(herbivores). 반대로 말과 사슴 같은 초식동물은 질긴 식물을 씹기 위해 넓고 이랑 모양의 표면을 가진 이를 가지고 있다. 앞니와 송곳니는 일반적으로 초목의 부분을 씹으면서 변형되었다. 어떤 초식동물은 송곳니가 없다.

잡식동물

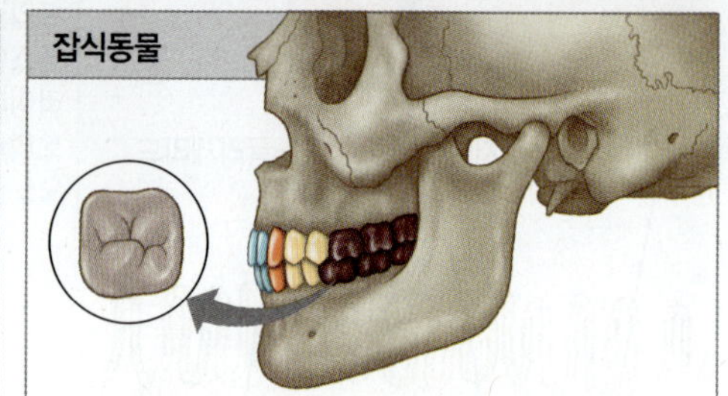

잡식동물(omnivore). 인간은 초목과 고기 모두를 먹을 수 있도록 적응되었다. 영구치는 32개이다. 위와 아래턱의 중앙에서 시작하면, 물기 위한 4개의 칼날 같은 앞니, 찢기 위한 2개의 뾰족한 송곳니, 빻기 위한 4개의 작은 어금니, 부수기 위한 6개의 어금니가 있다.

기호 앞니 송곳니 작은 어금니 어금니

개념 42.4

척추동물 소화계의 진화적 적응은 음식물과 밀접한 연관이 있다

진화 포유류와 다른 척추동물의 소화계는 공통된 기본 구조 하에서의 다양성을 보여주고 있으나 흔히 동물의 식이와 연관된 재미있는 적응들이 발견된다. 앞으로 몇 가지 예를 살펴볼 것이다.

치아 적응

치아의 배열인 치열은 먹는 음식을 반영하는 구조적 변이의 예 중 하나이다(그림 42.16). 포유류에서 다른 여러 종류의 음식을 처리하기 위한 치아의 진화적 적응은 이 척추동물강이 매우 성공적으로 번성한 큰 이유이다. 예를 들어 그림 42.1에 있는 수달은 날카로운 송곳니를 사용하여 게와 같은 먹이를 찢을 수 있으며 둥근 어금니를 이용하여 게의 껍질을 부술 수 있다. 비포유류 척추동물은 일반적으로 치열이 특성화되어 있지 않으나 몇몇 재미있는 예외 현상이 있다. 예를 들어, 방울뱀과 같이 독이 있는 뱀은 먹이를 물었을 때 독액이 나오는 독니를 가지고 있다. 몇몇의 송곳니는 주사기처럼 비어 있는 반면 다른 것들은 치아 표면의 홈을 통해 독을 흘려내보낸다.

위와 장의 적응

먹이의 차이로 인한 진화적 적응은 소화관의 크기가 다양한 것을 통해 잘 드러나기도 한다. 예를 들어 크고 늘어날 수 있는 위는 육식 포유동물의 공통적 특징이다. 이러한 육식동물들은 식사 사이에 긴 시간을 기다려야 하므로 먹이를 잡았을 때 최대한 많이 먹어두어야 한다. 늘어날 수 있는 위는 아프리카비단뱀이 가젤을 통째로 소화시킬 수 있게 하며(그림 42.6), 200 kg의 아프리카 사자가 한 번의 식사에 40 kg의 고기를 섭취할 수 있게 해준다.

척추동물들의 소화관의 길이가 다른 것 또한 적응을 잘 보여준다. 일반적으로 초식동물과 잡식동물은 육식동물과 비교해 볼 때 몸길이에 비해 긴 소화기관을 가지고 있다. 식물 성분은 세포벽을 가지고 있어 고기보다 소화가 어렵기 때문이다. 긴 소화관은 소화가 오랫동안 될 수 있게 해주고 더 넓은 표면은 영양분 흡수가 더 많이 일어나게 해준다. 예를 들어, 코알라와 코요테를 그림 42.17에서 보자. 비록 이 동물들이 같은 크기여도, 코알라는 물과 함께 주된 영양소 보급원인 섬유질이 풍부하고 단백질이 적은 유칼리나무의 입을 소화하기 위해 장이 더 길다.

공생적 적응

사람의 소화관에는 약 10~100조 정도로 추정되는 세균들이 서식한다. 그 중 하나인 대장균 *Escherichia coli*는 소화관에 많이 존재하기 때문에, 호수와 강에서 발견되는 대장균은 처리되지 않은 하수로 인한 오염의 지표로 유용하게 활용된다.

미생물과 사람의 공생 관계 중엔 두 종 모두에게 이점을 주는 상호 유익한 공생이 존재한다(개념 54.1). 예를 들어 장에 서식하는 미생물은 비타민 K, 바이오틴, 엽산과 같은 비타민을 생산하며, 이 영양소들은 혈액 속으로 흡수되어 영양소를 보충해준다. 장내 미생물은 또한 장 상피세포의 발달과 선천성 면역의 기능을 조절한다.

최근 미생물균총(microbiome)이라 불리는 사람 소화관 내 미생물의 총집합에 대한 지식이 상당히 많이 늘어났다. 장 내 유해균과 유익균 모두를 동정하기 위해 과학자들은 중합효소연쇄반응에 기반한 DNA 서열결정 방법을 사용한다(그림 19.8). 과학자들은 사람 소화관 내에 있는 400종 이상의 미생물을 발견했으며,

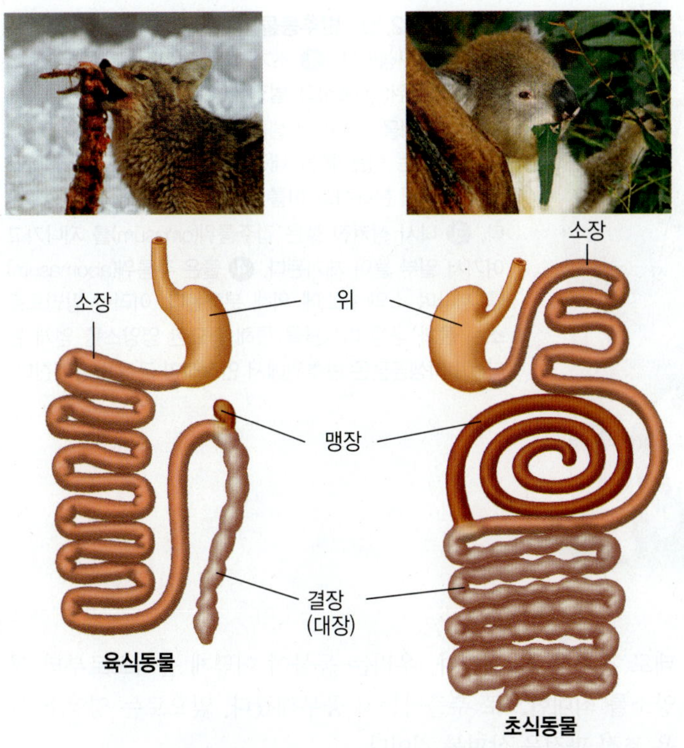

▲ 그림 42.17 육식동물(코요테)과 초식동물(코알라)의 소화관 비교. 코요테의 비교적 짧은 소화관은 고기를 소화하고 고기의 영양분을 흡수하기에 충분하다. 반면 코알라의 긴 소화관은 유칼립투스 잎을 소화하기 위해 특화되었다. 많이 씹는 것은 잎을 작은 조각으로 다져주고 소화액에 보다 더 노출될 수 있게 해준다. 긴 맹장과 결장 상부에서 공생하는 세균들은 잎을 더 잘게 쪼개주고 분해해주어 코알라가 흡수할 수 있는 형태의 영양소로 만들어 준다.

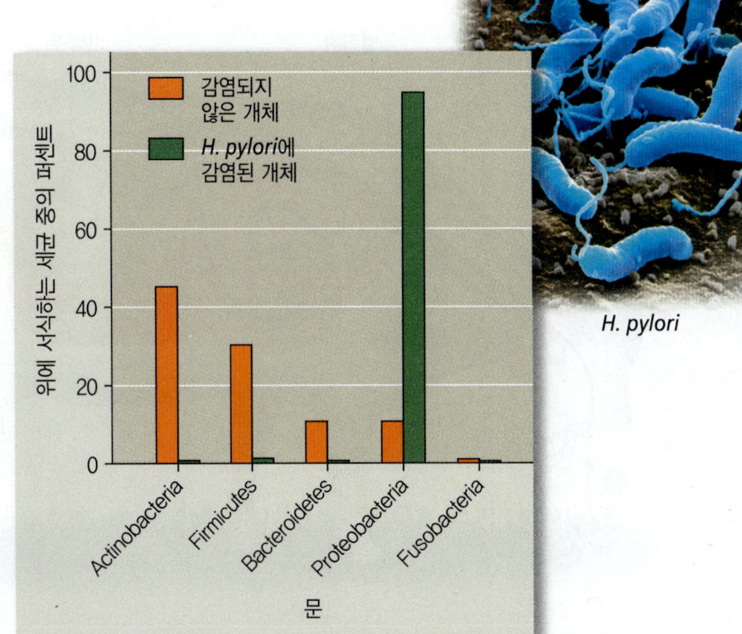

▲ 그림 42.18 위의 미생물균총. 연구자들은 사람 위에서 얻은 시료에서 미생물의 DNA를 복제하고 서열을 알아내어 위의 미생물균총을 구성하는 미생물 집단의 특성을 알아내었다. *Helicobacter pylori*에 감염된 사람에서 얻은 시료의 DNA 서열 중 95% 이상은 프로테오박테리아 문(phylum)에 속하는 종에서 유래한 것이었다. 감염되지 않은 사람의 위 미생물균총은 이보다 훨씬 다양하였다.

이 숫자는 실험실에서 미생물을 배양하는 것에 의존한 방법으로 찾아낸 것보다 훨씬 많은 것이다.

최근 미생물균총에 관한 한 연구는 왜 *H. pylori* 균이 위 건강을 해치고 궤양을 만드는지에 대한 중요한 단서를 제공하였다. 연구자들은 *H. pylori* 균에 감염된 성인과 그렇지 않은 성인에서 위 조직을 추출한 후, 각 시료에 있는 모든 미생물 종을 조사하였다. 연구진들이 발견한 것은 놀라웠다. *H. pylori* 감염이 위에 있는 다른 미생물 종을 거의 전멸시킨 것이었다(**그림 42.18**). 특정 질환으로 인해 미생물균총이 달라지는 것에 대한 이와 같은 연구는 새롭고 보다 효과적인 치료법의 개발에 희망을 가져다주었다.

초식동물에서의 공생적 적응

상호 유익한 공생은 특히 초식동물에게 중요하다. 초식동물이 먹는 음식 영양분은 대부분 식물 세포벽의 셀룰로오스에 존재한다. 하지만 동물은 셀룰로오스를 가수분해할 수 있는 효소를 만들지 못한다. 대신에 많은 척추동물의 경우(셀룰로오스가 대부분인 나무를 먹고 사는 흰개미의 경우에도) 이러한 문제를 공생 미생물과 원생생물을 자신의 소화관에서 발효가 일어나는 공간에 살게 함으로써 해결한다. 이 미생물들은 셀룰로오스를 동물이 흡수할 수 있는 작은 당과 다른 화합물들로 분해하는 효소를 가지고 있다. 많은 경우, 미생물들은 무기질과 함께 분해한 셀룰로오스를 비타민이나 아미노산과 같이 동물들의 필수 영양분으로 만들어 준다.

말과 코알라, 그리고 코끼리의 큰 맹장에는 공생 미생물들이 서식한다. 반면, 남아메리카 우림에서 발견되는 초식성 새인 호아친(hoatzin)은 미생물들을 큰 근육질의 소낭(식도에 있는 주머니; 그림 42.8)에서 키운다. 모이주머니 벽의 단단한 홈은 식물의 잎을 작은 조각으로 갈고 미생물은 셀룰로오스를 분해한다.

토끼와 몇몇 설치류의 경우 맹장뿐 아니라 대장에 공생 세균이 산다. 대부분의 영양분이 소장에서 흡수되기 때문에 대장에서 미생물에 의해 일어나는 발효 과정의 부산물은 대변으로 배출된다. 토끼와 설치류는 자신의 대변을 다시 먹어(분식증, coprophagy; "변을 먹음"이라는 것을 뜻하는 그리스어에서 비롯된 말) 한 번 더 소화관을 통과하게 함으로써 이러한 영양분을 흡수한다. 우리에게 익숙한 토끼가 다시 먹지 않는 작은 "배설물 덩어리"는 소화관을 두 번 거친 대변이다.

초식동물의 소화를 위한 정교한 적응은 사슴, 들소, 양을 포함하는 반추동물(ruminant)에서 더욱 발전되었다(**그림 42.19**).

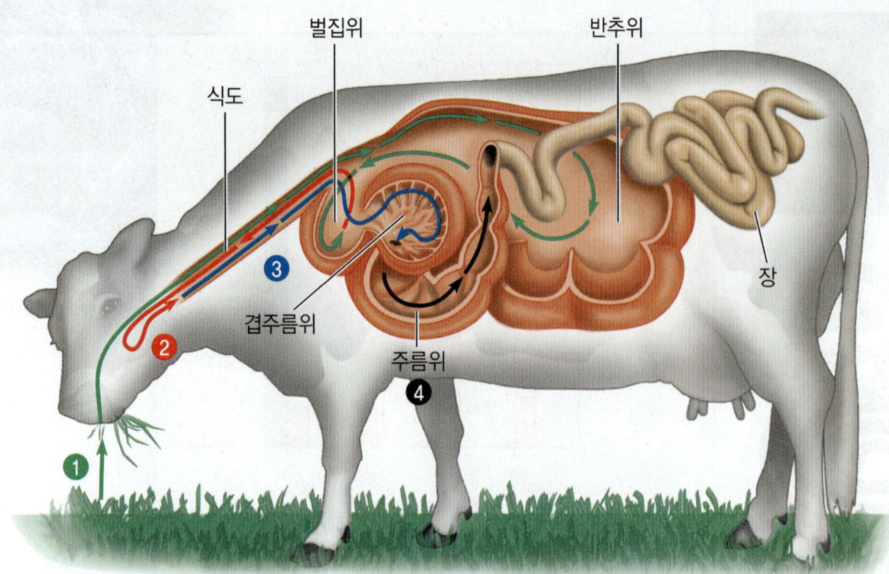

◀ **그림 42.19 반추동물의 소화.** 반추동물인 소의 위는 4개로 구성된다. ❶ 소가 씹은 먹이는 내강으로 들어가며, 반추위(rumen)와 벌집위(reticulum)에서 공생하는 미생물이 식물 성분에서 셀룰로오스를 분해한다. ❷ 주기적으로 소는 먹은 풀을 내강에서 게워내어 다시 씹어서 섬유질을 더 분해하고 이를 통해 미생물 작용을 촉진시킨다. ❸ 다시 삼켜진 풀은 겹주름위(omasum)를 지나가고 여기서 일부 물이 제거된다. ❹ 풀은 주름위(abomasum)를 지나며 소의 효소에 의해 분해된다. 이러한 방법으로 소는 풀과 공생 미생물을 통해 중요한 영양소를 얻게 된다. 이 미생물들은 반추위에서 안정적인 군집을 유지한다.

우리가 척추동물에 초점을 맞추어 이야기하였지만, 소화에 관련된 적응은 다른 동물들에게서도 비슷하게 일어난다. 놀랄 만한 예로 260기압이 넘는 깊은 바다의 열수 분출공에 서식하는 3 m 이상의 큰 서관충이 있다(그림 51.14). 이들은 입이나 소화 기관을 가지고 있지 않다. 대신에 이들은 에너지와 영양소를 자신들의 내부에 사는 공생 세균들로부터 얻는다. 이들 미생물은 분출공에서 얻을 수 있는 이산화탄소, 산소, 황화수소와 질산염을 사용하는 화학독립영양성(chemoautotrophy, 개념 27.3) 생물들이다. 무척추동물이나 척추동물처럼 상호공생은 동물이 이용할 수 있는 영양소의 공급처를 늘려주는 적응의 한 형태로 진화해 온 것이다. 우리는 동물이 어떻게 음식으로부터 영양소를 최대한으로 추출하는지 공부해왔다. 앞으로는 영양소 사용 조절 과정을 살펴볼 것이다.

▲ 거대 서관충

개념 확인 문제 42.4

1. 소화하기 힘든 식물을 소화하기 위해서 긴 소화관이 가지는 장점 두 가지는 무엇인가?
2. 동물의 소화계는 공생 세균이 서식하기 좋은 장소로서 어떠한 특징을 가지는가?
3. **WHAT IF?** "젖당 불내증"을 가지는 사람들은 우유에 있는 젖당을 분해하는 락테이스가 결핍되어 있다. 그 결과로 이 사람들은 유제품을 먹은 후에 가끔 심한 복통, 복부 팽창, 혹은 설사 증상이 나타나곤 한다. 이러한 사람이 락테이스를 만드는 세균이 있는 요구르트를 먹었다고 가정하자. 왜 요거트를 먹는 것이 일시적이지만 증상을 완화시키는 가장 좋은 방법이 될까?

정답은 부록 A 참조

개념 42.5

되먹임 회로는 소화, 에너지 저장, 식욕을 조절한다

동물이 영양소를 얻는 과정은 그 생물체가 처한 환경과 에너지 요구 사항과 밀접한 관련을 맺는다. 이는 진화적 적응의 한 예이다.

소화 조절

많은 동물들에서 매 끼니 사이에 상당한 시간이 존재하므로, 지속적으로 소화 과정이 활성화되어 있을 필요는 없다. 대신 매 단계는 음식이 영양관에 도착했을 때에만 활성화된다. 음식이 도착하면 다음 단계로 나아가기 위하여 화학적 소화를 하기 위한 물질들이 분비된다. 이와 동시에 근육 수축이 일어나서 음식이 관을 통해 이동하게 한다. 예를 들어, 당신은 신경반응이 음식이 입 안으로 들어가서 삼켜서 인두로 넘어오게 되는 과정에서 침 분비를 촉진시킨다는 것을 배웠을 것이다. 비슷하게 위에 음식이 도착하면 위가 움직이고 위액 분비가 촉진된다. 소화 장기를 담당하는 장 신경계(enteric nervous system, enteric division)는 소장과 대장에서 이러한 일들과 연동 운동을 조절한다.

내분비계는 소화를 조절하는 중요한 역할을 한다. 그림 42.20에 묘사한 대로 장이나 십이지장에 의해 분비되는 호르몬들은 소화액 분비가 필요할 때만 분비되도록 하는 역할을 한다. 다른 호르몬들과 같이, 혈관을 통해 이동한다. 이는 위에서 분비되는 가스트린이라는 호르몬도 마찬가지이다.

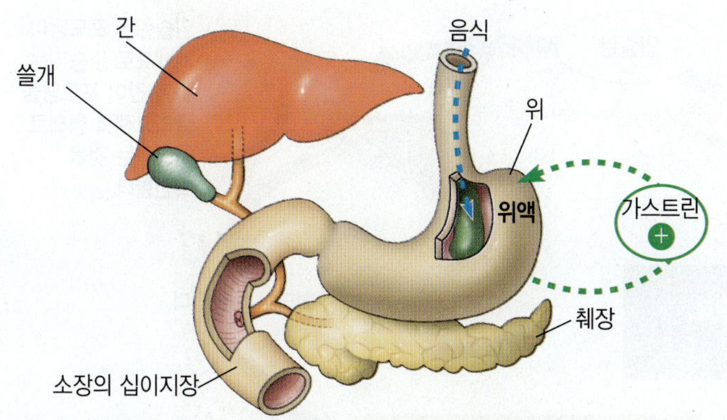

1 음식이 위에 도달하면 위벽이 늘어나면서 *가스트린(gastrin)* 호르몬의 분비가 촉진된다. 가스트린은 혈액을 돌면서 위액 생산을 증가시킨다.

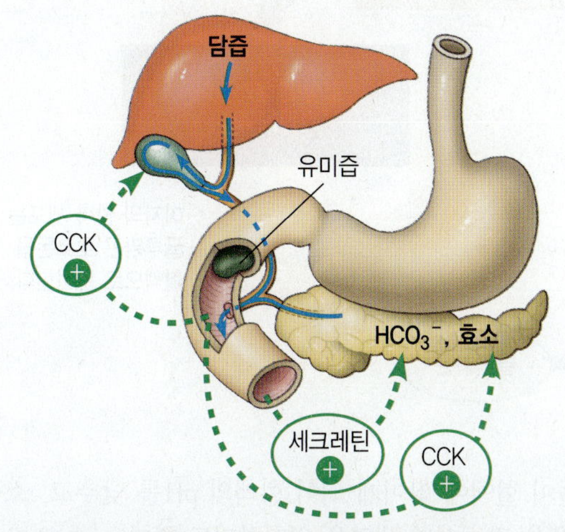

2 유미즙—부분적으로 소화된 음식물의 산성 복합물—이 위로부터 십이지장으로 들어간다. 십이지장은 유미즙에 있는 아미노산이나 지방산에 반응하여 소화 호르몬인 콜레키스토키닌과 세크레틴을 분비한다. *콜레키스토키닌(cholecystokinin, CCK)*은 이자와 담즙에서 소화효소 분비를 촉진한다. *세크레틴(secretin)*은 이자를 자극하여 유미즙을 중화시킬 중탄삼염을 내보내도록 한다.

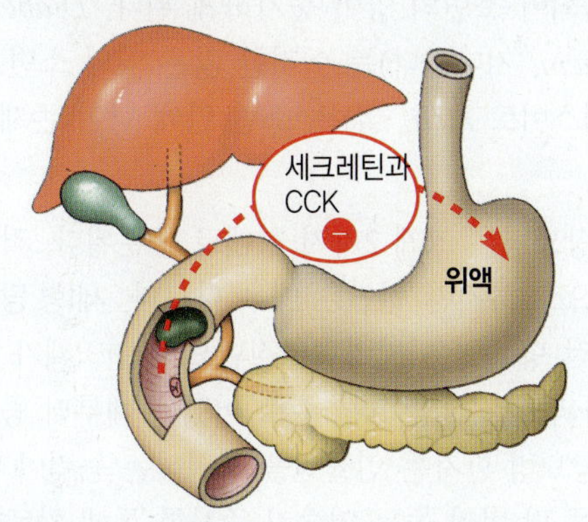

3 만약 유미즙에 지방이 많으면 높은 농도의 세크레틴과 CCK가 분비되어 위에서 연동운동과 위액 분비를 억제하여 소화를 늦춘다.

기호 ⊕ 자극 ⊖ 억제

▲ 그림 42.20 **소화의 호르몬 조절**

에너지 저장의 조절

40장에서 논의한 대로 동물이 평소 대사 과정이나 활동에서 필요한 에너지보다 에너지가 더 많은 물질을 섭취할 때는 남는 에너지를 저장한다(개념 40.4). 우리는 동물이 에너지를 어떻게 조절하는지 알아볼 것이다.

사람은 에너지 저장을 위한 장소로 간과 근육 세포를 이용한다. 이러한 세포에서는 남는 에너지를 글리코겐으로 저장한다. 글리코겐은 많은 당들이 중합체를 이룬 형태이다(그림 5.6b). 일단 글리코겐으로 저장고가 채워지면, 남는 에너지들은 지방 세포에 지방 형태로 저장한다.

칼로리가 부족할 경우—또는 과도한 운동이나 음식을 적게 먹어서—에는 간의 글리코겐을 쓰며 그 이후에 근육 글리코겐을 쓰며 마지막에 지방을 쓴다. 지방은 특히 에너지가 많다. 탄수화물이나 단백질이 산화되어 나오는 칼로리의 두 배에 해당되는 칼로리가 나온다. 이런 이유로 지방 조직은 많은 양의 에너지를 몸에 저장할 때 공간 효율적으로 저장할 수 있는 방법이다. 대부분 건강한 사람들은 음식 없이도 몇 주 동안 버틸 수 있도록 지방을 저장하고 있다.

포도당 항상성

글리코겐의 합성과 분해는 에너지의 저장, 그리고 포도당 항상성을 통한 신진 대사의 균형을 유지하는 데에 중요하다. 사람의 정상 혈당 범위는 70~110 mg/100 mL이다. 포도당은 세포호흡을 위한 주요 연료이며 생합성에 필요한 탄소골격을 제공하기 때문에 정상 범위에 가깝게 혈당을 조절하는 것은 매우 중요하다.

포도당 항상성은 주로 인슐린과 글루카곤의 길항(반대) 작용에 의해 조절된다(그림 42.21). 혈당이 정상 범위보다 높아지면, **인슐린(insulin)**이 분비되어 포도당을 혈액에서 체세포로 흡수하는 것을 촉진하고 이를 통해 혈당은 낮아진다. 혈당이 정상 범위보다 낮아지면 **글루카곤(glucagon)**이 분비되어 간에 저장된 글리코젠과 같은 저장된 에너지를 포도당으로 분해하는 것을 촉진하고 혈당을 높여준다.

간은 인슐린과 글루카곤이 작용하는 주요한 기관이다. 예를 들어 탄수화물 함량이 높은 식사 후, 높아진 농도의 인슐린은 간문맥을 통해 간에 들어온 포도당을 글리코젠으로 합성하게 한다. 식사와 식사 사이에 간문맥의 혈당 농도가 낮아지게 되면, 글루카곤은 간에서의 글리코겐 분해, 아미노산과 글리세롤의 포도당 전환, 그리고 포도당이 혈액으로 분비되는 것을 촉진한다.

인슐린은 거의 모든 체세포에게 혈액에 있는 포도당을 흡수하도록 자극한다. 중요한 예외는 뇌세포이며, 이 세포들은 인슐린의 유무에 관계없이 포도당을 흡수할 수 있다. 이러한 진화적 적응은 뇌가 혈당 농도가 낮을지라도 항상 혈액에 있는 연료를 사용할 수 있게 해준다.

글루카곤과 인슐린은 모두 이자에서 생성된다. 이자 안에 산

▶ **그림 42.21 세포 연료의 항상성 조절.** 식사가 소화된 후에 포도당과 다른 단위체들은 소화관에서 흡수되어 혈액으로 이동한다. 사람 몸은 세포의 주 연료인 포도당의 사용과 저장을 조절한다.

MAKE CONNECTIONS 어떤 형태의 되먹임 작용이 각각의 조절 회로를 조절하는가(개념 40.2)?

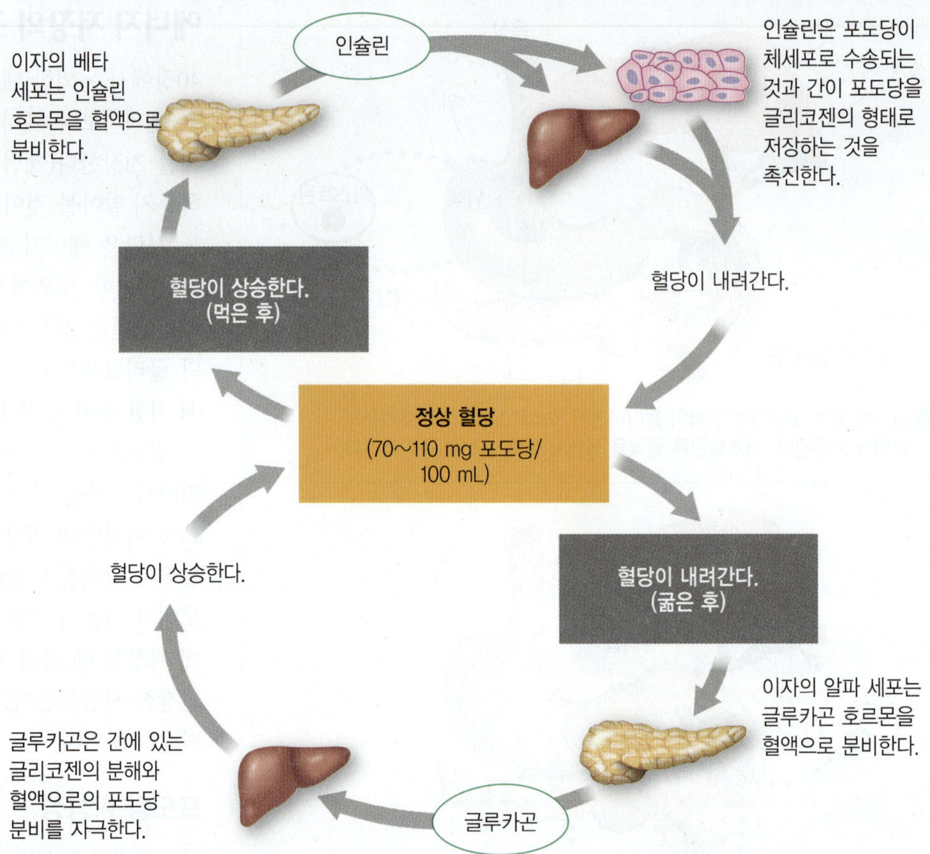

발적으로 흩어져있는 세포 덩어리들을 이자 섬(islet)이라 부른다. 각각의 이자 섬은 글루카곤을 만드는 **알파 세포**와 인슐린을 형성하는 **베타 세포**를 가지고 있다. 다른 호르몬들과 마찬가지로 인슐린과 글루카곤은 세포사이액으로 분비되며 순환계로 합류하게 된다.

전반적으로 호르몬을 분비하는 세포는 이자 전체 무게의 1~2% 정도밖에 차지하지 않는다. 이자의 다른 세포들은 중탄산염과 소장에서 활성을 띠는 소화효소들을 생성하고 분비한다(그림 42.12). 이 물질들은 소장과 연결된 이자관으로 분비된다. 따라서 이자는 내분비계와 소화계에 모두 속하게 된다.

당뇨병

포도당 항상성에서의 인슐린과 글루카곤의 역할을 논할 때 우리는 건강한 사람의 대사에만 집중해왔다. 하지만 수 많은 질병은 포도당 항상성을 깨뜨릴 수 있으며, 이는 특히 심장과 혈관, 눈, 신장에 잠재적으로 위험한 결과를 초래할 수 있다. 이 질병들 중 가장 많이 알려지고 많은 사람들이 앓고 있는 질병이 당뇨병이다.

당뇨병(diabetes mellitus)은 인슐린이 결핍되었거나 또는 인슐린이 작용하는 기관의 감소된 인슐린 반응성에 의해 일어난다. 혈당은 높아졌으나 세포가 대사적 요구량을 만족하는 충분한 양의 포도당을 흡수할 수 없게 된다. 대신 지방이 세포호흡의 주요한 기질로 작용하게 된다. 심한 경우엔 지방 분해로 인해 생긴 산성 대사물질들이 혈액에 쌓이게 되어 혈액의 pH를 낮추고, 소듐과 포타슘 이온을 감소시켜 생명을 위협하기도 한다.

당뇨병 환자의 혈당은 신장이 재흡수할 수 있는 범위를 넘어설 수 있으며, 신장에서 걸러져야 할 포도당은 소변으로 분비된다. 따라서 소변에서 당을 검출하는 것은 당뇨병의 진단법 중 하나로 쓰인다. 소변에 포도당 농도가 높아짐에 따라 많은 물이 배출되어 소변의 양이 증가하게 된다. *Diabetes*(그리스어로 *diabainein*, 지나간다)는 이러한 많은 양의 소변을 뜻하며, *mellitus*(그리스어로 *meli*, 꿀)는 소변 안에 당이 존재함을 가리킨다.

제1형 당뇨병 당뇨병은 크게 2가지 형태로 구분된다. 각각은 높은 혈당을 특징으로 하지만 원인은 매우 다르다. **제1형 당뇨병**, 또는 인슐린 의존적 당뇨병은 자가면역질환으로 면역계가 이자의 베타 세포를 파괴하는 질병이다. 주로 어렸을 때부터 증세가 나타나는 제1형 당뇨병 환자는 인슐린을 생성하는 능력이 없다. 일반적으로 하루에 몇 번씩 놓는 인슐린 주사를 통해 치료한다. 과거에는 인슐린을 동물의 췌장으로부터 추출하였으나, 지금은 비교적 값싸게 유전적으로 변형된 세균에서 사람 인슐린을 얻을 수 있다(그림 19.2). 줄기세포 연구는 언젠가 베타 세포가 이자에서 인슐린 생성을 회복하게 함으로써 제1형 당뇨병 치료법을 제공해 줄 것이다.

제2형 당뇨병 인슐린 비의존적 당뇨병 또는 제2형 당뇨병은 표적 기관이 인슐린에 정상적으로 반응하지 못하는 것이 특징이다. 인슐린은 생성되지만 표적 기관이 혈액으로부터 포도당을 흡수하는 데 실패하여 혈당은 여전히 높게 유지된다. 유전적인 요인이 제2형 당뇨병에서 역할을 할 수 있으나, 과도한 체중과 운동 부족은 이 위험을 크게 증가시킨다. 제2형 당뇨병은 보통 40세 이후에 나타나지만, 과체중이며 운동량이 적을 경우 어린이도 발병할 수 있다. 당뇨병 환자의 90% 이상은 제2형이다. 많은 사람들은 규칙적인 운동과 건강한 식단을 통해 혈당을 조절할 수 있다. 일부는 약물을 필요로 한다. 그럼에도 불구하고 제2형 당뇨병은 미국에서 7번째로 높은 사망 요인이며 세계적으로도 큰 건강 문제가 되고 있다.

제2형 당뇨병에서 나타나는 인슐린 신호의 저항성은 때때로 인슐린 수용체나 인슐린 반응경로에 있는 유전적 결함에 의해 초래된다. 하지만 대부분의 경우, 표적세포에서의 정상 반응경로의 활성을 억제하는 일들이 일어난다. 선천성 면역계에 의해 일어나는 염증반응이 이러한 반응 억제의 원인 중 하나로 보인다(47장). 비만과 이러한 인슐린 반응 억제가 어떻게 관련이 되는지는 사람과 실험 동물을 대상으로 연구 중에 있다.

식욕과 음식 섭취의 조절

몸이 정상 대사에서 필요로 하는 양보다 많은 칼로리를 섭취하는 것, 또는 영양과다(overnourishment)는 지방의 과한 축적 상태인 비만을 초래할 수 있다. 한편 비만은 제2형 당뇨병, 직장암과 유방암, 심장마비와 뇌졸중을 일으키는 심혈관계 질환 등 수많은 건강 문제에 관여한다. 비만은 미국 내에서만 한 해에 약 30만 명의 죽음을 일으키는 요인으로 추산된다.

연구자들은 몸무게를 조절하는 데 도움을 주는 몇 가지 항상성 관련 메커니즘을 발견해왔다. 신경세포망은 소화계로부터 오는 정보를 전달하고 통합하여 장기 및 단기 식욕을 조절하는 호르몬의 분비를 조절한다. 이러한 호르몬의 표적 기관은 뇌에 있는 "포만 중추(satiety center)"이다(**그림 42.22**). 예를 들어, 위벽에서 분비되는 호르몬인 그렐린(ghrelin)은 식사 전에 배고픔을 느끼게끔 해준다. 반면 인슐린과 식사 후 소장에서 분비되는 호르몬인 PYY는 식욕을 억제한다. 지방조직에서 분비되는 호르몬인 렙틴(leptin) 또한 식욕을 억제하며, 체내 지방량을 조절하는 데 주요한 역할을 하는 것으로 보인다. **과학적 분석 기술의 연습**에서는 쥐에서 렙틴 생성과 기능에 영향을 주는 유전자를 연구한 실험을 해석하게 될 것이다.

음식을 먹어 소화시키고 영양소를 흡수하는 것은 동물이 어떻게 움직일 수 있었는지에 관한 큰 이야기 중 일부이다. 영양소를 몸에 제공하는 것은 영양소를 분배(순환)하는 것을 포함하며, 대사활동을 위해 영양소를 사용하려면, 호흡 때 생성된 기체를 외부 환경과 교환해야 한다. 이러한 과정과 이를 촉진하는 적응은 43장에서 집중적으로 다뤄진다.

▲ **그림 42.22 몇몇의 식욕조절호르몬.** 다양한 기관과 조직에서 분비되는 호르몬은 혈액을 타고 뇌에 도달한다. 호르몬은 포만 중추를 조절하는 뇌 부분에 작용한다. 포만 중추는 신경자극을 발생시켜 우리가 배고픔과 포만감을 느끼게 한다. 그렐린 호르몬은 식욕 촉진제이며 여기에 나타난 나머지 세 개의 호르몬은 식욕 억제제이다.

개념 확인 문제 42.5

1. 탄수화물 섭취와 비교할 때 더 적은 양의 지방을 섭취하는 데도 어떻게 비만이 될 수 있는지 설명하라.
2. **WHAT IF?** 당신이 렙틴 신호전달에 유전적인 문제가 있는 두 집단의 비만인 사람을 연구한다고 가정하자. 한 집단의 렙틴 농도는 비정상적으로 높으며, 다른 집단은 비정상적으로 낮다. 만약 이들이 저칼로리 식단을 오랜 기간 먹는다면 각 집단의 렙틴 농도는 어떻게 변화할지 설명하라.
3. **WHAT IF?** 인슐린종(insulinoma)은 이자 베타 세포의 암 덩어리를 말하며, 이들 세포는 인슐린을 분비하나 되먹임 작용에 반응하지 않는다. 인슐린종이 혈당과 간의 활동에 어떤 영향을 끼치게 되나?

정답은 부록 A 참조

과학적 분석 기술의 연습

유전적 돌연변이를 다룬 실험의 데이터 해석하기

***ob*와 *db* 유전자가 식욕 조절에서 어떤 역할을 하는가?** 생리적 과정을 망가뜨리는 돌연변이는 보통 돌연변이가 일어난 유전자의 정상 기능을 연구하는 데 사용된다. 일반적으로 연구자들은 표준 조건에서 특정 유전자만이 유전적으로 돌연변이인(기능을 못함) 동물과 야생형(정상) 동물을 비교 분석한다. 이러한 방법으로 생리학적 특성을 측정하여 얻은 표현형의 차이는 돌연변이의 유무에 따른 유전자형의 차이로 인해 생긴 것으로 볼 수 있다. 식욕 조절에서의 특정 유전자를 연구하기 위해 연구자들은 이러한 유전자의 돌연변이를 지닌 알려진 동물을 이용하였다.

ob 유전자 또는 *db* 유전자의 두 대립유전자가 모두 열성 돌연변이를 지닌 쥐들은 식욕을 절제하지 못하여 야생형 쥐에 비해 매우 뚱뚱해진다. 아래 사진에서 오른쪽 쥐는 야생형이며, 왼쪽에 있는 비만 쥐는 *ob* 유전자의 두 대립유전자가 모두 비활성화 돌연변이인 쥐이다.

*ob*와 *db* 유전자의 정상적인 역할에 관한 가설 중 하나는 이들 유전자가 열량 섭취가 충분할 때 식욕을 억제하는 호르몬 신호전달에 작용한다는 것이다. 잠재적인 호르몬을 분리하려는 시도 전에 연구자들은 이 가설을 유전적인 방법으로 탐색해보았다.

실험 방법 연구자들은 다양한 유전자의 쥐를 대상으로 한 쥐와 다른 쥐의 순환계를 물리적으로 연결한 후 어린 쥐의 몸무게를 측정하였다. 이 방법은 한 쥐의 혈류에 있는 어떠한 인자가 다른 쥐에 흘러갈 수 있도록 해준다. 8주 후 각 쥐의 몸무게를 다시 측정하였다.

실험 데이터

유전자형 짝짓기(빨간 형은 돌연변이 유전자를 의미)			실험 대상 몸무게(g)의 평균 변화
	실험 대상	짝지어진 형	
(a)	ob^+/ob^+, db^+/db^+	ob^+/ob^+, db^+/db^+	8.3
(b)	ob/ob, db^+/db^+	ob/ob, db^+/db^+	38.7
(c)	ob/ob, db^+/db^+	ob^+/ob^+, db^+/db^+	8.2
(d)	ob/ob, db^+/db^+	ob^+/ob^+, db/db	−14.9*

* 극심한 체중 감소와 약화로 인해 이 그룹의 실험 대상들은 8주가 채 지나지 않아 다시 몸무게를 측정했다.

데이터 해석

1. 먼저 데이터 표에 주어진 유전자형 정보를 읽는 연습을 하자. 예를 들어 (a) 짝은 두 유전자가 모두 야생형인 쥐를 연결한 것이다. 짝 (b), 짝 (c), 짝 (d)에서 연결된 두 쥐를 서술하라. 각 짝이 실험 설계에 어떻게 기여하는지 설명하라.
2. 표현형을 기준으로 짝 (a)와 짝 (b)에서 나타난 결과를 비교하라. 만약 이 두 짝에서 얻은 결과가 같았다면, 그 결과는 실험 계획에 있어 어떠한 의미를 주는가?
3. 짝 (c)에서 얻은 결과와 짝 (b)에서 얻은 결과를 비교하여라. 이 결과에 기초할 때 ob^+ 유전자의 생성물은 식욕을 촉진하는가? 또는 억제하는가? 답을 설명하라.
4. 짝 (d)에서 얻은 결과를 설명하여라. 이 결과가 짝 (b)에서 얻은 결과와 다르다는 것에 유의하라. 이 차이를 설명할 수 있는 가설을 제시하여라. 그 가설을 이와 같은 돌연변이 쥐를 사용한 실험을 통해 어떻게 확인할 수 있는가?

참고문헌 D. L. Coleman, Effect of parabiosis of obese with diabetes and normal mice. *Diabetologia* 9:294–298 (1973).

42장 복습

핵심 개념의 요약

- 동물은 다양한 먹이를 먹는다. **초식동물(herbivore)**은 주로 식물을 먹고, **육식동물(carnivore)**은 주로 다른 동물을 잡아먹으며, **잡식동물(omnivore)**은 식물과 동물 둘 다 먹는다. 영양상의 요구를 충족시키기 위해 동물은 음식의 섭취, 저장, 사용의 균형을 잘 맞추어야 한다.

개념 42.1

동물은 음식을 통해 화학적 에너지, 유기물, 그리고 필수영양소를 반드시 공급받아야 한다

- 동물은 ATP 생성, 생합성을 위한 탄소골격, 조립되기 이전의 형태로 공급되어야 하는 **필수영양소(essential nutrient)**를 필요로 한다. 필수영양소는 동물이 합성할 수 없는 특정 아미노산과 지방산이다. **비타민(vitamin)**은 소량으로 요구되는 유기물이며, **무기질(mineral)**은 역시 보통 소량으로 필요한 무기 영양분이다.
- 동물들은 두 가지 영양실조의 타입이 있는데 필수영양소의 부적절한 섭취와 화학적 에너지 원천의 부족을 들 수 있다. 유전적 결합과 개체 수준에서의 질병에 대한 연구는 연구자들이 사람의 식이 요구를 결정하는 데 도움을 준다.

? 모든 동물에서 생명유지 과정에 필요한 효소의 보조인자가 왜 특정 동물에서만 필수적인 영양소(비타민)가 되는가?

개념 42.2

음식 처리의 주요 단계는 섭취, 소화, 흡수, 배설이다

- 동물들은 음식을 획득, 섭취하는 다양한 방법을 가지고 있다. 대부분의 동물들은 큰 음식물 조각을 섭취하는 **덩어리섭식자(bulk feeder)**이다. 다른 전략으로는 여과섭식, 부유물섭식, 그리고 유동체섭식이 포함된다.
- 구획화는 자가 소화를 막기 위해 중요하다. 세포내 소화에서 음식물 조각들은 식균작용으로 빨아들여지고 리소좀과 결합된 식포 내에서 소화된다. 대부분의 동물들은 **위수강(gastrovascular cavity)** 또는 **소화관(alimentary canal)** 안으로 효소를 분비하여 세포 밖에서 가수분해하는 세포외 소화를 이용한다.

? 음식 처리 과정의 첫 세 가지 단계 중 하나가 필요 없게 되는 가상의 음식물은 어떤 것이 있을지 제안해보라.

개념 42.3

포유동물에서 각 소화기관은 음식 소화 과정에 특성화되어 있다

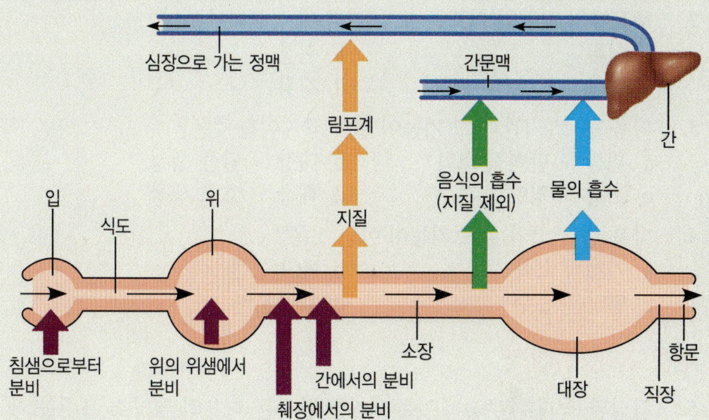

? 소장의 어떤 구조적 특징이 위보다 영양분 흡수를 용이하게 하는가?

개념 42.4

척추동물 소화계의 진화적 적응은 음식물과 밀접한 연관이 있다

- 척추동물 소화 시스템에는 식이와 관련된 진화적 적응이 많이 있다. 예를 들어 치열은 일반적으로 음식물과 서로 상관관계가 있다. 많은 초식동물은 발효방을 가지고 있어 공생관계에 있는 미생물이 셀룰로오스를 분해한다. 초식동물은 일반적으로 육식동물보다 긴 소화관을 가지고 있는데, 이는 식물을 소화하는 데 더 오랜 시간이 걸린다는 것을 말해준다.

? 우리의 해부학적 구조로부터 어떻게 우리의 조상이 채식주의자가 아니었다는 것을 알 수 있는가?

개념 42.5

되먹임 회로는 소화, 에너지 저장, 식욕을 조절한다

- **영양**은 다양한 수준에서 조절된다. 소화관은 신경과 호르몬을 촉진하여 위액의 분비를 조절하고 관을 자극하여 관 안의 음식을 이동하게 한다. 에너지 생산에 대한 포도당의 이용 가능성은 글리코젠 합성과 분해를 조절하는 **인슐린**과 **글루카곤** 같은 호르몬에 의해 조절된다.
- 척추동물은 남는 에너지를 글리코젠(간과 근육 세포에서)과 지방(지방세포에서)으로 저장한다. 이 에너지는 흡수한 칼로리보다 더 많은 칼로리를 썼을 때 사용된다. 하지만 동물이 필요한 것보다 많이 칼로리를 흡수하였을 때 영양 과잉이 되며 심각한 건강 문제인 비만을 초래할 수 있다.
- 렙틴과 인슐린을 포함하는 몇몇의 호르몬은 뇌의 섭식 중추에 영향을 주어 식욕을 조절한다. 건강한 체중을 유지하는 것의 어려움은 부분적으로 지방 저장이 생존에 있어서 중요했던 우리의 진화적인 과거에서 비롯된다.

? 식사를 건너뛰면 왜 위에서 으르렁거리는 소리가 나는지 설명하라.

생각해보자

수준 1: 지식/이해

1. 지방은 소화가 되면 지방산과 글리세롤이 된다. 반면에 단백질은 소화되면 아미노산이 된다. 두 종류의 소화 과정은 모두
   a. 대부분의 동물의 세포내부에서 발생한다.
   b. 결합을 끊기 위해 물분자가 필요하다.
   c. HCl 발생으로 인한 낮은 pH 레벨을 요구한다.
   d. ATP를 소모한다.
2. 포유류의 기관과 식도는 모두(어디)에 연결되어 있다.
   a. 인두　　b. 위장
   c. 대장　　d. 직장
3. 다음 중 그 기관과 그 기능이 잘못 짝지어진 것은?
   a. 위장 – 단백질 소화　　b. 대장 – 담즙 생성
   c. 소장 – 영양분 흡수　　d. 췌장 – 효소 생성
4. 다음 중 위장의 주요 기능이 아닌 것은?
   a. 기계적 소화　　b. HCl 생산
   c. 영양분 흡수　　d. 효소분비

수준 2: 응용/분석

5. 감염된 쓸개를 수술적으로 제거한 환자는 다음의 영양소 흡수를 제한해야 한다.
   a. 탄수화물　　b. 단백질
   c. 당분　　d. 지방
6. 당신이 만약 점심식사 몇 시간 후 1 km를 뛰었다면, 저장된 영양소 중 주로 무엇을 사용했겠는가?
   a. 근육의 단백질　　b. 근육과 간의 글리고겐
   c. 간의 지방　　d. 지방세포의 지방

수준 3: 종합/평가

7. **DRAW IT** 부분적으로 소화된 음식물이 위를 빠져나간 후에 일어나는 일에 대해서 그려보라. 중탄산염의 분비, 순환, 산도의 감소, 세크레틴의 분비, 산도의 증가, 신호를 감지하는 것이란 용어를 사용하라. 다음으로 각각의 구획에서 일어나는 일을 설명하라. 각각의 용어를 한번 이상 사용해도 된다.
8. **진화적 관점**
   사람의 식도와 기도는 입과 코에서부터 같은 길을 공유하고 있다. 34장의 척추동물의 진화를 다시 본 후 이러한 "불완전한" 해부에 대해서 진화적인 기본 원리를 설명하라.
9. **과학적 탐구**
   북유럽계의 사람 중 음식으로부터 너무 많은 양의 철을 흡수해서 생기는 혈색소침착증(hemochromatosis)이라고 불리는 병이 200명 중 한 명꼴로 발생하였다. 성인의 경우, 남자가 여자보다 10배 더 많이 질병을 앓는다. 여성의 월경에 기초하여, 성별에 따라 어떻게 질병이 달라질 수 있는지 가설을 제시해 보라.
10. **글쓰기: 지식의 체계화**
   머리카락은 단백질인 케라틴으로 만들어진다. 왜 샴푸에 들어 있는 단백질들이 손상 입은 머리카락의 단백질을 대체하는 것에 영향을 끼치지 않는지 짧게 서술하여 보라(100~150단어).
11. **종합적으로 생각해보기**

벌새는 꽃으로부터 꿀을 얻도록 잘 적응되어 있으나, 그들은 꽃의 꿀로부터 얻은 에너지의 일부를 벌레나 거미를 먹이로 찾으러 다니는 데 사용한다. 왜 이런 먹이 찾기가 필요한지 설명해 보라.

정답은 부록 A 참조

43

동물의 기체 수송 시스템

핵심 개념

43.1 순환계는 기체교환 표면과 몸 전체의 세포들을 연결시켜 준다

43.2 포유류의 이중순환은 잘 조율된 심장의 수축주기에 의해 일어난다

43.3 혈압과 혈류량의 변화 양상은 혈관의 구조와 배열을 반영한다

43.4 혈액성분들은 교환, 운송, 그리고 방어의 역할을 담당한다

43.5 기체교환은 특수화된 호흡 표면에서 일어난다

43.6 숨쉬기는 폐를 환기시키는 것이다

43.7 기체교환을 위한 적응에는 운반 기체들과 결합하는 색소가 포함된다

▲ **그림 43.1** 깃털 같은 장식물은 이 동물의 생존에 어떤 도움을 줄까?

물물교환소

그림 43.1 속의 동물은 공상과학 영화에서나 나올 것 같이 생겼지만, 사실은 액솔로틀(axolotl)이라는 중앙 멕시코 지역 얕은 물에 사는 도롱뇽의 일종이다. 이 알비노(albino; 멜라닌색소가 없는 돌연변이)의 머리 부근에서 뻗어 나온 깃털 모양의 붉은 부속지들은 아가미이다. 이 같은 외향 아가미는 다른 동물의 성체에서는 흔치 않지만, 이 기관은 도롱뇽이 모든 동물들에서의 공통된 과정, 즉 외부환경과의 물질 교환을 수행할 수 있도록 돕는다.

이러한 교환은 궁극적으로는 액솔로틀을 비롯한 모든 생물의 세포수준에서 일어나는 일이다. 동물 세포가 필요로 하는 자원들, 예컨대 영양분이나 산소(O_2)가 세포막을 지나 세포 안으로 공급되고, 이산화탄소(CO_2) 같은 대사산물이 세포 밖으로 나온다. 단세포 생물에서는 이러한 교환이 환경과 직접적으로 일어난다. 그러나 대부분의 다세포 생물들은 이러한 직접적인 교환이 불가능하다. 그 대신, 환경과 직접적으로 교환이 일어나는 신체 부위와 그 외 다른 부위 사이의 물질 이동을 도와주는 특수기관에 의존하고 있다.

액솔로틀의 붉은 빛의 분지된 아가미 구조는 교환과 이동이 얼마나 긴밀한 관계가 있는지 보여준다. 작은 모세혈관들이 아가미의 갈라진 필라멘트 표면에 가득 퍼져 있고, 그 표면을 통해 O_2는 밖에서 혈액으로, CO_2는 혈액에서 주위의 물로 확산된다. 짧은 거리는 확산이 빨리 일어나도록 해준다. 액솔로틀의 심장박동이 아가미 주위의 산소가 풍부한 혈액(고산소 혈액)을 온몸의 조직으로 보내주고, 각 조직에서 영양분과 O_2 그리고 CO_2 등의 노폐물이 짧은 거리에서 교환되는 것이다.

액솔로틀뿐만이 아니라 대부분의 동물에서 기체교환과 내부 수송계는 서로 연관되어 있음으로 이 장에서는 순환계와 호흡계를 같이 알아보기로 하자. 우선 몇몇 종을 이용하여 이 관계들의 다양한 형태를 알아보고 순환과 호흡이 생리적 범위 내에서 외부 스트레스로부터 항상성을 유지하는 데 어떤 역할을 하는지 알아보자.

개념 43.1

순환계는 기체교환 표면과 몸 전체의 세포들을 연결시켜 준다

동물들이 환경과 분자적 무역거래(즉, O_2와 영양분을 흡수하고 CO_2와 다른 노폐물을 내보내는 것)를 하는 것은 궁극적으로 모든 세포들이 참여하는 일이어야 한다. 8장에서 보았듯이 작고 비극성 분자인 O_2와 CO_2는 세포와 주위환경 사이를 확산으로 넘나들 수 있다. 하지만 확산으로 수 밀리미터가 넘는 거리를 이동하는 것은 매우 느리다. 확산을 하는 데 소요되는 시간이 거리의 제곱에 비례하기 때문이다. 예를 들면, 일정량의 포도당이 100 μm의 거리를 이동하는 데 1초가 걸린다고 가정하면, 같은 양의 포도당이 1 mm를 이동하는 데는 100초, 1 cm를 이동하는 데는 거의 3시간이나 걸린다! 이러한 확산 시간과 거리의 관계는 모든 동물의 체형에 현실적인 문제를 야기한다.

확산이 매우 짧은 거리에서만 신속하게 일어난다면, 어떻게 동물의 몸속 모든 세포들이 교환에 참여할 수 있을까? 자연선택의 결과 온몸의 세포들이 효율적으로 기체교환을 할 수 있는 두 가지 적응이 나타났다. 첫째 방법은 몸의 크기와 모양을 모든 세포가 직접적으로 환경에 접할 수 있도록 만드는 것이다. 그래서 각각의 세포가 환경과 직접 물질교환을 할 수 있다. 이러한 체형은 해면동물, 강장동물, 그리고 편형동물과 같은 특정한 무척추동물에서만 볼 수 있다. 두 번째 방법은 그 외의 다른 모든 동물에서 볼 수 있는 것으로, 순환계를 통해 세포 주위 지역과 교환기관 사이에 액체가 흐르도록 하는 것이다.

위수강

우선 많은 세포가 환경에 직접 접하도록 생겨 순환계가 없어도 되는 동물부터 알아보자. 히드라나 해파리 같은 자포동물들은 몸 중앙에 **위수강(gastrovascular cavity)**을 가지고 있어 소화뿐 아니라 물질들을 몸 전체로 분배하는 순환계로도 사용한다. 그림 42.7에서 보았듯이 히드라의 경우 체강 내의 액체 성분은 한 개의 구멍을 통해 외부와 연결되어 있으므로, 안쪽 세포와 바깥쪽 세포는 모두 액상에 잠겨 있는 셈이다(그림 43.2a).

소화작용은 위수강에서 일어나기 때문에 오직 안쪽 세포들만 영양분과 직접 접하고 있다. 하지만 바깥쪽 세포라 하더라도 몸이 단 두 층의 세포로 구성되어 분자가 이동할 거리가 얼마 되지 않기 때문에 영양소가 확산을 통해 공급될 수 있다.

플라나리아와 그 외 많은 편형동물들 또한 위수강을 가지며 외부와는 단 하나의 구멍을 통해 물질을 교환한다. 이들은 편평한 몸구조와 위수강의 도움으로 환경과 원활한 교류를 할 수 있

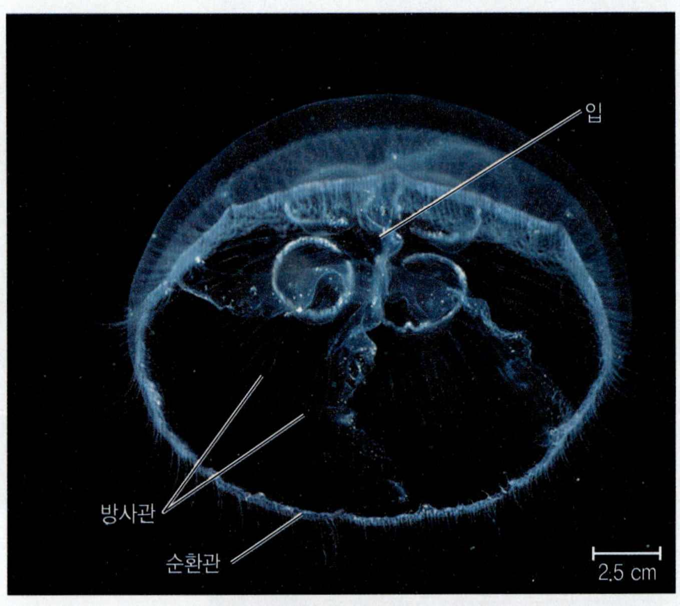

(a) **무렴해파리(moon jelly, *Aurelia*), 자포동물.** 아래쪽(입이 있는 쪽)에서 본 그림이다. 입은 위수강과 연결되어 있으며, 위수강은 바깥쪽 순환 고리까지 방사형으로 정교하게 연결되어 있다. 관의 안을 둘러싼 세포들의 섬모운동에 의해 내강 안에서 액체의 흐름이 일어난다.

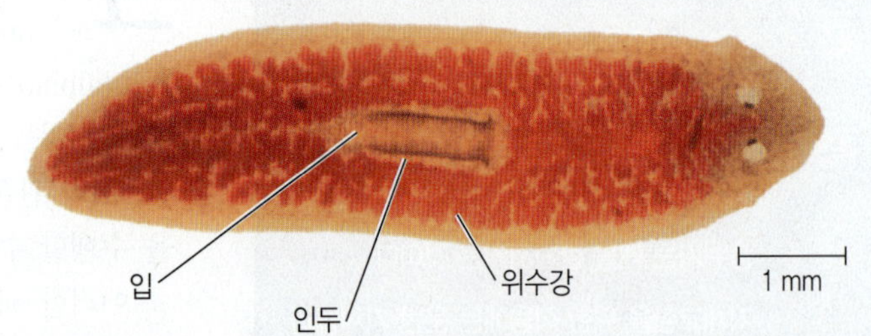

(b) **플라나리아(planarian, *Dugesia*), 편형동물.** 배쪽에 있는 입과 인두는 잘 분지된 위수강과 연결되어 있다. 이 그림에서 위수강은 진한 붉은색으로 염색되어 있다(광학현미경).

▲ **그림 43.2 위수강을 통한 내부 물질이동**

WHAT IF? 위수강 양쪽에 구멍이 있어서 한쪽으로 액체가 들어오고 다른 한쪽으로 나간다면 위수강의 가스교환 기능과 소화관 기능에 어떤 영향을 미칠까?

다(그림 43.2b). 편평한 몸구조는 면적을 넓히고 이동 거리를 최소화하여 확산에 의한 교환이 잘 일어나도록 한다.

개방순환계와 폐쇄순환계

순환계는 세 가지 기본 요소를 공통적으로 가지고 있다. 우선 순환하는 액체가 있고, 연결된 관들, 그리고 근육성 펌프인 **심장(heart)**이 있다. 심장은 대사에너지를 이용하여 혈액의 유압을 높여 혈관으로 혈액이 흐르도록 하며, 이 액체 성분은 후에 혈관을 통해 다시 심장으로 돌아온다.

순환계는 체세포의 액상환경과 가스교환, 영양분 섭취, 노폐물 제거를 하는 특수기관들을 연결해준다. 한 예로, 포유류의 경우 O_2 분자는 폐에서 두 세포층을 지나 혈액에 도달한다. 이렇게 만들어진 고산소 혈액은 순환계에 의해 온몸으로 보내진다. 혈액은 작은 관을 통해 온몸의 조직으로 흘러들고 혈액내 O_2 분자는 아주 짧은 거리를 이동하여 세포가 담겨 있는 액체로 확산되어 들어간다.

순환계는 개방형이거나 폐쇄형일 수 있다. **개방순환계(open circulatory system)**에서는 **혈림프액(hemolymph)**이라 부르는 순환액이 세포사이액(interstitial fluid)이기도 하다. 심장이 순환관을 통해 기관들을 둘러싸고 있는 체강으로 혈림프액을 밀어낸다. 그곳에서 세포와 혈림프액 간에 물질교환이 이루어지고, 심장이 이완되면 혈림프액은 작은 구멍을 통해 다시 심장으로 들어온다(그림 43.3a). 이 구멍에는 판막이 있어 심장이 수축하면 닫힌다. 몸의 움직임은 체강을 주기적으로 눌러주기 때문에 혈림프의 순환을 돕는다. 가재나 게와 같은 큰 절지동물들의 개방순환계는 보조 펌프는 물론 보다 복잡하고 잘 발달된 순환관 구조를 가지고 있다.

폐쇄순환계(closed circulatory system)에서는 **혈액(blood)**이라 부르는 순환액이 혈관 내에만 존재하며 세포사이액과 구별된다(그림 43.3b). 하나 혹은 그 이상의 심장들이 혈액을 밀어내어 굵은 혈관으로 보내고, 다시 각 기관으로 침투하는 가는 혈관으로 나누어 보낸다. 여기서 혈액과 세포사이액 그리고 세포사이액과 체세포 사이에 물질교환이 이루어진다. 환형동물(annelid; 지렁이 등), 두족류(cephalopod; 오징어, 문어 등)와 모든 척추동물들이 이러한 폐쇄순환계를 가지고 있다.

동물계에서 개방 및 폐쇄 순환계가 모두 나타난다는 것은 각각 나름대로의 장점이 있음을 암시한다. 즉, 개방순환계는 낮은 유압을 유지해도 되므로 에너지 절약 면에서 장점이 있고, 모세혈관망을 형성할 필요도 없기 때문에 순환계의 형성 및 유지가 용이하다. 또한 몇몇 생물에서는 개방순환계가 다른 용도로도 사용되는데, 예를 들어 거미의 경우 개방순환계에서 생긴 유압을 이용하여 다리를 빠른 속도로 펼 수 있다.

폐쇄순환계의 장점으로 우선 혈액을 순환시키는 유압이 높아 몸이 크거나 운동성이 높은 생물들에게 O_2나 영양분의 효과적인 전달이 가능하다. 예컨대, 연체동물 중에 몸집이 크거나 빠른 오징어, 낙지에서만 폐쇄순환계가 발견된다. 또한 뒤에서 다루겠지만 폐쇄순환계는 각 기관에 분포하는 혈액량을 잘 조절할 수 있다. 폐쇄순환계를 자세히 알아보기 위해 포유동물에 초점을 두어 설명할 것이다.

▼ 그림 43.3 개방순환계와 폐쇄순환계

(a) 개방순환계

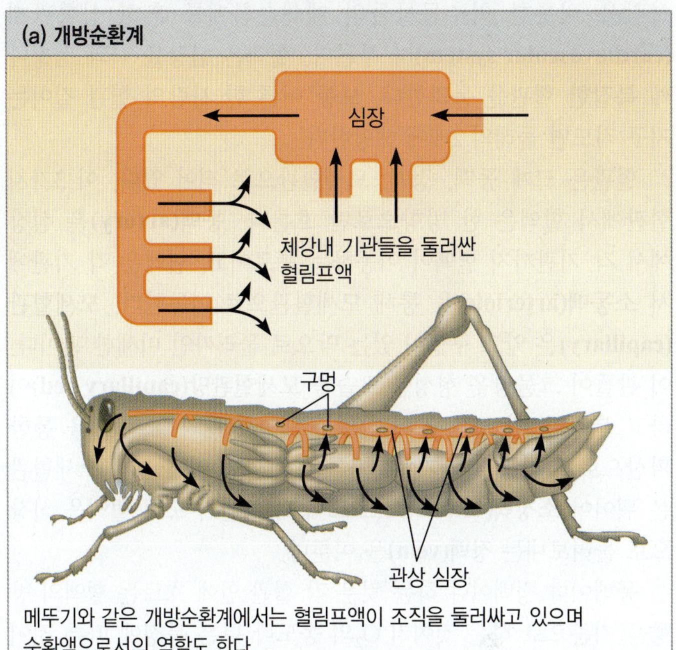

메뚜기와 같은 개방순환계에서는 혈림프액이 조직을 둘러싸고 있으며 순환액으로서의 역할도 한다.

(b) 폐쇄순환계

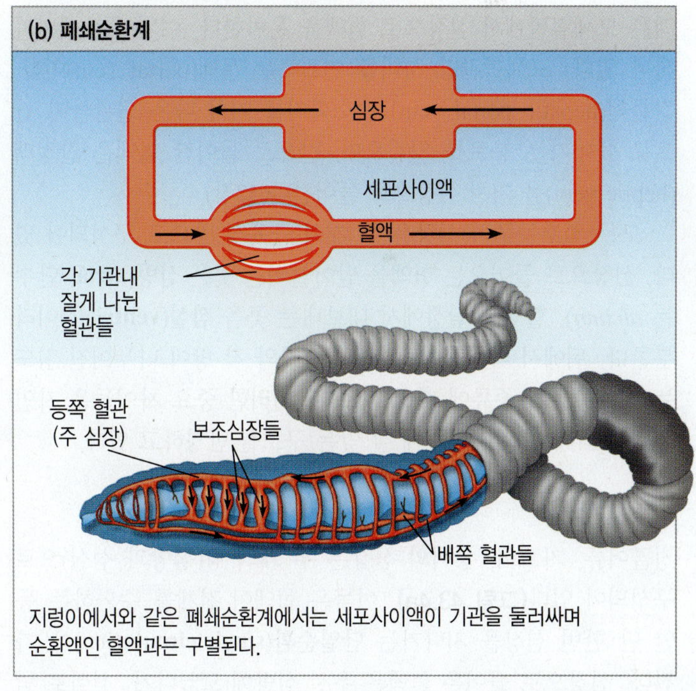

지렁이에서와 같은 폐쇄순환계에서는 세포사이액이 기관을 둘러싸며 순환액인 혈액과는 구별된다.

척추동물 순환계의 구성

사람을 비롯한 척추동물들의 폐쇄순환계를 흔히 **심혈관계(cardiovascular system)**라 부른다. 혈액은 심장을 나와 엄청나게 복잡한 혈관을 통과한다. 보통 어른 한 사람의 혈관 길이는 지구 적도면 둘레의 2배에 해당한다!

혈관은 크게 동맥, 정맥, 모세혈관으로 되어 있다. 이 3가지 혈관에서 혈액은 한 방향으로만 흐른다. **동맥(artery)**은 심장에서 각 기관까지 혈액이 이동하는 통로이고, 혈액은 각 기관에서 **소동맥(arteriole)**을 통해 모세혈관으로 이동한다. **모세혈관(capillary)**은 얇고 구멍이 있는 막으로 둘러싸인 미세한 관이다. 이 관들이 그물망을 형성한 모습을 **모세혈관망(capillary bed)**이라고 부르며, 각 조직에 퍼져 있다. 모세혈관의 얇은 막을 통한 확산으로 화학물질과 기체분자들의 교환이 일어난다. 모세혈관은 뒤이어 **소정맥(venule)**으로 모이고, 이들이 모여 혈액을 심장으로 돌려보내는 **정맥(vein)**을 이룬다.

동맥이냐 정맥이냐 하는 것은 각 혈관 안에 흐르는 혈액의 방향을 기준으로 하는 것이지 O_2의 농도나 다른 특징에 따른 것이 아니다. 즉, 동맥은 심장에서 모세혈관으로 혈액을 운반하고, 정맥은 모세혈관에서 심장으로 혈액을 운반한다. 여기에는 예외가 하나 있다. 모세혈관망 사이를 연결하는 문맥(portal vein)이다. 간문맥(hepatic portal vein)은 소화기를 거쳐 나온 혈관들이 간으로 들어가는 통로를 일컬으며, 간으로 들어간 혈액은 간정맥(heptic vein)을 거쳐 심장으로 들어간다(42장).

모든 척추동물의 심장은 두 개의 근육성 방으로 구성되어 있다. 심장으로 들어오는 혈액을 받아들이는 곳은 **심방(atria**, 단수는 *atrium*), 혈액을 심장에서 내보내는 곳을 **심실(ventricle)**이라 부른다. 뒤에서 다루겠지만, 방의 숫자와 각 방이 나누어진 정도는 척추동물의 종류에 따라 다르다. 이러한 중요 차이들은 자연선택에 의해 선택된 기능에 잘 맞는 구조를 반영하고 있다.

단일순환

경골어류, 가오리, 상어의 심장은 두 개의 방(심방과 심실)으로 구성되어 있다(그림 43.4a). 이들은 혈액이 전체를 순환하는 동안 단 한번 심장을 지나가는 **단일순환(single circulation)**을 가진다. 심장으로 들어온 혈액은 우선 심방에 모였다가, 심실로 넘어간다. 심실이 수축하면서 나온 혈액은 아가미로 이동하여 O_2를 받고 CO_2를 방출한다. 아가미에서 빠져나온 고산소 혈액은 다시 혈관으로 모여 온몸에 퍼져 있는 모세혈관망으로 이동한다. 이후 혈액은 다시 심장으로 돌아온다.

단일순환에서는 심장으로 혈액이 돌아오기까지 두 번 모세혈관망을 지난다. 나중에 설명하겠지만, 일단 모세혈관망을 거치고 나면 혈압이 급격히 떨어지고, 이러한 혈압의 감소는 경골어류나 가오리, 상어에서 몸에 흐르는 혈액의 속도를 제한하게 된다. 하지만 이 동물들이 수영을 할 때면, 근육이 수축, 이완되어 느린 혈액의 흐름을 가속시킬 수 있다.

이중순환

양서류, 파충류, 포유류의 순환계는 두 개의 분리된 순환고리를 가진 **이중순환(double circulation)** 구조를 가지고 있다(그림 43.4b,c). 이중순환을 가진 동물에서는 각 순환을 담당하는 펌프들이 하나의 기관인 심장으로 연합되어 있다. 한 심장에 두 개의 펌프를 가지고 있어 펌프주기의 조절이 한결 간단해졌다. 오른편에 위치한 펌프는 산소함량이 적은 혈액(저산소 혈액)을 기체교환 기관의 모세혈관망으로 보낸다. 이곳에서 O_2는 혈액 안으로 CO_2는 혈액 밖으로 이동한다. 만약 파충류나 포유류처럼 모세혈관망이 폐에만 퍼져 있으면 **폐순환고리**(pulmonary circuit), 양서류에서와 같이 폐와 피부 모두에 퍼져 있으면 **폐피순환고리**(pulmocutaneous cirtuit)라고 부른다.

고산소 혈액은 기체교환 조직을 떠나 다른 펌프, 즉 왼편 심장으로 들어간다. 심장의 수축은 이 혈액을 신체 각 기관의 모세혈관망으로 보낸다. O_2와 CO_2의 교환이 이루어지고 영양분과 노폐물의 교환도 이루어진 후 이 저산소 혈액은 다시 심장으로 돌아와 **체순환고리(systemic circuit)**를 완주한다.

이중순환은 폐나 피부의 모세혈관망에서 나온 혈액에 재차 압력을 가하는 것이므로, 뇌나 근육 등 다른 기관에 혈액이 격렬하게 흐르도록 만들어 준다. 실제로 체순환고리는 기체교환 기관의 순환고리에 비해 훨씬 높은 혈압을 갖는다. 이는 앞서 배운, 호흡기관에서 직접 체순환으로 혈액이 흐르는 단일순환과는 확실히 대비되는 것이다.

이중순환의 진화적 변이들

진화 이중순환계를 갖는 척추동물 중 일부는 중간적인 호흡 특성을 갖는다. 즉, 양서류나 파충류 중 일부는 필요에 따라 주기적으로 폐에 공기를 채우며 오랜 시간 동안 폐를 통한 가스교환을 하지 않거나 피부 같은 다른 기관에 의존한다. 이들은 순환계가 부분적으로 또는 전혀 폐를 통하지 않고 우회하여 흐르게 할 수 있다.

- 개구리를 비롯한 양서류들의 심장은 3개의 방을 가지고 있다(그림 43.4b). 즉, 2개의 심방과 하나의 심실을 갖는다. 심실 내 돌출 부위가 있어 우심방에서 온 고산소 혈액의 대부분(약 90%)을 체순환고리로 보내고 대부분의 저산소 혈액을 폐피순환고리로 보낸다. 물속에서 개구리는 순환계 적응을 하여, 잠시 기능이 떨어진 폐로 가는 혈류를 막고, 물에 완전히 잠긴 상태에서는 유일한 기체교환 장소라고 할 수 있는 피부로의 혈류는 그대로 유지한다.
- 거북이, 뱀, 도마뱀들의 심장은 세 개의 방으로 구성되었지만, 불완전한 사이막(septum)이 심실을 좌우 둘로 나누고 있다. 대동맥이라 부르는 두 개의 큰 동맥이 체순환계로 연결되어

▼ 그림 43.4 척추동물의 단일순환과 이중순환

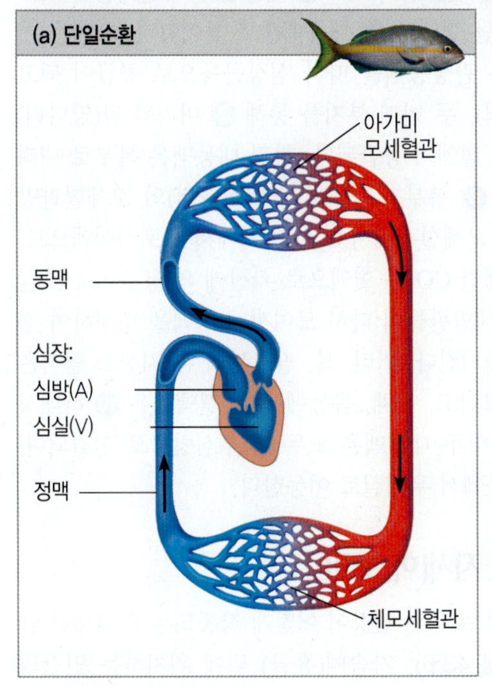

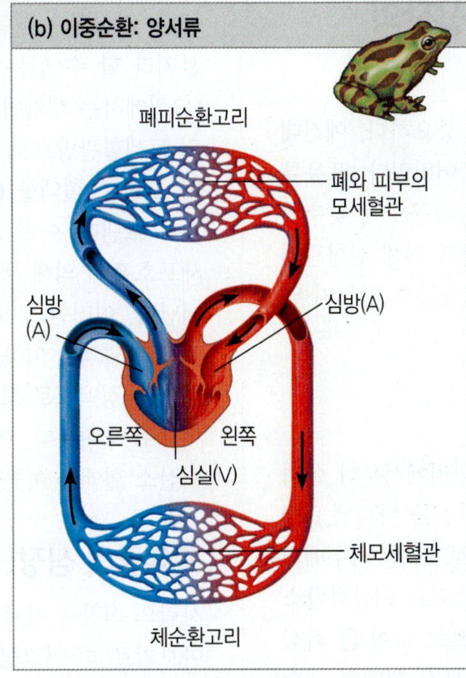

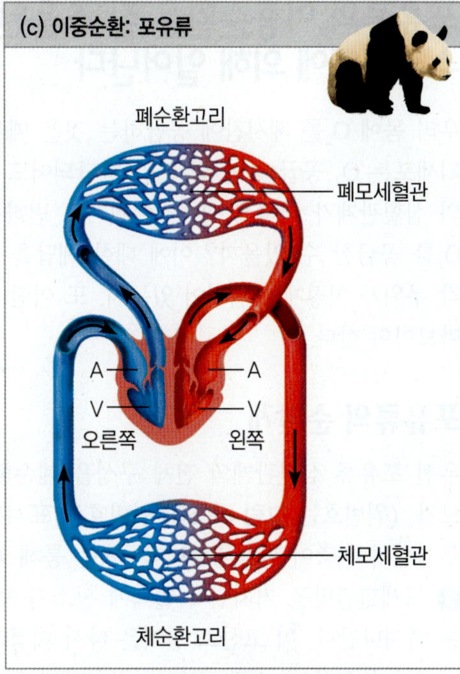

구분 고산소 혈액 / 저산소 혈액

(각 동물이 우리를 정면으로 보고 있을 때의 순환계를 그린 것이다. 따라서 심장 우측이 왼편에 그려져 있다.)

있다. 좀 더 자세한 해부학적 구조는 각 동물 부류에 따라 다른데, 폐와 몸으로 가는 상대적인 혈액의 양이 조금씩 다르게 적응한 것이다.

- 아메리카악어류(alligator)와 중남미산 큰 악어(caiman), 그리고 그 외 악어류들의 심장은 사이막이 완전하지만 심장에서 나온 동맥 부분에서 폐순환고리와 체순환고리가 연결되어 있다. 이러한 연결은 악어류가 잠수할 경우 판막을 조절하여 폐로 흐르던 혈액의 흐름을 일시적으로 차단할 수 있도록 해준다.

포유류와 조류의 심장은 다른 척추동물들과는 상당히 다르다. 그림 43.4c 팬더의 심장을 보면, 심실이 완전히 나누어져 있어서 두 개의 심방과 두 개의 심실이 있다. 심장의 왼쪽은 언제나 고산소 혈액만을 받아 펌프하게 되고, 오른쪽은 항상 저산소 혈액만을 받아 내보낸다. 포유류나 새는 양서류나 파충류들과 달리 몸으로 가는 혈류에 변화 없이 폐로 가는 혈류만을 조절할 수가 없다.

어떻게 자연선택이 새나 포유류의 이중순환계 형성에 도움이 됐을까? 내온동물은 같은 무게의 외온동물에 비해 약 10배가량의 에너지를 소모한다. 따라서 10배의 영양분과 산소의 공급을 필요로 한다(또한 CO_2나 다른 노폐물들도 10배만큼 많이 배출되어야 한다). 이러한 물질의 대량 유통은 폐순환과 체순환을 완전히 분리하여 독립적인 가압을 하고 심장의 크기가 커지면서 많은 양의 혈액을 보낼 수 있게 되어 가능해졌다. 서로 다른 조상을 갖는 포유류와 조류는 각기 독립적으로 4개의 방으로 된 강한 심장을 갖게 되어 수렴진화의 예를 보여준다(34장).

다음 절에서는 순환계의 핵심이라고 할 수 있는 심장에 대해 집중적으로 알아보자.

개념 확인 문제 43.1

1. 개방순환계를 통해 혈림프액이 흐르는 것과 야외 분수대에 물이 순환하는 것의 공통점은 무엇인가?
2. 불완전한 격벽을 갖는 세 개의 방으로 된 심장은 한때 포유류의 것에 비해 덜 적응된 것으로 인식되었었다. 이 견해가 간과했던 이 심장구조의 장점은 무엇인가?
3. **WHAT IF?** 사람의 태아는 좌심실과 우심실 사이에 구멍이 있다. 경우에 따라서는 이 구멍이 닫히지 않고 태어나는 경우가 있다. 만약 이를 수술을 통해 바로 잡지 않는다면 체순환계로 들어가는 혈액의 O_2 함량에 어떤 영향을 미칠까?

정답은 부록 A 참조

개념 43.2

포유류의 이중순환은 잘 조율된 심장의 수축주기에 의해 일어난다

우리 몸에 O_2를 제시간에 공급하는 것은 매우 중요하다. 예컨대 뇌세포는 O_2 공급이 단 몇 분만 차단되어도 죽어버린다. 포유류의 심혈관계가 어떻게 연속적이면서도 변하는 요구량에 맞추어 O_2를 공급할 수 있을까? 이에 대한 해답을 찾기 위해 심혈관계 각 부위가 어떻게 배치되어 있는지, 또 어떤 기능들을 갖는지 알아보아야 한다.

포유류의 순환계

우선 포유류 심혈관계의 전체 구성을 폐순환고리에서부터 살펴보자. (원번호는 그림 43.5의 원번호로 표시된 곳을 나타냄.) ❶ 우심실의 수축이 혈액을 ❷ 폐동맥을 통해 폐로 보냄. 좌우폐의 ❸ 모세혈관망을 거치면서 혈액에 산소가 보충되고 이산화탄소는 빠져나간다. 이 고산소 혈액은 다시 폐정맥으로 모여 ❹ 좌심방으로 들어온다. 이제 혈액은 좌심방에서 고산소 혈액을 체순환고리를 통해 온몸으로 공급하는 ❺ 좌심실로 이동한다. 좌심실에서 온몸으로 혈액을 실어 나르는 체순환계로 혈액을 밀어보낸다. 좌심실을 떠난 혈액은 ❻ 대동맥으로 들어간다. 혈액은 첫 분지라 할 수 있는 관상동맥을 따라 심장근육으로 공급이 되고(그림에서는 생략됨), 두 번째 분지를 통해 ❼ 머리와 팔(앞다리)의 모세혈관망으로 혈액이 공급된다. 한편 대동맥은 복부로 내려와 고산소 혈액을 ❽ 복부기관들과 다리(뒷다리)의 모세혈관망으로 보낸다. 이곳 모세혈관에서 O_2는 혈액에서 세포사이액으로, 세포호흡에 의해 생긴 CO_2는 혈액으로 확산에 의한 순이동이 일어난다. 이러한 모세혈관들이 다시 모여서 소정맥을 형성하여 정맥으로 혈액을 이동시킨다. 머리, 목, 팔로부터 온 저산소 혈액은 ❾ 상대정맥으로 모이고, 하체, 몸통에서 온 혈액들은 ❿ 하대정맥으로 모여든다. 이 두 대정맥은 모두 ⓫ 우심방으로 연결되며, 저산소 혈액은 이곳에서 우심실로 이동한다.

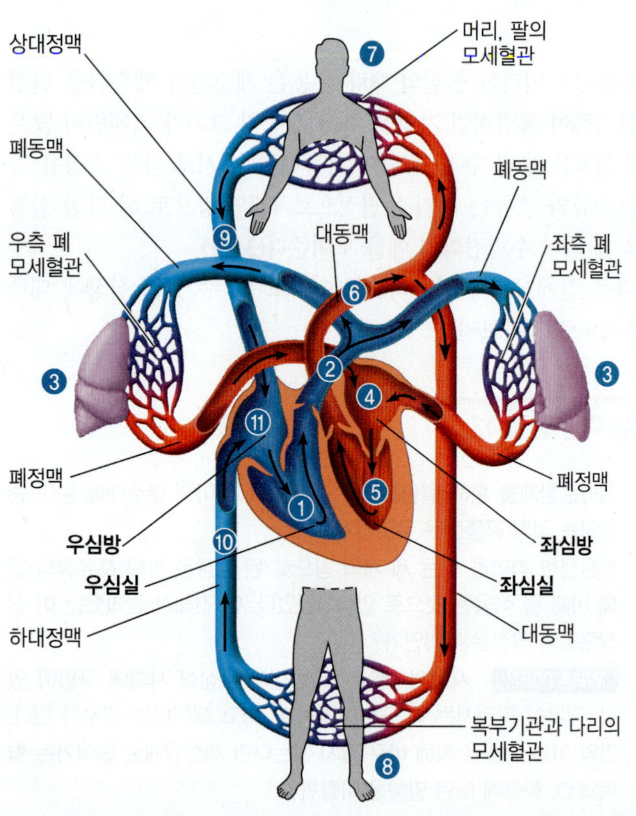

▲ **그림 43.5 포유류 심혈관계: 조감도.** 이중순환계는 표시된 번호대로 순차적으로 작동하는 것이 아니고, 동시에 작동하고 있음을 주지하기 바란다. 즉, 두 심실이 거의 동시에 수축하여 혈액의 일부는 폐순환계로 나머지는 체순환계로 흐른다.

포유류의 심장: 자세히 보기

사람의 심장을 예로 포유류 심장이 어떻게 작동되는지 자세히 알아보기로 하자(그림 43.6). 가슴뼈(흉골) 밑에 위치하는 인간의 심장은 주먹 정도의 크기로 대부분 심장근으로 이루어져 있다(그림 40.5). 두 심방은 비교적 얇은 근육으로 둘러싸여 있으며 정맥을 통해 들어온 혈액을 받아들이는 곳이다. 심장의 모든 방이 이완되었을 때 심방으로 들어온 혈액의 상당량이 심실까지 이동한다. 심방이 수축하면서 심실이 수축하기 전까지 남은 혈액을 모두 심실로 보낸다. 심실은 심방보다 두꺼운 근육층을 가지며 더

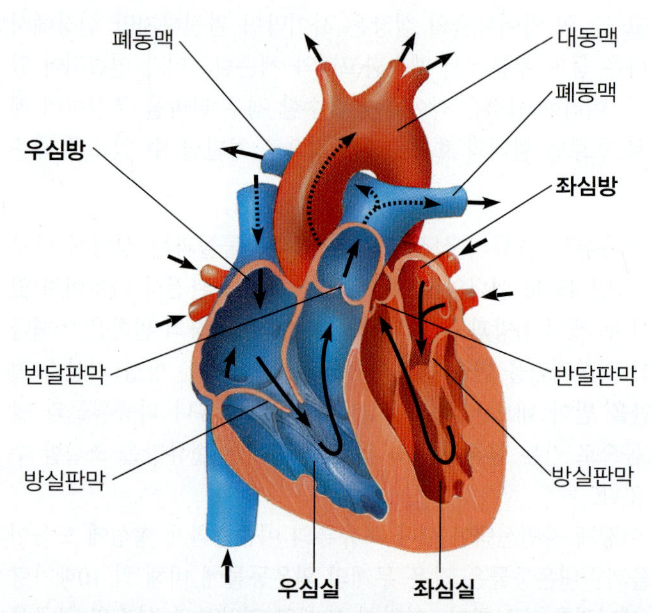

▲ **그림 43.6 포유류의 심장: 세부구조.** 심장내 혈액이 역류하는 것을 방지하는 판막의 위치와 심방과 좌우심실의 근육벽 두께가 어떻게 다른지 주목하기 바란다.

강력한 수축력을 갖는다. 특히 좌심실은 훨씬 강한 힘으로 수축하여 체내 각 기관으로 혈액을 보낸다. 좌심실이 더 강력하게 수축하지만 한 번수축할 때 내보내는 혈액의 양은 우심실과 같다.

심장의 박동은 리듬을 가지고 규칙적으로 일어난다. 수축할 때 심장에서 혈액을 내보내고 이완될 때 혈액이 심장을 채운다. 이와 같이 심장이 혈액을 내보내고 받아들이는 것을 **심장주기(cardiac cycle)**라고 부르며, 심장이 수축하는 시기를 **수축기(systole)**, 이완되는 시기를 **이완기(diastole)**라 부른다(그림 43.7).

한 심실이 1분 동안 내보내는 혈액량을 **심박출량(cardiac output)**이라 부른다. 이 심박출량은 두 가지 요인, 즉 **심장박동률(heart rate)**과 **일회박출량(stroke volume)**에 의해 조절된다. 심장박동률은 분당 심장이 수축하는 횟수이고 일회박출량은 심장이 한 번 수축하면서 분출되는 혈액의 양이다. 일반인의 일회박출량은 70 mL 정도이고, 쉴 때 분당 72회의 박동이 일어난다

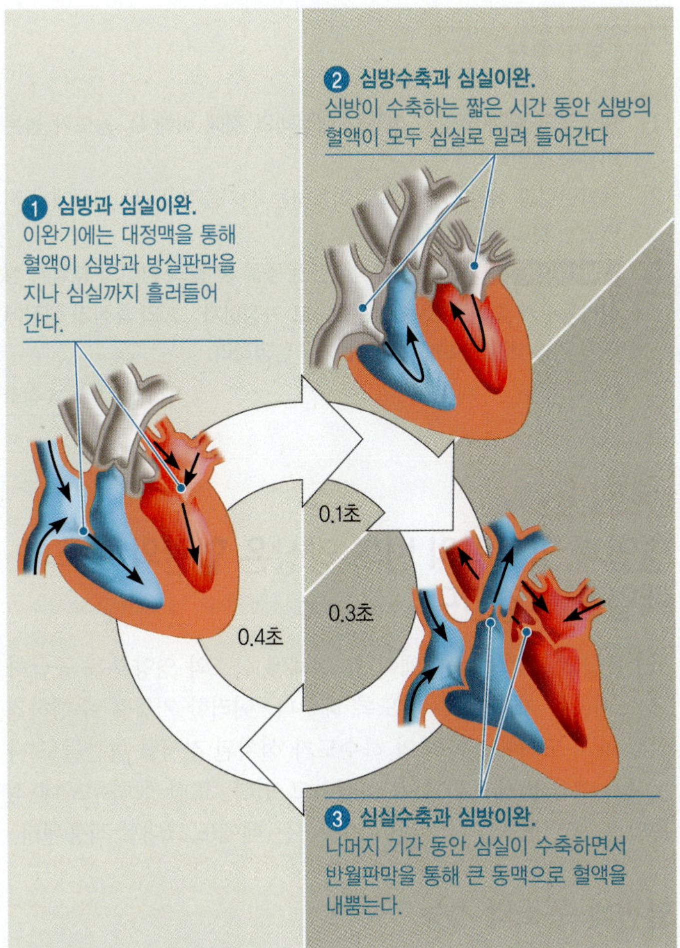

▲ 그림 43.7 **심장주기.** 성인의 평균 심장박동수는 쉬고 있을 때 분당 72회 정도이고, 심장박동이 완료되는 데 걸리는 시간은 약 0.8초이다. 약 0.1초를 제외한 나머지 시간 동안은 심방이 이완되어 있어 정맥을 통해 들어온 혈액이 심방을 채운다.

면 이 사람의 심박출량은 5 L/min로 혈액 총량과 맞먹는다. 이는 또한 격심한 운동에 의해 약 5배까지 증가될 수 있다.

심장에는 결합조직으로 구성된 4개의 판막이 존재하는데, 이들은 혈액이 역류하는 것을 방지하여 올바른 방향으로 흐르도록 도와준다(그림 43.6, 43.7). 판막은 펄럭이는 결합조직으로 만들어졌으며 한쪽에서 밀면 열리고 다른 한쪽에서 밀면 닫히는 구조이다. 좌우 심방과 심실 사이에는 **방실판막[atrioventricular valve(AV) valve]**이 있다. 이 방실판막은 뒤집어지지 않도록 강한 섬유질에 의해 고정되어 있다. 심실의 강력한 수축에 의해 닫히면서 심실에서 심방으로 혈액이 역류되는 것을 막아준다. **반달판막(semilunar valve)**은 심실에서 동맥으로 나가는 길목, 즉 좌심실에서 대동맥으로 나가는 곳과 우심실에서 폐동맥으로 나가는 곳에 위치한다. 이 판막은 심실의 수축에 의해 생성된 압력에 의해 열린다. 심실이 이완될 때는 동맥에 형성된 높은 압력에 의해 반월판막이 닫혀 다량의 역류를 막아준다.

우리는 청진기를 이용하거나 친구(혹은 애완견)의 가슴에 귀를 가까이 대보면 이 판막이 닫히는 소리를 들을 수 있다. 그 소리는 "두-끈, 두-끈, 두-끈"(미국에서는 "럽-덥, 럽-덥, 럽-덥"이라 한다)하는 소리이고, 그 중 앞에서 나는 소리("두")는 방실판막이 닫힐 때 혈액이 되튀는 소리이고, 뒤의 소리("끈")는 반달판막이 닫히면 서 혈액이 되튀는 소리이다.

판막에 이상이 있는 경우 불완전한 판막을 통해 혈액이 분출되어 나오면서 **심장잡음(heart murmur)**이라 부르는 비정상적인 소리를 내기도 한다. 선천적으로 심장잡음이 나는 사람들이 있고, 류마티스성 고열 등 감염에 의해 후천적으로 생기는 경우도 있다. 판막이상이 건강을 위협할 정도가 되면 의사들이 판막 대체물을 수술로 삽입하기도 한다. 하지만 심장잡음이 꼭 심장의 결함 때문에 생기는 것은 아니며, 대부분의 경우는 수술을 해야 할 정도로 혈액의 흐름에 지장을 주지는 않는다.

규칙적인 심장박동의 유지

포유류에서 심장박동은 심장 자체에서 시작된다. 즉, 일부 심장근세포가 외부 신경의 신호 없이도 자율적으로 수축, 이완을 반복한다. 심지어는 심장조직에서 떼어내어 배양기에 넣어도 스스로 주기적으로 수축하는 것을 볼 수 있다! 이 세포들은 각기 고유의 규칙성을 가지고 수축하는데 그렇다면 이들이 심장에 있을 때는 어떻게 함께 조직적인 수축을 할까? 대답은 상대정맥과 심방이 만나는 곳에 위치한 자율주기성 세포들에 있다. 이 세포의 덩어리를 **동방결절[sinoatrial(SA) node]** 혹은 박동원(pacemaker)이라 부르며 여기서 모든 심장근세포의 수축시기를 결정한다. (척추동물과는 달리 일부 절지동물들은 심장 외부의 신경조직에 박동원을 가지고 있다.)

동방결절은 신경세포에 의해 만들어지는 것과 유사한 전기신호를 만든다. 심장근세포들은 세포사이원반, 즉 간극연접(그

▶ **그림 43.8 심장주기의 조절.** 위의 그림은 심장에서 일어나는 일련의 전기적 사건을 나타낸 것이고; 붉은색은 전기적 신호를 전달하는 특수화된 근세포들을 나타낸 것이다. 아래 심전도 그래프에 노란색으로 표시된 부분은 각 시기에 나타나는 심전도의 변화를 나타낸 것이다. 4단계에서 노란색 부분의 오른쪽에 있는 검은색 언덕 부위는 심실이 수축된 뒤 일어나는 전기적 변화를 나타낸 것이다. 이 시기는 심실이 다시 재충전하는 시기로, 이 시기를 거쳐 다음번 수축 신호에 반응하게 된다.

WHAT IF? 만약 의사가 당신의 심전도 결과를 복사해서 건네주었다면 어떻게 심장박동률을 알아낼 수 있을까?

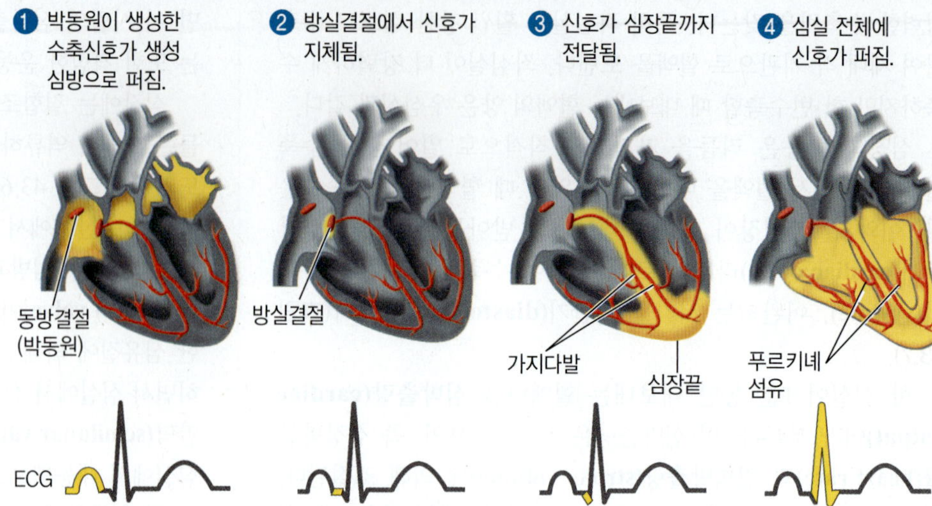

림 7.30)을 통해 모두 전기적으로 연결이 되어 있기 때문에, 동방결절의 신호가 심방의 벽을 타고 전파되어 모든 심방의 세포들이 동시에 수축하게 된다. 이 전기충격은 체액을 통해 피부 표면까지 전달되는 전류를 생성한다. 병원에서 시행하는 **심전도(electrocardiogram, ECG** 혹은 독일 철자를 따서 **EKG**) 검사는 전극을 피부에 대고 전류를 기록하는 것인데, 그 결과로 얻은 그래프는 심장주기의 각 단계에 따라 전형적인 형태로 나타난다 **(그림 43.8)**.

동방결절에서 시작된 전기충격은 심방의 벽을 타고 빠르게 번져 두 심방이 같이 수축하도록 만든다. 심방 수축이 일어나는 동안, 이 신호는 우심방과 우심실의 경계부근의 안쪽 벽에 위치한 다른 자율주기성 세포에 도달한다. **방실결절[atrioventricular(AV) node]**이라 부르는 이 세포들은 중계지점을 형성하고 있다. 이곳에서 전기충격이 심실벽으로 퍼지기 전까지 약 0.1초 정도 지연되는 데, 이러한 지연은 심실이 수축하기 전에 혈액이 심방에서 심실로 모두 이동하게 한다. 방실결절과 연결된 특수 근섬유조직인 가지다발(bundle branches) 그리고 푸르키녜 섬유(Purkinje fiber)에 의해 심실벽 전체로 신호가 전달된다.

생리적인 신호들은 동방결절을 통해 심장의 박동 속도를 조절할 수 있다. 우선 교감신경과 부교감신경이 이러한 조절에 중요한 역할을 한다. 이 두 신경은 마치 운전할 때 가속페달과 브레이크페달 같은 역할을 한다. 예컨대 일어나서 걸으려고 하면 교감신경계가 심장박동수를 늘려 근육이 필요로 하는 O_2의 공급을 더 늘려준다. 반대로 앉아서 쉬려고 할 때는 부교감신경계가 심장박동수를 줄여 에너지를 절약할 수 있다. 내분비선에서 분비되는 호르몬들에 의해서도 박동원이 영향을 받는다. 한 예로 부신에서 분비되는 흥분성 호르몬인 에피네프린은 심장박동률을 증가시킨다. 세 번째로 체온에 의해서도 영향을 받는데, 체온이 1℃씩 오를 때마다 분당 박동수가 약 10회씩 증가하게 된다. 이는 고열일 때 심박동수가 증가하는 이유이기도 하다.

순환펌프를 알아보았으니 이제는 각 순환고리 안 혈액의 흐름에 영향을 주는 힘과 구조에 대한 얘기로 들어가 보자.

개념 확인 문제 43.2

1. 폐정맥의 혈액이 같은 정맥인 대정맥의 것에 비해 O_2 농도가 높은 이유를 설명하라.
2. 동방결절과 심방에서 심실로 이동하는 전기충격이 방실결절에서 지연되는 것이 왜 중요한가?
3. **WHAT IF?** 몇 달간 규칙적인 운동을 한 결과 당신의 휴식기 심장박동수가 줄어든 것을 발견했다고 가정하자. 그 외 휴식기 심장에 어떤 기능적인 변화가 예상되는가? 설명하라.

정답은 부록 A 참조

개념 43.3

혈압과 혈류량의 변화 양상은 혈관의 구조와 배열을 반영한다

척추동물의 순환계는 혈액이 몸 전체에 산소와 영양분을 공급하고 노폐물을 제거할 수 있도록 해준다. 이러한 기능을 수행하기 위해 마치 도시에 상수도와 하수도가 설치된 것처럼 혈관들도 나누어져 그물망(네트워크)을 형성하고 있다. 또한 상하수도에 적용되는 물리 법칙들이 혈관이 기능하는 데에도 그대로 적용된다.

혈관의 구조와 기능

혈관은 맨 가운데 혈액이 흐르는 공간(강, cavity)이 있고 이를 둘러싼 **내피(endothelium)**층이 있다. 내피층은 평평한 세포의 단일층으로 혈액의 흐름이 잘 일어나도록 매끄러운 내벽을 형성한다. 내피층을 둘러싸고 있는 조직은 혈관의 종류, 즉 모세혈관, 동맥, 정맥에 따라 다르며 이는 각 혈관의 기능을 잘 반영한다.

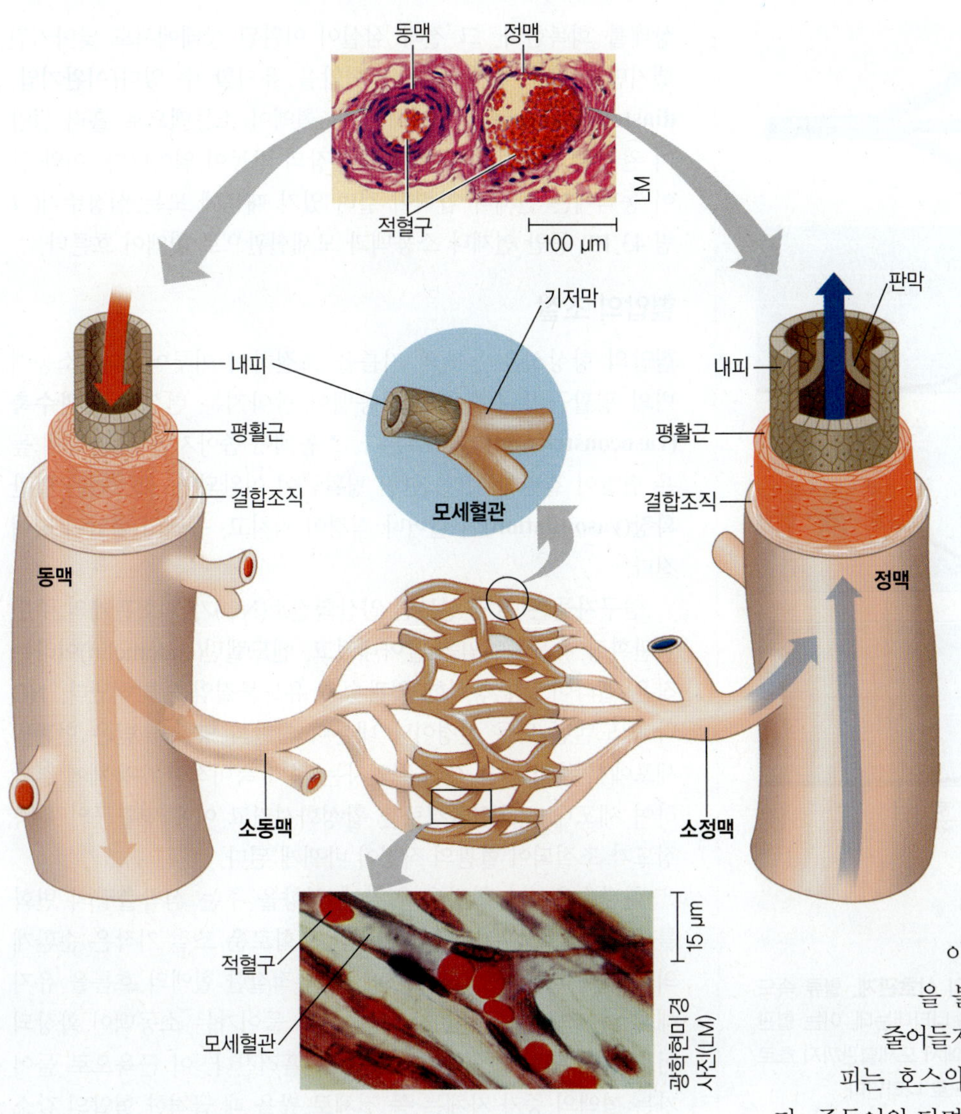

▲ **그림 43.9 혈관의 구조**

수 있다. 신경계와 호르몬에서 온 신호가 동맥과 소동맥의 평활근을 조절하여 신체 각 부위로 흐르는 혈액량을 조절한다.

정맥은 낮은 압력의 혈액을 심장으로 다시 보내주는 역할을 담당하기 때문에 두꺼운 벽을 가질 필요는 없다. 정맥은 같은 직경의 동맥에 비해 약 1/3 두께의 벽을 갖는다. 정맥 내에 위치한 판막은 낮은 혈압에도 불구하고 혈액이 한 방향으로 흐르게 만든다.

이제 우리는 혈관의 두께와 숫자, 그리고 혈압이 우리 몸 각 부위로 들어가는 혈류의 속도에 어떤 영향을 미치는지 알아보기로 하자.

혈류 속도

혈관의 지름이 혈액의 흐름에 어떤 영향을 미치는지 이해하기 위해 수도꼭지에 두꺼운 호스를 끼웠다고 생각해 보자. 수도를 틀면 물이 호스 어디에나 같은 속도로 흐를 것이다. 하지만 호스 끝에 좁은 주둥이를 달았다면 물이 그 주둥이를 통과할 때 훨씬 빠른 속도로 나오는 것을 볼 수 있다. 물은 웬만한 압력에서는 부피가 줄어들지 않기 때문에 주둥이를 빠져나가는 물의 부피는 호스의 다른 부분을 지나는 물의 양과 같을 것이다. 주둥이의 단면적은 호스의 다른 부분에 비해 작기 때문에 주둥이에서 물의 속도가 더 빠를 수밖에 없다.

비슷한 상황이 순환계에서도 일어나는데, 혈액의 흐름이 동맥에서 소동맥, 모세혈관으로 넘어가면서 느려지는 현상이다. 왜냐하면 모세혈관은 70억 개 정도로 매우 많아서 총 단면적은 동맥이나 다른 어떤 혈관보다 넓기 때문이다(**그림 43.10**). 그 결과 혈류 속도의 급격한 감소가 일어난다. 모세혈관(약 0.1 cm/초)에서는 대동맥(약 48 cm/초)에 비해 약 500배 느린 속도로 혈액이 이동한다. 혈액이 모세혈관을 지나 소정맥과 정맥으로 넘어가면 다시 총 단면적이 줄어들어 유속이 다소 빨라지게 된다.

혈압

혈액은 모든 액체가 그러하듯이 압력이 높은 지역에서 낮은 지역으로 이동한다. 심실이 수축하면 그 압력이 사방으로 가해지게 된다. 그 힘은 동맥에서 길이로 뻗어나가게 되며 혈액이 가장 높은 압력을 지닌 심장에서 흘러나가도록 한다. 혈관벽에 가해지는 힘에 의해 동맥이 팽창했다가 다시 원상태로 회복되는 힘이 혈압

모세혈관은 가장 가는 혈관으로 안쪽 지름이 적혈구가 간신히 빠져나갈 정도이다(**그림 43.9**). 모세혈관은 내피와 기저막(basal lamina)만으로 이루어진 매우 얇은 벽을 가지고 있다. 이러한 구조는 혈액과 세포사이액 사이에 물질 이동이 잘 일어날 수 있도록 한다.

동맥과 정맥은 모세혈관에 비해 보다 복잡한 구조를 갖는다. 즉, 동맥과 정맥 모두 내피층을 둘러싼 두 개의 층을 갖는다. 맨 바깥쪽에 결합조직인 탄력섬유층이 있어 혈관의 팽창, 회복을 도와주고, 중간에 평활근과 탄력섬유층이 있다.

하지만 이 두 가지 혈관에도 큰 차이가 있다. 즉, 각기 순환계에서 갖는 기능에 따라 다르게 적응하였음을 반영한다. 동맥의 벽은 매우 두껍고, 강해서 심장이 뿜어 낸 혈액의 높은 압력과 빠른 속도를 견딜 수 있고, 동맥벽의 탄력에 의해 동맥이 원래의 상태로 돌아오면서 심장이 이완되는 시기에도 높은 혈압을 유지할

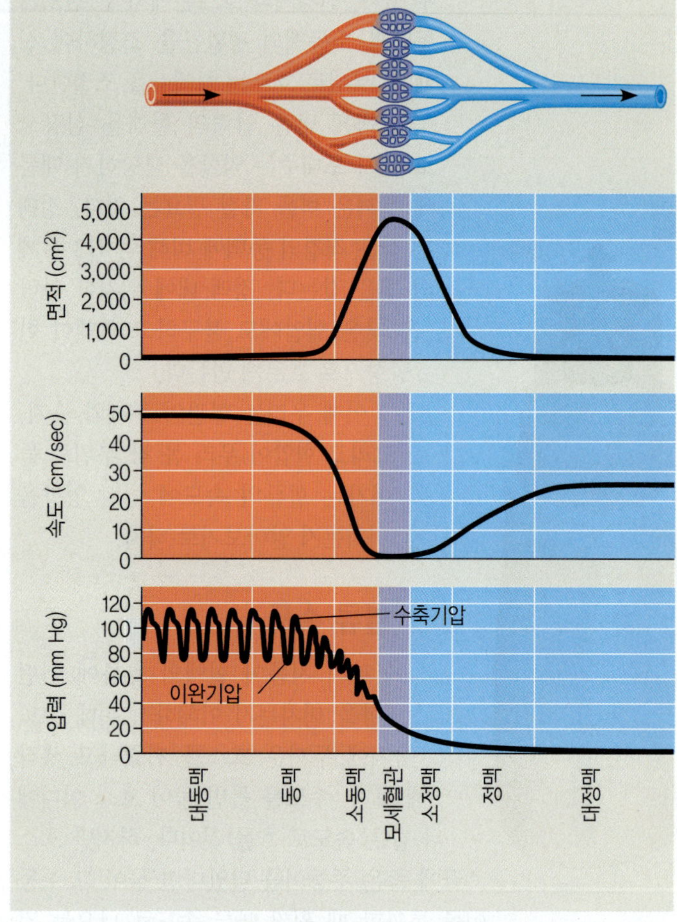

▲ **그림 43.10 혈류 속도와 혈관 단면적, 혈압의 상호관계.** 혈류 속도는 소동맥에서 급격히 떨어지며 모세혈관에서 최저를 나타내는데, 이는 혈관의 총 단면적이 증가했기 때문이다. 한편 혈액이 심장에서 모세혈관까지 흐르도록 만드는 혈압은 대동맥과 동맥에서 가장 높은 것으로 나타난다.

을 유지하고 심장주기 동안 계속 혈류가 흐르도록 하는 데 중요한 역할을 한다. 일단 혈액이 소동맥이나 모세혈관으로 들어가면 혈관의 좁은 직경 때문에 혈류 저항이 생기고, 정맥으로 들어갈 때는 심장에 의해 생성되었던 압력은 거의 사라진다.

심장주기에 따른 혈압의 변화

혈압은 심실 수축기에 가장 높게 나타난다. 이때의 혈압을 **수축기압(systolic pressure)**이라 부른다(그림 43.10). 혈압의 급격한 상승은 동맥을 팽창시키는 심실의 강력한 수축에 의한 것이다. 우리의 손목에 손을 갖다 대면, 심장이 뛸 때마다 **맥박(pulse)**—동맥이 주기적으로 불거지는 것—을 느낄 수 있다. 이렇게 유압의 변화를 읽을 수 있는 것은 소동맥으로 들어가는 문이 좁기 때문이기도 하다. 즉, 심장이 수축할 때 동맥으로 들어오는 혈액의 양은 동맥에서 빠져나갈 수 있는 양보다 많기 때문에 압력이 높아지고 따라서 혈관이 팽창하게 된다.

심장의 이완기 동안에는 탄력있는 동맥벽이 빠른 속도로 원상태를 회복한다. 그 결과 심실이 이완된 상태에서도 낮아지긴 했지만 그래도 상당히 높은 혈압을 유지할 수 있다(**이완기압, diastolic pressure**). 동맥에 있던 혈액이 소동맥으로 흘러 혈압이 완전히 없어지기 전에 다시 심장의 박동이 일어난다. 이와 같이 동맥에는 언제나 압력이 걸려 있기 때문에 모든 심장주기(그림 43.10) 동안 언제나 소동맥과 모세혈관으로 혈액이 흐른다.

혈압의 조절

혈압의 항상성은 동맥의 지름을 조절하여 이루어진다. 소동맥벽의 평활근이 수축하여 소동맥이 좁아지는 현상을 **혈관수축(vasoconstriction)**이라 부른다. 소동맥이 좁아지면 그 앞쪽에 높은 혈압이 걸리게 된다. 한편 평활근이 이완되면, 소동맥은 **혈관확장(vasodilation)**이 일어나 직경이 커지고, 동맥의 혈압이 떨어진다.

연구자들은 기체 성분인 일산화질소(NO)가 심혈관계의 주된 혈관확장 유도물질임을 알아내었고, 엔도텔린(endothelin)이라는 작은 펩타이드가 강력한 혈관수축 유도물질임을 밝혀냈다. NO나 엔도텔린 모두 신경이나 내분비 기관의 영향을 받은 혈관벽 세포에서 분비된다. 각 조절인자는 각기 특이적인 수용체에 결합하여 세포내 신호전달경로를 활성화시키고 이에 평활근의 수축 정도가 조절되어 혈관의 직경이 바뀌게 된다.

혈관수축이나 확장은 혈압에 영향을 주는 심박출량의 변화를 동반하는 경우가 있다. 이러한 조화로운 조절 기작은 순환계의 변화에 따른 신체의 요구에 맞춰 적절한 혈액의 흐름을 유지해 준다. 격한 운동 시에는 근육으로 들어가는 소동맥이 확장되어 다량의 고산소 혈액이 근육으로 흘러간다. 이 근육으로 들어가는 혈액의 증가 자체는 몸 전체로 봤을 때 급격한 혈압의 감소(그리고 이에 따른 혈류 속도의 감소)를 일으킬 수 있다. 하지만 이때 동시에 심박출량이 증가하면서 혈압을 유지하고 혈류의 흐름도 도와주는 것이다.

혈압과 중력

보통 혈압은 심장과 같은 높이로 팔을 올려서 측정한다(그림 43.11). 20세의 건강한 사람은 휴식을 취할 때 체순환고리의 수축기압이 120 mmHg, 이완기압이 70 mmHg 정도, 즉 120/70으로 나타낼 수 있다. (폐동맥의 혈압은 이보다 1/6~1/10 정도로 낮다.)

중력은 혈압에 중대한 영향을 미친다. 예컨대 당신이 서 있을 때 머리는 가슴에 비해 약 0.35 m 높은 곳에 있고 혈압도 약 27 mmHg 정도 낮다. 만약 뇌로 가는 혈압이 너무 낮아지면 기절하여 쓰러지게 되는데 이는 몸과 머리를 같은 높이로 만들고 뇌로 들어오는 혈액량을 증가시키는 효과가 있다.

중력에 역행하여 혈액을 보내는 문제는 목이 긴 동물의 경우 더욱 큰 문제가 될 수 있다. 기린의 경우 수축기압이 심장 가까이

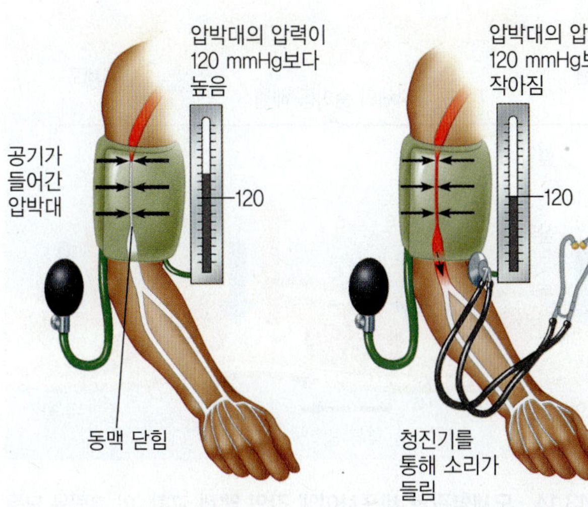

1. 혈압계는 공기를 넣을 수 있는 압박대가 압력계와 연결된 형태로 동맥의 혈압을 측정한다. 압박대에 동맥이 닫힐 때까지 공기를 넣어 혈액의 흐름이 완전히 멈추도록 한다. 이 상태에서는 압박대가 혈관을 누르는 압력이 혈압보다 높아야 한다.
2. 압박대에서 공기를 천천히 빼준다. 압박대의 압력이 동맥보다 낮아지면 팔로 들어오는 혈액에 의해 청진기로 쉽게 들을 수 있는 소리가 나기 시작한다. 이때 압력계에 나타나는 압력이 수축기압이다(이 경우 120 mmHg).
3. 계속 공기를 빼면 이제는 동맥의 혈류가 외부압력에 막히는 일이 없이 자유롭게 흐르게 되고, 이때 압박대 밑부분에서 나던 소리도 멈추게 된다. 이 시점에서 기압계에 나타는 값이 이완기압에 해당한다(이 경우 70 mmHg).

▲ **그림 43.11 혈압 측정.** 혈압은 두 숫자를 사선을 경계로 나누어 표시하는데, 앞의 숫자는 수축기압이고 뒤는 이완기압을 나타낸 것이다.

에서 250 mmHg 정도 되어야 한다. 만약 기린이 물을 마시기 위해 목을 낮추거나 했을 때는 판막과 체강, 그리고 심박출량을 조절하는 음성되먹임 작용이 기린의 뇌가 높은 혈압에 의해 손상되는 것을 방지한다. 약 10 m 길이의 목을 가진 공룡의 경우 머리를 들었을 때 뇌에 혈액을 올려 보내기 위해 훨씬 더 높은 수축기압(대략 760 mmHg 정도)을 필요로 한다. 하지만 해부학적으로나 대사에너지를 고려해 보아도 공룡의 심장이 이러한 압력을 만들어 낼 수는 없었을 것으로 생각된다. 따라서 일부 생물학자들은 이러한 사실들과 목뼈의 해부학적 증거들을 함께 고려해 볼 때, 공룡이 높은 곳에 있는 잎들을 먹은 것이 아니라 땅에 가까운 먹이를 취했을 것이라고 주장한다.

중력은 정맥에서 혈액이 흐를 때에도 문제가 된다. 특히 다리의 경우가 그렇다. 비록 혈압은 작지만 정맥내 판막이 혈액이 한 방향으로 흐르도록 도와준다. 정맥혈관벽의 평활근이 주기적으로 수축하고 혈관 옆에 있는 골격근들이 수축하여 혈액이 심장으로 흘러가도록 돕는다(**그림 43.12**).

드물긴 하지만 달리기 선수나 다른 운동선수들이 격한 운동을 하다 갑자기 멈추면 심부전(심장 기능 상실) 증세가 나타나는 경우가 있다. 다리 근육이 갑자기 운동을 멈추면 계속 빠른 속도로 박동하고 있는 심장으로 충분한 양의 혈액이 돌아가지 못하여 심장 기능에 이상이 올 수 있다. 심장이 무리하지 않도록 운동선수들은 심장이 평상시 뛰는 속도로 평온해질 때까지 계속 걷기와 같은 가벼운 운동을 하는 것이 바람직하다.

모세혈관의 기능

특정 시간에 모세혈관을 흐르고 있는 혈액량은 약 5~10% 정도에 불과하다. 하지만 우리 몸의 모든 조직은 모세혈관을 가지고 있어 항상 혈액의 공급을 받을 수 있다. 뇌나 심장, 신장, 그리고 간에 있는 모세혈관들은 언제나 혈액이 가득한 상태에 있고, 그 외의 조직은 혈액량이 필요에 따라 크게 다르게 나타난다. 예컨대 피부로 가는 혈액량은 체온에 따라 결정되며, 식후에는 소화계로 들어가는 혈액량이 증가된다. 격한 운동을 할 때에는 소화계의 공급이 급격히 줄어들면서 근육과 피부조직으로의 혈액 공급이 증가한다.

모세혈관에는 평활근이 없는데 어떻게 모세혈관망을 흐르는 혈액량을 조절할까? 그 중 하나는 모세혈관에 혈액을 공급하는 소동맥의 수축, 이완이다. 또 다른 기작은 **모세혈관전 괄약근**(precapillary sphincter; 모세혈관으로 들어가는 입구에 있는 반지 모양의 근육)의 수축이 포함된다(**그림 43.13**). 이 근육이 열리고 닫힘에 따라 특정 모세혈관계로의 혈액 흐름이 조절되고 재설

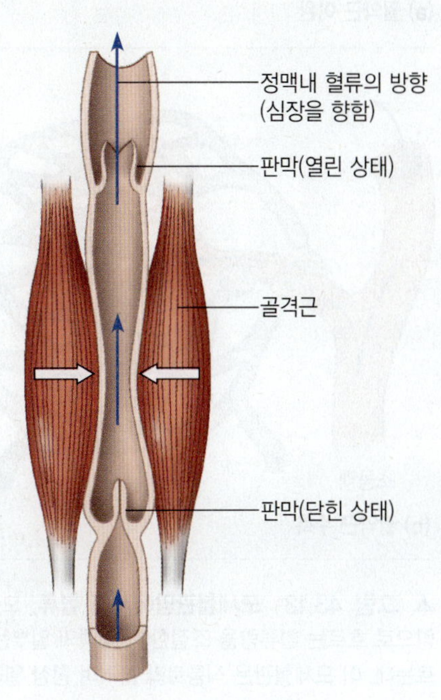

▶ **그림 43.12 정맥에서의 혈류.** 주변 골격근의 수축은 정맥을 누르게 된다. 정맥 내벽에 펄럭이는 조직이 판막으로 작용하여 혈액의 흐름을 심장 한 방향으로 유지한다. 만약 너무 오래 앉아 있거나 부동자세로 서 있을 때처럼 근육의 움직임이 없으면 정맥에 혈액이 고여 다리가 부을 수도 있다.

정된다. 혈액의 흐름을 조절하는 신호로는 신경신호와 혈류를 타고 온 호르몬, 근처에서 생성된 화학물질을 들 수 있다. 예컨대 상처난 부위의 세포에서 분비된 히스타민은 평활근을 이완시켜 혈액의 유입을 유도한다. 혈관이 팽창하면 침입한 미생물과 싸우는 백혈구들의 접근이 쉬워진다.

이미 언급한 바와 같이 중요한 물질의 교환은 혈액과 세포사이액 사이에 이루어지며, 이는 모세혈관 내피를 통해 일어난다. 이 중 일부 물질들은 내피세포의 세포내흡수작용(내포작용)을 통해 내피층의 한쪽 면으로 들어와 소낭의 형태로 세포질을 가로질러 반대편 세포막으로 방출된다. O_2나 CO_2 같은 작은 분자들은 내피세포를 가로지르거나, 일부 조직에서는 모세혈관벽에 난 미세한 구멍을 통하여 단순확산된다. 이런 구멍은 혈압에 의해 조직으로 들어오는 액성분의 대량 이동 통로일 뿐 아니라 탄수화물이나 염류, 요소와 같은 용질의 통로가 되기도 한다.

두 가지 반대되는 힘이 모세혈관과 조직 간에 액체 성분의 이동을 조정한다. 혈압은 혈액의 액체 성분을 모세혈관에서 밖으로 밀어내는 반면, 혈액내 단백질들은 액체 성분을 다시 혈관 내로 모으는 경향이 있다(그림 43.14). 많은 종류의 혈액 단백질들(그리고 모든 혈구세포들)은 혈관벽 사이로 빠져나오기에는 너무 커서 모세혈관 안에 남게 된다. 이 단백질들이 혈액의 **삼투압**(osmotic pressure; 막을 경계로 용질의 농도차에 의해 생성되는 압력)을 형성하는 주된 역할을 한다. 혈액과 세포사이액 간의 삼투압 차이가 모세혈관에서 액체가 나가는 반대 방향으로 작용한다. 평균적으로 이 반대되는 힘에 비해 혈압이 더 강하게 작용함으로 액체 성분은 모세혈관에서 빠져나온다. 이와 같은 액체의 순이동은 혈압이 높은 지역, 즉 동맥과 가까운 쪽에서 가장 많이 일어난다.

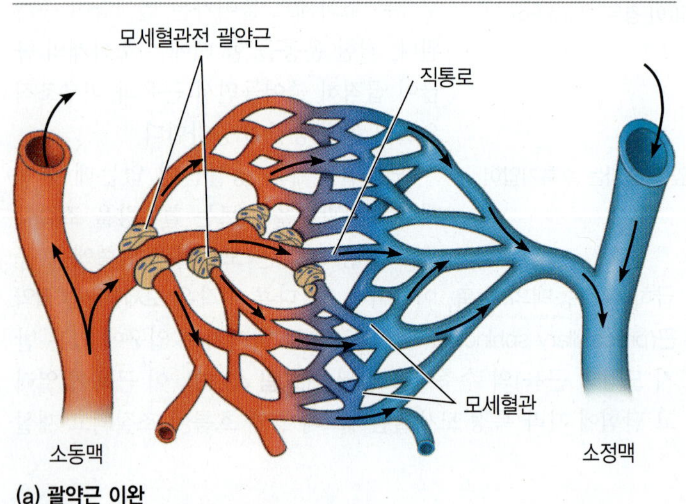

(a) 괄약근 이완

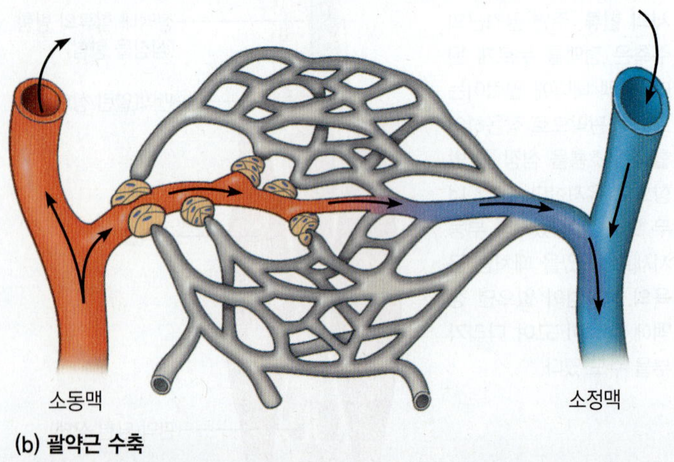

(b) 괄약근 수축

▲ **그림 43.13 모세혈관망에서의 혈류.** 모세혈관전 괄약근은 모세혈관망으로 흐르는 혈류량을 조절한다. 혈액의 일부는 동맥에서 바로 정맥으로 흐르는데, 이 모세혈관은 직통로라 불리며 항상 열려 있다.

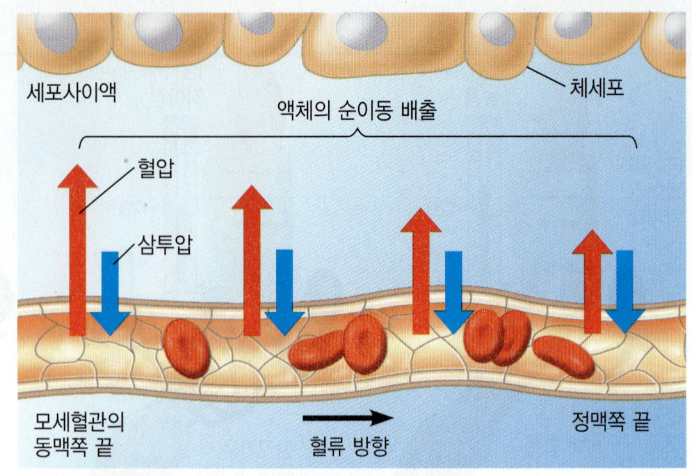

▲ **그림 43.14 모세혈관과 세포사이액 간의 액체 교환.** 이 그림은 모든 지역에서 혈압이 삼투압보다 높은 모세혈관을 가정하여 그린 것이다. 다른 모세혈관에서는 삼투압이 혈압보다 전 지역 혹은 부분적인 지역에서 높게 나타날 수 있다.

림프계를 통한 액체 성분의 복귀

정상인들은 매일 4~8 L의 액체 성분이 모세혈관에서 주위로 새어나간다. 또한 혈관벽이 단백질에 대해 투과성이 거의 없다고는 하지만 단백질 중 일부가 빠져나간다. 이렇게 혈관을 빠져나간 액체 성분과 단백질 성분들은 심혈관계의 모세혈관 주위에 복잡하게 얽힌 미소관들을 포함하는 **림프계(lymphatic system)**에 의해 다시 혈액으로 들어온다.

이렇게 림프계로 들어온 액체 성분을 **림프액(lymph)**이라 부르는데, 그 성분은 세포사이액과 거의 같다. 림프계에서 수집된 림프액은 목 아래쪽 대정맥과 연결된 부위를 통해 심혈관계로 들어간다(그림 47.7). 이 림프계와 순환계의 연결 부위를 통해 작은 창자에서 혈액으로 지질 성분이 전달된다(42장).

림프액이 말단조직에서 심장으로 흐르는 원리는 정맥에서 혈액이 흐르는 기작과 유사하다. 림프관도 정맥과 마찬가지로 판막이 있어 림프가 반대 방향으로 흐르지 못하도록 설계되어 있으

▶ **그림 43.15 사람의 림프절과 림프관들.** 이 X선 사진은 사람의 서혜부(사타구니 부위)를 찍은 것으로 림프절과 림프관(노란색)이 넓적다리 뼈(대퇴골) 옆에 보인다.

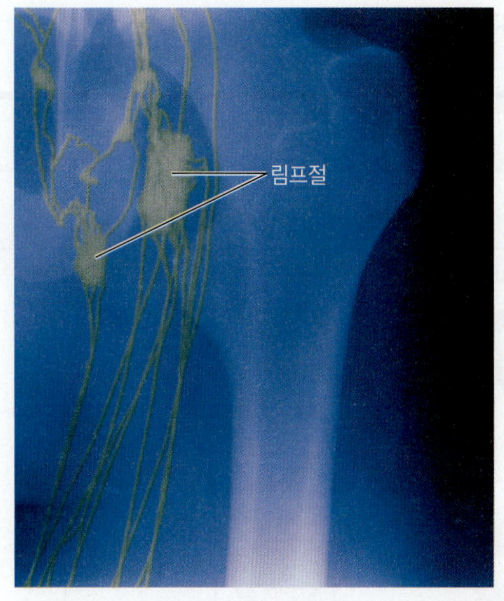

며, 림프관벽의 주기적인 수축이 림프액의 흐름을 도와준다. 림프관 주위골격근의 수축 또한 액체를 이동시키는 역할을 한다.

림프계에 생긴 이상은 체내 액체 성분의 분포에 림프계가 얼마나 중요한지를 일깨워준다. 림프의 흐름이 차단되면 조직에 액체 성분이 누적되어 부어오르는 부종이 생긴다. 림프관에 기생하는 기생충에 의해 심하게 막힌 경우 다리 등 신체의 일부가 코끼리 다리처럼 극단적으로 커지는 상피증(elephantiasis)이 발생한다.

림프관을 따라 **림프절(lymph node)**들이 위치하는데**(그림 43.15)**, 림프액을 걸러주고 바이러스나 세균을 공격하는 기능이 있어 우리 몸의 방어에 중요한 역할을 담당한다. 림프절 안에는 결합조직이 벌집처럼 채워져 있고 사이사이에 방어를 담당하는 백혈구들이 들어 있다. 우리 몸에 감염이 발생하면 림프절의 백혈구들이 증식하여 림프절이 커지고 누르면 통증을 느끼게 된다. 림프는 여과하고 감시하는 기능을 갖기 때문에 암이 전이되었는지 여부를 알아보기 위해서도 환자의 림프절을 검사하기도 한다.

최근에는 림프계가 천식을 유발하는 등의 해로운 면역 반응에서 중요한 역할을 담당한다는 증거들이 넘쳐나고 있다. 이러한 이유로 생물의학 분야에서 1990년대까지는 거의 무시되던 림프계에 대한 연구가 활발히 진행되고 있다.

개념 확인 문제 43.3

1. 모세혈관에서 혈류가 늦어지는 요인은 무엇인가?
2. 동물이 위험으로부터 도망칠 수 있도록 골격근을 도와주는 심혈관계의 일시적 변화는 어떤 것일까?
3. WHAT IF? 여러분의 몸에 심장이 하나 더 있다면 유익한 점은 무엇이고 해로운 점은 무엇인가?

정답은 부록 A 참조

개념 43.4

혈액성분들은 교환, 운송, 그리고 방어의 역할을 담당한다

개념 43.1에서 이미 언급했듯이, 개방순환계에 의해 운송되는 액체는 세포를 둘러싼 사이액과 통해 있어서 그 성분도 같다. 하지만 폐쇄순환계에 갇혀 있는 액체는 척추동물의 혈액처럼 보다 특화될 수 있다.

혈액의 구성과 기능

포유류의 혈액은 일종의 결합조직으로 **혈장(plasma)**이라는 액체성 기질과 그 안에 떠다니는 세포들로 구성된다. 염류와 단백질들이 삼투조절, 운반, 방어의 기능들을 수행하는 혈구세포들과 함께 혈장에 녹아 있다. 원심분리를 통해 세포성 요소(세포와 세포의 조각들)를 분리해 보면 전체 혈액의 약 45%에 해당하는 부피를 차지하며**(그림 43.16)**, 나머지는 혈장이다.

혈장

혈장에 녹아 있는 용질성분 중 많은 부분이 이온 상태의 무기염류로서 혈액 전해질이라고도 불린다(그림 43.16). 혈장은 90%가 물로 구성되어 있지만 녹아 있는 염(salt)들도 혈액의 중요한 성분이다. 어떤 이온들은 혈액의 완충작용을 도와 사람의 경우 pH가 7.4를 유지하도록 도와준다. 염들은 또한 혈액의 삼투압을 유지하는 데도 중요한 역할을 한다. 혈장내 이온의 농도는 세포사이액의 이온 농도에 직접적인 영향을 주는데, 이는 근육이나 신경의 정상적인 작동을 위해 매우 중요하다. 이런 기능을 다 하기 위해선 혈장전해질의 농도가 아주 좁은 범위 안에서 정확하게 유지되어야 한다. 이 항상성 유지에 대해서는 44장에서 다시 다루기로 하자.

알부민을 비롯한 혈장 단백질들은 pH의 변화를 막는 완충제 역할을 하고, 혈액과 세포사이액 간의 삼투 균형을 유지하며, 혈액의 점성(점도)이 생기는 원인이 되기도 한다. 특정한 단백질들은 부가적인 기능을 갖는다. 예컨대 면역글로불린, 즉 항체는 우리 몸을 공격하는 바이러스나 다른 외인성 물질들과 전투를 치르기도 한다(그림 47.10). 또 지질 단백질의 경우 물에 잘 녹지 않는 지질이 혈액에 잘 녹아 이동하도록 도와준다. 세 번째로는 혈액응고와 관련된 것으로, 혈관이 손상되었을 때 혈액이 빠져나가지 못하도록 상처를 막는 플라크 형성을 도와준다. [혈장에서 이러한 응고인자들이 제거된 것을 **혈청**(serum)이라 부른다.]

혈장에는 이밖에도 몸의 한 부위에서 다른 곳으로 이동하는 물질들이 많이 존재하는데 영양성분이나 노폐물, 호흡 기체들, 호르몬 등이 있다. 혈액내 단백질의 농도가 훨씬 높은 것을 제외하고는, 혈액과 세포사이액은 그 구성성분이 거의 비슷하다. (모

▼ 그림 43.16 포유류 혈액의 구성

혈장 55%	
구성성분	**주 기능**
물	다른 물질들을 운반하는 용매
이온들(혈액내 염류들) 소듐 포타슘 칼슘 마그네슘 염화이온 중탄산이온	삼투균형, pH 완충작용, 막투과성의 조절
혈장 단백질	
알부민	삼투균형, pH 완충작용
면역글로불린 (항체)	방어
지질단백질	지질 운반
피브리노겐	혈액 응고
혈액에 의해 운반되는 물질들 영양소(포도당, 지방산, 비타민 등) 대사노폐물 호흡기체(O_2와 CO_2) 호르몬	

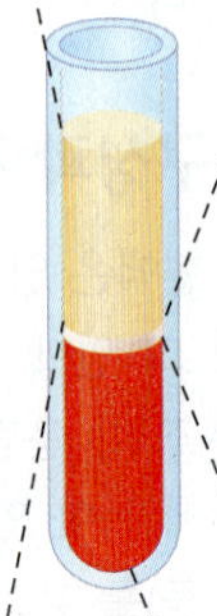

분리된 혈액성분

세포성 요소 45%		
세포 종류	**숫자** 혈액 μL (mm^3) 당	**기능**
백혈구(leukocyte) 호염구, 림프구, 호산구, 호중구, 단핵구	5,000~10,000	방어와 면역
혈소판	250,000~400,000	혈액 응고
적혈구(erythrocyte)	5,000,000~6,000,000	산소를 운반하고 이산화탄소의 운반에도 관여

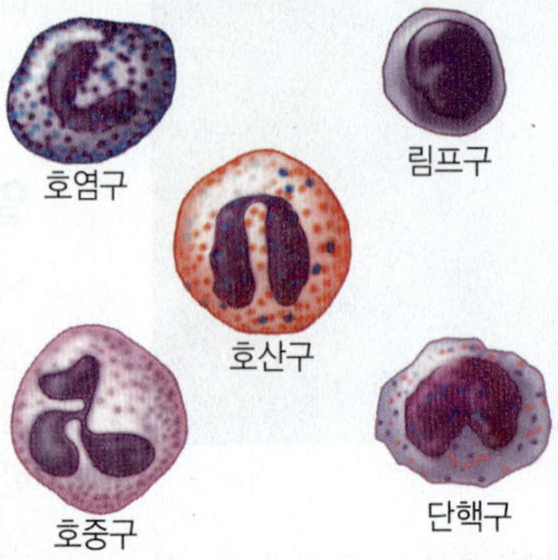

세혈관벽이 단백질을 잘 통과시키지 않는다는 점을 상기하기 바란다.)

세포성 요소들

혈액에는 크게 두 종류의 세포가 있다. 적혈구는 산소를 운반하는 역할을 담당하며, 백혈구는 면역방어에 관여한다(그림 43.16). 혈액에는 또한 세포의 작은 조각들로서 혈액의 응고에 관여하는 **혈소판(platelet)**이 포함되어 있다.

적혈구 적혈구(red blood cell 혹은 **erythrocyte**)는 혈액에서 가장 많이 발견되는 세포이다. 사람 혈액의 1마이크로리터(μL 혹은 mm^3) 안에는 약 500만~600만 개의 적혈구가 있어, 전체 5 L의 혈액에는 이 세포가 25조 개나 있는 셈이다. 적혈구는 구조와 기능의 밀접한 관계를 잘 보여주는 예이다. 이들의 주된 기능인 산소의 운반은 세포막을 통한 산소분자의 빠른 확산 이동으로 이루어진다. 적혈구는 양면이 오목한, 즉 바깥쪽보다 가운데가 얇은 작은 접시모양(직경이 약 7~8 mm)을 하고 있다. 이 형태가 넓은 표면적을 제공하여 세포막을 통한 O_2의 확산 속도를 높이는 효과가 있다. 포유류의 적혈구에는 핵이 없는데 이로써 한 세포 내에 보다 많은 양의 **헤모글로빈(hemoglobin)**이 채워질 수 있게 된다. 헤모글로빈은 산소운반 단백질로서 철이온을 포함하고 있다(그림 5.18). 적혈구에는 미토콘드리아도 없는데 그 결과로 적혈구에서는 무산소 대사 과정을 통해 ATP를 생성한다. 만약 적혈구가 자신이 운반하는 산소를 소모한다면 산소의 운송면에서는 비효율적일 것이다.

적혈구의 작은 크기에도 불구하고 한 세포가 약 2억 5,000만 개의 헤모글로빈 분자를 보유하고 있다. 한 분자의 헤모글로빈은 4분자의 산소와 결합을 할 수 있으므로 하나의 적혈구가 운반할 수 있는 산소분자의 수는 10억 개에 해당한다. 폐나 아가미 혹은 다른 호흡기관의 모세혈관망에서 O_2가 적혈구로 들어와서 헤모글로빈에 결합한다. 체순환에서는 O_2가 헤모글로빈에서 떨어져 나와 체세포로 확산되어 들어간다.

낫모양적혈구빈혈증(sickle-cell disease)의 경우 변형된 헤모글로빈분자(Hb^S)가 고분자 덩어리를 형성한다. 적혈구 내에는 높은 농도의 헤모글로빈이 존재하기 때문에 적혈구를 낫모양으로 길게 변형시키기에 충분한 크기의 복합체가 형성된다. 우리는 이미 5장에서, 이러한 변형은 단지 하나의 아미노산이 바뀌었기 때문임을 배웠다(그림 5.19).

낫모양적혈구빈혈증은 순환계의 기능을 방해한다. 낫모양적혈구가 소동맥이나 모세혈관에 걸리면 근처에 O_2와 영양분의 공급, 그리고 CO_2와 노폐물의 제거가 방해받는다. 혈관이 막히면

조직이 붓고 극심한 통증을 일으키기도 한다. 낫모양적혈구는 비교적 잘 터지기 때문에 O_2를 운반하는 데 필요한 적혈구의 수가 감소하게 된다. 이 낫모양적혈구의 평균수명은 20일에 불과하여 일반 적혈구에 비해 1/6 정도이다. 적혈구의 소멸률이 골수의 생산 능력을 초과하게 된다. 이 질환에 대한 초기 대응은 혈액내 적혈구를 정상적혈구로 대체하는 것이며, 장기적으로는 Hb^s 복합체가 형성되지 못하도록 하는 것이 주로 사용되는 치료방법이다.

백혈구 혈액에는 크게 다섯 종류의 **백혈구**(white blood cell 혹은 **leukocyte**)가 존재한다. 이들의 주된 임무는 감염과 싸우는 것이다. 즉, 세균이나 자기 몸의 죽은 세포 조각 등을 식세포작용을 통해 먹어치우는 역할을 담당한다. 림프구의 경우는 B세포와 T세포로 분화하여 외부로부터의 침입물질에 대하여 면역반응을 일으킨다. 혈액내 백혈구 숫자는 1 μL당 약 5,000~10,000개 정도인데, 몸에 염증반응이 생길 경우 일시적으로 훨씬 많은 숫자를 보이기도 한다. 적혈구와는 달리 순환계 밖에서 세포사이액이나 림프계를 순찰하고 있는 백혈구를 발견할 수 있다.

혈소판 혈소판(platelet)은 골수에 있는 특수한 세포의 세포질 일부가 불거져 떨어진 조각이다. 직경이 2~3 μm 정도이고 핵이 없다. 혈소판은 혈액 응고에 구조적인 그리고 분자 기능적인 역할을 한다.

줄기세포와 세포성 요소들의 교체

적혈구, 백혈구, 혈소판 모두는 공통된 세포에서 유래한다. 즉, 체내 혈액성분을 재충전해 주는 다분화능 **줄기세포**(multipotent **stem cell**)에서 유래된 것이다(그림 43.17). 이 줄기세포는 일부 갈비뼈, 척추, 가슴뼈, 골반뼈 등의 붉은 골수에 분포하고 있다. "다분화능"이란 여러 가지 혈구세포, 즉 림프성 세포와 골수성 세포로 분화할 수 있는 능력을 갖고 있기 때문에 붙여진 이름이다. 어떤 줄기세포든 분열을 하면 하나는 줄기세포로 남게 되고 다른 하나가 특수한 기능을 갖게 된다.

사람이 살아가는 동안 혈액의 세포성 요소들인 적혈구, 백혈구, 혈소판은 지속적으로 사라지고 교체되는 과정을 거친다. 예컨대 적혈구의 경우 교체되는 데에는 불과 120일 정도가 소요된다. 조직에 전달되는 산소의 양을 측정하여 음성되먹임의 기작으로 적혈구의 숫자를 조절할 수 있다. 만약 체내 조직들이 충분한 양의 산소를 공급받지 못하면 **적혈구생성인자(erythropoietin, EPO)**라는 호르몬을 생성하여 적혈구의 생성을 촉진시킨다. 산소가 과다하게 공급되면 이 EPO의 농도가 감소하여 적혈구의 생성 속도가 늦춰진다.

현재는 재조합 DNA 기술이 배양된 세포들에서 EPO를 합성하는 데 이용된다. 의사들은 혈액내 헤모글로빈 수치가 낮아 혈액의 산소운반 능력이 감소된 빈혈(anemia) 환자들에게 합성된 EPO를 처방하기도 한다. 국제 올림픽 위원회와 다른 운동 단체들도 혈액 도핑 테스트를 통해 금지하고 있지만, 일부 운동선수들 중에는 혈액내 적혈구 수치를 높이기 위해 스스로 EPO를 주사하는 경우가 있다. 최근에도 몇몇 유명 달리기 선수와 사이클 경주 선수들의 검사 결과 EPO-관련 약품이 검출되어 기록도 무효가 선언되고 대회 출전자격도 박탈당한 바 있다.

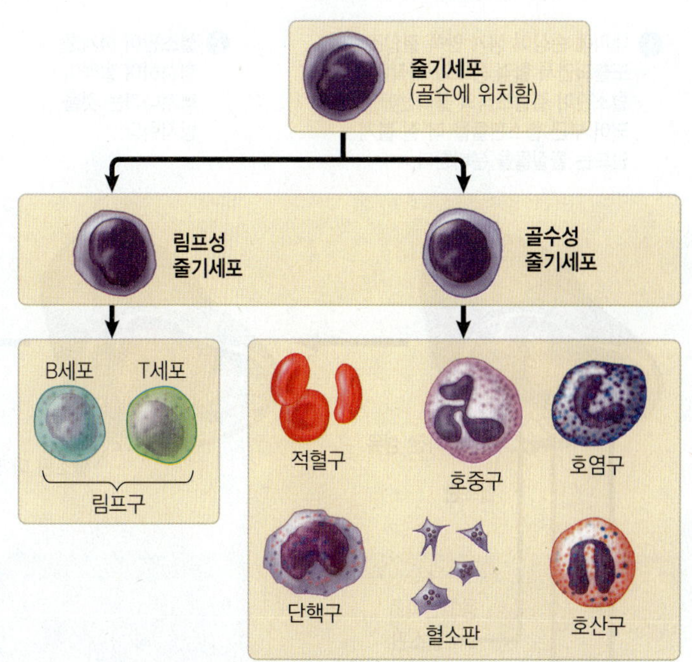

▲ 그림 43.17 **혈구세포의 분화.** 다분화능 줄기세포의 일부는 림프성 줄기세포로 분화하며, 이들은 면역계에서 활약하는 B세포와 T세포, 두 종류의 림프구로 분화한다(그림 47.9, 47.11). 다른 혈구세포들은 모두 골수성 줄기세포로부터 분화된 것이다.

혈액 응고

혈액 내에는 파손된 혈관을 막아주는 성분이 있어서 베이거나 긁히는 정도로는 생명에 지장을 주지 않는다. 혈관의 파손에 의해 혈소판을 유도하고 혈액내 응고성분들이 엉겨 붙도록 만드는 단백질이 노출된다. 응결체 혹은 밀봉제 성분은 불활성화 상태인 파이브리노젠(fibrinogen)의 형태로 존재한다. 혈관이 파괴된 것에 반응하여 혈소판이 혈액 응고인자를 방출하며, 이에 의해 파이브리노젠을 파이브린(fibrin)으로 전환시키는 효소, 즉 트롬빈(thrombin)이 형성된다. 새로 형성된 파이브린은 섬유처럼 엉켜 응고를 유발한다. 트롬빈은 또 트롬빈 형성 효소를 활성화시켜 양성되먹임의 작용으로 혈액응고를 완수한다(40장). 혈액의 응고 과정은 그림 43.18에 모식도로 나타내었다. 혈액 응고 과정에 문제를 일으키는 유전적 돌연변이는 혈우병을 유발하는데, 이 병의 특징은 간단한 상처나 내상에도 많은 양의 출혈이 발생하는 것이다(15장).

평소에는 혈액 내에 응고 방지물질이 존재하여 자발적인 혈액

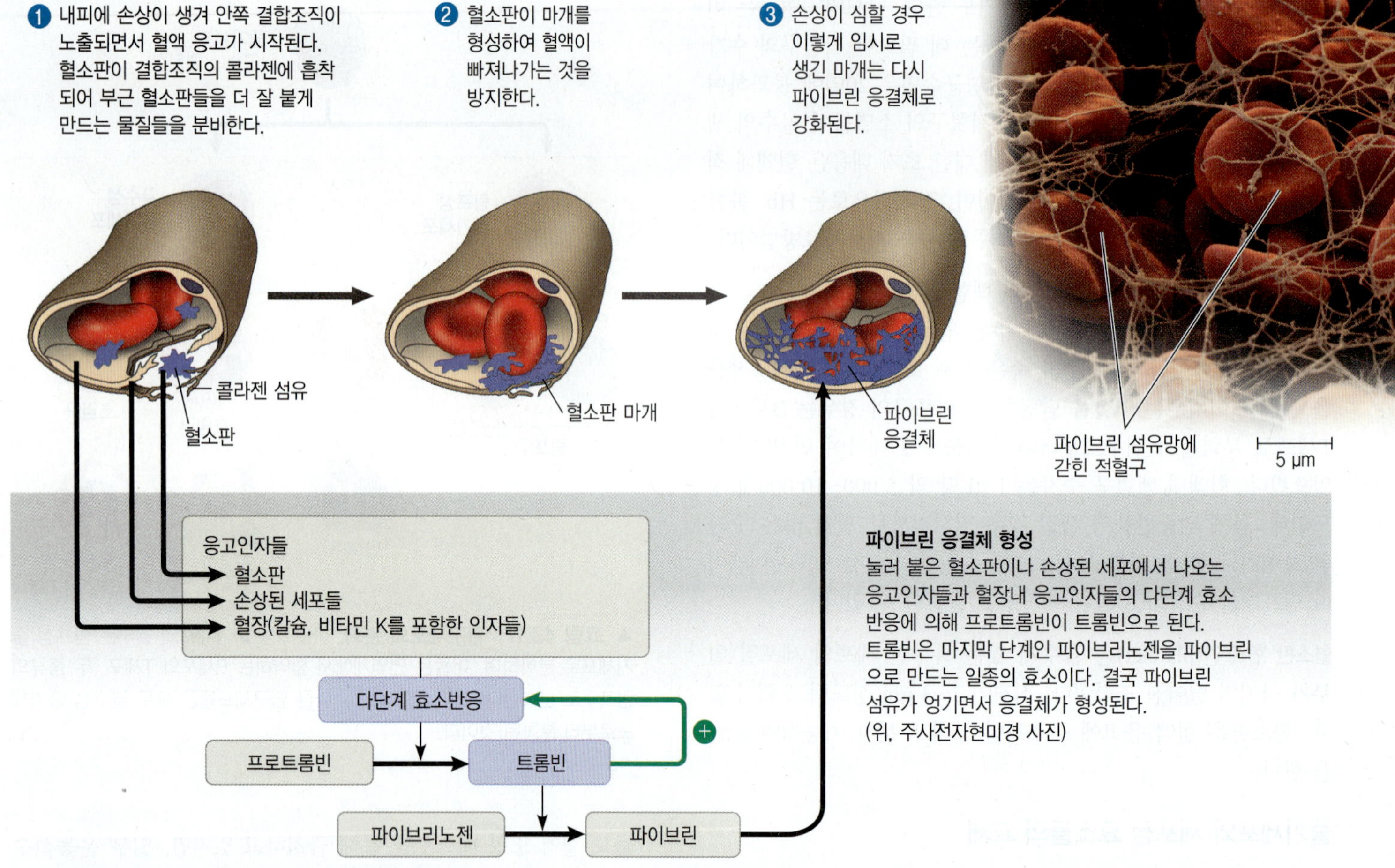

▲ 그림 43.18 혈액 응고

응고를 억제하고 있다. 하지만 때때로 혈관 내에서 혈소판의 덩어리나 파이브린 응결체가 생성되어 혈액의 흐름을 차단하기도 하는데, 이러한 응결체를 **혈전(thrombus)**이라 부른다. 이제 어떻게 혈전이 형성되고 어떤 위험성이 있는지 알아보자.

심혈관계 질환

매년 미국에서 750,000명 이상이 심혈관계 질환(심장과 혈관에 생기는 질환)에 의해 사망한다. 심혈관계 질환은 간단한 정맥이나 심장판막의 기능저하에서 치명적인 심장, 뇌로의 혈액공급 장애까지 다양하다.

동맥경화, 심장마비, 뇌졸중

건강한 동맥은 매끄러운 내벽을 가지고 있어 혈액의 흐름에 방해가 되지 않는다. 하지만 손상되거나 감염에 의해 거칠어지면 지질이 쌓여 동맥이 단단해지는 **동맥경화(atherosclerosis)**가 생길 수 있다. 동맥경화의 발달에 결정적인 역할을 하는 것이 세포막의 유동성을 유지하는 데 중요한 역할을 하는 스테로이드, 즉 콜레스테롤이다(8장). 콜레스테롤은 수천 분자가 다른 지질성분과 함께 특정 단백질에 결합된 형태로 혈액을 떠돌아 다닌다. 특정 단백질이란 **저밀도 지질단백질(low-density lipoprotein, LDL)**로, 콜레스테롤을 체내세포들에게 전달하는 역할을 한다. 다른 하나는 **고밀도 지질단백질(high-density lipoprotein, HDL)**로 잉여의 콜레스테롤분자를 제거해 주는 역할을 한다. 각 개인의 HDL에 대한 LDL의 비율이 높아지면 심장질환의 가능성이 높아진다.

동맥경화에서 동맥내벽의 손상은 염증(inflammation)반응을 일으킬 수 있다. 손상된 내벽에 백혈구가 붙어 콜레스테롤을 비롯한 지질성분을 섭취하기 시작한다. 이 지방 침적물을 플라크(plaque)라 하는데, 섬유성 결합조직과 콜레스테롤들이 첨가되어 천천히 커진다. 플라크가 자람에 따라 동맥벽은 더 두꺼워지고 탄력을 잃게 되며 동맥이 점점 더 막히게 된다. 이런 플라크가 떨어져 나가 동맥의 혈전이 되기도 한다(그림 43.19).

동맥경화를 치료하지 않고 방치하면 심장마비나 뇌졸중을 일으킬 수 있다. **심장마비(heart attack)**는 심근경색(myocardial infarction)이라고도 불리며, 하나 혹은 몇 개의 관상동맥이 막혀 심근조직이 손상되거나 죽으면서 발생한다. 관상동맥은 단면적이 작기 때문에 막힐 가능성이 더욱 높다. 심장은 지속적으로 격심한 수축운동을 하기 때문에 O_2 없이는 오래 살지 못하여 혈관이 막히면 빠른 시간 안에 죽게 된다. 심장이 멈추면 수 분 이내에 환자에게 심폐소생술(cardiopulmonary resuscitation, CPR)이나 다른 응급처치를 시행하여 심장박동을 회복시키지 않으면 목숨을 잃게 될 것이다. **뇌졸중(stroke)**은 뇌신경조직이 O_2의 부족에 의해 죽는 것이다. 뇌졸중은 주로 머리의 동맥이 터지거나 막혀서 발생한다. 뇌졸중의 경우 손상된 정도와 부위에 따라 생존율이나 후유증이 다르게 나타난다. 혈전용해제의 즉각적인 투여가 심장마비나 뇌졸중의 후유증을 줄일 수 있다.

동맥경화는 중요 혈관이 막히기 전까지는 자각되지 않는 경우가 많지만, 때로는 경고신호를 보내기도 한다. 심장에 고산소 혈액을 공급하는 관상동맥이 부분적으로 막히면 협심증(angina pectoris)이라 부르는 가슴의 통증을 유발하기도 한다. 이러한 통증은 심장의 활동량을 높이는 육체적 혹은 정신적 스트레스를 받을 때 더 자주 나타나며, 심장에 충분한 산소 공급이 이루지지 않고 있다는 신호이다. 막힌 관상동맥은 외과수술로 고칠 수 있다. 스텐트(stent)라 부르는 금속망상튜브를 막힌 혈관에 삽입하여 팽창시키거나(그림 43.20) 가슴이나 다리의 건강한 혈관을 이식하여 막힌 곳을 우회하도록 할 수 있다.

심혈관계 질환의 위험요인과 치료

특정 심혈관계 질환이 발생할 가능성은 유전되는 경향이 있지만 생활습관에도 큰 영향을 받는다. 흡연이나 가공된 식물성 기름의 트랜스 지방(trans fat; 5장)의 섭취는 LDL의 HDL에 대한 비율을 높여 심혈관계 질환의 발생률을 높인다. 반면에 운동은 LDL/HDL 비율을 낮춘다.

최근 10년 동안에 심혈관계 질환의 예방에 관해 상당한 진전이 있었다. 발병확률이 높은 사람들 중 많은 이들이 스타틴(statin)이라 부르는 약을 복용하여 LDL 수치를 낮추어 발병률을

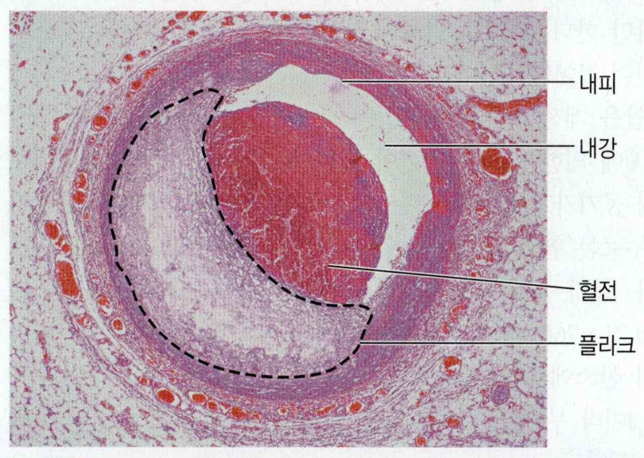

▲ 그림 43.19 **동맥경화.** 동맥경화에서 플라크에 의해 동맥혈관벽이 두꺼워지면 혈액의 흐름을 방해한다. 플라크가 터지면 혈전이 형성되어 혈액의 흐름을 더 어렵게 한다. 플라크 조각이 혈류를 타고 이동하여 다른 동맥을 막을 수도 있다. 만약 심장이나 뇌로 가는 동맥을 막으면 심장마비나 뇌졸중을 유발할 수 있다.

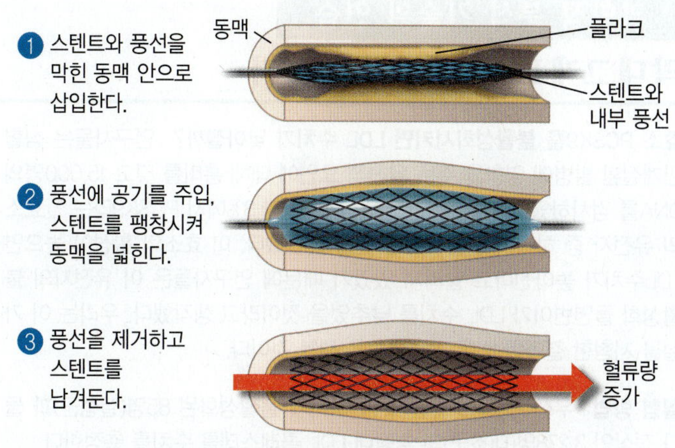

▲ 그림 43.20 **막힌 동맥을 넓히기 위해 스텐트를 삽입한다.**

떨어뜨린다. 또한 **과학적 분석 기술의 연습**에 소개된 최근의 연구 결과로 혈액내 LDL 수치를 떨어뜨리는 새로운 약품이 나올 것으로 기대하고 있다.

염증반응이 동맥경화나 혈전형성에 중요한 역할을 한다는 사실이 알려지면서 이들 심혈관계 질환의 치료법에도 변화가 생겼다. 예컨대, 염증반응을 억제하는 아스피린은 심장마비나 뇌졸중의 재발을 막는다는 사실이 알려졌다. 연구자들은 급성 염증반응 시, 간에서 생성되는 C-반응 단백질(C-reactive protein, CRP)에 관심을 두고 있다. LDL 콜레스테롤처럼 고농도의 혈중 CRP가 심혈관계 질환의 발병을 예측하는 데 도움을 주고 있다.

고혈압(hypertension)은 여러 가지 건강상의 문제와 더불어 심장마비나 뇌졸중의 위험을 증가시킨다. 한 학설에 의하면, 만성적 고혈압은 혈관 내벽에 손상을 주어 플라크의 형성을 촉진시킨다고 한다. 보통 수축기압이 140 mmHg 이상이거나 이완기압

개념 확인 문제 43.4

1. 의사들이 감염 증세가 있는 환자의 백혈구 수를 측정하도록 지시하는 이유는 무엇인가?
2. 동맥내 응결체는 심장마비나 뇌졸중을 유발할 수 있다. 그렇다면 어떻게 혈우병 환자에게 혈액 응고인자를 투입하는 것이 가능할까?
3. WHAT IF? 종종 심장병 환자에게 니트로글리세린(다이나마이트의 주 성분)을 처방한다. 니트로글리세린은 우리 몸속에서 일산화질소로 변환된다. 그렇다면 니트로글리세린이 가슴에 통증을 완화시키는 이유는무엇인가?
4. MAKE CONNECTIONS Hb^S를 암호화하는 대립유전자는 Hb를 암호화하는 대립유전자와 공동 우성이다(개념 14.4 참조). Hb와 Hb^S의 집합체 형성과 낫모양구조 형성에 관련된 특성을 유추해 보자.
5. MAKE CONNECTIONS 골수에서 나온 줄기세포는 배아줄기세포와 어떻게 다른가(개념 20.3 참조)?

정답은 부록 A 참조

과학적 분석 기술의 연습

막대그래프 그리고 이해하기

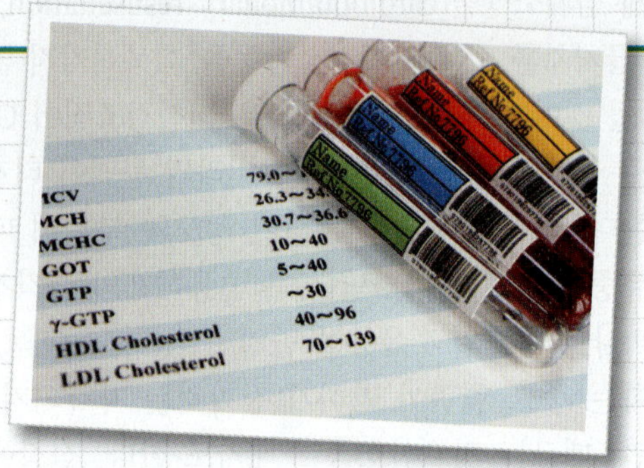

효소 PCSK9를 불활성화시키면 LDL 수치가 낮아질까? 연구자들은 심혈관계질환 발병에 영향을 주는 유전적 요인에 대해 흥미를 갖고 15,000명의 DNA를 검사하였다. 이들은 검사 대상자 중 약 3%에서 PCSK9라는 간효소의 유전자 중 하나가 불활성화된 것을 발견했다. 이 효소의 활성이 높으면 LDL수치가 높아진다고 알려져 있었기 때문에 연구자들은 이 유전자의 불활성화 돌연변이가 LDL 수치를 낮추었을 것이라고 생각했다. 우리는 이 가설을 시험한 결과를 해석하는 연습을 해볼 것이다.

실험 방법 우선 *PCSK9* 유전자 중 하나가 불활성화된 85명(실험군)과 둘 다 정상인 3,278명(대조군)의 혈장내 LDL 콜레스테롤 수치를 측정한다.

실험 데이터 혈장 내 LDL 콜레스테롤 수치에 따라 대조군과 실험군의 측정치를 아래 표로 나타내었다.

데이터 해석

1. 흔히 결과를 그래프로 그려보면 해석하는 데 도움이 된다. 연습으로 아래 표의 각 줄에 있는 결과들을 막대그래프로 그려보자. y축을 사람 수(%), x축을 혈장 LDL 콜레스테롤 농도(mg/dL, deciliter = 10 ml))로 나타낸다. x축을 12등분으로 나누고 각 범위에 들어가는 사람의 비율(%)을 막대의 높이로 나타낸다(0~25, 26~50 등). 어떤 범위, 예컨대 0~25 mg/dL에서는 높이가 0이 될 수도 있다. 대조군과 실험군 각각에서 100 mg/dL 이하인 사람들의 비율을 비교하기 위해 이 범위 0~100 mg/dL에 해당하는 사람들의 비율을 모두 더하시오(좀 더 자세한 설명은 부록 F 참조).
2. 두 그래프를 비교한 결과 연구자들의 가설이 입증되었나? 설명하라.
3. 만약 그래프를 그리지 않고 대조군과 실험군의 LDL 콜레스테롤 수치를 비교했다면 어떤 다른 결과를 얻을 수 있을까?
4. 두 막대 그래프가 서로 겹치는 것에 대해 설명하라.
5. 대조군과 실험군에서 각각 혈장 LDL 콜레스테롤이 160 mg/dL로 같은 사람이 있다고 하면, 심혈관계 질환에 걸릴 확률을 비교했을 때 어떨까? 예측한 결과를 어떻게 얻었는지 설명하고, 막대그래프가 결과를 예측하는데 기여한 바가 무엇인지 설명하라.

참고문헌 J. C. Cohen et al., Sequence variations in PCSK9, low LDL, and protection against coronary heart disease, *New England Journal of Medicine* 354:1264.1272 (2006).

혈중 LDL 콜레스테롤(mg/dL)

	0~25	26~50	51~75	76~100	101~125	126~150	151~175	176~200	201~225	226~250	251~275	276~300
대조군	0%	1%	4%	13%	23%	23%	18%	10%	5%	2%	1%	0%
실험군	0%	4%	31%	23%	21%	13%	2%	1%	2%	0%	2%	0%

이 90 mmHg 이상인 경우를 고혈압으로 정의한다. 다행히도 고혈압은 쉽게 진단할 수 있고, 식이요법, 운동, 약물, 혹은 이들의 조합을 통해 조절이 가능하다.

개념 43.5

기체교환은 특수화된 호흡 표면에서 일어난다

이 장의 남은 부분에서는 **기체교환(gas exchange)**에 초점을 맞추어보자. 이 과정은 흔히 호흡과 혼동되기도 하는데, 기체교환과 세포호흡의 에너지 전환 과정을 혼동해서는 안 될 것이다. 기체교환은 환경으로부터 O_2를 받아들이고 CO_2를 방출하는 것을 말한다.

분압의 기울기와 기체교환

기체교환을 일으키는 힘을 이해하기 위해서는 혼합기체 속의 특정한 기체에 의해 생성되는 압력, 즉 **분압(partial pressure)**을 계산해야만 한다. 기체는 언제나 분압이 높은 곳에서 낮은 곳으로 순확산이 일어난다.

분압을 계산하기 위해 혼합기체가 만드는 압력과 그 중 특정한 기체에 의한 비율을 알아야 한다. O_2의 예를 들어보자. 해수면에서 공기가 밑으로 누르는 힘은 높이 760 mm의 Hg(수은) 기둥이 누르는 힘과 같아서 해수면에서의 기압을 760 mmHg로 표시한다. 공기 중에는 산소가 21%의 부피를 차지함으로 O_2의 분압은 0.21×760, 즉 약 160 mmHg이다. 대기압 중에서 이만큼의 압력이 산소에 의해 만들어진 것이므로 이 값을 산소분압(약자로 P_{O_2})이라 부른다. CO_2의 분압, P_{CO_2}는 이보다 훨씬 적은 0.29 mmHg이다.

액체 속에서의 기체분압도 간단하다. 물이 공기에 노출되었을 때 물에 녹아들어가는 기체의 양은 기체의 분압과 물에 대한 그 기체의 용해도에 달려 있다. 물에서 빠져나오는 기체와 녹아들어가는 기체의 양이 같아지면 평형을 이룬다. 평형에서는 기체내

표 43.1 호흡매개체로서의 공기와 물 비교

	공기 (해면 고도)	물 (20℃)	비율 (공기/물)
O_2 분압	160 mm	160 mm	1 : 1
O_2 농도	210 ml/L	7 ml/L	30 : 1
밀도	0.0013 kg/L	1 kg/L	1 : 770
점도	0.02 cP	1 cP	1 : 50

분압과 액체내 기체분압이 같다. 따라서 해수면과 같은 높이에서 공기에 노출된 물의 P_{O_2}는 160 mmHg이다. 하지만 O_2는 공기에 비해 물에는 잘 녹지 않기 때문에 기체에 존재하는 O_2의 양이 훨씬많다(**표 43.1**).

호흡 매개체

산소의 공급원이 되는 호흡 매개체(respiratory medium; O_2를 공급해주는 원천)가 물이냐 공기냐에 따라 기체교환의 조건이 상당히 달라진다. 잘 알려진 바와 같이, 공기 중에는 O_2가 풍부하여 지구 대기 부피의 21%나 차지하고 있다. 표 43.1에서 보듯이 물에 비해 공기는 가볍고 덜 끈적거리기 때문에 유동적이고 좁은 통로도 잘 통과한다. 그 결과, 공기로 숨 쉬는 것은 비교적 쉽고 특별히 효율적일 필요도 없다. 사람의 경우도 들이마신 공기에 있는 산소 중 25% 정도만을 사용한다.

물속에서의 기체교환은 좀 더 어렵다. 단위 체적의 물에 녹아 있는 O_2의 양은 경우에 따라 다르긴 하지만 언제나 공기보다는 적다. 대부분의 담수 1 L에는 공기와 비교했을 때 1/30에 불과한 7 mL 정도의 O_2가 포함되어 있다. 염류가 포함된 물은 O_2 함량이 더 적다. 물이 낮은 O_2 함량과 높은 밀도, 높은 점성을 갖고 있다는 것은 수생동물인 어류나 바닷가재가 기체교환을 하기 위해서는 좀 더 많은 에너지를 소모해야 한다는 것을 뜻한다. 이러한 도전에 직면하여 일반적으로 수생동물들은 보다 효과적인 기체교환을 하도록 적응 진화해 왔다. 대부분의 적응방법에는 교환을 위한 표면의 조직화가 포함된다.

호흡 표면

기체교환이 일어나는 동물의 신체 부위인 호흡 표면(respiratory surface)은 기체교환을 위해 특수화되어 있다. 모든 살아 있는 세포는 물과 접해 있어야 하는 세포막을 갖기 때문에 호흡 표면도는 축축해야만 한다.

축축한 호흡 표면을 통한 O_2와 CO_2의 이동은 순전히 확산에 의해서만 일어난다. 확산 속도는 분자가 이동할 면적에 비례하고, 분자가 움직여 가야 하는 거리의 제곱에 반비례한다. 바꿔 말하면, 호흡 표면의 두께가 얇을수록, 면적이 넓을수록 기체교환 속도가 빨라진다. 따라서 대부분의 호흡 표면은 크고 얇은 경향이 있다.

해면동물이나 강장동물, 편형동물과 같이 단순한 구조의 동물들은 각 세포들이 외부환경과 기체를 교환하기에 충분히 가까이 위치하고 있다. 하지만 대부분의 동물들은 몸의 많은 부분이 외부 호흡 매개체와 직접 접촉되어 있지 않다. 이런 동물들의 호흡 표면은 얇고 축축한 상피층으로 구성되어 호흡기관을 형성한다.

어떤 동물은 몸 표면 전체를 호흡 표면으로 사용한다. 예컨대 지렁이의 경우 물기가 있는 표피를 이용하여 기체교환을 하며, 표피 바로 아래에는 모세혈관들이 깔려 있다. 이와 같이 몸의 겉표면을 호흡 표면으로 사용하는 지렁이나 일부 양서류들은 호흡 표면의 습기를 유지하기 위해 습지에서 살 수밖에 없는 것이다. 대부분의 다른 동물들은 필요로 하는 양의 산소를 받아들이기에 몸의 표면적이 충분치 않다. 이에 대한 진화적 해법으로 표면이 심하게 주름지고 고도로 분지되어 기체교환 표면적을 최대로 늘린 호흡기관을 갖고 있다. 아가미(gill), 기관(tracheae), 그리고 폐가 가장 대표적인 호흡기관들이다.

수생동물의 아가미

아가미는 몸 표면의 일부가 밖으로 불거져나와 물에 노출된 것이다. **그림 43.21**에서 볼 수 있듯이 아가미는 동물 몸의 다양한 위치에서 볼 수 있다. 그 위치와는 상관없이, 아가미의 총 표면적이 몸의 총 표면적에 비해 훨씬 넓은 경우가 많다.

호흡 매개체를 호흡 표면으로 이동시키는 **환기(ventilation)** 작용을 통해 기체교환에 필요한 O_2와 CO_2의 분압기울기를 유지한다. 환기를 하기 위해 대부분의 동물들은 아가미를 물속에서 움직이거나 반대로 아가미에 물을 흘려보내는 방법을 사용한다. 예컨대 가재의 노처럼 생긴 부속지는 아가미로 물을 보내주는 역할을 하고, 홍합이나 조개는 섬모를 사용하여 물을 움직인다. 문어나 오징어는 물을 빨아들였다가 내뿜으면서 환기를 시킨다. 어류는 헤엄을 치거나 입과 아가미 덮개를 잘 움직여 환기를 시킨다. 두 경우 모두 입을 통해 물이 들어와 아가미를 지난 후 몸을 빠져나가게 되어 있다(**그림 43.22**).

어류 아가미의 모세혈관 분포는 반대 방향으로 흐르는 두 액체 사이에 물질이나 열이 교환되는 **역류교환(countercurrent exchange)**이 일어나도록 설계되어 있다. 이 장치가 어류 아가미에서 기체교환이 효율적으로 일어나게 만든다. 즉, 혈액이 흐르는 방향이 물이 흐르는 방향과 반대이기 때문에 혈액은 언제나 인접한 물에 비해 O_2 농도가 낮은 셈이다(그림 43.22). 혈액이 아가미 모세혈관에 들어오면 아가미를 다 통과한 물과 만나게 된다. 비록 이 물이 아가미를 지나면서 O_2를 많이 빼앗긴 상태지만 그래도 아가미로 진입하는 혈액에 비해서는 P_{O_2}가 높기 때문에 O_2이동이 일어난다. 혈액이 흐를수록 P_{O_2}가 점점 높아지겠지만 혈액이 흐르는 방향이 물과는 반대 방향이기 때문에 주위의 물속

옆다리(아가미 기능을 갖는다.)
아가미
체강
아가미
관족

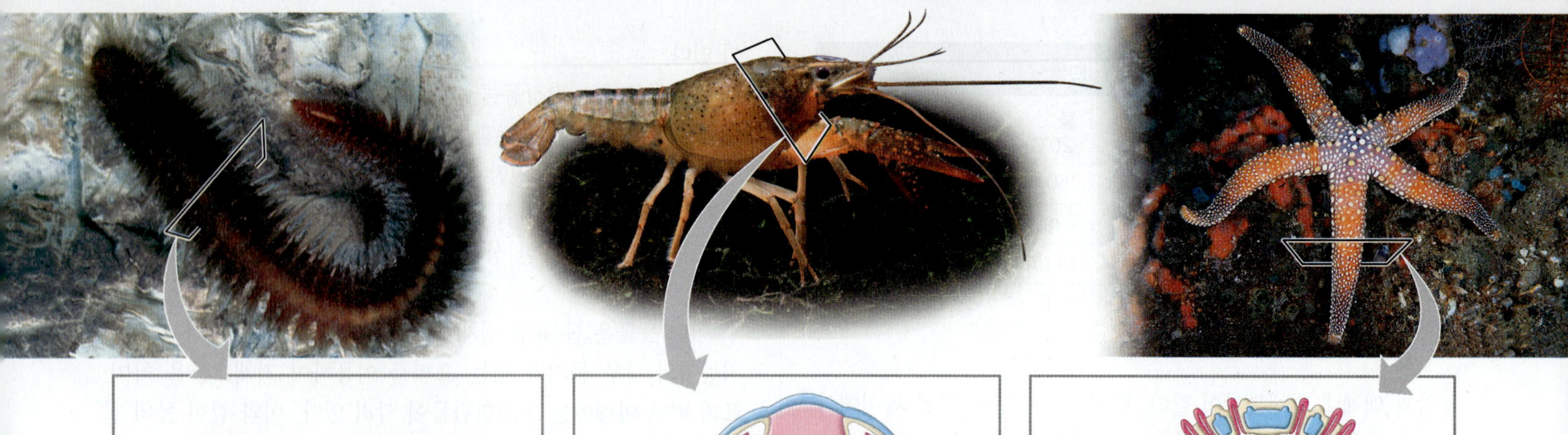

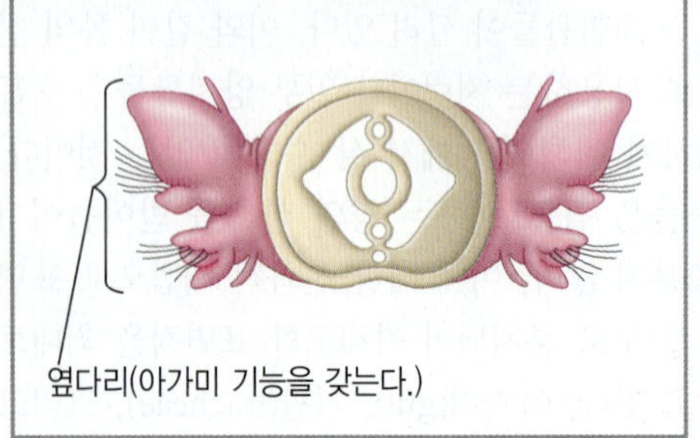

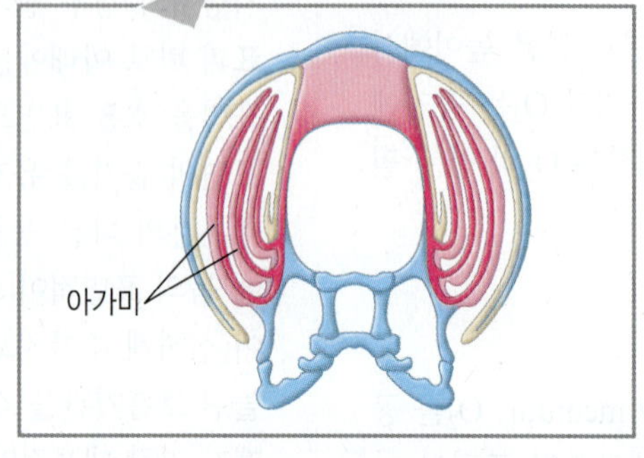

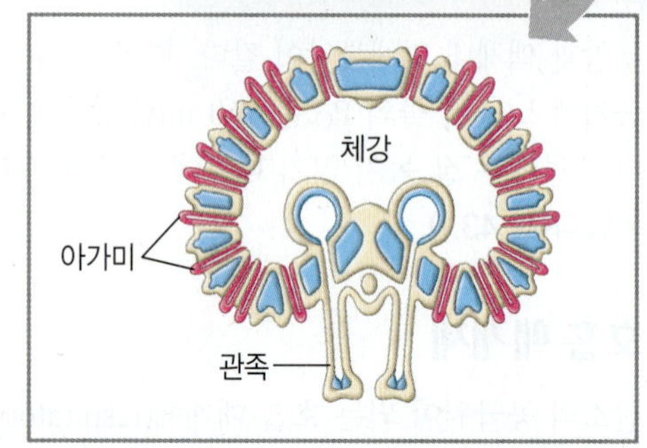

(a) **갯지렁이.** 환형동물 중 바다에 사는 다모류의 대부분이 각 체절마다 측각(parapodia)이라는 평평한 부속지를 한 쌍씩 갖는다. 이 측각은 기어가거나 헤엄치는 것 외에도 아가미로도 기능한다.

(b) **가재.** 가재를 비롯한 절지동물들은 외골격에 싸인 깃털 모양의 긴 아가미를 갖는다. 이들의 특수한 부속지들은 아가미 주위로 물을 흐르게 한다.

(c) **불가사리.** 불가사리의 아가미는 단순히 표피에 난 관형 돌기들이다. 기체의 교환은 아가미 표면에서 일어나고, 각 돌기는 체강과 연결되어 체강내 유액이 관을 출입하면서 기체수송을 도와준다. 불가사리의 관족도 기체교환의 기능을 갖는다.

▲ 그림 43.21 몸 바깥 표면의 기체교환이 일어나는 곳, 아가미의 다양한 구조

MAKE CONNECTIONS 그림 32.11에서 봤듯이 좌우대칭인 동물들은 3계열로 나눌 수 있다. 어떤 것들이 있는가? 위에 소개된 아가미 동물들은 어떤 계열에 속하는가?

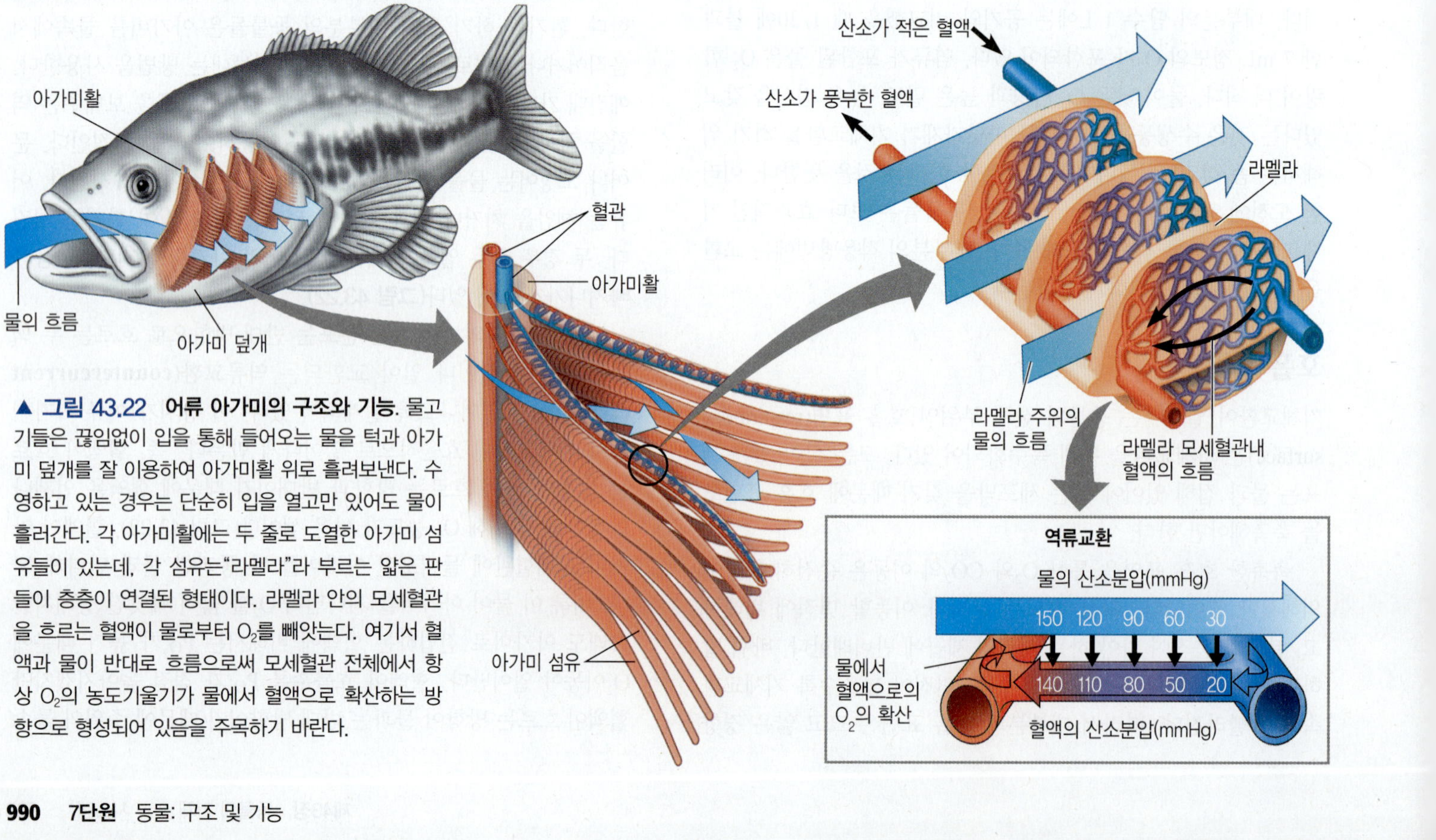

아가미활
물의 흐름
아가미 덮개
혈관
아가미활
아가미 섬유
산소가 적은 혈액
산소가 풍부한 혈액
라멜라
라멜라 주위의 물의 흐름
라멜라 모세혈관내 혈액의 흐름
역류교환
물의 산소분압(mmHg)
150 120 90 60 30
140 110 80 50 20
물에서 혈액으로의 O_2의 확산
혈액의 산소분압(mmHg)

▲ 그림 43.22 어류 아가미의 구조와 기능. 물고기들은 끊임없이 입을 통해 들어오는 물을 턱과 아가미 덮개를 잘 이용하여 아가미활 위로 흘려보낸다. 수영하고 있는 경우는 단순히 입을 열고만 있어도 물이 흘러간다. 각 아가미활에는 두 줄로 도열한 아가미 섬유들이 있는데, 각 섬유는"라멜라"라 부르는 얇은 판들이 층층이 연결된 형태이다. 라멜라 안의 모세혈관을 흐르는 혈액이 물로부터 O_2를 빼앗는다. 여기서 혈액과 물이 반대로 흐름으로써 모세혈관 전체에서 항상 O_2의 농도기울기가 물에서 혈액으로 확산하는 방향으로 형성되어 있음을 주목하기 바란다.

의 P_{O_2}도 점점 높아진다. 결국 혈액이 흐르는 전 구간 동안 O_2가 물에서 혈액으로 이동하도록 분압기울기가 유지되는 것이다.

역류교환 기작은 매우 효율적이어서 어류 아가미의 경우 호흡 표면을 지나는 동안 물에 녹아 있는 O_2의 80%까지 취득할 수 있다. 역류교환은 체온조절(40장)과 44장에서 다룰 신장의 기능에서도 중요한 역할을 담당한다(44장).

곤충의 기관계

대부분의 육상동물들은 호흡 표면을 몸 안에 가지고 있으며, 이곳은 가느다란 통로를 통해서 밖과 연결되는 구조이다. 사람들은 육상동물의 호흡기로 주로 폐를 생각하지만, 사실은 곤충에서 볼 수 있는 **기관계(tracheal system)**가 가장 많이 발견되고 있다. 몸 전체에 퍼져 있는 공기관으로 구성된 기관계는 주름진 내부 호흡 표면의 한 변형으로 볼 수 있다. 기관이라 부르는 가장 큰 관은 몸 밖으로 출구를 가지고 있다. 가장 작은 분지들은 각 세포의 인접 지역까지 퍼져 있다. 여기서 기관을 둘러싸고 있는 습한 상피층을 통해 기체교환이 일어난다. 대부분의 몸속 세포들은 호흡 매개체와 가까운 거리에 있는 셈이기 때문에 곤충의 개방순환계의 도움 없이도 O_2나 CO_2를 운반할 수 있다.

작은 곤충의 경우 기관에서의 확산으로 충분한 양의 O_2를 얻을 수 있고 충분히 빠른 속도로 CO_2를 배출할 수 있다. 큰 몸집의 곤충은 주기적인 몸의 운동으로 풀무질 하듯이 기관을 눌렀다 팽창시켰다 하여 환기시킨다. 날고 있는 곤충의 경우 평소보다 10배에서 200배의 산소를 필요로 하는데, 많은 종류의 나는 곤충들은 날개 근육의 수축 이완에 따라 빠른 속도로 기관에 공기를 불어넣도록 설계되어 있다. 또한 날개 근육은 미토콘드리아에 둘러싸여 있어 높은 대사 속도를 감당하도록 설계되어 있고, 기관은 이 ATP 합성기구에 충분한 산소를 공급하도록 연결되어 있다. 따라서 기관계의 적응 양상은 에너지대사와 직접적인 관계가 있다(그림 43.23).

폐(허파)

곤충의 몸에 고루 퍼진 기관계와는 달리, **폐(lung)**는 특정한 곳에 위치한다. 체내 표면에 굴곡을 만드는 방법으로 대부분의 폐는 수없이 많은 작은 주머니로 나누어져 있다. 폐의 호흡 표면은 신체의 어느 부위와도 맞닿아 있지 않기 때문에 폐와 신체 다른 부위 사이에 기체를 운송해 주는 순환계가 연결을 해주어야만 한다. 폐는 척추동물은 물론이고 거미, 육상 달팽이 같은 개방순환계 동물들에서도 볼 수 있다.

아가미가 없는 척추동물들 사이에서도 폐를 사용하는 정도는 다르다. 척추동물 중 양서류는 폐가 있다고 해도 비교적 작고 교환량이 얼마되지 않는다. 대신, 주로 피부와 같은 다른 신체 표면을 통한 확산으로 기체교환을 하고 있다. 반면, 대부분의 파충류(조류를 포함해서)와 포유류는 기체교환을 전적으로 폐에 의존한다. 거북이는 예외인데, 폐 호흡에 더하여 입과 항문 주위의 습한 상피조직을 통해 기체교환을 한다. 폐어와 같은 몇몇 어류에서도 폐와 대기호흡이 진화했는데, 이는 산소가 결핍된 물에서 살아야 하거나 호수에 물이 말랐을 때처럼 일시적으로 물 밖으로 나와 생활해야 하는 경우에 적응한 것이다.

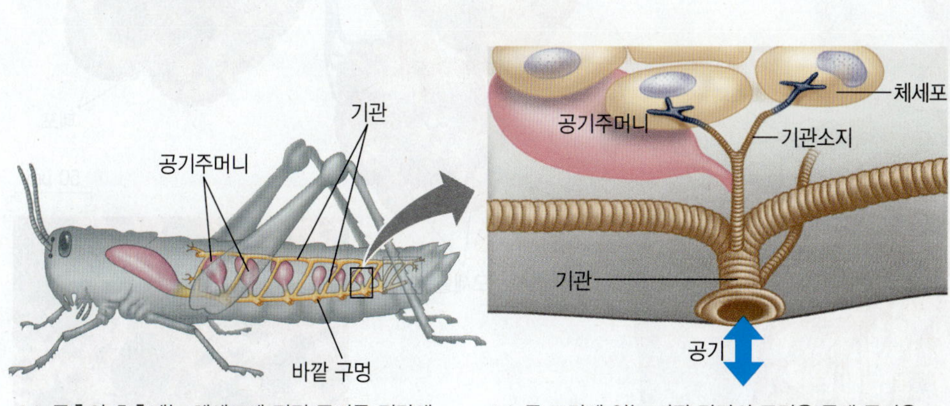

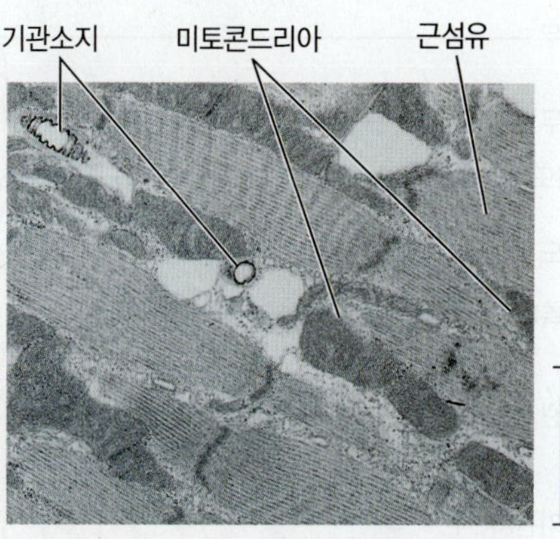

(a) 곤충의 호흡계는 체세포에 직접 공기를 전달해 주는 분지된 관들로 구성되어 있다. 기관이라 부르는 가장 굵은 관은 반지 모양의 키틴에 의해 모양을 유지하고 있으며, 산소요구량이 많은 기관 근처에는 팽창된 부위가 존재하여 공기주머니 역할을 한다.

(b) 몸 표면에 있는 기관 말단의 구멍을 통해 들어온 공기는 기관소지(tracheole)라 부르는 보다 가는 관으로 나뉘어 들어간다. 기관소지는 끝이 막혀 있고 그 끝에는 검푸른(blue-gray) 액으로 채워져 있다. 동물의 운동량이 많아져서 O_2의 소모가 많아지면 이 액이 대부분 체액으로 흡수되어 공기가 들어간 기관소지의 면적이 더 넓어진다.

(c) 이 투과전자현미경 사진은 곤충의 비행근 내 기관소지의 분포를 보여준다. 많은 수의 미토콘드리아들이 기관소지에서 5 μm 거리 안에 존재하는 것을 볼 수 있다.

▲ 그림 43.23 **기관계**

포유류의 호흡계: 자세히 보기

포유류에서는 가지 친 관들이 흉강(가슴속 공간)에 위치한 폐까지 공기를 운반해 준다(그림 43.24). 공기는 코로 들어와서 비강을 거치는 동안 털에 의해 여과되고 따뜻하게 덥혀지며 가습이 되어, 일부는 냄새를 맡기 위해 비강내 미로와 같은 공간으로 보내진다. 비강을 통해 들어온 공기는 입을 통해 들어온 음식물과 만나는 지점인 인두(pharynx)로 이동한다. 음식물을 삼킬 때는 호흡기의 앞부분인 **후두(larynx)**가 위로 움직여, **기도(trachea** 혹은 windpipe)의 입구에 해당하는 성대문(glottis)을 후두덮개(epiglottis)가 닫게 되며, 그 결과 음식물은 식도를 타고 내려가 위에 도달한다(그림 42.10). 나머지 시간에는 기도가 열려 있어 숨을 쉴 수 있다.

공기는 후두에서 기도로 내려간다. 후두와 기도의 벽은 연골로 강화되어 있어서 언제나 기도를 확보하고 있다. 또한 대부분의 포유류에서 이 부분은 소리상자, 즉 성대(vocal cord)의 역할을 한다. 내쉬는 공기가 후두에 있는 한 쌍의 신축성 있는 근육띠 사이를 통해 나가게 되어 있다. 이때 맘대로근(수의근)에 해당하는 성대 근육이 수축하여 성대를 당겨주면 소리가 나는 것이다. 강하게 당기면 줄이 팽팽해져 높은 음을, 덜 당기면 낮은 음을 내게 된다.

기도가 나누어져 각각 좌우 폐로 연결된 두 개의 **기관지(bronchus)**가 된다. 각 폐로 들어간 기관지는 좀 더 가는 **소기관지(bronchiole)**로 계속 분지되어 마치 나무를 거꾸로 세워놓은 것과 같은 형태이다. 주 기관지의 내벽 상피세포들은 섬모와 점액질로 덮여 있어서 점액질에 붙은 먼지나 꽃가루, 그 밖에 특정한 공해물질들을 섬모운동을 통해 인두 위에까지 보내 식도로 넘길 수 있다. "점액질 승강기(mucus elevator)"라고도 불리는 이 과정은 기도를 깨끗이 유지하는 데 결정적인 역할을 한다.

기체교환은 소기관지의 맨 끝부분에 붙어 있는 작은 주머니, **폐포(alveolus**; 그림 43.24)에서 일어난다. 사람의 폐에는 수백만 개의 폐포가 있어 그 면적을 다 더하면 피부 총 면적의 50배에 달하는 100 m^2에 이른다. 폐포로 들어온 공기는 내면의 얇은 수층에 녹아 들어가고, 이후 빠른 속도로 상피층을 통과하여 폐포를 둘러싼 모세혈관 속으로 녹아 들어간다. CO_2의 경우는 반대 방향으로, 즉 모세혈관에서 상피층으로 상피에서 공기 중으로 확산된다.

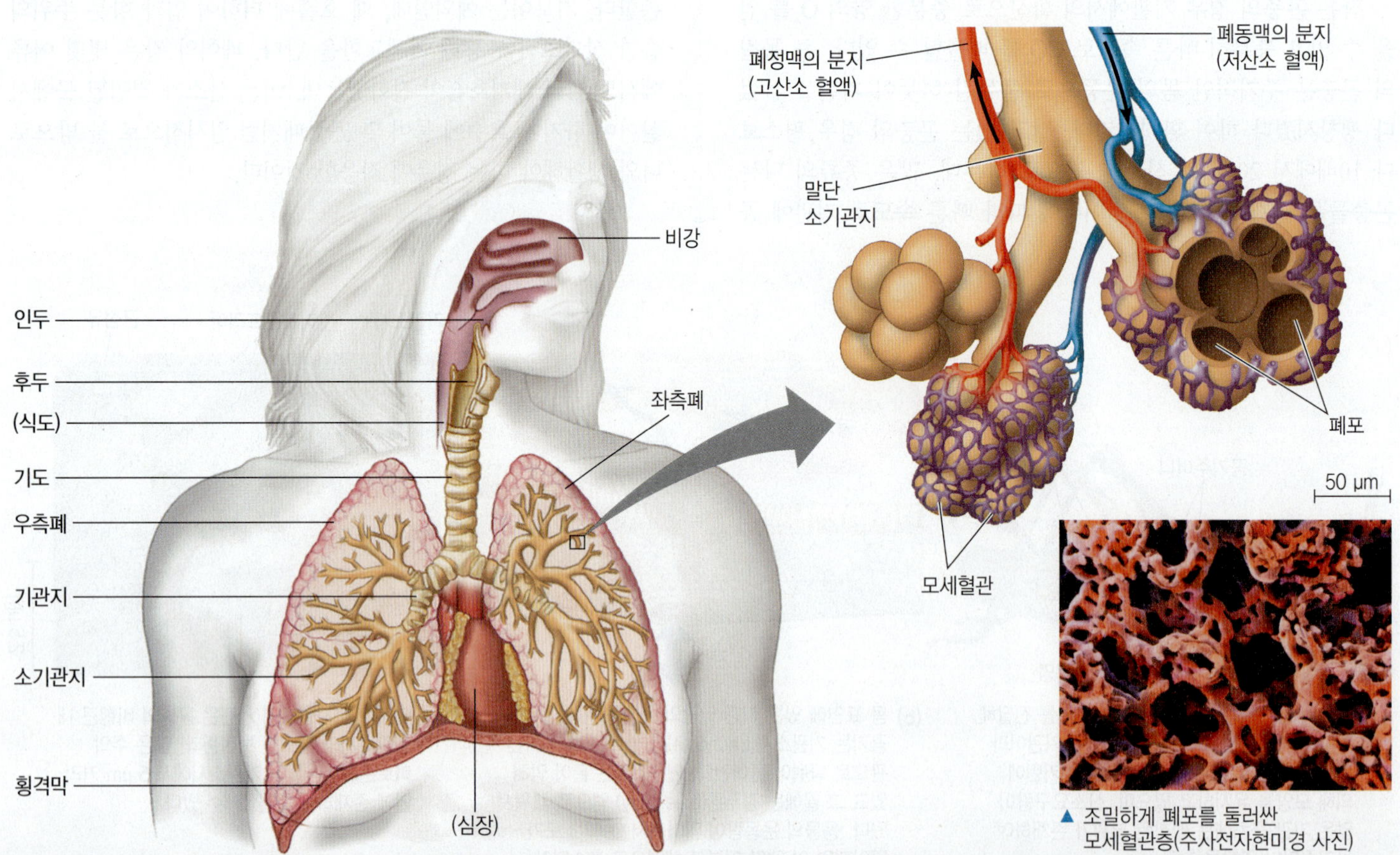

▲ 조밀하게 폐포를 둘러싼 모세혈관층(주사전자현미경 사진)

▲ **그림 43.24 포유류의 호흡계.** 비강과 인두를 통해 들어온 공기는 후두를 지나, 기도, 기관, 소기관지, 그리고 얇고 습한 상피층으로 둘러싸인 폐포에 이른다. 폐동맥의 분지는 저산소 혈을 폐포로 운반하고, 폐정맥의 분지는 고산소 혈액을 폐포에서 다시 심장으로 수송한다.

이런 섬모가 없거나 입자들을 제거할 만큼 강한 공기의 흐름을 만들지 못하면, 폐포는 쉽게 오염이 된다. 백혈구는 언제나 폐포를 순찰다니며 외부물질들을 제거하지만, 너무 많은 오염물질이 있을 경우 당해내질 못하고 결국 염증반응과 복구가 불가능한 상처를 남기게 된다. 한 예로 담배에서 나오는 미립자들은 폐의 기능을 영구적으로 저하시킬 수 있다. 석탄 광부들은 석탄먼지를 많이 들이마시기 때문에 규폐증(silicosis)으로 발전할 수 있다. 규폐증은 신체장애를 일으키고, 난치성이며 때로는 치명적이기도 한 폐질환이다.

폐포내부를 둘러싼 액상막은 액체의 표면적을 줄이려고 하는 표면장력의 영향을 받는다(3장). 폐포의 매우 작은 직경(약 0.25 mm)을 고려해 볼 때, 왜 폐포가 강한 표면장력에 의해 찌그러들지 않나 하는 의문을 갖게 된다. 이후 폐포에서 인지질과 단백질의 혼합물로 구성된 **계면활성제(surfactant)**를 생성하여 표면장력을 떨어뜨린다는 사실을 알게 되었다.

1950년대에 에이버리(Mary Ellen Avery)는 최초로 미숙아 호흡곤란증(RDS)과 계면활성제의 관계를 실험적으로 입증하였다. 이 질환은 예정일보다 6주 또는 그 이전에 출생한 미숙아에서 자주 발병한다**(그림 43.25)**. 뒤이은 연구에서 발생 후 약 33주부터(사람의 임신기간은 보통 38주) 인지질과 단백질이 포함된 계면활성제가 나타난다는 사실을 알게 되었다. 미국에서 1950년대 한 해에 약 10,000명 정도의 신생아가 이 병에 의해 사망한 것으로 알려졌다. 하지만 요즘에는 미숙아들에게 인공 계면활성제를 사용하며, 900 g 무게 이상의 미숙아들에게 사용하면 이후 대개는 건강에 별 문제 없이 생존한다. 그녀는 이러한 공헌으로 1991년 미국과학자상(National Medal of Science)을 수상했다.

여기까지 우리는 공기가 들어오는 경로에 대해 알아봤다. 이제는 숨쉬는 동작 그 자체에 대해 알아보기로 하자.

개념 확인 문제 43.5

1. 육상동물들이 몸속에 폐를 가지고 있는 것은 어떤 장점이 있는가?
2. 비가 많이 온 뒤 지렁이들이 땅 위로 올라온 것을 볼 수 있다. 이러한 행동을 지렁이의 기체교환 필요성과 연관지어 설명하라.
3. MAKE CONNECTIONS 역류교환이 어떻게 체온조절(개념 40.3 참조)과 호흡을 원활하게 하는지 설명하라.

정답은 부록 A 참조

개념 43.6

숨쉬기는 폐를 환기시키는 것이다

어류와 마찬가지로 육상생물의 경우에도 호흡 표면에서 높은 O_2 농도와 낮은 CO_2 농도를 유지하기 위해 환기작용이 필요하다. 폐를 환기시키는 것은 들숨과 날숨을 반복하는 **숨쉬기(breathing)**이다. 폐의 공기를 움직이는 데에는 여러 가지 기작이 진화되어 왔으며 양서류, 조류, 포유류의 예를 들어 설명할 것이다.

▼ 그림 43.25 탐구

무엇이 호흡곤란증(respiratory distress syndrome, RDS)을 야기하는가?

실험 하버드 의과대학의 에이버리(Mary Ellen Avery)는 미숙아의 호흡곤란증(RDS)이 표면활성제의 부족에 의한 것이라는 가설을 세웠다. 이 가설을 시험해 보기 위해 그녀는 RDS로 인해 사망한 유아와 다른 요인으로 사망한 유아의 폐 조직을 얻어 분석 비교하였다. 에이버리 박사는 각 시료에서 추출된 물질을 이용하여 물 위에 얇은 막을 형성시키고 이때 나타나는 표면장력(dynes/cm)을 측정하여 각 시료마다 가장 낮은 값을 기록하였다.

결과 에이버리는 영아의 체중이 1,200 g보다 작을 때와 크거나 같을 때가 서로 다른 양상을 보인다는 것을 알 수 있었다.

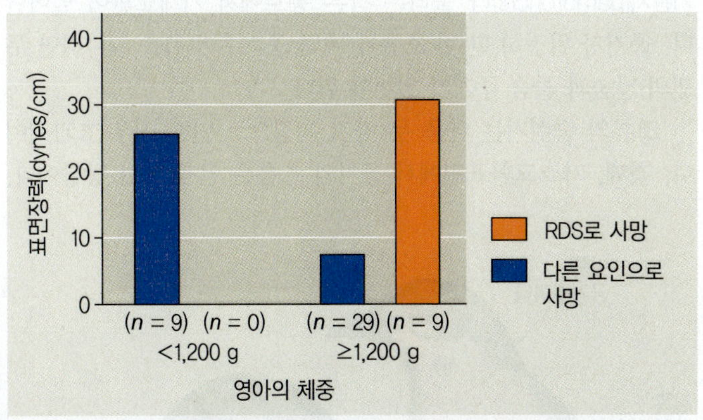

결론 일반적으로 체중이 1,200 g 이상인 영아의 폐에서 나온 시료는 다른 원인으로 사망한 영아의 시료에 비해 훨씬 높은 표면장력을 나타냈다. 에이버리는 영아의 폐에 표면장력을 떨어뜨리는 계면활성제가 있는데 이것이 결핍되면 RDS의 확률이 높아진다고 생각했다. 체중이 1,200 g 이하인 영아는 RDS로 사망한 영아와 비슷한 값을 나타낸 것으로 미루어 이 시기 전에는 계면활성제의 생성이 일어나지 않는다는 것을 알 수 있다.

참고문헌 M. E. Avery and J. Mead, Surface properties in relation to atelectasis and hyaline membrane disease. *American Journal of Diseases of Children* 97:517–523 (1959).

WHAT IF? 만약 이 실험에서 폐조직에 있는 계면활성제의 양을 측정하였다고 가정하자. 영아의 체중 대 계면활성제의 양을 그래프로 그린다면 어떤 모양이 될지 설명하라.

양서류의 숨쉬기

개구리와 같은 양서류의 허파는 **양압 숨쉬기(positive pressure breathing)**로 환기를 시킨다. 숨을 쉴 때마다, 구강의 바닥을 밑으로 내려 공기가 콧구멍으로 들어오도록 한 후, 입과 콧구멍을 닫은 채로 구강의 바닥을 올리면 공기가 기관 쪽으로 밀려들어간다. 숨을 내쉴 때는 폐의 반동력과 근육에 의한 압축이 다시 공기를 밖으로 밀어낸다. 수컷 개구리가 싸우거나 구애하는 과정에서 자신의 몸을 부풀릴 때는 숨쉬기를 멈추고 평소의 몇 배나 되는 공기를 날숨 없이 계속 들이마신다.

조류의 숨쉬기

조류는 폐에 신선한 공기를 전달해 주기 위해 폐 양쪽에 8~9개의 공기주머니를 가지고 있다(그림 43.26). 이 공기주머니들은 기체교환에는 직접 참여하지는 않는다. 그 대신 폐를 지나 계속 공기가 흐르도록 만들어 준다. 조류에서는 끝이 막힌 폐포 대신 곁기관지(parabronchi)라 불리는 작은 통로에서 기체교환이 일어난다. 공기가 완전히 한 번 호흡계(폐와 공기주머니)를 지나려면 두 번의 날숨과 들숨 주기가 있어야 한다.

조류의 숨쉬기는 다음 두 가지 특징으로 인해 매우 효과적이다. 첫째, 가스교환표면에서 공기의 흐름은 언제나 한 방향이다.

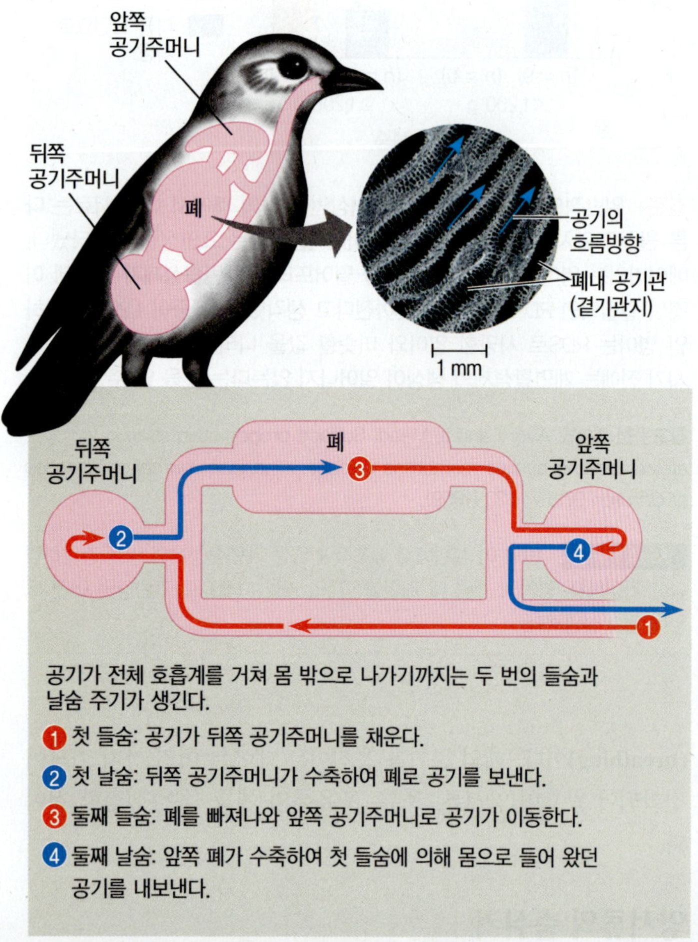

▲ 그림 43.26 **조류의 호흡계.** 이 그림은 조류의 호흡기에서 공기의 흐름을 나타낸 것이다. 그림에서 나타나듯이 공기가 전체 호흡계를 거쳐 몸 밖으로 나가기까지는 두 번의 들숨과 날숨 주기가 필요하다.

둘째, 새로 들어오는 신선한 공기는 이미 가스교환이 일어난 공기와 섞이지 않는다.

포유류의 숨쉬기

포유류는 양서류와 달리 **음압 숨쉬기(negative pressure breathing)**를 한다. 즉, 공기를 폐로 보낼 때 공기를 밀어서 들여보내는 것이 아니라 빨아들이는 것이다(그림 43.27). 근육을 수축하여 흉강의 체적을 넓혀 폐의 기압을 외부보다 낮춘다. 기체는 기압이 높은 곳에서 낮은 곳으로 흐르기 때문에 공기가 콧구멍과 입을 통해 호흡관을 타고 폐포까지 내려온다. 날숨을 쉴 때는 흉강의 근육을 이완시켜 부피가 줄어들도록 만들면, 폐포에 기압이 증가하여 호흡관이나 외부보다 높아진다. 그래서 들숨은 언제나 능동적으로 에너지를 소모해야만 하고, 날숨은 수동적으로 일어난다.

폐의 부피는 갈비뼈 근육과 **횡격막(diaphragm)**이 수축할 때 증가한다. 이때 횡격막은 흉강의 바닥을 이루는 골격근판을 말한다. 갈비뼈 근육이 수축하면 갈비뼈는 위로 들어올려지고, 가슴뼈는 앞으로 이동하게 되어 결국 흉곽의 부피가 늘어나게 된다. 이와 동시에 횡격막이 수축하면서 흉강을 아래쪽으로도 팽창시킨다. 이는 마치 주사기의 피스톤을 뒤로 움직이는 것과 같다.

흉강에서 폐를 둘러싼 이중막의 안쪽은 폐의 표면에 강하게 결합되어 있고, 바깥막은 흉강에 강하게 붙어 있다. 가운데 얇은 공간은 액으로 채워져 있어 두 층을 나누고 있다. 액의 표면장력 때문에 마치 두 장의 유리를 붙여 놓은 것처럼 두 장이 서로 잘 미끄러지지만 떨어지지는 않는 것이다. 그 결과 흉강의 부피에 따라 폐의 부피도 같이 변한다.

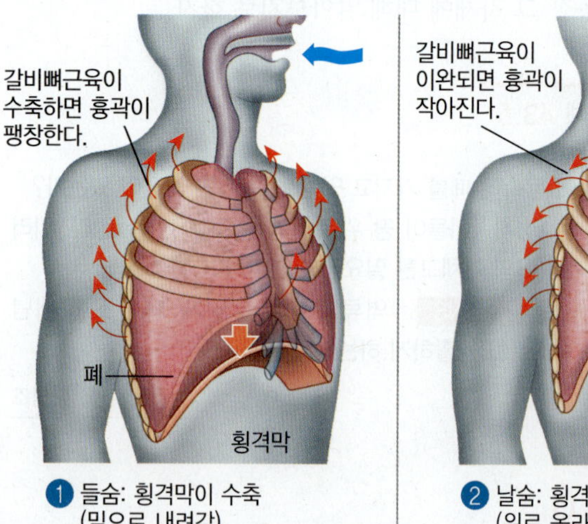

▲ 그림 43.27 **음압 숨쉬기.** 포유류는 외부대기압에 대한 폐 속 기압을 변화시켜 숨을 쉰다.

WHAT IF? 폐포의 벽은 탄력 있는 섬유들이 있어 숨을 쉴 때마다 팽창과 수축을 반복한다. 만약 폐포가 이러한 탄력을 잃는다면 폐에서의 가스교환에 어떤 영향을 미칠 것인가?

활동량에 따라 숨쉬는 데 더 많은 종류의 근육이 사용되기도 한다. 평소 안정된 상태에서는 갈비뼈 근육과 횡격막 근육만으로도 충분한 부피조절이 가능하다. 운동을 심하게 할 때는 목, 등, 가슴의 근육이 모두 흉곽의 상승을 도와 환기작용이 잘 일어나도록 도와준다. 캥거루를 비롯한 몇몇 동물에서는 이동할 때의 움직임이 간이나 위 등의 내장들이 주기적으로 움직인다. 이러한 내장의 피스톤 같은 움직임은 횡격막을 위, 아래로 움직여 환기량을 늘려주는 효과가 있다.

한번 숨을 쉴 때 들이쉬고 내보내는 공기의 체적을 **일회호흡량(tidal volume)**이라 하는데, 일반인이 쉬고 있을 때의 일회호흡량은 약 500 mL 정도이다. 최대 일회호흡량을 측정할 수 있는데 이를 **폐활량(vital capacity)**이라 부르며, 젊은 여자와 남자의 경우 각각 대략 3.4 L와 4.8 L에 달한다. 폐는 사실 폐활량보다 많은 양의 공기를 담고 있다. 폐포를 완전히 압축시킬 수 없기 때문에 힘껏 숨을 다 내쉬고도 공기가 남아 있게 되는데 그 양을 **잔류공기량(residual volume)**이라 부른다. 나이가 들거나 병에 걸려 폐의 원상회복 능력이 떨어지게 되면 폐활량이 줄어들면서 잔류공기량이 증가하게 된다.

포유류의 폐는 숨을 내쉴 때 완전히 비워지지 않고, 또 같은 통로를 이용하여 신선한 공기를 들이마시기 때문에 폐에 남아 있던 산소가 고갈된 공기와 섞이게 된다. 그 결과로 폐포내 P_{O_2}는 항상 외부 공기에 비해 적게 나타날 것이다. 즉, 포유류의 폐에서 나타나는 최대 P_{O_2}는 매번 숨쉴 때마다 공기를 완전히 갈아치우는 조류에 비해 작을 수밖에 없다. 이러한 이유로, 새들은 사람에 비해 고산지역에서 잘 활동할 수 있다. 예컨대 사람은 지구상에서 가장 높은 히말라야산맥의 에베레스트산 정상(해발 8,850 m)에서 심한 산소 부족을 경험하게 되는데, 인도기러기(bar-headed goose)와 같은 몇몇 새들은 이곳을 넘어 이동할 수 있다.

인간의 숨쉬기(호흡) 조절

인간은 숨쉬는 것을 의식적으로 일정 시간 동안 멈출 수도 있고 빠르고 깊게 숨쉴 수도 있지만, 대부분의 시간 동안은 자율적으로 조절되는 것을 볼 수 있다. 따라서 호흡계의 작동은 틀림없이 순환계와 조화를 이루고 체내의 기체교환의 요구량에 의해 조절되어야 한다.

주요 **호흡조절중추**(breathing control center)는 뇌의 두 부분, 즉 연수와 뇌교에 위치한다 (그림 43.28). 연수의 조절회로는 숨쉬는 리듬을, 뇌교의 것은 숨쉬는 속도를 조절한다. 깊은 숨을 쉴 때 음성되먹임 기작이 폐의 지나친 팽창을 방지하기도 하는데, 이는 폐조직에 있는 신장감각기에서 신경신호를 보내 연수의 조절중추에서 오는 신호를 억제함으로써 더 이상의 들숨을 막는다.

호흡량을 조절하는 데 있어 연수의 조절중추에서는 CO_2 농도의 지표로 주로 인근의 pH 변화를 이용한다. 이처럼 pH를 이용할 수 있는 것은 연수가 위치한 뇌척수액(cerebrospinal fluid)의 pH가 주로 혈중 CO_2 농도에 의해 좌우되기 때문이다. 혈액에서 뇌척수액으로 확산되어온 이산화탄소는 물과 반응하여 탄산(H_2CO_3)을 형성한다. 이 H_2CO_3는 해리되어 중탄산이온(HCO_3^-)과 수소이온(H^+)을 형성할 수 있다.

$$CO_2 + H_2O \rightleftharpoons H_2CO_3 \rightleftharpoons HCO_3^- + H^+$$

운동할 때와 같이 대사활동이 증가하면, 혈액과 뇌척수액 내 CO_2의 농도가 높아져 pH가 낮아진다. 위의 식에서 보듯이 CO_2 농도가 높을수록 H^+의 농도가 높아져 pH가 떨어진다. 이에 반응하여 연수에서는 호흡의 깊이와 속도를 모두 증가시켜서 과다한 CO_2를 날숨을 통해 배출하여 결국 정상 pH로 돌아오게 만든다.

혈액내 O_2의 농도는 평소에는 그다지 호흡에 영향을 주지 않는다. 하지만 O_2의 농도가 지나치게 낮아진 경우에는, 예컨대 고산지역으로 갔을 때에는 대동맥과 목동맥(경동맥)의 산소감응기에서 호흡조절중추로 신호를 보내 호흡 속도를 증가시킨다. 또한 연수에 붙어 있는 뇌교에 의해 호흡조절이 조율된다.

이러한 호흡조절작용은 순환계와 연결되어야만 제대로 효과를 나타낼 수 있다. 따라서 호흡 환기량과 폐포 주위의 혈류량 사이에는 밀접한 관계가 있다. 예컨대 운동 시 O_2의 공급과 CO_2의 배출을 돕는 호흡 속도의 증가는 심박출량의 증가와 짝을 이룬다.

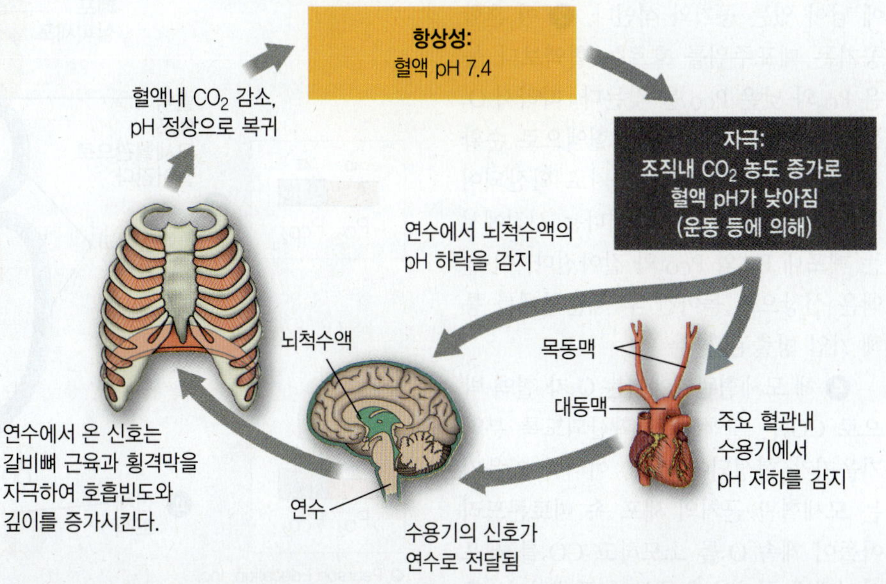

▲ **그림 43.28 호흡의 항상성 조절**

WHAT IF? 어떤 사람이 쉬는 동안 갑자기 호흡이 빨라지기 시작했다고 가정하자. 혈액내 CO_2 농도에 어떤 영향을 미칠 것인지 또한 어떤 경로의 음성되먹임에 의해 다시 항상성을 되찾을 것인지 설명하라.

개념 확인 문제 43.6

1. 혈액내 CO_2의 농도 증가는 뇌척수액의 pH에 어떻게 영향을 미치는가?
2. 혈액의 pH가 약간 떨어지면 심장의 박동원은 속도를 높이게 되는데, 이러한 조절 기작의 기능은 무엇인가?
3. WHAT IF? 만약 여러분이 사고를 당해 폐를 둘러싼 막에 작은 구멍을 냈다고 가정하자. 이 경우 폐의 기능에 어떤 영향을 미치겠는가?

정답은 부록 A 참조

개념 43.7

기체교환을 위한 적응에는 운반 기체들과 결합하는 색소가 포함된다

생물들의 활발한 대사작용을 위해서는 많은 양의 O_2와 CO_2의 수송이 요구된다. 여기서 우리는 호흡색소라 부르는 혈액내 분자가 어떻게 O_2와 CO_2에 작용하여 교환을 수월하게 하는지 알아볼 것이다. 또한 동물들이 높은 대사요구량이나 적은 P_{O_2}의 환경에 어떻게 생리적으로 적응해 왔는지도 알아볼 것이다. 이 주제들의 기초가 되는 사람에서의 기체교환 과정을 요약해 보자.

순환과 기체교환의 조화

그림 43.29에서 볼 수 있듯이 순환계의 각 지점에 따라 O_2와 CO_2의 분압이 다르다. ❶ 숨을 들이쉴 때 신선한 공기가 폐에 남아 있는 공기와 섞인다. ❷ 이 혼합 공기는 폐포주위를 흐르는 혈액보다 높은 P_{O_2}와 낮은 P_{CO_2}를 갖는다. 따라서 O_2는 농도에 따라 공기에서 혈액으로 순확산이 일어나고, CO_2는 공기로 확산되어 나간다. ❸ 혈액이 폐를 떠나는 시점에서는 폐포내 P_{O_2}와 P_{CO_2}와 같아진다. 이 혈액은 심장으로 돌아간 후 체순환계를 통해 가압 방출된다.

❹ 체 모세혈관계에서는 O_2가 혈액 밖으로 CO_2는 혈액 내로 확산되도록 분압 기울기가 형성되어 있다. 이러한 기울기는 모세혈관 근처의 세포 속 미토콘드리아들이 계속 O_2를 소모하고 CO_2를 세포 사이액에 첨가하기 때문에 존재한다. ❺ 혈액에서 O_2가 나가고 CO_2가 들어온 후에 심장으로 이동하고 다시 폐로 가압되어 나간다. ❻ 여기서 폐포 모세혈관을 통해 가스교환이 일어나고 CO_2가 많고 O_2가 적은 공기가 되어 날숨을 통해 나간다.

호흡색소

순환계를 통해 O_2를 공급하는 동물들의 경우 O_2의 물에 대한 용해도가 낮은 것이 언제나 문제가 된다. 만약 우리 몸에 O_2가 혈액의 액체 성분에 용해된 형태로만 공급된다고 가정해 보자. 이 경우 우리 체온에서 1 L의 혈액에 녹을 수 있는 O_2는 4.5 mL에 불과하다. 우리가 심한 운동을 했을 경우 분당 O_2 소모량이 약 2 L까지 이를 수 있다. 그리고 각 조직에서 최대 80%의 혈중 O_2가 조직으로 이동한다고 쳐도(현실적으로는 너무 높은 비율이다), 몸이 원하는 산소량을 공급해 주기 위해서는 아직도 심장이 분당 약 555 L의 혈액을 펌프해야만 한다!

사실 거의 모든 동물들은 O_2를 운반할 때 대부분 **호흡색소 (respiratory pigment)**라 부르는 특수한 단백질을 이용한다. 이 색소들은 혈액과 함께 순환을 하는데 많은 경우 특화된 세포 안에 들어 있다. 이 단백질은 순환액이 운반할 수 있는 O_2의 양을 크게 증가시킨다(1 L의 혈액에 약 200 mL의 O_2). 다시 앞의 예에서 조직에서 O_2의 방출량을 80%로 가정하면, 우리 심장은 분당 혈액 12.5 L만 순환시켜도 충분한 O_2를 공급할 수가 있는 것이다.

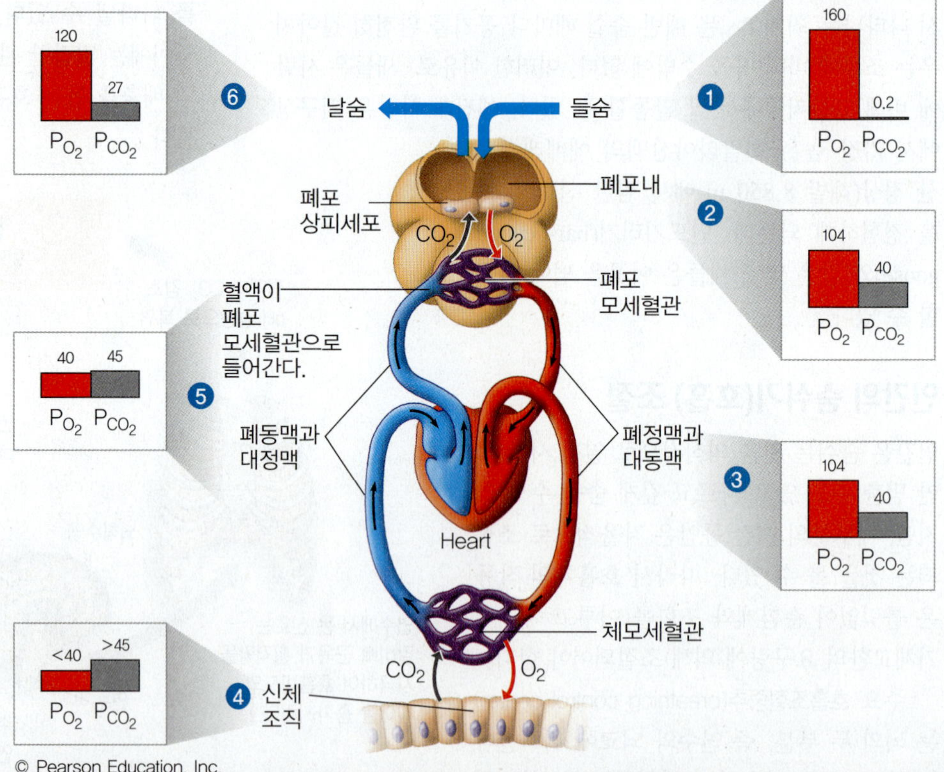

▲ 그림 43.29 호흡기체의 출입양상

WHAT IF? 의식적으로 숨을 내뱉을 때마다 좀 더 많은 공기가 나가도록 한다면 그림에 표시된 값에 어떤 변화가 생길까?

동물의 종류에 따라 다양한 종류의 호흡색소를 진화시켰다. 예외가 있긴 하지만 대부분이 특이한 색을 띠며[그래서 색소(pigment)라고 부름], 단백질과 금속으로 구성되어 있다. 예를 들면, 파란색의 **헤모시아닌**(hemocyanin)은 구리가 산소결합성분인 호흡색소로 절지동물과 많은 종류의 연체동물에서 발견된다.

대부분의 척추동물과 상당수의 무척추동물에서 사용되는 호흡색소는 헤모글로빈(hemoglobin)으로, 포유류에서는 적혈구 내에 존재한다. 헤모글로빈은 4개의 단위체(폴리펩타이드)로 구성되며, 각 단위체는 보결분자로 철이온이 중심에 붙어 있는 헴(heme)그룹을 가지고 있다. 각 철이온이 한 분자의 O_2와 결합하므로 한 분자의 헤모글로빈에는 네 분자의 O_2가 결합할 수 있다. 모든 호흡색소가 그렇듯이 헤모글로빈도 O_2와 가역적으로 결합할 수 있는데, 폐나 아가미에서는 O_2가 결합되고 그 외 조직에서는 방출한다. 이 과정은 헤모글로빈 분자를 이루는 각 단위체 간의 상호작용에 의존하고 있다(개념 6.5). 한 단위체에 O_2가 결합하면 다른 단위체의 구조까지도 조금씩 바뀌어 O_2에 대한 친화도가 높아진다. 네 분자의 O_2가 결합되었다가 한 단위체에서 산소가 빠져나가면 나머지 3개 단위체의 구조도 산소에 대한 친화도가 낮은구조로 바뀌게 된다.

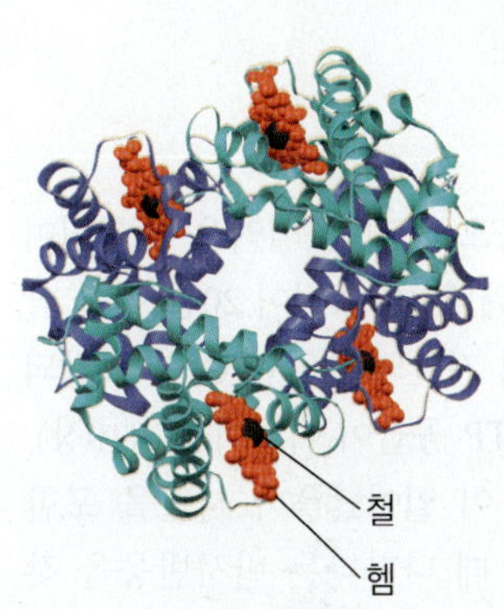

헤모글로빈

이러한 협력적인 O_2의 결합과 방출은 헤모글로빈의 산소해리곡선에서 잘 나타난다(그림 43.30a). 이 그래프의 급격한 경사를 보이는 부분에서는 P_{O_2}의 작은 변화에도 상당량의 O_2 분자가 헤모글로빈으로부터 떨어졌다 붙었다 하는 것을 볼 수 있다. 우리 몸에서 나타나는 P_{O_2}의 범위는 경사가 급격히 변하는 부위에 해당한다는 점에 주목하기 바란다. 특정 지역의 세포들이 많은 양의 O_2를 소모한 경우, 예컨대 운동을 한 경우, 그 근처의 P_{O_2}가 약간만 떨어져도 헤모글로빈 단위체 간의 협력관계로 인해 충분한 양의 O_2가 그 일대에 방출된다.

세포호흡에 의해 생성된 CO_2는 활동이 많은 조직에서 헤모글로빈으로부터 O_2가 잘 떨어져 나오도록 만든다. 앞에서 봤듯이, 이산화탄소는 물분자와 결합하여 탄산(H_2CO_3)을 형성하기 때문에 대사가 활발한 조직에서는 pH가 떨어진다. 낮은 pH는 헤모글로빈의 산소에 대한 친화도를 떨어뜨린다. 이 효과를 보어 변위 또는 **보어 효과**(**Bohr shift**, 그림 43.30b)라고 부른다. 즉, CO_2의 생성이 많은 지역에 세포호흡에 사용할 수 있는 O_2가 헤모글로빈에서 더 많이 방출된다.

헤모글로빈은 O_2를 운반하는 역할 외에도 CO_2의 운송을 도와주며, pH의 변화를 막아주는 완충제의 역할을 담당하기도 한다.

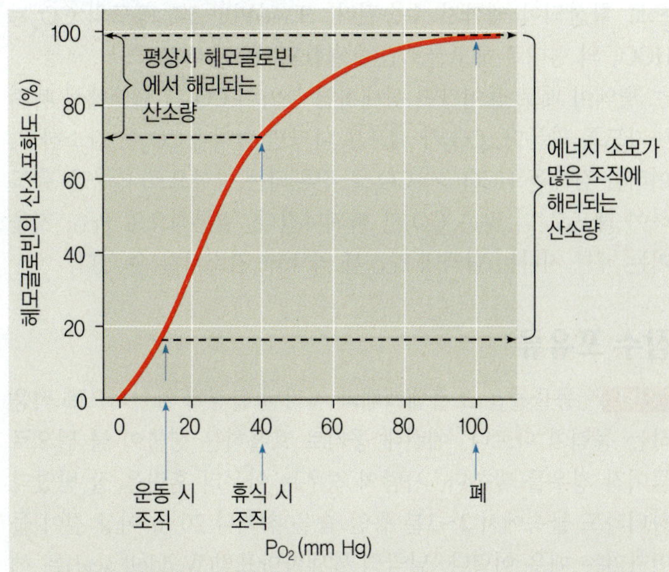

(a) pH 7.4에서의 P_{O_2}와 헤모글로빈 해리도. 이 곡선은 P_{O_2}에 따라 헤모글로빈에 결합한 O_2의 양을 비율로 나타낸 것이다. P_{O_2}가 100 mmHg 정도인 폐에서는 헤모글로빈의 산소포화도가 98%에 이른다. 한편 P_{O_2}가 40mmHg 정도인 조직에서는 산소포화도가 70%이므로 그 차이만큼 산소를 방출할 수 있다. 운동을 많이 한 조직에서는 훨씬 많은 양을 방출할 수 있다.

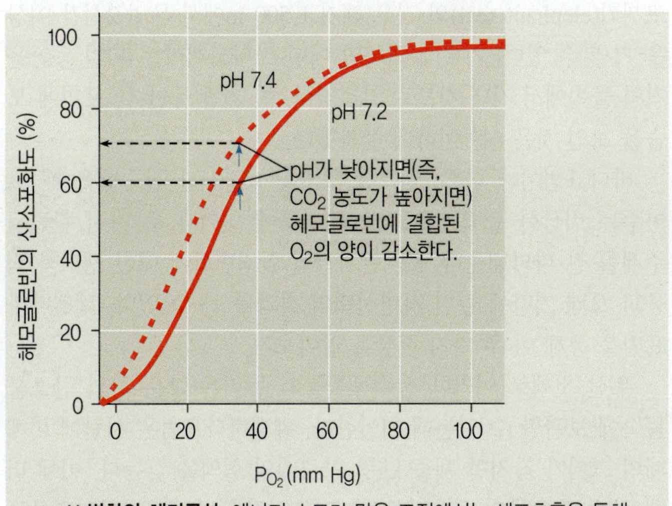

(b) pH 변화와 해리곡선. 에너지 소모가 많은 조직에서는 세포호흡을 통해 생성된 이산화탄소가 물과 결합하여 탄산을 만들기 때문에 pH가 약간 낮아진다. 그 결과로 헤모글로빈으로부터 많은 양의 O_2가 방출되어 산소 소비가 많이 일어나는 조직에 보다 많은 O_2를 공급할 수 있게 된다.

▲ **그림 43.30 37℃에서의 헤모글로빈 해리곡선**

이산화탄소의 운송

세포들에서 생성되는 CO_2 중 불과 7% 정도만이 혈장에 용해된 상태로 운반되며 나머지는 세포막을 통과해 적혈구로 들어가 물과 반응하여 H_2CO_3를 형성한다(이때 탄산탈수효소, carbonic anhydrase가 작용한다.). H_2CO_3는 H^+와 HCO_3^-로 쉽게 해리된다. 대부분의 수소이온은 헤모글로빈을 비롯한 단백질에 결합하여 혈액의 pH의 변화가 최소화되고, 대부분의 HCO_3^-는 혈장으로 확산되어 폐까지 수송된다. 또 나머지 5% 정도의 CO_2는 HCO_3^-의 형태로 헤모글로빈에 결합되어 수송된다.

혈액이 폐로 들어가면 상대적인 분압이 CO_2가 혈액에서 빠져나가도록 만든다. CO_2가 폐포로 나가면 혈액내 CO_2는 감소하고, 이러한 감소는 HCO_3^-가 CO_2로 전환되는 방향으로 반응을 유도하여 폐포로 더 많은 CO_2가 빠져나간다. 결론적으로 P_{CO_2} 기울기는 폐를 지나는 혈액내 P_{CO_2}를 약 15% 감소시킬 수 있다.

잠수 포유류

진화 동물들은 호흡매개체와 격리된 환경에 일시적으로 적응하는 능력이 다르다. 예컨대 공기로 호흡하는 생물이 물 밑으로 들어간 경우를 말한다. 사람의 경우는 아무리 훈련을 잘 받았다 하더라도 물속에서 2~3분 동안 숨을 참거나 20 m 이상 깊이 들어가기는 매우 어렵다. 남극의 웨델바다표범(Weddell seal)은 해저 200~500 m에서 약 20분 정도(긴 경우는 1시간 이상) 머물며 생활한다. 사람이 이 정도로 오래 물속에 머물기 위해서는 공기통을 메고 들어가는 수밖에는 없다. 물개나 바닷거북, 고래 종류들 중에는 이보다 더 놀라운 능력을 보여주는 것들이 있다. 바다코끼리(elephant seal)의 경우 해저 1,500 m에서 무려 2시간 이상을 지낼 수 있다! 기록에 의하면 어떤 바다코끼리는 40일 동안을 거의 물속에서 지낸 것으로 알려졌다. 이 기간 동안 물 표면에 모습을 보인 것은 6분 이하에 불과했다.

바다표범이나 다른 잠수 포유류들이 장시간 잠수했을 때 보여주는 비상한 능력들은 생물체 연구에 있어서 두 가지 관련된 주제를 잘 나타내준다. 즉, 단기간의 환경변화에 대한 생리적 적응과 오랜 기간에 걸친 자연선택의 결과를 볼 수 있다. 웨델바다표범을 통해 이 두 가지 현상을 알아보자.

우선 첫째로 이러한 잠수동물들의 능력은 많은 양의 산소를 몸속에 보관할 수 있는데 기인한다. 웨델바다표범은 사람에 비해 폐의 크기가 작지만 체중 kg당 약 2배의 혈액을 갖는다. 이에 더해 잠수 포유류의 근육에는 산소를 저장할 수 있는 **마이오글로빈(myoglobin)**의 농도가 높다. 그 결과로 웨델표범은 인간에 비해 체중 kg당 약 2배의 산소를 저장할 수 있다.

잠수 포유류는 단순히 많은 양의 O_2를 저장할 수 있을 뿐 아니라 O_2를 아껴쓰는 능력도 있다. 유영을 할 때 근육을 최소한으로 사용하고, 물에서 오르내리는 데에는 주로 부력을 이용한다. 잠수하는 동안에는 심장박동 속도와 O_2 소모량이 감소한다. 또한 말초저항을 조절하여 혈액이 주로 뇌, 척수, 눈, 부신, 태반(임신했을 경우)으로만 공급되고, 근육으로 가는 혈액은 제한되며 잠수가 길어지면 완전히 차단된다. 웨델바다표범이 20분 이상 잠수하게 되면 근육의 마이오글로빈에 저장되어 있던 O_2가 고갈되고 O_2 호흡 대신 해당과정을 통한 ATP 공급이 이루어진다(10장).

▲ 웨델바다표범

진화 과정에서 어떻게 이런 적응이 일어났을까 사람을 포함한 모든 포유동물은 물속에 빠졌을 때 나타나는 반사반응을 갖는다: 얼굴에 찬물만 닿아도 심장박동이 감소하고 신체말단으로 가는 혈액이 줄어든다. 이를 강화시키는 유전자의 변화가 바다표범의 조상들로 하여금 물속에서 먹이를 찾는 데 유리하게 만들었을 것이다. 또한 혈액을 늘리거나 마이오글로빈의 농도가 높아지는 등의 잠수능력에 도움이 되는 유전적 변이가 오랜 세대를 거치면서 선택되었을 것이다.

개념 확인 문제 43.7

1. 폐포나 조직의 모세혈관에서 O_2나 CO_2가 혈액에서 조직으로 확산되어 나갈 것인지 혹은 들어올 것인지를 결정하는 요인은 무엇인가? 설명하라.
2. 보어 변위(혹은 보어 효과)가 심한 운동 중인 조직에 산소를 공급하는 데 어떤 도움이 되는가?
3. **WHAT IF?** 의사들이 과호흡증 환자에게 HCO_3^-를 처방하기도 한다. 의사들은 환자의 혈액내 어떤 화학적 변화를 추측하여 이런 처방을 하는가?

정답은 부록 A 참조

43장 복습

핵심 개념의 요약

개념 43.1

순환계는 기체교환 표면과 몸 전체 세포들을 연결시켜 준다

- 구조가 단순하고 작은 동물들은 위수강을 통해 환경과 짧은 확산거리에 있는 세포 사이에 교환을 한다. 확산에 의한 물질 이동은 짧은 거리가 아니면 너무 느리기 때문에 대부분의 복잡한 구조의 동물들은 내부물질 운송장치를 가지고 있다. 즉, 이 장치는 체세포와 외부의 교환 기관 사이에 액체를 순환시킨다. 절지동물이나 대부분의 연체동물에서 볼 수 있는 **개방순환계(open circulatory system)**는 **혈림프액(hemolymph)**이 직접 기관을 둘러싸고 있다. 포유류의 **폐쇄순환계(closed circulatory system)**는 펌프와 관으로 구성된 폐쇄된 연결망 안에서 **혈액(blood)**을 순환시킨다.
- 척추동물의 순환계는 혈액과 **혈관(blood vessel)** 그리고 2~4개의 방을 가진 **심장(heart)**으로 구성된다. **심실(ventricle)**에 의해 뿜어나온 혈액은 **동맥(artery)**으로 흘러가고 이후 혈액과 세포사이액(interstitial fluid) 간의 실질적인 물질 교환이 일어나는 **모세혈관(capillary)**으로 간다. **정맥(vein)**은 모세혈관을 통과한 혈액을 **심방(atrium)**까지 운반하고, 여기서 다시 심실로 넘어간다. 어류, 가오리, 상어들은 순환을 위해 하나의 펌프를 갖고 있으며, 공기로 숨쉬는 척추동물들은 두 개의 펌프가 합해진 하나의 심장을 갖고 있다. 심실의 수나 분리 정도는 각기 다른 환경과 대사요구량에 따라 적응한 결과이다.

? 폐쇄순환계 내에서 액체가 흐르는 것과 세포 간에 물질이 이동하는 것은 이동 거리, 방향성, 움직이는 힘이라는 관점에서 어떤 차이가 있는가?

개념 43.2

포유류의 이중순환은 잘 조율된 심장의 수축주기에 의해 일어난다

- 우심실에서 혈액을 폐로 보내는 것을 시작으로 하는데, 폐에서는 O_2의 보충과 CO_2의 배출이 일어난다. 이 고산소 혈액이 다시 심장의 좌심방으로 들어가고, 좌심실에 의해 온몸으로 순환하도록 펌프되어 나간다. 다시 혈액은 우심방을 통해 심장으로 들어온다.

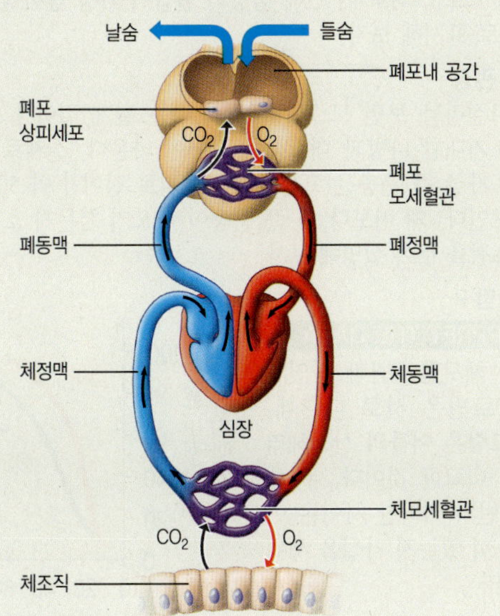

- 심장이 비워지고 채워지는 완전한 과정을 **심장주기(cardiac cycle)**라고 부르며, 수축하는 시기인 **수축기(systole)**와 이완하는 시기인 **이완기(diastole)**로 구성된다. 심장의 기능은 **맥박수(pulse;** 분당 심장이 뛰는 횟수)와 **심박출량(cardiac output;** 분당 각 심실이 내뿜는 혈액의 부피)으로 측정할 수 있다.
- 심장의 수축은 우심방에 위치한 **동방결절[sinoatrial(SA) node,** 박동원]에서 시작된다. 이 자극은 두 심방의 수축을 유도하고 **방실결절[atrioventricular(AV) node]**로 전달된다. 전달된 자극은 방실결절에서 시간적으로 약간 지연된 후 가지다발과 푸르키녜 섬유를 타고 전도되어 심실의 수축을 격발한다. 박동원에 영향을 주는 요인으로는 신경, 호르몬, 체온 등이 있다.

? 문제가 있는 심장판막을 대체하는 수술 후 심장의 기능에 어떤 변화가 있을 것으로 예상하는가?

개념 43.3

혈압과 혈류의 변화 양상은 혈관의 구조와 배열을 반영한다

- 혈관의 구조는 기능에 따른다. 모세혈관은 직경이 작고 벽이 얇아서 교환이 잘 일어난다. 혈류속도는 총단면적이 가장 넓은 모세혈관에서 가장 느리다. 동맥은 두꺼운 탄력층이 있어서 혈압을 유지해준다. 정맥은 한 방향으로 흐르게 하는 판막이 있어 심장으로 혈액이 들어가도록 한다. 혈압은 심장의 박출량, 그리고 소동맥의 수축 정도에 따라 달라진다.
- 모세혈관에서 빠져나간 액체 성분은 **림프계(lymphatic system)**를 통해 혈액으로 회수된다. 림프계는 감염에 대응하는 역할을 하기도 한다.

? 만약 당신의 팔을 머리 위로 들어 올린다면 그 팔의 혈압은 어떻게 변할까? 설명하라.

개념 43.4

혈액성분들은 교환, 운송, 그리고 방어의 역할을 담당한다

- 온전한 혈액은 세포들과 세포의 조각(**혈소판, platelet**)들이 **혈장(plasma)**이라는 기질에 떠다니는 것이다. 혈장 단백질들은 혈액의 pH, 삼투압, 점성, 지질수송, 면역반응(항체), 혈액 응고(파이브리노젠) 등에 영향을 준다. **적혈구(erythrocyte)**는 산소를 운반한다. 다섯 종류의 **백혈구(leukocyte)**들은 식세포작용을 통해 세균이나 찌꺼기들을 제거하기도 하고, 항체를 만들어 몸을 보호하기도 한다. 혈소판은 연속반응을 통해 파이브리노젠이 파이브린으로 전환되는 혈액 응고에 관여한다.
- 다양한 질환들이 순환계의 기능을 방해한다. **낫모양적혈구빈혈증(sickle-cell disease)**은 비정상적인 **헤모글로빈(hemoglobin)**이 적혈구의 형태와 기능을 변형시키고 결국 가는 혈관들이 막혀 혈액의 산소운반 기능을 감소시킨다. 심혈관계 질환에서는 혈관내벽이 손상되면서 발생한 염증반응이 지질이나 세포의 침적을 유발하고 결국 심장이나 뇌에 치명적인 영향을 줄 수 있는 요인이 된다.

? 감염되지 않은 상태에서 혈액내 세포 중 백혈구의 비율은 얼마나 되는가?

개념 43.5

기체교환은 특수화된 호흡 표면에서 일어난다

- **기체교환(gas exchange)**이 일어나는 모든 지점에서 기체는 분압이 높은 곳에서 낮은 곳으로 확산한다. 공기는 물에 비해 O_2 함량이 높고 밀도가 낮으며, 점성도 떨어지기 때문에 기체교환이 더 잘 일어난다.
- 호흡 표면의 구조와 배열은 동물종에 따라 다르다. 수생동물의 아가미는 물속에서의 기체교환을 위해 몸 밖의 표면이 주름져 특수화된 것이다. 어류에서 볼 수 있듯이 **환기(ventilation)**와 **역류교환(countercurrent exchange)**을 통해 기체교환의 효율을 높일 수 있다. 곤충의 기체교환은 **기관계(tracheal system)**에 의해 수행되며, 작고 분지가 된 관이 조직 속으로 퍼져 있어서 세포에 직접 O_2를 전달해 준다. 거미나 육상 달팽이, 그리고 대부분의 육상 포유류들은 몸속에 **폐(lung)**를 가지고 있다. 포유류의 경우 코를 통해 들어온 공기는 인두를 지나 **기도(trachea)**, **기관지(bronchi)**, **소기관지(bronchiole)**, 그리고 막힌 구조이면서 실제로 기체교환이 일어나는 **폐포(alveoli)**에 도달한다.

? 왜 고도는 동물들의 확산에 의한 CO_2의 배출 능력에 거의 영향을 주지 않는가?

개념 43.6

숨쉬기는 폐를 환기시키는 것이다

- 숨쉬는 기작은 척추동물의 종류에 따라 다르다. 양서류는 공기를 기도로 밀어 넣는 **양압 숨쉬기(positive pressure breathing)**를 이용하여 폐를 환기시킨다. 새들은 공기주머니계가 있어 폐에 공기가 한 방향으로 흐르도록 풀무질 한다. 매번 공기를 들이마실 때마다 폐에는 새로운 공기가 들어차게 된다. 포유류는 공기를 폐로 당기는 **음압숨쉬기(negative pressure breathing)**를 이용하여 숨을 쉰다. 즉, 갈비뼈 근육과 **횡격막(diaphragm)**이 수축하면서 폐의 부피가 커지도록 만든다. 들어오는 공기와 나가는 공기가 섞이면서 환기 효율은 다소 떨어진다.
- 연수 부위의 호흡조절중추가 숨의 깊이와 빈도를 조절한다. 뇌척수액의 pH를 측정하여(이는 혈액내 CO_2 농도를 반영함) 이를 측정하는 감각기가 연수의 호흡중추를 자극하여, 대사 필요에 따라 숨의 빈도와 깊이를 조절하는 것이다. 두 번째 호흡조절장치는 대동맥과 목동맥(경동맥)에 있는 감각기로서 O_2와 CO_2 농도(pH를 이용)를 측정하여 호흡을 조절한다.

? 일회호흡량과 들숨 시 몸으로 들어오는 신선한 공기량이 다른 이유를 설명하라.

개념 43.7

기체교환을 위한 적응에는 운반 기체들과 결합하는 색소가 포함된다

- 폐에서 기체의 분압기울기는 O_2가 혈액 내로 CO_2가 혈액 밖으로 이동하도록 분압기울기가 생성된다. 한편, 조직에서는 그 반대이다. **호흡색소(respiratory pigment)**는 혈액이나 혈림프액에 O_2 함량을 크게 증가시켜 O_2 수송을 돕는다. 대부분의 절지동물과 연체동물들은 구리를 함유한 헤모시아닌을, 척추동물과 여러 무척추동물들은 철을 함유한 헤모글로빈을 가지고 있다. 헤모글로빈은 또한 CO_2의 운송을 돕는다.
- 진화적 변이는 몇몇 동물들에게서 비정상적인 공기 요구량을 충족시킨다. 공기로 숨을 쉬는 잠수동물들은 많은 양의 공기를 혈액이나 다른 기관에 저장할 수 있고 천천히 소모할 수 있다.

? 호흡색소의 역할 중 어떤 면이 효소의 역할과 같은가?

생각해보자

수준 1: 지식/이해

1. 다음 호흡계 중에서 혈액과 직접 가까이 접하지 않는 것은?

a. 포유류의 폐　b. 물고기의 아가미
c. 곤충의 기관계　d. 지렁이의 피부

2. 폐정맥에서 심장으로 흘러드는 혈액이 처음 흘러들어가는 곳은 어디인가?

a. 좌심방　b. 우심방
c. 좌심실　d. 우심실

3. 맥박으로 무엇을 측정할 수 있나?

a. 혈압　b. 수축부피
c. 심박출량　d. 박동률

4. 억지로 숨을 멈추었을 때 다음 중 혈액내 어떤 변화가 다시 호흡을 하게끔 만드는 요인인가?

a. O_2의 증가　b. O_2의 감소
c. CO_2의 증가　d. CO_2의 감소

5. 다음 중 양서류와 사람의 공통점은 무엇인가?

a. 심장 방의 개수
b. 순환계의 완전히 분리된 순환고리
c. 순환계의 순환고리 수
d. 체순환계의 낮은 혈압

수준 2: 응용/분석

6. 만약 왼쪽 발가락에서 혈액으로 방출된 CO_2가 코를 통해 몸 밖으로 배출되었다면 이 분자가 거쳐간 곳이 아닌 것은?

a. 폐정맥　b. 기도
c. 우심방　d. 우심실

7. 활동 중인 근육세포가 위치하고 있는 세포사이액과 비교하여 소동맥에 도착한 혈액은 어떤 특징을 갖는가?

a. 높은 P_{O_2}　b. 높은 P_{CO_2}
c. 높은 중탄산 농도　d. 낮은 pH

수준 3: 종합/평가

8. DRAW IT 한번의 심장주기에서 시간에 따른 혈압의 변화를 그래프로 그려보자. 즉 대동맥, 좌심실, 우심실에서의 혈압변화를 각각 다른 선으로 그려보자. 언제 심방의 혈압이 가장 높아질지 x축 밑에 화살표로 표시해 보자.

9. **진화적 관점**
영화 고질라를 보면 모스라(Mothra)라는 날개 길이가 수십 미터에 달하는 거대한 나방과 대결하는 장면이 나온다. 실제로 지구상에서 살았던 가장 큰 곤충은 고생대의 잠자리로 길이가 약 50 cm였던 것으로 보인다. 왜 이보다 더 큰 곤충이 나오기 힘든지 호흡과 기체교환에 초점을 두어 설명해 보자.

10. **과학적 탐구**
INTERPRET THE DATA
태아의 헤모글로빈과 성인의 헤모글로빈은 서로 다른데, 다음 그림은 이들의 산소해리 곡선을 비교한 것이다. 두 헤모글로빈의 이러한 차이는 어떤 기능이 있는지 가설을 세워 제시하라.

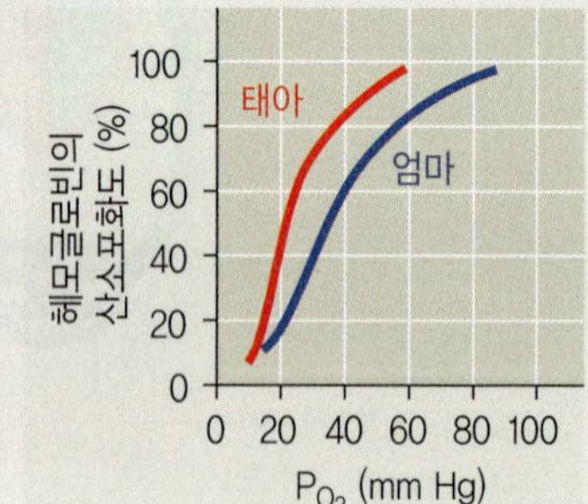

11. 과학, 사회, 기술

수백 건의 연구조사 결과들이 흡연이 심혈관계 질환이나 폐질환과 깊은 관계가 있음을 밝히고 있다. 전문가들에 의하면 미국에서 인위적이고 방지가 가능한 사망 중 그 원인이 흡연에 의한 것이 가장 많으며 따라서 모든 대중매체에서 담배광고를 완전히 금지해야 한다고 주장하고 있다. 이러한 주장에 대해 찬성과 반대의 입장에서 논의하라. 여러분의 의견은 어느 쪽인가? 여러분의 입장을 변호해보라.

12. 글쓰기: 상호작용

운동선수 중에는 해안가에서 있을 경기를 위해 인공적으로 낮은 산소분압의 텐트에서 잠을 자기도 한다. 아주 높은 정상에서는 등산가들이 산소공급을 받기도 한다. 이러한 행동들이 인체내 O_2의 이동 기작, 기체 환경에 대한 생리적 상호작용과 어떤 관계가 있는지에 대해 약 100~150자 정도의 글로 써라.

13. 종합적으로 생각해보기

물거미(diving bell spider, *Argyroneta aquatica*)는 물속에서 거미줄을 이용하여 공기를 보관한다. 이러한 적응이 아가미를 갖는 것에 비해 어떤 장점이 있는지 기체교환 매질과 동물들의 기체교환 기관들의 차이를 고려하여 설명해보자.

정답은 부록 A 참조

44

동물의 배설계

핵심 개념

▲ **그림 44.1** **어떻게 알바트로스는 바닷물을 마셔도 아무 문제가 없을까?**

균형 잡기

펼친 날개의 길이가 3.5 m에 이르는 세상에서 현존하는 가장 큰 새, 원더링 알바트로스(큰신천옹, wandering albatross, 학명: *Diomedea exulans*)가 바다 위를 날아오르는 모습은 장관이다. 놀라운 것은 그 크기뿐만이 아니다. 이 새는 1년 내내 밤낮으로 바다에 머물러 있다. 육지로 돌아오는 시기는 번식기뿐이다. 만약 이 알바트로스가 처한 환경처럼 사람에게 해수(바닷물)밖에 마실 물이 없다면 탈수 증세로 목숨을 잃을 것이다(**그림 44.1**).

알바트로스이든 사람이든 세포나 조직 그리고 기관의 체액평형을 잘 유지하려면, 물과 용질의 상대적인 농도가 상당히 좁은 범위 안에서 지켜져야 한다. 또한 소듐이나 칼슘 같은 이온들의 농도가 일정해야만 근육, 신경세포는 물론 다른 체세포들이 정상적인 활동을 할 수 있다. 항상성을 유지하려면, 용질의 농도를 조절하고 물의 균형을 잡아주는 **삼투조절(osmoregulation)**이라 부르는 과정이 필요하다.

진화 과정에서 동물들은 수분과 용질을 조절하기 위해 수많은 전략들을 진화시켜 왔다. 이는 동물을 둘러싼 환경이 삼투농도의 조절을 필요로 한다는 점을 반영한다. 예컨대 사막의 동물들은 체내 수분을 단시간에 모두 잃을 수 있는 환경에 처해져 있다. 환경은 전혀 다르지만 알바트로스나 다른 바다생물들도 탈수의 문제에 직면해 있다. 이런 상황에서의 생존은 수분을 잘 보존하는 능력과 해수생물들의 경우, 과량의 용질을 배설할 수 있는 능력에 달려 있다. 반대로 담수생물의 경우 수분이 밀려들어와 체내 용질을 희석시키는 위험에 직면해 있다. 이 생물들은 체내로 들어오는 수분을 제한하고 용질을 잘 보존할 뿐 아니라 환경으로부터 염분을 흡수하여 생명을 유지한다.

동물들이 체내 환경을 안전하게 유지하기 위해서는 단백질이나 핵산을 분해했을 때 나오는 유해 성분들을 처리해야 한다. 질소화합물(nitrogenous molecule)의 분해는 필연적으로 암모니아라는 맹독성 물질을 방출하게 되어 있다. 이 질소대사물과 나머지 다른 노폐물들을 **배설(excretion)**하기 위해 몇 가지 다른 기작들이 진화되어 왔다. 많은 종류의 동물에서 이러한 배설장치와 삼투조절장치가 연관되어 있기 때문에 이 장에서는 이 두 가지를 함께 생각해 보기로 하자.

개념 44.1

삼투조절은 물과 용질의 획득과 손실을 균형 잡아준다

체온조절이 열의 획득과 손실의 균형에 의해 조절되듯이(개념 40.3), 동물체내 화합물들의 농도는 물과 용질의 획득과 손실에 의해 조절된다. 만약 물을 너무 많이 섭취하면 동물 세포들이 팽창하여 터져 버릴 수도 있다. 반대로 수분손실이 심하면 쭈그러들어 죽게 될 것이다. 궁극적으로 동물뿐 아니라 모든 생물에서 물이나 염류의 이동은 원형질막을 경계로 한 염류의 농도기울기가 결정한다.

삼투현상과 삼투농도

물은 삼투현상에 의해 세포를 출입한다. 삼투현상은 막을 경계로 두 용액의 삼투압 혹은 **삼투농도(osmolarity**; 1 L의 용액에 있는 용질의 총 몰수)가 다른 경우에 일어날 수 있다(그림 44.2). 이 장에서는 삼투농도의 단위로 밀리오스몰(milliosmoles per liter, mOsm/L)을 사용하고자 한다. 사람의 혈액은 약 300 mOsm/L이고, 해수는 1,000 mOsm/L 정도의 삼투농도를 갖는다.

만약 선택적 투과성 막을 경계로 두 용액의 삼투농도가 같다면 이 둘을 등삼투액(isoosmotic solution)이라 부른다. 이 상태에서는 막을 경계로 한 물의 순이동(net movement)은 없다. 즉, 물분자의 이동은 있으나 양방향이 같은 속도로 일어나기 때문에 순이동이 없다는 것이다. 반면 두 용액의 삼투농도가 다른 경우라면, 농도가 높은 쪽을 고삼투액(hyperosmotic solution), 낮은 쪽을 저삼투액(hypoosmotic solution)이라 부른다. 물은 저삼투액에서 고삼투액 쪽으로 이동한다(그림 44.2).*

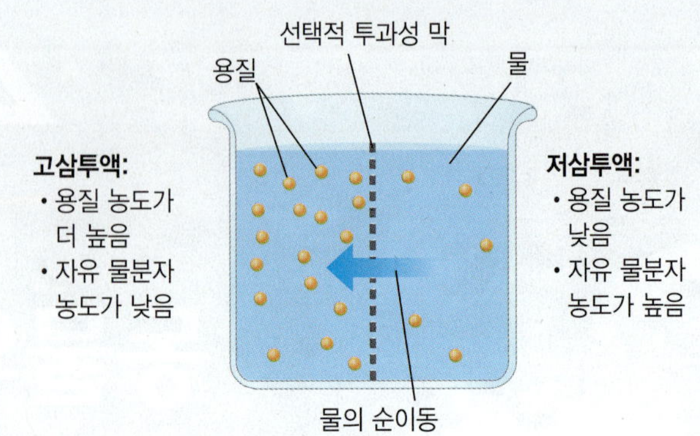

▲ 그림 44.2 **용질 농도와 삼투**

삼투조절의 문제와 해법

동물이 수분 균형을 유지하는 방법은 두 가지가 있다. 하나는 **삼투순응자(osmoconformer)**로 체내 삼투농도가 주위 환경과 같다. 두 번째는 **삼투조절자(osmoregulator)**로 주위환경으로부터 독립적으로 체내 삼투농도를 조절한다.

모든 삼투순응자는 해수동물로 주위환경과 체내 삼투농도가 같기 때문에 물의 순이동은 없다. 이들은 대부분 구성 성분이 일정한 물에 서식하기 때문에 체내 삼투농도도 일정하게 유지된다.

삼투조절은 삼투순응자들이 살 수 없는 환경, 예컨대 담수나 육지와 같은 곳에서 생물이 살 수 있게 해주었다. 또한 해수에서 담수로의 이동도 가능하게 해주었다(그림 44.3). 저삼투액에서 삼투조절기는 과다한 물을 밖으로 내보내고, 고삼투액에서는 손

▲ 그림 44.3 **소크아이 연어(sockeye salmon, *Oncorhynchus nerka*), 광염성 삼투조절자**

* 본 장에서는 익숙한 용어인 등장액, 저장액, 고장액 대신 등삼투액, 저삼투액, 고삼투액이라는 용어를 사용할 것이다. 뒤의 세 단어는 동물 세포가 어떤 용액에 들어갔을 때 팽창하는지 줄어드는지에 적용되는 단어들이다.

실된 수분을 보충하기 위해 물을 흡수하여야 한다. 또한 해수생물이 바다와 다른 체내 삼투농도를 유지할 수 있도록 해준다.

대부분의 동물들은 삼투순응자이건 삼투조절자이건 상관 없이 외부 삼투농도의 변화에 취약하며 이를 **협염성**(stenohaline; 그리스어의 *stenos*는 좁다는 뜻이고, *halos*은 염을 뜻한다)이라 부른다. 반면 **광염성**(euryhaline; 그리스어의 *eurys*는 넓다는 뜻이다) 동물은 삼투순응자와 삼투조절자를 모두 포함하여 외부삼투압의 심한 변화에도 잘 견딜 수 있다. 따개비류나 홍합 등은 간조대에 있어 수시로 해수에 잠기는데 이들은 대표적인 광염성 삼투순응 동물이다. 광염성 삼투조절 동물로는 친근한 예로 배스와 연어를 들 수 있다(그림 44.3).

이제 육상과 담수, 해수에서 사는 생물들의 삼투조절이 어떻게 진화해 왔는지 알아보자.

해수동물

대부분의 해수 무척추동물들은 삼투순응자이다. 이들의 체내 총 삼투농도(녹아 있는 물질들의 농도를 모두 더한 것)는 해수와 같다. 따라서 수분의 균형에는 문제가 없다. 하지만 특정한 용질의 농도는 해수와 다르기 때문에 항상성 유지를 위해서는 특정 용질에 대한 능동적인 수송이 일어나야 한다. 예컨대, 마그네슘(Mg^{2+})은 해수에서 50 mM(10^{-3} mol/L)의 농도이지만 대서양 바닷가재의 항상성 기구는 이 동물의 순환액인 혈림프액 내 Mg^{2+} 농도를 9 mM 이하로 유지한다.

대부분의 해수 척추동물과 일부 해수 무척추동물은 삼투조절자인데, 이들에게 바다는 심한 탈수를 일으키는 환경을 제공한다. 그림 44.4a에서 보는 바와 같이, 대구와 같은 해수 경골어류는 삼투농도에 따라 계속 물을 빼앗기는 양상이다. 이들은 체내 염분을 제거하기 위해 신장과 아가미를 이용한다.

해수 상어를 비롯한 연골어류(chondrichthyans 혹은 cartilagious animal; 34장)의 경우 삼투조절을 위해 다른 전략을 사용하고 있다. 이들도 "경골어류"와 마찬가지로 해수에 비해 낮은 체내 염농도를 가지며, 따라서 무기염이 체내로, 특히 아가미를 통해 들어오는 경향이 있다. 이 중 일부는 신장을 통해 배출되고 나머지는 직장샘(rectal gland)을 통해 배설물로 제거된다. 경골어류와 다른 점은, 상어의 경우는 해수에 대해 저삼투액 상태가 아니라는 점이다. 그 이유는 체내에 고농도의 질소 노폐물, 즉 요소(그림 44.7)를 함유하고 있기 때문이다. 또 다른 유기 염류인 트리메틸아민 옥사이드(trimethylamine oxide, TMAO)가 요소에 의한 단백질의 변성을 막아준다. 따라서 상어의 염과 요소, TMAO와 그 밖의 물질들을 합한 체내 총 용질농도는 해수와 거의 같은 수준이고 이러한 이유로 상어는 삼투순응 동물로 여겨진다. 하지만 사실 체내 용질의 농도가 1,000 mOsm/L보다 높아서 결과적으로 삼투현상과 먹이를 통해 물이 유입되는 상황이다(상어는 물을 마시지는 않는다). 이렇게 들어온 약간의 물은 신장을 통해 오줌으로 배출된다. 오줌은 상어의 체내로 들어온 염류의 일부를 같이 배출하며 나머지는 변을 통해 나가거나, 특화된 분비기관을 통해 배출된다.

담수동물

담수동물들이 직면한 삼투조절의 문제는 해수동물과는 정반대이다. 동물 세포는 강과 같은 낮은 삼투농도에서 살 수 없기 때문에 담수동물은 필연적으로 환경에 비해 높은 삼투농도를 갖는 체액성분을 유지한다. 담수동물은 외부 환경에 비해 높은 삼투압을 가진 체액을 갖고 있으므로, 계속 물이 유입되고 염이 빠져나가는 상황이다. 농어(그림 44.4b)와 같은 담수 어류를 포함한 많은 종류의 담수동물들은 물을 거의 마시지 않고 많은 양의 희석된 오줌을 배출하여 문제를 해결하고 있다. 확산과 오줌으로 빠져나간 염류는 먹이와 아가미에서의 흡수를 통해 다시 보충된다.

▼ **그림 44.4** **담수와 해수 경골어류의 삼투조절 비교**

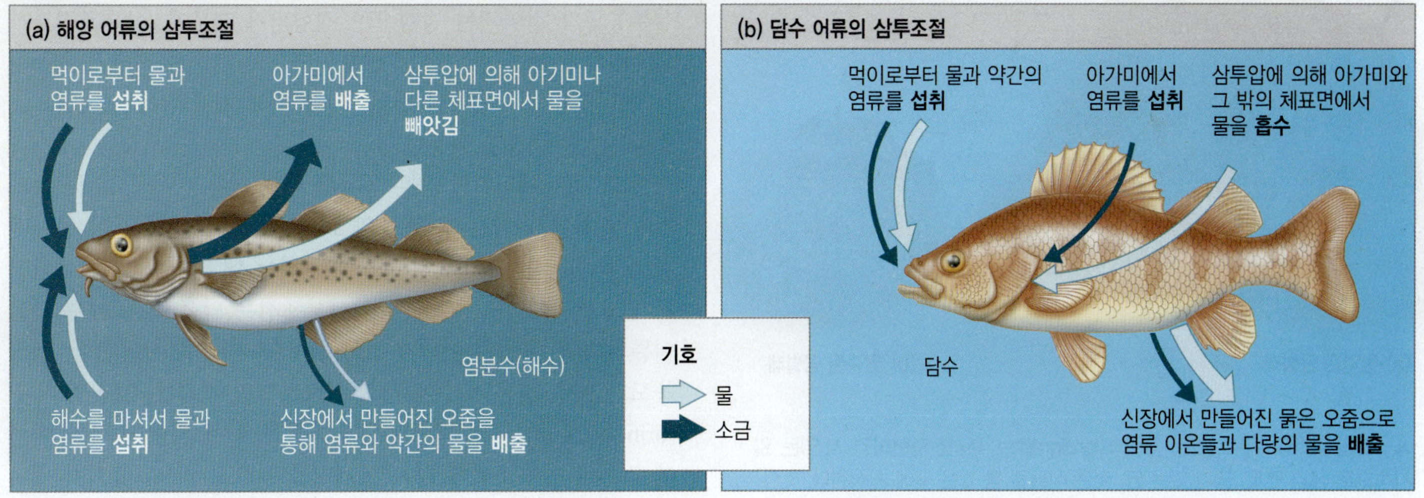

연어를 비롯한 광염성 어류들은 해수와 담수를 오가는 동안 격심한 삼투압의 변화를 경험한다. 연어는 강에서는 다른 담수어류와 마찬가지로 다량의 희석된 오줌을 배출하고 아가미를 통해 염류를 흡수하여 삼투를 조절한다. 이들이 해수로 이동하면, 또 순응을 하게 되는데, 보다 많은 양의 스테로이드 호르몬인 코르티솔을 분비하고 그 영향으로 염소운반세포의 수와 크기가 증가된다. 이는 다른 생리적 변화와 함께 아가미를 통해 들어온 과량의 염을 분비하고 적은 양의 오줌만을 만들어내는 결과를 낳는다. 이는 평생을 바다에서 사는 다른 해수 경골어류와 같은 적응법을 이용하는 것이다.

임시수에 사는 동물

임시수(temporary water)는 비가 올 때 잠시 생기는 웅덩이나 임시호수를 말한다. 탈수(desiccation)는 대부분의 동물에게 치명적이라 할 수 있다. 하지만 임시수에 사는 생물들은 체내 수분을 거의 모두 잃어도 휴면 상태로 살아남을 수 있다. 이러한 적응 능력을 **무수생존(anhydrobiosis)**이라 부르며, 말 그대로 "물 없이 산다"는 것을 의미한다. 가장 대표적인 예로 곰벌레(tardigrade, water bear)라는 1 mm 이하의 작은 무척추동물이 있다(그림 44.5). 이들이 활동을 할 때는 몸무게의 85% 정도를 물이 차지한다. 하지만 건조한 상태에서는 2% 정도까지 물의 함량이 떨어지며, 이 먼지처럼 건조하고 불활성화된 상태에서 10년 이상을 지낼 수 있다. 여기에 물을 더해주기만 하면 이들은 수 분 만에 다시 물을 흡수하여, 움직이고 섭식을 할 수 있게 된다.

무수생존을 하는 생물들은 물이 없는 상태에서도 세포막 구조를 보존할 수 있어야 한다. 곰벌레에 대한 연구는 아직 초기 단계이지만, 무수생존 선충(33장)의 경우 탈수가 되었을 때 다량의 탄수화물을 보유한다는 사실이 알려져 있다. 특히, 트레할로스(trehalose)라 부르는 이당류가 세포막과 단백질들을 보호하는 데 중요한 역할을 하는 것으로 보인다. 추운 겨울에 살아남는 많은 곤충들도 막보호제로 이 트레할로스를 이용하는 것으로 알려져 있고, 식물의 경우 건조한 환경에서 막을 보호할 때 사용하기도 한다.

▲ **그림 44.5 무수생존.** 곰벌레(tardigrades, 주사전자현미경 사진)는 일시적으로 생긴 연못, 물기 있는 땅, 젖은 식물들 틈 같은 곳에 서식한다.

최근 들어 과학자들이 무수생존 생물의 연구결과를 생물시료를 보관하는 데 적용하기 시작했다. 전통적으로 단백질, DNA, 세포 등은 초저온(−80°C) 냉동고에 보관하였다. 하지만 요즘은 무수생존 생물들의 보존성분을 모방하여 만든 물질을 이용하여 시료를 실온에서 보관할 수 있게 되었다.

육상동물

탈수현상은 모든 육상식물과 동물들에게 언제나 큰 위협이 된다. 우선 물이 빠져나가는 것을 방지하는 것이 육상생활 적응의 핵심이라고 할 수 있다. 왁스성 큐티클이 육상식물의 성공에 기여했던 것처럼, 육상동물도 몸을 덮어 탈수를 방지한다. 곤충의 외골격 왁스층이나 달팽이의 껍질, 사람을 비롯한 대부분의 육상척추동물의 죽은 케라틴 피부층 등이 그 예이다. 육상동물 중에 특히 사막에 사는 경우 대부분이 야행성인데 이는 물이 증발하는 것을 최대한으로 줄일 수 있고, 밤의 축축한 환경이 생존에 유리하기 때문이다.

이러한 적응에도 불구하고 대부분의 육상동물들은 오줌, 대변, 피부, 기체교환 기관의 습한 표면 등 여러 경로를 통해 수분을 잃는다. 이 동물들은 물을 마시거나 음식을 통해 그리고 세포호흡으로 물을 생성하여 이를 보충한다.

사막동물들은 건조한 조건에 잘 적응하여 물을 마시지 않고도 사막에서 계속 생활할 수 있다. 낙타의 경우는 몸속 수분의 25%를 잃어도 살 수 있다(사람의 경우는 12%만 잃어도 심장마비로 죽을 것이다). **과학적 분석 기술의 연습**에서는 사막생쥐(sandy inland mouse)의 수분균형을 알아볼 것이다.

삼투조절의 에너지학

동물이 외부 환경과 다른 체내 삼투농도를 유지하기 위해서는 에너지를 소모해야 한다. 확산은 항상 하나의 계(system) 안에서 삼투농도가 같아지는 방향으로 진행되기 때문에, 삼투조절자가 물분자의 이동을 유발하는 삼투농도 기울기를 유지하기 위해서는 에너지를 소모해야만 한다. 이를 위해 체액의 용질농도를 조절하는 능동수송을 이용한다.

사용되는 에너지의 양은 동물체 내의 삼투농도가 주위환경과 얼마나 차이가 나는지, 동물의 표피층을 물이나 용질이 얼마나 잘 투과하는지, 그리고 용질을 운반하는 데 얼마나 많은 에너지가 필요한지에 따라 결정된다. 삼투조절은 담수 혹은 해수 경골어류의 경우 휴식기 에너지 소모량의 5% 이상을 사용한다. 염의 농도가 매우 높은 호수에 서식하는 조그만 갑각류, 브라인 새우(brine shrimp)는 외부와 내부 삼투농도에 큰 차이가 나기 때문에 자연히 삼투조절에 많은 에너지를 필요로 하여, 휴식기 에너

과학적 분석 기술의 연습

정량결과를 기록하고 분석하기

어떻게 사막쥐는 삼투 항상성을 유지할까? 최근에 *Pseudomys hermannsburgensis*로 재분류된 사막 내륙에 서식하는 이 생쥐는 호주의 사막동물로 물을 마시지 않고 건조한 씨앗만을 먹으며 무한정 살 수 있다는 것이 밝혀졌다. 연구자들은 이 종이 어떻게 건조한 지역에 적응했는지 알아보기 위해 물의 공급을 조절하는 실험을 수행했다. 여러분은 이 연습을 통해 본 실험의 결과들을 분석하게 될 것이다.

실험 방법 총 9마리의 쥐를 조절되는 환경에서 씨앗먹이(무게비 물의 함량 10%)를 제공해 주며 키웠다. A집단은 식수를 원하는 대로 공급해주었고, B집단은 실제 자연환경과 비슷하게 물을 전혀 공급해주지 않았다. 연구자들은 35일 후 A집단과 B집단 쥐들의 오줌과 혈액 내 요소농도와 삼투농도를 각각 측정하였고 체중도 일주일에 3회씩 측정하였다.

실험 데이터

물 공급	평균 삼투농도 (mOsm/L)		요소 농도 (mM)	
	오줌	혈액	오줌	혈액
A집단: 제한하지 않음	490	350	330	7.6
B집단: 공급하지 않음	4,700	320	2,700	11

A집단의 쥐들은 체중 대비 평균 33%의 물을 매일 섭취함. 모든 쥐에서 실험기간 동안의 체중변화는 매우 적어 무시하였음.

데이터 해석

1. 다음 사항에 대해 물을 제공한 집단과 제공하지 않은 집단 간의 차이를 글로 쓰시오. (a) 오줌의 삼투농도; (b) 혈액의 삼투농도; (c) 오줌 내 요소 농도; (d) 혈액 내 요소 농도. (e) 이 실험 결과가 항상성이 유지되었다는 증거가 되는지 설명하라.
2. (a) 물을 제공한 집단에서 오줌의 삼투농도와 혈액의 삼투농도 비를 구하시오. (b) 물을 제공하지 않은 집단에서도 비를 구하시오. (c) 이 계산 결과를 이용하여 어떤 결론을 내릴 수 있을까?
3. 만약 두 조건에서 오줌의 생성량이 다르다면 여러분의 계산 값에 어떤 영향을 미칠까? 설명하라.

참고문헌 R. E. MacMillen et al., Water economy and energy metabolism of the sandy inland mouse, *Leggadina hermannsburgensis, Journal of Mammalogy* 53:529–539

지 소모량의 약 30%를 사용하고 있다.

수분과 용질의 균형을 유지하기 위해 소모되는 에너지를 절약하기 위해 동물들은 체액의 성분을 서식지의 염도에 맞추어 적응하고 있다. 담수와 해수에 서식하는 유사한 종을 비교해 보면 담수의 동물들이 낮은 삼투농도의 체액을 가지고 있음을 알 수 있다. 예컨대 해수 연체동물(조개 같은 것들)의 체액은 약 1,000 mOsm/L 정도의 삼투농도를 갖는 데 비해 담수 홍합의 경우 40 mOsm/L에 불과하다. 이와 같이 외부 환경과 차이가 적은 삼투농도의 체액(해수의 삼투농도가 약 1,000 mOsm/L, 담수는 0.5~15 mOsm/L 정도임)을 가짐으로써 삼투조절에 소모되는 에너지를 줄이는 것이다.

수송상피의 삼투조절

삼투조절의 궁극적인 목표는 세포내 성분을 일정하게 유지하는 것이다. 대부분의 동물들은 세포를 둘러싼 체액의 성분을 조절함으로써 이러한 목표를 간접적으로 달성하고 있다. 이 체액이란 곤충을 비롯한 개방혈관계 생물의 경우는 혈림프액이고, 척추동물 등 폐쇄혈관계 생물에서는 혈액에 의해 간접적으로 용질성분이 조절되는 세포사이액을 말한다. 이러한 체액 성분의 조절은 특화된 세포들이나 특수한 기관, 즉 척추동물의 신장 등에 의해 이루어진다.

대부분의 동물에서 삼투조절과 노폐물 제거는 **수송상피(transport epithelium)**에 의해 이루어진다. 이 수송상피는 용질 수송을 담당하는 하나 혹은 여러 겹의 상피세포층으로 구성되고, 복잡한 관의 형태로 배열되어 매우 넓은 표면적을 가진다. 어떤 수송상피는 외부 환경과 직접 접하기도 하고, 구멍을 통해 밖으로 연결된 관의 내피를 구성하기도 한다.

바다에서만 서식하는 알바트로스(신천옹)에서 수송상피는 오랫동안 발견되지 않고 있었다. 일부 과학자들은 이 새가 입에 해수를 머금을지라도 실제로 마시지는 않는다고 주장한 바 있다. 이 주장을 검증하기 위해 연구자들은 포획된 바닷새에게 해수만을 마시게 하였다. 그 결과 새의 오줌에선 적은 양의 염이 발견된 반면, 부리에서 떨어지는 액체에는 염(NaCl)이 농축된 것을 발견하였다. 코샘(nasal gland)이라는 한 쌍의 기관에서 나온 것이었다(그림 44.6). 바다거북이나 바다이구아나에서도 비슷한 구조의 염류샘(salt gland)이 있어 과다한 염류를 몸에서 배출한다. 알바트로스의 코샘에서는 해수에 비해 훨씬 고농도의 액을 배출한다. 그래서 해수를 마셨을 때 다량의 염분이 들어오긴 하지만 결

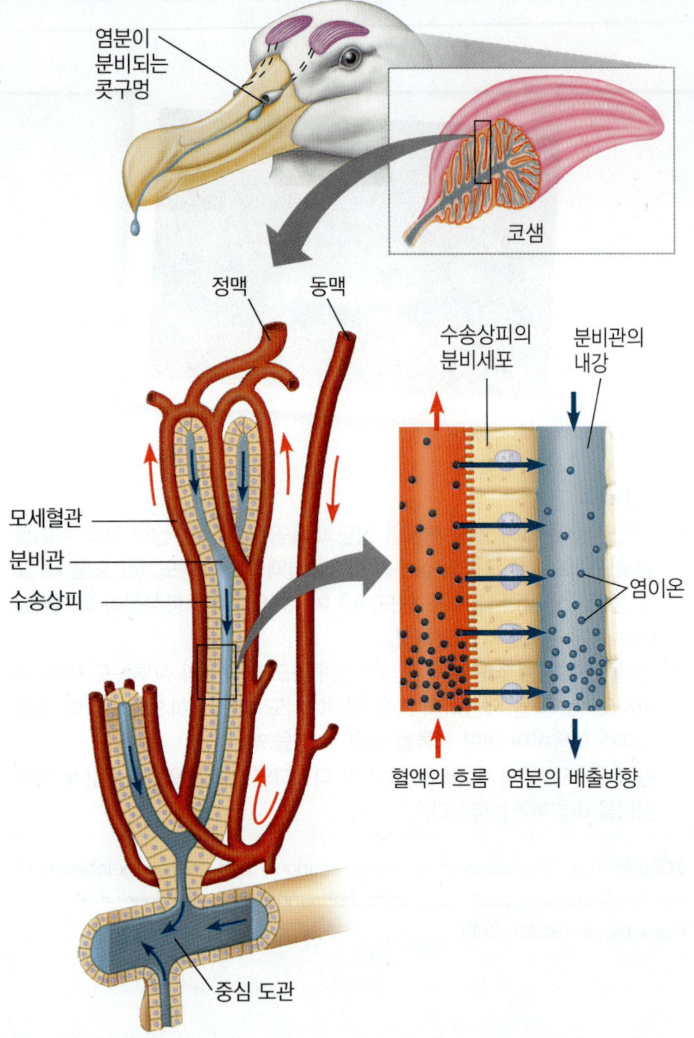

▲ **그림 44.6** **염-제거 코샘에서 볼 수 있는 역류교환.** 염분은 혈액에서 분비관으로 수송되어 코로 이어진 중심 도관으로 빠져나간다.

과적으로는 물을 더 흡수하게 된다. 하지만 사람의 경우 만약 해수를 마신다면, 마신 물보다 더 많은 양의 물이 염분을 배출하는 데 사용되고 결과적으로 탈수현상이 일어나게 된다.

수송상피는 수분의 균형을 유지하는 데 관여할 뿐 아니라 노폐물의 제거에도 작용한다. 앞으로 다루게 될 지렁이와 곤충의 배설계와 척추동물의 신장에서 그 예를 볼 수 있을 것이다.

개념 확인 문제 44.1

1. 담수 어류가 주위 담수로부터 혈액으로 염류를 수송하는데 ATP 형태의 에너지를 필요로 한다. 왜 그런지 설명하라.
2. 왜 담수동물 중에는 삼투순응자가 없을까?
3. **WHAT IF?** 연구자들이 털을 깎인 낙타가 비록 체온에는 차이가 없었지만 햇빛 아래에서 더 많은 물을 필요로 한다는 사실을 알아냈다면, 삼투조절과 털에 의한 단열 기능 사이에 어떤 관계가 성립할 수 있을지 가능한 결론은?

정답은 부록 A 참조

개념 44.2

동물의 질소 배설물은 계통과 서식지를 반영한다

몸에서 생성된 노폐물들은 물에 녹아 있는 형태로 배설되기 때문에, 배설물의 종류와 양은 해당 동물의 수분균형에 막대한 영향을 미칠 것이다. 삼투조절에 미치는 영향으로 볼 때 가장 중요한 물질은 단백질과 핵산이 분해되어 생성된 질소 노폐물이다. 단백질과 핵산 같은 고분자를 이용하여 에너지를 얻을 때 탄수화물이나 지방산의 형태로 전환되는데 이때 질소 원소들이 효소에 의해 **암모니아(ammonia**, NH_3)의 형태로 제거된다. 암모니아는 암모늄이온(NH_4^+)을 형성하여 세포내 산화적 인산화 과정을 방해하기 때문에 독성이 강하게 나타난다. 어떤 동물에서는 암모니아 형태로 직접 배출하기도 하지만 대부분의 생물에서는 에너지를 사용하여 독성이 덜한 다른 물질로 전환한 후 배출한다.

질소 노폐물의 종류

동물은 종류에 따라 암모니아, 요소, 혹은 요산의 형태로 질소 노폐물을 배출하는데(**그림 44.7**), 그 독성과 만드는 데 필요한 에너지량이 각각 다르다.

암모니아

동물들은 암모니아의 농도가 매우 낮아야만 견딜 수 있기 때문에, 암모니아의 형태로 배설하는 동물은 많은 양의 물을 필요로 하고, 이런 이유로 암모니아 형태의 배설은 주로 수생생물들에서 볼 수 있다. 암모니아분자는 쉽게 막을 통과하여 빠른 속도로 확산되어 없어진다. 무척추동물 중에는 몸 전체에서 암모니아를 배출하는 경우가 많다.

요소

암모니아 형태의 배설은 수중생물에서는 잘 작용하지만 육상생물에서는 그렇지 못하다. 이는 앞에서도 언급했듯이 암모니아는 그 독성 때문에 매우 희석된 상태로만 생성, 배출이 가능하고, 이를 위해서는 많은 양의 물이 필요하다. 육상동물과 많은 종류의 해수동물들은 늘 암모니아를 배출할 수 있을 정도의 충분한 물을 얻을 수가 없다. 그 대신 이들은 주로 **요소(urea)**를 배출하는 방향으로 진화하였다. 요소는 척추동물의 간에서 만들어지며, 암모니아와 이산화탄소를 결합시키는 대사회로를 통해 만들어진다.

요소의 장점은 독성이 매우 낮다는 점이다. 반면에 요소의 주된 단점은 에너지 소모에 있다: 즉, 요소를 만들기 위해서는 에너

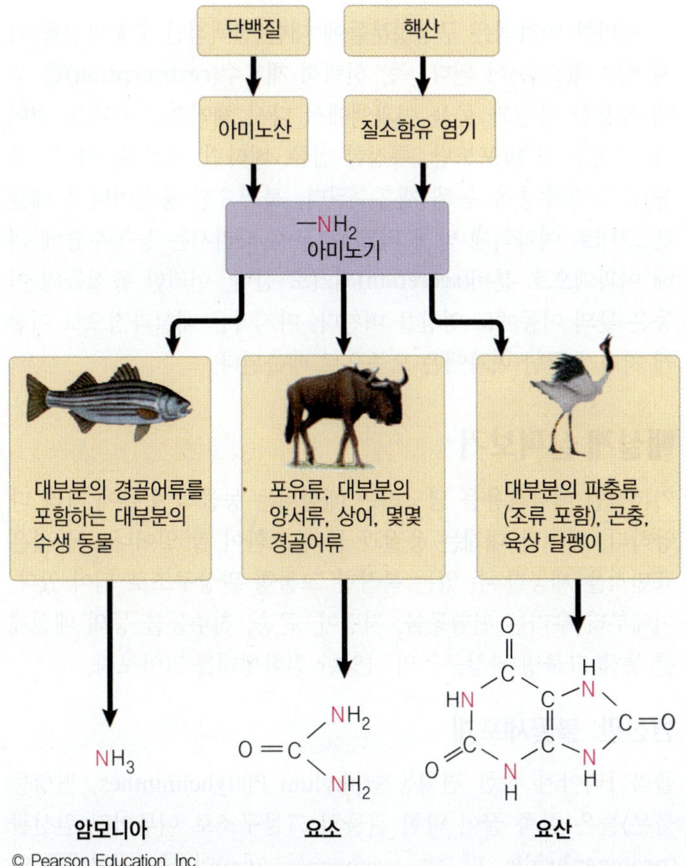

▲ 그림 44.7 질소 노폐물의 종류

지를 소모해야 한다는 것이다. 따라서 에너지 효율면에서 볼 때, 수상과 육상생활을 모두 하는 생물의 경우 물속에서는 암모니아를 배출하여 에너지를 절약하고, 육상에서는 요소를 배출하여 수분손실을 줄이는 것이 유리할 것으로 예측할 수 있다. 실제로 많은 양서류들이 수상생활을 하는 올챙이 시절에는 암모니아를, 육상 생활을 하는 성체로 변태한 뒤에는 요소를 배출하는 것으로 알려져 있다.

요산

곤충이나 육상 뱀, 새와 파충류들은 질소 노폐물로 **요산(uric acid)**을 배출한다. [새의 배설물, 구아노(guano)는 흰색의 요산과 갈색 대변이 섞인 것이다.] 요산은 독성이 덜하고, 물에 잘 녹지 않는다. 따라서 요산은 반고체의 상태로 물의 손실이 거의 없이 배출될 수 있다. 이는 물을 접하기 힘든 동물들에게는 큰 장점이 될 수 있다. 하지만 이에 대한 대가도 있기 마련이다. 요산을 암모니아로부터 합성하기 위해서는 요소를 합성할 때보다도 더 많은 ATP, 즉 에너지를 소모해야 한다.

사람을 비롯한 많은 동물들이 퓨린기를 분해하면서 적은 양이나마 요산을 만들어 낸다. 이 과정에 문제가 있는 병에 걸리면 경우에 따라 불용성인 산물이 나오는데, 예컨대 달마시안(애완견의 일종)에는 퓨린대사에 문제가 있어 요도에 요산 결석을 유발하는 유전병이 있다. 사람의 경우에는 관절에 요산이 침적되어 통증을 일으키는 **통풍**(gout)을 유발하는 것으로 알려져 있다. 퓨린이 많이 함유된 음식을 먹으면 염증반응을 유발하는 경향이 있다. 화석에서 발견되는 일부 공룡에서도 비슷한 증세가 있었던 것으로 알려졌는데, 육식 공룡인 티라노사우루스 렉스(*Tyrannosaurus rex*)의 화석에서 통풍에 의해 손상된 관절이 발견되기도 하였다.

진화와 환경이 질소 노폐물에 미친 영향

진화 일반적으로 동물이 배출하는 질소 노폐물의 종류는 그 생물의 진화적 역사와 서식지, 특히 물의 풍족도를 반영하고 있다. 그 예로 육상거북이(주로 메마른 지역에 서식함)의 경우 요산을 주로 배출하는 데 반해 수생거북이는 요소와 암모니아를 배출하는 것으로 알려져 있다. 또한 동물의 생식방법이 어떤 질소 노폐물을 배출하는가에 영향을 미친 것으로 생각된다. 물에 잘 녹는 노폐물은 껍질이 없는 양서류의 알에서는 주위로 확산되어 제거될 수 있고, 포유류의 배아에서는 엄마의 순환계를 통해 제거될 수 있다. 하지만 새나 파충류(그림 34.25)와 같이 껍질이 있는 알에서 발생을 할 경우에는 공기의 출입은 이루어지지만 물이 빠져나가지는 못하므로 발생 중에 생긴 노폐물은 치명적인 수준까지 알에 축적될 수 있다. (요소의 경우 암모니아에 비해 독성이 약하지만 농도가 매우 높아지면 치명적인 독이 된다.) 반면 진화적으로 요산을 노폐물로 이용하는 경우 장점이 있다. 즉, 요산의 경우 일정한 농도 이상이 되면 결정으로 침전되어 부화할 때까지 무해한 고체 상태로 저장될 수 있다.

질소 노폐물의 종류에 상관없이 총배출량은 에너지 소모량과 짝지어져 있다. 내온동물은 외온동물에 비해 높은 비율로 에너지를 소모하고 따라서 많은 양의 음식을 소비하며, 결국 많은 양의 질소노폐물을 만들게 된다. 질소 노폐물의 양은 먹이의 종류에 따르기도 하는데, 육식동물의 경우 주로 단백질로부터 에너지를 얻기 때문에 탄수화물이나 지질에서만 에너지를 얻는 동물들에 비해 다량의 질소 노폐물을 배출한다.

지금까지 우리는 진화적 요인과 서식지, 먹이에 따른 질소 노폐물의 종류에 대해 알아보았다. 이제는 이 노폐물들과 그 밖에 물질들을 배출하는 과정 및 이를 담당하는 배설계에 대한 얘기로 돌아가 보자.

개념 확인 문제 44.2

1. 건조한 환경에서 질소 노폐물로 요산을 사용하는 것의 장점은 무엇인가?
2. WHAT IF? 요산에 의한 통풍에 시달리는 사람과 새가 있다고 가정하자. 퓨린 함량이 적은 음식물이 새보다는 사람에게 더 효과적인 처방이 될 수 있는 이유는 무엇일까?

정답은 부록 A 참조

개념 44.3

다양한 배설계는 관이 변형된 형태들이다

동물의 서식지가 육상이건 해수이건 담수이건 상관 없이 수분 균형을 유지하는 것은 결국 체액과 환경 사이의 용질 이동을 조절하는 데 의존한다. 이러한 이동은 주로 배설기관에서 이루어지는데, 이 배설계는 노폐물을 제거하고 용질의 배출량을 조절하여 체내 성분을 조절하기 때문에 항상성을 유지하는 핵심기관이다.

배설과정

배설계가 다양하긴 하지만, 대부분의 경우 오줌이 만들어지기까지 다음 몇 단계를 공통적으로 포함하고 있다(그림 44.8). 첫 단계로, 체액(혈액, 강 유액, 혹은 혈림프액)이 선택적 투과성을 갖는 상피층과 만나는 것에서 시작된다. 대개는 유압(대부분은 혈압이 작용)에 의해 **여과과정(filtration)**이 일어난다. 이때 세포나 단백질 등 용액내 고분자들은 상피막을 통과하지 못하고 체액에 남아 있게 되며, 반면 물과 작은 용질들, 즉 염류, 아미노산, 당, 질소 노폐물 등은 막을 통과하여 **여과액(filtrate)**을 형성한다.

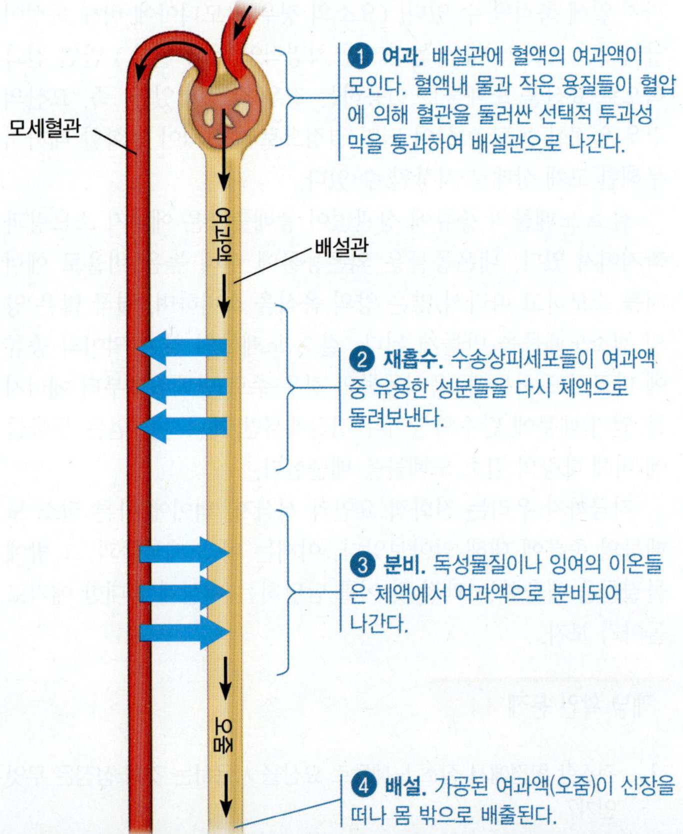

▲ **그림 44.8 배설기관의 주요 기능: 개요.** 대부분의 배설계는 체액을 압력으로 여과하여 여과액을 만들고 이를 재처리하는 과정을 거친다. 위 그림은 포유류의 배설계를 모식도로 그린 것이다.

이러한 여과액은 구성성분들에 대한 선택적인 수송과정을 거쳐 배출액(오줌)이 된다. 즉, 선택적 **재흡수(reabsorption)**를 통해 유용한 용질과 물을 여과액에서 다시 체액으로 보내는 것이다. 유용한 용질(포도당, 특정한 염류, 비타민, 호르몬, 아미노산 등)은 능동수송을 통해 재흡수된다. 불필요한 용질이나 노폐물은 그대로 여과액에 남게 되고, 경우에 따라서는 능동수송에 의해 여과액으로 **분비(secretion)**되기도 한다. 이러한 용질들의 이동은 물의 이동에도 영향을 미친다. 마지막은 배설과정으로 이렇게 처리가 끝난 여과액은 오줌으로 배출된다.

배설계 살펴보기

기본적인 배설작용을 담당하는 배설계는 동물의 종류에 따라 다양하다. 하지만 대개는 용질과 물의 교환이 잘 일어나도록 넓은 표면적을 제공할 수 있는 복잡한 그물형 관상구조로 되어 있다. 이제부터 우리는 편형동물, 지렁이, 곤충, 척추동물 등의 배설계를 통해 그물형 관상구조의 다양한 진화형태를 알아보자.

원신관: 불꽃세포계

플라나리아가 속한 편형동물(phylum Platyhelminthes, 편형동물문)들은 한쪽 끝이 막힌 관들의 그물구조로 이루어진 **원신관(protonephridia**, 단수는 *protonephridium*)이라는 배설계를 가지고 있다(그림 44.9). 원신관은 외부로 난 구멍에 연결되어 있

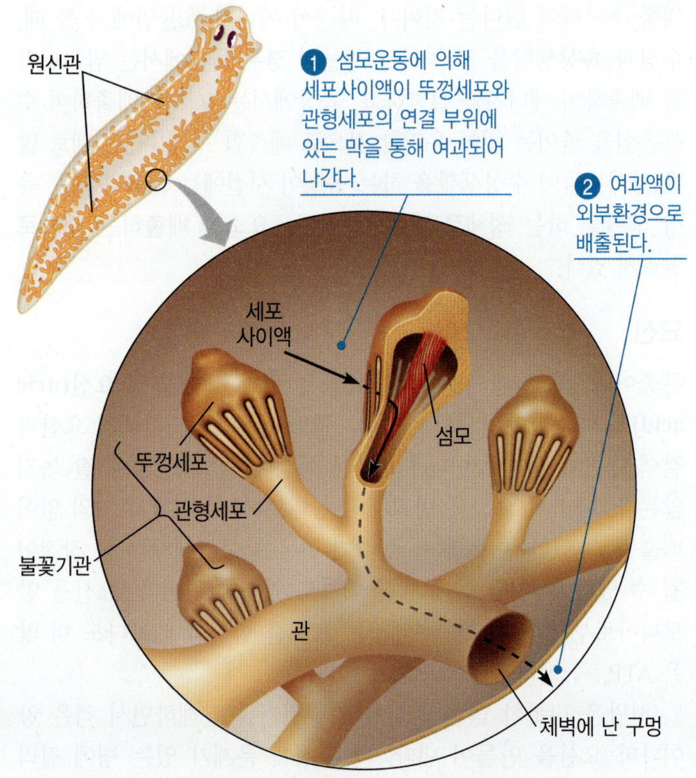

▲ **그림 44.9 플라나리아의 원신관**

으며, 체강이 없는 편형동물의 온몸에 세관들이 가지를 치고 있다. 불꽃세포(flame-bulb)라 불리는 단위 세포가 관의 끝에 뚜껑처럼 막고 있다. 불꽃세포계는 관 안쪽으로 섬모 뭉치를 돌출시키고 있어서, 이 섬모들의 움직임에 따라 체액과 용질들이 불꽃세포계의 관 안으로 여과되어 들어오도록 설계되어 있다. (이 섬모운동이 마치 불꽃이 흔들리는 것 같다고 하여 불꽃세포계라는 이름이 붙여졌다.) 이렇게 들어온 여과액은 관을 따라 이동하다가 오줌으로 외부에 배출된다. 담수성 편형동물의 경우 배출된 오줌은 매우 묽어서 환경으로부터 삼투적으로 흡수되는 물에 대해 균형을 맞춰준다.

원신관은 또한 윤형동물, 일부 환형동물, 연체동물의 유생과 척삭동물인 창고기(lancelet)의 유생에서도 볼 수 있다(그림 34.4). 하지만 그 기능은 동물의 종류에 따라 다르다. 담수 편형동물의 불꽃세포계는 주로 삼투조절의 역할을 하며, 체내 노폐물들은 몸 표면에서 확산되어 나가거나, 위수강으로 배설되어 입을 통해 배출된다(그림 33.10). 하지만 등삼투액으로 둘러싸인 기생성 편형동물의 경우에는 원신관이 질소 노폐물의 배설에 주로 관여한다. 즉, 자연선택에 의해 원신관이 환경에 따라 특정한 기능을 갖도록 적응한 것이다.

후신관

지렁이를 포함한 대부분의 환형동물들은 배설기관으로 몸 안쪽 체강으로 구멍이 난 **후신관**(*metanephridium*, 복수는 **metanephridia**)을 가지고 있다**(그림 44.10)**. 각 체절마다 모세혈관망에 둘러싸인 한 쌍의 후신관이 체액에 잠긴 모습이다. 후신관의 안쪽 구멍에는 깔대기 모양으로 섬모가 나 있다. 이 섬모의 운동에 의해 집합관으로 들어온 액은 구불구불한 관을 따라 이동하여 방광에 모였다가 몸 밖으로 난 구멍을 통해 배출된다.

지렁이의 후신관은 삼투조절 기능과 노폐물 배설 기능을 모두 가지고 있다. 오줌이 관을 따라 이동할 때 관을 둘러싼 수송상피층이 거의 모든 용질들을 재흡수하여 혈액으로 돌려보낸다. 이때 질소 노폐물은 오줌에 남아 몸 밖으로 배설된다. 지렁이는 축축한 토양에 살기 때문에 대개 삼투압에 의해 물이 체내로 들어오게 된다. 이들의 후신관은 묽은(체액보다 저삼투액인) 오줌을 배설하여 수분 균형을 맞출 수 있다.

말피기관

곤충 등의 육상 절지동물들은 질소 노폐물을 제거하고 삼투조절의 기능을 갖는 **말피기관(Malpighian tubules)**이라는 배설계를 갖는다**(그림 44.11)**. 말피기관은 혈림프액에 둘러싸여 있으며, 한쪽 끝은 소화관에 연결되어 있고, 다른 한쪽 끝은 막혀 있는 구조이다. 다른 배설기관에서 볼 수 있는 여과과정은 없고 대신 관을 둘러싼 수송상피가 질소 노폐물과 같은 용질들을 세관으로 배출한다. 이때 삼투현상에 의해 물도 같이 따라 나가고 이렇게 형성된 액은 흘러서 직장으로 배출된다. 소화관으로 배출된 액체 성분 중 대부분의 용질은 직장에서 흡수되어 혈림프액으로 되돌아가고, 이때 다시 물도 용질을 따라 이동한다. 한편 질소 노폐물은 요산의 결정형태로 남아 대변과 함께 배출된다. 이러한 배

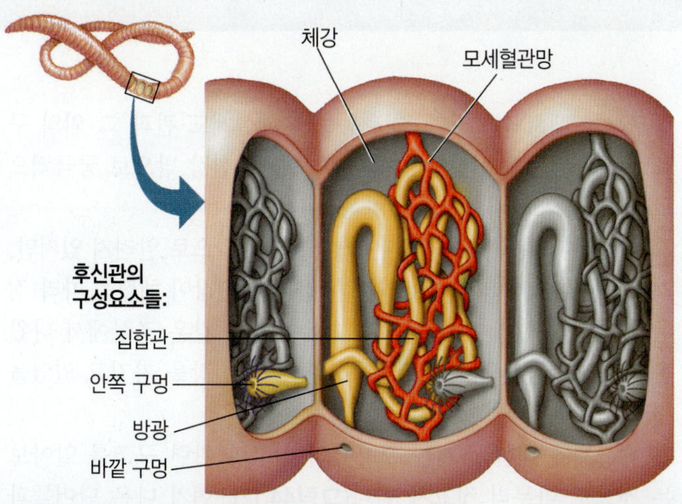

▲ **그림 44.10 지렁이의 후신관.** 각 체절에 후신관이 한 쌍씩 존재하여 앞 체절의 체강액을 모은다(그림에서는 체절마다 하나의 후신관만을 나타냄). 노란색으로 표시된 부분이 한 쌍 중 하나의 후신관이 어떻게 연결되었는지 나타낸다. 다른 하나는 뒤에 가려져 있다.

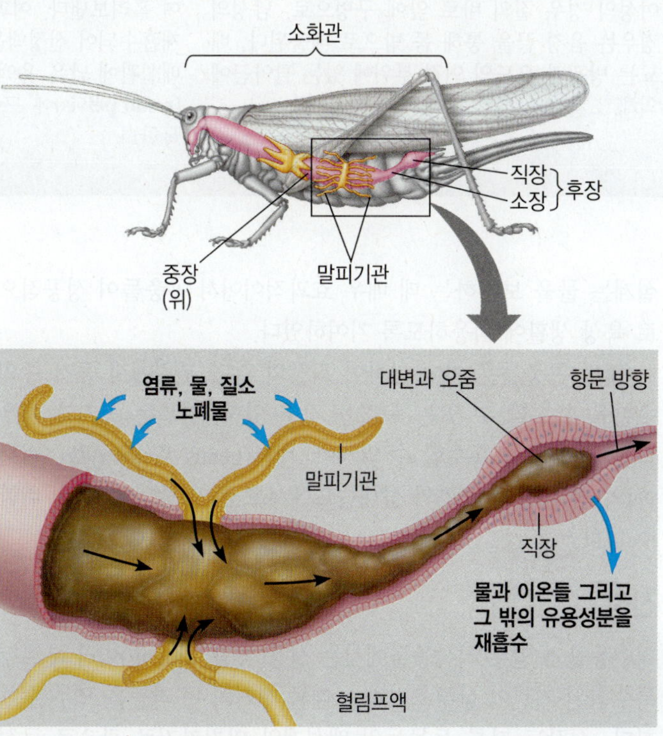

▲ **그림 44.11 곤충의 말피기관.** 말피기관은 소화기에서 돌출된 주머니와 같다. 여기서 질소 노폐물의 제거와 삼투조절이 이루어진다.

▼ 그림 44.12

탐구 포유류의 배설계

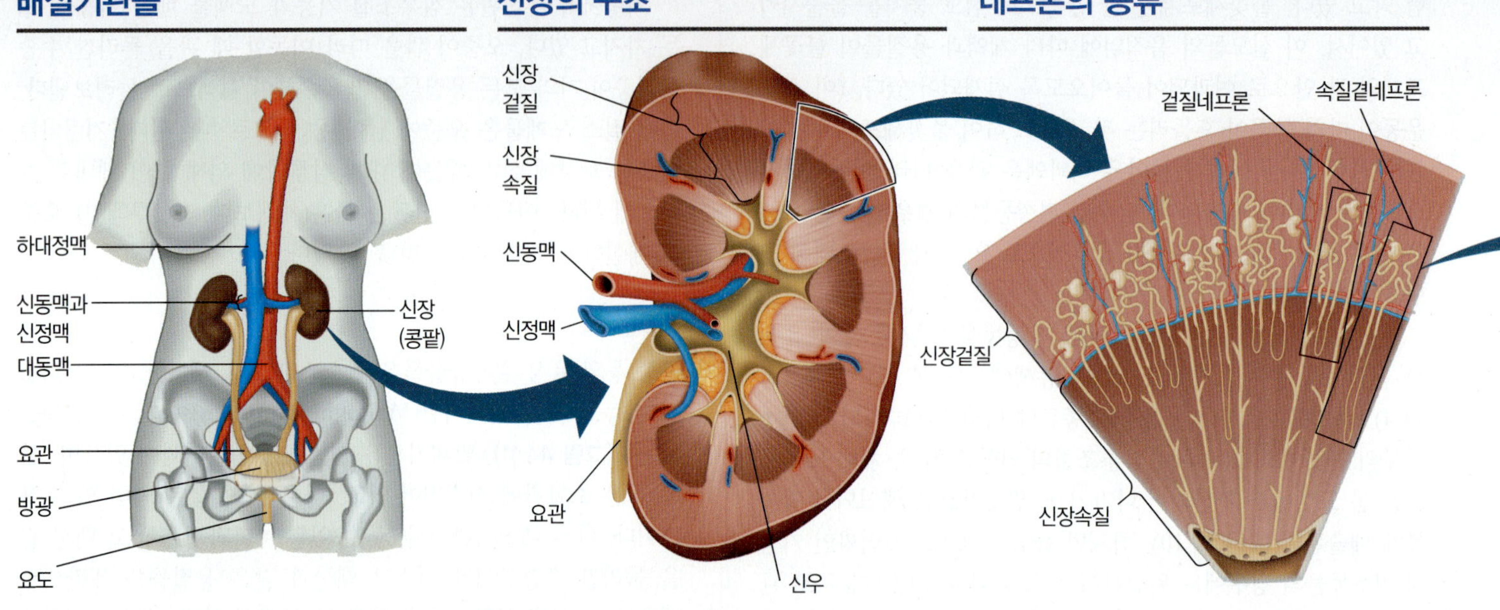

사람의 배설계는 강낭콩 모양으로 길이가 10 cm 정도되는 한 쌍의 **신장(kidney)**과 오줌을 저장하고 옮기는 데 필요한 기관들로 구성되어 있다. 신장에서 만들어진 오줌은 두 줄기의 **요관(ureter)**을 따라 **방광(urinary bladder)**이라 부르는 주머니로 이동한다. 이후 배뇨 시(소변을 볼 때) 오줌은 방광에서 **요도(urethra)**를 따라 여성의 경우 질의 바로 앞에 구멍으로, 남성의 경우는 음경 끝을 통해 몸 밖으로 배출된다. 배뇨는 방광과 요도의 연결 부위에 있는 괄약근에 의해 조절된다.

신장은 바깥쪽에 **신장겉질(renal cortex**, 신장피질)과 안쪽에 **신장속질(renal medulla**, 신장수질)이 있다. 양쪽 모두 신장동맥으로 들어와 신장정맥으로 나가는 혈관을 통해 혈액을 공급받는다. 겉질과 속질 모두 미세한 배설세관과 모세혈관들로 가득 차 있다. 배설세관은 혈액에서 여과되어 신장으로 들어온 여과액을 가공하여 흘려보낸다. 여과액 대부분은 주변 혈관으로 재흡수되어 신정맥을 통해 다시 순환하게 된다. 배설관에 남은 용액이 오줌이 되어 안쪽의 **신우(renal pelvis)**에 모여 요관을 따라 방광으로 이동한다.

오줌을 생성하는 단위체인 **네프론(nephron)**은 겉질과 속질을 넘나드는 양상을 보여준다. 신장 하나에는 약 100만 개의 네프론이 있으며, 이 중 85% 정도는 **겉질네프론(cortical nephron)**으로 헨레고리가 짧아서 거의 겉질에만 머물러 있는 것들이고, 나머지가 **속질곁네프론(juxtamedullary nephron)**으로 신장의 속질 깊숙히 잘 발달된 헨레고리를 가지고 있다. 속질곁네프론은 체액에 비해 높은 고삼투농도의 오줌을 생산하는 데 필수적이며, 이는 포유류의 수분 보존을 위한 중요한 적응요소다.

설계는 물을 보존하는 데 매우 효과적이어서 곤충들이 성공적으로 육상 생활에 적응하도록 기여하였다.

몇몇 곤충들은 이에 더하여 직장의 말단 부위에서 공기 중의 수분을 흡수할 수 있는 능력을 갖고 있다. 일부는 공기가 매우 습할 때만 물을 흡수할 수 있지만, 벼룩(genus *Xenopsylla*, 벼룩속)의 경우 불과 50%의 상대습도에서도 공기 중의 수분을 취할 수 있다.

신장

척추동물과 일부 척삭동물에서는 신장(콩팥, kideny)이라 부르는 특수화된 기관이 삼투조절과 노폐물 제거의 두 기능을 모두 수행한다. 신장도 다른 동물들의 배설계와 마찬가지로 관으로 구성되어 있으며, 이 수많은 관들은 모세혈관망과 연계되어 치밀하고 정교하게 배치되어 있다. 척추동물의 배설계도 관과 그 외의 구조로 구성되는데 신장에서 생성된 오줌을 신장 밖으로 궁극적으로는 몸 밖으로 내보내는 역할을 담당한다.

대부분 척추동물의 신장은 비체절성 기관으로 알려져 있지만, 척삭동물인 먹장어(hagfish)의 경우(34장) 신장이 체절을 따라 정돈된 형태를 띤다. 척삭동물과 척추동물은 같은 조상에서 나왔음으로 척추동물의 조상생물들도 체절성 신장을 가지고 있었을 것으로 추측된다.

배설계에 대한 소개는 포유류의 신장과 관련 구조를 알아보는 것으로 마무리 짓고자 한다(그림44.12). 여기 나온 단어들과 도표에 익숙해지면 신장에서의 여과과정과 그 뒤에 나올 개념들을 이해하는 데 견고한 초석이 될 것이다.

네프론의 조직구성

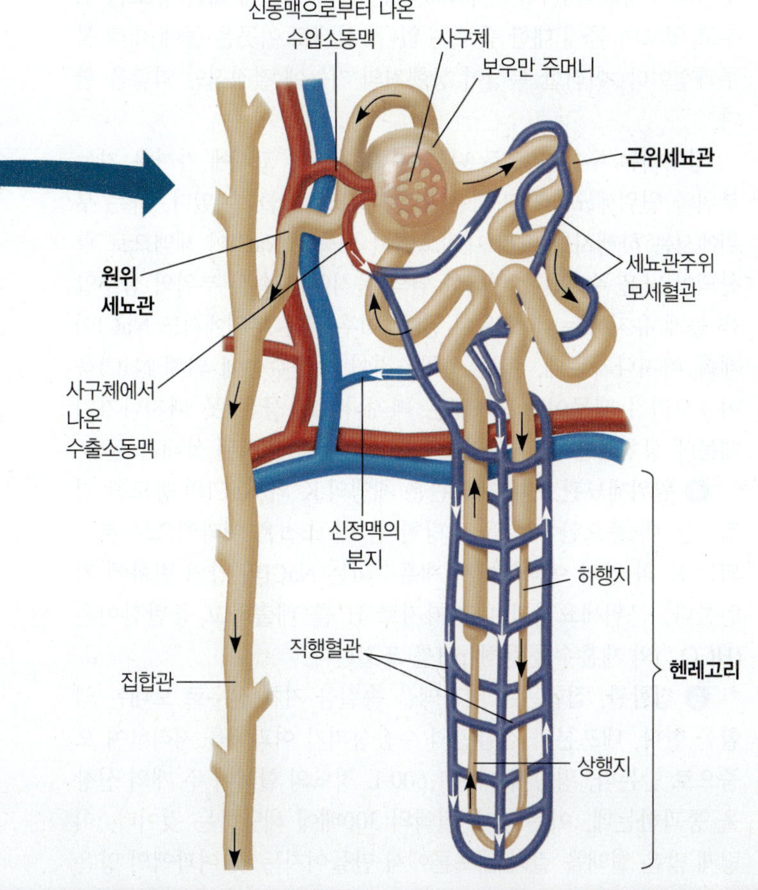

네프론은 하나의 긴 관과 모세혈관의 뭉치인 **사구체(glomerulus)**로 되어 있다. 관의 막힌 끝은 컵 모양으로 부풀어 있어서 사구체를 둘러싸고 있는데 이를 **보우만 주머니(Bowman's capsule)**라고 부른다. 혈압에 의해 사구체에서 보우만 주머니로 혈액의 유액성분이 밀려나가면 여과액이 형성된다. 여과액은 네프론의 세 개의 주요 부위, **근위세뇨관(proximal tubule)**, 머리핀 모양의 하행지(descending limb)와 상행지(ascending limb)로 구성된 **헨레고리(loop of Henle)**, 그리고 **원위세뇨관(distal tubule)**을 지나면서 처리된다. 그 후 다수의 네프론에서 가공된 여과액이 **집합관(collecting duct)**에 모여 **신우(renal pelvis)**로 이동한다.

각 네프론은 신동맥에서 가지쳐 나온 **수입소동맥**(afferent arteriole)을 통해 혈액을 공급받는다. 이 수입소동맥은 사구체 모세혈관으로 나뉘었다가 다시 모여 **수출소동맥**(efferent arteriole)을 형성한다. 이것이 나뉘어 **세뇨관주위 모세혈관(peritubular capillary)**, 즉 근위 혹은 원위세뇨관을 둘러싼 모세혈관을 형성하기도 하고 일부는 속질곁네프론의 헨레고리가 있는 속질지역에 머리핀 모양의 모세혈관인 **직행혈관(vasa recta)**을 형성한다.

▶ 이 주사전자현미경 사진은 사람의 신장에 복잡하게 얽힌 모세혈관을 찍은 것이다. 소동맥과 관주위의 모세혈관은 분홍색을 띠고 있고 사구체는 노란색이다.

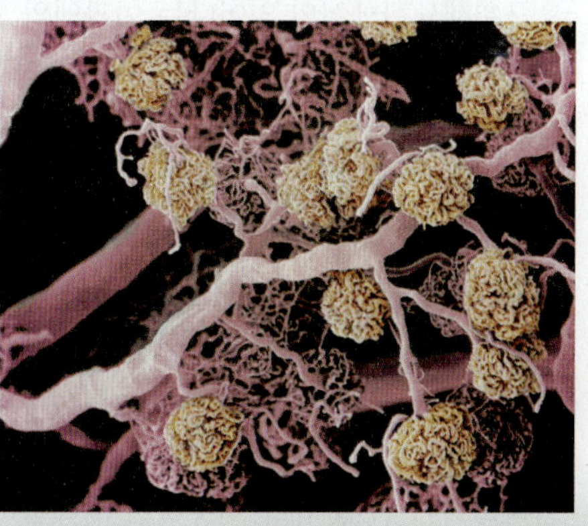

개념 확인 문제 44.3

1. 편형동물, 지렁이, 곤충에서 질소 노폐물이 배설계로 들어가는 과정을 비교하여 그 차이점을 설명하라.
2. 배설계에서 여과단계는 어떤 기능을 갖는가?
3. 포유류에서 여과액이 어디서 어떻게 만들어지는가? 그리고 여과액 성분이 신장을 빠져나가는 두 가지 경로는 무엇인가?
4. WHAT IF? 신부전증 환자들의 치료를 위해 혈액투석기를 많이 사용한다. 이 기기는 몸의 혈액을 빼내어 여과한 뒤 반투과성막의 한쪽 면에 흐르도록 하고 투석액을 반대편에 흐르게 한다. 재흡수와 분비를 대신하기 위해서는 투석액의 초기 성분을 잘 맞추는 것이 중요하다. 어떤 성분의 투석액을 사용해야 할까?

정답은 부록 A 참조

개념 44.4

네프론은 혈액 여과액을 단계적으로 처리하도록 설계되어 있다

우리는 여과액의 처리과정을 계속 살펴볼 것이다. 특히 어떻게 세뇨관들과 모세혈관 그리고 주위 조직들이 함께 작용하는지에 초점을 두고자 한다.

보우만 주머니의 다공성 모세혈관과 특수화된 세포는 물과 작은 용질들을 통과시키고, 세포나 단백질과 같은 큰 분자들에 대해서는 불투과성이다. 따라서 여과액은 염류, 포도당, 아미노산, 비타민, 질소 노폐물, 그 외 작은 분자들을 포함한다. 이러한 저분자들에 대한 여과는 비선택적으로 일어나기 때문에 이들 각 성분의 농도는 혈장에서의 농도와 같다.

혈액 여과액에서 오줌이 되기까지: 자세히 보기

이 절에서는 여과액이 네프론과 집합관을 지나는 동안 각 부위가 각 단계에 어떻게 작용하여 오줌으로 만드는지 자세히 설명할 것이다. 각 번호는 **그림 44.13**의 번호에 해당한다.

❶ **근위세뇨관.** 근위세뇨관에서의 재흡수는 엄청난 양의 여과액으로부터 이온, 물 그리고 영양소들을 다시 잡아들이는 데 매우 중요하다. 여과액에 있는 NaCl(염)은 확산과 공동수송 기작을 통해 수송상피로 들어오고(그림 8.14, 8.18), 여기에서 Na^+는 수송상피에서 세포사이액으로 능동수송된다. 양이온의 능동수송은 Cl^-의 수동수송을 초래한다.

여과액에서 세포사이액으로 염이 이동하면 물은 자연적으로 삼투에 의해 따라서 이동한다. 이어서 세포사이액에서 관주위 모세혈관으로 확산되어 들어간다. 포도당, 아미노산, 포타슘이온(K^+) 그리고 그 밖에 중요한 물질들은 능동 혹은 수동의 형태로 여과액에서 세포사이액으로 다시 요관주위 모세혈관으로 흡수가 이루어진다.

근위세뇨관에서의 일어나는 여과액의 처리 과정은 체내 pH를 유지하는 데에도 중요하다. 수송상피세포는 H^+를 분비하지만 동시에 암모니아를 분비하여 암모늄이온(NH_4^+)의 형태로 수소이온을 붙잡아 완충액의 효과를 보인다. 여과액의 산성도가 높아지면 암모니아의 분비량도 늘어나서 포유류의 오줌에는 항상 약간의 암모니아가 섞여 있게 된다(대부분의 질소 노폐물은 요소의 형태로 배출되지만). 근위세뇨관에서는 여과액에서 중탄산이온(HCO_3^-)을 90% 정도 재흡수하여 체액의 pH를 조절하는 역할을 한다.

여과액이 관을 따라 이동하면서 배출해야 할 물질은 점점 농축된다. 많은 종류의 노폐물들이 비선택적인 여과를 통해 체액에서 빠져나가며, 물이나 일부 염류가 다시 재흡수되는 것과는 달리 여과액에 그대로 남아 있다가 배출된다. 예컨대 요소는 물이나 다른 염류에 비해 아주 낮은 속도로 재흡수된다. 일부 독성물질은 인근 조직에서 여과액으로 능동적으로 분비된다. 그 예로 약품이나 독성물질은 일단 간에서 처리된 뒤 세뇨관주위 모세혈관에서 세포사이액으로 이동한 뒤, 다시 수송상피에 의해 근위세뇨관으로 활발하게 수송된다.

❷ **헨레고리의 하행지.** 여과액이 헨레고리의 하행지를 통과하면서 계속 물의 재흡수가 일어난다. 이곳 수송상피에는 **아쿠아포린(aquaporin)**이라는 단백질을 통해 물이 자유롭게 이동할 수 있다. 하지만 다른 염류나 저분자들에 대한 통로는 거의 발현되지 않아 이들에 대한 투과도는 매우 낮다.

물이 빠져나가기 위해서는 하행지가 있는 지역의 세포사이액은 여과액에 비해 고삼투액이어야 한다. 이 조건은 하행지 전 지역에 걸쳐 유지된다. 왜냐하면 신장의 겉질(피질)에서 안쪽 속질(수질)로 들어갈수록 세포사이액의 삼투농도가 높아지기 때문이다. 그 결과 여과액이 하행지를 따라 내려가는 각 지점마다 물을 잃고 용질의 농도가 높아지는 것이다.

❸ **헨레고리의 상행지.** 여과액이 헨레고리의 맨 밑에 다다르면 방향을 바꾸어 상행지를 따라 겉질로 이동하기 시작한다. 상행지의 수송상피는 하행지의 것과는 달리 이온에 대한 통로를 갖추고 있으며 물에 대한 통로는 없다. 실제로 이곳은 물에 대해 불투과성이다. 이러한 특성이 상행지의 기능에 결정적인 역할을 한다.

상행지는 두 부분으로 나눌 수 있다. 즉, 고리에 가까운 가는 부위와 원위세뇨관과 가까운 굵은 부위로 나눌 수 있다. 가는 부위에서는 하행지를 따라 내려오면서 농축된 NaCl이 체액으로 확산되어 나올 수 있다. 이러한 염의 움직임은 속질 부위의 삼투압을 높게 유지하는 데 도움이 된다. 이후 굵은 부위에서도 NaCl이 계속 빠져나가는데, 이는 상피조직이 능동수송에 의해 NaCl을 이동시키기 때문이다. NaCl은 빠져나가고 물은 못 빠져나가기 때문에 상행지를 따라 올라갈수록 여과액은 희석된 상태가 된다.

❹ **원위세뇨관.** 원위세뇨관은 체액의 K^+와 NaCl의 농도를 결정하는 데 중요한 역할을 담당한다. 이 조절은 여과액으로 분비되는 K^+의 양과 여과액에서 재흡수되는 NaCl의 양의 변화에 기인한다. 근위세뇨관과 마찬가지로 H^+를 배출하고 중탄산이온(HCO_3^-)의 재흡수를 통해 pH를 조절한다.

❺ **집합관.** 집합관은 여과액을 속질을 거쳐 신우로 보내는 역할을 한다. 네프론과 집합관의 수송상피가 여과액을 처리하여 오줌으로 만든다. 평상시 매일 1,600 L 정도의 혈액이 두 개의 신장을 통과하는데, 이는 체내 혈액의 300배에 해당하는 것이다. 이렇게 많은 혈액을 걸러 네프론에서 만들어지는 첫 여과액의 양은 약 180 L나 된다. 여기서 당분, 비타민, 그 밖에 유기 영양소들의 대부분이 재흡수된다. 또한 물도 99%가 재흡수되어 결과적으로 약 1.5 L 정도의 오줌이 버려진다.

여과액이 집합관의 수송상피를 지날 때 호르몬에 의해 투과도와 수송량이 조절되어 오줌에 어떤 성분이 더 농축될지 결정된다.

물을 보존할 때에는 아쿠아포린이 작용하여 물분자가 상피층을 통과하도록 하고, 동시에 염과 요소(신장겉질 부위에서)는 통과시키지 않는다. 집합관이 신장의 삼투농도 기울기를 따라 지나가면서 여과액은 점점 농축되고 고삼투액의 세포사이액에 의해 많은 물을 잃게 된다. 속질의 안쪽으로 들어가면 집합관이 요소에 대해 투과성을 띠게 된다. 이 지점에서 여과액내 요소의 농도는 매우 높기 때문에 요소가 세포사이액으로 빠져나온다. 이 요소는 NaCl과 더불어 신장의 속질 지역에 높은 삼투압을 유지하는 데 기여하게 되는데, 그 결과로 우리 체액보다 높은 삼투압을 가진 오줌이 생성되는 것이다.

희석된 오줌을 만드는 경우에는 삼투현상에 의한 물의 재흡수 없이 염류만 재흡수한다. 이 경우 수송상피에는 물에 대한 통로가 없이 NaCl만 능동적으로 재흡수되는 것이다. 곧이어 다루

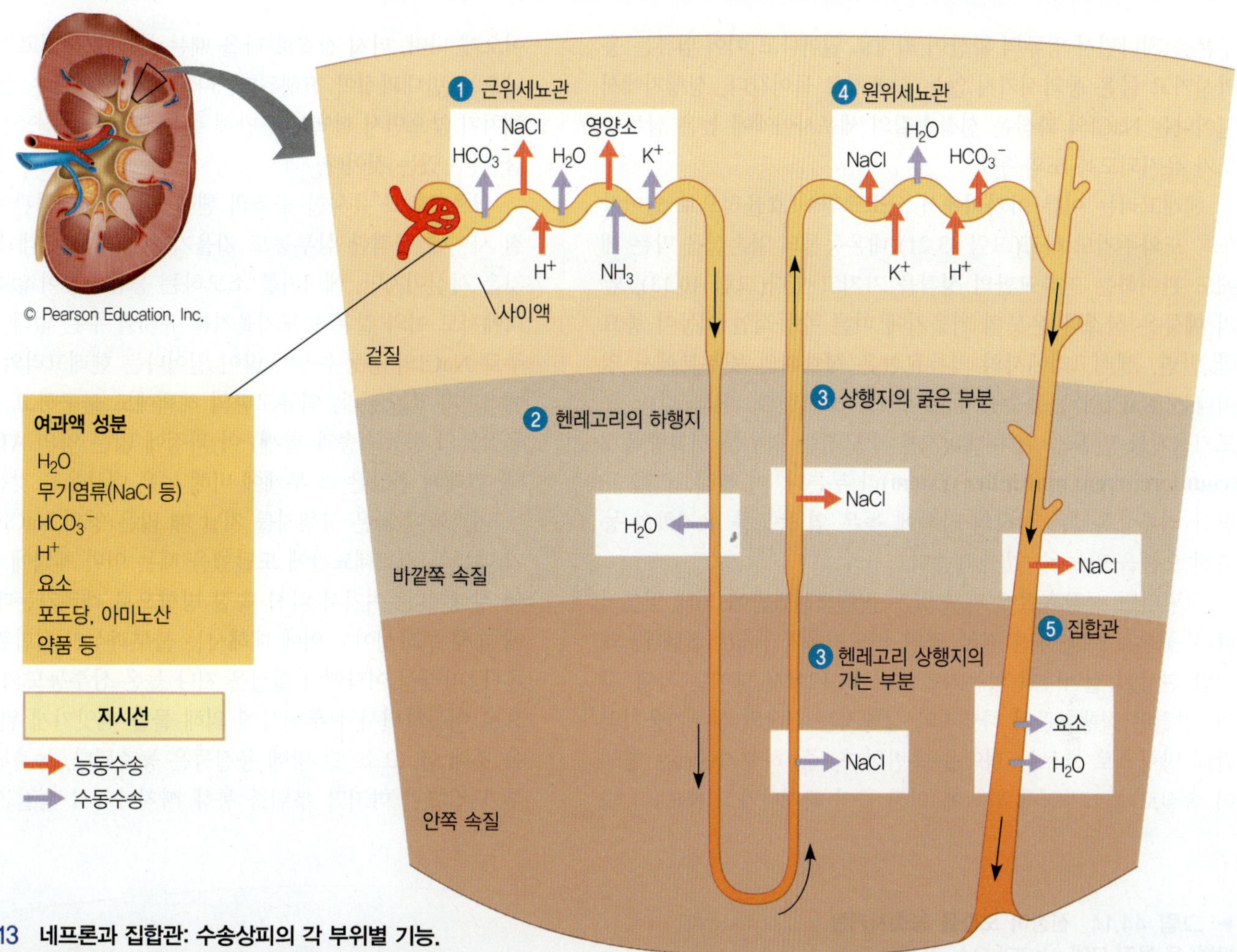

▲ **그림 44.13 네프론과 집합관: 수송상피의 각 부위별 기능.** 이 그림에서 번호가 매겨진 각 부위의 기능은 본문의 해당번호 설명을 참고하기 바람.

? 신장의 세뇨관을 둘러싸고 있는 세포 중 일부는 정상적인 부피를 유지하기 위해 작은 유기물질을 합성한다. 어느 부위에서 이런 세포를 발견할 수 있을까? 설명하라.

겠지만 집합관의 상태는 우리 몸의 삼투농도, 혈압, 그리고 혈액량의 항상성을 유지하는 호르몬들에 의해 조절된다.

용질의 농도기울기와 수분 보존

포유류 신장의 수분 보존 능력은 육상생활에 절대적으로 중요한 것이다. 사람의 혈액은 약 300 mOm/L의 삼투농도이지만 신장에서는 4배 이상 농도가 높은(약 1,200 mOm/L) 오줌을 배출할 수 있다. 어떤 동물들, 예컨대 호주의 껑충쥐(hopping mice)는 9,300 mOm/L, 즉 자신의 체액에 비해 25배 농도가 높은 오줌을 생산할 수 있다.

포유류의 신장이 고농도의 오줌을 생성할 수 있는 것은 삼투농도에 역행하여 용질을 수송하는 데 많은 양의 에너지를 소모하기 때문에 가능하다. 네프론, 특히 헨레고리는 에너지를 소모하면서 집합관에서 여과액으로부터 물을 빼앗는 데 사용되는 높은 삼투농도를 만들어 내는 작은 기구라고 할 수 있다. 삼투농도에 영향을 미치는 두 가지 용질은 NaCl과 요소이다. NaCl은 헨레고리에 의해 속질지역에 축적되고, 요소는 집합관 말단 안쪽 속질을 지나는 지점에서 상피층을 통과하여 축적된다.

포유류 신장에서의 오줌농축

포유류 신장이 수분 보존 기관임을 보다 잘 이해하기 위해, 여과액의 배출경로를 따라 살펴보기로 하자. 이번에는 특히 속질결네프론이 어떻게 헨레고리를 둘러싼 조직 내의 삼투농도 기울기를 유지하고 이를 이용하여 고농도의 오줌을 만드는지에 초점을 두고 살펴보기로 하자(**그림 44.14**). 처음 보우만 주머니로 나온 여과액의 삼투압은 혈액과 같다. 이제 근위세뇨관을 지나면서 많은 양의 물과 염류가 재흡수되는데, 이 경우 여과액의 양이 크게 줄어들지만 염류도 같이 빠져나가기 때문에 삼투압에는 큰 변화가 없다.

여과액이 겉질에서 속질로 넘어가면서 헨레고리의 하행지를 타고 내려가는데 이때 삼투현상에 의해 물이 빠져나가게 된다. 그 결과 NaCl을 비롯한 염들의 농도가 헨레고리의 휘어진 부분에 이르러서는 약 1,200 mOsm/L까지 높아진다. 여과액이 고리

부분을 지나면서 염류의 확산이 최대로 일어나고 이어 염류는 통과시키고 물은 통과시키지 않는 상행지로 들어간다. 상행지에서 일어나는 NaCl의 확산은 신장속질의 세포사이액에 높은 삼투농도가 유지되도록 도와준다.

헨레고리는 어류 아가미에서 산소교환이 효율적으로 일어나도록 도와주기도 하고(그림 43.21) 내온동물의 열손실을 막는 데에도 관여하는 역류교환의 성격을 가지고 있다(그림 40.13). 앞의 예들은 산소나 온도의 기울기에 따른 수동적인 이동이 중요한 반면, 헨레고리에서의 역류교환은 상행지의 윗부분에서 일어나는 NaCl의 능동수송에 에너지를 소모한다. 이와 같이 농도기울기를 만들기 위해 에너지를 소모하는 경우를 **역류증폭계 (countercurrent multiplier system)**라 부른다. 이 헨레고리를 포함한 역류증폭계는 신장의 안쪽에 높은 염 농도를 유지하여 농축된 오줌을 만들 수 있게 해준다.

그렇다면 신장속질에 퍼져 있는 직행모세혈관에 의해 염분이 다른 곳으로 이동하면 결국 염의 농도기울기가 없어질텐데, 왜 이런 현상이 일어나지 않는가? 그림 44.12에서 보이는 바와 같이, 연결된 직행혈관의 하행지와 상행지는 신장의 삼투기울기와 반대 방향으로 흐르는 혈액을 운반한다. 즉, 하행지에서는 혈액이 속질로 들어가면서 확산에 의해 물이 빠져나가고 NaCl이 들어오게 되며, 다시 겉질로 나올 때는 물이 보충되고 NaCl이 빠져나오는 반대과정이 진행된다. 따라서 직행혈관은 삼투기울기를 해치지 않으면서 혈액이 운반해 주는 영양소나 산소를 신장에 공급할 수 있는 것이다.

역류교환과 유사한 구조의 헨레고리와 직행혈관이 속질과 겉질 사이에 급격한 삼투농도 기울기를 유지하는 데 도움을 주는 것은 사실이지만, 에너지를 소모하는 능동수송이 없이는 체내 어디에서도 이와 같은 농도기울기를 유지할 수는 없다. 신장에서는 주로 NaCl의 능동수송이 많이 일어나는 헨레고리의 상행지에서 에너지가 소모된다. 역류교환의 혜택에도 불구하고 신장은(다른 물질들의 능동수송과 함께) 이 과정에 많은 양의 ATP를 소모한다. 그래서 신장은 그 무게에 비해 높은 대사율을 갖는다.

여과액이 굵은 상행지를 지날 때 많은 양의 NaCl이 재흡수되기 때문에 원위세뇨관에 도달했을 때는 이미 체액에 비해 저삼투액 상태이다. 여기서 다시 속질 방향으로 내려가는데 이때는 물에 대해 투과성이고 염에 대해서는 불투과성인 집합관을 따라 흐른다. 따라서 여과액이 겉질을 지나 높은 삼투농도의 세포사이액으로 이동하면서 삼투현상에 의해 물을 빼앗기게 된다. 이 과정을 통해 염, 요소, 그 밖에 용질들은 농축된다. 농축된 요소의 일부가 집합관 마지막 부위를 통해 빠져나가서 속질 안쪽의 높은

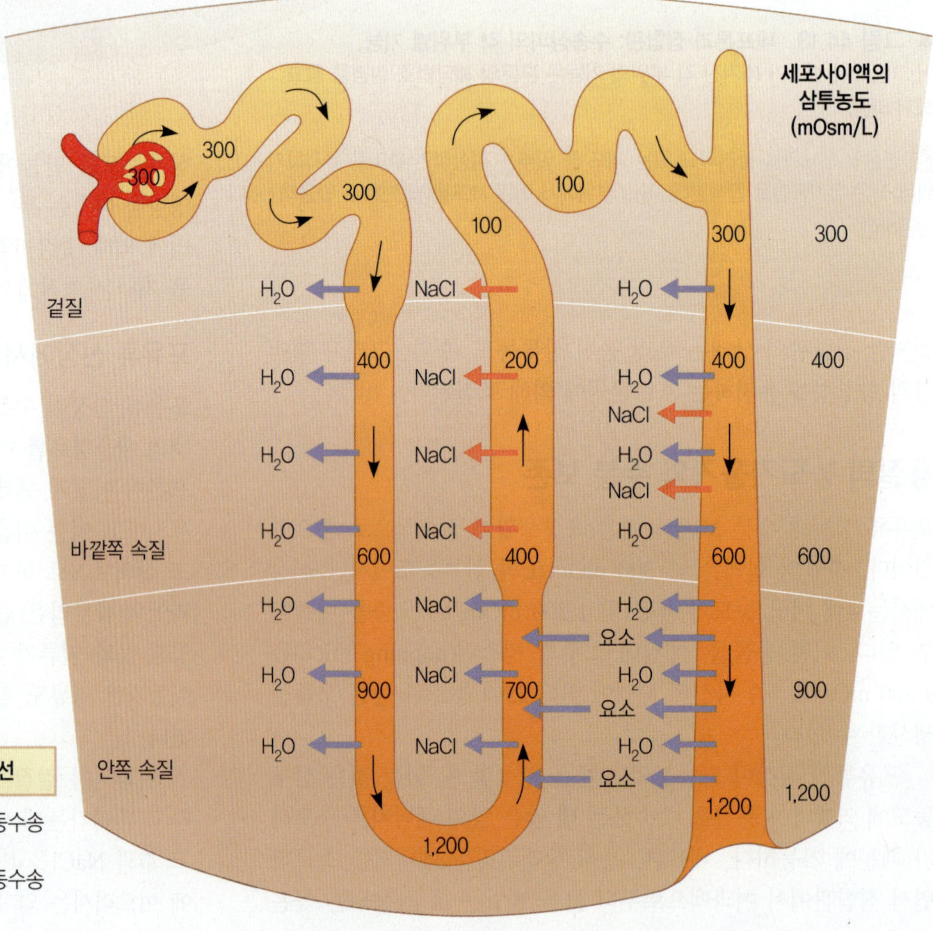

▶ 그림 44.14 신장이 오줌을 농축시키는 방법: 두 용질 모델. NaCl과 요소, 이 두 가지 용질에 의해 신장 안쪽 속질의 높은 삼투압이 유지되고 있다. 헨레고리가 하행지에서는 차차 높아지고 상행지에서는 낮아지는 세포사이액의 NaCl 농도기울기를 유지해 준다. 집합관의 속질 부근에서 요소가 빠져나온다(대부분의 요소는 오줌에 남아 배설된다). 여과액은 겉질과 속질의 경계를 3회 통과하는데 처음에는 속질 방향으로 내려갔다가 올라오고 다시 집합관을 통해 아래로 내려간다. 여과액이 집합관을 통과하면서 삼투농도가 높아지는데 많은 물이 빠져나갈수록 여과액에는 요소를 비롯한 용질이 농축된다.

WHAT IF? 퓨로세마이드(furosemide)라는 약은 헨레고리의 상행지에서 Na^+와 Cl^-의 공동수송을 저해한다. 이 약은 오줌의 부피에 어떤 영향을 미칠까?

삼투농도를 유지하는 데 도움을 준다. (이 요소는 다시 헨레고리로 확산되어 들어가 재활용되는데 집합관에서의 유출이 세포사이액에 높은 요소농도를 유지해 주는 것이다.) 신장이 최대한 농축시켰을 때 오줌의 삼투농도는 신장속질의 세포사이액과 비슷한 1,200 mOsm/L까지 올라갈 수 있다. 이러한 농도는 속질의 세포사이액과는 **등삼투액**(isoosmotic)에 해당하지만 일반 체액에 비해서는 **고삼투액**(hyperosmotic)에 해당하기 때문에, 수분의 손실을 최소한 줄이면서 용질들을 오줌으로 배설할 수 있다.

척추동물 신장의 다양한 환경에 따른 적응

진화 척추동물들은 열대 우림에서 사막에 이르는, 또한 가장 염도가 높은 물에서 산위 호수와 같은 순수한 물에 이르기까지 거의 모든 지역을 서식지로 이용하고 있다. 이들의 신장에는 다양한 서식지에 적응하기 위한 다양한 구조와 기능의 네프론이 장착되어 있다. 특히 겉질네프론과 속질곁네프론(그림 44.12)의 상대적인 숫자와 헨레고리의 길이가 중요하다. 기원은 다르지만 같은 서식지에 사는 동물들과 다른 서식지에 사는 유사한 동물들의 신장을 비교해 보면 척추동물들의 신장이 어떻게 적응하여 왔는지를 알 수 있을 것이다.

포유류

물의 낭비 없이 질소 노폐물들을 배설해 주는 속질곁네프론의 오줌 농축 능력이 육상생활에 적응하는 열쇠이다. 앞에서 봐 왔듯이 고삼투농도의 오줌을 만들 수 있는 능력은 여러 관들과 집합관의 정교한 배열에 의존한다. 이런 면에서 신장은 기관의 기능과 그 구조가 매우 밀접한 관계임을 보여주는 좋은 예이다.

포유류에서 가장 높은 삼투농도의 오줌을 만드는 종은 호주의 껑충쥐나 북미대륙의 캥거루쥐와 같이 사막에 서식하는 것들로, 이들은 속질까지 길게 발달된 헨레고리를 가지고 있다. 이러한 긴 고리는 신장속질에 높은 삼투압을 유지하는 데 필요한 것으로, 집합관을 통해 오줌이 겉질에서 속질로 흐르면서 진한 오줌이 만들어진다.

반면, 물이 부족한 상황을 거의 경험하지 못하는 비버(beaver)나 사향쥐(muskrat) 등 수생 포유류는 오줌을 농축시키는 능력이 떨어진다. 습한 육상 지역에 서식하는 동물들은 이들의 중간쯤 되는 길이의 헨레고리를 가지고 있다. 이들이 만들어 내는 오줌도 수생 동물과 사막동물의 중간쯤 되는 삼투농도를 갖는다.

사례연구: 흡혈박쥐의 신장 기능

그림 44.15에 나온 남미의 흡혈박쥐를 통해 포유류 신장의 다양한 능력을 확인할 수 있다. 이 박쥐는 큰 새나 포유류의 혈액을 먹고 사는데, 날카로운 이빨로 먹이 동물의 피부에 상처를 내어 출혈을 일으키고 이를 핥아먹는다. 이들의 타액에는 항응고제가 있어 혈액의 응고를 억제하며, 먹이 동물에게는 큰 해를 미치지는 않는다.

▲ **그림 44.15 흡혈박쥐(*Desmodus rotundas*), 특이한 배설 양태를 가진 포유류**

이들은 적절한 먹잇감을 찾아 몇 시간씩 멀리 날아다니기 때문에 일단 먹이를 찾으면 될 수 있는 대로 많은 양의 혈액을 섭취해야 한다. 그 결과 흡혈박쥐는 체중이 너무 늘어나 다시 날기가 어려워지는데, 이때 이 박쥐의 신장에서는 빠른 속도로, 시간당 체중의 24%의 물을 배출할 수 있어 다시 날아다닐 수 있는 상태가 된다. 충분히 몸무게가 가벼워지면 그들의 휴식처인 동굴이나 나무 구멍으로 돌아가 낮시간을 보낸다.

이들이 다시 동굴 등 이들의 휴식처로 돌아오게 되면 이번에는 다른 문제에 직면한다. 이들의 주 에너지원이 단백질이기 때문에 많은 양의 질소 노폐물이 생기는 것이다. 이들의 서식지에서는 이 노폐물들을 배출할 충분한 양의 물을 구하기가 어렵다. 이때 다시 신장의 기능이 이번에는 아주 진한 오줌(4,600 mOsm/L까지 이를 수 있다)을 만드는 방향으로 적응하여, 수분의 손실을 최대로 줄일 수 있다. 이렇게 다량의 묽은 오줌과 적은 양의 농축된 오줌을 만들어 낼 수 있는 적응능력은 특수한 먹이를 먹는 흡혈박쥐에게는 필수적인 능력일 것이다.

조류와 파충류

알바트로스(그림 44.1)나 타조(그림 44.16)는 탈수가 일어나는 환경에 산다. 이들은 포유류처럼 물을 잘 보존하는 속질곁네프론을 가지고 있다. 하지만 이들의 헨레고리는 훨씬 짧고 따라서 포유류만큼 높은 농도의 오줌을 만들어 내지는 못한다. 하지만 이들은 요산을 분비할 수 있는 능력이 있어서, 질소 노폐물을 거의 반고체 상태로 배설하여 수분을 절약할 수 있는 것이다.

다른 파충류들의 네프론은 모두 겉질네프론으로 체액과 같거나 더 묽은 농도의 오줌을 만들어 낸다. 하지만 이들은 총배설강(cloaca)이라 부르는 부분의 상피층에서 오줌과 대변에 있는 물을 재흡수하여 수분을 보존한다. 또 조류와 마찬가지로 질소 노

▼ 그림 44.16 타조(*Struthio camelus*), 건조한 환경에 잘 적응한 동물이다.

폐물을 요산의 형태로 배설할 수 있다.

담수어류와 양서류

담수어류의 경우 환경에 비해 고삼투액인 체액을 갖기 때문에 물의 유입이 계속되고 있으며, 이 잉여의 물을 지속적으로 몸에서 빼내야 한다. 포유류나 조류와는 달리 이들의 신장은 많은 양의 오줌을 내보내고 이때 원위세뇨관에서는 염류를 재흡수하여 체내 염의 농도를 유지한다.

양서류의 신장은 담수어류와 비슷하게 작용한다. 즉, 맑은 물속에서 생활할 때에는 묽은 오줌을 생성하고 한편으로 피부에서는 염류를 흡수, 축적한다. 육상으로 올라오면 수분 부족이 문제가 됨으로 오줌을 배출되는 과정에서 방광의 상피층을 통해 많은 양의 물을 재흡수한다.

해수 경골어류

해수동물들의 조직은 주위 환경으로부터 과량의 염류가 들어오고 물을 잃게 된다. 이는 담수어류와는 완전히 반대의 환경이다. 담수어류에 비해 훨씬 적은 네프론을 가지며 원위세뇨관이 없고, 사구체의 크기도 작거나 어떤 경우에는 없는 것들도 있다. 따라서 여과율이 매우 낮고 배설량도 매우 적다.

해수 경골어류의 신장이 갖는 주된 임무는 해수를 마실 때 들어온 많은 양의 2가 이온들(2+ 혹은 2−의 전하를 띠는 이온들), 즉 칼슘(Ca^{2+}), 마그네슘(Mg^{2+}), 황산(SO_4^{2-}) 등을 배출하는 것이다. 해수어는 해수를 마시면서 끊임없이 2가 이온들을 섭취하는 셈이다. 이를 배출하기 위해 근위세뇨관에서 분비하여 오줌으로 배설한다. 해수경골어류의 삼투조절에는 아가미에 있는 염소운반세포가 중요하다. 염소운반세포는 염분(NaCl)을 해수로 내보낼 수 있는 이온 농도기울기를 형성하여 Na^+나 Cl^-와 같은 1가(1+ 혹은 1−의 전하를 띤) 이온들의 균형을 유지해 준다.

이온 농도기울기의 형성과 막을 통한 이온의 이동은 해수경골어류가 염분과 수분의 균형을 유지하는 핵심 기작이다. 그러나 이러한 현상은 이 생물에서만 독특하게 일어나거나 항상성에서만 나타나는 현상은 아니다. 그림 44.17에서 보듯이 염소운반세포에 의한 삼투조절은 막을 통한 이온의 움직임이 일으키는 여러 생리작용 중 하나라고 할 수 있다.

개념 확인 문제 44.4

1. 네프론의 수와 길이가 그 물고기의 서식지와 어떤 관계가 있을까? 또한 이들은 오줌 생성률과 어떤 관계가 있는가?
2. 많은 종류의 약품들이 집합관 상피층의 물에 대한 투과성을 저하시킨다. 이런 약을 복용했을 때 신장의 오줌생성에 미치는 영향은?
3. WHAT IF? 사구체로 들어오는 수입세동맥의 혈압이 감소했다면 보우만 주머니의 여과속도는 어떻게 변할까? 설명해 보라.

정답은 부록 A 참조

개념 44.5

호르몬은 신장 기능, 물의 균형 그리고 혈압을 연결해 준다

포유동물들은 체내 수분과 염류의 균형, 그리고 요소 생성량에 따라 오줌의 부피와 삼투농도를 모두 조절할 수 있다. 염분의 섭취가 많고 물이 제한된 환경에서는 고농도의 오줌을 생산하여 물의 손실을 최소화하고, 반대로 염류의 공급이 제한되고 물이 풍부한 경우에는 많은 양의 희석된 오줌을 생산하여 과량의 수분을 배출할 수 있다. 이때 오줌은 인간의 체내 삼투농도의 1/4에 해당하는 70 mOsm/L정도까지 희석이 가능하다.

어떻게 이렇게 오줌의 양과 삼투농도가 효과적으로 조절될까? 이 장의 마지막에서는 두 가지 서로 다른 자극에 반응하여 정상 상태로 회복시키는 조절과정을 알아보자.

호르몬에 의한 신장의 조절

포유동물에서는 신경계와 호르몬의 협동에 의해 신장의 삼투조절 기능이 조정된다. 이들은 오줌의 양과 삼투농도에 영향을 주어 혈압과 혈액량의 항상성에 기여한다.

항이뇨호르몬

신경과 호르몬의 조절작용이 합해져서 포유류 신장의 삼투조절 기능이 유지된다. 우선 이 조절회로에서 중요한 역할을 담당하는

▼ 그림 44.17

MAKE CONNECTIONS

이온의 이동과 농도기울기

세포막을 통한 이온의 수송은 모든 동물, 모든 생물의 근본적인 활력이다. 이온의 농도기울기를 형성함으로써, 이온의 이동은 체액 내 염류나 가스의 농도를 조절하고 인지과정이나 위치이동 등에 필요한 에너지를 공급한다.

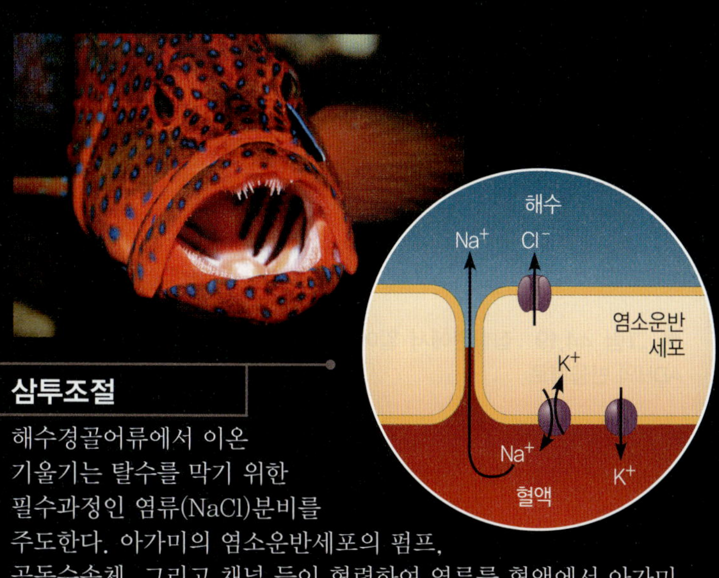

삼투조절

해수경골어류에서 이온 기울기는 탈수를 막기 위한 필수과정인 염류(NaCl)분비를 주도한다. 아가미의 염소운반세포의 펌프, 공동수송체, 그리고 채널 들이 협력하여 염류를 혈액에서 아가미 상피세포를 통해 주위 해수로 내보낸다. 개념 44.1 참고

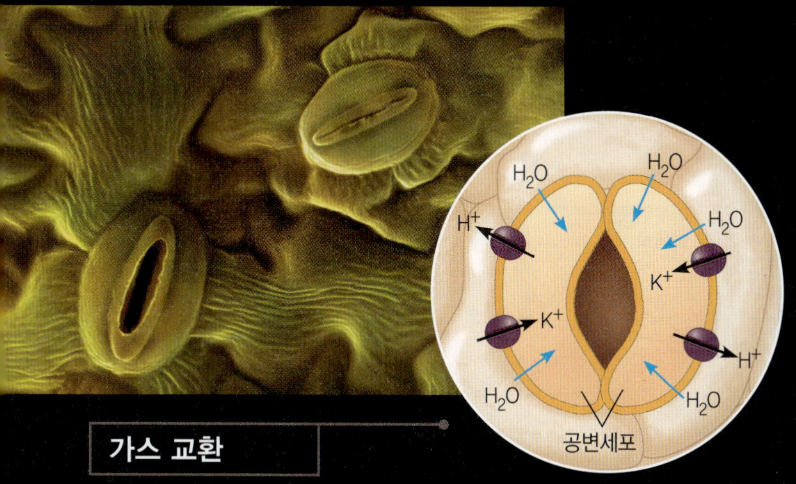

가스 교환

이온 기울기는 공변세포의 기공을 여는 데 기초역할을 한다. 공변세포에서 능동수송을 통해 H^+이온이 배출되면 막전위가 형성되고 이는 K^+의 유입을 유도한다. K^+의 유입은 삼투현상으로 물이 들어오게 만들고 이는 세포의 모양을 휘게 만들어 기공이 열리게 만든다. 개념 36.4 참고

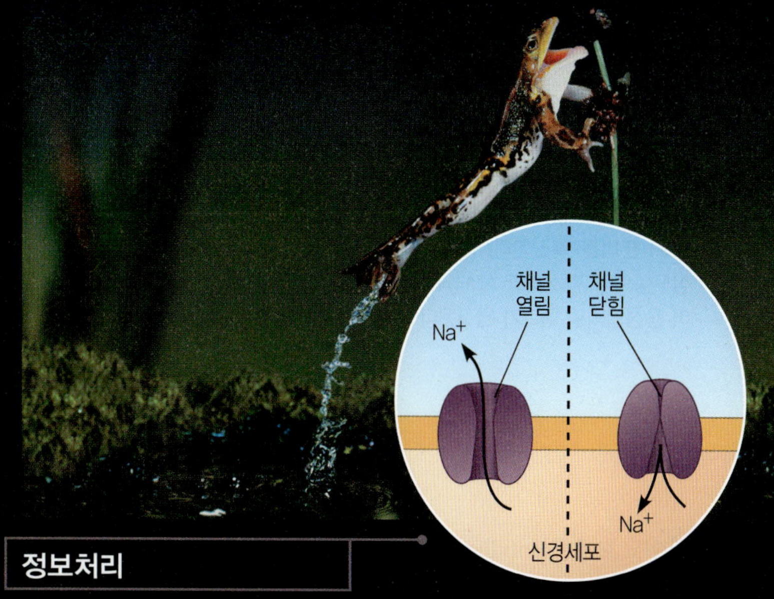

정보처리

신경세포에서 소듐이나 다른 이온에 대한 채널의 개폐가 신경신호의 형태로 정보를 전달해준다. 이 신호에 의해 신경계에 정보입력이 이루어지고 그림에서 보듯이 먹이를 잡기 위한 개구리의 점프 같은 적절한 출력을 지시하기도 한다. 개념 48.3 참고

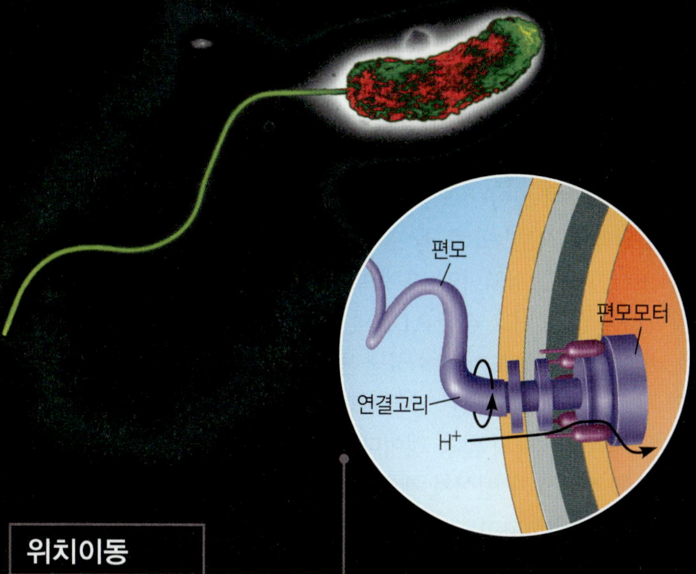

위치이동

H^+ 이온의 기울기는 세균의 편모를 돌리는 힘을 제공한다. 전자전달계가 바깥쪽에 높은 H^+ 이온 농도기울기를 형성한다. 다시 세포로 들어오는 수소이온이 편모모터의 회전력을 제공한다. 이 편모모터의 ㄱ자 연결고리에 편모가 붙어 있어 모터가 회전하면 편모가 세포에 추진력을 주게 된다. 개념 10.4, 27.1 참고

MAKE CONNECTIONS 왜 원형질막을 경계로 이온을 움직이는 힘을 전기화학적 기울기라고 하는지 설명하라.

▶ 그림 44.18 신장에서 ADH에 의한 수분보존 조절. 시상하부의 삼투수용기는 수용기 세포로 확산되는 물을 이용하여 혈액의 삼투농도를 감지한다. 혈액의 삼투농도가 증가하면 삼투수용기로부터 나온 신호가 갈증을 느끼게 할 뿐 아니라 뇌하수체에서의 ADH 분비를 촉진한다. 물을 마시면 혈액의 삼투농도가 감소하고 ADH의 분비가 억제되어 음성되먹임 회로가 완결된다.

시상하부의
삼투수용기가
뇌하수체 후엽으로
부터 ADH 분비
자극
시상하부
뇌하수체
후엽
시상하부에서
갈증유발
원위세뇨관
ADH
집합관
물을 마시면 혈액
의 삼투농도가
적정선까지 낮아짐
혈액의 삼투농도 증가
(땀을 많이 흘린 후)
물의 재흡수는 더
이상의 삼투 농도
증가를 억제함
항상성:
혈액의 삼투농도
(300 mOsm/L)

항이뇨호르몬(antidiuretic hormone, ADH) 또는 바소프레신(vasopressin)이라 불리는 호르몬을 들 수 있다. ADH는 시상하부에서 합성되어 바로 그 밑에 위치한 뇌하수체 후엽에 저장되었다가 분비된다. 시상하부에는 삼투수용기가 있어 혈액의 삼투압을 측정하고 뇌하수체 후엽의 ADH 분비량을 조절한다.

ADH의 작용을 이해하기 위해 혈액의 삼투농도가 증가하는 상황, 예컨데 짠 음식을 먹거나 땀을 많이 흘린 경우를 생각해 보자(**그림 44.18**). 기준점이라 할 수 있는 300 mOsm/L 이상의 삼투압이 되면, ADH의 방출이 증가하게 된다. ADH는 신장에 도달하여 원위세뇨관과 집합관에 주로 작용한다. 그곳에서 집합관의 상피층에 작용하여 물의 투과성을 높인다. 그 결과로 물의 재흡수가 많이 일어나 오줌이 농축되고 부피가 줄어들기 때문에 다시 원래의 삼투농도로 돌아가도록 도와준다. 혈액의 삼투농도가 떨어지면 음성되먹임 기작으로 시상하부의 삼투수용기들을 자극하지 않게 되고 결국 ADH의 분비도 줄어든다.

혈액의 삼투농도가 감소하면 반대의 현상이 일어난다. 즉, 많은 양의 물을 마셨다면, 삼투농도가 떨어질 것이고, ADH의 분비가 거의 일어나지 않을 것이다. 그 결과로 집합관 상피층의 물에 대한 투과도가 떨어져 재흡수가 줄어들고, 많은 양의 오줌이 나오게 될 것이다[이뇨(diuresis)라는 것은 오줌량이 늘어난다는 것을 의미하며 따라서 항이뇨호르몬(*anti*diuretic hormone)은 이와는 반대되는 작용을 하기 때문에 붙여진 이름이다].

ADH는 어떻게 신장 집합관에서 물의 흡수를 조절할까? ADH가 수용체에 결합하면 집합관의 상피세포막 표면에 노출된 아쿠아포린의 양이 일시적으로 증가한다(**그림 44.19**). 이렇게 증가된 통로에 의해 물이 더 흡수되는 것이다.

평상시에는 혈액내 삼투압과 ADH의 분비, 물의 재흡수가 서로 되먹임 회로로 연결되어 항상성을 유지하고 있다. 따라서 무엇이든 이 회로를 방해하는 것이면 수분 균형을 깨게 된다. 예컨대 알코올의 경우 ADH의 분비를 방해하여 오줌이 많이 만들어지게 하여 탈수현상을 유발한다. (이것은 숙취의 원인이 되기도

▼ 그림 44.19 집합관에서 일어나는 ADH의 반응경로

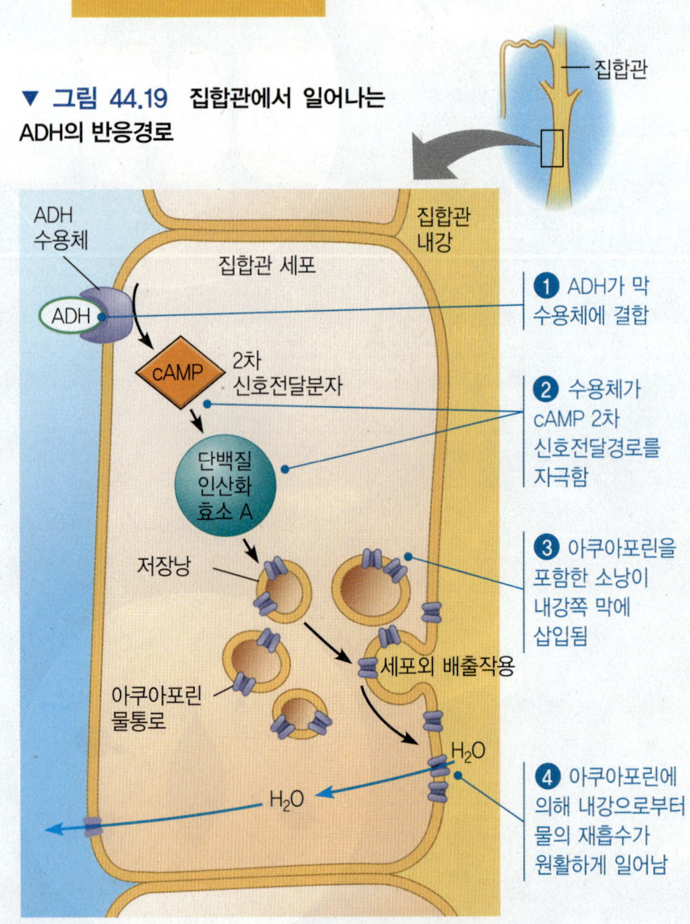

한다.)

ADH의 합성을 막거나 수용체 유전자를 불활성화시키는 돌연변이는 통로의 수가 증가하는 것을 억제할 것이고 결국 ADH의 반응을 막을 것이다. 그 결과로 많은 양의 매우 희석된 오줌이 배출되기 때문에 심각한 탈수 증세가 생길 수 있다. 이러한 증

세를 요붕증(diabetes insipidus; 그리스어로 "내보내다"와 "아무런 맛이 없다"는 뜻)이라 부른다. 아쿠아포린 유전자에 생긴 돌연변이가 비슷한 효과를 낼까? **그림 44.20**에 이 질문에 대한 실험적 접근을 소개하였다.

레닌-안지오텐신-알도스테론계

두 번째 항상성 유지를 돕는 조절기구는 **레닌-안지오텐신-알도스테론계(renin-angiotensin-aldosterone system, RAAS)**가 있다. RAAS에는 사구체로 혈액을 보내는 수입소동맥에 붙어 있는 특수한 조직, **곁사구체기구(juxtaglomerular apparatus, JGA)**가 관여한다(**그림 44.21**). 만약 혈액량이나 혈압이 낮아지면(탈수 등에 의해), JGA에서 효소 레닌을 분비한다. 레닌은 혈액 내에 존재하는 안지오텐시노겐이라는 단백질을 잘라서 **안지오텐신 II(angiotensin II)**라는 작은 펩타이드를 생산한다.

안지오텐신 II는 호르몬으로 작용하여 소동맥을 수축시켜 혈압을 높이는데, 이것은 신장을 포함한 모세혈관계로 들어가는 혈액량을 감소시킨다. 안지오텐신 II는 또한 부신겉질을 자극하여 **알도스테론(aldosterone)**의 합성을 증가시킨다. 이 호르몬은 원위세뇨관과 집합관에 작용하여 소듐(Na^+)과 물의 재흡수를 증가시켜, 혈액의 부피를 늘리고 혈압을 높인다.

안지오텐신 II는 여러 가지 경로를 통해 혈압을 높임으로 이 호르몬의 생성을 억제하는 약품이 고혈압(특히 만성 고혈압) 치료에 많이 사용되고 있다. 많은 종류의 약들이 안지오텐신 합성의 두 번째 과정을 촉매하는 안지오텐신 변환효소(angiotensin converting enzyme, ACE)에 대한 특이적 억제제이다.

레닌-안지오텐신-알도스테론계는 되먹임 회로이다. 혈압이나 혈액량이 줄어들면 레닌이 분비된다. 그 결과로 안지오텐신 II가 생성되고 알도스테론이 분비되면 혈압과 혈액량이 높아지고 결국 JGA로부터 레닌의 분비가 감소한다.

신장의 항상성 조절

ADH와 RAAS의 작용이 중복되는 것으로 생각할 수도 있다. 둘 다 물의 재흡수를 증가시키긴 하지만 삼투조절의 문제에서는 다르다. ADH의 분비는 지나친 탈수나 수분섭취의 부족에 의해 혈액의 삼투농도가 증가하면 자극을 받는다. 하지만 염류와 물의 손실이 한꺼번에 일어날 때, 즉 큰 출혈이 있거나 심한 설사를 하는 경우에는 삼투압의 증가 없이 혈액량이 갑자기 감소하게 된다. 이 경우 ADH의 분비에는 영향을 미치지 않지만 RAAS는 혈압 감소에 반응하게 될 것이고, 물과 Na^+의 재흡수를 증가시킬 것이다. 사실 ADH와 RAAS는 항상성 유지의 동반자라고 할 수 있다. 즉, ADH 만에 의해서는 신장의 물 재흡수의 증가로 혈액 내 Na^+의 농도가 감소되는데, 이때 RAAS가 Na^+의 재흡수를 도와 균형을 맞춰준다.

▼ 그림 44.20 탐구

아쿠아포린의 유전자 돌연변이가 병을 유발할 수 있을까?

실험 연구자들은 ADH 수용체 유전자가 정상인 요붕증 환자에서 발견된 아쿠아포린-2의 2가지 돌연변이(A와 B)를 연구했다. 그 결과로 나타난 환자들의 아쿠아포린 특정 부위에 나타난 아미노산 서열을 다른 동물들의 것과 비교하여 표시하였다.

아쿠아포린-2 유전자의 유래	183~191번* 아미노산 서열	212~220번* 아미노산 서열
개구리(*Xenopus laevis*)	MNPARSFAP	GIFASLIYN
도마뱀(*Anolis carolinensis*)	MNPARSFGP	AVVASLLYN
닭(*Gallus gallus*)	MNPARSFAP	AAAASIIYN
사람(*Homo sapiens*)	MNPARSLAP	AILGSLLYN
공통된 아미노산 서열	MNPARSxxP	xxxxSxxYN
환자의 유전자: 돌연변이 A	MNPA**C**SLAP	AILGSLLYN
환자의 유전자: 돌연변이 B	MNPARSLAP	AILG**P**LLYN

* 사람의 아쿠아포린-2 유전자를 기준으로 함.

각 돌연변이에서 공통된 아미노산 서열이 바뀐 것을 볼 수 있다. 이 변화가 기능에 영향을 미쳤을 것이라는 가설을 시험하기 위해 암컷 개구리에서 쉽게 얻을 수 있고 외래 mRNA를 발현할 수 있는 개구리 난자를 사용하였다.

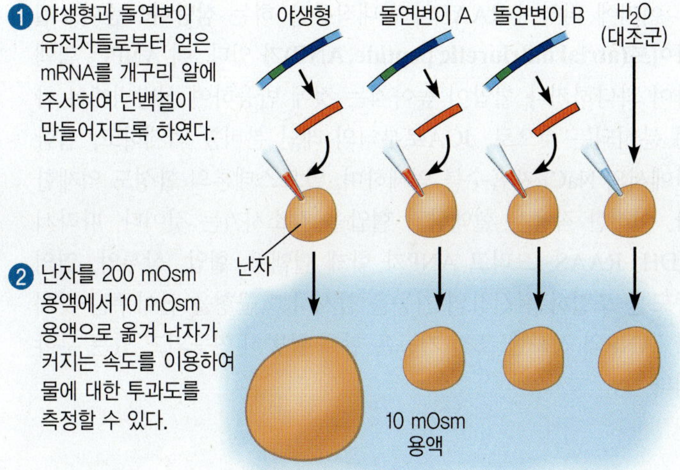

결과

주입된 mRNA의 유래	팽창속도 (μm/sec)
사람 야생형	196
환자의 돌연변이 A	17
환자의 돌연변이 B	18
아무것도 넣지 않음	20

결론 각 돌연변이는 아쿠아포린의 기능을 불활성화시켰기 때문에 환자들의 증세는 이 돌연변이들에 의해 유발되었을 수 있다.

참고문헌: P. M. Deen et al., Requirement of human renal water channel aquaporin-2 for vasopressin-dependent concentration of urine, *Science* 264:92–95 (1994). Reprinted with permission from AAAS.

WHAT IF? 만약 ADH수용체 돌연변이를가진 환자와 아쿠아포린 돌연변이를 가진 환자의 혈액 속에 ADH의 농도를 측정한다면, 정상인과 비교했을 때 어떤 결과가 예상되는가?

▶ **그림 44.21 레닌-안지오텐신-알도스테론(RAAS)계에 의한 혈액량과 혈압의 조절**

MAKE CONNECTIONS RAAS에서의 레닌과 ACE 활성을 인산화 연쇄반응에서의 단백질인 산화효소 활성(그림 9.10)과 비교하라. 이 두 가지 조절반응 경로에서 효소들의 역할은 어떤 점이 다르고 어떤 점이 비슷한가?

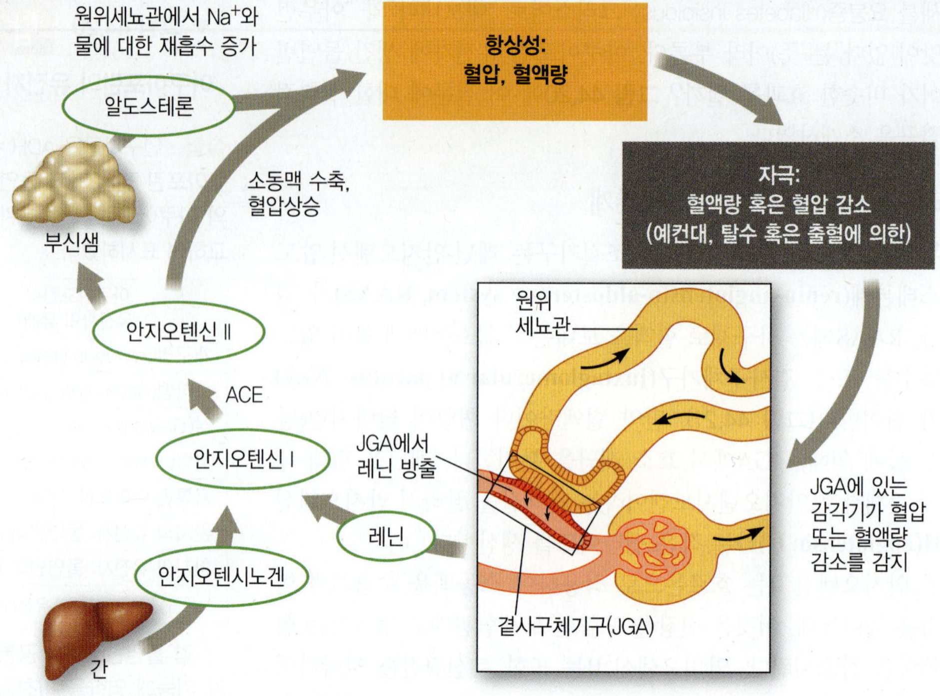

여기에 더하여 RAAS의 반대작용을 하는 **심방나트륨이뇨펩타이드(atrial natriuretic peptide, ANP)**가 있다. 이 ANP는 혈액량이 과다하거나 혈압이 높아지는 것에 반응하여 심방벽에서 합성 분비되는 것으로, JGA로부터의 레닌 분비를 억제하고, 집합관에서의 NaCl 재흡수를 억제하며, 알도스테론의 합성도 억제한다. 이러한 작용은 혈액량과 혈압을 감소시키는 것이다. 따라서 ADH, RAAS, 그리고 ANP가 함께 혈액량, 혈압, 삼투압, 염의 농도를 조절하는 신장의 기능을 감시하고 균형을 잡아주는 것이다. ANP의 정확한 조절 기능은 현재 활발히 연구되고 있는 분야이다.

개념 확인 문제 44.5

1. 알코올이 수분 균형에 어떻게 영향을 미치는가?
2. 짧은 시간 동안 과도한 양의 물을 마시는 것이 왜 위험한가?
3. **WHAT IF?** 콘 증후군(Conn's syndrome)은 부신겉질에 종양이 생겨 과량의 알도스테론이 분비되어 생기는 증세이다. 예상되는 주요 증세로 어떤 것이 있을까?

정답은 부록 A 참조

44장 복습

핵심 개념의 요약

개념 44.1

삼투조절은 물과 용질의 획득과 손실을 균형 잡아준다

동물	섭취/배출	오줌
담수어류. 체내농도보다 낮은 삼투몰농도의 물에 서식. 물이 들어오고 염류를 잃는 상태이다.	물을 마시지 않음 염류 유입 (아가미의 능동수송에 의해) 물 유입 염류 유출	▶ 많은 양의 오줌 ▶ 오줌은 체액에 비해 묽음
해수 경골어류. 체액보다 높은 농도의 환경에 서식; 물을 잃고 염류를 얻는 상태	물을 마심 염류 유입 물 유출 염류 유출(아가미를 통한 능동수송)	▶ 적은 양의 오줌 ▶ 오줌은 체액에 비해 약간 묽음
육상 동물. 육상환경; 공기 중으로 물을 빼앗김	물을 마심 염류 유입 (입을 통해) 물과 염류 유출	▶ 중간 양의 오줌 ▶ 오줌은 체액보다 더 농도가 진함

- 세포는 **삼투조절(osmoregulation)**을 통해 물을 얻기도 하고 잃기도 한다. 삼투조절이란 내부용액과 주위환경 간에 용질과 물의 이동을 조절하여 삼투현상을 유발하는 과정이다.
- **삼투순응자(osmoconformer)**의 체액은 해수환경과 등삼투농도를 가지며 **삼투농도(osmolarity)**를 따로 조절하지 않는다. 이와는 반대로 **삼투조절자(osmoragulator)**는 고삼투농도 혹은 저삼투농도의 환경에서 각각 물을 흡수하고 배출하여 삼투농도를 조절한다. 임시수에 사는 동물들은 살아가는 특정 시기에 **무수생존(anhydrobiotic)**을 할 수 있다.
- 수분균형이나 노폐물 배설은 용질의 수송을 조절하도록 특수화된 세포로 이루어진 수송상피(transport epithelia)에 의해 이루어진다.

? 어떤 환경조건에서 삼투현상에 의해 세포 안으로 물이 들어가는가?

개념 44.2

동물의 질소 배설물은 계통과 서식지를 반영한다

- 단백질과 핵산 대사는 독성 노폐물인 **암모니아(ammonia)**를 생성한다. 대부분의 수생동물은 암모니아를 아가미나 체표면을 통해 배출한다. 포유류나 양서류 성체들은 간에서 암모니아를 독성이 덜한 **요소(urea)**로 전환하고, 이를 신장에서 농축하여 물의 손실을 최소화하면서 배출한다. 육상 달팽이나 곤충, 많은 종류의 파충류, 그리고 새들은 불용성 질소 노폐물인 **요산(uric acid)**을 반고체의 상태로 배설한다.
- 질소 노폐물의 종류는 그 생물의 진화적 기원과 서식지 환경에 따라 결정된다. 질소 노폐물의 양은 그 생물의 에너지 소모량과 먹이내 단백질 함량에 달려 있다.

DRAW IT 세 가지 주요 질소 노폐물에 대해 상대적인 독성, 에너지 함량, 그리고 배출시 수분손실량을 요약한 표를 그려보라.

개념 44.3

다양한 배설계는 관이 변형된 형태들이다

- 대부분의 배설계는 **여과(filtration)**, **재흡수(reabsorption)**, **분비(secretion)** 그리고 **배출(excretion)**을 수행한다. 편형동물의 **원신관(protonephridia)**은 묽은 여과액(filtrate)을 배출한다. 지렁이는 각 체절마다 한 쌍의 끝이 열린 **후신관(metanephridia)**을 가지고 있어 오줌을 배설한다. 곤충의 **말피기관(Malpighian tubule)**은 질소 노폐물을 제거하고 삼투압을 조절하는 기능을 담당한다. 척추동물의 **신장(kidney)**은 노폐물 제거와 삼투조절의 기능을 모두 수행한다.
- 포유류의 신장은 **네프론(nephron)**과 **집합관(collecting duct)**으로 구성된 배설관들과 혈관으로 가득 차 있다. 혈압에 의해 혈액이 **사구체(glomerulus)**로부터 **보우만 주머니(Bowman's capsule)**로 여과되어 나간다. 이후 재흡수와 분비과정을 거친 여과액들이 집합관으로 모인다. **요관(ureter)**을 통해 **신우(renal pelvis)**에서 **방광(urinary bladder)**으로 오줌이 흘러간다.

? 전형적인 배설계가 선택적인 흡수와 분비를 하는 것이라면, 여과과정의 기능은 무엇인가?

개념 44.4

네프론은 혈액 여과액을 단계적으로 처리하도록 설계되어 있다

- 네프론의 **근위세뇨관(proximal tubule)**에서의 선택적인 분비와 재흡수는 여과액의 부피와 구성을 변화시킨다. **헨레고리(loop of Henle)**의 하행지는 물에 대해 투과성이 있지만 염류는 통과시키지 않기에 고삼투액의 세포사이액으로 물의 이동이 일어난다. 상행지에서는 물에 대한 투과도는 거의 없고, 염류에 대한 투과도가 높다. 여과액이 이곳을 지날 때 확산과 능동 수송에 의해 염류가 빠져나간다. **원위세뇨관(distal tubule)**과 집합관에서 체내 K^+과 NaCl의 농도를 조절한다. 집합관은 호르몬에 반응하여 물을 더 많이 재흡수할 수 있다.
- 척추동물 신장에서는 헨레고리를 포함한 **역류교환 증폭계(countercurrent multiplier system)**가 신장 안쪽의 염농도 기울기를 유지한다. 호르몬의 작용으로 집합관에 요소가 농축될 수 있으며, 신장 속질을 지나면서 방출되어 신장내 삼투기울기를 유지하는 데 기여한다.

- 자연선택에 의해 다양한 동물들이 서식지 환경에 따라 다양한 네프론의 형태와 기능을 갖추게 되었다. 예컨대, 사막 포유류는 **속질(renal medulla)** 깊숙히 헨레고리가 들어가 있어 매우 높은 삼투농도의 오줌을 생성하며, 습지 포유류는 짧은 고리를 가지고 있고 오줌도 묽다.

? 겉질네프론과 속질곁네프론은 물질을 재흡수하고 오줌을 농축하는데 어떤 차이점이 있는가?

개념 44.5

호르몬은 신장 기능, 물의 균형 그리고 혈압을 연결해 준다

- 항이뇨호르몬(antidiuretic hormone, ADH)은 혈액의 삼투농도가 기준치보다 높아지면 뇌하수체 후엽에서 분비된다. ADH는 신장의 원위세뇨관과 집합관에서 상피층의 물에 대한 투과성을 증가시킨다. 이 투과도의 증가는 막에 **아쿠아포린(aquaporin)** 통로를 증가시킨 결과로 나타난다.
- 혈압이나 혈액량이 감소하면 **곁사구체기구(juxtaglomerular apparatus**, JGA)에서 레닌이 방출되고 레닌(renin)의 영향을 받아 만들어진 **안지오텐신 II(angiotensin II)**는 소동맥을 수축시켜 혈압을 높이고 **알도스테론(aldosterone)**의 생성을 촉진한다. 이 **레닌-안지오텐신-알도스테론계(renin-angiotensin-aldosterone system, RAAS)**는 기능상 일부가 ADH와 겹치며, **심방나트륨이뇨펩타이드(atrial natriuretic peptide, ANP)**는 RAAS의 반대 기능을 갖는다.

? 왜 요붕증 환자의 일부에게만 ADH 치료가 효과적인가?

생각해보자

수준 1: 지식/이해

1. 포유류의 신장은 지렁이의 후신관과는 달리
a. 모세혈관망과 밀착되어 있다.
b. 삼투조절과 배설 두 가지 기능을 갖는다.
c. 체강액이 아니라 혈액에서 여과액을 받아낸다.
d. 수송상피를 갖는다.

2. 네프론의 어떤 과정이 가장 비선택적인 과정인가?
a. 여과　　b. 재흡수
c. 능동수송　　d. 분비

3. 다음 중 일반적으로 가장 적은 양의 오줌을 생산하는 동물은?
a. 흡혈박쥐
b. 담수 연어
c. 해수 경골어류
d. 담수 경골어류

수준 2: 응용/분석

4. 신장 속질의 높은 삼투농도를 유지하는 데 관여하지 않는 것은?
a. 헨레고리 상행지 윗부분에서 일어나는 능동수송
b. 속질곁네프론의 위치와 구조
c. 집합관에서 확산되어 나오는 요소
d. 헨레고리의 하행지에서 확산되는 염류

5. 다음 중 어떤 종의 생물에서 자연선택의 결과로 속질곁네프론의 비율이 가장 높게 나타날까?
a. 강에 사는 수달
b. 온대 활엽수림에 사는 생쥐
c. 사막에 사는 생쥐
d. 비버

6. 조그만 물 웅덩이에서 흔히 발견되는 아프리카산 폐어는 질소노폐물로 요소를 생성한다. 이것이 적응과정에 어떤 이점이 있을까?
a. 요소를 만드는 데 필요한 에너지가 암모니아보다 적다.
b. 조그만 물 웅덩이는 암모니아의 독성을 희석시키기에 충분한 물을 제공하지 못한다.
c. 요소는 불용성 침전물을 만든다.
d. 요소는 폐어의 조직을 물웅덩이에 비해 저삼투 상태로 만든다.

수준 3: 종합/평가

7. INTERPRET THE DATA 아래의 데이터를 이용하여 캥거루 쥐와 사람의 수분획득과 손실에 관한 4개의 원그래프를 그려보라.

	캥거루 쥐	사람
수분 획득(mL)		
음식을 통해	0.2	750
물을 마셔서	0	1,500
대사활동에서	1.8	250
수분손실(mL)		
오줌	0.45	1,500
대변	0.09	100
증발	1.46	900

사람과 달리 캥거루 쥐에서 수분획득과 손실에서 큰 부분을 차지하는 경로는?

8. 메리암의 캥거루쥐(*Dipodomys merriami*)는 북아메리카의 고유종으로, 습하고 추운 목본지에서 뜨거운 사막지역에 걸쳐 서식하고 있다. 만약 자연선택이 각 지역 캥거루쥐 집단의 수분보존 능력에 영향을 미쳤다면, 건조한 지역에 사는 쥐와 습한 지역에 사는 쥐의 상대적인 물 보존 능력의 차이를 예측해 보라. 캥거루쥐의 수분 손실을 측정하기 위해 습도계를 이용한다면 어떻게 여러분의 가설을 실험해 볼 수 있을까?

9. 여러분은 캥거루쥐 신장의 기능을 알아보고 있는 중이고, 이 쥐의 오줌에 있는 염소(Cl^-)와 요소의 양, 그리고 오줌의 부피, 삼투농도까지 측정하였다. 만약 이 쥐에게 제공되는 물을 일반 수돗물에서 2% NaCl 용액으로 바꾸었다고 가정하면, 오줌의 삼투농도가 어떻게 변할까? 이러한 결과가 Cl^- 때문인지 혹은 요소 때문인지 알 수 있는 방법은?

10. **글쓰기: 지식의 체계화**
포유류의 삼투조절 과정에서 헨레고리와 집합관의 막구조를 비교하고 이들이 어떻게 신장에서 물의 재흡수를 가능하게 하는지 짧은 글을 써보자(100 ~ 150 단어 정도).

11. 종합적으로 생각해보기

바닷속에서 많은 시간을 보내는 해수 이구아나(*Amblyrhynchus cristatus*)는 체내액의 항상성을 유지하기 위해 염류샘과 신장을 이용한다. 어떻게 이 두 기관이 함께 이 생물이 겪는 환경에서 삼투조절 문제를 해결하는지 설명해보라.

정답은 부록 A 참조

45 동물의 번식

핵심 개념

45.1 동물계에서는 무성생식과 유성생식이 모두 일어난다

45.2 수정에는 같은 종의 정자와 난자가 만나도록 돕는 기작이 중요하게 작용한다

45.3 생식기관은 배우자를 만들고 운반한다

45.4 포유동물의 생식은 자극 및 성호르몬의 상호작용에 의해 조절된다

45.5 태반포유동물에서 배아는 어미의 자궁에서 완전하게 발생한다

▲ **그림 45.1** 어떻게 민달팽이는 암수한몸이 될 수 있을까?

유성생식을 위한 교미

그림 45.1의 바다 민달팽이(*Nembrotha chamberlaini*) 두 마리는 교미 중이다. 방해하지 않는다면 이들은 몇 시간 동안 결합되어 있을 것이다. 정자가 전달되고 수정란이 만들어질 것이다. 몇 주 지나면 유성생식이 완료되어 새로운 개체가 부화될 것이다. 그런데 둘 중 어느 쪽이 어미인가? 해답은 간단하지만 예상 밖이다: 사실 민달팽이는 난자와 정자를 모두 생산한다.

사람과 마찬가지로 암컷과 수컷이 교미하고 정자와 난자가 합쳐지는 개념으로 생식을 생각할 수 있다. 그러나 동물의 생식에는 여러 유형이 있다. 일부 종의 경우 각 개체는 평생 동안 성을 바꾸는 한편, 민달팽이와 같은 종에서는 한 개체가 암컷인 동시에 수컷이기도 하다. 자신의 알을 수정시킬 수 있는 동물이 있는가 하면, 성에 관계없이 생식하는 것들도 있다. 꿀벌과 같은 일부 종의 경우 큰 집단 내의 일부 개체에게만 생식이 허용된다.

개체군은 새로운 개체를 만들어 내는 번식에 의해서만 유지될 수 있다. 이 장에서 우리는 동물의 다양한 번식방법에 대해 비교해 볼 것이다. 그리고 포유동물, 특히 인간의 번식에 대해 상세히 알아볼 것이다. 배아발생의 상세한 기작은 다음 장에서 다루기로 하고, 여기에서는 주로 부모의 관점에서 생식에 초점을 맞출 것이다.

개념 45.1

동물계에서는 무성생식과 유성생식이 모두 일어난다

동물의 번식에는 두 가지 기본적인 방법이 있다. **유성생식(sexual reproduction)**에서는 반수체의 배우자가 융합하여 이배체의 **접합자(zygote)**를 형성한다. 접합자로부터 발생된 동물은 다시 감수분열을 통해 배우자를 만든다(그림 13.8). 암컷 배우자인 **난자(egg)**는 상대적으로 큰 세포이며 이동하지 못한다. 수컷 배우자인 **정자(sperm)**는 일반적으로 훨씬 작은 운동성 세포이다. **무성생식(asexual reproduction)**은 난자와 정자의 융합 없이 새로운 개체가 만들어지는 것이다. 대부분의 무성생식은 체세포분열에 전적으로 의존한다.

대부분의 동물들에서, 생식은 주로 유성생식이거나 혹은 전적으로 유성생식만 한다. 그러나 어떤 종들은 주로 무성생식에 의존하며, 모두 암컷으로만 이루어진 몇몇 종들은 무성생식으로만 번식한다. 대표적으로 미생물인 윤충류(그림 13.13)와 특정 종의 꼬리 도마뱀이 이에 속한다.

무성생식 기작

몇 가지 단순한 형태의 무성생식이 무척추동물에서만 발견된다. **출아(budding)**는 한 개체에서 새로운 개체가 자라 나오는 방식이다(그림 13.2). 예를 들어, 석회산호에서는 새로운 개체가 부모의 몸에서 자라나온다. 그 결과 1 m 이상 자란 석회산호는 수천 마리의 개체가 연결된 군체이다. 무척추동물의 일반적인 무성생식 방법인 **분열(fission)**은 하나의 개체로부터 두 개의 거의 같은 크기를 갖는 개체로 분리되는 것이다(**그림 45.2**).

▲ **그림 45.2 말미잘(*Anthopleura elegantissima*)의 무성생식.** 이 사진 중앙의 개체는 무성생식을 위해 분열 중이다. 부모가 거의 절반으로 나뉨에 따라 두 마리의 작은 개체가 형성된다. 자손은 부모의 유전적 복사체가 될 것이다.

또 다른 무성생식 방법은 두 단계로 나뉘는데, 몸이 몇 개의 조각으로 나누어지는 **분절증식(fragmentation)** 이후 없어진 몸의 일부가 다시 생장하는 **재생(regeneration)**으로 되어 있다. 하나 이상의 분절이 생장하여 온전한 동물로 발생된다면 생식이라고 할 수 있다. 예를 들어 특정 환형동물은 자신의 몸을 여러 개의 분절로 나눌 수 있으며, 각 분절은 일주일 내에 완벽한 벌레로 재생된다. 많은 해면동물, 극피동물, 피낭동물은 분절증식과 재생을 통하여 생식한다.

단위생식(parthenogenesis)은 난자가 수정을 거치지 않고 발생하는 무성생식의 일종이다. 단위생식은 무척추동물 중 꿀벌, 말벌, 개미의 일부 종에서 나타난다. 단위생식의 자손은 반수체 혹은 이배체로 될 수 있다. 꿀벌의 경우 수컷(수벌)은 단위생식을 통하여 생겨난 가임성 반수체 성체이다. 이와는 반대로, 불임 일벌과 가임성 여왕벌을 포함한 암컷 꿀벌은 수정란으로부터 발생한 이배체 성체이다. 척추동물 가운데 단위생식은 매우 드물게(1,000종에 1종꼴로) 발견된다. 최근에 발견된 예로는 코모도 왕도마뱀과 한 종의 귀상어가 있다. 두 종 모두에서 암컷은 놀랍게도 수컷과 완벽히 격리되며, 단위생식으로 자손을 생산한다.

유성생식: 진화적 수수께끼

진화 성은 빠르게 사라질 수 있으므로 생식적 성공이나 생존을 증대시켜야만 한다. 왜 그런지를 알아보기 위해 암컷의 반은 성을 통해 생식하고 나머지 반은 무성적으로 생식하는 동물 집단을 생각해 보자(**그림 45.3**). 암컷당 자손의 숫자는 동일(이 경우 2)하다고 가정한다. 무성생식을 하는 암컷의 두 자손은 모두 딸이어서 각각은 출산하여 더 많은 딸을 생산할 것이다. 이와는 대조적으로, 유성생식을 하는 암컷의 자손 중 반은 수컷이 될 것이다. 암컷과 수컷 모두가 생식에 필요하므로 자손의 수는 각 세대에서 일정하게 유지될 것이다. 따라서 무성생식 조건은 각 세대마다 빈도를 증가시킬 것이다. 성은 이러한 "2배의 비용"에도 불구하고 무성생식을 할 수 있는 동물종에서도 지속적으로 유지된다.

성은 어떠한 이점을 제공하는가? 해답은 아직도 모호하다. 대부분의 가정은 감수분열에 의한 재조합과 수정과정 중에 형성되는 부모유전자의 독특한 조합에 초점을 맞추고 있다. 다양한 표현형을 지닌 자손을 생산함으로써 유성생식은 병원균과 같은 환경인자가 비교적 빠르게 변할 때 부모의 생식적 성공을 증대시킬 것이다. 이와는 대조적으로, 무성생식은 성공적인 유전자형을 정확하게 영속시킬 수 있기 때문에 안정된 좋은 환경에서 가장 이

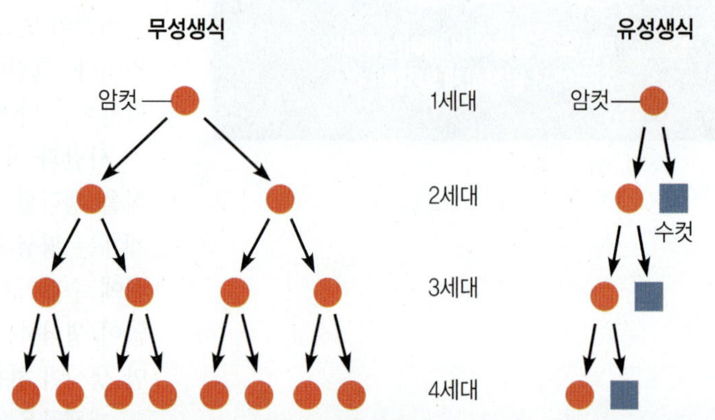

▲ **그림 45.3 성의 "생식적 불리함."** 이 그림은 무성생식과 유성생식 암컷에서 비롯되는 총 4세대의 자손의 수를 비교한 것으로, 세대당 2개체의 자손을 낳는 것으로 가정하였다.

로울 것으로 기대된다.

유성생식 중에 형성되는 독특한 유전자 조합은 많은 이점을 지닌다. 재조합을 통해 나타나는 이로운 유전자 조합은 적응을 촉진할 것이다. 이 아이디어는 당연한 것 같지만, 이론적으로 이로운 돌연변이율이 높고 집단 크기가 작은 경우에만 유의성이 있다. 다른 아이디어는 유성생식 중의 무작위적 유전자 조합에 의해 집단 내에 존재하는 해로운 유전자가 더 빨리 제거될 수 있다는 것이다.

생식주기

대부분의 동물은 생식활동에서 주기를 나타내는데, 종종 계절 변화와 연관이 있다. 생식주기는 환경 신호에 따라 분비되는 호르몬에 의해 조절된다. 번식의 주기적 속성으로 인해 동물은 자원을 보존하고 충분한 에너지 지원을 공급하며, 자손의 생존에 유리할 환경조건일 때 번식한다. 예를 들어, 암컷 양은 15~17일의 생식주기를 가진다. 성숙된 난자를 방출하는 **배란(ovulation)**은 각 주기의 중간지점에서 일어난다. 암컷 양의 번식주기는 일반적으로 가을과 초겨울 동안에 일어나며 임신기간은 5개월이다. 따라서 대부분의 새끼 양은 생존할 가능성이 가장 높은 초봄에 태어난다.

계절적 변화는 생식의 주요 신호로 작용하기 때문에, 전반적인 기온 변화는 생식률을 감소시킬 수 있다. 덴마크의 연구자들은 기후 변화가 그린란드의 야생 순록의 생식에 미치는 효과를 관찰하였다. 봄에 순록은 새끼를 낳을 수 있는 곳으로 이동해 새싹을 뜯어 먹고 새끼를 낳아 돌보게 된다. 1993년 이전에는 새끼 낳는 장소에 순록이 도착하는 시점과 영양가 많고 소화가 쉬운 어린 풀들이 돋아나는 짧은 기간이 일치했다. 그러나 1993년 이후 봄의 평균 기온이 4℃ 이상 증가하였고, 새싹이 2주나 일찍 자라났다. 순록의 이동은 온도 변화가 아니라 낮 길이의 변화로 유도되므로, 새싹의 생장 기간과 순록의 출산 기간에 불일치가 발생하게 되었다. 젖을 먹이는 암컷의 영양 상태가 나빠져 단지 14년 만에 순록 자손의 개체수가 75% 정도 감소하게 되었다.

생식주기는 무성생식과 유성생식을 동시에 할 수 있는 동물종에서도 발견된다. 진딧물과 물벼룩(*Daphnia*)의 암컷은 환경조건에 따라 두 가지 형태의 알을 만들 수 있다. 한 종류의 알은 수정을 통해 발생하지만, 다른 종류의 알은 단위생식을 통해 발생한다. 무성생식은 좋은 환경 하에서 주로 일어나며 유성생식은 환경적 스트레스를 받는 동안에 일어난다. 그 결과, 유성생식과 무성생식 간의 스위치 조절은 주로 계절과 관련된다.

채찍꼬리도마뱀(*Aspidoscelis*) 속에 속하는 일부 종들은 매우 다른 형태의 생식주기를 보이는데, 전적으로 무성생식을 하며 수컷은 없다. 그럼에도 유성생식을 하는 채찍꼬리도마뱀 종들처럼 전형적인 구애행동과 교미행동을 한다. 번식기 동안 교미하는 한 쌍에서 암컷 한 마리는 수컷을 흉내 낸다(**그림 45.4a**). 각 쌍의 구성원은 번식기 동안 두세 번 역할을 바꾼다. 각 개체는 여성호르몬인 에스트로젠의 농도가 높아졌을 때 암컷 행동을 보이고, 프로게스테론 농도가 높아졌을 때 수컷 행동을 보인다(**그림 45.4b**). 암컷은 호르몬 주기의 특정 시기에 도달했을 때 더 많이 배란을 하는 것 같다. 격리된 도마뱀은 교미행동을 취하는 도마뱀에 비해 적은 수의 알을 낳는다. 이러한 관찰은 단위생식을 하는 도마뱀이 두 개의 성을 가진 종에서 진화해 나왔으며, 최대한의 번식 성공률을 위해 여전히 특정 성적 자극을 필요로 한다는 것을 지지해 준다.

(a) 이 사진의 두 마리 도마뱀은 채찍꼬리 도마뱀 암컷이다. 위에 있는 도마뱀은 수컷의 역할을 하고 있다. 번식기 동안 개체는 2~3번 성 역할을 바꾼다.

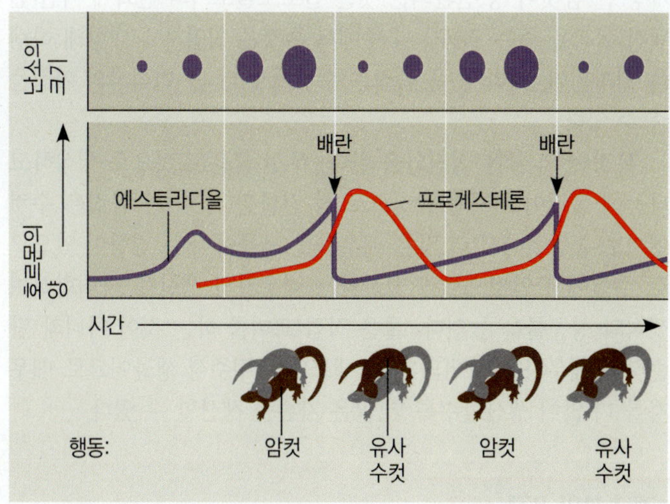

(b) 채찍꼬리도마뱀의 성 행동은 성호르몬(에스트라디올과 프로게스테론)의 변화 및 배란주기와 상관관계가 있다. 그림에 난소의 크기, 호르몬의 양, 암컷 도마뱀의 성 행동을 연관 지어 나타냈다.

▲ **그림 45.4 단위생식 도마뱀에서의 성 행동.** 사막초원의 채찍꼬리 도마뱀(*Aspidoscelis uniparens*)은 암컷으로만 이루어진 종이다. 이 파충류는 미수정란이 발생하는 단위생식으로 번식한다. 그러나 배란은 교미행동을 통해 촉진된다.

MAKE CONNECTIONS 만일 그림의 회색 도마뱀의 호르몬 변화를 표현한다면, 그래프 (b)와 어떤 차이를 보이겠는가?

유성생식 유형의 다양성

많은 동물들에서 생식 파트너를 찾는 데는 모험이 뒤따른다. 어떤 종의 경우 진화적 적응을 통해 이러한 모험을 새로운 방식으로 해결했는데, 바로 암컷과 수컷 간의 엄격한 차이를 섞어놓는 것이다. 이러한 적응은 고착성 동물인 삿갓조개, 은신성 동물인 대합조개, 혹은 촌충과 같은 기생성 동물에서 나타난다. 이동이 거의 없는 이러한 동물들은 사실 파트너를 만날 기회가 거의 없다. 이 문제를 해결하는 한 가지 방법은 **자웅동체성(hermaphroditism)**인데, 각 개체가 수컷과 암컷의 생식계를 모두 갖는다(이 용어는 그리스 신화의 신과 여신인 헤르메스와 아프로디테에서 유래했다). 각 자웅동체는 암컷과 수컷 모두로 생식에 참여할 수 있으므로 모든 개체가 교미 대상이 된다. 각 동물은 그림 45.1의 민달팽이에서 보았던 것과 같이 암컷과 수컷 모두로 행동하여 정자를 주고받는다. 일부 종의 경우 자웅동체는 자가수정도 할 수 있어, 생식을 위해 파트너를 필요로 하지 않는다.

산호초물고기(reef fish)의 일종인 푸른머리양놀래기(*Thalassoma bifasciatum*)는 다른 유형의 유성생식 중 가장 잘 연구된 사례에 해당한다. 이 물고기는 한 마리 수컷과 여러 마리의 암컷으로 구성된 하렘에서 살아간다. 만일 수컷이 죽게 되면, 유성생식 기회가 사라지게 된다. 대신 하렘에서 가장 큰 암컷이 새로운 수컷으로 성 전환되며, 한 주 안에 알 대신 정자를 만든다. 가장 큰 암컷이 성 전환되는 것은 산호초물고기의 진화에 어떤 선택적 이점을 주는 걸까? 이 종에서 수컷은 침입자에 대항해 하렘을 지키는데, 따라서 큰 몸집은 수컷에게 더 큰 번식상의 이점을 줄 수 있다.

특정 종의 굴은 성전환을 한다. 우선 굴은 수컷으로 생식하고 나중에 몸집이 커지면 암컷으로 성 전환된다. 더 큰 몸집은 수컷에서보다 암컷에서 더 많은 배우자를 만들어 내는 경향이 있으므로 수컷에서 암컷으로의 성전환은 배우자의 생산을 극대화하여 생식의 성공률을 높인다. 굴은 직접 교미를 하는 것이 아니라 단순하게 배우자를 주변의 물로 내보내는 정주성 생물이므로 배우자를 더 많이 생산할수록 더 많은 자손을 생산할 수 있다.

개념 확인 문제 45.1

1. 무성생식과 유성생식의 결과물을 비교 분석하라.
2. 다른 시기에는 유성생식을 할 수 있는 동물에서 단위생식은 무성생식의 가장 보편적인 방식이다. 이러한 관찰은 단위생식의 어떠한 특성으로 설명할 수 있는가?
3. WHAT IF? 자웅동체가 자가수정할 경우 자손은 부모와 동일한가? 설명하라.
4. MAKE CONNECTIONS 식물의 생식 중 어떤 예가 동물의 무성생식과 가장 유사한가? (개념 38.2)

정답은 부록 A 참조

개념 45.2

수정에는 같은 종의 정자와 난자가 만나도록 돕는 기작이 중요하게 작용한다

정자와 난자가 하나로 합쳐지는 **수정(fertilization)**은 체내 혹은 체외에서 이루어질 수 있다. **체외수정(external fertilization)**을 하는 종에서 암컷은 환경에 난자를 방출하고, 수컷이 이들을 수정시킨다(**그림 45.5**). 다른 종은 **체내수정(internal fertilization)**을 하는데, 정자는 암컷 생식관 내부 또는 근처에 보관되며, 수정은 생식관 안에서 일어난다. (수정의 상세한 분자세포학적 내용은 46장에서 살펴본다.)

체외수정에는 배우자가 건조되는 것을 막고, 정자가 난자까지 헤엄칠 수 있도록 하기 위해 거의 항상 축축한 환경이 필요하다. 많은 수생 무척추생물은 단순히 난자와 정자를 주위에 뿌리고, 수정은 부모의 실제 물리적 접촉 없이 일어난다. 그러나 성숙한 정자와 난자가 만나게 하려면 시기를 맞추는 일이 매우 중요하다.

체외수정을 하는 일부 종의 경우 각 개체들이 한 장소에 모여 동시에 배우자를 물에 방출하는데, 이를 **산란(spawning)**이라 한다. 어떤 경우 한 개체가 내보내는 화학적 신호가 다른 개체의 배우자 방출을 유도한다. 다른 경우 온도나 낮의 길이와 같은 환경 신호가 전체 군집이 한꺼번에 배우자를 방출하게 한다. 예를 들어, 남태평양의 산호초에 서식하는 파로로 지렁이(palolo worm)는 절기와 달의 주기 모두에 맞추어 산란한다. 봄에 파로로 지렁

▲ **그림 45.5 체외수정.** 많은 양서류는 체외수정으로 생식한다. 대부분의 종에서 보이는 행동적 적응은 암컷이 알을 낳을 때 수컷이 옆에 있도록 한다. 수컷(위)의 껴안는 행동에 대한 반응으로 암컷 개구리(아래)는 많은 양의 알을 낳게 된다. 수컷은 동시에 정자를 방출하는데(보이지 않음), 체외수정은 이미 물속에서 이루어졌다.

이는 반으로 쪼개져 정자나 난자가 가득 찬 꼬리 절편을 드러낸다. 이러한 다발들이 바다 표면에 떠오르고 수많은 배우자들이 터져 나와 바다 표면은 우윳빛으로 변한다. 정자는 떠 있는 난자와 즉시 수정하고 한 시간도 채 지나기 전에 파로로의 연중행사인 생식적 광란은 종결된다.

체외수정이 집단 내에서 동시에 일어나지 않는 경우 각 개체는 하나의 수컷이 하나의 암컷에 있는 난자와 수정하기 위해 특별한 교미행동을 나타낸다(그림 45.5). 이러한 교미행동을 통해 정자와 알의 방출을 유도함으로써 성공적인 수정 가능성을 높인다.

체내수정은 건조한 환경에서 정자가 난자에 도달할 수 있도록 해주는 하나의 적응이다. 이것은 정교하고 서로 잘 들어맞는 생식계뿐만 아니라 교미를 이끄는 협력 행동을 필요로 한다. 수컷 교미기관은 정자를 방출하고, 암컷의 생식관은 종종 정자를 저장했다가 성숙한 난자에게 전달하기 위한 수정낭을 가지고 있다.

수정이 어떻게 일어나든지 간에 교미하는 동물은 같은 종의 다른 개체의 생리와 행동에 영향을 미치는 화학적 신호인 **페로몬**(pheromone)을 방출한다. 페로몬은 작은 크기의 휘발성 또는 수용성 분자들로 주위 환경에 퍼져나가며 호르몬처럼 소량으로도 활성을 나타낸다(41장). 많은 페로몬이 짝을 유인하는 물질로 기능한다. 몇몇 암컷 곤충의 짝을 유인하는 물질은 1.6 km 이상 떨어진 수컷에게도 감지될 수 있다.

사람의 경우 페로몬에 대한 증거는 현재까지 없다. 여성의 경우 동거인 간에 페로몬을 분비하여 생식(월경)주기의 일치를 유도한다는 제안이 있었으나, 이후 통계적 분석 결과는 이러한 제안을 뒷받침하지 못했다.

자손의 생존 보장

체외수정과 체내수정을 비교해 보면, 체내수정은 일반적으로 훨씬 적은 수의 배우자를 만들지만, 훨씬 많은 수의 접합자의 생존을 보장한다. 접합자의 더 높은 생존율은 수정이 체내에서 일어나 위협적인 포식자로부터 보호되기 때문일 것이다. 또한 체내수정에는 흔히 배아의 적극적인 보호와 부모의 양육 기작이 포함된다. 예를 들어, 조류와 파충류의 많은 종들에서 체내 수정란은 체외발생 중에 탈수와 물리적 손상을 막기 위한 내막 구조와 껍질을 가진다(그림 34.25). 이와는 대조적으로, 물고기와 양서류의 알은 젤라틴 껍질을 가질 뿐 다른 내부 막은 지니고 있지 않다.

알 주변에 보호 껍질을 분비하는 대신, 어떤 동물은 암컷의 생식관 내부에서 배아가 발생하도록 한다. 캥거루나 주머니쥐 같은 유대류 동물은 배아를 매우 짧은 시기 동안에만 자궁 내에 있게 한다. 그리고 바로 출산된 새끼는 어미의 주머니 안에 있는 젖샘에 달라붙어 태아발생을 마친다. 그러나 인간과 같은 진수류(태반) 포유동물의 배아는 태아발생 과정 내내 자궁 내에 존재한다. 이곳에서 배아는 특별한 기관인 태반을 통해 어미의 혈류로부터 영양분을 공급 받는다. 일부 어류와 상어의 배아 역시 체내에서 발생을 완결한다.

◀ **그림 45.6 무척추동물에서 부모의 양육.** 다른 많은 곤충들과 비교해 볼 때, *Belostoma* 속의 물장군은 상대적으로 적은 수의 자손을 낳지만, 부모의 보다 큰 보호로 생존율을 높인다. 체내수정 이후, 암컷은 수컷의 등에 수정란을 낳는다. 수컷 물장군은 알들을 여러 날 동안 싣고 다니는데, 알 위로 자주 물을 보내어 알들이 촉촉하고 산소를 공급받으며, 기생충 없는 상태를 유지하도록 한다.

새끼 독수리가 알에서 부화해 나오거나 캥거루가 태어날 때, 새끼들은 아직 독립적으로 살아갈 수 없다. 대신에 성체 새들은 새끼에게 먹이를 대주고 포유류는 그들의 자손을 양육한다. 사실 부모의 보호는 무척추동물을 포함해 대부분의 동물에서 보편적으로 이루어지고 있다(그림 45.6).

배우자 생성과 운반

동물에서 유성생식은 장차 난자와 정자를 형성하게 될 일련의 전구체 세포를 필요로 한다. 전구체 세포 집단은 종종 발생과정 초기에 형성되며 전체 몸 구조가 발생될 때까지 불활성화 상태로 남아 있다. 이어서 생장과 유사분열의 횟수가 증가하거나 **증폭**(amplify)되어 난자나 혹은 정자를 형성하기에 충분한 세포 수가 만들어진다.

동물들은 증폭된 전구체 세포로부터 배우자를 형성하고 수정하기 위하여 다양한 생식계를 발달시켰다. 배우자를 형성하는 기관인 **생식소(gonad)**는 대부분의 동물에서 발견되지만, 생식소가 없는 경우도 있다. 파로로 지렁이와 대부분의 다른 다모류 동물(환형동물문, phylum Annelida)은 성이 분리되어 있지만, 특별한 구조의 생식소는 가지고 있지 않다. 대신에 알과 정자는 체강(coelom)에 한줄로 늘어서 있는 미분화 세포에서 발생한다. 배우자가 성숙하면 체벽에서 떨어져 나와 체강을 채운다. 종에 따라 성숙한 배우자는 배설공(excretory opening)을 통해 방출되거나 알이 물을 흡수하여 부피가 커지면 몸의 일부가 찢겨져 환경으로 방출된다.

보다 정교한 생식계는 배우자에 영양을 공급하고 보호하는 기능을 수행하며 배아를 발생시키는 여러 가지 부속관과 분비샘이 모여 이루어진다. 예를 들어, 대부분의 곤충은 복잡한 생식계를 지닌 분리된 성을 갖고 있다(그림 45.7). 많은 종의 곤충에서 암컷의 생식계는 정자를 상당 기간 동안 보관해 둘 수 있는 주머니인 **수정낭(spermatheca)**을 하나 이상 포함한다. 암컷은 적당한 자극에 반응하여 수정낭으로부터 수컷의 배우자를 방출하므로 수정은 배아발생에 최적인 조건에서 일어난다.

척추동물의 생식계는 기본적으로 유사하지만, 몇 가지 중요한 변화가 있다. 일부 척추동물에서 자궁은 두 개의 방으로 나뉘어 있으나, 인간과 조류를 포함한 여러 척추동물의 자궁은 한 개의 공간으로 되어 있다. 많은 비포유류 척추동물은 소화계, 배설계 및 생식계가 밖으로 향하는 공통된 개구부인 **총배설강(cloaca)**을 갖는데, 이곳은 모든 포유동물의 조상에도 존재한다. 비포유류 척추동물은 잘 발달된 음경을 가지지 않고 단순히 총배설강을 뒤집어 사정한다. 반면에 포유류는 총배설강을 갖고 있지 않으며, 독립된 소화관 출구를 가진다. 또한 대부분의 포유류 암컷은 배설계와 생식계의 개구부가 분리되어 있다.

수정은 하나의 난자와 정자가 결합하는 것이지만, 동물들은 종종 다른 성을 지닌 하나 이상의 개체와 교미한다. 사실 두 개체 간에 지속적인 성적 관계를 유지하는 일부일처제(monogamy)는 사람을 제외한 대부분의 포유류를 포함하여 동물계에는 매우 드물다. 그러나 이러한 기작은 진화하여 수컷이 특정 암컷과의 생식적인 성공을 증대시키고, 이 암컷이 다른 파트너와 성공적으로 교미하는 기회를 감소시킨다. 예를 들어, 특정 수컷 곤충은 분비물질을 암컷에게 전달하여 교미를 덜 받아들이게 만듦으로써 이 암컷이 다시 교미하는 확률을 감소시킨다.

암컷 역시 교미를 통하여 상대적인 생식적 성공에 영향을 미칠수 있을까? 이 질문은 유럽에서 연구하던 두 과학자에 의해 제기되었다. 연구자들은 차례로 여러 마리의 수컷과 교미한 암컷 초파리를 대상으로 첫 번째 교미에서 전달된 정자의 운명을 추적하는 연구를 수행하였다. **그림 45.8**에 나타낸 것처럼, 암컷 초파리는 여러 교배의 생식적 결과를 결정하는 데 있어 주요 역할을

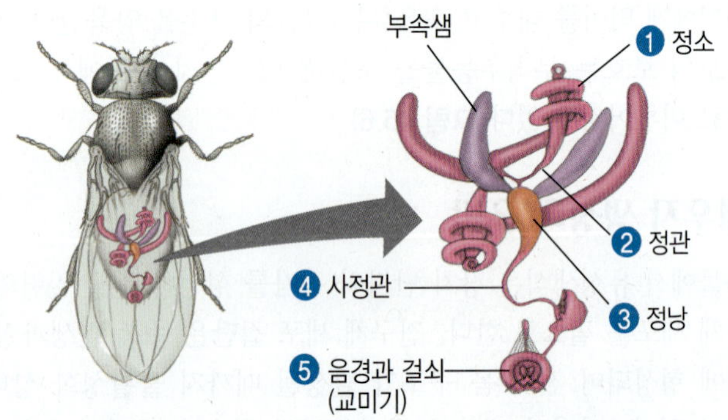

(a) **수컷 초파리.** 정소에서 생성된 정자는 정관을 따라 이동하여, 정낭에 보관된다. 수컷은 부속샘에서 생성된 정액과 함께 정자를 배출한다(곤충과 절지동물 일부 종에서는 교미시 암컷을 붙잡는 기관인 교미기를 가진다).

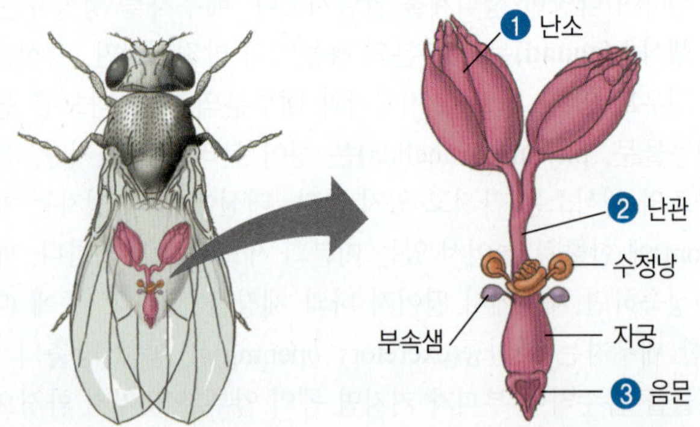

(b) **암컷 초파리.** 난소에서 생성된 난자는 난관을 거쳐 자궁으로 이동한다. 교미 후 정자는 수정낭에 보관되며, 수정낭은 짧은 관에 의해 자궁과 연결된다. 암컷은 저장된 정자를 이용해 자궁에서 난자와 수정시킨 후 음문을 통해 알을 배출한다.

▲ **그림 45.7 곤충의 생식계 구조.** 숫자는 정자와 난자가 이동하는 순서를 나타낸다.

▼ **그림 45.8 탐구**

암컷 초파리가 2회 교미 시 왜 정자 사용에 경향성을 보일까?

실험 암컷 초파리가 2회 교미 시 자손의 80%는 두 번째 교미에 의해 출생한다. 과학자들은 두 번째 교미 시 투입된 정액이 저장된 정자를 이동시킨다고 가정하였다. 이러한 가정을 검증하기 위해 연구진들은 비정상적인 생식계를 지닌 돌연변이 수컷을 실험에 사용하였다. "무정액" 수컷은 교미는 하지만, 정자 혹은 정액을 암컷에게 제공하지 않는다. "무정자" 수컷은 교미하고, 사정을 하지만 정자를 형성하지 못한다. 연구자들은 암컷과 정상 수컷을 먼저 교배시킨 후, 각각 정상 수컷, "무정자" 수컷, 혹은 "무정액" 수컷과 2차 교배시켰다. 대조군으로 어떤 암컷은 정상 수컷과 1회 교배만 허용하였다. 연구자들은 각 암컷을 해부하여 주요 정자 저장 기관인 수정낭에 정자가 존재하는지 여부를 관찰하였다.

결과

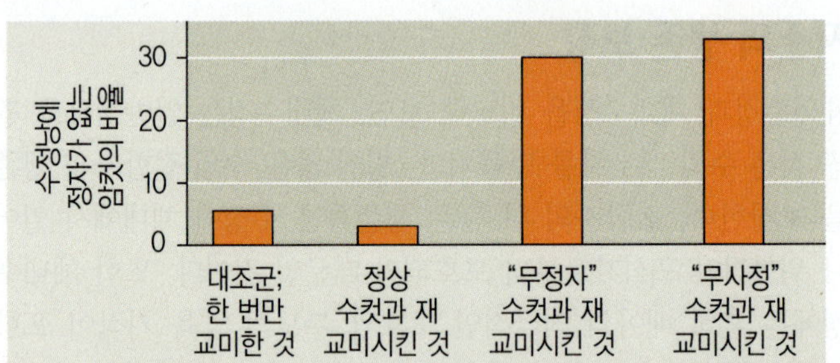

결론 2차 교미로 인해 "무정자" 혹은 "무정액"이 암컷에게로 주입되었을 때 두 경우 모두에서 정자 저장이 감소하였기 때문에, 두 번째 교미 시 주입된 정액이 저장된 정자를 이동시킬 것이라는 가정은 옳지 않다. 대신에, 암컷이 2차 교미에 의한 반응으로 저장된 정자를 제거하는 것 같다. 아마도 보관된 정자의 감소된 적응성으로 암컷이 신선한 정자로 교체하는 것으로 여겨진다.

참고문헌 R. R. Snook and D. J. Hosken, Sperm death and dumping in *Drosophila*, *Nature* 428:939–941 (2004).

WHAT IF? 첫 번째 교배에 사용된 수컷이 우성 형질의 작은 눈 돌연변이 대립유전자를 가졌다고 가정하자. 암컷 중 얼마가 작은 눈을 지닌 자손을 생산할 것인가?

수행한다. 그럼에도 불구하고, 생식 중에 배우자와 각 개체들이 경쟁하는 과정들은 단지 일부만 이해되었을 뿐이다.

개념 확인 문제 45.2

1. 체내수정은 어떤 방식으로 육상생활을 촉진했는가?
2. (a) 체외수정과 (b) 체내수정을 하는 동물들은 자손이 성체시기까지 생존하도록 하기 위해 어떤 기작들을 진화시켜 왔는가?
3. **MAKE CONNECTIONS** 곤충의 자궁과 현화식물의 씨방에서 기능적 공통점과 차이점은 무엇인가? (그림 38.4 참조)

정답은 부록 A 참조

개념 45.3

생식기관은 배우자를 만들고 운반한다

동물의 생식에 대한 일반적 특성을 살펴보았으므로 이 장의 나머지 부분은 사람에 초점을 맞추어 남성과 여성의 생식계 구조를 살펴보도록 한다.

남성 생식기관의 구조

남성의 외부 생식기관은 음낭(scrotum)과 음경(penis)으로 구성된다. 내부 생식기관은 정자와 생식 호르몬을 만드는 생식소와 정자의 이동에 필수적인 분비물질을 만드는 부속샘, 그리고 정자와 성적인 분비물을 운반하는 관으로 구성되어 있다(그림 45.9).

정소

남성 생식소인 **정소(testes**, 단수형 *testis*)는 수없이 꼬여 있는 **세정관(seminiferous tubule)**에서 정자를 생산한다. 대부분의 포유동물에서 정소가 정상 체온보다 낮아야만 정상적으로 정자를 형성한다. 인간과 여러 포유류에서 체벽의 주름인 **음낭(scrotum)**의 온도는 체온보다 약 2°C 낮다.

정소는 복강의 상부에서 발생하여 출생 직전 음낭으로 내려온다. 음낭 안에 존재하는 하나의 정소는 종종 고환(testicle)이라 불린다. 여러 설치류에서, 번식기 사이의 기간에는 정자의 성숙을 막기 위해 정소를 복강으로 되돌린다. 고래와 코끼리 등 정자가 성숙할 수 있을 정도로 체온이 낮은 일부 포유동물들에서는 정소가 항상 복강 안에 존재한다.

도관

정자는 정소의 세정관으로부터 나와 **부정소(epididymis)**의 꼬여 있는 관을 통과한다. 남성의 정자가 부정소의 6 m 길이에 달하는 관을 통과하는 데에는 약 3주가 걸린다. 부정소를 통과하는 동안, 정자는 이동성과 난자를 수정시킬 수 있는 능력을 갖게 된다. 정자는 **사정(ejaculation)**하는 동안 근육질의 **정관(vas deferens)**을 통해 부정소에서 빠져나온다. 두 개의 정관(각 부정소당 하나)은 방광을 한 바퀴 돌아 뒤쪽으로 지나가는데, 이곳에서 정낭에서 나온 관과 합류하여 짧은 사정관(ejaculatory duct)을 형성한다.

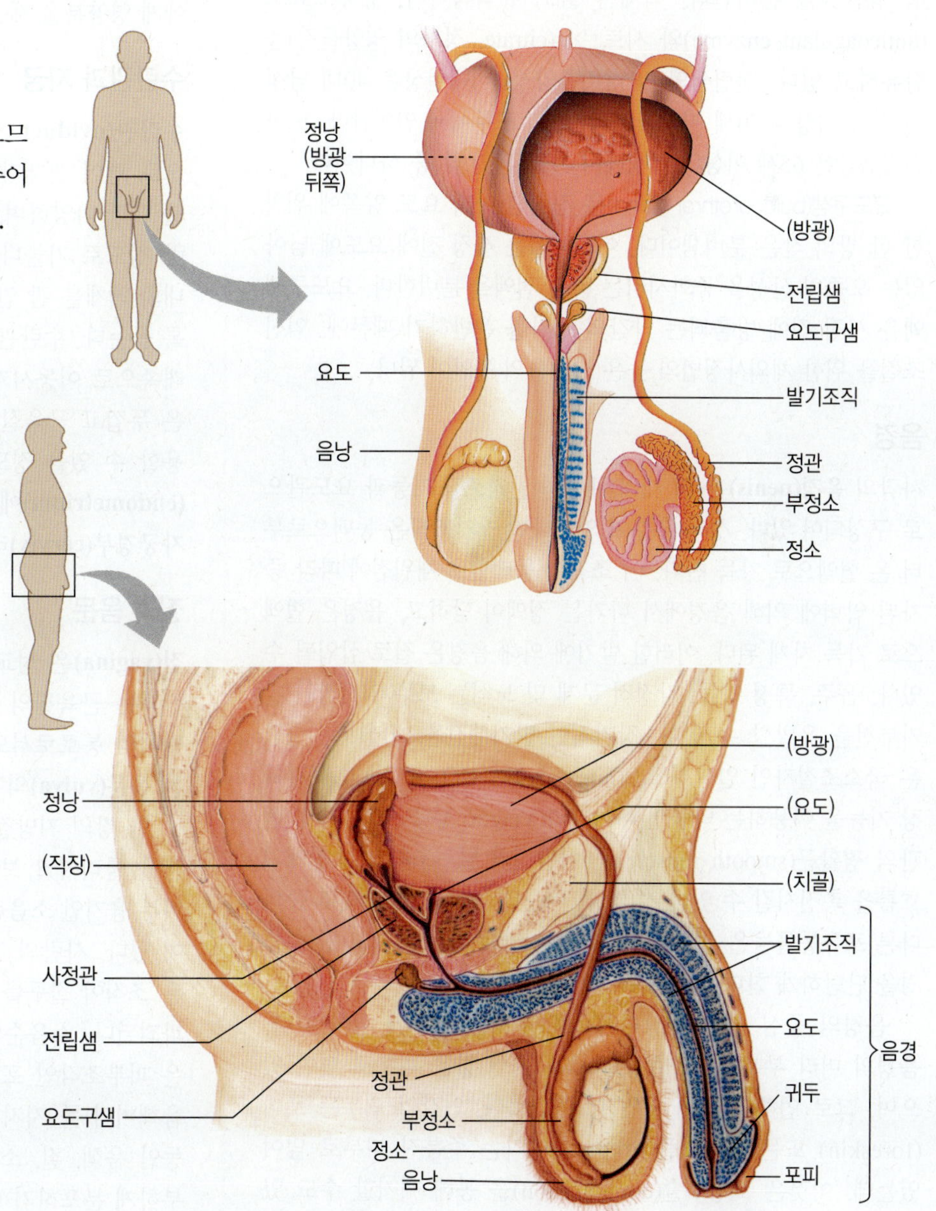

▲ **그림 45.9 남성의 생식기 구조.** 생식기관이 아닌 구조는 괄호 안에 표시하였음.

사정관은 비뇨계와 생식계 공통의 배출관인 **요도(urethra)**로 열려 있다. 요도는 음경을 통과하여 음경의 끝부분에서 밖으로 열린다.

분비샘

세 종류의 부속샘, 즉 정낭, 전립샘 및 요도구샘의 분비액은 사정되는 액체인 **정액(semen)**을 구성한다. 한 쌍의 **정낭(seminal vesicle)**은 정액의 약 60% 정도를 만들어 낸다. 정낭에서 나오는 액체는 걸쭉하고 노란색을 띠며 알칼리성이다. 이것은 점액, 과당(정자가 이용하는 에너지의 대부분을 공급), 응고 효소(coagulating enzyme), 아스코르브산(ascorbic acid) 및 국소조절인자인 프로스타글란딘(prostaglandin)을 함유하고 있다(41장).

전립샘(prostate gland)은 작은 관을 통해 요도로 직접 생산물을 분비한다. 액체는 묽고 유백색이며, 항응고효소(anticoagulant enzyme)와 시트르산(citrate, 정자의 영양물질)을 함유하고 있다. 전립샘의 양성(비종양성) 비대현상은 40대 남성의 절반 이상과 70세 이상 남성의 거의 모두에서 일어난다. 또한 전립샘암은 65세 이상의 남성에서 가장 흔한 암 중 하나이다.

요도구샘(bulbourethral gland)은 전립샘 아래 요도 양쪽에 위치한 한 쌍의 작은 분비샘이다. 이곳에서는 사정 전에 요도에 남아 있는 오줌의 산성을 중화시키는 맑은 점액을 분비한다. 요도구샘액은 사정 전에 방출되는 약간의 정자를 운반하기 때문에, 임신조절을 위한 체외사정법의 높은 실패율의 원인이 된다.

음경

사람의 **음경(penis)**은 세 개의 해면성 발기조직 기둥과 요도관으로 구성되어 있다. 성적 흥분이 일어나면 발기조직은 동맥으로부터 온 혈액으로 가득 찬다. 이 조직이 동맥혈로 채워짐에 따라 증가된 압력에 의해 음경에서 나가는 정맥이 닫히고, 음경은 혈액으로 가득 차게 된다. 이러한 발기에 의해 음경은 질로 삽입될 수 있다. 음주, 특정 약물, 감정적 문제 및 노쇠는 모두 일시적인 발기부전을 유발할 수 있다. 장기적인 발기부전을 나타내는 사람은 국소조절자인 일산화질소(nitric oxide, NO; 41장)의 혈관확장 기능을 이용하는 약물인 비아그라(Viagra) 등을 통해, 음경 혈관의 평활근(smooth muscle)을 이완시켜 발기조직으로 혈액의 흐름을 촉진시킬 수 있다. 설치류, 너구리, 해마, 고래, 몇몇 종의 다른 포유동물들은 음경골(baculum)이라는 뼈를 가지고 있어 음경을 단단하게 한다.

음경의 중심 기둥은 상대적으로 두꺼운 피부에 덮여 있다. 음경의 머리 부분, 즉 **귀두(glans)**는 훨씬 얇은 피부로 덮여 있으며, 그로 인해 자극에 훨씬 더 예민하다. 인간의 귀두는 포피(foreskin) 또는 **음경꺼풀(prepuce)**이라는 주름진 피부로 덮여 있는데, 이것은 포경수술(circumcision)을 통해 제거할 수도 있다.

여성 생식기관의 구조

여성의 외부 생식기는 음핵(clitoris)과 두 쌍의 음순(labia)으로 구성되는데, 음순은 음핵 및 질구(vaginal opening)를 둘러싸고 있다. 내부 기관은 난자와 생식호르몬을 생산하는 생식소와 배우자를 운반하고 배아와 태아가 머무는 공간인 일련의 관과 낭으로 구성되어 있다(그림 45.10)

난소

여성의 생식소인 한 쌍의 **난소(ovary)**는 인대에 의해 지지되어 복강 내부 자궁의 양옆에 위치한다. 각 난소의 외부층은 **여포(follicle)**로 채워져 있고, 각 여포는 지지세포군에 둘러싸여 있는 덜 성숙한 난자인 **난모세포(oocyte)**를 지니고 있다. 난모세포를 둘러싸고 있는 세포들은 난자의 형성과 발생과정 동안 난모세포에게 영양분을 제공하고 보호한다.

수란관과 자궁

수란관(oviduct, 또는 난관)은 자궁에서 시작하여 각 난소 쪽으로 뻗어 깔때기 모양의 입구를 가진다. 이 관의 두께는 길이를 따라 다양하며, 자궁 근처에 있는 관의 내경은 사람의 머리카락 정도로 가늘다. 배란 시에 난관의 표피에 있는 섬모가 복강 내의 액체를 관 안으로 흐르게 하면서 난자를 난관 안에 모이도록 돕는다. 수란관의 파동적 수축과 함께 섬모는 난자를 관의 아래쪽으로 이동시켜 **자궁(uterus** 또는 womb)으로 보낸다. 자궁은 두껍고 근육질의 기관으로 임신 동안에는 4 kg의 태아를 수용할 수 있을 정도로 늘어날 수 있다. 자궁의 내벽인 **자궁내막(endometrium)**에는 풍부한 혈관이 존재한다. 자궁의 목 부분을 **자궁경부(cervix)**라고 하는데, 질(vagina)을 통해 열려 있다.

질과 음문

질(vagina)은 성교하는 동안 남성의 성기가 삽입되며 정자가 저장되는 근육질의 수축성 공간이다. 아기가 태어날 때 통과하는 탄생의 통로로서도 기능하는 질은 여성의 외부생식기를 통칭하는 **음문(vulva)**의 바깥쪽으로 열려 있다.

한 쌍의 지방질 둔덕인 **대음순(labia majora)**은 음문의 대부분을 둘러싸고 보호한다. 질 입구와 요도 입구는 한 쌍의 얇은 피부 융기인 **소음순(labia minora)**으로 둘러싸인 공간 안쪽에 놓여 있다. 사람의 경우 출생 시부터 처녀막(hymen)이라 불리는 얇은 조직이 질구를 덮고 있으며, 보통 성관계나 격렬한 운동으로 파괴된다. 소음순의 상부 교차부위에 위치한 **음핵(clitoris)**은 작은 피부조각인 포피(prepuce)에 둘러싸인 둥근 귀두(glans, 또는 음핵머리)를 지지하는 발기조직으로 이루어져 있다. 성적 흥분 동안 음핵, 질, 소음순은 모두 충혈되어 커진다. 신경 말단이 풍부하게 분포하기 때문에, 음핵은 성적 흥분 시 가장 민감한 부위 중 하나이다. 성적 흥분 동안 질구 근처에 위치한 전정샘에서 윤

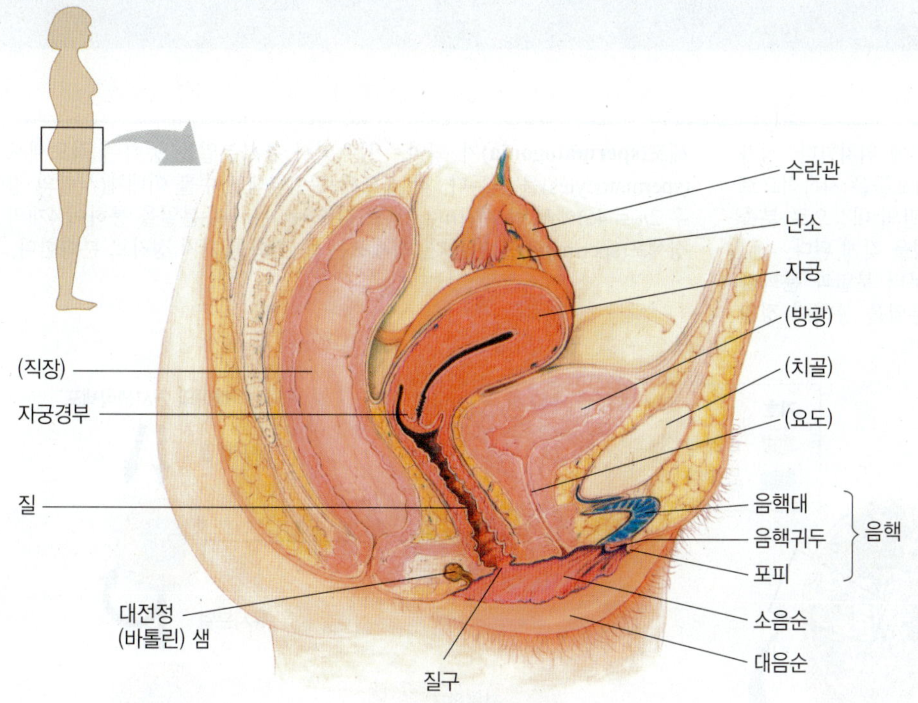

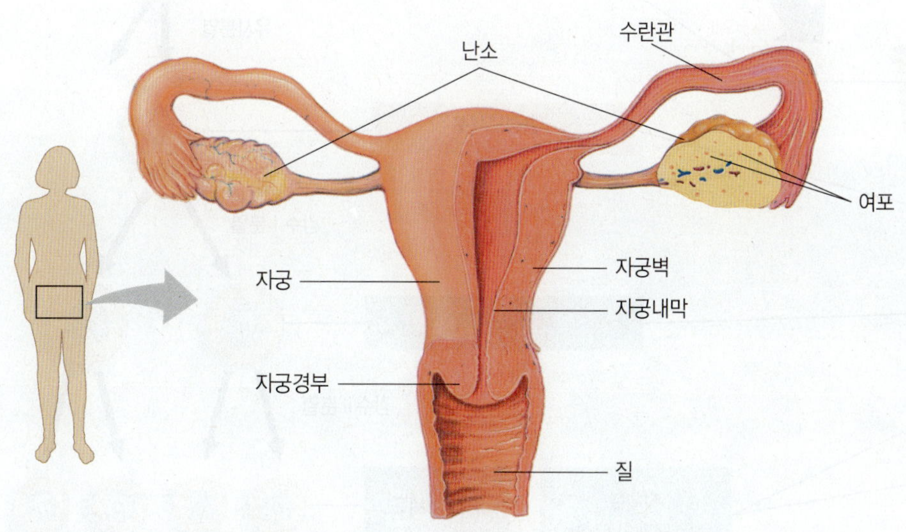

▲ **그림 45.10 여성의 생식기 구조.** 생식기관이 아닌 구조는 괄호 안에 표시하였음.

활성 점액이 분비되어 성관계가 원활히 진행되도록 한다.

유선

유선(mammary gland)은 양쪽 성 모두에 존재하지만, 여성에서만 정상적으로 젖을 생산한다. 이것은 생식기관의 일부는 아니지만, 포유동물의 번식에 있어 중요하다. 분비샘 내에 있는 표피조직의 작은 주머니가 젖을 분비하는데, 이것은 유두로 통하는 일련의 관을 따라 흐른다. 유방은 유선 외에도 결합조직과 지방조직을 포함하고 있다. 남성의 낮은 에스트라디올 농도는 지방 축적을 제한하므로 남성의 유방은 보통 작다.

배우자형성과정

남성과 여성 생식기관의 해부학적 구조를 염두에 두고, **배우자형성과정(gametogenesis)**에 대해 알아보도록 하자. **그림 45.11**은 남성과 여성의 배우자형성과정을 생식소의 구조와 기능에 초점을 맞추어 보여준다.

성숙한 정자의 형성과정인 **정자형성(spermatogenesis)**은 성인 남성에서 일어나는 지속적이고 활동적인 과정이다. 매일 수천만 개의 정자를 생산하기 위하여 세포분열과 성숙과정이 두 정소 안에 감겨 있는 세정관(seminiferous tubule)에서 끊임없이 일어난다. 하나의 정자가 형성되기 시작하여 완성되는 과정은 약 7주 걸린다.

여자는 긴 기간에 걸쳐 성숙한 난자(oocyte, egg)의 발생과정인 **난자형성(oogenesis)**을 진행한다. 미성숙 난자는 여성 배아의 난소에서 형성되지만, 여러 해(종종 수십 년)가 지날 때까지 완전한 발생을 이루지 못한다.

정자형성은 3가지 측면에서 난자형성과 다르다.

- 정자형성에서는 감수분열의 네 개 산물이 모두 성숙한 정자로 발생한다. 난자형성에서는 감수분열 동안 세포질분열(cytokinesis)이 불균등하게 일어나 거의 모든 세포질이 하나의 딸세포, 즉 제2난모세포(secondary oocyte)에 독점된다. 이 거대한 세포는 나중에 난자가 된다. 극체(polar body)라고 불리는 감수분열의 다른 산물인 작은 세포들은 퇴화한다.
- 정자형성은 사춘기에서 성인에 이르기까지 진행된다. 이에 반해, 난자형성 동안의 체세포분열은 출생 전에 완료되는 것으로

개념 확인 문제 45.3

1. 뜨거운 목욕통을 자주 사용하는 것은 왜 부부의 임신을 어렵게 만드는가?
2. 난자형성과정은 감수분열에 의한 반수체 난자를 생산하는 것으로 정의된다. 그러나 인간을 포함한 일부 동물종에서 이러한 정의는 적절하지 않다. 왜 그럴까?
3. **WHAT IF?** 남성의 양쪽 정관을 모두 묶는 수술을 하였다고 가정하자. 성 반응과 사정액의 조성에서 어떤 변화를 예측할 수 있는가?

정답은 부록 A 참조

▼ 그림 45.11

탐구 인간의 배우자형성과정

정자형성과정

정자를 형성하는 줄기세포는 세정관의 가장자리 근처에 위치한다. 정자 형성이 정원세포에서 정세포 단계로 진행됨에 따라 세포들은 지속적으로 안쪽으로 이동한다. 마지막 단계에서 성숙한 정자는 관의 내강으로 분출된다. 정자는 내강으로부터 부정소로 이동하여 운동성을 갖게 된다.

줄기세포는 배아시기의 정소에서 원시생식세포로부터 분열과 분화를 통해 생성된다. 성숙한 정소에서 줄기세포는 유사분열을 통하여 **정원세포(spermatogonia)**가 되며, 이는 역시 유사분열을 통하여 정모세포(spermatocytes)를 만든다. 각 정모세포는 염색체 수를 이배체(사람의 경우 $2n = 46$)에서 반수체($n = 23$)로 감소시키는 감수분열을 통하여 4개의 정세포(spermatid)를 만든다. 정세포는 큰 변화를 거쳐 정자로 분화한다.

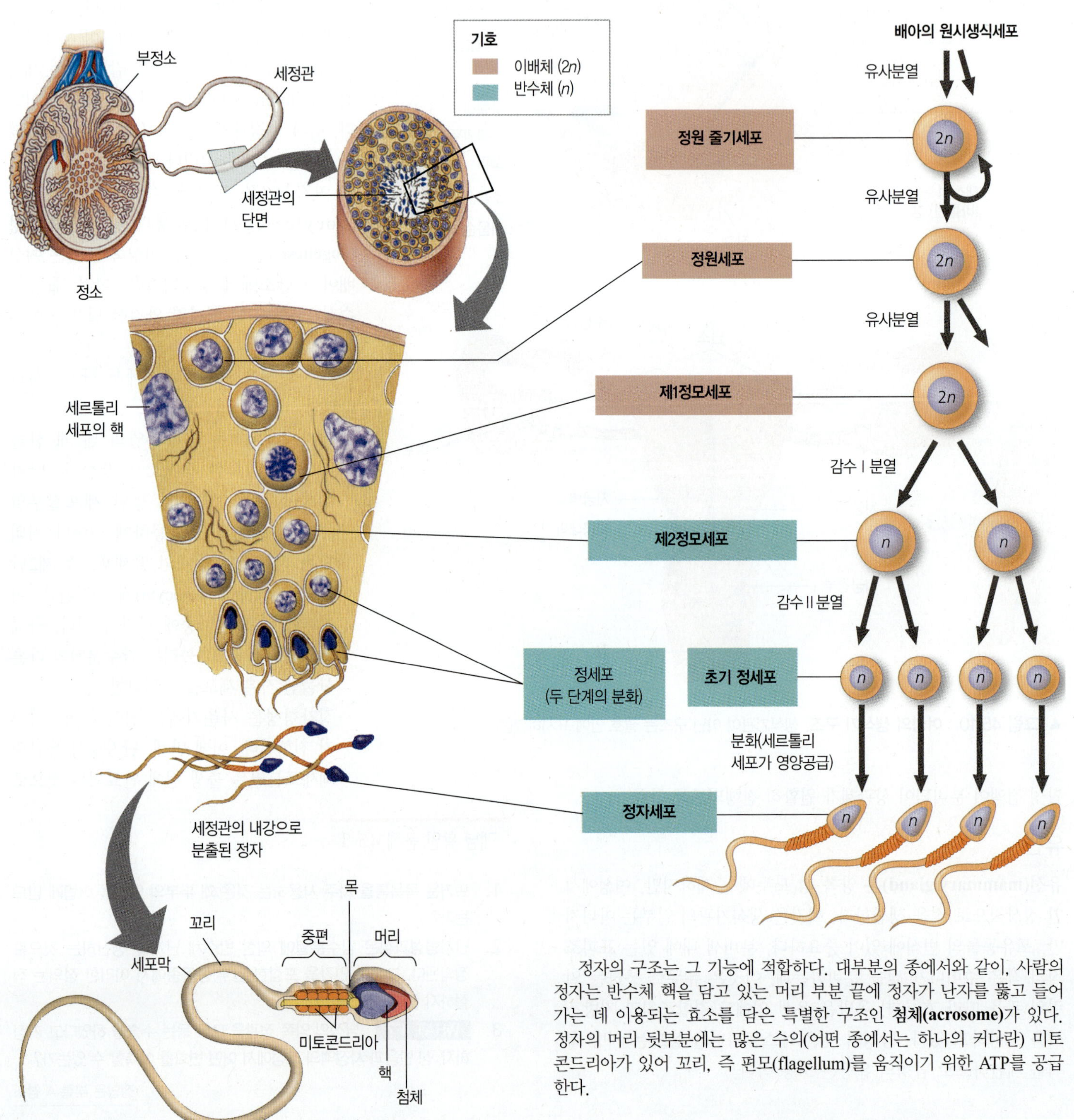

정자의 구조는 그 기능에 적합하다. 대부분의 종에서와 같이, 사람의 정자는 반수체 핵을 담고 있는 머리 부분 끝에 정자가 난자를 뚫고 들어가는 데 이용되는 효소를 담은 특별한 구조인 **첨체(acrosome)**가 있다. 정자의 머리 뒷부분에는 많은 수의(어떤 종에서는 하나의 커다란) 미토콘드리아가 있어 꼬리, 즉 편모(flagellum)를 움직이기 위한 ATP를 공급한다.

난자형성과정

난자형성과정은 배아시기의 여성에서 원시생식세포(primordial germ cell)로부터 **난원세포(oogonia)**가 형성되면서부터 시작된다. 난원세포는 유사분열을 통하여 분열하고, 감수분열을 시작하지만 출생 전에 제1전기에 멈추어 있게 된다. 발생단계에서 멈춘 **제1난모세포(primary oocyte)**는 작은 여포(보호세포로 둘러싸인 내강)의 안쪽에 위치한다. 출생 시, 난소는 1~2백만 개의 제1난모세포를 가지고 있으며, 사춘기와 폐경 사이에 대략 500개 정도의 난모세포가 완전히 성숙된다.

현재의 지식으로는 여성은 평생 갖게 될 모든 제1난모세포를 가지고 태어나는 것으로 알려졌다. 그러나 2004년 과학자들은 대부분의 다른 포유류에도 적용되는 이 결론에 반박하는 새로운 내용을 발표하였는데, 성체 생쥐의 난소에 증식하는 난원세포가 있으며 난모세포를 형성할 수 있음을 밝혔다. 만일 이러한 사실이 인간에게도 유사하게 적용된다면, 여성이 나이를 먹음에 따라 생식능력이 두드러지게 감소하는 것은 노화한 난모세포의 퇴화와 난원세포의 고갈 때문일 가능성이 있다.

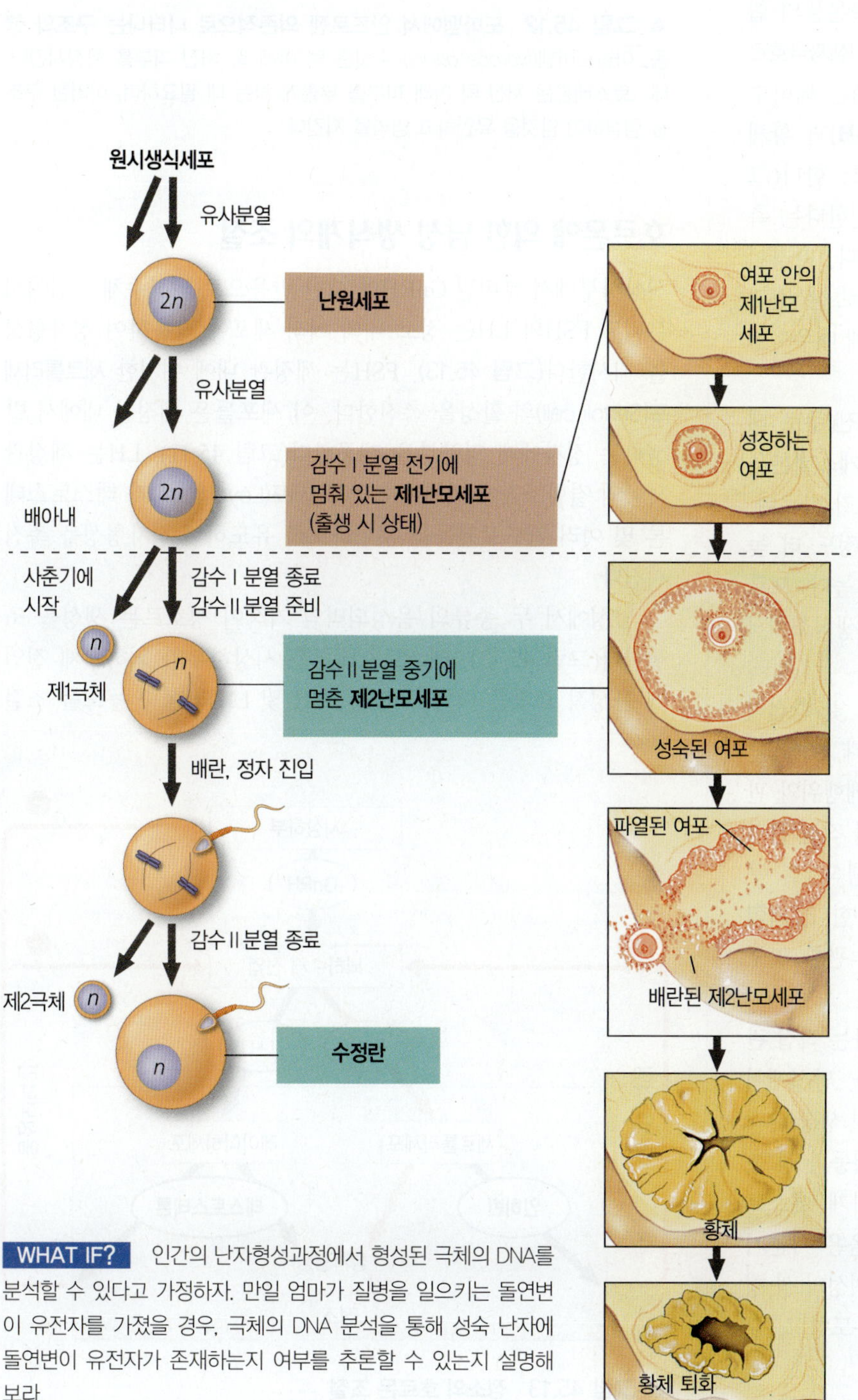

WHAT IF? 인간의 난자형성과정에서 형성된 극체의 DNA를 분석할 수 있다고 가정하자. 만일 엄마가 질병을 일으키는 돌연변이 유전자를 가졌을 경우, 극체의 DNA 분석을 통해 성숙 난자에 돌연변이 유전자가 존재하는지 여부를 추론할 수 있는지 설명해 보라.

사춘기가 시작되면 여포자극호르몬(FSH)은 주기적으로 일부 여포들을 자극하여 성장과 발달을 재개하도록 한다. 일반적으로 하나의 여포만이 한 달에 한 번씩 성숙을 완료하여 여포 내의 제1난모세포는 감수I분열을 마친다. 감수II분열이 시작되지만 중기에 멈춘다. 따라서 감수II분열에서 멈춘 제2난모세포(secondary oocyte)는 여포가 파열되며 배란된다. 정자가 난모세포 안으로 들어오면 감수II분열은 재개된다. (다른 동물종의 경우 정자가 같은 시기 또는 더 이른 시기나 더 늦은 시기에 난모세포로 들어간다.) 두 번의 감수분열 각각에서 불균등한 세포질 분열이 일어나 형성된 작은 세포는 궁극적으로 퇴화하는 극체가 된다. (제1극체는 다시 분열할 수도 있고, 그렇지 않을 수도 있다.) 따라서 난자형성과정을 마친 기능적 산물은 이미 정자 머리를 가진 하나의 성숙된 난자이다. 수정은 종종 정자 머리가 난자로 들어간다는 의미로 사용하지만, 엄밀히 말하면 정자의 반수체 핵과 제2난모세포가 융합하는 것으로 정의된다.

배란 후 남겨진 파열된 여포는 황체(corpus luteum)로 발생한다. 황체는 에스트라디올과 프로게스테론을 분비하여 임신 동안 자궁벽을 유지시킨다. 난자가 수정되지 않으면, 황체는 퇴화하고, 다음 주기가 시작되어 새로운 여포가 성장한다.

여겨지며, 성숙된 배우자의 생산은 약 50세에 중단된다.

- 정자형성은 전구세포로부터 성숙된 정자가 만들어지는 연속적인 과정인 데 반해, 난자형성은 긴 '휴지' 기간을 갖는다.

개념 45.4

포유동물의 생식은 자극 및 성호르몬의 상호작용에 의해 조절된다

남성과 여성 모두에서 생식은 시상하부(hypothalamus), 뇌하수체 전엽(anterior pituitary) 및 생식소에서 나오는 호르몬들의 협동작용에 의해 결정된다. 시상하부에서 분비되는 **생식샘자극호르몬방출호르몬**(gonadotropin-releasing hormone, GnRH)은 뇌하수체 전엽에서 생식샘자극호르몬인 **여포자극호르몬(FSH)**과 **황체형성호르몬(luteinizing hormone, LH)**을 분비하도록 한다(그림 41.15). 이 두 호르몬은 내분비 세포의 활성을 조절한다는 측면에서 자극호르몬(tropic hormone)이라고 할 수 있다. 따라서 FSH와 LH는 여성과 남성의 생식소에 직접 작용하므로 **생식샘자극호르몬**(gonadotropin)이라 하며, 성호르몬 생산을 통해 배우자형성을 조절한다.

주요 성호르몬은 스테로이드호르몬으로서, **안드로젠**(주로 **테스토스테론**), **에스트로젠**(주로 **에스트라디올**) 및 **프로게스테론**을 포함한다. 여성과 남성은 혈액 내 특정 호르몬의 농도가 다르다. 테스토스테론의 양은 남성에서 여성보다 대략 10배 정도 더 높은 반면, 에스트라디올의 양은 여성에서 대략 10배 더 높다. 프로게스테론의 양도 여성에서 더 높다. 성호르몬은 주로 생식소에서 생산되며, 부신에서도 소량 생산된다.

성호르몬은 생식샘자극호르몬과 마찬가지로 직접 및 간접적으로 배우자형성을 조절하지만, 다른 기능도 수행한다. 예를 들어, 안드로젠은 영역을 알리는 새소리와 도마뱀의 구애행위와 관련된다(**그림 45.12**). 인간 배아에서 안드로젠은 생식과 직접 관련된 구조인 남성의 1차 성징을 촉진한다. 즉 정낭과 생식계를 구성하는 여러 관들은 물론 외부 생식구조를 형성하게 한다. **과학적 분석 기술의 연습**에서 포유동물의 생식계 발생에 관한 연구 결과를 살펴볼 것이다.

사춘기 남성과 여성 모두에서 성호르몬은 생식계와는 직접 관련이 없는 신체 및 행동 특성인 2차 성징을 유도한다. 남성에서 안드로젠은 낮은 목소리, 얼굴과 음부의 털 및 근육의 생장(단백질 합성을 통한)을 유도한다. 안드로젠은 독특한 성 행동과 성 충동은 물론 일반적인 공격성도 증대시킨다. 이와 유사하게, 에스트로젠도 여성에서 여러 효과를 나타낸다. 에스트라디올은 사춘기에 유방과 음모의 발달을 촉진한다. 에스트라디올은 여성의 성 행동에 영향을 미치고, 유방과 둔부에 지방의 축적을 유도하고, 수분의 보유력을 증가시키고, 칼슘 대사도 변화시킨다.

▲ **그림 45.12 도마뱀에서 안드로젠 의존적으로 나타나는 구조와 행동.** 아놀도마뱀(*Norops ortoni*) 수컷은 턱 아래 축 처진 피부를 확장시킨다. 테스토스테론은 처진 턱 아래 피부를 부풀게 하는 데 필요하며, 이러한 구조를 형성하여 암컷을 유인하고 영역을 지킨다.

호르몬에 의한 남성 생식계의 조절

시상하부에서 분비된 GnRH에 대한 반응으로 뇌하수체 전엽에서 분비된 FSH와 LH는 정소 내의 여러 세포에 작용하여 정자형성을 지시한다(**그림 45.13**). FSH는 세정관 내에 위치한 **세르톨리세포**(Sertoli cell)의 활성을 촉진한다. 이 세포들은 세정관 내에서 발생하는 정자에게 영양분을 제공한다(그림 45.11). LH는 세정관 사이의 결합조직에 위치한 **레이디히세포**(Leydig cell)가 테스토스테론 및 여러 안드로젠들을 분비하도록 유도하여 정자형성을 촉진시킨다.

남성에서 두 종류의 음성되먹임 기작이 성호르몬 생성을 조절한다(그림 45.13). 테스토스테론은 시상하부와 뇌하수체 전엽에 음성적 효과를 미쳐 GnRH, FSH 및 LH의 혈중 농도를 조절

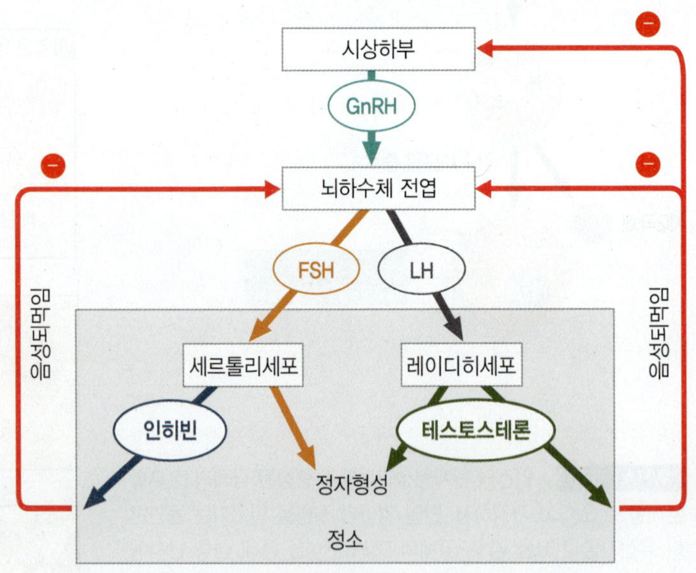

▲ **그림 45.13 정소의 호르몬 조절**

과학적 분석 기술의 연습

가설 설정 및 실험 디자인

포유류의 암컷 혹은 수컷을 형성하는 데 호르몬의 역할은 무엇인가? 포유류에서 암컷은 2개의 X 염색체를 가지며, 수컷은 XY 염색체를 가진다. 1940년대에 프랑스의 생리학자 알프레드 조스트(Alfred Jost)는 포유류 배아가 성염색체의 유형대로 암컷 혹은 수컷으로 발생하는 것이 생식소에서 생산되는 호르몬의 영향을 받는지에 대해 의문을 가졌다. 과학적 분석 기술의 연습에서 조스트가 수행한 실험과 결과에 대해 살펴보기로 한다.

실험 방법 성적 차이가 가시화되기 전에 어미의 자궁에 있는 토끼 배아에서 난소 혹은 정소로 발생할 부분을 수술로 제거하였다. 토끼의 새끼가 태어난 후, 염색체 조성과 생식기관의 구조가 암컷 혹은 수컷인지를 판별하였다.

실험 데이터

염색체 세트	외부 생식기의 모습	
	비수술	배아의 생식소 제거
XY (수컷)	수컷	암컷
XX (암컷)	암컷	암컷

데이터 해석

1. 이러한 실험 설계는 정상 과정을 방해하면 어떤 일이 일어나는지를 조사함으로써 정상적으로 무슨 일이 발생하는지를 추론해 내는 연구 방법이다. 이 실험에서 어떤 정상 과정을 방해하였는가? 결과로 보아 포유류의 생식기 발생을 조절하는 데 생식소의 역할은 무엇인지 추론해 보라.
2. 실험 결과 데이터는 생식소 제거 외에 수술로 인한 다른 측면이 암컷 생식기 발생을 유발한 것이라고 해석될 수도 있다. 만일 당신이 이 실험을 반복한다면, 이러한 해석을 검증하기 위해 어떤 테스트를 진행할 것인가?
3. 만일 암컷으로 발생하는 데 생식소의 신호가 필요하다면, 이 실험의 결과는 어떠했을까?
4. 수컷 발생을 조절하는 신호가 호르몬이라는 것을 결정하기 위한 실험을 설계해 보라. 실험 설계에 가설, 예측 결과, 데이터 수집 계획, 대조군 등을 명확히 포함시키도록 한다.

참고문헌 A. Jost, Recherches sur la differenciation sexuelle de l'embryon de lapin (Studies on the sexual differentiation of the rabbit embryo), *Archives d'Anatomie Microscopique et de Morphologie Experimentale* 36:271–316 (1947).

한다. 또한 남성의 세르톨리세포에서 생성되는 인히빈(inhibin)호르몬은 뇌하수체 전엽에 작용하여 FSH의 분비를 억제한다. 따라서 이러한 음성 조절회로는 안드로젠 생성이 적절하게 유지되도록 조절한다.

레이디히세포는 테스토스테론 생성 외에 또 다른 작용을 하는데, 적은 양의 여러 호르몬(옥시토신, 레닌, 안지오텐신, 부신피질자극호르몬-방출호르몬, 생장인자 및 프로스타글란딘)과 국소 조절인자를 분비한다. 이러한 신호물질은 생식과 함께 생장, 대사, 항상성 및 행동 등의 활성을 조화롭게 조절한다.

호르몬에 의한 여성의 생식주기 조절

남성은 배우자형성을 지속적으로 수행하는 반면, 여성은 주기적으로 배우자를 형성한다. 배아의 착상을 준비하기 위하여 자궁내막(endometrium)이 두꺼워지기 시작하고 혈액의 공급이 왕성해진 후에만 배란이 일어난다. 임신이 되지 않는 경우 자궁의 벽은 떨어져 나오고 또 다른 주기가 시작된다. 자궁경부와 질을 통해 흘러나오는 자궁에서의 주기적인 내막 붕괴를 **월경(menstruation)**이라 한다.

여성에서는 두 종류의 매우 밀접하게 연관된 생식주기가 존재한다. 자궁에서 한 달에 한번 일어나는 변화는 **월경주기(menstrual cycle)** 혹은 **자궁주기(uterine cycle)**라 부른다. 난소에서 일어나는 주기성 현상인 **난소주기(ovarian cycle)**는 자궁에서의 주기적 변화를 조절한다. 따라서 여성의 생식주기는 실제적으로 난소와 자궁에서 통합적인 하나의 주기를 나타낸다.

월경주기의 길이는 평균 28일이지만, 주기는 약 20일에서 40일 정도까지 변할 수 있다. 호르몬 활동이 두 주기를 연결하여 배아발생을 지지할 수 있도록 자궁벽을 형성하면서 난소의 여포 생장과 배란 간에 서로 조화를 이루게 한다.

그림 45.14에서는 여성의 생식주기 동안 신체의 여러 조직에서 밀접하게 연관되어 나타나는 주요 현상을 보여준다.

난소주기

난소주기는 ❶ 시상하부에서 GnRH가 분비되는 것으로 시작하는데, 이것은 ❷ 뇌하수체를 자극하여 소량의 FSH와 LH가 분비되도록 한다. ❸ 여포자극호르몬은 LH의 도움을 받아 여포의 성장을 촉진하며, ❹ 성장하는 여포의 세포들은 에스트라디올을 만들기 시작한다. 여포가 성장하고 난모세포가 성숙하는 난소주기의 **여포기(follicular phase)** 동안 에스트라디올의 분비량이 천천히 올라가게 된다. (여러 개의 여포들은 각자의 주기를 가지고 성장하지만, 보통은 하나만 성숙하고 나머지는 퇴화한다.) 낮은 농도의 에스트라디올은 뇌하수체호르몬의 분비를 억제하여 FSH와 LH의 농도를 비교적 낮은 수준으로 유지한다. 주기의 이 부분에서 생식을 조절하는 호르몬의 조절은 남성에서 발견되는 조절과 매우 유사하다.

❺ 성장하는 여포가 분비하는 에스트라디올 농도가 급격히 상승함에 따라 ❻ FSH와 LH의 농도는 급상승한다. 낮은 농도의 에스트라디올은 뇌하수체 생식샘자극호르몬의 분비를 억제하는 반면, 높은 농도의 에스트라디올은 반대 효과를 나타낸다. 즉, 시상하부에 작용함으로써 GnRH의 분비를 증가시키고, 이에 따라 생식샘자극호르몬의 분비가 늘어난다. 높은 농도의 에스트라디올은 뇌하수체에 있는 LH 분비세포의 GnRH에 대한 민감성을 높이는 작용을 함으로써 LH 분비를 특히 더 증가시킨다.

❼ 성숙 과정의 여포는 액체로 가득 찬 내부 공간을 만들고 매우 크게 자라 난소 표면 근처에 돌출부를 형성한다. 여포기는 LH 농도의 급상승으로부터 약 하루 뒤에 배란과 함께 종료된다. FSH와 최고 농도의 LH에 반응하여 여포와 인접한 난소의 벽이 파열되어 제2난모세포가 방출된다. 종종 배란기가 가까와지거나 혹은 배란기에 하복부에 독특한 통증이 수반되는데, 난모세포가 배출되는 난소 쪽에서 나타난다.

배란 후 **황체기**(luteal phase)가 뒤이어 나타난다. ❽ LH는 난소에 남아 있는 여포 조직이 분비샘 구조인 황체를 형성하도록 유도한다. 지속적인 LH의 자극으로 황체는 프로게스테론과 에스트라디올을 분비하며, 이 두 호르몬의 조합은 시상하부와 뇌하수체에 음성되먹임으로 작용하여 LH와 FSH의 분비를 억제한다. 이러한 음성되먹임 작용은 임신이 이루어졌을 경우 새로운 난자가 성숙하는 것을 막는다.

만일 임신이 일어나지 않은 경우, 황체기 말기에 낮은 생식샘자극호르몬 농도로 인해 황체의 퇴화가 일어나 에스트라디올과 프로게스테론의 농도가 급격히 떨어진다. 난소호르몬의 급격한 농도 하락은 시상하부와 뇌하수체에서 음성되먹임 현상을 풀어준다. 이로 인해 뇌하수체는 난소에서 새로운 여포의 성장을 촉진하기에 충분한 FSH를 분비하기 시작하고, 다음 난소주기가 시작된다.

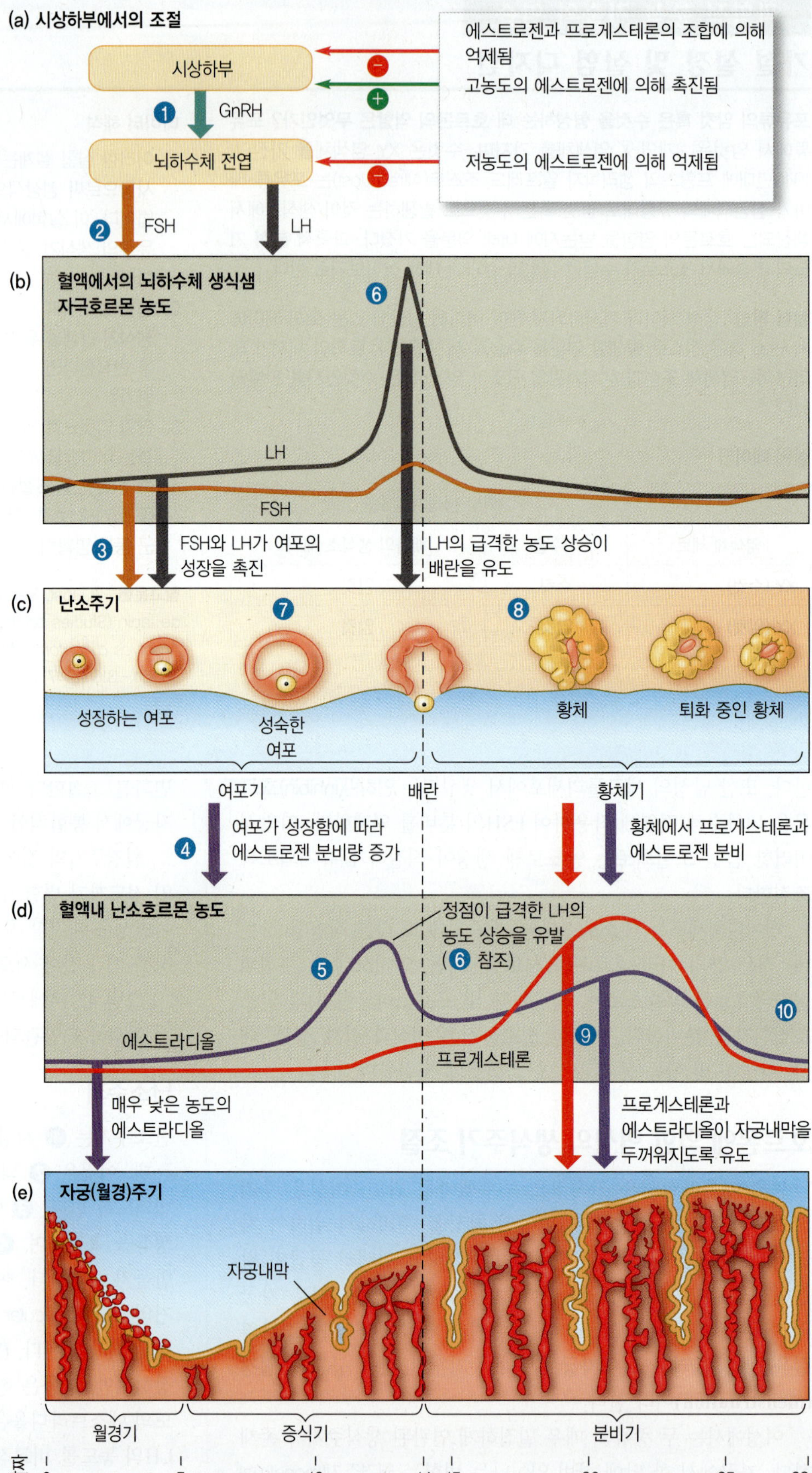

▲ **그림 45.14 여성의 생식주기.** 이 그림은 어떻게 (c) 난소주기와 (e) 자궁(월경)주기가 혈중호르몬 농도 변화에 의해 조절되는지를 (a), (b), (d)에 묘사했다. 맨 아래쪽의 시간표는 (b)~(e)에 적용된다.

자궁(월경)주기

난소의 스테로이드호르몬은 배란이 일어나기 전에 자궁을 자극하여 배아를 맞이할 준비를 한다. 여포가 성장함에 따라 증가하는 에스트라디올 분비량은 자궁내막을 두껍게 하는 신호가 된다. 이러한 방법으로 난소주기의 여포기는 자궁주기의 **증식기**(proliferative phase)와 동조된다. 배란 후, ❾ 황체에서 분비된 에스트라디올과 프로게스테론은 동맥의 확장과 자궁내막 분비샘의 성장과 함께 자궁내막의 지속적인 발달과 유지를 촉진한다. 이들 분비샘은 초기 배아가 실제로 자궁내막에 착상되기 전이더라도 배아를 유지할 수 있도록 영양분이 들어 있는 액체를 분비한다. 따라서 난소주기의 황체기는 자궁주기의 **분비기**(secretory phase)와 동조된다.

분비기 동안 자궁내막에 배아가 착상하지 않을 경우, 황체는 퇴화된다. ❿ 황체의 퇴화로 인한 난소호르몬 농도의 급격한 감소는 자궁내막에 분포하는 동맥들의 수축을 유발한다. 호르몬의 순환이 없게 되면, 자궁벽은 탈락되어 자궁내막 조직과 혈액이 체외로 배출된다. 이 결과 자궁주기의 **월경기**(menstrual flow phase)에 해당하는 월경이 일어난다. 보통 며칠 동안 지속되는 월경기 동안 난소에서 새로운 여포들이 성장하기 시작한다. 월경의 첫째 날을 편의상 자궁(난소)주기의 1일로 표시한다.

가임기 여성의 약 7%는 자궁내막의 일부 세포가 비정상적으로 복부 혹은 **다른 장소(ectopic**; '한 장소에서 멀리 떨어져'라는 의미의 그리스어 *ektopos*에서 기원)로 이동하는 질환인 **자궁내막증(endometriosis)**으로 고통을 받는다. 난관, 난소, 혹은 대장과 같은 부위로 이동한 이소조직도 혈액으로부터의 호르몬 자극에 반응한다. 따라서 이소조직은 자궁내막과 마찬가지로 각 난소주기에 따라 부풀어 오르고 붕괴되어 골반 통증과 복부 출혈을 야기한다. 호르몬요법과 수술을 포함한 치료법은 불편함을 감소시키는 데 초점을 맞추고 있으며, 현재 왜 자궁내막증이 일어나는지를 찾으려는 연구가 계속되고 있다.

폐경

여성은 약 500주기 후 배란과 월경이 중단되는 **폐경(menopause)**을 겪는다. 폐경은 보통 46~54세 사이에 일어난다. 난소는 뇌하수체에서 분비되는 FSH와 LH에 대한 반응을 잃어버리며, 에스트라디올 생산의 감소로 인해 폐경이 일어난다.

폐경은 특이한 현상이다. 사람을 제외한 대부분의 다른 종은 암컷과 수컷 모두 일생 동안 생식능력을 유지한다. 폐경에 대한 진화적 관점에서의 설명이 존재하는가? 한 가지 재미있는 가설은 인간 진화의 초기 동안 몇 명의 아이를 가진 후의 폐경으로 인해 여성은 자식과 손자들을 더 잘 돌볼 수 있게 되었고, 따라서 그녀의 유전자를 가진 개체의 생존율이 증가했을 것이라 제안한다.

월경주기와 발정주기

모든 포유동물 암컷은 배란 전에 자궁내막이 두꺼워지지만, 사람과 일부 특정 영장류만이 월경주기를 갖고 있다. 다른 포유동물은 임신이 되지 않은 경우 자궁내막이 자궁에 흡수되어 많은 출혈이 일어나지 않는 **발정주기(estrous cycle)**를 갖고 있다. 여성은 월경주기의 전체 기간 동안 성적 활동이 가능한 반면, 대부분의 암컷 포유동물은 배란 부근의 일정 기간 동안만 교미한다. 발정(estrus; 광란, 열정이라는 의미의 라틴어 *oestrus*에서 유래)이라 부르는 성 활동주기는 암컷이 교미를 받아들이는 유일한 시기이다. 발정은 때때로 상기(heat)라고도 하는데, 이는 암컷의 체온이 약간 상승하기 때문이다.

생식주기의 길이와 빈도는 포유동물에 따라 다양하다. 곰과 늑대는 1년에 한 번의 발정주기를 가지며, 코끼리는 여러 번 갖는다. 시궁쥐의 발정주기는 연중 계속되며, 각 주기는 5일간 지속된다.

인간의 성반응

인간의 성적 흥분은 물리적 요인은 물론, 다양한 심리적 요인들이 포함되기 때문에 좀 더 복잡하다. 남성과 여성의 생식기 구조는 보기에는 아주 다른 것 같으나 공통된 발생기원에 따라 성적 흥분 시 종종 비슷한 기능을 나타낸다. 예를 들어, 음경의 귀두와 음핵, 음낭과 대음순, 그리고 음경의 포피와 소음순은 각각 동일한 발생조직에서 기원된다. 또한 남성과 여성에서 일반적인 성 반응 유형은 비슷하다. 조직이 혈액으로 가득 차는 **충혈**(vasocongestion)과 근육의 장력이 증가하는 **근육긴장**(myotonia)의 두 가지 생리적 반응이 주로 일어난다.

성 반응주기는 흥분기(excitement), 고원기(plateau), 오르가즘(orgasm), 해소기(resolution)의 네 가지 단계로 나눌 수 있다. 흥분기의 중요한 기능 중 하나는 **성교**(coitus, 성관계)를 위해 질과 음경을 준비하는 것이다. 이 시기 동안 음경과 음핵의 발기로 인한 충혈이 두드러지며, 정소, 음순, 유방이 팽대되며, 질에서는 윤활현상이 나타난다. 근육긴장이 일어날 수 있는데, 이로 인해 유두의 발기 또는 팔다리의 경직이 일어난다.

이 반응들은 생식기의 직접적인 자극에 의해 고원기에서도 지속된다. 여성의 경우 질의 바깥쪽 3분의 1은 충혈되고, 안쪽의 3분의 2는 약간 확장된다. 자궁의 상승과 연계하여 나타나는 이러한 변화로 인해 질 뒤쪽에 정자를 받아들이는 함몰 부위가 형성된다. 호흡이 증가하고 심장박동이 빨라지는데, 때때로 분당 150회 이상이 되기도 한다. 이것은 성 활동에 따르는 신체적 반응일 뿐만 아니라 자율신경계의 흥분에 따른 불수의적 현상이다(그림 49.9).

오르가즘(orgasm)은 양쪽 성 모두에서 생식기관의 주기적이고 불수의적인 수축으로 특징지어진다. 남성의 오르가즘은 두 단계를 갖는다. 방사(emission)는 생식기관계의 분비샘과 관이 수축하여 요도관으로 정액을 밀어내는 과정이다. 사출(expulsion) 또는 사정(ejaculation)은 요도관이 수축하고 정액이 방출되었을 때 일어난다. 여성의 오르가즘 동안 자궁과 질의 바깥쪽은 수축하지만, 질의 안쪽 3분의 2는 수축하지 않는다. 오르가즘은 성 반응 주기에서 가장 짧은 시기로 보통 몇 초 동안 지속된다. 양쪽 성 모두에서 수축은 약 0.8초 간격으로 일어나며 항문 괄약근(anal sphincter)과 몇 가지 복부 근육이 함께 수축하기도 한다.

해소기는 성주기가 완료되고 반응이 초기 상태로 돌아가는 시기이다. 충혈되었던 기관은 평상시의 크기와 색으로 되돌아가고, 근육은 이완된다. 해소기에 나타나는 대부분의 변화는 5분 안에 완료되지만, 한 시간 동안 지속되는 경우도 있다. 남성은 일반적으로 오르가즘 후에 몇 분에서 한 시간 정도 지속되는 무반응기(refractory period)에 들어가는데, 이 기간 동안에는 발기와 오르가즘이 일어날 수 없다. 여성에게는 무반응기가 나타나지 않으므로 짧은 기간 동안에도 여러 번 오르가즘을 가질 수 있다.

개념 확인 문제 45.4

1. 남성과 여성에서 FSH와 LH 호르몬의 기능상 유사점은 무엇인가?
2. 발정주기와 월경주기의 차이점은 무엇인가? 어떤 종류의 동물에서 이러한 두 가지 주기가 관찰되는가?
3. WHAT IF? 여성이 새로운 월경주기가 시작된 직후부터 에스트라디올과 프로게스테론을 복용하기 시작하였다고 가정하면, 배란에는 어떤 효과가 있겠는가? 설명하라.
4. MAKE CONNECTIONS 여성의 생식주기와 피막 RNA 바이러스의 증식주기(그림 26.7)의 공통적인 특징은 사건들의 연계 및 공조가 일어난다는 것이다. 각 주기에 어떤 연계 및 공조 작용이 있는지 설명하라.

정답은 부록 A 참조

개념 45.5

태반포유동물에서 배아는 어미의 자궁에서 완전하게 발생한다

여성의 난소주기와 월경주기에 대해 살펴보았으므로, 이제부터는 생식 자체로 가서 난자에서 발생 중인 배아로 전환되는 현상을 알아보자.

수태, 배아 발생, 그리고 탄생

사람의 성교 중에 2~5 mL의 정액이 분비되고, 정액에는 수억 개의 정자가 존재한다. 사정되었을 때 정액은 응고되어 정자가 자궁에 도달할 때까지 정액이 그 자리에 유지될 수 있도록 만든다. 이후, 항응고제가 정액을 액체로 만들고 정자가 여성의 생식관에서 헤엄치기 시작한다. 사람에서 **수태(conception)**라고 부르는 수정 과정은 난관에서 정자가 난자(성숙한 난자)와 융합할 때 일어난다(그림 45.15).

수정 24시간 후 접합자는 난할(cleavage)이라고 하는 분열 과정을 시작하며, 4일 후 난할의 결과로 빈 공간을 가진 세포 덩어리인 **배반포(blastocyst)** 시기에 도달한다. 배반포 형성 후 며칠이 지나면 배아는 자궁내막에 착상한다. 하나 이상의 배아가 자궁에 있는 상태를 **임신(pregnancy)** 또는 **잉태(gestation)**라고 한다. 사람의 임신기간은 난자의 수정으로부터 평균 266일(38주) 또는 마지막 월경주기로부터 40주이다. 다른 종의 경우, 설치류의 임신기간은 약 21일인 반면, 소는 평균 270일이며, 코끼리에서는 600일 이상이다. 사람의 임신은 대략 9개월로 편의상 약 3개월씩 임신3분기(trimester)로 나눌 수 있다.

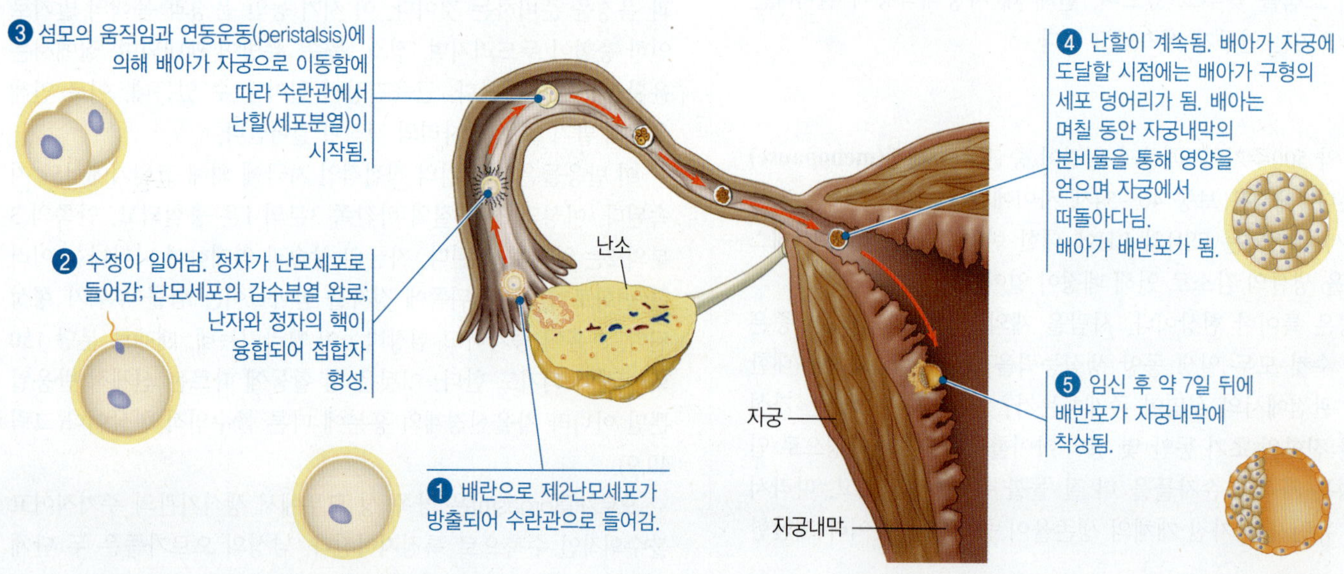

▲ 그림 45.15 접합자의 형성과 수정 후의 초기 과정

첫 번째 임신3분기

첫 번째 임신3분기 동안 착상된 배아는 호르몬을 분비하여 자신이 존재한다는 신호를 보내며 모체의 생식계를 통제한다. 배아 호르몬 중 하나인 인간 융모막 생식샘자극호르몬(human chorionic gonadotropin, hCG)은 뇌하수체의 LH처럼 작용하여 임신 초기 몇 주 동안 황체를 유지함으로써 프로게스테론과 에스트로젠의 분비를 유지한다. 모체 혈액의 hCG 일부가 소변으로 배출되므로, 일반적인 초기 임신 진단에서 검출할 수 있다.

수정된 난자 모두가 발생을 완성할 수 있는 것은 아니다. 많은 경우 염색체 혹은 발생 이상으로 인해 배아발생이 자연적으로 중단된다. 드물기는 하지만, 수정란은 수란관에 달라붙어 난관 혹은 자궁외 임신을 가져온다. 이와 같은 임신은 지속될 수 없으며 난관을 파괴하여 심각한 내출혈을 유발한다. 분만 시 박테리아 감염, 의학적 치료 혹은 성병(sexually transmitted disease, STD) 등에 의해 난관에 상처가 발생하면, 자궁외 임신 가능성이 높아진다.

발생 초기 2~4주 동안 배아는 자궁내막에서 직접 영양분을 얻는다. 한편, **영양막(trophoblast)**이라고 하는 배반포의 바깥층은 자라나와 자궁내막에 합쳐져 결국 **태반(placenta)**을 형성한다. 태반은 배아조직과 모체의 혈관으로 이루어진 판 모양의 기관으로 출생 시 약 1 kg의 무게로 자라난다. 모체와 배아의 순환계 사이의 물질 확산을 통해 영양물질과 면역계의 공급, 호흡계 기체의 교환, 배아 노폐물의 배출이 이루어진다. 배아로부터의 혈액은 탯줄(umbilical cord)의 동맥을 통해 태반을 거치고, 탯줄의 정맥을 통해 배아로 되돌아간다(그림 45.16).

배아를 발생 기간의 첫 한 달 중에 떼어놓으면 동일한 혹은 일란성(monozygotic) 쌍생아가 될 수 있다. 이란성(dizygotic) 쌍생아는 매우 다른 방식에 의해 나타난다. 하나의 주기 중에 두 여포가 성숙되고, 독립적으로 수정하여 유전적으로 두 개의 서로 다른 배아가 착상한다.

첫 번째 임신3분기는 주로 신체기관이 발생하는 **기관형성(organogenesis)**의 시기이다(그림 45.17a). 기관형성 동안 배아는 손상에 매우 민감하다. 예를 들어 산모가 알코올을 섭취한 경우, 태반을 통과한 알코올은 태아의 신경계 발생에 영향을 미쳐 정신지체 및 심각한 선천성 이상을 동반한 태아알코올증후군을 야기할 수 있다. 심장은 4주째부터 박동하기 시작하며, 심장박동은

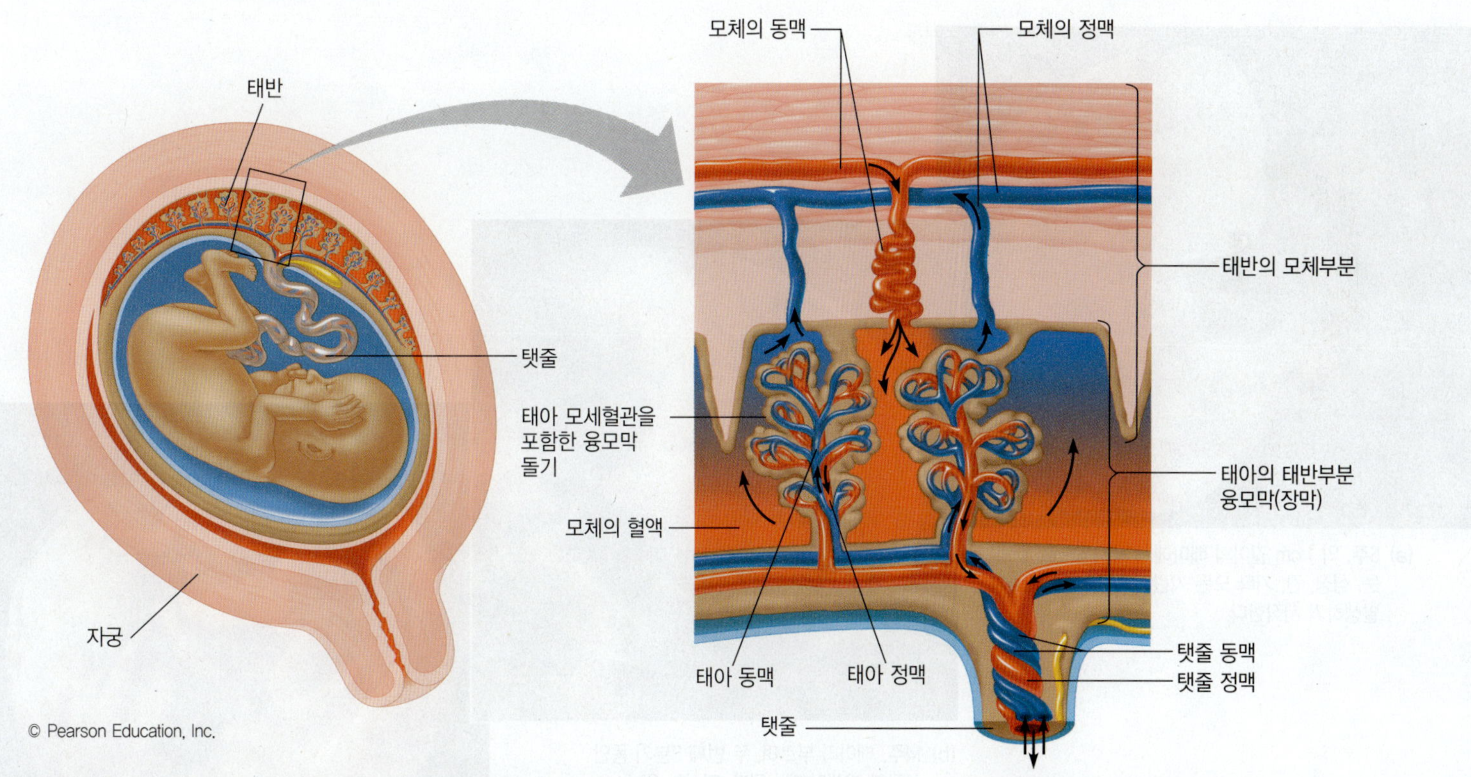

▲ **그림 45.16 태반 순환.** 발생 4주째부터 탄생 시까지, 모체와 배아조직의 결합체인 태반은 태아와 임산부 사이에서 영양물질, 호흡 기체, 노폐물을 수송한다. 모체의 혈액이 동맥을 따라 태반으로 들어가 자궁내막의 혈강(blood pool)으로 흘러들어가고, 정맥을 통해 나간다. 태아(또는 배아)의 혈액은 동맥을 따라 태반으로 들어가 손가락 모양의 융모막돌기 구조의 모세혈관을 지나간다. 융모막 돌기를 지나면서 산소와 영양분을 공급받은 후 태아의 혈액은 탯줄 정맥을 통해 태아로 되돌아간다. 모체 혈강과 태아 모세혈관 사이에서 확산, 능동수송 및 선택적 흡수에 의해 물질교환이 일어난다.

? 어떤 드문 유전 질환의 경우, 특정 효소가 기능하지 않아서 테스토스테론 합성이 증가된다. 만일 태아가 이러한 유전 질환을 가지고 있다면, 임신 기간 동안 모체의 체모 패턴이 남성화된다. 이유를 설명하라.

약 8~10주에 감지될 수 있다. 8주에 이르면 배아는 성체의 모든 주요 구조가 미성숙한 상태로 존재하며 **태아(fetus)**라고 부른다. 태아는 첫 번째 임신3분기가 끝날 때까지 잘 분화되었음에도 불구하고 5 cm 정도의 길이에 불과하다.

한편, 높은 농도의 프로게스테론은 산모에게 급격한 변화를 일으킨다. 이러한 변화는 자궁경부에 보호마개를 형성하는 점액의 증가, 태반의 성장, 유방과 자궁의 크기 증가 및 난소와 월경주기의 정지 등을 포함한다. 임신한 여자의 3/4은 첫 임신3분기 동안에 "입덧(morning sickness)"이라고 부르는 메스꺼움을 경험한다.

두 번째 및 세 번째 임신3분기

두 번째 임신3분기 동안 태아는 약 30 cm 크기로 자라며 매우 활발해진다(**그림 45.17b & c**). 두 번째 임신3분기의 첫 한 달부터 임산부는 태아의 움직임을 느낄 수 있으며, 한 달 혹은 두 달 후에는 복부의 체벽을 통해 태아의 움직임을 볼 수도 있다. hCG가 감소하면서 호르몬 농도가 안정되고, 황체는 퇴화하며 태반에서 프로게스테론을 분비하여 임신 상태를 유지한다.

마지막 임신3분기 중에 태아는 약 50 cm 길이와 3~4 kg 몸무게로 자란다. 태아가 가용 공간을 채움에 따라 태아의 움직임은 감소한다. 태아가 성장하고 그를 둘러싼 자궁이 확장함에 따라 임산부의 복부기관은 압축되고 위치가 바뀌어 빈뇨와 소화불량 등을 유발한다.

신생아가 태어나는 과정인 **분만(labor)**은 몸 밖으로 태아와 태반을 밀어낼 수 있는 자궁의 연속적인 강한 수축 작용에 의해 나타난다. 일단 분만이 시작되면, 국소조절자(프로스타글란딘)와 호르몬(주로 에스트라디올과 옥시토신) 간의 복잡한 상호작용을 통해 지속적인 자궁의 수축을 조절하게 된다(**그림 45.18**). 옥시토신의 작용은 양성되먹임 조절을 나타내는데(개념 41.2), 옥시토신에 의한 자궁 수축은 옥시토신 분비를 촉진하게 되고, 증가된 옥시토신으로 자궁은 더욱더 수축하게 된다.

분만은 크게 3단계로 나누어진다(**그림 45.19**). 첫 번째 단계에서는 경부가 열리고 얇아지며, 완전히 확장된다. 두 번째 단계는 아기의 배출 또는 해산(delivery)이다. 지속적이고 강한 수축력이 태아를 자궁과 질 밖으로 밀어낸다. 분만의 마지막 단계는 태반의 배출이다.

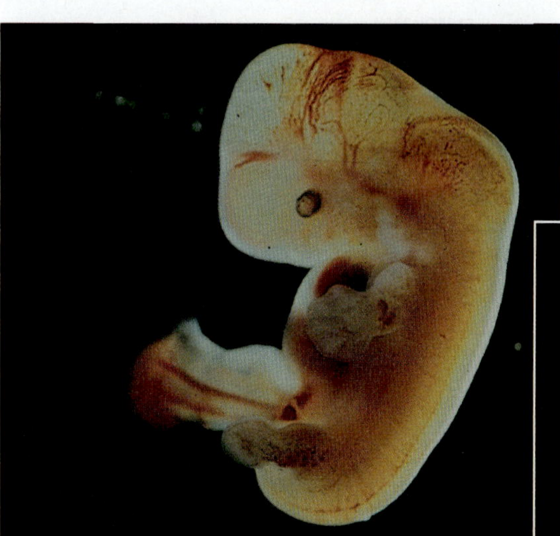

(a) **5주.** 약 1 cm 길이의 배아에서 사지싹(limb bud), 눈, 심장, 간, 기타 모든 기관의 원기(rudiment)가 발생하기 시작한다.

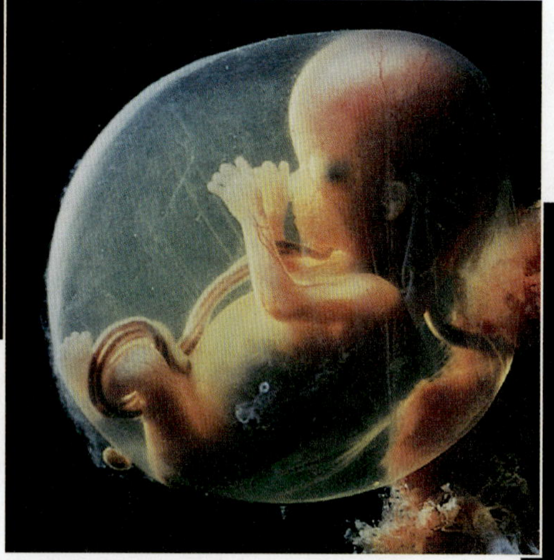

(b) **14주.** 태아라 부르며, 두 번째 3분기 동안 성장과 발생이 계속된다. 태아는 약 6 cm 길이이다.

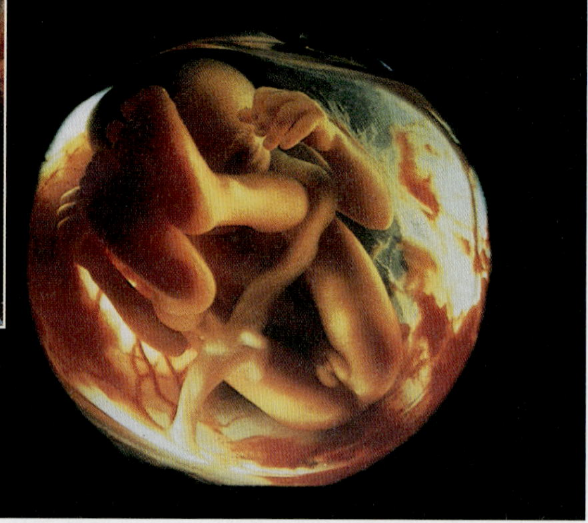

(c) **20주.** 이용 가능한 공간이 제한되었기 때문에 길이가 20 cm 정도로 성장하려면 태아의 위치(머리와 무릎의 밀착) 적응이 필요하다.

▲ **그림 45.17 첫 번째와 두 번째 임신3분기 동안 나타나는 사람의 대표적 발생 단계**

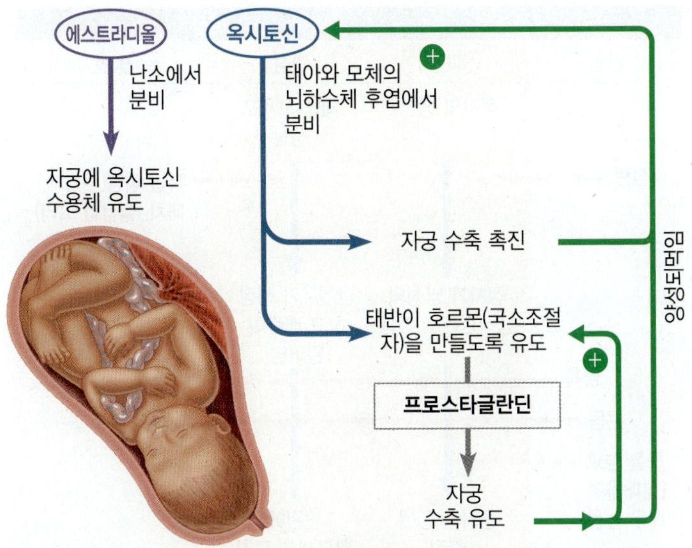

▲ **그림 45.18 분만의 양성되먹임 조절**

? 임신 39주의 산모에게 옥시토신을 1회 투여하면 어떠한 일이 벌어질 것인가?

수유(lactation)는 신생아를 돌보는 방법으로서 포유동물 고유의 특징이다. 신생아의 젖 빨기와 출산 후 에스트라디올의 변화에 의해 시상하부는 뇌하수체 전엽에게 프로락틴(prolactin)을 분비하게 하며, 프로락틴은 유선을 자극하여 젖을 분비한다. 젖 빨기는 뇌하수체 후엽에서 옥시토신(oxytocin)의 분비도 촉진시켜 유선으로부터 젖 분비를 유도한다(그림 41.14).

배아와 태아에 대한 임산부의 면역 관용

임신은 면역학적 수수께끼이다. 배아의 유전자 중 절반은 아버지로부터 물려받았다. 따라서 배아 표면에 존재하는 많은 화학적 표지는 임산부에게 외래물질로 인식될 것이다. 그렇다면 왜 임산부는 다른 사람의 항원을 포함한 조직이나 기관 이식에서처럼 배아를 외래물질로서 거부하지 않는 것일까? 하나의 재미있는 실마리가 특정 면역계이상과 임신의 관련성으로 제공된다. 예를 들어, 관절의 자가면역질환인 류마티스 관절염(rheumatoid arthritis)은 임신 중에는 증세가 완화된다(개념 47.4). 따라서 전반적인 면역계의 조절은 임신 동안 변화되는 것 같다. 이러한 변화들을 분류하고 어떻게 이것들이 발생 중인 태아를 보호하는지에 대해 면역학자들은 활발하게 연구하고 있다.

피임과 낙태

임신을 계획적으로 막는 **피임(contraception)**에는 여러 가지 방법이 있다. 몇 가지 피임법은 남성 혹은 여성의 생식소로부터 배우자의 성장이나 방출을 차단하고, 다른 방법들은 정자와 난자를 격리함으로써 수정을 막으며, 나머지 방법들은 배아의 착상을

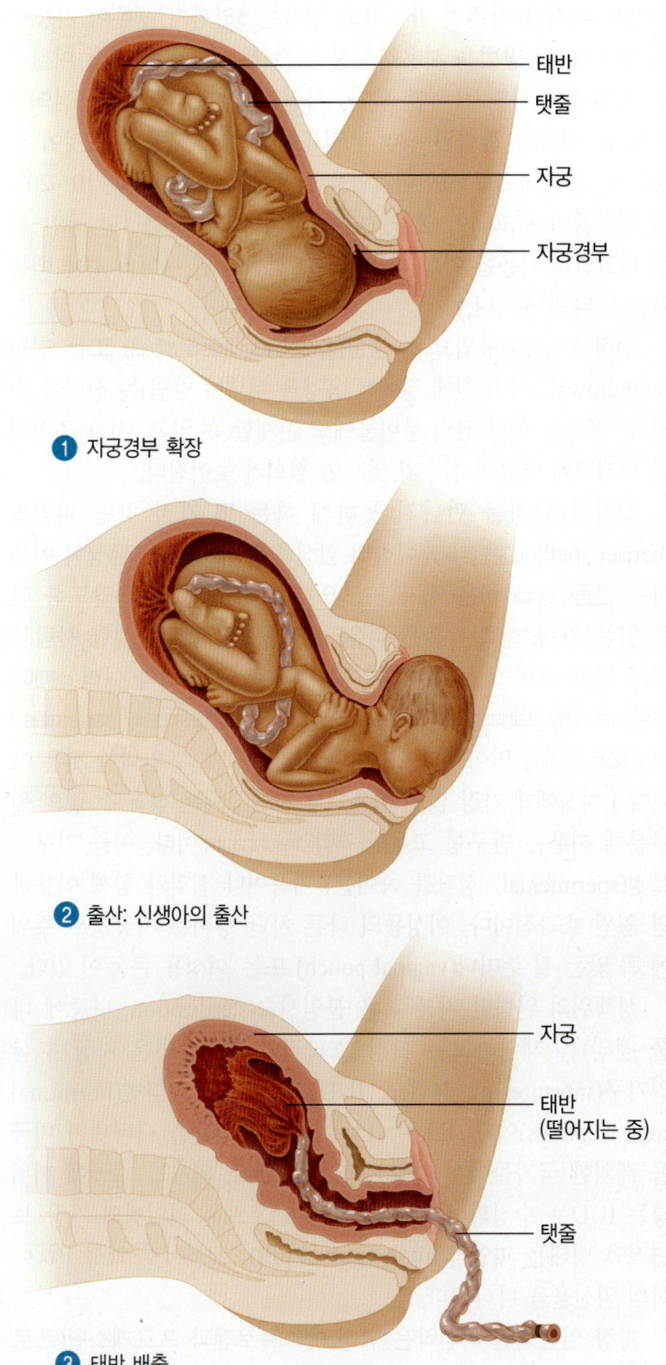

▲ **그림 45.19 분만의 3단계**

막는다. 완벽한 피임정보를 원한다면 의사나 보건소 직원과 상의하기 바란다. 아래의 설명과 그림 45.20에 나타난 표는 피임법의 설명서가 아닌, 가장 널리 쓰이는 방법을 간단히 소개한 것이다.

성행위의 절제나 살아 있는 정자가 난자와 접촉하지 못하게 하는 몇 가지 차단막을 이용하여 수정을 막을 수 있다. 자연피임법(natural family planning)이라고 하는 일시적 금욕은 임신 가능성이 높을 때에는 성행위를 자제하는 방법이다. 난자는 수란관에

서 24~48시간 생존이 가능하고 정자는 5일까지 생존이 가능하기 때문에, 이 방법을 사용하고자 하는 부부는 배란 전후 며칠간은 성관계를 가져서는 안 된다. 자연피임법은 자궁경부 점액의 변화 등 배란과 관련된 생리적 지표들을 함께 사용하는 것이 권장된다. 일반적으로 자연피임법을 이용하는 부부에서는 10~20%의 임신율이 보고되어 있다. (이 문장에서 임신율은 1년 동안 특정 피임법을 이용한 여성들 100명 중 임신이 된 여성의 수를 백분율로 나타낸 것이다.)

수정을 막는 방법으로, **중절성교**(coitus interruptus) 또는 철회(withdrawal; 사정 전에 질에서 음경을 빼내는 방법)는 신뢰할 수 없다. 정자는 사정 전의 분비물에도 존재할 수 있고, 시간 조절이나 의지력에 약간의 실수가 있으면 철회가 늦어진다.

정자가 난자를 만나지 못하게 하는 몇 가지 차단 피임법(barrier method)은 10% 이하의 임신율을 나타낸다. 남성이 이용하는 **콘돔**(condom)은 정자를 모으기 위해 음경에 꼭 맞도록 만든 얇은 라텍스 고무 혹은 섬유막이다. 성적으로 왕성한 사람들에게 있어 라텍스 콘돔은 피임뿐만 아니라 AIDS와 여러 **성매개질환**(sexually transmitted disease, STD) 및 **감염**(sexually transmitted infection, STI)을 막아준다. (그러나 이러한 보호가 완벽한 것은 아니다.) 여성에게 가장 많이 이용되는 차단장치는 성교 전 질의 윗부분에 끼우는 반구형 고무인 **격막**(diaphragm)이다. 이들 기구는 살정(spermicidal; 정자를 죽이는) 거품이나 젤리와 함께 이용하면 훨씬 효과적이다. 여성용의 다른 차단 장비는 자궁경부 주위에 꼭 맞는 질 주머니(vaginal pouch) 또는 '여성용 콘돔'이 있다.

성행위의 완벽한 자제 혹은 불임시술(sterilization, 나중에 다룰 것임)을 제외하고는 가장 효과적인 피임방법은 자궁내 삽입기구(intrauterine device, IUD)와 호르몬 피임법(hormonal contraceptives)이다. IUD는 1% 이하의 임신율을 나타내며 미국을 제외한 국가들에서 가장 널리 이용된다. 의사가 자궁에 끼워 넣는 IUD는 수정과 임신을 억제한다. 호르몬 피임법의 가장 보편적인 형태는 **피임약(birth control pill)**으로, 이것 역시 1% 이하의 임신율을 나타낸다.

가장 일반적인 피임약은 합성 에스트로젠과 프로게스틴(프로게스테론 유사 호르몬)의 조합이다. 이러한 조합은 난소주기에 음성되먹임으로 작용하여, 시상하부의 GnRH 분비를 멈추게 하고, 이로 인해 뇌하수체에서 FSH와 LH의 분비가 억제된다. LH 분비의 억제는 배란을 막는다. 또한 피임약에 함유된 낮은 농도의 에스트로젠은 FSH의 분비를 억제함으로써 여포의 발달을 막는다.

다른 유형의 호르몬-기반 피임법은 단지 프로게스틴만을 함유하고 있다. 프로게스틴은 여성 자궁경부의 점막을 두껍게 함으로써 정자의 자궁 유입을 차단한다. 또한 프로게스틴은 배란을 감소시키고 자궁내막의 변화를 유발하여 수정이 일어났을 경우 착상을 방해한다. 프로게스틴은 주사를 통해 3개월간 효과가 나타나게 할 수도 있고 알약("minipill") 형태는 매일 복용한다.

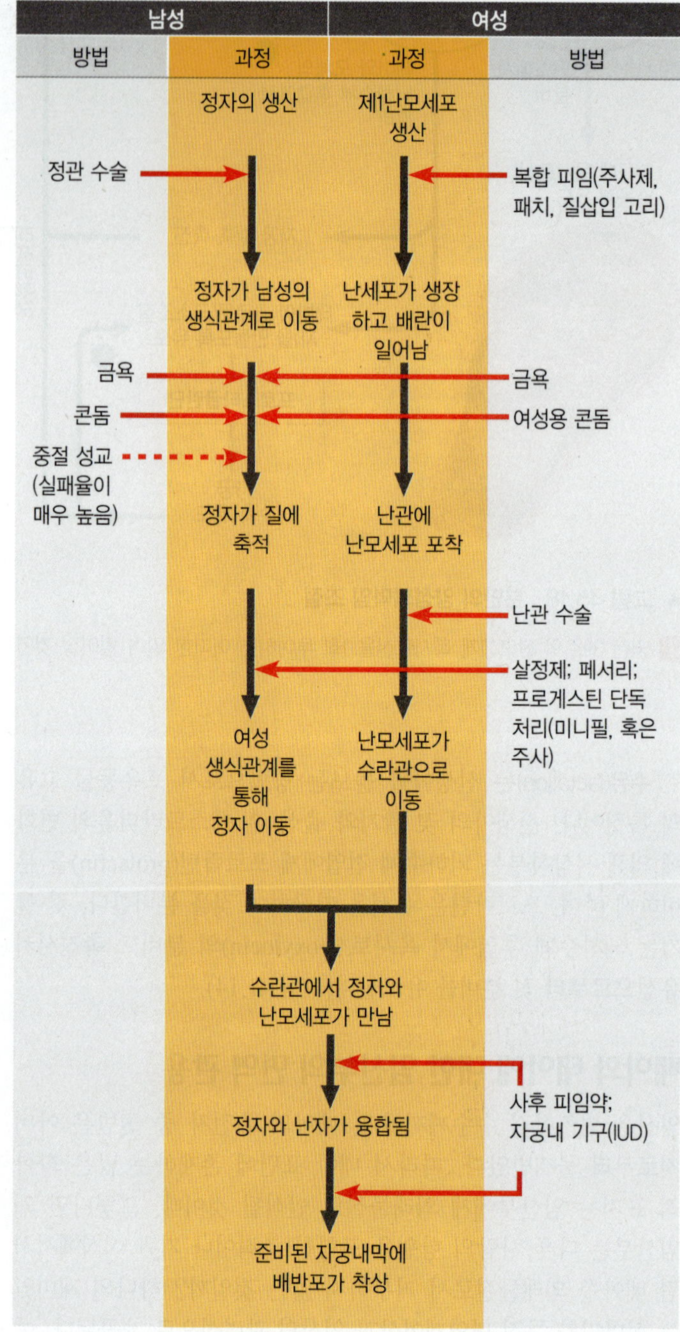

▲ **그림 45.20 몇 가지 피임법의 기작.** 붉은 화살표는 피임 방법, 장치 혹은 제품이 정자와 난자(제1난모세포)의 형성에서부터 배아의 착상에 이르는 과정 중 어느 부분을 차단하는지 나타낸다.

호르몬-기반 피임법은 장점은 물론 해로운 부작용도 나타낸다. 비흡연 여성에서는 심혈관계 질환의 발생률을 약간 증가시키며, 흡연 여성의 경우 위험률은 3~10배 이상 높다. 경구용 피임약은 임신의 위험성을 제거함과 동시에 임신 여성에 비해 절반 정도의 사망률을 보인다. 또한 피임약은 난소암과 자궁내막암의 위험을 낮춰준다. 현재 남성에 대한 화학적 피임방법은 없다.

불임시술은 배우자의 생산과 방출을 영구적으로 막는 방법이다. 여성의 **난관수술(tubal ligation)**은 보통 난자가 자궁으로 방출되지 못하도록 난관의 일부를 막거나, 묶어주는 방법이다. 남성의 **정관수술(vasectomy)**에서는 정자가 요도에 진입하지 못하도록 양쪽 정관을 잘라 묶어준다. 두 가지 방법 모두 성호르몬 분비와 성 기능에 영향을 미치지 않으며, 여성의 월경주기나 남성의 사정액 양에 변화를 일으키지 않는다. 그러나 이러한 시술들은 영구적이라 하지만, 많은 경우 외과적 수술에 의해 복원할 수 있다.

낙태(abortion)는 진행 중인 임신을 중단하는 것이다. 자연적 낙태 혹은 유산(miscarriage)은 매우 빈번하다. 모든 임산부 중 3분의 1 정도에서 유산이 일어나며, 종종 여성이 임신 사실을 깨닫기도 전에 일어나기도 한다. 또한 미국에서 매년 85만 명의 여성이 의사에 의해 시술되는 낙태를 선택한다.

미페프리스톤(mifepristone) 또는 RU486이라 불리는 약은 여성이 최초 7주 이내에 수술 없이 임신을 중절할 수 있게 한다. RU486은 자궁의 프로게스테론 수용체를 차단함으로써 프로게스테론이 임신을 유지할 수 없도록 한다. 이 약은 자궁의 수축을 유도하기 위하여 소량의 프로스타글란딘과 함께 투여된다.

현대의 생식기술

최근의 과학과 기술의 진보로 인해 유전 질환과 불임을 포함한 여러 가지 생식계 문제를 해결할 수 있게 되었다.

임신 중의 질환 진단

현재 많은 유전 질환과 발생상의 문제점은 태아가 자궁에 있는 동안 진단될 수 있다. 초음파 영상술(ultrasound imaging)은 정상 청음범위 이상의 음파를 이용하여 영상을 얻는 방법으로서 보통 태아의 크기와 상태를 분석하는 데 이용한다. 양수 검사(amniocentesis)와 융모막돌기채취법(chorionic villus sampling)은 주사바늘을 이용하여 배아를 둘러싼 액체나 조직으로부터 태아세포를 채취하는 방법으로서, 채취한 세포를 재료로 유전적 분석을 진행한다(그림 14.19).

새로운 기술로서 산모의 혈액을 이용하여 태아의 유전체를 검사할 수 있다. 14장에서 배운 것처럼, 산모의 혈액에는 성장 중인 배아의 DNA가 포함되어 있다. 산모의 혈액은 태반을 통과해 배아에게 도달할 수 있다. 배아로부터 유래한 세포가 태반 내에서 노화되고, 죽어 분해되면, 배아세포의 DNA가 모체의 순환계로 들어가게 된다. 물론 모체의 혈액은 대부분 모체의 DNA를 함유하지만, 대략 10~15% 정도는 태아의 DNA이다. 중합효소연쇄반응(PCR)과 초고속염기서열분석을 통해 적은 양의 태아 DNA로부터 유용한 정보를 얻어낼 수 있다.

현재까지 진단 가능한 모든 이상은 자궁 안에서 치료가 불가능하며, 대부분 출산 전까지 교정할 수 없다. 유전자 검사로 인해 부모는 임신을 중절할 것인지 두드러진 결함과 짧은 수명을 가진 아이를 받아들여야 하는지의 어려운 결정에 직면할지도 모른다. 이것은 조심스럽게 다루어져야 하며, 사려 깊은 정보 해석과 유능한 상담이 필요한 복잡한 문제이다.

가까운 미래에 부모는 더 많은 정보를 얻게 될 것이며, 더 심각한 질문에 직면할 것이다. 실제로 출산 전에 태아의 유전체 서열이 분석된 사례가 2012년에 소개되었다. 그러나 유전체 서열 전부가 완전한 정보를 알려주는 것은 아니다. 예를 들어 X 염색체를 하나 더 가진 남성인 클라인펠터증후군을 살펴보자. 이 증후군은 남성 1000명당 1명의 빈도로 발생하며, 테스토스테론의 감소, 여성화된 외형, 불임 등을 나타낸다. 그러나 어떤 경우 그 증상이 훨씬 더 심각하며, 다른 경우 증상이 별로 나타나지 않을 수도 있다. 당뇨병, 심장 질환, 혹은 암과 같은 여러 질병의 경우, 유전체 서열은 단순히 질병 위험률만을 알려줄 수 있다. 부모가 자녀를 임신하고 또한 양육하는 데 있어 이러한 정보를 어떻게 이용할 것인지에 대해서는 여전히 의문이며, 정확한 답은 없다.

불임과 체외수정

자손을 얻지 못하는 불임(infertility)은 전 세계적으로 약 10명의 부부 중 1명꼴로 매우 흔하게 나타난다. 불임의 원인은 여러 가지가 있으며, 남자와 여자 모두에서 거의 동일하게 나타나는 생식 결함일 가능성이 높다. 그러나 여성의 경우 태아의 유전적 결함과 함께 생식 장애의 위험은 35세 이후에 꾸준히 증가한다. 난자가 감수분열에 머물고 있는 시간이 길어지는 것이 태아의 유전 결함을 증가시키는 요인이라는 증거가 있다.

예방 가능한 불임 중 대표적인 것은 성매개 질환이다. 15~24세 여성의 경우, 매년 미국에서 700,000명이 클라미디아(chlamydia)와 임질에 감염되는 것으로 보고된다. 실제 감염률은 더 높을 것으로 예상되는데, 대부분의 감염 여성은 증상이 없어 감염 여부를 인지할 수 없다. 클라미디아 혹은 임질을 치료하지

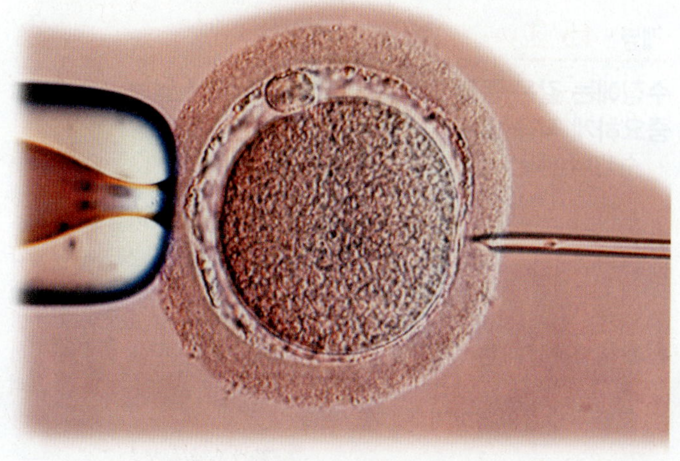

▲ 그림 45.21 **체외수정.** 체외수정 과정 동안 피펫(왼쪽)으로 난자를 고정하고 매우 가는 관을 이용하여 난자의 세포질에 정자를 주입한다.

않은 여성의 40% 정도는 염증성 질환을 일으켜 불임을 유발하거나 임신 중 심각한 문제를 일으킨다.

생식기술은 수많은 불임 문제에 도움을 줄 수 있다. 호르몬 요법은 종종 정자와 난자의 생산을 증가시키고, 수술은 난관 폐쇄와 같은 이상을 바로잡을 수 있다. 어떤 경우, 의사는 시험관에서 정자와 난자를 결합시키는 **시험관내수정(in vitro fertilization, IVF)**을 추천한다. 수정란은 최소한 8세포기의 배아로 발생할 때까지 배양된 후, 일반적으로 여성의 자궁에 집어넣어 착상되도록 한다. 성숙 정자의 수가 적거나 결함이 있는 경우, 난자의 세포질로 정자나 정세포의 핵을 직접 삽입한다(그림 45.21). IVF 시술은 비록 비용이 많이 들기는 하지만 수백만 명의 부부들에게 아이들을 수태하도록 하였다.

어떤 방식으로 수정이 진행되었건 간에, 임신과 착상이 일어나면 접합자로부터 다세포 개체로 변화되는 발생학적 프로그램이 시작된다. 사람과 여러 동물에서 나타나는 이러한 놀라운 발생 기작은 46장의 주제이다.

개념 확인 문제 45.5

1. 임신 진단 검사로서 hCG(인간 융모성생식샘자극호르몬) 검사가 임신 초기에는 작동하는 반면 임신 후기에서는 작동하지 않는 이유는 무엇인가? 임신에서 hCG가 하는 역할은 무엇인가?
2. 어떤 면에서 난관수술과 정관수술은 유사한가?
3. WHAT IF? 정자의 핵을 난자에 직접 주입하였다면, 이는 정상적인 배우자형성과정과 임신과정의 어떤 단계를 우회한 것인가?

정답은 부록 A 참조

45 장 복습

핵심 개념의 요약

개념 45.1

동물계에서는 무성생식과 유성생식이 모두 일어난다

- **유성생식(sexual reproduction)**에는 이배체 **접합자(zygote)**를 만들기 위해 남성과 여성 배우자의 융합이 필요하다. **무성생식(asexual reproduction)**은 배우자들의 융합 없이 자손을 만든다. **분열(fission)**, 출아, 재생을 통한 절편분리생장은 무성생식의 대표적 방식이다. 생식의 다양한 형태로 **단위생식(parthenogenesis)**, **자웅동체(hermaphroditism)** 및 성전환 등이 있다. 생식주기는 호르몬과 환경 신호에 의해 조절된다.

? 단위생식에 의해 형성된 한 쌍의 반수체 자손은 유전적으로 동일할까?

개념 45.2

수정에는 같은 종의 정자와 난자가 만나도록 돕는 기작이 중요하게 작용한다

- **수정(fertilization)**은 체외에서 혹은 체내에서 일어난다. 두 경우 모두 수정을 위한 정확한 시간포착이 필요하며, 환경 신호, 페로몬, 구애행동 등에 의해 매개된다. 체내수정의 경우 상대적으로 적은 수의 자손이 태어나며, 부모의 보호와 양육이 더 많이 주어진다. 생식계는 체강의 미분화된 세포가 배우자를 형성 및 운반하는 간단한 구조에서부터 배우자를 생산하는 **생식소(gonad)**와 배우자와 배아를 보호하고 운반하는 부속관과 부속샘으로 구성된 복잡한 구조에 이르기까지 다양하다. 유성생식은 개체들의 협력 관계를 요구하는 동시에 개체 간 그리고 배우자 간의 경쟁 기회를 제공한다.

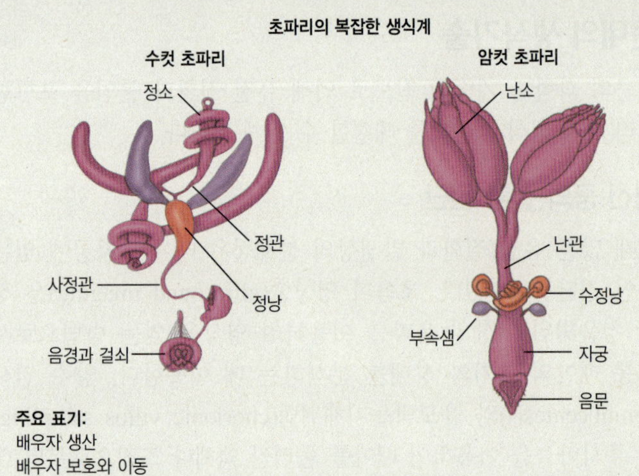

? 다음 중 포유류에게만 발견되는 것은 무엇인가? 암컷의 자궁, 수컷의 정관, 긴 기간의 내부 발생, 부모의 양육.

개념 45.3

생식기관은 배우자를 만들고 운반한다

- 남성에서 **정자(sperm)**는 **정소(testis)**에서 생성되며, 정소는 몸 바깥쪽에 위치한 **음낭(scrotum)**에 존재한다. 관은 정소를 다른 부속선과 연결시키며 **음경(penis)**의 끝부분으로 이어진다. 여성 생식기관은 외부적으로 **소음순(labia)**, **대음순(glan)** 및 **음핵(clitoris)**으로 구성되며, 내부적으로 **질(vagina)**, **자궁(uterus)**, **난관(oviduct)**, **난소(ovary)**로 구성된다. **난자(eggs)**는 난소에서 생성되며, 수정란은 자궁에서 발생한다.

- **배우자형성(gametogenesis)**은 암컷에서의 **난자형성과정(oogenesis)**과 수컷에서의 **정자형성과정(spermatogenesis)**을 포함한다. 사람의 정자형성과정은 지속적이며 감수분열을 통하여 4개의 정자를 만드는 반면, 난자형성과정은 불연속적이며 감수분열을 통해 하나의 난자를 만든다.

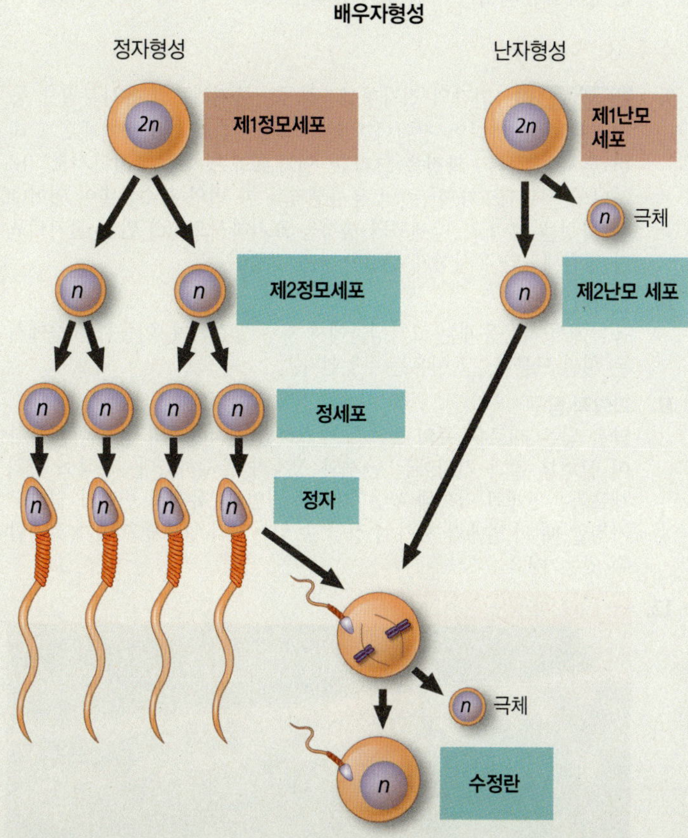

? 정자와 난자의 크기 및 세포내물질의 차이가 생식과정에서 각자의 기능과 어떻게 연관되는 걸까?

개념 45.4

포유동물의 생식은 국소 및 성호르몬의 상호작용에 의해 조절된다

- 포유류의 경우, 시상하부에서 분비된 GnRH는 뇌하수체 전엽에서 **FSH**와 **LH**의 분비를 조절한다. 남성에서 FSH와 LH는 안드로젠(주로 **테스토스테론**) 분비와 정자 생산을 조절한다. 여성에서, FSH와 LH의 주기적 분비는 에스트로젠(주로 **에스트라디올**)과 **프로게스테론**을 통해 **난소주기(ovarian cycle)** 및 **자궁주기(uterine cycle)**를 조절한다. 발생중인 **여포(follicle)**와 **황체(corpus luteum)**는 호르몬을 분비하여 양성 및 음성 되먹임 조절을 통해 난소 및 자궁주기를 통합적으로 조절한다.

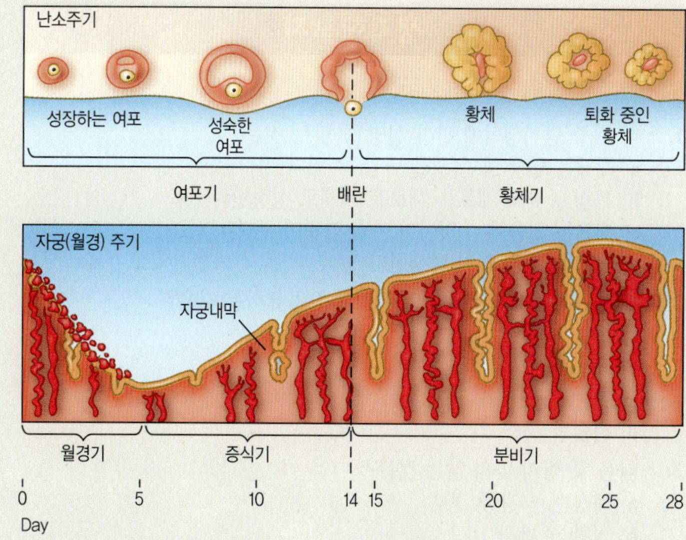

- **발정주기(estrous cycle)**에서 **자궁내막(endometrium)** 벽은 흡수되며, 성적 감수성이 발정기에만 한정된다. 공통된 발생 기원을 지닌 생식계 구조로 인해 남성과 여성에서 성 흥분과 오르가즘은 공통된 특징을 나타낸다.

? 합성 스테로이드는 왜 정자 수를 감소시키는 걸까?

개념 45.5

태반포유동물에서 배아는 어미의 자궁에서 완전하게 발생한다

- 난자의 수정과 수란관에서의 감수분열 완료 후, 접합자는 자궁내막에 착상하기 전까지 난할을 진행하여 **배반포(blastocyst)**로 발생한다. 모든 주요 기관은 8주까지 발생하기 시작한다. 임신한 여성이 그녀의 "외래" 자식을 받아들이는 현상은 일부 모체 면역반응을 억제함으로써 가능한 것 같다.
- **피임(contraception)**은 생식소로부터 성숙한 배우자의 배출, 수정, 또는 배아의 착상을 방해하는 방법이다. **낙태(abortion)**는 진행 중인 임신을 중단시키는 것이다.
- 현대의 생식기술은 불임부부의 임신을 가능하게 하며, 출생 전에 여러 이상을 진단할 수 있게 한다. 불임은 호르몬 요법 혹은 **체외수정(*in vitro* fertilization)**을 통해 치료 가능하다.

? 모체 혈액의 산소는 어떤 경로로 태아의 몸으로 이동하는가?

생각해보자

수준 1: 지식/이해

1. 다음 중 단위생식에 관한 설명 중 맞는 것은?
   a. 개체는 일생 동안 성을 바꿀 수 있다.
   b. 특정 종류의 세포는 새로운 개체로 성장한다.
   c. 개체는 처음에 수컷이며 이후 암컷이 된다.
   d. 난자는 수정 없이 발생한다.

2. 수컷 포유류에서 배설계와 생식계가 공유하는 것은?
   a. 정관
   b. 요도
   c. 정낭
   d. 전립선

3. 다음 중 쌍이 맞지 않는 것은?
   a. 세정관 – 자궁 경부
   b. 정관 – 난관
   c. 테스토스테론 – 에스트라디올
   d. 음낭 – 대음순

4. 다음 중 어느 시기에 LH와 FSH의 최대 분비가 일어나는가?
   a. 자궁주기의 월경기
   b. 난소주기의 여포기 초기
   c. 배란 직전
   d. 월경주기의 분비기

5. 임신 기간 동안 태아의 모든 기관이 발생하는 시기는?
   a. 첫 번째 임신3분기
   b. 두 번째 임신3분기
   c. 세 번째 임신3분기
   d. 배반포기 동안

수준 2: 응용/분석

6. 다음 중 옳은 설명은?
   a. 모든 포유동물은 월경기를 가진다.
   b. 월경주기에 자궁내막 벽은 탈락되고, 발정주기에 자궁내막 벽은 흡수된다.
   c. 발정주기는 월경주기보다 더 빈번하다.
   d. 발정주기에서 배란은 자궁내막 벽이 두꺼워지기 전에 일어난다.

7. 다음 중 남성과 여성에서 숫자가 같은 것은?
   a. 감수분열의 중단
   b. 감수분열로 생성된 기능적인 배우자
   c. 배우자를 형성하는 데 필요한 분열
   d. 감수분열로 생성된 세포의 종류

8. 인간의 생식에 관한 설명 중 틀린 것은?
   a. 수정은 난관에서 일어난다.
   b. 정자형성과 난자형성 과정은 서로 다른 온도를 요구한다.
   c. 난자는 정자와 수정되기 전에 감수분열을 완결한다.
   d. 정자형성 과정의 가장 초기 세포는 세정관의 내강 쪽에 위치한다.

수준 3: 종합/평가

9. **DRAW IT** 인간의 정자형성과정 중, 줄기세포의 유사분열을 통해 줄기세포 하나와 정원세포 하나가 생성된다. (a) 줄기세포가 네 번 유사분열하는 과정을 그리고, 딸세포의 명칭을 표기하시오. (b) 하나의 정원세포가 한 번의 유사분열과 한 번의 감수분열이 일어나는 과정을 그리고, 딸세포의 명칭을 표기하시오. (c) 만일 줄기세포가 정원세포와 유사하게 분열한다면 그 결과는?

10. **진화적 관점**
    동물에서 자웅동체는 고착생물에서 자주 발견되며, 이동하는 종에서는 훨씬 드물다. 그 이유는 무엇인가?

11. **과학적 탐구**
    알을 낳는 새로운 종의 벌레를 발견하였다. 4마리의 성체를 해부하여 살펴본 결과 각각에는 난자와 정자가 존재하였다. 생식소 밖의 세포들은 5개의 염색체 쌍을 지니고 있었다. 유전적 변이가 없다고 가정할 때 이 벌레가 자가 수정할 수 있는지의 여부를 어떻게 결정할 수 있는가?

12. **종합적으로 생각해보기**

동물원에 격리되어 지내던 암컷 코모도 도마뱀(*Varanus komodonesis*)이 새끼를 낳았다. 각각의 자손은 자신의 유전체의 모든 유전자에 동일한 2개의 사본을 지녔다. 그러나 자손들 간에는 서로 동일하지 않았다. 단위생식과 감수분열에 대한 지식을 근거로 이러한 현상에 대해 가설을 제안해 보라.

정답은 부록 A 참조

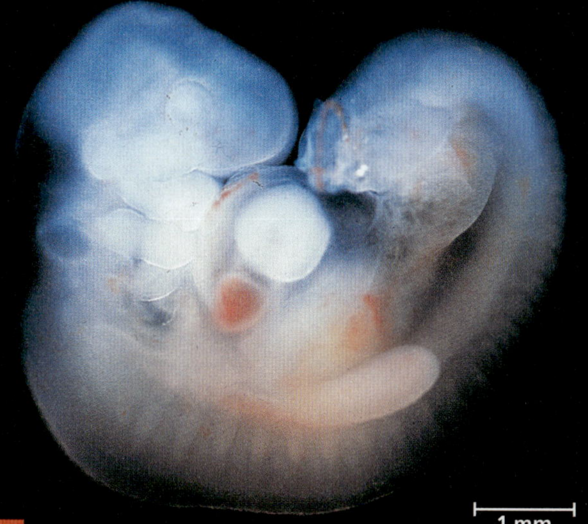

핵심 개념

46.1 수정과 난할로 배 발생이 시작된다

46.2 동물의 형태형성은 세포의 모양, 위치 및 생존에서의 특이적 변화를 동반한다

46.3 세포질 결정인자와 유도신호들에 의해 세포의 운명이 결정된다

▲ **그림 46.1** 어떻게 하나의 세포로부터 이 복잡한 배아가 형성되었을까?

신체형성 계획

그림 46.1의 7주 된 사람의 배아(embryo, 배)는 이미 여러 단계의 발생 과정을 거친 후이다. 심장(중앙의 빨간 부분)은 박동을 하고 있고 소화관은 몸을 가로지르고 있다. 뇌가 형성되고 있으며(사진의 왼쪽 위), 척추를 형성할 조직 덩어리는 등을 따라 일정 간격으로 놓여 있다.

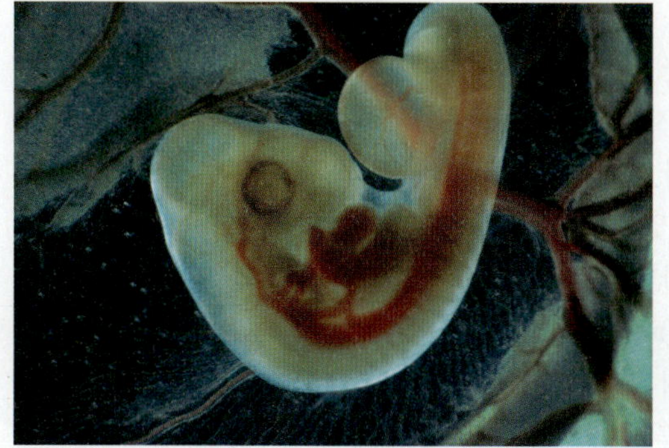

발생학자들은 배 발생학의 전통적인 접근방법에 분자유전학을 접목시킴으로써 어떻게 하나의 수정란이 다양한 조직과 기관을 갖는 동물로 성장하는지에 대하여 많은 것을 규명할 수 있었다. 오래전부터 생물학자들은 왼쪽 그림에 보이는 닭의 배아와 같은 다양한 종의 배아들을 조사하여 초기 발생 단계의 공통점을 알고 있었다. 그림에 있는 사람과 닭의 초기 배아를 비교해 보아도 알 수 있다. 최근에는 연구자들이 발생 중인 배아의 특정 유전자 발현으로 세포들이 특정 운명을 가지도록 지정된다는 점도 알게 되었다. 신체형성 계획이 전혀 다른 동물들에서도 다양한 몸의 형태에도 불구하고 발생 과정의 기본 메커니즘은 비슷하고, 심지어 공통의 조절 유전자들을 이용하기도 한다. 예를 들어 그림 46.1에서 보는 것과 같이, 사람의 배아에서 심장의 위치를 결정하는 유전자는 초파리에서 거의 동일한 역할을 하는 유전자와 흡사하다. 초파리에서 이 유전자에 문제가 있으면 심장 형성이 잘 되지 않게 되는데, 이 유전자는 오즈의 마법사에 나오는 심장이 없는 인물의 이름을 따라 틴맨(*tinman*)이라 부른다.

생물학자들은 발생을 연구할 때 실험실에서 다루기 쉬운 실험용 **모델 동물(model organism)**을 자주 이용한다. *Drosophila*(초파리)는 생활사가 아주 짧고 돌연변이 동정이 쉽기 때문에 유용한 모델 동물이며 이미 15장과 18장에서 자세히 다룬 바 있다. 이 장에서 우리는 주로 성게, 개구리, 닭, 예쁜꼬마선충과 같은 생물들에 초점을 맞추어 발생 과정을 살펴보고자 한다. 사람은 모델 동물은 아니지만 우리 자신의 종이라는 점 때문에 당연히 큰 관심이 있고, 따라서 이 장에서 사람의 배 발생도 간단히 살펴볼 것이다.

발생은 동물의 생활사에서 여러 시점에서 일어난다(**그림 46.2**). 예를 들어 개구리의 경우 중요한 발생 과정 중의 하나인 변태 과정은 유충(올챙이)이 엄청난 몸의 해부학적 변화를 통해 성체로 변화되는 발생의 과정이다. 발생은 성체에서도 계속되는데, 성체의 생식소에서의 발생 과정은 정자와 난자를 만들게 된다. 이러한 여러 발생 과정 중에서 이 장에서는 배 발생에 초점을 맞추게 될 것이다.

다양한 동물종에서 배아의 발생은 공통적으로 일련의 단계를 거친다. 그 첫 번째는 정자와 난자가 결합하여 접합자를 만드는 수정 과정이다. 이후 발생은 난할로 이어지게 되고, 난할의 시기 동안 빠른 세포분열이 일어나게 되어 단일 세포인 접합자를 다세포 상태의 배아로 만드는 일을 하게 된다. 난할 과정 동안에는 세포의 성장은 일어나지 않고 신속한 세포분열만 일어나므로 그 결과 배아가 포배(blastula)라고 불리는 공 모양의 세포 덩어리가 된다. 그 다음 포배는 낭배형성과정을 통해 일부 세포들이 배 안쪽으로 들어가 세 개의 세포층으로 구성되는 낭배를 형성하게 된다. 배 발생의 마지막 단계인 기관형성과정 동안에는 국지적으로 세포의 모양 변화, 세포 위치의 재조정 등이 일어나 성체 구조로 성장하게 될 기본적인 기관을 형성하게 된다.

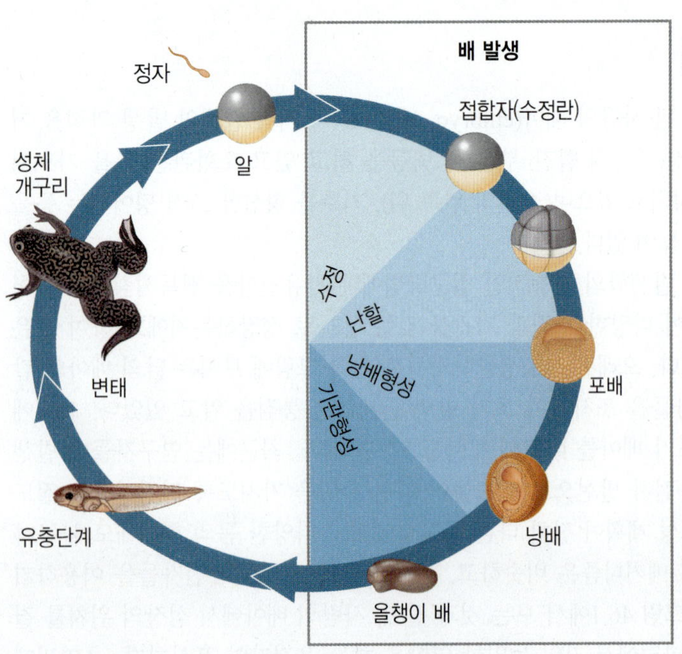

▲ **그림 46.2** **개구리의 생활사에서의 발생학적 사건**

먼저 대부분의 동물에서 공통적으로 나타나는 배 발생의 기본 단계에 대해 설명하고, 이어서 신체 형태형성에 관여하는 세포 수준의 기작에 대하여 살펴보고자 한다. 마지막으로, 세포들이 특정한 역할 또는 운명을 획득하게 되는 과정에 대해 알아본다.

개념 46.1

수정과 난할로 배 발생이 시작된다

이제 배 발생의 시작을 살펴보기 위해 반수체인 정자와 난자가 합쳐져서 배수체인 접합자를 만드는 과정인 **수정(fertilization)**에 대해 자세히 알아보자.

수정

난자 표면의 분자들과 거기서 일어나는 사건들이 수정의 각 단계에서 중요한 역할을 한다. 먼저 정자는 난자를 둘러싸고 있는 보호막 등을 녹이거나 뚫고 들어가서 세포막에 도달하게 된다. 다음으로 정자 표면에 있는 분자들이 난자 표면의 수용체에 결합하게 되고, 이를 통해 동일한 종의 정자와 난자가 수정할 수 있게 도와 준다. 마지막으로 난자의 표면에서의 변화로 **다정자 수정(polyspermy)**을 방지해 주게 된다. 다정자 수정이 일어나면 다수의 정자가 난자에 들어가 발생에 이상을 일으켜 치사에 이르게 된다.

수정 과정 동안 일어나는 세포 표면에서의 일들에 대해서는 성게에서 가장 집중적으로 연구되었다(그림 33.45). 성게의 배우자들은 모으기 쉬우며, 간단히 체외 수정시킬 수 있고, 따라서 실험실에서 수정과 그 이후 초기 발생 과정에 대한 관찰을 쉽게 할 수 있다. 성게의 수정 과정은 척추동물의 수정 과정을 이해하는 데 좋은 모델을 제공해 준다.

첨체반응

성게가 배우자들을 해수로 방출할 때, 난자를 둘러싼 젤리층은 정자로 하여금 난자가 있는 곳으로 헤엄쳐 오게 하는 정자 유인물질을 생산한다. 정자의 머리가 난자의 젤리층에 닿았을 때 난자의 젤리층에 있는 분자들은 정자의 **첨체반응(acrosomal reaction)**을 유도한다. **그림 46.3**에서 보듯이, 이 과정은 정자 끝부분에 있는 **첨체(acrosome)**라는 작은 소낭에서 가수분해효소가 배출되면서 시작된다. 이 효소들은 젤리층을 부분적으로 분해시켜 정자 끝에서 튀어나온 **첨체돌기(acrosomal process)**가 길어지고 젤리층을 통과할 수 있도록 돕는다. 확장된 첨체돌기의 끝에 있는 단백질은 난자 표면의 수용체와 결합한다. 체외수정을 하는

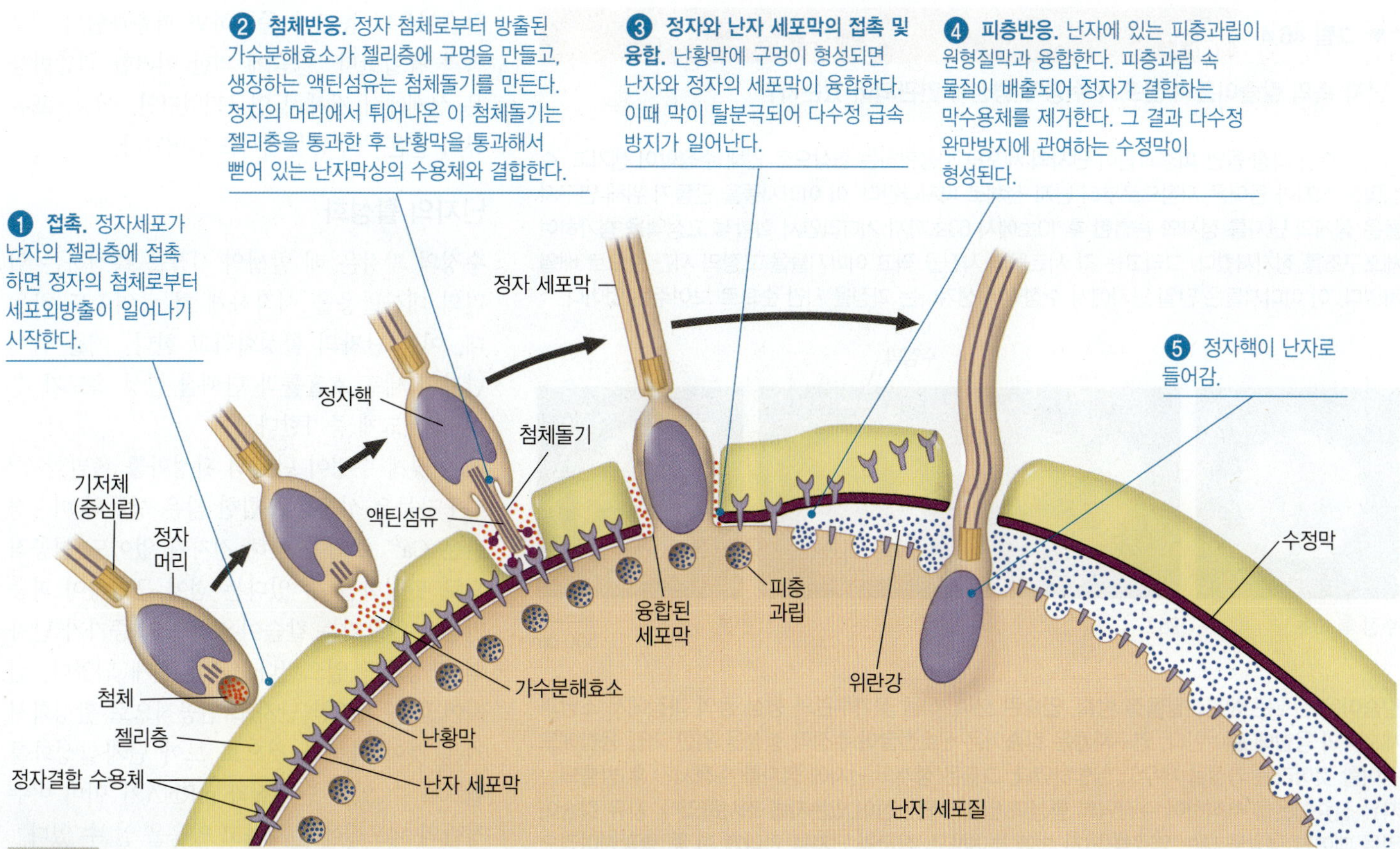

▲ **그림 46.3 성게의 수정 시기에 일어나는 첨체반응 및 피층반응.** 정자와 난자가 접촉한 후에 일어나는 이 반응은 단 하나의 정자핵이 난자의 세포질로 들어가게 하기 위한 과정이다.

위쪽의 아이콘은 성게 성체를 도식화한 것으로 앞으로 이 장에서는 같은 방법으로 그림과 관련된 동물들(개구리, 선충, 사람 등)을 표시할 것이다.

성게와 여러 다른 동물들에서 정자와 난자 간의 이와 같은 "자물쇠-열쇠" 인식 방식은 난자가 같은 종의 정자에 의해서만 수정이 되도록 하는데 중요한데, 주위의 물속에는 다른 종의 생식세포들이 함께 존재할 수 있기 때문이다.

난자와 정자의 인식 과정이 정자와 난자 세포막의 융합을 일으킨다. 그러면 난자 표면의 이온통로가 열리면서 정자의 핵이 난자의 세포질로 들어가게 된다. Na^+가 난자 안으로 들어와 난자의 막전위가 변하여 탈분극(depolarization)된다(8장). 탈분극은 정자와 난자가 결합한 후 1~3초 안에 일어나며, 다른 정자가 난자의 세포막과 융합하는 것을 억제하여 다수정을 막는다. 이 기작을 **다수정 급속방지(fast block to polyspermy)**라고 한다.

피층반응

세포막의 탈분극 현상은 약 1분 정도밖에 지속되지 않으나, 성게는 길게 지속되는 다수정 억제 기전을 가지고 있다. 이러한 **다수정 완만방지(slow block to polyspermy)** 기전은 세포질 주변부, 즉 피층(cortex)으로 알려진 곳에 있는 수많은 소낭들인 피층과립(cortical granules)에 의해 확립된다. 정자가 난자와 결합한 후 몇 초 안에 피층과립이 세포막과 융합하게 된다(그림 46.3, 4단계). 피층과립의 내용물이 세포막과 난자의 세포외기질로 이루어진 난황막 사이의 공간으로 방출되면서 피층과립으로부터 분비된 효소들과 다른 분자들이 난황막을 수정란으로부터 떨어지게 하며, 난황막을 단단하게 만들어 수정막(fertilization envelope)으로 전환시키는 피층반응을 일으키게 한다. 또 다른 종류의 효소는 남아 있는 정자 수용체 단백질 중 세포막 밖으로 나온 부분을 제거하고 아직도 부착되어 있는 정자들이 있다면 그것들을 떨어뜨린다.

수정막을 형성하려면 난자 내의 높은 농도의 칼슘이온(Ca^{2+})이 필요하다. 칼슘이온 농도의 변화가 피층반응을 일으킬 수 있을까? 이 질문에 답하기 위해 연구자들이 칼슘이온 농도에 민감하게 반응하는 염색약을 이용하여 수정 과정에서의 난자의 칼슘이온의 양과 분포를 측정하였다. 그림 46.4에서 보이는 바와 같이 칼슘이온이 수정막이 생겨나는 것에 맞추어서 파동처럼 퍼져나간다는 것을 알 수 있다. 다른 연구를 통해 정자와의 결합에 의해 활성화되는 신호전달 과정에 의해 칼슘이온이 소포체로부터 세포질로 빠져나가는 과정이 활성화된다는 것이 밝혀졌다.

▼ 그림 46.4 **탐구**

난자 속의 칼슘이온의 분포가 수정막 형성과 연관되어 있는가?

실험 수정 과정 동안 피층과립이 난자의 세포막과 융합하는 현상으로 인해 수정막이 생기고, 수정막은 정자가 들어온 지점으로부터 난자 전체로 퍼져나간다. 이 이미지들을 만들기 위해 연구자들은 성게의 난자를 정자와 혼합한 후 10초에서 60초까지 기다리면서 화학적 고정액을 첨가하여 세포구조를 정지시켰다. 그리고는 각 시료들의 사진을 찍고 이미지들을 고정의 시간 순으로 배열하였다. 이 이미지들은 단일 난자에서 수정막이 생겨나는 과정을 시간 순으로 보여주는 것이다.

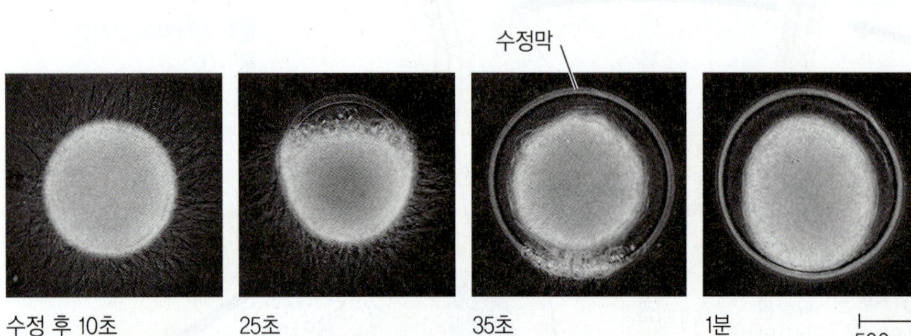

칼슘이온 신호는 신경전달물질 방출, 인슐린 분비, 식물 꽃가루관의 형성 등의 과정에서 소낭과 세포막의 융합에 관여한다. 연구자들은 칼슘이온 신호전달이 수정막 형성을 위한 과립 융합에도 관여할 것이라는 가설을 세우고 실험하였다. 그들은 성게의 난자에 정자를 수정시킨 후 방출되는 자유 칼슘이온을 추적하여 수정막의 형성과 밀접한 연관성이 있는지를 조사하였다. 자유 칼슘이 있을 때에만 형광을 내는 염료를 난자 속에 투여하고, 정자와 난자를 만나게 한 후 형광현미경으로 실시간 관찰하였다.

결과 칼슘이온 농도의 증가가 정자가 들어온 지점에서부터 보이기 시작하고, 다른 쪽으로 파동처럼 확산된다. 칼슘의 파도가 지나고 나면 수정막이 형성된다.

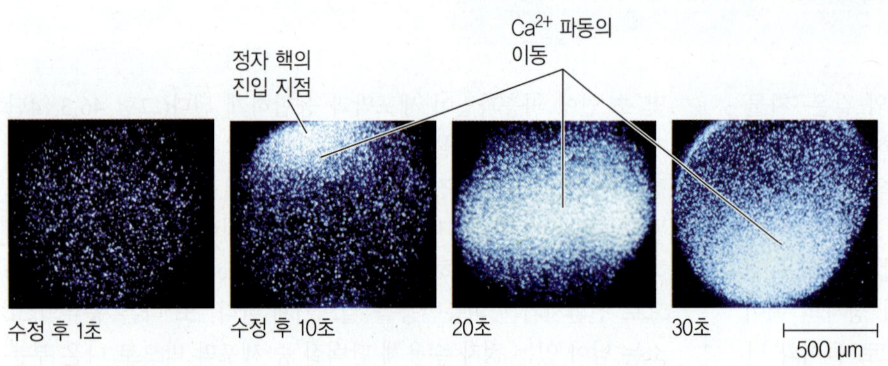

결론 칼슘이온의 방출이 피층반응과 수정막의 형성에 밀접한 관계가 있으며, 이는 칼슘이온의 증가가 피층과립 융합을 일으킨다는 가설과 부합한다고 결론 내렸다.

참고문헌 R. Steinhardt et al. Intracellular calcium release at fertilization in the sea urchin egg. *Developmental Biology*, 58: 185–197 (1977). N. Hafner et al. Wave of free calcium at fertilization in the sea urchin egg visualized with Fura-2. *Cell Motility and the Cytoskeleton* 9: 271–277 (1988).

WHAT IF? 당신이 어떤 화학물질을 가지고 있는데 이 물질은 난자 속으로 들어가 칼슘이온과 결합하여 그 기능을 정지시킬 수 있다고 하자. 당신은 이 화학물질을 칼슘이온의 증가로 피층과립 반응이 일어난다는 가설을 증명하기 위한 실험에 어떻게 사용할 것인가?

칼슘이온의 농도가 증가하면 피층과립이 세포막과 융합한다. 칼슘에 의한 이러한 피층반응은 성게에서 자세히 연구되었지만, 어류, 포유류와 같은 척추동물에서도 일어난다.

난자의 활성화

수정의 과정은 배 발생의 시작을 촉진하는 일련의 대사반응을 시작하게 하는 역할도 하는데, 이를 난자의 활성화라고 한다. 예를 들어 난자의 세포 호흡률과 단백질 합성 속도가 수정 이후 크게 증가한다.

어떻게 수정이 난자의 활성화를 촉발할까? 연구자들은 성게를 포함한 많은 생물의 미수정란은 Ca^{2+} 주입을 통해 정자가 없이도 인공적으로 활성화될 수 있다는 점에 근거하여 피층반응을 일으키는 칼슘이온 농도의 증가가 난자의 활성화도 일으킨다고 결론짓게 되었다. 심지어 핵을 제거한 난자도 인공적으로 활성화시키는 것이 가능한 것으로 보아 난자활성화를 일으킬 수 있는 단백질과 mRNA가 이미 미수정란의 세포질에 존재하고 있음을 알 수 있다.

정자의 핵이 난자 속으로 들어간 20분 정도 지난 후에야 정자핵은 난자핵과 융합한다. DNA 합성이 시작되고, 최초 세포분열이 약 90분 후에 일어나는데 이것은 수정단계가 끝났다는 것을 알리는 표시이다.

다른 종에서의 수정은 성게의 수정 과정과 공통된 점들이 많다. 그러나 수정 시 난자의 감수분열 상태 등 차이점도 많이 존재한다. 성게알은 암컷으로부터 방출될 때 이미 감수분열을 완료한 상태이지만, 다른 종의 경우에는 난자가 수정이 되기 전에는 감수분열의 특정 단계에 멈추어 있다가 정자가 들어온 후에야 감수분열이 완료된다. 예를 들면, 사람의 경우 여성의 생식기관에서 정자와 난자가 수정이 될 때까지 난자는 감수분열 제2중기에 머물러 있다 (그림 45.11).

포유류에서의 수정

성게와 대부분의 다른 해양 무척추동물의 체외수정과는 달리, 포유류를 포함하는 육지동물의 수정은 체내에서 일어난다. 포유류의 난자는 여포세포로 둘러싸여 배란된다. **그림 46.5**에서 보는 바와 같이 정자는 난자의 세포외기질인

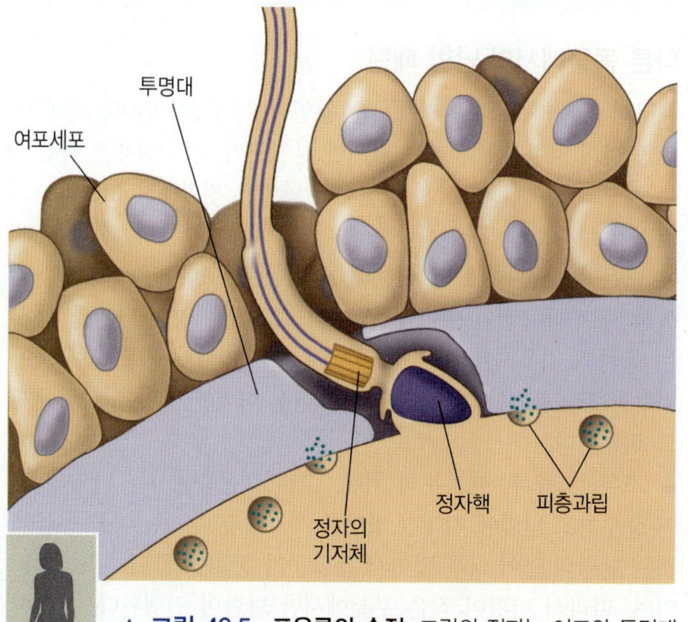

▲ **그림 46.5 포유류의 수정.** 그림의 정자는 여포와 투명대를 지나 난자와 융합하고 있다. 피층반응이 시작되어 한 정자의 핵만이 난자의 세포질로 들어가도록 한다.

투명대(zona pellucida)에 도달하기 전에 여포세포층을 먼저 통과하여야 한다. 투명대에서 정자가 정자 수용체에 결합하면 정자에 첨체반응이 일어나서 난자에 들어갈 수 있게 도와준다.

성게의 수정 과정에서처럼 정자가 난자와 결합함으로써 난자 내에서 피층반응이 일어나는데, 이 과정에서 피층과립에 있는 효소가 세포 외부로 방출된다. 방출된 효소는 투명대의 변화를 촉진하여 다수정 완만방지와 같은 기능이 나타나게 한다. (포유류에서 다수정 급속방지 기작은 아직 보고된 바 없다)

전체적으로 포유류의 수정은 성게보다 훨씬 느리게 일어난다. 정자와 난자가 만난 후 첫 세포분열이 성게에서는 약 90분 후에 일어나지만, 포유류에서는 12~36시간 후에 일어난다. 이 첫 번째 세포분열이 수정 과정의 완결과 다음 단계인 난할의 시작을 알려준다.

난할

수정이 완성되면 배아에서 빠른 세포분열이 계속 일어나는데 이것을 **난할(cleavage)**이라고 한다. 난할 중인 세포들은 거의 세포분열 주기의 S기(DNA 합성)와 M기(유사분열)만을 거치게 된다. 그래서 이 세포들에는 G_1기와 G_2기가 사실상 없으므로 단백질 합성은 거의 일어나지 않는다(세포주기를 복습하기 위해서는 그림 12.6을 보라). 그 결과 질량의 증가는 거의 없는 대신 난할에 의해 하나의 커다란 세포인 접합자의 세포질이 **할구(blastomere)**라는 작은 세포로 나뉘게 된다. 처음 5~7번의 세포분열 후에는 가운데 액체로 찬 공간인 **할강(blastocoel)**을 이들 할구 세포들이 둘러싸서, 마치 내부가 빈 공과 같은 **포배(blastula)**가 된다(그림 46.6).

난할의 패턴은 종마다 다를 수 있는데, 성게와 같은 경우는 배아 전체에서 세포분열 양상이 비슷하게 전개되고(그림 46.6) 개구리와 같은 경우에는 그 패턴이 비대칭적이어서 배의 다른 부위에서 새로 형성되는 세포의 수와 크기가 다를 수 있다.

개구리의 난할 패턴

개구리와 (다른 많은 동물들에서도) 난할은 비대칭적인데(그림 46.6), 이는 **난황(yolk;** 저장된 영양분)이 난자 내에 비대칭적으로 분포하기 때문이다. 난황은 종종 난자의 한쪽 극에 모여 있는데, 이렇게 난황이 집중되어 있는 쪽을 **식물극(vegetal pole)**이라고 부르고, 그 반대쪽을 **동물극(animal pole)**이라고 한다. 이러한 난황 분포의 차이로 인해 동물극과 식물극 쪽 반구가 그 색상에서 차이를 보이게 된다. 앞으로 살펴보겠지만, 난황이 난할의

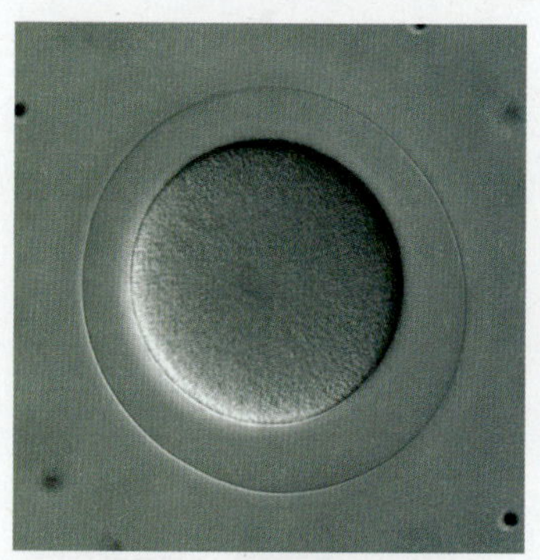

(a) 수정란. 첫 번째 난할이 일어나기 전의 접합자로, 수정막이 접합자 주변을 둘러싸고 있다.

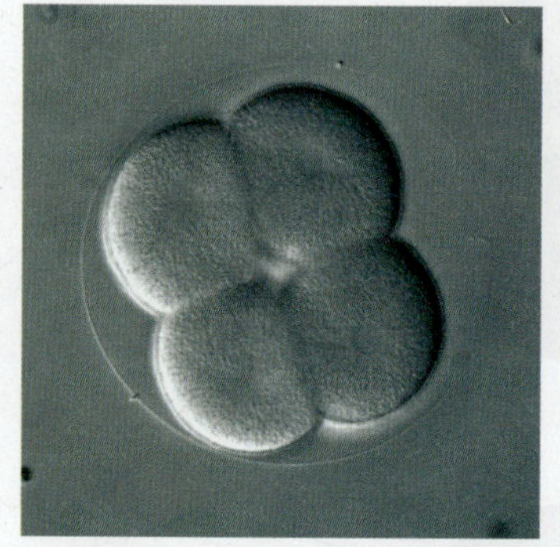

(b) 4세포기. 두 번째 세포분열을 방금 끝마친 두 세포 사이에 방추체가 남아 있는 것이 보인다.

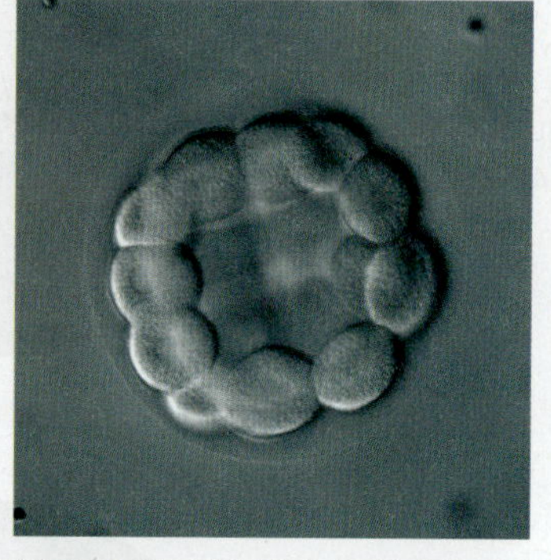

(c) 초기포배. 여러 번의 세포분열을 거친 배는 다세포로 이루어진 공 모양이며, 아직도 수정막에 둘러싸여 있는 모습이다. 이미 포배강이 만들어지기 시작했다.

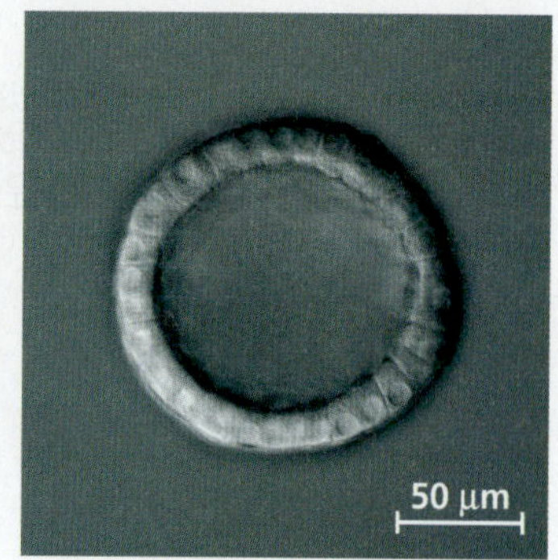

(d) 후기포배. 한 층의 세포들이 포배강을 둘러싸고 있다. (비록 여기에서는 보이지 않지만 수정막이 여전히 존재하고 있다.)

▲ **그림 46.6 극피동물 배의 난할.** 난할은 접합자를 포배로 바꾸어주는 일련의 체세포분열 과정이며, 포배는 할구라는 세포들로 된 속이 빈 공 모양을 하고 있다. 이들 광학현미경 사진들은 성게와 매우 유사한 연잎 성게류(sand dollar)의 배 발생단계를 보여준다.

패턴을 결정하는 중요한 요인이 된다.

세포분열 중에 세포질분열을 하여 세포를 반으로 쪼개는 과정에 **분열구**(cleavage furrow)라고 불리는 자국이 생기게 된다. 그림 46.7에서 볼 수 있는 바와 같이 개구리의 처음 두 번의 분열구는 양극을 연결하는 자오선과 평행하게 생긴다. 이들 분열 과정에서 난황의 주된 역할은 세포질분열을 지연시키는 것이다. 그 결과 두 번째 세포분열이 시작될 때 첫 번째 분열구가 아직도 식물반구 쪽의 세포질을 쪼개고 있다. 결국에는 첫 두 번의 세포분열 결과 각각 동물극에서 식물극에 이르는 4개의 동일한 크기의 할구가 만들어지게 된다.

세 번째 세포분열에서는 난황이 양 반구에서 만들어지는 세포의 크기에 영향력을 행사하게 된다. 이 세포분열은 적도선과 평행하게 일어나게 되어(양극을 연결하는 선과 수직), 8개의 할구세포를 만들게 된다. 그런데 4개의 할구가 세포분열을 시작할 때 식물반구 쪽의 난황의 존재로 인하여 세포분열 기구가 동물극 쪽으로 쏠리게 되고 따라서 분열구가 적도면에서 동물극 쪽으로 이동하여 생기게 된다. 그 결과 동물반구 쪽의 할구의 크기가 식물반구에 비해 훨씬 작게 된다. 이 난황의 효과는 이후 세포분열에도 계속 적용이 되어 그 결과 할강이 전적으로 동물반구 쪽에 치우쳐 생기게 된다(그림 46.7).

다른 동물에서의 난할 패턴

개구리 등 양서류의 난자에서는 분열이 어디에서 일어날지에 대해 난황이 영향을 미치기는 하지만 분열구가 난자 전체를 관통하는 것도 사실이다. 따라서 양서류의 난할은 **전할(holoblastic**; 그리스어로 *holos*는 완전하다는 의미임)이라고 부른다. 전할은 다른 많은 동물종에서도 보이는데, 극피동물, 포유류, 그리고 환형동물 등이 대표적인 예이다. 상대적으로 적은 양의 난황을 가지는 동물의 경우 할강이 배의 한가운데 생겨나게 되고 할구들이 비슷한 크기를 가지게 된다(그림 46.6). 이러한 상황은 사람에게도 적용된다.

조류, 파충류, 대부분의 어류, 그리고 곤충에서는 난황의 양이 풍부하고 난할에 지대한 영향을 끼치게 된다. 즉, 이들 동물에서는 난황의 양이 너무 많아서 분할구가 통과를 할 수 없을 정도이며, 따라서 난황이 적은 부분에서만 난할이 진행된다. 이러한 형태의 난할은 **부분할(meroblastic**; 그리스어로 *meros*는 부분적이라는 의미임)이라고 부른다.

닭이나 기타 조류들에서는, 우리가 일반적으로 노른자라고 부르는 알 부분이 난자 세포 전체이다. 세포분열은 동물극 쪽의 작은 하얀색 부위에서만 한정적으로 일어난다. 그 결과 모자와 같은 세포층이 형성되는데 상층부와 하층부 세포 층으로 나누어

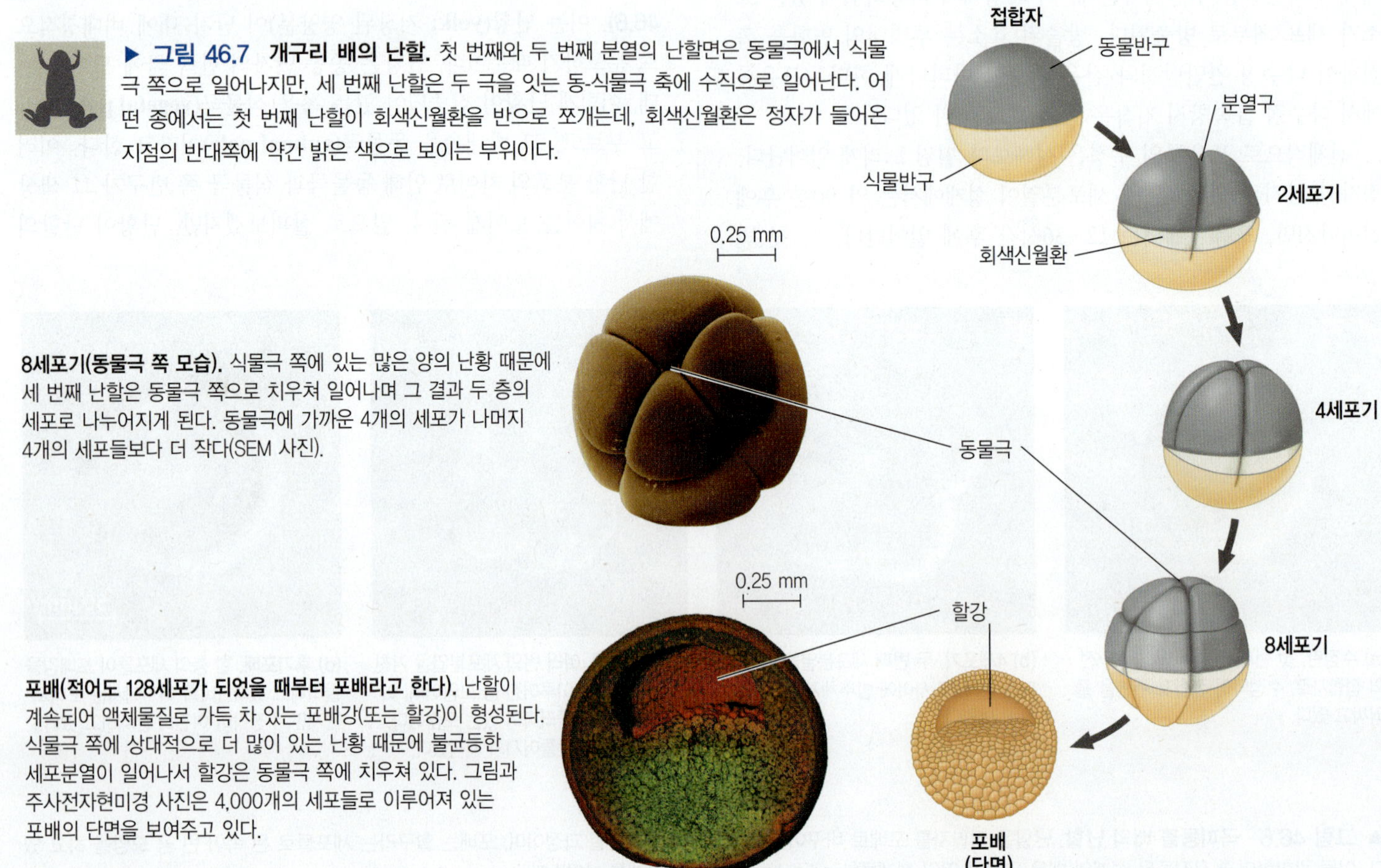

▶ **그림 46.7 개구리 배의 난할.** 첫 번째와 두 번째 분열의 난할면은 동물극에서 식물극 쪽으로 일어나지만, 세 번째 난할은 두 극을 잇는 동-식물극 축에 수직으로 일어난다. 어떤 종에서는 첫 번째 난할이 회색신월환을 반으로 쪼개는데, 회색신월환은 정자가 들어온 지점의 반대쪽에 약간 밝은 색으로 보이는 부위이다.

8세포기(동물극 쪽 모습). 식물극 쪽에 있는 많은 양의 난황 때문에 세 번째 난할은 동물극 쪽으로 치우쳐 일어나며 그 결과 두 층의 세포로 나누어지게 된다. 동물극에 가까운 4개의 세포가 나머지 4개의 세포들보다 더 작다(SEM 사진).

포배(적어도 128세포가 되었을 때부터 포배라고 한다). 난할이 계속되어 액체물질로 가득 차 있는 포배강(또는 할강)이 형성된다. 식물극 쪽에 상대적으로 더 많이 있는 난황 때문에 불균등한 세포분열이 일어나서 할강은 동물극 쪽에 치우쳐 있다. 그림과 주사전자현미경 사진은 4,000개의 세포들로 이루어져 있는 포배의 단면을 보여주고 있다.

과학적 분석 기술의 연습

기울기 변화를 해석하기

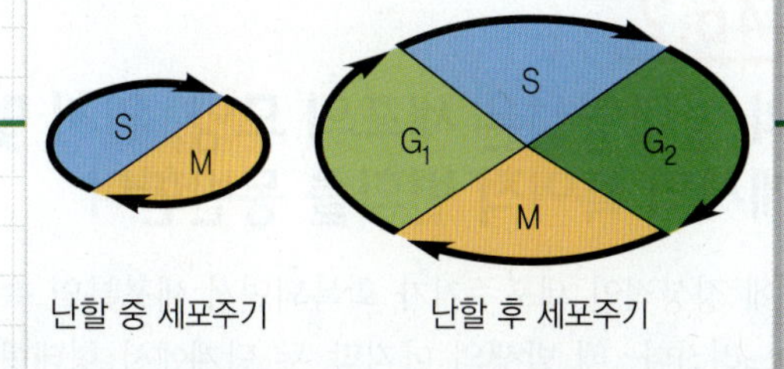

무엇이 개구리 배아의 난할을 끝내는가? 개구리 배의 난할 동안 세포주기는 다른 동물들과 마찬가지로 주로 S(DNA 합성)기와 M(세포분열)기로 이루어져 있다. G_1과 G_2 시기는 거의 없다. 하지만 12번째의 세포분열이 끝나면 G_1과 G_2기가 다시 나타나고 세포가 성장하면서 단백질과 세포질 기구들을 만들어 낸다. 이러한 활성의 변화들이 난할이 끝났음을 나타낸다. 하지만 무엇이 세포주기를 변화시킬까?

실험 방법 연구자들은 세포의 수를 헤아리는 기전이 언제 난할을 끝낼지를 결정할 것이라는 가설을 검증하기로 했다. 그들은 개구리 배아가 방사성 물질로 표지된 뉴클레오사이드들을 흡수하도록 하였는데 한 실험에서는 표지된 티미딘으로 DNA 합성을 측정하였고 다른 실험에서는 표지된 유리딘으로 RNA 합성을 측정하였다. 동일한 실험을 분열구 형성과 세포질분열을 방해하는 독소가 존재하는 상황에서 반복하였다.

실험 데이터

	핵산의 합성(척도 0~100)										
DNA 독소 첨가	35	48	54	71	83	85	88	87	100	96	
DNA 독소 미첨가	10	24	28	31	47	49	49	53	55	55	55
RNA 독소 첨가			0		6		25	27			33
RNA 독소 미첨가			0		3		14	22			27
시간 (매 35분)	1	2	3	4	5	6	7	8	9	10	11

데이터 해석

1. 연구자들은 어떻게 DNA와 RNA 합성을 독립적으로 측정할 수 있었나?
2. 표의 결과를 사용하여 독소의 존재 또는 부재시에 대해 DNA와 RNA 합성에 대한 그래프를 그려보라. 시간점 5는 12번째의 세포분열에 해당함에 주목한다. DNA 결과에 대해서는 시간점 1에서 5까지의 일반적 경향을 표시할 수 있도록 직선을 그려 넣어 보라. 그리고 시간점 5 이후에 대해서도 다른 직선을 그려 넣어 보라. RNA에 대해서는 각 자료점들을 이어 보라. 난할의 마지막에 일어나는 합성의 변화를 기술하여 보라.
3. 독소가 배 내에서의 티미딘의 확산을 저해했다는 가설을 세울 수 있는데 이를 논리적으로 설명하여 보라.
4. 위의 데이터들은 난할의 종결 시점이 세포분열의 수를 헤아리는 기전에 의존적이라는 가설을 지지하는가? 설명하여 보라.
5. 따로 진행된 실험에서 연구자들은 다수정 방지를 저해하여 7~10개의 정자가 하나의 난자를 수정하는 상황을 연출하였다. 난할의 마지막에는 이들 배의 세포들은 정상적인 배에서와 마찬가지의 핵-세포질의 비를 가짐을 볼 수 있었다. 하지만 난할은 12번이 아닌 10번의 세포분열 후 종결되었다. 이 결과는 난할의 종결 시기에 대해 무엇을 의미하는 것일까?

참고문헌 J. Newport and M. Kirschner, A major developmental transition in early *Xenopus* embryos: I. Characterization and timing of cellular changes at the midblastula stage, *Cell* 30:675–686 (1982).

지게 되고 그 사이에 조류의 난할강이 형성된다.

초파리를 포함하는 곤충류에서는 난자 전체에 난황이 분포한다. 초기 발생 중에 여러 차례 세포분열이 일어나는데 세포질 분열이 동반되지는 않는다. 즉, 각 핵 주변으로 세포막이 형성되지 않는 것이다. 첫 몇백 개의 핵들은 난황 속에 퍼져서 분포하고 있다가 배의 주변부로 이동하게 된다. 몇 번의 세포분열이 더 일어나고, 그 사이에 세포막이 형성되기 시작하면서 약 6,000개의 세포가 세포 하나의 두께만큼의 층으로 커다란 난황을 둘러싸고 있는 모양새의 포배가 형성된다(그림 18.22).

난할의 조절

새로 수정된 알에 있는 단 하나의 핵은 DNA가 너무 적어서 세포가 새로운 단백질을 만드는 데 필요한 충분한 양의 mRNA를 생산할 수가 없다. 대신 대부분의 경우 발생의 초기 상황에서는 난자형성 과정 동안 난자 속에 이미 보관해 둔 RNA와 단백질을 사용하게 된다. 난할이 끝나게 되면, 난자의 세포질은 계속 쪼개져서 많은 할구에 배당되게 되고 각 할구는 각각의 핵을 가지게 된다. 이런 상황에서는 각 할구가 접합자 또는 전체 배아에 비해 훨씬 작은 크기이고, 이제 각 핵은 각 세포의 대사와 발생에 필요한 RNA를 합성할 수 있게 된다.

난할 과정에서의 세포분열의 횟수는 동물종마다 다를 수 있는데, 어떤 기전이 난할의 종결을 결정하게 될까? **과학적 분석 기술의 연습**에서는 이 질문에 대한 기념비적인 실험 결과에 대해 살펴본다.

개념 확인 문제 46.1

1. 성게에서 수정막은 어떻게 만들어지며, 이것의 기능은 무엇인가?
2. **WHAT IF?** 성게 미수정란에 Ca^{2+}을 주입하면 어떤 변화가 생길까?
3. **MAKE CONNECTIONS** 세포주기 조절을 상기하면서 MPF 활성이 난할 중에 유지될지를 논리적으로 예상하여 보라(그림 12.16 참조).

정답은 부록 A 참조

개념 46.2

동물의 형태형성은 세포의 모양, 위치 및 생존에서의 특이적 변화를 동반한다

난할 후에 정상적인 세포주기가 회복되면서 세포분열 속도는 급격하게 느려진다. 배 발생의 마지막 두 단계에서 형태형성을 하게 하는데, 그 과정에서 세포와 조직 수준에서의 과정에 의해 동물 신체의 모양이 갖추어지게 된다. **낭배형성(gastrulation)** 과정 동안에는 포배의 표면 근처에 있는 세포들이 안쪽으로 이동을 하여 세포층을 형성하게 되고 원시적 형태의 소화관이 형성된다. 그 이후 **기관형성(organogenesis)**을 통해 더 많은 변화가 일어나서 기관을 만들게 된다. 이제 몇 개의 모델동물의 발생 과정에 초점을 맞추어 이 두 과정에 대해 살펴보자.

낭배형성과정

낭배형성과정(gastrulation)은 공 모양의 포배가 두 개 또는 세 개의 세포층을 가지는 배아로 재구성되는 극적인 과정이다. 이 단계의 배아를 **낭배(gastrula)**라고 한다. 낭배형성에 의해 생긴 세포층을 통틀어서 **배엽(germ layer**; 라틴어로 *germen*은 싹이 튼다는 뜻임)이라고 부른다. 후기 낭배에서는 **외배엽(ectoderm)**이 바깥쪽 층을 형성하고 **내배엽(endoderm)**이 배의 소화기관 쪽을 차지하게 된다. 자포동물이나 일부 방사형 대칭을 가지는 동물에서는 외배엽과 내배엽만 형성된다. 이런 특징을 갖는 동물을 이배엽성이라고 부른다(32장). 그러나 포유류를 포함하는 대부분의 좌우대칭형 동물은 삼배엽성이다. 즉, 외배엽과 내배엽 사이에 **중배엽(mesoderm)**이 위치하게 된다.

성게의 낭배형성과정

그림 46.8에서 보듯이 성게의 낭배형성은 세포층이 배 안쪽으로 굽어져 접혀 들어가는 함입(invagination)뿐 아니라 세포의 이동도 포함한다. 그 과정에서 세포들은 광범위한 세포 재배열을 통해 점점 깊고 좁게 함입되어 끝이 막힌 관 모양의 **원장(archenteron)**을 형성한다. 원장의 열린 쪽을 **원구(blastopore)**라고 하며, 이곳은 후에 항문이 된다. 입이 될 부분은 나중에 형성된다. 성게와 같이 입이 두 번째 열리는 부분에서 생기는 동물을 **후구동물**(deuterostome; 그리스어로 두 번째 입이라는 의미)이라고 한다. 사람과 척추동물을 포함하는 대부분의 척삭류가 여기에 해당한다(32장). 반대로, 연체동물, 환형동물, 그리고 절지류 등은 낭배형성 과정 중 처음으로 생기는 입구에서 입이 생기는 **선구동물**(protostome)이다.

개구리의 낭배형성과정

그림 46.9의 척추동물 배 발생의 예에서 보듯이 낭배형성과정에 의해 생겨난 각 배엽은 성체의 구조 중 특정한 부분을 담당하게 된다. 그런데 일부 기관과 대부분의 기관계는 한 종류의 배엽 이상이 관여하고 있다. 예를 들어 부신(adrenal gland)의 경우 외배엽성 및 중배엽성 세포를 다 가진다. 많은 경우 내분비샘은 내배엽성 세포를 가진다.

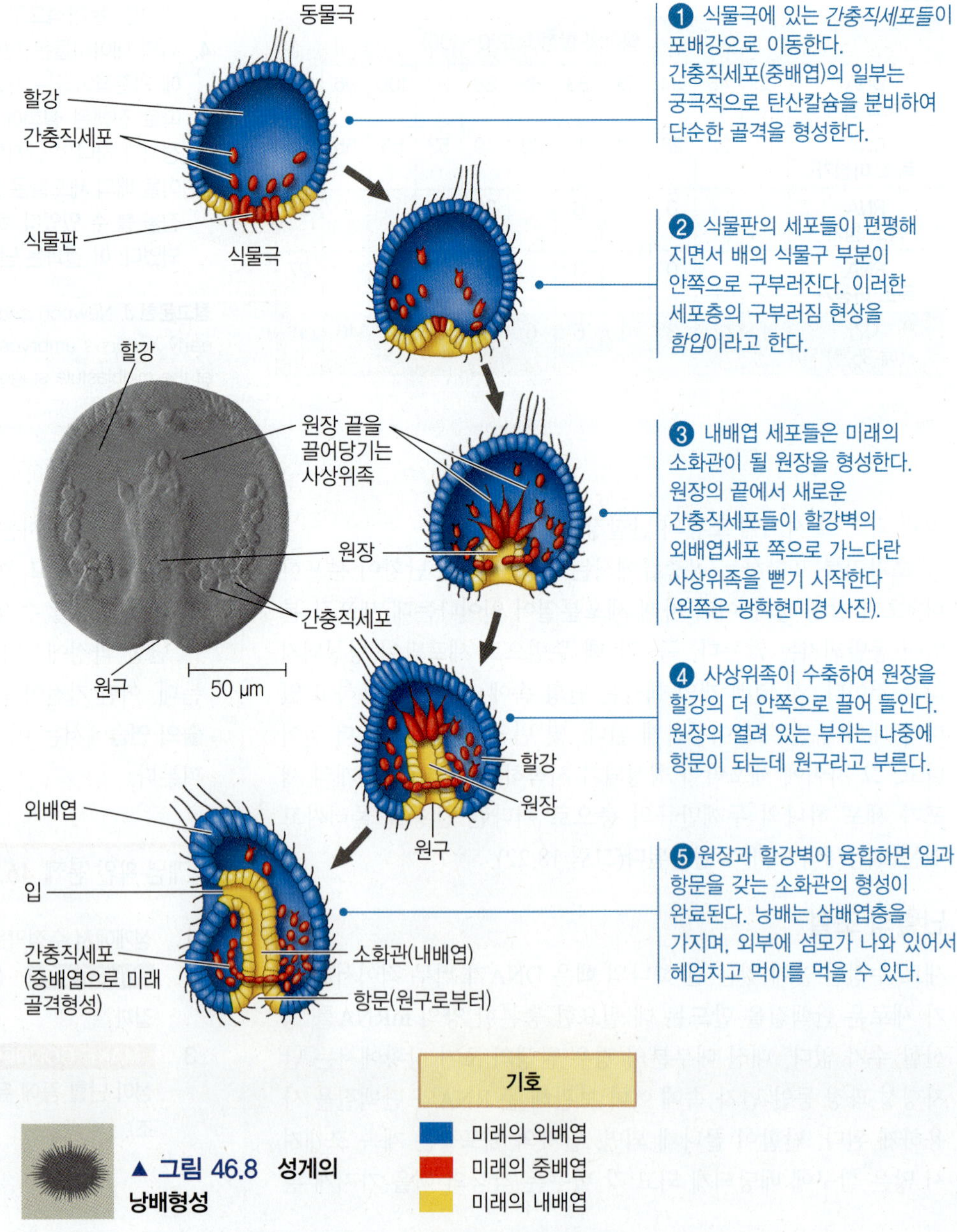

▲ 그림 46.8 성게의 낭배형성

개구리를 포함하는 좌우대칭형 동물은 등-배, 좌-우, 그리고 앞-뒤의 방향성을 가진다. 낭배형성과정을 시작하는 세포의 이동은 정자가 난자에 들어온 반대쪽인 포배의 등쪽 부위에서 일어난다(그림 46.10). 성게에서처럼 양서류의 항문은 원구로부터 발달하며, 입은 확장되어 들어간 원장의 반대쪽 끝에 만들어진다.

▼ 그림 46.9 **척추동물의 3배엽에서 유래되는 주된 구조**

외배엽 (배의 외층)	중배엽 (배의 중간층)	내배엽 (배의 내층)
• 피부의 상피와 그 파생물들 (땀샘, 모낭 등) • 신경계, 감각계 • 뇌하수체, 부신수질 • 턱과 치아 • 생식세포	• 골격, 근육계 • 순환, 림프계 • 배설, 생식계(생식세포 제외) • 피부 진피 • 부신 피질	• 소화계의 상피와 부속기관 (간, 이자 등) • 호흡, 배설, 생식관 등의 상피 • 흉선, 갑상샘, 부갑상샘

▼ 그림 46.10 **개구리 배의 낭배형성과정.** 개구리 포배에서 할강은 동물극 쪽으로 치우쳐 있으며, 여러 세포층으로 이루어진 벽에 의해 둘러싸여 있다.

❶ 포배 후기에 작은 함입, 즉 원구가 생기기 시작하면 낭배형성과정이 시작된다. 함입되는 위쪽을 원구배순부라고 부른다. 원구가 만들어지는 동안 여분의 세포들이 회절 과정, 즉 원구배순부를 지나 안쪽으로 회전하여 할강벽을 따라 안쪽으로 이동하는 과정을 통해 내배엽과 중배엽을 형성한다. 내배엽 세포들이 더 안쪽을 차지한다. 그 동안에 동물극 세포들은 모양이 변화되어 외부 표면으로 퍼져 이동하기 시작한다.

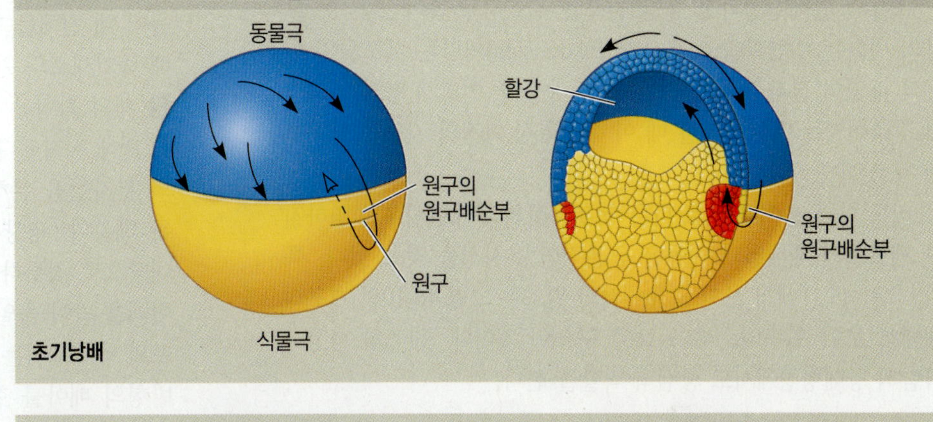

❷ 원구는 더 많은 세포들이 함입됨에 따라 배의 양쪽 끝으로 확장된다. 원구배순부의 양끝이 만나면 원형의 원구가 형성되고, 이것은 외배엽이 밀고 내려오는 힘에 의해 점점 더 작아진다. 내부적으로는 회절이 계속되어 내배엽과 중배엽이 확장되며, 원장이 형성되기 시작한다. 결과적으로 할강은 더 작아지다가 결국 없어진다.

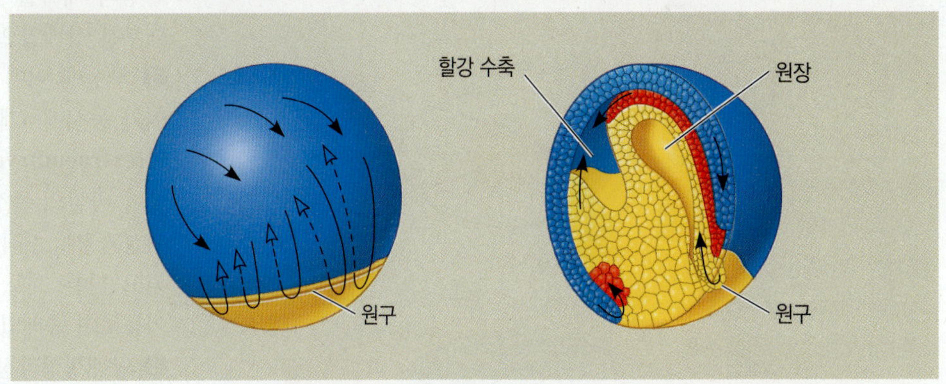

❸ 세포들이 외배엽을 형성한다. 내배엽은 가장 안쪽의 세포층이고 중배엽이 그 중간층이 된다. 원형의 원구는 난황으로 찬 세포로 구성된 난황마개를 둘러싼다.

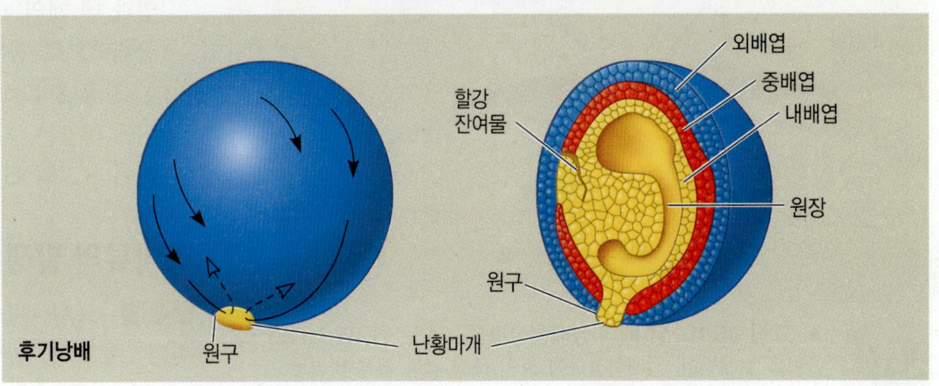

구분
미래의 외배엽
미래의 중배엽
미래의 내배엽

조류의 낭배형성과정

조류의 낭배형성과정은, 커다란 난황 위에 놓여 있는 두 층의 세포층, 즉 상배엽(epiblast)과 하배엽(hypoblast)으로 되어 있는 배아 시기에 시작된다. 상배엽으로부터 온 세포들만이 배아로 발달한다. 낭배형성과정 동안 일부 상배엽 세포들은 배반엽의 중앙으로 이동한 후 낱개의 세포로 떨어져서 난황을 향해 안쪽으로 이동한다(그림 46.11). 배반엽의 중앙에서 안으로 이동하는 세포들은 쌓여서 **원조(primitive streak)**라는 두꺼운 구조를 형성한다. 일부 세포들이 아래쪽으로 이동하여 내배엽을 형성하게 되고 하배엽 세포들을 밀어내게 된다. 일부 다른 세포들은 측면으로 이동하여 중배엽을 형성한다. 낭배형성과정의 끝까지 표면에 남아 있던 세포들은 외배엽을 형성하게 된다. 하배엽 세포들은 나중에 내배엽에서 분리되어 난황을 둘러싸는 막과 난황을 배로 연결시켜주는 통로를 형성하게 된다.

조류의 낭배형성과정 동안 원조는 길어지고 좁아진다. 이 모양의 변화는 수렴확장(convergent extension)이라는 세포들의 이동과 배열의 결과이다. 우리는 발생 과정 중 어떻게 형태와 모양이 갖추어지는지를 공부할 때 이 수렴확장 과정의 기전을 살펴보게 될 것이다.

비록 다른 용어로 서로 다른 척추동물의 낭배형성을 설명하지만 세포들의 재배열과 이동은 근본적인 유사성을 갖고 있다. 특히, 그림 46.11에서 보인 조류에서의 원조는 그림 46.10의 개구리 배에서 보인 원구배순부와 같은 구조인 것이다. 원조의 형성이 사람의 낭배형성에서도 중심적 역할을 한다.

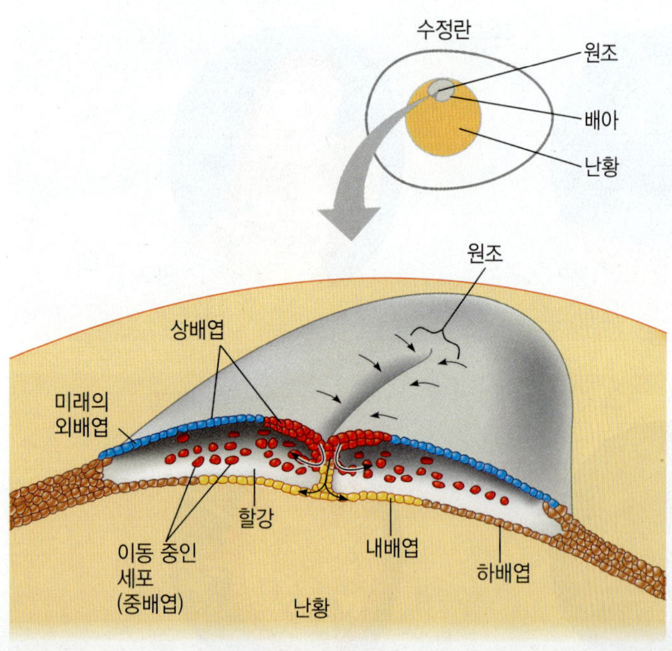

▲ **그림 46.11 닭 배의 낭배형성과정.** 그림은 원조에 직각인 단면을 보여주며, 낭배형성과정 중인 배의 앞쪽 끝을 바라보고 있다.

사람의 낭배형성과정

난황이 많고 크기가 큰 다른 척추동물들의 알과는 달리 사람의 난자는 작고 영양분 보관의 면에서는 거의 보관된 것이 없을 정도이다. 수정은 수란관에서 이루어지며, 배가 수란관으로부터 자궁으로 이동하는 동안에 배의 초기 발생이 시작된다(그림 45.15).

그림 46.12는 수정 후 6일부터 일어나는 사람의 배 발생을 보여주는 모식도이다. 사람 발생에 대한 지식은 대부분 생쥐와 같은 다른 동물로부터 추정하거나 인공 수정 후 초기의 발생 과정을 관찰함으로써 얻어진 것들이다.

❶ 난할이 완전히 끝난 시점에 사람의 배아는 100개가 넘는 세포들이 중앙의 빈 공간 주위에 배열되고 수란관에서 자궁으로 이동한 상태이다. 이 시기의 배아를 **배반포(blastocyst)**라 하며 이는 포배에 해당하는 단계이다. 배반포 할강의 한쪽 끝에 모여 있는 세포들을 **내세포괴(inner cell mass)**라 하며 이들이 배 전체를 형성한다. 매우 이른 시기의 배반포 세포들은 배 줄기세포의 원천이 된다.

❷ 배의 착상은 외부 상피세포층인 **영양세포층(trophoblast)**에 의해 시작된다. 영양세포층이 분비하는 효소들이 자궁내막의 분자들을 분해시켜 배반포가 자궁내막에 침투할 수 있도록 해준다. 영양세포층이 손가락 모양으로 확장하면서 자궁내막으로 침투하면 모세혈관이 터져 영양세포층 조직이 모체 혈액을 받아 들일 수 있게 된다. 착상이 일어나는 시기에 배반포의 내세포괴는 상배엽층과 하배엽층으로 이루어진 편평한 원반형의 배아를 형성하게 된다. 조류에서처럼 사람의 배아는 대부분 상배엽으로부터 발생한다.

❸ 착상에 이어 영양세포층은 계속 자궁내막으로 확장하고, 이와 동시에 4개의 배외막이 만들어지기 시작한다. 이들 **배외막(extraembryonic membrane)**은 배에 의해 만들어지지만 배아 바깥의 특정 구조들을 감싸게 된다. 착상이 끝나면 낭배형성과정이 시작된다. 일부 세포들은 표면에 남아서 외배엽이 되고 다른 세포들은 조류에서처럼 원조를 통과하여 안으로 이동하여 중배엽과 내배엽을 형성한다(그림 46.11).

❹ 낭배형성과정이 끝날 때쯤 배엽층이 형성된다. 배외 중배엽과 네 개의 배외막이 배를 둘러싼다. 발생이 진행되면서 자궁내막으로 침투하는 영양세포층, 상배엽 세포, 그리고 인접한 자궁내막 조직이 태반을 형성한다. 태반은 엄마와 태아 사이에 영양분, 기체 및 질소 배설물들을 교환하는 필수적인 기관이다(그림 45.16).

양막류의 발생 적응

진화 조류, 파충류, 그리고 포유류는 4개의 배외막을 형성한다: 융모막, 양막, 요막, 그리고 난황낭이 그것들이다(**그림 46.13**). 이들 막은 배 발생 과정에서의 생명유지 시스템으로 기능

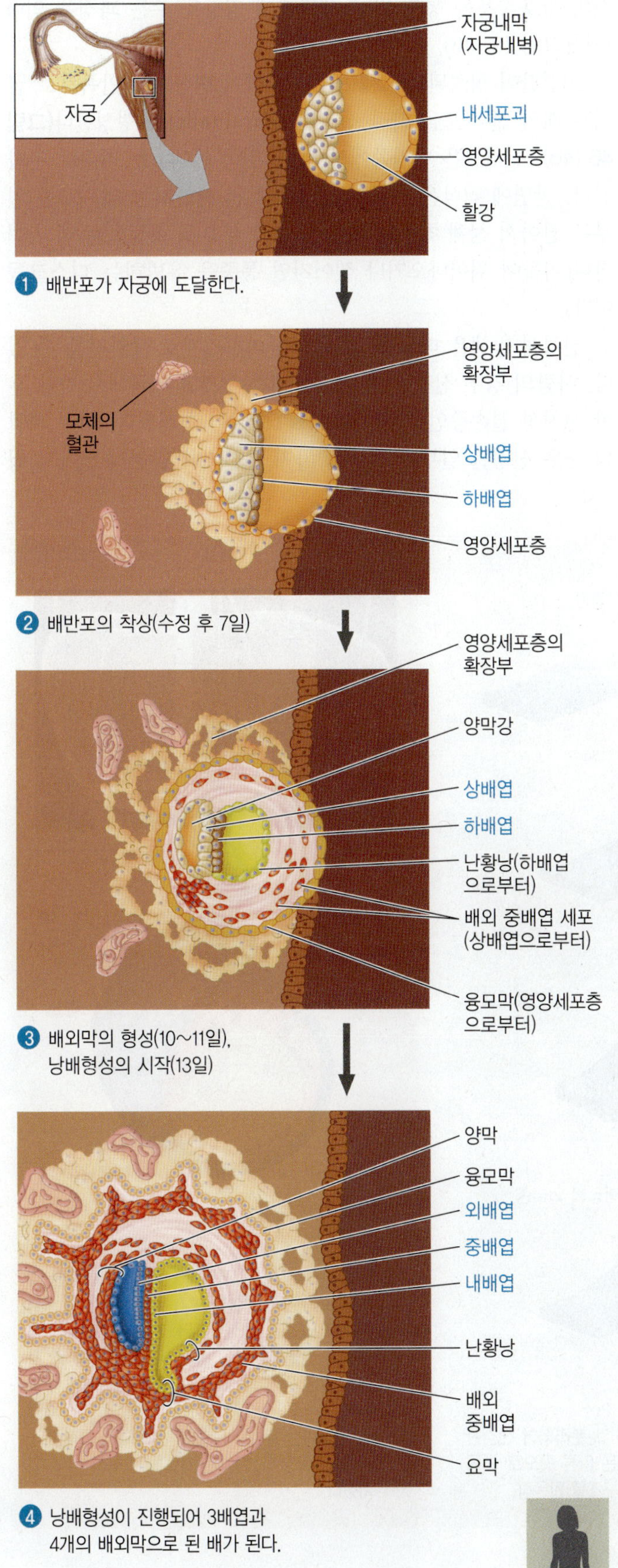

▲ **그림 46.12** **사람의 초기 배 발생의 네 단계.** 나중에 실제로 배아로 발생하는 조직의 이름들은 파란색으로 표시되어 있다.

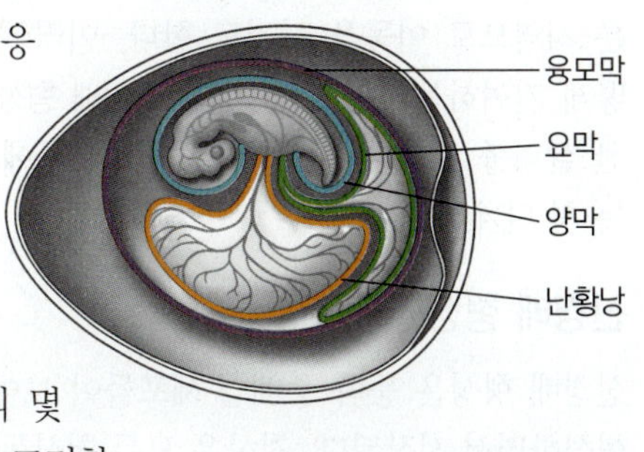

▲ **그림 46.13** **파충류의 알 속의 네 가지 배외막**

한다. 그럼 이러한 적응은 왜 어류, 양서류에서는 나타나지 않고 유독 파충류와 포유류의 진화 경로에서만 나타날까? 우리는 배 발생의 몇 가지 기본적인 사실을 고려함으로써 합리적인 가설을 세울 수 있을 것이다. 모든 척추동물 배의 발생에는 물이 있는 환경이 필요하다. 어류와 양서류는 알을 바다나 연못에 낳기 때문에 특별히 물로 채워진 닫힌 공간을 필요로 하지 않는다. 그러나 척추동물이 육상으로 이동하면서 건조한 환경에서도 생식을 할 수 있는 구조가 필요하게 되었다. 그 결과 오늘날에 존재하고 있는 다음과 같은 두 가지의 효율적인 구조가 진화하였다. 첫째, 새와 파충류뿐만 아니라 일부 포유류(단공류)에서 나타나는 껍질로 둘러싸인 알과 둘째, 유대 포유류와 태반 포유류들의 자궁이 그 구조들이다. 이들 동물의 배아는 알 껍질이나 자궁 안에서 양막주머니 안에 있는 양수 속에 있다. 이런 이유로 조류, 파충류, 포유류를 **양막류(amniote)**라고 한다(개념 34.5).

대부분의 경우 배외막은 포유류나 파충류에서 비슷한 기능을 수행하는데, 이는 공통의 진화적 뿌리를 가진다는 점에서 일관된 현상이라 할 수 있다. 융모막(chorion)은 기체교환을 담당한다. 양막(amnion)에 채워져 있는 액체는 배아를 보호한다. 이 양수는 출산 직전에 질로부터 방출된다. 파충류에서 배설물을 모아두는 기능을 하는 요막(allantois)은 포유류에서는 탯줄에 포함되어 있다. 거기서 요막은 태반으로부터 배아로 산소와 영양분을 공급해 주고 배아로부터 이산화탄소와 질소성 노폐물을 제거해 주는 혈관을 형성한다. 네 번째 배외막인 난황낭(yolk sac)은 파충류에서는 난자의 난황을 둘러싸고 있으며, 포유류에서는 초기 혈구 세포를 만드는 장소이며, 이 혈구 세포들은 나중에 배아로 이동하게 된다. 이상과 같이 파충류와 포유류의 배외막은 진화의 과정에서 각각 껍질을 가지는 알 또는 자궁이라는 환경에서의 발생에 특이적인 적응을 보인다.

낭배형성이 끝나고 배외막 형성이 완료되고 나면 배 발생의 다음 단계가 진행된다: 기관의 형성이 그것이다.

기관형성과정

배아의 3배엽층은 기관형성과정(organogenesis) 동안 기관의 원기를 형성한다. 종종 둘 또는 세 개의 배엽에서 유래한 세포들이 하나의 기관형성에 참여한다. 이 때 다른 배엽에서 유래한 세포들의 상호작용이 세포 운명을 특정하는 데 도움을 준다. 세포들이 특정 운명을 채택함으로써 모양도 변하고 어떤 환경에서는 다른 지역으로 이동을 하기도 한다. 이러한 과정이 기관형성에 어떻게 기여하는가를 알기 위해 신경배 형성(neurulation) 과정을 우선 살펴볼 것이다. 이 과정은 척추동물에서 뇌와 척수가 형성되는 첫 단계이다.

신경배 형성

신경배 형성은 등쪽 중배엽 세포들이 모여서 **척삭(notochord)**을 형성하면서 시작된다. 척삭은 모든 척삭동물에서 등쪽을 따라 놓여 있는 막대와 같은 구조이다. **그림 46.14a**는 개구리의 척삭을 보여주고 있다. 이 중배엽 세포들과 다른 세포들로부터 나온 많은 신호전달물질에 의해 척삭 바로 위의 외배엽이 신경판(neural plate)으로 분화된다. 신경판의 형성 과정은 **유도(induction)**의 대표적인 예이다. 유도란 특정 세포군 또는 조직이 근접 거리에서의 상호작용을 통해 다른 세포군에 영향을 주는 과정을 의미한다(그림 18.17b).

신경판이 형성된 후, 세포들의 모양이 변하면서 안쪽으로 굽어져 배의 전-후축을 따라 **신경관(neural tube)**을 형성한다(**그림 46.14b**). 신경관은 머리쪽에서 뇌로, 뒤쪽 몸에서는 척수로 분화한다. 반면에 척삭은 태아가 태어나기 전 사라지는 데, 그 중 일부는 남아서 성체 척추의 추간판 안쪽 부분을 형성하는 데 기여한다(이들이 튀어나오거나 찢어지면 통증을 유발하는 디스크들이다).

신경배 발생은 다른 발생 시기와 마찬가지로 불완전할 수 있다. 사람의 경우 신경관 형성에 문제가 생기면 미국에서 가장 흔한 선청성 결손증인 척추피열(spina bifida)이 초래된다. 척추 피열의 경우 신경관 일부가 발생을 하지 못하거나 닫히지 않아서 척

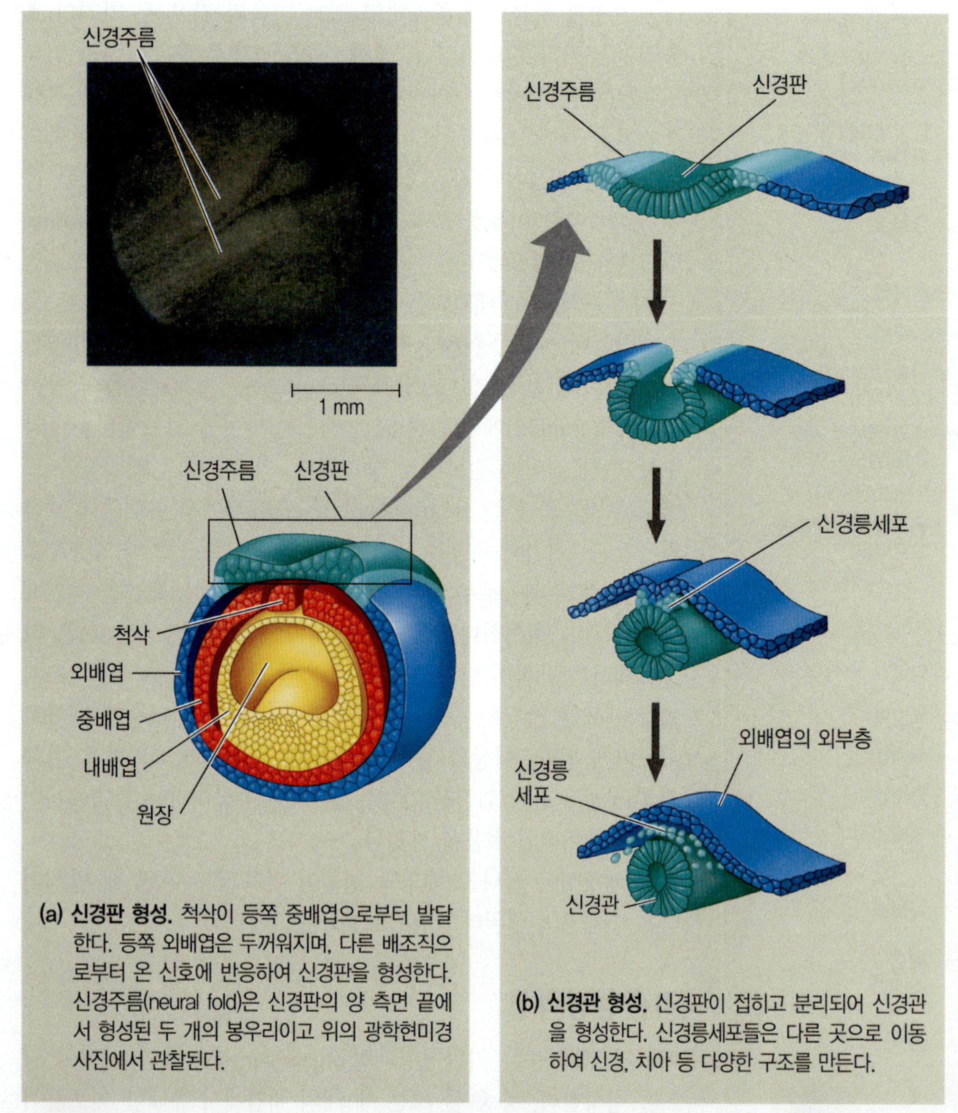

(a) **신경판 형성.** 척삭이 등쪽 중배엽으로부터 발달한다. 등쪽 외배엽은 두꺼워지며, 다른 배조직으로부터 온 신호에 반응하여 신경판을 형성한다. 신경주름(neural fold)은 신경판의 양 측면 끝에서 형성된 두 개의 봉우리이고 위의 광학현미경 사진에서 관찰된다.

(b) **신경관 형성.** 신경판이 접히고 분리되어 신경관을 형성한다. 신경릉세포들은 다른 곳으로 이동하여 신경, 치아 등 다양한 구조를 만든다.

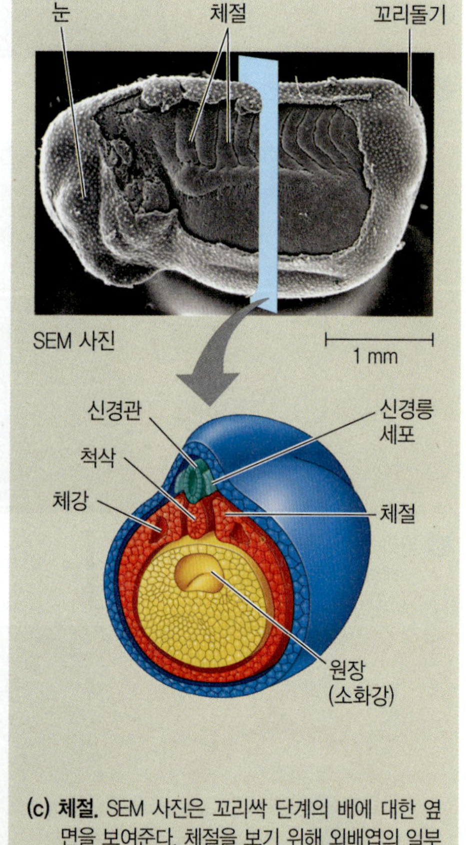

(c) **체절.** SEM 사진은 꼬리싹 단계의 배에 대한 옆면을 보여준다. 체절을 보기 위해 외배엽의 일부가 제거되었다. 체절로부터 척추와 같은 체절성 구조가 만들어진다. 그림은 주사전자현미경 사진과 같은 단계의 배아로 신경관이 완성된 후의 배아 모식도이다. 이 시기에 측면 중배엽이 체강을 둘러싸는 두 조직층으로 분리되기 시작한다. 중배엽으로부터 형성된 체절들이 척삭 옆에 위치한다.

▲ **그림 46.14 개구리 배의 신경배 형성과정**

추의 일부분이 열려 있는 상태로 될 수 있고 신경 손상을 유발하게 된다. 이러한 열린 부위는 출생 직후 수술적 방법으로 복구할 수 있으나 신경 손상은 영구적이어서 다양한 정도의 하체 마비를 유발하게 된다.

기관형성에서의 세포이동

기관형성과정은 국지적인 세포간 상호작용을 필요로 하지만 종종 긴 거리를 이동하는 세포들이 관여하기도 한다. 그 예로, 척추동물의 배아에서는 두 종류의 세포들이 신경관 근처에서 발생하여 운명을 완전히 결정하기 전에 몸의 다른 곳으로 이동하게 된다. 그 중 하나가 신경관이 외배엽으로부터 떨어져 나오는 경계면을 따라 만들어지는 **신경릉세포(neural crest cell)**라고 하는 세포 띠이다(그림 46.14b). 신경릉세포는 배의 여러 부위로 이동하여 말초신경, 치아, 머리뼈, 그리고 다른 많은 종류의 세포들을 만들어 낸다.

이동하는 세포의 두 번째 예는 척삭 측면에 있는 중배엽이 일정한 덩어리로 모여 **체절(somite)**을 형성하는 것이다(그림 46.14c). 체절은 척삭의 긴 축을 따라 양옆으로 배열된다. 체절은 척추동물에서 마디를 가지는 구조의 형성에 중요한 역할을 한다. 체절의 일부분은 개별적인 간충직세포로 분리되어 새로운 장소로 이동한다. 그 중 일부 간충직세포들이 척삭 주위에 모여들어 척추를 형성한다. 간충직세포로 되는 체절 세포들은 또한 중심축 골격과 갈비뼈에 붙어 있는 근육을 형성한다.

체절이 척추, 갈비뼈, 그것에 붙은 근육 등을 형성하는 과정을 통해 배아에서 연속적으로 반복되는 구조가 성체에서도 반복되는 구조를 형성하도록 해 준다. 따라서 사람을 포함하는 척삭동물은 그 성체가 새우나 다른 체절 무척추동물에 비해 체절이 명확하지 않더라도 기본적으로는 체절 동물이라고 하는 것이다.

조류와 곤충에서의 기관형성

조류에서의 초기 기관형성 과정은 개구리와 비슷하다. 예를 들어 조류에서는 배반엽의 경계면이 아래로 접혀 함께 모여 연결됨으로써 배아로 하여금 아래에는 난황덩어리로 연결된 삼배엽층의 관으로 발달하게 해 준다(그림 46.15a). 조류 배아가 3일 정도 되었을 때 뇌, 눈, 심장 등 주요 기관의 원기는 이미 명백히 나타난다(그림 46.15b).

무척추동물의 기관형성과정은 척추동물과는 좀 다른데 이것은 무척추동물의 체구성 계획이 척추동물과는 크게 다른 것을 생각하면 당연하다고 볼 수 있다. 예를 들면, 곤충에서 신경계의 조직은 척추동물에서 신경관이 등쪽에서 형성되는 것과는 달리 복부 쪽에서 만들어진다. 하지만 신경관을 형성하는 분자적 신호전달 회로는 척추동물의 신경배 발생과 매우 유사하다: 외배엽이 전-후 축을 따라 배의 안쪽으로 접혀져 들어가면서 관을 형성하게 된다. 또한 다른 조직 간의 분자적 신호전달 기전은 아주 흡사하여 이들이 진화적 역사를 공유함을 잘 보여준다. 마찬가지로 무척추동물의 다른 기관의 형성도 유도작용, 세포 모양의 변화, 그리고 세포 이동 등 척추동물에서의 기전과 유사한 기전을 가진다.

낭배형성과 기관형성과정에서 살펴본 바와 같이 세포의 모양과 위치의 변화가 초기 발생에 중요한 역할을 한다. 이제 이러한 변화가 어떻게 일어나는지를 조사해 보자.

▶ 그림 46.15
조류 배아의 기관형성과정

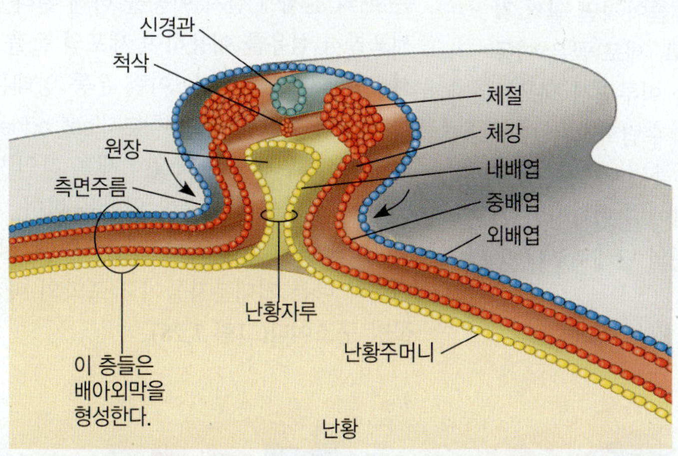

(a) **초기 기관형성과정.** 원장은 측면 주름이 접혀 원통을 형성하면서 난황으로부터 떨어질 때 형성된다. 배아는 난황을 향해 열려 있으며, 단면도에서 보이는 것처럼 배의 중간쯤에서 난황자루에 의해 연결되어 있다. 척삭, 신경관, 체절은 개구리와 같은 과정을 통해 만들어진다. 배아 측면의 배엽층은 배외막을 형성한다.

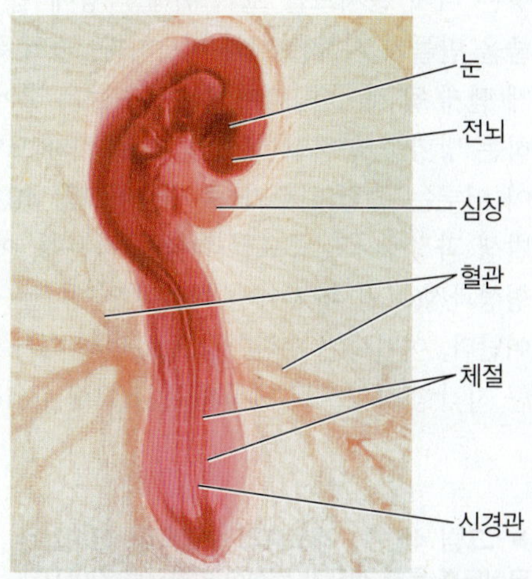

(b) **후기 기관형성과정.** 대략 3일 정도 된 2~3 mm 길이 조류의 배에서는 대부분 주요 기관의 원기가 이미 형성되어 있다. 배외막들은 배아에서 뻗어 나온 혈관에 의해 영양분이 공급된다. 여러 주요 혈관들이 관찰된다(LM 사진).

형태형성의 기전

형태형성과정은 동물과 식물의 발생에 있어 매우 중요하지만, 세포의 이동은 동물에서만 일어난다. 식물의 강한 세포벽으로 인해 낭배형성과정에서 일어나는 세포의 이동과 같은 복잡한 세포의 움직임이 일어날 수 없다. 동물에서 세포 일부분의 이동은 세포 모양의 변화를 가져올 수 있고, 또한 세포가 배아의 한 곳에서 다른 곳으로 이동할 수 있도록 해 준다. 이러한 변화에 기여하는 세포 구성성분의 하나는 세포골격을 구성하는 미세소관과 미세섬유다.

형태형성에서의 세포골격

발생 과정에서 세포 형태의 변화는 보통 세포골격이 재조직화됨으로써 일어난다. 예를 들어, 신경배 형성 과정을 생각해 보자. 신경관이 형성되기 시작할 때, 미세소관이 외배엽 세포의 배-복(dorsal-ventral) 축에 평행하도록 배열되어 있어 세포가 이 배-복 축 방향으로 길어지도록 한다(**그림 46.16**). 각 세포의 등쪽 끝에는 미세섬유가 가로로 배열되어 있으며, 미세소관과는 수직을 이루고 있다. 이것이 수축하면 세포가 쐐기 모양이 되면서 외배엽층이 안쪽으로 굽어진다. 이와 같은 세포 형태의 변화는 신경관이 외배엽으로부터 떨어져 나오는 경첩 부분에도 일어난다. 하지만 이런 쐐기 모양의 세포 모양 변화는 신경관 형성 또는 심지어 척추동물에 국한된 것이 아니다. 예를 들어 초파리의 낭배형성과정에서 복부 쪽의 표면을 따라 형성되는 쐐기 모양의 세포들로 인해 중배엽을 구성하는 관 모양의 세포들의 함입이 일어난다.

세포골격은 또 다른 형태형성적 이동 양상을 유발하는데 **수렴확장(convergent extension)**이 그것이다. 수렴확장에서는 세포층이 좁아지면서(수렴) 길어지는(확장) 현상이 나타난다. 이러한 현상은 마치 콘서트를 보기 위해 극장에 입장하려는 군중들이 한 줄을 만들기 시작할 때와 비슷하다. 줄의 폭이 좁아지면 훨씬 길게 뻗게 될 것이다. 배아에서 세포들은 길어지고, 세포 끝은 이동하는 방향을 향하고 있으며, 서로 쐐기 모양을 이루면서 세포들이 이루는 종렬의 수가 줄어든다(**그림 46.17**). 수렴확장은 다른 발생 과정에서도 중요한 역할을 하는데, 예를 들면 개구리 낭배형성과정(그림 46.8)에서 회절이 일어나는 동안에 수렴확장이 일어난다. 여기서는 수렴확장으로 인해 배가 구형의 낭배로부터 둥근 사각형 모양으로 변하게 된다(그림 46.14c).

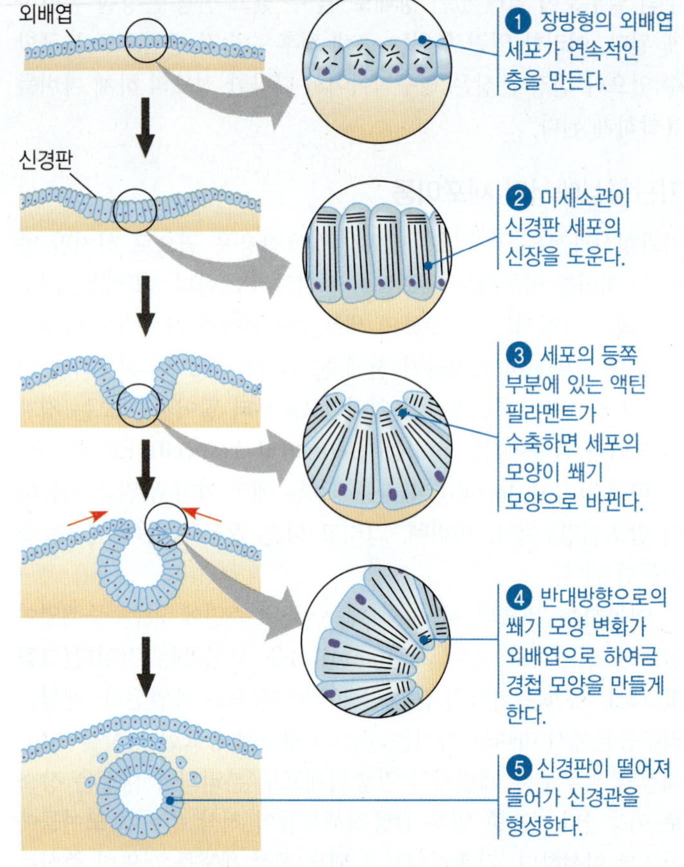

▲ **그림 46.16 형태형성과정 동안 세포 형태의 변화.** 척추동물의 신경관 형성에서 본 것처럼, 배조직의 형태 변화는 세포골격의 재조직에 의해 일어난다.

세포골격은 세포의 모양뿐 아니라 세포의 이동에도 중요하다. 척추동물의 기관형성과정에서 신경릉과 체절에서의 세포들은 배의 전체에 걸쳐 이동을 하게 된다. 세포들은 배아 내부에서 세포골격 섬유를 이용하여 세포의 돌출 부위를 늘리거나 줄이면서 '기어' 다니게 된다. 이런 운동 양태는 아메바의 운동과 유사하다(그림 7.26). **세포부착분자**(cell adhesion molecule)라고 불리는 세포막 투과 당단백질이 세포 간의 연결을 원활하게 해 줌으로써 세포 이동에 중요한 역할을 한다. 세포 이동에는 **세포외기질**(extracellular matrix, ECM)도 중요한데, 세포외기질은 분비된 당단백질과 다른 거대분자들이 세포막의 바깥쪽에 위치하고 있는 그물망 구조이다(그림 7.28).

▶ **그림 46.17 세포층의 수렴확장.** 단순화된 모식도를 통해 세포가 특정한 방향으로 길어지고 서로 간에 끼어들기를 하며(수렴), 이로 인해 세포층의 폭이 좁고 길어지게 된다(확장)는 것을 보여 준다.

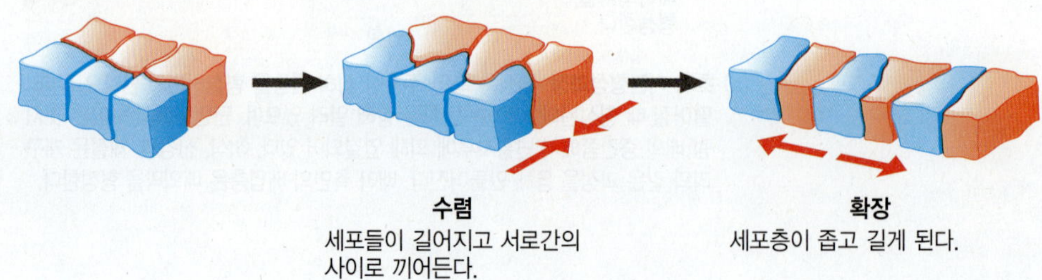

세포외기질은 개별 세포의 이동이나 세포군의 모양 변화 등과 같은 다양한 형태의 이동에 관여한다. 이동경로상에 있는 세포들은 특정 분자들을 ECM에 분비함으로써 이동하는 세포들의 움직임을 조절한다. 이러한 이유로 손상된 조직이나 기관의 복구에 쓰일 수 있는 발판으로 기능할 수 있는 인위적인 ECM을 개발하고자 하는 노력이 진행되고 있다. 하나의 긍정적인 시도는 자연적인 ECM의 성질을 모방할 수 있는 나노섬유를 이용하고자 하는 시도이다.

예정세포사

배아에서 어떤 세포들이 그 형태나 위치를 바꾸는 것처럼, 어떤 세포들은 사멸하도록 프로그램되어 있다. **아폽토시스(apoptosis)**라고 불리는 **예정된 세포사멸** 현상은 실제로 발생의 과정 중 하나인 것이다. 발생의 서로 다른 시간에 개별 세포, 세포 집단, 또는 전체 조직 등이 발달을 멈추고 주변세포에 의해 삼켜지게 된다. 어떤 경우에는 개체의 유충 또는 다른 미성숙 상태의 형태에서 작용하던 구조가 성체가 되었을 때 제거되는 일이 일어나기도 한다. 친숙한 예로는 올챙이의 꼬리가 있을 것이다. 여기서는 개구리 성체로의 변태 과정에서 아폽토시스를 거치게 된다(그림 41.22).

신경계와 면역계에는 많은 수의 세포들이 아폽토시스를 일으키는데, 예를 들어 척추동물의 신경계에는 성체에서 필요로 하는 수보다 훨씬 많은 수의 신경세포가 만들어진다. 하지만 일반적으로 신경세포는 기능적인 연결을 가질 때에만 생존하게 되고 그렇지 않으면 사멸하게 된다(개념 49.4). 면역계에서는 자가 활성을 가지는 세포들이 아폽토시스에 의해 제거되는데, 예를 들면 염증 반응에서 생긴 면역세포들은 염증이 제거된 후에는 더 이상 필요하지 않게 되고 이런 세포들은 제거되는 것이다.

아폽토시스를 하는 세포들은 발생 중인 배에서 아무런 역할이 없어 보인다. 그런데 왜 이런 세포들이 만들어지는 것일까? 그 답은 양서류, 조류, 포유류의 진화에서 찾을 수 있다. 이들이 진화 중에 분기를 할 때 척추 체형의 발생 계획은 이미 자리를 잡고 있었다. 현재의 체형 차이는 이러한 공통된 발생 프로그램의 변형을 통해 일어난 것이다(모든 척추동물의 초기 배아들이 다 비슷해 보이는 이유도 여기에 있다). 따라서 이들 동물군이 진화를 하는 과정에서 더 이상 이점을 줄 수 없는 오래된 프로그램에 의해 만들어지는 세포들은 아폽토시스로 제거하게 된 것이다. 예를 들어 공통적인 발생 프로그램은 배의 발가락 사이에 물갈퀴를 다 만들지만 많은 조류와 포유류에서는 이들이 아폽토시스에 의해 제거된다(그림 9.21).

지금까지 살펴본 바와 같이 세포의 행동과 그 기저에 있는 분자적 기전이 배아의 형태형성에 중요하다. 다음 절에서는 다양한 세포들이 적정한 위치에 자리하게 해 주는 세포적, 유전적 과정에 대해 공부하도록 하자.

개념 확인 문제 46.2

1. 개구리 배아에서는 수렴확장으로 척삭이 신장된다. 수렴과 확장이라는 개념이 이 과정에서 어떻게 적용되는지 설명해 보라.
2. WHAT IF? 신경관이 형성되기 직전에 미세소관의 작용을 저해하는 약품을 배아에 처리한다면 어떤 일이 일어날까?
3. MAKE CONNECTIONS 다른 선천성 결함과 달리 신경관의 결함은 예방 가능한 경우가 많다. 왜 그럴까(그림 42.4 참조)?

정답은 부록 A 참조

개념 46.3

세포질 결정인자와 유도신호들에 의해 세포의 운명이 결정된다

배 발생 과정 동안 세포들은 분열에 의해 생겨나고, 몸의 특정한 위치를 차지하게 되며, 구조와 기능의 면에서 특별해지는 과정을 겪는다. 세포가 어디에 있는가, 세포가 어떻게 생겨나는가, 그리고 세포가 어떤 일을 하는가에 의해 그 세포의 발생학적 운명이 정의된다. 발생학자들은 세포 하나 또는 집단이 특정 운명으로 확정되는 과정을 **결정(determination)**이라고 명명하였고, 그 결과 구조와 기능의 면에서 전문화되는 과정을 **분화(differentiation)**라고 부른다. 유사한 예를 들어 본다면, 대학에 들어가서 전공을 정하는 것은 결정이고 전공에 따른 수업을 듣는 것은 분화라고 할 수 있겠다.

한 생명체의 발생 과정에서 모든 체세포는 같은 유전체를 갖는다. 일부 면역세포의 예외를 제외하고는 모든 세포의 유전체가 세포의 일생 동안 일정하게 유지되는 것이다. 그렇다면 세포들은 어떻게 다른 운명을 취할 수 있을까? 18.4절에서 살펴본 바와 같이, 특정 조직, 그리고 종종 한 조직 내의 특정 세포들은 동일한 유전체에서 서로 다른 유전자를 발현시킴으로써 차이를 나타내게 된다.

발생학의 주요 초점의 하나는 발생학적 운명을 결정하는 유전자 발현의 차이를 나타내게 하는 기전을 규명하는 것이다. 이 목표를 향해 과학자들은 종종 특정 조직 또는 세포 타입을 따라 초기 배아까지 거슬러 올라 그 유래를 연구하기도 하는 것이다.

운명예정지도 작성

배아 세포의 계보를 추적하는 한 가지 방법은 현미경으로 각 세포를 직접 관찰하는 것이다. 이러한 연구를 통해 최초의 **운명예정지도(fate map)**가 만들어지게 되었다. 운명예정지도는 배의 각 영역에서 앞으로 유래되어 만들어질 구조를 표시하여 그려둔 그림이다. 1920년대에 독일 발생학자인 포크트(W. Vogt)는 이러한 방법을 이용하여 포배기의 세포들이 나중에 낭배기에서 어디

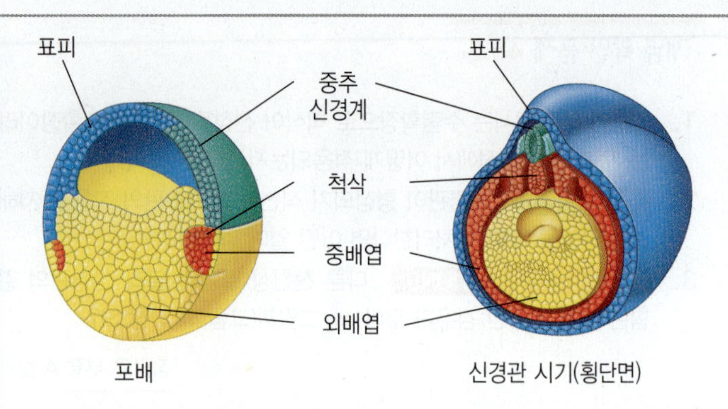

(a) **개구리 배아의 운명예정지도.** 개구리 포배(왼쪽)에서 세포군의 운명은 여러 종류의 비독성 염색약으로 포배의 다른 지역을 다양하게 표지함으로써 알 수 있었다. 발생이 진행된 뒤, 배아를 절단하여 관찰함으로써 오른쪽 그림의 신경관 시기에서처럼 염색된 세포의 위치가 결정되었다. 이 그림에서 보여주는 두 배아 발생단계는 여러 번의 실험의 결과를 모아서 보여주는 것이다.

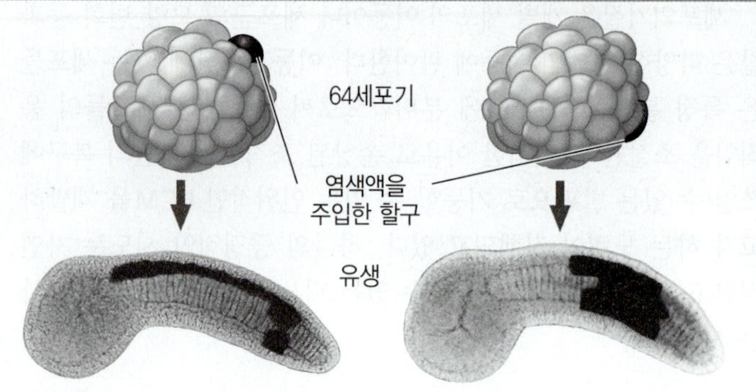

(b) **피낭류인 멍게의 세포 계보 분석.** 그림에 표시된 무척추 척삭동물인 피낭류의 64세포기 배아에서처럼, 세포계보 분석에서는 난할 중인 한 세포에 염색약을 주입한다(위). 광학현미경 사진에서 보이는 유생의 어두운 지역(아래)은 그림에 표시된 두 개의 서로 다른 할구로부터 발생된 세포들에 해당한다.

▲ **그림 46.18 두 척삭동물의 운명예정지도**

에 위치하게 되는가를 결정하였다(**그림 46.18a**). 이후에 연구자들은 더 정교한 기술을 개발하여 난할이 일어나는 동안 각 할구를 표지하고, 그 표지가 세포분열 후에 자손 세포들에도 모두 분포하게 하여 그 표지를 따라감으로써 세포의 운명을 추적해 갈 수 있었다(**그림 46.18b**).

흙에서 사는 선충류인 예쁜꼬마선충(*C. elegans*)에 대한 연구를 통해서 더욱 정교한 배아의 운명예정지도를 완성할 수 있었다. 이 선충은 약 1 mm 정도이고, 단지 얼마 되지 않은 세포 형태를 가지고 있는 투명한 몸체를 가지고 있으며, 수정란에서 성체까지 자라는 데 단지 3일 반나절밖에 걸리지 않는다. 예쁜꼬마선충이 갖는 특징 때문에 브레너(Sydney Brenner)와, 호르비츠(Robert Horvitz), 설스톤(Jonathan Sulston) 등은 완전한 세포 계보를 결정할 수 있었다. 모든 자웅동체는 성체는 정확하게 959개의 체세포를 가지고 있는데 모든 개체의 접합자로부터 똑같은 방법으로 만들어진다. 발생 전 기간 동안 현미경으로 관찰하고, 더불어 레이저나 돌연변이를 통해 특정 세포 혹은 세포 그룹을 파괴하는 실험을 병행하여 **그림 46.19**과 같은 세포 계보가 만들어졌다. 가계도를 이용하여 증조부모님의 자

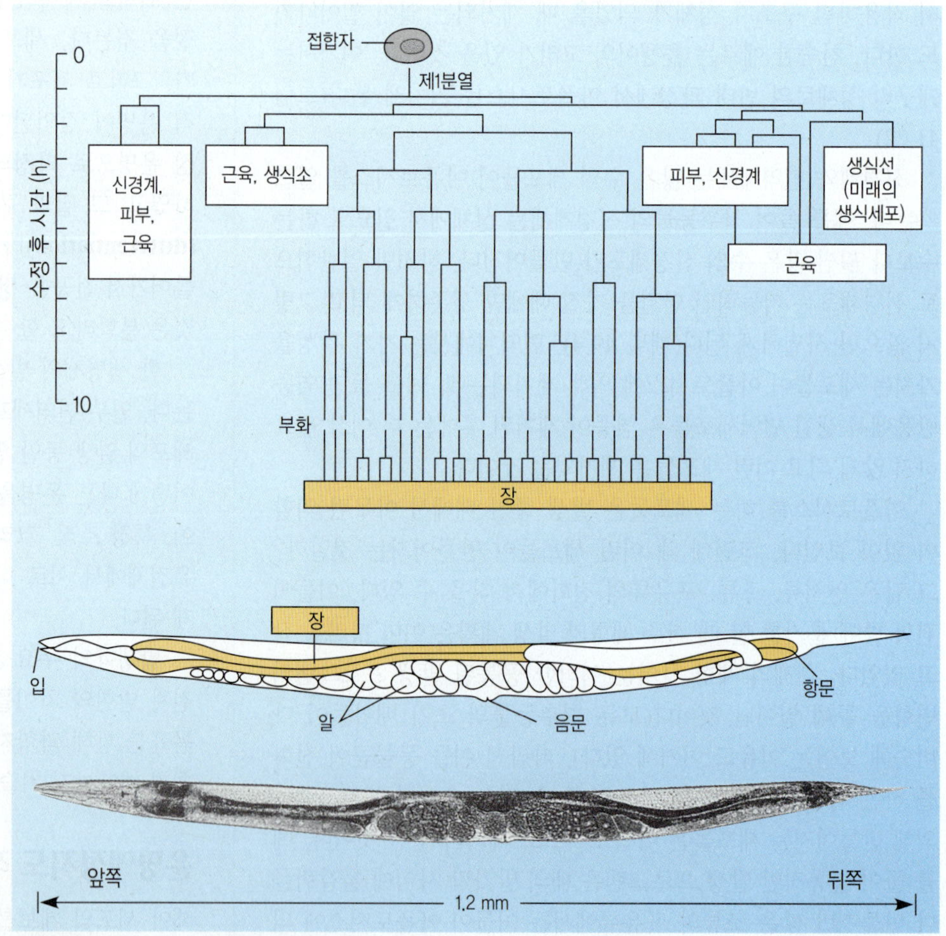

▲ **그림 46.19 예쁜꼬마선충의 세포 계보.** 예쁜꼬마선충 배아는 투명하여 접합자부터 성체까지 모든 세포들의 계보를 추적하는 것이 가능하다. 다이어그램은 장에 대한 자세한 계보를 보여준다. 장은 접합자로 만들어진 처음 4개의 세포 중 한 세포로부터만 만들어진다.

INTERPRET THE DATA 꼬마선충의 장을 만드는 세포들의 분열 양상은 항상 일정하다. 성숙된 세포를 만드는 세포분열의 수도 항상 동일할까?

손들이 누구인지를 찾을 수 있는 것처럼, 우리는 세포 계보의 정보를 가지고 특정 세포의 모든 자손들을 알아볼 수 있다.

이제 특정 세포 운명의 예로서 생식세포(germ cell)의 운명을 살펴보자. 생식세포란 정자 또는 난자 세포를 만들게 되는 세포를 의미한다. 현재까지 연구된 모든 동물종에서 생식세포 운명 결정에는 RNA와 단백질의 복합체가 관여되는 것으로 밝혀졌다. 예쁜꼬마선충에서는 이러한 복합체를 P 미소체(P granule)라고 부르며, 이들은 알에서 갓 깨어난 유충에서 단 4개의 세포에서 발현이 되며(그림 46.20), 성체의 생식선 안의 정자 또는 난자를 만드는 생식세포에서도 관찰이 된다.

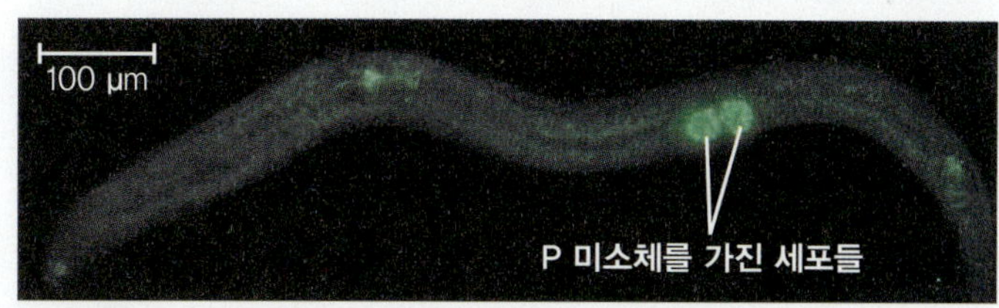

▲ **그림 46.20 예쁜꼬마선충의 생식세포의 운명 결정.** 예쁜꼬마선충의 P 미소체에 특이적으로 결합하는 항체로 표지하는 실험을 통해 P 미소체 단백질(녹색)이 새로이 태어난 유충에서는 단 4개의 세포에서만 분포하고 있음을 알 수 있다. 이 사진에서는 그 중 두 개만 보인다.

P 미소체의 위치를 추적함으로써 발생 과정에서의 세포 운명 결정 과정을 극적으로 보여줄 수 있었다. P 미소체는 갓 수정된 접합자에서는 세포질에 골고루 분포하고 있다가 첫 번째 난할을 할 무렵에 후미 쪽으로 이동하게 된다(그림 46.21 ❶, ❷). 그 결과 첫 번째 난할의 결과로 만들어지는 두 개의 세포 중 뒤쪽 세포만 P 미소체를 가지게 된다(그림 47.20 ❸). 그 이후의 세포분열에서도 비대칭적인 분포는 계속되는데(그림 47.20 ❹), P 미소체가 세포질 내 결정인자로 작용하여(개념 18.4) 예쁜꼬마선충의 발생 중 가장 이른 시기에 생식세포의 운명을 결정해 주는 역할을 하는 것이다.

예쁜꼬마선충의 계보 작성으로 세포사멸에 대한 새로운 발견이 가능하였다. 세포 계보를 엄밀히 살펴본 결과 성체에 이르는 과정에서 정확히 131개의 세포는 태어나서 발생 과정 중에 항상 죽는다는 것을 알게 된 것이다. 1980년대에 연구자들은 특정 유전자의 돌연변이가 일어나면 이들 131개 세포의 사멸이 완전히 방지될 수도 있음을 발견하게 되었고 이 유전자는 세포사멸을 조절하는 경로에서 작용하는 진화적으로 잘 보존된 유전자임이 밝혀지게 되었다. 2002년에 브레너, 호르비츠, 그리고 설스턴 경 등은 예쁜꼬마선충의 계보 연구를 통해 세포사멸과 기관형성을 규명한 공로로 노벨상을 수상하였다.

초기 발생의 운명예정지도를 확립함으로써 이제 초기 배아의 축이 어떻게 형성되는지의 기전에 대한 질문에 답을 찾을 수 있게 되었다.

축의 형성

좌우대칭성을 가지는 몸 계획은 선충, 극피동물, 척추동

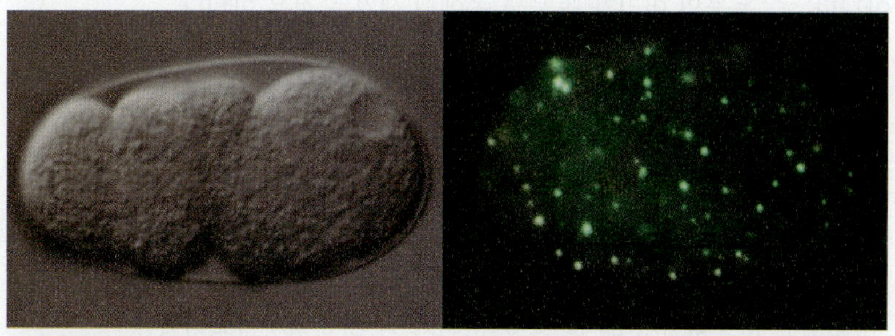

❶ 새롭게 수정된 알

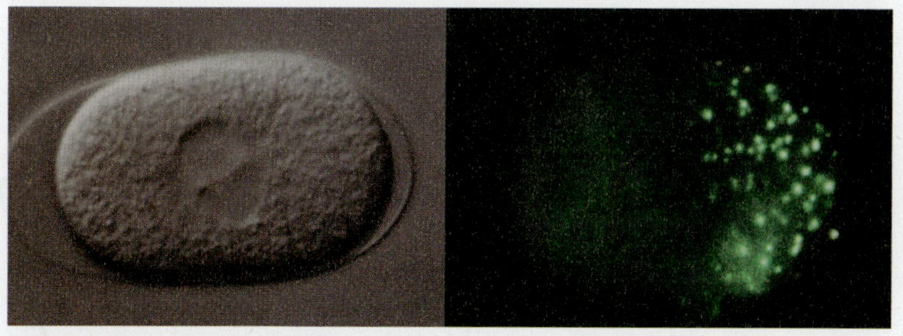

❷ 첫 세포분열 전의 접합자

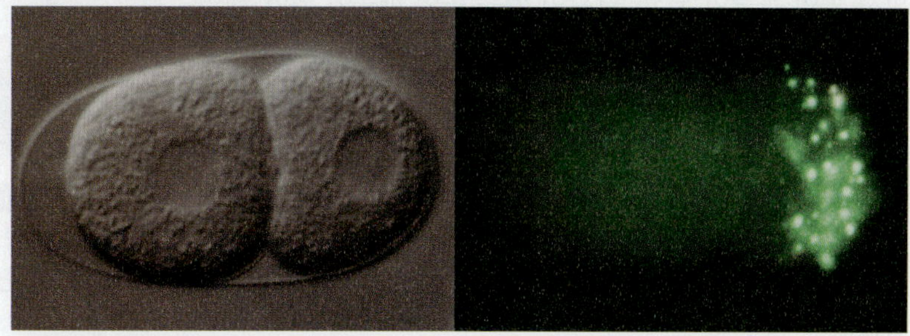

❸ 2세포기 배아

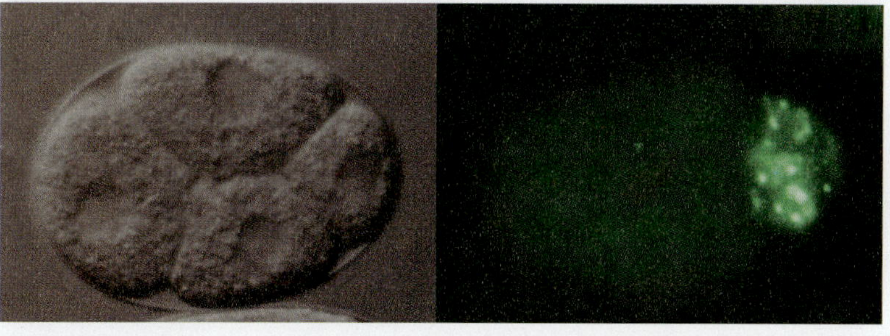

❹ 4세포기 배아

▶ **그림 46.21 예쁜꼬마선충 발생 과정에서의 P 미소체의 분할.** 차등간섭대비현미경(왼쪽)으로 처음 두 번의 세포분열 중 핵의 윤곽을 확실하게 구별할 수 있다. 형광현미경 사진(오른쪽)으로 동일한 단계의 배아에서 P 미소체만 표지하는 항체로 염색한 배아를 볼 수 있다.

물 등 다양한 동물들에서 보인다(32장). **그림 46.22a**에서 보이는 바와 같이 올챙이의 몸 계획은 전-후 축과 배-복 축을 따라 비대칭적으로 되어 있으며, 좌-우 축은 대체로 대칭적이다. 즉, 몸의 좌우측은 대체로 각각의 거울상과 비슷하다. 이러한 몸의 축은 언제 어떻게 확립될까?

개구리 배아의 전후축은 난자의 형성 과정에 결정된다. 비대칭성은 난자의 서로 다른 반구의 형성에서 이미 두드러진다. 짙은 색의 멜라닌 미립자가 동물반구의 표면 쪽에 많이 분포하고 노란색의 난황은 식물반구에 더 많이 분포한다. 이러한 동물극-식물극 비대칭성은 나중에 전후 축이 어디에서 형성될 것이라는 것을 지시하게 된다. 물론 전후축과 동물-식물 축은 동일한 것이 아니다. 즉 동물의 머리가 동물극 쪽에서 생기는 것은 아니다.

놀랍게도 개구리 배아의 배-복 축은 무작위적으로 정해진다. 정자와 난자의 수정이 일어나면 난자의 표면—세포막과 피층세포질—이 내측 세포질에 대하여 회전하는 피층회전(cortical rotation)이 일어나게 된다. 동물극 쪽에서 보면 이 회전의 방향은 항상 동물반구 어디에서든지 정자가 들어온 쪽 방향으로 일어난다(**그림 46.22b**).

어떻게 피층회전이 배-복 축을 확립할 수 있을까? 피층회전으로 인해 식물반구의 피층에 있던 일부 분자들이 동물반구의 내측 세포질의 분자들과 상호작용할 수 있게 되고, 그 결과 일어나는 유도 상호작용은 특정 식물반구 부위에서의 조절인자를 활성화시키게 된다. 그 결과 배아의 등쪽과 배쪽 부위에서 서로 다른 종류의 유전자들이 발현된다.

조류에서는 중력의 영향으로 전-후 축이 생기는데 암컷이 알을 낳기 전에 알이 수란관을 따라 내려가면서 이러한 일이 일어난다. 나중에 배반포 세포의 윗면과 아랫면에서의 pH 차이가 배-복 축을 형성한다. 만약 인위적으로 위, 아래의 pH를 바꿔주면 흰자 쪽이 복측이 되고, 난황이 있는 쪽이 배측이 되어 거꾸로 된 축이 나타난다.

포유류에서는 난할이 끝날 때까지 극성이 명확하지 않은데, 다만 최근의 연구 결과에 의하면 정자와 난자가 융합하기 전에 이들 핵의 방향이 제1난할면에 영향을 주어 축을 형성하는 데 중요한 역할을 할 것으로 추정된다. 곤충에서는 형태형성인자(morphogen)의 농도 구배가 전-후 축과 배-복 축을 확립한다(18장).

일단 전-후 축과 배-복 축이 확립되고 나면 좌-우 축의 위치가 확정되게 된다. 그럼에도 불구하고 특정한 기전에 의해 어느쪽이 왼쪽, 어느 쪽이 오른쪽이 될 지를 정해야 한다. 포유류에서는 내장 기관의 위치와 심장과 뇌의 구조 및 기능의 면에서 상당한 좌우 비대칭성이 관찰된다. 최근의 연구 결과에 의하면 섬모가 이러한 좌우 비대칭성의 확립에 중요한 것으로 밝혀졌다. 이 내용은 본 장의 마지막에 다시 설명한다.

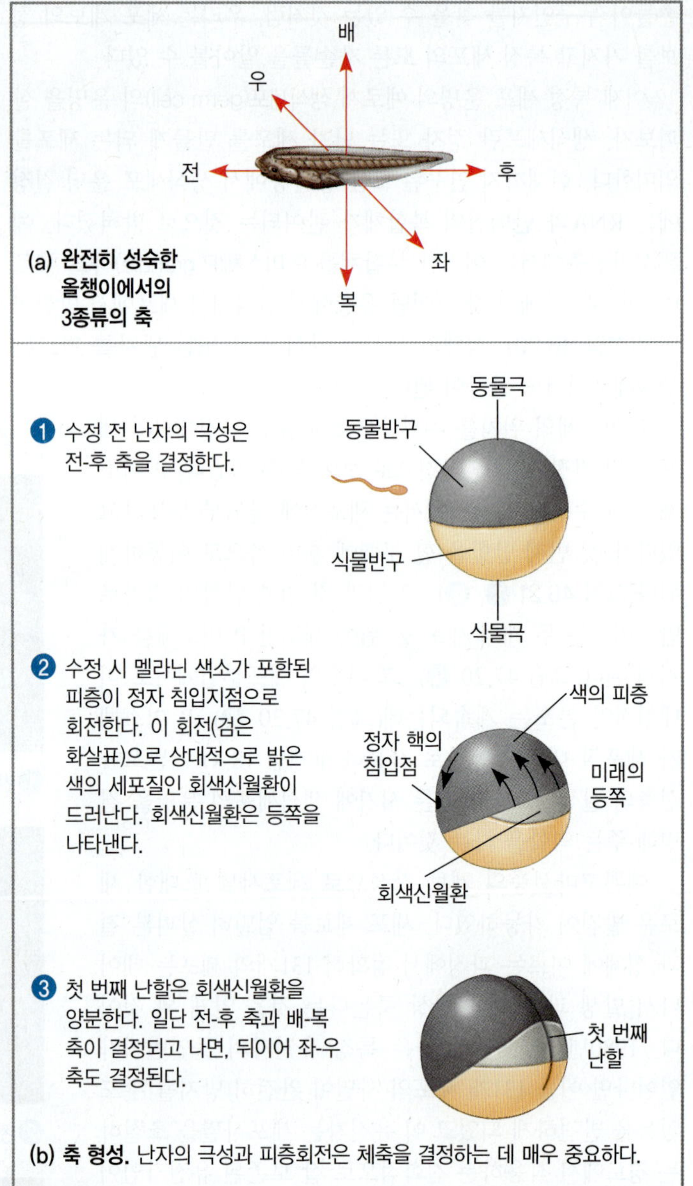

(b) **축 형성.** 난자의 극성과 피층회전은 체축을 결정하는 데 매우 중요하다.

▲ **그림 46.22 양서류의 체축(body axis) 형성.** 접합자가 난할을 시작하기 전에 3개의 축이 모두 형성된다.

WHAT IF? 연구자들이 정상적인 피층회전이 일어나도록 한 후 강제로 반대방향으로 회전을 시키면 머리가 2개 달린 배가 만들어졌다. 피층회전이 몸의 축 형성에 영향을 준다는 점을 상기하면서 이러한 현상을 설명해 보라.

세포 운명잠재력의 제한

앞서 우리는 특정 세포 운명으로의 결정 과정을 공부하였다. 수정란은 모든 세포의 운명을 만들어낼 수 있다. 발생의 과정 동안 세포들은 이러한 능력을 얼마 동안이나 가지고 있을까? 독일의 동물학자인 슈페만(Hans Spemann)은 1938년 이러한 질문에 답을 찾기 위한 실험을 수행하였다. 그는 배를 조작하여 정상적인 발생 과정을 방해한 후 그 조작에 의해 변화되는 발생의 양상을 관찰하는 방식으로 세포의 발생 잠재력(developmental potential)을 평가할 수 있었다. 발생잠재력이란 그 세포가 될 수 있는 구조의 영역을 의미한다(**그림 46.23**). 슈페만과 다른 연구자들의 연구 결과 개구리 배의 첫 번째 두 할구는 **전능성(totipotent)**을 가진다는 것이 증명되었다. 즉 성체에서 발견되는 모든 세포 형태로 발달할 수 있는 능력을 갖고 있다.

포유류 배아 세포는 8세포기까지 전능성을 가지고 있는데, 이러한 능력은 다른 동물에 비해 상당히 긴 시간에 해당한다. 하지만 최근의 연구 결과에 의하면 정상적인 배에서 심지어 처음 두 개의 할구조차도 실제로는 동일한 잠재력을 가지지 않음이 시사되었다. 오히려, 이들의 전능성은 오히려 환경에 반응하여 스스로의 운명을 조절할 수 있음을 의미하는 것이다. 16세포기에 이르면 포유류 세포들은 영양막 또는 내부세포괴를 형성하도록 운명이 결정된다. 이 시점 이후로는 세포들은 그 발생 잠재력이 제한적이지만, 그들의 핵은 여전히 전능성을 가지고 있다. 이러한 사실은 그림 19.16과 19.17에서 보인 바와 같은 이식 및 클로닝 실험을 통해 증명된다.

사람의 배 발생 초기의 세포 전능성이 당신 또는 당신의 급우가 일란성 쌍생아인 이유가 된다. 하나의 배아에서 세포 또는 세포군이 나누어지게 되면 일란성 쌍생아가 되는데 이러한 분리가 영양막과 내부세포괴가 분화되기 전에 일어나면 두 배가 자라면서 각각의 융모막과 양막을 가지고 자라게 된다. 이러한 경우가 일란성 쌍생아의 약 1/3에 해당한다. 나머지 경우는 대부분 두 배가 융모막을 공유하는 상황이고, 드물게는 아주 늦게 분리가 되는 경우 양막도 공유하는 경우도 있다.

특정 종에서 배 세포들이 얼마나 일률적이거나 가변적이거나 간에 관계없이, 발생 잠재력이 점차로 제한되어 간다는 것은 든 동물 발생 과정에서 나타나는 공통된 특징이라 할 수 있다. 일반적으로 세포의 조직 특이적 운명 결정은 낭배기 후기에 고정되는데, 초기 낭배기에는 유동적일 수도 있다. 예를 들어 양서류 초기 낭배의 등쪽 외배엽을 같은 배의 다른 부위의 세포들로 대체하게 되면 이들 새로운 세포들이 신경관을 형성하게 된다. 하지만 동일한 실험을 후기 낭배에서 실시하면 새롭게 이식된 세포들이 새로운 환경에 반응하지 못하고 따라서 신경관 형성을 하지 못한다.

▼ **그림 46.23** **탐구**

첫 번째 난할이 일어날 때 회색신월환의 분포가 두 딸세포의 전능성에 어떠한 영향을 미치는가?

실험 독일 과학자 슈페만(Hans Spemann)은 물질이 회색신월환에 비대칭적으로 분포하는지를 알아보기 위하여 1938년에 다음과 같은 실험을 수행하였다.

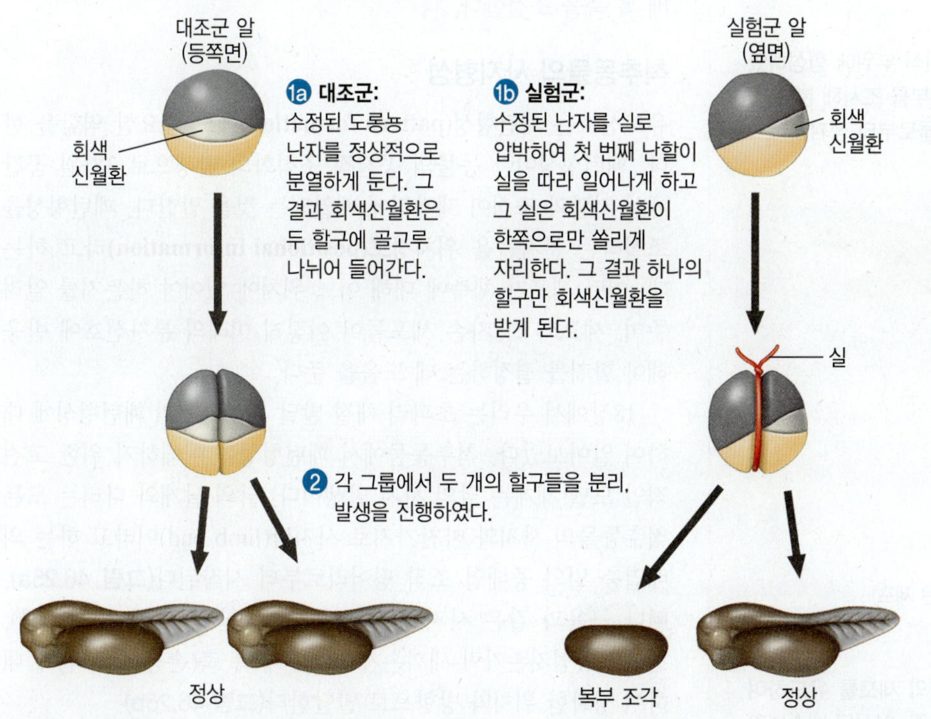

결과 회색신월환 전부 또는 반을 받은 할구는 정상 배로 발생한다. 회색신월환을 받지 못한 할구는 등쪽 구조가 없는 비정상적인 발생을 한다. 슈페만은 이를 '복부 조각'이라 불렀다.

결론 첫 번째 난할에 의해 정상적으로 형성되는 두 할구의 전능성은 회색신월환에 모여 있는 세포질 결정인자에 달려 있다.

참고문헌 H. Spemann, *Embryonic Development and Indution*, Yale University Press, New Haven, CT (1938).

WHAT IF? 슈페만보다 40년 전에 배 발생학자인 루(Hans Roux)는 제1난할이 일어난 후 침으로 한 할구를 찔렀다. 나머지 한 할구로부터 발생한 배는 비정상이었으며, 배 반을 닮았다. 왜 루의 실험 결과가 슈페만의 대조군 실험과 달랐는지에 대한 이유를 설명해 줄 가설을 세워라.

유도신호에 의한 세포운명 결정과 패턴 형성

배 발생이 진행되면서 세포들은 유도작용을 통해 서로의 운명에 영향을 끼치기 시작한다. 분자적인 수준에서 볼 때 유도신호에 대한 반응은 보통 신호를 받는 세포들이 특정한 조직으로 분화할 수 있도록 해주는 특정 유전자들의 발현을 일으키는 것이다. 여기서 우리는 유도에 대한 두 가지 다른 예로 배아의 몸 계획 형성과 척추동물의 사지형성을 살펴보자.

슈페만과 맹골드의 "형성체"

슈페만(Hans Spemann)은 개구리 수정란의 전능성에 대한 연구를 하기 전에 낭배형성과정에서의 세포운명 결정 과정에 대한 연구를 수행한 바 있다. 이 실험들에서 슈페만과 그의 제자인 맹골드(Hilde Mangold)는 초기 낭배 간의 이식 실험을 수행하였다. 그림 46.24에 요약된 유명한 실험을 통해 그들은 대단한 발견을 하게 된다. 즉, 이식된 초기 낭배에서의 원구배순부가 원구 배순부로서의 기능을 가지고 있을 뿐 아니라 주변 세포들로 하여금 낭배형성에 참여하도록 유도함을 발견하였다. 이러한 결과를 바탕으로 그들은 초기 낭배의 원구 배순부가 형성체(organizer)로 작용하여 주변 조직들의 변화를 유도하여 척삭, 신경관, 그리고 다른 기관들의 형성하게 만들었다고 결론내릴 수 있었다.

거의 1세기가 지난 지금도 발생생물학자들은 현재 슈페만 형성체의 유도작용 기전을 연구하고 있다. 중요한 실마리 하나는 성장인자의 하나인 BMP-4(bone morphogenetic protein 4)의 연구로부터 밝혀졌다. 형성체 세포의 중요한 기능 중 하나는 배아의 등쪽에서 BMP-4를 불활성화시키는 것이다. BMP-4의 불활성화로 등쪽의 세포들이 척삭, 신경관 등과 같은 등 쪽 구조를 형성할 수 있게 된다. BMP-4와 관련된 단백질들과 이들 단백질에 대한 억제 단백질들이 초파리와 같은 무척추동물을 포함한 많은 다른 동물들에서도 발견되었으며, 이들 동물에서도 BMP-4는 배-복 축을 조절한다.

▼ 그림 46.24 탐구

원구 배순부는 양서류 배의 다른 부위에서 세포를 유도하여 운명을 변화시킬 수 있나?

실험 1924년 슈페만과 맹골드는 색소를 가진 도롱뇽의 초기 낭배에서 원구 배순부 일부를 색소를 가지지 않은 도롱뇽의 초기 낭배의 복부에 이식하고 배순부의 유도 능력을 조사하였다. 낭배의 단면 그림은 다음과 같다.

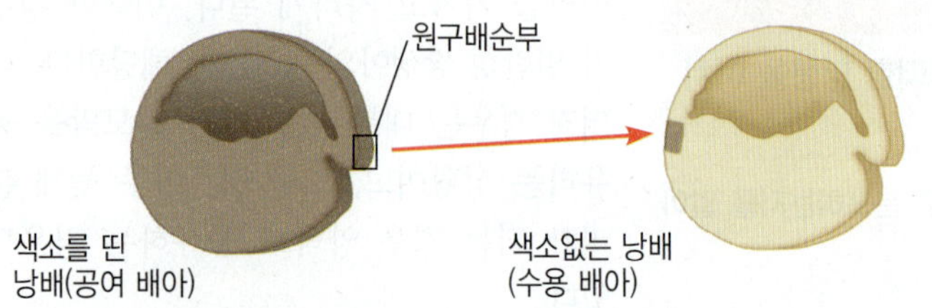

결과 이식을 받은 배아는 제2의 척삭과 신경관을 이식 부위에 형성하였고 결국 제2의 배를 만들게 되었다. 이 이중 배아의 내부를 조사해 본 결과 제2의 구조는 부분적으로는 이식을 받은 배아의 세포들로부터 생겨났다.

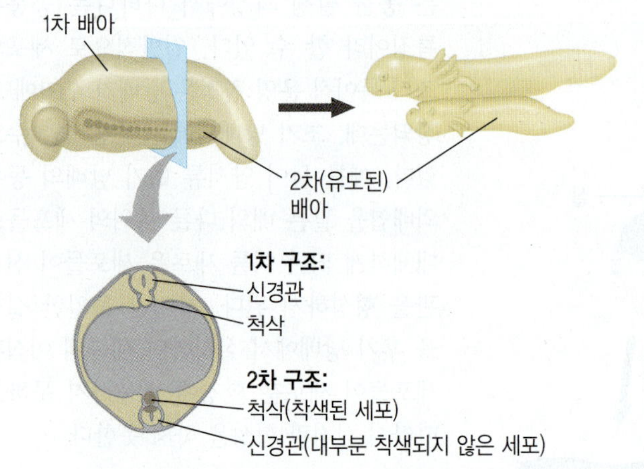

결론 이식된 배순부가 이식받은 배아의 다른 부위의 세포를 유도하여 원래의 운명과는 다른 운명으로 변화시킬 수 있었다. 즉, 이식된 배순부가 추가적인 배의 발생을 위한 형성체의 역할을 하였다.

참고문헌 H. Spemann and H. Mangold, Induction of embryonic primordia by implantation of organizers from a different species, Trans. V. Hamburger (1924). Reprinted in *International Journal of Developmental Biology* 45: 13–38 (2001)

WHAT IF? 이식된 배순부가 수령자 조직을 원래의 운명이 아닌 운명으로 변화시켰기 때문에 어떤 신호가 이 배순부에서 나갔을 것이라고 짐작할 수 있다. 당신이 이 신호에 해당할 수 있는 후보 단백질을 찾았다면 이 물질을 낭배의 복부쪽에 주입하게 되면 어떤 결과를 기대할 수 있을까?

척추동물의 사지형성

유도신호는 **패턴형성(pattern formation)**에도 중요한 역할을 한다. 패턴형성이란 동물의 공간적 조직화의 발생으로 3차원 공간에서 기관과 조직이 제자리에 배열되는 것을 말한다. 패턴형성을 조절하는 분자들을 **위치정보(positional information)**라고 하는데, 어떤 세포가 체축에 대해 어느 위치에 있어야 하는지를 알려주며, 세포와 그 자손 세포들이 어떻게 미래의 분자신호에 반응해야 할지를 결정하는 데 도움을 준다.

18장에서 우리는 초파리 체절 발달 과정에서의 패턴형성에 대하여 알아보았다. 척추동물에서 패턴형성을 이해하기 위한 고전적인 모델 체계는 닭의 사지 발생이다. 닭의 날개와 다리는 모든 척추동물의 사지와 마찬가지로 사지싹(limb bud)이라고 하는 외배엽층 밑의 중배엽 조직 덩어리로부터 시작된다(그림 46.25a). 뼈나 근육과 같은 사지의 각 성분은 근-원 축(어깨-손가락 끝), 전-후 축(엄지손가락-새끼손가락) 및 배-복 축(손등-손바닥)에 대하여 정확한 위치와 방향으로 발달한다(그림 46.25b).

사지싹에 있는 두 개의 지역이 사지의 발달 과정에 매우 중요한 역할을 한다. 사지싹 형성체의 한 종류로 **정단외배엽융기(apical ectodermal ridge, AER)**가 있는데, 이것은 사지싹의 끝에 있는 두꺼운 외배엽 지역이다(그림 46.25a). AER을 제거하면 근-원 축을 따라 다리가 뻗어나가지 못한다. 왜? AER 세포들은 섬유아세포 성장인자(FGF)군에 속하는 여러 분비 단백질을 만들어 내며, 이 신호분자들은 사지싹이 뻗어나가는 것을 촉진한다. 만약 AER을 외과적으로 제거한 후 FGF로 코팅된 구슬을 그 자리에 넣어주면 정상적인 사지가 발달한다.

다른 하나의 사지싹 형성체는 **극성화 활성대(zone of polarizing activity, ZPA)**로 사지싹의 뒷부분이 몸에 붙은 부위의 외배엽 밑에 존재하는 중배엽 조직덩어리이다(그림 46.25a). ZPA는 사지의 전-후 축을 따라 패턴형성이 적절하게 일어나게 하는 데 필요하다. ZPA에 가장 가까이 있는 세포들은 뒤쪽 구조, 이를테면 조류의 세 개의 지골(digit) 중 가장 뒤쪽 것을 만드는데, 이는 사람의 손가락 중 새끼손가락의 위치에 해당한다. ZPA에서 가장 멀리에 있는 세포는 가장 앞쪽 손가락(사람의 엄지손가락)과 같은 앞쪽 구조를 형성한다. 이러한 작용 모델은 **그림 46.26**에 소개된 조직 이식 실험 등 일련의 실험의 결과에 근거한 것이다.

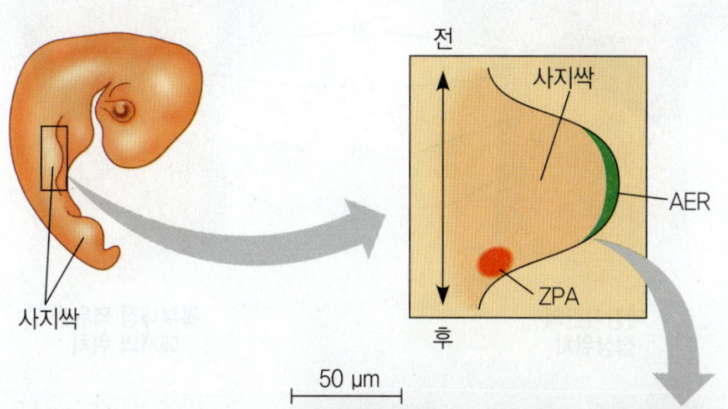

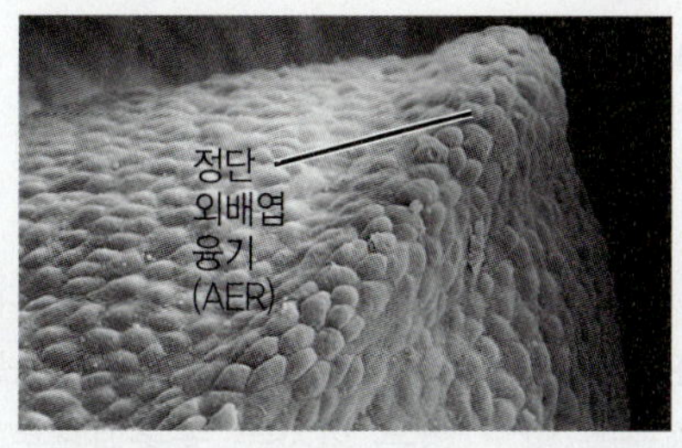

(a) 형성체 지역. 척추동물의 사지는 사지싹이라는 융기로부터 발달하는데, 각각은 외배엽층으로 덮인 중배엽세포로 구성되어 있다. 주사전자현미경 사진에 표시된 AER과 ZPA의 두 지역은 사지 패턴형성에서 핵심적인 형성체 역할을 한다.

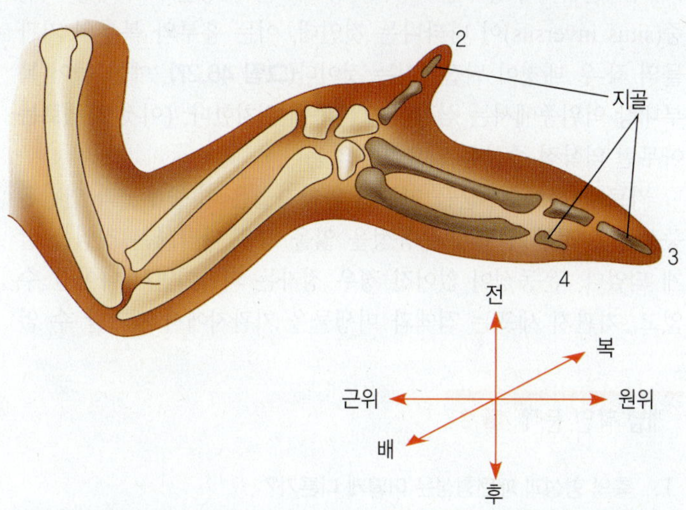

(b) 조류 배아의 날개. 싹이 사지로 발생하면서 특정 조직패턴이 나타나기 시작한다. 예를 들어, 조류의 날개에서는 세 개의 지골이 항상 그림과 같은 형태로 배열되어 나타난다. 패턴형성이 일어나기 위해서는 각 배아 세포가 사지의 세 개의 축상에서의 위치를 알려주는 위치정보를 받는 것이 필요하다. AER과 ZPA는 이러한 정보를 제공해 주는 분자를 분비한다. (숫자는 척추동물의 사지에 기초한 지골을 표시한 것이다. 닭은 4개의 지골이 있는데 첫 번째 것은 뒤쪽을 향하고 있어 모식도에서는 보이지 않는다.)

▲ **그림 46.25 척추동물 사지 발생**

▼ **그림 46.26 탐구**

척추동물의 사지형성에 있어 ZPA는 어떤 역할을 하는가?

실험 1985년에 연구자들은 ZPA의 본성에 대해 궁금해 하였다. 그들은 닭 배의 ZPA 부위를 다른 배의 사지싹의 앞쪽 부위의 외배엽 아래쪽에 이식해 주었다.

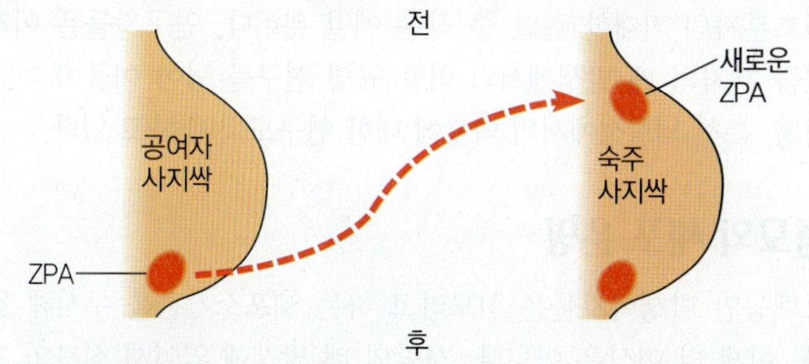

결과 ZPA를 받아들인 사지싹 부위에서 추가적인 손가락이 생겼다. 이들은 정상적인 손가락에 대해 거울상으로 분포하였다. (비교를 위해 그림 46.25b의 정상적 날개를 참조하라).

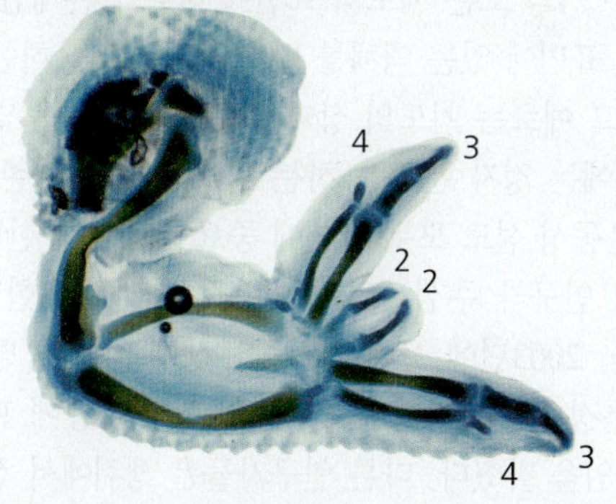

결론 이 실험에서 관찰된 바와 같은 거울상의 중복현상으로 보아 ZPA가 어떤 신호를 분비하여 '뒤쪽'이라는 위치정보를 제공한다고 볼 수 있다. ZPA로부터 거리가 멀수록 더욱 앞쪽 구조를 택하게 된다.

참고문헌 L.S. Honig and D. Summerbell. Maps of strength of positional singnaling activity in the developing chick wing bud. *Journal of Embryology and Experimental Morphology* 87: 163–174 (1985)

WHAT IF? 당신이 ZPA가 AER보다 뒤에 형성됨에 착안하여 AER이 ZPA 형성에 필요하다는 가설을 세웠다고 하자. AER을 제거한 후 소닉 헤지호그(Shh)의 발현을 조사한다면 어떻게 이 가설을 검증할 수 있을까?

ZPA가 AER과 마찬가지로 단백질 인자를 분비하여 발생을 조절한다. ZPA의 세포가 분비하는 신호는 소닉 헤지호그(Sonic hedgehog, Shh)라는 중요한 성장인자인데 Shh라는 이름의 유래는 비디오 게임의 주인공 이름에서 따온 것으로서, 초파리에서도 비슷하게 발생에 관여하는 단백질이다. 만약 유전공학적으로 Shh를 많이 생산하는 세포를 만들어 정상적인 사지싹의 앞쪽 부위에 이식하면 마치 ZPA를 그 지역에 이식한 것처럼 거울상의 다리가 만들어진다. 또한 생쥐에서 Shh가 정상적으로 발현되는 이외의 지역에서도 만들어지게 하면 여분의 지골이 만들어질 수 있다.

AER과 ZPA가 사지싹 발달에 중요한 역할을 하는데, 그렇다면 사지싹이 앞발 또는 뒷발이 되게 하는 것은 무엇일까? 이는 특정 몸 부위의 발생 운명을 결정해 주는 혹스(*Hox*) 유전자의 공간적 발현 차이임이 밝혀졌다(그림 20.18).

헤지호그, FGF, BMP-4 등은 동물에서 세포 운명을 조절하는 신호분자의 거대한 집단 중 작은 예일 뿐이다. 연구자들은 이제 이들 분자의 배 발생에서의 역할 규명 연구를 넘어 이들이 기관형성, 특히 뇌형성에서의 역할에 대한 연구도 진행하고 있다.

섬모와 세포 운명

오랫동안 발생학자들은 섬모라고 하는 세포소기관을 무시해 왔다. 이제 더 이상은 아니다. 사람의 배 발생에 있어서 섬모의 기능이 세포 운명 결정에 필수적이라는 실험적 증거들이 있다.

다른 포유류와 마찬가지로 사람도 운동성 및 비운동성 섬모를 다 가지고 있다(그림 7.24). 비운동성의 주섬모(primary cilia, monocilia)는 거의 모든 세포의 표면에 하나씩 존재한다. 운동성 섬모는 세포 표면에 있는 액체를 밀어내는 역할을 하는 세포들에서 보인다. 그 예로는 기도의 상피세포와 정자 등을 들 수 있다. 정자의 경우에는 정자 운동을 하는 편모의 형태로 존재한다. 운동성 및 비운동성 섬모 모두 발생에 중요한 역할을 한다.

유전학적 연구가 주섬모의 발생학적 역할에 대한 증거를 제공해 주었다. 2003년에 유전학자들은 생쥐 신경계 발생에 영향을 미치는 특정 돌연변이들이 주섬모의 합성 기능에 관여하는 유전자의 변이임을 밝혔다. 다른 연구자들은 생쥐에서 신장 질병을 일으키는 돌연변이가 주섬모를 따라 물질을 수송하는 데 중요한 역할을 하는 유전자에서 생긴 것임을 알아냈다. 또한 사람에서도 주섬모의 기능을 저해하는 돌연변이들이 낭포성 신장질환과도 연관되어 있다.

주섬모가 비운동성이라면, 이들의 발생상의 역할은 무엇일까? 그 해답은, 각 주섬모가 세포 표면에서 Shh와 같은 다수의 신호전달 단백질들의 신호를 받아들이는 안테나와 같은 역할을 한다는 것이다. 어떤 수용체 단백질들을 가지게 할 것인지를 조절하는 기전이 섬모의 특정 신호에 대한 반응을 결정하게 된다. 이러한 주섬모에 문제가 생기면 신호전달에 문제가 생기는 것이다.

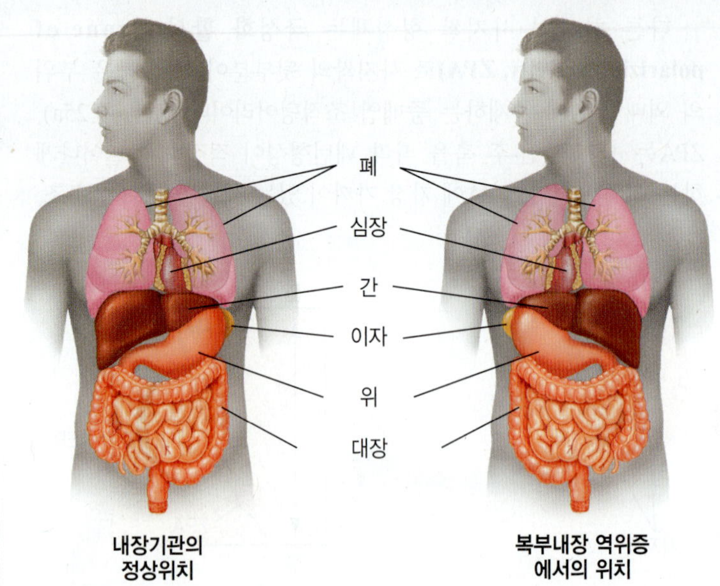

▲ 그림 46.27 **복부내장 역위증.** 흉부와 복부의 정상적인 좌-우 비대칭이 역전되어 있다.

운동성 섬모의 발생상 역할에 대한 연구는 카르타게너(Kartagener) 증후군이라는 질병의 증상에서 출발되었다. 이 증후군을 앓고 있는 환자는 공통적으로 부비강과 기관지의 감염에 취약한 특징을 보이며, 남성의 경우는 무운동성 정자의 증상도 나타난다. 이 증후군의 가장 흥미로운 특징은 복부내장 역위증(situs inversus)이 나타나는 것인데, 이는 흉부와 복부의 기관들의 좌-우 대칭이 뒤집어지는 것이다(그림 46.27). 예를 들어 복부내장 역위증에서는 심장이 오른쪽에 위치한다. (이것 자체로는 아무런 의학적 증상을 일으키지 않는다.)

카르타게너 증후군을 연구한 과학자들은 이 증후군과 연관된 증상들은 전부 섬모가 운동성을 잃을 경우 나타나는 것임을 알게 되었다. 운동성이 없어진 경우 정자는 퍼덕이면서 나아갈 수 없고, 기관지 세포는 점액과 미생물을 기관지에서 제거할 수 없

개념 확인 문제 46.3

1. 축의 형성과 패턴형성은 어떻게 다른가?
2. MAKE CONNECTIONS 형태형성물질의 농도 구배는 세포질 결정인자 또는 유도작용과 이들이 미치는 세포들의 범위라는 측면에서 어떻게 다른가?
3. WHAT IF? 개구리 초기 낭배의 복부 세포에서 인위적으로 BMP-4 저해단백질 발현을 증가시키면 제2의 축이 형성될 것인가? 설명해 보라.
4. WHAT IF? 만약 사지축에서 ZPA를 제거하고 Shh에 담근 구슬을 사지축 한가운데 넣어 둔다면 어떤 일이 일어날까?

정답은 부록 A 참조

다. 그런데 복부내장 역위증은 어떻게 생기는 것일까? 최근의 모델에 의하면 배아의 특정 부위의 섬모 운동이 정상 발생에 필수적이라는 것이다. 증거들에 의하면 섬모의 운동이 왼쪽 방향의 유체 흐름을 만들게 되고 이는 좌-우 축의 대칭성을 허물게 되는 힘으로 작용한다는 것이다. 이러한 흐름이 없으면 좌-우 축의 비대칭성이 무작위적으로 생성되고 따라서 절반의 경우에는 복부내장 역위증이 된다는 것이다.

이제 세포 운명 결정 과정에서부터 발생을 전체적인 관점에서 되새겨 보면, 동물의 발생 과정에는 수많은 신호전달 단계와 분화 과정을 포함하는 일련의 사건들이 일어남을 알 수 있다. 발생 초기에 비대칭성을 갖게 된 세포들이 서로 영향을 주어 특정한 유전자들의 발현이 일어나게 한다. 이 유전자들의 산물은 세포들이 특정한 종류로 분화하도록 지시한다. 분화된 세포들은 패턴형성과 형태형성을 통해 궁극적으로 조직과 기관의 복잡한 배열을 만들어 내고, 각각은 하나의 조화로운 생명체를 형성하기 위하여 적절한 장소에서 기능을 수행한다.

46장 복습

핵심 개념의 요약

개념 46.1

수정과 난할로 배 발생이 시작된다

- **수정(fertilization)**은 이배체 접합자를 형성하게 하며, 배 발생을 시작하게 한다. **첨체반응(acrosomal reaction)**은 정자의 첨체 안의 가수분해효소들을 분비하여 난자 주위를 둘러싸고 있던 물질들을 분해시킨다.

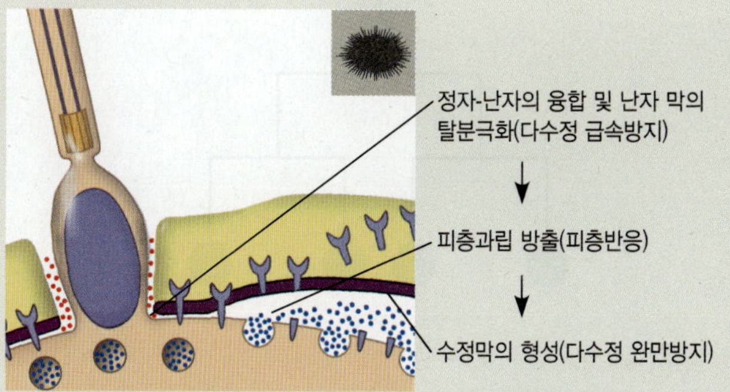

포유류의 수정에서는 피층반응을 통해 투명대가 변화함으로써 **다수정 완만방지(slow block to polyspermy)** 기작이 일어난다.

- 수정이 일어난 후 세포의 성장 없이 세포분열이 계속 일어나는 **난할(cleavage)**이 일어나 많은 **할구(blastomere)**를 만들어 낸다. **난황(yolk)**의 양과 분포가 난할의 패턴에 영향을 끼친다. 포배 중기로의 이행은 난할의 끝을 알려주는 것으로, 많은 생물종들에서 액체가 차 있는 **포배강(balstocoel)**을 포함하고 있는 **포배(blastula)**가 생기게 한다.

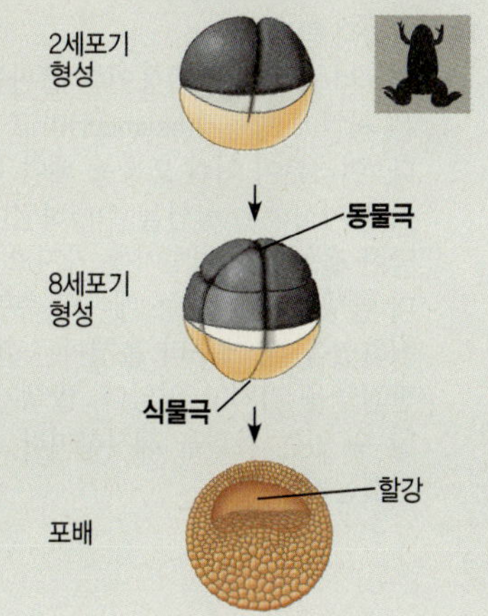

? 정자가 다른 종의 난자를 만나면 세포 표면에서 일어나는 어떤 사건이 실패하게 될까?

개념 46.2

동물의 형태형성은 세포의 모양, 위치 및 생존에서의 특이적 변화를 동반한다

- 포배가 **낭배형성과정(gastrulation)**을 통해 **낭배(gastrula)**가 되면 원시적인 장인 원장과 세 개의 배엽층이 형성된다. 외배엽(파란색)은 배의 바깥 부분을 형성하고, 중배엽(빨간색)은 중간부분, 내배엽(노란색)은 가장 안쪽조직을 형성한다.

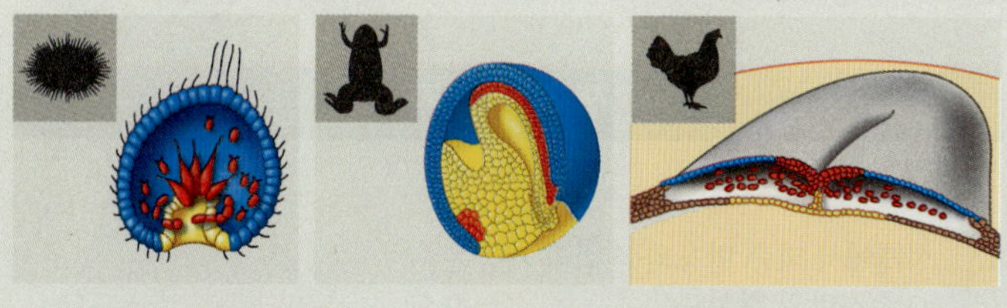

- 포유류의 낭배형성과 기관형성은 조류나 파충류와 유사하다. 수란관에서 수정이 일어나고 초기 난할이 진행된 후에, **배반포(blastocyst)**는 자궁에 착상을 한다. 태반은 태아와 모체의 조직이 모여 형성되는데 영양세포층으로부터 태아 부분이 형성되며, 배아는 배반포에 있는 한 겹의 세포층인 상배엽으로부터 발달한다.
- 조류와 파충류, 그리고 포유류 배아들은 알 껍질이나 자궁 안에 있는 액체로 찬 주머니에서 자란다. 이러한 생물체에서 삼배엽층은 배아 조직을 만들 뿐만 아니라 4개의 **배외막(extraembryonic membrane)**인 양막, 융모막, 난황낭, 요막을 만든다.
- 동물의 기관은 삼배엽층의 특정한 부위로부터 발생된다. 척추동물의 초기 **기관형성과정(organogenesis)**에서는 신경배 형성을 포함하는데, 그 과정을 통해 등쪽 중배엽의 응축에 의해 **척삭(notochord)**이 형성되고 외배엽 **신경판(neural tube)**이 안쪽으로 접혀서 신경관이 발달한다.

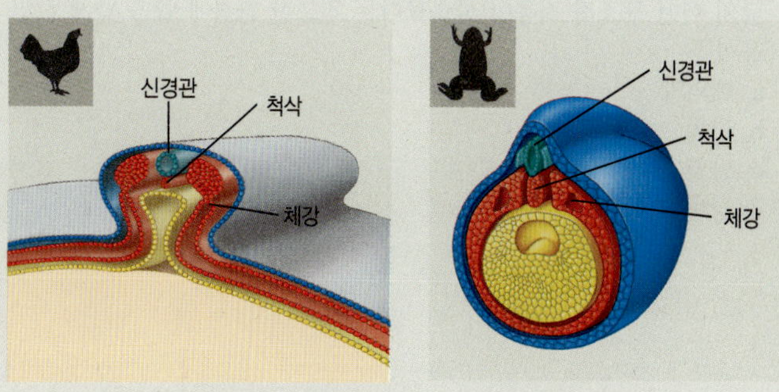

- 세포골격의 재배열이 낭배형성 및 기관형성 과정에서의 세포이동에 따른 세포 모양 변화의 원인이다. 이러한 세포이동은 함입과 **수렴확장(convergent extension)**을 포함한다. 세포골격은 또한 세포 이동에도 관여하며 이 현상에는 세포 부착 분자와 세포외기질이 관여한다. 이동성을 가지는 세포는 신경릉과 체절에서 만들어진다.

? 신경관은 어떻게 형성되는가? 신경릉 세포는 어떻게 생성되는가?

개념 46.3

세포질 결정인자와 유도신호들에 의해 세포의 운명이 결정된다

- 실험적으로 밝혀진 배아의 **운명예정지도(fate map)**는 접합자나 포배의 특정 부위가 후기 배아의 특정 부분으로 발달한다는 것을 보여주었다. 완전한 세포 계보는 예쁜꼬마선충에서 밝혀졌고 그 과정에서 세포예정사가 발생에 기여함이 발견되었다. 배 발생이 진행되면서 세포의 전능성이 줄어드는 것은 모든 동물에서 공통적으로 나타나는 현상이다.
- 발생 중인 배아의 세포는 위치에 따라 다른 **위치정보(positional information)**를 받아 해석한다. 이러한 정보는 양서류 낭배의 원구배순부와 척추동물의 사지싹에 있는 **AER(apical ectodermal ridge)**과 **ZPA(zone of polarizing activity)**와 같은 "형성체" 지역에 있는 세포로부터 분비된 신호분자의 형태로 존재한다.

? 당신이 두 종류의 생쥐 돌연변이를 찾았다고 하자. 그 중 하나는 사지 발생에만 영향을 주는 변이이고, 다른 하나는 사지 발생과 신장 발생에도 영향을 주는 변이이다. 어떤 변이가 주섬모의 기능에 영향을 주는 것이라고 할 수 있을까? 설명해 보라.

생각해보자

수준 1: 지식/이해

1. 성게에서 피층 반응의 직접적 기능은?
   a. 수정막의 형성
   b. 다수정 급속 방지
   c. 난자의 전기파 형성
   d. 정자와 난자 핵의 융합
2. 조류와 포유류에 공통적으로 적용되는 것은?
   a. 전할
   b. 상배엽과 하배엽
   c. 영양세포층
   d. 회색신월환
3. 원장은 발생하여 무엇이 되는가?
   a. 중배엽
   b. 내배엽
   c. 태반
   d. 소화관의 내강
4. 닭의 어떤 구조적 적응이 물속보다는 건조한 환경에 알을 낳게 하였을까?
   a. 배외막
   b. 난황
   c. 난할
   d. 낭배형성

수준 2: 응용/분석

5. 난자에 칼슘 또는 마그네슘 이온에 결합하는 화학물인 EDTA를 처리한다면
   a. 첨체반응이 저해될 것이다.
   b. 정자와 난자 핵의 융합이 저해될 것이다.
   c. 다수정 급속 방지가 일어나지 않을 것이다.
   d. 수정막 형성이 되지 않을 것이다.
6. 사람에서 일란성 쌍생아가 생기는 이유는
   a. 배외 세포들이 수정란 핵과 상호작용하기 때문이다.
   b. 수렴확장 현상이 일어나기 때문이다.
   c. 초기 할구들이 분리되면 온전한 배를 형성할 수 있기 때문이다.
   d. 회색신월환이 배-복 축을 나누어 새로운 세포를 만들기 때문이다.
7. 한 개구리 배아의 신경관에서 떼어 낸 세포를 다른 배의 복부에 이식해 주면 그 세포들은 신경계로 발생하게 된다. 이러한 결과 알 수 있는 것은 이식된 세포들이
   a. 전능성을 가지고 있었다.
   b. 결정되어 있었다.
   c. 분화되었다.
   d. 간충직성이었다.
8. DRAW IT 다음 원은 세포 계보에서 세포를 의미한다. 두 가지 서로 다른 변형된 세포 계보를 그리되, 각 계보가 3개의 세포를 만들어 내도록 해 보라. 그 중 한 가지 계보에서는 아폽토시스를 포함시키고 X로 사멸하는 세포를 표시하라.

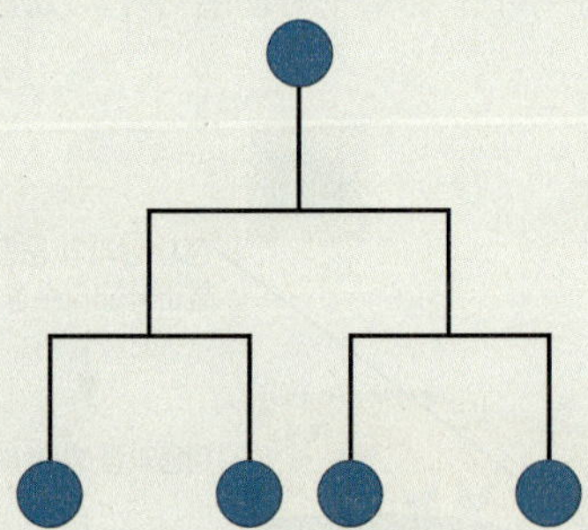

수준 3: 종합/평가

9. **진화적 관점**
   곤충이나 척추동물에서 진화는 체절이 반복되어 만들어지고, 뒤이어 일부 체절들이 융합하여 특정한 기능을 갖는 구조로 발달한다. 척추 구조의 어떤 부분이 척추동물이 체절을 갖는다는 것을 나타내는가?
10. **과학적 탐구**
   개구리 올챙이의 주둥이는 흡판을 가지고 있다. 도롱뇽 올챙이는 같은 지역에 평형기(balancer)라고 하는 수염 모양의 구조를 가지고 있다. 여러분이 어린 도롱뇽 배아 측면의 외배엽을 개구리 배아의 주둥이로 이식하는 실험을 수행하였다고 하자. 이 실험 결과 여러분은 발달한 올챙이가 평형기를 가지고 있는 것을 발견하였다. 여러분이 좀 더 발생을 한 도롱뇽 배아의 측면 외배엽을 개구리 배의 주둥이로 이식하였을 때 개구리 올챙이는 흡판 위에 도롱뇽의 피부에 해당하는 반점들을 가지고 있었다. 발생기작과 관련하여 이러한 결과를 설명할 수 있는 가설을 제시하여라. 여러분은 어떻게 가설을 시험 할 수 있겠는가?

11. **과학, 기술, 사회**

많은 과학자들은 태아조직 이식체들이 파킨슨병, 간질, 당뇨병, 치매, 척수 손상 등과 같은 질병을 치료하는데 커다란 잠재성을 가지고 있다고 믿는다. 왜 태아로부터의 조직이 특히 질병이나 손상된 세포를 대체하는 데 유용할 것으로 생각하는가? 어떤 사람들은 단지 자연유산된 태아만 태아 이식 연구에 이용할 수 있도록 허락하자고 한다. 그러나 대부분의 연구자들은 외과적으로 낙태된 태아의 조직을 이용하는 것을 선호하는데 그 이유는 무엇이라고 생각하는가? 이와 같이 논란이 되는 쟁점에 대하여 여러분은 어떤 입장에 서 있는가?

12. **글쓰기: 지식의 체계화**

짧은 에세이(100~150 단어)로 어떻게 낭배기 세포들의 창발적 특성이 배 발생을 이끄는지 써 보라.

13. **종합적으로 생각해보기**

때때로 사진의 거북이와 같이 머리가 둘 달린 동물이 태어나는데, 일란성 쌍생아가 생기는 현상과 전능성을 고려하여 어떻게 이런 현상이 생길 수 있는지 설명해 보라.

정답은 부록 A 참조.

47

동물은 감염에 대항하여 방어한다

핵심 개념

47.1 선천성 면역은 병원균들이 공통적으로 가지고 있는 성질을 인식하고 대응한다

47.2 적응면역에서 림프구 수용체가 병원균을 특이적으로 인식한다

47.3 적응면역은 체액과 체세포의 감염을 막는다

47.4 면역계 기능 손상은 병을 일으키거나 악화시킨다

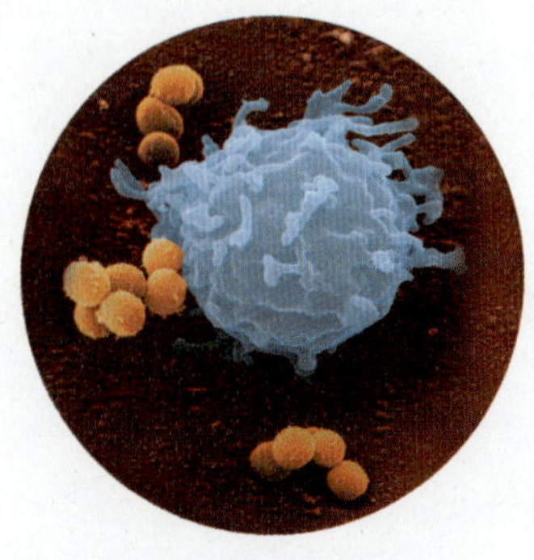

▲ **그림 47.1 면역세포가 세균 뭉텅이를 잡아먹고 있는데 어떻게 이런 일이 일어날 수 있을까?**

인식 및 대응

동물의 내부 환경은 세균이나 곰팡이, 바이러스, 기타 여러 질병을 일으키는 인자 등과 같은 **병원균(pathogen)**들에게는 아주 이상적인 서식처이다. 동물체는 한 병원균의 양분공급, 생장과 생식의 안전장치, 그리고 필요에 따라 새로운 숙주나 환경으로의 이동수단을 제공한다. 우리 몸은 감기나 독감바이러스의 견지에서 보면 아주 훌륭한 숙주이지만 다행스럽게도 그들이 서식하기에 그리 녹록하지 않다. 동물은 침입자를 제한하는 방법을 적응 진화시켜왔다.

일련의 면역세포들이 체액과 조직 사이를 순찰하면서 병원균을 인지하고 파괴한다. 예로서 **그림 47.1**은 대식세포(갈색)라 불리는 면역세포는 막대기 모양의 세균(녹색)을 잡아먹는 현장을 보여준다. 림프구로 불리는 백혈구 역시 방어에 관여하는 면역세포이다(세균 바로 왼쪽 옆에 밝게 보임). 대부분의 림프구들은 병원균을 특이적으로 인식하고 그에 대해 적절히 반응한다. 이들을 포함한 다양한 방어시스템이 동물의 **면역계(immune system)**를 구성하고 있어 감염을 피하거나 막는다. 병원성을 가지고 있지 않은 외래물질이나 세포도 면역반응을 불러일으키지만 여기에서 우리는 병원균에 대응하는 면역계를 중심으로 공부할 것이다.

면역계의 최전방 방어라인은 피부나 껍데기와 같은 외부 장벽으로, 병원균이 체내

로 침투하는 것을 막는다. 물리적 장벽이 몸 전체를 감싸지는 못하는데 가스가 교환되거나, 영양이 흡수되는 장소 그리고 생식계 등에는 외부와의 연결 통로가 필요하기 때문이다. 기도나 소화기에서와 같이 이러한 노출 부위 연결 통로에는 그 노출표면을 둘러싸고 있는 점막이 감염을 물리적으로 제한한다. 아울러 점막에는 감염 미생물을 가두거나 아예 죽이는 화학물질이 분비되어 있어 또 다른 의미의 화학적 장벽을 구성한다.

만약 하나의 병원균이 이러한 장벽을 통과하여 동물체 내부로 들어왔을 때 대응하는 방법은 경우에 따라 상당히 차이가 난다. 체액이나 조직에 안주하는 침입자는 더 이상 외부인으로 간주될 수 없다. 이러한 병원균과 싸우기 위해서는 동물의 면역계는 침입 외래 입자나 세포를 인식할 수 있어야 한다. 다른 말로 면역계는 자기 것과 자신의 것이 아닌 비자기를 알아차리고 구별할 수 있어야 한다. 어떻게 그렇게 할 수 있을까? 면역세포는 외래 세포나 바이러스에 있는 분자와 특이적으로 결합하는 수용체 분자를 생산하여 방어 체계를 갖춘다. 면역수용체가 외래 분자에 특이적으로 결합하는 **분자인식**(molecular recognition)이 비자기 입자나 세포를 구별해 내는 핵심 과정이다.

분자인식에는 두 가지 방법이 있으며 이는 동물의 두 가지 형태로 나눌 수 있는 면역 방어 기작의 근간이 된다. 그 중 하나는 모든 동물에 공통으로 나타나는 선천성 면역이고 다른 하나는 적응면역으로 척추동물에만 있다. 그림 47.2에 이러한 두 형태의 면역반응의 유사점과 차이점을 정리 요약하였다.

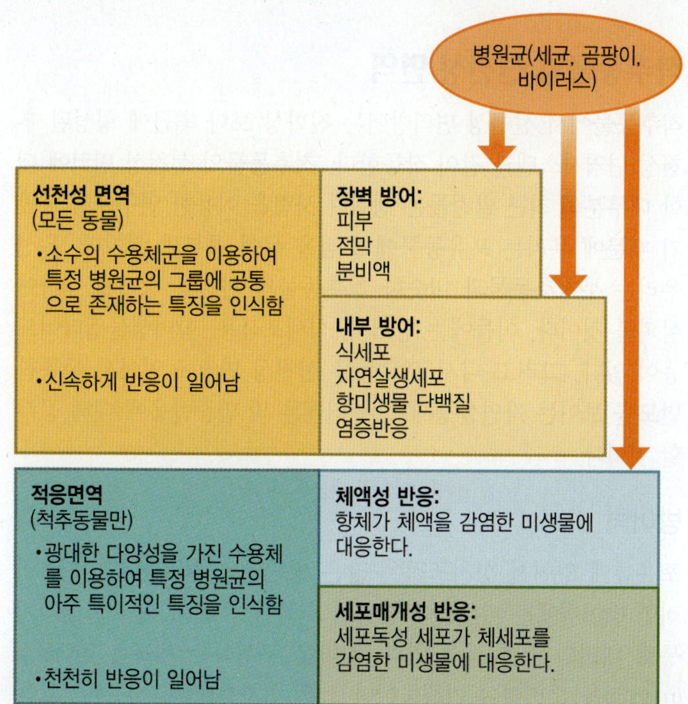

▲ 그림 47.2 **동물 면역계 개요.** 동물의 면역반응은 선천성 또는 적응면역으로 나눌 수 있다. 선천성 면역계를 구성하는 몇몇 성분은 적응면역 방어 시스템 활성화에 쓰인다.

장벽을 통한 방어를 포함하는 **선천성 면역**(**innate immunity**)에서는 미리 존재하고 있던 소수의 수용체 집단이 세균이나 바이러스 및 여러 미생물 그룹에 공통으로 존재하는 분자나 구조에 결합한다. 외래 분자에 의한 선천성 면역수용체의 자극은 내부 방어시스템을 활성화시켜 동물은 상당히 광범위로 병원체에 대응할 수 있다.

적응면역(**adaptive immunity**)에서는 선천성 면역에 비해 엄청나게 많은 수의 수용체를 이용하는데 각각의 수용체는 특정 병원균의 특정 분자, 그 분자의 특정 부위를 인식한다. 그 결과로 적응면역에서 인식과 반응은 엄청난 특이성을 가지고 일어난다.

적응면역반응은 후천성 면역반응이라고도 한다. 후천성 면역반응은 선천성 면역이 작동한 후에 서서히 발달하는데, 감염균에 이미 노출된 적이 있으면 그 반응이 한층 더 강해지는 현상에서 **적응성**(adaptive) 또는 **후천성**(acquired)이란 이름이 붙여진 것이다. 특정 세균독소를 불활성화시키거나 바이러스에 감염된 세포를 공격하는 단백질의 합성 등이 후천성 면역반응에 포함된다.

이번 장에서는 이러한 두 종류의 방어체계가 질환으로부터 동물을 어떻게 보호하는가에 대해 공부할 것이다. 그리고 병원균이 어떻게 면역 감시체계를 피하고 더 나아가 전복시키는가를, 또한 면역체계의 장애가 건강을 어떻게 훼손할 수 있는가에 대해서도 살펴볼 것이다.

개념 47.1

선천성 면역은 병원균들이 공통적으로 가지고 있는 성질을 인식하고 대응한다

선천성 면역체계는 모든 동물에서 발견된다(식물에서도 발견됨). 우리는 우선 무척추동물에서 감염원 방어나 퇴치만을 목적으로 하는 단순 면역계를 공부할 것이다. 그리고 척추동물에서 감염에 대항하는 즉각적인 선천성 방어방법은 물론이고 선천성 면역이 후천성 면역형성에 기반이 됨을 공부할 것이다.

무척추동물의 선천성 면역

곤충이 다양한 종류의 미생물로 가득찬 수륙 서식지에서 성공적으로 번성할 수 있었던 이유는 아주 효과적인 선천성 면역계가 발달한 덕분이다. 곤충은 1차 방어선으로 외골격을 가지고 있다. 이는 주로 다당류성 키틴으로 구성되어 있으며 대부분의 병원균에 대한 효과적인 장벽 구실을 한다. 키틴에 근거한 방어벽은 곤충의 내장에서도 발견되는데 음식물을 통하여 들어온 많은 병원균을 방어한다. 세균의 세포벽을 분해하는 효소인 **라이소자임**(**lysozyme**), 낮은 산성 pH 역시 곤충 소화계의 감염을 억제한다.

한 병원균이 곤충의 방어벽을 통과하였다 하더라도 다양한 내부 방어시스템에 직면하게 된다. 곤충에는 혈액과 유사한 혈

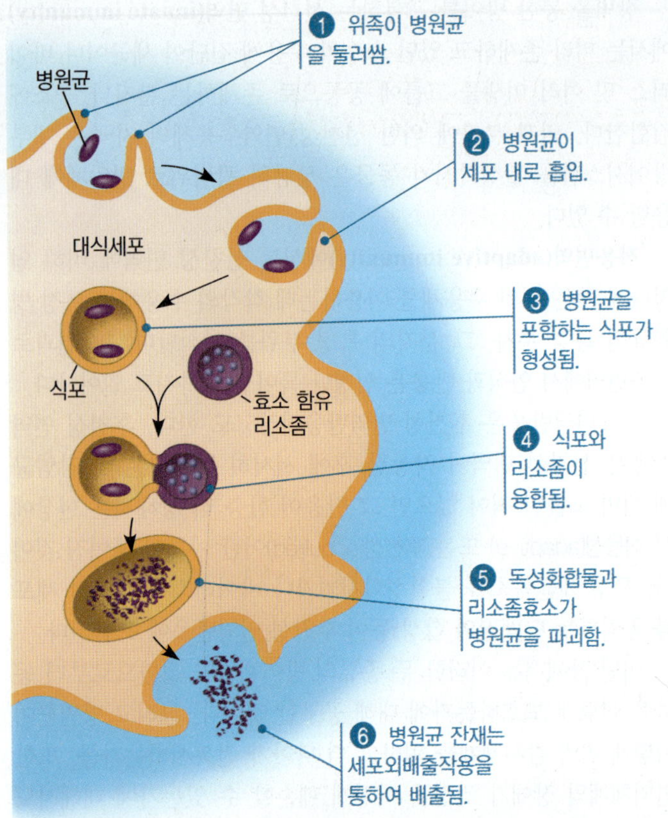

▲ **그림 47.3 식세포작용.** 전형적인 식세포에 의한 미생물의 흡입 및 파괴 과정에서 일어나는 사건을 도시하였다.

림프(hemolymph)가 있으며 여기에 헤모구(hemocytes)라고 불리는 면역세포들이 돌아다닌다. 어떤 헤모구는 세균이나 외부물질을 소화할 수 있는 **식세포활성(phagocytosis)**을 가지고 있다(**그림 47.3**). 또 다른 헤모구는 병원균을 죽이거나 커다란 다세포 기생충을 포획하는 데 도움을 주는 화학물질을 생성하기도 한다. 모기에 기생하는 말라리아 원인균 플라스모디움(*Plasmodium*)에 대한 방어가 한 예이다. 혈림프에서 병원균을 접하게 되면 헤모구를 포함한 여러 종류의 세포들은 짧은 아미노산 사슬을 가진 항미생물펩타이드(antimicrobial peptides)를 분비한다. 항미생물펩타이드는 곤충 체내를 순환하면서(**그림 47.4**) 곰팡이나 세균의 원

◀ **그림 47.4 유도성 선천성 면역반응.** 초파리는 그의 선천성 면역계가 활성화될 때 녹색형광단백질(GFP)이 발현되도록 유전자 조작되었다. 윗부분에 있는 파리는 세균을 주사하였을 때; 아래에 있는 파리는 세균이 없이 바늘로만 찔러 주었다. 세균으로 감염된 파리에서만 항미생물펩타이드가 만들어진다는 표지로 GFP가 발현되어 밝은 녹색의 형광을 발한다.

형질막을 파괴하여 그들을 불활성화시키거나 죽인다.

곤충의 면역세포는 곰팡이나 세균의 바깥층에 존재하는 고유의 분자를 인식한다. 곰팡이 세포벽에는 독특한 다당류가 있으며, 세균 세포벽은 동물 세포에서는 발견되지 않는 당과 아미노산으로 구성된 복합다량체를 가지고 있다. 이러한 거대분자들이 인식 꼬리표로 작동한다. 곤충 면역세포는 전문적인 인식 단백질들을 분비하며, 이들이 곰팡이나 세균에 특이적으로 발현된 꼬리표 거대분자와 결합한다.

선천성 면역반응은 병원균의 종류에 따라 독특하게 나타난다. 예로서, 초파리가 *Neurospora crassa* 곰팡이에 감염되었을 때 곰팡이 세포벽 일부 조각이 곤충의 인식 단백질과 결합하고 이들 복합체가 면역세포 표면에 존재하는 Toll 수용체를 활성화시킨다. 수용체 활성화 신호는 핵으로 전달되고 특정 항미생물펩타이드의 합성을 유도한다. 만약 그 초파리가 *Micrococcus luteus* 세균에 감염되면, 다른 류의 인식 단백질이 자극·활성화되어 *M. luteus*나 그와 유사한 세균에 효과적인 항미생물펩타이드가 합성된다.

특정 미생물 감염에 대해 다양한 항미생물펩타이드를 생성할 수 있기 때문에 특정한 하나의 펩타이드 활성에 대한 연구는 용이하지 않다. 이러한 문제점을 극복하기 위하여 프랑스의 르메트르(Bruno Lemaitre)와 그의 동료들은 초파리의 면역체계를 재편집하는 유전적인 방법을 사용하여 초파리에서 하나의 항미생물펩타이드는 특정 미생물에 대하여 아주 효과적이며 특이적인 면역방어를 수행할 수 있음을 보여주었다(**그림 47.5**).

척추동물의 선천성 면역

척추동물에서 선천성 면역방어는 진화상 보다 최근에 형성된 후천성 면역시스템과 같이 작동한다. 척추동물의 선천성 면역에 대한 대부분의 최근 발견들은 생쥐나 사람을 이용한 연구에서 나왔기 때문에 우리는 포유동물에 초점을 두어 공부할 것이다. 우선 우리는 무척추동물과 비슷한 척추동물의 선천성 방어에 대하여 살펴볼 것이다. 이들에는 방어벽, 식세포작용, 항미생물펩타이드 등이 있다. 그러고 나서 포유동물 선천성 면역에 있어서 독특한 면모를 보이는 자연살생세포, 인터페론 및 염증반응에 대해 공부할 것이다.

방어벽

포유류에 있어서 상피조직은 많은 병원균의 침입을 막는다. 이러한 방어벽에는 피부를 포함하여 소화기, 호흡기 및 비뇨생식기 통로 내면의 점막 등이 있다. 점막을 구성하는 세포는 점액물질(mucus)을 분비하여 미생물이나 작은 입자를 잡아 가둔다. 호흡관을 예로 들면, 점액분비세포 주변의 섬모상피세포는 섬모를 움직여서 점액에 잡혀 있는 미생물을 바깥으로 내보낸다. 침, 눈물, 점액은 외부에 직접 노출된 상피세포를 적셔주고 미생물을 씻어

▼ 그림 47.5 **탐구**

단일 항미생물펩타이드가 초파리를 세균감염으로부터 보호할 수 있는가?

실험 2002년 프랑스의 르메트르(Lemaitre) 박사와 그의 동료들은 단일 항미생물펩타이드의 기능을 조사하기 위한 새로운 전략을 구사하였다. 병원체를 인식할 수는 있지만 선천성 면역방어를 개시해 주는 신호를 보내지 못하기 때문에 항미생물펩타이드를 만들지 않는 돌연변이 초파리를 사용하였다. 그 결과 연구자들은 그 돌연변이 초파리를 유전적으로 조작하여 드로소마이신(drosomycin) 또는 디펜신(defensin)이라는 항미생물펩타이드 한 종만을 생산하도록 하였다. 그 유전자조작된 초파리를 곰팡이 *Neurospora crassa*로 감염시킨 후에 5일 동안 그들의 생존율을 조사하였다. 또한 세균 *Micrococcus luteus*로 감염시킨 후 같은 실험을 반복하였다.

결과

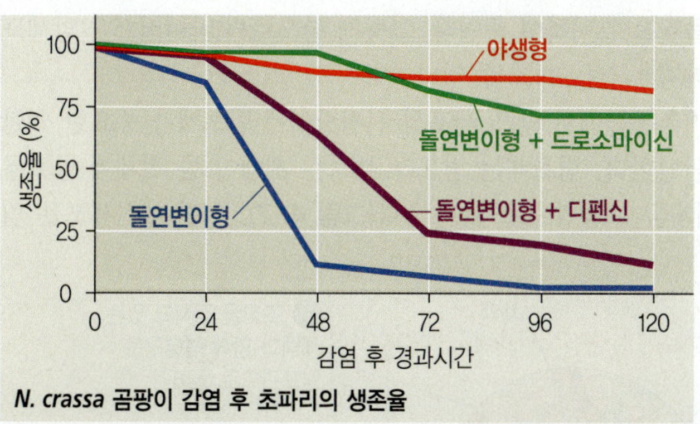

***N. crassa* 곰팡이 감염 후 초파리의 생존율**

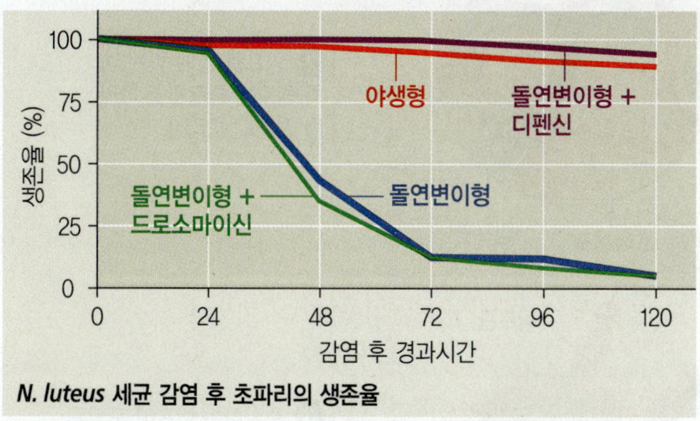

***N. luteus* 세균 감염 후 초파리의 생존율**

결론 두 항미생물펩타이드는 면역방어반응을 수행한다. 다른 류의 펩타이드는 다른 종의 병원균에 대항하는데 드로소마이신은 곰팡이 *N. crassa*에, 디펜신은 세균 *M. luteus* 방어에 효과적이다.

참고문헌 P. Tzou, J. Reichhart, and B. Lemaitre. Constitutive expression of a single antimicrobial peptide can restore wild-type resistance to infection in immunodeficient *Drosophila* mutants. *Proceedings of the National Academy of Sciences. USA* 99:2152–2157 (2002).

WHAT IF? 다른 종류의 항미생물펩타이드는 위와 같은 실험에서 효과를 보이지 못했다. 그 펩타이드는 초파리에게 여전히 유용한 물질일까?

냄으로써 곰팡이와 세균에 의한 군락형성을 막는다.

피부나 점막은 미생물 침투에 대한 물리적인 장벽 역할 이외에, 거기서 분비되는 물질은 미생물 생장을 억제한다. 눈물에 있는 라이소자임, 침, 점액 분비물 등은 호흡기 상단이나 눈으로 침투하는 미생물의 세포벽을 파괴할 수 있다. 음식물이나 삼킨 가래를 통하여 들어온 미생물은 위장에서 산성조건에 접하게 되어 대부분의 병원균은 장으로 들어가기 전에 위장에서 죽는다. 마찬가지로, 사람의 피지(기름)샘이나 땀샘에서 나오는 분비물도 pH가 3~5 정도이기 때문에 여러 종류의 세균의 생장을 억제할 수 있다.

세포성 선천방어

포유동물의 장벽 방어를 통과한 많은 병원균들은 식세포작용에 접하게 된다. 식세포들은 바이러스나 곰팡이 또는 세균 성분을 감지하기 위하여 여러 종류의 수용체를 이용한다. 어떤 포유동물의 수용체는 곤충의 Toll 수용체와 아주 비슷함이 밝혀졌으며 이

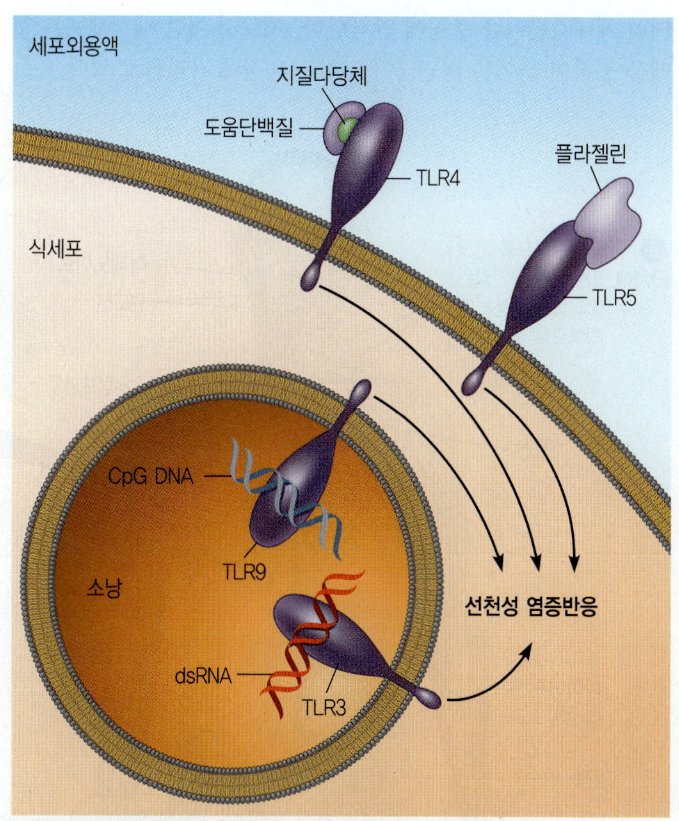

▲ **그림 47.6 TLR 신호전달.** 특정 포유동물 Toll-유사 수용체(TLR)는 특정 병원균 그룹에서만 특징적으로 나타나는 특정 분자형상을 인식한다. 지질다당체, 플라젤린, CpG DNA(메틸화되지 않은 CG 서열을 가진 DNA), 그리고 이중가닥(ds) RNA 등은 세균이나 곰팡이, 바이러스에서 발견되지만 동물에서는 발견되지 않는다. TLR 단백질들은 다른 여러 인식 및 기능 단백질과 협동하여 선천성 면역방어 반응을 일으킨다.

? 어떤 TLR 단백질은 세포 표면에 발현되어 있지만 어떤 TLR은 소낭 내부에 있다. 이러한 분포가 가지는 유리한 점이 무엇인지를 유추하라.

러한 발견은 2011년 노벨 생리의학상을 수상하게 하였다. 포유동물의 **Toll-유사 수용체(Toll-like receptor)**, 또는 TLR은 특정 부류의 병원균에 특이적인 분자의 조각을 인식한다(그림 47.6). 예로서 세포내섭취(endocytosis) 과정에서 형성된 포낭(vesicle)의 내막에는 TLR3가 있는데 이는 바이러스 특이적인 핵산의 한 형태인 이중나선의 RNA를 인식한다. 마찬가지로 면역세포의 세포막 표면에 위치한 TLR4는 여러 세균의 표면에서 발견되는 지질다당체를 인식하며, TLR5는 세균 편모의 주된 구성 성분인 플라젤린(flagellin)을 인식한다.

무척추동물에서와 같이 포유동물 체내에서도 침입 병원균이 감지되면 식세포작용이 개시되어 병원체를 파괴한다. 포유동물 체내에는 호중구와 대식세포 두 종류의 식세포가 있다. 혈액을 순환하는 **호중구(neutrophil)**는 감염조직에서 나오는 화학적 신호에 의해 감염 부위로 유인되고 거기서 병원균을 잡아먹고 파괴한다. 그림 47.1에 소개된 **대식세포(macrophage**, "big eater")는 보다 효과적인 식세포활동을 수행한다. 어떤 대식세포는 전신으로 이동하는 반면, 어떤 대식세포는 병원균을 접할 수 있음직한 여러 체내기관이나 조직에 안착한다. 예로서 어떤 대식세포는 혈액을 통하여 들어온 병원균이 갇히는 비장에 자리잡고 있다.

또 다른 두 종류의 식세포는 수지상세포와 호산구인데 선천성 방어에서 색다른 기능을 수행한다. **수지상세포(dendritic cell)**는 피부와 같이 외부 환경과 접촉하는 조직에 자리잡고 있다. 조금 후에 배우게 될 것이지만 수지상세포의 주된 기능은 그들이 접촉하고 섭취한 병원균에 대한 적응면역을 촉진시키는 데에 있다. 점막 밑바닥에서 발견되는 **호산구(eosinophil)**는 약한 식세포 활성을 보이지만 기생충과 같은 다세포 침입자 방어에 중요한 역할을 한다. 이들은 기생충을 통째로 섭취할 수 없다. 대신에 기생충에 접근하여 다양한 파괴효소를 분비하여 손상을 입힌다.

척추동물의 선천성 방어를 담당하는 또 다른 세포로 **자연살생세포(natural killer cell)**가 있다. 이들은 체내를 순찰하면서 바이러스에 감염되거나 정상세포가 암세포로 전환될 때 나타나는 표면단백질의 비정상적인 변이를 감지한다. 자연살생세포는 이러한 변이를 보이는 세포에 달라붙지만 잡아먹지 않고 대신에 화학 물질을 분비하여 죽인다. 그렇게 함으로써 바이러스나 암세포가 퍼지는 것을 막을 수 있다.

척추동물에서 많은 세포성 선천방어에 림프계가 중요한 역할을 담당한다. 림프계는 림프라 부르는 체액이 몸 전체에 골고루 퍼지게끔 그물망으로 되어 있다(그림 47.7). 어떤 대식세포는 림

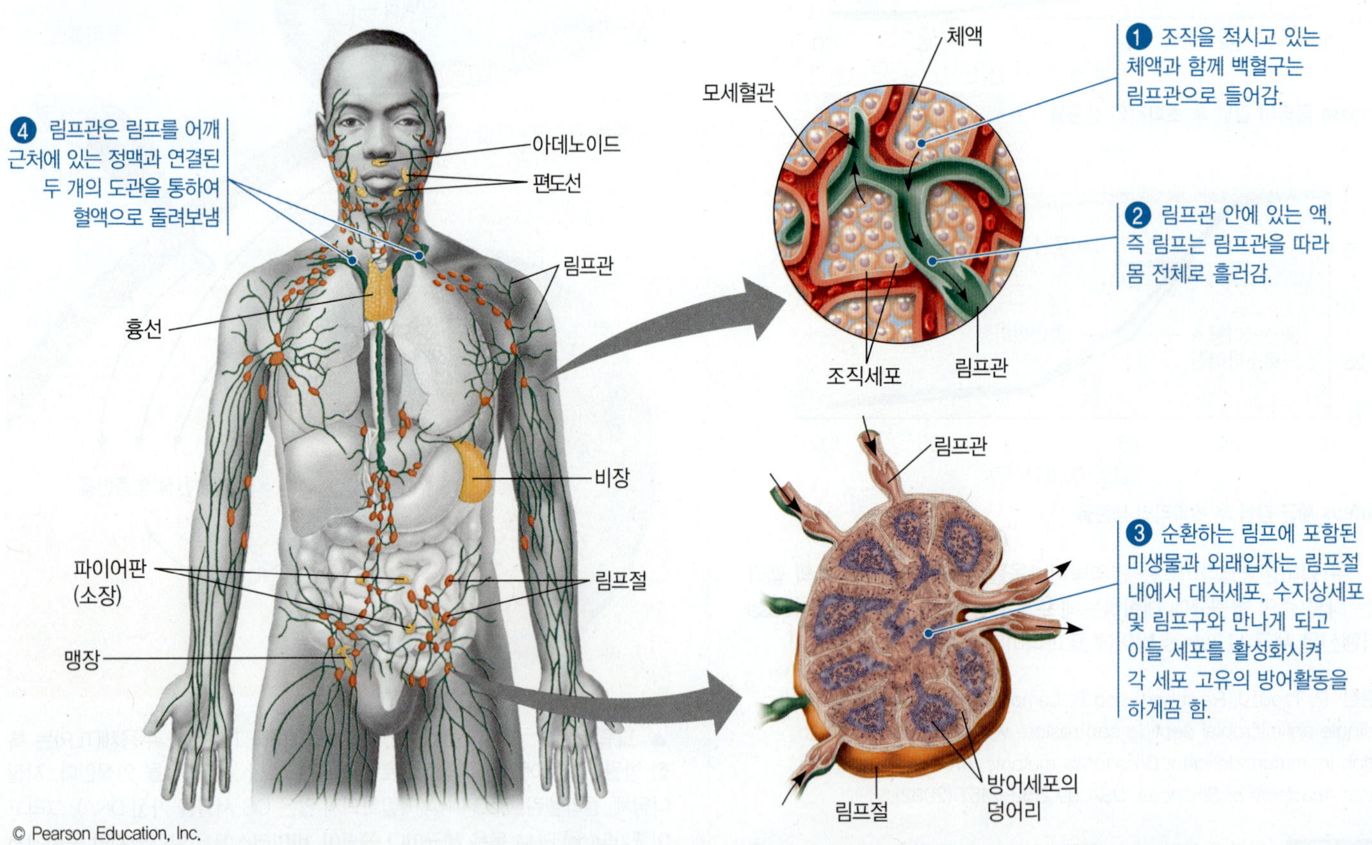

▲ **그림 47.7 인간 림프계.** 림프계에는 림프액의 통로인 림프관(녹색으로 표시)과 외래분자나 입자를 가두어 두는 여러 미세기관 구조가 있다. 이러한 기관구조에는 림프절(오렌지색)과 림프기관(노란색)이 있다. 림프기관에는 아데노이드, 편도선, 비장, 파이어판(Peyer's patchs), 맹장 등이 포함된다. 림프액의 흐름을 1~4단계로 추적하면서 적응면역 활성화 과정에서 림프절의 핵심적 역할을 도시하였다. (개념 43.3의 림프계와 순환계 사이의 상관관계를 서술한 부분을 참조하라.)

프절이라는 조직에 위치하여 조직 사이의 체액으로 침투한 미생물을 잡아먹는다. 수지상세포는 림프계 바깥에 위치하고 있지만 병원균과 접촉하게 되면 림프절로 이동한다. 림프절 내에서 수지상세포는 다른 면역세포와 상호작용하여 적응면역을 촉진한다.

항미생물펩타이드 및 단백질

포유류는 병원균에 대응하여 그를 직접 공격하거나 번식을 억제하는 여러 종류의 펩타이드나 단백질을 만든다. 어떤 방어물질은 병원균의 세포막을 파괴하여 꽤 넓은 그룹의 미생물에 손상을 주는 곤충의 항미생물펩타이드와 같은 것도 있으며, 인터페론이나 보체 단백질처럼 척추동물 면역계에 독특한 것도 있다.

인터페론(interferon)은 바이러스 감염에 대한 선천성 방어를 수행한다. 이들은 바이러스에 감염된 체세포에서 분비되며, 주변 감염되지 않은 세포에 직접 작용하여 바이러스 증식을 억제하는 물질의 발현을 유도한다. 인터페론은 세포와 세포 사이로 바이러스가 확산되는 것을 막기 때문에 감기나 독감 같은 바이러스성 질환치료에 쓰인다. 어떤 백혈구는 또 다른 형의 인터페론을 분비하는데 이는 대식세포를 활성화하여 식세포활성을 증진시킨다. 제약회사들은 이러한 인터페론들을 유전자 재조합기술을 통하여 대량생산하여 C형 간염바이러스 등 여러 바이러스 감염 치료에 사용하고 있다.

감염에 대항하는 **보체계(complement system)**는 30여 종의 혈장 단백질로 구성되어 있다. 이러한 단백질들은 활성이 없는 상태로 혈액을 순환하다가 일단 감염이 되면, 그 미생물 표면에 존재하는 물질에 의해 활성화되고 일련의 생화학적 연쇄반응을 일으켜 침입 미생물을 용해한다(터뜨린다). 보체계는 우리의 다음 주제인 염증반응뿐만 아니라, 다음 장에서 이야기될 적응방어에도 일정 역할을 한다.

염증반응

가시에 찔린 부위는 부어오르고 아픈데 이는 국소적인 **염증반응(inflammatory response)**, 즉 상처나 감염 시 유리되는 화학 신호물질에 의한 변화 때문이다(그림 47.8). 그 중 가장 중요한 염증 유발 신호물질은 결합조직의 **비만세포(mast cell)**에 저장되어 있는 **히스타민(histamine)**이다. 히스타민은 주변 모세혈관을 확장시키고 혈관투과성을 증진시킨다. 충혈된 모세혈관에서 액체가 주변조직으로 스며들어 주위가 부어오르는 현상이 일어난다.

대식세포와 호중구도 염증반응에 참여한다. 일단 이들이 활성화되면 면역반응을 조절하는 신호물질인 사이토카인(cytokine)을 분비한다. 이러한 사이토카인이 상처나 감염 부위로 혈류의 흐름을 더욱 증진시키게 한다. 결과로 그 부위가 붉게 되고 열이 나는 전형적인 염증(라틴어로 '불을 지르다'라는 의미인 *inflammare*에서 유래) 현상이 나타나게 된다.

염증반응 동안 일련의 연속적인 신호물질에 의한 자극과 반응이 감염 부위에서 일어난다. 활성화된 보체 단백질은 다시 히스타민 분비를 촉진하고 더 많은 식세포들을 상처 부위로 유인하여 더 강력한 식세포작용이 일어나게 한다(그림 47.8). 동시에 혈류증가는 상처 부위로의 항미생물단백질 공급을 가중시킨다. 결과로서 상처 부위에는 백혈구, 죽은 병원균 및 세포잔해가 모여 있는 체액, 즉 고름(pus)이 축적된다.

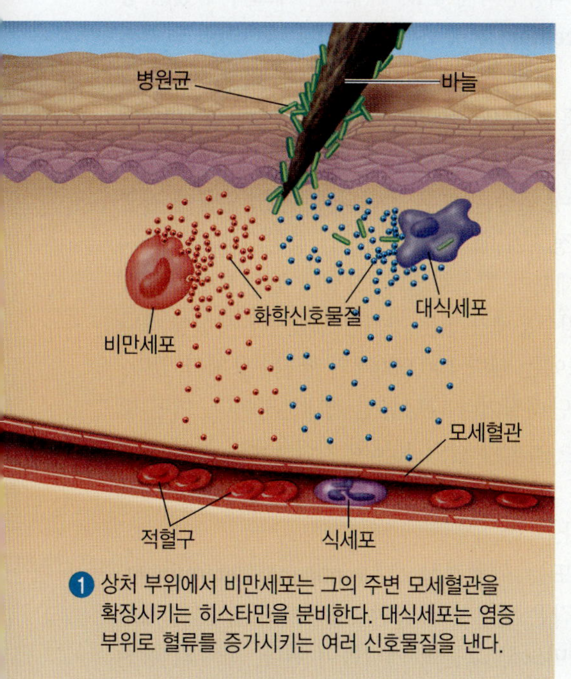

1 상처 부위에서 비만세포는 그의 주변 모세혈관을 확장시키는 히스타민을 분비한다. 대식세포는 염증 부위로 혈류를 증가시키는 여러 신호물질을 낸다.

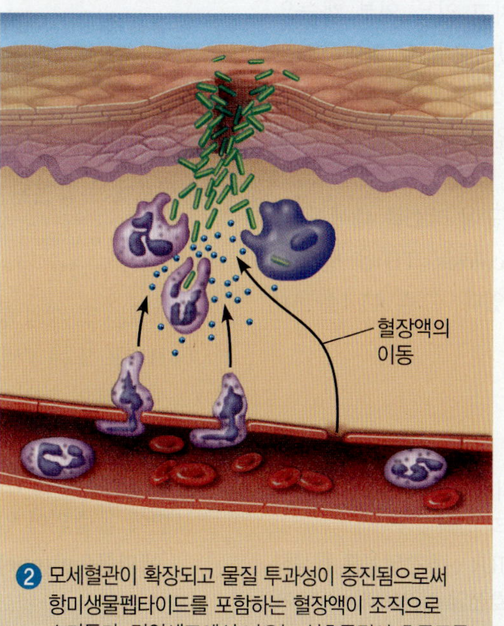

2 모세혈관이 확장되고 물질 투과성이 증진됨으로써 항미생물펩타이드를 포함하는 혈장액이 조직으로 스며든다. 면역세포에서 나오는 신호물질이 호중구를 유인한다.

식세포작용

3 호중구가 상처 부위에서 병원균 또는 세포 잔재를 흡입한다. 그리고 조직은 아문다.

▲ **그림 47.8** **국소 염증반응의 주요 사건**

경미한 조직 손상은 국부염증을 일으키지만, 심각한 조직 손상이나 감염은 격한 백혈구 증가를 수반하는 전신염증반응을 일으킨다. 손상되었거나 감염된 조직에 있는 세포는 골수로부터 더 많은 호중구를 생산하게 하는 물질을 분비한다. 내막염이나 충수염 같은 심각한 감염에서 백혈구의 숫자는 염증개시 몇 시간 내에 수배로 증가한다.

전신성 염증반응의 또 다른 증후는 열이다. 활성화 대식세포에서 나오는 물질이 체내 자동온도 조절장치의 온도를 상향 조절하여 열이 난다(40장). 열이 주는 이점이 있는가에 대한 논란은 여전히 존재하지만, 어느 정도의 열은 식세포활동을 촉진하고, 생체반응 속도를 증진시킴으로써 상처조직이 빨리 복구되도록 한다는 가설이 있다.

어떤 세균감염은 아주 심각한 전신성 염증반응, 즉 **패혈증**(septic shock)을 유발한다. 패혈증은 심한 고열, 저혈압 및 모세혈관을 통한 혈액 순환장애가 특징적인데 대부분의 경우 아주 나이가 많은 노인이나 영아에서 종종 발생된다. 발생 사례의 1/3 이상 이 죽음에 이르며 미국에서만 해도 연간 200,000명 이상의 목숨을 앗아간다.

만성(진행 중인) 염증 역시 인간의 건강을 위협한다. 예를 들면 전 세계적으로 수백만 명의 사람들이 크론병이나 궤양성대장염으로 고생하고 있다. 이는 소장에서의 지속적인 염증반응이 장기능을 방해하는 쇠약성만성질환이다.

병원균의 선천성 면역 회피

어떤 병원균의 경우 식세포작용에 적응하여 이를 피할 수 있는 방법을 진화시켰다. 예로서 세균을 둘러싸고 있는 외부 캡슐은 인식꼬리표인 세포벽 다당류를 감출 수 있어 선천성 면역시스템에 인식되지 않는다. 이러한 종류의 세균으로서 *Streptococcus pneumoniae*가 있는데, DNA가 유전물질임을 발견하는 데 사용되었던 세균이다(그림 16.2).

어떤 세균은 식세포에 포획되었어도 세균이 리소좀 내에서 파괴되지 않는다. 이러한 예로는 결핵(tuberculosis, TB)을 일으키는 세균 *Mycobacterium tuberculosis*가 있다. 그림 47.1은 *M. tuberculosis*가 대식세포에 먹히는 순간을 보여준다. 이들은 숙주세포 내에서 파괴되기보다는 거기서 생장 증식할 수 있어 효과적으로 선천성 면역 감시를 벗어난다. 이러한 방법 이외에 다른 여러 선천성 면역체계의 회피방법들을 상당수의 병원성 미생물들이 가지고 있다. TB는 전 세계적으로 연간 백만 이상의 목숨을 앗아가는 질병이다.

개념 확인 문제 47.1

1. 고름은 단순히 감염의 증후로 종종 여겨지지만, 면역 방어시스템이 작동하고 있다는 표시이기도 하다. 설명하라.
2. MAKE CONNECTIONS 척추동물의 TLR 신호전달계를 활성화시키는 분자와 개념 9.2에서 다룬 여러 신호전달 리간드와는 어떻게 다른가를 설명하라.
3. WHAT IF? (만약에) 사람이 어떤 세균의 주된 숙주이다. 그 세균의 생장에 필요한 최적온도는 어느 정도일까를 예측하라.

정답은 부록 A 참조

개념 47.2

적응면역에서 림프구 수용체가 병원균을 특이적으로 인식한다

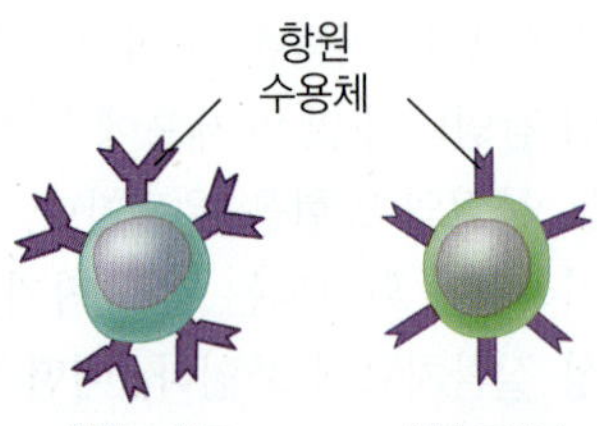

척추동물만이 선천성 면역 이외에 적응성 면역체계를 가지고 있다. 두 종류의 백혈구, **림프구(lymphocyte)**라고 불리는 B세포 및 T세포가 적응성 면역방어에 중요한 역할을 수행한다. 모든 혈액세포처럼 림프구도 골수에서 조혈모세포로부터 만들어진다. 어떤 림프구는 골수에서 나와 심장 윗부분 흉강의 **흉선(thymus)**으로 이동하는데 그 림프구는 **T세포(T cell)**로 발달한다(그림 47.7). 골수에 남아서 계속 성숙하는 림프구는 **B세포(B cell)**로 된다. (제3의 림프구는 혈액에 남아 있는데 선천성 면역반응에 관여하는 자연살생세포로 된다.)

특정 B세포나 T세포의 반응을 유발하는 물질을 **항원(antigen)**이라 한다. 적응면역에서 B, T세포는 세포막에 있는 **항원수용체(antigen receptor)**를 통하여 세균이나 바이러스 단백질인 항원을 인식한다. 특정 항원수용체는 특정 종의 바이러스나 세균의 특정 분자, 특정 부위에만 특이적으로 결합한다. 면역계 세포들은 수백만 종류의 항원수용체를 만들지만 단일 림프구 B, T세포에서 발현된 수용체들은 모두 똑같다. 특정 병원균에 감염되면 그 병원균의 특정 부위에 대해 특이적인 항원수용체를 가지고 있는 B세포 및 T세포가 활성화된다. 그림에 있는 B세포 및 T세포에는 몇 개의 항원수용체가 있는 것처럼 그렸지만 사실상 하나의 B세포 또는 T세포에는 대략 100,000개의 항원수용체가 있다.

대부분의 항원은 단백질이나 다당류인 거대분자이다. 어떤 항원은 세균이 분비하는 독소와 같이 세포외 기질용액에 녹아 있지만, 대부분의 항원은 고정형으로 병원균의 표면 또는 외래 세포 표면에 돌출되어 있다.

에피톱(epitope) 또는 항원결정 부위(antigenic determinant)라고 칭하는 항원의 작은 일부분이 항원수용체에 결합한다. 예로서 특정 단백질의 아미노산 그룹이 에피톱이 된다. 하나의 항원에는 여러 개의 에피톱이 있을 수 있으며, 각각은 특정 수용체에 각기 다른 특이성을 가지고 결합한다. 단일 B 또는 T세포에 존재하는 모든 수용체들은 한 가지로 동일하기 때문에 같은 에피톱을 인식한다. 각각의 B 또는 T세포는 단일 항원에 있는 특정 에피톱에 대해 특이적(specificity)이다. 따라서 각 림프구는 그 에피톱을 가지고 있는 해당 병원균에만 방어반응을 나타낸다.

B세포나 T세포에 있는 항원수용체는 비슷한 구성을 하고 있지만 그들은 다른 방법으로 항원을 인식한다. 이 두 과정을 공부해 보자.

B세포 및 항체에 의한 항원 인식

B세포 항원수용체는 4개의 폴리펩타이드로 구성된 Y자 모양의 분자이다: 이황화결합으로 연결된 두 개의 동일 **중쇄(heavy chain)**와 두 개의 동일 **경쇄(light chain)**로 구성되어 있다(그림 47.9). 중쇄 꼬리 부분에는 세포막 관통부분과 세포질 내부에 위치할 작은 부분이 있다.

중쇄와 경쇄 각각에는 개개 B세포 수용체들 사이의 아미노산 서열이 거의 같은 **불변(C) 영역(constant region)**이 있다. 중쇄의 C 영역은 꼬리 및 막관통 부분을 포함하며 이황화결합으로 연결되어 있다. 중쇄와 경쇄의 Y자형의 양끝 부분(그림 47.9)은 **변이(V) 영역(variable region)**을 구성한다. V 영역은 개개 B세포 수용체들 사이에 아미노산 서열이 아주 다르기 때문에 붙여진 이름이다. 중쇄와 경쇄의 V 영역이 합쳐 비대칭적인 항원부착 부위를 형성한다. 그림 47.9에 보여주는 바와 같이, B세포 수용체는 동일한 두 개의 항원부착 부위를 가지고 있다.

특정 B세포 항원수용체와 항원의 결합은 B세포 활성화의 초기단계이다. 결국 활성화된 B세포는 막형 수용체를 수용성 형태로 분비하며(그림 47.10a) 이를 **항체(antibody)** 또는 **면역글로불린(immunoglobulin, Ig)**이라 한다. 항체는 막관통 부위와 꼬리 부분만 없을 뿐이지 전체적으로 항원수용체와 구조적으로 같다. 결과적으로 항체는 세포막에 부착되어 있기보다는 분비형으로 존재하며, 이러한 차이가 항체의 독특한 기능들을 나타나게 한다.

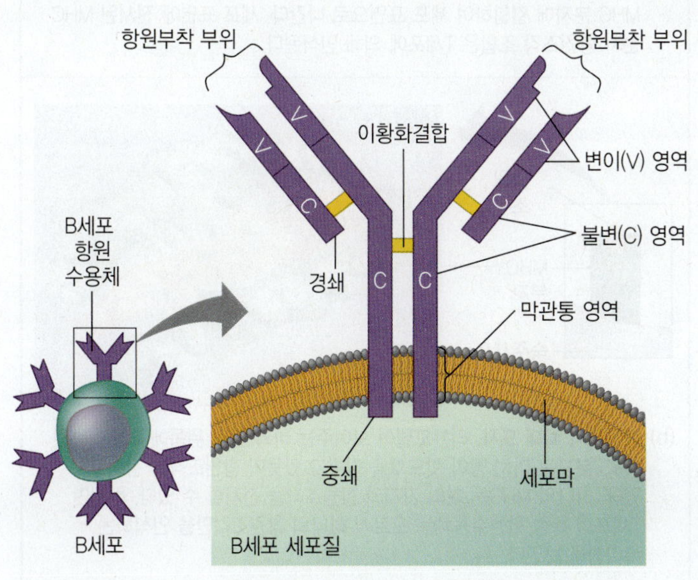

▲ **그림 47.9 B세포 항원수용체의 구조**

막형 수용체나 항체의 항원결합 부위는 특정 모양을 가지고 있어 열쇠-자물쇠의 물림같이 에피톱과 결합한다. 이들 사이의 비공유성 결합이 안정성과 특이성을 부여한다. 변이 영역에서의 아미노산 서열의 차이는 결합 부위의 다양성을 부여하며 결국 결합 특이성을 좌우한다.

B세포 항원수용체와 항체는 병원균 표면에 고정되어 있는 항원 또는 혈액이나 림프액에 녹아 있는 항원과 결합하며 항원 본연의 모양을 인식한다(그림 47.10b). T세포의 항원수용체는 사뭇 다르게 항원을 인식한다. 곧 바로 설명하겠다.

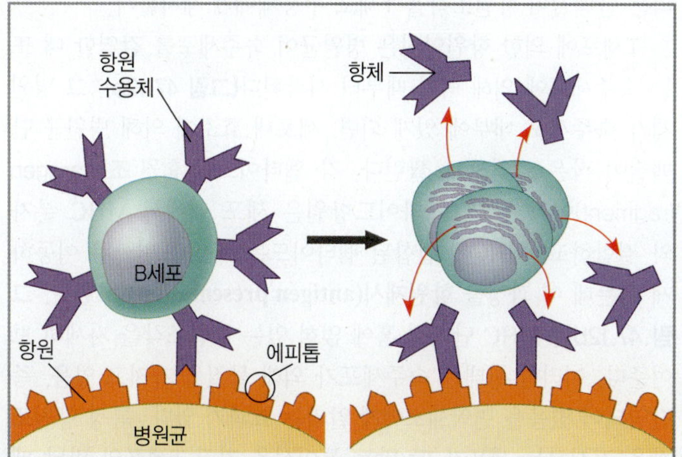

(a) **B세포 항원수용체와 항체.** 특정 B세포의 항원수용체는 항원의 일정 부위인 에피톱에 결합한다. 결합 후에 B세포는 항원수용체를 수용성 형태로 분비하게 된다. 이러한 수용성 수용체를 항체라고 하는데 B세포가 인식했던 동일한 에피톱에 특이적이다.

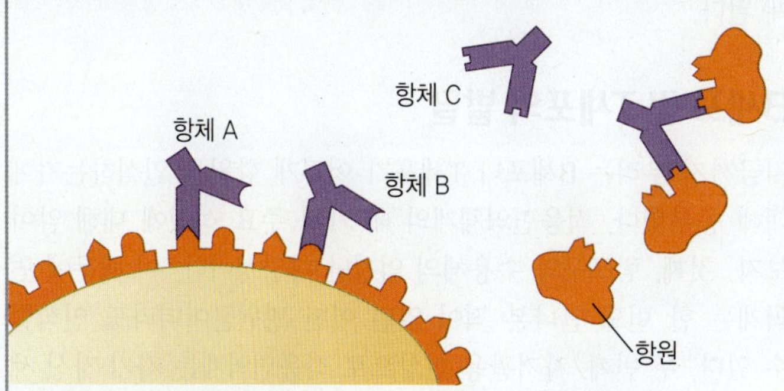

(b) **항원수용체 특이성.** 다른 항체는 같은 항원의 다른 에피톱을 인식할 수 있다. 게다가 항체는 병원균 표면의 항원뿐만이 아니라 자유형으로 존재하는 항원을 인식할 수 있다.

▲ **그림 47.10 B세포와 항체에 의한 항원 인식**

MAKE CONNECTIONS 항체와 항원과의 결합은 그림 5.17에 보여준 것처럼 상당히 특이적이다. 그림 6.15에서 보여준 효소-기질 상호작용과 어떤 면에서 유사성이 있는가를 설명하라.

T세포에 의한 항원 인식

T세포의 항원수용체(T cell receptor)는 두 개의 다른 폴리펩타이드 사슬, α 사슬 및 β 사슬이 이황화결합으로 연결되어 있다(그림 47.11). T세포 항원수용체(간단히 T세포 수용체라고도 함)의 끝부분에도 막관통 영역이 있어 세포막에 고정된다. 바깥쪽 부분에는 α 및 β 사슬의 V 영역이 모여 단일 항원부착 부위를 형성한다. 나머지 부분은 C 영역을 구성한다.

B세포 및 T세포 항원수용체는 서로 공통된 모습을 지니기도 하지만 기능에 있어서 아주 다르다. B세포 수용체는 체액을 순환하는 항원 본연의 모양에 노출되어 있는 특정 에피톱에 결합하지만 T세포 수용체는 숙주세포 표면에 전시된 또는 제시된(presented) 항원조각에만 결합한다. 숙주세포의 **주조직적합성 복합체(major histocompatibility complex, MHC) 분자**라고 불리는 단백질이 항원조각을 T세포 수용체에게 제시한다.

T세포에 의한 항원인식은 병원균이 숙주세포를 감염할 때 또는 숙주세포에 의해 먹힐 때부터 시작된다(그림 47.12a). 그 병원체가 숙주세포 내부에 있게 되면, 세포내 효소에 의해 병원균 단백질이 작은 조각으로 잘린다. 각 펩타이드를 항원 조각(antigen fragment)이라 한다. 펩타이드항원은 세포 내에서 MHC 분자와 결합하고, MHC에 결합된 펩타이드는 세포 표면으로 이동하게 되는데 이 과정을 **항원제시(antigen presentation)**라 한다. 그림 47.12b는 MHC 단백질 홈에 얹혀 있는 항원조각을 자세히 보여준다. 이러한 상태는 숙주세포가 외래 물질을 가지고 있음, 즉 감염되어 있음을 면역세포에게 알리는 효과가 있다. 특정 항원조각을 전시하는 세포가 딱 맞는 특이성을 가진 T세포와 만날 때에만 T세포 수용체는 항원조각과 MHC 둘 다에게 결합할 수 있다. 이러한 MHC 분자, 항원조각, T세포 수용체 3자간의 상호작용이 일어나야만 T세포가 비로소 적응 면역반응에 참여할 수 있게 된다.

B세포 및 T세포의 발달

지금까지 우리는 B세포나 T세포가 어떻게 항원을 인식하는가에 대해 공부했다. 적응면역체계의 네 가지 주요 성질에 대해 알아보자. 첫째, 림프구와 수용체의 엄청난 다양성이다. 이 때문에 면역계는 한 번도 만나본 적이 없던 어떤 병원균이더라도 인식할 수 있다. 두 번째, 자기관용 현상으로 적응면역계는 자기 자신 세포나 조직을 구성하고 있는 물질에는 반응하지 않는다. 셋째, 일단 림프구가 활성화되면 세포증식이 일어난다. 이는 특정항원에 특이적인 B세포나 T세포의 수를 늘릴 수 있게 한다. 넷째, 면역기억(immunological memory) 현상으로서, 과거에 접해본 항원에 대한 반응은 처음 접할 때보다 훨씬 강하고 신속하다.

수용체 다양성과 자기관용은 항원을 만나기 전에 림프구가 성숙하면서 일어나는 사건이며, 림프구 증식 및 면역기억은 성숙

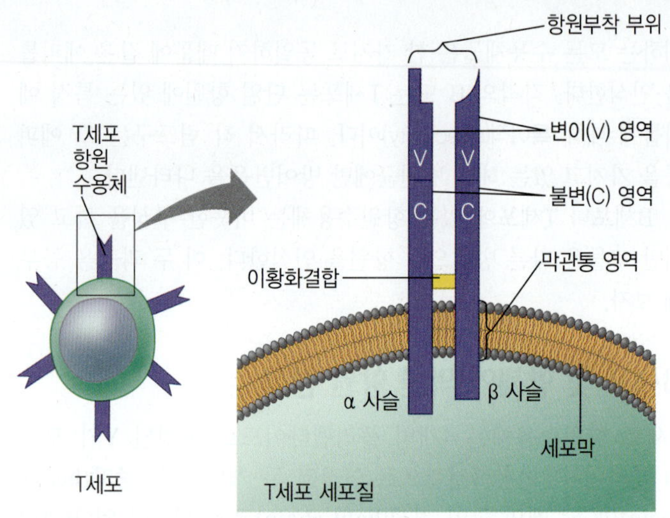

▲ 그림 47.11 T세포 항원수용체 구조

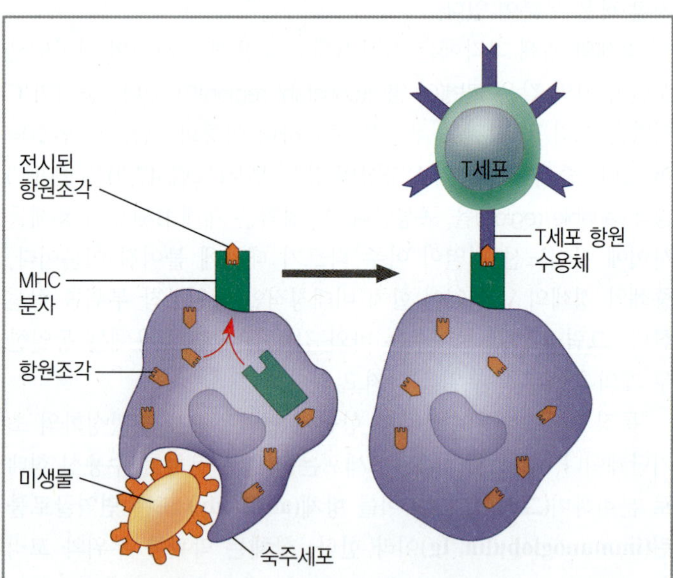

(a) **T세포에 의한 항원 인식.** 숙주세포 내부에서 항원에서 유래된 항원조각은 MHC 분자에 결합하여 세포 표면으로 나간다. 세포 표면에 전시된 MHC 분자 항원조각 조합은 T세포에 의해 인식된다.

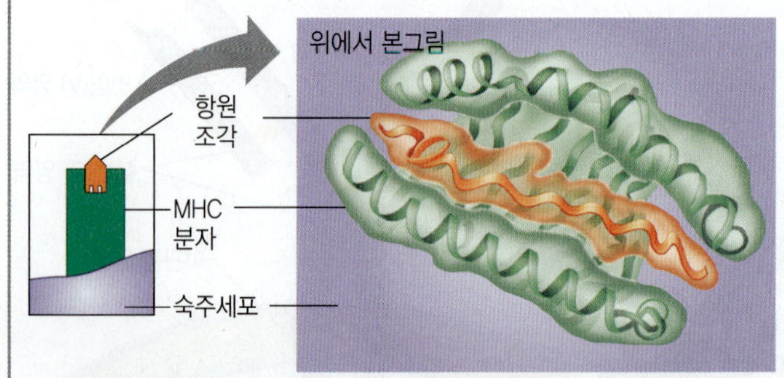

(b) **항원전시 확대 묘사.** 리본모델이 보여주는 바와 같이 위쪽에서 바라보면 MHC 분자는 마치 빵이 핫도그를 감싸고 있듯이 항원조각을 감싸고 있다. 하나의 MHC는 여러 가지의 항원조각을 전시할 수 있다. 하지만 T세포의 특정 항원수용체는 오로지 하나의 항원조각만을 인식하는 특이성을 보인다.

▲ 그림 47.12 T세포에 의한 항원 인식

된 림프구가 항원을 접촉한 후에 일어나는 일이다. 이러한 네 가지 과정을 순서별로 서술하겠다.

B세포 및 T세포 다양성 생성

한 사람에서 B세포의 경우는 백만 종류 이상, T세포의 경우는 천만 종류 이상의 독특한 항원수용체를 가진 세포가 있을 수 있다고 추정된다. 그러나 인간 유전체에는 약 20,000개의 단백질을 지시하는 유전자가 있을 뿐이다. 어떻게 그리 많은 다양한 항원수용체가 만들어질 수 있을까? 그 답은 다양한 조합의 묘미에 있다. 새 차를 선택할 때, 색깔 선택의 범위에 3종류의 내장색깔과 6종류의 외장색깔이 있을 경우에 전체 18(3×6)가지의 색깔 조합을 고려할 수 있다. 마찬가지로, 면역계는 적은 수의 수용체 조각들의 부분집합을 조합하여 상당히 다양한 수용체를 구성할 수 있다.

수용체 다양성 형성을 이해하고자 분비형 항체(면역글로불린)와 막형 B세포 수용체의 경쇄를 지시하는 면역글로불린(immunoglobulin, Ig) 유전자를 살펴보자. 여기서 우리는 하나의 Ig 유전자를 분석해 보겠지만, 모든 B세포 항원수용체와 T세포 항원수용체 유전자들도 거의 비슷한 변환 과정을 밟는다.

면역글로불린 유전자 구성이 림프구 다양성 형성의 기반이 된다. 경쇄유전자는 세 개의 조각, 즉 변이(*V*) 조각, 연결(*J*) 조각 그리고 불변(*C*) 조각으로 구성된다. *V*와 *J* 조각이 합쳐져 수용체의 변이영역을 구성한다. 반면에 *C* 조각은 불변영역 전체를 암호화한다. 면역글로불린 경쇄유전자는 단일 *C* 유전자 조각, 40여 개의 *V* 유전자 조각과 뒤이어 5개의 *J* 유전자 조각으로 구성되어 있다. 이렇게 조금씩 다른 *V*와 *J* 조각들은 유전자 내에 일렬로 배치되어 있다(**그림 43.13**). 기능유전자는 이들 조각유전자의 200(40 *V*×5 *J*×1 *C*)가지의 조합으로 재구성된다. 중쇄유전자의 수는 더 많기 때문에 훨씬 더 많은 조합 가짓수가 있다.

기능적인 면역글로불린 유전자 구성을 위해서 DNA 재배열이 필요하다. B세포 발달 초기에 **재조합효소**(recombinase)라고 불리는 효소에 의해 하나의 경쇄 *V* 유전자 조각이 *J* 유전자 조각과 연결된다. 이때 그 사이에 있는 유전자 조각들은 제거되어 단일 엑손으로 된다. *J*와 *C* DNA 조각 사이에 인트론이 있기 때문에 더 이상 DNA 재배열은 일어나지 않는다. 대신에 *J*와 *C* 조각은 전사 후에 중간 RNA 부분이 스플라이싱 과정에서 떨어져 나오면서 연결된다(RNA 스플라이싱 과정은 그림 17.11 참조).

재조합효소는 40개의 *V* 조각 중의 하나와 5개의 *J* 유전자 조

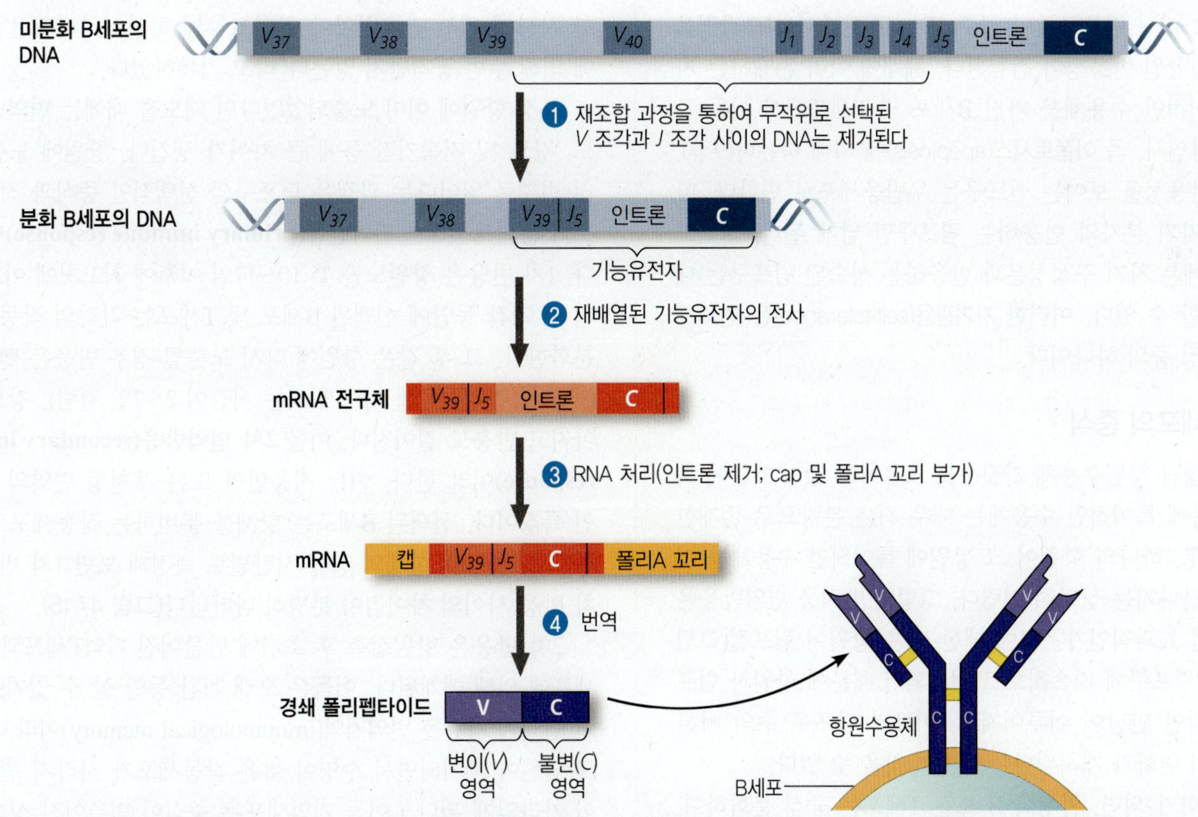

▲ **그림 47.13 면역글로불린(항체) 유전자 재배열.** *V* 유전자와 *J* 유전자 조각 사이의 무작위적인 연결(예: V_{39}와 J_5 연결)을 통하여 B세포 수용체의 경쇄를 암호화하는 기능유전자가 만들어진다. 전사, 스플라이싱, 번역과정을 거쳐 만들어진 경쇄는 따로 재배열된 중쇄유전자로부터 만들어진 중쇄 단백질과 결합하여 기능을 갖춘 수용체를 형성한다. 성숙된 B세포나 T세포는 '모든 세포는 유전적으로 동일하다. 즉, 같은 DNA를 가지고 있다'라는 일반화된 사실에 벗어난다.

MAKE CONNECTIONS 대체 스플라이싱(그림 18.13)과 상기한 유전자재조합에 의한 *V* 및 *J* 조각 연결 기작은 한정된 유전자 조각에서 다양한 유전자를 만들어 낸다. 이들 과정이 어떻게 다른가?

각 중의 하나를 무작위로 선택하여 연결시킨다. 중쇄유전자도 비슷한 재배열 과정을 거친다. 어떤 주어진 세포에서 단지 한 개의 경쇄유전자와 한 개의 중쇄유전자만이 재배열된다. 게다가 재배열은 영구적인 것으로 림프구가 분열할 때 딸세포로 전달된다.

경쇄 및 중쇄 유전자 모두가 재배열된 후에 항원수용체가 합성된다. 재배열 유전자는 전사되고, 전사체는 일정 처리과정을 밟고 변역된다. 경쇄와 중쇄가 각기 번역된 후에 합쳐져 항원수용체를 구성한다(그림 47.13). 여러 중쇄와 경쇄 중에서 무작위로 합쳐진 중쇄-경쇄 쌍은 하나의 항원부착 부위를 가지게 된다. 인체 B세포 집단에서 조합의 수는 대략 3.5×10^6이다. 게다가 *VJ* 재조합 과정에서 생기는 변이를 고려하면 항원결합 특이 조합의 수는 한참 늘어난다.

자기관용의 기원

어떻게 적응면역계는 자기와 비자기를 구별할까? 항원수용체 유전자의 재배열은 무작위로 일어나기 때문에, 발달과정에 있는 미성숙 림프구는 체내 자기 자신의 분자와 반응하는 수용체를 가질 수 있다. 만약 이러한 자기반응성 림프구가 제거되지 않거나 불활성화되지 않는다면 면역계는 자기와 비자기를 구별할 수 없을 것이고 결국 자기 몸 단백질이나 세포 및 조직을 공격할 것이다. 그러나 그 대신 림프구들이 골수 또는 흉선에서 성숙과정을 밟으면서 자기항원 반응성이 점검된다. 체내에 이미 존재하는 자기분자에 특이적인 수용체를 가진 B세포 및 T세포에서 이들 중 일부는 세포자연사, 즉 아폽토시스(apoptosis)에 의해 죽는다(9장). 나머지 자기반응성을 보이는 림프구는 무반응세포로 변한다. 따라서 외래 비자기 분자와 반응하는 림프구만 남게 된다. 그러므로 우리 체내에는 자기 구성성분과 반응하는 성숙된 림프구는 대체로 없다고 할 수 있다. 이러한 자기관용(self-tolerance)은 면역계의 중요한 특징 중의 하나이다.

B세포 및 T세포의 증식

우리 몸은 엄청난 항원수용체 가짓수를 보유하고 있기 때문에 특정항원 에피톱에 특이적인 수용체는 매우 적은 분량으로 존재한다. 결과적으로, 하나의 항원이 그 항원에 특이적인 수용체를 가진 림프구를 만나기는 상당히 어렵다. 그렇다면 적응 면역반응은 어떻게 그처럼 효과적인가? 그에 대한 답은 항원이 림프절(그림 47.7)에 있는 림프구에 지속적으로 전시되기 때문에 항원과 림프구와의 성공적인 만남이 이루어지고, 이로써 림프구 수의 빠른 증가와 활성의 변화가 개시된다는 데에서 찾을 수 있다.

일단 활성화가 되면, 활성화 B 또는 T세포는 증식 분화하여, 결국 각각 두 종류의 림프구 클론을 형성한다. 그 중 하나는 수명이 짧은 **작동세포(effector cell)**로서 항원과 그 항원을 만들어 내는 병원균을 공격한다. B세포 작동세포는 **형질세포(plasma cell)**로서 항체를 분비한다. T세포 작동세포로는 도움T세포와 세포독성T세포가 있는데 이들의 역할에 대해서는 개념 47.3에서 공부할 것이다. 또 다른 클론은 수명이 길지만 수적인 면에서 소량인 **기억세포(memory cell)**로서 동물이 살아 있는 동안 같은 항원을 다시 만날 때 효과적인 작동세포로 빠르게 분화할 수 있다.

하나의 B 또는 T세포는 특정 항원에 반응하여 증식함으로써 클론(clonal) 집단을 이룬다. 이러한 과정을 **클론선택(clonal selection)**이라 하는데 항원과의 만남이 특정 림프구를 능동적으로 선택(select)하여 증식하게 한다는 의미이다. 다른 항원에 특이적인 항원수용체를 가진 세포는 선택되지 않는다.

그림 47.14에는, B세포를 예로 들어 기억세포와 형질세포가 만들어지는 클론선택과정을 정리하였다. T세포가 클론선택과정을 밟으면 기억세포와 작동세포(세포독성T세포와 도움T세포)가 만들어진다.

면역기억

면역기억은 장기간 지속될 수 있기 때문에, 수두 등 많은 질환에서 병원균에 감염되었던 적이 있었거나 미리 예방접종을 받았다면 그 특정 병원균 감염을 막을 수 있다. 병원균에 대한 장기간 방어현상에 대해 2,400년 전 아테네의 투키디데스(Thucydides)도 알고 있었다. 그는 역병으로 죽어가는 사람은 그 역병을 극복한 사람에 의해 간호받아야 한다고 서술하면서, "사람은 병원균에 의해 두번 공격받지 않는다"라고 기록하였다.

특정 항원에 이미 노출되었었다면 재노출 때에는 면역반응 속도, 강도 및 지속기간 등에 큰 차이가 생긴다. 항원에 노출된 후 첫 번째로 일어나는 과정은 림프구의 선택적인 증식과 작동세포로의 분화로서 **1차 면역반응(primary immune response)**이라 한다. 1차 반응은 항원노출 후 10~17일 이후에 최고치에 이르게 되며 이 기간 동안에 선택된 B세포 및 T세포는 각각의 작동세포로 분화한다. 그 후 같은 항원에 다시 노출될 경우 반응은 빨라지며(최고치 면역반응에 이르게 되는 시간이 2~7일 걸림), 강도도 높아지고 반응도 길어진다. 이를 **2차 면역반응(secondary immune response)**이라 한다. 이는 적응면역 또는 후천성 면역의 대표적인 특징이다. 선택된 B세포는 항체를 분비하는 작동세포로 분화하므로, 혈장내 항체의 양을 시간별로 측정해 보면 1차 반응과 2차 반응 사이의 차이점이 분명히 나타난다(그림 47.15).

2차 반응은 항원접촉 후 초기에 만들어진 기억T세포와 기억B세포에 의해 매개된다. 이들은 오랜 기간 동안 살 수 있기에 이러한 면역계 역량을 면역기억(immunological memory)이라고 한다. (감염원이 제거되면서 수명이 짧은 작동세포가 사라져 면역반응이 가라앉게 된다.) 이들 기억세포는 증식이 멈추어진 상태에 있다가 일단 같은 항원과 재접촉하게 되면 빠르게 증식 분화한다. 많은 작동세포 클론이 만들어지게 되고 한층 향상된 면역방어능을 보이게 된다.

비록 항원인식, 클론선택, 면역기억 과정은 B세포나 T세포에

▼ **그림 47.14 B세포의 클론선택**

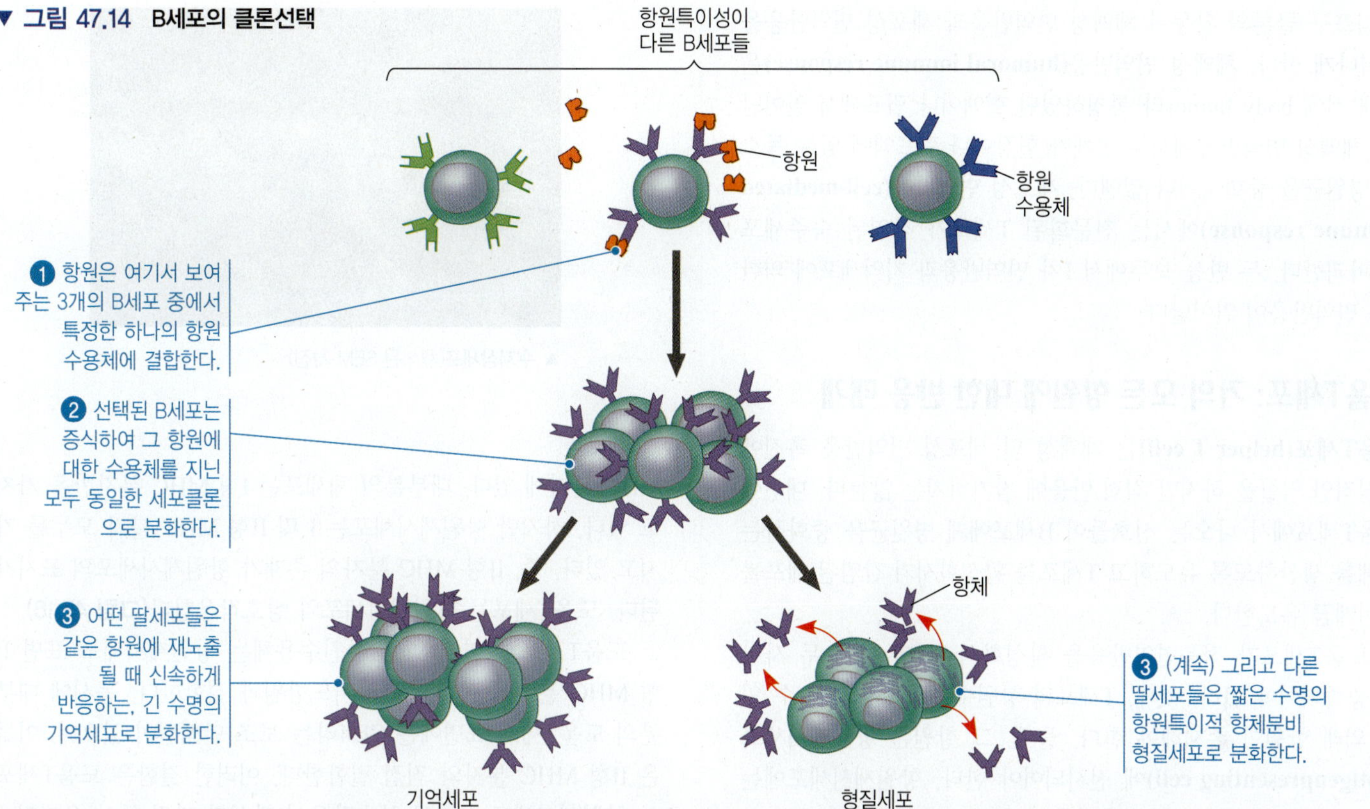

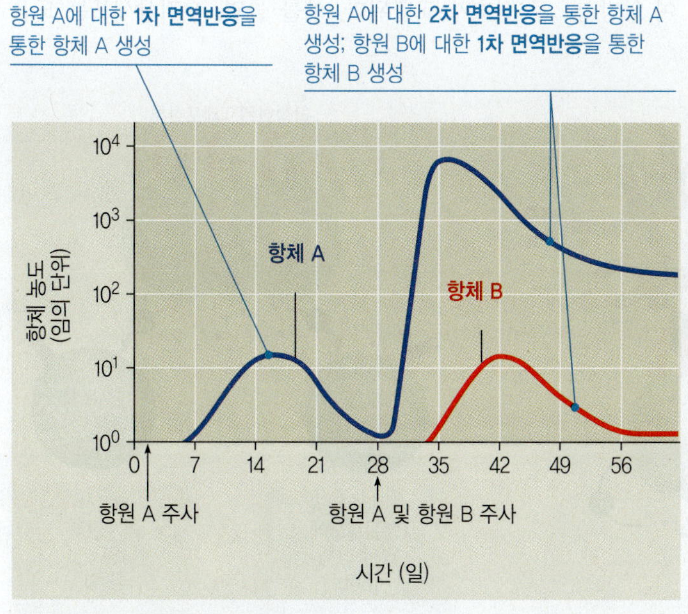

▲ **그림 47.15 면역기억의 특이성.** 항원 A에 처음으로 반응하여 생성된 긴 수명의 기억세포는 같은 항원에 재차 노출되었을 때 강력한 2차 면역반응을 매개한다. 그러나 다른 항원 B에 대한 1차 면역반응에는 아무런 영향을 주지 않는다.

INTERPRET THE DATA 우리 체내에서 항원 A 투여 후 16일에 매 10만 개 B세포에서 한 개만이 A 항원에 특이적이다. 그리고 특정 항체를 생산하는 B세포의 수는 항체의 생산량에 비례한다고 가정한다면, 36일 후 항원 A에 특이적인 B세포는 어느 정도의 빈도로 나타날까?

서 비슷하지만, 이들 두 종류의 림프구들은 감염에 대처하는 방법이 다를 뿐 아니라 작동하는 환경조성도 다르다. 다음 절에서 이에 대해 다룰 것이다.

개념 확인 문제 47.2

1. **DRAW IT** B세포 항원수용체를 도시하고, 경쇄와 중쇄의 V 영역과 C 영역을 표시하라. 항원부착 부위, 이황화결합, 막관통 부위를 지적하라. 각 해당 부위의 위치가 변이 부위와 불변 부위 자리와 어떻게 연계되어 있는가?
2. 한 병원균에 재차 노출되었을 때 면역세포가 있음으로써 얻어지는 두 가지 장점을 설명하라.
3. **WHAT IF?** 만약 이배체 B세포에서 경쇄 및 중쇄 유전자 두 개의 사본이 모두 재조합될 경우 B세포 발달에 미치는 영향은 어떠할 것인가?

정답은 부록 A 참조

개념 47.3

적응면역은 체세포와 체액의 감염을 막는다

우리는 어떻게 림프구 클론이 생성되는가를 알아보았다. 지금부터 우리는 이러한 림프구 클론들이 어떻게 감염에 대항하고 병원균에 의한 피해를 줄이는가에 대해 공부할 것이다. B 림프구 및

T 림프구 클론의 활동이 체액성 면역반응과 세포성 면역반응을 일어나게 한다. **체액성 면역반응(humoral immune response)**은 오래 전에 body humor라 통칭하였던 혈액이나 림프에서 일어난다. 체액성 면역반응에서는 항체가 혈장이나 림프액에 있는 독소나 병원균을 중화하거나 없앤다. **세포성 면역반응(cell-mediated immune response)**에서는 전문화된 T세포가 감염된 숙주세포를 파괴한다. 두 반응 모두에서 1차 면역반응과 기억세포에 의한 2차 면역반응이 일어난다.

도움T세포: 거의 모든 항원에 대한 반응 매개

도움T세포(helper T cell)는 체액성 및 세포성 면역반응 촉진에 중심적인 역할을 하지만 직접 반응에 참가하지는 않는다. 대신에 도움T세포에서 나오는 신호들이 B세포에게 병원균을 중화하는 항체를 생산하도록 유도하고 T세포를 활성화시켜 감염된 세포를 죽이게끔 유도한다.

도움T세포가 적응면역반응을 활성화시키려면 다음 두 사항이 충족되어야 한다. 첫째, T세포의 항원수용체에 결합할 수 있는 외래 항원이 존재해야 한다. 둘째, 그 항원은 **항원제시세포(antigenpresenting cell)**에 전시되어야 한다. 항원제시세포에는 수지상세포, 대식세포 및 B세포가 있다.

감염이 되면 숙주세포 역시 항원을 표면에 전시한다. 그러면 이들세포는 항원제시세포와 무엇이 다른가? 그 답은 두 종류의

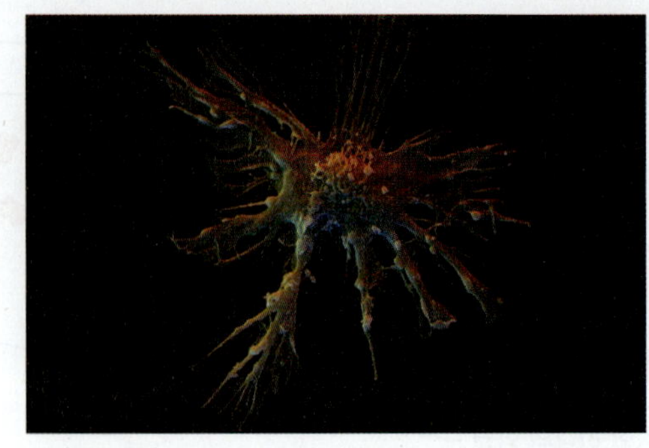

▲ **수지상세포**(채색된 SEM 사진)

MHC 분자에 있다. 대부분의 체세포는 I형 MHC 분자만을 가지고 있다. 하지만 항원제시세포는 I 및 II형 MHC 분자 모두를 가지고 있다. 즉, II형 MHC 분자의 존재가 항원제시세포의 표지가 된다. 도움T세포는 항원제시세포와 상호작용한다(**그림 47.16**).

도움T세포 표면에 있는 항원수용체는 항원제시세포 표면 II형 MHC 분자에 얽혀진 펩타이드항원과 결합한다. 동시에 대부분의 도움T세포 표면에는 CD4라는 보조 단백질이 있으며, 이들은 II형 MHC 분자와 직접 결합한다. 이러한 결합은 도움T세포와 항원제시세포 사이의 상호작용이 활성화 과정 동안 유지되게끔 한다. 두 세포가 상호작용하면서 서로 사이토카인을 분비하여 양방향으로 신호가 교환된다. 예를 들면, 수지상세포는 도움

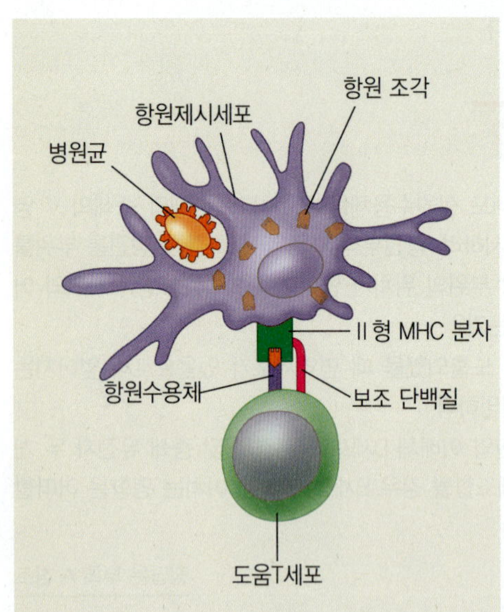

❶ 항원제시세포가 병원균을 잡아먹고 분해하여 항원조각을 제2형 MHC 분자와 함께 세포표면에 전시한다. 도움T세포는 이를 특이하게 인식하는데 이때 항원수용체와 보조 단백질(CD4라 명명)이 함께 작용한다.

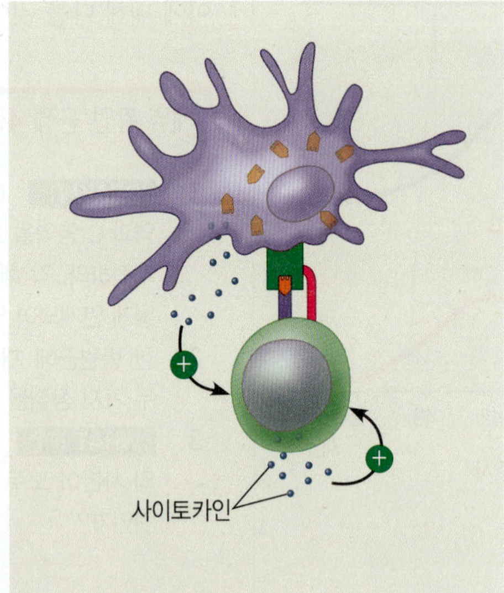

❷ 도움T세포가 결합하면 항원제시세포에서 사이토카인이 분비된다. 도움T세포에서도 사이토카인이 분비되며 이러한 사이토카인들이 도움T세포를 활성화시켜 증식하도록 한다.

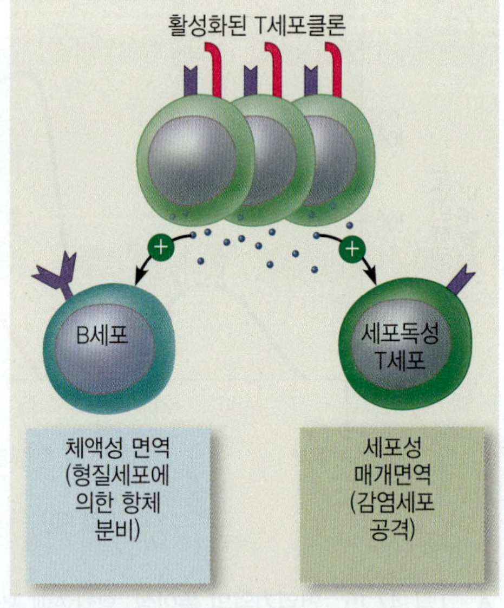

❸ 세포 증식을 통하여 활성화된 도움T세포가 클론집단을 이룬다. 클론을 이루는 모든 세포는 같은 특이성을 보이며 동일한 항원 조각 복합체를 인식한다. 이러한 클론 집단은 사이토카인을 분비하는데 이들은 B세포나 세포독성T세포의 활성화를 돕는다.

▲ **그림 47.16** **체액성 및 세포성 면역반응에서 도움T세포의 중심적인 역할.** 이 그림 예는 도움T세포가 미생물항원을 전시하는 수지상세포에 반응하는 과정을 보여준다.

T세포에 항원을 제시하면서 사이토카인을 분비한다. 이 사이토카인은 항원과 함께 도움T세포에게 독특한 T세포 사이토카인들을 분비하게 한다. 그 이외 다른 표면분자들에 의한 접촉이 두 세포 사이의 정보 교환을 부추긴다.

항원제시세포는 각기 다른 상황에서 도움T세포와 상호작용한다. 수지상세포와 대식세포는 항원신호를 받아본 경험이 없는 도움T세포에게 항원을 제시한다. 그 도움T세포는 증식하여 활성화된 도움T세포 클론을 이룬다. 한편 B세포는 이미 활성화된 도움T세포 클론에 항원을 제시한다. B세포로부터 항원신호를 받은 바로 그 도움T세포는 다시 B세포에 신호를 주어 활성화시킨다. 활성화된 도움T세포는 세포독성T세포를 자극하기도 한다. 이에 대해 공부해 보자.

세포독성T세포: 감염된 세포에 대한 반응 매개

옆의 상단에 사진에서와 같이 면역반응이 일어나지 않으면 병원균은 증식하여 감염세포를 죽일 수 있다. **세포독성T세포 (cytotoxic T cell)**는 세포성 면역반응의 작동세포이다. 이들은 독성 단백질을 사용하여 바이러스나 세포 내에서 기생하는 병원균이 채 자라나기 전에 감염세포를 죽인다. 완전 기능을 갖춘 세포독성T세포가 되려면 항원제시세포와의 상호작용은 물론 도움T세포로부터의 신호공급이 필요하다. 감염된 숙주세포 내부에서 만들어진 외래 단백질 조각은 I형 MHC 분자와 결합하여 세포독성T세포에 인식될 수 있도록 표면에 전시된다(그림 47.17). 도움T세포의 경우에서와 같이 세포독성T세포 역시 MHC 분자와 결합하는 보조 단백질 CD8을 가지고 있으며, 이들의 상호작용으로 T세포가 활성화되어 두 세포 사이에 접촉을 강화한다.

▲ **죽어가는 감염세포**(채색된 SEM 사진)

세포독성T세포는 세포막에 작동하여 감염된 숙주세포를 터뜨리는 단백질과 아폽토시스를 유도하여 세포를 죽이는 단백질을 분비함으로써 그 표적세포를 파괴한다(그림 47.17). 감염세포의 죽음은 세포내 병원균을 없앨 수 있게 할 뿐만이 아니라 감염균을 순환 항체에 노출시켜, 최종적으로 제거될 수 있게 한다.

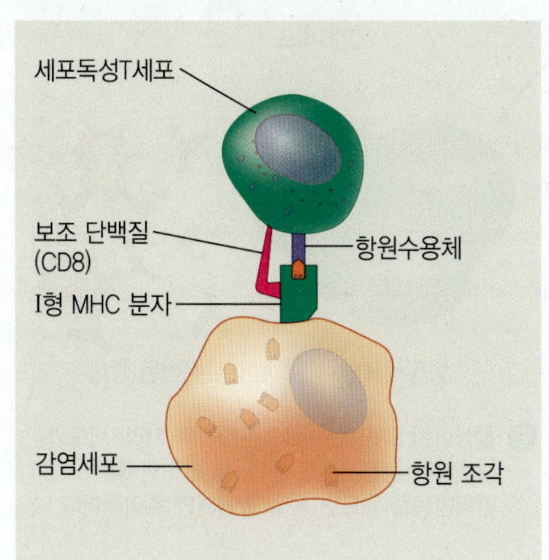

① 활성화된 세포독성T세포는 항원수용체와 보조 단백질(CD8)의 도움으로 감염세포의 I형 MHC-항원 복합체에 결합한다.

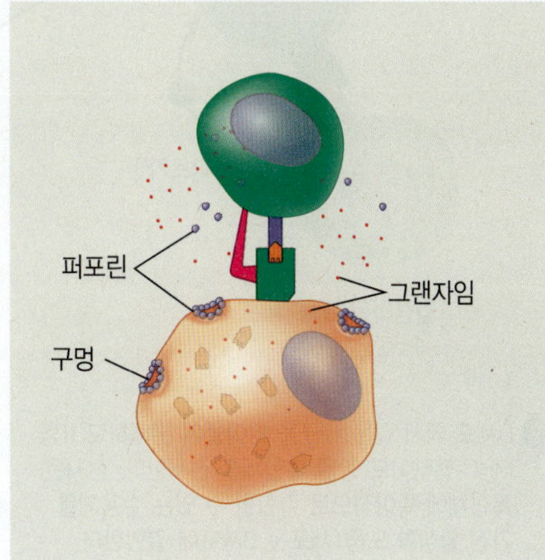

② T세포는 표적세포의 세포막에 구멍을 내는 퍼포린 분자와 가수분해효소인 그랜자임을 분비한다. 그랜자임은 세포내섭취작용을 통하여 감염세포 내로 들어간다.

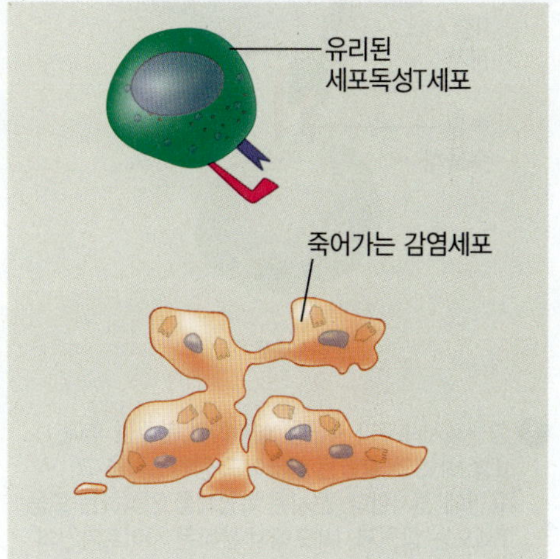

③ 그랜자임은 표적세포 내에서 아폽토시스를 유도하여, 핵과 세포질을 조각내어 세포를 죽인다. 세포독성T세포는 떨어져 나와 다른 감염세포를 공격할 수 있다.

▲ **그림 47.17 세포독성T세포에 의한 감염된 숙주세포의 사멸.** 활성화된 세포독성T세포는 세포막에 구멍을 내는 천공 단백질과 단백질을 분해하는 효소를 방출하여 감염세포를 죽인다.

B세포 및 항체: 세포 바깥 병원균에 대한 반응 매개

B세포가 분비하는 항체가 체액성 면역반응을 매개한다. B세포의 활성화 과정과 항체 기능에 대해 공부해 보자.

B세포 활성화

그림 47.18에 도시한 바와 같이, 체액성 면역반응을 유발하려면 B세포, 도움T세포 그리고 항원으로서 병원균 표면에 있는 단백질이 필요하다. 항원과 사이토카인에 자극을 받은 B세포는 증식하고 기억B세포 또는 항체를 분비하는 작동세포인 형질세포(plasma cells)로 분화한다.

항원제시세포로서의 B세포가 항원을 처리하여 전시하는 경로는 다른 항원제시세포와는 다르다. 대식세포나 수지상세포는 다양한 항원으로부터 나온 조각을 T세포에 보여주지만, B세포는 그의 항원수용체에 특이적으로 결합하여 내부로 섭취된 항원만을 처리하여 도움T세포에 제시한다. 항원이 특정 B세포의 수용체에 결합하면, 수용체 매개 세포내섭취작용(그림 8.19)으로 항원이 세포내부로 들어오게 된다. B세포의 II형 MHC 분자는 항원조각을 도움T세포에게 보여준다. 이러한 세포와 세포 사이의 직접적인 결합이 B세포 활성화에 중요하다(그림 47.18에서 2단계).

B세포 활성화에 이어 체액성 반응, 즉 항체생성이 유도된다. 활성화된 단일 B세포는 수천 개의 형질세포로 분화된다. 형질세포는 막형 항원수용체의 표면 발현을 멈추고 분비형 항체를 생산하기 시작한다(그림 47.18에서 3단계). 형질세포 하나는 4일 내지는 5일 동안 초당 2,000분자 정도의 항체를 분비한다. 게다가 B세포에 의해 인식되는 대부분의 항원은 다수의 에피톱을 가지고 있다. 이러한 이유 때문에 단일 항원은 다수의 B세포를 활성화시킬 수 있고, 이들 각각은 공통 항원에 대한 다른 에피톱 특이성을 보이는 형질세포 클론들이 된다.

항체의 기능

항체는 사실상 병원균을 죽이지는 못한다. 그러나 항체가 항원에 결합하면 이것이 표지가 되어 다양한 방법으로 병원균의 활성을 억제하거나 파괴한다. 예를 들어 중화작용(neutralization)을 살펴보면, 항체는 바이러스나 세균 표면에 존재하는 단백질에 부착하여(그림 47.19a) 이들이 숙주세포를 감염시키는 것을 방해한다. 마찬가지로 항체는 체액에 유리된 독소와 결합하여 중화시켜 세포

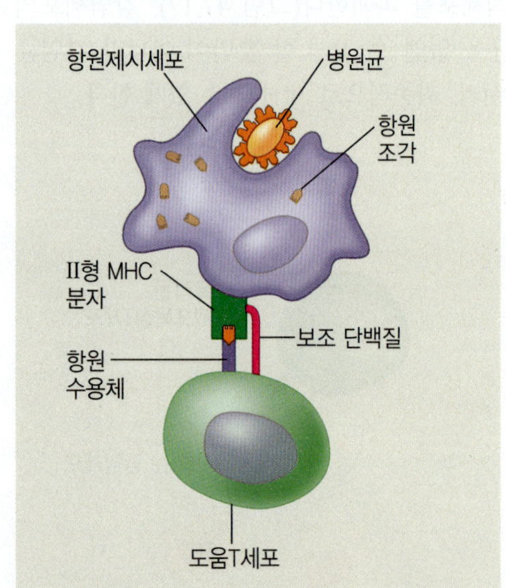

① 항원제시세포가 세균을 섭취하여 분해한 후에, II형 MHC와 결합된 펩타이드 항원조각을 그 표면에 전시한다. 전시된 복합체를 인식하는 도움T세포는 항원제시세포에서 분비된 사이토카인의 도움을 받아 활성화되어 도움T세포 클론으로 분화한다.

② B세포 역시 같은 세균을 받아들여 분해하고 II형 MHC-펩타이드 항원 복합체를 전시한다. 전시된 복합체에 특이적으로 결합할 수 있는 수용체를 가진 활성화 도움T세포는 B세포에 결합한다.

③ 활성화된 B세포는 증식, 분화하여 기억B세포와 항체분비 형질세포로 된다. 분비된 항체는 면역반응을 유도한 동일 항원에만 특이적이다.

▲ 그림 47.18 **체액성 면역반응에서의 B세포 활성화.** 단백질 항원에 의한 체액성 면역반응이 일어나기 위해서는 대부분의 경우 도움T세포가 필요하다. 대식세포(그림에서 보여줌)나 수지상세포는 항원제시세포로 작동하여 도움T세포를 활성화시킨다. 도움T세포는 다시 B세포를 활성화시켜 항체를 분비하는 형질세포로 분화하는 데 도움을 준다.

? 기억세포 표면에 있는 항원수용체는 어떤 기능을 수행할까?

▼ **그림 47.19 항체 매개성 항원제거 기작**

(a) 중화작용

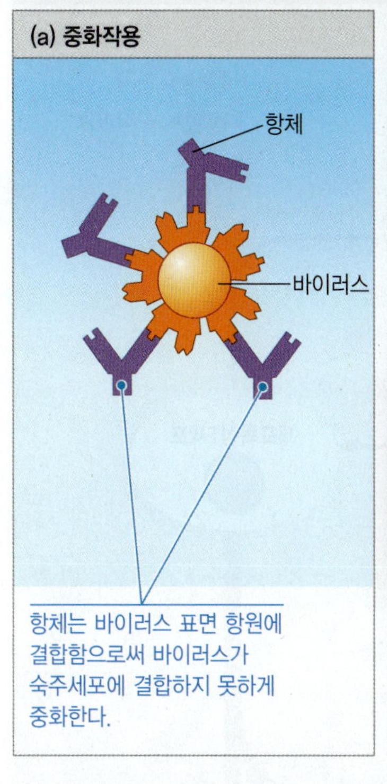

항체는 바이러스 표면 항원에 결합함으로써 바이러스가 숙주세포에 결합하지 못하게 중화한다.

(b) 옵손화

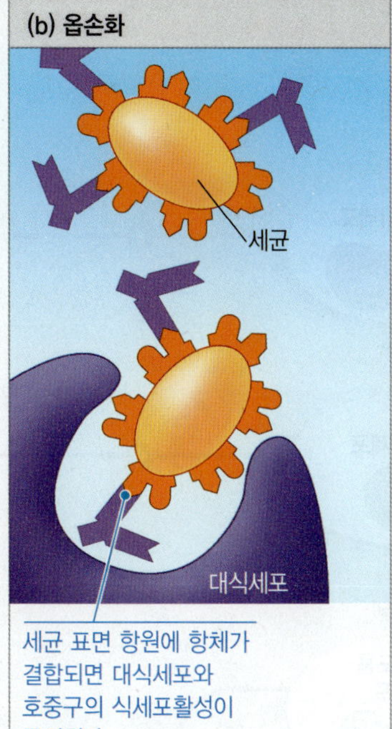

세균 표면 항원에 항체가 결합되면 대식세포와 호중구의 식세포활성이 증진된다.

(c) 보체계 활성화와 구멍 형성

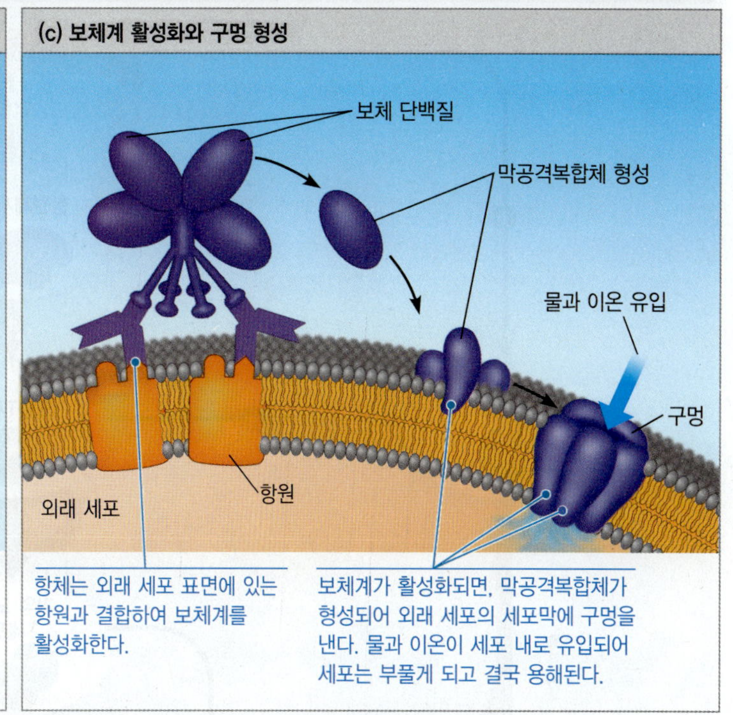

항체는 외래 세포 표면에 있는 항원과 결합하여 보체계를 활성화한다.

보체계가 활성화되면, 막공격복합체가 형성되어 외래 세포의 세포막에 구멍을 낸다. 물과 이온이 세포 내로 유입되어 세포는 부풀게 되고 결국 용해된다.

로 침투하지 못하게 한다.

항체는 병원성 세균에 결합하여 세균 표면 전체를 감쌀 수 있다. 이를 옵손화(opsonization)라고 하는데, 결합된 항체는 대식세포나 호중구의 세균결합을 용이하게 하여 식세포활동을 촉진시킨다(**그림 47.19b**). 항체는 최소한 두 개의 항원부착 부위가 있기 때문에 세균세포, 바이러스 입자 및 항원을 서로 연결시킴으로써 응집시킬 수 있으며 그 응집체는 쉽게 식세포에게 먹힌다.

항체는 옵손화에서와 같이 식세포활동을 증진시키면서 동시에 체액성 면역반응을 정교하게 조절한다. 식세포작용은 대식세포나 수지상세포가 항원을 도움T세포에게 제시할 수 있게 하고, 그 T세포의 활성화를 유도한다. 그러면 T세포의 도움을 받아 B세포가 활성화되고 그로부터 만들어지는 항체가 항원에 부착하여 식세포작용을 증진시킨다. 이러한 양성되먹임(positive feedback) 작용은 선천성 면역계와 적응성 면역계를 연결시켜 미생물 감염에 효율적으로 대처하게 한다.

항체는 때때로 보체계의 단백질과 힘을 합쳐 병원균을 제거한다. [보체(complement)는 항체의 세균 제거효력을 보충시키는 단백질이라는 사실로부터 이름이 지어졌다.] 외래 세포 표면에 항원-항체 복합체가 있을 경우, 그 곳에 보체계의 단백질이 결합하여 막공격복합체(mambrane attack complex)를 형성한다. 이들이 세포막에 구멍을 내면 각종 이온이나 물이 세포 내로 들어가 세포를 부풀게 하여 터뜨린다(**그림 47.19c**). 선천성이건 적응성 방어의 일환으로 일어났건 간에 보체활성화 반응은 미생물을 용해시킬 뿐 아니라, 염증반응을 유발하고 식세포활동을 촉진시키는 물질들을 만들어 낸다.

항체는 체액에서 일어나는 반응에서 핵심적인 역할을 수행하지만 감염된 체세포의 죽음을 매개할 수도 있다. 바이러스는 숙주세포의 단백질합성시스템을 이용하여 바이러스 단백질을 만든다. 따라서 바이러스에 감염된 세포의 표면에는 바이러스에서 유래된 단백질이 존재한다. 항체가 숙주세포 표면에 노출된 바이러스 단백질과 결합하게 되면 자연살생세포가 유인된다. 그 세포는 감염세포의 세포사멸(아폽토시스)을 유도하는 단백질을 분비하여 죽인다. 이는 선천성 면역계와 적응성 면역계가 아주 밀접하게 연관되어 활동함을 보여준다.

B세포는 다섯 종류의 면역글로불린(IgA, IgD, IgE, IgG, IgM)을 생산한다. 특정 B세포에 있어 만들어지는 각 형(class)의 항체는 중쇄의 불변(C) 영역은 각기 다르지만 같은 항원결합 특이성을 보인다. IgD로 알려진 B세포 항원수용체는 막에 부착된 형태이다. 다른 네 가지 형은 수용성 항체이다. 이들은 혈액, 침, 모유 등에서 발견된다.

체액성 및 세포매개성 면역반응 정리

앞서 언급한 바와 같이 체액성 및 세포매개성 면역반응 모두 1차 반응 그리고 2차 반응을 유발한다. 각 형태의 기억세포(도움T세포, 도움B세포, 그리고 세포독성T세포)들이 2차 반응을 매개한다. 예로서, 체액이 같은 병원균에 다시 감염되었을 때 기억B세

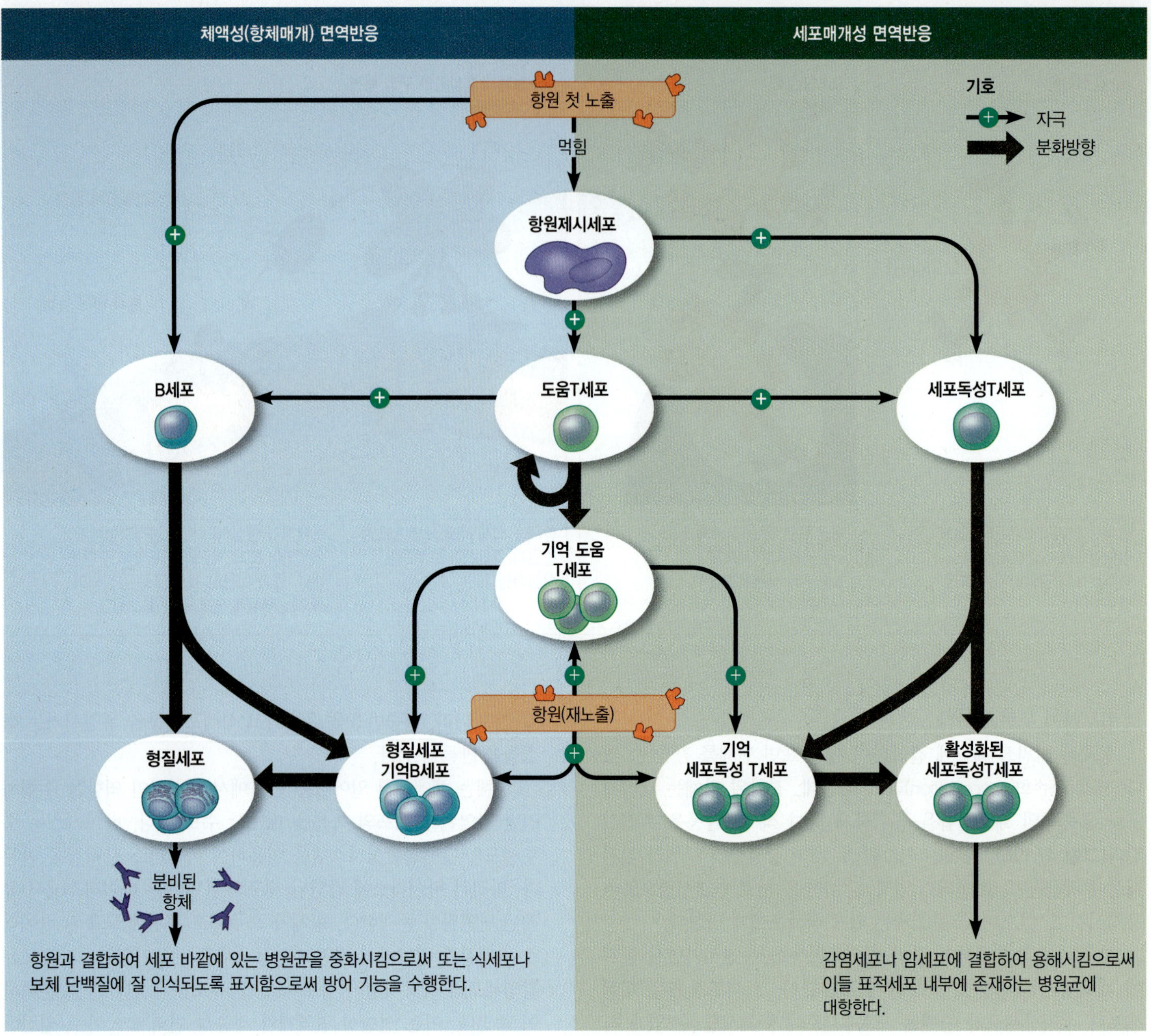

▲ **그림 47.20 적응면역반응의 개요**

? 흑색 및 갈색 화살표에서 각각이 1차 반응을 나타내는지 또는 2차 반응을 나타내는지를 지적하라.

포와 기억도움T세포가 2차 체액성 면역반응을 일으킨다. **그림 47.20**은 적응성 면역반응의 요약으로, 도움T세포의 역할을 중심으로 체액성 및 세포매개성 면역반응이 일어나는 사건을 정리하였다.

능동면역과 수동면역

우리가 지금까지 공부한 적응면역반응은 **능동면역(active immunity)**이라는 점을 지적하지 않을 수 없다. 즉, 병원균이 우리몸을 감염할 때 면역세포들이 능동적으로 참여하여 1차 및 2차 면역반응을 일으켜 병원균을 퇴치한다. 반면에 다른 상황이 있을 수 있다. 임신한 여성의 IgG 항체가 태반을 가로질러 태아에 공급되면, 전달된 항체가 특정 병원균에 특이적으로 반응할 수 있고 신속하게 그를 무력화시킬 수 있기에 태아는 그 병원균에 면역이 생긴다. 이를 **수동면역(passive immunity)**이라 한다. 수혜자(여기서는 태아) 자신의 B세포나 T세포의 작용으로 면역이 형성된 것이 아니고 다른 사람(엄마)로부터 전달받은 항체가 감염 미생물에 대한 방어를 수행하기 때문이다. 엄마 젖에 있는 IgA는 영아기 아기의 소화관에서 그들의 면역체계가 발달할 때까지 추가적인 수동면역을 담당한다. 수동면역은 즉각적인 방어를 수행하지만, 전달된 항체가 존재할 때까지만(대체로 수주 내지는 수개월) 유효하다.

능동면역과 수동면역은 인위적으로 유도할 수 있다. 항원을 몸에 주사하면 능동면역이 생긴다. 이를 **인위적 면역(immunization)**이라 한다. 1796년 제너(Edward Jenner)는, 소에 경미한 병을 일으키는 우두바이러스에 감염된 적이 있던 소녀는 훨씬 병원성이 강한 천연두바이러스에 감염되지 않음을 알았다. 처음으로 기록된 인위적 면역[또는 예방접종(vaccination), 소를 뜻하는 라틴어 *vacca*에서 유래]에서 제너는 천연두바이러스에 대한 적응면역반응을 유도하기 위해 그와 아주 비슷한 우두바이러스를 사용하였다. 오늘날 백신에는 불활성화된 세균독소, 사멸 세균, 병원균 성분, 살아 있지만 병을 일으키지 않는 약화된 병원균, 심지어 미생물 단백질을 암호화하는 유전자 등이 쓰인다. 이러한 물질들은 즉각적인 1차 면역반응과 면역기억을 유도하기 때문에 백신을 맞은 사람은 후에 백신물질의 주범인 병원균에 노출되었을 때 신속하고 강한 2차 면역반응을 보인다(그림 47.15).

백신을 통하여 인간에게 위험한 다수의 감염성 질환을 막을 수 있었다. 전 세계적인 예방접종 캠페인 덕택에 1970년대경에 천연두는 박멸되었다. 선진공업국가에서 신생아나 어린이에게 정례적인 예방접종은 소아마비, 홍역, 백일해 같은 감염성 질환 발병률을 상당히 줄였다. 안타깝지만, 모든 감염균을 예방접종으로 방어할 수 는 없다. 게다가 어떤 백신은 후진국에서 쉽게 구할 수가 없다.

백신의 안전성에 대한 잘못된 이해는 공중 보건에 상당한 문제를 일으킨다. 홍역 백신을 예로 들면, 예방접종된 백만 명 어린이 중에 한 명 미만에서 앨러지 반응이 나타날 정도로 거의 부작용은 없다. 그렇지만 홍역은 매우 위험하다. 전 세계적으로 매년 200,000명의 목숨을 앗아간다. 영국, 러시아 그리고 미국에서 홍역 예방접종률 감소 때문에 홍역 발생과 그로 인한 죽음이 늘어나고 있는 추세이다.

인위적인 수동면역에서는 면역동물체로부터 나온 항체를 다른 비면역동물에 주사할 수 있다. 예를 들면, 독성 뱀에 물린 사람은 뱀독으로 면역화시킨 양 또는 말로부터 얻은 혈장인 앤티베닌(antivenin)을 투여한다. 뱀에 물린 즉시 투여하면, 앤티베닌에 있는 항체는 독을 중화시켜 조직 손상을 막는다.

항체의 용도

동물에서 특정 항원에 대한 노출에 의해 만들어지는 항체는 여러 클론의 혈장세포에서 분비된 항체들의 집합(그림 47.21)이며 각각은 항원의 다른 에피톱을 인식한다. 그러나 B세포의 한 클론만을 세포배양하여 항체를 제조할 수 있다. 세포배양된 클론에서 제조된 **단일항체(monoclonal antibody)**는 항원의 특정 에피톱에 똑같은 특이성을 보인다.

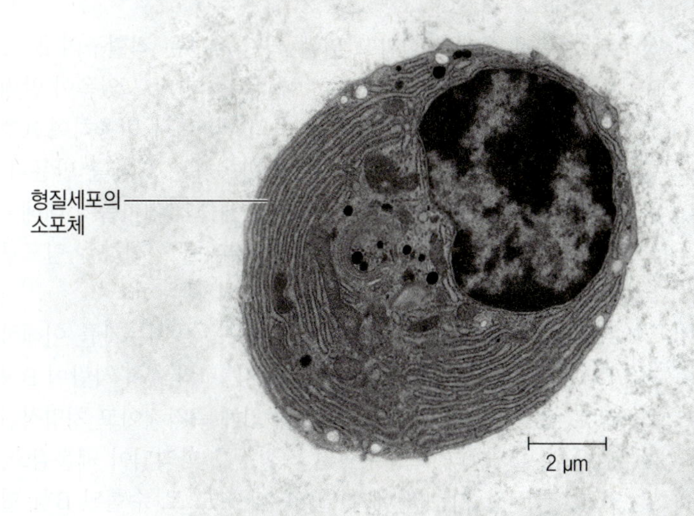

▲ **그림 47.21 형질세포.** 형질세포는 분비형 단백질을 다량 생산하는 세포들에서 특징적으로 나타나는 발달된 소포체를 가지고 있다(TEM 사진).

단일클론항체는 최근 임상 진단이나 치료 분야에 많이 쓰인다. 예를 들면, 가정용 임신진단 키트의 경우 인간 융모생식샘자극호르몬(human chorionic gonadotropin, hCG)을 인식하는 단일클론항체를 이용한다. hCG는 자궁에 배아가 착상하자마자 생성되는 호르몬이다(45장). 어떤 여성의 오줌에 있는 hCG의 존재는 임신 초기단계임을 말해준다. 단일항체는 대량으로 제조하여 암을 포함한 여러 인간 질환을 치료하는 데 쓰인다.

면역거부

병원균에 대한 반응과 마찬가지로 면역계는 다른 개체의 세포를 외래 물질로 인식하여 공격한다. 예를 들면, 한 사람의 피부를 유전적으로 다른 사람의 피부에 이식할 경우 처음 1주일 정도는 괜찮아 보이지만 결국 수혜자의 면역시스템에 의해 파괴(거부)된다. 혈액형이 맞지 않는 피의 수혈, 조직이나 기관의 이식에 대항하는 면역반응은 건강인의 면역계가 외래항원에 대응하는 정상적인 반응이다. (임산부는 비자기 조직인 태아를 거부하지는 않는데 그 이유를 아직도 잘 모른다.)

혈액그룹

수혈 시 치명적인 면역반응을 피하기 위하여 ABO 혈액형을 고려해야 한다. 14장에서 사람의 ABO 혈액그룹 유전에 대해 설명하였다. A형 적혈구는 그 표면에 A형 탄수화물 항원을 가지고 있다. 마찬가지로 B형 적혈구에는 B형 탄수화물이 있으며, AB형 적혈구에는 A 및 B 두 개의 탄수화물 항원이 있다. O형 적혈구에는 이런 탄수화물들이 없다(그림 14.11).

왜 면역계는 적혈구에 있는 특정 당을 인식하는가? 평상시 정상적으로 우리 몸에 서식하고 있는 어떤 세균은 적혈구의 A 및 B형 탄수화물 항원과 매우 비슷한 에피톱을 가지고 있음이 알려져 있다. B형 탄수화물과 비슷한 세균의 에피톱에 반응하여 A형 혈액을 가진 사람은 B형 탄수화물에 반응하는 항체를 만든다. 바로 그 사람은 A형 탄수화물과 비슷한 세균의 에피톱에 대해서는 항체를 만들지 않는다. 자기 자신의 분자를 인식하는 림프구는 발달과정 동안 제거되거나 불활성화되기 때문이다.

수혈 시 ABO 혈액그룹이 어떠한 영향을 미치는가를 이해하기 위해 A형 사람의 면역반응에 알아보자. 만약 A형 사람이 B형 혈액으로 수혈받았다면 anti-B 항체에 의해 즉각적이고 치명적인 거부반응이 일어난다. 즉, 수혈된 적혈구가 파괴되어 체온감소, 열, 쇼크 및 신장 기능 장애가 일어난다. 역으로 수혈된 B형 혈액(공여자 혈액)에 존재하는 anti-A 항체가 수혜자 A형 적혈구에 대해 반응할 수도 있다. 이러한 반응 때문에 O형 사람의 경우 어떤 다른 혈액형으로는 수혈을 받을 수 없다. 하지만 최근 적혈구에서 A 및 B형 탄수화물을 떼어내는 효소가 발견되었기에 O형 사람이 겪는 수혈 문제가 조만간 해결될 수도 있다.

조직 및 기관 이식

우리는 모두 12개 이상의 MHC 유전자에서 만들어지는 MHC 단백질을 가지고 있다. 게다가 인류 집단에는 이러한 유전자들에 대해 100여 개 이상의 대립유전자들이 있다. 다른 사람 사이의 장기나 조직의 이식에 있어서 이러한 다른 MHC 분자의 형태는 항원으로 작용하기 때문에 면역 거부반응이 일어난다. MHC가 다형성 분자이기 때문에 일란성 쌍둥이인 경우를 제외하곤 어떤 두 사람의 MHC형이 같을 수 없다. 따라서 이식 장기나 조직에 존재하는 어떤 MHC 분자는 수혜자에게 외래물질이기 때문에 거부반응이 일어나는 것이다.

거부반응을 최소화하기 위해서 공여조직의 MHC형을 가능한 한 수혜자의 MHC형과 맞출 필요가 있다. 게다가, 수혜자는 면역반응을 억제하는 약물을 투여 받아야 한다(그러나 이러한 약물을 투여받는 수혜자는 감염성 질환에 걸리기 쉽다).

골수이식의 경우 역시 거부반응이 일어나지만 그 원인은 사뭇 다르다. 그 원인은 수혜자에 있는 것이 아니라 이식된 골수 자체에 있다. 백혈병이나 기타 암, 그리고 혈액관련 질환을 치료할 때 골수이식을 한다. 골수를 받기 전에 수혜 예정자는 자신의 골수세포뿐 아니라 비정상적인 세포를 제거하기 위해 방사선 조사를 받는다. 이는 수혜자의 면역계를 작동 못하게 하여 거부반응이 일어날 기회를 없애는 것이다. 그러나 더 큰 문제, 즉 이식된 골수에 있는 림프구가 수혜자를 공격할 수 있는 상황에 봉착하게 된다. 이러한 **이식편대숙주반응**(graft versus host reaction)은 공여자와 수혜자 사이의 MHC 분자형을 잘 맞춤으로써 방지할 수 있다. 골수이식 프로그램에서는 전 세계적으로 다양한 MHC 분자형을 확보하기 위하여 골수 기증자를 모집하고 있다.

개념 확인 문제 47.3

1. 한 아이가 흉선이 없이 태어났다면, 그 아이에는 어떤 세포와 어떤 기능이 결여되어 있을까?
2. 항체분자의 중쇄를 반으로 절단하는 단백질 가수분해효소를 처리하면 Y형 모양에서 두 개의 팔만 남기게 된다. 이러한 가수분해효소의 처리가 항체의 활성에 어떤 영향을 미치는가?
3. **WHAT IF?** 뱀에 물린 사람이 뱀독에 대한 항체로 치료 받았다. 두 번째로 그 뱀에 물렸을 때 그 치료법은 달라져야 한다. 왜?

정답은 부록 A 참조

개념 47.4

면역계 기능 손상은 병을 일으키거나 악화시킨다

적응면역은 다양한 병원균에 대항하여 꽤 방어를 하지만 안전을 담보하지는 못한다. 이 마지막 절에서는 적응면역계가 막히거나 잘못 조절되었을 때 발생되는 문제점을 알아볼 것이다. 그리고 숙주의 면역반응의 효력을 떨어뜨리는 병원균의 적응 진화에 대해 공부할 것이다.

과도한 면역반응, 자신을 향한 면역반응, 약화된 면역반응

다양한 병원균으로부터 우리 몸을 보호하는 면역반응에는 림프구, 체세포, 외래물질 간의 고도의 상호 조절작용이 필요하다. 섬세한 균형이 깨질 경우 면역 기능 장애가 된다. 이러한 장애는 앨러지와 같이 미미한 것부터 아주 심각한 장애인 자가면역질환이나 면역결핍증이 있다.

앨러지

앨러지는 **앨러젠**(allergen)이라 불리는 특정 항원에 대한 과도한(과민한) 면역반응의 결과이다. IgE 계열의 항체가 대부분의 앨러지반응을 매개한다. 예를 들면, 건초열은 형질세포가 꽃가루 표면의 항원에 반응하여 IgE를 분비할 때 생긴다(**그림 47.22**). 이 항체는 후미 부분을 통하여 결합조직에 존재하는 비만세포에 결합하고 있다. 후에 꽃가루가 우리 몸에 들어오면 비만세포에 붙어 있던 IgE 항체의 항원부착 부위에 결합하여 근처 항체들을 서로 연결시켜 뭉치게 한다. 이렇게 되면 비만세포는 세포내 과립(granules, vesicles)에 저장되어 있던 히스타민이나 다른 염증유발물질을 분비한다. 여러 주변 세포에 작용하여 이러한 분비물들은 전형적인 앨러지 증상인 재채기, 콧물, 눈물, 그리고 호흡 장애를 일으키게 하는 평활근수축 등을 유발한다. 항히스타민제는 히스타민이 수용체에 결합하는 것을 막아 앨러지 증상(그리고 염증)을 완화한다.

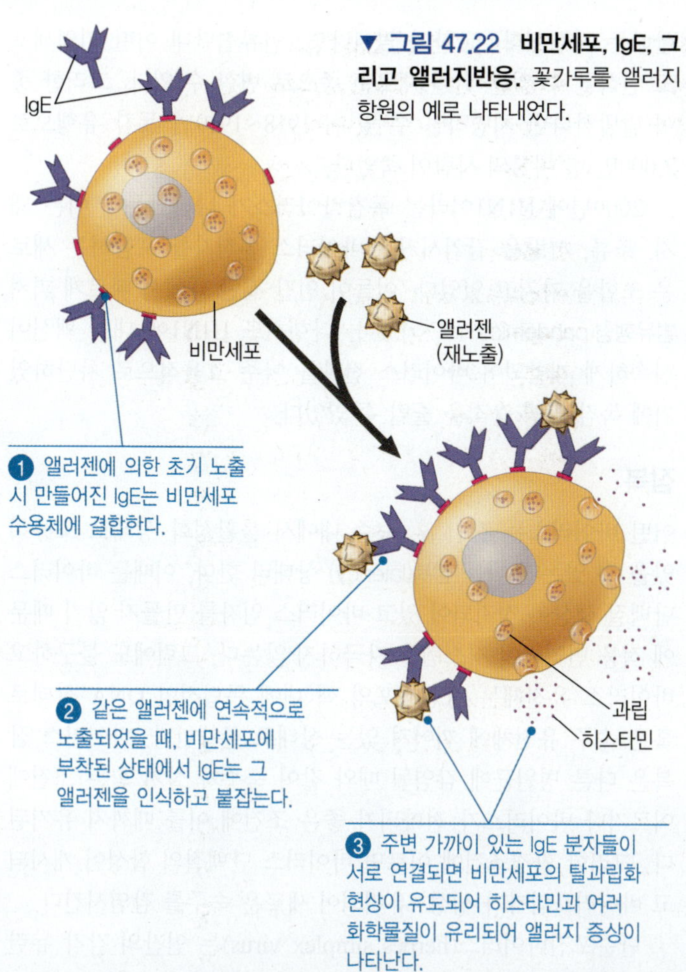

▼ **그림 47.22 비만세포, IgE, 그리고 앨러지반응.** 꽃가루를 앨러지 항원의 예로 나타내었다.

급성 앨러지반응은 종종 생명을 위협하는 과민성 쇼크(anaphylactic shock)를 일으킨다. 전신에 퍼져 있는 비만세포에서 분비된 염증성 화학물질 때문에 피하 혈관 확장이 일어나고 기관지 협착과 더불어 혈압이 급격히 떨어져 수분 내에 사망한다. 벌침 독이나 페니실린, 땅콩, 어패류 등에 의한 앨러지반응이 이들 물질에 민감한 사람에게 과민성 쇼크를 일으킨다. 진짜 민감한 사람들은 앨러지반응을 대처하는 호르몬인 에피네프린 주사액을 가지고 다닌다. 에피네프린은 말초조직으로 가는 혈류를 막고 기도 협착을 줄이며 허파 근육을 이완하여 과민성 쇼크를 순식간에 막는다(그림 41.8).

자가면역질환

어떤 사람에게는 면역시스템이 자기관용현상을 보이지 않아 자기 몸에 있는 분자에 반응하여 **자가면역질환(autoimmune disease)**이 나타난다. 전신홍반성낭창(systemic lupus erythematosus)인 **루푸스**(lupus)에서 환자의 면역계는 여러 종류의 자기분자에 대한 자기항체(autoantibody)를 만든다. 자기분자에는 기능을 다한 정상적인 체세포를 없앨 때 유리되는 히스톤 및 DNA 등이 있다. 자기반응성 항체는 루푸스에서 보이는 피부홍반, 열, 관절염, 신장 장애 증상의 원인이 된다. 또 다른 자가면역 질환의 표적으로는, 제1형 당뇨병(type 1 diabetes)에서는 인슐린을 생산하는 베타세포가 있으며 다발성 경화증(multiple sclerosis)에서는 신경을 감싸고 있는 수초(myelin sheath)가 있다.

▶ **그림 47.23 류마티스 관절염으로 변형된 손의 X선 사진**

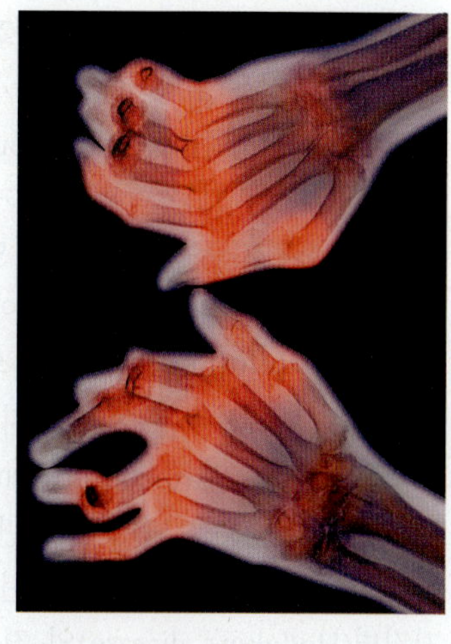

성, 유전, 환경 모두가 자가면역질환의 발병에 영향을 미친다. 예를 들면, 특정 집안 사람들이 자가면역질환에 취약하며, 많은 질환이 남성에게 보다 여성에게 더 많이 발생한다. 루푸스의 경우 여성은 남성보다 9배 더 잘 걸리며 **류마티스 관절염**(rheumatoid arthritis)은 두 배 내지는 세 배이다. 류마티스 관절염은 연골조직이나 뼈의 접합조직에 참기 힘들 정도로 심한 염증이 나타나는 질환이다(**그림 47.23**). 이러한 성에 의한 발병 차이의 원인에 대해서, 그리고 선진국에서 자가면역질환 유병률이 증가되는 원인에 대해서 현재 활발히 연구가 진행되고 있다.

과로, 스트레스와 면역계

과로나 스트레스는 면역계 기능에 많은 영향을 미친다. 여기서 감기나 호흡기 질환을 고려해 보자. 적당량의 운동은 면역계 기능을 향상시켜 그러한 감염의 위험을 줄여준다. 반면에 피로를 수반하는 과도한 운동은 감염의 위험과 그 증상을 악화시킨다. 마라톤 운동선수를 대상으로 한 연구에 의하면 운동량이 확실히 감염 질환 취약성을 결정하는 중요한 요소임을 말해 준다. 훈련기간 동안, 즉 약간의 운동량이 있는 경우에는 가만히 앉아 있는 사람보다 감기에 잘 걸리지 않는다. 그러나 격렬한 마라톤경기 직후에는 그들은 훨씬 감기에 취약해진다. 마찬가지로 정신적 스트레스도 호르몬계, 신경계 및 면역계 상호조절 관계에 변화를 주어 면역조절 기능을 망가뜨린다(그림 41.20). 휴식이 면역계에 중요하다는 최근 연구결과가 있다. 평균 7시간 정도 수면을 취하는 성인은 평균 8시간 이상을 자는 사람에 비해 감기바이러스에 노출되었을 감기에 걸리는 경우가 세 배나 높다.

면역결핍증

항원에 대처하는 면역계의 능력이 손상되었거나 없어진 경우를 면역결핍(immunodeficiency)이라 한다. 요인이 무엇이건 어떤 형태이건 이러한 질환을 앓는 환자는 감염성 질환에 자주 쉽게 걸리며 암에 취약하다.

선천성 면역결핍(inborn immunodeficiency)은 유전적 또는 발달 과정상 면역계 세포 또는 특정 단백질, 예를 들면 항체나 보체 단백질 등의 생성 장애 때문에 생긴다. 어떤 결함이냐에 따라 선천성 면역계, 적응성 면역계 혹은 둘 다에 손상이 있을 수 있다. 중증복합면역결핍증(severe combined innunodeficiency, SCID)과 같은 경우에는 기능 림프구가 거의 또는 아주 없다. 적응면역계가 기능을 하지 못하기 때문에 SCID 환자는 폐렴이나 뇌수막염 같은 재발성 감염에 취약하여 어린 나이에 죽는다. 이러한 유전병은 골수이식이나 줄기세포 이식을 통하여 치료될 수 있다.

면역 기능 장애는 여러 가지 물질에 노출됨으로써 후천적으로 생길 수도 있다(acquired immunodeficiency). 자가면역질환이나 조직거부반응을 막기 위해 면역억제제 치료를 받을 경우 면역결핍 상태에 이를 수 있다. 어떤 암, 즉 림프계를 손상시키는 호지킨병(Hodgkin's disease)의 경우 면역시스템이 억제되어 있다. 후천성 면역결핍은 생리적인 스트레스에 의한 일시적인 것일 수도 있으며, 후천성 면역결핍증후군(acquired immunodeficiency syndrome, AIDS)에서와 같이 치명적인 것일 수도 있다. AIDS 관련 부분은 다음 절에서 공부해 보자.

병원균의 면역계 회피를 위한 진화 적응

진화 병원균을 격퇴하는 면역방어체계가 동물에서 진화된 것과 마찬가지로 병원균에서는 숙주면역반응을 훼방놓는 기작이 진화되었다. 인체 병원균의 면역회피에 대한 다음과 같은 공통 기작에 대해 공부해 보자: 항원변이, 잠복, 면역계 공격.

항원변이

병원균의 다양한 변장술은 면역 감시망을 피하는 하나의 기작이다. 면역기억은 한 개체가 접해본 외래 에피톱에 대한 기록이다. 만약 병원균이 기존에 가지고 있던 에피톱을 바꾼다면 신속한 방어력을 보유한 기억세포를 자극하지 않기 때문에 재감염 시 숙주에 살아 남을 수 있다. 그러한 에피톱 발현변화를 **항원변이**(antigenic variation)라 한다. 몇몇 바이러스나 기생충이 가지고 있는 면역회피 기술이다. 수면병(trypanosomiasis)을 일으키는 기생충을 예로 들면, 특정 표면 단백질 1,000개의 버전 중에서 이들을 주기적으로 무작위로 바꿈으로써 그 기생충은 적응 면역방어망을 피한다. **과학적 분석 기술의 연습**에서 이러한 항원변이와 생체방어에 대해 데이터를 분석하는 훈련을 할 것이다.

인플루엔자 또는 "독감(flu)" 바이러스가 아직까지도 커다란 공중보건 문제로 남아 있는 이유 역시 항원변이 때문이다. 독감바이러스가 인체 내에서 복제함에 따라 그의 유전자에 돌연변이가 발생한다. 면역계의 감시에서 조금이라도 벗어날 수 있는 유전적 변이가 바이러스 유전자에 점진적으로 축적된다. 이러한 유전자 변이는 독감바이러스의 표면 단백질의 변화를 수반하기 때문에 매년 새로운 백신을 제조하여 예방접종해야 독감바이러스를 예방할 수 있다. 또 다른 커다란 문제는 인간 독감바이러스는 돼지나 닭과 같은 가축을 감염시키는 바이러스와 유전자를 교환한다는 사실이다. 교환이 일어나면, 인류집단내 어떤 기억세포도 인식할 수 없는 완전 새로운 종으로 변할 수 있다. 그러한 종이 발발한다면 치명적일 수 있다: 1918~1919년 독감 유행으로 2,000만 명 이상의 사람이 죽었다.

2009년에 H1N1이라는 독감바이러스가 나타났는데 이는 돼지, 조류, 사람을 감염시키는 바이러스 유전자를 포함하는 새로운 조합을 가지고 있었다. 이들이 인간 집단 내에서 빠르게 퍼져 **범유행형**(pandemic)으로 되었다. 다행히도 H1N1에 대한 백신이 신속하게 개발되어 바이러스 전파를 아주 효율적으로 차단하였기에 독감 발병 충격을 줄일 수 있었다.

잠복

어떤 바이러스는 감염 후 숙주 내에서 불활성화 상태로 조용히 있을 수 있는데 이를 **잠복**(latency) 상태라 한다. 이때는 바이러스 단백질 생산이 정지되어 있고 바이러스 입자를 만들지 않기 때문에 적응 면역방어 시스템을 자극하지 않는다. 그럼에도 불구하고 바이러스 유전체는 감염세포의 핵 내에 독립적인 DNA 상태로 혹은 숙주 유전체에 끼어져 있는 상태로 존재한다. 바이러스 잠복은 다른 병원균에 감염될 때와 같이 숙주가 살기 힘든 조건에 이르거나 바이러스가 전파되기 좋은 조건에 이를 때까지 유지된다. 그러한 환경조건에 이르면 바이러스 단백질의 합성이 개시되고 바이러스입자가 생성·유리되어 새로운 숙주를 감염시킨다.

단순포진바이러스(herpes simplex virus)는 인간의 감각 뉴런에 잠복 상태로 있다. 제1형 바이러스는 경구 단순포진을, 제2형 바이러스는 생식기포진을 일으킨다. 감각 뉴런은 I형 MHC 분자의 발현량이 상대적으로 적기 때문에 감염세포는 바이러스 항원을 효율적으로 림프구에 제시하지 못한다. 열이 있거나 스트레스 상태 또는 배란기에는 잠복 바이러스가 활성화되어 증식하고 주변 상피세포를 감염시킨다. 제1형 바이러스가 활성화되면, 입 주변에 물집이 생기며("cold"sore), 제2형의 경우에는 생식기에 물집이 생긴다(genital sore). 그러나 제1형이나 제2형 바이러스는 증상을 보이지 않는 경우도 많다. 제2형 바이러스는 주로 성행위 시 전파되지만, 바이러스를 가진 엄마에서 태어나는 아이의 감염이 큰 문제이며, 또한 AIDS를 일으키는 HIV 전파를 촉진시킬 수도 있다.

면역계 공격: HIV

인간면역결핍바이러스(human immunodeficiency virus, HIV)는 AIDS를 일으키는 병원균이다. HIV는 적응면역 방어를 회피할 수 있음은 물론 방어시스템을 공격한다. 일단 HIV가 몸에 들어오면 높은 효율로 도움T세포를 감염시킨다. 감염을 위해서 HIV는 도움T세포에 있는 CD4 보조 단백질에 특이적으로 결합한다(그림 47.16). 하지만 HIV는 CD4가 없거나 아주 적게 발현하는 대식세포나 뇌세포도 감염시킬 수 있다. 세포 내에서 HIV RNA

과학적 분석 기술의 연습

공통 x축 상에서 두 개의 변수 비교하기

어떻게 면역계는 자신의 모습을 바꾸는 병원균에 대응하는가? 자연선택은 숙주에 심한 손해를 입히지 않는 상태에 오랫동안 감염을 유지하는 기생체를 선호한다. 수면병을 일으키는 단세포 기생충 트리파노좀(*Trypanosome*)이 한 예이다. 트리파노좀 유전체에는 그의 표면 당단백질을 암호화하는 유전자 천여 개가 있으며 각각은 조금씩 다르다. 트리파노좀은 이들 유전자를 주기적으로 바꿈으로써 다른 분자 구조를 가진 여러 종류의 표면 당단백질을 발현할 수 있다. 이번 과학적 분석 기술의 연습에서는 두 종류의 실험 자료를 분석함으로써 트리파노좀의 표면 당단백질 바꿔치기가 숙주의 면역반응에 대항하여 어떠한 이점을 가져다주는지에 대한 가설을 살펴볼 것이다.

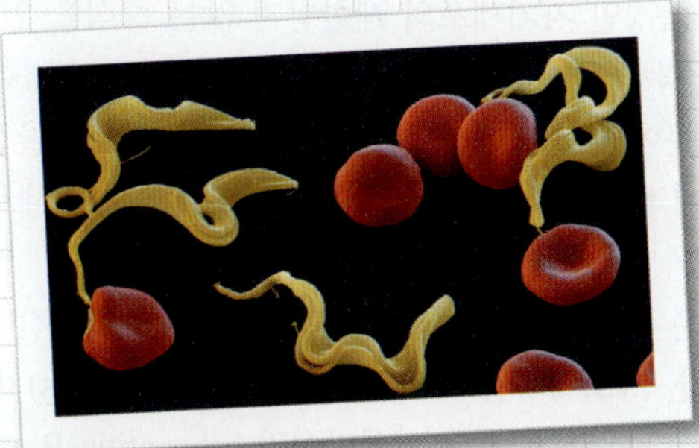

▲ 트리파노좀(노란색)과 적혈구 세포들

A 기생체 수준 연구에서 얻은 자료 트리파노좀 만성감염 후 몇 주 동안 환자의 혈액에서 나온 기생충의 수

날짜	혈액 mL당 기생충의 수(백만)
4	0.1
6	0.3
8	1.2
10	0.2
12	0.2
14	0.9
16	0.6
18	0.1
20	0.7
22	1.2
24	0.2

A 자료 분석하기

1. 위 표의 자료로 선그래프 그리기. 어느 열이 독립변수이며 어느 열이 종속변수인가? 독립변수를 x축으로 하여라. (그래프 그리기에 대한 추가 자료는 부록 F를 참고하여라.)
2. 자료를 그래프화하면 자료의 변화 패턴이 쉽게 나타난다. 어떤 패턴이 보이는가를 설명하라.
3. 기생충 수의 감소는 숙주의 효과적인 면역반응때문이라고 한다면 2번 연습에서 얻은 기생충 수 변화 추이를 설명하기 위한 가설을 제시하라.

B 항체의 양을 측정하여 얻은 자료 감염 기간에 따른 트리파노좀 수의 변화 양상을 관찰한 지 수십 년이 지난 후에 과학자들은 기생충의 여러 표면 당단백질 형태 각각 대한 항체들을 찾아낼 수 있었다. 아래 표는 만성 감염 초기에 시간에 따라 나타나는 두 종류 항체의 상대적인 양을 0에서 1의 척도로 나타냈다.

날짜	당단백질 변형A에 특이적인 항체	당단백질 변형A에 특이적인 항체
4	0	0
6	0	0
8	0.2	0
10	0.5	0
12	1	0
14	1	0.1
16	1	0.3
18	1	0.9
20	1	1
22	1	1
24	1	1

B 자료 분석하기

4. 항체 양 변화 자료는 A의 기생충 수의 변화 자료와 같은 시간대(감염 후 4~24일 사이)에서 얻었다. 따라서 먼저 그린 그래프와 같은 x축을 쓰기 때문에 합쳐서 그릴 수 있다. 그러나 항체 수준은 기생충 수와는 다른 방법으로 측정했기 때문에 그래프의 오른쪽에 y축을 새로이 만드는 데 단위도 달라야 한다. 두 종류의 항체에 대해 다른 색깔과 기호를 사용하여 그래프를 그려라. y축의 표지 단위를 다르게 함으로써 공통의 독립변수에 대하여 두 개의 종속변수가 어떻게 변하는지를 비교할 수 있다.
5. 두 자료 세트를 같은 시간대에서 비교함으로써 나타나는 변화 추이에 대해 설명하라. 이러한 변화 양상이 A에서 추론한 가설에 부합하는가? 결국 당신의 가설이 맞는가 혹은 틀리는가에 대해 설명하라.
6. 현재 과학자들은 A형 항체가 잡아내는 기생충과 B형 항체가 잡아내는 기생충을 구별할 수 있다. 그러한 정보를 그래프에 넣으려면 어떻게 표시할 것인가?

참고문헌 L. J. Morrison, et al., Probabilistic order in antigenic variation of Trypanosoma brucei, *International Journal for Parasitology* 35:961–972 (2005) and L. J. Morrison, et al.,Antigenic variation in the African trypanosome: molecular mechanisms and phenotypic complexity, *Cellular Microbiology* 1: 1724–1734 (2009)

유전체는 역전사되고 그 DNA는 숙주유전체에 끼어들어간다(그림 26.8). 이러한 상태에서 바이러스 단백질들이 합성되어 새로운 바이러스 입자가 만들어진다.

우리 몸은 HIV에 대응하여 공격적인 면역반응을 일으킴으로써 대부분의 감염원을 제거하지만, 약간의 바이러스는 항상 감시망을 벗어난다. 이렇게 HIV가 존속하는 이유 중의 하나는 항원변이 때문이다. 바이러스는 복제 시 돌연변이가 일어나며, 표면에 발현된 변이 단백질은 항체에 잘 잡히지 않고 세포독성T세포에 인식되지 않으므로 돌연변이 바이러스는 완전히 제거되지가 않는다. 그 바이러스는 증식되고 변이가 계속 진행되면서 체내에서 진화한다. 또 다른 바이러스 존속이유는 잠복기에 들어가기 때문이다. 바이러스 DNA가 감염세포의 염색체에 끼어들면 더 이상 바이러스 단백질 및 입자를 만들지 않아 면역계 감시망을 피할 수 있다. 최근 HIV를 대상으로 사용되는 항바이러스 약물은 활발히 복제하고 있는 바이러스를 공격하기 때문에 불활성 또는 잠복 상태의 바이러스 DNA에는 아무런 효력을 발휘하지 못한다.

적당한 치료가 진행되지 않으면 시간이 지나가면서 HIV는 적응면역을 피할 뿐 아니라 아예 면역시스템을 무력화시킨다(**그림 47.24**). 바이러스가 만들어지면서 생기는 세포 손상 또는 바이러스에 의하여 개시되는 세포사멸이 체내 T세포의 소실을 불러와 체액성 및 세포성 면역반응에 장애를 가져온다. 그 결과로 **AIDS (acquired immunodeficiency syndrome)**로 진행되며 환자는 면역계에 손상이 있을 때 나타나는 기회감염과 암에 특히 취약해진다. 예를 들면, 흔히 존재하는 곰팡이인 *Pneumocystic carinii*에 의한 감염은 AIDS 환자에게는 심각한 폐렴을 일으키지만 면역계가 정상인 사람에게는 그렇지 않다. 이러한 기회성 질환과 더불어, 신경손상 및 생리적 소모성 질환 등이 AIDS 환자를 죽음에 이르게 할 수 있다.

HIV는 감염된 세포를 포함하는 체액, 즉 정액이나 혈액을 통하여 사람과 사람 사이로 전파된다. 콘돔없이 행하는 성행위와 마약 이용자들 사이에 주사기를 통한 전염이 HIV 감염이 주 원인이다. 바이러스는 성교 시 질이나, 외음부, 음경 및 직장의 외부 점액층을 통하여 또는 구강섹스 시 입을 통하여 체내로 들어올 수 있다. 따라서 HIV 감염 이외에 점액층의 손상을 유발하는, 즉 궤양이나 염증을 일으키는 다른 감염이 있으면 HIV가 더욱 급격히 전파될 것이다. HIV 감염 첫 몇 주가 바이러스 전파가 잘 일어나는 기간이다. 이때에는 HIV 특이적인 항체가 만들어지지 않아 혈액 조사를 통하여 바이러스 감염을 알지 못하기 때문이다. 최근 HIV 신규 감염자의 10~50%는 감염 초기단계에 있는 환자로부터 전염된 것으로 나타났다. 비록 HIV 감염은 치료될 수 없지만 HIV의 복제나 AIDS로의 진행을 상당히 잘 지연시키는 약물이 개발되었다.

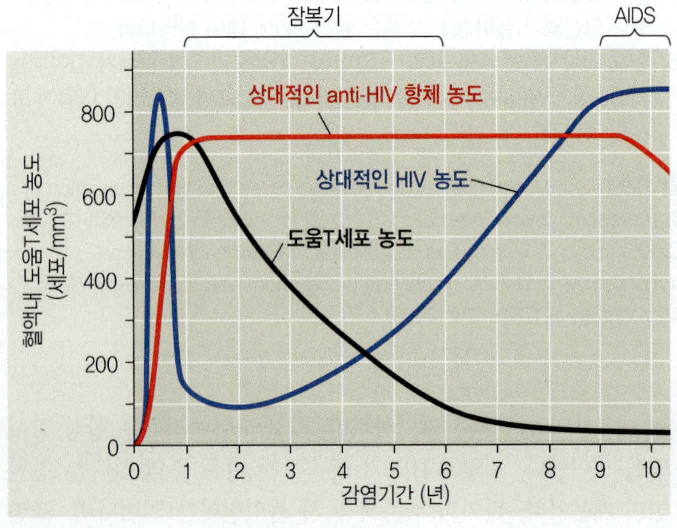

▲ **그림 47.24** **HIV 감염 진행과정**

암과 면역

면역계에 손상이 있을 경우 특정 암의 발생빈도가 증가한다는 것은 잘 알려져 있다. 예를 들면 치료를 받고 있지 않는 AIDS 환자의 카포시근육종 발병 위험률은 건강인에 비해 20,000배 높다. 이러한 결과는 너무 뜻밖이었다. 면역계가 비자기인 것만을 인식한다면 암의 특징인 자기세포의 제한받지 않는 증식을 인식하지 못하는 것은 당연하다. 하지만 인간 암 중에서 15~20%는 바이러스 감염 때문에 발생한다. 면역계는 바이러스를 외래물질로 간주하기 때문에 바이러스 자체나 바이러스에 감염된 암세포를 공격할 수 있다.

과학자들은 지금까지 6종의 바이러스가 암을 일으킨다는 것을 알아내었다. 카포시육종 허피스바이러스(herpesvirus)가 그 중 하나이다. 또 다른 예는 B형 간염바이러스(hepatitis B virus)로 간암을 일으킨다. 1986년부터 B형 간염바이러스에 대한 예방접종을 시작하면서 간암 발생을 현저하게 줄일 수 있었다. 이는 인간의 특정 암을 예방하는 첫 번째 백신으로 기록되고 있다. 바이러스에 의해 유도되는 암에 대한 연구는 계속되고 있다. 2006년 자궁경부암에 대한 백신, 즉 인간파필로마바이러스(human papilloma virus, HPV)에 대한 백신을 접종하기 시작하였다. 이는 자궁경부암뿐만이 아니라 성생활이 활발한 남성이나 여성에게 생길 수 있는 여러 암을 정복한 것으로 기록될 것이다.

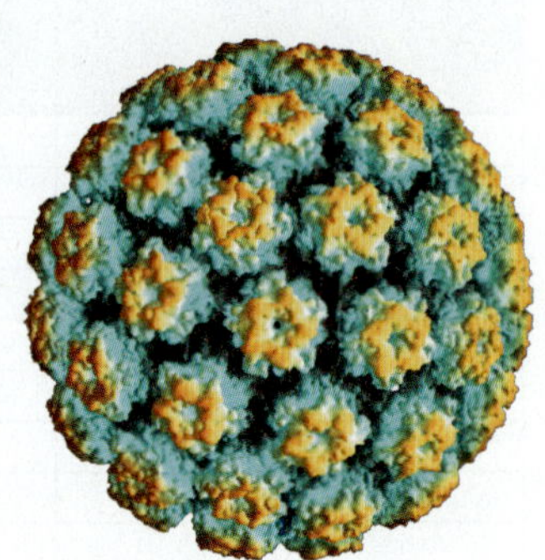

▲ **인간파필로마바이러스**

개념 확인 문제 47.4

1. 중증근무력증(myasthenia gravis)에서는 항체가 신경근접합부에 있는 특정 수용체에 결합하여 그 작용을 막음으로써 근육수축이 일어나지 못하게 한다. 이러한 질환은 면역결핍, 자가면역, 아니면 앨러지성 질환 어느 것으로 구분되는가? 설명하라.
2. 제1형 단순포진바이러스에 감염된 사람은 감기 또는 그와 비슷한 감염이 있을 시 입 주변에 물집이 생긴다. 그 위치는 바이러스에 유리하다. 이런 위치는 어떻게 바이러스에게 이로울 수 있을까?
3. **WHAT IF?** 대식세포가 없는 사람의 경우 그의 선천성 및 후천성 면역방어체계가 어떻게 될 것인지를 유추하라.

정답은 부록 A 참조

47장 복습

핵심 개념의 요약

개념 47.1

선천성 면역은 병원균들이 공통적으로 가지고 있는 성질을 인식하고 대응한다

- 무척추동물과 척추동물에서 선천성 면역(innate immunity)은 세포에 의존한 방어뿐 아니라 물리적, 화학적 장벽에 의해서도 매개된다. 선천성 면역계의 활성화는 병원균(pathogen) 종류를 일정 그룹으로 인식하는 단백질에 의한 신호가 있어야 한다. 물리적 방어장벽을 통과한 미생물들은 **대식세포(macrophage)**나 **수지상세포(dendritic cell)** 등 식세포에 의해 흡입된다. 또 다른 세포성 방어에 속하는 **자연살생세포(natural killer cell)**는 바이러스에 감염된 세포의 죽음을 유도한다. **보체계(complement system)** 단백질, **인터페론(interferon)** 및 여러 항미생물단백질이 침입 미생물에 대항한다. **염증반응(inflammatory response)**에서는 손상된 부위의 세포부터 나오는 **히스타민(histamine)** 등 여러 화학물질이 혈관 변화를 촉진하여 보다 많은 체액, 식세포, 항미생물단백질 등이 상처 조직으로 침투되도록 한다.
- 병원균은 종종 선천성 면역방어를 회피한다. 예를 들면 어떤 세균은 외부캡슐을 가지고 있어 선천성 면역계에 인식되지 않는다. 또 다른 세균은 식세포에 먹히더라도 리소좀 내에서 파괴되지 않는다.

? 선천성 면역계는 어떠한 방법으로 포유동물의 소화계를 보호하는가?

개념 47.2

적응면역에서 림프구 수용체가 병원균을 특이적으로 인식한다

- **적응면역(adaptive immunity)**에는 **림프구(lymphocyte)**들이 관여한다. 이들은 골수의 조혈모세포로부터 생성되는데 그들의 발달과정이 골수에서 완결되면 **B세포(B cell)**가 되고 흉선에서 완결되면 **T세포(T cell)**가 된다. 림프구는 외래물질(**항원**)에 대한 세포 표면 **항원수용체(antigen receptor)**를 가지고 있다. 단일 B세포나 T세포의 수용체들은 모두 한 종류로 같지만 우리 몸에는 외래물질을 인식하는 다른 수용체를 가진 수백만 개의 림프구가 있다. 감염 시 특정 미생물에 특이적인 B나 T세포가 활성화된다. 어떤 T세포는 다른 림프구를 도와주며, 어떤 T세포는 감염된 숙주세포를 죽인다. **형질세포(plasma cell)**라 불리는 B세포는 외래물질이나 세포를 인식하는 수용성 수용체 단백질을 만드는데 이를 **항체(antibody)**라 한다. **기억세포(memory cell)**라 불리는 활성화된 림프구는 같은 미생물로 재공격받았을 때 효율적으로 대항한다.

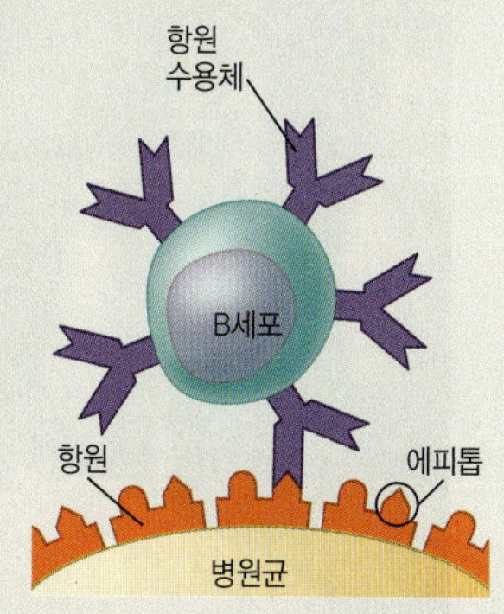

- 외래물질 인식은 수용체 변이영역이 항원의 작은 부분인 **에피톱(epitope)**에 결합함으로써 이루진다. B세포나 항체는 혈액이나 림프를 순환하고 있는 항원표면의 에피톱을 인식한다. T세포는 숙주세포 표면에 전시되어 있는 항원조각(펩타이드)을 인식한다. 항원조각은 **주조직적합성 복합체(major histocompatibility complex, MHC) 분자(molecule)**라 칭하는 세포 표면 단백질과 복합체를 이루고 있다. 이러한 상호작용은 T세포를 활성화시켜 적응면역계에 참여하게 만든다.
- B세포 및 T세포 발달과정에 있어서 네 가지 주요 특징은 다양성 생성, 자기관용, 증식 그리고 면역기억이다. 세포의 증식과 기억은 클론 선택의 근간을 이루는 특징으로, 아래에 B세포 **클론선택(clonal selection)** 과정을 도시하였다.

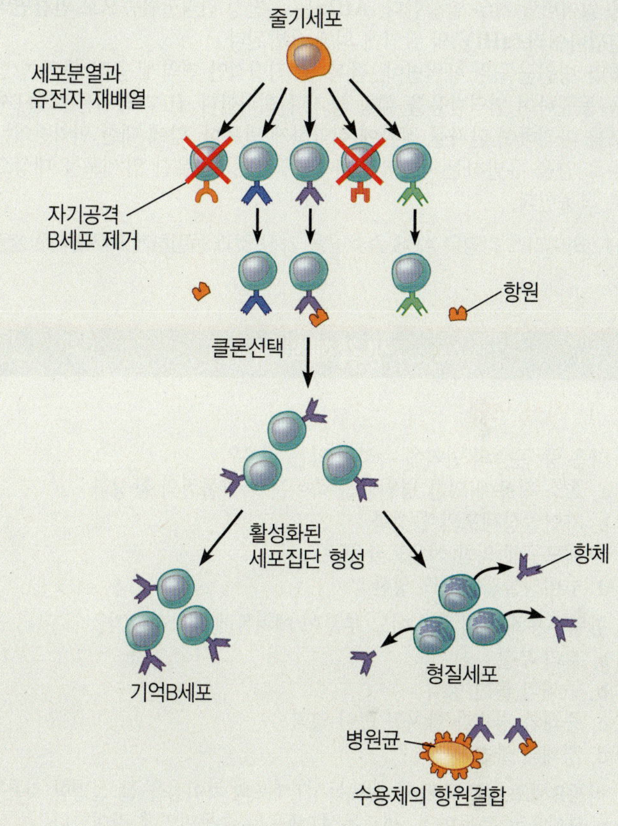

? 왜 처음 감염에 대한 적응성 면역반응은 선천성 면역반응보다 천천히 일어날까?

개념 47.3

적응면역은 체액과 체세포의 감염을 막는다

- **도움T세포(helper T cell)**는 수지상세포, 대식세포 및 B세포를 포함하는 **항원제시세포(antigen-presenting cell)** 표면에 있는 II형 MHC 분자에 전시된 항원조각을 인식한다. 활성화된 도움T세포는 다른 림프구들을 활성화시키는 **사이토카인(cytokine)**을 분비한다. **세포매개 면역반응(cell-mediated immune response)**에서 활성화된 **세포독성 T세포(cytotoxic T cells)**는 감염세포를 파괴한다. **체액성 면역반응(humoral immune response)**에서 항체는 식세포활동을 촉진하거나 보체에 의한 세포분해를 촉진하여 항원을 제거한다.
- **능동면역(active immunity)**은 감염이나 인위적인 예방접종으로 형성된다. **수동면역(passive immunity)**은 항체 전달을 통해 신속한 단기 방어를 가능하게 한다.
- 면역거부는 한 개인의 조직이나 세포를 다른 사람에게 전달할 때 일어난다. MHC 분자는 조직이나 기관이 이식될 경우 거부반응을 일으키게 하는 요인이다. 골수이식에서 이식된 림프구는 수혜자 측에 이식편대숙주반응을 야기할 수 있다.

? 자연감염 후에 생기는 면역기억은 예방접종 후에 생기는 면역기억과 기본적으로 다른가? 설명하라.

개념 47.4

면역계 기능 손상은 병을 일으키거나 악화시킨다

- 건초열 같은 앨러지의 경우, 항체와 앨러젠 사이의 상호작용이 면역세포로부터 히스타민과 여러 매개체를 분비하게 한다. 다발성 경화증과 같은 **자가면역질환(autoimmune disease)**은 면역계가 자기관용 능력을 잃어버릴 경우 발생한다. **AIDS**는 후천성 면역결핍증으로 **인간면역결핍바이러스(HIV)**의 감염에 의해 유발된다.
- 몇몇 병원균들은 항원변이, 잠복 및 직접적인 면역계 공격 등의 방법을 동원하여 면역반응을 훼방 놓거나 회피한다. HIV 감염은 도움T세포를 파괴하여 환자를 질환에 취약하게 만든다. 암에 대한 면역방어는 주로 암을 유발하는 바이러스나 바이러스를 함유한 암세포를 대상으로 작동한다.

? HIV 바이러스 감염은 AIDS 증후군을 가진 것과 동일하게 여겨질까? 설명하라.

생각해보자

수준 1: 지식/이해

1. 다음 중 곤충의 면역에 속하지 않은 것은?
 a. 효소 작용에 의한 병원균을 죽이는 화학물질의 활성화
 b. 자연살상세포의 활성화
 c. 헤모구에 의한 식세포작용
 d. 항미생물펩타이드 생산

2. 항원수용체나 항체의 어느 부분이 에피톱에 결합하는가?
 a. 꼬리 부분
 b. 중쇄의 불변 영역
 c. 중쇄와 경쇄가 합쳐진 변이 영역
 d. 경쇄의 불변 영역

3. 작동B세포(형질세포)와 세포독성T세포의 차이점을 잘 설명한 것은?
 a. B세포는 능동면역, 세포독성T세포는 수동면역에 관여한다.
 b. 병원균이 있을 때 B세포는 맨 처음 작용하고 그 다음에 세포독성T세포가 작동한다.
 c. B세포는 병원균에 대한 항체를 분비하고 세포독성T세포는 감염된 숙주세포를 죽인다.
 d. B세포는 세포성 면역반응을 매개하고 세포독성T세포는 체액성 면역반응을 매개한다.

수준 2: 응용/분석

4. 아래 서술에서 맞지 않은 것은?
 a. 항체는 하나 이상의 항원부착부위를 가진다.
 b. 림프구는 여러 다른 항원에 대한 수용체를 가지고 있다.
 c. 항원은 여러 다른 에피톱을 가질 수 있다.
 d. 간은 한 종류의 MHC 분자를 만든다.

5. 일란성 쌍생아에서 다음 중 어떤 것이 같을까?
 a. 생산되는 일련의 항체
 b. 만들어지는 MHC 분자 세트
 c. T세포 항원수용체 세트
 d. 자기 반응성으로 간주되어 제거되는 면역세포 세트

수준 3: 종합/평가

6. 예방접종으로 그의 수가 증가되는 것은?
 a. 병원균을 인식하는 여러 다른 수용체의 종류
 b. 병원균에 결합할 수 있는 수용체를 가진 림프구
 c. 면역계가 인식할 수 있는 에피톱
 d. 항원을 전시할 수 있는 MHC 분자

7. 다음 중 바이러스가 적응면역을 피하게 도와주는 것이 아닌 것은?
 a. 표면단백질 유전자에서의 빈번한 돌연변이
 b. 감염세포가 MHC 분자를 많이 만들지 못하도록 유도
 c. 다른 바이러스의 단백질과 비슷한 단백질 생산
 d. 도움T세포를 감염하여 죽임

8. **DRAW IT** 두 에피톱을 가진 연필 모양의 단백질을 생각해 보자. Y 에피톱("지우개" 부분)과 Z 에피톱("연필심" 부분). 이들은 각각 항체 A1과 A2에 의해 인식된다. 대식세포의 식세포활동을 자극하는 항체-항원 복합체를 묘사하고 각 부분을 명시하라.

9. **MAKE CONNECTIONS** 클론선택설과 획득형질 유전에 대한 라마르크(Lamarck)의 생각과 비교하라.

10. **진화적 관점**
무척추동물의 방어 기작 하나를 설명하고, 이러한 기작이 어떻게 척추동물의 면역계로 적응 진화되었는가를 설명하라.

11. **과학적 탐구**
혈액에 존재하는 세균의 지질다당체(lipopolysaccaride, LPS)는 패혈증 유발의 주된 원인이다. 여기 정제된 LPS와 특정 TLR 유전자에 변이를 가지고 있는 여러 생쥐 종이 있다. 학생들은 어떻게 하면 이러한 생쥐를 이용하여 TLR에 의한 신호전달을 막는 약이 패혈증 치료에 쓰일 수 있음을 알아낼 수 있을까?

12. **글쓰기: 정보**
모든 핵을 가진 세포 가운데 B세포나 T세포만이 그들의 발당과정에서 DNA를 잃어버린다. DNA는 유전정보물질이라는 생명과학 핵심 명제에 대하여, 세포 생성과정에서 필요한 유전정보와 개체가 생성될 때의 필요한 유전정보를 고려하여 이러한 유전자 손실이 어떠한 의미를 가지고 있는지를 100~150 단어로 요약하라.

13. **종합적으로 생각해보기**

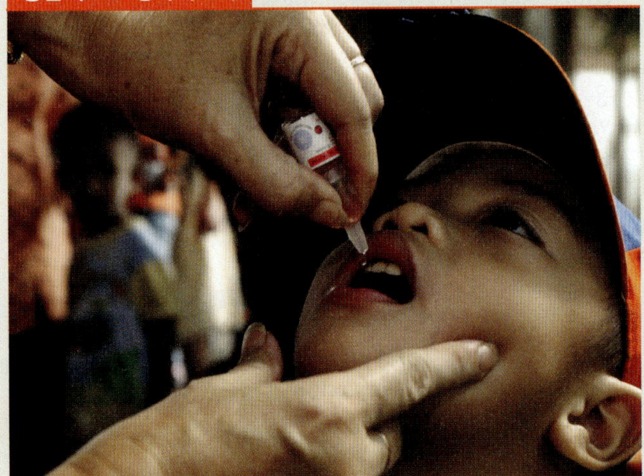

소아마비 경구용 백신을 한 소년의 입에 넣는 사진이다. 소아마비는 신경세포를 감염하는 바이러스에 의해 유발된다. 우리 몸은 새로운 신경세포 잘 만들지 않는다. 이러한 사실에 비추어 소아마비 백신은 체액성 면역반응뿐만이 아니라 세포성 면역반응을 자극해야 한다. 왜 그럴까?

정답은 부록 A 참조

48

동물의 전기적 신호

핵심 개념

48.1 신경의 구성과 구조는 정보전달의 기능을 수행하기에 적합하다

48.2 이온펌프와 이온통로는 신경세포의 휴지막전위를 유지시킨다

48.3 활동전위는 축삭을 통해서 전달되는 신호이다

48.4 신경세포는 시냅스를 통해서 다른 신경세포에 신호를 전달한다

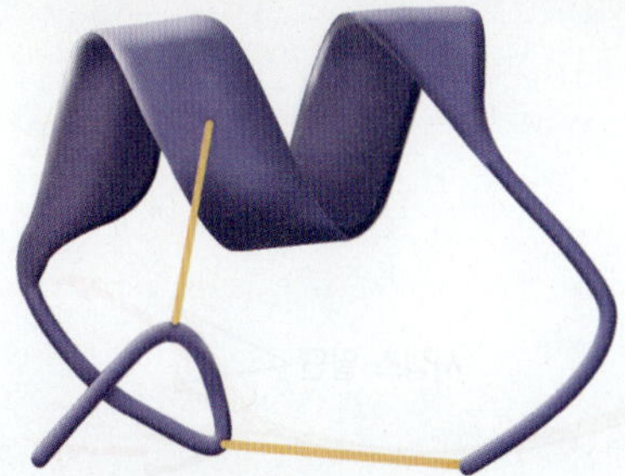

▲ 청자고둥 독으로부터 분리한 독성 펩타이드의 리본 모델

▲ 그림 48.1 이 달팽이가 매우 위험한 포식자로 여겨지는 이유는 무엇인가?

의사소통의 끈

그림 48.1의 열대지방에 서식하는 청자고둥(*Conus geographus*)은 작고 천천히 움직이지만 위험한 포식자이기도 하다. 육식성 바다달팽이인 청자고둥은 물고기를 먹이로 사냥한다. 청자고둥은 속이 빈 작살과 같은 모양의 이를 이용하여 독을 주입함으로써 불과 수 초 만에 헤엄치는 먹이를 마비시킨다. 청자고둥의 독은 매우 강력하여 한 번의 쏘임으로 스쿠버의 생명도 앗아갈 수 있다. 어떻게 청자고둥의 독이 치명적이고도 빠르게 작용할 수 있을까? 그 해답은 우리 몸 안에서 정보를 전달하는 역할을 하는 **신경세포**(뉴런, **neuron**)를 무력화시킬 수 있는 분자 혼합물에서 찾을 수 있다. 이 독은 이동이나 호흡과 같은 생명유지에 필요한 기능을 수행하는 신경세포의 조절을 일시에 파괴시킴으로써 청자고둥으로부터 공격받은 동물을 무력화시킨다.

신경세포에 의한 의사소통의 형태는 원거리를 이동하는 전기적 신호와 근거리에서 이루어지는 화학적 신호로 크게 나눌 수 있다. 특수화된 구조 때문에, 신경세포는 전류를 수용하고 전달하며 또한 신체 내의 원거리까지 보내는 정보의 흐름을 조절할 수 있다. 한 신경세포에서 다른 신경세포로 정보를 전달하기 위해서는 매우 근거리에서 작용하는 화학적 신호가 종종 이용된다. 청자고둥의 맹독성의 원인은 전기적 신호와 화학적 신호를 모두 차단하기 때문이다.

모든 신경세포 내의 전기적 신호는 동일한 방식으로 전달된다. 따라서 감각정보를 전달하는 신경세포와 운동정보를 처리하는 신경세포는 모두 동일한 방식으로 정보를 전달한다. 전달되는 정보의 유형은 활성화된 신경세포에 의해서 만들어지는 신경세포들 간의 연결에 의해서 결정된다. 따라서 신경계의 신호를 해석하기 위해서는 복잡한 신경세포 간의 연결과 경로를 이해하여야 한다. 더욱 복잡한 동물의 경우 **뇌(brain)** 혹은 좀 더 간단한 형태의 **신경절(ganglia)**이라는 신경세포의 집합체에 의해서 보다 높은 수준의 신호전달이 이루어진다.

이 장에서는 신경세포의 구조를 알아보고 신경세포에 의해 조절되는 신호전달의 물리적 원리와 관련 분자들을 살펴보고자 한다. 이 단원의 나머지 장에서는 신경계의 구성, 정보처리 과정 그리고 자극을 인지하고 자극에 반응하는 기관들에 대해서 공부할 것이다. 마지막으로 이러한 작용들이 어떻게 종합적으로 조절되어서 개체의 행동으로 나타나는지를 알아볼 것이다.

개념 48.1

신경의 구성과 구조는 정보전달의 기능을 수행하기에 적합하다

신경계 탐색의 첫 지점은 신경세포이다. 신경세포는 진화 과정을 통해서 기능에 적합한 구조를 갖춘 대표적인 세포형태이다.

신경세포의 구조와 기능

신경세포가 정보를 전달하고 수용할 수 있는 능력은 세포의 독특한 구성에 근거한다(그림 48.2). 핵을 포함한 대부분의 신경세포의 소기관들은 신경세포의 **세포체(cell body)**에 존재한다. 그리스어로 "나무"의 뜻에서 유래한 **수상돌기(dendrite)**는 고도로 복잡한 가지상의 구조로서 다른 신경세포로부터 정보를 수용하는 구조물이다. 또한 신경세포는 하나의 **축삭(axon)**을 가지고 있는데 다른 세포에 신호를 **전달**(transmit)할 수 있도록 매우 긴 돌기 모양을 하고 있다. 축삭은 수상돌기에 비해 매우 길이가 길며 기린의 척수로부터 발의 근육에 이르는 신경세포처럼 그 길이가 1미터를 훨씬 넘는 경우도 있다. 축삭과 세포체가 연결되는 원추 모양의 부위를 축삭둔덕(axon hillock)이라고 하며, 축삭을 따라서 전달될 신호가 생성되는 부위이다. 보통 축삭의 끝은 여러 개의 가지를 치고 있다.

축삭의 각 가지 끝에 도달된 정보는 **시냅스(synapse**, 그림 48.4)라 불리는 접합구조를 통해서 다음 신경세포로 전달된다. 이 특별한 접합구조물을 이루는 축삭가지의 끝 부위를 **시냅스 말단**(synaptic terminal)이라 부른다. 대부분의 시냅스는 화학전달물질인 **신경전달물질(neurotransmitter)**을 이용하여 신경세포로부터 정보를 수용하는 세포에 신호를 전달한다. 시냅스를 묘사할 때, 신호를 주는 신경세포를 **시냅스전 세포**(presynaptic cell)라 하고 신호를 받는 신경세포, 근육, 분비세포 등을 **시냅스후 세포**(postsynaptic cell)라 일컫는다.

그리스어의 "풀, 접착제"라는 뜻에서 유래한 **신경교세포(glial cell, glia)**는 신경세포가 정상적인 기능을 수행하고 신경계가 구조적인 완전성을 이루기 위해 필수적인 지지세포들이다(그림 48.3). 신경교세포들은 신경세포에 영양물질을 공급하기도 하고, 축삭을 절연하는 역할을 하며, 신경세포를 둘러싸고 있는 세포외액을 조절한다. 또한 신경교세포는 때때로 특정 유형의 신경세포들을 새롭게 공급하기도 하며, 정보를 전달하는 기능을 수행하기도 한다(이 장의 후반부와 49장에서 더 논의할 것이다). 전반적으로 신경교세포의 수는 신경세포보다 10배에서 50배 정도 많다.

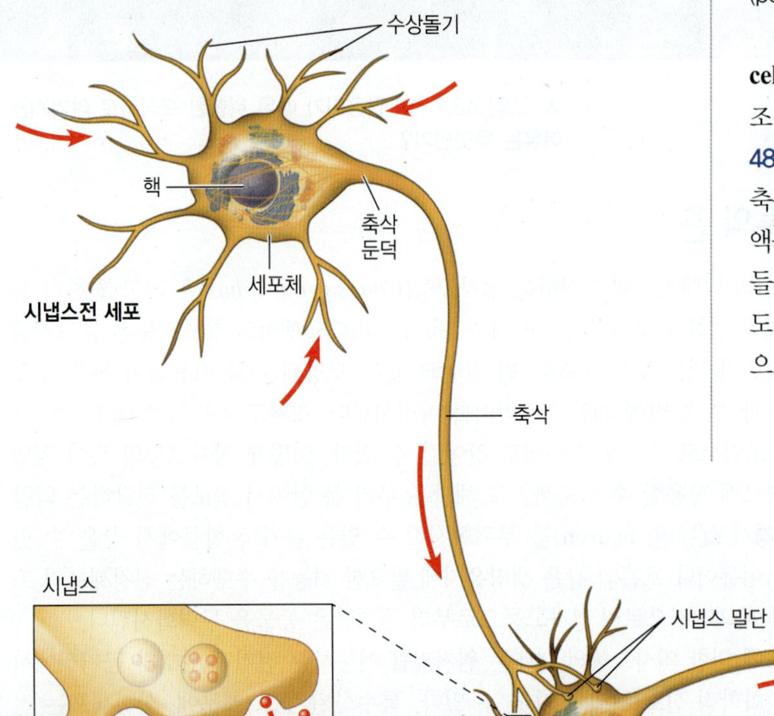

◀ **그림 48.2 신경세포의 구조.** 화살표는 신호의 흐름을 나타낸다.

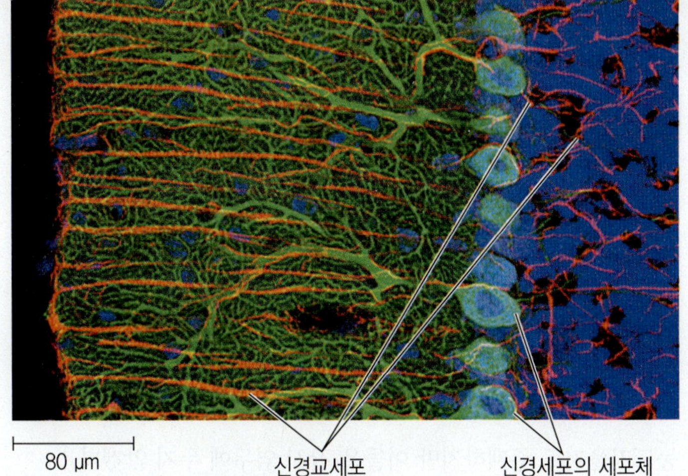

▲ 그림 48.3 **포유류 뇌의 신경교세포.** 현미경 사진은 흰쥐의 신경교세포와 연합신경세포로 가득 찬 뇌조직을 보여준다. 신경교세포는 빨간색, 핵의 위치를 보여주는 DNA는 파란색, 신경세포의 수상돌기는 초록색으로 염색되어 있다.

정보처리에 대한 서론

정보처리 과정은 감각정보의 입력, 정보의 통합, 그리고 운동명령의 세 단계 과정을 거쳐 일어난다. 한 예로서 초반에 언급한 청자고둥이 먹이를 식별하여 공격하는 과정을 생각해보자(그림 48.4). 감각정보를 신경계에 입력하기 위해서 청자고둥은 튜브모양의 입수관을 이용하여 주변의 냄새를 채취함으로써 가까이 있는 물고기의 존재를 탐색한다. 통합 과정은 신경계가 입력정보를 처리하여 물고기가 실제로 존재하며 어디에 존재하는지를 결정하는 과정이다. 정보처리 중추로부터의 운동정보의 출력은 먹이를 향해 작살처럼 생긴 이빨을 방출시키는 신경세포를 흥분시켜 공격을 개시하게 한다.

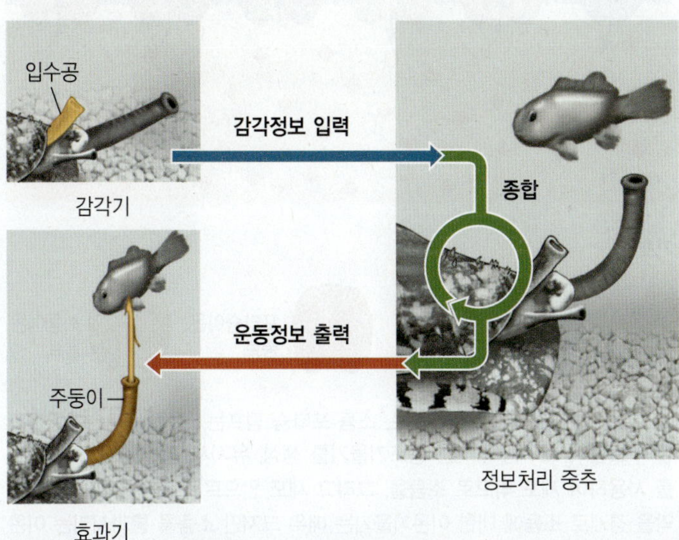

▲ 그림 48.4 **신경계에 의한 정보전달의 개괄.** 청자고둥의 입수관은 감각기로 작용하여 정보를 고둥의 머리에 있는 신경회로에 전달한다. 먹이가 감지되면 이 신경회로망이 운동명령을 생성하여 주둥이로부터 작살모양의 이가 방출된다.

아주 간단한 동물들을 제외하고 거의 모든 동물들은 정보처리의 각 단계를 담당하는 특화된 신경세포 집단들을 가지고 있다.

- 청자고둥의 입수관에 있는 것과 같은 **감각신경세포(sensory neuron)**는 빛, 소리, 냄새와 같은 외부의 자극이나 혈중 이산화탄소의 농도, 근육의 긴장도와 같은 체내의 상태에 대한 정보를 전달한다.
- 뇌 혹은 신경절에 있는 신경세포들은 현재의 상황과 경험을 토대로 입력된 감각정보를 통합(분석 및 해석)한다. 뇌에 존재하는 대부분의 신경세포는 국지적인 신경세포 간의 연결을 담당하는 **연합신경세포(interneuron)**이다.
- 운동명령은 정보처리처에서 나오는 신경세포들을 통해서 전달되어 근육 혹은 내분비기관의 활성을 조절한다. 예를 들어, **운동신경세포(motor neuron)**에 의해 근육에 전달된 신호는 근육을 수축시킨다.

대부분의 동물에서 정보를 통합하는 신경세포는 뇌와 척수를 포함하는 **중추신경계(central nervous system, CNS)**를 형성한다. 중추신경계와 신체의 다른 부위를 연결하는 신경은 **말초신경계(peripheral nervous system, PNS)**를 이룬다. 신경세포들이 서로 다발을 이루어 **신경(nerve)**을 형성한다.

정보처리 과정에서의 역할에 따라서 신경세포의 축삭은 단순한 형태로부터 복잡한 형태까지 다양하다(그림 48.5). 매우 많은 축삭가지를 가지고 있는 신경세포는 많은 세포에 정보를 전달할

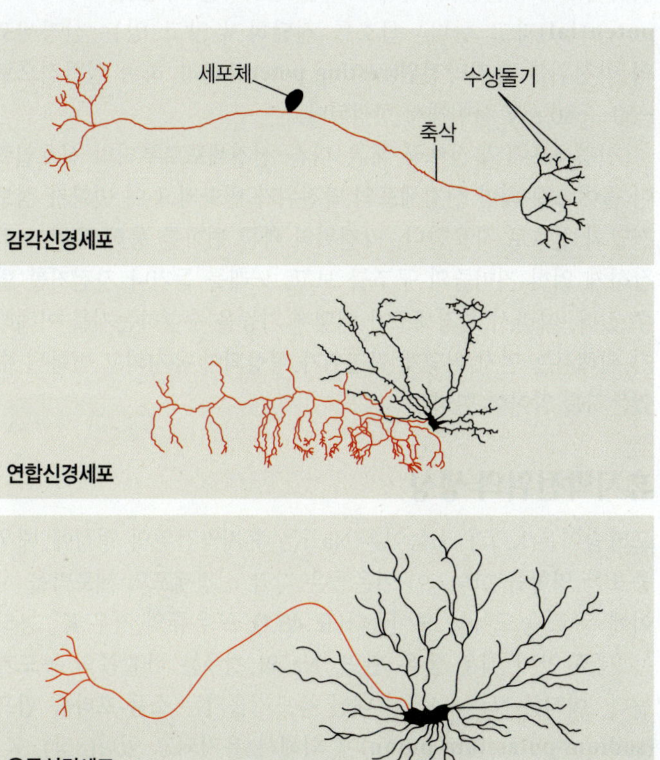

▲ 그림 48.5 **신경세포의 구조적인 다양성.** 세포체와 수상돌기는 검은색, 축삭은 빨간색으로 표시하였다.

수 있다. 마찬가지로 어떤 연합신경세포는 고도로 분지된 수상돌기를 지니고 있어서 수 만개 이상의 시냅스를 통해 정보를 전달받을 수 있다.

개념 확인 문제 48.1

1. 축삭과 수지상돌기의 구조와 기능을 비교하라.
2. 여러분의 이름을 부를 때 들리는 방향으로 머리를 돌리게 하는 일련의 신경정보전달 과정을 묘사하라.
3. WHAT IF? 만일 하나의 축삭말단이 여러 갈래로 분지되면 신경계의 신호에 대한 반응을 조절하는 데 어떻게 기여할 수 있겠는가?

정답은 부록 A 참조

개념 48.2

이온펌프와 이온통로는 신경세포의 휴지막전위를 유지시킨다

이제 신경세포의 신호전달 과정에서 이온들의 중요한 역할이 무엇인지 살펴보자. 신경세포는 다른 세포들과 마찬가지로 세포 안과 세포를 둘러싸고 있는 용액의 이온 조성은 다르다(8장). 그 결과 세포 안이 바깥쪽에 비해 상대적으로 음전하를 띠게 된다. 세포막을 경계로 극성이 반대인 두 전하가 서로 끌어당기는 힘은 위치에너지의 근간이 되며 이러한 전위차를 **막전위(membrane potential)**라고 한다. 신호를 전달하지 않고 있는 신경세포의 막전위를 **휴지막전위(resting potential)**라 하며 일반적으로 −60~−80 mV 사이에서 형성된다.

신경세포에 특정자극 혹은 다른 신경세포로부터의 신호입력이 들어오게 되면 신경세포의 막전위가 변화되고 이 변화가 정보전달의 신호로 작용한다. 막전위의 빠른 변화를 통해 우리가 복잡하게 얽힌 거미줄의 구조를 보고, 노래를 듣거나 자전거를 탈 수 있다. 따라서 신경세포가 어떻게 기능을 수행하는지를 이해하기 위해서는 먼저 어떻게 막전위가 형성되며 유지되고 변화될 수 있는지를 알아야 한다.

휴지막전위의 생성

포타슘이온(K^+)과 소듐이온(Na^+)은 휴지막전위의 형성에 매우 중요한 역할을 한다. 이 이온들은 각각 신경세포의 세포막을 사이에 두고 농도차를 보여준다(**표 48.1**). 포유류의 경우 K^+ 농도는 세포 안이 매우 높은 반면, Na^+의 경우는 바깥쪽의 농도가 높다. 이러한 Na^+과 K^+에 대한 농도기울기는 **소듐-포타슘 펌프(sodium-potassium pump)**에 의해서 유지되고 있다(8장). K^+을 세포 안으로 이동시키고 Na^+을 세포 밖으로 이동시키기 위해서 이온펌프는 ATP의 가수분해에 의한 에너지를 사용한다(**그림 48.6**). [표 48.1에서와 같이 염화이온(Cl^-)과 다른 음이온에 대한 농도기울기도 존재하지만 이들은 잠시 염두에 두지 않겠다.]

표 48.1 포유동물 신경세포막 안팎의 이온농도

이온	세포안 농도(m*M*)	세포밖 농도(m*M*)
포타슘(K^+)	140	5
소듐(Na^+)	15	150
염소(Cl^-)	10	120
단백질과 같은 세포내 거대 음이온(A^-)	100	(해당 없음)

소듐-포타슘 펌프는 세 개의 소듐이온을 세포 밖으로 운반하면서 동시에 두 개의 포타슘이온을 세포 안으로 운반한다. 이런 펌프작용은 +1만큼 양전하의 순배출을 일으키지만, 그 결과 생성되는 전위차는 수 밀리볼트(mV)에 불과하다. 그렇다면 신경

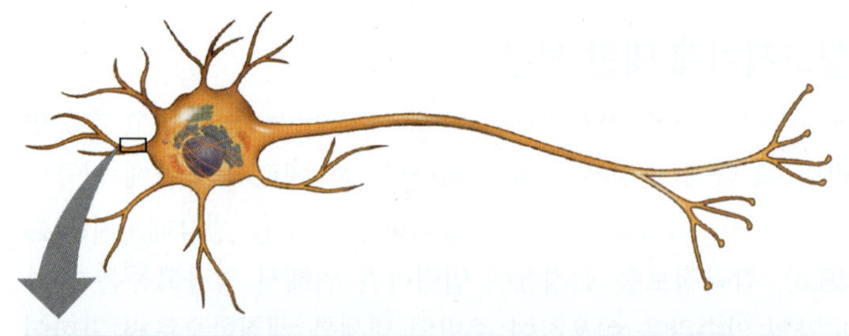

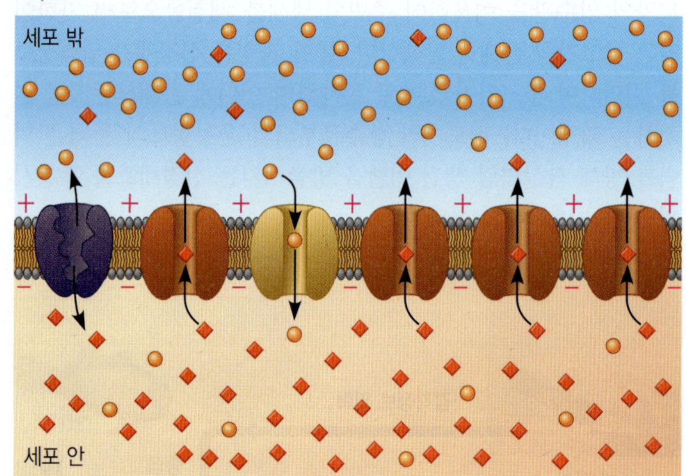

기호

▲ **그림 48.6 막전위의 기초.** 소듐-포타슘 펌프는 표 48.1에서 보는 바와 같이 소듐과 포타슘의 이온 농도기울기를 생성, 유지시킨다. 이 펌프는 ATP를 사용하여 세포 밖으로 소듐을, 그리고 세포 안으로 포타슘을 이동시킨다. 막을 경계로 소듐에 대한 이온기울기는 매우 크지만 소듐을 통과시키는 이온통로가 닫혀 있는 상태이므로 소듐의 확산은 거의 일어나지 않는다. 반면에 많은 수의 포타슘 이온통로가 열려 있어서 다량의 포타슘이온이 세포 밖으로 이동할 수 있다. 또한 염화이온이나 유기 음이온의 세포막 투과성은 무시할 수 있기 때문에 이러한 포타슘의 세포 밖으로의 이동으로 인해 세포 안이 음전하를 띠게 된다.

세포의 휴지막 전위가 60~80 mV로 유지되는 이유는 무엇인가? 그 해답은 세포막을 관통하는 특수한 막단백질들이 모여 형성된 구멍인 **이온통로(ion channels)**를 통한 이온의 움직임에서 찾을 수 있다. 이온통로를 통해 세포막 안팎으로 이온이 확산될 수 있다. 이온이 통로를 통해 확산됨에 따라서 전기를 띠는 전하가 운반된다. 그 결과 양전하 혹은 음전하의 이동은 막을 사이에 두고 전위차를 생성한다.

세포막을 사이에 두고 형성된 K^+과 Na^+의 농도기울기는 화학적 형태의 위치에너지이다(그림 44.17). 이온통로는 특정 이온만을 선택적으로 통과시키는 **선택적 투과성**(selective permeability)이라는 성질을 가지기 때문에 화학에너지를 전기에너지로 전환시킬 수 있다. 예를 들어 포타슘 통로를 통해서는 K^+만이 자유롭게 막을 가로질러 확산될 수 있으나 소듐이나 염화이온 같은 다른 이온들은 통과할 수 없다.

열린 포타슘 통로를 통한 K^+의 확산은 휴지막전위의 생성에 매우 중요하다. 세포 안의 포타슘 농도는 140 mM이며 바깥쪽은 5 mM 정도이다. 이 화학 농도기울기에 의해서 K^+은 세포 밖으로 이동한다. 또한 휴지상태의 신경세포에는 많은 포타슘 통로가 열려 있는 상태로 존재하며, 반면 열려 있는 소듐통로는 매우 적다(그림 48.6). 따라서 Na^+이나 다른 이온은 막을 통과하지 못하고 많은 K^+이 세포 밖으로 이동하여 결과적으로 세포안은 음전하를 띠게 된다. 신경세포에 이처럼 축적된 음전하는 막전위의 근원이 된다.

음전하의 축적을 일정 수준에서 제한하는 요소는 무엇인가? 세포 안의 잉여 음전하는 양전하를 띠고 있는 K^+을 끌어당겨 더 이상 세포 밖으로 확산되는 것을 방지한다. 따라서 이러한 전하 분리 현상(전압)에 의한 전기적 기울기는 K^+의 화학적 농도기울기와 정확히 균형을 이루게 된다.

휴지막전위 모델

신경세포로부터 K^+의 세포 밖으로의 이동은 화학적 힘과 전기적인 힘이 균형을 이룰 때까지 지속된다. 어떻게 포유동물 신경세포의 휴지막전위를 이 두 힘의 균형으로 설명할 수 있을까? 이 질문에 대한 해답을 찾기 위해서 인공막에 의해 나누어진 두 챔버모델을 살펴보도록 하자(그림 48.7a). 우선 이 인공막에는 K^+만을 통과시킬 수 있는 이온통로가 매우 높은 밀도로 분포한다고 가정하자. 포유류 신경세포에서 관찰되는 K^+의 이온 농도기울기를 만들기 위해서 안쪽 챔버에는 140 mM 농도의 KCl 용액을 그리고 바깥쪽 챔버에는 5 mM KCl 용액을 채운다. 이때 K^+은 농도기울기를 따라 확산하여 높은 농도의 안쪽 챔버에서 낮은 농도의 바깥쪽 챔버로 이동하게 된다. 그러나 이온통로의 K^+에 대한 선택성으로 인해 염화이온(Cl^-)은 통과할 수 없다. 그 결과 막을 사이에 두고 전하의 분리 현상이 일어나게 되어서 안쪽 챔버가 상대적으로 과잉 음전하를 가지게 된다.

이 모델신경세포가 평형 상태에 도달하면 결과적으로 전기적인 기울기가 이온 농도기울기의 방향과는 반대 방향으로 발생하게 되는데, 따라서 농도기울기와 전기적인 기울기가 정확히 평형을 이루게 되어 막을 통한 K^+의 순확산은 완전히 사라지게 된다. 평형 상태에서 막전압의 세기를 **평형전위(equilibrium potential, E_{ion})**라 하며 네른스트공식(Nernst equation)에 의해서 계산된다. 사람의 체온인 37℃에서 Na^+이나 K^+과 같이 1+의 전하를 가진 이온에 대한 네른스트공식은 다음과 같다.

$$E_{ion} = 62\text{mV}\left(\log\frac{[\text{ion}]_{outside}}{[\text{ion}]_{inside}}\right)$$

▶ **그림 48.7 포유류 신경세포의 모델링.** 각각의 용기를 인공막을 사이에 둔 두 개의 챔버로 나눈다. 이온통로를 통해 특정 이온이 자유롭게 막을 통과하며 이에 따라서 화살표로 표시된 이온의 흐름이 생긴다. **(a)** 막의 열린 포타슘 통로를 통해 K^+이 통과함으로써 막은 K^+에 대해 선택적인 투과성을 가지며, 안쪽 챔버의 K^+ 농도가 바깥쪽보다 28배 높다. 이 경우 평형상태에서 막 안쪽의 상대적인 전압은 −90 mV이다. **(b)** 인공막이 Na^+ 이온에 대해 선택적인 투과성을 가지며, 안쪽 챔버의 Na^+ 농도가 바깥쪽 보다 10배 낮다. 이 경우 평형상태에서 안쪽의 상대적인 전압이 +62 mV이다.

WHAT IF? 모든 상황이 (b)와 같다고 가정할 때 포타슘(K^+) 혹은 염소(Cl^-)에 선택적인 이온통로를 막에 더하면 각각의 경우에서 막전위는 어떻게 변화할까?

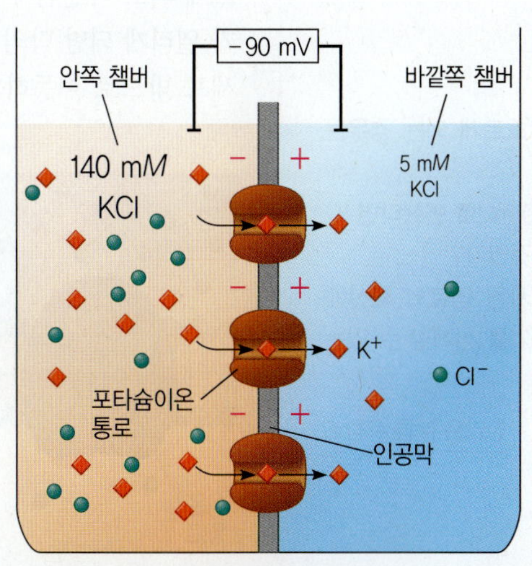

(a) K^+에 대한 선택적인 투과성을 가진 막
37℃에서 네른스트공식에 의해 계산되는 K^+에 대한 평형전위::

$$E_K = 62\text{ mV}\left(\log\frac{5\text{ m}M}{140\text{ m}M}\right) = -90\text{ mV}$$

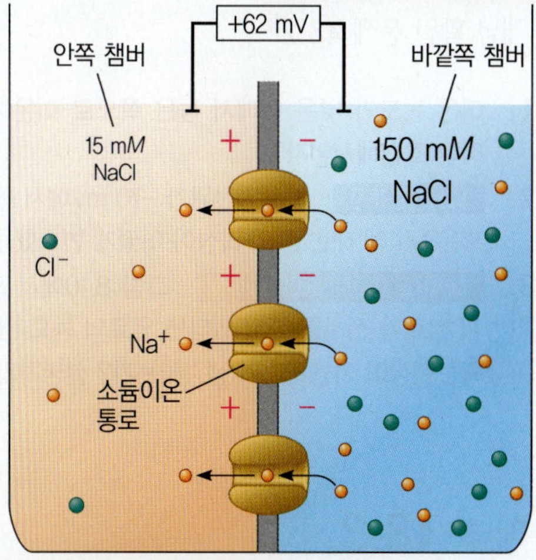

(b) Na^+에 대한 선택적인 투과성을 가진 막
37℃에서 네른스트공식에 의해 계산되는 Na^+에 대한 평형전위:

$$E_{Na} = 62\text{ mV}\left(\log\frac{150\text{ m}M}{15\text{ m}M}\right) = +62\text{ mV}$$

네른스트공식에 의해 포타슘(E_K)에 의한 평형전위를 구해보면 −90 mV가 된다(그림 48.7a). 음부호는 세포 안이 90 mV만큼 음전하를 띠게 되면 K^+이 평형 상태에 도달함을 의미한다.

K^+에 대한 평형전위는 −90 mV임에도 불구하고 포유동물의 신경세포의 휴지막전위는 이보다 높다. 이러한 이론적인 값과 실제값과의 차이는 휴지막 상태에서 소듐통로를 통해서 그 양은 적지만 Na^+이 지속적으로 이동하고 있음을 암시한다. Na^+에 대한 농도기울기는 K^+의 농도기울기와 반대이다(표 48.1). 그러므로 Na^+은 세포 안쪽으로 확산해 들어가 세포 안의 음전하를 상쇄시키려 한다. 이제 Na^+에 선택적인 막을 모델로 살펴보면, 바깥쪽 챔버의 농도가 안쪽보다 10배가 높기 때문에 이러한 조건에서 네른스트공식에 의한 Na^+에 대한 평형전위(E_{Na})는 +62 mV가 된다(**그림 48.7b**). 실제로 신경세포의 휴지막전위는 −60 mV에서 −80 mV 사이에서 형성된다. 휴지막전위가 E_{Na}보다 E_K에 더 가까이 형성되는 이유는 소듐통로에 비해 포타슘 통로가 월등히 많이 열려 있기 때문이다.

K^+과 Na^+ 두 이온 모두 휴지막전위에서 평형 상태에 있지 못하기 때문에, 그 결과 막을 통한 K^+과 Na^+의 움직임은 휴지 상태에서도 계속된다. 휴지막전위는 일정하게 유지되는데 이는 K^+과 Na^+이 크기는 같지만 반대 방향으로 흐르고 있음을 의미한다. 이러한 이온들의 흐름에도 불구하고 세포막 안팎의 이온 농도는 일정하게 유지되는데 그 이유는 휴지막전위를 형성하기 위해 필요한 전하의 이동량은 화학적 농도기울기를 변화시키기에는 매우 적은 양이다.

만일 Na^+에 대한 막의 투과성이 증가하는 상황이 발생하면 막전위는 E_K로부터 E_{Na} 쪽으로 이동하게 된다. 곧이어 살펴보겠지만 이러한 현상은 축삭을 따라 전달되는 신경신호전달의 기본이다.

개념 확인 문제 48.2

1. 이온 농도가 낮은 쪽에서 높은 쪽으로 이온이 흐르게 되는 경우는 어떤 조건에서인가?
2. **WHAT IF?** 세포막전위가 −70 mV에서 −50 mV로 변했다면 K^+ 혹은 Na^+에 대한 막 투과성이 어떻게 변화했을 것인가?
3. **MAKE CONNECTIONS** 그림 8.10에서 묘사된 염료의 확산에서 염료가 전하를 띠고 있다면 염료의 농도기울기를 상쇄할 수 있는 확산현상이 가능하리라 생각하는가? 설명하라.

정답은 부록 A 참조

개념 48.3

활동전위는 축삭을 통해서 전달되는 신호이다

신경세포의 막전위는 다양한 자극에 반응하여 변화한다. 전기적 세포내 기록법을 통해 하나의 신경세포에서 실시간으로 변화하는 막전위를 측정할 수 있다(**그림 48.8**). 막전위가 변화하는 것은 신경세포가자극에 의해 열림이 조절되는 **개폐성 이온통로(gated ion channels)**를 가지고 있기 때문이다. 개폐성 이온통로는 자극에 반응하여 열리고 닫힌다. 이온통로의 여닫힘은 특정 이온에 대한 막의 투과성을 변화시킴으로써 막전위를 변화시킬 수 있다.

▼ 그림 48.8 연구 방법

전기적 세포내 기록법

적용 전기생리학자들은 신경세포 등에서 전기적 세포내 기록법을 이용하여 막전위를 측정한다.

방법 유리모세관으로 만든 미세전극을 전류를 흐르게 할 수 있는 수용액으로 채운다. 전극의 한쪽은 매우 가늘게 뽑아서 지름이 1 μm 정도에 불과하다. 현미경 하에서 미세조작기를 이용하여 전극을 세포에 삽입한다. 전압기록계를 통해서 세포 안에 삽입된 미세전극과 세포밖 용액에 있는 기준전극 사이의 전압을 측정한다.

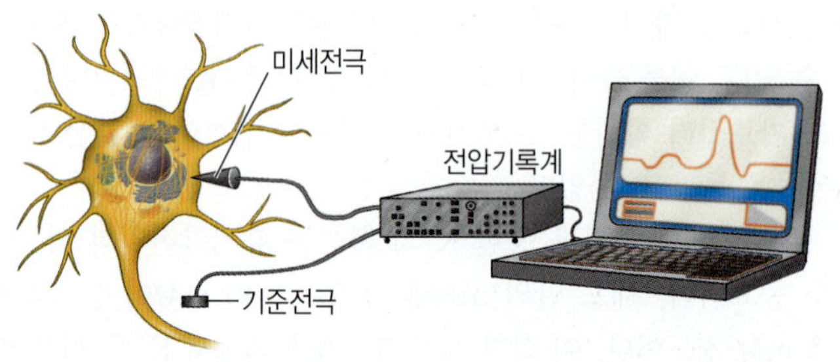

과분극과 탈분극

개폐성 이온통로가 자극이 되어 열리면 막을 통과하여 이온이 흐르게 되고 막전위가 변화된다(**그림 48.9**). 예를 들어 포타슘 통로가 열리게 되면 막의 K^+에 대한 투과성이 증가되고 더 많은 K^+이 세포 밖으로 이동하게 된다. 따라서 막전위가 E_K(37°C에서 −90

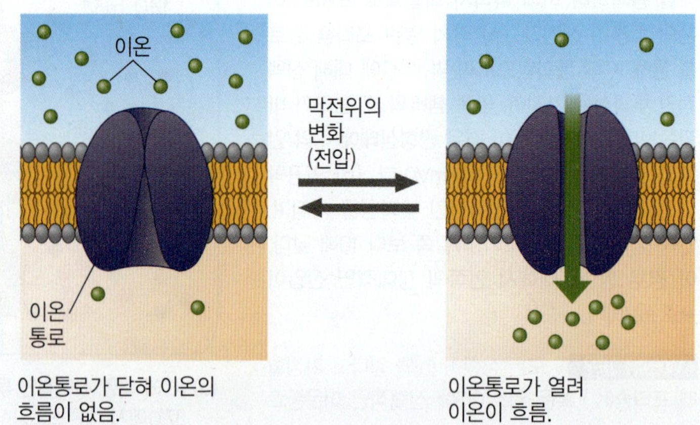

▲ 그림 48.9 전압 개폐성 이온통로. 한 방향(오른쪽)으로 막전위가 변하면 전압 개폐성 통로가 열린다. 반대 방향(왼쪽)으로의 변화는 통로를 닫는다.

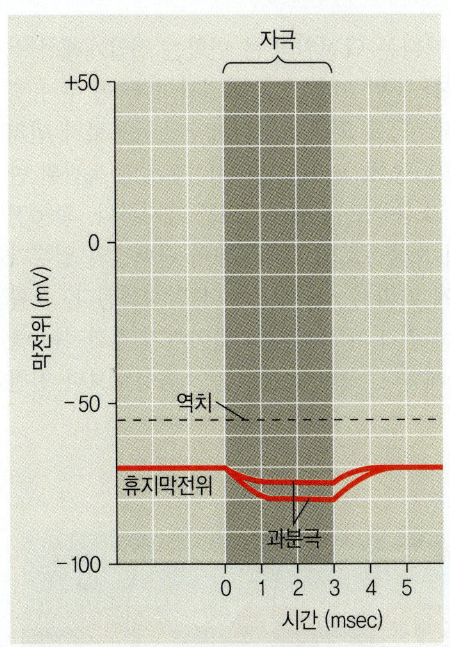

(a) **K$^+$에 대한 막투과성의 증가를 야기하는 두 자극에 의해서 막전위의 차등적인 과분극이 이루어진다.** 큰 자극은 큰 과분극을 야기한다.

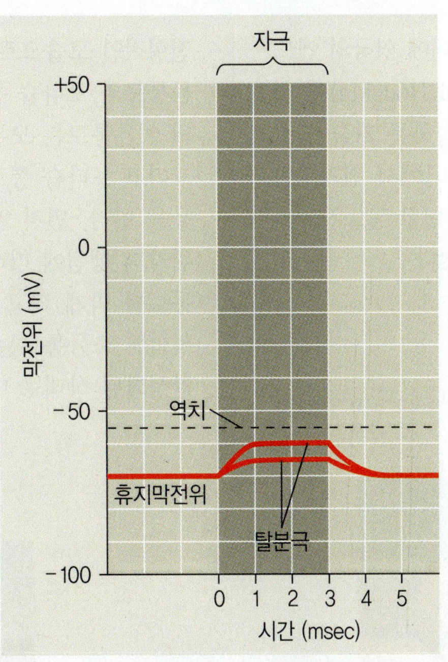

(b) **Na$^+$에 대한 막투과성의 증가를 야기하는 두 자극에 의해서 차등적인 탈분극이 이루어진다.** 큰자극은 큰 탈분극을 유도한다.

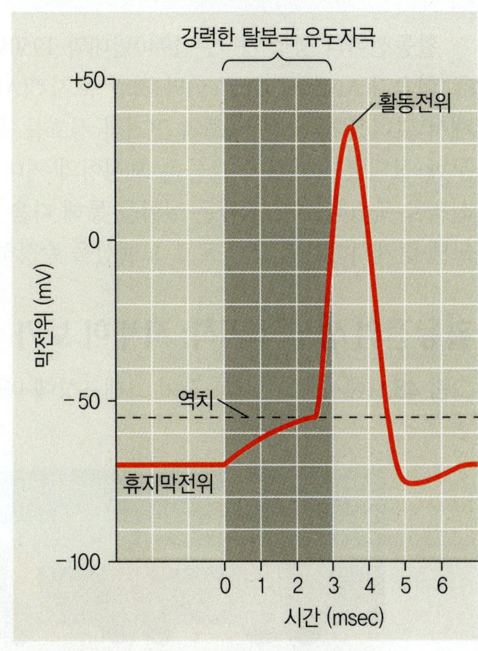

(c) **탈분극이 역치값에 도달하면 활동전위를 생성한다.**

▲ **그림 48.10 신경세포의 차등전위와 활동전위**

DRAW IT y축을 확장하여 (c)의 도표를 다시 그리고 E_K와 E_{Na} 값의 위치를 표시해 보라.

mV)에 가까워지게 된다. 막전위의 크기가 더 커지는 이러한 현상을 **과분극(hyperpolarization)**이라 하며 세포 안이 더욱 음전하를 띠게 만든다(그림 48.10a). 휴지 상태의 신경세포에서 양이온이 세포 밖으로 확산되어 나가거나 혹은 음이온이 세포 안으로 들어오면 막전위의 과분극이 초래된다.

포타슘 통로가 열리면 막전위가 과분극 되지만 개폐성 이온통로가 열려서 막전위가 반대로 덜 음전하를 띠게 되기도 한다(그림 48.10b). 막전위의 크기가 작아지는 이러한 현상을 **탈분극(depolarization)**이라 한다. 신경세포의 탈분극 현상은 개폐성 소듐통로를 통해서 일어나는 경우가 많다. 자극에 의해 개폐성 소듐통로가 열리면 Na$^+$에 대한 막투과성이 증가하므로, 막전위가 E_{Na}(37°C에서 +62 mV)에 가까워져서 탈분극이 유도된다.

차등전위와 활동전위

지금까지 살펴본 과분극 및 탈분극과 같은 막전위의 변화는 **차등전위(graded potential)**라고 부르는데, 막전위의 변화 정도가 자극의 크기에 따라서 결정되기 때문이다. 즉, 큰 자극일수록 막투과성에 큰 변화를 주게 되고 결과적으로 막전위도 크게 변화하게 된다(그림 48.10a,b). 차등전위에 의해 유도되는 작은 크기의 전류는 막을 따라 전달되는 과정 중에서 세포 밖으로 누전된다. 따라서 차등전위는 발생지점으로부터 거리가 멀어짐에 따라 쉽게 소멸된다.

만일 탈분극에 의해 막전위가 충분히 변화될 경우 막전위가 급격하게 큰 폭으로 변화하는 **활동전위(action potential)**가 유도될 수 있다. 차등전위와는 달리 활동전위는 항상 일정한 크기를 가지며 이웃한 막 상에서 재생된다. 따라서 활동전위는 축삭을 따라서 퍼져나감으로써 먼 거리까지 신호를 전달하기에 적합하다.

활동전위의 생성은 신경세포가 **전압개폐성 이온통로(voltage-gated ion channel)**를 가지고 있기 때문에 가능하다(그림 48.9). 막전위가 탈분극되면 전압개폐성 소듐통로가 열려 신경세포 안으로 Na$^+$이 유입되어 막전위를 더욱더 탈분극시킨다. 소듐통로는 전압의존적으로 열리기 때문에 더욱 탈분극된 막전위에 의해서 더 많은 소듐통로가 열려서 막을 통해 세포 안으로 훨씬 많은 전류가 흐르게 된다. 그 결과 모든 전압개폐성 소듐통로가 빠르게 동시에 열리게 된다. 이러한 양성되먹임 현상에 의한 탈분극은 막전위의 큰 변화를 초래하는 활동전위를 유도하게 된다(그림 48.10c).

활동전위는 탈분극에 의해 막전위가 **역치(threshold)**라는 특정 값에 이르면 발생한다. 포유류 신경세포의 경우 이 역치는 약 −55 mV이다. 활동전위는 **실무율**(all-or-none)을 따르므로 활동전위가 일단 유도되면 그 크기는 자극의 크기에는 상관이 없게 된다. 활동전위가 실무율에 따른다는 사실은 탈분극에 의해 전압개폐성 소듐통로가 일단 열리면 막전위를 더욱 탈분극시키게 됨을 의미한다. 막전위가 일단 역치값에 이르면 탈분극과 이온통로의 열림이 서로 양성되먹임하면서 활동전위를 촉발하게 된다.

활동전위의 생성 기작은 1940년대와 1950년대에 영국의 앤드류 헉슬리(Andrew Huxley)와 알란 호지킨(Alan Hodgkin)에 의해서 밝혀졌다. 작은 세포의 전기적 신호를 측정하는 기술이 전무한 상태였기 때문에 그들은 오징어의 거대축삭에서 전기적인 신호를 측정하였다. 그들은 실험을 통해 다음 설명할 활동전위의 모델을 제시하였고 그 공로로 노벨상을 수상하였다.

활동전위 생성의 기작: 자세히 보기

그림 48.11에서 보는 바와 같이 그래프상에 나타나는 활동전위의 전형적인 모습으로 나타나는 막전위의 큰 변화는 전압개폐성 소듐통로와 포타슘 통로를 통한 이온 흐름의 결과이다. 이 두 유형의 이온통로는 모두 탈분극에 의해서 열리지만 소듐통로가 먼저 그리고 포타슘 통로가 나중에 열리는 순차적이면서도 독립된 반응을 한다. 먼저 열린 소듐통로는 활동전위를 개시한다. 활동전위가 진행됨에 따라서 소듐통로의 고리형태의 단백질의 일부가 통로를 막게 되고 이에 따라서 소듐통로는 불활성화된다. 불활성화된 소듐통로는 막전위가 휴지 상태로 돌아가기 전까지는 불활성화된 상태로 머물게된다. 포타슘 통로는 소듐통로보다 천천

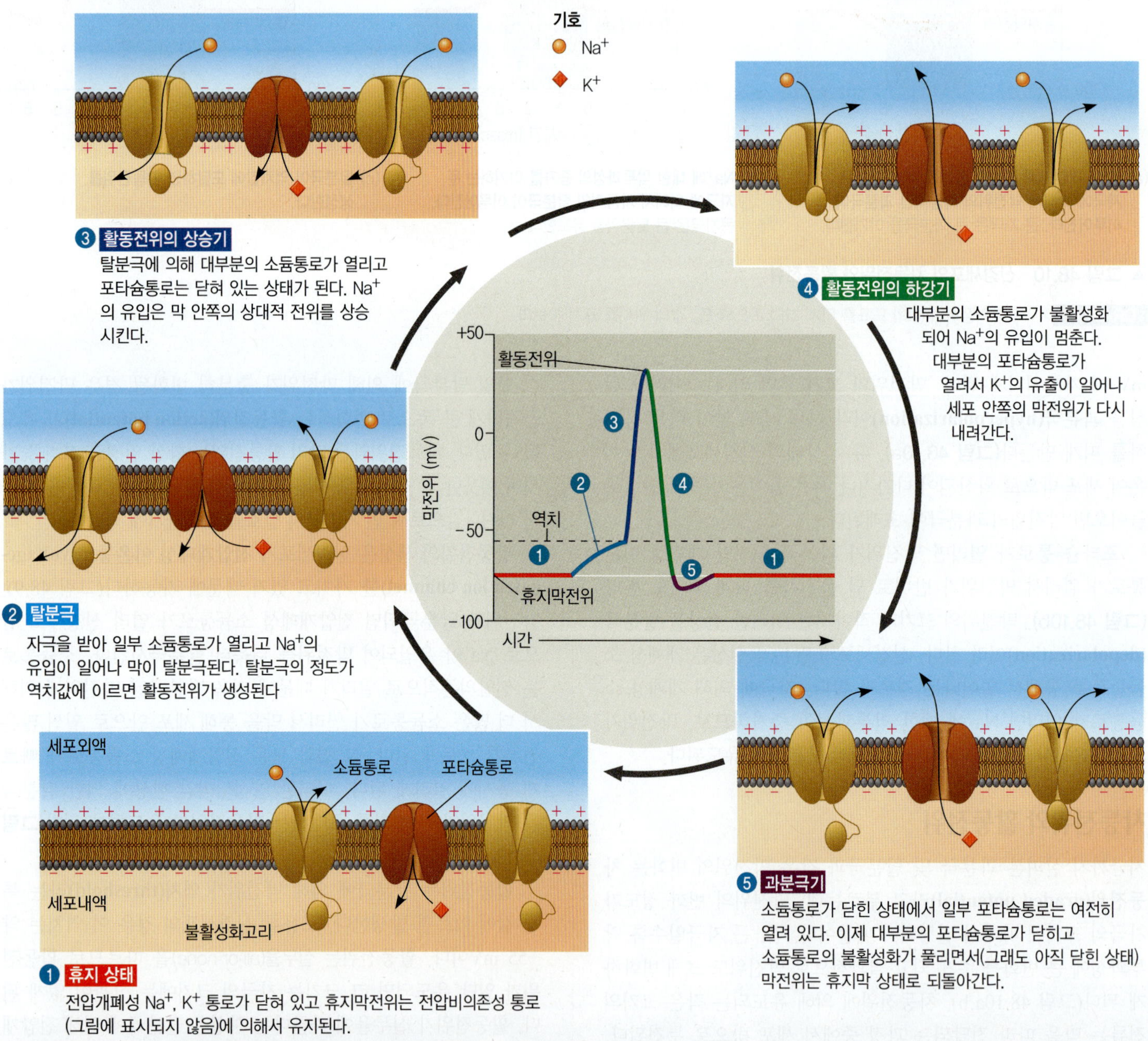

▲ **그림 48.11 활동전위의 생성에 있어서 전압개폐성 이온통로의 역할.** 중앙의 그래프상에 표시된 동그라미 상의 숫자와 여러 색깔로 표시된 활동전위의 각 단계별로 전압개폐성 소듐과 포타슘 이온통로의 역할이 다섯 도표에서 설명되어 있다(전압 비의존성 이온통로는 묘사되어 있지 않음).

히 열리며 활동전위가 지속되는 동안 열린 상태로 존재한다.

이러한 두 이온통로의 성질이 어떻게 활동전위의 형태를 결정하는지 알아보기 위해서 활동전위를 각 단계로 나누어 살펴보도록 하자(그림 48.11). ❶ 축삭의 막전위가 휴지막전위에 있을 때 대부분의 전압개폐성 소듐통로는 닫혀 있다. 일부 포타슘 통로는 열려 있으나 대부분의 전압개폐성 포타슘 통로는 닫혀 있다. ❷ 자극이 막을 탈분극시키게 되면 개폐성 소듐통로가 열려서 Na^+이 세포 내로 유입되어 막전위를 더욱 탈분극시키게 되고, 이에 따라서 더 많은 소듐통로가 열려서 더욱 많은 Na^+의 유입이 초래된다. ❸ 역치값을 넘게 되면 상승기(rising phase) 동안 이 양성되먹임(positivefeedback) 순환은 빠르게 막전위를 E_{Na}에 이르게 한다. ❹ 그러나 두 작용으로 인해 막전위가 실질적인 E_{Na}에까지 이르지 못하게 된다. 즉, 전압개폐성 소듐통로가 불활성화되어 Na^+의 유입이 멈추며, 대부분의 전압개폐성 포타슘 통로가 열려 K^+의 유출이 일어난다. 이러한 두 작용은 막전위를 E_K로 돌리는 하강기(falling phase)의 원인이 된다. ❺ 활동전위의 마지막 단계에서는 휴지막 전위보다도 더 낮은 막전위까지 내려가는 과분극기(undershoot)가 유발되기도 한다. 이는 K^+의 막투과성이 휴지기보다 높아져서 막전위가 E_K에 가까워지게 되는 것이다. 종국에는 포타슘 통로의 활성화 문도 닫히게 되고 막전위도 휴지전위로 되돌아간다.

소듐통로는 하강기 동안 불활성화된 상태로 존재하는데, 그 결과 만일 이때 두 번째 탈분극 자극이 유발되어도 활동전위는 더 이상 유도되지 않는다. 활동전위 직후에 활동전위를 재개할 수 없는 이러한 시기를 **불응기(refractory period)**라 한다. 불응기의 길이는 활동전위가 생성될 수 있는 최대한의 빈도를 제한하는 역할을 한다. 또한 불응기로 인해 활동전위의 진행은 세포체에서 축삭의 말단으로 한 방향으로만 전달된다.

불응기의 원인이 이온의 농도기울기의 변화에 의한 것이 아니라 소듐통로의 불활성화에 기인함을 주목하라. 활동전위 동안 발생하는 전하의 이동량은 매우 적어서 막 안팎의 이온의 농도의 변화는 없다.

활동전위의 전도

지금까지 하나의 활동전위에서 나타나는 일들에 대해서 설명하였다. 이제 일련의 활동전위들이 축삭을 따라서 어떻게 이동하는지 알아보자. 활동전위가 최초로 생성되는 지점[일반적으로 축삭둔덕(axon hillock)]에서 Na^+의 유입이 시작되면 바로 이웃한 축삭의 막전위가 탈분극된다(그림 48.12). 만일 이웃한 막의 탈분극의 크기가 역치 이상에 이르게 되면 활동전위가 그 부위에서 다시 시작된다. 이 과정은 활동전위가 축삭을 따라 이동하면서 수없이 반복된다. 활동전위는 실무율을 따르기 때문에 그 크기와 지속시간이 축삭의 위치에 상관없이 항상 동일하게 일어난다. 그 결과 세포체로부터 축삭말단으로 전달되는 신경충격의 이동은

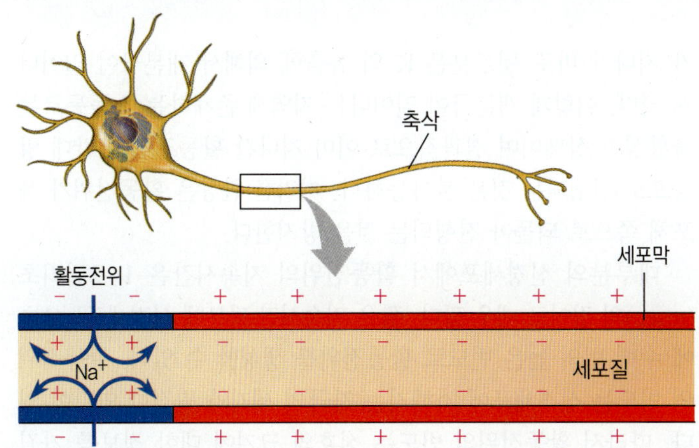

막의 한 부위에서 활동전위가 생성되어 Na^+의 유입이 일어난다.

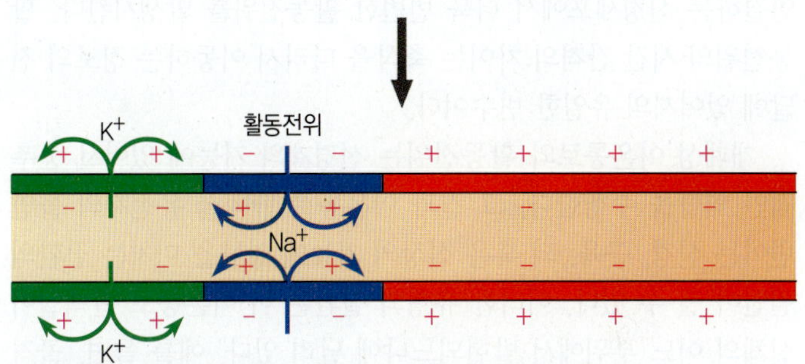

활동전위에 의한 탈분극이 이웃한 막 부위로 퍼져나가면서 그 부위에서 새로운 활동전위를 일으킨다. 활동전위가 지나온 부위의 막은 K^+의 유출로 인해 재분극된다.

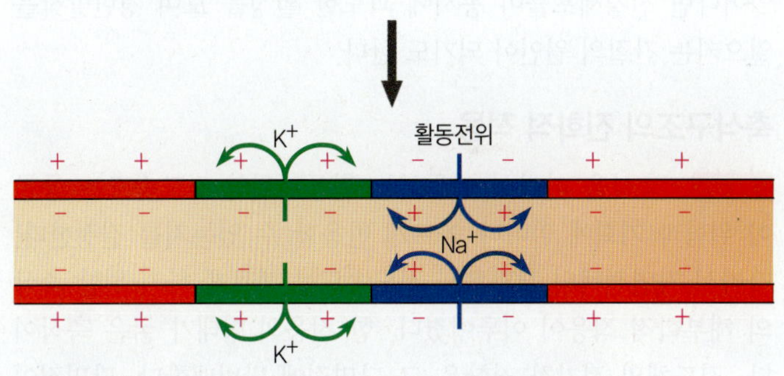

이와 같은 탈분극-재분극의 과정이 다음 막 부위에서도 반복된다. 이런 방법으로 세포막을 사이에 두고 발생하는 국부적인 전류는 활동전위가 축삭의 말단까지 이동할 수 있게 한다.

▲ **그림 48.12 활동전위의 전도.** 활동전위가 왼쪽에서 오른쪽으로 진행되면서 연속적인 시간에 따라 축삭에서 일어나는 변화를 보여주고 있다. 축삭의 각 지점에서 전압개폐성 이온통로들은 그림 48.11에서 묘사된 바대로 연속적인 활성의 변화를 겪는다. 막 주위에 다르게 표시된 색깔은 그림 48.11의 활동전위의 각 단계에 해당된다.

DRAW IT 위에 나타내진 축삭에서, 활동전위가 왼쪽에서 오른쪽으로 이동함에 따라서 왼쪽 끝, 중간, 그리고 오른쪽 끝 지점에서 나타나는 시간에 따른 막전위의 변화를 그래프로 그려보라.

도미노와 같은 방식으로 전달된다.

축삭둔덕에서 시작된 활동전위는 축삭을 따라서 시냅스 말단의 한 방향으로만 진행된다. 그 이유는? 다음과 같다. 활동전위

가 지나간 바로 뒷부분은 K^+의 유출에 의해서 재분극이 일어나게 된다. 이렇게 재분극이 일어나는 지역에 존재하는 소듐통로는 불활성화 상태이며 결과적으로 이미 지나간 활동전위가 반대 방향으로 진행되는 것은 불가능하다. 이러한 현상은 활동전위가 세포체 쪽으로 되돌아 진행되는 것을 방지한다.

대부분의 신경세포에서 활동전위의 지속시간은 1~2밀리초(msec)의 길이로 매우 짧다. 짧은 지속시간 덕분에 신경세포는 1초에 수백 번의 높은 빈도로 활동전위를 생성할 수 있다. 활동전위의 빈도는 신경세포에 가해지는 자극의 세기와 밀접한 연관이 있다. 따라서 활동전위의 빈도는 신호의 크기에 대한 정보를 가질 수 있다. 예를 들어, 청각반응의 경우 큰 소리일수록 귀와 뇌를 연결하는 신경세포에서 더욱 빈번한 활동전위를 발생시킨다. 활동전위의 시간 간격의 차이는 축삭을 따라서 이동하는 정보의 전달에 있어서의 유일한 변수이다.

개폐성 이온통로와 활동전위는 신경계의 기능에 있어서 중추적인 역할을 수행한다. 그 결과 이온통로 단백질 유전자의 돌연변이는 신경, 근육, 뇌 혹은 심장의 기능에 영향을 미치는 질환의 원인이 될 수 있다. 이러한 유형의 질환은 이 이온통로 단백질이 신체의 어느 부위에서 발현되느냐에 달려 있다. 예를 들면, 골격근의 전압개폐성 소듐통로의 돌연변이는 주기적인 근육의 경련을 초래하는 근긴장증을 초래하며, 뇌의 소듐통로에 돌연변이가 일어나면 신경세포들이 동시에 과도한 활성을 보여 경련발작을 일으키는 간질의 원인이 되기도 한다.

축삭구조의 진화적 적응

진화 축삭을 따라서 이동하는 활동전위의 전도속도는 동물이 위험과 기회에 얼마나 빠르게 반응할 수 있는지를 결정한다. 따라서 자연선택의 결과로서 전도속도를 빠르게 하기 위한 축삭의 해부학적 적응이 이루어졌다. 한 적응의 형태가 굵은 축삭이다. 전도체의 전기적 저항은 그 단면적에 반비례한다. 단면적이 넓은 호스가 저항이 적어 물을 잘 흐르게 하는 것과 마찬가지로 전기적 저항이 작은 굵은 축삭을 통해서 활동전위에 의해 발생하는 전류가 잘 흐르게 된다.

무척추동물에서 전도 속도는 가는 축삭의 경우 초당 수 센티미터에서부터 몇몇 절지동물 및 오징어의 거대축삭의 경우에는 초당 30미터에 이른다. 지름이 1 mm에 이르는 이들 거대축삭은 오징어가 근육을 움직여 먹이를 향해 빠르게 돌진하는 등 민첩한 행동이 요구되는 경우에 관여한다.

척추동물의 축삭은 그 지름이 매우 작으나 매우 빠른 속도로 활동전위를 전달할 수 있다. 어떻게 가능할까? 척추동물의 축삭은 플라스틱 절연체가 전기선을 감싸고 있는 것과 유사하게 전기적으로 절연이 되어 있다. 전기적 절연은 활동전위에 의해 발생하여 축삭의 내부를 따라 흐르는 탈분극 유도 전류를 적은 손실로 멀리까지 보냄으로써 상대적으로 멀리 있는 막의 전위를 보다 빠르게 역치값에 이르게 한다.

척추동물의 축삭은 많은 경우 전기적 절연층인 **수초(myelin sheath)**로 둘러싸여 있다(그림 48.13). 수초는 중추신경계에서는 **희소돌기신경교세포(oligodendrocyte)**라는 신경교세포에 의해서, 말초신경계에서는 **슈반세포(Schwann cell)**라는 신경교세포에 의해서 각각 생성된다. 발생시기에 이 두 신경교세포들은 축삭을 여러 층의 세포막으로 감는다. 세포막에 의해서 만들어진 이 층은 대부분 지질로 구성되어 있기 때문에 매우 효과적인 절연체로 작용한다.

수초로 둘러싸인 축삭에는 전압개폐성 소듐통로와 전압개폐성포타슘 통로가 **랑비에결절(node of Ranvier)**이라고 불리는 수초가 없는 지역에 집중분포하고 있다(그림 48.13). 축삭의 세포막은 오직 이 결절에서만 세포외액에 노출되어 있다. 그 결과 활동전위는 결절에서만 만들어지기 때문에 활동전위가 결절에서 다음 결절로 뛰듯이 전달되는 양상을 보인다(그림 48.14).

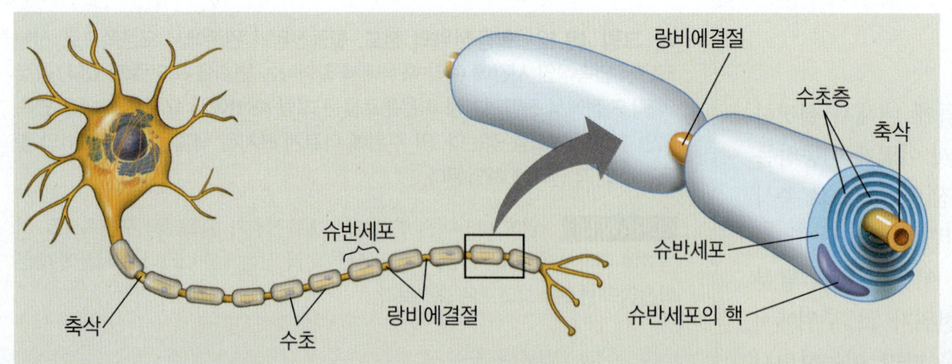

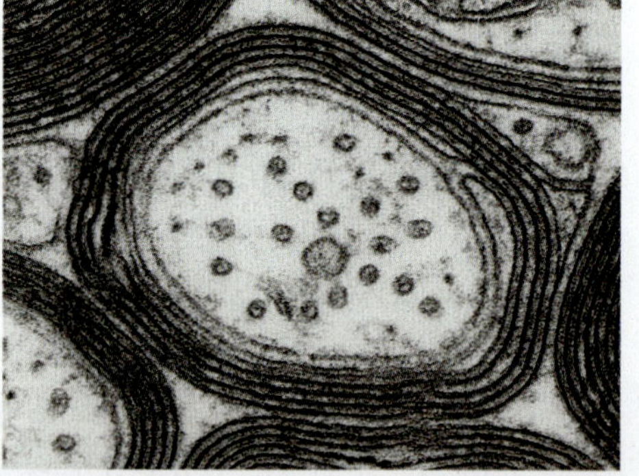

▲ **그림 48.13 슈반세포와 수초.** 슈반세포라 불리는 신경교세포는 말초신경계에서 신경세포의 축삭을 둘둘 말아서 수초층을 형성한다. 이웃한 슈반세포와의 간격을 랑비에결절이라고 부른다. 이 TEM 사진은 수초로 둘러싸인 축삭의 단면을 보여준다.

▶ **그림 48.14** **도약전도.** 수초로 둘러싸인 축삭에서 활동전위에 의해 발생하는 탈분극 전류는 세포안쪽을 통해서 결절에서 결절로 직접 전달되어(파란색 화살표) 활동전위를 재생성한다. 따라서 활동전위가 결절에서 결절로 점프하며 축삭을 따라서 이동한다(빨간색 화살표).

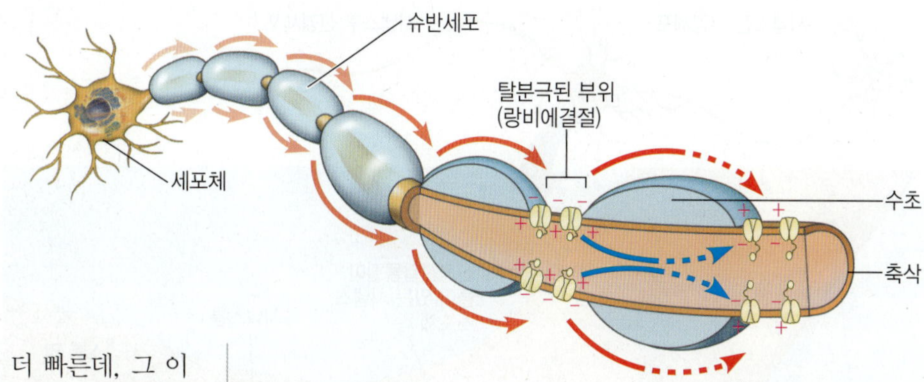

활동전위의 이동속도는 수초화된 축삭에서 더 빠른데, 그 이유는 시간을 필요로 하는 이온통로의 개폐 과정이 축삭을 따라서 제한된 지역에서만 일어나기 때문이다. 이러한 기작을 마치 활동전위가 결절에서 결절로 축삭을 따라 도약하는 양상 같다고 하여 **도약전도(saltatory conduction**, *saltare*는 라틴어로 도약의 뜻)라고 불린다.

수초에 의한 절연의 큰 장점은 공간을 절약할 수 있다는 것이다.수초로 둘러싸인 지름이 20 μm인 축삭은 40배 이상 굵은 오징어의 거대축삭과 같은 전도 속도를 가지고 있을 뿐만 아니라 약 2,000배의 공간을 절약할 수 있다.

수초화되어 있는지를 불문하고 축삭을 따라서 전도된 활동전위는 축삭의 말단에서 다음 단계의 신경신호를 만들어낸다. 즉 이어서 살펴볼 주제인 시냅스라는 구조를 통해서 다른 세포로 정보가 전달되는 과정이다.

개념 확인 문제 48.3

1. 활동전위와 차등전위의 차이점은 무엇인가?
2. 다발성경화증(multiple sclerosis, *skleros*는 그리스어로 딱딱하다는 뜻)의 경우 수초가 점차 경화되어 사라지게 된다. 이러한 현상이 신경계의 기능에 어떠한 영향을 줄 것인가?
3. 활동전위 과정 동안 음성되먹임과 양성되먹임이 어떻게 막전위의 변화에 기여하는가?
4. WHAT IF? 전압개폐성 소듐통로에 돌연변이가 일어나서 활동전위 후에도 불활성화된 상태로 오랫동안 머문다고 가정하자. 이 현상이 활동전위의 최대 빈도에 어떠한 영향을 줄 것인지 설명하라.

정답은 부록 A 참조

개념 48.4

신경세포는 시냅스를 통해서 다른 신경세포에 신호를 전달한다

대부분의 경우 활동전위는 신경세포로부터 다른 신경세포로 직접 전달되지 않는다. 그러나 정보는 전달되며 이러한 정보전달은 그림 48.15에서 제시된 시냅스 말단에서 이루어진다. 전기적 시냅스(electrical synapse)와 같은 경우 간극연접을 통해 전류가 직접적으로 세포에서 세포로 전달된다(그림 7.30). 척추동물이나 무척추동물에서 전기적 시냅스는 빠르고 전형적인 행동을 주관하는 신경세포들의 활성을 동시화시키는 데 중요하다. 예를 들면, 바닷가재의 거대축삭과 연결된 전기적 시냅스는 도피반응을 빠르게 수행하는 데 관여한다. 척추동물의 뇌에서도 많은 전기적 시냅스가 관찰된다.

시냅스는 대부분의 경우 화학적 시냅스(chemical synapse)로서 시냅스전 신경세포에서 합성되고 방출되는 신경전달물질(neurotransmitter)에 의해서 다음 세포로 신호가 전달된다. 시냅스전 신경세포는 시냅스 말단에서 신경전달물질을 합성하여 시냅스소포(synaptic vesicle)라고 불리는 막상의 구조물에 저장한다. 활동전위가 시냅스의 말단에 이르면, 막이 탈분극되어 전압개폐성 칼슘통로가 열린다(그림 48.16). 이에 따라서 Ca^{2+}이 말단으로 유입되어 Ca^{2+}의 농도가 높아지게 되면 신경전달물질을 간직하고 있는 시냅스소포가 세포막과 융합하여 신경전달물질이 세포 밖으로 방출된다.

방출된 신경전달물질은 시냅스전 신경세포와 시냅스후 신경세포 사이의 좁은 간격인 시냅스틈(synaptic cleft)을 따라서 확산된다. 시냅스틈의 거리는 50 nm 이하이기 때문에 확산 속도는 매우 짧다. 시냅스후 신경세포에 도달한 신경전달물질은 막 상의 특정 수용체에 붙어서 수용체를 활성화시킨다.

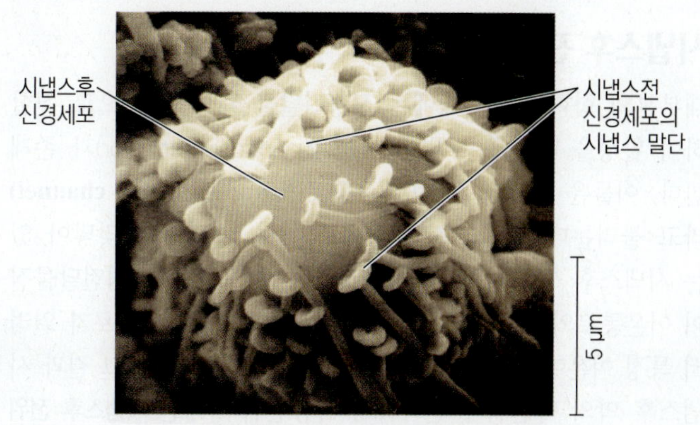

▲ **그림 48.15** **시냅스후 신경세포의 세포체와 연접한 시냅스말단(채색된 SEM 사진)**

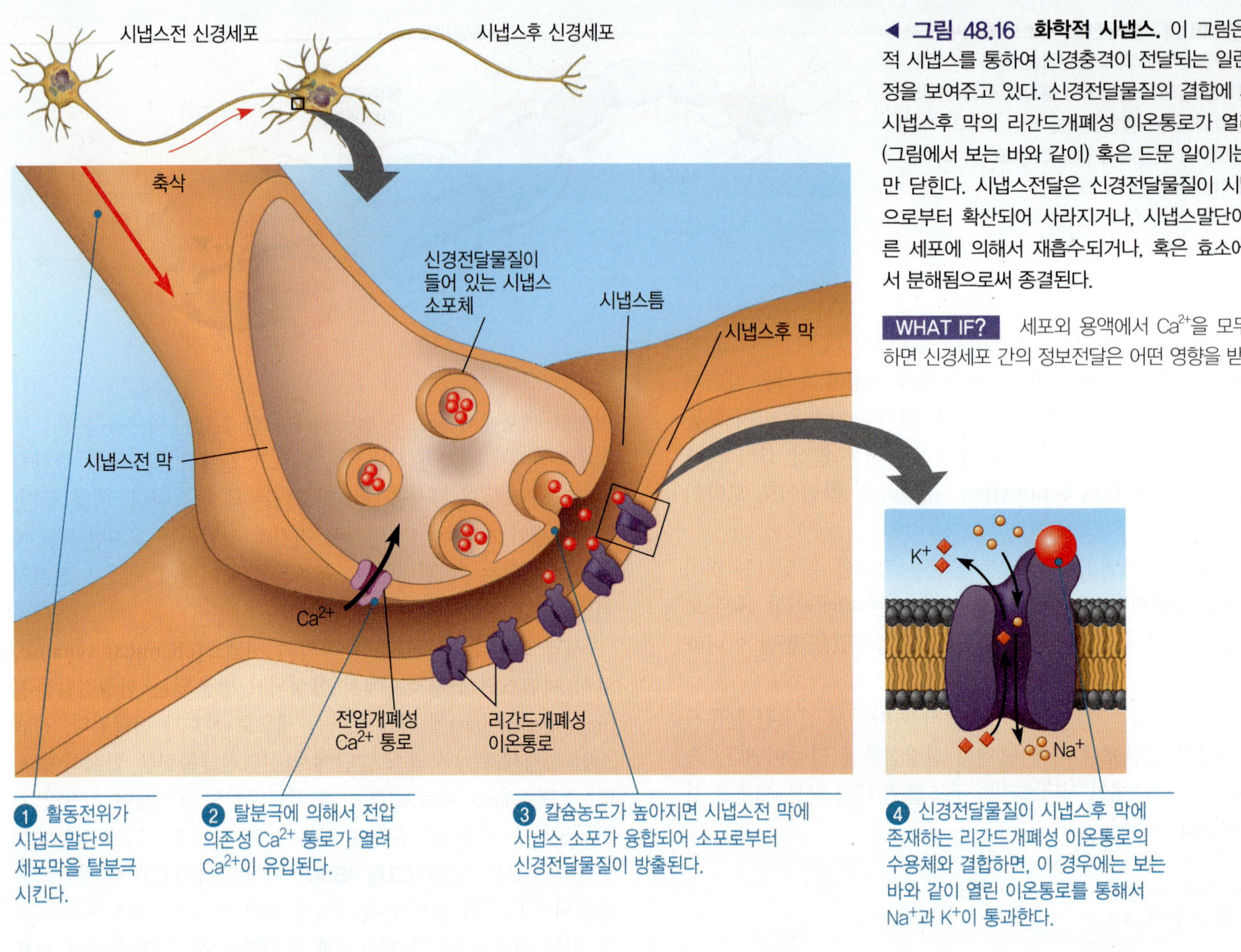

◀ **그림 48.16 화학적 시냅스.** 이 그림은 화학적 시냅스를 통하여 신경충격이 전달되는 일련의 과정을 보여주고 있다. 신경전달물질의 결합에 의해서 시냅스후 막의 리간드개폐성 이온통로가 열리거나 (그림에서 보는 바와 같이) 혹은 드문 일이기는 하지만 닫힌다. 시냅스전달은 신경전달물질이 시냅스틈으로부터 확산되어 사라지거나, 시냅스말단이나 다른 세포에 의해서 재흡수되거나, 혹은 효소에 의해서 분해됨으로써 종결된다.

WHAT IF? 세포외 용액에서 Ca^{2+}을 모두 제거하면 신경세포 간의 정보전달은 어떤 영향을 받을까?

1 활동전위가 시냅스말단의 세포막을 탈분극시킨다.

2 탈분극에 의해서 전압의존성 Ca^{2+} 통로가 열려 Ca^{2+}이 유입된다.

3 칼슘농도가 높아지면 시냅스전 막에 시냅스 소포가 융합되어 소포로부터 신경전달물질이 방출된다.

4 신경전달물질이 시냅스후 막에 존재하는 리간드개폐성 이온통로의 수용체와 결합하면, 이 경우에는 보는 바와 같이 열린 이온통로를 통해서 Na^+과 K^+이 통과한다.

정보전달 과정은 전기적 시냅스의 경우보다 화학적 시냅스에서 더 다양한 조절을 받을 수 있다. 매우 다양한 요인들이 신경전달물질의 방출량과 방출된 신경전달물질에 의한 시냅스후 신경세포의 반응성에 영향을 미칠 수 있다. 이러한 조절작용은 49장에서 공부하게 될 환경변화에 대한 동물의 행동변화 능력과 학습 및 기억에 관한 기작의 기초가 된다.

시냅스후 전위의 생성

대부분의 화학적 시냅스에는 신경전달물질과 직접적으로 결합하여 활성을 나타내는 이온성 수용체(ionotropic receptor)가 존재한다. 이들은 **리간드개폐성 이온통로(ligand-gated ion channel)**라고 불리는데, 시냅스전 신경세포의 시냅스말단과 맞닿아 있는 시냅스후 세포의 세포막에 밀집되어 분포한다. 신경전달물질이 이온통로의 특정 부위인 수용체에 결합하면 이온통로가 열려서 특정 이온이 시냅스후 신경세포의 막을 통과한다. 그 결과 시냅스후 막의 막전위가 변화하여 차등전위 형태인 **시냅스후 전위(postsynaptic potential)**가 생성된다.

어떤 시냅스에서는 신경전달물질이 Na^+과 K^+을 동시에 통과시킬 수 있는 이온통로와 결합하여 통로가 열린다(그림 48.16). 이 이온통로가 열리면 시냅스후 신경세포는 E_{Na}와 E_K의 중간값 정도에 이를 때까지 탈분극된다. 이러한 탈분극은 막전위를 역치값에 이르게 하므로 이를 **흥분성 시냅스후 전위(excitatory postsynaptic potential, EPSP)**라고 부른다.

또 다른 시냅스에서는 다른 종류의 신경전달물질이 K^+이나 Cl^-에 대한 투과성을 가진 이온통로와 결합한다. 이러한 이온통로가 활성화되어 열리게 되면 막전위가 오히려 과분극된다. 이러한 과분극은 막전위를 역치값으로부터 멀어지게 하는 역할을 하기 때문에 **억제성 시냅스후 전위(inhibitory postsynaptic potential, IPSP)**라고 부른다.

시냅스후 전위의 합

하나의 시냅스후 신경세포는 세포체와 수상돌기를 통해서 수백, 때로는 수천 개의 시냅스 말단과 연접한 화학적 시냅스로부터 입력신호를 받는다(그림 48.15).

시냅스후 전위의 크기는 시냅스전 신경세포에서 방출되는 신경전달물질의 양 등의 여러 가지 요인의 영향을 받는다. 차등전위 형태인 시냅스후 전위는 시냅스로부터 거리가 멀어짐에 따라서 그 크기가 점차 감소한다. 따라서 단 하나의 EPSP가 축삭둔덕에 이르게 될 때쯤이면 그 크기가 매우 작아져서 시냅스후 신경세포에서 활동전위를 생성시키기에는 역부족이다(그림 48.17a).

때로는 두 차례의 EPSP가 한 시냅스에서 빠르게 연속적으로 발생하여 첫 번째 발생한 EPSP에 의한 시냅스후 신경세포의 막전위가 휴지막전위로 미처 돌아가기 전에 두 번째 EPSP가 발생하는 경우도 있다. 이 경우 EPSP가 중첩되는데 이를 **시간합(temporal summation)**이라 한다(그림 48.17b). 여러 EPSP가 다른 시냅스를 통해서 동시에 도달되어도 합쳐지는 효과를 보이는데 이를 **공간합(spatial summation)**이라 한다(그림 48.17c). 공간합, 시간합을 통해서 몇 개의 EPSP가 합쳐지면 축삭둔덕의 막전위가 역치까지 탈분극되어 시냅스후 신경세포에서 새로운 활동전위가 생성된다. 이러한 전압의 부가현상은 IPSP 경우에도 동일하게 적용된다. 두 차례 이상의 IPSP가 동시에 혹은 빠르게 연속적으로 일어날 경우 한 차례의 IPSP에 비해 훨씬 큰 과분극이 발생한다. 이러한 IPSP의 시간합 혹은 공간합을 통해서 IPSP는 EPSP 효과를 억제할 수 있다(그림 48.17d).

EPSP와 IPSP의 상호작용은 신경계의 정보 통합에서 중요한 역할을 한다. 축삭둔덕은 모든 EPSP 및 IPSP가 통합되는 장소이다. 일단 축삭둔덕의 막전위가 역치에 이르게 되면 활동전위가 생성되어 축삭을 따라서 시냅스 말단까지 전달된다. 불응기 후에 축삭둔덕의 막전위가 역치값까지 다시 올라가면 신경세포는 또 다른 활동전위를 만들 수 있다.

간접적인 시냅스전달

지금까지 신경전달물질이 이온통로에 붙어서 이온통로를 개방함으로써 일어나는 직접적인 시냅스전달에 초점을 맞추었다. 그러나 신경전달물질에 대한 수용체가 이온통로가 아닌 경우도 있다. 이러한 시냅스에서는 신경전달물질이 대사성 수용체와 결합하는데, 이 수용체에 의한 이온통로의 개폐가 대사단계에 의존하기 때문에 붙여진 이름이다. 이 경우 신경전달물질이 시냅스후 신경세포에 존재하는 대사성 수용체(metabotropic receptor)에 결합하면 2차 신호전달자를 매개로 하는 신호전달경로를 활성화시킨다(9장). 리간드개폐성 이온통로로 인해 발생하는 시냅스후 전위와 비교했을 때 2차 신호전달자에 의한 신호전달의 효과는 느리게 시작되지만 수분 혹은 수시간에 이르기까지 오래 지속된다. 2차 신호전달자는 포타슘 통로의 개/폐 활성을 간접적으로 변화시키는 방법 등을 통해서 자극에 대한 시냅스후 신경세포의 반응성을 조절한다.

간접적인 시냅스전달에는 매우 다양한 신호전달경로가 관여하고 있다. 가장 잘 연구된 것은 고리형 AMP(cAMP)를 2차 신호전달자로 사용하는 경로이다. 예를 들어, 노르에피네프린과 같은 신경전달물질이 그 수용체와 결합하면 신경전달물질-수용체 복합체는 G 단백질(G protein)을 활성화시킨다. 활성화된 G

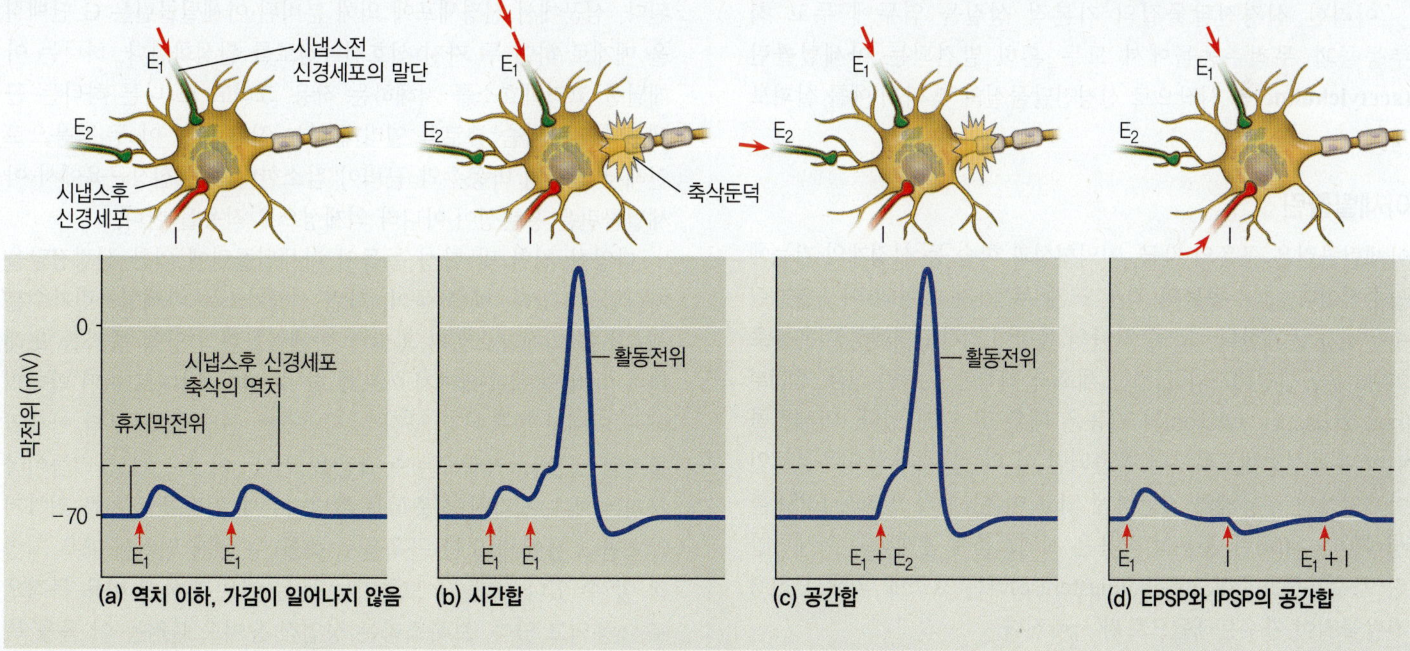

▲ **그림 48.17 시냅스후 전위의 합.** 이 그래프들은 시냅스후 신경세포의 축삭둔덕에서 막전위의 변화를 보여주고 있다. 화살표는 두 흥분성 시냅스(E_1과 E_2, 도표의 위에 있는 그림에서 녹색으로 표시된 부분)와 하나의 억제성 시냅스(I, 빨간색)에 시냅스후 전위가 도달한 시간을 나타낸다. 대부분의 EPSP가 그러하듯이 E_1과 E_2는 합쳐지지 않으면 축삭둔덕에서 활동전위를 생성하지 못한다.

단백질은 아데닐산 고리화효소(adenylyl cyclase)를 활성화시켜 ATP를 고리형 AMP로 변화시킨다(그림 9.11). 고리형 AMP에 의해 활성화된 단백질인산화효소 A(protein kinase A)는 특정 이온통로 단백질을 인산화시켜 이온통로의 열리고 닫힘을 조절하게 된다. 이러한 신호전달 과정은 그 증폭효과로 인해서 하나의 수용체만 신경전달물질에 의해서 활성화된다 해도 많은 수의 이온통로의 활성을 동시에 조절할 수 있다.

신경전달물질

시냅스에서 신호는 시냅스전 신경세포의 막에서 방출되는 신경전달물질과 시냅스후 신경세포의 막에 존재하는 수용체에 의존적이다. 한 종류의 신경전달물질은 이온성 혹은 대사성 수용체 유형을 포함하여 10여 종의 서로 다른 수용체와 결합할 수 있다. 실제로 어떤 시냅스후 신경세포를 활성화시키는 특정 신경전달물질이 다른 종류의 시냅스후 신경세포는 억제하기도 한다.

신경전달물질에 의한 신호가 어떻게 종료되는가? 시냅스틈으로부터 신경전달물질이 제거되면 수용체의 활성화와 시냅스후 신경세포의 반응이 멈춘다. 신경전달물질의 제거는 단순한 확산 혹은 다른 기작을 통해서 일어난다. 예를 들어 몇몇 신경전달물질은 효소에 의한 가수분해에 의해서 불활성화 된다(**그림 48.18a**). 어떤 경우는 시냅스전 신경세포 내로 재흡수되기도 한다(**그림 48.18b**). 일단 재흡수된 신경전달물질은 시냅스소포 내로 수송되어 사용된다. 때로는 교세포로 전달되어서 대사되거나 신경세포로 재순환되기도 한다.

이러한 신경전달물질의 기본적 성질을 염두에 두고 척추동물과 무척추동물에서 모두 흔히 발견되는 **아세틸콜린(acetylcholine)**을 시작으로 신경전달물질의 몇 가지 예를 살펴보자.

아세틸콜린

아세틸콜린은 근육의 자극, 기억형성과 학습 등 신경계의 기능에 필수적이다. 척추동물의 경우 크게 두 가지 유형의 아세틸콜린 수용체가 존재한다. 그 중 하나의 유형이 리간드개폐성 이온통로이다. 운동신경세포와 골격근 세포가 연접한 부위인 신경근접합부(neuromuscular junction)의 기능은 매우 잘 알져 있다. 아세틸콜린이 운동신경세포로부터 방출되면 이 리간드개폐성 이온통로인 아세틸콜린 수용체와 결합하게 되고 이온통로가 열려서 EPSP를 생성한다. 이러한 흥분성 작용은 시냅스틈에 존재하는 아세틸콜린 가수분해효소(acetylcholinesterase)라는 효소에 의해서 신경전달물질이 가수분해됨으로써 사라진다.

신경근접합부에서 발견되는 아세틸콜린 수용체는 PNS 및 CNS에도 존재한다. 아세틸콜린 수용체는 담배와 담배 연기에서 발견되는 화학물질인 니코틴과 결합할 수 있으며 니코틴에 의한 생리적 및 심리적인 영향은 바로 이 니코틴의 아세틸콜린 수용체에 대한 친화력에 기인한다.

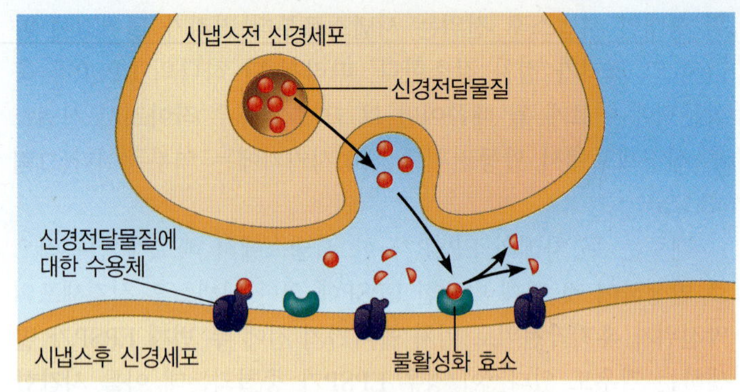

(a) 시냅스틈에서 신경전달물질의 효소에 의한 분해 작용

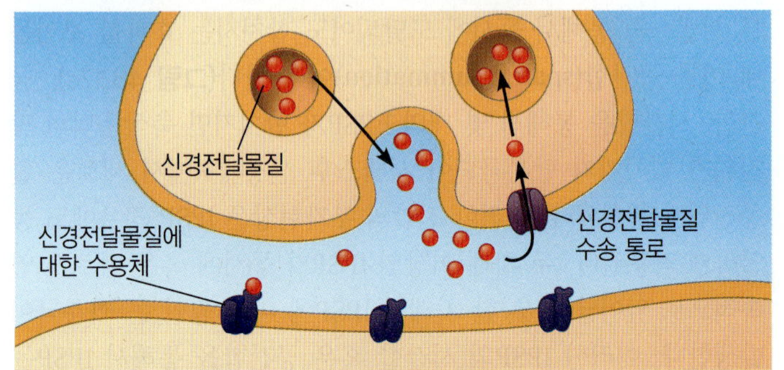

(b) 시냅스전 신경세포에 의한 신경전달물질의 재흡수

▲ **그림 48.18** 신경전달을 종결시키는 두 기작

대사성 아세틸콜린 수용체는 척추동물의 뇌와 심장에서 발견된다. 심근에서 신경세포에 의해 분비된 아세틸콜린은 G 단백질을 매개로 하여 두 가지 신호전달경로를 활성화한다. 하나는 아데닐산 고리화효소를 저해하는 작용 그리고 또 다른 하나는 근세포막의 포타슘 통로를 열리게 하는 작용이다. 이 두 작용으로 인해서 심장의 박동수와 근력이 감소한다. 즉, 심장근육에서 아세틸콜린은 흥분성이 아니라 억제성으로 작용을 한다.

다양한 천연 및 합성 독들이 아세틸콜린에 의한 신경전달을 차단할 수 있다. 예를 들어, 사린 신경가스는 아세틸콜린가수분해효소를 억제함으로써 과도한 아세틸콜린의 양적 증가를 초래하여 마비 및 죽음에까지 이르게 할 수 있다. 반대로 어떤 박테리아에 의해서 만들어진 물질은 시냅스전 신경세포로부터 아세틸콜린의 방출을 억제하는 독작용을 한다. 이 독은 보툴리눔이라 불리는 매우 심각한 식중독을 유발하는데 적절한 조치를 취하지 않으면 호흡에 필요한 근육을 수축할 수 없게 되어서 매우 치명적 일 수 있다. 오늘날 보툴리눔 독은 매우 흔하게 미용 목적으로 이용되고 있다. 보톡스라는 상업적 용어로 불리는 이 독을 특정 얼굴 근육에 주입하여 시냅스에서 신호전달을 억제함으로써 눈 혹은 입 주변의 잔주름의 형성을 최소화할 수 있다.

다양한 역할을 하는 아세틸콜린은 현재까지 알려진 100여 종의 신경전달물질들 중의 하나일 뿐이다. **표 48.2**에서 보여주는

표 48.2 주요신경전달물질

신경전달물질	구조
아세틸콜린	$H_3C-C(=O)-O-CH_2-CH_2-N^+(CH_3)_3$
아미노산	
글루탐산	$H_2N-CH(COOH)-CH_2-CH_2-COOH$
GABA(감마아미노부티르산)	$H_2N-CH_2-CH_2-CH_2-COOH$
글리신	H_2N-CH_2-COOH
생체아민	
노르에피네프린	(HO)(HO)벤젠고리$-CH(OH)-CH_2-NH_2$
도파민	(HO)(HO)벤젠고리$-CH_2-CH_2-NH_2$
세로토닌	HO-인돌고리$-CH_2-CH_2-NH_2$
신경펩타이드(매우 다양한 종류가 존재하지만 두 종류만 소개됨)	
물질 P	Arg—Pro—Lys—Pro—Gln—Gln—Phe—Phe—Gly—Leu—Met
Met-엔켈팔린(엔돌핀)	Tyr—Gly—Gly—Phe—Met
기체	
일산화질소	N=O

것처럼 신경전달물질은 아마노산, 생체아민, 신경펩타이드 그리고 기체의 네 가지 유형으로 분류된다.

아미노산

글루탐산(glutamate)은 신경전달물질의 역할을 하는 몇몇 아미노산 중의 하나이다. 무척추동물에서는 아세틸콜린 대신에 글루탐산이 신경근접합부 부위의 신경전달물질로 작용한다. 척추동물에서 글루탐산은 중추신경계의 가장 흔한 신경전달물질이다. 글루탐산에 대한 여러 종류의 리간드 의존성 이온통로 형태의 수용체가 있으며 이 수용체들은 모두 시냅스후 신경세포에 흥분성으로 작용한다. 49장에서 살펴보겠지만 글루탐산이 신경전달물질로 작용하는 시냅스는 장기기억의 형성에 중요한 역할을 수행한다.

감마아미노부티르산(gamma aminobutyric acid, GABA)은 뇌에서 대부분의 억제성 시냅스의 신경전달물질로 사용된다. GABA는 시냅스후 신경세포의 수용체에 결합하여 Cl^-에 대한 막 투과성을 증가시킴으로써 IPSP를 생성한다. 매우 광범위하게 처방되고 있는 디아제팜(발륨)은 GABA 수용체에 결합하여 항불안제로 작용한다.

세 번째 아미노산인 글리신(glycine)은 뇌를 제외한 중추신경계의 억제성 시냅스에 작용한다. 글리신은 쥐약으로 사용되기도 하는 화학물질인 스트리크닌에 의해 억제되는 이온성 수용체와 결합한다.

생체아민

생체아민(biogenic amine)들은 아미노산으로부터 만들어지는 신경전달물질들로서 타이로신으로부터 만들어지는 **노르에피네프린(norepinephrine)** 등을 포함한다. 노르에피네프린은 말초신경계에 속하는 자율신경계 내에서 흥분성 신경전달물질로 작용한다. 신경계 이외의 부위에서 노르에피네프린은 연관된 생체아민인 에피네프린(epinephrine)처럼 호르몬으로서 역할을 수행한다(41장).

생체아민인 티로신으로부터 만들어지는 **도파민(dopamine)**과 트립토판으로부터 합성되는 **세로토닌(serotonin)**은 뇌의 여러 부위에 걸쳐 분비되어 수면, 분위기, 주의집중, 학습과 연관된 작용에 기여한다. LSD, 메스칼린 등의 정신작용 약물들은 세로토닌과 도파민에 대한 수용체와 결합해서 환각작용을 일으키는 것으로 보인다.

생체아민은 몇 가지 신경계 질환과 이들의 치료에 중요한 역할을 한다(49장). 퇴행성 신경질환인 파킨슨병은 뇌의 도파민 결핍과 관련이 있다. 우울증 치료 약물은 뇌에서 노르에피네프린 혹은 세로토닌과 같은 생체아민의 농도를 높인다. 프로작(Prozac)의 경우 분비된 세로토닌의 재흡수를 방지함으로써 세로토닌의 농도를 증가시킨다.

뉴로펩타이드

비교적 짧은 아미노산 사슬로 이루어진 몇몇 종류의 **신경펩타이드(neuropeptide)**는 세포내 대사성 신호전달경로를 활성화시키는 신경전달물질로서 작용한다. 신경펩타이드들은 훨씬 긴 전구단백질이 작게 잘라져서 만들어진다. 신경펩타이드인 물질 P(substance P)는 흥분성 신경펩타이드로서 고통을 인지하는 과정에서 중요한 역할을 하며, **엔돌핀(endorphin)**은 통증을 완화시키는 진통효과가 있다.

엔돌핀은 출산과 같은 육체적 및 정신적 스트레스를 받는 상황 하에서 뇌에서 생성된다. 엔돌핀은 통증완화뿐만 아니라 오줌의 양을 감소시키고 호흡률을 떨어뜨리며 쾌감을 유도하는 등의 효과를 보인다. 아편은 엔돌핀 수용체에 직접 결합하기 때문에 엔돌핀의 생리적 효과와 동일한 많은 현상들을 유도한다(그림

과학적 분석 기술의 연습

과학적 기수법으로 표현된 데이터 값의 해석

뇌에는 아편에 대한 수용체가 존재하는가? 한 연구팀은 포유류의 뇌에서 아편 수용체를 찾고자 하였다. 날록손이 아편의 효능을 저해하는 것으로 보아 날록손이 활성을 증가시키지는 못하지만 아편의 수용체에 강하게 결합할 것이라는 가설을 세웠다. 여기서 그들의 가설을 테스트하기 위해 이루어졌던 실험의 결과들을 해석해보자.

실험 방법 날록손을 우선 방사성으로 표지한 후 방사성 날록손을 설치류의 뇌로부터 준비한 단백질 혼합체와 반응시켰다. 만일 단백질 혼합체 중에서 날록손과 결합하는 단백질이 존재하면 방사능은 단백질 혼합체와 안정적으로 결합할 것으로 예상되었다. 다양한 약물이 얼마나 이 결합 활성을 저해하는지 시험함으로써 날록손에 대한 결합 특이성이 있는 단백질의 존재를 확인할 수 있을 것이라고 생각했다.

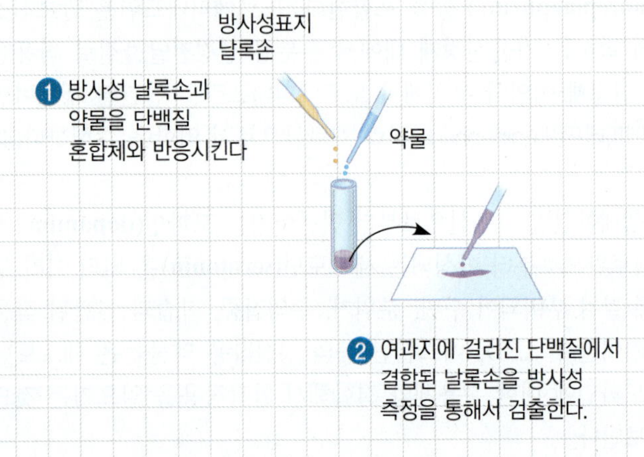

실험 데이터

약물	아편	날록손의 결합을 저해하는 농도
모르핀	Yes	6×10^{-9} *M*
메타돈	Yes	2×10^{-8} *M*
레보파놀	Yes	2×10^{-9} *M*
펜타바비탈	No	10^{-4} *M*에서 효과 없음
아트로핀	No	10^{-4} *M*에서 효과 없음
세로토닌	No	10^{-4} *M*에서 효과 없음

데이터 해석

1. 위 데이터는 10의 몇 승의 형태인 과학적 기수법으로 표현되어 있다. 10의 마이너스 몇 승의 형태는 1보다 작다는 것을 기억하라. 예를 들어 10^{-1} *M*은 0.1 *M*로 표시될 수 있다. 모르핀과 아트로핀의 농도를 다른 방법으로 표기해 보라.
2. 위 표에서 표기된 메타돈과 펜타바비탈의 농도를 비교하라. 어느 쪽이 더 높은가? 얼만큼 차이가 나는가?
3. 펜타바비탈, 아트로핀 혹은 세로토닌이 10^{-5} *M* 농도에서 날록손의 결합을 억제하겠는가?
4. 이 실험에서 어떤 약물이 날록손의 결합을 억제하였는가? 이 결과들이 뇌의 날록손 수용체에 대해 시사하는 바는 무엇인가?
5. 이 실험에서 뇌조직 대신에 소화관의 근육을 사용였을 때, 날록손의 결합을 관찰할 수 없었다. 이 결과는 포유동물 근육의 아편 수용체에 대해 암시하는 바가 무엇인가?

참고문헌 C. B. Pert and S. H. Snyder, Opiate receptor: demonstration in nervous tissue, *Science* 179:1011–1014 (1973).

2.16). **과학적 분석 기술의 연습**에서 뇌의 아편수용체를 규명하기 위해 고안된 실험으로부터 도출되어진 결과를 해석해 볼 수 있다.

기체

척추동물의 신경세포는 신경전달물질로서 용해된 상태의 기체를 분비한다. 예를 들어 남성이 성적으로 흥분하게 되면 특정 신경세포로부터 NO가 성기의 발기조직으로 방출된다. 결과적으로 발기조직 내의 혈관벽을 구성하는 평활근이 이완되고 혈관이 이완되어 발기조직의 해면체가 혈액으로 채워짐으로써 발기가 유도된다. 남성의 발기부전을 치료하는 비아그라(Viagra)는 NO의 활성을 끝내도록 하는 효소를 억제하여 발기를 유지하게 된다.

다른 대부분의 신경전달물질과는 달리 NO는 세포질의 소포체에 간직되지 않고 필요에 따라서 만들어진다. 대신 필요에 의해 합성되는 즉시 확산되어 이웃한 표적세포에 변화를 초래하고 빠르게 분해되는데 이 모든 일이 단 몇 초 안에 이루어진다. 평활근을 비롯한 많은 표적조직에서 NO는 다른 호르몬들처럼 2차전달자를 합성하는 세포막 효소들을 직접적으로 활성화시킨다.

일산화탄소(CO)를 함유하고 있는 공기를 마시게 되면 치명적일 수 있으나, 척추동물은 매우 적은 양의 CO를 만들어 신경전달물질로 이용한다. CO는 헴산화효소(heme oxygenase)에 의해서 합성되는데, 이 효소의 한 형태가 뇌와 말초신경계의 특정 신경세포 집단에서 발견된다. 뇌조직에서 CO는 시상하부의 호르몬 분비를 조절하며, 말초신경계에서는 내장을 이루는 근세포의 막

개념 확인 문제 48.4

1. 동일한 신경전달물질이 서로 다른 조직에서 반대의 효과를 보이는 것이 어떻게 가능할까?
2. 유기인산계 살충제는 아세틸콜린을 분해하는 아세틸콜가수분해효소를 저해한다. 이 독성물질들이 어떻게 아세틸콜린에 의해 생성되는 흥분성 시냅스후 전위에 영향을 미칠 것인가?
3. MAKE CONNECTIONS 수정과 신경전달물질의 방출에 있어서 공통적으로 나타나는 세포막의 활성은 무엇인가?

정답은 부록 A 참조

전위를 과분극시키는 억제성 신경전달물질로 작용한다.

이어지는 내용에서는 지금까지 논의한 세포학적 생화학적 기작들이 어떻게 신경계라는 수준에서 신경의 기능에 기여하는지를 살펴보겠다.

48장 복습

핵심 개념의 요약

개념 48.1

신경의 구성과 구조는 정보전달의 기능을 수행하기에 적합하다

- 대부분의 신경세포는 분지된 **수상돌기**를 통해 다른 신경세포로부터 신호를 받게 되며 **축삭**은 **시냅스**를 통해서 다른 세포에 신호를 전달하는 역할을 한다. **신경교세포**는 영양공급, 절연과 조절작용을 통해 신경세포가 올바로 기능할 수 있도록 돕는다.

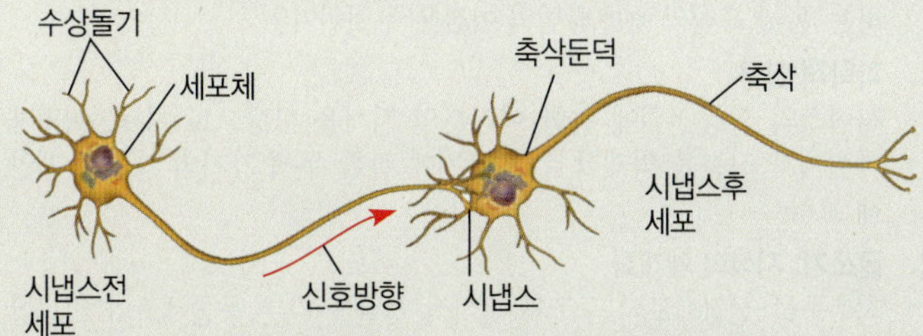

- **중추신경계**와 **말초신경계**는 세 단계로 정보를 전달한다: 감각정보의 입력과 종합 그리고 효과기 세포로 운동 정보를 전달하는 과정이다.

? 축삭이 신경세포에서 정보의 흐름에 어떻게 관여하는가?

개념 48.2

이온펌프와 이온통로는 신경세포의 휴지막전위를 유지시킨다

- 이온농도 경사는 세포막을 사이에 두고 전위차를 생성하며 이를 **막전위**라 한다. 세포외 Na^+의 농도는 세포질보다 높고, K^+의 경우 반대이다. 신호를 전달하고 있지 않는 상태의 신경세포는 K^+을 통과시키는 이온통로가 많이 열려 있으며 Na^+에 대한 이온통로는 거의 닫힌 상태이다. K^+과 Na^+의 이온통로를 통한 확산은 막 상의 전하분리를 유도하고 결국 **휴지막전위**를 발생시킨다.

? 신경세포를 분리하여 세포외 용액과 유사한 조성의 수용액에 담근 후 Na^+이 없는 수용액으로 이동시켰다고 가정할 때, 휴지막 전위는 어떻게 변하겠는가?

개념 48.3

활동전위는 축삭을 통해서 전달되는 신호이다

- 신경세포는 자극에 반응하여 열리고 닫힘이 조절되는 개폐성 이온통로를 가지고 있으며 이들 이온통로의 열리고 닫힘에 의해 막전위가 변화한다. 음전하를 띠는 방향으로 막전위의 크기가 증가하는 현상을 **과분극**이라 하고 양전하를 띠는 방향으로의 변화를 **탈분극**이라 한다. 자극의 크기에 따른 막전위의 변화를 **차등적 전위**라고 한다.

- **활동전위**는 실무율을 따르며 매우 짧은 동안 일어나는 탈분극이다. 단계적 탈분극에 의해서 막전위가 **역치**에 이르게 되면 많은 **전압개폐성 이온통로**가 열려서 Na^+을 세포 내로 유입시켜 막전위를 빠르게 상승시킨다. Na^+ 통로가 빠르게 불활성화되고, 전압개폐성 포타슘 통로가 열려 K^+을 세포 밖으로 유출시킴으로써 탈분극되었던 막전위는 정상적인 휴지 상태로 돌아온다. 활동전위 이후에 소듐통로가 불활성화되어 그 동안에는 새로운 활동전위가 생성되지 않는 **불응기**가 찾아온다.

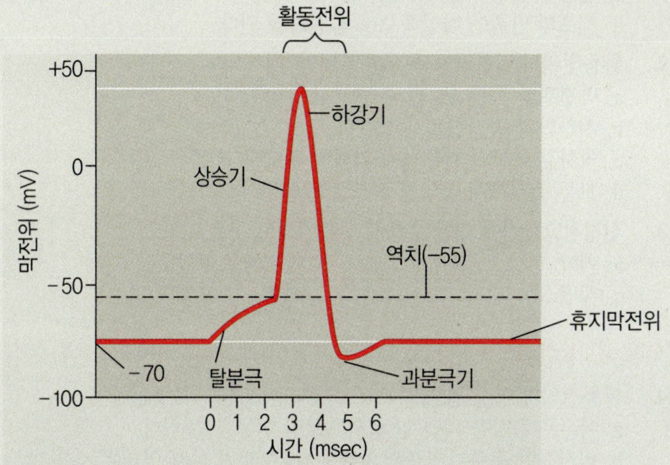

- 활동전위는 축삭둔덕에서 시작되어서 시냅스의 말단까지 축삭을 따라 재생산되면서 이동한다. 활동전위의 전도 속도는 축삭이 굵거나, 많은 척수동물에서처럼 **수초**로 절연되어 있는 경우에 빠르다. 수초로 둘러싸인 축삭에서는 **랑비에결절** 사이를 점프하는 **도약전도**로 활동전위가 전달된다.

INTERPRET THE DATA 불응기의 길이가 활동전위의 길이와 동일하다고 가정할 때(위의 그래프를 참조), 이 신경세포가 발화할 수 있는 활동전위의 최대 주파수는 얼마일까?

개념 48.4

신경세포는 시냅스를 통해서 다른 신경세포에 신호를 전달한다

- 전기적 **시냅스**에서는 전류가 직접적으로 간극연접을 통해서 흐른다. 화학적 시냅스에서는 시냅스의 말단이 탈분극되면 시냅스 소포가 말단의 세포막과 결합하여 **신경전달물질**을 시냅스틈으로 방출한다.
- 신경전달물질은 시냅스후 막에 존재하는 **리간드개폐성 이온통로**와 결합하여 **흥분성(excitatory)** 혹은 **억제성 시냅스후 전위(inhibitory postsynaptic potential, EPSP 혹은 IPSP)**를 유도한다. 신경전달물질이 방출된 후에는 시냅스틈으로부터 확산되어 나가거나 주변세포에 의해서 흡수되거나 또는 효소에 의해서 분해된다. 활동전위의 생성 여부는 축삭둔덕에서 이루어지는 EPSP와 IPSP의 **시간적** 및 **공간적 합**에 달려 있다.

- 동일한 신경전달물질이 세포에 따라서 다른 효과를 나타낼 수 있다. 어떤 수용체의 활성화는 시냅스후 신경세포의 신호전달경로를 활성화시키기도 하는데 이 경우 그 효과가 서서히 나타나지만 오래 지속된다. 지금까지 잘 알려진 신경전달물질로는 아세틸콜린; 생체아민(세로토닌, 도파민, 에피네프린, 노르에피네프린); GABA, 글루탐산 및 글리신과 같은 아미노산; 신경펩타이드; 그리고 일산화질소 같은 기체 등이 있다.

? 신경계 관련 질환을 치료할 때 왜 많은 약물들이 특정 신경전달물질보다는 특정 수용체를 표적으로 하는가?

생각해보자

수준 1: 지식/이해

1. 신경세포의 휴지막전위가 탈분극 되면 무슨 일이 일어나는가?
   a. Na^+이 세포밖으로 확산된다.
   b. K^+에 대한 평형전위(E_K)가 올라간다.
   c. 신경세포의 막전위가 올라간다.
   d. 세포의 안쪽이 바깥쪽보다 음전하를 띤다.
2. 활동전위의 일반적인 특징은 무엇인가?
   a. 막전위를 과분극시킨 후 탈분극시킨다.
   b. 시간합과 공간합을 수행한다.
   c. 역치값 이상의 탈분극에 의해서 유도된다.
   d. 모든 축삭에서 동일한 속도로 전달된다.
3. 신경전달물질에 대한 수용체가 위치하는 곳은?
   a. 핵막
   b. 랑비에르 결절
   c. 시냅스후 막
   d. 시냅스 소포체의 막

수준 2: 응용/분석

4. 활동전위가 항상 한 방향으로 이동하는 이유는 무엇인가?
   a. 이온은 축삭을 따라 한 방향으로만 이동할 수 있다.
   b. 일시적인 불응기가 전압의존성 Na^+통로가 다시 열리는 것을 막는다.
   c. 축삭둔덕은 축삭말단보다 높은 막전위를 가지고 있다.
   d. Na^+과 K^+에 대한 전압의존성 통로는 한 방향으로만 열린다.
5. 축삭말단의 시냅스전 막이 탈분극되어 나타나는 가장 직접적인 결과는 무엇인가?
   a. 전압의존성 칼슘통로가 열린다.
   b. 시냅스 소포체가 막과 결합한다.
   c. 리간드의존성 이온통로가 열려서 신경전달물질이 시냅스틈으로 방출된다.
   d. 시냅스후 신경세포에서 EPSP와 IPSP가 생성된다.
6. 어떤 신경전달물질이 X 시냅스후 신경세포에서는 IPSP로, Y 시냅스후 신경세포에서는 EPSP로 작용한다고 가정할 때, 다음 중 올바른 설명은?
   a. X와 Y세포에 대한 시냅스후 막의 역치값은 다르다.
   b. X세포의 축삭은 수초화되어 있지만, Y는 아니다.
   c. Y세포만이 신경전달물질을 분해하는 효소를 만든다.
   d. X, Y세포는 이 신경전달물질에 대해 서로 다른 수용체를 발현한다.

수준 3: 종합/평가

7. **WHAT IF?** 신경세포에 소듐-포타슘 펌프에 대한 선택적 저해제인 와베인(ouabain)을 처리하였을 때 휴지막전위는 어떻게 변화할 것인가? 그 이유는 무엇인가 설명하라.
8. **WHAT IF?** 중추신경계에서의 GABA의 활성과 유사한 약물이 있다면 이 약물이 행동에 미치는 일반적인 효과를 예측하고 그 이유를 설명하라.
9. **DRAW IT** 연구자가 오징어의 거대축삭상의 서로 다른 위치에 두 개의 전극을 꽂았다고 가정하자. 탈분극을 유도하는 자극을 가하여 두 위치에서 모두 막전위가 역치값에 이르도록 할 때, 아래 그림을 시작 그림으로 이용하여 각각의 활동전위가 종결되는 위치를 묘사하는 그림을 추가해 보도록 하라.

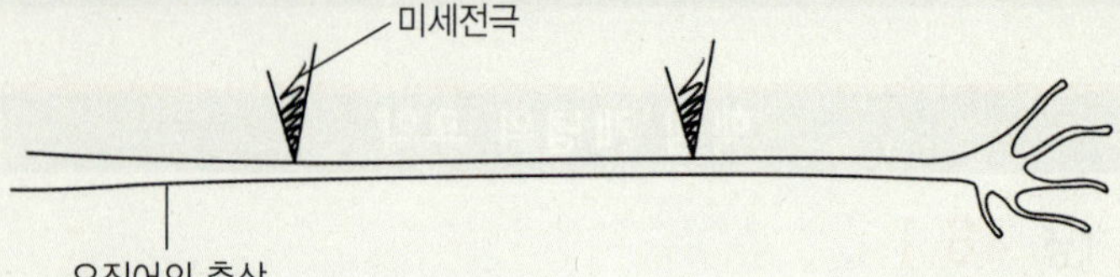

10. **진화적 관점**
활동전위는 실무율을 따른다. 이러한 온-오프(on-off) 신호전달방법은 복잡한 환경에서 상황을 인지하고 행동하여야 하는 동물들의 진화상의 적응방법이다. 만일 활동전위가 단계적인 성질을 띠어서 자극에 반응하는 전압의 크기가 자극의 세기에 의존적으로 변화한다고 가정해 보자. 이러한 연속적으로 변화하는 단계적 신호방법을 능가하는 온-오프식의 신호방법의 이점은 무엇인가?
11. **과학적 탐구**
시냅스와 활동전위에 관한 여러분의 지식을 바탕으로 하여, 어떻게 마취제가 진통을 억제할 수 있는지에 관한 두세 가지의 가설을 제안해 보라.
12. **글쓰기: 지식의 체계화**
척추동물 신경세포의 구조와 전기적 성질을 다른 동물세포와 비교할 때 차이점과 유사점이 무엇인지 100~150 단어로 짧은 글을 써 보라.
13. **종합적으로 생각해보기**

방울뱀은 꼬리 끝에 있는 비늘이 변형된 형태인 방울을 흔들어 적의 주의를 환기시킨다. 이 뱀의 머리에서 꼬리에 이르기까지 신경을 따라서 신호가 이동할 때 개폐성 이온통로의 역할과 방울을 흔들기 위해 신경에서 근육으로 신호가 전달되는 과정을 설명하라.

정답은 부록 A 참조

49

동물의 신경 조절

핵심 개념

- 49.1 신경계는 신경세포와 지지세포의 회로망으로 구성된다
- 49.2 척추동물의 뇌는 부위별로 특화되어 있다
- 49.3 대뇌피질은 수의적 운동과 인지 기능을 조절한다
- 49.4 시냅스 연결의 변화는 기억과 학습의 기초가 된다
- 49.5 중추신경계 질환은 분자 수준에서 설명될 수 있다

▲ **그림 49.1** **어떻게 과학자들은 뇌에서 개개의 신경세포를 구별할 수 있는가?**

명령과 조절의 중추

사물을 마음속으로 그릴 때에 우리의 뇌에서는 어떤 일이 일어날까? 얼마 전까지만 해도 과학자들은 이 질문의 해답을 제시하는 것은 그다지 희망이 없어 보인다고 생각했다. 사람의 뇌는 약 10^{11}(1,000억)개의 신경세포로 이루어져 있다. 신경세포들은 서로 연결되어 신경회로망을 이루고 있으며, 이 신경회로망은 가장 최신의 컴퓨터보다도 복잡하다. 그러나 놀라운 새로운 기술 덕분에 사고와 감정에 기여하는 세포 수준의 기작을 연구할 수 있는 길이 열렸다.

일하는 뇌의 활성을 기록할 수 있는 영상기술의 개발은 또 다른 돌파구가 되었다. 연구자들은 말을 하거나 손을 움직이거나 그림을 감상하거나 혹은 사람의 얼굴을 마음에 그리는 등 다양한 작업을 하는 중에 나타나는 뇌 여러 부위의 활성을 기록할 수 있다. 이제 과학자들은 특정 작업과 뇌의 특정 부분의 활성 사이의 연관성을 찾을 수 있게 되었다.

뇌를 탐구할 수 있도록 개발된 최근의 한 기술은 색깔을 내는 단백질들을 무작위적인 조합으로 발현되도록 하여 개개의 신경세포가 서로 다른 색깔코드를 가질 수 있게 하는 방법이다. 그 결과 **그림 49.1**과 같이 "brainbow" 형태로 생쥐의 뇌에 있는 신경세포들을 색깔별로 인지할 수 있게 되었다. 이 영상에서 각각의 신경세포는 네 가지

형광 단백질들이 만들어 내는 90여 가지의 조합 중에 하나를 발현하고 있음을 보여준다. 신경과학자들은 이 brainbow 기술을 이용하여 뇌의 특정 부위 사이의 정보 전달에 필요한 연결회로의 세밀한 지도를 작성할 수 있을 것으로 기대하고 있다.

이 장에서는 동물신경계의 유기적 구조와 진화에 대해서 논의할 것이다. 그리고 어떻게 신경세포들의 집단이 특화된 회로를 형성하여 특화된 작업을 수행하는지 알아볼 것이다. 이후에 뇌의 활성이 정보를 저장하고 조직하는 방법에 대해서 알아볼 것이다. 마지막으로 오늘날 매우 활발히 연구되고 있는 몇몇 신경계 질환에 대해서 알아볼 것이다.

개념 49.1

신경계는 신경세포와 지지세포의 회로망으로 구성된다

감지하고 반응하는 능력은 수억 년 전의 원핵생물로 거슬러 올라간다. 원핵생물들은 환경의 변화를 감지하여 생식의 성공률과 생존율을 높이는 방향으로 반응한다. 그 예로 주화성을 통해 먹이의 위치를 파악하는 능력을 들 수 있다. 후에 이런 매우 간단한 감지 및 반응의 과정들은 여러 형태로 변형되어서 다세포로 이루어진 개체 내에서는 세포 간의 신호전달 수단으로 발전하였다. 약 5억 년 전 캄브리아기(32장)에 이미 동물의 감각과 운동을 가능케 하는 특수화된 신경세포 체계가 나타났다.

히드라, 해파리 등 자포동물들은 신경계를 가지고 있는 가장 간단한 형태의 동물이다. 대부분의 자포동물들은 위수강의 수축과 팽창을 조절하는, 산만하게 산재된 **신경망**(nerve net)을 가지고 있다(그림 49.2a). 보다 복잡한 동물의 신경계는 신경세포의 섬유상 돌기가 다발을 이루는 **신경(nerve)**과 같은 형태를 보인다. 이들 섬유상의 구조는 신경계의 특정 경로를 통해서 신경정보를 조직하고 연결하는 통로의 역할을 한다. 예를 들어, 불가사리의 경우 각각의 팔에는 신경망이 있고, 각 신경망은 방사상의 신경에 의해서 중앙의 신경고리에 연결되어 있다(그림 49.2b). 각각의 팔 내에서 방사상의 신경은 신경망에 연결되어 근육의 수축을 조절하는 정보를 주고받게 된다.

길고 좌우대칭인 몸체를 가진 동물들은 보다 특화된 신경계를 가지고 있다. 이 동물들의 경우, 감각신경세포들과 연합신경세포들이 개체의 앞쪽으로 집중되어 뇌를 형성하는 두화(cepahalization) 현상을 보여준다. 이들 신경 집단으로부터 하나 이상의 신경삭이 개체의 뒤쪽으로 뻗어 나와 신경을 통해 몸의 각 부위와 연결된다.

개념 48.1에서 살펴본 것과 같이, 여러 동물에서 통합을 담당하는 신경세포는 **중추신경계(central nervous system, CNS)**를 형성하며, 중추신경계 내로 혹은 중추신경계 밖으로 정보를 전달하는 신경세포는 **말초신경계(peripheral nervous system, PNS)**

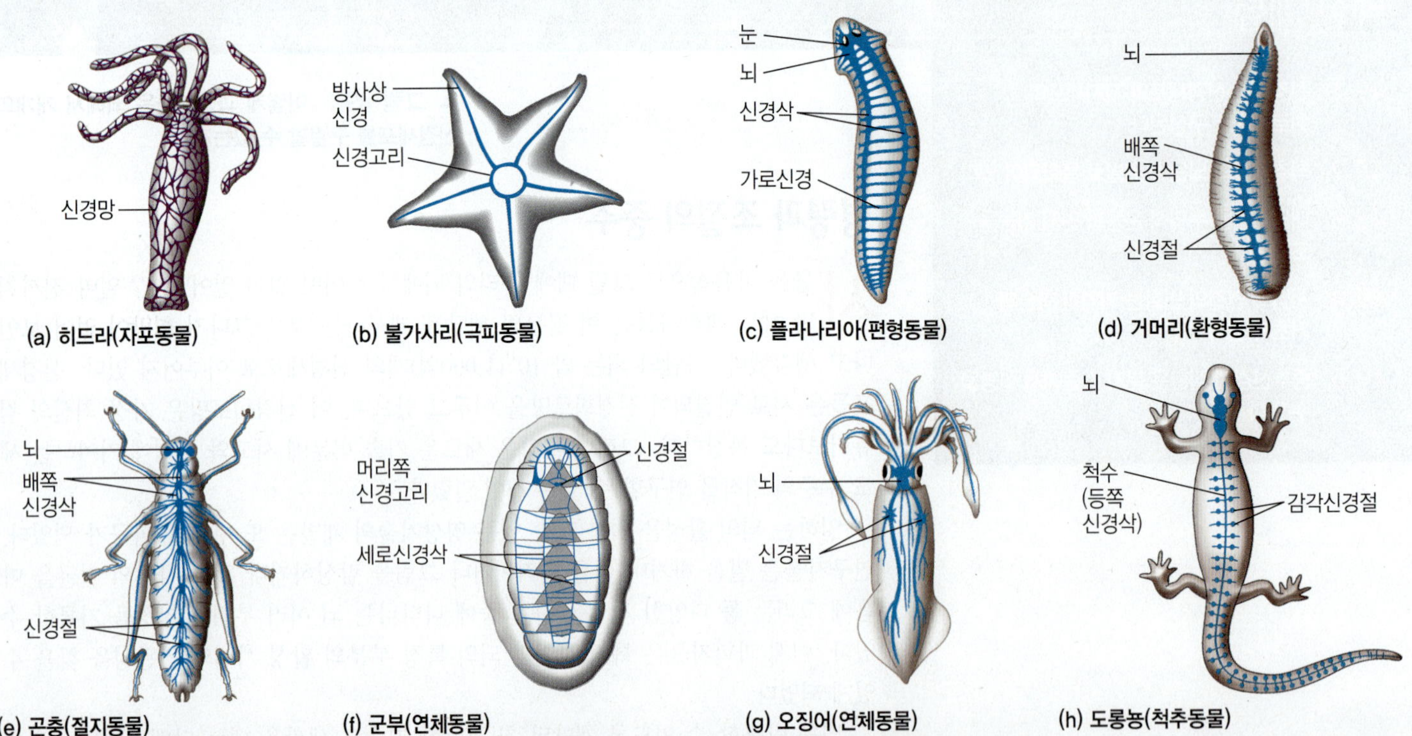

▲ **그림 49.2 신경계의 구성.** (a) 히드라는 산만신경계를 구성하는 신경세포들(보라색)을 가지고 있다. (b~h) 보다 정교한 신경계를 가지고 있는 동물은 신경과 신경절, 그리고 뇌의 형태로 이루어진 신경세포 집단(파란색)을 가지고 있다.

를 이룬다. 플라나리아 같은 편형동물(그림 49.2c)의 경우 극도로 간단하지만 **중추신경계(central nervous system, CNS)**라 불리기에 손색이 없는 작은 뇌와 세로 방향의 신경삭을 가지고 있다. 몇몇 비체절성 벌레들에서, 전체 신경계는 아주 소수의 세포들로만 구성되어 있다. 예쁜꼬마선충 *Caenorhabditis elegans*와 같은 편형동물의 경우 전체 신경계를 구성하는 신경세포의 개수가 매우 적어 약 302개의 신경세포로 구성된다. 환형동물(그림 49.2d)이나 절지동물(그림 49.2e)처럼 보다 복잡한 무척추동물은 더 많은 수의 신경세포를 갖는다. 그런 동물들의 행동은 더 복잡한 뇌와 배쪽신경삭(ventral nerve cord)에 의해 조절되는데 신경삭은 체절을 따라 배치된 신경세포군인 **신경절(ganglia)**을 포함한다.

동물계에서 관찰되는 신경계의 다양한 형태는 동물의 생활사와 관련이 있다. 예를 들어, 대합조개처럼 고착성이거나 서서히 이동하는 연체동물류는 두화가 거의 일어나지 않으며 비교적 간단한 감각기관을 가지고 있다(그림 49.2f). 반면에 두족류 연체동물인 문어와 오징어는 무척추동물 중 가장 정교한 신경계를 가지고 있어 일부 척추동물과도 견줄 수 있다(그림 49.2g). 문어는 영상을 맺을 수 있는 정교한 눈과 수백만 개의 신경세포를 수용할 수 있는 큰 용적의 뇌를 가지고 있어서 시각적으로 모양을 구별할 수 있는 학습을 할 수 있으며 또한 여러 가지 복잡한 일을 수행할 수 있다.

척추동물의 중추신경계는 뇌와 등쪽의 척수로 구성되며(그림 49.2h), 말초신경계는 신경세포와 신경절로 이루어진다. 부위별 특화현상은 두 신경계의 특징이며 척추동물의 신경계에 대해서는 이 장의 나머지 부분에서보다 자세하게 다룰 것이다.

신경교세포

48장에서 논의하였듯이, 척추동물과 대부분의 무척추동물의 신경계에는 신경세포뿐만 아니라 **신경교세포(glia)**가 존재한다. 말초신경계에서 축삭을 둘러싸는 수초를 형성하는데 기여하는 슈반세포와 중추신경계에서 같은 역할을 하는 희소돌기세포(oligodendrocyte)는 신경교세포의 예들이다. 그림 49.3에 보여주는 바와 같이 성체의 신경계에 존재하는 신경교세포의 주요한 유형들은 신경세포의 기능을 조절하고 지지하며 양분을 공급하는 등의 역할을 수행한다.

신경교세포는 신경계의 발달에 필수적인 역할을 수행한다. 방사상글리아(radial glia)는 배아시기에 장차 중추신경계가 될 신경관으로부터 생성된 신경세포들이 이동할 수 있는 경로를 제공해 줌으로써 중추신경계의 발생에 중요한 역할을 한다(그림 46.14). 후에 **성상세포(astrocyte)**는 뇌혈관 장벽(blood-brain barrier)을 형성하여 대부분의 물질이 중추신경계로 유입되는 것을 차단하는

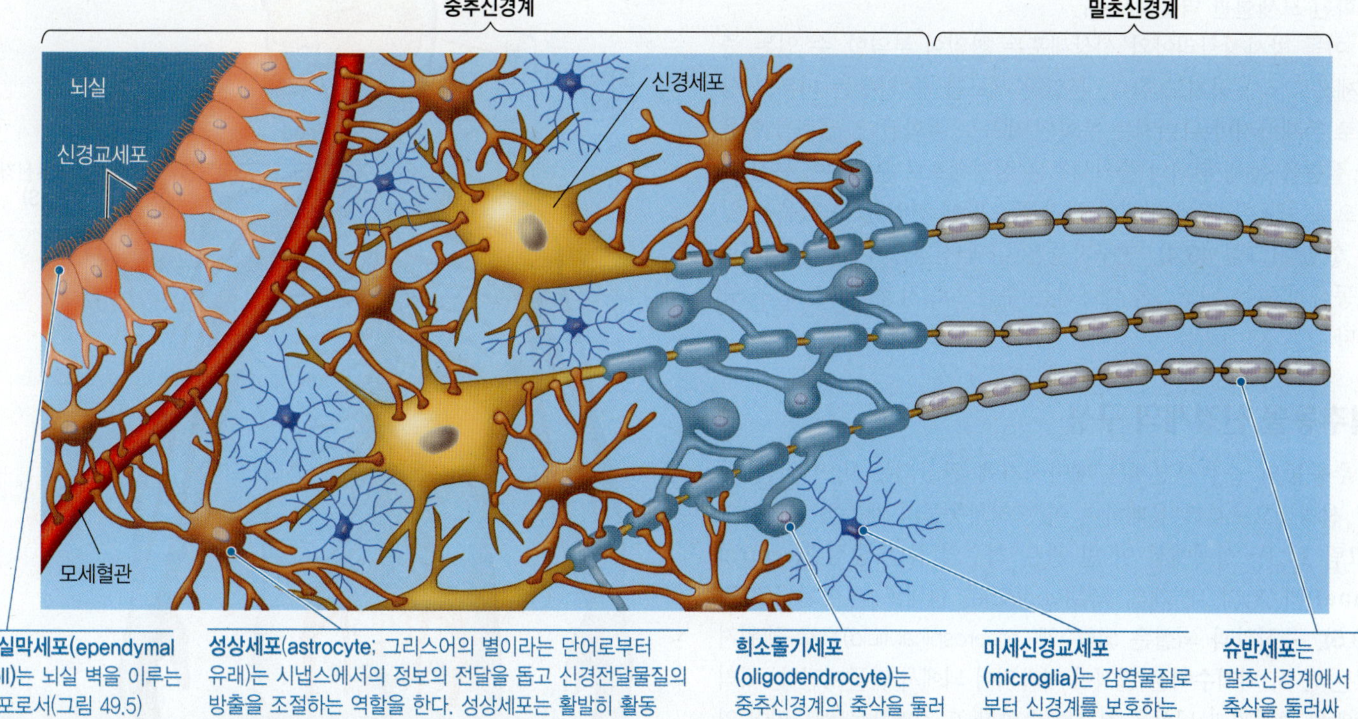

뇌실막세포(ependymal cell)는 뇌실 벽을 이루는 세포로서(그림 49.5) 뇌척수액의 순환을 돕는 섬모를 가지고 있다.

성상세포(astrocyte; 그리스어의 별이라는 단어로부터 유래)는 시냅스에서의 정보의 전달을 돕고 신경전달물질의 방출을 조절하는 역할을 한다. 성상세포는 활발히 활동 중인 신경세포 주변의 혈관벽을 확장시켜 혈류량을 증가시킴으로써 신경세포가 산소와 포도당을 원활하게 공급받을 수 있도록 한다. 성상세포는 이온 및 신경전달물질의 세포외 농도를 조절하기도 한다.

희소돌기세포(oligodendrocyte)는 중추신경계의 축삭을 둘러싸서 수초를 형성한다. 수초는 활동전위의 전달 속도를 크게 증가시킨다.

미세신경교세포(microglia)는 감염물질로부터 신경계를 보호하는 작용을 한다.

슈반세포는 말초신경계에서 축삭을 둘러싸 수초를 형성한다.

▲ **그림 49.3 척추동물 중추신경계의 신경교세포들**

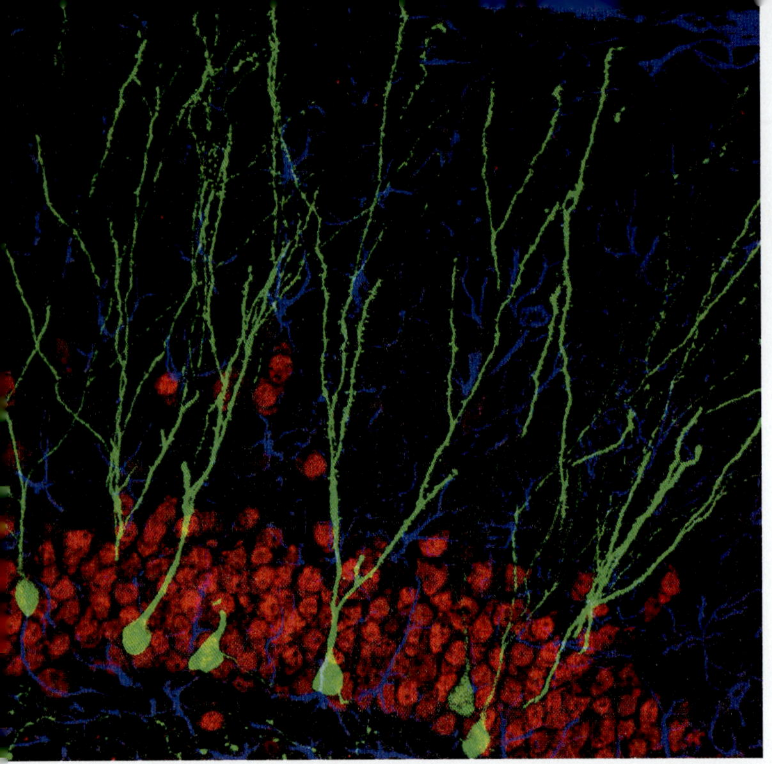

▲ **그림 49.4 쥐 성체의 해마 부위에서 새롭게 태어난 신경세포.** 이 LM 사진에서는, 성체 줄기세포로부터 나온 새로운 신경세포들은 초록형광단백질(green fluorescent protein, GFP)로 표지되었으며, 모든 신경세포들은 DNA에 결합하는 빨간색 염색시약으로 표지되었다.

특화된 모세혈관 벽을 만든다.

이들 방사상글리아와 성상세포는 한없이 분열할 수 있는 줄기세포로 작용하기도 한다. 분열한 세포들 중 일부는 미분화 상태로 존재하지만 나머지는 특화된 세포로 분화된다. 생쥐를 이용한 실험을 통해서 뇌의 줄기세포는 신경세포로 분화되어 특정 지역으로 이동한 후에 성체의 신경 회로망에 편입될 수 있음을 알 수 있었다(**그림 49.4**). 연구자들은 이제 신경줄기세포를 제대로 작동하지 않는 뇌조직을 대체하는 수단으로 사용하고자 연구 중이다.

척추동물 신경계의 구성

척추동물의 중추신경계는 배아시기에 관찰되는 비어 있는 등쪽 신경삭으로부터 유래하며 이는 척삭동물의 계통적 특징이다(그림 34.3). 성체에서 이 빈 관은 척수의 좁은 **중심관(central canal)**과 뇌의 네 개의 뇌실(ventricle) 형태로 변형된다(**그림 49.5**). 중심관과 뇌실은 뇌척수액(cerebrospinal fluid)으로 채워져 있는데, 이 뇌척수액은 혈액이 여과되어 뇌에서 만들어진다. 뇌척수액은 중심관과 뇌실을 천천히 순환한 후 정맥으로 배출되어 영양물질과 호르몬을 뇌의 각 부위에 공급함과 동시에 뇌의 노폐물을 제거하는 역할을 한다.

뇌와 척수는 뇌척수액으로 채워져 있는 공간 이외에 회백질과 백질을 가지고 있다(그림 49.5). **회백질(gray matter)**은 신경세포

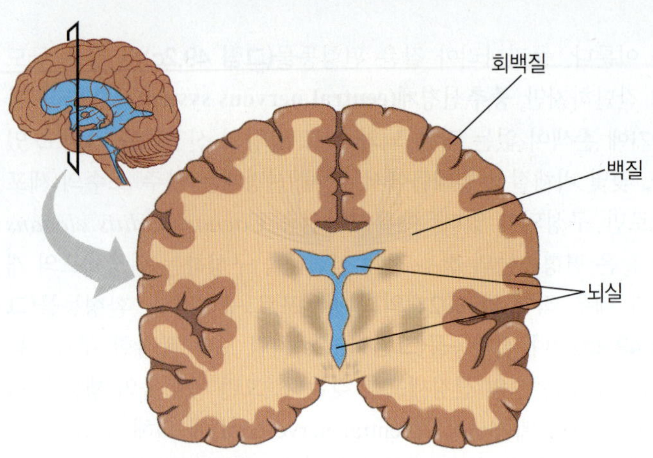

▲ **그림 49.5 뇌실, 회백질, 백질.** 뇌실은 뇌의 안쪽 깊숙히 존재하며 뇌척수액으로 차 있다. 대부분의 회백질은 뇌의 표면에 존재하여 백질을 둘러싼다.

의 세포체, 수상돌기 그리고 수초가 없는 축삭으로 구성된다. 반면에 **백질(white matter)**은 수초로 둘러싸인 축삭다발로 이루어져 있어서 하얗게 보인다. 척수에서 백질은 척수의 바깥쪽에 위치하며 말초신경계의 감각신경 및 운동신경과 연결된다. 뇌의 백질은 압도적으로 안쪽에 많이 위치하여 뇌에서 이루어지는 학습, 감정의 느낌, 감각정보의 가공, 명령정보의 생성 등을 위한 신경

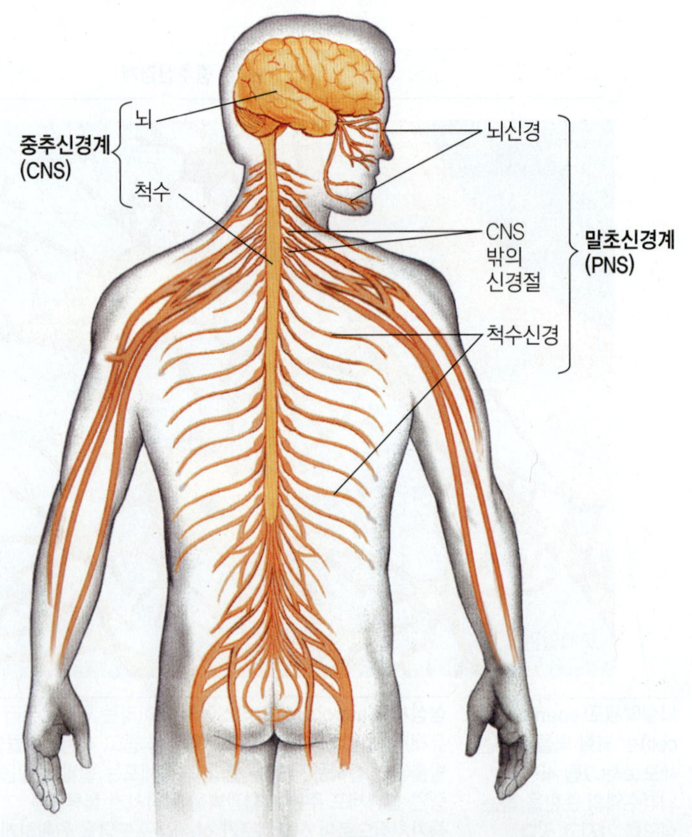

▲ **그림 49.6 척추동물의 신경계.** 중추신경계는 뇌와 척수로 이루어진다(노란색). 뇌신경의 좌우쌍, 척수신경, 그리고 중추신경계 밖에 존재하는 신경절들이 말초신경계를 이룬다(짙은 금색).

▶ **그림 49.7 무릎반사.** 반사작용에는 여러 신경세포가 관여하고 있으나 간단히 묘사하기 위해서 각 유형을 대표하는 한 신경세포만 표기하였다.

MAKE CONNECTIONS 이 반사작용에서 대퇴근과 오금근으로 전달되는 신경신호를 참조하여 삼킴반사(그림 41.10) 동안 식도의 평활근이 어떻게 조절되는지 모델을 제시해 보라.

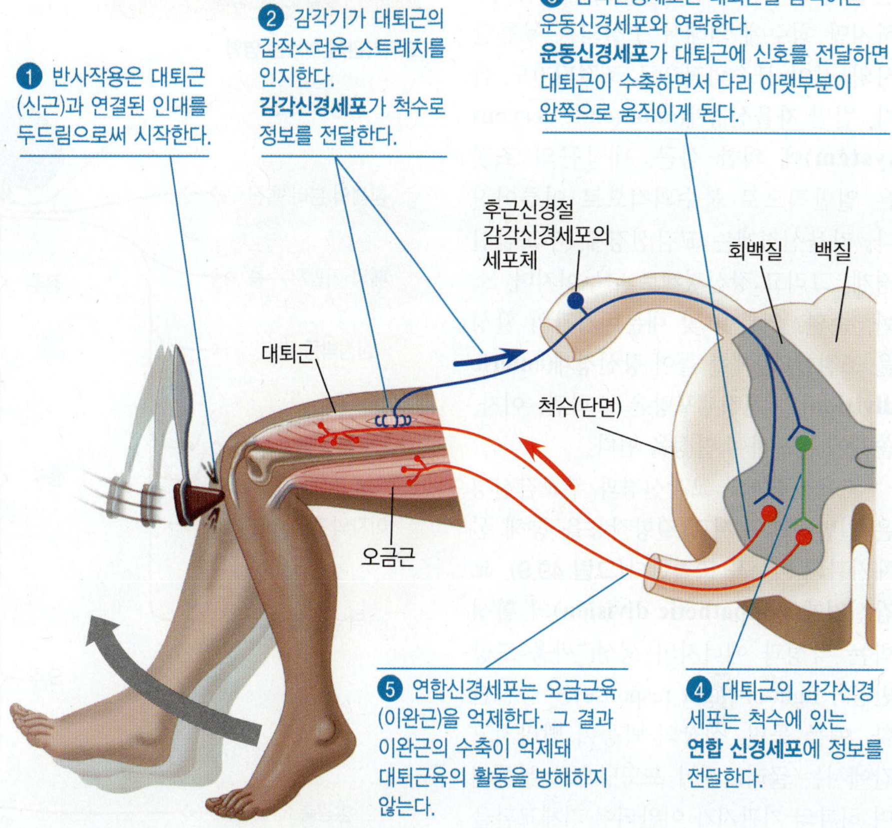

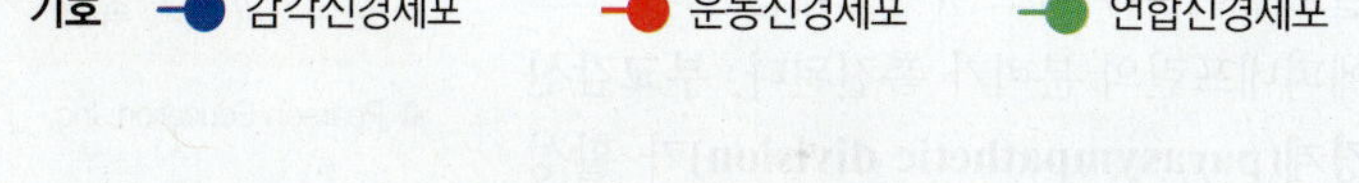

세포들 간의 연결에 관여한다.

척추동물에서 척추 안쪽에서 세로 방향으로 형성된 척수(**그림 49.6**)는 뇌로부터 나오고 들어가는 정보를 전달하거나, 움직임을 위한 단순한 형태의 정보를 생성한다. 척수는 뇌와는 독립적인 자체의 신경회로를 이용하여 특정 자극에 대한 기계적인 반응인 **반사작용(reflex)**에 관여할 수 있다.

반사작용에 의해 특정 자극에 대해 빠르고 자동적으로 반응함으로써 신체를 위험으로부터 보호할 수 있다. 예를 들어, 뜨거운 난로를 만지게 되면 통증이 뇌로 전달되기 전에 반사작용에 의해서 빠르게 손을 떼게 된다. 또한 무거운 물건을 들기 위해 무릎을 구부리면 무릎의 장력이 발생하여 넓적다리 근육을 수축시키는 반사작용이 일어나서 바른 자세를 유지하면서 무게를 견딜 수 있게 된다. 신체검사 시 무릎반사를 점검하여 신경계의 기능에 이상이 없는지 판단하기도 한다(**그림 49.7**).

말초신경계

말초신경계는 말초로부터 중추신경계로 그리고 중추신경계로부터 말초로 정보를 전달하는 역할을 하며 척추동물의 움직임 및 생체내 환경을 조절한다(**그림 49.8**). 감각정보는 말초신경계로부터 중추신경계로 전달되는데 이러한 정보의 전달 방향을 구심성(afferent; 라틴어로 "향해 가져옴"을 의미)이라 표현한다. 중추신경계에서 정보가 가공된 후에, 중추신경계로부터의 명령은 말초신경계를 따라 근육, 분비샘, 내분비세포 등으로 전달되는데 이러한 방향을 원심성(efferent; 라틴어로 "내보냄"을 의미)이라 표현한다. 대부분의 신경은 구심성 신경과 원심성 신경을 모두 포함하고 있다. 한 가지 예외는 후각신경으로서 코로부터의 후각정보만을 뇌로 전달한다.

그림 49.8에서 보는 바와 같이, 말초신경계는 운동신경계와 자율신경계의 두 종류의 원심성 신경계로 구분된다. **운동신경계(motor system)**는 뇌로부터 유래된 신호를 골격근으로 전달한다. 운동신경계는 질문을 하기 위해 손을 드는 것처럼 의식적

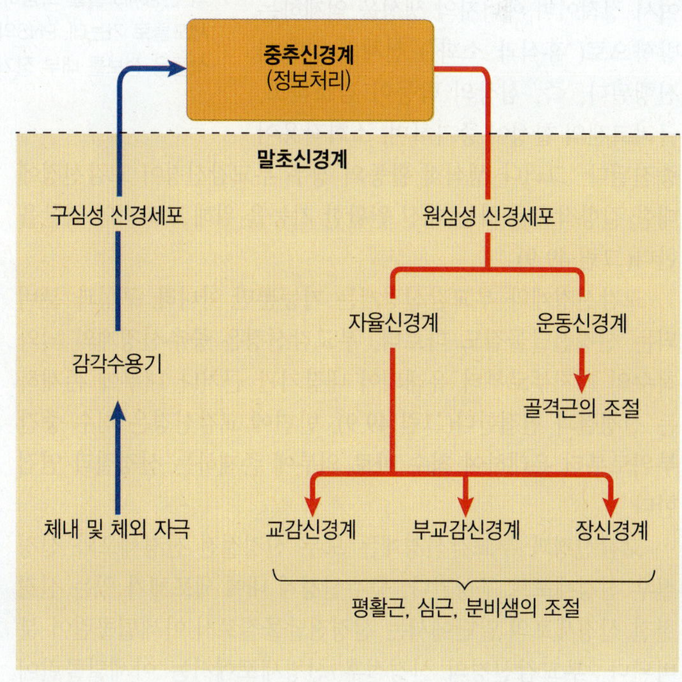

▲ **그림 49.8 척추동물 말초신경계의 기능적 계층구조**

인 조절이 가능하기 때문에 수의적이기도 하지만 척수에 의해서 조절되는 무릎반사와 같이 불수의적으로 조절되기도 한다. 반면 **자율신경계(autonomic nervous system)**에 의한 심근, 내장근의 조절은 일반적으로 불수의적으로 이루어진다. 자율신경계는 교감신경계, 부교감신경계, 그리고 장신경계로 나누어지며, 소화, 순환, 외분비 및 내분비기관의 활성을 조절한다. 예를 들어 **장신경계(enteric division)**의 신경세포망은 소화관, 이자, 쓸개에 분포하여 활성을 띤다.

자율신경계의 교감신경과 부교감신경은 일반적으로 서로 길항작용을 통해 신체기관의 기능을 조절한다(그림 49.9). **교감신경계(sympathetic division)**의 활성화는 각성과 에너지의 생성("싸움-도망 반응", fight-or-flight response)을 유발한다. 예를 들면, 심장의 박동이 빨라지고 간에서는 글리코젠이 포도당으로 분해되며 허파의 기관지가 이완되어 기체교환을 돕게 되고, 소화작용이 저해되며, 부신수질로부터 에피네프린(아드레날린)과 노르에피네프린의 분비가 촉진된다. **부교감신경계(parasympathetic division)**가 활성화되면 일반적으로 정반대의 반응을 보여서 정적이며 에너지의 생성을 억제하는 방향으로("휴식과 소화") 신체의 반응이 진행된다. 즉, 심장의 박동이 감소하고, 글리코젠의 합성이 증가하며, 소화작용이 증진된다. 그러나 생식적 활동의 경우 부교감신경이 교감신경에 대한 길항작용을 하는 대신 원활한 기능을 위해 보조적인 역할을 한다(그림 49.9).

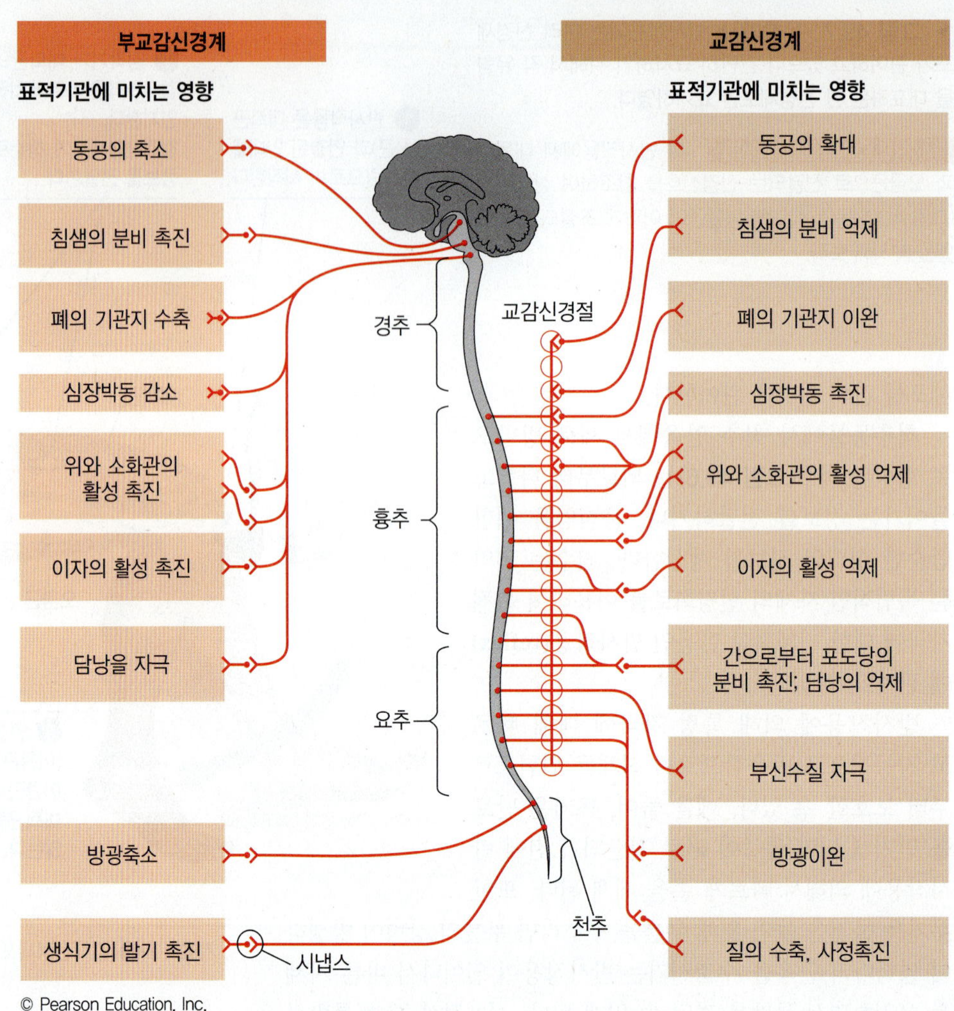

▲ 그림 49.9 **자율신경계의 교감신경계와 부교감신경계.** 두 신경계에서 대부분의 개별 경로들은 두 개의 신경세포들을 포함하고 있다. 첫 번째 신경세포의 축삭은 CNS에 있는 세포체에서 뻗어나와 PNS의 신경세포들로 가는데, PNS의 이 신경세포들의 세포체는 신경절(ganglion)로 뭉쳐 있다. 이 PNS 신경세포들의 축삭들은 정보를 내부 장기들에 전달하며, 거기에서 평활근, 심근, 혹은 샘세포들과 시냅스를 이룬다.

교감신경계와 부교감신경계는 기능뿐만 아니라 구성과 분비되는 신경전달물질도 다르다. 부교감신경은 중추신경계의 뇌와 척수의 기저부로부터 유래되어 내장기관 근처나 내부에 존재하는 신경절과 연접한다(그림 49.9). 반면에 교감신경은 척수 중간 부위로부터 유래하여 척수 바로 외부에 존재하는 신경절과 연접한다.

교감신경과 부교감신경계는 모두 신경절전 신경세포와 신경절후 신경세포로 구성된다. 중추신경계 내에 세포체가 있는 신경절전 신경세포의 말단에서는 신경전달물질로서 아세틸콜린이 분비된다. 부교감신경의 신경절후 신경세포에서는 아세틸콜린이 분비되지만, 교감신경의 신경절후 신경세포는 노르에피네프린을

개념 확인 문제 49.1

1. 만일 당신이 수업에 들어와서야 그 시간에 시험을 보기로 되어 있었다는 것을 알게 되었을 때, 자율신경계 중 어떤 체계가 활성화될 것으로 예상하는가?
2. **WHAT IF?** 사고로 인해 오른손 네 번째 손가락의 작은 신경이 손상되었다면 운동 기능과 감각 기능에 어떤 일이 발생할까? 다른 손가락에는 어떤 영향이 있을 것으로 예상하는가?
3. **MAKE CONNECTIONS** 대부분의 조직은 신경절후 신경세포로부터 교감신경과 부교감신경 정보입력을 모두 받는다. 이들의 반응은 항상 국부적으로 일어난다. 반면에 부신수질은 오직 교감신경계의 신경절전 신경세포로부터 신호를 받지만 그 반응은 온몸을 통해서 일어난다. 그 이유를 설명하라(그림 41.20 참조).

정답은 부록 A 참조

분비한다. 이러한 차이가 폐, 심장, 소화관과 신장에서 두 신경계가 서로 다른 역할을 하게 한다.

운동신경계와 자율신경계는 항상성 유지를 위해서 서로 협조한다. 일례로 체온이 떨어지게 되면 시상하부에서 자율신경계에 명령을 내려 피하조직의 혈관을 수축하여 열손실을 막고 동시에 운동신경계를 조절하여 몸을 떨게 함으로써 열 생산을 돕는다.

개념 49.2

척추동물의 뇌는 부위별로 특화되어 있다

이제 우리의 관심을 뇌로 돌려보자. 뇌는 전뇌, 중뇌 그리고 후뇌의 세 주요 부위로 나뉘어진다[아래는 방사형지느러미어류(ray-finned fish)의 예].

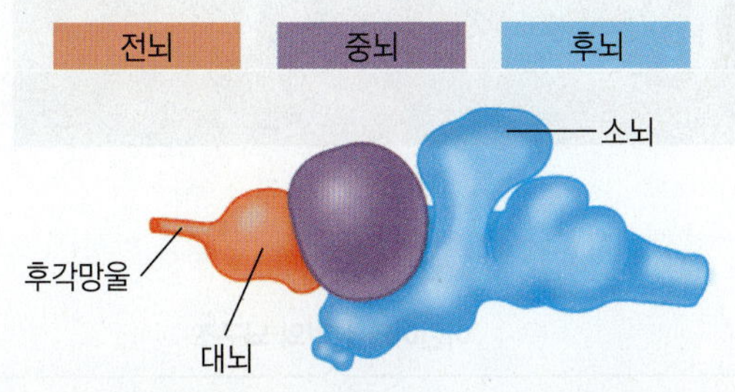

각 부위는 특화된 기능을 가지고 있다. 후각망울과 대뇌를 포함하는 **전뇌(forebrain)**는 후각(냄새) 정보를 처리하며 수면, 학습, 복잡한 처리 과정을 조절한다. **중뇌(midbrain)**는 뇌의 중앙에 위치하며 감각입력의 통로의 역할을 한다. **후뇌(hindbrain)**는 그 일부가 소뇌를 형성하며 혈류와 같은 불수의적 활동 및 움직임과 같은 운동 활성을 조정한다.

진화 계통수의 여러 척추동물을 비교해 보면, 뇌의 특정 지역의 상대적인 크기에 차이가 있다(**그림 49.10**). 더욱이 이러한 크기의 차이는 특정 뇌 기능의 중요성에 있어서 차이가 있음을 나타낸다. 물의 흐름, 전기적 자극, 몸의 위치를 파악하는 측선계와 후각, 시각을 이용하여 주변 환경을 탐색하는 방사형지느러미어류를 예로 들어보자. 후각망울은 수중의 냄새를 감지하기 때문에 상대적으로 크다. 중뇌도 마찬가지로 측선계와 시각계로부터의 입력을 처리하므로 상대적으로 크기가 크다. 반면에 복잡한 처리 과정과 학습에 필요한 대뇌는 상대적으로 작다. 진화는 기능에 아주 적합한 구조를 만들어 내는데, 뇌의 특정 부위의 크기도 한 종의 신경계 기능의 중요도와 밀접한 연관이 있어서, 결과적으로 종의 생존과 번식에 중요한 역할을 한다.

뇌 부위의 크기와 기능의 연관성은 소뇌에서도 관찰된다. 자유롭게 유영하는 참치 같은 방사형지느러미어류는 탁 트인 수중에서 3차원적인 운동을 하며, 따라서 상대적으로 큰 소뇌를 가지고 있다. 반면에, 유영을 활발하게 하지 않는 칠성장어의 소뇌는 크기가 훨씬 작다.

진화 초기에 척추동물의 공통조상으로부터 유래된 것으로 보이는 조류와 포유류를 비교해 보면, 두 가지 경향이 두드러진다. 첫째, 조류와 포유류의 전뇌는 양서류, 어류 등의 다른 척추동물보다 더 큰 비중을 차지한다. 둘째, 조류와 포유류의 뇌는 몸 크기와 비교할 때 상대적으로 크다. 실제로, 조류와 포유동물의 체중에 대한 뇌의 크기의 비율은 다른 진화조상보다 열배 정도 크다. 이러한 전체적인 뇌와 전뇌의 상대적 크기의 차이는 조류와 포유류가 인지 및 고차원의 논리에 있어서 매우 향상된 능력을 가지고 있음을 의미한다. 이 성질은 이 장의 후반부에서 살펴볼 것이다.

사람의 뇌에는 1000억 개의 신경세포가 존재한다. 어떻게 이처럼 많은 세포들이 회로와 신경망을 이루어 정보를 처리하고 저장하고 인출하는가? 이 질문을 다루기 위해서는 **그림 49.11**로 시작해 보자. 이것은 인간의 뇌에 대한 전체 구조를 잘 보여주고 있다. 이 그림을 이용하여 배아 발달 중에 어떻게 뇌 구조가 생겨나는지를 추적해보고, 성인 뇌에서의 크기나 모양 그리고 위치에 대한 기준으로 삼아, 잘 알려진 뇌 기능에 대한 안내를 받아보도록 하자.

뇌의 특정 구조와 뇌의 구성이 인간의 뇌 기능과 어떤 연관성

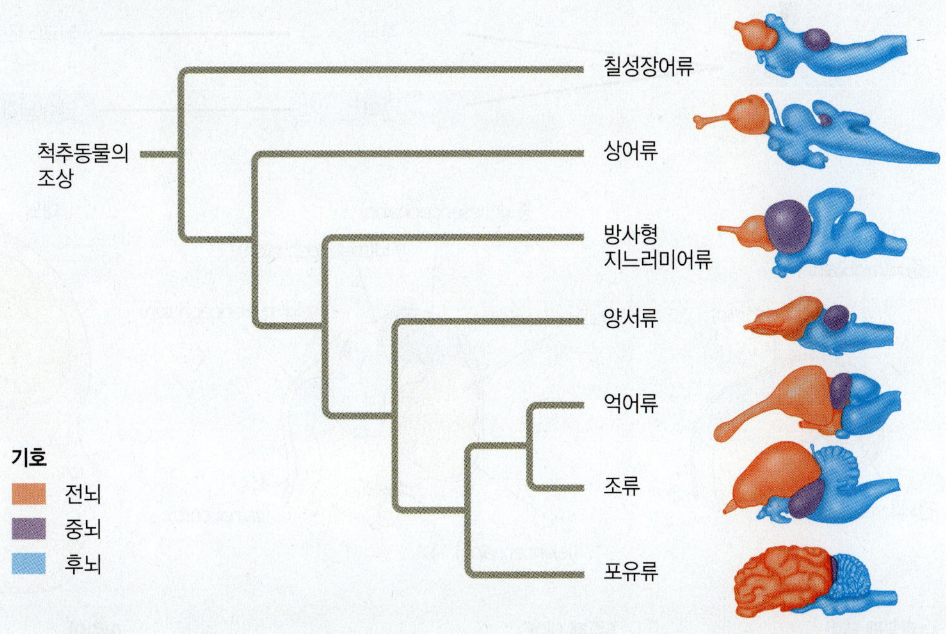

▲ **그림 49.10 척추동물의 뇌구조와 진화.** 진화 동안 척추동물의 뇌에서 공통적인 주요 구조의 상대적인 크기에 변화가 생겼다. 본문에서 언급한 바와 같이 크기의 차이는 특정 척추동물군에서 특정 뇌기능의 중요성과 밀접한 연관이 있다.

▼ 그림 49.11

탐구 사람 뇌의 구성

뇌는 인체에서 가장 복잡한 구조를 가진 기관이다. 두개골의 두꺼운 뼈에 둘러싸여 있는 뇌는 독특한 몇몇 구조물로 나누어지는데, 어떤 구조물은 뇌자기공명영상 기법을 통해서 관찰된다. 아래 도표는 이 구조물들이 배아시기에 발달되는 과정을 보여주고 있다. 이 구조물의 주요 기능은 다음 쪽에 설명되어 있다.

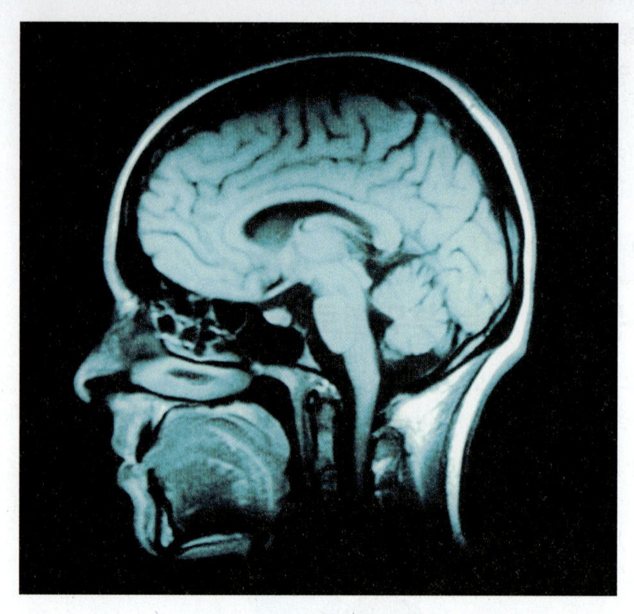

사람 뇌의 발생

사람의 배아발생이 진행되면서 몸의 앞부분의 신경관이 전뇌(forebrain), 중뇌(midbrain), 후뇌(hindbrain)의 세 돌출부로 확연히 나타나며 이 부위들은 성체의 뇌가 된다. 중뇌와 후뇌의 일부는 **뇌간(brainstem)**을 형성하여 뇌의 기저부에서 척수와 결합된다. 후뇌의 나머지 부위는 **소뇌(cerebellum)**를 형성하며, 소뇌는 뇌간의 뒤에 위치하게 된다. 세 번째 앞쪽 융기인 전뇌(forebrain)는 뇌의 신경내분비조직을 포함한 간뇌(diencephalon)와 **대뇌(cerebrum)**가 될 단뇌(telencephalon)로 발달한다. 배발생 초기 2~3달 동안 단뇌는 빠르게 팽창하며 성장하여 대뇌의 일부인 대뇌피질(cortex)을 이루어 뇌의 대부분을 감싸게 된다.

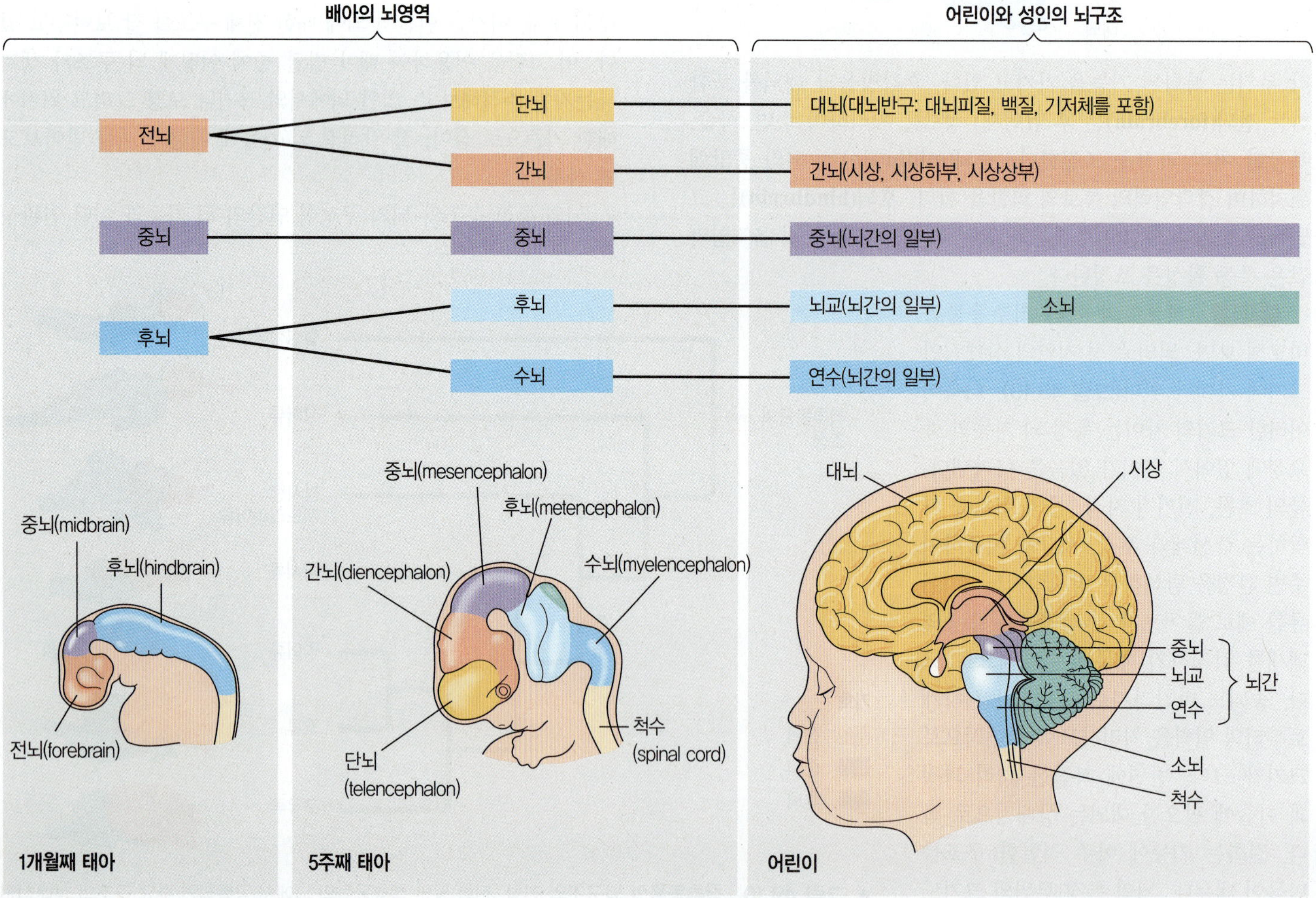

배아의 뇌영역		어린이와 성인의 뇌구조
전뇌	단뇌	대뇌(대뇌반구: 대뇌피질, 백질, 기저체를 포함)
	간뇌	간뇌(시상, 시상하부, 시상상부)
중뇌	중뇌	중뇌(뇌간의 일부)
후뇌	후뇌	뇌교(뇌간의 일부), 소뇌
	수뇌	연수(뇌간의 일부)

중뇌(midbrain)
후뇌(hindbrain)
전뇌(forebrain)
1개월째 태아

중뇌(mesencephalon)
후뇌(metencephalon)
간뇌(diencephalon)
수뇌(myelencephalon)
척수
(spinal cord)
단뇌
(telencephalon)
5주째 태아

대뇌
시상
중뇌
뇌교
연수
뇌간
소뇌
척수
어린이

대뇌

대뇌는 골격근의 수축을 조절하며 학습, 감정, 기억, 인지 작용을 위한 중추역할을 한다. 대뇌는 오른쪽과 왼쪽 **대뇌반구(cerebral hemisphere)**로 나누어져 있다. **대뇌피질(cerebral cortex)**은 인지, 수의적 운동, 학습에 있어서 매우 중요하다. 대뇌의 다른 부위와 마찬가지로 대뇌피질도 오른쪽 및 왼쪽의 두 부위로 나누어진다. 왼쪽 부위는 몸의 오른쪽으로부터 오는 각종 정보를 수용하고 몸의 오른쪽의 움직임을 관장하게 된다. 오른쪽 피질은 몸의 왼쪽 부위를 담당한다. 왼쪽과 오른쪽 대뇌피질의 의사소통은 축삭의 두꺼운 집합체인 **뇌량(corpus callosum)**을 통해서 이루어진다. 백질 내부 깊숙이 위치하고 있는 기저핵(basal nuclei)은 일련의 운동을 계획하고 학습하는 중추로서의 역할을 한다. 태아의 발생 과정 중에 이 부위가 손상을 입게 되면 운동명령이 근육으로 전달되지 않는 대뇌마비 현상이 일어난다.

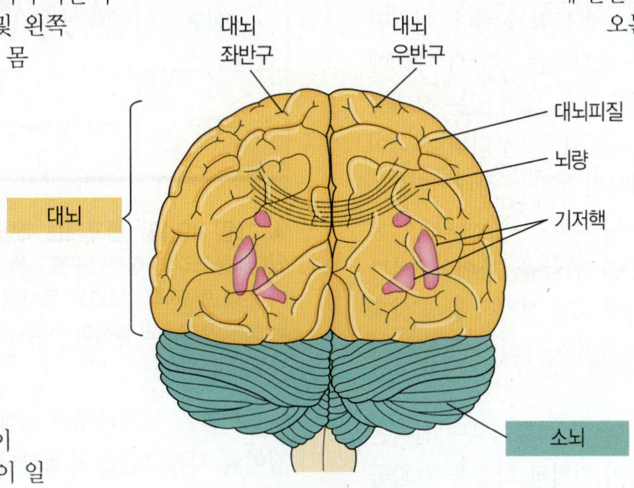

후면에서 본 성인의 뇌

소뇌

소뇌는 운동과 균형을 조절하며 운동기술의 습득과 기억을 돕는다. 소뇌는 시각 및 청각정보뿐만 아니라 관절의 위치와 근육의 길이 등에 관한 감각 정보를 수용한다. 또한 대뇌에서 형성된 운동명령에 관한 정보를 점검하는 역할도 한다. 대뇌로부터 오는 정보는 뇌교를 거쳐 소뇌로 전달된다. 소뇌는 운동과 인지 기능을 수행하는 동안 오류를 확인하고 조정하는 기능을 수행하며 더불어 대뇌로부터 온 정보를 통합한다. 손과 눈의 조화는 소뇌의 기능을 보여주는 좋은 예이다. 즉, 소뇌가 손상을 입으면 눈은 여전히 움직이는 물체를 따라갈 수는 있지만, 물체의 움직임이 멈추어도 눈의 움직임은 물체가 멈추는 곳에서 멈출 수 없게 된다. 동시에 물체를 따라 이동하는 손의 움직임 역시 궤도를 벗어나게 된다.

간뇌

간뇌는 시상, 시상하부, 그리고 시상상부로 발달된다. **시상(thalamus)**은 대뇌로 가는 감각정보의 입력중추이다. 감각기관으로부터 들어오는 정보는 시상에서 정렬되어서 다음 처리를 위해서 대뇌의 적절한 중추로 전달된다. 시상은 두 덩어리로 구성되는데 각각은 모양과 크기가 호두와 흡사하다. **시상하부(hypothalamus)**의 크기는 시상보다 훨씬 작으며 신체의 온도조절장치 및 생체시계가 있는 부위이다. 시상하부는 뇌하수체를 조절함으로써 식욕, 갈증을 조절하고, 성과 짝짓기 행동에 관여하며, 싸움 또는 도망(fight-or-flight)반응을 조절한다. 시상하부는 뇌하수체 후엽 호르몬과, 뇌하수체 전엽에 작용하여 호르몬의 분비를 촉진하는 방출호르몬들을 생산한다(그림 41.14, 그림 41.16). 시상상부(epithalamus)는 멜라토닌을 합성하는 송과샘을 포함하는 부위이다. 시상상부에는 모세혈관의 클러스터 구조가 있는데 이곳에서 혈액으로부터 뇌척수액이 만들어진다.

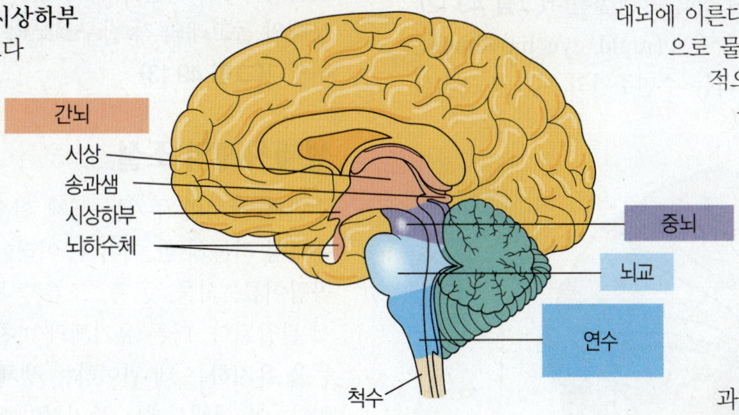

뇌간

뇌간은 중뇌, **뇌교(pons)**, **연수(medulla oblongata**; 흔히 *medulla*)로 이루어져 있다. 중뇌는 다양한 형태의 감각정보를 수용하고 종합하며 전뇌의 특정 지역으로 감각정보를 전달하기도 한다. 모든 청각을 담당하는 감각신경세포의 축삭은 중뇌에서 멈추거나 중뇌를 지나 대뇌에 이른다. 중뇌는 시야의 측면에서 자신 쪽으로 물체의 움직임이 포착되었을 때 자동적으로 머리를 돌리는 반사작용과 같은 고도의 시각반사를 조절하는 기능을 한다. 말초신경계와 중뇌 및 전뇌 사이의 정보 전달은 연수와 뇌교의 매우 중요한 기능 중의 하나이다. 연수와 뇌교는 달리기나 등산과 같은 전신운동을 매끄럽게 수행하도록 도와준다. 이러한 운동정보를 전달하는 축삭은 연수에서 교차한다. 그 결과, 오른쪽 뇌는 왼쪽 신체의 운동, 왼쪽 뇌는 오른쪽 신체의 운동을 담당한다. 연수는 호흡, 심장과 혈관의 활성조절, 삼키기, 구토, 소화 등 내장기관의 자율적이고 항상적인 기능을 조절한다. 뇌교도 위 활성 중 몇 가지에 관여하는데, 예를 들면 연수에 존재하는 호흡중추를 조절하는 등의 기능을 수행한다.

이 있는지를 이해하기 위해서 뇌의 활동주기와 감정의 생리학적 인 기초를 살펴볼 것이다. 그리고 개념 49.3에서 대뇌 자체 내에서 발견되는 부위별 특화현상을 설명하도록 할 것이다.

각성과 수면

책을 읽거나 강의를 들으면서 졸아본 경험이 있다면 주의집중과 각성 상태가 순간순간 변화할 수 있다는 것을 알게 된다. 이러한 두 상태의 전이는 수면과 각성 상태를 조절하는 뇌간과 대뇌에 의해서 이루어진다. 각성이란 외부세계에 대해 깨어 있는 상태를 말한다. 각성의 반대는 수면이다. 수면은 외부로부터의 자극이 지속적으로 수용되지만 그 자극을 의식하지 못하는 상태이다.

외형적 현상과는 달리 수면 중에도 뇌는 활성화된 상태를 보여준다. 두피표면의 여러 곳에 전극을 붙이고 뇌파(electroencephalogram, EEG)를 측정하여 뇌의 전기적 활성 상태를 기록할 수 있다. 이 전기적 기록에 의하면 뇌파의 주파수는 수면의 각 단계에 따라서 변화된다.

수면이 생존에 필수적임은 분명하지만 그 기능이 무엇인지는 불분명하다. 한 가지 가설은 수면과 꿈이 기억과 학습을 강화하는 역할을 한다는 것이다. 36시간을 깨어 있게 한 피실험자들의 경우 카페인으로 인해 깨어 있는 상태에 있음에도 불구하고 기억력이 감소해 있음을 보여주는 실험 결과는 이 가설을 뒷받침한다. 학습 과정 중에 활성화된 뇌의 부위가 수면 시에 다시 활성화됨을 보여주는 실험 역시 이 가설을 뒷받침하는 결과이다.

각성과 수면은 뇌간의 중심에 퍼져 있는 신경망인 망상체(reticular formation)에 의해서 부분적으로 조절된다(그림 49.12). 이곳의 신경세포들은 빠른 안구 운동(rapid eye movement, REM)과 생생한 꿈을 특징으로 하는 수면주기의 시간을 조절한다. 수면은 생체시계에 의해서도 조절되며, 전뇌 지역은 수면의 깊이와 지속시간을 조절한다.

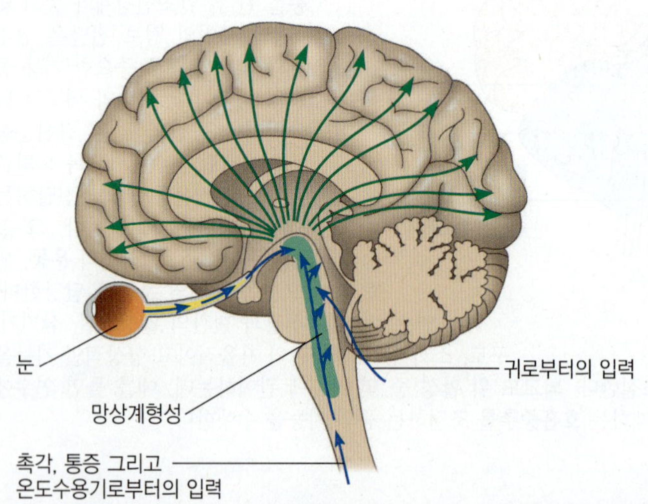

▲ 그림 49.12 **망상체.** 이 시스템의 신경세포들은 뇌간 전체에 걸쳐서 분포하며 말초로부터 입력되는 감각정보(파란색 화살표)를 걸러서, 신경계로 변함없이 들어오는 익숙하고도 반복적인 정보는 차단한다. 망상체는 걸러진 정보를 대뇌피질로 전달한다(녹색 화살표).

구분

수면 상태를 나타내는 낮은 주파수의 파형

깨어 있는 상태를 나타내는 높은 주파수의 파형

위치	시간: 0시	시간: 1시
좌반구		
우반구		

▲ 그림 49.13 **돌고래는 깨어 있으면서도 동시에 수면 상태에 있을 수 있다.** 돌고래의 좌우반구를 나누어 뇌파를 측정하였다. 낮은 주파수의 활성이 한쪽 반구에서 보였고 동시에 다른 반구에서는 깨어 있는 상태를 나타내는 높은 주파수의 활성이 측정되었다.

어떤 동물들은 수면 중에도 어느 정도 활동을 할 수 있도록 적응되어왔다. 병코돌고래(bottlenose dolphin)의 경우 수면 중에도 주기적으로 물 위로 헤엄쳐 올라 호흡을 한다. 어떻게 가능할까? 사람이나 다른 포유동물과 마찬가지로 돌고래의 전뇌는 물리적으로뿐만 아니라 기능적으로도 좌반구와 우반구로 나누어져 있다. 연구자들은 돌고래가 한 눈만을 감은 채 수면을 취하는 것은 한 쪽의 뇌만 잠들어 있기 때문이라는 가설을 세웠다. 수면 상태의 돌고래의 각 반구로부터 뇌파를 측정하여 이 가설을 입증하였다(그림 49.13).

생체시계의 조절

수면과 각성의 주기는 생체 활성이 하루를 주기로 변화하는 일주기성 리듬의 한 예이다. 이러한 일주기성 리듬은 세균으로부터 곰팡이류, 식물, 곤충, 조류, 사람에 이르기까지 여러 유기체에서 관찰된다. 다른 유기체와 마찬가지로 포유동물은 일주기성 리듬을 유지하는 데 관여하는 **생체시계(biological clock)**를 가지고 있다. 이 생체시계는 주기적인 유전자 발현과 세포의 활성을 조절하는 분자적 기작으로 이루어진다. 생체시계는 전형적으로 낮과 밤의 주기에 맞추어져 있으나, 시간을 알 수 있는 자극이 전혀 없는 환경에서도 약 24시간의 주기성을 보인다(그림 40.9). 예를 들어, 사람은 시간을 알 수 없는 환경에서도 약간의 개인차는 있지만 약 24.2시간의 주기성을 보여준다.

동물의 생체시계와 환경의 광주기가 어떻게 연결되는가? 포유동물의 일주기성 리듬은 시상하부에 있는 한 쌍의 구조물인 **시상교차상핵(suprachiasmatic nuclei, SCN)**에 군집한 신경세포들에 의해 조절된다. [참고로 중추신경계에서 신경세포가 모여 있

과학적 분석 기술의 연습

유전자 돌연변이를 이용한 실험의 설계

시상교차상핵이 햄스터의 일주기 리듬을 조절하는가? 실험실 포유동물의 시상교차상핵을 제거하여 시상교차상핵이 일주기 리듬의 조절에 필요한지 알아보았다. 그러나 이 실험은 일주기 리듬의 근원이 시상교차상핵에 있음을 보여주지는 않는다. 이 질문에 답하기 위해서 정상 햄스터(*Mesocricetus auratus*)와 돌연변이 햄스터의 시상교차상핵을 서로 교차 이식하는 실험을 진행하였다. 정상 햄스터의 경우 외부의 시간자극이 없을 때 24시간의 주기성을 보이지만 타우돌연변이에 대한 상동염색체 쌍을 가진 개체는는 20시간의 주기를 보인다. 이 실험에서 이 실험설계에 대해 평가해 보고 보다 심도있는 통찰력을 얻기 위한 부가 실험을 제안해 보자.

실험 방법 정상 햄스터와 타우 돌연변이 햄스터로부터 시상교차상핵을 모두 제거하고 몇 주 후에 서로 교차이식하였다. 연구자들은 이식 전후로 각각 3주에 걸쳐서 일주기 리듬의 길이를 측정하였다. 그림 40.9a에서와 같은 방법으로 매일 데이터를 모아서 일주기 리듬의 길이를 계산하였다.

실험 데이터 시상교차상핵이 제거된 햄스터 중 80%가 시상교차상핵의 이식에 의해서 리듬을 회복하였다. 도표는 리듬을 회복한 햄스터 중에서, 두 가지 처치(시상교차상핵의 제거와 교체)가 일주기성 리듬에 미친 영향을 보여주고 있다. 두 데이터를 잇는 빨간색 선은 각 햄스터에서 보여준 일주기성 리듬의 변화를 나타낸다.

데이터 해석

1. 실험을 설계할 때, 한 번에 하나의 변수를 조작한다. 본 연구에서 조작된 변수는 무엇이었는가? 각 과정마다 하나 이상의 햄스터를 사용한 이유는 무엇인가? 각 햄스터의 어떤 형질들이 처치군에서도 일정한 속성으로 유지되었는가?
2. 타우 시상교차상핵을 이식받은 정상 햄스터에서 적절한 실험 대조군은 무엇인가?

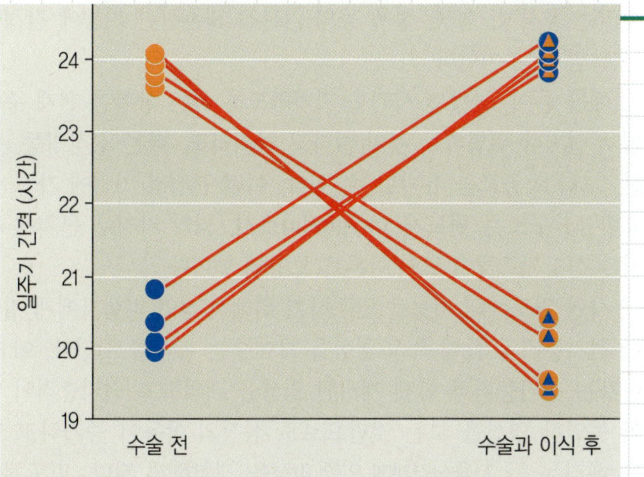

3. 이식을 받은 개체의 일주기 리듬에 관해서 그래프가 나타내는 일반적인 경향성은 무엇인가? 이 경향성이 이식을 받은 정상 햄스터와 타우 햄스터에서 다르게 나타나는가? 이 결과들을 근거로 시상교차상핵이 일주기 리듬을 결정하는데 어떤 역할을 한다고 결론 내리겠는가?
4. 20%의 햄스터에서 시상교차상핵의 이식 후에 주기성의 회복이 관찰되지 않았다. 이 결과에 대한 가능한 이유는 무엇인가? 80%의 햄스터에서 나온 시상교차상핵의 역할에 대한 결론을 신뢰할 수 있겠는가?
5. 일정한 패턴의 일주기 리듬이 없는 돌연변이 햄스터를 발견했다고 가정해보자. 이 돌연변이와 함께 (a) 정상 개체 혹은 (b) 타우 돌연변이 개체를 이용한 실험을 제안해 보자. 질문 3의 결론의 관점에서 제안된 실험의 결과를 예측해 보자.

참고문헌 M. R. Ralph et al., Transplanted suprachiasmatic nucleus determines circadian period, *Science* 247:975 – 978 (1990). Reprinted with permission from AAAS.

는 어떤 군집들은"핵(nucleus)"이라고 부른다.] 빛의 세기에 대한 시각 정보는 시상교차상핵으로 전달되어서 온몸의 생체시계를 하루 길이의 자연주기와 일치시킨다. **과학적 분석 기술의 연습**에서는 여러분은 한 실험으로부터 얻은 결과를 해석해 보고 시상교차상핵이 햄스터의 일주기 리듬에 어떠한 역할을 하는지 알아보는 실험을 살펴볼 것이다.

감정

단 하나의 구조물이 생체시계를 조절하고 있으나, 감정을 형성하고 경험하는 데에는 편도체, 해마, 시상의 일부를 포함하는 뇌의 여러 부위가 관여한다(**그림 49.14**). 이들은 뇌간을 둘러싸고 있는 구조물을 이루기 때문에 통칭하여 **변연계**(limbic system, 라틴어 *limbus*는 주변의 의미)라고 불린다.

변연계 밖의 뇌 부위도 감정을 형성하고 경험하는 기능을 수행하는 데 필요하다. 예를 들어, 웃거나 눈물을 흘리는 등의 행

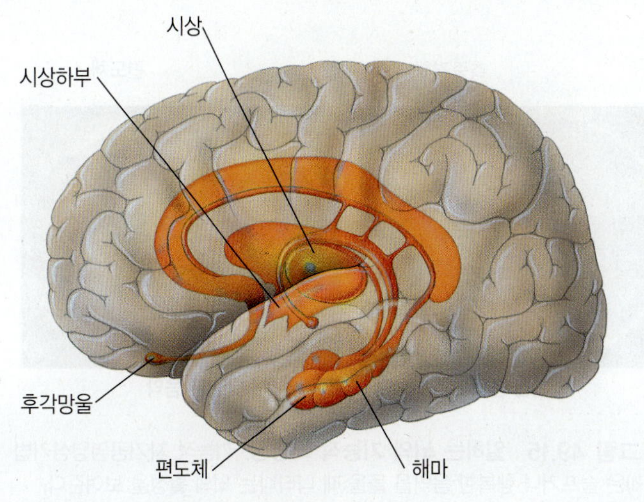

▲ **그림 49.14 사람 뇌의 변연계**

동으로 나타나는 감정은 변연계의 일부가 대뇌의 감각영역과 상호작용하여 이루어진다. 전뇌에 있는 구조물은 뇌간에 의해서 조절되는 공격성, 섭생, 성욕 등의 기본적 생존관련 기능에 감정적인"느낌"을 부여한다.

예를 들어, 놀랐던 사건을 기억하도록 하는 상황은 현재 주변에 무섭거나 위협하는 것이 없다고 하더라도 빠른 심장박동, 발한, 그리고 공포를 유발할 수 있다. 이런 감정적 기억에 가장 중요한 뇌 구조는 **편도체(amygdala)**로서, 뇌의 기저부 근처에 위치한 신경세포들이 모인 아몬드 모양의 핵이다.

사람 편도체의 기능을 연구하기 위해서 성인 피험자에게 경미한 전기충격과 함께 특정 영상을 보여주는 학습을 시킨다. 이 피험자는 전기충격과 함께 제시된 영상을 기억하고 전기충격이 없이 동일한 영상을 보는 것만으로도 심장의 박동이 증가하고 땀을 흘리는 등 자율신경계에 의한 각성을 경험하게 된다. 편도체에 손상을 입은 환자의 경우는 영상은 인식하지만 자율신경계에 의한 각성은 일어나지 않는데, 이는 명시적 기억을 담당하는 부위는 손상을 받지 않았기 때문이다. 이는 편도체가 감정기억의 저장에 중요한 역할을 함을 보여주는 실험이다.

기능적 뇌영상 기법

오늘날 편도체 및 다른 뇌 구조물들은 기능적 영상 방법을 통해서 탐지되고 분석된다. 처음으로 광범위하게 사용된 기술은 양전자방사 단층 촬영법(positron-emission tomography, PET)이다. 이 방법은 방사성 표지된 포도당을 주입하여 뇌에서 일어나는 대사활성을 측정할 수 있다. 현재 많은 연구자들은 기능적 자기공명영상기법(functional magnetic resonance imaging, fMRI)을 이용한다. 이 방법에서 피험자가 도넛 모양의 자석에 머리를 넣고 누우면 자기파를 이용하여 활성이 높은 뇌 부위가 만들어내는 신호인 국부적인 산소농도의 변화를 측정한다. 연구자는 피험자가 사람의 얼굴을 마음속에 그리는 등의 주어진 과제를 수행할 때 피험자의 뇌를 스캔하여 특정 과제의 수행과 특정 뇌 영역의 활성 사이의 상관관계를 유추한다. 다음 실험은 행복한 혹은 슬픈 음악을 들려주었을 때 피험자의 뇌에서 나타나는 뇌 활성의 차이를 보여주고 있다(**그림 49.15**). 행복한 음악을 들을 때에는 기쁨을 느끼는데 있어서 중요한 뇌 부위로 알려진 측중격핵(nucleus accumbens)이 활성화되었다. 반면에 슬픈 음악을 들려주었을 때에는 편도체의 활성이 증가하였다.

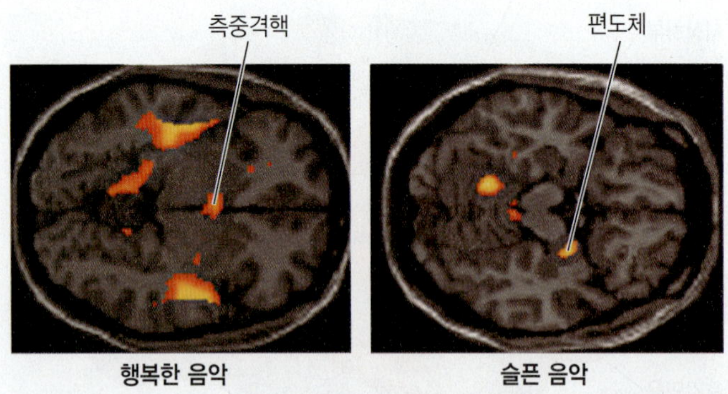

▲ **그림 49.15 일하는 뇌의 기능적 뇌영상.** 기능적 자기공명영상기법(fMRI)은 슬프거나 행복한 음악을 들을 때 나타나는 뇌의 활성을 보여준다.

WHAT IF? 위에 묘사된 실험에서 뇌의 어떤 부위가 모든 조건에서 활성화되었다. 이 부위의 기능은 무엇이라고 생각하는가?

기능적 자기공명영상기법은 뇌졸중으로부터의 회복, 편두통에서 나타나는 이상 활성의 맵핑, 뇌수술 효능의 극대화 등 다양한 영역에서 이용된다. 이 기법은 또한 중추신경계에서 나타나는 성별간의 차이를 연구하는 데 이용되어 여성의 대뇌 혈류량이 더 높다는 사실 등을 밝히는 데 기여하였다.

개념 확인 문제 49.2

1. 오른손을 흔들 때 뇌의 어느 부위가 이 활동을 개시하는가?
2. 술에 취한 사람은 눈을 감고 코를 만지는 데 어려움이 있다. 이 테스트를 통해서 알코올이 뇌의 어느 부위에 어떻게 작용하는지 유추해 보라.
3. **WHAT IF?** 중추신경계에 손상을 입어 의식불명의 상태에 빠져 있거나 혹은 온몸의 근육에 마비 현상을 보이는 두 부류의 환자를 검사한다고 할 때, 두 환자에서 뇌의 어떤 부위가 각각 손상되었을지 그 위치를 망상체에 대한 상대적 위치로 추정해 보고 그 이유를 설명하라.

정답은 부록 A 참조

개념 49.3

대뇌피질은 수의적 운동과 인지 기능을 조절한다

환경의 인식, 언어, 인지, 기억과 의식에 있어서 필수적인 뇌 부위인 대뇌에 대해서 살펴보자. 그림 49.11에서 보듯이, 대뇌는 사람의 뇌에서 가장 큰 구조를 이루고 있다. 일반적인 뇌에서처럼 대뇌 역시 부위별로 특화되어 있다. 인지 기능을 담당하는 부위는 대부분 대뇌피질에 존재한다. 피질 내에서 감각영역은 감각정보를 수용하고 처리하며, 연합영역은 정보를 통합하고, 운동영역은 신체의 여러 부위에 명령을 내리는 역할을 한다.

특정 기능이 대뇌피질의 어느 부위에서 수행되는지를 설명하기 위해서 신경생물학자들은 피질을 네 개의 부위 혹은 네 개의 엽(lobe)으로 구별한다. **그림 49.16**에서 보듯이 각 대뇌피질은 전두엽, 측두엽, 두정엽, 후두엽으로 나누어진다(각 엽의 이름은 두개골의 뼈 이름과 동일하다).

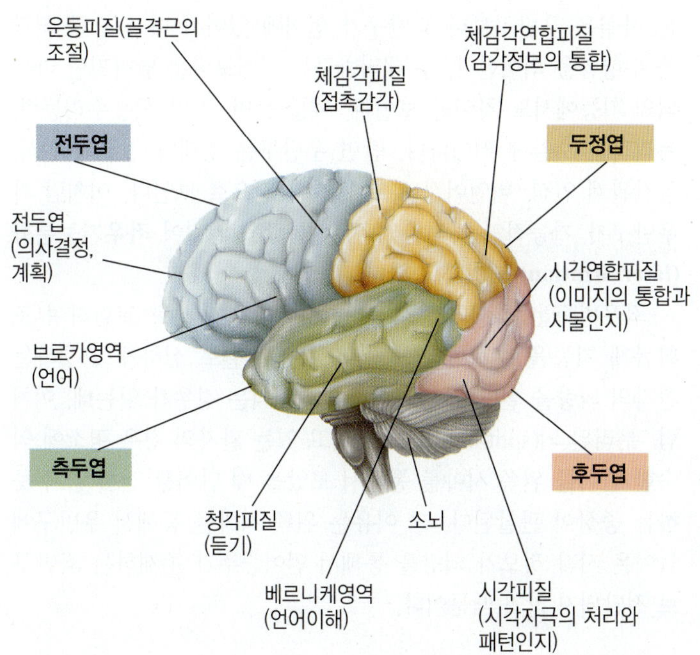

▲ **그림 49.16 사람의 대뇌피질.** 각각의 대뇌피질은 네 개의 엽으로 나누어지며 각 엽은 특성화된 기능을 담당한다. 왼쪽 반구(보이는 반구임) 영역의 일부는 오른쪽 반구(보이지 않음)의 영역과는 다른 기능을 수행한다.

정보처리

사람의 대뇌피질은 크게 두 곳으로부터 감각 입력정보를 받는다. 한 유형의 감각정보는 눈이나 코와 같은 전형적인 감각기관으로부터 전달된다. 또 다른 유형의 감각정보는 손, 두피 등에 존재하는 수용체에 의존한다. 체감각 수용체(somatosensory receptor, 그리스어 *soma*는 몸을 뜻함)는 촉각, 통증, 압력, 온도, 근육과 사지의 위치에 대한 정보를 제공한다.

대뇌피질로 들어오는 대부분의 감각정보는 시상을 통해 들어와서 각 엽에 분포하는 1차 감각영역으로 향한다. 1차 감각영역의 정보는 이웃한 연합영역으로 보내지고 이곳에서 감각정보의 독특한 특징들이 처리된다. 예를 들어, 후두엽의 1차 시각피질에서 몇몇 신경세포는 특정 폭과 방향을 가진 막대 모양의 빛에 민감하다. 이 같은 특징과 관련된 정보는 연합영역에서 합쳐져서 얼굴과 같이 복잡한 상을 인지할 수 있게 된다.

일단 통합된 감각정보는 전전두엽으로 전달되고, 이곳에서 움직임과 행동이 계획된다. 대뇌피질은 운동명령을 내려 팔다리의 움직임이나 인사를 하는 등의 특정한 행동을 가능하게 한다. 이러한 명령은 1차 운동피질의 신경세포에 의해서 만들어지는 활동전위를 통해서 이루어진다. 1차 운동피질은 전두엽의 바로 후방에 위치하고 있다(그림 49.16). 여기서 생성된 활동전위가 축삭을 따라 뇌간과 척수에 이르게 되면 운동신경세포를 흥분시키고 결국 이는 다시 골격근을 흥분시키게 된다.

체감각피질과 운동피질에 존재하는 신경세포들은 각각 감각신호를 일으키는 신체의 부위별로 혹은 운동명령을 수용하는 신체의 부위별로 질서정연하게 배치되어 있다**(그림 49.17)**. 예를 들면, 다리와 발로부터 오는 감각정보를 처리하는 신경세포는 체감각피질 상에서 뇌의 중심부에 배치되어 있다. 또한 다리와 발의 근육의 움직임을 조절하는 운동신경세포들은 이에 상응하는 운동피질상에 분포하고 있다. 그림 49.17에서 보듯이 몸의 각 부위를 담당하는 피질의 표면적은 그 담당하는 몸 부위의 크기와는 무관하다. 해당 피질의 면적은 체감각피질의 경우 그 부위에 분포하는 감각신경세포의 개수, 운동피질의 경우 그 부위의 근육의 움직임을 조절하는 데 필요한 기술의 난이도에 의해서 결정된다. 따라서 얼굴에 할당된 면적이 몸통에 할당된 면적보다 훨씬 크며, 이는 얼굴근육이 의사소통과 매우 밀접하게 연관되어 있음을 의미한다.

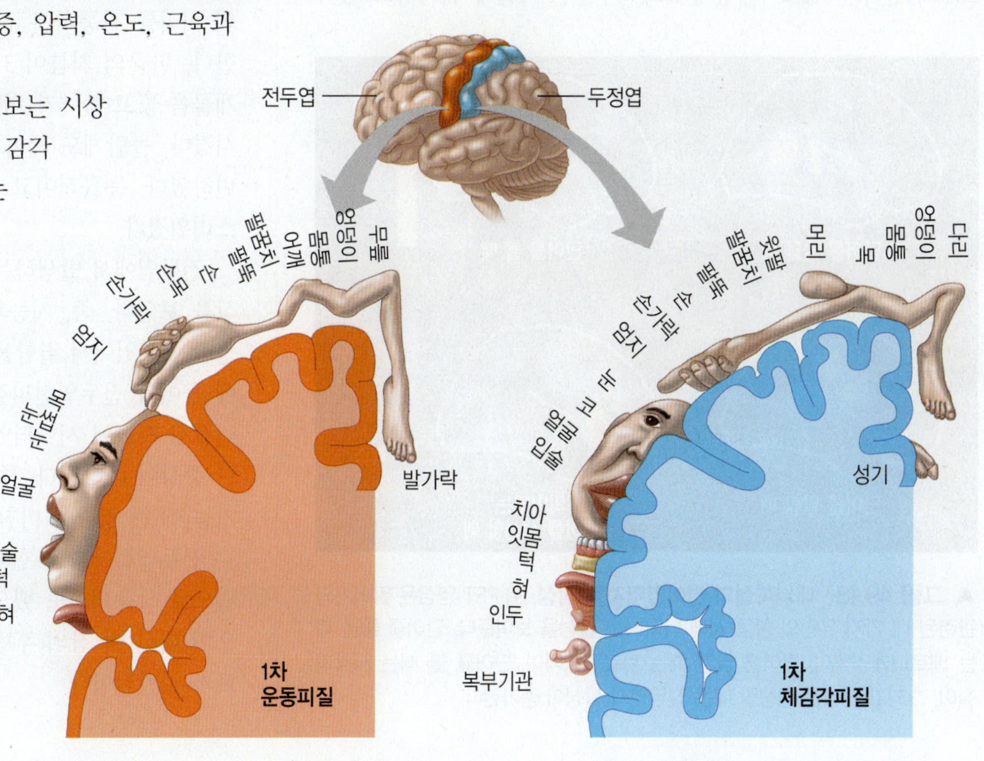

▶ **그림 49.17 1차 운동피질과 1차 체감각피질의 신체 표상.** 피질의 단면도에 각 신체 부위를 담당하는 피질의 표면적을 그와 상대적인 신체의 크기로 표시하였다.

사람의 경우에 초점을 맞추어 설명하였으나 다른 척추동물의 경우 감각정보가 처리되는 뇌의 부위는 다양하다. 방사형지느러미어류의 경우 상대적으로 큰 크기를 가진 중뇌가 시각 자극에 대해 반응하고 정보를 처리하는 곳이다(그림 49.10). 이러한 차이는 인식 가능한 진화적 경향성을 반영한다. 즉, 상어류로부터 방사형지느러미어류, 양서류, 파충류 그리고 최종적으로 포유류에 이르는 척추동물의 계통수를 거슬러오면서 감각정보를 처리하는 데 있어서 전뇌의 역할이 증가하는 것을 알 수 있다.

언어와 말하기

뇌에서 고등 인지기능을 담당하는 특정 영역에 관한 연구는 1800년대에 의사들이 외상, 뇌졸중, 종양 등으로 뇌의 특정 부위가 손상된 환자의 행동을 관찰하면서 시작되었다. 브로카(Pierre Broca)는 말은 못하지만 언어를 이해하는 환자의 사후부검을 통해서 좌반구 전두엽의 작은 부위에 결함이 있음을 발견하였다. **브로카영역**(Broca's area)이라고 알려진 이 부위는 1차 운동영역 중에서도 얼굴 근육의 움직임을 담당하는 영역의 바로 앞쪽에 위치하고 있다. 베르니케(Karl Wernicke)는 측두엽 뒷부분에 손상이 있는 환자는 상대방의 말을 전혀 이해하지는 못하였지만 말하기에는 문제가 없는 것을 관찰하였다. 이 부위를 현재 **베르니케영역**(Wernicke's area)이라고 부른다. 양전자방사 단층 촬영법을 통한 연구는 브로카영역이 말을 하는 동안에 활성화되며, 베르니케영역은 말을 경청할 때 활성화됨을 확인시켜주었다(**그림 49.18**).

피질 기능의 좌우 분화

브로카영역과 베르니케영역 모두 좌반구 피질에 위치하고 있다

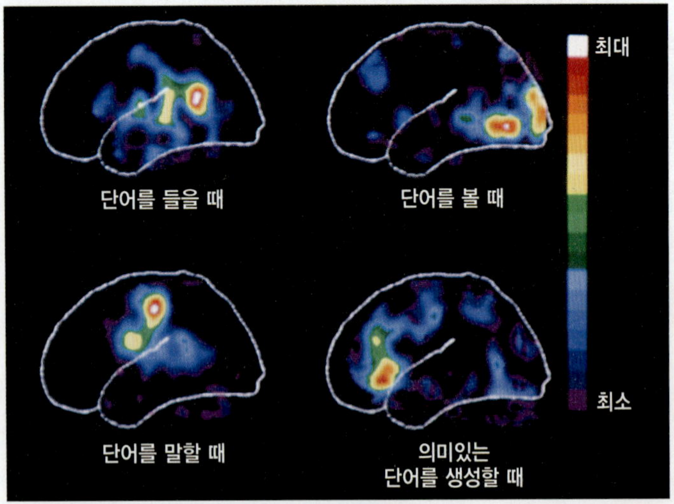

▲ **그림 49.18 대뇌피질의 언어영역지도 작성.** 위 PET 영상은 말하기와 관련된 네 가지 유형의 활동 시에 나타나는 활성을 보여준다. 단어를 들을 때는 베르니케영역이, 단어를 말할 때는 브로카영역이, 단어를 볼 때는 시각피질이, 그리고 단어를 생성할 때는 전두엽의 활성이 증가한다.

는 사실은 우반구보다 좌반구가 언어에 있어서 더 중요한 역할을 수행함을 의미한다. 두 대뇌반구는 언어보다는 덜하지만 다른 뇌의 기능에서도 차이를 보인다. 예를 들면, 좌반구는 수리능력, 논리적인 추론에 뛰어나다. 반면 우반구는 형태와 얼굴의 인식, 공간관계 인식, 비언어적 사고에 강한 것으로 보인다. 이처럼 좌우반구가 기능적인 차이를 보이는 현상을 일컬어 **좌우기능분화(lateralization)** 되었다고 한다.

좌우반구는 뇌량의 축삭을 통해서 정보를 서로 교환하여 조화롭게 기능을 수행한다(그림 49.11). 간질로 심하게 고생하는 환자의 뇌량을 절단하여 증상을 완화시키는 경우가 있는데, 이처럼 "분리된 뇌(split-brain)"를 가지고 있는 환자의 경우 평소에 익숙한 단어를 왼쪽 시야를 통해서 보았을 때 단어를 전혀 읽지 못하는 증상이 관찰된다. 그 이유는 왼쪽 시야를 통해서 우반구에 들어온 시각 정보가 뇌량을 통해서 언어중추가 존재하는 좌반구로 전달되지 않기 때문이다.

전두엽의 기능

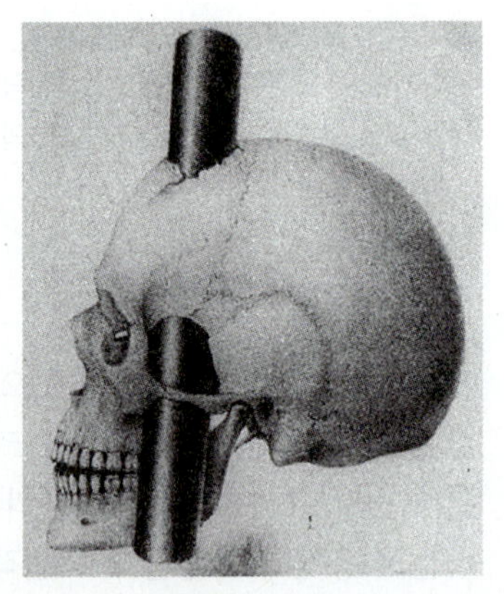

1848년 전두엽의 일부로서 감정을 경험하는 데 필수적인 전두엽전피질(prefrontal cortex)이 성격과 의사결정에 있어서 중요한 부위임을 시사하는 비극적인 사고가 일어났다. 철도 건설현장에서 일하던 게이지(Phineas Gage)는 폭약폭발 사고로 1미터 길이의 철봉이 그의 머리를 관통하는 참변을 당한다. 한끝의 지름이 3 cm 이상인 철봉이 왼쪽 눈 밑을 통해 두개골을 뚫고 들어가 머리 위로 관통하며 전두엽의 대부분을 손상시켰다. 놀랍게도 게이지는 곧 회복하였으나 그의 성격은 완전히 변하였다. 능률적이고 유능했던 그가 조급하고 상스러우며 변덕스러워졌다.

전두엽에서 발생하는 종양은 종종 게이지의 사례와 유사한 증상을 보인다. 즉, 지능과 기억은 정상이지만 의사결정 능력과 감정반응에 있어서 결함을 보이게 되는 것이다. 1900년대에 20세기에 들어와 전두엽전피질과 변연계 사이의 연결을 절단하는 전두엽절제 시술이 시행되었으며 시술을 받은 환자에게서 역시 유사한 증상이 나타났다. 즉, 이러한 현상들은 전두엽이 이른바 "실행기능"에 큰 영향을 미침을 의미한다.

전두엽절제술은 한때에는 행동이상을 치료하는 일반적인 방법으로 상용되기도 했으나 부작용으로 인해 더 이상 시술되지 않으며 대신 이 장의 후반부에서 논의되는 것처럼 약물에 의한 치료가 일반적이다.

척추동물의 인지 기능의 진화

진화 거의 모든 척추동물의 뇌는 동일한 기본 구조를 보인다(그림 49.10). 이러한 일정한 구조를 염두에 둘 때, 지식을 이루는 인지와 추론, 고등 인지 능력이 특정 종에서만 진화된 이유는 무엇인가? 한 가지 설명은, 높은 추론 능력은 사람, 기타 영장류 그리고 고래류(고래, 돌고래)에서 발견되는 현저한 주름을 가진 신피질에 의해서 이루어진다는 것이다. 실제로, 사람의 대뇌피질은 뇌 전체의 무게에 80%를 차지한다.

조류는 이런 주름구조가 없기 때문에 지능이 낮은 것으로 여겨져 왔다. 하지만 최근에 이런 견해가 옳지 않은 것으로 드러났다. 정교한 정보처리 능력을 보이는 많은 예가 조류에서 발견되었기 때문이다. 미국어치(*Aphelocoma californica*)는 먹이를 감추어 저장했던 상대적 시간을 기억할 수 있다. 칼레도니아 까마귀(*Corvus moneduloides*)는 사람이나 영장류만이 할 수 있다고 생각되어 왔던 도구를 만들고 이용하는 정교한 기술을 가지고 있다. 아프리카 회색 앵무새(*Psittacus erithacus*)는 숫자나 추상적인 관련개념들을 이해하여 "같음"과 "다름"을 구별하고 명사의 개념을 알고 있다.

조류의 정교한 인지 능력의 해부학적 근거는 뇌의 맨 윗면 혹은 바깥 부위인 외피(pallium) 내의 신경세포군에 있는 것으로 보인다(**그림 49.19a**). 이러한 배열은 여섯 층의 평평한 세포층을 가

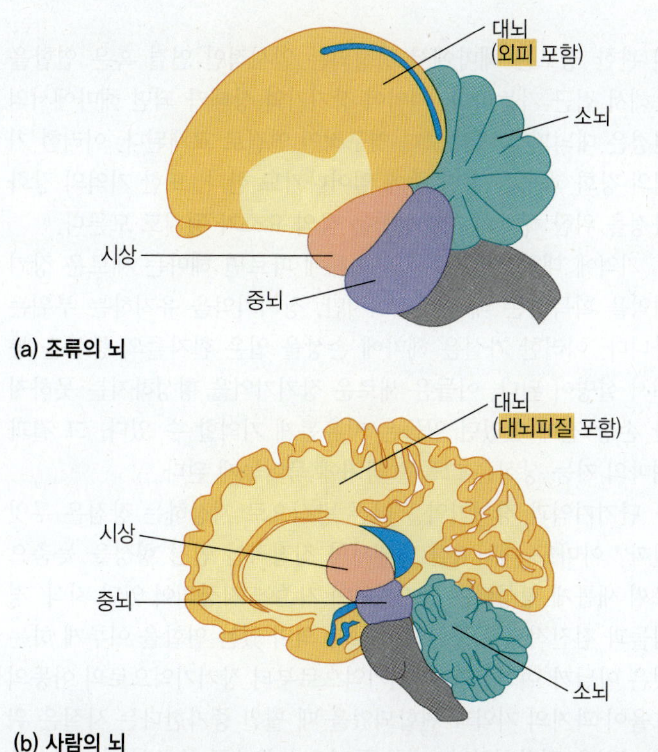

▲ **그림 49.19 그림 49.18 조류와 사람의 고등인지작용을 위한 영역 비교.** 구조적으로 서로 다르지만, 조류 뇌의 외피(a)와 사람 뇌의 대뇌피질(b)은 고등인지작용을 담당하며 뇌의 다른 구조물들과 유사하게 연결되어 있다.

지고 있으며 대뇌피질로 일컬어지는 사람의 외피와는 다르다(**그림 49.19b**). 따라서 복잡하고도 유연한 뇌 기능을 수행하는 두 유형의 외피가 존재함을 알 수 있다.

조류의 외피와 사람의 외피 사이의 차이는 진화 과정 동안 어떻게 이루어졌을까? 조류와 포유류의 공통조상의 외피는 아마도 현재의 조류에서처럼 신경세포들이 모여 만든 핵으로 이루어져 있었을 것이다. 포유류의 진화 초기에 이러한 핵구조는 층구조로 변화되었을 것이다. 진화 과정 중에 뇌 부위 간의 연결은 보존되어서 조류와 포유류의 외피는 모두 시각, 청각, 촉각과 같은 감각정보를 시상으로부터 수용하게 되었을 것이다.

정교한 정보처리 과정은 뇌의 전체적인 구성에 의존할 뿐만 아니라, 학습과 기억을 가능하게 하는 매우 소규모의 변화에 의해 좌우될 수 있다. 이러한 소규모의 변화에 대해서 알아보자.

개념 확인 문제 49.3

1. 뇌의 특정 부위가 손상된 환자를 연구함으로써 어떻게 그 부위의 정상적인 기능을 이해할 수 있을까?
2. 브로카영역과 베르니케영역의 기능은 각각 이 부위에 이웃한 다른 대뇌피질 부위의 활성과 어떤 연관성이 있는가?
3. **WHAT IF?** 뇌량에 손상을 입은 여성 환자가 익숙한 얼굴의 사진을 처음에는 왼쪽 시야만을 통해서 그리고 다음에는 오른쪽 시야만을 통해서 응시할 때, 사진의 주인공의 이름을 기억하기 어려운 이유는 무엇인가?

정답은 부록 A 참조

개념 49.4

시냅스 연결의 변화는 기억과 학습의 기초가 된다

배아발생 시기 동안 유전자 발현과 신호전달경로의 조절에 의해서 신경계의 전체적인 구조가 확립된다(46장). 이후의 신경계의 발생은 두 일련의 과정에 의해서 주도된다. 첫 번째 과정은 생성된 신경세포 간의 생존을 위한 경쟁이다. 신경세포는 제한된 성장조절인자의 확보를 위해서 경쟁하게 되는데, 올바른 위치에 이르지 못하게 되면 이 경쟁에서 낙오되어 세포사멸 과정으로 들어가게 된다. 이 경쟁을 통해서 약 반 정도의 신경세포가 제거된다. 그 결과 신경계 내에서 올바르게 위치한 신경세포만이 선택적으로 생존할 수 있게 된다.

시냅스의 제거현상 역시 신경계의 형태를 결정하는 두 번째 중요한 과정이다. 발생 중인 신경세포는 정상적인 기능을 수행하는 데 필요한 시냅스보다 훨씬 많은 시냅스를 생성한다. 신경세포의 활성에 의해서 어떤 시냅스는 안정화되는 반면 다른 시냅스는 불안정해진다. 발생의 말기에 신경세포는 초기에 가지고 있던 시냅스의 반 정도를 잃게 된다.

이러한 신경세포와 시냅스의 제거현상을 통해서 평생 동안 개체가 필요로 하게 될 신경계 내에서 신경세포들 간의 연결이 확립된다.

신경세포의 가소성

중추신경계의 기본적인 구조는 배아발생 동안 확립이 되지만, 태어난 후에도 지속적으로 변화될 수 있다. **신경세포의 가소성(neural plasticity)**이란 신경계가 자체 활성에 반응하여 구조적으로 재조정될 수 있는 능력을 일컫는다.

신경계의 재조정은 대부분 시냅스에서 일어난다. 한 시냅스에서의 활성이 다른 시냅스들과 연관을 갖게 되면 시냅스의 연결이 강화되는 방향으로 변화가 일어나게 된다. 반대로, 한 시냅스의 활성이 다른 시냅스들과 연관이 없어지면 시냅스의 연결은 약화된다. 이런 방식으로 유용하게 정보를 전달하는 시냅스는 회로에 포함되며, 유용한 정보를 전달할 수 없는 시냅스는 제거된다.

그림 49.20a는 이러한 현상이 결과적으로 시냅스의 증가와 감소를 초래함을 보여준다. 이러한 현상은, 신경계의 신호를 고속도로상의 교통 흐름이라고 가정한다면, 고속도로 진입로를 제거하거나 새로 만드는 것으로 표현될 수 있다. 결과적으로 시냅스 수의 증가와 감소로 인해 특정 신경세포 간의 신호전달이 강화되거나 약화된다. **그림 49.20b**에서 보는 바와 같이 변화는 한 시냅스 내에서만 일어날 수도 있다. 역시 교통의 흐름에 비유하면 진입로가 넓어지거나 좁아지는 것으로 묘사될 수 있다.

유년기에 발병하는 **자폐증**(autism)은 활성화에 의존적인 시냅스 재조정이 제대로 일어나지 않아서 나타나는 발생관련 질환이다. 자폐아는 반복된 행동과, 의사소통이나 사회활동에 문제를 보인다.

그 원인은 알려져 있지 않으나 자폐증 및 관련 질환은 유전적인 요소가 매우 높은 것으로 알려져 있다. 다양한 연구를 통해서 위험 요인으로 알려졌던 백신 보존제와의 관련성은 배제가 되었다. 시냅스의 가소성 이상과 자폐증과의 연관관계에 대한 심도 있는 연구는 이 질환의 이해와 치료에 도움이 될 것이다.

기억과 학습

신경세포의 가소성은 기억의 형성에 필수적이다. 우리는 현재 무슨 일이 일어나고 있고 또한 방금 전에 무슨 일이 일어났었는지를 계속해서 확인한다. 우리는 정보를 일단 **단기기억(short-term memory)** 장소에 저장한 후, 아무런 관련이 없어지면 지워버린다. 이름이나 전화번호 등의 사실에 관한 지식을 기억하기를 원한다면 **장기기억(long-term memory)** 기작이 활성화되어야 한다. 후에 이름이나 번호를 생각해내려면 장기기억으로부터 단기기억으로 정보를 가져와야 한다.

장기기억과 단기기억은 모두 대뇌피질에 저장된다. 단기기억

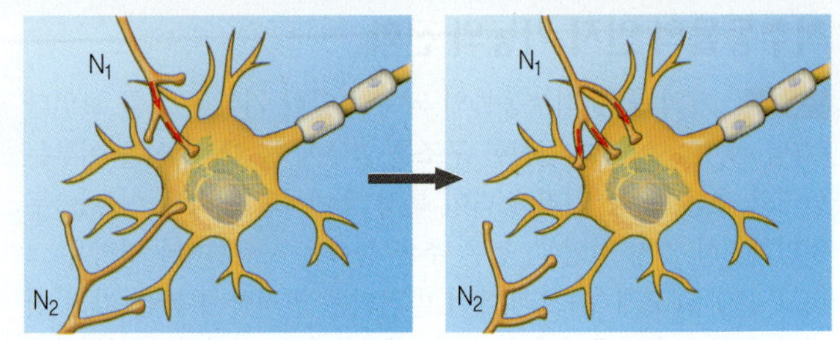

(a) 시냅스는 활성에 의존하여 연결이 강화되기도 하고 약화되기도 한다. N_1 신경세포의 시냅스의 활성이 높아지면 시냅스가 추가적으로 생긴다. N_2 신경세포의 시냅스에서 활성이 사라지면 연결이 끊기게 된다.

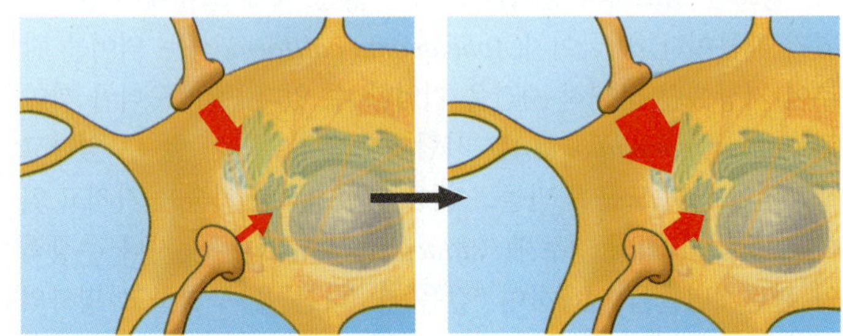

(b) 두 시냅스가 종종 동시에 활성화되면 두 시냅스에서 모두 시냅스후 반응이 강화된다.

▲ **그림 49.20 신경세포의 가소성.** 시냅스의 활성 정도에 의존하여 시냅스 연결은 시간에 따라 변화한다.

에 관한 정보는 해마에서 형성되는 일시적인 연결 혹은 연합을 통해서 접근 가능하다. 기억이 장기기억 상태가 되면 해마에서의 연결은 대뇌피질 내의 보다 영구적인 연결로 교체된다. 이러한 기억의 강화 과정은 수면 중에 일어나기도 한다. 또한 기억의 강화 과정을 위한 해마의 재활성화는 꿈의 요소가 될지도 모른다.

기억에 대한 현재 수준의 이해에 따르면 해마는 새로운 장기기억을 획득하는 데 필수적이지만, 장기기억을 유지하는 부위는 아니다. 이러한 가설은 해마에 손상을 입은 환자들의 증상을 통해서 설명이 된다. 이들은 새로운 장기기억을 형성하지는 못하지만 손상 전에 있었던 일들은 자유롭게 기억할 수 있다. 그 결과 해마의 기능 상실은 그들을 과거에 묶어놓게 된다.

단기기억과 장기기억을 다른 방식으로 저장하는 장점은 무엇일까? 아마도 대뇌피질 내에서의 직접적인 연결 형성을 늦춤으로써 새롭게 형성되는 장기기억이 기존에 저장되어 있던 지식, 경험들과 점진적으로 통합되어 보다 의미 있는 연합을 이루게 하는 것은 아닐까 여겨진다. 단기기억으로부터 장기기억으로의 이동의 효율이 과거의 기억과 연합되었을 때 훨씬 증가한다는 사실은 위의 가설을 뒷받침한다. 예를 들면, 이미 다른 종류의 카드경기를 통해 "카드 감각"을 가지고 있는 사람이 새로운 종류의 카드 경기법을 더 빠르게 습득한다.

걷기, 신발끈 묶기, 자전거타기, 쓰기와 같은 운동기술은 반복을 통해서 학습된다. 이러한 기술을 익힐 때 올바른 동작을 취하기 위해서 의식적으로 각 단계를 생각하지는 않을 것이다. 일단 기술이 학습되면 잊혀지기가 어렵다. 자전거타기와 같은 기술과 절차에 관한 기억은 뇌의 성장과 발달에 관여하는 기작과 유사한 세포 수준의 기작을 통해서 일어난다. 이 경우, 신경세포들은 실제로 새로운 연결을 이루게 된다. 반면에 전화번호, 사건 그리고 장소를 기억하는 능력은 신경세포 사이에 이미 존재하는 연결의 강도가 빠르게 변화함으로써 가능하다. 다음은 이러한 시냅스 강도의 변화가 어떻게 일어나는지 살펴보도록 하겠다.

장기상승작용

기억의 생리학적인 근거를 찾는 중에 연구자들은 시냅스의 연결을 변화시켜 신경세포 간의 의사소통을 좀 더 효과적으로 혹은 덜 효과적으로 만들 수 있는 몇몇 과정에 집중했다. 여기서 시냅스 전달의 강도를 장기간 증가시키는 **장기상승작용(long-term potentiation, LTP)** 현상을 집중적으로 살펴보겠다.

LTP는 해마조직의 절편에서 처음 그 특성이 밝혀졌으며 여기서 시냅스전 신경세포는 흥분성 신경전달물질인 글루탐산을 방출한다. LTP는 시냅스전 신경세포에서 짧은 시간 동안 높은 빈도의 연속적인 활동전위가 발생했을 때 일어난다. 더불어 이 활동전위는 시냅스후 신경세포가 받는 다른 탈분극 자극과 동시에 시냅스 말단에 도달해야 한다. 결과적으로 다른 입력 신호의 활성과 동시에 활성을 갖게 된 시냅스는 강화된다(그림 48.17a).

시냅스후 신경세포는 AMPA 수용체와 NMDA 수용체라는 두 유형의 글루탐산 수용체를 가지고 있으며 LTP는 이 두 종류의 글루탐산 수용체의 작용에 의해서 일어난다. **그림 49.21**에서 보는 바와 같이, 시냅스후 막에 존재하는 수용체들이 시냅스의 활성과 탈분극 신호에 반응하여 변화한다. 그 결과 시냅스에서 시냅스후 전압의 크기가 안정적으로 증가하는 LTP가 유도된다. LTP는 절편 조직상에서 수일 혹은 수주일 동안 지속되기 때문에 기억 및 학습에 있어서 기본적인 기작일 가능성이 있다.

개념 확인 문제 49.4

1. 성체의 두 신경세포 사이에서 정보의 교류가 증가될 수 있는 두 가지 기작을 설명하라.
2. 뇌의 특정 부위에 손상을 입은 환자들은 다양한 뇌의 기능을 연구하는 데 매우 유용하다. 이러한 사실이 의식의 연구에는 적용될 수 없는 이유는 무엇인가?
3. **WHAT IF?** 해마에 손상을 입은 환자가 새로운 장기기억을 획득하는 것이 불가능하다고 가정할 때, 단기기억의 획득에도 문제가 있는 이유는 무엇인가?

정답은 부록 A 참조

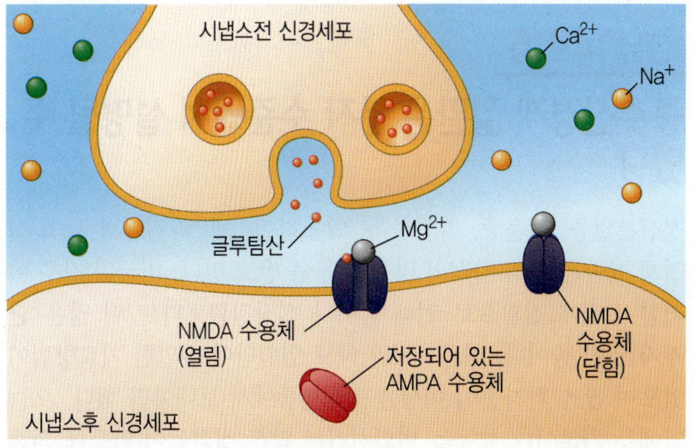

(a) **장기상승작용(LTP) 이전의 시냅스.** NMDA 글루탐산 수용체가 글루탐산에 의하여 열리지만 Mg^{2+}에 의해서 저해된다.

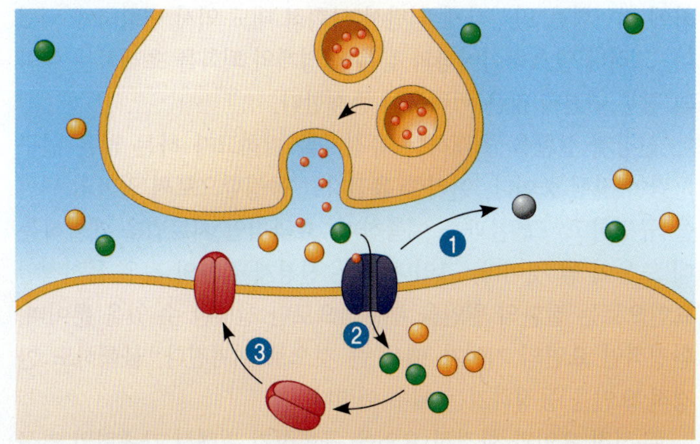

(b) **LTP의 생성.** 근처 시냅스의 활성이 증가하여 시냅스후 막이 탈분극되고, ❶ Mg^{2+}에 의한 저해가 풀린 수용체는 열려서 ❷ Na^{2+}과 Ca^{2+}이 세포 안으로 유입된다. Ca^{2+}의 유입은 ❸ AMPA 수용체가 시냅스후 막으로 이동하는 것을 증가시킨다.

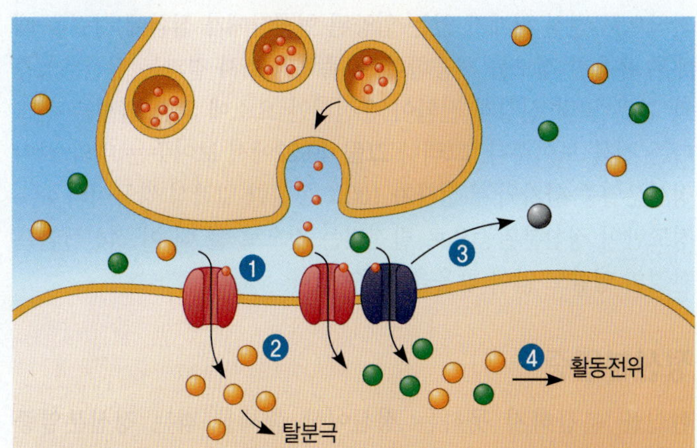

(c) **LTP를 나타내는 시냅스.** 글루탐산의 방출은 ❶ AMPA 수용체를 활성화시켜 ❷ 막전위의 탈분극을 유도한다. 탈분극에 의해서 ❸ NMDA 수용체가 열린다. AMPA, NMDA 수용체는 다른 시냅스의 도움 없이도 ❹ 활동전위를 만들 수 있을 만큼 충분히 큰 시냅스후 막전위를 유도한다. 여기에서는 제시되지 않았지만 단백질인산화효소에 의한 수용체의 인산화 등을 포함한 부가적인 기작이 LTP 현상에 기여한다.

▲ **그림 49.21** **뇌에서 장기상승작용**

개념 49.5

중추신경계 질환은 분자 수준에서 설명될 수 있다

정신분열증, 우울증, 약물중독, 알츠하이머병, 파킨슨병 등의 신경계 질환은 우리 사회의 많은 주목을 받고 있다. 미국의 경우 이러한 신경계 질환으로 인해 암이나 심장질환보다도 더 많은 환자가 입원 중이다. 최근까지만 해도 입원만이 유일한 치료방법이었으며 많은 환자들이 여생을 정신병동에서 보내야만 했다. 오늘날에는 기분이나 행동을 변화시키는 많은 질환들이 약물에 의해서 치료될 수 있어서 평균 수주일 정도로 입원 기간이 줄어들게 되었다. 동시에 신경계 질환의 원인이 뇌의 해부학적, 화학적 변화에 기인함을 인식하게 되면서 사회적 태도 역시 변화하게 되었다. 그러나 알츠하이머병과 같은 신경계의 퇴화를 초래하는 질환의 경우 여전히 많은 어려움이 존재한다.

신경계 질환을 초래하는 유전자를 밝히고자 하는 많은 연구 노력이 진행 중이다. 이러한 유전자를 동정함으로써 질환의 원인을 규명하고, 그 결과를 예측하며, 효과적인 치료법을 개발하는 데 도움이 될 것이다. 그러나 모든 신경계 질환의 경우 유전적인 요인으로는 질환의 원인을 부분적으로만 설명할 수 있을 뿐이며, 환경적인 요인의 기여가 매우 큰 것으로 여겨진다. 불행히도 환경적 요인을 동정하기는 매우 어렵다.

유전적 요인과 환경적 요인을 구별하기 위해서 가족력의 연구가 종종 이루어진다. 이러한 연구에서는 가족의 구성원들이 유전적으로 어떻게 연관되어 있고, 누가 질환에 걸렸으며, 어떤 구성원들이 같은 세대 내에서 거주하였는지를 추적하게 된다. 이러한 연구는 일란성 쌍둥이 중의 한 명만이 질환에 걸렸거나 혹은 유전적으로 전혀 관계가 없는 입양된 형제자매가 질환에 걸렸을 때 매우 유용한 정보를 제공한다. 가족력의 조사 결과는 정신분열증과 같은 몇몇 신경계 질환이 유전적인 요소에 의한 발병률이 크다는 것을 보여준다. 그러나 그림 49.22에서 보여주는 바와 같이 정신분열증 환자와 유전자가 100% 동일한 일란성 쌍둥이의 48% 정도만이 정신분열증으로 발전되는 것으로 볼 때 이 정신질환은 환경의 영향도 많이 받음을 알 수 있다.

정신분열증

현실을 분간하지 못하는 정신이상 증세를 겪는 **정신분열증(schizophrenia)**으로 고생하는 인구가 전체의 1%에 이른다. 정신분열증 환자는 전형적으로 환각(본인에게만 들리는 “목소리”)과 망상(예를 들면, 다른 사람들이 본인을 죽이려 한다는 생각) 증세를 겪는다. 일반적인 인식과 달리 정신분열 증세는 반드시 다중 인격 증상을 수반하지는 않는다. 대신 정신분열이라는 단어(*schizo*는 라틴어로 분열, *phren*은 마음의 뜻)가 의미하듯 정상적으로는 통합된 형태를 보이는 뇌기능들이 분열되어 있다는 의미이다.

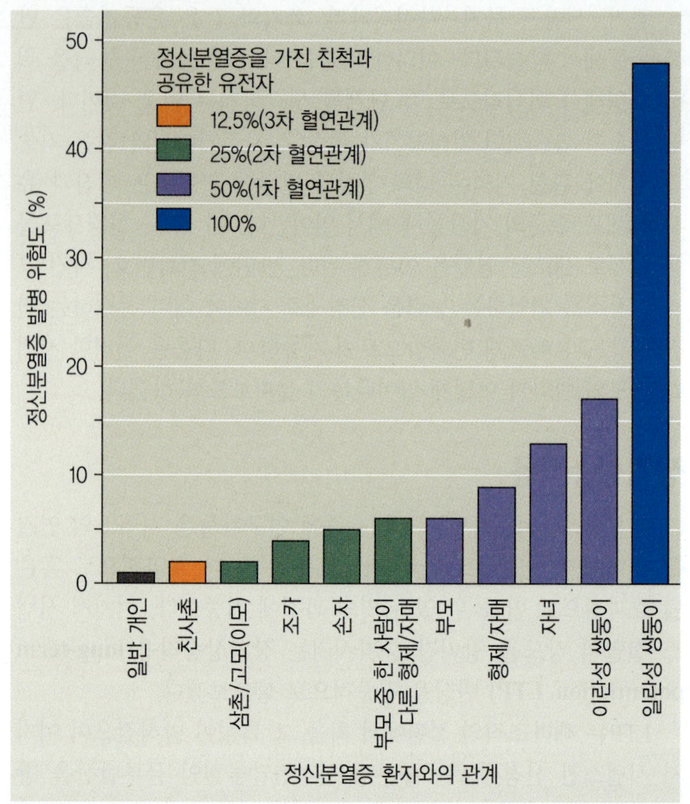

▲ **그림 49.22 유전적 요인에 의한 정신분열증의 발병.** 친사촌, 삼촌이나 고모가 정신분열증을 앓고 있다면 일반적인 경우에 비해 정신분열증이 발병할 확률이 두 배나 높다. 혈연관계가 가까울수록 발병할 위험은 높다.

INTERPRET THE DATA 정신분열증인 이란성 쌍둥이의 형제 혹은 자매는 정신분열증에 걸릴 가능성은 어떠한가? DNA 염기서열을 분석한 결과 이 쌍둥이가 정신분열증에 기여하는 유전변이를 공유한다면 그 가능성은 어떻게 변할까?

정신분열증이 도파민을 신경전달물질로 이용하는 신경경로에 영향을 준다는 두 증거가 있다. 첫째, 도파민의 분비를 촉진하는 암페타민은 정신분열증과 유사한 증상을 유도한다. 둘째, 이 정신분열 증상들을 완화시키는 많은 약물들이 공통적으로 도파민의 수용체를 저해한다. 또한 글루탐산 수용체도 정신분열증에 관여하는 것으로 보이는데, 그 증거는 “천사의 가루” 혹은 PCP로 불리는 약물은 글루탐산 수용체를 저해함으로써 강력한 정신분열 증세를 일으킨다.

우울증

우울증은 침울한 감정뿐만 아니라 수면, 식욕, 활력에 있어서 비정상적인 증상을 보이는 정신 질환이다. 우울증에는 주요 우울장애와 조울증의 두 가지 유형이 있다. **주요 우울장애(major depressive disorder)**은 유쾌한 활동에도 아무런 즐거움이나 관심을 보이지 않는 바닥으로 떨어진 기분상태가 몇 개월씩이나 지속되는 증상을 보인다. 이 질환은 가장 흔한 정신질환 중의 하나로서 7명 중 1명 정도가 전 생애를 통해 한 번은 경험하게 된다. 여성의 경우 남성보다 약 두 배의 발병률을 보인다.

조울증(bipolar disorder)으로 알려진 양극성장애는 기분이 고조된 상태와 저조한 상태의 양극단을 오가는 정신질환으로서 약 1%의 인구가 이 증상을 겪고 있다. 조증 시기(manic phase)의 증상은 자아존중으로 충만하고, 에너지가 넘치며, 아이디어가 샘솟고, 말이 많아지는 등의 행동과 함께, 때로는 위험한 결정을 하기도 한다. 경미한 상태에서는 이 시기가 오히려 창의적일 수가 있어서 유명한 화가, 음악가, 문인들 중에서 고흐, 슈만, 버지니아 울프, 헤밍웨이 등은 이 증상을 보이는 시기에 많은 작품을 남기기도 했다. 우울증 시기(depressive phase)는 기쁨을 잘 느끼지 못하며, 무관심해지고, 잠을 자지 못하며, 자신이 무가치하다고 느끼는 증상을 동반한다. 조울증 환자의 일부는 우울증 시기에 자살을 시도하기도 한다.

다른 신경계 질환 치료방법에 비해 주요 우울장애와 양극성장애에 흔히 사용되는 치료방법은 매우 효과적이다. 프로작 등 우울증에 효과가 있는 약물들은 뇌에 존재하는 생체내 아민의 활성을 증가시킨다.

뇌의 보상회로와 약물중독

감정은 보상회로라는 뇌의 신경회로에 의해 큰 영향을 받는다. 보상회로는 생존, 자손번식에 관여하게 된다. 즉, 배고픔에 반응하여 음식물을 섭취하고, 목이 마르면 물을 마시며, 성적으로 흥분하면 성행위에 몰두하게 하는 등의 행동은 보상회로의 활성에 의존한다. **그림 49.23**에서 보듯이 보상회로로 입력되는 신호는 먼저 뇌의 기저부에 존재하는 배쪽피개부(ventral tegmental area, VTA)의 신경세포에 의해서 수용된다. 이 신경세포들이 활성화되면 이들의 축삭과 시냅스를 맺은 신경세포가 있는 측중격핵(nucleus accumbens)과 같은 대뇌의 특정 부위에 도파민을 방출함으로써 신호를 전달하게 된다(그림 49.15).

뇌의 보상회로는 약물을 충동적으로 소비하고 양적으로 남용하는 증세를 보이는 약물중독에 의해 지대한 영향을 받는다. 알코올, 코카인, 니코틴, 히로인 등의 진정제로부터 각성제에 이르는 중독성을 가진 약물들은 모두 도파민 경로의 활성을 증가시킨다(그림 49.23). 중독 현상이 발전함에 따라서 보상회로에 장기간 지속되는 변화가 일어난다. 그 결과 약물과 동반된 기쁨과는 전혀 상관없이 약물에 대한 욕구가 커지게 된다. 실험동물을 이용한 실험은 약물중독의 연구에 매우 유용하다.

흰쥐가 스스로 레버를 누름으로써 스스로 코카인, 헤로인 혹은 암페타민을 공급 받을 수 있게 고안한 장치를 이용한 실험에서, 흰쥐는 기아 상태에 이를 정도까지 음식 섭취를 거부한 채 약물복용에만 몰두하는 전형적인 중독 증상을 보였다.

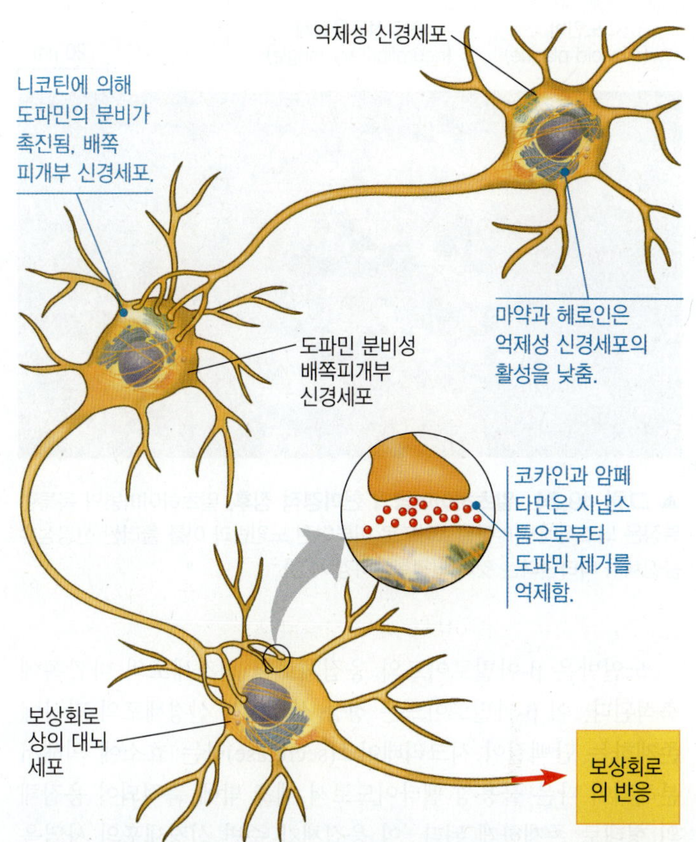

▲ **그림 49.23 포유동물 뇌에서 중독성 약물이 보상회로에 미치는 영향.** 중독성 약물은 배쪽피개부의 신경세포에 의해 형성된 신호경로상의 전달 과정을 변화시킨다.

MAKE CONNECTIONS 개념 48.3을 토대로 배쪽피개부의 신경세포를 탈분극시키면 어떤 효과를 기대할 수 있는가?

보상회로와 중독에 관한 지식 기반이 넓어지게 되면, 약물중독을 예방하고 치료하는 효과적인 방법이 제공될 것으로 기대된다.

알츠하이머병

알츠하이머병(Alzheimer's disease)은 혼동, 기억상실 등의 다양한 증상을 일으키는 노인성 치매이다. 발병률은 연령과 관계가 있어서, 65세에서 10%, 85세 때는 35%의 인구가 영향을 받게 된다. 이 질병은 점진적으로 진행되어서 결국에는 모든 생활에 필요한 활동을 타인에게 의존할 수밖에 없는 상황에 이른다. 또한 성격 역시 좋지 않은 방향으로 변화한다. 심지어는 가까운 가족조차도 알아보지 못하고 의심과 적대감을 보이기도 한다.

알츠하이머병으로 사망한 환자의 뇌를 조사해 보면 노인반(amyloid plaques)과 신경섬유응집체(neurofibrillary tangles)라는 두 가지 특징이 나타난다(**그림 49.24**). 또한 해마와 대뇌피질을 포함하는 뇌의 대부분의 부위에서 신경세포가 사멸하게 된다. 결과적으로 뇌조직이 심하게 오그라드는 현상이 발생하기도 한다.

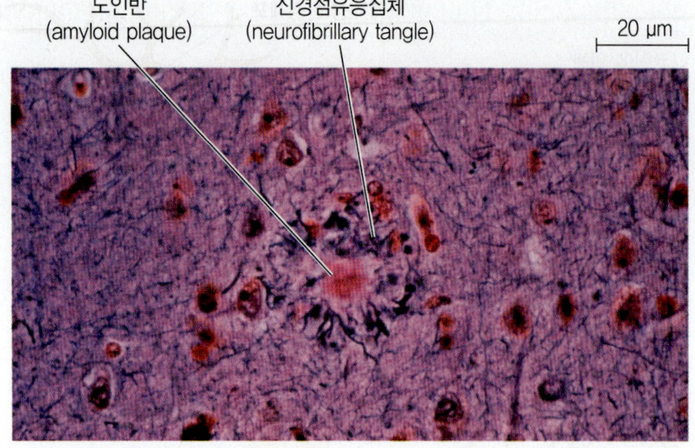

▲ **그림 49.24 알츠하이머병의 현미경적 징후.** 알츠하이머병의 독특한 특징은 뇌조직에서 β-아밀로이드로 이루어진 노인반과 이를 둘러싼 신경섬유응집체가 나타난다는 것이다(광학현미경 사진).

노인반은 β-아밀로이드의 응집체로서 신경세포의 바깥쪽에 축적된다. 이 β-아밀로이드는 정상 상태에서 신경세포의 막상에 존재하는 단백질이 시크리테이즈(secretase)라는 효소에 의해서 분해되어 나온 불용성 펩타이드로서 세포 밖에 축적되어 응집체의 형태로 존재하게 된다. 이 응집체가 주변 신경세포의 사멸을 유도하는 것으로 보인다.

알츠하이머병에서 관찰되는 신경섬유응집체는 주로 타우 단백질로 구성되어 있다. (이 단백질은 햄스터의 일주기성 리듬에 관련된 타우돌연변이와는 상관없음.) 신경세포에서 타우 단백질의 정상적인 기능은 미세소관을 따라 이동하는 영양물질의 공급을 조절하는 것이다. 알츠하이머병의 타우 단백질은 구조적으로 변형되어 타우 단백질들끼리 서로 결합함으로써 신경섬유응집체를 형성한다. 비교적 젊은 환자에서 알츠하이머병의 발병은 타우 단백질의 변화와 연관되어 있다는 증거가 있다.

현 상황에서 알츠하이머병을 치료할 수 있는 방법은 없으나 엄청난 노력을 기울여온 결과 부분적으로 증상을 완화시키는 약물을 개발하게 되었다. 의사들은 치매 초기증상을 보이는 환자의 알츠하이머병을 진단하는데 기능적 뇌영상법을 도입하기 시작하였다.

파킨슨병

파킨슨병(Parkinson's disease)은 움직임의 개시가 힘들어지고, 움직임이 느려지며, 근육이 강직되는 현상을 보인다. 또한 얼굴 표정이 굳어지고, 근육이 떨리며, 균형을 잡지 못하고, 풀어진 자세를 하며, 발을 끌며 걷는 증상을 보인다. 알츠하이머병처럼 파킨슨병은 진행성 뇌질환으로서 나이가 들어감에 따라서 발병위험이 증가한다. 65세 때 약 1%, 85세 때 약 5%의 인구가 파킨슨병으로 고생한다. 미국에서만도 약 100만 명의 인구가 파킨슨병으로 고생하고 있다.

파킨슨병의 증상은 중뇌의 신경세포가 사멸하여 일어난다. 이 신경세포는 정상 상태에서는 기저체로 뻗고 있는 축삭의 말단에서 도파민을 방출한다. 알츠하이머병에서와 같이 단백질응집체가 관찰된다. 파킨슨병의 확실한 발병 기작은 알려진 바가 없으나 비교적 젊은 성인에게서 발병하는 경우는 명백하게 유전적인 요인에 의한 것으로 생각된다. 조기 발병 파킨슨병에 대한 유전학적 연구 결과는 미토콘드리아의 기능을 담당하는 유전자에 이상이 초래되어 있음을 보여주었다. 이러한 미토콘드리아의 결함이 나이 들어 발병하는 보다 흔한 형태의 파킨슨병에도 관여하는지에 대한 연구가 진행 중이다.

현재까지 파킨슨병의 증상을 완화시키기 위한 다양한 방법들이 동원되고 있으나 근본적으로 치료할 방법은 아직까지 없다. 증상완화의 방법은 도파민의 전구물질이면서 뇌혈관을 통과하는 L-도파(L-dopa)를 투여하거나, 뇌수술, 심뇌 자극방법 등이 있다.

HO, HO, NH_2, CO_2H — L-dopa —(도파 탈탄산효소)→ HO, HO, NH_2 — Dopamine

뇌에서 L-도파는 도파탈탄산효소(dopa decarboxylase)에 의해서 도파민으로 변화되어 파킨슨병의 심각한 증상을 완화시킨다. 가능성이 있는 근본적인 치료방법은 중뇌나 기저체에 도파민을 분비하는 신경세포를 이식하는 것이다. 동물실험의 결과 이러한 치료전략은 희망적이어서 실험적으로 파킨슨병과 유사한 상태를 갖게 한 흰쥐모델에 도파민을 분비하는 신경세포를 이식하여 운동조절 능력을 회복시키는 데 성공하였다. 이러한 재생의료법을 사람에게 적용하는 것이 현대 뇌 연구의 핵심적인 과제이다.

개념 확인 문제 49.5

1. 알츠하이머병과 파킨슨병을 비교 설명하라.
2. 도파민의 활성과 정신분열증, 중독, 파킨슨병은 어떤 관련이 있는가?
3. WHAT IF? 알츠하이머병을 조기에 진단할 수 있는 방법이 있다면, 이 질환에 의해 사망한 환자의 뇌에서도 같은 유형의 변화를 관찰할 수 있을까?

정답은 부록 A 참조

49장 복습

핵심 개념의 요약

개념 49.1

신경계는 신경세포와 지지세포의 회로망으로 구성된다

- 무척추동물의 신경계는 간단한 신경망(nerve net)으로부터 복잡한 뇌와 배쪽신경삭을 가진 고도로 집중된 신경계에 이르기까지 그 복잡성에 있어서 다양하다.

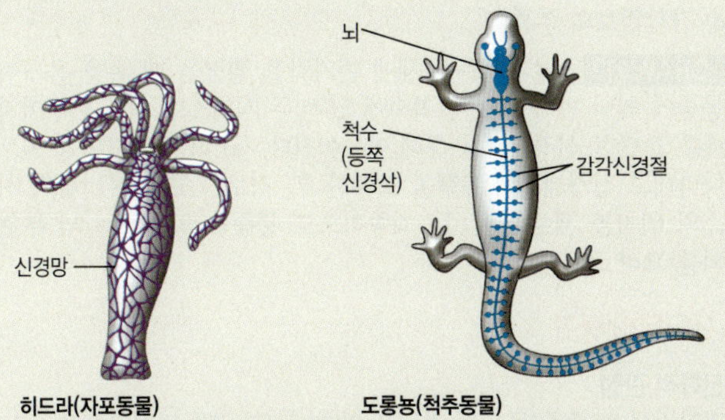

- 척추동물의 경우, **중추신경계(CNS)**는 뇌와 등쪽에 위치한 척수로 구성되며 정보를 종합하는 역할을 한다. **말초신경계(PNS)**의 **신경(nerve)**은 중추신경계와 몸의 각 부위를 연결하는 신호를 전달한다. 척추동물에서 가장 간단한 신경회로는 뇌의 역할이 필요 없는 감각 정보와 운동명령이 바로 연결되는 반사(reflex)작용에서 발견된다.

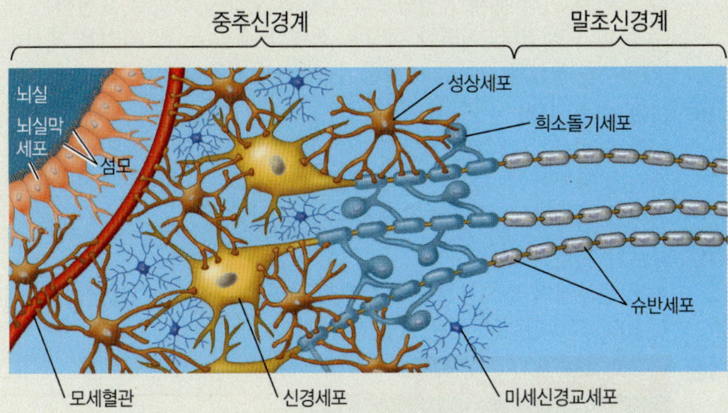

- 신호는 구심성 신경세포에 의해서 중추신경계에 도달하고, 원심성 신경세포를 통해 말초로 전달된다. 원심성 신경세포는 골격근으로 신호를전달하는 **운동신경계(motor system)**와 심근과 평활근 기능을 조절함으로써 자율적 내장 기능을 조절하는 **자율신경계(autonomic nervous system)**로 나누어진다. 자율신경계는 표적기관에서 길항작용을 하는 **교감신경계(sympathetic)**와 **부교감신경계(parasympathetic division)**, 그리고 소화관, 이자, 쓸개의 활성을 조절하는 **장신경계(enteric division)**로 나눌 수 있다.
- 척추동물에서 **성상세포(astrocyte)**, 희소돌기세포, 슈반세포, 뇌실막세포, 방사상글리아를 포함하는 **신경교세포(glia)**는 신경세포의 원활한 기능을 돕는다.

? 반사작용을 담당하는 신경회로는 어떻게 빠른 반응을 가능케 하는가?

개념 49.2

척추동물의 뇌는 부위별로 특화되어 있다

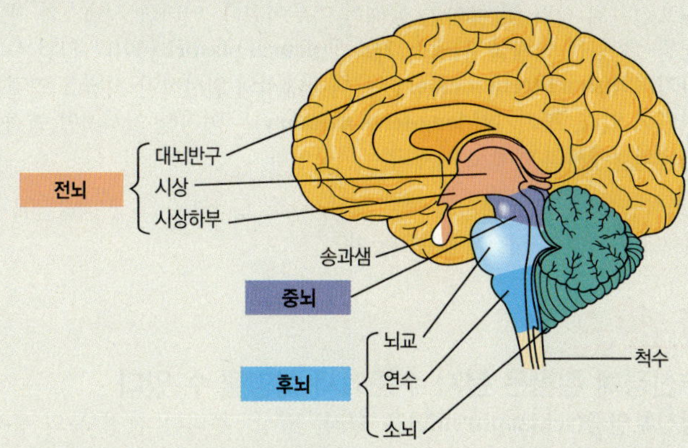

- 대뇌는 두 반구로 나누어져 있고 각 반구는 피질인 **회백질(gray matter)**이 **백질(white matter)**과 기저체를 싸고 있다. 기저체는 운동의 계획과 학습에 있어서 중요한 역할을 한다. **뇌교(pons)**와 **연수(medulla oblongata)**는 말초신경계와 중추신경계 사이의 정보를 상호 전달하는 거점이다. **뇌간(brainstem)**의 신경세포망인 망상체(reticular formation)는 각성과 수면조절 기능을 한다. **소뇌(cerebellum)**는 조화로운 운동조절과 지각, 인지작용을 수행한다. 운동학습과 기억에도 관여한다. **시상(thalamus)**은 감각정보와 운동정보가 **대뇌(cerebrum)**를 출입하기 위해 통과해야 하는 중요한 부위이다. **시상하부(hypothalamus)**는 항상성 유지, 생존을 위한 기본행동에 관여한다. 시상하부 내에 있는 **시상교차상핵(suprachiasmatic nucleus, SCN)**은 일주기성 리듬을 조절한다. **편도체(amygdala)**는 많은 감정의 기억과 인식에 중요하다.

? 시각과 시각정보에 대한 반응에서 있어서 특정 뇌부위가 하는 역할은 무엇인가?

개념 49.3

대뇌피질은 수의적 운동과 인지 기능을 조절한다

- 두 반구의 **대뇌피질(cerebral cortex)**은 각각 전두엽, 측두엽, 두정엽, 후두엽의 네 개의 엽으로 구성되며 1차 감각영역과 연합영역을 포함하고 있다. 특정 유형의 감각정보는 1차 감각영역으로 입력된다. 연합영역은 입력된 감각정보의 특별한 양상을 처리한 후 다른 감각영역으로부터 전달된 정보와 통합한다. 브로카영역과 베르니케영역은 언어의 생성과 이해에 필수적인 부위이다. **좌반구(left cerebral hemisphere)**는 언어, 계산 및 논리적인 연산 작용을 수행한다. 우반구는 유형인식, 비언어적인 사고에 강한 면을 보인다.
- 체감각피질과 운동피질의 신경세포는 이들이 담당하는 신체부위에 따라서 질서있게 배열되어 있다.
- 고등 인식작용을 수행할 수 있는 영장류와 고래류는 대뇌피질의 표면이 매우 주름진 형태인 신피질을 가지고 있다. 조류의 뇌에서 외피(pallium)라고 불리는 영역은 포유동물의 대뇌피질과 유사한 기능을 수행하는 신경핵들의 집단을 포함하고 있다. 어떤 조류는 문제를 해결하고 추상적인 개념을 이해하는 등 고등 인식작용을 보여준다.

? 어떤 환자가 사고 후에 언어의 문제와 더불어 몸의 한 쪽이 마비되는 증상을 보였다. 어느 쪽이 마비되었을 것으로 추정하며 그 이유는 무엇인가?

개념 49.4

시냅스 연결의 변화는 기억과 학습의 기초가 된다

- 발생 과정 동안 필요 이상의 신경세포와 시냅스가 만들어진다. 배아 시기 동안 계획된 신경세포의 사멸과 시냅스의 제거현상으로 신경계는 기본구조를 갖추게 된다. 성체에서도 시냅스에서 신경계의 재조정이 일어난다. 이러한 변화는 시냅스의 형성과 소멸, 혹은 시냅스에서 신호전달의 강화 및 약화를 통해서 이루어진다. 이러한 시냅스가 재조정될 수 있는 역량을 **시냅스 가소성(neural plasticity)**이라 일컫는다. **단기기억(short-term memory)**은 해마에서의 일시적인 시냅스 연결과 관련이 있다. **장기기억(long-term memory)**은 이러한 일시적인 연결이 대뇌피질에서의 연결로 대체되는 현상이다.

? 다언어의 습득은 유년기의 어린 시절일수록 쉽다고 한다. 신경발달에 대한 이해와 이 현상이 어떻게 부합하는가?

개념 49.5

중추신경계 질환은 분자 수준에서 설명될 수 있다

- **정신분열증(schizophrenia)**은 환각, 망상, 무뎌진 감정 등의 증상을 보이며 도파민을 신경전달물질로 사용하는 신경전달경로의 이상과 관련이 있다. 뇌의 생체내 아민의 활성을 높이는 약물들은 **조울증(bipolar disorder)**이나 **우울증(major depressive disorder)**을 치료하는 약물로 사용될 수 있다. 충동적 약물의 오용 등의 증상을 보이는 중독은 정상 상황에서는 생존과 생식을 위한 활동의 동기유발을 조절하는 보상회로의 비정상적인 활성에 기인한다.
- **알츠하이머병(Alzheimer's disease)**과 **파킨슨병(Parkinson's disease)**은 연령과 밀접한 관계가 있는 신경퇴화질환이다. 알츠하이머병은 치매로서 뇌조직에 노인반과 신경섬유응집체가 형성된다. 파킨슨병은 도파민신경세포의 사멸과 단백질응집체의 형성에 기인한 운동실조증이다.

? 암페타민이나 PCP가 정신분열증의 증상에 유사한 효과를 보인다는 사실은 이 질환이 매우 복잡한 병인을 가지고 있음을 암시한다. 그 이유를 설명해 보라.

생각해보자

수준 1: 지식/이해

1. 각성상태를 조절하는 망상체는 어디에 존재하는가?
   a. 기저핵　　b. 뇌간
   c. 변연계　　d. 척수
2. 다음 중 구조 혹은 부위와 그 기능이 옳게 짝지어지지 않은 것은?
   a. 변연계 – 말하기의 운동 조절
   b. 연수 – 항상성 조절
   c. 소뇌 – 운동과 균형의 조정
   d. 편도체 – 감정 기억
3. 베르니케 영역에 손상을 가진 환자는 어떤 어려움을 갖게 되는가?
   a. 사지 움직임의 조정　　b. 말하는 것
   c. 얼굴의 인식　　d. 언어의 이해
4. 대뇌피질의 주요 역할은?
   a. 단기기억　　b. 장기기억
   c. 일주기리듬　　d. 숨참기

수준 2: 응용/분석

5. 중풍을 겪은 한 환자가 자신의 전면부의 어느 곳에 있던지 물체들을 보는데 아무런 문제가 없음에도 불구하고 자신의 오른쪽 시야에 있는 물체에만 주의집중을 하였다. 이 물체를 묘사해 보라고 부탁하면 거리와 크기를 판단하는 데 어려움이 있었다. 중풍에 의해서 손상된 부위는 어디로 추정되는가?
   a. 왼쪽 전두엽　　b. 오른쪽 전두엽
   c. 오른쪽 두정엽　　d. 뇌량
6. 손상이 시상하부에 국한된 경우 어떤 기능이 손상을 받는가?
   a. 체온조절
   b. 단기기억
   c. 의사결정과 같은 실행 기능
   d. 감각정보의 분류
7. **DRAW IT** 날카로운 물체에 손가락을 찔렸을 때 손을 움츠리는 통증에 의한 반사작용은, 척수에 있는 두 시냅스에 의해 이루어지는 매우 간단한 신경회로를 통해 이루어진다. (a) 척수의 단면을 원으로 나타내고 신경세포의 유형을 표시한 후, 정보가 흐르는 방향과 시냅스의 위치를 제시하라. (b) 최종적으로 통증을 인식하는 뇌 부위를 뇌를 그려 표시하라.

수준 3: 종합/평가

8. **진화적 관점**
   과학자들은 종종 동물의 지능을 알아내고자 고등정신작용을 척도로 이용한다. 예를 들어, 조류는 도구를 사용하며 추상적인 개념을 쓸 수 있기 때문에 고도의 정신작용을 가지고 있다고 여겨질 수 있다. 여기서 지능을 규정하는 방법론상의 문제점을 지적해 보라.
9. **과학적 탐구**
   수화에 능통했던 사람이, 좌반구에 손상을 입은 후에는 수화를 이해하는 데는 전혀 문제가 없었으나 자신의 생각을 수화로 표현하는 데는 문제가 생겼다. 이러한 현상을 설명할 수 있는 두 가설을 제시하고, 이 두 가설의 차이를 조사할 수 있는 방법을 설명하라.
10. **과학, 기술, 사회**
   뇌의 활성을 스캔하는 기술이 점차 발달함에 따라서 개인의 특별한 감정을 감지할 수 있는 기술이 개발되고 있다. 이러한 기술이 가능해진다면 그 이점과 대두될 문제점은 무엇일까?
11. **글쓰기: 정보**
   성체 신경계의 분화현상을 유전체로 설명하는 것이 불완전함에 대해서 100~150 단어로 짧은 글을 써 보라.
12. **종합적으로 생각해보기**

당신이 대중 앞에서 마이크를 사용하여 연설을 하는 장면을 상상해보자. 연설문을 점검하고 연설을 시작한다. 이 장에서 공부한 정보들을 이용하여 당신이 첫 단어를 말하기까지 뇌의 특정 부위에서 일어나는 일련의 사건들을 묘사해 보라.

정답은 부록 A 참조.

50

동물의 감각과 운동

핵심 개념

50.1 감각수용기는 자극에너지를 신호로 변환시켜 중추신경계로 전달한다

50.2 청각과 평형감각에 관여하는 기계적수용기는 체액의 유동이나 입자의 침전을 감지한다

50.3 동물의 다양한 시각수용기는 빛을 흡수하는 시각색소에 의존한다

50.4 미각과 후각은 유사한 일단의 감각수용기에 의해 이루어진다

50.5 근육은 섬유 단백질 간의 물리적인 상호작용을 통해 기능을 수행한다

50.6 골격계는 근육의 수축을 움직임의 형태로 전환한다

▲ **그림 50.1** **별 모양의 코는 장식에 불과할까?**

감각과 민감성

북미대륙의 동쪽 습지의 터널에서 서식하는 별코두더지(*Condulura cristata*)는 빛이 전혀 없는 곳에서 살아간다. 이 두더지는 시각이 거의 퇴화된 상태임에도 불구하고 먹이를 감지하고 먹는데까지 걸리는 시간은 120밀리초(msec)에 불과한 능숙한 포식자이다. 이러한 뛰어난 사냥 능력은 코 부위로부터 돌출되어 분홍빛의 별 모양을 이루고 있는 열한 쌍의 부속지 덕분이다(**그림 50.1**). 부속지는 손가락처럼 보이지만 실제로 물체를 잡는 데 사용되지는 않으며 냄새를 맡는 코의 기능도 없다. 그렇다고 단순히 장식에 불과한 것은 아니고 매우 특화된 기능을 담당하고 있다. 부속지의 표면에는 25,000개의 접촉 감각기가 존재하는데, 이는 우리의 손바닥에 있는 수용기의 개수보다 더 많은 것이다. 100,000개의 신경세포가 코의 부속지에서 뇌로 촉각을 전달한다.

감각정보를 감지하고 처리하며 운동반응을 일으키는 일련의 과정은 모든 동물행동의 생리적 근간이 된다. 이 장에서는 척추동물과 무척추동물에서 감각과 행동의 과정을 살펴볼 것이다. 먼저 동물의 외부 및 내부 환경에 관한 감각정보가 어떻게 뇌로 전달되는지를 알아볼 것이다. 그리고 뇌의 명령을 실질적인 움직임을 통해서 수행하는 골격과 근육의 구조 및 기능에 대해서도 공부하게 될 것이다. 마지막으로 동물의 이동에 관한 다양한 기작을 배우게 될 것이다. 이러한 주제들은 자연스럽게 52장에서 공부하게 될 동물의 행동으로 이어지게 된다.

개념 50.1

감각수용기는 자극에너지를 신호로 변환시켜 중추신경계로 전달한다

모든 감각 과정은 자극으로부터 시작되며, 모든 자극은 에너지의 형태를 띠고 있다. 감각수용기는 자극에너지를 막전위의 변화로 변환시키고 그럼으로써 중추신경계(CNS)로 전달되는 활동전위 출력을 조절한다. 중추신경계에서 이 정보를 해독하면 감각작용이 일어난다.

자극이 신경계에 의해서 감지되고 처리되면 운동반응이 일어난다. 그림 49.7에서 살펴본 무릎반사의 예처럼 반사는 자극-반응 회로 중 가장 간단한 형태이다. 다른 많은 행동들은 감각정보의 통합을 포함하는 보다 정교한 처리 과정을 통해서 일어난다. 예를 들면, 별코두더지가 터널에서 먹이를 채집하는 과정을 살펴보자(그림 50.2). 두더지의 코가 물체와 접촉하면 코의 접촉수용기가 활성화된다. 이들 수용기는 두더지의 뇌로 물체에 대한 감각정보를 보낸다. 뇌의 회로는 정보를 통합하여 물체가 먹이냐의 여부에 따라서 다음 두 가지 반응 중 하나를 개시하게 한다. 뇌로부터 운동출력이 몸의 골격근으로 전달되어 물체를 물거나 혹은 터널을 따라서 계속 진행하도록 한다.

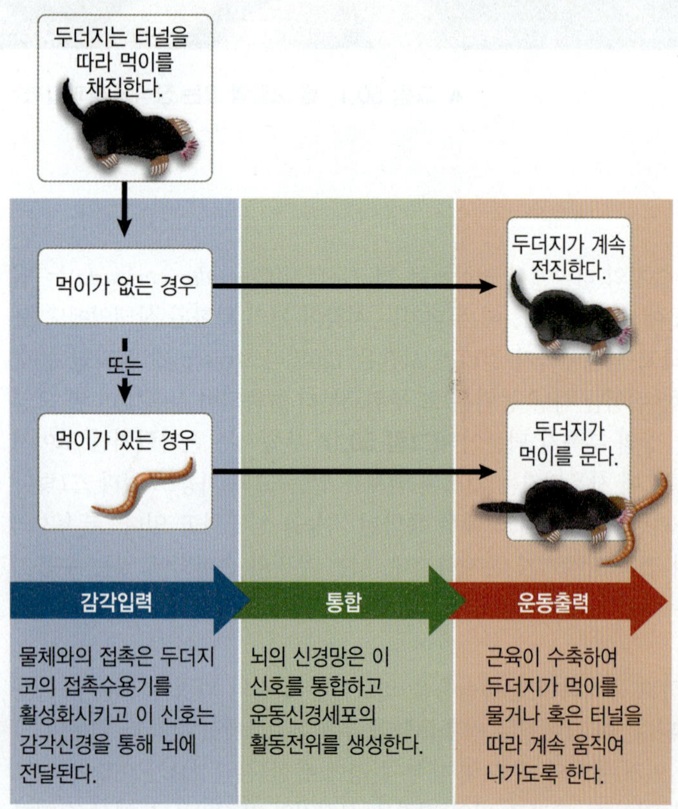

▲ 그림 50.2 간단한 반응 경로: 별코 두더지의 먹이채집

이상의 개괄적인 내용을 염두에 두고 동물 감각계의 활성과 일반적인 구성에 대해서 알아보자. 감각수용, 변환, 전달, 인지의 네 가지 기본적인 기능에 초점을 맞출 것이다.

감각수용과 변환

감각경로는 감각세포가 자극을 감지하는 **감각수용(sensory reception)**으로부터 시작된다. 어떤 감각세포는 그 자체가 특화된 신경세포이며, 어떤 것들은 신경세포가 아니라 신경세포의 활성을 조절하는 비신경성 세포들이다(그림 50.3). 어떤 감각세포는 독립적으로 존재하기도 하고, 어떤 경우 그림 50.1의 두더지의 별 모양 코에서 보듯이 집단을 이루어 감각기관으로 존재하기도 한다.

특정 자극에 반응하는 감각세포의 구조물은 물론이고 감각세포 혹은 감각기관을 **감각수용기(sensory receptor)**라 부른다. 많은 감각수용기는 열, 빛, 압력, 화학물질과 같은 몸 밖으로부터 오는 자극을 수용하며, 몸 안의 자극을 감지하여 혈압, 몸의 위치 등을 파악하는 수용기도 있다. 감각수용기의 활성화는 반드시 큰 자극 에너지를 필요로 하는 것은 아니다. 실지로 어떤 감각수용기는 가능한 최소 자극을 감지할 수 있다. 예를 들어 대부분의 빛수용기는 한 광자의 빛을 감지할 수 있다.

동물은 다양한 자극을 감지하기 위하여 여러 형태의 감각수용기를 이용하지만, 모든 자극의 결과는 감각수용기에 존재하는

▼ 그림 50.3 감각수용기의 종류

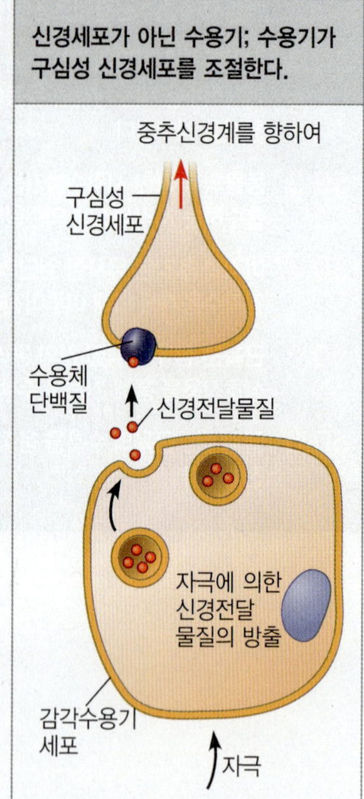

이온통로가 열리거나 닫히는 것이다. 예를 들면, 세포 밖에 존재하는 물질이 세포막의 화학적 수용기에 결합하면 이온통로가 열리거나 닫히게 된다. 따라서 막을 통한 이온의 흐름으로 인해 세포막의 전위가 변화하게 된다.

물리적 혹은 화학적 자극이 감각수용기 막전위로 변환되는 과정을 **감각변환(sensory transduction)**이라 하며 이러한 막전위의 변화를 **수용기전위(receptor potential)**라 부른다. 수용기전위는 차등전위이며, 따라서 그 크기는 자극의 크기에 따라 변화한다.

전달

감각정보는 활동전위의 형태로 신경계를 통해 전달된다. 대부분의 감각수용기는 자극에너지를 수용기전위로 변환시킨 후 중추신경계에서 활동전위의 전달(transmission)을 개시한다.

감각수용기로 기능을 하는 신경세포들은 활동전위를 생성하여 중추신경계로 뻗은 축삭을 통해 신호를 전달한다(그림 50.3). 신경세포가 아닌 감각수용기는 구심성 감각신경세포와 직접 연결된 화학시냅스를 맺으며 자극에 반응하여 구심성신경세포의 활동전위의 빈도를 증가시킨다(하나의 예외적인 예는 개념 50.3에서 논의할 척추동물의 시각계이다).

수용기전위의 크기는 자극의 강도가 커짐에 따라 증가한다. 만일 수용기가 감각신경세포라면 큰 수용기전위는 보다 빈번한 활동전위를 생성시키게 될 것이다**(그림 50.4)**. 만일 수용기가 감각신경세포와 시냅스를 맺고 있는 상황이라면 보다 큰 수용기전위는 시냅스에서 보다 많은 양의 신경전달물질을 분비하게 할 것이다.

많은 감각신경세포들은 낮은 빈도의 자발적인 활동전위를 생성하고 있다. 그러므로 자극은 활동전위의 생성을 만들거나 만들지 않는 온-오프의 스위치 역할을 하기보다는, 활동전위의 빈도를 조절하는 역할을 한다고 보는 것이 타당하다. 이처럼 감각신경세포는 중추신경계가 자극의 유무뿐만 아니라 자극의 강도와 방향의 변화에도 반응할 수 있도록 한다.

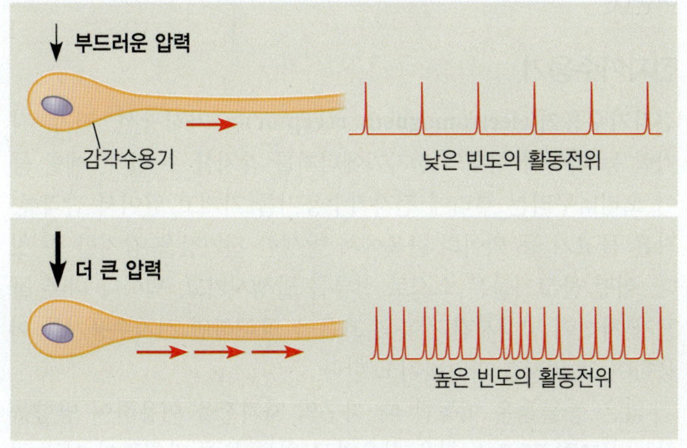

▲ **그림 50.4** 감각수용기에 의한 자극 강도의 암호화 방식

감각정보의 정교한 처리는 중추신경계로 활동전위가 전달되기 전, 전달되는 동안, 혹은 전달된 후 등 모든 과정에서 이루어질 수 있다. 감각수용기의 여러 부위로 가해진 자극들에 의해서 생성된 수용기전위는 가감현상에 의해서 종합(integration)되고, 마찬가지로 많은 수용기와 시냅스를 맺고 있는 감각신경세포의 시냅스후전위도 가감현상에 의해서 종합된다(그림 48.15). 눈처럼 복잡한 감각기 구조를 가진 경우에는 더 높은 수준의 종합현상이 일어나며 중추신경계가 모든 입력 신호를 더욱 정교하게 처리한다.

인지

활동전위가 감각신경세포에 의해서 뇌까지 이르게 되면 자극이 **인지(perception)**된다. 색깔, 냄새, 소리, 맛 등의 인지작용은 뇌의 작용을 통해서 만들어진 해석의 방법이지 어떤 실체가 있는 것은 아니다. 만일 나무가 넘어질 때 쓰러지는 소리를 들어줄 동물이 존재하지 않는다면 소리가 실재하는 것인가? 나무가 쓰러지면서 공기 중에 파동을 생성할 것은 분명하지만 만일 소리를 인지의 한 형태로 정의한다면, 동물이 파동을 감각하고 그것을 소리로 인지하지 않을 경우에 소리는 존재하지 않는다고 할 수 있다.

눈을 자극한 빛에 의해 유도된 활동전위는 귀에서 음파에 의해 유도된 활동전위와 동일한 성질을 가지고 있다. 그러면 어떻게 시각, 소리, 그리고 다른 종류의 자극을 다르게 느낄 수 있는 것인가? 해답은 감각수용기와 뇌의 연결에서 찾을 수 있다. 감각수용기에서 발생한 활동전위는 특정 자극을 전달하는 신경세포들에 의해 척수 혹은 뇌의 특정 신경세포와 시냅스를 맺고 있다. 그 결과, 뇌로 전달되기까지 어떤 경로를 따라서 활동전위가 도달되었는가를 통해서 자극의 종류를 구별할 수 있게 된다.

증폭과 적응

감각수용기에 의해 변환된 자극은 증폭과 적응이라는 두 유형의 조절 과정을 겪는다. 자극에너지가 에너지 변환 과정을 통해서 강화되는 현상을 **증폭(amplification)**이라고 한다. 예를 들어, 눈에서 생성된 활동전위는 활동전위를 유도했던 광자에너지와 비교하면 100,000배의 에너지를 가지고 있다.

증폭은 종종 2차 신호전달자가 관여하는 신호전달경로에 의해서 조절된다. 이 경로는 효소 촉매성 반응들을 포함하기 때문에, 하나의 효소가 만들어 내는 많은 분자에 의해서 자극의 증폭이 일어난다. 증폭은 복잡한 감각기관의 보조적인 구조물을 통해서 일어나기도 하는데, 이런 기작을 통해서 음파는 속귀의 수용체에 도달하기 전까지 20배 이상 증폭된다.

계속되는 자극은 자극에 대한 수용기의 반응을 감소시키는데 이러한 현상을 **감각적응(sensory adaptation)**이라 한다. 감각적응 현상이 없다면 자신의 심장박동과 옷을 입은 이물감에 끊임없이 시달려야 할 것이다. 적응은 자극 강도의 폭넓은 변화를 보고, 듣고, 냄새 맡을 수 있게 해준다.

감각기와 수용기

감각수용기는 받아들이는 에너지의 형태에 따라서 기계적수용기, 화학수용기, 전자기수용기, 온도수용기, 통각수용기 등 다섯 범주로 나눌 수 있다.

기계적수용기

기계적수용기(mechanoreceptor)는 압력, 접촉, 신장(늘어남), 움직임, 소리와 같은 자극에 의해 일어나는 물리적인 변형을 감지한다. 기계적수용기는 세포골격과 같은 세포내 구조물은 물론, 섬모와 같은 세포외 구조물과 연결된 이온통로를 가지고 있다. 기계적수용기의 세포막이 구부러지거나 늘어나게 되면 장력이 발생하여 이온통로의 투과성을 변화시킨다. 이러한 이온 투과성의 변화가 막전위를 탈분극시키거나 과분극시킨다(48장).

매우 친숙한 무릎반사작용(그림 49.7)은 척추동물의 기계적수용기인 신장수용기가 근육의 움직임을 감지함으로써 개시된다. 척추동물의 신장수용기는 특별한 작은 골격근 섬유의 중간 부위를 나선형으로 감싸고 있는 감각신경세포의 수상돌기로 이루어져 있다. 근육이 신장하면 감각신경세포가 탈분극 되어 활동전위가 유도되며 이 활동전위가 척수에 전달되어 운동신경세포를 활성화시켜 반사작용을 일으킨다.

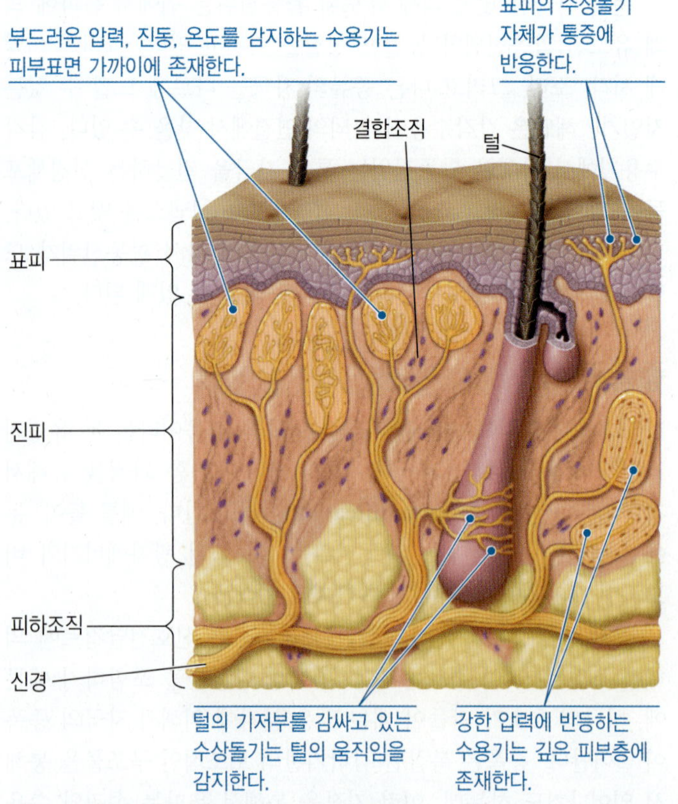

▲ **그림 50.5 사람 피부의 감각수용기.** 진피층에 존재하는 대부분의 수용기는 결합조직으로 보호되어 있다. 표피의 수용기는 수상돌기 자체이며, 피부에 있는 털의 움직임을 감지하는 수용기는 진피층에 있는 털의 뿌리부분을 감고 있는 수상돌기이다.

포유동물의 촉각도 감각신경세포의 수상돌기를 통해서 이루어진다. 이 기계적수용기는 종종 결합조직층에 분포하고 있다. 결합조직의 구조와 수용기의 위치는 가장 잘 감지할수 있는 기계적 에너지의 종류(가벼운 접촉, 진동 혹은 강한 압력)를 결정한다(그림 50.5). 가벼운 접촉이나 진동을 감지하는 수용기는 피부의 표면에 존재하여 약한 기계적 에너지를 수용기전위로 전환한다. 강한 압력이나 진동에 반응하는 수용기는 피부의 깊은 층에 위치한다.

어떤 동물들은 기계적수용기를 이용하여 주변을 감지한다. 예를 들어, 고양이나 설치류들은 수염의 기저부에 극도로 민감한 기계적수용기를 가지고 있다. 털의 움직임은 활동전위를 일으키고 털의 위치에 따라서 뇌의 서로 다른 신경세포에 활동전위를 전달하게 된다. 따라서 매우 근접한 사물의 자세한 정보를 털의 움직임을 통해 감지할 수 있다.

화학수용기

화학수용기(chemoreceptor)는 녹아 있는 모든 용질의 농도를 전반적으로 감지하는 일반수용기와 특정 분자에만 선택적으로 반응하는 특수 수용기가 있다. 포유동물의 뇌에 존재하는 삼투수용기는전반적인 혈중 용질의 농도를 감지하는 일반 수용기이며 삼투압이 증가하면 갈증을 유발하는 역할을 한다(그림 44.18). 대부분의 동물들은 포도당, 산소, 이산화탄소 그리고 아미노산 등의 특정 분자에 대한 수용기를 가지고 있다.

누에나방 수컷의 더듬이에는 알려진 것 중 가장 선택적이면서도 민감한 두 화학수용기가 존재한다(그림 50.6). 이 수용기들은 암컷의 성페로몬에 들어 있는 두 화학적 성분을 감지할 수 있다. 이 모든 화학수용기의 작용은 화학수용기세포의 막에 존재하는 수용체에 자극 분자가 결합함으로써 막의 투과성을 변화시켜 일어난다.

전자기수용기

전자기수용기(electromagnetic receptor)는 가시광선, 전기, 자기력 등 다양한 형태의 전자기에너지를 감지할 수 있다. 예를 들어 오리너구리는 부리에 전자기수용기를 가지고 있어서 갑각류, 작은 물고기 등 먹이의 근육에서 발생한 전기장을 감지할 수 있다. 어떤 물고기들은 스스로 전류를 발생시키고, 먹이나 다른 물체가 자신이 발생시킨 전류의 흐름을 방해하면 전기수용기를 이용하여 그 위치를 파악하기도 한다.

많은 동물들은 이동할 때 지구의 자기장을 이용하여 방향을 잡는다(그림 50.7a). 철을 함유하고 있는 무기 자철광이 이 능력

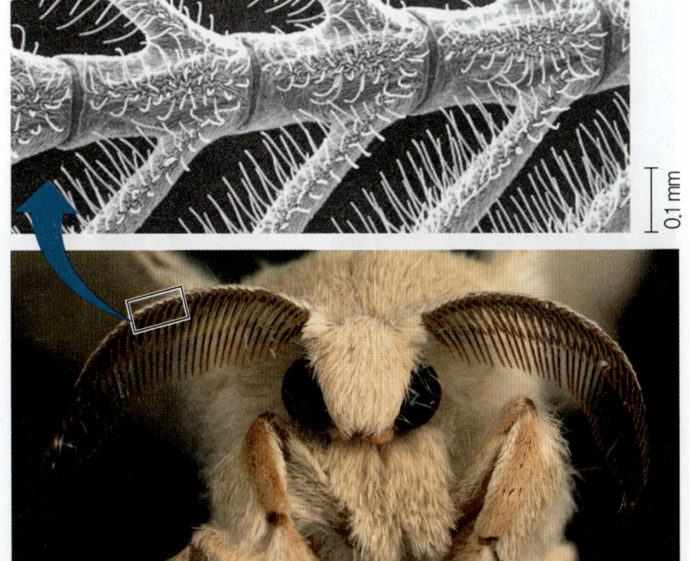

▲ **그림 50.6 곤충의 화학수용기.** 누에나방(*Bombyx mori*) 수컷의 더듬이는 주사전자현미경으로 확대해 보면 감각털로 덮여 있다. 털은 화학수용기를 가지고 있어서 암컷에 의해 분비되는 성페로몬에 매우 민감하다.

(a) 북해의 돌고래 등 이주하는 동물들은 지구의 자기장을 감지하여 이동 방향을 결정하는 것으로 보인다.

(b) 방울뱀은 각 눈과 코 사이에 열감지 함몰 기관을 가지고 있어서 약 1미터 떨어진 쥐의 체온에 의해 발산되는 적외선을 감지할 수 있다. 머리를 양옆으로 움직이다가 적외선이 두 수용기에 의해서 동일한 세기로 감지될 때 쥐가 바로 앞 방향에 있음을 알게 된다.

▲ **그림 50.7 전자기 수용기와 온도수용기의 예**

을 담당하는 것으로 보인다. 한때 선원들이 항해를 위한 나침반을 만들기 위해 모았던 자철광은 연어, 비둘기, 바다거북, 사람 등 척추동물에서, 벌에서, 연체동물에서, 그리고 지구 자장의 영향을 받는 원생생물과 원핵생물에서 발견되며 이들에게도 나침반 역할을 하는 것으로 보인다.

온도수용기

온도수용기(thermoreceptor)는 열과 차가움에 반응한다. 예를 들어 어떤 독을 가진 뱀은 온기를 가진 먹이가 발산하는 적외선을 온도수용기를 이용하여 감지한다. 이 온도수용기는 뱀의 머리에 있는 함몰 기관(pit organ)에 존재한다(**그림 50.7b**). 사람의 온도수용기는 피부와 시상하부의 앞부분에 존재하며 시상하부의 뒤쪽에 위치하는 신체 온도조절기에 정보를 보낸다. 최근에 온도 감지에 대한 우리의 이해의 깊이가 깊어진 것은 매운맛을 내는 음식 덕분이다. 고추의 매운 맛은 캡사이신 때문이다. 신경세포에서 캡사이신과 결합하는 단백질이 있다는 사실을 발견한 연구자들은 매우 흥미로운 결과를 보고하였다. 즉, 캡사이신뿐만 아니라 42°C 이상의 고온도 이 수용체를 활성화시켜 칼슘통로를 열리게 한다는 것이다. 본질적으로 매운 음식은 "뜨거운" 맛을 내는데 그 이유는 뜨거운 국이나 커피가 활성화시키는 동일한 수용체에 작용하기 때문이다.

포유류는 특정 온도대에 보다 민감한 여러 종류의 온도 수용체를 가지고 있다. 캡사이신 수용체와 적어도 5종류의 온도수용기들은 일시적 수용기 전위(transient receptor family, TRP)를 일으키는 이온통로 단백질 패밀리들이다. 높은 온도를 인지하는 TRP 유형의 수용체가 캡사이신에 민감한 것처럼, 28°C 이하의 온도에 선택적으로 반응하는 TRP 수용체는 "시원한" 향의 식물성 성분인 멘톨에 의해서 활성화된다.

통각수용기

과도한 압력이나 온도 혹은 특정 화학물질은 동물의 조직을 파괴한다. 이러한 유해한 자극은 **통각수용기(pain receptor, nociceptor;** *nocere*는 라틴어로 통증의 뜻)를 통해 감지된다. 통증은 위험한 상황으로부터 몸을 피하는 등 방어작용을 야기하기 때문에 생존을 위해서 매우 중요한 감각이다.

개체 스스로 생성한 화학물질이 통증을 증가시키기도 한다. 예를 들면, 손상된 조직은 프로스타글란딘을 생성하여 국부적으로 염증을 조절한다(41장). 또한 프로스타글란딘은 수용기의 역치를 낮춤으로써 자극에 민감하게 만들어서 통증을 증가시킨다. 아스피린이나 이부프로펜은 프로스타글란딘의 합성을 억제하여 통증을 완화시킨다.

다음은 균형유지와 청각에 관련된 시스템을 시작으로 감각신경계에 대해서 알아보자.

개념 확인 문제 50.1

1. 다섯 가지 유형의 감각수용기 중에서 외부의 자극만을 주로 감지하는 수용기는 무엇인가?
2. "매운" 고추가 포함된 음식물을 먹을 때 땀을 흘리는 이유는 무엇인가?
3. **WHAT IF?** 감각신경세포를 전기적으로 직접 자극하면 이 자극은 어떻게 인지될 것인가?

정답은 부록 A 참조

개념 50.2

청각과 평형감각에 관여하는 기계적수용기는 체액의 유동이나 입자의 침전을 감지한다

대부분의 동물에서 청각과 균형감각은 밀접하게 관련되어 있고 둘 다 기계적수용기에 의해 이루어진다. 기계적수용기에서는 입자의 가라앉음과 체액의 유동에 의해 세포막 일부가 구부러지면서 수용기전위가 생성된다.

무척추동물에서 중력과 소리의 감지

대부분의 무척추동물은 중력과 평형 상태를 감지하는 감각기관인 **평형포(statocyst)**를 가지고 있다(그림 50.8). 일반적인 평형포는 모래알이나 밀도가 높은 작은 알갱이로 형성된 **평형석(statolith)**이 섬모를 가진 수용기세포가 둘러싸고 있는 빈 공간에 자유롭게 들어앉아 있다. 동물이 위치를 새롭게 잡을 때마다 평형석이 자리를 다시 잡으면서 평형포 내의 가장 낮은 지점에 있는 기계수용기를 자극한다.

무척추동물이 평형석의 재정착을 통해서 지구의 중력에 대한 자신의 상대적인 위치를 파악할 것이라는 가설을 어떻게 확인해 볼 수 있을까? 평형석을 철부스러기로 인위적으로 대체시킨 가재에서 안테나의 기저부에 있는 평형포의 위쪽 끝으로 자석을 이용하여 철부스러기를 끌어올리면 헤엄치는 방향을 위 아래가 거꾸로 되게 속일 수도 있다.

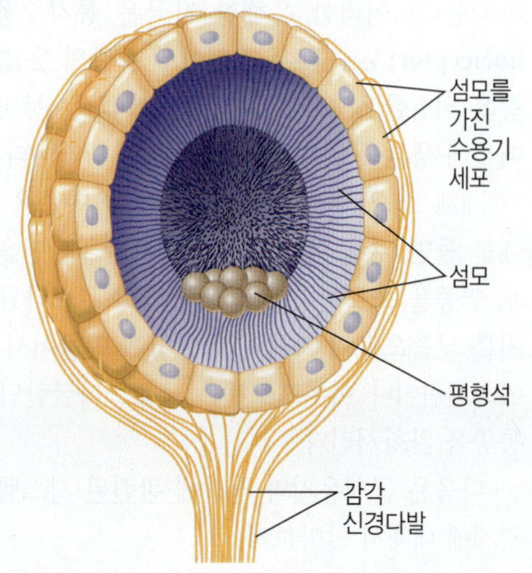

▶ **그림 50.8 무척추동물의 평형포.** 평형석이 빈 공간의 가장 낮은 지점으로 가라앉으면 그 위치에 있는 수용기의 섬모가 구부러져서 몸의 방향이 중력에 대해서 상대적으로 어디에 위치하는지를 파악할 수 있게 해준다.

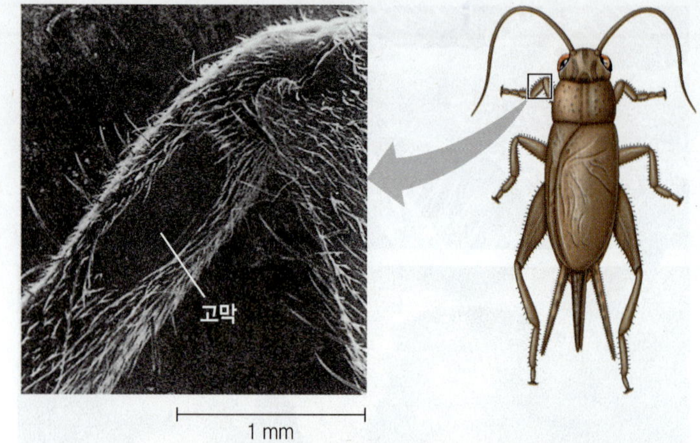

▲ **그림 50.9 다리에 존재하는 곤충의 "귀".** 음파에 진동하는 고막이 귀뚜라미의 앞다리에 위치하는 것을 SEM을 통해 관찰할 수 있다. 진동은 고막의 안쪽에 붙어 있는 기계적수용기를 흥분시킨다.

대부분의 곤충은 몸에 털이 있는데 이 털은 음파에 의해서 진동한다. 털의 딱딱한 정도와 길이에 따라서 다른 주파수의 소리에 반응하게 된다. 털은 다른 생물에 의해서 만들어진 특정 소리의 주파수와 공명하기도 한다. 예를 들어, 날아가는 암컷 모기의 날개짓에 의해 만들어진 소리는 수컷 모기의 더듬이 털을 진동시킨다. 잠재적 짝에 대한 수컷의 끌림에서 이 감각계의 중요성은 매우 단순하게 증명될 수 있다: 암컷의 날개 주파수와 같은 진동수로 털이 진동하면 수컷은 그것에 이끌리게 될 것이다.

많은 곤충들은 신체의 국부적인 위치에 "귀"를 간직하고 있는데 공기가 차 있는 공간을 막고 있는 고막(tympanic membrane)이 막고 있는 구조이다(그림 50.9). 바퀴벌레는 이러한 고막은 없으나 다리에 진동에 민감한 기관을 가지고 있어서 사람의 발에 밟히지 않을 수 있다.

포유동물의 청각과 평형감각

다른 육상무척추동물과 마찬가지로 포유류에서 청각과 평형감각은 밀접하게 연관되어 있다. 그림 50.10은 사람의 귀에서 이들 기관의 구조를 보여주고 있다.

청각

기타의 현이나 성대와 같이 진동하는 물체는 주변의 공기에 충격을 가해 파동을 만든다. 청각(hearing)작용에서 귀는 파동에너지를 뇌가 소리로서 인지할 수 있는 활동전위로 변화시킨다. 음악, 말소리 혹은 주변의 소음을 듣기 위해서는 **털세포(hair cell)**라 불리는 감각수용기가 필요하다. 털세포의 세포표면에는 움직

▼ 그림 50.10

탐구 사람 귀의 구조

1 귀의 전체적인 구조

외이(outer ear)는 귓바퀴와 청관으로 구성되며 음파를 모아 고막에 전달하는 역할을 한다. **고막(tympanic membrance)**은 외이와 중이의 경계를 이룬다. **중이(middle ear)**에는 망치뼈(malleus), 모루뼈(incus), 등자뼈(stapes) 등 세 개의 청소골이 있다. 이 작은 뼈들은 진동을 **난원창(oval window)**에 전달한다. 난원창은 등자뼈와 맞닿아 있는 막구조이다. **유스타키오관(Eustachian tube)**은 인두와 중이를 연결하는 관이며 외부와 내이의 기압을 일치시키는 역할을 한다. **내이(inner ear)**는 체액으로 차 있으며 뼈로 이루어진 미로로서 **달팽이관(cochlea**; 라틴어로"달팽이"의 뜻)과 **반고리관(semicircular canal)**으로 나누어지며 각각 청각과 평형감각을 맡고 있다.

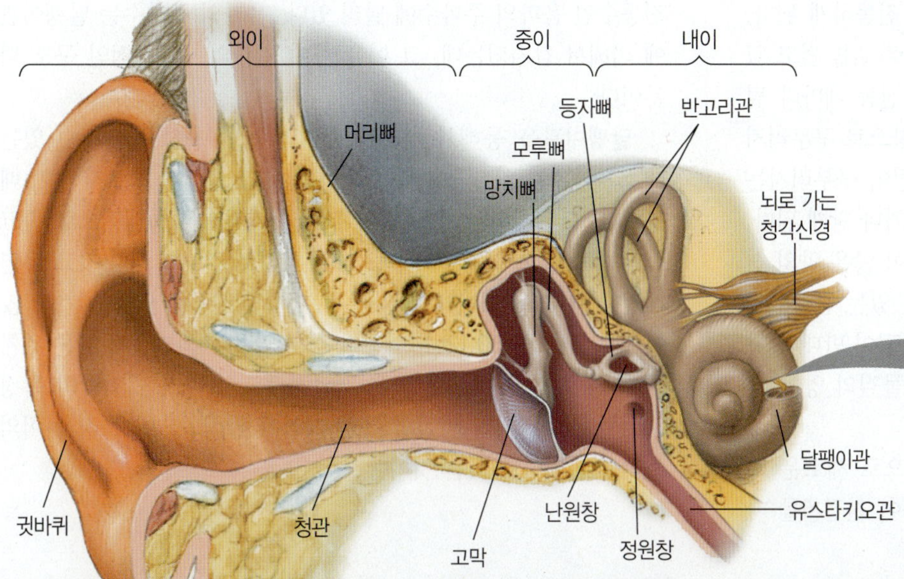

2 달팽이관

달팽이관에는 위 통로인 전정계와 아래 통로인 고실계의 두 큰 관이 있고 그 사이에 작은 통로인 와우관이 있다. 전정계와 고실계는 액체로 차 있다.

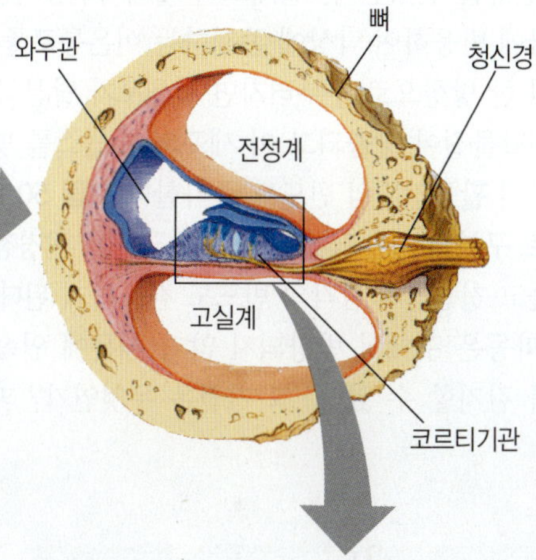

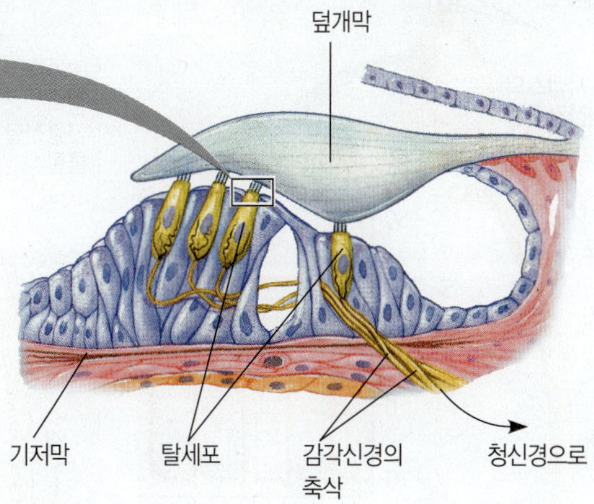

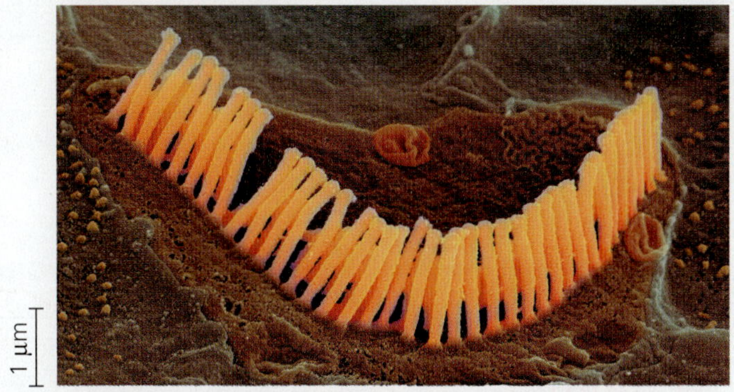

▲ 포유류에서 하나의 털세포로부터 돌출한 털다발(SEM 사진). 두 열의 짧은 털이 한 열의 긴 털 뒤로 보인다.

4 털세포

각 털세포에서 돌출된 간상형의 "털"이 다발을 이루고 있으며 그 중심부에는 액틴미세소관이 있다. 소리에 반응하여 기저막이 진동하면 털세포가 위아래로 진동하게 되고 주변의 체액과 덮개막에 의해 구부러지게 된다. 털이 다발로 구부러지게 되면 기계적수용기를 활성화시켜 털세포의 막전위가 변화한다.

3 코르티기관

와우관의 바닥인 기저막은 **코르티기관(organ of Corti)**을 가지고 있다. 코르티기관은 기계적수용기인 털세포를 가지고 있으며 털의 방향은 와우관을 향한다. 많은 털세포가 덮개막과 맞닿아 있다. 압력파가 기저막을 진동시키면 털세포의 탈분극이 일어난다.

임을 감지하는 털이 있다.

파동이 털세포에 이르기 위해서는 파동을 증폭하고 전달하는 여러 부속 구조물이 필요하다. 청각작용의 첫 번째 과정은 공기를 통해 전달되는 파동을 액체 형태의 파동으로 변화시키는 과정이다. 외이에 도달한 소리는 고막을 진동시킨다. 중이의 세 뼈가 이 진동을 달팽이관의 표면에 있는 막인 난원창에 전달한다. 이 뼈들 중의 하나인 등자뼈가 난원창을 직접 진동시키면 달팽이관 내의 체액(외림프액)에 압력이 가해져 파동이 생성된다.

전정계를 통해 전달되는 압력파는 와우관과 기저막을 누르게 된다. 이에 대한 반응으로서 기저막은 위아래로 진동하게 되고 기저막에 붙어 있는 털세포들 역시 위아래로 진동하게 된다. 움직이는 털세포로부터 돌출된 털들은 털세포 바로 위를 덮고 있는 덮개막에 의해 구부러지게 된다(그림 50.10). 진동 때마다 털세포의 털들은 진동 방향에 따라서 서로 다른 방향으로 구부러지는 현상을 반복한다. 털세포의 기계적수용기는 털이 구부러지는 자극에 반응하여 막상에 존재하는 이온통로를 열거나 닫게 된다. 털이 한 방향으로 구부러지면 털세포가 탈분극되어 많은 양의 신경전달물질이 방출되고 이 세포와 시냅스를 맺고 있는 감각신경세포의 활동전위의 빈도도 증가한다(**그림 50.11**). 털이 반대 방향으로 구부러지면 털세포가 과분극되어 신경전달물질의 양이 줄어들고 청신경의 감각의 빈도도 감소하게 된다.

파동은 귀에서 반향되지 않기 때문에 연속적으로 새로운 소리를 감지할 수 있다. 그 기전은 무엇인가? 파동이 전정계를 따라 이동하다가 달팽이관의 정점에 이르면 돌아서 고실계를 따라 계속 진행한다. 이 파동은 결국 **정원창**(**round window**, **그림 50.12a**)에 부딪치면서 스스로 소멸된다. 이러한 음파의 제동현상은 다음에 연속적으로 도달하는 진동을 감지할 수 있도록 귀를 초기화하는 역할을 한다.

귀가 잡아내는 소리의 두 가지 중요한 변수는 크기와 높낮이이다. 소리의 **크기**(volume)는 음파의 진폭에 의해서 결정된다. 큰 진폭을 가지고 있는 소리는 기저막을 더 강렬하게 흔들기 때문에 털세포의 털이 더 심하게 구부러지고 따라서 청신경에서 높은 빈도의 활동전위가 발생하게 된다. 음의 **고저**(pitch)는 단위 시간당 진동수인 음파의 주파수에 달려 있다. 음파의 주파수는 달팽이관에 의해서 감지되는데, 그 이유는 이 기관의 비대칭적인 구조 덕분이다.

달팽이관을 통해서 이러한 소리의 높낮이를 구별할 수 있는데, 그 이유는 기저막이 세로 방향으로 그 성질이 고르지 않기 때문이다. 난원창과 이웃한 기저 부위의 기저막은 상대적으로 좁고 딱딱하며 끝으로 갈수록, 즉 정점 부위로 갈수록 넓어지고 유연해진다. 따라서 기저막의 각 부위는 특정 진동의 영향을 가장 많이 받는다(**그림 50.12b**). 더욱이 각 지역은 대뇌피질의 다른 위치에 축삭을 통해서 연결된다. 결과적으로 음파가 기저막의 특정 부위를 진동시키면 피질의 특정 지역이 활성화되어 특정 높이의 소리를 인지하게 되는 것이다.

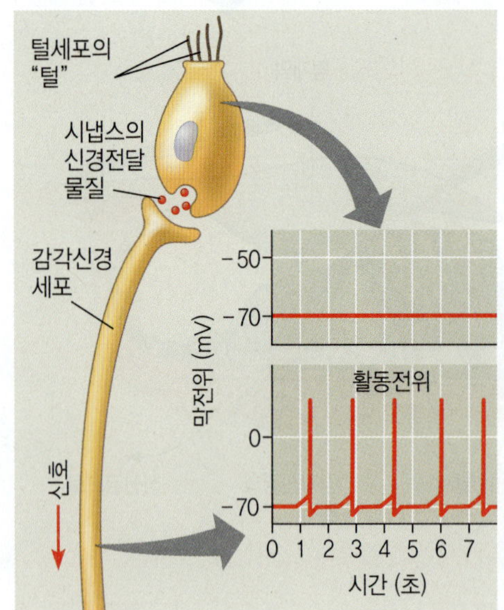

(a) 털이 구부러지지 않을 때

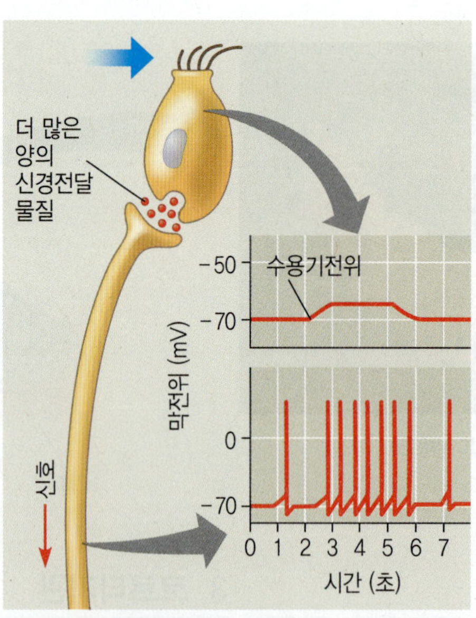

(b) 털이 한 방향으로 구부러질 때

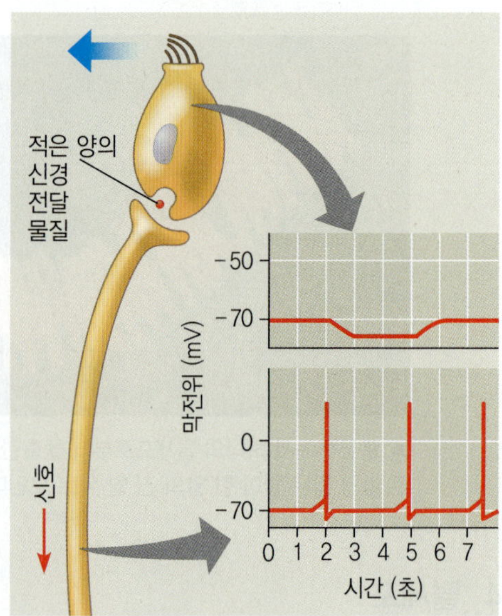

(c) 털이 반대 방향으로 구부러질 때

▲ **그림 50.11 털세포에 의한 감각수용.** 척추동물의 털세포는 주변의 체액의 움직임에 의해 구부러지는 털다발을 가지고 있어서 청각과 균형감각을 유지하는 데 반드시 필요하다. 각각의 털세포는 흥분성 신경전달물질을 시냅스에 분비하여 감각신경세포의 활동전위를 유도하여 중추신경계로 신호를 전달한다. 한쪽 방향으로 털이 구부러지면 탈분극이 유도되어 보다 많은 양의 신경전달물질이 분비되고 결과적으로 감각신경세포에서 생성되는 활동전위의 빈도도 높아진다. 반대 방향으로 털이 구부러지게 되면 반대의 결과를 초래한다.

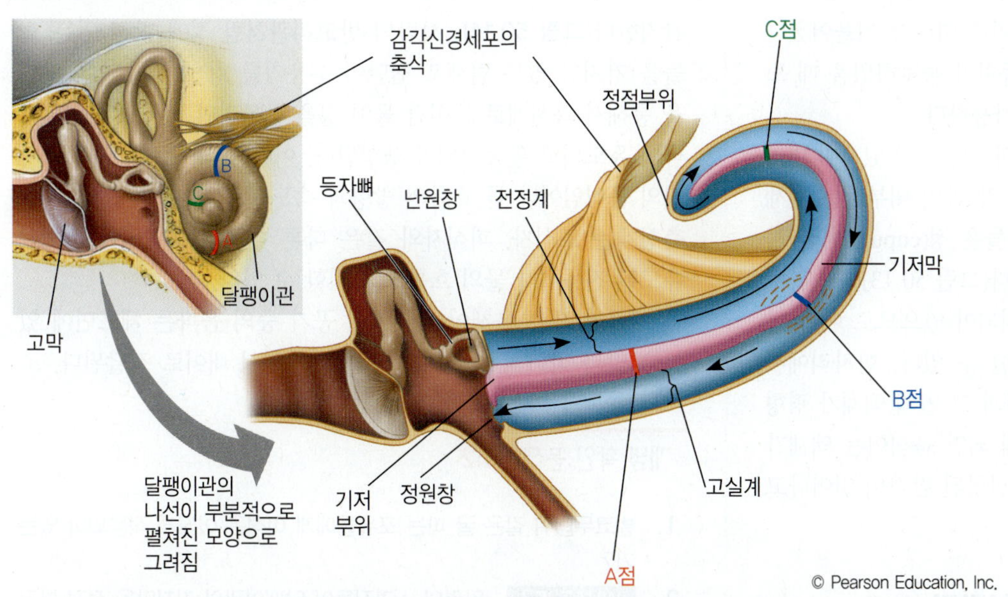

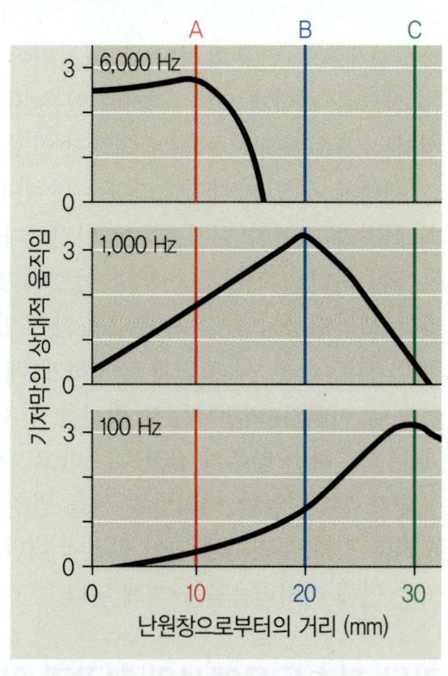

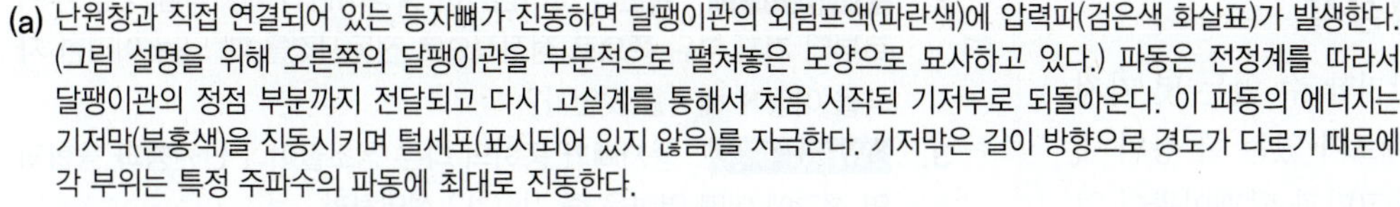
(a) 난원창과 직접 연결되어 있는 등자뼈가 진동하면 달팽이관의 외림프액(파란색)에 압력파(검은색 화살표)가 발생한다. (그림 설명을 위해 오른쪽의 달팽이관을 부분적으로 펼쳐놓은 모양으로 묘사하고 있다.) 파동은 전정계를 따라서 달팽이관의 정점 부분까지 전달되고 다시 고실계를 통해서 처음 시작된 기저부로 되돌아온다. 이 파동의 에너지는 기저막(분홍색)을 진동시키며 털세포(표시되어 있지 않음)를 자극한다. 기저막은 길이 방향으로 경도가 다르기 때문에 각 부위는 특정 주파수의 파동에 최대로 진동한다.

(b) 높은 주파수(위), 중간 주파수(중간), 낮은 주파수(아래)의 소리에 반응하는 기저막의 진동 유형을 보여주고 있다. 높은 주파수일수록 난원창에 더 가까운 부분을 진동시킨다.

▲ **그림 50.12 달팽이관에서의 변환**

INTERPRET THE DATA 악보는 음표들로 구성되며, 각 음표는 서로 다른 주파수를 가진 음파이다. 음악을 들을 때 우리의 몸의 어떤 부위가 음표를 이해하는가?

평형감각

사람과 포유류의 내이에 존재하는 몇몇 기관들이 신체의 균형과 위치를 파악하는 역할을 한다. 난원창의 바로 뒤쪽에 있는 구조물이 **난형낭(utricle)**과 **구형낭(saccule)**을 가지고 있는 전정기관으로서 중력과 선형 움직임에 대한 위치를 파악하도록 해주는 기관이다(그림 50.13). 난형낭과 구형낭에는 털세포들이 무리를 지어서 배열되어 있고 모든 털들은 젤라틴성 물질 속으로 돌출되어 있다. 이 젤라틴성 물질에는 이석(otolith)이라 불리는 작은 탄산칼슘 알갱이가 박혀 있다. 머리를 기울이면 이석이 젤 속으로 돌출된 털을 압박한다. 털세포의 수용체에 의한 털의 구부러짐은 감

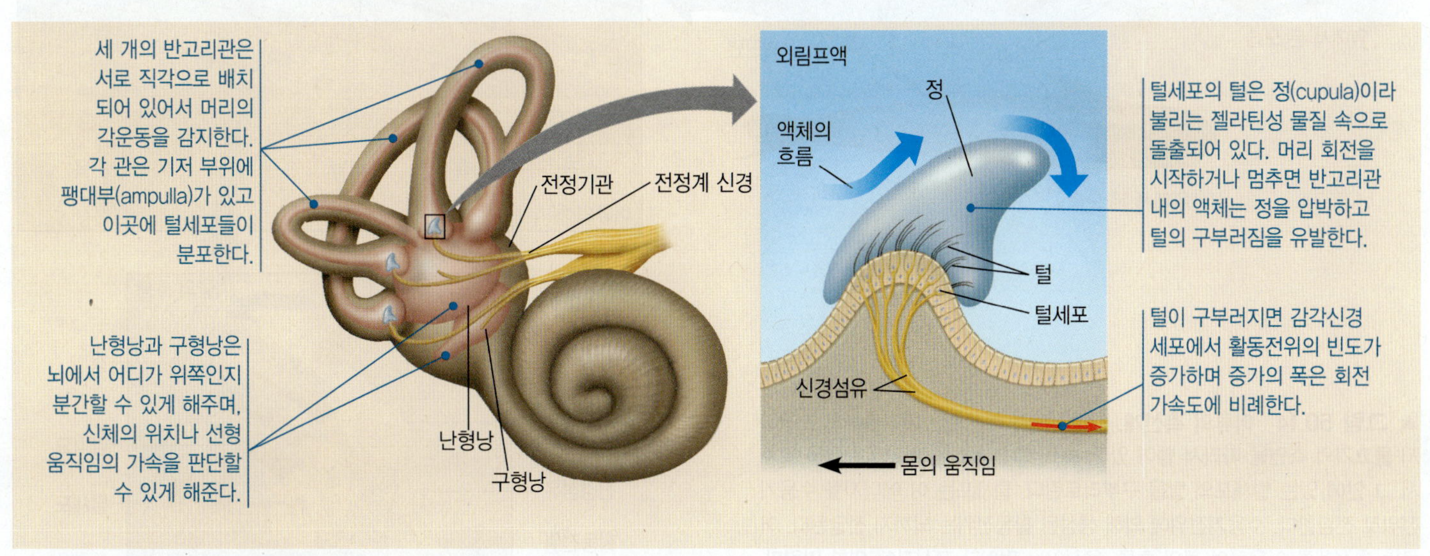

▲ **그림 50.13 내이의 평형기관**

각신경세포의 반응의 변화로 변환되어 뇌로 머리가 기울어졌다는 신호를 보내게 된다. 정지해 있는 자동차가 출발하였을 때 느껴지는 가속도 역시 이석에 의해서 인지 가능하다.

체액이 차 있는 세반고리관은 난형낭과 연결되어 있으며 머리의 회전과 다양한 회전운동을 인지한다. 각 관의 내부에는 털세포들이 하나의 집단을 이루고 있으며 털들은 정(cupula)이라 불리는 젤라틴성의 물질 속에 돌출되어 있다(그림 50.13). 세 관은 각각 서로 다른 세 평면과 일치하게 배치되어 있으므로 어떤 방향으로 머리가 회전하든지 회전을 인지할 수 있다. 한자리에서 계속 회전하면 멈추기 전까지는 반고리관과 그 안의 액체가 평형 상태가 된다. 일단 머리의 회전을 멈추게 되면 움직이는 액체가 정지한 정과 부딪치게 되어 회전에 대한 잘못된 감각이 일어나고 이로 인해 어지러움을 느끼게 된다.

기타 척추동물에서의 청각과 평형감각

어류는 수중 환경에서 움직임과 진동을 감지할 수 있는 몇 가지 체계를 가지고 있다. 한 체계는 이석과 털세포가 있는 한 쌍의 내이를 이용한다. 포유동물과는 달리 어류는 고막과 달팽이관이 없으며 몸 밖으로 열려 있지 않다. 대신에 음파에 의한 물의 진동은 머리뼈를 거쳐 내이로 전달된다. 어떤 어류는 일련의 뼈들이 있어서 진동을 부레로부터 내이로 전달한다(그림 34.15).

대부분의 어류와 수서 양서류는 몸의 양 측면를 따라 늘어선 **측선계(lateral line system)**를 이용해서 낮은 주파수의 파동을 감지한다(**그림 50.14**). 사람의 반고리관처럼 정에 박혀 있는 털들을 가지고 있는 털세포 집단이 수용기를 형성한다. 많은 구멍을 통해서 측선계로 들어간 물이 정을 구부리면 털세포에서 탈분극이 유도되고 활동전위가 생성된다. 이런 방식으로 물고기는 자신의 움직임이나 물 흐름의 방향과 속도를 감지할 수 있게 된다. 측선계는 포식자, 피식자와 같은 다른 대상의 움직임에 의해서 유도된 진동이나 물의 흐름도 감지할 수 있다.

개구리 혹은 올챙이의 귀에서 공기 중의 음파는 체표면에 있는 고막과 하나의 하나의 청소골을 통해서 내이로 전달된다. 조

개념 확인 문제 50.2

1. 별코두더쥐 같은 굴 파는 포유들에게 이석은 어떻게 적응되어 있는가?
2. **WHAT IF?** 일련의 소리진동이 달팽이관의 기저막을 정점 부위로부터 기저 부위 쪽으로 점진적으로 진동시켰을 때 뇌는 이러한 자극을 어떻게 해석할 것인가?
3. **WHAT IF?** 등자뼈가 중이의 다른 청소골이나 난원창과 융합되면 청각에 어떤 영향을 줄 것인가? 설명하라.
4. **MAKE CONNECTIONS** 식물은 평형석을 중력을 감지하는데 사용한다(그림 39.22). 평형석이 발견되는 구역의 유형과 중력에 반응하여 감지하는 생리기작이라는 관점에서 식물과 동물이 어떻게 다른가?

정답은 부록 A 참조

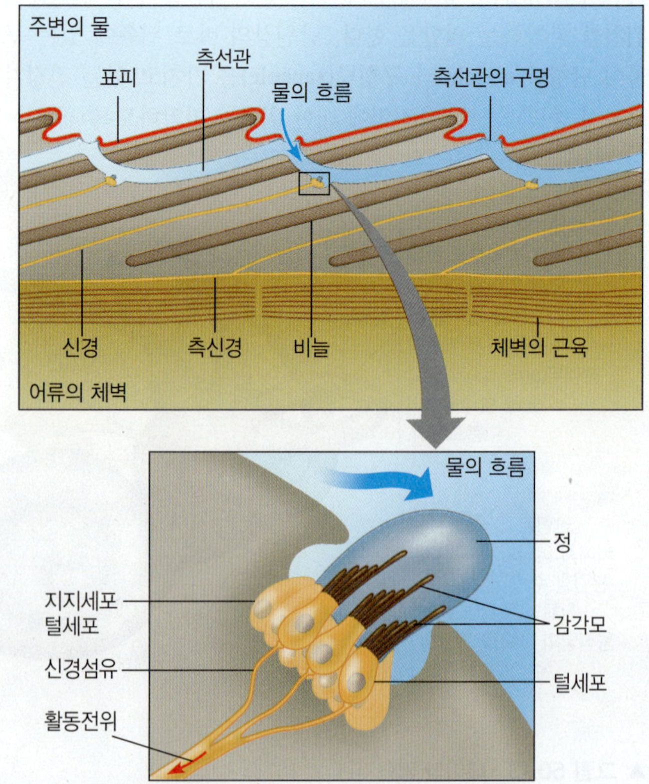

▲ **그림 50.14 어류의 측선계.** 감각기관인 측선계는 머리로부터 꼬리까지 물고기의 측면을 따라서 뻗어 있다. 물이 측선계로 들어오면서 정을 밀쳐서 그 안에 있는 털세포의 털을 구부러트린다. 털세포는 이 에너지를 수용기전위로 전환한다. 수용기전위에 의해 생성된 활동전위는 뇌까지 전달된다. 어류는 측선계를 이용하여 물의 흐름, 움직이는 먹이나 포식자에 의한 압력파, 그리고 물을 통해 전달되는 저주파 소리를 감지한다.

류와 기타 파충류는 달팽이관을 가지고 있으나 양서류에서처럼 고막에 이른 소리의 진동은 하나의 청소골에 의해서 내이로 전달된다.

개념 50.3

동물의 다양한 시각수용기는 빛을 흡수하는 시각색소에 의존한다

거의 모든 동물들에서 빛을 감지하는 능력은 환경과 상호작용하는데 중추적인 역할을 한다. 동물들은 다양한 형태의 시각 기관을 가지고 있으나 빛을 잡아내는 기본적인 기작은 동일하며 이는 진화적으로 공동의 기원에서 유래하였음을 암시한다.

시각의 진화

진화 빛을 감지하는 기관은 빛의 방향과 강도만을 감지하는 세포들이 모여 이루어진 매우 간단한 구조물부터 상을 형성하는 복잡한 기관에 이르기까지 다양하다. 이러한 다양한 모든 광감각기관에는 빛을 흡수하는 색소분자를 가진 **광수용기 (photoreceptor)**가 있다. 더욱이 편형동물, 환형동물, 절지동물에서 척추동물에 이르기까지 다양한 동물들의 배아의 발생기간 동안 언제 그리고 어디에 광수용기를 만들 것인지를 결정하는 유전자들은 모두 공통점을 가지고 있다. 따라서 모든 광수용기의 유전적 결정인자는 좌우대칭형 동물의 초기 조상에서 이미 출현했던 것으로 생각된다.

(a) 플라나리아의 뇌는 두 홑눈이 느끼는 빛의 강도가 최소가 되며 서로 동일해질 때까지 몸을 돌리도록 명령하고 이로써 플라나리아는 빛으로부터 멀어질 수 있다.

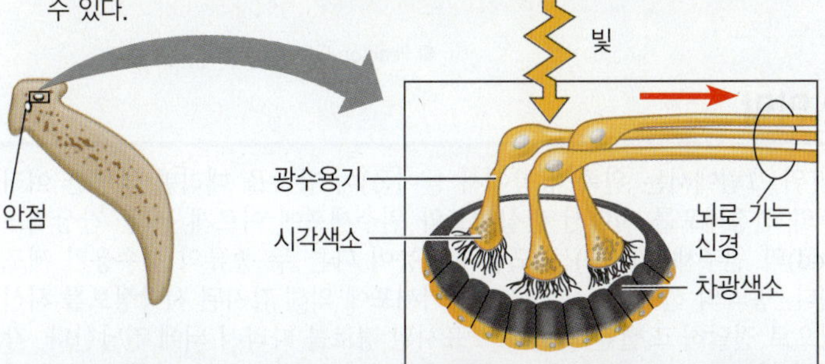

(b) 안점의 앞에서 비춰지는 빛은 광수용기를 흥분시키지만 뒤에서 비춰지는 빛은 차광색소에 의해서 가려진다. 이와 같이 안점은 빛이 비춰지는 방향을 알려 빛에 의한 도피행동을 유발한다.

▲ 그림 50.15 플라나리아의 안점과 행동

빛 감각기관

대부분의 무척추동물은 빛을 감지하는 기관을 가지고 있다. 가장 간단한 형태 중의 하나가 플라나리아에서 발견된다(그림 50.15). 한 쌍의 안점(ocellus)은 머리 부위에 위치한다. 광수용기는 차광세포층이 없는 방향에서 들어오는 빛만을 감지할 수 있다. 플라나리아는 두 안점에서 들어오는 활동전위의 빈도를 비교함으로써 빛으로부터 멀어져 바위 밑과 같이 그늘진 곳으로 이동하여 포식자를 피해 숨을 수 있다.

겹눈

겹눈(compound eye)은 곤충과 갑각류(절지동물문) 그리고 몇몇 다모류(환형동물문)에서 발견된다. 겹눈은 **낱눈(ommatidia)**이라 불리는 수천 개의 빛감각기가 모인 구조이며, 각각의 낱눈은 빛 초점 렌즈를 가지고 있다(그림 50.16). 낱눈은 개별적으로는 매우 좁은 시야(눈이 앞을 향할 때 보이는 지역)의 빛을 감지한다. 겹눈은 움직임을 감지하는 데 매우 적합한 구조로서 포식자에 의해서 끊임없이 위험을 당하는 날아다니는 곤충들에게 매우 유용하다. 그림 50.16에서의 파리의 눈과 같은 많은 겹눈은 넓은 시야를 제공한다.

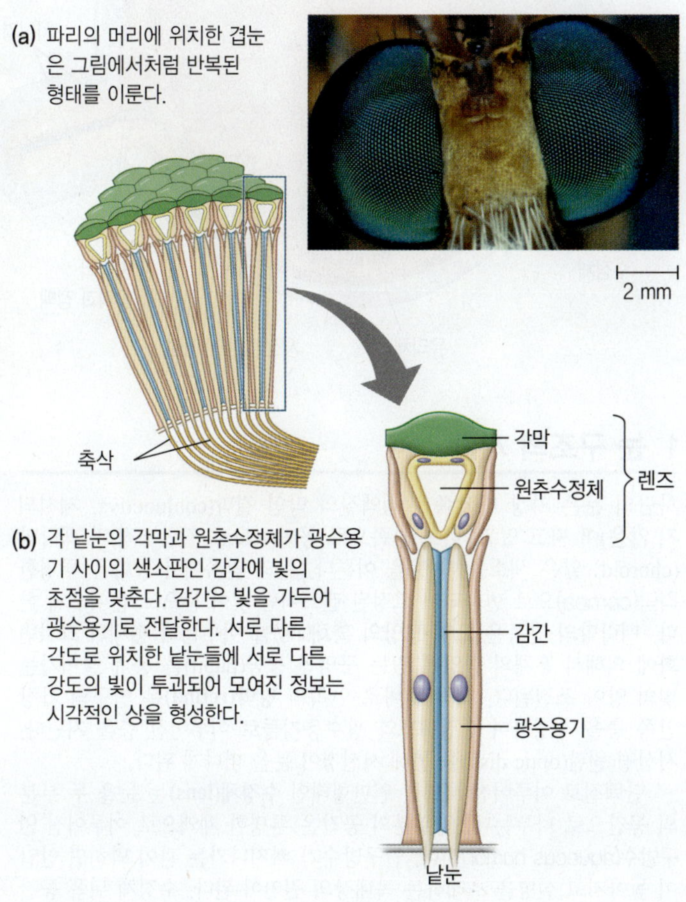

(a) 파리의 머리에 위치한 겹눈은 그림에서처럼 반복된 형태를 이룬다.

(b) 각 낱눈의 각막과 원추수정체가 광수용기 사이의 색소판인 감간에 빛의 초점을 맞춘다. 감간은 빛을 가두어 광수용기로 전달한다. 서로 다른 각도로 위치한 낱눈들에 서로 다른 강도의 빛이 투과되어 모여진 정보는 시각적인 상을 형성한다.

▲ 그림 50.16 겹눈

곤충의 눈은 색깔을 감지하는 데도 뛰어나며, 벌과 같은 경우는 사람에게는 보이지 않는 자외선 영역을 볼 수 있다. 따라서 사람은 벌과 같은 곤충이 인지하는 환경을 볼 수 없다. 동물의 행동을 연구함에 있어서 우리 사람의 감각 세계를 다른 종에 유추하여 적용할 수는 없다. 그것은 동물마다 감각에 있어서 민감함이 다르고 뇌의 구조도 다르기 때문이다.

홑눈

무척추동물 중에서 **홑눈(single-lens eye)**을 가지고 있는 종류는 해파리류, 환형동물의 다모류, 거미류, 그리고 연체동물들이다. 홑눈은 사진기의 원리로 작동한다. 문어나 오징어의 눈은 빛이 통과하는 작은 열린 구멍인 **동공(pupil)**을 가지고 있다. 사진기에서 조리개 조절이 가능한 것처럼 **홍채(iris)**가 동공의 크기를 변화시켜 들어오는 빛의 양을 조절한다. 동공의 뒤에는 하나의 수정체가 광수용기층 위에 빛의 초점을 맞추도록 고안되어 있다. 역시 사진기의 작용과 유사하게, 무척추동물의 홑눈은 근육을 통해서 수정체를 앞뒤로 움직일 수 있어서 거리가 다른 물체들에 초점을 맞출 수 있다.

▼ 그림 50.17

탐구 사람 눈의 구조

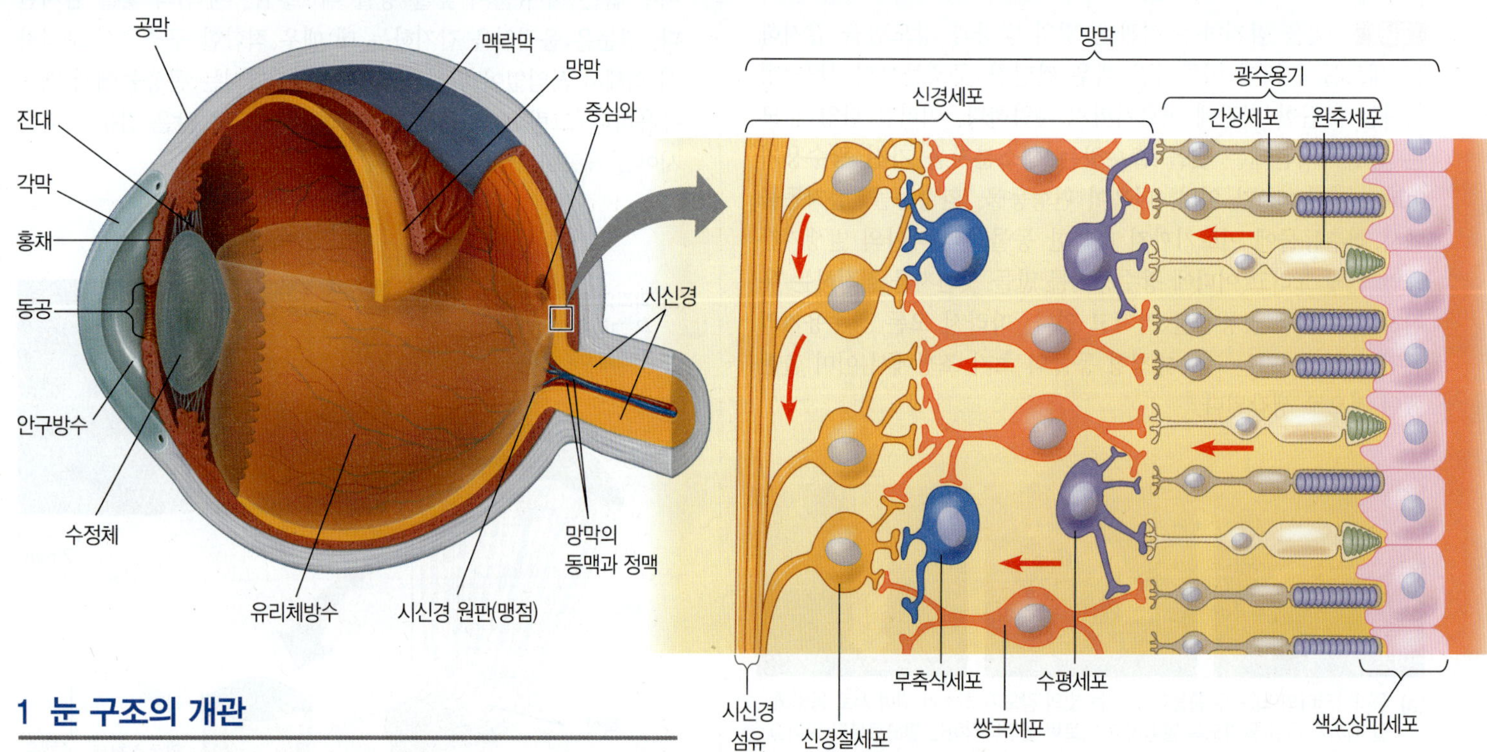

© Pearson Education, Inc.

1 눈 구조의 개관

사람의 눈은 가장 바깥쪽을 점액질의 막인 결막(conjunctiva, 제시되지 않음)이 싸고 있고, 바로 안쪽으로 공막(sclera; 결합조직)과 맥락막(choroid; 얇은 색소층)이 층을 이룬다. 눈의 앞쪽에서 공막은 투명한 **각막**(cornea)으로 변화되어 고정된 렌즈처럼 빛이 눈으로 들어오게 한다. 맥락막의 앞쪽은 도넛 모양의 **홍채**(iris)를 이루는데 홍채의 크기변화에 의해서 홍채의 중앙에 있는 구멍인 동공(pupil)을 통해 들어가는 빛의 양이 조절된다. 맥락막 바로 안쪽의 **망막(retina)**은 안구의 가장 안쪽 층을 형성하며 신경세포와 광수용기들로 이루어진 층을 지닌다. 시신경 원판(optic disk)을 통해 시신경이 눈을 떠나게 된다.

단백질로 이루어진 투명한 원판형태인 **수정체(lens)**는 눈을 두 부분의 공간으로 나누는데, 앞부분의 공간은 투명한 체액으로 이루어진 안**구방수**(aqueous humor)이다. 안구방수가 빠져나가는 관이 막히면 안압이 높아지고 실명을 초래하는 녹내장의 원인이 된다. 수정체 뒤쪽 공간은 젤리성의 **유리체방수**(vitreous humor)로 채워져 있다(여기서는 안구의 아랫부분에 표시되어 있음).

2 망막

빛(위 그림에서는 왼쪽 방향에서 들어옴)이 망막을 때리면 투명한 여러 층의 신경세포를 지나서 간상세포와 원추세포에 이르게 된다. 간상세포(rod)와 원추세포(cone)는 모양과 기능이 다른 두 종류의 광수용기 세포이다. 망막의 신경세포는 시각수용기세포에 의해 감지된 시각정보를 시신경으로 전달하고 빨간 화살표로 표시된 경로를 따라서 뇌에 전달한다. 각각의 **쌍극세포**(bipolar cell)는 여러 간상세포와 원추세포로부터 정보를 받고, 각각의 **신경절세포**(ganglion cell)는 여러 개의 쌍극세포로부터 정보를 받는다. **수평세포**(horizontal cell)와 **무축삭세포**(amacrine cell)는 망막을 가로질러 정보를 통합한다.

시신경 원판이 있는 망막부위는 시각수용기세포가 없다. 그 결과 이 부위에서는 빛이 감지가 되지 않아 "맹점(blind spot)"이라고 부른다.

척추동물의 눈은 홑눈으로 되어 있다. 어류는 무척추동물에서처럼 수정체를 앞뒤로 움직이면서 초점을 맞춘다. 포유류를 포함한 다른 종에서는 초점을 맞추기 위해서 수정체의 모양을 바꾼다.

척추동물의 시각체계

척추동물의 시각을 설명하는 모델로서 사람의 눈을 살펴보자. 그림 50.17에서 자세히 묘사된 바와 같이 시각은 빛의 광자가 눈으로 들어가 간상세포와 원추세포를 자극하면서 시작된다. 각 광자가 가지고 있는 에너지는 레티날의 한 화학결합 구조를 전환시키면서 흡수된다.

눈에서 일어나는 빛의 감지가 시각의 첫 번째 단계이긴 하지만, 실제로 "보는 것"은 뇌를 통해서라는 것을 기억하여야 한다. 따라서 시각을 이해하기 위해서는 어떻게 척추동물의 눈이 사물을 감지하여 활동전위를 만들고 이 신호가 어떤 경로를 거쳐 상이 인지되는 뇌의 시각중추까지 전달되는지를 이해하여야 한다.

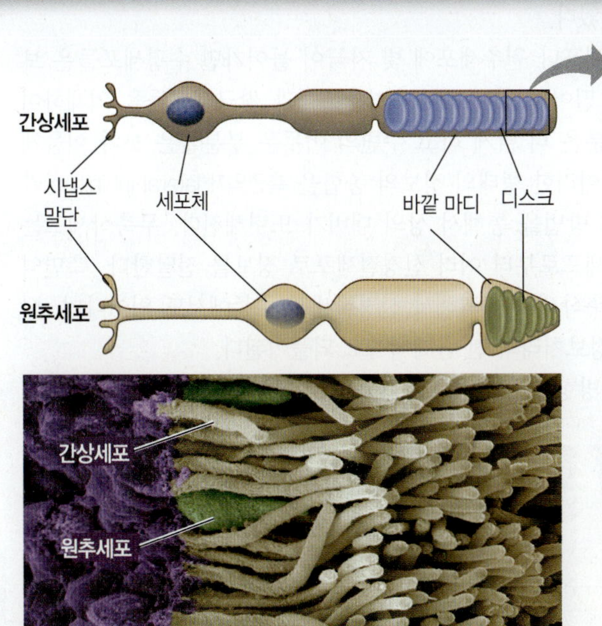

© Pearson Education, Inc.

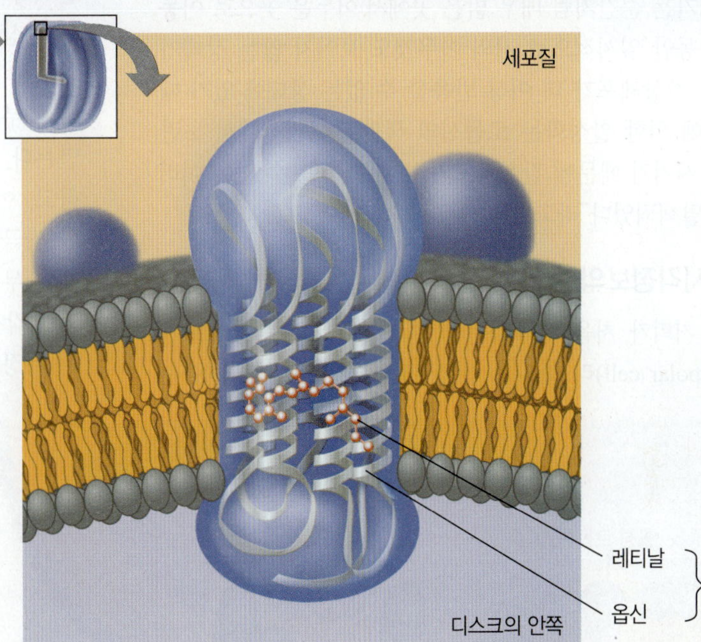

© Pearson Education, Inc.

3 시각수용기 세포

사람은 다른 두 종류의 광수용기인 간상세포와 원추세포를 가지고 있다. 간상세포와 원추세포의 바깥 마디에는 겹쳐진 막의 형태인 원판이 있으며 원판막에는 **시각색소**(visual pigment)가 존재한다. **간상세포(rod)**는 빛에 훨씬 더 민감하지만 색 분별은 하지 못한다. 따라서 간상세포를 통해서 밤의 약한 불빛 하에서도 볼 수 있지만, 흑백상으로만 볼 수 있다. 가시광선 스펙트럼대에 대한 민감도가 서로 다른 세 종류의 **원추세포(cone)**는 각각 빨강, 초록, 파랑에 대해 최대로 민감하게 반응한다.

색깔로 표시된 주사전자현미경 사진에서 원추세포(초록색), 간상세포(금색) 그리고 이웃한 신경세포(보라색)가 보인다. 오른쪽에 있어야 할 색소상피세포층은 제거된 상태이다.

4 시각색소

척추동물의 시각색소는 비타민 A의 유도체이며 빛을 흡수하는 **레티날(retinal)**과 막단백질인 **옵신(opsin)**이 결합된 형태이다. 옵신은 막을 관통하는 7개의 알파나선구조를 가지고 있다. 그림에서 보이는 시각색소는 간상세포의 **로돕신(rhodopsin)**이다.

레티날은 두 가지 이성질체로 존재한다. 빛을 흡수하면 레티날의 한 결합이 시스에서 트랜스 배열로 전환되어 구부러진 분자구조가 펼쳐진 상태로 변화된다. 이러한 변화는 레티날과 결합된 옵신 단백질을 불안정한 상태로 만들어 활성화시킨다.

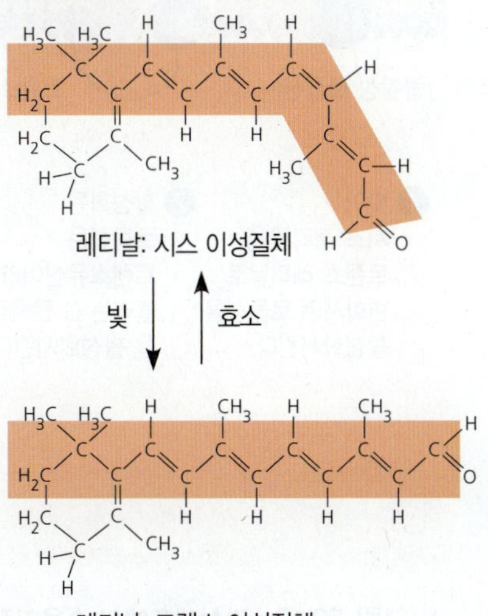

눈에서 감각정보의 전달

신경계로의 시각정보의 전달은 빛에 의해서 시스형태의 레티날이 트랜스 형태의 레티날로 전환되면서 시작된다. 그림 50.18에서 보는 바와 같이 이러한 구조적인 변화는 로돕신을 활성화시키고, 활성화된 로돕신은 G 단백질을 활성화시켜 고리형 GMP(cGMP)를 가수분해하는 효소를 활성화시킨다. 어두울 때는 고리형 GMP가 소듐이온(Na^+)통로와 결합하여 Na^+통로가 열려 있는 상태로 유지된다. G 단백질이 관련된 경로가 활성화되면 고리형 GMP는 가수분해되어 Na^+통로는 닫히고 광수용기세포는 과분극된다.

레티날을 시스형태로 돌려놓는 효소활성으로 인하여 로돕신이 불활성화됨에 따라 광수용기 세포의 신호전달경로는 정상적으로 닫히게 된다. 그러나 아주 밝은 빛은 로돕신을 활성화된 상태로 유지시켜 간상세포가 더 이상 반응할 수 없는 상태가 된다. 극장에 들어가는 순간처럼 매우 밝은 곳에서 어두운 곳으로 이동하면 수 분 동안 일시적으로 거의 아무것도 보이지 않는 상태가 되는데 이는 간상세포가 더 이상 반응할 수 없는 상태에 있기 때문이다. (빛에 의한 활성화는 로돕신의 색깔을 보라색에서 노란색으로 변화시키기 때문에 간상세포가 빛에 반응할 수 없는 이러한 상태를 "탈색되었다"라고 한다.)

망막에서 시각정보의 처리

시각정보의 처리가 처음 시작되는 곳은 간상세포와 원추세포가 쌍극세포(bipolar cell)라 불리는 신경세포와 시냅스를 맺고 있는 망막에서이다(그림 50.17). 어둠 속에서는 간상세포와 원추세포가 탈분극된 상태로 존재하는데, 그 결과 시냅스 말단에서 신경전달물질인 글루탐산을 계속 분비한다(그림 50.19). 어둠 속에서 지속적으로 글루탐산이 방출되면 시냅스후 신경세포인 쌍극세포는 가지고 있는 수용체의 유형에 따라서 어떤 세포는 탈분극되고, 어떤 세포는 과분극된다. 밝은 곳에서는 간상세포와 원추세포가 과분극되어 글루탐산의 방출이 억제된다. 이에 대한 반응으로 글루탐산에 의해서 탈분극되었던 쌍극세포는 과분극되고, 과분극되었던 세포는 탈분극된다.

간상세포와 원추세포의 신호는 망막의 여러 다른 경로를 따라서 전달될 수 있다. 어떤 경우는 광수용기세포로부터 쌍극세포로 그리고 신경절세포의 순서로 전달되기도 한다. 또 어떤 경우는 간상세포 혹은 원추세포가 수평세포를 통해 다른 광수용기세포에 신호를 전달함으로써 여러 쌍극세포로 동시에 신호를 전달할 수도 있다.

간상세포나 원추세포에 빛 자극이 들어가면 수평세포들은 보다 멀리 떨어져 있는 광수용기세포들과 쌍극세포들을 억제하여 밝은 부분은 더 밝게 하고 주변의 어두운 부분들은 보다 어둡게 만든다. 이러한 형태의 정보의 종합을 **측면억제**(lateral inhibition)라 하고, 이 방법을 통해서 상의 대비가 또렷해진다. 무축삭세포는 한 쌍극세포로부터 여러 신경절세포로 정보를 전달한다. 측면억제는 무축삭세포에 의해서 신경절세포 수준에서도 일어나며, 뇌의 시각정보처리의 전 단계에서도 되풀이된다.

특정 방향에서 들어오는 빛을 감지하는 간상세포와 원추세포

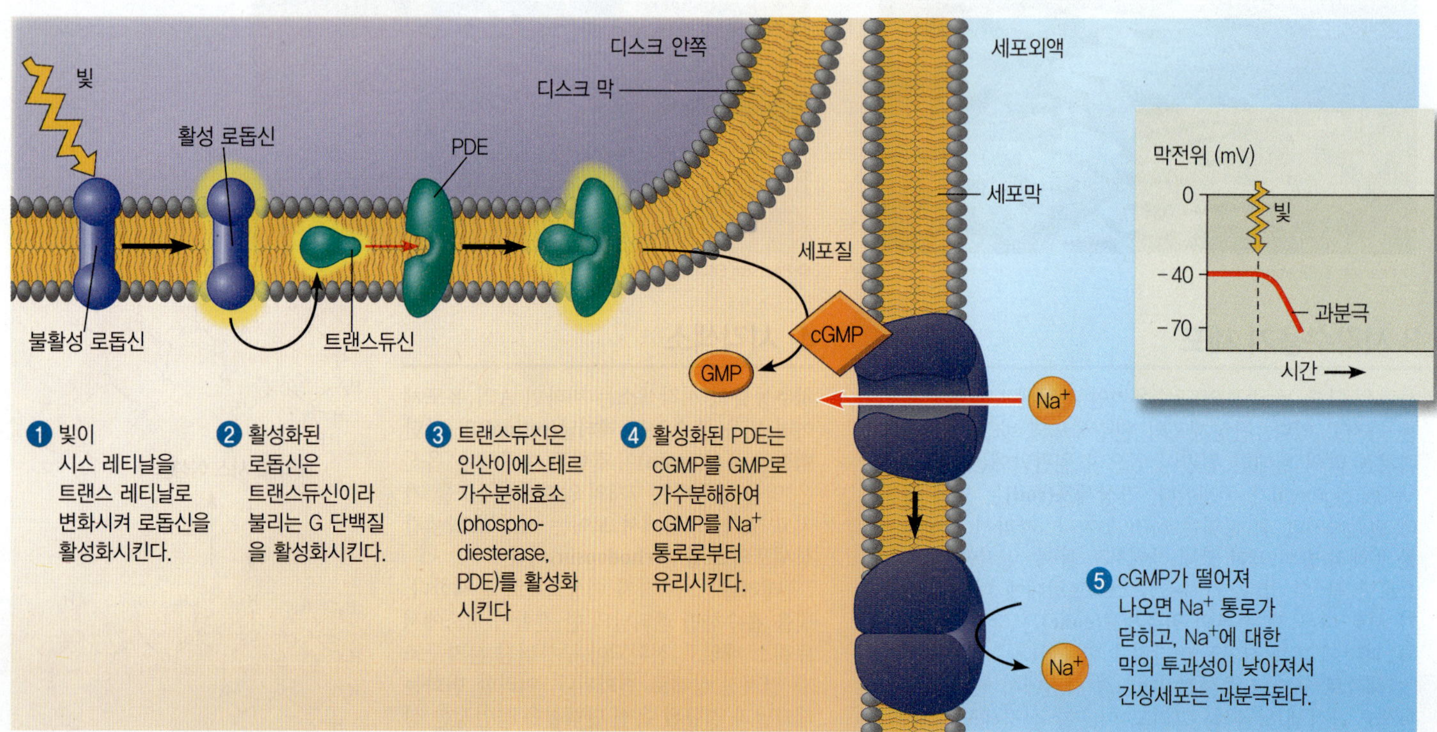

▲ **그림 50.18 간상세포에서 수용기전위의 생성.** 이 그림에서는 수용기전위가 탈분극이 아닌 과분극전위임에 주의하기 바란다.

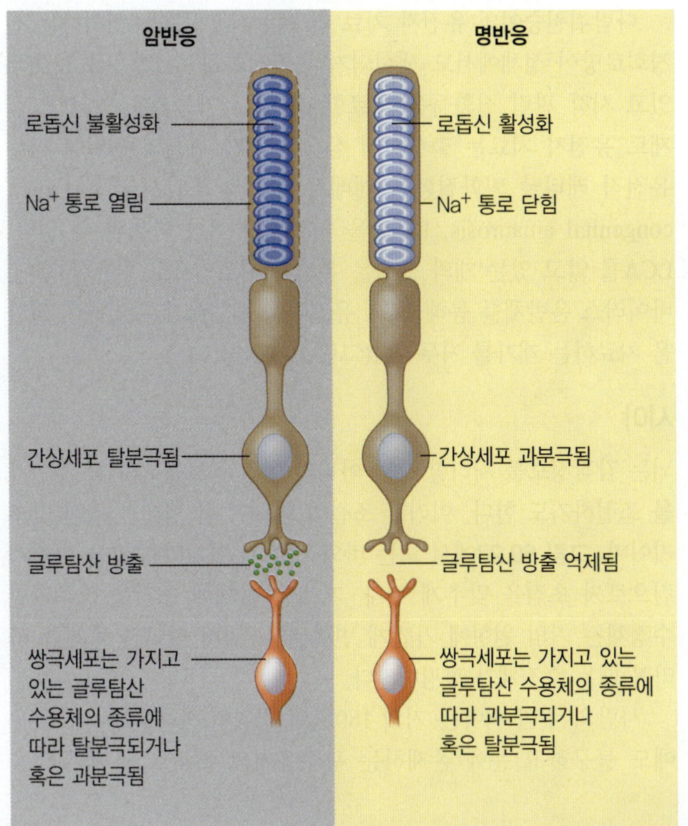

▲ **그림 50.19 간상세포와 쌍극세포 사이의 시냅스에 미치는 빛의 영향**

? 간상세포처럼 원추세포 역시 로돕신이 불활성화되면 탈분극된다. 원추세포의 경우 이러한 반응을 암반응이라고 부르기에는 오해의 소지가 있다. 그 이유는 무엇인가?

들은 하나의 신경절세포에 정보를 전달하게 된다. 하나의 신경절세포에 정보를 전달하는 간상세포와 원추세포들의 집합에 의해서 하나의 특정 신경절세포가 반응하는 수용영역(receptive field)이 형성된다. 적은 수의 간상세포와 원추세포가 하나의 신경절세포에 정보를 전달하는 경우 작은 수용영역이 형성된다. 작은 수용영역의 경우 망막의 어느 위치에 빛이 비치는지를 정확히 알 수 있기 때문에 또렷한 상을 맺을 수 있다.

뇌에서 시각정보의 처리

신경절세포의 축삭은 시신경을 이루어 눈으로부터의 감각을 뇌로 전달한다(**그림 50.20**). 두 개의 시신경다발은 대뇌피질 기저의 중심 부근에서 시신경교차(optic chiasm)를 형성하며 만난다. 시신경의 축삭들은 시신경교차에서 꼬여 있어서 양쪽 눈의 왼쪽 시야는 뇌의 오른쪽으로, 오른쪽 시야는 뇌의 왼쪽으로 신호를 보내게 된다. (왼쪽, 오른쪽 시야는 각각 두 눈으로부터 동시에 정보를 받음에 유의하라.)

대부분의 신경절세포의 축삭들은 뇌에서 시상의 가쪽무릎핵(lateral geniculate nucleus)으로 뻗고 있으며, 가쪽무릎핵의 신경세포들은 그 축삭을 대뇌 후두엽의 1차 시각피질(primary visual

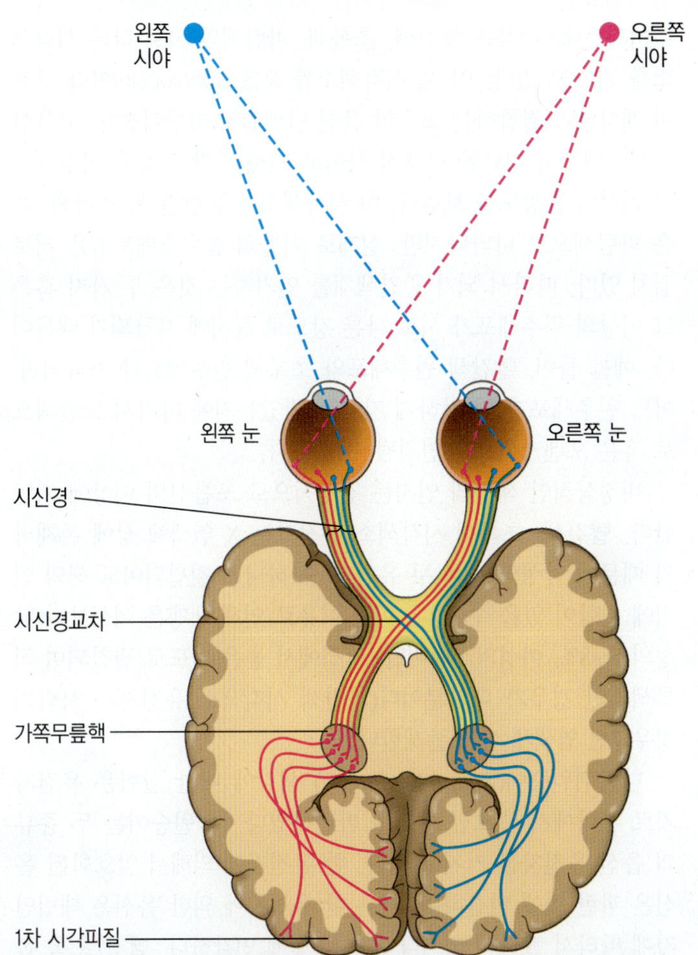

▲ **그림 50.20 시각의 신경전달경로.** 각 시신경은 약 100만 개의 축삭으로 이루어져 있으며 가쪽무릎핵(lateral geniculate nucleus)에서 연합신경세포와 시냅스를 맺는다. 이 신경핵은 1차 시각피질로 정보를 전달하여 여기서 다른 시각영역과 협조하여 시각의 인지가 일어난다.

cortex)로 뻗고 있다. 추가적인 신경세포들은 시각정보를 대뇌피질의 다른 부위의 고등 시각처리 및 정보연합 부위로 보낸다. 적어도 30%의 대뇌피질이 이러한 시각정보를 해석하여 "보는" 데에 사용되는 것으로 추정된다. 대뇌피질의 연합영역들이 어떻게 색채, 움직임, 깊이, 모양 등의 시각 요소들을 종합하고 해석하는지는 매우 흥미로운 연구 분야이다.

색각

척추동물 중에서 대부분의 어류, 양서류, 파충류, 조류는 색 감지를 매우 잘하지만, 포유류에서는 사람이나 다른 영장류 등에 국한되어있다. 많은 종류의 포유동물은 야행성이며, 따라서 이 동물들은 밤에도 잘 볼 수 있도록 망막에 최대로 많은 간상세포를 확보하는 방향으로 적응되어 왔다. 고양이는 그 대표적인 예로서, 밤에 활동하며 제한된 색 분별 능력을 가지고 있기 때문에 낮에는 아마도 파스텔 톤의 세계를 보게 될 것이다.

사람의 경우 색깔의 인지는 세 종류의 원추세포에 의해서 이루어지는데, 각각은 빨간색, 초록색, 파란색의 서로 다른 시각색소를 가지고 있다. 이 세 시각색소를 **포톱신**(photopsin)이라 부르며 레티날과 결합하는 고유한 옵신 단백질로 이루어진다. 고유한 옵신단백질의 미묘한 구조적 차이로 인해 각각 고유의 파장대에서 최적의 흡광도를 보인다. 이 시각색소들을 빨간색, 초록색, 혹은 파란색으로 나타나지만, 실제로 이들의 흡수스펙트럼은 서로 겹쳐 있다. 따라서 뇌가 중간색채를 인지하는 것은 두 가지 혹은 그 이상의 원추세포가 서로 다른 강도로 동시에 자극되기 때문이다. 예를 들어, 빨간색 원추세포와 초록색 원추세포가 자극되면, 어느 원추세포가 더 강하게 자극을 받았는지에 따라서 노란색으로 혹은 오렌지색으로 인지될 수도 있다.

비정상적인 색깔의 인지는 전형적으로 포톱신의 이상에 기인한다. 빨간색, 초록색 시각색소 유전자는 X 염색체 상에 존재하기 때문에 남성의 경우 두 유전자 중 하나만 결핍되어도 색의 인지에 결함이 있을 수 있다. 이런 이유로 인해 색맹은 여성보다(남성의 5~8%, 여성의 1% 미만) 남성에서 높은 빈도로 관찰되며 적록색맹인 경우가 대부분이다(파란색 시각색소 유전자는 사람의 경우 7번 염색체 상에 존재한다).

다람쥐원숭이(*Saimiri sciureus*) 색각에 대한 실험은 유전자 치료 분야에서 중요한 전기를 마련하였다. 이 원숭이는 두 종류의 옵신 유전자를 가지고 있다. 한 유전자에 의해서 암호화된 옵신은 파란 빛에 민감하며, 다른 한 유전자에 의한 옵신은 대립인자에 따라서 빨간색 빛이나 초록색 빛에 민감하다. 빨강/초록 옵신 유전자는 X 염색체와 연관되어 있기 때문에 모든 수컷은 빨간색 빛 혹은 초록색 빛 중 하나에 민감한 시각을 가지고 있거나 빨간색과 초록색을 분간하지 못하는 색맹이다. 연구자들은 수컷 성체의 망막에 결핍된 유전자를 가지고 있는 바이러스를 주입하였는데, 20주 후에 이 원숭이는 완전한 색각을 되찾았다(**그림 50.21**).

▲ **그림 50.21 시각의 유전자 치료.** 한때는 색맹이었던 이 성체 수컷 원숭이는 유전자 치료로 빨강과 초록색을 구별하게 되었다.

MAKE CONNECTIONS 다람쥐원숭이와 사람의 적록색맹은 X 염색체와 연관되어 있다(그림 15.7). 다람쥐원숭이와는 달리 유전패턴이 사람의 경우에서는 잘 나타나지 않는 이유는 무엇인가?

다람쥐원숭이의 유전자 치료 연구는 시각정보를 처리하는 신경회로망이 성체에서도 생성되거나 활성화될 수 있음을 보여주었고 시각 관련 질환들을 치료할 수 있는 가능성을 열었다. 실제로 유전자 치료는 출생시에 심각한 시각 상실의 원인이 되는 유전적 레티날 퇴화질환인 레베르 선천성 흑암시 질환(Leber' congenital amaurosis, LCA)을 치료한데 이미 이용된 바 있다. LCA를 앓고 있는 개와 생쥐를 유전자 치료법으로 치유한 후에, 바이러스 운반체를 통해 LCA 유전자를 사람에게 주입하여 질환을 치료하는 개가를 거두었다(그림 19.22 참조).

시야

뇌는 감각정보를 처리할 뿐만 아니라 어떤 정보를 감지할 것인가를 조절하기도 한다. 이러한 조절의 중요한 한 형태가 초점 맞추기이며, **그림 50.22**에서 보는 바와 같이 수정체의 모양을 변화시킴으로써 초점을 맞추게 된다. 가까운 물체에 초점을 맞추려면 수정체는 거의 원형에 가깝게 변화된다. 멀리 떨어진 물체를 바라볼 때는 수정체가 평평해진다.

사람의 주변 시야는 거의 180도의 범위의 사물을 볼 수 있음에도 불구하고 눈에 존재하는 광수용기의 분포로 인해 무엇을

▼ **그림 50.22 포유동물 눈의 초점 맞추기.** 모양근은 수정체의 모양을 조절해서 빛을 굴절시켜 망막에 상을 맺도록 한다. 수정체가 두꺼울수록 빛의 굴절은 크게 일어난다.

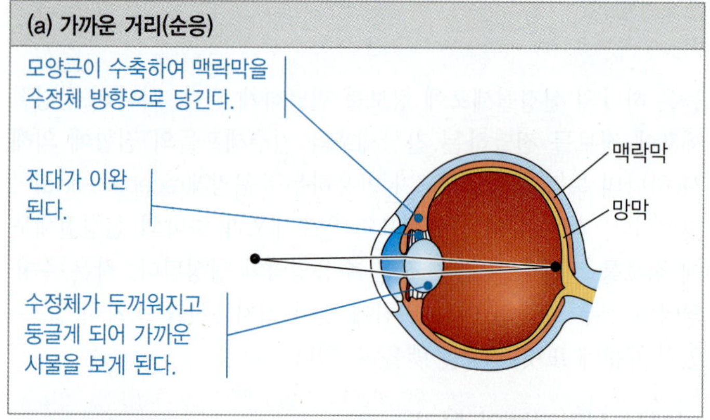

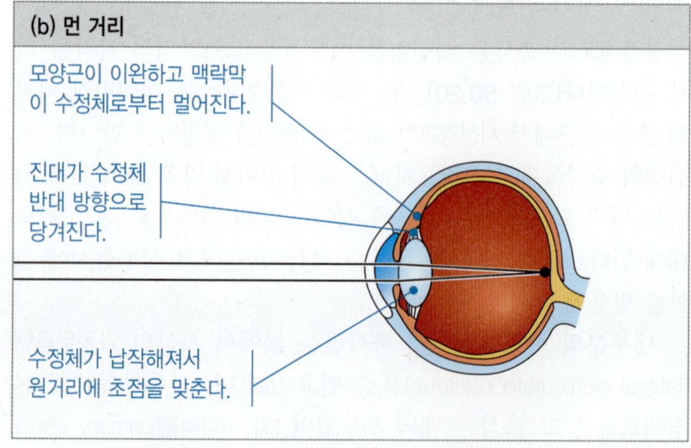

볼 것이며 얼마나 잘 볼 수 있는가가 결정된다. 사람의 망막에는 전체적으로 약 1억 2,500만 개의 간상세포와 600만 개의 원추세포가 있다. 시야의 중심 부위인 **중심와(fovea)**에는 간상세포가 전혀 발견되지 않지만, 반면에 원추세포는 제곱밀리미터당 15만 개로 아주 조밀하게 분포한다. 간상세포 대 원추세포의 비율은 중심와에서 멀어질수록 커져 가장자리에 서는 간상세포들만이 발견된다. 낮에는 사물을 똑바로 쳐다보아야 깨끗하게 볼 수 있는데, 그 이유는 상이 원추세포가 밀집된 중심와에 맺혀지기 때문이다. 밤에 약한 불빛의 별을 똑바로 쳐다보면 보이지 않는다. 그 이유는 빛에 더 민감한 간상세포는 중심와의 바깥 부분에 많이 분포하기 때문이다. 따라서 옆으로 비스듬히 흐린 별을 바라보게 되면 가장 선명하게 볼 수 있다.

개념 확인 문제 50.3

1. 플라나리아와 파리의 빛 감지기관을 비교 설명하라. 각각의 기관은 그들의 생활사에 맞게 어떻게 적응되어 있는가?
2. 노인성 원시의 경우 눈의 렌즈가 탄성을 잃고 항상 편평한 모양을 유지하게 된다. 이 현상이 사람의 시각에 어떻게 영향을 주게 될지 설명하라.
3. WHAT IF? 우리의 광수용기가 어둠 속에서 더 많은 신경전달물질을 방출함에도 불구하고 우리의 눈이 빛에 노출되었을 때 뇌는 더 많은 활동전위를 받는다. 설명하라.
4. MAKE CONNECTIONS 눈의 레티날과 식물 광계의 엽록소가 수행하는 기능을 비교하라(개념 11.2 참조).

정답은 부록 A 참조

개념 50.4

미각과 후각은 유사한 일단의 감각수용기에 의해 이루어진다

동물은 화학적 감지를 통해서 배우자를 찾고, 표식된 영토를 인지하고, 이동 중에 방향을 결정하는 등 다양한 목적으로 사용한다. 화학적 "대화"는 특별히 개미나 벌과 같이 큰 사회집단을 이루며 살아가는 동물에게 중요하다. 모든 동물의 섭생에 있어서 화학적 감각은 중요하다. 히드라의 경우 자포에 의해 포획된 먹이에서 방출된 글루타티온 화합물을 감지하면 강장의 소화운동이 시작된다.

미각(gustation)과 **후각(olfaction)**의 인지는 모두 화학수용기에 의존한다. 육상동물의 경우 미각은 용액상에 녹아 있는 **미각자극물질(tastants)**로 불리는 화학물질을 감지하는 것이며, 후각은 공기를 통해서 전달되는 **냄새물질(odorant)**을 감지하는 것이다. 수서동물에 있어서 후각과 미각의 차이는 없다.

곤충의 미각수용기는 다리와 입 부위의 미각털이라 불리는 감각털에 위치하고 있다. 이 동물들은 미각을 이용하여 먹이를 선택한다. 미각털에는 여러 종류의 화학수용기가 있으며 각 수용기는 설탕이나 소금과 같은 특정 미각자극물질에 민감하게 반응한다. 곤충은 후각털을 이용하여 공기 중의 냄새물질을 감지한다(그림 50.6). DEET(*N*,*N*-diethyl-meta-toluamide) 화합물은 곤충 "퇴치제"로 팔리고 있는데 실제로 모기의 후각수용기를 억제하여 사람의 냄새를 맡지 못하게 함으로써 무는 것을 방지한다.

포유동물의 미각

사람과 여러 포유동물들은 단맛, 신맛, 짠맛, 쓴맛 그리고 우마미맛의 다섯 가지 맛을 감지한다. 우마미맛(umami; 일본어로"맛

▼ 그림 50.23 **탐구**

포유동물이 다양한 맛을 감지하는 방법은?

실험 포유동물이 어떻게 맛을 인지하는지 알아보기 위하여 연구자들은 phenyl-β-D-glucopyranoside(PBDG)라는 화학물질을 이용하였다. 사람에게 PBDG는 매우 쓰게 느껴진다. 그러나 생쥐는 PBDG에 대한 수용체를 가지고 있지 않은 것으로 보인다. 생쥐는 쓴맛을 내는 다른 종류의 화학물질이 녹아 있는 물을 마시지 않으려 하지만, PBDG가 녹아 있는 물에 대해서는 전혀 거부반응을 보이지 않는다.

형질전환 기법을 이용하여, 뮤엘러는 정상적으로는 단맛 수용체 혹은 쓴맛 수용체를 만드는 세포에서 사람의 PBDG 수용체를 만들 수 있는 생쥐를 고안했다. 이 생쥐에게 순수한 물과 PBDG가 다양한 농도로 녹아 있는 물을 동시에 제공하여 PBDG에 대한 반응을 살펴보았다.

결과

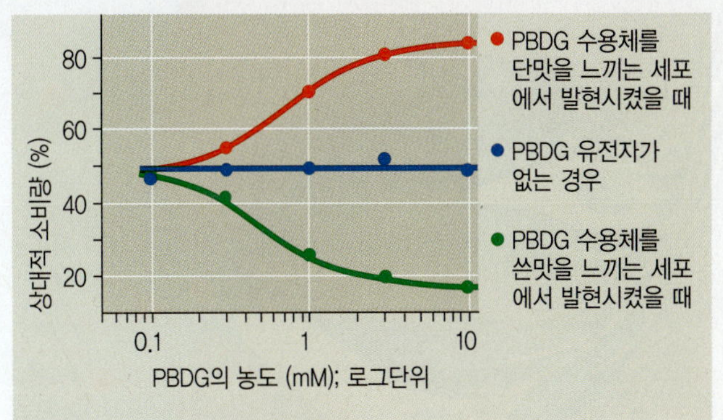

상대적 소비량 = (PBDG를 함유한 용액의 섭취량 ÷ 전체 용액 섭취량) × 100%

결론 쓴맛 수용체를 단맛을 느끼는 세포에서 발현시킴으로써 이 형질전환된 생쥐가 쓴맛을 내는 화학물질을 선호하는 결과를 관찰할 수 있었다. 따라서 포유동물의 뇌는 어떤 감각신경세포가 활성화되느냐를 근거로 해서 단맛 혹은 쓴맛을 인지하게 되는 것으로 보인다.

참고문헌 K. L. Mueller et al., The receptors and coding logic for bitter taste, *Nature* 434:225–229 (2005).

WHAT IF? PBDG 수용체 대신에 생쥐는 전혀 반응하지 않지만 사람은 선호하는 인공감미료에 선택적인 수용체를 이용하여 위 실험을 진행하였다고 가정하면, 결과는 어떻게 달라졌겠는가?

있다"는 뜻)은 아미노산인 글루탐산에 의한 맛이다. 글루탐산은 조미료인 MSG(monosodium glutamate)의 핵심성분이며 고기나 오래된 치즈와 같은 음식물에 많이 존재한다. 다섯가지 맛에 대한 수용체 단백질이 모두 밝혀졌다.

수십 년 동안 미각세포는 한 종류 이상의 맛수용체를 가질 수 있다고 여겨져 왔다. 또 다른 가설은 미각세포는 오직 한 종류의 맛수용체를 가지고 있어서 한 종류의 맛에 대해서만 반응할 수 있다는 것이다. 어떤 가설이 옳은 것인가? 2005년 샌디에이고에 있는 캘리포니아 주립대학의 과학자들은 클론닝된 쓴맛 수용체를 이용하여 생쥐의 미각을 유전적으로 다시 프로그램할 수 있었다(그림 50.23). 이 실험과 또 다른 실험들을 기반으로 하여 개개의 미각세포는 한 종류의 맛수용체만을 발현하여 한 종류의 맛을 인지하는 데 기여한다는 결론을 내릴 수 있었다.

포유동물의 미각을 담당하는 수용기세포는 상피세포가 변형된 세포로서 혀와 구강의 몇몇 지역에 산재되어 있는 **맛봉오리(taste bud)**에 모여 있다(그림 50.24). 혀에 존재하는 대부분의 맛봉오리는 미뢰라 불리는 유두 모양의 돌기에 분포한다. 혀의 어느 부위를 불문하고 맛봉오리가 있다면 이 다섯 가지의 맛을 모두 감지할 수 있다. (따라서 혀의 "맛 분포도"는 옳지 않다.)

이 수용체들은 두 유형으로 나눌 수 있으며 서로 진화적 관점에서 볼 때 유사한 수용체들이다. 단맛, 우마미맛, 그리고 쓴맛을 감지하기 위해서는 G 단백질 연계 수용체(G protein-coupled receptor, GPCR)가 필요하다(그림 9.7). 사람의 경우 30여 종의 쓴맛 수용체가 있으며 각 수용체는 다양한 종류의 쓴맛을 감지한다. 반면에 단맛 수용체와 우마미맛 수용체는 각각 한 종류만 알려져 있으며, 다른 GPCR 단백질들이 조합을 이루어 수용체를 형성한다. 곧 살펴볼 것이지만 기타 GPCR 단백질은 후각에 있어서 중요한 역할을 한다.

신맛에 대한 수용체는 TRP(transient receptor potential) 종에 속하는 단백질이며 캡사이신 수용체와 온도수용체 단백질과 유사하다. 맛봉오리에서 신맛 수용체를 이루는 TRP 단백질은 맛세포의 세포막에 이온통로를 형성한다. 산이나 다른 신맛을 내는 물질이 이 수용체에 결합하면 이온통로의 구조가 변화되고 탈분극이 일어나 감각신경세포를 활성화시킨다.

소금에 대한 맛수용체는 소듐통로인 것으로 판명되었다. 소듐통로가 요리에 맛을 내는 데 사용되는 NaCl의 소듐을 감지하는 것은 별로 놀랍지 않다.

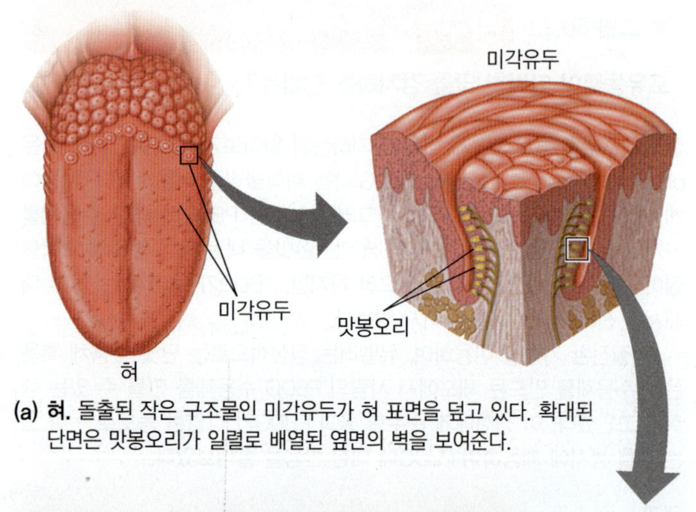

(a) **혀.** 돌출된 작은 구조물인 미각유두가 혀 표면을 덮고 있다. 확대된 단면은 맛봉오리가 일렬로 배열된 옆면의 벽을 보여준다.

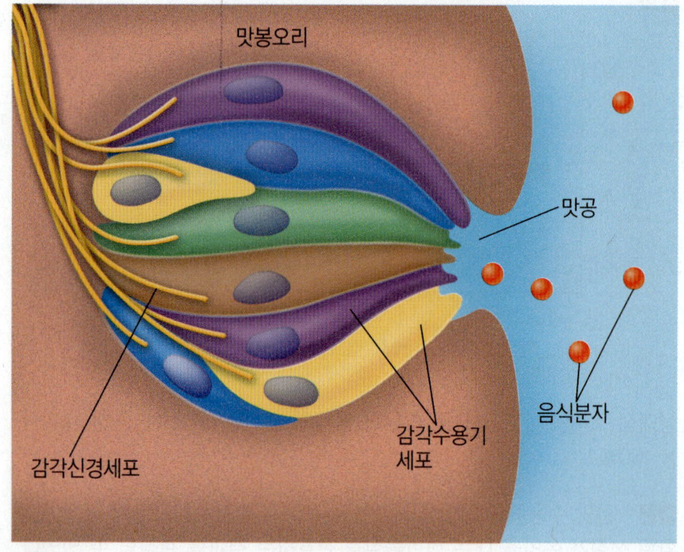

구분
단맛 쓴맛
짠맛 우마미맛
신맛

(b) **맛봉오리.** 혀의 모든 영역에 맛봉오리들은 다섯 가지 맛 중에서 각각 단 하나에만 선택적인 감각수용기를 가진 여러 감각세포들로 이루어진다.

▲ 그림 50.24 **사람의 미각수용기**

사람의 후각

미각세포와는 달리 후각수용기세포는 신경세포이다. 후각수용기세포는 비강의 위쪽에 줄지어 있는 신경세포로서 뇌의 후각망울에 직접적으로 신호를 전달한다(그림 50.25). 감각을 수용하는 말단의 섬모는 콧속 공간의 점막층 안으로 나 있다. 냄새를 내는 물질들이 후각섬모의 세포막에 존재하는 GPCR 단백질인 냄새 수용체(ordorant receptor)에 결합한다. 이 결합은 고리형 AMP의 생산을 촉진하는 신호전달경로를 개시한다. 후각수용기세포에서 고리형 AMP는 세포막상에 존재하는 이온통로를 열어서 Na^+과 Ca^{2+}이 세포 내로 들어오게 한다. 이로 인해 막전위가 탈분극되고 수용기세포의 활동전위가 유도된다.

사람은 수천 가지 종류의 냄새를 맡을 수 있다. 각각의 냄새는 서로 다른 구조의 냄새분자에 의해서 이루어진다. 이런 차원의 감각분별은 수많은 종류의 냄새 수용체 단백질을 가지고 있어야 함을 암시한다. 1991년 컬럼비아대학교의 액설(Richard Axel)과 벅(Linda Buck)은 1,000개 이상의 냄새 수용체 유전자를 발

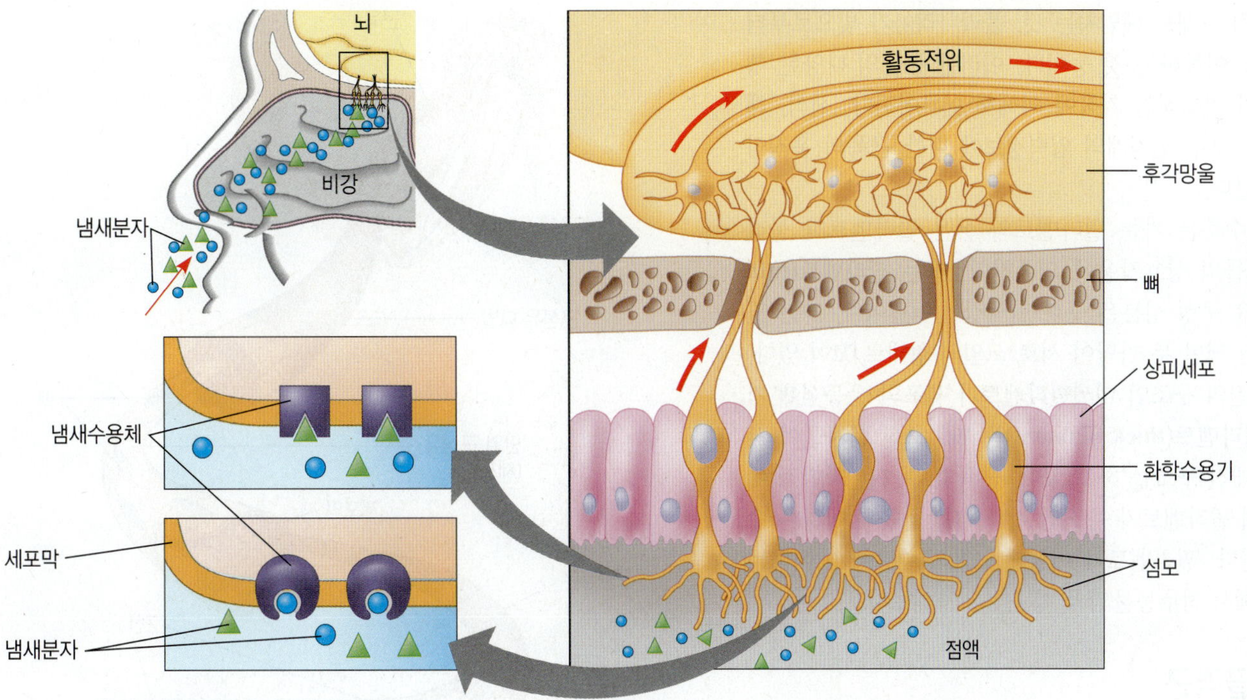

▲ **그림 50.25 사람의 후각.** 냄새분자가 화학수용기의 세포막에 존재하는 특정 수용체 단백질과 결합하여 활동전위를 유도한다.

WHAT IF? 곰팡이 냄새가 나는 방에"방향제"를 뿌렸을 때, 곰팡이 냄새를 감지하고, 전달하고 인지하는 과정에 영향을 미칠까?

견하였는데, 이 개수는 사람의 총 유전자의 3%에 이른다. 각각의 후각수용기세포는 한 종류의 냄새 수용체 단백질만을 발현한다. 냄새에 대한 선택성이 서로 다른 수용기세포들은 콧구멍의 상피에서는 골고루 퍼져 분포하고 있다. 같은 종류의 냄새 수용체 유전자를 발현하는 수용기세포들은 후각망울의 동일한 부위로 축삭을 뻗어서 동일한 부위에 활동전위를 전달하게 된다. 2004년에 후각에서 작용하는 유전자군과 수용체에 관한 연구업적으로 액설과 벅이 공동으로 노벨상을 수상하였다.

냄새를 내는 물질이 감지된 후, 냄새 수용체로부터의 정보는 모아져서 통합된다. 생쥐, 벌레, 파리를 이용한 유전적 연구에 따르면 신경계로부터의 신호가 이 과정을 조절하여 특정 냄새물질에 대한 반응을 높이기도 하고 낮추기도 한다. 그 결과 어떤 핵심 냄새 분자의 농도가 낮거나 높을지라도 동물은 먹이가 있는 위치를 파악할 수 있다.

모델 생물들을 이용한 실험에 따르면 후각이 여러 가지 냄새물질이 복잡하게 혼합된 상태를 처리할 때도 각 입력정보의 단순한 합으로서 처리하지는 않는다. 오히려 뇌는 서로 다른 수용체들로부터 유래된 후각정보를 하나의 감각으로 통합한다. 이 감각은 현재 처한 환경의 인지와 과거에 일어난 사건이나 감정에 대한 기억에 기여한다.

수용기와 뇌에서의 전달경로는 서로 독립적이지만, 미각과 후각은 서로 상호작용한다. 실제로, 우리가 맛이라고 부르는 것이 냄새인 경우가 많다. 만일 감기 등으로 인해 후각이 마비되면 미각의 인지 역시 감소한다.

개념 확인 문제 50.4

1. 몇몇 미각세포와 모든 후각세포가 G 단백질 연계 수용체를 이용하는데 왜 후각세포들만이 활동전위를 만들 수 있을까?
2. G 단백질을 매개로 하는 신호전달경로는 신호전달 과정에서 신호의 강도를 증가(증폭)시키기에 적합하다. 후각에서 이러한 작용의 이점은 무엇인가?
3. **WHAT IF?** 만일 신맛, 짠맛은 느끼지만 단맛, 쓴맛, 우마미맛은 느끼지 못하는 생쥐가 있다면 신맛을 수용하는 수용체는 어떤 신호전달 과정을 이용할 것으로 예측하는가?

정답은 부록 A 참조

개념 50.5

근육은 섬유 단백질 간의 물리적인 상호작용을 통해 기능을 수행한다

앞서 살펴본 감각 기작에 대한 내용을 통해서 신경계를 향한 감각의 입력이 어떤 특정 행동을 유발하는지 몇 가지 예를 볼 수 있었다. 즉, 별코두더지의 접촉에 의한 먹이채집, 평형포에 조작을 가한 가재가 뒤집힌 채로 헤엄치는 것, 플라나리아가 빛으로부터 멀어지는 쪽으로 이동하는 것 등이다. 이러한 동물의 다양한 행동은 공통적이며 기초적인 기작에 의해서 이루어진다. 섭식, 헤엄, 기는 행동은 모두 신경계의 입력정보에 대한 근육의 움직임을 통해서 일어난다.

근육세포의 수축은 가는 필라멘트와 굵은 필라멘트라 불리는 단백질 구조물의 상호작용에 의존한다. **가는 필라멘트(thin filament)**의 주요 구성 성분은 구형 단백질인 액틴이다. 가는 필라멘트는 중합된 액틴 두 가닥이 서로 코일의 형태로 꼬여 있다. 이와 유사한 액틴의 구조인 미세필라멘트가 세포의 운동성에 기여한다. **굵은 필라멘트(thick filament)**는 마이오신 분자들이 서로 어긋나며 포개진 구조를 하고 있다. 근육의 수축은 화학적 에너지를 사용하여 필라멘트가 움직인 결과이다. 근육의 이완은 수동적으로 일어난다. 필라멘트가 어떻게 근육의 수축에 기여하는지 이해하기 위해서 척추동물의 골격근을 조사해보자.

척추동물의 골격근

척추동물의 **골격근(skeletal muscle)**은 골격에 붙어서 골격의 움직임을 담당한다. 골격근의 구조를 보면, 매우 간단한 구조적인 단위들이 점차로 복잡한 구조를 띠면서 골격근으로서의 면모를 이루어간다(그림 50.26). 골격근의 내부에는 근육의 길이 방향으로 평행하게 달리는 긴 근섬유 다발이 있다. 각 근섬유는 다핵성의 단세포이다(각각의 핵은 융합하여 근육세포를 이룬 배아 근원세포로부터 유래된 것이다). 한 근육세포(근섬유)의 내부에는 가는 필라멘트와 굵은 필라멘트로 이루어진 **근원섬유(myofibril)** 다발이 근육의 길이방향으로 존재한다.

근섬유 내의 근원섬유는 반복되는 단위인 **근절(sarcomere)**로 이루어지는데 이는 근육 수축의 기본이 되는 단위이다. 근절의 끝 부분은 이웃한 근원섬유와 일렬로 일치되어 배열되어 있기 때문에 광학현미경 하에서도 선명한 선의 형태로 보인다. 가는 필라멘트는 Z선에 결합되어 근절의 중심 방향으로 뻗어 있다. 굵은 필라멘트는 근절의 중심부에 위치한 M선에 결합되어 있다(그림 50.26). 휴식 중인 근육, 즉 이완 상태에서는 가는 필라멘트와 굵은 필라멘트가 부분적으로만 중첩되어 있다. 근절의 가장자리에는 가는 필라멘트만이 존재하며 근절의 중심부에는 굵은 필라멘트만 존재한다. 이러한 가는 필라멘트와 굵은 필라멘트의 규칙적인 배열이 근절의 수축, 나아가서 근육 전체의 수축이 어떻게 이루어지는지를 이해하는 데 핵심이 된다.

근수축의 활주필라멘트 모델

근육이 수축하면 짧아지지만 수축을 유도하는 필라멘트들의 길이는 변하지 않는다. 역설적으로 보이는 이 현상을 설명하기 위해서 하나의 근절에 집중해보자. 그림 50.27에서 보는 바와 같이, 필라멘트는 마치 망원경의 지지대 부분처럼 서로를 지나쳐서 미끄러진다. **활주필라멘트 모델(sliding-filament model)**에 따르면 마이오신 분자로부터 공급된 힘을 이용하여 가는 필라멘트와 굵은 필라멘트가 서로를 지나치며 끌어당긴다.

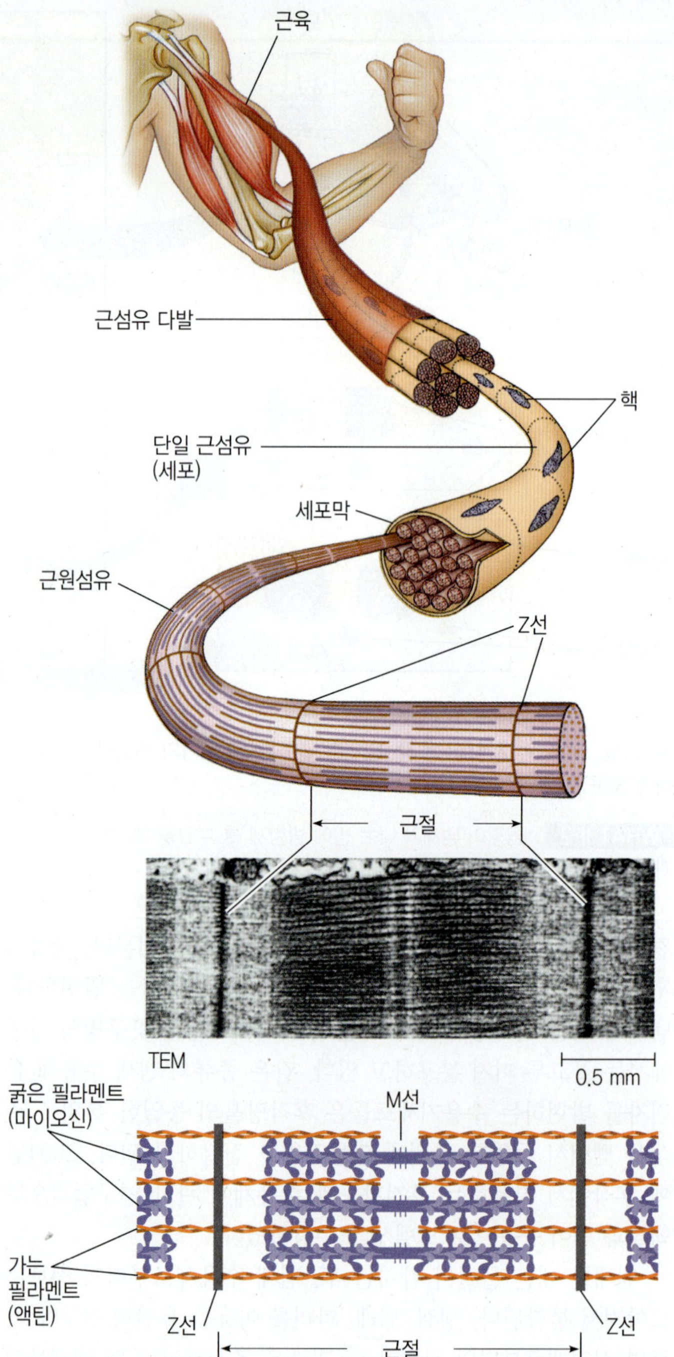

▲ 그림 50.26 골격근의 구조

그림 50.28은 가는 필라멘트와 굵은 필라멘트가 길이 방향으로 미끄러지는데 필수적인 마이오신 분자의 순환적 변화 양상을 보여준다. 마이오신 한 분자는 긴 "꼬리"와 측면으로 돌출된 구형의 "머리"로 이루어져 있다. 꼬리는 다른 마이오신 분자의 꼬리와 결합하여 굵은 필라멘트를 이룬다. 마이오신의 머리는 근

▶ **그림 50.27 근육수축의 활주필라멘트 모델.** 왼쪽 그림은 굵은 필라멘트(마이오신, 보라색)와 가는 필라멘트(액틴, 오렌지색)의 길이가 근수축 시에도 항상 일정함을 보여준다.

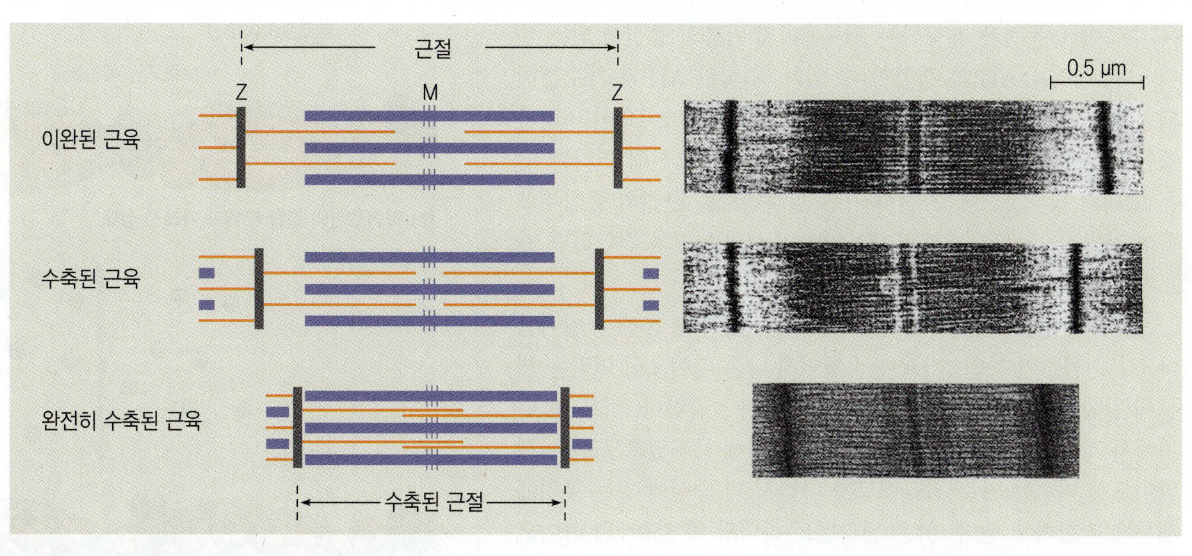

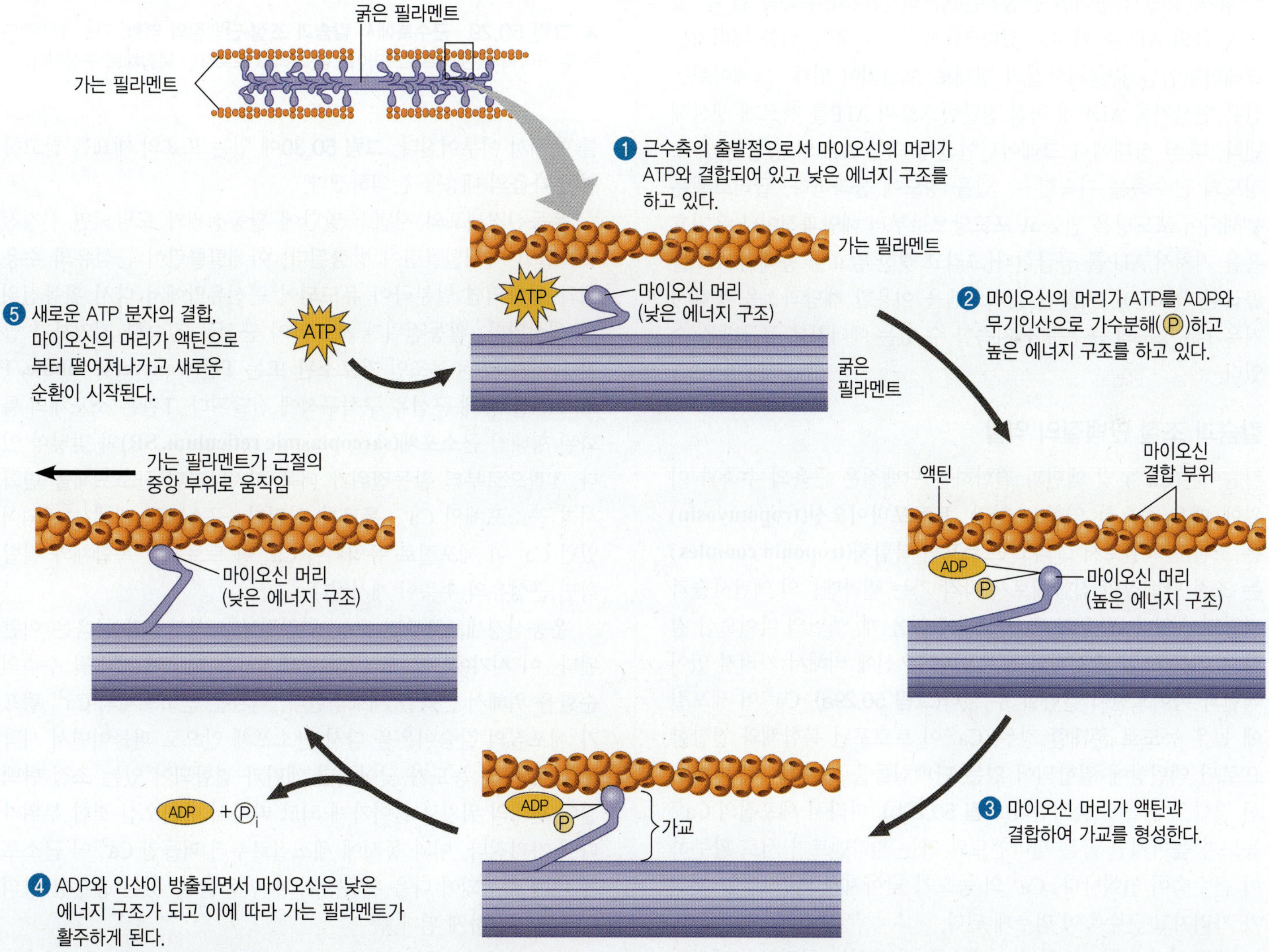

굵은 필라멘트

가는 필라멘트

1 근수축의 출발점으로서 마이오신의 머리가 ATP와 결합되어 있고 낮은 에너지 구조를 하고 있다.

가는 필라멘트

ATP

마이오신 머리 (낮은 에너지 구조)

굵은 필라멘트

2 마이오신의 머리가 ATP를 ADP와 무기인산으로 가수분해(Ⓟ)하고 높은 에너지 구조를 하고 있다.

액틴

마이오신 결합 부위

ADP

Ⓟ

마이오신 머리 (높은 에너지 구조)

3 마이오신 머리가 액틴과 결합하여 가교를 형성한다.

가교

ADP + $Ⓟ_i$

4 ADP와 인산이 방출되면서 마이오신은 낮은 에너지 구조가 되고 이에 따라 가는 필라멘트가 활주하게 된다.

가는 필라멘트가 근절의 중앙 부위로 움직임

마이오신 머리 (낮은 에너지 구조)

5 새로운 ATP 분자의 결합, 마이오신의 머리가 액틴으로부터 떨어져나가고 새로운 순환이 시작된다.

ATP

▲ **그림 50.28 근수축을 이루는 마이오신-액틴의 상호작용**

? ATP가 결합되면 무엇이 필라멘트가 원래 위치로 돌아가는 것을 막는가?

육 수축에 원동력을 제공하는 생체에너지 반응의 중심이 되는 부위이다. 머리는 ATP와 결합할 수 있다. 결합된 ATP가 가수분해되면 마이오신이 높은 에너지 형태로 변화되고, 마이오신 머리가 액틴과 결합하여 가교를 형성할 수 있다. 마이오신의 머리는 낮은 에너지 상태로 돌아가면서 가는 필라멘트를 근절의 중심부로 끌어당긴다. 새로운 ATP 분자가 마이오신의 머리와 결합하면 가교가 해체된다.

근육 수축은 결합과 해리의 주기적인 반복을 통해서 일어난다. 각 순환주기 동안, 가교에서 떨어져 나온 마이오신 머리는 새롭게 결합된 ATP를 분해한 후 액틴과 다시 결합한다. 바로 전 주기에서 가는 필라멘트가 근절의 중앙을 향해 움직였으므로, 이제 마이오신 머리는 가는 필라멘트를 따라서 더 중심에 있는 부위에 새롭게 결합하게 된다. 굵은 필라멘트 하나당 약 350개의 마이오신 머리가 이러한 순환을 1초에 5번 정도로 반복하여 활주가 일어난다.

휴식 중인 전형적인 근섬유는 단 몇 차례의 수축을 할 수 있을 만큼의 ATP를 가지고 있다. 반복적인 수축을 위한 에너지는 크레아틴인산과 글리코젠의 형태로 보관되어 있다. 크레아틴인산은 인산기를 ADP에 직접 전달함으로써 ATP를 빠르게 생산해낸다. 휴식 상태에서 크레아틴인산에 의한 ATP의 공급은 15초 정도의 근수축을 지속할 수 있을 정도에 불과하다. 글리코젠은 분해되어 포도당을 만들고 포도당으로부터 해당과정이나 유기호흡을 거쳐서 ATP를 공급한다[그리고 젖산 발효를 통해서 ATP를 공급한다(10장)]. 저장된 글리코젠을 이용한 해당과정을 통해서 겨우 1분 정도의 근수축을 지속할 수 있는 에너지를 공급받을 수 있다.

칼슘과 조절 단백질의 역할

칼슘이온(Ca^{2+}) 및 액틴과 결합하는 단백질은 근육의 수축과 이완에 매우 중요한 역할을 한다. **트로포마이오신(tropomyosin)**은 조절 단백질로서 그리고 **트로포닌 복합체(troponin complex)**는 조절 단백질의 집합체로서 각각 가는 필라멘트의 액틴사슬과 결합되어 있다. 근육이 휴식 상태에 있을 때, 액틴의 마이오신 결합 부위는 조절 단백질인 트로포마이오신에 의해서 가려져 있어 액틴과 마이오신이 결합할 수 없다(그림 50.29a). Ca^{2+}이 세포질에 높은 농도로 존재할 경우, Ca^{2+}이 트로포닌 복합체와 결합함으로써 액틴상에 결합되어 있는 단백질들을 재배치시켜 마이오신 결합 부위를 노출시킨다(그림 50.29b). 따라서 세포질의 Ca^{2+} 농도가 높아지면 굵은 필라멘트와 가는 필라멘트가 서로 활주하여 근수축이 일어난다. Ca^{2+}의 농도가 낮아지게 되면, 결합 부위가 가려지고 근수축이 멈추게 된다.

운동신경세포는 그들과 시냅스를 맺고 있는 골격근의 세포질로 칼슘의 방출을 유도하여 근수축을 일으킨다. Ca^{2+} 농도의 조절은 다단계를 거쳐서 일어나며 막과 세포내 소기관의 네트워크

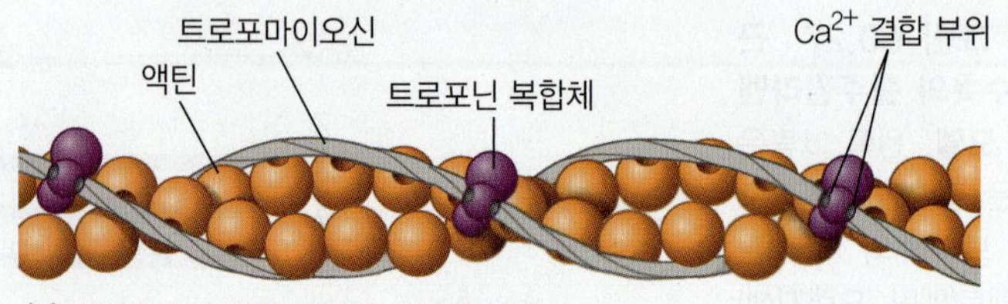

(a) 마이오신의 결합 부위가 가려진 상태

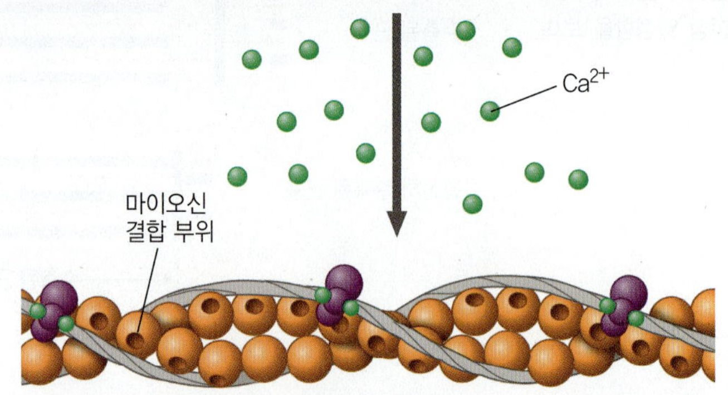

(b) 마이오신의 결합 부위가 노출된 상태

▲ **그림 50.29 근수축에서 칼슘과 조절 단백질의 역할.** 가는 필라멘트는 두 가닥의 액틴과 트로포마이오신 그리고 트로포닌 복합체로 구성된다.

를 통해서 이루어진다. 그림 50.30에 있는 도표의 개요를 참고하면서 다음의 내용을 논의하겠다.

운동신경세포의 시냅스 말단에 활동전위가 도달되면 신경전달물질인 아세틸콜린이 방출된다. 아세틸콜린이 근섬유의 수용체와 결합되면 탈분극이 유도되어 근섬유막에서 다시 활동전위가 생성된다. 활동전위가 세포막이 근섬유 깊숙한 지역까지 말려 들어가 있는 구조인 **가로소관** 또는 **T관(transverse tubule, T tubule)**을 통해 근섬유 구석구석에 전달된다. T관은 소포체의 특화된 형태인 **근소포체(sarcoplasmic reticulum, SR)**와 맞닿아 있다. T관으로부터 활동전위가 더욱 퍼져나가면 근소포체를 변화시켜 근소포체의 Ca^{2+} 통로가 열린다. 근소포체 내에 보관되어 있던 Ca^{2+}이 세포질로 유입되어 Ca^{2+}이 트로포닌 복합체와 결합하면 근섬유의 수축이 개시된다.

운동신경세포로부터 오는 입력정보가 사라지면 근육은 이완된다. 이 시기에는 세포 내의 단백질들은 다음에 계속될 수축의 순환을 위해서 근육을 재조정한다. 이완은 근소포체의 Ca^{2+} 펌프가 세포질의 칼슘이온을 다시 근소포체 안으로 퍼들이면서 시작된다. Ca^{2+}의 농도가 낮아지면 액틴과 결합되어 있는 조절 단백질이 원래의 위치로 돌아가게 되고 따라서 마이오신 결합 부위가 다시 가려진다. 이와 동시에 세포질로부터 퍼들인 Ca^{2+}이 근소포체 내에 축적되어 다음 활동전위 때 반응할 수 있는 충분한 양의 Ca^{2+}을 저장하게 된다.

운동신경세포에 의해 유도되는 골격근의 흥분을 방해함으로써 마비가 일어나는 몇 가지 질병들이 있다. 루게릭병으로도 잘 알려져 있는 근위축성 축삭경화증(amyotrophic lateral sclerosis,

▼ 그림 50.30

탐구 골격근 수축의 조절

골격근 수축을 조절하는 전기적, 화학적 및 분자적 기작들이 근육세포를 비스듬히 자른 면과 아래 그림의 확대한 절단면을 통해 나타나 있다. 운동신경세포에 의한 활동전위(빨간색 화살표)는 근섬유와 T관을 따라서 전 근육에 걸쳐서 근육 깊숙이까지 전달되어 칼슘(초록색 점)을 이동시켜 근육의 활성을 조절한다.

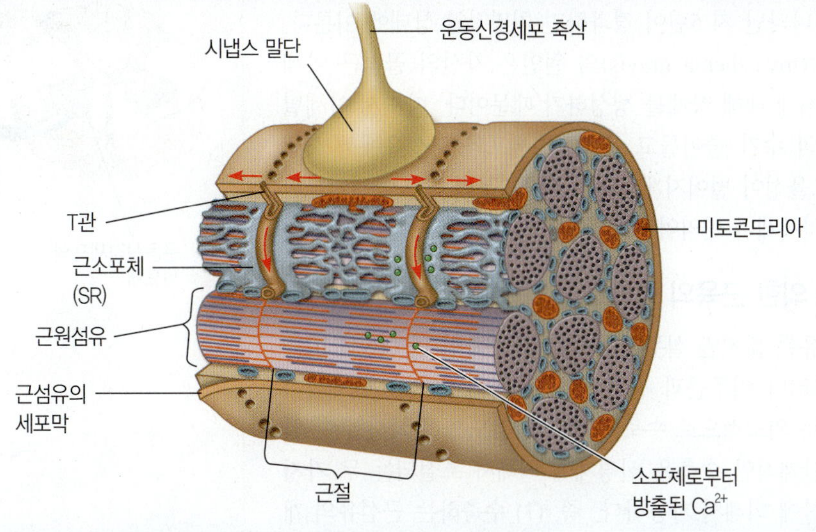

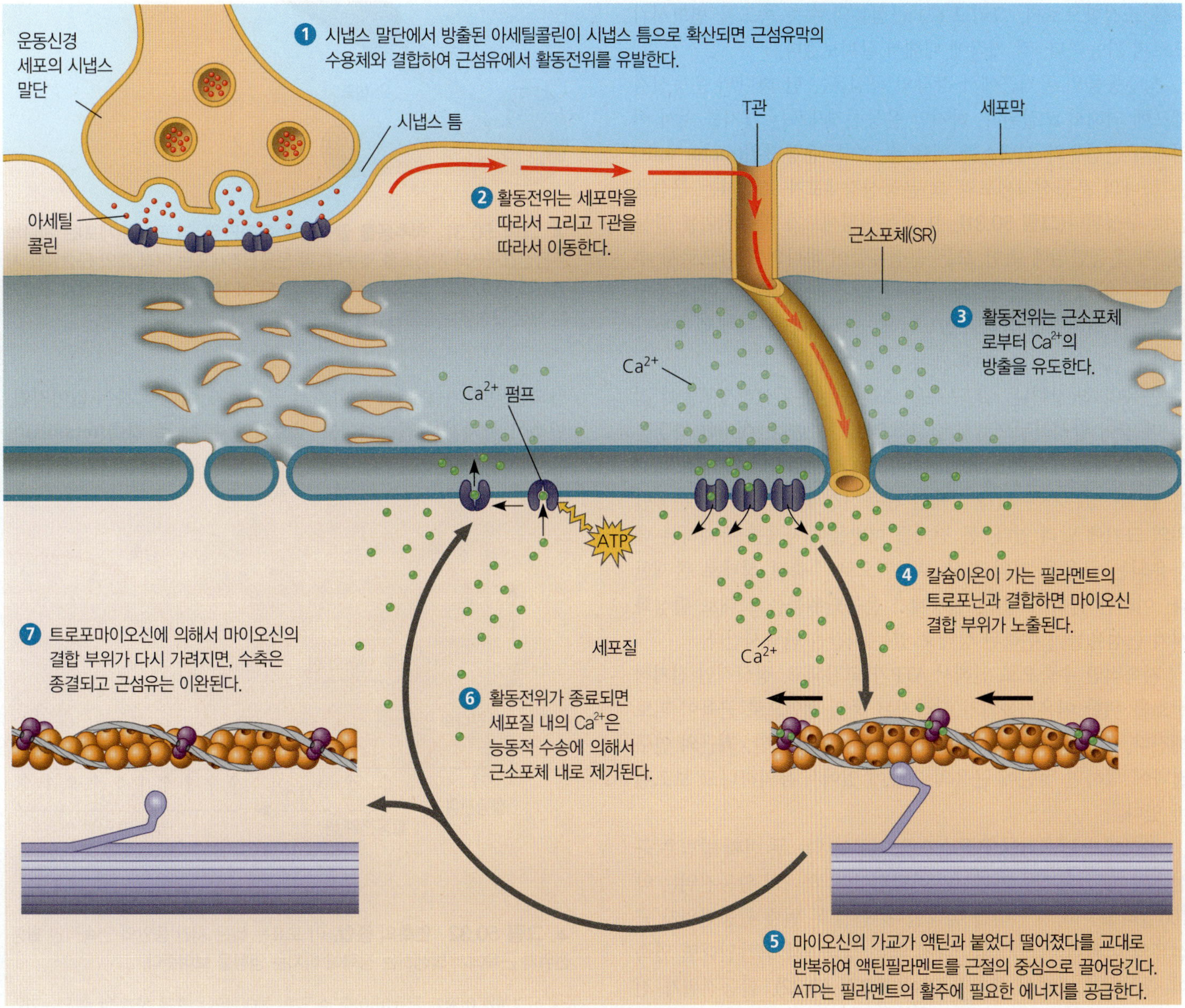

운동신경세포 축삭
시냅스 말단
T관
근소포체
(SR)
근원섬유
근섬유의
세포막
근절
미토콘드리아
소포체로부터
방출된 Ca^{2+}

운동신경
세포의 시냅스
말단
1 시냅스 말단에서 방출된 아세틸콜린이 시냅스 틈으로 확산되면 근섬유막의 수용체와 결합하여 근섬유에서 활동전위를 유발한다.
시냅스 틈
T관
세포막
아세틸
콜린
2 활동전위는 세포막을 따라서 그리고 T관을 따라서 이동한다.
근소포체(SR)
3 활동전위는 근소포체로부터 Ca^{2+}의 방출을 유도한다.
Ca^{2+}
Ca^{2+} 펌프
ATP
4 칼슘이온이 가는 필라멘트의 트로포닌과 결합하면 마이오신 결합 부위가 노출된다.
7 트로포마이오신에 의해서 마이오신의 결합 부위가 다시 가려지면, 수축은 종결되고 근섬유는 이완된다.
세포질
Ca^{2+}
6 활동전위가 종료되면 세포질 내의 Ca^{2+}은 능동적 수송에 의해서 근소포체 내로 제거된다.
5 마이오신의 가교가 액틴과 붙었다 떨어졌다를 교대로 반복하여 액틴필라멘트를 근절의 중심으로 끌어당긴다. ATP는 필라멘트의 활주에 필요한 에너지를 공급한다.

ALS)은 척수와 뇌간의 운동신경세포가 퇴화되어서 이들과 시냅스를 맺고 있는 근육이 위축되는 질병이다. ALS는 서서히 진행되어 증상이 나타난 지 5년이 경과하면 치명적인 상태에 이른다. 중증근무력증(myasthenia gravis)의 원인은 자신의 골격근 아세틸콜린 수용체에 대해 항체를 생성하기 때문이다. 따라서 아세틸콜린 수용체의 수가 줄어들고 운동신경세포와 근섬유에서 시냅스 전달의 효율성이 떨어지게 된다. 중증근무력증은 아세틸콜린 에스터라제 억제제나 면역억제제에 의해서 조절될 수 있다.

신경세포에 의한 근육의 장력조절

하나의 근섬유는 짧지만 실무율을 따르는 수축인 연축(twitch)을 일으킨다. 그러나 이두근과 같은 전체 근육의 수축은 단계적이다. 즉, 우리는 의도적으로 수축의 정도와 강도를 변화시킬 수 있다. 근육의 단계적인 수축은 신경계에 의해서 조절되는 두 가지 기본적인 기작에 의해서 가능하다. 즉, (1) 수축하는 근섬유의 개수를 조절함으로써, 그리고 (2) 근섬유의 수축 속도를 변화시킴으로써 가능하다. 각 기작에 대해서 살펴보겠다.

척추동물의 골격근에서 각각의 근섬유는 단 하나의 운동신경세포에 의해서 조절된다. 하지만 운동신경세포는 가지를 쳐서 여러개의 근섬유와 시냅스를 맺을 수 있다. **운동단위(motor unit)**는 하나의 운동신경세포와 그 운동신경세포가 조절하는 근섬유들로 구성된다(그림 50.31). 한 운동신경세포가 활동전위를 만들면, 이 운동단위에 속한 모든 근섬유들이 하나의 집단으로서 수축한다. 따라서 수축강도는 얼마나 많은 근섬유들이 이 운동신경세포에 의해서 조절되고 있느냐에 달려 있다. 근육에서 운동단위의 근섬유의 숫자는 수백 개에 이를 수 있다.

근육의 힘(장력)은 그 근육을 조절하는 운동신경세포들이 점점 더 많이 활성화됨으로써 점진적으로 증가한다. 이러한 과정을 운동신경세포의 **점증**(recruitment)이라 한다. 얼마나 무거운 물건을 들 수 있는가는 뇌가 선택한 운동신경세포의 개수와 운동단위의 크기에 달려 있다. 몸 전체를 떠받들어 자세를 유지하는 데 사용되는 근육은 거의 항상 부분적으로 수축된 상태로 존재한다. 이러한 근육의 경우, 신경계가 운동단위들을 교대로 활성화시켜 근섬유들이 수축된 상태로 있는 시간을 단축시킨다.

지속적인 수축으로 인해서 ATP가 고갈되고, 정상적인 전기적 신호를 위한 이온기울기가 사라지는 등의 원인으로 근육이 피로해진다. 젖산 축적 역시 근육의 피로를 초래하지만, 최근의 연구결과에 의하면 젖산이 근육의 기능에 있어서 유익하다고 보고된 바 있다.

신경계가 단계적인 근육수축을 이루어내는 두 번째 방법은 근섬유의 자극 속도를 변화시키는 방법이다. 하나의 활동전위는 약 100밀리초 이하의 연축을 유발한다. 만일 두 번째 활동전위가 근섬유의 이완이 완전히 일어나지 않은 상태에서 도달된다면 연축이 합쳐져서 장력이 증가할 것이다(그림 50.32). 활동전위가 전달되는 빈도가 충분히 높아져서 근섬유가 이완할 틈이 없어지면, 연축이 합쳐져서 연속적이고 지속적인 수축, 즉 **강축(tetanus)**이 유도된다. (tetanus는 세균의 독에 의한 근육의 조절되지 않은 수

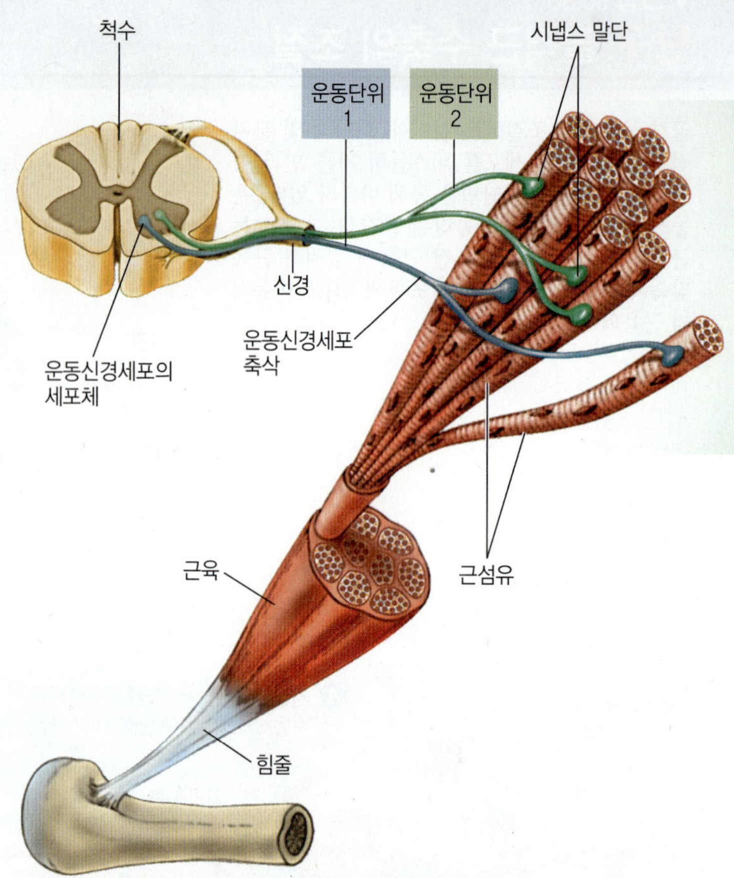

▲ **그림 50.31 척추동물 골격근의 운동단위.** 각 근섬유(세포)는 하나의 운동신경세포와 시냅스를 맺는다. 각 운동신경세포는 여러 개의 근섬유와 시냅스를 맺고 있다. 하나의 운동신경세포와 이 운동신경세포에 의해서 조절되는 모든 근섬유는 운동단위를 이룬다.

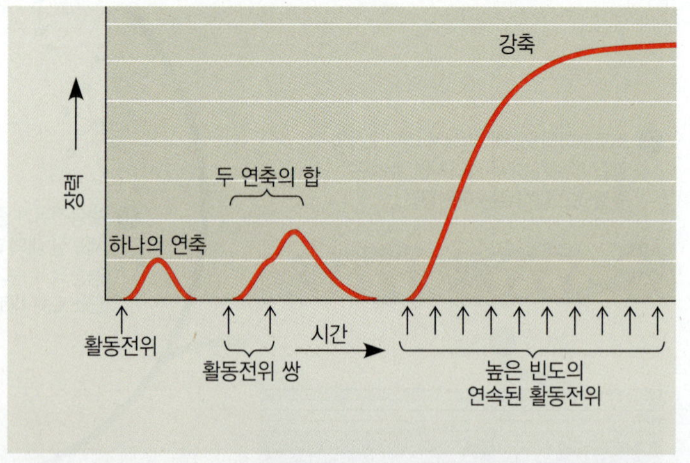

▲ **그림 50.32 연축의 종합.** 이 도표는 짧은 시간 동안의 연속적인 활동전위가 근육에서 발생하는 장력에 미치는 영향을 보여준다.

? 신경계가 어떻게 근육이 이룰 수 있는 최대한의 수축을 하게 할 수 있는가?

표 50.1 근섬유의 종류

	느린 산화의존적	빠른 산화의존적	빠른 해당과정의존적
수축 속도	느림	빠름	빠름
주요 ATP원	호기성 호흡	호기성 호흡	해당작용
피로 속도	느림	중간	빠름
미토콘드리아	많음	많음	적음
마이오글로빈의 양	많음 (붉은색 근육)	많음 (붉은색 근육)	적음 (흰색 근육)

축을 뜻하는 용어이기도 하다.)

근섬유의 종류

지금까지 척추동물에 존재하는 골격근의 일반적인 성질에 대해서 알아보았다. 그러나 골격근에도 여러 종류가 있어서 각 근육은 특별한 기능에 알맞도록 발달되었다. 골격근은 수축을 위한 에너지원으로 사용되는 ATP를 어떤 대사경로를 통해 생산하느냐에 따라서 혹은 근육의 수축 속도가 얼마나 빠르냐에 따라서 분류된다(표 50.1).

산화의존적 섬유와 해당과정의존적 섬유 유기호흡에 주로 의존하는 근섬유를 산화의존적 섬유(oxidative fiber)라 한다. 산화의존적 섬유는 지속적으로 공급되는 에너지를 사용하도록 특화되었다. 즉, 이 근섬유는 많은 미토콘드리아를 가지고 있고 혈액의 공급이 왕성하며 **마이오글로빈(myoglobin)**과 같은 산소를 운반하는 단백질이 풍부하다. 마이오글로빈은 황적색의 색소가 있어서 근육이 어두운 색을 띠게 되며, 헤모글로빈보다 산소와의 친화력이 크다. 따라서 혈액으로부터 산소를 효과적으로 해리시킨다. 산화의존적 섬유와 달리 해당과정의존적 근섬유(glycolytic fiber)는 ATP의 생성을 위해서 주로 해당과정을 이용하는 근섬유이다. 해당과정의존적 섬유는 지름이 굵고 마이오글로빈이 적어 쉽게 피로해진다. 이 두 유형의 근육은 가금류나 어류에서 쉽게 관찰된다. 즉, 밝은색을 띤 고기는 해당과정의존적 섬유로 구성되며, 어두운 색깔을 띤 고기는 마이오글로빈이 풍부한 산화의존적 섬유로 구성된다.

빠른 연축섬유와 느린 연축섬유 근섬유의 종류에 따라서 수축하는 속도는 달라서 **느린 연축섬유(slow-twitch fiber)**와 이보다 장력을 두세 배 빠르게 발생시키는 빠른 연축섬유로 나눌 수 있다. **빠른 연축섬유(fast-twitch fiber)**는 짧고 빠르고 강력한 수축을 한다. 느린 섬유는 지속적인 수축을 요구하는 자세를 유지하는 근육에서 많이 발견된다. 느린 연축섬유는 근소포체가 적고 Ca^{2+} 펌프의 속도도 느리다. 따라서 Ca^{2+}이 세포질에서 오래 머무를 수 있어서 빠른 연축섬유의 경우보다 5배 이상 길게 연축이 유지된다.

느린 연축섬유와 빠른 연축섬유의 수축 속도의 차이는 ATP가 마이오신의 머리에 의해서 가수분해되는 속도의 차이에 기인한다. 그러나 수축 속도와 ATP 생성의 근원 사이에는 일대일 관계가 성립하지 않는다. 모든 느린 연축섬유는 산화의존적이지만 빠른 연축섬유는 산화의존적일 수도 있고 해당과정의존적일 수도 있다.

사람의 근육 중에서 눈과 손의 근육은 빠른 연축섬유로만 구성되어 있지만, 대부분은 빠른 연축섬유와 느린 연축섬유를 동시에 포함하고 있다. 빠른 연축섬유와 느린 연축섬유가 섞여 있는 근육의 경우 두 근섬유의 비율은 유전적으로 이미 결정되어 있다. 그러나 만일 이 근육이 오래 지속되는 수축을 요구하는 운동에 반복적으로 사용되면, 해당과정의존적 빠른 연축섬유가 산화의존적 빠른 연축섬유로 변화한다. 산화의존적 빠른 연축섬유는 해당작용의존적 섬유에 비해서 훨씬 천천히 피로해지기 때문에, 이 근육은 전체적으로 덜 피로하게 될 것이다.

몇몇 척추동물의 골격근섬유는 사람의 어떤 근육보다도 빠르게 수축할 수 있다. 예를 들면, 방울뱀의 방울소리나 비둘기의 울음소리는 수축과 이완이 매우 빠른 근육에 의해서 만들어진다. 가장 빠른 근육은 수컷 복어(toadfish)의 공기로 채워진 부레를 둘러싸고 있다(그림 50.33). 이 근육은 짝짓기를 위한 특별한 소리를 내기 위해서 1초에 200회의 수축 이완을 반복할 수 있다.

다른 유형의 근육

모든 근육들은 수축에 있어서 기본적으로 액틴과 마이오신의 활주필라멘트 방법이라는 동일한 기작을 공유하기는 하지만, 근육의 유형에는 여러 가지가 있다. 예를 들어, 척추동물은 골격근 이외에 심장근과 평활근을 가지고 있다(그림 40.5).

척추동물의 **심장근(cardiac muscle)**은 유일하게 심장에서만

▲ **그림 50.33 특화된 골격근.** 수컷 복어(*Opsanus tau*)는 짝짓기를 위한 소리를 낼 때 매우 빨리 수축하는 근육을 사용한다.

발견된다. 골격근처럼 심장근은 가로무늬를 가지고 있다. 그러나 둘은 구조적으로 달라서 전기적 성질 및 막의 성질이 서로 다르다. 골격근섬유는 운동신경세포의 자극이 없으면 활동전위를 만들지 못하지만, 심장근에서는 신경계의 입력신호가 없이도 활동전위를 생성시키는 데 기여하는 연속적이며 주기적인 탈분극이 일어난다. 심장근의 활동전위는 골격근섬유의 활동전위보다 20배 정도로 오랫동안 지속되며, 활동전위의 길이는 수축이 지속되는 시간을 조절하는 데 중요한 역할을 한다.

이웃한 심장근세포들의 세포막은 **사이원반(intercalated disk)**이라는 특수화된 부위로 단단히 연결되어 있으며, 이곳에서 간극연접(gap junction)에 의해서 세포들 사이에 전기적인 연결이 이루어진다. 따라서 심장의 한 부위에서 발생한 활동전위는 심장근의 다른 모든 부위로 퍼져서 심장이 수축하게 된다. 긴 불응기는 연축의 합이나 강축이 일어나는 것을 방지한다.

평활근(smooth muscle)은 혈관이나 소화관과 같이 속이 비어 있는 기관에서 주로 발견된다. 액틴 및 마이오신 필라멘트가 길이 방향으로 규칙적으로 배치되어 있지 않기 때문에 평활근에는 가로무늬가 전혀 발견되지 않는다. 대신에 굵은 필라멘트가 세포질 전체에 걸쳐서 산재해 있고, 가는 필라멘트는 조밀체에 붙어 있는데 이 조밀체 중 일부는 세포막에 부착되어 있다. 가로무늬근보다 마이오신의 함량이 낮으며 마이오신이 특정 액틴 가닥과 연합되어 있지 않다. 어떤 평활근은 자율신경계의 신경세포로부터 자극을 받았을 때만 수축한다. 많은 경우 평활근은 신경계의 자극이 없이도 활동전위를 생성하며 이들은 전기적으로 서로 연결되어 있다. 평활근은 골격근보다 천천히 수축하고 이완한다.

평활근의 수축은 Ca^{2+}에 의해서 조절되지만 조절 기작은 골격근이나 심장근과는 다르다. 평활근세포는 트로포닌 복합체나 T관을 가지고 있지 않으며, 근소포체도 잘 발달되어 있지 않다. 활동전위가 발생하면 주로 세포막을 통하여 Ca^{2+}의 유입이 일어난다. Ca^{2+}은 칼모듈린(calmodulin)이라 불리는 단백질과 결합하여 마이오신의 머리를 인산화시켜서 액틴과 마이오신 가교를 형성시킴으로써 수축을 유발한다.

무척추동물도 척추동물의 골격근세포나 평활근세포와 유사한 근육세포를 가지고 있다. 절지동물의 골격근은 척추동물의 것과 거의 동일하다. 그러나 곤충의 비행근육은 독립적이고 주기적인 수축이 가능하기 때문에, 몇몇 곤충의 날개는 중추신경계로부터 전달되는 활동전위의 속도보다 빠르게 날갯짓을 할 수 있다. 대합조개가 껍질을 닫은 상태로 유지하는 데 이용하는 근육에는 파라마이오신(paramyosin)이라는 단백질이 있어서 적은 에너지 소비로 한 달 이상 수축을 지속할 수 있다.

개념 확인 문제 50.5

1. 골격근과 평활근의 근수축에서 칼슘이온이 하는 역할을 비교하라.
2. WHAT IF? 죽은 지 얼마되지 않은 동물의 근육이 딱딱한 이유는 무엇인가?
3. MAKE CONNECTIONS 근수축 시 트로포닌과 트로포마이오신의 활성을, 효소작용에서의 경쟁적 저해제의 활성과 비교해 보라. (그림 6.18b 참조)

정답은 부록 A 참조

개념 50.6

골격계는 근육의 수축을 움직임의 형태로 전환한다

근육의 수축을 움직임으로 전환하기 위해서는 근육이 부착할 수 있는 단단한 지지구조인 골격이 필요하다. 동물은 골격의 두 지점에 부착된 근육을 수축시켜 경도, 모양, 위치를 변화시킨다. 종종 근육은 힘줄을 형성하는 결합조직을 통해 간접적으로 뼈와 연결된다.

근육은 수축할 때만 힘을 낼 수 있기 때문에 몸의 일부를 서로 반대인 두 방향으로 움직이기 위해서는 두 근육이 동일한 골격에 부착되어 있어야 한다. 사람 상완과 메뚜기의 다리에서 그 배열의 예를 볼 수 있다(그림 50.34). 서로 반대작용을 하는 두 근육을 길항적 근육쌍이라고 부르지만 실제로 두 근육은 신경계

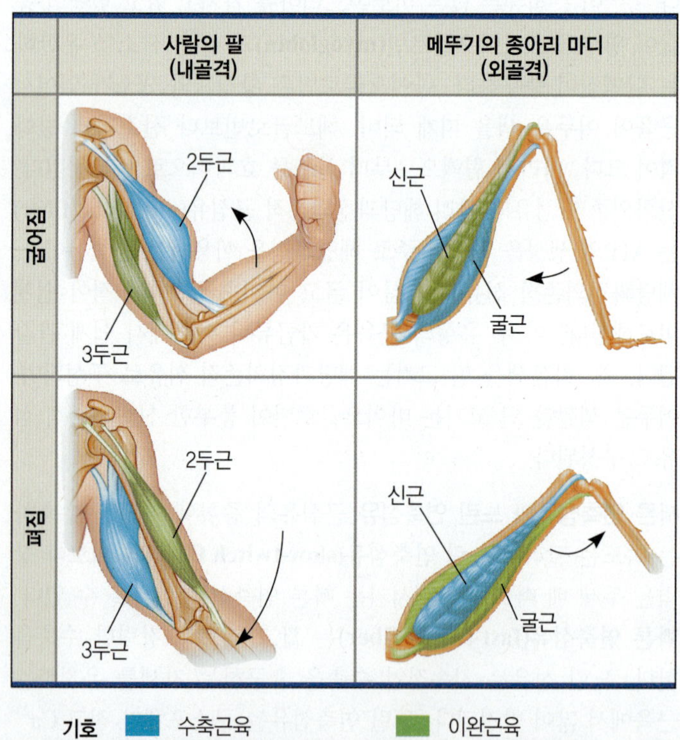

▲ **그림 50.34 운동에 있어서 골격과 근육의 상호작용.** 몸의 일부가 앞뒤로 움직이는 운동은 길항근에 의해서 이루어진다. 이런 종류의 움직임은 인간의 내골격이나 곤충의 외골격에서 모두 작동한다.

의 조절을 통해 협력하여 조화롭게 기능을 수행한다. 예를 들어, 팔을 펼 때 운동신경이 삼두근을 수축시키고 운동신경의 입력이 없는 이두근은 이완된다.

골격계는 운동은 물론 지지와 보호의 기능도 수행한다. 대부분의 육상동물들은 몸을 지탱할 수 있는 골격이 없다면 무너지거나 주저앉고 말 것이다. 심지어는 수생동물도 골격이 없다면 형태가 없는 덩어리로 존재할 수밖에 없을 것이다. 많은 동물에서 딱딱한 골격계는 부드러운 조직을 보호하는 작용을 한다. 예를 들어 척추동물의 두개골은 뇌를 보호하고, 육상 척추동물의 갈비뼈는 심장, 폐, 그리고 다른 내부기관을 감싸는 틀의 역할을 한다.

골격의 종류

일반적으로 골격을 서로 연결된 뼈의 집합으로 이해하려는 경향이 있으나 골격에는 다양한 형태가 있다. 딱딱한 지지구조물은 외부(외골격)에 있을 수도 있고, 내부(내골격)에 있을 수도 있으며, 때로는 없는 경우(유체골격)도 있다.

유체골격

유체골격(hydrostatic skeleton)은 근육에 의해 둘러싸인 빈 공간에 유체가 일정 압력을 가진 채 들어참으로써 형성된다. 이러한 종류의 골격은 자포동물, 편형동물, 선형동물, 환형동물에서 주로 발견된다(33장). 이러한 동물들은 근육을 움직여 유체가 들어찬 부분의 형태를 바꿈으로써 몸의 형태나 움직임을 조절한다. 예를 들어 자포동물 중에서 히드라는 입 부위를 오므리고 몸 벽의 수축세포를 움직여 중심부의 위수강을 좁힘으로써 몸을 길이 방향으로 늘일 수 있다. 물은 압력이 주어진 상황에서도 부피를 유지하기 때문에 위수강의 지름이 줄어들면 길이가 늘어날 수밖에 없다.

벌레들은 유체골격을 여러 방법으로 이용하여 움직인다. 플라나리아나 다른 편형동물의 경우 세포사이액이 일정 압력 하에 놓여서 주된 유체골격의 역할을 하게 된다. 따라서 플라나리아의 운동은 유체골격에 대해 체벽의 근육들이 부분적으로 힘을 작용함으로써 이루어진다. 선형동물의 경우에는 몸의 빈 공간에 액체를 채우고 있는데, 이것을 위수강이라고 한다. 세로로 놓인 근육의 수축은 편모의 운동과 같은 형태의 움직임을 일으키게 된다. 지렁이와 여러 환형동물들에서는 환형근과 종주근이, 액체가 차 있으며 격벽으로 나누어진 개별 체절들의 모양을 변화시킨다. 이런 모양의 변화는 앞에서 뒤로 근육 수축의 주기적 파동에 의해 생성되는 움직임인 **연동운동(peristalsis)**을 일으킨다(그림 50.35).

유체골격은 수생생물의 생활환경에 적합하다. 육상에서 유체골격은 기거나 굴을 뚫는 움직임의 지지대 역할을 하며 충격으로부터 내장기관을 보호할 수 있다. 그러나 유체골격은 걷거나 뛰는 것처럼 몸이 바닥에서 떨어진 상태의 움직임은 지탱할 수 없다.

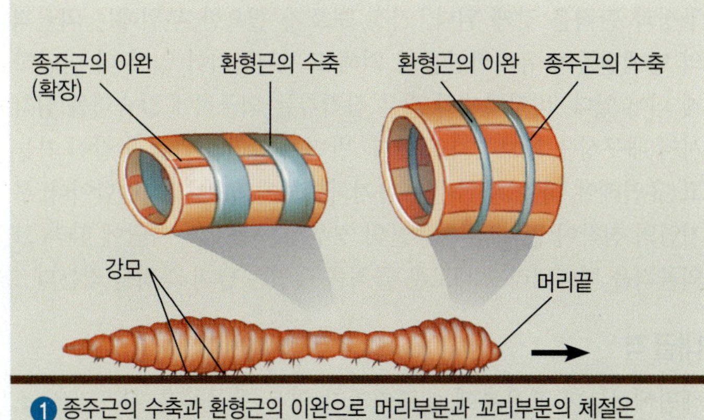

❶ 종주근의 수축과 환형근의 이완으로 머리부분과 꼬리부분의 체절은 짧고 굵어지며 강모로 지면에 고정된다. 나머지 체절들은 종주근의 이완과 환형근의 수축으로 길고 가늘어진다.

❷ 머리부분의 환형근의 수축으로 머리부분이 앞으로 나아간다. 머리 뒷부분의 체절들과 몸의 뒷부분은 굵어지고 지면에 닿아 고정됨으로써 지렁이가 뒤로 미끄러지는 것을 방지한다.

❸ 머리부분의 체절들은 다시 굵어지고 새로운 위치에 고정된다. 뒷부분의 체절들은 이제 지면에서 떨어지고 앞쪽으로 당겨져 이동하게 된다

▲ 그림 50.35 **지렁이의 연동운동.** 종주근이 수축함에 따라 지렁이의 몸이 두꺼워지고 짧아진다. 환형근의 수축은 몸을 잘록하고 길게 만든다.

외골격

해변에서 눈에 띄는 조개껍질은 한때 **외골격(exoskeleton)**의 역할을 했던 단단히 침착된 물질이 동물의 체표면을 싸고 있는 형태의 골격이다. 조개류 등 대부분의 연체동물의 껍질은 체벽의 일부가 연장된 형태인 외투막으로부터 분비되는 탄산칼슘으로 만들어진다(그림 33.15). 대합 등의 조개류는 이러한 외골격 내부에 부착되어 있는 근육을 움직임으로써 외골격 껍질을 열고 닫는다. 몸체가 자라남에 따라 이 껍질의 가장자리가 자라나게 된다.

절지동물의 마디가 있는 외골격은 표피에서 분비되어 침착된 **큐티클**(cuticle)로 되어 있다. 체내로 뻗어 있는 큐티클의 모서리와 판 부위마다 근육이 연결되어 있다. 큐티클의 30~50%는 **키틴(chitin)**질로서 셀룰로오스와 비슷한 다당류이다(그림 5.8). 단백질성의 기질에 키틴섬유가 침착되어 있기 때문에 큐티클은 내

구성과 탄력을 갖게 된다. 가장 보호가 필요한 부위에는 외골격의 단백질들이 유기화합물에 의해 교차결합되어 있어 더 단단하게 되어 있다. 바닷가재와 같은 갑각류는 외골격에 칼슘염을 침착시켜 내구성을 확보하기도 한다. 반면에 다리의 관절과 같이 가늘고 유연해야 하는 부위에는 유기화합물에 의한 교차결합이나 무기염의 침착이 없다. 절지동물의 경우에는 몸체가 자람에 따라 그 외골격을 벗어버리고 새로운 골격을 덧입는 탈피 과정을 겪는다.

내골격

해면에서부터 포유류에 이르기까지 많은 동물들은 부드러운 조직 사이에 뼈와 같은 단단한 구조물이 파묻혀 있는 형태인 **내골격(endoskeleton)**을 가지고 있다. 해면의 골격계를 강화하는 것은단단한 무기질의 침골 또는 단백질로 이루어진 보다 부드러운 섬유성 물질이다. 극피동물은 피부 밑에 골편(ossicle)이라 부르는 단단한 판 모양의 내골격을 가지고 있다. 골편은 탄산마그네슘이나 탄산칼슘의 결정으로 이루어져 있다. 성게의 골편은 매우 조밀하게 교차결합되어 있으나 불가사리의 골편은 비교적 성기게 얽혀 있어서 팔의 모양을 바꾸기에 용이하도록 되어 있다.

척삭동물은 연골과 경골, 혹은 이들의 조합으로 구성된 내골격을 가지고 있다(그림 40.5). 포유동물의 골격은 200개 이

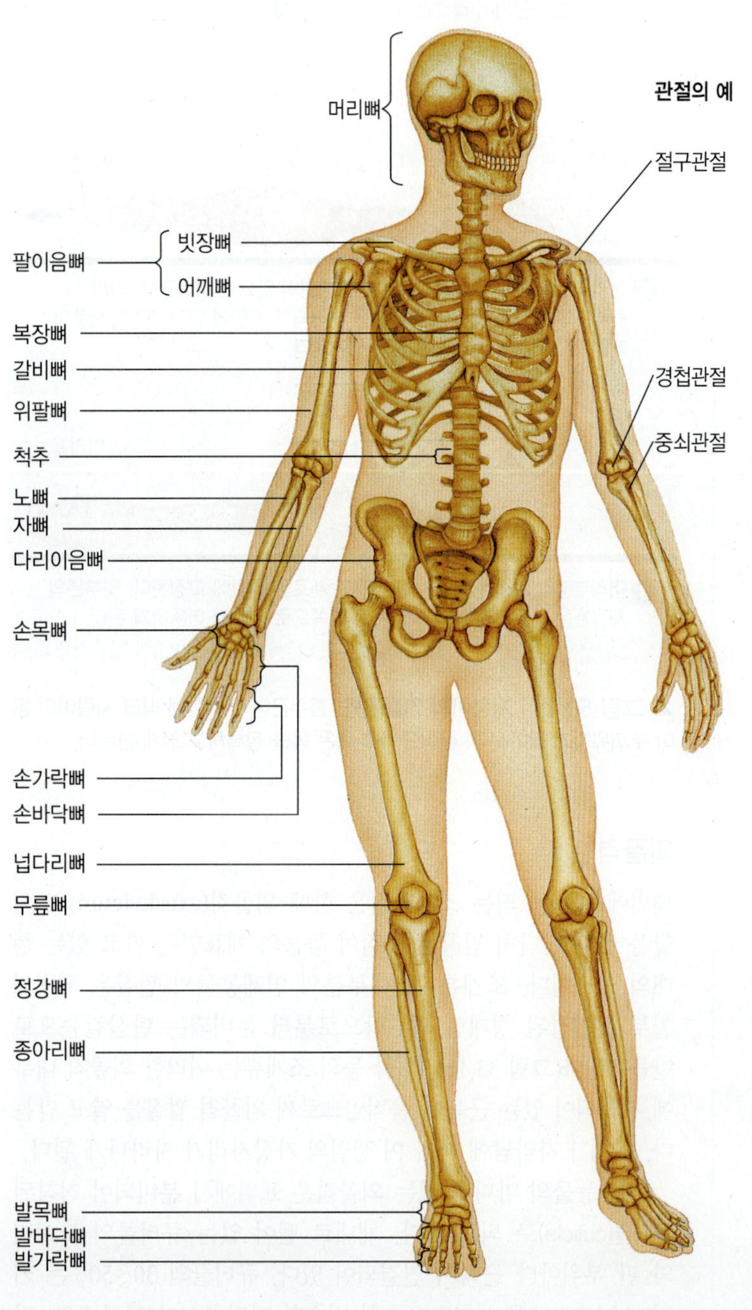

▲ 그림 50.36 사람 골격계의 뼈와 관절

▼ 그림 50.37 관절의 종류

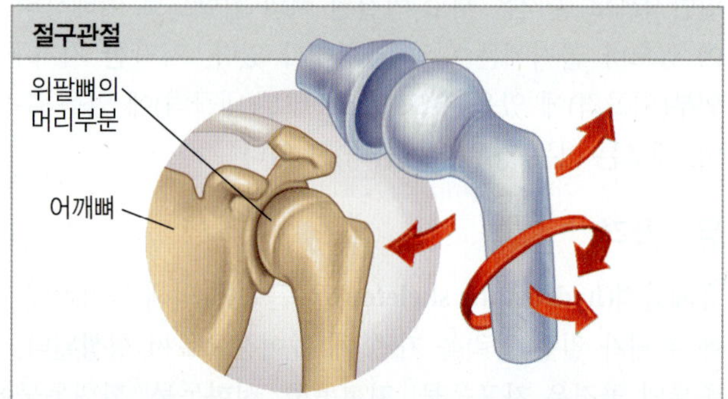

절구관절(ball-and-socket joint)은 위팔뼈가 팔이음뼈와 만나는 곳, 그리고 넙다리뼈가 다리이음뼈와 만나는 부위에 형성되는 관절로 팔, 다리를 여러 방향으로 움직일 수 있게 해준다.

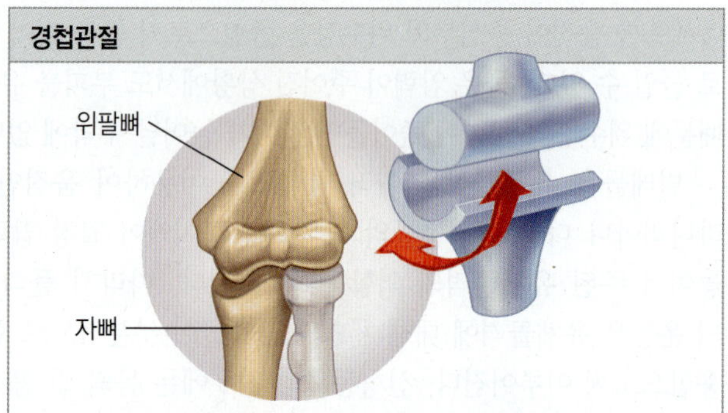

경첩관절(hinge joint)은 위팔뼈와 자뼈의 머리부분이 만나는 부위와 같이 움직임을 한 방향으로만 가능하게 하는 관절이다.

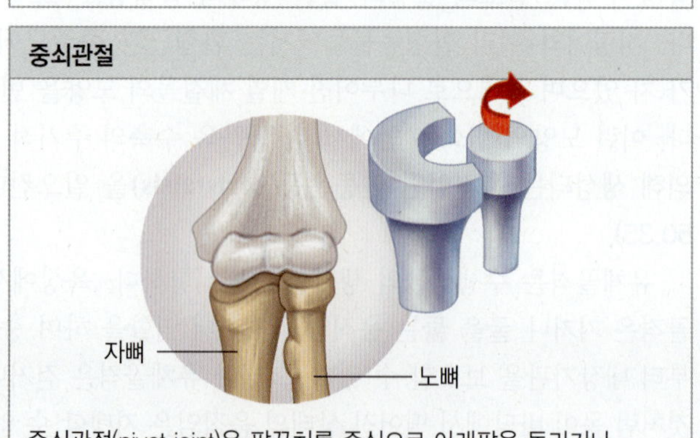

중쇠관절(pivot joint)은 팔꿈치를 중심으로 아래팔을 돌리거나 머리를 좌우로 움직일 수 있게 하는 관절이다.

상의 뼈조각으로 되어 있는데, 어떤 부분은 서로 융합되어 있고 어떤 부분은 운동이 용이하도록 관절에 인대로 연결되어 있다(그림 50.36, 50.37). 조골세포(osteoblast)라 불리는 세포는 뼈 기질을 분비하여 뼈를 생성하고 수선한다(그림 40.5). 파골세포(osteoclast)는 이와 반대 작용으로 뼈의 성분을 재흡수하여 골격의 재구성에 기여한다.

내골격은 얼마나 두꺼워야 할까? 이 질문에 대한 답을 얻기 위해서 토목공학의 아이디어를 적용해 보자. 건물의 무게는 치수의 세제곱에 비례하여 증가한다. 그러나 건물을 지지하는 힘은 그 지지대의 단면적에 비례하고, 그 단면적은 그 지름의 제곱에 비례하여 증가된다. 따라서 생쥐의 크기를 키워서 코끼리의 크기로 만든다면 거대 생쥐의 다리는 너무 가늘어서 몸무게를 지탱할 수 없게 될 것이다. 실제로 몸체가 커다란 동물은 작은 동물과 몸을 이루는 부위들의 구성비율이 매우 다르다.

건축물의 유사성을 동물에 적용해 보면 몸체의 무게에 비례하도록 동물의 다리뼈의 굵기를 계산할 수 있을지 모른다. 그러나 이러한 예측은 틀릴 수 있다. 동물의 몸은 건축물보다 복잡하며 유연하기 때문에 건축물의 개념으로는 단지 몸체의 구조와 지지대 간의 상관관계를 부분적으로만 설명할 수 있을 뿐이다. 적어도 포유동물과 조류에 있어서는 몸의 축에 대한 사지의 위치가 체중을 지탱하는 데 있어서 중요한 요소로 작용한다. 동물의 사지가 몸체를 수직으로 떠받치고 있게 하는 근육과 힘줄이 체중의 대부분을 지탱하게 된다.

이동의 유형

이동성은 동물의 특징이다. 고착생활을 하는 동물조차도 몸의 일부를 움직인다. 해면동물은 편모를 움직여서 수류를 만들어 작은 먹이 입자를 포획하며 고착형의 자포동물들도 자포를 이용하여 먹이를 잡는다(33장). 그러나 대부분의 동물은 많은 시간과 에너지를 소모하면서 위험으로부터 도피하거나 짝짓기 상대를 찾거나 혹은 먹이를 찾아 돌아다닌다. 여기서 우리의 관심사는 한 장소에서 다른 장소로 능동적으로 옮겨가는 **이동(locomotion)**이다.

마찰과 중력은 동물을 안정된 상태로 머물게 하며 따라서 이동에 방해가 된다. 이동을 위해서는 이 두 가지 힘을 극복할 수 있는 에너지가 사용된다. 다음에 다루어질 내용에서처럼, 특정 환경에서 이동을 위해 적응된 몸의 형태는 마찰이나 중력을 극복하기 위해 필요한 에너지를 줄이는 데 기여하기도 한다.

육상에서의 이동

땅에서는 걷기, 달리기, 뛰기, 기기 등을 원활하게 하기 위해서는 중력이 가장 큰 문제이고 밀도가 낮은 공기에 의한 마찰은 적어도 어느 정도의 속도에 이르기까지는 무시할 수 있다. 육상동물이 걷고 달릴 때, 다리근육은 에너지를 소모하면서 앞으로 나아가도록 추진하는 역할과 함께 넘어지지 않도록 자세를 유지한다. 각 단계에서 동물의 다리는 서 있다가 가속해야 하므로 다리근육이 그 관성을 극복하여야 한다. 육지에서의 이동을 위해서는 힘있는 근육과 강한 지지골격이 유선형의 몸체보다 유용하다.

척추동물에서는 육지에서 이동하기 위한 다양한 적응형태가 진화해 왔다. 캥거루의 뒷다리 근육은 매우 힘이 세서 뛰어다니는 데 적합하다(그림 50.38). 캥거루가 착지할 때 순간적으로 많은 에너지가 뒷다리의 힘줄에 저장된다. 멀리 뛸수록 더 많은 에너지가 힘줄에 저장된다. 눌린 용수철처럼 힘줄에 저장된 에너지는 다음 도약에 사용되어서 캥거루가 이동할 때 소모하는 에너지의 양을 줄여준다. 이러한 용수철 효과는 곤충, 개, 혹은 사람의 다리에도 적용되어서 캥거루보다는 덜 하지만 걷고 달리는 동안 에너지를 저장한다.

걷고 달리며 혹은 뛰기 위해서는 몸의 균형이 반드시 유지되어야 한다. 캥거루의 큰 꼬리는 도약 시에 몸의 균형을 잡는 데 도움을 주며, 서서히 움직이거나 앉아 있을 때도 뒷다리와 함께 삼각대처럼 안정된 자세를 유지하는 데 도움이 된다. 사람이나 조류 같은 두발 동물은 걸을 때 적어도 한쪽 발을 땅에 디딤으로써 자세를 유지한다. 달릴 때는 네 다리 모두 또는 두발동물에서는 두 다리 모두 다리가 땅에서 순간적이나마 떨어지는 순간이 있을 수 있다. 하지만 달리는 속도에서 몸을 똑바로 세우는 데는 발과 땅의 접촉보다는 운동량이 더 중요하다.

기는 것은 매우 다른 상황이다. 기는 자세는 몸의 많은 부위가 땅과 접촉하고 있기 때문에 마찰을 극복하기 위해 더 많은 노력을 기울여야 한다. 지렁이는 연동운동을 통해서 길 수 있다. 많

◀ **그림 50.38 육상에서 에너지 효율이 높은 이동방법.** 캥거루 가족이 뒷다리를 이용한 도약방법으로 이동하고 있다. 도약 후에 운동에너지가 일시적으로 힘줄에 저장되어 다음번 도약에 힘이 된다. 사실 캥거루는 30 km/시간의 속도로 이동할 때와 6 km/시간으로 이동할 때 소모하는 에너지에 거의 차이가 없다. 큰 꼬리는 앉아 있을 때는 물론 도약 시에도 균형을 유지하는 역할을 한다.

과학적 분석 기술의 연습

로그 척도로 표시된 그래프 해석하기

이동에 의한 에너지 소모는 얼마인가? 1960년대에 듀크대학교의 동물생리학자인 슈미트-닐슨은 다양한 동물종에서 이동방법에 따른 에너지 소비량을 나타내는 일반적 원리를 찾고자 하였다. 그는 해답을 찾기 위해 자기 자신의 실험뿐만 아니라 다른 연구자들의 실험을 분석하였다. 여러분은 이 연구들로부터 도출되어 통합된 결과를 분석하고 실험 데이터들을 로그 척도로 표시된 그래프 위에 그리는 데 있어서의 논리성을 평가해 보기 바란다.

실험 방법 연구자들은 동물이 헤엄치는 동안, 트레드밀에서 달리는 동안, 혹은 풍동에서 비행하는 동안에 산소 소모량 혹은 이산화탄소 발생량을 측정하였다. 예를 들어 마스크와 연결된 튜브를 통해서 풍동을 나는 동안 앵무새가 내뿜는 기체를 수집한다(오른쪽 위 그림 참조). 이 측정을 통해 슈미트-닐슨은 동물들이 주어진 거리를 주어진 몸무게만큼을 이동시키는 데 사용한 에너지(calories/kg · m)를 계산하였다.

실험 데이터 슈미트-닐슨은 몸무게에 대한 달리기, 헤엄치기 그리고 나는 데 소모된 에너지를 각 축이 로그 척도로 표시된 한 그래프에 나타냈다. 그리고 각 이동 그룹 내의 데이터 포인트들을 연결하는 최적의 선을 그렸다. (아래 그래프에서 각 데이터 포인트들은 생략되었다.)

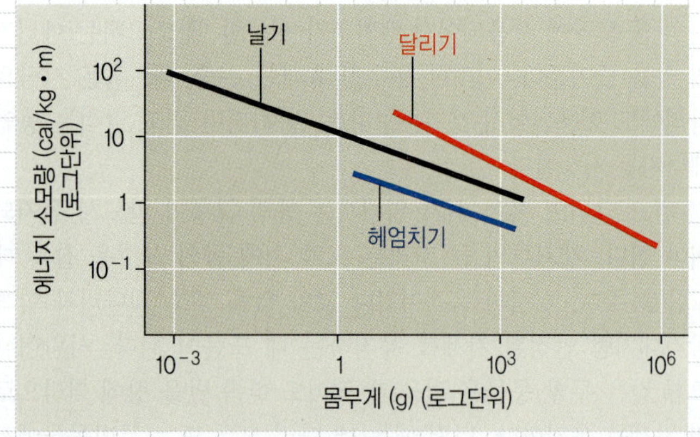

데이터 해석

1. 이 실험에서 사용된 동물의 몸무게의 범위는 0.001 g에서 1,000,000 g에 이르며, 에너지 소모량은 0.1 cal/kg · m에서 100 cal/kg · m에 이른다. 이 데이터들을 로그 척도가 아닌 선형 척도로 나타낸다면 모든 데이터를 표시하기 위해 축을 어떻게 그려야 할까? 넓은 범위에 있는 값들을 표시하기 위해서 로그 척도를 사용하면 장점은 무엇인가?
2. 이 그래프를 근거로 10^{-3} g의 무게인 동물이 날 때 소모하는 에너지는 1 g의 동물보다 얼마나 큰가? 주어진 이동 형태에서 큰 동물과 작은 동물 중 어느 쪽이 효율적으로 이동하는가?
3. 날기와 헤엄치기에 대한 선의 기울기는 매우 유사하다. 2 g의 동물이 수영을 할 때 1.2 cal/kg · m의 에너지를 소모한다면, 질문 2에 대한 답을 근거로 2 kg의 동물이 수영을 하면서 소모하는 에너지를 추정해 보라.
4. 100 g의 몸무게를 가진 동물이라면 세 이동형태 중 가장 효과적인 이동형태부터 적어보라. 여러분이 기대한 결과는 여러분 자신의 경험을 바탕으로 한 것인가? 날기와 헤엄치기에 비교한다면, 무엇으로 달리기의 에너지 소모량을 설명할 수 있을까?
5. 슈미트-닐슨은 오리가 헤엄치는데 소모한 에너지 값이 같은 무게의 연어가 헤엄치는 데 소모하는 에너지보다 거의 20배가 많음을 발견하였다. 무엇으로 연어의 큰 효율을 설명할 수 있을까?

참고문헌 K. Schmidt-Nielsen, Locomotion: Energy cost of swimming, flying, and running, *Science* 177:222–228 (1972). Reprinted with permission from AAAS.

은 뱀들은 온몸을 양옆으로 물결치면서 기어간다. 뱀의 몸은 아랫면에 있는 움직이는 커다란 비늘의 도움을 받아서 땅을 밀치면서 앞으로 나아간다. 보아뱀이나 비단뱀은 똑바로 앞을 향해 기어가는데, 배쪽에 있는 비늘을 움직이는 근육이 있어서 근육을 이용하여 비늘을 들어올리고, 앞으로 기울이며 다시 뒤로 움직이는 동작을 반복한다.

유영

대부분의 동물들은 물에 잘 뜨기 때문에 유영을 하는 동물들에게는 육지나 공중에서 이동하는 종들에 비해서 중력이 크게 문제가 되지는 않는다. 한편, 물은 밀도가 높고 점도가 크기 때문에 마찰에 의한 저항이 수서동물에게는 가장 큰 문제이다. 매끄럽고 어뢰 모양 또는 유선형인 몸은 빠르게 유영하는 동물들에서 공통적으로 발견되는 적응의 결과이다(그림 40.2).

대부분의 동물문에는 유영을 하는 종들이 있으나 유영방법은 다양하다. 네 다리를 가지고 있는 척추동물들과 많은 곤충들은 다리가 물을 밀쳐내는 노의 역할을 한다. 오징어, 대합조개, 그리고 몇몇 자포동물은 빨아들인 물을 순간적으로 분출하는 방법으로 유영을 한다. 상어나 경골어류는 몸과 꼬리를 옆으로 흔들면서 유영한다. 반면 고래 등의 수서 포유류는 몸과 꼬리를 위아래로 물결치듯이 움직임으로써 유영한다.

날기

능동적인 비행은 곤충, 파충류(조류를 포함)와 포유류에서는 박쥐 등 몇몇 동물군에서만 진화되어 왔다. 날 수 있는 파충류의 하나인 익룡은 수백만 년 전에 이미 멸종하였으나, 척추동물 중 조류와 박쥐는 이들로부터 유래한 것으로 보인다.

날기 위해서는 부력이 아래 방향으로 작용하는 중력을 이겨야 하기 때문에 중력이 가장 큰 걸림돌이다. 비행의 열쇠는 날개의 모양이다. 비행기의 날개를 포함한 모든 유형의 날개는 기류를 변화시켜서 떠 있을 수 있게 도와주는 형태인 에어포일 모양을 하고 있다. 방추형의 몸은 수중에서와 마찬가지로 공기저항을 줄이는 역할을 한다.

날 수 있는 동물의 무게는 수 그램의 곤충에서부터 큰 새의 경우 20 kg 정도까지 비교적 가볍다. 날 수 있는 동물들은 몸의 무게를 감소시키는 방향으로 적응되어 왔다. 조류의 경우 방광이나 치아를 가지고 있지 않으며 일부가 공기로 차 있는 비교적 큰 뼈를 가지고 있어 몸의 무게를 줄인다(34장).

날기, 달리기, 유영은 각각 다른 에너지 요구량을 가지고 있다. **과학적 분석 기술의 연습**에서 세 가지 이동 형태에서 소모되는 상대적인 에너지량을 비교하는 그래프를 해석해 볼 것이다.

개념 확인 문제 50.6

1. 어떤 면에서 체절의 격벽이 지렁이의 골격으로서 중요한 특징이라고 할 수 있는가?
2. 헤엄칠 때와 날 때 부딪히는 문제점을 비교하고, 이 문제들을 극복하기 위한 동물의 적응방법을 설명하라.
3. WHAT IF? 팔을 써서 몸을 낮추어 의자에 앉을 때는, 이두근은 사용하지 않은 채 팔을 구부리게 된다. 이것이 어떻게 가능한지 설명하라. (힌트: 길항력으로서의 중력에 대해 생각해보라.)

정답은 부록 A 참조

50장 복습

핵심 개념의 요약

개념 50.1

감각수용기는 자극에너지를 신호로 변환시켜 중추신경계로 전달한다

- 감지된 자극은 **감각수용기(sensory receptor)**의 자극에 반응하여 막전위가 변환되는 **감각변환(sensory transduction)**을 일으킨다. 수용기전위는 중추신경계로 **전달(transmission)**되는 활동전위를 조절하며, 중추신경계에서 감각정보는 통합되어 **인지(perception)**된다. 한 축삭에서 만들어진 활동전위의 빈도와 활동전위를 일으킨 축삭의 개수는 인지되는 자극의 크기를 결정한다. 어떤축삭이 신호를 전달하느냐에 따라서 자극의 종류 혹은 자극의 질이 결정된다.
- **기계적수용기(mechanoreceptor)**는 압력, 접촉, 늘어남, 움직임, 소리 등의 자극에 반응한다. **화학수용기(chemoreceptor)**는 녹아 있는 모든 용질의 농도를 전반적으로 감지하거나 특정 분자를 감지한다. **전자기수용체(electromagnetic receptors)**는 다양한 전자기파를 감지한다. 다양한 종류의 **온도수용기(thermoreceptor)**는 표피와 몸 중심의 체온을 감지한다. 통각은 과도한 열, 압력, 특정 화학물질에 반응하는 다양한 **통각수용기(nociceptor)**에 의해서 이루어진다.

? 감각수용기의 종류를 단순화할 때 통각수용기를 제외하는 것이 옳은 이유는 무엇인가?

개념 50.2

청각과 평형감각에 관여하는 기계적수용기는 체액의 유동이나 입자의 침전을 감지한다

- 대부분의 무척추동물은 **평형포(statocyst)**를 이용하여 중력을 기준으로 한 방향을 감지한다. 특화된 **털세포(hair cell)**는 포유동물의 청각과 균형감각의 기본을 이루는 세포이며 어류와 수서 양서류에서는 물의 움직임을 감지하는 세포이다. 포유동물에서 **고막(tympanic membrane)**은 소리의 파동을 중이의 세 개의 소골을 이용하여 난원창으로 파동을 전달하고 계속해서 내이의 **달팽이관(cochlea)**에 있는 체액으로 파동이 전달된다. 이 파동은 기저막을 진동시켜 코르티기관의 털세포를 탈분극시키고 활동전위의 형태로 청신경을 통해서 뇌로 신호가 전달된다. 기저막의 각 부위는 특정 주파수의 소리에 민감하게 반응하여 대뇌피질의 특정 청각영역을 흥분시킨다. 내이의 난형낭과 구형낭 그리고 반고리관은 균형과 평형감각을 담당하고 있다.

? 음악의 크기와 고저는 어떻게 암호화되어 뇌에서 인지되는가?

개념 50.3

동물의 다양한 시각수용기는 빛을 흡수하는 시각색소에 의존한다

- 무척추동물의 빛감지기로는 빛에 민감하고 매우 단순한 안점, 상을 형성하는 겹눈 그리고 홑눈이 있다. 척추동물 눈은 **망막(retina)**의 **광수용기(photoreceptor)**에 빛의 초점을 맞추는 하나의 수정체로 이루어져 있다. **간상세포(rod)**와 **원추세포(cone)**는 옵신단백질에 결합된 색소인 **레티날(retinal)**을 가지고 있다. 레티날에 의해서 빛이 흡수되면 광수용기세포가 과분극되어 더 적은 양의 신경전달물질을 방출함으로써 신호전달이 시작된다. 광수용기로부터 시냅스를 통해 정보를 통합하고 축삭을 뇌로 뻗어 시신경을 형성하는 신경세포로 시각정보가 전달된다.

? 뇌로 전달되는 시각정보의 처리과정이 청각이나 후각과 다른 점은 무엇인가?

개념 50.4

미각과 후각은 유사한 일단의 감각수용기에 의해 이루어진다

- **미각(gustation)**과 **후각(olfaction)**은 세포막에 존재하는 수용체 단백질에 작은 분자가 결합함으로써 화학수용기가 자극을 받아 일어난다. 사람의 경우, 미각수용기는 혀와 입안의 맛봉오리에 존재한다. 맛봉오리에 존재하는 각각의 감각세포는 단맛, 신맛, 짠맛, 쓴맛, 우마미맛(글루탐산에 의한 맛) 중 하나에 선택적으로 반응하는 단 한 종류의 수용체만을 발현한다. 후각수용기세포는 비강의 윗부분에 줄지어 있다. 1,000개 이상의 유전자가 특정 종류의 냄새분자와 결합하는 막단백질을 만들며, 각각의 후각수용기세포는 한 종류 혹은 많아야 몇 종류의 유전자를 발현한다.

? 코감기에 걸렸을 때 음식이 맛이 없게 느껴지는 이유는?

개념 50.5

근육은 섬유 단백질 간의 물리적인 상호작용을 통해 기능을 수행한다

- 척추동물의 근세포(근섬유)는 (대부분) 액틴으로 이루어진 **가는 필라멘트(thin filament)**와 마이오신으로 이루어진 **굵은 필라멘트(thick filament)**로 이루어져 있다. 이 필라멘트들은 부속 단백질들과 함께 **근절(sarcomere)**이라는 반복된 구조를 형성한다. 마이오신의 머리는 ATP의 가수분해를 통해서 활성화되어 가는 필라멘트와 결합한다. 마이오신의 머리가 구부러져서 가는 필라멘트에 힘을 가하게 된다. ATP가 마이오신의 머리에 다시 결합하면, 가는 필라멘트와의 결합이 떨어지고 새로운 주기를 시작하게 된다. 반복된 주기를 통해서 굵은 필라멘트와 가는 필라멘트가 서로 활주해서 근절의 길이가 짧아지고 근섬유의 수축이 일어난다.

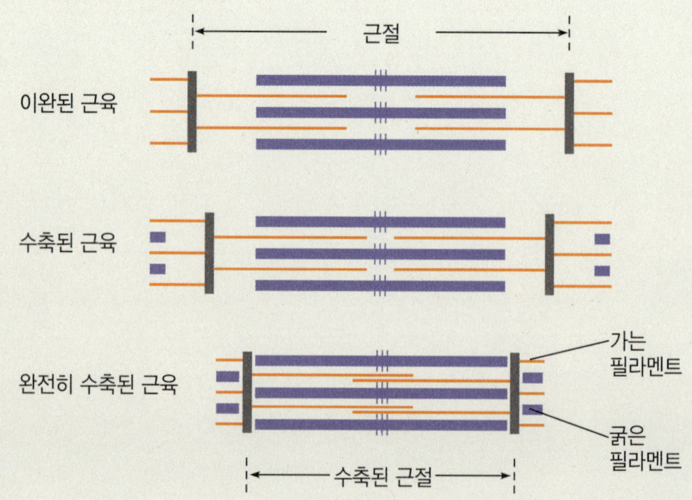

- 운동신경세포는 아세틸콜린을 방출하여 근섬유의 T관을 따라서 근섬유의 내부 깊숙이 활동전위를 생성시켜 **근소포체(sarcoplasmic reticulum)**로부터 칼슘의 방출을 촉진한다. 칼슘이온이 **트로포닌 복합체(troponin complex)**와 결합하면 **트로포마이오신(tropomyosin)**이 가는 필라멘트상에서 재배치되어 액틴상의 마이오신 결합 부위를 노출시켜 마이오신과 액틴 사이의 가교형성이 개시된다. **운동단위(motor unit)**는 하나의 운동신경세포와 이와 시냅스를 맺고 있는 근섬유들로 이루어진다. 여러 개의 운동단위가 함께 작용하면 큰 힘을 발휘하는 수축을 할 수 있다. 골격근섬유는 느린 연축섬유거나 빠른 연축섬유, 그리고 산화의존적 섬유이거나 해당과정의존적 섬유이다.
- 심장에 존재하는 심장근은 사이원반에 의해서 전기적으로 서로 연결되어 있는 가로무늬근으로 이루어져 있으며, 신경세포의 자극이 없이도 활동전위를 만들어 낸다. 평활근의 수축은 느리게 일어나며 스스로 수축하거나 자율신경계의 신경세포의 자극에 의해서 수축한다.

? 골격근에서 ATP 가수분해의 두 가지 역할은 무엇인가?

개념 50.6

골격계는 근육의 수축을 움직임의 형태로 전환한다

- 때때로 길항작용을 하는 쌍으로 일하는 골격근은, 수축하고 골격을 당기는 작용을 통해서 움직임을 가능케 한다. 골격은 환형동물 등에서 발견되며 몸의 빈 공간을 채운 압력에 의해서 유지되는 **유체골격(hydrostatic)**, 곤충 등에서 발견되는 단단한 **외골격(exoskeleton)**, 혹은 척추동물 등에서 발견되는 **내골격(endoskeleton)**이 있다.
- **이동(locomotion)**의 유형인 유영, 육상에서의 이동, 날기는 각각 극복해야 할 특별한 문제점을 가지고 있다. 예를 들어 유영에 있어서 마찰을 극복하는 것이 가장 큰 문제이다. 이 경우 중력은 날아다니거나 땅 위에서 이동하는 경우보다는 큰 문제가 되지 않는다.

? 팔꿈치를 구부릴 수 있게 하는 근섬유의 부착에 대해 현미경적 수준 및 육안 수준에서 설명하라.

생각해보자

수준 1: 지식/이해

1. 다음 감각수용기 중에서 그 유형이 잘못 짝 지워진 것은?
   a. 털세포 – 기계적수용기
   b. 근방추 – 기계적수용기
   c. 미각수용기 – 화학수용기
   d. 후각수용기 – 전자기수용기
2. 중이는 다음 변환 과정에 관여한다.
   a. 공기의 압력파를 유체의 압력파로.
   b. 공기의 압력파를 신경의 활동전위로.
   c. 유체의 압력파를 신경의 활동전위로.
   d. 압력파를 털세포의 움직임으로.
3. 척추동물의 골격근이 수축하는 동안 칼슘이온은 어떻게 되는가?
   a. ATP의 가수분해에 보조인자로 작용하여 가교를 끊는다.
   b. 트로포닌과 결합하여 형태를 변화시켜 액틴의 마이오신 결합부위가 노출된다.
   c. 활동전위를 운동신경세포로부터 근섬유로 전달한다.
   d. 활동전위를 T관을 통해 퍼지게 한다.

수준 2: 응용/분석

4. 서로 다른 신경세포에 의해 구분되는 감각이 아닌 것은?
   a. 흰색과 빨강
   b. 빨강과 초록
   c. 큰 소리와 작은 소리
   d. 짠맛과 단맛
5. 음파가 활동전위로 전환되기 위해서는 어떤 일이 일어나야 하는가?
   a. 덮개막 내에서 털세포에 의해서 덮개막이 자극되어야 한다.
   b. 털세포가 덮개막에 의해서 구부러져서 탈분극되고 신경세포를 자극하는 신경전달물질이 분비된다.
   c. 기저막이 다양한 소리의 크기에 반응하여 여러 주파수로 진동한다.
   d. 중이에서 진동이 등자뼈, 모루뼈, 망치뼈에 의해서 증폭된다.

수준 3: 종합/평가

6. 일부 상어들은 그들이 먹이를 물기 바로 전에 눈을 감지만 그래도 먹이를 물 수 있다. 연구자들은 상어들이 금속 물체에 대해서는 종종 잘못된 방향으로 물며, 모래 밑에 묻혀 있는 전지를 발견할 수 있다는 사실에 주목했다. 이런 증거들은 상어가 그들의 먹이를 물기 전 1초도 안되는 사이에 ______와(과) 같은 방식으로 먹이를 추적함을 시사한다고 할 수 있다.
   a. 굴에서 쥐를 발견한 방울뱀
   b. 밟히지 않도록 피하는 곤충
   c. 굴 속에서 먹이의 위치를 알아차린 별코두더쥐
   d. 진흙이 많은 강에서 먹이의 위치를 파악한 오리너구리
7. DRAW IT 교과서의 정보를 근거로 하여 간상세포와 원추세포에 대해서 각각 다음 그래프를 작성하라.

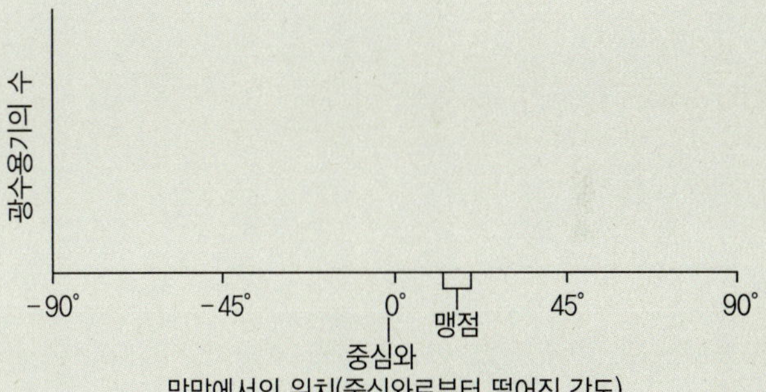

8. **진화적 관점**
   일반적으로, 땅 위에서의 이동은 물속에서 이동하는 것보다 많은 에너지를 요구한다. 7단원의 동물의 형태 및 기능을 토대로 많은 에너지를 요구하는 육상에서의 이동을 유지하기 위한 진화적인 적응방법에 대해서 토의해 보라.
9. **과학적 탐구**
   골격근은 쉽게 피로해지지만, 파라미오신이라는 단백질을 가지고 있는 대합조개의 근육은 한 달 동안도 수축 상태로 있을 수 있다. 수축의 세포 수준에서의 기작을 토대로 파라미오신이 어떻게 작용할 것인지 가설을 세우고, 이 가설을 실험적으로 증명할 수 있는 방법을 논의하라.
10. **글쓰기: 지식의 체계화**
    사람 눈의 수정체의 구조가 적어도 세 가지 면에서 시각의 기능에 매우 잘 적응되어 있음을 짧은 글(100~150 단어)로 표현해 보시오.

11. 종합적으로 생각해보기

경찰견들은 우리가 가진 것보다 1,000배나 많은 후각수용기세포를 가지고 있어서 하루 전의 냄새 자취도 따라갈 수 있다. 이 차이가 어떻게 개들의 추적 능력에 기여하는가? 뇌의 구성에서는 어떠한 차이가 기대되는지 사람과 경찰견을 비교해 설명해 보라.

정답은 부록 A 참조

UNIT **8** 생태학

쉰들러(David Schindler) 박사와의 인터뷰

2000년 5월, 캐나다 온타리오주 워커튼에서는 인간과 여러 포유류의 장내 세균인 대장균(*E. coli*)으로 오염된 식수로 인해 7명이 사망하고, 2,300여 명이 병을 앓았다. 그런데 일 년도 채 되지 않아 캐나다의 또 다른 주인 서스캐처원에서도 관할 상수도 시설이 인간이나 가축의 배설물에 존재하는 기생형 원생생물인 *Cryptosporidium*에 오염되었다. 이로 인해 대략 5,800명에서 7,100명 가량이 오염된 물을 마셔 병에 걸리고 말았다. 물을 오염시킨 원인으로는 두 가지를 들 수 있을 것 같다. 첫째는 인간의 오물로 인한 서스캐처원 강의 오염이고, 둘째는 관리 소홀로 인한 상수도 오염이다. 하지만 이러한 물의 위기 사례는 세계적인 담수생태학의 권위자 중 한 사람인 데이비드 쉰들러에게는 별로 놀랍지 않은 내용이다.

쉰들러 박사는 캐나다 앨버타주 에드먼턴에 위치한 앨버타대학의 생태학과 교수이다. 그는 담수 호수의 역동성을, 특히 아한대(먼 북쪽) 환경 하에서 중점 연구하고 있으며, 인 오염, 산성비, 기후변화 그리고 벌목과 심한 가축 사육과 같은 토지 사용의 변화를 포함해 수생태계를 위협하는 여러 가지 요인들을 밝혀냈다. 그는 2001년 과학과 공학 분야 캐나다 골드메달(Canada Gold Medal for Science and Engineering)을 비롯해 수문학에서 노벨상과 동급으로 간주되는 스톡홀름 물 상(Stockholm Water Prize)을 1991년 최초로 수상하는 등 수많은 상을 받았다. 이번 인터뷰는 과학, 기술, 그리고 사회의 연결에 초점을 맞추고 있다.

담수와 아한대 환경에 관심을 갖게 된 것은 언제부터입니까?

제가 호수에 있는 나라에서 자랐기 때문에 담수에 관심을 가지게 된 것은 자연스러운 것이었습니다. 마찬가지로 아한대에 관심을 갖게 된 것도 아주 어릴 적부터였습니다. 아마도 제 나이 15세 때였을 겁니다. 캐나다 온타리오주를 배경으로 한 소설책을 읽고 나서부터입니다. 레이크 카운티에서 자란 저는 책에 묘사된 담수와 아한대의 환경을 갖춘 캐나다가 어떤 곳인지 정말 궁금했고, 성인이 되면 반드시 가겠다고 생각했습니다. 그리고 운전면허를 취득한 날 저는 가이드 한 명과 함께 캐나다로 떠났고, 아한대와 사랑에 빠지고 말았습니다. 절대로 후회는 안 합니다.

앨버타(Alberta)에 계시기 전에 세제에 인을 첨가하는 것을 금지시킨 실험들을 포함하여 북쪽 온타리오주의 호수 실험 프로젝트(Experimental Lakes Project)의 국가 연구원으로 일하셨는데요, 그때 진행한 프로젝트에 대해 말씀해 주십시오.

1968년에 우리는 호수 전체의 단위 생태계에서 수질관리에 대한 연구를 시작했습니다. 당시 연구의 핵심은 무기물 영양물질이 있는 호수의 과증식 인 부영양화에 대한 연구였습니다. 부영양화는 세인트 로렌스, 그레이트 레이크 등 수많은 유럽의 호수에 녹조 현상을 발생시켰습니다. 우리는 온타리오 북쪽의 호수를 선택하고 연구를 시작했습니다. 그 당시 큰 이슈는 부영양화를 일으키는 원인이 '인'인지에 대한 여부였습니다. 이미 실험실에서 이루어진 연구 결과 '인'이라는 사실이 밝혀졌지만, 보다 확실한 결과를 위해서는 실험실이 아닌 현장에서 실험이 이루어져야 했습니다. 그러나 전체 호수를 실험하다 보니 연구에 소요되는 비용이 상당했고, 그 비용을 당시 정치가들 및 정부 관계자들에게 '인 관리 계획'에 대한 합당한 근거를 대며 투자를 설득하는 데 많은 애를 먹었습니다.

담수 생태계로의 인 유입 관리에 저항이 왜 있었나요?

당시 인의 큰 공급원 중 하나는 인산염 세제였으며 이러한 인산염 세제 사용을 옹호하는 정치적 로비가 컸습니다. 세제를 생산하는 회사들은 호수의 부영양화를 일으키는 원인이 인이 아닌 탄소라며 우리가 진행하던 프로젝트를 무산시키려고 노력했습니다.

부영양화와 녹조현상을 일으키는 것이 탄소, 인, 또는 다른 영양물질인지 알아내기 위해 어떤 실험을 하셨습니까?

우리는 호수를 두 유역으로 나누었습니다. 한 유역에는 탄소와 질소만 첨가했고, 다른 유역에는 탄소와 질소, 그리고 인을 첨가했습니다. 인을 첨가한 유역에서는 불과 몇 주 만에 엄청난 녹조현상이 일어났지만, 탄소와 질소만 첨가한 곳에서는 아무런 변화가 없었습니다. 결국 부영양화와 녹조현상의 주범은 인이라는 것이 명확해졌습니다.

그래서 인을 첨가한 세제가 금지되었나요?

1974년 우리는 사이언스 저널에 연구 결과를 게재했고, 이로 인해 세제와 하수처리장 규제가 만들어졌습니다. 부영양화에 대한 해결책을 찾고 있던 캐나다 동부지역의 경우는 반응이 빨랐습니다. 하지만 안타깝게도 그레이트 레이크(Great Lakes) 지역의 미국 주들을 동참하게 하는 데는 17년이나 걸렸습니다. 그때쯤 대부분의 유럽 국가들 또한 인 규제를 적용하기 시작했습니다.

한 가지 문제는 해결되었네요. 담수생태계에서 가장 심한 위협 요인은 무엇인가요?

다양한 문제들이 아주 많습니다. 산성비가 그 중 하나이고, 지구온난화도 위협 요인입니다. 토지이용도의 변화 또한 호수에 많은 영향을 주고 있습니다. 먼 거리의 호수에 보다 접근하기 쉬워진 것도 위협 요인입니다. 여가시간을 즐기려는 사람들이 타고 온 설상차(雪上車), 사륜구동과 같은 힘 좋은 차들로 인해 30년 전에는 접근할 수 없었던 호수에 쉽게 접근할 수 있게 되었습니다. 이 모든 요인이 담수생태계를 해치는 요인들입니다.

강과 호수의 수질에 농경산업이 어떤 영향을 주나요?

상당한 영향을 줍니다. 가령, 풀밭에서 소를 기르기 위해 숲을 벌목할 경우 강물로 흘러들어가는 양분의 지표유출이 4배에서 5배가 증가합니다. 그리고 그 토지를 경작하고 작물을 재배하고 비료를 더할 경우 물로 흘러들어가는 영양분의 양이 증가하게 됩니다. 토지이용의 변화가 호수에 어떠한 영향을 주는지에 대한 대표적인 예입니다. 그런데 지금 우리 눈앞에는 30,000마리의 소나 80,000마리의 돼지에 이르는 엄청난 규모의 집약적 가축농장이 자리잡고 있습니다. 가축의 분뇨를 제대로 처리해야 하지만 큰 가축농장 중 제대로 된 하수처리 시설을 갖추고 있는 농장은 극히 드뭅니다. 동물들은 인간과 동일한 장내 미생물들이 많습니다. 도시에서는 처리를 하지 않은 오물을 그대로 방류하지 않지만 가축농장에서는 함부로 가축의 오물을 버리고 있습니다. 안타깝게도 우리는 담수를 제대로 관리하고 있지 않습니다. 큰 문제는 토지이용 혹은 산성비와 같은 물에 관련한 이슈들은 실제로는 생태계를 파괴하는 요소들을 종합한 것임에도 이를 간과하고 독립적으로 본다는 데 있습니다. 한 연못에 영향을 주는 요소들은 다른 어느 호수에 문제를 일으키는 요소들과 다를 수도 있습니다.

정책 결정에 앞서 수질 관리에 막중한 책임을 지고 있는 정치인들과 정부 기관들이 수질 관리를 먼저 고려하고 있다고 보십니까?

과학적 지식이 부족한 지방자치단체장 그리고 그 기관들은 새로운 정책을 결정할 경우, 예를 들어 집약적 가축사업이나 새로운 주택단지를 만들 때 지역경제에 이득이 되는지 여부를 가장 먼저 고려하고 있습니다. 그러다 보니 수질 관리 등의 환경적 요인들은 뒷전으로 밀리는 경우가 허다합니다.

환경의 질에 영향을 주는 많은 결정들이 과학적 바탕 없이 내려진다는 것에 대해 자세히 설명해주시겠어요?

대부분의 산업군은 자신들에게 이익이 되는 점에 대해 발 빠르게 명분을 만들어 로비세력을 통해 정치인들의 귀에 들어가도록 하여 자신들의 뜻을 관철시킵니다. 그러나 과학자들은 그렇게 하지 않습니다. 또한 정치인들도 핵심 이슈가 무엇인지 과학자들에게 묻지도 않습니다. 많은 과학자들이 이루어낸 탁월한 연구들이 환경 정책에 한 번도 반영되지 않았다는 점만 봐도 알 수 있습니다. 세계에서 가장 물이 풍부하다는 캐나다 워커튼과 북배틀퍼드에서 '물 위기'를 부르짖었습니다. 그러나 사실 물 위기를 예방하고 대처하는 데 필요한 과학지식은 이미 20년 전에 만들어졌습니다. 정치인들이 정책 결정에 앞서 과학자들과 소통만 했어도 이러한 재앙은 막을 수 있었을 겁니다.

워커튼과 북배틀퍼드에서와 같은 환경적 재앙이 발생할 경우 정치인들에 대한 시민들의 압력이 증가해야 한다고 보는데, 이에 대해 어떻게 생각하십니까?

맞습니다. 엄청난 물의 재앙을 경험한 사람들은 자신이 살고 있는 곳이 아무리 물이 풍부한 곳이라도 담수자원에 큰 문제가 생길 수 있다는 것을 알게 된 것 같습니다. 그래서 수질 관리를 위해 상하수구 관리가 얼마나 중요한지도 인지하기 시작했습니다. 그결과 사람들은 높은 수질 기준과 보다 진화된 기술력을 요구하고 있습니다. 그러나 보다 시급한 것은 이러한 수질 개선 및 관리를 위해 기술력을 갖춘 사람들을 많이 양성하고 보다 잘 교육시켜야 한다는 점입니다. 그러나 지금은 이러한 뒷받침 없이 요구만 늘고 있습니다. 하지만 과학자들은 대중이 이슈를 바라보는 방식에 영향을 줄 수 있습니다.

> "우리는 물 문제를 생태계 손상을 주는 요인의 하나로 보아야지 별개로 보아서는 안 됩니다."

생태학자들과 다른 과학자들이 어떻게 공공정책에 더 큰 영향을 줄 수 있을까요?

첫째, 과학자들이 홍보활동과 같은 활동에 참여해야 한다고 생각합니다. 사회의 중요한 이슈와 관련된 연구 결과는 무엇이든지 대중에게 알려야 할 것입니다. 대부분 과학자들의 연구비는 국민들이 내는 세금으로 이루어집니다. 그만큼 세상에 이로운 연구 결과는 국민 모두에게 공유해 주어야 한다고 생각합니다.

환경 보호가를 자칭하는 정치인들이 있다면 큰 도움이 될 것 같은데요?

당연합니다. 가령, 캐나다 의회의 젊고 야심 있는 회원들이 에코서밋(EcoSummit)으로 불리는 정치인들을 위한 일련의 환경 워크숍을 개최했습니다. 제 역할은 각 회담 주제별로 발표할 최고의 과학자를 준비시키는 것이었습니다. 우리는 두 번의 에코서밋을 개최했는데, 첫 번째는 대기오염에 관한 것이었고, 두 번째는 수질 오염에 관한 것이었습니다. 물 회담에는 백여 명의 정치인들이 참여했습니다. 연설과 더불어 우리는, 정치인들과 회담 이슈에 대해 가장 잘 알고 있는 몇몇 과학자들을 섞어 패널 토론을 열기도 했습니다. 우리는 매 번 회의를 열 때 대중의 관심을 이끌 수 있는 저명한 기조 연설자를 내세웠습니다. 당연히 정치인들은 이 자리를 차지하기 위해 애를 썼습니다. 가령, 로버트 케네디 2세는 물을 다루었던 에코서밋에서 기조 연설자로 나와 '강 보호(Riverkeepers)' 프로그램에 대해 연설했습니다.

생물학과 학부생으로서 과학과 사회의 접점에 어떻게 참여할 수 있을까요?

과학 전공 학생이 참여할 수 있는 좋은 방법은 굉장히 훌륭한 환경단체에 소속하여 참여하는 겁니다. 특히 환경적 이슈 밑에 깔린 기초 생태학을 가능한 많이 배운다면, 생물학과 학생들이 그런 부분을 도울 수 있습니다. 생물학과 연구실의 생태학자들과 함께 연구하는 것은 연구를 통해 과학에 참여하는 좋은 방법입니다. 저는 학부생들로 하여금 논문을 게재하도록 독려합니다. 저 역시 대학원에 입학하기 전에 사이언스(*Science*)와 네이처(*Nature*)에 각각 하나씩 두 편의 논문을 게재했습니다. 하지만 생각과는 달리 많은 학생들이 교수님들에게 찾아가 같이 연구하고 싶다고 말하지 못할 정도로 수줍음이 많은 것 같습니다. 일찍부터 또래집단이 아닌 환경단체 소속과 같은 외부활동을 적극적으로 참여하는 것이 바람직한 것 같습니다.

51

생태학의 개요

핵심 개념

51.1 지구의 기후는 위도와 계절에 따라 다르며 빠르게 변하고 있다

51.2 육상생물군계의 구조와 분포는 기후와 교란에 의해 영향을 받는다

51.3 수생물군계는 지구의 대부분을 덮고 있는 다양하고 동적인 시스템이다

51.4 생물과 환경의 상호작용은 종의 분포를 제한한다

▲ **그림 51.1 이 작은 개구리의 분포를 제한하는 것은 무엇일까?**

생태학의 발견

2008년 코넬대학교의 학부생 마이클 그룬들러는 파푸아뉴기니의 강가에서 무릎을 꿇은 채 귀뚜라미의 울음소리를 들었다. 처음에 그는 그 소리가 근처에 있는 귀뚜라미가 내는 소리라고 생각했다. 그런데 주위를 둘러보니 귀뚜라미가 아니라 짝짓기를 위해 울음주머니를 부풀린 작은 개구리였다. 나중에 안 사실이지만 그는 그때 이 지역의 새로운 개구리 2종, 페도프라이네 스위프토룸(*Paedophryne swiftorum*)과 페도프라이네 아마우엔시스(*Paedophryne amauensis*)를 발견한 것이었다(**그림 51.1**). 페도프라이네 종은 파푸아뉴기니 동부의 파푸아 반도에 서식하는 것으로 알려져 있다. 두 종 모두 성체 개구리의 몸길이가 8 mm(0.3인치)에 불과하다. 이는 지구상의 척추동물 중에 가장 작은 것이다.

어떤 환경적인 요소들이 페도프라이네의 지리적인 분포를 결정할까? 먹이 공급 혹은 병원체 같은 다른 종들과의 상호작용에 있어서의 변이가 페도프라이네의 개체군 크기에 어떤 영향을 주는가? 이와 같은 질문들이 생물과 환경 간의 상호작용을 연구하는 학문인 **생태학(ecology;** 그리스 말로 집이란 뜻을 가진 "*oikos*"와 연구하다라는 뜻을 가진 "*logos*"의 합성어)의 주제이다. 이들 상호작용들은 생태학자들이 연구하는 개체 수준에서부터 지구 전체에까지 이르는 다양한 체계 속에서 일어난다(**그림 51.2**).

▼ 그림 51.2

탐구 생태연구의 범위

생태학자들은 하나의 생물에서부터 지구에 이르기까지 다양한 생물학적 체계의 수준에서 연구한다. 여기서는 그 체계 각각의 수준에 대한 연구 문제를 보여준다.

지구생태학

생물권(biosphere)이란 지구의 생태계와 경관 전체를 총칭한다. **지구생태학(global ecology)**은 어떻게 에너지와 물질의 지역적인 교환이 생물권에 살고 있는 생물들의 기능과 분포에 영향을 주는지를 조사한다.

◀ 어떻게 대양의 순환이 갑각류의 전 지구적 분포에 영향을 미치는가?

경관생태학

경관[landscape, 혹은 바다경치(seascape)]이란 생태계들이 맞닿아 이루는 모자이크이다. **경관생태학(landscape ecology)**은 다수의 생태계에 걸쳐 있는 에너지, 물질, 생물들의 교환을 제어하는 요인에 초점을 맞춘다.

◀ 하천가에 있는 나무들은 이 지역 동물들의 분산의 이동통로로서 얼마나 역할을 하는가?

생태계생태학

생태계(ecosystem)란 한 특정 지역 내의 모든 종의 군집과 그 생물들과 상호작용을 하는 물리적인 요인들을 말한다. **생태계생태학(ecosystem ecology)**은 생물과 환경 간의 에너지의 흐름과 화학적인 순환관계를 중점적으로 연구한다.

◀ 어떤 요소들이 온대의 초원생태계에서 광합성 생산성을 조절하는가?

군집생태학

군집(community)이란 한 특정 지역 내에 서식하는 모든 종들의 개체집단을 말한다. **군집생태학(community ecology)**은 포식이나 경쟁 같은 종간의 상호작용이 군집의 구조와 조직에 어떻게 영향을 미치는가를 연구하는 학문이다.

◀ 어떤 요인들이 숲을 구성하는 종의 다양성에 영향을 주는가?

개체군생태학

개체군(population)이란 지리적으로 같은 지역 내에 서식하고 있는 한 종의 집단을 말한다. **개체군생태학(population ecology)**은 시간이 경과함에 따라 개체군이 변화하는 방법과 원인 그리고 크기에 영향을 주는 요인들을 분석하는 학문이다.

◀ 어떤 환경적 요인들이 플라밍고의 번식률에 영향을 미치는가?

개체생태학

개체생태학(organismal ecology)은 생리생태학, 진화생태학 그리고 행동생태학으로 세분화될 수 있으며, 환경이 변함에 따라 생물의 구조와 생리 그리고 동물의 행동 등이 어떻게 적응하고 변화하는지를 연구하는 학문이다.

◀ 어떻게 귀상어류(hammerhead sharks)는 짝을 선택하는가?

▼ 그림 51.3

탐구 전 지구적인 기후 양상들

햇빛 세기의 위도적 변이

지표면의 구부러진 모양이 위도에 따른 햇빛 세기의 변이를 가져온다. 햇빛은 **열대지방(tropics**; 북위 23.5도와 남위 23.5도 사이의 지역)에 가장 강하게 내리쬐므로, 단위표면당 열과 빛이 이 지역에 가장 많이 전달된다. 높은 위도에서는 햇빛이 지구에 비스듬한 각도로 도달하기 때문에 지구의 표면에 도달하는 빛에너지가 더 넓게 흩어진다.

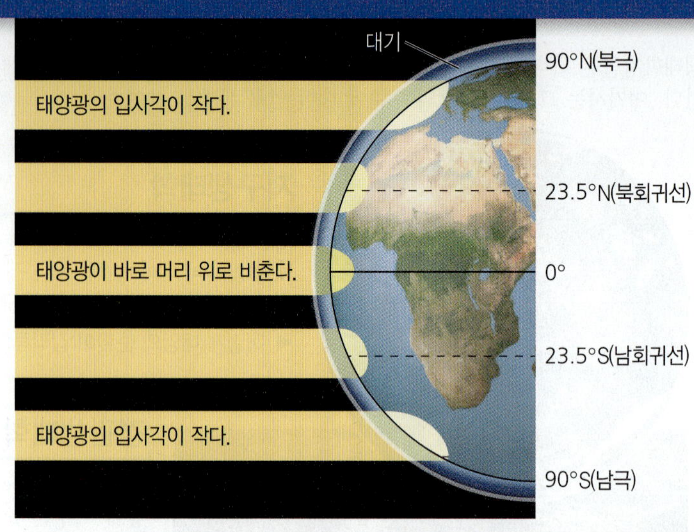

전 지구적인 대기 순환과 강수 패턴

적도지방 근처에 내리쬐는 강한 햇빛은 지구의 대기 순환과 강수 패턴을 만들어 낸다. 열대 지역의 높은 온도는 지구 표면으로부터 물을 증발시키고 따뜻하고 습한 공기층 덩어리를 상승시켜(파란 화살표) 극지방을 향해 흘러가게 한다. 상승하는 공기덩어리는 포함하고 있던 수분 대부분을 방출하여 열대 지역에 많은 비가 내린다. 높은 고도까지 올라가면 건조해진 공기덩어리는 땅으로 내려오면서 다시 습기를 흡수하여(황색 화살표) 북위와 남위 30도에서 흔히 발생하는 사막 지대의 건조한 기후를 형성한다. 그 후, 내려온 공기의 일부는 극지방을 향해 간다. 북위와 남위 60도 지역에서 공기덩어리는 다시 상승하여 비록 열대 지역보다는 적은 양이긴 하지만 풍부한 양의 비를 내리게 된다. 차갑고 건조한 상승 대기층은 극지방에서 습기를 흡수하여 강수량이 적고 매우 추운 기후를 만들고, 그 중 일부는 다시 적도지역으로 이동한다.

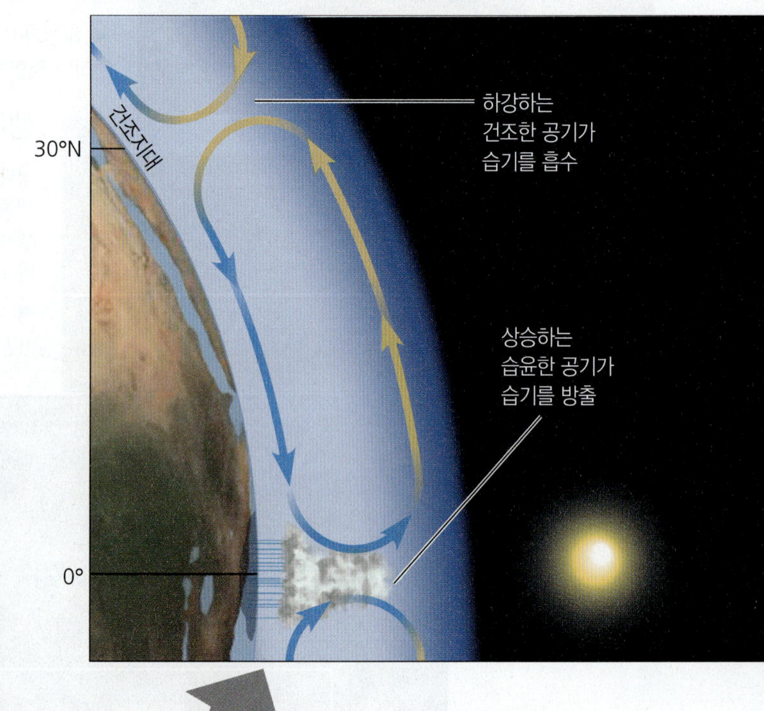

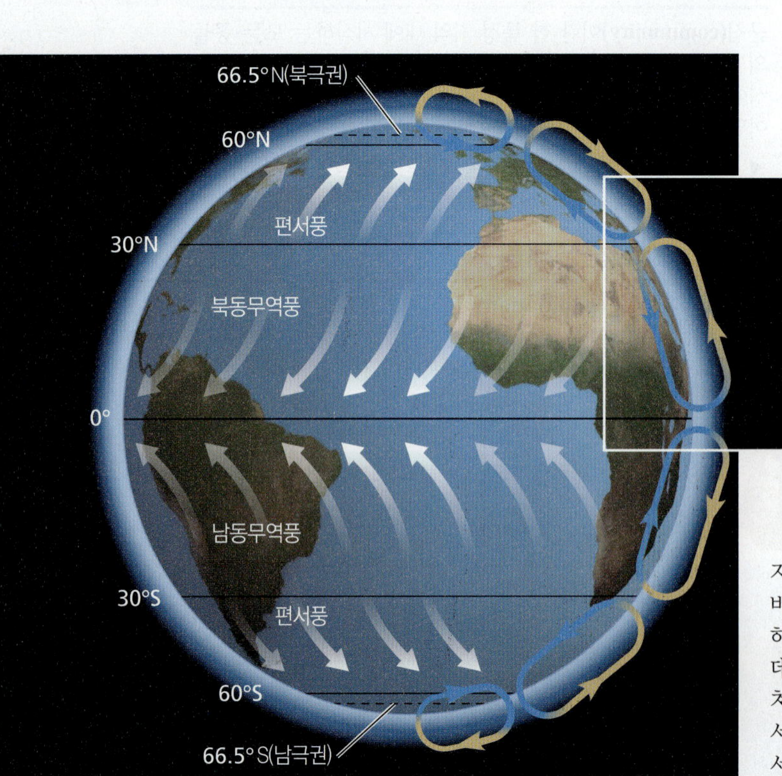

지구 표면 가까이에서의 공기 흐름은 예측 가능한 전 지구적 바람의 패턴을 만들어 낸다. 지구가 회전축을 중심으로 회전하므로 적도 주변의 땅은 극지방의 땅보다 더 빨리 움직이는데 이는 수직으로 부는 바람을 보다 동쪽 혹은 서쪽으로 치우쳐 비껴가도록 만든다. 적도지방에서는 차가운 무역풍이 동에서 서쪽으로 불며 적도지방과 극지방 사이에 있는 온대지방에서는 서쪽에서 동쪽으로 편서풍이 분다.

생태학은 다양한 생물학적 지식을 요구하는 조직적인 실험에 기반한 과학이다. 생태학자들은 가설을 세우고, 환경적 변수들을 조작한 후, 결과를 예측한다. 이번 장에서는 먼저 어떻게 지구의 기후와 기타 요인들이 육지와 해양에서 주요 생물분포대의 위치를 결정하게 되는지를 고려해 볼 것이다. 또한 생태학자들이 어떻게 개체 종의 분포와 풍부도가 조절되는지를 연구하는지 살펴볼 것이다. 다음의 네 장에서는 행동, 개체군, 군집, 생태계, 그리고 글로벌 생태학에 초점을 맞추어 생태학자들이 인간활동으로 인해 일어나는 지구적 결과를 예측하고 지구의 생물다양성을 보존하기 위해 어떻게 생태학적 지식을 적용하는지 살펴볼 것이다.

개념 51.1

지구의 기후는 위도와 계절에 따라 다르며 빠르게 변하고 있다

육지와 바다 생물들의 분포에 가장 큰 영향을 미치는 것은 오랜 기간 지속되어온 그 지역의 **기후(climate)**이다. 네 가지 무생물적 요인(기온, 강수량, 햇빛, 그리고 바람)들은 장기적으로 볼 때 특정 지역의 일반적인 기후의 주요 인자들이다. 기후의 패턴은 규모에 따라 대기후와 미기후로 나누어 설명할 수 있다. **대기후(macroclimate)**는 전 세계적, 지역적, 그리고 국지적 기후 패턴을 말하며, **미기후(소기후, microclimate)**는 넘어진 통나무 아래의 생물 군집이 느끼는 기후와 같은 매우 미세한 패턴을 말한다. 먼저, 지구의 대기후에 대해 알아보자.

전 지구적인 기후 패턴

지구의 전체적인 기후 패턴은 태양에너지와 우주에서의 행성의 움직임에 의해 주로 결정된다. 태양은 대기와 육지 그리고 물의 온도를 높이는 역할을 하는데, 위도에 따라 온도와 높이순환의 변이가 나타나며 물의 증산작용도 달라진다. 그림 51.3은 지구의 기후 패턴을 요약하여 보여주며, 그것이 어떻게 형성되는지 보여준다.

기후에 미치는 지역적, 국지적 영향

계절적 변이, 수괴와의 거리, 산맥과 같은 지형적 특징들은 기후의 지역적 변이를 만들어 낸다. 이러한 요인들에 대해서는 앞으로 더 자세히 다룰 것이다.

계절성

그림 51.4에서 언급했듯이, 지구는 회전축이 기울어져 있고 태양 주변을 1년에 걸쳐 통과하므로 중간 위도에서 고위도 권역은 안정된 계절적인 주기를 가진다. 연간 태양광선 입사 각도의 변화

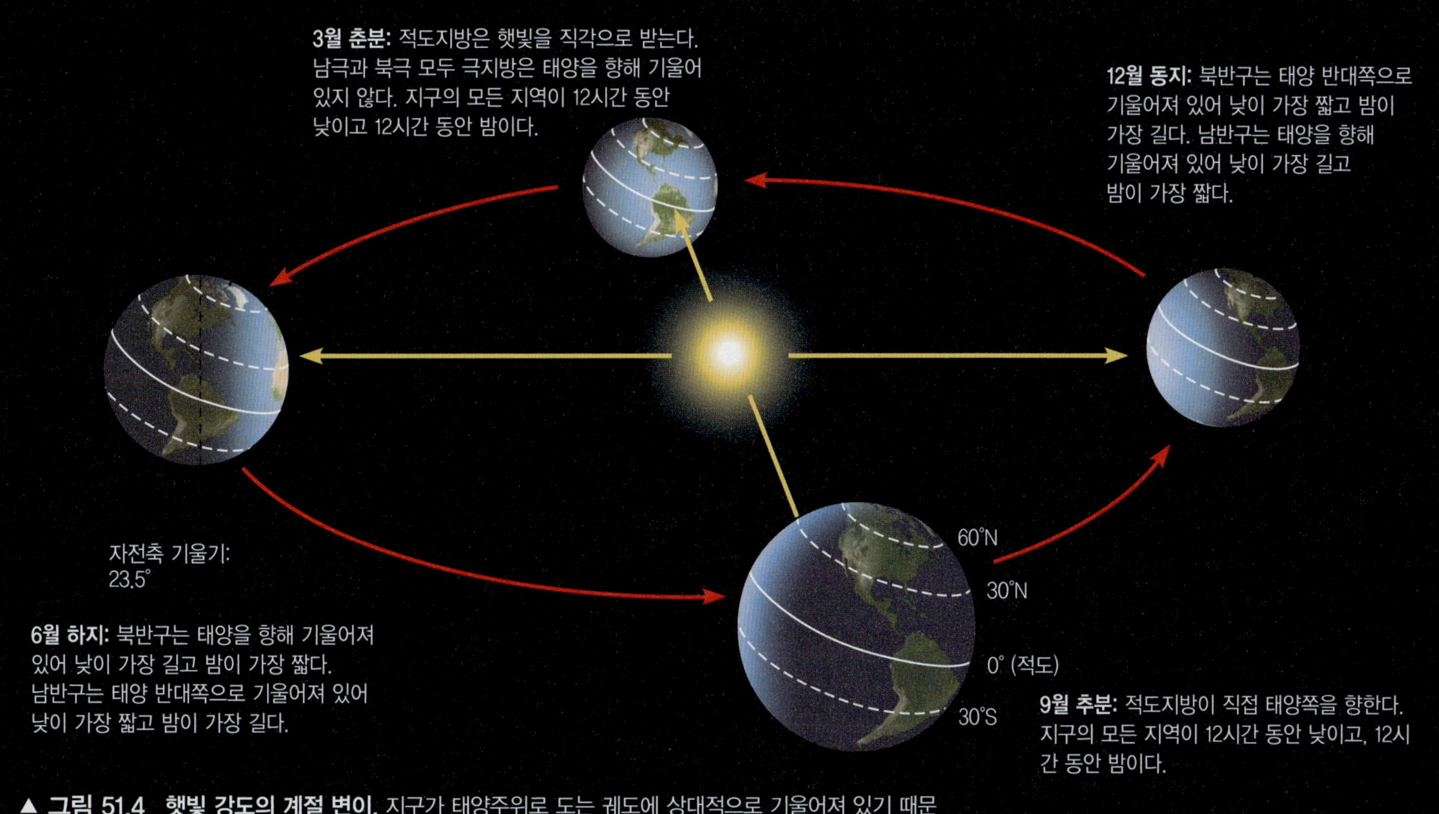

▲ **그림 51.4 햇빛 강도의 계절 변이.** 지구가 태양주위로 도는 궤도에 상대적으로 기울어져 있기 때문에 계절별로 태양복사의 강도가 다르다. 이러한 차이는 열대에서 가장 적으며 극으로 갈수록 커진다.

는 이미 설명한 바와 같이 낮 길이, 태양 복사, 온도의 전 지구적 변화를 일으킬 뿐만 아니라 국지적 환경에도 영향을 준다. 예를 들어, 적도 양쪽에 위치한 습한 공기와 건조한 공기의 띠는 태양의 입사각 변화에 따라 북쪽 혹은 남쪽으로 약간 움직이며, 열대 낙엽수림이 자라는 위도 20도 부근에서 뚜렷한 건기와 우기를 생성한다. 또한 바람이 부는 패턴의 계절적 변화는 해류의 변화를 일으키고, 때로는 깊은 해양으로부터 찬물을 용승시키는 원인이 되기도 한다. 이러한 영양분이 풍부한 물은 표면 근처에서 사는 식물성플랑크톤과 그들을 먹이로 삼는 생물들 모두를 촉진한다. 이렇게 용승되는 지대는 해양지역의 일부만을 구성하지만 전 지구적 어획량의 약 1/4 이상을 책임지고 있다.

수괴

해류는 해안선을 따라 대기를 덥히거나 식히면서 육지의 기후에 영향을 준다. 해안 지역은 대체로 같은 위도상에 있는 내륙지방보다 더 습하다. 미국 서부를 따라 남쪽으로 부는 차가운 캘리포니아 기류는 시원하고 안개 낀 기후를 생성하는데, 이로 인해 태평양 북서쪽에 존재하는 넓은 침엽수림과 그 아래 남쪽에 미국삼나무림으로 이루어진 온대 생태계를 형성한다. 이와 비슷하게, 북유럽의 서쪽 해안가는 난류와 한류가 흐르는 "대양의 해수 순환(great oceanconveyor belt)"에 의해 따뜻한 멕시코만류(Gulf Stream)가 적도에서 북대서양으로 흘러들어 따뜻하다(**그림 51.5**). 그 결과 겨울 동안 북서유럽이 캐나다 동남부의 뉴잉글랜드보다 따뜻하다. 실제로는 뉴잉글랜드 지방이 더 남쪽에 있지만 그린란드(Greenland) 해안으로부터 남쪽으로 흐르는 차가운 래브라도해류(Labrador Current)로 인해 차갑다.

물의 비열이 높기 때문에(개념 3.2), 해양과 넓은 호수는 주위에 있는 육지의 기후를 온화하게 만든다. 따뜻한 여름 낮 동안에는 육지의 온도가 넓은 호수나 해양보다 더 높으며, 육지 상공의 공기가 따뜻해져서 상승하고, 해양으로부터 시원한 바람이 불어오게 된다(**그림 51.6**). 반대로 밤에는 이제 땅의 공기보다 따뜻해진 넓은 호수나 해양의 공기가 상승하여 육지의 찬 공기를 물 위로 끌어들이며, 따뜻한 해안의 공기가 그 자리를 채운다. 기후의 이러한 지역적 온화함은 해안가 자체로만 국한된다. 캘리포니아 남부와 같은 어떤 지역들에서는, 시원하고 건조한 바다 바람이 육지와 만나면 습기를 빨아들이고 뜨거워져서 내륙으로 몇 km만 들어가도 비가 내리지 않는 건조한 기후를 형성하기도 한다(그림 3.5). 이러한 기후 양상은 지중해에서도 일어나므로 지중해성 기후(Mediterranean climate)라고 한다.

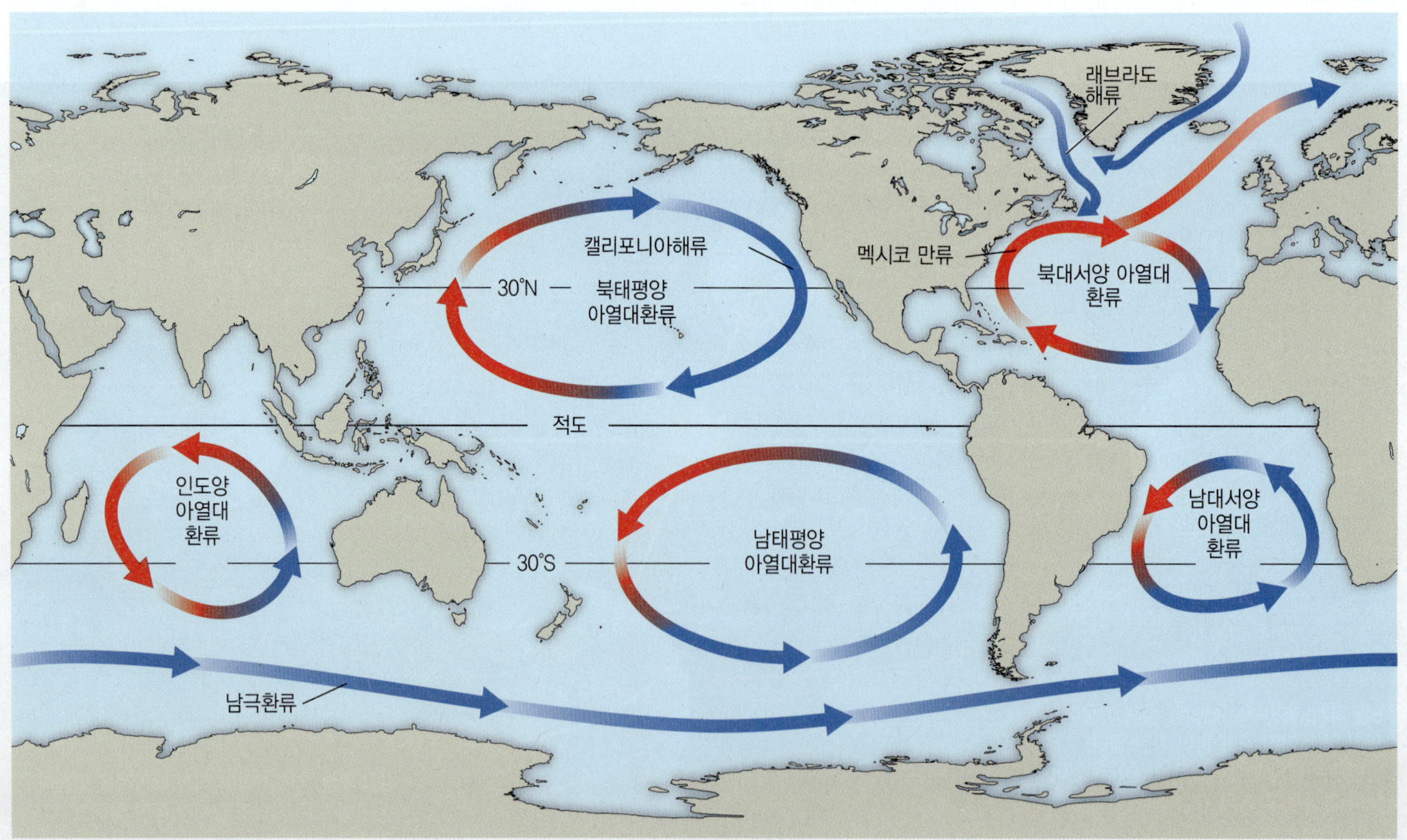

▲ **그림 51.5 해양 표층수의 전 지구적 순환.** 물은 적도에서 데워져서 양쪽 극을 향해 남쪽과 북쪽으로 흐르게 되고, 데워진 물도 차츰 식게 된다. 그림 51.3의 무역풍과 소용돌이의 물 순환 방향이 유사한 점에 주목하라.

▼ **그림 51.6 커다란 수괴와 산맥이 기후에 주는 영향.** 따뜻한 여름날 낮에 어떤 일이 일어나는지 보여 주는 그림이다.

산맥

산맥은 국지적 기후와 강수량에 영향을 줄 뿐만 아니라 땅에 도달하는 햇빛의 양에도 중요한 영향을 미친다. 따뜻하고 습기를 머금고 있는 공기가 산에 도달하면, 공기가 상승하고 차가워지면서, 바람이 불어오는 봉우리 쪽에 비를 내려 습기를 방출한다(그림 51.6). 바람이 불어가는 쪽에는 시원하고 건조한 바람이 내려오면서 습기를 흡수해서 비 그늘을 만든다. 이러한 비 그늘 조류는 그레이트 베이신(Great Basin)과 북미의 서쪽에 위치한 모하비사막(Mojave Desert), 아시아의 고비사막을 포함하여 많은 사막이 만들어지는 결정적 원인이 된다.

산맥은 지역에 도달하는 햇빛의 양에도 영향을 주어 해당 지역의 기온과 강우에도 영향을 미친다. 북반구의 남쪽을 향한 경사면은 가까운 북쪽을 향한 경사면보다 많은 양의 햇빛을 받기 때문에 더 따뜻하고 건조하다. 이러한 무생물적 요소의 차이는 종의 분포에 영향을 미친다. 예를 들어, 북미 서부에 있는 여러 산의 남쪽 경사면에는 건조한 기후에 잘 견디는 관목들이 사는 반면, 북쪽 사면에는 가문비나무와 여러 침엽수들이 살고 있다. 또한 동일 위도상에서 고도가 1,000 m 높아질 때마다 공기의 온도가 약 6℃ 내려가며, 이러한 온도 변화는 위도가 880 km 높아졌을 때의 온도의 변화와 거의 같다. 적도 근처 높은 산의 생물군집이 위도가 더 높은 지방의 낮은 고도에 있는 생물 군집과 비슷한 것은 바로 이러한 이유 때문이다.

미기후

그늘을 형성하고 토양에서의 증발에 영향을 미치며 바람의 양상을 바꾸는 많은 환경 특징들이 미기후에 영향을 미친다. 예를 들어, 숲의 나무들은 그 아래의 미기후를 온화하게 만든다. 그 결과 일반적으로 개활지는 땅이 노출되어 쉽게 가열되고 냉각되기 때문에 숲 안쪽보다 햇빛의 복사량이 많고 바람이 거세어 이로 인한 온도 변화가 크며, 증발 또한 더 잘 일어난다. 숲이 우거진 곳에서는, 고도가 낮은 곳의 땅이 높은 곳의 땅보다 습하며, 서로 다른 나무종들이 서식한다. 통나무나 큰 돌들은 도롱뇽, 지렁이, 곤충 등의 생물들에게 온도와 습도를 완충시켜 보호하는 역할을 하는 주거지를 제공한다.

지구의 모든 환경은 **무생물적(abiotic)** 요소의 작은 단위가 결합되어 저마다 다른 특징을 나타낸다. 무생물적 요소는 생물체들의 분포와 풍부도에 영향을 미치는 물리화학적 요소로서, 기온, 빛, 물, 영양분을 포함한다. 이 장의 후반부에서는 **생물적(biotic)** 요소들이 지구 생물들의 분포와 풍부도에 어떤 영향을 주는지에 대해서도 알아볼 것이다.

전 지구적 기후 변화

식물과 동물의 지리적 범위를 제한하는 요인 중 온도와 습도가 가장 큰 영향을 끼치는 것이라면, 현재 진행되고 있는 전 지구적 기후변화는 생태계에 많은 영향을 끼칠 것이다. 사실상 그런 거대 규모의 기후 "실험"이 이미 진행 중이며, 이 주제에 대해서는 개념 56.4에서 자세히 다룰 것이다. 화석연료를 태우는 것과 삼림파괴는 대기 중에 이산화탄소와 다른 온실 기체의 농도를 증가시킨다. 결과적으로, 지구는 1900년 이후 평균 0.8도 증가하였으며, 2100년까지 1~6도까지 증가할 것으로 예상된다.

기후변화가 가져올 효과를 예측하기 위한 좋은 방법 중 하나는, 지난 빙하기가 끝난 후 온대지방에서 일어난 변화의 기록을 살펴보는 것이다. 지금으로부터 약 16,000년 전까지는 대륙의 빙하가 북미와 유라시아대륙의 대부분을 덮고 있었다. 기후가 온난해지며 빙하가 녹자, 나무의 분포는 북쪽으로 뻗어나갔다. 호수와 늪에 쌓인 화분화석으로부터 나무들의 이동 기록을 상세히 알 수 있다. 연구자들이 현재 생물들의 지리적 분포에 영향을 미치는 기후의 한계를 결정할 수만 있다면, 앞으로 지구온난화로 인해 생물들의 분포가 어떻게 달라질지 예견할 수 있을 것이다.

식물을 가지고 이런 연구를 할 때 가장 중요하게 고려해야 할

▲ 사탕단풍

▲ 미국 너도밤나무

점은, 기후가 변화하는 속도만큼 종자의 분산이 아주 빠르게 일어나 각 종들이 기후 변화에 따라 이주할 수 있는지의 여부이다. 화분 화석의 연구 결과, 종자에 날개가 달린 사탕단풍(*Acer saccharum*)과 같은 종은 부모 나무로부터 상대적으로 멀리 분산할 수 있었고, 이로 인해 마지막 빙하기가 끝난 후 미국의 북동지역과 캐나다까지 퍼져나갔다는 것을 알 수 있었다. 이와 대조적으로 종자에 날개가 없는 미국너도밤나무(*Fagus grandifolia*)의 경우 북쪽으로 확장해 나간 시간이 적합한 서식지에서의 전개 속도에 비해 수천 년이나 늦어졌다.

금세기 동안 식물과 다른 종들이 빠르게 진행되고 있는 온난화에 적응할 수 있을까? 생태학자들은 미국너도밤나무를 이용해 이에 대한 해답을 찾으려 했다. 예측 모형들은 다음 세기에 너도밤나무의 서식범위가 현재보다 북쪽으로 700~900 km로 올라갈 것임을 보여주며, 너도밤나무가 자랄 수 있는 남방한계선은 더 빠른 속도로 북쪽으로 이동할 것으로 예측된다. 두 가지 기후변화 시나리오에 따른 이 종의 현재와 미래의 지리범위를 **그림 51.7**에 표시했다. 이러한 예측들이 거의 맞는다 하더라도, 현재 지구 온난화의 속도에 맞추기 위해서는 너도밤나무가 매년 7~9 km씩 북쪽으로 이동해야 할 것이다. 그러나 지난 마지막 빙하기가 끝난 이후로 너도밤나무는 매년 0.2 km밖에 이동하지 않았다. 지구가 온난해짐에 따라 너도밤나무가 앞으로 살 수 있는 곳으로

(a) 현재 서식 범위

(b) 다음 세기에 기온이 4.5°C 상승했을 경우

(c) 다음 세기에 기온이 6.5°C 상승했을 경우

▲ **그림 51.7 두 가지 기후 변화 시나리오에 따른 미국너도밤나무 (*Fagus grandifolia*)의 현재 서식범위와 예상 서식범위**

? 각 시나리오에 따른 예상 서식범위는 오직 기후 요인에 근거한 것이다. 그 밖의 어떤 다른 요소들이 이 종의 분포를 변경시킬 수 있을까?

우리가 그것들을 이동시키지 않는다면, 미국너도밤나무는 그 서식범위가 점차 좁아지고 향후 아예 지구상에서 사라질지도 모른다.

종 분포의 변화는 이미 연구된 육상, 해양, 그리고 담수 생물들에서 명확한데, 세계가 좀 더 따뜻해진다는 신호와 일치한다. 예를 들어 조사한 35종의 나비 중 22종의 북방한계선이 최근 수십 년 동안 35~240 km 더 북상했다. 또 다른 연구는 최근에 태평양 규조류 *Neodenticula seminae*가 800,000년 만에 처음으로 대서양에 정착했다고 보고했다. 북극해의 얼음이 최근 10년 동안 녹으면서 태평양의 물 흐름이 증가하여 캐나다 주변에서 이들 규조류가 휩쓸려 대서양으로 옮겨졌고, 그곳에서 규조류가 바로 정착한 것이다. 다음 절에서는 전 세계 종의 분포를 결정하는 기후의 중요성에 대해 살펴볼 것이다.

개념 확인 문제 51.1

1. 지구표면이 태양에 의해 불균등하게 가열되는 것이 어떻게 적도의 남과 북으로 30도 지역에 사막을 형성하게 되는지 설명하라.
2. 나무가 없는 농경지와 근처 나무가 있는 하천의 미기후에 어떠한 차이가 있을까?
3. WHAT IF? 마지막 빙하기로부터 지구의 기후는 수세기에서 수천 년에 걸쳐 점진적으로 변해왔다. 현재 지구온난화가 예상대로 매우 빠르게 진행된다면, 이런 급격한 기후변화는 세대기간이 짧은 초년생식물에 비해 다년생식물의 진화에 어떠한 영향을 주겠는가?
4. MAKE CONNECTIONS 온도의 효과에만 초점을 맞춘다면 지구가 따뜻해짐에 따라 C_4 식물의 전 지구적 분포범위가 넓어질까 좁아질까? 그리고 왜 그런지 이유를 설명하라(개념 11.4 참조).

정답은 부록 A 참조

개념 51.2

육상생물군계의 구조와 분포는 기후와 교란에 의해 영향을 받는다

지금까지 지구에서 개개의 종들이 발견되는 장소가 기후와 다른 요소들에 의해 영향을 받는다는 사례에 대해 알아보았다(그림 30.7). 앞으로는 자연과 식물상(육상생물군계에서) 혹은 물리적 환경(수생물군계에서)의 특징에 의해 나누어진 주요 생활대인 지구의 **생물군계(biome)**를 결정하는데 기후가 어떤 역할을 하는지 살펴볼 것이다.

기후와 육상생물군계

기후는 식물종의 분포에 중요한 영향을 미치기 때문에 육상 생물군계의 위치를 결정하는 주요 요인이다(**그림 51.8**). 특정 지역의 연평균온도와 강수량을 나타내는 그래프인 **기후도**

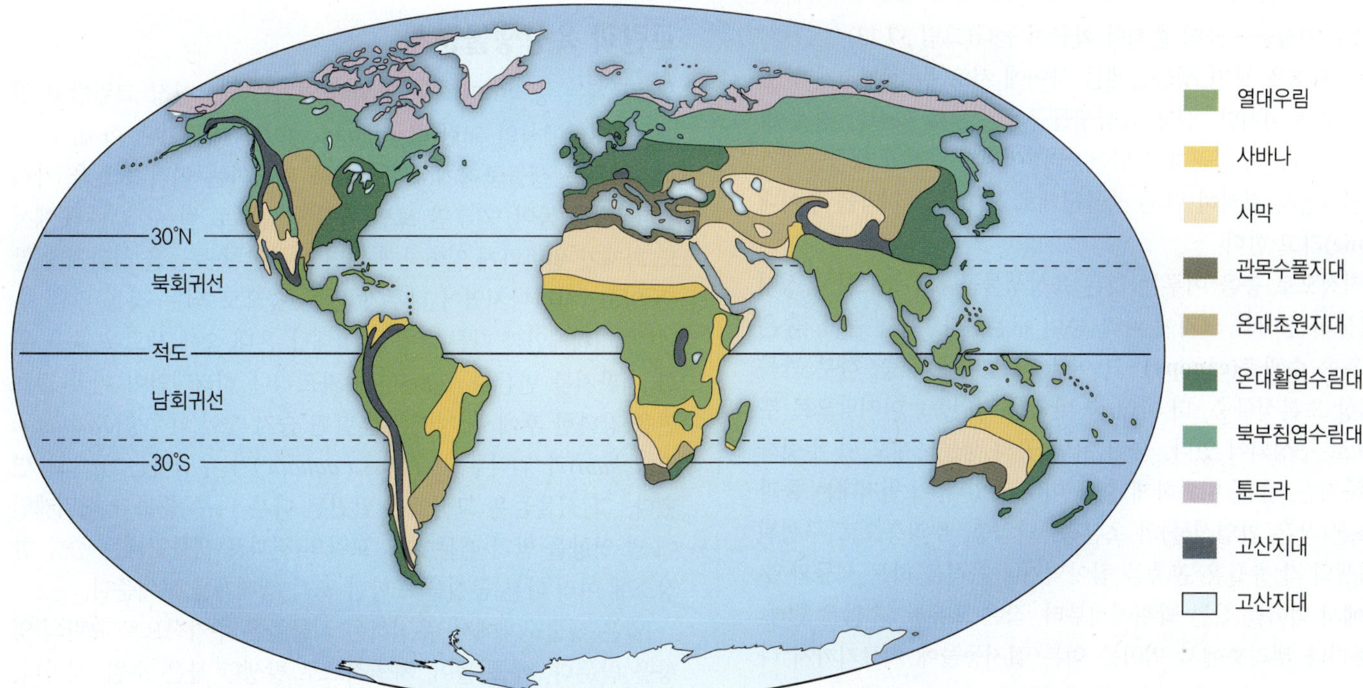

▲ **그림 51.8** **주요 육상생물군계의 분포**

(climograph)를 그려보면, 기후가 생물의 분포에 얼마나 크게 영향을 미치는지 알 수 있다. 예를 들어, **그림 51.9**는 북미지역에서 발견되는 생물군계들의 연평균 온도와 강수량을 기록한 기후도이다. 북쪽 침엽수림 지대의 강수량은 온대림과 비슷하지만, 온도의 범위는 다르다. 초원은 대체로 숲보다 건조하며, 사막은 초원보다 더 건조하다.

연평균온도와 강수량 이외의 다른 요인들도 어디에 생물군계가 존재하는지를 결정하는 데 중요한 역할을 담당한다. 예를 들어, 온도와 강수량이 비슷해도 북미의 일부 지역에는 온대 활엽수림이 존재하지만 다른 지역에는 침엽수림이 존재한다(그림 51.9의 겹치는 지역을 참조). 이러한 차이를 우리는 어떻게 설명할 수 있을까? 먼저 기후도가 연평균치(average)를 이용해 그려진다는 것을 기억해야만 한다. 종종 기온의 평균만이 중요한 의미를 가지는 것이 아니라, 기후변이의 패턴 또한 매우 중요할 수 있다. 예를 들어, 어떤 지역들은 연중 강수량이 일정할 수도 있지만, 다른 지역에서는 비록 평균 강수량은 같더라도 뚜렷한 건기와 우기가 나타날 수도 있다.

육상생물군계의 일반적인 특징

대부분의 육상생물군계들의 이름은 물리적인 특징이나 기후적 특징, 그리고 그곳에서 우점하는 식생을 반영하여 명명되었다. 예를 들어, 온대초원은 열대지방이나 극지방보다 날씨가 온화한 중위도에 있고, 다양한 초본들이 우점하는 곳이다(그림 51.8). 각 생물군계는 그 환경에 맞게 적응된 미생물, 균류, 동물들에 의해 특징지어진다. 온대초원은 온대 숲보다 덩치 큰 초식동물들로 가

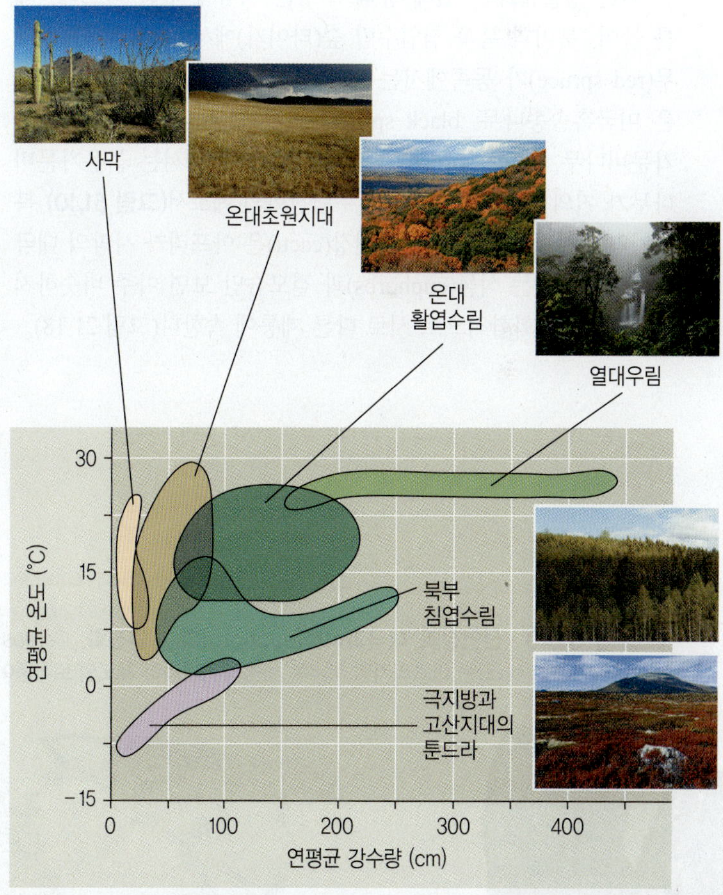

▲ **그림 51.9** **북미의 주요 생물군계의 기후도.** 그 생물군계의 연평균 기온과 강수량의 범위를 지역별로 표시하였다.

INTERPRET THE DATA 일부 극지방 툰드라 생태계는 사막처럼 강수량이 적지만 초목이 무성하다. 어떤 기후 요인이 이러한 차이를 설명할 수 있을까? 설명하라.

득차고 수지상균근균이 존재할 확률이 높다(그림 37.13).

그림 51.8을 보면 생물군계들 사이에 서로 뚜렷한 경계가 있는 것으로 보이지만, 실제 육상생물군계는 서로 확실한 경계 없이 서서히 다른 생물군계로 넘어간다. 이렇게 인접한 생물군계가 서로 겹치면서 서서히 다른 생물군계로 넘어가는 지역을 **추이대(ecotone)**라고 한다.

수직적으로 층을 이루는 것은 육상생물군계의 중요한 특징이며, 식물의 형태와 크기에 따라 층이 구분된다. 예를 들어, 숲은 나무 위쪽 **수관층(canopy)**, 그 아래 작은 나무의 층, 하부 관목층, 지상 초본식물층, 더 아래 숲 바닥층(낙엽층), 마지막으로 뿌리층으로 구성되어 있다. 숲이 아닌 곳의 생물군계도 덜 뚜렷하기는 하지만, 숲과 비슷하게 층을 이루고 있다. 초원지대는 풀과 활엽초본(작은 활엽식물)의 초본층, 낙엽층, 뿌리층으로 구성된다. 식생의 각 층들은 곤충을 잡아먹거나 육식을 하는 새들과 수관 위에서 먹이를 잡는 박쥐에서부터, 작은 포유류, 수많은 벌레, 낙엽층이나 뿌리층에서 먹이를 먹는 절지동물에 이르기까지 다양한 많은 동물들에게 서식지를 제공한다.

어떤 생물군계든 실제 종의 구성은 지역에 따라 다르다. 예를 들어, 북미의 북쪽 침엽수림 숲(타이가)에서는, 붉은가문비나무(red spruce)가 동쪽에서는 매우 흔하지만, 검은가문비나무(혹은 미국흑솔송나무, black spruce)와 흰가문비나무(혹은 캐나다가문비나무, white spruce)가 많은 다른 지역에서는 붉은가문비나무가 거의 발견되지 않는다. 수렴진화의 예로서(**그림 51.10**) 북미지역의 사막에 서식하는 선인장(cacti)은 아프리카 사막의 대극과(科)에 속하는 식물(euphorbs)과 겉모습만 보면 아주 비슷하지만, 이들은 진화학적으로 서로 다른 계통에 속한다(그림 21.18).

교란과 육상생물군계

생물군계는 동적이며, 안정화되어 있기보다는 항상 교란받고 있다. 생태학에서의 **교란(disturbance)**이란 태풍이나 화재, 사람의 활동 등 생물군계에서 생물들을 제거하는 여러 요인을 가리킨다. 예를 들어, 기후만 보면 울창한 숲으로 될 수 있는 곳에서도 화재가 빈번하게 일어나게 되면 울창한 초목들을 사라지게 할 수 있고, 사바나지역이 나무가 많은 숲으로 되는 것을 막을 수 있다. 허리케인과 다른 폭풍은 열대나 온대 숲에 새로운 종을 위한 개활지를 만든다. 2005년에 카트리나 허리케인이 미국 걸프만을 강타한 후에 이 지역은 혼합된 습지 숲이 낙우송(*Taxodium distichum*)과 워터투펠로(*Nyssa aquatic*)가 우점하는 곳으로 변했다. 그 식물들은 그곳에서 발견된 다른 나무 종보다 허리케인에 덜 영향을 받기 때문이다. 교란의 결과로 생물군계는 종종 한 장소에 여러 다른 군집을 포함한 조각 생태계를 보여준다.

많은 생물군계에서, 우점하는 식물들은 주기적으로 교란의 영향을 받는다. 예를 들어, 자연적으로 발생한 불은 초원, 사바나, 지중해성관목지대, 그리고 많은 침엽수림에서 빠뜨릴 수 없는 필수요소이다. 농업화와 도시화 전에는 미국 남동부 대부분의 지역에 오로지 왕솔나무(대왕송, longleaf pine) 한 종류의 침엽수 수종만이 존재했었다. 주기적으로 화재가 나지 않게 되자 왕솔나무는 점차 활엽수들로 대체되었다. 숲 관리자들은 이제 침엽수림을 지키는 하나의 도구로서 불을 사용하고 있다.

그림 51.11은 육상생물군계의 주요한 특징들을 요약한 것이다. 각 생물군계의 특징에 관하여 읽을 때, 인간이 도시를 만들고 농사를 지으면서 원래의 생물군계를 도시나 농경지로 바꾸어 놓았다는 점을 기억하라. 예를 들어, 대부분의 미국 동부 지방은 원래 온대 활엽수림이었지만, 인간 활동으로 인해 아주 적은 퍼센트의 원래 숲만 남고 나머진 사라졌다.

▼ **그림 51.10 선인장과 대극과식물(euphorb)의 수렴진화.** *Cereus* 종은 미대륙에서 발견되었다. *Euphorbia canariensis*는 아프리카의 북서쪽 해안의 카나리아 제도의 토착종이다.

▼ 그림 51.11

탐구 육상생물군계

열대우림

분포 적도대와 아적도대 지역

강수량 열대우림(**tropical rain forest**)에서는 강수량이 200~400 cm 정도로 매년 일정하다. **열대건조림(tropical dry forest)**에서는 강수량이 연중 150~200 cm 정도로 계절에 따라 집중적으로 내리며, 6~7개월 가량은 비가 내리지 않는다.

기온 대기 온도는 연중 25~29℃로 계절적 변화가 적고, 따뜻하다.

식물 열대우림은 층을 이루며 빛을 얻기 위한 경쟁이 치열하다. 우림의 층은, 닫힌 수관(closed canopy) 위까지 자라나온 나무(emergent tree)층, 수관나무(canopy tree)층, 한 개 혹은 두 개의 아수관 나무층, 관목과 초본층 등으로 구성되어 있다. 일반적으로 열대림은 층수가 더 적다. 열대우림에서는 활엽상록수가 우점하는 반면, 열대건조림의 나무들은 건기 동안 낙엽이 진다. 파인애플과(科) 식물(bromeliads)이나 난초와 같은 착생식물들은 일반적으로 열대우림의 나무들을 덮고 있지만, 열대건조림은 덮인 정도가 덜하다. 몇몇 열대건조림 지역에서는 가시가 돋친 관목들과 선인장 같은 다육식물들이 일반적이다.

코스타리카의 열대우림

동물 지구의 열대림은 500만~3,000만 종에 달할 것으로 예측되는 아직 동정하지 않은 곤충, 거미 그리고 다른 절지동물을 포함하여 수백만 종의 고향이다. 열대림에는 다른 어떤 육상생물군계보다 다양한 동물들이 산다. 양서류, 조류와 파충류, 포유류, 그리고 절지동물을 포함한 많은 동물들이 수직으로 층이 져 있는 환경에 잘 적응하였으며, 어떤 동물들은 눈에 띄지 않게 잘 적응되었다.

인간에 의한 영향 인간은 오래 전에 이미 열대우림에 정착했다. 급격한 인구 증가로 인한 경작과 개발은 이제 열대우림을 점차 파괴하고 있다.

사막

분포 사막(**desert**)은 남북으로 위도 30도 부근 지역에, 또는 대륙의 안쪽에서 생성된다(예: 북아시아의 중앙에 위치한 고비사막).

강수량 강수량은 적으며 매우 변이가 심하고 대개 1년에 30 cm 이하이다.

기온 온도는 계절에 따라, 하루 중 시간에 따라 변이가 심하다. 사막의 최고 대기온도는 50℃를 넘고, 추운 사막에서는 대기의 온도가 −30℃까지 떨어진다.

식물 사막의 경관은 식생이 적고 드문드문 분포하는 것이 특징이며, 다른 육상생물군계와 비교했을 때 맨 땅인 지역의 비율이 더 크다. 식물들은 선인장과 같은 즙이 많은 식물, 뿌리가 깊은 관목, 그리고 드물게 습기가 있는 기간 동안에 자라는 초본들이 우점하고 있다. 사막에 사는 식물들은 열과 건조한 조건에 대한 내성, 물의 저장, 잎 표면적의 감소 등을 통해 환경에 잘 적응하고 있다. 가시와 같은 물리적인 방어기작을 가지고 있을 뿐만 아니라, 관목의 잎에 있는 독성물질과 같이 화학적 방어 기작을 가진 것들이 많다. 많은 식물들은 C_4 식물이거나 CAM 광합성 식물이다.

동물 사막에 사는 흔한 동물로는 뱀과 도마뱀, 전갈, 개미, 딱정벌레, 철새나 텃새, 씨를 먹는 설치류 등이 있다. 많은 종들이 야행성이다. 수분 유지는 사막에 사는 동물들의 일반적인 적응 특징으로, 어떤 동물들은 씨에 있는 탄수화물이 대사될 때 생기는 물만으로도 살아갈 수 있다.

인간에 의한 영향 인간들은 먼 거리로부터 물을 끌어오거나, 깊이 지하수 우물을 파서 물을 얻음으로써 적지 않은 수가 사막에서 살아남을 수 있었다. 관개농업과 도시화로 인해 사막의 자연적 생물다양성이 줄어들었다.

요르단의 사막

▼ 그림 51.11 (계속)

탐구 육상생물군계

사바나

분포 적도대와 아적도대 지역.

강수량 강수량은 계절에 편중되어 있고, 연 30~50 cm 정도 내린다. 건기가 8~9개월 가량 지속된다.

기온 **사바나(savanna)**는 1년 내내 따뜻하며, 평균 기온이 24~29°C 정도이지만 열대우림보다는 계절에 따른 차이가 크다.

식물 사바나에서 보이는 나무들은 드문드문 흩어져 있으며 가시를 가진 나무들이 많은데 이는 잎의 표면을 줄여 건기 동안 적응하기 위한 형태이다. 건기에 불이 자주 나며, 이 지역에서 우점하는 식물들은 불에 잘 적응되어 있고, 계절에 따른 가뭄에도 잘 견딘다. 땅의 대부분을 덮고 있는 풀과 활엽초본은 우기에 비가 내리면 빠르게 성장하며 대형 포유류나 다른 초식동물들이 뜯는 데도 잘 견딘다.

동물 누(wildebeest)와 얼룩말 등 다수의 초식 포유동물과 그들을 잡아먹는 사자나 하이에나와 같은 육식동물들이 이곳에서 산다. 그러나 가장 우점하는 초식동물은 사실상 흰개미와 같은 곤충이다. 계절에 따라 가뭄이 들면, 풀을 뜯어먹고 사는 포유류들은 물과 먹이를 찾아 사바나의 다른 지역으로 이동하여야 한다.

케냐의 사바나

인간에 의한 영향 가장 초기의 인류는 사바나에서 산 것으로 알려져 있다. 인간이 지른 불이 이 생물군계를 유지하는 데 도움이 될 수도 있다. 가축을 방목하고 포유류를 남획하여 대형 포유류의 개체수가 크게 감소하였다.

관목지대

분포 이 생물군계는 여러 대륙의 중위도 해안 지역에서 발견되며, 이 생물군계를 가리키는 많은 이름들은 이들의 넓은 분포를 반영한다. 지중해성 관목지대는 북미에서는 **쉐퍼렐(chaparral)**, 스페인과 칠레에서는 마토랄(matorral), 남부 프랑스에서는 가리그(garigue)와 마퀴(maquis), 그리고 남아프리카에서는 핀보스(fynbos)라 부른다.

강수량 강수량은 계절에 따라 매우 다른데, 겨울은 비가 많이 내리며, 여름은 길고 건조하다. 연간 강수량은 30~50 cm 정도이다.

기온 가을, 겨울, 그리고 봄은 평균 기온이 10~12°C 정도로 시원하다. 여름에는 30°C까지 평균 기온이 오르며, 낮 최고 기온은 40°C를 넘기도 한다.

식물 관목지대는 매우 다양한 초본 및 관목과 작은 나무들에 의해 우점된다. 식물다양성이 매우 높으며, 많은 종들이 상대적으로 좁은 지역에 제한되어 분포한다. 가뭄에 대한 적응으로 물의 손실을 막는 질긴 상록수의 잎을 볼 수 있다. 불에 대한 적응 또한 잘 나타난다. 어떤 관목들은 뜨거운 불이 난 후에야 씨가 발아하기도 한다. 양분은 불에 저항력이 있는 뿌리에 비축되었다가, 불이 나면 영양물질이 배출되어 싹이 날 수 있게 한다.

동물 사슴과 염소와 같이 어린 싹을 먹는 동물들을 포함하여 이곳의 토착 포유동물들은 나뭇가지와 어린잎을 먹는다. 다양한 작은 포유류들이 살고 있다. 또한 관목지대는 아주 다양한 양서류, 조류와 다른 파충류, 곤충들을 부양하고 있다.

인간에 의한 영향 지중해성 관목지대는 농업과 도시화로 인해 감소되고 있다. 인간이 지른 불은 관목지대를 휩쓸고 지나가 도움을 준다.

남아프리카 희망봉자연보호구에서 자생하는 핀보스(fynbos) 식생

온대초원

분포 남아프리카의 초원, 헝가리의 푸스타(puszta), 아르헨티나와 우루과이의 팜파스(pampas) 초원, 러시아의 스텝(steppes)지대, 그리고 북미의 중앙에 위치한 대초원은 모두 **온대초원(temperate grasslands)** 지대이다.

강수량 강수량은 계절에 따라 매우 다른데, 겨울은 건조하고, 여름은 습하다. 연평균 강수량은 30~100 cm 정도이다. 흔히 주기적으로 가뭄이 일어난다.

기온 겨울에는 평균 기온이 때때로 −10℃ 이하로 떨어지며, 일반적으로 춥다. 여름 평균 온도는 종종 30℃에 달할 정도로 덥다.

식물 우점 식물은 다양한 풀과 활엽초본으로, 풀의 높이는 몇 cm에서 2 m에 이르기까지 다양하다. 이곳의 식물들은 주기적으로 오래 지속되는 가뭄과 불에 잘 견뎌내도록 적응되었다. 온대초원지대의 초본들은 불이 난 다음 재빨리 싹이 튼다. 대형 포유류들의 초식으로 인해 이 지역에 관목이나 나무들이 들어서는 것이 억제된다.

동물 들소와 야생말 같이 풀을 뜯어 먹는 토착 포유동물들이 산다. 또한 온대초원에는 북아메리카의 프레리도그(prairie dog)와 같이 다양한 종류의 굴 파는 포유류가 산다.

몽골의 초원

인간에 의한 영향 초원지역의 두껍고 비옥한 토양은 특히 곡식을 재배하기 좋은 곳이다. 이로 인해 북미지역과 대부분의 유라시아 지역의 초원은 농경지로 이용되고 있다. 몇몇 건조초원 지역에서는 가축과 풀을 뜯어 먹는 동물들로 인해 생물군계가 부분적으로 사막으로 변해왔다.

북부 침엽수림

분포 북미와 유라시아의 북부로부터 극지방의 툰드라지대 경계까지 이어지는 타이가(taiga)라고 불리는 **북부 침엽수림(northern coniferous forest)**은 지구에서 가장 큰 생물군계이다.

강수량 강수량은 일반적으로 30~70 cm 정도이고, 주기적으로 가뭄이 흔히 일어난다. 그러나 해안에 위치한 미국의 북서부 태평양 해안의 몇몇 침엽수림은 연간 강수량이 300 cm가 넘는 온대우림이다.

기온 겨울은 대체로 추우며 길다. 여름에는 더울 때도 있다. 시베리아의 침엽수림 지역의 기온은 겨울에는 −50℃까지 내려가고, 여름에는 20℃까지 온도가 올라가는 등 온도범위가 넓다.

식물 소나무, 가문비나무, 전나무와 솔송나무 등 솔방울을 맺는 나무들이 침엽수림의 우점종이다. 침엽수들은 원뿔 모양인데 이로 인해 아주 많은 눈이 쌓여 나뭇가지가 부러지는 경우가 적다. 침엽수림의 관목과 초본층은 온대 활엽수림의 같은 층보다 식물다양성이 낮다.

동물 많은 철새들이 침엽수림에 둥지를 짓는 데 반해, 1년 내내 그곳에서 사는 종들도 많다. 침엽수림에는 큰사슴(moose), 불곰, 시베리아호랑이 등 다양한 포유류들이 산다. 주기적으로 대발생하는 곤충들은 이 지역에 사는 많은 우점하는 나무들을 먹어 없애기도 한다.

인간에 의한 영향 침엽수림에 비록 많은 인간들이 살지는 않지만, 위험 수위에 이른 벌채로 인해 이곳에서 오랫동안 서식해 온 나무들이 곧 없어질지도 모른다.

노르웨이의 삼림

온대활엽수림

분포 북반구 중위도 지역에 넓게 분포하며, 그보다는 좁지만 뉴질랜드와 오스트레일리아에도 분포한다.

강수량 연평균 강수량은 70~200 cm 이상이다. 여름에는 비, 겨울에는 눈이 오는 등 모든 계절에 상당한 양의 강수량을 보인다.

기온 겨울철 평균 기온은 0℃ 정도이다. 여름에는 기온이 최고온도 30℃로 올라갈 정도로 덥고 습하다.

식물 **온대활엽수림(temperate broadleaf forest)**은 뚜렷하고 매우 다양한 수직의 층을 가진다. 닫힌 수관, 그 아래 하나 또는 두 겹의 목본층, 관목층, 그리고 초본층을 형성한다. 착생식물들은 거의 없다. 북반구에서 우점하는 식물들은 기온이 낮아지면 광합성량이 줄어들고 얼어붙은 토양으로부터 물을 더 이상 빨아올리지 못해 겨울 전에 잎을 전부 떨어뜨리는 낙엽성 목본들이다. 오스트레일리아에서는 상록수인 유칼립투스 나무가 우점종이다.

동물 북반구에서는 겨울에 많은 포유류들이 겨울잠을 자는 반면, 조류들은 따뜻한 기후를 가진 지역으로 이주한다. 포유류, 조류, 곤충들이 숲의 다양한 수직층을 이용한다.

가을철 프랑스 알프스의 온대활엽수림 지역

인간에 의한 영향 온대활엽수림에는 모든 대륙에서 많은 사람들이 정착하였다. 농업과 도시개발이란 명목으로 벌목과 개간이 진행되면서 원래 있던 북미의 낙엽수림은 거의 모두 파괴되었다. 그러나 이들 낙엽수림들은 놀라운 복원능력으로 예전의 모습으로 점차 되돌아가고 있다.

툰드라

분포 **툰드라(tundra)**는 지구의 땅 표면의 20%를 차지하며, 넓은 북극지방을 덮고 있다. 열대 지방을 포함하여 모든 위도의 높은 산의 꼭대기에는 강한 바람과 차가운 기온으로 인해 고산 툰드라(alpine tundra)라 부르는 비슷한 식물 군집이 형성된다.

강수량 툰드라의 연평균 강수량은 20~60 cm 정도이지만, 고산 툰드라에서는 최대 100 cm 이상 내리는 경우도 있다.

기온 어떤 지역에서는 겨울철 평균 기온이 −30℃ 이하일 정도로 겨울이 길고 춥다. 여름은 짧고 일반적으로 10℃ 이하로 시원하다.

식물 툰드라의 식물은 대체로 초본류로, 지의류와 이끼, 풀, 그리고 활엽초본들과 작은 관목과 나무들로 이루어져 있다. 영구동토층(permafrost)이라 불리는 항상 얼어 있는 토양층은 일반적으로 물의 투과를 막는다.

동물 순록류들은 이동하는 반면, 풀을 뜯어먹고 사는 사향소는 계속 그 지역에 거주한다. 곰, 늑대, 여우 등의 육식동물이 산다. 철새들은 여름에 툰드라에서 번식한다.

인간에 의한 영향 툰드라에는 사람들이 드문드문 정착해 있지만, 상당량의 광물과 석유가 묻혀 있어 이를 채굴하기 위해 최근 주목받고 있다.

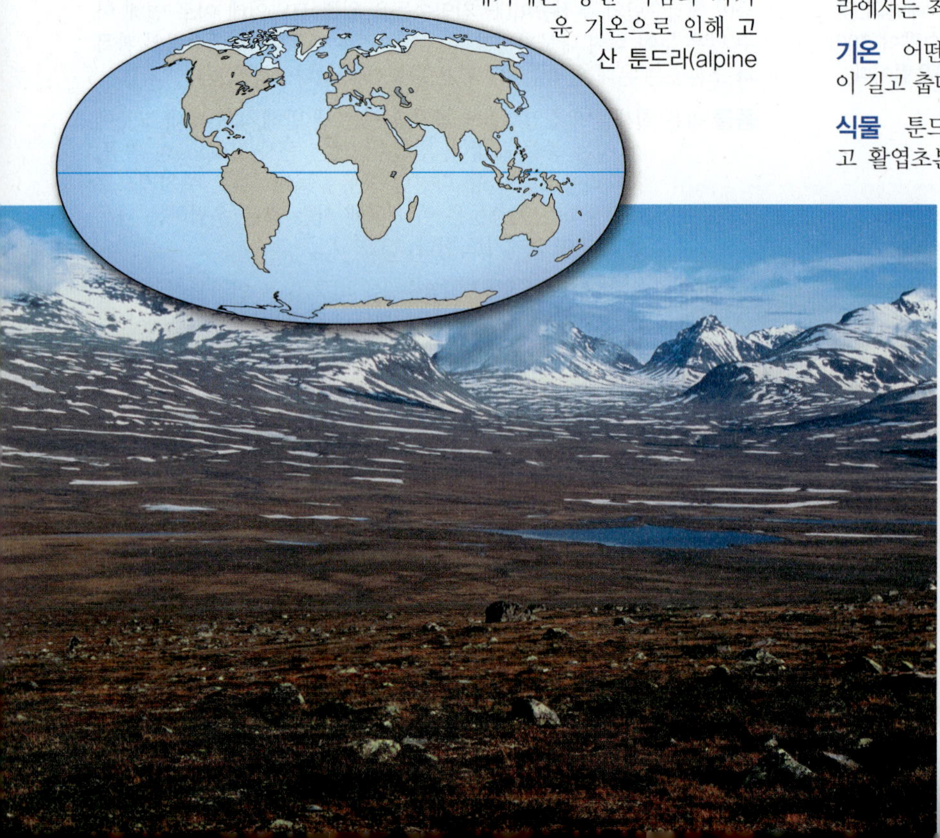

스웨덴 사레크 국립공원의 툰드라 지역

개념 확인 문제 51.2

1. 그림 51.9에 있는 기후도에 근거하여, 온대초원 지역과 온대활엽수림 지역의 주요한 차이는 무엇인지 말해보라.
2. 여러분이 살고 있는 자연 생물군계를 구별하고, 생물적 · 비생물적 특징들을 간단히 요약하라. 이런 것들이 실제 우리 주변에 어떤 영향을 미치는지 설명하라.
3. **WHAT IF?** 만일 지구온난화로 이번 세기 동안에 지구의 평균 온도가 4℃ 증가하였다면, 결과적으로 어떤 생물군계가 툰드라지대를 대체하게 될 것인지 예상해 보고, 그것에 관해 설명하라.

정답은 부록 A 참조

개념 51.3

수생물군계는 지구의 대부분을 덮고 있는 다양하고 동적인 시스템이다

육상생물군계와는 달리 수생물군계는 주로 물리적 환경에 의해 특징지어진다. 위도에 따른 변화도 훨씬 적을 뿐 아니라 전 지구적으로 발견된다. 생태학자들은 물리적 · 화학적인 차이를 근거로 담수생물군계와 해양생물군계로 구분한다. 예를 들어, 해양생물군계의 염도는 일반적으로 평균 3% 정도이지만, 담수생물군계의 염도는 대체로 0.1% 이하이다.

가장 넓은 해양생물군계인 해양은 지구 표면적의 75%를 차지하고 있기 때문에 생물권에 큰 영향을 끼친다. 바닷물의 증발은 지구 강수량의 대부분을 공급하고, 해양의 온도는 세계 기후와 바람이 부는 패턴에 크게 영향을 끼친다(그림 51.3). 그리고 해양의 조류와 광합성 세균들은 세계 산소량의 상당 부분을 만들어내며, 대기 중의 많은 이산화탄소를 흡수한다.

담수생물군계는 육지생물군계의 토양 및 생물적 구성요소들과 긴밀히 연관되어 있다. 한 지역의 담수생물군계 특징은 그곳에서 물이 흐르는 패턴과 속도 그리고 기후에 크게 영향을 받는다.

수생물군계의 층화현상

많은 수생물군계들은 **그림 51.12**의 호수와 해양 환경에서 보듯이 물리적 · 화학적으로 층을 이루고 있다. 호수와 해양에서는 물 자체와 광합성 식물들이 빛을 흡수하기 때문에 빛의 세기는 수심이 깊어짐에 따라 점차 감소된다. 생태학자들은 광합성을 하는 생물들이 이용할 수 있는, 충분한 빛이 도달하는 상층부인 **투광대(photic zone)**와, 더 아래층에 위치해 빛이 도달하지 못하는 **무광대(aphotic zone)**를 구분한다. 투광대와 무광대는 함께 **원양대(pelagic zone)**를 형성한다. 수면 2,000~6,000 m 아래에는 무광대에서 가장 깊은 **심해대(abyssal zone)**가 놓여 있다. 수생물군계의 가장 아랫부분을 **저생대(benthic zone)**라 한다. 모래와 유기

▼ **그림 51.12 수중 환경에 따른 대상(帶狀) 분포(zonation)**

(a) 호수 대상 분포

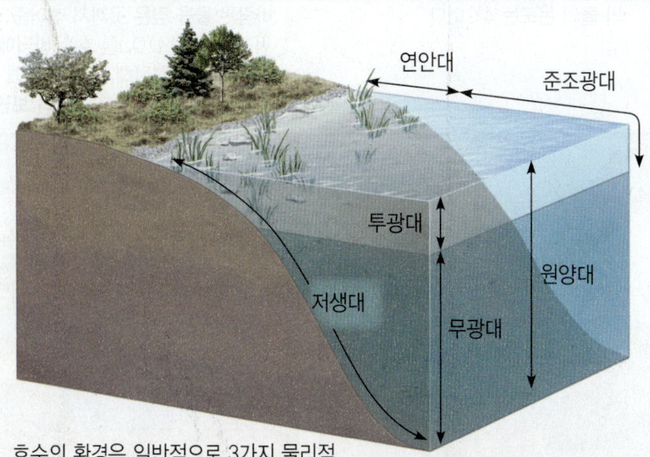

호수의 환경은 일반적으로 3가지 물리적 기준에 의해 분류된다. 그 분류기준은 다음과 같다. 빛의 투과에 따라 투광대(photic zone)와 무광대(aphotic zone)로 나눌 수 있고, 연안으로부터의 거리와 물의 깊이에 따라 연안대(littoral zone)와 준조광대(limnetic zone)로 구분지을 수 있다. 또한 물층(open water)인지 바닥부분인지에 따라서 원양대(pelagic zone)와 저생대(benthic zone)로 나누기도 한다.

(b) 해양 대상 분포

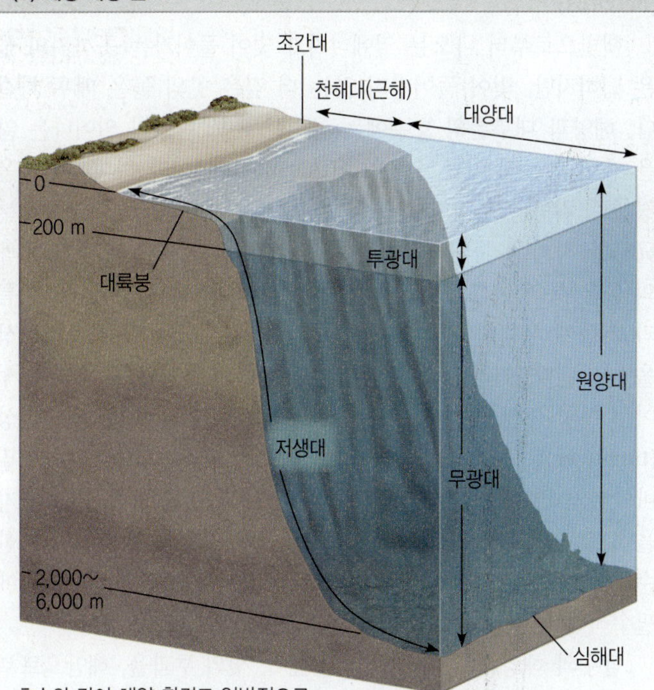

호수와 같이 해양 환경도 일반적으로 빛의 투과(투광대와 무광대), 연안으로부터의 거리와 물의 깊이[(조간대(intertidal zone), 천해대(neritic zone), 대양대(oceanic zone)], 그리고 수면부[open water(원양대, pelagic zone)] 또는 바닥부분[(저생대(benthic zone)와 심해대(abyssal zone)]으로 분류된다.

및 무기 퇴적물로 이루어져 있는 저생대에는 **저생생물(benthos)**이라 불리는 생물군집이 살고 있다. 저생생물의 주된 먹이원은 투광대의 표층수에 살다가 죽은 생물들이 가라앉은 **유기물입자**

① 겨울철에 호수 표면 얼음 바로 밑에 있는 가장 차가운 물의 온도는 0°C 이다. 물의 온도는 밑으로 내려감에 따라 점차 따뜻해져 호수 바닥에서의 물의 온도는 4°C이다.

② 봄에 해가 얼음을 녹일 때 물 표면의 온도는 4°C로 올라가며, 바로 아래에 있는 더 차가운 물과 섞이면서 온도에 따른 층화현상이 사라진다. 봄에 부는 바람은 물을 깊은 곳까지 섞어줌으로써 수면의 산소(O_2)를 호수 바닥에 있는 물까지 전달해 주고, 바닥에 있는 영양 물질들을 표면까지 올려 보낸다.

③ 여름에 호수에는 다시 온도 변화에 따른 뚜렷한 층이 생기는데, 표면의 따뜻한 물이 온도가 급격히 변하는 얇은 층인 수온약층(thermocline)에 의해 바닥의 차가운 물과 분리된다.

④ 가을에는 물 표면의 온도가 빠르게 내려가면서, 차가워진 물이 아래로 가라앉는다. 이렇게 물이 섞이는 현상은, 호수 표면이 얼고 온도에 따른 겨울철 층화가 다시 안정화될 때까지 계속된다.

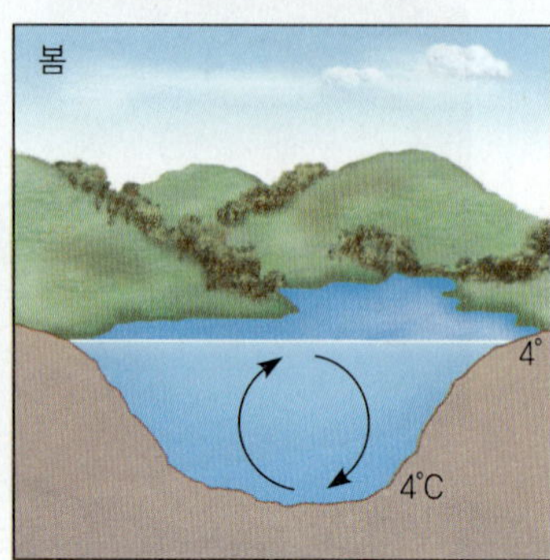

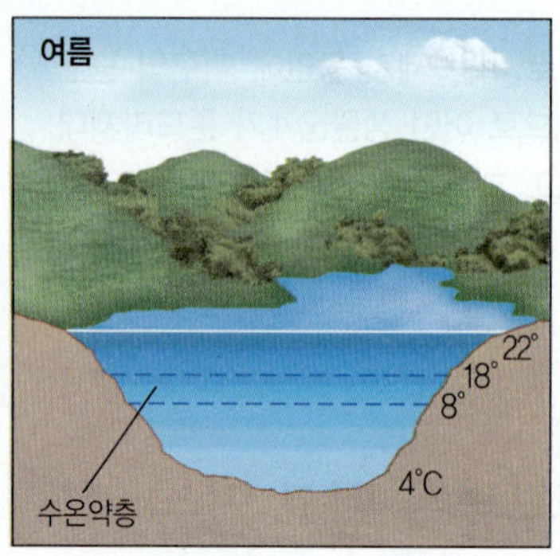

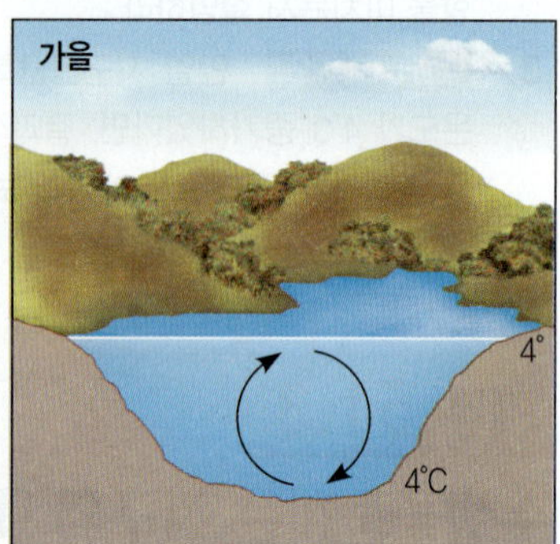

▲ **그림 51.13 겨울철 얼음 덮인 호수들에서의 계절적 전도현상.** 여기에서 보여주는 계절적 전도현상으로 인해 호수의 물은 봄과 가을에 아주 깊은 곳까지 산소 공급이 원활히 이루어진다. 호수가 온도에 의해 층화가 이루어진 겨울과 여름의 산소의 농도는 호수의 표면 근처에서는 높고 바닥에서는 더 낮다.

(detritus)이다.

햇빛으로부터 나오는 열에너지가 빛이 들어가는 곳까지의 물은 덥히지만, 빛이 들어가지 않는 더 깊은 곳의 물은 매우 차갑다. 해양과 대부분의 호수에는 급격한 온도 변화가 일어나는 얇은 층이 있는데 이를 **수온약층(thermocline)**이라 하며, 이 층을 경계로 위쪽은 일정한 온도의 따뜻한 물이, 그리고 아래쪽에는 균일한 차가운 물의 층이 형성된다. 그 결과 호수 수면과 아래의 물은 특히 여름과 겨울에 층을 이루며 온도차를 보인다. 여름과 겨울에 온화한 지역의 많은 호수들은 온도에 따른 층화현상을 나타낸다. 이러한 호수들은 온도 변화의 결과로 물이 서로 섞이는 현상을 한 해에 두 번 겪는다(그림 51.13). 이러한 **전도현상(turnover)**은 산소를 포함하고 있는 표면에 있던 물을 호수의 밑바닥까지 전달해 주며, 영양이 풍부한 바닥 부근의 물을 봄과 가을에 표면으로 올려 보낸다. 호수의 무생물적 특징들인 이러한 순환적 변화는 호수 생태계에 속한 모든 생물들의 생존과 생장에 필수적이다.

담수와 해양 환경에서는 물의 깊이, 빛의 투과율, 해안으로부터의 거리, 표층수인지 심층수인지에 따라 생물 군집이 다르게 분포한다. 해양생물 군집은 이와 같은 무생물적 요인에 따라 종 분포가 제한된다. 플랑크톤과 많은 물고기 종들은 상대적으로 얕은 투광대에서 산다(그림 51.12b). 물이 빛을 잘 흡수하고 해양이 매우 깊기 때문에 대부분의 해양은 사실상 빛이 없으며, 미생물과 소수의 발광성 물고기 및 무척추동물을 제외하고는 생물들이 살지 않는다. 호수뿐만 아니라 깊은 연못도 비슷한 요인들이 종의 분포를 제한한다.

그림 51.14는 지구의 주요 수생물군계의 주요 특징들을 보여준다.

개념 확인 문제 51.3

1. 해양 원양대에서 우점하는 광합성 생물이 저서조류 혹은 뿌리가 있는 수생식물이 아니고 식물성 플랑크톤인 이유가 무엇일까?(그림 51.14 참조)
2. MAKE CONNECTIONS 강 하구에 사는 많은 생물들은 조수간만에 따라 하루 중에도 담수와 염수를 경험하게 된다. 이렇게 변하는 환경이 생물들의 생존에 어떤 문제를 가져오는지 설명하라(개념 44.1 참조)
3. WHAT IF? 댐 안쪽의 저수지에 남아 있는 물은 종종 저수지의 깊은 층으로부터 올라온다. 여름철 댐 방류 지역의 강에 서식하는 물고기의 경우 댐이 없는 강에서의 물고기보다 찬물에서 서식하는 것을 선호하겠는가? 혹은 더운 물에서 서식하는 것을 선호하겠는가? 설명하라.

정답은 부록 A 참조

개념 51.4

생물과 환경의 상호작용은 종의 분포를 제한한다

이번 장에서는 지구의 기후와 육상해양생물계의 특징 및 생태학자들의 연구 범위에 대해서도 알아보았다(그림 51.2). 이번 절에서는 그림 51.1의 페도프라이네 개구리처럼, 생태학자들이 종의

▼ 그림 51.14

탐구 수생물군계

호수

물리적 환경 호수는 표면적이 겨우 몇 제곱미터인 연못에서부터 수천 제곱킬로미터에 이르는 대형 호수까지 다양한 규모의 정체된 수괴를 지칭한다. 깊어질수록 빛이 들어오지 않으며 온도차를 보이는 층이 형성된다. 온대 지역의 호수들은 계절적인 수온약층을 형성하기도 한다. 열대 저지대의 호수에서는 수온약층이 연중 유지된다.

화학적 환경 염도(염분 함량), 산소 농도, 그리고 영양물질의 함유량은 호수에 따라 그리고 계절에 따라 크게 다르다. **빈영양 호수(oligotrophic lake)**는 영양물질이 적으며 산소의 함량이 높다. **부영양호수(eutrophic lake)**는 영양물질이 풍부하며 겨울에 얼음이 덮이거나 여름에 수심이 깊은 곳에서는 종종 산소가 고갈되기도 한다. 호수 바닥 침전물 중에서 분해될 수 있는 유기물질은 빈영양 호수에서는 매우 적고, 부영양 호수에서는 많다.

지질학적 특징 빈영양의 호수는 부영양의 호수에 비해 깊이에 대한 수면의 면적이 상대적으로 작다. 오랜 기간이 지나 빈영양 호수에 점차 침전물과 영양물질이 많아지면 부영양 호수가 될 수도 있다.

광합성 생물 뿌리를 내리거나 혹은 떠다니는 수생식물들은 얕고 빛이 잘 투과되는 **연안대(littoral zone)**에 산다. 연해에서부터 좀 더 멀리 떨어진 깊은 곳에서는 뿌리를 내리고 사는 수생생물들이 살 수 없는 **준조광대(limnetic zone)**가 형성되는데, 이곳에서는 다양한 식물성 플랑크톤과 남세균이 산다.

슬로바키아 타트라 산맥에 있는 빈영양호

종속영양생물 준조광대에서는 작은 떠다니는 동물이나 동물성플랑크톤들이 식물성 플랑크톤을 먹는다. 저생대에는 다양한 무척추동물들이 살고 있는데, 종 구성은 부분적으로 산소 함량에 따라 달라진다. 물고기들은 충분한 산소가 존재하는 호수의 모든 지역에서 산다.

보츠와나의 오카방고 델타에 있는 부영양호

인간에 의한 영향 비료를 준 땅과 도시 쓰레기로부터 영양물질이 호수로 유입되면 호수는 부영양화 현상을 보이며, 조류(藻類)가 지나치게 번성하여 물속 용존 산소량이 줄어들어 물고기들이 떼죽음을 당하기도 한다.

습지

물리적인 환경 **습지(wetland)**는 수중식물이 충분히 살 수 있을 만큼, 적어도 일정기간 동안 물에 잠겨 있는 지역을 말한다. 습지는 항상 침수되어 있는 곳에서부터 가끔 물에 잠기는 지역까지 다양하다.

화학적 환경 습지에서는 식물에 의해 유기물이 많이 생성되고 미생물이나 다른 생물들에 의한 분해율이 높기 때문에, 습지의 물과 토양에서는 용존 산소의 양이 주기적으로 적어지는 경우가 많다. 습지는 용해된 영양물질과 화학오염물질을 걸러내는 능력이 탁월하다.

지질학적 특징 분지습지(basin wetland)는 얕은 분지에서 발생하며, 고지대의 함몰 지역부터 가득 물로 채워진 호수와 못에 이르기까지 다양하다. 강변 습지(riverine wetland)는 주기적으로 범람하는 얕은 강변이나 하천변을 따라 형성된다. 가장자리 습지(fringe wetland)는 호수의 수위가 상승하거나 조수의 작용으로 인해 물이 넘치고 빠지기를 반복하는 넓은 호수와 바닷가 가장자리에서 생긴다. 가장자리 습지는 담수와 해양의 생물군계 모두를 포함한다.

광합성 생물 습지는 지구상에서 가장 생산적인 생물군계 중 하나이다. 물로 포화된 토양은 물 위에 떠서 사는 서양수련(pond lily), 부들, 많은 사초 속의 각종 식물, 미국 낙엽송, 북아메리카산 가문비나무뿐만 아니라, 주기적으로 물이 차 공기가 통하지 않는 혐기성 토양에서도 적응해 사는 식물들도 부양한다. 소택지(swamp)에서는 목본식물들이 우점종이지만 산성토탄습지(bog)에서는 물이끼들이 잘 자란다.

종속영양생물 습지대는 많은 다양한 종류의 새들이 의존하는 여러 가지 무척추동물들의 군집이 있는 곳이다. 갑각류와 수생곤충 애벌레로부터 사향뒤쥐(muskrats)에 이르는 다양한 습지의 초식동물들은 조류(algae), 유기퇴적물, 그리고 식물을 먹는다. 육식동물들 또한 다양한데 잠자리, 수달, 개구리, 악어, 올빼미 등이 습지에 서식한다.

인간에 의한 영향 관개와 매립을 통해 지역에 따라 90% 정도의 습지가 파괴되기도 하였다.

영국에 있는 분지습지

탐구 수생물군계

하천과 강

물리적 환경 하천과 강의 가장 두드러진 물리적 특성은 흐른다는 것이다. 하천 상류의 물은 대체로 차갑고, 깨끗하며, 물살이 거칠고 빠르다. 이에 비해 여러 지류가 만나 강을 형성하는 하천 하류의 물은 상류에 비해 일반적으로 침전물이 많이 유입되기 때문에 더 따뜻하고 혼탁하다. 하천과 강은 표층수에서부터 지하수에 이르기까지 수직으로 층을 이룬다.

화학적 환경 하천과 강에서의 염분과 영양분의 함량은 상류에서 하류로 내려갈수록 증가한다. 하천 상류에서는 일반적으로 용존 산소량이 높다. 강에서도 자연적으로 또는 인간에 의해 유기물질이 유입되지 않는 한, 상당량의 산소를 포함한다. 강의 유기물질들은 주로 산림하천으로부터 흘러온 용해물질이나 매우 파편화된 물질들이다.

지질학적 특징 하천 상류의 수로는 좁고, 곳곳에 바닥의 암석들이 얕은 여울이나 물웅덩이를 만든다. 강의 하류는 일반적으로 넓으며 굽이쳐 흐른다. 강의 바닥은 오랫동안 침전된 침적토로 구성되어 있다.

광합성 생물 초원 또는 사막을 통과해 흐르는 하천 상류에는 조류 또는 뿌리가 있는 수생식물이 풍부할 수도 있다.

워싱턴에 있는 하천의 상류

종속영양생물 오염되지 않은 강과 하천에는 다양한 종류의 어류와 무척추동물들이 강과 하천의 바닥, 강물, 강수면 위에서 수직적인 분포를 보이며 살고 있다. 온대나 열대우림을 따라 흐르는 하천에서는, 육상 식생이 만들어 내는 낙엽과 유기물질들이 다른 생물들의 주요 먹이 공급원이 된다.

인간에 의한 영향 도시화, 농업, 산업화로 인해 물이 오염되면 수생생물이 죽는다. 댐을 만들거나 홍수를 막기 위한 여러 조치들은 하천과 강의 생태계가 가진 자연적 기능을 해치고 연어와 같이 이주하는 종들을 위협한다.

상류로부터 멀리 떨어진 프랑스 루아르강

하구

물리적 환경 **하구(estuary)**란 강과 바다의 교차 지점이다. 하구에서는 물이 흐르는 양상이 매우 복잡하다. 만조시에는 바닷물이 하구까지 올라왔다가, 간조 시에는 다시 바닷물이 빠진다. 종종 밀도가 높은 바닷물이 하구 수역의 바닥층을 이루고, 밀도가 낮은 강물은 수면에서 층을 형성하여 바닷물과 거의 섞이지 않기도 한다.

화학적 환경 강 하구의 염도는 담수에서부터 바닷물까지 공간적으로 다양하게 변한다. 염도는 조수 간만의 차이에 따라서도 변한다. 강으로부터 들어온 영양물질들이 하구를 습지와 마찬가지로 가장 생산적인 생물군계로 만든다.

지질학적 특징 강과 조수에 의해 운반된 침전물들은 강 하구에서 물이 흐르는 패턴들과 함께 작용하여 조수가 드나드는 수로, 섬, 자연적으로 강물에 의해 형성된 충적토가 만든 제방, 그리고 갯벌 등이 연계된 복잡한 네트워크를 형성한다.

광합성 생물 염성습지(saltmarsh)의 풀과 식물성 플랑크톤을 포함하는 조류(algae)는 하구의 주요 생산자이다.

종속영양생물 강 하구는 지렁이, 굴, 게, 그리고 인간이 소비하는 많은 종류의 어류들을 부양한다. 강하구에는 풍부한 먹이가 있기 때문에 많은 해양 무척추동물과 어류들이 이곳에서 번식한다. 바닷물이 함유된 강 하구를 거쳐 담수의 상류까지 이동하는 동물들도 있다. 강 하구는 물새와 같은 많은 반수생 척추동물의 주요한 먹이 섭취 장소이기도 하다.

인간에 의한 영향 상류로부터의 오염과, 매립과 준설은 강 하구를 교란시킨다.

스페인 남부의 하구

조간대

물리적 환경 대부분의 해안에서 **조간대(intertidal zone)**는 하루에 두 번씩 조수에 의해 물에 잠겼다가 물이 빠지기를 반복한다. 조간대의 위쪽은 아래쪽보다 더 오랫동안 공기에 노출되어 있고, 물리적 환경의 변이도 더 크다. 조간대에 사는 생물들을 괴롭히는 물리적 요인들에는 온도와 염도의 변동 및 파도의 기계적인 힘 등이 있다. 조간대에서는 높이에 따라 물리적 환경이 변화하므로 사진에 나타나 있듯이 많은 생물들의 분포가 특정한 층에 제한되어 있다.

화학적 환경 산소와 영양물질의 수준은 일반적으로 높으며, 매번 조수가 들어올 때마다 새로 공급된다.

지질학적 특징 일반적으로 암석이나 모래로 이루어진 조간대의 기질은 그곳에 사는 생물들이 특정한 행동과 해부학적 구조를 갖도록 선택적 압력을 가한다. 만이나 해안의 지형은 조수의 크기와 조간대에 사는 생물들이 파도에 노출되는 정도에 영향을 미친다.

광합성 생물 다양한 종류의 해조류에 속하는 많은 개체들이 조간대의 아래쪽 지역의 암석에 부착해 산다. 모래로 이루어진 조간대에는 기질이 불안정하기 때문에 강한 파도에 노출될 경우 부착식물이나 조류(algae)들이 살 수 없지만, 사방이 둘러싸인 만이나 석호에는 종종 많은 해초와 조류들이 번성하기도 한다.

종속영양생물 암석으로 이루어진 조간대에 사는 많은 동물들은 단단한 기질에 부착해서 살 수 있도록 적응되어 있다. 조간대의 위쪽과 아래쪽은 동물들의 구성, 밀도, 다양성에 있어 크게 다르다. 모래나 흙으로 이루어진 조간대에는 부유물을 먹는 지렁이와 대합조개, 포식자인 갑각류가 많은데, 이들은 몸을 모래와 흙에 묻은 채로 파도가 가져다주는 먹이를 먹는다. 이들 외에도 해면동물, 말미잘, 연체동물, 극피동물과 작은 물고기들이 조간대에 산다.

인간에 의한 영향 기름으로 인한 오염은 많은 조간대를 망가뜨린다. 몇몇 지역에서는 파도와 해일 등을 막기 위해 세운 암벽과 방벽들이 조간대를 교란시킨다.

말레이시아 랑카위 해안의 바위가 많은 조간대

원양대

물리적 환경 원양대(oceanic pelagic zone)는 지속적으로 바람에 의해 해류가 섞이는 넓고 푸른 해양을 말한다. 물이 매우 깨끗하기 때문에 해안가의 해양보다 빛이 더 깊숙한 곳까지 투과된다.

화학적 환경 용존 산소량이 일반적으로 높다. 영양물질의 농도는 해안가보다 낮다. 일부 열대 지역의 원양대는 1년 내내 온도에 따라 수직층으로 나누어져 있어서, 온대 해양에서보다 영양물질 농도가 낮다. 봄과 가을 사이에 일어나는 물의 전도현상은 온대와 고위도의 해양 지역의 투광대에 영양물질을 새로 재공급하는 역할을 한다.

지질학적 특징 이 생물군계는 지구표면의 약 70%를 덮고 있으며, 평균 깊이가 거의 4,000 m에 달한다. 해양의 가장 깊은 곳은 수면에서 대략 10,000 m 정도 된다.

광합성 생물 우점하는 광합성 생물은 광합성 세균 등 해류를 따라 흘러 다니는 식물성 플랑크톤이다. 봄에 일어나는 온대 해양에서의 물의 전도현상과 영양물질의 재공급은 식물성 플랑크톤을 큰 폭으로 증가시킨다. 이 생물계가 차지하는 범위가 워낙 넓기 때문에 광합성플랑크톤은 지구 전체의 광합성 활동의 약 절반을 담당하고 있다.

종속영양생물 이 생물군계에 속하는 가장 많은 종속영양생물들은 동물성 플랑크톤들이다. 이러한 원생생물, 벌레, 요각류, 새우 같이 생긴 크릴, 해파리, 무척추동물의 작은 유생과 어류들은 광합성 플랑크톤을 먹고 산다. 거대한 오징어, 물고기, 바다거북, 해양 포유류 등 자유롭게 헤엄치는 많은 동물들도 원양대에 서식한다.

인간에 의한 영향 물고기의 남획은 지구상 모든 대양의 어장을 고갈시켰으며, 또한 무분별한 쓰레기 투기도 해양을 오염시켰다.

아이슬란드 근처의 대양

산호초

홍해의 산호초

물리적 환경 **산호초(coral reef)**는 주로 산호의 탄산칼슘 골격으로 형성된다. 섬이나 대륙가 장자리를 따라 산호초를 생성하는 산호는 물의 투명도가 높고 상대적으로 안정한 열대 해양의 얕은 투광대에서 서식한다. 산호는 18~20℃ 이하의 온도와 30℃ 이상의 온도에 매우 민감하다. 수심 200~1,500 m의 깊은 바다 산호초들은 얕은 곳에 있는 산호초에 비해 덜 알려져 있지만 얕은 산호초와 마찬가지로 많은 다양성을 가진 곳이다.

화학적 환경 산호는 높은 산소 농도를 요구하며, 담수나 영양물질이 많이 유입되는 곳에서는 살지 않는다.

지질학적 특징 산호는 부착하기 위해 단단한 기질이 필요하다. 거초(fringing reef)는 생성된 지 얼마 안 된 높이 솟은 섬을 둘러싸는 형태로 시작되며, 시간이 지남에 따라 해안 보초(barrier reef)를 형성하고 섬이 점차 나이를 먹어 가라앉게 됨에 따라 환초(coral atoll)를 형성한다.

광합성 생물 산호조직 내에 사는 단세포의 조류는 산호에게 유기물질을 공급하면서 산호와 상리공생 관계를 형성한다. 다양한 다세포 홍조류와 녹조류도 산호초에서 상당량의 광합성을 수행한다.

종속영양생물 다양한 자포동물 중 하나인 산호는 산호초에서 가장 우점종인 동물이다. 하지만 이곳에서는 다양한 물고기와 무척추동물 등도 많이 산다. 전체적으로 볼 때, 산호초의 동물다양성은 열대우림의 동물다양성에 버금간다.

인간에 의한 영향 식량을 얻기 위한 물고기 남획과 관상용 상품 무역, 주로 독이나 폭발물을 이용한 산호골격 수집은 산호와 산호초 물고기들의 개체군을 감소시켰다. 지구의 온난화와 오염도 산호가 대규모로 사라지는 데 큰 영향을 미쳤다. 또한 양식을 위한 해안 맹그로브의 개발도 많은 산호초 물고기들의 산란 장소를 줄이는 데 일조하였다.

해양저생대

물리적 환경 **해양저생대(marine benthic zone)**는 해안근처의 **천해대(neritic zone)**와 원양대 표층수 아래의 해저로 구성되어 있다. 얕고 해안에 가까운 곳의 해저 지역에서는 광합성을 하는 생물에 필요한 충분한 양의 햇빛이 해저까지 내려갈 수 있지만, 대부분의 해양에서는 빛이 해저까지 도달하지 못한다. 물의 온도는 깊이에 따라 내려가고 압력은 증가한다. 그 결과 매우 깊은 해저나 심해대(abyssal zone)에 사는 생물들은 계속되는 추위(3℃ 정도)와 매우 큰 수압에 잘 적응하였다.

화학적 환경 유기물이 지나치게 풍부한 몇몇 지역을 제외하고는, 다양한 동물들을 지탱할 수 있는 충분한 산소가 있다.

지질학적 특징 부드러운 퇴적물이 대부분의 저생대를 덮고 있다. 그러나 산호초, 해저 산 그리고 해저 화산에 의해 생성된 새로운 바다 지각(地殼) 등에는 암석으로 된 기질이 있다.

독립영양생물 주로 해초와 섬유상 조류(filamentous algae) 등의 광합성을 하는 생물들은 햇빛을 받을 수 있는 얕은 저생대 지역에서만 제한적으로 살 수 있다. 사진에서 보이는 특수한 **심해 열수구 군집(deep-sea hydrothermal vent)**들은 중앙해령(mid-ocean ridge)의 해양 화산과 연관되어 있다. 이러한 어둡고 뜨거우며 산소가 결핍된 환경에서 사는 생산자들은 더운 물에 용해되어 있는 황산염(SO_4^{2-})과 반응하여 생성된 황화수소(H_2S)를 산화시켜 에너지를 얻는 화학독립영양 원핵생물(chemoautotrophic prokaryote)들이다.

종속영양생물 얕은 연안대의 저생 군집에는 많은 무척추동물과 물고기들이 포함된다. 빛이 들어오지 않는 지역에서는 대부분의 소비자들은 전적으로 위로부터 내려오는 유기물질에 의존한다. 심해 열수구 군집에는 그림에서 보듯이 1 m도 넘는 긴 관을 가진 동물들도 있다. 그들은 자기 내부에 있는 공생자인 화학독립영양 원핵생물에 의해 영양을 공급받는다. 절지동물과 극피동물을 포함한 다른 많은 무척추동물들도 열수구 주위에서 산다.

인간에 의한 영향 뉴펀들랜드 섬 근처의 그랜드뱅크 어장에서는 인간의 남획으로 인해 대구와 같은 중요한 저생물고기들의 개체수가 크게 감소하였다. 유기 폐기물을 바다에 버림으로써 산소가 고갈된 저생대 지역들이 생겨났다.

분포를 조절하는 요인들을 어떻게 결정하게 되는지에 대해 배울 것이다.

종의 분포는 시간이 흐르면서 나타나는 생태학적 상호작용과 진화적 상호작용의 결과물이다. 진화로 이끄는 개체들의 차별적 생존과 생식은 생물과 환경 사이에서 분 단위의 시간으로 이루어지는 **생태적 시간(ecological time)** 동안 일어난다. 자연선택을 통해 생물들은 **진화적 시간(evolutionary time)**인 수많은 세대의 시간을 거쳐 환경에 적응한다. 생태적 시간이 진화의 결과로 나타난 예는 갈라파고스 군도에 서식하는 핀치새의 부리 모양이다(그림 23.1, 23.2). 갈라파고스 군도의 작은 섬 다프네 메이저(Daphne Major)에서 서식하는 핀치새 중 부리가 크고 깊은 개체들은 주변의 크고 단단한 씨를 먹을 수 있어서 가뭄에서 살아남을 수 있었다. 그러나 작고 부드러운 씨만 먹을 수 있는 얇은 부리를 가진 핀치새들은 생존할 확률이 적어졌고, 이에 따라 번식 성공률도 낮았다. 이들 종에서 부리의 깊이는 유전적이기 때문에 가뭄이 지난 후에 태어난 핀치새들의 경우 이전 세대에 비해 보다 더 크고 깊은 부리를 가지고 있었다.

생물학자들은 생물의 분포에 있어서 전 지구적인 패턴과 지역적인 패턴이 있음을 오랫동안 알고 있었다(개념 21.3의 생물지리학 토론부분). 생태학자들은 종들이 서식하는 장소뿐 아니라 왜 그곳에서 서식하는지, 그들의 분포를 결정하는 요인이 무엇인지에 대해서도 질문한다. 그리고 이 질문의 해답을 찾기 위해 그들은 생물들의 분포와 풍부도에 영향을 미치는 생물적/무생물적 요인들에 초점을 맞추어 연구를 시작했다.

사구아로(*Carnegiea gigantean*)에서 볼 수 있듯이 두 가지 요인 모두 종의 분포에 종종 영향을 미친다. 사구아로 선인장은 멕시코 북서부와 미국 남부에 걸쳐 위치한 소노란사막에서만 발견된다(**그림 51.15**). 북쪽으로, 이 종의 분포범위는 무생물적 요인, 즉 기온에 의해 제한된다. 사구아로는 일시적으로(대개 하루 미만) 영하의 온도를 견디지만 일반적으로 영하 4도 이하에서는 생존할 수 없다. 이러한 이유로 사구아로는 해발 1,200 mm(4,000피트) 이상에서는 보기 어렵다.

그러나 사구아로가 왜 소노란사막의 서부지역에서 사라졌는지를 포함하여 사구아로의 분포를 완전히 설명하기 위해 추가적 요인도 고려되어야 한다. 어린 식물의 생존은 일반적으로 몇 해 동안의 지속적인 수분 공급 조건(그것이 설사 100년에 몇 번만 있는 상황이라도)을 요구하기 때문에, 수분 가용성은 매우 중요하다. 생물적 요인 또한 사구아로의 분포에 거의 확실하게 영향을 미친다. 쥐와 염소 같은 방목가축은 어린 나무를 먹고, 박쥐는 밤에 개화하는 크고 흰꽃을 수분시킨다. 사구아로 또한 세균성 질병에 치명적이다. 따라서 다른 종들과 마찬가지로 사구아로의 경우, 생태학자들은 종의 분포를 설명할 때 여러 요인과 대안적 가설을 고려할 필요가 있다.

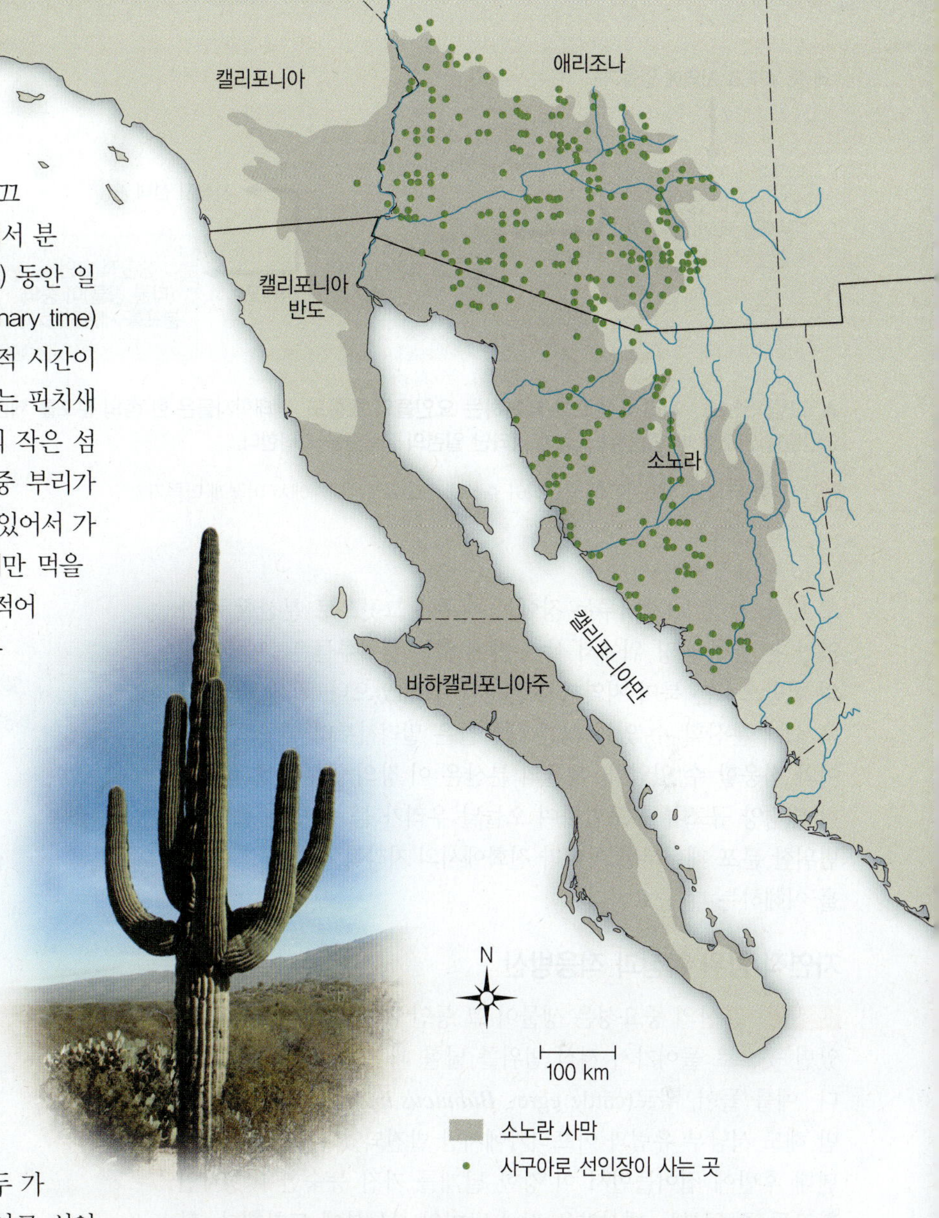

▲ **그림 51.15 북미에 서식하는 사구아로 선인장의 분포.** 영하의 온도는 사구아로의 분포를 강력히 제한한다. 그러나 다른 무생물적 요인 역시 중요하다.

생태학자들이 그러한 설명을 어떻게 할 수 있는지 **그림 51.16**의 흐름도에 나타나 있는 일련의 질문들을 통해 그 방법을 알아보자.

분산과 분포

개체군밀도가 높은 중심지 또는 기원지로부터 개체들이 퍼져나가는 것을 **분산(dispersal)**이라고 하며, 분산은 생물들의 전 지구적인 분포에 영향을 준다. 생태학자는 왜 북미 지역에는 캥거루가 살지 않을까 라는 가설을 세움으로써 분산에 대해 생각할 수

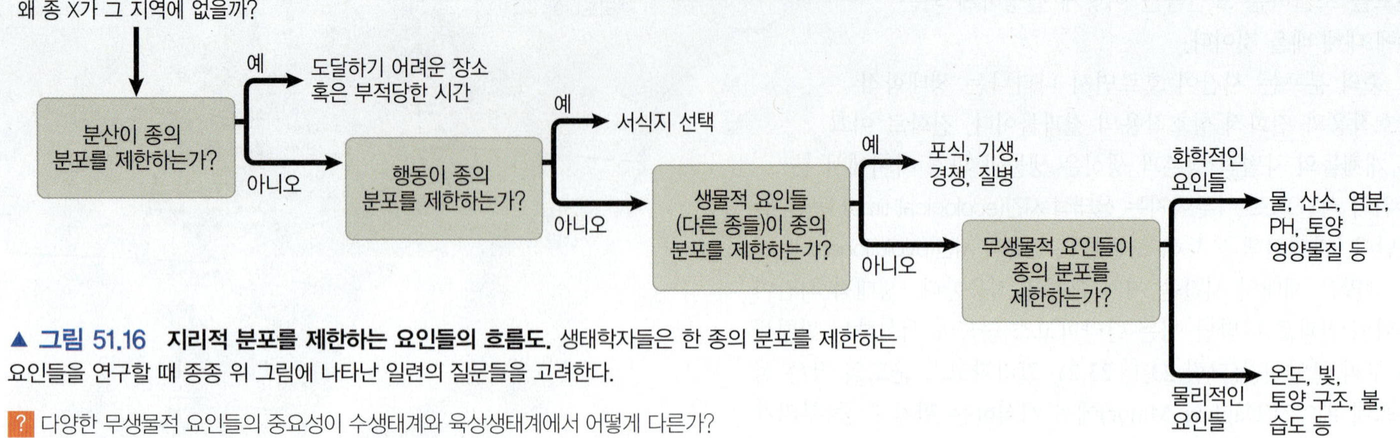

▲ **그림 51.16 지리적 분포를 제한하는 요인들의 흐름도.** 생태학자들은 한 종의 분포를 제한하는 요인들을 연구할 때 종종 위 그림에 나타난 일련의 질문들을 고려한다.

? 다양한 무생물적 요인들의 중요성이 수생태계와 육상생태계에서 어떻게 다른가?

도 있을 것이다: 캥거루는 장애물 때문에 그곳으로 분산할 수가 없었다. 반면에 땅 위에서 살 수밖에 없는 캥거루들은 그들 자신의 힘만으로는 북미 지역까지 분산할 수 없었으나, 새와 같이 더욱 쉽게 분산할 수 있는 다른 생물들은 멀리서부터 이곳으로 들어와 적응할 수 있었다. 생물의 분산은 이 장의 앞부분에서 언급한 태평양 규조류를 포함하여 오늘날 우리가 볼 수 있는 종의 광범위한 분포 패턴뿐만 아니라 진화에서의 지리적 격리(개념 24.2)를 이해하는 데 중요하다.

자연적 범위 확장과 적응방산

진화 분산의 중요성은 생물이 그 동안 자신들이 존재하지 않았던 곳으로 들어가서 서식 범위를 넓힐 때 가장 분명히 드러난다. 예를 들어, 황로(cattle egret, *Bubulcus ibis*)는 200년 전까지만 해도 서남부 유럽과 아프리카에서만 발견되었다. 그러나 1800년대 후반에 접어들면서 이 강한 날개를 가진 능숙한 비행자인 황로들 중 일부는 대서양을 건너 남미의 북동부에 도착했다. 황로는 거기서부터 점차 남쪽으로 퍼져나갔고, 또한 중앙아메리카를 통해 북쪽으로, 그리고 1960년대에는 북아메리카의 플로리다에 도착하였다(**그림 51.17**). 오늘날에는 번식 개체군이 태평양 연안에서부터 북쪽으로는 캐나다의 남쪽까지 퍼지게 되었다.

흔치 않은 경우지만 그러한 장거리 분산은 적응방산(adaptive radiation)을 가져왔다. 즉, 여러 생태적 지위(개념 25.4)에 맞는 새로운 종으로의 조상종의 빠른 진화를 가져왔다. 하와이산 은검초(silverswords)의 놀라운 다양성은 미국꽃말이 조상종이 북미에서 원거리 분산에 의해 퍼져서 생긴 적응방산의 예를 보여준다(그림 25.22).

자연에서 사는 범위의 확장은 분포에서 분산의 영향을 명확히 보여준다. 그러나 분산을 직접 볼 수 있는 기회가 드물기 때문에 생태학자들은 종의 분포를 제한하는 분산의 역할을 보다 잘 이해하기 위해 실험을 한다.

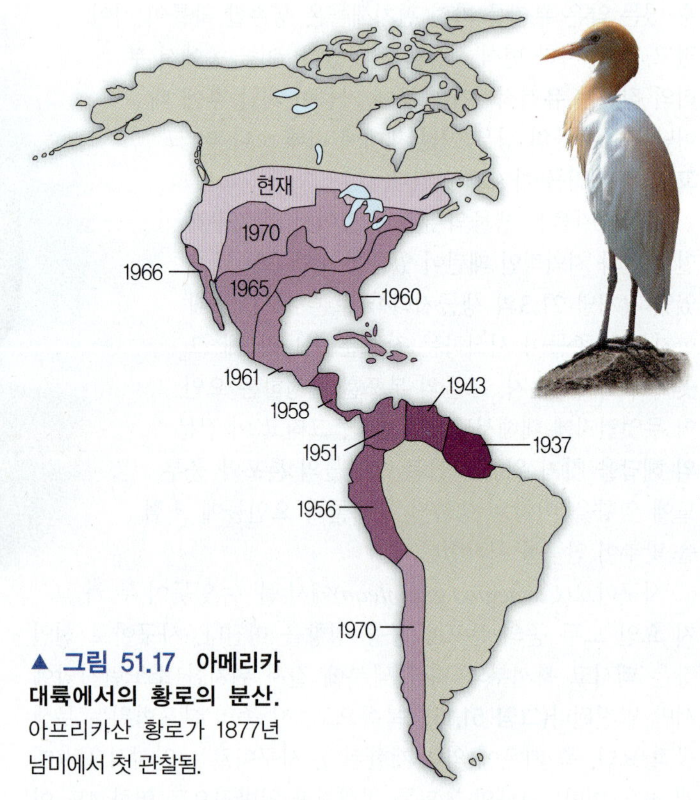

▲ **그림 51.17 아메리카 대륙에서의 황로의 분산.** 아프리카산 황로가 1877년 남미에서 첫 관찰됨.

종의 이식(이주)

분산이 분포를 제한하는 핵심요인인지 확인하는 한 방법은, 원래 서식하지 않았던 지역에 어떤 종이 우연히 또는 의도적으로 이식되었을 때의 결과를 관찰하는 것이다. 종의 이식이 성공적이라고 결론내기 위해서는 이식한 개체들 중 일부가 그곳에서 살아남아야 할 뿐만 아니라 그 지역에서 번식을 해야 한다. 만약 이식이 성공적이라면, 종의 잠재적(potential) 서식범위가 실제(actual) 서식범위보다 넓다고 결론내릴 수 있다: 바꿔 말하면, 그 종이 현재 살고 있지 않다고 생각되는 곳에서도 실제 그 종이 서식하고 있을 가능성이 있다는 것이다.

새로운 지리적 장소에 도입된 종들은 종종 이미 그곳에 살고 있던 군집들과 생태계를 교란시키고, 원래 목적했던 곳이 아닌 완전히 다른 곳으로 퍼지기도 한다(개념 56.1). 결론적으로, 오늘날 생태학자들은 지리학적인 영역에 걸친 이식에 관한 실험을 잘 하지 않는다. 그 대신 그들은 수렵동물들과 해충의 포식자들, 그리고 우연히 도입된 종들이 도입된 후 어떤 결과를 낳았는지에 대해 자료를 검색하고 조사한다.

행동과 서식지 선택

이식에 관련된 실험들이 보여주듯이, 어떤 생물들은 물리적으로는 빈 서식지에 들어가 살 수 있음에도 불구하고, 실제 그 잠재적인 서식지에 들어가 살지 않는다. 그림 51.16의 질문 흐름도에서처럼 이 경우에는 행동이 분포를 제한하는 것일까? 서식지가 그 종이 살기에 적당함에도 불구하고 어떤 개체들은 그 서식지를 피하려는 것처럼 보이기도 한다. 그들의 분포가 서식지 선택 행동에 의해 제한될 수도 있을 것이다.

비록 서식지 선택이 생태학적 과정 중 가장 잘 알려지지 않은 것이지만 몇몇 곤충류들의 서식지 선택에 대해서는 매우 깊이 연구되었다. 곤충의 암컷들 중에는 종종 어떤 특정한 자극에 반응해서만 알을 낳는 경우가 있다. 이 경우 그 곤충은 특정 숙주식물에 의해 분포가 제한된다. 예를 들어, 옥수수의 해충인 유럽의 조명충나방(corn borer)의 애벌레는 매우 다양한 식물들을 먹을 수 있지만, 산란을 하는 암컷이 옥수수나무로부터 나는 냄새를 매우 좋아하기 때문에 옥수수에만 알을 낳는다. 서식지 선택 행동은 조명충나방이 발견되는 그 식물종을 확실히 제한한다.

생물적 요소

행동이 종의 분포를 제한하지 않는다면, 우리가 던질 수 있는 다음 질문은 생물적 요인(다른 종)이 제한 요인인가 하는 것이다. 때로는 포식자(먹이를 잡아먹는 생물) 혹은 초식동물[식물이나 조류(藻類)를 먹는 생물]들 간의 부정적인 상호작용에 의해 종의 생존과 번식 능력이 제한받기도 한다. **그림 51.18**은 먹이 종(피식자)의 분포를 제한하는 초식동물인 성게의 특수한 예를 보여주고 있다. 어떤 해양 생태계에서는, 바다성게와 해초[켈프(kelp)와 같은 대형바닷말]의 개체수 사이에 반비례 관계를 보일 때가 있다. 바다성게가 해초나 다른 조류(algae)를 왕성하게 먹어치우는 지역에서는 해초들이 번성할 수 없다. 그림 51.18은 호주 연구자들이 바다성게가 해조류의 분포를 제한하는 생물적 요인이라는 가설을 검증한 것을 잘 보여주고 있다. 즉 어떤 지역으로부터 바다성게를 제거하였을 때, 해초가 풍부하게 번성하는 것을 관찰함으로써 그는 성게가 해초의 분포를 제한한다는 것을 보여주었다.

포식자와 초식동물 이외에도, 수분 매개자 및 먹이자원의 유

▼ 그림 51.18 탐구

해초를 먹는 성게가 해초의 분포에 영향을 미치는가?

실험 오스트레일리아 시드니대학교의 플레처(W.J. Feltcher)는 바다성게가 해초의 분포를 제한하는 생물적 요인이라면, 더 많은 해초들이 성게가 제거된 지역에 들어와야 된다고 제안했다. 그는 또 다른 해초를 먹는 동물인 꽃양산조개(limpet)의 영향을 구분하기 위해 대조군과 인접한 지역에서 성게나 꽃양산조개 중 한 종을 제거하거나, 또는 두 종 모두를 제거하면서 연구하였다.

▲ 바다성게
▼ 꽃양산조개

결과 바다성게가 있는 곳과 없는 곳에서 조류의 성장에 큰 차이가 생기는 것을 발견하였다.

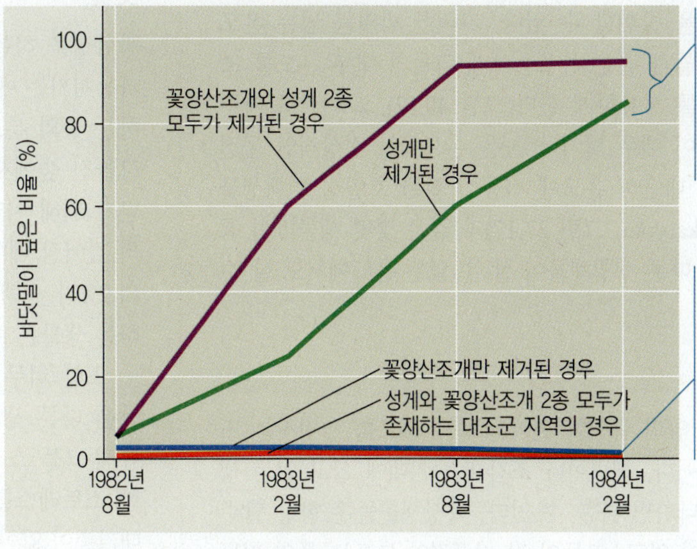

결론 꽃양산조개와 성게 2종 모두를 제거했을 경우 해초가 크게 증가했으며, 두 종 모두 해초의 분포에 영향을 미치는 것으로 나타났다. 그러나 성게만을 제거한 곳에서 조류가 극적으로 증가했던 것에 비해 꽃양산조개만을 제거했던 곳에서는 거의 영향을 미치지 않았다. 이러한 결과를 토대로 플레처는 꽃양산조개보다 바다성게가 해초의 분포에 더 큰 영향을 미친다고 결론 내렸다.

참고문헌 W. J. Fletcher, Interactions among subtidal Australian sea urchins, gastropods, and algae: effects of experimental removals, *Ecological Monographs* 57:89–09 (1987).

INTERPRET THE DATA 바다성게와 꽃양산조개 모두를 제거하였을 때 해초가 크게 증가했다. 이 결과를 어떻게 설명할 수 있나?

무와 기생충, 병원균 그리고 경쟁 등은 종의 분포를 생물적으로 제한하는 요소가 된다. 그러한 생물적 제한은 자연에서 흔히 볼 수 있다.

무생물적 요인

앞(그림 51.16)에서 보여준 종들의 분포를 제한하는 요소들에 대한 흐름도에서 분포를 제한하는 요인들 중 마지막 생태학적 질문은 온도, 물, 산소, 염분, 햇빛 또는 토양과 같은 무생물적 요인이다. 만일 물리적 환경이 종의 생존과 번식을 막는다면, 그 종은 그곳에서 더 이상 발견되지 않을 것이다. 이러한 토의에서 잊지 말아야 할 것은, 환경은 공간적 이질성과 시간적 이질성에 의해 그 성격이 특징지어진다는 것이다. 무생물적 요인들의 일일 또는 연간 변동은 지역적인 특징을 약화시키거나 또는 강화시킬 수도 있다. 더욱이 생물들은 동면이나 휴면과 같은 행동을 통하여 일시적으로 스트레스가 많은 조건들을 피할 수 있다다(개념 40.4).

온도

환경의 온도는 생물학적 과정에 영향을 미치기 때문에 분포에 있어 매우 중요한 요소이다. 세포들은 그 속의 물이 얼면 파괴되고(0℃ 이하에서), 생물을 구성하고 있는 대부분의 단백질은 45℃ 이상에서는 변성된다. 대부분의 생물들은 특정 온도 범위 내에서 최고의 기능을 발휘할 수 있다. 그러한 범위를 넘는 온도는 포유류와 조류들과 같은 동물들에게 그들의 내부 온도를 조절하는 데 에너지를 사용하게 한다(그림 40.17). 그러므로 아주 적은 수의 생물만이 매우 낮거나 높은 온도에서 정상적인 물질대사가 가능하다. 대단히 온도에 적응이 잘된 호열성 원핵생물(thermophilic prokaryote; 그림 27.17)과 같은 몇몇 생물만이 특별한 적응을 통해 다른 생명체들이 살 수 없는 온도에서도 살 수 있을 뿐이다.

물과 산소

이용 가능한 물의 양의 급격한 변이는 종의 분포를 결정짓는 또 다른 중요한 요인이다. 해변이나 조간대 습지대에 살고 있는 생물들은 물이 빠져나가면 마를 수 있다. 육상생물들은 항상 탈수의 위험에 노출되어 있고, 그들의 전 지구적인 분포는 물의 획득과 보존 능력에 영향을 받는다. 51.1에서의 페도프라이네 개구리와 같은 많은 양서류들은 가스 교환을 위해 촉촉하며 민감한 피부를 사용하기 때문에 피부가 건조해지면 특히 위험하다. 사막에서 사는 동물들은 44장에서 설명된 바와 같이 건조한 지역에서의 물의 취득과 보존을 위한 다양한 적응을 보여준다.

물은 수생태계와 물이 범람한 토양에서 산소 이용률에 영향을 준다. 산소는 물에 서서히 녹기 때문에 특정 수생태계와 토양에서 농도가 낮을 수가 있어 세포호흡과 다른 생리학적 과정을 제한할 수 있다. 산소 농도는 깊은 대양과 깊은 호수 그리고 유기물이 많이 쌓인 곳에서 특히 낮다. 맹그로브와 같은 나무들은 물 밖으로 나온 특화된 뿌리가 있어 산소 획득이 용이하다(그림 35.4). 많은 범람한 습지들과는 달리 개울과 강의 지표수는 대기와의 가스교환이 빨리 일어나기 때문에 산소가 풍부하다.

염분

환경에 있어서 물의 염도는 삼투압을 통한 생물의 물 균형에 영향을 준다(그림 8.12). 대부분의 수생생물들은 삼투압조절을 하는 능력이 제한되어 있기 때문에 담수나 염수의 서식지 중 하나에 한정되어 산다(개념 44.1). 비록 많은 육상생물들이 특별한 분비기관이나 배설물로 과잉 염분을 배출할 수 있지만, 대체적으로 식물이나 동물들 중 몇 종만이 염분이 많은 평지 및 다른 고염분의 서식지에 있을 뿐이다. **과학적 분석 기술의 연습**에서 식물 분포에 대한 염분의 영향력을 조사한 실험 결과를 해석해 볼 수 있다.

담수하천과 대양 사이를 오가며 사는 연어는 삼투압을 조절하기 위해 행동학적 기작과 생리학적 기작 둘 다를 사용한다. 연어는 염도 농도 균형을 맞추기 위해 그들이 마시는 물의 양을 조절할 뿐 아니라, 아가미를 통해 담수에서는 소금을 취하고 대양에서는 소금을 방출한다.

햇빛

광합성을 하는 생물에 의해 흡수된 햇빛은 거의 모든 생태계를 가동시키는 에너지를 공급하며, 너무 적은 양의 햇빛은 광합성을 하는 종의 분포를 제한할 수 있다. 나무꼭대기가 잎으로 울창해 그늘진 숲에서, 특히 숲의 아래쪽에서 자라나는 묘목들은 빛을 받기 위해 치열한 경쟁을 벌인다. 수중 환경에서는, 수심이 1 m씩 깊어질 때마다 물을 투과하는 빛 중 붉은 빛의 45%, 파란 빛의 2%가 선택적으로 물에 흡수된다. 그 결과 대부분의 광합성을 하는 생물은 수면 근처에서 살 수밖에 없다.

또한 너무 많은 양의 빛은 생물의 분포를 제한한다. 사막과 같은 다른 생태계에서는 동물들이 빛을 피할 수 없거나 증발을 통해 그들 스스로를 식힐 수 없다면 높은 빛의 수준은 온도로 인한 스트레스를 증가시킬 수 있다(그림 40.12). 높은 고도에서는 대기층이 얇아 자외선을 보다 적게 흡수하기 때문에 태양 광선에 의해 DNA와 단백질이 손상될 가능성이 더 높다. 자외선으로 인한 손상은 다른 무생물적 스트레스와 겹치므로, 일정 고도 이상에서는 나무가 생장하지 못하게 되어 산비탈면에 나무 띠를 형성하게 된다**(그림 51.19)**.

암석과 토양

암석과 토양의 물리적 구조, pH, 그리고 광물의 조성은 식물과 그것을 먹는 동물들을 제한함으로써 육상생태계의 분절화에

과학적 분석 기술의 연습

실험 결과를 해석하기 위해 막대그래프와 선그래프 그리기

▲ *Spartina patens*

▲ *Typha angustifolia*

염분과 경쟁이 어떻게 강하구에 서식하는 식물의 분포에 영향을 주는가? 많은 생태학자들은 자연에서 생물의 분포를 관찰하면서 연구를 시작한다. 예를 들어, 야외 관찰을 통해 *Spartina patens*(salt marsh hay)가 염습지의 우점종이고, 애기부들(cattail)은 담수성 습지의 우점종이라는 것을 보여주었다. 이 두 종의 성장에 대한 그래프를 그리고, 무생물적 요인, 염분, 그리고 생물적 요인, 경쟁의 영향을 조사한 실험 결과를 해석해 보라.

실험 방법 연구자들은 염습지와 담수성 습지에 *S. patens*와 *T. angustifolia*를 심고, 주변식물의 유무로 구분했다. 두 계절이 지난 후에(6개월 후) 그들은 각각의 실험처치에서 각 종들의 생체량을 측정했다. 또한 연구자들은 온실에서 6가지 염분 수준에서 식물들을 길렀고, 8주 후에 각 수준에서 생체량을 측정했다.

실험 데이터 데이터는 16번의 반복 실험을 한 샘플들의 평균값이다.

	평균 생체량(g/100 cm^2)			
	염습지		담수성 습지	
	S. patens	*T. angustifolia*	*S. patens*	*T. angustifolia*
주변식물이 있음	8	3	0	18
주변식물이 없음	10	20	0	33

온실 실험의 결과

염분(천분율)	0	20	40	60	80	100
최대 생체량 % (*Spartiona patens*)	77	40	29	17	9	0
최대 생체량 % (*Typha angustifolia*)	80	20	10	0	0	0

데이터 해석

1. 야외 실험에서 얻은 결과를 막대 그래프로 그린다. (그래프를 그리는 것에 대한 추가적인 정보는 부록 F 참조) *S. patens*와 *T. angustifolia*의 염분 내성에 대한 결과는 무엇을 가리키는가?
2. 야외 실험의 연구 결과는 두 종의 성장에서 경쟁의 효과에 대해 무엇을 가리키는가? 어떤 종이 경쟁에 더 많은 제한을 받는가?
3. 온실 실험의 연구 결과를 선그래프로 그린다. 어떤 값을 독립변인과 종속변인으로 구성할지 결정하고, 이 값을 그래프의 축을 구성하는 데 사용한다.
4. (a) 야외에서, *S. patens*는 담수성 습지에서 자라지 않았다. 이것은 염분 때문인가, 경쟁 때문인가? 당신의 답을 설명하라. (b) *T. angustifolia*는 염습지에서 자라지 않았다. 이것은 염분 때문인가, 경쟁 때문인가? 당신의 답을 설명하라.

참고문헌 C. M. Crain et al., Physical and biotic drivers of plant distribution across estuarine salinity gradients, *Ecology* 85:2539–2549 (2004).

◀ **그림 51.19 이탈리아 돌로미티의 고산인 마르몰다의 고산 수목 한계선.** 높은 고도에서 서식하는 생물들은 높은 수준의 자외선뿐만 아니라 영하의 기온, 부족한 수분, 강한 바람에 노출되어 있다. 수목 한계선 위에서는 이런 요인들의 결합으로 나무의 생장과 생존을 제한한다.

기여한다. 토양과 물의 pH는 극산성 또는 극염기일 때 생물분포에 직접적인 제한요소가 될 수 있고(그림 54.12), 양분 및 독소의 용해도를 통해 간접적으로 영향을 주기도 한다.

시냇물과 강의 기질(바닥면)구조는 먼저 그곳의 수질 화학에 영향을 주고, 이로 인해 다시 생물들도 영향을 받게 된다. 담수와 해양 환경에서 기질구조는 거기에 붙어살거나 굴을 파서 사는 생물들을 결정한다.

이번 장에서는 생물군계와 생물들의 분포가 생물적 요인과 무생물적 요인들에 어떻게 의존하는지 살펴보았다. 다음 장에서는 개체군의 생태에 영향을 미치는 생물적 요인과 무생물적 요소에 초점을 맞춰 그림 51.2에서 요약된 생물 체계에 대해 공부할 것이다.

개념 확인 문제 51.4

1. MAKE CONNECTIONS (a) 분산 또는 (b) 생물학적 상호작용을 변화시킴으로써 종의 분포를 확장시킬 수 있는 인간 행동들의 예를 들어보라.
2. WHAT IF? 여러분은 사슴이 어린 나무들을 우선적으로 먹음으로 인해 나무의 분포를 제한하고 있다고 생각할 수도 있다. 여러분은 어떻게 그 가설을 시험할 수 있나?
3. 그림 25.22에서 보았듯이, 하와이산 은검초는 섬이 생긴 지 얼마 안 됐지만, 조상종이 하와이에 정착한 후 상당한 적응방산을 하여왔다. 황로도 미국에서 비슷한 적응방산을 겪게 될까(그림 51.17)? 이에 대해 설명하라.

정답은 부록 A 참조

51 장 복습

핵심 개념의 요약

개념 51.1

지구의 기후는 위도와 기후에 따라 다르며 빠르게 변하고 있다

- 전 지구적 **기후(climate)**는 태양에너지의 입력과 태양 주위로 도는 지구의 자전에 의해 많은 영향을 받는다.
- 일 년 동안 태양의 각도, 수괴, 그리고 산은 **대기후(macroclimate)**에 계절적, 지역적, 그리고 국소적 효과를 준다.
- 햇빛과 온도와 같은 **무생물적(abiotic)** 요소의 미세단위 차이는 **미기후(microclimate)**를 결정한다.
- 대기 중 온실가스 농도 증가는 지구를 데우고 수많은 종들의 분포를 바꾼다. 미래에는 적합한 서식처에 도달하기 위해 영역을 재빨리 바꾸지 못하는 종들이 나올 것이다.

? 지구의 대기 순환이 갑자기 역행해서, 대부분의 공기가 북과 남으로 위도 30도에서 상승하고 적도에서 하강한다고 가정하자. 이러한 시나리오라면 어떤 위도에서 사막을 발견할 수 있을까?

개념 51.2

육상생물군계의 구조와 분포는 기후와 교란에 의해 영향을 받는다

- **기후도(climograph)**는 기온과 강수량이 생물군계와 연관된다는 것을 보여준다. 생물군계의 위치에 다른 요소들도 영향을 주기 때문에 **생물군계(biome)**는 겹치게 된다.
- 육상생물군계는 자주 주요 물리적 또는 기후적 요소들 그리고 우점하는 식생으로 이름이 지어진다. 수직층은 육상생물군계의 중요한 특징이다.
- 자연적 혹은 인위적인 것을 모두 포함하는 **교란(disturbance)**은 생물군계에서 발견되는 식생의 유형에 영향을 준다. 인간들은 지구 표면의 대부분을 바꾸었으며 그림 51.11에 묘사되고 그려진 자연스러운 육상 군집을 도시와 농경지로 바꾸어 놓았다.
- 기후변화의 양상은 생물군계가 발생하는 장소를 결정하는 평균 기후만큼이나 중요하다.

? 사바나 생태계와 그곳에서 서식하는 식물들에게 교란은 어떤 점에서 중요한가?

개념 51.3

수생물군계는 지구의 대부분을 덮고 있는 다양하고 동적인 시스템이다

- 수생물군계는 기후보다는 주로 물리적 환경에 의해 특징지어지며 빛의 투과율, 온도, 그리고 군집 구조 등에 의해 구분되기도 한다. 해양생물군계는 담수생물군계보다 더 높은 염분 농도를 보인다.
- 해양과 대부분의 호수에는 급격한 온도 변화가 생기는 얇은 층이 있는데 이를 **수온약층(thermocline)**이라 하며, 이 층을 경계로 위쪽은 일정한 온도의 따뜻한 물이, 그리고 아래쪽에는 균일한 차가운 물의 층이 형성된다.
- 많은 온대호수는 봄과 가을에 물이 **전환(turnover)**하거나 혼합된다. 수심이 깊고 유기물질이 풍부한 물은 표면으로 보내지고 얕은 지역의 산소가 풍부한 물은 물속 깊은 곳으로 보내진다.

? 어떤 수생물군계에서 무광대를 볼 수 있나?

개념 51.4

생물과 환경의 상호작용은 종의 분포를 제한한다

- 생태학자들은 종이 어디서 존재하는지 뿐만 아니라 왜 그러한 종들이 그곳에 존재하는지 알고자 한다.

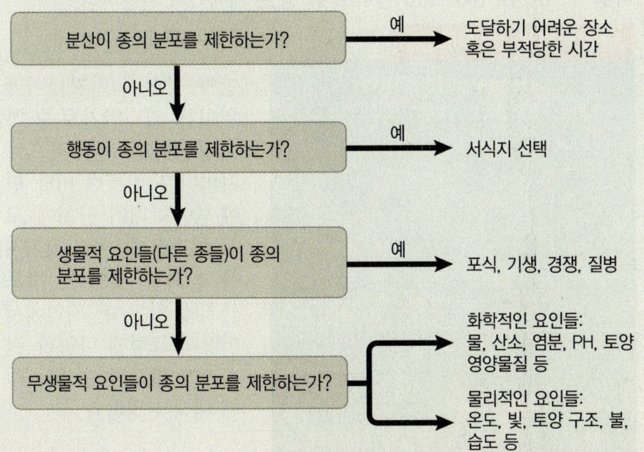

? 당신이 종의 분포를 제한하는 화학적·물리적 요소들을 연구하는 생태학자라면 이 질문 앞에 나오는 흐름도를 어떻게 재배치할 것인가?

생각해보자

수준 1: 지식/이해

1. 생태계들 사이의 에너지, 생물, 물질의 교환에 초점을 맞추어 연구하는 분야는 무엇인가?
   a. 개체생태학
   b. 경관생태학
   c. 생태계생태학
   d. 군집생태학
2. 아주 얕은 호수에서 볼 수 없는 곳은 어디인가?
   a. 저생대
   b. 무광대
   c. 원양대
   d. 연안대
3. 빈영양호수와 부영양호수에 대한 설명이 맞는 것은 무엇인가?
   a. 빈영양호수는 산소고갈에 더 영향을 받기 쉽다.
   b. 광합성비율은 부영양호수에서 더 낮다.
   c. 부영양호수는 영양물질이 풍부하다.
   d. 빈영양호수의 침전물에는 분해할 수 있는 유기물이 더 많이 포함되어 있다.

수준 2: 응용/분석

4. 육상생물군계의 특징은 무엇인가?
   a. 분포는 대부분 암석과 토양의 양상을 보고 전적으로 예측한다.
   b. 인접한 생물군계 간의 경계가 뚜렷하게 구별되어 있다.
   c. 수직적으로 층을 이루는 초목
   d. 추운 겨울
5. 다음 중 대양이 생물권에 영향을 미치는 방식이 아닌 것은?
   a. 생물권의 산소의 상당한 양을 생산
   b. 대기 중의 이산화탄소를 제거
   c. 육상생물군계의 기후를 조절
   d. 담수생물군계와 육상생물군계의 수소이온 농도를 조절
6. 분산에 대한 설명 중 틀린 것은?
   a. 분산은 식물과 동물의 생활사의 일반적인 구성요소이다.
   b. 홍수나 화산폭발 후 재해지역의 군집형성은 분산에 달려 있다.
   c. 분산은 진화적 시간 속에서만 발생한다.
   d. 분산 능력은 종의 지리적 분포를 확장할 수 있다.
7. 산에 오를 때는 생물학적 군집들에서 ____에서의 변화와 유사한 전이를 관찰할 수 있다. 빈칸에 알맞은 내용은?
   a. 다른 위도에 있는 생물군계에서
   b. 해양에서의 다른 깊이에서
   c. 다른 계절에 걸친 군락에서
   d. 오랜 기간 진화한 생태계에서
8. 조류종의 수가 주로 환경에서 발견되는 수직층의 수에 의해 결정된다고 하자. 만일 그렇다면 다음의 어떤 생물군계에서 가장 많은 조류종을 발견할 수 있을까?
   a. 열대우림
   b. 사바나
   c. 사막
   d. 온대활엽수림

수준 3: 종합/평가

9. 만약 지구의 회전방향이 역방향으로 진행된다면 가장 크게 예측되는 효과는 무엇인가?
   a. 한 해의 길이가 크게 변화할 것이다.
   b. 적도를 따라 서쪽에서 동쪽으로 바람이 불 것이다.
   c. 고위도에서 계절적 변이의 손실이 있을 것이다.
   d. 해류의 제거가 있을 것이다.
10. **INTERPRET THE DATA** 그림 51.18에 제시된 플레처(W. J. Fletcher)의 실험을 읽고 당신은 해달, 바다성게, 다시마(kelp) 사이의 먹이 상관관계를 연구하기로 결심하였다. 해달은 바다성게를 먹고 바다성게는 다시마를 먹는다. 네 곳의 해변에서 다시마가 얼마나 많은지 측정하였다. 그리고 각 장소에서 하루를 보내며 낮 시간 동안에 해달의 출현과 부재를 매 5분마다 측정하였다. 해달의 밀도가 다시마의 풍부도에 얼마나 의존하는지를 아래의 표를 이용해 데이터를 만들라. 그리고 여러분이 관찰한 유형을 설명하는 가설을 제시해 보라.

장소	다시마의 풍요도 (% 피도)	해달의 밀도 (# 하루 관찰횟수)
1	75	98
2	15	18
3	60	85
4	25	36

11. **진화적 관점**
   시간의 개념이 어떻게 생태학적 상황과 진화적 변화에 적용되는지에 관해 논해 보자. 생태학적 시간과 진화적 시간이 항상 일치하는가? 만약 그렇다면 어떤 예들이 있는가?

12. 과학적 탐구

워싱턴 카네기 연구소의 젠스 클라우젠(Jens Clausen)과 동료들은 시에라네바다(Sierra Nevada)의 사면(slope)에서 자생하고 있는 서양톱풀(*Achillea lanulosa*)의 키가 어떻게 고도에 따라 다양해지는지를 연구하였다. 아래 그림에서 보여주는 것처럼, 낮은 고도의 식물이 일반적으로 높은 고도의 식물들보다 키가 크다는 것을 발견하였다.

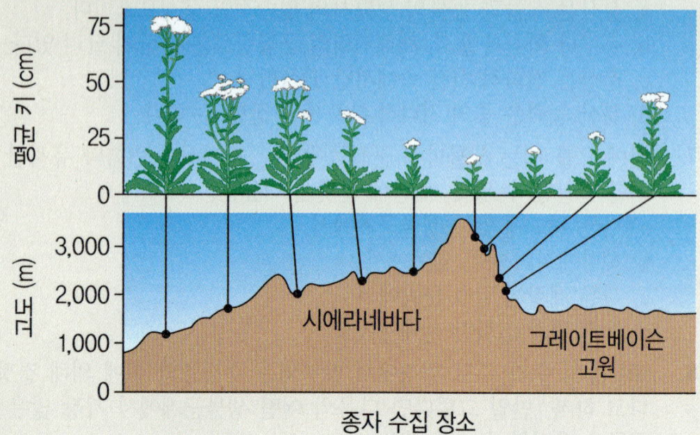

참고문헌 J. Clausen et al., Experimental studies on the nature of species. III. Environmental responses of climatic races of *Achillea*, Carnegie Institution of Washington Publication No. 581 (1948).

클라우젠과 그의 동료들은 종 내의 이러한 변이를 설명하기 위해서 두 가지 가설을 세웠다: (1) 다른 고도들에서 발견되는 식물개체군들 간에는 유전적인 차이점이 있다. (2) 종들은 발달 유연성을 가지며, 지역적 무생물적 요인들에 의존하기 때문에, 키가 크거나 작은 성장 유형은 예측이 가능하다. 만약 당신이 낮은 고도와 높은 고도에서 발견되는 서양톱풀의 종자를 가지고 있다면, 이 가설들을 테스트하기 위해서 어떤 실험방법들을 수행할 것인가?

13. 글쓰기: 상호작용

지구온난화가 툰드라와 북부 침엽수림을 포함해 북극해와 육상생태계에서 빠르게 진행되고 있다. 이러한 지역에서 빛을 반사하는 흰 눈과 얼음이 빠르게 녹아 검은색의 해수, 식물, 암석이 대규모로 드러났다. 이러한 과정이 어떻게 양의 되먹임 고리(개념40.2 참조)를 나타낼 수 있는지 100~150 단어로 된 짧은 에세이로 설명하라.

14. 종합적으로 생각해보기

만약 당신이 탄자니아에 위치한 킬리만자로를 하이킹한다면 기본적으로 사바나를 비롯해 비탈 면에 숲, 꼭대기 근처에 고산 툰드라 등 여러 서식지를 통과할 것이다. 적도 근처에 있는 한 지역에서 어떻게 그렇게 다양한 서식지가 발견될 수 있는지에 대해 설명하라.

정답은 부록 A 참조

52

행동생태학

핵심 개념

52.1 특정 감각 입력들로 인해 단순한 행동이나 복잡한 행동들이 유발될 수 있다

52.2 학습에 의해 경험과 행동 사이의 특별한 연합이 형성된다

52.3 개체의 생존을 위한 선택과 번식성공은 대부분의 행동을 설명할 수 있다

52.4 유전 분석과 포괄 적응도 개념은 행동 진화 연구를 위한 기초를 제공한다

▲ 그림 52.1 수컷 농게는 왜 큰 집게발을 휘두르는 걸까?

동물행동의 이유와 방법

다른 동물과는 달리, 수컷 농게(fiddler crab, 속명 *Uca*)는 매우 비대칭적이다. 한 집게발은 거대한 비율로 자라, 몸의 절반을 차지한다(그림 52.1). 그 이름 '*fiddler*'는 개펄에 살고 있는 농게가 조류(algae)를 먹을 때의 모습에서 유래한 것이다. 확장된 집게발 앞의 더 작은 앞발이 입 안팎으로 움직인다. 그러나 때때로 수컷은 허공에 큰 집게발을 흔든다. 왜 그런 행동을 할까? 그 목적은 무엇일까?

수컷의 큰 집게발 흔들기에는 두 가지 기능이 있다. 자기 집 가까이에 다른 수컷이 다가오면 큰 집게발을 무기처럼 휘둘러 적을 격퇴한다. 또한 큰 집게발을 활발하게 흔들어 짝을 유혹하는 데 사용한다. 자신의 둥지로 암컷을 유인하자마자 짝짓기를 위해 진흙이나 모래를 사용해 입구를 막고 암컷을 가둔다.

홀로 있거나 사회집단을 형성하거나, 고정되었거나 곧잘 변하는 동물의 행동들은 생리적인 체계나 생리적 과정에 의존한다. 개체의 **행동(behavior)**은 자극과 관련된 신경 체계의 제어 하에 근육이나 선(또는 샘, gland)들에 의해 수행되는 활동이다. 이러한 행동의 예들은 노래를 하기 위해 동물들이 목과 가슴의 근육들을 사용하고, 영역 표시를 하기 위해서 특정한 향을 뿜거나 간단히 집게발을 흔드는 것을 포함한다. **행동생태학(behavioral ecology)**이라는 과학적 분야는 행동에 대한 진화와 생태학적 근거를 연구함으로써 동물 행동의 관찰을 확장시킨다. 예를 들어, 행동생태학자는 집게발을 흔드는 것이 어떻게 진화될 수 있었는지 혹은 집게발을 흔드는 행동이 농게 수컷의 번식성공에 어떻게 기여할 수 있는지 묻는다. 행동생태학은 멸종위기종의 보전에서 유행성 전염병의 조절까지 결정적으로 중요한 문제를 해결하는 데 필수적이다.

행동은 생존과 번식을 위해서 필수적인 것이기 때문에 여러 세대에 걸쳐 자연선택된 산물이다. 행동을 낳는 선택은, 몸의 형태와 외관이 많은 행동들의 기초가 되는 의사소통과 인식에 직접적으로 영향을 미치므로, 해부학적 구조에도 영향을 미친다. 수컷 농게의 큰 집게발은 그 종의 다른 개체들이 인지하기 쉽게 적응한 한 예이다. 또한 게의 머리 위에 난 긴 자루눈도 멀리 떨어져 있는 침입자를 쉽게 발견할 수 있도록 한다.

이 장에서는 일생 동안 동물들의 행동이 어떻게 발전되고 제어되는지, 그리고 유전인자와 환경에 의해 어떻게 영향을 받는지를 알아본다. 또한 행동이 여러 세대에 걸쳐서 진화되는 방식을 탐구할 것이다.

개념 52.1

특정 감각 입력들로 인해 단순한 행동이나 복잡한 행동들이 유발될 수 있다

동물행동학자들은 동물의 행동이 어떻게 이루어지고, 그 행동들이 어떤 기능을 수행하는지 알아내기 위해 어떤 접근방법을 사용할까? 동물행동 연구의 선구자였던 틴버겐(Niko Tinbergen)은 어떤 행동을 이해하려면 네 가지 질문에 대해 답하는 것이 필요하다고 주장했는데, 그 내용은 다음과 같이 요약될 수 있다;

1. 행동을 유발시키는 자극은 무엇이며, 반응을 매개하는 생리학적 기작은 무엇인가?
2. 성장과 발달을 하는 동안 얻은 동물의 경험이 반응에 어떤 영향을 미치는가?
3. 그 행동은 어떻게 생존과 생식의 적응도를 높이는 데 기여하는가?
4. 그 행동의 진화적 역사는 무엇인가? (어떻게 진화해 온 행동인가?)

처음의 두 질문은 **근접원인**(proximate causation)에 관한 질문들이며, 행동이 "어떻게" 일어나는지 혹은 수정되는지에 관한 것이다. 마지막 두 질문은 **궁극원인**(ultimate causation)에 관한 질문들로, 자연선택이란 의미에서 행동이 "왜" 발생하는지에 관한 것이다.

틴버겐과 함께, 칼폰프리시(Karl von Frisch)와 콘라드로렌츠(Konrad Lorenz)는 행동의 근접원인에 대한 연구로 1973년에 노벨상을 수상했다. 우리는 이 장의 서두에서 근접원인에 대한 실험을 살펴볼 것이다. 궁극적 원인 개념은 행동생태학의 중심이므로, 이 장에서 주요하게 다룰 것이다. 또한 현대 생물학 연구에서 활발하게 진행하고 있는 분야에 대해서도 알아볼 것이다.

고정행동양식

틴버겐의 첫 번째 질문인 행동을 유발시키는 요인을 찾기 위해 먼저 자극에 대한 행동의 반응을 살펴볼 것이다. 틴버겐의 실험을 예로 들어 보자.

틴버겐은 큰가시고기(*Gasterosteus aculeatus*) 수컷에 있어서 신호자극과 고정행동양식 연구의 모범이 되는 연구를 수행하였다. 붉은 배를 가진 큰가시고기 수컷은 둥지영역에 침입하는 다른 수컷의 물고기들을 공격한다. 틴버겐은 큰가시고기가 그들의 수조(실험 탱크) 앞으로 붉은색의 트럭이 지나갈 때마다 공격적으로 행동한다는 것을 알아차렸다. 이런 우연한 관찰에 의해 고무되어, 그는 침입자의 붉은 아랫부분이 항상 공격행동을 유발시킨다는 것을 보여주는 실험을 수행했다. 큰가시고기의 수컷은 아랫배가 붉지 않는 침입자(큰가시고기의 암컷은 아랫배가 붉지 않

(a) 수컷 큰가시고기는 자신의 둥지 영역을 침범하는 다른 수컷 큰가시고기를 공격한다. 침입하는 수컷(왼쪽)의 붉은 아랫배가 신호자극으로써 작용하여 수컷 큰 가시고기를 공격적으로 만든다.

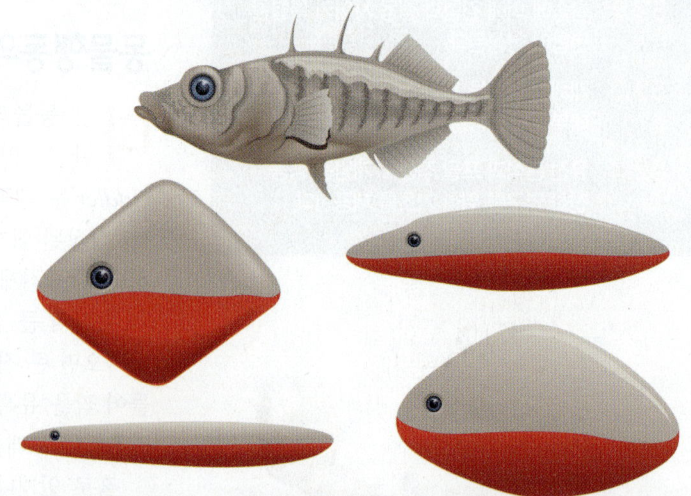

(b) 맨 위의 것은 아랫배가 붉지 않은 실제와 같은 모델로서 수컷 큰가시고기가 공격적인 반응을 보이지 않았다. 붉은 아랫배를 가진 다른 모델들에서는 수컷이 강한 공격적 반응을 보였다.

▲ **그림 52.2 고전적인 고정행동양식을 일으키는 신호자극**

? 왜 이러한 행동이 진화되었는지에 대한 설명을 제시하라(궁극원인).

다)는 공격하지 않지만, 인위적으로 붉은색을 띤 모형에는 즉각적으로 공격했다(그림 52.2).

수컷 가시고기의 세력권 반응은 비학습 행동이 단순 자극으로 연결되는 **고정행동양식(fixed action pattern)**의 예이다. 고정행동양식은 본질적으로 변하지 않으며 한번 시작될 경우 끝까지 실행된다. 고정행동양식은 **신호자극(sign stimulus)**으로 알려진 외부 감각자극에 의해 유발된다. 마치 붉은색 물체가 수컷 가시고기의 공격행동을 자극시키는 것과 같다.

이주

환경적 자극은 행동을 유발시키는 것뿐만 아니라 동물이 그 행동을 수행하기 위해 사용하는 신호를 제공하기도 한다. 예를 들어, 다양한 조류, 어류 그리고 여러 동물들은 환경 신호를 이용하여, 정기적으로 먼 거리를 **이주(migration)**한다(그림 52.3). 이주하는 동안 많은 동물들은 전에 만나지 못했던 환경들을 만나게 된다. 그렇다면, 어떻게 그들은 길을 찾을 수 있을까?

이주하는 많은 동물들은 그들의 위치를 태양과 관련해서 따라 가지만, 이러한 접근방법에는 문제점이 있다. 한 예로서, 지구와 관련해서 태양의 위치는 매일 변한다. 많은 연구들은 동물들이 24시간의 활동 리듬이나 주기를 가진 내면적인 기작인 체내시계(또는 생물시계, circadian clock)에 의해 이와 같은 변화에 대응하여 맞추어 나간다는 것을 보여주고 있다(개념 49.2). 예를 들면, 빛과 어둠의 주기를 조절한 실험에서, 새들이 하루 중 특정 시간대의 태양의 위치와 관련하여 어떤 방향으로 날아간다는 것을 보여주었다. 야행성 동물들은 밤하늘에 항상 일정한 자리에 있는 북극성을 대신 이용할 수 있다.

그러나 태양과 별들이 항법에 유용한 정보를 제공해 주지만, 가끔은 이러한 지표들이 구름에 가려 보이지 않을 때가 있다. 그럴 경우 먼 거리를 이주하는 동물들은 어떻게 할까? 집으로 돌아가는 비둘기를 가지고 한 간단한 실험은 동물들이 어떻게 이 장애물을 극복할 수 있는지를 보여준다. 구름이 잔뜩 낀 날에, 집으로 돌아가는 비둘기의 머리 위에 작은 자석을 얹어놓으면 비둘기가 효율적으로 보금자리로 돌아가는 것을 방해한다. 지구의 자기장과 관련하여 자신의 위치를 감지함으로써 비둘기들과 다른 동물들은 태양이나 천체의 암시 없이도 항로를 결정할 수 있다.

동물이 지구의 자기장을 감지하는 방법은 여전히 연구과제로 남아 있다. 이주하는 새나 물고기의 머리에는 자성을 가진 철광석인 자철석이 소량 포함되어 있다고 알려져 있다. 비둘기의 뇌간 세포에는 자기장의 방향, 강도 그리고 극성에 대한 정보가 암호화되어 있다는 증거도 있다. 이주하는 새들의 눈과 부리 그리고 내이에 위치하는 것으로 보이는 자기수용체에 대한 연구가 계속 진행되고 있다.

▼ **그림 52.3 이주.** 누 무리는 매년 건기와 우기에 장거리 이주를 한다.

행동의 리듬

비록 체내시계는 몇몇 이주하는 종이 방향을 잡는 데 작아도 중요한 역할을 하지만, 그것은 주로 모든 동물들의 일상 활동에서 주요한 역할을 한다. 40, 49장에서 논의된 것처럼 시계의 산물은, 행동학적 생리학에 중대한 영향을 미치는 휴식과 활동의 일상적인 주기인 24시간 주기리듬이다. 그 시계는 보통 환경의 빛과 어둠의 주기와 일치되어 있지만, 동면기와 같은 일정한 환경 조건 하에서도 규칙적인 활동리듬을 유지할 수 있다.

이주와 번식 같은 몇몇 행동들은, 일주기 리듬보다 더 긴 주기나 기간을 가진 행동학적 리듬들을 반영한다. 행동학적 리듬들은 일년주기 리듬(circannual rhythm)이라고 불리는 계절의 1년 주기와 연관되어 있다. 비록 이주와 번식이 일반적으로 먹이 유용성과 관련이 되어 있다 하더라도, 이러한 행동들이 먹이 섭취의 변화에 대한 직접적인 반응은 아니다. 대신에 24시간 주기 리듬과 마찬가지로 일년주기 리듬은, 그 환경에 있어서의 낮과 밤의 길이에 의해 영향을 받는다. 예를 들어, 몇몇 새에 관한 연구에서 낮의 길이를 인위적으로 길게 한 환경은 이주 시기가 아닌 때에 이주 행동을 유발시킬 수 있다는 것을 보여주고 있다.

환경에서 모든 생물학적 리듬들이 낮과 밤의 주기와 연관되어 있는 것은 아니다. 예를 들어, 그림 52.1의 농게(fiddler crab)를 살펴보자. 수컷의 집게발을 흔드는 구애행동은 낮의 길이가 아닌 초승달과 보름달의 시기와 밀접한 관계를 맺는다. 왜 그럴까? 농게는 플랑크톤처럼 여러 유생단계를 거친 후에야 갯벌에서의 삶을 시작한다. 농게는 짝짓기를 초승달이나 보름달일 때 함으로써 그들의 번식을 조류(潮流)의 이동이 가장 큰 시기와 일치시킨다. 그러면 조류(潮流)가 농게의 유생들을 더 깊은 곳으로 이동시켜 주어 그들이 다시 갯벌로 돌아오기 전까지 안전하게 발생단계를 보낼 수 있게 해준다.

동물의 신호와 의사소통

구애기간 동안, 수컷 농게가 집게발을 흔드는 것은 또 다른 동물(암컷 농게)의 행동을 유발하는 자극이 된다. 하나의 자극을 한 동물에서 또 다른 동물로 전달하는 것을 **신호(signal)**라고 한다. 신호의 전달과 수신은 동물의 **의사소통(communication)**에서 개체간 상호작용의 핵심적인 요소이다.

동물의 의사소통 유형

일반적인 동물의 의사소통 네 가지(시각, 화학, 촉각, 청각)를 살펴보기 위해서 먼저 초파리(*Drosophila melanogaster*)의 구애 행동에 대해서 알아보자.

이들 초파리에서의 구애는 각각의 자극에 대한 반응 자체가 다음 행동을 낳게 하는 **자극-반응 사슬**(stimulus-response chain)을 형성한다(**그림 52.4**). 초파리의 구애행동은 수컷이 같은 종의 암컷을 눈으로 확인하고 그 쪽으로 가면서 시작된다. 암컷이 자신과 같은 종인지를 확인하기 위해 수컷 초파리는 암컷이 공기 중으로 방출하는 화학물질을 탐지하는 후각계를 이용한다. 암컷을 인지하면 수컷은 다가가 앞다리로 암컷을 가볍게 두드린다. 이 같은 접촉, 혹은 촉각 의사소통(tactile communication)은 암컷에게 수컷의 존재를 알리는 역할을 한다. 구애행동의 세 번째 단계는 수컷이 날개 한 쪽을 펼쳐 떨면서 특유의 구애노래를 부르는 것이다. 이는 청각을 통한 의사소통(auditory communication)의 예로서 이 소리는 수컷이 자신과 같은 종이라는 정보를 암컷에게 준다. 이러한 의사소통이 성공적일 경우에 한해서만, 암컷은 교미를 하려는 수컷을 받아들인다.

정보를 전달하는 데 사용되는 의사소통의 형태는 동물의 생활방식 및 환경과 밀접하게 연관되어 있다. 예를 들어 대다수의 육상포유류는 야행성인데, 이들에게 시각적 신호는 비효율적일 수밖에 없다. 대신에 후각과 청각신호는 어둠 속에서도 밝은 곳에서처럼 잘 작동하기 때문에 대부분의 포유류들은 후각과 청각에 의존한 신호를 사용한다. 그러나 이와 대조적으로, 새들은 주행성(대부분 낮에 활동)이며 주로 시각과 청각을 사용해 의사소통을 한다. 인간도 새들처럼 주로 시각과 청각을 이용해 의사소통을 한다. 그러므로 우리는 새들이 사용하는 노래와 밝은 색깔을 통해 어떻게 새들이 서로 의사소통을 하는지를 알 수 있다. 그러나 다른 포유류의 행동에서 많이 보이는 화학적 단서들은 알기 힘들다.

동물 의사소통의 정보내용은 상당히 다양하다. 놀라운 동물의 의사소통의 예는 1900년대 초 프리슈(Karl von Frisch)가 발견한, 꿀벌들이 서로에게 먹이 자원이 어디 있는지 알려주는 기호 언어에서 볼 수 있다. 유럽꿀벌(*Apis mellifera*)들이 어떻게 의사소통을 하는지 알기 위해 벌집을 관찰하기 쉽게 개조하여 그들이 사용하는 언어를 관찰하였다. 프리슈는 벌의 움직임을 연구한 결과, 먹이를 발견한 벌들이 먹이자원이 위치한 거리와 방향을 다른 벌들에게 "춤 언어(dance language)"를 통해 알려준다는 것을 밝혀냈다.

벌집으로 돌아온 정찰벌은 추종자라고 불리는 다른 꿀벌들로 에워싸인다(**그림 52.5a**). 만일 먹이공급원이 벌집 가까이에 있다면(50 m 미만), 정찰벌은 복부를 좌우 옆으로 흔들면서 빠르게 원을 그린다(**그림 52.5b**). "원형춤(round dance)"이라고 불리는 이 행동은 추종자들이 벌집을 떠나 근처에 있는 먹이를 찾아 나서도록 자극시킨다.

▶ **그림 52.4 초파리의 구애행동.** 초파리의 구애행동은 일정한 순서로 하나씩 진행되는 일련의 고정된 행동을 보인다.

① 다가가기(Orienting)

② 두드리기(Tapping)

③ 노래하기("Singing")

먹이자원이 둥지에서 멀리 떨어져 있을 때에는 정찰벌들은 "8자 흔들기춤(waggle dance)"을 춘다. 한 방향으로 반원을 그리고, 일직선으로 가다가 다시 반대 방향으로 반원을 그리는 이 춤은, 추종자들에게 먹이자원이 벌집으로부터 어느 방향으로 얼마나 떨어져 있는지 그 거리를 알려준다(그림 52.5c). 벌집 안 수직면에서 일직선으로 춤을 추는 각도는, 실제 밖에서 태양과 먹이자원이 있는 수평 각도와 같다. 예를 들어, 만일 정찰벌이 수직방향의 오른쪽 30° 방향으로 춤을 춘다면, 추종자들은 벌집을 나와서 태양을 기준하여 수평 방향으로 30° 오른쪽으로 날아갈 것이다. 더 긴 거리로 일직선으로 가고, 매번 직선으로 갈 때마다 복부를 더 많이 흔드는 춤을 추면, 먹이자원이 벌집으로부터 더 먼 거리에 있다는 것을 나타낸다. 벌집을 나설 때 추종자들은 흔들기춤에서 알려준 지역으로 거의 곧장 날아간다. 꽃향기와 다른 단서들을 사용하여 그들은 먹이자원이 그 지역 어디에 있는지 알아낸다.

(a) 일벌들이 먹이 찾기 여행에서 방금 돌아온 정찰벌 주위를 에워싼다.

(b) 원형춤은 가까이에 먹이가 있다는 것을 의미한다.

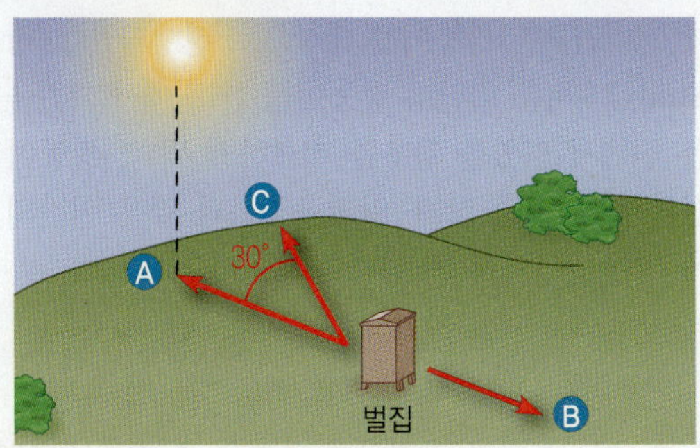

위치 A : 먹이자원이 태양과 같은 방향에 있다.

위치 B : 먹이자원이 태양과 반대 방향에 있다.

위치 C : 먹이자원이 태양의 오른쪽 30° 방향에 있다.

(c) **먹이가 멀리 있을 때 추는 8자 흔들기춤은 8자 모양을 닮았다.** 거리는 일직선으로 가는 춤 부분에서 복부를 흔드는 수에 의해서 나타낸다. 방향은 직선 춤의 (벌집의 수직면과 관련된) 각도에 의해서 나타낸다.

▲ **그림 52.5 꿀벌의 춤 언어.** 벌집으로 돌아온 정찰벌은 춤의 기호 언어를 통해 먹이자원이 있는 위치를 알려준다.

페로몬

냄새로 의사소통을 하는 많은 동물들은 **페로몬(pheromone)**이라 불리는 화학물질을 내보낸다. 포유류와 곤충들에서 흔히 볼 수 있는 페로몬은 번식행동과 관련 있다. 예를 들어, 페로몬은 초파리의 구애행동에 있어서 화학적 의사소통의 기본이 된다(그림 52.4). 그러나 페로몬이 단거리로 신호를 보내는 수단으로만 사용되는 것은 아니다. 많은 나방들은 몇 킬로미터 밖에 있는 배우자를 유혹하기 위해 페로몬을 방출한다(그림 50.6). 일단 나방들이 한자리에 모이면 페로몬은 특별한 구애행동을 일으킨다.

꿀벌 군집에서, 여왕벌과 일벌인 그 딸들에게서 분비되는 페로몬은 벌집 내의 매우 복잡한 사회질서를 유지한다. 벌집 밖에 있는 수컷 꿀벌(수벌)들은 여왕벌이 내는 페로몬에 의해 유혹되지만(벌집 밖에서는 여왕과 교미할 수 있다), 벌집 안에 있는 수벌은 여왕벌의 페로몬에 영향을 받지 않는다.

페로몬은 경고신호 역할을 하기도 한다. 예를 들어, 연준모치류(minnow)와 메기류(catfish)들은 다쳤을 때 피부에 저장되어 있는 경계물질을 물속에 퍼트려 그 지역의 다른 물고기들에게 경

① 경계물질이 들어오기 전에는 연준모치들이 수조 내에서 흩어져 있다.

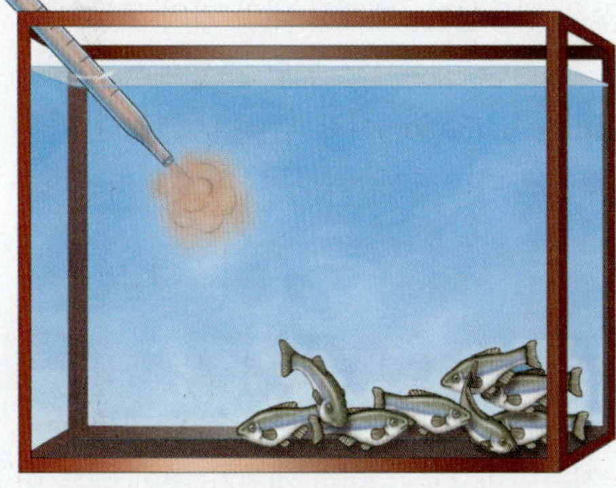

② 경계물질이 들어 온 후에는 연준모치들이 바로 수조의 바닥 쪽으로 붙어서 움직임이 거의 없다.

▲ **그림 52.6 경계물질 존재 하에서 연준모치가 반응하는 모습**

고신호를 보낸다. 이 신호에 따라 가까이에 있는 물고기들은 보다 더 경계를 강화하며, 적의 공격으로부터 좀 더 안전한 바닥 부분에서 서로 뭉쳐 떼를 이룬다(그림 52.6). 페로몬은 낮은 농도에서도 매우 효과적일 수 있다. 예를 들어, 연준모치 피부의 1 cm^2에는 58,000 L의 물로 희석해도 충분히 경계반응을 일으킬 수 있는 경계물질을 포함하고 있다.

지금까지 이번 장에서는 틴버겐의 첫 번째 질문의 첫 부분, 즉 행동을 유발시키는 자극의 종류들에 대해 살펴보았다. 그 질문의 두 번째 부분인 반응을 중재해 주는 생리학적 기작에는 신경계, 근육계, 골격계가 관여하고 있다. 자극에 의해 작동되는 감각계는 중추신경계에 전달되고 이는 기계적 행동을 일으키게 된다. 다음 절에서 틴버겐의 두 번째 질문(어떻게 경험이 행동에 영향을 미치는지)에 대해 살펴보자.

개념 확인 문제 52.1

1. 만약 알이 둥지 밖으로 굴러 나가면 회색거위 어미는 자신의 부리와 머리로 조금씩 알을 움직여 다시 둥지 안으로 들여놓을 것이다. 만약 실험자가 알을 치우거나 다른 공으로 바꿔버려도 거위의 반응은 달라지지 않는다. 이러한 행동이 어떻게 왜 발생하는지에 대해 설명하라.
2. WHAT IF? 연준모치류의 경계물질을 다양한 어류에게 노출시켰다고 가정하자. 우리가 아는 자연선택설을 바탕으로 왜 어떤 종은 연준모치류와 동일한 행동을 하고, 어떤 종은 활동량이 많아지는지, 그리고 어떤 종은 행동에 변화가 없는지 생각해 보자.
3. MAKE CONNECTIONS 꽃의 개화 기작과 기능은 달과 연관된 리듬을 가진 농게의 구애행동과 얼마나 비슷할까?(개념 39.3 참조)

정답은 부록 A 참조

개념 52.2

학습에 의해 경험과 행동 사이의 특별한 연합이 형성된다

앞에서 다룬 고정행동양식, 구애행동의 자극-반응 사슬, 그리고 페로몬 신호와 같은 많은 행동들은, 개체군 내의 거의 모든 개체들에서 거의 유사하다. 이러한 방식으로 발달 측면에서 고정된 행동을 **선천적 행동(innate behavior)**이라 부른다. 그러나 다른 행동들은 경험에 의존적이고 따라서 개체간에 다르게 나타난다.

경험과 행동

틴버겐의 두 번째 질문은 성장과 발달 단계에서 겪는 동물의 경험이 어떻게 자극에 대한 반응에 영향을 미치는지에 대한 것이다. 이에 대한 유용한 접근방법으로는 어린 개체가 종이 다른 어미에게서 길러지는 **교차양육연구(cross-fostering study)**가 있다. 그러한 상황에서 자손의 행동 변화의 정도는 사회적 물리적 환경이 얼마나 행동에 영향을 미치는지 보여준다.

어떤 쥐 종류의 수컷은 교차양육실험을 하기에 적합한 행동적 차이를 보인다. 예를 들어, 침입자가 나타났을 때 수컷 캘리포니아쥐(*Peromyscus californicus*)는 매우 공격적인 행동을 보이며 새끼를 돌보는 행동도 강하다. 그러나 흰발쥐(*Peromyscus leucopus*)는 덜 공격적이고 새끼를 돌보는 행동을 거의 보이지 않는다. 각 종의 새끼들이 다른 종의 둥지에 넣어져 길러졌을 때, 교차양육은 두 종의 행동을 변화시킨다는 것을 보여주었다(표 52.1). 예로, 캘리포니아쥐 수컷이 흰발쥐 부모에게 양육되었을 때는 그들의 공격성이 현저하게 약화되었음이 실험 결과를 통해 밝혀졌다. 따라서 발달 단계에서의 경험이 이들 설치류의 공격적 행동에 많은 영향을 미친다는 것을 알 수 있다.

교차양육 실험에서 가장 놀라운 발견은 행동에 미친 경험의 영향이 후손에게도 전달될 수 있다는 것이다: 예를 들어, 캘리포니아쥐는 주변에 있는 쥐들을 광범위하게 양육하는 습성이 있다. 그러나 교차양육된 캘리포니아쥐는 부모가 되었을 때, 방황하는 쥐들을 데려오는 행동에 투자하는 시간이 동종에게서 길러진 캘리포니아쥐보다 현저하게 줄어들었다. 이는 발달단계에서 겪는 경험이 부모의 행동까지 바꾸게 하는 생리학적인 변화를 일으킨다는 것을 보여주며, 환경으로부터 받은 영향은 다음 세대에까지 전달된다는 사실을 알 수 있다.

그렇다면 유전자와 환경이 인간의 행동에 어떠한 영향을 줄 수 있을까? 이 연구는 쌍둥이를 대상으로 진행되었다. **쌍둥이 연구(twin study)**에서는 일란성 쌍둥이를 한 집에서 키웠을 경우와 각각 다른 집에서 키웠을 경우를 비교하게 된다. 쌍둥이 연구는 특히 정신분열증, 불안 장애, 알코올중독과 같은 인간의 행동이상 증세에 대한 연구에서 큰 성과를 보인다.

학습

환경조건 중 행동에 가장 강력하게 영향을 줄 수 있는 방법은 특정한 경험을 바탕으로 행동의 변화를 유발하는 **학습(learning)**을 통해서다. 학습능력은 유전체에 심어진 정보에 따라 발달하는 동

표 52.1 수컷 쥐에 미치는 교차양육의 영향*

종	침입자에 대한 공격성	자연 상태에서의 공격성	부모로서의 행동
흰발생쥐가 기른 캘리포니아생쥐	감소함	차이 없음	감소
캘리포니아생쥐가 기른 흰발생쥐	차이 없음	증가	차이 없음

*같은 종의 부모에 의해 길러진 쥐와의 비교.

안에 확립된 신경계의 조직화에 의존한다. 학습 그 자체는 신경회로 연결망의 변화로 인해 생성되는 기억의 형성을 수반한다(개념 49.4). 따라서 핵심 연구 목표는 학습이 선천적(유전자)인지, 후천적(환경)인지를 구별하는 것이 아니고 두 가지 요소 모두가 학습의 형태, 더 일반적으로는 행동에 있어 얼마나 공헌하는지를 탐구하는 것이다.

각인

일부 종에서 새끼의 인식능력과 부모의 인식능력은 새끼의 생존에 필수적이다. 어린 시절 이와 같은 학습은 **각인(imprinting)**의 형태로 나타나는데, 일단 특정 대상에 대해 각인이 형성되면 오랫동안 지속된다. 각인은 **임계기(sensitive period)**를 갖는다는 점에서 다른 종류의 학습과 다른데, 임계기란 동물의 발생 과정에서 특정 행동을 학습할 수 있는 제한적인 시기로, 이 시기 외에는 학습이 불가능하다. 부모-자식 간의 결속이 형성되는 시기에, 새끼들은 부모를 각인하고, 자신이 속한 종들이 하는 기초적인 행동을 배우며, 부모 또한 이때 자기 자식이 누구인지 인지하게 된다. 예를 들어, 갈매기 부모들이 자기 새끼를 인지하는 임계기는 새끼가 태어난 지 하루에서 이틀 정도이다. 만일 부모와 자식 간의 결속이 이루어지지 않으면, 부모는 새끼를 돌보지 않으므로 자식들은 죽고 부모의 번식성공률은 떨어지게 된다.

그런데 새끼들은 어떻게 누구(또는 무엇을)를 각인할까? 어떻게 새끼 거위들은 어미를 따라 다녀야 한다는 것을 알까? 새들의 경우 그러한 반응은 선천적인 것이다. 바깥 세계는 각인의 대상인 각인자극(imprinting stimulus)을 제공한다. 다양한 종의 가금류들을 대상으로 한 실험들은 가금류들이 "어미"를 선천적으로 인식한 채 태어나는 것이 아니라는 것을 보여준다. 가금류 새끼들은 어떤 주요 특징들을 갖고 있는 것들 중에서 태어나서 처음 만난 대상에 반응하고 그것을 어미로 동일시하기도 한다. 오스트리아의 과학자 로렌츠(Konrad Lorenz)가 1930년대에 수행한 고전적인 실험은, 회색거위(graylag geese, *Anser anser*) 새끼들에게 가장 중요한 각인자극은 갓 태어난 새끼들로부터 어떤 물체가 멀어져 가는 움직임이라는 것을 밝혀냈다. 로렌츠는 인공부화기에서 갓 태어난 새끼 거위들과 처음 몇 시간을 함께 보내었는데, 새끼들이 로렌츠를 각인하고 지속적으로 그를 따라다니기 시작하였다(**그림 52.7a**). 게다가, 그들의 생물학적 어미 또는 자신과 같은 종의 다른 성체 거위들을 인지하지 못했다.

각인은 아메리카흰두루미(*Grus americana*)와 같은 멸종위기 종을 보호하는 노력에 중요한 역할을 해왔다. 동물행동학자들은 새장에서 캐나다두루미(*Grus canadensis*)를 양부모로 사용해 미국흰두루미를 사육하였다. 캐나다두루미를 각인하여 성장한 미국흰두루미는 후에 미국흰두루미와는 절대로 짝을 맺거나 교배를 하지 않았다. 이로 인해 이제 새끼들을 키우는 프로그램이 바뀌게 되었다. 바뀐 번식 프로그램에서는 어린 두루미를 고립시킨 후 그들 자신의 종을 눈으로 보고 귀로 소리를 듣게 하였다.

과학자들은 더 나아가서 두루미를 보존하기 위하여, 어린 흰두루미들에게 "두루미 옷"을 입은 사람을 각인시켜, 그들이 자란 후 그들의 "양부모"가 탄 초경량 항공기를 따라 새로운 이주 루

(a) 회색거위 새끼들이 동물행동학자 로렌츠를 각인했다

(b) 두루미 옷을 입은 비행사가 초경량 항공기를 타고 대리모로서의 역할을 한다.

▲ **그림 52.7** **각인.** 각인은 (a) 동물행동을 조사하기 위해 변형되거나 (b) 동물행동을 지시하도록 변형될 수 있다.

WHAT IF? 로렌츠를 따라다니는 거위들이 번식한다면, 그들의 로렌츠에 대한 각인은 새끼들에게는 어떤 영향을 미칠지 설명하라.

트를 익히는 프로그램을 실시하였다(그림 52.7b). 이 프로그램에 참여한 두루미들은 다른 미국흰두루미들과 교배를 하였는데, 이는 특색 있는 두루미 복장이 정상적인 각인을 유도한다는 것을 보여준다.

공간학습과 인지지도

모든 자연 환경은 둥지의 위치, 위험, 먹이, 장래 배우자가 될 개체가 있는 위치 등, 어느 정도 각기 다른 공간적 변이를 가진다. 그 결과, 생물의 적합성은 환경적 공간구조의 경험에 따른 **공간학습(spatial learning)**능력 향상으로 인해 더 높아질 수 있다.

틴버겐이 네덜란드에서 대학원생으로 있었을 때 공간학습에 대한 생각은 그에게 강한 흥미를 불러일으켰다. 틴버겐은 모래언덕에 작은 굴을 파고 둥지를 만든 나나니벌(*Philanthus triangulum*) 암컷의 행동에 호기심을 가졌다. 나나니벌이 먹잇감을 찾아 둥지를 떠날 때에는 모래로 둥지의 입구를 덮었다. 돌아왔을 때에는, 주변에 수백 개의 다른 굴들이 있음에도 불구하고 자신의 숨겨둔 둥지로 곧바로 날아갔다. 틴버겐은 나나니벌이 눈에 띄는 지형표식(landmark)이나 위치를 나타내는 지표와의 관계를 학습함으로써 둥지를 찾아간다는 가설을 세웠다. 틴버겐은 이 가설을 밝히기 위해 나나니벌의 자연서식지에서 실험을 했다(그림 52.8). 둥지 입구 주변에 조작된 물체를 둠으로써, 나나니벌이 시각적 학습을 한다는 것을 보여주었다. 이 실험은 아주 단순하고 매우 간결하게 요약될 수 있는 정보를 제공하였다. 실제로 32쪽에 이르는 틴버겐의 박사학위 논문은, 라이덴대학교에서 역대 가장 짧은 논문이었다.

몇몇 동물은 그들 주위의 물체들 간의 공간적 관계에 대해 신경계에서 나타내는 **인지지도(cognitive map)**에 따라 행동한다. 단지 지형표식들에만 의존하여 움직이기보다, 인지지도를 사용하여 각 지형표식들의 위치를 연관시킴으로써 동물들은 더 융통성 있고 효과적으로 길을 찾을 수 있다. 인지지도를 사용하는 명확한 예는 클라크잣까마귀(Clark's nutcrackers, *Nucifraga columbiana*)에서 볼 수 있다. 잣까마귀는 큰까마귀, 까마귀, 어치를 포함하는 까마귀과(corvids)에 속한 새이다. 가을에 잣까마귀는 겨울철을 대비하여 잣 씨앗을 숨겨놓는다. 실험적으로 새의 환경에 속한 지형표식 사이의 거리를 다양하게 변화시킴으로써, 새들이 숨겨놓은 먹이를 찾기 위해 지형표식의 고정된 거리를 이용하는 것이 아니라 지형표식 사이의 중간지점을 이용한다는 것을 보여주었다.

연합학습

학습은 경험들을 연합하게 한다. 예를 들어, 푸른어치는 밝은 색을 띤 제왕나비(monarch butterfly, *Danaus plexippus*)의 유충을 보면 처음에는 바로 잡아먹는다. 그러나 제왕나비 유충이 섭취한 밀크위드 식물에서 축적된 물질들로 인해 푸른어치는 모나

▼ 그림 52.8 **탐구**

나나니벌은 자신의 둥지를 찾기 위해 지형표식을 사용하는가?

실험 암컷 나나니벌 한 마리가 먹이를 찾으러 나갈 때에 둥지의 입구를 덮는다. 하지만 30분 정도 후에 돌아왔을 때에는 정확하게 둥지를 찾아간다. 나나니벌이 먹이를 찾으러 나가기 전에 둥지를 표시하는 시각적인 지형표식을 학습한다는 가설을 테스트하기 위해, 니코 틴버겐은 나나니벌이 지하 둥지에 있는 동안에 한 둥지를 솔방울로 둥글게 에워쌌다. 먹이를 찾으러 둥지를 떠난 후에 나나니벌은 성공적으로 둥지를 찾아왔다.

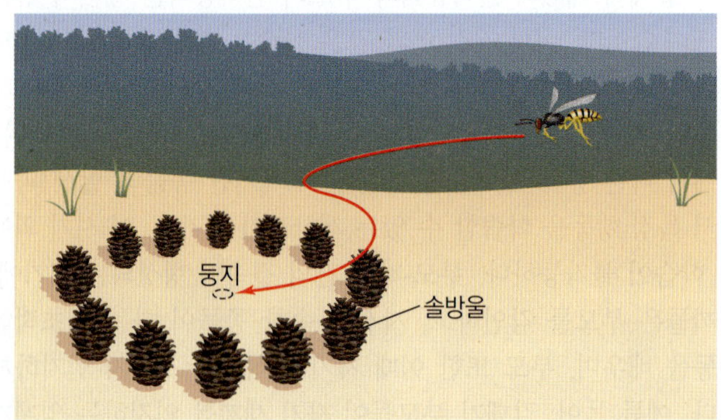

이틀 후에 나나니벌이 떠난 다음에 틴버겐은 둥지에서 솔방울을 옮겼고 나나니벌의 행동을 관찰하기 위해 기다렸다.

결과 나나니벌이 돌아왔을 때 그 벌은 예전에 둥지 있던 곳 대신, 현재 솔방울이 둘러싸고 있는 가운데를 향해 날아갔다. 많은 나나니벌의 반복실험을 통해 틴버겐은 동일한 결과를 얻었다.

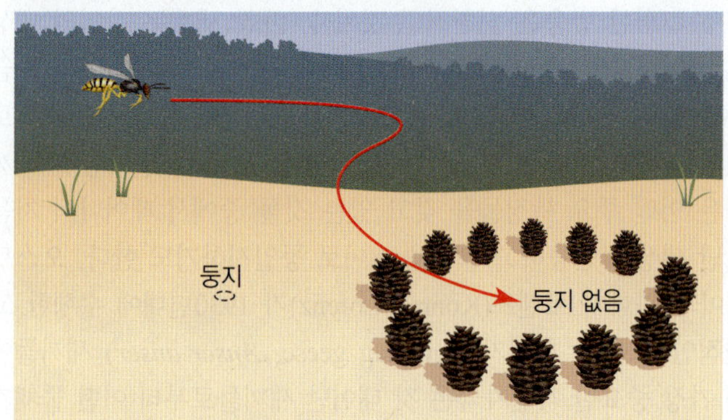

결론 이 실험은 나나니벌들이 자신의 둥지를 기억하기 위해 시각적 지형표식을 사용한다는 가설을 뒷받침한다.

참고문헌 N. Tinbergen, *The Study of Instinct*, Clarendon Press, Oxford (1951).

WHAT IF? 나나니벌이 솔방울이 옮겨졌음에도 불구하고 원래의 둥지가 있던 장소로 돌아왔다면, 어떻게 나나니벌이 둥지를 찾는지 그리고 왜 솔방울들이 그 나나니벌을 그릇된 방향으로 이끌지 못했는지에 관해 여러분이 제안할 수 있는 대안 가설은 무엇인가?

크나비 유충을 삼키지 못하고 바로 토해낸다(**그림 52.9**). 이런 경험을 한 푸른어치는 이후로 제왕나비 및 그와 유사한 외관을 가진 곤충을 잡아먹지 않게 된다. 환경의 한 특징(색과 같은 자극)과 다른 특징(맛없음)을 연합하는 능력을 **연합학습(associative learning)**이라 한다.

동물행동에 있어서 연합학습은 일반적으로 고전적 조건화와 작동적 조건화를 포함하기 때문에 실험실 연구가 적합하다. **고전적 조건화**(classical conditioning)란, 임의의 자극이 특정 결과와 연합하여 학습된 것을 말한다. 러시아의 생리학자 파블로프(Ivan Pavlov)는 일찍이 고전적 조건화의 실험을 하였는데, 만일 그가 개에게 밥을 주기 전에 항상 종을 친다면, 그 개는 결국 종소리만으로도 음식을 기대하며 침을 흘리게 된다는 것이다. 시행착오 학습이라고 부르기도 하는 **작동적 조건화**(operant conditioning)는 동물들이 자신이 한 행동에 대해 보상이나 처벌을 받게 되면 그것을 연합하여 학습한 다음부터는 그러한 행동을 반복해서 하거나 또는 피하게 된다는 것이다. 예를 들어, 포식자는 자신에게 고통을 준 경험과 관련된 어떤 종류의 잠재적 먹이에 대해서는 피해야 한다는 것을 학습할 수도 있다(그림 52.9). 작동적 조건화 연구의 선구자인 스키너(B. F. Skinner)는 쥐가 레버를 누르면 먹이가 나오는 반복된 실험을 통해 훈련시킴으로써 실험실에서 작동적 조건화의 학습에 대해 연구하였다.

연구 결과, 동물들이 주변환경의 특징과 관련지어 학습할 수 있다는 것이 알려졌지만, 모든 동물들이 할 수 있는 것은 아니다. 예를 들어, 비둘기들은 위험하다는 것을 특정한 소리와는 연합시켜 학습할 수 있지만, 특정 색과 위험을 관련지어 학습하지는 못한다. 비둘기가 위험과 색을 일치시킬 수 없다고 해서 시각적인 정보를 구별할 수 없다는 것은 아니다. 왜냐하면 비둘기들은 음식과 색을 연결시켜 학습할 수 있기 때문이다. 비둘기의 신경계의 발달과 조직화는 연합학습이 형성되는 것을 명백히 제한한다. 이러한 현상은 조류뿐만 아니라 포유류에서도 나타난다. 쥐의 경우 후각으로 통증 유발 음식을 판별해내지만 시각과 청각으로는 구별해내지 못한다.

▲ **그림 52.9 연합학습.** 제왕나비를 먹고서 구토를 했던 푸른어치는 이 종을 피해야 한다는 것을 배웠다.

행동의 진화를 고려한다면 몇몇 동물이 특정 연합학습을 익히지 못할 수 있다는 것은 논리적으로 보인다. 동물에서 빠르게 형성되는 연합학습은 자연에서 일어날 수 있는 연관성을 반영한다. 역으로, 연합학습이 형성되지 않는 경우는 그것이 토착 환경에서 선택적 이득이 되지 못하기 때문일 수 있다. 예를 들어, 쥐의 식습관에서는 유해한 음식은 특정한 소리와 연합되기보다는 어떤 나쁜 냄새와 더 연관이 될 것이다.

인지와 문제해결

가장 복잡한 형태의 학습에는 의식, 추론능력, 기억력, 판단력이 관련된 학습 과정인 **인지(cognition)**능력이 있다. 한때 영장류와 특정 해양 동물만이 높은 수준의 사고능력을 가졌다고 알려졌지만 이후 연구를 통해 곤충을 포함한 다른 동물들도 인지능력을 지니고 있다는 사실이 밝혀졌다. 가령 Y 모양의 미로를 사용한 실험에서 꿀벌들이 "같음"과 "다름"을 구별할 수 있는지에 대해 조사하였다. 한 미로에는 서로 다른 색깔을 칠해 놓았고, 또 다른 미로에는 검은색과 흰색줄무늬 모양을 각각 수직 또는 수평 막대 모양으로 넣었다. 두 그룹의 꿀벌들이 색깔 미로에서 훈련을 받았다. 미로에 들어오기 전 벌은 샘플 색깔을 보게 되고 이와 동일한(same) 색깔의 통로와 다른 색깔을 가진 통로 중에 어느 쪽으로 들어갈지 선택하게 된다. 먹이는 한쪽 방에만 있다. 첫 번째 그룹의 경우 샘플과 동일한 색깔의 방으로 들어가서 보상을 받았다(**그림 52.10 ❶**); 두 번째 그룹 또한 샘플과 다른(different) 색깔의 방을 선택하여 보상을 받았다. 다음에는 먹이보상이 없는 줄무늬 미로에서 실험을 하였다. 샘플 줄무늬 모양을 보고 난 후 벌들은 동일한 줄무늬 모양의 방을 택할지 다른 모양을 가진 방을 택할지 결정할 수 있다. 첫 번째 그룹에 있던 벌들의 경우 샘플과 동일한 줄무늬 모양의 방을 택했고(**그림 52.10 ❷**), 두 번째 그룹의 벌들은 일반적으로 다른 모양을 가진 방을 택했다.

미로실험은 꿀벌들이 "같음"과 "다름"을 구별해낸다는 가설을 실험으로 강력히 뒷받침해준다. 놀랍게도 2010년에 발표된 논문에 의하면 꿀벌들이 인간의 얼굴도 구별해내는 능력을 학습할 수 있다고 한다.

신경계의 정보처리능력은 실재하는 명백한 장벽에 직면했을 때 나타나는 **문제해결능력(problem solving)**에서 볼 수 있다. 문제해결능력을 나타내는 인지활동은 한 상태에서 다른 상태로 나아가기 위해 고안된 방법을 말한다. 예를 들어, 침팬지는 바나나가 손에 닿지 않을 만큼 높이 걸려 있고, 방에 몇 개의 박스가 있으면 이 상자들을 쌓아올려 먹이를 따 먹는다. 이러한 뛰어난 문제해결능력을 보여주는 행동은 특히 영장류와 돌고래 등 몇몇 포유류에서 매우 잘 발달되어 있다. 한 연구는 갈까마귀가 줄에 매

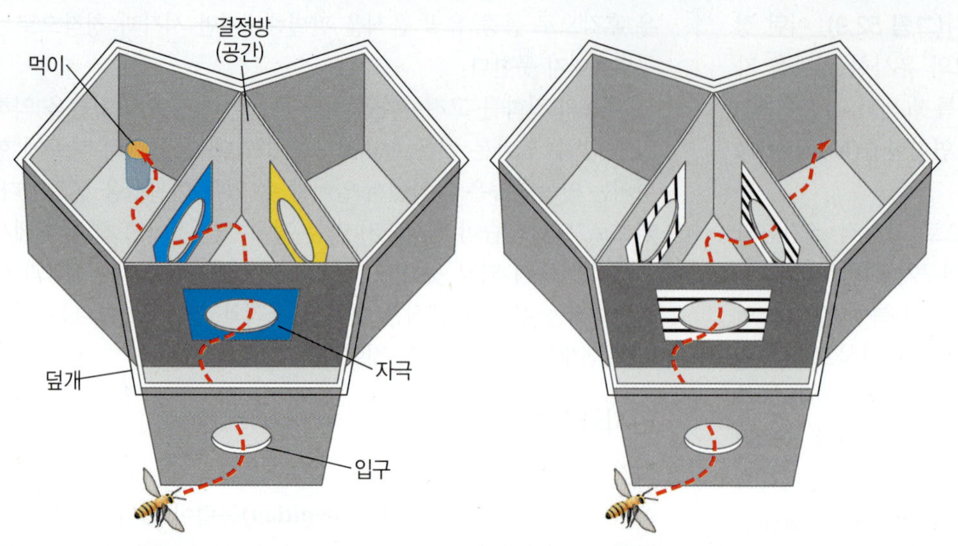

❶ **색깔 미로에서 훈련된 꿀벌.** 자극으로써 같은 색깔의 방을 선택할 때 보상을 받았다.

❷ **줄무늬 미로에서 실험된 벌꿀.** 만일 전에 같은 색깔의 방을 선택해서 보상을 받았다면, 꿀벌들은 같은 방법으로 줄무늬도 자극으로 인지해 선택했다.

▲ **그림 52.10 꿀벌의 추상적 생각에 대한 미로실험.** 이 미로들은 꿀벌들이 "같음"과와 "다름"을 구별할 수 있는지에 대한 실험을 위해 고안되었다.

달려 있는 먹이를 먹기 위해 어떻게 하는지 해보는 실험을 했다. 갈까마귀가 날면서 먹이를 잡지 못하자, 가지로 날아가서 교대로 한 발로는 줄을 끌어올리고 다른 발로는 끌어올린 줄이 다시 아래로 떨어지지 않게 고정하면서 먹이가 먹을 수 있는 사정거리에 들어올 때까지 이러한 행동을 반복했다. 많은 다른 갈까마귀들도 결국 이 연구와 유사한 방법으로 문제를 해결하려고 시도하였다. 그럼에도 불구하고 몇몇 갈까마귀들은 문제를 해결하는데 실패하였다. 이는 이 종에서 문제를 해결하는 능력은 다른 종들에서처럼 각 개체들의 경험과 능력에 따라 서로 다르다는 것을 보여주는 사례이다.

학습된 행동의 발달

우리가 논의한 습득된 행동들의 대부분은 비교적 단시간에 걸쳐 일어날 수 있는 학습이다. 일부 새들의 노래를 배우는 학습에서처럼, 몇몇 행동의 발달은 뚜렷이 구분되는 단계로 일어난다.

흰머리참새(white-crowned sparrow, *Zonotrichia leucophrys*)가 노래를 학습하는 첫 단계는 생의 초기에서 일어난다. 만약 알에서 깨어난 흰머리참새가 50일 동안 격리되어 실제 참새의 울음소리나 녹음된 참새 울음소리를 듣지 못한다면, 이들은 같은 종의 성체 울음소리를 내지 못하게 된다. 어린 새들은 노래를 배우는 결정적 시기(또는 임계기, sensitive period) 동안 실제 노래를 부르지는 않지만, 같은 종인 흰머리참새의 울음소리를 들으면서 그 울음소리를 기억하게 된다. 이 임계기 동안 새끼들은 다른 종보다는 자신과 동일한 종의 울음소리에 짹짹거리며 더 반응을 잘한다. 그래서 어린 흰머리참새들은 다 자란 후에 부를 노래를 학습을 통해 배우긴 하지만, 이러한 노래를 배우는 학습은 유전적으로 통제되는 선호도에 따라 제한되는 것으로 보인다.

자기와 동일한 종의 노래를 기억하는 결정적인 시기인 임계기에 이어, 어린 흰머리참새들은 학자들이 완전한 노래의 전단계라 부르는 유사노래(subsong) 학습단계인 두 번째 학습단계로 들어가게 된다. 어린 새는 자신이 부르는 노래를 듣고 임계기에 기억해 두었던 노랫소리와 비교해 보면서 노래를 점차 완성하여 간다. 흰머리참새가 부르는 노래 소리가 예전에 자신이 기억해 두었던 노래소리와 맞아떨어지면, 그 노래가 최종적인 노래로 "결정화(crystallizes)"되고, 이 새는 남은 일생 동안 이 노래만을 반복해서 부르게 된다.

흰머리참새에서 볼 수 있는 노래 학습 과정과는 매우 다른 예외적인 사례들도 있다. 예를 들어, 카나리아의 경우 노래를 배우는 데 있어 단 하나의 임계기만 존재하는 것은 아니다. 어린 카나리아도 완전한 노래 전 단계인 유사노래 단계로부터 노래를 배우기 시작하지만, 완전한 노래는 흰머리참새와는 다른 방법으로 결정화된다. 번식기와 번식기 사이에 노래가 다시 변할 수 있는 유연성을 갖게 되고, 성체 수컷은 매년 새로운 "음절(syllables)"을 배워 자신이 원래 부르는 노래에 더할 수 있다.

노래 학습의 이런 실례들은 어떻게 경험과 유전이 행동의 발달에 영향을 미치는지를 보여준다. 다음에서는 동물행동에 영향을 미치는 환경의 변이와 유전적인 구성에 대해 알아보고, 이 주제에 대해 보다 자세히 알아보자.

사회적 학습

많은 동물들은 다른 개체들의 행동을 관찰함으로써 문제해결능력을 학습하기도 한다. 가령, 야생 어린 침팬지들은 돌 두 개를 이용해 기름야자열매를 깨는 어른 침팬지의 행동을 관찰하고 배운다(**그림 52.11**). 이렇게 관찰을 통해 학습하는 것을 **사회적 학습(social learning)**이라고 한다.

사회적 학습이 행동을 어떻게 바꾸는지에 대한 다른 예로 케냐의 암보세리 국립공원내 버빗원숭이(*Cercopithecud aethiops*)에 대한 연구를 들 수 있다. 애완용 고양이 크기의 버빗원숭이들은 복잡한 경고음을 낸다. 암보세리 국립공원의 버빗원숭이들은 자신들을 잡아먹는 동물, 즉 표범, 수리, 혹은 뱀이 나타났을

▲ **그림 52.11** **숙련된 침팬치의 행동을 옆에서 자세히 관찰함으로써 기름야자 열매 깨는 법을 배우는 침팬지들**

때 각기 다른 특징적인 경고음을 낸다. 만약 표범을 발견하면 크게 짖고, 수리를 발견하면 짧게 두 음절의 기침 소리를 낸다. 뱀을 보면 혀를 차는 듯한 경고음을 낸다. 이때 경고음을 들은 다른 버빗원숭이들은 적합한 행동을 취한다: 표범이 접근하고 있다는 경고음을 들었을 때는 나무 위로 올라간다(그들은 나무에서는 표범보다 빠르다). 그리고 수리가 다가온다는 경고음을 들었을 때는 하늘을 쳐다보며, 뱀이 다가오고 있다는 경고음을 들었을 때는 땅을 살핀다(그림 52.12).

새끼 버빗도 경고음을 내지만 성체에 비해 상대적으로 적의 종류를 구별하여 경고음을 내는 능력이 떨어진다. 가령, 벌을 잡

▲ **그림 52.12** **경고음을 올바르게 사용하도록 학습하는 버빗원숭이들.** 파이톤을 발견하게 되면 버빗원숭이는 특징적인 "뱀" 경고음을 내고 그룹의 멤버들은 아래를 살핀다.

아먹는 새와 같이 무해한 새들을 보기만 해도 "수리경보" 경고음을 낸다. 그러나 점차 성장하면서 원숭이들은 경고음의 정확도를 높여간다. 성체 버빗원숭이는 자신들을 잡아먹는 두 종류의 수리에 대해서만 경고음을 내는데, 새끼 버빗들은 이러한 성체의 행동을 살피며 올바른 경고음을 내는 방법을 익힌다. 가령, 새끼 버빗이 상황에 맞게 경고음을 낼 경우—수리가 실제로 하늘에 떠 있다고 가정하자—그룹내 다른 개체도 수리 경고음을 낼 것이다. 하지만 새끼 버빗이 벌을 잡아먹는 수리를 보고 경고음을 냈을 경우에는 성체 버빗이 가만히 있을 것이다. 즉, 학습되지 않은 상태에서 버빗원숭이들이 주변의 잠재 위협 물체에 대해 경고음을 내는 성향을 보인다. 이처럼 학습을 통해 경고음을 제대로 배운 버빗원숭이는 정말로 위험한 상황에서만 경고음을 내고 다음 세대에 그 소리를 전달할 수 있게 된다.

사회적 학습은 개체군내 개체들의 행동에 영향을 줄 수 있는 사회적 학습이나 가르침에 의한 정보 전달의 체계라고 정의할 수 있는 **문화(culture)**의 기반을 형성한다. 정보의 문화전승은 행동의 표현형을 바꿀 수 있으며 그에 따라 개체의 적응도에도 영향을 미칠 수 있다.

자연선택에 의한 행동 변화는 학습보다 훨씬 더 오랜 시간이 걸려서 이루어진다. 개념 52.3에서는 생존과 번식에 관련된 특정 행동과 선택과정 간의 관계를 알아볼 것이다.

개념 확인 문제 52.2

1. 맛이 없는 서로 다른 종이나 침을 쏘는 곤충들이 비슷한 색을 가지는 이유를 연합학습으로 어떻게 설명을 할 수 있을까?
2. WHAT IF? 동물이 인지지도를 이용해 먹이자원의 위치를 판단하는지의 여부를 판단하는 실험을 하기 위해 실험실의 물건들을 어떻게 배치할 것인가?
3. MAKE CONNECTIONS 학습된 행동이 어떻게 종 분화에 기여하고 있는가? (개념 24.1 참조)

정답은 부록 A 참조

개념 52.3

개체의 생존을 위한 선택과 번식성공은 대부분의 행동을 설명할 수 있다

진화 틴버겐의 세 번째 질문—어떻게 행동이 개체군의 생존과 번식성공을 향상시키는지—에 대해서 알아보겠다. 따라서 초점은 근접원인("어떻게"라는 질문)에서 궁극원인("왜"라는 질문)으로 전환된다. 생존율과 번식률을 높이기 위해 필수적인 활동인 섭식에 대해 알아볼 것이다. 먹이-획득 행동, 즉 **섭식(foraging)**은 먹는 것 그 자체뿐만 아니라, 동물이 먹이를 찾고 인식하고 잡는 활동들도 포함한다.

섭식 행동의 진화

초파리(*Drosophila melanogaster*)의 섭식 행동을 관찰하면 그것이 어떻게 진화해왔는지를 알 수 있다. *Forager*(*for*)라고 불리는 한 유전자에서의 변이는 초파리 유충의 섭식 행동을 결정한다. 초파리 유충이 먹이를 먹을 때, "배회자(Rover)"라고 불리는 대립유전자 for^R를 가진 초파리 유충은 "착석자(sitter)"라고 불리는 대립유전자 for^s를 가진 초파리 유충보다 평균적으로 거의 두 배 많이 움직인다.

for^R와 for^s의 대립유전자들은 모두 자연 개체군에서 나타난다. 어떤 상황들이 하나 혹은 다른 대립유전자를 선호할까? 그 답은 여러 세대 동안 초파리 개체군 밀도를 높게 혹은 낮게 유지시키는 실험을 통해 명확히 얻을 수 있다. 낮은 밀도에서 여러 세대 동안 살아온 유충들은 높은 밀도에서 자란 유충들보다 더 짧은 거리에서 먹이를 찾는다(**그림 52.13**). 더욱이 유전학적인 실험은 밀도가 낮은 개체군에서는 for^s 대립유전자의 빈도가 증가한 데 반해, for^R 대립유전자는 밀도가 높은 개체군에서 그 빈도가 증가되었다. 이러한 변화들은 상식적인 것이다. 밀도가 낮은 개체군에서는 짧은 거리에서도 충분히 먹이를 찾을 수 있기 때문에 긴 거리를 이동하는 것은 에너지를 불필요하게 낭비하는 것이다. 반면에 밀도가 높은 곳에서 먹이를 찾기 위해서는 먹이가 부족한 곳을 넘어 먼 거리를 이동하여야 한다. 요약하면, 실험실 개체군에서 행동의 진화적 변화는 관찰되고 설명될 수 있다.

최적 섭식 모델

행동생태학자들은 다양한 섭식 전략에 대한 근접원인과 궁극원인을 연구하기 위해 경제학에서 사용하는 비용-이익 분석을 적용한다. 이 개념은 섭식 행동을 영양의 이점(benefit)과 먹이를 얻기 위해 지불하여야 하는 비용(cost) 사이의 절충으로 본다. 이들 비용에는 먹이를 찾는 과정에서 에너지를 소비하게 되고 포식자에게 잡아먹힐 수 있는 위험들이 포함된다. 이 **최적 섭식 모델(optimal foraging model)** 이론에 의하면 자연선택은 섭식의 비용을 최소화하고, 이익을 최대화하는 섭식 행동을 하는 개체를 선호할 것이라는 것이다. **과학적 분석 기술의 연습**에서 어떻게 이 모델이 야생동물에 적용될 수 있는지 그 예를 제시하였다.

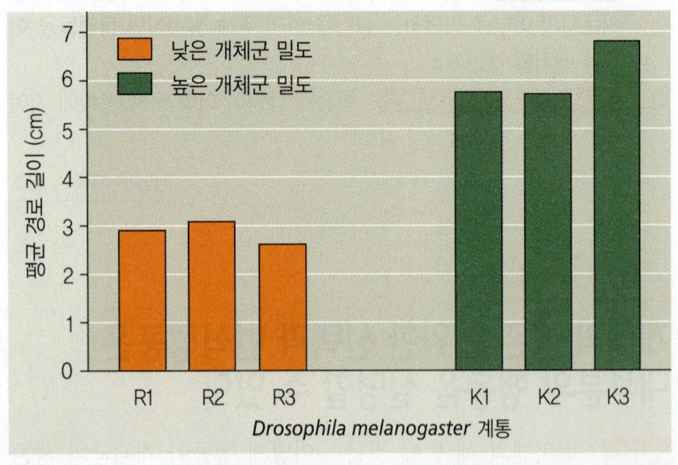

▲ **그림 52.13 초파리(*Drosophila melanogaster*) 실험실 개체군의 취식 행동의 진화.** 74세대 동안 낮은 개체군 밀도에서 자란 초파리(*D. melanogaster*) 유충(개체군 R1~R3)은 높은 개체군(개체군 K1~K3) 밀도에서 자란 것들보다 먹이찾기 경로의 길이가 현저하게 짧았다.

INTERPRET THE DATA R과 K 막대를 각각 1개씩 가지고 할 때보다 3개의 R과 K 막대를 가짐으로써 어떤 대안가설을 배제할 수 있는가?

위험과 보상의 균형

먹이를 찾을 때 들어가는 비용 중 가장 큰 것은 포식 당하는 것이다. 에너지 이익의 최대화와 에너지 비용의 최소화란 관점에서, 만일 먹이를 찾다가 포식자에 의해 잡아먹히게 된다면 결국 이익을 얻을 수 없게 된다. 그러므로 논리적으로 포식 위험은 먹이를 찾는 행동에 영향을 줄 수 있다. 그러한 경우는 북미의 서부 산악 지대에서 사는 노새사슴(*Odocoileus hemionus*)에서 볼 수 있다. 비록 숲이 없고 열린 지역에서는 약간 적기는 하지만, 연구자들은 노새사슴들이 먹을 수 있는 잠재적 먹이가 상당히 균등하게 분포한다는 것을 발견했다. 이와 대조적으로, 포식의 위험은 크게 차이가 있었다. 주요 포식자인 퓨마(*Puma concolor*)는 대부분 숲의 가장자리에서 노새사슴을 사냥한 반면, 숲 안쪽이나 열린 지역에서는 적은 수만을 사냥하였다.

노새사슴의 먹이찾기 행동은 특정한 지역 내에서의 포식 위험의 차이에 어떻게 반응할까? 노새사슴은 주로 열린 지역에서만 먹이를 먹는다. 이는 노새사슴의 먹이찾기 행동이 이용 가능한 먹이의 변이에 반응하기보다 포식위험의 변이에 더 많이 반응한다는 것을 보여준다. 이 결과는 행동이 종종 여러 다른 선택압 사이의 타협의 결과임을 보여준다.

짝짓기 행동과 배우자 선택

먹이찾기 행동이 개체의 생존에 중요한 것처럼 짝짓기 행동과 배우자 선택은 번식 성공에 큰 영향을 미친다. 짝짓기 행동과 배우자 선택에 속하는 것에는 짝 찾기 혹은 짝을 유혹하기, 여러 짝 중 선택하기, 짝을 얻기 위해 경쟁하기, 새끼 돌보기 등이 포함된다.

짝짓기 체제와 성적 이형성

우리는 짝짓기를 단순히 수컷과 암컷의 결합이라고 생각하지만 종별로 수컷과 암컷의 짝짓기 관계는 크게 다르며, 서로 다른 짝짓기 체제(mating system)가 존재한다. 짝짓기 체제는 시간과 상대 숫자와 관련이 있다. 많은 동물들이 난교적(promiscuous)으로 짝짓기를 하며, 배우자-결속(pair-bond)이나 지속적인 관계를 맺지 않는다. 배우자가 긴 기간 동안 함께 사는 종의 경우, 하나의 수컷이 하나의 암컷과 짝짓는 **일부일처제(monogamous)**이거나 다

과학적 분석 기술의 연습

양적 모델의 가설 검증

까마귀들은 최적 섭식 행동을 할까? 북서부의 까마귀(*Corvus caurinus*)들의 섭식 행동을 생각해 보자. 브리티시컬럼비아에서 떨어져 있는 한 섬에서는 까마귀들이 복족류(gastropod molluscs)인 쇠고둥(whelk)을 잡기 위해 암석으로 이루어진 조수가 넘나드는 웅덩이를 찾는다. 이 새는 쇠고둥을 부리로 잡아 높이 날아올라간 다음 돌무더기 위로 떨어뜨려 패각을 깨 먹는다. 성공적으로 떨어뜨리면 연체동물의 부드러운 부분을 먹을 수 있다. 패각이 깨지지 않으면 쇠고둥이 깨질 때까지 다시 높이 날아올라 떨어뜨리는 작업을 반복한다. 까마귀가 얼마나 높이 날아오를지를 결정하는 것은 무엇일까? 새가 쇠고둥을 떨어뜨릴 때 높이 날아오를수록 껍질이 깨어질 확률도 높아진다. 그러나 까마귀가 높이 날아오르는 데에는 에너지 비용이 많이 든다. 만일 까마귀들의 섭식 행동에 관한 탁월한 선택을 에너지 관점에서 본다면, 먹이의 평균 낙하높이는 높이 비행하는 데 드는 비용과 더 성공의 빈도를 높이는 이익 사이의 최적 교환(혹은 균형, trade-off) 이론에 의해 결정될 것이다. 이를 통해 당신은 최적 섭식 모델이 자연에서 어떻게 먹이의 낙하높이를 잘 예측하는지 조사할 것이다.

실험 방법 야생에서 까마귀가 쇠고둥을 떨어뜨리는 낙하 높이는 수직으로 세운 봉에 표시를 함으로써 측정했다. 실험에서, 까마귀의 행동은 고정된 플랫폼에서 쇠고둥을 돌무더기 위로 떨어뜨리는 장치를 사용해 모사함으로써 측정하였다. 최적의 높이를 결정하기 위해서 연구자들은 쇠고둥을 각기 다른 높이에서 떨어뜨리며, 패각이 깨질 때까지 떨어뜨린 수를 기록하였다. 그들은 각 높이에 따라 패각을 깨는 데 드는 떨어뜨린 평균 횟수를 조사한 다음, 떨어뜨린 높이에 평균 떨어뜨린 수를 곱해서, 평균 총 비행 높이(total flight height)를 구했다.

실험 데이터

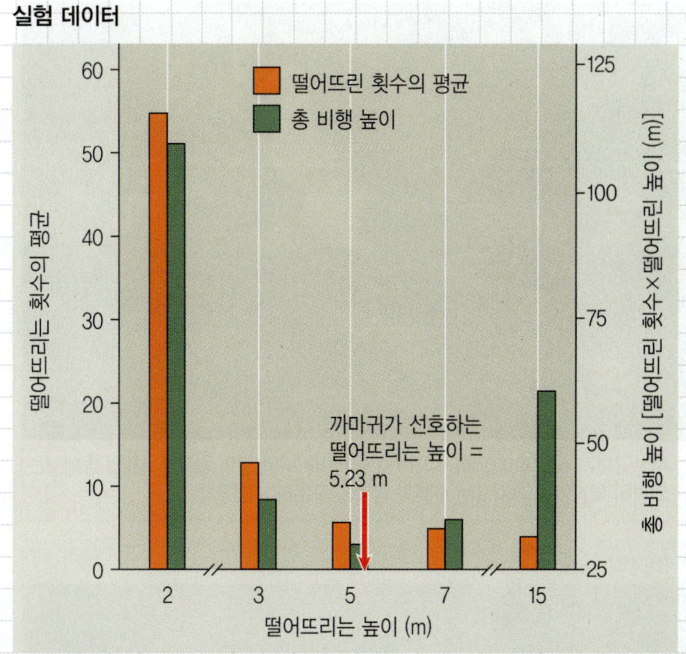

데이터 해석

1. 쇠고둥을 깨기 위해 요구되는 낙하의 평균 횟수는 5 m 이하의 높이가 최적인가? 이상이 최적인가?
2. 총 비행높이는 쇠고둥을 깨기 위해 요구되는 총 에너지의 측정으로 환산할 수 있다. 왜 5 m 플랫폼에서의 값이 2 m의 플랫폼이나 15 m의 플랫폼에서 보다 그 값이 더 적을까?
3. 까마귀가 먹이를 떨어뜨리는 높이를 전체 비행높이의 그래프를 가지고 비교해 보라. 연구 결과는 최적의 섭식 가설과 일치되는가? 설명하라.
4. 최적 먹이 모델의 검사에서, 낙하 높이를 변화시키는 것은 요구되는 총 에너지만을 변화시킨다. 여러분은 이것이 실제 제한이라고 생각하는가? 아니면 총 에너지 외에 다른 요인들이 높이에 의해 영향을 받을 것이라고 생각하는가?
5. 연구자들은 까마귀들이 가장 큰 쇠고둥을 찾아 떨어뜨린다는 것을 관찰했다. 까마귀가 더 큰 쇠고둥을 선호하는 몇 가지 이유는 무엇일까?
6. 고둥이 깨질 확률은 처음 떨어진 고둥이나 이전에 여러 번 떨어졌던 고둥에서나 마찬가지임이 밝혀졌다. 만약 그 파괴 가능성이 증가한다면(여러 번 떨어졌던 것이 더 잘 깨진다면), 까마귀의 행동에서 예측될 수 있는 변화는?

참고문헌 R. Zach, Shell-dropping: Decision-making and optimal foraging in northwestern crows, *Behavior* 68:106–117(1979).

혼성체제(**일부다처제** 또는 **일처다부제, polygamous**)를 갖기도 한다. 다혼성체제인 몇몇 종에서는 한 암컷이 여러 수컷과 짝짓는 일처다부제(polyandry)를 이루기도 하나, 대부분의 경우 한 수컷이 여러 암컷과 짝을 이루는 일부다처제(polygyny)이다.

성적 이형성(sexual dimorphism)이라고 알려진 수컷과 암컷의 외형이 다른 정도는 일반적으로 짝짓기 체제에 따라 달라진다(**그림 52.14**). 일부일처제 종들 중에서는 수컷과 암컷의 외형은 형태학적으로 유사해서 외형적 특징을 바탕으로는 구별하는 게 어렵거나 불가능하기도 하다. 대조적으로, 일부다처제 종의 경우 일반적으로 형태적으로 다르며 수컷이 더 화려하거나 크기가 크다.

▼ 그림 52.14 짝짓기 체제와 수컷과 암컷의 형태와의 관계

(a) Monogamy

서부갈매기(western gulls, *Larus occidentalis*)와 같이 일부일처제인 종에서는 외형적 특징만을 가지고는 수컷과 암컷을 구분하기 힘들다.

(b) Polygyny

붉은사슴(elk, *Cervus canadensis*)과 같이 일부다처제인 종에서는 수컷(오른쪽)들이 종종 매우 화려하다.

(c) Polyandry

지느러미발도요(red-necked phalaropes, *Phalaropus lobatus*)와 같은 일처다부제의 종들에서는 암컷(위)들은 수컷보다 화려하다.

일처다부제 종의 경우도 외형의 차이가 있고, 암컷이 수컷보다 더 화려하고 더 크다.

짝짓기 체제와 부모양육

새끼에게 필요한 자원의 양은 짝짓기 체제의 진화를 제한하는 중요한 요소이다. 예를 들어, 대부분 알에서 갓 부화한 어린 새끼들은 자기 자신을 돌볼 수 없으며, 적어도 한쪽 부모 혼자서는 공급할 수 없는 많은 양의 먹이를 꾸준히 먹어야 한다. 그러한 경우, 수컷은 또 다른 배우자를 찾는 대신 자신의 배우자를 도와 새끼들을 잘 키우는 것이 더 많은 후손을 남길 수 있는 방법이다. 이는 왜 대부분의 새들이 일부일처인지를 설명한다. 이와는 대조적으로, 새끼들이 알을 깨고 나오자마자 스스로 먹이를 먹고 자기 자신을 돌볼 수 있는 새들의 경우에는 부모가 함께 머무를 필요가 없다. 꿩이나 메추라기와 같은, 이런 종의 수컷들에게는 다른 배우자를 찾는 것이 번식성공률을 극대화하는 방법이며, 이런 새들에서는 일부다처제가 일반적이다. 포유류의 경우, 흔히 암컷의 젖이 새끼의 유일한 먹이이고, 수컷은 새끼를 키우는 데 아무런 역할도 수행하지 않는다. 사자와 같이 수컷이 암컷과 새끼들을 보호하는 포유류종의 경우에는, 전형적으로 수컷 한 마리 또는 몇 마리가 하렘을 형성해서 많은 암컷을 한꺼번에 돌보는 것을 볼 수 있다.

짝짓기 행동과 부모의 양육에 영향을 미치는 또 다른 요인은 **부성의 확실성**(certainty of paternity)이다. 갓 태어난 새끼와 알들은 당연히 어미의 유전자를 가지고 있다. 그러나 정상적인 일부일처의 관계일지라도 이 새끼들의 아비는 암컷의 원래 배우자가 아닌 다른 수컷일 수도 있다. 짝짓기와 새끼들이 태어나는 시간(또는 짝짓기와 알을 낳는 시간)의 차이 때문에 체내 수정을 하는 종들에서는 부성 확실성이 대부분 매우 낮게 나타난다. 바로 이런 이유로 해서 매우 적은 종의 조류와 포유류에서만 수컷이 새끼를 돌보는 것을 볼 수 있다. 그러나 체내 수정을 하는 많은 종의 수컷들은 암컷에게 다른 수컷이 접근하는 것을 막고, 교미를 하기 전에 암컷의 수정관에 있는 다른 정자를 제거하며, 다른 수컷들의 정자를 압도하기 위해 많은 양의 정자를 내보내는 등 부성 확실성을 높이기 위한 행동들을 한다.

부성 확실성은 체외수정에서처럼 짝짓기와 산란이 같이 일어날 때 훨씬 높아진다. 이러한 사실은 수생 무척추동물, 어류, 그리고 양서류의 수컷들이 암컷만큼이나 자신의 새끼를 돌보는 이유를 설명한다(**그림 52.15**; 그림 45.6). 어류와 양서류에서 수컷이 새끼를 돌보는 경우는 체내수정을 하는 경우 10% 미만의 종에서 나타나는 반면, 체외 수정하는 경우 과반 이상의 종에서 나타난다.

그러나 동물들이 어떤 특정한 방식으로 행동했을 때, 항상 부성의 확실성에 대해 자각하고 행동한다는 것을 의미하지는 않는다는 것을 이해할 필요가 있다. 부성 확실성과 관련이 있는 양육

▲ **그림 52.15 수컷 큰입돗돔(jawfish)의 부모로서의 새끼 돌봄.** 열대 해양 환경에서 서식하는 수컷 큰입돗돔은 수정된 알을 입에 물고 다니며, 알에 공기를 공급해 주고, 알을 노리는 포식자들로부터 새끼들이 부화할 때까지 보호한다.

행동은 그것이 자연선택에 의해 오랜 세대 동안 강화되어 왔기 때문에 존재하는 것이다. 부성의 확실성과 수컷의 새끼 돌보기는 현재 매우 활발하게 연구되고 있다.

성적 선택과 배우자 선택

한 종 안에서 성적 이형성의 정도는 자연선택의 한 형태인 성적 선택의 결과이며, 성적 선택에서는 짝짓기 성공의 차이로 인해 번식 성공의 차이가 나타난다(개념 23.4). 성적 선택은 한 성이 짝에게 구애 노래를 부르는 것과 같이, 다른 성의 특별한 형질에 근거하여 배우자를 선택하는 **성간선택**(intersexual selection)과, 같은 성끼리 배우자를 얻기 위해 경쟁하는 **성내선택**(intrasexual selection)으로 구분할 수 있다.

암컷에 의한 배우자 선택 암컷에 의한 배우자의 선호는 성간선택을 통해 수컷의 행동과 해부구조의 진화에 중요한 역할을 수행할 수 있다. 예로서, 유병안(有柄眼)파리(stalk-eyed fly)의 구애행동을 들 수 있다. 이 곤충의 눈은 자루 끝에 붙어 있는데, 암컷보다 수컷의 눈자루가 더 길다. 수컷은 구애할 때 자신을 암컷 앞에 선보인다. 연구자들은 암컷들이 상대적으로 눈자루가 더 긴 수컷들과 더 잘 짝짓기한다고 보고한 바 있다. 왜 암컷은 수컷의 이러한 멋대로 생긴 듯한 형질을 선호하는 것일까? 일반적으로 이들 파리의 긴 눈자루나 수컷 새의 밝은 깃털 색깔들은 수컷의 건강이나 활력과 상관관계를 가진다. 암컷은 건강한 수컷을 고름으로써 건강한 자손을 생산할 가능성을 높인다. 그 결과 수컷은 매력적인 암컷의 관심을 끌기 위해 수컷들끼리 구애 경쟁에 참여하여 서로 겨룬다(그림 52.16).

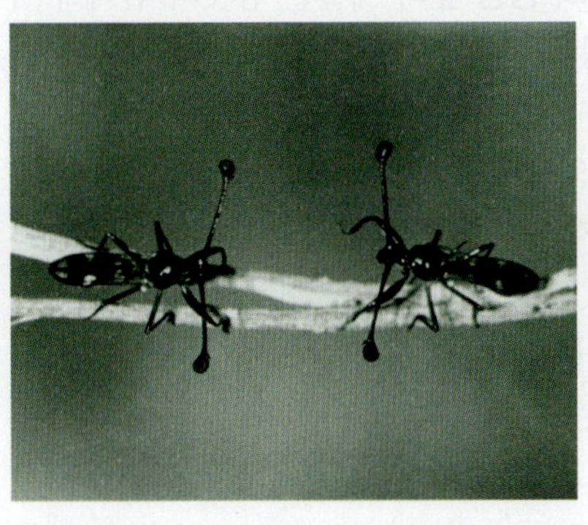

◀ **그림 52.16 암컷의 관심을 끌기 위해 경쟁을 하는 유병안파리 수컷들.** 이러한 구애의식 경쟁에서 눈자루가 더 짧은 수컷은 보통 진다.

금화조(zebra finch)를 가지고 한 실험은 각인이 배우자를 고를 때 영향을 미친다는 것을 보여주었다. 금화조는 수컷이나 암컷 모두 머리에 볏이 없다(그림 51.17). 어떠한 유전적인 영향도 받지 않은 새끼들에게서 부모의 모습이 배우자를 선택하는 데 영향을 주는지 아닌지를 실험하기 위해 연구자들은 한 금화조에게 인공장식을 제공했다. 2.5 cm 길이의 붉은 깃털을 새끼들이 눈을 뜨기 이틀 전인 부화한 지 8일째에, 1) 암컷과 수컷 부모 앞머리 깃털에 모두, 2) 수컷에게만, 3) 암컷에게만 붙였다. 금화조의 대조군 새끼들은 장식을 하지 않은 그들 부모에 의해 길러졌다. 새끼들이 성장하였을 때 그들이 붉은 깃털로 화려하게 장식된 배우자를 선호하는지 아니면 장식이 없는 배우자를 선호하는지 시험해 보았다(그림 52.18). 수컷은 화려하거나 그렇지 않은 배우자에 대해서 특별한 선호도를 보이지 않았다. 장식하지 않은 부모나 어미만 장식한 부모 아래에서 자란 암컷들도 수컷의 선호도에 있어 큰 차이를 보이지 않았다. 그러나 둘 다 장식한 부모 아래에서 자랐거나 장식한 아비 아래에서 자란 암컷의 경우 자신의 배우자로 화려한 수컷을 선호하였다. 그러므로 암컷 금화조들은 배우자를 선택하는 데 있어서 아비로부터 분명하게 단서를 얻는다는 것을 알 수 있다.

한 개체군내 개체들이 다른 이들의 배우자 선택을 따라하는 행동인 **배우자-선택 따라하기(mate-choice copying)**는 거피(*Poecilia reticulata*)를 대상으로 연구하였다. 암컷 거피는 짝을

▶ **그림 52.17 금화조(zebra finch)의 모습.** 수컷 금화조(왼쪽)가 암컷보다 무늬가 더 뚜렷하고 색채가 화려하다.

◀ **그림 52.18 각인의 영향을 받는 성적 선택.** 인공적으로 장식을 달아준 아비를 각인한 어린 암컷 금화조는 다 자라 짝을 맺을 때 장식을 단 수컷을 선호했다. 실험군에서 길러진 수컷들은 배우자를 고를 때 암컷의 깃털장식에 대해 특별한 선호도를 보이지 않았다.

▼ **그림 52.19 암컷 거피(*Poecilia reticulata*)의 짝 선택 따라하기.** 다른 암컷이 없을 때(대조군) 암컷 거피들은 일반적으로 오렌지색을 더 띠는 수컷을 선택한다. 하지만 모형 암컷이 한 마리 수컷에 관심을 갖고 근처에 있으면 실험군 그 수컷의 오렌지색이 다른 것보다 덜 오렌지색을 띠더라도 암컷 거피들은 모형 암컷이 선택한 수컷을 선택한다. 암컷들은 대체 수컷의 오렌지색 비율이 높을 때만 모형 암컷의 선택을 무시했다.

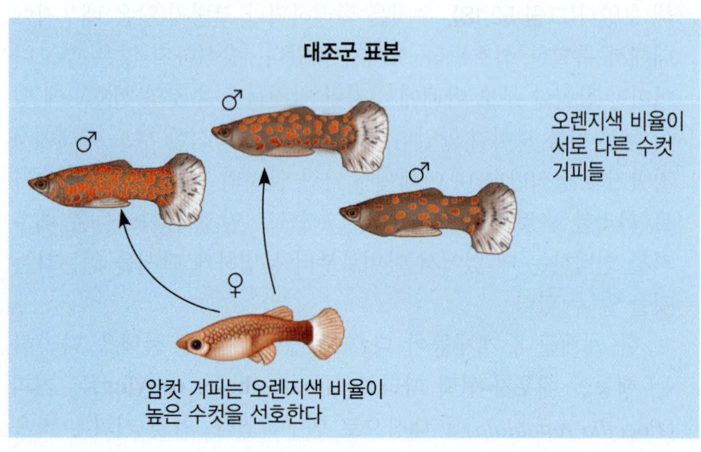

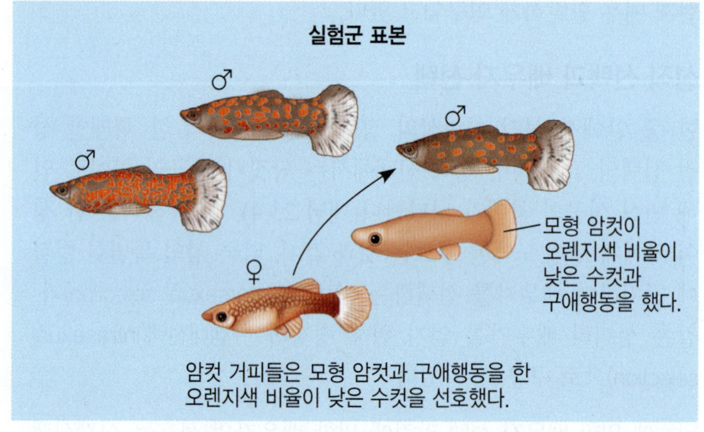

선택할 때 주위에 다른 암컷이 없을 경우에는 선명한 오렌지색을 띠는 수컷을 선택한다. 다른 암컷의 행동이 이들의 선호도에 영향을 미치는지에 대한 실험을 위해 살아 있는 암컷과 암컷 모형을 이용하였다(**그림 52.19**). 이때 모형 암컷이 오렌지색이 훨씬 덜한 수컷에게 "구애"를 했을 경우 암컷 거피는 암컷 모형의 선호를 따라하곤 했다. 즉, 암컷은 원래 그들이 선호하는 오렌지색을 더 띠는 수컷을 선택하지 않고 모형 암컷과 연관이 있는 수컷을 선택했다. 그러나 연구 결과, 배우자 선택 행동은 색깔 차이가 심하면 바뀌지지 않았다. 그러므로 배우자-선택 따라하기 행동은 특정 범위 이상의 차이를 보이지 않을 경우, 수컷의 색깔, 즉 유전적으로 내재된 암컷의 선호도를 바꿀 수 있다는 것이다.

사회적 학습 유형의 하나인 배우자-선택 따라하기는 다른 어류와 조류에서도 많이 발견되는 특징이다. 이러한 기작을 일으키는 선택압은 무엇인가? 한 가지 가능성 있는 답은, 암컷이 다른 암컷과 짝짓기를 한 수컷을 보게 되면 그 수컷을 매력적으로 인식하게 되고 그 수컷과 짝짓기 할 경우 더 높은 번식성공률을 가질 수 있을 것이라고 기대하기 때문일 것이다.

배우자를 놓고 벌이는 수컷의 경쟁 앞의 예들은 암컷의 선택이 어떻게 주어진 상황에서 가장 좋은 수컷 유형을 선택함으로써 수컷들 사이의 변이를 줄이는지 보여준다. 배우자를 얻기 위한 수컷들 간의 경쟁은 수컷 사이의 변이를 줄이기도 한다. 이러한 경쟁에는 먹이나 배우자 등의 자원을 누가 얻을지 결정하는 의례화된 싸움인 반발 행동(agonistic behavior)이 포함된다. 이러한 경쟁의 결과는 힘, 크기, 또는 뿔이나 이빨의 모양 등에 의해 결정되기도 하지만, 경쟁에서의 승리는 육체적인 것이라기보다는 심리적인 것일 수 있다(**그림 52.20**; 그림 52.16).

▲ **그림 52.20 반발 행동.** 동부회색캥거루(*Macropus giganteus*) 수컷은 종종 발정기에 있는 암컷과 짝짓기를 가장 잘 할 수 있는 수컷인지를 결정하는 경쟁에서 "권투"를 한다. 전형적으로, 한 수컷이 앞다리로 상대편 머리와 목을 때리기 전에 크게 콧김을 내뿜는다. 격투하듯이, 한층 더 센 콧김을 내뿜고 따귀를 때리며, 쫓아가기도 한다. 만일 수컷이 공격을 받고 후퇴하지 않는다면, 각 수컷은 그의 꼬리로 균형을 유지하며, 뒷다리의 날카로운 발톱으로 경쟁자를 차려는 시도를 하면서 싸움은 단계적으로 격해진다.

이러한 경쟁으로 인해 변이가 감소될 수도 있지만, 수컷의 행동과 형태상의 변이는 어류에서 사슴에 이르는 몇몇 척추동물과 다양한 많은 무척추동물에서 매우 크게 나타난다. 일부 종들에서는 성적 선택에 의해 또 다른 형태의 수컷 짝짓기 행동 및 형태학적 진화가 발생한다. 과학자들은 한 가지 이상의 짝짓기 행동이 성공적인 번식을 초래할 수 있는 상황들을 어떻게 분석할 수 있는가? 한 연구방법은 정해진 게임을 지배하는 법칙에 관한 것이다.

게임이론의 적용

흔히, 개체군 내에서 특정 행동 표현형의 적응도(fitness)는 다른 행동 표현형의 영향을 받는다. 그런 상황들을 연구하는 행동생태학자들은 게임이론을 포함하는 다양한 연구방법을 사용한다. 미국의 수학자인 존 내시(John Nash)와 다른 수학자들에 의해 최초로 개발된, 인간의 경제활동을 모형화하기 위해 처음 개발된 **게임이론(game theory)**은 결과가 각 개체의 전략뿐만 아니라 다른 개체들의 전략에도 영향을 받는 상황에서 대안적 전략들을 평가하는 데 쓰인다.

짝짓기 행동에 게임이론을 사용한 예로, 캘리포니아의 목무늬도마뱀(*Uta stansburiana*)을 생각해 보자. 유전적 변이로 수컷은 오렌지색, 푸른색, 노란색의 목을 가진다(**그림 52.21**). 자연선택은 세 가지 색깔 중에서 한 가지 색깔을 선호할 것이다. 그러나 세 가지 색이 모두 존재한다. 왜 일까? 그 답은 각각의 목의 색이, 다른 행동 패턴과 연관되어 있다는 데 있다. 오렌지 목을 가진 수컷은 가장 공격적이며 많은 암컷을 위해 넓은 세력권을 방어한다. 푸른색 목의 수컷도 세력권을 갖지만 오렌지색 목 수컷에 비해 세력권의 크기도 작고 지키는 암컷의 수도 적다. 노란색 목의 수컷은 세력권을 갖지 않으며 암컷을 모방하고 짝짓기를 하기 위해 "비열한(sneaky)" 작전을 쓴다.

▲ **그림 52.21 목무늬도마뱀(*Uta stansburiana*) 수컷의 다형성.** 왼쪽은 오렌지 목도마뱀의 수컷; 중앙은 푸른목도마뱀의 수컷; 오른쪽은 노란목도마뱀의 수컷.

실험 결과에 의하면 각 수컷 도마뱀 유형의 짝짓기 성공은 다른 타입들의 상대적 풍부도에 의해 영향을 받는 빈도-의존적 선택(frquency-dependent selection)의 예를 보여준다. 한 개체군 연구에서 빈도가 가장 높은 목의 색은 몇 년에 걸쳐 푸른색 목에서 오렌지색으로, 오렌지색에서 노란색 목으로, 노란색 목에서 다시 푸른색 목으로 변했다.

과학자들은 목무늬도마뱀의 수컷들 사이의 경쟁을 어린이들의 가위-바위-보(paper-rock-scissors) 게임에 비교함으로써, 도마뱀 개체군 내의 변이 사이클에 대한 설명을 고안했다. 게임에서, 보는 바위를 이기고, 바위는 가위를 이기고, 가위는 보를 이긴다. 각 손의 심벌은 한 게임에서는 이길 수 있으나, 또 다른 게임에서는 질 수도 있다. 마찬가지로, 수컷 도마뱀 각각의 타입은 다른 타입의 도마뱀보다는 우위에 있을 수도 있으나, 또 다른 타입에게는 아닐 수도 있다. 푸른목도마뱀의 개체수가 많을 때, 그들은 세력권 내에 있는 적은 수의 암컷들을 비열한 노란목도마뱀 수컷들로부터 성공적으로 지킬 수 있었다. 그러나 푸른목도마뱀 수컷들은 매우 공격적인 오렌지목도마뱀의 수컷 개체로부터는 그들의 세력권을 지키지 못한다. 오렌지목도마뱀이 수적으로 가장 많이 번성하는 경우, 그들은 각 세력권 내에 있는 많은 수의 암컷들 모두를 보호할 수 없기 때문에 노란목도마뱀은 짝짓기를 보다 많이 성공할 수 있는 기회를 가지게 된다. 노란목도마뱀이 더욱 흔해지나 푸른목도마뱀 수컷의 작은 세력권과 작은 수의 암컷을 지키는 전략은 노란목도마뱀의 수컷들이 암컷들에게 접근하는 것을 제한하기 때문에, 푸른목도마뱀의 수컷들이 이번엔 노란목도마뱀의 수컷들을 대신하여 가장 번성하는 수컷이 된다.

절대적 성취보다 상대적 성취에 관해 생각하는 게임이론은, 복잡한 진화적 문제들을 연구하는 사고방법을 제공해 줄 수 있기 때문에 행동진화를 이해하는 열쇠이기도 하다. 다른 표현형들에 대한 한 표현형의 상대적 성취는 다윈적 적응도(Darwinian fitness)를 산출하는 한 방법이며, 게임이론 연구에 중요한 도구가 된다.

개념 확인 문제 52.3

1. 수정 방식이 왜 수컷의 양육 행동 유무의 정도와 서로 관련이 있는가?
2. MAKE CONNECTIONS 균형선택은 한 좌위(locus)에서의 변이를 유지할 수 있다(개념 23.4). 이 장에 설명된 먹이찾기 실험들을 바탕으로, 자연에서 파리의 개체군에 for^R와 for^s 대립유전자가 모두 존재하는 이유에 대한 가설을 세워보라.
3. WHAT IF? 감염된 목무늬도마뱀 개체군의 바이러스가 암컷보다도 수컷을 더 많이 죽인다고 가정하자. 어떻게 바이러스 감염이 수컷들 사이의 번식 성공을 위한 경쟁에 직접적으로 영향을 미칠 수 있는가?

정답은 부록 A 참조

개념 52.4

유전 분석과 포괄 적응도 개념은 행동 진화 연구를 위한 기초를 제공한다

진화 이제 우리는 틴버겐의 4번째 질문, 즉 행동의 진화에 대해 알아볼 것이다. 우리는 먼저 행동을 조절하는 유전자를 살펴본 후에 특정 행동의 진화에 내재되어 있는 유전적 변이에 대해 살펴볼 것이다. 끝으로, 한 개체의 생존을 넘어 적응도의 정의를 확장하는 것이 "이타적" 행동의 설명을 어떻게 뒷받침하고 있는지도 알아볼 것이다.

행동의 유전적 기반

행동의 유전적 기반을 알아보는 데 있어 그림 52.4에 설명된 수컷 초파리의 구애행동을 우선적으로 살펴볼 것이다. 구애행동은 다수의 감각 자극원에 반응하는 일련의 복합적인 행동들이다. 그럼에도 불구하고 최근의 연구는 *fru*라고 불리는 하나의 유전자가 수컷의 전체 구애행동 의식을 제어한다는 것을 보여준다. 기능적 *fru* 유전자가 비기능적인 형태로 돌연변이된 수컷은 암컷을 유혹하고 짝짓는데 실패한다. (*fru*라는 이름은 돌연변이 수컷에서 새끼가 없는 상태를 말하는 열매를 맺지 않는 *fruitless*의 준말이다.) 정상적인 수컷과 암컷은 뚜렷이 다른 *fru* 유전자 형태를 발현한다. *fru*의 수컷 형태를 나타내도록 유전적으로 조작된 암컷은, 마치 그들이 정상적인 수컷인양 다른 암컷들에게 구애한다. 어떻게 하나의 유전자가 그렇게 많은 행동과 행위를 제어할 수 있는가? 실제 *fru*는 더 특수한 기능들을 가진 많은 유전자의 표현과 활동을 지시하는, 다른 유전자들을 지배하는 유전자이다. 동시에 *fru* 유전자에 의해서 제어 받는 유전자들은 초파리 신경계의 성-특화(sex-specific) 발달을 가져온다. 사실상 *fru*는 중추신경계의 수컷-특화(male-specific) 신경망을 지배하며 초파리 수컷의 구애행동을 프로그램한다.

많은 경우, 행동 차이는 유전자의 비활성화가 아니라 활동에서의 변이 혹은 유전자 생산의 양에 기인한다. 놀라운 사례는 두 근연종인, 작은 설치류인 들쥐의 행동이다. 수컷목초지들쥐(*Microtus pennsylvanicus*)는 단독생활을 하고 짝과 오랜 관계를 갖지 않는다. 교미 후, 그들은 새끼에게 전혀 관심을 갖지 않는다. 이와는 반대로, 수컷초원들쥐(*Microtus ochrogaster*)는 교미 후에도 암컷 한 마리와 짝-결속을 이룬다(그림 52.22). 수컷초원들쥐는 새끼들 주변을 맴돌며 핥거나 돌보지만 침입자에게는 공격적으로 행동한다.

수컷들쥐의 짝결속과 새끼돌보기에 신경전달물질인 펩타이드가 중요한 역할을 한다. ADH 혹은 바소프레신으로 알려진 펩타이드는(44장) 교미를 하는 동안에 분비되고, 중추신경계의 특정 수용체에 붙는다. 수컷초원들쥐에 약물을 처리하여 바소프레신이 작용하는 뇌수용체를 억제했을 때는 교미 후에 짝-결속을 하지 않았다. 바소프레신 수용체는 목초지들쥐에 비해 초원들쥐의 뇌에 많았다.

뇌에 있는 바소프레신 수용체의 양이 짝짓기 후의 행동을 조절하는지를 검증하기 위해 연구자들은 초원들쥐의 바소프레신 수용체 유전자를 수컷 목초지들쥐에게 주입했다. 이 유전자를 지니는 목초지들쥐들은 높은 농도의 바소프레신 수용체를 지닐 뿐만 아니라 수컷 초원들쥐와 비슷한 짝짓기 행동, 가령 짝 결속 행동을 보였다. 그러므로 비록 많은 유전자가 들쥐에 있어서 짝 결

◀ **그림 52.22** 모여 있는한 쌍의 초원들쥐(*Microtus ochrogaster*). 수컷 북미 초원들쥐들은 자신들의 짝과 매우 가깝게 지내며, 자식을 매우 헌신적으로 돌본다.

속 형성과 양육행동에 영향을 주지만 바소프레신 수용체의 농도 하나만으로도 행동 유형을 결정하게 된다.

유전적 변이와 행동의 진화

초원들쥐와 목초지들쥐에서처럼, 근연종들 사이에서도 행동의 차이는 흔히 볼 수 있다. 비록 가끔 덜 명백하긴 하지만, 한 종 내에서도 행동의 차이가 큰 경우를 볼 수 있다. 같은 종내 개체군 사이에서의 행동 변이가 환경 조건의 변이와 일치한다면, 그것은 과거에 일어났던 진화의 증거일 수 있다.

사례연구: 먹이선택의 변이

한 종 내에서 유전적 요인에 의한 행동변이의 예 중 가장 잘 알려진 것은 북미산 누룩뱀(garter snake, *Thamnophis elegans*)의 먹이선택이다. 이 종은 자연에서 먹는 먹이 종류가 캘리포니아의 지역에 따라 다르다. 해안에 사는 개체군은 주로 바나나민달팽이(banana slug, *Ariolimax californicus*)를 많이 먹는다(그림 52.23). 반면, 내륙 지방의 개체군들은 바나나민달팽이는 먹지 않고 개구리, 거머리와 물고기 등을 먹는다. 누룩뱀이 사는 내륙 지방에는 사실상 민달팽이가 거의 없거나 살지 않는다.

연구자들은 바나나민달팽이를 각각의 야생 집단의 누룩뱀들에게 주었다. 대부분의 해안가의 뱀들은 즉시 민달팽이를 먹었지만 내륙의 뱀들은 민달팽이를 먹지 않았다. 경험과 유전이 누룩뱀에게 민달팽이를 선호하게 만들 수 있는가? 이 질문에 대한 답을 하기 위해 새끼를 밴 뱀들을 각 야생 집단들로부터 수집하여 실험실의 분리된 우리에 넣었다. 아주 어렸을 동안 새끼들에게 열흘에 한 번씩 잘게 자른 민달팽이를 먹였다. 해안가의 어미에게서 태어난 어린 뱀들의 60% 이상이 8일 혹은 열흘 이상 민달팽이를 먹었다. 반면에 내륙지방 어미가 낳은 새끼에서는 20% 미만이 한 조각의 민달팽이만을 먹었다. 따라서 누룩뱀은 유전적으로 습득된 미각이 있는 것같이 보인다.

▲ 그림 52.23 바나나민달팽이를 먹고 있는 해안가에서 온 북미산 누룩뱀. 실험 결과, 북미산 누룩뱀이 바나나민달팽이를 선호하는 이유는 환경적 요인이라기보다 유전에 의한 것으로 밝혀졌다.

유전적으로 결정되는 먹이 선호도의 차이는 누룩뱀의 서식지와 어떤 연관관계가 있을까? 해안과 내륙의 개체군들은 바나나민달팽이에서 나는 냄새를 인지하는 능력이 있고 그것에 반응한다는 것이 밝혀졌다. 연구자들은 내륙의 뱀들이 10,000년 전쯤에 해안 서식지로 이주했을 때 그들 중의 일부 개체들은 냄새로 민달팽이를 인지하는 능력을 갖고 있었을 것이라고 믿고 있다. 왜냐하면 이 뱀들은 그곳의 풍부한 먹이자원을 먹기 시작하면서, 민달팽이를 무시한 뱀들보다 그곳에서 보다 높은 적응도를 갖게 되었을 것이다. 그래서 민달팽이를 먹이로 인식한 개체들은 수백 세대 또는 수천 세대에 걸쳐 집단내 빈도가 증가하였을 것이다. 오늘날의 해안과 내륙 개체군 간의 행동 변이는 진화의 증거일 수 있다.

사례연구: 이주 패턴 변이

행동변이의 연구에 적절한 또 다른 종은 개개비의 일종으로 작은 철새인 검은머리꾀꼬리(*Sylvia atricapilla*)이다. 일반적으로 독일에서 번식한 검은머리꾀꼬리는 남서쪽 방향의 스페인으로 향하다가 남쪽으로 방향을 틀어 아프리카로 이주해 월동한다. 1950년대에 몇몇 검은머리꾀꼬리들이 영국에서 겨울을 지내기 시작하였고, 시간이 지남에 따라 영국에서 겨울을 보내는 검은머리꾀꼬리의 개체수는 수천 마리로 증가하였다. 다리에 있는 밴드 표지를 통해 몇몇 새들이 독일 중심부로부터 서쪽으로 이동해 영국으로 온 것을 알 수 있었다. 왜 독일에서 번식한 검은머리꾀꼬리가 서로 다른 두 방향으로 이주하는 패턴을 보이는가? 이 질문에 답하기 위해 독일의 라돌프첼에 있는 막스 프랑크 연구센터의 연구자들은 실험실에서 이주 방향에 관한 연구를 할 방법을 고안했다(그림 52.24). 그 결과 두 개체군 간에 이주 패턴이 다른 것은 유전적인 차이 때문이라는 것이 밝혀졌다.

서유럽 검은머리꾀꼬리에 관한 연구는 계절에 따른 이주 행동의 변화가 지난 몇십 년에 걸쳐 빠르게 일어났음을 보여준다. 1950년 이전, 독일에는 서쪽으로 이동하는 검은머리꾀꼬리가 없었다. 1990년대에 들어서면서 서쪽으로 이동하는 검은머리꾀꼬리들이 생겨났는데, 그 수가 독일에서 사는 전체 검은머리꾀꼬리의 7~11%에 이르렀다. 검은머리꾀꼬리들이 일단 서쪽으로 이주하기 시작하자, 이주 거리가 짧을 뿐만 아니라, 영국에는 겨울새들을 위한 먹이가 널리 퍼져 있기 때문에 검은머리꾀꼬리들의 이주가 지속되고 증가되는 경향을 보였다.

이타주의

우리는 일반적으로 행동은 이기적이라고 간주한다. 즉 다른 개체, 특히 경쟁자를 희생시키면서 자신의 이익을 취한다. 예를 들

▼ 그림 52.24 탐구

한 종 내에서 이주 방향의 차이는 유전적으로 결정되는가?

실험 버솔드(Peter Berthold)와 그의 동료들은 연구를 위해 두 쌍의 새끼 새들을 번식시켰다. 한 그룹은 영국에서 월동하는 동안 붙잡은 검은머리꾀꼬리의 새끼들로 독일의 야외 새장에서 번식되었다. 다른 그룹은 실험실 근처의 둥지에서 채집된 새끼들로 역시 새장에서 길러졌다. 새들이 이주하는 가을에 버솔드 팀은 영국에서 붙잡힌 검은머리꾀꼬리와 커다란 새장 속에서 길러진 새끼들을 큰 유리가 덮인 깔대기 모양의 새장에 탄소로 코팅한 종이를 바른 후 검은머리꾀꼬리를 3개의 실험군으로 나누어 1.5~2시간 가량 넣어두었다. 그 깔때기 새장들을 밤에 밖에 두면, 새들이 새장 주위를 날아다니며 종이에 남긴 표시를 통해 그들이 "이주"하고자 하는 방향을 알 수 있었다.

결과 영국에서 월동하는 동안 붙잡힌 성체 새들과 실험실에서 길러진 그들의 자손들 모두가 서쪽 방향으로 이주하려는 경향을 보였다. 이와는 대조적으로, 남부 독일의 둥지에서 채집된 어린 새들은 남서쪽으로 이주를 하려고 시도하였다.

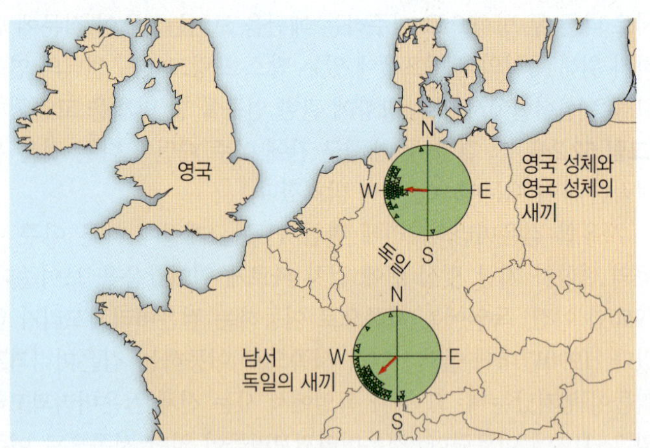

결론 영국의 검은머리꾀꼬리 새끼들과 독일의 검은머리꾀꼬리(대조군) 새끼가 유사한 조건 하에서 자랐지만 서로 다른 이동 방향을 보인 것은 이주 방향에 유전적 요인이 작용한다는 것을 암시한다.

참고문헌 P. Berthold et al., Rapid microevolution of migratory behavior in a wild bird species, *Nature* 360:668–690 (1992).

WHAT IF? 이 실험에서 새들이 이주 방향에서 차이점을 보여주지 않았다고 가정한다면, 그 행동에 유전적 요인이 작용하지 않는다고 결론을 내릴 수 있는가? 설명하라.

어, 한 개체의 우수한 먹이찾기 능력은 다른 개체에게 돌아갈 먹이를 줄일 수 있다. 하지만 "이기적이지 않은" 행동 때문에 문제가 생긴다. 어떻게 이러한 행동이 자연선택을 넘어서 살아남았을까? 이 질문에 대답하기 위해서는 이기적이지 않은 행동들에 관한 예를 더 자세히 살펴보고 그러한 행동이 어떻게 일어날 수 있었는지 생각해보아야 할 것이다.

이기성을 논의하는데 있어, **이타주의(altruism)**이라는 용어를, 동물개체의 적응도를 감소시키지만 집단 내 다른 개체의 적응도를 증가시키는 행동을 설명하는 데 사용할 것이다. 미국 서부 산지에 서식하며 코요테와 매 등의 포식자에게 취약한 벨딩땅다람쥐(Belding's ground squirrel)를 살펴보자. 벨딩땅다람쥐는 포식자가 다가오는 것을 발견하면 가끔 높은 음의 경고음을 내어, 미처 적의 출현을 모르고 있던 다른 개체들이 굴로 피할 수 있게 한다. 이렇게 다른 개체를 위해 경고음을 내게 되면 자신은 포식자의 주의를 끌어 죽임을 당할 확률이 높아진다는 것이 야외조사를 통해 확인되었다.

이타적 행동의 또 다른 예는, 불임인 일벌에게서 볼 수 있다. 일벌들은 스스로 절대 번식하지 않고, 알을 낳는 여왕벌의 번식만을 위해 일한다. 게다가 일벌들은 벌집을 지키기 위해 침입자를 침으로 쏘지만, 이로 인해 자신은 목숨을 잃게 된다.

또 다른 이타행동의 예는, 아프리카 남부와 북동부에서 지하땅굴을 파고 사는 고도로 사회성이 발달한 설치류인 벌거숭이두더지(naked mole rats, *Heterocephalus glaber*)에서도 발견된다. 거의 털이 없고 눈이 보이지 않는 벌거숭이두더지는 75~250마리 정도의 개체가 모여 집단을 이루어 생활한다(**그림 52.25**). 각 집단에는 여왕이라고 불리는 유일하게 번식하는 암컷이 있고, 이 암컷은 왕이라 불리는 한 마리에서 세 마리의 수컷과 짝짓기를 한다. 집단의 나머지 구성원인 불임 암컷과 수컷들은 땅속 뿌리와 덩이줄기를 찾아 먹이를 마련하고, 여왕과 왕 그리고 여왕에게 의존하는 갓 태어난 새끼들을 보살핀다. 이들 비생식 개체들은 집단에 침입한 뱀이나 다른 포식자들로부터 여왕과 왕을 보호하기 위해 자신들의 목숨을 희생하기도 한다.

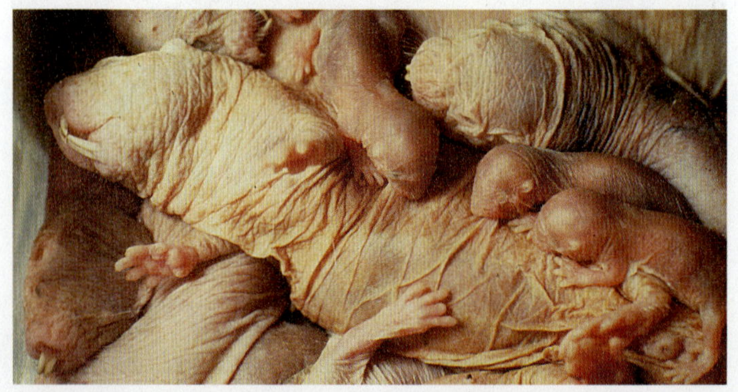

▲ 그림 52.25 집단을 이루고 이타적 행동을 하는 포유류인 벌거숭이두더지. 집단의 다른 개체들에게 둘러싸여 새끼들에게 젖을 물리고 있는 여왕의 사진.

포괄 적응도

벨딩땅다람쥐, 일벌, 벌거숭이두더지의 사례를 살펴보면서, 이타행동이 어떻게 선택될 수 있는지 생각해볼 필요가 있다. 이타적 행동이 어떻게 선택될 수 있는지를 보여주는 가장 좋은 예는 부모가 자식을 위해 희생하는 행동이다. 부모가 자신의 행복을 희생하면서 새끼를 낳아 기르는 것은 개체군 내에서 자신의 유전자를 최대화시키는 것이기 때문에 실제로는 자신의 적응도를 증가시키는 방법이 된다. 그러나 개체들은 가끔 그들의 새끼가 아닌 다른 개체들을 돕기도 한다. 이러한 논리로, 이타행동은 자기 자신을 희생시키는 개체의 생존과 번식성공을 향상시키지 못함에도 불구하고, 진화에 의해 유지될 수 있다.

개체들이 그들의 새끼가 아닌 다른 개체를 도울 때는 어떠한가? 생물학자인 해밀턴(William Hamilton)은 자신의 새끼들뿐만 아니라 혈연관계가 가까운 개체들을 도와주는 이타적 행동이 다음 세대에 자신의 유전자를 더욱 많이 확산시킬 수 있다고 제안하였다. 부모와 자식처럼 형제자매들도 자신과 절반 정도의 유전자가 같다. 그러므로 어쩌면 형제자매를 돕거나 또는 부모가 보다 많은 형제자매를 번식할 수 있도록 돕는 행동이 자연선택에 의해 선호될 수도 있다. 이러한 개념은 **포괄 적응도(inclusive fitness)**라는 개념으로 이어지는데, 포괄 적응도란 한 개체가 직접 새끼를 낳거나 많은 유전자를 공유하고 있는 가까운 친척들이 새끼를 낳도록 도움으로써 자신의 유전자를 증식하는 데 미치는 모든 영향의 합을 말한다.

해밀턴의 법칙과 혈연선택

해밀턴에 의하면, 이타행동에서 고려되는 세 가지 변수는 수혜자가 얻는 이익, 이타행동을 하는 개체가 지불하는 비용, 그리고 혈연계수이다. 이익 B는 이타행동의 수혜자가 추가로 얻는 새끼들의 평균적인 수이다. 비용 C는 그 행동으로 인해 줄어든 이타주의자의 평균적인 자손 수이다. **혈연계수(coefficient of relatedness)**인 r은 공유된 평균적인 유전자의 비율과 같다. 자연선택은 수혜자가 얻는 이익에 혈연계수를 곱한 값이 이타주의자 비용을 초과할 때 이타행동을 선호한다. 즉, $rB > C$일 때 이타행동이 선택된다. 이 부등식을 **해밀턴의 법칙(Hamilton's rule)**이라 한다.

해밀턴의 법칙을 더 잘 이해하기 위해 평균 구성원들이 두 명의 자녀를 가지는 인간 개체군에 적용해 보자. 한 젊은이가 큰 파도에 휘말려 죽을 위기에 놓여 있고, 그의 여동생이 자신의 목숨을 걸고 수영하여 자신의 오빠를 안전하게 구한다. 그가 익사하였다면, 그의 자식 수는 0이었을 것이다 그러나 이제 우리는 그가 후에 평균적으로 볼 때, 두 명의 아이를 낳을 수 있을 것으로 예측할 수 있다. 이타행동의 수혜자의 이익은 두 명의 자손이다 ($B = 2$). 그의 여동생이 감수한 위험은 어떨까? 이 경우, 높은 파도에서 수영하다 익사할 확률이 평균적으로 25%라고 가정해 보자. 이타행동의 비용은, 익사할 확률이 25%이고 그가 위험하게 오빠를 구하려고 뛰어들지 않았으면 후에 2명의 아이를 가졌을 것이므로 $C = 0.25 \times 2 = 0.5$이다. 일란성 쌍둥이가 아닌 두 형제자매의 경우 한 명이 가진 유전자를 다른 사람도 갖고 있을 확률은 절반이다($r = 0.5$). 이것을 알 수 있는 한 가지 방법은 배우자(gamete)의 감수분열 동안 상동염색체가 분리되는 것을 생각해 보면 된다(**그림 52.26**; 13장).

우리는 이제 가상 시나리오에서 자연선택이 이타행동을 선호할지 여부를 알아보는데 B, C, r의 값을 사용할 수 있게 되었다. 수영하는 오누이 사이에서 $rB = 0.5 \times 2 = 1$이고 $C = 0.5$이다. 이 경우는 해밀턴의 법칙을 만족시킨다. 따라서 자연선택은 한 형제가 다른 형제를 구하는 이타행동을 선호할 것이다. 이타주의자가 갖고 있는 임의의 유전자는 그가 형제를 구하는 위험을 감수했을 때 그렇지 않았을 때보다 평균적으로 더 많은 자손에게 전달될 것이다. 그리고 이 유전자들 중에는 실제 이타행동에 기여한 유전자들도 있을 것이므로 그 유전자들도 널리 퍼지게 된다. 혈연관계가 있는 개체의 번식 성공률을 높이는 이타행동을 선호하는 자연선택을 **혈연선택(kin selection)**이라고 부르기도 한다.

혈연선택의 힘은 유전적 거리가 멀어짐에 따라 약해진다. 형제자매 사이의 $r = 0.5$이지만, 이모와 조카 사이의 혈연계수는 $r = 0.25(1/4)$, 사촌들 간에는 $r = 0.125(1/8)$이다. 혈연계수가

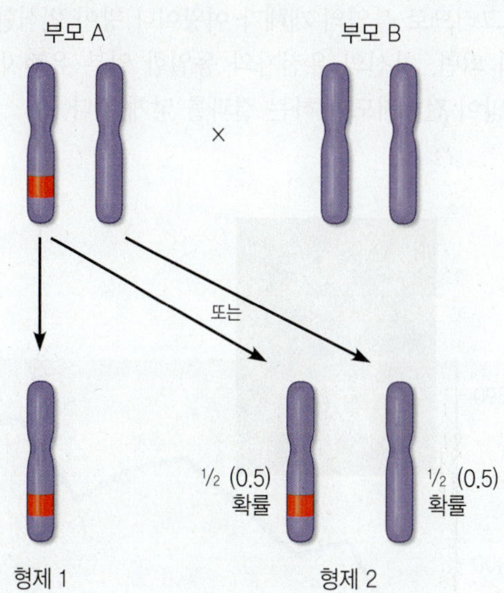

▲ **그림 52.26 형제자매 간의 혈연계수(coefficient of relatedness).** 붉은 띠는 부모 A에서 하나의 상동염색체에만 존재하는 특정 대립유전자를 가리킨다. 형제 1은 부모 A로부터의 유전자를 물려받았다. 형제 2가 부모 A로부터 이 유전자를 물려받을 확률은 1/2이다. 그러므로 두 형제 간의 혈연 계수는 1/2, 즉 0.5이다.

WHAT IF? 개체의 혈연계수는 형제자매(쌍둥이가 아닌)나 부모 중의 어느 한 쪽과 0.5로 모두 같다. 이 가치가 일부다처와 일처다부의 경우에 있어서도 또한 유지되는가?

감소함에 따라 해밀턴의 부등식에서 rB항도 감소한다. 자연선택은 사촌의 경우에도 구하도록 할까? 파도가 위험했다면 아마 구하지 않을 것이다. 본래의 조건이 $rB = 0.125 \times 2 = 0.25$이었으므로, 비용 $C(0.5)$ 가치의 단지 절반인 것이다. 영국의 유전학자인 할데인(J. B. S Haldane)은 포괄 적응도와 혈연선택의 개념을 설명하는데 자신이 한 명의 형제를 위해서는 자신을 내던지지는 않겠지만, 두 명의 형제 또는 여덟 명의 사촌을 구할 수만 있다면 자신의 목숨을 기꺼이 던질 것이라는 농담을 사용했다.

혈연선택이 이타적 행동을 설명한다면, 다양한 동물종에서 우리가 발견한 이기적이지 않은 행동의 사례들은 분명 가까운 혈연관계에 있는 개체들 사이에서 일어나야 할 것이다. 이것은 분명한 사실이지만 종종 복잡한 방식으로 나타나기도 한다. 대부분의 포유류에서와 같이, 벨딩땅다람쥐 암컷은 그들이 태어난 곳과 가까운 곳에 정착해서 사는 데 반해, 수컷들은 태어난 곳으로부터 멀리 떨어진 곳에서 정착한다(**그림 52.27**). 위험을 알리는 경고음은 대부분 암컷이 내기 때문에 그들의 행동은 가까운 친척을 돕게 될 가능성이 매우 높다. 전부 불임인 일벌의 경우, 그들이 벌집 전체의 이익을 위해 하는 행동은 생식 능력이 있는 자신의 어미인 여왕을 돕는 것이다.

벌거숭이두더지의 경우, DNA의 분석을 통해 집단의 모든 개체들이 매우 가까운 혈연관계에 있다는 것을 알게 되었다. 유전적으로 여왕은 왕의 누이, 딸, 혹은 어미인 것으로 나타났으며, 불임인 쥐들은 여왕의 직계 자손이거나 그녀의 형제들인 것으로 나타났다. 그러므로 불임의 개체가 여왕이나 왕이 번식할 기회를 향상시키게 되면, 자신의 유전자와 동일한 일부 유전자가 다음 세대에 더 많이 전해지도록 하는 결과를 낳게 된다.

▲ **그림 52.27 벨딩땅다람쥐의 혈연선택과 이타주의.** 이 그래프는 벨딩땅다람쥐의 이타행동에 있어서 수컷과 암컷의 차이를 보여준다. 젖을 뗀 이후에 암컷들은 수컷에 비해 가까운 혈연관계를 가진 개체들 근처에 산다. 이 친족들에게 위험을 알리는 경고음을 내는 암컷의 이타적 행동은 결국 자신의 적응도를 높이는 것이기도 하다.

상호이타주의

어떤 동물들은 이따금씩 친족이 아닌 다른 개체들에게도 이타적인 행동을 한다. 비비(baboon)는 싸움에서 혈연관계가 없는 동료를 돕기도 하고, 늑대도 자신과 전혀 친족관계가 없는 다른 늑대에게 먹이를 제공하기도 한다. 이러한 행동은 도움을 받은 개체가 미래에 은혜를 갚을 경우 잘 적응한 행동일 수 있다. 이렇게 도움을 주고받는 것을 **상호이타주의(reciprocal altruism)**라고 하며, 일반적으로 친족이 아닌 인간 사이의 이타주의를 설명하기 위해 언급된다. 상호이타주의는 다른 동물들에서는 드물다. 상호이타주의는 침팬지에서처럼, 사회집단이 거기에 속한 개체들이 서로 도움을 주고받기에 충분할 만큼 안정되어 있는 종들에게서만 볼 수 있다. 이러한 상호이타주의는 도움을 주고받은 개체들이 다시 만날 가능성이 높고 과거에 도움을 주었던 개체에게 호의를 되갚지 않아서 부정적인 결과를 초래할 때 가장 일어나기 쉽다. 이렇게 호의를 갚지 않는 행동을 동물행동학자들은 "반칙(cheating)"이라고 부른다.

반칙행위는 사기꾼 개체에게만 실질상 큰 이익을 가져다줄 수도 있는데, 어떻게 상호이타주의가 진화할 수 있는가? 게임이론은 팃포탯(tit for tat)이라고 부르는 서로 주고받는 행동전략의 형태로 그럴듯한 답변을 제공해 준다. 팃포탯 전략을 택하는 개체는 지난번에 만났던 그 개체가 자신에게 했던 방식대로 상대를 대접한다. 이 행동을 채택한 개체는 다른 개체와의 첫 만남에서는 항상 이타적이거나 혹은 협동적이며, 이타행동이 되돌아오는 한 그들과 도움을 주고받는 관계를 계속 유지할 것이다. 그들의 협동이 보답받지 못했을 때 팃포탯 전략을 택한 개체들은 즉시 보복하지만, 다른 개체들이 다시 협력적으로 돌아오면 곧바로 협동관계로 되돌아온다. 팃포탯 전략은, 혈연관계가 없는 흡혈박쥐 사이의 먹이(피) 공유나 영장류의 동물에서 사회적 털고르기(결혼예식) 등에서 볼 수 있는 몇몇 명백한 상호이타행동을 설명하는데 쓰인다.

진화와 인간 문화

동물처럼, 인간은 행동한다(그리고 때때로 무례하게 행동한다). 각 개체들의 해부학적 특징이 크게 다른 것같이, 우리 행동도 타고난 변이가 다양하다. 환경은 물리적 특징들과 심지어 행동 특징들에 대한 유전자형으로부터 표현형에 이르는 경로에 영향을 준다. 우리 인간의 학습과 다재다능한 능력 때문에, 인간의 행동은 다른 어떤 동물보다 아마 유연할 것이다(**그림 52.28**)

인간 활동 중 일부, 즉 먹이찾기나 구애행동 같은 것은 생존과 번식의 기능으로 쉽게 정의하기 어렵다. 이러한 활동 중 하나는 놀이로서, 이는 곧잘 목적이 없는 행동으로 비춰진다. 우리는 놀이를 아이들, 그리고 다른 척추동물이 유년시절에 하던 놀이로 인식한다. 행동생물학자들은 놀이를 침팬지들이 나뭇잎을 가지고 노는 "물건놀이(object play)", 영양의 곡예 같은 "운동놀이

(locomotor Play)", 새끼 사자들의 장난과 교류 같은 "사회놀이(social play)"로 설명했다. 그러나 이러한 분류는 놀이의 기능이 무엇인지 제대로 알려주지 못한다. 한 가지 생각은, 놀이는 구체적 기술이나 경험의 기능보다는 예측하지 못한 사건 그리고 통제할 수 없는 환경에 대한 대비의 기능으로 설명할 수 있을 것이다.

▲ 그림 52.28 **새로운 행동을 학습한다.**

인간의 문화는 **사회생물학(sociobiology)** 분야의 진화론적 이론과 연관되어 있다. 사회생물학의 주된 전제는 일부 행동 특성은 자연선택에 의해 영속되는 유전자들의 발현 결과라는 것이다. 1975년에 출판된 윌슨(E. O. Wilson)의 독창적인 책인 「사회생물학: 새로운 종합(*Sociobiology: The New Synthesis*)」은 인간이 아닌 동물들의 사회행동뿐만 아니라, 인간 문화도 진화론적인 관점에서 다루고 있어 오늘날까지 논쟁거리가 되고 있다.

우리의 최근 진화사에서, 우리는 받아들일 수 있는 행동과 없는 행동을 정의하는 정부, 법, 문화적 가치, 종교 등을 갖는 다양한 구조화된 사회를 이룩하였다. 이러한 사회에서 받아들일 수 없다고 정의한 행동 중에는 개인의 다윈적 적응도를 높여주는 행동들도 포함되어 있다. 우리를 진정 특별하게 만들고 인간과 다른 동물들을 구분 짓는 단 하나의 특징은 아마 바로 우리 인간의 사회적이고 문화적인 제도일 것이다. 그러한 특징 중 한 가지, 인간의 상호이타주의 능력은 지구의 기후변화를 포함하여 개인과 집단 관심이 종종 갈등으로 표면화되는 현재의 위기를 해결하는 데 중요할 것이다.

개념 확인 문제 52.4

1. 북미산 누룩뱀의 먹이선택에 있어 지리적 다양성이 자연선택에 의해 행동을 진화시켰다는 것을 어떻게 말해주는지 설명하라.
2. 만약 동물들이 먼 친척과 가까운 친척을 구별할 수 없다면, 포괄적 적응도의 개념을 적용할 수 있는가? 설명하라.
3. WHAT IF? 해밀턴의 법칙을 한 개체가 생식연령을 지난 상황에 적용한다고 가정하자. 이타주의적인 행동에 대한 선택이 여전히 존재할 수 있는가?

정답은 부록 A 참조

52장 복습

핵심 개념의 요약

개념 52.1

특정 감각 입력들로 인해 단순한 행동이나 복잡한 행동들이 유발될 수 있다

- **행동(behavior)**이란 외부와 내부 자극에 대한 반응들의 합이라고 할 수 있으며, 비근육활동과 근육활동을 모두를 포함한다. 틴버겐(Tinbergen)은 서로 보완적인 특징을 가지는 두 가지 관점을 조명하는 질문들로 이루어진 개념적 틀을 개발하였다. "어떻게"라는 근접적(proximate) 요인에 관한 질문은 직접적으로 행동에 숨어져 있는 유전적, 생리학적, 그리고 해부학적인 기작뿐만 아니라, 행동을 유발시키는 어떤 환경의 자극에 관한 질문이다." 왜"라는 궁극적(ultimate) 요인에 관한 질문은 특정 행동의 진화적인 중요성에 관한 질문이다.
- **고정행동양식(fixed action pattern)**은 **신호자극(sign stimulus)**이라고 알려진 단순 신호에 의해서 일어나는, 일반적으로 변화되지 않는 행동이다. 이주행동은 태양, 별, 혹은 지구의 자기장에 근원을 둔 내비게이션을 포함한다. 동물의 행동은 때때로 하루(혹은 일주성), 그 환경에서의 빛과 어둠의 주기, 그리고 계절에 따라 바뀌는 1년 동안의 변화에 맞추어져 있다.
- 동물의 **의사소통(communication)**은 신호를 전달하고 받는 것으로 구성된다. 동물들은 복잡한 행동을 담당하는 자극-반응 연쇄작용의 하나로 시각, 청각, 화학(주로 후각), 그리고 촉각 신호를 이용한다. 페로몬이라 불리는 화학물질은 종 특이적 정보를 전달하며 개체들은 먹이찾기 행동에서부터 구애행동에 이르는 다양한 행동에서 페르몬을 분비한다.

? 어떻게 이주가 전 지구적 기후 변화에 대한 적응과 거의 맞지 않는 일 년 주기 리듬에 기초할 수 있을까?

개념 52.2

학습에 의해 경험과 행동 사이의 특별한 연합이 형성된다

- 교차양육 실험을 이용하여 사회적 환경과 경험이 행동에 미치는 영향을 측정할 수 있다.
- 경험을 바탕으로 한 행동의 변화를 말하는 **학습(learning)**은 여러 가지 종류가 있다: 각인, 인지, 공간학습, 연합학습, 그리고 사회적 학습이다.

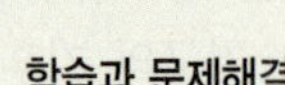

? 결과적인 행동을 고려했을 때 기러기의 각인과 참새의 노래는 어떻게 다를까?

개념 52.3

개체의 생존을 위한 선택과 번식성공은 대부분의 행동을 설명할 수 있다

- 연구실에서 통제된 실험은 행동의 진화적 변이를 설명할 수 있다.
- **최적 섭식 모델(optimal foraging model)** 이론에 의하면 자연선택은 섭식의 비용을 최소화하고, 이익을 최대화하는 섭식 행동을 하는 개체를 선호할 것이라는 것이다.
- 성적 이형성은 수컷과 암컷의 짝짓기 유형과 일치한다. 이들 짝짓기 체제 종류로 **일부일처제(monogamous)**와 **다혼성체제(polygamous)**가 있다. 짝짓기 체제의 다양성과 다변적인 수정은 친자 확신에 불확신을 초래하며 이로 인해 짝짓기 행동과 부모양육 행동에 많은 영향을 미친다.
- 게임이론은 특정 행동의 표현방법이 개체군내 다른 행동적 표현방법에 영향을 받은 상황에서 진화에 대해 생각하는 방법을 제시한다.

? 어떤 거미종은 교미 후 즉시 암컷이 수컷을 잡아먹는다. 이러한 행동을 진화적 관점에서 어떻게 설명할 수 있을까?

개념 52.4

유전 분석과 포괄 적응도 개념은 행동 진화 연구를 위한 기초를 제공한다

- 곤충의 유전적 연구에 의해 복잡한 행동이 마스터 조절 유전자에 의해 이루어진다는 것이 밝혀졌다. 하위분류 체계에서는 다양한 유전자들이 구애 노래와 같은 특정 행동에 영향을 미친다. 들쥐 두 종을 대상으로 한 실험에서는 하나의 유전자 변화만으로도 짝짓기와 양육행동과 같은 복잡한 행동에 변화를 준다는 것을 알 수 있었다.
- 종내 행동의 변화가 환경조건의 변화와 일치한다면 이것은 과거 진화의 증거일 수도 있다. 야외조사 및 실험실 연구에 의해 특정 조류들의 이주 행동변화의 유전적 기반이 밝혀졌으며 지리적 변화에 따른 먹이 가능성과 일치하는 뱀들의 행동적 차이도 알아냈다.
- 때때로 동물들은 **이타주의(altruism)**를 보인다. 이러한 행동은 **포괄 적응도(inclusive fitness)**라는 개념으로 설명할 수 있다. 포괄 적응도란 자신의 유전자를 퍼트리는 데 드는 총체적 효과로 자신의 자손을 직접 생산하거나 가까운 친척이 자손을 생산하도록 한다. 형제자매 간의 **혈연계수(coefficient of relatedness)**와 **해밀턴의 규칙(Hamilton's rule)**은 "비이기주의적"인 행동의 잠재적인 비용 대신 이타주의를 선택하도록 하는 선택적 힘을 측정하는 방법을 제공했다. 혈연선택은 친족의 번식 성공도를 증가시킴으로써 이타주의를 선호한다. 혈연이 아닌 개체에 대한 이타적인 행동은 도움을 받은 개체가 미래에 다시 도움을 주는, 상호이타주의라 불리는 교환을 하였을 경우에는 적응적일 수 있다.

? 초파리의 구애 돌연변이의 효과와 들쥐의 짝결합의 연구에서 얻어진 행동의 유전적 기반에 대한 통찰은 무엇인가?

생각해보자

수준 1: 지식/이해

1. 선천적 행동에 관한 설명으로 옳은 것은?
   a. 유전자에 의해 단지 약하게만 영향을 받는다.
   b. 환경자극과 관계 없이 일어난다.
   c. 집단 내 대부분의 개체에서 나타난다.
   d. 무척추동물과 일부 척추동물에게서는 나타나지만 포유동물에서는 나타나지 않는다.

2. 해밀턴의 법칙에 관한 설명으로 옳은 것은?
   a. 자연선택은 이타주의자를 죽음에 이르게 하는 이타적 행동을 선호하지 않는다.
   b. 자연선택은 수혜자에게 미치는 혜택이 이타주의자가 지불하는 비용을 초과할 때 이타적 행동을 선호한다.
   c. 자연선택은 형제자매에게 주는 혜택보다 자녀에게 혜택을 주는 이타적 행동을 더 선호한다.
   d. 혈연선택의 효과가 개인에게 주는 직접적인 자연선택 효과보다 더 크다.

3. 점박이도요 암컷은 공격적으로 수컷과 짝짓기를 하고, 교미 후에는 포란하는 수컷을 위해 둥지를 떠난다. 이러한 과정은 암컷이 마지막 알을 품도록 강제하여 수컷이 남아 있는 것이 더 이상 필요하지 않을 때까지 다른 수컷과 수차례 반복될 수 있다. 다음 용어 중에서 이와 같은 행동을 가장 잘 설명한 것으로 옳은 것은?
   a. 일부다처제
   b. 일처다부제
   c. 난교
   d. 부성확실성

수준 2: 응용/분석

4. 카나리아 전뇌는 비번식기에 축소되었다가 번식기에는 확장된다. 아래 설명 중에서 카나리아의 이러한 변화와 연관된 것으로 옳은 것은?
   a. 카나리아의 노래 래퍼토리에 새로운 음절을 추가하는 것
   b. 성체가 부르는 완전한 노래의 전 단계인 유사 노래의 결정화
   c. 카나리아 부모가 새로운 새끼들에게 각인시키는 임계기
   d. 작년에 불렀던 노래 소리의 기억 제거

5. 비록 대부분의 침팬지는 기름야자 열매가 많은 환경에서 살지만 일부 집단의 구성원들만 열매를 깨기 위해 돌을 이용한다. 이에 대한 설명으로 가장 적절한 것은?
   a. 행동적 차이는 집단 간의 유전적 차이에 기인한다.
   b. 서로 다른 집단의 구성원들은 필요한 영양이 다르다.
   c. 열매를 깨기 위해 돌을 사용하는 문화적 전통은 일부 집단에서만 일어났다.
   d. 서로 다른 집단의 구성원들은 학습능력이 다르다.

6. 다음 중에서 자연선택에 의해 진화된 행동 특성에 속하지 않는 것은?
   a. 각 개인의 행동양식은 전적으로 유전자에 의해 결정된다.
   b. 개인 간의 행동은 매우 다양하다.
   c. 개인 간의 번식성공은 부분적으로는 어떻게 행동하느냐에 달려 있다.
   d. 행동의 일부 요소는 유전에 의해 물려받는다.

수준 3: 종합/평가

7. **DRAW IT** 검은머리물떼새(oystercatcher)가 홍합을 먹는 행동에 관한 두 가지 최적 먹이찾기 이론을 생각 중이다. A 모델은 홍합의 크기가 커짐에 따라 얻을 수 있는 에너지가 증가한다는 것이다. B 모델은 큰 홍합일수록 더 열기 어렵다는 것이다. 각각의 모델에 대해 보상(에너지 획득을 0~10으로 표현)과 홍합의 길이(0~70 mm)와의 관계를 그래프로 그려라. 10 mm보다 작은 홍합은 이익이 없어 새들로부터 무시된다고 가정하자. 그리고 길이가 40 mm 이상인 홍합들은 크기가 커짐에 따라 열기 어려워지고, 길이가 70 mm에 달하는 홍합은 열 수 없다고 가정하자. 여러분이 그린 그래프들을 가지고, 검은머리물떼새의 서식처에서 그들의 취식행동을 관찰하고 측정하여 두 모델이 차이가 있다는 것을 어떻게 설명할 수 있는가?

8. **진화적 관점**
   우리는 흔히 우리의 주관적인 감정, 동기, 이유의 관점에서 우리의 행동을 설명한다. 그러나 행동에 대한 진화적 설명은 번식 적합도에 근거하여 설명한다. 두 가지 설명 사이의 관련성은 무엇인가? 예를 들어, "사랑에 빠졌다"와 같은 행동에 관한 인간의 설명은 진화적 설명과 양립할 수 있는가?

9. **과학적 탐구**
   캘리포니아어치(scrub jay)에 관해 연구했던 과학자들은 가끔 이미 짝지은 쌍을 도와 그들의 새끼를 돌보는 조력자(helper)가 있다는 것을 발견했다. 조력자들은 자신들의 세력권과 배우자가 없다. 대신에 그들은 세력권 소유자를 도와 그들의 새끼들을 위해 먹이를 가져다 준다. 조력자들이 그들 자신의 세력권과 배우자를 갖지 않고, 대신에 남의 새끼를 키워주면 어떤 이점을 가질 수 있는지를 설명할 수 있는 가설을 제안하라. 그 가설을 어떻게 테스트할 수 있는가? 만일 여러분이 세운 가설이 맞는다면, 어떤 실험 결과가 나올 것이라고 예측할 수 있는가?

10. **과학, 기술, 사회**
    연구자들은 태어나자마자 떨어져서 자란 일란성 쌍둥이들을 연구하는 데 매우 흥미를 갖는다. 떨어져 자란 쌍둥이들은 연구자들이 예상했던 것보다 훨씬 더 비슷한 점이 많다고 알려져 있다. 그들은 흔히 성격, 버릇, 습관 그리고 관심사항도 비슷하다. 떨어져서 자란 쌍둥이들을 연구함으로써 연구자들이 답하기를 희망하는 질문들에는 어떤 것들이 있을까? 왜 일란성 쌍둥이들이 이러한 연구에 좋은 주제가 되는가? 이 연구에서 빠지기 쉬운 함정은 무엇인가? 이들 연구들이 비판적으로 평가되지 않는다면 어떤 부작용이 일어날 수 있는가?

11. **글쓰기: 정보**
    학습은 경험을 바탕으로 행동이 변하는 것으로 정의할 수 있다. 각인과 연합학습의 예를 몇 개 들어가면서 학습하는 데 있어서 유전정보의 역할을 간략하게 100~150자로 작성해 보자.

12. **종합적으로 생각해보기**

도토리딱따구리(*Melanerpes formicivorus*)는 자신이 뚫은 나무구멍에 도토리를 저장한다. 이들이 번식할 때는 작년에 태어난 새끼들이 종종 부모를 돕는다. 번식하지 않는 조력자들의 활동에는 알을 품고 저장해둔 도토리를 지키는 것이 포함된다. 행동생물학자들이 물을 수 있는 이러한 행동들의 근접 및 궁극원인에 대한 질문은 무엇인가?

정답은 부록 A 참조

53

개체군 및 생활사 특징

핵심 개념

53.1 역동적인 생물 변천은 개체군 밀도, 분산 및 개체군의 통계에 영향을 미친다

53.2 지수적 모형은 제약이 없는 이상적인 환경 속에서 개체군 생장을 기술한다

53.3 로지스트형 생장 모형은 개체군 생장이 환경수용력 근처에서 어떻게 생장이 느려지는지를 나타낸다

53.4 생활사의 특성은 자연선택의 산물이다

53.5 개체군의 생장을 조절하는 여러 요인은 밀도의존적이다

53.6 인구는 더 이상 지수적으로 생장하지는 않지만 그래도 빠르게 증가하고 있다

▲ **그림 53.1** 매년 거북이 새끼들의 생존율이 달라지는 이유는 무엇일까?

거북이 추적

매년 플로리다주에서는 수천 마리의 붉은바다거북(*Caretta caretta*) 새끼가 알에서 부화하여 모래를 뚫고 나와 해양으로 향하는 첫 번째 삶의 여정을 시작한다(그림 53.1). 몇 가지 요인들이 어떻게 거북이가 부화하여 바다에 도달할지를 결정한다. 우선 알을 낳으려는 암컷의 수가 20배수로 다르게 나타난다. 너구리와 같은 포식자에 의한 둥지의 포식이 매년 다르게 나타나며 10% 이하인 해도 있지만 다른 해는 100% 이상의 증가로 나타난다. 간신히 모래 표면까지 뚫고 나온 거북이 새끼들은 빛에 의해 방향을 잘못 잡고 바다에서 멀어져 방황하거나, 물에 도달하기 전에 새나 게에 의해 먹혀버릴 수도 있다.

왜 거북이 새끼의 생존율이 매년 다르게 나타나는가? 이 질문에 답하기 위해서는 개체군 생태학—환경과 관련한 개체군의 연구—분야로 눈을 돌려야 한다. 개체군 생태학은 어떻게 생물학적, 비생물학적 요인들인 개체군의 밀도, 분포, 크기, 그리고 연령구조에 영향을 미치는지에 대해 탐구한다.

개체군은 자연선택이 개체들 사이의 유전적 변이들에 작용하여 오랜 시간에 걸쳐 대립유전자의 빈도를 변화시킴에 따라 진화하게 된다(23장). 진화는, 우리가 지금처럼 생태학적 맥락에서 개체군을 바라볼 때 중심주제로 남는다.

이 장에서 우리는 우선 개체군의 구조적, 역동적 측면들에 대해 살펴볼 것이다. 그러고 나서, 생물 풍부도를 조절할 수 있는 요인들과 개체군을 분석하는 데 생태학자들이 이용하는 도구와 모형들에 대해 살펴볼 것이다. 마지막으로, 인간 개체군의 조성과 크기에서의 최근 경향을 조사하면서, 우리가 조사한 기초 개념들을 적용해 보려고 한다.

개념 53.1

역동적인 생물 변천은 개체군 밀도, 분산 및 개체군의 통계에 영향을 미친다

개체군(population)이란 한 지역에 살고 있는 단일 종의 개체들의 집합체를 말한다. 개체군의 구성원들은 동일한 자원에 의존해 생활하며 동일한 환경 요인의 영향을 받는다. 나아가 서로 상호 영향을 주고받고 다른 구성원과 교배할 가능성도 높다.

개체군은 주로 경계와 크기에 의해 기술되는데(그 경계들 내에 서식하는 개체수), 생태학자들은 보통 연구되는 생물체와 야기된 질문들에 적합한 경계들을 정함으로써 개체군 조사를 시작한다. 개체군의 경계들은 섬이나 호수처럼 자연적인 것일 수도 있고, 연구자에 의해 임의로 결정된 것일 수도 있다. 예를 들어 연구자들은 떡갈나무 연구를 위해 미네소타의 특정 군을 설정할 수 있다.

밀도와 분산

개체군의 **밀도(density)**란 단위 면적 또는 단위 부피당 개체수—예를 들면, 미네소타 군에서 km^2당 떡갈나무의 수, 또는 시험관 속의 mL당 대장균 수(*Escherichia coli*)—이다. **분산(dispersion)**이란 개체군의 경계 내에 있는 개체들이 공간을 점유하는 유형이다.

밀도: 역동적 관점

드문 경우로 실제 개체군의 범주 안에 있는 모든 개체들을 헤아려서 개체군의 크기와 밀도를 결정할 수도 있다. 히타 섬의 양의 모든 개체를 셀 수도 있으며, 조수 웅덩이 속의 불가사리들은 전부 세어볼 수 있다. 물소나 코끼리 등과 같은 대형 포유류의 무리는 때로 비행기를 이용하여 정확히 셀 수 있다. 그러나 대부분의 경우에 개체군 안의 개체수를 전부 헤아린다는 것은 비효율적이거나 불가능한 일이다. 그 대신에 생태학자들은 밀도나 개체군의 크기를 측정하기 위하여 다양한 표본 추출 기법을 활용한다. 이를 테면 그들은 100×100 m의 조사구(표본) 여러 개를 임의로 설정하여 그 속의 떡갈나무 수를 헤아리고, 그 표본들의 평균 밀도를 계산함으로써 전 지역의 개체군 크기를 측정해낸다. 그러한 측정방법은 많은 조사구를 이용하고 서식지가 균일하다면 대단히 정확하다. 어떤 경우에 개체군 생태학자들은 개체수를 헤아리는 대신에 둥지의 수, 은신처, 흔적 또는 배설물 등과 같은 개체군의 지표들을 이용하여 밀도를 측정한다. 야생동물의 개체군을 측정하는 데 흔히 쓰이는 또 다른 표본 추출 기법은 **표식-재포획**

▼ 그림 53.2 **연구 방법**

개체군의 크기를 결정하기 위해 표식-재포획법을 쓴다

응용 생태학자는 개체군 내의 모든 개체를 셀 수가 없다. 왜냐하면 생물종은 매우 빠르게 움직이며 시야에서 사라지는 경우가 많기 때문이다. 이러한 이유로, 연구자는 표식-재포획법을 사용하여 개체군의 크기를 측정한다. 온타고 대학의 앤드류 고믈리와 동료들은 이 방법을 이용하여 뉴질랜드의 뱅크반도 근처에 서식하는 멸종위기종인 헥토르돌고래(*Cepalorhunchus hectori*)의 개체수를 연구하여 왔다.

헥토르 돌고래

기법 과학자들은 개체군에서 임의로 종을 포획한다. 잡힌 종은 표식을 하고 다시 돌려보낸다. 경우에 따라서는 연구자들은 표식을 하지 않고도 종을 구별할 수 있다. 고믈리(Gormley) 연구팀은 180마리의 돌고래를 표식하지 않고 배에서 사진을 찍음으로써 돌고래의 등지느러미로 구별해 낼 수 있다.

보통 표식되거나 식별이 가능한 종들은 수일 혹은 수주내 다른 개체들과 섞이게 되며, 학자들은 두 번째로 종들을 포획하게 된다. 뱅크반도(Bank Peninsula)의 고믈리 팀은 두 번째 포획 결과 44마리를 포획하였으며 그 중 7마리는 이전에 식별된 개체였음을 알아냈다. 두 번째 포획에 의해 식별된 개체는 x로 표시하며, 전체 개체군을 n으로 놓고, 첫 번째 포획된 개체는 m으로, 전체 개체군은 N으로 놓는다. 이들의 관계식은

$\frac{x}{n} = \frac{s}{N}$이며, 이것을 전체 개체군을 추정하는 식으로 표현하면, $N = \frac{sn}{x}$

위의 방법은 표식되거나 표식되지 않은 개체는 동일한 포획확률을 가지며, 표식된 개체들이 개체군에 완전히 재편입된다는 가정하에 계산된다. 또한 개체는 사망, 출생, 유입 및 유출이 연구기간 중 없는 것으로 가정한다.

결과 초기 자료에 의해 뱅크반도의 헥토르돌고래의 크기는 180 x 44/7 = 1,131마리로 추정된다. 고믈리 팀의 반복적인 연구에 의해 총 개체군은 대략 1,100마리로 추산되었다.

참고문헌 A. M. Gormley 외 Capture–recapture methods of Hector's dolphin abundance at Banks Peninsula, New Zealand, *Marine Mammal Science* 21: 204–216 (2005)

INTERPRET THE DATA 두 번째 포획에서 44마리 중 어떤 것도 이전에 사진에 찍혔던 돌고래가 아니었다고 가정하자. N에 대한 방정식을 풀 수 있을까? 이런 경우에는 개체군 크기에 대해 어떤 결론을 내릴 수 있겠는가?

▲ 그림 53.3 개체군동태론

법(mark-recapture method)이다(그림 53.2).

밀도는 고정불변이 아니라 개체가 추가되거나 사라짐에 따라 변화한다(그림 53.3). 개체수의 증가는 출생(여기서는 모든 종류의 생식을 전부 포함하는 것으로 정의한다)과 다른 지역으로부터 새로운 개체들이 들어오게 되는 **이입(immigration)**에 의해 일어난다. 반면에 한 개체군에 속한 개체들의 죽음과 그 개체군에 속한 개체들이 다른 곳으로 이동하게 되는 **이출(emigration)**에 의해 제거된다.

출생률과 사망률은 모든 개체군의 밀도에 명백한 영향을 주며, 이입과 이출 또한 개체군의 밀도에 중요하게 기여한다. 뉴질랜드의 헥토르돌고래(Hector's dolphins, 그림 53.2) 연구에서는, 해마다 전체 개체군의 15% 정도가 유입되고 있음을 보여주었다. 이 지역에서 유출은 겨울철 돌고래가 해안에서 멀어지는 시기에 나타난다. 유출과 유입은 시간이 경과함에 따라 개체군의 변동이 관찰되는 중요한 생물학적 사건이다.

분산 유형

한 개체군의 지리적 범위 내에서 국지적인 밀도는 상당히 차이가 날 수 있다. 이러한 국지적인 밀도의 변이는 개체군 생태학자들이 연구해야 할 가장 중요한 특성 중 하나이다. 왜냐하면 개체군 내에서 환경과의 연관성과 개체 간의 사회적인 상호작용을 파악할 수 있게 해주기 때문이다.

가장 흔히 볼 수 있는 분포 유형은 개체들이 무리지어 흩어져 있는 군생(clumped)이다. 식물이나 곰팡이류는 토양이나 기타 환경 조건이 발아와 생장에 적합한 요인들을 갖춘 장소에 군생한다. 예를 들면, 버섯류는 썩은 통나무에 군생할 것이다. 곤충들과 도롱뇽들이 높은 습도 때문에 같은 통나무 밑에 군생할 수도 있다. 동물들의 군생은 짝짓기 행동과도 관련될 수 있다. 불가사리들은 먹이를 바로 잡을 수 있고, 성공적으로 번식할 수 있는 조수 웅덩이 내에 집단적으로 서식한다(그림 53.4a). 집단을 형성하는 것은 포식이나 방어의 측면에서 효율을 증가시킬 수 있다; 예를 들어, 한 무리의 늑대들은 한 마리의 늑대보다 무스를 진압할 가능성이 높으며, 한 떼의 새무리는 한 마리의 새보다 더 효율적으로 공격 감행에 대한 경고를 표현할 수 있다.

균일(uniform)하게 분포하는 분산 유형은 개체군 내에서 개체들이 직접 상호작용한 결과일 수 있다. 예를 들어, 어떤 식물은 영양분을 얻기 위해 경쟁하는 인접해 있는 개체들의 발아와 생장을 저해하는 화학물질을 분비한다. 동물들은 때로 사회적으로 적대적인 상호작용—다른 개체들의 침입에 대항하여 방어하기 위한 물리적 공간인 **세력권(territoriality)** 같은 것—의 결과로 균일한 분산을 보여준다(그림 53.4b). 이 유형의 분산은 군생과는 달리 보편적이지 않다.

예측할 수 없는 무작위(random) 분산은 개체군 내에서 개체들 간에 강력한 끌림이나 반발이 없을 때, 물리, 화학적으로 생존에 핵심적인 요인들이 주어진 공간에서 상대적으로 균일할 때, 또는 각 개체들의 위상이 다른 개체들과는 독립적일 때 나타난다. 예를 들어, 민들레처럼 바람에 의하여 씨를 분산시키는 식물은 일정 서식지에 걸쳐 무작위 분산을 한다(그림 53.4c).

개체군통계학

개체군의 밀도와 분산 유형에 영향을 주는 요인들(종의 생태적 요구, 환경의 구조 및 개체군 내 개체간의 상호작용)은 또한 개체군의 다른 특성에도 영향을 미친다. **개체군통계학(demography)**이란 개체군에 대한 중요한 통계들과 시간이 흐르며 그것들이 어떻게 변화하는지 연구하는 학문이다. 개체군통계학자들의 관심

▼ 그림 53.4 한 개체군의 지리적 영역 안에서 볼 수 있는 분산 유형들

(a) 군생

불가사리들은 먹이가 풍부한 곳에서 무리를 이룬다.

(b) 균일

둥지를 트는 알바트로스들은 이웃한 개체들 사이의 공격적인 상호작용에 의해 유지되는 균일한 공간 점유를 보인다.

(c) 무작위

민들레는 바람에 의해 흩어진 씨가 땅 위에 마구잡이로 분산된 뒤에 싹이 튼다.

WHAT IF? 분산 유형은 관찰의 단위와 연관이 있다. 펭귄의 분산 유형은 바다 위 비행기에서 바라본다면 어떻게 나타날 수 있을까?

사는 출생률과 사망률이다. 개체군 동태 통계를 요약하는 유용한 방법 중 하나는 생명표를 작성하는 것이다.

생명표

약 한 세기 전 생명보험이 처음 이용되기 시작할 때 보험회사들은 사람들이 어떤 연령대에서 평균적으로 얼마나 더 살 수 있는지를 평가할 필요성을 느꼈다. 이를 위하여 개체군통계학자들은 한 개체군의 생존 유형을 연령별로 종합하는 **생명표(life table)**를 개발하였다. 개체군생태학자들은 이러한 접근방법을 개체군 전반의 연구에 적용하였다. 생명표를 만드는 가장 좋은 방법은 **동령군(cohort)**의 운명, 즉 동일한 연령의 개체들을 출생에서부터 모든 개체가 죽을 때까지 추적하는 일이다. 생명표를 작성할 때는, 각 연령층에서 사망하는 개체수를 알아내는 일과, 한 연령층에서 동령군의 생존 비율을 계산하는 일이 필요하다. 동령군의 생명표는 야생동물이나 식물을 대상으로 만들기는 어려우며, 단지 한정된 종에 대해서만 이용할 수 있다. 벨딩땅다람쥐 연구

표 53.1 캘리포니아주 시에라 네바다 산맥의 티오가 파스에서 벨딩땅다람쥐(*Spermophilus beldingi*)에 대한 생명표*

	암컷					수컷				
연령(년)	연초의 생존 개체수	연초의 생존 개체 비율	연간 사망 개체수	사망률†	추가 수명 기대치 평균(년)	연초의 생존 개체수	연초의 생존 개체 비율	연간 사망 개체수	사망률†	추가 수명 기대치 평균(년)
0~1	337	1.000	207	0.61	1.33	349	1.000	227	0.65	1.07
1~2	252‡	0.386	125	0.50	1.56	248‡	0.350	140	0.56	1.12
2~3	127	0.197	60	0.47	1.60	108	0.152	74	0.69	0.93
3~4	67	0.106	32	0.48	1.59	34	0.048	23	0.68	0.89
4~5	35	0.054	16	0.46	1.59	11	0.015	9	0.82	0.68
5~6	19	0.029	10	0.53	1.50	2	0.003	2	1.00	0.50
6~7	9	0.014	4	0.44	1.61	0				
7~8	5	0.008	1	0.20	1.50					
8~9	4	0.006	3	0.75	0.75					
9~10	1	0.002	1	1.00	0.50					

참고문헌: P. W. Sherman and M. L. Morton, Demography of Belding's ground squirrel, *Ecology* 65:1617–1628 (1984).

* 암수가 서로 다른 수명 패턴을 보여 주어 각각 별도로 기록하였다.
† 사망률은 특정 기간 동안 죽는 개체수의 비율이다.
‡ 첫 포획에서 일년생 암컷 122개체, 수컷 126개체가 잡혔기 때문에 이들은 다람쥐의 0~1 연령층에 포함되지 않았다.

▶ 벨딩땅다람쥐에 대해 연구 중인 과학자들

에 의한 생명표는 **표 53.1**과 같다. 이 표는 개체군에 대한 많은 사실들을 보여준다. 예를 들면, 셋째와 여덟째 세로열은 각 연령층에서 아직 살아 있는 동령군의 암수 비율을 각각 기록한 것이다. 다섯째 줄과 세로열을 비교해 보면 수컷이 암컷보다 사망률이 높다는 것을 알 수 있다.

생존곡선

생명표의 자료들을 나타내는 도표를 **생존곡선(survivorship curve)**이라 부르며, 한 동령군의 각 연령에서 아직 살아 개체의 비율 또는 수로 그린다. 표 53.1에서의 벨딩땅다람쥐의 자료로 이 개체군의 생존곡선을 만들어 보자. 일반적으로 한 생존곡선은 한 개체군에서 1,000개체를 동령군으로 하여 만들어진다. 벨딩땅다람쥐 개체군에서 이를 만들려면 각 연령이 시작할 때 살아 있는 개체수의 비율에 1,000(동령군의 가상적인 처음 개체수)을 곱하면 된다(표 52.1에서 제3과 제8열). 그 결과는 각각의 해가 시작할 때 살아 있는 개체수가 된다. 이 수들을 벨딩땅다람쥐 암수 연령에 따라 점으로 표시하면 **그림 53.5**를 얻는다. 이 점들이 거의 직선을 이루는 것은 사망률이 비교적 일정하다는 의미이다. 한편, 전반적으로 수컷은 암컷보다 생존율이 낮다.

그림 53.5는 자연 집단에서 볼 수 있는 많은 생존 유형의 하나를 나타낸다. 생존곡선들은 다양하지만 세 가지 일반적인 유형으로 분류할 수 있다(**그림 53.6**). I형의 곡선은 초기부터 중기까지 사망률이 낮아 평평하다가 노년층에 이르러 사망률이 높아지면서 급격히 하강하게 된다. 인간과 여러 대형 포유류들은 적은 자손을 낳지만 잘 양육하므로 흔히 이런 곡선을 나타낸다. 이에 비하여 III형의 곡선은 초기부터 매우 높은 사망률을 나타내어 급하게 하강하지만, 그 후에는 일정한 연령에 도달할 때까지 살아남은 적은 개체들이 결정적인 연령까지 잘 생존하므로 사망률은 서서히 감소한다. 이 유형의 곡선은 일반적으로 많은 자손을 낳지

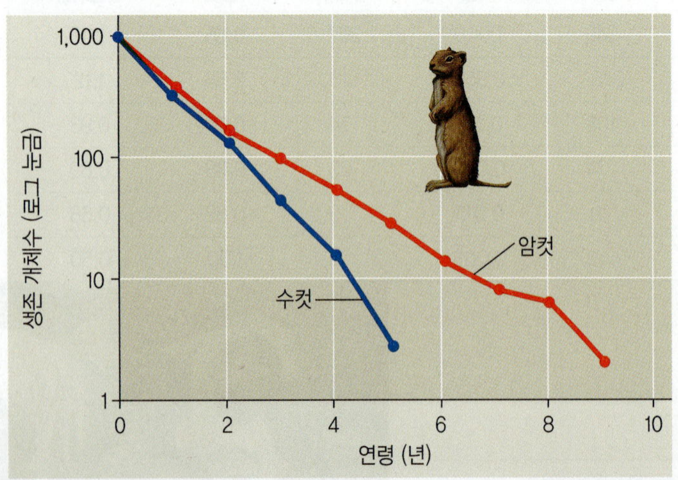

▲ **그림 53.5 벨딩땅다람쥐 암수의 생존곡선.** *y*축의 로그 치수는 그래프의 전 영역에서 생존자의 수(2~1000개체)를 잘 볼 수 있게 해준다.

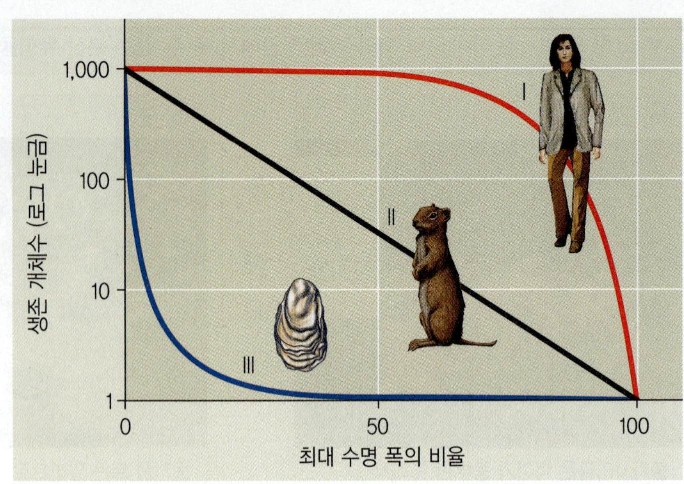

▲ **그림 53.6 이상적인 생존곡선들: I, II, 그리고 III형.** *y*축은 로그 눈금이고, *x*축은 상대량이기 때문에, 수명 폭이 광범위하게 변화하는 종들을 동일 도표 상에서 비교할 수 있다.

만 그 자손을 거의 또는 전혀 돌보지 않는 다년생 식물들과 많은 물고기들, 그리고 해산 무척추동물들이 보여준다. 이를테면, 굴은 수백만 개의 알을 산란하지만 유생 때 포식자들에게 잡아먹히거나 또는 다른 이유 때문에 대부분 죽게 된다. 살아남은 소수는 적당한 곳에 착생하여 딱딱한 껍질을 만들며 비교적 장기간 생존해 갈 수 있게 된다. II형의 곡선은 중간형으로 일생 동안 비교적 일정한 사망률을 보인다. 이런 생존 유형은 벨딩땅다람쥐(그림 53.5)와 그 밖의 설치류, 다양한 무척추동물, 몇몇 도마뱀, 일년생 식물들에서 나타난다.

많은 종들은 이런 기본적인 생존 유형에 포함되지만, 보다 복잡한 유형을 나타내기도 한다. 예를 들어 새들의 사망률은 어린 개체 때 더 높을 수 있으나(제III형에서처럼), 성체가 되면 매우 안정적이다(제II형에서처럼). 게 같은 몇몇 무척추동물은 탈피를 할 때 사망률이 높아지고, 딱딱한 외피를 갖추고 나면 사망률이 낮아지기 때문에 "계단형" 곡선을 나타낸다.

이입과 이출이 없는 개체군에서 생존곡선은 개체군의 크기를 결정하는 두 가지 핵심 요인 중 하나이다. 또 하나의 핵심 요인은 생식률이다.

생식률

개체군통계학자들은 유성생식을 하는 종을 연구할 때 개체군에서 흔히 수컷을 무시하고 암컷에만 집중한다. 개체군에서 오직 암컷만이 자손을 낳기 때문이다. 개체군 통계학자들의 관점에서 개체군은 암컷들이 낳는 암컷의 무리이다. 수컷은 유전자의 전달자로서만 의미가 있다. 그러므로 개체군의 생식 유형을 서술하는 가장 단순한 방법은 생식의 결과가 암컷의 연령에 따라 어떻게 달라지는지 묻는 것이다.

번식하는 암컷의 수를 측정하는 것은 개체군이나 종의 생식률을 산정하는 중요한 과정이다. 생태학자는 수의 측정을 직접하

부분 1: 데이터베이스 구축하기:

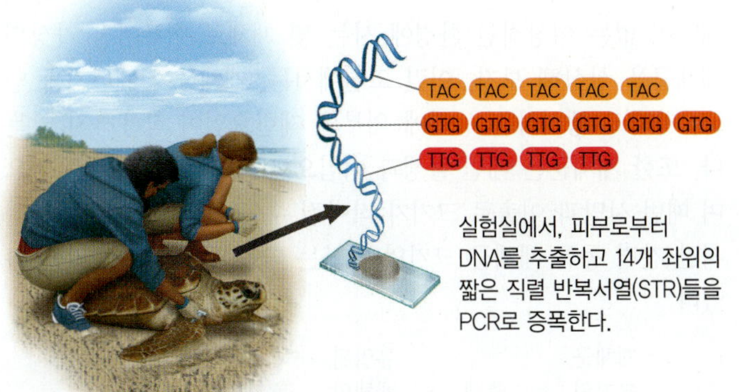

피부 시료를 암컷 거북이으로부터 수집한다.

각 거북이의 유전 프로파일을 구해 자료로 축적한다.

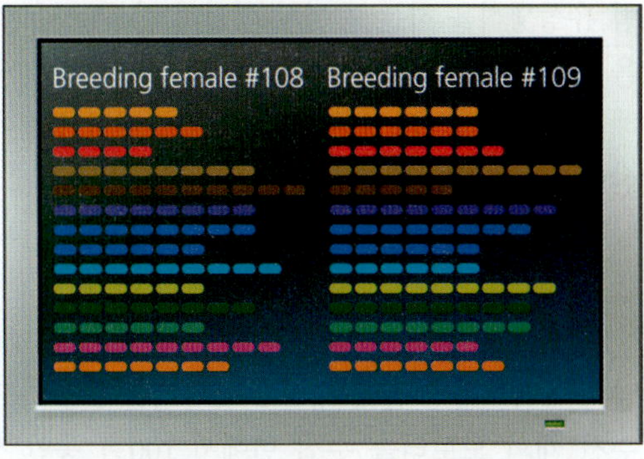

2단계: 데이터베이스에서 시료를 확인하기:

TAC TAC TAC TAC TAC TAC
GTG GTG GTG GTG GTG GTG
TTG TTG TTG TTG TTG TTG TTG

실험실에서, 알껍질로부터 DNA를 추출하고 14개 좌위의 짧은 직렬 반복서열들을 PCR로 증폭한다.

알껍질을 거북이 둥지에서 수집한다.

각 알껍질 시료들에 대해 유전 프로파일을 결정한다.

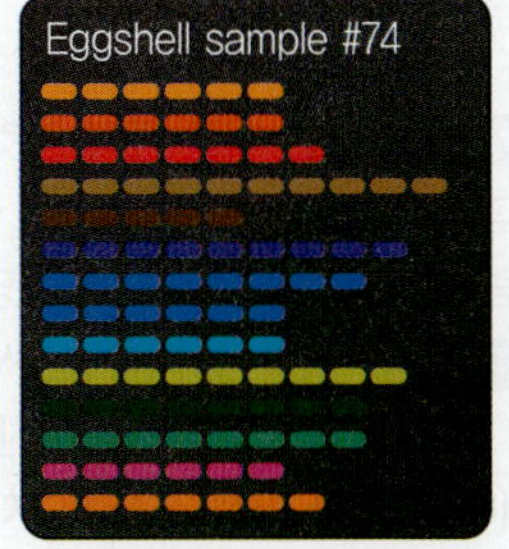

알껍질의 유전 프로파일을 기존의 성체 암컷 거북이의 유전 프로파일을 포함하고 있는 데이터베이스와 비교한다.

일치하는 자료를 통해 그 알을 둥지에 낳았던 암컷을 찾는다.

▲ 그림 53.7 붉은바다거북의 알껍질에 대한 유전 프로파일을 이용하여 알을 낳은 어미를 찾을 수 있다.

? 어떤 암컷이 74번 알껍질 시료가 채취된 둥지에 알을 낳았는가?

거나, 표식-재포획법(그림 53.2) 등을 포함하여 다양한 방법을 동원한다. 최근에는 분자생물학적 방법이 점점 더 많이 사용된다. 조지아주의 학자들은 2005~2009년에 수집한 붉은바다거북의 암컷 피부 시료를 이용하였다. 그들은 PCR을 이용하여 핵의 짧은 직렬 반복서열(short tandem)들 14개 좌위에 대해 각 암컷들의 유전 프로파일을 만들었다(그림 53.7). 그들은 해변의 각 거북이 둥지에서 알껍질을 얻어 DNA 추출하였고, 유전 프로파일 데이터베이스를 이용하여 특정 암컷과 각 둥지를 짝지었다. 이 방법은 198마리의 암컷 중 몇 마리가 번식에 참여한지를 알아낼 수 있고 산란 중 암컷을 방해하지 않는 비침습적 방법이다.

번식하는 암컷의 연령은 번식률을 측정하는 다른 중요한 변수이다. **생식표(reproductive table)** 또는 수정 계획표(fertility schedule)란 한 집단에서 생식률을 연령별로 종합한 것이다. 생식표를 가장 잘 만드는 방법은 한 동령군의 생식의 결과를 출생부터 사망까지 측정하는 것이다. 유성생식을 하는 종에서 생식표는 각 연령군에서 생산되는 암컷 자손의 수를 조사하여 만들어진다. 표 53.2는 벨딩땅다람쥐에 대한 생식표이다. 새나 포유류처

표 53.2 티오가 파스에 사는 벨딩땅다람쥐의 생식표

연령 (년)	한배 새끼들의 젖을 뗀 암컷의 비율	한배 새끼의 평균 크기 (수컷 + 암컷)	한배 새끼 중 암컷의 평균 수	암컷 자손의 평균 수*
0~1	0.00	0.00	0.00	0.00
1~2	0.65	3.30	1.65	1.07
2~3	0.92	4.05	2.03	1.87
3~4	0.90	4.90	2.45	2.21
4~5	0.95	5.45	2.73	2.59
5~6	1.00	4.15	2.08	2.08
6~7	1.00	3.40	1.70	1.70
7~8	1.00	3.85	1.93	1.93
8~9	1.00	3.85	1.93	1.93
9~10	1.00	3.15	1.58	1.58

참고문헌: P. W. Sherman and M. L. Morton, Demography of Belding's ground squirrel, *Ecology* 65:1617–1628 (1984).

* 암컷 자손의 평균 수는 한배 새끼들에 대해 젖을 뗀 암컷의 비율(새끼를 낳은 암컷의 비율)과 한배 새끼들 중 암컷의 평균 수를 곱한 것이다.

럼 유성생식을 하는 종에서 생식의 결과는 주어진 연령에서 생식을 하는 암컷의 비율과 이들이 생산하는 암컷 자손의 수를 이용해 구한다. 각각의 수치를 곱하면 주어진 연령에서 각 암컷이 출산한 평균 암컷 자손의 수를 얻게 된다(표 53.2의 마지막 열). 벨딩땅다람쥐에서는 1년 차에 생식이 시작되고, 4년 차에서 최고치를 나타내며, 그 후 나이가 들면 감소한다.

생식표는 종에 따라 매우 다양하다. 다람쥐는 약 10년 동안 일 년에 한 번씩 한배 새끼 2~6마리를 출산하고, 참나무는 매년 수천 개의 도토리를 수십 년에서 100년 동안 생산한다. 조개나 그 밖의 무척추동물들은 1회 산란 주기마다 수십만 개의 알을 생산한다. 하지만 높은 출산율은 조건이 생장 및 자손생존에 거의 이상적이지 않는 한 빠른 생장곡선을 유도하지는 않는다. 이러한 사항은 다음 절에서 학습하게 될 것이다.

개념 확인 문제 53.1

1. **DRAW IT** 어떤 어류 종의 암컷은 각각 매년 수백만 개의 알을 산란한다. 이들에게 나타날 것으로 기대되는 생존 유형은 어떤 것인가? 그림을 그려 유형을 설명하고 당신의 선택을 설명하라.
2. **WHAT IF?** 그림 53.2에서 표식-재포획의 중요한 가정은 표식 개체는 표식되지 않은 개체와 마찬가지의 포획확률을 가지고 있다는 것이다. 이러한 가정이 성립되지 않는 경우를 설정하고 이런 경우 개체군의 크기에 어떤 영향이 있는지 설명하라.
3. **MAKE CONNECTIONS** 수컷 큰가시고기는 둥지영역을 침범하는 다른 수컷을 공격한다(그림 52.2a). 수컷물고기의 예상되는 분산을 예측하고 당신의 선택이유를 설명하라.

정답은 부록 A 참조

개념 53.2

지수적 모형은 제약이 없는 이상적인 환경 속에서 개체군 생장을 기술한다

모든 생물 개체군들은 자원이 풍부할 때 그 크기가 매우 팽창할 수 있는 잠재력을 지닌다. 개체군 증식의 원동력을 이해하기 위하여 이상적인 실험실의 조건 하에서 20분마다 한 번씩 분열하는 세균 한 마리를 생각해 보자. 20분 후에는 2마리로, 40분 후에는 4마리로, 60분 후에는 8마리로 늘어날 것이다. 만약 이런 속도로 증식이 계속되고 죽지 않는다면 단지 하루 반나절(단 36시간) 만에 30 cm 두께로 전 지구를 덮기에 충분할 정도로 늘어날 것이다. 무제한 생장은 자연계에서는 그리 오래 지속되지 못하는데, 개체군이 생장함에 따라 개체들은 더 적은 자원만 얻을 수 있기 때문이다. 그럼에도 불구하고, 생태학자들은 개체군이 얼마나 빠르게 성장할 수 있는지, 그리고 어떤 조건에서 빠른 성장이 실제로 일어나는지를 알아내기 위해, 이상적이고 무제한적인 환경들에서의 개체군 생장을 연구한다.

개체당증가율

제약이 없는 이상적인 환경에 사는 몇 개체로 이루어진 가상의 개체군을 상상해 보자. 이런 조건에서는, 개체들이 에너지를 얻고, 자라고 생식하는 능력에 외부의 제한요인이 작용하지 않는다. 또한 개체군은 매번 출생과 이입으로 크기가 증가할 수 있으며 매번 사망과 이출로 크기가 작아질 수도 있다. 그리하여 일정 시간 간격 동안 개체군 크기의 변화는 다음 등식으로 정리할 수 있다:

개체군 크기의 변화	=	출생	+	유입된 개체의 증가	−	사망	−	유출된 개체의 감소

간단하게, 유입과 유출은 생략하기로 하자.

이 관계는 수학적인 기호를 이용해 더 간결하게 표현할 수 있다. 만약 N이 개체군 크기를 나타내고 t가 시간을 나타낸다면, 평가하려는 개체군의 생장에서 ΔN은 개체군 크기의 변화를, Δt는 시간 간격(수명 또는 종의 세대 기간)을 나타낸다(그리스 문자 델타, Δ는 시간에 따른 변화를 의미한다). 기간내 출생개체수 B와 사망한 개체수 D를 이용하여 표현하면,

$$\frac{\Delta N}{\Delta t} = B - D$$

다음으로 이 단순 모형을 특정 시간 간격 동안 단위 개체당 평균 출생수와 평균 사망수를 이용한 것으로 바꿀 수 있다. **개체당출생률**(per capita birth rate)은 개체군의 평균 개체수에 의해서 단위 시간당 생산된 자손의 수이다. 예를 들어, 만약 1,000개체로 이루어진 개체군에서 연간 34개체가 출생한다면, 연간 개체당 출생률은 34/1000, 또는 0.034이다. 만약 연간 단위 출생률(b로 표현)을 안다면, 어떤 크기의 개체군에 대한 연간 출생 기대치를 $B = bN$이라는 공식으로 계산할 수 있다. 예를 들어, 만약 연간 개체당출생률이 0.034이고 개체군 크기가 500이라면,

$$B = bN = 0.034 \text{ x } 500 = 17 \text{ 개체/년}$$

동일하게, **개체당사망률**(per capita death rate; 사망률이므로 m 표기)은 어떤 크기의 개체군에서 단위 시간당 예상 사망 수이다. 식 $D = mN$으로 표기한다. 만약 연간 $m = 0.016$이라면, 1,000개체로 된 개체군에서 연간 16개체의 죽음을 예측할 수 있다. 자연 집단이나 실험실 집단에서 개체당출생률과 개체당사망률은 개체군 크기와 생명표 및 생식표의 자료들로 측정할 수 있다(표 53.1, 53.2).

이제, 개체군 생장 공식을 출생과 사망 수보다는 개체당출생률과 개체당사망률을 써서 바꾸자.

$$\frac{\Delta N}{\Delta t} = bN - mN$$

마지막 단순화 작업은 이 식을 정리하는 일이다. 개체군생태학자들은 개체당출생률과 개체당사망률의 차이에 더 관심을 가진다. 이 차이는 개체당증가율(per capita rate of increase) 또는 r이다.

$$r = b - m$$

r 값은 주어진 개체군의 생장($r > 0$), 또는 감소($r < 0$)를 나타낸다. **제로개체군생장(zero population growth, ZPG)**은 개체당출생률과 개체당사망률이 동일($r = 0$)할 때 나타난다. 그런 개체군에서는 출생과 사망이 일어나고 있지만 두 값이 정확하게 균형을 이루고 있다.

개체당증가율을 이용해서 개체군 생장에 대한 공식은 다음과 같이 바꾸어 쓸 수 있다:

$$\frac{\Delta N}{\Delta t} = rN$$

위의 식은 분리된 고정된 시간(앞의 예에서처럼 1년)을 이용하며 이주나 이입을 포함하지 않는다. 대부분의 생태학자들은 순간생장(instanteneously)을 표현하기 위해 미분을 사용하기 좋아한다. 따라서 순간변화에 따른 개체군의 생장률을 표현하려면:

$$\frac{dN}{dt} = r_{inst}N$$

이 경우 r_{inst}는 개체의 순간적인 생장을 표현하는 것이며, 만약 미적분학을 아직 공부하지 못했다 하더라도, 이 마지막 등식을 두려워하지 말기 바란다. 이 식은 앞의 것과 기본적으로 같으며 다만, 시간 간격을 나타내는 Δt가 매우 짧기 때문에 이 등식에서는 dt로 나타낸 것이다. 실제로 Δt는 매우 짧아짐에 따라, r은 순간을 표현하는 r_{inst}에 접근하게 된다.

지수적 생장

앞에선 모든 개체들이 풍부한 먹이를 얻고 생리적으로 생식하기에 제약이 없는 개체군 하나를 서술하였다. 이런 이상적인 조건 하에서 개체군의 생장을 **지수적 개체군생장(exponential population growth)**이라고 하며, r_{inst} 0보다 큰 값을 가지며 시간에 따른 각 순간에 일정하다. 이상적인 조건에서는, 개체당 증가율이 r_{max}로 표시되는 종의 최대증가율이라고 생각할 수 있다. 지수적 생장에 대한 일반 방정식은,

$$\frac{dN}{dt} = r_{max}N$$

일정한 비율로 지수적 생장을 하는 개체군의 크기를 시간의 경과에 따라 그려보면 결국 J형 생장곡선(J-shaped growth curve)을 이루게 된다**(그림 53.8)**. 비록 최대 증가율이 일정해도, 개체군은 그 크기가 작을 때보다 크기가 클 때 단위시간당 더 많은

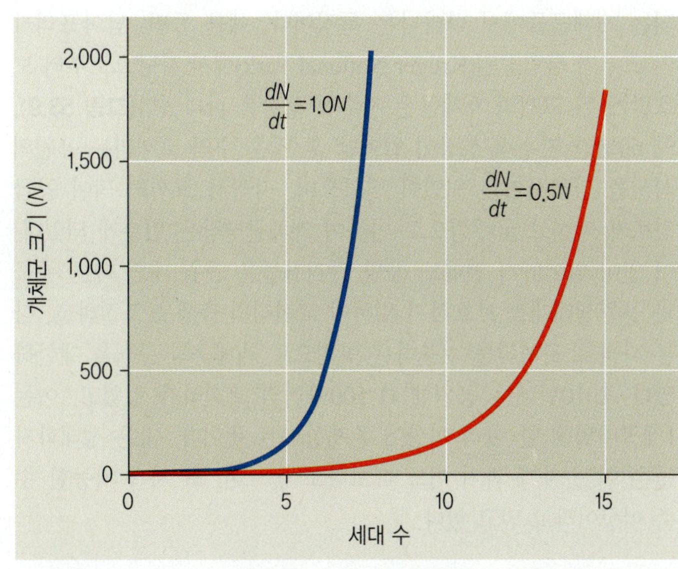

▲ **그림 53.8 지수적 모형에 의해 예측되는 개체군 생장.** 이 도표는 서로 다른 를 갖는 두 개체군의 생장을 비교한 것이다. 그 값이 0.5에서 1로 증가하면 시간 경과에 따른 곡선의 상대적인 기울기로 표현된 개체군 크기의 증가 비율은 증가한다.

새로운 개체들을 축적한다; 따라서 그림 53.8의 곡선은 시간이 지남에 따라 점차 가팔라진다. 개체군 성장이 r_{inst}에 의존적인 것 만큼이나 N에 의존적이고, 동일한 개체당 증가율로 성장하는 집단에서 더 큰 집단은 작은 집단에 비해 더 많은 출생(및 사망)을 경험하기 때문에 이런 일이 발생한다. 또한 그림 53.8로부터, 더 높은 최대 증가율($dN/dt = 1.0N$)을 가지는 개체군은 더 낮은 증가율($dN/dt = 0.5N$)을 가지는 개체군보다 더 빠르게 성장할 것임을 분명히 알 수 있다.

지수적 생장의 J형 생장곡선은 개체들이 새로운 환경으로 도입되었거나, 재해에 의해 그 수가 급감했던 개체수가 다시 회복

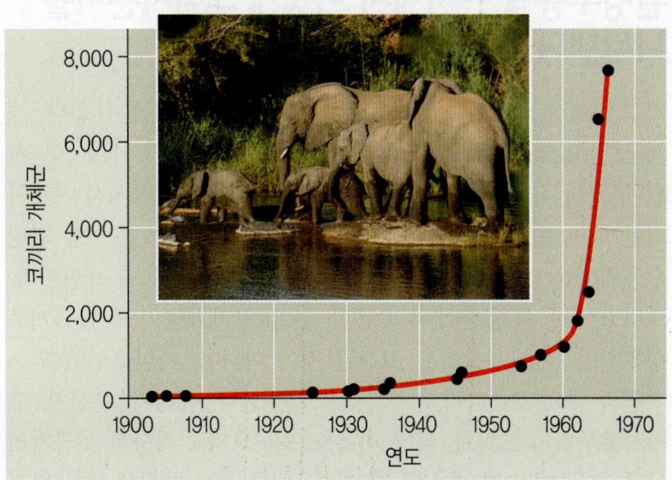

▲ **그림 53.9 남아프리카의 크루거 국립공원에서 아프리카 코끼리 개체군의 지수적 생장**

되는 개체군들에서 나타나는 특징이다. 예를 들면, 남아프리카의 크루거 국립공원(Kruger National Park)에서 사냥으로부터 보호받게 된 코끼리 개체군은 지수적 생장을 나타냈다(그림 53.9). 약 60년간 지수적 생장이 일어난 후 많은 수의 코끼리는 공원의 식생을 파괴시키는 원인이 되었으며, 따라서 코끼리 먹이 공급 경로가 막히고 굶주림으로 인하여 개체군생장은 멈추게 되었다. 이 일이 일어나기 전에도 공원 관리자들은 공원 내의 다른 종들과 공원생태계를 보호하기 위하여 코끼리의 출생을 조절하고, 다른 나라로 코끼리를 수출하는 방법으로 개체군의 증식을 제한하였다. 2010년에는 공원에 11,500마리의 코끼리가 있었고, 이는 1제곱마일에 한 마리 이상이 존재한다는 뜻이다. 많은 생태학자들은 이 숫자가 과거 어느 때보다도 높으며, 또 지속 가능한 수준 이상이라고 믿고 있다.

개념 확인 문제 53.2

1. 왜 개체군의 일정한 생장률(r_{inst})이 J형의 생장곡선을 만들게 되는지 설명하라.
2. 한 식물 개체군에서 지수적 생장이 일어나기 쉬운 곳은 새로 형성된 화산 섬과 잘 성숙되고 교란되지 않은 우림(rain forest) 중에 어느 쪽일까? 그 까닭은?
3. WHAT IF? 2011년도에 미국의 인구는 3억 1,100만 명을 돌파하였다. 만일 인구 1,000명당 14명의 출산과 8명의 사망이 존재한다면 순증가율은 매년 어떻게 나타날 것인가(유입자와 유출자를 제외함). 미국이 지수인구생장을 하고 있는지 알기 위해 무엇을 더 고려해야 하는 지 생각해 보라.

정답은 부록 A 참조

개념 53.3

로지스트형 생장 모형은 개체군 생장이 환경수용력 근처에서 어떻게 느려지는지를 나타낸다

지수적 생장 모델은 현실적으로 이 세상에 결코 있을 수 없다. 개체군 밀도(population density)가 증가함에 따라 각 개체들은 자원 부족에 직면하게 된다. 그러므로 궁극적으로 한 서식지를 차지할 수 있는 개체의 수엔 한계가 있다. 생태학자들은 이를 **환경수용력(carrying capacity)**이라 하며, K라는 부호로 표현한다. 그리고 이를 특정 환경이 수용할 수 있는 개체군의 최대 크기로 정의한다. 환경수용력은 고정된 것이 아니며, 제한요인이 되는 자원의 풍요도에 따라 시공간적으로 변한다. 에너지, 은신처, 포식자로부터의 도피처, 토양 비옥도, 물, 그리고 적당한 보금자리 등은 모두 제한 요인이 될 수 있다. 예를 들어 박쥐에 대한 환경수용력은 날아다니는 곤충들이 많이 모여 사는 서식지에서 더 높을 것이지만, 많은 먹이가 있더라도 적당한 피신처가 거의 없는 서식지에서는 낮아질 것이다.

과밀화와 자원 한계는 개체군생장률(population growth rate)에 심대한 영향을 미친다. 만약 개체들이 생식을 위한 충분한 영양을 얻지 못한다면 개체당출생률(b)은 감소할 것이다. 만약 그들이 자신들을 유지할만한 충분한 에너지를 소비할 수 없거나, 과밀화로 인한 질병이나 기생충이 증가한다면, 개체당사망률(m)이 증가할 수도 있다.

로지스트형 생장 모형

우리는 N이 증가함에 따른 생장률의 변화가 포함되도록 우리의 수학 모형을 변화시킬 수 있다. **로지스트형 개체군 생장(logistic population growth)** 모형에서는, 개체군 크기가 수용력에 가까워짐에 따라 개체당생장률이 0에 근접한다.

로지스트형 모형을 만들기 위하여 우리는 지수적 생장 모형에서 출발하여, N이 증가함에 따라 개체당증가율이 감소하게 한다. 만약 지속가능한 개체군 최대 크기(환경수용력)를 K라고 하면, $K - N$은 환경이 추가로 수용 가능한 개체들의 수이고, $(K - N)/K$은 K에 대해 개체군 생장에서 여유가 있는 부분의 비율을 나타낸다. 지수적 증가율인 $r_{inst}N$을 $(K - N)/K$에 곱함으로써 생장가능한 여유분에 따라 개체군생장률을 변화시킬 수 있고, N은 다음과 같이 표현할 수 있다.

$$\frac{dN}{dt} = r_{inst}N\,\frac{(K-N)}{K}$$

N이 K보다 상대적으로 작을 때 $(K - N)/K$는 1에 가까워지고, $r_{inst}N(K - N)/K$의 개체당증가율은 최대 증가율에 근접한다. 그러나 N이 커져 자원이 한정적일 때, $(K - N)/K$는 0에 접근하고, 그리하여 개체당증가율도 감소한다. 표 53.3은 여러 가지 다양한 크기의 개체군에서 가상적인 개체군생장률을 로지스트형 모형으로 계산한 것을 보여주며, $r_{inst} = 1.0$의 값을 가진다. 개체군의 크기가 연간 통틀어 750, 즉 환경수용력의 절반일 때, 전체 개체군 생장률은 최대인 +375이 되는 것을 주목하라. 개체군생장률이 왜 개체군 크기가 더 작을 때가 아닌 750에서인가? 이것은 개체당증가율과 개체군 크기 간의 균형 때문이다. 개체군 크기가 750일 때 개체당증가율은 상대적으로 높게 지속된다(최대 비율의 절반). 그뿐만 아니라 번식에 참여하는 개체 역시 많으므로 이보다 크기(N)가 작은 개체군들보다 새로 생겨나는 개체수가 더 많게 된다.

그림 53.10에서 보여주었듯이, 개체군 생장의 로지스트형 모형에서는 만약 N을 시간별로 계속 표시해 보면 시그모이드형(S자형) 생장곡선을 이룬다(붉은 선). 새로운 개체들이 개체군에 편입되어 개체군의 절반 수준일 때 가장 많은 번식개체군이 나타나며 또한 이용 가능한 공간과 자원도 상대적으로 많을 때 새로운 개체들은 가장 빨리 불어난다. 그러므로 중간 크기의 개체군에서

표 53.3 로지스트형 개체군 생장의 한 가상의 사례 (K = 1,500)

개체군 크기(N)	최대 증가율 (r_{inst})	$\frac{(K-N)}{K}$	개체당 증가율 $r_{inst}\frac{(K-N)}{K}$	개체군 생장률:* $r_{inst}N\frac{(K-N)}{K}$
25	1.0	0.98	0.98	+25
100	1.0	0.93	0.93	+93
250	1.0	0.83	0.83	+208
500	1.0	0.67	0.67	+333
750	1.0	0.50	0.50	+375
1,000	1.0	0.33	0.33	+333
1,500	1.0	0.00	0.00	0

* 가장 가까운 어림수로 표현되었다.

개체군생장률이 최대가 되고 N이 K로 접근할수록 느리게 된다.

우리는 N이 K에 가까워질 때 왜 개체군 생장률이 작아지는지, 그 까닭에 대하여 아직 이야기하지 않았다. 개체군생장률이 감소하면 출생률 b가 감소하거나 사망률 m이 증가하며, 또는 양쪽이 함께 일어난다. 이 장의 후반부에 이런 비율에 영향을 주는 여러 요인을 검토할 것이며, 이 요인에는 질병의 존재, 포식 및 먹이와 다른 자원의 제한적인 공급등이 포함된다. **과학적 분석 기술의 연습**에서, 만일 N이 K보다 크게 될 경우 어떤 일이 발생하는지에 대한 모델링을 수행해 보도록 하자.

로지스트형 모형과 실제 개체군

딱정벌레나 갑각류, 그리고 짚신벌레나 효모, 세균 따위의 미생물 같은 작은 동물이나 미생물들이 실험실에서 보여주는 개체군

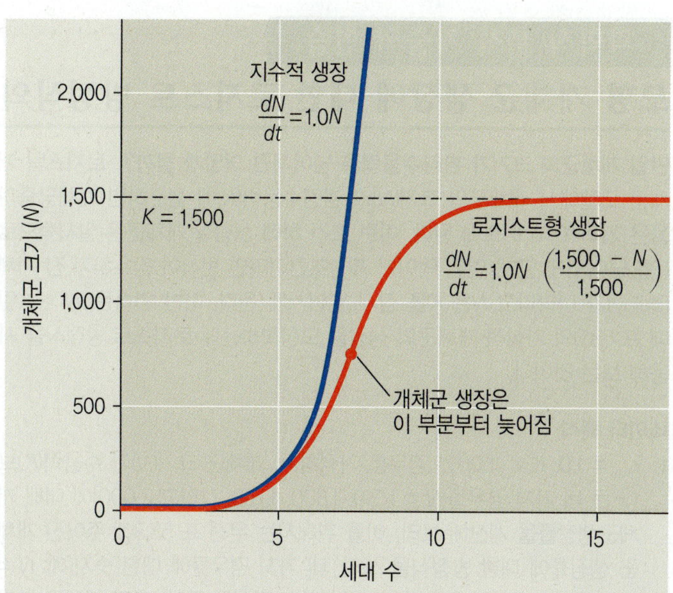

▲ **그림 53.10 로지스트형 모형으로 예측한 개체군 생장.** 개체군생장률이 개체군 크기(N)가 환경수용력(K)에 근접함에 따라 줄어들고 있음을 보여준다. 붉은 선은 개체군에서 r_{inst} = 1.0이고 K = 1,500일 때, 로지스트형 생장을 보여준다. 이와 다르게, 푸른 선은 동일한 r_{inst}를 가지며 개체군이 지속적으로 생장하는 지수적 생장을 나타낸다.

생장은 S자형 곡선에 매우 잘 맞는다(**그림 53.11a**). 이 개체군들은 포식자도 없고 자원을 두고 경쟁하는 다른 종도 없는, 자연 생태에서는 보기 힘든 일관된 환경 하에서 자란 것이다.

로지스트형 모형에 적용시키는 몇 가지 기본적인 가정은 모든 개체군에 적용되지 않는다. 예를 들어 로지스트형 모형은 개체군들이 즉시 자라서 자연스럽게 환경수용력에 접근하도록 조절한다. 그러나 대부분의 자연 집단에서는 개체군이 증가하는 데 미

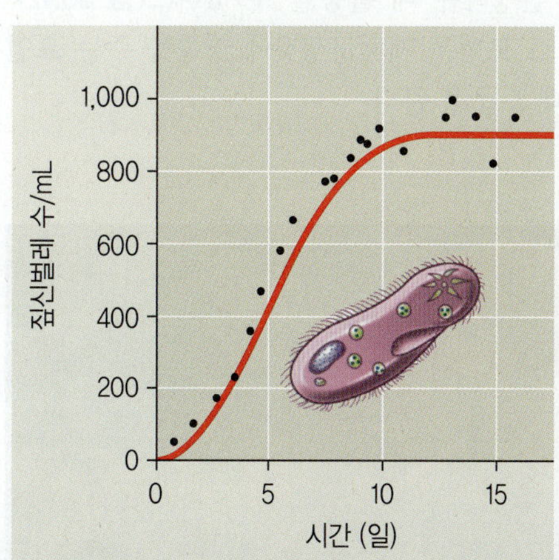

(a) **실험실의 짚신벌레.** 작은 개체군을 배양했을 때 짚신벌레(*Paramecium aurelia*)의 생장(검은 점)은 만약 실험자가 일정한 환경을 지속시켜 주면 로지스트형 곡선(붉은 곡선)에 근접한다.

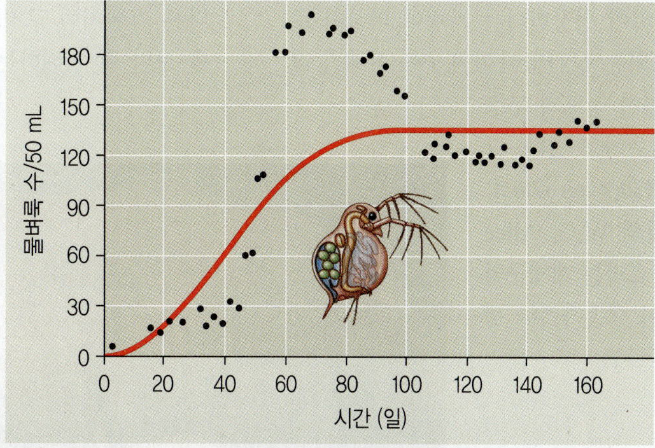

(b) **실험실의 물벼룩.** 실험실에서 작은 개체군을 배양했을 때 물벼룩의 개체군 생장(검은 점)은 로지스트형 모형(붉은 곡선)을 따르지 않는다. 이 개체군은 실험실 환경의 환경수용력을 넘긴 후에 적당한 개체군 크기에 도달한 뒤 안정되고 있다.

◀ **그림 53.11 이 개체군들은 얼마나 로지스트형 모형에 잘 맞는가?**

과학적 분석 기술의 연습

모형 개체군 생장에 대한 로지스트 방정식의 적용

▶ 물벼룩 (*Daphnia*)

만일 개체군의 크기가 환경수용력을 넘어서면 어떻게 될까? 로지스틱 개체군 모델에서 개체군의 크기(N)가 환경수용력(K)에 접근하면 개체당증가율은 거의 '0'에 이르게 된다. 이런 조건 하에 실험실 개체군은 일시적으로 K를 넘어서게 된다. 만일 먹이가 제한조건이라면 번식이 감소하기 전 지체(delay)가 나타나고 N은 K를 잠시 넘어서게 된다. 이번 연습은, $N > K$일 때 표 53.3의 가상적 개체군의 생장을 모형화하는데 로지스트 방정식을 사용해 보는 것이다.

데이터 해석

1. $r_{inst} = 1.0$, $K = 1500$인 경우를 가정하자. 개체군 크기(N)가 수용력(K)보다 큰 네 가지 경우들(N = 1,510, 1,600, 1,750, 그리고 2,000)에 대해 개체군생장률을 계산해 보라. 이를 위해서는 우선 표 53.3에 주어진 개체군 생장률에 대한 방정식을 쓰라. 네 가지 경우들에 대한 숫자(예: N = 1,510)를 넣어 시작해 보라. 그리고 각 방정식을 푼다. 어떤 개체군 크기일때 가장 높은 생장률을 갖는가?
2. 만일 r_{inst}이 두 배가 될 경우 개체군생장률이 위의 4가지 경우에 어떻게 나타나는가 예측하라. $r_{inst} = 2.0$ ($K = 1500$)인 경우에 네 가지 개체군에 대한 개체군생장률을 계산하라.
3. 실제의 물벼룩 개체군의 생장이 모델에 적용되는가 보자. 그림 53.11b의 어느 시간에 물벼룩 개체군은 계산 값에 따른 방식으로 변화하는가? 왜 개체군이 실험 후반기에 잠깐 수용력 아래로 떨어지게 되는지 가설을 제시해 보라.

치는 부정적인 영향을 극복하기까지 많은 생장 지체 기간이 필요하다. 예를 들어, 한 개체군을 위한 먹이가 한정적일 때, 생식은 감소될 것이다. 그러나 실제로 암컷이 지니고 있는 에너지를 다 소모하기까지 출산율은 바로 감소되지 않는다. 이는 개체군이 상대적으로 안정된 밀도에 이르기 전에 그 환경수용력을 넘기게 한다. **그림 53.11b**는 물벼룩(*Daphnia*)의 실험실 개체군에서 이러한 현상을 보여준 것이다. 만약 개체군이 환경수용력 아래로 떨어져도 개체군의 생장은 실제로는 늘어난 수의 자손이 태어날 때까지 지연되고, 마찬가지로 다른 개체군 역시 크게 변동하여 환경수용력을 정의하기 어렵게 한다. 이러한 변동폭이 나타나는 이유에 대해 이 장의 마지막 부분에서 다루려 한다.

개체군이 즉각적으로 적응하여 성장한다는 가정에 더하여 로지스트형 모형은, 개체군 밀도와는 상관없이 개체군에 더해진 각 개체들은 개체군생장률에 동일한 정도의 부정적 영향을 미친다는 가정에 기초하고 있다. 그러나 어떤 개체군들은 알리 효과(Allee effect; 이 말을 처음 쓴 시카고 대학의 W.C. Allee 이름을 딴 것)를 보여준다. 이 효과는 개체군의 크기가 너무 작을 때, 개체들이 생존하거나 생식하는 데 더 어려운 시기를 갖게 된다는 것이다. 예를 들어 한 그루의 식물체가 홀로 서 있다면 여러 개체가 함께 무리를 이루고 있을 때보다 바람에 의하여 더 많은 해를 입을 수 있다.

로지스트 모형은 개체군이 어떻게 생장하는지 생각하기 위한, 그리고 보다 복잡한 모형을 만들기 위한 좋은 시발점이 될 수 있다. 이 모형은 또한 보전생물학에서 한 특정 개체군이 작은 개체군으로 전락한 후에 얼마나 빨리 그 수가 증가하게 되는지를 평가하거나, 그 밖에 물고기나 야생동물의 개체군에서 지속가능한 포획정도를 추정하는 데 유용하다. 보전생물학자들은 이러한 모델을 흰코뿔소(*Ceratotherium simum*)의 경우처럼 멸종을 일으킬 수 있는 한계 숫자를 산정하는 데 활용할 수 있다**(그림 53.12)**. 다른 가설처럼 로지스트 모형은 개체군생장에 영향을 주는 요인을 보다 잘 이해하는 데 도움을 준다.

▶ **그림 53.12 흰코뿔소어미와 새끼.** 위의 두 개체는 남쪽의 아종인데 모두 20,000마리 이상이 존재한다. 하지만 북쪽의 아종은 심각하게 멸종되어 있으며 개체수는 10마리 이하로 알려져 있다.

개념 확인 문제 53.3

1. 로지스트형 생장 모형에 적합한 개체군이 상대적으로 작거나 큰 개체군들보다 중간 크기에서 더 빨리 증가하는 이유를 설명하여라.
2. WHAT IF? 태양광의 강도가 위도에 따라 다르다(그림 51.3)는 점을 고려하여(그림 51.3) 적도에 출현하는 식물종을 더 높은 위도 지방의 식물과 비교하여 환경수용력이 어떻게 다를지 설명하라.
3. MAKE CONNECTIONS 많은 바이러스가 동물과 식물에게 질병을 일으킨다(개념 26.3). 그런 병균의 존재가 개체군의 환경수용력을 어떻게 변화시키는가? 설명하라.

정답은 부록 A 참조

개념 53.4

생활사의 특성은 자연선택의 산물이다

진화 자연선택은 생물의 생존 기회를 높이고 성공적으로 번식할 수 있도록 하는 특성을 선호한다. 각각의 종은 생식 빈도, 자손의 수(식물에선 종자의 수, 동물에선 한배 새끼의 수), 그리고 양육을 위한 투자와 같은 번식을 위한 특성들과 생존을 저울질한다. 그렇게 번식과 생존 계획에 영향을 주는 특성(생식을 통한 출생에서 사망까지)은 그 생물의 **생활사(life history)**를 이루게 된다. 각 생물의 생활사 특성은 생물의 발생, 생리 및 행동을 반영하는 진화의 산물이다.

진화와 생활사의 다양성

진화가 생명의 다양성을 설명할 수 있다는 기본적인 생각은, 자연계에서 발견되는 다양한 생활사에서도 뚜렷이 드러난다. 생활사는 다음의 3가지를 수반한다: 번식이 시작되는 나이(번식연령 혹은 첫 번째 번식나이), 얼마나 자주 번식을 하는지, 얼마나 많은 자손을 생산하는지 등이다. 일반적인 붉은바다거북은 해안에서 알을 낳는 첫 번째 연령이 30살이다(그림 53.1). 반면에 코호연어(*oncorhynchus kisutch*)는 알을 낳는 나이가 3~4살이다.

코호연어는 결국 태어난 강물로 되돌아와서 단 한번의 생식기회에 수천 개의 작은 알들을 산란하고 죽는다. 이는 "일회성" 대폭발생식(big-bang reproduction), 또는 **일회결실(semelparity**, 라틴어로 *semel*은 한 번, *partio*는 생산) 유형이다. 연어는 담수에서 알에서 부화하고 태평양으로 이주하여 성숙하는 데 몇 년의 시간을 보낸다. 연어는 결국 깨어난 하천으로 돌아와 수천 개의 알을 한번의 번식기회에 낳고 죽는다. 이런 일회결실은 몇 종의 식물, 예를 들면 용설란(agave, 그림 53.13a)에서도 볼 수 있다. 용설란 또는 천년식물이라고 불리는 이 나무는 강수량이 적고 비를 예측할 수 없는 건조한 기후에서 자란다. 이 식물은 여러 해를 생장한 후 큰 꽃대를 내어 씨를 맺고 죽는다. 용설란의 뿌리는 얕게 퍼져 비가 한꺼번에 내리면 물을 많이 흡수하지만 메마르면 건조하게 된다. 이러한 불규칙적인 수분 공급은 씨앗의 생산을 방해하며, 어린 싹들이 수년만에 동시에 뿌리내리게 한다. 그들은 가끔씩 돌아오는 습한 해까지 생장과 양분 저장을 계속하다가 한꺼번에 모든 영양분을 생식에 전부 투입한다. 이러한 용설란의 생활사는 변덕스러운 기후에 대한 적응이다.

일회결실과 대조되는 유형으로 **반복결실(iteroparity**; 라틴어로 *itero*는 반복) 또는 반복적인 생식(repeated reproduction)이 있다. 예를 들면, 암컷 붉은바다거북은 매년 300개의 알을 네 번에 걸쳐 낳는다. 그 후에 2~3년을 다시 알을 낳기 위해 기다리는 데 아마도 충분한 자원을 확보하지 못한 결과인 듯하다. 성숙한 거북은 30년간 알을 낳는다. 이런 반복결실에 있어 생물종은 적지만 번식 시기에 많은 자손을 생산하고 자손들에게 좋은 성숙기회를 제공한다(그림 53.13b).

어떤 요인들이 일회결실과 반복결실의 진화에 기여할까? 두 가지 요인이 중요해 보인다: 자손의 생존율과, 성체가 다시 생식할 수 있도록 생존할 가능성이다. 매우 커다란 변화가 일어나는 곳이나 예측할 수 없는 환경과 같이 자손의 생존율이 낮은 곳에서는 대폭발생식(일회결실)이 더 좋다. 그런 환경에서 많은 자손을 생산하는 전략은 적어도 얼마간의 자손은 생존할 수 있다는

▶ **그림 53.13 일회결실과 반복결실** **(a)** 대폭발생식의 한 사례인 용설란(*Agave americana*, 또는 천년나무). 이 나무의 잎은 꽃대의 아랫부분에서 보이며, 나무의 꽃은 용설란의 사망시점에 피게 된다. **(b)** 반복적인 생산을 하는 종인 인간은, 한번에 적지만 비교적 덩치가 큰 자손을 생산하며 자손을 잘 돌보게 된다.

(a) 일회결실, 한 번에 번식하는 것.

(b) 반복 결실, 여러 번에 걸쳐 번식.

가능성을 높여준다. 반복생산(반복결실)은 자원을 얻기 위한 경쟁이 격심한 환경에서 유리하다. 그런 환경에서는 상대적으로 크고, 먹이를 잘 준비한 적은 수의 자손이 생식 연령에 이르기까지 생존하기에 유리하다.

자연계는 이러한 극단적인 생활사의 중간에서 생존을 이어가는 종이 훨씬 많다. 떡갈나무와 성게는 오랜기간 생존하지만 많은 자손을 매년 반복적으로 퍼뜨리는 종들이다.

“비용-이익 교환”과 생활사

어떤 생물들도 대폭발생식을 하는 종들만큼 많은 자손을 만들면서도 반복결실을 하는 종들처럼 그 자손을 모두 잘 돌볼 수는 없다. 생식과 생존 사이에는 “비용-이익 교환” 관계가 존재한다. 그림 53.14에서 황조롱이에 대한 연구도 새끼를 양육하는 어버이가 더 큰 생존 대가를 치루는 것이 증명되고 있다. 다른 연구인 스코틀랜드의 붉은사슴(red deer)에 대한 연구는 여름에 자손을 낳은 암컷이 자손을 낳지 않은 암컷보다 겨울 동안 더 높은 치사율을 보인다는 것을 알려준다.

선택압은 자손 수와 크기 사이의 비용-이익 교환에도 영향을 미친다. 새끼들이 죽을 확률이 높은 동식물들은 많은 수의 자손을 생산한다. 예를 들어, 교란된 환경을 개척하는 식물들은 보통 많은 수의 작은 종자들을 만들며, 그 중 일부만이 적당한 서식처에 도달하게 된다. 크기가 작은 씨앗들은 서식지의 먼 곳까지 운반될 가능성이 있어 싹이 터서 자랄 기회를 높일 수 있다(그림 53.15a). 또한 메추라기, 정어리, 쥐처럼 높은 포식률에 고통을 받는 동물은 새끼를 많이 낳는 경향이 있다.

어버이의 양육을 특별히 많이 받는 생물들의 경우, 자손들이 생존할 가능성이 크게 증가한다. 참나무, 호두나무, 야자나무들은 모두 에너지와 영양분을 많이 간직한 큰 씨앗을 만들어 어

▼ 그림 53.14 탐구

황조롱이에서 새끼 양육이 어버이의 생존에 어떤 영향을 미치는가?

실험 네덜란드의 데이크스트라(Cor Dijkstra) 및 동료들은 황조롱이를 대상으로 어버이의 새끼 양육을 5년간 조사하였다. 연구자들은 새끼를 둥지에서 옮겨 한배 새끼의 수를 줄이거나(3~4마리), 정상적으로 하거나(5~6마리), 많게 하였다(7~8마리). 그리고 이듬해 겨울까지 생존하는 암수 어미새의 비율을 조사하였다(암수는 양쪽 모두 새끼를 돌본다).

결과

결론 수를 늘린 것에서 황조롱이의 생존율이 낮은 것은 더 많은 새끼를 돌보는 일은 어미의 생존에 부정적임을 의미한다.

참고문헌 C. Dijkstra et al., Brood size manipulations in the kestrel (Falco tinnunculus): effects on offspring and parent survival, *Journal of Animal Ecology* 59:269–285 (1990).

INTERPRET THE DATA 조류의 수컷이 새끼돌보는 일에 참여하지 않는 경우도 있다. 이 일이 황조롱이에게 일어난다면 위의 결과는 어떻게 달라지겠는가?

(a) 이 민들레처럼 대부분의 초본 식물은 빨리 자라고 많은 씨앗을 뿌린다. 그 결과 적어도 그 중 얼마는 생존하게 되고, 결과적으로 자신의 씨앗을 계속 생산할 수 있게 된다.

(b) 이 브라질의 야자수처럼 어떤 식물은 적당한 수의 매우 큰 씨앗을 만들어낸다. 커다란 배젖은 배를 위하여 많은 영양분을 공급하고, 상대적으로 높은 비율의 자손이 성공적으로 자랄 수 있게 적응된 것이다.

▲ 그림 53.15 식물에서 씨앗 크기의 변이

린 싹이 쉽게 자랄 수 있게 한다(**그림 53.15b**). 동물에서는 새끼에 대한 어버이의 양육이 반드시 임신이나 보육 후에 끝나는 것이 아니다. 예를 들면, 영장류는 일반적으로 한 번에 단지 한 두 마리만의 새끼를 낳는다. 어버이의 양육과 이어지는 학습 기간은 생애의 첫 수년 동안 지속되는데, 이는 이 종의 자손들이 환경에 적응하는 데 매우 중요하다. 그런 자원제공과 돌봄은 높은 개체군 밀도를 가지는 서식지들에서 특별히 중요하다.

생태학자들은 이처럼 다른 개체군 밀도에서 개체군이 선호하는 특성의 차이를 로지스트형 모형과 연결시켜보려고 노력하였다. 개체군 밀도에 민감한 생활사의 특성에 대한 선택은 ***K*-선택(*K*-selection)**, 또는 밀도의존적 선택(density-dependent selection)이라고 알려져 있다. 반대로 밀집되지 않은 환경(낮은 밀도)에서 생식적 성공을 극대화하는 선택은 ***r*-선택(*r*-selection)**, 또는 밀도비의존적 선택(density-independent selection)이라고 부른다. 이 이름들은 로지스트 방정식의 변수들을 따른 것이다. *K*-선택은 개체군 크기를 극대화하는 경향이 있고, 그들에게 주어지는 자원에 따른 한계(환경수용력, *K*)에 근접하는 밀도에서 생활을 영위하게 되며, 이런 집단에서는 경쟁이 심하다. 원시림의 성숙한 수목은 *K*-선택형의 예이다. 이에 반하여 *r*-선택은 개체당증가율인 *r* 값을 극대화하려는 경향이 있고, 개체군 밀도가 환경수용력 아래에 있거나 또는 개체 간의 경쟁이 드문 환경 하에서 일어난다. 이런 조건은 서식지가 교란된 이후 많이 발견된다. 버려진 경작지에서 자라는 잡초들은 *r*-선택형 생물들의 한 예가 된다.

K-선택과 *r*-선택의 개념은 실제 생활사들의 범위에서 양 극단을 대표하는 것이다. 환경 수용력이라는 생각에 기초한 *K*-선택과 *r*-선택이라는 틀은 생태학자들이 생활사 진화에 대한 대체 가설들을 제안할 수 있도록 도와준다. 그것들은 또한 생태학자들이 앞서 우리가 암시했던 중요한 질문을 다루도록 힘을 실어준다: 왜 개체군 생장률은 개체군 크기가 환경 수용력에 접근함에 따라 감소하는가? 이 문제에 대한 해답이 다음 절에서 소개된다.

개념 확인 문제 53.4

1. 두 개의 강을 생각해 보자: 하나는 샘이 있어 연중 수량과 온도가 일정하다; 다른 하나는 사막의 마른 강으로 예측할 수 없이 홍수가 나거나 마른다. 어느 쪽이 반복결실을 하는 동물에게 도움이 될까? 왜 그런가?
2. 공작 놀래기(*Symphodus tinca*)라 불리는 물고기의 암컷은 일부 알은 둥지에 낳지만 남은 알들은 여기 저기 뿌려버린다. 둥지에 산란된 알만이 부모의 양육을 받을 수 있다. 이 행동을 설명할 수 있는 생식에서의 비용-이익 교환에 대해 논하라.
3. **WHAT IF?** 들쥐는 먹을 것이 부족하거나 다른 종류의 스트레스를 받으면 새끼들을 버리는 경향이 있다. 이런 행동이 어떻게 진화할 수 있었는지를 생식적 비용-교환 이익과 생활사의 관점에서 설명하라.

정답은 부록 A 참조

개념 53.5

개체군의 생장을 조절하는 여러 요인은 밀도의존적이다

어떤 환경 요인들이 개체군이 생장하는 것을 정지시키는가? 어떤 개체군은 시간이 갈수록 과격한 변동을 보이는데, 왜 다른 개체군은 더 안정적으로 유지되는가?

개체군 조절은 실질적인 생태이론이 적용되는 생태학 분야이다. 농부는 해충 개체군의 크기를 줄이거나 외래종의 잡초가 급속히 퍼지지 않도록 개체군 생장을 멈추기 원한다. 보전생물학자는 흰코뿔소나 미국후핑두루미(whooping crane)와 같은 멸종위기종의 번식지 혹은 채식지의 조건을 좋게 하기 위해 어떤 환경조건이 필요한지 알아야 한다. 그런 의문들에는 개체군-조절(population-regulation) 요인들이 관여하며, 특정 위기종의 멸종을 막기 위한 운영 프로그램의 핵심이 된다.

개체군 변화와 개체군 밀도

한 개체군이 왜 생장을 멎게 되는지 이해하기 위해서 생태학자는 먼저 출생, 사망, 이입, 이출 등의 비율이 개체군 밀도 증가에 따라 어떻게 변하는지를 연구한다. 이입과 이출을 각각 제쳐 놓고 보면, 개체군은 출생률이 사망률을 능가하면 생장하고 사망률이

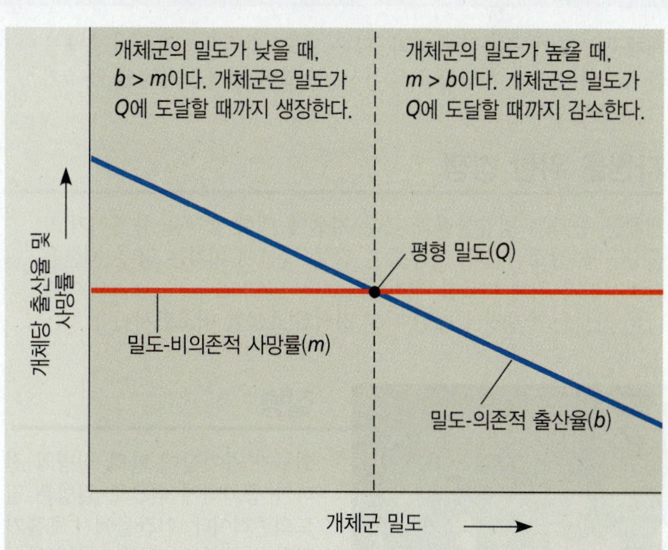

▲ **그림 53.16 개체군 밀도에 따라 결정되는 평형.** 이 단순한 모형은 단지 출산율 및 사망률만 고려한 것이다(이입률과 이출률은 모두 0이거나 동일하다고 가정한다). 위의 예에서 출생률은 개체군 밀도에 의해 변화하나 사망률은 일정하다. 평형밀도인 Q에서 출생률과 사망률은 동일하다.

DRAW IT 많은 종들에서 그런 것처럼, 출생률과 사망률이 모두 밀도의존적인 경우에 대해 이 그림을 다시 그려보라.

출생률을 능가하면 감소한다.

r-선택형과 비슷한 경우로 개체군의 밀도에 따라 변하지 않는 출생률 또는 사망률을 **밀도-비의존적(density-independent)**이라고 한다. 개체군 조절에 대한 고전적인 연구에서 웨일즈 대학교(Univ of Wales)의 식물 개체군생태학자들인 앤드류 왓킨슨(Andrew Watkinson)과 존 하퍼(John Harper)는 김의털아재비(*Vulpia fasciculata*, dune fescue)풀의 사망률이 밀도와는 상관없이 주로 물리적인 요인들에 의한 것이라는 사실을 발견하였다. 예를 들어, 모래의 변화에 의해 풀의 뿌리가 드러날 때 발생하는 가뭄 스트레스는 밀도 비의존적 요인이다. 반면에, 개체군 밀도의 증가에 따라 사망률이 높아지거나 출생률이 떨어지는 경우는 *K*-선택형과 비슷하게 **밀도-의존적(density-dependent)**이라고 한다. 왓킨슨과 하퍼는 김의털아재비의 생식은 개체군 밀도가 증가함에 따라 감소하는 것을 발견하였다. 부분적으로 물과 영양물질이 부족한 이유에서다. 그러므로 이 풀의 개체군에서 출생률은 밀도-의존적이고, 사망률은 밀도-비의존적이라는 것을 밝혔다. 그림 53.16은 개체군이 밀도 의존적 및 비의존적 요인들의 다양한 조합을 통하여 어떻게 증가를 멈추고, 평형에 도달하게 되는지를 보여준다.

▲ 그림 53.17 **포식에 의한 밀도의존적 조절.** 다시마 농어(kelp perch)의 밀도가 증가함에 따라 다시마 배스의 포식이 증가하였으며 다시마 농어의 사망률이 증가하게 된다.

밀도의존적 개체군 조절

음성되먹임(feedback regulation)의 원리가 개체군 동태론에 적용된다. 개체군 밀도와 출생 및 사망률 사이에 일종의 음성되먹임이

▼ 그림 53.18

탐구 밀도의존으로 조절되는 기작

개체군 밀도가 증가함에 따라, 많은 밀도-의존적 기작들이 출생률을 감소시키거나 사망률을 증가시킴으로써 개체군 생장을 늦추거나 멈추게 한다.

자원을 위한 경쟁

개체군 증가는 영양물질과 다른 자원에 대한 경쟁을 증가시키고, 출산율을 감소시킨다. 농부들은 작물 생산에 미치는 양분 제한을 감소시키기 위해 비료를 뿌려줌으로써, 밀(*Triticum aestivum*)이나 다른 작물들의 생장에 대한 자원 경쟁의 효과를 최소화시킨다.

질병

인구가 증가함에 따라 질병의 전파가 증가하게 되므로 질병은 밀도의존적이다. 인간들에서 호흡기 질환인 독감 및 결핵은 사람들이 재채기를 하거나 기침할 때 공기를 통해 전파된다. 두 질병 모두 시골지역보다는 밀도가 높은 도시들에 사는 사람들에게 더 큰 영향을 미친다.

포식

포식은 피식자의 개체군 밀도가 증가함에 따라 포식자가 더 많은 먹이를 잡아먹기 때문에 밀도-의존적 사망률의 주요한 요인이 될 수 있다. 피식자의 개체군이 번성하면 포식자는 우선적으로 그 종을 잡아먹을 수 있어, 그 종의 개체들은 높은 빈도로 사망한다. 레밍(*Dicrostonyx groenlandicus*)은 눈부엉이(*Bubo scandiacus*)와 같은 여러 종류의 포식자들 때문에 밀도의존적 사망률을 나타낸다.

없다면, 개체군은 절대로 생장을 멈추지 않을 것이다. 그 되먹임은 출생률을 감소시키거나 사망률을 증가시키는 기작을 통해 개체군 생장을 지체시키는 밀도의존적 조절에 의해 이루어진다. 예를 들면, 다시마 농어(*Brachyistius frenatus*)의 사망률은 밀도가 증가하면 같이 증가한다. 다시마의 부족은 은신처를 감소시켜 농어는 다시마 배스(*Paralabrax clathratus*)에게 잡혀 먹힌다. 농어의 밀도가 증가할수록 그와 비례하여 더 많은 농어가 먹히고, 결과적으로 밀도의존적 조절이 이루어진다(그림 53.17). 밀도의존적 개체군 조절의 기작이 그림 53.18에 나타나 있다.

음성되먹임에 의한 개체군 조절이 일어나는 다양한 사례들은 어떻게 증가된 밀도가 생식, 생장, 그리고 생존에 영향을 미쳐 개체군의 생장률이 감소하도록 하는지를 잘 보여준다. 그러나 음성되먹임이 왜 개체군 생장이 멈추는지 설명하는 데는 도움을 주지만, 왜 일부 개체군들은 다른 개체군이 안정적으로 유지되는 동안에도 크게 변동하는지를 다뤄주지는 못한다. 다음 절에서 이 문제를 다루어 보자.

개체군 동태론

모든 개체군은 크기의 변동을 보여준다. 이런 개체군 변동은 해마다 혹은 지역별로 나타나는데 이를 **개체군동태론(population dynamics)**이라 부른다. 이는 여러 요인에 의해 영향을 받는데, 자신의 종뿐 아니라 다른 종에게도 영향을 준다. 예를 들면, 물고기 개체군의 변동은 상업적으로 중요한 종의 계절적 어획량에 영향을 미친다. 개체군 동태론에 관한 연구들은 개체군 크기가 변하는 원인이 되는 생물적인 그리고 비생물적인 요소들의 복합적인 상호작용에 초점을 두고 있다.

안정과 변동

대형 포유류의 개체군은 시간이 경과해도 비교적 안정적으로 유지된다고 믿어져 왔다. 그러나 장기간의 연구로 이 가설은 도전을 받게 되었다. 예를 들면, 슈페리어호(Lake Superior)에 있는 로열섬(Isle of Royale)의 뿔사슴(moose) 개체군은 1900년경 이후로 밀도의 변화를 겪었다. 이들은 25 km나 떨어진 본토에서 언 호수를 가로지르거나 혹은 수영으로 이 섬에 와 무리를 이루었다. 무스를 잡아먹고 사는 늑대들은 1950년경 이 섬으로 건너오게 되었다. 그러나 이 호수가 최근 수년 동안 어는 일이 없어지자, 이 뿔사슴 개체군과 늑대무리는 이입과 이출 없이 격리되었다. 격리되었음에도 불구하고, 뿔사슴 개체군은 지난 50년 동안 두 번의 큰 증가와 급격한 감소를 경험했다(그림 53.19).

어떤 요인이 뿔사슴 개체군에서의 큰 변동을 초래했을까? 혹

영역

영역은 공간이 개체가 경쟁하는 자원(제한적)일 경우 개체군 밀도에 제한을 준다. 치타(*Acinonyx jubatus*)는 강한 세력권을 지니며, 그들의 영역 안에서 화학적인 의사소통으로 다른 치타들에게 경고한다. 잉여개체 혹은 번식에 참여하지 못하는 개체의 존재는 영역이 개체군 생장의 제한요인임을 암시하여 준다.

내재적 요인들

내재적(생리적) 요인들이 개체군 크기를 조절한다. 작은 야외 공터에 사는 흰발생쥐(white-footed mouse, *Peromyscus leucopus*)는 먹이와 공간의 풍부함에도 불구하고 번식률의 감소를 보인다. 이 감소는 높은 개체군 밀도가 스트레스 증후군을 유도하여 호르몬을 변화시키며 성적 성숙을 지연시키고, 생식 기관을 위축시키며 면역 체계를 억압하기 때문이라는 사실을 알게 되었다. 이 경우, 높은 밀도는 사망률을 높이고 출생률을 낮추는 원인이 되는 것이다.

독성폐기물

발효용 효모(*Saccharomyces cerevidiae*)는 와인의 생산에 있어 탄수화물을 에탄올로 전환하는 데 사용된다. 와인에 축적되는 에탄올은 효모들에 독이 되는 물질이며 효모의 개체군 크기를 조절하는 데 기여한다. 포도주의 알코올 농도는 일반적으로 13% 이하이다. 그 이유는 13%가 포도주를 만드는 효모가 감당할 수 있는 에탄올의 최고 농도이기 때문이다.

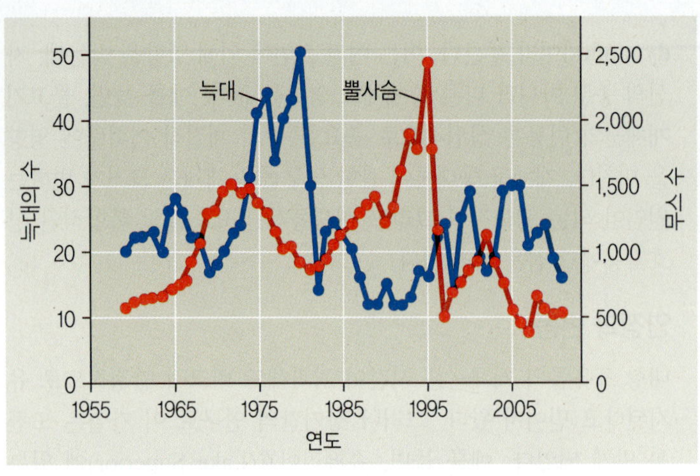

▲ 그림 53.19 로열섬의 뿔사슴 개체군과 늑대의 밀도 변화 (1959~2011)

독한 날씨, 특히 춥고 습한 겨울은 뿔사슴들을 약하게 하고 먹이를 감소시켜 개체군 크기를 감소시킨다. 뿔사슴들의 수가 적어지고 날씨가 온화해지면 먹이 공급이 원활해져서 개체군 크기가 빠르게 커진다. 반대로, 뿔사슴의 수가 증가하면, 포식 같은 요인들 및 진드기 및 기타 기생충들의 증가로 인해 개체군 크기 감소가 발생한다. 이런 요인들의 몇 가지 효과들이 그림 53.19에 나타나 있다. 첫 번째 큰 감소는 1975년에서 1980년 사이에 늑대의 수가 크게 증가했을 때와 일치한다. 1995년 경의 두 번째 큰 감소는 혹독한 겨울이어서 뿔사슴들이 요구하는 에너지가 더 증가한데다가 깊은 눈 속에서 먹이 찾기가 더 어려워졌던 때와 일치한다.

개체군 주기 : 과학적 탐구

많은 개체군들이 예측할 수 없는 간격으로 변동하는 반면, 어떤 개체군들은 밀도에서 주목할 만한 규칙성을 보이며 규칙적인 성쇠 순환(boom-and-bust cycle)을 한다. 예를 들어 들쥐와 나그네쥐 같은 작은 초식성 포유류는 3년에서 4년을 주기로 순환하는 경향이 있고, 뇌조 같은 새들은 9년에서 11년 주기의 순환을 한다.

개체군 주기의 놀라운 한 예로 캐나다와 알래스카의 북방 삼림대에 사는 눈신토끼(snowshoe hare, *Lepus americanus*)와 스라소니(lynx, *Lynx canadensis*)의 개체군이 10년 주기로 증감을 반복하는 것이다. 스라소니는 눈신토끼의 천적이다. 그러므로 스라소니 수가 눈신토끼의 수와 함께 증가하거나 감소하는 것은 놀라운 일이 아니다(그림 53.20). 그러나 토끼의 개체수가 왜 10년을 주기로 많아지거나 적어질까? 두 가지 주요 가설이 제안되었다. 첫째는 겨울 동안 먹이 부족 때문일 것이라는 추측이다. 눈신토끼는 겨울 동안 버드나무나 자작나무와 같은 작은 떨기나무의 가지 끝을 먹는다. 그리고 너무 갉아 먹게 되면 남은 것이 없어 영양실조로 고통받을 수 있다. 둘째로, 포식자와 피식자의 상호작용 때문일 것이라는 가설이다. 스라소니 외에도 많은 포식자들이 눈신토끼를 잡아먹으며 이들 역시 먹이를 지나치게 많이 사

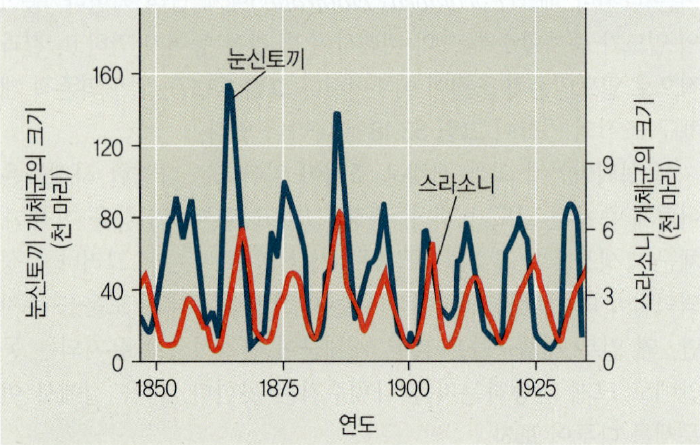

▲ 그림 53.20 눈신토끼와 스라소니에서 개체군 주기. 개체군의 산출은 허드슨베이 회사(Hudson Bay Company)가 포획하여 판 털가죽 수로부터 구한 것이다.

INTERPRET THE DATA 토끼개체군의 피크와 스라소니의 피크에 시간적 차이를 발견하였는가? 이 현상을 어떻게 설명할 것인가?

냥할 수 있다.

위의 가설에 대한 증거를 생각해 보자. 만약 눈신토끼의 번성 주기가 겨울 동안의 먹이 부족 때문이라면 야외 개체군에게 넉넉한 먹이를 제공하면 이러한 주기는 사라질 것이다. 연구자들은 이러한 실험을 유콘(Yukon)에서 20년 동안—눈신토끼의 두 주기가 넘는 기간—수행하고, 결과를 발표하였다. 토끼 개체군은 먹이를 과잉으로 주었더니 밀도가 약 3배 증가하였다. 하지만 개체군의 증감은 먹이를 추가로 주지 않은 개체군과 동일하게 나타났다. 따라서 먹이의 공급만으로는 눈신토끼의 개체군 증감을 막지 못하였으며(그림 53.20) 첫 번째 가설은 기각하기로 한다.

포식에 의한 영향 연구를 위해 목에 씌운 추적장치(radio collars)를 이용하여 생태학자들은 왜 개체가 사망하는지 추적하여 왔다. 포식자인 스라소니, 코요테, 매, 부엉이 등은 토끼 사망률의 95%를 차지한다. 먹이 부족에 의한 아사는 나타나지 않았다. 이런 자료는 두 번째 가설을 지지한다. 생태학자가 전기울타리 등으로 포식자의 출입을 제한한다면 사이클의 감소 주기에 나타난 현상은 관찰되지 않을 것이다. 따라서 포식자에 의한 감소가 토끼의 숫자 증감의 주요한 요인이 되며 포식자가 없는 곳에서는 토끼의 개체군 변동이 일어나지 않게 된다.

먹이의 공급은 스라소니, 큰뿔올빼미(great-horned owl), 족제비, 그 밖에 단일 종의 먹이에 크게 의존하는 여러 포식자들의 개체군 변화에 주된 요인이 된다. 먹이가 부족하게 되면 포식자들

은 때로 다른 먹이로 대체한다. 코요테(coyotes)는 여우와 스라소니를 죽인다. 그리고 큰뿔올빼미는 작은 새들이나 족제비를 먹이로 하여 포식자 개체군의 감소를 가속시킨다. 장기간의 연구는 이러한 개체군 주기에 대한 복잡한 원인을 밝히는 데 도움이 될 것이다.

유입, 유출 그리고 메타개체군

이제까지, 개체군 변동은 출생과 사망에 초점이 맞추어져 왔다. 하지만 유입과 유출도 개체군의 변동을 가져오는데 특히 지역개체군과 연계될 때 자주 발생한다. 개체군이 밀집하게 되면 자원 경쟁이 증가하게 되고(그림 53.17) 유출이 늘어난다.

유입과 유출은 여러 개의 지역개체군이 연결되어 있을 경우 특별히 중요하다. 이런 지역 간의 개체군을 **메타개체군(metapopulation)**이라 한다. 한 메타개체군의 지역 개체군들은, 부적합한 서식지의 바다에서 적합한 서식지로 이루어진 특정 패치들을 점유하는 집단으로 생각할 수 있다. 그런 패치들은 크기, 질, 그리고 얼마나 많은 개체들이 개체군 사이를 이동할 수 있는지에 영향을 미치는 요소인 다른 패치들과의 고립 등에서 차이가 있다. 만약 한 집단이 사라지면 그것이 점유하던 패치는 다른 개체군으로부터의 이입자들에 의해 다시 재점유될 수 있다.

글랜빌 표범나비(*Melitaea cinxia*)는 개체군 사이에서 개체의 이동을 보여준다. 이 나비는 핀란드의 올란드제도의 50여 개의 초원에 흩어져 분포한다. 하지만 잠재적인 서식지는 훨씬 넓어서 대략 4,000개의 패치로 파악된다. 주기적으로 새로운 나비 개체군이 나타나고, 기존의 개체군들은 사라지는 과정에서 약 500개의 서식지들이 계속해서 바뀐다(그림 53.21). 이 종은 멸종과 정착의 두 과정에서 균형을 잡은 채 이 지역에 존속한다.

개별 종들의 이동 능력은 유전적 요인을 포함한 다양한 요인에 기인한다. 글랜빌 표범나비에서 이동 능력에 강한 적응적 효과를 가진 것으로 보이는 한 유전자는 *Pgi*로서, 인산당전이효소(phosphoglucoisomerase)를 암호화한다. 이 효소는 해당과정(그림 10.9)의 두 번째 단계를 촉매하며, 그 활성은 나비들의 호흡에서 발생하는 CO_2의 생성률과 관계되어 있다. 생태학자들은 *Pgi* 유전자의 단일 뉴클레오타이드에 대해 알려져 있는 이형접합성 혹은 동형접합성인 나비들을 연구했다. 그들은 확인 신호를 방출하는 레이더 및 송수신기를 나비에 부착하여 개체들의 이동을 추적했다. 나비들은 약 2시간 동안 10 m에서 4 km까지 이동했다. 이형접합성인 개체들은 아침에 동형접합성인 나비들보다 더 낮은 주변온도에서 두 배 이상의 거리를 비행했다. 이 결과들은 낮은 온도에서 이형접합성인 유전자형이 적응적 이점이 있으며, 메타개체군에서 이형접합자들이 새로운 지역을 점유할 가능성이 높음을 시사한다.

메타개체군 개념은 이 나비 개체군에서 이입과 이출의 중요성을 강조한다. 또한 생태학자들이 개체군 동태와 패치형 서식지들 사이에서 발생하는 유전자 흐름을 이해할 수 있도록 도와줌으로써 서식지 단편화와 서식지 보존이라는 틀 안에서 생존 종들의 보존을 위한 틀을 제공해준다.

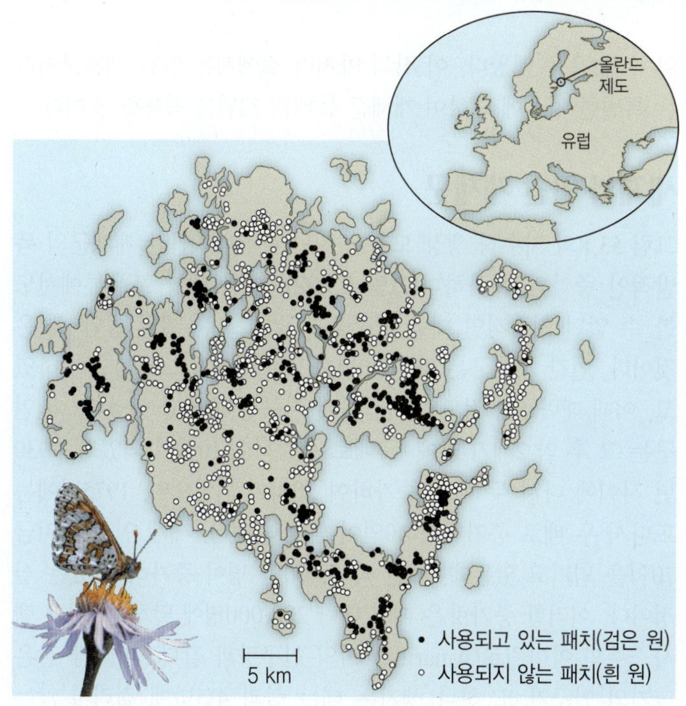

▲ **그림 53.21** **그랜빌 표범나비: 메타개체군.** 올란드 제도에서, 이 나비의 지역 개체군들(검은 원)은 주어진 시기에 적절한 서식지 패치들 일부에서만 발견된다. 개체들은 지역 개체군들 사이를 이동하며 비점유 패치들(흰 원)에 정착한다.

개념 확인 문제 53.5

1. 개체군 밀도와 유입 및 유출의 비율에 영향을 주는 서식지 패치들의 세 가지 특징을 설명하라.
2. WHAT IF? 여러분이 눈신토끼처럼 10년 주기의 개체군 변동을 가진 멸종위기종을 연구한다면 개체군의 크기가 감소하는지를 연구하는 데 필요한 연구기간을 얼마로 정할 것인가? 이를 설명하라.
3. MAKE CONNECTIONS 음성되먹임은 생물학적 시스템을 조절하는 과정이다(개념 40.2). 어떻게 김의털아재비의 출생률이 음성되먹임의 예가 되는지 설명하라.

정답은 부록 A 참조

개념 53.6

인구는 더 이상 지수적으로 생장하지는 않지만 그래도 빠르게 증가하고 있다

지난 수 세기 동안 인구 수는 급속도로 생장하였으며 이 생장은 크루거 국립공원의 코끼리 생장과 유사하게 증가되어 왔다(그림 53.9). 이 생장은 개념 53.5에서 공부한 것 이상의 생장이다. 우리는 이미 어떤 개체군도 무한히 생장할 수 없으며, 인간도 예외일 수 없음을 배웠다. 이 장의 마지막 절에서는 인간 개체군이라는 특별한 경우에 대하여 개체군 동태의 개념을 적용할 것이다.

세계의 인간 개체군

그림 53.8의 지수적 생장 모형은 지난 4백년의 인간 개체군의 폭발적인 증가와 유사하다(그림 53.22). 어떤 대형 포유류에서도 볼 수 없던 지속적인 대량 생장을 그렇게 오랜 세월 동안 해 온 것이다. 인간 개체군은 약 1650년까지는 비교적 느리게 증가하였고, 이때 대략 5억 정도의 사람들이 지구상에 살고 있었다. 이 인구는 그 후 약 2세기 안에 두 배로 증가하여 10억이 되었고, 1930년 사이에 다시 두 배로 증가하여 20억이 되었으며, 1975년에는 또다시 두 배로 증가하여 40억이 넘게 되었다. 세계 인구는 지금 70억을 넘기고 있는데, 매년 약 7,800만 명이 증가하고 있는 실정이다. 이러한 증가량은 매일 대략 200,000명에 달하며, 이는 텍사스주의 아마릴로(Amarillo) 시의 인구량과 같다. 미국과 같은 크기의 인구가 또 하나 생기는 데는 불과 4년밖에 걸리지 않는다. 인구생태학자들은 2050년까지 81억에서 106억 가량의 인구가 지구상에 살 것이라고 예측한다.

비록 세계 인구는 여전히 증가하고 있지만, 그 증가 속도는 1960년대부터 점차 느려지기 시작하였다(그림 53.23). 1962년에 2.2%로 정점을 이루었다가 2011년까지 1.1%로 낮아졌다. 최근의 모형은 증가 속도의 감소가 전반적으로 2050년까지 0.5%를 넘을 것으로 예측한다. 이 비율은 현재 인구가 90억을 넘게 되면 매년 4,500만 명이 추가되는 것이다. 지난 40년간 증가율의 이런 감소는 세계 인구가 일정한 비율로 증가하던 진정한 지수적 생장에서 이미 벗어났다는 것을 보여준다. 또 이는 에이즈(AIDS) 같은 질병 때문에 개체군 동태에 근본적인 변화가 일어났으며, 자의적인 개체군 조절이 이루어지고 있다는 것을 말해준다.

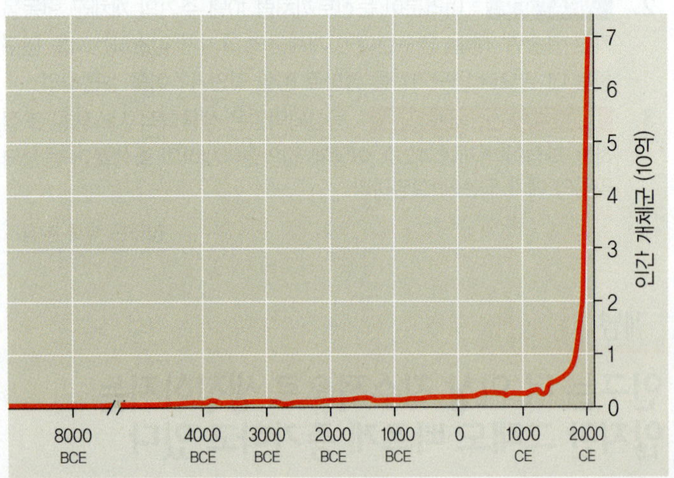

▲ **그림 53.22 인구의 증가(2012년 현재).** 지구의 인구는 역사 이래로 꾸준히 증가해왔지만 산업 혁명 이후로 폭증했다. 이 크기 척도에서는 별로 뚜렷하지 않지만, 인구 증가율은 최근 몇십 년간 감소하고 있는데, 주로 전 세계적인 출생률 감소 때문이다.

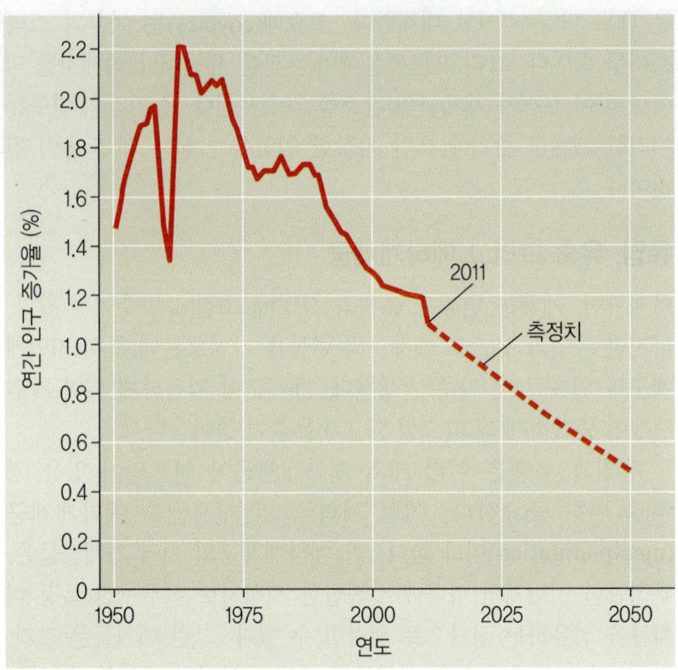

▲ **그림 53.23 연간 세계 인구 증가의 백분율(2011년 자료).** 이 곡선에서 점선 부분은 예측한 자료이다. 1960년대에 급격히 떨어진 것은 주로 중국의 기근 때문인데, 그때 약 6,000만 명이 죽었다.

인구 변동의 지역적 유형

우리는 세계 인구의 변동을 대략적으로 살펴보았다. 그러나 개체군 동태는 지역에 따라서 폭넓게 변한다. 인구를 안정적으로 유지하기 위해서는 지역의 인구는 다음의 두 가지 모습 중 하나로 존재해야 한다:

영의 개체군 생장 = 높은 출생률 − 높은 사망률

또는

영의 개체군 생장 = 낮은 출생률 − 낮은 사망률

첫째 상황에서 둘째 상황으로 변화하는 것을 **인구통계적 전이(demographic transition)**라고 한다. 스웨덴의 인구통계적 전이는 1810년부터 1975년까지 약 150년이 소요되었고, 출생률과 사망률이 거의 동일하였다. 멕시코에서는 이 일이 대략 2050년까지 지속될 것으로 예측되며 소요되는 기간은 거의 동일할 것으로 전망된다. 인구통계적 전이는 건강의 배려, 위생 설비와 함께 교육, 특히 여성 교육 평가에 대한 질적인 향상과 연관된다.

1950년 이후 대부분의 개발도상국들에서는 사망률이 급격히 낮아졌으나, 출생률은 매우 다양한 변동을 보였다. 출생률의 극적인 감소는 중국에서 일어났다. 1970년에 중국의 여성은 일생 동안 평균 5.9명의 자녀를 낳았다. 2011년에는 정부의 엄격한 한 자녀 낳기 정책으로 인하여 총 출산율이 1.6명 자녀 정도였던 것으로 예측된다. 아프리카의 어떤 나라에서는 출생이 대부분의 사하라 주변국들처럼 높게 유지되다가도 낮은 출생률로의 전이가 극적으로 이루진다. 인도에서는 출생률이 천천히 감소했다.

이러한 출생률의 변동이 세계 인구의 증가에 어떤 영향을 미칠까? 선진국들에서는 출산율이 거의 대체율 정도(총 출산율이 여성 한 사람당 자녀 2.1명)이기 때문에, 인구가 거의 평형(증가율이 약 0.1%) 상태를 이루고 있다. 캐나다, 독일, 일본, 이탈리아와 영국 같은 많은 선진국들에서는 총 출산율이 실제로 대체율 이하이다. 이런 인구는 외부로부터 이입이 있거나 출생률이 변하지 않는 한 결국 감소되고 만다. 실제로 많은 동부 및 중앙 유럽의 국가들에서는 인구가 이미 감소하고 있다. 최근의 세계 인구 증가(연간 1.1%)는 대부분 개발도상국들에 의한 것이며, 이들 나라에는 전 세계 인구의 약 80%가 살고 있다.

인구 증가 과정에서 특이한 현상은 가족계획과 자발적인 피임으로 이를 조절하는 일이다. 가족 크기의 감소는 인구통계적 전이의 핵심이 된다. 많은 분야에서 사회적 변화가 일어나고 여성의 교육 및 직업에 대한 열망이 높아져서 여성들은 결혼과 임신 시기를 늦춘다. 출산이 지연되는 일은 인구 증가율을 떨어뜨리고, 낮은 출생률과 낮은 사망률의 조건 하에서 인구 증가를 멈추게 한다. 그러나 세계 지도자들은 범세계적인 가족계획에 얼마나 많이 지원해야 하는가 하는 문제에 대해 많은 이견을 가지고 있다.

연령구조

현재와 미래의 생장 추세에 대한 하나의 중요한 인구통계적 변동은 한 나라의 **연령구조(age structure)**로 표현된다. 이것은 각 연령의 개체수에 대한 상대적인 수치를 말한다. 연령구조는 **그림 53.24**에서 보는 것처럼 보통 "피라미드"로 나타낸다. 아프가니스탄을 예로 들면, 바닥이 넓고 위로 좁게 휘어져서, 어린이들이 생식 연령에 이르며 폭발적인 생장을 하게 될 것을 알려준다. 미국의 연령구조는 상대적으로 평평하다(생식 후의 노년층까지). 미국은 요즈음 비록 한 부부당 두 아이를 밑도는 평균 출산율을 나타내지만 국가 전체로 볼 때 출생률은 여전히 사망률을 상회한다. 이는 아직도 "붐" 세대에 태어난 사람들이 생식 연령이기 때문이다. 더욱이 최근 미국의 총 출산율은 여성 한 사람당 2.1인의 자녀를 낳아—거의 대체율 정도—인구는 이입을 포함하여 2050년까지 느리게 증가할 전망이다. 이탈리아를 예로 들면, 이 피라미드는 바닥이 좁다. 이 바닥은 생식 연령보다 젊은층을 나타내고, 연령구조에서 상대적으로 하부 층을 이룬다. 이러한 모습은 이탈리아에서 인구는 계속적으로 줄어들 것이라는 점을 알게 해준다.

연령구조의 도표는 인구 생장의 경향을 예측할 수 있게 할 뿐만 아니라 사회적인 사정도 알려 준다. 그림 53.24의 도표를 근거로 하여 예를 들면, 우리는 가까운 미래에 아프가니스탄에서는 교육과 고용 기회가 문제가 될 수 있음을 알 수 있다. 이탈리아와 미국에서는 감소한 비율의 젊은 노동연령 인구가 더 증가한 비율의 은퇴한 "베이비 붐" 세대를 부양해야 할 것이다. 미국에서

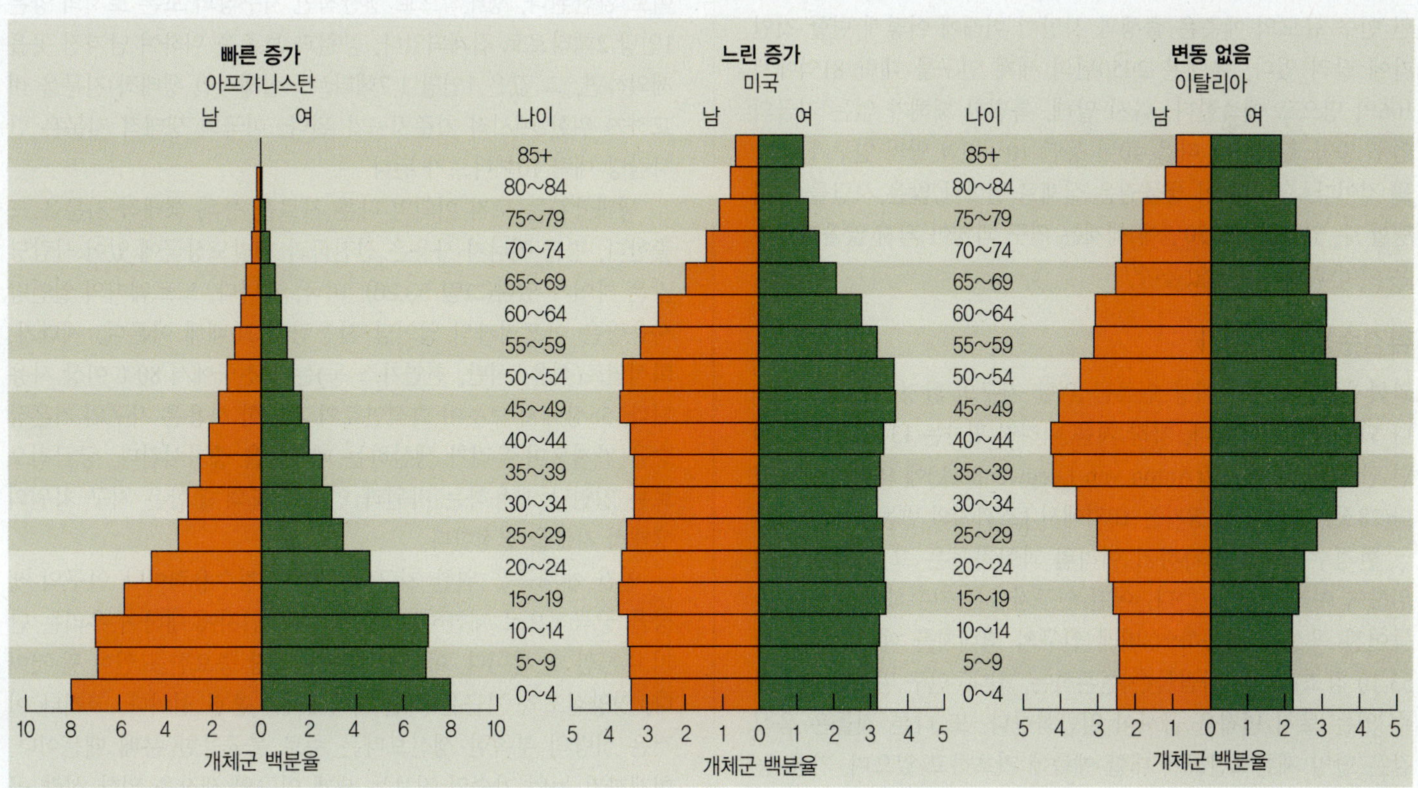

▲ **그림 53.24 세 나라 인구의 연령구조 피라미드(2010년 자료).** 아프가니스탄은 연간 2.6%의 증가를, 미국은 연간 1.0%의 증가를, 이탈리아는 연간 0.0%의 증가율을 각각 보였다.

는 이 인구통계학적 미래가 사회 보장과 의료 보장 같은 주요 정치 이슈가 된다. 연령층의 이해는 미래를 설계하는 데 도움을 준다.

신생아 사망과 기대수명

신생아 1,000명당 유아 사망자 수를 나타내는 **유아사망률**(infant mortality)과 출생에서 사망까지 평균 시간을 나타내는 **생후 기대수명**(life expectancy at birth)은 서로 다른 인간 개체군에서 크게 달라진다. 2011년의 아프가니스탄 유아사망률은 149(14.9%)인데, 이와는 대조적으로 일본은 단지 2.8명(0.28%)의 유아가 사망하였다. 더욱이 출생 때의 기대수명이 아프가니스탄은 48년인 데 반해 일본은 82년이다. 이런 차이는 삶의 질을 나타낸다. 만일 유아사망률이 높다면 부모들은 아이들을 더 많이 나을 것이다.

세계의 기대수명은 1950년 이후 증가해 왔는데, 최근에는 구소련과 아프리카, 아랍권 나라를 포함한 몇몇 지역에서는 떨어졌다. 이들 지역에서는 사회적인 격변, 사회 기반시설의 노후, 에이즈나 결핵 같은 전염성 질병이 복합적으로 작용하여 기대수명이 감소되고 있다. 예를 들면 남아프리카의 앙골라에서는 2011년의 기대수명이 대략 43년이어서 일본, 스웨덴, 이탈리아, 스페인 등의 거의 절반 밖에 되지 않는다.

지구의 수용능력

미래 인구의 크기보다 더 중요한 생태적 의문은 없다. 범세계적인 인구 규모의 예측은 출생과 사망이 미래에 어떻게 변할 것인가에 달려 있다. 유엔은 2050년의 세계 인구를 대략 81억에서 106억 명으로 예측한다. 다시 말해, 특별한 재해가 없는 지금의 인구 증가 추세라면 다음 40년 동안 10~40억 명의 인구가 추가될 것이다. 그러나 이 생물권은 실제로 얼마나 많은 사람들을 지탱할 수 있을까? 2050년에 세계는 인구 과잉이 되지 않을까? 혹은 이미 과잉되지 않았을까?

환경수용력의 평가

과학자들은 3세기 이상 인류를 위한 지구의 환경수용력은 얼마나 되는지 질문해왔다. 가장 처음 내려진 평가는 134억으로 1679년 안톤 반 레벤후크(Anton van Leeuwenhoek)에 의하여 내려졌다(28장). 그 후, 이 평가는 10억에서 1조까지의 변동을 보였다.

환경수용력은 평가하기 어려워 과학자들은 그 해답을 얻기 위하여 여러 방법을 쓴다. 어떤 연구자들은 지수식에 의하여 만들어진 곡선을 이용하여 미래 인구의 최대치를 예측한다(그림 53.10 참조). 다른 사람들은 현존하는 "최대" 인구 밀도와 거주할 수 있는 토지 면적을 곱하여 일반화한다. 또 다른 것들은 음식 같은 단일 제한요인들에 대한 예측에 기초하고 있으며, 가용 농업지역, 평균 작물 생산량, 주된 식품(채식이냐 육식이냐), 그리고 하루에 한 사람이 요구하는 열량 등을 고려한다.

▲ 그림 53.25 **생태적 지문.** 우리가 사용하는 자원과 생산하는 폐기물은 생태적 지문을 결정한다. 기기판 회로와 같이 버려진 폐기물은 생태적 지문 산정에 고려된다.

개체군 크기의 한계

지구의 환경수용력에 대한 더 정확한 평가는 음식, 물, 연료, 건축 자재들과 함께 의복, 교통수단처럼 사람들을 제한하는 복합적인 요소들을 이해해야 가능하다. **생태적 지문(ecological footprint)**의 개념은 각 나라들에 의해 소비되는 모든 자원을 생산할 뿐 아니라, 배출하는 모든 폐기물을 흡수하는 일에 사용되고 있는 육지와 수역을 합한 것이다(그림 53.25). 생태적 지문의 한 가지 계산법은 지구의 총생산을 합하여 사람으로 나누는 것이다. 모든 측정치는 일인당 헥타르(1헥타르=2.47에이커)로 계산된 토지 넓이로 환산된다. 생태적으로 생산적인 지구상의 모든 토지의 양은 1인당 2헥타르로 집계되었다. 공원과 보존을 위하여 남겨진 곳을 제외하면, 그 값은 1인당 1.7헥타르—실제적인 생태적 지문을 비교하기 위한 예시적 기준치—가 된다. 미국의 생태적 지문은 한 사람당 대략 10헥타르가 된다.

생태학자는 토지 이외의 다른 자료를 통해 생태적 지문을 도출한다. 평균 에너지 사용은 선진국과 개발도상국에 있어 사람당 많은 차이가 있다(그림 53.26). 미국, 캐나다, 노르웨이의 일인당 사용량은 아프리카의 일인당 사용량의 30배에 이른다. 게다가, 화석연료(석유, 석탄, 천연가스 등)는 선진국에서 80% 이상 사용된다. 56장에서 보듯이 화석연료의 과다한 사용은 지구의 기온상승을 가져오며 우리가 생산하는 폐기물을 증가시킨다. 궁극적으로는 일인당 사용하는 자원과 인구 밀도의 조합은 지구 차원의 생태적 지문을 결정한다.

인간 개체군을 위한 지구의 최적 환경수용력이나 인구의 생장을 궁극적으로 제한하는 요인이 무엇인지에 대하여 우리는 단지 추론만 할 뿐이다. 아마도 식량이 가장 중요한 요인이 될 것이다. 영양실조와 기근은 어떤 지역에서는 흔한 일이다. 그러나 이것은 식량의 부족한 생산보다는 주로 불균등한 분배 때문이다. 현재까지 농업 기술의 진보는 세계 인구의 생장을 위한 식량 공급을 가능하게 하였다.

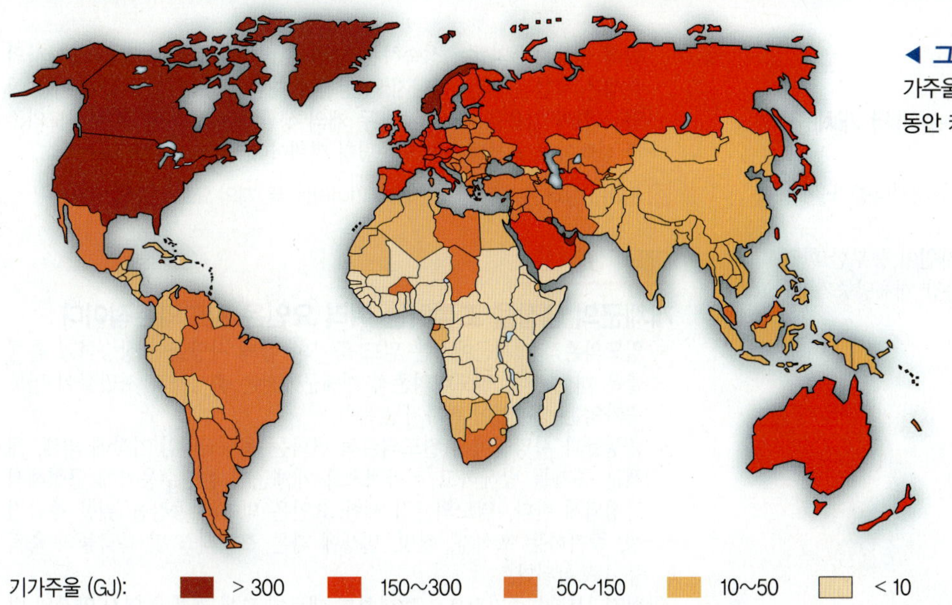

◀ **그림 53.26 지구의 일인당 연간 에너지 소모량.** 기가주울(GJ)은 10^9J이 된다. 참고로, 100와트의 전구를 일년 동안 켜 놓으면 3.15 GJ이 된다.

물과 같은 재생 가능한 자원의 공급은 이미 한 장소나 지역이 요구하는 양을 감당하지 못하고 있다. 10억 이상의 사람들은 기본 위생을 위해 필요한 물도 충분히 공급받지 못한다. 인류는 또한 궁극적으로 폐기물을 수용할 환경수용력에도 제한을 받을 것이다. 그러한 경우 현존하는 지구 인구는 미래 세대를 위한 지구의 환경수용력을 저하시킬 수 있다.

기술발전은 지구의 환경수용력을 확실히 증가시킨다. 하지만 인구의 무한한 생장은 불가능하다. 이 장을 공부하고 여러분은 한 가지 환경수용력은 없다는 것을 인식하였을 것이다. 세계 인구의 환경수용력이 정확하게 얼마이고, 어떤 환경 하에서 거기에 도달할 수 있는지는 큰 관심과 논쟁의 대상이 된다. 우리는 우리 선택에 기초한 사회적 변화를 통해 영의 개체군 생장을 이룩할 것인지, 아니면 자원 고갈, 역병, 전쟁, 그리고 환경 파괴로 인한 사망률 증가에 의해 개체군 생장을 멈추게 할 것인지를 결정할 수 있다.

개념 확인 문제 53.6

1. 개체군 연령구조가 개체군 생장에 어떻게 영향을 미치는가?
2. 지구의 인구의 생장은 최근에 어떻게 달라졌는가? 생장률과 매년 추가되는 인구의 수의 관점에서 답을 작성하라.
3. WHAT IF? 생태적 지문에 영향을 줄 수 있는 여러분의 선택에 대해 논의하라.

정답은 부록 A 참조

53 장 복습

핵심 개념의 요약

개념 53.1

역동적인 생물 변천은 개체군의 밀도, 분산 및 개체군의 통계에 영향을 미친다

- 개체군 **밀도**—단위 면적 또는 부피당 개체수—는 출생, 사망, 이입 및 이출의 상호작용으로 나타나는 결과이다. 환경 및 사회적 요인들은 개체들이 무리를 짓거나 균일하게 **분포**하거나, 또는 무작위로 퍼져 있는 등의 형태에 영향을 준다.

분포 유형

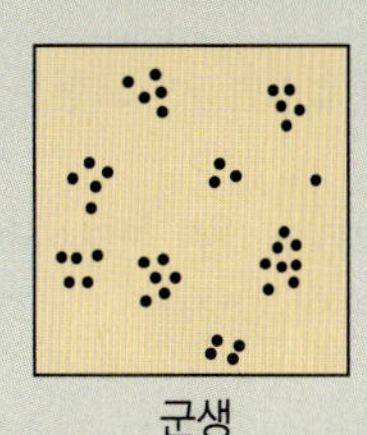
군생

균일

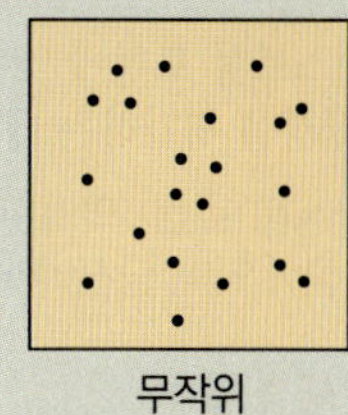
무작위

- 개체군은 출생과 **유입**으로 증가하고, 사망과 **유출**로 감소한다. **생명표, 생존곡선** 및 **생식표**는 특정 개체군통계학의 경향을 종합적으로 보여준다.

? 회색고래(*Eschrichtius robustus*)는 캘리포니아의 바하에 매년 겨울에 모여 새끼를 낳는다. 이런 행동이 출생률과 사망률을 파악하는 데에 생태학자들에게 어떤 도움을 주는가?

개념 53.2

지수적 모형은 제약이 없는 이상적인 환경 속에서 개체군 생장을 기술한다

- 만약 이입과 이출을 무시한다면 개체군의 생장률(개체당증가율)은 출생률에서 사망률을 뺀 것과 같다.
- **지수적 생장**의 등식인 $dN/dt = r_{inst}N$은 비교적 자원이 풍부한 환경 하에서 개체군의 생장을 나타낸다. 여기서 r_{inst}는 순간 개체당증가율이고 N은 개체군 내의 개체수이다.

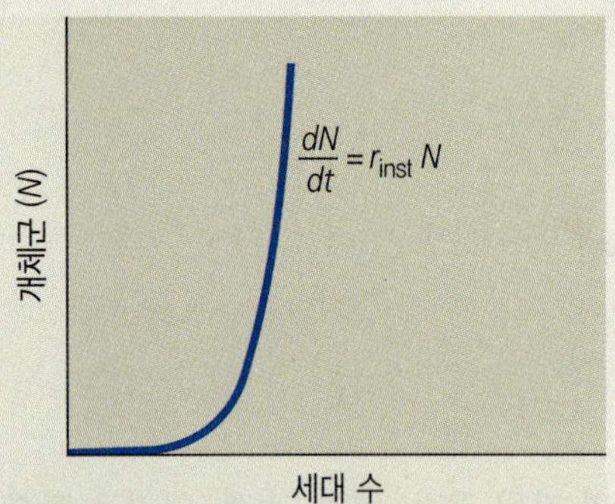

? 만일 한 개체군이 다른 개체군의 r_{inst}에 두 배가 되는 r_{inst}를 가진다면, 지수 생장에 근거한 두 개체군의 최대크기는 얼마가 되는가?

개념 53.3

로지스트형 생장 모형은 환경수용력을 포함한다

- 지수적 생장은 어떤 개체군에서도 오랫동안 지속될 수 없다. 더 실제적인 개체군 모형에서는 그 환경이 지탱할 수 있는 개체군의 최대 크기인 **환경수용력**(K)에 의하여 생장이 제한된다.
- **로지스트형 생장** 등식인 $dN/dt = r_{inst}N(K - N)/K$에 의하면 생장은 개체군 크기가 환경수용력에 근접할수록 억제된다.

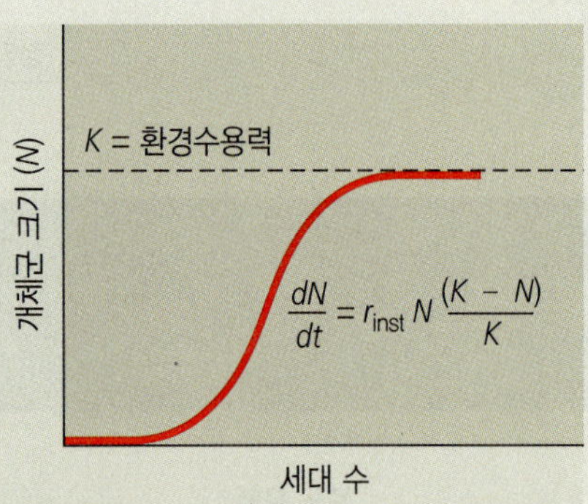

- 로지스트형 모형에 맞는 실제 개체군은 거의 없지만, 이 모형은 가능한 생장을 평가하는 데 유용하다.

? 야생동물 보호지역의 관리사는 지역의 멸종위기종에 대한 환경수용력 증가에 관심이 있다. 당신이라면 어떻게 이 목적을 달성하겠는가?

개념 53.4

생활사의 특성은 자연선택의 산물이다

- **생활사**의 특성은 발생, 생리, 생물의 행동을 반영하는 진화적 산물이다.
- 대폭발 생식 또는 **일회결실**을 하는 생물은 한 번만 출산하고 죽는다. 이와 반대로 **반복결실**을 하는 생물은 자손을 반복적으로 낳는다.
- 한배 출생자손의 수, 성숙하는 연령 및 어버이양육과 같은 생활사의 특성은 제한된 시간, 에너지, 영양분에 대한 요구의 갈등 간에 비용-이익 교환이 있음을 나타낸다. 두 개의 생활사는 ***K*-선택** 혹은 밀도의존적 선택이며, ***r*-선택**은 밀도독립형 선택이다.

? 일회결실과 반복결실의 진화에 기여하는 두 개의 요소는 무엇인가

개념 53.5

개체군의 생장을 조절하는 여러 요인은 밀도의존적이다

- **밀도의존적** 개체군에서는 밀도 증가와 함께 사망률이 상승하고 출생률은 하락한다. **밀도비의존적** 개체군에서는 출생률과 사망률이 밀도 증가와는 상관없이 변하지 않는다.
- 출생률과 사망률에서 밀도의존적 변화는 음성되먹임 기작에 의해, 개체군 증가를 방해하고 결과적으로 개체군이 환경수용력에 근접해서 안정되게 한다. 밀도의존적 제한 요인은 먹이와 공간을 위한 종간경쟁, 증가하는 포식자, 질병, 밀생에 따른 스트레스 및 독극물의 축적 등이 포함된다.
- 환경 상태가 주기적으로 변화하기 때문에 모든 개체군 역시 약간의 변동을 나타낸다. 많은 개체군은 증가-감소를 반복하며 생물학적 비생물학적 요인의 복잡한 조합에 의해 영향을 받는다. **메타개체군**은 이입과 이출로 연결된 개체군 무리이다.

? 인간 개체군의 연간 크기 변화에 기여하는 생물학적 요인과 비생물학적 요인의 예를 각각 하나씩 들라.

개념 53.6

인구는 더 이상 지수적으로 생장하지는 않지만 그래도 빠르게 증가하고 있다

- 1650년 이후 세계의 인간 개체군은 지수적 생장을 해왔다. 그러나 지난 50년 동안 그 생장 속도는 거의 50%까지 떨어졌다. **연령구조**의 차이는 어떤 나라들은 빠르게 생장하지만 다른 나라들은 그 크기에서 안정되거나 감소될 것임을 보여준다. 특히, 유아 사망률과 출생 때의 기대수명은 선진국과 개발도상국 사이에 뚜렷한 차이가 있다.
- **생태적 지문**은 육상과 수역의 집합체인데 개인과 집단이 소모하는 자원을 공급하고 모든 폐기물을 흡수한다. 지구상의 인류를 위한 환경수용력은 불확실하다. 70억이 넘는 인구로 인해 우리는 이미 많은 자원을 지속가능하지 않게 사용하고 있다.

? 그들의 환경수용력을 "선택"하는 능력에 있어서 인간은 다른 동물과 어떻게 다른가?

생각해 보자

수준 1: 지식/이해

1. 개체군 생태학자는 동령군의 운명을 활용하여
   a. 개체군의 환경수용력을 결정한다.
   b. 개체군의 개별 그룹에 대한 출생률과 사망률을 결정한다.
   c. 개체군이 밀도의존형의 과정을 따르는지 결정한다.
   d. 개체군의 크기를 조절하는 요인을 결정한다.
2. 개체군의 환경수용력은
   a. 환경조건이 변화함에 따라 변화를 보인다.
   b. 로지스트형 생장 모델을 이용하여 정확하게 계산할 수 있다.
   c. 개별생장률(r)이 감소함에 따라 증가한다.
   d. 절대로 초과할 수 없다.

3. 눈신토끼와 포식자인 스라소니의 개체군 변동주기에 대한 과학적 연구를 통하여 다음을 알 수 있다.
 a. 포식은 피식자의 개체군 변동에 영향을 주는 우점적 요인이다.
 b. 토끼와 스라소니는 상호 의존적이어서 상대종이 없으면 절대 생존할 수 없다.
 c. 토끼와 스라소니 개체군은 비생물적 요인에 의해 주로 조절된다.
 d. 토끼의 개체군은 *r*-선택형이며 스라소니는 *K*-선택형이다.

4. 생태발자국의 분석을 통해 다음을 알 수 있다.
 a. 지구의 환경수용력은 개인별 육식이 증가함에 따라 증가한다.
 b. 자원에 대한 선진국의 현재 수요는 국가의 생태발자국보다 훨씬 적다.
 c. 인간을 위한 지구의 환경수용력을 증가시키기 위한 기술적 발전은 불가능하다.
 d. 미국의 생태발자국은 개인별 자원의 사용이 높기 때문에 높다.

5. 현재의 생장률에 근거하여 2015년 지구의 인구수는
 a. 2백만
 b. 40억
 c. 70억
 d. 100억

수준 2: 응용/분석

6. 개체군의 구성원이 균등하게 분포한다는 관찰은 다음 어떤 내용을 제시하는가?
 a. 자원이 불균등하게 분포한다.
 b. 개체군의 구성원은 자원의 접근을 위하여 경쟁한다.
 c. 개체군의 구성원은 서로 간 근접하지도 배척하지도 않는다.
 d. 개체군의 밀도는 낮다.

7. 아래의 로지스트형 생장 공식에 의하면

$$\frac{dN}{dt} = r_{inst}N\frac{(K-N)}{K}$$

 a. 단위 시간당 개별수의 증가는 *N*이 '0'에 근접할수록 최대가 된다.
 b. 개별생장률(*r*)은 *N*이 *K*에 근접할수록 증가한다.
 c. 개체군 생장은 $N = K$가 되면 '0'이다.
 d. 개체군은 *K*가 적을 때 지수적으로 생장한다.

8. 아래의 짝 중 늑대의 안정적 개체군을 설명하는 생활 특징으로 가장 맞는 것은?
 a. 일회성 결실: *r*-선택형
 b. 일회성 결실: *K*-선택형
 c. 반복결실: *r*-선택형
 d. 반복결실: *K*-선택형

9. 지수적 생장기간에 개체군은 항상
 a. 일정한 순간생장률을 가진다.
 b. 환경수용력에 빨리 도달한다.
 c. 시간적으로 순환한다.
 d. 개체군이 이주함으로 손실된다.

10. 선진국에서 인구에 대한 현상 중 틀린 것은?
 a. *r*-선택형 생활사를 가진다.
 b. 평균 가족수는 비교적 적다.
 c. 개체군은 인구동태적 변동을 겪는다.
 d. 생존율 곡선은 타입 I을 따른다.

수준 3: 종합/평가

11. **INTERPRET THE DATA** 어떤 동일 연령층의 암컷이 가장 많은 암컷을 생산하는가를 파악하기 위하여 동령군의 개체수와 암컷의 수를 파악하는 것이 필요하다. 벨딩땅다람쥐를 이용하여 첫해에 살아있는 암컷의 수(표 53.1의 2번째 칼럼)를 파악하고, 암컷이 생산하는 암컷의 평균수(표 53.2의 5번째 칼럼)를 파악한 후 *x*축에 암컷의 연령을 막대그래프로 그려라(0~1, 1~2 등). 그리고 *y*축에는 각 연령별 암컷의 수를 나타낸다. 어느 연령층의 암컷이 가장 많은 새끼를 생산하는가?

12. **진화적 관점**
일회결실과 반복결실의 진화적인 장점을 비교하여 문장으로 서술하여라.

13. **과학적 탐구**
당신은 특정 식물종의 개체군 밀도가 병원성 곰팡이의 식물감염 속도에 영향을 준다는 가설을 검정하고 있다. 이 곰팡이는 잎에 육안으로 볼 수 있는 흉터를 남기기 때문에 그 식물이 감염되었는지 여부를 쉽게 알 수 있다. 당신의 가설을 시험해 보기 위한 실험계획을 세워라. 또한 실험적인 처리와 대조구, 수집하려는 자료, 그리고 당신의 가설이 옳았을 때 기대되는 결과를 포함시켜라.

14. **과학, 기술, 사회**
많은 사람들은 개발도상국의 급속한 인구생장이 우리들의 가장 심각한 문제라고 보고 있다. 어떤 사람들은 선진국들의 인구생장은 비록 작지만 실제로는 더 큰 환경적인 위협이라고 생각한다. (a) 개발도상국과 (b) 선진국 나라의 인구생장으로부터 무슨 문제가 생기는가? 어느 쪽이 더 위협적이며, 또 왜 그런가?

15. **글쓰기: 지식의 체계화**
짧은 에세이(100~150자)로 그림 53.18에 나타난 밀도의존형 개체군 조절에 있어 가장 중요하다고 판단되는 요인들을 기술하라.

16. **종합적으로 생각해보기**

메뚜기(메뚜기과)는 주기적 개체군 폭증을 겪는다. 밀도조절형 기작(그림 53.18)에 근거하여 메뚜기 증가와 가장 관련이 있는 두 가지를 선택하고 이유를 설명하라.

정답은 부록 A 참조

54

생물다양성과 군집

핵심 개념

54.1 군집 내에서 개체 간의 상호관계는 돕거나, 해를 끼치거나, 영향없음으로 분류된다

54.2 다양성과 영양구조는 생물군집을 특징짓는다

54.3 교란은 종다양성과 구성에 영향을 미친다

54.4 생물지리적 요인은 군집의 생물다양성에 영향을 미친다

54.5 병원균은 지역적으로, 지구적으로 군집구조에 변화를 가져온다

▲ 그림 54.1 이 상호작용에서는 어떤 종이 이득을 얻는가?

움직이는 군집들

인도네시아 렘베 해협 깊은 곳에서, 자색오각게 한 마리가 커다란 성게 한 마리를 등에 지고 바다 바닥을 종종 거리며 걷고 있다(그림 54.1). 포식자 물고기가 도착하면 게는 재빨리 바닥에 서서 자신의 살아 있는 방패를 사용한다. 물고기가 게에게 달려들어 물려고 시도한다. 그에 대한 반응으로, 게는 가시 돋친 성게를 물고기가 공격하는 쪽으로 기울인다. 그 물고기는 결국 포기하고 헤엄쳐 가버린다. 자색오각게는 자신을 보호하기 위해 해파리를 비롯한 여러 생물들을 이용한다(왼쪽 아래 사진).

그림 54.1의 게는 등에 성게를 가지고 있어 이득을 얻는다. 그러면 성게는 이 관계에서 무엇을 얻나? 게와의 관계는 해, 도움 혹은 생존과 번식에 아무런 영향이 없을 수 있다. 추가 실험이나 관찰은 이런 질문에 대한 해답을 위해 필요하다.

53장에서 여러분은 개체군의 각 개체가 다른 개체에 영향을 주는가를 공부하였다. 이 장에서는 같은 종이 아닌 다른 종 사이에서 개체군의 상호작용이 나타나는가에 대해 공부할 것이다. 이처럼 살아 있는 다양한 생물들이 충분히 가까이 모여 잠재적인 상호작용을 보여주는 개체군들의 모임을 생물학적 **군집(community)**이라고 한다. 생태학자들은 그들의 탐구 주제를 풀기에 알맞은 특정한 군집의 테두리를 정한다. 이를테면, 썩고 있는 나무 등걸에 사는 분해자와 다른 생물의 군집, 슈페리어호에 사는 저

서생물의 군집, 또는 캘리포니아 세쿼이아 국립공원의 나무나 관목의 군집을 연구할 수 있다.

이 장에서는 군집 구조에서 이루어지는 종들—게와 성게(그림 54.1)와 같은—의 관계를 살펴보는 것으로 시작하였다. 군집을 구성하는 데 가장 중요한 요인들 중 몇 가지를 살펴볼 텐데, 이것은 군집에 얼마나 많은 종이 존재하는지, 특정 종이 그 군집에 존재하는지, 그리고 그 종들의 상대적 풍부도는 어떠한지 등을 결정하는 데 있어서의 주요 인자들이다. 마지막으로, 군집 생태학의 주요 원리 몇 가지를 인간 질병의 연구에 적용해 보려고 한다.

개념 54.1

군집 내에서 개체 간의 상호관계는 돕거나, 해를 끼치거나, 영향없음으로 분류된다

생물의 삶에서 핵심적인 상관관계는 군집 내에서 다른 종들과의 상호작용이다. 생태학자들은 이런 관계를 **종간 상호작용(interspecific interaction)**이라 한다. 종간 상호작용은 경쟁, 포식, 초식, 공생(기생, 상리공생 및 편리공생)이 있다. 이 절에서는 각각의 상호작용에 대해 알아볼 예정이며, 상호작용은 생태학자들 사이에 완벽하게 동의된 것은 아니라는 사실을 유념하기 바란다.

여기서 우리는 연루된 두 종의 생존과 생식에 상호작용이 미치는 영향을 나타내기 위하여 +, − 기호를 쓰고자 한다. 예를 들면, 포식은 포식자 개체군의 생존과 생식에는 긍정적이고 피식자의 개체군에는 부정적이기 때문에 +/− 상호작용의 예가 된다. 상리공생에서 각 종의 생존과 생식은 다른 종의 영향으로 인해 증가된다: 따라서 이것은 +/+ 상호작용이다. 0은 개체군이 상호작용에서 아무런 영향도 주고받지 않음을 나타낸다.

역사적으로 대부분의 생태연구자들은 경쟁이나 포식처럼 적어도 한 종에 대하여 부정적인 영향을 미치는 상호작용에 관심을 집중해 왔다. 그러나 긍정적인 상호작용도 도처에서 볼 수 있고, 이들의 군집의 구조에 대한 기여도 역시 많은 연구의 주제가 되고 있다.

경쟁

종간 경쟁(interspecific competition)은 한 가지 자원을 두고 두 종이 경쟁할 때 발생하며, 그 결과는 한 쪽이 불리하게 나타나거나 양쪽이 모두 불리해진다(−/−). 예를 들어 정원에서 자라고 있는 잡초는 토양의 영양분과 물을 두고 정원의 식물들과 경쟁한다. 미국의 대평원(Great Plain)에 사는 귀뚜라미와 들소는 이들이 함께 먹는 풀을 두고 경쟁한다. 알래스카와 캐나다의 북부 삼림에 사는 스라소니와 여우는 눈신토끼(snowshoe hare)와 같은 먹이를 두고 경쟁한다. 이와는 달리 산소와 같은 자원은 공급이 부족한 경우가 거의 없어 이를 두고 경쟁하는 일은 없다.

◀ *Paramecium caudatum*

25 μm

경쟁 배타의 원리

만일 군집내 두 종이 제한된 자원을 놓고 경쟁한다면 무슨 일이 발생할 것인가? 1934년에 러시아의 생태학자 가우스(G. F. Gause)는 밀접한 관계의 원생생물(protista)인 짚신벌레 아우렐리아와 카우다툼(*Paramecium aurelia*, *Paramecium caudatum*)에 대한 실험으로 종간 경쟁의 결과를 조사하였다. 그는 이 원생생물들에게 매일 일정량의 먹이를 주어 안정된 환경을 조성해 주었다. 가우스가 이 두 종을 별도로 나누어 배양하였을 때 각각의 개체군은 빠르게 자라서 환경수용력의 한계까지 도달하였다(그림 53.11a는 아우렐리아의 로지스틱성장을 보여준다). 그러나 가우스가 이 두 종을 함께 길렀을 때 카우다툼 종은 배양 중에 사라지는 결과를 얻었다. 가우스는 아우렐리아 종이 먹이를 구하는 과정에서 경쟁적으로 우세하며, 한정적인 자원을 두고 두 종이 동일 장소에서 공존할 수 없다고 결론지었다. 한 종은 그 자원을 보다 효율적으로 사용하여 다른 종보다 더 빨리 생식을 할 것이다. 비록 그 효과가 미미할지라도 결과적으로 불리한 경쟁자를 그 지역에서 사라지게 할 것이다. 생태학자들은 가우스의 개념을 **경쟁적 배제(competitive exclusion)**라 부른다. 강력한 경쟁은 두 경쟁 종 중 한 종을 그 지역에서 사라지게 한다.

생태적 지위와 자연선택

진화 어떤 환경에서 한 종이 이용하는 생물학적 자원과 비생물적 자원의 총합을 그 종의 **생태적 지위(ecological niche)**라고 한다. 이 개념을 이해하기 위해 생태학자 유진 오덤(Eugene Odum)이 고안한 비유를 살펴보자. 만약 한 생물의 서식지가 그의 "주소(address)"라면, 생태적 지위는 그 생물의 "직업(profession)"이다. 예를 들어, 열대 나무도마뱀의 생태적 지위는 그것이 견딜 수 있는 온도 범위, 앉아서 쉴 수 있는 나뭇가지의 크기, 활동적인 낮 시간, 그리고 그들이 먹는 곤충들의 종류와 크기 등을 포함한다. 그런 요소들이 이 도마뱀들의 지위나 생태적 역할, 즉 그들이 어떻게 생태계에 적응하고 있는지를 결정한다.

우리는 생태적 지위 개념을 이용하여 경쟁적 배제의 원리를 재정의할 수 있다: '두 종들은 그들의 생태적 지위가 동일하다면

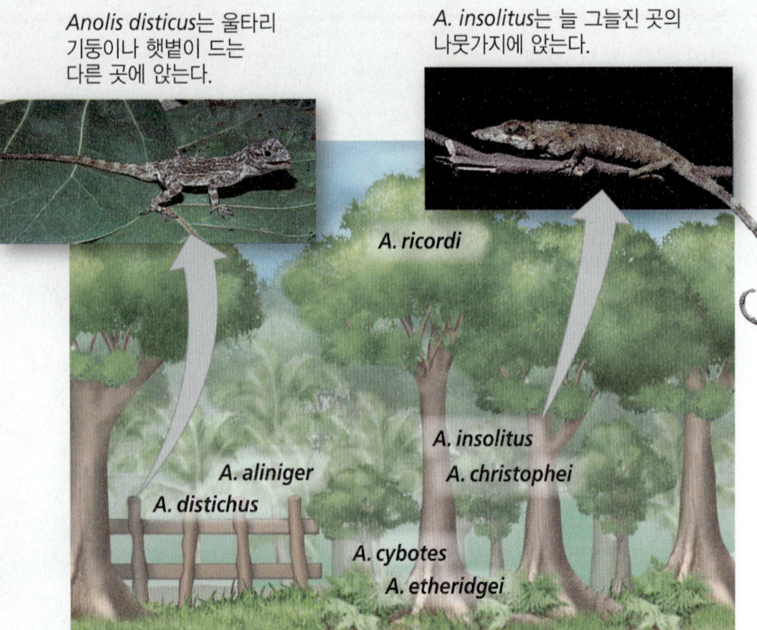

▲ **그림 54.2 도미니카 공화국 도마뱀들.** 일곱 종의 도마뱀(*Anolis*)들은 가까이 모여 살며, 모두 곤충과 다른 작은 절지동물을 잡아먹는다. 그러나 도마뱀의 각 종들은 서로 다른 장소에 살아, 생태적 지위가 뚜렷이 다르기 때문에 먹이에 대한 경쟁이 적다.

▼ **그림 54.3 탐구**

종간 경쟁이 종의 생태적 지위에 영향을 미칠 수 있을까?

실험 생태학자 조셉 코넬(Joseph Connell)은 스코틀랜드(Scotland) 연안을 따라 암반에 층을 이루며 사는 따개비 종류인 따개비(*Balanus balanoides*)와 조무래기따개비(*Chthamalus stellatus*)를 조사하였다. 조무래기따개비는 따개비보다 늘 암반의 상부 층에 모여 있다. 조무래기따개비의 분포가 따개비와 종간경쟁에 의한 것인가를 알아보기 위해 코넬은 따개비를 바위에서 제거했다.

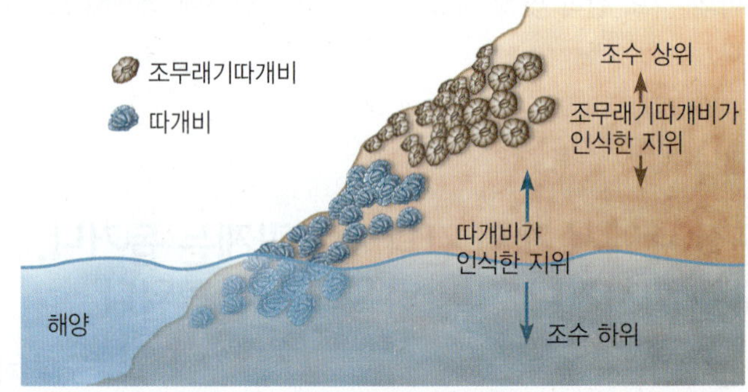

결과 조무래기따개비 개체군은 이전에 따개비가 점령하던 바위 아래 지역으로 퍼져나갔다.

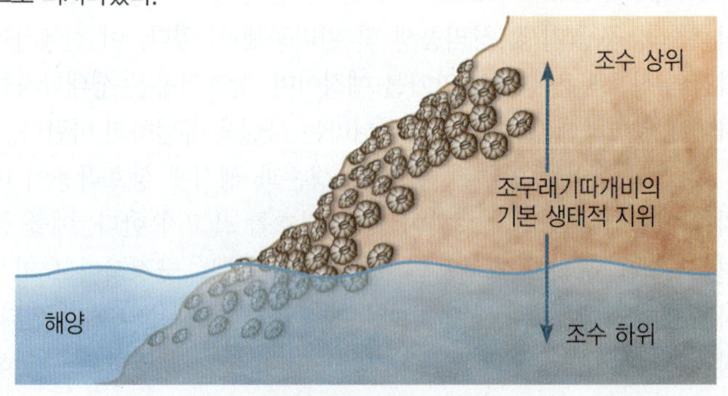

결론 종간 경쟁에 의해 조무래기따개비의 실제 생태적 지위는 기본 생태적 지위보다 많이 좁아졌다는 것을 의미한다.

참고문헌 J. H. Connell, The influence of interspecific competition and other factors on the distribution of the barnacle *Chthamalus stellatus*, *Ecology* 42:710–723 (1961).

WHAT IF? 다른 관찰들에서는 수위가 낮아지는 간조 동안에 건조해지는 것 때문에 바위 상층부에서는 따개비가 생존하지 못한다는 것을 보여주었다. 기본 생태적 지위와 비교했을 때, 그들의 실제 생태적 지위는 어떠한가?

한 군집 내에서의 지속적 공존이 불가능하다.' 그러나 생태학적으로 비슷한 종들도, 시간이 흘러 그들의 지위에 하나 이상의 큰 차이가 생긴다면 한 군집 내에서 공존할 수 있다. 자연선택에 의한 진화는 둘 중 한 종이 다른 자원을 이용하도록 하거나, 한 해 혹은 하루 중의 다른 시간대에 비슷한 자원을 이용하도록 할 수 있다. 비슷한 종들이 한 군집 내에 공존할 수 있도록 생태적 지위가 분화하는 것을 **자원 분할(resource partitioning)**이라고 한다(**그림 54.2**).

경쟁의 결과로, 한 종이 잠재적으로 점유할 수 있는 **기본 생태적 지위**(fundamental niche)는, 종종 그 종이 실제로 점유하고 있는 기본 생태적 지위의 일부분을 말하는 **실제 생태적 지위**(realized niche)와는 다를 수 있다. 생태학자들은 종이 자라고 번식하는 조건을 파악하기 위해 경쟁종을 제거하는 방법으로 기본 생태적 지위를 파악한다. 그들은 또한 잠재적 경쟁자가 한 종의 실제 생태적 지위를 제한하는지를 검사하기 위해 경쟁자를 제거하고 첫 번째 종이 새로운 가용 장소로 확대되는지를 관찰한다. **그림 54.3**에 제시된 고전적 실험은 두 따개비종들 사이의 경쟁 때문에 한 종이 자신의 기본 생태적 지위를 차지하지 못하고 있음을 분명히 보여준다.

지위에 대한 분할에 있어 종은 공간만을 분할하는 것이 아니다. 가시쥐(*Acomys cahirinus*)와 황금가시쥐(*A. russatus*)는 중동 및 아프리카 산악지역에 서식하며 동일한 서식지와 먹이자원을 공유한다. 이들이 공존하는 지역에서, 가시쥐는 야행성(nocturnal)이며, 황금가시쥐는 주행성이다. 놀랍게도 실험실 연구에서 황금가시쥐는 원래 야행성임을 보여주었다. 낮에 활동하기 위해 이들은 자신들의 생체 시계를 극복해야 한다. 이스라엘의 연구자는 가시쥐를 제거한 지역에서 황금가시쥐가 야행성으로 변하는 것을 확인하였으며 이런 행동학적 변화는 두 종 사이에 경쟁이 존재하며, 이들이 공존하기

◀ **황금가시쥐**
(*Acomys russatus*)

위해 시간의 분할이 필요하다는 것을 보여준다.

형질치환

개체군들이 때로는 이소적(allopatric; 지리적으로 독립된, 24장)이기도 하고, 때로는 동소적(sympatric; 지리적으로 겹치는)이기도 한, 가까운 연관종들은 개체군 구성에서 경쟁의 중요성에 대한 또 다른 증거를 제공해준다. 어떤 경우를 보면 이소성 개체군들이 형태적으로 서로 유사하고, 유사한 자원을 이용한다. 대조적으로, 동소성 개체군들은 자원을 두고 잠정적으로 경쟁할 것 같은데, 체형의 구조와 이용하는 자원이 더 미묘하게 다른 것을 관찰할 수 있다. 이처럼 동소성 개체군들이 이소성 개체군보다 형질의 분화를 더 일으키는 경향을 **형질치환(character displacement)**라고 한다. 형질치환의 한 예로, 갈라파고스(Galapagos)의 두 핀치인 *Geospiza fuliginosa*와 *Geospiza fortis*의 부리 길이 차이이다(그림 54.4).

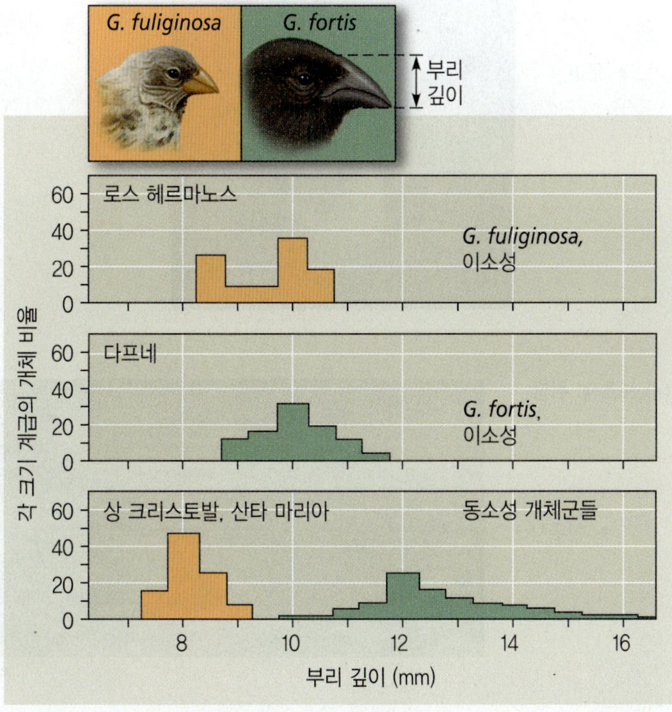

▲ **그림 54.4 형질치환: 과거 경쟁의 간접적인 증거.** 로스 헤르마노스(Los Hermanos)와 다프네 섬(Daphne Island)에 사는 핀치, *Geospiza fuliginosa*와 *Geospiza fortis*의 이소성 개체군들은 비슷한 부리 형태를 하고 있어, 아마도 비슷한 크기의 씨앗을 먹을 것으로 생각된다. 그러나 이 두 종이 동소성으로 살고 있는 산타 마리아(Santa Maria)와 상 크리스토발(San Cristóbal)에서는 *G. fuliginos*가 얇고 짧은 부리를, *G. fortis*는 깊고 큰 부리를 가지고 있어(아래 도표), 서로 다른 크기의 씨앗을 먹도록 적응된 것을 볼 수 있다.

INTERPRET THE DATA 만약 *G fortis*의 부리 길이가 일반적으로 깊이보다 12% 더 길다면, 산타마리아와 산크리스토발 섬에서 관찰된 가장 작은 부리 깊이를 가진 *G. fortis* 개체의 부리 길이는 얼마로 예상되는가?

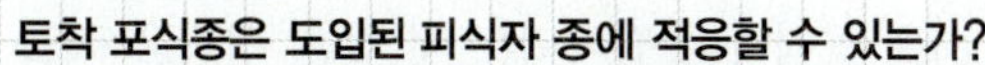

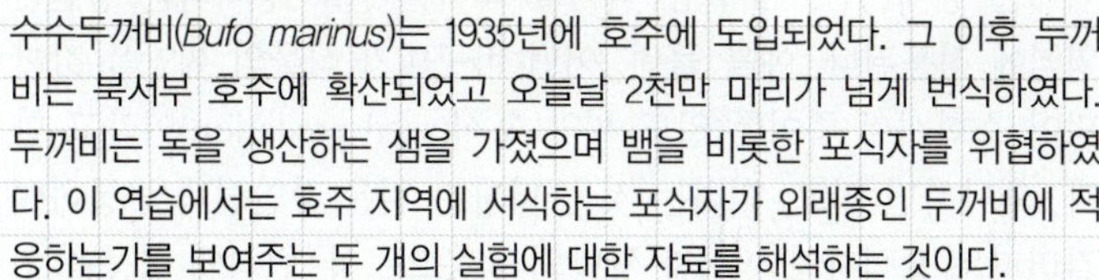

막대그래프와 산포도 그리기

토착 포식종은 도입된 피식자 종에 적응할 수 있는가? 해충 구제를 목적으로 했었지만 실패했던 시도로서, 수수두꺼비(*Bufo marinus*)는 1935년에 호주에 도입되었다. 그 이후 두꺼비는 북서부 호주에 확산되었고 오늘날 2천만 마리가 넘게 번식하였다. 두꺼비는 독을 생산하는 샘을 가졌으며 뱀을 비롯한 포식자를 위협하였다. 이 연습에서는 호주 지역에 서식하는 포식자가 외래종인 두꺼비에 적응하는가를 보여주는 두 개의 실험에 대한 자료를 해석하는 것이다.

실험 방법 1부에서는 연구자들이 12마리의 검은뱀(*Pseudechis porphyriacus*)을 지난 40~60년간 두꺼비가 서식하던 곳에서 수집하였으며, 12마리는 개구리가 없는 곳에서 수집하였다. 연구자는 뱀이 자주 포식하던 지역 두꺼비(*Limnodynastes peronii*)를 공급하거나 수수두꺼비에서 독을 제거한 후에 공급하였다. 2부에서는 연구자는 두꺼비가 지난 5~60년간 존재하던 지역의 뱀을 수집하였다. 수수두꺼비의 독이 뱀에 작용하는 것을 파악하기 위해 뱀의 위장에 소량의 독을 주입하였으며 연못에서 뱀의 수영 속도를 측정하였다.

1부의 실험 데이터

공급된 먹이	지역에서 먹이를 먹은 뱀의 비율 (%)	
	40~60년간 두꺼비 존재지역	두꺼비 없는 지역
지역 개구리	100	100
수수두꺼비	0	50

2부의 실험 데이터

두꺼비에 처음 노출된 이후 시간 (년)	5	10	10	20	50	60	60	60	60	60
수영 속도의 감소 (%)	52	19	30	30	5	5	9	11	12	22

데이터 해석

1. 1부의 자료에 대한 막대그래프 그리기(그리기에 필요한 정보는 부록 F를 참조)
2. 현재 두꺼비가 발견되는 곳과 발견되지 않는 곳에서 검은뱀의 포식행동에 대한 수수두꺼비의 영향에 대해, 그래프로 표시된 자료는 무엇을 시사하는가?
3. 두꺼비의 독을 해독하는 효소를 두꺼비가 서식하는 지역의 검은뱀들이 가졌다고 가정하자. 1부에 대한 실험을 반복하였다면 결과가 어떻게 바뀔 것으로 예상하는가?
4. 2부에서 독립 및 종속변수를 찾아내고 분포도를 그려라. 수수두꺼비에 대한 노출이 검은뱀에 선택적 효과를 미쳤는지에 대해 어떤 결과를 도출할 수 있는가?
5. 어째서 1부의 자료를 나타내는 데에는 막대그래프가 적당하고, 2부 자료를 제시할 때는 산포도가 적당한지 설명하라.

참고문헌 B. L. Phillips and R. Shine, An invasive species induces rapid adaptive change in a native predator: cane toads and black snakes in Australia, *Proceedings of the Royal Society* B 273:1545 – 1550 (2006).

포식

포식(predation)은 포식자인 한 종이 피식자인 다른 종을 죽이고 잡아먹는 +/−의 상호작용이다. 포식이라는 말이 일반적으로 사자가 영양(antelope)을 공격하여 잡아먹는 것 같은 상상을 이끌어내는 용어지만, 이 말은 먹이를 죽이는 일로 정의되는 광범한 영역에 적용된다. 예를 들면, 어떤 바구미가 식물의 씨앗을 갉아먹어 소화시켜 죽이는 일도 씨앗 포식(seed predation)이라고 한다. 왜냐하면 먹고, 먹히는 것을 피하는 일은 자연선택을 통하여 걸러지는 포식자와 피식자 쌍방의 적응으로서, 번식의 성공을 위한 전제조건이기 때문이다. **과학적 분석 기술의 연습**에서 특별한 포식자-피식자 관계의 탐구를 수행할 수 있다.

포식자의 주요 먹이에 대한 적응은 분명하고 잘 알려진 사실이다. 대부분의 포식자들은 잠재적인 먹이를 발견하는 치밀한 감각을 지닌다. 더욱이 많은 포식자들은 발톱, 이빨, 송곳니, 침, 또는 먹이를 잡아 제압하기 위한 독 같은 무기들을 갖도록 적응되어 있다. 방울뱀과 다른 살무사들을 예로 들면 두 눈과 코 사이에 있는 열 감지 기관에서 위치를 알아내고(그림 50.7a), 이빨로 독을 뿜어 새와 작은 포유류들을 죽인다. 먹이를 쫓는 포식자들은 일반적으로 빠르고 민첩하며, 그들은 매복하는 곳에서 주변 환경을 이용해 위장한다.

포식자들이 먹이를 잡기 위하여 적응 능력을 갖는 것처럼 피식자인 동물들도 잡아먹히지 않고 피하는 데 도움이 되도록 적응되어 있다. 방어에는 숨는 것, 도망가는 것과 자기 방어가 포함된다. 적극적인 자기 방어에는 어떤 대형 초식성 포유류가 사자 같

▼ **그림 54.5 동물에서 방어적 적응의 예**

(a) 기계적 방어

▶ 고슴도치

(b) 화학적 방어

▶ 문어

(c) 경계색: 색깔로 경고를 표시함

◀ 진홍나방

(d) 보호색: 위장

▶ 살무사

(e) 베이츠의태: 무해한 종이 해로운 종을 흉내 낸다.

▲ 독이 있는 초록 앵무새뱀

◀ 독이 없는 매나방 애벌레

(f) 뮐러의태: 맛없는 종들 간의 의태

◀ 옐로우재킷벌

◀ 뻐꾹벌

은 포식자들로부터 새끼들을 맹렬히 방어하는 일도 있지만, 흔한 것은 아니다. 그 밖의 방어에는 피식자가 많은 개체들에게 경종을 울리고, 포식자에게 떼를 지어 공격하려는 것 역시 포함된다.

동물들은 또한 방어적인 적응을 위하여 다양한 형태 및 생태적인 변이를 나타낸다. 예를 들면 고슴도치나 문어들처럼 기계적 혹은 화학적 방어 기작을 가진다(그림 54.5a,b). 유럽의 불도롱뇽(fire salamander)처럼 독을 합성할 수 있으며, 먹는 식물을 통하여 독을 몸에 지닐 수 있다. 효과적인 화학적 방어를 하는 동물들은 진홍나방처럼 종종 밝은 **경계색(aposematic coloration)** 또는 경고색(warning coloration)을 나타낸다(그림 54.5c). 그런 색깔은 종종 포식자들이 화려한 색의 피식자를 기피하는 것으로 보아 적응적인 것으로 보인다. **보호색(cryptic coloration)** 또는 위장(camouflage)은 포식자로 하여금 먹이를 식별하기 어렵게 한다(그림 54.5d).

때때로 어떤 피식종은 다른 종을 외형으로 속이는 방법으로 중요한 보호 기능을 획득한다. **베이츠의태(Batesian mimicry)**에서는 맛 좋고 해가 없는 종이 맛없고 해로운 모델을 흉내 낸다. 예를 들면, 매나방(hawk moth)의 애벌레가 부화할 때 머리와 목은 조그마한 독뱀의 머리 같다(그림 54.5e). 이 경우에 의태는 행동까지를 포함한다. 애벌레는 뱀처럼 쉬익 소리를 내며 머리를 앞뒤로 흔든다. **뮐러의태(Müllerian mimicry)**에서는 뻐꾹벌(cuckoo bee)과 옐로우재킷벌(yellow jacket)처럼 둘 이상의 맛없는 종들이 서로를 닮는다(그림 54.5f). 아마도 각각의 종은 포식자가 이 맛없는 많은 먹이들에 대하여 더 빨리 집중적으로 적응하여 이처럼 특별한 외형을 하는 먹이를 피하도록 해서 부가적인 이익을 얻고자 하였을 것이다. 수렴진화(convergent evolution)의 한 예로 서로 다른 여러 분류군에 속하는 동물들이 맛없는 동물과 유사한 유형의 색깔을 갖는 것이 있다: 검은색과 노란색, 또는 붉은 줄무늬는 옐로우재킷벌과 산호뱀(coral snake)처럼 맛없는 동물의 특징이다.

포식자들도 여러 가지 방법으로 의태를 이용한다. 예를 들면, 1998년에 발견된 흉내내는 문어(*Thaumoctopus mimicus*)는 바다의 생물인 게, 성게, 바다뱀, 물고기, 노랑가오리 등 6가지의 동물을 흉내낸다(그림 54.6). 이 동물은 먹이 접근을 위해 흉내를 내는데, 게를 흉내내어 먹이를 잡아먹는다. 또는 포식자에게 겁을 주기 위한 흉내를 내는 데 자리돔(damselfish)이 공격하면 포식자인 줄무늬 바다뱀을 흉내낸다.

▲ **그림 54.6 흉내내는 문어. (a)** 바다 바닥에 6개의 촉수(tenacle)를 구멍에 숨긴 후 문어는 2개의 촉수로 바다뱀을 흉내낸다. **(b)** 몸과 팔을 뒤로 한 상태에서 납작한 모습으로 문어는 가자미(flounder; 납작한 물고기)를 흉내낸다. **(c)** 다리를 몸의 옆으로 붙이고 한 개의 촉수를 뒤로 펼치며 가오리(stringray)를 흉내낸다.

초식

생태학자들은 **초식성(herbivory)**이라는 용어를 초식동물이 식물의 일부나 조류(algae)를 먹는 상호관계에 사용하고, +/−로 표시한다. 가축, 양, 물소와 같은 대형 초식성 포유류는 잘 알려져 있지만, 대부분의 초식동물은 귀뚜라미와 딱정벌레들처럼 작은 무척추동물이다. 대양에서 초식동물은 달팽이, 성게, 그리고 몇몇 가시지느러미고기(surgeon fish)와 같은 열대어및 척추동물을 포함한다(그림 54.7).

▲ **그림 54.7 미국 플로리다에 사는 서인도제도 매너티(*Trichechus manatus*).** 매너티는 도입된 종인 물히아신스(*Hydrilla*)를 먹고 사는 초식동물이다.

포식자처럼 초식동물은 특별한 적응을 가지고 있다. 많은 초식성 곤충들은 발에 화학적 신호를 가지고 있으며 이는 식물의 독성 및 영양적 가치를 구별할 수 있게 해준다. 염소 같은 몇몇 초식성 포유동물은 후각을 써서 식물의 냄새를 맡아 어떤 것은 먹고 어떤 것은 버린다. 어떤 경우에는 꽃 같은 특정 부분만을 먹는다. 많은 초식동물은 초식에 알맞도록 변화된 이빨이나 소화기관을 가지고 있다(42장).

피식동물과는 달리 식물은 잡아먹히지 않기 위해 달아날 수 없다. 그 대신 초식동물에 대한 식물의 주된 무기는 때로 침과 가시를 겸하여 화학적 독성 물질을 저장하는 것이다. 무기로 쓰이는 식물의 화합물 중에는 열대 지방의 포도나무인 *Strychnos toxifera*에서 추출되는 스트리크닌(strychnine), 담배 식물에서 얻어지는 니코틴(nicotine), 다양한 식물종에서 얻어지는 타닌(tannin) 등이 있다. 사람에는 독성이 없으나 많은 초식동물들이 혐오하는 화합물로는 시나몬(cinnamon), 클로버(clover), 페퍼민트(peppermint) 같은 친숙한 향료들이 있다. 어떤 식물은 곤충이 이상 발육을 하게 하는 원인이 되는 화학물질을 분비한다. 식물이 어떻게 자신을 보호하는지에 대한 예들은 그림 39.27의 'Make Connections: 초식동물에 대한 여러 단계에서의 식물의 방어'를 참조하라.

공생

두 종 이상의 개체들이 서로 서로 직접적이고 친밀한 접촉관계를 형성하며 살아갈 때 그들의 관계를 **공생(symbiosis)**이라고 부른다. 이 책에서, 우리는 공생을 해롭거나 이득이 되거나 혹은 중립적인 모든 관계를 포함하는 것으로 정의할 것이다. 그러나 어떤 생물학자들은 공생을 더 좁은 의미로, 이를테면 상리공생과 동의어로 사용한다.

기생

기생(parasitism)은 한 **기생생물(parasite)**이 다른 생물체인 **숙주(host)**로부터 영양을 공급받는 +/−의 공생적인 상호작용이며, 이 과정에서 숙주에게 해를 끼친다. 어떤 기생생물은 촌충이나 말라리아처럼 숙주의 몸속에 살아 **내부기생생물(endoparasite)**이라고 불린다. 또한 진드기처럼 숙주의 몸 바깥 표면에 붙어 먹이를 취하는 것은 **외부기생생물(ectoparasite)**이라고 한다. 기생의 특별한 형태로 포식기생(parasitoidism)이 있다. 이것은 곤충(보통 작은 말벌)이 숙주의 몸 안 또는 밖에 알을 낳는다. 그리하여 애벌레는 그 숙주의 몸을 먹으며 자라 마침내 숙주를 죽인다. 생태학자에 따라 지구상의 1/3 이상의 생물이 기생생물이라는 견해도 있다.

많은 기생생물들은 숙주를 여러 개 갖는 복잡한 생활사(life cycle)를 지닌다. 예를 들어 최근에 전 세계 인구의 거의 200만을 감염시킨 주혈흡충(blood fluke)의 생활사는 두 가지 숙주인 사람과 담수산 달팽이가 연관된다(그림 33.11). 어떤 기생생물은 이들이 한 숙주로부터 다른 숙주로 옮기는 기회를 높이기 위해 숙주가 행동을 바꾸게 유도한다. 예를 들어 기생성 구두동물(acanthocephalan; 가시 달린 머리 갖는)이 감염된 갑각류 숙주는 보호각인 껍데기를 벗어버리고 밖으로 나와 버리는 비정상적인 행동을 한다. 이러한 이상 행동의 결과로 이 갑각류는 새들에게 잡아먹힐 기회가 더 많아지고, 따라서 이 기생동물은 제2의 숙주인 새로 쉽게 옮아갈 수 있게 된다.

기생생물은 숙주의 생존, 생식 및 개체군의 밀도에 직접 또는 간접적으로 심각한 영향을 줄 수 있다. 예를 들면, 숙주인 뿔사슴에 외부기생하는 진드기는 숙주의 피를 빨아먹어, 털이 부러지고 빠지는 원인이 되어 뿔사슴이 추위로 죽거나 늑대의 밥이 될 기회를 높인다(그림 53.19).

상리공생

상부상조적인 공생, 또는 **상리공생(mutualism)**은 양쪽 종에게 모두 유익한 상호작용(+/+)이다. 콩과식물의 뿌리혹에 사는 세균에 의한 질소고정, 흰개미와 반추동물인 포유류의 소화기관에 있는 미생물에 의한 섬유소의 분해, 산호 조직 속에 있는 단세포 조류에 의한 광합성, 그리고 균근(mycorrhiza)에서 곰팡이와 식물 뿌리의 협동에 의한 영양분의 교환 등이 그것이다. 흰개미와 장내 미생물의 관계는 절대적 상리공생(obligate mutualism)이며 이 때 파트너의 도움없이는 적어도 한 종은 생존할 수 없다. 반면에 조건적 상리공생(facultative mutualism)의 예는 남부 중앙아메리카에 있는 개미와 아카시나무의 예(**그림 54.8**)이며, 두 종은 각각 독립해서도 생존할 수 있다.

상리공생적인 상호작용은 때로 어느 한 종이 다른 종의 생존과 생식에 영향을 주는 작용으로서 양쪽 종이 연관된 적응을 통해 진화에 기여할 수 있다. 예를 들면 대부분의 현화식물은 가루받이와 종자 산포 역할을 하는 동물을 유인하기 위하여 열매나 꿀샘 같은 것을 만드는 적응을 한다(개념 38.1). 결과적으로, 많은 동물들은 꽃들을 찾고 꽃꿀을 소비할 수 있도록 하는 적응들을 가진다.

편리공생

편리공생(commensalism)은 두 종 간의 상호작용에서 한 쪽은 이익을 얻지만 다른 쪽은 아무런 해나 이익도 얻지 않는 것으로 정의한다(+/0). 편리공생적인 상호작용은 자연계에서 찾기 어렵다. 왜냐하면 밀착된 종들 사이의 관계가 어느 한쪽에만 영향을 줄 것 같지는 않기 때문이다. 수생 거북의 껍질에 붙어사는 조류나 고래에 붙어사는 따개비 같은 "무임승차" 종들은 때로 편리공생 생물로 생각할 수 있다. 이 경우, 무임승차자들은 붙어 살 장소를 얻을 수 있지만, 이들을 태우는 생물은 거의 영향을 받지 않을 것이다. 그러나 무임승차자들은 실제로 숙주가 먹이를 찾아

(a) 중미와 남미에 사는 아카시나무의 어떤 종은 *Pseudomyrmex* 속 개미의 집이 되는 오목한 가시를 가지고 있다. 이 개미는 나무의 꿀샘에서 분비되는 당분과 잎맥 끝에 만들어지는 단백질이 많은 돌기물(사진에서 오렌지색)을 먹이로 한다.

(b) 아카시나무는 싸움꾼인 이 개미가 뭐든지 나무를 건드리면 공격하고, 곰팡이 포자나 다른 부스러기와, 나무 가까이 자라는 식물들을 없애주어, 도움을 받는다.

▲ **그림 54.8 아카시나무와 개미의 상리공생**

움직이거나 포식자들로부터 도피하려는 행동에 약간의 손실을 주어 숙주의 효율성을 감소시키고 있다. 반대로 무임승차자들은 숙주의 위장을 도울 수도 있다.

어떤 상리공생 관계는 다른 종에 의해 우연히 노출된 음식을 얻는 종들을 포함한다. 예를 들면 찌르레기(cowbird)와 황로(cattle egret)는 들소, 소, 말과 다른 초식동물들이 헤집어 놓은 풀 아래의 곤충들을 먹는다. 이때 이 새들은 초식동물을 따라가면서 빠른 속도로 먹을 수 있어 분명히 이익을 얻는다(그림 54.9). 그러나 그들 역시 때로는 이익을 얻기도 한다; 새들은 때때로 초식동물에서 진드기나 기타 외부 기생생물들 제거하거나 잡아먹고, 포식자의 접근을 경고해줄 수도 있다.

▲ **그림 54.9 아프리카 물소와 황로 사이에서 생길 수 있는 편리공생의 한 예**

촉진공생

생물종들은 공생에서처럼 직접적이고 친밀한 접촉을 통해 살아가지 않으면서도 다른 종의 생존과 생식에 긍정적인 영향을 미칠 수 있다(+/+ 혹은 0/+). 이 경우에 **촉진공생(facilitation)**이라 부르며, 식물생태에서 흔하게 나타난다. 예를 들면 검은 검은골풀(*Juncus gerardi*)은 뉴잉글랜드 습지지역의 토양을 다른 생물이 살기 좋은 환경으로 만든다(그림 54.10a). 골풀은 그늘을 조성하므로 염습지를 막아주고 산소를 지하부분에 공급하는 역할을 한다. 다른 연구에서 골풀이 없는 조간대 지역은 식물이 50% 이상 감소되었다(그림 54.10b).

위의 다섯가지 종간 관계는 경쟁, 포식, 초식, 공생 및 촉진이었으며, 군집의 구조에 많은 영향을 미친다. 이 장 전체를 통해 아마도 이런 관계에 대한 여러 예들을 발견할 수 있을 것이다.

개념 확인 문제 54.1

1. 종간 경쟁, 포식과 상리공생은 상호작용하는 두 생물종들에 미치는 영향에 있어 어떻게 다른지 설명하라.
2. 경쟁배타 원리에 의하면 두 종이 자원을 두고 경쟁할 때 어떤 결과가 나타날 것으로 기대되는가? 그 이유는?
3. MAKE CONNECTIONS 그림 24.13은 시간의 흐름에 따른 잡종지대의 형성 및 가능한 결과들을 설명하고 있다. 두 종의 핀치새가 새로운 섬에 정착해서 잡종이 가능하다고 가정하자. 섬은 두 종류의 식물종이 있고 한 종은 큰 씨앗을, 다른 종은 작은 씨앗을 생산한다. 두 핀치 종들이 각각의 식물종들을 먹는데 특화되어 있다면, 생식적 격리 장벽은 강화될까 아니면 약화될까? 혹은 변하지 않을 것인가? 설명하라.

정답은 부록 A 참조

(a) 염습지의 검은골풀(앞부분)

▲ **그림 54.10 검은골풀(*Juncus gerardii*)에 의한 뉴잉글랜드지역의 식물촉진.** 검은골풀은 염습지의 식물종 증가에 크게 기여한다.

개념 54.2

다양성과 영양구조는 생물군집을 특징짓는다

앞의 절에서 설명한 특이적 상호작용들과 함께, 군집들은 보다 일반적인 특성들을 가지는데, 군집이 얼마나 다양한지, 그리고 그 안의 종들의 먹이 관계는 어떠한지 등을 포함한다. 이 절에서는 왜 그러한 생태학적 특징들이 중요한지를 다룰 것이다. 또한 어떻게 소수의 종들이 때때로 군집의 구조에 강력한 조절 작용을 발휘하는지, 특히 종의 조성, 상대수도, 그리고 군집의 종다양성들에 왜 그렇게 큰 영향을 미치는지 살펴볼 것이다.

종다양성

한 군집의 **종다양성(species diversity)**—그 군집을 이루는 서로 다른 다양한 생물들—은 두 가지 구성성분을 지니고 있다. 그중 하나는 군집 안의 모든 종의 수인 **종풍부도(species richness)**이고, 다른 하나는 군집 내에 출현하는 각 종의 비율인 **상대수도(relative abundance)**이다.

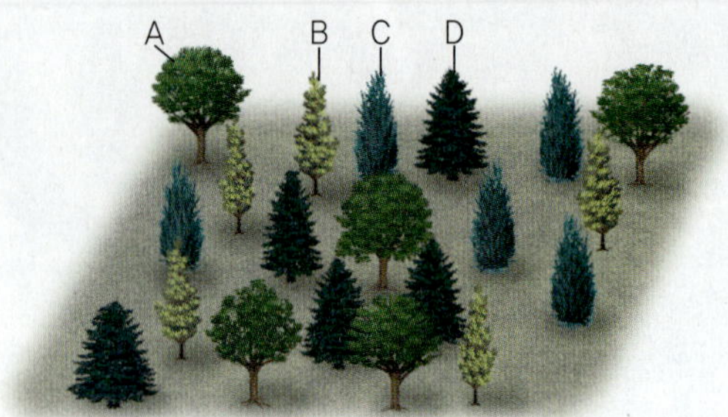

군집 1
A: 25% B: 25% C: 25% D: 25%

군집 2
A: 80% B: 5% C: 5% D: 10%

▲ **그림 54.11 어느 삼림이 더 다양한가?** 생태학자들은 종풍부도와 상대수도 양쪽을 다 고려하였을 때, 군집 1의 종다양성이 더 크다고 말할 것이다.

예를 들어, 4가지 서로 다른 나무의 종(A, B, C, D) 100개체로 이루어진 두 작은 삼림군집들을 다음과 같이 생각해 보자.

군집 1: 25A, 25B, 25C, 25D

군집 2: 80A, 5B, 5C, 10D

종풍부도는 양쪽 군집이 모두 4종만을 포함하기 때문에 서로 같다. 그러나 상대수도는 매우 다르다(**그림 54.11**). 군집 1에서는 4가지 서로 다른 나무 형태를 쉽게 접할 수 있지만, 군집 2에서는 주의 깊게 관찰하지 않으면 단지 수도가 높은 A종만 볼 수 있게 된다. 대부분의 관찰자들은 군집 1이 더 다양하다고 직관적으로 기술할 것이다. 생태학자들은 군집의 진정한 종다양성은 종풍부도와 상대수도 둘 모두에 의존한다는 것을 안다.

생태학자들은 시공간적으로 다른 군집의 다양성을 비교하기 위한 여러 방법을 사용한다. 종다양성의 지수로 종풍부도와 상대수도를 이용한다. 가장 많이 사용되는 지수는 **샤논다양도**(H)이다:

$$H = -(p_A \ln p_A + p_B \ln p_B + p_C \ln p_C + \ldots)$$

여기서 A, B, C는 군집의 각 종이며, p는 종의 상대도수이다. ln은 자연로그이다. 이 공식을 이용하여 그림 54.11에 나타난 2개의 군집에 대해 샤논지수를 계산해 보자. 군집 1은 각 군집에서 $p = 0.25$를 가지며,

$$H = -4(0.25 \ln 0.25) = 1.39$$

의 값을 가진다. 군집 2는

$$H = -[0.8 \ln 0.8 + 2(0.05 \ln 0.05) + 0.1 \ln 0.1] = 0.71$$

의 값을 가진다. 위의 계산과 같이 군집 1의 다양성이 더 높다.

한 군집에서 종의 수를 결정하는 것은 어려운 작업이다. 여러 가지 표본추출 기법이 이용되지만 군집에서 대부분의 종은 상대적으로 드물기 때문에 한 표본만으로 그 대표성을 충분히 보여주기는 어렵다. 미생물의 군집구조 파악 역시 어려우나 최근에는 분자생물학적 방법을 이용하여 미생물 다양성을 측정하기도 한다. 예를 들어, 왼쪽에 있는 두 조류 시료들은 서로 다른 두 종으로 보이지만, 그들의 짧은 표준화 DNA 영역(DNA "바코드")을 표준 데이터베이스와 비교해보면 이들이 같은 종임을 알 수 있다. DNA 서열화가 더 저렴해지고, 더 많은 생물체들로부터 얻은 DNA 서열들이 비교 데이터베이스에 축적됨에 따라 연구자들은 종의 동정에 DNA 서열화를 점점 더 많이 이용하고 있다.

이동성이 높거나 미생물들처럼 잘 보이지 않는 군집들의 구성원, 깊은 바다의 생물들, 혹은 야행성 생물종들에 대한 통계학적 조사는 어렵다. 미생물들의 작은 크기는 특히 시료 만들기를 어렵게 하므로, 생태학자들은 이제 미생물의 다양성들을 결정하기 위해 분자적 도구들을 사용한다(**그림 54.12**). 어려움에도 불구하고, 종 다양성을 결정하는 것은 군집의 구조를 이해하고 다양성을 보존하는 데 필수적이다(56장).

다양성과 군집 안정성

종다양성을 측정하는 것과 더불어, 생태학자들은 자연계와 실험실에서 실험적 군집들의 다양성을 조작한다. 생물학적 군집들에서의 증가된 생산성 및 안정성을 포함하여, 다양성의 잠재적 이익을 조사하기 위해 이런 실험들을 한다.

미네소타의 시더크릭 생태과학 연구소의 연구자들은 실험 군집들에서 20년 이상 식물 다양성을 조작해왔다(**그림 54.13**). 높은 다양성을 갖는 군집들은 일반적으로 더 생산적이었고, 가뭄 같은 환경 스트레스를 더 잘 견딜 수 있었으며 잘 극복해냈다. 더 다양한 군집들은 또한 연간 생산성 역시 더 안정적이었다. 10년에 걸친 한 연구에서는, 시더크릭의 연구자들이 168개의 플롯들을 만들어 각 플롯이 1, 2, 4, 8, 혹은 16종의 다년초 식물종을 포함하도록 만들었다. 가장 다

▼ 그림 54.12 탐구

분자적 도구를 이용하여 미생물의 다양성을 측정한다

적용 생태학자들은 환경 시료 내에서 미생물 다양성과 종풍부도를 결정하기 위해 분자적 도구들을 점점 더 많이 사용하고 있다. 그런 기술 중 하나는 rRNA의 작은 소단위를 암호화하는 DNA에서의 서열 변이에 기초하여 미생물 분류군들에 대한 DNA 프로파일을 만드는 것이다. 듀크 대학의 노아 피에레르(Noah Fierer)와 롭 잭슨(Rob Jackson)은 이 방법을 이용하여 남/북 아메리카 전역에 걸친 98개의 서식지에서 토양 세균들의 다양성을 비교함으로써 고도의 세균 다양성과 관련된 환경인자들을 찾을 수 있도록 도왔다.

방법 연구자들은 우선 각 시료들의 미생물군집으로부터 DNA를 추출하였다. 그들은 중합효소 연쇄반응(PCR; 19.8)을 이용하여 리보솜 DNA를 증폭하고 그 DNA에 형광 염료를 붙여 표지하였다. 그런 후, 제한효소로 이 증폭되고 표지된 DNA를 절단하여 서로 다른 크기의 단편들로 만들어 그 단편들을 젤 전기영동으로 분리하였다. (왼쪽 사진에 젤이 보인다; 그림 19.6과 그림 19.7을 참고하라.) 이 단편들의 수와 양은 그 시료의 DNA 프로파일의 특징이다. 그들의 분석에 기초하여, 피에레르와 잭슨은 각 시료들의 샤논 다양성(H)을 계산하였다. 그리고 H와 여러 환경 변수들, 예를 들어 식생 형태, 연평균 온도와 강수량, 그리고 각 지역 토양들의 산도와 질 같은 요인들과의 상관관계를 조사하였다

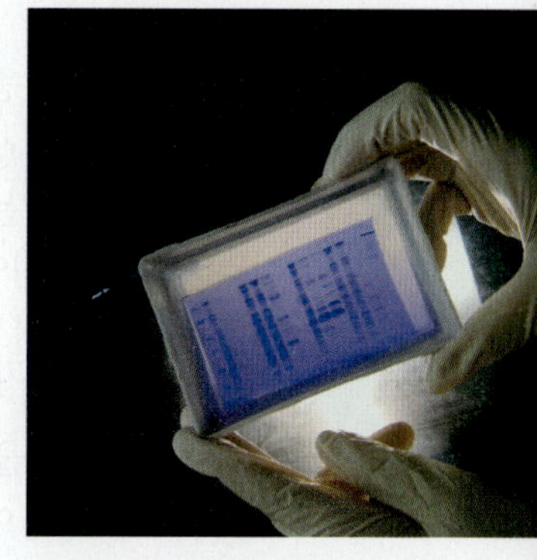

결과 북미와 남미 전체에 걸쳐 토양 세균 군집의 다양성은 거의 절대적으로 토양의 pH와 관련되어 있었는데, 샤논 다양성은 중성 토양에서 가장 높았고, 산성 토양에서 가장 낮았다. 가장 높은 동식물 다양성을 보이는 아마존의 열대우림은 가장 산성 토양이었으며 조사된 시료 중 가장 낮은 세균 다양성을 나타냈다.

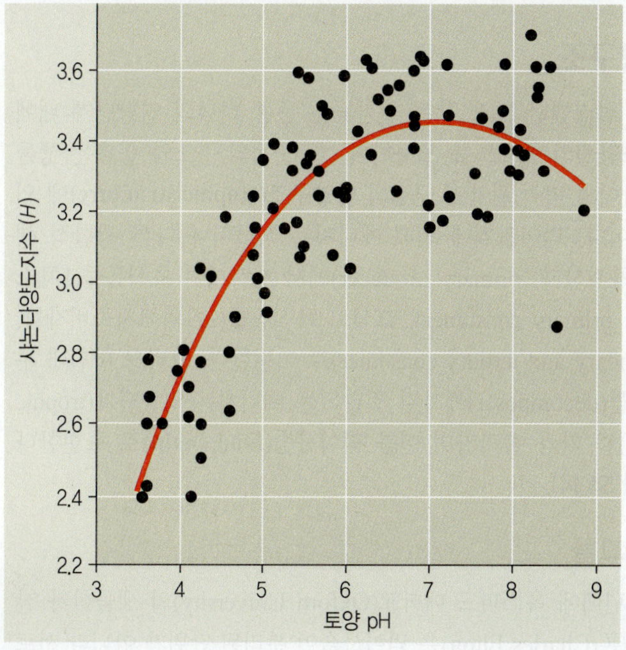

참고문헌 N. Fierer and R. B. Jackson, The diversity and biogeography of soil bacterial communities, *Proceedings of the National Academy of Sciences USA* 103:626–631 (2006).

▶ **그림 54.13 식물 다양성을 조절하는 장기간의 실험을 수행하는 장소인, 미네소타 대학의 시더크릭 생태과학연구소(Cedar Creek Ecosystem Science Reserve)에 있는 연구용 플롯들**

양한 플롯은 매년 단일 종을 포함한 플롯보다 더 많은 **생물량(biomass)**을 지속적으로 생산했다.

더 높은 다양성을 갖는 군집들은 종종 토착지역 밖에서 번성하게 되는 생물들인 **침입종(invasive species)**에 더 잘 저항한다. 코네티컷의 해변에서 떨어져 있는 롱아일랜드 해협에서 연구 중인 과학자들은 멍게 같은 고착성 무척추동물로 구성되어 있는, 서로 다른 수준의 생물 다양성을 가진 군집을 만들었다(그림 34.5). 그런 후에 그들은 이 실험 군집들이 외래 멍게들의 침입에 어느 정도나 취약한지를 조사했다. 그들은 외래 멍게들이 고다양성 군집에서보다 저다양성 군집에서 네 배나 더 잘 생존한다는 것을 발견했다. 그 과학자들은 비교적 다양한 군집들은 그 계 안에 가용 자원들을 더 잘 잡아두어, 침입자가 쓸 자원이 별로 없어서 그들의 생존을 감소시킨다는 결론에 도달했다.

영양구조

방금 설명했던 것과 같은 실험들은 종종 하나의 영양단계 내에서 다양성의 중요도를 조사한다. 한 군집의 구조와 동태는 생물들 사이의 먹이 관계인 군집의 **영양구조(trophic structure)**에 의존적이다. 먹이관계에 의해 에너지는 식물이나 다른 광합성 생물(1차생산자, primary producer)에서 시작하여 초식동물(1차소비자, primary consumer), 그리고 육식동물(2차와 3차소비자들, secondary and tertiary consumer)로 이동한다. 그리고 마침내 분해자들(decomposer)에까지 전달되는 에너지는 영양단계(trophic level)를 따라 올라가며 이를 **먹이사슬(food chain)**로 표현한다 (그림 54.14).

먹이그물

1920년대에 옥스퍼드 대학교(Oxford University)의 생물학자 찰스 엘톤(Charles Elton)은 먹이사슬이 분리된 단위가 아니라 서로 연관된 **먹이그물(food webs)** 상태라는 것을 이해하였다. 한 생태학자는 한 군집에서 무엇을 먹는지에 따라 종을 화살표로 연결

▲ **그림 54.14 육상과 해양의 먹이사슬의 예.** 화살표는 생물이 다른 생물을 섭취할 때 한 군집의 영양단계를 통하여 이동하는 에너지와 영양분을 표시한 것이다. 모든 영양단계로부터 "먹이"를 취하는 분해자들은 여기에 표시되지 않았다.

한 먹이그물로 영양분의 상관관계를 요약하였다. 예를 들면 그림 54.15는 남극의 원양성 군집에서 먹이그물을 단순화한 것이다. 이 군집에서 1차생산자는 식물플랑크톤이고, 이들은 동물플랑크톤, 특히 갑각류인 난바다곤쟁이(euphausid, 크릴새우)와 요각류(copepod)에게 먹힌다. 이들 동물플랑크톤은 다른 동물플랑크톤을 포함하여 펭귄, 바다표범, 물고기, 그리고 수염고래 같은 다양한 육식동물들에게 차례로 잡아먹힌다. 동물플랑크톤뿐만 아니라 물고기와 플랑크톤을 다 잡아먹는 오징어는 이들 먹이그물에서 또 다른 중요한 연결 고리가 되며, 바다표범과 이빨 난 고래들에게 잡아먹힌다. 고래가 사냥되었을 때, 사람들은 이 먹이그물에서 맨 꼭대기의 포식자가 된다. 사람들이 고래를 많이 잡아 그 수가 줄어들자, 이제는 낮은 영양단계에 있는 크릴새우와 물고기를 잡아 생활한다.

먹이사슬이 어떻게 먹이그물로 짜여질까? 특정 생물종은 하나 이상의 영양단계에서 먹이그물 내로 짜여질 수 있다. 그림

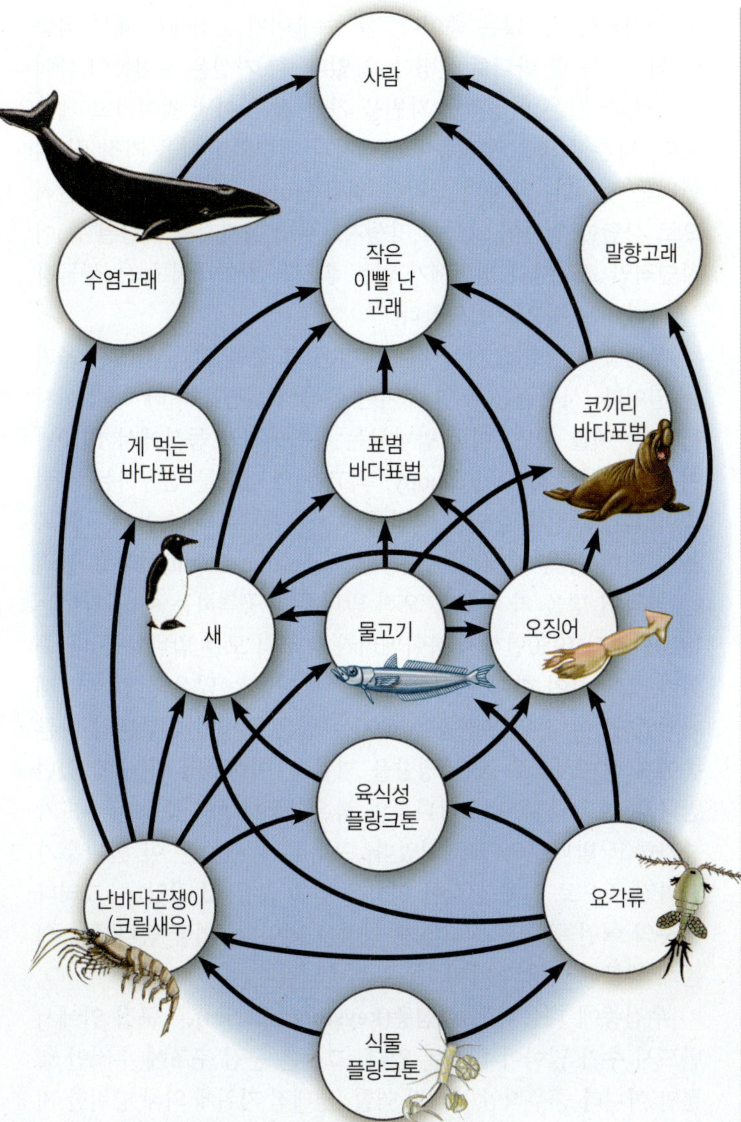

▲ **그림 54.15 남극 해양의 한 먹이그물.** 화살표는 생산자들(식물플랑크톤)로부터 영양단계를 거쳐 위로 따라 올라간다. 그림을 단순화하기 위하여 분해자들은 제외하였다.

? 이 먹이그물에서 각 집단은 얼마나 많은 종류의 생물들을 먹는가? 서로에게 포식자와 피식자가 되는 두 개의 그룹은 무엇인가?

54.15에 있는 먹이그물에서, 크릴새우는 식물성 플랑크톤 및 다른 초식성 동물플랑크톤인 요각류들을 먹고 산다. 그러한 "비배타적" 소비자들은 육상 군집에서도 발견된다. 예를 들어, 여우들은 잡식성으로서, 나무 열매와 다른 식물성 물질들뿐 아니라 생쥐 같은 초식동물, 그리고 족제비 같은 포식자들까지 먹을 수 있다. 인간들은 잡식동물 중에서도 가장 다양한 섭식을 하는 동물이다.

먹이그물은 매우 복잡하다. 그러나 우리는 보다 쉽게 연구하기 위하여 이들을 두 가지로 단순화시킬 수 있다. 첫째로, 주어진 한 군집에서 영양적으로 유사한 상관관계를 갖는 종들을 넓게 기

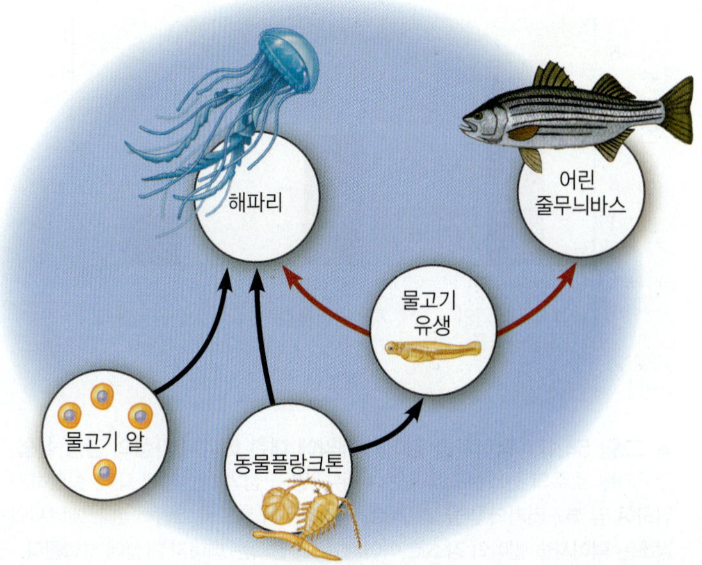

▲ **그림 54.16 체사피크 만 하구의 먹이그물 일부.** 해파리(*Chrysaora quinquecirrha*)와 어린 줄무늬바스(*Morone saxatilis*)는 물고기의 유생(만멸치와 여러 다른 종)의 주요 포식자들이다. 해파리가 동물플랑크톤을 먹을 때는 2차소비자(검은 선)이고, 물고기 유생(붉은 선)을 먹을 때는 3차소비자임에 주목하라. 이 유생은 동물플랑크톤을 먹는 2차소비자들이다.

능적인 무리들로 묶을 수 있다. 예를 들어, 그림 54.15에서 100종이 넘는 식물플랑크톤을 먹이그물에서 1차생산자로 묶는다. 둘째로, 군집에서 상관성이 거의 없는 먹이그물을 분리시키는 것이다. **그림 54.16**은 체사피크 만(Chesapeake Bay)에서 해파리와 어린 줄무늬배스의 한 부분적인 먹이그물을 설명한 것이다.

먹이사슬 길이의 한계

먹이그물 안의 각 먹이사슬은 늘 단 몇 개로만 이어진다. 그림 54.15의 남극 먹이그물에서 생산자들로부터 최종 단계의 포식자에 이르기까지 7번 이상의 연결은 거의 없으며, 대부분 이보다 짧게 연결된다. 실제로 오늘까지 연구된 먹이그물의 대부분은 다섯 또는 그보다 적은 연결로 이루어지고 있다.

먹이사슬은 왜 이렇게 짧은가? 두 가지 가설이 있다. 그중 하나인 **에너지가설(energetic hypothesis)**은 이 사슬을 통하여 전달되는 에너지가 부족하여 사슬의 길이가 제한된다는 것이다. 55장에서 배울 것이지만 각 영양단계의 유기물 속에 저장된 에너지의 단지 10% 정도만 다음 영양단계의 유기물로 전환된다. 그러므로 100 kg의 식물체로 구성된 한 생산자는 초식동물 생물량의 10 kg을 지탱할 수 있고, 육식동물 생물량(biomass)의 1 kg을 지탱할 수 있게 된다. 에너지가설은 광합성 생산력이 높은 서식지에서는 에너지의 양이 많을 것이기 때문에 먹이사슬이 상대적으로 길 것으로 예측한다.

조사된 대부분의 자료는 에너지가설을 지지한다. 예를 들어, 생태학자들은 이 에너지가설을 시험하기 위한 실험 모델로 열대

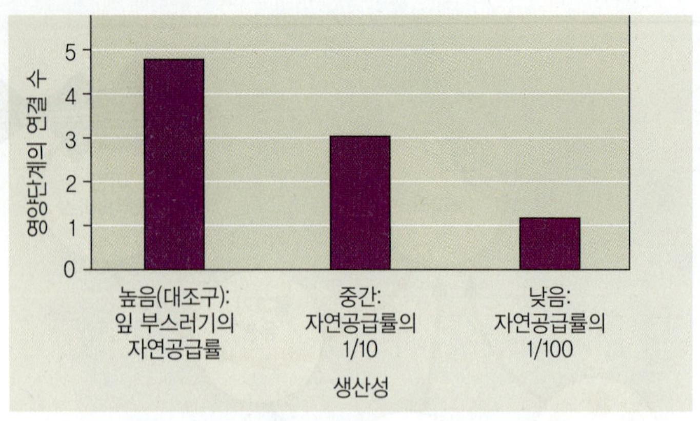

▲ **그림 54.17 먹이사슬 길이의 제약에 대한 에너지 가설의 검증 실험.** 연구자는 호주의 퀸스랜드에 있는 나무-구멍 군집의 생산성에 대해 실험하기 위하여 잎 부스러기의 양을 3단계로 차이를 두어 넣도록 고안하였다. 에너지의 감소는 먹이사슬 길이의 감소로 이어지고, 이 결과는 에너지 가설에 부합한다.

림의 나무-구멍(tree-hole) 군집을 이용한다. 많은 나무들은 줄기에 작은 구멍이 되는 작은 가지의 썩은 자국(scar)이 있다. 이 구멍은 물을 가지고 있어, 분해자인 미생물들과 포식자인 곤충뿐만 아니라 잎 부스러기를 먹는 곤충들로도 이루어지는 작은 군집을 위한 서식처를 만들어 주고 있다. 그림 54.17은 연구자들이 고안한 생산성을 측정하는 실험 장치(잎 부스러기가 나무의 구멍으로 떨어지게 한)를 통한 연구의 결과를 보여준다. 에너지가설에 의하여 예측한 바와 같이 잎 부스러기가 있어, 먹이의 양이 많은 대부분의 구멍들은 잎 부스러기가 없는 구멍보다 더 긴 먹이사슬을 가지고 있었다.

먹이사슬의 길이를 제한할지 모르는 또 다른 요인은 먹이사슬의 동물은 상위 단계로 갈수록 몸집이 커지는 경향(기생생물은 예외)이 있다는 점이다. 육식동물의 크기와 그들의 섭식 기작에 따라 입으로 집어넣을 수 있는 먹이의 크기에는 한계가 있다. 몇 가지 예외적인 경우를 제외하면 대형 육식동물은 매우 작은 먹이 종류들로는 살 수 없다. 왜냐하면 그들이 대사 활동을 위해 필요한 먹이의 양을 주어진 시간에 이런 작은 종류들로 넉넉히 확보할 수 없기 때문이다. 예외적인 종 중 떠 있는 거대한 포식자인 수염고래는 크릴새우나 다른 작은 생물들을 엄청난 양으로 잡아먹을 수 있게 적응되어 있다(그림 42.6).

영향이 큰 종

어떤 종은 그들의 수도가 매우 높거나, 그들이 군집동태에서 중추적인 역할을 하기 때문에 전체 군집 구조에 특별히 큰 영향을 미치고 있다. 종에 대한 이런 평가는 영양단계의 상호관계나 물리적 환경에 미치는 영향을 통해 나타난다.

우점종(dominant species)은 군집 내에서 가장 수도가 많거나 또는 총체적으로 생물량(biomass; 한 개체군에서 모든 개체의 종 질량)이 가장 많은 종이다. 한 종이 어떤 군집에서 왜 우점종이 되는지는 한 마디로 설명할 수 없다. 한 가설은 우점종이 물이나 영양과 같은 한정적인 자원을 가장 잘 찾아낼 것이라고 제안한다. 다른 설명은 우점종이 포식자나 질병의 영향을 가장 잘 피한다는 것이다. 후자의 생각은 침입종(invasive species; 일반적으로 사람에 의하여 그들의 자생지로부터 옮겨져서 도입된 종)이 자연적인 포식자와 병원체가 없는 환경을 찾아내어 높은 생물량을 나타내는 것으로 설명한다.

우점종의 영향을 찾아내는 방법은 그 종을 그 군집에서 옮기는 일이다. 사람들은 우연히 이런 종류의 실험을 여러 차례 실시하였다. 예를 들면, 미국 밤나무는 북아메리카 동부에서 1910년 이전까지 나무의 수관(canopy, 최고층)의 40%를 점유하는 우점종이었다. 그런데 우연히 사람들은 아시아로부터 수입되는 묘목을 통하여 뉴욕 시에 밤나무동고병(chestnut blight)이라고 불리는 곰팡이 병을 가져왔다. 오직 밤나무만 공격하는 이 곰팡이는 1910년부터 1950년까지 북아메리카 동부의 모든 밤나무를 다 죽였다. 그리하여 한때 우점종이었던 이 나무는 많은 산림에서 제거되었다. 이 경우 우점종을 옮기는 일은 분명히 대부분의 다른 종에게 상대적으로 작은 영향을 끼친다. 이전부터 이 숲에 있던 참나무, 호두나무, 너도밤나무와 붉은단풍나무의 종들은 수도가 증가하고 밤나무와 교체되었다. 포유류나 새들은 이 밤나무가 사라진 것으로 인해 심각한 영향은 받지 않은 것 같았다. 그러나 곤충의 어떤 종들은 심각하게 영향을 받았다. 미국 밤나무에 의존해 생활한 나방과 나비 7종은 멸종되었다.

우점종에 대응하는 **핵심종(keystone species)**은 군집 안에서 반드시 수가 많아야 하지는 않다. 그들은 군집 구조에 수적인 힘뿐만 아니라 중추적인 생태적 역할, 생태적 지위에 의해 강력한 지배력을 발휘한다. 그림 54.18은 핵심종이 조간대의 다양성을 유지시키는데 중요한 역할(불가사리)을 담당하고 있음을 알려준다.

어떤 생물은 그들의 영향을 영양단계 간의 상호관계를 통해서가 아니라, 군집 구조에 영향을 주는 환경에 대한 물리적인 변화로 발휘한다. 그들의 행동 또는 거대한 생물량을 통해서 환경을 바꾸는 종을 **생태계 기능공(ecosystem engineers)** 또는 "창시종(foundation species)"이라 한다. 종이 물리적 환경을 극적으로 바꾸는 한 사례는 비버(beaver)이다(그림 54.19). 이들 종은 다른 종의 필요에 따라 긍정적인 혹은 부정적인 영향을 미칠 수 있다.

상향식 조절과 하향식 조절

인접하는 영양단계 간의 상관관계에 의한 단순 모형은 생물학적 군집이 어떻게 만들어졌는지 논의하는 데 유용하다. 예를 들어, 식물(식생을 V로 표기)과 초식동물(H)의 상호관계에 대하여 상관관계의 가능성 3가지를 생각해 보자.

$$V \rightarrow H \quad V \leftarrow H \quad V \leftrightarrow H$$

▼ 그림 53.18 탐구

불가사리는 핵심 포식자인가?

실험 미국 서부의 암반조간대에서는 비교적 드문 불가사리가 이 지역에서 우점하는 담치를 잡아먹는다. 불가사리를 조간대에서 제거하고 종풍부도의 영향을 조사하였다.

결과 조간대에서 불가사리를 없애면 담치는 결국 암반 표면을 차지하며 다른 무척추동물과 조류를 대부분 없애버렸다. 불가사리를 제거하지 않은 대조구에서는 종다양성이 거의 변하지 않았다.

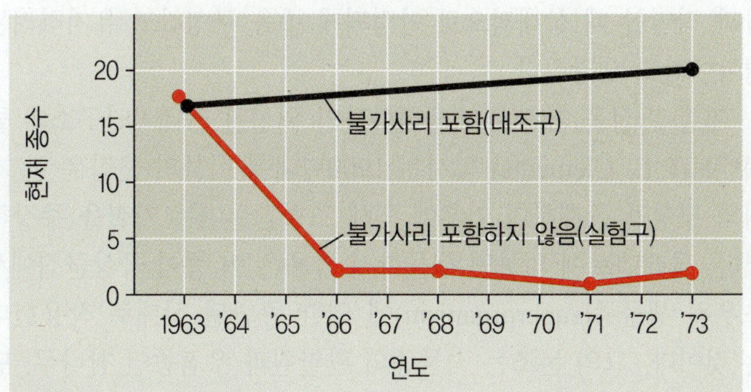

결론 불가사리는 종의 개체수가 많지 않음에도 군집에 큰 영향을 미치는 핵심종으로 결론 내린다.

참고문헌 R. T. Paine, Food web complexity and species diversity, *American Naturalist* 100:65–75 (1966).

WHAT IF? 도입된 곰팡이가 담치를 죽여버린다고 가정한다. 여러분은 이런 조건에서 불가사리가 제거된다면 종풍부도에 어떤 영향이 있을 것으로 생각하는가?

화살표는 한 영양단계의 생물량(총 질량)이 다른 영양단계의 변화 때문에 달라지는 것을 의미한다. $V \rightarrow H$는 식생의 증가가 초식동물의 수 또는 생물량에 영향을 준다는 것을 의미한다. 그러나 그 반대는 아니다. 이와는 반대로 $V \leftarrow H$는 초식동물의 생물량이 증가하면 식생에 영향을 미친다(그것이 감소한다). 그러나 그 반대는 아니다. 양 방향의 화살은 되먹임이 양 방향으로 일어나, 각 영양단계는 상대방의 생물량의 변화에 민감하게 영향을

▲ 그림 54.19 생태계의 "기능공"인 비버. 비버는 나무를 꺾고 댐을 쌓아 연못을 만들어 산림의 넓은 지역을 물이 많은 습지로 바꾼다.

받는다는 것을 나타낸다.

이 보기에서와 같이 가능한 상호작용을 기초로 하여 군집 구성의 두 가지 모형을 규정할 수 있다. $V \rightarrow H$ 연관은 **상향식 모형(bottom-up model)**이고, 낮은 영양단계로부터 높은 영양단계로만 영향을 미치는 것이다. 이 경우 무기영양분(N)은 식물(V)의 수를 조절하고, 식물 수는 초식동물(H)의 수를 조절하며, 이들은 다시 포식자(P)를 차례로 조절한다. 이를 단순화한 상향식 모형은 $N \rightarrow V \rightarrow H \rightarrow P$이다. 상향식 군집의 군집 구조를 바꾸기 위해서는 맨 하위 영양단계의 생물량을 바꿀 필요가 있다. 예를 들면, 만약 식물의 생장을 촉진하기 위하여 무기염류를 첨가한다면 상위 영양단계는 생물량이 증가할 수 있을 것이다. 그러나 만약 이 상향식 군집에 포식자를 더하거나 제거하면 그 효과는 하위 영양단계로 확대되지 않을 것이다.

그 반대로, **하향식 모형(top-down model)**은 그 영향이 반대 방향으로 움직이도록 설정한 것이다. 군집의 구성을 조절하는 것은 주로 포식이다. 그 까닭은 포식자가 초식동물을 제한하고, 초식동물은 식물들을 제한하며, 식물들은 생장과 생식을 할 동안 영양분의 섭취를 통하여 영양 수준을 차례로 제한하기 때문이다. 이를 단순화한 하향식 모형은 $N \leftarrow V \leftarrow H \leftarrow P$이고, 이는 또한 **영양연쇄반응 모형**(trophic cascade model)이라고도 한다. 예를 들면, 4개 영양단계로 이루어진 호수 군집의 하향식 모형에서 상위 육식동물을 제거하면 1차 육식동물의 수가 증가하고, 따라서 초식동물의 수가 감소하며, 식물플랑크톤의 수가 증가하여, 결국 유기염류의 농도가 감소된다는 것을 예견하게 한다. 이 호수에 만약 3개 영양단계만 있다면, 1차 육식동물을 제거하면 초식동물이 증가할 것이고, 식물플랑크톤은 감소하여 영양염류의 수준은 높아질 것이다. 한 조작의 결과는 이처럼 영양 구조 내에서 +/− 효과가 연속적으로 번갈아 가며 하향 이동하게 한다.

하향식 모형은 실질적인 응용이 가능하다. 우리는 이 전략을

먹이연쇄조작(biomanipulation)이라 부르고, 아래 도표처럼 요약할 수 있다. 많은 담수호가 하향식 모형을 따르는 구조를 하고 있기 때문에 생태학자들은 수질 개선을 위한 수단을 가지게 된다. 예를 들어, 3개 영양단계를 갖는 호수에서 물고기를 제거하면 동물플랑크톤이 증가하고 따라서 조류 개체군들이 감소하여 수질이 개선된다. 3개 영양단계를 갖는 호수에서는 최상위 포식자를 더해주면 같은 결과를 얻는다.

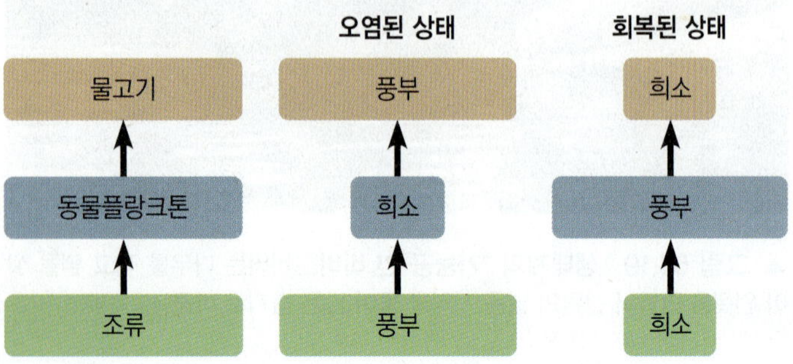

생태학자들은 남부 핀란드의 베샤르비 호수(Lake Vesijärvi)에 대규모의 먹이연쇄조작을 적용하였다. 이 호수는 크고(110 km^2) 얕아, 도시 생활하수와 산업폐수로 1976년까지 심하게 오염되었었다. 이러한 오염원들의 투하가 사라졌을 때, 오염은 조절되기 시작했고 호수의 수질은 점차 회복되었다. 그러나 1986년에 남세균(cyanobacteria)에 의해 거대한 물꽃(bloom)이 일어나기 시작하였다. 이 물꽃은 한 잉어과의 물고기(roach) 개체군의 과밀한 출현과 일치하였다. 이 물고기는 호수로 들어오는 무기영양분(오염물)을 수년 동안 축적시켰던 것이다. 이 물고기는 동물플랑크톤을 먹고, 동물플랑크톤이 감소됨에 따라 남세균과 조류는 먹히는 일이 줄어들었고, 그 결과 이들의 수가 증가하였다. 이런 상황을 바꾸기 위하여 생태학자들은 1989년부터 1993년까지 수백만 킬로 물고기를 이 호수에서 없애버렸는데, 이는 이전 물고기의 80%를 없앤 것이다. 동시에, 생태학자들은 이 잉어과 물고기의 포식자인 꼬치농어(pike perch)를 호수에 투입하였다. 이 호수를 4개 영양단계로 변화시켜 잉어과 물고기(이 호수의 주된 육식동물)의 개체군을 감소시킨 것이다. 베샤르비 호수의 먹이연쇄조작은 성공적이었다. 수질은 깨끗해졌고, 남세균의 물꽃은 1989년에 끝났다. 이 호수는 1993년에 잉어과 물고기를 없애는 일을 멈춘 후에도 계속 깨끗하게 유지되고 있다.

이 예들에서 보는 것처럼 군집은 상향식 조절과 하향식 조절의 상대적인 정도에 따라 달라진다. 과학자들은 농업 경관, 국립공원, 저수지, 그리고 해산 물고기들의 관리를 위해서는 각각의 고유한 군집동태를 이해할 필요가 있다고 말한다.

▼ 핀란드 베샤르비 호수

개념 확인 문제 54.2

1. 생물다양성의 두 가지 요소를 서술하여라. 동일한 종수를 가진 두 군집이 종다양성에서 서로 어떻게 다른지 설명하라.
2. 먹이사슬이 먹이그물과 어떻게 다른가?
3. WHAT IF? 다섯 개의 영양단계를 가진 초지를 가정한다: 식물, 메뚜기, 뱀, 너구리 그리고 살쾡이 등이다. 만일 더 많은 살쾡이 개체를 방사하면 상향식 모형에서 식물의 생산량이 변할 것인가? 만일 하향식 모형일 경우는?

정답은 부록 A 참조

개념 54.3

교란은 종다양성과 구성에 영향을 미친다

수십 년 전에 대부분의 생태학자들은 생물학적 군집들이 인간 활동에 의해 심각히 교란만 되지 않는다면 안정적으로 균형을 이루는 평형 상태를 유지한다는 전통적인 견해를 선호했다. 이 "자연의 균형(balance of nature)"이라는 견해는 종간의 경쟁을 군집의 구성과 군집 내 안정성 유지의 핵심 요인으로 인식하는 데 초점을 맞춘 것이었다. 이런 관점에서 안정성(stability)이란 군집이 교란과 직면할 때 상대적으로 안정되게 종을 구성하고 유지하려는 경향이라고 생각한다.

이런 관점을 가진 초기생태학자인 워싱턴 카네기연구소의 클레멘트(F.E. Clements) 박사는 1900년대에 식물의 군집은 한 가지의 평형만 존재하며 기후에 의해 조절받는다는 가설을 주장하였다. 클레멘트에 의하면 생물학적 작용은 이 종이 극상군집에서 초우월 생물종(superorganism)에 의한 종합된 상태로 작용한다는 것이다. 그의 논조는 식물종의 관찰결과 우점종인 참나무, 단풍나무, 자작나무 그리고 너도밤나무와 같은 종이 북미에서는 지속적으로 관찰된다는 것이다.

다른 학자들은 대부분의 군집이 평형에 도달하거나 종합적으로 움직인다는 클레멘트의 가설에 의문을 제기하였다. 옥스퍼드 대학의 탠슬리(Tansley)는 극상에 도달해 있다는 위의 가설에 반론의 제기하며, 토양, 지형도, 그리고 기타 요인에 의해 지역에 안정적인 군집이 조성된다고 주장하였다. 시카고대학의 글리슨(Gleason)은 군집이 초우월생물이 아니라 지역에 나타나는 종들의 집합체라 보았으며, 이들 종은 유사한 무기조건인 온도, 강우 그리고 토양조건을 요구한다고 하였다. **교란(disturbance)**은 태풍, 불, 홍수, 가뭄, 지나친 방목, 그리고 인간 활동 같은 것으로 군집을 변하게 하여 생물을 없애고 자원의 이용 가능성을 바꾸게 하는 사건이다.

그러나 많은 군집들은 적어도 지역적인 크기에서는 변화가 안정성보다 더 보편적인 것처럼 보인다. 변화에 대한 최근의 이러한 강조는 **비평형모형(non-equilibrium model)**으로 이어진다.

이 모형은 군집이 교란과 싸우면서 지속적으로 변하고 있음을 보여주는 것이다. 우리는 이제 교란의 영향이 군집의 구조와 구성에 미치는 영향을 살펴보기로 하자.

교란의 특징

교란의 유형과 빈도, 그리고 심각성은 군집의 종류마다 다양하다. 폭풍은 거의 모든 군집을 교란한다. 불은 대부분의 육상 군집들에게 심각한 교란이 된다. 실제로 초원과 지중해성 관목지대(chaparral)의 생물량은 규칙적인 불로 교란된다. 냉해는 많은 강, 호수, 연못과 많은 개울에서 일어나고, 연못은 계절에 따라 물이 넘치거나 말라서 교란된다. 생태학자들은 특정 군집에 대한 수년간의 자료를 모아 교란의 영향을 검토하고 있다. 높은 수준의 교란은 일반적으로 높은 강도, 그리고 높은 빈도의 결과이다. 이에 비하여 낮은 수준의 교란은 낮은 강도 혹은 낮은 빈도의 결과이다.

중위교란가설(intermediate disturbance hypothesis)은 적정 수준의 교란은 높거나 낮은 교란보다 종다양성을 도와주는 조건을 만들 수 있다고 지적한다. 높은 수준의 교란은 많은 종이 감내할 수 없는 환경 스트레스를 만들어 많은 종들이 군집에서 사라지거나, 또는 느리게 어울리고 느리게 자라나는 종들을 배제시켜 종다양성이 감소하게 된다. 다른 예로 낮은 교란은 종다양성을 감소시키는데 이는 우점종이 덜 경쟁적인 종을 제가하므로 그런 결과를 초래한다. 하지만 중위의 교란은 우점하는 종으로부터 서식지를 열리게 하는 역할을 하여 종다양성을 증가시킨다. 이런 중위교란은 매우 심각하게 영향을 주는 일이 거의 없다.

이런 중위교란은 여러 육상 및 육수연구에서 나타난다. 하나의 예로 뉴질랜드의 생태학자는 무척추동물이 서식하는 하천바닥을 홍수의 강도와 빈도를 달리하여 비교하였다(그림 54.20).

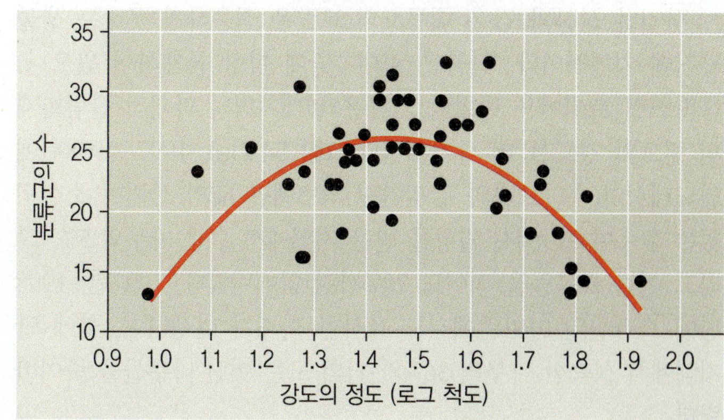

▲ 그림 54.20 **중위교란가설의 실험.** 연구자들은 27개의 뉴질랜드 하천들에서 각각 2지점들에서의 무척추동물 분류군들을 동정하였다. 그들은 강바닥 교란 지수를 이용하여 각 지점에서의 홍수 강도를 산정하였다. 무척추동물 분류군의 수는 홍수 강도가 중간 수준일 때 최고에 도달한다.

홍수가 빈번하거나 아주 드물게 발생할 경우 무척추동물의 풍부도는 낮았다. 하지만 교란의 빈도가 중간일 경우 수서곤충의 수가 최고에 도달하였는 데 이는 중위교란가설과 일치한다.

중간교란이 종다양도를 최대화하지만 작거나 큰 교란도 군집 구조에 중요한 역할을 한다. 작은 교란은 경관에 다양한 서식지를 만들어내며, 큰 규모의 교란은 다양한 군집에서의 자연적인 현상이다. 옐로스톤 국립공원(Yellowstone National Park)의 로지폴소나무(lodgepole pine)는 산불에 의존하는 대표적인 수종이다. 이 나무는 주기적인 불의 영향을 받는 회춘이 필요하다. 이 나무의 솔방울은 집중적으로 가열하기 전에는 터지지 않는다. 삼림의 불이 어미 나무를 파괴하면 솔방울이 터져 씨앗을 방출한다. 새로운 초원은 타버린 나무들을 영양분으로 하여 오래된 나무들이 없어진 나지에서 직접 햇볕을 받으며 번성할 수 있다.

(a) **불이 난 직후, 인도네시아.** 2차 열대우림이 뒤에 보인다.

(b) **불이 난 후 자라나는 개척종, 인도네시아.** 이런 식물들이 열대우림의 땅을 덮게 된다.

▲ 그림 54.21 **거대한 규모의 교란의 영향**

하지만 산불과 같은 대규모의 교란은 적응하지 못하는 생물 군집에 치명적이다. 산불은 열대우림에 항상 존재하여 왔으나, 급작스런 토지이용 변화와 가뭄은 열대지역의 파괴적 산림화재의 빈도와 강도를 더 증가시킨다(그림 54.21a). 1997~1998년에 인도네시아(수마트라와 칼리만탄)의 5백만 ha의 산림이 소실되었는데 수마트라에서 영향을 받은 지역에서 수관 나무의 5%, 그리고 어린 묘목들을 적어도 70%까지 없애버렸다. 1997년~1998년에 브라질의 아마존에서도 유사한 화재가 발생하여, 불에 탄 지역에서 성숙한 나무의 36%와 거의 모든 어린 나무들을 죽여버렸다.

산불은 분포가 넓은 지역의 종들에 영향을 주므로 다양성 감소가 일어난다. 햇빛이 필요한 식물과 바람에 의한 식물종은 산불 후 잘 자란다(그림 54.21b). 하지만 산불은 화분류 및 열매를 맺는 나무에 치명적이다. 이것은 열매를 맺는 나무들이 열매-포식 동물들을 유인할 수 있으며, 이 동물들은 종자를 퍼트려 숲의 회복을 돕기 때문에 매우 불행한 일이다. 수마트라에서의 1997~1998년 화재 후에, 연구자들은 큰코뿔새(*Buceros vigil*)와 큰긴팔원숭이(*Hylobates syndactylus*) 같은 열매-포식 종들이 급감했음을 발견했다. 열매를 맺는 나무들의 소실이 그 개체군들이 감소한 주 원인인 것으로 보인다.

생태적 천이

군집의 구성과 구조의 변화는 빙하나 화산 폭발처럼 그곳에 존재하는 모든 식생을 사라지게 하기 때문에 얼마 후에는 대부분 명확해진다. 교란된 지역은 점진적으로 다양한 종으로 집락이 형성(colonization)되고, 다시 다른 종으로 대치되며, 또다시 다른 종으로 차례로 대치되는 **생태적 천이(ecological succession)**를 거치게 된다. 새로운 화산 지역이나 빙하로 인해 쓸려버린 빙퇴석(moraine)처럼 생명체가 없어진 지역에서 이 과정이 시작되면 이를 **1차천이(primary succession)**라고 한다.

1차천이 과정에서 때때로 생명이 처음 시작되는 곳의 유일한 생명체는 독립영양 원핵생물(prokaryote) 및 원생(原生)생물(protists)들이다. 바람에 날려 온 포자에서 자란 지의류와 선태류는 보통 이런 지역에서 최초로 눈에 보이는 광합성 생물이 된다. 점차적으로 풍화된 암석과 초기에 집락했던 생물들의 잔해가 분해되어 생긴 유기물의 축적으로 토양이 만들어지기 시작한다. 일단 토양이 생기게 되면, 이웃한 지역으로부터 바람에 의하여 날려 온 지의류 및 선태류와, 동물들이 옮겨 온 초본, 관목, 나무의 씨앗들이 자라 덮어 버린다. 결과적으로 이 지역은 식물들이 집락하여 흔히 보이는 식생의 유형을 이루게 된다. 1차천이로 만들어지는 이러한 군집이 생기는 데 수백 또는 수천 년이 걸릴 수도 있다.

초기에 정착된 종과 후기에 정착된 종은 세 가지 핵심적인 과정 중 하나에 의해 연결된다. 초기 정착자들은 토양을 비옥하게 만드는 등 환경을 더 양호하게 만들어 후기 종의 출현을 촉진(facilitate)한다. 반면에 초기 정착 종들은 후기 종의 정착을 방해(inhibit)할 수도 있다. 그래서 후기 종에 의한 연속적인 집락형성은 초기 종의 활동 때문이라기보다는 초기 종의 활동에도 불구하고 성공적으로 정착한 생물들 때문에 이루어진다. 마지막으로, 초기 종들이 후기 종들과 완전히 독립적일 수 있는데, 여기서 후기 종들은 천이의 초기에 생성된 조건들을 견디지만(tolerate), 초기 종들을 돕지도, 방해하지도 않는다.

생태학자들은 알래스카 남동 지방의 빙하만(Glacier Bay)에서 빙퇴석의 천이에 대한 광범위한 연구를 수행하였다. 이 빙하 층은 연간 엄청나게 퇴각하여, 1760년 이후 약 100 km를 퇴각하였다(그림 54.22). 암석의 빙퇴석은 거의 원시적인, 그러나 거친 환경을 형성하여 식물들이 집락할 수 있게 하였다.

빙하만의 빙퇴석에서 일어나는 천이는 식생과 토양의 특성에 의하여 예측 가능한 유형을 따랐다. ❶ 노출된 빙퇴석에는 선류, 태류, 불탄 자리에 나는 잡초들이 개척자로 집락한다. 그 가운데는 매트(mat)를 이루는 관목인 드리아스(*Dryas*), 버드나무, 미루나무들이 포함된다. ❷ 약 30년 후에는 드리아스가 식물 군집의 우점종이 된다. ❸ 수십 년 후에는 오리나무들(alder)이 침입하여 결국 이들이 9 m 높이로 밀생하게 된다. 이 오리나무들은 다시 세기를 넘겨 가문비나무가 밀생하는 군집으로 바뀌었다. ❹ 서양솔송나무(western hemlock)와 산솔송나무가 가문비나무 숲 속으로 침입하여, 다음 세기를 넘기면서 이 군집은 오리나무-솔송나무 군집으로 바뀌게 된다. 이 삼림은 그러나 관개가 잘되는 능선지대에서만 잘 살 수 있다. 물이 잘 빠지지 않는 지역에서는 오리나무-솔송나무 군집의 삼림이 물이끼의 침입을 받고, 이 물이끼는 대량의 물을 머금어 토양을 산성화 시킨다. 그런 지역에 사는 나무는 토양이 너무 물을 많이 머금고 산소 결핍이 심하여 뿌리를 지탱할 수 없게 되어 죽는다. 그리고 그 지역은 물이끼 늪이 되고 만다. 이리하여 빙하 퇴각 후 약 300년이 경과하고 난 이후 관개가 잘 안 되는 곳은 물이끼 늪지로, 잘 되는 곳은 오리나무-솔송나무 군집을 이루게 되었다.

빙하의 빙퇴석은 식생의 변천에 따라 토양영양물질 및 다른 환경요인을 이끌어 낸다. 빙하 퇴각 후, 나지 토양의 한 가지 특징적인 모습은 질소 농도가 낮다는 것이다. 거의 모든 개척 종들은 매우 부실하게 자라고 질소량의 부족으로 누렇게 되며 천이를 일으킨다. 예외적으로 드리아스와 특히 오리나무가 있다. 이들 종은 공기 중의 질소를 고정하는 세균들과 공생한다(37장). 토양의 질소는 오리나무의 천이 시기에 급격히 증가한다(그림 54.23). 가문비나무 숲은 오리나무들이 축적해 놓은 질소를 소비하면서 자란다. 토양의 성능을 변화시키면서 개척 식물 종들은 새로운

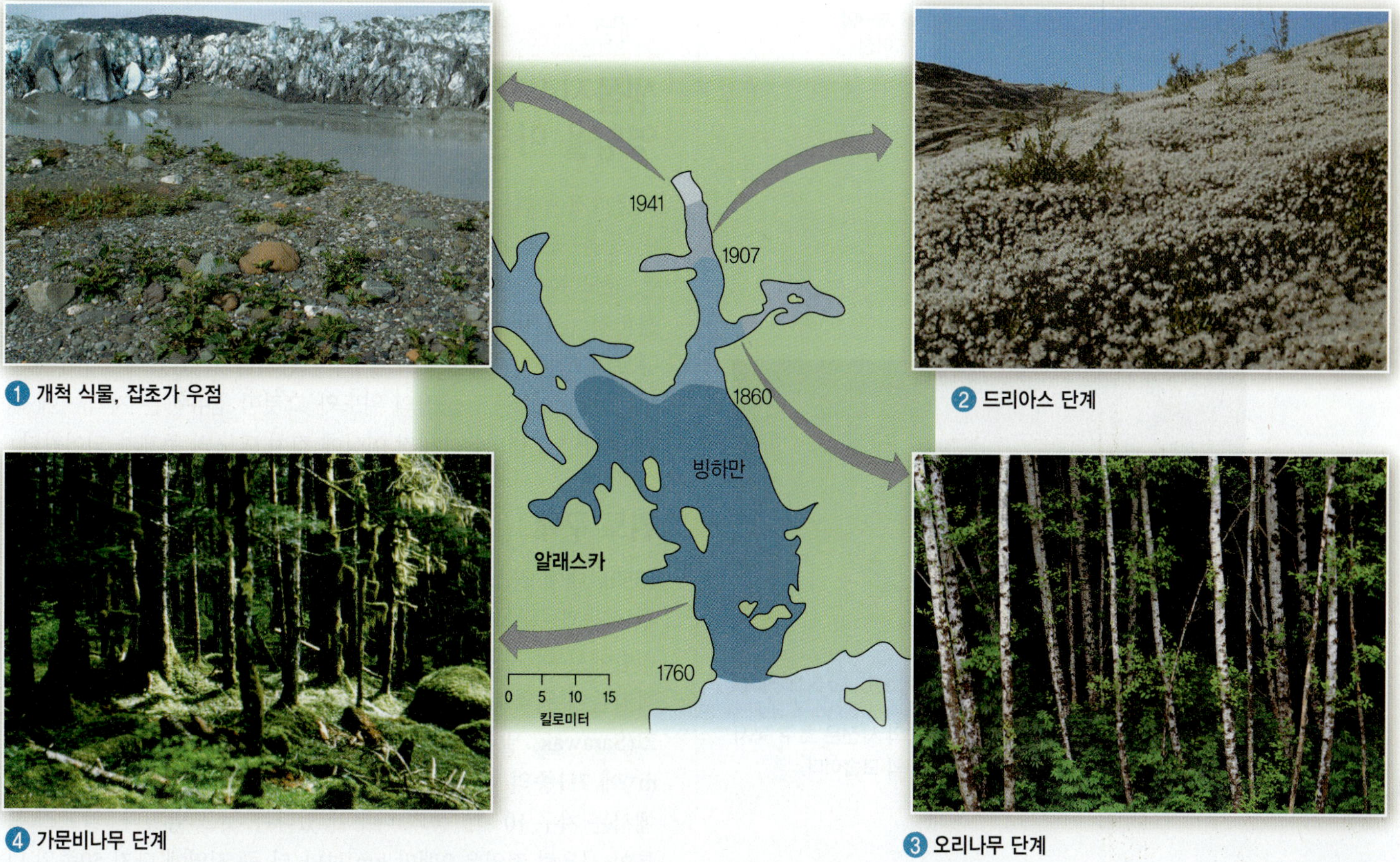

1941
1907
1860
빙하만
알래스카
1760
0 5 10 15
킬로미터
1 개척 식물, 잡초가 우점
2 드리아스 단계
3 오리나무 단계
4 가문비나무 단계

▲ 그림 54.22 **알래스카에 있는 빙하퇴각과 빙하만의 1차천이.** 파란색의 음영의 차이는 1760년 이후 빙하의 퇴각을 보여준다.

식물들이 자라는 것을 허용하고, 이 새 식물들은 차례로 환경을 다른 방향으로 바꾸며 천이에 기여한다.

1차천이와 대조적으로 **2차천이(secondary succession)**는 확실한 교란으로 인하여 청소되고, 토양은 그대로 남겨진 곳에서 일어난다. 교란 후에 이 지역은 때로 원래 상태로 되돌아가기도 한다. 예를 들면, 농사를 짓다가 나중에 내버려져서 깨끗해진 삼림 지역에서는 바람에 날려 오거나 동물이 배설한 씨앗이 최초로 자라는 식물이 된다. 만약에 그 지역이 완전히 불타거나 심하게 방목되지 않았을 때는 목본성 관목들이 대부분의 초본성 종을 누르고 단기간에 자랄 수 있어, 산림은 결국 대부분이 관목으로 대체된다.

인간의 교란

모든 동물 중에서 인간은 범세계적인 생물군집에 대하여 가장 큰 영향을 끼친다. 농업의 발달은 한때 북아메리카의 거대한 풀밭을 파괴하였다. 열대우림은 목재, 가축방목 및 농업의 결과로 벌채되었으며 사라졌다. 아프리카에서도 수세기에 걸친 방목과 농업 전환은 초지를 황무지로 변화시켜 원주민을 기아에 이르게 하였

토양질소 (g/m²)
60
50
40
30
20
10
0
초기식생
드리아스
오리나무
가문비나무
1
2
3
4
천이단계

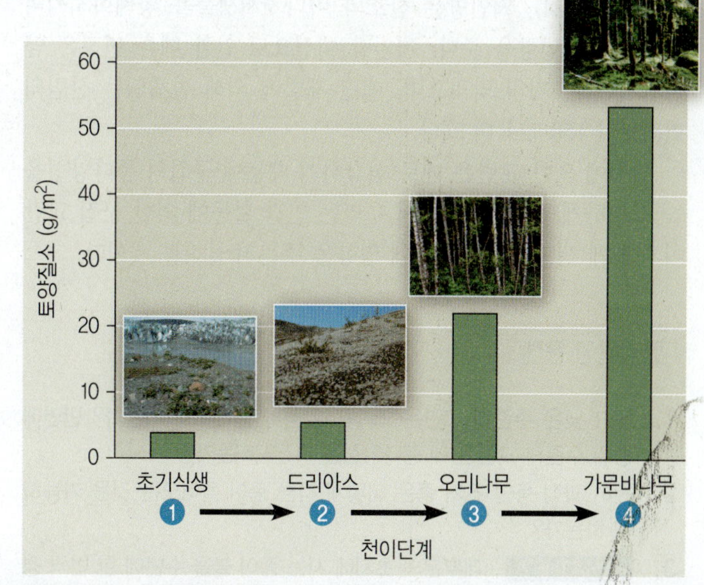

▲ 그림 54.23 **빙하만의 천이 과정에서 토양질소의 변화**

MAKE CONNECTIONS 그림 37.10과 37.11은 두 개의 원핵생물(prokaryotes)에 의한 질소고정을 보여준다. 1차천이의 초기에 식물이 이 지역에 나타나기 전에 어떤 질소고정이 나타났는가? 그 이유는?

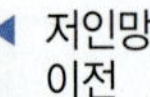

◀ 저인망 이전

저인망 ▶ 이후

▲ **그림 54.24** **저인망에 의한 바다해저의 교란.** 위의 사진은 호주 북서부의 해안가에서의 저인망에 의한 교란 전(위)과 후(아래)의 모습이다.

다.

인간의 교란은 바다생태계에도 커다란 위협이다. 바다의 저인망 사용은 산림의 벌채와 비슷하며 논에서의 쟁기질을 연상시킨다(**그림 54.24**). 저인망은 산호와 바다저서생물을 황폐화시키며 퇴적물에 악영향을 준다. 저인망 어선으로 인한 훼손 면적은 남미의 면적과 거의 맞먹으며, 매년 개발에 의해 벌채되는 산림의 면적보다 150배나 더 크다.

인간에 의한 교란은 때로 심각하기 때문에 군집의 종다양성을 늘 감소하게 한다. 56장에서 우리는 인간 활동에 의한 군집 교란이 어떻게 생명체의 다양성에 영향을 주는지 살펴볼 것이다.

개념 확인 문제 54.3

1. 높고 낮은 수준의 교란은 왜 종다양성을 늘 감소시키는가? 반면에 중위 수준의 교란은 왜 종다양성을 촉진시키는가?
2. 천이 과정 동안 초기 종은 어떻게 다른 종이 들어오는 것을 가능하게 하는가?
3. WHAT IF? 대부분의 초지에 사는 종이 불을 수년에 한 번씩 경험한다면 100년 동안 불을 사용하지 않은 지역과 비교하여 종 다양도가 어떻게 영향을 받는지 생각해 보라.

정답은 부록 A 참조

개념 54.4

생물지리적 요인은 군집의 생물다양성에 영향을 미친다

지금까지 우리는 종간 상호작용, 우점종, 그리고 여러 형태의 교란 등을 포함하여, 군집의 종다양성에 영향을 미치는 비교적 작은 규모 혹은 국부적 요소들에 대해 공부했다. 생태학자들은 생물학적 군집들에서 관찰되는 광범위한 다양성에 기여하는 거대 규모의 생물지리학적 요소들 역시 인식하고 있다. 두 가지 생물지리학적 요소들—군집의 위도와 그것이 점유하는 지역—에 의한 종다양성 변화는 1세기 이상에 걸쳐 탐구의 주제가 되어왔다.

위도 구배

1850년대에 찰스 다윈과 알프레드 월리스(Alfred Wallace)는 모두 식물과 동물의 삶은 일반적으로 지구상의 어느 지역보다 열대지방에서 더 풍요롭고 다양하다고 지적하였다. 그 이후로 많은 학자들이 위의 내용을 확인하였다. 예를 들면, 한 연구는 사라와크(Sarawak, 말레이시아의 일부)에서 6.6헥타르(1 ha = 10,000 m^2)에 711종의 나무가 살고 있는데, 미시간의 낙엽수림 2헥타르에서는 겨우 10~15 종의 나무만 있다는 것을 밝혔다. 알프스 북부인 서유럽 전역은 2백만 km^2보다 더 큰 지역에 단지 50종의 나무만 살고 있다. 이와 유사하게, 개미는 브라질에서 200종 이상이, 아이오와에서는 73종이, 그리고 알래스카에서는 7종이 살고 있다.

종의 풍부도에서 위도 구배의 두 가지 핵심 요인은 아마도 진화적인 역사와 기후일 것이다. 진화가 일어나는 기간 동안 군집 내에서 종 분화 사건이 일어남에 따라 종다양성은 증가했을 것이다(24장). 그리고 많은 온대 및 한대 지역의 군집들은 폭풍이나 빙하들로 인하여 새로운 "출발"을 반복하고 있다. 이러한 시기적인 차이는 열대 삼림의 생장 계절이 고위도 지방의 툰드라 군집의 생장 시기보다 다섯 배나 더 길다는 사실을 근간으로 하고 있다. 그리고 열대 군집은 온대나 한대 군집보다 상대적으로 더 오래 되었다. 효과 면에서 보아 생물학적 시간, 즉 종 분화 시간이 열대는 극지보다 다섯 배나 더 길었다는 것이다.

기후는 위도 구배의 또 다른 중요 요인이다. 이 중 생물다양성과 연관된 두 기후 요인은 태양 에너지의 투입과 물이다. 육상생태계에서 생물다양성과 관련이 있는 두 가지 주요한 기후요인은 태양광과 강수량이며 이 둘은 열대지역에 비교적 풍부하다. 이들 요인은 군집의 **증발산량(evapotranspiration)**의 비율로 측정할 수 있다. 이는 토양에 의한 수분의 증산과 식물에 의한 수분의 증산을 모두 포함한다. 실증발산량(actual evapotranspiration)은 태양광선과 온도, 수분 이용도로 결정되

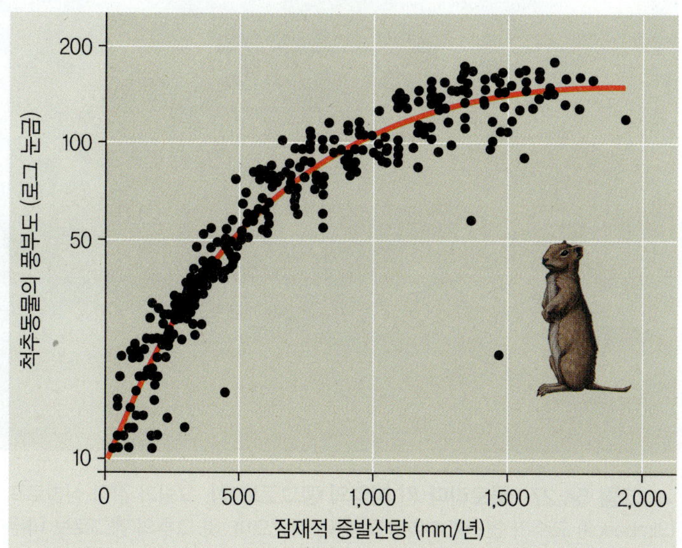

▲ 그림 54.25 **에너지, 물, 종풍부도.** 북아메리카 척추동물의 종풍부도는 최대증발산량과 대부분 일치한다. 증발산량의 값은 연간 강수량(mm)으로 표시된다.

며, 낮은 온도나 낮은 강수량을 보이는 지역보다 강수량이 많은 열대 지방이 훨씬 더 높다. 수분 이용도가 아닌 에너지 이용도를 측정하는 최대증발산량(potential evapotranspiration)은 태양광선과 온도의 양으로 측정되며, 태양광선과 온도가 높은 지역에서 최고로 높다. 이와 같이, 식물과 동물의 풍부도는 증발산량과 상관관계가 있다(그림 54.25).

지역 효과

1807년 알렉산더 폰 훔볼트(Alexander von Humboldt)는 생물다양성의 첫 번째 유형으로 알려진 **종수-면적 곡선(species-area curve)**을 기술하였다. 이것은 다음 사항을 정량화한 것이다. 모든 다른 조건들이 동등할 때 큰 지리적 구역의 군집은 더 많은 종을 보유한다. 이 모형은 큰 지역이 작은 지역보다 다양성이 더 많은 서식지나 미소서식지를 많이 마련할 수 있다는 점을 내포하고 있다. 보전생물학에서는, 군집에서의 핵심종에 대한 종-면적 곡선을 개발함으로써 생태학자들이 특정 서식지 영역의 소실이 어떻게 군집의 다양성에 영향을 미치는지를 예측할 수 있도록 돕는다.

첫 번째로 아직도 널리 사용되는 종-면적 관계의 수학적 공식은 100년 전에 제안되었다.

$$S = cA^z$$

여기서 S는 종의 수, c는 상수, A는 서식지 면적이 된다. 지수 z는 종에 따라 면적이 증가함에 따라 더 많은 종이 늘어나는 것을 설명한다. S와 A의 로그-로그 그림에서 z는 선의 기울기가 된다. z = 1인 경우는 종의 수와 면적 간에 선형관계가 성립되며 이는

▼ 그림 54.26 **탐구**

종풍부도가 면적과 어떤 관계를 가지는가?

실험 생태학자인 맥아더와 윌슨은 순다 섬에서 조류의 종수와 면적의 관계를 연구하였다.

결과

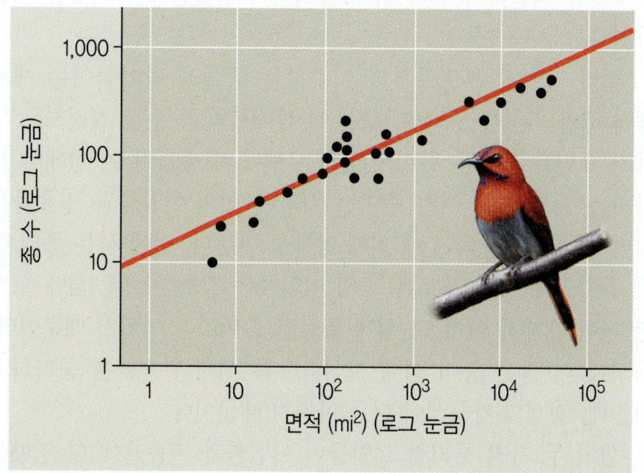

결론 조류의 종풍부도는 섬의 크기가 증가함에 따라 증가되었다. 자료 점들을 잘 만족시키는 기울기(z 함수)는 0.4이다.

참고문헌 R. H. MacArthur and E. O. Wilson, An equilibrium theory of insular zoogeography, *Evolution* 17:373–387 (1963).

WHAT IF? 이 연구의 네 개 섬들은 면적 범위가 약 100~800제곱마일이고, 각각 100종의 새들이 서식한다. 그러한 변이는 섬평형 모형의 단순 가정들에 대해 무엇을 말해주는가?

면적이 10배 증가에 따라 종의 수가 10배 늘어남을 의미한다.

1960년대 로버트 맥아더와 윌슨은 종과 면적의 관계를 섬에 사는 동물과 식물의 종수를 가지고 증명을 해보였다. 말레이시아의 순다 열도(Sunda islands)의 예를 사용하여 조류의 종수가 섬의 면적에 따라 z = 0.4 비율로 증가함을 보여주었다(그림 54.26). 이 연구와 다른 연구를 통하여 z는 0.2~0.4의 값을 가지는 것으로 조사되었다.

비록 서로 다른 종-면적 곡선에서의 기울기는 다르지만, 면적이 증가함에 따라 다양성도 증가한다는 기본 개념은 뉴기니의 개미 다양성 조사에서부터, 서로 다른 크기의 섬들에서 나타나는 식물종 풍부도에 대한 연구까지 여러 상황에 적용된다.

섬평형 모형

크기가 작고 격리되어 있는 조건 때문에 섬은 군집의 종다양성에 영향을 주는 생물지리적인 요인들을 연구하기 위한 절호의 기회를 제공한다. "섬"이라는 말은 해양의 섬뿐만 아니라 육지 내 서

식지의 고립된 서식지, 이를 테면 호수, 저지대 및 격리된 산 정상, 또는 인간에 의하여 교란된 지역으로 둘러싸인 수목지의 조각들을 전부 의미한다. 다른 말로는, "섬"에 사는 생물에게 적합하지 않은 환경으로 둘러싸인 서식지 조각들이다. 미국의 생태학자 로버트 맥아더(Robert MacArthur)와 윌슨(E.O. Wilson)은 주어진 물리적 특성의 틀에서 섬의 종다양성을 결정하게 되는 핵심 인자들을 식별하기 위한 섬 생물지리학의 일반적인 모형을 개발하였다.

멀리 떨어진 본토로부터 이주하는 종들을 받아들이는 새로 생긴 해양의 섬을 생각해 보자. 이 섬에서의 종 수를 결정하는 두 가지 요인은 새로운 종이 이입되는 속도와 종들이 이 섬에서 사라지는 속도이다. 어떤 주어진 시간에 섬의 이입률과 멸종률은 이미 존재하는 종의 수에 의해 영향을 받는다. 섬에 사는 종의 수가 증가함에 따라 새로운 종의 이입률은 감소하는데, 섬에 도착한 어떤 개체가 이미 그 섬에 없었던 종이기는 어렵기 때문이다. 동시에 더 많은 종이 섬에 서식할수록 섬의 멸종률은 증가하게 되는데, 경쟁의 가능성이 더 높아지기 때문이다.

섬의 두 가지 물리적 요인들이 이입률과 멸종률에 더 영향을 미친다: 바로 섬의 크기와 본토에서의 거리이다. 작은 섬들은 일반적으로 더 낮은 이입률을 보이는데, 잠재적 개척자들이 큰 섬보다는 작은 섬에 도착할 가능성이 낮기 때문이다. 작은 섬들은 또한 멸종률도 높으며, 그 이유는 그들이 일반적으로 더 적은 자원과 덜 다양한 서식지, 그리고 더 작은 개체군 크기를 가지기 때문이다. 본토와의 거리 역시 중요하다; 더 가까운 섬은 일반적으로 더 높은 이입률을 가지며 먼 섬보다 더 낮은 멸종률을 나타낸다. 개척자들이 도착함으로써 가까운 섬에 종들이 유지되도록 하며 멸종도 막아준다.

맥아더와 윌슨의 모델은 **섬평형모델**(island equilibrium model)이라고 한다. 종의 이입 속도와 멸종 속도가 같아질 때 궁극적으로 평형에 이를 것이기 때문이다. 평형에서의 종의 수는 섬의 크기와 대륙으로부터 거리에 상관관계가 있다. 생태학의 다른 평형들처럼 종수의 평형도 동적이다. 이입과 멸종은 계속되고, 정확한 종 조성은 시간이 지나면서 바뀐다.

맥아더와 윌슨이 수행한 많은 섬들의 식물과 동물의 다양성 연구는 종풍부도가 종수-면적설의 예측대로 섬의 크기에 따라 증가한다는 것을 보여준다(그림 54.26). 또한 종의 수가 섬 거리가 멀어질수록 감소한다는 예측과 맞아떨어진다.

1967년 당시 윌슨의 대학원생이었던 댄 심벌로프(Dan Simberloff)는 플로리다 키 지역의 맹그로브 섬에서 섬평형모델을 실증하였다(그림 54.27). 각 섬에서 출현하는 절지동물을 동정하고 숫자를 기록하였다. 모델이 예측한대로 섬의 크기가 크고 거리가 가까운 지역에서 더 많은 종을 관찰하였다. 그리고 4개의 섬에서 메틸 브로마이드를 이용하여 곤충을 죽였다. 몇 년이 지나 곤충의 수는 이전의 상태로 회복되었는데 육지에서 가까운 섬이 먼저 숫자가 회복되었으며, 먼 지역은 나중에 회복되었다.

▲ **그림 54.27 플로리다 키 지역의 맹그로브 섬.** 그림과 같이 심벌로프(Simberloff) 교수가 연구한 대부분의 섬은 작았으며, 몇 그루의 맹그로브 나무들로만 이루어져 있었다. 이런 작은 크기로 인해 교수가 각 섬에 텐트를 설치할 수 있었고 훈증제를 연구에 이용할 수 있었다.

오랜 기간에 걸친 물리적 교란과 진화적 변화를 통한 적응, 그리고 종 분화는 종 조성과 섬의 군집 구조를 변하게 한다. 그러나 중요한 점은 이 모형을 광범위하게 적용하는 것이 아니라, 이런 논의를 증진시키는 일과 보전생물학의 결정적인 중요 주제인 종다양성에 대한 서식지 크기의 영향을 연구하는 것이라 할 수 있다.

개념 확인 문제 54.4

1. 종다양성이 온대지방과 극지방보다 열대지방에서 더 큰 이유를 설명하는 두 가지 가설을 서술하여라.
2. 섬의 크기와 대륙으로부터의 거리가 섬의 종풍부도에 어떻게 영향을 미치는지 서술하여라.
3. WHAT IF? 맥아더와 윌슨의 도서생물지리이론에 근거하여 새들의 풍부도와 포유류나 뱀의 풍부도가 어떻게 비교될 수 있는지 설명하라.

정답은 부록 A 참조

개념 54.5

병원균은 지역적으로, 지구적으로 군집구조에 변화를 가져온다

지금까지 우리는 군집의 구조와 종다양성에 대한 여러 가지 측면을 살펴보았는데, 질병을 일으키는 **병원균(pathogens)**, 즉 미생물, 바이러스, 비로이드(viroids) 프리온(비로이드와 프리온은 각각 RNA 분자와 단백질 감염원임; 26장)과 같은 병원체가 군집과 어떤 관계를 가지는지 이 장에서 마지막으로 살펴본다. 학자들은 최근에 생태군집에 미치는 질병의 영향에 대해 이해하기 시작하였다.

병원균은 군집의 구조를 빠르고 광범위하게 변화시킨다. 새로운 서식지에 도입되면 밤나무동고병과 균류(개념 54.2)는 지역의 종들을 몰아낸다. 병원균은 특히 새로운 서식지에서 독성을 나타내는데, 새로운 숙주 개체군들은 자연선택을 통해 병원균에 저항성을 갖출 기회가 없었기 때문이다. 도입되는 밤나무 병은 원래 존재하던 아시아의 밤나무 보다 미국 밤나무에게 보다 강력한 영향을 미치게 된다. 인간은 지구차원의 활발한 경제적 교류로 질병에 더 많이 영향을 받는다. 생태학자는 이런 질병에 대한 통제를 위해 생태학적 지식을 제공해야 한다.

질병과 군집구조

병원성 생물의 잠재력은 개체군을 제약함에도 불구하고 병원체에 대한 생태적인 연구는 많지 않다. 이런 불균형은 이제 질병의 생태학적 중요성을 강조하는 사건들로 언급되고 있다.

산호군집은 병원체의 의해 심각하게 영향을 받는다. 하얀띠병(white-band disease)은 알려지지 않은 병원체의 의해 발생하며, 군집의 구조 및 종구성을 급격히 변화시킨다. 이 질병은 그림에서처럼 산호 아랫부분에 흰 띠를 발생시킨다. 이 질병으로 인해 사슴뿔산호(*Acropora cervicornis*)는 카리브해에서 1980년 이후 사라졌다. 같은 지역에 엘크뿔산호(*Acropara palmata*)도 역시 사라졌다. 이 산호는 바닷가재의 중요한 서식처가 되며 다른 물고기에도 좋은 서식처를 제공하였다. 이 산호가 죽고 나자 해조류의 번성에 의해 종구성 변화가 생겨났다. 쥐돔 등 초식물고기가 이 지역을 우점하게 되었으며, 산호가 사라지고 난 후 다양성은 곤두박질 쳤다.

병원체는 또한 육상생태계에서도 영향을 준다. 캘리포니아의 사바나와 산림지역에서 갑작스런 참나무의 죽음(sudden oak death, SOD)이 발생하였다. 이 나무의 병은 *Phytophthora ramorum*으로 불리는 곰팡이형 원생생물 병원체 때문이었다(28장). 1995년 캘리포니아 샌프란시스코만에서 등산객에 의해 처음 발견된 뒤에 2012년까지 참나무의 갑작스런 죽음은 1,000 km나 퍼져나갔다. 이 12년 동안 이 병은 캘리포니아 중부 연안으로부터 남부 오리건에 이르기까지, 여러 종의 참나무 수만 그루를 죽여, 삼림의 군집 구조가 바뀌도록 영향을 미쳤다. 참나무의 감소는 새들에도 영향을 미쳐 최소한 5종이 감소되었다. 그 중 참나무에 의존하는 딱따구리와 박새는 영향을 많이 받았으며 이들 종은 먹이와 서식지를 참나무에 의존한다.

인간 활동은 이전보다 훨씬 빠른 속도로 질병을 전파하고 있다. 간단한 DNA 염기서열의 분석(20장)은 *P. ramorum*이 원예작물을 통해 유럽에서 미국으로 도입되었음을 시사한다. 유사하게 H1N1과 같이 사람에게 전파되는 돼지독감(swine flu)은 맨 처음 2009년 멕시코의 베라크루즈(Veracruz)에서 발견되었는데 비행기를 타고 다니는 여행자들에 의해 빠르게 전파되었다. 2011년 중순경에 40년 만에 처음으로 독감에 의한 희생자가 18,000명에 이르게 되었다.

군집생태와 질병

인간에 나타나는 질병의 3/4 이상이 인간과 동물에게 공통으로 나타나는 **인수공통병원체(zoonotic pathogen)**에 의한 것이다. 인수공통병원체는 동물에서 인간으로 간접접촉 혹은 **매개동물(vector)**에 의해 전염된다. 매개동물은 주로 기생생물인데 이, 진드기, 모기 등이 포함된다.

기생생물의 생활사에 대한 이해는 질병을 통제하는 데 도움을 준다. 회선사상충(river blindness)은 검은 파리에 의해 전염되는 선충에 의해 나타난다(그림 54.28). 세계보건기구(WHO)가 회선사상충에 대한 전지구적 전쟁을 시작했을 때, 의사들은 치료방안이 없었다. 학자들은 검은파리에 초점을 맞추었으며 살충제를 비행기에서 살포하였다. 이 방법은 수생태계의 보전을 위한 것이었다. 이버멕틴(Ivermectine)은 선충을 죽이는 약인데 1987년에 개발되었다. 이 약과 살충제의 살포로 약 30만 명의 목숨을 구할 수 있었다. 그러나 연구자들은 이 선충들이 이버멕틴에 저항성을 발달시키고 있으며, 따라서 검은 파리를 통제하는 것이 이 질병을 퇴치하기 위한 프로그램에서 주요 부분으로 남는다고 주장한다. 다른 의약품이 지금 연구되고 있다.

▲ 그림 54.28 **회선 사상충.** 나이지리아 카두나 강에는 검은파리의 유충이 잘 서식한다. SEM 사진은 성충 검은파리의 안테나에서 기생충이 빠져나오는 것을 보여준다. 감염된 파리가 사람을 물면 기생충이 사람 몸에 들어가 회선사상충병이 발병한다.

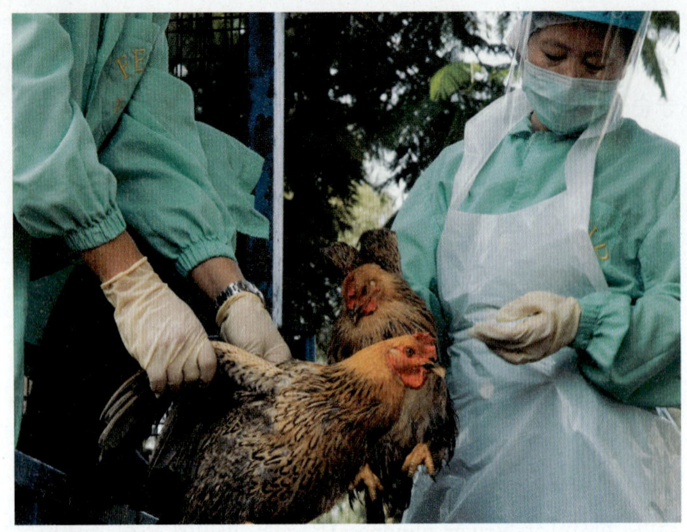

▲ **그림 54.29 조류독감의 추적.** 홍콩의 과학자들이 조류독감을 전파하는 닭을 시험하고 있다.

생태학자는 또한 인수공통질병의 감염경로를 파악하는 데 군집생태학의 지식을 사용한다. 조류독감이 좋은 예이다. 조류독감은 조류의 침과 배설물을 통해 전염되는 바이러스(26장)이다. 이 병은 야생조류에게는 약하게 나타나나, 가금류에는 독성이 강하며 인간에게도 전염된다. 2003년 이후 바이러스 변종인 H5N1은 수억 마리의 가금류를 죽게 하였으며(그림 54.29) 300명 이상의 사람을 죽게 하였다.

질병의 전파가 야생동물에 의한 것이라면 검역이 별로 효과적이지 않을 것이다. 2003~2006년까지 H5N1 변종은 동남아시아로부터 유럽, 아프리카까지 퍼져나갔으며, 2012년 말에는 단지 호주와 미국만이 감염되지 않은 지역이었다. 야생동물에 의한 전염이 가장 우려되는 곳은 알래스카인데 매년 아시아에서 베링 해엽을 통해 오리, 기러기와 해안조류가 날아들고 있다. 생태학자는 알래스카의 텃새와 철새를 잡아 검사함으로써 질병의 감염을 연구하고 있다. 이런 생태학적 조사는 북미에 전염되는 질병을 처음으로 알아낼 수 있을 것으로 기대한다.

개체군생태학은 병원체의 생활사 및 그들과 숙주와의 관계를 이해하기 위한 기초를 제공한다. 병원체 상호작용 역시 물리적 환경 변화에서의 변화에 크게 영향을 받는다. 병원체와 질병의 통제에 있어 과학자는 생태계 접근관점을 생각해야 한다. 병원체가 다른 종과 어떤 관계를 가지는지 환경과의 관계는 무엇인지에 대해 고민해야 한다. 생태계 연구필요성은 다음 55장에서 다루어진다.

개념 확인 문제 54.5

1. 병원체(pathogen)란 무엇인가?
2. **WHAT IF?** 광견병은 포유류에 치명적인데 영국제도에서는 나타나지 않은 병이다. 당신이 여기서 질병 책임자라면 이 섬에 광견병이 도달하지 않게 하는 방법은 무엇인가?

정답은 부록 A 참조

54장 복습

핵심 개념의 요약

개념 54.1

군집 내에서 개체 간의 상호관계는 돕거나, 해를 끼치거나, 영향없음으로 분류된다

- 다양한 **종간 상호작용(interspecific interaction)**은 거기에 참여하는 종들의 생존과 생식에 영향을 미친다. 이런 관계는 경쟁, 포식, 초식, 공생 등이 있다. 기생, 상리공생과 편리공생은 상호협력의 유형이다.
- 경쟁배타는 두 종이 같은 자원을 공유할 수 없음을 의미한다. **자원 분할(resource partitioning)**은 두 종이 공존하기 위한 **생태적 지위(ecological niche)** 분화의 방법이다.

종간 상호작용	설명
경쟁 (–/–)	둘 이상의 종들이 공급이 부족한 자원을 두고 경쟁한다.
포식 (+/–)	포식자는 피식자를 먹는다. 포식은 흉내를 내는 것을 포함하여 다양한 적응을 이끈다.
초식 (+/–)	초식동물이 식물의 일부분 또는 조류를 먹는다.
공생	두 종 이상은 서로 친밀하게 지낸다. 공생은 기생, 상리공생, 편리공생을 모두 포함한다.
기생 (+/–)	**기생생물**은 숙주인 다른 생물로부터 영양분을 빼앗으며, 이 과정에서 **숙주**는 해를 입는다.
상리공생 (+/+)	두 종은 공생적인 상호작용에서 다 이익을 얻는다.
편리공생 (+/0)	편리공생에서 한 종은 이익을 얻으나, 다른 종은 아무 영향도 받지 않는다.
촉진공생 (+/– 혹은 0/+)	종은 공생의 직접적 접촉없이 서로의 생존과 번식에 긍정적 영향을 준다.

? 위의 표에 제시된 각 상호작용을 나타내는 한 쌍의 종들을 예로 들어보라.

개념 54.2

다양성과 영양구조는 생물군집을 특징지어준다

- **종다양성(species diversity)**은 군집 내 종의 수(그 종의 풍부도)와 그들의 상대적인 수도로 계산된다. 균등한 수도를 갖는 종들을 포함한 군집이 한두 종이 많은 수도를 갖지만 다른 것들은 적은 수도를 갖는 것보다 다양성이 더 크다.
- 보다 다양한 군집은 더 많은 **생물량(biomass)**을 생산하고 연간 변이가 덜 다양한 군집에 비해 성장의 연간 변이가 낮으며, 외래종에 대한 저항강도가 높다.
- **영양구조(trophic structure)**는 개체군 동태의 주요요인이다. **먹이사슬(food chain)**은 생산자로부터 육식동물까지 이어진다. 먹이사슬의 분지와 복잡한 먹이 상호작용은 **먹이그물(food web)**을 형성한다. 에너지 가설은 먹이사슬의 길이가 이 사슬을 통한 에너지 이동의 결핍으로 제한된다고 제시한다.
- **우점종(dominant species)**은 군집 내에 가장 수도가 많은 종이며, 그들의 우점성은 높은 경쟁적 능력을 지닌다. **핵심종(keystone species)**은 그들의 생태적 지위 때문에 군집 구조에서 불균형적인 영향을 발휘하며 일반적으로 수도가 적은 종이다. 생태계의 "기능공" 또는 창시종이라고 불리는 종은 물리적인 환경에 대한 그들의 영향을 통하여 군집 구조에 영향을 발휘한다.
- **상향식 모형(bottom-up model)**은 하위 영양단계에서 상위 영양단계로의 영향을 제안한다. 이 모형에서는 1차생산자들의 수도를 포함하여 영양분과 기타 비생물적 요인들이 군집 구조의 주된 결정 인자가 된다. **하향식 모형(top-down model)**은 각 영양단계의 조절이 상위 영양단계로부터 나오고, 그 결과 포식자는 초식동물을, 초식동물은 1차생산자를 차례로 조절하게 된다고 말한다.

? 샤논의 지수에 근거하면, 높은 다양성 군집은 낮은 다양성 군집보다 높은 값을 가진다. 왜 그런가?

개념 54.3

교란은 종다양성과 구성에 영향을 미친다

- **교란(disturbance)**과 비평형은 안정과 평형보다 오히려 대부분의 군집에서 더 정상적이라는 것을 보여주는 증거들이 늘어나고 있다. **중위교란 가설(intermediate disturbance hypothesis)**에 의하면 적정한 수준의 교란은 높거나 낮은 교란보다 생물다양성을 높이도록 도울 수 있다.
- **생태적 천이(ecological succession)**는 군집과 생태계가 교란되어 변화하는 결과이다. **1차천이**는 천이가 시작될 때 토양이 없는 곳에서 일어난다. 2차천이는 교란 후에 남은 토양이 있는 지역에서 일어난다.

? 그림 54.24에 나타난 교란은 1차 천이나 2차 천이 중 어느 것을 일으킬 가능성이 높은지 설명하라.

개념 54.4

생물지리적 요인은 군집의 생물다양성에 영향을 미친다

- 종풍부도는 일반적으로 적도–극지 구배를 따라 극으로 갈수록 감소되며, 열대에서 특히 크다. 열대 지역 환경의 더 오래된 나이는 이 지역의 더 큰 종 풍부도를 설명해준다.
- 종풍부도는 군집의 지리적인 크기, **종수-면적 곡선(species-area curve)**에서 정형화된 원리와 직접적으로 연관된다.
- 섬의 종풍부도는 섬의 크기와 육지로부터 떨어진 거리에 달려 있다. 섬의 생물지리학적 평형 모형은 섬에서 종풍부도는 새로운 이입이 멸종과 평형을 이루는 동적 평형점에서 수평을 이루는 것으로 유지된다.

? 빙하기는 종다양성의 위도 양상에 어떻게 영향을 미치는가?

개념 54.5

병원균은 지역적으로, 지구적으로 군집구조에 변화를 가져온다

- 최근의 연구에 의하면 **병원체(pathogen)**는 육상생태 및 해양생태의 구조에 중요한 역할을 하고 있다.
- **인수공통질병(zoonotic pathogen)**은 동물에서 사람으로 전파되는데 사람질병의 많은 부분을 차지하고 있다. 군집 생태학은 그러한 병원체와 관련되어 있는 핵심적인 종 상호작용을 찾는 틀을 마련해주며 질병의 전파를 추적하고 통제할 수 있도록 도와준다.

? 인수공통질병의 **매개동물**은 병원체의 숙주와 어떻게 다른가?

생각해보자

수준 1: 지식/이해

1. 군집에 있어 종들 간의 먹이관계는 군집의 다음을 결정한다.
a. 2차천이
b. 생태적 지위
c. 종 풍부도
d. 영양 구조

2. 경쟁배타의 원리는
a. 같은 지역에 두 종이 공존할 수 없다.
b. 두 종의 경쟁은 항상 멸종이나 다른 종의 이주를 유발한다.
c. 동일한 지위를 가진 두 종은 한 군집에서 공존할 수 없다.
d. 두 종은 한 종이 지역을 떠날 때까지 번식을 멈춘다.

3. 중위교란가설에 의하면 군집의 종다양도는 다음에 의해 증가된다.
a. 빈번한 대규모 방해
b. 방해 없는 안정적 조건
c. 중간 수준의 방해
d. 방해를 제거하는 인간의 간섭

4. 도서평형 모델에 의하면 종풍부도는 어떤 섬에서 가장 크게 되는가?
a. 크고 떨어진 섬
b. 작고 떨어진 섬
c. 크고 육지에서 가까운 섬
d. 작고 육지에서 가까운 섬

수준 2: 응용/분석

5. 핵심종인 포식자는 어떤 방법에 의해 군집에서 종 다양도를 유지할 수 있는가?
a. 다른 포식자를 경쟁적으로 배타
b. 군집의 우점종에 대한 포식
c. 군집의 방해자의 숫자를 감소
d. 군집의 가장 적은 종만을 포식

6. 먹이사슬이 종종 짧아지는 이유는?
a. 포식자의 한 종만이 식물을 먹는 경우
b. 종의 지역적 멸종이 먹이사슬의 다른 종의 멸종을 초래
c. 영양 단계의 대부분의 에너지는 다음 수준으로 이동할 때 손실
d. 대부분의 생산자는 먹을 수 없음

7. 아래 중 초지군집의 하향식 조절로서 가장 맞는 조건은?
a. 식물생물량은 강우량에 의해 제한됨
b. 식물간의 경쟁에 있어 기온의 영향
c. 식생 vs. 야생화의 풍부함에 대한 토양 영양물질의 영향
d. 식물종 다양성에 대한 들소의 포식강도의 영향

8. 종풍부도가 온대지역보다 열대지역에 높게 나타나는 것을 설명하는 적절한 가설은?
a. 열대군집은 젊다.
b. 열재지역은 더 많은 수분과 태양광을 공급받는다.
c. 높은 온도는 빠른 종 분화를 가져온다.
d. 다양성은 증발산량이 감소됨에 따라 증가한다.

9. 군집 1은 100개체를 포함하고 있으며 모두 4종(A, B, C, D)으로 구성되어 있다. 군집 2는 A,B,C 로 구성되며 100개체를 포함하고 있다.
군집 1: 5A, 5B, 85C, 5D
군집 2: 30A, 40B, 30C
샤논다양도지수(H)를 각각 산출하라. 어느 군집이 더 다양한가?

수준 3: 종합/평가

10. DRAW IT 그림 54.16은 체사피크 만의 먹이그물을 보여준다. 체사피크 만의 다른 주요한 종은 푸른게(*Callinectes sapidus*)인데, 잡식성이며 조개 및 거머리말류를 먹는다. 푸른게는 동종을 잡아먹는데 이 게는 바다거북의 중요한 먹이가 되고 있으며 사람들과 멸종위기종인 리들리 바다거북도 선호한다. 위의 내용을 이용하여 푸른게를 포함한 먹이그물을 그려라. 하향식 모형이 여기에 적용된다고 가정하고 푸른게의 채취가 금지된다면 거머리말류의 수도가 어떻게 변화될 것인가?

11. 진화적 관점
특정 생물종이 종간 경쟁에 적응하는 것이 왜 형질치환의 예를 나타내는 것이 아닐 수 있는지 설명하라. 형질치환의 사례로 확신하려면 두 경쟁종에 대해 무엇을 증명해야 하는가?

12. 과학적 탐구
사막에서 식물을 연구하는 생태학자가 다음과 같은 실험을 수행하였다. 그녀는 두 개의 동일한 부지를 마련하였다. 이들 각각에 관목류(sagebrush) 몇 그루와 수많은 일년생의 작은 야생화를 함께 심었다. 그녀는 야생화 약 다섯 종이 양쪽 부지에 거의 같은 수로 포함되어 있음을 확인하였다. 그리고 그 중 한 부지는 철책으로 둘러싸서 그 지역에 가장 흔한 씨앗 도둑인 캥거루쥐의 침입을 막았다. 2년 후에 야생종 4종은 철책으로 둘러싼 부지에서 없어졌고 한 종은 극적으로 수가 늘어났다. 대조구는 종다양성에 아무 변화가 없었다. 군집생태학의 원리를 이용하여 이 결과를 설명할 수 있는 가설을 제시하여라. 그 가설을 지지하려면 어떠한 증거가 더 필요할까?

13. 글쓰기: 상호작용
베이츠 의태에 있어서 맛있는 종은 덜 맛있는 종을 흉내 냄으로써 보호를 받는다. 맛있고 밝은 색의 파리 여러 마리가 바람에 의해 세 개의 섬에 도달했다고 가정하자. 첫 번째 섬은 종의 포식자가 없다; 두 번째 섬은 포식자가 있으나 유사한 맛없는 종이 없다; 세 번째 섬은 포식자와 유사한 맛없는 종이 있다. 만일 색깔변화가 유전적으로 조절되는 기작이라면 맛있는 종이 각 섬에서 진화론적으로 어떻게 될 것인가 100~150자로 기술하라. 당신의 예측을 설명하라.

14. 종합적으로 생각해보기

위의 사진에서 나타난 2개의 종간 상호작용에 대해 기술하라. 이 장면에서, 가장 높은 영양단계에 있는 종에서 어떤 형태적 적응이 관찰될 수 있는가?

정답은 부록 A 참조

55

생태계에서의 에너지 흐름과 화학적 순환

핵심 개념

55.1 물리 법칙은 생태계에서 에너지 흐름과 화학적 순환에 영향을 준다

55.2 에너지와 다른 제한요소들이 생태계의 1차 생산을 조절한다

55.3 영양단계 사이의 에너지 전달 효율은 보통 10%이다

55.4 생물지구화학적 반응을 통해 생태계 내에서 양분과 물이 순환한다

55.5 복원생태학자는 파괴된 생태계를 더 자연스런 상태로 되돌리려 노력한다

▲ **그림 55.1 한 마리의 여우가 어떻게 초원을 툰드라로 바꿀 수 있는가?**

툰드라로의 변환

북극여우(*Vulpes lagopus*)는 북아메리카, 유럽, 아시의 극지방에 서식하는 고유한 포식자이다(**그림 55.1**). 북극여우의 가죽이 비싸기 때문에 좀 더 쉽게 포획할 수 있는 개체군으로 정착시키기 위한 노력의 일환으로 100여 년 전 알래스카와 러시아 사이에 있는 수백 개의 섬에 북극여우를 도입하였다. 도입하자 놀랄만한 일이 나타났다. 북극여우는 섬의 많은 서식지를 초원에서 툰드라로 변환시켰다. 이런 놀랄만한 변화가 어떻게 나타난 것인가? 북극여우는 바닷새를 잡아먹어 여우가 없는 섬과 비교하여 바닷새의 밀도를 거의 100배나 감소시켰다. 바닷새가 줄어든다는 것은 섬에 있는 식물의 주 양분이 되는 새똥이 줄어든다는 것을 의미하였다. 이용 가능한 양분의 감소는 더 많은 양분을 요구하는 초본 대신 툰드라의 전형적인 관목과 느리게 자라는 광엽초본이 번성하게 하였다. 이러한 설명을 검증하기 위하여 연구자들은 여우가 서식하는 섬 중의 하나에 있는 툰드라 실험 지소에 2001년 비료를 뿌렸다. 3년 후 비료를 뿌린 지소는 다시 초원으로 돌아왔다.

이 각각의 섬과 섬에서 자라는 생물군집은 **생태계(ecosystem)**를 구성한다. 생태계에는 주어진 지역에서

◀ 섬생태계

▼ 사막의 연못 생태계

▲ **그림 55.2 여러 규모의 생태계들**

살고 있는 모든 생물과, 그들과 상호작용하는 비생물적 요소들이 모두 존재한다. 생태계는 호수, 숲, 또는 섬처럼 광활한 지역이나 쓰러진 나무 아래의 공간, 그리고 사막의 작은 연못과 같은 미소생태계일 수 있다**(그림 55.2)**. 개체군과 군집처럼 생태계의 경계는 일반적으로 명확하지 않다. 많은 생태학자들은 생물권 전체를 지구상에 존재하는 모든 지역적인 생태계를 포함하는 지구 생태계로 간주한다.

생태계의 크기와 관계없이 생태계의 역동성은 개체군이나 군집에서는 완전히 설명할 수 없는 두 과정, 즉 에너지 흐름과 화학적 순환을 포함한다. 에너지의 대부분은 빛의 형태로 생태계에 유입된다. 생태계로 들어온 에너지는 독립영양생물에 의해 화학에너지로 전환된 다음 유기물 식량으로 종속영양생물에게 전달된 후 열의 형태로 사라지게 된다. 탄소와 질소 같은 화학원소들은 비생물적 또는 생물적 화합물의 형태로 생태계 내에서 순환된다. 대기, 토양, 그리고 물에 무기물의 형태로 존재하는 이들 원소는 광합성, 화학 합성 생물에 의해 유기물로 동화되고 동화물의 일부는 동물에 의해 소비된다. 이 원소들은 식물과 동물의 대사작용을 통해, 그리고 유기물 찌꺼기와 죽은 생물체를 분해하는 세균과 곰팡이와 같은 생물에 의해 대기, 토양, 그리고 물로 되돌아오게 된다.

에너지와 물질 모두 광합성과 먹고 먹히는 관계를 통한 물질의 전달을 통해 생태계를 이동하게 된다. 그러나 물질과 달리 에너지는 재사용될 수 없기 때문에 외부 공급원으로부터 에너지의 연속적인 공급이 이루어져야 하며, 이와 같은 일의 대부분을 태양이 담당한다. 에너지는 생태계를 통하여 흐르는 반면 물질은 생태계 내에서 순환된다.

우리가 먹는 음식으로부터 숨 쉬는 산소에 이르기까지 인간의 생존과 복지에 중요한 자원들은 생태계에서 일어나는 다양한 과정의 산물들이다. 이 장에서는 생태계 실험의 결과를 강조하면서, 생태계에서의 에너지 흐름과 화학적 순환의 역동성을 다룰 것이다. 생태계에서 일어나는 과정을 연구하는 한 가지 방법은 온도나 영양소의 풍부도와 같은 환경적인 요소를 바꾸고 생태계가 이에 어떻게 반응하는지를 연구하는 것이다. 우리는 또한 인간 활동의 영향이 에너지 흐름과 화학적 순환에 어떤 영향을 주는지도 살펴볼 것이다. 마지막으로 우리는 파괴된 생태계를 자연의 상태로 돌아가게 하는 것에 초점을 맞춘 복원 생태학에 대해 탐구해 볼 것이다.

개념 55.1

물리 법칙은 생태계에서 에너지 흐름과 화학적 순환에 영향을 준다

세포는 열역학의 법칙에 따라서 에너지와 물질을 변환시킨다(개념 6.1). 세포 생물학자들은 세포소기관과 세포 내에서 이런 변환을 연구하고 세포의 경계를 넘나드는 에너지와 물질의 양을 측정한다. 생태계 생태학자들은 "세포"에 해당하는 것이 완전한 생태계라는 것만 제외하면 동일한 일을 한다. 개체군 동태 연구(53장)와 군집에 있는 종들을 먹이관계에 따라 여러 영양단계로 나누는 연구(54장)를 통해 생태학자들은 한 생태계 내에서 에너지의 변환을 추적하고 화학원소의 이동을 그림으로 나타낼 수 있다.

에너지 보존

생태계 생태학자들은 생명체와 물리적 환경 사이에서 연구를 하기 때문에 많은 생태계 연구는 물리와 화학의 법칙에 기초를 둔다. 열역학 제1법칙은 에너지가 만들어질 수도 없으며 사라질 수도 없고 단지 변환된다는 것을 말한다(개념 6.1). 식물과 여러 광합성 생물은 태양에너지를 화학에너지로 전환시키지만, 총에너지는 변하지 않는다: 유기물에 저장된 에너지의 양은, 식물이 가로챈 총 에너지에서 반사되거나 열로 방출된 양을 뺀 것과 동일하다. 생태계 생태학자들은 종종 생태계 내에서와 다른 생태계 사이에서의 에너지 전환을 측정한다. 이를 통해 서식지가 얼마나 많은 생물을 부양하고 인간이 한 장소에서 얼마나 많은 식량을 수확할 수 있는지를 결정하는 데 부분적으로 도움을 줄 수 있다.

모든 에너지의 교환은 우주의 엔트로피를 증가시킨다는 열역학 제2법칙은 에너지가 완벽하게 전환되지 않음을 나타낸다. 즉 에너지의 일부는 전환 과정에서 열로 사라지게 된다(개념 6.1). 우리는 생태학적 에너지 전환의 효율을 전구와 자동차 엔진의 효율을 측정하는 것과 같은 방식으로 측정할 수 있다. 생태계를 통한 에너지 흐름은 궁극적으로 공간 속의 열로 끝나게 되므로 태양이 지구에 계속해서 에너지를 공급하지 않게 되면 생태계는 사라지게 된다.

질량의 보존

에너지처럼 물질도 만들어지거나 파괴될 수 없다. 이러한 **질량보존의 법칙(law of conservation of mass)**은 생태계에서 열역학의 법칙처럼 중요하다. 질량이 보존되기 때문에 생태계 안에서 얼마나 많은 화학적 요소들이 순환을 하고, 시간이 지남에 따라 이것들이 생태계에서 어떻게 나가고 들어오는지 알 수 있다.

에너지와 달리 화학원소들은 지속적으로 재사용된다. 이산화탄소의 탄소원자는 분해자에 의해서 흙으로부터 방출되고, 광합성에 의해서 식물에게 섭취되며, 들소나 다른 초식동물들에 의해서 소비되고, 동물의 배설물을 통해서 다시 땅으로 돌아간다. 화학적 순환의 분석과 측정은 생태계 생태학에서 중요하다.

전 지구적인 차원에서는 원자들이 상당량 유입되거나 사라지지 않지만, 그들은 특정 생태계로 유입되거나 특정 생태계에서 사라질 수 있다. 숲에서는, 토양으로부터 식물이 얻는 필수 원소들인 대부분의 무기 양분들은, 대체로 먼지로 유입되거나, 강수에 녹아 용질 상태로 들어올 수도 있고, 혹은 대지의 암석에서 흘러나오기도 한다. 질소는 또한 질소고정 과정(그림 37.10)이라는 생물학적 과정을 통해서도 공급된다. 유실이라는 측면에서, 몇 가지 원소들은 기체로 대기 중으로 되돌아가고, 다른 것들은 물의 이동에 의해서 생태계 밖으로 이동되기도 한다. 생물체들처럼 생태계는 열린 체계이므로, 에너지와 물질을 흡수하고, 열과 노폐물을 내보낸다.

자연에서 대부분의 유입과 방출은 생태계 내에서 재활용되는 양에 비해서 매우 작다. 하지만 유입과 방출 사이의 균형은 생태계가 주어진 원소의 저장고가 될지 아니면 배출지가 될지를 결정한다. 무기 영양분의 방출이 유입을 초과한다면 그것은 궁극적으로 그 체계 안에서 생산을 제한할 것이다. 이 장의 후반부와 56장에서 보게 될 것처럼, 인간의 활동은 종종 이러한 유입과 방출 사이의 균형을 극심하게 바꾼다.

에너지, 질량, 그리고 영양단계

생태학자들은 양분과 에너지의 주공급원에 기초하여 종들을 영양단계로 나눈다(개념 54.2). 궁극적으로 다른 모든 생물을 부양하는 영양단계는 생태계의 **1차 생산자(primary producers)**라고 불리는 독립영양생물로 구성된다. 대부분의 독립영양생물들은 당과 다른 유기화합물을 만드는 데 빛에너지를 사용하는 광합성 생물이다. 이들이 만든 당과 기타 유기화합물은 세포호흡의 연료와 생장을 위한 재료로 사용된다. 식물, 조류, 광합성 원핵생물들은 지구의 중요한 독립영양생물이다. 반면에 화학합성 원핵생물은 깊은 바다의 열수분출구(그림 51.14)나 땅속 또는 얼음의 깊은 곳과 같은 생태계에서 살고 있는 1차 생산자이다.

▲ 퇴비 속의 막대 모양과 구형의 세균 (채색된 SEM 사진)

▼ 죽은 나무를 분해하는 곰팡이

▲ **그림 55.3 잔재물섭식자**

영양단계에서 1차 생산자의 상위에 있는 생물들은 그들의 에너지 공급을 위해 직간접적으로 1차 생산자의 산물에 의존하는 종속영양생물들이다. 식물과 다른 1차 산물을 먹고 사는 초식동물을 **1차 소비자(primary consumer)**라고 한다. 초식동물을 먹고 사는 육식동물을 **2차 소비자(secondary consumer)**라고 하며, 다른 육식동물을 먹고 사는 육식동물을 **3차 소비자(tertiary consumer)**라 한다.

종속영양생물 중 다른 무리로 **잔재물섭식자(detrivore)** 또는 **분해자(decomposer)**가 있는데 이들은 잔재물로부터 에너지를 얻는 소비자를 말할 때 사용하는 용어이다. **잔재물(detritus)**은 죽은 생물체, 분뇨, 낙엽, 목재와 같은 살아 있지 않은 유기물이다. 많은 잔재물섭식자는 2차나 3차 소비자들에게 먹힌다. 두 가지 중요한 잔재물섭식자 그룹은 원핵생물과 곰팡이이다(그림 55.3). 이러한 생물체들은 유기물질을 소화시키는 효소를 분비한다. 그들은 그 후에 분해된 산물을 흡수하는데 이것은 생태계에서 소비자와 1차 생산자들을 연결시키는 것이다. 예를 들어, 숲에서 새들은 떨어진 낙엽과 거기에 사는 원핵생물 및 곰팡이를 먹는 지렁이를 잡아먹는다.

잔재물섭식자들은 또한 1차 생산자가 사용할 수 있는 필수적인 화학원소를 재활용하는 데에도 중요한 역할을 한다. 잔재물섭식자는 생태계의 화학적 순환 고리를 완성하면서 모든 영양단계에서 유기물질을 1차 생산자가 사용할 수 있는 무기화합물로 변환시킨다. 생산자들은 이러한 원소들을 유기화합물을 만들 때 재활용할 수 있다. 만약 분해가 중단된다면 잔재물이 쌓이고 새로운 유기물질의 생성에 필요한 성분의 공급이 고갈됨으로써 생물은 살 수 없게 될 것이다. 그림 55.4는 생태계에서의 영양 관계를 요약한 것이다.

▶ 그림 55.4 생태계에서 에너지와 양분의 변화 과정에 대한 요약. 에너지는 생태계로 들어오고, 생태계를 통하여 흐르고, 생태계를 빠져나가는 반면, 화학적 양분은 생태계 내에서 순환된다. 이와 같이 일반화된 도표에서 에너지(오렌지색 화살표)는 태양으로부터 복사선의 형태로 들어오고, 화학에너지는 먹이사슬을 통하여 전달된 후 공간으로 방출되는 열로서 생태계를 빠져나간다. 영양단계를 통한 대부분의 양분 전달(푸른색 화살표)은 결국에는 잔재물로 이어지고 양분은 1차 생산자에게로 다시 순환된다.

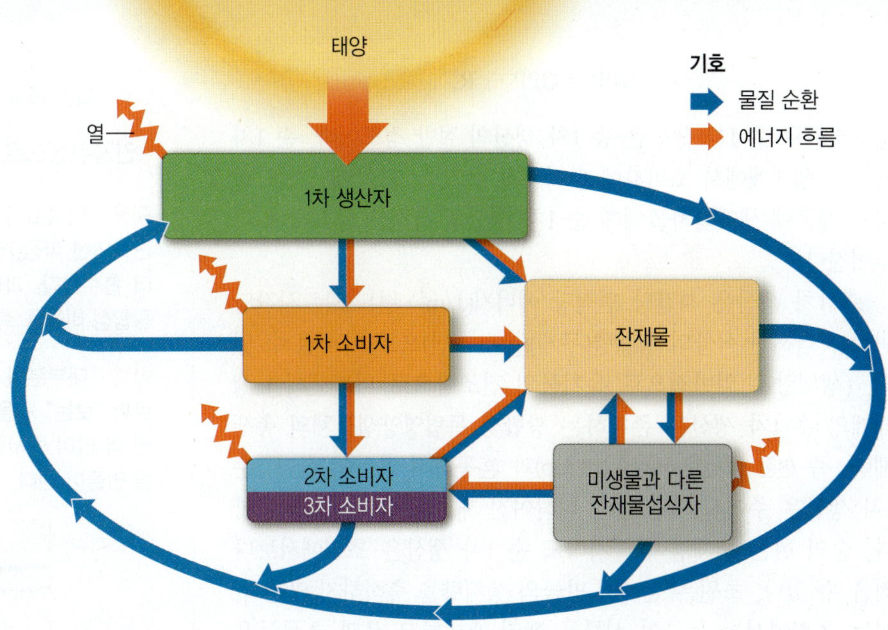

개념 확인 문제 55.1

1. 생태계에서 에너지 전달은 왜 에너지 순환이라고 하지 않고 에너지 흐름이라고 하는가?
2. WHAT IF? 여러분이 아프리카 세렝게티 평원에서 질소 순환을 연구하고 있다. 실험 도중에 이동하는 한 떼의 영양이 여러분의 연구 장소에서 풀을 뜯어 먹었다. 이 구역 안에서 질소의 균형에 대한 영양의 영향을 측정하기 위해서 여러분은 무엇을 알아야 하는가?
3. MAKE CONNECTIONS 생태계에 에너지 공급이 계속 이루어져야 하는 이유(개념 6.1 참조)를 열역학 제2법칙을 이용하여 설명하라.

정답은 부록 A 참조

개념 55.2

에너지와 다른 제한요소들이 생태계의 1차 생산을 조절한다

개념 1.1에서 본 것처럼, 에너지 전달이라는 주제는 모든 생물학적 상호작용과 관련된다. 대부분의 생태계에서, 일정 시간 동안 독립영양생물이 빛에너지를 화학에너지(유기화합물)로 바꾼 양을 생태계의 **1차 생산량(primary production)**이라 한다. 생태계에서 일어나는 에너지 흐름은 이 광합성 산물이 대사 작용에 사용되면서 시작된다. 1차 생산자가 화학독립영양생물인 생태계에서는 초기 에너지 유입물이 화학물질이고 미생물에 의해 합성된 유기화합물이 초기 생산물이 된다.

생태계 에너지 수지

대부분의 생태계에서 1차 생산자들은 빛을 이용하여 에너지가 풍부한 유기분자들을 합성하며, 소비자들은 그들의 유기 연료를 먹이그물(그림 54.15)을 통해 2차적으로(혹은 3차나 4차로) 얻는다. 그러므로 광합성 생산에서의 총량은 전체 생태계의 에너지 수지를 위한 소비한계를 결정하게 된다.

전 지구적 에너지 수지

매일 지구의 대기는 약 10^{22} J(1 J = 0.239 cal)의 태양광을 받아들인다. 이 양은 2010년의 에너지 소비를 기준으로 할 때 지구의 모든 사람이 약 20년 동안 사용할 수 있는 양이다. 지구로 들어오는 태양에너지의 강도는 위도에 따라 달라진다. 가장 강한 태양에너지가 들어오는 곳은 열대지방이다(그림 51.3). 유입되는 대부분의 태양 광선은 구름의 양과 지역에 따른 대기 중의 먼지의 양에 따라 흡수되거나, 산란되거나, 또는 반사된다. 지구 표면에 도달하는 태양광선의 양은 생태계에서 광합성 산물의 양을 결정하게 된다. 지구 표면에 도달하는 태양 복사선의 아주 적은 양만이 광합성에 사용된다. 대부분의 복사선은 얼음이나 흙과 같이 광합성을 할 수 없는 물질에 와서 부딪친다. 광합성 유기체에 도달하는 복사선 중에서도 오직 특정한 파장만이 광합성 색소에 의해서 흡수되고(그림 11.9), 나머지는 전도되거나, 반사되거나, 또는 열로 손실된다. 그 결과, 광합성 생물에 도달하는 가시광선 중 약 1%만이 광합성에 의해 화학에너지로 전환된다. 하지만 1년 동안 지구에서 1차 생산을 통해 만들어지는 유기물은 약 1,500억 톤(1.5×10^{14} kg)에 달한다.

총 생산과 순 생산

한 생태계 내에서 1차적으로 생산된 화학에너지의 총량을 그 생태계의 **총 1차 생산(gross primary production, GPP)**이라 한다. 이것은 빛(또는 화학물, 화학종속영양계)으로부터 온 에너지의 양이 일정한 시간 동안 유기물질의 화학적 에너지로 변하는 것을 말한다. 이렇게 생산된 모든 물질이 1차 생산자에 저장되는 것은 아니다. 왜냐하면 식물은 자신이 만들어 놓은 유기물의 일부를 자신의 세포호흡 연료로 사용하기 때문이다. **순 1차 생산(net primary production, NPP)**은 총 1차 생산에서 1차 생산자의 "독립영양 호흡(R_a)"에 사용된 에너지를 뺀 것이다.

$$NPP = GPP - R_a$$

평균적으로 순 1차 생산은 총 1차 생산의 절반 정도이다. 순 1차 생산은 생태계에서 소비자에게 이용될 수 있는 화학에너지를 말하기 때문에 생태학자들에게 순 1차 생산의 측정은 중요하게 다루어진다.

순 1차 생산은 시간당 면적당 에너지(J/m^2 · 년) 또는 시간당 면적당 더해진 식물의 생체량(무게)(g/m^2 · 년)으로 나타낼 수 있다. (생체량은 일반적으로 유기물의 건조량으로 나타낸다.) 생태계의 순 1차 생산은 존재하는 광합성 독립영양생물체의 총생체량, 즉 현존 생체량(standing crop)과 혼동하지 말아야 한다. 순 1차 생산은 주어진 시간 동안 더하여진 새로운 생체량을 의미한다. 숲의 현존 생체량이 클지라도 순 1차 생산은 초원에서보다 적을 수 있다. 초원은 숲에서 만큼의 생체량을 축적하지 않는다. 이는 초원에서는 동물이 식물을 빨리 소비하고 풀과 초목들은 나무보다 더 빨리 분해되기 때문이다.

인공위성 사진은 1차 생산의 지구적 분포 유형을 연구하기 위한 하나의 강력한 수단을 제공한다(**그림 55.5**). 인공위성으로부터 만들어진 사진은 순 1차 생산량이 생태계에 따라 상당히 다르다는 것을 보여준다. 육상생태계 중에서 가장 생산적인 곳은 열대우림으로, 지구 전체에서 이루어지는 순 1차 생산의 상당히 많은 부분을 이곳의 생산량이 차지한다. 강 하구와 산호초 또한 매우 높은 순 1차 생산을 보인다. 그러나 지구 전체의 순 생산에 대한 기여는 상대적으로 낮다. 이는 이 생태계의 면적이 열대우림 면적의 1/10밖에 안 되기 때문이다. 반대로 바다는 상대적으로 비생산적인 반면(**그림 55.6**), 바다의 광대한 크기 때문에, 이들은 지구전체의 순 1차 생산량에 육상생태계만큼 많이 기여한다.

순 1차 생산량은 주어진 시간 내에 더해진 새로운 생체량을 나타낼 수 있는 반면, **순 생태계 생산량(net ecosystem production, NEP)**은 그 시간 동안의 총 생체 축적량(total biomass accumulation)이 된다. 순 생태계 생산량은 총 1차 생산량에서 모든 생물의 총 호흡량(R_T)을 감한 것으로 정의된다. 즉, NPP 계산 때 사용했던 1차 생산자의 호흡뿐만이 아니라, 분해자 및 다른 모든 종속영양생물들의 호흡량을 포함한 값을 빼주는 것이다.

$$NEP = GPP - R_T$$

NEP는 생태학자들에게 유용하다. 왜냐하면 이 값은 생태계가 일

▼ 그림 55.5 탐구

인공위성으로 1차 생산량 결정하기

적용 엽록소가 가시광선을 흡수하기 때문에(그림 11.9), 광합성 생물은 근적외선 파장(750~1,100 nm)보다 가시광선의 파장(약 380~750 nm)을 더 흡수한다. 과학자들은 인공위성을 이용하여 지구의 여러 지역에서의 광합성 비율을 측정하기 위해서 흡수의 이러한 차이점을 이용한다.

방법 대부분의 인공위성은 그들에게 반사되는 파장의 비율을 비교함으로써 "보는" 것을 결정한다. 식물은 가시광선보다 근적외선 복사선을 훨씬 더 많이 반사한다. 이때 눈, 구름, 토양, 수면에서 매우 다른 반사 패턴을 만들어 낸다.

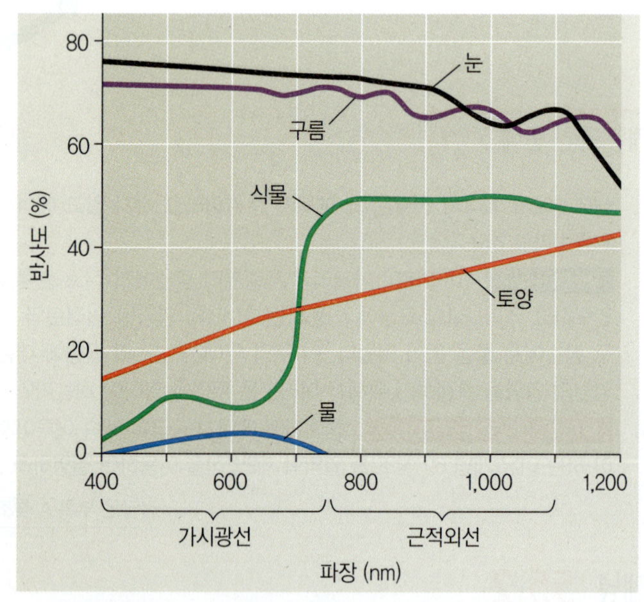

결과 과학자들은 그림 55.6에서 보는 것처럼 1차 생산량에 대한 그림을 만들어 내기 위해서 인공위성의 자료를 이용한다.

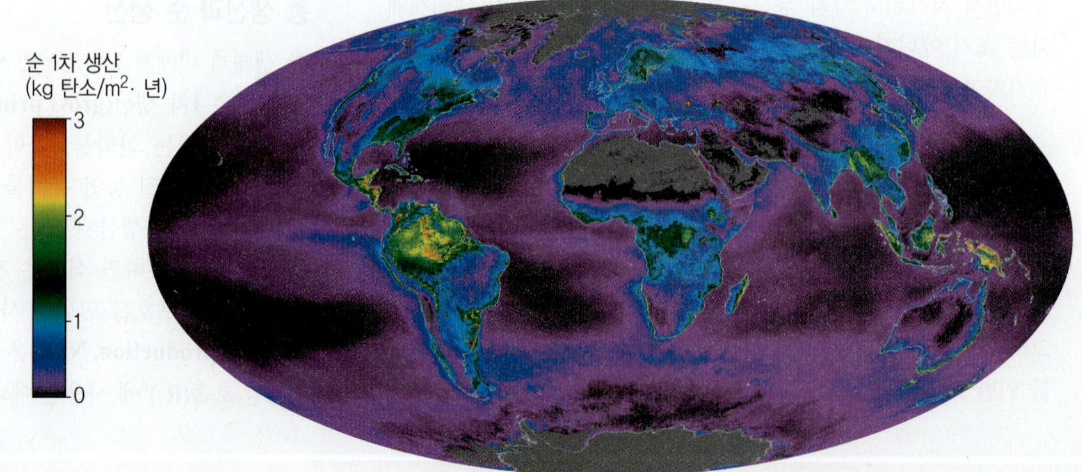

▶ 그림 55.6 지구의 순 1차 생산. 그림은 인공위성에서 수집한 엽록소 밀도와 같은 데이터를 근거로 작성되었다. 육상 열대 지역은 가장 높은 생산량을 갖고 있다(그림의 노랗고 빨간 부분).

? 이 지도는 일부 높은 생산성을 가지는 지역인 습지, 산호초, 하구의 중요성을 정확히 반영하는가? 설명하라.

정 시간 동안 탄소를 획득하였는지 잃었는지를 판단할 수 있기 때문이다. 숲은 양의 NPP 값을 가질 것이다. 그러나 만약 1차 생산자가 유기 화합물에 탄소를 유입시키는 것보다 종속영양생물이 이산화탄소를 훨씬 빠르게 방출시킨다면 숲은 여전히 탄소를 잃게 된다.

NEP를 측정하는 가장 일반적인 방법은 생태계를 들고 나는 이산화탄소나 산소의 순 흐름(net flux)을 측정하는 것이다. 만약 이산화탄소가 유출량보다 유입량이 많으면, 생태계는 탄소를 저장하게 된다. 왜냐하면 산소방출은 직접적으로 광합성과 호흡을 짝으로 발생시키기 때문에(그림 10.2), 산소를 방출하는 시스템 또한 탄소를 저장한다. 육상에서 생태학자들은 전형적으로 생태계로부터 온 이산화탄소의 순 흐름만 측정한다. 왜냐하면 거대한 대기 중의 산소 저장고에 있는 산소의 작은 변화를 탐지하는 것은 어려운 일이기 때문이다.

최근의 연구는 광활한 해양의 많은 부분을 덮는 영양분이 부족한 물에서 놀랍게도 높은 NEP를 나타낸다는 것을 밝혔다. 2008년 과학자들은 고해상도 산소 센서를 사용하여 태평양에서 NEP를 측정하였다(**그림 55.7**). 부유 측정기가 해류를 따라 떠내려갈 때 그들은 반복적으로 대양의 표면과 수심 1000 m 사이를 반복하여 이동하며 부유 측정기가 떠오를 때 물속의 산소 농도를 측정하였다. 연구자들은 3년간의 연구 결과 NEP의 평균값이 25gC/(m^2 · 년)로 추정하였다. 이 결과는 대양의 넓은 부분에서 식물플랑크톤이 이전에 생각되었던 것보다 더 생산적이라는 것을 제안한다. 이와 같은 연구는 생태학자들이 지구의 탄소 순환과 해양의 생산성을 새롭게 이해하도록 하였다.

생태계의 생산을 제한하는 것은 무엇인가? 달리 말하여, 우리가 어떤 요소를 변화시켜 주어진 생태계의 생산을 증가시키거나 감소시킬 수 있는가? 다음 수생생태계에서 이 질문을 첫 번째로

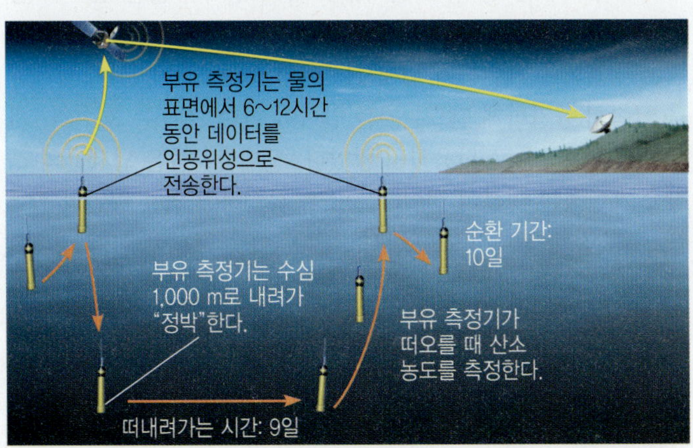

▲ **그림 55.7 밝혀진 해양 생산.** 산소 센서는 부유 측정기에 탑재되었고 순 생태계 생산량(NEP)을 계산하는 데 사용될 수 있는 데이터를 전송한다.

MAKE CONNECTIONS 수생태계에서 생산자로서 광합성 원생생물의 역할을 고려하라(개념 28.6의 토론을 복습하라). 이용 가능한 빛에 더하여 어떤 요소가 대양에서 1차 생산을 제한할 것 같은가?

다룰 것이다.

수생태계에서의 1차 생산

해양과 담수를 포함하는 수생태계에서 빛과 양분은 1차 생산을 조절하는 중요한 요소이다.

빛의 제한

태양광선이 광합성에 이용되기 때문에 빛이 대양에서 1차 생산을 조절하는 중요한 변수라는 것을 짐작하였을 것이다. 실제로 빛이 투과하는 깊이는 대양이나 호수의 광투과 구역 전체에 걸쳐 1차 생산에 영향을 준다(그림 51.12). 태양광선의 절반 정도는 물의 표면으로부터 15 m 깊이까지에서 흡수된다. 심지어 "깨끗한" 물에서조차도 아마 광선의 5~10%만이 75 m 깊이까지 도달할 것이다.

빛이 바다에서 1차 생산을 제한하는 중요한 변수라면, 극지방에서 적도로 향하는 구배로 생산이 증가하리라 예상할 수 있다. 이는 적도에서 가장 강한 빛을 받기 때문에 예상할 수 있는 일이다. 그러나 그림 55.6에서 보듯이 그러한 구배는 나타나지 않는다. 또 다른 요소가 대양에서의 1차 생산에 영향을 주고 있음에 틀림없다.

양분 제한

빛보다 양분이 대부분의 바다와 호수에서 1차 생산을 더 많이 제한한다. **제한양분(limiting nutrient)**은 생산을 증가시키기 위해서 첨가되어야만 하는 원소이다. 해양 생산량을 가장 빈번히 제한하는 양분은 질소 또는 인이다. 광투과 구역에서 이들의 농도는 전형적으로 낮다. 왜냐하면 이들은 식물플랑크톤에 의해서 빠르게 섭식되고, 유기물 입자는 가라앉는 경향이 있기 때문이다.

그림 55.8에서 자세히 나와 있는 것처럼, 양분 첨가 실험은 질소가 뉴욕의 롱아일랜드 남쪽 해안에서 식물성 플랑크톤의 생장을 제한하고 있음을 확인해준다. 이와 같은 연구의 한 가지 실제적인 적용들은 플랑크톤의 영양물이 되는 과도한 질소에 의한 조류의 "물꽃현상(water bloom)"을 방지하는 데에 있다. 이 조사에 앞서, 인 오염은 해양에서 많은 물꽃을 일으킨다고 생각되었지만, 만약 질소오염의 조절이 같이 이루어지지 않는다면, 바다에서 인만을 제거하는 것은 도움이 되지 않을 수도 있다.

다량 영양소인 질소와 인만이 수중 생산량을 제한하는 영양소는 아니다. 대양의 여러 넓은 장소들은 질소의 농도가 높은 데도 불구하고 식물성 플랑크톤의 밀도는 낮다. 대서양의 아열대 지역에 존재하는 사가소해(Sargasso Sea)는 낮은 식물플랑크톤의 밀도로 인해 세계에서 가장 맑은 해역 중의 하나이다. 양분 첨가 실험을 통하여 미량 영양소인 철의 이용도는 그곳에서 1차 생산량을 제한한다는 것이 밝혀졌다(**표 55.1**). 섬으로부터 바람에 의해 날아온 먼지는 대부분의 철을 바다에 공급하지만, 다른 바

▼ 그림 55.8 탐구

롱아일랜드 해변에서 식물플랑크톤의 생산을 제한하는 양분은 무엇인가?

실험 모리체스만 근처에 밀집된 오리농장으로부터의 오염물질이 뉴욕의 롱아일랜드의 해변에 질소와 인을 더하여 준다. 이 지역에서 어떤 양분이 플랑크톤의 생장을 제한하는지 결정하기 위해, 우즈홀 해양학 연구소(Woods Hole Oceanographic Institution)의 존 리더(John Ryther)와 윌리엄 던스탄(William Dunstan)은 몇 군데에서 채수한 물로 식물성 플랑크톤인 *Nannochloris atomus*를 배양하였다(아래의 지도에서 A~G까지 표시된 지역). 그들은 약간의 배양액에 암모니아(NH_4^+)나 인(PO_4^{3-})을 첨가하였다.

결과 암모니아를 첨가하니 식물성 플랑크톤은 급속한 생장을 보인다. 그러나 인을 첨가할 경우 식물성 플랑크톤은 생장하지 않는다.

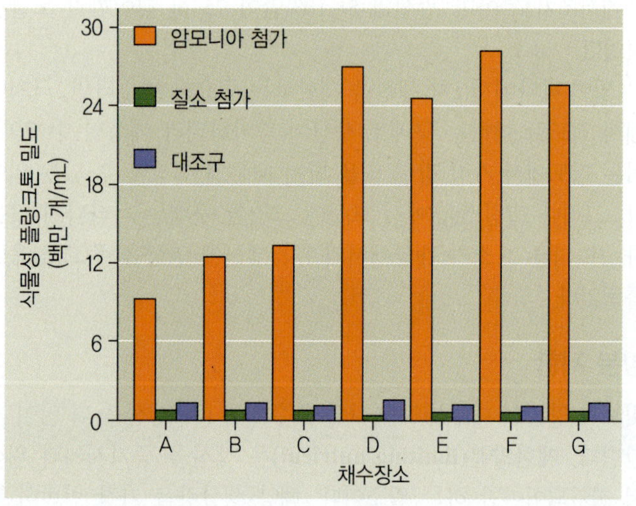

결론 인은 이미 풍부히 존재하기 때문에 인의 첨가는 *Nannochloris*의 생장에 아무런 영향도 주지 못하였다. 반면에 질소의 첨가는 식물성 플랑크톤의 밀도를 급격히 증가시켰다. 이로부터 연구자들은 이 생태계에서 식물성 플랑크톤의 생장을 제한하는 양분은 질소라는 결론을 내렸다.

참고문헌 J. H. Ryther and W. M. Dunstan, Nitrogen, phosphorus, and eutrophication in the coastal marine environment, *Science* 171:1008–1013 (1971). © 1971 by AAAS. Reprinted with permission.

WHAT IF? 새로운 오리 농장들이 물의 오염원 양을 상당량 늘린다면, 이 실험의 결과는 어떻게 바뀔 것이라고 생각하는가? 이유를 설명하라.

다와 비교하였을 때 이 지역과 특정 다른 지역에서는 상대적으로 드문 현상이다.

양분이 풍부한 깊은 지역의 물이 대양의 표면으로 이동하는 용승류 지역은 예외적으로 높은 1차 생산량을 나타낸다. 이 사실은 양분의 유용성이 해양 1차 생산량을 결정한다는 가설을 지지한다. 용승류는 먹이그물의 근간을 이루는 식물성 플랑크톤 개체군의 성장을 자극하기 때문에, 용승류가 나타나는 지역에 전형적으로 높은 생산성이 나타나고 생태계를 다양하게 만들며 중요한 어장이 형성된다. 용승류가 나타나는 가장 넓은 장소는 적도를

표 55.1 사가소해(Sargasso Sea)의 표본을 대상으로 행한 양분 첨가실험

실험배양에 첨가된 양분	배양액에서 흡수된 ^{14}C의 상대적인 양*
첨가하지 않음(대조군)	1.00
질소(N) + 인(P)	1.10
N + P + 금속이온(철을 제외)	1.08
N + P + 금속이온(철을 포함)	12.90
N + P + 철	12.00

* 배양액에 의해 흡수된 ^{14}C의 양으로 1차 생산량을 측정했다.

참고문헌: D. W. Menzel and J. H. Ryther, Nutrients limiting the production of phytoplankton in the Sargasso Sea, with special reference to iron, *Deep Sea Research* 7:276–281 (1961).

INTERPRET THE DATA 몰리브덴은 바다에서 1차 생산을 제한할 수 있는 다른 미량원소이다. 만약 연구자가 몰리브덴을 더하여 얻은 결과가 아래와 같다면, 생장을 위해 몰리브덴의 상대적 중요성에 관해 어떤 결론을 내릴 수 있는가?

N + P + Mo 6.0
N + P + Fe + Mo 72.0

따라서 남극해, 페루, 캘리포니아의 해안, 그리고 서아프리카 지역이다.

담수호에서의 양분제한 역시 일반적이다. 1970년대에 과학자들은 농장과 정원에서 흘러나오는 오수와 비료가 많은 양의 양분을 호수에 첨가하였음을 보여주었다. 남세균과 조류는 이러한 것들이 양분에 첨가됨에 따라 빠르게 증가하였고, 궁극적으로 산소 농도와 물의 투명도를 감소시켰다. 이 과정의 생태적 영향은 **부영양화(eutrophication**; *eutrophos*는 '양분이 풍부한'이라는 그리스어에서 온 단어)로 알려졌으며, 호수에서 많은 물고기 종들을 사라지게 하였다(그림 51.14).

부영양화를 제어하기 위해서는 어떤 오염물질(양분)이 남세균을 급속히 증가하게 만드는지를 알아야 한다. 질소는 호수의 1차 생산에 제한요소로 작용하지 않았다. 생태학자들은 남세균의 생장을 제한하는 양분이 인이라는 것을 확인하기 위한 일련의 실험을 호수 전체를 대상으로 실시하였다. 이를 포함한 여러 생태학적 연구는 인이 없는 세제와 다른 수질개선 물질을 사용하게 만들었다.

육상생태계에서의 1차 생산

지역적 규모로나 지구적 규모로나, 온도와 수분은 육상과 습지 생태계에서 1차 생산을 조절하는 중요 요소들이다. 식물의 생장을 촉진하는 온도와 수분 조건을 가진 열대우림은 모든 육상생태계 중 가장 생산적이다(그림 55.6). 이와 달리 낮은 생산성을 가진 육상생태계는 일반적으로 사막처럼 덥고 건조하거나 극지방의 툰

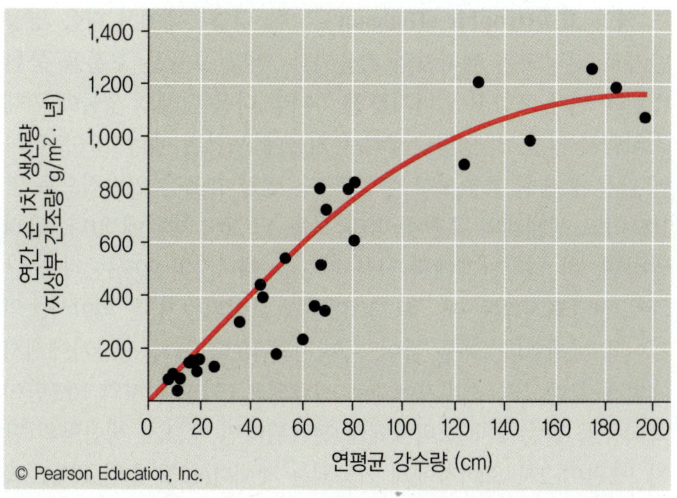

▲ **그림 55.9 육상생태계에서 순 1차 생산량(NPP)과 평균 연간 강수량의 지구상 관계**

드라처럼 춥고 건조하다. 이 극한 사이에 온대림과 초원생태계가 놓여 있다. 이들은 온화한 기후와 중간 정도의 생산성을 가진다.

수분과 기온으로 인한 다양한 기후들은 육상생태계에서 NPP를 예상하는 데 유용하다. 1차 생산은 **그림 55.9**에 나와 있는 것처럼 NPP와 연간 강수량의 관계를 보면 습한 생태계에서 더 높다. 연평균 강수량에 따르면, 두 번째로 유용한 예측자료는 증발산량(evapotranspiration)으로, 식물에 의해 증산되는 물의 양과 경관에서 증발되는 물의 총량이다. 증발산량은 강수량 및 증발과 증산에 사용되는 태양에너지의 양에 따라 증가한다.

양분제한과 이에 대한 적응

진화 토양 양분 또한 육상생태계의 1차 생산을 제한한다. 수생태계에서처럼 질소와 인은 가장 흔하게 육상 생산량을 제한하는 요소이다. 세계적으로 질소는 식물의 생장을 가장 많이 제한한다. 인의 제한은 많은 열대생태계에서와 마찬가지로 물에 의해 인 분자들이 쓸려간 오래된 토양에서 일반적으로 나타난다. 일부 인이 침전되어 식물이 사용할 수 없게 되는 높은 pH를 가지는 생태계와 사막의 토양에서 인의 가용성은 종종 낮게 나타난다. 어떤 양분이 극히 적게 존재할지라도 제한요소가 아닌 양분을 첨가하는 것은 생산을 증가시키지 못한다. 반면 제한 양분의 첨가는 다른 양분이 제한요소가 될 때까지 생산을 촉진할 것이다.

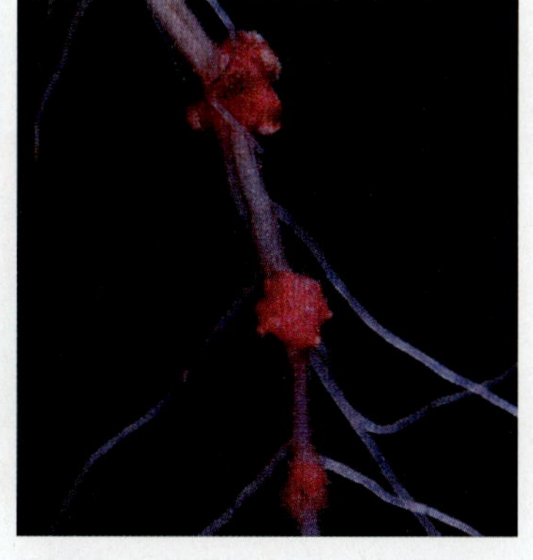

▲ 질소고정 박테리아가 들어 있는 뿌리혹

제한된 양분의 섭취를 증가시킬 수 있는 다양한 적응이 식물에서 진화되어왔다. 하나의 중요한 적응은 식물의 뿌리와 질소고정 세균 사이의 공생관계이다(그림 37.11과 옆 그림). 또 다른 예로 식물의 뿌리와 인, 그리고 다른 제한된 요소를 식물에게 공급해 주는 균류와 식물 뿌리 사이의 균근 연합이다(그림 37.13). 식물은 뿌리털과 뿌리가 닿을 수 있는 토양의 면적을 늘려주는 다른 해부학적 특징을 가지고 있다(그림 35.3). 많은 식물은 제한된 양분의 이용성을 증가시키는 효소와 다른 물질들을 토양에 분비한다. 이러한 물질로는 거대분자로부터 인산을 떼어내는 인산분해효소와 토양에서 철과 같은 미량원소를 더 용해성 있게 만들어주는 킬레이트화합물(chelating agent)이 있다.

육상생태계의 1차 생산과 양분과의 관계에 대한 연구는 농업에 실제로 적용되었다. 농부는 지역의 땅과 작물의 종류에 따라 요구하는 토양의 양분을 적절히 공급하기 위하여 비료를 사용함으로써 작물의 생산을 극대화하였다. 제한된 양분에 대한 이해는 오늘날 지구상의 수십억 인구를 먹여 살리는 데 도움이 되었다.

개념 확인 문제 55.2

1. 왜 지구의 대기에 도달하는 태양에너지의 극히 적은 양만이 1차 생산물에 저장되는가?
2. 생태학자들은 생태계에서 1차 생산을 제한하는 요소를 어떻게 실험적으로 결정하는가?
3. **MAKE CONNECTIONS** 개념 11.3에서 광합성의 캘빈회로를 묘사하였다. 어떻게 질소와 인, 그리고 1차 생산을 제한하는 대부분의 양분들이 캘빈회로의 기능에 필수적인지 설명하라.

정답은 부록 A 참조

개념 **55.3**

영양단계 사이의 에너지 전달 효율은 보통 10%이다

일정 시간 동안 소비자의 몸을 구성하는 생체량으로 전환된 식량 속의 화학에너지의 양을 생태계의 **2차 생산(secondary production)**이라 부른다. 1차 생산자로부터 1차 소비자인 초식동물로 전이되는 유기물을 생각해 보자. 대부분의 생태계에서 초식동물은 식물체의 일부분만을 먹는다. 세계적으로 초식동물들은 총 식물 생산의 1/6 만큼만 소비한다. 더욱이 그들은 농장에 가 본 사람은 누구나 알 수 있듯이 먹은 식물체를 모두 소화하지도 못한다. 생태계의 생산 중 많은 부분이 결국 잔재물섭식자에 의해 소비된다. 에너지 전달과 순환 과정에 대해 더 자세히 알아보자.

생산 효율

우선 곤충 애벌레에서의 2차 생산을 점검해 보자. 애벌레가 식물의 잎을 먹을 때 식물에 있는 잠재적 에너지인 200 J(48 cal) 중 1/6에 해당되는 약 33 J만 2차 생산, 즉 생장에 사용한다(**그림**

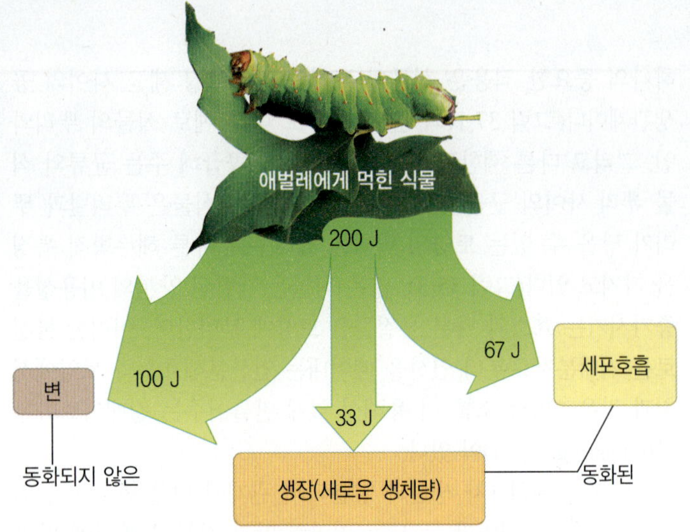

▲ **그림 55.10** **먹이사슬의 연결고리 내에서의 에너지 분배**

INTERPRET THE DATA 애벌레의 먹이에 있는 에너지의 몇 퍼센트가 실제로 2차 생산(생장)에 사용되는가?.

55.10). 애벌레는 남은 에너지(유기 합성물에 저장되어 있는)를 세포호흡에 사용하고 나머지는 변으로 배출한다. 애벌레 변에 존재하는 에너지는 생태계에 일시적으로 남게 되고, 그것은 잔재물 섭식자에 의해 소비될 때 잔재물의 대부분은 열로 사라진다. 애벌레의 호흡에 사용된 에너지 또한 궁극적으로는 열의 형태로 생태계에서 사라진다. 이것이 바로 에너지는 생태계 내를 순환하는 것이 아니라 흐른다고 하는 이유이다. 생장 또는 자손을 통하여 초식동물의 몸에 저장된 화학에너지만이 2차 소비자의 식량으로 사용될 수 있다.

우리는 다음 식을 이용하여 동물의 에너지 전환 효율을 수치화할 수 있다.

$$\text{생산 효율} = \frac{\text{순 2차 생산} \times 100\%}{\text{1차 생산의 동화}}$$

순 2차 생산량은 생장과 생식의 형태로 생체량에 저장된 에너지이다. 동화는 분변에서의 유실을 포함하지 않은 생장, 생식, 호흡에 사용된 총 에너지를 말한다. 그러므로 **생산 효율(production efficiency)**은 호흡으로 사용되지 않고 생체에 저장된 에너지의 비율이다. 그림 55.10에서 보여주는 애벌레의 경우 동화된 에너지 100 J 중 67 J이 호흡으로 사용되었으므로 생산 효율은 33%가 된다. (변에서 소화가 되지 않은 채로 잃어버린 100 J 에너지는 동화에 포함되지 않는다.) 조류와 포유류는 항상 일정한 체온을 유지하기 때문에 전형적으로 1~3%의 낮은 생산 효율을 가진다. 변온동물인 어류(개념 40.3)는 약 10%의 생산 효율을 가지며, 곤충은 보통 40%의 높은 생산 효율을 가진다.

영양 효율과 생태 피라미드

이제 소비자 개체의 생산 효율에서 영양단계를 통한 에너지 흐름으로 규모를 확대해 보자.

영양 효율(trophic efficiency)은 한 영양단계에서 다음 영양단계로 전달되는 에너지의 비율이다. 영양 효율은 호흡을 통한 소비와 변에 포함된 에너지뿐만 아니라 다음 단계의 생물에 의해 소비되지 않은 전 영양단계의 유기물에 포함된 에너지도 고려하기 때문에 생산 효율보다 항상 낮다. 영양 효율은 일반적으로 약 10%이고 생태계의 유형에 따라 보통 5~20% 범위에 있다. 달리 말하면, 한 영양단계에서 사용 가능한 에너지의 90%는 다음 단계로 전달되지 않는다. 그리고 이렇게 소실되는 양은 먹이사슬의 길이에 비례한다. 예를 들어, 에너지의 10%가 1차 생산자에게서 애벌레 같은 1차 소비자에게로 전달되고, 이 에너지의 10%만이 육식동물 같은 2차 소비자에게 전달된다면 순 1차 생산량의 단지 1%만이 2차 소비자에게 이용되는 것이다(10% 중의 10%). **과학적 분석 기술의 연습**에서 염습지 생태계에서 영양 효율과 기타 에너지 흐름의 수치를 계산해 보자.

먹이사슬을 따라서 진행되는 에너지의 점진적인 소실은 생태계를 지지하는 가장 높은 단계의 육식동물의 풍부도를 심각하게 제한한다. 광합성에 의해서 고정된 0.1%의 화학에너지만이 뱀이나 상어 같은 3차 소비자에게 먹이 그물을 통해서 전달될 수 있다. 이것은 왜 대부분의 먹이사슬이 오직 4개에서 5개의 영양단계만을 포함하고 있는지에 대한 이유이다(그림 54.14).

먹이사슬에서 각 단계를 지날 때마다 소실되는 에너지는 영양단계가 막대의 형태로 쌓여지는 순 **생산량 피라미드(pyramind of net production)**로 잘 나타낼 수 있다(**그림 55.11**). 각 막대의 너비는 각 영양단계의 에너지로 표현되는 순 생산량에 비례한다. 가장 상위단계의 포식자를 대표하는 최고 단계는 상대적으로 적은 수의 개체를 포함한다. 최상위 포식자의 개체군은 전형적으로 매우 작고, 개체들은 서식지에 널리 퍼져 분포하기 때문에 많은 포식자들이 절멸에 민감해진다(이는 또한 23장의 내용처럼 작은 개체군 크기를 가진 개체군의 진화적 결과이다).

낮은 영양 효율이 가지는 하나의 중요한 생태적 결과를 생물

▲ **그림 55.11** **이상적인 순 생산량 피라미드.** 이 그림은 먹이사슬의 각 연결고리에서 10%의 영양 효율이 나타난다는 것에 근거한 것이다. 1차 생산자는 빛에너지의 단지 1%만을 순 1차 생산에 이용한다는 것을 주목하라.

과학적 분석 기술의 연습

표로 제시된 정량적 데이터 해석하기

염습지 생태계에서 에너지 전달은 얼마나 효율적인가? 고전적인 실험으로 존틸(John Teal)은 한 염습지에서 생산자, 소비자, 분해자를 통한 에너지 흐름을 연구하였다. 이 연습에서 당신은 이 생태계서의 영양단계 사이의 에너지 전달 측정치를 계산하기 위하여 이 연구의 데이터를 사용하게 될 것이다.

실험 방법 틸은 1년 동안 조지아로 유입되는 태양광선량을 측정하였다. 그는 또한 우점하는 초본 1차 생산자의 지상부 생물량, 곤충, 거미, 게와 같은 우점하는 소비자의 생물량, 그리고 습지에서 주변 해안으로 흘러나가는 잔재물의 양을 측정하였다. 생물량의 단위당 에너지의 양을 결정하기 위하여 생물량을 말린 후 열량계에서 태우면서 발생한 열의 양을 측정하였다.

실험 데이터

에너지 형태	kcal/(m² · 년)
태양광선	600,000
총 초본 생산량	34,580
순 초본 생산량	6,585
총 곤충 생산량	305
순 곤충 생산량	81
습지를 떠나는 잔재물	3,671

데이터 해석

1. 습지에 도달하는 태양 에너지 중 총 1차 생산에 유입된 에너지의 비율은 얼마인가? 순 1차 생산으로 유입된 에너지는? (비율은 100으로 나눈 퍼센트와 같다. 두 측정값들은 여러 생태계에서 상대적인 효율을 비교할 때 유용하다.)
2. 이 생태계에서 1차 생산자가 호흡으로 얼마나 많은 에너지를 사용하였는가? 곤충 집단에서 호흡으로 사용한 것은 얼마나 되는가?
3. 만일 습지를 떠나는 모든 잔재물이 식물성이라면 총 순 1차 생산량의 어느 정도가 매년 잔재물로 습지를 떠나는가?

참고문헌 J.M. Teal. Energy flow in the salt marsh ecosystem of Georgia. *Ecology* 43:614–624 (1962).

량 피라미드(biomass pyramid)로 나타낼 수 있다. 여기에서 각 단계는 모든 생물의 총건조량으로 나타내는 현존량을 의미한다. 대부분의 생물량 피라미드는 바닥의 1차 생산자로부터 정점에 있는 꼭대기의 육식동물에 이르기까지 급격히 감소한다. 이는 영양단계의 에너지 전이가 극히 비효율적이기 때문이다**(그림 55.12a)**. 그러나 어떤 수생생태계는 역으로 된 생물량 피라미드로 나타난다. 즉, 1차 소비자의 양이 1차 생산자의 양보다 많다**(그림 55.12b)**. 그런 역전형 생체량 피라미드는, 식물성 플랑크톤인 생산자들이 생장하고 생식하며, 동물성 플랑크톤에 의해 너무나 빠르게 소비되어 그들이 커다란 개체군 크기, 즉 큰 값의 현존량으로 발달할 수 없기 때문에 생기게 된다. 달리 말하면, 식물플랑크톤이 짧은 **체류시간(turnover time)**을 가지며, 이는 그들의 생산량과 비교하였을 때 적은 현존생체량을 가진다는 것을 의미한다.

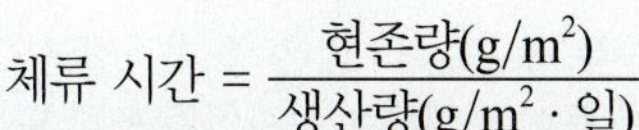

$$\text{체류 시간} = \frac{\text{현존량}(g/m^2)}{\text{생산량}(g/m^2 \cdot \text{일})}$$

식물플랑크톤은 매우 빠른 속도로 그들의 생체량을 계속하여 대체하기 때문에 그들의 생체량보다 많은 동물성 플랑크톤을 부양할 수 있는 것이다. 그럼에도 불구하고 식물플랑크톤은 동물플랑크톤보다 훨씬 많은 양을 생산하기 때문에 생산량 피라미드는

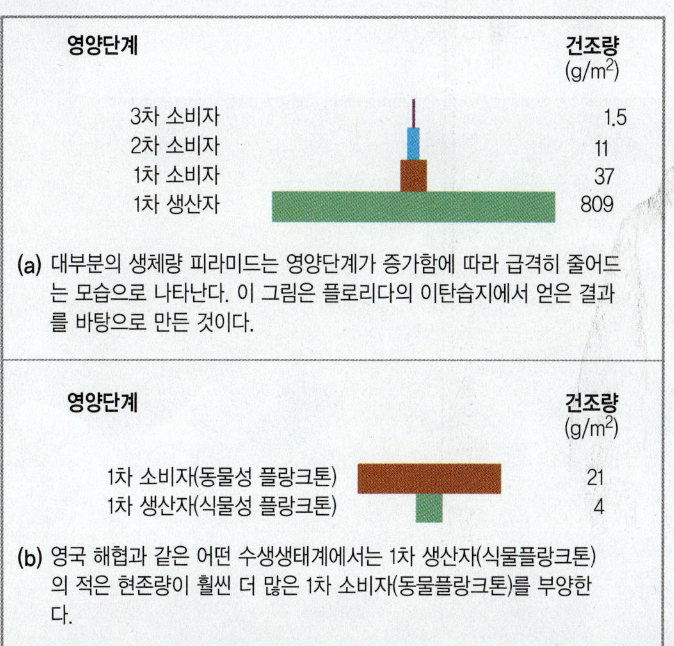

(a) 대부분의 생체량 피라미드는 영양단계가 증가함에 따라 급격히 줄어드는 모습으로 나타난다. 이 그림은 플로리다의 이탄습지에서 얻은 결과를 바탕으로 만든 것이다.

(b) 영국 해협과 같은 어떤 수생생태계에서는 1차 생산자(식물플랑크톤)의 적은 현존량이 훨씬 더 많은 1차 소비자(동물플랑크톤)를 부양한다.

▲ **그림 55.12 생체량(현존량) 피라미드.** 숫자는 한 영양단계에 있는 모든 생물체의 건조량을 나타낸다.

▼ 그림 55.13

MAKE CONNECTIONS

작용하는 생태계

이 북극 툰드라 생태계는 매년 여름 두 달의 짧은 생장 계절에 많은 생물들로 붐빈다. 생태계에서 생물들은 여기에서 보여주는 것을 포함하는 다양한 방식으로 서로 상호작용하고 그들의 주변 환경과 상호작용한다.

개체군들은 역동적이다(53장)

1. 개체군들은 출생과 사망을 통해 그리고 이입과 이출을 통해 크기가 변한다. 북미산 순록은 매년 새끼를 낳아 기를 장소에서 출산하기 위해 툰드라를 이동한다. 그림 53.3을 참조.

2. 흰기러기와 많은 다른 종들은 여름철 풍부한 먹이가 있는 북극으로 봄마다 날아온다. 개념 52.1을 참조.

3. 출생률과 사망률은 모든 개체군의 밀도에 영향을 준다. 툰드라에서의 사망은 포식, 자원을 위한 경쟁, 그리고 겨울철 먹이의 부족 등과 같은 많은 원인에 의해 발생한다. 그림 53.18을 참조.

종들은 다양한 방식으로 상호작용한다(54장)

4. 포식에서 한 종의 개체는 다른 종의 개체를 죽여 먹는다. 개념 54.1을 참조.

5. 초식에서 한 종의 개체는 식물 한 개체의 일부분 또는 다른 1차 생산자의 일부를 먹는다. 북미산 순록은 지의류를 먹는다. 개념 54.1을 참조.

6. 공생관계에서, 두 종 또는 더 많은 종이 직접적으로 접촉하며 살아간다. 예를 들어 지의류는 곰팡이와 조류 또는 남세균들 사이의 공생체이다. 개념 54.1과 그림 31.22, 31.23을 참조.

7. 경쟁에서 개체들은 같은 제한 자원을 얻고자 한다. 예를 들어 흰기러기와 북미산 순록 모두 황새풀을 먹는다. 개념 54.1을 참조.

생물은 생태계에서 에너지와 물질을 전환한다(55장)
8 1차 생산자는 광합성을 통해 햇빛에 있는 에너지를 화학에너지로 전환한다. 그들의 성장은 종종 낮은 온도, 매우 적은 토양 양분, 겨울철 빛의 부족과 같은 비생물요소에 의해 종종 제한된다.
그림 11.6, 51.11, 55.4를 참조.
9 툰드라에서의 먹이사슬 길이는 1차 생산력이 다른 대부분의 생태계에서보다 낮기 때문에 전형적으로 짧다.
그림 54.14를 참조.
10 한 생물이 다른 생물을 먹을 때 한 영양단계에서 다음 단계로 에너지의 전환은 보통 10% 이하이다.
그림 55.11을 참조.
11 잔재물섭식자는 화학원소를 1차 생산자에게 되돌려 준다.
그림 55.3과 55.4를 참조.
12 탄소와 질소 같은 화학원소는 물리적 환경과 생물 사이를 순환한다. 그림 55.14를 참조.
질소 순환
N_2
탈질화
생명체
질소고정
12
탄소 순환
CO_2
세포호흡
광합성
2차 소비자
(늑대)
9
10
1차 소비자
(북미산 순록)
화학원소
1차 생산자
(식물과 지의류)
8
7 경쟁
6 공생관계
조류세포
곰팡이의
균사
지의류
잔재물섭식자
(토양곰팡이와 원핵생물)
11
MAKE CONNECTIONS 지의류는 툰드라에서 중요한 1차 생산자로 겨울철 북미산 순록 먹이의 절반 이상을 차지한다. 지의류가 세계의 다른 대부분의 생태계에서보다 툰드라에 풍부한 이유는 무엇이라고 생각하는가? (개념 31.5를 참조.)

그림 55.11에 보는 것과 같이 바닥이 더 넓게 나타난다.

그림 55.13은 북극의 툰드라 생태계에서 에너지 전환, 양분 순환, 그리고 다른 중요한 과정을 보여준다. 이 그림과 그림 11.23(작업 중인 세포) 사이의 개념적인 유사성을 주목하라. 두 그림의 단위는 다르다. 그러나 삶을 지배하는 물리 법칙과 생물 규칙은 두 시스템에 동일하게 적용된다.

다음 절에서는 어떻게 양분의 이동이 이루어지고, 어떻게 먹이그물을 통한 에너지가 생태계 화학적 순환의 큰 틀의 일부가 되는지를 알아볼 것이다.

개념 확인 문제 55.3

1. 만약 100 J의 에너지를 가진 씨앗을 먹는 곤충이 호흡으로 30J을 사용하고 50J을 분변으로 버린다면 곤충의 순 2차 생산량은 얼마인가? 생산효율은 얼마인가?
2. 담배의 잎은 니코틴을 포함하는데 이는 독성화합물로써, 식물이 이를 만들기 위해선 에너지 측면에서 과소비를 하게 된다. 식물이 니코틴을 만드는 데 이러한 자원을 이용하는 것은 어떤 이점이 있는가?
3. WHAT IF? 잔재물섭식자는 잔재물로부터 에너지를 얻는 소비자이다. 그림 55.11에서 보여주는 생태계에서 잔재물섭식자에게 잠재적으로 이용될 수 있는 에너지는 몇 J인가?

정답은 부록 A 참조

개념 55.4

생물지구화학적 반응을 통해 생태계 내에서 양분과 물이 순환한다

대부분의 생태계가 풍부한 태양에너지를 받고 있을지라도, 화학원소는 매우 제한적인 양만 이용할 수 있다. 그러므로 생물은 필수화학원소의 순환에 의존한다. 양분들이 동화되고 노폐물들이 발생하면서 생물에 축적된 화학물질은 많은 부분이 지속적으로 대체된다. 생물이 죽은 후 몸을 구성하던 원자들은 분해자에 의해 대기, 물, 그리고 흙으로 되돌아간다. 분해로 인해, 식물과 다른 독립영양생물이 새로운 유기물질을 만드는 데 사용하는 무기양분의 저장고가 다시 채워진다. 양분 순환은 생물적 요소와 비생물적 요소를 모두 포함하기 때문에 이를 **생물지구화학적 순환(biogeochemical cycle)**이라 한다.

생물지구화학적 순환

생물지구화학적 순환을 통한 한 원소의 특정한 경로는 생태계의 영양구조와 원소에 따라 다르다. 편의상 생물지구화학적 순환은 일반적인 두 가지 범주로 나눌 수 있다: 지구 전체적 순환과 지

▼ 그림 55.14

탐구 물과 양분 순환

각각의 순환계에서, 물, 탄소, 질소, 그리고 인의 주요 저장고를 자세히 살펴보고, 각각의 순환을 이끄는 과정에 대해 생각해 보라. 그림에서 화살표의 폭은 각각의 생물권에서 물과 양분의 이동 과정에 대한 상대적인 기여도를 대략적으로 반영한 것이다.

물 순환

생물학적 중요성 물은 모든 생물체에 필수적인 요소이고, 이용 가능한 물의 양은 생태계에서 일어나는 여러 과정 특히 육상생태계에서 1차 생산율과 분해율에 영향을 준다.

생물이 이용 가능한 형태 모든 생물은 그들의 환경과 직접적으로 물을 교환한다. 일부 생물들이 수증기를 포집할 수 있기는 하지만, 물이 사용되는 물리적인 상태는 액체일 때가 일반적이다. 토양 속의 물이 얼음이 되는 것은 육상생태계에서 물을 이용할 수 없게 만드는 요인이 된다.

저장고 생물권에서 물의 97%는 대양에 존재한다. 약 2%의 물이 빙산으로 존재하며 나머지 1%만이 호수, 강, 지하수로 존재한다. 대기 중에도 물이 존재하나 무시할 만하다.

중요 과정 물 순환을 이끄는 중요한 과정은 태양에너지에 의한 액체상의 물의 증발, 수증기가 구름으로 되는 응축, 그리고 강수이다. 육상식물에 의한 증산 또한 많은 양의 물을 이동시킨다. 표면수와 지하수의 흐름은 물이 대양으로 되돌아가게 하며, 이로써 물 순환은 완성된다.

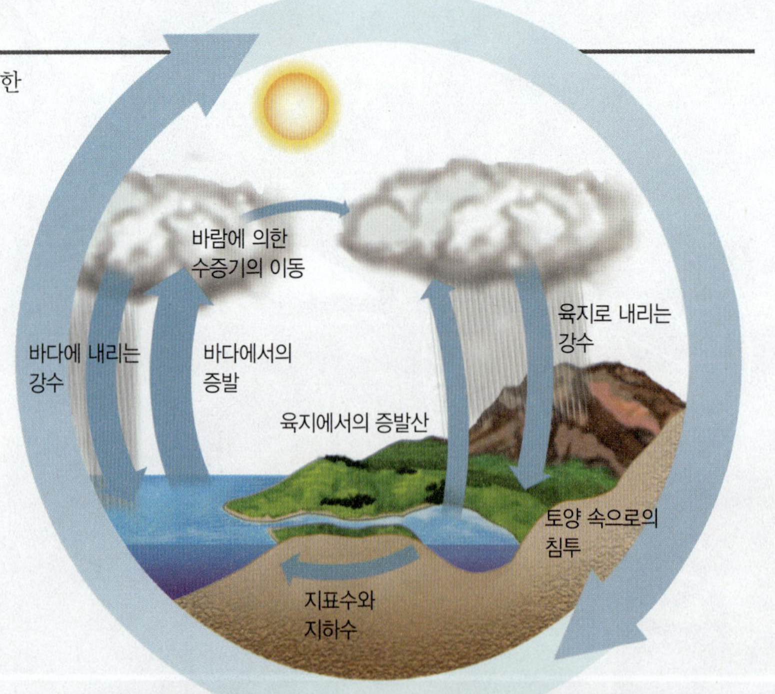

탄소 순환

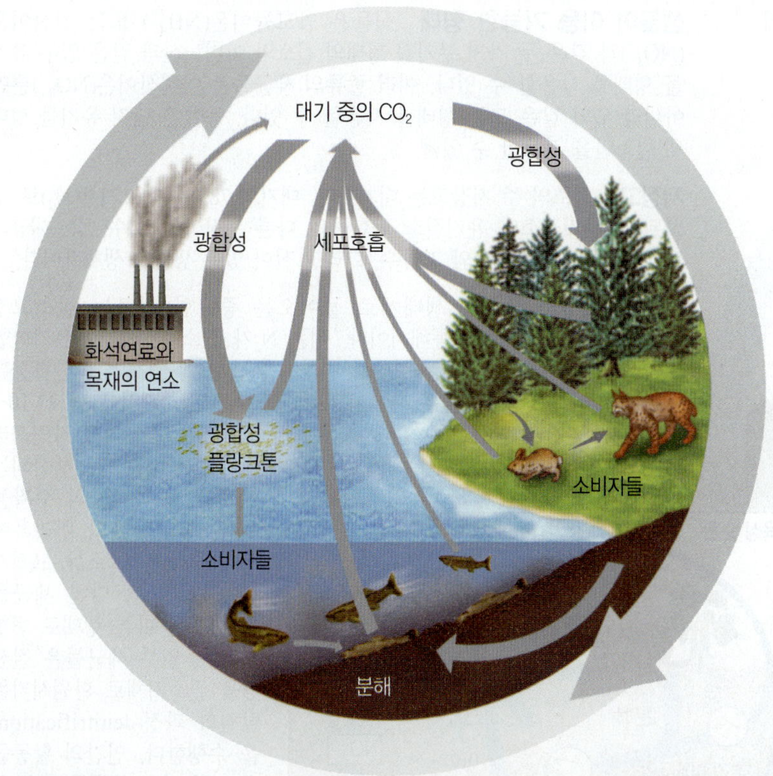

생물학적 중요성 탄소는 모든 생물에 필수적인 유기물의 골격을 형성한다.

생물이 이용 가능한 형태 광합성 생물들은 광합성 동안 CO_2를 이용하여 동물, 곰팡이, 종속영양성 원핵생물과 원생생물을 포함한 모든 소비자에게 사용될 유기물을 합성한다. 모든 생물은 호흡을 통해 이산화탄소의 형태로 탄소를 직접 환경으로 돌려보낼 수 있다.

저장고 탄소의 주 저장고는 화석연료, 토양, 수생태계의 퇴적물, 대양(녹아 있는 탄소화합물), 동·식물의 몸, 그리고 대기(CO_2)이다. 가장 큰 저장고는 석회석과 같은 퇴적암이다. 그러나 이 저장고에서의 순환은 매우 느리다.

중요 과정 식물과 식물플랑크톤에 의한 광합성은 매년 대기 중에 존재하는 CO_2를 상당량 제거한다. 이 양은 생산자와 소비자의 세포호흡을 통해 대기 중으로 방출되는 CO_2의 양과 거의 동일하다. 화석 연료와 나무의 연소는 대기에 상당한 양의 CO_2를 더하여 준다. 지질학적인 시간 개념으로 볼 때 화산 또한 CO_2의 큰 공급원이다.

인 순환

생물학적 중요성 생물은 핵산, 인지질, ATP, 그리고 다른 에너지 저장물질의 중요성분으로, 그리고 뼈와 이의 무기 구성인자로 인을 필요로 한다.

생물이 이용 가능한 형태 생물학적으로 가장 중요한 인의 형태는 인산(PO_4^{3-})이다. 식물은 인산을 흡수하여 유기물의 합성에 사용한다.

저장고 인이 가장 많이 축적된 것은 바다에서 기원한 퇴적암이다. 또한 토양, 대양(녹아 있는 형태), 생물의 몸속에 다량의 인이 존재한다. 토양입자는 인산과 결합하기 때문에 인의 순환은 생태계에서 매우 국한되는 경향이 있다.

중요 과정 바위의 풍화는 인산을 점진적으로 토양에 공급한다. 일부는 지하수로, 일부는 지표수로 씻겨 나가 결국은 바다로 향하게 된다. 생산자에 의해 흡수되어 생물분자로 들어간 인산은 소비자에 의해 섭취된다. 인산은 소비자에 의한 배설이나 생물의 분해를 통해 토양이나 물로 되돌아온다. 인산을 함유한 기체는 극히 적기 때문에 상대적으로 적은 양의 인만이 먼지나 파도 비말의 형태로 대기 중을 이동한다.

탐구 물과 양분 순환

질소 순환

생물학적 중요성 질소는 아미노산, 단백질, 핵산을 구성하며 종종 식물의 제한 요인이다.

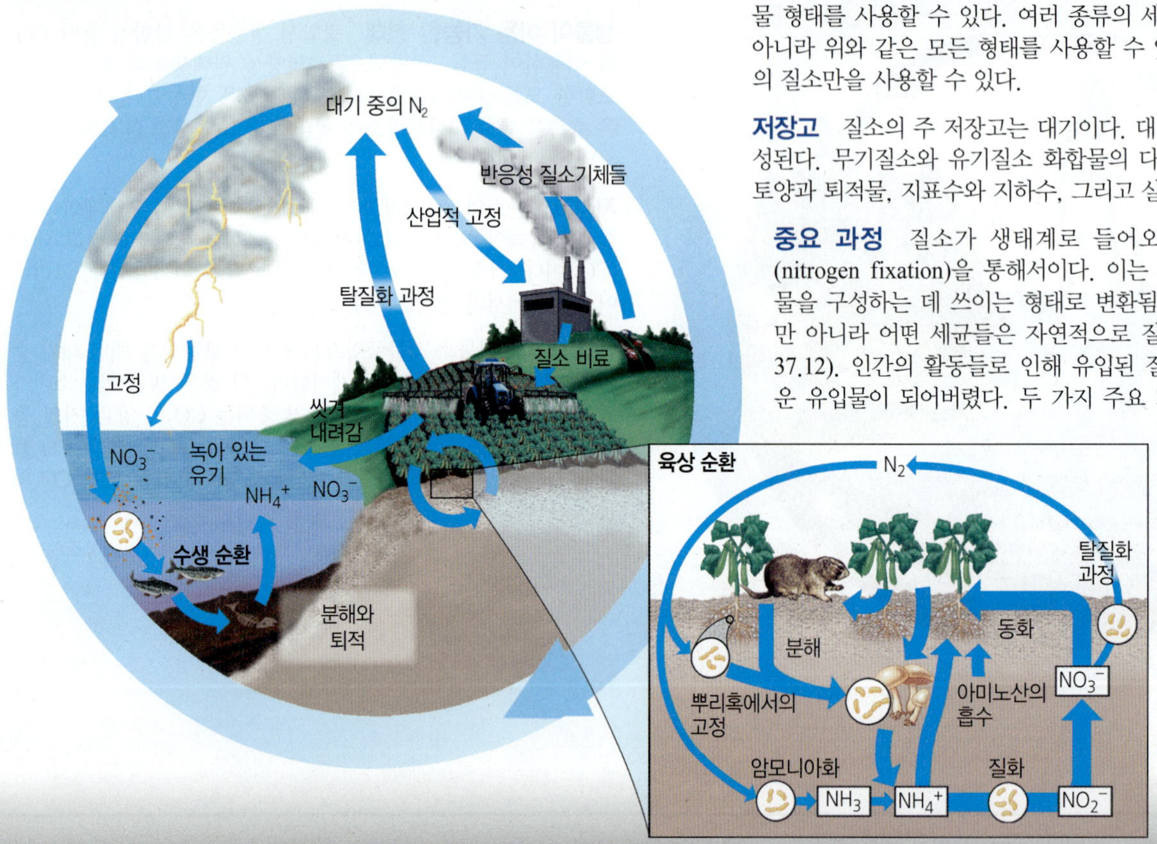

생물이 이용 가능한 형태 식물은 암모늄이온(NH_4^+) 또는 질산이온(NO_3^-)과 같은 두 가지 무기질 형태의 질소와 아미노산과 같은 일부 유기물 형태를 사용할 수 있다. 여러 종류의 세균들은 아질산이온(NO_2^-)뿐만 아니라 위와 같은 모든 형태를 사용할 수 있다. 동물은 단지 유기물 형태의 질소만을 사용할 수 있다.

저장고 질소의 주 저장고는 대기이다. 대기의 78%가 질소기체(N_2)로 구성된다. 무기질소와 유기질소 화합물의 다른 저장고는 호수, 강, 대양의 토양과 퇴적물, 지표수와 지하수, 그리고 살아 있는 생물의 생체량이다.

중요 과정 질소가 생태계로 들어오는 중요한 경로는 질소고정(nitrogen fixation)을 통해서이다. 이는 N_2가 질소를 포함한 유기화합물을 구성하는 데 쓰이는 형태로 변환됨을 말한다. 번개와 화산활동뿐만 아니라 어떤 세균들은 자연적으로 질소를 고정시킨다(그림 37.10~37.12). 인간의 활동들로 인해 유입된 질소는 이제 육상에서 자연스러운 유입물이 되어버렸다. 두 가지 주요 기여자는 산업적으로 생산되는 비료와, 콩과식물의 수확물이다. 콩과식물의 뿌리혹에서 세균들은 질소를 고정시킨다. 토양 속 다른 세균들은 질소를 다른 형태로 변형시킨다. 일부 세균들은 질산염을 질소기체로 환원시키는 탈질화 과정(denitrification)을 수행한다. 인간의 활동들은 또한 질소 산화물 같은 반응성 질소기체들을 대량으로 대기 중으로 방출한다.

역적 순환. 탄소, 산소, 황, 질소는 기체형태로 대기 중에 존재하고 이러한 원소들의 순환은 지구에 필수적이다. 예를 들어, 대기로부터 CO_2의 형태로 식물이 흡수한 탄소와 산소의 일부는 멀리 떨어진 지역의 생물에서 호흡에 의해 대기 중으로 방출되었던 것일 수 있다. 인, 칼륨, 칼슘과 같은 다른 원소들은 비록 이들이 먼지로 이동되더라도 너무 무거워서 지구의 표면에서 기체의 형태로 나타날 수 없다. 육상생태계에서 이러한 원소 순환은 더 지역적으로 일어나고, 식물의 뿌리에 의해서 토양으로부터 흡수되며, 궁극적으로 분해자에 의해서 토양으로 다시 돌아오게 된다. 하지만 수생태계에서는 이러한 요소들이 해류에 의해 용해된 형태가 되어 더 널리 순환한다.

그림 55.14는 물, 탄소, 질소, 그리고 인 순환을 자세히 보여준다. 각각의 순환을 연구할 때 어떤 단계가 주로 생물학적 과정에 의해 일어나는지 고려하자. 예를 들어 탄소 순환의 경우 식물, 동물, 그리고 여러 생물들이 광합성과 분해를 포함하여 대부분의 주요 단계들을 조절한다. 그러나 물 순환의 경우 대양으로부터의 증발과 같은 순전히 물리적인 과정이 여러 주요 단계들을 조절한다.

어떻게 생태학자들은 다양한 생태계의 화학적 순환에 대해 자세하게 연구할 수 있을까? 동위원소를 이용하는 일반적인 방법 두 가지가 있다. 한 가지 방법은 생태계의 생물적(유기적)이거나 무생물적(무기적) 성분들을 통한 비방사성 동위원소들(자연적으로 생기는)의 이동을 추적하는 것이다. 다른 방법은 특정한 원소의 방사성 동위원소를 소량 첨가해서 그들의 과정을 추적한다. 과학자들은 또한 1950년대와 1960년대 초반의 핵폭탄 실험 동안 대기 중으로 방출된 방사성 탄소(^{14}C)를 사용할 수 있었다. 과학자들은 이러한 방사성 탄소(^{14}C)의 스파이크를 이용하여 어디서, 그리고 얼마나 빠르게 탄소가 식물, 토양, 그리고 해수를 포함한 생태계 구성요소로 흘러가는지를 추적한다.

분해와 양분 순환율

그림 55.14의 도표는 분해자(잔재물섭식자)가 탄소, 질소, 인의 순환에 필수적인 역할을 하고 있다는 것을 보여준다. 여러 생태

계에서 양분 순환율은 매우 다르게 나타나는데 이는 대부분 분해율에서의 차이에 기인한다.

분해는 수생태계와 육상생태계에서 1차 생산을 제한하는 것과 같은 요인들에 의해서 통제된다(개념 55.2). 이러한 요인들에은 온도와 수분, 가용 양분이 포함된다. 분해자들은 따뜻한 생태계에서 더 빨리 자라고 물질을 더 빠르게 분해한다(그림 55.15). 열대우림에서 대부분의 유기물은 수개월에서 수 년 사이에 분해된다. 반면 온대림에서 분해는 보통 4~6년 걸린다. 차이는 주로 열대림의 따뜻한 기온과 풍부한 강수량에 의해 유발된다.

열대우림에서는 분해가 일어나는 속도가 빠르기 때문에 임상에 상대적으로 적은 양의 유기물이 낙엽으로 축적된다. 생태계의 양분 중 약 75%는 나무의 목재에 존재하고, 약 10%는 토양에 존재한다. 그러므로 열대우림 토양에 매우 낮은 농도로 존재하는 일부의 양분은 생태계에 양분이 적어서가 아니라 빠른 순환주기 때문이다. 분해가 훨씬 느린 온대림에서 생태계에 존재하는 유기물의 약 50%가 토양에 존재한다. 온대림의 토양과 잔재물에 들어 있는 양분은 식물에 의해 흡수되기까지 꽤 오랜 기간을 그곳에 머무른다.

또한 땅에서의 분해는 환경이 분해자들이 번식하기에 너무 건조하거나 충분한 산소를 얻을 수 없을 정도로 너무 축축하면 느려진다. 이탄습지와 같이 춥고 습기가 많은 생태계는 많은 유기물을 저장하고 있다(그림 29.9). 분해자들은 그곳에서 거의 자라지 못하고 순 1차 생산은 분해를 훨씬 능가한다.

수생태계의 혐기성 토양에서는 분해되는데 50년 이상이 걸린다. 바닥의 퇴적물은 육상생태계의 잔재물층에 비유된다. 그러나 조류와 수생식물은 보통 양분을 물에서 직접 흡수한다. 그러므로 퇴적물은 종종 양분의 저장소가 되고, 수생태계는 바닥의 물과 표면의 물이 섞일 때(이와 같은 지역을 용승지역이라 한다)에 매우 생산적이 된다.

사례연구: 허바드 부룩 실험림에서의 양분 순환

1963년부터, 생태학자 리켄스(Gene Likens)와 동료들은 뉴햄프셔의 화이트 산맥에 있는 허바드 부룩(Hubbard Brook) 실험림에서 양분 순환 연구를 수행하고 있다. 그들의 연구지역에는 낙엽림이 있는 여섯 개의 작은 계곡이 있고 각각은 하나의 여울에 의해 배수된다. 불투수성 암반이 숲의 토양 아래에 놓여 있다.

연구팀은 몇몇 주요 양분의 유입과 유출을 측정함으로써 여섯 개의 계곡 각각에 대한 무기물 수지를 처음 결정하였다. 그들은 여러 곳에서 생태계로 유입되는 강수와 물에 녹은 무기물의 양을 측정하였다. 물과 무기물의 유출을 모니터하기 위하여 그들은 각각의 계곡 바닥에 개울을 가로지르는 V자형의 배수구를 가진 작은 콘크리트댐을 건설하였다. 그들은 비나 눈으로 생태계에 유입된 물의 60%가 개울을 통하여 유출되었고 나머지 40%는 식물에 의한 증산과 다른 생물체와 토양에서의 증발을 통해 유출

▼ 그림 55.15 탐구

이용 가능한 양의 양이 생태계의 낙엽 분해에 어떤 영향을 미칠까?

실험 중국 남부의 대학에 있는 과학자들은 4종류의 활엽수로부터 낙엽을 채집하여 그늘에서 건조시킨 후 나일론 낙엽주머니에 넣었다. 낙엽주머니를 소나무만 심은 소나무 식재림 또는 다른 고유종과 함께 심은 혼합 식재림의 토양 표면에 묻었다. 낙엽의 무게를 360일 동안 측정하였다.

결과 4종 모두에 대해 시간에 따른 무게 감소의 퍼센트로 측정된 분해율은 소나무 식재림에서보다 혼합 식재림에서 더 높았다.

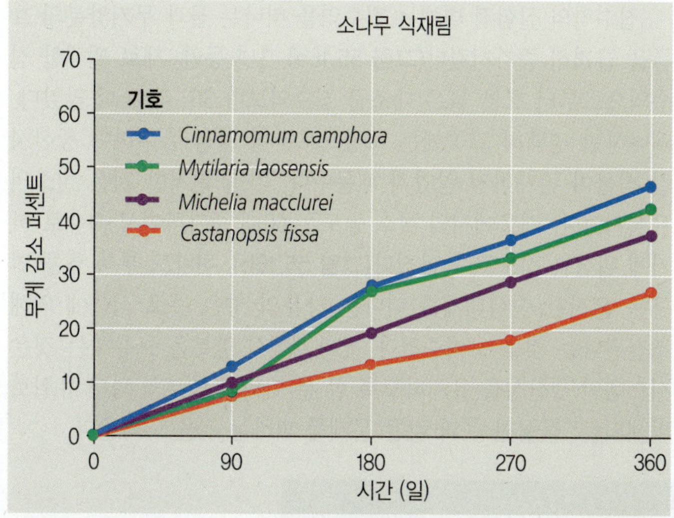

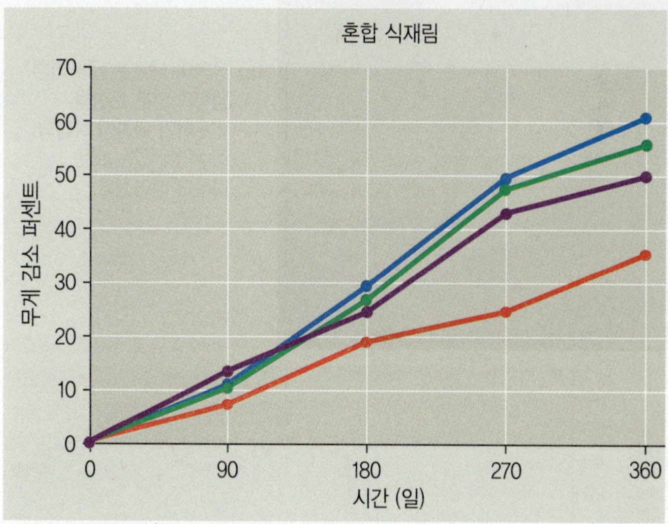

결론 낙엽 분해율은 이용 가능한 양분에 의해 영향을 받았으며, 혼합림에서 더 높았다. 이것은 더 풍부한 낙엽과 더 복잡한 생태 구조가 토양 미생물과 토양 동물에게 더 좋은 조건을 제공한다는 것을 의미한다.

참고문헌 Zhang et al., Decomposition of leaf litter of four native broad-leaved tree species in south China, *Fron. For. China* 4:450–457 (2009).

WHAT IF? 이용 가능한 양분 이외의 어떤 요소가 두 식재림 사이에서 다를까? 이러한 차이가 결과에 어떤 영향을 줄 수 있을까?

되었음을 발견하였다.

연구 결과는 한 시스템의 내부 순환이 무기양분의 대부분을 보존한다는 것을 검증하였다. 예를 들어, 칼슘(Ca^{2+})은 빗물과 함께 유입된 양보다 약 0.3% 정도 많은 양이 계곡을 빠져나갔다. 그리고 이와 같은 작은 손실은 기반암의 화학적 분해를 통해 보충되었다. 대부분의 연구기간 동안 질소를 포함한 몇몇 무기 양분은 숲으로의 유입이 유출보다 많았다.

집수역의 실험적 벌채는 집수역을 떠나는 물과 무기양분의 흐름을 급격히 증가시켰다**(그림 55.16a)**. 3년 동안, 새로 벌채한 집수역으로부터 흐른 물은 대조군 집수역보다 30~40% 더 많았다. 왜냐하면 명백히 그곳에는 토양으로부터 물을 흡수하여 증산시킬 식물이 존재하지 않았기 때문이다. 가장 현저한 것은 질소의 유실이었다. 개울에서의 질소 농도는 60배 증가하여서 식수로 하기에 위험할 정도로 높아졌다**(그림 55.16b)**. 허바드 부룩 벌채 연구는 온전한 숲생태계를 떠나는 양분의 양은 주로 식물에 의해 조절된다는 것을 보여주었다. 생태계에서 양분을 보유하는 것은 시스템의 생산성을 유지하도록 할 뿐 아니라 양분의 과다 유실로 발생되는 "물꽃현상"과 같은 문제를 피하는 것을 도와준다.

(a) 유역의 식생 손실에 따른 영향과 양분 순환을 연구하기 위하여 하나의 집수역에 있는 모든 나무가 베어졌다.

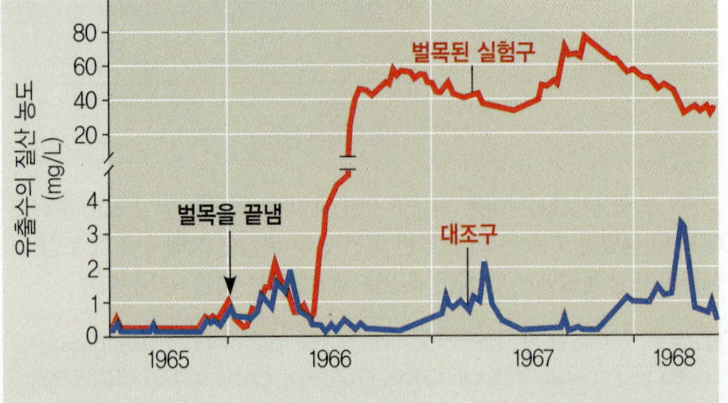

(b) 나무가 잘린 집수역의 유출수에 존재하는 질산 농도는 나무가 베어지지 않은 대조구 집수역의 것보다 60배나 높다.

▲ **그림 55.16 허바드 부룩 실험림에서의 양분 순환: 장기생태연구의 예**

개념 확인 문제 55.4

1. DRAW IT 그림 55.14에 자세히 설명된 네 가지 원소의 생물지구화학적 순환 각각에 대해 비생물적 저장고로부터 생물적 저장고로 이동되는 경로를 간단히 그려라.
2. 집수원의 나무를 모두 베어 버리면 그 집수원에서 흘러내려온 개울물에 존재하는 질산의 농도가 증가하는가?
3. WHAT IF? 열대 우림의 양분 이용률은 왜 벌목에 많은 영향을 받을까?

정답은 부록 A 참조

개념 55.5

복원생태학자는 파괴된 생태계를 더 자연스런 상태로 되돌리려 노력한다

생태계는 대부분의 교란들(허바드 부룩에서의 실험적 벌채를 포함)로부터 우리가 54장에서 다룬 생태학적 천이의 단계를 통해 자연스럽게 회복될 수 있다. 하지만 때때로 회복은 수 세기가 걸릴 수도 있는데 특히 인간이 환경을 파괴하였을 시엔 더욱 그러하다. 농업을 위해 벌목된 열대 지역은 양분의 손실로 인해 빠르게 비생산적으로 변한다. 광업 활동은 수십 년간 지속될지도 모르고 토지는 종종 파괴된 상태로 버려지기도 한다. 생태계는 또한 관개에 의해 토양에 쌓인 염분에 의해서, 그리고 기름 또는 독성 화학물질의 유출에 의해 파괴되기도 한다. 생물학자들은 점점 생태계의 손상을 복구하고 수리하는 것에 도움을 달라는 요청을 받는다.

복원생태학자는 파괴된 생태계의 회복을 빠르게 하거나 회복이 개시될 수 있도록 하는 방법을 찾는다. 복원생태학의 근본적인 가정 중의 하나는 대부분의 환경 파괴는 적어도 부분적으로는 회복될 수 있다는 것이다. 이와 같은 낙천적인 생각은, 군집이 항상 원래의 상태로 되돌아올 수 있는 것은 아니라는 두 번째 가정과 균형을 이루어야 한다. 복원생태학자들은 군집이 교란에 의한 영향으로부터 되돌아오는 데 걸리는 시간을 줄이기 위하여 회복 속도에 가장 큰 영향을 주는 과정을 찾아내고 이를 조절하고자 한다. 교란이 너무 심각해서 모든 서식지를 회복하는 것이 불가능한 곳에서, 생태학자들은 시간과 돈이 허락하는 한계 안에서 가능한 생태학적인 과정이나 서식지를 회복하려고 노력한다.

극단적인 경우, 생물학적인 복원이 일어나기 전에 생태계의 물리적 복구가 필요할 수도 있다. 하천을 직강화하여 교외로 빠르게 물이 흐른다면, 복원생태학자들은 하천 제방을 파괴하고 물의 흐름을 늦추도록 하기 위해서 수로를 구불구불하게 재구성할 것이다. 노천 광산을 복원하기 위해 공학자들은 우선 경사가 완만해지도록 중장비를 이용해 그 장소를 고를 것이고 표토를 뿌려 경사가 적절해지도록 할 것이다**(그림 55.17)**.

일단 생태계의 물리적 재건설이 완성되면, 혹은 그런 물리적 건설이 필요하지 않은 경우에, 생물학적인 복원은 그 다음 단계

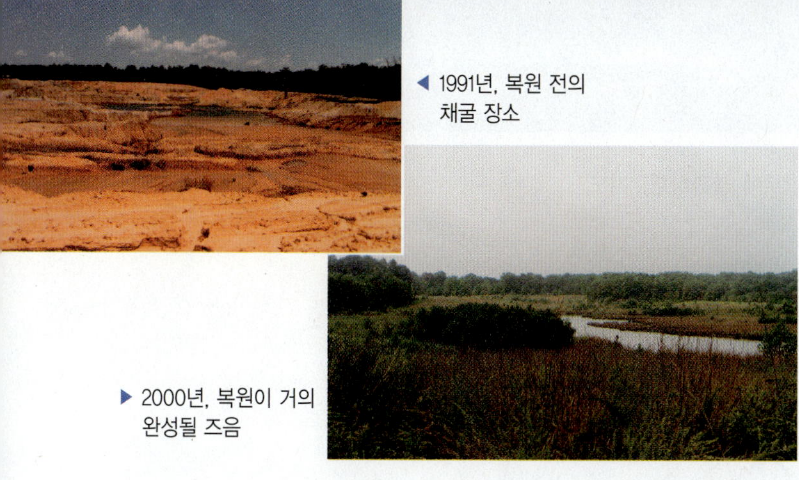

▲ **그림 55.17 복원 전후의 뉴저지의 자갈과 진흙 채굴 장소**

가 된다. 생물학적 복원에서 중요한 두 가지 전략은 생물정화와 생물학적 촉진이다.

생물정화

생물정화(bioremediation, 생물복원)는 오염된 생태계를 정화하기 위하여 보통 원핵생물, 곰팡이, 또는 식물과 같은 살아 있는 생물을 사용한다(27장). 중금속으로 오염된 토양에 적응한 몇몇 식물과 이끼는 아연, 니켈, 납, 카드뮴과 같은 잠재적 독성물질을 높은 농도로 축적하는 능력이 있다. 복원생태학자들은 이러한 종들을 광산업과 다른 인간의 활동에 의해 오염된 장소에 도입할 수 있고, 이러한 생물을 생태계로부터 금속을 제거하기 위해서 수확할 수도 있다. 예를 들어, 영국의 연구자들은 광업 후에 남은 우라늄 먼지로 오염된 토양에서 자라는 지의류를 발견했다. 지의류는 암색소로 우라늄을 농축시키며, 이는 이 지의류를 생물학적 모니터로서 그리고 잠재적으로는 정화자로 사용 가능하게 만들었다.

생태학자들은 이미 토양과 수질의 정화를 수행하는 많은 원핵생물들의 능력을 사용하고 있다. 과학자들은 잠재적으로 정화를 할 수 있는 적어도 10종의 원핵생물의 유전체를 서열화했다. *Shewanella oneidensis*라는 한 세균종은 특히 유망한 것으로 보인다. 그것은 에너지를 만들기 위해서 호기성과 혐기성 조건에서 12개 또는 그 이상의 원소를 물질대사 시킨다. 그렇게 함으로써, 그것은 물에 녹는 형태의 우라늄, 크롬, 질소를 물에 녹지 않는 형태로 전환하여 개울이나 지하수에서 걸러지게 한다. 테네시의 오크리지 국립 연구소의 연구원들은 우라늄으로 오염된 지하수에 에탄올을 첨가함으로써 *Shewenella*와 다른 우라늄을 줄이는 세균들의 생장을 실험했다. 이 세균들은 에너지 원천으로써 에탄올을 사용할 수 있다. 5개월 후에 물에 녹은 우라늄의 농도는 80%까지 떨어졌다(그림 55.18).

생물학적 촉진

생태계에서 온 해로운 물질을 제거하기 위한 전략인 생물정화와

▲ 그림 55.18 **테네시의 오크리지 국립 연구원(Oak Ridge National Laboratory)의 우라늄으로 오염된 지하수의 정화.** 우라늄을 포함하는 쓰레기는 30년 이상 동안 토양과 지하수를 오염시키면서 이 4개의 구덩이로 버려졌다. 에탄올이 첨가된 이후에 미생물의 활동은 구덩이 근처의 지하수에서 용해 가능한 우라늄의 농도를 감소시켰다.

달리 **생물학적 촉진(biological augmentation)**은 파괴된 생태계에 필수적인 물질을 첨가하기 위해 생물을 사용한다. 생태계 과정을 촉진하기 위해서, 복원생태학자들은 양분과 같은 어떤 요소가 한 지역으로부터 제거되어 회복률을 제한하고 있는지 결정할 필요가 있다.

양분이 부족한 토양에서 식물의 생장을 증진시키는 것은 종종 천이와 생태계 회복을 가속화시킨다. 미국 서부의 고산 생태계에서 루핀과 같은 질소고정 초본은 광산 활동과 다른 용도로 사용된 흙의 질소 농도를 보강하기 위해서 심어진다. 이러한 질소고정 식물이 일단 심어지면, 다른 고유종들은 살아가기 위한 충분한 질소를 흙으로부터 얻을 수 있다. 토양이 심각하게 교란되었거나 표토가 완전히 없어진 다른 생태계에서 식물의 뿌리는 양분의 필요를 충족시키기 위한 균근 공생자가 결핍될 수 있다(31장). 미네소타의 키 큰 초본이 자라는 대초원을 회복시키는 생태학자들은 이 제약을 깨닫고 씨를 뿌린 토양에 균근 공생자를 첨가함으로써 고유종의 회복에 확실히 박차를 가하였다.

생태계의 물리적 구조와 식물 군집의 복원이 그곳에서의 동물 복원과 반드시 일치하지는 않는다. 동물들은 수분작용, 종자 분산, 그리고 초식을 포함하는 중요한 생태계 서비스를 돕기 때문에, 복원생태학자들은 가끔 야생동물들이 복원된 생태계에 도달하여 그곳의 자원을 이용할 수 있도록 돕는다. 그들은 어느 한 장소에 동물들을 방출하거나 동물들이 발견된 다른 장소와 복원된 장소를 연결하는 서식통로를 만든다. 그들은 때때로 새들을 위한 인공 둥지를 만들기도 하고 그 장소를 사용하는 다른 동물들을 위해 땅굴을 파기도 한다. 이러한 것들과 또 다른 노력들이 복원된 생태계의 생물다양성을 증가시킬 수 있고 군집의 지속을

▼ 그림 55.19

탐구 세계의 복원생태학

여기에서 강조된 예시들은 세계에서 진행되고 있는 많은 복원생태학 사업의 일부에 불과하다. 지도 위에 색으로 나타낸 네모 표시는 사업 장소를 표시한다.

■ 플로리다의 키시미강(Kissimmee River, Florida) ▶

플로리다 남부 중앙에 위치한 키시미강은 굽이굽이 흐르던 강이 90 km의 수로로 변환되었다. 그리고 이것은 물고기와 습지 의존적 새들 개체군에게 부정적 영향을 크게 끼쳤다. 키시미강 복원 사업을 통하여 12 km의 배수로를 메우고 대신 원래 존재하였던 167 km의 자연하도 중 24 km를 복원하였다. 여기서는 키시미 배수로를 메운 부분(사진의 오른쪽 밝고 곧은 부분)과 사진의 중앙에 있는 남아 있는 하도로 물이 흘러가게 한 일부분의 사진을 보여준다. 이 사업은 습지에 의존하는 새들과 어류의 개체군을 스스로 유지할 수 있도록 자연스런 물의 흐름 또한 복원할 것이다.

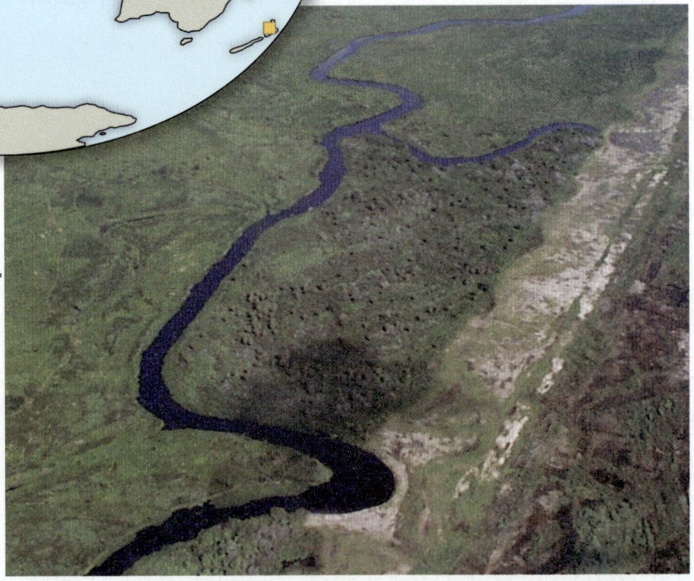

◀ 네바다의 트러키강(Truckee River, Nevada) ■

20세기 동안 댐을 만들고 물을 다양하게 이용하여 트러키강의 강물이 줄어들었고 강변(riverside) 숲이 줄어들게 되었다. 복원생태학자들은 고유의 사시나무와 버드나무에 의하여 종자가 방출되는 짧은 기간 동안 싹이 터 묘목이 정착할 수 있도록 충분한 물이 공급되도록 물을 관리하는 사람들과 함께 일을 하였다. 9년 동안 물의 흐름을 조절한 결과, 사시나무-버드나무 강변 숲이 극적으로 회복되었다.

■ 코스타리카의 열대 건조림(Tropical dry forest, Costa Rica) ▶

농업 특히 가축을 위한 목장으로 사용하기 위한 숲의 개간은 중미와 멕시코 열대 건조림의 약 98%를 사라지게 하였다. 숲의 역할을 회복시키기 위하여 코스타리카에서 시행되고 있는 열대 건조림 복원 사업은 고유 수목의 종자를 초지로 퍼뜨리는 데 가축을 사용하고 있다. 사진은 가축에 의하여 씨를 초지에 퍼뜨린 첫 번째 나무(오른쪽 중간)를 보여준다. 이 사업은 지역경제와 교육기관과 함께 진행되는 복원생태학의 한 모델이다.

▲ 유럽의 라인강(Rhine River, Europe)

수 세기 동안 항해를 위한 준설과 수로화(사진의 오른쪽 넓은 주 수로에 있는 바지선을 보라)는 한때 굽이굽이 흐르던 라인강을 직선으로 만들었고 강의 범람원과 주변 습지로부터 강을 격리시켰다. 라인강 주변의 국가, 특히 프랑스, 독일, 룩셈부르크, 네덜란드, 스위스는 사진의 왼쪽에서 보여주는 것처럼 주변의 수로와 강을 다시 연결하기 위하여 협력하고 있다. 이와 같은 주변의 수로는 수생생물이 이용할 수 있는 서식지의 다양성을 증가시키고 수질을 개선하며, 홍수의 강도를 약화시키는 기능을 한다.

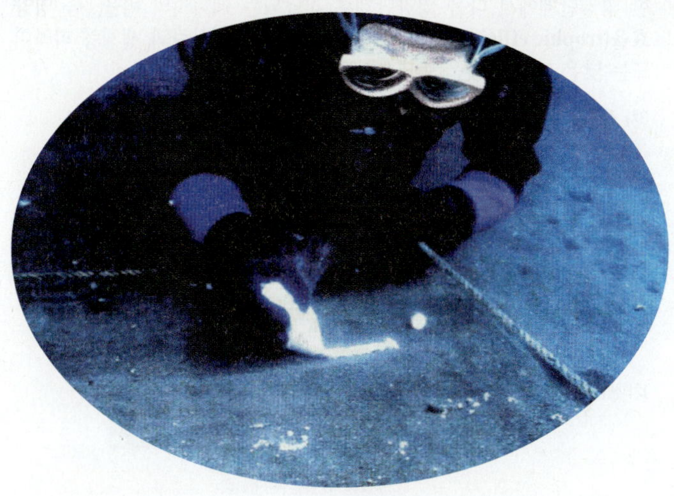

▲ 일본 근해(Coastal Japan)

해조류와 해초 바닥은 다양한 종류의 물고기와 조개류의 중요한 양육장이다. 한때 상당히 넓었으나, 지금은 개발로 인하여 상당히 줄어든 이 양육장들이 일본의 근해에서 복원되고 있다. 여기에는 적절한 바다 바닥 서식처를 건설하고, 인공 물질을 사용하여 자연 양묘장으로부터 해조와 해초를 옮겨 심는데, (사진에서 보여주는 것처럼) 직접 손으로 심는 기술이 이용된다.

▲ 남아프리카의 다육성 식물인 카로(Succulent Karoo, South Africa)

많은 건조지역에서처럼 남아프리카의 사막지역에서 가축의 과방목은 매우 넓은 지역을 황폐화시켰다. 원래의 형태로 되돌리기 위하여 개인 토지 소유자와 남아프리카 정부는 이 진귀한 지역의 넓은 부분을 복원하고 있다. 사진은 다육성 카로의 이례적인 식물다양성 일부를 보여준다. 이 지역에는 카로 5,000종이 존재하며, 이 장소는 세계에서 다육성 식물이 존재하는 장소 중에서 다양성이 가장 높은 곳이다.

▲ 뉴질랜드의 마운가타우타리(Maungatautari, New Zealand)

족제비, 생쥐, 돼지, 그리고 다른 도입종들은 날지 못하고 땅에서 사는 키위새와 같은 뉴질랜드의 고유 식물과 동물 종들을 심각하게 위협했다. 마운가타우타리 복원 사업의 목적은 화산숲 주변에 위치한 3,400 ha의 보호구역으로부터 모든 외래 포유류를 쫓아내는 것이다. 보호구역의 특별한 담장은 야생의 고유종에 해가 되는 덫이나 독약을 사용할 필요성을 없애주고 있다. 2006년에 한 쌍의 중요한 멸종위기종인 타케(날지 못하는 흰눈썹 뜸부기의 한 종)는 뉴질랜드 북쪽 섬의 화려한 새들의 개체군을 다시 복원할 목적으로 보호구역으로 보내졌다.

도울 수 있다.

복원의 장기목적은 가능한 한 교란되기 이전의 생태계와 비슷하게 생태계를 재정착시키는 것이다. 그림 55.19는 세계에서 진행되고 있는 몇 가지 야심적이고 성공적인 복원 사업들을 보여준다. 이와 같은 수많은 사업들, 여기에 참여한 사람들의 헌신은 복원생태학이 수년 동안 하나의 학문으로 계속 성장할 것임을 알려준다.

개념 확인 문제 55.5

1. 복원생태학의 목적은 무엇인가?
2. WHAT IF? 키시미강의 생태학적 복원사업은 어떤 점에서 마운 가타우타리 사업보다 어려운가(그림 55.19 참조)?

정답은 부록 A 참조

55장 복습

핵심 개념의 요약

개념 55.1

물리 법칙은 생태계에서 에너지 흐름과 화학적 순환에 영향을 준다

- **생태계(ecosystem)**는 군집을 이루는 모든 생명체와 그들이 상호작용하는 모든 비생물적 요소들로 구성된다. 물리와 화학법칙들, 특히 에너지 흐름과 관련된 법칙들이 생태계에 적용된다. 에너지는 보존되나 생태계를 거치는 동안 열로 바뀐다.
- **질량 보존의 법칙(law of conservation of mass)**을 기반으로, 화학원소들이 생태계에 들어가고 나가며, 그 안에서 순환한다. 유입과 유출은 재생되는 양에 비해서 일반적으로 작지만, 그들의 균형은 시간이 지남에 따라서 생태계가 원소들을 얻는지, 잃는지를 결정한다.

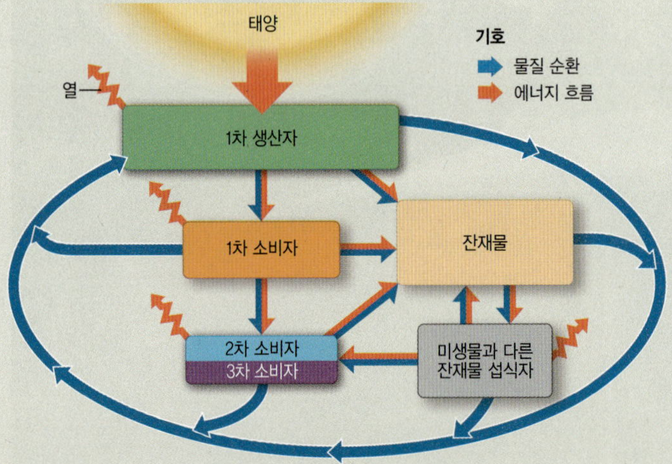

? 열역학 제2법칙을 기반으로 생태계에서 1차 생산자들의 전형적인 생체량이 동일한 생태계에서의 2차 생산자들의 생체량보다 더 많을지, 혹은 더 적을지 예상할 수 있겠는가? 이유를 설명해라.

개념 55.2

에너지와 다른 제한요소들이 생태계의 1차 생산을 조절한다

- **1차 생산(primary production)**은 지구의 에너지 수지를 제한하는 요인이 된다. **총 1차 생산량(gross primary production)**은 주어진 시간 동안 생태계에서 동화된 총 에너지이다. **순 1차 생산량(net primary production)**은 독립영양생물체에 축적된 에너지로 총 1차 생산량에서 1차 생산자가 호흡에 사용한 에너지를 뺀 것과 같다. **순 생태계 생산량(net ecosystem production)**은 생태계의 총 생체량 축적을 말하는데, 이는 총 1차 생산량에서 총 생태계 호흡량을 뺀 것으로 정의된다.
- 수중생태계에서 빛과 양분은 1차 생산을 제한한다. 육상생태계에서 온도와 수분 같은 기후요소는 큰 지리적 규모에 있어서의 1차 생산에 영향을 미친다. 국부적으로는 토양 양분이 종종 1차 생산량의 제한요소가 된다.

? 만일 NPP를 알고 있다면, NEP를 추정하기 위한 어떤 변수를 더 알 필요가 있는가? 예를 들어 해수의 샘플에서 왜 이러한 변수를 측정하기가 어려운 것인가?

개념 55.3

영양단계 사이의 에너지 전달 효율은 보통 10%이다

- 각 영양단계에 사용가능한 에너지의 양은 순 1차 생산량과 **생산 효율(production efficiency)**에 의해 결정되는데, 이는 음식에너지가 먹이사슬의 각 연결고리에서 생체량으로 전환되는 효율을 말한다.
- 한 영양단계에서 다음 영양단계로 전달되는 에너지의 비율, 즉 **영양 효율(trophic efficiency)**은 보통 10%이다. 순 생산량과 생체량 피라미드는 낮은 영양 효율을 반영한다.

? 왜 달리기 선수는 일반적으로 앉아서 일할 때보다 장거리를 달릴 때 더 낮은 생산효율을 갖는가?

개념 55.4

생물지구화학적 반응을 통해 생태계 내에서 양분과 물이 순환한다

- 물은 태양에너지에 의해 전지구적인 순환을 한다. 탄소 순환은 주로 광합성과 세포호흡의 상호작용을 반영한다. 질소는 원핵생물에 의한 질소고정과 대기 강하물로 생태계에 들어온다.

- 특별한 형태의 양분 비율과 그 형태로 존재하는 시간은 분해율에서의 차이로 인하여 생태계마다 다르다.
- 양분 순환은 식생에 의하여 강하게 조절된다. 허바드 부룩 연구는 벌목이 지표수량을 증가시키고 방대한 양의 무기양분이 소실되게 하였다는 것을 보여주었다.

? 만약 분해자들이 보통 따뜻한 생태계에서 보다 빠르게 생장하고 물질을 더 빠르게 분해한다면, 왜 뜨거운 사막에서는 분해작용이 느린 것일까?

개념 55.5

복원생태학자는 파괴된 생태계를 더 자연스런 상태로 되돌리려 노력한다

- 복원생태학자들은 오염된 생태계의 독성을 감소시키기 위한 **생물정화(bioremediation)** 과정에 생물을 사용한다.
- **생물학적 촉진(biological augmentation)**에서도 생태학자들은 생태계에 필요한 물질을 공급하기 위하여 생물을 사용한다.

? 노천 채광을 한 다음 후에 복원하려고 준비할 때, 한 번에 모든 토양을 제거한 후 섞는 대신 표토와 심토를 분리하는 이유는 무엇인가?

생각해보자

수준 1: 지식/이해

1. 생물과 그 생물의 영양단계를 옳지 않게 짝지은 것은?
   a. 남세균 – 1차 생산자
   b. 메뚜기 – 1차 소비자
   c. 동물플랑크톤 – 1차 생산자
   d. 곰팡이 – 분해자
2. 1제곱미터당 가장 적은 순 1차 생산력을 가진 생태계는?
   a. 염습지 b. 대양 c. 산호초 d. 열대우림
3. 생태 원리를 적용하여 파괴된 생태계를 더 자연스런 생태계로 되돌아오게 하는 학문 분야는?
   a. 복원생태학 b. 열역학 c. 부영양화 d. 생지화학

수준 2: 응용/분석

4. 질소순환에서 질화세균의 역할은?
   a. 질소기체를 암모니아로 전환한다.
   b. 유기물에서 암모니아를 방출하여 토양으로 되돌린다.
   c. 암모니아를 식물이 흡수하는 질산으로 전환한다.
   d. 질소를 아미노산과 유기화합물로 들어가게 한다.
5. 생태계에서 화학적 순환율에 가장 큰 영향을 주는 것은?
   a. 생태계에서의 분해율 b. 생태계에서 소비자의 생산 효율
   c. 생태계의 영양 효율 d. 생태계에서 양분 저장고의 위치
6. 허바드부룩 집수역에서 행한 실험의 결과가 아닌 것은?
   a. 대부분의 무기염류는 숲 생태계 내에서 순환된다.
   b. 칼슘은 벌목된 지역의 토양에 높은 농도로 남아 있었다.
   c. 벌목은 유출수의 양을 증가시킨다.
   d. 벌목된 것에서 흘러나온 물에 있는 질산의 농도는 위험할 정도로 높다.
7. 다음 중 생물정화의 예에 해당하는 것은?
   a. 파괴된 생태계에 이용 가능한 질소의 양을 증가시키기 위해 질소 고정 미생물을 뿌리는 것
   b. 노천광을 복원하기 위해 불도저를 사용하는 것
   c. 강의 흐름을 원래 모습으로 되돌리는 것
   d. 크롬으로 오염된 토양에 크롬을 축적하는 식물의 종자를 뿌리는 것
8. 옥수수밭에 살균제를 뿌린다면 분해율과 순 생태계 생산력(NEP)은 어떤 영향을 받을 것인가?
   a. 분해율과 NEP 모두 감소할 것이다.
   b. 아무 것도 변하지 않을 것이다.
   c. 분해율은 증가하고 NEP는 감소할 것이다.
   d. 분해율은 감소하고 NEP는 증가할 것이다.

수준 3: 종합/평가

9. **INTERPRET THE DATA** (a) 바다, 육지, 대기, 그리고 육지에서 바다로 흘러가는 것을 보여주는 간단한 지구의 물 순환도를 그려라. 그림에 이와 같은 연간 물 유입량을 더하라: 바다 증발량, 425 km^3; 강수로 인해 다시 바다로 돌아오는 바다 증발량, 385 km^3; 육지에 강수로 떨어지는 바다 증발량, 40 km^3; 육지에 강수로 떨어진, 식물과 토양으로부터 의 증발산량, 70 km^3; 바다로 흘러가는, 40 km^3. (b) 육지에서 바다로 흘러가는 양과 비교하여 육지에 강수로 떨어지는 바다에서의 증발량은 어느 정도인가? (c) 빙하기 동안 이 비율은 어떻게 변할 것인가? 왜 그렇게 생각하는가?
10. **진화적 관점**
   일부 생물학자들은 생태계를 창발적이며, 진화할 수 있는 "살아 있는" 계라고 제안하였다. 이러한 아이디어의 한 가지 절정은 제임스 러브락(James Lovelack)의 가이아(Gaia) 가설이다. 가이아 가설은 지구를 하나의 살아 있는 항상성을 가진 존재인 초유기체적 존재로 보았다. 생태계가 진화할 수 있다면 이것은 다윈적 진화인가? 왜 그렇게 생각하는가? 그렇지 않다면 왜인가?
11. **과학적 탐구**
   하나의 숲속에 근접한 두 개의 작은 호수가 연구 장소라고 할 때 호수의 순 1차 생산에 미치는 낙엽의 효과를 측정하기 위한 대조구를 가진 실험을 어떻게 설계할 수 있는가?
12. **글쓰기: 에너지와 물질**
   일반적으로 분해 작용은 습한 열대우림에서 빠르게 일어난다. 그러나 어떤 습한 열대우림의 토양이 물에 잠기면 오랫동안 "토탄"이라 부르는 유기물질을 쌓아놓는 결과를 낳는다. 간단한 서술(100~150 단어)로, 순 1차 생산량, 순 생태계 생산량, 그리고 그러한 생태계의 분해 간의 관계에 대해 논하라. NPP와 NEP는 +값일 수 있는가? 만약 지주가 열대 이탄지로부터 물을 배수시키고, 공기에 유기물질을 노출시켰다면 NEP에 어떤 일이 발생할 것이라고 생각하는가?
13. **종합적으로 생각해보기**

케냐에서 이 소똥구리(*Scarabaeus* 속)는 대형 초식 포유류로부터 모은 둥그런 똥을 땅속에 묻는다. 이 과정이 양분순환과 1차 생산력에 왜 중요한지 설명하라.

정답은 부록 A 참조

56

보전생물학과 지구의 변화

핵심 개념

56.1 인간의 활동은 지구의 생물다양성을 위협한다

56.2 개체군 보전은 개체군의 크기, 유전적 다양성, 그리고 임계 서식지를 주 관심대상으로 한다

56.3 경관과 지역 보전은 생물다양성의 유지를 돕는다

56.4 지구는 인간의 행동으로 인해 급속히 변화하고 있다

56.5 지속가능한 발전은 생물다양성을 보전하며 인간의 삶을 향상시킬 수 있다

▲ **그림 56.1 새롭게 발견된 이 바위도마뱀붙이의 운명은 어떻게 될까?**

환상적인 보물

바위의 끝 부분을 뛰어다니던 도마뱀 한 마리가 갑자기 햇빛이 비추는 곳에서 멈추었다. 보존생물학자는 그 운동을 감지하고 무지개빛 색, 밝은 오렌지색 다리 그리고 현란한 푸른색의 몸과 뒤섞이는 꼬리, 노란색과 녹색의 얼룩무늬 머리를 가진 도마뱀붙이를 발견한다. 사이키델릭 도마뱀붙이(*Cnemaspis psychedelica*)는 2009년 아시아 남동부 메콩 유역을 방문하는 동안 발견되었다(**그림 56.1**). 알려진 서식지는 베트남 남부에 있는 8 km^{2}의 혼콰이 섬뿐이다. 그때의 탐방 동안 다른 새로운 종인 엘비스 프레슬리의 머리 모양을 한 엘비스원숭이(*Rhinopithecus strykeri*, 옆의 사진)도 발견되었다. 2000년과 2010년 사이 생물학자들은 메콩 유역에서만 1,000종 이상의 새로운 종을 발견하였다.

지금까지 과학자들은 약 180만 종의 생물을 찾아 기술하고 공식적으로 명명하였다. 어떤 생물학자는 약 1,000만 종 이상이 현재 존재하고 있다고 생각하며, 어떤 생물학자는 1억 종 정도로 추정한다. 열대지역에는 종들이 집중적으로 많이 존재한다. 불행하게도 열대우림은 인간을 부양하고 그들을 위한 공간을 만들기 위해서 놀라운 속도로 파괴되고 있다. 베트남에

▲ 그림 56.2 **베트남에서 벌채되고 있는 열대림**

서의 벌목률은 세계에서 가장 높다(그림 56.2). 만일 그런 행위가 점검되지 않고 계속 진행된다면 이 환상적인 색깔의 바위도마뱀붙이와 새로이 발견되는 종들은 어떻게 될까?

지구 전체에서 인간의 활동은 우리 인간과 다른 모든 종이 의존하는 생태계 과정인 영양구조, 에너지 흐름, 물질 순환, 그리고 인간과 다른 종들 때문에 생기는 자연적인 교란과 같은 생태적 과정을 변경시켜 왔다(55장). 우리는 이미 지구 육지 표면의 절반 가까이를 물리적으로 변화시켰으며, 접근이 가능한 지표 담수의 절반 이상을 사용하고 있다. 바다에서 많은 물고기가 남획으로 고갈되고 있다. 한 추정에 따르면 인간은 약 6,550만 년 전에 대량절멸을 가져온 거대 운석보다 지구에 더 많은 해를 가하고 있으며, 더 많은 종이 절멸하도록 하고 있다고 한다(그림 25.18).

생물학은 생명에 대한 과학이다. 그러므로 이 장에서는 지구 전체에서 일어나는 변화에 대한 지구 전체적인 견해를 적용하여 생명을 보존하는 원리에 대해 자세히 다루는 데 초점을 맞추도록 하고 있다. **보전생물학(conservation biology)**은 모든 수준에서 생물다양성을 보전하려고 하는 생태학, 생리학, 분자생물학, 유전학, 진화생물학으로 구성된다. 생태계의 여러 과정을 유지하고 생물다양성을 유지하기 위한 노력은 생명과학을 사회과학, 경제학, 인문학 등과 연결시킨다.

이 장에서는 생물다양성의 위기를 자세히 고찰하고 생물학자들이 종의 절멸률을 늦추기 위해 시도하고 있는 보전과 복원 전략을 다룰 것이다. 우리는 또한 어떻게 인간 활동이 기후 변화, 오존층 파괴, 그리고 지구의 여러 가지 전반적 과정들을 변화시킬 수 있는지를 다룰 것이다. 마지막으로 장기적인 보존 우선순위에 관한 결정이 지구상의 생물에게 어떤 영향을 미치는지에 대해 다룰 것이다.

개념 56.1

인간의 활동은 지구의 생물다양성을 위협한다

절멸은 생명체가 처음 진화한 이후 계속해서 일어나고 있는 자연스런 현상이지만, 오늘날의 종다양성 위기는 현재의 높은 절멸률 때문이다(개념 25.4). 우리는 단지 현재에 존재하는 종 수를 추정만 할 수 있기 때문에 실제적인 종 손실률을 결정할 수 없다. 그러나 우리는 절멸률이 높고 인간이 지구의 생물다양성을 위협하고 있다는 것을 알고 있다.

생물다양성의 세 단계

생물학적 다양성(biological diversity)을 간단히 해서 생물다양성(biodiversity)이라 하며 이는 유전적 다양성, 종다양성, 생태계다양성의 세 가지 구성요소 또는 단계를 가진다(그림 56.3).

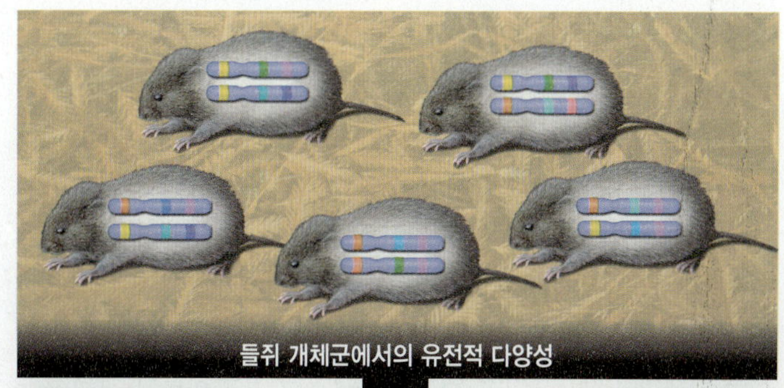

▲ 그림 56.3 **생물다양성의 세 단계.** 맨 위 그림에서 크게 표시한 염색체는 개체군 내에서의 유전적 변이를 상징한다.

유전적 다양성

유전적 다양성은 한 개체군 내에서 개체들 사이의 유전적 변이뿐만 아니라, 지역의 환경에 대한 적응과 관련된 개체군들 사이에서의 유전적 변이도 포함한다(23장). 만일 한 개체군이 사라진다면, 한 종은 소진화를 가능하게 하는 유전적 다양성의 일부를 잃어버리게 될 것이다. 이와 같이 유전적 다양성이 줄어드는 것은 그 종의 적응 가능성이 줄어들게 한다.

종다양성

생물다양성 위기에 관한 일반 대중의 논란 중 대부분은 생태계 또는 생물권에서의 변이인 종다양성에 집중된다(54장). 더 많은 종이 사라질 때 종다양성은 감소한다. 미국의 멸종위기종법(ESA)은 **멸종위기종(endangered species)**을 "이들이 분포하는 전체 또는 상당한 부분에서 절멸의 위험에 처한 것"으로 정의한다. **멸종위협종(threatened species)**은 가까운 미래에 절멸위기를 맞을 수 있는 종이다. 종 손실의 문제를 조명할 수 있는 몇 가지 통계치는 다음과 같다.

- 자연과 자연자원의 보전을 위한 세계자연보전연맹(IUCN)에 따르면 세계에서 보고된 약 10,000종의 조류 중 12%와 5,500종의 포유류 중 21%가 절멸의 위기에 직면해 있다.
- 식물보전센터에서 수행한 최근의 생물상 조사에 따르면 미국에서 기록된 약 20,000종의 식물 중 200종이 사라졌다. 그리고 미국에서 730종이 절멸위기 또는 절멸의 위협을 받고 있다.
- 북미에서 1900년 이후 적어도 123종의 담수동물이 사라졌고 수백 종 이상이 위협을 받고 있다. 북미 담수동물의 절멸률은 육상 동물의 약 5배 정도 더 높다.

종의 절멸은 작은 지역에 한정될 수도 있다. 예를 들면, 한 종이 하나의 수계에서는 사라지나 근접한 수계에서는 살아남을 수도 있다. 지구전체에서 한 종의 절멸은 그 종이 살았던 모든 지역에서 영구적으로 사라졌음을 의미한다(그림 56.4).

생태계다양성

생물권에 존재하는 생태계의 다양성은 생물다양성의 세 번째 단계이다. 하나의 생태계에서 서로 다른 종의 개체군들 사이에 존재하는 많은 상호작용 때문에, 한 종의 지역적 절멸은 생태계에서 다른 종에게 부정적인 영향을 미칠 수 있다(그림 54.18). 예를 들어, "날아다니는 여우"라고 불리는 박쥐는 태평양의 섬에서 중요한 수분 매개자이고 씨를 퍼뜨리는 종인데, 이곳에서 이들은 고급스러운 식재료로 이용하기 위해 점점 더 많이 사냥되고 있다(그림 56.5). 보전생물학자들은 날아다니는 여우의 절멸이 사모안섬(Samoan Islands)의 고유 식물종에도 해가 될 것이라 걱정하고 있는데, 그곳 나무들의 4/5는 수분과 씨를 퍼뜨리는 것을 날아다니는 여우에게 의존하고 있기 때문이다.

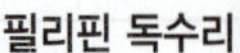

양쯔강 돌고래

▲ **그림 56.4 절멸까지 100마리.** 이들은 하버드대학의 생물학자 윌슨(E.O. Wilson)이 100마리 클럽(Hundred Heartbeat Club)이라 부르는 위기종들 중 2종류의 예이다. 100마리 클럽이란 지구상에 남아 있는 개체수가 100마리 이하인 종의 집합을 말한다. 양쯔강 돌고래는 절멸된 것으로 보이지만, 2007년 보도된 바에 의하면 몇 마리가 발견되었다.

? 한 종이 실제로 절멸되었다는 것을 증명하기 위해서 어떤 공간적이고 시간적인 사실이 필요할까?

어떤 생태계는 이미 인간에 의해 심하게 영향을 받고 있으며, 어떤 생태계는 놀랄만한 속도로 파괴되고 있다. 유럽인들이 정착하면서부터, 미국 인접지역 내의 50% 이상의 습지를 간척하고 농지 또는 다른 사용을 위해 변형시켰다. 캘리포니아, 애리조나, 그리고 뉴멕시코에서는 과잉방목, 홍수 조절, 수로의 건설, 수위의 저하, 외래 침입식물로 인하여 원래 존재하던 강변 생태계 면적의 거의 90%가 파괴되었다.

▲ **그림 56.5 멸종위기에 처한 중요한 수분매개자인 "날아다니는 여우" 박쥐(*Pteropus marianus*)**

생물다양성과 인간 복지

왜 우리는 생물다양성의 손실에 관심을 가져야 하는가? 한 가지 이유는 하버드대학의 생물학자인 윌슨(E.O. Wilson)이 **생명애(biophilia)**라고 부른 자연과 모든 생명들과의 연대감일 것이다. 다른 종들에게도 생명이 부여되었다는 믿음은 많은 종교에서 널리 인정되는 주제이며 우리가 생물다양성을 보호해야 하는 도덕적 주장의 근간이다. 인간의 미래 세대에 대한 관심도 있다. 노르웨이의 수상이었던 부른트랜드(G. H. Brundtland)는 오래된 격언을 이용하여 다음과 같이 말했다. "우리는 지구를 조상으로부터 선물로 물려받은 것이 아니라 우리의 자손들로부터 빌려 쓰고 있다는 것을 명심해야 한다." 이런 철학적이고 도덕적인 합리화에 더불어 종다양성과 유전자 다양성은 우리에게 많은 실제적인 이득을 주고 있다.

종다양성과 유전자 다양성으로부터의 이득

위협을 받고 있는 많은 종들은 인간이 사용할 수 있는 음식, 섬유, 그리고 의약품 등으로 사용될 수 있으며 이는 생물다양성이 매우 중요한 자연자원임을 의미한다. 아스피린부터 항생제에 이르는 산물은 원래 자연자원에서 유래하였다. 식량생산에서 만약 우리가 작물종과 밀접히 관련된 식물의 야생 개체군들을 잃게 된다면, 질병에 대한 저항력과 같은 작물의 질을 향상시킬 수 있는 유전적 자원을 잃게 되는 것이다. 예를 들어, 식물 재배자들은 벼(*Oryza sativa*)에서 초본의 성장을 더디게 하는 바이러스의 발생 때문에 7,000개의 벼 개체군들과 그 친적종들을 조사하여 바이러스 저항성 유전자를 찾고자 하였다. 한 집단인 인도벼(*Oryza nivara*)가 바이러스에 저항한다는 것을 발견하였고, 과학자들은 육종을 통해 저항성의 특징을 상업적인 벼로 도입하는 데 성공하였다. 오늘날, 본래 질병에 저항하는 개체군들은 명백하게도 야생에서 사라지고 있다.

미국의 약국에서 살 수 있는 처방약의 25%는 원래 식물에서 유도된 물질을 포함한다. 1970년대 연구자들은 아프리카 해안에 위치한 마다가스카르 섬에서 장밋빛의 협죽도과 식물 로지페리윙클이 암세포의 성장을 억제하는 알칼로이드를 생산한다는 것을 발견하였다(그림 56.6). 치명적인 암으로 알려진 호지킨병과 어린이 백혈병을 가진 많은 사람들에게 이 발견의 결과는 특사와 같았다. 마다가스카르는 또 다른 5종의 협죽도과 식물의 원산지이며, 그 중의 하나는 이미 절멸되었다. 이 종들이 사라진다는 것은 그들이 제공할지도 모르는 어떠한 의학적 이익의 손실을 의미한다.

▶ 그림 56.6 **많은 생명을 구하는 식물, 로지페리윙클(*Catharanthus roseus*)**

종의 소실은 많은 중요한 단백질을 암호화하는 유전자의 손실을 의미한다. 효소인 Taq 중합효소(Taq polymerase)는 옐로스톤 국립공원에 있는 온천의 뜨거운 물에서 자라는 호열성 세균 *Thermus aquaticus*에서 처음 추출되었다. 이 효소는 PCR에 필요한 높은 온도에서 안정하기 때문에 PCR에서 중요한 부분을 차지한다(그림 19.8). 다양한 환경의 많은 원핵생물 종들로부터 나온 DNA는 신약, 식량, 석유 대체물, 다른 산업 화학제품, 그리고 여러 생산품에 대한 단백질의 대량 생산을 위하여 사용되고 있다. 그러나 수백만 종은 우리가 그들을 발견하기 전에 절멸하므로 그들이 가지는 특유의 유전자가 가진 값진 유전적 가능성을 완전히 잃어버리고 있다.

생태계서비스

개별 생물종들이 인간에게 제공하는 이득들은 상당하지만, 그렇다고 해서 그 개별 종들을 구하기 위해서만 생태계를 보전해야 하는 것은 아니다. 인간은 지구생태계에서 진화해 왔고 생존을 위하여 이 체계와 여기에 존재하는 다른 종들에게 의존한다. **생태계서비스(ecosystem service)**는 자연생태계가 인간의 삶을 유지할 수 있도록 하는 모든 과정을 포함한다. 생태계는 대기와 수질을 정화한다. 또한 쓰레기의 독소를 제거하고 분해하며 극한 날씨와 홍수에 의한 영향들을 감소시킨다. 생태계의 생물들은 작물을 수분시키고, 병충해를 통제하며, 기름진 토양을 생성하고 보전한다. 더욱이 이러한 다양한 기능들은 무료로 제공된다.

아마도 우리는 자연생태계의 기능에 경제적인 가치를 부여하지 않았기 때문에 일반적으로 그들을 과소평가하고 있는 것인지도 모른다. 코스탄자(Robert Costanza)와 그의 동료들은 1997년에 지구생태계 기능에 대한 가치를 1년당 33조 달러에 해당한다고 추정하였으며 이는 지구상의 모든 나라의 국민총생산(GNP)인 18조 달러의 두 배에 해당한다. 아마도 작은 단위로 계산하는 것이 더 사실적일 것이다. 1996년에 뉴욕시는 도시의 신선한 물의 원천이 되는 캐츠킬(Catskill) 산의 서식지를 복원하고 땅을 사는데 10억 달러 이상을 투자했다. 이러한 투자는 오물, 살충제, 비료에 의한 물의 오염 증가로 인한 것이었다. 자연적으로 물을 정화하기 위한 생태계 시스템을 이용함으로써 도시는 새로운 물처리 공장을 짓는데 사용되는 80억 달러와 공장을 운영하는 데 매년 필요한 30억 달러를 절약할 수 있었다.

생태계의 기능과 이러한 능력을 수행하는 생태계의 능력은 생물의 다양성과 연관되어 있다는 것이 점점 더 확실해지고 있다.

인간의 활동이 생물다양성을 감소시킴에 따라, 인간은 자신의 생존에 필수적인 과정을 수행하는 지구생태계의 능력을 저하시키고 있다.

생물다양성에 대한 위협

다양하고 많은 인간의 활동들이 지방, 지역, 지구 수준에서의 생물 다양성을 위협한다. 이러한 활동으로 인한 위협은 다음과 같은 네 가지 중요한 활동에 의해 발생한다: 서식지 파괴, 외래종의 도입, 남획, 그리고 지구의 변화.

서식지 파괴

인간에 의한 서식지의 변화는 생물권의 생물다양성에 대한 가장 큰 위협이다. 농업, 도시개발, 임업, 광산, 오염 등에 의하여 많은 서식지가 파괴되어 왔다. 이 장의 후반부에 다룰 것이지만, 지구의 기후 변화는 이미 오늘날의 서식지를 바꾸고 있고 이번 세기에 더 심각한 영향을 미칠 것이다. 대체 서식지가 없거나 한 종이 이동할 수 없을 때 서식지의 소실은 절멸을 의미할 것이다. 세계자연보전연맹(IUCN)은 근대에 절멸, 절멸 위험, 절멸에 취약, 혹은 희귀하게 된 종들의 73%를 물리적인 서식지의 파괴와 관련지었다.

서식지 파괴와 단편화는 지구의 방대한 지역에서 일어난다. 중미와 멕시코 열대 건조림의 약 98%가 벌목으로 사라지고 있다. 멕시코의 베라크루즈(Veracruz) 주에 있는 열대우림에서 대부분 소 방목을 위해 진행된 벌목은 작고 고립된 구역의 숲을 남기고 원래 존재하던 숲의 90% 이상을 사라지게 하였다. 다른 자연 서식지도 인간의 활동으로 역시 단편화되고 있다(그림 56.7).

거의 모든 경우에 단편화된 서식지의 작은 개체군은 높은 지역적 절멸 가능성을 가지기 때문에 서식지의 단편화로 인해 종이 사라지고 있다. 유럽인들이 처음 북미에 도착하였을 때 초원은 위스콘신의 남부 지역에 약 800,000헥타르가 존재하였으나 지금은 800헥타르만 남아 있다. 이 지역에서 원래 초원의 대부분은 지금 농지로 사용되고 있다. 1948년부터 1954년까지 남아 있는 54개의 위스콘신 초원에서 식물다양성 조사가 시행되었고, 다시 1987~1988년에 시행되었다. 이 조사는 남아 있는 초원에서 두 조사 사이의 시간 동안 그곳에 서식하던 식물 종의 8%에서 60%가 사라졌음을 보여주었다.

▲ 그림 56.7 웨일즈의 서식지 단편화

서식지의 소실은 수생태계의 생물다양성에도 중요한 위협이 되고 있다. 지구에서 종이 가장 많은 수생군집인 산호초의 약 70%가 인간의 활동에 의해 파괴되었다. 현재와 같은 속도로 파괴가 계속된다면 해양 어류의 1/3이 서식하는 산호초의 40~50%가 30~40년 안에 사라질 수도 있다. 담수 서식지의 파괴와 종 소실은 전 세계의 대부분의 강들에 영향을 주고 있는 댐, 저수지, 수로 변경, 흐름 조절 등으로부터도 발생한다. 한 예로, 미국의 북서부 모바일 강 분지를 따라 지어진 30개 이상의 댐은 강의 깊이와 흐름을 변경시켰다. 이 댐들은 수력발전과 해상교통 증가로 이익을 제공하는 반면, 담치와 달팽이 40종 이상이 절멸되게 했다.

도입종

외래종으로 불리기도 하는 **도입종(introduced species)**은 인간이 의도적으로 또는 우연히 그 종의 원래 서식지에서 새로운 지리적 여건을 가진 지역으로 옮긴 종들이다. 배나 비행기를 이용한 인류의 여행은 종의 이동을 촉진시켜 왔다. 토착 서식지에서 그들의 개체군을 제한했던 포식자나 기생충, 그리고 병원체가 없기 때문에, 이식된 종들은 새로운 지역 전체에 빠르게 퍼질 수 있다.

어떤 도입종은 보통 고유종을 포식하거나 자원을 두고 그들과 경쟁함으로써 그들이 도입된 군집을 파괴한다. 예를 들어, 갈색나무뱀은 제2차 세계대전 후 남태평양의 다른 지역들로부터 괌에 유입되었다. 군용 화물기 속의 "밀항자"였던 것이다. 그 이후로 뱀이 포식하는 12종의 새와 6종의 도마뱀이 괌에서 절멸되었다. 물을 걸러먹는 연체동물인 얼룩무늬담치(Zebra mussel)가 1988년 북미의 오대호로 도입되었는데 아마도 유럽에서 미국으로 들어오는 배의 부력 조정용 물주머니 속에 담겨 있던 것으로 추정된다. 얼룩무늬담치는 매우 높은 군체를 형성하며, 담수생태계를 교란시키고 많은 수생 고유종을 위협하고 있다. 이들은 또한 수문에 너무 많이 자라 가정과 산업체에 물을 공급하는 것을 방해함으로써 수십억 달러의 경제적 손실을 일으킨다.

인간은 많은 종을 좋은 의도로 도입하지만 결과는 재앙으로 나타난다. 미국 농무부가 침식 방지를 위해 일본에서 미국 남부에 들여온 아시아 식물인 칡은 남부 경관의 방대한 영역을 차지할 정도로 퍼져나갔다(그림 56.8). 셰익스피어의 연극에 나오는 모든 식물과 동물을 도입하고자 했던 시민단체에 의해 1890년 뉴욕의 센트럴파크에 의도적으로 도입된 유럽의 찌르레기는 북미로 빠르게 퍼져 1억 마리 이상으로 증가하였으며 많은 고유종 명금류를 대체하였다.

▲ **그림 56.8** **사우스캐롤라이나에서 번성하고 있는 도입종인 칡**

도입종들은 전 세계적인 문제가 되고 있으며, 1750년 이래로 기록된 절멸의 약 40%가 이로 인해 발생한 것으로 알려졌다. 또한 이들을 조절하거나 이로 인한 피해가 매년 수십억 달러에 이른다고 추산된다. 미국에서만 5만 종 이상이 도입되었다.

남획

일반적으로 남획(overharvesting)이라고 하는 것은 야생의 동식물이 다시 원래의 개체군으로 되돌아갈 수 있는 능력 이상으로 사람이 이들을 수확하는 것을 의미한다. 작은 섬과 같이 제한된 서식지를 가진 종들은 남획에 특히 민감하다. 이런 종에 해당하는 종이 북태평양의 섬에 사는 크고, 날지 못하는 바다새인 바다쇠오리이다. 1840년대까지 인간은 그들이 좋아하는 바다쇠오리의 털, 알, 고기를 얻기 위해 이들을 사냥하여 절멸에 이르게 하였다.

또한 코끼리, 고래, 코뿔소와 같이 잠재 생식률이 낮은 덩치가 큰 생물체는 남획에 민감하다. 지구에서 가장 큰 육상동물인 아프리카코끼리의 쇠퇴는 남획으로 나타난 결과의 전형적인 예이다. 주로 상업적으로 거래되는 상아 때문에 아프리카의 대부분에서 과거 50년 동안 코끼리 개체군은 감소하여 왔다. 불행하게도 상아의 거래를 금한 새로운 국제법에도 불구하고 불법 사냥이 증가하게 되었고 중앙아프리카와 동아프리카에서 이 법은 아무런 효력을 발휘하지 못하고 있다. 한때 10분의 1로 줄었던 코끼리 떼를 약 100년간 잘 보호해온 남아프리카에서만 코끼리 개체군이 유지되거나 증가하고 있다(그림 53.9).

보전생물학자들은 멸종위기종들로부터 나온 조직의 출처를 밝히기 위해서 분자유전학을 도구로 이용하고 있다. 워싱턴대학교의 연구원들은 코끼리의 똥에서 분리한 DNA를 이용하여 아프리카코끼리(*Loxodonta africana*)의 DNA 기준 지도를 만들었다. 그들은 합법적으로든 불법적으로든 상아를 이용하는 작은 집단으로부터 분리된 DNA를 이 지도와 비교하여 코끼리가 수백 킬로미터 안에서 죽어가고 있는지를 결정할 수 있었다(그림 56.9). 잠비아에서 이와 같은 연구를 통해 불법 포획률이 이전에 예측했던 것보다 30배 높다는 것을 확인하였고, 이로 인해 잠비아 정부가 불법 포획을 금지하는 노력을 더 하게 되었다. 비슷하게 미토콘드리아 DNA(mtDNA)의 계통 발생학 분석을 연구하는 생물학자들은 일본의 어시장에서 팔리는 고래 고기의 일부가 불법적으로 남획된 종임을 밝혀냈는데, 여기에는 멸종위기종인 지느러미고래와 혹등고래가 포함되어 있었다(그림 26.6).

▲ **그림 56.9** **생태학적 법의학과 코끼리 밀렵.** 이 절단된 엄니들은 2002년 아프리카에서 싱가포르로 이동되다 적발된 불법 화물의 일부이다. DNA에 근거한 증거는 엄니를 위해 살해된 수천마리의 코끼리가 아프리카 전역에서 온 것이 아니라 잠비아 중앙에 위치한 협소한 동-서 지역에 살던 것이었음을 알려주었다.

MAKE CONNECTIONS 본문과 그림 22.6은 보전생물학자들이 포획된 고래 고기의 일부 표본을 기준 DNA 데이터베이스와 비교하는 DNA 분석을 사용한 또 다른 예를 보여준다. 이러한 예들은 서로 얼마나 비슷하고, 얼마나 다른가? 밀렵이 의심되는 다른 사례들에서 이런 법의학적 방법을 사용하는 데에는 어떤 한계가 있을 수 있겠는가?

한때는 절대로 고갈되지 않을 것이라고 생각했던 상업적으로 중요한 바닷물고기의 많은 개체군들은 남획으로 인해 그 수가 격감하고 있다. 주낙(long-line fishing)과 현대 저인망 어업(trawler)과 같은 새로운 어획 기술의 발달과 함께, 증가하는 인간을 위한 고단백질 음식에 대한 수요는 더 이상의 남획을 유지할 수 없는 정도로 어류 개체군들을 감소시켰다. 과거 몇십 년 전까지만 해도 북대서양의 푸른지느러미참치는 상업적으로는 가치가 거의 없는, 고양이 먹이로 파운드당 몇 센트에 불과하게 팔렸었다. 그러나 1980년대 일본에서 초밥과 회로 사용하기 위하여 도매상들은 신선도를 유지하기 위해 얼음을 넣은 푸른지느러

▲ **그림 56.10** **남획.** 북대서양 푸른지느러미참치가 일본 어시장에서 판매되고 있다.

미참치를 비행기로 일본에 공수하기 시작하였다. 이로 인하여 이 고기는 지금 파운드당 100달러에 팔리고 있다(**그림 56.10**). 이와 같이 수요가 증가함에 따라 북미의 푸른지느러미참치 개체군은 10년 만에 1980년 크기의 20% 이하로 줄어들었다.

지구의 변화

생물다양성에 대한 네 번째 위협인 지구의 변화는 지역적인 규모에서 전 지구적 규모로 지구생태계 구성을 변화시킨다. 지구의 변화는 기후, 대기 중 화학물질, 그리고 생명을 유지시키는 지구의 능력을 감소시키는 광활한 생태적 시스템의 변화들을 포함한다.

관심을 일으키는 지구 변화의 첫 번째 유형들 중 하나는 산성 강수(acid precipitation)로 5.2보다 낮은 pH를 띠는 비, 눈, 진눈깨비, 또는 안개들을 말한다. 나무와 화석연료의 연소는 황과 질소 산화물을 방출한다. 이는 공기의 수분과 반응하여 황산과 질산을 형성한다. 산들은 결국 지구 표면으로 떨어지고 몇몇의 수생생물, 육상생물들에게 해를 끼친다.

1960년대에 생태학자들은 캐나다 동부 호수에서 살고 있는 생물들이 죽어 간다고 하였는데 이는 미국의 중서부 지역의 공장들로부터 비롯된 공해로 인한 것이라고 하였다. 예를 들어, 막 부화한 호수 송어의 새끼는 pH가 5.4보다 낮으면 죽게 된다. 노르웨이 남부와 스웨덴에 있는 호수와 개울에서 어류들이 죽었는데 이는 영국과 중유럽에서 발생한 오염 때문이었다. 1980년까지 북미와 유럽의 넓은 지역의 강수 pH는 평균 4.0~4.5였고, 가끔 3.0 정도로 낮은 pH로 떨어지기도 하였다. (pH를 검토하기 위해서 개념 3.3을 참조.)

환경 규제들과 새로운 기술들은 많은 나라들로 하여금 최근 몇십 년 동안 이산화황 방출을 감소시킬 수 있도록 하였다. 미국에서 이산화황 방출은 1993년과 2008년 사이에 40% 이상 감소되었다(**그림 56.11**). 그러나 생태학자들은 수생생태계가 회복되기 위해서는 몇십 년이 걸릴 것이라고 예측하였다. 그러는 동안, 미국에서 질산 화합물의 방출은 증가하였고, 이산화황의 방출과 산성 강수는 중유럽과 동유럽에 있는 숲에 계속해서 피해를 주고 있다.

우리는 지구 생물다양성을 위한 전지구적 변화의 중요성에 대해서는 개념 56.4에서 더 자세히 살펴볼 것이다. 더하여 기후 변화나 오존층 파괴 같은 요인들에 대해서도 고려하게 될 것이다.

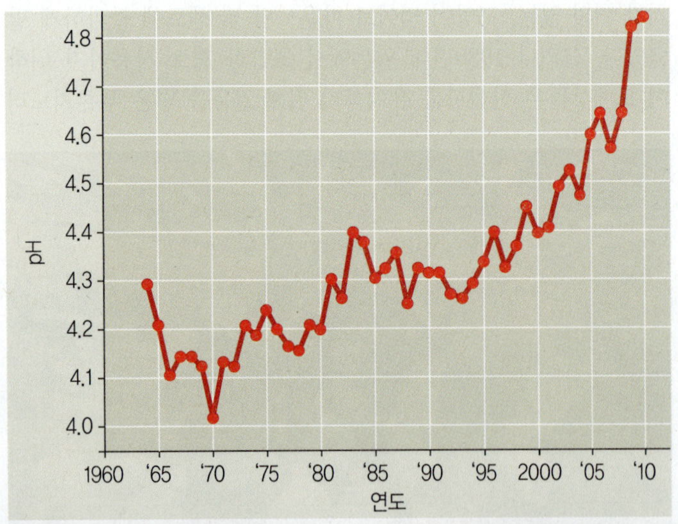

▲ **그림 56.11 뉴햄프셔 허바드 부룩에서 강수 pH의 변화**

MAKE CONNECTIONS pH와 산성도 사이의 관계를 설명하라(개념 3.3 참조). 전체적으로 이 숲에서 강수는 더 산성으로 되는가? 아니면 덜 산성으로 되는가?

절멸된 종이 다시 부활될 수 있는가?

우리가 아는 한 절멸은 항상 영원하다. 어떤 과학자들은 그럼에도 불구하고 절멸한 종을 부활시키고자 복제방법을 사용하려고 시도하고 있다. 종을 부활시키는 것은 살아 있는 동물을 복제하는 데 있어서 최근의 진전 때문에 적어도 이론적으로는 가능하다. 복제의 가장 유명한 예는 1997년 복제양 "돌리"의 탄생이다(그림 19.17). 돌리를 만들기 위해 스코틀랜드의 과학자들은 어미양으로부터 난자를 취하고 핵을 분리한 후 다른 양으로부터 떼어낸 유방세포를 알세포와 융합시켰다. 그리고 융합된 세포를 대리모에 착상시켰다.

스페인 연구자들은 스페인과 이베리아 반도의 다른 나라에 고유한 네 아종의 야생염소 중 하나인 피레네야생염소(*Capra pyrenaica pyrenaica*)에 비슷한 접근을 사용하였다. 1999년 연구자들은 마지막으로 살아남은 암컷의 귀에서 피부 샘플을 조금 떼어내어 동결시켰다. 마지막 개체가 죽은 1년 후 이 아종은 절멸되었다. 동결된 조직의 세포를 사용하여 과학자들은 야생염소의 부활을 시도하였다. (다른 종의 야생 염소 또는 키우는 염소) 대리모에 이식된 수백 개의 융합된 세포와 약 60개의 배아 중에서 2009년 한 마리의 야생 염소가 태어났다. 슬프게도 이 야생 염소는 양을 포함하여 다른 클론으로 태어난 동물에서 관찰된 것과 비슷한 폐의 결함을 극복하지 못하고 단지 7분 동안만 생존하였다. 그럼에도 불구하고 이 연구는 종의 부활이 동결된 조직이 있을 경우에는 가능할 수 있다는 것을 보여주었다.

절멸된 종의 조직이 클로닝에 사용되는 것이 새롭지만은 않다. 러시아와 일본 과학자들은 북극의 빙하에 묻혀 있는 매머드의 넓적다리에서 잘 보존된 골수를 사용하여 절멸된 매머드(*Mammuthus primigenius*)의 부활을 시도하고 있다(**그림 56.12**). 그들이 성공할까? 아직 아무도 모른다. 그러나 결국에 누군가는 이 종과 다른 종을 가지고 성공할 수 있을 것이다. 사실 과학자들은 이미 많은 절멸위기종으로부터 조직을 채취하여 동결조직을 보관함으로써, 나중에 이 종이 멸종했을 때 복제시 세포를 사용할 수 있도록 하고 있다. 다른 과학자들은 그들이 털이나 날개와 같은 박물관의 표본으로부터 생존 가능한 세포를 얻을 수 있는지를 조사하고 있다. 그리고 물론 일부 과학자는 공룡화석의

▲ 그림 56.12 **얼어 있는 매머드 채집.** 이런 표본은 생명공학을 통하여 종을 부활하기 위한 시도에 사용된다.

연조직에 있는 고대 DNA를 채취하고자 노력하고 있다. 지금까지 이와 같은 시도는 실패하였다.

절멸된 종의 부활에 대한 요구는 윤리적인 문제들을 야기한다. 과학자들은 생존 가능한 세포나 DNA가 이용 가능한 어떤 종을 마음대로 부활시킬 자유가 있는가? 그렇지 않다면, 어떤 종의 부활 여부는 누가 결정할 것인가? 부활이 일어나기 전에 어떤 규칙이 제정되어야 하는가? 종은 결국에는 야생으로 복원되어야 하는가? 피레네야생염소에 대해 동결 조직은 단지 한 마리의 암컷에서만 채취하였다는 것에 주목하라. 그 아종의 수컷은 결코 다시는 존재하지 않을 것이다.

종의 부활이 지금은 가능할 것으로 보일지라도 우리는 아직 지구 전체적으로 종을 보존할 필요가 있다. 개념 56.2에서 다룬 유전적 다양성의 문제를 포함하여 많은 이유로 인하여 보존은 과학적으로 그리고 윤리적으로 더 현명한 행동이라 할 수 있다.

개념 확인 문제 56.1

1. 생물다양성의 위기를 단지 종의 손실로 정의하는 것은 왜 너무 좁은 의미의 정의가 되는지 설명하라.
2. 생물다양성에 대한 네 가지 주 위협요인이 무엇인지 열거하고 각각의 위협요인이 어떻게 다양성을 파괴하는지 설명하라.
3. WHAT IF? 지중해와 카리브해에 사는 두 가지 물고기 개체군들을 생각해 보라. 두 가지 시나리오가 있다: (1) 개체군은 서로 떨어져 번식한다. (2) 잡종 번식하기 위해서 두 개체군의 성체는 매년 북대서양으로 간다. 만약 지중해의 개체군이 남획으로 절멸된다면 어떤 시나리오가 더 많은 유전적 다양성의 손실을 일으키겠는가? 답변에 대해 설명하라.

정답은 부록 A 참조

개념 56.2

개체군 보전은 개체군의 크기, 유전적 다양성, 그리고 임계 서식지를 주 관심대상으로 한다

개체군과 종 수준에서 보전에 대해 탐구하는 생물학자들은 두 가지 접근법을 사용한다. 한 가지 접근법은 작아서 종종 민감한 개체군에 집중하는 것이다. 다른 접근법은 비록 아직은 작지 않지만 빠르게 감소하는 개체군을 강조한다.

소개체군 접근법

개념 56.1에서 읽은 것과 같이 작은 개체군들은 남획, 서식지 소실과 생물다양성을 위협하는 다른 요인들에 대해 민감하다. 이러한 요인들이 개체군의 크기를 감소시키고 나면 이 작은 크기의 개체군들은 스스로 그들의 절멸을 유도한다. 소개체군 접근법을 적용하는 보전생물학자들은 매우 작은 개체군이 결국에는 절멸하게 되는 다양한 과정을 연구한다.

절멸의 소용돌이: 소개체군 크기의 진화적 암시

진화 작은 개체군은 근친교배와 유전적 부동에 취약해지는데, 이런 요인들은 개체군이 점점 더 작은 크기로 줄어들어 결국 개체가 생존하지 못하게 되는 **절멸의 소용돌이(extinction vortex)**에 빠지게 한다(그림 56.13). 절멸의 소용돌이에 빠지게 되는 핵심적인 원인은 병원체의 새로운 균주와 같이 환경변화에 대한 진화적 반응에 필요한 유전적 다양성을 잃어버리기 때문이다. 근친교배와 유전자 부동 모두 유전적 변이의 소실에 대한 원인이 될 수 있으며(23장), 이들의 해로운 효과는 개체군의 크기가 작아질수록 더 커진다. 근친교배는 해로운 열성형질을 후손에서 동형으로 만들기 쉽기 때문에 적응도를 감소시킨다.

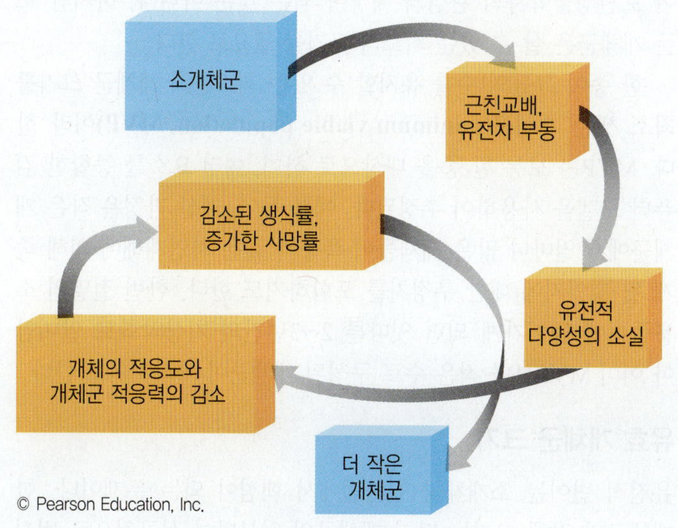

▲ 그림 56.13 **절멸의 소용돌이로 이끄는 과정들**

모든 작은 개체군들이 낮은 유전적 다양성에 의해 파멸에 이르는 것은 아니며 낮은 유전적 다양성이 자동적으로 개체군의 크기를 영원히 작게 만드는 것은 아니다. 예를 들어, 1890년대 북반구의 코끼리바다표범의 남획으로 인해 이 종의 수가 20개체로 줄어들었으며 이는 유전적 다양성이 감소되는 병목현상임이 틀림없었다. 그러나 그 이후 비록 유전적 다양성은 매우 낮게 유지되었을지라도 북반구의 코끼리바다표범 개체군은 다시 증가하여 오늘날 150,000마리가 되었다. 이처럼 낮은 유전적 다양성이 개체군의 성장을 항상 방해하는 것은 아니다.

사례연구: 대초원닭과 절멸의 소용돌이

유럽 사람들이 북미에 도착하였을 때 대초원닭(greater prairie chicken, *Tympanuchus cupido*)은 뉴잉글랜드에서 버지니아까지 그리고 미국과 캐나다의 서부 초원 어디에서나 볼 수 있는 흔한 동물이었다. 농업으로 인하여 중서부에 서식하던 대초원닭의 개체군은 여럿으로 나누어지고 개체수는 빠르게 감소하였다(그림 23.11). 일리노이에 19세기에 수백만 마리가 존재하던 것이 1993년에 50마리로 줄었다. 일리노이에서의 개체군 감소는 생식력에서의 감소와 관계가 있음이 연구를 통해 밝혀졌다. 절멸의 소용돌이 가설을 검증하기 위해 과학자들은 캔자스, 미네소타, 네브래스카의 큰 개체군으로부터 271마리의 대초원닭을 옮겨와 유전적 다양성을 증가시켰다(그림 56.14). 일리노이에서의 개체군은 다시 증가하였고 유전적 다양성의 수혈을 통해 구조될 때까지 절멸의 소용돌이가 지속되고 있었음을 증명하였다.

최소 생존 개체군 크기

개체군이 얼마나 작아야 절멸의 소용돌이가 시작될 수 있을까? 답은 생물의 종류와 여러 다른 요소들에 의해서 좌우된다는 것이다. 먹이사슬의 높은 단계를 먹고 사는 포식자들은 보통 낮은 개체군 밀도 때문에 넓게 퍼져서 산다. 그러므로 모든 희귀한 생물이 보전생물학자의 관심의 대상이 되는 것은 아니다. 하지만 모든 개체군은 살 수 있는 최소의 크기를 필요로 한다.

한 종이 그들의 수를 유지할 수 있는 최소한의 개체군 크기를 **최소 생존 개체군(minimum viable population, MVP)**이라 한다. MVP는 보통 한 종을 대상으로 하며, 여러 요소를 종합한 컴퓨터 모델을 사용하여 추정된다. 예를 들어, 계산 과정은 작은 개체군에서 얼마나 많은 개체들이 폭풍과 같은 자연재해에 의해 죽게 될 것인지에 대한 추정치를 포함하기도 한다. 한번 절멸의 소용돌이에 들어가게 되면 잇따른 2~3년간의 기상악화로 말미암아 이미 MVP보다 적은 수로 구성된 개체군이 사라지기도 한다.

유효 개체군 크기

유전적 변이는 소개체군 접근법에서 핵심이 되는 문제이다. 한 개체군의 전체 크기는 단지 개체군의 일부만이 성공적으로 번식하여 그들의 대립인자를 자손에 남기기 때문에 잘못 이해될 수

▼ 그림 56.14 **탐구**

일리노이에서 대초원닭의 개체군이 급격히 쇠퇴한 원인은 무엇인가?

실험 연구자들은 대초원닭의 개체군 붕괴가 알의 부화율로 측정한 생식률의 감소가 반영된 것임을 관찰하였다. 일리노이주 재스퍼 카운티에 있는 개체군에서 얻은 DNA 샘플과 박물관에 있는 표본의 깃털 DNA에 대한 비교분석은 연구 개체군에서 유전적 변이가 감소되었음을 보여주었다(그림 23.11). 1992년 웨스트마이어(Ronald Westemeier), 브라운(Jeffrey Brawn), 그리고 동료들은 유전적 변이를 증가시키기 위해서 미네소타, 캔자스, 네브래스카로부터 대초원닭을 이주시키는 실험을 시작하였다.

결과 이주(파란색 화살표) 후 알의 부화율은 급격히 증가하였고 개체군은 다시 증가하였다.

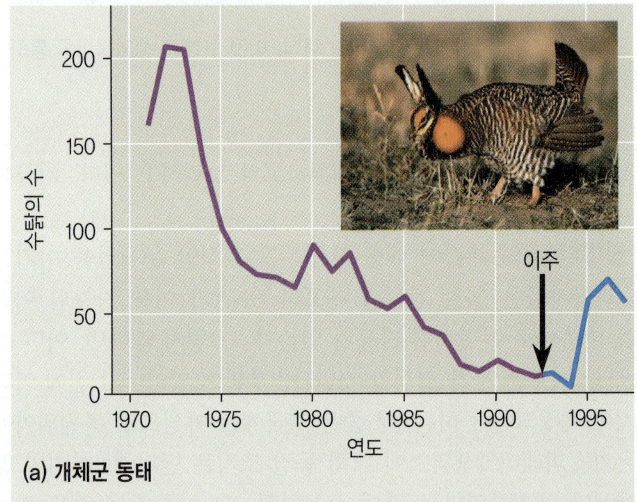

(a) 개체군 동태

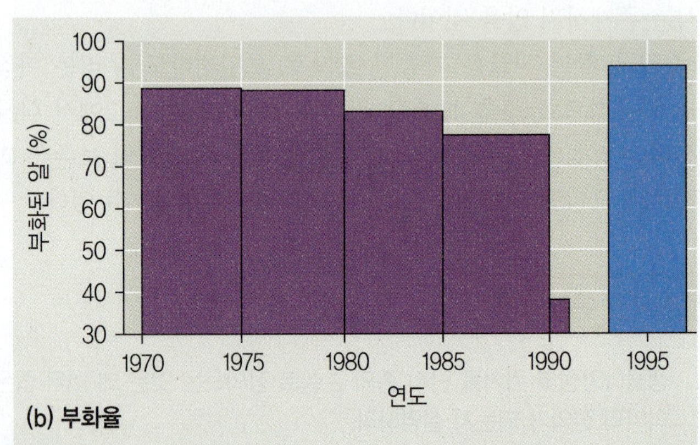

(b) 부화율

결론 유전적 변이의 감소로 인해 재스퍼 카운티의 대초원닭 개체군이 절멸의 소용돌이로 들어가기 시작하였다는 결론을 내렸다.

참고문헌 R. L. Westemeier et al., Tracking the long-term decline and recovery of an isolated population, *Science* 282:1695–1698 (1998). © 1998 by AAAS. Reprinted with permission.

탐구활동 원 논문을 읽고 분석해 보자.

WHAT IF? 일리노이 주에서 부화된 알의 비율을 증가시키기 위한 도구로 이주된 새를 사용하는 것이 성공적이었다면, 다른 새들을 즉시 더 많이 일리노이 주로 옮기지 않는 이유는 무엇이라고 생각하는가?

도 있다. 그러므로 연구자들은 개체군의 번식 능력에 기초한 **유효 개체군 크기(effective population size)**를 고려하여 의미 있는 MVP를 추정하여야 한다.

다음 식은 유효 개체군 크기 N_e를 구하는 데 있어 번식 개체의 성비를 고려하고 있다.

$$N_e = \frac{4N_f N_m}{N_f + N_m}$$

여기에서 N_f와 N_m은 성공적으로 번식하는 암컷의 수와 수컷의 수를 의미한다. 전체 크기가 1,000마리인 이상적인 개체군에 이 공식을 적용할 때, 모든 개체가 번식을 하고 성비가 500마리 암컷 : 500마리 수컷이라면 N_e는 또한 1,000이 될 것이다. 이 경우에 $N_e = (4 \times 500 \times 500)/(500 + 500) = 1{,}000$. 이 조건과의 차이가(모든 개체가 번식을 하지 않고/또는 성비가 1 : 1이 아닌 경우) N_e를 작게 만든다. 예를 들어, 전체 개체군 크기는 1,000이지만 단지 400마리의 암컷과 400마리의 수컷만이 번식을 하게 되는 경우, $N_e = (4 \times 400 \times 400)/(400 + 400) = 800$ 또는 전체 개체군 크기의 80%가 된다. 다양한 생활사적인 특성들이 N_e에 영향을 줄 수 있다. N_e를 추정하기 위한 여러 가지 공식에서는 가족 크기, 성숙 연령, 개체군 구성원들 사이의 유전적 연관성, 지리적으로 분리된 개체군 사이의 유전자 흐름의 효과, 그리고 개체군 변동 등을 고려하기도 한다.

실제로 개체군을 연구하는 경우, N_e는 항상 전체 개체군의 일부분이 된다. 그러므로 단순히 소개체군에서 개체의 총 수를 결정하는 것은 개체군이 절멸을 피할 만큼 충분히 큰지 아닌지를 측정하기 위한 올바른 방법이 아니다. 가능한 한, 보존 프로그램들은 생식적으로 활동적인 개체들을 적어도 최소한의 생존 숫자로는 포함하도록 총 개체군 크기를 유지하려고 노력한다. MVP 이상의 유효 개체군 크기(N_e)를 유지하고자 하는 보전 프로그램들의 목표는, 개체군들이 그들의 환경이 변화함에 따라 진화적으로 적응할 수 있는 충분한 유전적 다양성을 유지하여야 한다는 걱정에서 출발한 것이다.

개체군의 MVP는 개체군 생존력 분석에 종종 쓰인다. 이 분석의 목적은 개체군이 살아남을 가능성을 예측하는 것인데, 보통 특정 기간(예를 들어 100년) 동안에 걸쳐 생존할 확률이 95%라는 식의 특정 가능성으로 표현된다. 그러한 모형적 접근법들은 보전생물학자들이 대체 관리 계획들의 잠정적 결과들이 어떨지를 탐구할 수 있도록 해준다.

사례연구: 회색곰 개체군의 분석

첫 번째 개체군 생존력 분석 중의 하나는 1978년 듀크대학교의 샤퍼(Mark Shaffer)에 의해 옐로스톤 국립공원과 주변지역에서 살고 있는 회색곰에 대한 장기 연구의 일환으로 실시되었다(그림 56.15). 미국에서 멸종위협종인 회색곰(*Ursus arctos horribilis*)은 현재 48개의 주(state) 중 단지 4개 주에서만 발견된다. 이들 4개 주에서의 개체군들은 급격히 감소하였고 서식지가 나누어졌다. 1800년대에 100,000마리로 추정되는 회색곰들은 약 5억 헥타르의 서식지에 분포하였으나 오늘날에는 모두 합하여 500만 헥타르보다 좁은 서식지에 약 1,000마리가 상대적으로 격리된 6개의 개체군을 이루고 있을 뿐이다.

▲ **그림 56.15 회색곰 개체군의 장기 모니터링.** 생태학자들은 마취된 곰에게 음파발신기를 부착해서 곰들의 움직임을 옐로스톤 국립공원 개체군의 다른 개체들과 비교할 수 있도록 하였다.

샤퍼는 미국의 회색곰 개체군의 생존 가능한 크기를 결정하고자 시도하였다. 12년에 걸쳐 옐로스톤의 개개의 곰으로부터 얻은 생활사 데이터를 사용하여 생존과 생식에 대한 환경요소들의 효과를 시뮬레이션으로 분석하였다. 그의 모델은 적절한 서식지가 주어질 경우 70~90마리로 구성된 회색곰 개체군은 100년 동안 생존할 가능성이 95%이며, 100마리 이상의 개체군이 200년 동안 생존할 가능성은 95%라고 예상하였다.

옐로스톤 회색곰 개체군의 실제 크기를 샤퍼의 최소 생존 개체군 크기의 추정치와 비교하면 어떨까? 현재의 추정은 옐로스톤의 모든 회색곰의 개체수가 약 500마리라는 것이다. 유효 개체군 크기 N_e에 대한 전체 회색곰 개체군의 이와 같은 추정치 사이의 관계는 몇몇 요소에 의존한다. 보통, 단지 몇 마리의 우점 수컷만이 번식에 참여하고 개체들이 방대한 지역에 서식하므로 이들이 암컷의 위치를 찾아내기란 쉽지 않을 것이다. 더구나 암컷들은 식량이 풍부할 때만 번식을 할 것이다. 그러므로 N_e는 500마리의 옐로스톤 개체군 중에서 단지 약 125마리, 즉 전체 개체군 크기의 약 25%로 계산된다.

작은 개체군들은 시간이 지남에 따라 유전적 변이를 잃어버리는 경향이 있으므로 많은 연구팀들은 옐로스톤 회색곰 개체군의 유전적 다양성을 추정하기 위해 단백질, 미토콘드리아 DNA, 짧은 반복서열(20장)을 분석해 왔다. 모든 결과는 옐로스톤 개체군이 북미의 다른 회색곰 개체군보다 유전적 다양성이 낮음을 보여주었다.

보전생물학자들은 옐로스톤 회색곰 개체군의 유효 개체군 크기와 유전적 변이를 어떻게 증가시킬 수 있을까? 격리된 개체군들 사이의 회색곰 이동은 유효 개체군 크기와 전체 개체군 크기 모두를 증가시킬 것이다. 컴퓨터 모델은 100마리로 구성된 개체군에 근친관계가 아닌 두 마리의 회색곰을 10년마다 들여오게 되면 유전적 변이의 손실을 약 절반으로 줄일 수 있다고 예측한다. 회색곰과 개체군 크기가 매우 작은 많은 다른 종들에게도 개체군들 사이의 이동을 증진시키는 방법을 찾는 것은 가장 시급한 보전 노력 중의 하나일 것이다.

대초원닭의 경우뿐만 아니라 위와 같은 사례연구는 소개체군 모델과 보전의 실제적인 적용을 잇는 가교 역할을 한다. 이제 절멸의 생물학을 이해하기 위한 다른 접근법을 알아보자.

감소 개체군 접근법

감소 개체군 접근법은 비록 개체군이 최소 생존 개체군 크기보다 훨씬 많을지라도 개체수가 줄어드는 경향을 보이는 절멸위협과 절멸위기 개체군을 주 대상으로 한다. (작지 않을 수도 있는) 감소 개체군과 (감소하지 않을 수도 있는) 작은 개체군을 구분하는 것보다 이 두 가지의 보전 방법 중 어느 방법을 먼저 사용하느냐가 더 중요하다. 소개체군 접근법은 특별히 유전적 다양성의 소실로 인한 개체군 절멸의 궁극적인 원인으로서 작은 것 자체를 강조한다. 반면에 감소 개체군 접근법은 처음 존재하던 장소에서 개체군을 감소하게 만든 환경요소를 강조한다. 예를 들어, 만일 한 지역이 벌목되었다면 그들이 유전적 다양성을 유지하거나 말거나 나무에 의존하던 종들은 감소할 것이고 결국에는 그 지역에서 사라질 것이다.

분석과 간섭의 단계

감소 개체군 접근법에서는 연구자들이 올바른 방책을 내놓기에 앞서, 감소의 원인을 신중히 찾아내는 개별적인 연구의 바탕 위에 개체군의 감소가 평가되어야 할 필요가 있다. 만약 괌에 있는 갈색나무뱀과 같은 침입종이 토착 조류종에 해를 끼치면 관리자들은 침입자들을 감소시키거나 제거하여 피해받기 쉬운 조류의 개체군들을 복구해야 할 것이다. 비록 대부분의 상황은 복잡하지만 감소하는 개체군을 분석하기 위해서는 다음과 같은 단계를 사용할 수 있다.

1. 개체군 데이터를 사용하여 과거에 종이 더 널리 분포하였거나, 풍부하였다는 것을 확인하라.
2. 종이 요구하는 환경조건을 결정하기 위하여 연구 문헌 조사를 포함하여 이 종과 관련된 종들의 자연사를 연구하라.
3. 인간의 활동과 자연적 사건을 포함하여 감소의 원인이 될 수 있는 모든 가정을 도출하고 이를 목록으로 작성하라.
4. 많은 요소들이 감소와 관련되었을 수도 있으므로 우선 가능성이 가장 높은 것부터 확인하라. 예를 들어, 감소의 원인이라 생각되는 것을 제거하고 실험 개체군이 대조 개체군에 비해 다시 증가하는지 확인하라.
5. 진단 결과를 절멸위협종의 관리에 적용하고 회복되는 것을 점검하라.

다음의 사례연구는 감소 개체군 접근법을 최근에 어떻게 절멸위기종 보전에 적용하였는지를 보여주는 한 예이다.

사례연구: 벵골 플로리칸의 감소

절멸위기에 놓인 벵골 플로리칸(*Houbaropsis benglensis*)은 느시과에 속하는 큰 육상 새이다**(그림 56.16a)**. 이 새는 두 개의 지리학적으로 고립된 개체군으로 존재하며 하나는 인도와 네팔에서 발견되었고 나머지 하나는 캄보디아에서 발견되었다. 캄보디아 개체군은 1999년에 재발견되었을 뿐만 아니라 지구에 남아 있는 벵골 플로리칸의 2/3를 차지한다. 2005년, 연구원들은 416마리의 수컷이 그 개체군에 있음을 확인하였다. 캄보디아에서는 광활한 초원의 건기 동안 종들이 번식을 하는데, 우기 때 톤레삽(Tonle Sap) 호수의 물이 불어나면서 범람하게 된다. 이러한 초원은 거대 야생 초식동물(현재 절멸)들의 방목에 의해 덤불의 성장을 막음으로써 유지되는데 만약 그러지 않으면 초원에 덤불이 그대로 자라게 된다. 이 역할은 가축들의 생장을 위해 매년 초원을 태우는(burning) 목동에 의해 이루어져 오고 있으며, 이로 인해 덤불의 침입을 이롭게 조절할 수 있다**(그림 56.16b)**. 최근 몇 년 사이, 범람원은 관개를 이용한 상업적 벼 생산으로 빠르고 큰 규모의 변화를 겪었다**(그림 56.16c)**. 캄보디아 산림 관리원(Forestry Administration of Cambodia)과 함께 한 조사에서, 2005년 1월과 2007년 3월 사이에 캄보디아 범람원 초원의 28%가 추가적으로 범람되었다고 밝혀졌다. 관개를 위해 댐을 짓는 것은 또한 남아 있는 초원 서식지의 질에 영향을 미친다. 댐들은 인접한 초원을 물에 의해 흠뻑 젖게 만들고 초원을 통한 접근 통로를 차단하여, 전통적인 소의 방목을 방해하게 된다. 두 효과 모두 덤불의 빠른 성장에 기여한다. 예전의 높은 사냥률과 함께 벵골 플로리칸에게 이러한 요인들의 영향은 재앙이 되고 있다.

비록 벵골 플로리칸의 보존을 위해 중요한 장소에 보호지역이 지정되고 있지만 이 종의 생태를 잘 이해하지 못해서 처음엔 효과적인 보호 전략이 수립되지 못했었다. 그러나 연구자들은 방사원격 측정법과 서식지의 생태적 연구를 혼합하여 플로리칸들이 번식계절에 필요로 하는 것들과 어떤 관리가 필요한지를 결정하는 데 이용했다. 구애하는 수컷들은 불과 방목, 그리고 전통적인 방법들에 의해 형성된 저강도 벼논과 같은 짧고 광활한 초원을 필요로 한다. 암컷들은 이러한 장소를 서식지와 먹이를 먹는 곳으로 사용할 뿐만 아니라 키가 크고 불이 나지 않은 초원 지역도 필요로 한다. 연구자들은 현재 인공위성을 이용하여 그들이 범람된 초원을 떠날 때 그들의 이동을 하나하나 지도화하고, 우기 동안 그들의 서식지요구사항들을 밝히기 위한 추적을 진행하고 있다. 이러한 연구들은 광범위한 식물경작을 위해 지역이 청소되는 것 때문에 우기 동안의 서식지가 감소함으로써 종이 더욱 위협을 받고 있다는 것을 나타내었다. 인공위성을 통한 추적은 우기 지역에서 추가적으로 보호지역을 더 만들도록 촉구하며, 종의 요구사항을 만족시킬 수 있는 서식지 관리가 이루어지도록 할 것이다.

(a) 초원 서식지에 있는 벵골 플로리칸

(b) 방목과 불은 초원을 유지시킨다.

(c) 초원은 관개된 상업적 쌀 생산지로 변화되고 있다.

▲ 그림 56.16 서식지 침입과 벵골 플로리칸

대립되는 요구의 중요성 비교

개체군 수와 필요한 서식지를 결정하는 것은 종을 구하기 위한 노력의 일부일 뿐이다. 과학자들은 다른 대립적인 요구와 종의 요구 중 어느 것이 더 중요한지 경중을 가리는 것이 필요하다. 보전생물학은 종종 이 책의 주제 중의 하나인 과학, 기술, 사회 사이의 관계를 중요시한다. 예를 들어, 미국의 서부에서는 늑대, 회색곰, 그리고 송어(bull trout) 개체군을 위한 서식지 보호와, 방목 및 자원 추출 산업의 일자리 창출 사이에 뜨거운 논란이 현재 진행되고 있다. 인간의 안전을 염려하는 레크리에이션 관계자와 공원 밖 가축을 잃어버릴 잠재성을 염려하는 많은 목축업자들은 옐로스톤 국립공원의 늑대증식 프로그램을 반대한다.

크고 눈에 잘 띄는 척추동물이라서 항상 문제의 초점이 되는 것이 아니라, 거의 항상 문제가 되는 것은 서식지의 사용이다. 새로운 고속도로를 위하여 교량을 건설할 경우 담수산 담치 한 종이 살고 있는 유일한 서식지를 파괴한다면 교량 공사는 계속 진행되어야 하는가? 만약 당신이 강한 태양 아래서 잘 자라는 커피 농장의 주인이라면 많은 울새가 살 수 있게 하기 위하여 생산량이 적고 이익이 줄어드는 음지에서 자랄 수 있는 커피 변종으로 작물을 바꿀 수 있겠는가?

종의 생태적 역할 또한 고려되어야 할 주요 사항이다. 우리는 모든 절멸위기종을 구하지 못하기 때문에 다양성을 전체적으로 보전하기에 가장 중요한 것이 무엇인지를 결정하여야 한다. 핵심종(쐐기종)이 무엇인지 확인하고 이 개체군들을 유지할 수 있는 방법을 찾는 것이 전체 군집의 생존에 가장 중요할 것이다.

한 종을 보전하기 위한 관리는 다른 종의 개체군에 해를 끼칠 수 있을 가능성을 수반한다. 그러나 캄보디아에서 세간의 이목을 끄는 벵골 플로리칸을 위한 서식지 보호는 또한 이들의 서식지에 의존하며, 다른 지구적 위협을 받고 있는 11종의 새들에게 이로움을 주고 있다. 몇몇의 경우, 보호방법들은 아마 지역 사회의 이익과 갈등을 겪을지도 모른다. 그러나 캄보디아 초원에서 통합 농장과 생물다양성 지역(Integrated Farming and Biodiversity Areas, IFBAs)을 만드는 것은 벵골 플로리칸이 요구하는 서식지와 지역사회의 토지사용 자격 및 전통적 농업 양식을 모두 보호하는데, 그렇지 않았으면 이들은 거대 규모의 농장 운영에 의해 쫓겨났을 것이다. 결과적으로 많은 지역 사회들은 서식지 보호를 지지한다. IFBAs는 벵골 플로리칸의 서식지와 초원의 다른 종들을 안전하게 보호하면서 지역사회가 자신들의 삶을 추구할 수 있도록 해줄 것이다.

개념 확인 문제 56.2

1. 소개체군의 유전자 다양성 감소가 어떻게 이들을 더욱 절멸에 민감하게 하는가?
2. 한 개체군에 100마리 이상의 대초원닭이 있고, 30마리의 암컷과 10마리의 수컷이 번식에 참여한다면 유효 개체군 크기(N_e)는 얼마인가?
3. WHAT IF? 2005년에 옐로스톤 생태계의 회색곰은 적어도 10마리가 사람들과의 접촉을 통해서 죽었다. 3가지가 이 죽음의 원인이 되었다: 자동차 사고, 새끼와 함께 있는 암컷 회색곰을 향해 총을 쏘는 (다른 동물들의) 사냥꾼, 주기적으로 가축을 공격하는 곰을 죽이는 보전 관리자. 관리자의 입장에서 이러한 옐로스톤의 사건을 최소화하기 위해서는 어떤 단계가 필요한가?

정답은 부록 A 참조

개념 56.3

경관과 지역 보전은 생물다양성의 유지를 돕는다

역사적으로 보전 노력은 각각의 종들을 구하는 데 집중되었으나 오늘날의 노력은 점진적으로 모든 군집, 생태계, 그리고 경관을 포함하는 생물다양성의 유지를 추구한다. 이와 같은 넓은 견해는 개체군, 생태계, 그리고 경관 생태의 원리뿐만 아니라 인간 개체군의 역동성과 경제학 분야의 적용 역시 요구한다. 경관생태학(그림 51.2장)의 목적은 미래의 경관 사용 방식을 예상하고 토지 사용 계획 일부에 생물다양성 보전을 포함시키는 것을 포함한다.

경관 구조와 생물다양성

주어진 경관에서의 생물다양성은 대체로 경관구조가 어떻게 되어 있느냐에 따른 함수라고 할 수 있다. 많은 종들이 한 종류 이상의 생태계에서 살고, 많은 종류가 생태계 사이의 경계에서 살기 때문에 경관 구조를 이해하는 것은 보전에 특히 중요하다.

단편화와 가장자리

생태계 사이(예를 들어, 호수와 이를 둘러싸는 숲 사이, 또는 농경지와 교외 거주지 사이)의 경계 또는 가장자리는 경관의 모습을 규정한다. 가장자리는 그곳만의 물리적 특징을 가지므로 접해 있는 양쪽과 매우 다르다. 숲 조각과 산불이 난 지역 사이의 가장자리에 있는 토양의 표면은 숲의 내부보다 더 많은 빛을 받아 보통 더 뜨겁고 더 건조하다. 그러나 불에 탄 지역의 토양 표면보다는 더 차고 습하다. 그림 56.17의 바테케 고원 국립공원 사진은 생태계 사이의 몇몇 가장자리를 보여준다.

어떤 생물들은 인접한 양쪽의 자원을 모두 이용할 수 있기 때문에 가장자리 군집에서 번성한다. 목도리뇌조(*Bonasa umbellatus*)는 둥지, 겨울 먹이, 그리고 은신처로서 숲 서식지를 필요로 하는 반면 여름 먹이를 위하여 빽빽이 들어선 관목과 초본을 가진 숲 틈을 필요로 한다.

인간이 변경시켜서 만들어진 가장자리 생태계는 생물다양성을 종종 감소시켰고 가장자리종이 선호하는 장소가 되었다. 예를 들어 흰꼬리사슴(*Odocoileus virginianus*)은 목질성 관목의 잎을 먹을 수 있는 가장자리 서식처에 번성한다. 사슴 개체군은 종종 숲이 벌목되어 더 많은 가장자리가 만들어질 때 더 커진다. 갈색

▲ 그림 56.17 **자연스런 가장자리.** 아프리카 가봉의 바테케 고원 국립공원에서는 초지가 숲 생태계로 바뀌고 있다.

▲ 그림 56.18 **아마존에서 숲 단편화의 생물학적 역동성 사업의 일부로 우림 조각이 만들어졌다.**

머리찌르레기(*Molothrus ater*)는 다른 새, 종종 철새인 울새의 둥지에 알을 낳는 새로 가장자리에 적응한 종이다. 찌르레기는 다른 새들의 둥지를 이용하기 위하여 숲을 필요로 하며, 곤충을 잡아먹을 수 있는 광활한 들판을 필요로 한다. 그러므로 이들 개체군은 심하게 벌목되고 조각나서 가장자리 서식지가 많이 만들어지고 들판이 있는 곳에서 급격히 증가한다. 찌르레기 기생과 서식지의 소실이 증가하는 것은 여러 찌르레기의 숙주종 개체군의 감소와 관련이 있다.

단편화가 군집구조에 미치는 영향은 장기연구인 숲 단편화의 생물학적 역동성 사업(Biological Dynamics of Forest Fragments Project)으로 1979년부터 연구되었다. 아마존 강 집수역의 중심에 위치한 연구 장소는 80~1,000 m 정도 떨어져 있는 주변의 연속적인 숲으로부터 분리된 열대우림의 분리된 조각들로 이루어져 있다(그림 56.18). 이 사업에 관여하는 수많은 연구자들은 선태류로부터 투구벌레류, 그리고 조류까지 이 생물들에 대한 단편화의 효과들을 명백히 기록하였다. 그들은 숲 안쪽에 적응한 종들은 숲 조각들이 가장 작아졌을 때 급격히 감소한다는 것을 지속적으로 발견하였는데, 이것은 작은 단편들이 우세한 경관들은 더 적은 종만을 부양하게 될 것이라는 점을 제시해준다.

단편화된 서식지를 연결하는 이동통로

서식지가 심각하게 단편화된 곳에서 **이동통로(movement corridor)**의 존재, 즉 격리된 곳을 연결하는 일련의 뭉치 또는 좁은 띠 모양의 일련의 서식지들은 생물다양성 보전에 있어서 결정적인 요소가 될 수 있다. 강변 서식지는 종종 연결통로로 이용되고 어떤 국가에서는 정부가 이와 같은 서식지의 변화를 금지한다. 인간의 이용이 극심한 경우 때로 인공적인 이동통로가 건설되기도 한다. 예를 들어, 다리 또는 터널은 고속도로를 가로질러 가려는 동물이 길에서 차에 치어 죽는 것을 감소시킬 수 있다(그림 56.19).

이동통로는 또한 감소 개체군의 자가 교배를 줄이고 확산을

▲ **그림 56.19** **인공적인 이동통로.** 캐나다의 밴프 국립공원에 있는 이 다리는 인간이 만들어 놓은 장벽을 동물들이 건널 수 있게 도와준다.

증진시킬 수 있다. 이동통로는 나비, 들쥐, 그리고 다양한 수생식물을 포함하는 많은 생물 개체군들의 교환을 증가시키는 것으로 나타났다. 이동통로는 특히 계절에 따라 서식지를 이동하는 종들에게 중요하다. 그러나 이동통로는 또한 해로울 수도 있다—예를 들어 질병 확산에 의해서. 2003년 스페인 자라고자(Zaragoza) 대학교 연구원에 의하면 서식지 연결통로는 스페인 북부의 숲 조각 사이에서 병균을 가진 진드기의 이동을 촉진한다고 한다. 이동통로의 모든 효과가 지금까지 알려지지는 않았으며, 그들의 영향은 보전생물학에서 활발한 연구 분야이다.

보호지역의 지정

보전생물학자들은 군집, 생태계, 경관의 다양성 등에 관한 지식을 생물다양성의 손실을 늦추기 위하여 보호지역을 지정하는 데 적용하고 있다. 현재 정부는 세계 육지 면적의 약 7%를 다양한 형태의 보전지구로 지정하여 이용을 보류하고 있다. 보호할 지역과 그곳의 디자인을 선택하는 것에는 많은 어려움이 존재한다. 절멸 위협종들에 대한 포식과 화재 위험을 최소화하기 위해서 보호구역은 관리되어야 하는가? 또는 번개에 의해 발화되는 산불과 같은 과정이 자연스럽게 일어나도록 가능한 한 보전지역을 자연스럽게 남겨두어야 하는가? 이것은 국립공원이나 기타 다른 보호지역들의 건전성에 관심을 가지는 사람들 사이에서 발생하는 여러 논쟁들 중 하나에 지나지 않는다.

생물다양성 중요지점의 보전

어떤 지역이 가장 우선하여 보전되어야 하는가를 결정하는 데 있어, 생물학자들은 종종 생물다양성 중요지역에 관심을 모은다. **생물다양성 중요지점(biodiversity hot spot)**은 (지구상 다른 곳에선 찾을 수 없는) 수많은 고유종과 많은 수의 절멸위기종이나 절멸위협종이 사는 상대적으로 좁은 면적의 지역을 말한다(그림 56.20). 모든 조류종의 약 30%는 지구 육지의 약 2% 면적을 차지하는 중요지점에서 발견된다. 이와 함께 생물다양성 중요지점 중 "가장" 중요한 지역은 지구 육지 표면적의 1.5% 이하에 불과하다. 그러나 이곳은 식물과 양서류, 조류를 포함한 파충류, 포유류를 포함하는 모든 종의 1/3에 해당하는 종들의 고향이다. 수생태계 또한 산호초나 특정 수계와 같은 중요지점을 포함한다.

생물다양성 중요지점은 자연보전 지역으로 지정하기에 좋은 지역이다. 그러나 항상 그들을 쉽게 확인할 수는 없다. 하나의 문제는 나비와 같은 한 분류군을 위한 중요지점이 새와 같은 다른 분류군을 위한 중요지점은 아닐 수도 있다는 것이다. 한 지역을 생물다양성 중요지점으로 지정하는 것은 종종 무척추동물과 미생물에게는 관심을 적게 기울이고 척추동물과 식물을 구하기 위한 방편으로 편향되곤 한다. 몇몇 생물학자들은 중요지점 전략이 지구 육지의 너무 적은 부분에 너무 많은 보전 노력을 집중시키고 있다고 걱정한다.

지구의 변화는 중요지점 보전 임무를 더 어렵게 만든다. 왜냐하면 특정 개체군에 대해 호의적인 환경들은 아마 미래에 동일한 지역에서 발견되지 않을지도 모르기 때문이다. 호주의 서부지역(그림 56.20)에 있는 생물다양성 중요지점에는 수천 가지의 고유식물종과 수많은 고유 척추동물들이 서식한다. 연구자들은 최근 그들이 조사한 식물종의 5%에서 25% 사이가 2080년까지 아마 절멸될 것이라고 결론 내렸다. 왜냐하면 이 식물들은 이 지역에서 예상할 수 있는 건조도 증가에 대해 견디지 못할 것이기 때문이다.

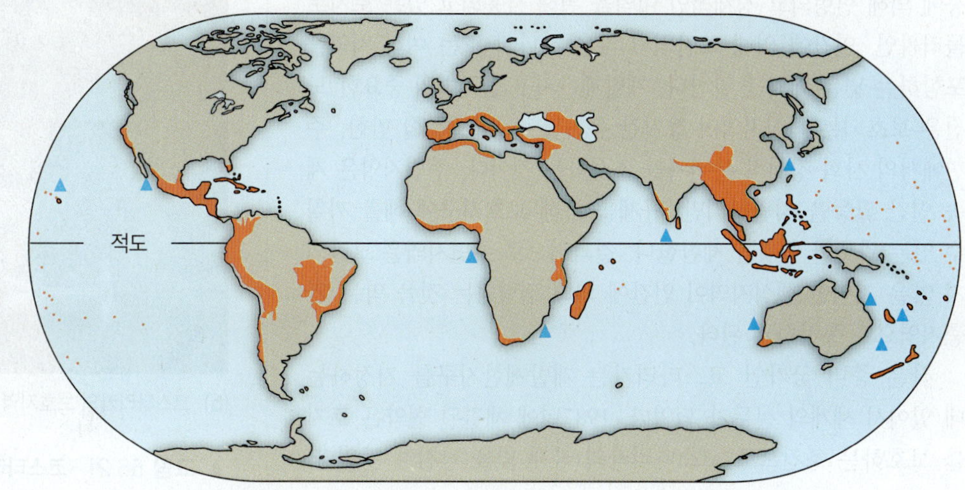

▶ **그림 56.20** **지구의 육지와 해양에서의 생물다양성 중요지점**

자연 보호지구에 대한 철학

자연 보호지구는 인간의 활동에 의하여 변경되거나 파괴된 서식지의 바다에 떠 있는 생물다양성의 섬이다. 보호되는 지역이 영원히 변함없이 남겨져 있어야만 한다는, 앞에서 제시한 정책은 생태계가 균형 잡히고 스스로 조절할 수 있는 단위라는 개념에 근거한다. 그러나 교란은 모든 생태계에서 흔히 일어나며, 비평형적 모델(개념 54.3)은 자연보호지구뿐만 아니라 보호지구 주변의 더 넓은 경관에 적용된다. 자연의 교란을 무시하는 관리 정책과 교란을 막고자 하는 노력은 일반적으로 실패했다. 예를 들어, 키 큰 초원, 지중해성 관목림, 건조한 소나무숲과 같이 불에 의존하는 군집이 존재하는 지역을 보호할 경우, 주기적인 산불을 배제한다면 이들은 유지되지 않을 것이다. 중요한 교란이 없다면 불에 적응한 종들은 보통 다른 종들과의 경쟁에서 지게 되고 생물다양성은 감소된다.

보전의 중요한 의문 중의 하나는 하나의 큰 보호지구를 만드는 것이 더 좋은가 아니면 작은 보호지구를 여러 개 만드는 것이 좋은가이다. 큰 보호지구를 지정하자는 주장은 회색곰과 같이 크고 개체군 밀도가 낮으며 넓은 지역을 필요로 하는 종들은 넓은 서식지를 필요로 한다는 것이다. 또한 넓은 면적이 작은 면적보다 비율적으로 더 짧은 가장자리를 가져 가장자리에 의한 영향을 덜 받는다는 것이다.

보전생물학자들이 멸종위기종의 최소 생존 개체수를 위한 요구 조건에 대해 더 많은 것을 이해함에 따라 대부분의 국립공원과 다른 보호지구들이 너무 좁다는 것을 그들은 깨닫고 있다. 회색곰의 장기간 생존을 위해서 필요로 하는 공간은 옐로스톤과 그랜드 테톤(Grand Teton) 국립공원의 실제 면적의 10배 이상이다. 보호지구를 둘러싸는 사유지와 공유지도 생물다양성 보전에 기여해야만 할 것이다.

개발제한지구

몇몇 국가는 관리를 위하여 구역으로 나누어진 개발제한지구 접근법을 채택하였다. **개발제한지구(zoned reserve)**는 인간의 활동에 의해 변형되고 경제적인 이익을 위해 사용되고 있는 토지로 둘러싸인, 인간에 의해 교란되지 않은 하나의 또는 여러 지역을 포함하는 넓은 대지를 말한다. 개발제한지구 접근법의 중요한 도전은 보호되는 핵심지역이 장기간 유지될 수 있도록 할 만한, 주변에서의 사회 경제적 분위기를 조성하는 것이다. 주변지역은 계속 인간 활동을 지원하지만, 규제를 통해 보호지구에 해를 끼칠 수 있는 과도한 변경을 제한한다. 결과적으로 주변지역은 교란되지 않은 지역인 핵심지역이 인간에 의해 점령되는 것을 막는 완충지역으로 봉사하게 된다.

작은 중미 국가인 코스타리카는 개발제한지구를 지정하는 데 있어서 세계의 선두가 되었다. 1987년에 체결된 협약은 토지를 보호하는 조건으로 코스타리카의 국제 빚을 탕감해 주었다. 전 국토는 육지와 바다의 국립공원과 다른 보호지역을 포함하는 11개의 보호지역으로 나누어졌다(그림 56.21). 코스타리카에서는 개발제한지구를 관리하는 데 있어서 많은 진전을 보이고 있으며, 완충지대는 산림 자원, 물, 전기를 계속하여 끊임없이 공급하고 있다. 또한 지역민을 고용하는 지속가능한 농업과 관광업을 지원하고 있다.

코스타리카는 고유종의 80% 이상을 유지하기 위하여 개발제한지구 체계에 의존하지만 이 체계에 문제가 없는 것은 아니다. 1960년과 1997년 사이에 일어난 지표변화에 대한 2003년 분석결과는 코스타리카 국립공원 내에서의 산림이 사라진 경우는 무시할 정도로 적었으며, 공원 주변 1 km 완충지대를 통하여 숲이 더 만들어졌다는 것을 보여주었다. 그러나 모든 국립공원을 고려하면 10 km 완충지대에서 숲이 상당히 소실되었으며 이는 공원

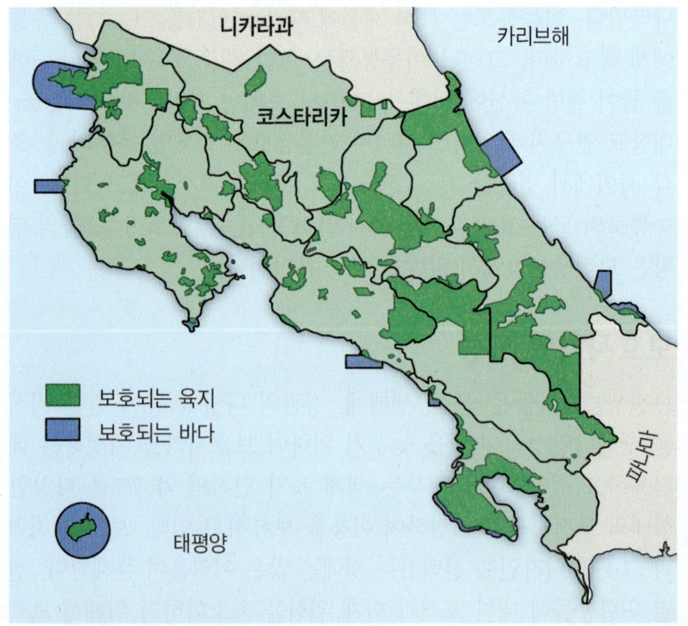

(a) 보호지역의 경계는 검은 선으로 표시하였다.

(b) 코스타리카의 보호지역 중의 한 곳에서 생명의 다양성에 감탄하고 있는 관광객

▲ **그림 56.21 코스타리카의 보호지역**

▲ **그림 56.22 플로리다키스 국립 해양 보호구에서 산호를 측정하는 다이버**

들이 격리된 서식지 섬으로 바뀌도록 위협하고 있다.

해양생태계 또한 인간의 개발로 심하게 영향을 받았음에도 불구하고 바다의 보호구역은 육지의 보호구역보다 훨씬 덜 일반적이다. 전 세계적으로 많은 물고기 개체군은 인간이 닿을 수 있는 모든 구역의 물고기를 잡을 수 있는 첨단 장비의 사용으로 인하여 붕괴되고 있다. 이에 대응하여 영국 요크대학교의 과학자들은 어로 작업을 하지 못하는 해양 보호지구를 전 세계에 지정하자고 제안하였다. 그들은 해양 보호구를 여기저기 만들어 놓음으로써 보호지구 내에서는 물고기 개체군이 증가하고 주변에서는 어로 작업을 성공적으로 할 수 있는 수단이 될 수 있다는 결정적 증거를 제시하였다. 그들이 제안한 체계는 피지 섬에서 수백 년 동안 내려온 방법으로 일부 지역에서는 역사적으로 어로 작업을 할 수 없도록 한 것(구역으로 나누어진 보호지구의 전통적인 예)을 현대에 적용한 것이다.

미국은 1990년에 설립된 플로리다키스 국립 해양 보호구(The Florida Keys National Marine Sanctuary)를 포함하는 13개 해양 보호구 세트를 만드는 시스템을 채택하였다**(그림 56.22)**. 물고기와 바닷가재를 포함한 바다 생물 개체군은 9,500 km^2에서 남획이 금지된 이후에 급격히 회복되었다. 더 크고 더 풍부한 양의 물고기들이 현재 새끼를 낳아 이들이 산호를 다시 살게끔 하고, 보호구역 밖에서 낚시질을 할 수 있도록 도움을 준다. 보호구역 안의 증가한 해양 생물은 또한 이 구역으로 나누어진 보호지구의 경제적인 가치를 높이면서 취미활동을 하는 다이버들이 선호하는 장소가 되고 있다.

도시생태학

앞에서 다룬 개발제한구역은 인간의 활동에 의해 상대적으로 영향을 받지 않은 서식지와 경제적인 이익을 위해 인간이 철저하게 이용한 서식지를 결합한다. 생태학자들은 점점 더 도시라는 맥락에서조차 종의 보존을 바라고 있다. **도시생태학(urban ecology)** 분야는 도시라는 곳에서 생물과 그들이 사는 환경을 연구한다.

역사상 처음으로 인구의 절반 이상이 도시에 산다. 2030년이 되면 50억 명이 도시 환경에 살고 있을 것으로 예측된다. 도시가 수와 크기에서 확장될 때 한때는 도시 경계의 밖에 있던 보호지역은 도시 경관으로 흡수된다. 생태학자들은 지금 도시를 생태학 실험실로 이용하여 종 보전과 다른 생태학적 수요와 인간의 수요 사이의 균형을 찾고자 한다.

매우 중요한 한 연구 장소는 물의 흐름과 수질 그리고 그 속에 사는 생물을 포함하는 도시 하천이다. 도시 하천은 비가 온 후 자연 하천보다 더 빠르게 수위가 올라가고 내려간다. 이 빠른 수위 변화는 범람을 피하기 위해 가능한 한 빠르게 도시에서 물을 빼내는 배수체계뿐 아니라 도시에서의 콘크리트 또는 다른 불투수 표면 때문에 발생한다. 도시 하천은 또한 더 높은 농도의 양분과 오염물질을 포함하는 경향이 있으며, 종종 직선화되었고 때로는 심지어 지하 수로화되었다.

브리티시 컬럼비아의 밴쿠버 근처에서 생태학자와 자원봉사자들은 계곡을 따라 교목과 관목을 심어 둑을 안정화시킴으로써 파괴된 도시 하천인 귀촌 계곡(Guichon Creek)을 복원하고자 노력하고 있다. 그들의 노력으로 물의 흐름과 하천 내의 무척추동물과 어류 군집이 하천이 파괴되기 이전인 50년 전과 비슷하게 회복되었다. 몇 년 전 생태학자들은 하천에 송어를 성공적으로 정착시켰으며, 송어는 현재 번성하고 있다.

도시가 그들 주변의 경관 속으로 계속 확장할 때, 이 확장이 생태학적으로 미칠 영향을 이해하는 것이 점점 더 중요해질 것이다. 도시를 생태 연구로 끌어들이는 것은 앞으로 다가올 수십 년에 걸쳐 연구와 보존의 한 분야로 확장될 것이다.

개념 확인 문제 56.3

1. 생물다양성 중요지점이란 무엇인가?
2. 개발제한지구는 보호되는 지역의 장기 보호를 위하여 경제적인 동기를 어떻게 부여하는가?
3. **WHAT IF?** 개발하는 사람이 두 공원 사이의 연결통로로서 기능하는 숲을 깨끗하게 제거할 것을 제안했다고 가정해보자. 이 사람은 보완책으로 공원 하나에 같은 크기의 숲을 더해줄 것을 제안하였다. 전문적인 생태학자로서 어떻게 연결통로 유지를 주장하겠는가?

정답은 부록 A 참조

개념 56.4

지구는 인간의 행동으로 인해 급속히 변화하고 있다

우리가 논의해온 것처럼, 경관과 지역 보전은 서식지를 보호하고 종들의 보존을 돕는다. 그러나 인간의 활동으로 인한 환경변화들은 새로운 도전과제를 형성하고 있다. 예를 들어, 인간에 의한 기후변화의 결과로써 오늘날 민감한 종들이 발견되는 지역은 미래에 보전이 필요한 지역과 일치하지 않을 수도 있다. 만약 지구의 많은 서식지가 너무 빠르게 변화하여 오늘날 보전 지역들이 그곳 종들에게 10년, 50년, 또는 100년 안에 부적합하게 된다면 무슨 일이 일어나겠는가? 이러한 시나리오는 점차 발생 가능성이 증가하고 있다.

이 절의 나머지 부분에서는 인간들이 불러일으킨 환경 변화의 네 가지 유형인 부영양화, 독성물질의 축적, 기후 변화, 그리고 오존층 파괴에 대해 다룬다. 이들과 다른 변화들의 영향이 도시와 농장 같은 인간이 점유한 생태계뿐만 아니라 지구에서 가장 멀리 떨어진 생태계에서도 나타난다.

부영양화

인간의 활동은 종종생물권의 한 장소에서 다른 장소로 양분을 이동시킨다. 미국의 수도 워싱턴에서 사람들이 먹는 딸기는 며칠 전 캘리포니아에서 생산되었을 수도 있다. 그리고 잠시 후 딸기에 들어 있는 양분의 일부는 인간의 소화기와 화장실을 거쳐 포토맥 강에 있을 것이다.

농업은 인간의 활동들이 특히 질소와 같은 양분의 증폭을 통해 어떻게 환경을 변화시키는지의 한 예가 된다. 한 지역에서 토양에 저장된 양분은 작물로 들어가고 그 작물이 모두 수확되어 그 지역을 떠날 때 고갈된다. 작물생산을 위하여 토양에 비료를 주지 않아도 되는 자유기간은 매우 다양하다. 초기 북미 초원의 일부가 경운되었을 때 토양 속에 저장된 많은 유기물이 계속 분해되어 양분을 공급했으므로 수십 년 동안 농작물을 많이 생산할 수 있었다. 반면 열대 지방에서는 나무를 베어 낸 후 1~2년 동안만 농사를 지을 수 있었다. 이는 생태계에 존재하는 양분의 아주 적은 양만이 토양에 존재하기 때문이다. 이와 같이 다양하게 나타남에도 불구하고 집약농업을 하는 어느 곳에서도 양분의 자연 저장고는 오래지 않아 고갈되기 마련이다.

▲ 그림 56.23 **옥수수 작물에 비료 주기.** 농작물이 사용한 양분을 보충하기 위하여 농부들은 여기에서 보는 것처럼 거름과 같은 유기양분 또는 합성 비료를 주어야만 한다.

질소는 농업을 통하여 소실되는 주 양분이다(그림 55.14). 경운을 통하여 토양을 섞는 것은 유기물의 분해율을 증가시켜 사용 가능한 질소의 양을 증가시키기 위한 방법이며, 토양의 질소는 식물이 사용하게 되고 이는 작물을 수확할 때 농업생태계로부터 제거된다. 이를 보충하기 위해 공업적으로 합성된 비료가 사용된다(그림 56.23). 그러나 토양에서 질산을 흡수하는 식물이 없다면 질산은 농업 생태계로부터 쉽게 씻겨 내려간다(그림 55.16).

최근의 연구에 따르면 인간의 활동으로 인하여 지구 전체에서 1차 생산자가 사용할 수 있는 고정된 질소의 공급이 두 배 이상으로 증가하였다고 한다. 공업비료는 추가적인 질소 공급원의 주원인이다. 화석연료의 연소도 산화질소를 방출하며 이것은 대기 중으로 방출되어 빗물에 용해된다. 질소는 궁극적으로 질산의 형태로 생태계에 들어간다. 질소를 고정하는 공생자인 콩과식물 경작의 증가는 흙에서 고정되는 질소의 양을 늘리는 세 번째 방법이다.

생태계에서 양분의 정도가 **한계량(critical load)**을 초과할 때 문제가 발생한다. 한계량은 대개 질소나 인으로 추가된 양분이 생태계의 완전성에 피해를 주지 않고 식물에 의해 흡수될 수 있는 양을 말한다. 예를 들어, 한계량를 초과한 토양 속의 무기질소화합물은 결국에는 지하수나 지표수로 녹아 담수 또는 해양 생태계로 들어가게 된다. 이는 수자원을 오염시키고, 물고기를 죽이게 된다. 지하수의 질산 농도는 대부분의 농업 지역에서 증가하여 때로는 식수로 사용할 수 없는 수준에 도달한다.

농업용 하수와 폐수로부터 나온 질산과 암모니아로 오염된 많은 강들은 대서양으로 흘러드는데, 북유럽과 미국의 중부에 많은 양이 유입된다. 미시시피 강은 멕시코의 걸프 만으로 질소 오염을 운반하는데, 매해 여름 바다에서 광합성 플랑크톤이 증식하는 데 영향을 끼친다. 광합성 플랑크톤이 죽을 때, 산소를 소비하는 분해자들 때문에 해변을 따라서 낮은 산소량을 가지는 "죽음의 지역"이 퍼져나간다(그림 56.24). 물고기와 다른 해양생물들은 미국에서 경제적으로 가장 중요한 수역 중 몇 군데에서 사라졌다. 죽음의 지역의 크기를 줄이기 위해서 농부들은 비료를

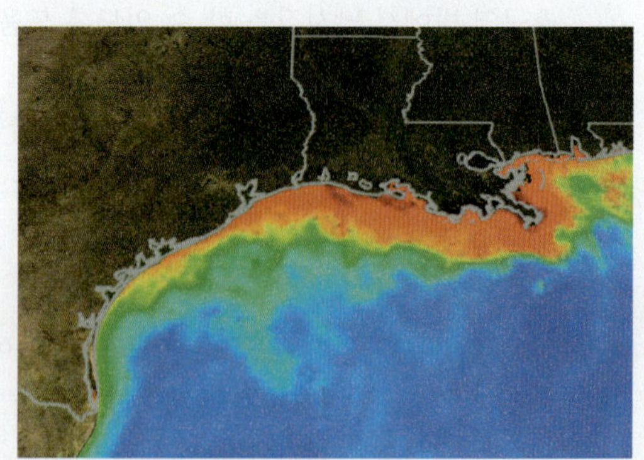

▶ 그림 56.24 **미시시피 강 유역을 죽음의 지역으로 만든, 질소오염으로 인한 식물플랑크톤의 대번성.** 2004년의 위성사진 자료에서 붉은색과 오렌지색은 멕시코 만에서 식물플랑크톤의 높은 농도를 나타낸다.

더 효율적으로 사용하기 시작했고, 관리자들은 미시시피 강의 습지들을 복원했다. 이러한 두 변화는 생태계 실험의 결과로 촉진된 것이었다.

영양분이 흘러가버리는 것도 호수의 부영양화를 촉진할 수 있다(개념 55.2). 조류 및 남세균들의 증식과 그에 따른 죽음, 그리고 산소의 고갈은 해양의 죽음의 지역에서 발생하는 것과 비슷하다. 이 모든 현상은 일부 생물의 생존을 위협한다. 예를 들어, 1960년대 에리 호(Lake Erie)의 부영양화는 블루파이크(blue pike; 창꼬치 고기의 일종), 화이트피시(white fish; 송어의 일종), 송어와 같이 상업적으로 중요한 물고기들이 모두 사라지게 하였다. 그 이후 호수로 폐기물을 버리지 못하도록 규제를 강화하였고 이로 인해 몇몇 종의 물고기는 다시 수가 증가하였으나 많은 고유 어류와 무척추동물은 회복되지 못하였다.

환경 속의 독성물질

인간은 생태학적인 결과에 관해서는 조금의 관심도 없이 이전에는 자연에 존재하지 않던 수천 가지의 합성물을 포함하여 방대한 종류의 독성 화학물질을 방출한다. 생물체는 양분과 물을 흡수하는 것처럼, 환경으로부터 독성물질도 흡수한다. 어떤 독은 대사작용을 통하여 밖으로 배출되기도 하지만 일부는 종종 지방과 같은 특수 조직에 축적된다. 이와 같은 독성물질이 특별히 해가 되는 이유 중의 하나는 먹이그물을 통하여 상위 영양단계로 갈수록 이들의 농도가 높아진다는 것이다. 이러한 현상을 **생물 증폭(biological magnification)**이라고 하는데 이는 한 영양단계에서의 생체량을 만들기 위해 훨씬 더 많은 하위 단계의 생체량을 이용하기 때문에 발생한다(개념 55.3). 이리하여 최상위 단계의 육식동물은 환경에 존재하는 독성물질에 가장 심각하게 영향을 받게 된다.

생물 증폭을 일으키는 산업적으로 합성된 화학물질 중 하나는 염소가 결합된 탄화수소들이다. PCBs(polychlorinated biphenyls)라고 부르는 합성 화학물질과 DDT 같은 많은 농약이 이 무리에 속한다. 현재까지 많은 연구를 통하여 이와 같은 종류의 많은 화학물질이 인간을 포함한 많은 동물의 내분비계에서 이상을 초래한다는 것이 밝혀졌다. PCBs의 생물 증폭은 오대호(Great Lakes)의 먹이그물에서 밝혀졌다. 먹이그물의 최상위 단계에 존재하는 재갈매기의 알에서 측정된 PCBs의 농도는 먹이그물의 바닥에 있는 식물플랑크톤의 약 5,000배에 달하였다(그림 56.25).

최상위 영양단계의 육식동물에 영향을 미친 생물 증폭의 악명 높은 사례는 DDT이다. DDT는 모기와 농업 해충을 없애기 위해 사용되었다. 제2차 세계대전 후 10년 정도 DDT의 사용은 빠르게 증가하였다. 그러나 DDT의 생태학적 결과는 아직 완전하게 이해되지 못하였다. 1950년대에 과학자들은 DDT가 환경에 오래 남으며 물에 의해 멀리 이동된다는 것을 알게 되었다. DDT

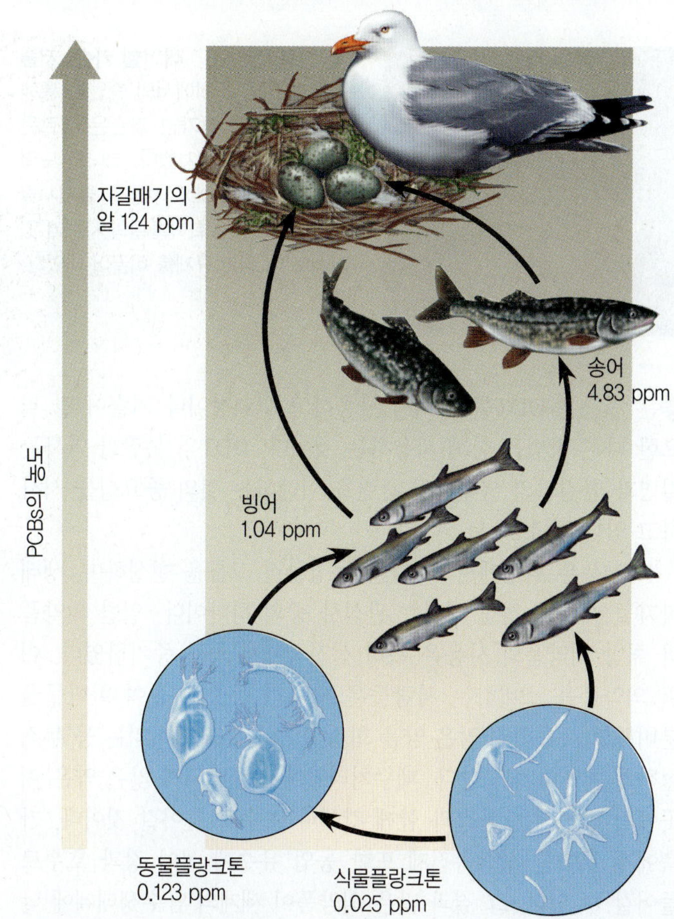

▲ **그림 56.25 오대호 먹이그물에서의 PCBs 생물 증폭**(ppm = 백만분의 1)

INTERPRET THE DATA 만약 한 마리의 빙어가 225 g이라면 오대호에서 한 마리의 빙어에 들어 있는 PCBs의 양은 얼마인가? 만약 송어의 평균 무게가 4,500 g이라면 오대호에서 한 마리의 송어에 들어 있는 PCBs의 양은 얼마인가? 오염되지 않은 송어 한 마리를 오대호에 넣었고, 빙어가 송어의 먹이에 들어 있는 PCBs의 유일한 공급원이라고 가정하자. 새로 넣은 송어는 얼마나 많은 빙어를 먹은 후에 다른 송어와 같은 수준의 PCBs를 가질까? (송어는 먹은 PCBs를 100% 몸에 가진다고 가정하자.)

가 심각한 환경문제라는 초기 증거 중의 하나는 펠리컨, 매, 독수리와 같은 먹이그물의 최상위에 속하는 새들의 개체군 감소였다. DDT(그리고 부분적으로 분해 된 DDE)가 이 새들의 조직에 축적되어 칼슘이 알껍데기를 형성하는 것을 방해하였다. 이 새들이 알을 부화시키려고 할 때 어미새의 무게로 인하여 알껍데기가 깨지게 되었고 이는 생식률의 현저한 감소로 나타났다. 카슨(Rachel Carson)의 침묵의 봄(*Silent Spring*)은 1960년대에 이와 같은 문제를 대중이 인식하게 만들었고(그림 56.26), DDT는 1971년 미국에서 사용이 금지되었다. 영향을 받았던 새들은 이후 급격히 증가하였다.

많은 열대 지방에서 DDT는 여전히 말라리아와 다른 병을 퍼뜨리는 모기를 통제하기 위해서 사용된다. 사회는 인명을 구하는 것과 다른 종들을 보호하는 것 사이의 거래에 직면해 있다. 가장

◀ **그림 56.26 레이첼 카슨.** 저술 활동과 미국 국회에서의 증언을 통해 생물학자이자 작가인 카슨은 새로운 환경 윤리를 촉발시켰다. 그녀의 노력으로 미국에서 DDT 사용을 금지시킬 수 있었고, 다른 화학물질의 사용에 있어서도 더 강한 규제를 이끌어 내었다.

좋은 접근은 DDT를 아껴서 사용하고 모기장이나 기술이 덜 필요한 다른 방법을 함께 사용하는 것이다. DDT의 복잡한 역사는 질병과 환경과의 생태학적 관련을 이해하는 것의 중요성을 시사하고 있다(개념 54.5).

의약품은 환경에서 또 다른 독성물질 그룹을 형성하며, 생태학자들 사이에 점점 커지는 관심사 중의 하나이다. 일반 의약품과 처방 의약품의 사용은 특히 선진국에서 최근 증가하였다. 이런 의약품을 소비하는 사람들은 오줌과 똥으로 잔여 화학물을 분비하고 사용하지 않은 약을 화장실이나 싱크에 버리는 등 부적절하게 처리하기도 한다. 폐수처리장에서 분해되지 않은 약은 이곳에서 방출되는 물질과 함께 강이나 호수로 들어갈 것이다. 가축에게 투여한 성장촉진제 또한 농업 유수에 섞여 강과 호수로 들어갈 수 있다. 그 결과 많은 의약품이 세계의 담수생태계에 낮은 농도로 퍼지고 있다(그림 56.27).

생태학자들이 연구하는 의약품 중에 피임약으로 사용되는 에스트로젠 유도체를 포함하여 스테로이드성 성호르몬이 있다. 일부 물고기는 특정 에스트로겐에 매우 민감하여 물속에 10억분의 1 정도의 농도에서도 성분화가 변경되어 성비가 암컷이 많아지는 쪽으로 바뀔 수 있다. 캐나다 온타리오에서 연구자들은 피임에 사용된 합성 에스트로겐을 매우 낮은 농도(5~6 ng/L)로 한 호수에 처리하는 7년간의 실험을 수행하였다. 그들은 잉어과의 물고기인 *Pimephales promelas*가 에스트로겐에 만성적으로 노출되어, 수컷의 암컷화를 일으켜 그 호수에서 이 종이 거의 절멸에 이르렀음을 발견하였다.

많은 독성물질들은 미생물에 의해 분해될 수 없어 환경 속에 수년 혹은 수십 년 남아 있다. 다른 경우에는, 환경에 버려진 화학물질들이 상대적으로 적은 해를 끼칠지라도 미생물에 의해 분해되거나 햇빛에 노출되어 더 심한 독성을 가지는 물질로 바뀌기도 한다. 예를 들어, 플라스틱 제조와 석탄 발전의 부산물인 수은은 물에 녹지 않은 상태로 강과 바다로 계속하여 투기되어 왔다. 진흙 바닥에 있는 미생물이 이를 메틸수은(CH_3Hg^+)으로 만들며 이는 오염된 물에서 잡은 물고기를 먹은 인간을 포함한 다양한 생물의 몸속에 축적되어 강한 독성을 나타내게 된다.

온실가스와 기후변화

인간의 활동은 기체 상태의 다양한 폐기물을 방출한다. 한때 인간은 방대한 양의 대기가 나쁜 결과 없이 이 물질들을 다 흡수할 것이라 생각하였다. 그러나 지금 우리는 대기로 방출된 많은 폐기물이 대기뿐만 아니라 대기와 생물권 사이의 상호작용에 근본적인 변화를 초래할 수 있음을 알고 있다. 이제 대기 중의 이산화탄소 농도가 어떻게 증가하고 지구온난화가 종과 생태계에 어떤 영향을 끼치는지에 대해 알아볼 것이다.

대기 중 CO_2 농도의 증가

산업혁명 이후 대기 중의 CO_2 농도는 화석연료의 연소와 벌목의 결과로 증가해 왔다. 과학자들은 1850년 이전의 대기 중 CO_2의 평균 농도를 약 274 ppm으로 추정한다. 도시에서 멀리 떨어졌으며 대기가 충분히 섞일 수 있도록 고도가 높은 하와이의 마우나로아(Mauna Loa) 정상에 있는 측정소에서 1958년부터 매우 정확히 CO_2의 농도를 측정하기 시작하였다. 그때 CO_2 농도는 316 ppm이었다(그림 56.28). 현재 대기 중의 CO_2 농도는 400 ppm 정도로 19세기 중반 이후부터 약 40% 이상이 증가하였다. **과학적 분석 기술의 연습**에서 한 해 동안 그리고 더 오랜 시간에 걸친 CO_2 농도 변화를 그래프로 그리고 해석하게 될 것이다.

과거 150년 동안 대기 중 CO_2의 현저한 증가로 인해 지구의 기온이 상승되는 것을 과학자들은 걱정하고 있다. 지구에 들어오는 태양광선의 대부분은 반사되어 우주로 되돌아간다. 비록 대기에서 CO_2, 메탄, 수증기, 그리고 다른 온실기체들이 가시광선을

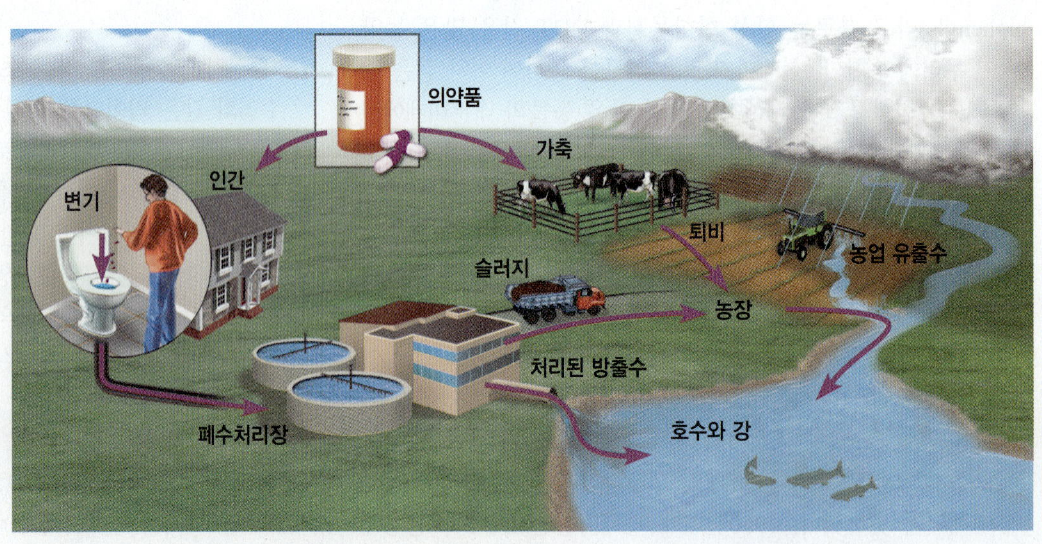

▲ **그림 56.27 환경에서 의약품의 공급원과 이동**

▶ 그림 56.28 하와이 마우나 로아(Mauna Loa)에서 대기 중의 CO_2 농도 증가와 지구의 평균 기온. 1958년부터 2013년까지 정상적인 계절 변동을 제외하면, CO_2 농도는 계속하여 증가하고 있다(푸른색 곡선). 같은 기간 지구의 평균 기온은 많은 변화를 보이며 증가하는 경향을 보여준다(붉은색 곡선).

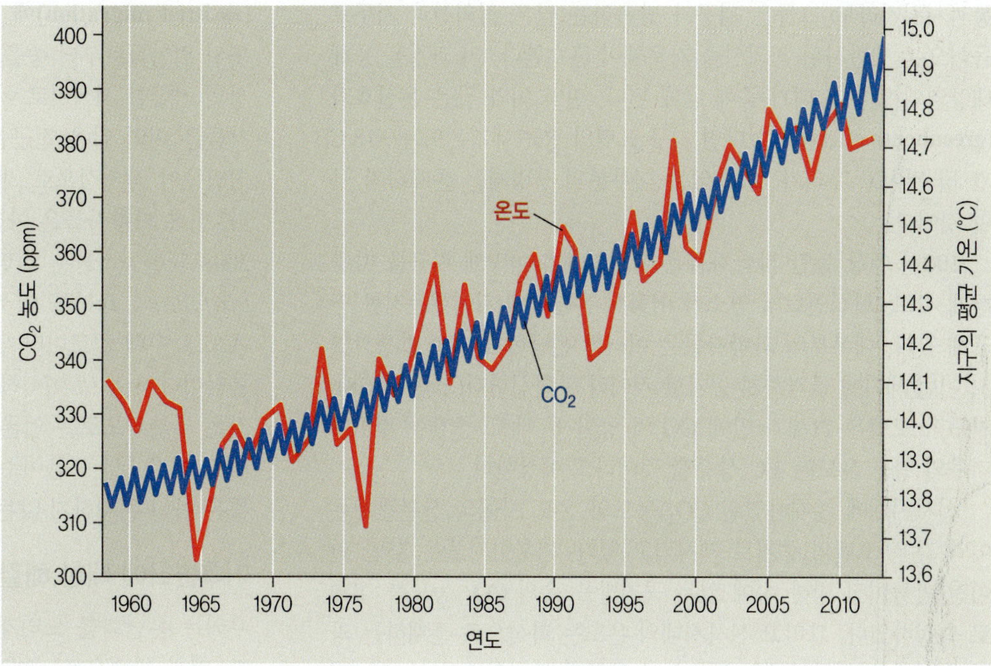

과학적 분석 기술의 연습

주기성 데이터의 그래프화

1년 동안 그리고 십년 단위로 대기 중의 CO_2 농도가 어떻게 변하는가? 그림 56.28에서 푸른색 선은 지구 대기에서 CO_2 농도가 50년 이상의 기간 동안 어떻게 변해왔는지를 보여준다. 그 기간 동안 매년 5월 11월에 각각 하나씩의 데이터를 점으로 나타냈다. CO_2 농도 변화에 있어서 더 자세한 그림은 더 좁은 간격으로 빈번하게 측정된 값을 들여다보면 얻을 수 있다. 이 연습에서 당신은 30년에 걸쳐서 3년에 대한 월별 CO_2 농도를 그래프로 그리게 된다.

▶ 하와이 마우나 로아 모니터링 지소에서 공기를 채취하는 연구원

실험 데이터 아래 표의 데이터는 1990, 2000, 2010년 마우나 로아 관측소에서의 월 평균 CO_2 농도(ppm)이다.

월	1990	2000	2010
1월	353.79	369.25	388.45
2월	354.88	369.50	389.82
3월	355.65	370.56	391.08
4월	356.27	371.82	392.46
5월	359.29	371.51	392.95
6월	356.32	371.71	392.06
7월	354.88	369.85	390.13
8월	352.89	368.20	388.15
9월	351.28	366.91	386.80
10월	351.59	366.91	387.18
11월	353.05	366.99	388.59
12월	354.27	369.67	389.68

데이터 해석

1. 하나의 그래프에 3년에 대한 데이터를 점으로 나타내라. 이 데이터에 적당한 그래프의 유형을 선택하고, 각각의 연도 동안, 그리고 10년마다 CO_2 농도 변화 유형을 명백하게 보여주는 세로축의 단위를 선택하라. (그래프에 관한 추가 정보는 부록 F 참조)
2. 각각의 연도 내에서 CO_2 농도 변화 유형은 어떠한가? 이러한 유형이 왜 나타나는가?
3. 마우나 로아에서의 측정치는 북반구에서의 대기 평균 CO_2 농도를 대표한다. 1년 동안의 측정치에서 어떤 유형이 나타날지 설명하라.
4. 각각의 연도에서 나타나는 변화에 더해 1990년과 2010년 사이에 CO_2 농도에 어떤 변화가 일어났는가? 각각의 연도에 대해 12개월 동안의 평균 CO_2 농도를 계산하라. 이 평균치가 1990년부터 2000년까지 그리고 1990년부터 2010년까지 몇 퍼센트 변하였는가?

참고문헌 National Oceanic & Atmospheric Administration, Earth System Research Laboratory, Global Monitoring Division.

통과시킬지라도 그들은 지구가 방출하는 많은 적외선과 지구로 들어오는 재반사된 적외선을 가로채어 흡수한다. 이 과정을 통해 태양열의 일부가 대기 중에 남게 된다. 만약 이와 같은 **온실효과 (greenhouse effect)**가 없다면 지구 표면의 평균 대기온도는 −18℃가 될 것이고 우리가 알고 있는 대부분의 생명체는 존재하지 못할 것이다.

100년 이상 동안 과학자들은 온실기체가 어떻게 지구를 따뜻하게 하고, 화석연료의 연소가 어떻게 온난화에 기여했는지를 연구해 왔다. 대부분의 과학자들은 이러한 온난화가 이미 발생하였고 이번 세기에 급격하게 증가할 것이라고 확신한다(그림 56.28). 지구적 모델은 21세기 말에 CO_2의 양이 두 배로 증가할 것이며 지구의 평균 온도는 3℃ 상승할 것이라고 예상한다.

선사시대에 존재하였던 CO_2 농도와 온도 사이의 상관관계는 이와 같은 모델의 증거로 제시되고 있다. 기후학자들은 75만 년 이전 만들어진 빙하 속에 있는 공기방울 속의 CO_2 농도를 실제로 측정하였다. 그리고 선사시대의 온도는 화석으로 존재하는 과거의 식생분석과 퇴적층과 산호의 화학적 동위원소의 분석을 비롯한 다양한 방법으로 추정하였다. 단지 1.3℃의 증가로 인해 과거 10만 년 동안의 어느 시기보다 더 따뜻한 세상이 될 수도 있다. 예를 들어 온난화 경향은 미 중부 지역의 곡창지대를 더 건조하게 만들 수 있을 만큼 강수의 지리적 분포를 변화시킨다.

가장 심각한 온난화가 이미 일어난 생태계는 북쪽 지방으로서 특히 북쪽의 침엽수림과 툰드라이다. 눈과 얼음이 녹고 어두워서 빛을 더욱 잘 흡수하는 표면이 드러남에 따라서 이러한 생태계는 대기 중으로 복사열을 덜 방출해서 점점 더 따뜻해진다. 2012년 여름의 북극해의 눈은 기록상 가장 적은 부분을 차지하고 있었다. 기후 모델은 몇십 년 안에 더 이상 여름에 얼음이 없을 것이라는 것을 암시하는데 이것은 북극곰, 바다표범, 바다새들의 서식지가 줄어든다는 것을 말한다. 또한 점점 더 높아지는 기온은 화재의 가능성을 높여준다. 북미와 러시아의 서쪽의 침엽수림에서 화재는 최근 수십 년 동안 보통 지역에서보다 2배 많이 일어났다.

지구온난화와 냉각화의 속도가 식물 개체군에 미치는 영향을 연구함으로써, 생태학자들은 기온과 강수의 미래 변화 과정에 대해 예측하려 시도하고 있다. 화석 화분의 분석은 식물 개체군들이 기온의 변화와 함께 극도로 변화했음을 시사한다. 그래도 과거의 기후 변화는 점차적으로 발생해서 대부분의 식물과 동물 개체군들은 그들이 생존할 수 있는 물리적 환경으로 이주할 시간을 가질 수 있었다.

많은 생물 중 특히 빠르게 먼 거리로 분산할 수 없는 식물들은 아마도 지구온난화로 추정되는 빠른 기후 변화 안에서 살아남을 수 없을 것이다. 더욱이 많은 서식처들은 오늘날 어떤 때보다 더 단편화되어(개념 56.3), 많은 생물들이 이주하는 능력을 더욱 제한한다. 이러한 이유 때문에 생태학자들은 **도움이주 (assisted migration)**에 대해 논쟁 중인데, 이는 인간에 의해 비롯된 위협들로부터 종을 보호하기 위해 그들을 고유 서식범위 이상의 적합한 서식처로 이동시키는 것을 말한다. 대부분의 생태학자들은 이와 같은 접근을 오직 최후의 수단으로 여기는데, 이는 침입종이 잠재적으로 새로운 지역으로 도입되는 위험성 때문이다. 비록 과학자들은 아직 도움이주의 수행을 머뭇거리고 있으나 2008년 활동가들은 절멸위기인 비자나무과 택시폴리아(*Torreya taxifolia*)의 묘목을 이것의 고유 식생범위인 플로리다로부터 북쪽으로 수백 킬로미터 위치에 있고 기후변화가 예상되는 노스캐롤라이나 서부로 이식하였다. 때때로 "재야생화"라고 불리는 이것은 부분적으로는 언론의 관심을 끌기 위한 것이었다. 언제, 그리고 어디에서 도움이주가 적당한지를 결정하기 위한 생태학적 틀은 아직 존재하지 않는다.

기후변화에 대한 해결책

우리는 온난화를 느리게 할 많은 접근방법들을 필요로 할 것이다. 빠른 방법으로는 에너지를 더 효율적으로 사용하고, 화석 연료를 재생가능한 태양에너지와 풍력에너지, 그리고 논쟁의 여지는 있지만 핵에너지로 바꾸는 것을 들 수 있다. 오늘날 CO_2의 방출 없이는 연소가 불가능한 석탄, 천연가스, 석유, 목재, 그리고 다른 유기연료들은 산업화된 우리 사회의 중심을 차지한다. CO_2 방출을 안정화시키기 위해서는 개인의 생활습관과 산업과정 모두에서 급격한 변화를 받아들여야 하며 국제적인 협력이 필요하다. 그러나 국제적 협정들은 어떻게 온실기체 방출을 줄일지에 대해 아직 세계적 합의에 도달하지 못하고 있다.

지구온난화를 늦추기 위한 또 다른 중요한 접근은 지구에서도 특히 열대지방에서의 벌목작업을 감소시키는 것이다. 벌목은 최근 온실 가스 방출 원인의 10%가 되고 있다. 최근 조사에 따르면 숲을 벌목하지 않도록 하기 위해 돈을 지불하는 국가들은 10~20년 사이에 벌목률을 반으로 줄일 수 있었다. 감소된 벌목작업은 대기에서 온실가스가 쌓이는 것을 느리게 할 뿐만 아니라 기존의 숲을 유지하고 생물다양성을 보전하는 데 도움을 주는 것으로 모두에게 긍정적인 성과가 된다.

오존층의 파괴

이산화탄소와 다른 온실기체들처럼 대기 중 오존(O_3) 또한 인간의 활동에 의해 농도가 변화되었다. 지구의 생명체는 지상 17~25 km 사이의 성층권 하부에 존재하는 오존층에 의해 자외선(UV)으로부터 보호를 받는다. 그러나 인공위성을 이용한 대기에 대한 연구는 남극대륙을 덮고 있는 봄철 오존층이 1970년대 중반부터 상당히 얇아지고 있음을 보여준다(**그림 56.29**). 화학물질이 냉장고의 냉매, 제조용 등으로 많이 사용될 때, 주로 염화불화탄소(CFCs)의 축적에 의해 대기의 오존 파괴가 발생한다. 성층권에서 염화불화탄소로부터 방출된 염소원자는 오존과 반응하

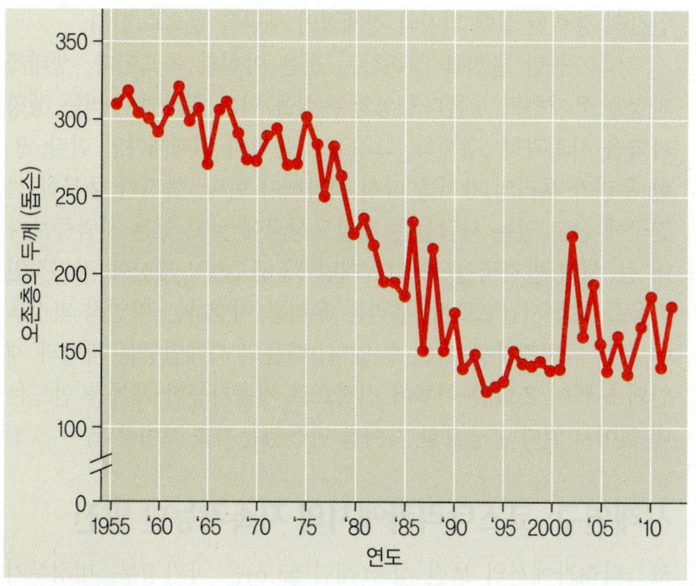

▲ **그림 56.29 돕슨(Dobsons)이라는 단위로 표시된 남극 상공의 오존층 두께**

고 이를 산소분자로 변화시킨다**(그림 56.30)**. 그 다음 화학반응들은 염소를 자유롭게 하고, 이는 촉매연쇄반응에서 다른 오존분자와 반응하도록 한다.

오존층이 얇아지는 것은 차고 안정한 공기가 연쇄반응이 계속 일어나게 하는 봄철 남극의 상공에서 가장 명백하다**(그림 56.31)**. 오존층 파괴의 정도와 오존 구멍의 크기는 지난 20년 동안의 평균보다 최근 약간 더 작아졌다. 그러나 오존구멍은 아직도 때로는 호주, 뉴질랜드, 남아메리카의 남쪽 끝까지 확장되기도 하였다. 인간이 가장 많이 살고 있는 중위도 지방의 오존 수준은 과거 20년 동안 2~10% 감소하였다.

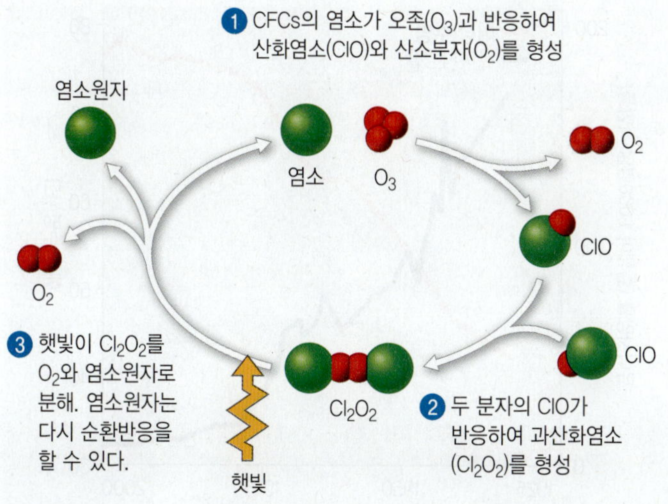

▲ **그림 56.30 대기 중의 염소원자가 오존을 파괴하는 과정**

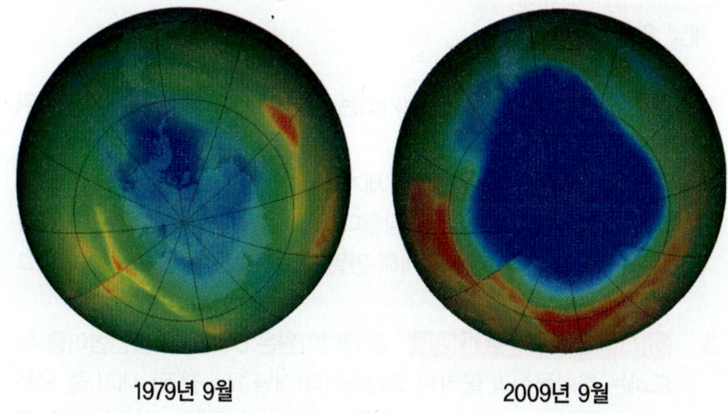

▲ **그림 56.31 지구 오존 방패의 파괴.** 남극의 오존구멍은 대기 자료에 근거한 이미지에서 짙은 푸른색으로 보인다.

성층권에서 오존층이 감소할수록 지구 표면에 도달하는 자외선(UV)의 강도는 증가한다. 지구상의 생명체에 대한 오존층 파괴의 결과는 식물, 동물, 그리고 미생물에게도 치명적일 것이다. 일부 과학자들은 오존층의 파괴로 인하여 인간에게 치명적이든 그렇지 않든 피부암 또는 백내장이 증가할 것이며, 지구의 1차 생산 중 많은 부분을 담당하는 식물플랑크톤을 포함한 자연군집과 작물에게 예상하지 못한 효과가 나타날 것이라고 예상한다.

오존층 파괴의 결과를 연구하기 위해서 생태학자들은 햇빛의 자외선을 막거나 줄이기 위한 필터를 사용하는 야외 조사를 수행했다. 남아메리카 끝의 관목지대 생태계에서 수행된 어떤 한 연구에서는 오존구멍이 여러 지역으로 퍼져나갈 때, 땅에 도달하는 자외선의 양이 급격히 증가해서, 필터에 의해서 보호받지 못하는 식물의 DNA에 많은 피해를 유발시켰다는 것을 보여주었다. 과학자들은 오존구멍이 매년 남극의 바다 위로 커질 때, 비슷한 DNA 손상과 광합성 플랑크톤 성장의 감소가 발생한다는 것을 보여주었다.

오존구멍에 대한 한 가지 좋은 소식은 많은 국가들이 이것에 얼마나 빨리 대응하는지에 대한 것이다. 1987년 이후로 미국을 포함 한 197개국 이상이 오존을 파괴하는 물질을 추방하자는 몬트리올 의정서에 가입하였다. 미국을 포함한 많은 나라에서는 염화불화탄소의 생산을 중단하였다. 이와 같은 활동의 결과로 성층권의 염화불화탄소의 농도가 안정화되었고 오존층 파괴 속도가 둔화되고 있다. 오늘날 염화불화탄소 방출이 거의 없다 하더라도 이미 대기 중에 있는 염소원자는 적어도 50년 동안 성층권의 오존층에 계속하여 영향을 줄 것이다.

지구 상공에 존재하는 오존방패의 파괴는 인간이 얼마나 생태계와 생물권의 역동성을 파괴할 수 있는지에 대한 하나의 예에 불과하다. 그것은 또한 우리가 마음만 먹으면 이러한 것들을 해결할 수 있는 능력이 있다는 것을 강조한다.

개념 확인 문제 56.4

1. 호수에 무기 양분이 과잉 첨가되는 것이 물고기 개체군을 어떻게 위협하는가?
2. **MAKE CONNECTIONS** 세계의 북부 침엽수림과 툰드라의 토양은 유기물을 방대하게 저장한다. 지구온난화에 대해 연구한 과학자들이 왜 이러한 저장에 대해 면밀히 지켜보는지 설명해 보아라(그림 55.15 참조).
3. **MAKE CONNECTIONS** 돌연변이원은 DNA에서 돌연변이를 유도하는 화학물질과 물리적 요인들이다(개념 17.5 참조). 대기 중 오존 농도의 감소는 어떻게 다양한 유기체에서의 돌연변이 가능성을 증가시키는가?

정답은 부록 A 참조

개념 56.5

지속가능한 발전은 생물다양성을 보전하며 인간의 삶을 향상시킬 수 있다

서식지의 소실 및 단편화의 증가, 지구의 물리적 환경과 기후의 변화, 그리고 인구증가(개념 53.6)로 인해, 우리는 세계의 자원을 유지하는 데 있어서의 어려운 거래에 직면해 있다. 모든 서식지를 보전하는 것은 실현 가능하지 않기 때문에 생물학자들은 사회가 가장 중요한 서식지를 선별해서 보전 우선권을 정하는 것을 도와주어야만 한다. 이상적으로 이러한 우선권을 주는 것은 또한 지역 주민의 삶의 질을 향상시킨다. 생태학자들은 장기 보전 우선권을 설정하기 위한 도구로서 **지속가능성(sustainability)**의 개념을 사용하고 있다.

지속가능한 발전

우리가 만약 절멸로부터 종을 보호해야 하고 인간의 삶의 질도 향상시켜야 한다면, 생물권의 상호 연결에 대한 이해가 필요하다. 이 목적을 위해 많은 국가들, 과학계, 그리고 많은 집단들은, 현재 사람들의 필요를 만족시키면서도 미래세대가 그들의 필요를 충족시킬 능력을 제한하지 않는 수준의 경제 개발을 뜻하는 **지속가능한 발전(sustainable development)** 개념을 받아들였다. 세계의 가장 큰 전문 생태학자들의 모임인 미국생태학회에서는 20년 전에 지속가능한 생물권 제안(Sustainable Biosphere Initiative)이라는, 계속 진행되는 연구 의제를 승인하였다. 이 의제의 목적은 지구자원을 가능한 책임감 있게 개발하고 관리하며 보존하는 데 필요한 기본적인 생태학적 정보를 정의하고 습득하는 것이다. 연구 의제는 기후와 생태적 과정 사이의 상호 작용을 포함하는 지구 전체적인 변화, 생물다양성과 생태적 과정을 유지하는 데 있어서 이들의 역할, 자연생태계와 인공생태계의 생산력을 유지할 수 있는 방법 등에 관한 연구를 포함한다. 이 제안은 인간의 강력한 실행 의지와 경제적인 자원을 필요로 한다.

지속가능한 발전을 성취하는 것은 야심찬 목표이다. 생태계 과정을 유지하고 생물다양성의 손실을 막기 위하여 우리는 생명과학을 사회과학, 경제학, 그리고 인문학과 연계해야만 한다. 또한 우리가 우리의 가치를 다시 평가해야 한다. 물자가 풍부한 선진국에 살고 있는 사람들은 개발도상국에 살고 있는 사람들보다 더 큰 생태 발자국을 가진다(개념 53.6). 손익 계산에 장기적인 비용을 포함시킴으로써, 우리는 우리를 지탱하는 자연적 과정들에 대한 가치평가를 배울 수 있다. 다음의 사례연구는 과학과 개인의 노력이 조화를 이루어 진정으로 지속가능한 세계를 만드는 데 있어서 얼마나 중요한 차이를 만들었는지를 보여준다.

사례연구: 코스타리카에서의 지속가능한 발전

코스타리카에서의 보전 성공(개념 53.6)은 국가정부, 비정부기구(NGOs), 그리고 시민 사이의 협력을 요구해왔다. 개인에 의하여 만들어진 많은 자연 보호지구는 정부에 의하여 국가 야생 생물 보호지구로 인정되었으며 세제상의 이익이 주어졌다. 그러나 생물다양성의 보전과 복원은 지속가능한 발전의 한 면일 뿐이다. 다른 중요한 면은 인간의 조건을 개선해준다는 것이다.

코스타리카가 보전의 목적을 추구할 때 어떻게 국민의 생활조건이 향상되었는가? 생활조건을 나타내는 가장 근본적인 지표 중의 두 가지는 유아사망률과 평균 수명이다(개념 53.6). 1930년부터 2010년까지 코스타리카의 사망률은 1,000명당 170명에서 9명으로 줄어들었다. 같은 기간 동안 평균 수명은 43세에 서 79세로 증가하였다**(그림 56.32)**. 생활조건을 나타내는 또 다른 지표는 글을 읽고 쓸 수 있는 사람의 비율이다. 2004년 코스타리카에서 글을 읽고 쓸 수 있는 사람의 비율은 96%이고, 미국은 97%였다. 이러한 통계는 코스타리카의 삶의 질이 코스타리카가 보전과

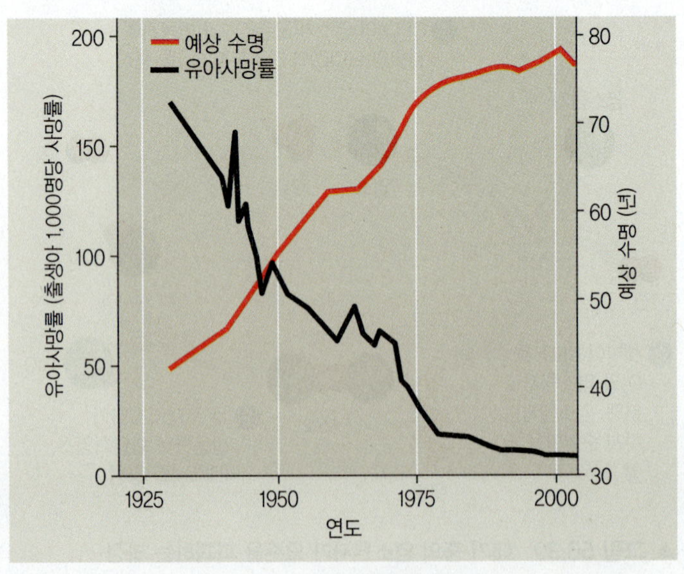

▲ **그림 56.32 코스타리카지역의 출생 중 유아사망률과 기대수명**

복원에 투자하는 동안 엄청나게 향상되었음을 보여준다. 이러한 결과가 보전이 인간 복지를 향상시키는 원인임을 보여주는 것은 아니지만, 우리는 코스타리카에서 발전이 자연과 사람 모두에게 확실히 도움이 되었다고 말할 수 있다.

코스타리카는 아직도 많은 문제에 직면하고 있으며, 특히 인구가 1년에 1.5%의 비율로 빠르게 증가하고 있다. 그럼에도 불구하고 최근의 성공이 어떤 안내가 된다면, 코스타리카 국민들은 지속가능한 발전을 위해 인구 증가의 문제를 극복할 것이다.

생물권의 미래

우리의 현대적 삶은 살아가기 위해서 채집과 수렵 생활을 한 초기의 인간들의 삶과는 매우 다르다. 그들의 자연에 대한 존경심은 동굴의 벽에 그린 야생생물의 벽화(**그림 56.33a**)와 뼈와 상아에 조각된 삶의 모습(**그림 56.33b**)에 나타나 있다.

우리의 삶은 자연과 생물의 다양성에 대한 우리 조상의 애착 흔적을 반영하고 있는데 이것은 이 장의 앞부분에 생명애(biophilia)의 개념으로 소개되었다. 우리는 생물다양성이 풍부한 자연환경에서 진화했고 아직도 그러한 환경에 애착을 가진다(**그림 56.33c,d**). 윌슨(E. O. Wilson)은 생명애가 타고난 속성이며, 환경과 동식물을 진정으로 존경하며 이들과의 가까운 관계를 통해 생존할 수 있는, 뇌가 발달한 종에 작용하는 자연선택의 진화적 산물이라고 하였다.

생명에 대한 우리의 감탄은 오늘날 생물학 분야를 이끌었다. 우리는 각 종을 독특하게 만드는 유전암호를 해독함으로써 생명을 기념한다. 시간을 통한 진화의 연대기를 작성하기 위해 화석과 DNA를 사용함으로써 생명을 포용한다. 우리는 지구상의 수많은 종들을 분류하고 보호하려는 노력을 통해 생명을 보존한다. 우리는 인간의 복지를 향상시키기 위해 자연을 책임감 있고 경건하게 사용함으로써 생명을 존중한다.

생물학은 자연을 알고자 하는 우리의 욕망에 대한 과학적 표현이다. 우리는 우리가 감사하는 것들을 보호할 가능성이 높으며, 우리가 이해하는 것에 감사할 가능성 역시 높다. 생명의 다양성과 과정들에 관해 많은 것을 배움으로써 우리 또한 우리 자신을 더 많이 인지하게 되고 생물권에서의 우리 자신의 위치를 깨닫게 된다. 우리는 이와 같은 인생의 모험에서 이 책이 여러분에게 도움이 되기를 희망한다.

(a) 17,000년 전 동굴 벽화에 그려진 동물의 섬세함. 프랑스 라스코 (Lascaux, France)

(b) 30,000년 된 물새가 조각된 상아, 독일에서 발견

(c) 야생생물 관찰 여행을 하는 자연 애호가들

▲ **그림 56.33** **생명애의 과거와 오늘**

(d) 명금(songbird)을 들고 있는 어린 생물학자

개념 확인 문제 56.5

1. '지속가능한 발전'이라는 말이 의미하는 것은 무엇인가?
2. 생명애가 어떻게 생태계를 복원하고 종을 보전하는 데 영향을 줄 수 있는가?
3. **WHAT IF?** 새로운 어장이 발견되어 여러분이 그것을 지속가능하게 개발할 책임을 맡았다고 해보자. 그 어류 개체군에 대한 어떤 생태학적 자료를 요구하겠는가? 그 어장의 개발을 위해 어떤 기준을 적용하겠는가?

정답은 부록 A 참조

56장 복습

핵심 개념의 요약

개념 56.1

인간의 활동은 지구의 생물다양성을 위협한다

- 생물다양성은 세 단계로 말할 수 있다.

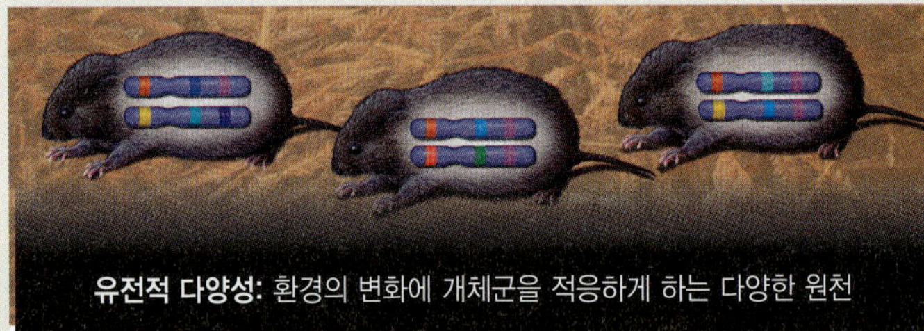

- 우리의 생명애는 우리가 자신의 목적을 위하여 생물다양성의 가치를 인식할 수 있게 만들었다. 다른 종들은 인간에게 식량, 섬유, 약품, 그리고 **생태계 서비스(ecosystem service)**를 제공한다.
- 생물다양성에 대한 네 가지 중요한 위협은 서식지 파괴, **도입종(introduced species)**, 남획 그리고 지구의 변화이다.

? 자연이 사람에게 제공하는 최소 3가지 중요 생태계 서비스의 예를 제시하라.

개념 56.2

개체군 보전은 개체군의 크기, 유전적 다양성, 그리고 임계 서식지를 주 관심대상으로 한다

- 한 개체군이 **최소 생존 개체군(minimum viable population, MVP)**의 크기보다 작게 되면, 무작위 교배와 유전자 부동에 기인하는 유전적 변이의 소실은 그 개체군을 **절멸의 소용돌이(extinction vortex)**로 몰고 갈 수 있다.
- 감소 개체군 접근법은 절대적인 개체군 크기가 아니라 감소의 원인이 되는 환경요소에 중점을 둔다. 이것은 단계적 보전전략을 따른다.
- 종을 보전하기 위해서는 종종 **멸종위기종(endangered species)**의 서식지 요구와 인간의 수요 사이의 갈등을 해결해야만 한다.

? 왜 최소 생존 개체군의 크기는 유전적으로 더 다양한 개체군의 것이 유전적으로 덜 다양한 개체군의 것보다 작은가?

개념 56.3

경관과 지역 보전은 생물다양성의 유지를 돕는다

- 경관구조는 생물다양성에 큰 영향을 미칠 수 있다. 서식지의 단편화가 증가하고 가장자리가 더 많아짐에 따라 생물다양성은 감소하는 경향을 나타낸다. **이동통로(movement corridor)**는 확산을 증진시킬 수 있고 개체군들이 유지되는 것을 도울 수 있다.
- **생물다양성 중요지점(biodiversity hot spot)**은 또한 절멸의 중요지점이기도 하다. 그러므로 보호를 위한 1차 대상이 된다. 공원과 보호 지구에서 생물다양성을 유지하는 것은 주변 경관에서의 인간 활동이 보호되는 서식지를 파괴하지 않도록 하는 관리를 필요로 한다. **개발제한지구(zoned reserve)** 모델은 보전 노력이 주로 인간이 점유하는 경관에서도 일어나야 한다는 사실을 포함한다.
- **도시생태학(urban ecology)**은 주로 도시에서 생물과 환경을 연구하는 학문이다.

? 어떻게 서식지의 단편화가 장기간 종들에게 해를 끼치는가를 보여주는 두 개의 예를 제시하라.

개념 56.4

지구는 인간의 행동으로 인해 급속히 변화하고 있다

- 농업을 통하여 양분은 생태계로부터 끊임없이 제거되므로 계속하여 공급할 필요가 있다. 비료로 공급되는 양분의 상당량은 지하수와 지표수 수생태계를 오염시킨다. 수생태계에서 양분은 조류가 과잉 번식하게 한다(부영양화).
- 독성 폐기물의 방출은 종종 오랜 기간 동안 존재하는 유해한 물질과 함께 환경을 오염시키고 먹이그물에서 연속적으로 높은 영양 수준의 생물에 점차로 집중된다[**생물 증폭(biological magnification)**].
- 인간의 활동으로 인하여 대기 중의 CO_2와 다른 온실기체의 농도는 급격히 증가하고 있다. 궁극적인 영향은 큰 기후 변화이다.
- 오존층은 대기를 통과하는 UV의 양을 줄인다. 염소가 포함된 오염물질의 방출을 비롯한 인간의 활동은 오존층을 파괴하고 있으나 정부 정책은 이 문제를 해결하는 데 도움을 주고 있다.

? 독성물질의 생물 증폭이라는 면에서 보았을 때, 낮은 영양 수준으로 먹는 것이 건강한가? 높은 영양 수준으로 먹는 것이 건강한가? 설명하라.

개념 56.5

지속가능한 발전은 생물다양성을 보전하며 인간의 삶을 향상시킬 수 있다

- 지속가능한 생물권 제안의 목적은 지구 자원의 보전, 관리, 그리고 개발에 필요한 생태학적 정보를 얻는 데 있다.
- 열대 생물다양성을 보전하는 데 있어서 코스타리카의 성공은 정부, 다른 기관, 그리고 시민 사이의 협력에 의해 가능하였다. 코스타리카에서의 인간 생활수준은 생태적 보전과 함께 증가해 왔다.
- 생물학적 과정과 생물의 다양성을 배우면서 우리는 환경과 우리의 밀접한 연결, 그리고 환경을 함께 공유하는 다른 생물들의 가치에 대해 더 잘 알게된다.

? 왜 지속가능성이 보전생물학자들에게 중요한 목표가 되는 건가?

생각해보자

수준 1: 지식/이해

1. 대부분의 다른 개체군으로부터 절멸의 소용돌이에 있는 한 개체군을 확인하는 한 가지 특징은?
   a. 그것은 희귀한 최상위 포식자이다.
   b. 유효 개체군 크기가 전체 개체군 크기보다 훨씬 작다.
   c. 유전자 다양성이 매우 낮다.
   d. 가장자리 조건에 잘 적응하지 못한다.
2. 지난 150년 동안 대기의 이산화탄소 양이 증가한 주 원인은?
   a. 증가된 전 세계 1차 생산량
   b. 증가된 전 세계 현존생물량
   c. 대기에 의해 흡수된 적외선 양의 증가
   d. 많은 양의 목재와 화석연료의 연소
3. 생물다양성에 대한 가장 큰 위협은?
   a. 상업적으로 중요한 종의 남획
   b. 서식지 변경, 단편화, 그리고 파괴
   c. 고유종과 경쟁하는 도입종
   d. 지구 대기, 물, 그리고 토양 오염

수준 2: 응용/분석

4. 생물 증폭의 결과에 해당하는 것은?
   a. 환경에서 독성 화학물질이 1차 소비자에게보다는 최상위 포식자에서 더 큰 위험을 준다.
   b. 최상위 포식자 개체군들은 1차 소비자 개체군들보다 일반적으로 더 작다.
   c. 한 생태계에서 생산자의 생물량은 일반적으로 1차 소비자의 생물량보다 더 많다.
   d. 생산자가 저장한 에너지의 매우 적은 양만이 소비자에게 전달된다.
5. 절멸의 소용돌이에 있는 개체군의 유전자 다양성을 가장 빠르게 증가시킬 수 있는 전략은?
   a. 개체군의 서식지를 보호하는 보호구역을 지정하는 것
   b. 같은 종의 다른 개체군으로부터 새로운 개체들을 도입하는 것
   c. 개체군에서 가장 잘 적응하지 못한 개체들을 제거하는 것
   d. 절멸위기 개체군의 포식자와 경쟁자 개체군을 조절하는 것
6. 생물다양성을 보존하기 위해 보호지역을 지정하는 것에 관한 설명 중 옳지 않은 것은?
   a. 육지 면적의 약 25%가 현재 보호되고 있다.
   b. 국립공원은 보호지역의 많은 유형 중의 하나이다.
   c. 보호지역의 관리는 주변지역의 관리와 조화를 이루어야 한다.
   d. 생물다양성 중요지점을 보호하는 것이 특히 중요하다.

수준 3: 종합/평가

7. **DRAW IT** (a) 그림 56.28을 보고 1975년과 2012년 평균 CO_2 농도를 추정하라. (b) 1975년부터 2012년까지 CO_2 농도의 증가율(ppm/년)은 얼마인가? (c) CO_2가 1975년부터 2012년까지 증가한 것처럼 빠르게 계속하여 증가한다고 가정하면 2100년의 CO_2 농도는 대략 얼마나 되겠는가? (d) 1975년부터 2012년까지 평균 CO_2 농도 그래프를 그려보라. 그리고 2100년까지 점선을 이용하여 그래프를 확장하라. (e) 실제적인 CO_2 농도 증가에 영향을 주는 생태 요소와 인간 결정은 무엇일 것이라 생각하는가? (f) 추가적인 과학 데이터는 사회가 이 값을 예측하는 데 어떻게 도움이 될 수 있는가?
8. **진화적 관점**
   화석 기록은 지난 5억 년 동안 5번의 대량 절멸 사건이 있었다는 것을 나타낸다(개념 25.4). 많은 생태학자들은 우리가 현재 이 장에서 설명한 것처럼 생물다양성에 대한 위협 때문에 여섯 번째 절멸의 사건에 들어서고 있다고 생각한다. 진화 과정을 통하여 종다양성이 회복되는 데 걸리는 전형적인 시간은 얼마나 되는지에 대해, 그리고 대량절멸의 역사에 관해 간단히 논의하라. 이것이 왜 오늘날 생물다양성의 손실을 늦추고자 하는 동기를 우리에게 부여하는지 설명하라.
9. **과학적 탐구**
   DRAW IT 여러분이 숲 보호지구의 계획을 책임지고 있으며, 주목표 중의 하나는 갈색머리 찌르레기에 의한 탁란 때문에 고통을 받고 있는 숲새의 지역 개체군 유지를 돕고자 하는 것이라고 가정하자. 연구 보고서로부터 암컷 찌르레기들은 보통 숲속으로 100 m 이상 들어가는 것을 주저하고 숲새들이 나무가 더 빽빽하고 숲의 중심부로 들어갈수록 둥지기생이 줄어든다는 것을 알았다. 여러분이 일해야 할 숲의 면적은 동쪽에서 서쪽으로 6,000 m, 남쪽에서 북쪽으로 1,000 m이다. 손상되지 않은 숲이 모든 보호구역을 둘러싸고 있지만 서쪽은 벌목하여 초지로 만든 곳과 접해 있고, 남서쪽은 500 m 정도 논과 맞닿아 있다. 여러분의 계획은 약 100 m^2 정도의 크기로 지을 수 있는 작은 관리동을 위한 면적도 포함하여야 한다. 또한 보호지구를 남북으로 가로지르는 폭 10 m, 길이 1,000 m의 길도 만들어야 한다. 어디에 길을 만들지, 그리고 가장자리를 따라서 있는 찌르레기의 침입을 최소화하기 위해서 건물을 어디에 지을지를 표시한 지도를 그리고 이유를 설명하라.
10. **글쓰기: 상호작용**
    도입종들의 개체군이 빠르게 성장하도록 하는 한 가지 요소는 그들이 진화한 지역에서 그들의 개체군을 조절하던 포식자, 기생자, 그리고 질병이 새로운 지역에는 없다는 것이다. 간단한 서술(100~150 단어)로, 어떻게 자연선택에 의한 진화가 토착 약탈자, 기생동물, 그리고 도입 지역에서 도입종들을 공격하는 병원균들의 비율에 영향을 미치는지 설명하라.
11. **종합적으로 생각해보기**

여기에 있는 시베리아호랑이(*Panthera tigris altaica*)와 같은 대형 고양이류는 세계에서 가장 절멸의 위기에 있는 포유류 중의 하나이다. 이 장에서 배운 것에 근거하여 이들의 보존을 돕는 데 사용될 수 있는 접근법에 대해 논하시오.

정답은 부록 A 참조

35장

그림 문제

그림 35.17 수와 피층은 관다발조직의 안쪽과 바깥쪽에 위치한 기본조직으로 각각 정의된다. 외떡잎식물 줄기의 관다발은 기본조직에 흩어져 있기 때문에 관다발조직의 안쪽과 바깥쪽의 명확한 구분이 없다. **그림 35.19** 관다발형성층은 줄기와 뿌리의 직경이 증가되는 생장을 일으킨다. 관다발형성층 바깥쪽에 있는 조직의 세포들은 분열하지 않기 때문에 생장을 따라가지 못하며 결과적으로 이들 조직은 붕괴된다. **그림 35.32** 모든 뿌리의 표피세포들은 뿌리털을 발달시킨다. **그림 35.34** 호메오유전자 돌연변이의 다른 예는 Figure 18.20에 나와있는 초파리 돌연변이 이다. *Hox* 유전자의 돌연변이는 안테나가 나와야 할 위치에 다리를 만들게 한다. **그림 35.35** 꽃은 심피만으로도 구성될 수 있다.

개념 확인 문제 35.1

1. 관다발조직계는 잎과 뿌리와 연결되어 있어 체관부 속의 당분을 잎으로부터 뿌리로 옮기고 물관부의 물과 무기질을 잎으로 옮긴다. **2.** 우리는 광합성으로부터 충분한 에너지를 얻기 위해 태양에 노출 표면적을 늘려야 한다. 이러한 큰 표면적 대 부피의 비율은 물을 증발시키는 새로운 문제를 발생시킨다. 우리는 물과 무기질의 근원인 토양과 영구적으로 연결되어야만 한다. 간단히 말하면, 우리는 식물과 매우 비슷한 모습을 지니며 행동해야만 할 것이다. **3.** 식물이 신장할 때는 전형적으로 묽은 수액을 지니는 거대한 중앙액포를 형성한다. 중앙액포는 최소한의 세포질을 갖고도 세포가 커질 수 있게 한다. 식물 세포벽의 섬유소 미세소관의 방향은 세포의 생장패턴에 영향을 미친다.

개념 확인 문제 35.2

1. 예, 목본식물에서 2기생장은 오래된 뿌리와 줄기에서 일어나는 반면, 1기생장은 뿌리와 어린싹의 끝에서 일어난다. **2.** 가장 크고 오래된 잎들은 어린싹의 아랫부분에 위치한다. 이들 잎에는 그늘이 심하게 지기 때문에 그 크기와 큰 상관없이 광합성을 하지 못할 것이다. 유한생장은 광합성 산물이 부족한 기관으로 계속 필요한 분량을 늘려 공급하지 않아도 되는 이점이 있다. **3.** 아니오, 당근 뿌리는 두 번째 해의 끝에 가서는 더 작아질 것이다. 왜냐하면 뿌리에 저장된 양분이 꽃, 열매, 씨를 만드는 데 이용될 것이기 때문이다.

개념 확인 문제 35.3

1. 뿌리의 1기생장은 뿌리끝으로 부터 떨어진 3개의 연속 구간인, 분열대, 신장대, 분화대에서 일어난다. 어린싹에서는 끝눈의 정단부분에서 일어나는데, 여기에는 정단분열조직 측면을 따라 위치한 엽원기가 포함된다. 대부분의 길이생장은 어린싹 정단의 오래된 절간부분에서 일어난다. **2.** 아니오, 옥수수 잎과 같이 수직적으로 나오는 잎은 잎의 앞, 뒷면이 똑같이 햇빛을 받아들이기 때문에 책상조직과 해면조직으로 분화하지 않은 엽육조직을 가질 것으로 기대하게 될 것이며, 이것은 전형적인 경우이다. 또한 수직적인 잎은 보통 잎의 양면에 기공을 갖는다. **3.** 뿌리털은 뿌리 표피세포의 표면적을 확대시키기 위한 세포의 신장으로 무기질과 물의 흡수가 증대된다. 융털돌기는 소화관의 표면적을 넓힘으로써 양분의 흡수를 증가시키기 위한 세포의 신장이다.

개념 확인 문제 35.4

1. 표식은 지상 2 m에 머물러 있을 것이다. 왜냐하면 표식이 있는 나무 부분은 길이생장(1기생장)이 일어나지 않는 부분이기 때문이다. 이 부분은 단지 두께가 늘어나는 비대생장(2기생장)만을 한다. **2.** 기공은 닫힐 수 있어야만 한다. 왜냐하면 잎에서는 체적에 대한 부피의 비가 크기 때문에 목본식물의 줄기보다 훨씬 많은 증산작용이 일어난다. **3.** 열대지방에서는 온도의 변화가 적어서 우기와 건기가 분명한 지역으로부터 온 나무가 아니라면 나무의 나이테를 구분하기가 어렵다. **4.** 나무는 천천히 죽게 될 것이다. 환상박피는 2기체관부(수피의 일부)의 전체를 제거하는 것인데, 어린싹에서 뿌리로의 당분과 전분 이동을 완전히 차단한다. 몇 주 뒤에 뿌리는 저장된 탄수화물을 완전히 사용하고 결국 죽게 될 것이다.

개념 확인 문제 35.5

1. 살아 있는 모든 식물세포들은 비록 같은 유전체를 지니지만 상이한 유전자 발현으로 인해 다른 형태와 기능을 갖도록 발달한다. **2.** 식물은 무한생장을 나타내고, 어린시기와 성숙시기가 한 식물체 내에서 나타난다. 식물의 세포분화는 계통보다 최종 위치에 더 의존된다. **3.** 한 가설에서는 만약 *B* 유전자의 활성이 꽃의 3개 선상에서 모두 나타나면 화피가 생성될 수 있다고 한다.

핵심 개념의 요약 질문

35.1 몇 가지 예가 있다. 잎과 줄기의 큐티클은 건조로부터 이들 구조들을 보호한다. 후각조직과 후벽조직 세포들은 식물을 지지할 수 있는 두터운 세포벽을 갖는다. 강하고 복잡한 뿌리계는 식물체를 토양에 고정시키는 역할을 한다. **35.2** 1기생장은 정단분열조직에서 일어나고 기관의 생산과 신장에 관여한다. 2기생장은 측생분열조직으로부터 일어나고 뿌리와 줄기의 직경을 늘린다. **35.3** 곁뿌리는 내초로부터 뻗어나오면서 식물세포들을 파괴한다. 줄기에서는 가지들이 곁눈으로부터 나오지만 어떤 세포도 파괴하지 않는다. **35.4** 2기생장의 진화로 식물이 더 크게 자라 다른 경쟁자들을 그늘지게 할 수 있었다. **35.5** 세포벽 가장 안쪽 층의 미세섬유소의 방향은 한 개의 축을 따라 생장을 일으키게 한다. 세포의 가장 바깥쪽 세포질의 미세소관은 세포팽창의 축을 조절하는데, 그 이유는 그들이 미세섬유소의 방향을 결정하기 때문이다.

생각해보자

1. d **2.** c **3.** c **4.** a **5.** b **6.** d **7.** d

8.

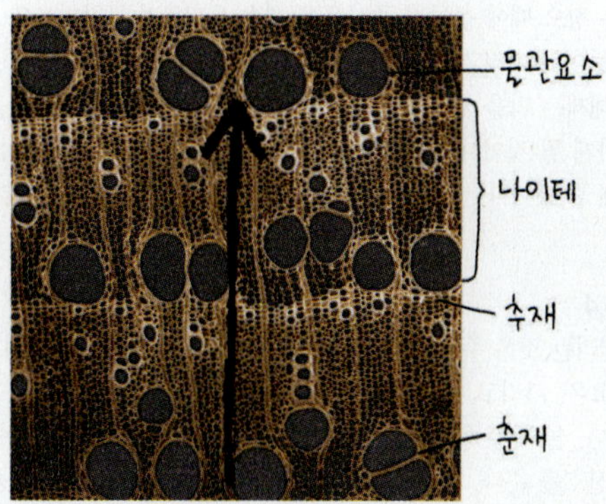

36장

그림 문제

그림 36.3 잎들은 시계반대방향 나선형으로 생겨나고 있다. **그림 36.4** 위에 있는 잎이 아래 있는 잎을 가리고 있기 때문에 잎면적 지표가 높다고 하여 항상 광합성을 증가시키는 것은 아니다. **그림 36.6** 양전하 펌프 저해제는 원형질막을 가로질러 밖으로 나가는 H^+가 더 적어지기 때문에 막포텐셜을 탈분극(증가)시킨다. H^+/설탕의 공동수송 저해제의 직접적인 효과는 이 공동수송체를 통해 세포 안으로 스며 들어가는 H^+가 더 적어지기 때문에 막포텐셜을 과분극(감소)시킨다. 양이온과 음이온을 동시에 공동수송하는 것은 막 사이의 전하에는 궁극적인 차이를 만들지 못하므로 H^+/ NO_3^- 공동수송 저해제는 막포텐셜에 아무런 영향을 주지 못한다. K^+ 이온채널 저해제의 효과는 더 이상의 양이온이 세포 바깥에 축적되지 않기 때문에 막포텐셜을 감소시킨다. **그림 36.8** 카스파리안선은 물과 무기질이 세포벽으로 거쳐 내피세포 사이를 또는 그 주변으로 이동하는 것을 막는다. 그래서 물과 무기질은 내피세포의 원형질막을 반드시 통과해야만 한다. **그림 36.17** 물관부는 음압 상태(장력)이기 때문에 헛물관이나 물관요소에 칼을 찔러 넣으면 세포 안에 공기가 들어가게 된다. 양성 뿌리압이 지배적이 아니라면 물관액은 스며 나오지 않는다.

부록 A 정답

개념 확인 문제 36.1

1. 관다발식물은 뿌리에서 흡수한 무기질과 물을 식물의 다른 모든 부분으로 수송해야만 한다. 그들은 또한 설탕을 생성된 곳에서 쓰이는 곳으로 수송해야 한다. **2.** 식물 구조적 특성 여러 가지가 잎배열, 잎과 줄기의 방향성, 그리고 잎면적 지표를 포함한 '스스로 만든 그늘'에 영향을 준다. **3.** 줄기 신장이 많이 되면 식물 상층부 잎을 늘린다. 똑바로 선 잎과 줄어든 곁가지는 잠식된 주변 식물에 의한 그늘 때문에 받는 영향을 줄여 준다. **4.** 지상부 끝을 자르는 것은 정단우성을 제거하여 곁눈이 옆줄기(가지)가 되도록 한다(35장). 이런 가지내기로 통해 잎단면 지표가 높은 덤불 같은 식물이 되게 한다. **5.** 균사는 길고 가는 섬유로 토양 속에서 커다란 잘 짜여진 망상조직을 형성한다. 그들의 높은 부피 대비 표면적 비율은 토양에서 무기질 흡수를 높여주는 적응 현상이다.

개념 확인 문제 36.2

1. 세포의 Ψ_p는 0.7 MPa이다. Ψ이 −0.4 MPa인 용액에서는 평형 상태 세포의 Ψ_p는 0.3 MPa이다. **2.** 세포는 여전히 삼투압 환경의 변화에 적응하지만 반응 속도는 느리다. 아쿠아포린은 막을 가로지르는 물포텐셜 기울기에 영향을 주지 않지만 더 빠른 삼투적응이 일어나도록 해준다. **3.** 헛물관과 물관요소가 성체에서도 살아 있다면 그들의 세포질은 물의 이동을 방해하여 빠른 장거리 수송을 저해한다. **4.** 원형질체가 터진다. 세포질에는 여러 용질이 녹아 있기 때문에 물은 평형에 도달하지 않고 계속해서 원형질체로 들어간다. (세포벽이 존재한다면 원형질체의 지나친 팽창에 의해 터지는 것을 막아준다.)

개념 확인 문제 36.3

1. 물을 이동시키는 물관부 세포는 성체에서는 죽어서 속이 빈 관을 형성하기 때문에 물의 흐름을 막지 않으며 그 들의 두꺼운 벽은 내부의 음압 때문에 세포가 쭈그러드는 것을 막아준다. **2.** 해뜰 때는 물관이 뿌리압 때문에 양압 상태이므로 물방울이 스며 나온다. 정오 때는 물관이 잘려서 물관액이 잘려진 부위에서 스며 나올 때 음압이 형성된다. 뿌리압으로는 정오 때에 높아진 증산율을 계속 유지하지 못한다. **3.** 내피는 물에 녹은 용질 분자들이 선택적 투과성막을 가로질러 가게 함으로써 그들의 이동을 조절한다. 아마도 저해제는 막을 가로질러 가지 못하므로 식물체에서 광합성을 하는 세포에 도달하지 못하게 될 것이다. **4.** 아마 더 커진 뿌리 생체량은 원형질막의 줄어든 물 투과성을 보상해 줄 것이다. **5.** 카스파리안선과 밀착연접은 모두 세포간의 액체 이동을 저해한다.

개념 확인 문제 36.4

1. 새벽에 기공이 열리는 것은 주로 빛과 CO_2 농도, 그리고 일주기성 리듬에 의해서 조절된다. 가뭄이나 고온, 그리고 바람 같은 환경 스트레스는 낮 동안에 기공을 닫고 있도록 자극할 수 있다. 물의 부족은 식물호르몬인 엡시스산이 분비되게 하여 공변세포가 기공을 닫도록 신호를 준다. **2.** 기공세포의 양성자 펌프를 활성화하면 공변세포가 K^+을 잡아들이게 한다. 그로 인해 공변세포의 증가된 팽압은 기공이 열린 채로 있도록 하여 잎에서 증산작용이 심하게 일어나게 한다. **3.** 꽃을 자른 후에는 모든 잎과 꽃잎에서의 증산작용이 물관부의 물을 계속 끌어올리게 할 것이다. 잘려진 꽃을 바로 화병에 옮기면 물관에 생기는 공기방울이 화병으로부터 꽃으로 물을 끌어들이는 것을 방해한다. 물속에서 다시 처음 자른 곳의 몇 센티 위에서 줄기를 자르는 것은 공기방울의 위에서 줄기를 절단하게 되는 것이다. 물관 속에 채워진 물은 꽃이 화병 속에 담겨 있는 동안에는 공기 방울이 생기지 못하게 막아준다. **4.** 물분자는 일정한 움직임을 보이지만 서로 다른 속도로 움직인다. 물분자의 평균 속도는 물의 온도에 따라 다르다. 물분자가 충분한 에너지를 얻으면 액체 표면 근처의 가장 에너지가 많은 분자가 충분한 속도와 운동에너지를 제공하여 물이 증발할 때 물분자가 기체 분자로 액체에서 떠나게 돕는다. 가장 높은 운동에너지를 가진 분자가 증발함에 따라 남아 있는 액체의 평균 운동에너지는 감소하게 된다. 액체의 온도는 액체 분자의 평균 운동에너지와 직접적인 연관 관계를 가지므로 물이 증발할 때 온도가 내려가게 된다.

개념 확인 문제 36.5

1. 두 경우 모두 장거리 수송은 관 양쪽 끝의 압력 차이에 의해 생기는 부피 유동이다. 체관의 한 쪽 끝에서 설탕을 적재함으로써 체관부로 삼투압에 의한 물의 이동 때문에 압력이 생성되며, 이렇게 생성된 압력은 관의 공급원 끝에서 수용원 끝으로 체관액을 밀게 된다. 반대로 증산작용은 물관액을 위로 잡아당기는 힘으로써의 음압 포텐셜(장력)을 생성한다. **2.** 주요 공급원 기관은 완전히 성장한 잎(광합성에 의해)과 충분히 발달된 저장 기관(녹말의 분해에 의해)이다. 뿌리, 배아, 줄기, 생장 중인 잎, 그리고 열매는 그들이 활발하게 생장하고 있기 때문에 강력한 수용원이다. 저장 기관은 탄수화물을 축척하는 여름에는 수용원으로, 봄에는 녹말을 분해하여 줄기의 생장을 돕는 공급원이 된다. **3.** 뿌리압이 우세할 때 물관부에 있든지 아니면 체관부의 체관요소에 있든지 양압은 능동수송이 필요하다. 물관부에서 대부분의 장거리 수송은 궁극적으로는 잎으로부터 물의 증발에 의해 생성된 음압 포텐셜을 동력으로 하는 부피 유동에 의존하며 살아 있는 세포를 필요로 하지 않는다. **4.** 나선으로 칼자국을 내면 뿌리 수용원으로 가는 체관액의 부피 유동을 막게 된다. 그래서 더 많은 체관액이 공급원인 잎에서 수용원인 과일로 이동하게 하여 결과적으로 과일의 당도가 높아지게 된다.

개념 확인 문제 36.6

1. 간극연접과는 다르게 원형질연락사를 통해 세포 사이에 RNA, 단백질, 그리고 바이러스가 통과할 수 있다. **2.** 장거리 신호전달은 모든 거대한 생물체의 통합 기능에 절대적으로 중요하지만, 식물에서는 동물과 달리 전형적으로 환경에 반응하는 빠른 동작이 없기 때문에 그런 통합 기능의 속도가 그리 중요하지 않다. **3.** 이런 전략은 바이러스 감염이 전체적으로 퍼져나가지 못하게 하지만 또한 식물의 발생에도 심각한 문제를 야기할 수 있다.

핵심 개념의 요약 질문

36.1 긴 지상부와 증가된 잎 면적을 가진 식물은 일반적으로 더 작은 경쟁 식물보다 유리한 점이 있다. 지상부가 길어지기 위한 선택적 압력의 결과로 잎이 뿌리에서 더 멀리 떨어지게 된다. 이와 같이 서로 떨어지게 되는 것은 뿌리와 지상부 사이의 물질 수송에 문제를 발생시킨다. 물관세포를 가진 식물은 토양에서의 자양분(물과 무기질)을 지상부에 공급하는 데 더 성공적이다. 이와 유사하게 체관을 가진 식물은 설탕 수용원에 탄수화물을 공급하는 데 성공적이다. **36.2** 물관액은 일반적으로 뿌리압에 의해 식물의 위쪽으로 밀어 올려지는 것보다 훨씬 더 자주 증산작용에 의해 식물 위쪽으로 당겨진다. **36.3** 수소결합은 물분자끼리 또는 세포벽 같은 다른 물질과 물이 결합하는 데 필요하다. 이런 두 가지 결합 모두 물이 음압의 조건에서 물관액을 위로 올라가게 하는 데 쓰인다. **36.4** 기공을 통해 식물에서의 물 손실의 대부분이 일어나지만 예를 들면 광합성을 위한 이산화탄소의 흡입과 같은 기체 교환에 기공이 필요하다. **36.5** 체관액의 이동은 부피 유동에 의존하지만 체관 수송을 이끄는 압력의 기울기는 설탕 공급원에서 체관 요소에 설탕을 탑재하는 것에 반응하여 물이 삼투압으로 들어오는 것에 의해 생성된다. 체관 탑재는 궁극적으로는 능동적 H^+ 펌프질로 생성되는 H^+ 기울기에 의존한, H^+의 공동수송에 따라 일어난다. **36.6** 전기 신호, 세포질 pH, 세포질 칼슘 농도, 그리고 바이러스 이동 단백질 이 모두는 발생에 따라 변하는 원형질연락사의 수와 같이 심플라스트 소통에 영향을 준다.

생각해보자

1. a **2.** b **3.** b **4.** c **5.** b **6.** c **7.** a **8.** d

37장

그림 문제

그림 37.3 음이온. 양이온은 토양입자에 붙어 있기 때문에 폭우로 인한 유실이 덜하다. **표 37.1** 광합성을 하는 동안 CO_2는 건조질량이 되는 탄수화물로 고정된다. 세포호흡을 하는 동안 O_2는 H_2O로 환원되고 건조질량이 되지 않는다. **그림 37.11** 콩과식물은 뿌리에 의해 흡수된 질소를 세균이 고정하기 때문에 이익을 얻고, 세균은 식물로부터 광합성 산물을 얻기 때문에 이익을 얻는다. **그림 37.12** 3개의 식물조직계 모두가 영향을 받는다. 뿌리털(표피조직)은 *Rhizobium*을 침투시키기 위해 변형된다. 피층(기본조직)과 내초(관다발조직)는 뿌리혹이 형성되는 동안 증식을 한다. 뿌리혹의 관다발조직은 뿌리의 관다발기둥과 연결되어 있어서 효율적인 양분교환이 이루어지도록 한다.

개념 확인 문제 37.1

1. 과도한 관개는 뿌리의 산소를 빼앗는다. 과도한 시비는 소모적이며 토양의 염분화와 물의 오염을 일으킬 수 있다. **2.** 깎은 잔디가 분해되면 토양에 무기질 양분을 회복시킨다. 만약 잔디를 치워버리게 되면 토양에서 없어진 무기질을 시비에 의해 보충시켜야만 한다. **3.** 점토의 작은 크기와 음전하로 인해 양이온과 물분자와의 결합부위를 늘리기 때문에 양이온 교환을 증가시키고 토양에서 수분을 유지하게 한다. **4.** 물분자 간의 수소결합 때문에 물이 얼게 되면 팽창해서 암석을 기계적으로 깨뜨린다. 물은

또한 많은 물체에 응집한다. 이러한 응집력은 중력과 같은 다른 힘들과 함께 작용해서 암석으로부터 입자들을 끌어낼 수 있다. 마지막으로 물은 극성을 나타내므로 훌륭한 용매가 되어 이온 등 많은 물질들을 용액 속에서 녹게 한다.

개념 확인 문제 37.2

1. 아니오. 다량원소들은 비록 많은 양이 필요하지만, 모든 필수원소들은 식물의 완전한 생활사에 있어 필요하다. **2.** 아니오, 어떤 원소를 첨가해 작물의 생장률이 증가한다고 해서 그 원소가 식물의 생활사에 있어서 꼭 필요하다는 것을 의미하지는 않는다. **3.** 수경재배를 해서 키운 식물의 뿌리는 공기보충이 부족하기 때문에 더 많은 에너지를 사용해 독성의 발효산물인 알콜을 축적시키는 알코올발효를 촉진할 것이다.

개념 확인 문제 37.3

1. 근권은 살아 있는 뿌리 바로 가까이에 있는 좁은 구역이다. 이 구역은 특히 유기,무기양분이 풍부하고 토양의 양보다 몇 배나 많은 미생물 군집을 갖는다. **2.** 토양세균과 균근은 어떤 무기물들을 식물체가 이용할 수 있도록 만들어 식물의 영양을 증진시킨다. 예를 들면, 토양세균의 많은 종류들이 질소순환에 관여하고, 균근의 균사체는 양분 특히, 인산이온 흡수를 위해 많은 표면적을 제공한다. **3.** 혼합영양은 광합성과 종속영양을 함께 사용하는 경우를 말한다. 유글레나는 잘 알려진 혼합영양 생물체이다. **4.** 흠뻑 적시는 비는 토양의 산소를 격감시킨다. 토양산소의 결핍은 땅콩 뿌리혹에 의한 질소고정을 방해하고 식물이 이용할 질소를 감소시킨다. 그 대신에 폭우는 토양으로부터 질산 이온을 침출시킨다.

핵심 개념의 요약 질문

37.1 생태계란 용어는 주어진 지역내 생물군집들이 그 주변의 물리적 환경과 상호작용을 이룰 때에 언급된다. 토양은 세균, 곰팡이, 동물과 식물의 뿌리를 포함해 많은 생물군집들로 바글거린다. 이들 각각의 군집들의 활력은 토양 환경의 무생물적 요소인 무기질, 산소, 물뿐만 아니라 생물체의 다른 군집들 사이의 긍정적, 부정적인 상호작용에 의해서 좌우된다. **37.2** 아니오. 식물은 그들이 필요한 모든 무기질이 적당한 비율로 들어있는 용액에 산소가 공급되는 수경재배로 재배될 때에는 그 생활사를 완성할 수 있다. **37.3** 아니오. 일부 기생식물들은 다른 생물체로부터 탄소양분을 빨아들임으로써 에너지를 얻는다.

생각해보자

1. b **2.** b **3.** a **4.** d **5.** b **6.** b **7.** d **8.** d **9.** d

10.

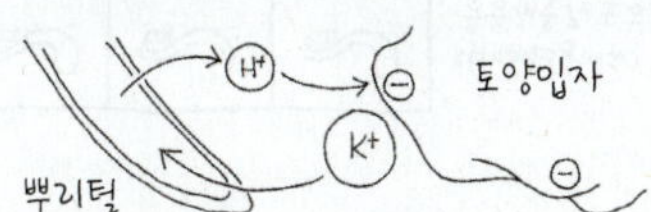

38장

그림 문제

그림 38.5 특이적 꽃가루 전달자를 갖는 것은 잘못된 종의 꽃에 꽃가루가 전달될 확률을 줄여주기 때문에 더 효과적이다. 그러나 이것도 또한 위험한 전략일 수 있다. 꽃가루 전달자의 군집이 포식자, 질병, 기후 변화 같은 뜻하지 않은 심한 피해를 입게 되면 그 식물은 종자를 생산해 낼 수 없을 수도 있다는 것이다. **그림 38.8** 하나의 떡잎을 갖는 것 외에도 외떡잎식물은 평행 잎맥을 가진 잎과 분산된 관다발을 갖는 줄기, 섬유상의 뿌리 구조, 셋 또는 3의 배수로 된 꽃잎 부위, 그리고 한 개의 구멍만 있는 꽃가루를 갖고 있다. **그림 38.9** 콩은 토양을 뚫고 나가기 위해 하배축 갈고리를 사용한다. 연약한 잎과 지상부 정단분열조직은 두 개의 커다란 떡잎 사이에서 샌드위치처럼 되어 보호된다. 옥수수 유식물의 자엽초는 갓 생겨난 잎의 보호를 돕는다. **그림 38.18** 왕관혹병 세균인 아그로세균은 일반적으로 이 세균에 민감한 식물에서 종양을 만든다. 아그로세균은 플라스미드를 이용하여 식물 세포 속에 세균의 유전자를 넣는다. 이 플라스미드는 유전공학적으로 조작되어 종양을 만들지 않으면서 식물 세포에 유전자를 삽입할 수 있다.

개념 확인 문제 38.1

1. 종자식물에서는 수분이란 수술의 꽃가루가 암술머리로 옮겨지는 것이다. 수정은 알세포와 정자가 합쳐져서 접합자를 형성하는 것이다. 이것은 꽃가루로부터 꽃가루관이 자랄 때까지 일어날 수 없다. **2.** 종자의 휴면은 종자가 미리 발아하는 것을 막아준다. 배가 어린 유식물로서 생존하기에 환경 조건이 적당하게 되어야만 종자는 발아를 한다. **3.** 유전적으로 꽃가루관을 길게 만들지 못하는 꽃가루는 긴 암술대를 가진 꽃에서는 수정하지 못하게 된다. **4.** 아니다. 식물의 반수체(생식세포체) 세대는 다세포로 포자에서 나온다. 동물의 생활주기에서 반수체 상태는 감수분열로 직접 생성되는 단세포 생식세포(난자 또는 정자)다. 포자도 없다.

개념 확인 문제 38.2

1. 현화식물은 자가불화합성, 각자 다른 식물체에 암꽃 또는 수꽃을 갖거나(암수딴몸), 아니면 다른 높이의 암술머리와 암술대를 가짐으로써 자가수분을 피할 수 있다. **2.** 무성생식으로 증식되는 작물은 유전적 다양성이 결여되었다. 유전적으로 다양한 군집은 그 안에서 소수의 개체라도 저항성을 가질 가능성이 훨씬 높기 때문에 전염병에 직면하였을 때 멸종될 가능성이 적다. **3.** 단편적으로 보면, 자가수분은 너무 퍼져 있고 빈도가 낮아 꽃가루 전달이 실현 가능성이 적은 군집 안에서는 장점이 될 수 있다. 그러나 크게 보면 자가수분은 적응 진화를 배제하는 유전적 다양성의 손실을 가져 오기 때문에 진화의 종결점이 된다.

개념 확인 문제 38.3

1. 전통적인 육종교배와 유전공학은 둘 다 원하는 형질을 위한 인위적 선택을 포함한다. 그러나 유전공학 기술로 더 빠른 유전자 전이를 할 수 있기 때문에 근연 변종이나 종 사이에서 유전자 전이에 제한이 없다. **2.** *Bt* 옥수수는 해충의 손상을 덜 받는다. 그래서 *Bt* 옥수수는 손상 부위를 통해 식물에 감염되는 퓨모니신을 생산하는 곰팡이에 감염될 가능성이 더 적다. **3.** 그런 종에서는 엽록체 DNA에 전이시킨 유전자 조작은 그 전이 유전자가 꽃가루에서 다른 식물로 유출되지 못하도록 막아준다. 이런 방법은 엽록체 DNA가 난자에서만 발견되게 하기 때문이다. 자성불임, 무수정생식, 자가수분이 방지된 꽃 같은 전이된 유전자의 유출을 막는 완전히 다른 방법들이 필요하다.

핵심 개념의 요약 질문

38.1 수분과 수정 이후에 꽃은 전형적으로는 열매로 변한다. 꽃잎, 꽃받침, 그리고 수술은 일반적으로는 쇠퇴한다. 암술의 암술머리는 시들고 식물 씨방은 부풀기 시작한다. 씨방의 밑씨(배의 종자)는 성숙하기 시작한다. **38.2** 무성생식은 그 환경에 잘 맞는 각 식물체의 모든 유전자가 다음 자손으로 전달되기 때문에 안정된 환경에서는 유리할 수 있다. 또한 무성생식은 일반적으로 유성생식에 의해 생긴 유식물보다 덜 약한 자손을 만든다. 그러나 유성생식은 단단한 종자를 퍼트리는 장점을 제공한다. 더욱이 유성생식은 유전적 다양성을 만들기 때문에 불안정한 환경에서는 유리할 수 있다. 변화된 환경에서는 유성생식에 의한 최소한 하나의 자손이라도 살아남을 수 있는 가능성이 더 많다. **38.3** "황금쌀"은 비타민 A를 만들 수 있게 유전자가 조작되어 벼의 영양가를 높인다. 토양 세균의 프로톡신 유전자를 *Bt* 옥수수에 삽입되었다. 이 프로톡신은 무척추동물에는 해롭지만 척추동물에는 전혀 해가 없다. Bt 작물은 살충제 살포 필요도 덜하며 곰팡이 감염도 적다. 카사바의 영양가를 유전공학에 의한 여러 가지 방법으로 증가시키고 있다. 철분과 베타카로틴(비타민 A의 전구물질)을 늘리고 뿌리에서 시안화물 생성 화학물질을 거의 제거하였다.

생각해보자

1. a **2.** c **3.** b **4.** c **5.** d **6.** d **7.** d

8.

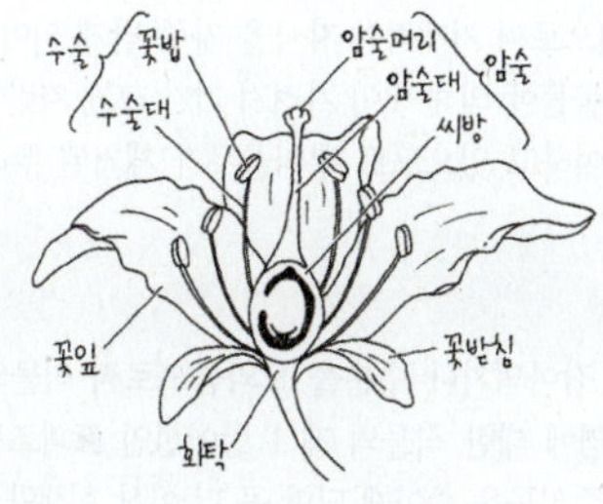

39장

그림 문제

그림 39.4 탈황화반응과 관련된, 분지를 갖는 피토크롬 의존적 경로와 닮은 것은 그림 9.17의 B에서 보여지는 분지를 갖는 신호전달경로이다. **그림 39.5** 굴광성반응을 유발하는데 어떤 파장의 빛이 가장 효과적인가를 알아보기 위해서는 프리즘을 사용하여 백색광을 구성하고 있는 다양한 빛으로 분산시켜 비추고 어떤 색이 가장 빠른 굴광성 반응을 유발하는가를 보면 된다(답은 청색광이다; 그림 39.15 참조) **그림 39.6** 아니다. 옥신의 극성수송은 옥신 수송단백질의 극성분포에 의한 것이다. **그림 39.16** 그렇다. 백색광은 적색광을 포함하고 있으며 모든 처리에서 씨의 발아를 촉진한다. **그림 39.20** 단일식물은 꽃을 피우지 않고 장일식물은 꽃을 피울 것이다. **그림 39.21** 이것이 사실이라면, 화성소는 개화유도물질이 아니라 개화억제물질일 것이다. **그림 39.27** 광합성을 위한 적응은 분자수준에서 있을 수 있는데, C_4 식물과 CAM 식물은 이산화탄소를 최초로 고정하기 위해서 PEP 카복실라아제를 이용하는데 반해, C_3 식물은 루비스코를 이용한다는 데에서 명확히 볼 수 있다. 조직 수준에서의 적응은 식물이 그들의 유전자형이나 환경 조건에 따라 기공 밀도가 다양하다는 것이다. 개체수준에서는 식물은 줄기의 전체적인 생김새를 변형시켜 광합성을 보다 효율적으로 할 수 있게 한다는 것이다. 예를 들어, 자기 솎음을 통해 광합성량보다 광호흡량이 더 많아진 줄기와 가지를 제거한다.

개념 확인 문제 39.1

1. 암소에서 키운 유식물은 줄기가 길고 뿌리가 잘 발달되지 않았으며 잎은 펼쳐져 있지 않고 지상부위에 엽록소를 가지고 있지 않다. 황화생장은 씨가 땅속에서 만나는 암조건에서 싹을 틔우는데 유리하다. 잎의 신장과 뿌리의 생장에 에너지를 쏟는 대신 많은 에너지를 줄기의 신장에 쏟아 식물이 저장된 양분을 다 소모하기 전에 줄기가 태양에 노출될 수 있도록 하고 있다. **2.** 시클로헥시마이드 처리로 인해 탈황화에 필요한 새로운 단백질의 합성이 억제되어 탈황화 반응이 일어나지 않을 것이다. **3.** 아니다. 본문에 쓰여진 대로 고리형 GMP를 주입한 경우와 마찬가지로 비아그라를 처리하면 단지 탈황화반응의 일부분만이 나타날 것이다. 완전한 탈황화반응을 위해서는 이 신호전달경로의 다른 가지인 칼슘경로의 활성화가 필요하다.

개념 확인 문제 39.2

1. 옥신과 같이 푸시코신은 세포막 H^+ 펌프의 활성을 증가시키고 또한 옥신처럼 줄기 세포의 신장을 유발한다. **2.** 식물은 항상적으로 3중반응을 보일 것이다. 정상적인 경우에 3중반응을 억제하는 인산화효소에 이상이 생겼으므로 식물은 에틸렌의 유무와 정상적인 에틸렌 수용체 존재와 상관없이 3중반응을 보일 것이다. **3.** 에틸렌은 자신의 합성을 촉진하므로 양성되먹임 조절이다.

개념 확인 문제 39.3

1. 반드시 그렇지 않다. 온도와 빛 등의 여러 환경요인들은 야생에서 24시간 주기로 변한다. 특정 효소가 일주기성 조절을 받는지 알아보기 위해서는 환경요인들이 변하지 않고 일정할 때에도 그 효소 활성이 주기적으로 변하는지를 보아야 한다. **2.** 그렇게 말할 수 없다. 이 식물이 단일식물이라면 개화를 위한 임계 밤길이가 있어야 하고 밤길이가 이보다 길어야 꽃을 피울 수 있는 것이다. **3.** 광합성의 작용스펙트럼에 따르면 적색광과 청색광이 광합성에 있어서 가장 효과적이다. 따라서 식물이 청색광 수용체와 적색광 수용체를 이용하여 주변 빛 환경을 판단하는 것은 놀라운 일이 아니다.

개념 확인 문제 39.4

1. ABA를 많이 만들어내는 식물은 기공이 주로 닫혀 있게 되므로 증발열로 인한 냉각효과가 적기 때문이다. **2.** 통로 근처의 식물은 온실 내의 공기의 흐름이나 일하는 사람들이 다니면서 건드림으로써 기계적인 자극을 자주 받게 되어 키가 작은 반면, 가운데 쪽의 식물은 주변 식물들에 의해 빛이 가려져 키가 크게 자란다. **3.** 아니다. 뿌리골무가 중력의 감지에 관여하고 있으므로 뿌리골무가 제거된 뿌리는 중력에 대해 거의 반응하지 않는다.

개념 확인 문제 39.5

1. 특정 곤충은 해충을 잡아먹거나 수분을 도와줌으로써 식물의 생산성을 높여준다. **2.** 기계적인 상해는 감염에 대한 식물의 제 1 방어선인 표피조직을 부수기 때문이다. **3.** 아니다. 병원균이 숙주식물을 죽이게 되면 곧 더 이상 희생양으로 삼을 숙주가 없어져 병원균 자기 자신도 멸종하게 될 것이다. **4.** 바람이 식물의 방어를 위해 발산하는 휘발성 물질의 농도를 희석시켜버리기 때문일 것이다.

핵심 개념의 요약 질문

39.1 신호전달경로는 종종 다른 단백질을 인산화시킬 수 있는 효소인 단백질인산화효소를 활성화시킨다. 단백질인산화효소는 이미 존재하고 있던 단백질을 인산화시킴으로써 직접 그들을 활성화시킬 수 있으며, 또한 특정 전사조절인자를 인산화시켜 유전자 발현(과 효소합성)을 조절할 수도 있다. **39.2** 그렇다. 상한 사과 하나가 같은 상자 내의 모든 사과를 상하게 한다는 격언은 사실이다. 과일의 성숙을 촉진하는 기체 호르몬인 에틸렌은 상처나, 감염, 과도한 숙성 등에 의해서 합성된다. 에틸렌은 같은 상자에 있는 멀쩡한 과일에 확산되어 과일이 빨리 성숙하게 할 수 있다. **39.3** 식물생리학자들은 개화가 유도된 식물이 이 식물에 개화를 유도하는 환경에 있지 않은 다른 개체를 접목했을 때에도 이 접목된 개체에서 개화를 유도한다는 결과를 바탕으로 개화유도인자(화성소)가 있을 것이라고 제안해왔다. **39.4** 가뭄스트레스에 노출되었던 식물은 동결스트레스에도 저항성을 보이는데, 이는 두 가지 스트레스가 매우 유사하기 때문이다. 세포외 공극에서 물이 얼면 세포외부의 이용가능한 물의 농도가 감소한다. 다시 말해 이것은 얼지 않은 이용가능한 물이 삼투현상에 의해 세포를 빠져나가 결국 가뭄스트레스에서 볼 수 있는 것과 마찬가지로 세포질에 탈수현상이 나타나게 된다. **39.5** 식물을 갉아먹는 곤충은 식물 줄기의 왁스 큐티클을 파괴함으로써 식물을 병원균 침입에 용이하게 만든다. 게다가 상처를 입은 세포에서 분비되는 물질이 침투하는 병원균의 양분으로 이용된다.

생각해보자

1. b **2.** c **3.** d **4.** e **5.** b **6.** b **7.** c

8.

대조구
에틸렌 처리
에틸렌 합성 억제제
야생형
에틸렌에 대해 반응하지 않는 ein 돌연변이체
에틸렌을 과다합성하는 eto 돌연변이체
항상적으로 삼중반응을 보이는 ctr 돌연변이체

40장

그림 문제

그림 40.4 그러한 교환표면이 몸체 안에 있다는 의미에서 교환표면은 내부에 있다. 그러나 교환표면은 또한 환경과 접촉하는 외부의 몸체표면으로 열려 있는 구멍과 계속 연결되어 있다. **그림 40.8** 자극(회색 상자들)은 위쪽 고리에서 증가하거나 아래쪽 고리에서 감소하고 있는 실내 온도이다. 그 반응들은 난방기를 끄게하여 위쪽 고리에서 온도를 낮추거나 난방기를 켜서 아래쪽 고리에서 온도를 올리는 것을 다 포함하고 있다. 센서/조절 센터는 온도조절장치이다. **그림 40.12** 팬에 의해서 바람이 피부 위로 흐를 때 일어나는 것이 대류이다. 피부가 땀범벅일 때 일어나는 것이 증발이다. 여러분은 항상 작은 양의 열을 주변 공기에 방사하고 있다. **그림 40.16** 암컷 버마산 비단뱀이 알을 품지 않을 때 다른 외온동물과 같이 떨어지는 주변온도에 따라서 산소소모는 감소할 것이다. **그림 40.17** 냉수는 여러분 머리에 있는 조직, 특히 몸 전체로 순환되는 혈액을 차갑게 한다. 이러한 효과는 체온을 정상으로 되돌리게 하는 데 효과적일 것이다. 그러나 만약 냉수가 고막에 다다라서 뇌하수체에 제공되는 혈관을 차갑게 한다면 뇌하수체의 온도 조절 장치는 땀흘림을 억제하게 하고 피부 아래의 혈관을 수축시켜서 몸의 냉각을 늦추게 할 것이다. **그림 40.18** 하강하는 온도와 함께 막을 통한 영양물질의 수송, RNA와 단백질의 합성도 감소할 것이다. 열로서 방출되는 과도한 에너지와 함께 자유에너지의 전반적인 하강 때문에 이러한 과정들은 자발적으로 진행된다. 비슷하게 포도당에 있는 자유에너지의 절반 이하는 세포호흡에서 일어나는 짝물림 반응에서 잡혀 있다. 에너지의 남은 부분은 열로써 방출된다. **그림 40.21** 어떤 결론도

내릴 수 없다. 정상적 활동 동안 그 발현량에 있어서 주기적 변이를 보여주는 유전자들이 동면 동안 일정한 RNA 양을 가지고 있다 하더라도 동면 동안 일정한 발현량을 보여주는 어떤 유전자는 정상적 활동 동안에도 일정한 발현을 보여줄 수 있다.

개념 확인 문제 40.1

1. 모든 유형의 상피세포는 표면을 따라서 빽빽하게 쌓여져 있고 기저막 위에 놓여 있으며 외부환경에 대해서 능동적이고 보호적인 경계를 형성한다. **2.** 호흡계의 교환표면을 통해서 몸 안으로 들어갈 때, 순환계로 들어가고 나갈 때, 그리고 세포사이액에서 세포의 세포질로 이동할 때 산소는 원형질막을 통과하여야 한다. **3.** 여러분은 위험을 감지하고 낭떠러지로 떨어지는 것을 방지하기 위한 순식간의 근육반응을 일으키기 위해서 신경계를 필요로 한다. 그러나 신경계는 혈관 또는 간과 직접적인 연결을 가지고 있지 않다. 대신에 이러한 경우에 내분비계에 의해서 호르몬(에피네프린 또는 아드리날린이라고 하는)의 방출을 시작하게 함으로써 신경계는 내분비계를 통해서 단지 수 초 안에 이러한 조직에서의 변화를 일으키게 한다.

개념 확인 문제 40.2

1. 열조절에서 경로의 생성물(온도의 어떤 변화)은 자극을 감소시켜서 경로의 활성을 감소시킨다. 효소에 의해서 촉매되는 생합성 과정에서 한 경로의 생성물(이 경우에 아이소류신)은 그것을 생성하게 하는 경로를 억제한다. **2.** 직사광선과 같이 환경적 혼란(perturbation)으로부터 멀리 떨어지고 온열기의 출력이 바로 나오는 길목이 아니면서 여러분이 대부분의 시간을 보내는 장소에 가까운 곳에 열조절장치가 있기를 원할 것이다. 유사하게 인간의 뇌에 위치해 있는 항상성을 위한 감각기는 환경적 영향으로부터 분리되어 있고 생명유지에 필요하고 민감한 조직에서의 상태를 점검할 수 있다. **3.** 수렴진화에서 두 개 이상의 종들에서 같은 생물학적 특성들은 독립적으로 일어난다. 유전자 분석은 독립적인 기원에 대한 증거를 제공할 수 있다. 한 종의 어떤 특성에 관련하는 유전자들이 이에 상응하는 다른 종의 유전자들과의 비교에서 중요한 염기서열의 유사성을 보이지 않는다면 과학자들은 두 종에 있는 그 특성에 대한 분리된 유전적 기반 즉 독립적인 기원이 있다고 결론을 맺는다. 일주주기의 경우 남조류세균의 시계유전자들은 인간의 시계유전자들과 관련이 없다.

개념 확인 문제 40.3

1. "바람냉각"은 대류를 통한 열상실을 포함한다; 이동하는 공기는 피부표면으로부터 열상실에 공헌한다. **2.** 매우 작은 내온동물인 벌새는 높은 물질대사율을 지닌다. 만약 어떤 꽃들이 햇볕을 쬐어서 꿀을 따뜻하게 한다면 이러한 꽃들을 섭식하는 벌새는 꿀을 체온까지 올리기 위한 물질대사의 비용을 절약할 수 있다. **3.** 높은 범위의 열까지 체온을 올리기 위해서 시상하부는 근육수축 또는 떨림으로 열생산을 시작하게 한다. 열을 가지고 있는 사람은 그들의 체온이 정상 이상이라고 하더라도 그들은 시원하다고 느낀다.

개념 확인 문제 40.4

1. 생쥐는 내온동물이기 때문에 산소를 더 높은 율로 소모할 것이다. 따라서 생쥐의 기초물질대사율은 외온성인 도마뱀의 물질대사율보다 더 높다. **2.** 집 고양이; 동물의 크기가 작으면 작을수록 물질대사율과 몸무게당 음식에 대한 요구가 더 높다. **3.** 악어의 체온은 공기 온도에 따라서 감소할 것이다. 따라서 화학반응이 느려져서 악어의 물질대사율은 감소한다. 대조적으로 사자의 체온은 변하지 않는다. 사자가 떨어서 열을 생산하여 체온을 일정하게 유지할 때 사자의 물질대사율은 증가할 것이다.

핵심 개념의 요약 질문

40.1 동물은 몸체표면을 통해서 환경과 물질을 교환하고 구형은 부피당 최소한의 표면적을 가지게 한다. 몸체크기가 증가할수록 몸체부피에 대한 표면적 비율은 감소한다. **40.2** 아니오; 동물이 내부환경의 어떤 국면을 조절할지라도 내부환경은 설정점 주변에서 약간 변동한다. 항상성은 역동적인 상태이다. 게다가 발달 동안의 어떤 특정 시기에 호르몬 수치의 급격한 변화와 같이 이미 계획된 설정점 변화가 있다. 40.3 피부를 통한 열교환이 몸체 내부의 열조절에 대한 일차적 기작인데, 이 기작으로 피부가 몸체 안쪽보다 더 차갑게 된다. 40.4 작은 동물은 단위 질량당 더 높은 비율의 BMR을 가지고 있기 때문에 작은 동물들은 동면 동안 단위 질량당 더 큰 에너지 절약을 가진다. 결과적으로 진화 동안 동면을 선호하는 선택압은 작은 동물에서 특히 더 강하다.

생각해보자

1. b **2.** c **3.** a **4.** b **5.** c **6.** b **7.** d

8.

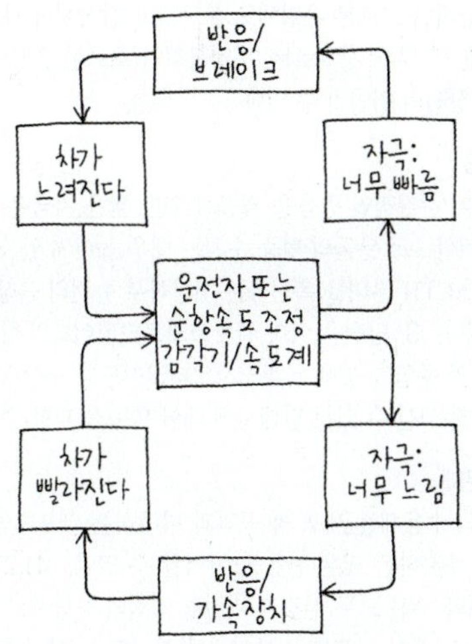

41장

그림 문제

그림 41.4

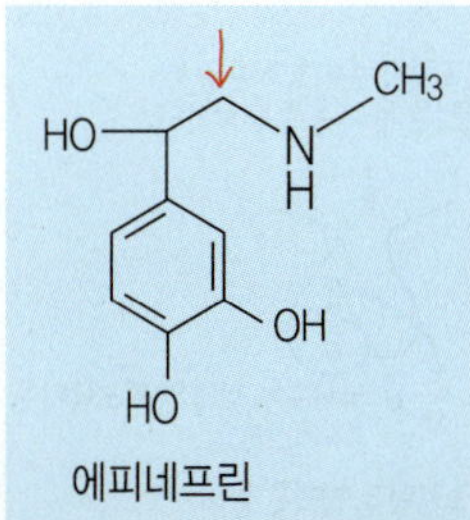

에피네프린

그림 41.5 그 호르몬은 수용성이며 세포표면에 수용체를 가지고 있다. 그러한 수용체는 지용성 호르몬 수용체들과 달리, 호르몬 의존적인 유전자의 전사과정 없이 세포에 관찰 가능한 변화를 야기할 수 있다.

개념 확인 문제 41.1

1. 세포막을 투과할 수 없는 수용성 호르몬은 세포표면의 수용체에 결합한다. 이 결합은 세포내 신호전달경로를 활성화시켜 궁극적으로 세포질 내에 이미 존재하였던 단백질의 활성을 바꾸거나/바꾸고, 핵 내의 특정 유전자의 전사를 야기한다. 스테로이드 호르몬은 지용성으로 세포막을 투과하여 세포 안으로 들어가서, 세포질 또는 핵 내에 있는 수용체에 결합한다. 이 호르몬수용체 복합체는 특정 유전자의 전사를 변화시키는 직접적인 전사인자로서 작용한다. **2.** 자궁 수축을 유도하는 정액 속 프로스타글란딘은 페로몬과 같이 한 개체로부터 같은 종의 다른 개체로 이동하여 신호전달물질로 작용하여 생식을 돕는다. **3.** 두 호르몬 모두 다른 표적조직에 반대의 영향을 준다. '싸움-도망' 반응에서 에피네프린은 골격근으로의 혈류량을 늘리고 소화계 평활근으로의 혈류량을 낮춘다. 정아우성 형성을 위해, 옥신은 끝눈성장을 촉진하며 곁눈성장을 억제한다.

개념 확인 문제 41.2

1. 프로락틴은 젖 생산을 조절하며, 옥시토신은 젖분비를 조절한다. **2.** 시상하부의 연장부인 뇌하수체 후엽은 신경분비세포의 축삭돌기를 포함하고 있으며, 두 가지 신경호르몬인 옥시토신과 항이뇨호르몬(ADH) 저장과 분비의 장소이다. 뇌하수체 전엽은 내분비세포를 포함하고 있으며 여섯 개의 다른 호르몬을 만든다. 뇌하수체 전엽에서의 호르몬 분비는 시상하부에서 혈관을 통해 전달되는 호르몬으로 조절된다. **3.** 시상하부와 뇌하수체 샘은 여러 내분비 경로에서 기능을 한다. 예를 들어 성장 또는 구성에 영향을 끼치는 샘들의 많은 결함들은 여러 호르몬 경로를 망가뜨린다. 반면에 특정 호르몬 수용체의 돌연변이와 같은 특정한 결함은 하나의 내분비 경로만 바꾼다. 갑상샘처럼 경로상의 마지막에 해당하는 분비샘에서의 상황은 매우 다르다. 이 경우에, 분비샘의 기능을 망가뜨리는 많은 결함은 그 분비샘의 기능과 관련한 하나 또는 적은 수의

경로만을 망가뜨린다. **4.** 두 진단 모두 맞을 수 있다. 첫 번째 경우, 시상하부와 뇌하수체 전엽에서의 정상적인 호르몬 유입에도 불구하고 갑상샘이 과다한 갑상샘 호르몬을 생산했을 수 있다. 또 다른 경우로는, 비정상적인 호르몬 유입의 증가(높아진 TSH 수치)가 과활성된 갑상샘의 원인일 수 있다.

개념 확인 문제 45.3

1. 특정 경로의 기능이 순간적인 반응을 제공한다면, 짧은 자극은 음성되먹임에 덜 의존하게 된다. **2.** 이러한 호르몬들의 혈중 수치는 매우 높아져 있을 수 있다. 이것은 뇌하수체 전엽을 통해 ACTH 분비를 촉진하는 시상하부 뉴런의 음성되먹임 기작이 사라져서 생긴 것일 수 있다. **3.** 당신은 아마 글루코코르티코이드의 항염증반응 활성을 이용할 것이다. 국소적인 주입을 통해 글루코코르티코이드를 구강으로 섭취하였을 경우 혈류를 통해 몸에 퍼져 생길 수 있는 당대사에 대한 영향을 피할 수 있다.

핵심 개념의 요약 문제

41.1 수용성 호르몬의 수용체는 세포 밖 공간과 마주하는 세포표면에 있기 때문에, 세포질 내로 호르몬을 주사하는 것은 반응을 야기할 수 있다. **41.2** 이자, 부갑상샘, 송과샘 **41.3** 뇌하수체와 부신 모두 신경과 비신경 조직의 융합으로 형성되었다. 항이뇨 호르몬(ADH)은 뇌하수체의 신경분비 부위에서 분비되고, 에피네프린은 부신의 신경분비 부위에서 분비된다.

생각해보자 문제

1. c **2.** d **3.** d **4.** b **5.** b **6.** b **7.** a

8.

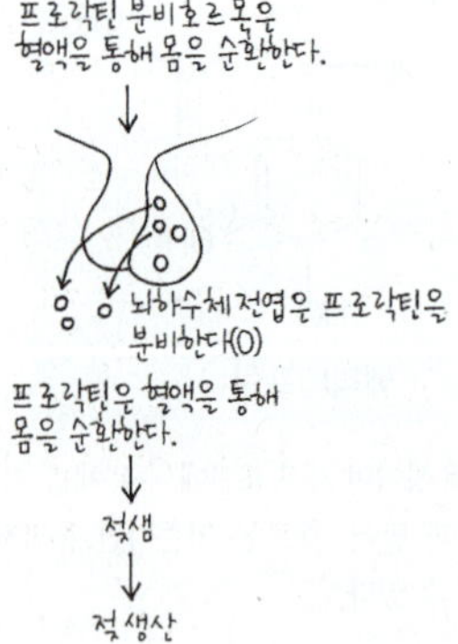

42장

그림 문제

그림 42.4 연구에서 묘사된 것처럼, 연구자들은 대조군에서 유의미한 신경관의 결함 수를 기대할 수 있는 많은 양의 시료를 필요로 한다. 적절한 시료의 크기를 결정해줄 정보는 일반적 집단에서 첫 번째 임신 시 발생하는 신경과 결함의 발생빈도이다. **그림 42.12** 효소는 단백질이고 단백질은 소장에서 분해되기 때문에, 소화효소는 효소의 활성화를 위한 절단보다는 효소 자체가 잘리는 것에 더 내성이 강하다. **그림 42.13** 없다. 소화는 소장에서 완료되기 때문에 촌충들은 단순하게 소화되기 전의 영양분을 넓은 표면적을 통해 흡수한다. **그림 42.21** 인슐린과 글루카곤 둘 다 음성되먹임 회로에 포함된다.

개념 확인 문제 42.1

1. 필수아미노산들은 동물들이 다른 물질로부터 합성해 낼 수 없다. **2.** 많은 비타민들은 효소들처럼 화학반응에 의하여 바뀌지 않으며 효소의 공동인자처럼 역할을 한다. 그러므로 비타민은 극히 소량만을 필요로 한다. **3.** 동물들의 식이에서 필수영양소를 확인하기 위해서 연구자들은 개인의 영양분과 같이 식이를 보충해 줄 수 있었고, 어느 영양분이 영양실조의 징후를 없앨 수 있는지 결정할 수 있었다.

개념 확인 문제 42.2

1. 위수강은 섭취와 배설할 때 모두 혼자서 열리는 소화주머니이다; 식도는 양쪽 끝에서 입과 항문을 분리하는 소화관이다. **2.** 영양분이 소화관 안에 있는 동안은 입과 항문을 통해서 지속적으로 바깥 환경에 노출되지만 아직은 몸을 통과하는 막을 건너지는 못한 상태이다. **3.** 음식물이 소화관에 있고 몸의 다른 부분에는 남아 있지 않은 것처럼, 휘발유는 연료통에서 엔진으로 들어가고 배기관을 통해 만들어진 생산물을 배출하는데 찌꺼기는 차 안에 들어가지 않도록 배출된다. 게다가 휘발유는 음식과 같이 특정한 칸에서 분해되서 차의 다른 부분(또는 몸)이 손상되는 것을 막아준다. 두 가지 경우 고에너지 연료가 소비되는 과정인데 모두 복잡한 분자들이 간단한 것으로 분해되고, 찌꺼기가 제거된다.

개념 확인 문제 42.3

1. 위벽세포는 수소이온을 염화물과 결합시켜 HCl을 만드는 장소인 내강으로 보내주기 때문에 양성자 펌프 억제자는 유미즙의 산성을 감소시키고 유미즙이 식도로 들어갈 때 생기는 자극을 줄여준다. **2.** 입에서 아밀레이즈는 탄수화물과 글리코젠의 당을 분해하여 그 음식이 우리에게 에너지를 제공할 수 있는 음식인지를 인식할 수 있게 해준다. **3.** 단백질은 변성되고 펩타이드로 소화된다. 소화가 더 일어나서 각각의 아미노산이 되려면 소장에서 찾을 수 있는 효소들의 분비가 필요하다. 탄수화물이나 지방의 소화는 일어나지 않는다.

개념 확인 문제 42.4

1. 소화관을 통해 이동하는 시간이 길어지는 것은 좀 더 많은 소화과정을 할 수 있게 하고, 증가된 소화관의 표면적은 흡수를 더 많이 할 수 있게 한다. **2.** 포유류의 소화 시스템은 상호 공생의 미생물들에게 침이나 위액을 통해 다른 미생물들로부터 보호받을 수 있는 환경을 제공한다. 이러한 환경은 효소 활성에 좋은 일정한 온도를 유지하거나 영양분을 일정하게 제공해 주는 것을 말한다. **3.** 효율적인 요거트 처리를 위해, 요거트에서 나온 세균은 이당류가 분해되고 당이 흡수되는 소장에서 공생관계를 만들어야 한다. 요거트 배양을 위한 환경은 소장과 매우 다르다. 세균은 소장에 도달하기 전에 죽거나 소화를 위한 충분한 수만큼 자라기 힘들 것이다.

개념 확인 문제 42.5

1. 오랜 기간 동안, 몸은 음식에서 지방, 탄수화물, 또는 단백질에서 온 남은 칼로리들을 지방으로 저장한다. **2.** 쥐 무게의 필요한 칼로리가 코끼리 무게의 그램당 필요한 칼로리보다 더 많기 때문에 쥐의 대사율이 코끼리보다 높을 것이다. **3.** 인슐린의 과생산은 혈당량을 정상수치 이하로 낮춘다. 이것은 간에서 글리코젠 합성을 촉진하며, 추가적인 혈당량 감소를 일으킨다. 하지만 저혈당은 췌장 알파세포에서 글루카곤 분비를 촉진시키며 글리코젠 분해를 일으킨다. 따라서 간에서는 길항작용이 생기게 된다.

핵심 개념의 요약 문제

42.1 공동인자들은 모든 동물들에게 필수적이기 때문에, 이런 것들을 식이로 섭취하지 못하는 동물들은 다른 유기물을 이용해 합성할 수 있어야 한다. **42.2** 포도당, 아미노산, 그리고 다른 구성요소들을 포함하는 액상으로 된 음식물은 기계적, 화학적 소화 없이도 소화, 흡수될 수 있어야 한다. **42.3** 소장은 위보다 넓은 표면적을 가지고 있다. **42.4** 우리 치아의 분류와 짧은 길이의 맹장은 우리 조상들의 소화계가 식물을 소화하는데 특화되지 않았다는 것을 말해준다. **42.5** 식사시간이 다가오면, 뇌로부터의 신경자극은 위로 하여금 분비와 휘저음을 통해 음식을 소화할 준비를 하게 한다.

생각해보자 문제

1. b **2.** a **3.** b **4.** c **5.** d **6.** b

7.

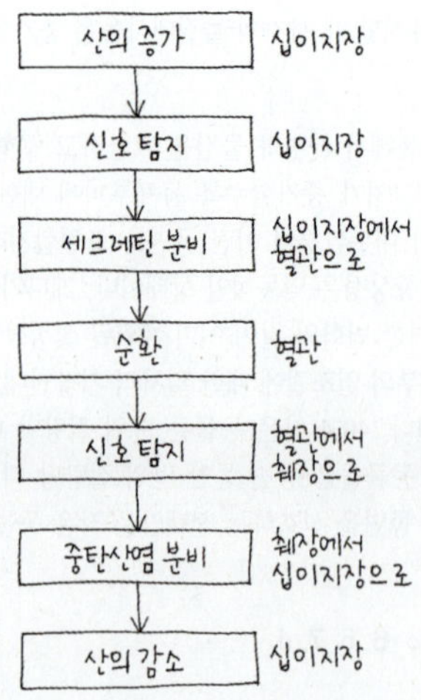

43장

그림 문제

그림 43.2 체강 속에 액체가 한 방향으로 계속 흐른다면 기체교환에는 도움이 되겠지만, 음식물을 소화하고 흡수하는 데 필요한 충분한 시간을 갖기는 어려울 것이다. **그림 43.8** 심장이 한 번 박동할 때마다 나타는 심전도의 특수한 변화(예컨대 심전도가 크게 증가하는 것)를 이용하여 그 변화가 다시 나타나는데까지 걸린 시간을 그래프의 *x*축에 있는 초단위로 알아내고, 이 값으로 60을 나누면 1분 동안 몇 번 박동했는지 알 수 있다. **그림 43.21** 3가지 주요 계통들은 후구동물(Deuterostomia), 촉수담륜동물(Lophotrochozoa), 탈피동물(Ecdysozoa)이다. 그림 43.22에 나타낸 동물들은 각 동물군을 대표하는 것들이다: 갯지렁이(Polychaetes; 환형동물문)는 촉수담륜동물에 속하고, 가재(crayfish; 절지동물문)는 탈피동물이며, 불가사리(sea star; 극피동물문)는 후구동물에 속한다. **그림 43.24** 표면장력의 감소는 표면활성제가 있기 때문이다. 따라서 RDS로 사망한 영아의 폐에는 거의 표면활성제가 없을 것이다. RDS 이외의 요인으로 사망한 영아의 경우는 무게가 1,200 g 이하일 때는 거의 없겠지만, 그 이상일 때는 상당량 발견될 것이다. **그림 43.27** 날숨은 수동적인 움직에 의존하기 때문에 폐포의 탄성이 도움이 된다. 폐포의 탄력이 폐기종에서와 같이 줄어들면 내쉬는 공기량이 줄어들게 된다. 그 결과 폐에 공기가 많이 남아 있게 되고, 들숨으로 들어오는 공기의 양이 줄어든다. 결국 적은 부피의 공기가 교환되어 기체교환에 필요한 분압차가 줄어든다. **그림 43.28** 신진대사에 필요한 속도보다 빠르게 호흡을 할 경우(과호흡) 혈액내 CO_2 농도가 떨어질 것이다. 그러면, 혈관내 수용기와 연수에서 신호가 호흡조절 중추에 전달되어 갈비뼈근육과 횡격막의 수축빈도를 감소시켜 호흡속도를 줄이고 조직과 혈액내 CO_2 농도가 다시 정상으로 돌아오게 된다. **그림 43.29** 호흡량이 늘어나 환기가 더 잘 일어나고 그 결과 P_{O_2}는 증가하고 P_{CO_2}는 감소할 것이다.

개념 확인 문제 43.1

1. 개방순환계나 야외분수 모두 펌프의 힘으로 관을 통해 넓은 지역으로 뿜어져 나갔던 액체가 다시 모여 펌프로 돌아간다. **2.** 동물이 물속으로 들어갔을 때 폐로 가는 혈액을 차단할 수 있다. **3.** O_2 함량이 비정상적으로 낮을 것이다. 왜냐하면 우심방으로 들어온 저산소 혈액이 좌심실의 고산소 혈액과 섞일 것이기 때문이다.

개념 확인 문제 43.2

1. 폐정맥은 방금 O_2를 공급해 주는 폐 모세혈관망을 거쳐서 나온 혈액이 흐르고, 대정맥은 O_2를 고갈시키는 신체 다른 부위의 모세혈관망을 거쳐서 나온 혈액이 흐른다. **2.** 심실의 수축이 이루어지기 전에 심방이 완전히 수축하여 혈액을 심실에 가득 채울 수 있도록 한다. **3.** 심장은 다른 근육기관이 그렇듯이 규칙적인 운동을 많이 하면 더 강해진다. 강한 심장은 더 많은 혈액을 내보낼 수 있을 것이고 따라서 심박률이 떨어져도 생활하는데 지장이 없을 것이다.

개념 확인 문제 43.3

1. 모세혈관의 총 단면적이 넓기 때문 **2.** 혈압이 높아지고 심박출량이 늘어나고 근육으로 더 많은 혈액을 보내면 근육내 혈액의 순환 속도를 증가시켜 보다 많은 O_2와 영양물질들을 공급하여 운동능력을 향상시키는 효과가 있을 것이다. **3.** 심장이 하나 더 있다면 다리 같은 곳에서 혈액이 잘 흐르도록 이용할 수 있을 것이다. 하지만 조화롭게 이용하기는 쉽지 않을 것 같다. 그리고 기체교환 기관으로부터 멀리 떨어진 심장에 지속적으로 혈액의 공급을 해주기가 쉽지 않을 것이다.

개념 확인 문제 43.4

1. 백혈구의 숫자가 증가한다는 것은 몸속에서 침입자와의 전투가 생겼다는 신호일 수 있다. **2.** 혈액 응고인자들은 혈액 응고에 필수적인 것들이지만 혈액 응고를 유발하지는 않는다. 혈전을 생성하는 혈액응결체는 대개 면역반응에 의해 생성되며 상처 부위에 생긴 곳에서 유래되는 경우는 드물다. **3.** 가슴에 통증은 심장에 혈액 공급이 잘 안되고 있기 때문에 생긴다. 일산화질소에 의해 혈관이 이완되면 심장으로의 혈액공급이 증가하여 더 많은 O_2를 공급하여 통증을 줄일 수 있다. **4.** 만약 돌연변이 유전자가 정상유전자와 공동우성이라면 이형접합의 표현형은 정상과 돌연변이의 중간일 것이다. 따라서 낫모양적혈구증을 일으키는 고분자 형성은 상당히 억제될 것이다. 실제로 이런 사실에 기초하여 낫모양적혈구빈혈증 환자들의 치료를 위해 태아적에 발현되는 헤모글로빈과 같이 정상인 유전자발현을 촉진하는 방법이 사용된다 **5.** 배아줄기세포는 복능성(multipotent)이라기보다는 다능성(pluripotent)이라고 할 수 있다. 즉, 몇몇 세포로 분화할 수 있는 것이 아니라 훨씬 많은 종류의 세포로 분화할 수 있다.

개념 확인 문제 43.5

1. 폐가 몸속에 있는 것은 수분을 유지하는 데 유리하다. 만약 폐가 육상 공기에 노출되어 있다면 그 표면은 곧 말라 버리고, 더 이상 O_2나 CO_2의 교환이 일어나지 못할 것이다. **2.** 지렁이는 기체교환을 위해 표피를 축축하게 유지해야 하지만 이 축축한 표피층 밖으로는 공기와 접해야 한다. 만약 비가 많이 와서 물이 가득 찬 땅속에 계속 지내야 한다면 공기에서만큼의 O_2를 공급 받기 어려워 질식해 버릴 것이다. **3.** 어류의 아가미 모세혈관은 호흡표면의 물의 흐름과 반대방향으로 흐르도록 설계되어, 호흡표면을 지나면서 산소획득이 최대한 많이 일어나도록 한다. 이와 마찬가지로 어떤 동물들은 정맥과 동맥이 인접하여 서로 반대방향으로 흐르도록 설계되어 있어 몸에서 빠져나가는 혈액의 열을 사용하여 몸으로 들어오는 혈액을 덥힌다. 이는 추운 지역에 매우 유용한 적응방법이다.

개념 확인 문제 43.6

1. 혈액내 CO_2의 농도가 증가하면, 확산에 의해 보다 많은 CO_2가 뇌척수액으로 들어가고, 여기서 물분자와 결합하여 탄산을 형성한다. 탄산은 해리되어 H^+를 방출하고 결과적으로 뇌척수액의 pH를 떨어뜨린다. **2.** 심장 박동이 빨라지면 시간당 폐에 전달되는 CO_2가 풍부한 혈액이 양이 증가한다. 그 결과 빠른 속도로 CO_2가 혈액에서 제거될 수 있게 해준다. **3.** 구멍을 통해 폐를 둘러싼 이중막의 사이로 공기가 들어가 기흉 증세를 일으킨다. 두 층은 더 이상 서로 붙어 있질 못하고 구멍이 난 쪽의 폐는 쪼그라들어 기능을 상실한다.

개념 확인문제 43.7

1. 분압의 차이다. 즉, 분압이 높은 곳에서 낮은 곳으로 이동한다. **2.** 보어 변위에 의하면 주위 pH가 낮을 때 O_2가 헤모글로빈으로부터 잘 방출된다. 즉, 활동을 많이 하여 호흡량이 많고, CO_2의 농도가 높은 조직에서 산소가 잘 방출되도록 하는 효과가 있다. **3.** 의사들은 환자가 숨을 빨리 쉬는 것은 체내 pH가 낮아졌기 때문이라고 생각한다. 대사과정에서 생기는 혈액의 산성화에는 여러 가지 이유가 있을 수 있다. 산성화는 특정 종류의 당뇨병이나 쇼크(급격한 혈압의 감소), 독에 의해서도 생길 수 있다.

핵심 개념의 요약 질문

43.1 폐쇄혈관계에서는 ATP를 소모하는 펌프가 액성분을 짧게는 수 mm에서 길게는 수 m에 이르는 거리를 한 방향으로 순환시킨다. 세포와 그 주위 환경과의 물질교환은 확산에 의해 일어나며, 거리가 1 mm 이하일 때는 농도차에 의한 순확산이 빠른 속도로 일어날 수 있다. **43.2** 판막을 교환하면 심장의 1회 박출량이 커지고, 따라서 심장박동률이 낮아도 일정한 심박출량을 유지할 수 있다. **43.3** 팔의 혈압이 25~30 mmHg가 떨어질 것이다. 이는 일반적으로 당신의 심장과 머리에서 나타나는 혈압차이기도 하다. **43.4** 1 mL의 혈액에는 약 500만 개의 적혈구가 있고, 5,000개의 백혈구가 있다. 따라서 감염이 되거나 하지 않은 상태에서는 백혈구가 전체 세포의 0.1%를 차지한다. **43.5** 고기 중에 CO_2 농도는 매우 낮기 때문에(0.29 mmHg/760 mmHg, 혹은 0.04% 이하), 호흡표면에서의 CO_2 농도기울기는 언제나 CO_2가 대기 중으로 방출되도록 유지된다. **43.6** 폐는 날숨을 쉬어도 완전히 비워지지가 않기 때문에 들어오는 공기와 나가는 공기가 섞이게 되며, 따라서 일회 호흡량을 모두 신선한 공기로 볼 수는 없다. **43.7** 효소는 평형상태를 바꾸거나 소모되지 않으면서 반응의 속도를 빠르게 한다. 마찬가지로 호흡색소는 호흡색소는 평형상태를 바꾸거나 소모되지 않으면서 우리 몸에 가스의 이동이 빨리 일어나도록 한다.

생각해보자

1. c **2.** a **3.** d **4.** c **5.** c **6.** a **7.** a

8.

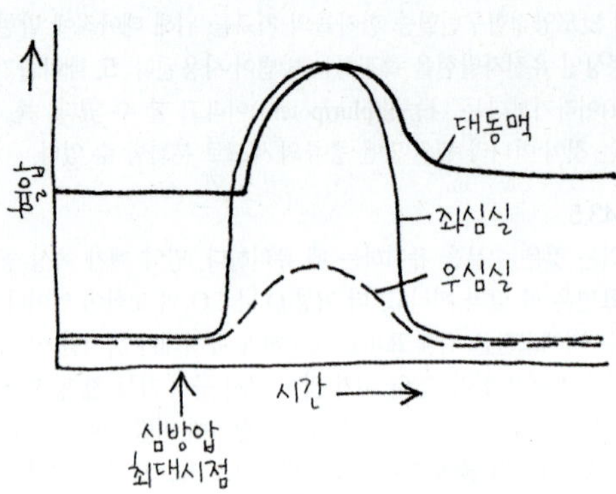

44장

그림 문제

그림 44.13 수질내 관을 구성한 세포들일 것이다. 이들은 매우 높은 삼투몰농도의 세포사이액과 접해 있다. 이 세포들은 용질을 합성하여 세포내 높은 삼투몰농도를 유지함으로써 정상적인 세포 부피를 유지한다. **그림 44.14** 프로세마이드는 오줌의 양을 늘린다. 상행지에서 이온수송이 일어나지 않는다면 원위세뇨관이나 집합관에서 여과액의 부피를 줄이기에는 너무 농도가 높게 될 것이기 때문이다. **그림 44.17** 아쿠아포린, 물의 통로로 작용한다. **그림 44.20** ADH의 농도는 두 환자 모두에서 높게 나타날 것이다. 왜냐하면 두 환자 모두 혈액의 삼투몰농도를 정상치로 올려줄 집합관에서의 물 재흡수가 일어날 수 없기 때문이다. **그림 44.21** 레닌이나 ACE는 일종의 단백질 분해효소로 다음 단계의 단백질을 잘라서 활성화시킨다. 단백질 인산화효소와 비슷한데 다음 두 가지 면에서 확실히 차이가 난다. 첫째, 단백질 인산화효소가 붙여준 인산기는 탈인산화효소가 다시 떨어뜨릴 수 있다. 하지만 잘라진 단백질을 다시 붙여주는 효소는 없다. 둘째, 단백질 분해효소는 그 전 단계의 활성화 과정이 필요없다.

개념 확인 문제 44.1

1. 염이 농도기울기에 역행해서, 즉 저농도(담수)에서 고농도(혈액)로 움직여야 하기 때문이다. **2.** 만약 담수에 삼투순응자가 산다면 그 생물의 체액은 생명을 유지하기엔 너무 낮은 농도가 되기 때문이다. **3.** 보온용 털이 없다면 체온을 유지하기 위해 물의 증발을 이용해야 한다. 따라서 체온조절과 삼투조절은 상호 연결되어 있다.

개념 확인 문제 44.2

1. 요산은 용해도가 낮아 반고체상태로 배설이 가능하고, 따라서 물의 손실을 방지할 수 있다. **2.** 사람은 퓨린의 대사과정에서 요산을 만든다. 따라서 퓨린이 적은 음식물을 섭취하면 통풍의 증세를 완화할 수 있다. 하지만 새들의 경우에는 일반적인 질소 노폐물로 요산을 생성을 하기 때문에 이들에게는 단순히 퓨린만이 아니라 어떤 형태든 질소가 적은 식단이 필요할 것이다.

개념 확인 문제 44.3

1. 편형동물에서는 섬모성 세포가 노폐물이 포함된 세포사이액을 원신관으로 움직인다. 지렁이의 경우는 노폐물이 세포사이액과 체강액 사이의 물질교환에 의해 체강으로 이동하고 그곳에서 후신관으로 내보내진다. 곤충은 순환 중에 일어나는 물질교환에 의해 세포사이액으로부터 노폐물을 받은 혈림프액이 말피기관으로 들어간다. **2.** 여과단계에서는 동물에게 유용하고 재흡수가 힘든 세포성분과 고분자가 없는 여과액을 만든다. **3.** 투석액에 Na^+나 다른 이온(전해물질)이 있다면 이들을 여과액으로부터 제거하기는 어려울 것이다. 반면에 투석액의 이온 농도를 잘 조절하면 여과액에 전해질들의 농도를 정상치로 맞출 수 있다. 마찬가지로 요소나 다른 질소 노폐물이 없는 투석액을 사용하면 여과액으로부터 이들을 효과적으로 제거할 수 있다. **4.** 투석액에 Na^+나 다른 이온들(전해질)이 존재하면 여과액에서 이런 물질들이 빠져나가는데 한계가 설정된다. 따라서 처음 투석액 속에 전해질을 조절하면 혈장의 적절한 전해질 농도를 복원시킬 수 있다. 또한 새 투석액에 요소나 다른 노폐물이 없기 때문에 여과액으로부터 제거하기가 수월하다.

개념 확인 문제 44.4

1. 네프론이 많고 사구체가 잘 발달된 담수어류는 높은 효율로 오줌을 생성하고, 반면에 네프론이 별로 없고 작은 사구체를 가진 해수 어류는 낮은 효율로 생성한다. **2.** 신장 수질에서 물의 흡수가 줄어들 것이고 따라서 오줌의 양이 늘어날 것이다. **3.** 수입세동맥의 혈압이 낮아지면서 여과율도 낮아질 것이다.

개념 확인 문제 44.5

1. 알코올은 ADH의 분비를 억제하여, 오줌의 양을 늘리고 결국, 탈수 증세를 유발할 수 있다. **2.** 만약 그 동안 염류의 섭취가 없다면 짧은 시간 동안 다량의 오줌을 배출하게 되어 혈액내 염의 농도가 한계치보다 더 내려갈 수 있다. 이 상태를 저나트륨혈증(hyponatremia)이라 부르는데 방향감이 상실되고 호흡곤란 증세가 오기도 한다. 간혹 마라톤 주자 중에 이온음료가 아닌 물만 마시는 경우 나타날 수 있다. (또한 사교클럽의 물고문 신고식이나 물 마시기 대회에서 사망사고가 나는 원인이기도 하다.) **3.** 높은 혈압

핵심 개념의 요약 질문

44.1 세포외부가 저삼투농도(세포질에 비해 낮은 용질의 농도)일 때 물분자는 삼투현상에 의해 세포 안으로 들어온다.

44.2

노폐물 특징	암모니아	요소	요산
독성	높음	매우 낮음	낮음
에너지 함량	낮음	중간	높음
배출시 수분손실	높음	중간	낮음

44.3 여과는 막을 통과하기에 큰 분자들을 보존한다. **44.4** 네프론의 두 가지 형태 모두 영양성분을 재흡수할 수 있다. 그러나 곁수질네프론 만이 수질 깊숙이 들어간 헨레고리를 가지고 있다. 따라서 곁수질네프론을 가진 신장만이 혈액보다 농축된 오줌을 생산할 수 있다. **44.5** ADH를 만들지 못하는 환자일 경우에는 이 호르몬으로 치료하는 것이 가능하지만, 요붕증 환자의 많은 경우가 ADH 수용체가 없어서 발병한 것이다.

생각해보자

1. c **2.** a **3.** c **4.** d **5.** c **6.** b

45장

그림 문제

그림 45.8 두 번째 수컷과 성공적으로 교미한 경우, 수컷의 유전자형과 관계없이 암컷의 약 3분의 1은 첫 번째 교미에서 얻은 모든 정자를 제거해 버린다. 즉 3분의 2정도의 암컷만이 얼마간의 정자를 보유하게 된다. 따라서 암컷의 3분의 2에서만 첫 번째 교미 대상인 수컷이 지닌 우성 돌연변이 유전자인 작은 눈 형질을 가진 자손을 일부 생산하게 된다. **그림 45.11** 극체는 어머니의 염색체 모두를 가지고 있기 때문에, 분석은 충분한 정보를 제공한다. 예를 들어, 극체에서 두 개의 질환 유전자를 발견하게 되면 난자에는 정상 유전자가 있음을 의미하게 된다. 시험관 수정을 하게 될 때 난자 수집 시 이러한 종류의 유전자 분석이 이루어지게 된다. **그림 45.16** 테스토스테론은 태반 순환을 통해 태아 혈액에서 엄마 혈액으로 전달되며, 엄마는 일시적으로 호르몬 불균형이 오게 된다. **그림 45.18** 옥시토신은 분만을 유도하는 호르몬으로 분만이 완성될 수 있도록 양성되먹임 조절을 나타낸다. 임신이 너무 오래 지속되어 엄마와 아기가 위험하게 되면 합성 옥시토신을 사용하여 분만을 유도한다.

개념 확인 문제 45.1

1. 유성생식을 통해 형성된 자손은 유전적으로 훨씬 다양하다. 그러나 무성생식은 다수의 자손을 얻는 데 있어 더 유리하다. **2.** 무성생식과 달리 단위생식은 배우자를 생산한다. 반수체 난자를 수정할 것인지 아닌지를 조절함으로써 꿀벌은 무성생식과 유성생식을 오갈 수 있다. **3.** 아니다. 감수분열 동안 상동염색체의 무작위적 분배로 자손은 정자와 난자로부터 부모의 특정 염색체조합을 받을 것이기 때문이다. 또한 감수분열 동안 유전자 재조합이 일어나 부모의 상동염색체 쌍은 유전자의 재분배가 있게 될 것이다. **4.** 동물에서의 절편분리생장과 출아에 해당하는 유사한 방식이 식물의 무성생식에도 존재한다.

개념 확인 문제 45.2

1. 체내수정은 정자가 난자에 도달하는 데 배우자가 건조해지는 일이 없도록 한다. **2.** (a) 체외수정을 하는 동물은 엄청난 수의 배우자를 한 번에 생산하여 많은 수의 접합자를 만든다. 이 중 일부가 생존하여 개체로 성장할 수 있게 하기 위함이다. (b) 체내수정을 하는 동물은 적은 수의 자손을 생산해 배아와 유아시기 동안 극진하게 돌본다. **3.** 곤충의 자궁처럼 식물의 난소는 수정이 일어나는 장소이다. 식물의 난소와는 달리 곤충의 자궁은 난자를 생산하는 장소가 아니고 난자는 난소에서 형성된다. 더욱이, 수정된 곤충의 난자는 자궁으로부터 방출되는 반면, 식물의 배아는 난소의 종자(seed) 안에서 발생한다.

개념 확인 문제 45.3

1. 정소가 정상 체온보다 낮을 때만 정자 형성은 정상적으로 일어난다. 뜨거운 물의 과도한 사용이나 심하게 조이는 속옷은 정자의 질과 수의 감소를 유발한다. **2.** 사람의 경우 두 번째 감수분열을 마치지 않은 2차난모세포가 정자와 결합한다. 이에 따라, 난자형성과정은 수정 전이 아니라 수정 후에 완료된다. **3.** 남성의 정관을 묶어버리게 되면 사정액에 정자가 없어지게 된다. 이것은 성적 반응이나 사정액의 양에 아무런 영향도 주지 않는다. 이 관을 묶어 잘라버리는 정관수술은 더 이상의 자손을 원하지 않을 때 남성이 받게 된다.

개념 확인 문제 45.4

1. 정소에서 FSH는 세르톨리 세포를 자극하여 정자 생산을 돕는다. LH는 안드로겐(주로 테스토스테론) 생산을 촉진하여 정자 생산을 돕게 된다. 여성과 남성 모두에서 FSH는 배우자 세포에 영양을 공급하고 발생하도록 도와주는 세포의 성장을 촉진시키며(여성에서는 여포세포, 남성에서는 세르톨리 세포), LH는 배우자 형성을 촉진하는 성 호르몬 생산을 촉진한다(여성에서는 에스트로겐, 주로 에스트라디올, 남성에서는 안드로겐, 주로 테스토스테론). **2.** 대부분의 포유류 암컷에서 일어나는 발정주기에서, 수정이 일어나지 않으면 자궁내막은 출혈되기보다는 흡수된다. 발정주기는 일 년에 한 번 혹은 몇 번 일어나며, 암컷은 배란주기 전후의 기간 동안 교미하게 된다. 월경주기는 인간과 일부 영장류에서만 발견된다. **3.** 에스트라디올과 프로게스테론의 조합은 시상하부에 음성되먹임 조절을 주어 GnRH 분비를 억제시킨다. 이것은 뇌하수체에서 LH 분비를 억제하게 하며, 결국 배란을 막는다. 사실 이러한 작용 기작을 이용한 것이 가장 일반적인 호르몬 조절 피임약이다. **4.** 바이러스 증식주기에 있어서, 새로운 바이러스 유전체의 생성은 캡시드 단백질 발현 및 바이러스 껍질에 필요한 인지질의 생성과 함께 일어난다. 여성의 경우, 난자의 성숙과 자궁 보호조직의 발달은 호르몬에 의해 동기화되어 함께 일어난다.

개념 확인 문제 45.5

1. 초기 배아에서 분비되는 hCG는 황체를 자극하여 프로게스테론을 생성하게 하여 임신 유지를 돕는다. 임신의 두 번째 분기 동안 hCG 생산은 줄어들며 황체는 퇴화됨과 동시에 태반에서 프로게스테론이 생산되어 그 기능을 대체한다. **2.** 정관수술과 난관수술은 모두 배우자가 수정이 일어나는 장소로 이동하는 것을 막는다. **3.** 정자의 핵을 난자에 직접 주입하는 기술은 정자가 부정소에서 이동성을 획득하는 과정, 난관에서 난자를 향해 헤엄쳐 가는 과정, 그리고 난자 내로 들어가는 과정 모두를 뛰어넘는다.

핵심 개념의 요약 질문

45.1 아니다. 단성생식은 감수분열을 거치므로, 어미는 자신이 부모로부터 물려받은 염색체의 독특한 조합을 각 자손에게 무작위적으로 전달할 것이다. **45.2** 모두 아님. **45.3** 정자 특이적인 작은 크기와 세포질의 부재는 DNA 전달 매개체로서의 기능을 수행하기에 적합한 적응에 해당한다. 난자는 크기가 크고 세포질이 풍부하여 배아의 성장과 발생을 돕는다. **45.4** 테스토스테론의 자가되먹임 조절과 유사하게 순환 중인 합성스테로이드는 정소로 가는 뇌하수체 신호를 차단함으로써 정자형성과정에 필요한 신호발생을 차단한다. **45.5** 모체 혈액의 산소는 자궁내막의 혈강(blood pool)에서 확산되어 태반의 융모막 돌기에 있는 태아의 모세혈관으로 전달되며, 태아의 순환계를 따라 이동한다.

생각해보자

1. d **2.** b **3.** a **4.** c **5.** a **6.** b **7.** c **8.** d

9.

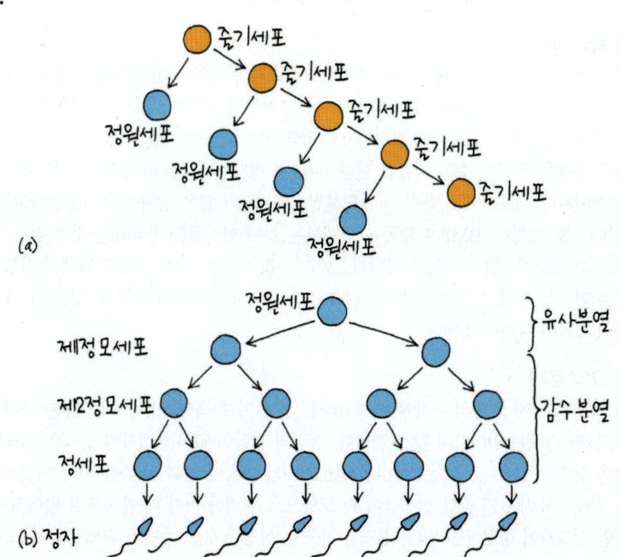

(c) 줄기세포의 공급이 끝날 것이고 정자형성과정은 더 이상 지속되지 못할 것이다.

46장

그림 문제

그림 46.4 미수정란에 화합물을 주사하고, 난자를 정자에 노출시키면 수정막의 형성 여부를 관찰할 수 있을 것이다. **그림 46.22** 연구자들은 정상적인 피층회전이 일어나도록 함으로써 등을 형성하는 결정소의 활성화를 야기시켰다. 다음에 반대 방향으로 피층회전이 일어나게 함으로써 등이 반대쪽에서도 형성되도록 하였다. 이미 정상적인 등이 될 위치에서 분자들이 활성화되었기 때문에, 반대쪽 회전이 첫 번째 회전에 의한 등쪽 형성 자체를 막지는 못했다. **그림 46.23** 슈페만(Spemann) 실험의 대조군에서 두 할구들을 물리적으로 분리시키면 각각은 완전한 배아로 성장하였다. 루(Roux)의 실험에서 죽은 할구의 일부분을 살아 있는 할구와 접촉한 상태로 두면 반쪽 배아로 발달하였다. 따라서 죽어 있는 세포 부분에 존재하는 분자들이 살아 있는 세포에 신호를 주어 완전한 배아구조가 만들어지는 것을 막을 것으로 생각된다. **그림 46.24** 분리해낸 단백질이나 그러한 단백질을 암호화하고 있는 mRNA를 초기 낭배의 복부쪽 세포에 주입할 수 있다. 만약 복부 부분이 될 지역에서 등쪽 구조가 형성된다면 이는 단백질이 원구배순부(dorsal lip)에서 분비되거나 존재했었다는 가설을 지지할 것이다. 가설을 좀 더 명확히 하기 위해서는 단순한 주입 과정만으로는 등쪽 구조가 형성되지 않는다는 것을 대조군 실험을 통해서 보여야 할 것이다. **그림 46.26** 정단외배엽융기(AER)를 제거하여 극성화 활성대(ZPA)의 표지체인 소닉 헤지호그(Sonic hedgehog) mRNA나 그 단백질이 사라지는지 조사해 보면 될 것이다. 만약 이들이 존재하지 않는다면 여러분의 가설을 지지할 수 있을 것이다. 또한 FGF의 기능을 막고 극성화 활성대가 형성되는지 그렇지 않은지를 확인해 볼 수 있다(소닉 헤지호그를 찾아보면 된다.)

개념 확인 46.1

1. 수정막은 피층 과립이 내용물을 방출하여 난황막이 부풀어 오르고, 딱딱해지도록 함으로써 형성된다. 이렇게 형성된 수정막은 하나 이상의 정자가 들어와 수정되는 것을 막는 장벽으로 작용한다. **2.** 정자가 들어가지 않더라도 미수정란에서 칼슘의 농도가 증가하면 피층과립이 세포질막과의 융합을 통해 피층과립이 방출되고, 수정막이 형성된다. 이를 통해 수정을 억제한다. **3.** 변동을 거듭할 것으로 예측할 수 있다. MPF의 변동으로 DNA 합성기(S기)와 세포분열(M기) 간의 전이가 가능해지고, 이러한 변동은 난할 중의 세포주기에서도 필요하다.

개념 확인 46.2

1. 척삭의 세포들은 배아의 중앙을 향해 이동하며(수렴), 스스로 재배열하여 횡단면을 차지하는 세포들의 수가 적어짐으로써 결국 전체적으로 척삭이 길어지게 된다(확장함; 그림 47.17). **2.** 미세섬유는 수축하거나 세포의 한쪽 끝의 크기를 줄이지 못하기 때문에, 신경관의 중간에서 안쪽으로 접히고, 가장자리 경첩 부위가 바깥쪽으로 구부러지는 것 모두 불가능할 것이다. 따라서 신경관은 아마도 형성되지 않을 것이다. **3.** 엽산

의 섭취로 신경관 형성 결함이 현저하게 줄어들 수 있다.

개념 확인 46.3

1. 축의 형성의 발생의 좌표를 제공해 주는 세 축의 위치와 극성을 확립해 준다. 패턴 형성은 특정 조직과 기관을 이들 좌표에 따른 3차원적 공간에 배치하는 역할을 한다. **2.** 형태형성물질의 농도구배가 결정인자의 양의 차이를 통해 세포의 장에서 서로 다른 세포의 운명을 결정해 주는 역할을 한다. 따라서 형태형성물질(morphogen)은 세포질 내 결정인자나 세포간에 작용하는 유도물질보다 좀 더 넓은 범위에서 작용한다고 할 수 있다. **3.** 그렇다. BMP-4 활동을 억제하는 것이 형성체를 이식하는 것과 같은 효과를 내기 때문에 제2의 배아가 발달할 것이다. **4.** 아마도 그런 상태로 발생이 진행된 사지는 거울상 복제 지골을 갖게 될 것이며, 중앙에 가장 뒤쪽의 지골을, 양 끝에 가장 앞쪽의 지골이 나타날 것이다.

개념 요약 문제

46.1 정자가 난자 표면의 수용체에 결합하는 것은 아주 특이적이며 서로 다른 종간의 정자, 난자 간에는 일어나지 않을 것이다. 정자의 결합이 없이는 정자와 난자의 세포막 융합은 당연히 일어나지 않을 것이다. **46.2** 배의 등쪽에 전-후의 축을 따라 배열되어 있는 외배엽서 세포의 줄인 신경판이 관 모양으로 말려 들어가 배 안쪽으로 떨어져 들어가면 신경관이 형성 완료된다. 신경릉 세포는 신경관과 그 주변의 외배엽성 세포 간의 경계에 있는 세포들이 신경관으로부터 떨어져 나와 이동하면서 생겨난다. **46.3** 사지와 신장 모두에 영향을 주는 돌연변이가 주섬모의 기능 장애에 의한 것일 가능성이 더 크다. 왜냐하면 주섬모는 아주 다양한 신호전달과정에서 중요한 역할을 하기 때문이다. 사진 형성에는 영향을 주지만 신장 발생에는 문제를 일으키지 않는 돌연변이는 헤지호그와 같은 단일 신호전달계의 문제일 가능성이 크다.

생각해보자

1. a **2.** b **3.** d **4.** a **5.** d **6.** c **7.** b

8.

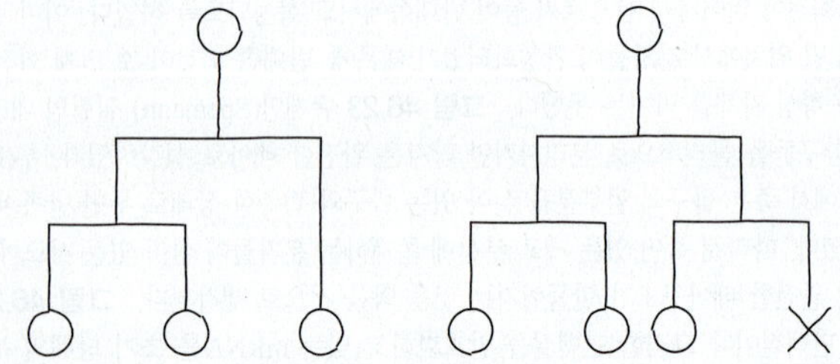

47장

그림 문제

그림 47.5 그러한 펩타이드는 여기서 연구한 병원균과는 다른 병원균을 방어하는데 효과적일 수도 있다. 어떤 항미생물펩타이드는 다른 펩타이드와 조합시 더욱 효과적일 수도 있다. **그림 47.6** 세포표면에 발현하고 있는 TLR에 의해 인식되는 분자들은 병원균 표면에 노출된 물질인 반면, 세포내 소낭에 있는 TLR 수용체에 의해 인식되는 단백질은 병원균이 파괴된 후에 감지되는 내부 물질이다. **그림 47.10** 항원수용체도 효소와 같이 전체 모양을 유지하도록 하는, 즉 골격에 해당하는 부분이 있다. 항원과 항원수용체의 상호작용은 효소에 기질이 결합하는 것과 마찬가지로 서로 근접하는 표면에서 일어난다. 그리고 항원과 항원수용체의 결합은 효소의 활성부위에서와 마찬가지로 다수의 비공유결합성 상호작용에 기인하기 때문에 아주 특이적이며 높은 친화력을 보인다. **그림 47.13** 유전자 재배열은 특정 림프구와 그로부터 유래된 딸세포가 한 종류의 항원수용체를 생산하게 한다. 반면에 대체 RNA 스플라이싱은 딸세포로 전달되지 않을 뿐만이 아니라 세포 내에 다양한 단백질을 생산하게 한다. **그림 47.18** 그러한 항원수용체는 항원을 기억B세포 안으로 섭취하고 항원조각을 세포표면에 전시하여 도움T세포가 볼수 있게 한다. 이러한 항원제시과정은 2차면역반응을 활성화시키는데 필요하다. **그림 47.20** 1차반응: 다음과 같은 화살표로 연결되는 과정임. 항원(1차노출), 항원제시세포, 도움T세포, B세포, 형질세포, 세포독성T세포, 활성화 세포독성T세포; 2차반응: 항원(2차노출), 기억 도움T세포, 기억 B세포, 기억 세포독성T세포.

개념 확인 문제 47.1

1. 고름에는 백혈구, 혈장액, 세포 잔존물들이 존재하기 때문에 침투 미생물에 방어를 위한 활발하고, 최소한 부분적이더라도 성공적인 염증반응이 일어났음을 말해 준다. **2.** TLR 수용체의 리간드는 외래분자이지만 여러 신호전달 수용체의 리간드는 그 동물 자체에서 만들어진 분자이다. **3.** 우리와 같이 있는 세균은 우리의 체온에 최적화된 상태이다. 감염되었을 때 열이 나게 되면 체온은 몇 도 더 높아져 세균의 최적 온도를 벗어나게 된다.

개념 확인 문제 47.2

1. 그림 47.9 참조; 모든 항원 수용체의 기능은 C영역의 차이에 의하여 각기 다르게 나타나며, 항원부착부위는 V영역에 의한다. **2.** 기억세포 생성은 처음으로 접하는 항원보다 이미 접해 본 항원에 대해 더 많은 항원 특이적인 림프구를 계속 유지할 수 있게 한다. 따라서 같은 항원 재노출 시 신속한 방어가 가능하다. **3.** B세포에는 두 개의 중쇄 및 두 개의 경쇄가 있게 되고, 이들이 조합을 이루면 네 종류의 항원특이성을 가진 수용체가 한 B세포에 있게 된다. 이들 중 하나라도 자신의 단백질에 반응하게 되면 자기관용을 위해 발달과정상 제거된다. 이러한 이유 때문에 B세포들은 훨씬 많이 제거되게 되고 실제로 외래항원을 인식하는 수용체나 항체를 지닌 B세포는 현격하게 줄어든다.

개념 확인 문제 47.3

1. 흉선이 없는 아이는 기능적인 T세포가 없을 것이다. 도움T세포가 없기 때문에 B세포 활성화가 일어나지 않아 외부 세균에 대해 항체를 생성하지 못할 것이며, 역시 세포독성T세포 및 도움T세포가 없기 때문에 바이러스에 감염된 세포를 죽일 수도 없을 것이다. **2.** 항원부착부위는 그대로 있기 때문에 바이러스의 중화 및 세균의 옵손화 등에는 아무런 문제가 없다. 그러나 대식세포를 유인하거나 보체를 활성화시킬 수는 없다. **3.** 그 사람은 뱀독항체에 대한 면역기억이 형성되어 있기 때문에 같은 항체를 재투여했을 때 강력한 2차면역반응이 일어난다. 그 과정에서 뱀독항체를 중화시키는 항체가 만들어져 재투여된 항체를 무력화시키기 때문이다.

개념 확인 문제 47.4

1. 환자의 면역계가 자기 자신의 단백질인 아세틸콜린수용체에 반응하는 항체를 만들기 때문에 중증근무력증은 자가면역질환이다. **2.** 감기에 걸린 사람은 구강 또는 비강 분비물을 배출하여 바이러스를 다른 사람에게 전파한다. 게다가 바이러스는 무기력하거나 죽음에 이른 숙주를 탈출하려는 내재적인 프로그램을 가지고 있다. 신체적인 스트레스조건에서 입 주변에 형성된 물집은 현재의 숙주에서 탈출하여 새로운 숙주로 가기 위한 방편을 제공한다. **3.** 대식세포가 결여된 사람은 감염에 민감하다. 이는 선천성 방어체계, 특히 식세포작용 및 염증반응이 약화되어 있기 때문이다. 또한 대식세포에 의한 도움T세포로의 항원제시에 문제가 생기기 때문에 후천성 방어체계도 약화되어 있다.

핵심 개념의 요약 질문

47.1 침에 있는 라이소자임은 세균의 세포벽을 파괴한다; 점액의 점성물질은 세균을 가둔다; 위장의 산성 pH는 세균을 죽인다; 장 표면의 조밀한 조직 세포는 감염에 대한 물리적 장벽이다. **47.2** 선천 면역반응을 매개하는 세포는 수적으로 항상 많이 있어 즉각적인 방어를 한다. 적응 면역반응에서는 감염균에 특이적인 세포는 아주 적으며 이들 세포가 선택되고 증식되어야 하는 시간이 필요하기 때문이다. **47.3** 아니다. 자연적인 감염이다 면역접종 후에 생기는 면역 기억은 거의 비슷하다. 후속 감염시 인식되는 특정항원에 대한 미세한 차이가 있을 수는 있다. **47.4** 아니다. AIDS는 바이러스 감염 자체보다는 HIV에 감염된 사람에게 나타나는 면역기능의 손상으로 생기는 여러 증상을 일컫는다. HIV에 감염된 환자에게 특정 약물을 복합처방하여 AIDS로의 진행을 막을 수 있으며, 감염자가 특정 변이 유전자를 가지고 있다면 AIDS로 진행되지 않는다.

생각해보자

1. b **2.** c **3.** c **4.** b **5.** b **6.** b **7.** c

8. 가능성이 있는 답안:

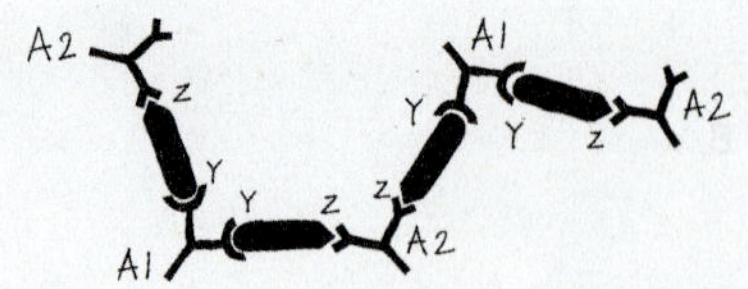

48장

그림 문제

그림 48.7 염소통로를 더하면 막전위가 음전하를 덜 띠게 된다. 소듐은 이미 평형상태에 도달했고, 포타슘은 없는 상태이기 때문에 소듐이나 포타슘통로를 더하는 것은 아무런 효과가 없다.

그림 48.10

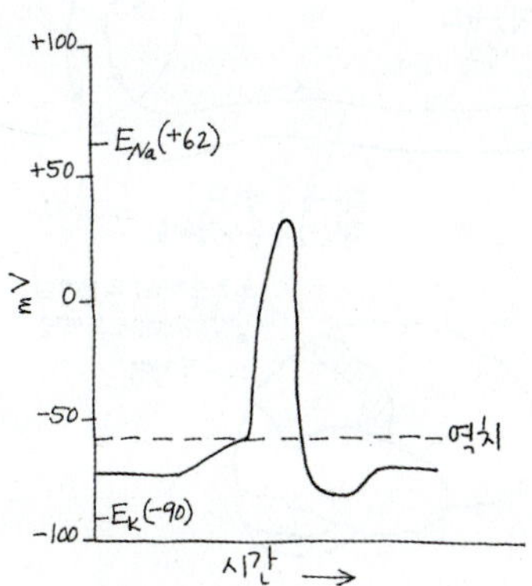

그림 48.12

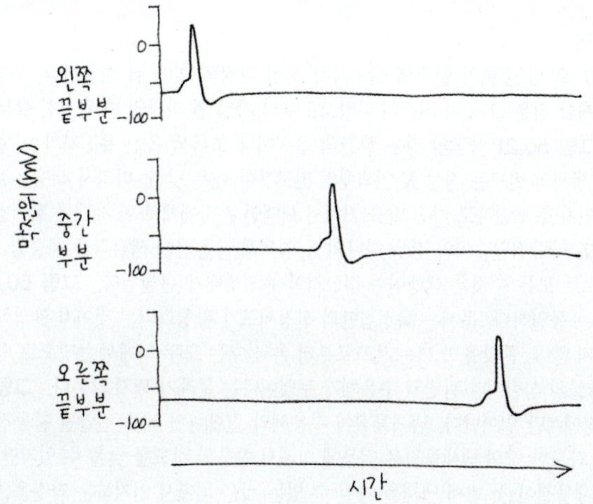

그림 48.16 활동전위의 생성과 전달에 아무런 영향이 없다. 그러나 활동전위가 화학적 시냅스에 도달해도 신경전달물질은 방출되지 않을 것이다. 따라서 이러한 시냅스에서의 신호전달은 차단될 것이다.

개념 확인 문제 48.1

1. 축삭과 수상돌기는 세포체로부터 뻗어 나와서 정보의 흐름에 작용한다. 수상돌기는 정보를 세포체로 전하며, 축삭은 정보를 세포체로부터 내보내는 역할을 한다. 전형적인 신경세포는 많은 수의 수상돌기와 하나의 축삭을 가지고 있다. **2.** 귀의 감각이 뇌로 전달된다. 뇌에서 정보처리부위의 연합신경세포의 작용에 의해서 이름을 인식하고 그에 대한 반응으로 운동신경세포를 경유하여 근육에 신호를 보내 수축시킴으로써 목을 돌리게 한다. **3.** 고도로 분지되면 더 많은 수의 시냅스후 신경세포들을 조절하여 신경계 신호에 대한 협력적 반응이 증가할 것이다.

개념 확인 문제 48.2

1. 이온농도 기울기를 능가하는 전기적 기울기가 형성되면 이온은 이온농도를 거슬러 이동한다. **2.** 포타슘에 대한 투과성은 감소, 소듐에 대한 투과성이 증가, 혹은 앞의 두 현상이 동시에 일어난다. **3.** 전하를 띤 염료분자는 전하를 띤 다른 분자들이 막을 통과할 때만 평형상태에 도달한다. 그렇지 않을 경우 막전위가 발생되어 염색분자의 화학적 농도경사에 역으로 작용하게 된다.

개념 확인 문제 48.3

1. 차등전위는 자극의 크기에 따라 그 크기가 비례하여 변화하지만, 활동전위는 자극의 크기에 따라서 일어나든지 혹은 일어나지 않든지 두 가지 경우만 존재한다. **2.** 수초에 의한 절연체가 없어지면 축삭을 따라 이동하는 활동전위가 교란을 받는다. 전압의존성 소듐통로는 랑비에르 결절에 국부적으로 분포하므로 수초에 의한 절연이 없으면 활동전위 동안 하나의 결절에서 발생하는 세포내로 전류에 의한 탈분극이 다음 결절에서 막전위가 역치에 이를 정도로 충분하지 않다. **3.** 양성되먹임 작용은 많은 전압의존성 소듐통로가 동시에 빠르게 열리는데 중추적 역할을 하여 소듐이온이 빠르게 세포 내로 유입되어 활동전위의 상승기를 이룬다. 막전위가 상승됨에 따라서 전압의존성 포타슘통로가 열려서 일종의 음성되먹임 형태로 활동전위의 하강기를 이루는 데 도움을 준다. **4.** 불응기가 증가되어 활동전위의 최대 빈도수가 감소할 것이다.

개념 확인 문제 48.4

1. 한 종류의 신경전달물질일지라도 여러 종류의 수용체와 결합할 수 있기 때문에 어떤 수용체와 결합하느냐에 따라서 시냅스 후 신경세포에서 특정 반응을 유도하게 된다. **2.** 시냅스틈에 아세틸콜린이 오랫동안 남아 있어서 EPSP를 지속시킬 것이다. **3.** 막전위의 탈분극, 세포외 방출 그리고 막의 융합이 수정과 신경전달 과정에서 모두 일어나는 현상이다.

핵심 개념의 요약 질문

48.1 세포체로부터 축삭으로 전달되고 있는 정보를 방해한다. **48.2** 휴지막 전위에서 활성화된 열려 있는 소듐통로는 거의 없다. 따라서 휴지막전이는 변화하지 않거나 약간 과분극된다. **48.4** 한 종류의 신경전달물질일지라도 위치와 활성이 다른 여러 종류의 수용체와 결합할 수 있다. 신경전달물질의 방출 혹은 안정성을 조절하기보다는 수용체를 표적으로 하는 약물이 높은 선택성을 가지며 원치 않는 부작용의 가능성이 낮다.

생각해보자

1. c **2.** c **3.** c **4.** b **5.** a **6.** d

7. 소듐-포타슘 펌프의 활성은 휴지막전위를 유지하는 데 필수적이다. 펌프가 불활성화 되면 소듐과 포타슘의 농도경사가 점차로 사라져 휴지막전위도 사라지게 된다. **8.** GABA는 중추신경계의 억제성 신경전달물질이므로 이 약물은 뇌의 활성을 낮추게 된다. 뇌의 활성이 낮아지면 행동을 억제하며 많은 진정제가 이런 식으로 작용한다. **9.** 아래 두 그림에서 보는 바와 같이 한 쌍의 활동전위는 미세전극으로부터 양 방향으로 진행될 것이다(활동전위가 축삭의 말단에서 시작되었을 경우에만 한 방향으로 진행된다). 그러나 불응기로 인해서 두 활동전위가 만나는 지점에서 활동전위는 멈추게 될 것이다. 따라서 하나의 활동전위만이 축삭말단에 이를 수 있다.

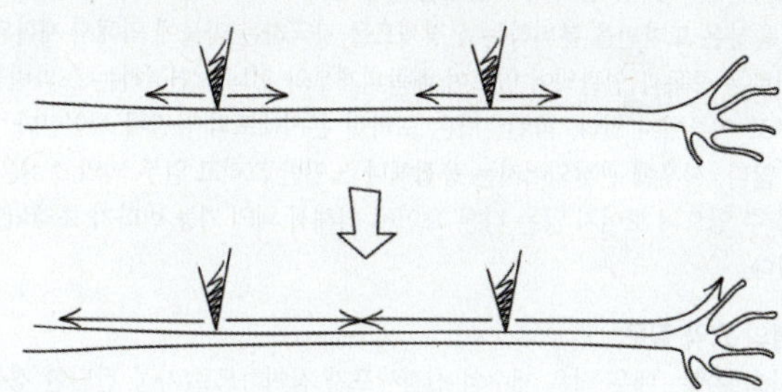

49장

그림 문제

그림 49.7 음식을 삼키는 과정에서 식도 근육에서 교대로 나타나는 수축과 이완 작용은 연동운동을 일으킨다. 이러한 교대로 일어나는 수축과 이완을 설명해 주는 한 모델에 의하면 대퇴사두근과 슬와근이 반대되는 신호를 받아 무릎반사가 일어나는 것처럼 근육의 각 부위는 흥분성과 억제성 신경신호를 교대로 받는다는 것이다. **그림 49.15** 연주되는 음악의 종류에 상관없이 활성을 보일 것으로 기대되는 부위는 소리를 해석하고 처리하는 데 중요한 부위들을 포함할 것이다. **그림 49.23** 탈분극이 막전위를 역치값 이상으로 유도하면 활동전위를 일으켜 VTA 신경세포에서 도파민이 분비된다. 뇌의 보상회로의 자극을 모방하여 쾌감을 느끼게 할 것이다.

개념 확인 문제 49.1

1. 교감신경계가 활성화되어 스트레스 상황에서 “싸움 혹은 도망”의 반응을 일으킨다. **2.** 신경은 축삭다발이며 이 중의 일부는 중추신경계로부터 말초로 신호를 전달하는 운동신경세포이며 일부는 말초에서 중추신경계로 신호를 전달하는 감각신경세포이

다. 따라서 운동과 감각 모두 영향을 받는다. 그러나 이 영향은 베인 손가락에 국한될 것인데, 그 이유는 척추동물은 신경망이 아닌 중추신경계를 가지고 있기 때문이다. **3.** 부신수질의 분비성 신경세포는 교감신경의 신경절전 입력에 반응하여 에피네프린과 노르에피네프린을 분비한다. 에피네프린은 혈관을 순환하면서 온몸을 돌며 여러 조직에서 반응을 일으킨다.

개념 확인 문제 49.2

1. 좌반구의 대뇌피질은 몸의 오른쪽의 수의적 운동을 담당한다. **2.** 알코올은 소뇌의 기능을 저하시킨다. **3.** 코마는 중뇌와 뇌교(망상계) 그리고 대뇌피질 사이의 의사소통과 관련된 수면과 각성의 사이클이 파괴되어 일어난다. 이 환자는 중뇌, 뇌교, 대뇌 혹은 이 구조 사이를 연결하는 어떤 부위에 손상이 일어났을 것으로 예측된다. 마비현상은 대뇌에서 척수로 전달되는 운동기능의 상실을 의미한다. 이 환자는 척수에서 중추신경계에 이르는 일부가 손상되었을 것으로 예측된다. 그러나 중뇌와 뇌교의 손상은 기대되지 않는다.

개념 확인 문제 49.3

1. 뇌손상은 행동, 인지, 기억 등의 기능을 파괴한다. 따라서 뇌의 손상부위와 행동적 장애를 비교함으로써 그 부위의 정상 역할을 추정할 수 있다. **2.** 브로카영역은 언어를 생성할 때 활성을 갖게 되는데, 이 영역은 얼굴의 근육을 조절하는 1차 운동영역과 가깝게 위치하고 있다. 베르니케영역은 언어를 들을 때에 활성화되며 청각과 관련된 측두엽 부위에 위치하고 있다. **3.** 각 대뇌반구의 역할이 다르다. 우반구는 얼굴을 인식하는 작용을, 좌반구는 언어를 담당한다. 뇌량이 완전하지 않으면, 양쪽 반구가 사이에 서로 다르게 획득한 정보가 공유될 수 없다.

개념 확인 문제 49.4

1. 시냅스의 개수가 증가하거나 혹은 기존의 시냅스의 강도가 증가한다. **2.** 의식이 뇌 전체의 활성의 상호작용에 의해서 나타난다면 뇌의 어느 한 부위의 손상이 의식에 특별한 영향을 미치리라 예측할 수 없다. **3.** 해마는 새롭게 획득한 정보를 조직하는 역할을 한다. 해마의 기능이 없이는 신피질로부터 정보를 가져올 수 없으며, 단기 및 장기 기억의 형성을 기대할 수 없다.

개념 확인 문제 49.5

1. 둘 다 진행성 뇌질환으로서 연령이 증가함에 따라서 위험성이 커진다. 뇌세포가 죽어서 발생하는 병으로서 펩티드나 단백질의 응집체가 축적되는 현상이 관찰된다. **2.** 정신분열 증상은 도파민을 분비하는 신경세포를 자극하는 약물에 의해서 재현된다. 뇌의 보상회로는 중독과 연관되어 있으며 배쪽피개부와 전뇌를 연결하는 도파민을 분비하는 세포로 이루어져 있다. 파킨슨병은 도파민 분비세포의 사멸에 기인한다. **3.** 꼭 그렇지는 않다. 사후에 관찰되어지는 응집체나 노인반 그리고 일부 뇌의 소실은 2차적인 영향일 수 있으며 보이지 않는 다른 요인에 의해서 뇌의 기능 변화가 초래되었을 가능성이 있다.

핵심 개념의 요약 질문

49.1 반사회로에는 매우 적은 개수의 신경세포가 참여하므로(가장 간단한 경우 하나의 감각신경세포와 하나의 운동신경세포로 이루어짐), 정보전달의 경로가 짧고 간단하여 반응의 속도가 빠르다. **49.2** 중뇌는 시각반사를 조절하며, 소뇌는 시각입력에 의존하는 운동을 조절하고, 시상은 시각정보의 중추적인 통로이며, 대뇌는 시각입력을 시각영상으로 변환하는 데 필수적이다. **49.3** 몸의 오른쪽 부위는 언어의 형성과 해석에 있어서 중요한 좌반구에 의해서 조절되므로 오른쪽 편이 마비될 것이다. **49.4** 새로운 언어의 학습에는 아마도 이른 발생 시기에 형성된 시냅스의 유지가 필요하며 이 시냅스는 학습이 일어나지 않을 경우 성인시기 전에 사라지는 것으로 보인다. **49.5** 암페타민은 도파민의 분비를 촉진하는 반면, PCP는 글루탐산 수용체를 억제한다. 이는 정신분열증이 단 한 종류의 신경전달물질의 이상에 의한 것이 아님을 의미한다.

생각해보자

1. b **2.** a **3.** d **4.** c **5.** c **6.** a

7.

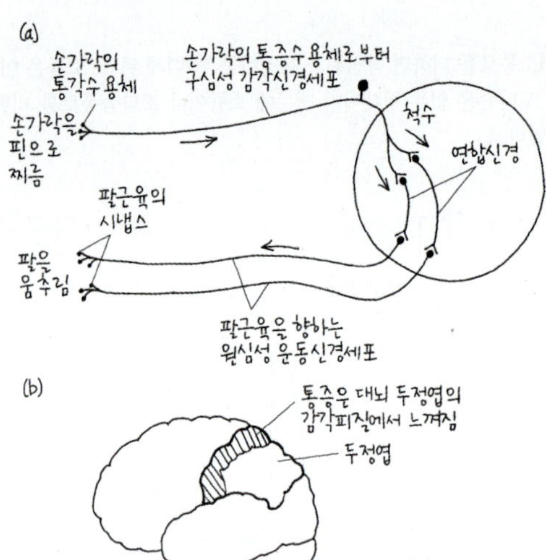

50장

그림 문제

그림 50.19 세 종류의 원추세포는 각각 특정 파장의 빛에 잘 반응한다. 원추세포는 빛이 존재할 경우 그 빛이 최적의 파장으로부터 가장 먼 파장일 때 완전히 탈분극될 것이다. **그림 50.21** 사람의 경우 빨간색 옵신이나 초록색 옵신 유전자가 이상을 보이는 X 염색체의 빈도는 정상 X 염색체의 빈도보다 매우 낮다. 따라서 색맹은 비정상적이 대립인자를 보인자로 가진 딸을 거쳐서 색맹인 손자에게로 한 세대를 뛰어넘어 격세유전된다. 다람쥐원숭이의 경우 하나의 X 염색체가 온전한 색감각을 제공할 수 없다. 결과적으로 모든 수컷은 색맹이며 정상적인 유전형태가 관찰된다. **그림 50.23** 실험의 결과는 동일하다. 문제는 특정집단의 신경세포가 활성화되는 것이지 활성화되는 방식에 있지 않다. 쓴맛을 느끼는 세포로부터 온 신호는 모두 뇌에서 쓴맛으로 인지가 된다. 화합물의 성질이나 관련된 수용체가 무엇이냐는 문제가 되지 않는다. **그림 50.25** 인지과정에서만 일어난다. 냄새물질이 수용체와 결합하면 뇌로 전달될 활동전위가 생성된다. 과도한 양의 냄새물질은 적응에 의해서 반응의 강도를 낮출 수 있지만 다른 종류의 냄새물질이 첫 번째 냄새를 가릴 수 있는 것은 뇌에서 인지하는 과정을 통해서만 일어난다. **그림 50.28** 수백 개의 미오신머리가 가는 필라멘트와 굵은 필라멘트 한쌍이 서로 활주하여 가교를 형성하는 데 참여한다. 가교의 형성과 분리는 동시화되어 일어나지 않기 때문에 수축 동안 많은 미오신머리는 가는 필라멘트에 항상 가교를 형성한 채로 존재한다. **그림 50.32** 근육에 연접하고 있는 모든 운동신경세포들이 동시에 강축을 유도할 수 있을 정도의 빈도로 활동전위를 생성한다.

개념 확인 문제 50.1

1. 전자기수용기는 일반적으로 외부의 자극만을 감지한다. 전자기수용기와는 달리 화학적수용기, 기계적수용기 등은 외부 및 내부의 자극에 반응한다. **2.** 양념에 포함되어 있는 캡사이신은 온도를 감지하는 온도수용기를 활성화한다. 온도가 높다고 인지되면 이를 낮추기 위해 신경계가 땀을 흘리도록 명령하여 기화열을 통해 체온을 낮춘다. **3.** 전기자극은 신경세포와 연결된 감각수용기가 활성화 된 것과 같은 효과를 보일 것이다. 예를 들어 멘톨에 의해 활성화되는 온도수용기에 의해 조절되는 감각신경세포를 전기자극하면 국부적으로 시원함을 느낄 것이다.

개념 확인 문제 50.2

1. 이석은 중력에 대한 동물의 신체의 방향성을 감지하는 역할을 하여 별코두더지가 서식하는 터널처럼 빛이 없는 환경에서 아주 중요한 정보를 제공한다. **2.** 소리가 낮은 음에서 높은 음으로 점차로 변화하는 것으로 해석한다. **3.** 중이의 소골들은 고막의 진동을 난원창으로 전달하는 역할을 한다. 따라서 이들 뼈가 결합되면 진동이 전달되지 않아 소리를 들을 수 없다. **4.** 동물의 평형석은 세포 바깥에 존재한다. 반면 식물의 평형석은 세포내 소기관에 존재한다. 위치를 감지하는 방법도 다르다. 동물은 섬모세포의 기계수용기를 통해서 감지한다. 식물은 칼슘신호를 통해서 일어나는 것으로 보인다.

개념 확인 문제 50.3

1. 플라나리아는 안점을 가지고 있어서 상은 맺지 못하지만 빛의 방향과 강도는 감지할 수 있다. 따라서 피식자를 피하여 어두운 곳으로 도피하고자 할 때 필요한 환경적인 정보를 수용하기에는 안점만으로도 충분하다. 파리는 겹눈을 가지고 있기 때문에 상을 분별하며 특별히 사물의 움직임에 민감하다. **2.** 가까이 있는 사물에 초점을 맞추기 위해서는 수정체가 거의 타원이 되어야 하기 때문에 안경없이 가까이 있는 사물을 보는 것이 어려워진다. 이러한 현상은 50세 이후에서는 흔히 발생한다. **3.** 간상세포와 원추세포에 의해 생성된 신호는 글루탐산이며 글루탐산의 방출은 빛에 노출되면 줄어든다. 그러나 글루탐산의 감소는 다른 망막세포의 활동전위 빈도를 증가시키게 되고, 결과적으로 뇌는 밝은 곳에서 더 많은 활동전위를 전달받게 된다. **3.** 눈을 교대로 감아본다. 안구의 표면에 부유하는 물체가 있다면 눈을 뜰 때만 나타날 것이다. **4.** 레티날에 의해 흡수된 빛은 시스 형태에서 트랜스 형태의 이성질체로 변환시켜 빛의 감지가 시작된다. 반면 클로로필에 의해 흡수된 광자는 이성질체로의 변환을 일으키지 않고 전자를 높은 에너지 준위의 오비탈로 올려 전자의 흐름을 개시함으로써 ATP와 NADPH를 생성한다.

개념 확인 문제 50.4

1. 둘 다 특정 물질이 결합하는 수용체를 세포막상에 가지고 있어서 G-단백질을 매개로하는 신호전달경로를 활성화시켜서 막전위를 탈분극시킨다. 그러나 후각수용기세포는 감각신경세포이며 미각수용기세포는 감각신경세포가 아니다 **2.** 동물들은 짝을 찾거나, 영역을 정하거나, 해로운 물질을 분별할 때 화학적 신호에 의존하기 때문에 아주 적은 수의 냄새 분자에도 큰 반응을 할 수 있도록 적응되어왔다. **3.** 쓴맛, 단맛, 우마미맛은 GPCR 단백질을 매개로 일어나지만 신맛은 그렇지 않다. 따라서 돌연변이가 다른 GPCR과 공유하는 신호전달경로 상의 단백질에서 일어난 것으로 예측할 수 있다.

개념 확인 문제 50.5

1. 골격근섬유에서는 칼슘이온들이 트로포닌 복합체와 결합하면 액틴에 존재하는 미오신 결합부위로부터 트로포미오신을 제거하여 액틴과 미오신 사이에 가교가 형성된다. 평활근에서는 칼슘이온이 캘모듈린과 결합하여 미오신 머리를 인산화시키는 효소를 활성화시킨다. **2.** 사후경직(rigor mortis; 라틴어로 사후에 딱딱해 짐을 의미)은 골격근내의 ATP가 완전히 고갈되어서 일어난다. ATP는 칼슘펌프가 작동하여 칼슘을 제거하고 미오신이 액틴으로부터 떨어져 나오게 하는데 필요하므로 사후 3시간에서 4시간부터 근육은 지속적으로 수축된다. **3.** 경쟁적 저해제는 효소의 기질이 결합하는 같은 부위에 결합한다. 반면, 트로포닌과 트로포미오신 복합체는 미오신이 결합하는 액틴의 부위에 결합하는 것이 아니라 결합부위를 가릴 뿐이다.

개념 확인 문제 50.6

1. 격벽은 체강을 구분지어서 몸의 각 부위가 독립적으로 조절될 수 있도록 하였고 따라서 연동운동을 통한 이동이 가능하게 된다. **2.** 유영의 가장 큰 문제는 마찰이다. 몸을 방추체모양으로 만들어서 이 마찰을 최소화할 수 있다. 비행의 주요 문제점은 중력을 극복하는 것이다. 잘 뜰 수 있는 날개의 모양을 유지하며, 공기가 차 있는 뼈 등으로 몸무게를 줄이는 방향으로 몸의 구조를 적응시키게 된다. **3.** 팔을 편 상태로 의자의 양옆을 붙잡으면 삼두근을 수축시켜 몸에 가해지는 중력에 반하여 팔을 완전히 편 상태를 유지하게 된다. 의자에 천천히 몸을 낮춤에 따라서 삼두근을 수축시키는 운동단위의 수가 점진적으로 줄어든다. 중력에 반하는 힘이 작용하지 않기 때문에 이두근의 수축은 오히려 몸을 갑자기 잡아당기게 될 것이다.

핵심 개념의 요약 질문

50.1 통증수용기는 다른 종류의 수용체가 감지하는 자극의 형태도 인지한다. 이들 수용체간의 차이점은 특정자극이 어떤 방식으로 인지되느냐에 있다. **50.2** 소리의 크기는 뇌로 전달되는 활동전위의 빈도수로 암호화된다. 소리의 높낮이는 어떤 축삭이 활동전위를 전달하느냐로 암호화된다. **50.3** 주요한 차이는 망막의 신경세포는 수많은 감각수용기(광감각수용기세포)로부터 온 정보를 통합하여 중추신경계로 보낸다는 점이다. **50.4** 맛으로 묘사되는 많은 부분은 후각에 의해서 결정된다. 코감기나 다른 요인에 의한 코막힘은 냄새분자가 콧구멍의 일부에 배열되어 있는 수용체로 접근하는 것을 막는다. **50.5** ATP의 가수분해는 미오신을 높은 에너지 상태로 만들어 액틴과 결합할 수 있게 하며, 칼슘펌프에 에너지를 공급하여 근육의 이완시기에 세포내 칼슘을 제거하게 한다. **50.6** 사람의 몸의 움직임은 단단한 내골격에 부착된 근육의 수축에 의해서 이루어진다. 근육은 힘줄에 의해서 뼈에 부착된다. 근육은 근절이라는 기본적인 구성단위로 이루어진다. 가는 필라멘트와 굵은 필라멘트는 근절 내에서 서로 다른 부분에 부착되어 있다. 운동신경의 명령에 따라서 미오신 머리와 액틴을 연결하는 가교의 형성과 와해가 반복되면서 두 필라멘트는 서로 잡아당겨진다. 필라멘트들은 특정부위에 부착되어 있으므로 이러한 미끄러짐 운동은 근섬유의 길이를 짧게 만든다. 더욱이 근섬유는 양 끝부위가 뼈에 부착되어 있는 근육의 일부이기 때문에 근육의 수축은 몸의 뼈들 사이의 상대적인 움직임을 일으킨다. 이런 방식으로 근육과 필라멘트의 부착 구조를 통해 이두근의 수축에 의해 팔이 굽혀지는 것과 같은 근육 작용이 이루어진다.

생각해보자

1. d **2.** a **3.** b **4.** c **5.** b **6.** d

7.

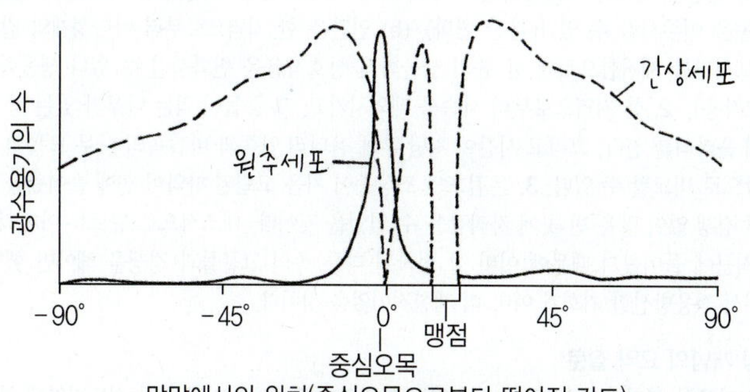

해답은 사람의 눈에서 간상세포와 원추세포의 실제 분포를 보여준다. 당신이 그린 그래프가 다르다 할지라도 다음과 같은 성질을 가져야 한다: 원추세포는 중심오목에만 있다; 적은 개수의 원추세포와 보다 많은 수의 간상세포가 *x*축의 양 끝에 분포한다; 어떤 광수용기도 맹점에는 존재하지 않는다.

51장

그림 문제

그림 51.7 분산 한계, 인간의 활동(숲이 경작지나 선택적인 수확을 위해 크게 변환된 것과 같은), 혹은 그림 51.16에 열거 되어 있는 다른 요인들. **그림 51.16** 불과 같은 몇몇 요인들은 단지 육상계에만 관련이 있다. 언뜻 보면, 물의 유용성은 육상계에서 주요한 요인이다. 그러나 대양의 조간대나 호수의 가장자리에서 서식하는 종들은 건조로 인해서도 고통받고 있다. 염도증가로 인한 스트레스는 몇몇 수생 및 육상계에 속한 종들에게는 중요하다. 산소의 유용성도 몇몇 수생계와 토양과 침전물에서 사는 종들에게는 가장 중요한 요소이다.

개념 확인 문제 51.1

1. 열대 지역의 높은 온도는 물을 증발시키고 따뜻하고 습한 공기를 상승시킨다. 상승하는 공기는 차가워지고 열대지역 전역에 비를 뿌려 수분의 대부분을 방출한다. 남은 건조한 공기는 약 북위와 남위 30도 지역까지 하강하여 이들 지역에 건조한 기후를 형성한다. **2.** 하천 주변의 미기후는 식물이 없는 농경지보다 더 차갑고, 습하고 그늘진다. **3.** 기후변화에 적응하는 능력에 있어서, 나무들은 번식 가능 나이에 도달하는 데 많은 시간이 걸리기 때문에 빠른 기후 변화에 적응하는 잠재적인 능력이 떨어질 수밖에 없기 때문에 일년생 식물들에 비해 더 느리게 진화할 것이다. **4.** C_4 광합성식물들은 지구의 기후가 따뜻해짐에 따라 전 지구적으로 분포범위가 넓어질 것이다. C_4 식물들은 광호흡을 최소화하고, 당 형성을 촉진시키는데, 이로 인해 현재 C_4 식물이 있는 따뜻한 지역에서처럼, 지구가 더 따뜻해지면 특히 더 유리한 조건에 놓일 것이다.

개념 확인 문제 51.2

2. 답은 지역에 따라 다양할 수 있지만 정보와 지도에 근거하여야 한다. 여러분이 살고 있는 지역이 자연상태로부터 얼마나 변해왔느냐가 여러분이 살고 있는 생물군계, 특히 식물과 동물의 예견된 특징들에 얼마나 영향을 미치는지를 결정하게 될 것이다. **3.** 북부 침엽수림이 이들 생물군계 사이의 경계를 따라서 쉽게 툰드라로 대체될 것이다. 왜 그런지를 알아보기 위해 북부 침엽수림 지대가 북아메리카 전역과 북부 유럽, 그리고 아시아(그림 51.8 참조) 지역에 걸쳐 툰드라 지대와 인접하여 있고, 북부 침엽수림의 온

부록 A 정답

도 범위는 바로 툰드라 지역 바로 위에 위치한다는 것(그림 51.9 참조)을 주목하라.

개념 확인 문제 51.3

1. 대양 원양대에서, 해양의 바다은 투광대 아래 있어 빛이 너무 적어 조류나 뿌리가 있는 식물들을 부양할 수 없다. **2.** 수생물들은 그들의 환경이 자신들의 내부의 삼투농도와 다를 때 삼투압 차이를 통해 물을 받아들이거나 내보낸다. 물을 받아들이면 세포가 부풀어 오르고 물을 내보내면 세포가 줄어든다. 하구에 사는 생물들은 과도한 세포 용적의 변화를 피하기 위해 담수 상태에서는 물을 받아들이고 염수 상태에서는 물을 내보내는 능력을 가지고 있어야만 한다. **3.** 댐 아래에 있는 강에서는 차가운 물을 선호하는 종들을 쉽게 볼 수 있다. 여름철 저수지의 심층부는 표면층보다 더 차가우므로 댐 아래에 있는 강은 댐이 없는 지역의 강보다 더 차가울 것이다.

개념 확인 문제 51.4

1. (a) 인간은 전에는 지리학적인 장애로 인해 미처 도달할 수 없었던 새로운 지역으로 한 종을 이주시킬 수 있다(분산 변화). (b) 인간은 한 지역으로부터 바다성게와 같은 한 포식자를 제거함으로써 한 종의 생물학적 상호작용을 변화시킬 수 있다(생물학적 상호작용). **2.** 한 지역으로부터 사슴을 제외시키고, 그 종들이 먹는 나무가 있는 땅 주변에 울타리를 친다. 그리고 시간이 지난 후에 울타리 안쪽과 바깥쪽의 나무 묘목의 풍부함으로 비교할 수 있다. **3.** 은검초의 조상종이 처음 고립된 하와이 섬에 들어왔을 대 거의 경쟁 없이 많은 빈 곳에 자리잡을 수 있었을 것이다. 대조적으로 황로는 아메리카에 최근에 들어왔기 때문에 이미 잘 정착된 다른 종의 그룹들과 경쟁을 해야만 했다. 그래서 적응방산할 기회가 아마 더 제한적이었을 것이다.

핵심 개념의 요약 질문

51.1 건조한 공기가 오늘날 사막이 있는 북위와 남위 30도 지역 대신 적도지역에 하강하기 때문에 사막들이 적도를 따라 더 많이 생길 것이다(그림 51.3 참조). **51.2** 사바나 생태계에서 우점식물은 화재와 건기에 잘 적응되어 있다. 사바나 생물군계는 건기에 자연과 인간에 의해 발생하는 화재에 의해 유지된다. 인간들 또한 농사와 다른 용도로 이용하기 위해 사바나에 빈번하게 화재를 낸다. **51.3** 무광대는 호수의 바닥, 대양의 원양대와 해양 저생대에서 볼 수 있다. **51.4** 여러분은 한 종이 살 수 있는 물리적, 화학적 조건들을 결정하는 비생물적 제한요인을 흐름도에 먼저 배열한 다음 흐름도에 나타난 다른 요인들을 차례로 배열할 수 있을 것이다.

생각해보자

1. b **2.** b **3.** c **4.** c **5.** d **6.** c **7.** a **8.** a **9.** b

52장

그림 문제

그림 52.2 붉은 아랫배의 신호자극에 근거한 고정행동양식은 가시고기 수컷이 그의 영역에 침범한 다른 수컷을 쫓아내게 한다. 방어자는 침범한 수컷을 쫓아버림으로써, 또 다른 수컷이 그의 둥지 속에 수정된 알을 낳을 기회를 감소시킨다. **그림 52.7** 어떠한 영향도 없을 것이다. 각인은 각 세대마다 새로이 수행되는 선천적인 행동이다. 둥지가 로렌츠에 의해 교란되지 않았다고 가정하면, 로렌츠의 기러기 새끼들은 실제의 엄마 기러기를 각인할 것이다. **그림 52.8** 아마도 나나니벌은 시각적인 단서를 사용하지 않을 것이다. 나나니벌은 솔방울과 같은 것들을 외부의 사물이 아니라, 그들의 환경에 원래 존재하는 것으로 인식할지도 모른다. 틴버겐은 솔방울 연구를 수행하기 전에 이런 아이디어를 제안했다. 그가 둥지 주변에 있는 나뭇가지와 자갈들을 치워버렸을 때, 나나니벌은 더 이상 그들의 둥지를 찾을 수가 없었다. 만일 그가 자연의 배열상에 있는 사물들을 바꿔놓는다면, 그 랜드마크의 이동은 나나니벌이 되돌아올 장소의 변화를 가져온다. 마지막으로 나나니벌이 땅굴 속에 있는 동안, 둥지주변의 자연물을 솔방울을 가지고 재배치시켜 놓으면, 바뀌었음에도 불구하고 나나니벌은 자신의 둥지로 되돌아갈 길을 발견한다. **그림 52.24** 그들의 이주 선호도를 보여주는 비행 동안 새들은 자극이 필요할지도 모른다. 만일 이것이 사실이라면, 새들은 깔때기 실험에서 그들의 뚜렷한 유전적인 프로그래밍에도 불구하고 같은 방향으로 날아가려는 경향을 보일 것이다. **그림 52.26** 몇몇 경우에는 그렇지만 모든 개체들에게 해당되는 것은 아니다. 만일 부모가 하나 이상의 번식 파트너가 있다면, 다른 파트너의 새끼는 0.5보다 더 낮은 혈연계수를 가질 것이다.

개념 확인 문제 52.1

1. 하나의 고정행동양식의 사례이다. 근접적인 설명은 둥지 밖에 위치한 물체(알)가 신호자극이 되어 알에 다가가서 굴려 둥지로 가져오는데, 그 행동은 일단 한번 시작되면 완전히 성공할 때까지 수행된다. 궁극적인 설명은 알들이 둥지 안에 있으면 건강한 새끼들을 생산할 가능성을 높일 수 있을 것이라는 것이다. **2.** 그들도 같은 방법으로 부상당할 수 있기 때문에, 부상당한 물고기를 찾는 것은 다른 피식자인 물고기에게 선택적 압력이 될 수 있다. 그들이 대응할 수 없는 포식자보다는 다친 물고기와 마주치기 쉽기 때문에, 경계물질에 이끌리는 포식자에 대한 선택적 반응을 볼 수 있을 것이다. 만일 경계물질에 반응하는데 에너지를 낭비하지 않는다면 그들은 선택적 이점을 가질 수 있기 때문에, 적절한 방어를 할 수 있는 물고기는 아무 변화를 보이지 않을 것이다. **3.** 두 경우 모두, 환경에서 동물들의 빛과 어둠의 주기 변이 탐지는 번식성공을 최적화하는 번식 사이클과 맞추어져 있다. 즉 기후변화에 반응하여 번식과 생존을 위한 최적인 곳을 찾아 사는 곳을 변경한다.

개념 확인 문제 52.2

1. 쏘거나 나쁜 맛을 가지고 있는 어떤 특정 컬러 패턴을 가진 개체들을 먹은 경험이 있는 포식자는 연상학습으로 의해, 그 후에는 종에 상관없이 그와 같은 컬러 패턴을 가진 모든 개체들을 피하려는 경향을 보일 것이다. **2.** 한 랜드마크로부터 바로 옆이나 고정된 거리에서 먹이를 갖지 않게 하기 위해 최소한의 고정 거리 관계를 유지하면서, 하나의 이론적인 규칙을 설정하기 위해 사물을 "과거 랜드마크 A, 그 시작점으로부터 A만큼의 같은 거리"로 이리저리 움직일 수 있을 것이다. 당신이 추측하는 것처럼, 이런 종류의 정보를 제공할 수 있는 실험을 디자인하는 것은 쉽지 않다. **3.** 타고난 행동과 마찬가지로 학습된 행동도 번식 고립을 일으켜 장차 종분화로 이어지게 할 수 있다. 예를 들어, 학습된 새들의 노랫소리는 구애기간에 종의 인지에 영향을 줄 수 있고 이는 같은 종과 짝짓기하는 것을 도운다.

개념 확인 문제 52.3

1. 부성의 확실성은 체외 수정에서가 더 높다. **2.** 만일 개체군 밀도가 한 세대에서 다음세대로 변동이 일어나면 자연선택은 먹이를 찾는 *forager*(*for*)의 대립유전자 for^R와 for^s의 빈도의 변이를 가져오게 될 것이다. 낮은 개체군 밀도에서는, 에너지를 절약할 수 있는 착석자(for^s)의 대립유전자의 빈도가 증가하고, 밀도가 높은 곳에서는 배회자(for^R)의 대립유전자의 빈도가 증가할 것이다. **3.** 수컷보다 암컷의 수가 지금 더 많을 것이므로, 세 가지 유형의 모든 수컷은 번식에 성공할 것이다. 그렇지만 그들 영역 내의 암컷의 수가 한정되어 있음으로 인해 푸른목도마뱀은 사라질 것이며, 단기적으로 노란목도마뱀이 빈번하게 증가할 것이다.

개념 확인 문제 52.4

1. 두 누룩뱀이 사는 지리적 변이는 이들 두 종이 사는 서식지에서의 먹이의 유용성 차이와 일치하기 때문에, 그들이 사는 특정한 지역에서 풍부한 먹이를 먹는 것은 그들의 생존과 번식 성공을 증가시키는 것을 가능하게 하는 특징이 되며, 이로 인해 자연선택은 두 지역의 누룩뱀이 서로 다른 먹이를 선호하는 행동을 낳게 했다. **2.** 개체가 형제자매의 새끼들과 인간의 경우 여자 조카 혹은 남자 조카 일부 유전자를 공유한다는 사실은 여자 조카 혹은 남자 조카의 번식성공이 그들 중에 선택된 개체들 가운데 그들 유전자의 대표성을 증가한다는 것을 의미한다. **3.** 나이가 든 개체는 더 이상 자식을 가질 수가 없기 때문에 수혜자가 될 수 없다. 그러나 그는 이미 자손을 두었기 때문에(하지만 어쩌면 여전히 자식이나 손자를 돌보는 중일지도 모르지만) 이타적인 행동을 하는 나이가 든 개체가 지불하는 비용은 저렴하다. 그러므로 번식할 나이가 넘은 개체가 젊은 친족에게 이익을 주는 이타주의적인 행동은 선택될 수 있다.

핵심 개념의 요약 질문

52.1 일년주기는 일반적으로 환경에 있어서 빛과 어둠의 주기에 근거해서 일어난다. 지구의 기후변화가 일어나면, 이주하는 동물들은 이들 리듬에 반응해서 번식과 생존을 위한 최적의 지역 환경 조건들에 맞추기 위해 그 변화의 전후에 사는 곳을 변경할 수도 있다. **52.2** 거위에서 그 행동을 일으키는 것은 바로 그 물체이다(다른 물체로 바꿔도 둥지 안으로 가져오는 행동을 보일 것이다). 참새의 학습에서는 모양이 그 행동을 일으키게 한다. **52.3** 암컷을 먹여주면 번식성공률을 높이기 때문이다. 희생하는 수컷의 유전자는 더 많은 자손을 남기는 데 기여한다. **52.4** 한 유전자에서의 변화가 심지어 복잡한 행동에 큰 영향을 줄 수 있다는 것을 간과해서는 안 된다.

생각해보자

1. c **2.** b **3.** b **4.** a **5.** c **6.** a

7.

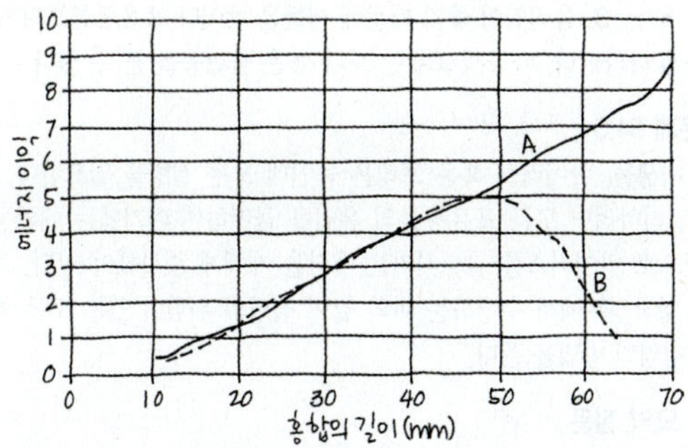

검은머리물떼새가 성공적으로 껍질을 연 홍합의 크기를 측정할 수 있고, 그 서식지 내에서의 크기 분포를 비교할 수 있다.

53장

그림 문제

그림 53.4 알바트로스의 분산은 하늘 위에서 볼 때, 밀도가 높아 뭉쳐진 것으로 보일 것이며, 해양은 흩어진 것으로 보일 것이다.

그림 53.7 #109

그림 53.16

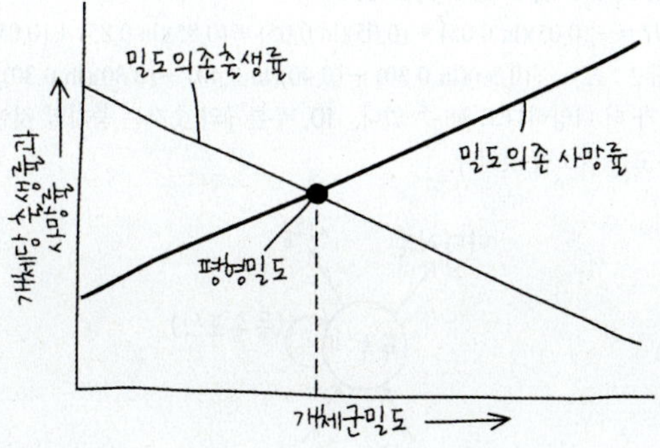

개념 확인 문제 53.1

1.

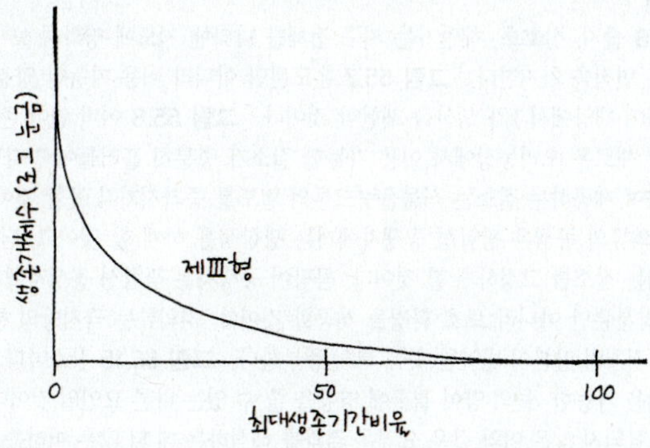

제III형 생존곡선 가능성이 높은데 매우적은 어린 개체가 생존하기 때문이다. **2.** 동물은 먹이 때문에 포획이 증가될 것이다. 먹이를 선호하면 재포획 확률은 증가될 것이다. 왜냐면 개체군$(N) = sn/x$ 이기 때문이고 N은 과소히 산정된다. 반대로 동물이 잘 잡히지 않게 되면 재포획률은 감소될 것이며 이런 경우 x는 과소하게 산정되고 N은 과다하게 산정된다. **3.** 수컷 큰가시고기는 동일한 분선형태를 띨 것이며 상호간의 적대적 관계가 비교적 동일한 간격을 유지하게 된다.

개념 확인 문제 53.2

1. 비록 r_{inst}가 일정하다 하더라도, 개체군 크기인 N는 증가한다. r_{inst}가 계속적으로 증가하는 N에 적용되면 개체군 생장$(r_{inst}N)$은 빨라져서 J-곡선을 그린다. **2.** 지수적 생장은 산불에 의해 훼손된 산림지역이다. 첫 번째 출현 식물들은 넓은 공간과 풍부한 영양분 그리고 햇볕을 얻을 수 있을 것이다. 훼손되지 않은 산림에서 식물간 경쟁은 치열하다. **3.** 순생장은 $\Delta N/\Delta t = bN - mN$이 된다. 출산에 의한 연간생장률 b는 14/1,000 혹은 0.014가 되며 개체당사망률, m은 8/1,000 혹은 0.008이 된다. 그러므로 2011년도 순생장률은

$$\frac{\Delta N}{\Delta t} = (0.014 \times 311{,}000{,}000) - (0.008 \times 311{,}000{,}000)$$

혹은 187만 명이 된다. 개체군이 지수적 생장을 하는지에 대한 결정은 $r_{inst} > 0$ 이고 시간에 따라 일정하게 나타나는 경우이다.

개념 확인 문제 53.3

1. N(개체군 크기)이 작을 때는 상대적으로 적은 개체들이 자손을 퍼뜨린다. N이 커서 거의 수용능력에 근접하면 개체당생장량은 이용 가능한 자원이 제한적이기 때문에 상대적으로 적어진다. 로지스트형 생장곡선이 최고로 가파른 부분은 그러나 아직 수용능력에 근접하지 않고 있으며 생식을 하는 개체수도 상당히 많다. **2.** 모든 조건이 동일하다면 식물종은 높은 위도에서 보다도 적도부근에서 최대한의 환경수용력을 가질 것이며, 이는 적도부근에 태양의 기울기 때문이다. **3.** 개체군이 많아지면 질병 및 사망률은 병원균의 영향으로 증가된다. 따라서 병원균은 장기적으로 환경수용력을 감소시킨다.

개념 확인 문제 53.4

1. 지속적으로 샘으로 채워지는 강이다. 개체군이 더 안정되고 자원을 위한 경쟁이 더 잘 이루어지는 안정된 물리 조건에서는 크고 잘 자란 새끼들이 생존할 기회가 더 많다. 이런 조건에서는 크고 잘 자라는 반복결실의 어린 개체는 생존확률이 높다. **2.** 알을 둥지에 낳음으로써 피코크 개시는 생존율을 높일 수 있다. 여러 곳에 분산되어서 낳은 알은 부모의 도움을 덜 받으므로 생존확률이 낮게 된다. 하지만 부모는 적은 자원을 투입하여도 된다. (이런 경우, 부모는 모든 알을 한 바구니에 담는 위험은 감소할 수 있다) **3.** 만일 부모의 생존이 새끼를 배고 있는 스트레스 기간 동안 보상된다면 동물의 적응은 새끼를 포기하는 동안 증가하게 되며 나중에 더욱 건강한 개체를 생산한다.

개념 확인 문제 53.5

1. 세 가지 요인은 패치의 크기, 질 그리고 고립이다. 높은 질의 패치는 개체를 유인할 수 있으며, 다른 지역에 개체의 공급원이 된다. 고립된 패치는 다른 패치의 개체와 개체들 간의 교류가 덜 나타나게 된다. **2.** 여러분은 개체군의 주기가 나타나는 10년 이상을 조사하여야 하며 경우에 따라 20년의 주기 동안 조사해야 한다. 그렇지 않으면 조사기간의 연구가 주기의 전부인지 아니면 일부분인지 판단하기가 어렵게 된다. **3.** 음성되먹임에서 생산과 산출은 과정을 느리게 한다. 밀도의존형 출생률을 가진 김의털아재비풀은 생산의 축적(즉, 밀도증가로 인한 개체수 증가)은 출생률을 감소시키므로 개체군 증가의 과정을 느리게 한다.

개념 확인 문제 53.6

1. 젊은 연령층의 수가 많아 불균등한 바닥이 큰 연령 구조는 젊은 연령층이 생식을 하여 개체군이 지속적으로 생장할 것을 예견하게 한다. 그 반면에 더 균등하게 분포된 연령 구조는 개체군의 크기가 비교적 안정적일 것을 예견하게 한다. **2.** 지구의 인구 생장률은 1960년대 이래 반으로 감소되었는데 1962년에 2.2%이던 것이 오늘날에는 1.2%로 감소되었다. 그럼에도 불구하고 생장률은 많이 감소되질 않았다. 적은 생장률이라 할지라도 인구가 증가한 관계로 아직도 많은 인구 생장이 나타난다. 최근에 약 7천8백만의 잉여인구가 매년 추가된다는 연구도 있다. **3.** 생태적 지문은 우리가 사는 방식, 먹는 것, 에너지 사용, 폐기물 발생 등과 같은 요인에 의해 영향을 받는다. 또한 우리가 생산하는 자녀에 의해서도 영향을 받는다. 자원을 적게 소비하는 것은 생태적 지문을 적게 만든다.

핵심 개념의 요약 질문

53.1 생태학자는 매년 어린 개체수에 의해 출생률을 추정한다. 사망률 역시 어른 개체가 변화하는 것으로 추정한다. **53.2** 지수생장에서 두 개체군은 r_{inst}(그림 53.8)의 값에 상관없이 무한정 성장한다. **53.3** 종의 환경수용력 증가를 위해 할 수 있는 것은 많다. 먹이자원을 증가하는 것, 포식자로부터 방어하는 것, 번식에 필요한 공간을 제공하는 것들이 그것이다. **53.4** 두 개의 중요한 요인은 어린 개체의 생존율과 어른 개체가 번식을 할 때까지 생존하는 것이다. **53.5** 생물학적 요인의 예는 병균에 의한 질병이며, 비생물적 요인은 홍수나 폭풍과 같이 의한 자연재해이다. **53.6** 인간은 지구 개체군을 피임이나 가족 계획과 같은 방법으로 감소시켰다. 인간은 식이물을 조절하거나 개인 생활에 변화를 줌으로써 지구상에 생존할 수 있는 개체수에 영향을 준다.

생각해보자

1. b **2.** a **3.** a **4.** d **5.** c **6.** b **7.** c **8.** d **9.** a **10.** a

54장

그림 문제

그림 54.3 *Chthamalus*와는 다르게 기본 생태적 지위와 실제 생태적 지위는 유사하다. **그림 54.15** 잡혀 먹힌 다른 종의 숫자는 식물플랑크톤에서는 0, 요각류, 게 먹는 말향고래, 수염고래, 이빨고래에서는 1; 크릴새우, 육식성 플랑크톤, 코끼리 바다표범은 2; 오징어, 물고기, 표범바다표범, 사람은 3; 조류 및 작은 이빨고래는 5. 서로 먹히거나 잡아먹은 종은 물고기 및 오징어이다. **그림 54.18** *Mytilus*는 우점하는 종이며 이 개체의 사망은 다른 종이 출현할 여지를 남기게 되며, *Pisaster*가 없는 경우에도 출현종이 증가할 것이다. **그림 54.23** 1차천이의 낮은 단계에서 토양의 원핵 생물체는 대기 중 질소를 암모니아로 낮출 수 있다. 공생 질고소정은 식물이 등장하기 전까지 존재하지 않는다. **그림 54.26** 모델에 되지 않은 다른 요인은 종의 수에 기여해야 한다.

개념 확인 문제 54.1

1. 종간 경쟁은 양쪽 종에게 부정적인 영향을 준다(−/−). 포식에서는 포식자의 개체군은 피식자 개체군의 비용으로 이익을 본다(+/−). 상리공생은 두 종이 모두 이익을 보는 공생이다(+/+). **2.** 경쟁종 중의 하나는 더 효율적인 경쟁자가 더 생식적으로 성공하기 때문에 그 지역에서 소멸될 것이다. **3.** 만일 두 종이 동일한 크기의 종자를 섭식한다면, 두 종의 펀치는 분리된 서식지에서 접촉이 적을 것이며, 번식의 장벽이 강화될 것이다.

개념 확인 문제 54.2

1. 종의 풍부도는 군집에서 종의 수를 의미한다. 상대수도는 다양한 종으로 대표되는 군집에서 한 종의 비율이다. 한 종이 매우 높은 비율로 포함되고 있는 군집과 종의 구성이 보다 균등한 다른 군집을 비교할 때, 후자의 경우가 다양성이 더 높다. 높은 종의 풍부도와 더 균등한 수도의 분포는 모두 생물다양성을 높이는 데 기여한다. **2.** 먹이사슬은 에너지가 영양의 윗 단계로 이동하는 일방적인 것을 의미한다. 반면에 먹이망은 먹이사슬의 연결성 및 여러 종이 한 단계뿐만 아니라 서로 간에 관계를 가지는 보다 복잡한 것을 의미한다. **3.** 상향식 모형에서, 포식자를 추가하는 것은 하층 소비자, 특히 식물과 같은 생산자에게 거의 영향을 미치지 않는다. 상향식 모형에서 삵의 증가는 너구리 수의 감소와 뱀의 증가, 무스의 감소, 그리고 식물생산량의 증가로 이어진다.

개념 확인 문제 54.3

1. 높은 수준의 교란은 너무 파괴적이어서 군집의 많은 종이 멸종되게 하고, 몇몇 내성 종들만 남아 군집을 우점하게 한다. 반면에 낮은 수준의 교란은 경쟁적으로 우점종이 군집 내의 다른 종들을 제거하는 것을 허용한다. 하지만 중위 수준의 교란은 경쟁적인 우점종이 군집 내 다른 종들을 제거하는 데 충분하리만큼 수도가 높아지는 것을 방해하며 군집 내에 더 많은 종들이 공존할 수 있도록 촉진한다. **2.** 초기 천이 종은 토양의 비옥도나 수분 보유 기능을 증진시키고, 바람과 강한 햇볕으로부터 피하며 싹이 자랄 수 있게 해주는 것 같은 여러 방법을 통하여 새로운 종의 정착을 돕는다. **3.** 백년 동안 산불이 없게 되면 낮은 교란이 발생한다. 중간교란 모델에서 이 변화는 우점종이 덜 우점 하는 종을 밀어내는 충분한 시간이 되며 다양성을 감소시키는 요인이 된다.

개념 확인 문제 54.4

1. 생태학자들은 열대 지역의 종풍부도는 그 지역의 오랜 진화적인 역사와 더 큰 태양 에너지의 투입, 그리고 높은 수분 이용성의 결과라고 생각한다. **2.** 종의 섬으로 이입은 대륙에서 거리가 가까울수록, 섬 크기가 클수록 증가한다. 종의 멸종은 큰 섬일수록, 멀리 떨어져 고립되지 않은 섬일수록 낮아진다. 섬의 종 수가 이입률과 멸종률 간의 차이로 결정되므로 종의 수는 대륙에 인접한 큰 섬일수록 많고, 대륙에서 떨어진 작은 섬일수록 적다. **3.** 움직임이 좋기 때문에 새들은 뱀이나 포유동물보다 섬에 도착하는 비율이 높게 나타난다. 따라서 조류는 보다 높은 출현종을 볼 수 있다.

개념 확인 문제 54.5

1. 병원균은 미생물, 바이러스 혹은 프리온 등인데 모두 질병을 일으킨다. **2.** 광견병 바이러스는 멀리하려면 모든 포유동물의 유입을 금지하며 여기에는 애완동물도 포함된다. 잠재적으로 바이러스를 감소시키는 백신을 개에게 주사해야 한다. 보다 실질적인 방법으로 영국정부에서 수행하는 바와 같이 질병의 위험이 있는 모든 종류의 동물 수입에 있어 검역의 방법을 쓴다.

핵심 개념의 요약 질문

54.1 노트: 제시된 답안이나 다른 답안도 가능함: 경쟁: 여우와 삵은 먹이자원을 놓고 경쟁한다. 포식: 살인고래는 수달을 먹는다. 초식: 들소는 초원에서 먹이를 먹는다. 기생: 말벌은 자신의 알을 다른 애벌레에게 놓는다. 상리공생: 이끼류를 형성하는 곰팡이와 해조류. 편리공생: 빨판상어(remora)는 고래에 붙어서 산다. **54.2** 한두 종에 의해 우점되는 군집은 종이 풍부한 것은 반드시 아니다. **54.3** 종의 존재로 인해 방해는 2차천이를 촉발한다. **54.4** 빙하는 열대림 지역과 비교하여 온대림북쪽, 침엽수림, 극생태계에서 생물다양성을 심하게 감소시킨다. **54.5** 숙주는 병원균의 생활을 완성시키는 데 필요하나 매개생물은 그렇지 않다.

생각해보자

1. d **2.** c **3.** c **4.** c **5.** b **6.** c **7.** d **8.** b

9. 군집 1 : $H = -[(0.05)(\ln 0.05) + (0.05)(\ln 0.05) + (0.85)(\ln 0.85) + (0.05)(\ln 0.05)] = 0.59$, 군집 2 : $H = -[(0.30)(\ln 0.30) + (0.40)(\ln 0.40) + (0.30)(\ln 0.30)] = 1.1$ 따라서 군집 2가 더 다양하다고 볼 수 있다. **10.** 푸른게의 숫자는 증가할 것이며 거머리말류의 풍부도는 감소할 것이다.

55장

그림 문제

그림 55.6 습지, 산호초, 해안가는 지구 전체를 나타낸 지도에 명확히 보여주기에는 너무 좁은 면적을 차지한다. **그림 55.7** 온도뿐만 아니라 이용 가능한 양분, 특히 질소, 인, 철이 대양에서 1차 생산을 제한할 것이다. **그림 55.8** 이미 인이 존재하는 것처럼 만일 새로운 오리농장에서 이용 가능한 질소가 충분히 흘러들어 간다면, 실험에서 초과하여 제공하는 질소는 식물플랑크톤의 밀도를 증가시키지 못할 것이다. **그림 55.13** 지의류의 공생은 광합성 공생자에게는 광합성을 하게 할 것이고, 남세균이 있는 경우에는 질소를 고정하게 할 것이다. 곰팡이 공생자는 광합성 공생자에게 인과 다른 토양 양분뿐만 아니라 보호 환경을 제공할 것이다. 지의류는 극지방의 툰드라에서 발견되는 것처럼 양분이 빈약한 곳에 특히 풍부하다. **그림 55.15** 장소마다 다르게 존재하는 이용 가능한 물의 양이 결론에 영향을 줄 수 있는 다른 요인일 것이다. 실험 디자인에 포함되지 않은 이와 같은 요인은 결과를 해석하는 데 더 많은 어려움을 만들 수 있다. 다중 요인은 또한 자연에서 함께 변할 수 있다. 그래서 생태학자들은 그들이 연구하는 요인이 실제적으로 관찰된 현상과 단지 상관관계를 가지는 것이 아니라 원인이 된다고 하는 것에 신중해야만 한다.

개념 확인 문제 55.1

1. 에너지는 생태계를 통과한다. 즉, 햇빛으로 생태계에 들어와서 열로 나간다. 에너지는 생태계 내에서 순환하지 않는다. **2.** 당신은 야생생물이 당신의 연구 장소에서 얼마나 많은 생물량을 먹고 그 생물량에 얼마나 많은 질소가 포함되었는지 알 필요가 있을 것이다. 또한 얼마나 많은 질소를 오줌이나 똥으로 내보내는지 알 필요가 있을 것이다.

3. 열역학 제2법칙은 에너지 전달이나 전환에는 항상 에너지의 일부가 열로 바뀌어 주변 환경으로 사라진다는 것이다. 생태계로부터 에너지의 이러한 "탈출"은 연속으로 태양광이 유입되어 보상된다.

개념 확인 문제 55.2

1. 태양광의 단지 일부만이 식물이나 조류에 도달하며 이 중에 매우 적은 양이 광합성에 적절한 파장을 가진다. 많은 에너지는 식물 조직에 반사되거나 식물 조직을 가열하는 열로 바뀌어 사라진다. **2.** 인의 이용 가능성 또는 토양 수분과 같이 관심 대상이 되는 요인의 수준을 조절하고 1차 생산자에 의한 반응을 측정한다. **3.** 캘빈회로의 첫 단계를 촉매하는 루비스코 효소는 지구에서 가장 풍부한 단백질이다. 광합성 생물은 루비스코를 만들기 위하여 많은 질소를 필요로 한다. 인 또한 캘빈 회로에서 여러 대사체의 구성요소이며, ATP와 NADPH(그림 10.19)의 구성 요소로 필요하다.

개념 확인 문제 55.3

1. 20 J; 40% **2.** 니코틴은 초식동물로부터 식물을 보호한다. **3.** 총순생산은 10,000 + 1,000 + 100 + 10J = 11,110J. 평형상태에서 이것이 잔재물섭식자가 이론적으로 이용 가능한 에너지의 양이다.

개념 확인 문제 55.4

1. 예를 들어 탄소 순환은 다음과 같다.

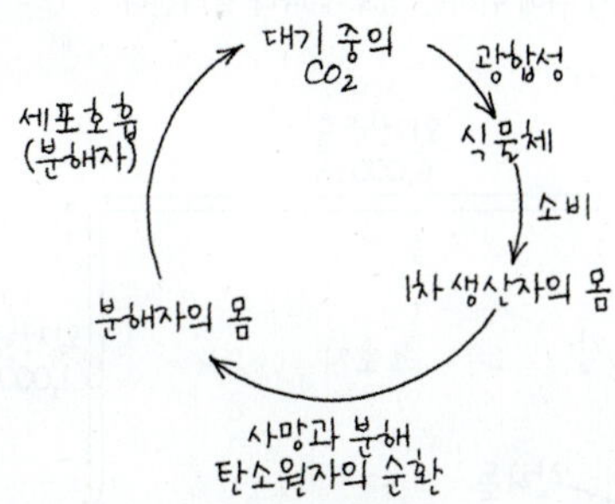

2. 나무를 제거하면 토양으로부터 질산이 나무로 축적되도록 하는 질소의 흡수도 멈춘다. 질산은 강수로 씻겨 내려가 하천으로 들어간다. **3.** 열대우림에서 대부분의 양분은 나무에 들어 있어서 벌목으로 나무를 제거하는 것은 생태계로부터 양분을 빠르게 고갈시키는 것과 같다. 토양에 남아 있는 양분은 많은 강수에 의해 씻겨 하천이나 지하수로 빠르게 이동한다.

개념 확인 문제 55.5

1. 주목적은 파괴된 생태계를 더 자연스런 상태로 복원하는 것이다. **2.** 키시미 강 프로젝트는 물의 흐름을 원래의 하도로 되돌려 물이 자연스럽게 흐르도록 복원하는 것이다. 마운가타우타리 보존구역에서 생태학자들은 장기적으로는 스스로 유지되지 못하는 울타리를 온전히 유지할 필요가 있을 것이다.

핵심 개념의 요약 질문

55.1 에너지 전환은 효율적이지 못하기 때문에 일부 에너지는 불가피하게 열로 잃어버리는 것처럼 1차 생산자의 주어진 생물량은 2차 생산자의 더 적은 생물량만을 부양할 수 있을 것이다. **55.2** NEP의 추정을 위하여 당신은 1차 생산자의 호흡량만을 측정하는 것이 아니라 한 생태계에 있는 모든 생물의 호흡량을 측정할 필요가 있다. 바닷물 표본에서 1차 생산자와 다른 생물은 보통 함께 섞여 있어 그들 각각의 호흡량을 분리하기 어렵다. **55.3** 달리기 선수는 그들이 가만히 앉아 있을 때보다 달릴 때 호흡에 훨씬 더 많은 에너지를 사용한다. 그래서 생산효율을 낮게 한다. **55.4** 온도 이외에 물과 양분의 부족과 같은 다른 요소들이 더운 사막에서 분해를 느리게 한다. **55.5** 표토와 깊은 토양을 따로 분리해 간직한다면 깊은 토양을 그 장소에 먼저 집어넣고 이후 더 양분이 많은 표토를 넣어 녹화와 다른 복원 노력의 성공률을 높게 할 것이다.

생각해보자

1. c **2.** b **3.** a **4.** c **5.** a **6.** b **7.** d **8.** d

56장

그림 문제

그림 56.4 당신은 그 종의 완전한 분포 범위와 그 범위 전체에 존재하지 않는다는 것을 알 필요가 있다. 당신은 또한 땅속에서 겨울잠은 자는 동물이나 종자 또는 포자의 형태로 존재하는 식물의 경우처럼 그 종이 숨어 있지 않다는 확신할 필요가 있을 것이다. **그림 56.9** 두 예는 수확한 표본의 DNA 조각이 분석되어 기원이 알려진 표본의 조각과 비교된다는 점에서 비슷하다. 한 가지 차이는 고래 연구자들은 불법 활동이 일어났는지를 결정하기 위하여 종과 개체군 수준에서 관계성을 확인하였고, 코끼리 검시관들은 불법포획이 일어난 정확한 장소를 결정하기 위하여 개체군 수준에서 연관성을 결정하였다는 것이다. 또 다른 차이는 고래 연구를 위해서는 mtDNA를 사용하였는데 코끼리 연구에서는 핵 DNA를 사용하였다는 것이다. 이러한 접근의 중요한 제한점은 기준이 되는 데이터베이스가 있어야 하며 표본의 연관성을 보여줄 충분한 DNA 변이를 개체들이 가져야 한다는 것이다. **그림 56.11** pH가 높을수록 산도는 더 약하다. 그러므로 이 숲에서 강수는 덜 산성이 된다. **그림 56.14** 일리노이 새 개체군은 다른 지역 새들과 다른 유전자 구성을 가지기 때문에 단지 그 개체군에서만 발견되는 이익이 되는 유전자나 대립인자의 빈도를 가능한 한 크게 확장시키는 것을 원할 것이다. 복원에서 한 종의 유전자 다양성을 보존하는 것은 개체수를 증가시키는 것 만큼이나 중요하다. **그림 56.16** 이 서식지에서 자연적인 교란 유형으로 하부식생은 깨끗하게 하지만 성숙한 소나무는 죽이지 못하는 빈번한 산불이 있다. 이 불이 없다면 하부식생은 빠르게 자라 그 서식지는 목도리뇌조에게 적절하지 못하게 된다. **그림 56.17** 사진은 숲과 초원 생태계, 초원과 강 생태계, 그리고 초원과 호수 생태계의 경계를 보여준다.

개념 확인 문제 56.1

1. 종의 소실에 더하여 생물다양성 위기에는 개체군과 종 내에서의 유전자 다양성의 소실과 완전한 생태계의 파괴가 포함된다. **2.** 벌목, 강의 직강화, 또는 자연 생태계를 농지나 도시로 전환시키는 것과 같은 서식지 파괴는 종이 살 장소를 빼앗는다. 인간에 의해 그들의 고유 서식범위 밖으로 옮겨진 도입종은 종종 경쟁이나 포식을 통해 고유종의 개체군 크기를 줄인다. 이는 도입종이 그들의 천적 질병이나 포식자에 의해 조절되지 않기 때문이다. 남획은 식물과 동물 개체군을 줄이거나 그들을 절멸시킨다. 마지막으로 지구 변화는 생명을 유지하는 지고의 수용능력을 줄이는 정도로 환경을 변화시킨다. **3.** 만약 두 개체군이 떨어져 번식한다면, 개체군 사이의 유전자 흐름은 일어나지 않고 그들 사이에 유전적 차이는 더 커질 것이다. 그 결과 유전자 다양성의 소실은 개체군들이 상호 교잡하는 것보다 더 커질 것이다.

개념 확인 문제 56.2

1. 감소된 유전자 변이는 개체군이 변화에 직면하여 진화할 수 있는 용량을 감소시킨다. **2.** 효과적인 개체군 크기 N_e는 4(30 × 10)/(30 + 10) = 30마리의 새가 된다. **3.** 수백만 명의 사람들이 매년 옐로스톤 생태계를 이용하기 때문에 사람과 곰이 마주치는 것을 모두 막는다는 것은 불가능할 것이다. 대신 곰이 살해되는 곳에서 만나는 사람들의 행동유형을 줄일 수는 있을 것이다. 여기에는 공원에 있는 도로에서 속도 제한을 더 낮추고, 사냥철의 시기와 장소를 변경하여 어미 곰과 새끼곰을 접촉하는 일을 최소화시킬 수 있을 것이다. 그리고 보호견을 사용하는 것과 같이 가축을 보호하기 위한 대안적인 방법을 농장 소유주들에게 재정적인 지원을 해 줄 수 있을 것이다.

개념 확인 문제 56.3

1. 많은 멸종위기종과 멸종위협종뿐만 아니라 수많은 고유종이 살아가는 좁은 지역. **2.** 개발제한구역은 숲의 산물, 물, 수력, 교육 기회, 그리고 관광으로부터의 수입 등에 대한 지속적인 공급을 유지할 수 있게 할 것이다. **3.** 서식지 연결통로는 서식지 조각 사이의 개체 이동율 또는 분산율을 증가시켜 아개체군 사이의 유전자 흐름을 증가시킬 수 있다. 이리하여 그들은 근친교배로 인한 적응도 감소를 막는 데 도움이 될 수 있다. 그들은 또한 개체들이 퍼져 나갈 때 개체와 인간 사이의 상호작용을 최소화할 수 있다. 곰이나 호랑이와 같은 잠재적인 포식자가 포함되는 경우 그런 상호작용을 최소화하는 것이 바람직하다.

개념 확인 문제 56.4

1. 양분을 더해 주게 되면 조류와 이들을 먹고 사는 생물의 개체군 폭발을 일으킨다. 잔재물섭식자를 포함하여 조류와 소비자의 호흡량 증가로 인해 물고기가 필요로 하는 호수의 산소가 고갈된다. **2.** 온도가 높아지면 분해가 더 빠르게 진행되기 때문에 이 토양에 있는 유기물은 빠르게 분해되어 이산화탄소를 방출하고 이는 지구온난화를 가속화시킨다. **3.** 대기에서 오존 농도의 감소는 지구의 표면과 그곳에 사는 생물에 도달하는 UV 광의 양을 증가시킨다. UV 광은 DNA의 파괴적인 티민 다이머를 생성시켜 돌연변이를 일으킬 수 있다.

개념 확인 문제 56.5

1. 지속 가능한 개발은 인간사회와 인간을 부양하는 생태계의 장기 번영을 향한 개발에 대한 접근이다. 이것은 생명과학과 사회과학, 경제학 그리고 인문학이 서로 연결될 것을 필요로 한다. **2.** 자연과 모든 형태의 생명에 대한 연대감인 생명애는 모든 종이 사라지지 않게 하거나 생태계가 파괴되지 않게 하는 환경 윤리의 발전을 위한 중요한 동기로 작용할 것이다. 이와 같은 윤리는 우리가 환경을 더 세심하고 효율적으로 관리하고자 할 때 반드시 필요하게 된다. **3.** 최소한으로 당신은 개체군의 크기와 개체군 내에 있는 개체들의 평균 번식률을 알기를 원할 것이다. 지속 가능한 어업을 위하여 어류 개체군의 초기 크기와 비슷한 개체군을 유지하고 단기간보다는 장기간의 어획률 최대화하는 어획율을 찾을 것이다.

핵심 개념의 요약 질문

56.1 자연은 우리에게 많은 유용한 서비스를 제공한다. 여기에는 믿을 만하고 깨끗한 물, 식량과 섬유의 생산, 우리가 생산하는 오염물질의 희석과 해독 작용 등이 있다. **56.2** 유전적으로 더 다양한 개체군은 질병이나 환경변화의 압력을 더 잘 견딜 수 있을 것이다. 그래서 주어진 시간 동안 절멸될 확률이 낮을 것이다. **56.3** 서식지 단편화는 개체군을 격리시켜 근친교배와 유전자 부동이 일어나게 하며, 이로 인해 병원균, 기생생물 또는 포식자의 영향으로부터 기인되는 지역적인 절멸에 개체군이 더 민감하게 할 수 있다. **56.4** 생물증폭은 상위 단계에서 독성물질의 농도가 더 높게 하기 때문에 하위 영양단계에 있는 먹는 것이 더 건강하다. **56.5** 보전생물학의 한 가지 목표는 가능한 한 많은 종을 보존하는 것이다. 생물의 장기 생존을 위해서는 서식지의 양을 유지하는 지속 가능한 접근이 필요하다.

생각해보자

1. c **2.** d **3.** b **4.** a **5.** b **6.** a

7. (a) 평균 CO_2 농도는 1975년에 약 330 ppm이었고 2012년에는 약 394 ppm 이었다. (b) CO_2 농도 증가율은 (394 ppm − 330 ppm)/(2012−1975) = 64 ppm/37년 = 1.73 ppm/년. (c) 증가율이 이렇게 지속된다면 2100년에 농도는 약 550 ppm이 될 것이다(2012부터 2100년까지 증가분 1.73 ppm/년 × 88년 = 152 ppm + 2012년의 394 ppm = 546 ppm, 약 550 ppm).

(d)

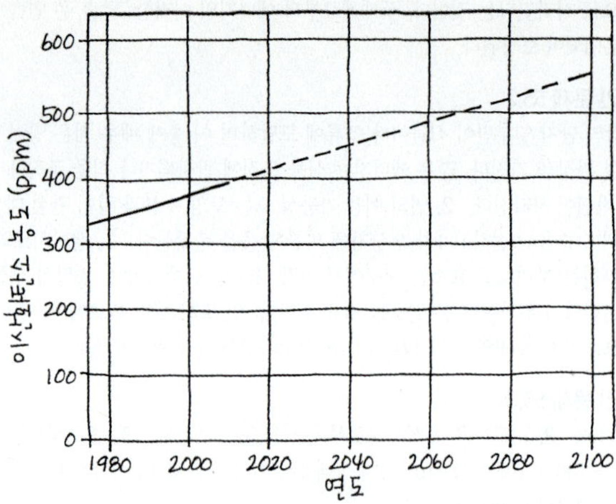

(e) CO_2 농도의 실제적인 증가는 더 크거나 작을 수 있으며, 이는 지구의 인구, 1인당 에너지 사용량, 화석연료를 재생가능한 연료나 핵연료로 대체하는 것을 포함하여 이산화탄소 방출을 줄이기 위해 취하는 정도에 따라 달라진다.

9.

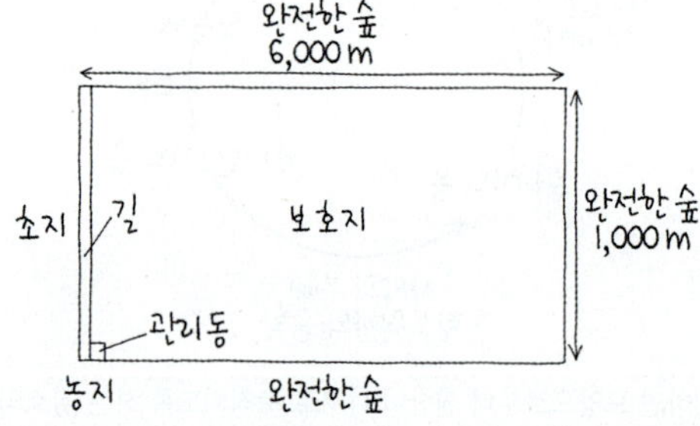

찌르레기가 침입해 오는 숲의 면적을 최소화하기 위해서는 길을 보호지구의 한쪽 가장자리를 따라 위치시켜야 한다. 어떤 다른 위치도 영향을 받는 서식지의 면적을 증가시킬 것이다. 비슷하게 관리동도 찌르레기에 민감한 지역을 최소화하기 위해 보호지구의 한쪽 구석에 위치시켜야 한다.

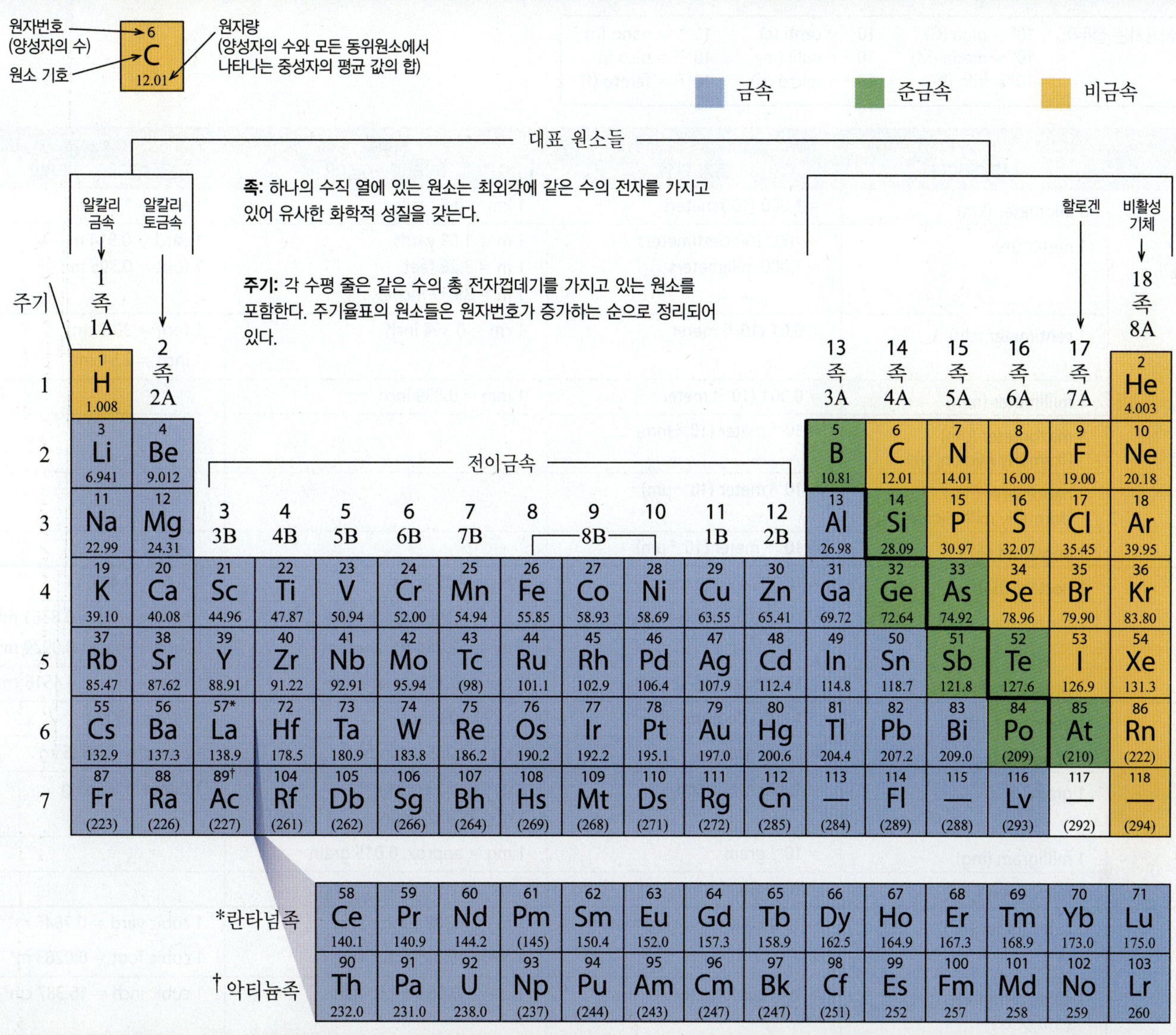

이름 (기호)	원자 번호	이름 (기호)	원자 번호	이름 (기호)	원자 번호	이름 (기호)	원자 번호	이름 (기호)	원자 번호
Actinium (Ac)	89	Copernicium (Cn)	112	Iodine (I)	53	Osmium (Os)	76	Silicon (Si)	14
Aluminum (Al)	13	Copper (Cu)	29	Iridium (Ir)	77	Oxygen (O)	8	Silver (Ag)	47
Americium (Am)	95	Curium (Cm)	96	Iron (Fe)	26	Palladium (Pd)	46	Sodium (Na)	11
Antimony (Sb)	51	Darmstadtium (Ds)	110	Krypton (Kr)	36	Phosphorus (P)	15	Strontium (Sr)	38
Argon (Ar)	18	Dubnium (Db)	105	Lanthanum (La)	57	Platinum (Pt)	78	Sulfur (S)	16
Arsenic (As)	33	Dysprosium (Dy)	66	Lawrencium (Lr)	103	Plutonium (Pu)	94	Tantalum (Ta)	73
Astatine (At)	85	Einsteinium (Es)	99	Lead (Pb)	82	Polonium (Po)	84	Technetium (Tc)	43
Barium (Ba)	56	Erbium (Er)	68	Lithium (Li)	3	Potassium (K)	19	Tellurium (Te)	52
Berkelium (Bk)	97	Europium (Eu)	63	Livermorium (Lv)	116	Praseodymium (Pr)	59	Terbium (Tb)	65
Beryllium (Be)	4	Fermium (Fm)	100	Lutetium (Lu)	71	Promethium (Pm)	61	Thallium (Tl)	81
Bismuth (Bi)	83	Flerovium (Fl)	114	Magnesium (Mg)	12	Protactinium (Pa)	91	Thorium (Th)	90
Bohrium (Bh)	107	Fluorine (F)	9	Manganese (Mn)	25	Radium (Ra)	88	Thulium (Tm)	69
Boron (B)	5	Francium (Fr)	87	Meitnerium (Mt)	109	Radon (Rn)	86	Tin (Sn)	50
Bromine (Br)	35	Gadolinium (Gd)	64	Mendelevium (Md)	101	Rhenium (Re)	75	Titanium (Ti)	22
Cadmium (Cd)	48	Gallium (Ga)	31	Mercury (Hg)	80	Rhodium (Rh)	45	Tungsten (W)	74
Calcium (Ca)	20	Germanium (Ge)	32	Molybdenum (Mo)	42	Roentgenium (Rg)	111	Uranium (U)	92
Californium (Cf)	98	Gold (Au)	79	Neodymium (Nd)	60	Rubidium (Rb)	37	Vanadium (V)	23
Carbon (C)	6	Hafnium (Hf)	72	Neon (Ne)	10	Ruthenium (Ru)	44	Xenon (Xe)	54
Cerium (Ce)	58	Hassium (Hs)	108	Neptunium (Np)	93	Rutherfordium (Rf)	104	Ytterbium (Yb)	70
Cesium (Cs)	55	Helium (He)	2	Nickel (Ni)	28	Samarium (Sm)	62	Yttrium (Y)	39
Chlorine (Cl)	17	Holmium (Ho)	67	Niobium (Nb)	41	Scandium (Sc)	21	Zinc (Zn)	30
Chromium (Cr)	24	Hydrogen (H)	1	Nitrogen (N)	7	Seaborgium (Sg)	106	Zirconium (Zr)	40
Cobalt (Co)	27	Indium (In)	49	Nobelium (No)	102	Selenium (Se)	34		

미터법에서 사용하는 접두어:			
	10^9 = giga (G)	10^{-2} = centi (c)	10^{-9} = nano (n)
	10^6 = mega (M)	10^{-3} = milli (m)	10^{-12} = pico (p)
	10^3 = kilo (k)	10^{-6} = micro (μ)	10^{-15} = femto (f)

측정	단위와 약어	등가 단위	전환율 (미터법 → 영어)	전환율 (영어 → 미터법)
길이	1 kilometer (km)	= 1,000 (10^3) meters	1 km = 0.62 mile	1 mile = 1.61 km
	1 meter (m)	= 100 (10^2) centimeters = 1,000 millimeters	1 m = 1.09 yards 1 m = 3.28 feet 1 m = 39.37 inches	1 yard = 0.914 m 1 foot = 0.305 m
	1 centimeter (cm)	= 0.01 (10^{-2}) meter	1 cm = 0.394 inch	1 foot = 30.5 cm 1 inch = 2.54 cm
	1 millimeter (mm)	= 0.001 (10^{-3}) meter	1 mm = 0.039 inch	
	1 micrometer (μm) (formerly micron, μ)	= 10^{-6} meter (10^{-3} mm)		
	1 nanometer (nm) (formerly millimicron, mμ)	= 10^{-9} meter (10^{-3} μm)		
	1 angstrom (Å)	= 10^{-10} meter (10^{-4} μm)		
면적	1 hectare (ha)	= 10,000 square meters	1 ha = 2.47 acres	1 acre = 0.405 ha
	1 square meter (m^2)	= 10,000 square centimeters	1 m^2 = 1.196 square yards 1 m^2 = 10.764 square feet	1 square yard = 0.8361 m^2 1 square foot = 0.0929 m^2
	1 square centimeter (cm^2)	= 100 square millimeters	1 cm^2 = 0.155 square inch	1 square inch = 6.4516 cm^2
질량	1 metric ton (t)	= 1,000 kilograms	1 t = 1.103 tons	1 ton = 0.907 t
	1 kilogram (kg)	= 1,000 grams	1 kg = 2.205 pounds	1 pound = 0.4536 kg
	1 gram (g)	= 1,000 milligrams	1 g = 0.0353 ounce 1 g = 15.432 grains	1 ounce = 28.35 g
	1 milligram (mg)	= 10^{-3} gram	1 mg = approx. 0.015 grain	
	1 microgram (μg)	= 10^{-6} gram		
부피 (고체)	1 cubic meter (m^3)	= 1,000,000 cubic centimeters	1 m^3 = 1.308 cubic yards 1 m^3 = 35.315 cubic feet	1 cubic yard = 0.7646 m^3 1 cubic foot = 0.0283 m^3
	1 cubic centimeter (cm^3 or cc)	= 10^{-6} cubic meter	1 cm^3 = 0.061 cubic inch	1 cubic inch = 16.387 cm^3
	1 cubic millimeter (mm^3)	= 10^{-9} cubic meter = 10^{-3} cubic centimeter		
부피 (액체와 기체)	1 kiloliter (kL or kl)	= 1,000 liters	1 kL = 264.17 gallons	
	1 liter (L or l)	= 1,000 milliliters	1 L = 0.264 gallon 1 L = 1.057 quarts	1 gallon = 3.785 L 1 quart = 0.946 L
	1 milliliter (mL or ml)	= 10^{-3} liter = 1 cubic centimeter	1 mL = 0.034 fluid ounce 1 mL = approx. 1/4 teaspoon 1 mL = approx. 15–16 drops (gtt.)	1 quart = 946 mL 1 pint = 473 mL 1 fluid ounce = 29.57 mL 1 teaspoon = approx. 5 mL
	1 microliter (μL or μl)	= 10^{-6} liter (10^{-3} milliliter)		
압력	1 megapascal (MPa)	= 1,000 kilopascals	1 MPa = 10 bars	1 bar = 0.1 MPa
	1 kilopascal (kPa)	= 1,000 pascals	1 kPa = 0.01 bar	1 bar = 100 kPa
	1 pascal (Pa)	= 1 newton/m^2 (N/m^2)	1 Pa = 1.0 × 10^{-5} bar	1 bar = 1.0 × 10^5 Pa
시간	1 second (s or sec)	= 1/60 minute		
	1 millisecond (ms or msec)	= 10^{-3} second		
온도	Degrees Celsius (°C) (0 K [Kelvin] = −273.15°C)		°F = 9/5°C + 32	°C = 5/9 (°F − 32)

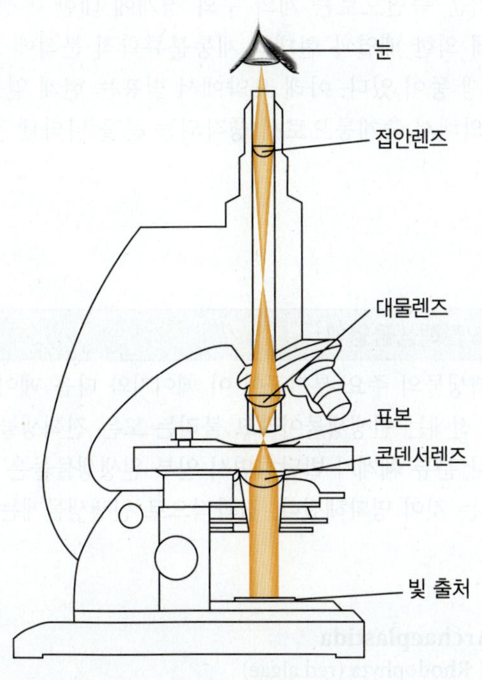

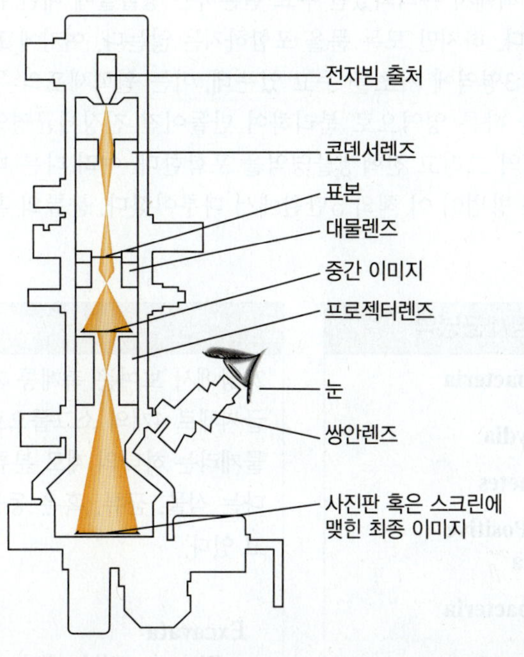

광학현미경(Light Microscope, LM)

빛이 유리 콘덴서렌즈에 의해 표본 위에 비춰지면 상이 대물렌즈와 접안렌즈에 의해 확대되고 이를 눈을 통해서 보거나 디지털 카메라, 디지털 비디오 카메라 혹은 사진으로 찍는다.

전자현미경(Electron Microscope, EM)

현미경의 꼭대기에 있는 전자빔이 빛 대신에 이용되며, 또한 전자석이 유리렌즈 대신에 이용된다. 전자빔이 콘덴서렌즈에 의해 표본 위에 쏘아지면 상이 대물렌즈와 프로젝터렌즈에 의해 확대되고 이를 스크린으로 보거나 사진을 찍는다.

여기서는 이 책에서 논의되었던 주요 현존하는 생물들에 대한 분류를 보여준다. 하지만 모든 문을 포함하지는 않는다. 여기에 표시된 분류는 3영역에 기초를 두고 있는데, 이는 원핵세포의 두 주요 그룹을 다른 영역으로 분리하여 만들어진 진정세균영역 및 고세균영역 그리고 진핵생물영역을 포함한다. 여러 다른 대안적인 분류 방법이 이 책의 5단원에서 다루어졌다. 분류의 혼란스러운 측면으로는 계의 수와 경계에 대한 논쟁, 린네 분류 체계에 의한 배열과 현대의 계통분류학적 분석에 의한 발견과의 논쟁 등이 있다. 아래 요약에서 별표는 현재 일부 분류학자들에 의해서 측계통으로서 생각되는 문을 나타낸 것이다.

진정세균영역

- **Proteobacteria**
- **Chlamydia**
- **Spirochetes**
- **Gram-Positive Bacteria**
- **Cyanobacteria**

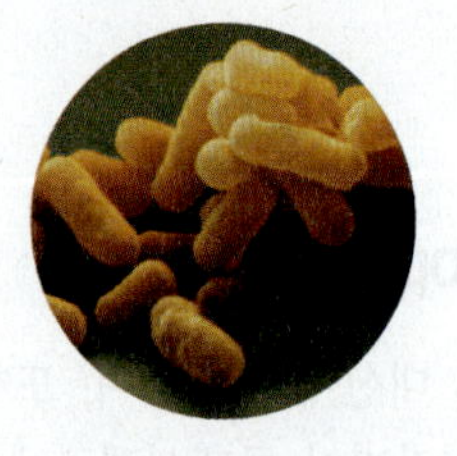

고세균영역

- **Korarchaeota**
- **Euryarchaeota**
- **Crenarchaeota**
- **Nanoarchaeota**

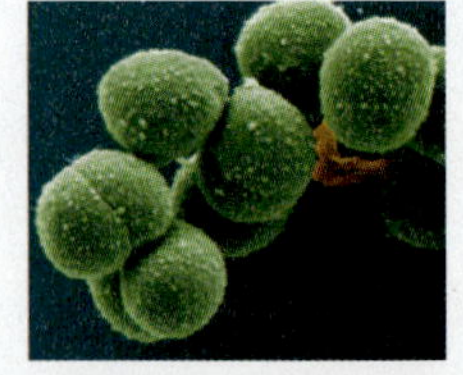

진핵생물영역

28장에서 보여준 측계통 가설에서는 진핵생물의 주요 분기군이 이 페이지와 다음 페이지에 진한 글씨체로 4개의 소그룹으로 나누어진다. 전에는 원생생물이라고 불리는 모든 진핵생물은 원생생물계라는 하나의 계로 분류되었다. 그러나 분류 체계가 발달하면서 일부 원생생물들은 그들 간보다는 식물, 균류, 혹은 동물에 더 가깝다는 것이 명확해졌다. 결과적으로 원생생물계는 사라져가고 있다.

Excavata

- Diplomonadida (diplomonads)
- Parabasala (parabasalids)
- Euglenozoa (euglenozoans)
  - Kinetoplastida (kinetoplastids)
  - Euglenophyta (euglenids)

"SAR" Clade

- Stramenopila (stramenopiles)
  - Chrysophyta (golden algae)
  - Phaeophyta (brown algae)
  - Bacillariophyta (diatoms)

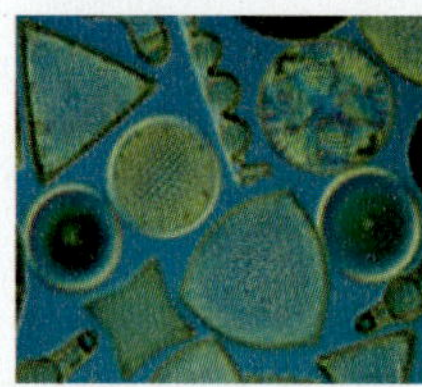

- Alveolata (alveolates)
  - Dinoflagellata (dinoflagellates)
  - Apicomplexa (apicomplexans)
  - Ciliophora (ciliates)
- Rhizaria (rhizarians)
  - Radiolaria (radiolarians)
  - Foraminifera (forams)
  - Cercozoa (cercozoans)

Archaeplastida

- Rhodophyta (red algae)
- Chlorophyta (green algae: chlorophytes)
- Charophyta (green algae: charophytes)
- Plantae
  - Phylum Hepatophyta (liverworts) — 비관속식물 (bryophytes)
  - Phylum Bryophyta (mosses) — 비관속식물 (bryophytes)
  - Phylum Anthocerophyta (hornworts) — 비관속식물 (bryophytes)
  - Phylum Lycophyta (lycophytes) — 종자 없는 관속식물
  - Phylum Monilophyta (ferns, horsetails, whisk ferns) — 종자 없는 관속식물
  - Phylum Ginkgophyta (ginkgo) — 겉씨식물 — 종자식물
  - Phylum Cycadophyta (cycads) — 겉씨식물 — 종자식물
  - Phylum Gnetophyta (gnetophytes) — 겉씨식물 — 종자식물
  - Phylum Coniferophyta (conifers) — 겉씨식물 — 종자식물
  - Phylum Anthophyta (flowering plants) — 속씨식물 — 종자식물

Unikonta

- Amoebozoa (amoebozoans)
  - Myxogastrida (plasmodial slime molds)
  - Dictyostelida (cellular slime molds)
  - Tubulinea (tubulinids)
  - Entamoeba (entamoebas)
- Nucleariida (nucleariids)
- 균계
  - *Phylum Chytridiomycota (chytrids)
  - *Phylum Zygomycota (zygomycetes)
  - Phylum Glomeromycota (glomeromycetes)
  - Phylum Ascomycota (ascomycetes)
  - Phylum Basidiomycota (basidiomycetes)

- Choanoflagellata (choanoflagellates)
- 동물계
  - Phylum Porifera (sponges)
  - Phylum Ctenophora (comb jellies)
  - Phylum Cnidaria (cnidarians)
    - Medusozoa (hydrozoans, jellies, box jellies)
    - Anthozoa (sea anemones and most corals)
  - Phylum Acoela (acoel flatworms)
  - Phylum Placozoa (placozoans)

  촉수동물
  - Phylum Platyhelminthes (flatworms)
    - Catenulida (chain worms)
    - Rhabditophora (planarians, flukes, tapeworms)
  - Phylum Nemertea (proboscis worms)
  - Phylum Ectoprocta (ectoprocts)
  - Phylum Brachiopoda (brachiopods)
  - Phylum Rotifera (rotifers)
  - Phylum Cycliophora (cycliophorans)
  - Phylum Mollusca (molluscs)
    - Polyplacophora (chitons)
    - Gastropoda (gastropods)
    - Bivalvia (bivalves)
    - Cephalopoda (cephalopods)
  - Phylum Annelida (segmented worms)
    - Errantia (errantians)
    - Sedentaria (sedentarians)
  - Phylum Acanthocephala (spiny-headed worms)

  탈피동물
  - Phylum Loricifera (loriciferans)
  - Phylum Priapula (priapulans)
  - Phylum Nematoda (roundworms)
  - Phylum Arthropoda (This survey groups arthropods into a single phylum, but some zoologists now split the arthropods into multiple phyla.)
    - Chelicerata (horseshoe crabs, arachnids)
    - Myriapoda (millipedes, centipedes)
    - Pancrustacea (crustaceans, insects)
  - Phylum Tardigrada (tardigrades)
  - Phylum Onychophora (velvet worms)

  후구동물
  - Phylum Hemichordata (hemichordates)
  - Phylum Echinodermata (echinoderms)
    - Asteroidea (sea stars, sea daisies)
    - Ophiuroidea (brittle stars)
    - Echinoides (sea urchins, sand dollars)
    - Crinoidea (sea lilies)
    - Holothuroidea (sea cucumbers)
  - Phylum Chordata (chordates)
    - Cephalochordata (cephalochordates: lancelets)
    - Urochordata (urochordates: tunicates)
    - Cyclostomata (cyclostomes) — Vertebrates
      - Myxini (hagfishes)
      - Petromyzontida (lampreys)
    - Gnathostomata (gnathostomes) — Vertebrates
      - Chondrichthyes (sharks, rays, chimaeras)
      - Actinopterygii (ray-finned fishes)
      - Actinistia (coelacanths)
      - Dipnoi (lungfishes)
      - Amphibia (amphibians: frogs, salamanders, caecilians)
      - Reptilia (reptiles: tuataras, lizards, snakes, turtles, crocodilians, birds)
      - Mammalia (mammals)

그래프

그래프는 수치 결과를 시각적으로 보여준다. 그래프는 표로는 쉽게 인식하지 못하는 데이터의 패턴이나 경향을 보여준다. 그래프의 한 종류인 다이어그램은 데이터 세트에서 한 변수가 어떻게 다른 변수와 관련이 있는지 혹은 없는지 보여준다. 만약 다른 변수에 의존적인 종속 변수는 통상 y축에 표시하며, 독립변수는 x축에 표시한다. 생물학에서 빈번하게 이용하는 그래프의 형태는 분산그래프, 선그래프, 막대그래프, 히스토그램 등이 있다.

▶ **분산그래프(scatter plot)**는 모든 변수에 대한 데이터가 수치로 되어 있으면서 연속적일 때 이용한다. 각 테이터는 하나의 점으로 표시된다. **선그래프(line graph)**에서는 각 데이터의 점이 아래 그래프에서처럼 직선으로 다른 데이터를 나타내는 점과 연결이 된다. (산점도와 선 그래프를 그리고 해석하는 것을 연습하기 위해서 2, 3, 6, 8, 11, 13, 24, 26, 34, 46, 47, 49, 50, 51, 54, 56장의 과학적 분석 기술의 연습을 참조한다.)

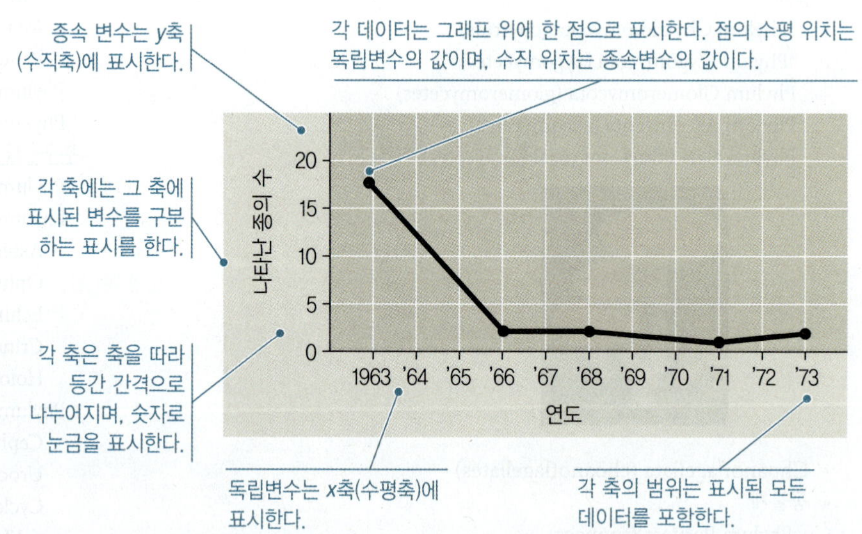

▼ 2개의 종속변수가 어떻게 같은 독립변수와 관련이 있는지를 보여주기 위해서 2개 혹은 그 이상의 데이터 세트를 한 그래프 위에 나타낼 수 있다. (2개 혹은 그 이상의 데이터 세트를 만들고 해석하는 것을 연습하기 위해서는 8, 46, 47, 49, 50, 51, 56장의 과학적 분석 기술의 연습을 참조한다.)

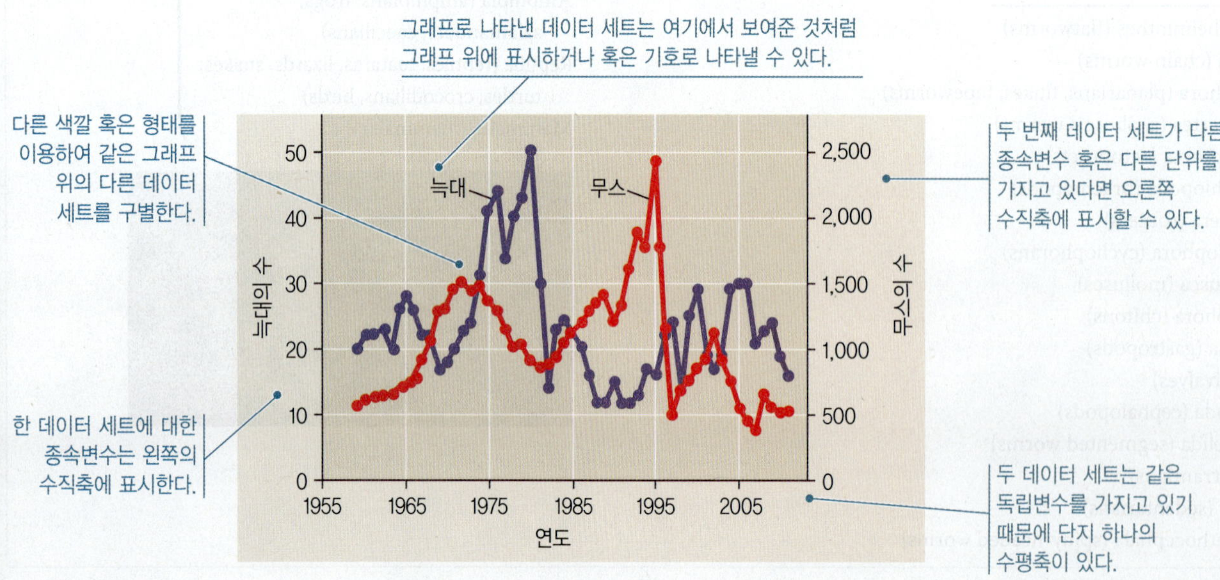

▼ 분산그래프에서는 데이터에서의 경향을 보여주기 위하여 직선 혹은 곡선으로 모든 데이터를 통과하는 그래프를 그린다. 수학적으로 데이터에 가장 적합한 직선은 회귀선(regression line)이다. 그렇지 않다면 데이터에 가장 적합한 수학적 함수는 최적곡선(best-fit curve)이라는 곡선을 설명해 줄 수 있다. (회귀선을 만들고 해석하는 것을 연습하기 위해서는 3, 11, 34장의 과학적 분석 기술의 연습을 참조한다.)

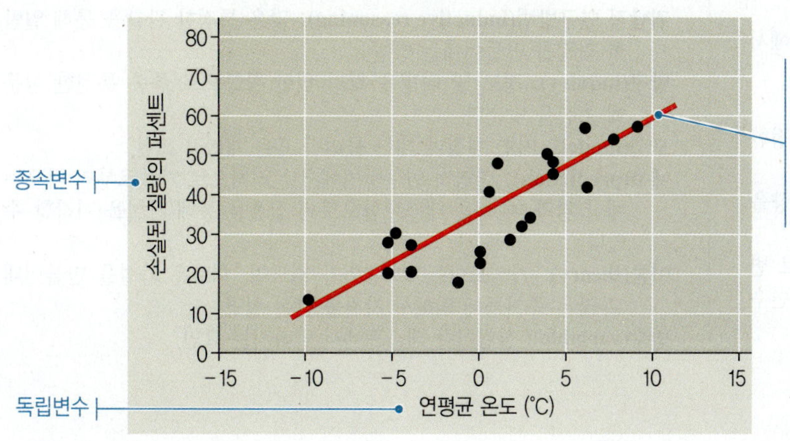

▼ **막대그래프(bar graph)**는 독립변수가 그룹 혹은 비수치화된 범주를 나타내는 그래프이며, 종속변수의 값을 막대로 나타낸다. (막대그래프를 만들고 해석하는 것을 이해하기 위해 1, 10, 18, 19, 21, 25, 27, 29, 33, 35, 39, 51, 52, 54장의 과학적 분석 기술의 연습을 참조한다.)

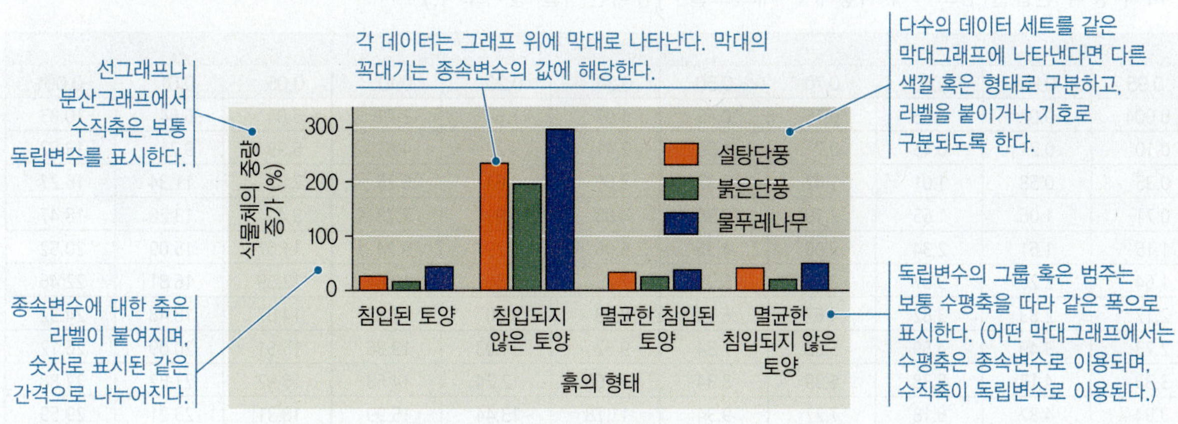

▶ **히스토그램(histogram)**이라고 하는 막대그래프의 변화된 형태는 수치화된 데이터를 *x*축 위의 변수를 같은 간격으로 묶어서 표시할 수 있다. 막대상자는 정수 혹은 어떤 수의 범위로 나타낼 수 있다. 아래의 히스토그램에서의 간격은 25 mg/dL 넓이로 되어 있다. 각 막대의 높이는 실험 주제의 퍼센트(%) 혹은 수치를 보여주는데 각 특징은 *x*축 위에 그려진 하나의 막대에 의해 설명된다. (히스토그램을 만들고 해석하는 것을 연습하기 위해서는 12, 14, 43장의 과학적 분석 기술의 연습을 참조한다.)

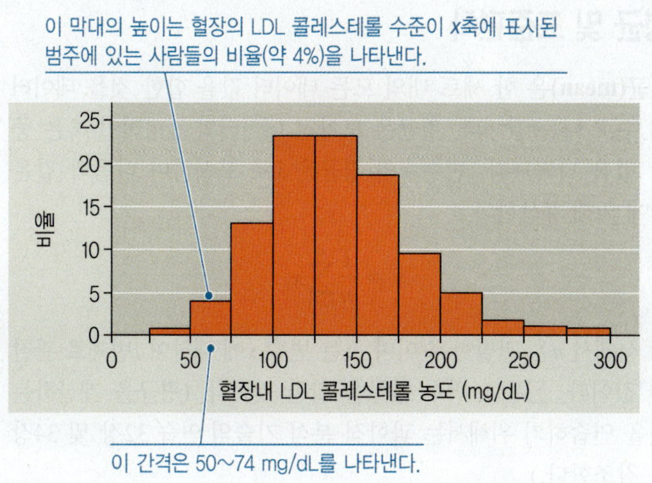

과학 탐구 용어

과학탐구 과정에 대한 부가적인 설명은 개념 1.3을 참조한다.

대조군(control group): 대조군 실험에서는 특정한 실험 변수가 없는 일련의 주제들이 검증된다. 이상적으로는 대조군은 실험 변수 이외의 점에서는 실험군과 완전히 같아야 한다.

대조실험(controlled experiment): 실험군이 확인하고자 하는 변수에서만 다른 대조군과 비교하는 실험.

데이터(data): 기록된 관찰 결과.

연역적 연구방법(deductive reasoning): 일반적인 전제로부터 특정한 결과를 유추하는 방법.

종속변수(dependent variable): 실험에서 독립변수의 변화로 영향을 받아 값이 변하는 변수.

실험(experiment): 대조군 조건하에서 수행되는 과학적인 테스트로 변화의 효과를 알아보기 위해 시스템 내의 하나 혹은 그 이상의 변수를 조작하는 것을 포함한다.

실험군(experimental group): 대조군의 배경 하에 테스트를 하게 될 특정 요소를 갖는 일련의 주제.

가설(hypothesis): 데이터를 기초로 만들어진 관찰 사항에 대하여 귀납적으로 만들어진 실험 가능한 설명.

독립변수(independent variable): 종속변수에 대한 영향을 알아보기 위하여 실험하는 동안에 값이 조작되거나 변경되는 변수.

귀납적 연구방법(inductive reasoning): 많은 특정한 관찰을 통해 일반화 과정을 만들어내는 방법.

탐구(inquiry): 정보 및 설명을 찾기 위한 활동으로 종종 특정한 질문에 초점을 맞춘다.

모델(model): 자연 현상에 대한 물리적 혹은 개념적 표현.

예측(prediction): 연역적 연구방법에서 논리적으로 가설로부터 나오는 예상 결과. 예측을 테스트함으로써 실험을 통해 가설을 기각할 수 있다.

이론(theory): 가설보다는 그 범위가 넓으며, 새로운 가설을 만들어내고 많은 증거들에 의해서 지지를 받는 설명.

변수(variable): 실험이나 테스트에서 달라지는 요인.

카이제곱(χ^2) 분포 표

표를 이용하기 위해서는 실험 중인 데이터 세트의 자유도에 일치하는 줄을 찾는다. 그 줄을 따라 오른쪽으로 이동하면서 여러분이 얻은 x^2 값이 위·아래의 사이에 들어가는 지점을 찾는다. 이 값으로부터 칼럼의 꼭대기로 이동하여 여러분이 얻은 x^2 값에 대한 확률을 발견한다. 확률이 0.05 혹은 그 이하라면 일반적으로 의미있게 다르다고 판단한다. (15장의 과학 능력 연습을 참조하여 어떻게 x^2 테스트를 이용하는지를 살펴보자.)

자유도(Degrees of Freedom, df)	확률(Probability)										
	0.95	0.90	0.80	0.70	0.50	0.30	0.20	0.10	0.05	0.01	0.001
1	0.004	0.02	0.06	0.15	0.45	1.07	1.64	2.71	3.84	6.64	10.83
2	0.10	0.21	0.45	0.71	1.39	2.41	3.22	4.61	5.99	9.21	13.82
3	0.35	0.58	1.01	1.42	2.37	3.66	4.64	6.25	7.82	11.34	16.27
4	0.71	1.06	1.65	2.19	3.36	4.88	5.99	7.78	9.49	13.28	18.47
5	1.15	1.61	2.34	3.00	4.35	6.06	7.29	9.24	11.07	15.09	20.52
6	1.64	2.20	3.07	3.83	5.35	7.23	8.56	10.64	12.59	16.81	22.46
7	2.17	2.83	3.82	4.67	6.35	8.38	9.80	12.02	14.07	18.48	24.32
8	2.73	3.49	4.59	5.53	7.34	9.52	11.03	13.36	15.51	20.09	26.12
9	3.33	4.17	5.38	6.39	8.34	10.66	12.24	14.68	16.92	21.67	27.88
10	3.94	4.87	6.18	7.27	9.34	11.78	13.44	15.99	18.31	23.21	29.59

평균 및 표준편차

평균(mean)은 한 세트 내의 모든 데이터 값을 합한 것을 데이터의 수로 나눈 값이다. 평균은 모아진 데이터의 전형적인 혹은 중앙 값을 나타낸다. 변수 x의 평균은 $\bar{x}$로 표시하며 다음과 같은 식에 의해 계산한다.

$$\bar{x} = \frac{1}{n}\sum_{i=1}^{n} x_i$$

이 식에서 n은 관찰한 수이며, x_i는 변수 x에 대하여 i번째로 관찰한 값이다. Σ는 x 변수 값들을 합한 것이다. (평균을 계산하는 것을 연습하기 위해서는 과학적 분석 기술의 연습 32장 및 34장을 참조한다.)

표준편차(standard deviation)는 데이터 세트에서 발견된 편차를 측정하는 것이다. x 값의 표준편차는 s_x로 나타내며 다음 식으로 계산할 수 있다.

$$s = \sqrt{\frac{\sum_{i=1}^{n}(x_i - \bar{x})^2}{n - 1}}$$

이 식에서 n은 관찰한 수이며, x_i는 변수 x의 i번째 관찰 값이다. $\bar{x}$는 x의 평균값이다. Σ은 $(x_i - \bar{x})^2$의 n 값을 합한 것이다. (표준편차를 계산하는 것을 연습하기 위해서는 32장 및 34장의 과학적 분석 기술의 연습을 참조한다.

1기생장 primary growth 줄기와 뿌리를 신장시키는 정단분열조직에 의한 생장.

1염색체성 monosomic 정상적인 2개의 염색체 대신 한 개의 염색체를 가지는 경우.

1차 구조 primary structure 아미노산의 염기서열을 나타내는 단백질 구조의 단계.

1차 소비자 primary consumer 초식동물로 생태계의 영양단계에서 식물이나 조류를 먹는 생물.

1차면역반응 primary immune response 항원에 의해 처음으로 나타나는 후천성 면역반응으로 약 10~17일 후에 나타난다.

1차생산 primary production 주어진 기간에 생태계에서 독립영양생물에 의해 화학에너지(유기물 화합물)로 변환된 빛에너지의 양.

1차생산자 primary producer 독립영양생물, 보통 광합성 생물; 궁극적으로 모든 다른 단계의 생물을 부양하게 되는 생태계의 영양단계에 속하는 모든 독립영양생물.

1차세포벽 primary cell wall 식물에서, 어린 식물세포에 의해 처음 분비되는 비교적 얇고 유연한 층.

1차전사물 primary transcript 초기 RNA 전사물로, 단백질을 암호화하는 유전자로부터 전사되었을 때 pre-mRNA(mRNA 전구체)라고도 한다.

1차전자수용체 primary electron acceptor 엽록체의 틸라코이드막이나 혹은 몇몇 원핵생물의 막에서, 반응중심 복합체의 한 쌍의 엽록소 *a* 분자와 반응중심을 공유하는 특수화된 분자. 이 특별한 쌍의 엽록소로부터 전자를 받아들인다.

1차천이 primary succession 본래 생물이 없으며 토양이 아직 형성되지 않은 지역에서 나타나는 생태천이의 유형.

1회 결실 semelparity 단한번에 모든 자손을 낳는 생물의 생식. 빅뱅생식이라고도 부른다.

2기생장 secondary growth 목본류의 뿌리와 어린 싹을 비후시키는 측생 분열조직에 의한 생장.

2차 구조 secondary structure 펩타이드결합 사이의 수소결합의 형성 때문에 단백질 폴리펩타이드 골격의 국소적이고 반복된 꼬임이나 접힘.

2차 세포벽 secondary cell wall 식물에서, 식물세포의 보호와 지지를 위해 여러 얇은 판이 겹쳐서 된 층에 축적된 강하고 내구성 있는 물질.

2차 소비자 secondary consumer 초식동물을 먹는 육식동물.

2차내부공생 secondary endosymbiosis 종속영양 진핵세포가 삼킨 광합성 진핵세포가 종속영양 진핵세포 내에서 공생관계를 유지하게 되는 진핵생물 진화의 과정.

2차면역반응 secondary immune response 특정 항원에 2차로 혹은 계속된 노출에 의해 유도된 후천성 면역반응. 2차면역반응은 1차면역반응에 비해 보다 더 빠르며, 강도가 세고 오래 지속된다.

2차생산 secondary production 소비자의 음식물에 있는 화학에너지의 양으로, 주어진 시간 동안 새로운 생물량으로 전환된다.

2차신호전달자 second messenger 신호 수용체단백질에 의해 감지된 신호에 반응하여 신호를 세포 내부로 전달하는 칼슘이온이나 cAMP와 같이 작고 비단백질인 수용성 분자나 이온.

2차천이 secondary succession 존재하고 있는 군집이 어떤 교란에 의해 없어지지만 토양이나 기질은 그대로 남아 있는 장소에서 일어나는 천이 유형.

3염색체성 trisomic 정상적인 2개가 아닌 3개의 특정 염색체를 가지는 세포를 일컫는 용어.

3차 소비자 tertiary consumer 다른 육식동물을 먹는 육식동물.

3차구조 tertiary structure 소수성 상호작용, 이온결합, 수소결합과 이황화결합이 관련된 곁사슬의 상호작용으로 인해 단백질 분자가 불규칙하게 배열된 구조.

4차구조 quaternary structure 폴리펩타이드인 각 구성 단위체의 3차원 배열에 의해 규정되는 복잡한 단백질 집합체의 특정한 형태.

5′캡 5′cap mRNA 전구체의 5′말단에 있는 뉴클레오타이드에 첨가되는, 구아닌(G) 뉴클레오타이드의 변형.

가계도 pedigree 부모와 자손에서의 유전적 특징의 출현을 여러 세대에 걸쳐 나타낸 가족도.

가는필라멘트 thin filament 두 가닥의 액틴과 서로 꼬여 있는 두 가닥의 조절 단백질로 이루어진 필라멘트. 근육섬유의 근원섬유 성분이다.

가벼운사슬 light chain 항체분자와 B세포 수용체를 구성하는 두 종류의 폴리펩타이드 사슬 중 하나로 항원결합 부위인 가변부와 불변부로 구성된다.

가설 hypothesis 잘 짜여진 질문에 대한 임시적인 해답으로 검증을 요하는 이론이나 주제보다도 좁은 영역을 가진다.

가수분해 hydrolysis 중합체를 단량체로 분해시키는 기능을 하는, 물을 첨가하여 분자를 분해하는 화학적 과정.

가슴샘, 흉선 thymus 척추동물의 흉강에 있는 작은 기관으로 T세포의 성숙이 완성된다.

가시광선 visible light 약 380 nm에서 750 nm 파장 사이의 빛으로 사람의 눈에 의해 감지되는 전자기 스펙트럼의 범위.

가시상어류 acanthodian 데본기에 존재하던 고대의 턱이 있는 물고기(유악어류)의 종류.

각인 imprinting 동물 행동에서, 특정 개체나 물체에 반응하여 오래 지속되는 행동반응을 생활사 중 특정 단계에서 형성하는 것. 유전체 각인 참조.

각태류 hornwort 뿔이끼문에 속하는 작은 초본류의 비관다발식물.

간 liver 척추동물의 몸에서 가장 큰 기관; 간은 쓸개즙 생산, 질소노폐물의 처분 준비, 혈액내 독성물질의 분해 등 다양한 기능을 수행한다.

간극연접 gapjunction 세포 사이에 물질이나 전류를 통하게 하는 동물세포의 세포간 연접.

간기 interphase 세포가 분열하지 않는, 세포주기의 한 부분. 간기 동안 세포의 대사활동은 높으며 염색체와 세포소기관이 복제되며 세포 크기가 증가한다. 세포주기의 약 90%를 차지한다.

간문맥 hepatic portal vein 소장으로부터 영양분이 많은 혈액을 간으로 운반하는 혈관 시스템으로 혈액의 영양분 양을 조절한다.

갈조류 brown algae 색소체에 카로티노이드로부터 유래된 갈색 혹은 올리브색을 특징으로 가지는 다세포성 광합성 원생생물. 대부분의 갈조류는 해양성이며, 일부는 식물과 같은 구조를가진다.

감각수용 sensory reception 감각세포에 의한 자극 에너지의 감지.

감각수용기 sensory receptor 동물의 외부 및 내부 환경으로부터의 자극에 반응하는 세포 혹은 세포 내의 구조.

감각신경세포 sensory neuron 외부와 내부 환경으로부터 정보를 받아 신호를 중추신경계로 보내는 신경세포.

감각적응 sensory adaptation 반복적으로 자극을 받았을 때 감각 뉴런이 덜 민감해지는 경향.

감각전환 sensory transduction 자극에너지를 감각 수용체의 막전위 변화로 전환하는 것.

감마아미노부틸산 gamma aminobutyric acid (GABA) 척추동물의 중추신경계에서 중추신경계의 신경전달물질 기능을 하는 아미노산.

감수 I 분열 meiosis I 2단계의 세포분열 결과 원래 세포의 반에 해당하는 염색체 수를 가지는 세포를 형성하게 되는 세포분열 중 첫 번째 분열.

감수 II 분열 meiosis II 2단계의 세포분열 결과 원래 세포의 반에 해당하는 염색체 수를 가지는 세포를 형성하게 되는 세포분열 중 두 번째 분열.

감수분열 meiosis 단지 한번의 DNA 복제로 2회의 세포분열을 하는, 유성생식을 하는 생물에서 일어나는 세포분열의 변형된 유형. 그 결과 원래 세포의 반에 해당하는 염색체 수를 가지는 세포를 형성한다.

감응기, 수용기 sensor 항상성에서, 자극을 감지하는 수용체.

갑각곤충류 pancrustacean 곤충 및 6개의 다리를 가지는 곤충의 친족뿐만 아니라 바닷가재, 게, 따개비와 그 외 갑각류를 포함하는 다양한 절지동물 분기군의 무리.

갑상샘 thyroid gland 기도의 밑면에 존재하는 내분비샘으로, 아이오딘(요오드)을 포함하는 두 종류의 호르몬 (트리요오드타이로닌, T_3과 타이록신, T_4)과 칼시토닌을 생성 분비한다.

갑상샘호르몬 thyroid hormone 갑상샘에서 분비되는 아이오딘을 포함하는 두 호르몬(트라이요오드타이로닌과 타이록신) 중 하나로서, 척추동물의 물질대사, 발생 및 성숙을 조절한다.

강 class 분류에서 목(order)의 상위 단계.

강축 tetanus 연속적인 자극에 의한 활동전위의 빠른 빈도가 일으키는, 최대로 유지되는 골격근의 수축.

강화 reinforcement 접합전 생식장벽을 강화시켜 잡종의 형성을 감소시키는 자연선택 과정. 이런 과정은 잡종이 부모종에 비해 적응력이 떨어지는 경우에 일어난다.

개방순환계 open circulatory system 혈림프라고 불리는 액체가 조직과 기관에 직접 접해 있는 혈관계로, 순환하는 액체와 세포사이액과의 구별이 없다.

개시지점 start point 전사에서 RNA 중합효소가 RNA 합성을 시작하는 프로모터 상의 뉴클레오타이드의 위치.

개체군, 집단 population 상호교잡이 가능하며 생식능력이 있는 자손을 생산할 수 있는 동일한 생물종에 속하는 개체의 지역적 무리.

개체군동태론 population dynamics 개체군 크기의 변화에 영향을 미치는 생물적, 비생물적 요인 간의 복잡한 상호작용에 관한 연구.

개체군생태학 population ecology 개체군의 밀도와 분포, 연령구조와 집단의 크기 변화에 대한 환경의 영향을 포함한 환경과 관련한 집단의 연구.

개체군통계학 demography 집단의 출생 및 사망과 관련된 통계 연구.

개체생태학 organismal ecology 개체가 생물학적 및 비생물학적 환경에 처했을 때 형태적, 생리적 및 행동 양식과 관련된 생태학의 한 분야.

개폐성이온통로 gated ion channel 특정 이온의 통로; 이온통로를 열거나 닫음으로써 세포는 막전위를 변경시킨다.

개화호르몬, 화성소 florigen 화학적으로 확인되지 않은 개화신호로, 한 종의 호르몬이나 여러 호르몬의 농도 변화로 여겨진다.

거미류 arachnid 중요 절지동물 무리인 협각류 분기군에 속하는 작은 무리(subgroup). 거미류는 4쌍의 걷는 다리를 포함한 6쌍의 부속지를 가지며 거미, 전갈과 진드기를 포함한다.

거울상이성질체 enantiomer 서로 거울상을 가지는 두 분자 중 하나.

거친면소포체, 조면소포체 rough ER 리보솜이 붙어 있는 소포체 부분.

건생식물 xerophyte 건조한 기후에 적응한 식물.

검문지점 checkpoint 세포주기에서 언제 세포주기를 멈추는지 혹은 계속 진행하는가를 결정하는 지점.

검정교배 test cross 미지의 유전자형을 가진 생물의 유전자형을 결정하기 위해 열성 동형개체와 교배하는 것. 자손에서 표현형의 비율이 미지의 유전자형을 결정한다.

겉씨식물 gymnosperm 노출된 씨앗—보호하는 방에 의해 둘러싸이지 않는 씨앗—을 형성하는 관다발식물.

겉질네프론, 피질네프론 corticalnephron 포유류와 조류에서 거의 신장(콩팥) 겉질 전반에 걸쳐 위치하는 헨레고리를 가지는 네프론.

게임이론 game theory 결과가 각 개체의 전략뿐만 이 아니라 다른 개체의 전략에도 의존하는 상황에서 선택적인 전략을 평가하는 연구방법; 집단에서 특정 행동의 적응도가 다른 행동에 의해 영향을 받는 상황에서 행동 진화에 관한 사고법.

격벽 septum 균류의 균사를 세로로 나누는 가로벽의 하나. 격벽은 일반적으로 리보솜, 미토콘드리아 심지어 핵도 통과할 수 있는 크기의 통로를 가진다.

결실 deletion (1) 손상으로 인한 염색체 절편의 손실. (2) 유전자로부터 하나 혹은 그 이상의 뉴클레오타이드의 손실.

결장, 주름창자 colon 척추동물 큰창자의 가장 큰 부위로 주로 물 흡수와 대변을 형성하는 기능을 가진다.

결정 determination 배가 발생함에 따라 각 세포의 운명이 보다 더 제한되게 하는 발생 잠재력의 점진적인 제한. 결정의 마지막에서는 세포의 운명이 결정된다.

결정적 난할 determinate cleavage 각 배세포의 발생 운명을 매우 초기에 확고하게 결정하는 선구동물의 배발생 유형.

결합조직 connective tissue 세포외기질 전체에 흩어져 있는 산재한 세포집단을 가지며, 주로 다른 조직을 지지하거나 결합하는 기능을 가지는 동물조직.

겹눈 compound eye 수천 개의 홑눈으로 이루어진 곤충과 갑각류의 다면체 눈으로 움직임을 감지하는 데 매우 뛰어나다.

경고색 aposematic coloration 포식자에 대한 경고로 작용하는 데 매우 효과적인 물리적 화학적 방어 수단인 동물의 밝은 색상.

경골어류 osteichthyan 턱과 뼈를 가지는 척추동물의 한 무리.

경관 landscape 에너지의 교환, 물질과 생물에 의해서 연결된 몇 종류의 다른 생태계를 포함하는 지역.

경관생태학 landscape ecology 서식지 종류의 공간 배열이 어떻게 개체의 분포와 빈도 및 생태계 과정에 영향을 미치는지를 연구하는 학문.

경쟁적 배제 competitive exclusion 두 유사한 종의 집단이 제한된 자원을 두고 경쟁을 하면, 한 종은 그 자원을 보다 효과적으로 이용하며 생식적으로 성공하게 되어 결과적으로 다른 집단을 제거하게 된다는 개념.

경쟁적 저해제 competitive inhibitor 구조가 비슷하여 기질 대신에 효소의 활성자리에 결합하여 효소의 활성을 감소시키는 물질.

곁눈 axillarybud 곁싹이나 곁가지를 형성할 수 있는 능력을 가진 구조. 이 눈은 잎과 줄기 사이에서 형성된다.

곁뿌리, 측근 lateral root 이미 형성된 뿌리 내초로부터 생기는 뿌리.

곁사구체장치 juxtaglomerular apparatus(JGA) 혈압이나 혈액의 양이 감소되었을 때 레닌효소를 분비하는 네프론의 특수화된 조직.

계 kingdom 영역 다음으로 넓은 분류 단위.

계면활성제 surfactant 폐포에 의해 분비되는 물질로 폐포를 덮은 용액의 표면장력을 감소시킨다.

계통발생 phylogeny 종이나 연관된 종 무리의 진화 역사.

계통분류학 systematics 생물을 분류하고 그들의 진화적 관련성을 연구하는 학문 분야.

계통수 phylogenetic tree 생물 무리의 진화 역사에 관한 가정을 나타내는 분지도.

계통종개념 phylogenetic species concept 생물 계통수에서 한 가지를 형성하고, 공통조상을 공유하는 가장 작은 개체의 무리라는 종의 정의.

고리형 cyclic AMP(cAMP) 고리형 아데노신 1인산. ATP로부터 생성되는 고리 모양의 분자. 진핵세포의 세포내 신호분자(2차 신호전달자)로 매우 일반적이다. 또한 일부 박테리아의 오페론 조절물질로도 작용한다.

고막 tympanic membrane 외이와 중이 사이의 막.

고밀도지질단백질 high-density lipoprotein (HDL) 인지질의 단일층에 둘러싸인 콜레스테롤 및 다른 지질에 단백질이 박혀 있는 혈액내 입자. HDL 입자는 LDL에 비해 콜레스테롤을 더 적게 운반하며 혈관이 막히는 위험성의 감소와 관련이 있다.

고분자 macromolecule 보통 축합반응에 의해 작은 분자들이 결합하여 형성하는 거대분자. 다당류, 단백질과 핵산 등이 고분자이다.

고생물학 paleontology 화석을 연구하는 학문.

고세균 Archaea 원핵생물의 두 영역 중 하나로 다른 하나는 박테리아이다.

고인류학 paleoanthropology 인간의 기원과 진화

에 관한 학문.

고장액의 hypertonic 두 종류의 용액을 비교하였을 때, 더 높은 용질의 농도를 가지는 용액을 일컫는 용어. 고장액이 세포를 둘러싸게 되면 세포는 물을 잃게 된다.

고정행동양식 fixed action pattern 동물행동에서 기본적으로 변화되지 않는 일련의 행동으로, 한 번 시작되면 끝을 봄.

고혈압 hypertension 혈압이 비정상적으로 높게 유지되는 장애.

골격근 skeletal muscle 일반적으로 몸의 수의운동에 관여하는 근육. 가로무늬근이라고도 한다.

골격단백질 scaffolding protein 이 단백질에 다른 전달 단백질들이 동시에 결합하여 신호전달의 효율을 증진시키는 큰 전달 단백질 유형.

골지체 Golgi apparatus 진핵세포에서 소포체의 산물을 변형시키고 저장하며 분배하는 기능을 하는, 막으로 이루어진 납작한 주머니가 쌓인 모양의 세포소기관으로, 주로 비셀룰로오스 탄수화물을 생성한다.

곰팡이 mold 선형 균류로, 균류를 비공식적으로 지칭하는 용어. 유사분열에 의해 반수체 포자를 생성하며 눈으로 관찰되는 균사를 형성한다.

곱셈법칙 multiplication rule 둘 또는 그 이상의 독립적인 사건이 함께 일어날 확률은 그들 각각의 확률을 곱함으로써 결정될 수 있는 확률 법칙.

공간학습 spatial learning 환경의 공간구조를 반영하는 기억의 확립.

공간합 spatial summation 신경 통합의 현상으로 여기에서는 시냅스후 세포의 막전위가 다른 시냅스에 의해 거의 동시에 형성된 EPSP(흥분성 시냅스 후세포 전위) 혹은 IPSP(억제성 시냅스후전위)가 더해진 효과에 의해 결정된다.

공동수송 cotransport 어떤 물질의 한 방향으로의 확산과 짝을 이루는 다른 물질의 반대 방향으로의 확산.

공동억제자 corepressor 박테리아 억제 단백질에 결합하여 모양을 변화시켜 오페론 작동을 중지시키는 작은 분자.

공동우성 codominance 각 대립유전자가 각기 구분되는 방법으로 표현형에 영향을 미치므로, 두 대립유전자의 표현형이 이형 접합으로 나타나는 상황.

공룡류 dinosaur 몸의 모양과 크기 및 서식지가 매우 다양한 고대 파충류 무리.

공막 sclera 척추동물의 안구를 형성하는 단단한 하얀 외막의 연결조직.

공변세포 guard cells 기공 측면에 위치하여 기공 개폐를 조절하는 두 세포.

공생 symbiosis 서로 다른 두 종의 생물이 직접적이고 친밀한 접촉에 의해 함께 살아가는 생태적 관계.

공생체 symbiont 공생관계에서 숙주 속이나 혹은 위에서 살아가는 작은 공생 참여자.

공유 조상 형질 shared ancestral character 그 분기군의 일원이 아닌, 조상으로부터 유래된 특정 분기군 일원에 의해 공유되는 형질.

공유 파생 형질 sharedderivedcharacter 특정 분기군의 독특한 진화적 특성.

공유결합 covalentbond 두 원자가 한 쌍 혹은 그 이상의 전자를 공유함으로써 형성되는 매우 강한 화학결합.

공진화 coevolution 서로에 의해 유발된 선택에 반응하여 생기는, 상호작용하는 두 종 간의 공동의 진화.

과 family 분류에서 속의 상위 단계.

과민반응 hypersensitive response 감염된 부위 주변의 세포의 죽음을 수반하는, 병원균에 의한 식물의 국지적 반응.

과분극 hyperpolarization 휴지막 전위 상태일 때에 비해 세포 내부가 바깥쪽에 비해 더 음전하를 띠는 전기적 변화. 과분극은 뉴런에 의한 신경자극의 전달을 감소하게 한다.

과실 fruit 꽃의 성숙한 씨방. 과실은 휴면 중인 씨앗을 보호하고 씨앗의 분산을 돕는다.

과오돌연변이, 미스센스 돌연변이 missensemutation 다른 아미노산을 암호화하는 코돈을 유발하는 염기쌍 치환.

과학 science 자연 세계를 이해하기 위한 접근.

관다발식물 vascular plant 관다발조직을 가지는 식물. 관다발식물은 이끼, 우산이끼와 붕어마름을 제외한 모든 종을 포함한다.

관다발조직 vascular tissue 식물체에 영양분 및 물을 수송하는, 관으로 연결된 세포로 이루어진 식물조직.

관다발조직계 vascular tissue system 관다발식물에서 물관과 체관에 의해 형성된 수송계. 물관은 물과 무기질을 수송하고, 체관은 광합성의 산물인 당을 수송한다.

관다발형성층 vascular cambium 2차 물관(목부)과 2차 체관이라 불리는 2차 관다발조직층을 형성하는 목본류의 원통형 분열조직.

관문(개폐성)통로 gated channel 특정 자극에 반응하여 열리고 닫히는, 세포막에 존재하는 막관통 단백질 통로.

관족 tube foot 극피동물 수관계의 많은 확장 부분 중의 하나. 이동, 먹이 섭취와 기체 교환 기능을 수행한다.

괄약근 sphincter 근육으로 된 관에서 변형된 근육으로 이루어진 고리 모양의 밸브로, 소화관의 몇몇 구획통과를 조절한다.

광계 II photosystem II(PSII) 엽록체의 틸라코이드막이나 일부 원핵생물막에 위치한 두 종류의 광 수집 단위 중 하나로 반응중심에 두 분자의 P680 엽록소 *a*가 존재한다.

광계 I photosystem I(PSI) 엽록체의 틸라코이드막이나 일부 원핵생물막에 위치한 두 종류의 광 수집 단위 중 하나로 반응중심에 두 분자의 P700 엽록소 *a*가 존재한다.

광계 photosystem 많은 수의 집광복합체에 둘러싸인 반응중심으로 이루어진, 엽록체의 틸라코이드막에 위치한 광 수집 단위로, 광계 I과 II 등 두 종류가 있으며 각각은 제일 잘 흡수하는 파장의 빛이 서로 다르다.

광독립영양생물 photoautotroph 빛에너지를 이용하여 이산화탄소를 유기물로 합성하는 생물.

광수용기 photoreceptor 가시광선을 감지하는 전자기 수용기.

광역유행성 pandemic 세계적으로 퍼지는.

광익류 eurypterid 장구애비라 불리는 멸종된 육식성의 협각류.

광인산화 photophosphorylation 광합성의 명반응 동안 엽록체의 틸라코이드막에 의해 생성되는 광자에 의한 힘에 의해 ADP와 인산으로부터 ATP를 생성하는 과정.

광자 photon 입자처럼 행동하는 빛에너지의 양자.

광종속영양생물 photoheterotroph 빛에너지를 ATP 생성에 사용하지만 유기물의 형태로 탄소를 흡수하여야 하는 생물.

광주기성 photoperiodism 생물이 빛에 노출되는 24시간 주기인 광주기에 대한 생리적 반응. 꽃피는 것은 광주기성의 한 예이다.

광학현미경 light microscope(LM) 가시광선을 굴절시켜 시료의 상을 확대시키는 광학 기구.

광합성 photosynthesis 빛에너지를 화학에너지로 전환하여 포도당이나 다른 유기화합물로 저장; 식물, 조류 및 특정 원핵생물에서 일어난다.

광형태형성 photomorphogenesis 식물 형태에 대한 빛의 영향.

광호흡 photorespiration ATP와 산소를 소비하고 이산화탄소를 방출하는 대사경로이며 광합성의 산출량을 감소시킨다. 일반적으로 뜨겁고 건조하며 밝은 날 기공이 닫혀 잎에서의 산소 농도가 이산화탄소 농도를 초과할 때 일어난다.

교감신경계 sympathetic division 척추동물 자율신경계의 3부분 중 하나로, 일반적으로 에너지 지출을 늘리고 몸이 활동할 준비를 한다.

교란 disturbance 생물군집을 변화시키고 보통 군집으로부터 개체를 제거시키는 자연적 혹은 인간에 의한 사건. 화재와 폭풍과 같은 교란은 많은 생물군집의 구조에 중요한 역할을 한다.

교차 양육연구 cross-fosteringstudy 한 종의 어린 개체를 다른 종의 성체가 양육하게 하는 행동연구.

교차 crossing over 감수1분열 전기에 비자매 염색분체 사이의 유전물질의 교환.

교차점 chiasma 감수분열 동안 상동염색분체들 교차에 의한 유전물질의 교환된 부위를 나타내는 X 모양의 현미경적 부위로, 두 상동염색체는 자매염색분체의 결합으로 붙어 있게 된다.

구강 oralcavity 동물의 입.

구조이성질체 structuralisomer 동일한 구조식을 가지나 원자의 결합 배열이 다른 유기화합물.

국소분비 paracrine 이웃하는 세포를 표적으로 삼는 분비된 분자의 특성.

국소조절자 local regulator 인접한 세포에 영향을 미치는 분비된 분자.

군집 community 특정 지역에 서식하는 모든 생물의 집합으로 잠재적인 상호작용이 가능하도록 충분히 가깝게 살아가는 다른 종 집단의 집합.

군집생태학 community ecology 군집의 구조와 구성에 영향을 미치는 종 사이의 상호관계를 연구하는 학문.

굴광성 phototropism 식물의 싹이 빛을 향하거나 혹은 피해서 자라는 현상.

굴성 tropism 모든 식물기관이 차등적인 세포 신장률로 인해 자극 방향 혹은 반대 방향으로 휘게 하는 생장반응.

굴중성 gravitropism 동물이나 식물이 중력에 반응하는 것.

굴촉성 thigmotropism 접촉에 반응하여 식물이 방향성을 가지고 생장하는 현상.

굵은 필라멘트 thick filament 마이오신 분자의 배열로 이루어진 섬유로, 근섬유에서 근원섬유의 구성 성분.

귀납적 추리 inductive reasoning 많은 수의 관찰에 의해 일반화하는 논리 유형.

귀두 glans 성적 흥분과 관련된, 음핵이나 음경 끝에 있는 둥근 구조.

규조류 diatom 스트라메노파일 분기군에 속하는 광합성 조류. 유기 기질에 박혀 있는 이산화규소로 이루어진 유리와 같은 독특한 세포벽을 가진다.

균근 mycorrhiza 식물 뿌리와 균류의 상리공생 관계.

균사 hypha 균류의 총체적인 몸체를 형성하는 다수의 연결섬유 중의 하나.

균사체 mycelium 균류의 균사에서 매우 심하게 분지된 망상조직.

균형선택 balancing selection 집단에서 2개 혹은 그 이상의 표현형 형태를 유지시키는 자연선택.

그라나 granum 엽록체에서 막으로 둘러싸인 틸라코이드가 쌓여진 부분. 그라나는 광합성의 명반응을 수행한다.

그람양성 Gram-positive 그람음성 박테리아에 비해 세포벽이 구조적으로 덜 복잡하며 보다 더 많은 양의 펩티도글리칸을 포함하는 박테리아 집단을 일컬음. 그람양성 박테리아는 그람음성 박테리아에 비해 종종 덜 유독하다.

그람염색법 Gram stain 서로 다른 두 종류의 박테리아 세포벽을 구분하는 염색방법.

그람음성 Gram-negative 그람양성 박테리아에 비해 세포벽이 구조적으로 더 복잡하며 보다 더 적은 양의 펩티도글리칸을 포함하는 박테리아 집단을 일컬음. 그람양성 박테리아는 그람음성 박테리아에 비해 종종 더 유독하다.

극성 공유결합 polar covalent bond 전기음성도가 다른 원자 사이에서의 공유결합으로, 공유된 전자는 전기음성도가 보다 더 큰 원자 쪽으로 당겨져서 이 원자를 약간 음전하를 띠게 만들며, 다른 원자는 양전하를 띠게 만든다.

극성 polarity 대칭성이 없음. 식물의 뿌리 끝과 싹의 끝처럼 생물이나 구조의 반대편의 구조적 차이.

극성분자 polar molecule 물과 같이 분자의 다른 쪽 끝에 반대되는 전하를 띠는 분자.

극성화 활성대 zone of polarizing activity(ZPA) 사지 싹의 뒤편이 몸에 부착되는 외배엽 바로 아래 위치한 중배엽 덩어리. 싹의 앞-뒤축을 따라 적절한 패턴 형성에 요구된다.

극피동물 echinoderm 느리게 움직이거나 고착 생활을 하는 해양 후구동물로 물 순환계를 가지며 성체는 방사대칭의 구조를 가진다. 불가사리, 거미불가사리, 성게, 갯고사리와 해삼 등이 이에 속한다.

극호열균 extreme thermophile 60~80℃ 혹은 그 이상의 고온의 환경에서 서식하는 생물.

극호염균 extreme halophile 사해나 그레이트 솔트 레이크와 같은 고염의 환경에서 서식하는 생물.

근권 rhizosphere 식물 뿌리 근처의 토양 부분으로 높은 수준의 미생물 활동이 특징이다.

근권세균 rhizobacteriam 식물 뿌리와 가까운 토양 부위인 근권에서 개체군 크기가 매우 증가되는 토양 박테리아.

근소포체 sarcoplasmic reticulum(SR) 세포질에서 칼슘의 농도를 조절하는 특수한 소포체.

근원섬유 myofibril 근섬유(세포)에서 길이로 다발을 이루는 원섬유 집합체; 액틴섬유와 조절 단백질 그리고 마이오신 섬유로 구성된다.

근위세뇨관 proximal tubule 척추동물 신장에서 여액을 운반하고 정제하는 보우만주머니 바로 다음에 위치하는 네프론 부분.

근육조직 muscle tissue 신경신호에 의해 자극되었을 때 수축할 수 있는 긴 근육세포로 이루어진 조직.

근절 sarcomere Z선에 의해 구분되는 무늬근의 기본 반복 단위.

근초 coleorhiza 초본류 종자 배의 어린 뿌리의 덮개.

글루카곤 glucagon 혈액 내의 포도당 농도를 높이는 역할을 하는 호르몬으로 이자의 알파세포에서 분비된다. 간에 의한 글리코젠의 분해와 포도당의 방출을 촉진한다.

글루코코르티코이드 glucocorticoid 포도당 대사와 면역 기능에 영향을 미치는 부신겉질에서 분비되는 스테로이드호르몬.

글루탐산 glutamate 중추신경계의 신경전달물질로 작용하는 아미노산.

글리세르알데하이드-3-인산 glyceralde-hyde-3-phosphate(G3P) 캘빈회로로부터 직접적으로 생긴 3탄소 탄수화물. 또한 해당과정의 중간산물이다.

글리코시드결합 glycosidic linkage 탈수반응에 의해 두 단당류 사이에 형성되는 공유결합.

글리코젠 glycogen 동물의 간이나 근육에 존재하는 가지가 매우 많은 포도당 저장 다당류; 식물의 녹말에 해당한다.

기계적수용기 mechanoreceptor 압력, 접촉, 늘임, 운동, 소리와 연관된 환경의 물리적인 변화를 감지하는 수용체.

기공 stoma 잎과 줄기의 표피의 공변세포에 의해 둘러싸인 미세한 통로로 외부 환경과 식물체 내부와의 기체교환을 가능하게 한다.

기관 organ 여러 다른 조직으로 이루어져 몸의 기능을 수행하는 구조.

기관결정유전자 organ identity gene 새로 생기는 어떤 잎이 어떤 종류의 꽃기관으로 발생할 것인가를 결정하기 위해 위치 정보를 이용하는 식물 호메오 유전자.

기관계 organ system 생물의 생명유지에 필요한 기능을 수행하기 위해 함께 일하는 기관의 무리.

기관계 tracheal system 몸에 퍼져 있으며 산소를 직접 세포로 운반하는, 분지되고 키틴이 덮여 있는 관으로 이루어진 기체교환계.

기관지 bronchus 기도로부터 허파에 이르는 분지된 한 쌍의 호흡관.

기관형성과정 organogenesis 낭배기 후 삼배엽으로부터 기관 근원이 발생하는 과정.

기도 trachea 후두에서 기관지로 통하는 호흡관의 한 부분. 숨통이라고도 한다.

기본조직계 ground tissue system 저장, 광합성, 지지 등의 작용을 하는 유관속계나 표피계가 아닌 식물조직.

기생 parasitism 한 생물(기생생물)이 다른 생물(숙주)의 내부나 외부에 붙어서 숙주로부터 이득을 취하며 살아가는 공생관계.

기생생물 parasite 다른 생물(숙주)의 내부나 혹은 외부에 붙어서 숙주의 세포 내용물, 조직과 체액을 섭취하며 살아가는 생물. 기생생물은 숙주에 해를 끼치지만 죽이지는 않는다.

기술 technology 특정 목적을 위한 과학 지식의 응용으로, 기초 지식뿐만이 아니라 종종 기업이나 상업과 관련된다.

기억세포 memory cell 1차 면역반응 동안 생성되는 수명이 긴 림프구 클론의 하나로, 그것의 생성을 유발한 것과 동일한 항원에 노출되어 활성화될 때까지 림프기관에 존재한다. 활성화된 기억세포는 2차 면역반응을 유발한다.

기저 분류군 basal taxon 한 분류군의 진화적 계통이 그 무리의 역사 초기에서 분기된 한 특정한 생물 무리.

기저속씨식물 basal angiosperm 현존하는 꽃식물의 초기에 세 갈래로 나누어진 3분기군의 하나. 예로는 앰보렐라(*Amborella*), 수련과 붓순나무(staranise) 및 이들 관련 종이 있다.

기저체 basal body "9 + 0"의 미세소관 배열을 이루는 진핵생물의 세포소기관. 편모와 섬모의 미세소관 구조를 이루며, 중심립과 구조적으로 매우 유사하다.

기질 substrate 효소가 작용하는 반응물.

기질섭식자 substrate feeder 자신의 먹이 위나 먹이 속에 사는 동물.

기질수준인산화 substrate-level phosphorylation 동화작용에서 중간기질로부터 인산기를 직접 ADP로 전달하는 효소에 의한 ATP 생성.

기체교환 gas exchange 환경으로부터 산소를 흡수하고 이산화탄소를 내보냄.

기초대사율 basal metabolic rate(BMR) 편안한 온도에서 스트레스를 받지 않은 휴식 상태의 내온성 동물의 대사율.

기화열 heat of vaporization 1 g의 액체가 기체로 변화할 때 반드시 흡수하여야만 하는 열의 양.

기후 climate 한 지역의 날씨 조건.

기후도 climograph 특정 지역의 온도와 강수 도표.

긴장성 tonicity 세포가 수분을 얻거나 잃게 하는 세포 주위 용액의 능력.

깃세포, 동정세포 choanocyte 해면동물에 존재하는 편모를 가진 섭식세포. 편모 기저부에 먹이를 잡아들이는 깃 모양의 고리를 가지기 때문에 깃세포라고도 한다.

껍데기 test 소공 원생생물에서, 탄산칼슘으로 단단하게 굳어진 유기물로 이루어진 다공성 껍데기.

껍질눈, 피목 lenticel 뿌리와 줄기의 수피에서 돌출된 작은 부분으로, 세포와 바깥 공기 사이에 기체교환을 가능하게 한다.

꽃 flower 속씨식물에서 유성생식을 담당하는 4종류의 변형된 잎을 가지는 짧은 줄기.

꽃가루 pollen grain 종자식물에서, 화분벽에 둘러싸인 수컷 배우자를 포함하는 구조.

꽃가루관 pollen tube 화분 입자의 발아 후 생성된 관으로 정자를 밑씨로 운반하는 기능을 한다.

꽃받침 sepal 속씨식물에서 개화 전의 꽃봉오리를 보호하고 감싸는 변형된 잎.

꽃밥 anther 속씨식물에서 수술의 꽃가루주머니로, 꽃가루는 정핵을 생성하는 수컷 생식세포체 형태를 포함한다.

꽃잎 petal 꽃피는 식물의 변형된 잎. 종종 곤충이나 다른 수분 매개자를 끌어들이기 위해 가장 색채가 풍부한 부분이다.

꽃차례, 화서 inflorescence 밀접하게 무리를 이룬 꽃의 무리.

나선형 난할 spiral cleavage 접합체를 세포 구형의 세포로 전환시키는 세포분열판이 배의 수직축에 대각선인 원구동물 배발생의 유형. 그 결과 각 층의 세포가 인접한 세포층 사이의 홈에 걸쳐 있게 된다.

낙태 abortion 진행 중인 임신의 중단.

난관 oviduct 난소로부터 무척추동물에서는 질로, 척추동물에서는 자궁으로 연결되는 관. 나팔관이라고도 한다.

난관수술 tubal ligation 여성의 두 수란관(나팔관)의 일부를 제거하여 난자가 자궁에 이르지 못하도록 하는 불임수술 방법.

난모세포 oocyte 난자를 형성하기 위해 분화하는 암컷 생식계에 있는 세포.

난생 oviparous 어린새끼가 모체 밖에 낳은 알에서부터 부화하는 발생유형을 일컫는 용어.

난소주기 ovarian cycle 포유류 난소에서 호르몬의 조절에 의한 난포기, 배란 및 황체기의 반복.

난원세포 oogonium 유사분열을 통해 난모세포를 형성하는 세포.

난원창 oval window 척추동물 귀에서 두개골 아래에 존재하는 막으로 둘러싸인 공간; 이곳을 통하여 음파가 중이에서 내이로 간다.

난자 egg 암컷 배우자.

난자형성과정 oogenesis 난소에서 일어나는 암컷 생식세포를 형성하는 과정.

난태생 ovoviviparous 어린 새끼가 알에서 부화하여 모체의 자궁 내에 있는 발생유형을 일컫는 용어.

난포 follicle 발생 중인 난자를 포함하고 있으며 에스트로젠을 분비하는 난소에 존재하는 현미경적 구조.

난포자극호르몬 follicle-stimulating hormone(FSH) 뇌하수체 전엽에서 생성되고 분비되는 자극호르몬으로, 난소에서의 난자 생성과 정소에서의 정자 생성을 촉진한다.

난할 cleavage 1) 세포막의 만입에 의한 동물세포의 세포질분열 과정. 2) 접합체를 공 모양의 세포 덩어리로 변화시키는 초기 배발생 동안의 생장이 수반되지 않은 연속된 빠른 세포분열.

난할구, 분열구 cleavage furrow 동물세포에서 난할의 첫 번째 신호로 세포분열 중기판 근처의 세포 표면에 존재하는 얇은 홈.

난형낭, 타원주머니 utricle 세반고리관으로 연결되는 난원창 뒤의 전정에 있는 공간.

난황 yolk 난자에 저장된 영양물질.

낫모양적혈구빈혈증 sickle-celldisease 열성 대립유전자에 의해 헤모글로빈 단백질의 부분인 글로빈 폴리펩타이드에 하나의 아미노산이 치환되어 생기는 사람의 유전병으로, 변형된 적혈구 세포로 인해 여러 증상을 유발하는 특징을 가진다.

낭배 gastrula 3가지 층(내배엽, 중배엽, 외배엽)의 형성을 완성하는 동물의 배발생 단계.

낭배형성과정 gastrulation 동물 발생에서, 포배기 단계의 배가 안으로 접히는 일련의 세포와 조직의 이동으로, 3개의 층을 가진 배인 낭배를 형성한다.

낭성섬유증 cystic fibrosis Cl 채널(통로)의 열성 대립유전자에 의해 생기는 사람 유전병으로 과다한 점액 분비와 이에 따른 감염이 특징이다. 치료하지 않으면 치명적이다.

낱눈 ommatidium 절지동물과 일부 다모류의 겹눈을 구성하는 개개의 눈.

내골격 endoskeleton 동물의 부드러운 조직내부에 존재하는 딱딱한 골격으로 해면동물의 침골, 극피동물의 판이나 척추동물의 단단한 뼈 등이 이에 속한다.

내막계 endomembrane system 직접적인 물리적 접촉이나 소낭에 의한 전달과 관련된 진핵세포 내부나 주변에 존재하는 모든 막의 총칭. 활면 소포체와 조면 소포체, 골지체, 리소좀과 액포를 포함한다.

내배엽 endoderm 동물배의 3가지 중요 배엽 중 제일 안쪽 배엽. 이러한 구조를 가지는 종에서 원장의 막을 형성하며 간, 이자, 허파와 소화관의 막을 형성한다.

내부공생 endosymbiosis 한 생물이 다른 생물의 세포 내에서 살아가는 두 종 사이의 관계. 내부공생설 참조.

내부공생설 endosymbiont theory 미토콘드리아와 엽록체를 포함하는 색소체가 숙주세포에 의해 삼켜진 원핵생물에서 기원하였다는 설. 그 후 삼켜진 세포와 숙주세포가 하나의 개체로 진화하였다. 내부공생 참조.

내부군 ingroup 주어진 분석에서 진화관계를 알고자하는 종이나 종의 무리.

내부기생생물 endoparasite 숙주 내부에서 생활하는 기생생물.

내부독소 endotoxin 특정 그람음성세균 바깥 막의 독소 성분으로 세균이 죽을 경우에만 방출된다.

내분비계 endocrine system 동물에서, 호르몬, 호르몬을 분비하는 관이 없는 분비샘, 호르몬에 반응하는 표적세포 표면 또는 내부에 존재하는 분자 수용체를 포함하는 내부 화학 통신계; 신경계와 함께 내부 조절 및 항상성에 영향을 미친다.

내분비샘 endocrine gland 관이 없는 분비샘으로 호르몬을 직접 세포사이액으로 분비하며 여기로부터 혈류로 확산되어 들어간다.

내생균근균 glomeromycete 수지상 균근(식물 뿌리와 공생하는)의 독특한 가지 형태를 형성하는 특징을 가지는 균류문의 한 종류.

내생식물 endophyte 식물의 세포 사이나 다세포 조류에 생존하는 무해한 균류 또는 다른 생물.

내생포자 endospore 혹독한 조건에 노출되었을 경우 세균세포에서 생성되는 두꺼운 표피와 저항성을 가지는 세포.

내세포덩어리, 내세포괴 inner cell mass 포유류 배반포에 존재하는 세포덩어리로 배반포강의 한쪽 끝으로 뻗어나가 배 자체와 일부 배외막으로 발생한다.

내온성 endothermic 대사작용에 의해 생성된 열로 따뜻한 체온을 유지하는 동물을 일컫는 용어. 이 열은 보통 주위환경보다 보다 높은 체온을 일정하게 유지한다.

내장낭 visceral mass 연체동물의 주요 세 부분 중 하나. 대부분의 내장기관을 포함하고 있다. 발과 외투막 참조.

내재단백질 integral protein 막의 내부로 뻗어 소수성인 막의 내부에 완전히 걸쳐 있는 소수성 부분을 가지며, 또한 막의 양쪽 편에 수용액과 접촉하는(통로 단백질의 경우는 통로를 형성하는) 친수성 부분을 가지는 전형적인 막관통 단백질.

내초 pericycle 곁뿌리가 발생하는 관다발기둥의 가장 바깥층.

내피 endodermis 뿌리 피층의 가장 안쪽 층; 세포 하나 두께의 원통 모양으로 피층과 관다발 원통 사이의 경계를 이룬다.

내피 endothelium 혈관의 내강을 형성하는 세포의 간단한 비늘 모양의 층.

네프론 nephron 척추동물 신장의 관 모양의 배설 단위.

노르에피네프린 norepinephrine 에피네프린과 화학적, 기능적으로 유사한 호르몬.

노화 senescence 완전한 성숙에서부터 죽음에 이르는 식물체나 식물체 부분(잎과 같은)에서의 생장 단계.

녹말 starch α-글리코시드 결합에 의해 결합된 순수하게 포도당 단량체로만 이루어진 저장성 다당류.

녹조류 green algae 육상식물의 엽록체와 유사한 구조와 색소 조성을 가지는 녹색엽록체를 가짐으로써 이름이 유래된 광합성 원생생물. 녹조류는 의사단원적 무리로서, 일부 녹조류는 다른 녹조류에 비해 육상식물과 더 가깝게 연관된다.

농도기울기 concentration gradient 화학물질의 농도가 증가 혹은 감소하는 부위.

뇌 brain 정보가 가공되고 통합되는 중추신경계의 기관.

뇌간, 뇌줄기 brainstem 성인의 뇌에서 중뇌, 뇌교, 연수를 포함하는 집합적 구조로 항상성 유지, 운동의 조절과 뇌 중심부로의 정보 전달의 기능을 가진다.

뇌교 pons 수질에 있는 호흡중추의 조절과 같은 어떤 자율적이며 항상적인 기능을 수행하는 뇌의 부분.

뇌량 corpus callosum 태반 포유류에서 좌우 대뇌 반구를 연결하는 굵은 신경섬유다발로 반구가 함께 정보를 처리할 수 있게 한다.

뇌졸중 stroke 머리의 동맥이 막히거나 파열하여 생기는 뇌신경조직의 괴사.

뇌하수체 전엽 anterior pituitary 여러 자극 혹은 비자극 호르몬을 합성 및 분비하는 내분비 세포로 이루어진 비신경조직으로부터 발생된 뇌하수체의 한 부분.

뇌하수체 pituitary gland 시상하부 기저부에 존재하는 내분비샘; 시상하부에 의해 생성되는 두 호르몬을 저장 분비하는 후엽과 여러 신체 기능을 조절하는 많은 호르몬을 생산 분비하는 전엽으로 이루어져 있다.

뇌하수체후엽 posterior pituitary 시상하부에서 생성된 옥시토신과 ADH를 분비하는 신경조직으로 이루어진 시상하부의 돌출부로, 이들 호르몬의 일시적인 저장 장소이기도 하다.

뉴런, 신경세포 neuron 세포막을 통한 전기적인 신호를 전달하는 구조와 특성을 가지는 신경계의 기본 단위.

뉴클레아리아류 nucleariid 다른 원생생물보다 균류에 더 가깝게 관련된 단세포의 아메바성 원생생물군의 하나.

뉴클레오솜 nucleosome 진핵세포에서 기본적인 구슬과 같은 DNA의 응축 단위로 네 종류의 히스톤 각각 2개씩으로 이루어진 단백질 핵을 감싸고 있는 DNA의 부분으로 구성된다.

뉴클레오타이드 절제 수선 nucleotide excision repair 손상을 입지 않은 DNA 가닥을 참고로 사용하여 손상을 입은 DNA 부분을 제거하고 바르게 대체하는 수선 시스템.

뉴클레오타이드 nucleotide 5탄당이 질소 염기와 인산에 공유결합되어 있는 핵산의 구성 단위.

뉴클레오타이드쌍치환 nucleotide-pair substitution 한 DNA 가닥에서 하나의 뉴클레오타이드와 상보적인 가닥에서의 그에 해당하는 뉴클레오타이드가 다른 쌍의 뉴클레오타이드로 치환된 점돌연변이의 한 유형.

뉴클리에이스, 핵산분해효소 nuclease 하나 혹은 몇 개의 염기를 제거하거나 구성성분인 뉴클레오타이드로 완전하게 분해하여, RNA 또는 DNA를 절단하는 효소.

느린연축섬유, 지근섬유 slow-twitch fiber 수축을 오래 유지할 수 있는 근육섬유.

능동면역 active immunity 특정 항원에 대한 B세포와 T세포의 작용과 결과로 생긴 기억 B세포와 T세포에 의해 장기간 지속되는 면역. 자연적인 감염이나 면역의 결과로 생긴다.

능동수송 active transport 에너지와 특정 수송 단백질의 도움으로 농도나 전기화학 기울기를 거스른 생체막을 통한 물질의 이동.

니코틴아미드아데닌다이뉴클레오타이드 NAD⁺ 전자전달 사슬에서 전자를 받아들이고 전자의 운반체로 작용하는 조효소이다.

니코틴아미드아데닌다이뉴클레오타이드인산 NADP⁺ 명반응 동안 생성된 에너지를 얻은 전자(흥분된 전자)를 NADPH 형태로 일시적으로 저장하는 수용체.

다능성 pluripotent 전부는 아니지만 많은 세포유형을 유발할 수 있는 세포를 언급하는 말.

다당류 polysaccharide 많은 단당류가 응축반응에 의해 연결된 중합체.

다량원소 macronutrient 생명체가 비교적 많은 양을 섭취하여야 하는 화학물질.

다른자리입체성조절 allosteric regulation 단백질의 한 자리에 어떤 분자의 결합에 의해 그 단백질의 다른 부위의 기능에 영향을 미치는 조절 방식.

다면발현 pleiotropy 하나의 유전자가 복합적인 효과를 나타내는 능력.

다분지 polytomy 계통수에서 둘 이상의 자손 분류군이 나타나는 분기점. 다분지는 자손의 분류군 사이에서 진화 관계가 명확하지 않음을 나타낸다.

다수정급속방지 fast block to polyspermy 정자가 난황막에 결합한 지 1~3초 후에 시작하는 난자 세포막의 탈분극. 탈분극은 1분 정도 지속되며, 더 이상의 정자가 난자의 원형질막에 융합하는 것을 방지한다.

다수정 완만방지 slow block to polyspermy 하나 이상의 정자와 난자가 융합하는 것을 방지하기 위한 난자 표면의 수정막 형성 및 다른 변화. 수정 후 약 1분 정도에 시작한다.

다운증후군 Down syndrome 21번 염색체가 하나 더 존재함으로써 생기는 인간 유전병으로, 지적장애와 심장 및 호흡계 장애를 가진다.

다원적 polyphyletic 아주 먼 유연관계를 보이는 생물은 포함하지만 가장 최근의 공통조상은 포함하지 않는 분류군에 속하는.

다유전자군 multigene family 아마도 공통 기원을 가지는, 같거나 혹은 유사한 염기서열을 갖는 유전자의 집합.

다육식물유기산대사 crassulacean acid metabolism (CAM) 돌나물과에서 처음 발견된 건조한 조건에서의 광합성 적응. 이 과정에서 식물은 이산화탄소를 밤 동안에 흡수하여 여러 가지 유기산으로 고정한다. 낮 동안에 이산화탄소는 여러 유기산으로부터 방출되어 캘빈 회로에 이용된다.

다이아실글리세롤 diacylglycerol(DAG) 특정 종류의 인지질의 분해에 의해 생성되는 원형질막의 2차 신호 전달자.

다인성 multifactorial 많은 유전자와 환경 요인에 의해 영향을 받는 표현 특성을 일컫는 용어.

다인자유전 polygenic inheritance 하나의 표현형 특징을 나타내는 둘 혹은 그 이상의 유전좌위의 첨가효과.

다접성, 다혼성 polygamous 한 성의 개체가 다수의 다른 성의 개체와 짝 짓는 관계 유형을 일컫는 용어.

다지류 myriapod 많은 체절과 체절마다 한 쌍 혹은 두 쌍의 다리를 가지는 육상 절지동물. 노래기와 지네가 두 강을 형성한다.

다핵체균류 coenocytic fungus 격막이 없으므로 몸체가 연속된 세포질 덩어리로 이루어져 수백 수천 개의 핵을 포함한 균류.

단계군 monophyletic 공동조상과 그 모든 자손으로 이루어진 분류군에 속하는 단계군은 분기군과 동등하다.

단공류 monotreme 오리너구리와 바늘두더쥐와 같이 알을 낳는 포유류. 모든 포유류처럼 단공류는 털을 가지며 젖을 생성하나, 젖꼭지가 없다.

단과, 홑열매 simple fruit 하나의 암술이나 혹은 여러 개의 암술이 융합된 것으로부터 유래된 과실.

단궁류 synapsid 두개골의 각 측면에 하나씩 구멍을 가지는 특징의 양막류 무리. 포유류가 포함된다.

단기기억 short-term memory 정보, 예상 혹은 목표를 한동안 가지고 있다가 이것이 부적절하게 되었을 때 방출하는 능력.

단당류 monosaccharide 가장 간단한 탄수화물; 단독으로 사용되거나 혹은 이당류나 다당류의 단위체로 작용한다. 단당류의 구조식은 보통 $(CH_2O)_n$으로 표시된다.

단백질 protein 하나 혹은 그 이상의 폴리펩타이드가 특수한 3차 구조로 접혀지고 꼬여서 이루어진 기능성 생물분자.

단백질가수분해효소 protease 가수분해에 의해 단백질을 소화시키는 효소.

단백질인산화효소 protein kinase ATP의 인산기를 단백질로 전달하는 효소로, 단백질을 인산화시킨다.

단백질체 proteome 특정 세포 또는 세포 무리에 의해 발현되는 완전한 단백질 세트.

단백질체학 proteomics 빈도, 화학적 변화 및 상호작용을 포함하여 단백질 세트와 그 특성에 대한 체계적인 연구.

단백질탈인산화효소 protein phosphatase 단백질에서 인산기를 제거(탈인산화)하는 효소. 종종 단백질 인산화효소와 반대 효과를 보인다.

단성잡종 monohybrid 특정 유전자에 대하여 이형접합인 생물. 다른 대립유전자에 대해 동형인 양친 사이에서의 교잡에 의해 생긴 자손은 모두 단성잡종이다. 예를 들어, 유전자형이 *AA*와 *aa*인 양친은 유전자형이 *Aa*인 단성잡종을 생산한다.

단성잡종교배 monohybrid cross 추적하는 형질에서 이형접합인 두 생물 사이의 교배(또는 한 이형접합인 식물의 자가수분).

단속평형 punctuated equilibrium 화석 기록에서, 종이 거의 형태적인 변화를 겪지 않는 긴 기간의 안정 상태로, 비교적 짧은 기간의 급격한 변화에 의해 중단된다.

단순서열 DNA simple sequence DNA 많은 수의 직렬 반복된 짧은 서열을 포함하는 DNA 서열.

단위생식 parthenogenesis 암컷이 수정되지 않은 알로부터 자손을 생산하는 무성생식.

단위체 monomer 중합체의 구성물로 작용하는 단위체.

단일가닥결합단백질 single-strand binding protein DNA 복제 동안 쌍을 이루지 않은 DNA 가닥에 결합하는 단백질로서, 상보적인 DNA 가닥의 합성을 위한 주형으로 작용하는 동안 그 가닥에 결합하여 두 가닥이 떨어진 채로 있게 한다.

단일결합 single bond 단일 공유결합. 두 전자에 의한 한 쌍의 원자가 전자의 공유.

단일뉴클레오타이드다형성 single nucleotide polymorphism(SNP) 개체군의 최소 1%에서 뉴클레오타이드 변이가 발견되는, 유전체의 단일 염기쌍의 자리.

단일순환 single circulation 혈액이 기체교환 장소로부터 심장으로 들어가기 전에 몸의 나머지 부분을 흐르는, 하나의 펌프와 순환으로 이루어진 순환계.

단일식물 short-day plant 낮의 길이가 임계 길이보다 짧을 때(보통 늦은 여름, 가을 혹은 겨울)만 꽃 피는 식물.

단일클론항체 monoclonal antibody 단일클론된 배양세포에 의해 생성된 항체로 동일한 항원 인식부위를 가진다.

단편모류 Unikonta 진핵생물의 진화역사의 현재 가설에서 제안된 진핵생물의 4대 큰무리(supergroup) 중 하나. 마이오신 단백질 연구와 몇몇 DNA 연구결과 이 분기군은 아메바문과 오피스토콘트로 이루어진다. 섭식구굴착류, "SAR" 분기군 및 원시색소체생물 참조.

달톤 dalton 원자와 소립자의 무게 단위. 원자 질량단위(amu)와 동일하다.

달팽이관, 와우 cochlea 코르티기관을 포함하고 있는 복잡하고 감겨진 모양의 청각기관.

담륜자유생 trochophore larva 일부 환형동물과 연체동물을 포함하는 특정 무척추동물에서 관찰되는 독특한 유생단계.

담자과 basidiocarp 자낭균 이핵성 균사체의 자실체.

담자균 basidiomycete 담자균문에 속하는 균류. 곤봉 모양의 담자기로부터 이름이 유래.

담자기 basidium 버섯(자낭균)의 주름에 위치하며 생식포자를 형성하는 생식 부속기.

당공급원 sugar source 광합성이나 녹말의 분해에 의해 당을 생성하는 식물기관. 성숙한 잎이 중요 식물의 당 공급원이다.

당뇨병 diabetes mellitus 포도당 항상성을 유지하지 못하는 내분비계 교란. 1형 당뇨병은 인슐린 분비세포의 자가면역 파괴의 결과로 생기며, 하루에 몇 번씩의 인슐린주사로 치료한다. 2형 당뇨병은 대부분 표적세포의 인슐린 반응의 감소에 의해 생긴다. 비만과 운동 부족이 위험 요소이다.

당단백질 glycoprotein 하나 혹은 그 이상의 탄수화물이 공유결합으로 연결된 단백질.

당수용원 sugarsink 당을 소비하거나 저장하는 식물기관. 생장 중인 뿌리나 어린 싹 부분, 줄기와 과실 등이 체관에 의해 공급된 당의 수용부이다.

당지질 glycolipid 탄수화물이 공유결합으로 연결된 지질.

대공 osculum 해면 위강과 바깥 환경을 연결시키는 해면동물에 존재하는 큰 통로.

대기후 macroclimate 대규모 기후 양상; 한 지역 전역의 기후.

대뇌 cerebrum 척추동물 전뇌의 후위 부분으로 좌우반구로 이루어져 있다. 기억, 학습, 감정과 기타 다른 매우 복잡한 중추신경계의 기능을 담당한다.

대뇌겉질(피질) cerebral cortex 대뇌의 표면. 포유류 뇌의 가장 크고 복잡한 부분으로 대뇌의 감각 및 운동 신경세포체를 포함하고 있다. 진화 동안 가장 많이 변화된 척추동물의 뇌 부분.

대뇌반구 cerebral hemisphere 척추동물 뇌의 좌측 혹은 우측 부분.

대량멸종 mass extinction 지구 환경의 변화가 지구 전체에 걸쳐 대부분의 종이 제거되도록 하는 시기.

대립유전자 allele 구분되는 표현형질을 야기하는 유전자의 다른 어떠한 형태.

대목 stock 접붙이기 할 때 뿌리부분 쪽을 제공하는 식물.

대변 feces 소화관으로부터의 노폐물.

대사경로 metabolic pathway 복잡한 분자를 형성하거나(동화경로) 또는 복잡한 분자를 단순한 분자로 분해하는(이화경로) 일련의 화학반응.

대식세포 macrophage 미생물을 파괴하여 선천성 면역 기능을 수행하며 항원제시세포로 작용하여 후천성 면역 기능을 수행하는 많은 조직에 존재하는 식세포.

대양 생물군계 oceanic pelagic biome 바닷가에서 멀리 떨어진, 항상 해류가 섞이는 대부분의 해양.

대엽 megaphyll 고도로 분지된 관다발계를 가진 잎으로, 대부분의 관다발식물의 특징이다.

대음순 labia majora 소음순과 질 입구를 감싸고 보호하는 한 쌍의 두터운 지방질의 융기.

대조군, 대조구 control group 통제된 실험에서 검사하고자 하는 특정 요소를 가지지 않는 일련의 대상. 이상적으로 대조군은 실험군과 다른 면에서는 동일하다.

대진화 macroevolution 종 단계 이상에서의 진화적 변화. 대진화적 변화의 예는 일련의 종분화를 통한 새로운 생물 무리의 기원과 생물다양성에 대한 대량 멸종의 영향과 이어지는 회복을 포함한다.

대체RNA스플라이싱 alternative RNA splicing 어떤 RNA 부분이 엑손으로 작용하고 또 어떤 부분이 인트론으로 작용하는지에 따라 동일한 1차 전사물로부터 서로 다른 mRNA 분자가 만들어지는 RNA 공정의 조절단계에서의 진핵생물의 유전자 조절의 한 유형.

대포자 megaspore 암컷 배우체로 발생하는 이형포자 식물종의 포자.

덧과실, 부과 accessory fruit 육질 부분이 대부분 혹은 전적으로 씨방이 아닌 다른 조직으로부터 유래된 과실이나 과실의 집합.

덧셈법칙 addition rule 2 또는 그 이상의 상호배타적인 사건이 일어날 확률은 그들 각각의 확률을 더함으로써 결정될 수 있는 확률 법칙.

덩어리 bolus 윤활된 저작된 음식물 덩어리.

덩어리섭식자 bulk feeder 비교적 큰 조각의 음식물을 섭취하는 동물.

데스모솜 desmosome 고정시키는 역할을 하는 동물세포의 세포간 접합.

데이터 data 기록된 관찰.

도시생태학 urban ecology 도시와 근교에서 생물과 그 환경의 연구.

도약전도 saltatory conduction 활동전위가 막의 수초 부분을 건너뛰며 한 랑비에 결절에서 다른 결절로 도약한 결과로 생기는 축삭돌기를 따라 이동하는 신경자극의 빠른 전달.

도움이주 assisted migration 인간에 의해 유발된 위협으로부터 종을 보호하기 위해 한 종이 자신의 자연적인 범위를 벗어난 유리한 서식지로의 이동하는 것.

도입종 introduced species 고의적이든 우연이든 사람에 의해 원산지에서 새로운 지리적 지역으로 이동한 종으로, 비토착종 또는 외국종이라고도 한다.

도파민 dopamine 에피네프린과 노르에피네프린과 같은 카테콜아민인 신경전달물질.

독립변수 independent variable 다른 변수(종속변수)에 대해 미치는 영향을 보여주기 위해 실험 동안에 값이 변하는 변수.

독립영양생물, 자가영양생물 autotroph 유기 음식물을 다른 생물이나 혹은 다른 생물에서 유래된 물질로부터 섭취하지 않고 직접 만드는 생물. 독립영양생물은 태양이나 혹은 무기물을 산화시켜 얻은 에너지를 이용하여 무기물로부터 유기물을 합성한다.

독립의 법칙 law of independent assortment 멘델의 제2법칙; 대립유전자의 각 쌍은 생식세포 형성 동안 독립적으로 분리한다는 법칙; 두 개의 형질을 가지는 유전자가 상동 염색체의 다른 쌍에 위치하였을 때 적용된다.

독성파지 virulent phage 오직 용균성 회로에 의해서만 생식하는 파지.

돌연변이 mutation 궁극적으로 유전적 다양성을 유발하는 생명체 DNA의 뉴클레오타이드 변화. 돌연변이는 바이러스의 DNA 또는 RNA에서도 일어날 수 있다.

돌연변이유발원 mutagen DNA와 작용하여 돌연변이를 일으키는 화학적 물리적 요인.

동공 pupil 빛이 척추동물 눈의 내부로 들어오게 하는 홍채의 열린 부분. 홍채의 근육이 동공의 크기를 조절한다.

동령군 cohort 집단에서 같은 나이에 속한 개체의 무리.

동류형성 homoplasy 두 종에서 독립적으로 진화한 유사한(상사) 구조 혹은 분자 서열.

동맥 artery 심장으로부터 온몸의 기관으로 혈액을 운반하는 혈관.

동맥경화 atherosclerosis 플라크라고 불리는 지방 침전물이 동맥의 안쪽 벽에 형성되어 혈관을 막아 딱딱하게 만드는 심혈관계 질환.

동면 hibernation 물질대사가 감소하고, 심장과 호흡계의 활동이 낮아지며 체온을 정상보다 낮게 유지하는 생리적인 상태.

동물극 animal pole 최소한의 난황이 존재하는 반구에서 난자의 끝 부분; 식물극의 반대쪽.

동물성포자 zoospore 병꼴균류와 일부 원생생물에 존재하는 편모성 포자.

동반세포 companion cell 많은 원형질연락사에 의해 체관요소로 연결된 식물세포로, 이것의 핵과 리보솜이 인접한 체관 요소를 돕는다.

동방결절 sinoatrial(SA) node 모든 심장근육 세포가 수축하는 속도와 시간을 정하는 심장의 우심방에 있는 부위. 박동원이라고도 한다.

동성내 선택 intrasexual selection 다른 성의 개체를 짝으로 선택함에 있어 반대 성 개체(주로 수컷) 사이의 직접적인 경쟁이 존재하는 자연선택의 한 형태.

동소종분화 sympatric speciation 동일한 지리적 지역에 살고 있는 개체군에서 새로운 종의 형성.

동원체 centromere 복제된 염색체에서 각 자매염색분체상의 부위로서 동원체 DNA에 결합하는 단백질에 의해 서로 가장 가까이 부착한 부위이다. 다른 단백질은 이 부분을 응축시켜 잘록한 복제된 염색체상의 좁은 "허리" 부분을 형성하도록 한다. (복제되지 않은 염색체는 그곳에 결합하는 단백질에 의해 확인되는 하나의 동원체를 가진다.)

동위원소 isotope 각각 동일한 수의 양성자를 가지나 다른 수의 중성자를 가지고 있어 원자량이 다른 원소의 여러 원자 형태 중의 하나.

동질배수체 autopolyploid 한 종에서 유래된 2조 이상의 염색체를 가지는 개체.

동형 isomorphic 일부 조류에서 비록 염색체 수는 다르지만 배우체와 포자체의 모양이 비슷하게 나타나는 세대교번.

동형접합성 homozygous 주어진 유전자에서 2개의 동일한 대립유전자를 가지는.

동형포자성 homosporous 전형적으로 양성의 배우체로 발생하는 단일 종류의 포자를 가지는 식물종을 일컫는 말.

동화작용경로 anabolic pathway 간단한 물질로부터 복잡한 분자를 합성하는 물질대사경로.

되먹임 조절 feedback regulation 대사경로의 결과물 또는 최종 산물에 의한 과정의 조절.

되먹임억제 feedback inhibition 대사경로의 최종 산물이 그 경로상의 한 효소의 억제제로 작용하는 물질대사의 조절방법.

둥근주머니, 구형낭 saccule 균형 감각에 관련하는 난원창 뒤의 전정에 있는 방.

뒤센 근위축증 Duchenne muscular dystrophy 성연관 열성 대립유전자에 의해 생기는 인간 유전병으로 근육조직의 점진적인 약화와 손실이 수반된다.

뒤쪽 posterior 좌우대칭 동물에서 뒤쪽 혹은 꼬리 쪽에 속하는.

등장의 isotonic 다른 용액과 동일한 용질 농도를 가지는. 따라서 세포의 안쪽으로나 바깥쪽으로의 물의 통과에 아무런 효과가 없다.

등쪽 dorsal 방사상칭 혹은 좌우대칭 동물의 위쪽에 속하는.

디네인 dynein 섬모류와 편모류에서 하나의 쌍 미세소관으로부터 인접한 쌍 미세소관으로 뻗은 큰 수축 단백질. ATP 가수분해가 디네인 모양을 변화시켜 섬모와 편모가 휘어지게 한다.

디옥시리보오스 deoxyribose RNA 뉴클레오타이드의 당 성분인 리보오스에 비해 하나의 히드록실기가 없는 DNA 뉴클레오타이드의 당 성분.

디옥시리보핵산 deoxyribonucleic acid(DNA) 디옥시리보오스 당과 질소 염기 아데닌(A), 구아닌(G), 사이토신(C)과 티민(T)을 가지는 뉴클레오타이드 단량체로 이루어진 이중가닥의 나선 핵산분자. 복제를 할 수 있으며 세포 단백질의 고유구조를 결정한다.

떡잎 cotyledon 속씨식물 배의 종자 잎. 종에 따라 하나 혹은 두 개를 가진다.

라이소자임 lysozyme 박테리아 세포벽을 분해하는 효소. 포유류에서는 땀, 눈물과 침에 존재한다.

랑비에결절 node of Ranvier 활동전위가 발생하는 축삭돌기의 수초에 있는 간격. 도약전도에서 각 결절마다 활동전위가 다시 발생하여 축삭돌기를 따라 결절에서 결절로 도약하는 것처럼 나타난다.

레닌-안지오텐신-알도스테론계 renin-angiotensin aldosterone system(RAAS) 혈압과 혈액량의 조절을 돕는 단계적 호르몬 경로.

레트로바이러스 retrovirus 자신의 RNA를 DNA로 역전사시킨 다음 이 DNA를 세포 염색체에 삽입시켜서 생식하는 RNA 바이러스. 암 유발 바이러스의 중요한 종류이다.

레트로트랜스포존 retrotransposon 레트로트랜스포존 DNA의 전사물인 RNA를 매개체로 하여 유전체 내에서 이동하는 전이인자.

레티날 retinal 척추동물 눈에서 간상세포와 원추세포에 있는 빛을 흡수하는 색소.

로돕신 rhodopsin 레티날과 옵신으로 구성된 시색소. 로돕신이 빛을 흡수하면 레티날의 모양이 변화되어 옵신으로부터 분리된다. 이후 원상태로 돌아간다.

로지스트형 개체군 생장 logistic population growth 집단의 크기가 수용능력에 도달함에 따라 집단의 생장이 감소하는 모델.

루비스코 rubisco RuBP에 CO_2를 첨가하는 캘빈 회로의 첫 번째 단계를 촉매하는 효소인 리불로오스이인산카르복실화효소. 과다한 O_2가 존재하거나 CO_2의 농도가 낮으면 산소와 결합하여 광호흡을 일으킨다.

리간드 개폐성 이온통로 ligand-gated ion channel 신호화학물질(리간드)에 반응하여 여닫는 원형질막의 단백질 통로로, 특정 이온을 출입을 조절한다.

리간드 ligand 다른 분자, 보통 큰 분자와 특이적으로 결합하는 분자.

리그닌 lignin 관다발식물 세포벽의 셀룰로오스 기질에 박혀 있는 강한 중합체로, 육상종에서 구조적 지지 역할을 한다.

리보솜 RNA ribosomal RNA(rRNA) 가장 많은 유형의 RNA로 단백질과 함께 리보솜을 구성한다.

리보솜 ribosome 인에서 생성되는 세포질에서의 단백질 합성 장소로 rRNA와 단백질로 구성되며 2개의 단위체로 이루어져 있다.

리보오스 ribose RNA 뉴클레오타이드의 당 성분.

리보자임 ribozyme RNA 스플라이싱 동안 반응을 촉매하는 효소의 기능을 하는 RNA 분자.

리보핵산 ribonucleic acid(RNA) 리보오스당과 아데닌(A), 사이토신(C) 구아닌(G)과 우라실(U) 등의 질소 염기로 구성된 핵산 종류로 보통 단일가닥이다. 단백질 합성, 유전자 조절과 일부 바이러스의 유전체 기능을 한다.

리소좀 lysosome 동물세포와 일부 원생생물의 세포질에 존재하는 가수분해효소를 포함하고 있는 막으로 둘러싸인 소낭.

리자리아 Rhizaria "SAR" 분기군의 진핵생물 큰무리(supergroup)의 3개 주요 작은무리(subgroup) 중 하나. 이 분기군에 속하는 많은 종은 실과 같은 헛발을 가지는 아메바 특성을 보인다.

림프 lymph 척추동물 림프계에 존재하는 세포사이액으로부터 유래된 무색의 액체.

림프계 lymphatic system 순환계와 구분된 림프관과 림프절로 이루어진 시스템으로 액체 및 단백질과 세포를 혈액으로 되돌린다.

림프구 lymphocyte 후천성 면역에 관여하는 백혈구의 일종. 두 가지 중요 종류는 B세포와 T세포이다.

림프절 lymph node 림프관을 따라 위치한 기관. 림프를 거르며 바이러스나 박테리아의 공격을 방어 한다.

마디 node 식물의 줄기를 따라서 잎이 붙어 있는 지점.

마디사이 internode 잎이 부착되어 있는 지점 사이의 식물 줄기 부분.

마이오글로빈 myoglobin 근육세포에서 산소를 저장하는 색소 단백질.

마이오신 myosin 액틴과 함께 근세포의 수축을 유발하는 단백질 섬유의 일종.

마이크로 RNA micro-RNA (miRNA) 두 가닥의 RNA 전구체로부터 생성되는 작은 단일가닥의 RNA 분자. 마이크로 RNA는 하나 혹은 그 이상의 단백질과 결합하여 복합체를 형성하여 상보적인 서열을 가지는 mRNA의 번역을 방해하거나 분해할 수 있다.

마주보는 엄지 손가락 opposable thumb 엄지가 다른 4개 손가락 끝의 앞부분과 접촉할 수 있는 손가락의 배열.

막대 그래프 bar graph 독립변수를 무리 또는 수치가 아닌 범주로 나타내고 종속변수의 값을 막대로 나타내는 그래프.

막대세포, 간상세포 rod 낮은 강도의 빛에 민감한, 척추동물 망막에 있는 막대 모양의 세포.

막전위 membrane potential 이온의 불균등 분포에 의한 세포의 세포질과 세포외 용액 사이의 전하차이. 막전위는 흥분성 세포의 활동과 모든 하전된 물질의 막통과에 영향을 미친다.

말기 telophase 유사분열의 5번째이자 마지막 단계로 딸세포 핵이 형성되고 세포질분열이 시작된다.

말초신경계 peripheral nervous system(PNS) 중추신경계로 연결하여 주는 감각 및 운동 뉴런.

말피기관 Malpighian tubule 소화관으로 배설하고, 혈림프로부터 질소 노폐물을 제거하며, 삼투조절 기능을 수행하는 곤충의 독특한 배설기관.

망막 retina 척추동물 눈의 가장 안쪽 층으로 광수용체(막대세포와 원추세포)와 뉴런이 존재한다. 렌즈에 의해 형성된 상을 시신경을 통해 뇌로 보낸다.

매끈면 소포체, 활면소포체 smooth ER 리보솜이 없는 소포체 부분.

맥박 pulse 각 심장박동에 따른 동맥벽의 주기적 팽창.

맹장, 막창자 cecum 큰창자의 시작 부근에 존재하는 막다른 주머니 모양의 공간.

먹이그물 food web 생태계에서 서로 얽힌 먹이 관계.

먹이사슬 food chain 생산자로부터 시작하여 한 영양단계로부터 다른 영양단계로 먹이 에너지가 이동하는 경로.

먹이찾기 foraging 먹이를 찾거나 획득하는 것.

메가파스칼 megapascal(MPa) 약 10기압의 압력에 해당되는 압력의 단위.

메타유전체학 metagenomics 여러 종으로부터의 DNA의 수집과 염기서열 결정. 보통 미생물의 환경시료를 말한다. 컴퓨터를 이용하여 시료를 구성하는 각각 종의 부분적 유전체 서열을 분류한다.

메탄생성균 methanogen 이산화탄소를 이용하여 수소를 산화시켜서 에너지를 얻는 생물로 메탄이 부산물로 생성된다. 알려진 모든 메탄생성균은 고세균 영역에 속한다.

메틸기 methyl group 산소가 3 수소원자와 결합한 화학기. 메틸기는 탄소나 다른 원자에 부착할 수 있다.

멜라토닌 melatonin 송과선에서 분비되는 호르몬으로 계절의 낮 길이와 관련된 몸의 기능을 조절한다.

면역 immunization 인위적인 방법으로 면역상태를 유도하는 과정. 백신접종에서는 정상적으로는 병원성인 미생물의 비병원성 변형체를 주입하여 B세포와 T세포 반응과 면역기억을 유도한다. 수동면역에서는 특정 병원체의 항체를 주입하여 즉각적이지만 임시적인 방어를 유도한다.

면역계 immune system 질병을 일으키는 병원체에 대한 생물의 방어 시스템.

면역글로불린 immunoglobulin(Ig) 항체 참조.

멸종위기종 endangered species 멸종의 위험에 처해 있는 종.

멸종위협종 threatened species 가까운 장래에 멸종 가능성이 있는 종.

멸종의 소용돌이 extinction vortex 근친교배와 유전적 부동의 양성되먹임 고리가 집단의 크기를 축소시키고, 나아가 만약 변혁이 반전되지 않으면 멸종되는 집단의 변혁.

명반응, 빛반응 lightreactions 캘빈 회로에 앞서는 광합성의 중요한 처음 두 단계. 엽록체의 틸라코이드막 위나 일부 원핵생물의 막 위에서 일어나는 이 반응은 빛에너지를 ATP와 NADPH의 화학에너지로 전환시키며, 이 과정에서 산소가 발생한다.

모계영향유전자 maternal effect gene 모계에서 돌연변이가 일어났을 때 자손의 유전자형과는 상관없이 자손에서도 돌연변이 표현형이 나타나는 유전자. 모계영향 유전자는 초파리에서 최초로 발견되었다.

모델생물 model organism 실험실에서 기르기 쉽고 큰 무리를 대표하기 때문에, 다양한 생물학 분야의 연구에 이용하기 위해서 선택한 특별한 생물종.

모세혈관 capillary 조직을 통과하는 미세한 혈관으로 한 층의 내피세포로 이루어져 있어 혈액과 세포 사이액 사이의 교환이 가능하다.

모세혈관망 capillary bed 조직 또는 기관에 존재하는 모세혈관의 조직망.

모형 model 가설이나 과정의 설명.

목 order 분류에서 과의 상위단계.

목련류 magnoliid 진정 쌍떡잎식물과 매우 밀접하게 연관된 속씨식물 분기군의 일원. 예로는 목련, 월계수와 후추나무 등이 있다.

몰 mole(mol) 달톤으로 표시하는 분자량 또는 원자량과 동일한 물질의 그램수. 1몰은 아보가드로 수의 분자나 원자를 포함한다.

몰농도 molarity 용액 1 L당 용질의 몰수로 나타내는 용질의 농도 측정.

무거운 사슬 heavy chain 항체분자와 B세포 수용체를 구성하는 두 종류의 폴리펩타이드 사슬 중 하나; 항원결합 부위인 가변부와 불변부로 구성된다.

무경농업 no-till agriculture 밭고랑을 만들어 토양의 파헤침을 최소화하는 경작기법.

무광대 aphotic zone 해양이나 호수의 투광대 아래층으로, 광합성에 충분한 빛이 도달하지 못한다.

무기질 mineral 영양에서, 무기물이며 따라서 합성할 수 없는 간단한 영양물질.

무기질코르티코이드 mineralocortoicoid 염분과 물의 항상성을 조절하는 부신겉질로부터 분비되는 스테로이드호르몬

무산소 호흡 anaerobic respiration 전자전달계의 마지막 단계에서 산소 대신 다른 유기분자를 이용하는 세포호흡.

무성생식 asexual reproduction 배우자의 결합없이 오직 한 쪽의 부모로부터 자손의 생산(출아법, 단세포의 분열 혹은 생물 전체를 몇 조각으로 나누는 방식). 전부는 아니지만 대부분의 경우 자손은 부모와 유전적으로 동일하다.

무수생존 anhydrobiosis 생물에서 거의 모든 수분의 손실을 포함하는 휴면 상태.

무수정생식 apomixis 수컷 배우자에 의한 수정에 의하지 않고 종자를 통해 무성적으로 생식하는 몇몇 식물의 능력.

무척추동물 invertebrate 등뼈가 없는 동물. 동물의 약 95%를 차지한다.

무체강동물 acoelomate 장관과 바깥 체벽 사이에 강이 없는 동물.

무한생장 indeterminate growth 생존하는 동안 계속 자라는 식물에 특징적인 생장 유형.

문 phylum 분류에서, 강 상위의 분류 단위.

문제해결 problem solving 실제나 혹은 명백한 장애물에 부딪혔을 때 한 상태에서 다른 상태로 나아가는 방법을 고안하는 인식 활동.

문화 culture 집단에서 개인의 행동에 영향을 미치는 사회적 학습이나 교습을 통한 정보전달 시스템.

물관 vessel 대부분의 속씨식물과 일부 꽃피지 않는 관다발식물에서 발견되는 물을 통과시키는 연속적인 미세관.

물관부 xylem 뿌리에서부터 식물의 다른 부분으로 물과 무기염류를 수송하는 기능을 하는, 주로 관 모양의 죽은 세포로 이루어진 식물의 관다발조직.

물관액 xylem sap 물관과 헛물관에 의해 수송되는 물과 무기물의 희석된 용액.

물관요소 vessel element 대부분의 속씨식물과 일부 꽃피지 않는 관다발식물의 체관에서 발견되는 짧으며 넓고 물을 통과시키는 세포. 성숙하면 죽게 되며 물관요소는 끝과 끝이 서로 맞붙어 물관이라고 하는 미세관을 형성한다.

물질 matter 공간과 질량을 차지하는 어떤 것.

물질대사 metabolism 동화경로와 이화경로로 이루어지는 한 생물에서 일어나는 화학반응의 총합으로, 세포의 물질과 에너지 근원을 조절한다.

물질대사율 metabolic rate 시간 단위 당 동물이 사용하는 에너지의 총량.

뮐러의태 Müllerian mimicry 맛이 없는 두 종 간의 상호 의태.

미각 gustation 맛의 감각.

미각자극물질 tastant 맛봉오리에서 감각수용기를 자극하는 화학물질.

미기후 microclimate 통나무 아래의 특수한 기후 조건과 같은 매우 세밀한 기후 형태.

미량영양소 micronutrient 매우 적은 양만을 필요한 필수 원소.

미량원소 trace element 지극히 적은 양만이 요구되는 생명활동에 반드시 필요한 원소.

미뢰, 맛봉오리 taste bud 혀와 입의 여러 부분에 흩어져 존재하는 변형된 상피세포의 하나로, 사람에서 맛의 수용체이다.

미세섬유 microfilament 거의 모든 진핵세포의 세포질에 존재하는 섬유상 액틴단백질로 이루어진 섬유로, 세포골격을 이루며 마이오신과 함께 혹은 단독으로 근수축에 관여한다. 액틴필라멘트라고도 불린다.

미세소관 microtubule 모든 진핵세포의 세포질과 섬모, 편모 및 세포골격에 존재하는 튜불린 단백질로 이루어진 속이 빈 막대 모양의 관.

미세융모 microvillus 작은창자의 내벽에 표면적을 넓히기 위해서 존재하는 많은 수의 미세하고 손가락 모양의 상피세포의 돌기.

미토콘드리아 mitochondria 세포호흡을 담당하는 진핵세포의 세포소기관. 산소를 사용하여 유기물을 분해하여 ATP를 생성한다.

미토콘드리아 기질 mitochondrial matrix 시트르산 회로에 필요한 효소와 기질을 가지고 있는 내막으로 둘러싸인 미토콘드리아 부분.

밀도 비의존성 density independent 집단의 밀도에 영향을 받지 않는 특성을 일컫는 용어.

밀도 density 단위 면적이나 부피당 개체수.

밀도의존성 density dependent 집단의 밀도 증가에 따라 변하는 특성을 일컫는 용어.

밀도의존성 억제 density-dependent inhibition 집단의 밀도에 영향을 받지 않는 특성을 일컫는 용어.

밀착연접 tight junction 세포 사이의 물질 누출을 막는 동물세포의 세포간 연접의 한 종류.

밑씨, 배주 ovule 종자식물의 씨방 내에서 발생하는 구조로 암 배우체를 포함하고 있다.

바소체 Barrbody 포유류 암컷세포의 핵 내부에 존재하는 응축된 물질로 불활성화된 X 염색체이다.

바이러스 피막 viral envelope 바이러스 유전체를 둘러싸는 껍질을 싸는 막.

바이러스 virus 세포내부에서 복제하는 능력을 가지는 감염성 입자. 단백질껍질(캡시드)로, 일부 바이러스는 피막으로 둘러싸인 DNA 또는 RNA 유전체를 가진다.

바이로이드 viroid 단지 몇백 염기 길이의 원형 RNA 분자로 이루어진 식물 병원체.

박출량 stroke volume 한번의 수축에서 심실에서 내뿜는 혈액의 양.

박테로이드 bacteroid 뿌리혹 세포에서 형성되는 소낭에 포함되어 있는 뿌리혹세균(*Rhizobium*)의 형태.

박테리아 Bacteria 원핵생물의 두 영역 중 하나로, 다른 하나는 고세균이다.

박테리오파지 bacteriophage 박테리아를 감염시키는 바이러스; 파지라고도 한다.

반감기 half-life 방사성 동위원소의 50%가 붕괴되는 데 걸리는 시간.

반고리관 semicircular canals 평형 유지 기능을 담당하는 내이의 세 부분으로 된 공간.

반달판막 semilunar valve 심장의 두 출구에 위치한 판막으로, 이곳에서 대동맥이 좌심실을 떠나고 폐동맥이 우심실을 떠난다.

반데르발스 인력 van der Waals interactions 국소적인 전하 변동을 유발하는, 분자 사이나 혹은 분자의 부분 사이에서의 약한 인력.

반보존적 복제모형 semiconservative model 복제된 이중나선이 하나의 오래된 가닥과 다른 하나의 새롭게 형성된 가닥으로 이루어진 DNA 복제 유형.

반복생식 iteroparity 성체가 여러 해에 걸쳐 많은 수의 자손을 생산하는 생식. 반복생식이라고도 부른다.

반복서열 DNA repeatitive DNA 진핵생물에서 보통 암호화하지 않으며 많은 사본 수로 존재하는 염기서열. 반복 단위는 유전체 내에 보통 짧고 순차적이거나 혹은 길고 흩어져 존재한다.

반사 reflex 척수나 하등한 뇌에 의해 매개되는 자극에 대한 자동반응.

반성유전자 sex-linked gene 성 염색체(보통 X 염색체)에 위치한 유전자로, 유전의 독특한 양상을 제공한다.

반수체 세포 haploid cell 단지 염색체의 한 세트(n)만 가지고 있는 세포.

반응 response (1) 세포신호전달에서, 세포 외부로부터 전달된 신호에 의해 야기되는 특정 세포 활동의 변화. (2) 항상성에서, 변수를 원래의 지점으로 되돌리는 것을 돕는 생리적 활동.

반응물 reactant 화학반응의 시작물질.

반응중심 복합체 reaction-center complex 한 쌍의 특별한 엽록소 a 분자와 1차 전자 수용체와 결합된 단백질 복합체. 광계 중심에 위치하며 이 복합체가 광합성의 명반응을 유발시킨다. 빛에너지에 의해서 흥분된 엽록소 중 하나가 1차 전자 수용체에 전자를 공여하며 이 전자가 전자전달계를 통과한다.

발 foot (1) 운반세포를 통하여 부모 생식세포체로부터 당, 아미노산, 물과 무기염류를 모으는 선태

식물의 포자체 부분. (2) 연체동물의 세 가지 중요 부분 중 하나로 이동에 이용되는 근육구조. 외투막과 내장낭 참조.

발생 development 한 생물이 단순한 형태에서 보다 복잡하고 특수화된 형태로 점차 변화하는 과정과 연관된 사건.

발생단계 변화 phase change (1) 한 발생 상태에서 다른 상태로의 이동. (2) 식물의 정단분열조직의 활동으로 한 상태에서 일어나는 형태적 변화.

발암유전자 oncogene 암으로 이를 수 있는 분자 사건을 유발하는 데 관련된 바이러스 또는 세포 유전체에서 발견되는 유전자.

발열반응 exergonic reaction 자유에너지가 방출되는 자발적 화학반응.

발정주기 estrous cycle 고등 영장류를 제외하고 모든 포유류 암컷에서 나타나는 생식주기의 특성으로, 임신하지 않은 자궁내막이 떨어져 나오기보다는 다시 흡수되고 발정기 중에만 성적 반응이 나타난다.

발현벡터 expression vector 진핵세포 유전자가 삽입되는 제한 부위의 위쪽에 박테리아 프로모터를 포함하는 클로닝 벡터로, 박테리아 세포 내에서 유전자가 발현되게 한다.

발효 fermentation 포도당으로부터 전자전달계를 거치지 않고 제한된 양의 ATP를 생성하는 이화작용 과정으로, 알코올과 젖산과 같은 최종산물을 생성한다.

방광 urinary bladder 배출에 앞서 오줌이 저장되는 주머니.

방사대칭 radial symmetry 파이나 술통 모양(왼쪽과 오른쪽이 없는)으로 생긴 몸의 특징으로, 중심축을 따른 어떠한 면에 의해서 반대편 쪽을 가지지만 동등하게 나눌 수 있다.

방사상 난할 radial cleavage 접합자를 공 모양의 세포덩어리로 변환시키는 세포분열면이 배의 수직 축에 평행하거나 혹은 수직으로 위치하여 세포의 배열이 한 세포 위쪽에 다른 세포를 배열하게 되는 후구동물의 배발생 유형.

방사성 동위원소 radioactive isotope 불안정한 동위원소로 핵이 자발적으로 분해되면서 검출가능한 입자와 에너지를 방출한다.

방사성 연대측정법 radiometric dating 방사성 동위원소의 반감기에 근거하여 바위나 화석의 절대 나이를 측정하는 방법.

방사형 지느러미 어류 ray-finned fish 참치, 농어, 청어와 같이 긴 방사조직에 의해 지지되는 지느러미를 가지는 해양 경골어류인 조기강(Actinopterigii) 분기군에 속하는 무리.

방산충류 radiolarian 일반적으로 규소로 만들어진 껍질과 몸의 중심에서 방사상으로 뻗어 나간 위족을 가지는 보통 해양 원생생물.

방실결절 atrioventricular(AV) node 우심방과 우심실 사이에 있는 특수화된 근육조직으로 전기 자극이 심실에 도달하여 심실을 수축시키기 전에 약 0.1초간 지연시킨다.

방실판막 atrioventricular(AV) valve 심장의 각 심방과 심실 사이에 있는 판막으로 심실이 수축할 때 혈액이 역류하는 것을 방지한다.

방추사부착점 kinetochore 각 자매염색분체를 방추사에 부착시키는 역할을 하는 동원체가 부착하는 단백질 구조.

방향성선택 directional selection 표현형 범위의 한 쪽 끝에 존재하는 개체가 다른 개체에 비해 더 성공적으로 생존하거나 생식할 수 있는 자연선택.

배낭 embryo sac 8개의 반수체 핵을 가진 다세포 구조로 대포자가 생장과 분열로부터 형성되는 속씨식물의 암배우체.

배란 ovulation 난소로부터 난자의 방출. 사람에서는 난소의 난포가 각 생리주기 동안 난자를 방출한다.

배반포 blastocyst 내세포집단, 공간, 영양아층인 바깥층으로 이루어진 포유류의 배 발생의 포배단계. 사람에서는 배반포가 수정 후 1주일에 형성된다.

배뿌리 radicle 식물의 배 뿌리(배근).

배설 elimination 동물에서 음식물 가공의 4번째와 마지막 단계로, 소화되지 않은 음식물 부분을 통과시킴.

배설 excretion 물질대사 결과로 생긴 질소 노폐물의 제거.

배수성 polyploidy 생물이 두 벌 이상의 염색체를 가지는 염색체 변화. 세포분열의 오류로 생긴다.

배아극성유전자 egg-polarity gene 모계영향 유전자의 다른 이름으로 난자의 방향(극성)을 조절한다.

배아치사 embryonic lethal 배나 유충을 죽음에 이르게 하는 돌연변이.

배엽 germlayers 낭배에서 동물의 여러 조직이나 기관을 형성하는 3개의 중요한 층 중의 하나.

배외막 extraembryonic membrane 파충류와 포유류에서 발생하는 배를 보호하는 배 바깥에 존재하는 4가지의 막(난황주머니, 양막, 융모막, 요막) 중 하나.

배우자, 생식세포 gamete 난자와 정자와 같은 반수체 생식세포. 생식세포는 유성생식 동안 합쳐져서 이배체의 접합자를 형성한다.

배우자낭병 gametophore 이끼에서 생식세포체의 성숙한 생식세포를 생성하는 구조.

배우자선택모방 mate-choice copying 명백히 사회적 학습의 결과로 인해 한 집단에서의 한 개체가 짝을 선택 시 다른 개체의 짝 선택을 모방하는 행동.

배우자주머니 gametangium 생식세포가 형성되는 식물의 다세포성 구조. 암 배우자주머니는 장란기라고 하며 수 배우자주머니는 장정기라고 한다.

배우자형성과정 gametogenesis 포유류에서 생식세포가 형성되는 과정.

배우체, 생식세포체 gametophyte 세대교번을 겪는 생물(식물과 일부 조류)에서, 유사분열에 의해 반수체 생식세포를 생산하는 다세포성 반수체. 반수체 배우체는 합쳐져서 포자체로 발생한다.

배젖 endosperm 속씨식물에서 중복 수정 동안 하나의 정핵과 2개의 극핵이 결합하여 형성된 영양분이 풍부한 조직으로, 속씨식물에서 배발생 동안 영양분을 공급해 주는 기능을 한다.

배쪽 ventral 방사대칭 또는 좌우대칭 동물에서 아래쪽에 속하는.

백색질 white matter 중추신경계에서 축삭돌기가 모여 있는 부분.

백신 vaccine 특정 병원체에 대한 방어를 위해 숙주의 면역계를 자극하게 하는 무해한 병원체의 유도체나 변형.

백혈구 leukocyte 감염에 저항하여 싸우는 혈구세포.

번역 translation mRNA 분자에 암호화되어 있는 유전정보를 이용한 폴리펩타이드의 합성. 핵산으로부터 아미노산으로의 언어 변화가 수반된다.

번역틀 reading frame mRNA 상에서 폴리펩타이드 합성 동안 번역기구에 의해 사용되는 리보뉴클레오타이드의 3 염기조 집합.

번역틀이동 돌연변이 frameshift mutation 3의 배수가 아닌 소수의 뉴클레오타이드가 삽입되거나 결실되어 생긴 돌연변이로, 그 결과 뉴클레오타이드가 코돈으로 부적절하게 짝 지워지게 된다.

베이츠 의태 Batesian mimicry 무해한 종이 포식자에게 독이 있거나 혹은 유해한 종으로 보이게 하는 의태 형태.

베타 병풍구조 beta(β) pleated sheet 폴리펩타이드 사슬이 앞뒤로 접히는 단백질 2차 구조의 하나. 사슬의 두 부위가 서로 평행하게 놓여져 있고 그 사이는 수소결합으로 연결되어 있다.

베타산화 beta oxidation 시트르산 회로로 아세틸 조효소 A(아세틸 CoA)로 들어가게 하기 위해 지방산을 2탄소물질로 분해하는 물질대사 과정.

벡터 vector 한 숙주에서 다른 숙주로 병원균을 전달하는 생물.

변성 denaturation 단백질에서는 단백질이 풀리면서 고유의 구조를 잃어버려 생물학적으로 불활성화되는 과정을 말하며, DNA에서는 이중나선의 두 가닥이 풀리는 것을 말한다. 변성은 극한의 비세포적 pH, 염의 농도와 온도에서 일어난다.

변수 variable 실험이나 그 외 다른 검정에서 변하는 요소.

변이 variation 동일한 종 사이에서 개체 간의 차이.

변태 metamorphosis 동물의 애벌레가 성체를 닮았지만 아직 성적으로 성숙하지 않은 유충으로 변하는 발생적 전이.

변형세포 amoebocyte 헛발(위족)로 이동하는 아메바 모양의 세포. 종에 따라서 음식물을 소화시키며 분배하기도 하며, 노폐물을 처리하며 골격섬유를 형성하기도 하고 또한 감염에 맞서 싸우며 다른 세포 모양으로 변하기도 한다.

병꼴균 chytrid 병꼴균문에 속하는 균류로 대부분 원시균류 계통을 나타내는 편모성 유주자를 가지는 수생 균류이다.

병렬상동 유전자 orthologous genes 종의 분화로 인해 다른 종에서도 발견되는 상동 유전자.

병목효과 bottleneck effect 생존하는 집단이 더 이상 원래집단을 유전적으로 대표할 수 없을 정도의 큰 자연 재앙에 의한 것과 같은 집단의 감소로 인한 유전적 부동.

병원체 pathogen 질병을 유발하는 생물이나 바이러스.

병원체 관련 분자패턴 pathogen-associated molecular patterns(PAMPs) 특정 병원체 무리를 특징짓고 숙주세포의 선천성 면역 시스템에 의해 인지되는 짧은 분자서열

보강세포 sclereid 견과의 껍질이나 종피에 존재하는 짧고 불규칙한 후벽세포. 보강세포는 일부 식물의 유조직에 흩어져 존재한다.

보어효과 Bohr shift pH의 감소에 의해 야기된 헤모글로빈의 산소 친화도 감소; 조직 근처에서 헤모글로빈이 산소의 방출을 용이하게 한다.

보우만 주머니 Bowman's capsule 척추동물의 신장에서 컵 모양의 구조로서 여액이 혈관으로 들어가는 네프론의 늘어난 부분.

보인자 carrier 유전학에서 특정 유전좌위에 하나의 정상 대립유전자와 하나의 잠재적으로 유해한 열성대립유전자를 가지는 이형의 개체. 표현형은 정상이나 유해한 대립유전자를 자손에 전달한다.

보조T세포 helperTcell 활성화되었을 때 B세포와 세포독성T세포의 분비를 촉진하는 사이토카인을 분비하는 세포.

보조인자 cofactor 효소의 완전한 기능을 위해 요구되는 비단백질 분자나 이온. 보조인자는 활성 부위에 영구히 결합되거나 촉매반응 동안 기질에 느슨하게 결합되기도 한다.

보존생물학 conservation biology 모든 수준에서 생물의 다양성을 유지시키고자 하는 생태학, 진화학, 생리학, 분자생물학과 유전학의 통합 학문.

보체계 complement system 염증반응을 증폭시키며 식세포작용을 증진시키거나 혹은 직접적으로 병원균을 용해시키는 약 30종의 혈액 단백질군.

보호색 cryptic coloration 포식자로 하여금 주변색과 구별이 되지 않도록 하는 위장.

복제분기점 replication fork 복제 중인 DNA 분자에서 부모가닥이 풀어지고 새로운 가닥이 자라는 Y 모양 부위.

복합과 multiple fruit 꽃차례(화서; 밀접하게 함께 뭉쳐진 꽃의 무리)로부터 발생한 과실.

부갑상샘 parathyroid gland 갑상샘 표면에 존재하는 4개의 작은 내분비샘으로 부갑상샘호르몬을 분비한다.

부갑상샘호르몬 parathyroid hormone(PTH) 부갑상샘에 의해 분비되는 호르몬으로 뼈로부터 칼슘 방출과 신장에 의한 칼슘의 유지를 촉진시켜 혈액 내의 칼슘량을 높인다.

부교감신경계 parasympathetic division 자율신경계 세 부분 중 하나로 소화나 감소된 심장박동과 같이 일반적으로 에너지를 얻거나 보존하는 몸의 활동을 증가시킨다.

부기저체류 parabasalid 트리코모나드와 같은 변형된 미토콘드리아를 가지는 원생생물.

부레 swim bladder 수생 경골어류가 물속에서 물고기의 부력을 조절하는 공기주머니.

부모형 parental type 표현형이 부모의 표현형 하나와 일치하는 자손. 또한 표현형 그 자체를 언급하기도 한다.

부분할 meroblastic 조류 발생의 특징인 난황이 풍부한 난자의 불완전한 분열을 보이는 난할의 유형을 말함.

부식질 humus 표토의 성분인 분해 중인 유기물.

부신 adrenal gland 포유류에서 신장 옆에 위치한 두 내분비샘 중 하나. 바깥 부위(겉질)에 존재하는 내분비세포는 부신피질자극호르몬(ACTH)에 반응하여 장기간 지속되는 스트레스 동안 항상성을 유지시키는 스테로이드호르몬을 분비한다. 중앙 부위(속질)에 위치하고 있는 신경분비세포는 단기간의 스트레스에 의해 유발된 신경 입력에 반응하여 에피네프린과 노르에피네프린을 분비한다.

부영양호수 eutrophic lake 높은 율의 영양주기에 의해 높은 율의 생물 생산성을 보이는 호수.

부영양화 eutrophication 특히 인과 질소와 같은 영양물질이 물에서 아주 높게 농축되는 과정으로 조류 또는 시아노박테리아와 같은 생물의 증가를 유발한다.

부유물섭식자 suspension feeder 포획 또는 여과기작을 통해 주위로부터 부유하는 음식물 입자를 먹고 사는 동물.

부정소 epididymis 정소에 붙어 있는 돌돌 감긴 세관으로 정자가 저장된다.

부착기 holdfast 해조류를 부착시키는 뿌리와 유사하게 생긴 구조.

부착의존성 anchorage dependence 세포가 분열하기 위하여 기층에 부착하여야만 하는 요구성.

부피 유동 bulk flow 두 장소의 압력차에 의한 물의 이동.

북방침엽수림 northern coniferous forest 길고 추운 겨울이 특징이며 구과 목본류가 우점종인 육상 생물군계.

분광광도계 spectrophotometer 색소용액에 의해 흡수되거나 통과되는 여러 파장의 빛의 양을 측정하는 기구.

분기군 clade 조상과 그 모든 자손을 포함하는 종의 무리. 분기군은 단계군과 동일하다.

분기학 cladistics 공통자손이, 분기군으로 무리지음에 의해 생물을 분류하는 데 이용되는 중요 기준이 되는 분류학적 접근.

분단성 선택 disruptive selection 표현형 범위의 양극단에 존재하는 개체가 중간의 표현형을 가지는 개체에 비해 더 성공적으로 생존하거나 생식할 수 있는 자연선택.

분류군 taxon 분류의 한 단계에서의 분류 단위.

분류학 taxonomy 다양한 형태의 생물을 명명하고 분류하는 학문 분야.

분리의 법칙 law of segregation 멘델의 제1법칙; 생식세포 형성 동안 쌍으로 존재하는 각 대립유전자는 다른 생식세포로 분리되어 들어간다는 법칙.

분비 secretion (1) 세포에 의해 합성된 분자의 배출. (2) 배설계에서 체액의 노폐물이나 특정 용질을 여액으로 능동수송하는 과정. .

분산 dispersal 부모가 있는 곳으로부터 멀어지는 개체나 배우자의 이동. 이 이동은 때로 개체군이나 개체의 지리적 범위를 확장시킨다.

분산 dispersion 지리학적 집단의 경계 안에서의 개체 사이의 간격 양상.

분생자 conidiun 무성생식 동안 자낭균류의 특별한 균사 끝에서 생성되는 반수체 포자.

분아 soredium 지의류에서 조류가 박혀 있는 작은 균사덩어리.

분압 partial pressure 혼합기체에서 특정 기체에 의한 압력(예를 들어, 공기 중에서 산소에 의한 압력).

분열 fission 부모가 2개 혹은 그 이상의 비슷한 크기의 개체로 분리되는 것.

분열조직 meristem 식물이 생존하는 동안 배 상태로 남아 있는 식물조직으로 무한 생장이 가능하게 한다.

분열조직 정체성 결정유전자 meristem identity gene 영양 생장단계에서 생식단계로 식물 생장의 전환을 촉진하는 유전자.

분자 molecule 둘 혹은 그 이상의 원자가 공유결합으로 합쳐진 것.

분자량 molecular mass 분자에 있는 모든 원자 질량의 합.

분자시계 molecular clock 유전체의 몇몇 부분이 일전한 속도로 진화되는 것에 근거한, 주어진 양의 진화 변화에 요구되는 시간을 측정하는 방법.

분절증식, 절편분절생식 fragmentation 모체가 여러 조각으로 나누어져 완전한 하나의 개체로 분화하는 무성생식의 수단.

분지점 branch point 공통조상으로부터 둘 혹은 그 이상의 분류군의 분기 계통수에 있는 표시. 대부분의 분지점은 가지가 2개의 분지(각각은 자손 분류군을 나타낸다)로 조상계통이 분리되는 것을 나타내는, 양갈래 분지로 표시된다.

분해자 decomposer 사체나 떨어진 낙엽, 생물의 노폐물과 같은 죽은 유기물을 흡수하여 이것을 무

기물 형태로 변환시키는 부생균류나 원핵생물 종류. 잔재물 섭식자.

분해자, 잔재물섭식자 detritivore 사체, 떨어진 식물체, 살아 있는 생명체의 부스러기와 같은 죽은 유기물로부터 에너지를 획득하는 소비자.

분화 differentiation 세포 또는 세포 무리가 구조와 기능에서 특수화되는 과정

불완전 균류 deuteromycete 알려진 성단계가 없는 균류의 고전적 분류. 이 종의 성단계가 밝혀진 후 불완전 균문으로 되었다.

불완전 꽃 incomplete flower 4개의 기본 꽃기관인 꽃받침, 꽃잎, 심피 및 수술 중 하나 혹은 그 이상이 없거나 기능을 하지 못하는 꽃.

불완전변태 incomplete metamorphosis 메뚜기와 같은 일부 곤충류에서처럼 애벌레가 성체를 닮지만 크기는 작고 몸의 비율이 다른 성체와 다른 발생 유형. 애벌레는 각 시기가 성체와 모양이 점점 비슷해지는 탈피를 거쳐 완전한 크기에 도달한다.

불완전우성 incomplete dominance 이형접합자의 표현형이 각 대립유전자의 동형 접합체 개체의 표현형의 중간을 나타내는 상황.

불응기 refractory period 활동전위 다음에 이어지는 짧은 시기로, 전압개폐성 소듐 통로의 활성화로 인해 뉴런이 다른 자극에 반응하지 않는다.

불포화지방산 unsaturated fatty acid 탄화수소 꼬리에 있는 탄소 사이에 하나 이상의 이중결합을 가지는 지방산. 이러한 결합은 탄소골격에 부착된 수소원자의 수를 감소시킨다.

브래시노스테로이드 brassinosteroid 세포 신장, 잎의 노화 지연, 물관 분화 촉진 등 다양한 기능을 가지는 식물의 스테로이드호르몬.

비결정적 난할 indeterminate cleavage 후구동물의 배발생 유형으로 초기 난할에 의해 생성된 각 세포는 완전한 배로 발생할 수 있는 능력을 가진다.

비경쟁적 저해제 noncompetitive inhibitor 효소의 활성자리와는 먼 다른 곳에 결합하여 효소의 구조를 변화시켜 활성자리가 더 이상 효과적으로 작용할 수 없도록 효소의 활성을 감소시키는 물질.

비교실험 controlled experiment 실험군이 조사하고자 하는 요소에서만 변화된 대조군과 비교되는 실험.

비극성 공유결합 nonpolar covalent bond 전자가 비슷한 전기음성도를 가지는 두 원자 사이에서 공평하게 공유되는 공유결합의 유형.

비만세포 mast cell 감염이나 앨러지 반응에 반응하여 염증반응을 유발하는 히스타민 및 다른 분자를 생성하는 척추동물 체세포.

비분리 nondisjunction 감수분열 혹은 유사분열에서 한 쌍의 상동염색체 모두나 자매염색분체가 서로 적절하게 나누어지지 못하는 실수.

비생물적 abiotic 살아 있지 않은, 환경의 물리적 화학적 속성을 일컫는 말.

비순환적 전자 흐름 linear electron flow 광합성의 명반응 동안 양광계(I과 II)를 포함하고 ATP, NADPH와 O_2를 생성하는 전자 흐름의 경로. 순전자 흐름은 H_2O로부터 $NADP^+$로 일어난다.

비열 specific heat 물질 1 g의 온도를 1℃ 변경하는데 흡수하거나 혹은 잃어야 하는 열량.

비종자관다발식물 seedless vascular plant 관다발은 있으나 종자가 없는 식물의 비공식적 명칭. 비종자식물은 석송문(석송과 그 친족)과 양치문(고사리와 그 친족)을 포함하는 의사단원적 무리를 형성한다.

비코이드 *bicoid* 초파리의 앞쪽을 지정하는 단백질을 암호화하는 모계영향 유전자.

비타민 vitamin 매우 적은 양이 식사에 요구되는 유기분자. 주로 조효소나 조효소의 일부분으로 작용한다.

비평형 모형 nonequilibrium model 군집이 교란에 의해 충격을 받은 후 안정되게 있지 않고 끊임없이 변화함을 강조하는 군집의 모형.

빈도의존적 선택 frequency-dependent selection 집단에 너무 공통적으로 되어버린 표현형을 가지는 개체의 생식 성공이 감소하는 것.

빈영양 호수 oligotrophic lake 식물성 플랑크톤이 거의 없으며 영양소가 빈약한 맑은 호수.

빠른연축섬유, 속근섬유 fast-twitch fiber 빠르고 강력한 수축에 사용되는 근육섬유.

뼈 bone 콜라젠 섬유의 단단한 구조 안에 칼슘염이 존재하는 살아 있는 세포로 구성된 결합조직의 일종.

뿌리 root 관다발식물에서 식물체를 고정시키는 기관으로 토양으로부터 물과 무기염류를 흡수한다.

뿌리계 root system 식물체를 토양에 고정시키며 물과 무기염류를 흡수하고 양분을 저장하는 모든 식물의 뿌리.

뿌리 골무 root cap 식물 뿌리 끝에 있는 원추 모양을 형성하는 세포 무리로 정단분열조직을 보호한다.

뿌리압 root pressure 뿌리의 관다발조직에서 물관액을 위로 미는 힘.

뿌리의 rooted 모든 분류군의 가장 마지막 공통조상을 나타내는 분기점(일반적으로 가장 왼쪽에 있는)을 포함하는 계통수를 언급한다.

뿌리털 root hair 뿌리 끝 바로 아래에서 자라는 뿌리 표피세포의 매우 작은 돌출부로, 물과 무기질의 흡수 면적을 증가시킨다.

뿌리혹 nodule 콩과식물 뿌리에서 팽윤된 부위. 뿌리 혹은 질소고정 박테리아인 리조비움속을 포함하는 식물세포로 이루어져 있다.

사구체 glomerulus 네프론에 존재하는 보우만주머니를 싸고 있는 모세혈관 덩어리로 신장에서 여과 장소이다.

사람류 hominin 진화계통수에서 사람 갈래에 있는 종. 호모사피엔스와 침팬지보다 우리와 더 가까이 연관된 멸종된 우리의 조상 무리를 포함한다.

사막 desert 매우 적은 강수가 특징이 육상생물군계.

사바나지대 savanna 나무가 흩어져 존재하며 큰 초식동물이 살아가는 열대초원 생물군계로, 간헐적인 화재와 가뭄으로 유지된다.

사이원반 intercalated disk 세포 사이에 직접적인 전기적 결합을 제공하는 심근세포 사이의 특수화된 연접.

사이클린 cyclin 농도가 주기적으로 변하는 세포 단백질로 세포주기의 조절에 중요한 역할을 한다.

사이클린 의존성 인산화효소 cyclin-dependent kinase(Cdk) 특정 사이클린과 결합하였을 때만 활성을 가지는 단백질인산화효소.

사이토크롬 cytochrome 진핵세포의 미토콘드리아와 엽록체와 원핵세포의 세포막에 존재하는 전자전달계의 성분인 철 함유 단백질.

사이토키닌 cytokinin 노화를 지연시키며 옥신과 함께 세포분열을 촉진하고 분화경로에 영향을 미치며 정아 우성을 조절하는 식물호르몬 종류.

사정 ejaculation 수정관, 사정관과 요도를 통해 부정소로부터의 정액 분출.

사지류 tetrapod 4개의 사지를 가지는 척추동물. 포유류, 양서류, 조류 및 다른 파충류를 포함한다.

사체분해물 detritus 죽은 유기물.

사회생물학 sociobiology 진화론에 근거한 사회 행동의 연구.

사회적 학습 social learning 다른 개체의 관찰을 통한 행동의 변화.

삭병 seta 선태식물 포자체의 긴 자루.

삭치모 peristome 이끼의 포자낭 상부에 위치한 서로 맞물린 이빨 같은 고리 모양의 구조. 종종 점차적으로 포자를 방출하도록 특성화되었다.

산 acid 용액에서 수소이온 농도를 증가시키는 물질.

산소호흡, 호기성 호흡 aerobic respiration 산소와 유기물을 소비하고 ATP를 생성하는 이화작용 경로. 이것은 가장 효과적인 이화작용경로이며, 대부분의 진핵세포와 많은 원핵세포에서 수행된다.

산포도 scatter plot 데이터의 각 값을 점으로 나타낸 그래프. 산포도는 모든 변수의 데이터가 숫자로 나타내고 연속적일 때 이용된다.

산호초 coral reef 주로 정주성의 자포류에 의해 분비되는 딱딱한 골격구조를 특징으로 가지는 전형적으로 따뜻한 열대 해양생태계. 일부 산호초는 차고 깊은 물에 존재한다.

산화 oxidation 산화환원반응이 관련되며 한 물질로부터 전자를 잃는 것.

산화적 인산화 oxidative phosphorylation 전자전달계의 산화환원반응으로부터 유래한 에너지를 이용하여 ATP를 생성하는 것. 세포호흡의 3번째 중요 단계.

산화제 oxidizing agent 산화환원반응에서 전자 수

용.

산화질소 nitric oxide(NO) 많은 종류의 세포에 의해 생성되는 기체로, 국소적 조절자와 신경전달물질로 작용한다.

산화환원반응 redox reaction 한 반응물에서 다른 반응물로 하나 혹은 그 이상의 완전하거나 또는 부분적인 전자전달이 관련된 화학반응.

살리실산 salicylic acid 병원체에 대한 전신성획득저항(SAR)에 부분적으로 관련된 식물의 신호분자.

삼배엽성 동물 triploblastic 외배엽, 내배엽과 중배엽의 3개 배엽을 가지는 동물. 모든 좌우 대칭 동물은 삼배엽성이다.

삼자암호 triplet code 폴리펩타이드 사슬의 아미노산을 지정하는 3개의 염기가 한 조로 이루어진 암호.

삼중반응 triple response 줄기 신장의 둔화, 줄기의 비후, 줄기가 수평으로 자라게 하는 구부러짐을 포함하는 기계적 스트레스에 대한 식물 생장 전략.

삼투농도 osmolarity 몰농도로 표시된 용질의 농도.

삼투순응자 osmoconformer 주변 환경과 삼투가 같은 동물.

삼투조절 osmoregulation 세포나 생명체에 의한 용질의 농도 및 물의 균형의 조절.

삼투조절자 osmoregulator 외부 환경과 무관하게 내부 삼투농도를 조절하는 동물.

삼투현상 osmosis 선택적 반투과막을 통한 물의 확산.

삽입 insertion 유전자에 하나 혹은 그 이상의 염기가 추가되는 돌연변이.

상대수도 relative abundance 군집 안에서 다른 종의 비례적 수도(풍부도).

상대적 적응도 relative fitness 개체군에서 다른 개체의 기여도와 비교하여, 다음 세대의 유전자 풀을 형성하는 개체의 기여도.

상동기관 homologous structure 다른 종 사이에서 동일한 조상으로 인해 구조가 유사한 기관.

상동성 homology 공통된 조상으로 인한 특징의 유사성.

상동염색체 homologous chromosome(homolog) 상응하는 유전자 좌위에 같은 형질의 유전자를 가지는 염색체의 쌍으로 염색체의 길이, 동원체의 위치와 염색 양상이 동일하다. 상동염색체 하나는 부계로부터, 다른 하나는 모계로부터 물려받는다. 상동쌍이라고도 불린다.

상리공생 mutualism 참여자 모두가 이득을 얻는 공생관계.

상배축 epicotyl 속씨식물의 배에서 떡잎 부착 지점 위쪽과 처음 나오는 작은 잎 아래의 배축.

상보성 complementary DNA(cDNA) mRNA를 주형으로 역전사효소와 DNA 중합효소를 이용하여 시험관 내에서 만들어진 이중가닥 DNA. cDNA 분자는 유전자의 엑손 부분에 해당한다.

상사 analogy 같은 형질을 가지는 공통조상에서 비롯된 자손이기보다는 수렴진화에 의한 두 종 간의 유사성.

상사적, 동종의 analogous 상동성 때문이 아니라 수렴진화로 인해 유사한 특징을 가지는.

상염색체 autosome 성 결정에 직접적으로 관여하지 않는 염색체로 성염색체와 대비된다.

상위 epistasis 한 유전자가 독립적으로 유전되는 다른 유전자의 표현형을 변화시키는 유전자 상호작용의 한 종류.

상피 epithelium 상피조직.

상피조직 epithelial tissue 기관과 체강뿐만이 아니라 바깥쪽 표면을 감싸는 단단히 포개진 세포층.

상향식모델 bottom-up model 무기영양물이 식물의 숫자를 조절하고 이것이 초식동물의 수를 결정하며 다시 이것이 포식자의 숫자를 결정하는 무기영양물이 군집의 조직을 결정하는 군집조직의 한 모델.

상호이타주의 reciprocal altruism 현재의 수혜자가 역전되면 현재에 이타적인 행동을 하는 개체가 미래에서는 수혜자가 되는, 관련되지 않은 개체 간의 이타행동.

상호작용 communication 동물행동에서 신호의 전달, 수용 및 반응을 포함하는 과정. 이 용어는 다세포생물에서, 개개 세포에서뿐만이 아니라 다른 생물들 사이의 관계에도 사용된다.

색소세포 자극호르몬 melanocyte-stimulating hormone(MSH) 뇌하수체 전엽에 의해 생성되고 분비되는 호르몬으로 일부 척추동물에서 피부의 색소세포의 활동을 조절한다.

색소체 plastid 엽록체, 잡색체와 녹말체(백색체)를 포함하는 밀접하게 연관된 식물 세포소기관의 무리. 색소체는 광합성 생물의 세포에 존재한다.

생리 menstruation 생리주기 동안 자궁 내막을 떨어뜨려 내보냄.

생리주기 menstrual cycle 자궁주기 참조.

생리학 physiology 생명체의 과정과 기능 및 그 연구.

생명공학 biotechnology 생명체나 그 구성요소를 조절하여 유용한 물질을 생산하는 기술.

생명표 life table 집단의 사망률을 종합한 표.

생물 연료 biofuel 생물량(biomass)으로부터 생산된 연료.

생물 환경정화법 bioremediation 생물을 이용하여 오염되고 파괴된 생태계를 복원하는 기술.

생물군계 biome 현저한 식생에 따라 분류되고 특정 환경에의 생물 적응으로 특징짓는 주요 생태계.

생물권 biosphere 생명체가 존재하는 지구의 모든 부분; 지구 생태계를 모두 합친 것.

생물다양성 중요지점 biodiversity hot spot 예외적으로 많은 고유종과 많은 수의 멸종위기종이 집중되어 있는 좁은 지역.

생물량 biomass 특정 서식지의 생물집단을 구성하는 유기물의 전체 중량.

생물막 biofilm 표면층을 이루는 원핵생물 군체로 대사 협동작용에 관여한다.

생물에너지학 bioenergetics (1) 한 생명체에서 에너지의 전체적인 흐름과 변환. (2) 생명체를 통하여 어떻게 에너지가 흐르는지의 연구.

생물적 biotic 환경에서 살아 있는 생물에 속하는.

생물정보학 bioinformatics 컴퓨터와 여러 프로그램 및 수학적 모델을 이용하여 대량의 데이터로부터 생물 정보를 통합하는 학문.

생물조작 biomanipulation 생태계의 특성을 변경시키는 군집구조의 하향식 모형을 적용하는 접근. 예를 들어, 생태학자들은 화학적 처리에 의하는 대신 호수에서 상위단계 소비자의 밀도를 변경하여 조류 대번식이나 부영양화를 방지한다.

생물 증폭 biological magnification 물질이 먹이사슬의 각 단계에서 점점 농축되는 과정.

생물지리학 biogeography 과거와 현재 종의 분포에 관한 과학적 연구.

생물학 biology 생명의 과학적 연구.

생물학적 촉진 biological augmentation 파괴된 생태계에 필요한 물질을 더하는 방법으로 생물을 이용하는 생태계의 복원방법.

생물학적 종개념 biological species concept 종의 정의로서, 한 집단의 개체 간에 자연 상태에서 서로 교잡이 가능하고 생존이 가능하며 생식능력이 있는 자손을 생산하지만 다른 집단의 개체와는 생존이 가능하며 생식능력이 있는 자손을 생산하지 못하는 집단.

생산자 producer 빛을 이용하거나(광합성) 무기물을 산화(몇몇 원핵생물에 의해 수행되는 화학합성)시켜 CO_2로부터 유기물을 생산하는 생물.

생산효율 production efficiency 호흡에는 사용되지 않거나 또는 노폐물로 제거되는 음식물에 저장된 에너지의 부분.

생성물 product 화학반응 결과 생긴 물질.

생식소 gonad 암컷과 수컷의 생식기관; 대부분의 동물에서 생식세포 형성기관이다.

생식적 격리 reproductive isolation 두 종이 생식력이 있는 잡종을 생산하는 것을 막는 생물장벽의 존재.

생식표 reproductive table 집단에서 나이에 따른 생식률의 요약.

생장인자 growth factor (1) 배양 배지나 동물 체내에서 특정 세포로의 발생과 생장을 위해 세포외 환경에 존재하여야만 하는 단백질. (2) 인근 세포의 분열과 분화를 자극하는 국소 조절자.

생장호르몬 growth hormone 다양한 조직에 직접 작용하거나 혹은 자극호르몬으로 작용하는 뇌하수체 전엽에서 생성 분비되는 호르몬.

생존곡선 survivorship curve 각 연령마다 생존하는 개체의 수를 나타낸 도표로, 특정 연령층의 사망률을 나타내는 한 가지 방법이다.

생지화학적 순환 biogeochemical cycle 생태계의 생물학적 비생물학적 요소를 모두 포함하는 여러 영양물의 순환.

생체시계 biological clock 생명체의 주기를 조절하는 내생 시계. 생체시계는 환경 신호에 따라 혹은 관계없이 시간을 표시하나 종종 적절한 주기를 유지하기 위해서는 환경의 신호를 필요로 한다. 일주기성 리듬 참조.

생체아민 biogenic amine 아미노산으로부터 유래된 신경전달물질.

생태계 ecosystem 주어진 장소에서의 모든 생물과 이들이 상호작용하는 비생물적 요소. 하나 또는 그 이상의 군집과 이들의 물리적 환경.

생태계기술자 ecosystem engineer 환경에 물리적 변화를 야기함으로써 군집의 구조에 영향을 미치는 생물.

생태계생태학 ecosystem ecology 생태계에서 다양한 생물적 비생물적 요소 사이에서 화학물질과 에너지 흐름의 연구.

생태계의 기능 ecosystem service 생태계가 직간접적으로 인간에게 이득을 주는 기능.

생태적 족적 ecological footprint 소비하는 모든 자원을 생산하고 발생한 모든 쓰레기를 흡수하는, 개인, 도시 또는 국가가 필요로 하는 땅과 물의 면적.

생태적 지위 ecological niche 한 종이 환경에서 이용하는 생물적 및 비생물적 자원의 총합.

생태적 천이 ecological succession 군집의 생태적 교란에 따른 종 조성의 변이. 불모지에서 생물군집의 형성.

생태학 ecology 생명체가 그들 간에 그리고 환경과 어떻게 상호작용하는지를 연구하는 학문.

생태학적 종개념 ecological species concept 생태적 역할(지위)과 관련된 종의 규정. 종의 일원이 어떻게 그들의 환경에서 생물 및 비생물 부분과 상호작용하는지의 개요.

생활사 life cycle 한 생물의 생식사에서 세대와 세대 간의 단계.

생활사 life history 한 생물의 생식과 생존의 일정에 영향을 미치는 특성.

샤논다양성 Shannon diversity H부호로 나타내며 $H = -(p_A \ln p_A + p_B \ln p_B + p_C \ln p_C + \cdots)$의 식으로 나타내는 군집다양성의 지표. A, B, C는 군집에서의 종이며, p는 각종의 상대빈도, ln은 자연로그이다.

샤페로닌 chaperonin 다른 단백질의 적절한 접힘을 도와주는 단백질.

석송식물 lycophyte 석송문에 속하는 식물의 비공식적 명칭. 석송, 물부추 등이 이에 속한다.

선구동물발생 protostome development 원구로부터 입이 발생하는 특징을 가지는 동물의 발생 양식으로, 종종 나선난할과 중배엽의 고형 덩어리 사이의 갈라진 틈으로 형성되는 체강의 특징을 가진다.

선그래프 line graph 데이터의 각 측정점이 다음의 측정점과 직선으로 연결된 그래프.

선도가닥 leading strand 5′→3′ 방향으로 복제 분기점 방향으로 주형가닥을 따라 연속적으로 합성되는 새로운 상보적 DNA 가닥.

선모 fimbria 기질이나 다른 세포에 부착하는 것을 돕는 짧고 머리카락 같은 원핵생물의 부속지.

선모 pilus 박테리아에서 접합을 시작할 때 다른 세포와 연결하는 구조. 또한 성선모 또는 접합선모로도 불린다.

선천성 면역 innate immunity 병원균에 노출되었을 때 즉시 활성화하는 모든 동물에 공통적인 방어 형태. 이전에 병원균에 이미 노출되었든 혹은 노출되지 않았든지 간에 동일하다.

선천적 행동 innate behavior 강한 유전적 조절에 의해 발생적으로 고정된 동물행동. 본능적 행동은 내적 외적 환경이 다르더라도 일생 동안 집단의 모든 개체에게 거의 같게 나타난다.

선태식물 bryophyte 이끼, 우산이끼, 붕어마름의 비공식적 명칭. 육상에 사는 비관다발식물로 다른 많은 관다발식물처럼 육상에 적응이 떨어진다.

선택적 투과성 selective permeability 물질의 통과를 조절하는 생체막의 특성.

설정점 set point 동물의 몸에서, 항상성을 이루기 위해 체온이나 용질의 농도와 같은 특정 변수를 위해 유지되는 값.

섬모 cilium 미세소관을 포함하는 세포 부속지. 운동성의 섬모는 이동을 위해 특수화되었고, 확장된 원형질막에 둘러싸인 9개의 바깥 쌍미세소관 중심과 2개의 안쪽 단일 미세소관으로 형성(9 + 2 구조)된다. 1차 섬모는 보통 비운동성이며 감각과 신호 역할을 수행한다. 2개의 안쪽 단일 미세소관이 없다(9 + 0 구조).

섬모충류 cilliate 섬모를 이용하여 움직이는 원생동물의 종류.

섬유 fiber 속씨식물에서 물관부를 강화시키고 기계적인 지지작용을 하는 목질화된 세포 유형; 보통 다발로 존재하는 가늘고 끝이 뾰족한 후벽세포.

섬유아세포 fibroblast 세포외 섬유의 단백질 성분을 분비하는 소성 결합조직의 세포 유형.

섭식구굴착류 Excavata 진핵생물의 진화역사의 현재 가설에서 제안된 진핵생물의 4대 큰무리(supergroup) 중 하나. 섭식구굴착류는 독특한 세포골격 특징을 가지며, 일부 종은 세포의 한쪽에 굴 모양(excavated)의 먹이 홈을 가진다. "SAR" 분기군, 원시색소체 생물과 단편모류 참조.

섭취 ingestion 동물에서 음식물 가공의 첫 번째 단계. 먹는 행동.

성상세포 astrocyte 다양한 기능을 가지는 신경교세포. 뉴런의 구조적 지지, 세포 사이 환경의 조절, 시냅스를 통한 신경전달을 용이하게 하고, 뇌에 혈액 공급의 조절을 돕는 역할을 한다.

성상체 aster 유사분열을 진행하는 세포에서, 염색체에서 원형질막 쪽으로 뻗는 짧은 미세소관의 방사형 구조.

성선모 sexpilus 박테리아에서, 접합 초기에 한 세포를 다른 세포와 연결시키는 구조. 접합선모라고도 알려져 있다.

성숙촉진인자 maturation-promoting factor(MPF) M기 촉진인자; 간기에서 분열기(M기)로의 진입에 요구되는 단백질 복합체. 활성형은 사이클린과 단백질인산화효소로 구성되어 있다.

성염색체 sexchromosome 개체의 성을 결정하는 염색체.

성적 선택 sexual selection 특정 유전형질을 가진 개체가 다른 개체에 비해 짝을 찾기가 더 용이한 자연선택의 형태.

성적 이형성 sexual dimorphism 남성과 여성의 2차성징 사이의 뚜렷한 차이.

세관주위모세혈관 peritubular capillary 신장의 근위세뇨관과 원위세뇨관을 둘러싸는 망상구조를 형성하는 작은 혈관의 하나.

세대교번 alteration of generation 다세포성 이배체 형태인 포자체와 다세포성 반수체 상태인 배우체 상태를 모두 가지는 생활사. 식물과 일부 조류의 특징이다.

세동맥 arteriole 동맥과 모세혈관 사이로 혈액을 운반하는 혈관.

세력권 territoriality 한 동물이 경계가 있는 물리적 공간을 보통 같은 종의 다른 개체에 의한 침입으로부터 방어하는 행동.

세로토닌 serotonin 트립토판으로부터 합성되며 중추신경계에서 작용하는 신경전달물질.

세정맥 venule 모세혈관과 정맥 사이로 혈액을 운반하는 혈관.

세포골격 cytoskeleton 미세소관, 미세섬유와 중간섬유의 그물조직으로 세포질 전반에 걸쳐 분지되어 있으며 다양한 기계적 수송 기능을 담당한다.

세포기질 cytosol 세포질의 반유동체 부분.

세포내섭취, 엔도사이토시스 endocytosis 세포막으로부터 새로운 소낭형성에 의한 생물분자나 미립자 물질의 세포내 흡수.

세포독성T세포 cytotoxic T cell 활성화되면 감염된 세포, 암세포와 이식된 세포를 죽이는 림프구.

세포막 plasma membrane 모든 세포의 경계를 이루는 막으로서 선택적인 장벽으로 작용하여 세포의 화학적 조성을 조절한다.

세포벽 cell wall 식물, 원핵생물, 균류와 일부 원생생물의 세포막 외부에 존재하는 보호층. 셀룰로오스와 같은 다당류(식물과 일부 원생생물), 키틴(균류)과 펩티도글리칸(박테리아)이 세포벽의 중요 구조성분이다.

세포분열 cell division 세포의 생식.

세포분획 cell fractionation 세포의 분쇄와 원심분리에 의한 세포소기관의 분리.

세포사이액 interstitial fluid 세포 사이를 채우는 액체로 이루어진 척추동물의 내부환경.

세포성면역반응 cell-mediated immune response 세포독성T세포의 활성이 수반되는 후천성 면역의 일종으로 감염된 세포의 방어를 담당한다.

세포소기관 organelle 진핵세포의 세포질에 존재하는 특수화된 기능을 갖는 막으로 둘러싸인 여러 구조물 중 하나.

세포외기질 extracellular matrix(ECM) 세포에 의해 합성되고 분비되는 단백질과 탄수화물로 이루어진 동물세포를 둘러싸고 있는 물질.

세포외배출작용 exocytosis 거대분자를 포함하는 소낭의 원형질막 융합에 의한 거대분자의 세포 배출.

세포주기 cell cycle 모세포에서 시작하여 두 개의 세포로 나누어지는 진핵생물 생활사의 일련의 연속된 과정으로 간기(G_1기, S기, G_2기)와 M기(핵분열과 세포질분열)로 구분된다.

세포주기 조절 시스템 cell cycle control system 세포주기를 시작하여 주요 사건을 조절하는 세포에서 주기적으로 작동하는 분자 시스템.

세포질 cytoplasm 핵을 제외한 세포의 전체 내용으로 세포막으로 둘러싸여 있다.

세포질 결정인자 cytoplasmic determinant 세포의 발생 운명에 영향을 미치는 유전자의 발현을 조절하여 초기발생의 진로에 미치는 난자에 존재하는 모계성 물질.

세포질분열 cytokineisis 체세포(핵)분열, 감수1분열과 감수2분열에 뒤이은 세포질분열로 딸세포를 둘로 분리한다.

세포질유동 cytoplasmic streaming 세포질의 순회 흐름으로 마이오신과 액틴이 관여하며 세포내 물질의 분배를 촉진시킨다.

세포질융합 plasmogamy 두 개체의 세포로부터의 세포질융합으로, 배우자 합체(수정)의 한 단계로 나타난다.

세포체 cell body 핵과 다른 세포소기관을 함유하는 뉴런의 부분.

세포판 cell plate 분열 중인 식물세포의 가운데에 형성되는 이중막으로, 세포질분열 동안 형성되는 새로운 세포벽이다.

세포호흡 cellular respiration 유기분자를 분해하여 ATP를 생산하는 산소호흡과 무산소호흡의 동화작용경로.

셀룰로오스 cellulose β 글리코시드 결합으로 연결된 포도당 단량체로 이루어진 세포벽의 구조 다당류.

소기관지 bronchiole 허파꽈리(폐포)로 공기를 보내는 기관지의 미세한 가지.

소낭 vesicle 세포질에서 막으로 이루어진 주머니.

소뇌 cerebellum 배후에 위치하는 척추동물의 후뇌 부분으로 운동과 균형의 불수의적 통합 기능을 한다.

소듐-포타슘펌프, Na^+-K^+펌프 sodium-potassium pump 소듐을 세포 밖으로, 포타슘은 세포 안으로 능동적으로 수송하는 동물세포의 원형질막에 존재하는 수송 단백질.

소비자 consumer 생산자, 다른 소비자 또는 비생물 유기물을 먹고 사는 생물

소수성 hydrophobic 물에 대한 회피성을 가지는; 물에서 서로 융합하여 액적을 형성하게 된다.

소수성 상호작용 hydrophobic interaction 물과 섞이지 않는 분자가 융합하여 물을 배척시킬 때 형성되는 약한 화학결합.

소엽 microphyll 석송류에서 하나의 가지 없는 잎맥을 가지는 작은 잎.

소음순 labia minora 질 입구를 감싸고 보호하는 한 쌍의 얇은 피부.

소진화 microevolution 종 단위 이하에서의 진화적 변화. 한 세대에서 다른 세대로의 대립유전자 빈도의 변화.

소포자 micro spore 수컷 배우체로 발생하는 이형포자 식물종의 포자.

소포체 endoplasmic reticulum(ER) 진핵세포에서 핵의 외막과 연결된 광범위한 막의 망상구조로 리보솜이 부착되어 있거나(거친면 소포체, RER) 혹은 없기도 한다(매끈면 소포체, SER).

소화 digestion 동물에서 음식물 공정의 두 번째 단계. 음식물을 체내로 흡수되도록 충분히 작은 크기로 분해시키는 과정.

소화관 alimentary canal 입과 항문 사이에 걸쳐 있는 관 모양의 소화관.

속 genus 종 위 단계에 있는 분류 범주로 이명법 종의 학명 중 첫 번째 명칭.

속씨식물 angiosperm 씨방을 가지는 씨앗을 형성하는 현화(꽃)식물.

송과샘 pineal gland 척추동물 전뇌의 후면 표면에 존재하는 작은 샘으로 멜라토닌을 분비한다.

수 pith 줄기에서 관다발조직의 내부에 존재하는 기본조직으로 많은 외떡잎식물의 뿌리에서는 관다발원통의 중심부를 형성하는 유조직세포이다.

수각류 theropod 두발을 가진 육식동물이었던 고대공룡 무리.

수경재배 hydroponic culture 토양 대신 무기질 용액을 이용하여 식물체를 배양하는 방법.

수관계 water vascular system 이동, 먹이 섭취 및 기체교환 기능을 하는 관족이라고 불리는 돌출가지를 형성하는 극피동물에 특징적인 수압관의 망상구조.

수관층 canopy 육상생물군계에서 식생의 제일 위층.

수동면역 passive immunity 모체의 항체가 태아나 젖먹이로 전달될 때 일어나는 것과 같은, 항체의 전달에 의한 단기간의 면역.

수동수송 passive transport 에너지의 소모가 없는 생체막을 통한 물질의 확산.

수렴 진화 convergent evolution 독립적인 진화계통에서 유사한 특징의 진화.

수분 pollination 수정에 앞서 요구되는 과정으로 밑씨를 포함하고 있는 종자식물의 부분으로 화분의 전달.

수분포텐셜 water potential (ψ) 용질의 농도와 그에 따른 압력에 의해서 생기는 물의 흐름 방향을 나타내는 물리적 특성.

수산기 hydroxyl group 극성 공유결합에 의해 산소원자와 결합한 수소원자로 이루어진 작용기. 이 기를 가지는 분자는 수용성이며 알코올이라 불린다.

수산이온, 수산화이온 hydroxide ion 양성자를 잃은 물분자;(OH^-).

수상돌기 dendrite 많은 수의 짧은 가지가 매우 많은 신경세포의 돌기로, 세포체 쪽으로 신경자극을 전달한다.

수소결합 hydrogen bond 한 분자에서 극성 공유결합을 하는 약한 양전하를 띤 수소원자가 다른 분자에서 극성 공유결합을 하는 약한 음전하를 띤 원자와의 인력에 의해 생기는 약한 화학결합.

수소이온 hydrogen ion +1의 전하를 가지는 하나의 양성자. 물의 분해는 수소이온(H^+)과 수산화이온(OH^-)을 생성한다. 물에서 수소이온(H^+)은 단독으로 존재하지 않고 하나의 물분자와 결합하여 하이드로늄이온(H_3O^+)을 형성한다.

수소이온농도지수 pH 수소이온의 농도를 $-\log[H^+]$로 나타낸 것. 0~14범위를 가진다.

수송낭 transport vesicle 세포에 의해 생산된 분자를 수송하는 세포질에 존재하는 막으로 된 작은 주머니.

수송단백질 transport protein 특정 물질 혹은 매우 가까이 연관된 종류의 물질의 막 통과를 돕는 막 관통 단백질.

수송상피 transport epithelium 용질의 이동을 조절하는 한 층 혹은 그 이상의 특수화된 상피세포.

수술 stamen 꽃밥과 수술대로 이루어진 꽃의 화분생성 생식기관.

수술대, 화사 filament 속씨식물에서 꽃의 화분 생성 생식기관인 수술의 줄기.

수온약층 thermocline 해양이나 많은 온대 지역 호수에서 빠른 온도 변화를 보이는 좁은 층.

수용 reception 세포의 소통에서, 신호분자가 세포 표면이나 세포 내에 존재하는 수용체에 의해 감지되는 신호경로의 첫 번째 단계.

수용액 aqueoussolution 용매가 물인 용액.

수용체매개세포내섭취작용 receptor-mediate den-docytosis 세포 내부로 섭취되는 분자에 특이적인 수용체 자리를 가지는 단백질을 포함하는 막이 안으로 접힘에 의해 특정 분자를 세포 내로 이동시키는 작용; 세포가 다량의 특정 물질을 섭취할 수 있도록 한다.

수용체전위 receptor potential 자극의 세기에 비례하여 수용체 막의 전위차에 의해 생성되는 자극에 대한 수용체 세포의 초기 반응. 수용체 전위의 강

도가 신경계를 따라 이동하는 활동전위의 빈도를 결정한다.

수정, 시비 fertilization (1) 이배체 접합자를 형성하기 위한 반수체 배우체의 접합. (2) 토양에 무기 영양물질을 첨가.

수정낭, 저장낭 spermatheca 많은 곤충에서, 암컷 생식계에 존재하는 정자 저장주머니.

수정란, 접합자 zygote 반수체 생식세포의 결합으로 생성된 이배체

수정막 fertilization envelope 알의 난황막층이 세포막으로부터 부풀어 오를 때 형성되는 보호층으로서, 피층반응 동안 세포 밖으로 배출되는 분자에 의해서 수정 후 굳어진다.

수정체 lens 망막에 빛의 초점을 맞추는 눈의 구조.

수지상균근 arbuscual rmycorrhiza 식물의 뿌리계와 균류의 연합체로, 균류가 숙주세포의 세포막을 침입한다.

수지상균근균류 arbuscual rmycorrhiza fungus 균사가 식물 뿌리의 세포벽을 통과하여 자라 뿌리세포까지 뻗는 공생 균류(뿌리세포 세포막의 만입에 의해 생성된 관으로 둘러싸인다).

수지상세포 dendritic cell 주로 림프조직과 피부에 존재하는 항원제시세포로 특히 항원을 보조T세포에 제시하여 중요 면역반응을 시작하게 하는 기능을 가진다.

수질옆 네프론 juxtamedullary nephron 포유류와 조류에서, 신수질 쪽으로 깊이 뻗어 있는 발달된 헨레고리를 가지는 네프론.

수초 myelin sheath 뉴런의 축삭 주위의 슈반세포 또는 희소돌기아교세포의 막을 절연하는 덮개. 도약전도가 일어날 때 랑비에 결절에 의해 중간이 끊어진다.

수축기 혈압 systolic pressure 심실의 수축 시 동맥에서의 혈압.

수축기 systole 심장근육이 수축하여 심실이 혈액을 내보내는 심장주기 단계.

수축포 contractile vacuole 일부 담수 원생생물로부터 과잉의 물을 제거하는 데 도움을 주는 막구조의 주머니.

수평적 유전자 전달 horizontal gene transfer 전이인자, 플라스미드 교환, 바이러스 활동과 아마도 다른 생물과의 융합과 같은 메커니즘을 통하여 한 유전체로부터 다른 유전체로의 유전자 전달.

수피, 나무껍질 bark 형성층 외부에 존재하는 모든 조직으로 주로 2차 체관과 주피층으로 이루어져 있다.

수화껍질 hydration shell 용해된 이온 주위에 구모양으로 둘러싼 물분자.

숙주 host 공생관계에서 더 큰 참여자로 공생자의 생활공간과 먹이를 제공해 준다.

숙주범위 host range 다른 유형의 바이러스가 감염되고 기생할 수 있는 숙주세포의 제한된 범위.

순1차 생산 net primary production(NPP) 생태계의 순1차 생산에서 생산자의 호흡에 의해 사용된 에너지를 뺀 것.

순생태계 생산 net ecosystem production(NEP) 생태계의 총1차 생산에서 모든 독립영양생물과 종속영양생물에 의해 호흡으로 사용된 에너지를 뺀 것.

순응 acclimatization 환경 변화에 대한 생리적 적응.

순응자 conformer 체내의 조건이 외부 변화에 응하는 동물.

순종, 순계 true-breeding 자가수분하였을 때 동일한 변종의 자손만을 생산하는 식물체.

순환적 전자 흐름 cyclic electron flow 광합성의 명반응 동안 단지 한나의 광계만 관련된 전자의 흐름 경로. ATP는 생성되지만 NADPH나 산소는 생성되지 않는다.

숨쉬기 breathing 들숨과 날숨을 통한 허파의 기체 교환.

슈반세포 Schwann cell 말초신경계에서 뉴런의 축삭돌기 주위의 미엘린 수초를 절연하는 신경교세포의 종류.

스테로이드 steroid 다양한 기능기가 부착된 4개의 고리로 이루어진 탄소골격을 특징으로 가지는 지질 종류.

스트라메노파일 Stramenopila "SAR" 분기군의 진핵생물 큰무리(supergroup)의 3개 주요 작은무리(subgroup) 중 하나. 이 분기군에 2차 세포내공생에 의해 생겨났으며 규조류와 갈조류를 포함한다.

스트로마 stroma 엽록체 내부의 틸라코이드막을 둘러싸는 엽록체의 진한 액체로, 이산화탄소와 물로부터 유기물을 합성하는 데 관여한다.

스트로마톨라이트 stromatolite 얇은 침전물 층과 함께 결합한 원핵생물의 활동으로 생성된 층을 이룬 암석.

스트리고락톤 strigolactone 가지의 분지를 억제하고 기생성 식물종자의 발아를 촉진하며 뿌리와 균근균류의 상호작용을 촉진하는 식물호르몬의 한 종류.

스포로폴레닌 sporopollenin 윤조강 조류의 노출된 접합자를 덮고 식물 포자의 벽을 형성하여 건조로부터 보호하는 내구성 있는 중합체.

스플라이소솜, 스플라이싱복합체 spliceosome 단백질과 RNA 분자로 이루어진 큰 복합체로, RNA 스플라이싱에서 RNA 인트론 끝 부분과 작용하여 인트론을 방출하고 인접한 두 엑손을 연결한다.

습지 wetland 최소한 얼마 동안 물에 잠기는 서식지로, 물이 포화된 토양에 적응한 식물이 자라게 한다.

시간합 temporal summation 화학적 시냅스에서 시냅스후 세포의 막전위가 잇달아 생성되는 EPSP(흥분성 시냅스후세포 전위)와 IPSP(억제성 시냅스후 전위)의 결합된 효과에 의해 결정되는 신경 통합 현상.

시냅스 synapse 신경전달경로에서 한 뉴런이 다른 뉴런에 신호를 전달하는 접합 부위로, 축삭돌기의 시냅스 쪽 말단 부위와 다른 뉴런 혹은 효과기 세포의 신호수용 부위(수상돌기나 세포체) 사이의 좁은 간격. 시냅스 말단에서 분비된 신경전달분자가 시냅스를 가로질러 수상돌기나 효과기로 신호를 전달한다.

시드는 현상 wilting 식물세포가 시들은 결과 잎과 줄기의 처짐.

시든 flaccid 식물세포에서 볼 수 있듯이 단단함이 부족한 상태(세포벽을 가진 세포가 주위로부터 세포 내로 물이 유입되지 않으면 시든다).

시상 thalamus 척추동물 전뇌의 두 통합 부위 중 하나. 시상에서 세포체를 가진 뉴런이 입력된 신경신호를 대뇌피질의 특수한 지역으로 전달하며 어떤 정보가 대뇌겉질로 갈 것인가를 조절한다.

시상교차상핵 suprachiasmatic nuclei(SCN) 생체시계의 기능을 하는 포유류의 시상하부에 존재하는 뉴런의 집단.

시상하부 hypothalamus 척추동물 전뇌의 아래쪽 부분으로 특히 내분비계와 신경계를 조화시켜 항상성을 유지하는 기능을 한다. 뇌하수체 후엽호르몬과 뇌하수체 전엽을 조절하는 요소를 분비한다.

시스템생물학 systemsbiology 모든 생물계의 동적인 행동을 모델화하고자 하는 생물 연구의 접근 방식.

시스트랜스 이성질체 *cis*-transisomer 동일한 분자식과 원자 사이의 공유 배열을 가지나 이중결합의 강직성 때문에 원자의 공간 배열이 다른 여러 화합물의 하나. 이전에는 기하이성질체라고 불렸다.

시트르산 회로 citric acid cycle 해당작용에서 시작된 포도당 분자를 피루브산의 산화작용에 의해 이산화탄소로 완전 분해하는 8단계의 반응을 포함한 화학회로. 진핵세포에서는 미토콘드리아에서 일어나며, 원핵세포에서는 세포질에서 일어난다. 세포호흡의 두 번째 중요 단계.

시험관내 돌연변이유발 *in vitro* mutagenesis 클로닝된 유전자의 염기서열을 일부 변경시킨 후, 이 돌연변이된 유전자를 세포로 도입하여 결과의 돌연변이체의 표현형을 조사함으로써 유전자의 기능을 알아보는 기술.

시험관 수정 *in vitro* fertilization(IVF) 시험관 내에서 난자를 수정시킨 다음 초기 배를 모체의 자궁에 인위적으로 착상시키는 것.

식도 esophagus 연동운동에 의해 인두로부터 위로 음식물을 보내는 통로.

식물 환경정화법 phytoremediation 몇몇 식물종이 토양으로부터 중금속이나 다른 오염물질을 흡수하여 식물체내 쉽게 수확할 수 있는 부분에 축적시키는 능력을 이용하여 오염된 지역을 적은 비용으로 정화시키는 기술.

식물극 vegetal pole 대부분의 난황이 몰려 있는 반구에서 난자의 끝 부분에 있는 지점으로, 동물극

의 반대쪽.

식세포작용 phagocytosis 세포에 의해 크고 입자성 물질이 흡수되는 세포내섭취. 몇몇 원생생물과 특정 면역세포(포유류에서 주로 대식세포, 호중구와 수지상세포)에 의해 수행된다.

식포 food vacuole 미생물의 식세포작용에 의해 형성되거나 또는 세포에 의해 먹이로 사용되는 입자에 의해 형성된 막의 소낭.

신경 nerve 주로 뉴런의 엑손다발로 이루어진 섬유.

신경가소성 neuronal plasticity 경험에 따라 변화하는 신경계의 수용력.

신경계 nervous system 동물에서 감각수용기, 신경세포망과 신경신호에 반응하는 근육과 샘의 연결을 포함하는 빠르게 활동하는 내부 상호작용 시스템. 내부 조절과 항상성을 유지하기 위해서 내분비계와 협력하여 작용한다.

신경관 neural tube 몸의 등축을 따라 존재하는 안으로 접혀진 외배엽 세포의 관으로 척삭의 배후에 위치한다. 중추신경계를 형성한다.

신경릉 neural crest 척추동물에서 외배엽으로부터 나온 신경관의 측면을 따라서 위치한 부위. 신경릉 세포는 배의 여러 부분으로 이동하여 피부에서 색소세포, 두개골의 일부, 치아, 부신과 말초신경계를 형성한다.

신경전달물질 neurotransmitter 화학적 시냅스를 가지는 뉴런의 시냅스 말단에서 방출되는 분자로 시냅스 간극을 가로질러 확산되어 시냅스 후세포에 결합하여 반응을 유발한다.

신경절 ganglion 중추신경계의 신경세포체의 다발.

신경조직 nervous tissue 뉴런과 지지세포로 이루어진 조직.

신경펩타이드 neuropeptide 신경전달물질로 작용하는 비교적 짧은 아미노산 사슬.

신경호르몬 neurohormone 뉴런에 의해 분비되고 체액을 따라 이동하다가 특정 표적세포의 기능을 변화하기 위해 표적세포에 작용하는 분자.

신우 renal pelvis 척추동물 신장의 수집관으로부터 여액을 받아들이는 깔때기 모양의 방으로서 요관으로 연결된다.

신장, 콩팥 kidney 혈액을 걸러 오줌을 형성하는 척추동물의 한 쌍의 배설 기관.

신장겉질(피질) renal cortex 척추동물 신장의 바깥 부분.

신장속질(수질) renal medulla 신장 겉질 아래에 위치하는 척추동물 신장의 안쪽 부분.

신호 signal 다른 동물의 행동 변화를 유발하는 행동.

신호인식입자 signal-recognition particle(SRP) 리보솜에서 나오는 신호펩타이드를 인식하는 단백질-RNA 복합체로, ER에 존재하는 수용체 단백질과의 결합에 의해 리보솜을 소포체로 보내는 것을 돕는다.

신호자극 sign stimulus 동물에 의해 정해진 양상의 행동을 유발시키는 외부 감각신호.

신호전달 signal transduction 특정 세포반응에 대한 기계적, 화학적 또는 전기적 자극을 연결하는 일련의 단계.

신호전달경로 signal transduction pathway 물리적 혹은 화학적 자극을 특정 세포반응으로 연결시키는 기작.

신호펩타이드 signal peptide 폴리펩타이드의 아미노 말단 또는 말단 부근에 존재하는 약 20개의 아미노산 서열로, 진핵세포에서 폴리펩타이드를 소포체나 다른 세포소기관으로 보내는 기능을 한다.

실험 experiment 통제된 조건에서 수행되는 과학적 검정. 한 시스템에서 하나 또는 그 이상의 요소 변화 효과를 보기 위해 이들의 조작을 포함한다.

실험군, 실험집단 experimental group 통제된 실험에서 검사하고자 하는 특정 요소를 가지는 (또는 받는) 일련의 대상

심박률 heart rate 심장 수축의 빈도.

심박출량 cardiac output 좌심실에서 1분간 내보내는 피의 양.

심방 나트륨이뇨펩타이드 atrial natriuretic peptide (ANP) 고혈압에 반응하여 심장의 심실세포에서 분비되는 펩타이드호르몬. 신장에 대한 ANP의 효과는 이온과 물의 이동을 변화시켜 혈압을 낮춘다.

심방 atrium 척추동물에서 정맥으로부터 혈액을 받아들이고 심실로 전달하는 심장의 공간.

심실,뇌실 ventricle (1) 심장에서 혈액을 내보내는 방. (2) 뇌척수액으로 채워진 척추동물 뇌 공간.

심장 heart 순환액(혈액과 림프)의 유체 압력을 높이기 위해 대사에너지를 이용하는 근육 펌프. 혈액은 압력기울기를 따라 혈관을 통해 흐른 다음 최종적으로 다시 심장으로 돌아온다.

심장근 cardiac muscle 심장의 수축벽을 이루는 근육. 세포는 각 심장박동을 전달하는 개재판으로 연결되어 있다.

심장마비 heart attack 하나 혹은 그 이상의 관상동맥이 오랫동안 막힌 결과로 인한 심장근육 조직의 손상이나 괴사.

심장잡음 heart murmur 대부분 심장에서 판막이 새는 곳을 통하여 피가 반대 방향으로 분출할 때 나는 소리.

심장주기 cardiac cycle 심장에서 교대로 일어나는 수축과 이완.

심전도 electrocardiogram(ECG 또는 EKG) 심박동 주기 동안 심장근육을 따라 이동하는 전기적 자극의 기록.

심플라스트 symplast 식물에서 두 세포 사이에 원형질연락사로 이어진 세포질의 연속체.

심피 carpel 밑씨를 형성하는 꽃의 생식기관으로 암술머리 암술대와 씨방으로 이루어져 있다.

심해대 abyssal zone 해저 2,000~6,000 m 사이 해양의 저생대 부분.

심해열수분출구 deep-sea hydrothermal vent 해저 바닥이나 근처의 화산활동과 관련되어 빛이 들지 않으며 뜨겁고 산소가 결핍된 심해 환경. 출수구 개체군의 생산자는 화학독립영양 원핵생물이다.

심혈관계 cardiovascular system 심장과 동맥, 모세혈관과 정맥으로 구성된 폐쇄혈관계로 척추동물의 특징이다.

십이지장 duodenum 위로부터의 산성 유미즙이 이자, 간, 쓸개와 소장벽의 소화샘으로부터 나온 소화액과 섞이는 작은창자의 첫 번째 부분.

쌍궁류 diapsid 두개골 양편에 한 쌍의 구멍을 가지는 양막류 분기군의 종류로, 인용류와 조룡류가 이에 속한다.

쌍떡잎식물 dicot(dicotyledon) 2개의 떡잎을 가지는 꽃피는 식물을 가르키는 용어로 최근의 분자생물학 증거는 쌍떡잎식물은 단분기군을 형성하지 않는다. 한때 쌍떡잎으로 분류되었던 종이 지금은 진정쌍떡잎, 목련류와 기본적인 속씨식물의 계통으로 분류된다.

쌍생아 연구 twin study 따로 양육된 일란성 쌍생아와 같은 가족으로 양육된 일란성 쌍생아의 행동을 비교하는 행동 연구.

쓸개, 담낭 gallbladder 쓸개즙(담즙)을 보관하며 필요 시 소장으로 분비하는 기관.

쓸개즙, 담즙 bile 간에서 생산되며 쓸개(담낭)에 저장되는 물질의 혼합체로 물에서 지방액적 형성을 하게 한다. 지방 흡수와 소화를 돕는다.

씨방, 난소 ovary (1) 꽃의 암술부분으로 이곳에서 난자를 포함하는 밑씨(배주)가 발생한다. (2) 동물에서 암컷 생식세포와 생식호르몬을 생산하는 곳.

아가미뚜껑 operculum 경골어류에서 아가미를 덮고 보호하는 뼈가 있는 보호판.

아교세포 glia(glialcells) 신경계의 기능을 지지하고, 조절하며 증가시키는 신경계의 세포.

아데노신삼인산 adenosin triphosphate(ATP) 아데닌을 포함하는 뉴클레오시드 삼인산으로 인산결합이 가수분해될 때 자유에너지를 방출한다. 이 에너지가 자유에너지 증가반응을 일으키는 데 이용된다.

아데닐산고리화효소 adenylyl cyclase 화학신호에 반응하여 ATP를 cAMP로 전환시키는 효소.

아메바 amoeba 헛발(위족)을 특징으로 가지는 원생생물.

아메바문 amoebozoan 둥근 모양이나 또는 관 모양을 헛발을 가지는 많은 종을 포함하는 분기군에 있는 원생생물.

아미노기 amino group 2개의 수소원자에 결합된 하나의 질소원자로 이루어진 화학작용기. 용액 상태에서는 수소이온을 받아들여 전하 +1을 획득함으로써 염기로 작용한다.

아미노산 amino acid 카르복실기와 아미노기를 모두 갖는 유기분자. 폴리펩타이드의 단량체로 작용한다.

아미노아실-tRNA 합성효소 aminoacyl-tRNA synthetase 각 아미노산을 적절한 tRNA에 연결하는 효소.

아밀레이스 amylase 녹말(식물의 포도당 중합체)과 글리코젠(동물의 포도당 중합체)을 작은 다당류와 이당류 말토오스로 가수분해하는 침 속의 효소.

아세틸 조효소 A acetyl CoA 세포호흡에서 시트르산 회로로 들어가는 물질로 피루브산 조각에 조효소가 붙어 생성된다.

아세틸콜린 acetylcholine 가장 일반적인 신경전달물질의 하나. 수용체에 결합한 후 시냅스 후 막의 특정 이온에 대한 막의 투과성을 변화시켜 막을 탈분극시키거나 혹은 과분극시킴으로 인해 작용한다.

아쿠아포린 aquaporin 특이적으로 세포막을 통한 물의 확산인 삼투를 촉진시키는 세포막에 존재하는 통로 단백질.

아포플라스트 apoplast 식물에서 세포벽과 세포외 공간의 연속체.

아폽토시스 apoptosis 조절된 세포자살 프로그램으로 죽을 운명을 가지는 세포에서 일련의 자살단백질의 활성을 유발시키는 신호에 의해 촉발된다.

악성종양 malignant tumor 하나 혹은 그 이상의 기관에 침입하여 그 기능을 방해하는 암 종양.

안드로젠 androgen 테스토스테론과 같이 남성 생식계와 2차 성징을 발달시키고 유지시키는 스테로이드호르몬.

안정화선택 stabilizing selection 극단적인 표현형에 비해 중간 정도의 표현형이 보다 성공적으로 생존 또는 생식하는 자연선택.

안지오텐신 II angiotensin II 모세관전 세동맥의 수축을 자극하고 신장의 근위세뇨관에 의한 물과 NaCl의 흡수를 증가시켜 혈압과 혈액의 양을 증가시키는 펩타이드호르몬.

안티코돈 anticodon tRNA 분자의 끝 부분에 존재하는 특별한 3 뉴클레오타이드조(3 염기조) 암호로, mRNA 분자에 존재하는 특정한 상보적인 코돈을 인식한다.

알도스테론 aldosterone 신장의 세뇨관에서 Na^+과 K^+의 수송을 조절하는 스테로이드호르몬.

알츠하이머병 Alzheimer's disease 나이와 관련된 정신 질환으로 혼돈, 기억력 감소 등의 증상을 보인다.

알칼리성 열수구 alkaline vent 뜨겁기보다는 다소 따뜻하며(40~90℃) 높은 pH로 인해 알카리성을 띠는 물을 방출하는 심해열수구. 이 열수구는 일부 과학자들이 초기 비생물적 유기화합물의 합성장소였다고 가정하는 철분과 그 외 촉매무기물로 덮인 작은 구멍으로 이루어져 있다.

알코올발효 alcohol fermentation 해당작용 이후 피루브산의 이산화탄소와 에탄올로의 변환.

알파나선구조 alpha(α) helix 단백질의 2차 구조의 한 형태를 이루는 나선 모양으로 특정 수소결합에 의해 형성된다.

암모나이트 ammonite 백악기(6,550만 년 전) 말에 멸종되기까지 수백만 년 동안 주된 해양 포식자로 존재하였던 껍질이 있는 두족류 무리의 하나.

암모니아 ammonia 질소고정 과정 및 단백질과 핵산분해대사의 노폐물로 생성되는 작으며 독성이 매우 강한 분자(NH_3).

암수딴몸, 자웅이주 dioecious 식물학에서 동일한 종의 다른 개체에 암컷과 수컷 생식기관을 가짐.

암수한몸, 자웅동체 hermaphrodite 유성생식에서 정자나 난자 둘 모두를 생산하여 암컷과 수컷 모두의 기능을 가지는 개체.

암수한몸성 hermaphroditism 한 개체가 유성생식에서 정자나 난자 둘 모두를 생산하여 암컷과 수컷 모두의 기능을 가지는 상황.

암술 pistil 하나의 심피나 혹은 융합된 심피 무리.

암술대 style 꽃 심피의 줄기로 아랫부분은 씨방이며 윗부분은 암술머리이다.

암술머리 stigma 화분 입자를 잡는 꽃 암술의 끈적끈적한 부분.

압력포텐셜 pressure potential(ψ_p) 용액의 물리적 압력으로 이루어진 수분 포텐셜의 구성요소. 양의 값, 0 및 음의 값을 가질 수 있다.

앞쪽 anterior 좌우대칭 동물에서 머리 혹은 앞쪽 부분.

액체성 섭취자, 체액을 먹는 동물 flluid feeder 다른 생물로부터 영양분이 풍부한 액체를 빨아먹고 사는 동물.

액틴 actin 근육 및 다른 종류의 세포에서 미세섬유(액틴 필라멘트)를 형성하는 것으로 사슬을 형성하는 구상 단백질 두 가닥이 서로 나선으로 꼬인 형태를 보인다.

액포 vacuole 많은 종류의 세포에서 다양한 기능을 수행하는 막으로 둘러싸인 주머니.

앱시스산 abscisic acid(ABA) 종종 생장호르몬에 의한 생장을 둔화시키는 식물호르몬. 앱시스산의 기능 중 중요한 두 가지는 종자의 휴면과 가뭄 저항성을 증진시키는 것이다.

야생형 wild type 자연 개체군에서 가장 흔하게 관찰되는 표현형을 가지는 개체. 표현형 그 자체를 일컫기도 함.

양막란 amniotic egg 액체로 채워진 양막주머니에서 배가 발생하며 난황에 의해 영양분을 공급받는 껍질이 있는 알. 파충류(조류를 포함)와 알을 낳는 포유류에서 생성되며, 건조한 육상에서 생활사를 마칠 수 있게 한다.

양막류 amniote 배를 보호하는 특수한 막인 액체로 채워진 양막을 포함하는 양막란을 중요 특징으로 가짐으로써 그 이름을 얻게 된 사족류의 분기군 종류. 양막류는 포유류, 조류와 다른 파충류 등을 포함한다.

양서류 amphibian 사족류의 분기군에 속하는 무리로서, 도롱뇽, 개구리와 나사(무족류의 양서류 일종) 등이 이에 속한다.

양성되먹임 positive feedback 한 변화가 변화를 증폭시키는 기작을 유발하는 생리적 조절 기작.

양성자 구동력, 수소이온의 이동력 proton-motive force 화학삼투 동안 수소이온을 막을 통해 이동시키므로 생기는, 전기화학 기울기의 형태로 저장된 위치에너지.

양성자 proton 원자의 핵에서 발견되는, 1.7×10^{-24} g의 질량을 가지는 하나의 양전하를 띠는 소립자.

양성자펌프 proton pump 세포막에서 ATP를 이용하여 수소이온을 세포 밖으로 수송하는 능동수송 단백질로 막전위를 발생시킨다.

양성잡종 dihybrid 두 유전자의 관점에서 보았을 때 이형접합인 생물. 다른 대립유전자들이 둘 다 동형인 양친을 교배시켰을 경우 그 자손은 모두 양성잡종이 된다. 예를 들어, 양친의 유전자형이 *AABB*와 *aabb*인 경우 *AaBb*의 양성잡종을 생산한다.

양성잡종교배 dihybrid cross 추적하는 두 형질 모두에서 각각 이형접합인 두 생물 사이의 교배(또는 두 형질에서 이형접합인 식물 사이의 자가수분).

양성종양 benign tumor 생성된 장소에 머무르는 비정상적인 세포 덩어리.

양수검사 amniocentesis 자궁 내로 주사기를 이용해 양수를 뽑아내 분석하여 태아의 유전병이나 선천성 결함을 탐지하는 출생 전 진단의 한 기법.

양압숨쉬기, 양압호흡 positive pressure breathing 공기가 폐로 강압적으로 들어가는 호흡방법.

양이온 교환 cation exchange 토양 내의 수소이온이 흙 입자로부터 무기물 이온을 바꿈으로 인해 양전하를 띤 무기물이 식물에 의해 흡수되도록 되는 과정.

양이온 cation 양전하를 띠는 이온.

양적형질 quantitative character 양자택일의 형태보다는 어떤 범위에 걸쳐 연속적으로 변하는 유전적 특성.

양치식물류 monilophyte 고사리, 쇠뜨기, 솔잎고사리와 그의 친족을 포함하는 양치식물문에 속하는 식물을 부르는 비공식적 용어.

양친매성 amphipathic 친수성과 소수성 부위를 모두 가지는.

양토 loam 대략 동일한 양의 모래, 침니와 점토로 이루어진 가장 비옥한 토양.

억제성 시냅스후전위 inhibitory postsynaptic potential(IPSP) 시냅스전 세포로부터의 억제성 신경전달물질이 시냅스후 수용체에 결합함으로써 유발되는 시냅스후 뉴런막의 과분극. 시냅스후 뉴런이 활동전위를 발생하기 더 어렵게 만든다.

억제자 repressor 유전자의 전사를 억제하는 단백질. 원핵생물에서 억제자는 프로모터나 혹은 근처에 위치한 DNA에 결합한다. 진핵생물에서는 인해서 내의 조절요소, 활성자 혹은 다른 단백질에 결합하여 활성자가 DNA에 결합하는 것을 방해하게 된다.

에너지 energy 변화, 특히 일을 할 수 있는 능력(물질을 반대하는 힘에 대항하여 움직일 수 있는 능력).

에너지가설 energetic hypothesis 먹이사슬의 길이는 사슬의 길이에 따른 에너지 전달의 비효율성에 의해 제한된다는 가설.

에너지연계, 에너지짝물림 energy coupling 세포 물질대사에서 발열반응에 의해 방출된 에너지가 흡열반응에 사용됨.

에디아카라 생물군 Ediacaran biota 6억 3,500만 년 전에서 5억 3,500만 년 전 사이의 화석으로부터 알려진 거대하고 부드러운 몸을 가진 초기 생물군.

에스트라디올 estrdiol 여성의 생식계와 2차 성징의 발달 및 유지를 촉진하는 스테로이드호르몬. 포유류의 중요 에스트로젠이다.

에스트로젠 estrogen 에스트라디올과 같은 여성의 생식계와 2차 성징의 발달 및 유지를 촉진하는 스테로이드호르몬.

에틸렌 ethylene 유일한 가스 형태의 식물호르몬; 물리적 스트레스, 예정세포사멸, 잎의 노화와 과실 성숙 등에 관여한다.

에피네프린 epinephrine 단기간의 스트레스에 반응하는 부신수질에서 분비되는 카테콜아민 호르몬으로 신경전달물질로도 작용한다. 아드레날린으로도 알려져 있다.

엑손 exon RNA 가공 후 RNA 분자에 남아 있는 1차 전사물 내에 있는 서열. 또한 전사되는 DNA 부분을 일컫는다.

엔돌핀 endorphin 고통의 감지를 억제하며 뇌와 뇌하수체 전엽에서 분비되는 호르몬.

엔트로피 entropy 무질서도의 측정.

여과 filtration 배설계에서 체액으로부터 물과 대사 노폐물을 포함한 작은 용질을 배설계로 거르는 작용.

여과섭식자 filter feeder 주위환경으로부터 작은 생물이나 음식물 입자를 여과 기작을 사용하여 먹고 사는 동물.

여액 filtrate 체액으로부터 배설계에 의해 걸러진 세포가 포함되지 않은 액체.

역류교환 countercurrent exchange 반대 방향으로 흐르는 두 액체 사이의 물질이나 열의 교환. 예를 들어, 아가미에서 혈액은 물이 아가미를 지나는 방향과 반대쪽으로 흐름으로써 산소의 흡수와 이산화탄소의 방출을 최대화한다.

역류증폭계 countercurrent multiplier system 물질 교환을 촉진시키고 농도기울기를 형성하기 위해 에너지가 능동수송으로 사용되는 역류 시스템.

역위 inversion 염색체의 일부가 원래의 염색체에 방향을 거꾸로 하여 다시 부착된 결과 생기는 염색체의 구조이상.

역전사효소 reverse transcriptase RNA를 주형으로 하여 DNA를 생성하는 레트로바이러스에 의해 생성되는 효소.

역전사효소중합반응 reverse transcriptase-polymerase chain reaction(RT-PCR) 특정 유전자의 발현을 결정하는 기법. 이 방법은 역전사효소와 DNA 중합효소를 사용하여 시료에 존재하는 모든 mRNA로부터 cDNA를 제작한 다음, 관심 있는 유전자 특이 프라이머를 사용하여 그 cDNA를 PCR로 증폭한다.

역치 threshold 흥분성 세포막이 활동전위를 생성하기 위해 반드시 도달해야 하는 전위.

역평행 antiparallel 이중나선 DNA 구조에서 당-인산 골격의 서로 반대되는 배열.

연골 cartilage 콘드로이틴 황에 다량의 콜라젠 섬유가 박혀 있는 유연성이 있는 결합조직.

연골어류 chondrichthyan 상어와 가오리와 같이 골격의 대부분이 연골로 이루어진 척추동물 종류.

연관유전자 linked genes 한 염색체상에 충분히 가까이 위치한 유전자는 보통 함께 유전된다.

연관지도 linkage map 상동 염색체의 교차 중에 일어나는 마커 사이의 재조합 빈도에 근거한 유전자 지도.

연동운동 peristalsis (1) 소화관을 따라 음식물을 밀어내는, 소화관 내벽을 이루는 평활근의 교대적인 수축과 이완. (2) 많은 환형동물에서와 같이 주기적인 근육 수축의 파동을 앞에서 뒤쪽으로 보냄에 의해 땅 위를 움직임.

연령구조 age structure 집단에서 특정 연령대에 있는 개체의 상대적인 수.

연속내부공생 serial endosymbiosis 미토콘드리아, 엽록체와 다른 세포내 구조가 작은 원핵생물이 순차적으로 큰 세포에 의해 삼켜져서 진핵생물이 형성되었다는 진핵생물 기원 가설.

연수 medulla oblongata 척추동물 뇌의 가장 아랫부분으로 일반적으로 수질이라 부르기도 한다. 호흡, 심장과 혈관작용, 삼키기, 소화 및 토하기 등을 포함하는 자율적이며 항상적인 기능을 조절하는 전방 척수의 후방에 자리잡은 후뇌의 팽윤 부분.

연안대 littoral zone 호수에서 빛이 잘 드는 호숫가에서 가까운 지역.

연역적 추리 deductive reasoning 일반적인 가정으로 특정 결과를 예측하는 논리.

연합신경세포 interneuron 뉴런의 집합체로 감각뉴런, 운동 뉴런과 시냅스를 형성하고 감각수용과 운동 출력을 통합하는 중추신경계 내부의 신경세포.

연합학습 associative learning 하나의 환경 특성(색과 같은)을 다른 것(위험과 같은)과 연관시키는 후천적 능력.

열 heat 한 물질에서 다른 물질로 전달되는 열에너지.

열대건조림 tropical dry forest 전반적으로 높은 온도와 강수량을 보이지만 뚜렷한 건기가 존재하는 육상생물군계.

열대우림 tropical rain forest 비교적 많은 양의 강수와 일년 내내 따뜻한 온도가 특징인 육상생물군계.

열대지방 tropics 북위 23.5°와 남위 23.5° 사이의 위도.

열성 대립유전자 recessive allele 표현형이 이형접합체에서는 나타나지 않는 대립유전자.

열수분출구 hydrothermal vent 심해 바닥에 존재하는 지역으로, 지구 내부로부터 뜨거운 물과 무기물이 바닷물로 분출된다.

열에너지 thermal energy 물질의 원자나 분자의 무작위적인 움직임에 의한 운동에너지. 열에너지가 가장 무질서한 형태의 에너지이다. 열 참조.

열역학 thermodynamics 물질의 집합에서 일어나는 에너지 변환의 연구. 열역학 제1법칙과 제2법칙 참조.

열역학제1법칙 first law of thermodynamics 에너지 보존의 법칙. 에너지는 전달되고 변형될 수 있지만 결코 창조되거나 파괴되지 않는다.

열역학제2법칙 second law of thermodynamics 모든 에너지 변환은 엔트로피를 증가시킨다는 원리. 질서정연한 형태의 에너지는 최소한 부분적으로 열로 전환된다.

열충격 단백질 heat-shock protein 열 스트레스 동안 다른 단백질을 보호하는 단백질. 열충격 단백질은 동물과 식물 그리고 미생물에서 발견된다.

염 salt 이온결합으로 형성된 화합물로, 이온결합물이라고도 한다.

염기 base 용액의 수소이온 농도를 감소시키는 물질.

염색질 chromatin 진핵생물의 염색체를 구성하는 DNA와 단백질의 복합체. 세포가 분열하지 않을 때에는 염색질은 매우 길고 가는 섬유 형태로 존재하여 광학현미경으로 관찰되지 않는다.

염색체 chromosome 하나의 DNA 분자와 관련 단백질 분자로 이루어진 세포내 구조. (유전체 염기서열결정과 같은 의미에서 염색체는 DNA만을 언급하기도 한다.) 일반적으로 진핵세포는 핵에 존재하는 다수의 선형 염색체를 가진다. 원핵생물은 보통 막으로 둘러싸여 있지 않은 핵양체에 위치한 하나의 원형 염색체를 가진다. 염색질 참조.

염증반응 inflammatory response 물리적인 상처나 조직 감염 등에 의해 유발되는 선천적인 면역반응으로, 부기를 촉진하고 백혈구의 침투를 향상시키는 물질의 분비를 포함하며, 조직을 수리하거나 침입한 병원균 파괴를 돕는다.

엽록소 chlorophyll 식물과 조류의 엽록체와 그리고 일부 원핵생물의 막에 존재하는 녹색 색소. 엽록소 *a*는 직접 명반응에 참여하여 빛에너지를 화학에너지로 변환시킨다.

엽록소 *a* chlorophyll *a* 명반응에 직접 참여하는 광합성 색소로, 빛에너지를 화학에너지로 전환시킨다.

엽록소 *b* chlorophyll *b* 에너지를 엽록소 *a*로 전달하는 보조 광합성 색소의 하나.

엽록체 chloroplast 식물과 광합성 원생생물에서만 존재하는 세포소기관으로 태양빛을 흡수하여 이산화탄소와 물로부터 유기물을 합성한다.

엽육세포 mesophyll cell C_4 식물에서, 잎의 표면과 유관속초 사이에 느슨하게 배열되어 있는 광합성 세포.

엽육조직 mesophyll 두 층의 표피 사이에 끼어 있는 잎의 기본 조직으로 광합성을 수행한다.

영양 nutrition 생물이 음식물을 섭취하여 이용하는 과정.

영양구조 trophic structure 생태계에서 서로 다른 먹이 섭취 관계로, 에너지 흐름의 경로와 화학적 순환의 양상을 결정한다.

영양번식 vegetative propagation 사람에 의해 이루어지는 식물의 무성 생식.

영양생식 vegetativere production 식물의 무성생식.

영양세포층 trophoblast 포유류 배반포의 바깥 상피. 태반의 태아 부분을 형성하며, 배의 발생을 돕지만 배가 적절한 부분으로 형성되는 것을 돕지는 않는다.

영양효율 trophic efficiency 한 영양단계에서 다음의 높은 영양단계로 전달되는 생산의 비율.

영역 domain (1) 분류에서 계 위의 범주. 3 영역은 고세균, 세균과 진핵생물이다. (2) 단백질에서 독립적으로 접히는 부분.

예측 prediction 연역적 추리에서 가설을 논리적으로 따르는 예측. 실험으로 이 예측을 검증함으로써 특정 가설을 기각할 수 있다.

오비탈 orbital 전자가 90% 이상의 시간을 머무르는 3차원의 공간.

오카자키 절편 Okazaki fragment DNA 복제 동안 주형 가닥에 있는 복제 원점으로부터 멀어지는 방향으로 합성되는 짧은 DNA 절편으로, 서로 연결되어 새로이 합성된 DNA의 지연가닥을 형성한다.

오페론 operon 프로모터, 작동자와 동등하게 조절되는 기능이 관련된 유전자의 무리로 이루어진, 박테리아와 파지에서 발견되는 유전자의 기능 단위.

오피스토콘트, 후편모류 opisthokont 균류, 동물 및 밀접하게 연관된 일부 원생생물 무리를 포함하는 진핵생물의 매우 다양한 분기군.

옥시토신 oxytocin 뇌하수체 후엽에서 분비되는 호르몬. 자궁 근육의 수축을 유도하고 수유기간 동안 젖샘이 젖을 분비하도록 한다.

옥신 auxin 세포 신장, 뿌리 형성이나 2차 생장 및 과실 생장 등 다양한 효과를 내는 식물호르몬인 인돌아세트산(IAA)을 주로 말한다.

온건성 파지 temperate phage 용균성 회로나 혹은 용원성 회로를 통하여 생식할 수 있는 능력이 있는 파지.

온대초원 temperate grassland 화본과 초본과 광엽초본이 우점하는 육상 생물군계.

온대활엽수림 temperate broadleaf forest 크고 잎이 넓은 낙엽수의 생장에 필요한 충분한 습도가 있는, 중위도 지역에 걸쳐 위치한 생물군계.

온도 temperature 한 물질의 원자와 분자의 평균 운동에너지(열에너지)의 정도를 측정한 것.

온도수용기 thermoreceptor 열이나 추위에 의해 자극되는 자극수용기.

온실효과 greenhouse effect 대기에 축적된 이산화탄소와 다른 기체가 반사된 적외선을 흡수하고 이 일부를 다시 지구로 반사시켜 유발되는 지구의 온난화.

옵신 opsin 빛 흡수 색소분자에 결합되어 있는 막단백질.

와편모류 dinoflagellate 세포를 덮고 있는 셀룰로오스 판에 존재하는 수직의 홈에 위치하고 있는 두 개의 편모를 가진 대부분이 단세포성인 광합성 조류.

완전꽃 complete flower 4개의 기본 꽃기관인 꽃받침, 꽃잎, 심피 및 수술을 모두 가지고 있는 꽃.

완전변태 complete metamorphosis 유충이 모습이 매우 다른 성체로의 전이. 성체는 종종 유충에 비해 환경에 매우 다르게 행동한다.

완전우성 complete dominance 이형접합체와 우성동형접합체의 표현형이 구분이 되지 않는 경우.

완족동물 branchipod 껍질이 등과 배쪽으로 나뉘진 해양 촉수동물류. 꽈리조개라고도 한다.

완충용액 buffer 외부에서 산과 염기가 더해졌을 때 급격한 pH의 변화를 최소화하는 산과 염기의 형태로 이루어진 물질을 가지는 용액.

외골격 exoskeleton 연체동물의 껍질이나 절지동물의 각피와 같이 동물 표면의 단단한 껍데기; 보호기능을 가지며 근육의 부착점을 제공한다.

외독소 exotoxin 원핵생물과 병원균에 의해 분비되는 독성 단백질로, 병원균이 더 이상 존재하지 않아도 증상을 일으킨다.

외떡잎식물 monocot 하나의 떡잎(종자 잎)을 가지는 꽃피는 식물 분기군의 일원.

외배엽 ectoderm 동물 배의 3 중요 배엽 중 제일 바깥 배엽으로 제일 바깥 표피를 형성하고 일부 문에서는 신경계, 내이와 눈의 렌즈를 형성한다.

외부군 outgroup 연구 중인 종의 무리를 포함하는 계통 이전에 분기한 것으로 알려진 진화계통으로부터의 종이나 종의 무리. 외부군은, 그 구성원이 연구 중인 종의 무리와 밀접하게 관련되어 있으나 어떠한 연구 무리의 일원과는 서로서로 밀접하게 관련되어 있지 않기 때문에 선택된다.

외부기생생물 ectoparasite 숙주의 외부 표면에서 먹이를 섭취하는 기생생물.

외생균근 ectomycorrhiza 균류가 뿌리를 둘러싸지만 숙주세포의 세포막 안으로 침입하지 않는 식물 뿌리계와 균류의 연합.

외생균근균류 ectomycorrhizal fungus 식물 뿌리의 표면에 균사막을 형성하는 공생 균류로, 뿌리 피층의 세포외 공간으로 자라기도 한다.

외온성 ectothermic 체온 조절을 위해 외부로부터 열의 중요한 근원을 얻는 동물을 일컫는 말.

외투강 mantle cavity 연체동물의 아가미, 항문 및 배설공이 존재하는 물로 채워진 공간.

외투막 mantle 연체동물의 3가지 중요한 부분 중 하나. 연체동물의 내장낭을 덮으며 껍질을 분비하는 조직의 주름. 발과 내장낭 참조.

외항동물 ectoproct 보통 태충류(bryozoan)라 불리는 고착생물을 하며 군체를 형성하는 촉수동물류.

요관 ureter 신장에서 방광으로 이르는 관.

요도 urethra 여성에서는 질 근처의 부분에서, 남성은 음경을 통하여 포유류 몸으로부터 오줌을 배출하는 관. 남성에서는 생식계의 출구관으로 사용된다.

요산 uric acid 단백질과 퓨린 대사물질의 산물로 곤충, 육상 달팽이와 많은 파충류의 중요 질소 노폐물이다. 요산은 비교적 비독성이며 대체로 불용성이다.

요소 urea 암모니아와 이산화탄소를 결합시키는 대사회로에 의해 간에서 생성되는 수용성 질소 노폐물

용균성 생활사 lytic cycle 숙주세포를 용해시켜 새로운 파지를 방출하는 파지 복제주기의 한 유형.

용매 solvent 용액에서 녹이는 물질. 물은 알려진 가장 좋은 용매이다.

용액 solution 둘 혹은 그 이상의 물질의 균일한 혼합 액체.

용원성 생활사 lysogenic cycle 바이러스 유전체가 프로파지로 박테리아 숙주 유전체로 끼어든 후 박테리아를 죽이지 않는 파지 생식주기의 하나.

용질 포텐셜 solute potential(ψ_s) 수분 포텐셜의 구성요소로, 용액에 녹아 있는 용질의 수에 비례하며 수분 이동의 방향에 대한 용질의 효과를 측정한다. 삼투 포텐셜이라고도 하며 0 혹은 음의 값을 가진다.

용질 solute 용액에 녹아 있는 물질.

우산이끼, 태류 liverwort 태류문에 속하는 작은 초본류의 비관다발식물.

우성대립유전자 dominant allele 이형접합체의 표현형에서 완전히 발현되는 대립유전자.

우울증 major depression disorder 우울한 감정, 자존심의 부족, 공허함 혹은 거의 모든 일에 대한 흥미를 잃음 등으로 특징지어지는 기분 장애.

우점종 dominant species 군집에서 가장 높은 빈도나 가장 많은 생물량을 가지는 종으로, 이 종은 다른 종의 출현과 분포에 지대한 영향을 미친다.

운동 단백질 motor protein 세포골격 요소와 다른 세포 요소와 상호작용하는 단백질로, 전체 세포나 세포 일부분의 이동을 담당한다.

운동계 **motor system** 외부 자극에 반응하여 신호를 골격근으로 전달하는 운동 뉴런으로 이루어진 척추동물 말초신경계의 원심성 가지.

운동뉴런 **motor neuron** 뇌나 척수로부터 근육이나 샘으로 신호를 전달하는 신경세포.

운동단위 **motor unit** 하나의 운동 뉴런과 그것이 조절하는 모든 근섬유.

운동에너지 **kinetic energy** 물체의 상대적 운동과 관련된 에너지. 움직이는 물질은 다른 물질에 운동을 나누어줌으로써 일을 한다.

운동핵 편모류 **kinetoplastid** 핵외 DNA를 가지는 하나의 큰 미토콘드리아를 갖고 있는 트라파노소마와 같은 원생생물.

운명예정지도 **fate map** 배발생에서 각 세포와 조직의 미래 발생을 나타내는 지도.

운반 RNA **transfer RNA(tRNA)** 특정 아미노산을 선택하여 mRNA의 적당한 코돈을 인지함으로써 핵산이라는 언어와 단백질 언어 사이의 통역 역할을 하는 RNA 분자.

워블 **wobble** tRNA 안티코돈의 5′ 말단에 존재하는 염기가 코돈의 3번째 위치에서(3′ 말단) 한 종류 이상의 염기와 쌍을 이룰 수 있는 염기쌍 규칙의 유연성.

원구 **blastopore** 낭배기에서 원장의 열린 부분으로, 전구동물에서는 입이 되며 후구동물에서는 항문이 된다.

원구류 **cyclostome** 턱이 없는 척추동물에 속하는 무리.

원구배순부 **dorsal lip** 양서류 배의 등쪽에 있는 원구의 위쪽.

원발암유전자 **proto-oncogene** 발암유전자가 되는 잠재력을 지닌 정상의 세포유전자.

원뿌리 **taproot** 배뿌리에서 발생하며 곁뿌리를 생성하는 주 수직 뿌리.

원사체 **protonema** 발아하는 이끼 포자에 의해 형성되는 녹색의 가지가 많은 한 세포 두께의 섬유 덩어리.

원생생물 **protist** 식물, 동물이나 균류가 아닌 다른 모든 진핵생물을 일컫는 비공식 용어. 일부 군체를 형성하거나 다세포인 원생생물도 존재하지만 대부분의 원생생물은 단세포이다.

원소 **element** 화학반응에 의해 어떠한 다른 물질로 분해될 수 없는 물질.

원시색소체생물 **Archaeplastida** 진핵생물의 진화 역사의 현재 가설에서 제안된 진핵생물의 3대 큰 무리 중 하나. 홍조류, 녹조류와 육상 식물을 포함하는 이 단계군은 남세균을 삼킨 원시 원생생물 조상으로부터 유래되었다. 섭식구굴착류, "SAR" 분기군 및 단편모류 참조.

원시세포 **protocell** 막과 유사한 구조를 가지며, 그 내부가 둘러싸고 있는 외부와는 다르게 유지되는, 살아 있는 세포의 비생물전구체.

원신관 **protonephridium** 신구라 불리는 외부로 연결된 통로를 가지나 내부의 통로는 존재하지 않는 닫혀진 관의 구조로 이루어진 편형동물의 불꽃세포 배설계와 같은 배설계.

원양대 **pelagic zone** 수생생물 군계의 외해요소.

원위세관 **distal tubule** 척추동물의 신장에서 여액을 정제한 후 수집관으로 보내는 작용을 하는 네프론의 부분.

원자 **atom** 원소의 성질을 그대로 유지하는 물질의 최소 단위.

원자가 **valence** 원자의 결합 능력. 보통 원자의 최외각에 존재하는 쌍을 이루지 못한 전자의 수와 같다.

원자가껍질 **valence shell** 원자의 화학반응에 관여하는 원자가 전자를 포함하고 있는 원자의 가장 바깥의 에너지 궤도.

원자가전자 **valence electron** 최외각에 존재하는 전자.

원자량 **atomic mass** 1몰수의 원자를 g 단위로 나타낸 원자의 총질량. (둘 이상의 동위원소를 가지는 원소의 원자량은 자연적으로 존재하는 동위원소 존재량의 무게 평균으로 나타낸다.)

원자번호 **atomic number** 원자의 핵 속에 존재하는 중성자의 수; 각 원소마다 고유하며 첨자로 표시한다.

원자핵 **atomic nucleus** 중성자와 양성자를 포함하고 있는 원자의 고밀도 중심 부위.

원장 **archenteron** 낭배기 동안 형성되는 내배엽으로 둘러싸인 공간으로 동물의 소화관으로 발달.

원조 **primitive streak** 조류나 포유류의 초기 배의 표면에 있는, 미래의 몸의 앞-뒤축을 따른 두터워짐. 세포가 배로 이동하기 전 중심선에서 모이므로 세포가 겹쳐 쌓아지기 때문에 생긴다.

원추세포, 원뿔세포 **cone** 척추동물 눈의 망막에 존재하는, 색에 민감한 원뿔 모양의 세포.

원핵세포 **prokaryotic cell** 막으로 둘러싸인 핵과 세포소기관이 없는 세포. 원핵세포를 가진 생물(박테리아와 고세균)을 원핵생물이라고 한다.

원형질분리 **plasmolysis** 세포벽을 가진 세포에서 고장액 환경으로 인해 세포가 수분을 잃게 될 때 세포질이 수축하여 원형질막이 세포벽에서 떨어져 나가는 현상.

원형질세포, 형질세포 **plasma cell** 항체를 분비하는 체액성 면역의 효과기 세포로 항원에 의해 자극된 B세포로부터 유래된다.

원형질연락사 **plasmodesmata** 식물세포벽에 존재하는 열린 통로이며 이곳을 통하여 세포질이 인접한 세포와 연결된다.

원형질체 **protoplast** 원형질막을 포함하는 식물세포의 살아 있는 부분.

위 **stomach** 음식물을 저장하고 소화의 예비단계를 수행하는 소화계의 한 기관.

위강 **spongocoel** 해면동물의 중심강.

위산 **gastric juice** 위에서 분비되는 소화액.

위수강 **gastrovascular cavity** 소화와 영양물질의 분배 기능을 하는, 일부 동물의 주머니 모양의 몸에서의 중심 체강.

위유전자, 유사유전자 **pseudogene** 진정한 유전자와 매우 비슷하나 기능을 가지는 산물을 생산하지 않는 DNA 절편. 돌연변이 때문에 특정 종에서 불활성화된 유전자로 기능을 하였던 DNA 조각.

위족아메바류 **cercozoan** 실 모양의 헛발(위족)로 먹이를 잡는 아메바성 또는 편모성 원생생물.

위치에너지 **potential energy** 위치나 공간 배열(구조)의 결과로 물질에 저장된 에너지.

위치정보 **positional information** 동물이나 식물의 배구조에서, 몸의 축과 관련 있는 세포의 위치를 지시함으로써 패턴 형성을 조절하는 분자신호.

유공충류 **foram(foraminiferan)** 탄산칼슘을 포함하고 있는 단단한 껍질을 분비하며 껍질에 있는 구멍을 통해 헛발을 뻗는 수생 원생생물.

유관속초세포, 관다발초세포 **bundle-sheath cell** C_4 식물에서 잎맥 주변의 단단하게 싸여 있는 엽초로 배열되어 있는 광합성세포 유형.

유글레나류 **euglenid** 앞부분에 하나 혹은 2개의 편모가 나오는 공간을 특징으로 가지는 유글레나와 같은 원생생물.

유글레나조아류 **euglenozoan** 포식성 종속영양생물, 광합성 독립영양생물과 병원성 기생생물을 포함하는 편모성 원생생물의 다양한 분기군의 하나.

유기화학 **organic chemistry** 유기물에 관한 연구.

유대류 **marsupial** 코알라, 캥거루나 주머니쥐와 같이 어린 자식이 배발생을 육아낭이라고 불리는 모체의 주머니에서 완성하는 포유류.

유도 **induction** 한 무리의 세포 또는 조직이 밀접한 상호작용을 통해 다른 세포나 조직의 발생에 영향을 미치는 과정.

유도자 **inducer** 박테리아 억제자 단백질에 결합하여 모양을 변화시켜 억제자가 작동자에 결합하지 못하게 함으로써 오페론을 활성화시키는 특수한 작은 분자.

유도적합 **induced fit** 기질이 들어감으로써 유도된, 효소가 보다 편안하게 기질에 결합할 수 있도록 기질에 의한 효소의 활성자리 모양의 변화.

유동 모자이크 모형 **fluid mosaic model** 현재 받아들여지고 있는 막구조 모델; 이 모델에서 막은 유동성 인지질층을 좌우로 떠다니는 모자이크 양상의 단백질 분자를 가진다.

유모세포 **hair cell** 세포 표면의 털과 같은 돌기가 움직일 때 신경계로의 출력을 변경시키는 기계적 감각세포.

유미관 **lacteal** 창자의 융털돌기 중심으로 뻗은, 흡수된 유미입자를 받아들이는 작은 림프관.

유미즙 **chyme** 위에서 형성된 부분적으로 소화된 음식물과 소화즙의 혼합물.

유배식물 **embryophyte** 다세포성 배의 공통된 형질을 언급하는 육상식물의 다른 이름.

유사분열기 mitotic(M) phase 유사분열과 세포질분열을 포함하는 세포주기의 한 단계.

유사분열방추체 mitotic spindle 유사분열 동안 염색체의 이동에 관여하는 미세소관과 관련 단백질의 조합.

유사파충류 parareptile 대부분 크고 땅딸막하며 다리 4개를 가진 초식동물로 진화한 초기의 중요 파충류 무리. 삼첩기 말기에 멸종.

유생, 유충 larva 일부 동물의 생활사에서 독립생활을 하는 성적으로 미성숙한 형태인데 형태적인 면, 영양적인 면 혹은 서식지에서 성체동물과 다르기도 하다.

유성생식 sexual reproduction 두 부모가 그들의 생식세포로부터 유전자의 독특한 조합을 가지는 자손을 낳는 생식 유형.

유세포 parenchyma cell 비교적 특수화되지 않은 식물세포로 대부분의 대사작용을 수행하며 유기물을 합성 저장하고 더 분화된 세포 유형으로 발생한다.

유스타키오관 Eustachian tube 중이와 인두를 연결하는 관.

유악동물 gnathostome 턱을 가지는 척추동물의 무리. 유악동물은 상어, 가오리, 실러캔스, 방사형 지느러미 어류, 폐어, 양서류, 파충류 및 포유류를 포함한다.

유전 heredity 한 세대에서 다음 세대로의 형질의 전달.

유전공학 genetic engineering 실용적 목적을 위한 직접적인 유전자 조작.

유전의 염색체설 chromosome theory of inheritance 유전자가 염색체상에 존재하며 감수분열 동안 염색체의 행동이 유전 양상을 조절한다는 생물학의 기본 원리.

유전자 gene DNA(일부 바이러스에서는 RNA)에서 특정 염기서열로 이루어진 유전정보의 개별적 단위.

유전자 클로닝 gene cloning 많은 수의 유전자 복사체의 생산.

유전자 풀 gene pool 한 집단에서 모든 개체에 존재하는 모든 유전자 자리의 모든 대립유전자의 집합. 유전자 풀이라는 용어는 한 집단에서 단지 하나 혹은 몇 개의 유전자 자리의 대립유전자의 집합을 말하는 보다 제한된 의미로 사용되기도 한다.

유전자발현 gene expression DNA가 단백질 합성을 지령하는 과정으로, 일부 경우는 단지 RNA 합성만을 지시한다.

유전자변형 생물 genetically modified(GM) organism 인위적인 방법으로 하나 이상의 유전자를 획득한 생물; 형질전환 생물이라고도 한다.

유전자재조합 genetic recombination 형질의 조합이 어느 부모에 존재하는 그것과 다른 자손을 생산할 때 쓰는 일반적 용어.

유전자 주석달기 gene annotation 단백질을 암호화하는 유전자를 확인하고 그 산물의 기능을 결정하는 유전체 염기서열의 분석.

유전자치료 gene therapy 치료목적으로 유전병을 가진 사람에게 유전자를 도입.

유전자형 genotype 한 생물의 대립유전자의 구성.

유전자 흐름 gene flow 생식력이 있는 개체나 배우체의 이동으로 인한 한 개체군에서 다른 개체군으로의 유전자 전달.

유전적 변이 genetic variation 유전자 또는 DNA 절편 조성의 개인적 차이.

유전적 부동 genetic drift 우연한 사건이 한 세대에서 다음 세대로 예측할 수 없는 유전자빈도의 변화를 유발하는 과정. 유전자 흐름의 효과는 작은 집단에서 두드러진다.

유전적 양상 genetic profile 지금은 대부분 PCR에 의해, 이전에는 전기영동과 핵산 탐침에 의해서 검출되는 개인의 유전적 표지자의 독특한 세트.

유전적 지도 genetic map 염색체상의 유전자 좌위의 순서.

유전체 genome 생물 또는 바이러스의 유전물질. 비암호화 핵산 염기서열을 포함한 생물 또는 바이러스의 유전자의 전량.

유전체 각인 genomic imprinting 자손에서 대립유전자의 발현이 대립유전자가 부계로부터 혹은 모계로부터 유전했는지의 여부에 따라 달라지는 상황.

유전체학 genomics 종내 한 세트의 유전자(또는 DNA)와 그들의 상호작용뿐만 아니라 종 사이의 유전체 비교를 연구하는 체계적인 연구.

유전학 genetics 유전과 유전변이에 관한 학문.

유체골격 hydrostatic skeleton 폐쇄된 몸의 구획에서 압력을 가지는 액체로 이루어진 골격계; 대부분의 자포류, 편형동물, 선충류와 환형동물의 주요 골격계이다.

유한생장 determinate growth 일정한 크기에 도달하면 생장이 멈추는 대부분의 동물과 일부 식물기관에의 생장 특성.

유해수용체 nociceptor 유해하거나 혹은 통증 자극에 반응하는 감각수용기. 통증수용기라고도 한다.

유행성 epidemic 일반적인 질병의 창궐.

유형형성 paedomorphosis 성체가 진화 조상의 어린 형태를 유지하는 것.

유효 개체군 크기 effective population size 성공적으로 교배할 수 있는 암수의 숫자에 근거한 집단의 크기 예측; 일반적으로 모든 집단보다는 작다.

육식동물 carnivore 다른 동물을 먹는 동물.

윤작 crop rotation 주로 토양의 생산성을 보존하기 위해 동일한 토지에 서로 다른 작물을 번갈아 경작하는 것.

융모 villus (1) 작은창자의 내부 표면에 존재하는 손가락 모양의 돌기. (2) 포유류 태반 융모막의 손가락 모양의 돌기. 많은 수의 융모는 이들 기관의 표면적을 증가시킨다.

융모막융모채취법 chorionic villus sampling (CVS) 태반에서 태아조직의 일부를 떼내어 태아의 유전적 선천성 결함을 조사하는 태아 진단법의 하나.

음경 penis 수컷 포유류의 교미구조.

음경꺼풀, 포피 prepuce 음핵이나 음경의 머리부분을 싸고 있는 접혀진 피부.

음낭 scrotum 정소를 싸고 있는 피부주머니로, 정자형성 과정에 필요한 낮은 온도에서 정소를 유지하게 한다.

음문 vulva 여성 외부 생식기의 집합적 명칭.

음성되먹임 negative feedback 생물에 의해 항상 감시되는 생리적인 변화가 처음의 변화를 상쇄하는 반응을 유도하게 하는 항상성의 중요 기작.

음세포작용 pinocytosis 액체나 거기에 녹아 있는 용질을 흡수하는 세포내 섭취작용의 한 종류.

음압숨쉬기, 음압호흡 negative pressure breathing 공기가 폐 속으로 끌려 들어가는 호흡 방식.

음이온 anion 음성으로 하전된 이온.

음핵 clitoris 혈액으로 충혈된 여성의 기관으로 성적 흥분 시 발기한다.

응집 cohesion 보통 수소결합에 의한 같은 분자의 결합력.

응집-장력 가설 cohesion-tension hypothesis 물관액의 상승에 대한 가장 적절한 설명. 증산작용이 물관액을 끌어당겨 물관액이 음의 압력 또는 장력에 놓이게 만들고, 물분자의 응집력이 꼭대기로부터 뿌리까지 전 길이를 통해 이 장력을 전달한다.

의체강동물 pseudocoelomate 중배엽과 내배엽으로부터 유래된 조직에 의해 둘러싸인 체강을 가지는 동물.

이끼 moss 선태식물문에 속하는 작은 초본류의 비관다발식물.

이노시톨 삼인산 inositol triphosphate(IP_3) 일부 비스테로이드 호르몬과 세포질 칼슘 농도의 증가인 3차 신호전달자 사이를 매개하는 기능을 하는 2차 신호전달분자.

이당류 disaccharide 두 개의 단당류가 응축반응 동안 형성된 글리코시드결합에 의해 연결된 당류.

이동 locomotion 한 장소에서 다른 장소로의 능동적인 움직임.

이동통로 movement corridor 서식지를 고립되지 않도록 서로 연결하여 주는 일련의 작은 숲 혹은 좁은 띠.

이론 theory 새로운 가설을 일반화시키는 설명으로 많은 증거에 의해 지지된다.

이명법 binomial 속명과 종소명의 두 부분으로 이루어진 한 종을 명명하는 라틴어 명명법. 이명식 명칭이라고도 한다.

이배엽성의 diploblastic 2개의 배엽을 가지는.

이배체 세포 diploid cell 염색체 2조(2*n*)를 포함하고 있는 세포. 한 조는 양친 각각으로부터 물려받는다.

이분법 binary fission 반으로 나누어지는 것에 의한 원핵생물의 무성생식 방법. 원핵생물에서 이분법은 유사분열을 수반하지 않으나, 이분법을 겪는 단세포 진핵생물에서는 유사분열이 이 과정의 하나이다.

이성간 선택 intersexual selection 자연선택의 하나로서, 한쪽 성의 개체(주로 암컷)가 다른 성의 개체를 짝으로 선택함에 있어 까다로운 선택으로, 짝 선택이라고도 한다.

이성질체 isomer 같은 분자식을 가지나 구조가 달라서 성질이 다른 화합물. 세 종류의 이성질체는 구조이성질체, 기하이성질체와 거울상 이성질체가 있다.

이소 종분화 allopatric speciation 한 개체군으로부터 지리적으로 격리된 개체군에서 새로운 종의 형성.

이소개체군 metapopulation 이입과 이출을 통해서 상호작용하는 단일 종의 공간적으로 분리된 집단의 무리.

이소적, 이소성 ectopic 비정상적인 장소에서 일어나는.

이수성 aneuploidy 하나 혹은 그 이상의 염색체가 더 존재하거나 부족한 염색체이상.

이시성 heterochrony 개체 발생의 시기나 속도에서의 진화적 변화.

이온 ion 하나 혹은 그 이상의 전자를 잃거나 얻어 전하를 띤 원자.

이온결합 ionic bond 반대전하를 띤 이온 사이에서의 화학적 결합.

이온통로 ion channel 특정 이온을 농도기울기의 순방향으로 통과시키는 막관통 단백질 통로.

이온화합물 ionic compound 이온결합의 결과로 생긴 화합물로 염이라고도 한다.

이완기 diastole 심장근육이 이완되어 심실과 심방이 혈액으로 채워지는 심장박동주기의 한 단계.

이완기혈압 diastolic pressure 심실이 이완되었을 때 동맥의 혈압.

이입 immigration 다른 지역으로부터 새로운 개체의 유입.

이자, 췌장 pancreas 외분비 및 내분비 조직을 가지는 분비샘. 외분비 기능으로는 효소와 염기성 용액을 관을 통해 소장으로 분비함으로써 소화에 관여한다. 관이 없는 내분비 기능으로는 인슐린과 글루카곤을 혈액으로 분비함으로써 항상성 유지에 관여한다.

이주 migration 주기적인 먼 거리의 위치 변화.

이중결합 double bond 이중 공유결합. 두 원자에 의한 두 쌍의 원자가 전자의 공유.

이중나선 double helix 인접한 두 가닥이 가상의 축을 따라 나선 모양을 형성하는 DNA의 형태.

이중순환 double circulation 각 순환을 마친 후 혈액이 심장을 통하여 흐르는, 분리된 폐순환과 체순환을 가지는 순환계.

이질배수체 allopolyploid 서로 다른 두 종의 상호교배 결과 염색체가 서로 결합한 결과 2 염색체 세트 이상을 가지는 임성의 개체.

이질세포 heterocyst 일부 섬유상 시아노박테리아에서 질소고정에 관여하는 특수화된 세포.

이질염색질 heterochromatin 간기 동안 심하게 응축되어 있고 보통 전사되지 않는 진핵생물의 염색질.

이출 emigration 한 집단에서 나가는 개체의 이동.

이타주의 altruism 자신의 적응은 감소시키나 다른 개체의 적응을 증가시키는 행동양식.

이핵의 dikaryotic 한 세포에 각 양친으로부터 물려받은 두 개의 반수체 핵을 가진 균류의 균사체를 일컫는 말.

이핵체 heterokaryon 세포당 하나 혹은 그 이상의 반수체 핵을 포함하는 균류의 균사체.

이형 heteromorphic 포자체와 배우체 세대가 형태면에서 다른 식물과 일부 조류의 생활사를 언급함.

이형접합의 heterozygote 주어진 유전자에서 두개의 다른 대립유전자를 가지는.

이형포자성 heterosporous 수컷 배우체로 발생하는 소포자와 암컷 배우체로 발생하는 대포자 등 두 종류의 포자를 가지는 식물종을 일컬음.

이화작용경로 catabolic pathway 복잡한 분자를 간단한 분자로의 분해에 의해 에너지를 방출하는 물질대사경로.

이황화결합 disulfide bridge 한 시스테인 잔기의 황과 다른 시스테인 잔기의 황 사이에 형성되는 강력한 공유결합.

익룡류 pterosaur 공룡시대에 살았던 날개 달린 파충류.

익스팬신 expansin 셀룰로오스 미세섬유와 다른 세포벽 성분 사이의 수소결합을 절단하는 식물효소로 세포벽을 느슨하게 한다.

인 nucleolus 다양한 염색체에 의해 형성된 핵에 존재하는 특수화된 구조로 리보솜을 합성한다.

인간면역결핍 바이러스 human immunodeficiency virus (HIV) AIDS(후천성 면역결핍증후군)를 일으키는 감염원. HIV는 레트로바이러스이다.

인간유전체사업 Human Genome Project 인간 유전체 DNA의 염기서열을 결정하고 지도를 작성하는 국제 공동 연구.

인구통계적 전이 demographic transition 출생률과 사망률이 높은 0의 인구 증가율에서 출생률과 사망률이 낮은 0의 인구 증가율로의 전환.

인대 ligament 관절과 함께 뼈를 연결하는 섬유상 연결조직.

인두 pharynx (1) 공기와 음식물이 통과하는 척추동물의 인후(목구멍)에 존재하는 부위. (2) 편형동물에서는 몸의 배 부분에서 시작하여 입에서 끝나는 근육으로 이루어진 관.

인두열 pharyngeal cleft 척삭동물의 배에서 인두의 바깥 표면을 따라 일련의 아치 형태의 구조를 구분하는 홈의 하나로 인두열(pharyngeal slit)로 발생한다.

인두열 pharyngeal slit 척삭동물의 배에서 인두열로부터 형성되는 틈새의 하나로, 인두로 연결되며 나중에 많은 척추동물에서 아가미틈으로 발생한다.

인산기 phosphate group 4개의 산소원자와 결합한 인원자로 이루어진 화학기. 에너지 전달에 중요하다.

인산화 연쇄반응 phosphorylation cascade 각 단백질인산화효소가 다음 인산화효소를 인산화시키는 방식으로 순차적으로 일어나는 일련의 단백질 인산화 과정. 종종 신호전달경로에서 발견된다.

인산화된 중간물질 phosphorylated intermediate 인산기가 공유결합으로 부착된 분자(종종 반응물)로 인산화되지 않은 분자에 비해 덜 안정적이어서 활성이 더 크다.

인수공통 병원균 zoonotic pathogen 사람에서 다른 동물로 전파되는 병원균.

인슐린 insulin 혈당을 낮추는 작용을 하는 이자 베타세포에서 분비되는 호르몬. 대부분 세포의 글루코오스 흡수, 간에서 글리코겐의 합성과 저장을 촉진하며 또한 단백질과 지방의 합성을 자극한다.

인용류 lepidosaur 도마뱀, 뱀, 큰도마뱀(tuatara)이라 불리는 두 종류의 뉴질랜드 동물을 포함하는 파충류 무리.

인위선택 artificial selection 원하는 형질을 얻기 위해 동식물을 선택적으로 육종하는 것.

인지 지도 cognitive map 동물 환경에 존재하는 물체 사이의 공간적인 관계 신경 표시.

인지 cognition 자각, 추리, 회상 및 판단을 포함하는 지식과정.

인지 perception 뇌에 의한 입력 감각의 해석.

인지질 phospholipid 글리세롤이 2개의 지방산과 하나의 인산기와 결합한 지질. 지방산의 탄화수소 사슬은 비극성이며 소수성 꼬리로 작용하고, 나머지는 극성이며 친수성 머리로 작용한다. 인지질은 생체막 기능을 하는 이중층을 형성한다.

인터페론 interferon 항바이러스나 면역조절기능을 가지는 단백질. 바이러스에 감염된 세포에서 분비되는 인터페론-α나 인터페론-β는 인근의 세포가 바이러스 감염에 저항하는 것을 도우며, T세포에 의해서 분비되는 인터페론-γ는 대식세포를 활성화시킨다.

인테그린 integrin 동물세포에서, 세포외기질과 세포골격을 연결해 주는 막관통 수용체 단백질.

인트론 intron 1차 전사물 안에 암호화하지 않고 끼어 있는 부분으로 RNA 가공 동안 전사물로부터 제거된다. 또한 인트론이 전사되는 DNA 부분을 일컫는다.

인핸서 enhancer 그것이 전사를 조절하는 유전자보다 보통 멀리 떨어져서 위치하는 많은 조절요소를 포함하고 있는 진핵생물 DNA 부위.

일부일처제 monogamous 한 수컷이 단지 하나의 암컷과만 짝을 이루는 관계의 유형을 일컫는 용어.

일액현상 guttation 일부 식물에서 뿌리의 압력에 의해 생기는 물방울의 분비.

일주기성 리듬 circadian rhythm 모든 진핵생물에 존재하는 약 24시간의 생리적 주기로 외부의 신호 없이도 유지된다.

일회호흡량 tidal volume 동물이 한번에 숨을 들이마시고 내쉬는 양.

임계기 sensitive period 특정 행동의 학습이 일어나는 제한된 동물발생 시기. Critical period라고도 한다.

임신, 수태 conception 사람에서 정자에 의한 난자의 수정.

임신 pregnancy 자궁에 하나 혹은 그 이상의 배를 가지고 있는 상태.

잉태 gestation 임신 참조.

잎 leaf 관다발식물에서 주된 광합성 기관.

잎몸, 엽신 blade (1) 해초에서 광합성을 위한 대부분의 면적을 제공하는 잎과 같은 구조. (2) 전형적인 식물 잎의 납작한 부분.

잎사귀형지느러미 lobe-fin 사족류를 탄생시킨 계통뿐만이 아니라 실라칸스와 폐어를 포함하는 막대기 모양의 근육 지느러미를 가지는 경골어류인 육기어류에 속하는 무리.

잎원기 leaf primordium 어린 싹의 정단분열조직에서 붙어 있는 손가락 모양의 작은 돌출부로 여기에서 잎이 나온다.

잎자루 petiole 엽병; 잎을 줄기의 마디에 부착시키는 잎의 자루.

잎차례, 엽서 phyllotaxy 식물의 가지에 붙어 있는 잎의 배열.

자가면역질환 autoimmune disease 면역계가 자신을 공격하는 면역질환.

자가분비 autocrine 분비세포를 표적으로 삼는 분비된 분자의 속성.

자가불화합성 self-incompatibility 자신의 화분이나 때로는 매우 밀접하게 관련된 개체의 화분을 받아들이지 않는 종자식물의 능력.

자궁 uterus 난자가 수정되고 발생이 일어나는 암컷기관.

자궁경부 cervix 질로 연결된 자궁의 목 부분.

자궁내막 endometrium 많은 혈관이 분포된 자궁의 안쪽 막.

자궁내막증 endometriosis 자궁에서 자궁내막 조직의 존재로 인한 이상.

자궁주기 uterine cycle 사람 및 일부 영장류에서, 임신되지 않은 자궁내벽이 지궁경부를 거쳐 질로 나오는 생식주기의 한 유형. 생리주기라고도 한다.

자극 stimulus 되먹임조절에서 반응을 유발하는 변수의 변동.

자극호르몬 tropic hormone 다른 내분비샘이 표적인 호르몬.

자낭 ascus 자낭균류의 이핵성 균사의 끝 부분에 위치하는 주머니 모양의 포자 캡슐.

자낭과 ascocarp 자낭균류의 자실체.

자낭균류 ascomycete 자낭균문에 속하는 균류. 자낭균류는 단세포인 효모, 작은 잎반점 균류에서 복잡한 주발버섯(cup fungi)과 곰보버섯에 이르기까지 그 크기와 복잡성이 매우 다양하다. 약 절반 정도의 자낭균류는 지의류의 형태로 조류나 시아노박테리아와 공생한다.

자루 stipe 해초류의 줄기 비슷한 구조.

자매 분류군 sistertaxa 직접적인 공통조상을 공유함으로써 가장 가까운 친족인 생물의 무리.

자매염색분체 sister chromatid 동원체에서, 때로는 염색체 팔 전반에 거쳐, 단백질에 의해 서로 연결된 복제된 염색체의 두 사본 중 하나. 연결되어 있는 동안 두 자매염색분체는 하나의 염색체를 형성한다. 염색분체는 결국 체세포분열이나 감수분열 동안 분리된다.

자발적 과정 spontaneous process 전반적인 에너지의 투입 없이 자발적으로 일어나는 과정.

자세포 cnidocyte 자포류에 독특한 특수화된 세포. 감겨진 실을 포함하는 캡슐과 같은 주머니를 가지는데 이 실이 바깥쪽으로 뻗어 나와 먹이를 잡거나 방어에 이용된다.

자스몬산 jasmonate 식물에서 다양한 발생 과정을 조절하고 초식동물에 대한 식물의 방어에 중요한 역할을 하는 호르몬의 한 종류.

자연살생세포 natural killer cell 종양세포와 바이러스에 감염된 세포를 죽이는 백혈구 종류; 선천성 면역에 중요한 구성요소이다 .

자연선택 natural selection 어떤 유전적 특성을 가진 생물이 다른 특성을 가진 생물에 비해 보다 더 잘 생존하고 생식하는 과정.

자엽초 coleoptile 초본류 종자 배의 어린 싹 덮개.

자원분배 resource partitioning 함께 공존하는 종에 의한 환경 자원이 분리됨으로써 각 종의 서식지가 함께 공존하는 종의 서식지에 비해 하나 혹은 그 이상의 중요 요소에서 다르다.

자유에너지 free energy 계를 통한 온도와 압력이 일정할 때 일을 수행할 수 있는 생물계의 에너지 부분. (계의 자유에너지 변화는 $\Delta G = \Delta H - T\Delta S$ 방정식으로 계산된다. 여기에서 ΔH는 엔탈피[생물계에서 전체 에너지와 동등함], ΔT는 절대온도이며 ΔS는 엔트로피의 변화이다.)

자율신경계 autonomic nervous system 내부 환경을 조절하는 척추동물 말초신경계로부터 나오는 가지로, 교감신경과 부교감신경 그리고 장내 신경부로 구성되어 있다.

자포 nematocyst 자포류의 자세포에 존재하는, 발사되었을 때 먹이의 체벽을 관통할 수 있는 감겨진 실을 포함하는 캡슐 모양의 세포소기관.

작동자 operator 박테리아 DNA에서 오페론의 시작 지점 부근에 존재하는 짧은 염기서열로 억제자가 결합하는 자리이다. 억제자가 결합하면 RNA 중합효소가 프로모터에 결합하는 것을 방해하며 따라서 오페론 유전자의 전사가 방해된다.

작용기 functional group 일반적으로 탄소골격에 부착된 원자의 특수한 배열로 보통 화학반응에 관여한다.

작용스펙트럼 action spectrum 특정 작용을 수행하는 데 있어 여러 파장의 상대적인 효과를 예측하는 그래프.

작은 간섭 RNA small interfering RNA(siRNA) 긴 이중가닥 RNA로부터 세포기구에 의해 생성되는 작은 단일가닥 RNA 분자. siRNA는 하나 혹은 그 이상의 단백질과 복합체를 형성하고 상보적인 서열로 mRNA의 번역을 막거나 분해시킬 수 있다.

작은창자, 소장 small intestine 소화관의 가장 긴 부분으로, 큰창자에 비해 작은 지름으로 인해 이름이 붙여졌다. 효소에 의한 음식물의 가수분해와 영양물질의 흡수가 일어나는 가장 중요한 곳이다.

잔류공기량 residual volume 강제로 내보낸 후 폐에 잔류하는 공기의 양.

잡식동물 omnivore 동물뿐만 아니라 식물 또는 조류를 정기적으로 먹는 동물.

잡종 hybrid 서로 다른 두 종에 속하는 개체의 교잡으로 생겨난 자손.

잡종강세 heterozygotic advantage 이형접합 개체의 동형접합 개체에 비해 생식 높은 생식 성공; 유전자 풀에서 변이를 보존하는 경향이 있다.

잡종형성지대 hybrid zone 서로 다른 종의 개체가 만나 교잡하여 최소 얼마간의 혼합된 조상의 자손을 생산하는 지리적 지역.

잡종화 hybridization 유전학에서 두 순종의 교잡.

장기기억 long-term memory 일생에 걸쳐 정보를 저장하고 연관시키며 기억할 수 있는 능력.

장기상승작용 long-term potentiation(LTP) 수용 뉴런에 의한 활동전위에 대한 증가된 반응.

장란기 archegonium 식물에서 암컷 배우자낭으로 배우체가 발생하는 습한 방.

장신경계 enteric division 소화관, 이자와 쓸개에 존재하는 신경망으로 교감신경과 부교감신경에 의해 조절된다.

장일식물 long-day plant 보통 늦은 봄이나 이른 여름처럼 빛의 길이가 임계 길이보다 길 때만 꽃 피는 식물.

장정기 antheridium 식물에서 수컷 배우자낭으로 배우체가 발생하는 습한 방.

재조합 DNA recombinant DNA 다른 근원의 DNA 절편을 가지도록 시험관에서 조작된 DNA 분자.

재조합 염색체 recombinant chromosome 양 부모로부터의 DNA가 교차에 의해 하나의 DNA로 결합되어 생기는 염색체.

재조합형 recombinant type(recombinant) 표현형이 부모와는 다른 자손. 표현형 자체를 일컫기도 한다.

재흡수 reabsorption 배설계에서 여액으로부터 용질과 물을 회수하는 것.

저밀도 지질단백질 low-density lipoprotein (LDL) 인지질의 단일층에 둘러싸인, 콜레스테롤 및 다른 지질에 단백질이 박혀 있는 구조의 혈액 내 입자. LDL 입자는 HDL에 비해 콜레스테롤을 더 많이 운반한다. 혈액 내의 높은 LDL 양은 심장질환과 혈관이 막히는 위험성이 증가된다.

저생대 benthic zone 해양 환경의 바닥층.

저생생물 benthos 해양 생물군계의 저생대에 사는 생물군집.

저장액의 hypotonic 두 종류의 용액을 비교하였을 때, 더 낮은 용질의 농도를 가지는 용액을 일컫는 용어. 저장액이 세포를 둘러싸게 되면 세포는 물을 흡수하게 된다.

적응 adaptation 특정 환경에서 생존과 생식을 향상시키는 생물의 유전적 특성.

적응면역 adaptive immunity T 림프구와 B 림프구에 의한 척추동물 특이적 방어 기작. 특이성, 기억 및 자신과 자신이 아닌 것을 구분하는 특징을 보인다. 후천성 면역이라고도 한다.

적응방산 adaptive radiation 생물의 무리가 새로운 많은 종을 형성하여, 그들의 적응이 군집 내에 비어 있는 생태적 역할을 채우게 하는 진화 변화의 기간.

적응진화 adaptive evolution 생물이 그들의 환경에 보다 잘 적응하는 진화.

적혈구 erythrocyte 헤모글로빈을 함유하고 있으며 순환계에서 산소를 운반하는 혈구세포.

적혈구생성인자 erythropoietin(EPO) 적혈구의 생성을 촉진하는 호르몬. 몸의 조직이 충분한 양의 산소를 받지 못할 때 신장에서 분비된다.

전기 prophase 염색질이 응축되며 방추사가 형성되기 시작하나 핵막과 인은 그대로 존재하는 유사분열의 첫 번째 단계.

전기발생펌프 electrogenic pump 막을 통해 전기를 발생하는 이온수송 단백질.

전기음성도 electronegativity 공유결합을 하는 전자에 대한 원자의 인력.

전기천공법 electroporation 세포를 포함하고 있는 용액에 짧은 전기충격을 주어 세포 내로 재조합 DNA를 도입하는 방법. 펄스는 세포막에 DNA가 들어가기에 충분할 정도의 일시적인 통로를 만든다.

전기화학적 기울기 electrochemical gradient 막을 통한 이온의 농도차이(화학적 힘)와 막전위의 상대적 이동(전기적 힘) 경향을 설명하는 위치에너지의 종류를 나타내는 이온의 확산기울기.

전뇌 forebrain 척추동물 뇌의 세 배 부분 중 하나; 시상, 시상하부 및 대뇌로 발생한다.

전능성 totipotent 하나의 세포가 배와 성체의 부분뿐만이 아니라 배외막을 가진 종에서는 배외막까지도 형성할 수 있는 것을 일컫는 용어.

전달 transmission 축삭돌기를 따라서 시냅스를 가로지르는 신경자극의 통과.

전도 conduction 서로 접촉하고 있는 물체의 분자 사이로의 열의 직접적인 전달.

전도현상 turnover 호수에서 수온 변화로 인한 물의 섞임.

전령 RNA messenger RNA(mRNA) DNA를 주형으로 하여 합성되는 RNA의 한 종류로, 세포질에서 리보솜에 결합하여 단백질 합성의 암호를 제공한다.

전립샘, 전립선 prostate gland 정액의 산성 중화 요소를 분비하는 남성에 존재하는 분비샘.

전사 transcription DNA를 주형으로 RNA의 합성.

전사개시복합체 transcription initiation complex 프로모터에 결합한 전사인자와 RNA 중합체로 이루어진 완전한 복합체.

전사단위 transcription unit RNA 분자로 전사되는 DNA 분자의 부분.

전사인자 transcription factor DNA에 결합하여 특정 유전자의 전사를 조절하는 조절 단백질.

전신성획득저항성 systemic acquired resistance 병원체의 침입으로부터 건강한 조직을 보호하는 데 도움을 주는 감염된 식물의 방어반응.

전압개폐성 이온통로 voltage-gated ion channel 막전위의 변화에 반응하여 여닫는 특수화한 이온통로.

전유전체샷건방식 whole genome shotgun approach 유전체를 중복되는 많은 수의 짧은 절편으로 무작위로 절단한 다음 염기서열을 결정한 후 컴퓨터 프로그램에 의해 완전한 염기서열로 조립하는 유전체 염기서열 결정 방식.

전유전체연관연구 genome-wide association study 특정한 표현형이나 질병을 가지는 많은 사람의 대규모 유전체 분석으로서, 그 특정한 표현형이나 질병과 연관된 유전적 표지자를 찾는 목적을 가진다.

전이 metastasis 원래 있던 곳에서부터 멀리 떨어진 지역으로 암세포가 퍼짐.

전이인자 transposable element DNA 혹은 RNA 중간매체를 이용하여 세포의 유전체 내에서 이동할 수 있는 DNA 절편. 전위 유전인자라고도 불린다.

전자 electron 1의 전자 음전하와 중성자와 양성자 질량의 약 1/2,000의 질량을 갖는 소립자. 하나 혹은 그 이상의 전자가 원자 주위를 움직인다.

전자기수용기 electromagnetic receptor 가시광선이나 전기, 자기 등과 같은 전자기 에너지의 수용체.

전자기스펙트럼 electromagnetic spectrum 나노미터에서부터 킬로미터보다 더 큰 파장에 이르기까지의 완전한 방사선 스펙트럼.

전자껍질 electron shell 원자의 핵으로부터 전자까지의 거리로 나타내는 에너지 준위.

전자전달계, 전자전달사슬 electron transport chain 산화환원반응 동안 전자를 운반하여 ATP를 생성할 수 있는 에너지를 방출하는 일련의 전자 운반체(막단백질).

전자현미경 electron microscope(EM) 시료를 통한 전자빔의 초점을 맞추는 현미경으로 해상도가 광학현미경에 비해 수천 배 높다. 투과전자현미경(TEM)은 세포 박편의 내부구조를 관찰하는 데 이용되며, 주사전자현미경(SEM)은 세포 표면을 상세하게 연구할 때 이용된다.

전좌, 운반 translocation (1) 염색체의 절편이 비상동염색체에 부착되어 생기는 염색체 구조이상. (2) 단백질 합성에서 신장 중인 폴리펩타이드를 운반하는 RNA가 리보솜의 A 자리로부터 P 자리로 이동하는 사슬 신장의 3번째 단계. (3) 운반: 관다발식물의 체관에서 유기영양물질의 수송.

전중기 prometaphase 동일한 자매염색분체로 이루어진 뚜렷한 염색체가 나타나며, 핵막이 소실되며 방추사가 염색체의 방추사부착점에 붙는 유사분열의 두 번째 단계.

전할 holoblastic 알의 완전한 분열이 일어나는 난할의 종류를 말함. 전할은 성게와 같이 난황이 거의 없거나 혹은 개구리와 같이 보통 정도의 난황을 가지는 알에서 일어난다.

절대혐기성생물 obligate anaerobe 오직 발효나 무산소 호흡을 수행하는 생물. 산소를 사용할 수 없으며 실제로 산소가 독이 되기도 된다.

절대호기성생물 obligate aerobe 세포호흡을 위해 산소를 필요로 하며 산소 없이는 살 수 없는 생물.

절지동물 arthropod 키틴질의 외골격과 부속지 및 체절을 가지는 탈피동물. 잘 아는 예로는 곤충, 거미, 노래기와 게 등이 있다.

점돌연변이 point mutation 유전자에서 하나의 염기쌍의 변화.

점액 mucus 허파와 위를 포함하여 체강의 안쪽을 이루는 막을 축축하게 하고 보호하는 끈적거리며 미끄러운 당단백질, 세포, 염류와 물의 복합체.

점증 recruitment 근육을 조절하는 운동 뉴런을 점점 더 자극시켜 근육의 신장력을 점진적으로 향상시키는 과정.

점착성 말단 sticky end 이중가닥의 DNA 제한효소 절편에서 단일가닥 말단.

접가지, 접순 scion 접목 시 대목에 접붙여지는 가지.

접촉형태형성 thigmomorphogenesis 지속적인 기계적 자극에 대한 식물의 반응으로 에틸렌 생성이 증가된다. 강한 바람에 의한 줄기의 비후가 예이다.

접합 conjugation 원핵생물에서 임시적으로 결합된 두 세포 사이(같은 종이거나 혹은 다른 종 사이)에서의 직접적인 DNA 전달. 섬모충류에서는 두 세포 사이에 반수체 소핵을 교환하는 생식 과정이다.

접합, 시냅시스 synapsis 감수1분열 전기 동안 복제된 상동 염색체의 짝짓기와 물리적 연결.

접합균류 zygomycete 유성생식 동안 접합포자낭이라 불리는 견고한 구조를 갖는 접합균문의 생물.

접합사복합구조 synaptonemal complex 두 상동염색체의 길이를 따라 단단하게 연결하는 단백질로 이루어진, 지퍼처럼 생긴 구조.

접합전 장벽 prezygotic barrier 종 사이의 교잡을 방해하거나 종 사이의 교잡이 시도되었을 경우 난자의 수정을 방해하는 생식 장벽.

접합포자낭 zygosporangium 접합균류에서 핵융합과 감수분열이 일어나는 견고한 다핵구조.

접합후 장벽 postzygotic barrier 서로 다른 두 종으로부터 생성되는 잡종이 생식능력을 가지는 성체로 발달하는 것을 억제하는 생식 장벽.

정관 vas deferens 포유류에서, 정자가 부정소에서 요도로 이동하는 남성 생식계의 관.

정관수술 vasectomy 수정관을 자른 후 막아 정자가 요도로 들어가는 것을 방지한다.

정낭 seminal vesicle 정자를 윤활하게 하고 영양분을 공급하는 정액의 액체 성분을 분비하는 남성 분비샘.

정단분열조직 apical meristem 뿌리의 끝부분과 어린 싹의 눈에 존재하는 식물 배조직. 정단분열조직의 분열하는 세포는 식물의 길이 생장을 가능하게 한다.

정단외배엽융기 apical ectodermal ridge(AER) 사지싹(limb bud)의 생장을 촉진하는 사지싹의 끝 부분에 존재하는 비후된 외배엽 부분.

정맥, 잎맥 vein (1) 동물 심장으로 혈액을 보내는 혈관. (2) 식물에서 잎의 관다발.

정복합체포자충류 apicomplexan 동물에 기생하는 많은 종을 포함하는 무리의 원생생물. 몇몇 정복합체 포자충류는 사람에 질병을 일으킨다.

정세관 seminiferous tubule 정소에서 정자가 생성되는 심하게 돌돌 말린 관.

정소 testis 정자와 생식호르몬이 생성되는 수컷의 생식소.

정신분열증 schizophrenia 환자가 실제와 환각을 구별하는 능력을 상실한 증상의 발현이 특징인 중증정신 장애.

정아 우성 apical dominance 식물의 줄기 끝부분에 생장이 집중되는 현상으로 정아가 부분적으로 측아의 생장을 억제한다.

정아, 끝눈 apicalbud 줄기의 끝에 있는 눈.

정액 semen 오르가즘 동안 수컷에 의해 사출되는 액체로, 정자와 수컷 생식기관의 여러 분비샘에서 나온 분비물을 포함한다.

정원세포 spermatogonium 유사분열을 통해 정모세포를 형성하는 세포.

정원창 round window 등골과 와우각 사이의 접촉 지점. 등골의 진동이 와우각에 존재하는 액체에 일련의 압력파를 형성하는 곳이다.

정자 sperm 수컷 생식세포.

정자형성과정 spermatogenesis 정소에서 계속되는 많은 성숙한 정자의 생산.

젖산발효 lactic acid fermentation 해당과정 후, 이산화탄소의 방출이 없는 피루브산의 젖산으로의 변환.

젖샘 mammary gland 어린 자식을 기르기 위해 젖을 분비하는 외분비샘. 이 샘은 포유류의 특징이다.

제1난모세포 primary oocyte 감수1분열을 완성하기 전의 난모세포.

제2난모세포 secondary oocyte 감수1분열을 마친 난모세포.

제로개체군생장 zero population growth(ZPG) 1인당 출산율과 사망률이 같은 집단의 크기가 안정화된 시기.

제자리혼성화 *in situ* hybridization 온전한 생명체에서 표지된 탐침으로 핵산혼성화를 이용하여 특정 mRNA의 위치를 검출하는 데 사용되는 방법.

제한양분 limiting nutrient 특정 지역에서 생산성을 높이기 위해 더해져야만 하는 원소.

제한효소 restriction enzyme 파지 DNA처럼 박테리아에는 외래인 DNA 분자를 인식하고 절단하는 핵산내부분해효소. 이 효소는 특정 뉴클레오타이드 서열(제한자리)을 절단한다.

제한효소자리 restriction site 제한효소에 의해 인식되고 절단되는 DNA 가닥 위의 특정 염기서열.

제한효소절편 restriction fragment 제한효소에 의해 절단된 DNA 절편.

젤전기영동 gel electrophoresis 젤에서 전장을 통한 이동 속도를 측정함으로써 크기나 전하에 근거한 핵산이나 단백질의 분리하는 기법.

조간대 intertidal zone 육지와 물이 만나는, 썰물선과 밀물선 사이 해양의 얕은 지역.

조건부 혐기성 생물 facultative anaerobe 산소가 존재하는 경우는 호기성 호흡에 의해 ATP를 생성하고, 혐기(무산소) 조건에서는 발효로 전환하는 생물.

조룡류 archosaur 악어, 공룡, 조류 등을 포함하는 파충류 집단.

조류 alga 단세포 형태나 다세포 형태의 다양한 광합성 원생생물. 조류종은 진핵생물 3대 큰무리(supergroup)에 포함된다. (섭식구굴착류, "SAR" 분기군, 원시색소체)

조울증 bipolar disorder 정신 상태가 기쁘고 우울한 양극 상태를 오가는 장애; 양극 장애라고도 한다.

조절요소 control element 비암호화하는 DNA 부분으로 전사인자라고 불리는 단백질과의 결합에 의해 전사작용을 조절한다. 진핵생물 유전자의 인핸서에는 다수의 조절요소가 존재한다.

조절유전자 regulatory gene 다른 유전자나 유전자 무리의 전사를 조절하는 억제자와 같은 단백질을 암호화하는 유전자.

조절자 regulator 외부 환경 변화에 직면했을 때 내부환경을 조절하기 위해 항상성 기작을 사용하는 동물.

조직 tissue 공통의 기능과 구조 혹은 이 모두를 가지는 통합된 세포 집단.

조직계 tissue system 식물의 기관을 연결하는 하나 혹은 그 이상의 조직으로 구성된 기능적 단위.

조효소 coenzyme 보조인자로 작용하는 유기분자. 대부분의 비타민은 물질대사반응에서 조효소로 작용한다.

종 species 자연 조건에서 상호 교배가 가능하며 생존력이 있고 생식력이 있는 자손을 생산하지만, 다른 무리의 일원과는 생존력이 있고 생식력이 있는 자손을 생산하지 못하는, 개체군이나 개체군 무리.

종간 경쟁 interspecific competition 자원이 제한 있을 경우 식물간, 동물간 또는 분해자간의 자원에 대한 경쟁.

종간상호작용 interspecific interaction 군집에서 둘 혹은 그 이상 종의 개체간의 관계.

종결돌연변이, 넌센스돌연변이 nonsense mutation 아미노산 코돈이 세 정지 코돈의 하나로 변화하는 돌연변이로, 그 결과 길이가 짧고 보통 기능을 상실한 단백질이 생성된다.

종결서열 terminator 박테리아에서 유전자의 끝을 표시하는 DNA의 염기서열. 종결서열은 RNA 중합효소에 새로이 생성된 RNA 분자를 방출하도록 신호를 보내서 RNA 분자가 유전자에서 떨어져 나가게 한다.

종다양성 species diversity 생물군집에서 종의 수와 상대 빈도.

종분화 speciation 한 종이 하나 혹은 그 이상의 종으로 분지되는 진화의 과정.

종속변수 dependent variable 다른 변수(독립변수)에 의해 영향을 받는지를 알아보기 위해 실험 동안 그 값이 측정되는 변수.

종속영양생물 heterotroph 다른 생물이나 그들로부터 유래된 물질을 먹이로 유기음식물을 섭취하는 생물.

종수-면적 곡선 species-area curve 군집의 지리적 면적이 크면 클수록 종의 수가 많아진다는, 훔볼트(Alexander von Humboldt)에 의해 처음 언급된 생물다양성 양상.

종양억제유전자 tumor-suppressor gene 단백질 산물이 세포분열을 억제하여 조절이 안 되는, 암으로 이르는 세포생장의 발생을 막는 유전자.

종자 seed 껍질 속에 저장된 양식을 함께 가진 배로 구성된 육상식물의 적응 형태.

종자껍질 seed coat 밑씨의 바깥층으로부터 형성되는 종자를 싸고 있는 단단한 껍질. 꽃식물에서 종자껍질은 배와 배젖을 보호한다.

종풍부도 species richness 생물군집에서 종의 수.

좌우 기능분화 lateralization 뇌의 좌우 반구 겉질에서 기능의 분리.

좌우대칭 bilateral symmetry 세로 중심면을 기준으로 몸체를 두 동등한 부분으로 나눌 수 있는 체형의 특징.

좌우대칭동물 bilaterian 좌우대칭과 세 배엽을 가지는 동물 분기군의 무리.

좌위 locus 염색체를 따라 특정 유전자가 위치하는 자리.

주공 micropyle 밑씨(배주)의 주피에 존재하는 통로.

주변부 단백질 peripheral protein 막의 표면이나 내재성 단백질 부분에 느슨하게 결합되어 있으며 지질막에는 묻히지 않은 단백질.

주사전자현미경 scanning electron microscop (SEM) 전자파를 이용하여 시료의 표면을 주사하여 세부 윤곽을 연구하는 데 이용하는 현미경.

주성 taxis 자극 쪽으로 향하거나 혹은 반대 방향으로의 방향성이 있는 이동.

주울 joule(J) 에너지의 단위로 1 J = 0.239 cal; 1 cal = 4.184 J.

주조류, 주금류 ratite 날지 못하는 조류.

주조직적합성복합체 major histocompatibility complex(MHC) 항원제시 기능을 수행하는 큰 세트의 세포 표면 단백질을 암호화하는 유전자군. 이식된 조직에서 외부 MHC 분자는 조직 거부반응을 유발할 수 있는 T세포반응을 촉발한다.

주피 integument 종자식물의 밑씨구조를 형성하는 포자체 조직.

주피 periderm 2차 생장 동안 식물의 표피를 대체하는 보호막으로 코르크와 코르크형성층으로 형성된다.

주형가닥 template strand RNA 전사물의 염기서열을 결정하는 주형을 제공하는 DNA 가닥.

준조광대 limnetic zone 호수에서 빛이 잘 드는 호숫가에서 멀리 떨어진 수면대.

줄기 stem 잎과 생식구조를 지지하는, 마디와 마디 사이를 교대로 가지는 관다발식물의 기관.

줄기세포 stem cell 한 번의 세포분열에 의해 하나의 동일한 딸세포와 더 분화될 수 있는 보다 더 특수화된 딸세포를 생산하는 비교적 분화되지 않은 세포.

중간 라멜라 middle lamella 식물에서, 인접한 어린 세포의 1차벽 사이에 존재하는 점착성의 세포외 물질(주로 펙틴)로 이루어진 얇은 층.

중간교란 가설 intermediate disturbance hypothesis 적절한 수준의 교란이 적거나 많은 교란에 비해 종의 다양성을 증가시킨다는 가설.

중간섬유 intermediate filament 미세소관과 미세섬유 사이의 굵기를 가지는 모든 섬유를 포함하는 세포골격의 구성 성분.

중기 metaphase 유사분열의 3번째 단계; 방추사가 완성되고 방추사부착점에서 미세소관에 붙어 염색체가 중기판에 배열한다.

중기판 metaphase plate 중기에서 세포의 양극 사이의 가운데에 위치하는 가상의 면으로서, 복제된 모든 염색체의 동원체가 위치한다.

중뇌 midbrain 척추동물 뇌의 세 배 부분 중 하나; 감각 정보를 대뇌로 보내는 기능을 하는 감각 통합 및 전달 중심부로 발달한다.

중립적 변이 neutral variation 선택의 장점이나 단점을 제공하는 것으로 보이지 않는 유전적 다양성.

중배엽 mesoderm 초기 배 중요 배엽 중 중간 배엽으로, 이 구조를 가지는 종에서 척삭, 체강의 벽, 근육, 뼈, 생식소, 신장과 대부분의 순환계로 발생한다.

중복 duplication 상동염색체로부터 나온 절편의 융합에 의한 염색체 구조이상으로 한 부분의 염색체가 중복된다.

중복수정 double fertilization 2개의 정핵이 암컷의 배우체(배낭)에 존재하는 두 세포와 결합하여 배와 배젖을 형성하는 속씨식물의 수정기작.

중복편모충류 diplomonad 변형된 미토콘드리아, 동일한 크기의 핵 두 개와 많은 수의 편모를 가지는 원생생물.

중성자 neutron 원자의 핵 속에 존재하는 1.7×10^{-24} g의 무게를 가지는 전하를 띠지 않은(전기적으로 중성인) 원자 구성입자.

중심립 centriole 미세소관이 "9 + 0"의 구조로 이루어진 실린더 모양의 동물세포내 구조로, 중심체는 한 쌍의 중심립을 갖는다.

중심액포 central vacuole 생식, 생장과 발생 등 다양한 역할을 하는 성숙한 식물세포에 존재하는 막주머니.

중심와, 소공 fovea 눈의 초점의 중심 부분으로 광수용체가 집중되어 있는 망막의 부분.

중심주 stele 줄기나 뿌리의 관다발조직.

중심체 centrosome 세포분열에 중요한 동물세포의 세포질에 존재하는 구조로 미세소관 형성 장소이다. 중심체는 2개의 중심립을 가진다.

중일식물 day-neutral plant 꽃의 형성이 광주기나 일장에 영향을 받지 않는 식물.

중추신경계 central nervous system(CNS) 신호통합이 일어나는 신경계 부분. 척추동물에의 뇌와 척수.

중층 mesohyl 해면동물의 두 층 세포 사이에 존재하는 젤라틴 지역.

중합체 polymer 많은 수의 유사한 혹은 동일한 단량체가 서로 연결되어 이루어진 긴 분자.

중합효소연쇄반응 polymerase chain reaction(PCR) 특정 프라이머와 DNA 중합효소 및 뉴클레오타이드를 시험관에서 반응시켜 DNA를 증폭하는 기술.

증발냉각 evaporative cooling 증발 동안 높은 운동력을 가지는 분자가 기체 상태로 소실됨으로써 표면이 더 냉각되는 액체의 성질.

증발산량 evapotranspiration 토양으로부터의 물의 증발과 식물로부터의 물의 증산을 합친 것.

증산 transpiration 식물이 물을 증발로 잃는 것.

증폭 amplification 신호전달 중 자극에너지의 증강.

지구생태학 global ecology 생물권에 걸친 생물의 기능과 분포, 그리고 지역적 에너지와 물질교환이 어떻게 그들에게 영향을 미치는지를 연구.

지도단위 map unit 유전자 사이의 거리를 재는 단위. 1 지도단위는 1%의 교차율에 해당한다.

지방, 트리아실글리세롤 fat 하나의 글리세롤 분자와 연결된 3분자의 지방산을 포함하는 지질. 트리아실글리세롤 또는 트리글리세라이드라고도 알려진다.

지방산 fatty acid 긴 탄소 사슬을 가진 카르복실산. 지방산은 사슬 길이와 이중결합의 수 및 위치가 다양하다. 3분자의 지방산이 하나의 글리세롤 분자와 연결되어 지방을 형성한다.

지방조직 adipose tissue 몸의 단열과 연료의 저장 작용을 하는 연결조직으로 지방세포라고 불리는 지방 저장세포를 포함하고 있다.

지베렐린 gibberrellin 줄기와 잎의 생장을 촉진하고, 종자의 발아와 눈의 휴면을 깨뜨리며, (옥신과 더불어) 과실의 발생을 자극하는 식물호르몬 종류.

지상계, 슈트계 shoot system 식물체의 지상부분으로 줄기, 잎과 속씨식물에서는 꽃을 포함한다.

지속가능한 개발 sustainable development 미래 세대가 필요로 하는 것을 충족시킬 수 있도록 하면서 현재의 사람이 필요한 것을 충족시킬 수 있는 개발.

지속적 농업 sustainable agriculture 환경적으로 안전한 장기간의 농업 생산방법.

지수적 개체군 생장 exponential population growth 이상적이고 제한요소가 없는 환경에서 자라는 집단의 생장으로, 시간에 따른 개체군의 크기는 J 모양의 도표로 나타난다.

지연가닥 lagging strand 복제분기점으로부터 5′→3′ 방향으로 합성되는 오카자키 절편으로 신장되는 불연속적으로 합성되는 DNA 가닥.

지의류 lichen 균류와 광합성 조류(또는 시아노박테리아)와 상리공생관계로 이루어진 공생체.

지중해성 관목지대 chaparral 차가운 해류가 해변을 순환하는 해변의 중간 위도지역에 존재하는 밀집되고 가시가 있는 상록 관목이 존재하는 관목지로, 온순하고 우기의 겨울과 길고 뜨거우며 건조한 여름이 특징이다.

지질 lipid 지방, 인지질 및 스테로이드를 포함하는 화합물의 한 종류로 물에 거의 녹지 않는다.

지질학적 기록 geologic record 지구역사를 4누대(eon)로 나누어 놓은 표준시간 척도: 선캄브리아대, 시생대, 원생대와 현생대 시생대, 원생대와 현생대. 각 누대는 다시 대(era), 기(period)와 세(epoch)로 다시 나누어진다.

직렬상동 유전자 paralogous genes 유전자 복제의 결과로 동일한 유전체 내에서 발견되는 상동 유전자.

직장, 곧은 창자 rectum 대변이 배출될 때까지 머무르는 큰창자의 마지막 부분.

직행혈관 vasarecta 신장에서 헨레고리를 이루는 모세혈관계.

진균증 mycosis 균류 감염의 일반적인 용어.

진원류 anthropoid 꼬리 없는 원숭이(기본원숭이, 오랑우탄, 고릴라, 침팬지와 보노보), 원숭이 및 인간으로 이루어진 영장류.

진정쌍떡잎식물 eudicot 2개의 떡잎을 가지는 거의 대다수의 꽃피는 식물로 이루어진 분기군.

진정염색질 euchromatin 전사가 가능하도록 보다 열려 있고 풀려진 형태의 진핵생물의 염색질.

진정후생동물 eumetazoan 진정한 조직을 가지는 동물 분기군. 해면동물과 일부 다른 무리를 제외한 모든 동물은 모두 진정후생동물이다.

진체강 coelom 오직 중배엽으로부터 유래된 조직에 의해 완전히 둘러싸인 체강.

진체강동물 coelomate 진체강(중배엽에서 유래된 조직에 둘러싸인 체강)을 소유하고 있는 동물.

진핵생물영역 Eukarya 모든 진핵생물을 포함하는 영역.

진핵세포 eukaryotic cell 막으로 둘러싸인 핵과 역시 막으로 둘러싸인 여러 세포소기관을 가지는 세포 종류. 진핵세포를 가지는 생물(원생생물, 균류, 식물과 동물)은 진핵생물이라 불린다.

진화 evolution 변형이 있는 유전. 살아 있는 생물은 오늘날 존재하는 것과는 다른 조상종의 자손이라는 생각. 보다 좁게 정의하면 세대에 걸친 개체군의 유전적 조성의 변화를 일컫는다.

진화계통수 evolutionary tree 생물무리 간의 진화적 관련성에 대한 가설을 반영하는 분지도.

진화발생생물, 이보-디보 evo-devo 여러 다른 다세포생물의 발생 과정을 비교하여, 이들 과정이 어떻게 진화되었으며, 변화가 어떻게 존재하는 생물의 특성 혹은 새로운 특성으로 변형시킬 수 있는지를 연구하는 생물학 분야.

질 vagina 자궁과 외부 통로 사이에 위치하는 암컷 생식계의 부분으로, 포유류에서는 출산 통로로 이용된다. 성교 시 수컷의 음경을 받아들여 정자를 받는다.

질량 보존의 법칙 law of conservation of mass 물질은 형태를 변화시킬 수 있으나 창조되거나 파괴되지 않는다는 물리 법칙. 폐쇄계에서 계의 질량은 일정하다.

질량수 mass number 원자의 핵에서 양성자 수와 중성자 수를 합한 것.

질소고정 nitrogen fixation 대기 중 질소(N_2)를 암모니아(NH_3)로 전환. 생물학적 질소고정은 특정 원핵생물에 의해 수행되며, 이중 몇몇은 식물과 공생관계를 가진다.

질소회로 nitrogen cycle 대기나 분해된 유기물로부터 나온 질소가 토양 세균에 의해서 식물에 의해 동화될 수 있는 화합물로 전환시키는 자연적인 과정. 이렇게 통합된 질소는 다른 생물에 의해 흡수된 다음, 세균에 의해 방출되어 다시 비생물적 환경으로 돌아간다.

집광 복합체 light-harvesting complex 엽록소 *a*, 엽록소 *b* 및 카로티노이드와 같은 색소분자와 결합된 단백질 복합체로 빛에너지를 포착하여 광계의 반응중심색소로 전달한다.

집합과 aggregate fruit 하나 이상의 심피를 가지는 하나의 꽃으로부터 생긴 과실.

집합관 collecting duct 신장에서 세뇨관으로부터 오줌이라고 불리는 여액이 모여지는 장소.

짝틀림 수선, 부정합 수선 mismatch repair 부적절하게 쌍을 이룬 뉴클레오타이드를 제거하고 대체하는 세포 과정.

짧은 직렬 반복 short-tandem repeat(STR) 다수의 직렬로 반복된 2~5개의 뉴클레오타이드의 단위를 포함하는 단순 서열 DNA. STR의 변이는 유전적 양상 분석에 이용되는 STR 분석에서 유전적 표지자로 작용한다.

차등적 유전자발현 differential gene expression 동일한 유전체에서 세포에 따른 다른 유전자들의 발현.

차등전위 graded potential 뉴런에서 신호 강도와 비례하는 진폭을 가지며 전도됨에 따라 줄어드는 막 전위의 변화.

착생식물 epiphyte 스스로 영양분은 만들지만 지지를 위해 다른 식물의 표면에서 자라는 식물로 보통 열대식물의 줄기나 가지에서 자란다.

창고기 lancelet 두삭동물아문에 속하는 무리로 등뼈가 없으며 작고 칼날 모양의 해양 척삭동물이다.

창발적 특징 emergent properties 생물의 계급구조에서 복잡성이 증가함에 따라 생물 부분의 재배열과 상호작용으로 인해 위의 단계로 올라가게 하는 새로운 성질.

창시자효과 founder effect 일부의 개체가 큰 집단으로부터 고립되어 생긴 새로운 집단의 유전자풀이 원래의 집단의 유전자 풀을 반영하지 못할 때 나타나는 유전적 부동.

책허파 book lung 거미의 기체교환 기관으로 내부 공간에서 여려 겹으로 쌓여진 판으로 구성.

척삭 notochord 단단하게 찬 중배엽 세포로 이루어진 길고 유연성 있는 막대로 몸의 등쪽 부분에서 앞-뒤쪽 축을 따라 뻗어 있다.

척삭동물 chordate 척삭동물문에 속하는 동물로서, 발생의 한 시기에 척삭, 등쪽에 구형의 신경삭, 인두아가미틈 및 근육으로 된 항문 뒤의 꼬리를 가진다.

척추동물 vertebrate 등뼈를 형성하는 일련의 뼈인 척추골을 가지는 척삭동물.

천해대 neritic zone 대륙붕과 겹치는 해양의 낮은 지역.

첨체 acrosome 정자의 머리끝에 위치하는 가수분해효소와 단백질을 포함하는 주머니로, 정자가 난자를 뚫고 들어가는 데 도움을 준다.

첨체반응 acrosomal reaction 정자가 난자에 접근하거나 접촉하였을 때, 정자의 끝부분에 있는 첨체로부터 가수분해효소의 방출.

청색광 수용체 blue-light receptor 식물에 존재하는 광수용체의 일종으로, 광주기성과 배축 신장의 감소 등 다양한 반응을 유발한다.

체강 body cavity 소화관과 체벽 사이의 액체나 혹은 기체로 채워진 공간.

체관부 phloem 신장된 관 모양으로 배열된 살아 있는 세포로 이루어진 관다발식물의 조직. 당과 다른 유기물을 식물 전체로 운반한다.

체관액 phloem sap 체관에 의해 운반되는 당이 풍부한 용액.

체관요소 sieve-tube element 속씨식물 체관에서 당과 다른 유기 영양물을 운반하는 살아 있는 세포로, 끝과 끝이 연결되어 체관을 형성한다.

체류시간 turnover time 한 집단이나 집단의 무리에서 현존 작물량을 대체하는 데 걸리는 시간. 현존작물량 대 생산량의 비율로 계산한다.

체세포 somatic cell 다세포 생물에서 정자와 난자를 제외한 모든 세포.

체세포분열, 유사분열 mitosis 통상 전기, 전중기, 중기, 후기와 말기 등 5단계로 나누어지는 진핵세포의 핵분열 과정. 유사분열은 복제된 염색체를 두 딸세포로 똑같이 나누어 주어 염색체 수를 보존한다.

체순환계 systemic circuit 기체교환과 관련된 부분을 제외하고 몸의 모든 기관에 혈액을 공급하는 순환계의 한 부문.

체액성 면역반응 humoral immune response B세포의 활성화와 그로 인한 항체의 생성으로 체액 내의 바이러스나 박테리아의 공격을 방어하는 후천성 면역의 하나.

체온조절 thermoregulation 조절 가능한 범위 내에서 내부 체온의 유지.

체절 somite 척추동물 배 척삭 측면에 쌍으로 존재하는 일련의 중배엽 덩어리의 하나.

체제, 몸설계 body plan 동물에서 생물의 전체적인 기능으로 통합되는 형태학적 발생학적 특성.

체판 sieve plate 체관요소의 끝부분에 있는 벽으로 속씨식물 체관요소의 체관액의 흐름을 촉진한다.

초식동물 herbivore 주로 식물이나 조류를 먹는 동물.

초식성 herbivory 초식동물이 식물이나 조류의 부분을 먹는 관계.

촉매 catalyst 소모되지 않으면서 반응 속도를 변화시키는 화학물질.

촉수관 lophophore 완족류를 포함하는 몇몇 촉수담륜동물에서, 먹이를 섭취하는 기능을 하고 입 주위를 싸고 있는 왕관 모양의 섬모가 달린 촉수.

촉수담륜동물 lophotrochozoa 좌우대칭동물의 중요 3계통 중 하나. 촉수담륜동물은 촉수관이나 담륜자 유생이 특징인 생물을 포함한다. 후구동물과 탈피동물 참조.

촉진확산 facilitated diffusion 특정 막관통 수송단백질을 통하여 분자와 이온의 생체막을 가로지르는 자발적 통과.

총1차생산력 gross primary production(GPP) 생태계의 1차 생산량의 총합.

총배설강 cloaca 일부 포유류와 많은 비포유류 척추동물에서 발견되는 소화관, 비뇨관 및 생식관의 통로.

최대 개연성 maximum likelihood 분류학에 적용되는 것으로, 다양한 계통발생 가설을 고려할 경우 시간에 따라 어떻게 DNA가 변화하는가에 대한 특정한 규칙이 주어지듯이 가장 그럴듯한 진화적 사건의 순서를 반영해야 한다는 원리.

최대 단순성 maximum parsimony 관찰에 대한 복수의 해석을 고려할 경우 사실과 부합되는 가장 간단한 해석을 먼저 조사하여야 한다는 원리.

최소생존개체군 minimum viable population (MVP) 한 종이 종의 수를 유지하고 생존할 수 있는 가장 작은 집단의 크기.

최적먹이찾기이론 optimal foraging theory 먹이를 먹는 데 들이는 에너지와 먹이로부터 얻는 에너지를 어떻게 절충할 것인가 하는 행동 분석의 기초.

추이대 ecotone 이행대; 숲에서 초원대로의 전이와 같이 한 종류의 서식지나 생태계에서 다른 종류로의 전이.

축삭 axon 신경자극을 세포체로부터 표적세포 방향으로 전달하는 신경세포의 긴 돌출 부분.

춘화처리 vernalization 식물이 꽃피는 것을 유도하기 위한 저온의 이용.

충수, 막창자꼬리 appendix 척추동물의 맹장에 존재하는 작은 손가락 모양의 돌기; 면역에 관여하는 백혈구 덩어리를 포함하고 있다.

취기제 odorant 후각계의 감각수용기에 의해 검출될 수 있는 분자.

측계통군 paraphyletic 한 조상종과 모두는 아니지만 몇몇 그의 자손으로 이루어진 종의 무리.

측생분열조직 lateral meristem 목본류에서 뿌리와 어린 싹을 비후시키는 분열조직. 관다발형성층과 코르크형성층이 측생분열조직이다.

측선계 lateral line system 물고기와 수생 양서류의 몸의 측면을 따라 있는 일련의 구멍과 수용체 단위로 이루어진 기계적 수용체 시스템.

층 stratum 암석층 새로운 퇴적물층이 오래된 층을 덮은 후 압착할 때 생긴 암석층.

치설 radula 많은 연체동물이 먹이를 먹을 때 사용하는 끈 모양의 줄처럼 써는 기관.

친수성 hydrophilic 물에 대한 친화력을 가지는.

침묵돌연변이 silent mutation 관찰되는 표현형의 효과가 없는 뉴클레오타이드 쌍의 치환. 한 유전자 내에서 동일한 아미노산을 암호화하는 코돈으로의 돌연변이가 그 예이다.

침샘 salivary gland 음식물을 윤활시키고 화학소화를 시작하는 물질을 분비하는, 구강과 관련된 분비샘.

침엽수 conifer 가장 큰 겉씨식물문. 대부분의 침엽수는 소나무, 전나무와 같이 구과식물이다.

침윤 imbibition 구조의 내부 표면으로의 물의 물리적 흡수.

침입종 invasive species 보통 사람에 의해 도입된, 원산지의 외곽에 정착된 종.

카로티노이드 carotenoid 식물의 엽록체에 존재하는 노란색이나 오렌지색의 보조색소. 엽록소가 흡수하지 못하는 파장의 빛을 흡수하여 광합성을 수행할 수 있는 파장 영역을 넓힌다.

카르보닐기 carbonyl group 알데하이드기와 케톤기에 존재하는 화학기로, 하나의 탄소원자에 이중결합으로 연결된 산소원자로 이루어져 있다.

카르복실기 carboxyl group 유기산에 존재하는 화학기로, 하나의 탄소원자에 이중결합으로 연결된 산소원자로 이루어져 있으며 히드록실기에 결합되어 있다.

카스파리띠 Casparian strip 식물 내피세포에 존재하는 왁스로 된 방수층으로 세포벽을 통하여 수쪽으로 물이나 용질이 새는 것을 방지한다.

카테콜아민 catecholamine 에피네프린이나 노르에피네프린처럼 아미노산인 타이로신으로부터 합성되는 신경전달물질과 호르몬 종류.

칼로리 calrorie(cal) 1 g의 물을 1℃ 올리는 데 필요한 열량. 또한 1 g의 물을 1℃ 내리는 데 필요한 열량. 음식물 내의 에너지량을 표시하기 위해서는 보통 킬로칼로리(kcal 혹은 Cal)가 사용된다.

칼시토닌 calcitonin 갑상샘에서 분비되는 호르몬으로서 뼈에서 칼슘의 축적과 신장으로부터 칼슘의 배출을 촉진시킴으로써 혈액내 칼슘의 양을 낮추는 역할을 한다. 사람 성인에게는 필수적이지 않다.

캄브리아기폭발 Cambrian explosion 오늘날 알려진 중요한 몸 체제를 가지는, 크고 딱딱한 몸을 가지는 동물 형태가 화석 기록에 나타난 지질역사의 비교적 짧은 기간. 이러한 진화적 변화의 폭발은 약 5억 3,500만 년에서 5억 2,500만 년 전 사이에 일어났다.

캘러스 callus 식물의 분열하는 분화되지 않은 세포 덩어리.

캘빈회로 Calvin cycle 광합성의 중요한 두 단계 중 명반응에 이은 두 번째 단계로 대기 중의 이산화탄소를 고정한 후 고정된 탄소를 탄수화물로 환원시킨다.

캡시드 capsid 바이러스 유전체를 싸고 있는 단백질 껍질. 모양은 막대형, 다면체 혹은 더 복잡한 구조를 가진다.

코노돈트 conodont 두드러진 눈과 치아 요소를 가지는 물렁한 몸체를 가진 초기의 척추동물.

코돈 codon DNA나 RNA에서 특정 아미노산이나 종결신호를 지정하는 3염기로 유전암호의 기본 단위.

코르크형성층 cork cambium 내피를 보다 두껍고 단단한 코르크 세포로 대체하는 목본식물의 분열조직.

코르티기관 organ of Corti 내이의 달팽이관 바닥에 위치한 척추동물 귀의 실제적인 청각기관; 귀의 수용세포(모세포)를 포함하고 있다.

콘돔 condom 정액을 담을 수 있는 얇은 합성 고무나 자연적인 막으로 만든 피임 기구.

콜라젠 collagen 동물세포의 세포외기질에 있는 당단백질로 강한 섬유를 형성하며 결합조직과 뼈에 특히 많다; 동물계에 가장 많이 존재하는 단백질.

콜레스테롤 cholesterol 동물세포막에 필수 구성성분인 스테로이드이며 다른 생물학적으로 중요한 호르몬과 같은 스테로이드를 합성하는 전구물질로 작용한다.

큐티클 cuticle (1) 육상식물에서 건조를 막기 위해 줄기나 잎의 표면에 존재하는 왁스층. (2) 다양한 기능을 수행할 수 있도록 변형된 단백질과 키틴으로 이루어진 절지동물의 외골격. (3) 선충류의 몸을 덮는 단단한 막.

크리스테 crista 전자전달계와 ATP 합성효소를 포함하고 있는 미토콘드리아 내막의 안주름.

큰창자, 대장 large intestine 작은창자와 항문 사이에 위치하는 척추동물 소화관으로 주로 물 흡수와 대변을 형성하는 기능을 가진다.

클로닝벡터 cloning vector 유전공학에서, 숙주세포로 외부 DNA를 운반하여 그곳에서 복제시키는 DNA 분자. 클로닝 벡터는 재조합 DNA를 시험관에서 세포를 다시 옮기는 플라스미드와 감염에 의해 재조합 DNA를 운반하는 바이러스를 포함한다.

클론 clone (1) 유전적으로 동일한 개체나 세포의 계통. (2) 보다 일반적으로는 다른 개체와 유전적으로 동일한 개체를 일컫는다. (3) 동사형으로서 개체나 세포의 유전적 복제품을 만드는 것을 말한다. 유전자 클로닝 참조.

클론선택 clonal selection 항원이 항원에 특이적인 수용체를 가지는 림프구에만 선택적으로 결합하여 활성화시키는 과정. 이렇게 선택된 림프구는 특정 항원의 효과기 세포와 기억세포로 증식 및 분화된다. 클론선택은 후천성 면역의 특이성과 기억을 부여한다. 클론선택은 후천적 면역반응의 특이성과 기억을 담당한다.

키틴 chitin 많은 균류의 세포벽과 절지동물의 외골격에 존재하는 아미노산 단량체로 이루어진의 구조 다당류.

킬로미크론 chylomicron 지질을 운반하는 작은 소구체. 킬로미크론은 콜레스테롤과 혼합되고 특수한 단백질로 덮인 지방으로 구성되어 있다.

킬로칼로리 kilocalorie(kcal) 1,000칼로리; 1 kg의 물의 온도를 1℃ 올리는 데 요구되는 열에너지의 양.

타가수분 cross-pollination 속씨식물에서 한 식물의 수술로부터의 꽃가루가 같은 종 다른 식물의 암술머리로의 이동.

타이로신 인산화효소 수용체 receptor tyrosine kinase(RTK) 세포막에 걸쳐 존재하는 수용체 단백질로, 이 단백질의 세포질에 있는 부분은 ATP의 인산기를 다른 단백질의 타이로신으로 전달한다. 타이로신인산화효소 수용체는 종종 이량체화에 의한 신호분자의 결합을 담당하고 그 후 이량체에 존재하는 다른 수용체의 세포질 부분에 존재하는 타이로신을 인산화시킨다.

타이록신 thyroxine(T_4) 척추동물의 물질대사, 발생과 성숙을 조절하는, 갑상샘에서 생성 분비되는 아이오딘을 포함하는 두 종류의 호르몬 중의 하나.

탄소고정 carbon fixation 식물과 같은 광합성 생물이나 화학합성 생물이 이산화탄소를 유기물로 고정시키는 초기 과정.

탄수화물 carbohydrate 당(단당류) 혹은 이의 이중체(이당류) 혹은 중합체(다당류).

탄화수소 hydrocarbon 오직 탄소와 수소만으로 이루어진 유기분자.

탈분극 depolarization 휴지막전위에 비해 세포 안쪽이 바깥쪽에 비해 보다 덜 음전하를 띤 흥분된 세포의 전기적 상태의 변화. 자극에 의해 −70 mV의 휴지막전위가 0 V 쪽으로 감소되었을 때 뉴런 막은 탈분극된다.

탈수반응 dehydration reaction 두 분자가 물 한 분자를 제거하면서 공유결합하는 화학반응.

탈피 molting 탈피동물에서 보다 큰 외골격 생산에 의한 생장을 하기 위해서 주기적으로 외골격을 버리는 과정.

탈피동물 Ecdysozoa 좌우대칭동물의 세 중요 계통 중 하나. 많은 탈피동물은 탈피를 한다. 후구동물과 촉수담륜동물 참조.

탈황화 de-etiolation 햇빛에 반응하는 식물 싹의 변화; 이전에는 녹화(greening)로 알려졌다.

탐구 inquiry 보통 특정 질문에 초점을 맞춘 정보와 설명의 탐색.

태반 placenta 임신한 유태반 포유류의 자궁의 한 구조로서, 모체의 혈액을 공급한다. 자궁벽과 태아의 막으로부터 형성된다.

태반류 eutherian 태반을 가지는 포유류; 자식이 모체와 태반으로 연결된 자궁 내에서 배발생을 완성하는 포유류.

태생 viviparous 태반의 혈액에 의해 자궁에서 길러진 후 새끼가 태어나는 발생의 유형.

태아 fetus 임신 9주부터 출산까지 발생 중인 인간. 태아는 성체의 중요 구조를 모두 가진다.

테스토스테론 testosterone 남성의 생식계의 발생, 정자형성과정과 남성의 2차 성징에 요구되는 스테로이드호르몬. 포유류의 중요 안드로젠(수컷호르몬)이다.

테이-삭스병 Tay-Sachs disease 열성 대립유전자에 의해 유발되는 사람의 유전병으로 특정 지질이 뇌에 축적된다. 발작, 실명, 운동과 지적 수행능력의 퇴화가 생후 몇 개월 후부터 두드러지게 나타나며, 몇 년 내에 사망한다.

텔로미어 telomere 계속되는 복제 동안 생물의 유전자가 짧아지는 것을 보호하는, 진핵생물 염색체의 DNA 분자 끝에 존재하는 직렬 반복 DNA.

토양층위 soil horizon 땅 표면과 평행인 토양층으로 위와 아래층과는 물리적 특성이 다르다.

토착의 endemic 특수하고 비교적 좁은 지역에 서식이 제한되어 있는 종을 일컫는 말.

토탄 peat 주로 습지 이끼인 물이끼(*Sphagnum*)에 의해 형성되는 부식되지 않은 유기물의 과다한 축적.

통각수용기 pain receptor 유해함이나 통증 자극에 반응하는 자극수용기. 유해수용기라고도 한다.

투과전자현미경 transmission electron microscope(TEM) 전자빔이 매우 얇은 시료를 통과하는 현미경으로, 세포의 내부 초미세구조를 연구하는 데 이용된다.

투광대 photic zone 광합성을 하기에 충분한 빛이 투과되는 해양이나 호수의 위층.

투명대 zona pellucida 포유류 난자의 세포외부 기질.

툰드라 tundra 식물 생장의 극단 한계에 위치한 생물군계. 최북단의 한계에서는 북극 툰드라라고 하며, 작은 관목이나 낮은 식생을 보이는 높은 고도 지역에서는 고산성 툰드라라고 부른다.

트랜스지방 trans fat 하나 혹은 그 이상의 트랜스 이중결합을 포함하는 불포화 지방.

트랜스포존, 전이인자 transposon DNA 중간 매체를 이용하여 유전체 내에서 이동하는 인자.

트로포닌복합체 troponin complex 가는 필라멘트에서 트로포마이오신의 위치를 조절하는 조절 단백질.

트로포마이오신 tropomyosin 액틴분자의 마이오신 결합자리를 막는 조절 단백질.

트리아실글리세롤 triacylglycerol 하나의 글리세롤 분자에 연결된 3 지방산 분자. 지방 또는 트리글리세라이드로 불리기도 한다.

틸라코이드 thylakoid 엽록체 내부에 존재하는 막으로 된 납작한 주머니. 틸라코이드는 엽록체에서 서로 연결된 시스템으로 존재하며 빛에너지를 화학에너지로 전환하는 데 이용되는 기구를 포함한다.

파이브로넥틴 fibronectin 동물세포의 세포외기질에 부착하는 것을 돕는 당단백질.

파이토크롬 phytochrome 식물의 광수용체의 종류로, 대부분 적색광을 흡수하며 종자 발아와 음지 회피와 같은 많은 식물의 반응을 조절한다.

파장 wavelength 전자기 스펙트럼의 파장과 같이 파의 마루와 마루 사이의 거리.

파지 phage 박테리아를 감염시키는 바이러스로 박테리오파지라고도 부른다.

파충류 reptile 큰도마뱀(tuatara), 도마뱀, 뱀, 거북이, 악어를 포함하는 양막류 무리.

파킨슨병 Parkinson's disease 점진적인 뇌질환에 의한 운동 기능 장애로 움직임을 시작하기 어려우며 움직임이 둔화되며 경직되는 특징을 보인다.

판게아 Pangaea 판의 이동에 의해 육지를 모두 붙여놓은 고생대가 끝날 무렵에 형성된 거대 대륙.

판구조론 plate tectonics 대륙은 뜨겁고 밑에 있는 맨틀의 부분에 떠다니는 지각의 큰 판의 일부였다는 이론.

판피어류 placoderm 턱을 가지고 있었으며 강한 외부 방호피복으로 둘러싸인 멸종된 어류와 같은 척추동물 종류.

패턴형성 pattern formation 3차원 공간에 기관과 조직을 특징적인 장소에 배열하는, 다세포 생물의 공간적 구조의 발생.

팽압 turgor pressure 세포벽을 가지는 세포가 삼투현상에 의해 세포 내로 물의 유입됨으로써 세포벽에 미치는 압력.

팽윤 turgid 식물세포에서와 같이 팽창된. (세포벽을 가진 세포가 외부 환경에 비해 용질의 농도가 높으면 물이 유입되어 팽창된다.)

퍼넷 사각형 Punnett square 유전적 교잡에서 무작위 수정의 예상되는 결과를 보여주는 유전의 연구에 이용되는 도표.

퍼옥시좀 peroxisome 다양한 기질로부터 수소를 산소로 전달하는 효소를 가지고 있는 세포소기관으로 과산화수소의 생성과 분해를 담당한다.

페로몬 pheromone 동물과 균류에서 작은 분자로 같은 종 사이의 구성원 간에 의사소통 기능을 한다. 동물에서는 생리와 행동에 영향을 미치는 동물의 호르몬과 같은 기능을 한다.

펩시노겐 pepsinogen 위의 위오목(gastirc pit)에 위치한 주세포(chief cell)에서 분비되는 펩신의 불활성화 형태.

펩신 pepsin 단백질의 가수분해를 시작하는 위액에 존재하는 효소.

펩타이드결합 peptide bond 탈수반응에 의해 형성되는 한 아미노산의 카르복실기와 다음 아미노산의 아미노기 사이의 공유결합.

펩티도글리칸 peptidoglycan 짧은 폴리펩타이드와 연결된 변형된 당으로 이루어진 박테리아 세포벽에 존재하는 중합체. 아미노기 사이의 공유결합.

편도체 amygdala 감정을 처리하는 데 중요한 역할을 하는 척추동물 뇌의 측두엽에 있는 구조.

편리공생 commensalism 한 생물은 이득을 얻으나 다른 한쪽은 도움을 받지도 해를 입지도 않는 공생관계.

편모 flagellum 이동할 수 있도록 특수화된 세포 부속지. 원핵생물과 진핵생물의 편모는 구조가 다르다. 운동성 섬모와 같이 진핵생물 편모는 9개의 바깥 쌍 미세소관과 2개의 단일 미세소관이 확장된 세포막에 둘러싸인 중심부를 가진다.

평균 mean 데이터에서 모든 측정점의 합을 측정점의 수로 나눈 값.

평형 전위 equilibrium potential(E_{ion}) 평형 상태에 있을 때 막전위의 크기; 네른스트(Nernst) 방정식을 사용하여 계산함.

평형석 statolith (1) 식물에서 밀집된 녹말입자를 포함하고 있고 중력을 감지하는 데 이용되는 특수화된 색소체. (2) 무척추동물에서 평형 기능을 담당하는 감각기관에 존재하는 중력에 반응하는 입자.

평형포 statocyst 평형석의 이용을 통해 무척추동물에서 평형 기능을 하는 기계적 감각수용체로, 중력에 반응하여 모세포를 자극한다.

평활근 smooth muscle 세포에 마이오신 섬유가 고루 분포되어 있어 골격근과 심장근에 존재하는 무늬가 없는 근육으로, 불수의 운동에 관여한다.

폐경기 menopause 여성의 생식 기간의 끝을 나타내는 배란과 생리의 중단.

폐쇄순환계 closed circulatory system 혈액이 혈관 내로만 순환하는 순환계로 세포사이액과 섞이지 않도록 분리된다.

폐포형 alveolate 진핵생물 3대 큰무리(supergroup)의 하나인 "SAR" 분기군. 이 분기군은 2차 세포내공생에 의해서 생겼다. 폐포형 원생생물은 원형질막 바로 아래에 막으로 둘러싸인 주머니(폐포)를 가진다.

폐활량 vital capacity 한번의 호흡으로 포유동물이 들이마시고 내쉬는 공기의 최대량.

포괄 적응도 inclusive fitness 자기 자손을 생산하거나 아주 가까운 친족이 그들의 자손 생산을 증가 시키도록 도움을 줌으로 인해 한 개체의 유전자를 퍼뜨리는 총체적 효과.

포배 blastula 동물의 초기 배발생 중 난할의 마지막 단계인 속이 빈 공 모양의 세포단계.

포배강, 할강 blastocoel 포배의 중심에 형성되는 액체로 채워진 공간.

포식 predation 한 종(포식자)이 다른 종(피식자)을 먹는 종간의 상호작용.

포유류 mammal 포유강에 속하는 무리; 젖을 생산하는 젖샘을 가지는 양막류.

포자 spore (1) 세대교번을 하는 식물이나 조류 생활사에서, 감수분열에 의해 포자체에서 생성되는 반수체 세포. 포자는 유사분열에 의해 분열하여 다른 세포와의 융합없이 다세포 개체인 배우체로 발생한다. (2) 균류에서 유성생식 혹은 무성생식에 의해 생성된 반수체 세포로, 발아 후 균사를 생성한다.

포자낭군 sorus 고사리 포자엽에 있는 포자낭 무리. 평행하거나 혹은 반점 모양 등 다양한 형태로 배열되어 고사리 분류에 아주 유용하다.

포자수 strobilus 대부분의 겉씨식물과 일부 무종자 관다발식물에 존재하는 일반적으로 구과(솔방울)로 알려진 포자엽의 무리를 나타내는 용어.

포자엽 sporophyll 포자낭을 생성함으로써 생식을 하도록 변형된 잎.

포자주머니, 포자낭 sporangium 감수분열이 일어나며 반수체가 발생하는 균류와 식물의 다세포 기관.

포자체 sporophyte 세대교번을 하는 생물(식물과 일부 조류)에서, 생식세포의 접합으로 생기는 다세포 이배체. 포자체는 배우체로 발생하는 반수체 포자를 감수분열에 의해 생산한다.

포화지방산 saturated fatty acid 탄화수소 꼬리에 있는 모든 탄소가 단일결합으로 연결되어 탄소골격에 부착되는 수소의 수를 최대화한 지방산.

폴리A꼬리 poly-A tail mRNA 전구체 분자의 3′ 말단에 첨가되는 50~250개의 아데닌 뉴클레오타이드 서열.

폴리뉴클레오타이드 polynucleotide 많은 뉴클레오타이드 단량체의 사슬로 이루어진 중합체. 뉴클레오타이드는 DNA와 RNA의 폴리뉴클레오타이드가 될 수 있다.

폴리좀 polyribosome(polysome) 번역 중인 동일한 mRNA 분자에 부착된 여러 리보솜의 무리.

폴리펩타이드 polypeptide 펩타이드결합에 의해 서로 연결된 많은 아미노산의 중합체.

폴립형 polyp 자포류 체제의 고착성 변형; 다른 교대형은 메두사형이다.

표면장력 surface tension 액체 표면의 늘어나거나 부서지는 정도의 측정. 물은 표면분자의 수소결합에 의해 높은 표면장력을 가진다.

표식-재포획법 mark-recapture method 동물 개체군의 크기를 예측하는 데 이용되는 시료 채취 방법.

표준대사율 standard metabolic rate(SMR) 특정 온도에서 휴식을 하며 단식 중인 스트레스를 받지 않은 외온동물의 대사율.

표준편차 standard deviation 한 세트의 데이터 측정점에서 발견되는 변이의 측정.

표토 topsoil 암석과 살아 있는 생물 및 부식토(분해 중인 유기물)로부터 유래된 입자의 혼합물.

표피 epidermis (1) 단단히 밀착된 세포층으로 이루어진 목본류가 아닌 식물의 피층. (2) 동물의 바깥 덮개층.

표피계 dermal tissue system 식물의 바깥쪽 보호 덮개.

표현형 phenotype 유전자에 의해 결정되는 생물의 물리적 생리적 형질.

퓨린 purine 6각형 고리가 5각형 고리와 융합된 특징을 가지는, 뉴클레오타이드에 존재하는 두 종류의 질소염기 중 하나. 아데닌(A)과 구아닌(G)이 퓨린이다.

프라이머, 시발자 primer 자유로운 3′ 말단을 가지는 짧은 RNA 가닥으로, 주형가닥에 상보적으로 결합하여 DNA 복제 동안 DNA 뉴클레오타이드로 신장된다.

프로모터 promoter DNA에 존재하는 특수한 염기서열로 적절한 위치에 RNA 중합효소가 결합하며 RNA 전사 시작점을 표시한다.

프로바이러스 provirus 숙주 염색체에 영구적으로 삽입된 바이러스 유전체.

프로스타글란딘 prostaglandin 국소조절자와 같은 다양한 기능을 수행하는 거의 모든 조직으로부터 분비되는 변형된 지방산.

프로제스테론 progesterone 임신을 위해 자궁을 준비하는 스테로이드호르몬. 포유류에서는 중요 프로제스틴이다.

프로제스틴 progestin 임신을 위해 자궁을 준비하는 프로제스테론을 포함한 스테로이드호르몬의 한 부류.

프로테오글리칸 proteoglycan 동물세포의 세포외 기질에 존재하는 많은 탄수화물 사슬을 가진 작은 중심 단백질로 이루어진 당단백질.

프로파지 prophage 박테리아 염색체의 특정 부분에 삽입된 파지 유전체.

프롤락틴 prolactin 척추동물종에 따라 매우 다양한 효과를 보이는 뇌하수체 전엽에서 생성되고 분비되는 호르몬. 포유류에서는 생장과 젖샘에서의 젖 분비를 자극한다.

프리메이스 primase 프라이머를 형성하기 위해 부모 DNA 가닥을 주형으로 사용하여 RNA 뉴클레오타이드를 결합시키는 효소.

프리온 prion 정상적인 세포 단백질이 잘못 접혀진 감염원. 제대로 접혀진 단백질을 더 많은 프리온으로 변환시켜 수를 늘리는 것으로 보인다.

플라나리아 planarian 오염되지 않은 연못이나 개울에서 독립생활을 하는 편형동물.

플라스미드 plasmid 박테리아 염색체의 유전자와 구별되는 부속 유전자를 가지고 있는 작은 원형의 이중가닥 DNA 분자. 플라스미드는 효모와 같은 진핵생물에서도 발견된다.

피낭동물 tunicate 등뼈가 없는 고착성 해양 척삭동물인 미삭동물아문에 속하는 동물.

피리미딘 pyrimidine 6각형 고리의 특징을 가지는 뉴클레오타이드에 존재하는 두 종류의 질소염기 중 하나. 사이토신(C)과 티민(T) 그리고 우라실(U)이 피리미딘이다.

피부계 integumentary system 피부, 털과 손발톱 등을 포함하는 포유류 몸의 제일 바깥층.

피임 contraception 임신의 의도적 방지.

피임약 birth control pill 배란을 억제하고 황체 형성을 늦추거나 혹은 정자가 자궁으로 들어가지 못하게 자궁경부의 점액을 변화시키는 피임약.

피층 cortex (1) 세포막 바로 아래에 위치하며, 많은 미세섬유로 인해 안보다 더 젤 같은 농도를 띤 진핵세포 세포질의 바깥 부위. (2) 식물에서, 뿌리와 쌍떡잎식물 줄기에서 표피와 관다발조직 사이에 있는 기본 조직.

필수아미노산 essential amino acid 동물이 합성하지 못하므로 반드시 음식물에서 섭취하여야 하는 아미노산. 사람 성인에게는 필수아미노산이 8종 있다.

필수영양소 essential nutrient 다른 물질로부터 합성되지 못하므로 미리 합성된 형태로 섭취하여야만 하는 물질; 사람에게는 필수비타민, 무기염류, 아미노산 및 지방산이 이에 속한다.

필수원소 essential element 식물이 씨앗으로부터 씨앗의 형태로 다음 세대를 생성하기까지 완전한 생활사를 마칠 수 있도록 생장하는 데 필요한 화학물질.

필수지방산 essential fatty acid 동물에게는 필수적이나 동물이 합성하지 못하는 불포화 지방산.

하구, 강어귀 estuary 담수하천이 해양과 만나는 지역.

하디-바인베르크 평형 Hardy-Weinberg equilibrium 멘델의 법칙과 대립유전자의 재조합이 적용된다면, 한 집단에서 대립유전자와 유전자형의 빈도는 세대를 거듭하여도 변하지 않는다는 진술.

하배축 hypocotyl 속씨식물의 배에서 떡잎이 붙는 지점의 아래쪽과 어린뿌리의 위쪽에 존재하는 배의 축.

하향식 모형 top-down model 포식활동이 초식동물의 수를 조절함으로써 군집 구조에 영향을 미치고, 이것이 다시 식물이나 식물성 플랑크톤의 수를 조절하며, 차례로 이것이 영양물질의 양을 조절한다는 군집구조의 모형으로, 영양단계 모형이라고도 한다.

학습 learning 특정 경험에 근거한 행동의 변형.

한계량 critical load 보통 질소와 인과 같은 생태계의 보전에는 영향을 미치지 않으면서 더해진 영양물질의 양.

할구 blastomere 초기 배의 난할단계 동안 생성되는 초기 배세포.

항상성 homeostasis 몸의 일정한 생리적 상태.

항원 antigen B세포나 T세포 수용체에 결합하여 림프구에 의한 면역반응을 유발하는 물질.

항원결정부 epitope 항원수용체나 항체가 결합하는 항원의 작은 부위.

항원 수용체 antigen receptor 항원과 결합하여 후천성 면역반응을 유발하는 B세포와 T세포의 표면에 존재하는 표면 단백질을 일컫는 용어. B세포 표면에 존재하는 항원수용체를 B세포 수용체(혹은 막면역글로불린)라고 하며, T세포 표면에 존재하는 항원 수용체를 T세포 수용체라 한다.

항원제시 antigen presentation MHC 분자가 세포 내 단백질 항원의 절편에 결합하여 세포 표면으로 이동시켜 그곳에서 노출시킴으로써 T세포에 의해 인지되게 하는 과정.

항원제시세포 antigen presenting cell 병원균이나 병원균 단백질을 삼켰을 때 II형 MHC 분자에 결합하는 펩타이드 절편을 생성하여 보조T세포의 표면에 노출시키는 기능을 하는 세포. 대식세포, 수지상세포와 B세포가 주요 항원제시세포이다.

항이뇨호르몬 antidiuretic hormone(ADH) 신장이 물을 보유하도록 촉진하는 바소프레신이라고 알려진 펩타이드호르몬. 시상하부에서 생성되어 뇌하수체후엽에서 분비된다. ADH는 또한 뇌에서도 활동한다.

항체 antibody 분화된 B세포인 형질(플라스마) 세포로부터 분비되는 단백질로 특정 항원에 결합하여 제거되도록 표지한다. 면역글로불린이라고도 한다. 모든 항체분자는 Y 형태를 하고 있으며 단량체 상태에서는 동일한 두 개의 무거운 사슬과 동일한 두개의 가벼운 사슬을 가진다.

해당과정 glycolysis 포도당의 피루브산으로의 분해. 모든 생물의 세포에서 일어나는 물질대사 중의 하나로서 발효와 호기성 호흡의 시작단계이다.

해밀턴의 원리 Hamilton's rule 이타적 행위에 유리한 자연선택은 이타적 행위의 비용을 능가하여야만 한다는 원리.

해부학 anatomy 생명체의 구조와 그의 연구.

해양 저생대 marinebenthic zone 해양의 바닥.

해양산성화 ocean acidification 화석연료의 연소에서 비롯된 과다한 대기 이산화탄소의 흡수로 인한 바닷물의 pH 감소.

해파리형, 메두사형 medusa 부유하는 납작한 입이 아래로 향한 자포류의 몸의 체제. 교대형은 폴립이다.

핵 nucleus (1) 중성자와 양성자를 포함하고 있는 원자의 중심 부분. (2) 진핵세포에서 염색체를 포함하고 있는 세포소기관. (3) 뉴런의 다발.

핵막 nuclear envelope 진핵세포에서 핵을 싸고 있는 이중막으로, 세포질과 핵을 구분한다.

핵막층 nuclearl aminar 핵의 모양을 유지하는 단백질 섬유의 망상구조 배열.

핵산 nucleic acid 많은 뉴클레오타이드 단량체로 이루어진 중합체; 모든 세포 활동을 위한 단백질 형성의 설계도로 작용한다. DNA와 RNA 두 종류가 있다.

핵산 탐침 nucleic acid probe DNA 공학에서 핵산 시료의 특정 염기서열을 표시하는 데 이용되는 표지된 단일가닥의 핵산분자. 탐침은 상보적인 염기서열과 수소결합을 형성한다. 방사선 혹은 다른 방법으로 표지된 탐침은 탐지되는 위치를 알려준다.

핵산 혼성화 nucleic acid hybridization 한 핵산분자의 한 가닥이 다른 핵산분자의 상보성 염기서열로 염기쌍을 형성.

핵심종 keystone species 반드시 많이 존재할 필요는 없으나 생태적 역할이나 지위의 본질로 말미암아 군집의 구조에 매우 중요한 조절역할을 하는 종. 쐐기종이라고도 함.

핵양체 nucleoid 원핵세포에서 염색체가 존재하는 막으로 둘러싸이지 않은 지역.

핵융합 karyogamy 배우자 합체(수정)의 일부로 두 세포핵의 융합.

핵형 karyotype 크기와 모양에 의해 정렬한 한 세포의 염색체 쌍의 배열.

행동 behavior 개별적으로는 자극에 반응하여 신경계의 조절에 의해 근육이나 샘에 의해 수행되는 행동. 집합적으로는 내부 및 외부 자극에 대한 동물의 반응의 총합.

행동생태학 behavioral ecology 동물행동의 진화적 생태학적 근원에 관한 학문.

허파 lung 가느다란 관으로 대기와 연결시키는 육상 척추동물, 육상 달팽이와 거미의 호흡표면.

허파꽈리, 폐포 alveolus 끝이 막힌 다엽의 공기주머니로 허파의 표면에서의 공기교환을 담당한다.

헌팅턴병 Huntington's disease 우성 대립유전자에 의한 사람의 유전병으로 조절이 안 되는 몸의 움직임과 신경계의 퇴행이 특징이며 보통 증상이 나타난 후 10~20년 안에 사망한다.

헛물관 tracheid 모든 관다발식물의 물관에서 발견되는, 길고 끝이 가늘게 된 물 수송세포. 기능을 수행하는 헛물관은 더 이상 살아 있는 세포가 아니다.

헛발, 위족 pseudopodium 아메바형 세포에서 이동과 먹이 섭취에 사용되는 외부 돌출.

헛뿌리, 가근 rhizoid 선태식물을 땅에 고정하는 긴 관 모양으로 된 하나의 세포 혹은 세포의 섬유. 뿌리와는 달리, 헛뿌리는 조직으로 구성되어 있지 않으며, 특수화된 통도 세포도 없고, 물과 무기염류 흡수에 어떠한 중요한 역할도 수행하지 않는다.

헤모글로빈 hemoglobin 적혈구에 존재하는 철 함유 단백질로 산소와 가역적으로 결합한다.

헨레고리 loop of Henle 척추동물의 신장에서 근위세뇨관과 원위세뇨관 사이의 상행지와 하행지를 가지는 머리핀 구조로, 물과 염류의 재흡수를 담당한다.

헬리케이스 helicase 복제분기점에서 DNA의 이중나선을 푸는 효소로 두 가닥을 분리시켜 주형가닥으로 이용되게 한다.

혈관수축 vasoconstriction 혈관벽에 있는 민무늬근의 이완에 의해 유발된 혈관직경의 감소.

혈관이완 vasodilation 혈관벽 근육을 이완시키는 신경신호에 의해 유발되는 혈관직경의 증가.

혈림프 hemolymph 개방혈관계를 갖는 무척추동물에서 조직을 채우는 체액.

혈소판 platelet 특수화된 골수세포에서 뜯겨져 나온 세포질성 조각. 혈소판은 혈액을 따라 순환하며 혈액 응고에 중요하다.

혈액 blood 적혈구, 백혈구와 혈소판이 존재하는 혈장이라 불리는 액체로 이루어진 결합조직의 하나.

혈연계수 coefficient of relatedness 두 개체에 의해서 평균적으로 공유되는 유전자 부분.

혈연선택 kin selection 친족의 생식 능력을 향상시킴으로써 이타적 행동을 선호하는 자연선택.

혈우병 hemophilia 성연관 열성 대립유전자에 의한 사람의 유전병으로, 하나 혹은 그 이상의 혈액 응고 단백질이 결핍된다. 상처가 났을 때 과다한 출혈이 특징이다.

혈장 plasma 혈구를 포함하는 혈액의 액체 기질.

혈전 thrombus 혈관에서 형성되는 파이브린을 포함한 덩어리로, 혈액의 흐름을 막는다.

협각 chelicera 협각류의 특징인 한 쌍의 집게발 같은 부속지.

협각류 chelicerate 두흉부와 복부를 나누어진 몸체와 협각을 갖는 절지동물. 바다거미, 투구게, 전갈, 진드기와 거미 등이 이에 속한다.

협동성 cooperativity 기질의 결합에 의한 한 소단위체의 구조변화가 모든 다른 소단위체로 전달되는 다른 자리 입체성 조절의 유형으로, 이어서 일어나는 기질분자의 결합을 용이하게 한다.

협막 capsule (1) 세포 표면을 보호하거나 때로는 세포가 다른 표면에 붙는 것을 돕는 몇몇 원핵생물에서 세포벽을 둘러싸고 있는 끈끈한 층. (2) 이끼, 우산이끼, 붕어마름과 같은 선태식물의 포자낭.

형질 character 관찰할 수 있는 유전적 특성.

형질 trait 유전형질에서 탐지되는 변이.

형질도입, 전달 transduction (1) 파지가 한 박테리아 숙주로부터 다른 박테리아 숙주로 박테리아 DNA를 전달하는 수평적 유전자 전달과정. (2) 세포간의 연락에서 세포외부로부터의 신호를 특정 세포내반응을 야기할 수 있는 형태로의 전환. 신호전달이라고도 부른다.

형질전환 transformation (1) 정상적인 세포가 암세포와 같이 무한으로 분열할 수 있는 상태로의 전환. (악성 형질전환은 한 생물의 정상 세포가 암세포로 변환하는 일련의 과정을 의미하기도 한다). (2) 외부 DNA의 세포내 도입에 의한 유전자형과 표현형의 변화. 외부 DNA가 다른 종으로부터 유래한 것이라면 형질전환 결과 수평적 유전자 전달이 일어난다.

형질전환된 transgenic 종이 동일하거나 혹은 같지 않은 다른 생물로부터 유래된 유전자를 자신의 유전체에 포함하고 있는 생물을 일컫는 용어.

형질치환 character displacement 동일한 두 종의 이소성 집단보다 다른 종의 동소성 집단에서 형질이 보다 발산하는 경향.

형태학적 종 개념 morphological species concept 측정 가능한 형태학적 기준에 근거한 종의 정의.

형태형성 morphogenesis 한 생물의 몸의 형태와 구조 발생.

형태형성물질 morphogen 초파리의 비코이드 단백질과 같이 배축을 따라 농도기울기를 형성하여 위치 정보를 제공하는 물질.

호극성 생물 extremophile 다른 생물이 생존하지 못하는 극한 환경에 서식하는 생물. 극호염균 및 극호열균들이 이에 속한다.

호르몬 hormone 다세포 생물에서 특수한 세포에서 생성되어 체액을 따라 이동하며 몸의 다른 부위에 있는 특수한 표적세포에 작용하여 그들의 기능을 변화시키는 많은 종류의 화학물질 중의 하나.

호메오박스 homeobox 호메오 유전자나 혹은 일부 발생 유전자 내에 존재하는 동물에서 폭넓게 보존되어 있는 180개의 염기서열. 유사한 염기서열이 식물이나 원핵생물에서도 발견된다.

호메오유전자 homeotic gene 동물, 식물 및 균류에서 세포군의 발생 운명을 조절함으로써 몸 체제의 위치와 공간적 구조를 조절하는 주된 조절유전자의 하나.

호열균 thermopile 극호열균 참조.

호염생물 halophile 극호염생물 참조.

호중구 neutrophil 가장 많이 존재하는 백혈구 유형; 호중구는 대식작용을 하며 외부 침입자를 파괴하면서 자신도 스스로 파괴된다. 따라서 수명도 며칠 밖에 되지 않는다.

호흡색소 respiratory pigment 혈액 또는 혈림프에서 대부분의 산소를 운반하는 단백질.

혼합영양생물 mixotroph 광합성과 종속영양을 동시에 수행하는 능력을 가지는 생물.

홍조류 red algae 엽록소를 가리는 붉은 색소로 인해 이름이 지어진 광합성 원생생물. 대부분의 홍조류는 다세포성 해양생물이다.

홍채 iris 척추동물 눈의 색깔 있는 부분.

홑눈 single-lenseye 다모류, 거미류 많은 연체동물에서 발견되는 카메라와 비슷한 눈.

화석 fossil 과거에 생존하였던 생물의 보존된 자국이나 흔적.

화탁 receptacle 꽃의 기저부; 꽃기관의 부착지점인 줄기의 부분.

화학결합 chemical bond 최외각 전자의 공유나 혹은 원자의 반대전하로 인한 두 원자 간의 인력.

화학독립영양생물 chemoautotroph 오직 이산화탄소만을 탄소원으로 사용하는 생물로 무기물의 산화에 의해 에너지를 얻는다.

화학반응 chemical reaction 화학결합의 형성과 분해로, 물질의 조성을 바꾼다.

화학삼투 chemiosmosis 막 사이의 수소이온 기울기의 형태로 저장된 에너지를 이용하여 ATP 합성과 같은 세포내 과정을 수행하는 에너지가 결부된 메커니즘으로, 세포에서 대부분의 ATP 합성은 화학삼투에 의해 일어난다.

화학수용기 chemoreceptor 용질이나 냄새물질과 같은 화학자극에 반응하는 감각수용기.

화학에너지 chemical energy 화학반응에서 방출되기 위해 분자에 필요한 에너지로, 위치에너지의 한 형태.

화학종속영양생물 chemoheterotroph 에너지와 탄소원을 얻기 위해 유기물을 소비해야 하는 생물.

화학평형 chemical equilibrium 화학반응에서 순방향의 반응 속도와 역방향의 반응 속도가 같은 상태로, 반응물과 생성물의 상대적 농도는 시간에 따라 변하지 않는다.

화합물 compound 2개 혹은 그 이상의 원소가 정해진 비율로 이루어진 물질.

확산 diffusion 액체, 고체 및 기체 입자의 무작위적인 열운동. 농도 또는 전기화학적 기울기가 존재하면 확산 결과 농도가 높은 지역에서 낮은 지역으로 물질의 순 이동이 일어난다.

환경수용력 carrying capacity 가용한 자원에 의해 유지되는 집단의 최대 크기로 K로 표현한다.

환기 ventilation 호흡 표면을 통한 공기 또는 물의 흐름.

환원 reduction 산화환원반응이 관련되는 한 물질에 전자를 첨가하는 것.

환원제 reducing agent 산화환원반응에서 전자 공여체.

활동전위 action potential 자극에 의해 야기된 Na^+와 K^+ 통로의 선택적인 열림과 닫힘에 의해 유도되는 세포에서 막전위의 빠른 변화.

활성부위 active site 다수의 약한 화학결합으로 기질과 결합하며 촉매반응이 일어나는 곳에 오목한 모양을 형성하는, 효소의 특정 부위.

활성자 activator DNA에 결합하여 특정 유전자의 전사를 활성화시키는 단백질.

활성화 에너지 activation energy 반응물이 반응을 시작하기 전에 반드시 흡수하여야만 하는 에너지의 양. 자유 활성화 에너지라고도 한다.

활주필라멘트모형 sliding-filament model 근육구조의 기본 단위인 근절 내부에서의 변화에 근거한 근육 수축을 설명하는 설. 이 설에 따르면 가는 필라멘트(액틴)가 굵은 필라멘트(마이오신)로 미끄러져 들어가 근절이 짧아진다. 하나의 근원섬유에 있는 모든 근절의 수축이 모든 근원섬유를 수축시키게 된다.

황갈조류 golden algae 노란색과 갈색의 카로티노이드 색소 때문에 이름이 붙여진 쌍 편모를 가지는 광합성 원생생물.

황체 corpus luteum 배란 후에 퇴화된 난포에서 형성되며 프로제스테론을 생산하는 난소의 분비 세포.

황체형성호르몬 luteinizing hormone(LH) 여성의 배란과 남성의 안드로겐 형성을 촉진하는 기능을 하는 뇌하수체 전엽에 의해 생성되고 분비되는 자극호르몬.

황화수소기 sulfhydryl group 수소원자와 결합된 황원자로 이루어진 기능기.

황화현상 etiolation 암소에서 자라는 식물의 형태적 적응.

회백질 gray matter 중추신경계에서 수상돌기와 뉴런의 세포체가 밀집된 부분.

횡격막, 페서리 diaphragm (1) 횡격막: 포유류 흉강의 아래쪽 벽을 형성하는 근육막으로, 수축 시 허파로 공기를 끌어들인다. (2) 페서리: 성교 전 질의 윗부분을 막는 돔 모양의 마개로 정자가 자궁으로 가는 데 있어 물리적 장벽으로 작용한다.

효과기 effector 병원체가 암호화하는 숙주의 선천성 면역계를 무력화시키는 단백질.

효과기세포 effector cell (1) 자극에 대해 몸이 반응하게 하는 근육세포나 샘세포; 뇌나 신경계의 다른 정보처리 장소에서 온 신호에 반응한다. (2) 클론선발을 겪어 후천적 면역반응을 매개할 수 있는 림프구.

효모 yeast 이분법이나 출아법에 의해 무성으로 번식하는 단세포성 균류. 일부 종은 다른 교배형 사이에 세포 융합을 보인다.

효소 enzyme 반응 동안 소비되지 않고 반응 속도를 변화시키는 촉매로 작용하는 거대분자.

효소-기질복합체 enzyme-substrate complex 효소가 기질분자에 결합하여 형성된 일시적인 복합체.

후각 olfaction 냄새 감각.

후각세포 collenchyma cell 생장을 억제하지 않으며 식물의 어린 부분을 지지하는 실이나 원통 모양의 유연한 식물세포 종류.

후구동물 Deuterostomia 3가지 중요한 좌우대칭동물 계통 중 하나. 탈피동물과 촉수담륜동물 참조.

후구동물발생 deuterostome development 원구로부터 항문의 발생이 특징인 동물의 발생 양상으로, 종종 방사상 난할과 중배엽 조직의 바깥주머니로 형성되는 몸의 장체강 발생의 특징을 가진다.

후기 anaphase 유사분열의 네 번째 단계로 각 염색체의 염색분체가 분리되고 딸 염색체가 세포의 양극으로 이동한다.

후뇌 hindbrain 척추동물 뇌의 세 배 부분 중 하나; 연수, 뇌교 및 소뇌로 발생한다.

후두 larynx 성대를 포함하는 호흡관의 일부. 소리상자라고도 한다.

후벽세포 sclerenchyma cell 원형질이 없으며 성숙 시 리그닌에 의해 강화된 두터운 2차벽을 가지는 단단한 지지세포.

후생유전 epigenetic inheritance 뉴클레오타이드의 서열이 관련되지 않은 기작에 의한 형질의 유전.

후신관 metanephridium 전형적으로 섬모로 싸인 내부 통로와 바깥 통로를 연결하는 관으로 이루어진 많은 무척추동물의 배설기관.

후천성면역결핍증 acquired immunodeficiency syndrome(AIDS) HIV 감염의 후기단계 동안 나타나는 증상과 징후. T세포 수의 감소와 2차 감염의 특징이 나타남에 의해 정의된다.

휴면 dormancy 아주 느린 물질대사율과 생장과 발생의 중지를 특징으로 하는 상태.

휴면 torpor 활동이 저하되고 물질대사율이 감소하는 생리 상태.

휴지전위 resting potential 세포 안의 전위가 바깥에 비해 더 음성적인, 전도하지 않으며 흥분될 수 있는 세포의 막전위.

흔적구조 vestigial structure 생물에서 거의 사용되지 않는 기관. 흔적구조는 조상에게서는 중요한 기능을 하였던 잔여기관이다.

흡기 haustorium 일부 공생균류에서 숙주 생물의 조직을 관통하는 특수화된 균사.

흡수 absorption 동물의 음식물 처리 과정 중 3번째의 단계로, 생물에 의한 작은 영양분자의 섭취.

흡수스펙트럼 absorption spectrum 색소가 흡수하는 다양한 파장의 빛의 범위. 또한 그러한 범위의 그래프.

흡열반응 endergonic reaction 주변으로부터 자유에너지가 흡수되는 비자발적인 화학반응.

흡착 adhesion 서로 다른 분자 간의 친화력.

흥분성 시냅스후세포 전위 excitatory postsynaptic potential(EPSP) 시냅스전 세포로부터 나온 흥분성 신경전달물질이 시냅스후신경세포의 수용체에 결합함으로써 생기는 시냅스후신경세포 막의 전위변화(탈분극); 시냅스후신경세포가 활동전위를 발생하게 한다.

희소돌기아교세포 oligodendrocyte 중추신경계에서 뉴런의 축삭돌기 주위에 절연체인 미엘린 수초를 형성하는 신경교세포의 일종.

히드로늄이온 hydroniumion 여분의 중성자가 부착된 물분자. H_3O^+.

히스타민 histamine 비만세포에 의해 분비되는 물질로 염증반응 및 앨러지 반응 동안 혈관을 확장시키고 투과성이 높아지도록 한다.

히스토그램 histogram 수치로 나타낸 데이터를 먼저 그룹으로 나눈 후 변수를 균등한 간격으로 x축 위에 그린 막대 그래프의 변형. 그룹은 정수 또는 수의 범위일 수 있다. 각 막대의 높이는 x축에 그려진 간격 하나로 나타낼 수 있는 실험 대상의 비율이나 수를 나타낸다.

히스톤 histone 양전하의 아미노산을 많이 가지는 작은 단백질로 음전하를 띤 DNA에 결합하며 염색질 구조에 중요한 역할을 한다.

히스톤아세틸화 histone acetylation 히스톤 단백질의 특정 아미노산에 아세틸기의 결합.

힘줄 tendon 근육을 뼈에 부착하는 섬유성 결합조직.

ABC 가설 ABC hypothesis 네 가지 형태의 꽃기관 형성을 결정하는 세 가지 유형의 꽃기관 결정 유전자에 의한 꽃 형성 모델.

ATP 합성효소 ATP synthase 양성자가 확산하는 통로를 제공하는 다수의 막단백질 복합체. 인접한 전자전달계와 함께 화학삼투에 작용하여 수소이온 농도기울기의 에너지를 이용하여 ATP를 합성한다. ATP 합성효소는 진핵세포의 미토콘드리아 내막과 원핵세포의 세포막에 존재한다.

A자리 A site 번역 동안 tRNA가 결합하는 3개의 리보솜 자리 중의 하나. A 자리는 폴리펩타이드 사슬에 더해질 다음 번의 아미노산을 운반하는 tRNA가 결합하는 자리이다. (A는 아미노아실 tRNA를 의미한다.)

B세포 B cells 골수에서 생성되고 성숙되는 림프구로 체액성 면역의 효과기 세포로 된다.

C_3 식물 C_3 plant 이산화탄소를 유기물로 고정하는 초기 단계에 캘빈회로를 이용하는 식물로, 처음 안정화된 물질로 3탄소물질을 형성한다.

C_4 식물 C_4 plant 이산화탄소를 먼저 4탄소물질로 고정한 후 캘빈회로를 수행하는 식물.

CAM 식물 CAM plant 건조한 지역에서 광합성을 할 수 있도록 적응된 크래슐산대사를 이용하는 식물유형. CO_2는 밤 동안에 열려진 기공을 통해 들어가 유기물로 전환된 후 기공이 닫힌 낮 동안에 CO_2를 방출하여 캘빈 회로가 진행되게 한다.

DNA 디옥시리보핵산 디옥시리보오스당과 질소염기 아데닌(A), 구아닌(G), 사이토신(C)과 티민(T)을 가지는 뉴클레오타이드 단량체로 이루어진 보통 폴리뉴클레오타이드의 이중나선 가닥인 핵산분자. 복제를 할 수 있으며 세포 단백질의 고유구조를 결정한다.

DNA 염기서열 결정 DNA sequencing 유전자 또는 DNA 절편의 완전한 뉴클레오타이드 서열을 결정하는 것.

DNA 조작 기술 DNA technology DNA의 염기서열을 결정하고 조작하는 기술.

DNA 회전효소, 토포아이소머레이스 topoisomerase DNA 가닥을 절단하고 회전시키며 다시 연결하는 단백질. DNA 복제 동안 이 효소는 복제 분기점의 앞부분에서 이중나선의 구조를 풀어주는 기능을 한다.

DNA 마이크로어레이 분석 DNA microarray assay 수천 개 유전자의 발현을 한번에 감지하고 측정할 수 있는 방법. 다른 유전자를 나타내는 많은 수의 단일가닥 DNA 절편을 슬라이드 글라스 위에 고정시키고 표지된 cDNA 시료로 혼성화하여 검사한다.

DNA 메틸화 DNA methylation 동물, 식물과 균류의 DNA 염기(보통 사이토신)에 메틸기의 존재. (또한 이 용어는 DNA 염기에 메틸기를 부착하는 과정을 언급하기도 한다.)

DNA 복제 DNA replication DNA 분자가 복제되는 과정. DNA 합성이라고도 불린다.

DNA 복제원점 origin of replication 특별한 서열의 뉴클레오타이드로 이루어진 DNA 분자의 복제가 시작되는 지점.

DNA 연결효소 DNA ligase DNA 복제에 필수적인 연결효소로, 한 DNA 절편의 3′ 말단(오카자키 절편과 같은)을 다른 절편(신장 중인 DNA 사슬과 같은)의 5′ 말단으로 공유결합하는 것을 촉매한다.

DNA 중합효소 DNA polymerase 존재하는 DNA 사슬에 뉴클레오타이드를 첨가함으로써 복제분기점과 같은 새로운 DNA의 신장을 촉매하는 효소.여러 종류의 DNA 중합효소가 있다: DNA 중합효소 III와 DNA 중합효소 I이 원핵생물의 DNA 복제에 중요한 역할을 한다.

DNA 클로닝 DNA cloning 특정 DNA 절편을 여러 사본 생산하는 것.

E자리 E site 번역 동안 리보솜의 tRNA 결합자리 3개 중 하나. E 자리는 리보솜에서 tRNA가 아미노산을 내려놓고 떠나는 자리이다.

F_1 세대 F_1 generation 일련의 유전교배에서 첫 번째(잡종) 자손.

F_2 세대 F_2 generation F_1 세대의 잡종의 교배로 태어난 자손.

F인자 F factor 박테리아에서, DNA를 공여체에서 수용체로 이동시키는 접합을 수행하는 선모를 형성하는 능력을 부여하는 DNA 부분. F 인자는 플라스미드 형태로 존재하거나 박테리아 염색체에 삽입되어 존재한다.

F 플라스미드 F plasmid F 인자의 플라스미드 형태.

G 단백질 G protein G 단백질 연계 수용체로 알려진 원형질막의 수용체로부터의 신호를 세포내 다른 신호전달분자에게 전달하는 GTP 결합 단백질.

G 단백질결합수용체 G protein-coupled receptor(GPCR) G 단백질을 활성화시켜 신호분자의 결합에 반응하는, 세포막에 존재하는 신호 수용체 단백질. G 단백질 연결 수용체라고도 불린다.

G_0기 G_0 phase 세포주기를 떠난 비분열 상태.

G_1기 G_1 phase DNA 복제 전의 간기로 이루어진 세포주기 중 첫 번째 간격 또는 생장기.

G_2기 G_2 phase DNA 복제 후의 간기로 이루어진 세포주기 중 두 번째 간격 또는 생장기.

***K* 선택** *K*-selection 비교적 소수의 자손을 낳아 모두 생존시키는 데 초점이 맞추어진 생활사. 때로는 밀도 의존적 선택이라고 한다.

P자리 P site 번역 동안 tRNA가 결합하는 3개의 리보솜에 있는 자리 중 하나. 신장되는 폴리펩타이드 사슬을 가지고 있는 tRNA를 붙든다.

***p53* 유전자** *p53* gene 세포주기 억제 단백질 합성을 촉진하는 특수전사인자를 암호화하는 종양 억제유전자.

PEP 카르복실화효소 PEP carboxylase C_4 식물에서, 이산화탄소를 포스포에놀피루브산(PEP)에 첨가하여 옥살아세트산을 형성하는 효소. 광합성 이전에 작용한다.

P세대 P generation 유전연구에서 F_1 잡종을 생산하는 동형의 순계 부모 개체. P는 'parent'를 의미한다.

R 플라스미드 R plasmid 특정 항생제에 저항성을 부여하는 유전자를 가지고 있는 박테리아 플라스미드.

***ras* 유전자** *ras* gene 원형질막에 존재하는 생장인자 수용체로부터 생장신호를, 궁극적으로 세포주기를 촉진하는 단백질키나아제의 신호전달 체계로 전달하는 G 단백질인 Ras 단백질을 암호화하는 유전자.

RNA 가공과정 RNA processing 인트론을 제거하고 엑손을 연결하며 5′과 3′ 말단의 변형을 포함하는 RNA 전사물의 변형.

RNA 간섭 RNA interference(RNAi) 특정 유전자의 발현을 억제시키는 기작. RNA 간섭은 특정 유전자의 염기서열과 일치하는 두 가닥 RNA 분자를 siRNA로 가공하여 이 유전자 mRNA의 전사를 억제하거나 분해를 촉진시키는 방법이다. 이것은 일부 세포에서 자연적으로 일어나며 또한 실험실에서 수행할 수도 있다.

RNA 스플라이싱 RNA splicing 진핵생물의 1차 RNA 전사물이 합성된 후, mRNA에 포함되지 않을 전사물의 부분(인트론)의 제거.

RNA 중합효소 RNA polymerase 전사 동안 신장 중인 RNA 사슬에 리보뉴클레오타이드를 연결하는 효소.

***r*-선택** *r*-selection 많은 수의 자손이 생산되지만 각 자손은 생존 가능성이 낮은 생활사. 때로는 밀도 비의존적 선택이라고도 한다.

S기 S phase 세포주기 중 합성단계. 간기의 한 부분으로 DNA가 복제되는 시기.

"SAR" 분기군 "SAR" clade 진핵생물의 진화역사에 대한 현재의 가설에서 제안된 4가지 진핵생물 큰무리(supergroup) 중 하나. 이 큰무리는 크고 매우 다양한 3중요 무리의 원생생물을 포함한다: 스트라메노파일, 폐포형 및 리자리아. 또한 섭식구굴착류, 원시색소체생물 및 단편모류 참조.

TATA 상자 TATA box 전사개시복합체를 형성하는데 필수적인 진핵생물 프로모터의 DNA 염기서열.

Toll 유사수용체 Toll-like receptor(TLR) 일련의 병원균에 공통적인 분자의 조각을 인식하는, 식작용을 하는 백혈구의 막 수용체.

T관, 가로소관 transverse(T) tubule 골격근 세포에서 원형질막이 안으로 접힘.

T세포 T cells 가슴샘(흉선)에서 성숙하는 림프구의 종류로, 세포성 면역반응의 효과기 세포와 적응 면역의 양 부류에 필요한 조력 세포 모두를 포함한다.

X선 결정학 X-ray crystallography 분자의 각 원자에 의한 X선의 회절에 의존한 기술로, 분자의 3차원 구조의 연구를 위해 사용된다.

X-연관 유전자 X-linked gene X염색체상에 위치한 유전자. 이러한 유전자는 독특한 유전양상을 보인다.

한글 찾아보기

ㄱ

ㄹ

ㅁ

ㅅ

ㅇ

ㅈ

ㅊ

ㅋ

ㅌ

기타

영문 찾아보기

A

B

C

D

E

F

G

H

I

J

K

L

M

N

O

P

Q

R

S

V

W

X

Y

Z

기타